철근콘크리트

강도설계법과 한계상태설계법

이재훈(李在訓, Jae-Hoon Lee)
영남대학교 교수, 토목구조기술사, 미국 PE(Professional Engineer)
공학박사(PhD from University of Wisconsin-Madison)
서울대학교 공과대학 토목공학과 졸업
삼성건설(주) 과장 근무
한국지진공학회 토목내진설계 위원장 역임
한국콘크리트학회 콘크리트구조기준 위원장 역임
대한토목학회 콘크리트구조 위원장 역임
한국교량및구조공학회 콘크리트구조 위원장 역임
국가건설기준센터 건설기준위원회 콘크리트기준 위원장 역임
한국콘크리트학회 제16대 회장
한국교량및구조공학회 제12대 회장

철근콘크리트-강도설계법과 한계상태설계법

초판 발행 2023년 2월 16일
2쇄 발행 2024년 3월 15일

지은이 이재훈
펴낸이 최국주
펴낸곳 동명사
출판등록 1950년 11월 1일(제1-76호)
주소 (우 10881) 경기도 파주시 회동길 50(문발동)
전화 031-955-7200(대표)~2, 7203(편집부), 7204(물류)
팩스 031-955-7205
전자우편 webmaster@dmsbook.com
홈페이지 www.dmsbook.com

ISBN 978-89-411-8229-0 93530
값 65,000원

머리말

어떤 책을 쓸 것인가. 이 책의 저술을 구상하면서 들었던 첫 번째 고민이었다. 고민 끝에 '누가 볼 책을 쓸 것인가'를 생각하기로 했다. 당연히 철근콘크리트에 관한 일을 하는 분들과 철근콘크리트를 공부할 분들이 볼 책이다. 그렇다면 철근콘크리트를 왜 공부하는가. 철근콘크리트 구조물의 계획, 설계, 시공, 유지관리를 하려면 알아야하기 때문이다. 또 하나 중요한 것은 현장에서 건설기술자가 공학적 판단을 할 때 필요한 지식을 얻기 위해서이다. 이것은 건설현장에 기술자(engineer)가 필요한 가장 큰 이유로, 저자가 현장에서 발생한 일의 해결책을 모색하는 자문활동을 경험하면서 얻은 결론이다. 계획하고 설계한대로 시공이 이루어지기만 한다면 건설현장에 기술자가 꼭 필요하지 않을 지도 모른다. 그러나 구조물을 구성하는 건설재료와 구조물을 지지하는 지반조건은 변동성이 크고, 건설현장은 상황을 미리 예상하기 어려워서 철근콘크리트 구조물은 많은 가정을 가지고 설계된다. 따라서 실제로 시공이 이루어지는 건설현장, 특히 토목구조물의 시공현장에서는 설계 때의 가정과 다른 상황이 발생하는 것이 통상적인 일이며, 이때 필요한 것이 현장기술자의 공학적 판단이다. 이런 일이 엔지니어링(engineering)의 한 축이므로 엔지니어링은 설계만을 뜻하는 것이 아니다. 그렇다면 공학적 판단에는 무엇이 필요할까. '어떻게(how)'도 중요하지만 '왜(why)'를 아는 것이 더 중요할 때가 있다. 왜 그런지 이유를 알아야 합리적인 판단으로 해결책을 찾을 수 있기 때문이다. 따라서 이 책의 저술에는 '어떻게(how)'와 함께 '왜(why)'를 설명하는데 소홀히 하지 않으려고 노력하였다. 또 '어떻게(how)'의 이해를 돕기 위하여 모두 90개의 예제를 수록하였고 예제를 통하여 철근콘크리트의 거동을 이해하도록 기술하고자 하였으며, '왜(why)'를 다시 한 번 생각하고 정리하도록 각 장의 연습문제에 질문을 수록하였다.

어떤 형태의 책을 쓸 것인가. 이 책 저술의 두 번째 고민이었다. 강의하기 좋은 책, 건설기준의 배경을 자세히 설명한 책, 중요한 내용만 간략히 정리한 책 등 선후배 동료들의 의견도 있었다. 강의하기 좋은 자료라면 교수들 각자의 교육철학이 담긴 강의노트가 그 역할을 할 것이고, 건설기준의 배경을 설명하는 자료라면 설계기준과 표준시방서의 해설서가 그 역할을 할 것이며, 중요한 내용만 간략히 정리한 자료라면 강의자들이나 수강생들이 작성한 각자 나름대로의 요약정리본이 그 역할을 할 것이다. 교과서는 강의노트나 해설서가 아니며, 또한 요약정리본과는 역할이 다르다는 것이 저자의 생각이다. 따라서 이 책이 철근콘크리트 교과서로서 충실한 역할을 할 수 있도록 저술하려고 노력하였다. 그러나 또한 강의노트, 해설서, 요약정리본 등의 자료 작성에 도움이 되는 형식도 염두에 두었고, 주제에 따라서는 설계기준의 내용을 별도로 요약정리하였다.

무엇에 중점을 둔 책을 쓸 것인가. 이 책 저술의 세 번째 고민이었다. 재료 특성과 함께 휨강도, 전단강도, 철근 정착과 이음, 균열, 처짐, 피로 등 거동 특성에 중점을 둘 것인가, 아니면 보, 기둥, 슬래브, 벽체, 기초, 옹벽 등 구조요소 또는 건축구조물, 교량, 지중구조물, 상하수도구조물, 발전소 등 시설물 형태에 중점을 둘 것인가의 문제이다. 어떤 시설물을 대상으로 하더라도, 또 어느 나라 건설기준에 따르더라도 제대로 일을 수행하려면 반드시 철근콘크리트의 기본 거동 특성을 이해해야 한다는 것이 저자의 생각이다. 따라서 이 책으로 공부한 분들이 그런 역할을 수행하는데 도움이 되도록 기본 거동 특성을 중점으로 기술하고, 마지막 장에서 부재형태에 따른 특성을 다루기로 하였다. 한편 이 책에 구조물 설계에 관한 더 큰 범위의 주제도 포함할 것인가를 고민하였고, 결국 이 책을 통하여 구조물 설계의 전반적인 내용도 공부할 수 있도록 저술하기로 하였다. 이에 따라 3장에 개념설계(conceptual design), 예비설계(preliminary design), 상세설계(detailed design)의 구조물 설계과정을 소개하였고, 설계법 및 설계기준의 특성과 구조물 설계를 위한 구조해석의 여러 주제들을 자세히 기술하고자 노력하였다.

어떤 규모로 장을 구성하여 어떤 순서로 책을 쓸 것인가. 이 책 저술의 네 번째 고민이었다. 많은 중요 항목을 각각의 장으로 나누어 기술할 것인가, 아니면 큰 단위로 묶어서 장을 구성할 것인가를 선택하여야 했다. 예를 들어 응력, 균열, 처짐을 각각의 장으로 나누어 구성할 수도 있고, 사용한계상태라는 제목으로 모두 묶어서 하나의 장으로 구성할 수도 있다. 각 항목의 중요성을 강조하려면 작은 규모를 갖는 다수의 장으로 구성하고, 구조물 성능검증의 전체적인 체계를 나타내려면 관련 있는 항목들을 묶어서 큰 규모를 갖는 소수의 장으로 구성하면 될 것이다. 결국 전체적인 체계를 이해하는 것에 조금 더 의미를 두어 큰 단위의 장으로 구성하기로 하였다. 그 다음은 어떤 순서로 주제를 기술할 것인가를 생각하여야 했다. 철근콘크리트 과목을 두 학기 강좌로 나누었을 때의 강의 순서로 장을 구성하는 것도 의미가 있을 것이고, 강의 순서와는 별개로 관련 있는 항목들을 묶어서 순서대로 장을 구성하는 것도 의미가 있을 것이다. 고민 끝에 강의 순서는 저자의 섣부른 생각보다 교수님들 각자의 선택에 따를 문제이므로, 교과서의 각 장은 관련 있는 항목들을 묶어서 구성하는 것이 바람직하다고 생각하였다. 이에 따라 부재 축방향으로의 응력과 관련 있는 주제는 4장, 5장, 6장의 순서로, 전단응력 및 교란응력과 관련 있는 주제는 7장, 8장, 9장의 순서로 기술하는 등 관련 주제를 묶어서 장을 구성하였다.

어떤 건설기준을 다룰 것인가. 이 책 저술의 다섯 번째 고민이었다. 대체적으로 각 장은 해당 주제에 대한 철근콘크리트 부재의 구조거동을 먼저 소개하고, 그 거동을 반영한 이론과 해석법을 설명한 후, 해당 주제에 대한 건설기준의 규정을 소개하는 형태로 구성하며, 원리와 적용법을 이해할 수 있는 예제를 많이 다루고자 하였다. 이때 소개하는 건설기준으로는 우리나라의 많은 철근콘크리트 구조물 설계에 적용하는 미국형 강도설계법 설계기준만을 다룰지, 아니면 유럽형 한계상태설계법 설계기준도 포함할지를 선택하여야 했다. 우리나라 연구자들의 연구결과가 반영된 비율이 점점 증가하여 ACI 318 Code와 다른 내용이 다수 포함된 KDS 14 20 콘크리트구조 설계기준은 당연히 소개하여야 했다. 한편 국제적으로 미국형 강도설계법과 유럽형 한계상태설계법이 콘크리트 구조물 설계법의 양대 산맥을 이루고 있는 현실에서, 우리나라 기술자가 국내뿐만 아니라 해외 어디에 진출해서도 역량을 발휘하는데 도움이 되기 위해서는 한계상태설계법을 다룬 저서가 필요하므로 KDS 24 14 21 콘크리트교 설계기준(한계상태설계법)도 포함하여 소개하기로 하였다. 한편 내진설계는 광범위한 내용으로 많은 분량이 필요한 주제이므로 별도의 저서로 다루는 것이 좋겠다고 판단하였다.

이와 같은 생각에 따라 집필하다보니 생각보다 분량이 너무 많아져서, 두 권으로 분권하여 출판하는 방안을 생각해 보기도 하였다. 내진설계에 관한 내용을 포함시키지 않았음에도 불구하고 책이 너무 두꺼워져서 여러 가지 의미로 독자들에게 부담이 될 것을 우려하지 않을 수 없었기 때문이다. 그러나 분량에 관한 것 또한 독자들의 판단에 맡기기로 하였다.

철근콘크리트는 콘크리트와 철근이 가진 단점을 서로 보완하고 장점을 극대화하여 매우 효율적으로 두 재료를 합성한 구조형식이다. 철근콘크리트 구조의 이러한 장점을 충분히 살리기 위해서는 설계와 시공이 합리적으로 이루어져야 한다. 이것은 전적으로 건설기술자의 공학적 지식수준과 도덕성에 좌우되는 것인데, 이 책이 이에 일조하기를 기대하지만 혹시라도 잘못된 정보를 준 결과가 되지 않을까 마음을 졸이지 않을 수 없다. 아무쪼록 이 책이 철근콘크리트를 공부하는 학생들과 현장에서 철근콘크리트 업무에 종사하는 실무 기술자들에게 도움이 되기를 기대한다.

끝으로 이 책의 교정과 연습문제 정답 작성에 수고를 아끼지 않은 영남대학교 대학원생 이승우, 표세림, 김동현과 여러 조언을 주신 선후배 동료들에게 감사의 마음을 전하며, 저자의 까다로운 주문에도 열과 성의를 보여주신 동명사 편집부에도 감사드린다.

2023. 2.

이 재 훈

차 례

제3장
설계와 시공

제4장
휨 거동과 해석

제12장
부재형태에 따른 구조설계

제1장 철근콘크리트의 원리와 특성

1.1 철근콘크리트의 원리

철근콘크리트(reinforced concrete)는 콘크리트(concrete)와 강재(steel)가 가지고 있는 단점을 상호 보완하고 두 재료의 장점이 효율적으로 발휘되도록 두 재료를 합친 합성구조로, 건설 구조물에 가장 일반적으로 사용되는 형식이다. 건설 구조물에 사용되는 강재는 항복강도가 240~600 MPa 수준으로 매우 높고, 압축강도와 인장강도가 거의 같기 때문에 강재만으로도 구조물을 만들 수 있다. 예를 들어 그림 1-1과 같은 단순보(simply supported beam)에 하중이 작용하면 단면의 중립축을 중심으로 윗부분은 압축응력이 작용하고 아랫부분은 인장응력이 작용하여, 그림과 같이 중립축에서 멀어질수록 응력과 변형률이 증가하는 분포를 보인다. 압축과 인장에 모두 강한 강재는 이 압축응력과 인장응력에 효율적으로 저항할 수 있다. 그러나 강재는 가격이 비싸서 구조물을 강재로만 만드는 것이 경제적이지 않은 경우가 많다. 또 강재는 페인트를 칠해야 하는 등의 특별한 조치를 취하지 않으면 부식이 진행되므로 유지관리비용이 크게 소요되는 경우가 많다.

콘크리트는 가격이 상대적으로 저렴하여 경제성 측면에서 매우 경쟁력이 있는 재료이다. 그러나

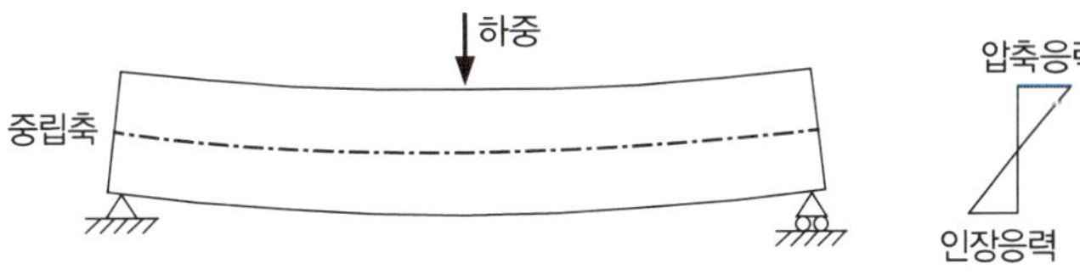

그림 1-1 단순보의 하중작용 및 변형과 응력분포

콘크리트는 압축강도와 인장강도의 차이가 매우 큰 단점을 가지고 있다. 즉, 고강도콘크리트를 사용하는 사례가 많기는 하지만 일반적으로 많이 사용되는 콘크리트의 압축강도는 20~40 *MPa* 수준이고, 인장강도는 2~4 *MPa* 수준으로 압축강도의 약 1/10 정도이다. 따라서 콘크리트만으로 보를 만드는 경우, 콘크리트가 압축에 대한 능력을 발휘하기 전에 인장 측에서 파괴가 발생하므로 저항할 수 있는 하중이 매우 낮은 비효율적인 구조가 된다. 이 단점을 보완하는 한 방법으로 그림 1-2와 같이 콘크리트 보의 인장 측에 강봉(鋼棒, steel bar)을 묻어 놓아서 강봉이 인장력을 받게 할 수 있다. 이 강봉을 철근(steel reinforcement, reinforcing bar)이라고 하는데, 해외 시공현장에서는 간략히 리바(re-bar)라고도 한다. 이와 같이 콘크리트 단면의 인장응력이 작용하는 부분에 철근을 배치하여 보강한 구조물을 철근콘크리트라고 한다. 철근콘크리트에서 알칼리성인 콘크리트는 매립된 철근이 부식되지 않도록 보호하는 역할과 철근이 빠지지 않고 정착되도록 잡고 있는 역할을 하며, 철근은 인장력에 취약한 콘크리트를 보완하는 역할을 한다.

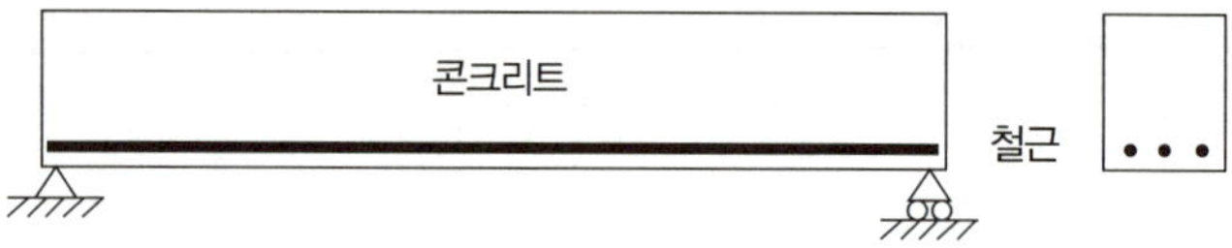

그림 1-2 직사각형 단면 콘크리트 단순보의 철근 보강

그림 1-3은 콘크리트 보에 철근을 보강한 예이다. 그림 1-3(a)와 같은 단순보에 중력방향으로 하중이 작용하면 단면의 아랫부분이 인장으로 늘어나고 단면의 윗부분이 압축으로 줄어드는 정(+)모멘트가 작용하므로, 인장응력을 받는 단면의 아랫부분에 철근을 배치하여 보강한 것이다. 그림 1-3(b)와 같은 캔틸레버 보에 중력방향으로 하중이 작용하면 단면의 윗부분이 인장으로 늘어나고 단면의 아랫부분이 압축으로 줄어드는 부(-)모멘트가 작용하므로, 인장응력을 받는 단면의 윗부분에 철근을 배치하여 보강한 것이다. 이와 같이 철근콘크리트 구조물에 하중이 작용하면 콘크리트의 인장강도보다 큰 인장응력이 작용하는 부분에는 그림 1-3과 같이 균열이 발생할 수 있지만, 콘크리트 대신 철근이 인장력에 저항하므로 하중을 지탱하는 충분한 성능을 발휘하여 구조물로서의 역할을 할 수 있다.

이때 중요한 것은 철근과 콘크리트가 일체화 되어 같은 길이로 늘어나거나 줄어들 수 있어야 한다는 것이다. 물론 균열이 발생한 부분은 국부적으로 철근과 콘크리트가 일체화 되지 못한 상태이지만, 전체적으로 일체화 되어 있다면 큰 문제가 되지는 않는다. 철근과 콘크리트의 일체화는 두 재료가 부착되어

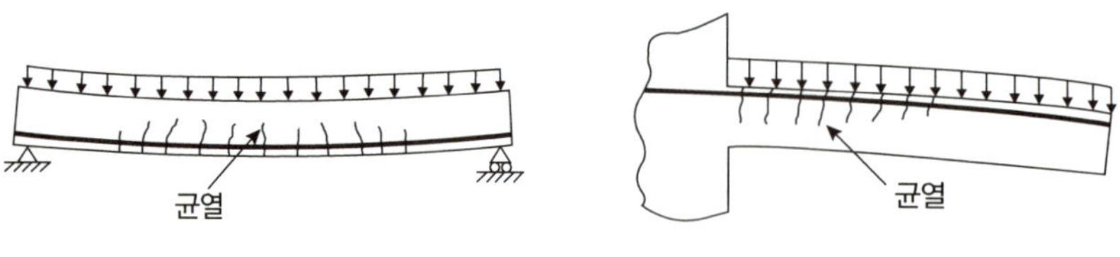

(a) 단순보 (b) 캔틸레버 보

그림 1-3 철근콘크리트 보의 철근 배치와 처짐 및 균열

있어야 한다는 뜻인데, 설계기준에 따라 설계된 구조물은 철근과 콘크리트의 부착성능이 만족할만한 수준으로 발휘된다. 또 온도 변화에 따른 변형에 있어서도 두 재료는 일체로 작용하는 합성거동을 보인다. 즉, 강재의 열팽창계수는 약 $12\times10^{-6}/°C$이고, 콘크리트의 열팽창계수는 약 $(10\sim13)\times10^{-6}/°C$로 두 재료의 열팽창계수가 매우 유사하다. 따라서 온도 변화에 따라 늘어나거나 줄어드는 비율 또한 유사하여 철근과 콘크리트가 일체화 된 합성구조로서 성능을 발휘할 수 있는 것이다.

부정정 구조물에서는 구조해석을 통하여 인장응력이 작용하는 부분을 찾아서 철근을 보강하여야 한다. 예를 들어 그림 1–4와 같은 2경간 연속보에 중력방향으로 하중이 작용하면 중앙지점 부근에는 부(–)모멘트가 작용하고 그 외의 부분에는 정(+)모멘트가 작용한다. 정(+)모멘트가 작용하는 구간은 단면의 아랫부분이, 부(–)모멘트가 작용하는 구간은 단면의 윗부분이 인장으로 늘어난다. 따라서 정(+)모멘트 구간은 단면의 아랫부분에, 부(–)모멘트 구간은 단면의 윗부분에 철근을 보강하여야 한다. 이와 같이 철근이 배치되어야 할 부분과 정(+) 부(–)의 휨모멘트 위치를 동일하게 하여 일관되게 표현할 목적으로 철근콘크리트공학 분야에서는 그림 1–4와 같이 정(+)모멘트를 아래쪽에, 부(–)모멘트를 위쪽에 나타내는 휨모멘트 분포의 부호 규약을 사용하는 경우가 많다. 한편 그림 1–4에서 지점조건이 완벽히 이상적인 경우라면 중앙지점 부근에 점선으로 표현된 철근은 논리적으로 배치할 필요가 없는 철근이지만, 구조물의 연속성을 확보하기 위하여 배치하는 철근이다.

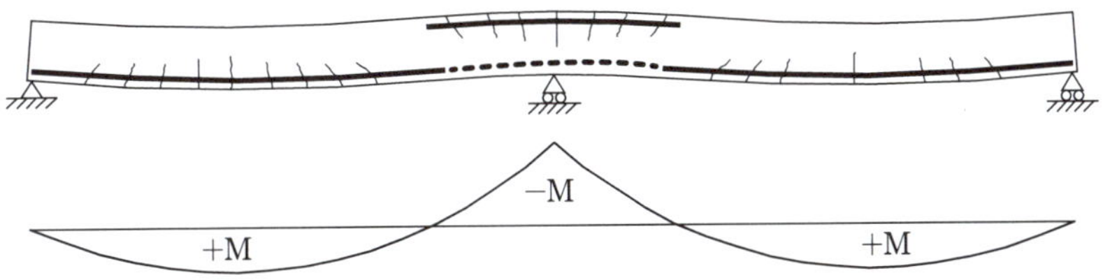

그림 1–4 2경간 연속보의 휨모멘트 분포에 따른 철근 배치와 처짐 및 균열

철근과 콘크리트를 사용하여 구조물을 건설하고자 할 때, 설계과정에서 구조물의 형상과 단면의 크기가 결정되면 철근콘크리트 구조물의 설계(design of reinforced cocrete structures)는 다음의 두 가지 항목을 결정하는 과정이라고 할 수 있다.

- 철근의 위치: 단면의 어디에 철근을 배치하여야 하는가?
- 철근의 양: 얼마만큼의 철근을 배치하여야 하는가?

그림 1–5는 이 두 가지 항목을 설명하기 위한 것으로, 단순보와 캔틸레버의 경우를 나타낸다. 이미 그림 1–3으로 설명한 바와 같이 정(+)모멘트가 작용하는 그림 1–5(a)의 단순보에는 단면의 아랫부분에, 부(–)모멘트가 작용하는 그림 1–5(b)의 캔틸레버 보에는 단면의 윗부분에 철근을 보강하여야 한다. 이와 같이 철근이 배치되어야 할 위치는 휨모멘트의 부호에 따라 달라지므로, 구조해석(structural analysis)를 통하여 휨모멘트 분포를 구한 후 판단하여야 한다.

철근이 배치되어야 할 위치를 결정한 후에는 작용하는 휨모멘트의 크기에 따라 배치하여야 할 철근량을 결정하여야 한다. 단순보는 경간 중앙에 최대 휨모멘트가 작용하고 캔틸레버 보는 지점에 최대 휨모멘트가 작용하므로, 최대 휨모멘트의 크기에 대한 철근량으로 전체 길이에 배치하면 안전할 것이다. 그러나 단순보는 지점으로 갈수록 휨모멘트가 작아지고, 캔틸레버 보는 자유단으로 갈수록 휨모멘트가 작아진다. 따라서 최대 휨모멘트가 작용하는 그림 1-5의 단면 A-A 위치에 배치되는 철근의 양을 전체 길이에 걸쳐 동일하게 배치하는 것은 비경제적인 결과가 된다. 즉, 작용하는 휨모멘트에 충분히 저항할 수 있다면 단면 B-B는 단면 A-A보다 적은 양의 철근을 배치하여도 문제가 없다. 따라서 그림 1-5에 나타낸 바와 같이 긴 철근과 짧은 철근을 조합하여 단면 A-A와 단면 B-B와 같이 철근을 배치할 수 있다. 이와 같이 철근콘크리트 구조물을 설계할 때에는 철근의 위치와 철근의 양을 합리적으로 결정하여 안전하고 경제적인 구조물이 되도록 하여야 한다.

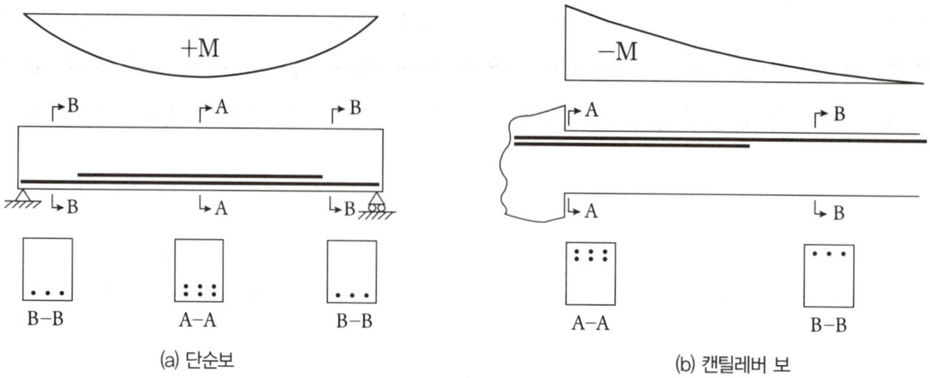

그림 1-5 철근콘크리트 보의 휨모멘트 분포에 따른 철근 위치와 철근량

앞에서 서술한 바와 같이 철근은 콘크리트 단면의 인장부를 보강하기 위한 것이지만 압축부를 보강하는 용도로도 사용된다. 이것은 압축철근의 배치로 철근콘크리트 부재의 구조적 거동 특성을 향상시킬 수 있기 때문이다. 즉, 인장철근과 함께 압축철근의 배치된 경우에는 압축철근의 배치되지 않은 경우에 비하여 부재의 휨강도(flexural strength)가 증가될 뿐만 아니라 연성(ductility)이 증가되어 부재가 갑자기 파괴되는 취성파괴(brittle failure)보다는 서서히 파괴되는 연성파괴(ductile failure)를 유도하며, 콘크리트 재료특성에 따른 장기 변형(long-term deformation)이 억제되는 긍정적인 역할을 한다. 콘크리트 단면의 인장부를 보강하는 철근을 인장철근(tension steel 또는 tension reinforcement)이라고 하며, 압축부를 보강하는 철근을 압축철근(compression steel 또는 compression reinforcement)이라고 한다. 철근콘크리트 보의 압축 부에 배치된 철근과 기둥의 축방향으로 배치된 주철근(main reinforcement)은 압축철근의 대표적인 예이다.

한편 철근콘크리트의 영문 표현인 'reinforced concrete'를 그대로 번역하면 '보강콘크리트'라고 할 수 있으므로, 어떠한 재료를 사용하여서든 콘크리트를 보강한 것을 의미한다고 생각할 수 있다. 따라서 엄밀한 의미에서는 'steel reinforced concrete'로 표현하는 것이 정확할 것이다. 그러나 매우 오랜 기간 동안 실제적으로 철근만이 콘크리트를 보강하는 재료로 사용되어 왔기 때문에 'steel'을 생략하고 간략히 'reinforced concrete'로 표현하여 왔다. 그러나 근래에 들어 FRP(fiber reinforced polymer 또는 fiber reinforced plastic)로 콘크리트를 보강하는 'FRP 보강 콘크리트(FRP reinforced concrete)'도 적용되는 경우가 있음을 유의할 필요가 있다. 한편 강구조용으로 사용하는 강재를 철근과 함께 콘크리트 속에 넣어 보강하는 경우도 있는데, 이러한 형식을 '철골철근콘크리트(steel framed reinforced concrete)'라고 한다. 또 고강도 강재를 인장(tensioning)하여 그 반작용으로 콘크리트에 압축응력을 도입하는 프리스트레스트 콘크리트(prestressed concrete)도 콘크리트를 보강한 형식 중 하나이다. 이 책에서는 일반적인 철근으로 보강된 철근콘크리트를 다룬다.

1.2 철근콘크리트의 역사

철근콘크리트는 시멘트가 발명되어 콘크리트를 만들 수 있게 되고 콘크리트의 단점을 보완하기 위하여 철근으로 콘크리트를 보강하는 개념이 구체화됨으로써 널리 사용되기 시작하였다. 그 후 콘크리트와 철근의 제조기술과 구조물의 설계 기술 및 시공 기술의 발전에 따라 다양한 의미로 발전되었다. 시멘트의 역사와 철근콘크리트의 역사는 다음과 같다.

1.2.1 시멘트의 역사

넓은 의미에서 시멘트(cement)는 물질을 접합시키는 모든 재료를 의미하며, 부순 돌이라는 뜻의 라틴어 'caementum'이 어원이다. 시멘트는 물과 반응하여 굳어지는 성질의 수경성 시멘트(hydraulic cement)와 물과는 관계없이 굳어지는 성질의 기경성 시멘트(non–hydraulic cement)로 구분되며, 수경성 시멘트에는 포틀랜드 시멘트(portland cement), 혼합 시멘트(blended cement), 특수 시멘트(special cement)가 있다.[1.1 *]

시멘트질 결합재로서 가장 오래된 것은 석고를 150℃ 이상으로 가열한 백색 가루 형태의 소석고(燒石膏)로, 기원전 5,000년경에 건설된 이집트의 피라미드에 사용되었다고 추정된다. 현존하는 구조물에 사용된 소석고로 가장 오래된 것은 기원전 2,500년경에 건설된 이집트 쿠퍼왕의 피라미드이다. 이 소석고는 기경성 시멘트로, 모래와 섞어서 모르타르 형태로 피라미드 석재(石材, stone)의 줄눈에 사용되었다. 고대 그리스에서는 석회석을 구워서 만든 소석회(消石灰)를 시멘트로 사용하였다. 고대 그리스의 유적이나 유물에서 소석회와 화산재를 섞어서 만든 모르타르나 물잔 등이 발견되었으며, 그 당시 사용된 화산재로는 Santorin 섬에 있는 화산재가 사용되었다. 소석회와 화산재를 섞은 시멘트질 결합재를 석회석이나 작은 돌과 섞어서 콘크리트 형태로 사용한 것은 로마시대부터였다. 이것을 포졸라나 콘크리트(pozzolana concrete)라고 하는데, 기원전 1세기와 2세기에 포졸라나 콘크리트로

* 이 번호는 참고문헌 번호이며, 각 장의 후반부에 참고문헌 목록이 정리되어 있다.

만든 지붕이나 욕조가 폼페이(Pompeii)에서 발견되었다. 서기 1세기에는 로마를 재건축할 때 포졸라나 콘크리트를 이용하여 돔(dome) 구조가 건설되었다. 그 중 대표적인 것은 서기 128년에 완공된 Pantheon 신전으로, 지름이 43.3m에 달하는 돔 구조이다. 포졸라나 콘크리트라는 명칭은 로마시대에 나폴리 만(灣, Naples bay) 주위의 Vesuvius 산 또는 Pozzouli 마을 근처의 화산재를 'Pozzolana'라고 불렀기 때문에 붙여진 것이다. 그 후 로마시대부터 서기 18세기 말까지 약 2,000년 동안에는 소석고 또는 소석회를 화산재와 섞어서 결합재로 사용하였다.[1.2, 1.3]

근대의 시멘트는 수경성 시멘트이며 수경성 석회(hydraulic lime)와 천연 시멘트(natural cement)가 이에 해당한다. 영국의 John Smeaton은 1756년에 Eddystone 등대를 재건축할 때 기존의 석회 모르타르가 물속에서는 경화하지 않으며 바닷물 파도에 저항할 정도의 내구성은 갖지 못한다는 것을 발견하였다. 그 후 Smeaton은 Eddystone 등대를 재건축하는 과정에서 많은 시도 끝에 점토를 함유한 석회를 소성(燒成, firing, 가마니에서 굽는 작업)하면 수경성을 갖는다는 사실을 발견하였고, 1791년에 이 수경성 석회(hydraulic lime)에 관한 내용을 보고하였다.[1.4] 1796년에는 James Parker가 Smeaton과 같은 방법이지만 온도를 높여서 소성하는 방법으로 시멘트를 만든 천연 시멘트(natural cement)를 만들었다. James Parker가 만든 천연 시멘트는 로만 시멘트(Roman cement)라고도 불렀다. 같은 해인 1796년에 프랑스의 Lesage(레자즈)도 Parker와 유사한 방법으로 천연 시멘트(natural cement)를 만들었다. 프랑스의 Vicat(비카)는 1812년부터 석회로 사용할 수 있는 석회석을 가려내기 위한 연구를 시작하여, 1818년에 연구결과를 발표하였고 1828년에 책을 출판하였다. Vicat는 수경성 석회가 이산화규소(실리카), 알루미나, 망간, 마그네슘, 철 등으로 구성되어 있으며, 이들이 적정 비율로 혼합되면 성능이 좋아질 것이라는 내용을 발표하여 시멘트 제조법의 토대를 마련하였다. 또 Vicat는 시멘트의 응결도를 측정하는 시험장치로 현대에도 사용하고 있는 비카침(Vicat needle)을 발명하였다. 1822년에는 영국의 James Frost가 영국 시멘트(British cement)라고 부르는 천연 시멘트를 개발하여 특허를 받았다.[1.2, 1.3]

현대에 사용되고 있는 시멘트는 영국의 Joseph Aspdin이 1824년에 특허를 받아 '포틀랜드 시멘트'라고 이름을 붙인 것에서 유래하였다. Aspdin은 분쇄한 석회석을 구워서 생성회로 만든 후 점토를 섞고 물을 가한 다음 다시 미분쇄하여 건조시키고, 건조된 분말을 벽돌이나 횟돌들을 굽는 가마, 즉 소성로(燒成爐, kiln)에 넣어 800℃까지의 온도에서 구어서 석회석 중의 탄산가스가 완전히 제거된 클링커(clinker)를 만든 후 이를 미분쇄하여 시멘트를 제조하였다. Aspdin의 포틀랜드 시멘트는 석회석과 점토를 적절한 비율로 혼합하여 고온에서 굽고 미분쇄하면 균질하며 강도가 높아지는 현상을 이용한 것으로서, 두 번에 걸쳐 소성하는 이중소성방식을 사용하였다. 이 시멘트는 그 때까지 사용하던 수경성 석회나 천연 시멘트보다 품질이 우수하여, 현재 가장 일반적으로 사용되는 포틀랜드 시멘트의 시초가 되었다. '포틀랜드 시멘트'라는 명칭은 Aspdin의 시멘트가 영국 남부의 Portland 섬에서 나는 석회석인 '포틀랜드 석재(Portland stone)'와 비슷한 회백색이어서 붙인 이름이다. 그러나 Aspdin의 포틀랜드 시멘트는 소성온도가 높지 않고 정교하게 공정이 관리되지 않아서, 종종 불량품으로 여긴 과열된 덩어리가 만들어지는 등 클링커의 품질이 좋지 않았다. 이를 개량한 사람은 영국의 Issac Johnson으로, 1845년에 석회석과 점토의 배합비율을 제시하고 소성온도를 높게 유지하여야 한다는 제조조건을 제시하는 등 시멘트 생산기술의 기반을 마련하였다. 현대의 시멘트는 약 1,450°C까지의 온도에서 구어서 클링커를 제조한다.[1.2, 1.3]

이와 같이 18세기 중반부터 영국에서 시작된 근대 시멘트의 개발로, 미국에서는 1818년부터 천연 시멘트가 생산되기 시작하였고 캐나다에서는 1830년부터 수경성 시멘트가 생산되기 시작하였다. 포틀랜드 시멘트는 1850년경부터 유럽에서 제조공장이 건설되어 제품이 생산되기 시작하였고, 미국에서는 1871년에 David Saylor가 포틀랜드 시멘트의 특허를 획득하였다. 또 1882년에는 독일에서 고로슬래그를 30% 혼합한 고로슬래그 시멘트가 개발되었다.[1.1, 1.2]

한국에서는 1919년 '오노다시멘트'이라는 이름으로 평양 승호리 만달산 기슭에 건설된 연 생산량 6만톤 규모의 건식공장에서 시멘트를 생산한 것이 최초이다. 위도 38도선의 남쪽에서는 1942년에 연 생산량 8만톤 규모로 건설된 삼척공장이 처음이었고 유일한 것이었다. 1945년의 광복 당시 한반도에는 모두 6개의 시멘트 공장에서 연 170만톤 규모의 시멘트가 생산되었다. 대부분의 시멘트 공장이 위도 38도선 북쪽에 위치한 상태에서 한반도가 남과 북으로 갈린 후, 1957년 문경 지역에 시멘트 공장이 새로 건설되는 등 시멘트 산업이 발전하였고 1964년부터는 시멘트 수입국에서 수출국으로 전환되었다. 그 후 1976년부터 5종 내황산염 시멘트와 2종 중용열 시멘트를 생산하였고, 1980년대부터 3종 조강 시멘트, 초조강 시멘트, 조적 시멘트(masonry cement), 알루미나 시멘트, 색조 시멘트(color cement) 등 다양한 용도의 시멘트가 생산되었다. 한국의 연간 시멘트 생산량은 수요에 따라 변화가 있어서, 1997년에는 6,000만톤까지 생산한 적이 있으나 2000년대에는 대략 5,000만톤 내외가 생산된다.[1.1, 1.5]

1.2.2 콘크리트의 발전

콘크리트(concrete)는 '함께 자라는'이라는 의미의 라틴어 'concretus'가 어원이며, 현재의 영문으로는 이 책에서 다루는 명사의 콘크리트와 함께 '단단한, 확실한, 굳은' 등의 의미를 가진 형용사와 '굳다, 굳게 하다'의 동사로도 사용된다.

고대에 시멘트가 처음 개발되었을 때에는 콘크리트를 만들기 위한 결합재로 사용하려고 한 것은 아니었다. 그 당시에는 석재를 붙이기 위한 접착재료 또는 구조물의 외부에 바르는 마감재의 용도로 시멘트가 개발된 것이었다. 근대에 들어서도 이와 같은 개념에는 변화가 없어서, 그 당시의 주요건설재료였던 석재나 벽돌들을 접합시키는 모르타르를 만들기 위하여 시멘트가 사용되었다. 그러나 매우 큰 석재를 사용하여 구조물을 만드는 경우, 석재의 가격이 비싸서 경제적으로 단점이 되기도 했지만 무거운 석재를 운반하는 데에도 어려움이 있었다. 이 문제를 해결하기 위하여 큰 석재를 사용하는 대신 벽돌을 구어서 석재 대신 사용하는 경우가 많아지면서 모르타르용 시멘트의 소비가 늘어났다. 그러다 아예 모르타르에 자갈을 섞어서 석재나 벽돌을 대신할 재료를 만들어 사용하기 시작하였으며, 이것을 그 당시에는 인조석(artificial stone)이라고 불렀다.

1824년부터 개발된 포틀랜드 시멘트도 1850년까지는 주로 콘크리트 자체로의 무근콘크리트(plain concrete)를 만드는데 사용되었다. 그 당시에는 콘크리트의 배합 비율에 대해서 연구된 바 없었기 때문에, 시멘트와 모래와 자갈을 1:2:4 등의 경험적인 비율로 섞어서 사용하였다. 이때의 비율은 부피를 기준으로 하였으며, 여기에 물을 적당히 섞어서 반죽의 질기를 보아가며 적당히 비볐다.

콘크리트의 배합비에 대해서는 1897년 프랑스의 Feret(페리에)의 연구가 최초이다. Feret는 이 연구에서 모르타르의 강도에는 물 부피에 대한 시멘트의 부피 비율과 공기량이 주요 변수라고 결론지었다.[1.6] 그 후 1900년대에 들어서면서 콘크리트의 배합비에 대하여 여러 연구결과가 발표되었다. 1901년 미국의 Fuller는 포틀랜드 시멘트를 사용한 콘크리트의 배합에 대하여 많은 연구를 수행하여, 골재 크기의 분포를 나타내는 입도분포가 콘크리트의 강도에 영향을 준다고 주장하였다. 1918년에는 미국의 Abrams와 캐나다의 Edwards가 골재의 표면적이 콘크리트 강도와 관계가 있다고 주장하였는데, 이것은 1893년에 Hearth가 제시한 표면적법(surface-area method)을 다시 제기한 것이다. 그 당시 Abrams는 부피 비율로 표현된 새로운 배합설계를 제시하기도 하였는데, 압축강도가 65 MPa로 매우 높은 수준이었다. 또 Abrams는 Talbot와 Graf 등과 함께 50,000개에 가까운 콘크리트 공시체의 실험결과를 분석하여, 콘크리트 강도를 '물-시멘트 비' 하나의 변수로 나타낼 수 있다고 주장하며 수식을 제시하였다. 또한 1차 세계대전 중인 1918년 미국의 Hayde는 가벼운 철근콘크리트 배를 건조하려는 시도로, 소성 점토를 골재로 사용한 가벼운 콘크리트를 개발하여 '하이다이트(Haydite)'로 이름을 붙이고 특허를 등록하였다. 하이다이트(Haydite)는 무게가 1,500~1,600 kg/m^3 정도인 경량 콘크리트였다.[1.2]

한편, 콘크리트를 만들기 시작할 때부터 콘크리트의 배합에 대한 연구뿐만 아니라 시공방법에 대하여도 여러 가지가 시도되었다. 이것은 콘크리트가 충분한 습윤 상태에서 양생되어야 강도가 발현된다는 것을 경험적으로 알고 있었기 때문이다. 따라서 콘크리트를 타설한 후 표면 양생의 방법으로 짚이나 흙을 덮어 습기를 보존하는 시도도 하였다. 또, 콘크리트 포장에서는 표면에 염화칼슘 등을 뿌려서 공기 중의 수분을 흡수하여 표면 습도를 유지하는 방법도 시도되었다. 20세기 초에는 콘크리트 재료를 혼합하는 믹서(mixer)와 진동다짐기가 개발되어 강도를 증진시키는데 크게 기여하게 되었다.[1.1, 1.2]

1.2.3 철근콘크리트의 발명과 발전

철근콘크리트로 첫 번째 특허를 받은 사람은 1854년 영국의 William Wilkinson이고, 철근콘크리트 구조물을 첫 번째로 만든 사람은 1867년 프랑스의 Joesph Monier(모니에)로 알려져 있다. 그러나 Monier 등 한두 사람이 철근콘크리트를 모두 발명하고 개발한 것이라고는 할 수 없다. 이것은 여러 공학자들의 새로운 발상과 경험이 지식으로 발전하면서 이루어진 업적이기 때문이다.[1.2, 1.3, 1.7]

철근콘크리트가 개발되기 이전에는 자연에서 구한 재료를 직접 이용하거나 단순 가공하여 구조물을 만들었으므로, 목재나 석재 또는 흙으로 구운 벽돌을 사용하였다. 이 재료들은 대부분이 압축에는 강하지만 인장에는 취약한 특성을 가지고 있다. 따라서 고대에서 근대까지의 구조물들은 압축력만으로 힘을 전달하는 아치(arch)나 돔(dome) 형태의 구조물이었다. 다만, 목재는 인장강도가 압축강도보다 크게 낮지 않으므로, 압축력만 작용하는 기둥 구조뿐만 아니라 한 부재의 단면 내부에 압축응력과 인장응력이 동시에 작용하는 보 구조로 이용되었고, 또 기둥과 보가 연결된 골조 구조로도 이용되었다. 이렇게 오랜 기간 동안 단순한 형태의 재료와 구조를 사용하다가, 1800년대 초 시멘트가 개발된 후 구조물의 형태나 공법에 큰 변화가 생겼다. 그러나 시멘트가 개발된 초기에는 시멘트가 주로 석재나 벽돌들을 접합시키는 모르타르를 만들기 위하여 사용되었다. 그러다가 무거운 석재를 운반하는 것보다 작은 돌들을 운반하는 것이 더 편리하고, 공사현장에서 작은 돌, 즉 자갈과 모래를 시멘트와 함께 비벼서 석재를 만드는 것이 더 경제적이고 효율적일 것이라는 발상을 하였다. 이에 따라 인조석으로서의 콘크리트가 만들어졌으나, 이때까지는 주로 압축응력을 받는 구조로 이용되었다.

그 후 당시의 공학자들은 콘크리트가 다른 재료와는 달리 제조할 때의 특성상 내부에 다른 재료를 넣기 쉽다는 것에 주목하였다. 이러한 생각에 바탕을 두어 인장에 약한 콘크리트의 특성을 보완하기 위하여 인장에 강한 재료로 쇠(iron)를 넣기 시작한 것이 철근콘크리트의 시초이다. 즉, Aspdin이 1824년에 포틀랜드 시멘트를 개발한 이후, 1832년 영국의 Marc Brunel은 런던의 템즈(Thames) 강 밑을 지나는 터널을 건설하는 과정에서 쇠(iron)와 목재로 보강한 실험체로 부착실험을 수행하였다. 이 실험에서 Brunel은 벽돌과 시멘트로 아치 형상의 실험체를 만들면서 쇠(iron)와 목재를 넣고 이들을 잡아 당겨서 부착성능을 실험하였다. 1848년에서 1850년 사이에 프랑스의 Lambot(랑보)는 작은 배를 철선(wire)으로 보강한 콘크리트로 만들었고, 1854년 파리 박람회에 이를 출품하였으며, 1855년에 특허를 취득하였다. Lambot는 이 특허에서 쇠로 만든 원형 봉(round bar) 4개로 보강한 콘크리트 보와 기둥의 그림을 선보였다. 또, 프랑스의 François Coignet(코아니에)는 1853년에 철근을 넣은 콘크리트로 집을 만들고, 1855년에 콘크리트 구조의 철근 배치에 대하여 영국에서 특허를 취득하였다.[1.2, 1.3, 1.7, 1.8]

그러나 실제적인 철근콘크리트 구조물을 처음 만든 사람은 프랑스 파리에 유아원을 소유하고 있던 Monier(모니에)로 알려져 있다. 1867년 Monier는 유아원의 정원(nursery garden)에서 사용할 화분(garden pot)과 나무를 심을 통(garden tub)을 쇠(iron)로 보강한 콘크리트로 만들었으며, 프랑스에서 특허를 취득하였다. 그 후 Monier는 다른 많은 특허를 받았는데, 1868년에 관(pipe)과 저장용기(tank), 1869년에 평판(flat plate), 1873년에 교량(bridge), 1875년에 계단(stairway)에 대한 특허를 취득하였다. 1880년과 1881년에는 Monier가 독일에서 철도용 연결재(railroad tie), 가축용 물 공급 통(water feeding trough), 원형 화분(circular flower pot), 평판(flat plate), 용수로(irrigation chanel) 등에 대한 특허를 취득하였다. 그러나 그 당시 Monier의 특허는 철근콘크리트의 거동이나 설계와 해석 및 계산에 대한 정량적인 자료가 제시되지는 않은 것이었다.[1.2, 1.7] 그 뒤 Monier로부터 영감을 받은 프랑스의 François Hennibique는 1879년에 특허를 받기 위하여 철근콘크리트 부재를 설계하는 과학적인 접근법을 개발하였다. 이 특허 출원은 프랑스에서 인정받지 못했지만, 철근콘크리트 구성형식이 1892년에 영국에서 특허를 받은 후 Hennibique는 완전한 철근콘크리트 골조형식의 건물을 처음 건설하였고, 건설 회사를 설립하여 많은 철근콘크리트 구조물을 시공하였다. 또 1896년에는 철근콘크리트에 관한 기술 잡지(technical journal)를 정기적으로 간행하기 시작하였다.[1.3, 1.9]

미국에서는 Thaddeus Hyatt가 1850년대에 철근콘크리트 보를 만들고 실험하였다. Hyatt는 원래 변호사였지만 공학자로서도 능력을 발휘하였다. Hyatt의 보는 쇠로 만든 봉(iron bar)을 인장부에 배치하고 지점부에서는 꺾어 올려서 압축부에서 정착되도록 한 형태였다. 또 지점부에는 수직으로 횡방향 철근을 배치하였는데, 이것은 현대에 설계되는 철근콘크리트 단순보와 매우 유사하였다. 그러나 Hyatt의 실험은 1877년에 그가 영국에 거주하면서 개인적으로 발간한 문헌에 소개되기 전에는 대중에게 알려지지 않았었다. 그 다음해인 1878년에 Hyatt는 미국에서 특허를 받았다. 미국의 첫 번째 철근콘크리트 구조물은 1875년 뉴욕 주 Port Chester 시에 건설된 주택으로, 1871년과 1872년에 William Ward가 수행한 실험에 기반을 둔 것이다. 미국의 서부 캘리포니아 지역에서는 1874년에서 1884년 사이에 Ernest Ransome이 많은 구조물을 철근콘크리트로 만들었다. Ransome은 쇠줄(wire rope)을 이용하여 콘크리트를 보강하는 방법을 사용하였는데, 1884년에는 사각형 단면의 봉을 비틀어서 부착성능을 향상시킨 이형 봉으로 특허를 받았다.[1.2, 1.3, 1.7~1.10]

그 외에도 독일의 Möller, 헝가리의 Wünsch, 오스트리아의 Wayss와 Bauschinger, 헝가리와 오스트리아에서 활동한 Emperger와 Melan 등이 철근콘크리트의 개발에 참여하여,[1.2, 1.3, 1.8] 1850년대부터 많은 발명가들이 철근콘크리트를 개발하면서 연구하고 특허를 출원하였다. 그 당시 특허의 내용은 주로 철근의 형태와 절곡에 관한 것으로, 1904년에 발간된 영국의 서적에는 1875년부터 1900년 사이에 프랑스에서 15개, 독일이나 오스트리아 및 헝가리에서 14개, 미국에서 8개, 영국에서 3개, 그 외 국가에서 3개로, 총 43개의 철근콘크리트 관련 특허가 나왔다고 기록되어 있다.[1.10]

이와 같은 노력으로 유럽에서는 1869년 프랑스 파리에, 미국에서는 1871년 뉴욕 브룩클린에 첫 번째 무근콘크리트 아치교가 건설되었다. 또 1879년 첫 번째 철근콘크리트 교량이 덴마크 코펜하겐에 건설되었고, 미국에서는 1889년 샌프란시스코에 건설되었는데, 모두 아치교였다.[1.2] 콘크리트 부재를 미리 제작하고 현장에서 조립하는 프리캐스트(precast) 공법은 1905년 영국의 리버풀(Liverpool)에 건설된 도서관 건물에 처음으로 적용되었는데, 이 건물은 철근콘크리트 벽체를 조립한 것이었다.[1.3] 그림 1-6은 초기의 철근콘크리트 부재로, Coignet의 철근 보강 형식을 나타낸다.[1.3]

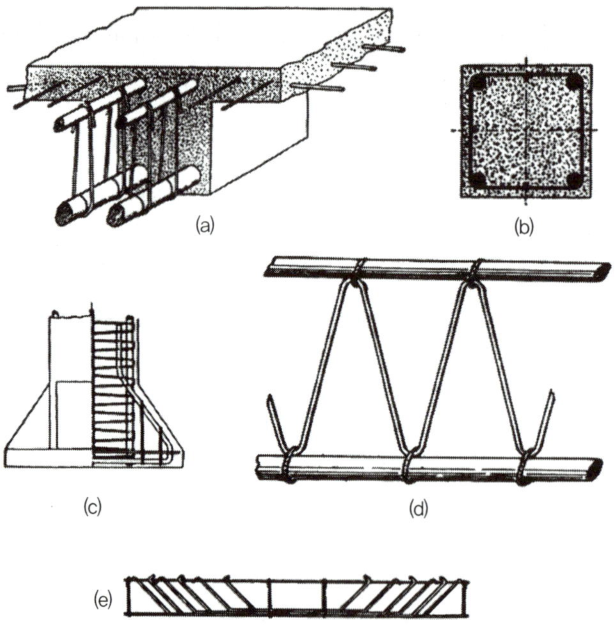

그림 1-6 Coignet의 철근 보강 형식[1.3]

1.2.4 초기의 철근콘크리트 연구와 설계기준 및 시방서

철근콘크리트가 개발되면서 많은 연구자들이 실험을 통하여 철근콘크리트의 거동과 강도에 대한 지식을 축적하였고, 또 해석방법을 연구하였다. 독일(당시에는 프러시아)에서는 Monier가 1880년과 1881년에 철근콘크리트의 적용에 대하여 독일 특허를 여러 가지 취득한 후, Stuttgart 대학교의 Mörsch(모쉬)와 Bach(바흐), 그리고 건물 검사관이었던 Koenen(쾨넨)은 철근콘크리트 실험을 수행하고 강도를 계산하는 방법을 개발하였다. 그 후 1886년에 Koenen은 중립축이 단면의 중심에 존재한다는 가정으로 철근콘크리트 보의 강도를 계산하는 방법을 담은 책을 출판하였고, 이것이 철근콘크리트의 이론 및 해석을 다룬 첫 번째 문헌으로 알려지게 되었다. 1887년 Wayss는 Monier가 개발한 철근콘크리트에 대하여 책을 출판하면서 철근의 인장응력과 부착강도를 언급하여 Koenen의 이론을 발전시켰다. 1894년에는 프랑스에서 François Coignet(코아니에)의 아들인 Edward Coignet와 Napoléon de Tédesco가 Koenen의 이론을 발전시켜서 콘크리트 압축응력을 선형분포로 가정하고 인장응력을 무시하여 유도한 공식을 프랑스 토목학회(French Society of Civil Engineers)의 논문에 발표함으로써 탄성이론에 의한 허용응력설계법(Allowable Stress Design)을 널리 적용하게 되었다.[1.2, 1.3] 그 후 콘크리트에 높은 응력이 작용하면 콘크리트가 비선형(nonlinearity) 특성을 보인다는 것을 알아낸 Ritter는 1899년에 철근콘크리트 보를 트러스로 해석하는 개념[1.11]을 제안하였고, 이 개념은 Emil Mörsch[1.12]에 의하여 트러스 유사법의 이론으로 더욱 발전되었다.[1.10]

19세기 말의 철근콘크리트 실험은 1887년 오스트리아의 Bauschinger와 Wayss, 1895년 독일의 Bach 등 여러 연구자들이 수행하였으며, 지식 축적에 도움을 주는 의미 있는 실험결과를 발표하였다. 그러나 그 중에는 '인장부에 균열의 징후가 나타나지 않은 상태에서 발생하는 종방향 인장변형은 콘크리트에 철근을 보강했을 때가 철근을 보강하지 않았을 때보다 더 크다'는 등의 왜곡된 내용도 있었다. 이에 대해서는 1901년과 1902년에 미국 Wisconsin 대학교에서 수행한 실험과 연구결과로, '그것은 콘크리트가 부분적으로 건조된 부분에 이미 균열이 발생한 상태이지만, 이 균열이 철근의 영향으로 분산되어 눈에는 잘 보이지 않는 미세균열(hair–line crack)이기 때문이다'는 것이 밝혀졌고, 이때부터 미세균열(hair–line crack)의 존재가 알려졌다.[1.2]

20세기에 들어선 1900년부터 약 10년간 많은 연구가 수행되었다. 1902년에는 프랑스의 Considéré(콘씨데리)가 나선철근으로 보강한 부재를 처음 연구하였고, 기둥에 대한 연구는 독일의 Graf, Bach, Thullie, Mörsch, 오스트리아의 Emperger, 이탈리아의 Guidi, 미국의 Talbot와 Withey 등이 수행하여 새로운 사실을 밝혀내는데 크게 기여하였다. 특히 미국 Illinois 대학교의 Arthur Talbot, Wisconsin 대학교의 Frederick Turneaure와 Morton Withey, 독일 Stuttgart 대학교의 Bach 등은 철근콘크리트 보의 거동, 콘크리트의 압축강도, 콘크리트의 탄성계수에 대한 많은 실험을 수행하였다. 그 후에도 철근콘크리트에 대한 연구가 활발히 진행되어, 1927년 영국의 Oscar Faber는 철근과 콘크리트의 탄성계수비를 기둥설계에 적용하는 것에 의문을 품고 콘크리트의 수축(shrinkage)과 크리프(creep)의 영향을 파악하기 위한 기둥실험을 수행하였고, 기둥에 탄성계수비를 적용하는 것은 합리적이지 않다고 결론지었다. 이 주장은 상당 기간이 지난 후 사실임이 밝혀졌는데, 콘크리트의 크리프와 수축으로 인하여 기둥 철근의 압축응력이 시간에 따라 증가하기 때문이라는 것이다. 1929년에는 미국 ACI(콘크리트학회, American Concrete Institute)의 지원으로 Lehigh 대학교와 Illinois 대학교의 Slater와 Richart가 최대지름 28 in.(711 mm)의 기둥실험을 수행하고 1934년에 보고서를 출판하였다. 한편 미국의 ASCE(토목학회)와 ACI(콘크리트학회) 등 6개 학술단체는 공동위원회를 구성하여, 1916년, 1924년, 1940년에 각각 보고서를 발간하였다. 1916년 보고서는 철근콘크리트 설계의 기본 원리를 다루었고, 1924년 보고서는 더욱 더 자세한 기본 원리와 함께 증가된 허용응력과 철근상세 등을 소개하였으며, 1940년 보고서에는 경량 콘크리트, 내구성, 기계식 진동기, 연속구조와 골조구조 등이 추가되었다.[1.2, 1.3]

철근콘크리트에 사용된 철근으로는 초기에 연철(鍊鐵, wrought iron)이 사용되었다. 기원전 2,000년 경부터 사용된 연철은 철광석을 용광로에 넣어 가열한 후 추출하는 단순한 공정으로 만든다. 연철은 탄소 0.2% 이하가 함유되어 인장강도가 280～370 MPa 정도이고 항복강도가 215～230 MPa 정도로 낮은 철이다. 쇳물을 부어서 주물로 만든 주철(鑄鐵, cast iron)을 콘크리트의 보강재로 적용하기도 하였다. 그러나 주철은 3.0~3.6%의 탄소를 포함하고 있는 철로, 인장강도가 400 MPa까지 높아질 수 있지만 취성으로 파괴되는 특성을 가지고 있어서 구조용 강재로는 적절하지 않았다. 그 후 탄소강이 개발되어 철근으로 사용되었다. 탄소강(炭素鋼, carbon steel)은 철과 탄소의 합금 중에서 열처리가 가능한 0.05~2.1%의 탄소를 함유한 철로 강도도 높고 연신율도 높아서 구조용 강재로 적절한 특성을 가지고 있다.

이와 같이 철근콘크리트에 대한 연구를 진행함과 동시에 1886년에 미국의 Jackson[1.13]이 강봉을 인장하면서 부재에 압축력을 도입하는 개념으로 특허를 취득한 이후 프리스트레스트 콘크리트(prestressed concrete)의 개발연구도 진행되었다. 그러나 초기의 프리스트레스트 콘크리트는 실용화되지 못했다. 그 이유는 당시의 강재는 강도가 낮아서 긴장응력이 낮을 수밖에 없었는데, 콘크리트의 크리프(creep)와 수축(shrinkage)으로 인한 응력손실로 긴장력이 거의 남아 있지 않은 상태가 되었기 때문이다. 그 후 프랑스의 Eugene Freyssinet가 1926년에 고강도 고연성 강재를 사용하여 긴장재 손실 문제를 극복하는 방법을 제안하고 나서, 1940년에 긴장재의 정착장치를 개발한 후 1946년에 Luzancy교를 완공하여 프리스트레스트 콘크리트 구조가 실용화 되었다.[1.14]

철근콘크리트에 대한 첫 번째 책에 대해서는 여러 가지 상반된 의견이 있으나, 1877년에 런던에 살던 미국인 Hyatt가 개인적으로 발간한 책이 첫 번째라고 알려져 있다. Hyatt는 이 책에서, '(1) 콘크리트의 열팽창계수는 연철(wrought iron)의 열팽창계수와 같으며, (2) 콘크리트와 연철의 탄성계수는 약 1 : 20의 비율이고, (3) 포틀랜드 시멘트의 콘크리트는 내화성능이 있으며, (4) 보의 보강재로는 형강보다 봉 형태의 철근이 더 경제적이고, (5) 높은 콘크리트 굴뚝에는 종방향과 횡방향으로 철근을 배치하는 것이 좋다'라고 기술하였다. 한편 같은 해인 1877년에 Koenen과 같이 일을 하던 Wayss도 Monier의 철근콘크리트 부재에 대한 책을 독일어로 출판하였다. Wayss는 이 책에서 '보의 철근은 모든 인장응력을 받을 수 있도록 설계하여야 하며, 평형을 유지하기 위해서는 철근과 콘크리트 사이의 부착이 필수적이다'라고 기술하였다. 교과서 용도로의 책은 1899년 프랑스의 Armand Considéré(콘씨데리)가 출판한 것이 첫 번째라고 알려져 있으며, 영국에서는 1904년 Marsh가 쓴 교과서[1.15]가, 미국에서는 1907년 미국 Wisconsin 대학교의 Frederick Turneaure와 Edward Maurer가 쓴 교과서[1.16]가 첫 번째이다.[1.2, 1.3, 1.8, 1.10]

한편 사회기반시설과 건축물 등의 구조물은 사람들이 안전하게 사용할 수 있어야 하므로, 정부 또는 전문기관에서 설계원칙, 설계요구조건, 성능검증방법 등을 규정한 설계기준(design code)과 재료의 품질조건, 재료의 관리, 시공요구조건 등을 규정한 공사시방서(construction specification)가 필요하게 되었다. 이에 따라 철근콘크리트를 개발하였던 여러 나라에서 20세기 초에 들어 철근콘크리트에 대한 기준(표준, standard)을 제정하기 시작하였다. 1902년 미국 AREA(American Railway Engineering)는 포틀랜드 시멘트 콘크리트에 대한 시방서(示方書, specification)를 발간하였다. 시방서는 설계 도면에 나타내기 어려운 사항을 시공자에게 명확히 전달하기 위하여 작성하는 문서이다. 즉, 시공에 사용되는 재료 또는 제품의 종류와 품질 조건, 사용처, 시공 방법, 시공 순서 등을 기록한 문서로, 개별 공사마다 조건과 특성이 다르므로 공사별로 적용해야 할 내용을 담은 것을 공사시방서(construction specification)라고 하고 모든 공사에 일반적으로 적용될 수 있는 내용을 담은 것을 표준시방서(standard specification)라고 한다. 영국에서도 1904년에 포틀랜드 시멘트에 대한 영국표준(British Standards)으로 BS 12를 제정하였다. 또 같은 해인 1904년에 독일에서 Stuttgart 대학교 Emil Mörsch의 주관으로 철근콘크리트 건물의 규정이 제정되었다. 이어서 영국에서 1907년에 철근콘크리트 설계기준이 제정되었고, 1907년에서 1909년 사이에 프랑스, 오스트리아, 러시아에서 설계기준이 제정되었다. 미국에서는 미국콘크리트학회(ACI, American Concrete Institute)의 전신인 시멘트사용자협회(NACU, National Association of Cement Users)가 1910년에 철근콘크리트 설계기준[1.17]을 발간하였다.[1.3, 1.10]

초기의 설계기준은 모두 허용응력설계법(Allowable Stress Design)으로 설계하도록 규정하였다. 그러나 철근콘크리트가 갖는 비탄성·비선형 특성과 파괴에 대한 안전성을 고려한 설계법을 연구하기 시작한 1950년대부터 변화가 생겼다. 이 새로운 설계개념은 초기에 극한강도설계법 또는 극한강설계법(Ultimate Strength Design)으로 불렀던 강도설계법(Strength Design)으로, 1956년도 미국 ACI 318 Code[1.18]에 부록으로 채택되었고 1957년에 영국의 설계기준 CP 114[1.19]에도 채택되었다. 그 후 유럽에서는 단면의 극한상태뿐만 아니라 부정정구조물의 특성을 고려한 구조시스템의 붕괴까지 포함하는 전통적 개념의 한계상태설계법을 연구하였다. 이 결과로 1964년 유럽 콘크리트위원회(European Concrete Committee)는 전통적 개념의 한계상태설계법을 콘크리트구조물의 설계법으로 추천하였다. 그 후 1972년 영국에서 전통적 개념의 한계상태설계법을 채택한 CP–110[1.20]을 제정하였고, CP–110은 1985년에 BS 8100[1.21]으로 통합 발전되었으며, 요즘 유럽연합에서 적용하는 Eurocode의 조기본인 1992년의 European pre–standard DD ENV 1991–1–1[1.22]의 근간이 되었다. 한편 미국에서는 1971년도 ACI 318 Code[1.23]부터 강도설계법이 주된 설계법으로 채택되었고, 허용응력설계법은 부록에 수록되었다. 1980년대 중반부터는 미국의 구조공학자들이 구조물의 기능 또는 안전성을 지배하는 어떤 특별한 상태를 한계상태(limit state)라고 정의하고 이에 대한 성능을 검토하는 개념을 제시하였는데, 이는 이미 유럽의 설계기준에서도 채택하고 있는 개념이었다. 이 개념의 한계상태설계법은 유럽에서 개발된 전통적 개념의 한계상태설계법과는 다른 의미를 가진 것이다. 이 개념에 따라 콘크리트구조물의 설계기준이 갖추어야 할 요건을 규정한 국제 표준 ISO 19338의 초판[1.24]부터 "A design standard for structural concrete shall be based on quantitative performance evaluation at the limit states."라고 규정하였다.

1.3 한국의 콘크리트구조물 설계기준과 시방서

한국에서는 1962년에 대한토목학회에서 발간한 '콘크리트표준시방서'가 콘크리트 구조에 관련된 첫 번째 국가기준이었다. 이 기준은 설계편과 시공편으로 구성되어 있는데, 설계편은 허용응력설계법으로 제정되었다. 1968년의 개정에서는 미국형 강도설계법이 부록에 수록되었고, 1977년 개정에서도 이 체제가 유지되었다. 1983년 개정에서는 강도설계법을 주된 설계법으로 채택하였고, 허용응력설계법을 부록에 수록하였다. 1983년 콘크리트표준시방서에서 강도설계법의 설계편을 처음 제정했을 때에는 ACI 318 Code의 하중계수 및 하중조합과 강도감소계수를 참조하고, 국내의 여건을 감안하여 경험적으로 계수들을 선택한 후 분석과정을 거쳐서 값을 결정하였다. 그 후 1988년과 1996년에 개정하는 과정에서 하중계수 및 하중조합과 강도감소계수의 값에 변화가 있었다.

국내 건축 분야에서는 1972년에 대한건축학회에서 허용응력설계법의 '철근콘크리트 구조계산 규준'을 제정하였다. 이 설계기준은 1978년에 개정이 이루어졌고, 1988년 개정에서 '극한강도설계법에 의한 철근콘크리트 구조계산 규준 및 해설'을 통하여 강도설계법이 도입되었으며, 이후 1994년에 개정되었다. 이 기준에서 규정된 하중계수와 강도감소계수는 당시 ACI 318 Code에서 사용하였던 것을 그대로 수용한 것이었다. 이것은 ACI 318 Code가 건축구조물을 기본으로 하여 일반적인 콘크리트구조물의 설계에 적용하기 위한 설계기준인 점을 감안하였기 때문이다.

이후 토목분야와 건축분야의 콘크리트 기준을 통합해야 한다는 의견에 따라, 한국콘크리트학회가 콘크리트구조물의 설계와 시공에 관한 국가기준을 통합하여 제정하고 개정하는 역할을 하게 되었다. 이에 따라 한국콘크리트학회는 설계기준과 시공기준을 분리 발간하여, 1999년에 '콘크리트구조설계기준'[1.25]을 제정하였고 2003년에 '콘크리트표준시방서'[1.26]를 제정하였다. 1999년의 콘크리트구조설계기준은 ACI 318 Code를 근간으로 하였으며, 토목 분야의 특수성을 고려하여 하중계수의 적용방법과 강도감소계수를 조정하였으나 건축구조물에 대해서는 건축분야에서 사용하던 기존의 하중계수와 강도감소계수를 사용할 수 있도록 허용하였다. 그 후 콘크리트구조설계기준은 2003년 개정에서 하중계수와 강도감소계수를 통일하였고, kg과 cm의 MKS 단위로 표현되었던 단위체계를 국제표준인 SI 단위로 개정하였다. 2007년에는 미국을 중심으로 한 당시의 최신 연구결과를 반영하고 다수의 설계기준 조항에 국내 연구결과를 반영하여 콘크리트구조설계기준이 개정되었다. 2012년 개정에서는 신설 구조물의 설계뿐만 아니라 시공과 기존 구조물의 유지관리 단계에서 필요한 기술적 사항까지 포함하고 있는 기준임이 명확히 나타내도록 명칭을 '콘크리트구조기준'이라고 수정하였다. 이 '콘크리트구조기준(2012)'[1.27]은 2007년 기준보다 더 많은 국내 연구결과가 반영되었고, ISO 19338에 등재된 설계기준으로서의 역할을 충실히 하도록 영문판이 발간되었으며 영문과 국문을 같이 나타낸 통합판도 발간되었다. 한편 한국콘크리트학회가 2003년에 통합 제정하였던 콘크리트표준시방서는 2009년에 개정되어 '콘크리트표준시방서(2009)'[1.28]가 발간되었다.

그때까지 한국콘크리트학회가 발간한 '콘크리트구조설계기준'과 '콘크리트구조기준'은 한국의 건설환경을 고려하여 학회에서 제시하는 모델설계기준(model code)의 역할과 정부가 법적 효력을 부여한 실행설계기준(legal code, operational code)의 두 가지 역할을 하는 설계기준이었다. 또한 '콘크리트표준시방서'는 학회에서 제시하는 모델공사시방서(model construction specification)의 역할과 정부가 법적 효력을 부여한 실행공사시방서(legal construction specification, operational construction specification)의 두 가지 역할을 하는 공사시방서였다. 그러나 2016년의 국토교통부고시 2016-438호에 따라 정부가 법적 효력을 부여하는 '건설기준 통합코드'로서 설계기준은 '설계기준 KDS(Korean Design Standard)'로, 시공기준은 '표준시방서 KCS(Korean Construction Specification)'로 정비되어 국가건설기준센터가 관리하게 되었다. '설계기준 KDS'에서 콘크리트구조물의 설계기준은 공통기준으로의 역할을 부여받아, 대분류는 '구조 설계기준 KDS 14'로, 중분류는 '콘크리트구조 설계(강도설계법) KDS 14 20'으로 정비되었다. 2016년도 '설계기준 KDS 14 20'[1.29]의 세부기준은 기본적으로 콘크리트구조기준(2012)[1.27]과 동일하다. '표준시방서 KCS'에서 콘크리트구조물의 시공기준도 공통기준으로의 역할을 부여받아, 대분류는 '구조재료공사 KCS 14'로, 중분류는 '콘크리트공사 KCS 14 20'으로 정비되었다. 2017년도 'KCS 14 20 콘크리트공사표준시방서'[1.30]의 세부기준은 기본적으로 콘크리트표준시방서(2009)[1.28]와 동일하다.

이와 같이 국가건설기준 체계가 변경됨에 따라, 한국콘크리트학회가 개정하는 '콘크리트구조기준'은 더 이상 법적 효력을 가진 실행설계기준(legal code, operational code)의 역할을 하지 않게 되었다. 그러나 한국콘크리트학회는 학회가 제시하는 '모델설계기준(model code)'으로서 '콘크리트구조기준(2012)'을 개정한 '콘크리트구조 학회기준'과 '해설'을 발간하였다. 이 설계기준은 5년 주기로 설계기준을 개정하여 끝자리 2년도와 7년도에 발간하는 것을 기본 방침으로 하였으므로, 2017년에 발간한 '콘크리트구조 학회기준'으로서 '콘크리트구조 학회기준(2017)'[1.31]로 명칭 하였다. 국가건설기준센터는 한국콘크리트학회의 '콘크리트구조 학회기준(2017)'을 기본으로 하여 2021년도 'KDS 14 20 콘크리트구조 설계기준'[1.32]을 개정 발간하고, 또한 표준시방서도 2021년도에 이어 2022년도에 'KCS 14 20 콘크리트공사표준시방서'[1.33]를 개정 발간하였다.

콘크리트구조 학회기준(2017)이나 KDS 14 20 콘크리트구조 설계기준은 콘크리트구조물의 설계에 공통으로 적용될 수 있는 규정을 명시한 표준설계기준(standard design code)이며, 콘크리트표준시방서(2009)나 KCS 14 20 콘크리트공사표준시방서는 콘크리트구조물의 시공에 공통으로 적용될 수 있는 규정과 재료의 요건을 명시한 표준시공기준(standard construction specification)이다. 그러나 구조물에 따라서는 표준설계기준이나 표준시공기준을 그대로 적용하지 않고 구조물의 용도와 특성에 따라 수정하여 적용하여야 할 필요가 있다. 또 구조물에 따라서는 콘크리트구조물 뿐만 아니라 강구조물(steel structure)로 설계하고 시공할 수도 있다. 이러한 경우에는 시설물 별로 설계기준과 시공기준을 별도로 발간한다. 이와 같은 기준으로는 콘크리트 건축물과 강구조 건축물을 모두 다루는 '건축구조기준'과 콘크리트 교량과 강구조 교량을 모두 다루는 '도로교설계기준'이 대표적이다.

주택이나 사무실 또는 대형 공간을 제공하는 건축물에 대한 설계기준은 1962년 '건축법 및 동 시행령'으로부터 시작되었다. 이 당시에는 구조재료에 따른 건축설계기준이 각각 별도로 제정되어, 대한건축학회에서 1972년에 '철근콘크리트 구조계산규준'이, 1973년에 '철근콘크리트 구조계산규준·

동해설'과 '강구조 계산규준' 및 '강구조 계산규준·동해설'이 각각 발간되었다. 1980년에는 '적설하중 및 풍하중규준'이, 1983년에는 '고정하중 및 적재하중 규준'이 작성되었다. 1982년에는 건축법 시행령의 개정으로 '건축물의 구조기준 등에 관한 규칙'이 건설부령으로 독립 제정되었고, 이 규칙의 제정으로 건축법으로부터 독립된 '건축물의 구조기준'이라는 명칭이 처음 사용되었다. 1986년에는 '내진구조기준'이 추가되었고, 2005년에는 건설교통부 고시로 '건축구조설계기준(KBC2005)'이 제정되어, 기존의 훈령 및 고시로 세분화되었던 구조기준을 통합하였다. 2009년에는 '건축구조기준(KBC2009)'으로 명칭을 변경하였고, 2016년에 개정되어 '건축구조기준(KBC2016)'[1.34]이 발간되었다. 건축구조기준(KBC2016)은 1장 총칙, 2장 구조검사 및 실험, 3장 설계하중, 4장 기초구조, 5장 콘크리트구조, 6장 조적식 구조, 7장 강구조, 8장 목구조, 9장 기타 구조로 구성되어 있다. 그 후 국가건설기준으로의 건축구조기준은 KDS 41로, 건축공사시방서는 KCS 41로 제정되었다.

차량이 다니는 교량, 즉 도로교에 대한 설계기준으로는 1972년에 '도로교설계기준'이 제정되었다. 이 설계기준도 콘크리트구조물에 대한 설계법으로 허용응력설계법을 채택하였으나, 1988년부터 강도설계법으로 개정되었다. 1992년부터는 교량의 내진설계가 추가되었다. 2012년도에는 콘크리트구조물에 대하여 유럽형 전통적 개념의 한계상태설계법을 채택하여 개정하였으나, 잠정적으로 강도설계법으로 작성된 2010년도 도로교설계기준도 같이 적용할 수 있도록 하였다. 2015년에는 2012년도 기준을 개정한 '도로교설계기준(한계상태설계법, 2015)'[1.35]을 발간하여 유럽형 한계상태설계법으로만 교량을 설계하도록 하였다. 도로교설계기준(한계상태설계법, 2015)은 1장 총칙, 2장 설계개요, 3장 하중, 4장 구조해석, 5장 콘크리트교, 6장 강교, 7장 하부구조, 8장 내진설계, 9장 신축이음, 받침 및 방호울타리로 구성되어 있다. 일반열차나 고속열차가 다니는 교량, 즉 철도교에 대한 설계기준은 한국철도시설공단이 발행하는 '철도설계기준(노반편)'에 포함되어 있었다. 그 후 철도교설계기준과 도로교설계기준은 교량설계기준으로 통합되어, 국가건설기준으로의 교량설계기준은 KDS 24로, 교량공사시방서는 KCS 24로 제정되었다.

1.4 철근콘크리트의 특성

철근콘크리트는 서로 다른 성질을 가진 두 가지 재료, 즉 철근과 콘크리트로 이루어진 합성구조이다. 합성구조의 설계 원리는 하나의 단일 재료로 이루어진 구조의 설계 원리와 여러 가지로 다른 점이 많다. 이것은 두 재료가 가지고 있는 고유의 재료특성이 상호작용을 하여, 단일 재료로 구성된 구조와는 전혀 다른 구조특성이 나타나기 때문이다. 따라서 철근콘크리트의 설계와 시공을 합리적으로 수행하려면 철근과 콘크리트 각각의 재료특성을 이해하고, 두 재료가 합성되었을 때 나타나는 구조특성을 이해하여야 한다. 철근콘크리트의 특성은 다음과 같다.

(1) 철근콘크리트는 원하는 형상으로 거푸집을 만들고 그 안에 철근을 배치한 후 콘크리트를 부어서 콘크리트가 굳을 때까지 양생을 하는 과정으로 시공되므로, 구조물의 형상과 치수에 제약받지 않고 원하는 크기와 형태로 만들 수 있다.

(2) 강구조(steel structure)나 목구조(wood structure, timber structure) 등은 제한된 크기의 단위 부재들을 연결하여 큰 구조물을 만들어야 하지만, 철근콘크리트는 콘크리트를 한 번에 타설하여 구조물을 일체로 만들 수 있으므로 전체적으로 강성이 커서 변형이 크게 발생하지 않는다. 또 구조물의 규모가 클 때 콘크리트를 여러 번으로 나누어 타설하더라도 구조물을 일체로 만들 수 있다.

(3) 합성구조가 충분히 성능을 발휘하려면 두 재료가 잘 부착되어야 하는데, 철근과 콘크리트는 부착강도가 커서 외력에 의한 변형이 발생할 때 일체로 거동한다.

(4) 강재의 열팽창계수는 약 12×10^{-6}/℃이고, 콘크리트의 열팽창계수는 약 $(10 \sim 13) \times 10^{-6}$/℃로 두 재료의 열팽창계수가 매우 유사하다. 따라서 온도 변화에 따라 늘어나거나 줄어드는 비율이 유사하므로 온도 변화에 의해 발생하는 두 재료 사이의 응력은 무시할 수 있다.

(5) 콘크리트는 PH값이 평균 12.8로 강알칼리성이고 시간이 경과하여 중성이 되더라도 수분이 쉽게 통과하지 못하는 불투수성이며, 철근 표면이 두께 $2 \sim 6 \times 10^{-6} mm$의 얇고 치밀한 부동태 피막으로 피복되어 있기 때문에 정상적인 상황에서는 콘크리트에 묻힌 강재가 부식되지 않는다.

(6) 하중이 증가하는 과정에서 인장응력을 받는 철근이 먼저 항복하고 나중에 압축응력을 받는 콘크리트가 파괴되도록 설계하면 철근이 항복하는 하중단계에서 균열폭이 크게 증가한다. 이것은 파괴가 임박하였다는 징후로, 대책을 세울 수 있는 시간적 여유를 준다. 이와 같이 철근콘크리트는 급작스러운 취성파괴를 피하고 서서히 파괴되는 연성파괴를 유도하는 설계가 가능하다.

(7) 인장응력을 받는 부분은 철근과 콘크리트가 같이 인장력에 저항하다가 콘크리트가 변형한계에 도달하면 소정의 간격으로 균열이 발생한다. 균열이 발생하더라도 균열폭이 크지 않으면 구조물의 기능에는 큰 영향을 주지 않는다. 또 철근은 파단되는 변형률, 즉 연신율이 매우 커서 내진설계 된 교각을 제외하고는 철근콘크리트 부재에서 인장철근이 파단되어 파괴에 이르는 취성파괴의 위험이 거의 없다.

(8) 콘크리트는 극심한 경우를 제외하고는 일반적인 환경에서 기상작용으로 유해한 영향을 거의 받지 않는다. 또, 콘크리트의 균열폭이 어느 한도 이상으로 발생하지 않도록 설계하면 철근의 부식올 방지할 수 있으므로 오래 사용할 수 있다. 즉, 내구성(耐久性, durability)이 우수하므로 매우 열악한 환경에 노출된 경우가 아니라면 유지관리비도 거의 들지 않는다.

(9) 콘크리트는 단열 성능이 우수하여 철근콘크리트 부재가 장시간 높은 열에 노출되어도 철근이 쉽게 녹지 않으므로, 화재가 발생하더라도 장시간 견딜 수 있다. 즉, 내화성(耐火性, fire resistance)이 좋은 구조로 철근을 덮고 있는 콘크리트 피복두께를 조절하면 내화성능을 조절할 수 있다. 이러한 내화성능으로 화재가 발생했었던 철근콘크리트 구조물 중에서는 콘크리트 피복부분을 교체하는 정도로 보수하여 다시 사용하는 사례가 많다.

(10) 철근콘크리트 구조물은 고정하중(dead load)에 비하여 활하중(live load)이 크지 않아서, 변동

하중(variable load)인 활하중에 의하여 철근과 콘크리트에 발생하는 응력, 즉 응력범위(stress rage)가 크지 않기 때문에 취성파괴인 피로파괴(fatigue failure)가 발생할 가능성이 거의 없다.

(11) 철근콘크리트 구조물은 강구조나 목구조에 비하여 진동이 크게 발생하지 않고, 또 소음이 거의 발생하지 않아서 시가지의 교량 등에 적용하는데 장점이 된다.

(12) 콘크리트는 재료비가 비싸지 않은 경제적인 재료이며 인장력에 약한 단점을 철근이 보완하는 구조이다. 따라서 두 재료를 적절히 합성한 철근콘크리트는 가격이 비싼 강재만으로 만드는 경우보다 일반적으로 경제적이다.

(13) 콘크리트의 단위중량은 강재의 약 1/3 정도로 강재보다 작지만, 콘크리트 압축강도는 강재 항복강도의 1/15~1/5에 불과하므로 같은 조건에서 철근콘크리트는 강구조보다 단면적이 크며 자중(self-weight)이 상대적으로 크다. 따라서 철근콘크리트는 중량이 커서 구조 설계상의 단점이 될 수 있다.

(14) 일반적으로 적절히 설계 시공된 철근콘크리트 부재에 발생하는 균열폭은 구조물의 내구성을 해칠 정도로 큰 것이 아니다. 그러나 균열폭이 과도하게 큰 경우 수분 또는 유해물질의 침투로 철근이 부식될 가능성이 증가하고, 수분이 침투했을 때 추워지면 수분이 얼어서 팽창하여 콘크리트를 파손시킬 수도 있다. 또, 균열은 구조물의 성능에는 영향을 주지 않는 정도라도 구조물의 미관을 해치고 사용자들에게 불안감을 주기도 한다.

(15) 콘크리트는 굳어져 가는 과정에서 체적이 감소하는 수축(shrinkage)이 발생하고, 초기에 압축응력을 받으면 변형이 증가하는 크리프(creep)가 발생한다. 이에 따라 철근콘크리트 구조물은 시간이 증가함에 따라 장기적으로 처짐이 증가하는 현상이 발생한다. 따라서 건축구조물에서 창문틀이나 문틀에 변형이 생기는 등 장기적으로 구조물의 품질이 낮아질 수 있다.

(16) 콘크리트는 취성재료이므로 충격 등에 의하여 부재의 모서리 등이 부분적으로 파손될 수 있는데, 이에 대한 보수 및 보강이 쉽지 않고 비용이 많이 든다. 따라서 시공할 때 부재 모서리에 모따기를 하고 콘크리트 표면 가까이에 가는 철근을 좁은 간격으로 배치하여 부분적인 파손 가능성을 감소시켜야 한다.

(17) 철근콘크리트는 내부의 결함을 검사하기가 매우 어렵다. 철근 위치의 오류 여부, 철근의 부식 상태, 콘크리트 다짐의 결함 여부 등은 방사선법이나 초음파법 등으로 검사하는 방법이 있고 콘크리트의 압축강도는 비파괴 시험으로 추정하는 방법이 있지만, 완벽하게 신뢰할 수 있는 검사방법이라고는 할 수 없다. 따라서 철근콘크리트는 시공할 때 품질을 충분히 확보하도록 주의하여야 한다.

(18) 철근콘크리트는 재료 특성이 매우 복잡하고 독특하며 두 재료가 합성된 후의 구조특성이 매우 복잡하다. 따라서 전문지식이 없는 사람이 만든 철근콘크리트 구조물은 품질 확보를 보장할 수 없으므로 충분히 교육받고 경험을 쌓은 공학자가 설계와 시공을 수행하여야 한다.

1.5 콘크리트 적용 구조물

1.1절의 마지막 부분에서 소개한 바와 같이, 콘크리트를 재료로 사용하는 구조물로 일반적으로 많이 사용되는 형식은 다음과 같이 세 가지 종류로 구분할 수 있다.

- 철근콘크리트(reinforced concrete)
- 프리스트레스트 콘크리트(prestressed concrete)
- 철골철근콘크리트(steel framed reinforced concrete)

이 세 가지 콘크리트 구조형식에는 콘크리트와 함께 강재(steel)가 사용되는데, 봉(棒, bar) 형상의 강재인 철근을 보강재로 사용한 것을 철근콘크리트, 케이블이나 봉 형상인 프리스트레싱 강재(긴장재)를 이용하여 콘크리트에 압축응력을 도입하고 긴장재를 보강재로도 사용하는 것을 프리스트레스트 콘크리트, 강구조용 강재를 철근과 함께 콘크리트 속에 넣어 강-콘크리트 합성구조로 만든 것을 철골철근콘크리트라고 한다.

이와 같이 콘크리트와 강재 특성을 이용한 콘크리트 구조형식은 다양한 용도의 구조물을 만드는데 사용된다. 그림 1-7은 콘크리트를 적용한 대표적인 구조물의 종류를 나타낸다. 사람들이 생활하는 주택이나 주거용 건물과 일하는 곳으로 사용하는 사무용 건물, 주거용이나 사무용과 상업용 등 다양한 용도로 사용하는 초고층 건물, 현수교와 사장교 등 케이블 교량의 주탑, 자동차가 통행하는 도로교와 기차가 통행하는 철도교 및 사람이 통행하는 보도교, 슬래브교, I형교, 박스교, 아치교 등 다양한 형식의 교량 상부구조와 교각과 기초 등 교량 하부구조, 지표면 아래로 도시철도가 통과하는 지하철 등의 지중구조물, 사람이나 차량이 통행하는 통로박스와 물이 흐르게 하는 수로박스 및 전기 공급선이나 전화선 등을 설치하기 위한 전력구와 통신구 등 지중에 매설하는 암거(box culvert)의 지중구조물, 사람과 차량 및 열차가 통행하는 터널, 상수도와 하수도 시설물, 댐, 해양구조물, 화력 발전소와 원자력 발전소 등 발전 시설과 LNG 저장 탱크 등의 쉘 구조 등 대부분의 구조물에 콘크리트가 사용되며, 현장타설 말뚝이나 항타 말뚝 등 깊은 기초 부재로도 콘크리트가 사용된다.

(a) 주택

(b) 주거용 건물

(c) 사무용 건물

(d) 초고층건물(부르즈칼리파)

(e) 현수교 주탑(이순신대교)

(f) 사장교 주탑(인천대교)

(g) Normandie교 주탑

(h) 박스거더교(원효대교)

(i) 아치교(진주교)

(j) 슬래브교와 벽식 교각

(k) 지하철

(l) 암거(통로박스, 수로박스 등)

(m) 터널

(n) 상하수도 처리장

(o) 콘크리트 댐

(p) 해양 구조물(노르웨이, VSL)

(q) 원자력발전소

(r) LNG 저장 탱크

(s) 공연시설(호주, 오페라하우스)

그림 1-7 콘크리트 구조물

1.6 단위 체계

[1] 힘의 단위

한국에서는 오래 전에 힘의 단위를 중량의 단위와 구분하지 않고 kg(kilogram) 또는 t(ton)을 사용했었다. 그 후 힘을 질량이나 중량과 구별해야 한다는 뜻에서, 한국산업표준(KS)에서는 힘의 단위를 kgf(킬로그램 힘) 또는 tf(톤힘)로 힘을 나타내 왔으며, 1999년 개정된 '콘크리트구조설계기준'에서는 kgf 또는 $tonf$로 힘을 나타내었다.

그러나 단위의 국제적 통일을 위한 세계적 추세에 따라 1990년을 전후해서 한국산업표준(KS)이 전면적으로 국제단위계(SI 단위계)를 채택하였다. 따라서 2003년 개정된 '콘크리트구조설계기준'부터 SI단위로 전환하였다. 즉, 힘의 단위로 N(Newton)을, 응력의 단위로 N/mm^2 또는 MPa(Mega Pascal)을 사용하게 되었다. 표 1-1은 한국의 건설분야에서 사용하였던 힘의 단위 변천을 정리한 것이다.

표 1-1 힘과 모멘트 및 응력 단위의 변천

구분	힘	모멘트	응력
오래 전에 사용하였던 단위	kg, t	$kg \cdot m$, $t \cdot m$	kg/cm^2
과거 KS에서 규정하였던 단위	kgf, tf	$kgf \cdot m$, $tf \cdot m$	kgf/cm^2
1999년 콘크리트구조설계기준에서 규정하였던 단위	kgf, $tonf$	$kgf \cdot m$, $tonf \cdot m$	kgf/cm^2
현행 KS(KS A 0102) 및 현행 각 기준에서 규정하고 있는 단위	N, kN	$N \cdot m$, $kN \cdot m$	N/mm^2(MPa)

주: $1\,kN$($kilo$ $Newton$)$=10^3\,N$, $1\,N/mm^2=1\,MPa=10^6Pa=10^6\,N/m^2$

[2] 단위 환산

현행 기준에서는 kgf와 cm의 CGS단위로 된 계산식이나 값들을 SI단위로 환산할 때, $1kgf=9.8\,N$을 $1kgf \fallingdotseq 10\,N$으로 보고, 또 $1kgf/cm^2=0.098\,MPa$을 $1kgf/cm^2 \fallingdotseq 0.1\,MPa$로 보고 환산한다. CGS 단위에서 응력은 kgf/cm^2의 단위로 표현하여, 힘은 kgf, 길이는 cm 단위로 하였으나, 응력이 SI단위의 $MPa(N/mm^2)$ 단위로 된 식들을 계산할 때는 힘은 N, 길이는 mm 단위이어야 한다.

[3] 용어

토목분야와 건축분야에서 종래 서로 다르게 사용해온 용어들은 1999년 통합된 '콘크리트구조설계기준'에서 하나의 용어로 통일하였고, 한국콘크리트학회에서 지속적으로 공식 용어를 정리하고 있다. 이 책에서는 한국콘크리트학회에서 공표하는 공식 용어를 사용하였으나, 토목분야나 건축분야에서 종래에 일반적으로 사용해온 용어를 병용한 곳도 있다.

참고문헌

1.1 한국콘크리트학회, 최신 콘크리트공학, 기문당, 2011, 930 pp.

1.2 Draffin, J. O., A *Brief History of Lime, Concrete and Reinforced Concrete*, ACI SP 52, American Concrete Institute, 1976, pp. 5–38.

1.3 Sutherland, j., Humm, D., and Chrimes, M., *Historic Concrete-background to appraisal*, Telford, 2001.

1.4 Smeaton, J., "A Narrative of the Building and a Description of the Construction of the Eddystone Lighthouse with Stone," Chapter IV. Experiments on Water Cement, 1792, pp. 102–123.

1.5 한국시멘트협회, www.cement.or.kr, 우리나라 시멘트의 역사.

1.6 Feret, R., Bulletin de la Societé d'Encouragement pour l'Industrie Nationale, 1897.

1.7 Hans Straub, A History of *Civil Engineering*, Cambridge, MA: MIT Press, 1964 (pp. 205–215); also London: Leonard Hill Ltd., 1952.

1.8 Wang, C. K., Salmon, C. G., and Pincheira, J. A., *Reinforced Concrete Design*, 7th edition, John Wiley & Son, 2007 (p 3–4).

1.9 Sozen, M. A., Ichinose, T., and Pujol, S., *Principles of Reinforced Concrete Design*, CRC Press, 2014 (p 1–2).

1.10 MacGregor, J. G. and Wight, J. K., *Reinforced Concrete: Mechanics and Design*, 4th edition, Person Prentice Hall, 2005 (p 9–10).

1.11 Ritter, W., Die Bauweise Hennebique, *Schweizerische Bauzeitung*, 17, 1899, p. 41–61.

1.12 Mörsch, E., Der Betoneisenbau, seine Anwendung und Theorie, Wayss & Freytag, Sturttgart, 1902.

1.13 Jackson, P. H., U.S. Patent No. 357999, 1886/88.

1.14 Xercavins, P., Demarthe, D., and Shushkewich, K., "Eugene Freyssinet–The Invention of Prestressed Concrete and Precast Segmental Construction," www.efreyssinet–association.com, 2008, 24 pp.

1.15 Marsh, C. F., *Reinforced Concrete*, Constable: London, 1904.

1.16 Turneaure F. E. and Maurer, E. R., *Principles of Reinforced Concrete Construction*, New York: John Wiley and Sons, London: Chapman and Hall, 1907.

1.17 Committee on Concrete and Reinforced Concrete, *"Standard Building Regulations for the Use of Reinforced Concrete," Proceedings, National Association of Cement Users*, Vol. 6, 1910, pp. 349–361.

1.18 ACI Committee 318, "Building Code Requirements for Reinforced Concrete (ACI 318–56)," American Concrete Institute, Farmington Hills, MI, 1956, 74 pp.

1.19 British Standards Institution, *The Structural Use of Reinforced Concrete in Buildings*, BSI: London, 1957, CP 114.

1.20 British Standards Institution, *The Structural Use of Concrete*, BSI: London, 1972, CP 110.

1.21 British Standards Institution, *The Structural Use of Concrete*, BSI: London, 1985, BS 8110.

1.22 British Standards Institution, Eurocode 2: *Design of Concrete Structures, General Rules for Buildings* (Together with United Kingdom National Application Document), BSI: London, 1992, DD ENV 1992–1–1.

1.23 ACI Committee 318, "Building Code Requirements for Reinforced Concrete (ACI 318–71)," American Concrete Institute, Farmington Hills, MI, 1971, 78 pp

1.24 ISO 19338, *Performance and assessment requirements for design standards on structural concrete*, International Organization for Standardization, 2003(first edition), 2007(second edition), 2014(third edition).
1.25 건설교통부, 한국콘크리트학회, 콘크리트구조설계기준, 1999.
1.26 건설교통부, 한국콘크리트학회, 콘크리트표준시방서, 2003.
1.27 국토해양부, 한국콘크리트학회, 콘크리트구조기준, 2012.
1.28 국토해양부, 한국콘크리트학회, 콘크리트표준시방서, 2009.
1.29 국토교통부, KDS 14 20 콘크리트구조 설계기준, 2016.
1.30 국토교통부, 표준시방서 KCS 14 20, 콘크리트공사, 2017.
1.31 한국콘크리트학회, 콘크리트구조 학회기준, 2017.
1.32 국토교통부, 한국콘크리트학회, KDS 14 20 콘크리트구조 설계기준, 기준 및 해설, 2021.
1.33 국토교통부, 한국콘크리트학회, KCS 14 20, 콘크리트공사표준시방서, 시방서 및 해설 2022.
1.34 국토교통부, 대한건축학회, 건축구조기준, 2016.
1.35 국토교통부, 한국교량및구조공학회, 도로교설계기준(한계상태설계법), 기준 및 해설, 2015.

연습문제

1-1 철근콘크리트가 외력에 저항하는 원리를 설명하시오. **[정답: 1.1절 참조]**

1-2 철근콘크리트의 특성을 설명하시오. **[정답: 1.1절, 1.4절 참조]**

1-3 철근콘크리트의 장점과 단점을 설명하시오. **[정답: 1.4절 참조]**

1-4 철근콘크리트로 설계되고 시공되는 시설물의 종류를 설명하시오. **[정답: 1.5절 참조]**

제2장 재료와 합성작용

2.1 콘크리트*

콘크리트는 다른 건설재료에 비하여 가격이 상대적으로 저렴하여 매우 경제적이라는 장점 때문에 건설 구조물에 가장 많이 사용되는 재료이다. 또 품질관리가 잘 된 콘크리트는 일반적으로 내구성이 우수하며 유지관리비도 저렴하다는 장점이 있다. 그러나 콘크리트를 다루는 기술자의 숙련도에 따라 품질의 변동성이 크므로, 숙련되지 않은 인력이 다루면 품질이 매우 조악해진다는 것이 단점이 되기도 한다. 한편 콘크리트는 재료의 배합에 따라 매우 다양한 특성을 나타낸다. 재료의 성질과 특성은 종종 구조물의 성능에 큰 영향을 미치므로, 구조물의 설계와 시공에 있어서 재료의 특성을 이해하는 것이 중요하다. 이 절에서는 콘크리트의 재료구성과 역학적 특성을 다룬다.

2.1.1 콘크리트의 정의와 특성

콘크리트는 KCS 14 20 콘크리트공사표준시방서[2.1]에, "시멘트, 물, 잔골재, 굵은골재에 경우에 따라서는 혼화재료를 혼합, 반죽하여 만든 복합체"로 정의되어 있다. 이러한 정의와 함께 콘크리트 구조물의 성능을 이해하는데 도움을 주는 표현으로, "콘크리트는 돌을 풀로 붙인 것"이라고 할 수 있다. 여기서 '돌'은 잔골재와 굵은골재로 일반적으로 모래와 자갈을 의미하며, '풀'은 시멘트와 물로 이루어진 시멘트 풀

* 이 절은 기본적으로 프리스트레스트 콘크리트–강도설계법과 한계상태설계법(이재훈 저, 동명사, 2015)의 2.1절과 동일한 것으로, 철근콘크리트를 대상으로 하면서 좀 더 명확하게 설명하기 위하여 표현을 일부 수정하고 내용을 추가하여 보강한 것이다.

(cement paste)을 의미한다. 따라서 콘크리트는 골재를 시멘트 풀로 결합시킨 것이므로, 콘크리트 강도는 골재의 강도와 시멘트 풀의 강도, 그리고 골재에 대한 시멘트 풀의 부착 성능으로 결정된다.

콘크리트의 강도는 크게 압축강도와 인장강도로 나누어 생각할 수 있는데, 골재에 대한 시멘트 풀의 부착 특성으로 인하여 압축강도보다 인장강도가 현저히 작은 특성을 가지고 있다. 또, 골재를 시멘트 풀로 결합시킨 콘크리트는 시멘트 풀의 특성으로 인하여 독특한 재료 특성을 나타내는데, 그 대표적인 것이 크리프(creep)와 수축(shrinkage)이다. 크리프는 응력이 일정하게 작용하여 크기의 변화가 없더라도 시간이 경과함에 따라 변형률이 증가하는 현상이다. 콘크리트의 수축은 콘크리트가 굳으면서 체적이 감소하는 현상이다.

철근콘크리트가 만족할만한 구조성능을 갖으려면 콘크리트가 다음과 같은 품질을 갖아야 한다.

[1] 강도 및 강성

콘크리트의 압축강도가 높은 철근콘크리트 구조물은 높은 하중을 받을 수 있으므로 압축강도가 높은 콘크리트가 좋지만, 압축강도가 너무 높은 콘크리트는 작업성(workability)이 좋지 않고 가격이 비싸질 가능성이 크다. 따라서 콘크리트의 압축강도는 구조 성능, 재료 성능, 시공에서의 작업성, 경제성 등을 종합적으로 고려하여 적절한 강도를 선택하는 것이 바람직하다. 또, 가능하면 콘크리트 구조물에 균열이 발생하지 않는 것이 유리하므로 인장강도가 높은 콘크리트가 바람직하다. 일반적으로 말하면 콘크리트의 압축강도가 증가하면 인장강도도 증가하지만, 압축강도가 동일하더라도 인장강도는 매우 큰 편차를 보인다. 따라서 압축강도가 동일한 것이라도 인장강도가 큰 콘크리트가 바람직하다. 또한 콘크리트 구조물의 처짐이 크면 구조물의 사용성능이 낮아지므로 가능하면 탄성계수가 큰 콘크리트를 사용하는 것이 좋다. 콘크리트의 탄성계수도 역시 압축강도가 증가하면 같이 증가하는 것이 일반적인 경향이지만, 압축강도가 동일하더라도 탄성계수가 매우 큰 편차를 보인다. 따라서 압축강도가 동일한 것이라도 탄성계수가 큰 콘크리트가 바람직하다.

[2] 크리프

콘크리트의 크리프는 응력이 일정하게 작용하여 크기의 변화가 없더라도 시간이 경과함에 따라 변형률이 증가하는 현상으로, 철근콘크리트 구조물의 장기 변형(lomg-term deformation)을 일으키는 요인이다. 크리프가 크게 발생하는 콘크리트를 사용하면 구조물의 장기 처짐이 증가하여 구조물의 사용성능이 낮아진다. 따라서 가능한 한 크리프가 적게 발생하는 배합의 콘크리트를 사용하는 것이 좋다.

[3] 수축

콘크리트의 수축은 콘크리트가 굳으면서 체적이 감소하는 현상이다. 수축이 크게 발생하는 콘크리트를 사용하면 수축에 대한 구속력이 증가하여 작용하는 하중과는 무관하게 철근콘크리트 구조물에 균열이 발생할 가능성이 커진다. 따라서 가능한 한 수축이 적게 발생하는 배합의 콘크리트를 사용하는 것이 바람직하다.

[4] 내구성

콘크리트 구조물이 목표로 하는 구조성능을 오랜 기간 동안 유지하도록 하기 위해서는 내구성이 좋은 콘크리트를 사용하는 것이 바람직하다.

이와 같은 콘크리트 품질에 대한 판단기준으로 콘크리트의 압축강도가 사용된다. 일반적으로 압축강도가 높은 콘크리트는 인장강도와 탄성계수도 크고 크리프와 수축이 작은 특성이 있으며 내구성도 또한 우수하다. 그러나 압축강도가 너무 높은 콘크리트는 몇 가지 단점도 가지고 있으므로, 콘크리트의 압축강도는 구조 성능, 재료 성능, 시공에서의 작업성, 경제성 등을 종합적으로 고려하여 적절한 강도를 선택하는 것이 바람직하다.

2.1.2 콘크리트의 구성 재료와 특수 콘크리트

콘크리트는 골재를 시멘트 풀로 붙여서 경화시킨 것으로, 골재, 시멘트, 물을 기본 재료로 하며 경우에 따라서 혼화재료를 사용한다. 콘크리트 구성 재료의 종류와 품질 조건은 다음과 같다.

[1] 골재

골재(骨材, aggregate)는 작은 돌로, 강에서 취득한 모래나 자갈, 석산(石山)에서 쇄석(碎石)으로 취득한 부순 모래나 부순 자갈을 사용한다. 이 중에서 모래와 같이 작은 크기의 골재를 잔골재(fine aggregate)라고 하고, 자갈과 같이 상대적으로 큰 크기의 골재를 굵은골재(coarse aggregate)라고 한다. 콘크리트표준시방서[2.1]는 5 mm체를 통과하고 0.08 mm체에 남는 골재를 잔골재, 5 mm체에 남는 골재를 굵은골재로 정의하고 있다.

골재는 강하고 단단해야 하며, 시멘트 풀과의 부착이 잘 되는 것이 좋다. 콘크리트에서 골재가 차지하는 부피는 경화한 콘크리트 체적의 70~75% 정도이며, 골재가 치밀하게 잘 채워질수록 콘크리트의 강도와 내구성이 좋아진다. 골재가 치밀하게 채워진다는 것은 다양한 크기의 골재가 골고루 섞여서 빈틈이 최소로 되는 경우를 말하는 것으로, 정량적으로는 골재의 입도(粒度, grading of aggregate)로 나타낸다.

콘크리트의 품질에 영향을 미치는 요인 중의 하나는 골재의 최대치수로, 골재의 최대치수가 클수록 작업성과 유동성을 얻기 위한 단위수량은 적어지고 시멘트의 양도 절약된다. 그러나 골재가 클수록 체적에 대한 표면적의 비율이 작아지므로 시멘트 풀과의 부착성능이 낮아진다. 따라서 콘크리트의 강도를 높이기 위해서는 작은 치수의 골재를 사용하는 것이 유리하다. 구조용 콘크리트(structural concrete)는 하중에 저항하기 위한 적절한 강도를 가져야 하며, 또한 철근 사이와 거푸집과 철근 사이에 콘크리트가 충분히 채워져야 한다. 따라서 낮은 강도와 일반적인 강도의 구조용 콘크리트에는 굵은골재의 최대치수로 20 mm 또는 25 mm를 사용하는 것이 일반적이며, 더 높은 강도를 발휘하여야 할 때는 19 mm 이하의 최대골재치수를 사용한다.

[2] 시멘트와 물

시멘트는 석회(CaO), 실리카(SiO_2), 산화알루미늄(Al_2O_3), 산화철(Fe_2O_2) 등을 함유한 원료를 혼합하여 소결(燒結)한 클링커(clinker)에 석고를 가하여 분말로 만든 것으로, 물과 화학적으로 반응하는 수화작용(hydration)으로 응결(setting)하고 경화(hardening)하여 골재들을 단단하게 결합시키는 점착성(adhesive)과 응집성(cohesive)을 가진 재료이다. 이러한 수경성 시멘트(hydraulic cement)는 포틀랜드 시멘트, 혼합 시멘트, 특수 시멘트로 구분한다.

19세기 영국에서 처음 개발된 포틀랜드 시멘트(portland cement)는 경화한 시멘트의 색깔이 당시 건축재료로 사용하던 포틀랜드산 천연석과 유사했기 때문에 붙인 이름으로, 보통 포틀랜드 시멘트(1종), 중용열 포틀랜드 시멘트(2종), 조강 포틀랜드 시멘트(3종), 저열 포틀랜드 시멘트(4종), 내황산염 포틀랜드 시멘트(5종)의 다섯 가지 종류가 있다.[2.2] 보통 포틀랜드 시멘트를 사용한 콘크리트는 타설 후 14일 정도 지나면 자중이나 고정하중을 지지할 수 있는 강도에 도달하여 일반적인 용도에 가장 많이 사용된다. 중용열 포틀랜드 시멘트는 수화열과 수축이 적고 투수 저항성과 화학 저항성이 커서 매스콘크리트나 도로 포장용 콘크리트에 많이 사용된다. 조강 포틀랜드 시멘트는 1일 강도와 3일 강도가 보통 포틀랜드 시멘트의 3일 강도와 28일 강도와 각각 유사할 정도로 초기강도가 높은 시멘트로 긴급공사나 공기 단축용으로 많이 사용되며, 프리스트레스트 콘크리트에서 프리스트레싱을 일찍 실행할 필요가 있는 경우에 유용하게 사용될 수 있다. 그러나 조강 포틀랜드 시멘트는 과도한 수화열이 발생하여 콘크리트의 수축균열을 유발할 수 있으므로, 시멘트의 양이 과도하게 많은 부배합(富配合, rich mix)이 되지 않도록 주의하여야 한다. 저열 포틀랜드 시멘트는 벨라이트(belite) 시멘트라고도 부르며, 수화열이 상당히 낮은 시멘트로 내구성과 유동성이 우수하고 장기강도가 높다. 그러나 보통 포틀랜드 시멘트에 비하여 초기강도가 낮은 단점이 있다. 내황산염 포틀랜드 시멘트는 황산염(sulfate)에 대한 저항성능이 우수한 시멘트로, 황산염이 포함된 지하수나 지반에 콘크리트가 접하는 경우 시멘트 화합물 중 C_3A가 황산염과 반응하여 콘크리트가 팽창하고 궁극적으로 파괴되는데, 이를 방지하기 위한 용도로 사용된다.

혼합 시멘트는 포틀랜드 시멘트에 혼합 물질을 섞은 시멘트를 말한다. 혼합 물질로는 고로슬래그(slag), 포졸란(pozzolan), 플라이 애쉬(fly ash) 등을 사용하며, 이들을 혼합한 각각을 고로슬래그 시멘트, 포졸란 시멘트, 플라이 애쉬 시멘트로 부른다. 혼합 시멘트의 특성은 이 혼합 물질들을 혼화재(混和材)로 첨가하는 경우와 동일하다.

시멘트는 콘크리트의 강도를 결정하는 중요한 역할을 한다. 일반적으로 시멘트 풀의 강도는 골재의 강도보다 낮기 때문에 콘크리트의 강도를 높이기 위해서는 시멘트 풀의 강도를 높여야 한다. 시멘트 풀의 강도를 높이기 위해서는 시멘트의 양을 증가시키거나 물의 양을 감소시켜야 한다. 그러나 단위 시멘트량이 증가하면 수화열이 증가하고 수축과 크리프 또한 증가하여 바람직하지 않다. 따라서 목표로 하는 압축강도를 얻는 범위에서 단위 시멘트량을 최소로 하는 것이 좋다. 단위 시멘트량은 목표로 하는 압축강도, 시멘트의 성질, 골재의 입도, 혼화재료의 유무와 종류, 슬럼프 등에 따라 달라지는 것이지만, 설계기준압축강도가 40 MPa인 콘크리트의 단위 시멘트량은 보통 포틀랜드 시멘트를 기준으로 할 때 보통 370～430 kg/m^3의 범위이다.

콘크리트에 사용하는 물은 사람이 마실 수 있을 정도로 깨끗한 것으로, 콘크리트에 해로운 양 이상의 기름, 산, 염류, 유기물 등이 포함되지 않아야 한다. 시멘트가 완전히 수화하는 데 필요한 물의 양은 시멘트 중량의 25% 정도이다. 그러나 물이 시멘트 입자에 도달하기 위해서는 시멘트 풀 속의 물이 유동성(mobility)을 가져야 하기 때문에 10~15% 정도의 물이 더 요구된다. 따라서 시멘트의 수화작용에 필요한 최소의 물-시멘트 비는 일반적으로 35~40% 정도이다. 실제 콘크리트 배합에서는 소요의 유동성(workability)을 얻기 위하여 더 큰 물-시멘트 비가 사용되는데, 물-시멘트 비가 증가하면 강도가 낮아진다. 따라서 콘크리트가 높은 강도를 발현할 수 있으려면 물의 양을 줄여서 시멘트 풀의 강도를 높여야 한다. 그러나 물의 양을 줄이면 유동성이 좋지 않게 되어 콘크리트의 타설 작업이 어려워진다. 이러한 경우에는 물의 양을 증가시키지 않고 유동성이 좋아지도록 혼화재료를 사용한다. 무기물의 혼화재를 사용하는 경우에는 시멘트와 혼화재를 합하여 결합재라고 하는데, 물-시멘트 비(water-cement ratio, W/C) 대신 물-결합재 비(water-binder ratio, water cementitious material ratio, W/B)를 사용한다. 즉, 물-결합재 비는 시멘트의 양과 혼화재의 양을 합한 결합재의 양과 물의 양을 비율로 나타낸 것이다.

콘크리트 강도에 영향을 주는 요소는 매우 다양하지만, 그 중에서 물-시멘트 비가 매우 중요한 요소 중 하나이다. 그러나 초창기 연구자들은 물-시멘트 비와 콘크리트 압축강도 사이의 관계를 일관성 있는 실험 자료로 입증하지 못했었다. 즉, 많은 연구자들이 물의 양이 증가하면 콘크리트 압축강도가 감소한다는 일반적인 경향은 파악하였으나, 일관성 있는 결과를 얻을 수 없어서 이론화 하지는 못했던 것이다. 이것은 골재에 흡수되어 있던 물의 양이 크게 차이가 났었기 때문인데, 당시에는 이 물의 영향을 인식하지 못했었다. 그 후 1919년에 Abrams[2.3]가 콘크리트 배합에 대한 연구결과로 골재에 흡수되어 있는 물의 양의 중요성을 인식하고 물-시멘트 비와 콘크리트 압축강도의 관계식을 제시하면서 비로소 물-시멘트 비가 중요한 요소라는 것이 인정되었다.

[3] 혼화재료

혼화재료(admixture)는 콘크리트의 성능을 개선할 목적으로 골재, 시멘트, 물 이외에 추가로 더 넣는 재료를 총칭한다. 혼화재료에는 혼화제(混和劑)와 혼화재(混和材)가 있는데, 전자는 주로 화학물질이며 후자는 주로 광물질이다. 이 두 가지의 구분으로, 사용량이 비교적 적어서 콘크리트의 배합설계에서 부피를 무시할 수 있는 혼화재료를 혼화제라 하고, 사용량이 비교적 많아서 콘크리트의 배합설계에서 부피를 고려해야 하는 혼화재료를 혼화재라고 구분하기도 한다. 혼화재료는 사용목적에 따라 그 종류가 매우 다양하므로 반드시 그 품질을 확인한 후에 사용하여야 한다. 특히 철근콘크리트에 사용되는 콘크리트에는 철근의 부식을 유발하는 염화물을 함유한 혼화재료를 사용하지 않아야 한다.

콘크리트에 사용되는 혼화재료 중 화학물 혼화제의 종류와 특징 및 용도는 다음과 같다.

- 공기연행제(AE제, air-entraining admixture): 콘크리트를 비빌 때 자연적으로 콘크리트 혼합물 속에 들어가게 되는 기포를 잘게 나누어 균일하게 분포시켜서 콘크리트의 동결 융해작용에 대한 저항성을 향상시키는 혼화제.
- 감수제(water-reducing admixture): 시멘트 입자에 대한 습윤·분산작용으로 콘크리트의 유동성을

향상시켜서 목표로 하는 강도를 얻는 데 필요한 단위수량을 감소시키는 혼화제.

- AE감수제: 콘크리트 속의 기포를 미세하고 균일하게 분포시키면 콘크리트의 유동성이 향상되므로 동결 융해작용에 대한 저항성을 향상시키는 역할과 함께 감수제로서의 역할도 하는 혼화제.
- 유동화제(superplasticizer): 고성능 감수제(high-range water-reducing admixture)라고도 하며, 일반적인 감수제에 비하여 콘크리트의 유동성을 향상시키는 성능이 매우 우수하여 매우 작은 물-시멘트비로도 높은 슬럼프를 유지시킬 수 있으므로 고강도콘크리트의 배합에 사용되는 혼화제로서, 미리 비빈 콘크리트에 첨가하여 교반함으로써 유동성을 증대시키는 데도 매우 효과적인 혼화제.
- 촉진제(accelerating admixture): 시멘트의 수화 반응을 촉진시켜서 응결시간을 단축함으로써 콘크리트가 조기에 강도를 발휘하게 해주는 혼화제이지만, 염화칼슘 등의 염화물이 함유된 제품은 철근이나 프리스트레싱 강재를 부식시킬 우려가 있으므로 주의를 요하는 혼화제.
- 지연제(delaying admixture): 시멘트의 수화 반응을 지연시켜서 콘크리트의 응결시간을 늦추는 혼화제로, 조기 경화 현상을 보이는 서중 콘크리트(hot weather concrete)나 수송 거리가 먼 레미콘에 첨가하는데 사용되는 혼화제.
- 수축저감제(shrinkage reducing admixture): 콘크리트 내의 자유수가 증발할 때 발생하는 모세관 장력을 적게 하여 수축을 감소시키는 혼화제.
- 분리저감제(segregation reducing admixture): 수중불분리 혼화제라고도 하며, 수용성 고분자(폴리머, polymer)가 첨가되어 물속에서 콘크리트를 타설할 때 재료의 분리를 감소시키는 혼화제.
- 방수제(water-repellent agent, waterproof admixture): 콘크리트 내부로 수분이 침투하지 못하도록 콘크리트 배합 때 첨가하는 혼화제, 또는 콘크리트가 경화한 후 콘크리트 표면에 바르는 화학물질.
- 방청제(corrosion resisting admixture): 콘크리트에 함유되어 있는 염화물에 의하여 강재가 부식되지 않도록 콘크리트 배합 때 첨가하는 혼화제, 또는 시공 중 상당 기간 대기에 노출되는 강재의 표면에 도포하는 부식방지 화학물질. 그림 2-1은 프리캐스트 슬래브 판 부재를 조립하는 공법으로

그림 2-1 방청제가 도포된 철근

교량의 바닥판을 시공하는 과정에서 연결부에 노출된 철근이 부식되지 않도록 철근 표면에 방청제를 도포한 모습이다.

콘크리트에 사용되는 혼화재료 중 광물질 혼화재의 종류와 특징 및 용도는 다음과 같다.

- 고로슬래그(granulated blast furnace slag): 제철소의 고로(高爐, 용광로)에서 나오는 알루미노 규산염이 주성분인 용융상태의 고온 슬래그를 급랭하여 입상화한 것으로, 콘크리트의 수밀성을 증진시켜서 화학저항성을 향상시키며 시멘트의 역할도 하는 혼화재.
- 플라이 애쉬(fly ash): 화력발전소에서 미분탄을 연소시킬 때 발생되는 재의 미립자를 집진기로 포집한 것으로, 콘크리트의 유동성을 향상시켜서 단위수량을 저감시킬 수 있으므로 강도의 증진 효과, 특히 장기강도의 증진 효과가 있으며, 수밀성과 내구성이 향상되어 화학저항성을 향상시키고, 시멘트를 대체하는 효과로 수화열을 감소시키는 혼화재.
- 실리카 퓸(silica fume): 금속 실리콘(silicon metal) 또는 페로실리콘 합금(ferro−silicon alloy) 등의 규소합금을 제조할 때 발생하는 폐가스에 포함된 SiO_2를 집진기로 모은 초미립자의 산업 부산물로, 평균지름이 0.1 μm로 매우 미세하고 높은 결합성이 있어서 조기에 콘크리트 강도를 크게 증진시키므로 고강도콘크리트의 배합에 사용되는 혼화재.
- 팽창재(expansive admixture): 수화 반응에 따라 수산화칼슘 등을 생성하여 콘크리트가 팽창하게 하는 혼화재로, 콘크리트의 수축에 의한 균열을 억제하거나 화학적으로 프리스트레스를 도입하고자 할 때 사용되는 혼화재.
- 착색재(coloring admixture): 물에 녹지 않는 안료(顔料)로 시멘트 입자 사이에 분산되어 콘크리트에 붉은색, 노란색, 녹색, 청색, 검은색, 백색 등의 색을 입히는 혼화재.

[4] 특수 콘크리트

특수 콘크리트는 구조물의 용도에 따라 특별히 요구하는 성능을 확보하기 위하여 콘크리트의 구성재료를 달리 조합하거나 혼화재료(admixture)를 첨가한 콘크리트이다. 특수 콘크리트에는 다음과 같은 종류가 있다.

- 고강도콘크리트(high−strength concrete): 고강도콘크리트는 압축강도가 매우 높은 콘크리트이다. 한국에서는 40 MPa 이상, 유럽에서는 50 MPa 이상의 압축강도를 가진 콘크리트를 고강도콘크리트로 분류하기도 하지만, 고강도콘크리트의 최저 한계는 상향되고 있는 추세이다. 고강도콘크리트는 축압축력이 크게 작용하는 고층 빌딩(high−rise building)의 기둥이나 프리스트레싱에 의한 압축력이 크게 작용하는 프리스트레스트 콘크리트 구조물(prestressed concrete structures)에 효율적으로 적용된다. 콘크리트는 기본재료인 골재와 시멘트 풀의 강도가 높아야 강도가 높아진다. 따라서 골재는 강도가 높고 입도분포가 좋아야 한다. 또 가장 큰 골재의 크기는 작을수록 유리하다. 이것은 골재 크기가 작을수록 체적에 대한 표면적의 비율이 증가하여 시멘트 풀의 접촉 면적이 증가하기 때문이다. 시멘트 풀의 강도를 높이려면 시멘트는 많이 사용하고 물은 적게 사용하여야

한다. 그러나 시멘트 양이 증가하면 수화열에 의한 균열이 발생할 가능성이 높으므로 바람직하지 않다. 이때에는 플라이 애쉬나 고로슬래그 등을 사용하여 시멘트 양을 줄여서 수화열을 낮추고, 단위수량을 저감시키는 효과를 이용하여 강도를 높여야 한다. 매우 높은 강도를 얻고자 할 때는 실리카 퓸을 추가하여야 한다. 또 유동화제, 즉 고성능감수제를 사용하여 유동성을 높이고 물의 양을 줄여서 시멘트 풀의 강도를 높여야 한다. 그림 2-2는 콘크리트의 절단면으로, 고강도콘크리트는 작은 크기의 굵은골재가 밀실하게 분포되어 있음을 나타낸다.

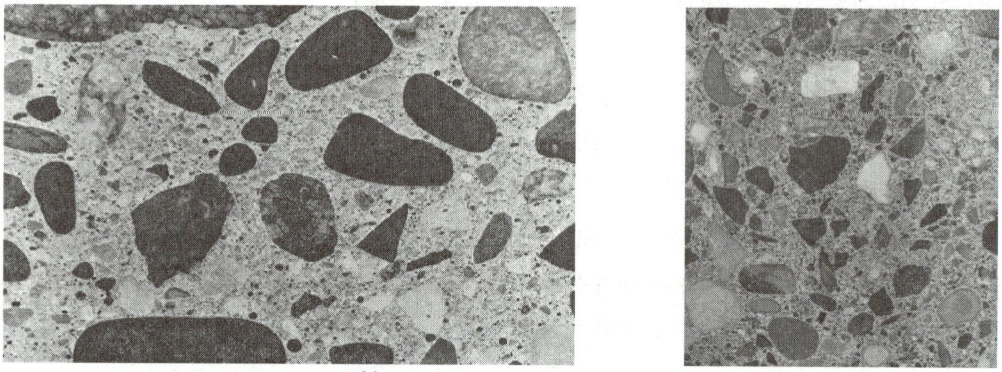

(a) 보통강도콘크리트[2.4]

(b) 고강도콘크리트

그림 2-2 콘크리트의 절단면

- 고성능콘크리트(high-performance concrete): 고성능콘크리트는 구조물의 용도에 따라 특별히 요구하는 성능을 만족하도록 배합한 것으로, 고내구성, 내마모성, 고유동성 등으로 성능을 높인 콘크리트이다. 예를 들어 항만 시설물과 같이 염분에 노출된 구조물은 염해에 대한 저항성능이 높은 고내구성 콘크리트의 사용을 고려할 수 있다. 콘크리트 포장 도로의 경우에는 차량 주행에 따라 포장의 표면이 쉽게 깎여 나가지 않도록 내마모성이 좋은 콘크리트의 사용을 고려할 수 있다. 또 콘크리트의 다짐이 어려운 형상의 구조물인 경우에는 다짐을 하지 않아도 재료의 분리 없이 충분히 채워질 수 있는 고유동성 콘크리트의 사용을 고려할 수 있다. 과거에는 고강도콘크리트를 고성능콘크리트로 인식했었다. 이것은 콘크리트의 압축강도가 높으면 내구성이나 내마모성 등도 같이 높아지기 때문이었다. 그러나 콘크리트의 압축강도를 높이지 않고도 다른 성능을 높일 수 있는 배합의 연구가 발전하여 고성능콘크리트라는 용어로 구분하게 되었다.
- 섬유보강 콘크리트(fiber reinforced concrete, FRC): 섬유보강 콘크리트는 콘크리트를 배합할 때 복합재료용 섬유를 첨가하여 콘크리트의 인장강도를 높인 콘크리트이다. 이때 사용하는 보강섬유는 강섬유(steel fiber), 유리섬유(glass fiber), 탄소섬유(carbon fiber) 등의 무기계 섬유와 아라미드섬유(aramid fiber), 폴리프로필렌섬유(Polypropylene fiber) 등의 유기계 섬유가 있다.[2.5] 섬유보강 콘크리트는 섬유를 보강하지 않은 콘크리트에 비하여 인장강도가 크게 증가하지만 압축강도는 별로 증가하지 않는다. 섬유를 배합할 때에는 콘크리트 내에 골고루 분산되도록 하는 것이 품질 관리에 매우 중요하다. 보강섬유는 이와 같이 콘크리트에 첨가하기도 하지만, 섬유를 다양한 성분의 수지

(resin)에 함침(含浸) 시켜서 천(sheet) 형태나 봉(bar) 형태로 만들어 사용하기도 한다. 천 형태로 만든 유리섬유시트나 탄소섬유시트는 기존 구조물의 표면에 부착시키는 보강용으로 사용한다. 봉 형태로 만든 유리섬유 보강근이나 탄소섬유 보강근은 철근을 대신한 콘크리트의 보강재로 사용한다. 섬유시트와 섬유보강재는 FRP(fiber reinforced plastic)라고 하며, 철근에 비하여 무게가 매우 가볍다. 인장강도는 철근 항복강도의 5~10배 정도로 매우 높은 장점이 있고, 항복점이 없이 선형 탄성으로 파단에 이르는 특성이 있다.[2.6] 한편 섬유시트와 섬유보강재는 탄성계수가 낮은 편으로, 특히 유리섬유 제품은 탄성계수가 철근의 0.18~0.25배에 불과하여 구조물의 처짐과 균열 등의 사용성능이 철근을 사용했을 때보다 낮다.[2.7] 탄소섬유 제품의 탄성계수는 철근의 0.6~2.9배 정도로, 유리섬유 제품에 비하여 매우 높은 편이다. 유리섬유나 탄소섬유로 만든 보강근은 철근과는 달리 부식되지 않는 특성이 있으므로 염화물에 노출되는 콘크리트 구조물에 적합하다.

- 폴리머콘크리트(polymer concrete): 폴리머콘크리트는 고분자 화학물질인 폴리머가 첨가된 콘크리트이다. 폴리머를 첨가할 때에는 시멘트의 양을 줄이거나, 아예 시멘트를 사용하지 않고 폴리머만을 결합재로 사용하기도 한다. 일반적인 콘크리트는 결합재로 수경성 포틀랜드 시멘트를 사용하므로 경화시간이 길고 인장강도가 낮지만, 폴리머는 점착성이 매우 우수하여 폴리머의 양에 따라 경화시간이 영향을 받는다. 따라서 폴리머콘크리트는 일반적으로 강도가 높고 수밀성과 내마모성 등 여러 가지 저항성능이 좋다. 그러나 구조물 전체를 폴리머 콘크리트로 시공하는 경우는 거의 없으며, 포장재 및 바닥재, 방수재, 접착재, 보수보강재로 사용하는 것이 일반적이다.
- 경량콘크리트(lightweight concrete): 경량콘크리트는 일반적인 콘크리트보다 가볍게 만든 콘크리트로, 밀도가 낮은 다공질의 자연경량골재 또는 인공경량골재를 사용한 경량골재콘크리트, 콘크리트 내부에 무수한 기포를 골로루 형성시킨 경량기포콘크리트, 골재 사이에 공극을 형성시키기 위하여 잔골재를 사용하지 않은 무잔골재콘크리트의 세 가지 종류가 있다. 보통중량콘크리트(normalweight concrete)는 단위질량이 2,150~2,550 kg/m^3의 범위로서 2,300 kg/m^3 내외가 일반적인데, 경량콘크리트는 이보다 10% 이상 가벼운 콘크리트를 말한다. 경량콘크리트의 무게는 건조상태의 단위질량인 기건단위질량으로 나타내는데, 1,400~2,000 kg/m^3 범위의 값을 가진다. 경량콘크리트 단위질량의 상한 값은 나라마다 달라서, 기건단위질량이 1,840 kg/m^3 이하이거나 또는 2,000 kg/m^3 이하인 콘크리트로 정의된다. 일반적으로는 기건단위질량이 1,700 kg/m^3 내외인 경량콘크리트가 많이 사용된다. 경량콘크리트는 모든 골재가 경량골재로 이루어지거나 골재의 일부가 경량골재로 이루어져서, 전경량콘크리트(all-lightweight concrete)와 모래경량콘크리트(sand-lightweight concrete)로 구분한다. 전경량콘크리트는 모든 골재가 경량골재로 이루어진 것이며, 모래경량콘크리트는 굵은골재로는 경량골재를 사용하고 잔골재로는 자연산 보통중량잔골재인 모래를 사용한 것이나. 모래경량콘크리트는 단어의 구성 상 잔골재인 모래를 경량골재로 대체한 것으로 오해할 수 있으나, 경량콘크리트 공급자들이 관행적으로 사용하던 용어가 일반화된 것이다. 경량콘크리트는 동일한 압축강도를 가진 보통중량콘크리트에 비하여 탄성계수, 인장강도, 부착강도, 수밀성이 낮고 크리프와 수축이 큰 특징이 있으므로, 설계에서 이와 같은 특성을 고려하여야

한다. 경량골재는 일반적으로 가격이 비싼 재료이므로, 구조물의 자중을 줄이면 공사비를 크게 낮출 수 있는 경우에 경량콘크리트의 적용을 고려할 수 있다. 즉, 경량콘크리트는 초고층건물에서 자중에 의한 기둥의 축력을 감소시키고자 할 때, 교량상부구조의 중량을 줄여서 하부구조의 내진설계를 경제적으로 하고자 할 때, 캔틸레버공법로 시공되는 장대교량에서 상부구조의 휨모멘트를 감소시키고자 할 때, 콘크리트 사장교에서 콘크리트 보강형의 중량을 줄여서 사장재를 감소시키는 경제적인 설계를 하고자 할 때 경량콘크리트를 적용한 사례가 있다.

- 중량콘크리트(heavyweight concrete): 중량콘크리트는 중량골재를 사용하여 일반적인 콘크리트보다 무겁게 만든 콘크리트이다. 중량골재로는 자철광이나 갈청광과 같은 철광석(鐵鑛石, iron ore)이나 중정석(重晶石, barite)을 사용하는데, 사용하는 중량골재의 종류에 따라 단위질량이 달라진다. 중량콘크리트의 기건단위질량은 2,500 kg/m^3 이상인 것을 말하는데, 6,000 kg/m^3까지도 가능하지만 3,500~5,500 kg/m^3의 범위에 있는 것이 일반적이다. 중량콘크리트는 단위질량이 높아서 x선과 γ선 등의 방사선을 차단하는 성능이 좋으므로 원자력발전소의 원자로 격납구조물에 사용된다. 중량콘크리트를 방사선의 차단 용도로 사용할 때는 차폐(遮蔽) 콘크리트라고 부른다.

2.1.3 콘크리트의 압축강도

콘크리트의 압축강도는 콘크리트의 품질을 나타내는 기본적인 재료특성으로, 콘크리트의 강도라고 하면 일반적으로 압축강도를 말한다. 콘크리트의 압축강도는 시간이 지나면 증가하는 특성이 있어서 '재령(材齡, age)'으로 콘크리트를 생산한 후의 경과기간을 표현하며, 일반적으로 일(日, day)로 나타낸다. 그림 2-3(a)에 나타난 바와 같이, 콘크리트는 타설한 후 약 28일까지 초기에 매우 빠르게 강도를 발현하며 그 이후의 강도 증진은 완만하다. 따라서 콘크리트 구조물의 설계에서는 기본적으로 재령 28일의 강도를 기준으로 한다. 콘크리트를 습윤 양생할 때는 그림 2-3(b)와 같이 재령 7일과 14일에 각각 28일 강도의 70% 정도와 85~90% 정도의 강도를 나타낸다. 증기 양생을 할 때는 재령 2일 내지 3일에 28일 강도의 70~80%, 재령 7일에 28일 강도의 90% 내외의 강도를 나타낸다.

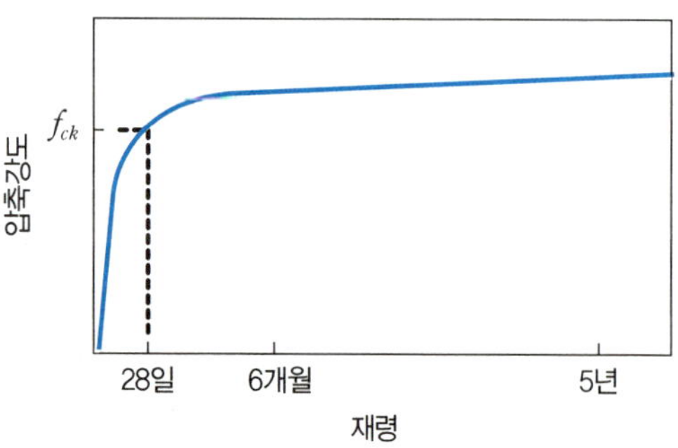

(a) 재령-압축강도 곡선

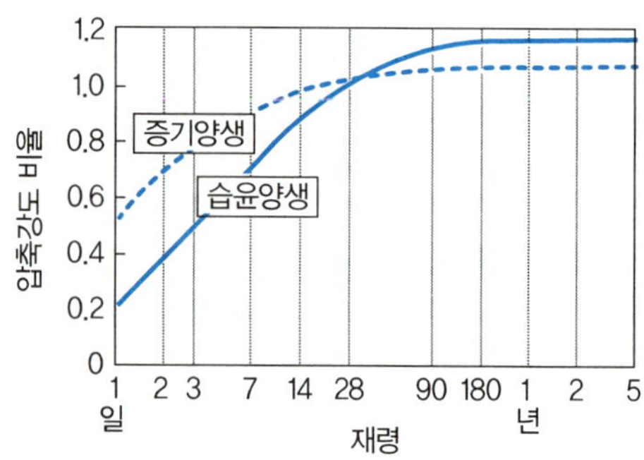

(b) 양생방법에 따른 압축강도 발현

그림 2-3 콘크리트 재령과 압축강도의 관계

콘크리트의 압축강도 시험방법, 압축강도에 영향을 주는 요인, 콘크리트 배합 및 양생의 참고사항은 다음과 같다.

[1] 공시체 제작 및 양생과 압축강도 시험

콘크리트의 압축강도는 압축강도 시험용 공시체(specimen)를 제작하고, 파괴될 때까지 압축력을 가하는 강도시험으로 결정한다. 한국을 비롯하여 미국, 캐나다, 일본 등에서는 오래 전부터 원주형 공시체(cylinder specimen)를 압축강도 시험용 공시체로 사용하고 있다. 그러나 유럽에서는 2,000년대에 들어서 원주형 공시체를 표준으로 하였고, 그 동안 기준으로 사용하였던 정육면체 공시체(cube specimen)를 보조적으로 사용하고 있다. 이는 과거에 영국에서 150×150×150 mm의 정육면체 공시체를 사용하였고, 독일은 200×200×200mm 정육면체 공시체를 사용하고 있었기 때문이다. 국제표준 ISO 1920-3[2.8]은 원주형 공시체로 ϕ 100×200 mm와 ϕ 150×300 mm를 명시하고 있고, 정육면체 공시체로는 100×100×100 mm와 150×150×150 mm를 명시하고 있다. 150×150×150 mm 정육면체 공시체로 시험한 압축강도는 ϕ150×300 mm 원주형 공시체로 시험한 압축강도의 약 1.28배 정도이다. 예를 들어, 150×150×150 mm 정육면체 공시체로 시험한 압축강도가 30 MPa(30 N/mm^2)이라면, ϕ150×300 mm 원주형 공시체의 강도로 환산하였을 때 1.28의 역수인 0.78배를 적용하여, 30×0.78=23 MPa(23 N/mm^2) 정도로 볼 수 있다.

동일한 콘크리트에 대하여 정육면체 공시체로 시험한 압축강도가 원주형 공시체로 시험한 압축강도보다 크게 나타나는 이유는 공시체의 단면 크기에 대한 높이의 비율에 따라 하중이 가해지는 접촉면에서의 구속효과가 다르게 나타나기 때문이다. 이때의 구속효과는 압축강도시험을 수행할 때 하중이 가해지는 공시체의 상면과 하면에서 접촉하고 있는 시험기가 하중작용방향의 직각방향으로 콘크리트가 팽창하지 못하게 구속하는 효과를 말한다. 이 구속 작용을 받는 부분은 압축강도가 증가하는데, 정육면체 공시체는 하중이 작용하는 단면의 크기와 높이가 같아서 전체높이에 걸쳐서 구속효과가 나타난다. 그러나 원주형 공시체는 높이가 단면지름의 2배이므로 하중의 접촉면에서 멀리 떨어진 중앙부에서는 구속효과가 크지 않다. 따라서 원주형 공시체로 압축강도시험을 수행하면 구속효과가 작은 상태로 압축강도가 나타나지만, 정육면체 공시체로 압축강도시험을 수행하면 구속효과가 상대적으로 크게 작용하는 상태이므로 높은 압축강도가 나타나는 것이다.

압축강도 시험용 원주형 공시체는 굳지 않은 콘크리트 시료를 KS F 2401(굳지 않은 콘크리트의 시료 채취 방법)[2.9]에 따라 채취하여 KS F 2403(콘크리트의 강도 시험용 공시체 제작 방법)[2.10]에 따라 제작하고, 20°±3℃의 온도에서 28일 동안 습윤 상태로 표준양생 한다. 재령 28일에는 KS F 2405(콘크리트 압축 강도 시험 방법)[2.11]에 따라 압축강도를 시험한다. 실제 구조물에서 거푸집의 제거 시기 등을 결정하기 위하여 압축강도시험을 실시하는 경우에는 공시체를 현장의 콘크리트와 같은 상태로 양생한다.

[2] 콘크리트 압축강도에 영향을 주는 요인

콘크리트의 압축강도는 여러 가지 요인에 따라 영향을 받는데, 그 중 주요 항목은 다음과 같다.

(1) 재령

콘크리트의 압축강도는 그림 2-3(a)에 나타난 바와 같이 시간이 경과함에 따라 증가한다. 특히 초기 재령에서 압축강도가 크게 증가한다. 재령 28일 이후에는 강도 증진이 완만하여, 6개월 또는 1년 후에는 강도가 크게 변화하지 않는다. 재령에 따른 압축강도의 증진은 양생방법에 따라 차이가 있으며 시멘트의 종류와 대기 온도 및 상대 습도 등에도 크게 영향을 받는다.

(2) 물-시멘트 비 및 물-결합재 비

콘크리트의 압축강도는 물-시멘트 비(W/C) 또는 물-결합제 비(W/B, water-binder ratio)에 크게 영향을 받는다. 그림 2-4(a)에 나타난 바와 같이, 물-시멘트 비가 증가하면 콘크리트의 압축강도는 감소한다. 작은 물-시멘트 비로 배합하여 물의 양을 감소시키면 시멘트 풀의 강도가 증가하여 콘크리트의 압축강도도 증가한다. 그러나 물-시멘트 비를 감소시키는 데는 한계가 있다. 왜냐하면, 시멘트가 완전히 수화하는 데 필요한 물의 양이 시멘트 중량의 25% 정도이고, 물이 시멘트 입자에 도달할 수 있도록 시멘트 풀 속의 물이 유동성을 가져야 하므로 10~15% 정도의 물이 더 필요하기 때문이다. 따라서 유동성 증진을 위한 혼화재료를 사용하지 않는다면 시멘트의 수화 반응에 필요로 하는 최소의 물-시멘트 비는 일반적으로 35~40% 정도이다. 수화에 쓰이고 남은 물은 증발하여 시멘트 풀 속에 공극(空隙)이 형성되는데, 공극의 부피가 증가하면 경화한 시멘트 풀의 강도는 감소한다. 따라서 물-시멘트비가 증가하면 콘크리트의 압축강도가 감소하게 된다.

(3) 시멘트 종류 및 응결 시간 조절용 혼화제

동일한 28일 압축강도를 가진 콘크리트라도 사용한 시멘트의 종류에 따라 강도 증진의 특성이 다르다. 그림 2-4(b)에 나타난 바와 같이, 1종 보통 포틀랜드 시멘트를 사용하는 경우에 비하여 3종 조강 포틀랜드 시멘트를 사용하는 경우에 조기 강도가 크게 발현된다. 그러나 조강 시멘트를 사용하는 경우, 28일 이후의 장기 강도는 보통 시멘트를 사용하는 경우에 비하여 크게 증진되지 않는다. 한편, 시멘트 이외에도 촉진제나 지연제 등의 응결 시간 조절용 혼화제를 첨가하면 강도발현 특성이 달라진다.

(4) 골재의 강도와 용적율 및 입도 분포와 최대 치수

콘크리트는 골재를 시멘트 풀로 결합시킨 것이므로, 콘크리트의 강도는 골재의 강도와 시멘트 풀의 강도로 결정된다. 시멘트 풀의 강도보다 골재의 강도가 더 높은 보통강도콘크리트는 시멘트 풀의 강도가 콘크리트의 강도에 큰 영향을 미친다. 시멘트 풀의 강도가 매우 높은 고강도콘크리트는 골재의 강도가 콘크리트의 강도에 큰 영향을 미친다. 시멘트 풀의 강도가 큰 영향을 미치는 보통강도콘크리트에서는 골재가 차지하는 체적비, 즉 용적율이 높으면 콘크리트의 강도가 높아진다. 왜냐하면, 경화한 시멘트 풀의 강도는 공극의 부피에 반비례하여 감소하는데, 골재의 용적율이 높아지면 시멘트 풀의 양이 상대적으로 적어 져서 공극의 부피가 감소하기 때문이다. 한편, 다양한 크기의 골재가 골고루 섞여서 빈틈이 최소가 되도록 하여야 강도 증진에 효과적이므로, 골재의 입도 분포가 좋아야 한다. 또 작은 크기의 골재는 체적에 대한 표면적의 비율이 높아서 시멘트 풀과의 부착성능이 향상되므로, 골재의 최대치수가 작으면 콘크리트의 강도가 증가한다.

(5) 다짐

콘크리트는 골재와 시멘트 풀이 치밀하게 잘 채워져야 강도가 높아지므로, 콘크리트 타설 작업 중의 다짐이 굳은 콘크리트의 성능에 큰 영향을 미친다. 그림 2-4(c)에 나타난 바와 같이, 완벽하게 다짐이 되었을 때는 물-시멘트 비가 감소할수록 콘크리트 압축강도가 증가하지만 다짐이 제대로 되지 않으면

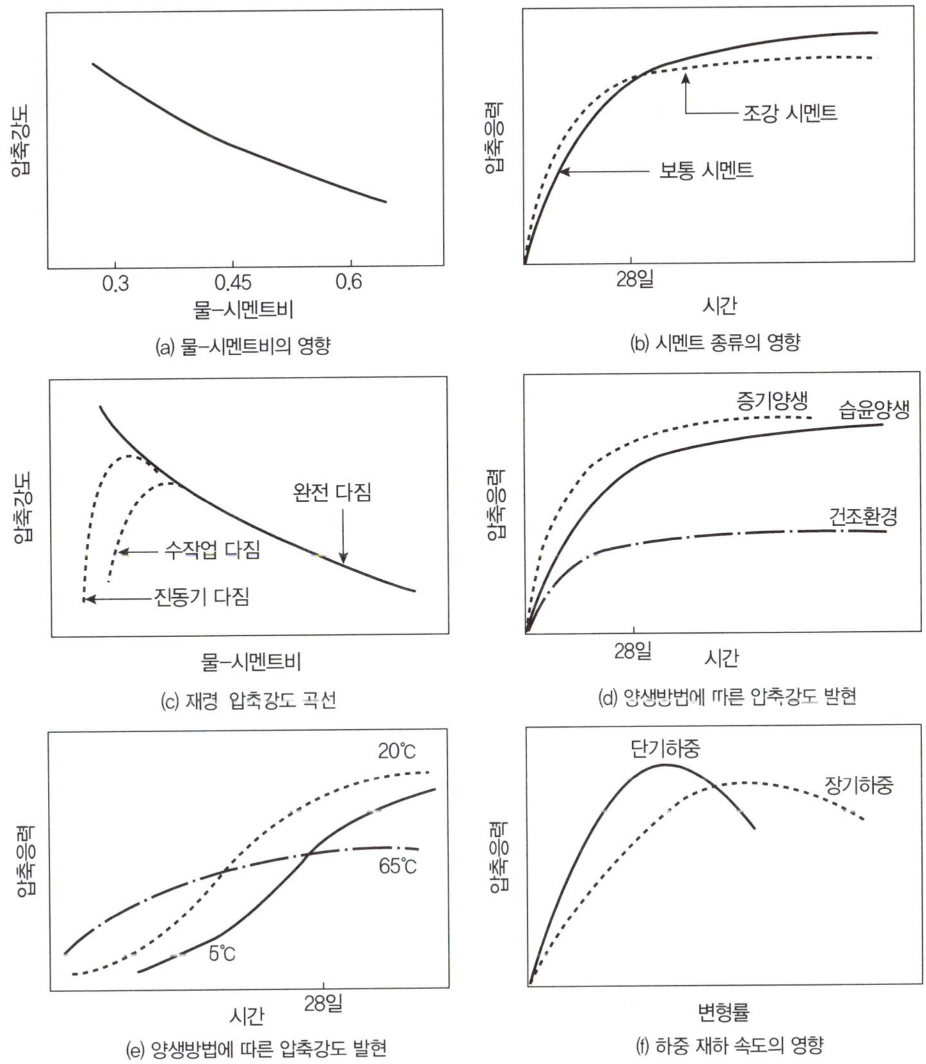

그림 2-4 **콘크리트 압축강도의 영향 요인**

오히려 강도가 떨어진다. 콘크리트의 다짐은 수작업이나 기계적인 방법을 사용한다. 수작업은 콘크리트를 타설하는 도중에 봉으로 콘크리트를 쑤시거나 나무망치 등으로 거푸집이 변형되지 않을 정도의 강도로 거푸집을 타격하여 진동을 주는 방법이다. 기계적인 방법은 봉상(棒狀) 진동기(vibrator)를 사용하여 콘크리트를 타설하는 도중에 진동을 가하는 방법이다.

(6) 양생 방법

콘크리트는 타설한 뒤의 양생 방법이 콘크리트의 성능에 큰 영향을 미친다. 그림 2-4(d)에 나타난 바와 같이, 아무런 조치 없이 대기 중에 노출된 상태로 콘크리트를 양생하면 강도 증진이 크지 않다. 천으로 만든 양생포로 콘크리트를 감싸고 양생포가 젖은 상태를 유지하도록 물을 뿌려주는 습윤 양생은 강도 증진에 매우 효과적이며, 크리프와 건조수축을 감소시킨다. 콘크리트를 밀실하게 감싸고 내부에 높은 온도의 증기를 공급하는 증기 양생은 초기 강도 증진에 매우 효과적이다.

(7) 온도

콘크리트 양생 중의 온도가 콘크리트의 압축강도에 영향을 미친다. 너무 춥거나 너무 더운 상태에서 콘크리트를 양생하는 경우에는 사람이 활동하기에 적당한 상온(常溫)에서 콘크리트를 양생하는 경우에 비하여 콘크리트의 강도가 제대로 발현되지 않는다. 즉, 그림 2-4(e)에 나타난 바와 같이, 65℃ 정도에서 양생하는 경우에는 초기 강도는 높아지지만, 28일 이후의 강도는 상온에서 양생하는 경우보다 오히려 낮게 된다. 또, 5℃ 정도에서 양생하는 경우에는 초기 강도뿐만 아니라 장기 강도도 상온에서 양생하는 경우보다 낮게 된다.

(8) 하중 재하 속도

콘크리트의 압축강도는 압축강도 시험에서 하중을 가하는 속도에도 영향을 받는다. 콘크리트의 압축 응력-변형률 곡선을 나타내는 그림 2-4(f)에 나타난 바와 같이, 재하속도가 빠른 경우에는 재하속도가 느린 경우에 비하여 동일한 변형률에서 더 높은 응력이 나타난다. 따라서 재하속도가 빠르면 최대 응력을 나타내는 콘크리트의 압축강도가 더 높게 나타난다. 이와 같이 동일한 콘크리트라도 재하속도에 따라 콘크리트의 압축강도가 다르게 나타나므로, KS F 2405[2.7]에서 압축강도를 시험할 때의 재하속도 표준을 0.6±0.4 MPa/sec로 규정하고 있는 것이다.

[3] 콘크리트의 설계기준압축강도 및 특성압축강도와 평균압축강도

구조물의 설계에서는 설계자가 재료의 강도를 선정하고, 선정된 재료강도를 기준으로 단면의 크기를 결정한다. 이때 설계자가 선택한 재료강도를 설계기준강도(specified strength) 또는 특성강도(characteristic strength)라고 한다. 설계기준강도(specified strength)는 ACI 318 Code[2.12]로 대표되는 미국형 설계기준에서 사용하는 용어로, 설계할 때 기준으로 사용하는 재료의 강도를 의미한다. 특성강도(characteristic strength)는 Eurocode 2[2.13]로 대표되는 유럽형 설계기준에서 사용하는 용어로, 재료의 특정 성질 중

하나인 강도에 대해 실험으로 구한 많은 자료의 통계적 분포 곡선으로부터 결정한 재료 특성값이며 설계 때의 재료 기준값(characteristic value of material)을 의미한다. 이렇게 두 가지 형태의 설계기준에서 사용하는 재료 기준값은 개념적으로는 다른 것이라고 할 수도 있으나, 설계에서는 기본적으로 동일한 의미로 적용된다.

콘크리트 압축강도에 대해서는, 미국형 설계기준에서 설계기준압축강도(specified compressive strength)로 f_c'를 기호로 사용하며, 유럽형 설계기준에서는 특성압축강도(characteristic compressive strength)로 f_{ck}를 기호로 사용한다. 한국의 설계기준[2.14~2.16]은 '설계기준압축강도'라는 용어와 f_{ck}를 기호로 정의하고 있다. 한편, KDS 24 14 21 콘크리트교 설계기준(한계상태설계법)은 '재료계수'를 안전계수로 사용하고 있으므로, 설계기준압축강도 f_{ck}에 콘크리트 재료계수 ϕ_c를 곱한 값을 '콘크리트 설계압축강도'로 정의하고 f_{cd}를 기호로 사용하고 있다. 참고로, KDS 24 14 21 콘크리트교 설계기준(한계상태설계법)은 재료 기준값으로 사용하는 용도로 재료 공칭값(nominal value of material)을 규정하고 있는데, 한국산업규격 또는 제품제작회사에서 기준으로 설정한 값으로 정의하고 있다. 따라서 엄밀한 의미에서는 콘크리트의 공칭압축강도가 설계기준압축강도(특성압축강도, 기준강도)와는 다른 것이라고 할 수 있으나, 실질적으로는 같은 것으로 보아도 큰 무리는 없다. KDS 14 20 콘크리트구조 설계기준은 재료의 공칭값을 명시적으로 정의하고 있지는 않지만, 해설에서 f_{ck}를 콘크리트의 공칭강도로 표현하고 있다.

콘크리트구조물의 설계에서는 가장 먼저 설계기준압축강도 f_{ck}를 선정하고 설계를 진행한다. 만일 3장 3.3.6절과 3.7.4절에 소개된 내구성기준압축강도 f_{cd}가 설계기준압축강도 f_{ck} 보다 크다면, 내구성기준압축강도 f_{cd}를 품질기준강도 f_{cq}로 설정하고 설계기준압축강도 f_{ck}를 대신하여 f_{cq}의 값을 설계에 적용한다. 여기서 내구성기준압축강도의 기호 f_{cd}는 KDS 24 14 21 콘크리트교 설계기준(한계상태설계법)에서 콘크리트 설계압축강도로 정의한 f_{cd}와 동일한 기호이지만 의미는 전혀 다른 것이다.

이렇게 선정된 재료강도를 기준으로 설계된 결과에 따라 구조물을 시공할 때에는 실제로 사용되는 재료가 설계기준강도보다 높은 강도를 갖도록 하여야 안전성을 보장할 수 있다. 콘크리트는 그림 2-5와 같이 강도의 변동성이 큰 재료이므로 평균압축강도가 설계기준압축강도(특성압축강도, 기준강도)보다 확실하게 높아야 한다. 따라서 한 종류의 콘크리트 배합으로 발휘되는 압축강도의 분포를 얻어서 하위

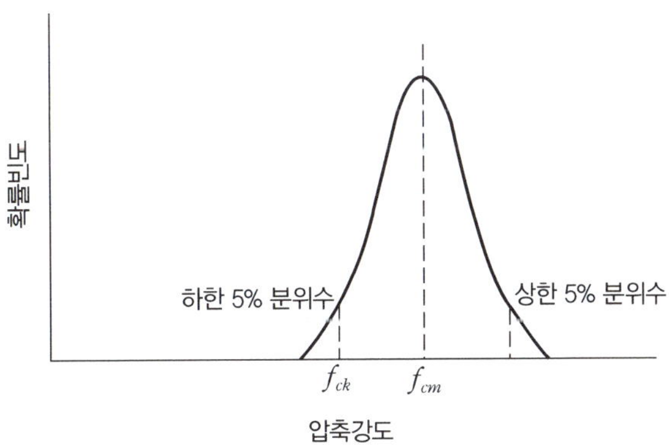

그림 2-5 콘크리트의 설계기준압축강도와 평균압축강도

5%에 해당하는 압축강도를 설계기준압축강도(특성압축강도, 기준강도)로 하는 것이 일반적이다.

구조물의 파괴에 대한 안전성을 검증할 때에는 하위 5%에 해당하는 설계기준압축강도(특성압축강도, 기준강도)를 재료강도로 사용하여 휨강도와 전단강도 등을 계산하는 것이 안전하다. 하위 5%에 해당하는 강도는 '제5백분위수(five percent fractile)'로 실제 강도가 공칭강도를 초과할 확률 95%에 대한 90%의 신뢰도를 가진 강도를 의미한다. 그러나 구조물에 발생하게 될 처짐, 변위, 변형 등을 예측할 때에는 콘크리트의 탄성계수가 필요한데, 이때에는 콘크리트의 평균압축강도를 기준으로 하여야 실제에 가까운 값을 얻을 수 있게 된다.

콘크리트의 평균압축강도 f_{cm}은 설계기준압축강도 f_{ck}보다 큰 값으로, 다음과 같이 나타낼 수 있다.

$$f_{cm} = f_{ck} + \Delta f \tag{2·1}$$

Δf는 콘크리트를 생산하는 지역에 따라 다른 값을 사용하게 되는데, 한국의 설계기준[2.14~2.16]에서는 콘크리트의 압축강도 분포에 대한 김지상 등[2.17]의 연구결과를 기본으로 하여, 설계기준압축강도가 40 MPa 이하이면 4 MPa, 60 MPa 이상이면 6 MPa, 40 MPa과 60 MPa 사이이면 4 MPa과 6 MPa 사이에서 직선보간 하도록 규정하고 있다. 참고로 Eurocode 2에서는 더 정확한 통계자료가 없는 경우에 Δf로 8 MPa을 사용하도록 하고 있다. 그러나 특정한 조건에서 Δf에 대한 충분한 통계자료가 있고 책임 기술자가 승인한다면, 설계기준에서 규정한 값을 사용하지 않고 실제 상황을 고려한 값, 예를 들면 5% 분위수인 표준편차의 1.64배를 사용할 수 있다.

콘크리트를 시공하기 위하여 콘크리트를 생산할 때에는 배합강도를 기준으로 하며, 배합강도의 설정은 설계기준압축강도와 내구성기준압축강도 중 큰 값인 품질기준강도에 기온보정강도를 더한 호칭강도를 변수로 한다. 콘크리트의 배합강도와 호칭강도는 3장 3.7.4절에서 설명한다.

2.1.4 콘크리트의 압축응력-변형률 관계 및 극한변형률

그림 2-6은 실린더 공시체의 시험으로 얻은 콘크리트의 압축응력-변형률 곡선을 나타낸다. 콘크리트의 압축응력-변형률 관계는 변형률이 증가함에 따라 압축응력이 증가하다가 최대 응력에 도달한 후 압축응력이 감소하는 형상을 보인다.

골재를 시멘트 풀로 결합한 비균질성의 콘크리트는 그림 2-7에 나다난 바와 같이 골재의 탄성계수와 시멘트 풀의 탄성계수가 동일하지 않다. 따라서 두 재료의 탄성계수 차이와 두 재료의 배합 비율에 따라 콘크리트의 탄성계수가 결정되어 응력-변형률 곡선 상승구간의 기울기에 영향을 준다. 일반적으로 골재의 탄성계수는 시멘트 풀의 탄성계수보다 크며, 시멘트 풀의 강도와 탄성계수가 높을수록 콘크리트의 압축강도가 증가한다. 따라서 시멘트 풀의 강도와 탄성계수가 낮은 보통강도콘크리트에서는 상승곡선의 기울기가 작고, 시멘트 풀의 강도와 탄성계수가 높은 고강도콘크리트에서는 상승곡선의 기울기가 큰 형상이 나타나게 된다.

응력이 낮은 상태인 상승곡선의 초기에는 변형률과 압축응력이 거의 비례하는 선형탄성 거동을 보인다.

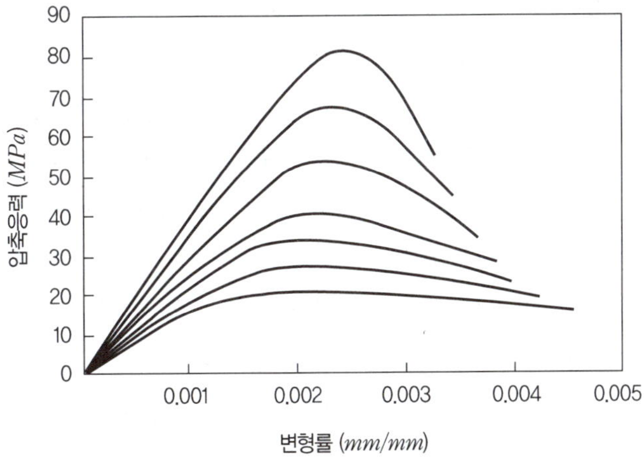

그림 2-6 콘크리트의 압축응력-변형률 관계

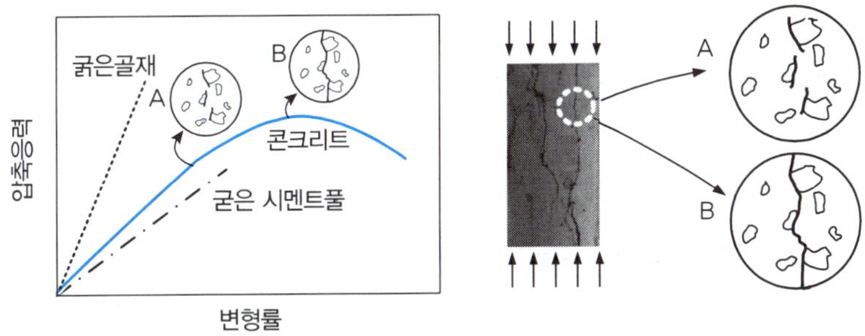

그림 2-7 골재와 굳은 시멘트 풀의 압축응력-변형률 관계

이것은 비록 콘크리트가 균질하지 않은 재료이기는 하지만, 골재와 시멘트 풀이 완전히 부착되어 있어서 탄성체와 같은 변형특성을 나타내기 때문이다. 압축응력이 증가하면 콘크리트의 응력-변형률 곡선이 비선형 형상을 보이기 시작하는데, 콘크리트의 압축강도가 낮을수록 비선형성이 크게 나타난다. 이것은 골재와 시멘트 풀 사이의 부착성능에 따른 것으로, 그림 2-7에서 A로 나타낸 바와 같이 미세 균열(micro-crack)이 발생하기 때문이다. 즉, 압축응력이 압축강도의 약 40~70% 수준에 도달하면 골재와 시멘트 풀의 부착성능이 저하되어 골재표면에 미세한 균열이 발생하며, 70%를 넘으면 미세 균열이 빠르게 진전된다. 콘크리트 내부에 미세균열이 발생하게 되면, 응력의 증가보다 변형률의 증가가 더 크게 나타나서 압축응력-변형률 관계는 곡선 형상을 나타내게 된다. 미세균열은 골재와 시멘트 풀 사이의 부착성능이 좋을수록 높은 응력에서 발생하므로, 콘크리트의 강도가 높을수록 비선형 형상이 시작되는 응력과 변형률이 커진다. 미세균열이 발생된 후 응력이 더 증가하면 그림 2-7에서 B로 나타낸 바와 같이 균열이 더욱 진전되어 압축응력-변형률 관계에 비선형성이 크게 나타난다.

상승곡선의 정점(頂點, peak point)은 최대 압축응력을 나타내는데, 이때의 압축응력을 압축강도라고 한다. 압축응력이 최대가 되면 압축응력의 작용방향과 평행한 방향으로 균열이 더욱 발달하면서 파괴상태가 되어, 그 후로는 변형률이 증가하면서 압축응력이 감소하는 하강곡선이 나타나게 된다.

이와 같은 거동은 기본적으로 모든 강도의 콘크리트에서 나타나는 것이지만, 그림 2-6와 같이 압축응력-변형률 관계는 콘크리트의 강도에 따라 형태에 있어서 다소의 차이를 나타낸다. 콘크리트의 압축강도가 낮으면, 상승구간에서 기울기가 작고 곡선에 더 가까운 형상을 나타내며, 정점을 지난 하강곡선에서도 완만하게 응력이 감소하는 형상을 나타낸다. 그러나 콘크리트의 압축강도가 높으면 상승구간에서 기울기가 크고 직선에 더 가까운 형상을 나타내며, 최대 응력에서의 변형률이 더 크게 나타난다. 즉, 콘크리트의 압축강도가 증가할수록 정점에서의 변형률이 증가한다. 정점을 지난 하강곡선에서도 콘크리트의 압축강도가 클수록 기울기가 커서, 변형률 증가에 따라 응력이 급격히 감소하는 형상을 나타낸다. 또, 콘크리트의 압축강도가 클수록 압축응력-변형률 곡선의 종점(終點), 즉 최종 파괴가 되는 변형률은 감소하는 경향을 보인다. 압축강도가 높을수록 나타나는 하강곡선에서의 이러한 특징은 파괴의 특성으로 취성의 성질을 나타내게 된다. 즉, 고강도콘크리트는 하강곡선의 기울기가 커서 급격하게 응력이 감소하며, 파괴 때의 변형률이 작고, 정점과 종점 사이의 변형률 차이가 작아서 최대 응력에 도달한 후에 급격하게 파괴에 도달하는 특성을 나타내게 된다.

2.1.5 비선형 해석을 위한 압축응력-변형률 곡선 모델

콘크리트 구조물이 하중작용을 받을 때의 거동을 정밀한 해석으로 통하여 예측하려는 경우에는 재료의 응력-변형률 모델이 필요하다. 단기하중이 작용하는 콘크리트 구조물에 대하여 비선형 해석 또는 소성 구조해석을 수행하는 경우에 대하여, KDS 24 14 21 콘크리트교 설계기준(한계상태설계법)[2.16]은 다음 식의 콘크리트 압축응력-변형률 관계를 적용하도록 규정하고 있다.

$$f_c = f_{cm}\left[\frac{k(\varepsilon_c/\varepsilon_{co,r})-(\varepsilon_c/\varepsilon_{co,r})^2}{1+(k-2)(\varepsilon_c/\varepsilon_{co,r})}\right] \tag{2·2}$$

여기서, $k=1.1\,E_c\varepsilon_{co,r}/f_{cm}$이며, E_c는 콘크리트의 탄성계수, f_{cm}는 평균압축강도, $\varepsilon_{co,r}$은 최대 응력에 도달하였을 때의 정점변형률, $\varepsilon_{cu,r}$은 극한변형률로서 KDS 24 14 21 콘크리트교 설계기준(한계상태설계법)[2.16]은 표 2-1의 값으로 정의하고 있다.

표 2-1 비선형 해석을 위한 콘크리트 응력-변형률 곡선의 변형률

$f_{ck}(MPa)$	18	21	24	27	30	35	40	50	60	70	80	90
$\varepsilon_{co,r}$ (‰)	1.83	1.90	1.97	2.03	2.09	2.18	2.26	2.42	2.57	2.68	2.79	2.80
$\varepsilon_{cu,r}$ (‰)	3.3							3.2	3.1	3.0	2.9	2.8

이 관계식은 그림 2-6과 유사한 형태를 나타내는데, 그림 2-8과 같이 정점 응력의 40%까지의 기울기에 해당하는 탄성계수는 한국의 설계기준[2.14~2.16]에 규정된 탄성계수 식으로 계산된 값과 유사하다. 콘크리트 강도가 낮을수록 곡선의 형상에서 비선형성이 커지며, 콘크리트 강도가 증가할 수록 정점변형률 $\varepsilon_{co,r}$은 커지지만 극한변형률 $\varepsilon_{cu,r}$은 작아진다. 이것은 콘크리트 강도가 낮을수록 압축에 대한 연성이

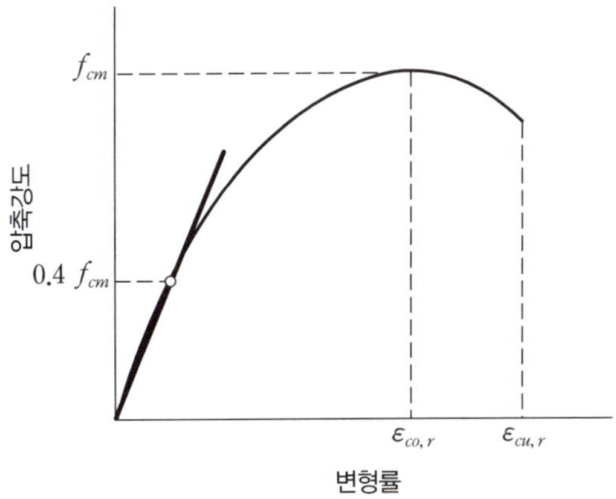

그림 2-8 비선형 해석을 위한 압축응력-변형률 곡선

증가하며 콘크리트 강도가 커질수록 취성이 증가하는 1축 압축강도 시험결과를 반영한 것이다.

참고로 Eurocode 2[2.13]에서도 동일한 형태의 콘크리트 압축응력-변형률 관계를 제시하고 있으나, Δf의 차이에 따라 정점변형률 $\varepsilon_{co,r}$의 값에 차이가 있으며 극한변형률 $\varepsilon_{cu,r}$의 값에도 차이가 있다.

2.1.6 콘크리트의 탄성계수

콘크리트 압축응력-변형률 곡선 상승부의 기울기는 콘크리트의 탄성계수를 나타낸다. 콘크리트는 골재를 시멘트 풀로 결합한 혼합체로 압축응력-변형률 곡선의 상승부가 완벽한 직선이 아니므로, 그 기울기를 나타내는 탄성계수는 다음의 세 가지 방법으로 정의할 수 있다.

(1) 초기접선 탄성계수(initial tangent modulus): 원점에서 얻은 접선의 기울기

(2) 접선 탄성계수(tangent modulus): 임의의 위치에서 얻은 접선의 기울기

(3) 할선 탄성계수(secant modulus): 원점과 최대응력의 0.4배인 점 사이의 기울기

콘크리트의 탄성계수를 하나의 상수 값으로 정의하고자 할 때에는 할선 탄성계수로 나타낸다. 초기접선 탄성계수는 원점에서 얻은 접선의 기울기이므로 콘크리트의 압축응력이 최대가 될 때의 기울기와 차이가 너무 커서, 콘크리트 압축응력-변형률 관계를 대표하는 값으로 적절하지 않기 때문이다. 또 접선 탄성계수는 임의의 위치에서 얻은 접선의 기울기이므로, 무한히 많은 값이 존재하여 하나의 값으로 나타낼 수 없기 때문이다. 할선 탄성계수는 그림 2-8에 나타난 바와 같이 원점과 최대응력의 0.4배인 점을 연결한 기울기이므로 원점의 기울기보다는 작고 정점에서의 기울기보다는 크지만, 하나의 대푯값으로 표현하기에는 세 가지 탄성계수 중에서 가장 적절하다.

강도가 높은 콘크리트는 시멘트 풀의 강도뿐만 아니라 시멘트 풀의 탄성계수도 커서 골재와의 탄성계수 차이가 줄어들게 되며, 이에 따라 골재와 시멘트 풀이 결합한 콘크리트의 탄성계수 또한 크게 된다.

따라서 일반적으로 콘크리트의 압축강도가 증가하면 탄성계수도 증가한다고 할 수 있다. 그러나 동일한 압축강도를 갖더라도 골재의 탄성계수, 시멘트 풀의 탄성계수, 골재와 시멘트 풀의 비율, 골재 표면에 대한 시멘트 풀의 부착강도 등의 차이로 인하여 콘크리트의 탄성계수는 매우 큰 변동성을 나타내며, 동일한 배합을 가진 경우에도 콘크리트의 수분 상태에 따라 값이 달라진다. 따라서 콘크리트의 배합조건과 수분 상태를 변수로 하여 탄성계수를 예측하는 수식을 만든다면 정확도를 높일 수 있겠지만, 설계과정에서는 어떤 배합의 콘크리트가 시공에 사용될지 알 수 없다. 따라서 대부분의 설계기준에서는 콘크리트의 압축강도만을 변수로 한 수식이나 콘크리트의 단위질량과 압축강도를 변수로 한 수식을 제시하고 있다.

한국의 설계기준[2.14~2.16]은 콘크리트의 단위질량 m_c의 값이 1,450~2,500 kg/m^3인 콘크리트에 대하여 다음 식으로 탄성계수를 계산하도록 규정하고 있다.

$$E_c = 0.777\, m_c^{1.5}\, \sqrt[3]{f_{cm}} \tag{2·3}$$

그러나 설계과정에서는 시공에 사용될 콘크리트의 단위질량이 얼마일지 알 수 없으므로, 일반적으로 단위질량 m_c의 값이 2,300 kg/m^3인 보통중량골재를 사용한다고 가정하여 다음의 식으로 콘크리트의 탄성계수를 계산한다.

$$E_c = 8{,}500\, \sqrt[3]{f_{cm}} \tag{2·4}$$

한국의 설계기준에 규정된 이 탄성계수 식은 2007년도의 콘크리트구조설계기준을 개정할 때 김진근에 의하여 제시된 수식으로, 콘크리트 압축강도의 1/3 제곱에 비례하여 탄성계수를 계산한다. 이것은 보통강도콘크리트뿐만 아니라 고강도콘크리트에도 하나의 수식을 적용하기 위한 선택이었다. 참고로, Eurocode 2는 콘크리트 평균압축강도의 0.3 제곱에 비례하여 탄성계수를 계산하며, ACI 318 Code는 콘크리트 설계기준압축강도의 1/2 제곱에 비례하여 탄성계수를 계산한다. 표 2-2는 한국의 설계기준에 규정된 식으로 계산한 콘크리트의 탄성계수를 나타낸다.

표 2-2 한국의 설계기준에 따른 콘크리트 탄성계수의 값

f_{ck} (MPa)	21	24	27	30	35	40	50	60	70	80	90
f_{cm} (MPa)	25	28	31	34	39	44	55	66	76	86	96
E_c (MPa)	24,900	25,800	26,700	27,500	28,800	30,000	32,300	34,400	36,000	37,500	38,900

그림 2-9는 한국에서 사용되는 콘크리트의 탄성계수에 대한 김지상 등[2.17]의 실험결과와 식 (2·4)의 탄성계수 식을 콘크리트 평균압축강도를 변수로 하여 비교한 것이다. 실험결과는 전반적으로 콘크리트의 압축강도가 증가하면 탄성계수도 증가하는 경향을 나타내며, 식 (2·4)의 탄성계수 식이 비교적 실험결과를 잘 예측한다고 할 수 있다. 그러나 탄성계수의 실험결과는 변동성이 매우 커서, 식 (2·4)의 탄성계수 식으로 구한 값의 0.6배 정도의 작은 값을 가질 수도 있고 1.6배 정도로 큰 값을 가질 수도 있으며,

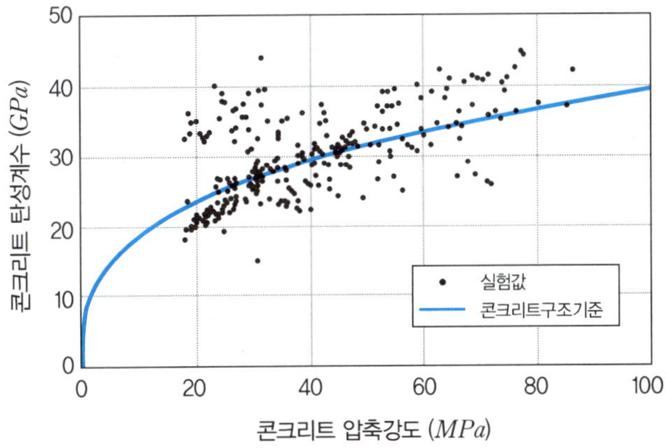

그림 2-9 콘크리트의 압축강도와 탄성계수의 관계

압축강도가 동일하더라도 탄성계수는 2배 이상 차이가 있을 수 있다는 것을 나타낸다. 또, 압축강도가 증가하면 수식으로 구한 탄성계수의 값이 증가하지만, 실제로는 압축강도가 더 높더라도 탄성계수는 더 작을 수 있다는 것을 나타낸다.

초기접선 탄성계수 E_{ci}는 크리프 변형을 계산할 때 사용되는데, 한국의 설계기준[2.14~2.16]은 할선 탄성계수 E_c와의 관계로 다음 식을 제시하고 있다.

$$E_{ci} = 1.18\,E_c \tag{2·5}$$

즉, 할선 탄성계수 E_c는 초기접선 탄성계수 E_{ci}의 0.85배이므로 다음 식으로 초기접선 탄성계수를 직접 구할 수도 있다.

$$E_{ci} = 10{,}000\,\sqrt[3]{f_{cm}} \tag{2·6}$$

한편, 사용하중의 범위에서 인장 탄성계수는 압축 탄성계수와 같다고 보아도 좋다.

콘크리트의 전단 탄성계수 G_c는 다음 식으로 계산할 수 있다.

$$G_c = \frac{E_c}{2(1+\nu)} \tag{2·7}$$

여기서 E_c는 콘크리트의 탄성계수이고, ν는 포아송비(Poisson's ratio)이다. 콘크리트의 압축응력이 $0.7\,f_{ck}$ 이하인 경우에는 포아송비 ν가 0.15~0.20의 범위에 있는데, 일반적으로 포아송비 ν를 0.18로 보아도 좋다.

2.1.7 단면 설계를 위한 압축응력-변형률 관계 및 설계극한변형률

콘크리트 구조물의 단면 설계에서 휨강도를 결정하기 위해서는 콘크리트의 압축응력분포와 극한변형률을 정의하여야 한다. 이때 콘크리트의 압축응력분포로 앞 절에 설명한 그림 2-6과 같은 압축응력-

변형률 관계를 휨모멘트에 대한 압축응력분포로 사용할 수는 없다. 그 이유는 다음과 같다.

첫째, 휨모멘트가 작용하여 부재가 파괴될 때의 극한변형률은 순압축 상태의 극한변형률과 다르기 때문이다. 즉, 그림 2-6의 콘크리트 압축응력-변형률 곡선은 단면 전체에 동일한 크기의 압축응력이 작용하는 순압축 상태의 실린더 공시체 시험으로 얻은 결과로, 압축응력이 최대일 때 파괴되는 거동을 보이므로 압축응력이 최대일 때의 변형률이 극한변형률이 된다. 그러나 휨모멘트가 작용하는 부재의 단면은 압축응력을 받는 부분과 인장응력을 받는 부분으로 나누어지며, 압축응력을 받는 부분은 중립축에서의 응력이 0이고 압축연단에 가까울수록 압축응력이 증가하는 응력분포를 보인다. 이와 같은 휨응력 상태의 콘크리트에서는 압축연단이 파괴될 때의 변형률이 순압축 상태에서 파괴될 때의 변형률, 즉 최대 응력에 해당하는 변형률보다 크다. 이와 같은 현상을 변형률 기울기의 영향(strain gradient effect)이라고 한다. 따라서 콘크리트의 파괴를 의미하는 극한변형률은 단면력이 순압축 상태로 작용할 때와 휨응력 상태로 작용할 때가 다르다.

둘째, 그림 2-6의 콘크리트 압축응력-변형률 곡선의 하강곡선 부분은 부재가 휨모멘트로 파괴될 때의 응력분포와 다르기 때문이다. 즉, 휨모멘트가 작용할 때의 극한변형률이 순압축 상태의 최대 응력에 해당하는 변형률보다 크다고 해서 콘크리트 압축응력-변형률 곡선의 하강곡선 부분까지 휨모멘트에 대한 압축응력분포로 사용할 수는 없다는 것이다. 사실 휨모멘트가 작용할 때의 압축응력분포에 대한 실험에서는 합력의 크기와 작용위치만을 알 수 있으므로, 휨부재의 콘크리트 압축응력분포를 정확히 구하는 것은 매우 어렵다.[2.18] 그러나 그림 2-6과 같은 콘크리트 압축응력-변형률 곡선의 합력 크기와 작용위치가 휨모멘트에 대한 실험결과와 다르다는 것은 알려진 사실이다. 이것은 순압축 상태로 실험하여 얻은 하강곡선 부분이 실험장치의 축방향 강성에 따라 기울기가 다른 형태로 나타나기 때문이다.

위에서 언급한 첫 번째 이유를 반영한 설계기준에서는 순압축 상태와 휨응력 상태를 구분하여 설계 극한변형률(design ultimate strain)을 규정하고 있으나, 설계기준에 따라서는 이를 구분하지 않고 휨응력 상태에 대한 설계 휨 극한변형률만을 규정하기도 한다. 설계 휨 극한변형률의 값은 설계기준에 따라 각기 다른 값을 규정하고 있다. 한국의 설계기준[2.14~2.16]은 0.0033을, 유럽의 Eurocode 2[2.13]와 일본 JSCE 설계기준[2.20]은 0.0035를 기본으로 하고, 고강도콘크리트에서는 콘크리트의 압축강도가 증가함에 따라 값이 감소하는 형태로 설계 휨 극한변형률을 규정하고 있다. 미국의 ACI 318 Code[2.12]는 콘크리트 압축강도와 관계없이 0.003의 일정한 값으로 규정하고 있고, 캐나다의 CSA 설계기준[2.19]은 압축강도와 관계없이 0.0035의 일정한 값으로 규정하고 있다. 주요 설계기준에 규정된 극한변형률 및 응력분포는 다음과 같다.

[1] 한국 설계기준의 극한변형률 및 응력분포

한국의 설계기준들은 이재훈 등[2.18]의 연구를 기반으로 콘크리트의 극한변형률과 응력분포를 규정하고 있다. 그림 2-10은 휨응력 상태에서 실험으로 구한 휨 극한변형률로, 대부분의 실험값이 0.0025~0.004의 범위에 있으며, 콘크리트의 압축강도가 증가하면 극한변형률이 다소 감소하는 경향을

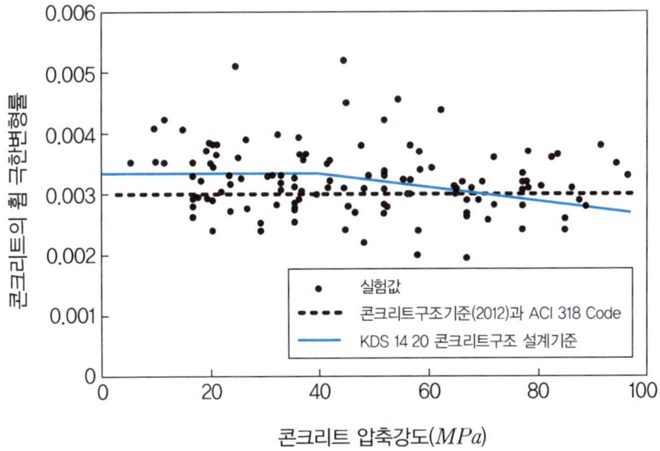

그림 2-10 **콘크리트의 휨 극한변형률 실험결과와 설계기준**[2.18]

나타낸다. 이를 기반으로 콘크리트구조 학회기준(2017),[2.14] KDS 14 20 콘크리트구조 설계기준,[2.15] KDS 24 14 21 콘크리트교 설계기준(한계상태설계법)[2.16]은 휨응력 상태에 대한 설계극한변형률 ε_{cu}를 다음의 식을 규정하고 있다.

$$\varepsilon_{cu} = 0.0033 - \left(\frac{f_{ck}-40}{100{,}000}\right) \leq 0.0033 \tag{2·8}$$

즉, 콘크리트의 설계기준압축강도가 40 MPa 이하인 경우에는 휨응력 상태에 대한 설계극한변형률 ε_{cu}이 0.0033이고, 40 MPa을 초과하는 매 10 MPa의 강도 증가에 따라 0.0001씩 감소하여 설계기준압축강도가 90 MPa인 경우에는 0.0028의 값을 갖는다.

콘크리트 부재의 단면 설계를 위한 콘크리트의 압축응력분포는 설계극한변형률까지 다음과 같이 규정된 변수와 함수로 표현한 곡선으로 규정되어 있다.

$$0 \leq \varepsilon_c \leq \varepsilon_{co} \text{ 구간에서, } f_c = 0.85 f_{ck}\left[1-\left(1-\frac{\varepsilon_c}{\varepsilon_{co}}\right)^n\right] \tag{2·9}$$

$$\varepsilon_{co} \leq \varepsilon_c \leq \varepsilon_{cu} \text{ 구간에서, } f_c = 0.85 f_{ck} \tag{2·10}$$

$$n = 1.2 + 1.5\left(\frac{100-f_{ck}}{60}\right)^4 \leq 2.0 \tag{2·11}$$

$$\varepsilon_{co} = 0.002 + \left(\frac{f_{ck}-40}{100{,}000}\right) \geq 0.002 \tag{2·12}$$

이 응력분포는 기본적으로 포물선–사각형 곡선(parabola–rectangle diagram, 일명 p–r 곡선)으로, 휨작용을 받는 부재의 극한한계상태에서 압축부의 실제 응력분포를 근사적으로 나타낼 수 있는 응력–변형률 곡선이다. 응력분포의 최대응력은 $0.85f_{ck}$로, 계수 0.85는 작은 크기의 압축강도 시험용 실린더 형상 공시체의 압축강도와 실제 구조물의 단면 크기와 형상에 따른 압축강도의 차이를 고려하고, 단기하중으로 실험한 실린더 공시체의 압축강도와 장기하중을 받는 실제 구조물에서 나타나는 압축강도의 차이를 고려한 것이다.

응력-변형률 곡선의 상승구간의 형상을 나타내는 n은 콘크리트의 설계기준압축강도가 40 MPa 이하인 경우에는 2.0으로 2차 포물선의 형상이고, 압축강도가 증가함에 따라 값이 감소하여 직선에 더 가까운 형상을 갖게 된다. 변형률 ε_{co}는 최대 응력에 처음 도달할 때의 변형률로, 콘크리트의 설계기준압축강도가 40 MPa 이하일 때는 0.002로 일정하고 압축강도가 증가함에 따라 값이 증가한다. 콘크리트의 설계기준압축강도에 따른 변수들의 값은 표 2-3과 같으며, 압축응력분포의 형상은 그림 2-11과 같다. 그림에서 C 다음의 숫자는 MPa 단위의 콘크리트 설계기준압축강도를 의미한다.

표 2-3 단면 설계를 위한 콘크리트 응력-변형률 곡선의 변수 값

f_{ck} (MPa)	40 이하	50	60	70	80	90
n	2.0	1.92	1.50	1.29	1.22	1.20
ε_{co}	0.002	0.0021	0.0022	0.0023	0.0024	0.0025
ε_{cu}	0.0033	0.0032	0.0031	0.003	0.0029	0.0028
α	0.80	0.78	0.72	0.67	0.63	0.59
β	0.40	0.40	0.38	0.37	0.36	0.35

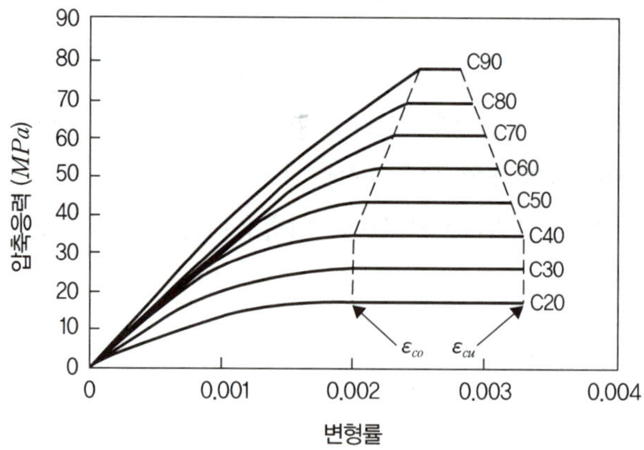

그림 2-11 단면 설계를 위한 콘크리트의 압축응력분포

콘크리트 부재의 축압축강도, 휨강도, 휨-압축 강도의 해석에 사용되는 이 압축응력분포는 축압축력과 휨모멘트의 작용 형태에 따라 달리 적용된다. 축압축강도를 구할 때에는 그림 2-12(a)와 같이 정점변형률 ε_{co}을 콘크리트의 한계변형률로 한다. 즉, 콘크리트 부재가 순압축을 받는 경우에는 압축응력이 최대가 될 때가 극한상태이므로 정점변형률 ε_{co}를 설계극한변형률로 한다. 휨강도를 구할 때에는 변형률 경사 영향(strain gradient effect)에 따라 극한변형률이 증가되는 현상을 반영하여 그림 2-12(b)와 같이 ε_{cu}를 한계변형률로 한다. 축압축력과 휨모멘트가 같이 작용하는 부재의 휨-압축강도를 해석할 때에는 두 단면력의 비율에 따라 중립축의 위치를 고려하여 적용한다. 즉, 극한상태의 중립축이 단면의 내부에 존재하는 경우에는 휨강도를 구할 때와 마찬가지로 그림 2-12(b)와 같이 ε_{cu}를 한계변형률로 하는 응력분포를 적용한다. 극한상태의 중립축이 단면의 외부에 존재하여 단면전체가 압축상태로 변형률 기울기의 영향을 받는 경우에는 ε_{co}와 ε_{cu} 사이의 값을 한계변형률로 하는 그림 2-12의 (a)와 (b) 사이의 응력분포를 적용한다. 이에 대한 구체적인 내용은 6장 6.1.2절에 소개되어 있다.

한편 부재의 설계강도는 3장 3.5.2절에 소개된 바와 같이 두 가지 방법, 즉 부재계수를 적용하는 방법과 재료계수를 적용하는 방법이 있다. 또 포물선-사각형 곡선의 응력분포를 적용하여 계산하는 작업이 매우 번거로울 때에는 포물선-사각형 응력분포 대신 등가직사각형 압축응력블록을 적용하여 휨강도를 계산할 수도 있다. 그 내용은 다음과 같다.

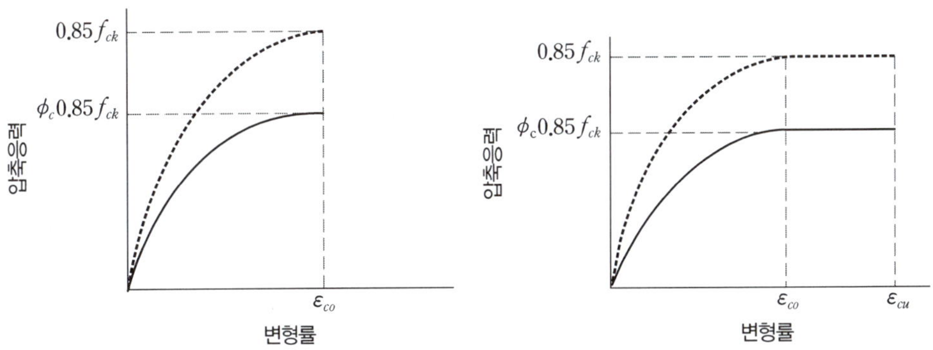

(a) 축압축강도 해석을 위한 응력분포　　(b) 휨강도 해석을 위한 응력분포

그림 2-12 단면 설계를 위한 콘크리트의 압축응력-변형률 관계

(1) 공칭휨강도 및 부재계수를 적용한 설계휨강도

콘크리트 휨 부재에 휨모멘트가 작용하면 그림 2-13(a)와 같이 압축연단까지 선형의 변형률분포를 보이는데, 중립축부터 c의 거리에 있는 압축연단 변형률이 극한변형률 ε_{cu}에 도달하여 단면이 파괴될 때를 극한상태(ultimate state)로 정의한다. 이때 작용하는 휨모멘트의 크기를 휨강도(flexural strength)라고 하며 재료강도를 적용하여 해석으로 구한 휨강도를 공칭휨강도(nominal flexural strength)라고 한다. 이때 휨강도는 동일한 크기를 갖는 압축력과 인장력 사이의 팔길이와 압축력 또는 인장력을 곱하여 얻을 수 있다. 만일 부재 단면이 직사각형 형상이라면, 그림 2-13(b)와 같은 압축응력분포의 면적에 단면의 폭 b를 곱하여 콘크리트에 작용하는 압축합력 C를 구할 수 있다. 여기서, 그림 2-13(b)의 포물선-사각형 응력분포의 면적은 0.85 f_{ck}와 c를 곱하여 얻은 직사각형의 면적을 기준으로 그에 대한 면적 비율인 α를 적용하여 나타낼 수 있다. 즉, 압축합력의 크기 C는 다음 식으로 구할 수 있다.

$$C = \alpha\,(0.85\,f_{ck})\,bc \tag{2·13}$$

한편, 휨모멘트를 구하려면 압축합력과 인장력 사이의 팔길이를 알아야 하는데, 압축응력분포의 도심이 압축합력의 작용점이므로 그림 2-13(b)의 포물선-사각형 응력분포의 도심을 압축연단으로부터 βc인 위치로 나타낼 수 있다. 따라서 압축합력의 크기를 나타내는 α와 압축합력의 위치를 나타내는 β를 알면 인장력을 받는 강재가 압축연단으로부터 거리 d만큼 떨어진 위치에 배치된 경우의 공칭휨강도 M_n을 다음 식으로 계산할 수 있다.

$$M_n = C(d-\beta c) = \alpha\,(0.85 f_{ck})\, bc\times(d-\beta c) \tag{2·14}$$

포물선–사각형 응력분포에서 압축합력의 크기와 위치를 나타내는 α와 β는 각각 다음 식으로 구할 수 있다.

$$\alpha = 1-\frac{1}{1+n}\left(\frac{\varepsilon_{co}}{\varepsilon_{cu}}\right) \tag{2·15}$$

$$\beta = 1-\frac{0.5-\dfrac{1}{(1+n)(2+n)}\left(\dfrac{\varepsilon_{co}}{\varepsilon_{cu}}\right)^2}{1-\dfrac{1}{(1+n)}\left(\dfrac{\varepsilon_{co}}{\varepsilon_{cu}}\right)} \tag{2·16}$$

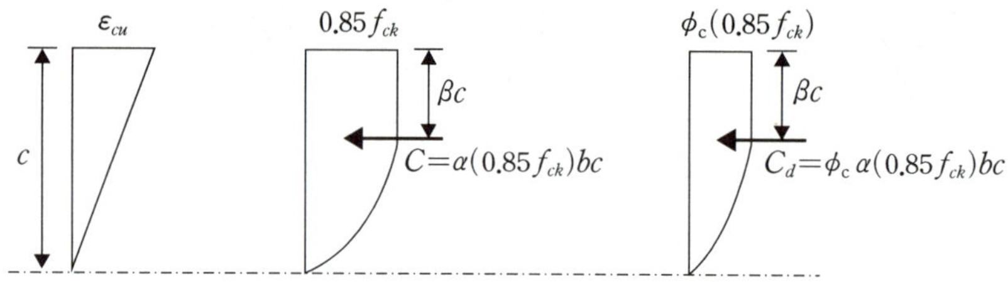

(a) 변형률분포 (b) 포물선–사각형 응력분포 (c) 재료계수를 적용한 설계응력분포

그림 2–13 콘크리트의 변형률분포에 따른 휨 압축응력분포와 합력

한국의 설계기준[2.14~2.16]에 규정된 포물선–사각형 응력분포에 대한 α와 β의 값은 표 2–3에 나타나 있다. 유럽의 Eurocode 2[2.13]와 일본의 JSCE 설계기준[2.20]도 포물선–사각형 응력분포를 규정하고 있다. 그러나 Eurocode 2와 JSCE 설계기준의 포물선–사각형 응력분포는 한국 설계기준의 포물선–사각형 응력분포와 형태가 유사하지만, 콘크리트의 압축강도에 따라 변수 n, ε_{co}, ε_{cu}의 값에 차이가 있으므로 α와 β의 값에도 다소 차이가 있으며 설계극한변형률의 값에도 차이가 있다.

콘크리트구조 학회기준(2017)[2.14]의 본문 6장과 KDS 14 20 콘크리트구조 설계기준[2.15]은 이렇게 구한 공칭휨강도 M_n에 부재계수로의 강도감소계수 ϕ를 곱하여 설계휨강도 ϕM_n을 결정한다. 여기서 강도감소계수 ϕ는 휨에 대하여 0.85를 적용한다. 참고로 콘크리트구조 학회기준(2017)과 KDS 14 20 콘크리트구조 설계기준은 그 이전의 설계기준에 규정되었던 ACI 318 Code와 동일한 압축응력분포와 극한변형률을 개정하여, 여기서 소개하는 압축응력분포와 극한변형률을 채택하였다.

(2) 재료계수를 적용한 설계휨강도

KDS 24 14 21 콘크리트교 설계기준(한계상태설계법)[2.16]은 재료계수를 적용하여 설계휨강도를 결정하는 방법을 채택하였다. 콘크리트구조 학회기준(2017)[2.14]과 KDS 14 20 콘크리트구조 설계기준[2.15]은 본문에서 부재계수 형태의 강도감소계수를 적용하는 기존의 설계강도 해석법을 유지하였으나, 휨 및 압축에 대한 설계강도를 구할 때에는 부록의 규정에 따라 재료계수를 적용하여 설계휨강도와 설계축강도를 결정하는 방법도 적용할 수 있도록 하였다.

KDS 14 20 콘크리트구조 설계기준 부록과 KDS 24 14 21 콘크리트교 설계기준(한계상태설계법)에 따라 재료계수를 적용할 때에는 그림 2-13(c)와 같이 포물선-사각형 응력분포에 0.65의 콘크리트 재료계수 ϕ_c를 곱하여 콘크리트의 설계압축력 C_d를 구하므로 동일한 값의 α와 β를 적용한다. 따라서 직사각형 단면인 경우 콘크리트의 설계압축력 C_d와 설계휨강도 M_d는 다음 식으로 구한다.

$$C_d = \phi_c C = \phi_c \alpha(0.85 f_{ck})\, b c_d \tag{2·17}$$

$$M_d = C_d(d-\beta c_d) = \phi_c \alpha(0.85 f_{ck})\, b c_d \times (d-\beta c_d) \tag{2·18}$$

여기서 중립축은 식 (2·13)과 식 (2·14)에 표현된 중립축 c와 다른 값이므로 c_d로 표현하였다.

(3) 등가직사각형 압축응력블록을 적용한 설계휨강도

휨강도의 해석에서 압축응력이 작용하는 부분이 사각형 형상일 때는 α와 β를 이용하여 압축합력의 크기와 위치를 쉽게 구할 수 있다. 그러나 원형, 삼각형, T형 단면 등에는 포물선-사각형 곡선의 응력분포를 적용하여 계산하는 작업이 매우 번거로울 수 있다. 즉, T형 단면에서 중립축이 복부에 위치할 때에는 그림 2-14(a)와 같은 형상으로 압축응력이 작용하므로, 이 응력분포의 체적으로 압축합력을 계산하여야 한다. 또 휨 강도를 구하기 위해서는 이 응력분포의 합력 작용 위치를 구하여야 한다. 이 계산에는 단면의 형상에 따라 매우 복잡한 계산과정이 필요하게 된다.

이와 같은 경우에는 그림 2-14(b)와 그림 2-15(c)와 같은 등가응력블록(equivalent stress block)을 이용할 수 있다. 등가응력블록은 계산의 편의를 위하여 실제 응력분포와 동일한 합력의 크기와 작용위치를 갖는 직사각형 형상의 응력분포로 치환한 것이다. 그림 2-15(c)는 단면의 폭이 b로 일정한 경우에 대하여 그림 2-15(b)의 포물선-사각형 설계응력분포와 동일한 결과를 제공하는 등가직사각형 응력블록을 나타낸다. 이 응력블록은 압축응력의 크기에 η를 곱하고 응력분포의 깊이는 중립축의 깊이 c에 β_1을 곱하여 그림 2-15(b)의 압축합력의 크기와 위치가 동일하도록 한 것이다. 그림 2-15(c)에 나타난 바와

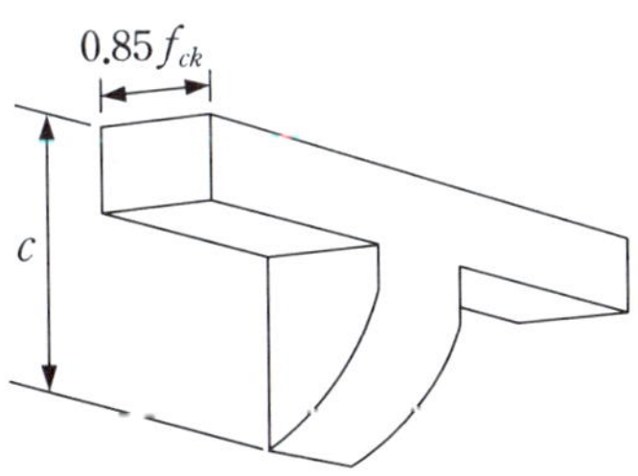

(a) 포물선-사각형 응력분포

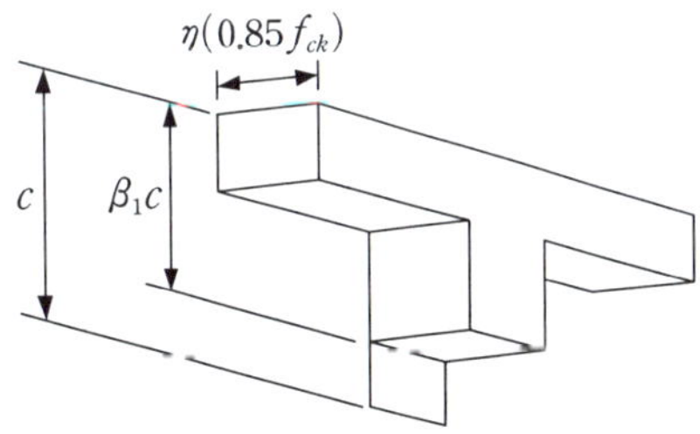

(b) 등가직사각형 응력블록

그림 2-14 T형 단면의 포물선-사각형 압축응력분포와 등가직사각형 압축응력블록

같이 β_1은 β의 2배가 된다. 이에 따라 단면의 폭이 b인 직사각형 단면에 등가직사각형 응력블록을 적용할 때에는 콘크리트의 압축합력 C와 공칭휨강도 M_n을 다음 식으로 구할 수 있다.

$$C = \eta(0.85 f_{ck})\, \beta_1\, cb \qquad (2 \cdot 19)$$

$$M_n = C\left(d - \frac{\beta_1 c}{2}\right) = \eta(0.85 f_{ck})\beta_1 cb \times \left(d - \frac{\beta_1 c}{2}\right) \qquad (2 \cdot 20)$$

재료계수를 적용하여 설계휨강도 M_d를 구할 때 등가직사각형 응력블록을 적용하는 경우에는 콘크리트 재료계수 ϕ_c를 적용한 콘크리트의 압축력 C_d와 철근 재료계수 ϕ_s를 적용한 철근의 인장력 T_d의 평형방정식, 즉 $\phi_c\, \eta(0.85 f_{ck})\, \beta_1 c_d\, b$와 $\phi_s A_s f_y$가 같다는 조건으로 중립축 c_d를 구하고, 압축력 또는 인장력에 팔길이 $d-\beta_1 c_d/2$를 곱하여 설계휨강도 M_d를 구한다.

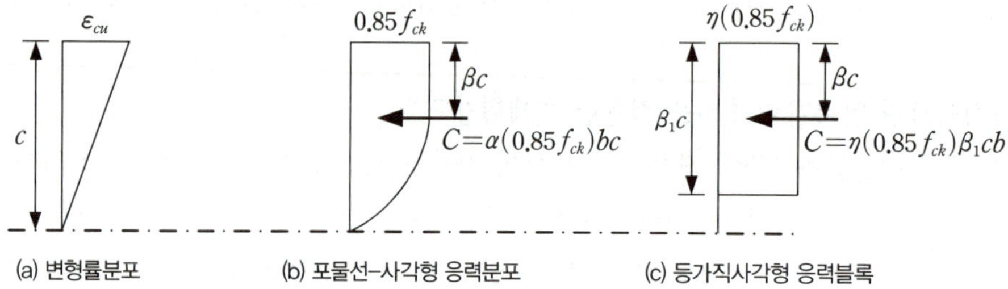

그림 2-15 콘크리트의 등가직사각형 압축응력블록과 합력

등가직사각형 응력블록의 계수 η와 β_1의 값은 콘크리트 강도 등급에 따라 다른 값을 갖게 되며, 압축강도가 증가함에 따라 값이 감소하여 강도 증가에 따른 압축합력의 작용위치의 변화를 반영한다. 포물선-사각형 응력분포에 대한 등가직사각형 응력블록 계수 η와 β_1은 표 2-4의 값을 적용할 수 있다. 이 값들은 이재훈 등[2.18]이 제안한 값을 수정 보완하여 결정한 것이다.

표 2-4 **등가직사각형 응력분포 변수 값**

$f_{ck}\,(MPa)$	40 이하	50	60	70	80	90
ε_{cu}	0.0033	0.0032	0.0031	0.0030	0.0029	0.0028
η	1.00	0.97	0.95	0.91	0.87	0.84
β_1	0.80	0.80	0.76	0.74	0.72	0.70

Eurocode 2와 JSCE 설계기준도 포물선-사각형 응력분포와 동등한 결과를 제공하는 등가직사각형 압축응력블록을 추가로 규정하고 있다. 그러나 Eurocode 2와 JSCE 설계기준의 등가직사각형 압축응력블록도 역시 한국 설계기준[2.14~2.16]에 규정된 등가직사각형 압축응력블록과 유사하기는 하지만 변수의 값에 다소 차이가 있다.

[2] ACI 318 Code와 과거 한국 설계기준의 극한변형률 및 응력분포

ACI 318 Code[2.12]는 Eurocode 2[2.13]와 함께 국제적으로도 많이 통용되는 설계기준으로, 과거 한국 설계기준의 많은 부분이 ACI 318 Code를 참조하였고 콘크리트의 극한변형률과 응력분포도 ACI 318 Code와 동일한 것을 사용하도록 규정했었다. ACI 318 Code는 콘크리트의 극한변형률을 압축강도와 무관하게 0.003을 적용하도록 규정하고 있고, 압축응력–변형률 곡선을 구체적으로 규정하고 있지는 않다. 다만, 근사해법의 하나로 그림 2–16(c)와 같은 등가직사각형 응력블록(equivalent rectangular stress block)을 제시하고 있다. 이것은 압축합력의 크기와 작용위치를 알고 있다면 압축응력분포의 형상을 정확히 알고 있지 않더라도 휨강도를 계산할 수 있기 때문이다.

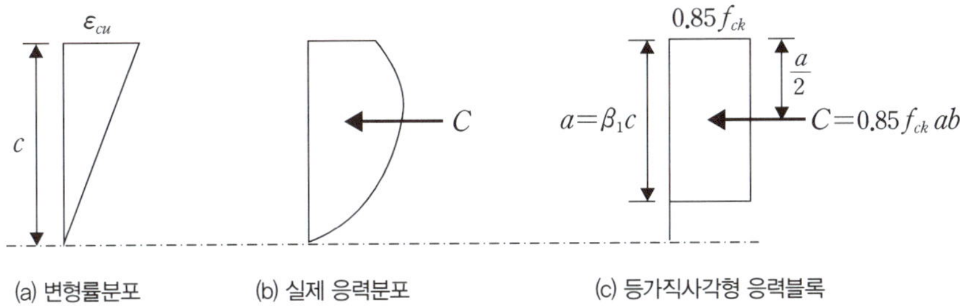

그림 2–16 ACI 318 Code의 등가직사각형 압축응력분포와 합력

ACI 318 Code의 등가직사각형 응력블록은 1910년대부터 시작되어 1930년대에 정리된 콘크리트의 압축응력분포에 대한 연구결과를 반영하여 Whitney[2.21]가 제시한 것을 채택한 것이다.[2.22] 이 응력블록은 콘크리트의 압축응력이 $0.85f_{ck}$로 일정하고 깊이가 a인 직사각형 형태이다. 응력블록의 깊이 a는 중립축의 깊이 c에 β_1을 곱한 값이며, β_1의 값은 콘크리트 설계기준압축강도에 따라 다음과 같이 결정한다. 이 β_1 값은 한국 설계기준의 등가직사각형 응력블록으로 규정된 표 2–4의 β_1과는 다른 값임을 유의하여야 한다.

$$\beta_1 = 0.85-0.007\,(f_{ck}-28) \qquad 0.65 \le \beta_1 \le 0.85 \tag{2·21}$$

이와 같이 결정하는 β_1의 값은 콘크리트 압축강도가 높아짐에 따라 감소하여 강도 증가에 따른 압축합력의 작용위치의 변화를 반영한다. 따라서 직사각형 단면인 경우 콘크리트의 압축력 C와 설계휨강도 $\phi M_n(=M_d)$을 다음 식으로 구할 수 있다.

$$C = 0.85f_{ck}\,ab = 0.85f_{ck}\,b\,\beta_1 c \tag{2·22}$$

$$\phi M_n = \phi C\left(d-\frac{a}{2}\right) = \phi(0.85f_{ck})b\,\beta_1 c\times\left(d-\frac{\beta_1 c}{2}\right) \tag{2·23}$$

참고로, 캐나다의 콘크리트구조설계기준 CSA[2.19]에서도 등가직사각형 응력분포를 규정하고 있는데, ACI 318 Code와는 달리 압축응력분포의 깊이뿐만 아니라 압축응력의 크기도 콘크리트 압축강도의 함수로 하는 특징이 있다.

2.1.8 콘크리트의 인장강도

인장응력을 받는 콘크리트는 인장 작용에 의하여 늘어나다가 균열이 발생하면서 파괴되는데, 이때의 응력을 인장강도(tensile strength)라고 한다. 콘크리트의 인장강도를 얻기 위해서는 그림 2-17(a)와 같은 직접인장시험을 수행하는 것이 가장 바람직할 것이다. 그러나 직접인장시험을 수행하려면 인장력을 가하기 위하여 공시체를 잡아야 하는데, 잡는 방법이 어려워서 이 시험을 수행하기가 현실적으로 어렵다. 따라서 콘크리트에 대한 인장강도 시험방법은 1축으로 직접 인장응력을 가하는 시험방법을 대신하여 간접적으로 인장응력을 가하는 쪼갬인장시험과 휨응력을 가하는 휨인장시험이 있다.

쪼갬인장시험(splitting tensile test)은 KS F 2423[2.23]의 시험방법으로, 그림 2-17(b)와 같이 압축강도 시험용인 150×300mm 크기의 원주형 공시체를 뉘어 놓고 수직방향으로 하중을 가하여 공시체를 쪼개는 시험방법이다. 원주형 공시체의 지름이 D이고 길이가 L일 때, 공시체가 하중 P에 의하여 쪼개질 때의 응력은 다음과 같이 계산할 수 있고, 이 결과가 쪼갬인장강도(split tensile strength)가 된다.

$$f_{sp} = \frac{2P}{\pi DL} \tag{2·24}$$

휨인장시험(modulus of rupture test)은 KS F 2408[2.24]의 시험방법으로, 그림 2-17(c)와 같이 150×150×530 mm의 무근 콘크리트 보 공시체를 사용하여 3등분점 재하시험을 수행하는 방법이다. 이때 지간은 450 mm로 하고 지점과 하중 사이를 150 mm로 하여 하중을 가한다. 단면의 폭이 b이고 높이가 h인 보 공시체의 하단에서 균열이 발생하면서 파괴되는 휨모멘트를 M_{cr}이라고 하면, 이때의 응력은 다음과 같이 계산할 수 있고, 이 결과가 휨인장강도(휨균열강도, 파괴계수, flexural tensile strength, modulus of rupture)가 된다.

$$f_r = \frac{6M_{cr}}{bh^2} \tag{2·25}$$

콘크리트의 쪼갬인장강도와 휨인장강도를 압축강도의 1/2 제곱으로 표현하면 보통중량콘크리트에서 쪼갬인장강도는 $0.35\sqrt{f_{ck}} \sim 0.65\sqrt{f_{ck}}$의 범위를 보이며, 휨인장강도는 $0.4\sqrt{f_{ck}} \sim 1.0\sqrt{f_{ck}}$의 범위를 보인다. 여기서 f_{ck}는 원주형 공시체의 압축강도(MPa)이다.

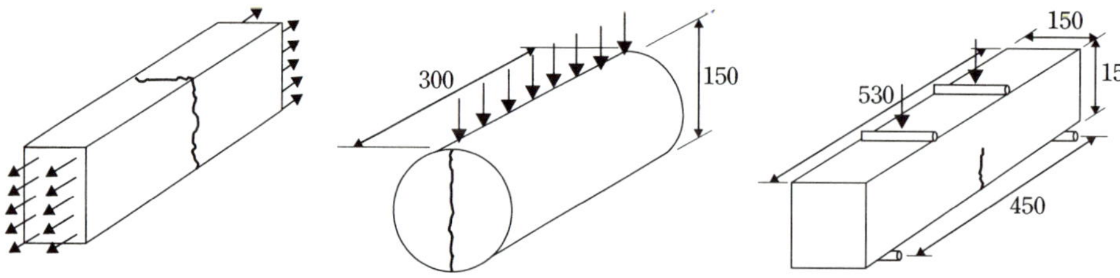

(a) 직접인장시험 (b) 쪼갬인장시험 (c) 휨인장시험

그림 2-17 콘크리트의 인장시험 방법

KDS 24 14 21 콘크리트교 설계기준(한계상태설계법)과 Eurocode 2는 1축 인장강도를 콘크리트의 인장강도로 하여 f_{ct}로 표현하면서 인장강도의 변동성을 고려한다. 즉, 구조물의 안전성 등 성능을 검증할 때는 하한 값의 인장강도를 기준으로 하고, 휨부재에서 균열발생 후 즉시 파괴되지 않도록 하기 위한 최소철근량은 인장강도의 평균값이나 상한 값을 기준으로 수식을 유도한 것이다. 콘크리트 인장강도의 하한 값과 상한 값은 그림 2-18과 같이 변동성이 있는 인장강도 실험결과의 확률빈도분포로부터 평균값을 f_{ctm}으로 표현하고 하위 5%에 해당하는 인장강도와 상위 5%에 해당하는 인장강도로 정한다. 하위 5%에 해당하는 인장강도는 f_{ctk}로 표현하여 설계기준강도로 한다. 그러나 콘크리트의 인장강도는 직접인장시험보다는 다른 시험방법으로 측정하는 경우가 많으므로 이들 간의 관계식이 필요하다.

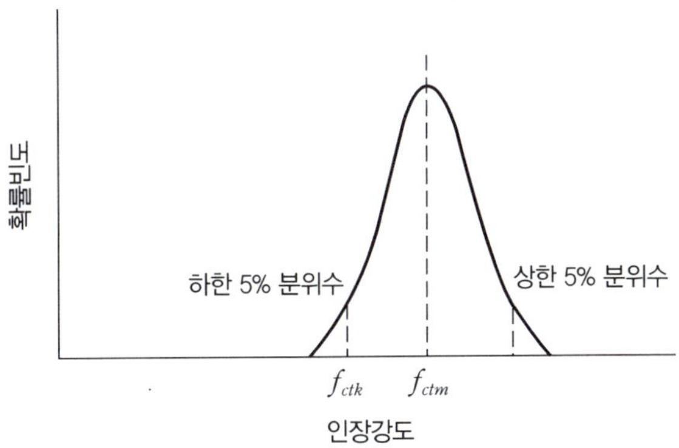

그림 2-18 콘크리트의 평균 인장강도와 5% 분위 기준인장강도

KDS 24 14 21 콘크리트교 설계기준(한계상태설계법)은 쪼갬인장시험으로 구한 쪼갬인장강도의 평균값 f_{spm}이나 휨인장시험로 구한 휨인장강도의 평균값 f_{rm}을 이용하여 다음 근사식들로 평균인장강도 f_{ctm}을 구한다.

$$f_{ctm} = 0.9 f_{spm} \qquad (2 \cdot 26)$$

$$f_{ctm} = 0.5 f_{rm} \qquad (2 \cdot 27)$$

콘크리트의 인장시험을 수행하지 않는 경우에는 콘크리트의 평균압축강도 f_{cm}을 이용하여 다음 식으로 평균인장강도 f_{ctm}을 구한다.

$$f_{ctm} = 0.3\,(f_{cm})^{2/3} \qquad (2 \cdot 28)$$

콘크리트의 인장강도 분포에서 하위 5%에 해당하는 하위 0.05 분위 기준인장강도 f_{ctk}는 다음 식으로 구한다.

$$f_{ctk} = 0.7 f_{ctm} \qquad (2 \cdot 29)$$

참고로 KDS 24 14 21 콘크리트교 설계기준(한계상태설계법)은 상위 5%에 해당하는 최대인장강도를 특별히 규정하고 있지는 않지만, 필요한 경우에는 Eurocode 2를 참조하여 평균인장강도 f_{ctm}의 1.3배로 취할 수 있다.

한편, 휨모멘트에 의하여 콘크리트에 인장응력이 작용할 때에는 부재의 크기에 따라 인장강도가 달라진다. KDS 24 14 21 콘크리트교 설계기준(한계상태설계법)은 직접인장강도를 인장강도의 기준으로 하므로 설계에서 휨인장강도를 필요로 하지는 않지만, 필요한 경우에는 평균휨인장강도 $f_{ctm,fl}$을 다음 식으로 구할 수 있다.

$$f_{ctm,fl} = \left(1.6 - \frac{h}{1,000}\right) f_{ctm} \geq f_{ctm} \tag{2·30}$$

이 식으로 구한 평균휨인장강도 $f_{ctm,fl}$은 부재의 두께 h가 600 mm보다 작은 경우에는 평균인장강도 f_{ctm}의 1.6배까지 커지지만, 600 mm 이상인 경우에는 평균인장강도와 동일한 값을 갖는다. 이것은 두꺼운 부재의 인장연단에 가까운 부분은 인장연단의 인장응력보다는 작지만 유사한 크기의 인장응력이 작용하여 1축 인장과 유사한 상태이기 때문이다.

KDS 14 20 콘크리트구조 설계기준, 콘크리트구조 학회기준(2017), ACI 318 Code는 콘크리트의 휨인장강도(파괴계수)를 인장강도의 기준으로 채택하여 설계기준압축강도의 1/2 제곱에 비례하는 다음 식으로 구한다.

$$f_r = 0.63\,\lambda \sqrt{f_{ck}} \tag{2·31}$$

여기서 λ는 경량콘크리트계수로, 보통중량콘크리트는 λ가 1.0이고, 전경량콘크리트는 λ가 0.75이며, 모래경량콘크리트는 λ가 0.85이다. 0.75에서 0.85 사이의 값은 모래경량콘크리트의 잔골재를 경량잔골재로 치환하는 체적비에 따라 직선 보간한다. 0.85에서 1.0 사이의 값은 보통중량콘크리트의 굵은골재를

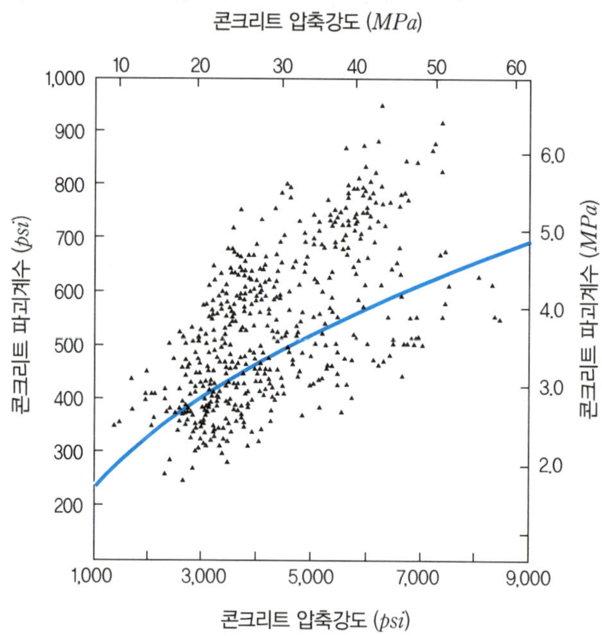

그림 2-19 콘크리트의 압축강도와 휨인장강도의 관계[2.25, 2.26]

경량골재로 치환하는 체적비에 따라 직선 보간한다. 전경량콘크리트와 모래경량콘크리트의 정의는 2.1.2절 [4]항에 설명되어 있다.

그림 2-19는 콘크리트의 설계기준압강도와 휨인장강도와의 관계를 나타낸다. 그림에서 실험값의 중앙을 지나는 곡선은 식 (2 ·31)의 콘크리트 파괴계수(휨인장강도) 식을 나타낸다. 실험결과는 전반적으로 콘크리트의 압축강도가 증가하면 파괴계수도 증가하는 경향을 나타내며, 식 (2 ·31)이 실험결과의 평균값을 비교적 잘 예측한다고 할 수 있다. 그러나 파괴계수의 실험결과는 탄성계수와 유사하게 변동성이 매우 커서, 식 (2 ·31)의 파괴계수 식으로 구한 값의 0.6배 정도의 작은 값을 가질 수도 있고 1.6배 정도로 큰 값을 가질 수도 있으며, 압축강도가 동일하더라도 파괴계수는 2배 이상까지 차이가 있을 수 있다는 것을 나타낸다. 또, 압축강도가 증가하면 수식으로 구한 파괴계수의 값이 증가하지만, 실제로는 압축강도가 더 높더라도 파괴계수는 더 작을 수 있다는 것을 나타낸다.

2.1.9 콘크리트의 크리프

크리프(creep)는 응력이 일정하게 작용하여 크기의 변화가 없더라도 변형률이 시간 경과에 따라 증가하는 현상이다. 콘크리트에서 크리프가 발생하는 이유는 굳어 가는 시멘트 풀에 응력이 작용할 때 시간 경과에 따라 변형이 진행되기 때문이다. 즉, 콘크리트는 시멘트 풀이 굳으면서 강도가 발현되는데, 완전히 굳기 전에 압축응력이 작용하면 응력에 의하여 발생된 변형률이 일정하게 유지되지 않고 시간이 경과함에 따라 시멘트 풀이 더 눌리게 되어 변형률이 증가하는 것이다. 콘크리트에 가하는 하중이 장시간에 걸쳐서 증가하도록 하여 얻은 콘크리트의 압축응력-변형률 곡선은 그림 2-4(f)와 같이 단기하중을 작용시켜서 얻은 압축응력-변형률 곡선에 비하여 동일한 응력에서 변형률이 더 큰 형태를 보이는데, 이것 또한 크리프의 영향이다.

콘크리트의 크리프는 수축(shrinkage)과 함께 시간이 경과함에 따라 증가한다. 그림 2-20은 시간 t_o에 콘크리트에 하중이 작용하여 탄성변형이 발생한 후, 크리프와 수축에 의하여 변형률이 증가하는 모양을 나타낸다. 여기서 실제 탄성변형은 시간이 경과함에 따라 감소하는데, 이것은 콘크리트의 탄성계수가 시간이 지남에 따라 증가하기 때문이다. 그러나 콘크리트의 변형률은 탄성변형과 함께 크리프와 수축에 의한 변형도 함께 발생하여, 실제 탄성변형을 측정하거나 계산하기가 매우 어렵다. 그러나 크리프와 수축에 의한 변형이 아직 발생하지 않은 시간 t_o에서의 탄성변형은 쉽게 얻을 수 있다. 따라서 탄성변형의 값이 변하지 않는다고 가정하고 계산하는 경우, 이를 겉보기 탄성변형이라고 한다.

콘크리트의 크리프에 영향을 주는 요소는 매우 다양해서, (1) 재료의 구성, 즉 시멘트 분말도와 양, 골재 크기와 입도와 무기물 함유량, 혼화재료, (2) 물의 양과 물-시멘트 비, (3) 양생 온도와 습도, (4) 대기의 상대습도, (5) 하중 재하 재령, (6) 응력의 크기, (7) 하중 재하 기간, (8) 부재의 표면-체적 비율, (9) 슬럼프 값 등의 영향을 받는다.

크리프 변형률은 탄성 변형률에 대한 비율인 크리프계수(creep coefficient)로 나타낸다. 압축응력이 높지 않은 상태에서는 크리프 변형률이 탄성 변형률에 일정한 비율로 발생하여 동일한 값의 크리프계수

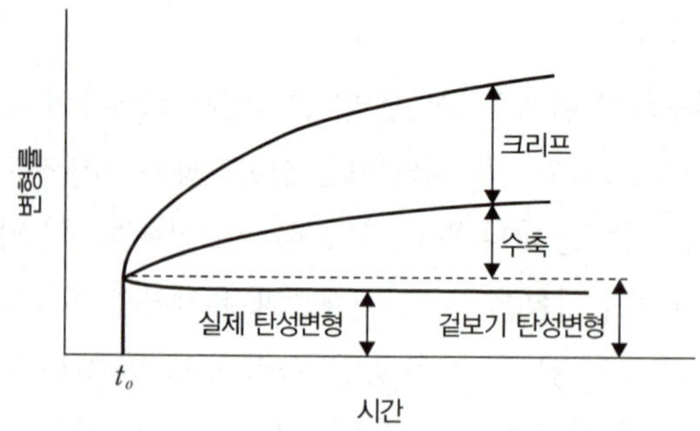

그림 2-20 **시간 경과에 따른 콘크리트의 변형률 변화**

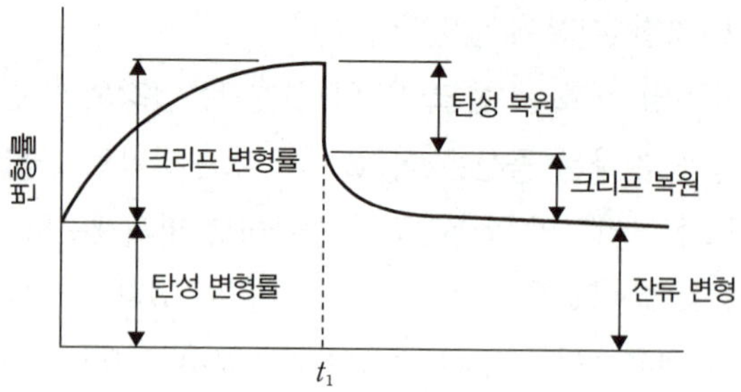

그림 2-21 **콘크리트의 크리프에 따른 변형률 변화**

값을 갖게 되는데, 이를 선형 크리프(linear creep)라고 한다. 시간이 무한대일 때의 선형 크리프계수는 일반적으로 1.5~3.5의 범위이다. 크리프 변형은 초기 재령에서 크게 발생하여, 조건에 따라 다르기는 하지만 일반적인 경우 1년이 경과하면 시간이 무한대일 때의 크리프의 약 80%, 5년이 경과하면 시간이 무한대일 때의 크리프의 약 90%가 발생한다고 볼 수 있다. 압축응력이 높은 상태에서는 응력이 증가할수록 더 큰 비율로 크리프 변형률이 증가하여 선형 크리프계수 값보다 큰 값을 갖게 되는데, 이를 비선형 크리프(nonlinear creep)라고 한다.

크리프 변형은 하중이 제거되면 복원되는데, 하중이 제거될 때의 콘크리트 재령이 높을수록 회복되는 변형률이 작아진다. 그림 2-21은 크리프 변형이 진행되다가 시간 t_1에 하중이 제거된 후의 거동을 나타낸다. 하중이 제거되면 하중에 의해 발생되었던 탄성변형이 복원되므로, 이를 탄성 복원(elastic recovery)이라고 한다. 이때 복원된 탄성 변형률은 하중이 작용하였을 때 발생한 탄성 변형률, 즉 겉보기 탄성 변형률보다 작은데, 이는 재령이 증가함에 따른 탄성계수의 증가로 인한 것이다. 탄성 복원 후에도 변형률이 좀 더 복원되는데, 이를 크리프 복원(creep recovery)이라고 한다. 크리프 복원도 역시 콘크리트 재령이 높을수록 크기가 작아진다. 콘크리트에 작용하고 있던 하중이 제거되어 변형이 복원되더라도 원래대로 돌아오지는 않고 남는 변형이 존재하는데, 이를 잔류 변형(residual deformation)이라고 한다.

이와 같은 콘크리트의 크리프는 콘크리트 구조물의 부재강도(member strength)에는 크게 영향을 미치지 않아서, 설계에서 이를 고려하지 않는 것이 일반적이다. 그러나 콘크리트 구조물에 장기적인 지속하중(sustained load)이 작용하면, 크리프 변형에 의하여 처짐이 증가하여 구조물의 사용성능에 문제를 유발할 수 있으며 하중이 제거되더라도 잔류 처짐이 남아 있게 된다. 또 프리스트레스트 콘크리트의 경우에는 크리프에 의하여 긴장력이 장기적으로 감소하게 되어 프리스트레싱 효과를 감소시킨다. 따라서 콘크리트 구조물에는 크리프가 과도하게 발생하지 않도록 하는 것이 바람직하다.

한국의 설계기준[2.14~2.16]은 콘크리트의 크리프 변형률 및 크리프계수를 다음과 같이 제시하고 있다. 이 모델은 기본적으로 CEB-FIP 1990 Model Code[2.27]의 모델을 기본으로 한 것이지만, 유럽과 한국에서 사용하는 시멘트가 다소 차이가 있기 때문에 식 (2·46)의 $\beta_{cc}(t)$를 구할 때 사용하는 β_{sc}의 값을 한국 시멘트를 대상으로 보정한 것이다.

(1) 크리프 변형률

시간 t'(일, 日, day)에서 작용응력 $f_c(t')$에 의한 콘크리트의 탄성 변형률과 크리프 변형률을 합한 전체 변형률 $\varepsilon_{c\sigma}(t,t')$는 콘크리트 압축강도, 시멘트 종류, 양생온도, 하중이 처음 작용할 때의 콘크리트 재령, 하중지속기간, 평균 상대습도, 온도 변화, 작용응력의 크기, 부재 크기 등에 따라 다음 식으로 구할 수 있다.

$$\varepsilon_{c\sigma}(t,t') = f_c(t')\left[\frac{1}{E_{ci}(t')}+\frac{\phi(t,\ t')}{E_{ci}}\right] \tag{2·32}$$

여기서 $\varepsilon_{c\sigma}(t,t')$: 재령 t'일에서 $f_c(t')$의 응력이 작용할 때, 시간 t(일)에서의 탄성 변형률과 크리프 변형률을 포함한 전체 변형률

t : 콘크리트의 재령(일)

t' : 하중이 처음 작용할 때의 콘크리트 재령(일)

$f_c(t')$: 재령 t'(일)에서 콘크리트에 작용하는 압축응력(MPa)

$\phi(t,\ t')$: 재령 t_s(일)에 외기에 노출된 콘크리트에 재령 t(일)에서 발생하는 크리프계수

E_{ci} : 식 (2·6)으로 구하는 재령 28일에서의 콘크리트의 초기 접선탄성계수(MPa)

$E_{ci}(t')$: 식 (2·49)로 구하는 재령 t'(일)에서의 콘크리트의 초기 접선탄성계수(MPa)

(2) 크리프계수

식 (2·32)에 이용되는 크리프계수 $\phi(t,t')$는 양생온도가 20°C이고 하중이 작용하는 동안의 기온이 20°C인 경우를 기준으로 한 것으로, 다음 식으로 구한다.

$$\phi(t,t') = \phi_o\,\beta_c(t-t') \tag{2·33}$$

여기서 ϕ_o : 콘크리트의 개념 크리프계수(notional creep coefficient)

$$\phi_o = \phi_{RH}\,\beta(f_{cm})\,\beta(t') \tag{2·34}$$

ϕ_{RH} : 외기의 상대습도와 부재 두께가 크리프에 미치는 영향계수

$$\phi_{RH} = 1+\frac{1-0.01RH}{0.10\sqrt[3]{h}} \tag{2·35}$$

$\beta(f_{cm})$: 콘크리트 강도가 크리프에 미치는 영향함수

$$\beta(f_{cm}) = \frac{16.8}{\sqrt{f_{cm}}} \tag{2·36}$$

$\beta_c(t')$: 지속하중이 가해지는 시간 t'가 크리프에 미치는 영향함수

$$\beta(t') = \frac{1}{0.1+(t')^{0.2}} \tag{2·37}$$

$\beta_c(t-t')$: 재하기간에 따라 크리프에 미치는 영향함수

$$\beta(t-t') = \left[\frac{(t-t')}{\beta_H+(t-t')}\right]^{0.3} \tag{2·38}$$

β_H : 외기의 상대습도와 부재의 두께에 따른 계수

$$\beta_H = 1.5\,[1+(0.012RH)^{18}]\,h+250 \le 1{,}500\ (\text{일}) \tag{2·39}$$

RH : 외기의 상대습도(%)

h : 개념 부재치수(notional size of member)(mm) $= \dfrac{2A_c}{u}$

A_c : 부재의 단면적(mm^2)

u : 단면적 A_c의 둘레 중에서 수분이 외기로 확산되는 둘레길이(mm)

f_{cm} : 재령 28일에서 콘크리트의 평균압축강도, 식 (2·1) 참조

(3) 크리프계수의 보정

작용응력의 크기, 온도, 시멘트의 종류에 따라 식 (2·33)의 크리프계수를 다음과 같이 보정하여야 한다.

① 양생온도 및 시멘트 종류에 따른 보정계수

양생 동안 온도의 변화가 있거나, 20°C가 아닌 대기에 노출되어 있는 경우, 재하할 때의 콘크리트의 재령 t'는 다음과 같이 보정하여야 한다.

$$t' = t'_T\left[\frac{9}{2+(t'_T)^{1.2}}+1\right]^{\alpha} \le 0.5\ (\text{일}) \tag{2·40}$$

$$t'_T = \sum_{i=1}^{n} \Delta t_i \exp\left(-\frac{4000}{273+T(\Delta t_i)}+13.65\right) \tag{2·41}$$

$$\alpha = \begin{cases} -1: \text{2종 시멘트} \\ \ \ 0: \text{1종, 5종 시멘트} \\ \ \ 1: \text{3종 시멘트} \end{cases}$$

여기서 t'_T : 온도가 20°C가 아닌 T°C에서 양생할 경우의 등가재령(일)

Δt_i : 일정한 온도가 지속된 기간(일)

$T(\Delta t_i)$: Δt_i일 동안 지속된 온도(°C)

n : 일정한 온도를 유지한 단계의 수

② 작용응력의 크기에 따른 보정계수

작용응력 $f_c(t')$가

$$0.4 f_{cm}(t') < |f_c(t')| < 0.6 f_{cm}(t')$$

인 경우에는 식 (2 · 34)의 ϕ_o를 다음과 같이 보정하여 크리프의 비선형성을 고려하여야 한다.

$$\phi_{o,k} = \phi_o \exp\left[1.5\left(\frac{|f_c(t')|}{f_{cm}(t')} - 0.4\right)\right] \quad (2 \cdot 42)$$

여기서 $\phi_{o,k}$: 작용응력의 크기에 따라 보정된 ϕ_o

$f_{cm}(t')$: 재령 t'일의 콘크리트 압축강도(MPa)이며, 식 (2 · 47) 및 식 (2 · 48)로 구할 수 있다.

③ 온도변화에 따른 보정계수

지속하중이 작용하는 동안 온도가 5℃에서 80℃까지 변화할 때의 크리프계수는 식 (2 · 35)의 ϕ_{RH}를 식 (2 · 44)로 보정하고, 식 (2 · 39)의 β_H를 식 (2 · 46)으로 보정하여 식 (2 · 43)으로 구해야 한다.

$$\phi(t,\ t') = \beta_c(t-t')\phi_0 + 0.0004(T-20)^2 \quad (2 \cdot 43)$$

$$\phi_{RH,T} = \phi_T + (\phi_{RH} - 1.0)\phi_T^{1.2} \quad (2 \cdot 44)$$

여기서 $\phi_T = \exp[0.015(T-20)]$ (2 · 45)

$$\beta_{H,T} = \exp\left[\frac{1{,}500}{273+T} - 5.12\right]\beta_H \quad (2 \cdot 46)$$

$\phi_{RH,T}$: 온도변화에 따라 보정된 ϕ_{RH} [식 (2 · 44)]

$\beta_{H,T}$: 온도변화에 따라 보정된 β_H [식 (2 · 46)]

T : 외기 또는 양생온도

(4) 재령에 따른 콘크리트의 압축강도

$\phi 150 \times 300\ mm$의 원주형 공시체 시험으로 얻어지는 평균압축강도는 재령에 따라 다음과 같이 구분할 수 있다.

① 재령 28일에서의 평균압축강도 f_{cm}

재령 28일에서의 평균압축강도 f_{cm}은 앞의 식 (2 · 1)과 같으며, 이것을 여기에 옮겨 쓰면 다음과 같다.

$$f_{cm} = f_{ck} + \Delta f \quad (2 \cdot 1)$$

여기서 Δf는 f_{ck}가 40 MPa 이하이면 4 MPa, 60 MPa 이상이면 6 MPa이며, 그 사이는 직선보간으로 구한다.

② 재령 t일에서의 압축강도 $f_{cm}(t)$

재령에 따른 강도발현 즉, 재령 t일에서의 압축강도 $f_{cm}(t)$는 다음 식으로 구해야 한다.

$$f_{cm}(t) = \beta_{cc}(t)\, f_{cm} \tag{2·47}$$

$$\beta_{cc}(t) = \exp\left[\beta_{sc}\left(1-\sqrt{\frac{28}{t}}\right)\right] \tag{2·48}$$

$$\beta_{sc} = \begin{Bmatrix} 0.35: \text{1종 시멘트 습윤양생} \\ 0.15: \text{1종 시멘트 증기양생} \\ 0.25: \text{3종 시멘트 습윤양생} \\ 0.12: \text{3종 시멘트 증기양생} \\ 0.40: \text{2종 시멘트} \end{Bmatrix}$$

여기서 $\beta_{cc}(t)$: 콘크리트 강도 발현에 대한 재령에 따른 보정계수

β_{sc} : 시멘트 종류에 따른 건조수축에 미치는 영향계수

(5) 초기접선탄성계수

식 (2·32)의 크리프 변형을 계산하기 위한 초기 접선탄성계수는 앞의 식 (2·6)으로 구한다.

$$E_{ci} = 10{,}000\sqrt[3]{f_{cm}} \tag{2·6}$$

초기접선탄성계수 $E_{ci}(t)$의 시간에 따른 변화는 다음 식으로 구한다.

$$E_{ci}(t) = \sqrt{\beta_{cc}(t)}\, E_{ci} \tag{2·49}$$

여기서 $\beta_{cc}(t)$는 식 (2·48)과 같다.

예제 2-1 단면이 600×1,000mm이고 길이가 8m인 기둥이 콘크리트 타설 후 7일간 습윤 양생한 뒤 재령 14일(t')에 동바리와 거푸집을 제거하여 응력 7MPa의 장기하중을 받기 시작했을 때, 50년 후의 크리프계수와 전체 변형률을 구하고 줄어든 기둥의 길이를 계산하시오. 구조물이 시공되는 지역의 연평균 온도는 17°C이고 연평균 상대습도(RH)는 65%이다. 콘크리트의 설계기준압축강도는 27MPa이고 배합은 다음과 같다.

배합: 1종 시멘트, 단위 시멘트량 345kg/m^3, 물/시멘트비 0.45, 슬럼프 150mm, 잔골재율 0.42, 공기량 5%.

〈풀이〉

(1) 보정 전 크리프계수의 계산

개념 부재치수는

$$h = \frac{2A_c}{u} = \frac{2A_c}{u} = 375\ mm$$

식 (2·35)로부터

$$\phi_{RH} = 1+\frac{1-0.01RH}{0.10\sqrt[3]{h}} = 1+\frac{1-0.01\times65}{0.10\times\sqrt[3]{375}} = 1.49$$

식 (2 · 1)로부터

$$f_{cm} = f_{ck}+\Delta f = 27+4 = 31\ MPa$$

식 (2 · 36)으로부터

$$\beta(f_{cm}) = \frac{16.8}{\sqrt{f_{cm}}} = \frac{16.8}{\sqrt{31}} = 3.02$$

식 (2 · 37)로부터

$$\beta(t') = \frac{1}{0.1+(t')^{0.2}} = \frac{1}{0.1+14^{0.2}} = 0.557$$

식 (2 · 34)로부터

$$\phi_0 = \phi_{RH}\,\beta(f_{cu})\beta(t') = 1.49\times3.02\times0.557 = 2.51$$

식 (2 · 39)로부터

$$\beta_H = 1.5\,[1+(0.012RH)^{18}]\,h+250$$

$$= 1.5\,[1+(0.012\times65)^{18}]\times375\times250 = 819 < 1{,}500$$

50년은 18,250일이므로, t=18,250이다. 이제 식 (2 · 38)로부터

$$\beta_c(t-t') = \left[\frac{t-t'}{\beta_H+(t-t')}\right]^{0.3} = \left[\frac{18{,}250-14}{819+(18{,}250-14)}\right]^{0.3} = 0.987$$

식 (2 · 33)로부터 보정 전의 크리프계수는 다음과 같다.

$$\phi(t-t') = \phi_o\,\beta_c(t-t') = 2.51\times0.987 = 2.48$$

(2) 크리프계수의 보정

① 양생온도 및 시멘트 종류에 따른 t' 보정

평균 온도 17℃이고 14일 후 하중이 작용하므로, Δt_i=14, $T(\Delta t_i)$=17이다. 이제 식 (2 · 41)로부터

$$t_T' = \sum_{i=1}^{n}\Delta t_i\exp\left(-\frac{4{,}000}{273+T(\Delta t_i)}+13.65\right)$$

$$= \sum_{i=1}^{1}14\times\exp\left(-\frac{4{,}000}{273+17}+13.65\right) = 12.13$$

$\beta(t')$에 적용할 t' 결정: 1종 시멘트인 경우 α=0이므로, 식 (2 · 40)으로부터

$$t' = t_T'\left[\frac{9}{2+(t_T')^{1.2}}+1\right]^{\alpha} = 12.13\left[\frac{9}{2+(12.13)^{1.2}}+1\right]^{0} = 12.13 \geq 0.5$$

② 작용응력의 크기에 따른 보정계수

1종 시멘트 습윤 양생인 경우는 β_{sc}=0.35이므로, 식 (2 · 48)로부터

$$\beta_{cc}(t') = \exp\left[\beta_{sc}\left(1-\sqrt{\frac{28}{t'}}\right)\right] = \exp\left[0.35\left(1-\sqrt{\frac{28}{14}}\right)\right] = 0.865$$

식 (2 · 47)로부터

$$f_{cm}(t') = \beta_{cc}(t')\,f_{cm} = 0.865(31) = 26.8\ MPa$$

단기하중으로 작용할 때의 압축연단 응력 7 MPa은 선형 크리프 기준인 $0.4f_{cm}(t')$=0.4(26.8)=10.7 MPa 보다 작으므로, 선형 크리프이다. 따라서 작용응력의 크기에 따른 보정은 필요 없다.

③ 온도 변화에 따른 보정계수

연평균 온도가 17℃이므로 T=17이고, 식 (2 · 45)로부터

$$\phi_T = \exp[0.015(T-20)] = \exp[0.015(17-20)] = 0.956$$

(1)에서 ϕ_{RH}=1.49, β_H=819, $\beta(f_{cu})$=3.02이었으므로, 식 (2·44)로부터

$$\phi_{RH,T} = \phi_T+(\phi_{RH}-1.0)\phi_T^{1.2} = 0.956+(1.49-1.0)(0.956)^{1.2} = 1.42$$

보정된 $\beta(t')$은 식 (2·37)로부터

$$\beta(t') = \frac{1}{0.1\times(t')^{0.2}} = \frac{1}{0.1+(12.13)^{0.2}} = 0.572$$

보정된 ϕ_o는 식 (2·34)로부터

$$\phi_o = \phi_{RH,T}\,\beta(f_{cm})\,\beta(t') = 1.42\times3.02\times0.572 = 2.45$$

식 (2·46)으로부터

$$\beta_{H,T} = \exp\left[\frac{1,500}{273+T}-5.12\right]\beta_H = \exp\left[\frac{1,500}{273+17}-5.12\right](819) = 863$$

보정된 $\beta_c(t-t')$는 식 (2·38)로부터

$$\beta_c(t-t') = \left[\frac{(t-t')}{\beta_{H,T}+(t-t')}\right]^{0.3} = \left[\frac{18,250-14}{863+(18,250-14)}\right]^{0.3} = 0.986$$

④ 보정 후 크리프계수

식 (2·43)로부터 보정 전의 크리프계수는 다음과 같다.

$$\phi(t-t') = \phi_o\,\beta_c(t-t')+0.0004(T-20)^2 = 2.45(0.986)+0.0004(17-20)^2 = 2.42$$

(3) 변형률과 변위

재령 28일에서 초기 탄성계수는 식 (2·6)으로부터

$$E_{ci} = 10,000\sqrt[3]{f_{cm}} = 10,000\sqrt[3]{31} = 31,400\ MPa$$

1종 시멘트를 사용하고, 습윤 양생하여 β_{sc}=0.35이므로, 식 (2·48)로부터

$$\beta_{cc}(t) = \exp\left[\beta_{sc}\left(1-\sqrt{\frac{28}{t}}\right)\right] = \exp\left[0.35\left(1-\sqrt{\frac{28}{18,250}}\right)\right] = 1.34$$

50년 후의 초기 탄성계수는 식 (2·49)로부터

$$E_{ci}(t) = \sqrt{\beta_{cc}(t)}\,E_{ci} = \sqrt{1.34}\times31,400 = 36,300\ MPa$$

따라서 전체 변형률 $\varepsilon_{c\sigma}(t,t')$는 식 (2·32)에 의하여 다음과 같다.

$$\varepsilon_{c\sigma}(t,t') = f_c(t')\left[\frac{1}{E_{ci}(t')}+\frac{\phi(t,t')}{E_{ci}}\right] = 7\left(\frac{1}{36,300}+\frac{2.42}{31,400}\right)$$

$$= 0.0001928+0.0005395 = 0.0007323$$

기둥의 길이가 8,000 mm이므로, 하중에 의하여 줄어들 길이 Δl_{el}, 50년 동안 크리프로 인하여 줄어든 길이 Δl_{cp}, 50년 후의 총 수축량 Δl_{tot}는 다음과 같다.

$$\Delta l_{el} = \varepsilon_{el} l = \frac{f_c(t')}{E_{ci}(t')}\,l = 0.0001923\times8,000 = 1.54\ mm$$

$$\Delta l_{cp} = \varepsilon_{cp} l = \frac{f_c(t')\,\phi(t,t')}{E_{ci}} = 0.0005395\times8,000 = 4.32\ mm$$

$$\Delta l_{tot} = \Delta l_{el}+\Delta l_{cp} = \varepsilon_{c\sigma}(t,t')l = 0.0007323\times8,000 = 5.86\ mm$$

2.1.10 콘크리트의 수축

콘크리트를 구성하는 시멘트 풀은 주위의 습도가 높을 때는 수분을 흡수하여 팽창하고, 주위의 습도가 낮을 때는 수분을 방출하여 수축한다. 이에 따라 콘크리트도 습기를 흡수하면 팽창하고 건조하면 수축한다. 콘크리트의 팽창과 수축은 콘크리트 속에서 자유로이 이동할 수 있는 물의 양이 적을수록, 또 경화한 콘크리트 내부에 공극(空隙, void)이 적을수록 적게 발생한다. 경화한 시멘트 풀 속의 공극이 동일다면 시멘트 풀의 양이 적을수록 팽창과 수축이 적게 일어난다. 이와 같은 콘크리트의 팽창과 수축은 짧은 기간 내의 주위의 습도에 따른 거동이지만, 콘크리트가 양생되는 기간을 포함하여 장기적인 시간 경과로 보면 콘크리트는 시간이 지나면서 수축한다.

콘크리트의 수축(shrinkage)은 세 가지 요인으로 발생하는데, 시멘트가 수화(水和)반응을 하면서 시멘트 풀이 수축하는 자기수축(自起收縮, autogenous shrinkage), 내부의 수분이 증발하면서 시멘트 풀이 수축하는 건조수축(乾燥收縮, drying shrinkage), 시멘트 풀이 대기 중의 탄산과 반응하여 수축하는 탄산수축(炭酸收縮, carbonation shrinkage)이 있다. 이 세 가지 요인 중 일반적으로 건조수축이 큰 비중을 차지하지만, 시멘트 양이 많이 사용된 고강도콘크리트는 자기수축이 무시하지 못할 정도로 발생하며, 대기 중의 탄산의 양이 많은 경우에는 탄산수축도 무시할 수 없는 정도로 발생할 수 있다.

과거에는 수축의 종류를 구분하지 않고 콘크리트의 수축을 건조수축으로 이해했었다. 즉, 필연적으로 수분을 함유하게 되는 콘크리트는 건조수축이 발생하는데 건조수축의 양은 물의 양과 함께 시멘트의 양과도 관계가 있다고 이해했던 것이다. 따라서 학술적으로는 건조수축과 자기수축을 구분하여 설명하지만, 실무에서는 이를 구분하지 않고 '건조수축'이라는 용어로 '수축'을 표현하는 경우가 많다.

콘크리트의 건조수축은 골재의 종류와 최대치수, 시멘트의 종류와 품질, 다짐의 정도, 양생상태, 부재의 단면치수 등의 영향을 받지만, 단위수량(單位水量, unit water content)과 단위시멘트량(cement content per unit volume of concrete)이 가장 큰 영향을 미친다. 콘크리트는 수화작용에 필요한 양보다 많은 물이 사용되므로, 수화하고 남은 물이 콘크리트 속에 머물러 있다가 콘크리트가 대기에 접하게 되면 증발한다. 그 결과로 건조수축이 발생하므로 단위수량이 많으면 건조수축이 크게 발생한다.

콘크리트 수축의 한 요인인 자기수축은 시멘트가 수화반응을 하면서 시멘트 풀이 수축하는 현상이므로, 단위시멘드량이 많으면 수축이 크게 발생한다. 이에 따라 굵은골재를 사용하지 않는 모르타르는 콘크리트보다 단위시멘트량이 많게 되어, 일반적으로 콘크리트의 2배 정도의 수축이 발생한다.

따라서 콘크리트의 수축을 감소시키려면 유동성을 확보하는 범위 내에서 가능하면 단위수량을 적게 하는 것이 가장 중요하다. 또, 강도를 확보하는 범위 내에서 가능하면 단위시멘트량을 적게 하여 부배합(富配合, rich mix)을 피하여야 하며, 상당한 기간 세심한 주의를 기울여 양생하는 것이 중요하다.

수축은 콘크리트 구조물에 균열을 유발하며, 프리스트레스트 콘크리트에서는 긴장력의 손실의 한 원인이 된다. 콘크리트 부재는 표면으로부터 내부로 향하여 건조해 들어가기 때문에 표면부터 수축하는데, 표면보다 적게 수축하는 내부 콘크리트가 표면의 수축을 구속하여 그림 2-22와 같이 표면에 인장

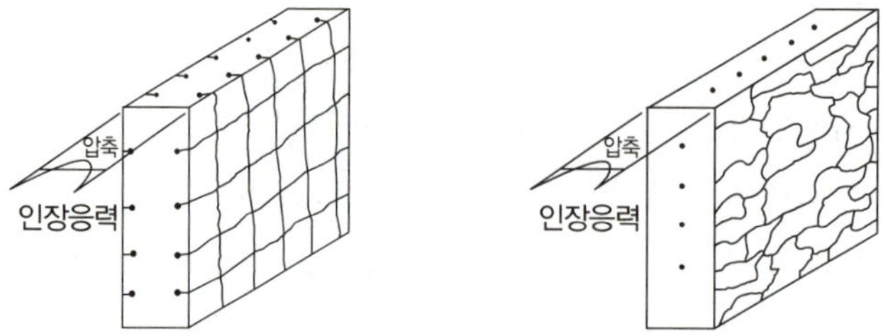

(a) 방향성 부등건조수축균열 (b) 비방향성 부등건조수축균열

그림 2-22 부등건조수축균열

응력이 발생한다. 반대로 표면보다 적게 수축하는 내부 콘크리트는 표면의 수축으로 인하여 압축응력이 발생한다. 이러한 경우를 부등(不等)건조수축이라고 하며, 표면에 발생한 인장응력에 의하여 콘크리트 부재의 표면에 수축균열이 발생하게 된다. 이때 표면에 가까운 표피에 철근이 배치되어 있으면 그림 2-22(a)와 같이 철근위치를 따라 등간격의 균열이 표면에 발생한다. 철근이 배치되지 않거나 철근이 배치되더라도 표면에서 멀리 떨어져서 압축을 받는 위치에 배치되어 있으면, 그림 2-22(b)와 같이 방향성 없는 균열이 표면에 발생한다.

철근으로 보강된 콘크리트는 콘크리트의 수축과 철근의 구속작용에 의하여 인장응력이 작용하여 균열이 발생하기도 한다. 그림 2-23은 철근콘크리트 부재의 수축균열 발생 원리를 나타낸다. 그림 2-23(a)와 같이 철근이 배치되지 않은 무근콘크리트의 경우, 콘크리트가 타설된 후 자유롭게 수축이 발생하면 그림 2-23(b)와 같이 ε_{sh}의 변형률로 수축하며 응력이 작용하지 않으므로 균열이 발생하지 않는다. 그러나 그림 2-23(d)와 같이 철근이 배치된 경우에는 철근이 콘크리트의 수축에 저항하므로 그림 2-23(c)와 같이 부재가 수축했을 때 수축한 양이 그림 2-23(b)의 경우보다 작아진다. 이때의 변형률은 그림 2-23(c)에 나타낸 바와 같이 ε_{sc}로 철근이 원래 길이보다 짧아진 비율이다. 따라서 철근에는 변형률 ε_{sc}에 해당하는 압축응력이 작용하게 된다. 이때의 콘크리트는 그림 2-23(c)에 나타낸 바와 같이 ε_{ct}의 변형률로 늘어난 상태이다. 즉, 콘크리트는 ε_{sh}의 변형률로 자유 수축하려고 하지만 철근이 수축을 방해하여 콘크리트에 인장변형률 ε_{ct}가 발생한 상태가 되는 것이다. 따라서 콘크리트에는 변형률 ε_{ct}에

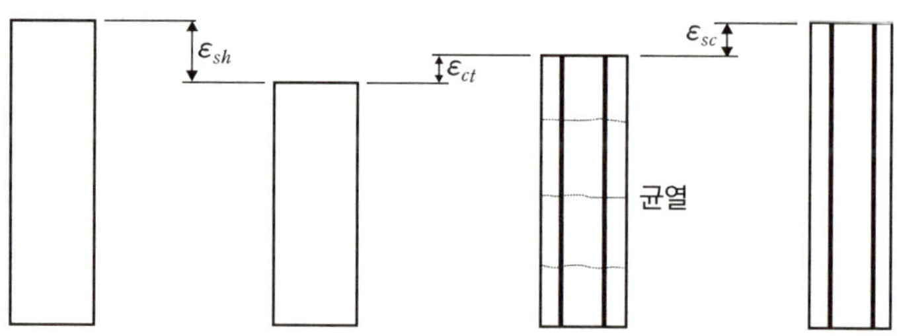

(a) 무근콘크리트 타설 직후 (b) 자유 수축 (c) 철근의 구속작용 (d) 철근콘크리트 타설 직후

그림 2-23 철근콘크리트 부재의 수축균열

해당하는 인장응력이 작용하게 되며, 이 인장력이 콘크리트의 인장강도보다 크게 되면 균열이 발생하게 된다. 이와 같은 거동으로 철근콘크리트 구조물의 시공에서 콘크리트를 타설한 후 초기에는 균열이 발생하지 않다가 콘크리트의 수축이 진행되면서 서서히 균열이 발생하는 현상이 나타날 수 있다.

또한, 접하고 있는 다른 단면요소나 인접부재에 의하여 변형이 구속된 부재는 콘크리트의 수축이 진행되는 동안에 수축되지 못하고, 구속 작용에 의하여 인장응력이 작용하여 부재 단면을 관통하는 수축균열이 발생하는 경우가 많다. 접하고 있는 다른 단면요소나 인접부재에 의하여 부재의 변형이 구속되는 대표적인 예는 한 쪽 방향으로 길이가 긴 옹벽(擁壁, retaining wall)과 교량에 많이 사용되는 콘크리트 박스 거더(box girder)를 들 수 있으며, 인접부재에 의하여 변형이 구속되는 예는 부정정 구조물의 골조(骨組, frame)나 아치(arch) 등이 있다.

그림 2-24는 다른 단면요소나 인접부재에 의한 구속작용으로 균열이 발생하는 예를 나타낸다. 그림 2-24(a)는 옹벽의 단면을, 그림 2-24(b)는 박스 거더 단면을 나타내는데, 일반적으로 그림의 점선 아랫부분인 옹벽의 기초와 박스 단면의 하부플랜지에 콘크리트를 먼저 타설한다. 이 콘크리트가 어느 정도 굳으면 점선 위의 옹벽 벽체와 박스 단면의 복부 및 상부플랜지에 콘크리트를 타설하므로, 시차에 따라 먼저 타설한 부분과 나중에 타설한 부분의 수축에 차이가 발생하게 된다. 이때 이미 굳은 기초와 하부플랜지는 나중에 타설된 벽체와 복부의 콘크리트가 굳어가며 수축될 때 이를 구속하게 된다. 따라서 벽체와 복부에는 기초와 하부플랜지의 구속 작용에 의하여 인장응력이 발생하고, 이 인장응력에 의하여 그림 2-24(c)와 같이 벽체와 복부의 단면을 관통하는 수직 균열이 발생하게 된다. 이러한 수축균열은 다른 단면요소의 구속작용으로 발생하는 재료적 균열의 하나로, 일반적으로 일정한 간격으로 발생한다. 또 경우에 따라서는 콘크리트의 수화열에 의한 팽창과 수축작용이 추가되어 그림 2-24(c)와 같이 벽체의 아래쪽에 길이가 짧은 수직균열이 추가되기도 한다.

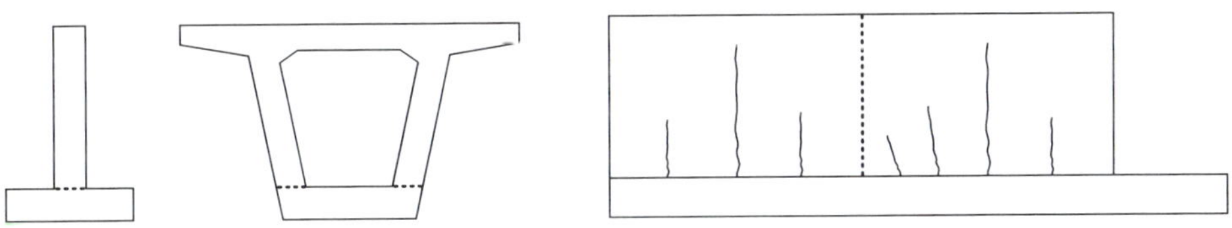

그림 2-24 수축균열

한편 옹벽이나 교량과 같이 한쪽 방향으로 긴 구조물은 길이 방향으로도 나누어 콘크리트를 분할 타설하는 것이 일반적이다. 그림 2-24(c)의 벽체 중간에 보이는 점선은 콘크리트의 시공이음면으로 왼쪽에서 오른쪽으로 콘크리트 시공을 진행하는 예이다. 즉, 점선의 왼쪽 벽체는 이미 시공된 부분이고 점선의 오른쪽 벽체는 왼쪽 벽체의 콘크리트가 어느 정도 굳은 후 나중에 콘크리트가 타설된 벽체이다. 이때에는 이미 설명한 다른 단면요소의 구속작용, 즉 이미 굳은 기초의 구속작용으로 수직방향의 수축균열이 발생하며, 인접부재에 의한 구속작용으로 경사균열이 발생하기도 한다. 이것은 그림 2-24(c)에서 나중에 타설된 오른쪽 벽체의 왼쪽 하단부에 왼쪽 방향으로 진행된 다소 짧은 길이의 균열로, 이미 굳은 왼쪽의 벽체가 새로 타설된 벽체 콘크리트의 수축을 구속하여 인장력으로 작용함으로써 경사균열로 나타난 것이다. 새로 타설된 벽체의 오른쪽에는 그와 같은 구속작용이 존재하지 않기 때문에 그와 같은 균열이 벽체의 오른쪽에는 나타나지 않는다. 그림 2-25는 이와 동일한 거동으로 교량의 난간에 발생한 수축균열을 보여주고 있다.

그림 2-25 교량 난간의 수축균열

부정정 구조물의 골조는 보의 콘크리트가 수축될 때, 보와 연결된 기둥이 보의 수축을 구속하게 된다. 따라서 기둥의 구속 작용에 의하여 보에 인장응력이 발생하고, 이 인장응력에 의하여 보에 균열이 발생하는 경우가 있다. 골조(frame)는 독일어인 'rahmen'을 우리말로 표현한 '라멘'이라는 용어로도 통용된다.

일반적으로 사용되는 보통 콘크리트의 최종 수축변형률은 대략 0.0002~0.0007의 범위에 있는데, 한국의 설계기준[2.14~2.16]은 콘크리트의 건조수축 변형률을 예측하는 모델을 다음과 같이 제시하고 있다. 이 모델은 기본적으로 CEB-FIP 1990 Model Code[2.27]의 모델을 기본으로 한 것이다.

(1) 콘크리트의 수축 변형률

콘크리트의 건조수축 변형률은 대기의 평균 상대습도와 부재의 크기 등을 고려하여 다음 식으로 구할 수 있다.

$$\varepsilon_{sh}(t, t_s) = \varepsilon_{sho}\,\beta_s(t-t_s) \tag{2 $\cdot$ 50}$$

여기서 $\varepsilon_{sh}(t, t_s)$: 재령 t_s일에서 외기에 노출된 콘크리트의 재령 t일에서의 전체 수축 변형률

ε_{sho} : 개념 건조수축 계수(notional shrinkage coefficient)

$$\varepsilon_{sho} = \varepsilon_s(f_{cm})\beta_{RH} \tag{2 $\cdot$ 51}$$

$$\varepsilon_s(f_{cm}) = \left[160+10\,\beta_{sc}\left(9-\frac{f_{cm}}{10}\right)\right]\times 10^{-6} \qquad (2\cdot 52)$$

β_{RH} : 외기습도에 따른 크리프와 건조수축에 미치는 영향계수

$$\beta_{RH} = \begin{cases} -1.55\left[1-\left(\dfrac{RH}{100}\right)^3\right] & (40\% \le RH < 99\%) \\ 0.25 & (RH \ge 99\%) \end{cases} \qquad (2\cdot 52)$$

$\beta_s(t-t_s)$: 건조기간에 따른 수축 변형률 함수

$$\beta_s(t-t_s) = \sqrt{\frac{(t-t_s)}{0.035h^2+(t-t_s)}} \qquad (2\cdot 54)$$

β_{sc} : 시멘트 종류에 따른 건조수축에 미치는 영향계수

$$\beta_{sc} = \begin{cases} 4: \text{2종 시멘트} \\ 5: \text{1종, 5종 시멘트} \\ 8: \text{3종 시멘트} \end{cases}$$

RH : 외기의 상대습도(%)

h : 개념 부재치수(notional size of member)(mm) $= \dfrac{2A_c}{u}$

u : 단면적 A_c의 둘레에서 수분이 외기로 확산되는 둘레길이(mm)

t : 콘크리트의 재령(일)

t_s : 콘크리트가 외기에 노출되었을 때의 재령

f_{cm} : 콘크리트의 평균압축강도, 식 (2·1) 참조

(2) β_{RH} 및 $\beta_s(t-t_s)$의 보정

외기의 온도가 20°C가 아닌 경우, β_{RH} 및 $\beta_s(t-t_s)$는 다음으로 보정해야 한다.

$$\beta_{RH,T} = \left[1+\left(\frac{8}{103-RH}\right)\left(\frac{T-20}{40}\right)\right]\beta_{RH} \qquad (2\cdot 55)$$

$$\beta_s(t-t_s) = \sqrt{\frac{(t\quad t_s)}{0.035\,h^2\exp[-0.06(T-20)]+(t-t_s)}} \qquad (2\cdot 56)$$

여기서 T : 외기 또는 양생온도(°C)

예제 2-2 단면이 600×1,000mm이고 길이가 8m인 기둥이 콘크리트 타설 후 7일간 습윤 양생한 뒤 재령 14일(t_s)에 거푸집을 제거하여 대기에 노출되기 시작했을 때, 50년 후의 건조수축 변형률을 계산하시오. 구조물이 시공되는 지역의 연평균 온도는 17℃이고 연평균 상대습도(RH)는 65%이다. 콘크리트의 설계기준압축강도는 27MPa이고 배합은 다음과 같다.

1종 시멘트, 단위 시멘트량 345kg/m³, 물/시멘트비 0.45, 슬럼프 150mm, 잔골재율 0.42, 공기량 5%.

〈풀이〉

(1) 보정 전 건조수축 변형률의 계산

식 (2·1)로부터

$$f_{cm} = f_{ck} + \Delta f = 27+4 = 31\ MPa$$

1종 시멘트를 사용하였으므로 $\beta_{sc}=5$이고, 식 (2·52)로부터

$$\varepsilon_s(f_{cu}) = \left[160+10\,\beta_{sc}\left(9-\frac{f_{cm}}{10}\right)\right]\times 10^{-6} = \left[160+10\times5\times\left(9-\frac{31}{10}\right)\right]\times10^{-6} = 0.000455$$

상대습도가 $RH=65\%$이므로, 식 (2·53)의 첫 번째 식으로부터

$$\beta_{RH} = -1.55\left[1-\left(\frac{RH}{100}\right)^3\right] = -1.55\left[1-\left(\frac{65}{100}\right)^3\right] = -1.12$$

식 (2·51)부터

$$\varepsilon_{sho} = \varepsilon_s(f_{cm})\,\beta_{RH} = 0.000455\times(-1.12) = -0.000510$$

부재치수가 600×1,000 mm이므로, 개념 부재치수는

$$h = \frac{2A_c}{u} = \frac{2\times(600\times1{,}000)}{2\times(600+1{,}000)} = 375\ mm$$

50년은 18,250일이므로 t=18,250이고, t_s=14이므로,

만일 T=20℃이었다면, 식 (2·54)로부터

$$\beta_s(t-t_s) = \sqrt{\frac{t-t_s}{0.035\,h^2+(t-t_s)}} = \sqrt{\frac{18{,}250-14}{0.035\times375^2+(18{,}250-14)}} = 0.887$$

(2) 계수의 보정 및 건조수축 변형률

연평균 온도가 16℃로서 20℃가 아니므로 계수를 보정하여야 한다.

(1)에서 β_{RH}=−1.12이었고, RH=65%, T=17이므로, 식 (2·55)로부터

$$\beta_{RH,\,T} = \left[1+\left(\frac{8}{103-RH}\right)\left(\frac{T-20}{40}\right)\right]\beta_{RH} = \left[1+\left(\frac{8}{103-65}\right)\left(\frac{17-20}{40}\right)\right]\times(-1.12) = -1.10$$

식 (2·51)로부터

$$\varepsilon_{sho} = \varepsilon_s(f_{cm})\,\beta_{RH,\,T} = 0.000455\times(-1.10) = -0.000501$$

식 (2·56)으로부터

$$\beta_s(t-t_s) = \sqrt{\frac{(t-t_s)}{0.035\,h^2\exp[-0.06(T-20)]+(t-t_s)}}$$

$$= \sqrt{\frac{18{,}250-14}{0.035(375)^2 e^{[-0.06(17-20)]}+(18{,}250-14)}} = 0.869$$

식 (2·50)으로부터

$$\varepsilon_{sh}(t,\ t_s) = \varepsilon_{sho}\,\beta_s(t-t_s) = -0.000501\times0.869 = -0.000435$$

2.1.11 재령에 따른 콘크리트의 강도와 탄성계수 변화

콘크리트의 강도는 시멘트의 종류와 양생방법에 따라 차이가 있으나, 일반적으로 초기재령에 급격히 증가하다가 28일~90일 이후에는 완만히 증가하여 1년 이후에는 큰 변동이 없다. KDS 24 14 21 콘크리트교 설계기준(한계상태설계법)[2.16]은 콘크리트의 재령과 평균압축강도의 관계를 예측하는 모델을 다음과 같이 제시하고 있다. 이 모델은 기본적으로 CEB-FIP 1990 Model Code[2.27]의 모델을 기본으로 한 것으로, 한국에서 사용하는 시멘트의 특성을 반영한 것이다.

$$f_{cm}(t) = \beta_{cc}(t)\, f_{cm} \qquad (2\cdot 57)$$

$$\beta_{cc}(t) = \exp\left\{ \beta_{sc}\left[1-\left(\frac{28}{t}\right)^{1/2}\right]\right\} \qquad (2\cdot 58)$$

$$\beta_{sc} = \begin{cases} 0.35 : \text{1종 시멘트 습윤양생} \\ 0.15 : \text{1종 시멘트 증기양생} \\ 0.35 : \text{3종 시멘트 습윤양생} \\ 0.12 : \text{3종 시멘트 증기양생} \\ 0.40 : \text{2종 시멘트} \end{cases}$$

여기서 $\beta_{cc}(t)$: 콘크리트 강도 발현에 대한 재령에 따른 보정계수

β_{sc} : 시멘트 종류와 양생방법에 따른 상수

이 관계는 재령 28일의 콘크리트 평균압축강도 f_{cm}에 강도 발현 비율을 시간의 함수로 나타낸 $\beta_{cc}(t)$를 곱한 형태이다. 식 (2·58)의 함수 $\beta_{cc}(t)$는 콘크리트구조 학회기준(2017)[2.14]과 KDS 14 20 콘크리트구조 설계기준[2.15]의 크리프 모델에 정의된 식 (2·48)과 동일한 것이며, 재령 t가 28일일 때 1.0의 값을 갖는다. 콘크리트의 강도 발현은 시멘트의 종류와 양생방법에 따라 다르므로, 이를 β_{sc}로 고려하고 있다. 그림 2-26은 시멘트의 종류와 양생방법에 따른 콘크리트의 압축강도 발현 곡선으로, 시간에 따른 $\beta_{cc}(t)$의 변화를 나타낸다.

콘크리트는 시간이 경과하면서 굳어지므로 콘크리트의 인장강도도 시간의 함수로 강도가 발현된다. 그러나 인장강도의 발현 속도는 압축강도의 발현 속도와 동일하지 않아서, 재령 28일 이후에는 압축강도가 증가하는 것보다 다소 낮은 비율로 인장강도가 증가한다. KDS 24 14 21 콘크리트교 설계기준(한계상태설계법)은 재령과 콘크리트의 평균 인장강도의 관계를 예측하는 모델을 다음과 같이 제시하고 있다.

$$f_{ctm}(t) = [\beta_{cc}(t)]^{\alpha} f_{ctm} \qquad (2\cdot 59)$$

여기서 α : t가 28일 미만이면 $\alpha = 1.5$,

t가 28일 이상이면 $\alpha = 2/3$

f_{ctm} : 재령 28일 평균인장강도

$\beta_{cc}(t)$는 식 (2·58)과 동일한 것으로, 압축강도 발현 속도를 나타내는 함수이다. 식 (2·59)에서 재령 t가 28일 미만이면 $\beta_{cc}(t)$의 지수 α가 1.0으로, 인장강도가 압축강도와 동일한 비율로 발현된다. 그러나 재령 t가 28일 이상이면 지수 α가 2/3로, 인장강도는 압축강도보다 시간 경과에 따른 강도 증진 비율이 낮다.

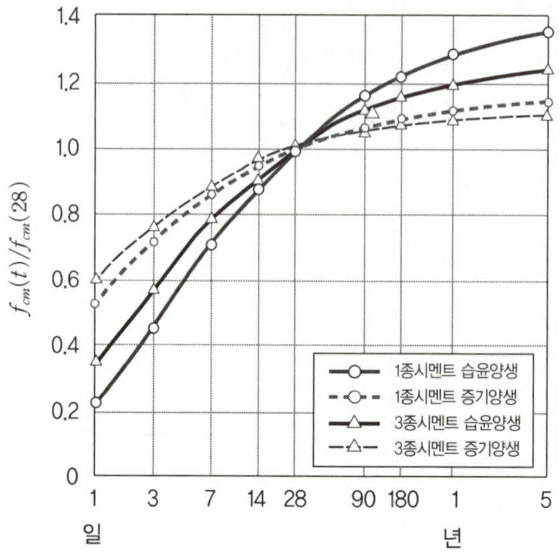

그림 2-26 콘크리트의 압축강도 발현 곡선

그림 2-27은 시멘트의 종류와 양생방법에 따른 콘크리트의 인장강도 발현 곡선으로, 시간에 따른 변화를 나타낸다. 설계기준에서 규정하고 있는 이와 같은 모델은 설계에 사용하기 위한 대략적인 관계를 유추하기 위한 것이고, 실제로는 콘크리트의 배합, 양생 조건, 대기의 상대습도 등에 따라 편차가 있다.

콘크리트의 탄성계수도 시간이 경과하면서 증가한다. 그러나 콘크리트의 탄성계수도 인장강도와 마찬

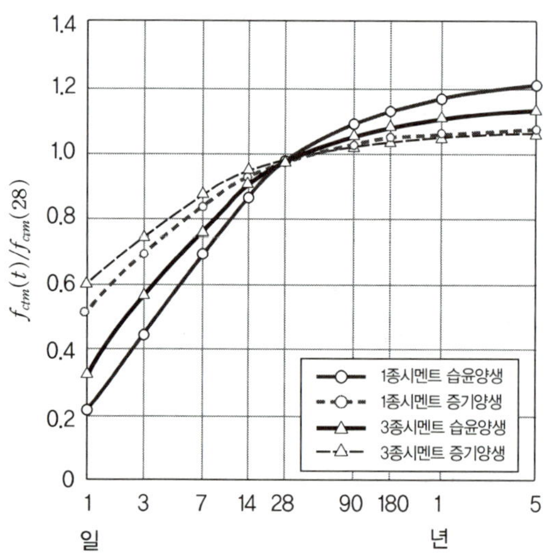

그림 2-27 콘크리트의 인장강도 발현 곡선

가지로 압축강도의 발현 속도와 동일하지 않고, 압축강도가 발현되는 것보다 다소 낮은 비율로 증가한다. KDS 24 14 21 콘크리트교 설계기준(한계상태설계법)은 재령과 콘크리트의 탄성계수의 관계를 예측하는 모델을 다음과 같이 제시하고 있다.

$$E_c(t) = \sqrt{\beta_{cc}(t)}\, E_c \tag{2 · 60}$$

이 식도 마찬가지로, 재령 28일의 콘크리트 탄성계수 E_c에 시간의 함수를 곱하는 형태이다. 식 (2 · 60)에 사용되는 $\beta_{cc}(t)$는 압축강도 발현 속도를 나타내는 식 (2 · 58)과 동일한 것이다. 식 (2 · 60)에서 $\beta_{cc}(t)$의 지수가 1/2이므로 탄성계수가 압축강도보다 시간 경과에 따른 증진 비율이 낮다는 것을 반영한다. 그림 2-28은 시멘트의 종류와 양생방법에 따른 콘크리트의 탄성계수 발현 곡선으로, 시간에 따른 변화를 나타낸다.

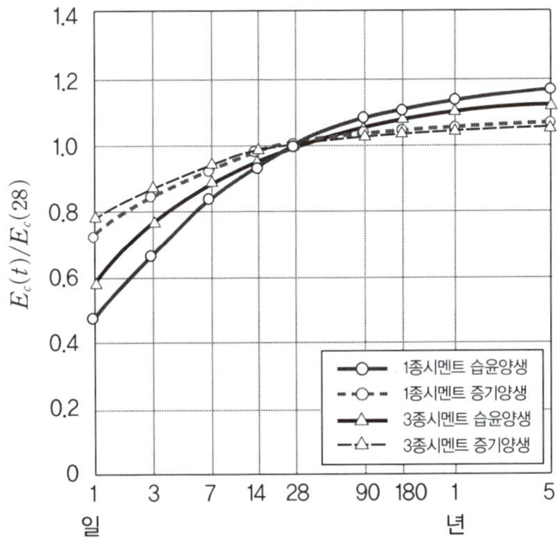

그림 2-28 콘크리트의 탄성계수 발현 곡선

2.1.12 횡구속된 콘크리트의 강도와 압축응력-변형률 관계

콘크리트에 횡방향으로 압력이 작용하면 콘크리트의 압축강도가 증가한다. 횡방향으로 압력이 작용하는 경우는 판(plate)이나 쉘(shell) 부재의 면내(in-planc)에서 2축 방향으로 압축응력을 받는 정수압(hydrostatic pressure) 형태인 경우와 횡구속 철근(confining steel)이 배치된 기둥에 축력과 휨모멘트에 의한 소성변형이 발생하여 피복 콘크리트가 탈락된 후 횡구속 철근이 늘어나면서 기둥 단면의 심부를 횡방향으로 압축하는 경우를 예로 들 수 있다. 이 절에서는 횡방향 철근으로 횡구속된 3축 압축상태의 콘크리트 강도를 다루고, 2축 방향으로 응력을 받는 콘크리트에 대해서는 다음 절인 2.1.13에서 다룬다.

횡방향 철근에 의한 압축강도 및 변형률 증진효과는 콘크리트 구조물의 내진설계(耐震設計, seismic design)에서 고려할 수 있다. 즉, 내진설계에서 최대 휨모멘트가 작용하는 위치의 단면을 소성힌지로 거동하도록 설계하여 지진에 의한 관성력을 소성힘모멘트로 유지시키면서 지진에너지를 흡수하도록 할 때 이용된다.

그림 2-29는 횡방향 압력으로 작용하는 정수압(hydrostatic pressure) 상태에서 압축력을 받는 원주형 공시체의 압축응력-변형률 관계를 나타낸다. 횡압력이 작용하지 않는 1축 상태는 그림에서 'unconfined'로 표시된 선과 같이 압축강도가 낮고 극한변형률도 작지만, 횡압력(lateral pressure, confining pressure) f_{con}이 증가하면 콘크리트의 압축강도와 극한변형률이 모두 크게 증가한다는 것을 나타낸다.

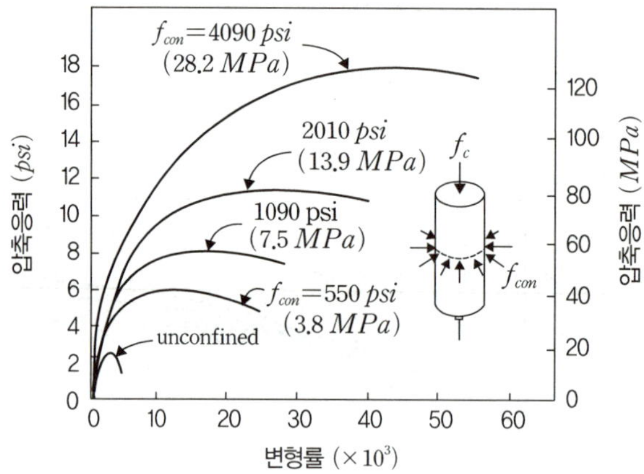

그림 2-29 횡압력이 작용하는 콘크리트의 응력-변형률 관계[2.28, 2.29]

1928년에 처음으로 횡압력에 의한 콘크리트의 압축강도 증진 현상을 정량화한 Richart 등[2.28]은 횡압력의 일정 비율로 압축강도가 증가하는 다음과 같은 관계식을 제안하였고, 계수 k_m의 값으로 4.1을 제시하였다.

$$f_{ck,\,con} = f_{ck} + k_m f_{con} \tag{2·61}$$

이후 다양한 조건에 대하여 연구가 수행되어 k_m 값에 대한 여러 연구결과가 제시되고 있다. 한편, 횡방향 철근에 의한 횡구속 효과(confinement effect)는 횡방향 철근이 간격을 가지고 배치되어 있으므로 옆면 전체에 일정한 크기의 횡압력이 작용하는 경우와는 동일한 상태가 아니다. 따라서 철근으로 횡구속된 부재는 횡방향 철근에 의한 심부구속 효과를 횡압력 f_{con}으로 치환하여야 한다. 이에 대하여 횡방향 철근의 항복강도, 철근량, 간격을 변수로 하여 횡압력 f_{con}으로 치환하는 모델, 횡방향 철근의 횡구속 효과를 횡압력으로 치환하였을 때 유효하게 적용될 수 있는 계수 k_m의 값, 그리고 이에 따른 압축응력-변형률 관계와 극한변형률에 대한 여러 연구결과가 제시되고 있다.

한국의 설계기준[2.14~2.16]은 단면설계를 위한 콘크리트의 압축응력-변형률 관계를 다음과 같이 규정하고 있다.

$$f_{ck,\,c} = f_{ck} + 3.7 f_{c2} \tag{2·62}$$

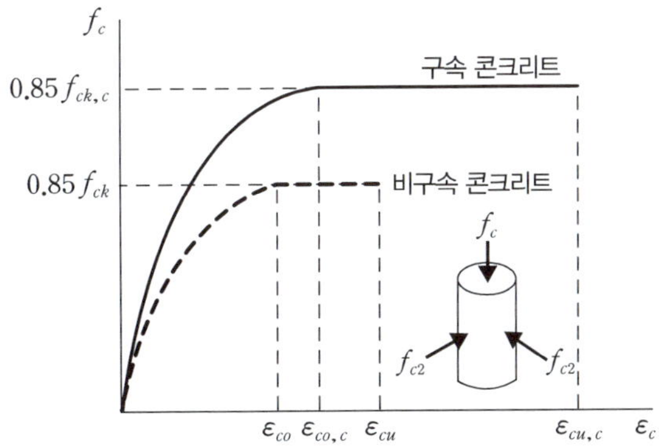

그림 2-30 **단면설계를 위한 횡구속 콘크리트의 응력-변형률 관계**[2.16, 2.30]

$$\varepsilon_{co,c}=\varepsilon_{co}(f_{ck,c}/f_{ck})^2 \tag{2·63}$$

$$\varepsilon_{cu,c}=\varepsilon_{cu}+\frac{0.2f_{c2}}{f_{ck}} \tag{2·64}$$

이 압축응력-변형률 관계는 그림 2-30과 같은 포물선-사각형 곡선의 형태로, 김호영 등[2.30]의 제안에 따라 식 (2·61)의 k_m을 3.7로 하여 증가된 압축강도를 식 (2·62)로 결정한다. 이때의 정점변형률은 식 (2·63)으로, 극한변형률은 식 (2·64)로 증가시킨다. 여기서, f_{c2}는 극한한계상태에서 횡구속에 의하여 작용하는 횡방향 유효 압축응력으로, 원형후프나 나선철근으로 횡구속된 경우에는 식 (2·65)로, 사각형띠철근으로 횡구속된 경우에는 식 (2·66)으로 구한다. 원형후프는 개개의 횡방향 철근이 기계적 연결장치나 용접으로 연결되어 완전한 원형 형태로 심부를 감싸는 것이며, 나선철근은 하나의 횡방향 철근이 나선모양으로 연속적으로 심부를 감싸는 것이다.

$$f_{c2}=\frac{1}{2}\rho_s f_{yh}\left(1-\frac{s}{d_c}\right)=\frac{2A_{sp}f_{yh}}{sd_c}\left(1-\frac{s}{d_c}\right) \tag{2·65}$$

$$f_{c2}=\rho_{rmin}f_{yh}\left(1-\frac{s}{b_{cl}}\right)\left(1-\frac{s}{b_{cs}}\right)\left(1-\frac{\sum b_i^2/6}{b_{cl}b_{cs}}\right) \tag{2·66}$$

여기서, ρ_s : 콘크리트 심부체적에 대한 횡구속 철근의 체적비

f_{yh} : 횡구속 철근의 설계기준항복강도(MPa)

s : 부재의 축방향으로 측정한 횡구속 철근의 간격(mm)

d_c : 원형 단면의 횡구속 철근 외측표면을 기준으로 한 콘크리트 심부의 단면 치수(mm)

A_{sp} : 원형 단면의 횡구속 철근 한 개의 단면적(mm^2)

ρ_{rmin} : 긴변 방향과 짧은 변 방향으로 계산한 사각형 횡구속 띠철근의 체적비(ρ_{rl}과 ρ_{rs}) 중 작은 값

b_{cs} : 사각형 횡구속 띠철근 외측표면을 기준으로 한 콘크리트 심부의 단면 치수 중에서 작은 값(mm)

b_{cl} : 사각형 횡구속 띠철근 외측표면을 기준으로 한 콘크리트 심부의 단면 치수 중에서 큰 값 (mm)

b_i : 후프띠철근의 모서리나 보강띠철근의 갈고리로 구속된 축방향 철근 사이의 중심 간격 (mm)으로, 식 (2·66)에는 단면 둘레의 변을 따라 존재하는 모든 b_i를 계산에 포함한다. [그림 2-31 참조]

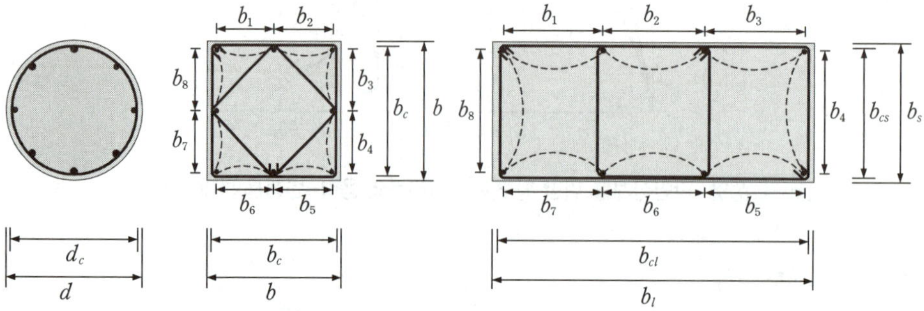

그림 2-31 **횡구속된 콘크리트 압축부재 단면**[2.16, 2.30]

그림 2-31은 횡구속된 콘크리트 압축부재의 단면으로, 횡방향 유효 압축응력 f_{c2}를 결정하는 식에 사용되는 기호의 정의를 나타낸다.

원형후프나 나선철근으로 횡구속된 경우에는 콘크리트 심부체적에 대한 횡구속 철근의 체적비 ρ_s를 다음 식으로 구한다.

$$\rho_s = \frac{4A_{sp}}{sd_c} \tag{2·67}$$

사각형띠철근으로 횡구속된 경우에 필요한 ρ_{rmin}은 다음 식으로 계산하는 긴 변방향의 ρ_{rl}과 짧은 변 방향의 ρ_{rs} 중에서 작은 값으로 결정한다.

$$\rho_{rl} = \frac{A_{shl}}{sb_{cs}} \tag{2·68}$$

$$\rho_{rs} = \frac{A_{shs}}{sb_{cl}} \tag{2·69}$$

여기서, A_{shl} : 긴 변 방향으로 배치된 사각형 횡구속 띠철근의 총 단면적(mm^2)

A_{shs} : 짧은 변 방향으로 배치된 사각형 횡구속 띠철근의 총 단면적(mm^2)

횡방향 철근에 의한 심부구속 효과는 연성거동이 요구되는 철근콘크리트 구조물의 내진설계(seismic design)에 매우 중요한 역할을 한다. 소성설계(plastic design)로서의 내진설계는 지진에 의한 진동으로 철근콘크리트 부재에 반복하중이 작용할 때 부재의 단부에서 지진에너지를 흡수하게 하여 구조물의 붕괴를 방지하도록 하는 것이다. 부재 단부에서 지진에너지를 흡수하는 작용은 단부에 배치된 주철근이 항복한 이후 소성상태에서 부재 단부가 파괴되지 않고 변형이 지속되는 힌지로 거동함으로써 발휘된다.

이때의 힌지를 소성힌지(plastic hinge)라고 하는데, 소성힌지는 횡방향 철근에 의한 심부구속 효과로 형성된다. 소성힌지의 위치는 구조물의 특성에 따라 달라서 건물에는 보의 양단에 소성힌지가 형성되도록 설계하고, 교량에는 교각의 단부, 즉 상단과 하단 또는 상단이나 하단 중 하나에 소성힌지가 형성되도록 하여 내진성능(seismic performance)이 발휘되도록 한다. 그림 2-32는 철근콘크리트 기둥의 내진성능 실험결과로, 반복 횡하중-횡변위 이력곡선(cyclic lateral force-displacement hysteresis loop)을 나타낸다.[2.31, 2.32] 여기서 그림 2-32(a)는 충분한 양의 횡방향 철근이 배치되어 심부구속 효과가 충분히 발휘된 경우로, 주철근이 인장으로 항복할 때까지 횡하중 저항성능이 증가하다가 주철근이 항복한 후에도 횡하중 저항성능이 감소하지 않고 변형이 지속되는 거동을 보인다. 그림 2-32(b)는 횡방향 철근의 양이 충분하지 못한 경우로, 주철근이 인장으로 항복할 때 횡하중 저항성능이 최대가 되었다가 변위가 증가함에 따라 횡하중 저항성능이 감소하여 소성힌지로서 성능을 발휘하지 못하는 경우를 나타낸다.

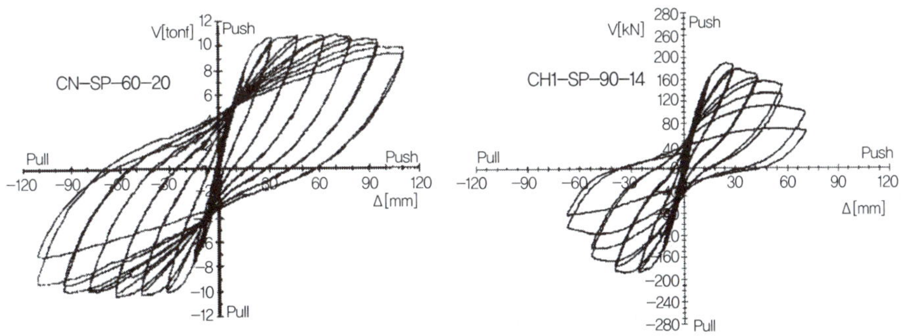

(a) 심부구속 효과가 충분한 경우 (b) 심부구속 효과가 충분하지 못한 경우

그림 2-32 횡구속된 콘크리트 기둥의 반복 횡하중-횡변위 이력곡선[2.31, 2.32]

2.1.13 2축 응력 상태의 콘크리트 강도

서로 직각인 x, y, z 방향의 세 주응력 중의 하나가 0이면 2축 응력 상태가 된다. 2축 응력 상태는 판(plate)이나 쉘(shell) 부재가 면내(in-plane)에서 2개의 축 방향으로 응력을 받는 경우를 들 수 있다. 또, 보와 같은 선 부재(선 요소, line element)에서도 2축 응력 상태가 나타나는데, 박스 단면, I형 단면, T형 단면의 복부와 플랜지가 휨, 전단, 축력, 비틀림의 작용으로 조합응력상태에 놓여서 면내(in-plane) 2개의 축 방향으로 응력을 받는 경우이다. 2축 응력 상태의 콘크리트 강도는 응력 상태에 따라 1축 강도보다 크거나 작게 되어 1축 강도에 대한 비율로 나타낼 수 있다. 그림 2-33은 2축 응력 상태로, (a)는 2축 압축-압축 상태, (b)는 2축 압축-인장 상태, (c)는 2축 압축-인장 상태에서 주인장응력(tensile principle stress)으로 균열이 발생하여 주압축응력(compressive principle stress) 방향의 압축강도가 감소하는 연화된 콘크리트를 나타낸다. 이러한 2축 응력 상태의 콘크리트 강도는 다음과 같다.

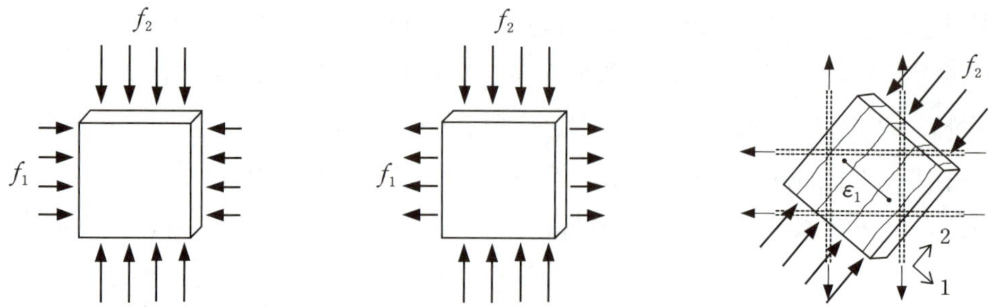

(a) 2축 압축–압축 상태 (b) 2축 압축–압축 상태 (c) 연화된 콘크리트

그림 2-33 2축 응력 상태

[1] 2축 압축–압축 상태의 압축강도

그림 2-33(a)와 같이 수평의 1번 축과 수직의 2번 축에 각각 f_1과 f_2의 압축응력이 작용하는 2축 압축–압축 상태에서는 콘크리트의 압축강도가 최대 30%까지 증가할 수 있다. 이때의 압축강도는 유효압축강도(effective compressive strength) $f_{c2,\,max}$로 나타낼 수 있는데, 직각방향 압축응력의 비, 즉 f_1/f_2의 값에 따라 다르게 나타난다. KDS 24 14 21 콘크리트교 설계기준(한계상태설계법)[2.16]에서는 다음의 관계를 기본으로 하여 2축 압축–압축 상태의 콘크리트 압축강도를 나타낸다.

$$f_{c2,\,max} = f_{ck}\frac{1+3.8(f_1/f_2)}{[1+(f_1/f_2)]^2} \tag{2·70}$$

여기서, f_1과 f_2는 주응력으로 모두 압축응력이며, 콘크리트의 압축강도가 50 MPa 이하인 경우일 때에 유효하다. 이 식에 따른 2축 압축–압축 상태의 콘크리트 유효압축강도 $f_{c2,\,max}$를 실린더 공시체의 1축 압축강도 f_{ck}에 대한 비로 나타내면 표 2-5와 같다. 설계에 적용할 때는 다음 식과 같이 0.85 f_{ck}를 기준으로 한다. 여기서 계수 0.85는 2.1.7절 [1]에서 설명한 바와 같이, 작은 크기의 압축강도 시험용 실린더 형상 공시체의 압축강도와 실제 구조물의 단면 크기와 형상에 따른 압축강도의 차이를 고려하고, 단기하중으로 실험한 실린더 공시체의 압축강도와 장기하중을 받는 실제 구조물에서 나타나는 압축강도의 차이를 고려한 것이다.

$$f_{c2,\,max} = 0.85\,f_{ck}\frac{1+3.8(f_1/f_2)}{[1+(f_1/f_2)]^2} \tag{2·71}$$

표 2-5 **2축 압축–압축 상태의 유효압축강도 비**

f_1/f_2	0	0.1	0.2	0.3	0.4	0.5	0.6	0.7	0.8	0.9	1.0
$f_{c2,\,max}/f_{ck}$	1.00	1.14	1.22	1.27	1.29	1.29	1.28	1.27	1.25	1.22	1.20

[2] 2축 압축–인장 상태로 연화된 콘크리트의 압축강도

그림 3-33(b)와 같이 수평의 1번 축에 f_1의 인장응력과 수직의 2번 축에 f_2의 압축응력이 작용하는 2축 압축–인장 상태에서는 콘크리트의 압축강도가 감소한다. 특히 그림 3-33(c)와 같이 철근이 배치된

부재에서 f_1의 주인장응력에 의하여 균열이 발생하면 2번 축의 압축강도가 현저히 감소하는 연화효과(softening effect)가 나타난다. 이때의 압축강도도 역시 그림 2-34(a)와 같이 유효압축강도 $f_{c2,\,max}$로 나타낼 수 있으며, 그림 2-34(b)와 같이 실린더 공시체의 1축 압축강도 f_{ck} 보다 작은 값을 갖는 압축응력-변형률 곡선을 보인다. 유효압축강도 $f_{c2,\,max}$의 값은 1번 방향의 인장응력 f_1이나 인장변형률 ε_1을 변수로 하여 나타낼 수 있다. 여러 연구자들에 의하여 제안된 식 중 하나로 Vecchio와 Collins[2.33]는 다음과 같이 ε_1을 변수로 하는 식을 제안하였다.

$$f_{c2,\,max}=\frac{f_{ck}}{0.8+170\,\varepsilon_1}\leq f_{ck} \tag{2·72}$$

KDS 24 14 21 콘크리트교 설계기준(한계상태설계법)[2.16]에서는 단면 내에 배치된 철근의 항복 여부를 구분하여 다음의 관계로 연화된 콘크리트의 압축강도를 나타낸다. 즉, 극한한계상태에서 두 방향 철근이 모두 항복하기 전인 탄성상태일 때는 철근의 응력 크기에 따라 콘크리트 스트럿의 최대 유효강도가 νf_{ck}와 $0.85 f_{ck}$ 사이의 값을 갖도록 다음 식을 적용한다.

$$f_{c2,\,max}=\left[0.85-\frac{f_s}{f_y}(0.85-\nu)\right]f_{ck} \tag{2·73}$$

극한한계상태에서 두 방향 철근이 모두 항복할 때는 다음 식을 적용한다.

$$f_{c2,\,max}=\nu f_{ck}=0.6\left(1-\frac{f_{ck}}{250}\right)f_{ck} \tag{2·74}$$

여기서, ν는 콘크리트 압축강도의 증가에 따라 감소하는 압축강도 유효계수로, $\nu=0.6(1-f_{ck}/250)$로 결정한다. 설계에 적용할 때는 식 (2·73) 괄호 안의 분모 f_y에 철근의 재료계수를 곱한 $\phi_s f_y$를 적용하고, 식 (2·74)에는 콘크리트의 재료계수를 곱하여 $\nu\phi_c f_{ck}$로 결정하도록 규정하고 있다.

그림 2-34(c)는 Vecchio와 Collins의 제안식과 KDS 24 14 21 콘크리트교 설계기준(한계상태설계법)의 설계식을 인장변형률 ε_1을 변수로 나타낸 것으로, ε_1이 약 0.006 이하인 경우 KDS 24 14 21 콘크리트교 설계기준(한계상태설계법)의 설계식이 더 보수적인 결과를 제공한다는 것을 보인다.

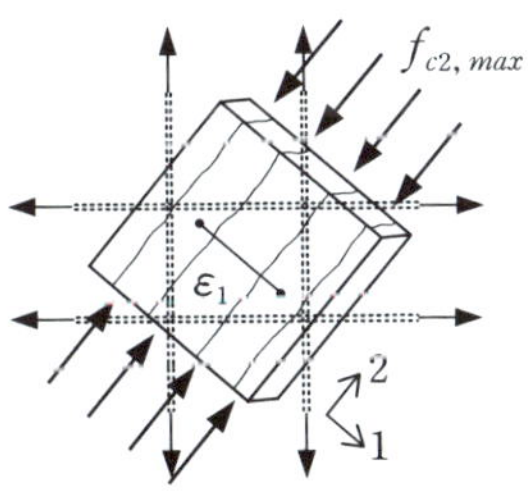

(a) 연화된 콘크리트

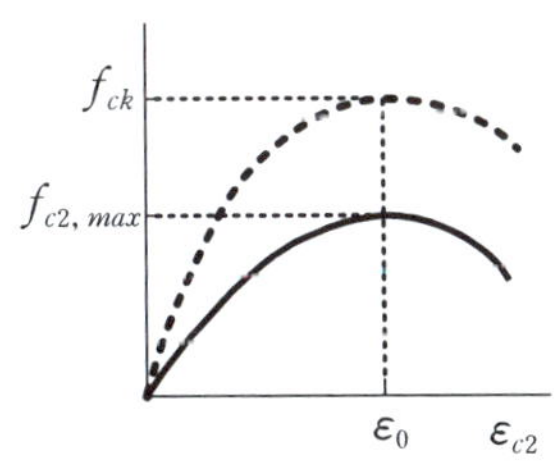

(b) 압축응력-변형률 곡선

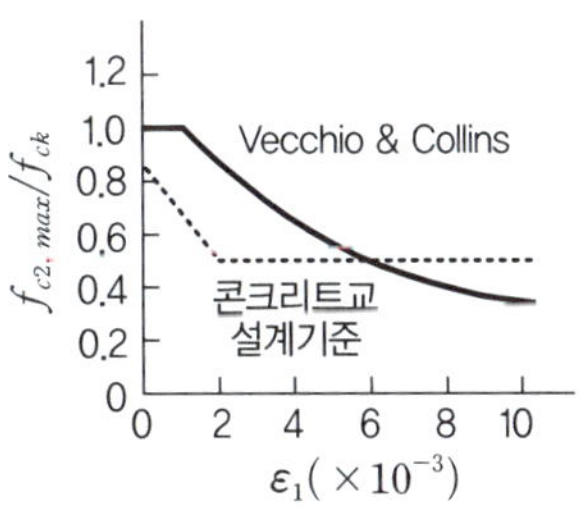

(c) 유효압축강도

그림 2-34 압축-인장의 2축 응력 상태

[3] 2축 압축-인장 상태의 인장강도

콘크리트에 압축응력이 작용하면 압축응력이 작용하는 방향의 직각방향으로 팽창한다. 따라서 그림 2-33(b)와 같이 2번 축의 압축응력 f_2와 함께 1번 축에 인장응력 f_1이 작용하면, 인장응력 f_1에 의한 1번 축방향의 인장 변형률에 압축응력 f_2에 의한 1번 축방향의 인장 변형률이 추가되어 콘크리트의 인장강도가 감소한다. 이때의 유효인장강도(effective compressive strength) f_{cte}는 인장응력 f_1의 최댓값이므로 $f_{ct1,\,max}$로 표기할 수 있다. f_{cte}는 압축응력 f_2에 직접 비례하여 선형으로 감소하는데, f_2와 함께 1축 압축강도 f_{ck}와 1축 인장강도 f_{ct}를 변수로 하여 다음과 같이 나타낼 수 있다.

$$f_{cte} = f_{ct1,\,max} = \left(1 - 0.8\frac{f_2}{f_{ck}}\right)f_{ct} \tag{2·75}$$

단, 이 식은 f_2가 $0.6f_{ck}$ 이하인 경우에만 적용된다. 이것은 높은 압축응력이 작용하면 2.1.4절에 언급한 콘크리트 내부의 미세 균열(micro-crack)이 발생하고 진전되어 유효인장강도가 이 식보다 더 작아지기 때문이다. 이 식에 따른 2축 압축-인장 상태의 콘크리트 유효인장강도 f_{cte}를 1축 인장강도 f_{ct}에 대한 비로 나타내면 표 2-6과 같다.

표 2-6 2축 압축-인장 상태의 유효인장강도 비

f_2/f_{ck}	0	0.1	0.2	0.3	0.4	0.5	0.6
f_{cte}/f_{ct}	1.00	0.92	0.84	0.76	0.68	0.60	0.63

2.1.14 콘크리트의 수화열과 기타 성질

콘크리트는 앞 절에서 소개한 중요한 성질 이외에도 몇 가지 특성을 가지고 있다. 이 절에서는 콘크리트의 수화열, 열팽창계수, 포아송비 등을 다룬다.

[1] 콘크리트의 수화열

콘크리트는 경화되는 과정에서 시멘트의 수화반응으로 열이 발생되는데, 이 열을 수화열(水和熱, hydration heat)이라고 한다. 시멘트의 발열량은 시멘트의 종류와 양에 따라 다르지만, 보통 시멘트를 사용하는 경우에는 그림 2-35와 같이 수화열에 의하여 콘크리트의 온도가 50℃에서 90℃까지 올라갈 수 있다. 최고 온도로 올라갈 때까지의 시간은 타설 후 10시간에서 30시간 사이이고, 그 이후에는 온도가 내려간다.

온도가 내려가면 콘크리트는 열팽창계수만큼의 비율로 체적과 길이가 줄어드는데, 이때 접하고 있는 다른 단면요소나 인접부재에 의한 구속 작용이 있으면 구속에 의한 인장응력이 발생하게 된다. 한편 온도가 내려가는 시기는 콘크리트가 서서히 굳어져 가면서 강도가 발현되기 시작하는 시기로, 콘크리트는 낮은 수준의 인장강도를 갖게 된다. 시간이 경과하면 콘크리트의 인장강도와 구속 작용에 의한 인장응력이 모두 증가하지만, 인장응력이 인장강도를 초과하면 균열이 발생한다. 따라서 온도가 올라갈 때에는

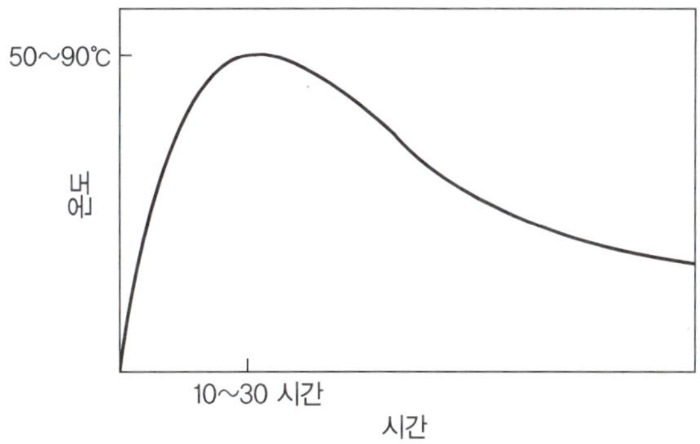

그림 2-35 콘크리트의 온도와 시간과의 관계

콘크리트가 완전히 굳지 않은 상태이므로 온도에 따른 문제가 발생하지 않지만, 온도가 내려가는 시기에는 수화열과 구속 작용에 의하여 균열이 종종 발생하게 되는 것이다. 이러한 균열을 수화열에 의한 균열이라고 한다. 이 균열의 발생을 억제하기 위해서는 시공 전에 콘크리트의 배합을 검토하여 수화열을 감소시키거나 거푸집의 종류와 해체 시기 등을 검토하여 급격한 온도의 변화를 피하는 것이 좋다.

콘크리트 댐(dam), 원자력 발전소의 기초, 사장교나 현수교와 같은 케이블 교량의 주탑을 지지하는 기초 등과 같이 대규모의 체적을 갖는 콘크리트 구조물을 매스콘크리트(mass concrete)라고 한다. 매우 많은 양의 시멘트가 사용되는 매스콘크리트는 수화열에 의한 균열이 발생하기 쉽다. 매스콘크리트의 시공에서 균열을 제어하기 위해서는 수화열을 낮추기 위한 콘크리트의 배합과 함께 여러 부분으로 나누어 콘크리트를 타설하는 분리타설 방법을 고려할 수 있다. 또, 얼음을 사용한 배합으로 콘크리트의 온도를 미리 낮은 상태로 만드는 사전냉각방식(pre-cooling system)이나 파이프를 콘크리트에 미리 배치한 후 콘크리트 양생 중에 냉각수를 흐르게 하여 열을 낮추는 사후냉각방식(post-cooling system)의 파이프 냉각방식(pipe-cooling system)을 고려할 수 있다.

[2] 콘크리트의 열팽창계수

대부분의 물체와 마찬가지로 콘크리트도 온도가 올라가면 팽창하고 온도가 내려가면 수축한다. 콘크리트 구조물의 온도가 내려갈 때 인접하고 있는 구조요소에 의하여 구속되어 있으면 콘크리트가 수축하지 못한 상태로 인장응력을 받게 된다. 이 인장응력을 온도응력(thermal stress)이라고 하는데, 이 구속응력이 콘크리트의 인장강도보다 더 커지면 콘크리트에 균열이 발생한다. 특히 이 온도수축이 콘크리트의 수축과 동시에 발생하게 되면 균열이 발생할 확률이 매우 높아진다.

강재가 내부에 배치된 철근콘크리트나 프리스트레스트 콘크리트에서 콘크리트의 열팽창계수와 강재의 열팽창계수가 큰 차이가 있다면, 온도변화에 따른 변형률이 달라서 두 재료 간의 부착에 해로운 영향을 줄 것이다. 그러나 콘크리트의 열팽창계수는 대략 $(10\sim13)\times10^{-6}/°C$이고 강(鋼)은 $12\times10^{-6}/°C$로 유사한 값을 보이므로 큰 문제가 되지는 않으며, 두 재료의 열팽창계수의 차이는 일반적으로 무시하여도 좋다. 경량 콘크리트의 열팽창계수는 사용된 골재의 종류에 따라 달라서 $(4\sim14)\times10^{-6}/°C$의 범위를 보인다. 설계목적으로 사용하는 경량 콘크리트의 열팽창계수는 8×10^{-6}/℃의 값을 택할 수 있다.

콘크리트구조 학회기준(2017)[2.14]과 KDS 14 20 콘크리트구조 설계기준[2.15]은 시험 또는 신뢰성 있는 모델을 사용하여 콘크리트의 열팽창계수를 결정하도록 규정하고 있다. KDS 24 14 21 콘크리트교 설계기준(한계상태설계법)[2.16]은 정밀한 자료가 없는 경우 설계 목적으로 사용되는 콘크리트의 열팽창계수는 10×10^{-6}/℃를 사용하도록 하고 있으며, 철근의 열팽창계수로는 12×10^{-6}/℃를 사용하도록 하고 있다.

콘크리트 구조물의 온도변화와 그에 따른 영향은 구조물이 위치하고 있는 지역의 기온과 온도변화, 콘크리트 시공 시기, 단면의 크기, 피복두께 등에 따라 다르다. 한국에서는 일반적으로 대기에 노출된 구조물에 대하여는 20℃의 온도변화를 고려하고 있다. 이것은 구조물의 완공 시기가 연평균 기온과 일치한다고 보고, 연평균 기온과 월평균 기온의 최솟값과 최댓값과의 차이를 각각 20℃로 본 것이다. 예를 들어 연평균 기온이 10℃인 지역에서는, 완공 때 구조물의 온도를 10℃로 보고 겨울에는 구조물의 온도가 −10℃까지 내려가는 상황의 온도응력을 검토하고, 여름에는 +30℃까지 올라가는 상황의 온도응력 검토하는 것이다.

그러나 구조물의 완공 시기가 연평균 기온과 일치하지 않는 경우에는 20℃를 온도변화로 보는 것이 비합리적일 수 있다. 즉, 한여름 또는 한겨울에 완공되는 경우가 있는데 이러한 경우에는 20℃ 보다 큰 폭의 온도변화를 나타낼 것이다. 그렇지만 초기 재령의 콘크리트는 크리프에 의하여 온도응력이 흡수되는 효과가 있으므로, 정밀한 검토가 필요한 경우가 아니라면 연평균 기온을 기준으로 상하 변화를 고려하는 것이 일반적이다.

한편 지하에 건설되는 구조물이나 실내의 경우에는 온도변화의 범위를 20℃보다 낮게 취할 수도 있지만, 가능한 환경 변화도 고려하여 판단하는 것이 바람직할 것이다.

[3] 콘크리트의 포아송비

대부분의 물체와 마찬가지로 콘크리트도 한쪽 방향으로 응력이 작용할 때, 응력작용방향의 직각방향으로 변형이 발생한다. 즉, 한쪽 방향으로 압축응력이 작용하면 그 직각방향으로 인장변형이 발생하고, 그 반대로 한쪽 방향으로 인장응력이 작용하면 그 직각방향으로 압축변형이 발생하는 것이다. 이때 응력작용방향의 변형률에 대한 직각방향변형률의 비를 포아송비(Poisson's ratio)라고 한다. 일반적으로 콘크리트의 포아송비는 콘크리트 재료의 구성, 재령, 콘크리트의 습윤 상태 등의 영향을 받는데, 사용하중 수준의 응력 상태에서는 대략 0.15~0.25 정도의 값을 갖는다. 압축강도가 증가하면 포아송비도 다소 증가하지만, 작용응력의 수준에 따라서 다른 값을 보인다. 또 일반적으로 평균압축강도의 50 % 이상의 응력이 작용하면 미세균열의 영향으로 횡방향 변형률이 크게 증가하므로, 균질재료로 거동한다고 볼 수 없다.

콘크리트구조 학회기준(2017)[2.14]과 KDS 14 20 콘크리트구조 설계기준[2.15]은 시험 또는 신뢰성 있는 모델을 사용하여 콘크리트의 포아송비를 결정하도록 규정하고 있다. KDS 24 14 21 콘크리트교 설계기준(한계상태설계법)[2.16]은 실험에 의해 포아송비를 결정하지 않는 경우, 비균열 콘크리트에 대한 포아송비를 1/6, 균열 콘크리트에 대한 포아송비를 0으로 취할 수 있도록 하고 있다.

2.2 철근과 철선

2.2.1 철근의 종류

철근은 콘크리트를 보강하는 용도로 사용하는 강재로, 표면 요철(凹凸)의 유무에 따라 이형철근(de-formed bar)과 원형철근(round bar)으로 구분한다. 이형철근은 표면에 요철, 즉 돌기(突起)가 있어서 콘크리트의 점착력에 의한 정착력 외에 돌기에 의한 역학적인 정착력까지 발휘되어 콘크리트와의 부착력과 정착성능이 증대된다. 돌기가 없는 매끈한 표면으로 된 봉강은 원형철근이라고 한다. 철근콘크리트가 개발된 이후 오랫동안 원형철근이 사용되었으나, 이형철근이 개발된 이후에는 부착 및 정착성능이 우수한 이형철근이 주로 사용되고 있다. 철근은 각 나라에서 정한 표준에 맞추어 생산하는데, 한국은 KSD 3504[2.34]에 철근의 표준 규격이 규정되어 있다. 이형철근과 원형철근이 모두 사용되었던 과거의 철근 표준, 즉 2001년도의 KS D 3504[2.35]까지는 항복강도가 240 MPa과 300 MPa인 원형철근 SR240과 SR300이 이형철근과 함께 표준으로 규정되어 있었다. 그러나 2007년 KSD 3504 개정판[2.36]부터는 원형철근이 삭제되었고 이형철근만 표준으로 규정되었다.

이형철근의 돌기는 그림 2-36에 나타낸 바와 같이 종방향 리브(longitudinal rib)와 과거에 '마디'라는 용어를 사용하였던 횡방향 리브(transverse rib)로 구분된다. 횡방향 리브의 형태로는 그림 2-36(a)와 같이 횡방향 리브가 철근의 축방향과 경사를 이루는 생선뼈 형태(fishbone type)와 그림 2-36(b)와 같이

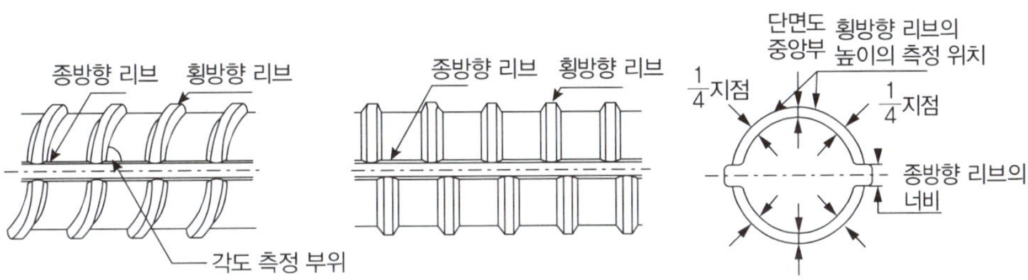

(a) 생선뼈 형태 돌기 (b) 대나무 형태 돌기 (c) 단면도

그림 2-36 이형철근의 돌기 형상[2.34]

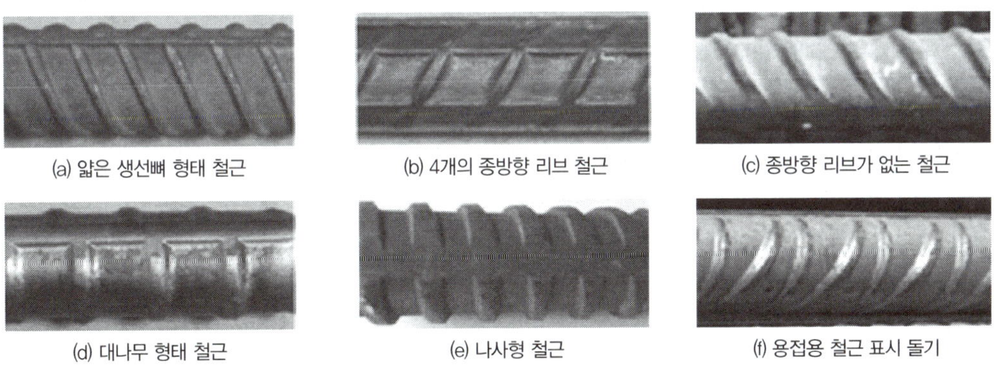

(a) 얇은 생선뼈 형태 철근 (b) 4개의 종방향 리브 철근 (c) 종방향 리브가 없는 철근

(d) 대나무 형태 철근 (e) 나사형 철근 (f) 용접용 철근 표시 돌기

그림 2-37 이형철근의 형상

횡방향 리브가 철근의 축방향과 직각으로 배치되는 대나무 형태(bamboo type)가 있다. 동일한 횡방향 리브면적비를 갖는 철근이라면 횡방향 리브가 대나무 형태인 철근이 생선뼈 형태인 철근에 비하여 부착 성능이 다소 좋지만, 철근을 굽히거나 혹은 굽힌 후 다시 펴는 가공성능은 생선뼈 형태인 철근이 더 좋다. 이것은 대나무 형태 철근의 경우 횡방향 리브의 위치에 따라 철근 단면적의 차이가 있지만, 생선뼈 형태 철근은 횡방향 리브가 경사를 갖도록 배치되어 철근 단면적의 변화가 크지 않기 때문이다.

횡방향 리브의 위치에 따른 단면적의 차이를 보완하기 위해서는 종방향 리브를 두어 단면적의 차이를 줄일 수 있다. 생선뼈 형태 철근이 단면적의 변화가 크지 않은 경우에는 종방향 리브를 만들지 않을 수도 있다. 한국에서는 대나무 형태의 횡방향 리브에 종방향 리브가 2개인 이형철근이 주로 생산되고 있으며 생선뼈 형태의 횡방향 리브를 가진 철근도 생산되고 있다. 대나무 형태 이형철근은 종방향 리브가 2개인 경우가 일반적이지만, 외국에서는 종방향 리브를 3개 또는 4개를 두는 등 다양한 형상의 철근이 생산되고 있다. 그림 2-37은 다양한 형태의 횡방향 리브 모양을 나타낸다. 그림 2-37의 (a)는 두 개의 종방향 리브와 생선뼈 형태의 횡방향 리브가 다소 얇은 두께로 간격이 촘촘한 철근, (b)는 네 개의 종방향 리브가 있는 생선뼈 형태의 철근, (c)는 종방향 리브가 없는 생선뼈 형태의 철근, (d)는 두 개의 종방향 리브가 있는 대나무 형태 철근, (e)는 커플러(coupler)와 같은 기계적 연결장치로 연결할 때 나사의 역할도 할 수 있도록 횡방향 리브를 나사형 생선뼈 형태로 하고 종방향 리브를 두지 않은 나사형 철근, (f)는 유럽에서 주로 사용하는 방법으로 두 가지 각도의 횡방향 리브를 엇갈리게 배치하여 용접용 철근이라는 것을 쉽게 알 수 있도록 한 철근이다.

한국에서는 과거에 항복강도가 300 MPa인 철근을 주로 사용하였으나, 근래에는 항복강도가 400 MPa 이상인 철근이 사용되고 있다. 그러나 콘크리트구조 학회기준(2017)[2.14]과 KDS 14 20 콘크리트구조 설계기준[2.15]은 휨부재나 압축부재의 주철근에 대하여 설계기준항복강도를 최대 600 MPa로, 보나 기둥과 같이 한쪽방향으로 긴 선부재(linear member)의 전단철근과 전단마찰 철근에 대하여 최대 500 MPa로, 벽체의 전단철근에 대하여 최대 600 MPa로, 나선철근 기둥의 나선철근에 대하여 최대 700 MPa로 제한하고 있으므로, 이보다 높은 항복강도의 철근으로 설계해서는 안 된다. KDS 24 14 21 콘크리트교 설계기준(한계상태설계법)[2.16]은 전단설계에 변각 트러스 모델(variable angle truss model)을 사용하므로 전단철근에 대하여 철근의 최대항복강도를 제한할 필요가 없기 때문에 모든 철근에 대하여 600 MPa을 최대 설계기준항복강도로 규정하고 있다. 그러나 내진설계에서 소성거동을 하는 교각의 주철근에 대해서는 최대 500 MPa까지 사용하도록 제한하고 있다. 고강도철근을 휨부재의 주철근으로 사용하면 낮은 강도의 철근을 사용할 때보다 철근량을 줄일 수 있어서 경제적일 수 있으나, 철근량의 감소로 인하여 균열이 더 크게 발생하는 등의 문제가 발생할 수 있으므로 설계에서 사용한계상태 검증에 주의를 기울여야 한다.

보통의 구조물에서 설계가 잘 되고, 특히 철근에 대한 피복두께가 충분하면 철근이 녹스는 일은 거의 없다. 그러나 교량 바닥판, 해양 구조물, 폐수처리장 등과 같이 결빙 방지제, 해수, 그 밖의 염화물 등에 노출되는 구조물에서는 콘크리트의 열화(劣化, deterioration)로 인하여 철근이 부식될 수 있다. 철근의 부식을 방지할 목적으로는 이형철근 표면에 에폭시 수지(epoxy resin)를 도포(塗布)한 철근을 사용하는 경우가 있다. 이 철근은 제조공정에서 에폭시 코팅이 이루어진다. 이러한 철근을 에폭시 도막 철근 또는 에폭시 피복철근(epoxy coated bar)이라고 하며, 그 종류 및 기호, 품질, 제조방법 등이 KS D 3629[2.37]에 규정되어 있다. 이 밖에 아연도금철근(galvanized reinforcing bar)이 사용되기도 한다. 아연도금철근은 절단과 구부림 등의 가공 후에 아연도금 하는 것이 보통이다.

2.2.2 철근의 화학성분

철근은 철광석을 원료로 하는 일관제철공정이나 고철(古鐵, scrap iron)을 원료로 하는 전기로 제강공정을 통해 제조되는데, 고철도 첫 출발점은 일관제철공정에서 생산하는 강(鋼, steel)이므로 기본적인 성분은 동일하다. 강은 약 4%의 탄소를 함유한 철에서 산소를 취입해서 탄소 농도를 낮춘 것이다. 강의 5대 원소는 탄소(C), 실리콘(Si), 망간(Mn), 인(P), 황(S)이며, 이들은 주로 일관제철공정에서 사용되는 철광석과 코크스(coke, koks)로부터 자연적으로 강 속으로 용해된다. 코크스는 석탄으로 만든 탄소질의 고체 연료이다. 일관제철공정의 제강조업에서는 탄소의 농도를 낮추기 위해 산소를 취입하게 되는데, 이때 과잉으로 용해된 산소(O)를 제거하기 위해 탈산제로 알루미늄(Al) 등을 사용하게 된다. 또한, 제강조업에서 대기에 노출되거나 교반을 강화하기 위해 질소 가스를 취입하는 경우가 있는데, 이 경우 질소(N)가 용해된다.

한편, 철근의 강도를 높이는 방법으로는 강의 화학성분을 조정하는 방법이나 냉각제어를 통해 강의 조직을 제어하는 방법, 또는 철근에 외력을 가하여 압연하는 방법이 사용된다. 화학성분을 조정하는 방법에서는 탄소, 망간, 실리콘 등 합금 원소의 농도를 인위적으로 높여주는데, 이렇게 제조된 철근을 합금강(alloyed steel)이라고 한다. 냉각제어나 압연을 통하여 강의 조직을 제어할 때는 바나듐(V), 니오븀(Nb), 티타늄(Ti), 붕소(B) 등을 미량 첨가하기도 하는데, 이렇게 제조된 철근을 미량원소 첨가강(micro-alloyed steel)이라고 한다. 화학성분을 임의로 조정하지 않은 경우에는 비합금강(non-alloyed steel) 또는 탄소강(carbon steel)이라고 하는데, 대체적으로 합금원소 성분이 2.5% 미만이다. 또한, 합금강은 합금의 첨가량에 따라 5% 미만을 저합금강(low-alloyed steel), 5% 이상을 고합금강(high-alloyed steel)이라고 한다. 여기서 퍼센트로 표현된 합금 함량은 화학 성분의 무게를 기준으로 한다. 일반적인 건설구조물에 사용되는 철근은 합금 성분이 많이 사용되지 않기 때문에 비합금 철근(탄소강)에 해당한다. 철근의 내부식 성능을 강화화기 위해, 크롬(Cr)과 니켈(Ni)을 첨가하기도 하며, 이러한 철근을 내부식성 철근(corrosion resistant steel bar)으로 구분한다.

철근에 함유되어 있는 각종 성분 원소는 철근의 항복강도, 인장강도, 연신율과 같은 역학적 성질과 용접성에 큰 영향을 미친다. 표 2-7에 나타낸 바와 같이 탄소(C)와 규소(Si)는 항복강도와 인장강도를 크게 증가시키는 역할을 하지만 변형 능력은 감소하게 한다. 반면에 니켈(Ni)은 항복강도와 인장강도를 증가시키는 역할은 미미하지만 변형 능력은 증가하게 한다.

용접용 철근은 탄소(C), 구리(Cu), 니켈(Ni), 크롬(Cr), 몰리브덴(Mo), 바나듐(V)을 포함한 탄소당량(carbon equivalent)을 통하여 규제하며, 질소(N) 농도를 규제하기도 한다. KSD 3504[2.34]는 탄소 당량을 다음 식으로 결정하도록 하고 있다.

$$C_{eq} = C + \frac{Mn}{6} + \frac{(Cu+Ni)}{15} + \frac{(Cr+Mo+V)}{5} \tag{2·76}$$

여기서, C 및 Mn, Cu, Ni, Cr, Mo, V는 각 성분의 무게 백분율을 나타낸다.

표 2-7 화학성분 0.1 % 증가에 따른 철근의 평균적인 역학적 성질 변화[2.38]

화학 성분	항복강도 증가(MPa)	인장강도 증가(MPa)	변형능력
탄소(C)	28.0	70.0	감소
규소(Si)	5.6	9.2	감소
망간(Mn)	8.4	8.0	감소
인(P)	55.0	46.0	감소
크롬(Cr)	5.5	7.4	감소
니켈(Ni)	4.5	3.4	증가

2.2.3 철근의 제조법

기본적으로 철근은 철강 재료를 노(爐, furnace)에 넣고 가열한 후, 원하는 크기의 단면과 돌기 형상을 갖도록 압연(壓延, rolling)하여 뽑아내고 냉각시키는 과정으로 생산된다. 철을 녹이는 노는 고로(shaft furnace)와 전기로(electric furnace)로 구분된다. 일반적으로 용광로(鎔鑛爐, blast furnace)라고 부르는 고로는 철광석을 녹여서 선철(銑鐵, pig iron)을 생산하는 노인데, 선철 생산용 용광로는 높이가 높아서 고로(高爐)라고 부르게 되었다. 고로는 석탄을 연료로 하므로 선철을 생산하는 과정에서 부산물인 슬래그(slag)가 나온다. 이 슬래그를 고로슬래그(granulated blast furnace slag)라 하며 콘크리트의 혼화재로 사용한다. 고로에서 생산된 선철은 여러 형태로 제련하여 다양한 용도의 강재로 이용되고, 용도를 다한 철강재는 폐기되어 다시 고철(古鐵, scrap iron)로 재활용된다. 철근이나 구조용 강재는 일반적으로 고철을 가공하여 만드는데 선철을 사용하는 경우도 있다. 이때 고철이나 선철의 철강재는 녹는 온도, 즉 용융온도가 높아서 온도가 낮은 고로에서는 녹지 않는다. 따라서 철근이나 구조용 강재는 높은 온도까지 가열할 수 있는 전기로에서 생산된다. 전기로는 전기아크로(electric arc furnace)가 일반적인데, 아크로는 흑연전극을 이용하여 아크방전을 일으켜서 그 열로 가열하는 방식이다.

철근은 고철을 한 번의 과정으로 가공하여 생산하는 것이 아니라 몇 단계를 거쳐서 철근의 형태로 만든다. 먼저 전기로에서 고철을 녹이고 불순물을 제거한 후 사각형 단면으로 길이가 긴 굵은 막대기 형태로 만든다. 이때 단면 한 변의 길이 200 mm를 기준으로 하여, 그보다 큰 것은 'bloom'이라고 하고 그보다 작은 것을 'billet'이라고 한다. 철근은 일반적으로 'billet'이 주로 사용된다. 'billet'은 다시 전기로에서 가열되어 용융상태가 되고, 이를 압연(壓延, rolling)하고 냉각시켜서 철근을 생산한다. 이 과정에 있어서 구체적으로 철근의 제조방법을 구분하면 '화학성분 제어방식'과 '열처리 제어방식'으로 나눈다.

'화학성분 제어방식'은 철강 재료의 화학성분을 적절히 조합함으로써 목표로 하는 강도와 연성을 확보하는 제조방식이다. 즉, 이 방식은 2.2.2절에서 소개한 철근 재료의 화학성분 비율을 결정하고 전기로에서 'billet'을 용융시킬 때 성분을 추가하는 것이다. 화학성분이 추가되어 용융된 상태에서 원하는 크기의 단면과 돌기 형상을 갖도록 압연(壓延, rolling)하여 뽑아낸다. 이렇게 철근의 형태를 갖춘 후에 냉각시키는데, '화학성분 제어방식'에서는 강제로 온도를 낮추지 않고 서서히 온도가 낮아지도록 한다. 냉각된 후에는 원하는 크기로 철근을 절단하고 다발로 묶어서 운반한다.

'열처리 제어방식'은 철근을 열간압연한 후 급속냉각을 통해 재료의 표면과 내부 조직을 적절하게 제어함으로써 목표로 하는 강도와 연성을 확보하는 제조 방식이다. 즉, 이 방식에서는 최소한의 기본적인 성분을 가진 'billet'을 가열하고 압연한 후 냉각수를 철근의 표면에 뿌려서 급속히 냉각시킨다. 철근 표면에 냉각수를 뿌리면 표피가 급속히 냉각되면서 강도가 높아진다. 그러나 강재가 갑자기 냉각되면 강도는 높아지지만 파괴 때 취성이 나타나는 단점이 있다. 강재의 연성을 높이려면 다시 열을 가하여야 하는데, '열처리 제어방식'에서는 냉각 온도와 시간을 조절하여 자연스럽게 이 과정을 거치게 하는 것이다. 즉, 냉각수를 뿌리면 표피부분은 냉각되지만 단면의 내부는 아직 뜨거운 상태를 유지한다. 이 내부의 열은 차가운 표피 쪽으로 전달되어 표피부분의 온도가 올라가면서 연성이 증진되고, 내부는 표피 쪽으로 열이 방출되어 냉각되는 효과가 있으므로 강도가 높아진다. 이렇게 내부와 표피부분의 열전달 작용으로 전체적으로 강도와 연성을 확보하는 방식이므로 내부의 열을 이용한다는 의미에서 이 방식을 'temp-core 방식'이라고도 한다. 일반적인 강도의 철근을 생산할 때는 추가로 화학성분을 첨가하지 않아도 되지만, 고강도철근이나 용접용 철근 등 특수 용도의 철근은 열처리 제어방식에서도 billet을 전기로에서 용융시킬 때 화학성분을 추가한다. 따라서 그런 경우에는 열처리 제어방식과 화학성분 제어방식의 혼합방식으로 철근을 생산한다고 할 수 있다.

한국에서는 과거에 화학성분 제어방식으로 철근을 생산했었으나, 2000년대에 들어서 열처리 제어방식으로 철근을 생산하는 것이 일반화 되었다. 따라서 한국에서 새로 건설되는 구조물에 한국산 철근을 사용한다면 열처리 제어방식으로 생산된 철근을 사용한 구조물이라고 할 수 있다. 그러나 원전 구조물에는 화학성분 제어방식으로 생산된 철근이 주로 사용되고 있다. 이것은 한국 원전 구조물의 설계와 시공에 미국 기술의 영향이 크기 때문인데, 미국에서는 철근의 생산방식으로 화학성분 제어방식을 주로 사용하고 있고 유럽에서는 열처리 제어방식을 주로 사용하고 있다.

그림 2-38은 두 가지 방식으로 생산된 철근의 절단면을 나타낸다. 화학성분 제어방식으로 생산된 철근은 서서히 온도가 낮아지도록 냉각하기 때문에 그림 2-38(a)와 같이 철근 표피부분과 내부가 조직에 있어서 차이가 없다. 즉, 단면 전체에 걸쳐서 특성이 같다고 할 수 있다. 그 반면, 열처리 제어방식으로 생산된 철근은 그림 2-38(b)와 같이 철근 표면과 내부의 조직이 달라서 나무의 나이테와 유사한 형태를 나타낸다. 이것은 급속냉각에 의하여 형성되는 것으로, 표피조직은 뜨임(tempering)되어 인성과 강도가 우수한 템퍼드 마르텐사이트(tempered martensite) 조직으로 변화되며, 내부조직은 연성이 우수한 페라이트(ferrite)와 펄라이트(pearlite)가 혼재되어 있는 전형적인 탄소강 조직을 유지한다. 따라서 열처리 제어방식으로 생산된 철근은 합금성분의 조정 없이 다소 낮은 탄소함량 조건에서도 항복강도와 인장강도가 높은 고강도철근을 만들기 용이하다. 또, 제조사의 입장에서는 냉각조건의 조정을 통해 다양한

규격의 제품 제조가 용이하기 때문에 공정관리가 용이하다. 그러나 급속 냉각과정 중 표면에 형성된 보호 피막성 산화피막에 손상이 발생될 수 있어서, 열처리 제어방식으로 생산된 철근은 표면 부식이 더 빨리 진행될 가능성이 있다.

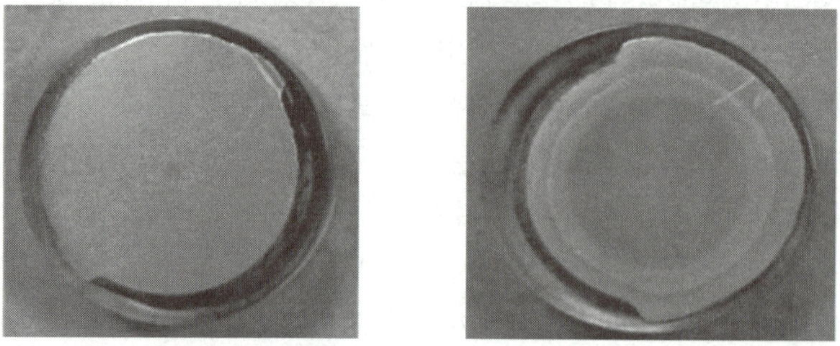

(a) 화학성분 제어방식으로 생산된 철근 (b) 열처리 제어방식으로 생산된 철근

그림 2-38 철근의 절단면

2.2.4 철근의 역학적 성질

[1] 응력-변형률 곡선 및 탄성계수

한국의 표준(korean standard, KS)에 따르면, 철근에 대한 재료시험은 KS B 0801[2.39]에 규정된 시험편에 대하여 KS B 0802[2.40]에 규정된 방법에 따라 인장시험을 실시하여야 한다. 시험을 수행하면서 응력과 변형률을 측정하여 두 변수의 관계를 그림으로 나타낸 것을 응력-변형률 곡선(stress-strain curve)이라고 한다. 철근의 응력-변형률 곡선은 일반적으로 그림 2-39과 같은 형상을 보이는데, 곡선의 형상과 변수의 크기는 철근콘크리트의 구조적 거동에 매우 중요한 영향을 미친다.

그림 2-39에 보이는 바와 같이, 응력-변형률 곡선의 초기 형상은 응력과 변형률이 0인 점에서부터 응력과 변형률이 선형으로 비례하는 직선이다. 이 직선의 기울기를 탄성계수(modulus of elasticity, Young's modulus)라고 한다. 철근의 탄성계수는 철근의 강도와는 무관하게 거의 비슷한 값을 나타내어, 200~220 GPa의 범위에 있다. 설계기준[2.12~2.16, 2.19, 2.20, 2.27]에서는 철근콘크리트를 설계할 때 철근의

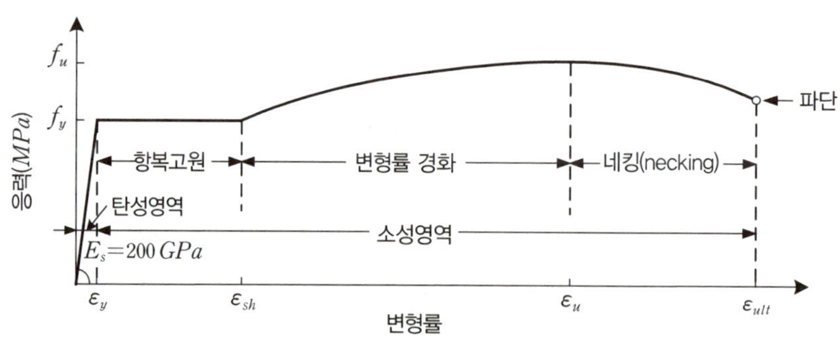

그림 2-39 철근의 전형적인 응력-변형률 곡선

탄성계수로 다음 값을 사용하도록 규정하고 있다.

$$E_s = 200{,}000\ MPa \tag{2·77}$$

이와 같이 초기에는 변형률 증가에 따라 탄성계수의 비율로 응력이 증가하다가 응력이 더 이상 증가하지 않게 되는데, 이곳을 항복점(yielding point)이라고 한다. 항복점에서의 응력 f_y를 항복응력(yield stress)이라고 하며, 이때의 변형률 ε_y를 항복변형률(yielding strain)이라고 한다. 항복변형률은 다음과 같이 결정한다.

$$\varepsilon_y = \frac{f_y}{E_s} \tag{2·78}$$

철근의 응력–변형률 곡선에서 항복점 이전의 직선부분은 탄성영역(elastic range)이라고 하며, 항복점 이후는 소성영역(plastic range)이라고 한다. 항복점에 이른 후에는 응력이 일정한 항복고원(yield plateau)이 나타난다. 항복고원 이후에는 변형률의 증가에 따라 응력이 다시 증가하기 시작하는 변형률 경화(strain hardening) 현상이 나타난다. 변형률 경화로 응력이 증가하다가 최댓값인 인장강도(tensile strength) f_u에 도달한 후에는 철근의 일부 구간에서 단면이 작아지는 네킹(necking) 현상이 나타나면서 철근이 파단될 때까지 곡선이 하강한다.

철근의 강도가 높아지면 응력–변형률 곡선의 모양에 다소 차이가 나타난다. 그림 2–40은 KS 표준의 최소조건을 만족하는 철근의 응력–변형률 곡선으로, 항복강도에 따른 차이를 나타낸 것이다. 그림 2–40에 나타난 바와 같이, 철근의 강도가 높을수록 항복고원의 구간이 짧아지며 경우에 따라서는 뚜렷한 항복점이 나타나지 않는 상태에서 변형률 경화에 들어가기도 한다. 일반적으로 고강도 강은 항복고원을 거의 나타내지 않고 항복하기 시작한 상태에서 즉시 변형률 경화에 들어간다. 또 철근의 강도가 높을수록 항복강도에 대한 인장강도의 비율이 작아지는 경향이 있으며, 파단 될 때의 변형률이 감소하는 경향이 있다.

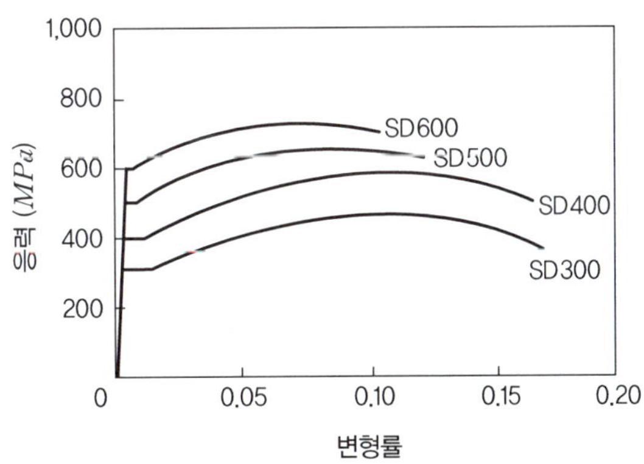

그림 2–40 KS 표준 철근의 응력–변형률 곡선

[2] 철근의 항복강도

철근의 항복강도(yield strength)는 철근의 강도를 나타내는 대표적인 변수로 항복응력 f_y를 의미한다. 일반적으로 보통강도철근은 항복점이 뚜렷하게 나타나므로 항복점을 기준으로 항복강도를 결정할 수 있다. 그러나 고강도철근에서 항복점과 항복고원이 뚜렷하게 나타나지 않을 때에는 항복점을 기준으로 항복강도를 결정할 수 없다. 이러한 경우에는 항복점에서의 응력을 항복강도로 결정하는 방법 외의 다른 방법을 적용하여야 한다.

그림 2-41은 강재의 항복강도를 결정하는 세 가지 방법을 나타낸다. 그림 2-41(a)는 항복점이 뚜렷하게 나타날 때 항복점을 기준으로 항복강도를 결정하는 방법으로, 'halt-of-force method'라고 한다. 그림 2-41의 (b)와 (c)는 항복점이 뚜렷하게 나타나지 않을 때 항복강도를 결정하는 방법이다. 그림 2-41(b)의 'offset method(오프셋법)'는 0.002 또는 0.001 등의 특정한 값의 변형률에서 강재의 탄성계수와 같은 기울기로 탄성구간의 응력-변형률 곡선과 평행하게 직선을 그은 후, 응력-변형률 곡선과 만나는 점의 응력을 항복강도로 결정하는 방법이다. 이 응력은 'proof stress'라고 한다. 그림 2-41(c)의 'extension of load method(하중연장법)'는 0.0035, 0.007, 0.01 등의 특정한 값의 변형률에서 수직선을 그은 후, 응력-변형률 곡선과 만나는 점의 응력을 항복강도로 결정하는 방법이다. 'extension of load method'는 수직선을 이용하므로 경사진 방향으로 평행선을 긋는 'offset method'에 비하여 상대적으로 간편한 면이 있다. 그러나 'extension of load method'는 강재의 항복강도 수준에 따라 항복을 정의하는 변형률을 달리 정의해야 하는 번거로움이 있다. 이에 비하여 'offset method'는 강재의 항복강도 수준과 무관하게 하나의 정의로 적용할 수 있으므로 효율적인 방법이라고 할 수 있다.

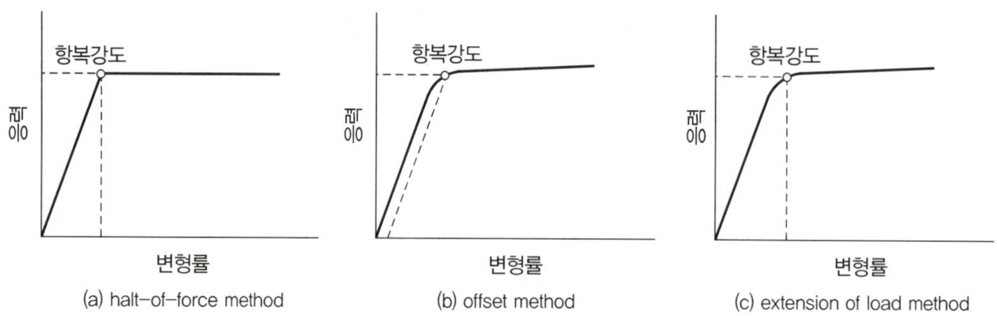

그림 2-41 철근의 항복강도 결정방법

한국의 철근 표준인 KSD 3504[2.34~2.36]는 항복점에서의 응력이나 0.2% 오프셋법을 적용하여 얻은 응력으로 항복강도를 결정하도록 규정하고 있다. 즉, 항복점이 뚜렷한 경우에는 항복점에서의 응력으로 항복강도를 결정하지만, 항복점이 뚜렷하게 나타나지 않는 경우에는 변형률 0.002에서 강재의 탄성계수와 같은 기울기로 평행하게 직선을 그려서 항복강도를 결정한다. 이와 같은 내용은 주요 설계기준[2.12~2.16, 2.27]도 동일하게 규정하고 있다. 참고로 프리스트레스트 콘크리트(prestressed concrete)에 사용하는 프리스트레싱 강재(prestressing steel)의 경우, 콘크리트교 설계기준(한계상태설계법)은 항복강도를 0.2% 오프셋법을 적용하지만 Eurocode 2는 0.1% 오프셋법을 적용하는 차이가 있다.

미국의 ACI 318 Code는 철근의 항복점이 뚜렷하지 않은 고강도철근의 경우, 2011년 ACI 318-11[2.41] 까지는 'extension of load method'를 적용하여 변형률 0.0035에 상응하는 응력을 항복강도로 결정하도록 규정하였다. 이것은 미국에서 사용하는 고강도철근의 항복강도가 550 MPa(80ksi) 임을 감안하여 규정한 것이었다. 그러나 미국에서도 항복강도가 550 MPa 이상인 고강도철근에 대한 관심이 커짐에 따라 'extension of load method'에 대한 문제점이 논의되었다. 특히 Paulson 등의 연구결과[2.42] 로 0.2% 오프셋법으로 항복강도로 결정하는 경우에 철근콘크리트 구조물의 강도를 더 합리적으로 해석할 수 있는 것으로 나타났다. 이에 따라 ACI 318 Code는 2014년에 관련 규정을 개정하여, 항복점이 뚜렷하지 않은 경우에 0.2% 오프셋법으로 철근의 항복강도를 결정하도록 하였다.

[3] 인장강도와 항복강도의 비율

철근의 인장강도(ultimate strength)는 철근이 저항할 수 있는 최대응력 f_u를 의미한다. 구조용으로 사용하는 철근은 그림 2-39에 나타낸 바와 같이 인장강도가 항복강도보다 높다. 따라서 인장강도에 대한 항복강도의 비율, 즉 항복비(yield ratio) f_y/f_u는 1보다 작으며, 항복강도에 대한 인장강도의 비율 f_u/f_y는 1보다 크다. 철근의 인장강도와 항복강도의 비율은 철근콘크리트의 구조적 거동에 큰 영향을 준다.

철근콘크리트 부재에서 인장응력이 작용하는 부분의 콘크리트에 균열이 발생하면, 균열 사이에서는 콘크리트와 철근이 같이 인장력을 저항하지만 균열면에서는 철근만이 인장력을 부담하게 된다. 따라서 철근은 균열면 위치에서 먼저 항복에 도달하게 된다. 이때 철근의 인장강도가 항복강도와 같으면 균열면에서 항복한 철근이 더 큰 하중에 저항하지 못하고 변형률이 급격하게 증가하여 파단 된다. 이와 같은 파괴는 취성거동으로 구조물의 거동으로는 바람직하지 않다. 철근의 인장강도가 항복강도보다 크면 균열면에서 철근이 항복하더라도 변형률 경화효과로 인하여 더 큰 응력에 저항할 수 있으므로 균열 사이의 철근이 더 높은 응력에 저항할 수 있게 된다. 또 균열 사이에 새로운 균열이 발생하여 응력을 분산시키는 효과가 나타난다. 이와 같은 여러 효과로, f_u/f_y 비가 높은 철근이 배치된 부재는 철근의 항복하중보다 더 높은 하중에 저항하면서 철근이 극한변형률에 도달할 때까지 파단 되지 않는 바람직한 연성거동을 나타낸다.

철근의 인장강도와 항복강도의 비율은 철근콘크리트의 내진성능(seismic performance)에도 매우 중요한 영향을 준다. 일반적으로 철근콘크리트의 내진설계(seismic design)는 구조물의 비탄성거동 및 소성거동에 의하여 지진동에 저항하는 개념을 적용한다. 이때 구조물의 연성능력을 구분하여 완전연성(full ductility)의 고 비탄성(high-inelastic) 내진설계와 한정연성(limited ductility)의 저 비탄성(low-inelastic) 내진설계로 나눌 수 있다. 고 비탄성 내진설계는 건물의 경우 '특수모멘트골조'와 '특수철근콘크리트 구조벽체'의 설계를 말하며, 교량의 경우에는 '교각의 소성설계'를 말한다. 저 비탄성 내진설계는 건물의 경우 '중간모멘트골조'와 '중간철근콘크리트 구조벽체'의 설계를 말하며, 교량의 경우에는 '연성도 설계법'이나 '탄성설계'를 적용한 교각의 설계를 말한다. 여기서 철근의 인장강도와 항복강도의 비율은 고 비탄성 내진설계된 구조물에 매우 중요한 요소이다. 고 비탄성 내진설계 된 구조물은 소성힌지(plastic hinge)에서 지진에너지를 흡수하도록 하는 것인데, 소성힌지는 그림 2-32(a)와 같이 주철근이 항복한 후에도 횡하중 저항성능이 감소하지 않고 변형이 지속되는 거동을 보여야 한다. 이 과정에서 압축응력을 받는 피복 콘크리트가 파괴되어도 심부콘크리트와 인장력을 받는 철근에 의하여 휨강도가 유지되어야 한다. 이 상태는 콘크리트에 작용하는 압축합력과 인장철근에 작용하는 인장합력 사이의 팔길이가 피복 콘크리트가 파괴되기 전보다 줄어든 상태이다. 이때 만일 철근의 인장강도가 항복강도와 유사하다면 팔길이 감소에 따라 휨강도가 저하되어 소성힌지로서 성능을 발휘할 수 없게 된다. 즉, 팔길이 감소에 대한 보상이 있어야 하므로, 인장철근이 더 큰 인장력에 저항할 수 있어야 휨강도를 유지할 수 있는 것이다. 따라서 고 비탄성 내진설계 된 철근콘크리트 구조물의 소성힌지구역에 배치되는 주철근으로는 항복강도에 대한 인장강도의 비율 f_u/f_y가 큰 철근을 사용하여야 한다.

KS D 3504[2.34]는 일반 구조용 철근과 내진용 철근에 대한 요구조건으로 f_u/f_y 비가 1.08이나 1.15 또는 1.25 이상이도록 규정하고 있다.

[4] 철근의 연신율

연신율(elongation)은 철근이 늘어날 수 있는 변형 능력을 변형률로 나타낸 것으로, 무차원의 소수 값이나 퍼센트(%) 값으로 표기한다. 철근콘크리트 구조는 인장철근이 항복한 후 콘크리트가 압축파괴 될 때까지 철근이 파단 되지 않아야 연성이 확보된다. 또 내진설계로 횡방향 철근이 배치된 소성힌지구역에서는 횡구속된 콘크리트의 극한변형률이 크게 증가하여 인장철근이나 횡구속 철근이 먼저 파단될 수도 있다. 따라서 철근이 충분한 연신율을 갖아야 철근콘크리트 구조가 충분한 변형 능력을 발휘할 수 있다.

그림 2-42는 변형률에 따른 철근의 변형 형상과 연신율을 나타낸다. 그림의 ①에 나타낸 길이 l_o는 인장시험을 실시하기 전의 철근 길이이다. 이 길이의 철근에 인장응력이 작용하여 항복할 때까지 늘어나면 그림의 ②에 나타낸 바와 같이 ε_y의 변형률이 나타난다. 그 후 철근이 더 늘어나서 변형률이 ε_{sh}에

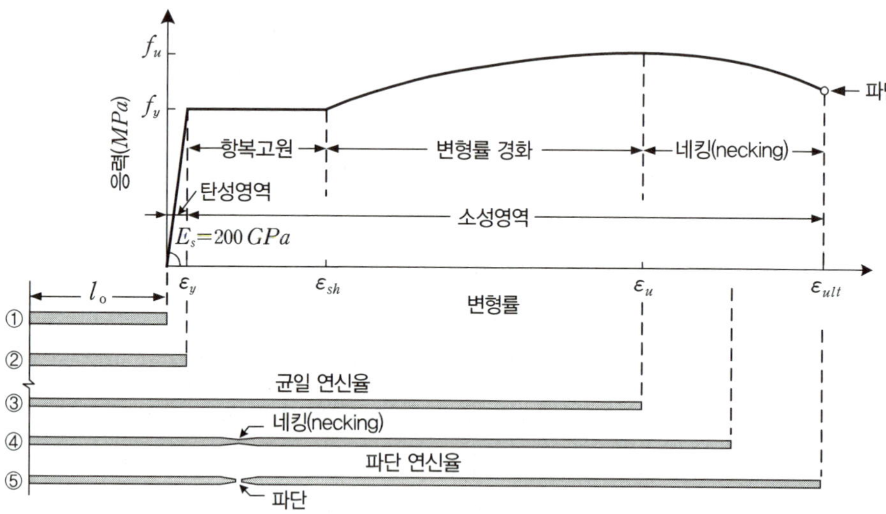

그림 2-42 변형률에 따른 철근의 변형 형상 및 연신율

도달하면 변형률 경화 현상이 나타나면서 최대응력인 인장강도 f_u에 도달하게 된다. 이때의 변형률, 즉 최대 인장응력에서의 변형률 ε_u에 도달할 때까지는 그림의 ③에 나타낸 바와 같이 철근 전체길이에 걸쳐서 균일한 변형률이 나타난다. 변형률이 ε_u를 초과하면 그림의 ④에 나타낸 바와 같이 철근의 일부 구간에서 단면이 작아지는 네킹(necking) 현상이 나타난다. 이 과정에서는 변형 전의 철근 단면적으로 계산한 응력이 감소하게 되어 응력–변형률 곡선이 하강하는 형상을 나타낸다. 변형이 더 진행되면 네킹이 더 진전되어 그림의 ⑤에 나타낸 바와 같이 최종적으로 네킹이 발생한 위치에서 변형률이 ε_{ult}로 철근이 파단 된다. 이와 같은 거동을 보이는 철근의 연성능력, 즉 연신율에 대하여 국제표준 ISO 6935–2[2.43]는 다음과 같이 두 가지 연신율, 즉 '파단 연신율'과 '균일 연신율'로 나타내고 있다.

(1) 파단 연신율

파단 연신율(fracture elongation, elongation after fracture, total elongation)은 철근이 파단될 때까지 늘어난 양으로 연성을 나타낸 것으로, 그림 2–42 ⑤의 변형률 ε_{ult}를 의미한다. 파단 연신율은 그림 2–43과 같은 인장시험 과정을 거쳐 측정한 변수를 이용하여 결정한다. 즉, 그림 2–43(a)와 같이 인장시험을 실시하기 전에 적용하고자 하는 표준의 규정에 따라 철근 표면에 거리 l_o만큼 떨어진 두 개의 표점을 표시한다. 인장시험을 완료한 후 그림 2–43(b)와 같이 표점 사이에서 파단 된 시험편을 얻으면 파단 된 시험편을 그림 2–43(c)와 같이 다시 이어서 표점 사이의 거리 l을 측정한다.

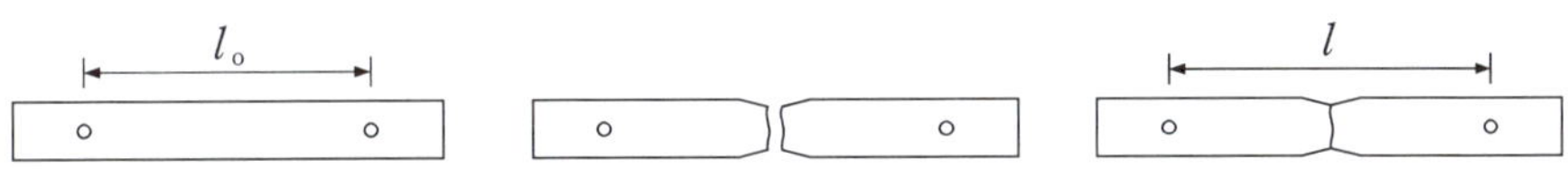

(a) 시험 전 표점 표시 (b) 시험 중 파단 (c) 시험 후 표점 간 거리

그림 2-43 인장시험 과정 및 파단 연신율 변수

한국의 KS D 3504[2.34]는 파단 연신율을 기준으로 철근의 최소 연신율을 규정하고 있으며, KS B 0802[2.36]는 파단 연신율 δ를 퍼센트 단위로 다음과 같이 결정하도록 규정하고 있다.

$$\delta = \frac{l - l_o}{l_o} \times 100 \qquad (2 \cdot 79)$$

여기서 표점 간의 거리 l_o는 각 나라의 표준에 따라 다르게 규정되어 있다. 한국의 KS B 0801[2.40]은 철근 시험편을 2호와 3호로 구분하여, 호칭지름 25 mm 이하의 철근에 적용하는 2호 시험편은 철근 지름의 8배, 호칭지름 25 mm를 초과하는 철근에 적용하는 3호 시험편은 철근지름의 4배로 표점거리를 규정하고 있다. 국제표준 ISO 6935–2[2.43]는 모든 철근에 대하여 철근지름의 5배를 표점거리로 규정하고 있으며, 파단 연신율의 기호로 A_5를 사용한다. 미국표준 ASTM A 370[2.44]은 모든 철근에 대해 일정한 값 8 in.(203 mm)로 표점거리를 규정하고 있다.

(2) 균일 연신율

균일 연신율(uniform elongation, total elongation at maximum force)은 최대 인장응력에 도달하였을 때까지 늘어난 양으로 연성을 나타낸 것으로, 그림 2-42 ③의 변형률 ε_u를 의미한다. ISO 표준에서는 균일 연신율을 A_{gt}의 기호로 나타낸다. 균일 연신율을 위한 측정과 결정방법은 ISO 15630-1[2.45]과 ISO 6892[2.46]에 따르며, 철근 표면에 설치한 신장계(extensometer)로 변형을 직접 측정하여 결정하는 방법과 표점 사이의 변형을 측정한 후 계산에 의하여 간접적으로 결정하는 방법이 있다.

신장계를 이용할 때에는 시험과정에서 응력이 최대에 도달하였을 때, 즉 네킹이 발생하기 직전에 표점 사이에서 늘어난 길이 ΔL_m을 측정하고 균일 연신율 A_{gt}를 다음 식으로 결정하여 퍼센트 단위로 나타낸다. 여기서 L_e는 신장계 표점 사이의 길이이다.

$$A_{gt} = \frac{\Delta L_m}{L_e} \times 100 \tag{2·80}$$

간접적으로 균일 연신율을 결정할 때에는 인장시험을 수행하기 전에 먼저 시험편(specimen) 표면에 100 mm 간격으로 표점을 표시하여야 한다. 인장시험을 실시하여 철근이 파단 되면 파단위치를 검토하여 시험이 유효한지 판단하여야 한다. 그림 2-44에서 빗금 친 구간 a는 시험기계가 철근을 잡고 있는 부분(grip)인데, 철근이 파단 된 위치가 이 부분에서 γ_1만큼 떨어지지 않고 가까이 있으면 시험편을 무효로 한다. 여기서 γ_1은 20 mm와 철근 지름 중 큰 값이다. 유효한 시험편에 대하여는 파단 된 위치에서 γ_2만큼 떨어진 위치의 구간 b에서 각 표점 사이의 거리를 측정하고, 표점거리 100 mm에 대한 변형률을 각각 구한 후 변형률의 평균값 A_g를 구한다. 여기서 γ_2는 50 mm와 철근 지름의 2배 중 큰 값이다. γ_2만큼 떨어진 위치를 대상으로 하는 이유는 네킹이 일어난 곳에서 변형이 집중되므로 이 영향을 받지 않도록 하려는 것이다.

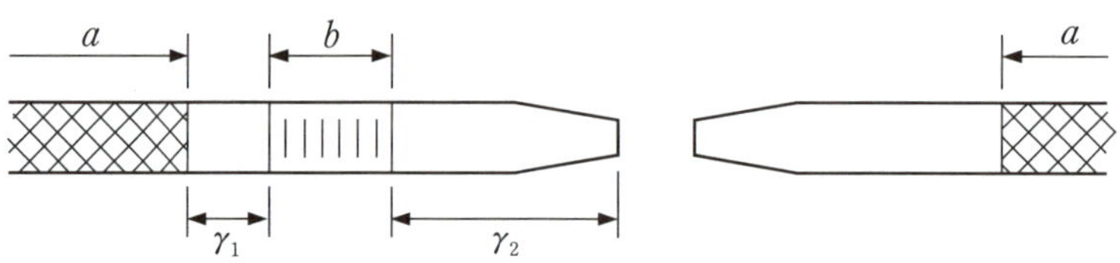

그림 2-44 균일 연신율의 측정 시험편[2.45]

이와 같은 과정으로 구한 변형률 A_g는 최대응력에서 실제로 발생한 변형률이 아니다. 즉 변형률 A_g의 의미는 그림 2-45에 나타나 있는데, A_g는 철근이 파단된 후 측점 구간의 철근이 탄성회복(elastic recovery) 된 후 남은 잔류변형률(residual strain)이다. 즉, 그림 2-44의 γ_2 구간은 그림 2-45에 나타낸 바와 같이 네킹으로 응력이 감소하게 되는 구간이고, 그림 2-44의 b 구간은 그림 2-45에 나타낸 바와 같이 최대 응력에 도달한 후 탄성회복 된 구간이다. 따라서 최대응력에서 실제로 발생한 변형률, 즉 균일 연신율 A_{gt}는 탄성변형률을 포함하여 다음 식으로 결정한다.

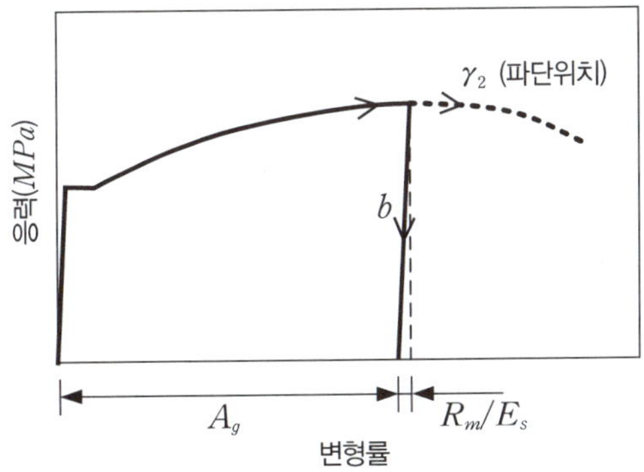

그림 2-45 균일 연신율 측정 시험편의 응력-변형률 곡선

$$A_{gt} = A_g + \frac{R_m}{E_s} = A_g + \frac{R_m}{2,000} \tag{2·81}$$

여기서 R_m은 시험으로 측정한 철근의 인장강도이고, 이 식에서 A_{gt}와 A_g는 모두 퍼센트로 나타낸 변형률이므로 탄성계수 E_s의 값을 200,000 MPa의 1/100인 2,000으로 한다.

[5] 반복하중의 영향 및 바우싱거 효과

철근콘크리트 구조물에 하중이 작용했다가 제거되는 상황이 반복되면 철근은 인장응력을 받아 늘어났다가 이완되는 현상이 반복된다. 또 소성힌지구역의 심부구속철근은 지진에 의한 반복하중의 영향으로 인장응력을 받다가 이완되는 형상이 반복된다. 철근이 탄성범위에서 인장응력이 반복하여 작용할 때는 상승곡선과 하강곡선이 완벽히 일치하여 잔류 변형이 발생하지 않는 완벽한 탄성거동을 보인다. 철근이 항복한 후 항복 고원 내의 변형률이 발생한 상황에서 하중이 완전히 제거되면 철근의 응력과 변형률의 관계는 그림 2-46와 같이 철근의 탄성계수와 같은 기울기로 감소한다. 따라서 응력이 0인 상태가 되더라도 변형률은 0이 되지 못하고 늘어나 있는 상태가 되어 잔류 변형(residual strain)이 남게 된다. 다시 응력이 증가하면 탄성계수와 같은 기울기로 증가하는데, 단조증가하중시험(monotonically increasing load test)

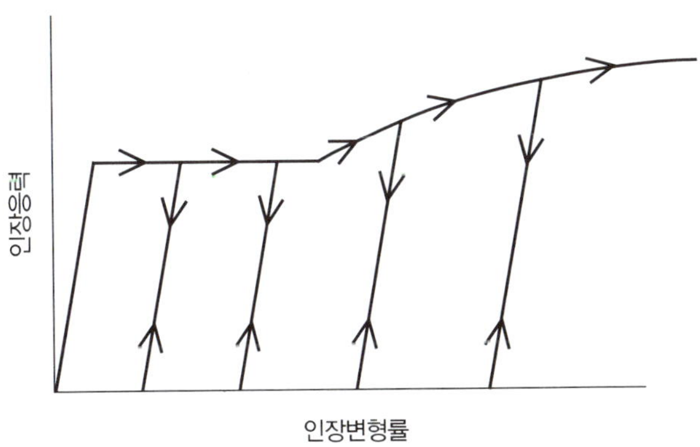

그림 2-46 인장 반복 하중에 의한 응력-변형률 곡선

으로 얻은 응력-변형률 곡선까지 증가한다. 그 이후에는 단조증가 응력-변형률 곡선을 따라 응력과 변형률이 변화한다. 이러한 거동은 그림 2-46에 나타난 바와 같이 변형률 경화 구간에서도 동일한 거동을 보인다.[2.47]

지진하중과 같은 반복하중(cyclic loading)을 받는 철근콘크리트 부재의 축방향 철근은 지진동에 의한 횡방향 하중의 방향에 따라 인장응력과 압축응력이 반복하여 작용한다. 이 과정에서 소성설계 된 부재의 소성힌지구역은 철근이 항복한 후 힌지로 작용하면서 인장응력과 압축응력을 반복하여 받게 된다. 이처럼 소성 변형이 발생한 철근에 재차 반대방향으로 하중이 가해지면 그림 2-47과 같은 응력-변형률 이력곡선(hysteresis curve)이 나타난다. 즉, 인장응력만 작용하고 있을 때는 그림에서 점선으로 나타낸 단조증가 응력-변형률 곡선을 따라가지만, 반대 방향으로 하중이 작용하여 압축응력이 작용할 때는 응력-변형률 곡선이 비선형의 관계로 증가한다. 또 인장력에 의한 잔류 변형의 영향으로 응력은 압축이지만 변형률은 인장인 상태로 압축응력이 증가한다. 다시 반대 방향으로 하중이 작용할 때는 응력이 인장으로 바뀐 후에도 압축력에 의한 잔류 변형의 영향으로 변형률은 압축인 상태로 인장응력이 증가한다. 변형률도 인장으로 바뀐 후 더 큰 변형률이 발생하면, 그림 2-47에 나타난 바와 같이 단조증가하중시험으로 얻은 점선의 응력-변형률 곡선의 응력보다 더 큰 응력을 받게 된다. 이와 같이 인장-압축 반복하중(tension-compression cyclic loading)에 의하여 소성변형 된 철근의 응력이 증가하는 현상을 바우싱거 효과(Bauschinger effect)라고 한다.

철근콘크리트 구조물의 시공에서는 철근을 굽혀서 가공하는 것을 피할 수 없고, 또 경우에 따라서는 굽힌 철근을 다시 펴서 시공하는 경우가 있다. 바우싱거 효과는 철근 굽힘부의 특성에 영향을 준다. 철근을 굽히면 굽힘부는 필연적으로 소성변형이 발생한다. 굽힘부에서 인장을 받는 외부 표면은 초기 굽힘에 의해 인장 변형경화를 겪고, 펴는 과정에서는 압축응력을 받게 되어 압축항복이 발생하는 소성거동을 나타낸다. 굽힘부에서 압축을 받는 내부 표면은 초기 굽힘에 의해 압축 변형경화를 겪고, 펴는 과정에서는 인장응력을 받게 되어 인장항복이 발생하는 소성거동을 나타낸다. 이렇게 펴진 철근이 인장력을 받으면 초기 굽힘에서 인장을 받았던 외부 표면은 항복점이 상승하여 강도가 증가하고, 초기 굽힘에서 압축을 받았던 내부 표면은 항복점이 하강하여 강도가 다소 감소한다.[2.48] 그러나 이러한 현상이 복합되어

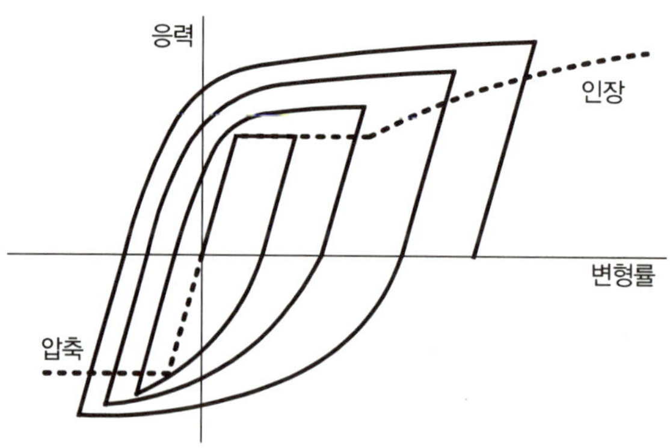

그림 2-47 인장-압축 반복 하중에 의한 응력-변형률 곡선 및 바우싱거 효과

전체적으로는 철근의 항복강도가 굽히기 전보다 증가하게 된다. 이와 같은 현상을 가공경화(work hardening)라고 한다. 또, 굽힌 후 상당한 시간이 지난 뒤에 펴기 작업을 하게 되면 굽힘부의 항복강도가 상승하기도 한다. 이와 같은 현상을 시효경화(aging hardening)라고 한다. 이와 같이 철근을 구부리고 펴는 가공을 하면 철근의 특성이 달라진다.

[6] 철근의 피로파괴

피로파괴(fatigue failure)는 반복응력을 받는 재료가 단조증가하중시험으로 얻은 강도나 극한변형률보다 작은 값의 응력이나 변형률에서 파괴되는 현상이다. 반복응력은 교량과 같이 차량의 주행으로 인하여 활하중이 주기적으로 작용하는 경우나 장대교량인 케이블교량 또는 초고층 빌딩과 같이 바람에 의한 진동으로 풍하중이 주기적으로 작용할 때 발생한다. 금속재료에 반복응력이 작용하면 극히 미세한 균열인 피로균열이 발생할 수 있다. 이 피로균열은 응력이 집중되는 부분이나 흠이 있는 부분에서 발생하며 응력의 반복횟수 증가에 따라 점차적으로 커진다. 피로균열에 의한 손상이 진전되어 외력에 견딜 수 없을 정도까지 단면이 감소하면 강재가 취성으로 파단 되는 피로파괴가 발생한다. 철근의 경우에는 고주파 피로(high−cycle fatigue)와 저주파 피로(low−cycle fatigue)로 피로파괴를 구분한다.

일반적으로 강재의 피로는 고주파 피로(high−cycle fatigue)를 의미한다. 고주파 피로는 강재의 항복응력보다 작은 응력이 반복하여 작용할 때 파괴를 유발하는 피로이다. 고주파 피로의 한계상태는 피로파괴가 발생하는 반복하중의 횟수로 나타낸다. 이것을 피로수명이라고 한다. 피로수명에는 반복하중에 의하여 강재에 작용하는 최대응력과 최소응력의 차이, 즉 응력범위(stress range)가 가장 큰 영향을 준다. 일반적으로 강재는 10^3~10^7회(1천~1천만 회) 정도의 피로수명을 보이며, 응력범위가 클수록 피로수명이 짧아진다. 철근콘크리트 구조물에서 철근이 피로를 받게 되는 곳에서는 용접이나 철근 구부리기 등을 하지 않는 것이 좋다. 콘크리트구조 학회기준(2017)[2.14]과 KDS 14 20 콘크리트구조 설계기준[2.15]은 2백만 회의 반복하중에서 철근의 피로파괴가 발생하지 않는 한계를 기준으로 하여 구조설계에서 피로를 고려하지 않아도 되는 철근의 응력범위를 규정하고 있다. 이에 대해서는 3장 3.3.4절에 소개되어 있으며 11장 11.5절에 자세히 설명되어 있다.

저주파 피로(low−cycle fatigue)는 항복상태를 초과한 소성범위에서 인장응력 및 인장변형률과 압축응력 및 압축변형률이 반복되는 과정에서 피로파괴가 발생하는 현상이다. 이때의 피로수명은 고주파 피로에 의한 피로수명에 비하여 매우 짧다. 그림 2−48(a)는 지진에 의한 반복하중 작용으로 부재의 축방향 철근이 소성상태에서 압축과 인장이 반복되는 과정을 모사한(simulation) 실험모습이다. 그림 2−48(b)에 나타난 바와 같이 소성상태로 항복한 인장철근은 반대로 압축응력을 받게 될 때에도 인장변형률 상태에 있다가 압축변형률 상태가 된다. 또 다시 하중의 방향이 바뀌면 응력이 압축에서 인장으로 바뀌어도 압축변형률 상태로 있다가 인장상태가 된다. 이 과정에서 미세한 균열이 발생하고 부분적으로 균열이 발생한 비대칭의 단면으로 인하여 압축응력을 받을 때 철근이 좌굴(buckling) 되며 다시 인장으로 늘어나면서 파단 되는데, 그림 2−48(a)는 이 과정으로 파단 된 모습을 나타낸다. 이와 같은 저주파 피로파괴가 발생할 때에는 그림 2−48(b)에 나타난 바와 같이 단조증가하중시험으로 얻은 극한변형률보다 작은 값의 변형률, 즉 저주파 피로 파단변형률에서 파단이 발생한다. 이와 같은 저주파 피로파괴는 30회 이내의 반복응력에서 발생하며 일반적으로 2~10회의 반복응력에서 발생한다. 고성현 등[2.47, 2.49, 2.50]은 한국에서 생산된 철근에 대한 거동실험을 수행하고 저주파 피로모델을 제안하였다. 이러한 재료모델은 소성상태에서 지진에 저항하는 철근콘크리트 부재의 내진거동 및 내진성능을 모사하기 위한 비선형 시간이력해석(nonlinear time–history analysis)에 적용할 수 있다.

(a) 저주파 피로균열 및 파단[2.47, 2.49]

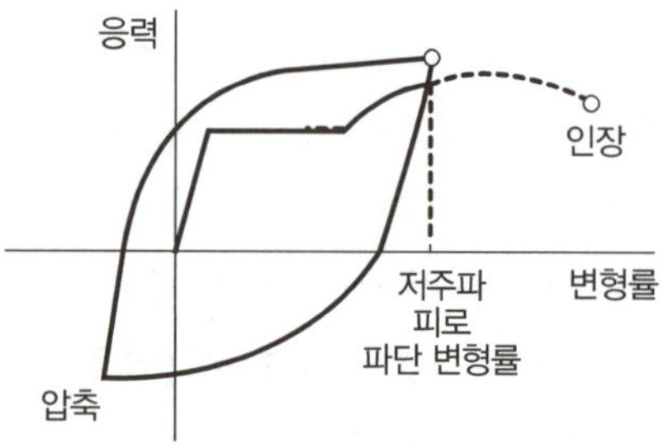

(b) 저주파 피로에 의한 파단변형률

그림 2-48 저주파 피로파괴

2.2.5 철근의 표준

철근은 각 나라에서 정한 표준에 맞추어 생산한다. 한국에서는 세 가지 종류의 철근, 즉 일반구조용 철근, 용접용 철근, 특수내진용 철근에 대한 표준규격이 2016년도의 KS D 3504[2.51]부터 통합 규정되었다. 그 이전에는 일반구조용 철근과 용접용 철근이 2011년도 KS D 3504[2.52]에 규정되어 있었으며, 특수내진용 철근은 2011년도 KS D 3688[2.53]에 규정되어 있었다. 한국표준(KS)에서는 이형철근을 'steel deformed'의 의미로 기호 'SD'로 표시하며, MPa 단위의 항복강도를 단위 없는 숫자로 이어서 나타낸다. 용접용 철근과 특수내진용 철근은 항복강도를 나타내는 숫자 다음에 영문자를 추가하여 나타낸다. 즉, 용접용 철근은 'weldable'의 첫 글자인 'W'를 추가하고 특수내진용 철근은 'seismic'의 첫 글자인 'S'를 추가하여 나타낸다. 이에 따라 SD300, SD400, SD500, SD600, SD700 철근들은 항복강도가 300~700 MPa인 일반구조용 이형철근을 의미한다. SD400W와 SD500W는 항복강도가 각각 400 MPa과 500 MPa인 용접용 이형철근을 의미하며, SD400S, SD500S, SD600S, SD700S는 항복강도가 각각 400, 500, 600, 700 MPa인 특수내진용 이형철근을 의미한다. 철근표준은 철근의 사용빈도와 개발상황이 반영되어 있는 것으로, 2016년도 KS D 3504[2.51]에 철근의 표준규격이 통합되는 과정에서 이전의 KS D 3504에 규정되어 있던 SD350 철근은 삭제되었고, KS D 3688에 규정되었던 특수내진용 철근 SD400S과 SD500S 외에 SD600S 철근이 추가되었다. 2021년도에는 특수내진용 이형철근 SD700S가 추가되었다. 특수내진용 철근은 내진설계 된 철근콘크리트 구조물 중에서 특수내진 건물과 완전연성의 소성내진설계 교량과 같은 고 비탄성(high–inelastic) 내진설계가 수행된 구조물의 소성힌지구역 축방향 철근에 사용한다. 소성힌지구역의 횡방향 철근과 소성힌지구역 외의 부재에 사용되는 철근, 즉 지진에 의하여 인장과 압축의 반복응력이 작용하지 않는 철근으로는 일반구조용 철근을 사용하여도 좋다. 용접용 철근은 용접이음이나 선조립 철근망(prefabricated steel cage)과 같이 용접이 필요할 때 사용한다. 표 2-8은 KS D 3504[2.34]에 규정되어 있는 철근의 종류와 항복강도, 인장강도 및 연신율의 요구조건을 나타낸다. 그러나 KDS 14 20 콘크리트구조 설계기준에서 나선철근으로 SD700 철근을 허용하는 것 외에는 한국 설계기준에서 SD700이나 SD700S 철근을 콘크리트 구조에 사용하는 것은 허용하고 있지 않다.

표 2-8에 나타난 바와 같이 철근의 항복강도는 최솟값(최소 허용 값, 하한 값)과 최댓값(최대 허용 값, 상한 값)의 범위 내에 있어야 표준에 부합되는 철근으로 인정된다. 이것은 2016년에 개정된 내용으로, 이전에는 최솟값만 규정되어 있던 것을 보완한 것이다. 1999년도 KS D 3504[2.54]에서는 항복강도의 최솟값뿐만 아니라 최댓값도 규정되어 있었는데, 2001년 KS D 3504[2.35]가 개정되면서 철근 항복강도 상한 값 규정이 삭제되었다. 이것은 강도가 지나치게 높을 경우 연신율 최솟값 규정을 만족시킬 수 없으므로, 항복강도 최댓값을 별도로 규정하지 않고 연신율만 규정하여도 된다는 금속 분야의 의견을 반영한 것이었다. 또 당시의 KS D 3504에서는 인장강도의 최솟값이 절댓값으로 규정되어 있었는데, 이 최솟값의 인장강도를 만족시키도록 철근을 생산하면 항복강도도 상승하는 결과를 반영한 것이기도 하였다. 2001년 KS D 3504[2.35]에서 항복강도의 최댓값 규정이 삭제된 이후 2011년도의 KS D 3504[2.52]까지 이 규정은 삭제된 상태로 유지되었다.

그러나 설계에서 가정하였던 철근의 항복강도보다 과도하게 큰 항복강도의 철근으로 시공되면 구조물이 설계자가 의도하지 않았던 파괴거동을 보일 수 있다는 건설 분야의 의견을 반영하여 2016년에 최댓값 규정을 다시 삽입하였다. 즉, 휨부재의 주철근이 너무 큰 항복강도를 가진 철근으로 시공되면 인장철근이 먼저 항복한 후 콘크리트가 압축파괴 되는 연성파괴가 나타나지 않고, 인장철근의

표 2-8 철근의 종류 및 역학적 성질(KS D 3504)

종류	용도	기호	항복점 또는 항복강도(N/mm²)	인장강도 (N/mm²)	연신율(%)	
					2호 시험편	3호 시험편
이형봉강	일반용	SD300	300~420	항복강도의 1.15배 이상	16 이상	18 이상
		SD400	400~520		16 이상	18 이상
		SD500	500~650	항복강도의 1.08배 이상	12 이상	14 이상
		SD600	600~780		10 이상	10 이상
		SD700	700~910		10 이상	10 이상
	용접용	SD400W	400~520	항복강도의 1.15배 이상	16 이상	18 이상
		SD500W	500~650		12 이상	14 이상
	특수 내진용	SD400S	400~520	항복강도의 1.25배 이상	16 이상	18 이상
		SD500S	500~620		12 이상	14 이상
		SD600S	600~720		10 이상	10 이상
		SD700S	700~820		10 이상	10 이상

비고 1: 2호 시험편은 D25 이하인 철근, 3호 시험편은 D25를 초과하는 철근의 시험편
비고 2: D32를 초과하면 호칭명 3 증가 당 연신율 2 감소, 단 감하는 한도는 4로 한다.

항복보다 콘크리트의 압축파괴가 먼저 발생하는 취성파괴가 될 가능성이 큰 것이다. 또 전단철근의 항복강도가 설계기준항복강도와 유사하고 휨철근의 항복강도가 설계기준항복강도보다 매우 큰 경우, 취성의 전단파괴가 먼저 발생할 가능성이 커지므로 바람직하지 않은 것이다. 따라서 2011년 KS D 3688[2.53]에서 특수내진용 철근의 항복강도 최댓값을 기준항복강도의 1.3배로 규정하였던 것이다. 이러한 내용을 반영하여 2016년 이후의 KS D 3504[2.34, 2.51]에서는 항복강도의 최댓값을 강종별 특성에 따라 규정하였다. 즉, 표 2-8에 나타난 바와 같이, 기준항복강도가 가장 낮은 SD300 철근은 기준항복강도에 120 MPa을 더한 값을 최댓값으로 규정하고 있으며, 그 외의 일반구조용 철근인 SD400~SD700 철근과 용접용 철근인 SD400W과 SD500W 철근은 기준항복강도의 1.3배에 해당하는 값을 최댓값으로 규정하고 있다. 내진용 철근인 SD400S, SD500S, SD600S, SD700S 철근은 모두 기준항복강도에 120 MPa을 더한 값을 최댓값으로 규정하고 있다.

2.2.4절의 [3]에서 설명한 바와 같이, 철근콘크리트가 구조적으로 바람직한 거동을 보이려면 철근의 인장강도가 항복강도보다 높아야 한다. 2011년도 KS D 3504[2.52]에서는 일반구조용 철근과 용접용 철근의 인장강도 최솟값이 절댓값으로 규정되어 있었고, 2011년도 KS D 3688[2.53]에서는 내진용 철근의 인장강도 최솟값이 실제 항복강도의 비율로 규정되어 있었다. 즉, SD300, SD400(W), SD500(W), SD600, SD700 철근은 인장강도의 최솟값이 각각 440, 490, 560, 620, 710, 800 MPa이었고, SD400S와 SD500S 철근은 인장강도 최솟값이 항복강도의 1.25배였다. 그러나 2016년 이후의 KS D 3504[2.34, 2.51]에서는 모든 철근에 대한 인장강도의 최솟값을 실제 항복강도의 비율로 규정하였다. 즉, 일반구조용의 SD300과 SD400 철근은 실제 항복강도의 1.15배로, SD500, SD600, SD700 철근은 실제 항복강도의 1.08배로, 용접용의 SD400W와 SD500W 철근은 실제 항복강도의 1.15배로, 특수내진용의 SD400S, SD500S, SD600S, SD700S 철근은 실제 항복강도의 1.25배로 규정하였다. 여기서 실제 항복강도는 철근의 표준항복강도, 즉 호칭항복강도가 아니라 철근의 시험으로 측정한 실제 항복강도를 의미한다.

한국 철근표준의 연신율은 2.2.4절의 [4]에서 설명한 바와 같이 파단 연신율을 기준으로 한다. 인장시험 때의 표점거리는 KS B 0801[2.40]에 따라 철근 시험편을 2호와 3호로 구분하고, 호칭지름 25 mm 이하의 철근은 2호 시험편으로 호칭하여 표점거리를 철근지름의 8배로 하고, 호칭지름 25 mm를 초과하는 철근은 3호 시험편으로 호칭하여 표점거리를 철근지름의 4배로 한다. 이러한 표점거리를 기준으로 하여, 2.2.4절의 [4]에서 설명한 과정에 따라 결정한 파단 연신율은 표 2-8에 나타낸 최솟값 이상이어야 한다. 다만, D32를 초과하는 철근에 대해서는 호칭명이 3(mm) 증가할 때마다 연신율 최솟값을 2(%)씩 감소시키지만, 감소시키는 한도는 4(%)로 한다. 한편, 특수내진용 철근의 연신율 최솟값은 일반구조용 철근의 연신율 최솟값보다 크도록 규정하는 것이 일반적이다. 그러나 표점거리의 차이에 따른 연신율 규정을 분석한 연구결과[2.55]로 특수내진용 철근의 연신율 최솟값을 일반구조용 철근보다 높게 규정하지는 않고 있다.

표 2-9는 국내외의 주요 철근표준과 설계기준에 규정된 철근의 규격을 요약하여 나타낸 것이다.

표 2-9 국내외의 주요 철근표준과 설계기준의 철근규격

기준	용도	기호	항복강도, f_y $[MPa]$		인장강도, f_u $[MPa]$		최소 연신율	
			$f_{y,min}$	$f_{y,max}$	$f_{u,min}$	$f_{u,max}$	파단	균일
KS D 3504	일반용	SD300	300	$f_{y,min}+120$	$1.15f_{y,act}$	–	16~18	–
		SD400	400	$1.3f_{y,min}$	$1.15f_{y,act}$	–	16~18	–
		SD500	500	$1.3f_{y,min}$	$1.08f_{y,act}$	–	12~14	–
		SD600	600	$1.3f_{y,min}$	$1.08f_{y,act}$	–	10	–
		SD700	700	$1.3f_{y,min}$	$1.08f_{y,act}$	–	10	–
	용접용	SD400W	400	$1.3f_{y,min}$	$1.15f_{y,act}$	–	16~18	–
		SD500W	500	$1.3f_{y,min}$	$1.15f_{y,act}$	–	12~14	–
	특수 내진용	SD400S	400	$f_{y,min}+120$	$1.25f_{y,act}$	–	16~18	–
		SD500S	500	$f_{y,min}+120$	$1.25f_{y,act}$	–	12~14	–
		SD600S	600	$f_{y,min}+120$	$1.25f_{y,act}$	–	10	–
		SD700S	700	$f_{y,min}+120$	$1.25f_{y,act}$		10	–
ISO 6935–2	Ductility class A	B300A–R	300	–	$1.02f_{y,act}$	–	16	2
		B400A–R/B400AWR	400	–	$1.02f_{y,act}$	–	14	2
		B500A–R/B500AWR	500	–	$1.02f_{y,act}$	–	14	2
	Ductility class B	B300B–R	300	–	$1.08f_{y,act}$	–	16	5
		B400B–R/B400BWR	400	–	$1.08f_{y,act}$	–	14	5
		B500B–R/B500BWR	500	–	$1.08f_{y,act}$	–	14	5
	Ductility class C	B300C–R	300	–	$1.15f_{y,act}$	–	16	7
		B400C–R/B400CWR	400	–	$1.15f_{y,act}$	–	14	7
		B500C–R/B500CWR	500	–	$1.15f_{y,act}$	–	14	7
	Ductility class D	B300D–R	300	–	$1.25f_{y,act}$	–	17	8
		B300DWR	300	$1.3f_{y,min}$	$1.25f_{y,act}$	–	17	8
		B350DWR	350	$1.3f_{y,min}$	$1.25f_{y,act}$	–	17	8
		B400DWR	400	$1.3f_{y,min}$	$1.25f_{y,act}$	–	17	8
		B420DWR	420	$1.3f_{y,min}$	$1.25f_{y,act}$	–	16	8
		B500DWR	500	$1.3f_{y,min}$	$1.25f_{y,act}$	–	13	8
EC 2	Class A	B500A	500	$1.3f_{y,min}$	$1.05f_{y,act}$	–	–	2.5
	Class B	B500B	500	$1.3f_{y,min}$	$1.08f_{y,act}$	–	–	5.0
	Class C	B500C	500	$1.3f_{y,min}$	$1.15f_{y,act}$	$1.35f_{y,act}$	–	7.5
ASTM	A 615	Grade 40	280	–	420		11~12	
		Grade 60	420	–	550	–	7~9	–
		Grade 80	550	–	690	–	6~7	–
		Grade 100	690	–	790	–	6~7	–
	A 706	Grade 60	420	$f_{y,min}+120$	$550MPa$ & $1.25f_{y,act}$	–	10~14	–
		Grade 80	550	$f_{y,min}+125$	$690MPa$ & $1.25f_{y,act}$	–	10~12	–
	A 1035	Grade 100	690	–	1,030	–	6~7	–
		Grade 120	830	–	1,030	–	7	–

비고 1: KS D 3504는 D32를 초과하는 경우에, ISO 6935–2는 D32 이상인 D 등급 철근의 경우에 호칭명이 3(mm) 증가할 때마다 연신율 최솟값을 2(%)씩 감소시키지만, 감소시키는 한도는 4(%)로 한다.

국제표준 ISO 6935-2[2.43]는 연성등급(ductility class)을 A, B, C, D의 4등급으로 구분한다. ISO 6935-2 철근표준에는 네 가지 연성등급에 따른 적용방법에 대해서는 규정하고 있지 않지만, 철근콘크리트 구조물의 설계기준에서 A 등급은 비구조용 철근, B 등급과 C 등급은 일반구조용 철근, D 등급은 특수내진용 철근으로 적용한다. A, B, C 등급의 철근은 실제 항복강도의 최솟값만을 규정하고 있으며, D 등급 철근은 실제 항복강도가 기준항복강도의 1.3배를 초과하지 않도록 규정하고 있다. 인장강도의 최솟값은 실제 항복강도의 비율로 규정하여 연성등급에 따라 1.02~1.25배로 규정하고 있다. 연신율은 파단 연신율과 균일 연신율을 모두 규정하여 생산자와 구매자 사이의 합의에 따라 두 가지 중 하나를 적용하도록 하고 있다. 그러나 특별한 조건이 없을 때는 균일 연신율을 기본으로 한다. 파단 연신율 기준은 항복강도가 증가함에 따라 감소된 값으로 규정하고 있으며, D 등급은 B500DWR 철근을 제외하고는 다른 등급보다 다소 큰 값의 연신율을 기준으로 한다. 그러나 지름이 32 mm 이상인 D 등급의 철근은 파단 연신율 기준을 감소시킨다. 균일 연신율 기준은 동일한 등급에서는 항복강도와 무관하게 동일한 값으로 규정하고 있으나, A 등급에서 D 등급으로 연성등급이 높아짐에 따라 증가된 값의 연신율을 기준으로 한다. ISO 6935-2 철근표준에서 기호 B는 철근콘크리트용 강재를, 그 다음의 숫자는 기준항복강도를, A에서 D는 연성등급을, R은 이형철근을, W는 용접용을 의미한다.

유럽의 콘크리트구조설계기준인 Eurocode 2[2.13]는 항복강도가 400~600 MPa인 철근을 기준으로 하며, 용도에 따라 A, B, C의 세 등급으로 구분하고 있다. A 등급 철근은 비구조용 철근이고, B 등급은 일반구조용 철근이며, C 등급 철근은 내진용 철근이다. 모든 등급의 철근은 실제 항복강도가 기준항복강도의 1.3배를 초과하지 않아야 한다. 철근의 실제 인장강도는 A 등급 철근의 경우 실제 항복강도의 1.05배 이상, B 등급 철근은 1.08배 이상, C 등급 철근은 1.15배 이상 1.35배 이하이도록 규정하고 있다. 연신율은 균일 연신율을 기준으로 규정하고 있으며, 등급이 A에서 C로 높아짐에 따라 2.5, 5.0, 7.5%로 연신율의 최솟값 기준이 증가한다. Eurocode 2에서 파단 연신율 기준은 규정하지 않고 있다.

미국의 ASTM A 615[2.56]는 일반 철근에 대한 표준으로, ksi 단위의 항복강도에 따라 Grade 40, 60, 80, 100의 네 가지로 분류한다. 항복강도와 인장강도는 최솟값의 특정 값 이상을 갖도록 규정하고 있다. ASTM A 706[2.57]은 용접용 철근과 내진용 철근에 대한 표준으로, ksi 단위의 항복강도에 따라 Grade 60과 Grade 80의 두 가지로 분류한다. 철근의 실제 항복강도는 Grade 60과 Grade 80의 기준항복강도에 각각 120 MPa과 125 MPa을 더한 540 MPa과 675 MPa을 초과하지 못하도록 규정하고 있다. 실제 인장강도는 기준항복강도의 1.25배 이상이어야 하며, 또한 Gradc 60은 550 MPa 이상 Grade 80은 690 MPa 이상이어야 한다. ASTM에서는 파단 연신율을 기준으로 연신율 최솟값을 규정하고 있는데, ASTM A 706[2.57]은 10~14%로 철근 지름에 따라 다르고, ASTM A 615[2.56]는 6~12%로 철근의 항복강도와 지름에 따라 다르게 규정하고 있다. ASTM A 1035[2.58]는 고강도 철근에 대한 표준으로 690 MPa(100 ksi, Grade 100)과 830 MPa(120 ksi, Grade 120)의 두 가지 항복강도를 규정하고 있는데, Grade 100 철근의 최소 연신율은 지름이 36 mm 이하일 때 7%이고 43 mm 이상일 때 6%이다. Grade 120은 지름이 36 mm 이하인 철근에 대해서만 규정하고 있으며 최소 연신율은 7%이다.

표 2-10은 KS D 3504[2.34]에 규정된 이형철근의 공칭치수이다. 이형철근의 공칭지름, 공칭단면적,

표 2-10 이형철근의 제원(KS D 3504)

호칭명	공칭지름(mm)	공칭단면적(mm^2)	공칭둘레(mm)	단위중량(kg/m)
D4	4.23	14.05	13.3	0.110
D5	5.29	21.98	16.6	0.173
D6	6.35	31.67	20.0	0.249
D7	7.00	38.48	22.0	0.302
D8	7.94	49.51	24.9	0.389
D10	9.53	71.33	29.9	0.560
D13	12.7	126.7	39.9	0.995
D16	15.9	198.6	50.0	1.56
D19	19.1	286.5	60.0	2.25
D22	22.2	387.1	69.8	3.04
D25	25.4	506.7	79.8	3.98
D29	28.6	642.4	89.9	5.04
D32	31.8	794.2	99.9	6.23
D35	34.9	956.6	109.7	7.51
D38	38.1	1140	119.7	8.95
D41	41.3	1340	129.8	10.5
D43	43.0	1452	135.1	11.4
D51	50.8	2027	159.6	15.9
D57	57.3	2579	180.0	20.3

공칭둘레는 동일한 길이와 중량을 가진 원형철근으로 환산하여 지름, 단면적, 둘레를 나타낸 값이며, 이 값들을 설계에 사용하여야 한다. 이 환산에서 철근의 비중은 7.85로 한 것이다. 일반적으로 D10 미만의 철근은 실질적으로 생산되고 있지 않으므로 필요한 경우 주문생산 한다. 지름이 큰 대구경 철근 중 D51은 건물과 교량에 사용된 사례가 많으며, D43과 D57은 원자력발전소용으로 제정된 표준으로 특히 D57은 원전 외에는 자주 사용되지 않는다. 철근의 공칭지름은 호칭지름과 완전히 일치하지는 않는다. 예를 들어 D25의 공칭지름은 25.4 mm로 호칭지름인 25 mm와 동일하지 않다. 이것은 KS 표준에 미국의 철근표준을 반영하였기 때문이다. 미국에서는 이형철근의 표준을 정할 때 인치(inch) 단위로 써 지름을 8분율로 증가하도록 하였다. 즉, 미국의 철근 표준[2.56~2.58]은 철근 지름을 3/8인치(9.53 mm), 4/8인치(12.7 mm), 5/8인치(15.9 mm) 등으로 증가하도록 정하고, 분자의 숫자만으로 표현하여 No. 3, No. 4, No. 5, ……, No. 11, No. 14, No. 18 등으로 철근의 호칭번호를 부여한다.

한편 철근은 90°, 135°, 180° 등의 각도로 구부려서 사용할 때가 있다. 이때 철근은 구부린 후에도 성능에 문제가 발생하지 않아야 하므로 철근 표준에서는 철근의 굽힘 성능의 요구조건을 규정하고 있다. 표 2-11는 KS D 3504[2.34]와 ISO 6935-2[2.43]의 이형철근에 대한 굽힘 성능의 요구조건을 나타낸다. 표에 나타낸 내면 반지름과 굽힘 각도로 구부렸을 때 철근에 균열 등의 손상이 발생하지 않아야 한다. 참고로, KS D 3504는 내면 반지름으로 규정하고 있으나 ISO 6935-2는 내면 지름으로 규정하고 있음을 유의하여야 한다.

표 2-11 이형철근의 굽힘 성능 요구조건

표준	기호	최소 항복강도(N/mm²)	굽힘 각도	내면 반지름(괄호 [ ] 안은 내면 지름)
KS D 3504	SD300	300	180°	D13 이하: $2d_b$ D16, D19: $2.5d_b$ D22, D25: $3d_b$ D29~D35: $4d_b$ D38 이상: $5d_b$
	SD400 SD400W SD400S	400	180°	
	SD500	500	135°	
	SD500W	500	180°	
	SD500S	500	180°	
	SD600 SD600S	600	90°	
	SD700 SD700S	700	90°	
ISO 6935-2	B300~B500	300~500	160°~180°	$d_b \le 16\ mm$인 경우는 $[3d_b]$ $16\ mm < d_b \le 32\ mm$인 경우는 $[6d_b]$ $32\ mm < d_b \le 50\ mm$인 경우는 $[7d_b]$

2.2.6 철선의 표준

철선(steel wire)은 강재의 결정체(結晶體)에 재결정이 일어나는 온도보다 상당히 낮은 온도에서 소성가공하는 냉간가공(cold working)으로 생산되어, 개별 철선이나 용접철망(welded fabric)의 형태로 콘크리트를 보강할 때 사용되는 강재이다. 한국의 철선표준 KS D 3552[2.59]는 표면 요철의 유무에 따라 이형철선과 원형철선으로 구분하며, 이형철선은 요철의 형상에 따라 리브선과 인텐트선으로 구분한다. 리브선은 표면에 2줄 이상의 횡방향 리브(돌기, rib)가 공칭 선 지름의 0.8배 이하의 간격으로 원둘레를 따라 늘어선 철선으로, 그림 2-49는 3줄 리브선을 나타낸다. 여기서 β는 리브 기울기, a는 리비 높이, c는 리브 간격, α는 리브 측면 경사각, f_i는 투영된 바깥 둘레 부분의 리브 없는 부분의 1/3이다.

인텐트선은 표면에 인텐트(압입 자국, indent)가 선의 원둘레 방향 및 길이 방향으로 균일하게 분산되어 있는 이형철선으로, 그림 2-50은 3줄 인텐트선을 나타낸다. 여기서 c는 인텐트 간격, e_i는 투영된 바깥 둘레 부분의 인텐트가 없는 부분의 1/3이다.

KS D 3552[2.59]에서 리브 또는 인텐트의 투영 면적 계수 f는 다음 식으로 구하도록 하고 있으며,

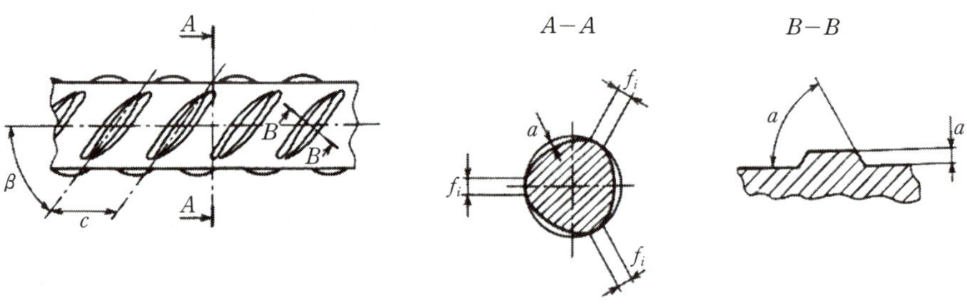

그림 2-49 3줄 리브선의 형상[2.59]

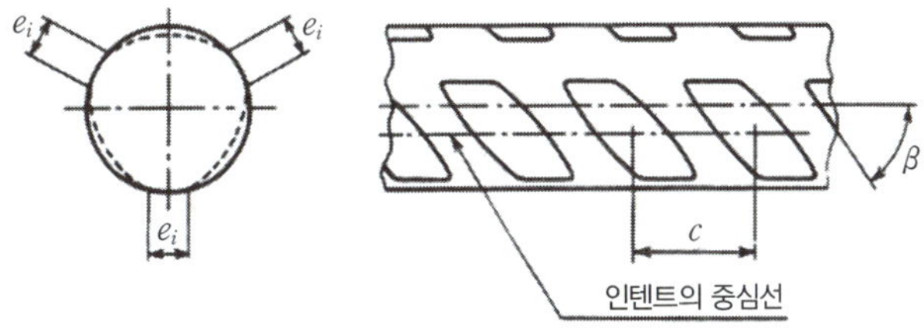

그림 2-50 3줄 인텐트선의 형상[2.59]

표 2-12 투영 면적 계수의 최솟값(KS D 3552)

공칭 선 지름	투영 면적 계수 f	
	리브선	인텐트선
$4\,mm \leq d < 5\,mm$	≥0.036	≥0.007
$5\,mm \leq d < 6\,mm$	≥0.039	≥0.008
$6\,mm \leq d < 8\,mm$	≥0.045	≥0.010
$8\,mm \leq d < 10\,mm$	≥0.052	≥0.013
$10\,mm \leq d < 16\,mm$	≥0.056	≥0.014

표 2-12와 같이 투영 면적 계수의 최솟값을 규정하고 있다. 여기서 K는 리브 또는 인텐트의 줄 수, F는 1개의 리브 또는 인텐트의 평면 투영 면적, β는 리브 또는 인텐트의 기울기, d는 공칭 선 지름, c는 리브 또는 인텐트의 간격이다.

$$f = \frac{KF\sin\beta}{\pi dc} \tag{2 · 82}$$

그림 2-51은 철선의 응력-변형률 곡선 예이다. 일반적으로 철선은 KS D 3554[2.60]에 적합한 선재를 냉간가공하여 생산하므로, 생산과정에서 가공경화(변형경화)가 일어난다. 이로 인해 철선의 응력-변형률 곡선은 철근과 달리 항복점이 뚜렷하지 않고 항복고원이 나타나지 않으며, 철근보다 작은 연신율을 나타낸다. 동일한 지름의 선재를 냉간 가공할 경우 철선을 가늘게 하면 할수록 가공경화가 크게 발생하여

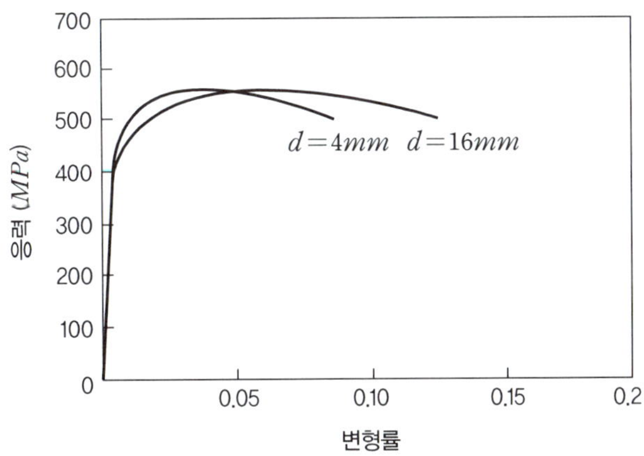

그림 2-51 철선의 응력-변형률 곡선

연신율은 더 줄어들게 된다.

표 2-13은 KS D 3552[2.59]의 철선 종류, 항복강도, 인장강도, 연신율의 최솟값으로, 철선의 지름에 상관없이 동일한 값으로 규정되어 있다. 항복강도와 인장강도의 최솟값은 각각 440 MPa과 550 MPa이며 연신율의 최솟값은 일반철근보다 작은 8%이다.

표 2-13 **콘크리트 보강용 이형철선의 표준(KS D 3552)**

종류	단면모양	공칭 선 지름(mm)	항복점 또는 0.2% 항복강도(N/mm²)	인장강도 (N/mm²)	연신율 (%)
리브선 인텐트선	이형	4.00 4.50 5.00 5.50 6.00 6.50 7.00 7.50 8.00 초과 16.00 이하	440 이상	540 이상	8 이상

2.2.7 철근의 부식

철근은 생산과정에서 표면에 두께 $2\sim6\times10^{-6}\,mm$의 치밀한 부동태 피막이 생성되어 일반적인 환경에서는 부식되지 않지만, 운반이나 보관하는 과정에서 피막이 손상되면 부식이 발생할 수 있다. 철근의 부식은 철근 표면부터 시작되는데, 콘크리트는 PH 값이 평균 12.8인 알칼리성이므로 표면이 부식된 철근이더라도 콘크리트 내부에 배치된 이후에는 더 이상 부식이 진행되지 않는다. 그러나 투수저항 성능이 낮은 콘크리트가 염분 등 유해성 물질에 노출되어 철근 주위의 콘크리트가 알칼리성을 잃고 중성화되거나 탄산화(carbonization)되는 경우 또는 심하게 발생한 균열을 통하여 유해성 물질이 침투하는 경우에는 철근이 부식되기 시작한다. 일반적으로 철근의 부식은 다음과 같은 경우에 발생하기 쉽다.

(1) 염화물 또는 그 밖의 부식성 물질이 노출된 환경일 때

(2) 상대습도가 60%를 초과할 때

(3) 주위의 온도가 높을 때

(4) 건조와 습윤이 반복될 때

콘크리트와의 부착 및 정착 성능 차원에서는 표면의 철근 부식이 긍정적으로 작용한다. 즉, 표면이 부식된 철근이 콘크리트 내부에 배치된 경우, 철근 체적의 약 1% 이내가 부식된 철근은 콘크리트와의 부착강도가 증가한다. 따라서 과거에 원형철근을 주로 사용하던 시절에는 일부러 철근 표면에 경미한 녹이 발생하도록 한 후 시공하기도 했었다. 또, 철근 체적의 1% 이상의 체적이 부식된 경우에도 들뜬 녹이 있는 철근이 아니라면 부식에 의한 부착력의 저하는 거의 없다. 그 이유는 이형철근의 부착성능이 표면 부착에 의해 발휘되는 것이 아니라 횡방향 리브에 의한 지압 효과로 발휘되기 때문이다.

이를 반영하여 한국의 설계기준[2.14~2.16]은 철근이 부식된 경우라도 녹이나 가공 부스러기를 제외한 치수의 중량이 KS D 3504[2.34]에서 요구하고 있는 돌기 높이를 포함하는 철근의 최소 치수와 중량에 미달하지 않는 한 특별히 녹을 제거할 필요가 없다고 규정하고 있다. 다만 들뜬 녹이 발생하면 부착성능이 감소될 수 있으므로, 콘크리트를 타설하기 전에 들뜬 녹을 철솔(wire brush) 등으로 제거하여야 한다. 여기서 들뜬 녹이란 손으로 문질러서 묻어나거나 떨어져 나가는 정도의 녹을 의미한다.

2.3 철근콘크리트의 합성작용과 합성거동

2.3.1 철근콘크리트 부재 및 요소

구조부재(structural member)를 형상에 따라 분류하면 한쪽방향으로 긴 선부재(linear member)와 양쪽방향으로 긴 면부재(plane member)로 구분할 수 있다. 면부재를 단면력의 작용형태에 따라 분류하면, 단면 내의 2축 방향으로 작용하는 면내력(in-plane force)만 작용하는 판요소(plate element, 또는 면요소, membrane element)와 면 외부로의 변형을 유발하는 면외력(out-of-plane force)이 동반되는 쉘요소(shell element)로 구분한다. 면부재에 대한 설명은 2.3.4절에 기술되어 있다.

선부재를 단면력의 작용형태에 따라 분류하면, 그림 2-52와 같이 압축부재(compression member), 인장부재(tension member), 휨부재(flexural member)로 구분할 수 있다. 압축부재와 인장부재는 단면의 중심에 부재 축을 따라 각각 압축력(compression force)과 인장력(tension force)이 작용하는 부재이다. 압축력과 인장력은 모두 부재 축을 따라 작용하는 축력(axial force)이므로 압축부재와 인장부재는 축방향으로만 변형이 발생하는 부재이다. 휨부재는 외력에 의하여 휘는 부재로 주로 휨모멘트의 작용으로 변형(deformation)이 발생하지만, 휨모멘트뿐만 아니라 전단력도 동시에 작용하는 것이 일반적이다. 부재에 휨모멘트와 함께 압축력이 같이 작용하면 휨-압축부재라고 하며, 휨모멘트와 함께 인장력이 같이 작용하면 휨-인장부재라고 한다.

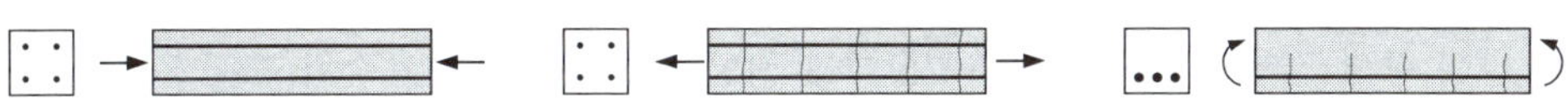

(a) 압축부재　　(b) 인장부재　　(c) 휨부재

그림 2-52 하중 작용에 따른 철근콘크리트 선부재의 종류

압축부재는 콘크리트가 압축파괴 되는 정점변형률과 철근의 항복변형률이 거의 유사하므로 그림 2-53(a)와 같이 콘크리트가 압축파괴 될 때까지 외형적으로 큰 변화 없이 변형이 진행된다. 이것은 콘크리트 안에 철근이 묻혀 있는 합성구조로 힘을 받아서 철근과 콘크리트가 완전히 부착되어 있는 동안에는 철근 주위의 콘크리트가 철근과 동일한 변형률을 나타내기 때문이다.

인장부재는 작용하는 인장력이 작을 때에는 콘크리트와 철근이 같이 저항하며 균열이 발생하지 않는다. 그러나 콘크리트는 인장강도가 매우 작기 때문에 인장하중이 증가하면 철근이 항복하는 인장력에

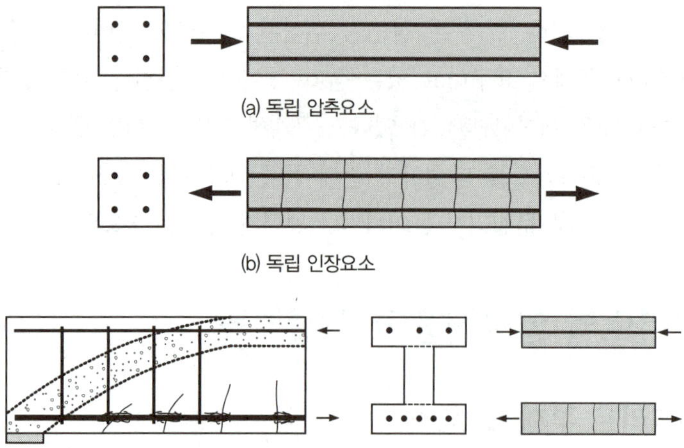

(a) 독립 압축요소

(b) 독립 인장요소

(c) 휨부재의 내부 압축요소와 내부 인장요소

그림 2-53 철근콘크리트 보의 합성작용

비하여 매우 낮은 하중에서 콘크리트에 균열이 발생한다. 이때의 균열은 그림 2-53(b)와 같이 소정의 간격을 가지고 발생하며 단면전체를 관통한다. 균열과 균열 사이에는 콘크리트와 철근이 부착되어 있으면서 인장력에 저항하고 있는데, 균열이 발생한 곳은 철근과 콘크리트의 부착성능이 상실된 위치라고 할 수 있다. 따라서 균열 거동, 즉 균열간격과 균열폭 및 균열의 형태는 철근의 부착성능과 밀접한 관계가 있다. 균열이 발생한 위치에서는 모든 인장력을 철근이 저항한다.

휨부재는 휨모멘트에 의한 우력(偶力, couple of forces) 작용으로 압축응력이 작용하는 부분과 인장응력이 작용하는 부분이 중립축으로 나누어진다. 압축응력이 작용하는 부분은 압축부재와 유사하게 거동하고 인장응력이 작용하는 부분은 인장부재와 유사하게 거동하여, 그림 2-53(c)와 같이 인장응력이 작용하는 부분에 균열이 발생한다. 여기서 압축부재와 유사하게 거동하는 부분은 내부 압축요소라고 하고, 인장부재와 유사하게 거동하는 부분은 내부 인장요소라고 표현할 수 있다. 즉, 압축부재를 구조요소로 구분한다면, 그림 2-53(a)와 같이 부재 자체가 독립적으로 압축력에 저항하는 독립 압축요소와 그림 2-53(c)의 마지막 그림 윗부분에 나타낸 내부 압축요소로 구분할 수 있다. 또 인장부재는 그림 2-53(b)와 같이 부재 자체가 독립적으로 인장력에 저항하는 독립 인장요소와 그림 2-53(c)의 마지막 그림 아랫부분에 나타낸 내부 인장요소로 구분할 수 있다.

휨부재의 내부 압축요소와 내부 인장요소는 그림 2-54(a)와 같이 복부가 얇고 압축부와 인장부가 넓은 단면인 경우에 각각 독립 압축요소 및 독립 인장요소와 유사한 거동을 보인다. 즉, 그림 2-54(a)의 I 형 단면에 그림 2-54(b)와 같이 휨모멘트 M이 작용하면, 그림 2-54(c)와 같은 휨응력분포가 나타난다. 휨응력은 중립축에서의 거리에 비례하므로 복부에 작용하는 휨응력은 크기가 작고, 또 복부가 매우 좁은 단면은 복부에 작용하는 휨응력의 합이 매우 작으므로 그림 2-54(d)와 같이 단순화할 수 있다. 이때에는 그림 2-54(e)와 같이 단면 상부의 압축 플랜지가 내부 압축요소가 되며, 단면 하부의 인장 플랜지가 내부 인장요소가 된다.

이상에서 설명한 것은 부재에서 최대 휨모멘트가 작용하는 부분에 대한 것으로, 실제의 철근콘크

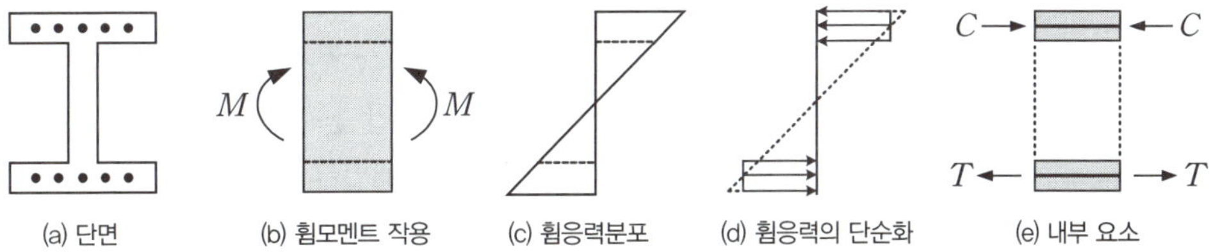

그림 2-54 철근콘크리트 휨부재의 힘 성분

리트 휨부재는 위치에 따라 매우 복잡한 거동을 보인다. 그림 2-55는 중력방향 하중이 작용하는 철근콘크리트 단순보의 기본거동으로, 부재 내에 두 점선 사이 아치형상의 콘크리트가 주로 압축응력을 받는 부분이며 인장부 콘크리트에는 균열이 발생하였으나 철근이 인장력을 저항하고 있는 모습을 나타낸다. 인장부에는 부분적으로 부착성능이 감소하여 수평방향 균열이 발생하기는 하지만, 지점 근처 철근 단부가 콘크리트에 정착되어 빠지지 않는다면 보는 아치작용(arch action)으로 저항하여 구조적 안정을 이룬다.

그림 2-56은 단순보의 왼쪽 부분으로 철근과 콘크리트의 합성작용을 나타낸다. 그림 2-55에서 좌우 대칭인 두 집중하중 사이의 단면에는 휨모멘트만 작용하고, 집중하중과 지점 사이에는 휨모멘트와 함께 전단력도 같이 작용한다. 따라서 그림 2-56과 같이 휨모멘트만 작용하는 중앙부는 단면 상부의 콘크리트에 압축력이 작용하고 하부 철근이 인장력이 작용한다. 여기서 압축부는 압축철근과 콘크리트가 합성된

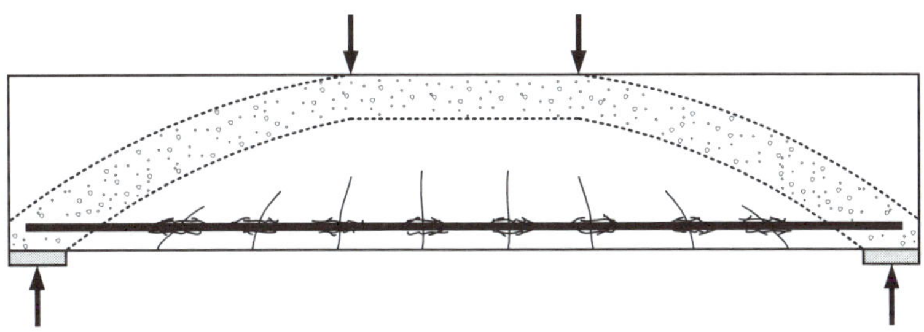

그림 2-55 철근콘크리트 보의 아치 거동

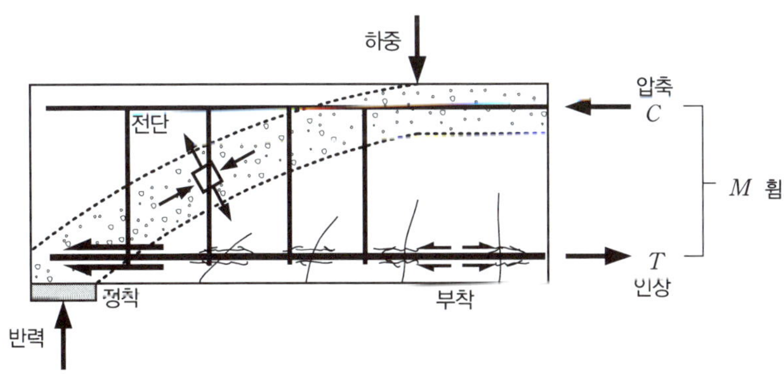

그림 2-56 철근콘크리트 보의 합성작용

내부 압축요소로서 압축력에 저항하며, 인장부는 인장철근과 콘크리트가 합성된 내부 인장요소로서 인장력에 저항한다. 휨모멘트와 전단력이 함께 작용하는 구간은 그림 2-56과 같이 휨모멘트와 전단력의 합성작용으로 주응력의 방향이 결정되며, 2.1.13절에서 설명한 2축 압축-인장 상태가 된다. 이 구간에 대한 보강으로는 수직방향이나 경사진 방향으로 전단보강철근을 배치하여 콘크리트와 합성작용으로 저항하도록 한다.

인장부에 발생하는 콘크리트의 균열은 휨모멘트만 작용하는 구간에서는 수직방향으로 진전되며, 휨모멘트와 전단력이 같이 작용하는 구간에서는 인장연단에서 수직방향으로 균열이 시작되어 경사방향으로 진전된다. 균열과 균열 사이에는 철근과 콘크리트가 부착되어(bondage) 있으나, 좌우로 늘어나는 철근과 콘크리트 사이의 부착응력이 크게 증가하면 국부적으로 부착파괴가 발생하여 철근을 따라 수평방향의 균열이 발생할 수 있다. 그러나 국부적으로 부착파괴가 발생하더라도 구조적으로 큰 문제가 되는 것은 아니며, 그림 2-56의 지점부에 나타낸 바와 같이 철근 양단이 콘크리트에 충분히 정착되어(anchorage) 있으면 구조성능을 발휘할 수 있다.

2.3.2 콘크리트와 철근의 합성작용 및 부착

철근콘크리트 부재는 콘크리트와 철근의 부착성능 및 정착성능에 따라 합성거동이 영향을 받는다. 부착성능은 철근이 주위의 콘크리트와 분리되거나 콘크리트가 국부적으로 파괴되지 않고 철근과 콘크리트가 일체로 거동하는 성능을 말하며, 정착성능은 콘크리트에 묻혀 있는 철근이 콘크리트와 분리되어 빠지지 않고 힘을 받을 수 있는 성능을 의미한다.

철근콘크리트의 부착성능은 철근과 콘크리트가 인장응력 또는 압축응력을 받을 때 나타나는 미끄럼변위(slip displacement)의 크기에 따라 결정된다. 여기서 미끄럼변위는 철근과 콘크리트 사이에 발생하는 상대변위(relative displacement)를 의미하는 것으로, 철근의 표면 형상에 따라 크게 다르게 나타난다. 그림 2-57(a)는 원형철근과 이형철근의 부착응력-미끄럼변위 관계(bond stress-slip displacement relationship)로, 원형철근은 이형철근보다 낮은 부착응력에서 미끄럼이 발생하여 급격히 미끄럼변위가 증가한다. 이것은 원형철근의 부착성능이 주로 점착(cohesiveness)과 마찰(friction)만으로 발휘되기 때문이다. 점착은 다른 물체에 달라붙는 성질로 시멘트 풀의 특성으로 콘크리트가 철근과의 점착이 발휘되며, 마찰은 철근과 콘크리트의 접촉면의 거친 정도에 따라 저항성능이 발휘된다. 원형철근은 전체 길이에 걸쳐서 단면이 원형으로 일정하므로, 이형철근과 같은 횡방향 리브(마디)에 의한 저항 작용 없이 표면에서의 점착저항과 마찰저항에 의해서만 부착되어 있다. 따라서 철근 표면에 점착과 마찰의 저항성능보다 큰 부착응력이 작용하면, 그림 2-57(b)와 같이 철근의 매끈한 표면이 콘크리트와 분리되어 철근이 뽑히는 형태의 파괴가 나타난다.

이형철근은 일반적으로 부착성능이 좋아서, 그림 2-57(a)에 나타난 바와 같이 원형철근보다 더 높은 부착응력까지 저항할 수 있다. 이것은 이형철근의 경우 점착저항 및 마찰저항과 함께 지압(bearing)에 의하여 부착성능이 발휘되기 때문이다. 즉, 이형철근에는 표면에 횡방향 리브가 있으므로, 그림 2-57(c)와

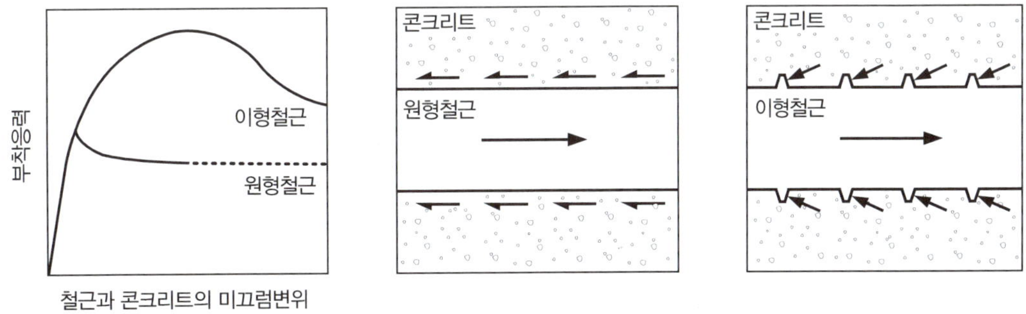

(a) 철근 형상에 따른 부착성능 (b) 원형철근의 부착저항 (c) 이형철근의 부착저항

그림 2-57 원형철근과 이형철근의 부착성능

같이 횡방향 리브 주위의 콘크리트가 경사진 횡방향 리브 표면의 직각방향으로 응력을 받으며 부착저항 성능을 발휘한다. 그러나 횡방향 리브가 있다고 해서 모두 좋은 부착성능을 나타내는 것은 아니다.

그림 2-58은 횡방향 리브의 저항성능에 따른 부착 파괴형태와 부착성능을 나타낸 것으로, 그림 2-58(a)에 나타난 바와 같이 쪼갬파괴(splitting failure)가 나타날 때는 매우 좋은 부착성능을 보이지만 뽑힘파괴(pullout failure)가 나타날 때는 부착강도도 낮고 매우 취성으로 급격히 파괴된다. 이러한 파괴 형태는 횡방향 리브의 높이 및 간격과 관련이 있다. 그림 2-58(b)는 횡방향 리브가 낮고 간격이 좁은 경우로, 횡방향 리브 사이 빗금으로 표시된 부분의 콘크리트가 전단작용(shearing)으로 파괴되어 뽑힘파괴가 발생하는 것을 나타낸다. 그림 2-58(c)는 횡방향 리브가 상대적으로 높고 간격이 적당히 조정된 경우이다. 이 경우에는 횡방향 리브 사이에서 빗금으로 표시된 부분의 콘크리트가 지압작용(bearing)으로 국부적으로 파괴되어 철근 주위의 콘크리트에 쪼갬균열(splitting crack)이 발생하면서 파괴에 이르지만, 뽑힘파괴는 발생하지 않는 것을 나타낸다.

만일 실제 철근콘크리트 구조물에서 철근의 부착파괴가 발생한다면 뽑힘파괴보다는 쪼갬파괴가 나타나는 것이 구조적으로 유리하다. 따라서 철근의 표준(standard)은 횡방향 리브의 높이와 간격에 대한 규정을 두어 쪼갬파괴가 나타나는 이형철근을 사용하도록 규정하고 있다. 한편, 그림 2-55와 그림 2-56

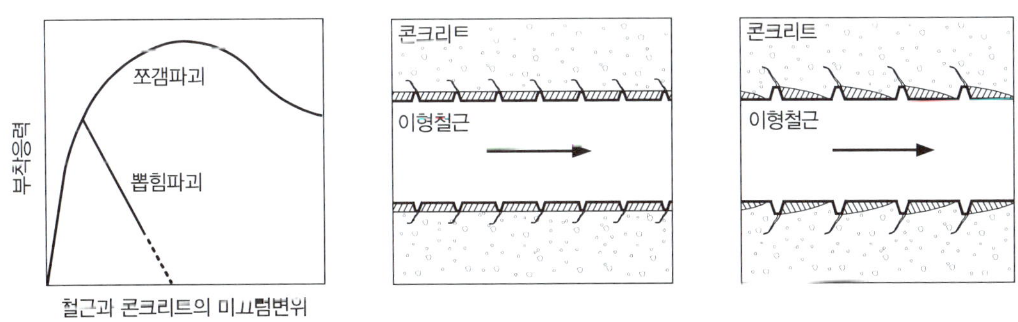

(a) 부착파괴 형상에 따른 부착성능 (b) 철근의 뽑힘파괴 (c) 콘크리트의 쪼갬파괴

그림 2-58 이형철근의 부착파괴

으로 설명한 바와 같이, 철근 양단이 콘크리트에 충분히 정착되어 있으면 국부적으로 부착파괴가 발생하더라도 구조성능을 발휘하는 데는 큰 문제가 없다. 또 설계자는 철근콘크리트 구조물의 연성파괴를 유도하기 위하여 콘크리트의 압축파괴보다 철근의 항복이 먼저 발생하도록 설계하여야 한다. 따라서 설계기준에서는 철근이 항복할 때까지 부착파괴가 발생하지 않는 길이, 즉 정착길이(anchorage length, development length)의 결정방법을 규정하고 철근의 정착성능을 검증하도록 하고 있다.

2.3.3 철근콘크리트 선부재의 합성거동

2.3.1절에서 소개한 철근콘크리트 인장부재, 압축부재, 휨부재는 외력의 작용 형태에 따라 다음과 같이 인장, 압축, 휨의 기본적인 합성거동을 보인다. 이 합성거동은 콘크리트와 철근의 강도, 콘크리트 단면적에 대한 철근 단면적의 비율, 횡방향 철근에 의한 구속효과 등에 영향을 받는다.

[1] 인장 합성거동

콘크리트는 인장강도가 매우 작고 구조적으로 바람직하지 않은 취성파괴 거동을 보여서, 철근을 배치하지 않은 무근 콘크리트 인장부재는 사용하지 않는 것이 일반적이다. 즉, 그림 2-59(a)와 같이 무근 콘크리트 인장부재는 응력과 변형률이 각각 인장강도 f_{ct}와 균열 변형률 ε_{ct}에 도달하면 균열이 발생하면서 즉시 파괴된다. 여기에 축방향 철근이 추가되면 그림 2-59(b)와 같은 응력-변형률 관계를 보인다. 균열이 발생할 때의 평균응력과 평균변형률 $\varepsilon_{ct,\,avg}$는 철근이 추가됨에 따라 f_{ct} 및 ε_{ct} 보다 다소 증가하지만 주목할 만큼 크게 증가하지는 않는다. 그러나 균열발생 이후의 거동은 무근 콘크리트 인장부재와 크게 다르며, 무근 콘크리트 인장부재와는 달리 연성이 크게 증가한다. 이것은 콘크리트에 균열이 발생하여도 철근이 파단될 때까지 인장력에 저항할 수 있기 때문이다. 균열 이후 인장력이 증가하면 균열과 균열 사이에서는 콘크리트와 철근이 함께 인장력에 저항하고, 균열면에서는 인장력을 모두 철근이 저항한다. 따라서 균열면에서 철근에 발생하는 변형률보다는 부재 전체길이에 나타나는 평균변형률이 더 작게 나타난다. 이와 같은 현상을 인장증강효과(tension stiffening effect)라고 한다. 균열면에서 철근이 항복하는

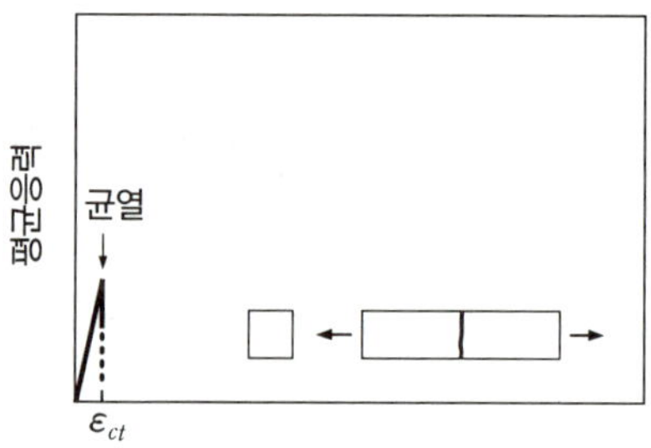

(a) 무근콘크리트 인장부재

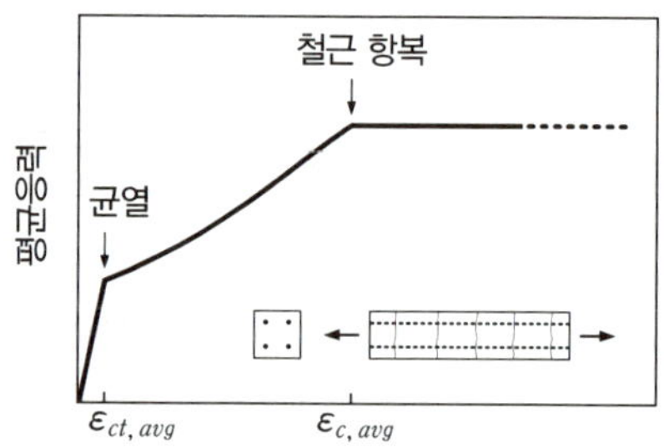

(b) 철근콘크리트 인장부재

그림 2-59 콘크리트 인장부재의 거동

순간의 평균변형률은 $\varepsilon_{y,\,avg}$로 나타낼 수 있는데, 철근의 변형률 경화가 시작될 때까지는 인장력이 더 증가하지 않는 상태에서 평균변형률이 크게 증가하여 구조적 의미에서의 극한한계상태에 도달하게 된다.

그림 2-60은 한 변이 100 mm인 정사각형 단면에 단면적이 150 mm^2인 축방향 철근이 배치된 철근콘크리트 인장부재와 압축부재에서 철근과 콘크리트가 부담하는 단면력 성분을 변형률에 따라 나타낸 것이다. 콘크리트의 압축강도 f_{ck}와 인장강도 f_{ct}는 각각 40 MPa과 4 MPa, 콘크리트 탄성계수 E_c는 30,000 MPa, 철근의 항복강도 f_y는 400 MPa이며, 철근의 단면적을 전체 단면적으로 나눈 비율로 정의되는 철근비는 0.015인 경우이다.

이 인장부재에서 무근 콘크리트 단면의 인장강도로 콘크리트가 받을 수 있는 최대인장력 T_{ct}, 콘크리트에 균열이 발생할 때 철근에 작용하는 인장력 T_{sct}, 철근콘크리트 인장부재에 균열이 발생하는 균열강도 T_{cr}, 철근이 항복할 때의 인장력 T_{sy}, 부재단면의 축인장강도 T_n은 다음과 같이 구할 수 있으며, 변형률과 인장력 힘 성분의 관계는 그림 2-60(a)와 같다.

무근 콘크리트 단면의 인장강도: $T_{ct} = f_{ct}(area) = 4\times100\times100 = 40{,}000\ N = 40\ kN$

균열 발생 때 철근의 인장력: $T_{sct} = f_s A_s = (\varepsilon_{ct} E_s)A_s = \left(\dfrac{f_{ct}}{E_c} E_s\right) A_s$

$$= \left(\frac{4}{30{,}000}\times200{,}000\right)\times150 = 26.67\times150 = 4{,}000N = 4\ kN$$

인장부재의 균열강도: $T_{cr} = T_{ct} + T_{sct} = 40+4 = 44\ kN$

철근의 항복인장력: $T_{sy} = f_y A_s = 400\times150 = 60{,}000\ N = 60\ kN$

인장부재의 축인장강도: $T_n = T_{sy} = 60\ kN$

무근 콘크리트 단면의 인장강도 T_{ct}는 콘크리트가 균열 변형률 ε_{ct}에 도달했을 때의 인장력으로 40 kN으로 계산되었다. 인장응력을 받는 콘크리트의 탄성계수는 압축응력에 대한 탄성계수와 동일하다고 보아도 좋다. 따라서 콘크리트의 인장강도 f_{ct}를 콘크리트의 탄성계수로 나누면 콘크리트의 균열 변형률 ε_{ct}를 결정할 수 있다. 철근과 콘크리트가 완전히 부착되어 있으면 철근의 변형률과 콘크리트의

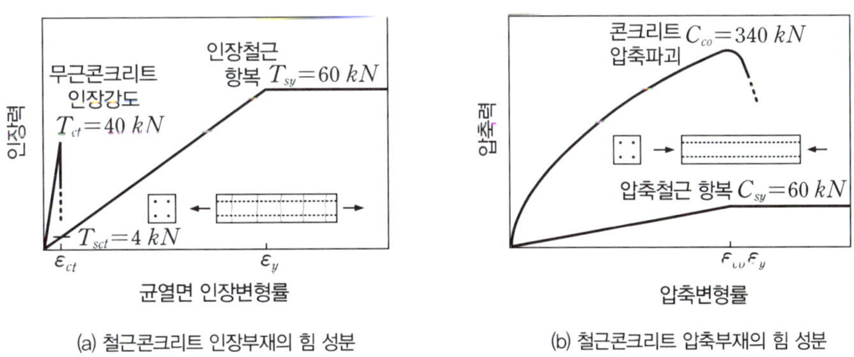

(a) 철근콘크리트 인장부재의 힘 성분　　(b) 철근콘크리트 압축부재의 힘 성분

그림 2-60 철근콘크리트 축부재의 힘 성분

변형률이 동일하므로, 콘크리트에 균열이 발생할 때 철근의 변형률도 ε_{ct}가 되어 철근은 4 kN의 인장력을 받는다. 따라서 이 철근콘크리트 인장부재에 균열이 발생하는 인장력, 즉 균열강도는 콘크리트가 40 kN을 받고 철근이 4 kN을 받아서 44 kN이 된다. 따라서 그림 2-60(a)에 나타난 바와 같이, 콘크리트에 균열이 발생하기 전에는 대부분의 인장력을 콘크리트가 받으며 철근이 저항하는 인장력은 상대적으로 매우 작다. 그러나 균열이 발생하고 나면 균열면에서는 더 이상 콘크리트가 인장력에 저항하지 못한다. 따라서 콘크리트가 받던 인장력 40 kN은 균열면 위치의 철근에 전가되어 44 kN을 모두 철근이 받게 된다. 즉, 44 kN의 인장력에 대하여 균열 전에는 대부분의 인장력인 40 kN을 콘크리트가 저항하지만, 균열이 발생하면 균열면에서는 철근만이 그 힘을 저항한다. 이때의 인장력은 철근이 항복할 때의 인장력 60 kN보다 작으므로, 이 인장부재는 철근이 항복할 때까지 증가된 인장력에 저항할 수 있다. 이때 균열과 균열 사이에서는 콘크리트와 철근이 부착되어 있으므로 두 재료가 함께 인장력에 저항하지만, 균열면에서는 인장력을 모두 철근이 저항한다. 따라서 이 인장부재의 축인장강도는 철근의 항복인장력과 동일한 60 kN이 된다.

[2] 압축 합성거동

그림 2-60(b)는 한 변이 100 mm인 정사각형 단면에 단면적이 150 mm^2인 철근이 배치된 철근콘크리트 압축부재에서 철근과 콘크리트가 부담하는 단면력 성분을 변형률에 따라 나타낸 것이다. 콘크리트의 압축강도 f_{ck}는 40 MPa이고 철근의 항복강도 f_y가 400 MPa이며, 철근비가 0.015인 경우이다.

압축부재 콘크리트의 최대압축력 C_{co}, 철근이 항복할 때의 압축력 C_{sy}, 부재단면의 축압축강도 C_n은 다음과 같이 구할 수 있으며, 변형률과 압축력 힘 성분의 관계는 그림 2-60(b)와 같다.

콘크리트의 최대압축력 : $C_{co} = 0.85 f_{ck}(area) = 0.85\times40\times100\times100 = 340{,}000\ N = 340\ kN$

철근의 항복압축력 : $C_{sy} = f_y A_s = 400\times150 = 60{,}000\ N = 60\ kN$

부재단면의 축압축강도 : $C_n = C_{co}+C_{sy} = 340+60 = 400\ kN$

2.1.7절에서 설명한 바와 같이 압축강도가 40 MPa인 콘크리트의 정점변형률 ε_{co}는 0.002이고, 항복강도가 400 MPa인 철근의 항복변형률 ε_y도 0.002이므로 콘크리트와 철근은 변형률이 0.002일 때 동시에 최대 압축력을 받게 된다. 변형률이 0.002를 초과하면 철근은 항복한 이후에도 소성상태로 압축력에 저항하지만 축압축력을 받는 콘크리트는 정점변형률에서 파괴되므로 더 이상의 압축력을 받을 수 없다. 이때의 압축력을 축압축강도라고 하는데, 400 kN의 축압축강도 중 85%인 340 kN은 콘크리트가 저항하고 15%인 60 kN은 철근이 저항한다.

철근콘크리트 압축부재에 압축강도가 높은 콘크리트와 항복강도가 낮은 철근이 사용된 경우에는 그림 2-61(a)와 같은 평균변형률-평균응력 곡선을 나타낸다. 압축강도가 40 MPa보다 더 높은 콘크리트는 정점변형률 ε_{co}가 0.002보다 크고 항복강도가 40 MPa보다 낮은 철근은 항복변형률 ε_y가 0.002보다 작으므로, ε_y가 ε_{co}보다 작게 된다. 따라서 고강도콘크리트와 저강도철근으로 구성된 압축부재는 그림 2-61(a)와 같이 철근이 먼저 항복하고 나서 콘크리트가 압축파괴 될 때까지 압축력에 저항한다. 철근이

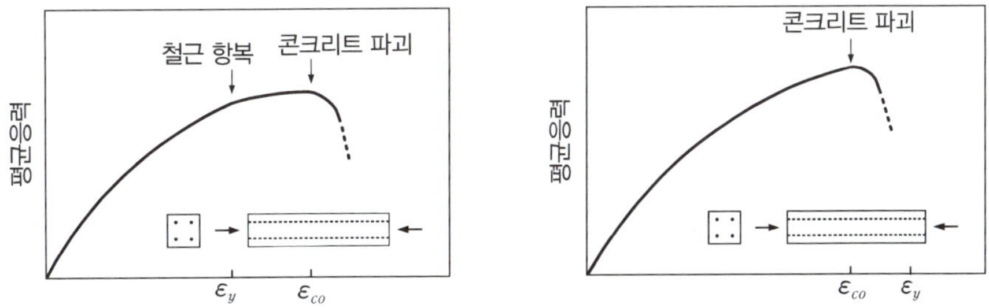

(a) 고강도콘크리트와 저강도철근의 압축부재

(b) 저강도 콘크리트와 고강도철근의 압축부재

그림 2-61 철근콘크리트 압축부재의 거동

항복하면 변형률 경화 현상 이전에는 변형률이 증가되어도 응력이 일정하므로, 변형률이 ε_y에서 ε_{co}로 증가되어 파괴 될 때까지는 콘크리트가 압축력에 저항한다.

반대로 고강도콘크리트와 저강도철근으로 구성된 압축부재는 ε_{co}가 ε_y보다 작다. 따라서 압축력이 증가하면 철근이 항복하기 전에 콘크리트가 먼저 압축파괴 되므로, 그림 2-61(b)와 같은 평균변형률-평균응력 곡선을 나타낸다. 이 경우에는 철근이 먼저 항복하는 그림 2-61(a)와 달리 최대 압축력에 도달할 때까지 기울기가 낮아지지 않는 상태로 증가하는 평균응력-평균변형률 곡선 형상을 나타낸다.

그림 2-62는 횡방향 철근의 구속효과에 따라 나타나는 평균변형률-평균응력 곡선이다. 압축부재의 횡방향 철근은 독립된 개개의 철근이 축방향 철근을 감싸는 형태의 띠철근과 하나의 철근이 연속으로 축방향 철근을 감싸는 용수철 모양의 나선철근으로 구분된다. 횡방향 철근은 감싸고 있는 콘크리트 단면 내부인 심부(concrete core)의 압축강도를 증진시키고 축방향 철근의 좌굴(buckling)을 억제하는 역할을 한다. 횡방향 철근의 구속효과는 2.1.12절에서 설명한 바와 같이 횡방향 철근의 형태, 간격, 양에 따라 달리 나타난다. 동일한 양과 간격을 가진다면 나선철근이 띠철근에 비하여 횡구속 효과가 더 크게 발휘된다.

나선철근 압축부재에서 나선철근의 양이 충분하고 간격이 촘촘한 경우에는 횡구속 효과가 매우 커서, 그림 2-62(a)와 같이 콘크리트가 정점변형률 ε_{co}에 도달하여도 파괴되지 않는다. 물론 나선철근으로 감싸지지 않은 피복부의 콘크리트는 파괴되지만, 심부콘크리트의 압축강도는 크게 증가되기 때문에 심부콘크리트의 단면적이 전체 단면적에 비하여 작음에도 불구하고 파괴되지 않고 압축력에 저항할 수 있다. 이 경우에는 압축력이 증가하여도 심부콘크리트가 파괴되지 않고 변형률만 증가하여 높은 값의 횡구속 정점변형률 $\varepsilon_{co,c,high}$에 도달할 때까지 파괴되지 않는 연성거동을 나타낸다. 나선철근의 양이 불충분하거나 간격이 촘촘하지 않은 경우에는 횡구속 성능이 감소한다. 이때에는 그림 2-62(a)에 나타난 바와 같이, 콘크리트의 횡구속 정점변형률이 크게 증가하지 않아서 높은 변형률까지 압축력을 유지하지 못하고 $\varepsilon_{co,c,low}$에 도달하면 심부콘크리트가 파괴된다.

띠철근 압축부재의 경우에는 횡구속 성능이 나선철근보다 낮아서 횡구속 정점변형률이 크게 증가하지 않는다. 따라서 많은 양의 띠철근이 배치되어도 같은 양의 나선철근이 배치된 경우보다 연성능력이 낮아서, 그림 2-62(b)와 같이 최대압축력을 유지하지 못하고 압축력이 감소한다. 적은 양의 띠철근이

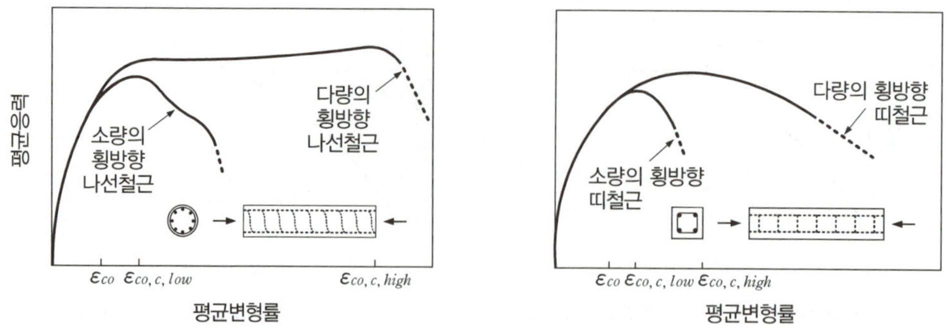

(a) 나선철근 압축부재의 횡구속 효과

(b) 띠철근 압축부재의 횡구속 효과

그림 2-62 철근콘크리트 압축부재의 횡구속 효과에 따른 거동

배치된 경우는 특히 더 연성능력이 낮아서 최대압축력에 도달한 즉시 급격히 파괴되는 거동을 보인다.

[3] 휨 합성거동

부재에 휨모멘트가 작용하면 중립축을 중심으로 윗부분과 아랫부분에 압축응력과 인장응력이 작용하여 휘게 되고, 이때 휘는 각도를 곡률(curvature)이라고 한다. 철근콘크리트 휨부재에서는 특정 거동을 보이는 상태로, 콘크리트 인장연단에 균열이 발생하기 시작하는 곡률을 균열곡률(cracking curvature) ϕ_{cr}, 인장철근이 항복할 때의 곡률을 항복곡률(yielding curvature) ϕ_y, 콘크리트 압축연단이 압괴(crushing) 되어 단면이 파괴되는 곡률을 극한곡률(ultimate curvature) ϕ_u로 나타낸다. 또, 이 세 가지 곡률상태를 유발하는 휨모멘트를 각각 균열휨모멘트(cracking moment) M_{cr}, 항복휨모멘트(yielding moment) M_y, 극한휨모멘트(ultimate moment) M_u로 나타낸다. 그러나 철근콘크리트 휨부재에서 항상 이 세 가지 현상이 나타나는 것은 아닌데, 이것은 인장철근의 양에 따라 거동이 달라지기 때문이다.

그림 2-63(a)는 인장철근이 상대적으로 적게 배치된 휨부재의 휨모멘트-곡률 곡선이다. 이 경우에는 균열곡률에서 균열이 발생하기 시작하고, 휨모멘트가 증가함에 따라 균열이 중립축 방향으로 진전되어 단면의 강성(stiffness)이 감소하고 휨모멘트-곡률 곡선의 기울기가 감소한다. 휨모멘트가 더 증가하면 인장철근이 항복하게 되고, 인장철근이 항복하고 나면 약간의 휨모멘트의 증가에도 곡률이 크게 증가하여 큰 변형을 일으키다가 압축연단 콘크리트가 파괴되어 극한상태가 된다. 이와 같은 연성파괴(ductile failure)를 보이는 부재의 단면을 저보강 단면(under-reinforced section)이라고 한다. 여기서 극한곡률에 대한 항복곡률의 비를 다음과 같이 곡률연성도(curvature ductility factor)라고 정의한다. 곡률연성도 μ_ϕ는 단면의 연성능력을 정량적으로 나타내는 것으로, 값이 클수록 연성능력이 크다는 뜻이다.

$$\mu_\phi = \frac{\phi_u}{\phi_y} \tag{2·83}$$

그림 2-63(b)는 인장철근이 상대적으로 많이 배치된 휨부재의 휨모멘트-곡률 곡선이다. 이 경우에는 균열곡률에서 균열이 발생하기 시작하고, 휨모멘트가 증가함에 따라 균열이 중립축 방향으로 진전되기는 하지만 단면의 강성이 크게 감소하지는 않는다. 또 압축연단 콘크리트가 파괴되어 극한상태가

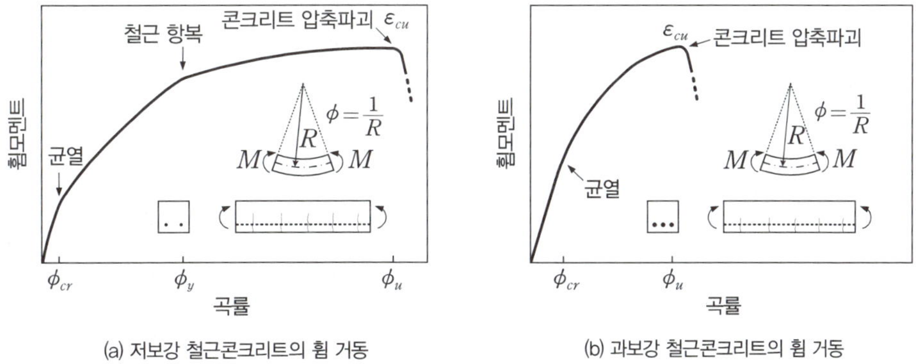

그림 2-63 철근콘크리트의 휨 거동

될 때까지 인장철근이 항복하지 않는다. 즉, 인장철근이 탄성상태에 있을 때 압축연단 콘크리트가 파괴되어 상대적으로 작은 값의 극한곡률 ϕ_u에서 파괴되므로, 외관상으로 파괴가 임박했다는 것을 알기 어렵고 급작스런 파괴유형을 보인다. 이와 같은 취성파괴(brittle failure)를 보이는 부재의 단면을 과보강 단면(over-reinforced section)이라고 한다. 과보강 단면은 항복곡률 ϕ_y가 존재하지 않으므로 곡률연성도 역시 존재하지 않는다.

2.3.4 철근콘크리트 면부재의 합성거동

2.1.13절에서 설명한 바와 같이, 판(plate)이나 쉘(shell)과 같은 면부재(plane member)가 면내(in-plane) 2개의 축 방향으로 응력을 받으면 2축 응력상태가 된다. 이렇게 면부재가 2축 응력상태로만 외력에 저항하게 되면 판요소(plate element, 또는 면요소, membrane element)라고 한다. 면부재가 2축 응력상태로뿐만 아니라 면 외부로의 변형을 유발하는 면외력(out-of-plane force)에 대해서도 저항하게 되면 쉘요소(shell element)라고 한다. 즉, 면부재는 외력의 작용 형태에 따라 면내력(in-plane force)만 작용하는 판요소(plate element)와 면외력(out-of-plane force)까지 동반하여 작용하는 쉘요소(shell element)로 구분되며, 다음과 같은 합성거동을 보인다.

[1] 판요소의 합성거동

판요소는 단면 내의 2축 방향으로 면내력만 작용하는 면부재로, 2축 응력 상태의 판(plate)이나 쉘(shell) 뿐만 아니라 선 부재를 구성하는 판도 해당된다. 그림 2-64(a)는 교량에 많이 사용되는 박스 단면으로, 휨, 전단, 축력, 비틀림의 합력작용에 의하여 상부 플랜지, 복부, 하부 플랜지가 그림 2-64(b)와 같이 압축 또는 인장의 종방향과 횡방향의 법선응력(normal stress) f_l, f_t와 전단응력 τ가 작용하는 예이다. 이 2축 응력상태는 그림 2-64(c)와 같은 2축의 주응력 f_1과 f_2로 작용하며, f_1으로 나타낸 주인장응력이 콘크리트의 인장강도를 초과하면 균열이 발생한다. 균열이 발생한 이후에도 하중에 저항하도록 하려면 철근으로 보강을 하여야 하는데, 그림 2-64(d)에 점선으로 표현된 철근의 배치 방향은 주응력의 작용방향과 일치하지 않는 것이 일반적이다. 그림 2-64(d)와 같이 주인장응력에 의한 변형률 ε_1이 증가하여 균열이 발생하면, f_2로 나타낸 주압축응력 방향으로는 연화되어 콘크리트의 압축강도가 감소한다. 판요소의 철근은 그림 2-64(d)와 같이 부재의 양쪽 표면 가까이에 종방향과 횡방향의 두 방향으로 배치하는 것이 일반적이다.

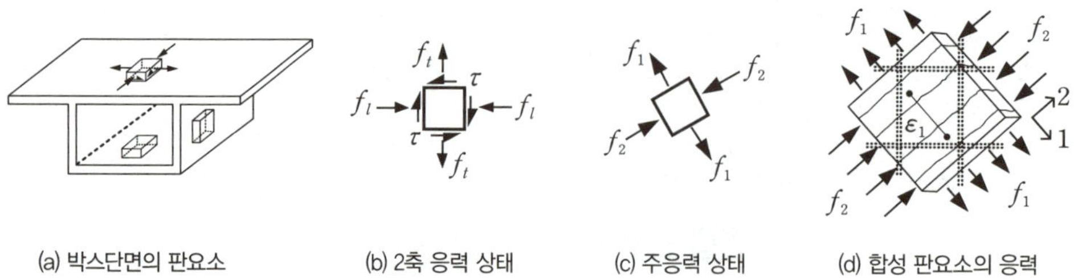

그림 2-64 판요소의 응력 상태

[2] 쉘요소의 합성거동

쉘요소는 단면 내의 2축 방향으로 작용하는 면내력과 면 외부로의 변형을 유발하는 면외력이 동시에 작용하는 구조요소이다. 그림 2-65(a)는 면내력만 작용하는 판요소의 힘 작용과 응력을 나타낸다. 즉, 부재에 종방향과 횡방향 법선력(normal force) N_l과 N_t, 그리고 전단력 V_{lt}이 작용하면, 이 세 면내력의 작용으로 종방향과 횡방향 법선응력(normal stress) f_l 및 f_t와 전단응력 τ가 면내응력(in-plane stress)으로 작용한다. 이 면내력 N_l, N_t, V_{lt}에 그림 2-65(b)와 같이 z방향으로 전단력 V_{lz}와 V_{tz}, 그리고 휨모멘트 M_l과 M_t가 추가로 작용하면, 이 면요소는 면 외부로 변형이 발생하는 쉘요소가 된다. 콘크리트 쉘요소를 보강하기 위한 철근도 판요소와 동일하게 그림 2-65(c)와 같이 부재의 양 쪽 표면 가까이에 종방향과 횡방향의 두 방향으로 배치하는 것이 일반적이다. 즉, 외형으로는 판요소와 쉘요소가 동일한 형태로 철근이 배치된다는 것이다. 그러나 그림 2-65(d)에서, 판요소인 경우에는 상부와 하부에 배치된 철근이 동일한 응력과 변형률을 갖게 되지만, 쉘요소인 경우에는 면외력인 휨모멘트 M_l과 M_t의 작용으로 상부에 배치된 철근의 응력과 변형률은 하부에 배치된 철근의 응력과 변형률과 다른 값을 갖게 된다.

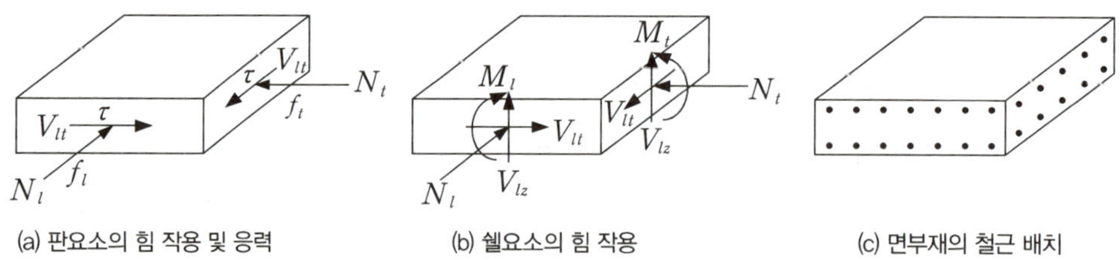

그림 2-65 면부재의 힘 작용 및 철근 배치

참고문헌

2.1 국토교통부, 한국콘크리트학회, KCS 14 20, 콘크리트공사표준시방서, 시방서 및 해설 2022.

2.2 한국산업표준, KS L 5201, 포틀랜드 시멘트, 2016.

2.3 Abrams, D. A., *Design of Concrete Mixtures*, Bulletin 1, Structural Materials Research Laboratory, Lewis Institute, Chicago, 1919, 20 pp.

2.4 Wang, C. K., Salmon, C. G., and Pincheira, J. A., *Reinforced Concrete Design*, 7th edition, John Wiley & Son, 2007 (p 5), Courtesy of Portland Cement Association.

2.5 한국콘크리트학회, 최신 콘크리트공학, 기문당, 2011, 930 pp.

2.6 ACI Committee 440, *Guide for the Design and Construction of Structural Concrete Reinforced with FRP Bars* (ACI 440.1R−06), American Concrete Institute, Farmington Hills, Michigan, 2006, 44 pp.

2.7 이재훈, 손현아, 신성진, "전단 보강이 없는 FRP RC보의 파괴 거동", 한국콘크리트학회논문집, 제22권 2호, 2010년 4월, pp 199−208.

2.8 ISO 1920−3, Testing of Concrete−Part 3: *Making and curing test specimens*, International Organization for Standardization, 2004.

2.9 한국산업표준, KS F 2401, 굳지 않은 콘크리트의 시료 채취 방법, 2012.

2.10 한국산업표준, KS F 2403, 콘크리트의 강도 시험용 공시체 제작 방법, 2014.

2.11 한국산업표준, KS F 2405, 콘크리트 압축 강도 시험 방법, 2010.

2.12 ACI Committee 318, *Building Code Requirements for Structural Concrete* (ACI 318−19) *and Commentary* (ACI 318R−19), American Concrete Institute, Farmington Hills, MI, 2019.

2.13 CEN, Eurocode 2: *Design of Concrete Structures*, European Committee for Standardization, 2004.

2.14 한국콘크리트학회, 콘크리트구조 학회기준, 2017.

2.15 국토교통부, 한국콘크리트학회, KDS 14 20 콘크리트구조 설계기준, 기준 및 해설, 2021.

2.16 국토교통부, 한국교량및구조공학회, KDS 24 14 21 콘크리트교 설계기준(한계상태설계법), 기준 및 해설, 2023.

2.17 김지상, 신정호, "통계적 분산을 고려한 콘크리트의 역학적 특성," 한국콘크리트학회 논문집, 제21권 6호, 2009, pp. 789−796.

2.18 이재훈, 임강섭, 황도규, "성능 중심 설계기준을 위한 콘크리트 압축응력 분포", 한국콘크리트학회논문집, 제23권 3호, 2011년 6월, pp 365−376.

2.19 CSA, *Design of Concrete Structures*(CSA Standard A23.3−04), Canadian Standard Association, Rexdale, Ontario, Canada, 2004.

2.20 JSCE, *Standard Specifications for Concrete Structures*−2007, Design, JSCE Guidelines for Concrete No. 15, Japan Society of Civil Engineers, Japan, 2007.

2.21 Whitney, C. S., "Design of Reinforced Concrete Members Under Flexure or Combined Flexure and Direct Compression," *ACI Journal Proceedings*, Vol. 8, No. 4, March−April, 1937, pp. 483−498.

2.22 이재훈, 김재요, 엄태성, 이도형, 조재열, 황도규, 국내외 주요 기준의 휨−압축 부재 설계 및 예제, 콘크리트 실무지침 KCI PM102.1−14, 한국콘크리트학회, 휨−압축위원회(KCI 102), 2014년 12월, 198 pp.

2.23 한국산업표준, KS F 2423, 콘크리트의 쪼갬 인장 강도 시험방법, 2016.

2.24 한국산업표준, KS F 2408, 콘크리트의 휨강도 시험방법, 2016.

2.25 Mizar, S. A., Hatzinikolas, M., and MacGregor, J. G., "Statistical Descriptions of Strength of Concrete," *Journal of the Structural Division*, ASCE, 105, ST6(June 1979), pp. 1021–1037. Discussion, 106, ST7(July 1980), pp. 1659–1660.

2.26 Wang, C. K., Salmon, C. G., and Pincheira, J. A., *Reinforced Concrete Design*, 7th edition, John Wiley & Son, 2007 (p 13).

2.27 CEB–FIP Model Code 1990 for *Concrete Structures*, Comité Euro–International du Béton, 1993.

2.28 Richart, F. E., Brandtzaeg, A., and Brown, R. L., "A Study of the Failure of Concrete under Combined Compressive Stresses," Bulletin No 185, Engineering Experimental Station, University of Illinois, 1928, 104 pp.

2.29 Collins, M. P. and Mitchell, D., *Prestressed Concrete Structures*, Prentice Hall, 1991(p. 80).

2.30 김호영, 최진호, 황도규, 최호형, 박기범, 이재훈, "횡방향철근에 의해 구속된 원형단면 콘크리트의 구속효과 평가", 한국콘크리트학회 가을학술대회 논문집, 제26권 2호, 한국콘크리트학회, 2014, pp. 237–238.

2.31 이재훈, 배성용, 윤석구, "나선철근교각의 내진성능실험", 대한토목학회논문집, 제21권 1–A호, 2001년 1월, pp 109–121.

2.32 이재훈, 김광수, 배성용, "지진하중에 대한 고강도콘크리트 나선철근교각의 한정연성거동", 대한토목학회논문집, 제23권 3–A호, 2003년 5월, pp 385–395.

2.33 Vecchio, F. J. and Collins, M. P., "The Modified Compression Field Theory for Reinforced Concrete Elements Subjected to Shear," *ACI Structural Journal*, Vol. 83, No. 2, 1986, pp. 219–231.

2.34 한국산업표준, KS D 3504, 철근 콘크리트용 봉강, 2021.

2.35 한국산업표준, KS D 3504, 철근 콘크리트용 봉강, 2001.

2.36 한국산업표준, KS D 3504, 철근 콘크리트용 봉강, 2007.

2.37 한국산업표준, KS D 3629, 에폭시 피복 철근, 2019.

2.38 FIB, *Structural Concrete Textbook on behaviour, design and performance-Volume* 1, 2nd edition, fédération internationale du béton(fib), 2009.

2.39 한국산업표준, KS B 0801, 금속 재료 인장 시험편, 2007(2017 확인).

2.40 한국산업표준, KS B 0802, 금속 재료 인장 시험 방법, 2003(2018 확인).

2.41 ACI Committee 318, Building Code Requirements for Structural Concrete(ACI 318–11) and Commentary (ACI 318R–11), American Concrete Institute, Farmington Hills, MI, 2011.

2.42 Paulson, C., Graham, S. K., and Rautenberg, J. M., "Determination of Yield Strength for Nonprestressed Steel Reinforcement," WJE No. 2013.4171, Wiss, Janney, Elstner Associates, Inc., 2013, 100 pp.

2.43 ISO 6935–2, *Steel for the Reinforcement of Concrete-Part 2: Ribbed bars*, International Organization for Standardization, 2015.

2.44 ASTM A370–07, "Standard test methods and definitions for mechanical testing of steel products", *ASTM International*, 2007.

2.45 ISO 15630–1, *Steel for the Reinforcement and Prestressing of Concrete-Test Methods-Part 1: Reinforcing bars, wire rod and wire*, International Organization for Standardization, 2010.

2.46 ISO 6892, *Metallic materials-Tensile testing at ambient temperature*, International Organization for Standardization, 1998.

2.47 고성현, "지진하중을 받는 철근콘크리트 기둥의 저주파 피로", 영남대학교 대학원 건설시스템공학과 박사학위 논문, 2006, 250 pp.

2.48 천성철, 이진곤, 하태훈, "굽힌 후 편 철근의 겹침 이음 및 기계적 이음을 갖는 벽-슬래브 접합부의 반복하중에 대한 거동", 한국콘크리트학회논문집, 제24권 3호, 2012년 6월, pp. 275-283.

2.49 이재훈, 고성현, "축방향철근의 저주파 피로 거동", 한국콘크리트학회논문집, 제22권 2호, 2010년 4월, pp 263-271.

2.50 고성현, 이재훈, "축방향철근의 저주파 피로 모델", 한국콘크리트학회논문집, 제22권 2호, 2010년 4월, pp 272-282.

2.51 한국산업표준, KS D 3504, 철근 콘크리트용 봉강, 2016.

2.52 한국산업표준, KS D 3504, 철근 콘크리트용 봉강, 2011.

2.53 한국산업표준, KS D 3688, 고성능 철근 콘크리트용 봉강, 2011.

2.54 한국산업표준, KS D 3504, 철근 콘크리트용 봉강, 1999.

2.55 이재훈, 김동현, 최진호, "철근 최소 연신율 규격에 대한 평가", 한국콘크리트학회논문집, 제23권 5호, 2011년 10월, pp 559-567.

2.56 ASTM A615/A615M, "Standard Specification for Deformed and Plain Carbon-Steel Bars for Concrete Reinforcement," ASTM, USA, 2022.

2.57 ASTM A706/A706M, "Standard Specification for Low-Alloy Steel Deformed and Plain Bars for Concrete Reinforcement," ASTM, USA, 2022.

2.58 ASTM A1035/A1035M, "Standard Specification for Deformed and Plain, Low-carbon, Chromium, Steel Bars for Concrete Reinforcement," ASTM, USA, 2007.

2.58 한국산업표준, KS D 3552, 철선, 2014.

2.60 한국산업표준, KS D 3554, 연강 선재, 2002(2017 확인).

연습문제

2-1 콘크리트의 재료특성과 철근콘크리트 구조물에 요구되는 콘크리트의 품질을 설명하시오. **[정답: 2.1.1절 참조]**

2-2 콘크리트의 기본 구성 재료를 설명하고 혼화재료의 종류와 용도를 설명하시오. **[정답: 2.1.2절 참조]**

2-3 특수 콘크리트의 종류와 용도를 설명하시오. **[정답: 2.1.2절 참조]**

2-4 콘크리트 구조물의 내구성을 증진시킬 수 있는 방법을 설명하시오. **[정답: 2.1.2절 참조]**

2-5 콘크리트의 강도에 영향을 주는 요소를 설명하고 콘크리트의 강도를 높이기 위해서는 어떤 배합을 해야 하는지 설명하시오. **[정답: 2.1.3절 참조]**

2-6 콘크리트의 설계기준압축강도가 각각 30 MPa, 40 MPa, 50MPa, 60 MPa, 70 MPa, 80 MPa인 경우, 다음의 설계기준에 따라 휨부재를 설계한다면 콘크리트의 극한변형률로 어떤 값을 사용해야 하는지 참고문헌 2.18을 참조하여 각각의 값을 제시하시오. (1) 한국 설계기준 (2) 미국 ACI 318 Code (3) 캐나다 CSA A23.3 (4) 유럽연합(EU) Eurocode 2 (5) 일본 JSCE(일본토목학회) 콘크리트구조설계기준
[정답: 2.1.7절 참조]

2-7 콘크리트 압축응력분포에 대한 연구로 휨 작용에 대한 파괴실험을 수행하여 압축응력분포의 면적을 의미하는 연습문제 그림 2-1(a)의 압축력 C의 계수값 A와 작용위치를 나타내는 계수 β를 구했을 때 그 값이 다음 조건과 같다면, 이 압축응력분포와 동등한 압축응력분포로 연습문제 그림 2-1(b)와 같은 등가직사각형 압축응력분포를 적용하려면 η와 β_1은 어떤 값을 사용하여야 하는지 결정하시오. 문제의 조건은 다음 (a)~(e)의 5가지 중 하나를 선택하시오. **[정답: 부록 E, 2.1.7장 참조]**

[조건] (a) $A=0.6800$ $\beta=0.40$ (b) $A=0.6137$ $\beta=0.38$ (c) $A=0.5724$ $\beta=0.37$
(d) $A=0.5324$ $\beta=0.36$ (e) $A=0.500$ $\beta=0.35$

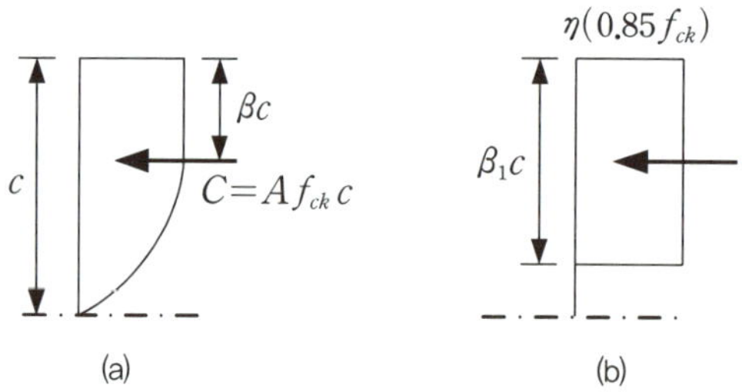

[연습문제 그림 2-1]

2-8 콘크리트의 크리프(creep)는 어떤 현상인지, 크리프에 영향을 주는 요소는 무엇이며 크리프를 감소시킬 수 있는 방법은 무엇인지, 크리프로 인하여 철근콘크리트 구조물에 나타나는 현상은 무엇이며 어떤 영향을 주는지 설명하시오. **[정답: 2.1.9절 참조]**

2-9 직사각형 단면의 크기가 600×1,000 mm이고 길이가 8 m인 기둥이 다음 연습문제 표 2-1과 같은 조건을 가질 때 50년 후의 크리프계수 ϕ_{cp}, 전체 변형률 $\varepsilon_{c\sigma}$, 하중에 의하여 줄어들 길이 Δl_{el}, 50년 동안 크리프로 인하여 줄어든 길이 Δl_{cp}, 50년 후의 총 수축량 Δl_{tot}을 계산하시오. 조건은 연습문제 표 2-1 (a)~(f)의 6가지 조건 중 하나를 선택하시오. **[정답: 부록 E, 2.1.9절 예제 2-1 참조]**

[연습문제 표 2-1]

조건	양생	초기응력 작용	연평균 온도	연평균 상대습도	f_{ck} [MPa]	시멘트 종류	단위 시멘트량	물/시멘트비	슬럼프	잔골재율	공기량
(a)	7일 습윤	재령 14일 7MPa	18℃	60%	30	1종	350kg/m^3	0.45	130mm	0.45	5.0%
(b)	3일 증기	재령 10일 8MPa	20℃	62%	35	1종	365kg/m^3	0.40	120mm	0.42	4.7%
(c)	7일 습윤	재령 14일 6MPa	19℃	59%	30	2종	340kg/m^3	0.42	140mm	0.44	5.3%
(d)	3일 증기	재령 18일 9MPa	21℃	63%	35	2종	355kg/m^3	0.43	125mm	0.46	5.2%
(e)	7일 습윤	재령 8일 10MPa	22℃	62%	35	3종	360kg/m^3	0.40	110mm	0.43	4.8%
(f)	3일 증기	재령 9일 12MPa	23℃	65%	40	3종	370kg/m^3	0.38	105mm	0.47	5.1%

2-10 위의 연습문제 2-9에서 선택한 연습문제 표 2-1의 조건에 대하여 초기응력 작용일, 재령 14일, 28일, 90일, 1년, 5년, 10년, 30년, 50년의 크리프계수를 구하고, 시간을 수평축에 나타내고 크리프계수를 수직축에 나타낸 그림을 작성하여 크리프계수의 변화를 나타내시오. **[정답: 2.1.9절 예제 2-1 참조]**

2-11 콘크리트의 수축(shrinkage)은 어떤 현상인지, 어떤 종류의 수축이 있는지, 수축에 영향을 주는 요소는 무엇이며 수축을 감소시킬 수 있는 방법은 무엇인지, 수축으로 인하여 철근콘크리트 구조물에 나타나는 현상은 무엇이며 어떤 영향을 주는지 설명하시오. **[정답: 2.1.10절 참조]**

2-12 직사각형 단면의 크기가 600×1,000 mm이고 길이가 8 m인 기둥이 콘크리트 재령 14일(t_s)에 거푸집을 제거하여 대기에 노출되기 시작하고 연습문제 표 2-1과 같은 조건을 가질 때, 50년 후의 수축 변형률 ε_{sh}을 계산하시오. 조건은 연습문제 표 2-1 (a)~(f)의 6 가지 조건 중 하나를 선택하시오.
[정답: 부록 E, 2.1.10절 예제 2-2 참조]

2-13 위의 연습문제 2-12에서 선택한 연습문제 표 2-1의 조건에 대하여 재령 14일, 28일, 90일, 1년, 5년, 10년, 30년, 50년의 수축 변형률을 구하여, 시간을 수평축에 나타내고 수축 변형률을 수직축에 나타낸 그림을 작성하여 수축 변형률의 변화를 나타내시오. **[정답: 2.1.10절 예제 2-2 참조]**

2-14 콘크리트의 배합에서 시멘트를 필요한 양보다 많이 사용하는 부배합(富配合, rich mix)인 경우 콘크리트에 나타나는 특성을 설명하시오. **[정답: 2.1.3절, 2.1.9절, 2.1.10절, 2.1.14절 참조]**

2-15 매스(Mass) 콘크리트의 시공에서 발생하기 쉬운 수화열에 의한 균열을 억제하기 위한 대책을 재료선택의 측면과 시공방법의 측면에서 설명하시오. **[정답: 2.1.14절 참조]**

2-16 콘크리트가 1축 압축 상태일 때 콘크리트의 압축강도에 따라 나타나는 압축응력–변형률 곡선의 형상과 특성을 설명하시오. **[정답: 2.1.4절 참조]**

2-17 콘크리트가 2축 압축 상태일 때 나타나는 콘크리트 압축강도 특성을 설명하시오. **[정답: 2.1.13절 참조]**

2-18 철근콘크리트 부재의 횡구속 효과를 설명하고 설계기준에서 제시하고 있는 횡구속 콘크리트의 응력–변형률 관계를 설명하시오. **[정답: 2.1.12절 참조]**

2-19 철근의 종류와 한국 표준 KS D 3504에서 규정하고 있는 철근의 종류를 설명하시오.
[정답: 2.2.1절, 2.2.4절 참조]

2-20 이형철근 돌기의 형태와 방향에 따른 콘크리트와의 부착성능과 굽힘 가공성능의 특성을 설명하시오.
[정답: 2.2.1절 참조]

2-21 철근의 인장응력–변형률 곡선의 형상과 강도 및 변형률의 주요 변수 특성을 설명하시오.
[정답: 2.2.4절 참조]

2-22 철근의 파단 연신율과 균일 연신율의 의미와 측정방법을 설명하시오. **[정답: 2.2.4절 참조]**

2-23 철근이 인장 반복 하중을 받을 때와 인장–압축 반복 하중을 받을 때의 응력–변형률 곡선의 형상과 그에 따라 나타나는 특성을 설명하시오. **[정답: 2.2.4절 참조]**

2-24 KS D 3504에 규정되어 있는 일반구조용 철근, 용접용 철근, 특수내진용 철근의 표준, 즉 각각의 용도로 사용할 수 있는 철근으로의 인증 조건을 설명하시오. **[정답: 2.2.5절 참조]**

제3장 설계와 시공

3.1 구조물의 설계

구조물을 설계하는 과정을 크게 나누면, 첫째 개념설계(槪念設計, conceptual design), 둘째 예비설계(豫備設計, preliminary design), 셋째 상세설계(詳細設計, detailed design)의 세 단계로 구분할 수 있다. 이 절은 콘크리트 구조물에 대한 설계단계를 소개하는데, fib가 출판한 *Structural Concrete Textbook on behaviour, design and performance-Volume 1*[3.1] 의 내용을 기본으로 하고 한국에서 이루어지는 설계상황을 반영하여 설명을 보완한다. 한국에서는 위와 같은 설계과정의 세 단계를 두 단계로 나누어, 개념설계와 예비설계를 합친 기본설계(基本設計, basic design)와 상세설계에 해당하는 실시설계(實施設計, working design)로 구분하기도 한다.

3.1.1 개념설계

개념설계(槪念設計, conceptual design)는 설계의 첫 단계 작업으로, 기본계획 단계에서 밑그림을 그리는 설계과정을 의미한다. 구조물에 대한 설계로 범위를 한정한다면, 개념설계는 구조물의 용도에 따라 구조물에 요구되는 사항을 결정하고 이에 따른 기본적인 형상을 결정하는 과정이다. 즉, 구조공학의 관점, 기술의 관점, 문화의 관점, 창의적 사고의 관점에서 구조물의 용도에 가장 적합한 전체적인 형태와 형상, 구조물을 구성하는 재료, 대략적인 크기 등을 선정하는 작업이다.

좀 더 구체적인 고려대상 항목은 구조물의 사용목적, 구조 형식의 효율성, 구조물의 모양과 아름

다움(미학, 美學, aesthetics), 환경조건 및 환경에 주는 영향, 경제성 등이다. 경제성은 구조물의 전체 생애주기(life cycle)에 소용되는 경비로, 공사비, 유지관리 비용, 유지관리 상의 접근성, 보수 및 보강의 가능성과 비용, 철거 비용, 재활용 가능성 등을 고려한다. 재료의 선택에 있어서는 구조용 강재, 현장타설 철근콘크리트 또는 프리스트레스트 콘크리트, 프리캐스트 콘크리트, 강재와 콘크리트의 합성구조 및 복합 구조, 경량콘크리트, 고성능콘크리트, 목재 등을 대상으로 하여 재료의 특성과 장단점을 고려한다. 또 구조 형식을 선택할 때에도 재료의 장단점과 특성을 고려하여야 하며, 하중지지의 효율성과 시공방법을 고려한 구조요소의 배치 및 연결, 상부구조와 하부구조의 연결방식, 하중을 기초로 전달시키는 힘의 흐름, 구조물과 부재 및 기초의 안정성(stability), 연속보 형식에서의 경간 수 등을 결정한다. 환경조건에 대해서는 구조물에 특별히 영향을 주는 환경요인과 그 특성을 고려하여 구조형식이나 재료를 선택한다. 예를 들어 구조물에 작용하는 일반적인 하중 외에 환경에 따른 하중효과를 고려하여, 지진이 큰 영향을 줄 때는 내진성능이 우수한 구조형식을, 바람이 큰 영향을 줄 때는 내풍성능이 우수한 구조형식을, 극지방의 해상과 같이 매우 낮은 온도와 유빙(流氷, 떠다니는 얼음덩어리)의 충돌이 큰 영향을 줄 때는 이에 대한 저항성능이 좋은 재료와 구조형식을 선정하는 것이다.

이와 같이 개념설계는 주어진 조건과 해결해야 할 문제에 대하여 가장 적합하다고 판단되는 해결책(solution)을 제시하는 설계의 첫 과정이다.

3.1.2 예비설계

예비설계(豫備設計, preliminary design)는 개념설계 결과를 구체화하는 단계로, 한계상태 요구조건을 대략적으로 만족할 만한 부재의 크기와 재료강도를 결정한다. 이때의 한계상태로는 극한한계상태(ultimate limit state, ULS)와 사용한계상태(serviceability limit state, SLS)를 대상으로 한다. 극한한계상태에서는 구조물을 강체(rigid body)로 거동한다고 가정하고 구조물이나 부재 또는 지반이 힘의 평형을 잃지 않은 상태로 하중을 저항할 수 있을지를 검토하고, 또 구조물이나 부재가 파괴(failure 또는 rupture)와 안정성(stability) 문제가 발생하지 않을 크기인지를 검증한다. 사용한계상태에서는 선택한 재료강도를 기반으로 하여 구조물이나 부재에 과도한 변형이 발생하지 않도록 적절한 강성(stiffness)을 가지고 있는지 부재의 크기를 검증한다.

예비설계 단계에서의 구조해석은 국부적으로 정확한 값을 얻으려는 해석이 아니라 전반적인 거동을 알기 위한 해석이므로 단순한 해석모델을 기반으로 하지만, 구조해석의 수준은 구조형식의 종류와 해석의 신뢰도를 고려하여 결정한다. 이에 따라 근래에는 구조물의 규모에 따라 단순 해석모델보다 더 정밀한 구조해석 컴퓨터 프로그램을 사용하기도 한다. 그러나 초기단계부터 복잡한 전산해석을 수행하는 것은 오히려 구조물 전체의 기능을 제대로 이해하지 못하게 될 위험도 있다. 구조해석의 방법으로는 일반적으로 3.6.1절에 소개하는 선형탄성해석을 적용하거나 선형탄성해석 후 재분배를 수행하는 것으로 충분하지만, 경우에 따라서는 소성해석을 적용하여 간략히 검토하는 것도 효율적이다.

고려하는 하중작용(action, load effect)은 정적하중, 장기하중, 반복하중, 충격의 네 종류를 고려하여야 하며, 이들을 직접하중작용(direct action)과 간접하중작용(indirect action)으로 적용한다. 구체적으로는 이 하중작용을 다음과 같이 네 가지로 구분하여 적용한다. 즉, 첫째는 구조물의 자중, 비 구조물에 의한 추가고정하중, 흙이나 유체의 압력, 프리스트레스 긴장력 등의 영구하중(permanent load)이나 고정하중(dead load), 둘째는 적재하중, 교통하중, 풍하중, 적설하중 등의 변동하중(variable load)이나 활하중(live load), 셋째는 지진, 충돌, 홍수, 유빙, 화재상황 등의 극단상황(accidental action, extreme event), 넷째는 크리프, 수축, 온도 변화, 침하 등에 의한 변형효과(deformation effect)이다.

이와 같은 하중작용은 해당 구조물의 설계에 적용하는 구조설계기준에 따라 극한한계상태와 사용한계상태의 하중계수와 하중조합으로 고려하며, 각 한계상태에 대한 요구조건에 따른 부재의 크기를 검증한다. 즉, 전체 구조계(structural system, total structure)에 대한 구조해석의 결과로 부재력 또는 단면력을 얻고 나면, 선정했던 부재치수와 재료강도로 단면해석(section analysis)을 수행하여 저항성능을 검증하는 것이다. 철근콘크리트 구조물에서는 부재에 배치되는 철근의 최대단면적과 최소단면적이 설계기준에 규정되어 있으므로, 부재치수가 이 범위의 철근단면적을 배치하는데 적절한 것인지 단면해석을 통하여 검토하여야 한다. 또 균열이나 처짐과 같은 사용한계상태의 대략적인 성능검증을 위하여 단면상수나 부재강성을 구하기 위한 단면해석이 필요하다. 이때의 단면해석은 수 계산이나 설계도표(chart, 차트) 또는 컴퓨터 프로그램을 사용한다.

이러한 과정의 예비설계를 수행하는 설계자는 설계기준의 배경과 내용을 충분히 이해하여야 하며, 안전성과 경제성에 대한 인식과 함께 다음 단계인 상세설계에서 수행할 부재상세(member detail)와 철근상세(reinforcement detail)를 염두에 두어야 한다. 또한 설계과정에서 발생할 수 있는 모든 경우에 대하여 설계기준이 해답을 주는 역할을 하는 것이 아니므로, 설계자는 자신의 기술적 지식과 경험적 지식을 바탕으로 합리적인 공학적 판단(engineering decision)에 따라 설계를 수행하여야 한다는 것을 반드시 인식하여야 한다.

3.1.3 상세설계

상세설계(詳細設計, detailed design)는 예비설계 단계에서 수립한 설계도를 기반으로 하여, 구조물을 시공할 때 필요한 모든 사항을 담은 설계도서(design document)를 작성하는 설계 업무의 최종과정이다. 이때의 설계도서는 시공에 필요한 상세도면(detailed drawing)과 설계계산서(design calculation document)를 의미한다. 상세도면은 거푸집 설치도면과 철근 배치도면 등 구조물을 시공할 때 적용할 부재의 형상과 재료의 물량이 나타나 있는 상세한 그림과 정보를 담은 것으로, 시공할 때 적용해야 할 공사 시방서(specification)의 내용을 포함하며 공사비의 내역 명세를 작성하는 목적으로도 이용된다. 설계계산서는 상세도면을 작성한 근거로, 구조물을 실세할 때 설계기준에 따라 설계자가 판단하고 결정한 근거를 정량적으로 나타낸 문서이다. 구조물의 상세설계 과정에서 설계자가 설계도서를 작성하지만, 그 중에서 상세도면만 발주자와 시공자에게 제출하고 설계자의 고유한 기술지식으로 간주하는 설계계산서는 공개하지 않는 것이 국제적인 관행이며 표준(international practice, global standard)이다.

상세설계에서 설계도서를 작성하기 위해서는 철근콘크리트 구조물을 구성하는 각 부재에 대하여 다음과 같은 과정의 설계 작업을 수행한다.

- 구조 부재의 형상과 재료특성을 수학적으로 표현하는 구조 모델링을 수행하는 작업
- 구조 모델에 하중조합을 고려하여 하중을 배치하는 작업
- 구조해석을 수행하여 부재에 작용하는 휨모멘트, 전단력, 축력, 비틀림모멘트 등의 부재력을 구하는 작업으로 부재의 요구성능(demand)을 결정하는 작업
- 부재가 요구성능 이상의 보유성능(capacity)을 가지도록 부재에 철근을 배치하는 작업
- 철근의 절단위치와 철근의 연결방법 등 철근의 배치에 대한 자세한 사항, 즉 철근상세를 결정하고 상세도면을 작성하는 작업

구조물의 설계는 구조물에 작용하는 하중이 어떤 경로로 힘이 전달되는지 파악하고 힘의 흐름(force flow)이 원활하도록 계획을 세우는 과정이라고 할 수 있다. 따라서 상세설계 과정에서는 부재의 특성을 고려하여 구조 모델링과 구조해석방법을 선별 적용하여야 한다. 즉, 구조물의 거동에 대한 충분한 지식을 바탕으로 비선형 해석(nonlinear analysis)이 필요한 경우에는 이를 수행한다. 또 부재가 연성조건을 만족하는 경우에는 소성해석(plastic analysis)을 수행할 수 있으며, 선형탄성해석(linear elastic analysis)을 적용하는 경우에는 선형탄성해석 후 재분배의 수행 여부를 판단하여 적용한다. 기하비선형 거동이나 부재 형상의 불완전성(imperfection)이 예측되는 경우에는 2차 효과(second order effect)를 고려하여 장주해석을 수행한다. 반복하중이 작용하는 경우에는 진동에 대한 민감도를 고려하여 동적해석(dynamic analysis)의 적용 여부를 검토한다. 한편 철근 상세에 있어서는 구조적 거동과 철근배치 가능성에 대한 현장 상황을 고려하여 철근의 배치상세를 결정하며, 이때 힘의 흐름을 유추하기 위해서는 스트럿-타이 모델(strut-tie model)이 매우 유용한 도구(tool)가 된다.

이와 같은 상세설계 과정에서 설계자가 구조해석용 컴퓨터 프로그램이나 자동 도면 작성용 컴퓨터 프로그램을 이용하는 경우가 많으나, 아직까지는 이러한 프로그램이 숙련된 설계자의 경험과 직관력을 대신할 수는 없다. 즉 컴퓨터 프로그램은 구조물을 설계하는 과정에서 설계자가 판단하고 결정하는데 필요한 자료를 제공하는 역할로 매우 유용하지만, 자동화 설계 프로그램으로 인하여 불완전하고 불합리한 설계의 문제점이 발생하지 않도록 설계자가 최종 검토하고 결정하여야 한다.

3.2 설계법과 설계기준*

구조물의 설계는 구조해석(構造解析, structural analysis)과 단면해석(斷面解析, section analysis)을 통하여 요구성능(demand)과 보유성능(capacity)을 구하고, 요구성능 이상의 보유성능을 갖도록 단면을

* 이 절은 기본적으로 프리스트레스트 콘크리트-강도설계법과 한계상태설계법(이재훈 저, 동명사, 2015)의 3.1절과 동일한 것으로, 철근콘크리트를 대상으로 하면서 좀 더 명확하게 설명하기 위하여 표현을 일부 수정하고 내용을 추가하여 보강한 것이다.

설계하는 과정으로 이루어진다. 즉, 하중작용에 의하여 구조물에 발생하게 될 단면력과 변형을 구조해석으로 구하고, 이를 감당하도록 단면을 선정하고 나서 단면의 저항 능력과 변형 능력을 단면해석으로 구한 후 부재단면의 성능을 검토하여 주어진 하중작용에 대해 안전하고 경제적인 단면을 결정하는 것이 설계의 일반적인 절차이다. 이러한 설계 절차에서 요구성능과 보유성능을 검토하는 하중 수준과 거동 수준의 선정 및 설계 철학(design philosophy)에 따라 설계법이 구분된다.

기본적으로 구조물의 설계법은 허용응력설계법, 강도설계법, 전통적 개념의 한계상태설계법, 이 세 가지로 구분할 수 있다. 이 들 세 가지 설계법은 개발된 초기에는 각각의 고유한 개념으로 출발하였으나, 구조물의 거동이 연구되고 이론화됨에 따라 수정되고 발전되어, 특히 강도설계법과 한계상태설계법은 유사한 형태로 변모하게 되었다.

강도설계법이나 한계상태설계법을 채택한 설계기준[3.1~3.8]에서는 부재의 파괴(failure)나 구조물의 붕괴(collapse) 상태에 대한 안전성 확보의 개념으로 안전계수를 규정한다. 안전계수는 하중계수(load factor)와 저항계수(resistance factor)로 이루어진다. 하중계수는 일반적으로 1.0 이상의 값을 가지지만, 여러 하중이 조합된 경우에는 불리한 조건을 반영하기 위하여 일부 하중에 대한 하중계수가 1.0 미만의 값을 갖기도 한다. 저항계수는 두 가지 형식으로 표현되는데, 단면의 공칭강도나 재료의 공칭강도에 1.0 이하의 값을 곱하는 저항계수(강도감소계수) 형태와 단면의 공칭강도나 재료의 공칭강도에 1.0 이상의 값을 나누는 안전계수의 형태가 있다. 미국형의 강도설계법에서는 휨, 전단, 축압축, 축인장 등 부재거동 별로 강도감소계수(부재계수)를 적용하는 형식을 취하고 있고, 유럽형의 한계상태설계법에서는 콘크리트, 철근, 긴장재 등 재료 별로 안전계수(재료계수)를 적용하는 형식을 취하고 있다. 유럽형의 한계상태설계법에서는 하중계수와 재료안전계수를 모두 부분안전계수(partial safety factor)라는 용어로 총칭하고 있다. 부재계수를 적용하는 형식은 거동 별 파괴특성을 고려한 안전율 변동개념을 쉽게 반영할 수 있는 장점이 있다. 재료계수를 적용하는 형식은 철근콘크리트, 프리스트레스트 콘크리트, 콘크리트-강 합성구조와 같이 서로 다른 재료를 합성한 합성구조에서 서로 다른 재료의 특성을 합리적으로 반영할 수 있는 장점이 있다. 한편, 캐나다의 콘크리트구조설계기준[3.8]과 한국의 교량설계기준(한계상태설계법)[3.4]에서는 미국형과 유럽형을 조합하여 재료별 안전계수를 취하면서 1.0 이하의 값을 곱하는 재료저항계수(재료강도감소계수)의 형식을 취하고 있다. 참고로 이 장에서 사용하는 '교량설계기준(한계상태설계법)'은 KDS 24 10 11 교량 설계 일반사항(한계상태설계법), KDS 24 12 11 교량 설계하중조합(한계상태설계법), KDS 24 14 21 콘크리트교 설계기준(한계상태설계법), KDS 24 17 11 교량 내진설계기준(한계상태설계법)을 총칭하는 용어이다.

전술한 바와 같이 강도설계법과 한계상태설계법을 채택한 설계기준에서는 어떠한 형태로든지 안전계수, 즉 하중계수와 저항계수를 규정하는데, 안전계수의 값을 결정하는 방법에 따라 경험적 설계기준과 신뢰도기반 설계기준으로 구분할 수 있다. 한편 최근에는 현재까지 사용하고 있는 사양기반 설계기준(prescriptive design code)에 대응되는 개념의 성능기반 설계기준(performance based design code)이 제시되었다.

이 절에서는 이들 설계법의 특징과 개괄적인 내용을 소개한다.

3.2.1 허용응력설계법

허용응력설계법(allowable stress design, working stress design)은 구조물의 요구성능을 결정하는 하중을 사용하중(使用荷重, service load) 수준으로 하고, 사용하중이 작용하였을 때의 응력이 설계기준에서 정하는 허용응력(許容應力, allowable stress) 이하가 되도록 하여 구조물의 보유성능을 검증하는 설계법이다. 이때, 사용하중에 대한 단면해석에서 구조재료를 탄성체로 보고 선형탄성이론을 적용하여 응력을 해석한다. 즉, 다음 관계가 만족되도록 설계한다.

$$f_{m,sv} \leq f_{m,allow} \tag{3·1}$$

여기서, $f_{m,sv}$는 사용하중이 작용하였을 때 단면에 작용하는 최대응력이며, $f_{m,allow}$는 설계기준에서 정하는 각 재료별 허용응력이다. 허용응력 $f_{m,allow}$는 재료의 공칭강도, 즉 기준강도(characteristic strength)를 안전율(안전계수)로 나누어 다음 식과 같이 표현한다.

$$f_{m,allow} = \frac{f_{mk}}{\gamma_m} \tag{3·2}$$

여기서, 기준강도 f_{mk}는 콘크리트의 경우에는 일반적으로 재령 28일의 기준압축강도 f_{ck}, 철근의 경우에는 기준항복강도 f_y, 프리스트레싱 강재는 기준항복강도 f_{py}나 인장강도 f_{pu}를 사용한다. 안전율(안전계수) γ_m은 각 재료별 특성을 반영하여 결정되며, 콘크리트는 γ_c, 철근이나 구조용 강재는 γ_s, 프리스트레싱 강재는 γ_p로 표현한다. 이와 같이 결정된 허용응력 $f_{m,allow}$를 재료별로 표현하면, 콘크리트는 f_{ca}, 철근은 f_{sa}, 프리스트레싱 강재는 f_{pa}로 표현할 수 있다.

사용하중이 작용할 때 단면에 작용하는 최대응력 $f_{m,sv}$는 구조물을 탄성체로 보고 선형탄성이론에 따라 구하는 것이 일반적이다. 따라서 응력-변형률 곡선이 비선형 형태를 보이는 콘크리트가 사용된 구조물은 하중이 증가할수록 해석으로 구한 응력이 실제 작용하는 응력과의 오차가 커지게 된다. 철근콘크리트 구조물에 대한 초기의 설계기준에서는 허용응력설계법을 채택하여, 철근콘크리트 단면을 선형탄성체로 보고 균열의 영향을 고려하여 탄성해석으로 응력을 해석함으로써 구조물을 설계하였다. 그러나 설계개념이 강도설계법이나 한계상태설계법으로 발전됨에 따라 파괴나 붕괴 상태에 대해서는 더 이상 선형탄성이론이 적합하지 않으므로, 허용응력설계법이 철근콘크리트 구조의 설계에 적용되지는 않게 되었다. 한편 프리스트레스트 콘크리트는 긴장력의 압축효과로 단면에 균열이 발생하지 않거나 발생하더라도 상대적으로 미미한 수준이므로, 사용하중 수준까지 선형탄성해석을 적용하여도 큰 무리가 없다. 따라서 프리스트레스트 콘크리트의 설계에서는 허용응력설계법의 개념도 적용되고 있다.

강구조물은 강재가 항복할 때까지 응력-변형률 곡선이 직선이므로, 해석으로 구한 응력이 실제 응력과 매우 유사하다. 그러나 강구조에서는 압축응력이 작용할 때 탄성좌굴(elastic buckling)이 발생하는 경우가 있으며, 보강재로 보강된 판에 탄성좌굴이 발생하더라도 강도가 더 증진되는 후좌굴강도(post-buckling strength)를 나타내는 경우가 있고, 또 단면이 항복한 이후 소성상태에서도 비탄성좌굴(inelastic buckling)이 발생하지 않는 조밀단면(compact section)도 있다. 이를 고려하면, 강구조에서는 단순히 강재 항복강도에 상수의 안전계수를 적용하여 허용응력을 결정할 수는 없다. 따라서 강구조물의 허용응력설계법에서는 탄성좌굴강도, 후좌굴강도, 소성강도 등을 고려하여 허용응력을 결정하여 합리적인 기준을 제정하여 왔다. 그러나 허용응력설계법에서는 고정하중, 활하중, 풍하중 등 각 하중이 동시에 작용하였을 때의 하중 수준을 합리적으로 반영하는 것이 쉽지 않으므로, 콘크리트 구조뿐만 아니라 강구조물의 설계도 강도설계법 개념의 LRFD설계법이나 한계상태설계법으로 변화하였다.

3.2.2 강도설계법

강도설계법(strength design)은 기본적으로 부재의 파괴상태 또는 파괴에 가까운 상태에 기초를 둔 설계법으로 개발되었다. 구조물의 요구성능을 결정하는 하중은 계수하중(係數荷重, factored load)으로 사용하중(service load)에 1.0보다 큰 하중계수 γ를 곱하여 결정하고, 이 하중상태에서 파괴(failure)가 발생하지 않도록 안전을 확보하는 설계법이다. 다시 말하면 구조요소의 극한하중(極限荷重, ultimate load), 즉 파괴하중(破壞荷重, failure load)이 설계기준의 하중계수를 적용하여 구한 계수하중과 같거나 크도록 설계하는 개념이다. 이때 구조요소의 보유성능은 단면을 구성하는 재료의 거동을 반영하여 파괴상태에서의 비선형·비탄성 강도해석을 수행하여 구한 공칭강도(nominal strength) R_n에 1.0보다 작은 값의 강도감소계수(strength reduction factor) ϕ를 곱하여 설계강도(design strength)로 한다. 따라서 다음 관계가 만족되어야 한다.

$$\phi R_n \geq \sum \gamma_i L_i \qquad (3 \cdot 3)$$

여기서, ϕ : 강도감소계수

R_n : 공칭강도

L_i : 부재에 동시에 작용하는 여러 하중 가운데 i번째의 사용하중

γ_i : 하중 L_i의 불확실성에 따라 결정되는 하중계수

사용하중은 설계기준에 규정되어 있는 고정하중과 활하중 등을 말하는데, 사용 고정하중(使用固定荷重, service dead load)에 의한 단면력을 D, 사용 활하중(使用活荷重, service live load)에 의한 단면력을 L이라고 하고, 이 두 하중에 대한 하중계수를 각각 γ_D와 γ_L로 표현하면 식 (3 ·3)의 우변은 다음과 같이 표현할 수 있다.

$$U = \sum \gamma_i L_i = \gamma_D D + \gamma_L L \qquad (3 \cdot 4)$$

따라서 식 (3 ·3)은 다음과 같이 표현할 수 있다.

$$\phi R_n \geq U \qquad (3 \cdot 5)$$

위 식에서 ϕR_n을 설계강도(design strength), U를 소요강도(required strength)라고 한다. 한편 강구조

(steel structures) 분야에서는 이러한 설계법을 하중저항계수설계법 또는 LRFD(load and resistance factor design) 설계법이라고 하는데, 그 기본개념은 강도설계법과 동일하다. 물론 LRFD 설계법에서의 소성설계(plastic design)는 전통적 개념의 한계상태설계법(limit state design)과 개념이 동일하다고 할 수 있으며, 설계를 지배하는 여러 한계상태를 대상으로 한다는 의미에서 한계상태설계기준으로 부르기도 한다.

초창기의 강도설계법에서는 안전성을 중심으로 강도만을 대상으로 설계하도록 하였다. 그러나 강도설계법으로 설계된 구조물은 허용응력설계법으로 설계된 구조물에 비하여 단면이 감소된 경우가 많아서, 단면 감소에 따른 강성(stiffness) 저하로 사용하중 상태에서 균열과 처짐이 과도하게 발생하는 경우가 종종 발생하였다. 따라서 설계에서 기준이 되는 하중상태를 계수하중 뿐만 아니라 사용하중에도 동등한 중요성을 부여하게 되었고, 두 단계 하중에 대하여 설계하도록 규정하게 되었다. 사용하중 상태에 대한 사용성(serviceability) 검증에는 하중계수와 강도감소계수를 적용하지 않는다.

3.2.3 한계상태설계법

한계상태설계법(limit state design)은 동일하지 않은 두 가지 개념의 설계법을 지칭하는 용어이므로, 혼동을 피하기 위하여 매우 명확한 이해가 필요하다.

한계상태설계법은 유럽 구조공학자들의 연구로 제안되어 1964년에 유럽콘크리트위원회(European Concrete Committee)가 추천한 설계법으로, 1972년에 영국의 콘크리트구조설계기준 BS 8110[3.10] 의 전신인 CP−110[3.11] 에 처음 채택된 것이다. 이를 '전통적 개념의 한계상태설계법'이라고 할 수 있는데, 구조물이 보유하고 있는 궁극적인 파괴거동을 설계에 반영하는 설계법이다. 예를 들어, 연속보와 같은 부정정구조물은 최대 휨모멘트가 작용하는 위치의 단면이 충분한 소성변형능력(plastic deformation capacity, 연성)을 보유하고 있으면, 그 위치에 작용하는 휨모멘트가 단면의 휨강도에 도달하더라도 구조물이 파괴되지 않고 더 큰 하중을 견딜 수 있다. 철근콘크리트 단면의 소성변형능력이란 인장철근이 항복한 후 콘크리트가 파괴될 때까지 휨강도를 유지하면서 보이는 회전 변형능력을 의미한다. 지점의 단면이 충분한 소성변형능력을 가지고 있는 연속보는 그 단면의 인장철근이 항복한 후 단면이 소성힌지로 작용하여 부정정구조인 연속보가 단순보의 연속인 정정구조로 구조계(structural system)가 변화하고, 그 단순보의 중앙부 정모멘트로 인하여 단면의 파괴가 발생할 때까지 하중을 더 지지할 수 있게 된다. 전통적 개념의 한계상태설계법은 이러한 구조물의 파괴상태(failure of structure), 즉 붕괴상태(collapse)를 대상으로 설계하는 것이다.

이것이 강도설계법과의 차이로, 강도설계법은 최대 부모멘트 또는 최대 정모멘트가 작용하는 단면들 중 어느 하나라도 공칭강도에 도달하면 그 하중을 파괴하중으로 간주하는데 비하여, 전통적 개념의 한계상태설계법은 구조시스템이 궁극적으로 붕괴되는 상태의 하중을 파괴하중으로 간주하는 차이점이 있다. 즉, 강도설계법에서의 극한상태는 단면의 파괴(failure of member section)를 의미하지만, 전통적 개념의 한계상태설계법에서는 구조시스템의 붕괴(collapse of structural system)를 의미한다고 할 수 있다. 따라서 강도설계법에서는 구조해석으로 선형탄성 구조해석을 기본으로 하고 있고, 한계상태설계법에서는 비탄성·비선형 구조해석, 소성해석, 또는 탄성해석 후의 휨모멘트 재분배 기법을 기본으로 하고 있다. 그러나 한계상태설계법에서도 모든 구조요소의 설계에 항상 비탄성·비선형 구조해석, 소성해석, 또는 탄성해석 후의 휨모멘트 재분배 기법을 적용하는 것은 아니며, 구조물 전체의 안정과 안전을 위하여 연속보나 연속 슬래브에 대해서만 이를 적용하고 있다. 골조에서도 연속보나 연속 슬래브에 대해서만 이를 적용하고 기둥에는 적용하지 않으며, 물론 정정구조물에도 적용하지 않는다. 또 구조물의 특성을 고려하여 안전성을 높이는 것이 바람직하다고 판단될 때는 연속보나 연속 슬래브에 대해서도 선형탄성 구조해석을 수행할 수 있다. 한편 강도설계법에서도 모든 구조요소의 설계에 항상 선형탄성 구조해석을 적용하는 것은 아니며, 설계자의 판단에 따라 비탄성·비선형 구조해석, 소성해석, 또는 탄성해석 후의 휨모멘트 재분배 기법을 적용할 수 있다.

표 3-1은 각 설계법에서 단면해석과 구조해석에 기본으로 적용하는 해석방법을 나타낸다. 허용응력설계법에서는 두 가지 해석에 모두 선형탄성해석을 적용하므로 콘크리트구조물의 실제 거동을 반영한다고는 할 수 없다. 강도설계법에서는 단면해석에는 비선형·비탄성해석을 수행함으로써 콘크리트구조물의 실제 거동을 반영하고 있지만, 구조해석은 선형탄성해석을 기본해석법으로 하고 있으므로 콘크리트구조물의 실제 거동을 반영한다고는 할 수 없다. 물론 강도설계법을 채택한 근래의 설계기준에서는 비선형·비탄성해석 또는 탄성해석 후의 휨모멘트 재분배 기법을 수행할 수 있도록 하고 있으나, 실제의 설계에서 이를 수행하는 경우는 많지 않다. 전통적 개념의 한계상태설계법에서는 단면해석과 구조해석에 모두 비탄성·비선형 구조해석을 기본으로 하고 있으므로, 콘크리트구조물의 실제 거동을 가장 잘 반영한다고 할 수 있다.

표 3-1 콘크리트 구조물 설계법의 기본해석

구 분	단면해석	구조해석
허용응력설계법	선형탄성해석	선형탄성해석
강도설계법	비선형·비탄성해석	선형탄성해석
한계상태설계법	비선형·비탄성해석	비선형·비탄성해석

전통적 개념의 한계상태설계법에서도 하중수준을 크게 두 단계로 나누어 극한한계상태와 사용한계상태로 구분하지만, 조건에 따라 사용한계상태의 하중 수준이 여러 단계로 나뉘어 있다. 극한한계싱태에서 구조물의 인전성은 다음의 강도검증에 따른다.

$$R_d \geq U \tag{3·6}$$

$$U = \sum \gamma_i L_i \tag{3·7}$$

여기서, R_d : 부재의 설계강도

U : 소요강도

L_i : 부재에 동시에 작용하는 여러 하중 가운데 i번째의 사용하중

γ_i : 하중 L_i의 불확실성에 따라 결정되는 하중계수

한편, 전통적 개념의 한계상태설계법을 채택하고 있는 Eurocode 등에서는 저항계수(강도감소계수 또는 부분안전계수)를 재료별로 달리 적용하는 방법을 채택하고 있다. 즉 유럽연합(EU)의 콘크리트구조기준인 Eurocode 2[3.7]에서는 1보다 큰 값의 재료부분안전계수로 설계기준강도를 나누어 단면의 설계강도를 계산하는데, 유럽의 국가별 기준에서 달리 규정하지 않는다면 콘크리트에는 1.5를 적용하고 철근에는 1.15를 적용하는 것이 기본이다. 전통적 개념의 한계상태설계법을 채택하고 있는 교량설계기준(한계상태설계법)[3.4]에서는 1보다 작은 값의 재료저항계수를 각 재료의 설계기준강도에 곱하여 단면의 설계강도를 계산하는데, 콘크리트에는 0.65를 적용하고 철근과 프리스트레싱 강재에는 0.90을 적용한다. 이러한 재료계수는 재료별 강도의 분포를 고려한다는 의미도 있지만, 콘크리트구조물에서 목표설계수명(예를 들어 75년 또는 100년) 동안 발생할 수 있는 최악의 경우를 대비하는 것으로도 볼 수 있다. 즉, 정상적으로 설계되고 시공된 콘크리트구조물이 오랜 기간 동안 노후가 진행되더라도, 콘크리트의 강도는 최소한 설계기준압축강도의 0.65배 이상이 되고, 철근의 부식이 진행되더라도 철근이 받을 수 있는 인장력은 설계기준항복강도와 철근 단면적을 곱한 값의 0.9배 이상이 된다는 의미가 있는 것이다.

한편, 초기에 허용응력설계법을 사용하던 미국의 ACI 318 Code는 1956년에 강도설계법을 부록에 채택하였고, 1963년에 강도설계법과 허용응력설계법을 모두 기준의 본문에 규정하였으며, 1971년에 강도설계법을 본문에 두고 허용응력설계법을 부록에 수록하였다. 강도설계법을 도입한 초창기에는 ACI 318 Code에서 강도설계법의 개념에 충실하게 강도만을 중심으로 설계하도록 하였다. 그러나 강도설계법의 채택으로 단면이 감소한 설계결과로, 사용하중 상태에서 균열과 처짐이 과도하게 발생하는 경우가 종종 있었다. 따라서 설계에서 기준이 되는 하중상태를 계수하중 뿐만 아니라 사용하중에도 동등한 중요성을 부여하게 되었고, 두 단계 하중에 대한 설계를 하도록 규정하게 되었다. 물론 이러한 두 단계 하중에 대한 설계는 전통적 개념의 한계상태설계법에도 동일하게 적용되는 것인데, 미국의 구조공학자들에 의해서 구조물의 기능 또는 안전성을 지배하는 어떤 특별한 상태를 한계상태(limit state)라고 정의하고 이에 대한 성능을 검토하는 개념이 제시되었다. 즉, 한계상태(limit state)는 구조물 또는 부재가 그 사용목적의 요구조건들을 만족하지 못하는 상태를 말하는 것으로, 구조물이 한계상태를 넘으면 사용목적에 적합하지 않게 된다는 개념이다. 물론 이러한 개념은 한계상태라는 용어를 명시적으로 규정하지 않은 채 ACI 318 Code에서 적용해 오던 것이었지만, 1986년 미국의 강구조설계기준인 AISC-LRFD 초판[3.9]이 발행되면서 명시적으로 한계상태(limit state)라는 용어를 사용하였으므로, 이를 또한 한계상태설계법이라고 부르기 시작하였다. 이러한 개념을 한계상태설계법(limit state design)이라는 동일한 용어로 부르는 경우, 전통적 개념의 한계상태설계법과 혼동되는 것이다.

한계상태는 일반적으로 다음과 같이 구분된다.

- 극한한계상태(ultimate limit state): 구조물 또는 부재가 파괴되는 상태 또는 파괴에 가까운 상태로, 구조물로서의 기능을 상실하는 상태이며 사용자의 안전을 보장하지 못하는 위험상태이다. 즉, 이 상태는 구조물의 강도와 안전성에 관련된 한계상태인데, 전술한 바와 같이 전통적 개념의 한계상태설계법에서는 단면의 변형능력을 고려한 구조물의 최대내력(耐力)을 대상으로 하고 있으므로 극한한계상태(ultimate limit state)라고 규정한다. 그러나 단면의 변형능력을 고려하지 않고 단면의

강도만을 기본 대상으로 하고 있는 강도설계법 또는 하중-저항계수설계법(LRFD)에서는 이 한계상태를 강도한계상태(strength limit state)라고 부르고 있다.

- 사용한계상태(serviceability limit state): 정상적 사용 중에 구조적 기능, 사용자의 편의, 구조물의 외관에 관련된 사용요구성능을 만족시키지 못하는 한계상태이다. 즉, 처짐, 균열, 진동 등이 과대하게 발생해서 정상적으로 사용하기 어려운 상태를 말한다.
- 피로한계상태(fatigue limit state): 규칙적으로 반복되는 하중에 의하여 부재를 구성하는 강재나 콘크리트가 파괴되는 상태, 즉 피로파괴가 발생하는 상태를 말한다.

또, 구조물의 특성에 따라 화재한계상태(fire limit state)나 충돌한계상태(collision limit state)를 추가 정의하기도 한다. 충돌한계상태는 해상 교량이나 하상 교량의 경우에 선박충돌을, 도심지 교량의 경우에는 차량에 의한 충돌을 대상으로 한다.

3.2.4 신뢰도기반 설계기준

신뢰도기반 설계기준은 구조물의 파괴확률과 연성 및 취성 거동을 고려한 신뢰도 지수(reliability index)의 선정으로 안전계수, 즉 하중계수와 저항계수를 결정한 설계기준을 말한다.

구조물에 작용하는 하중과 구조물을 구성하는 요소들은 확률변수(random variable)로 볼 수 있다. 확률변수는 동일한 조건 하에서 실행한 실험이나 작용의 결과가 항상 동일한 값을 갖지 않고 대푯값을 중심으로 분포되는 특성을 나타내는 변수를 말한다. 이 변수들은 모든 하중과 재료강도와 부재 치수 등을 포함한다. 이들을 간단히 하중과 저항(강도)으로 구분하면, 그림 3-1(a)와 (b)와 같은 하중과 저항의 도수곡선(度數曲線, frequency curve, 빈도곡선)으로 나타낼 수 있다. 설계에 사용되는 하중 L_d로는 구조물에 작용하는 평균하중(mean load) L_m보다 상당히 큰 값을 선정하므로, 그림 3-1(a)와 같이 분포곡선의 상위구역(上位區域)에서 택하게 된다. 따라서 L_d보다 큰 하중이 작용할 확률은 L_d의 오른쪽에 빗금 친 부분의 면적과 같다.

구조물의 저항(강도) 역시 그림 3-1(b)와 같은 확률밀도 함수(probability density function)를 가지는 확률변수로 볼 수 있다. 여기서 R_m은 통계학적으로 구한 평균강도이고, R_n은 공칭강도, R_d는 설계강도이다. 공칭강도 R_n은 평균강도 R_m과 같은 값을 가질 수도 있으나 휨, 전단, 축압축 및 축인장 등 단면력에 따라서는 그림 3-1(b)와 같이 R_n이 R_m보다 작은 경우도 있다. 설계강도 R_d는 공칭강도 R_n보다 작은 값으로 결정하므로, 구조물이 R_d보다 작은 강도를 갖게 될 확률은 R_d의 왼쪽에 빗금 친 부분의 면적과 같다.

하중과 저항의 확률밀도 함수를 하나의 그림으로 표현한 그림 3-1(c)에서 저항 R이 하중작용 L보다 작을 때를 파괴라고 할 수 있다. 하중과 저항의 확률밀도 함수가 정규분포(normal distribution)를 보이면 다음과 같이 정의되는 확률변수(안전율) Z가 0보다 작은 경우가 파괴이며, 이때의 확률이 파괴확률(probability of failure)이다.

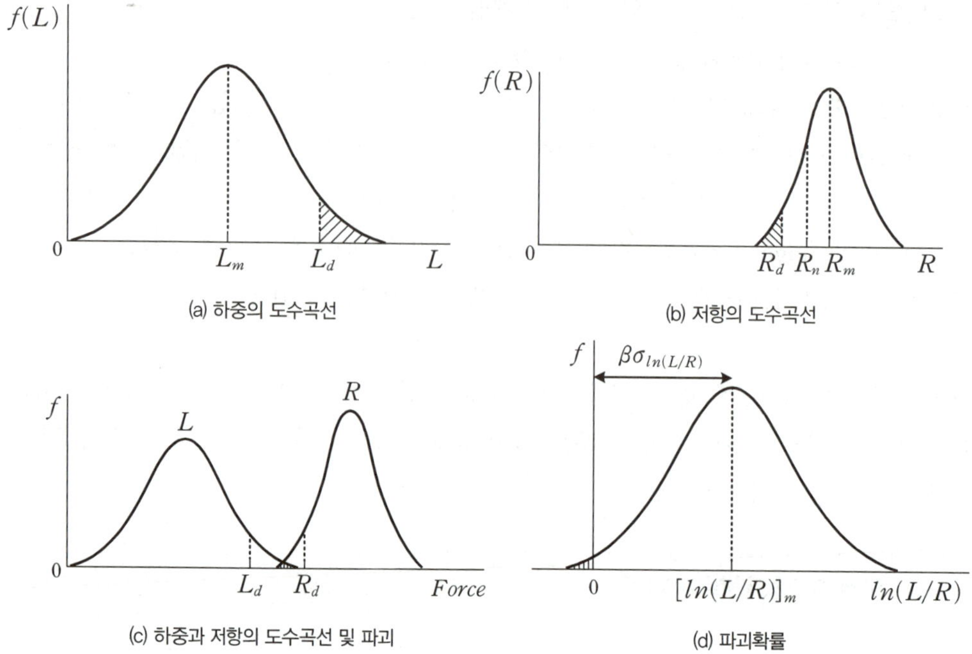

그림 3-1 **하중과 저항의 도수곡선 및 파괴확률**

$$Z = R - L \tag{3·8}$$

하중과 저항의 확률밀도 함수가 로그를 취했을 때 정규분포가 되는 대수정규분포(log-normal distribution)를 보이면, 다음과 같이 정의되는 확률변수(안전율) Z가 1보다 작은 경우가 파괴이며, 이때의 확률이 파괴확률(probability of failure)이다.

$$Z = \frac{R}{L} \tag{3·9}$$

일반적으로 하중과 저항은 대수정규분포를 보이는 경우가 많은데, 대수정규분포의 확률변수 Z에 대하여 로그를 취하면, 그림 3-1(d)에서 값이 음수가 되는 빗금 친 부분의 면적이 파괴확률을 나타낸다. 여기서 로그를 취한 Z의 평균값은 표준편차 $\sigma_{ln(R/L)}$에 β를 곱한 값으로 표현될 수 있는데, β를 구조물의 신뢰도 지수(reliability index)라고 한다. 파괴확률 P_f과 신뢰도 지수 β와의 관계는 표 3-2와 같다. 여기서 하중과 저항에 각각 계수 γ_R과 γ_L을 곱하면 다음 식들로 계산되는 안전율이 달라지고, 따라서 파괴확률 P_f과 신뢰도 지수 β도 달라진다.

$$Z = \gamma_R R - \gamma_L L \tag{3·10}$$

$$Z = \frac{\gamma_R R}{\gamma_L L} \tag{3·11}$$

설계기준에서는 목표 파괴확률 P_f와 신뢰도 지수 β를 선정하고 이 값들을 얻도록 계수 γ_R과 γ_L을 결정하는데, γ_L은 하중에 적용하는 1보다 큰 부분안전계수(partial safety factor)로서 하중계수(load factor)

표 3-2 파괴확률과 신뢰도 지수의 관계

파괴확률 P_f	$1/10^1$	$1/10^2$	$1/10^3$	$1/10^4$	$1/10^5$	$1/10^6$	$1/10^7$
신뢰도 지수 β	1.28	2.32	3.09	3.72	4.27	4.75	5.20

이고, γ_s는 저항(강도)에 적용하는 1보다 작은 부분안전계수로서 저항계수(강도감소계수)이다. 일반적으로 구조물 설계기준에서는 신뢰도 지수 β가 3~4의 범위를 갖도록 하는데, 하중계수가 결정된 후에 저항계수를 결정하는 과정에서 파괴거동에 따라 신뢰도 지수 β의 값을 달리 선택하여 저항계수를 조절할 수 있다. 즉, 일반적으로 연성거동을 보이는 거동에는 β가 3~3.5의 범위를 갖도록 하고, 취성거동을 보이는 거동에는 β가 3.5~4의 범위를 갖도록 하는 것이다.

이와 같이 구조물의 파괴확률과 연성 및 취성 거동을 고려한 신뢰도 지수의 선정으로 안전계수, 즉 하중계수와 저항계수를 결정한 설계기준을 신뢰도기반 설계기준이라고 한다. 구조물을 안전하고 합리적으로 설계하기 위한 신뢰도기반 설계기준은 신뢰할 수 있는 수준의 정확도로 파괴확률을 분석하는 것이 매우 중요하다. 따라서 신뢰할만한 확률밀도 함수를 제공하기 위한 하중 분포와 저항(강도) 분포에 대한 통계자료가 필수적이다. 하중 분포와 저항(강도) 분포에 대한 통계자료가 불충분한 상태에서는 이를 가정하여 안전계수를 결정할 수밖에 없는데, 이는 구조물의 안전에 매우 불확실한 설계결과를 제공할 수 있다. 따라서 대부분의 구조설계기준은 기본적인 신뢰도 분석결과와 경험적인 지식에 근거하여 반 경험적 방법으로 안전계수를 결정하고 있다.

또, 콘크리트 구조물의 설계기준에서는 구조물의 파괴확률만을 고려하여 하중계수를 결정할 수는 없으므로, 대부분의 설계기준은 경험적 지식에 기반을 두고 하중조합과 하중계수를 결정한다. 예를 들면 기본적인 하중인 고정하중 D와 활하중 L만을 고려한 하중조합은 콘크리트구조 학회기준(2017)[3.2]과 KDS 14 20 콘크리트구조 설계기준[3.3]의 경우 다음과 같다.

$$U = 1.4\,D \tag{3·12}$$

$$U = 1.2\,D + 1.6\,L \tag{3·13}$$

고정하중과 활하중의 변동성을 고려한 식 (3·13)의 하중조합에서 고정하중 D와 활하중 L의 하중계수는 각각 1.2와 1.6인데, 활하중이 거의 없고 고정하중이 대부분인 구조물의 경우 이 하중조합에 의한 계수하중은 약 1.2 D와 같을 것이나, 이 하중조합으로만 설계한다면 계수하중이 사용하중의 1.2배밖에 안되도록 설계하게 되는데, 이는 사용하중이 극한하중의 1/1.2배, 즉 0.83배의 수준으로 설계하게 됨을 의미한다. 이 정도로 높은 사용하중 수준에서는 균열이나 처짐 등 사용성을 만족하지 못하게 되는 것이 일반적이다.

따라서 식 (3·12)와 같이, 사용하중이 극한하중의 1/1.4배, 즉 0.71배 이하의 수준으로 설계하도록 하는 하중조합을 추가하여 사용성을 확보하도록 한 것이다. 결국, 설계기준의 하중조합은 파괴확률만을 고려하는 것이 아니라고 할 수 있으며, 구조거동 및 성능을 고려하여 경험적으로 하중계수와 하중조합을 결정하는 것이 일반적이다.

3.2.5 성능기반 설계기준

최근에는 현재까지 사용하고 있는 사양기반 설계기준(prescriptive design code)에 대응되는 개념으로 성능기반 설계기준(performance based design code)이 제시되었다. 성능기반 설계기준은 원래 내진설계기준의 한 형태로 제시된 것으로, 사양기반 설계기준으로는 반영할 수 없는 사항을 고려한 것이다. 즉, 사양기반 설계기준은 구조물의 성능 검증(performance verification)에 있어서 설계기준이 규정하고 있는 강도해석방법이나 강도산정 수식을 규정하여, 이를 적용하는 방법으로만 성능 해석을 수행하도록 하는 설계기준을 말한다. 그러나 새로운 재료를 적용하거나 새로운 구조 형식을 적용하고자 할 때, 또 기존의 재료를 사용한 일반적인 구조 형식이더라도 특별한 하중조건이나 환경조건을 가지고 있는 경우 등에는 기존의 설계기준이 규정하고 있는 강도해석방법이나 강도산정 수식이 충분하지 않은 경우가 발생할 수 있다. 특히 내진설계에 있어서는 설계지진가속도에 대하여 구조물이 붕괴되지 않도록 설계하는 기존의 내진설계개념을 더욱 발전시켜서, 지진동의 수준에 따라 구조물이 보유해야 할 성능을 규정하고 이를 검증하는 설계개념이 제시되고 있다. 예를 들면, 매우 자주 발생하는 약한 수준의 지진에 대해서는 눈에 띄는 손상이 발생하지 않도록 하며, 가끔 발생하는 중간 수준의 지진에 대해서는 구조적으로 문제가 될 만한 손상이 발생하지 않도록 설계하는 것이다. 또, 드물게 발생하는 높은 수준의 지진에 대해서는 교체가 가능한 부속품의 파괴나 복구와 보수가 가능한 정도의 파괴까지 허용하며, 매우 드물게 발생하는 매우 높은 수준의 지진에 대해서는 복구와 보수가 가능하지 않은 정도의 파괴가 발생하더라도 구조물이 붕괴되지 않도록 설계하는 것이다. 즉, 조건에 따라 구조물이 보유해야 할 성능 조건을 규정하고, 그 성능을 발휘할 수 있도록 설계하고 이를 검증(verification)하는 것을 성능기반 설계라고 하며, 이런 형태로 규정하는 설계기준을 성능기반 설계기준이라고 한다. 성능기반 설계에는 성능의 검증방법에 매우 높은 수준의 공학적 지식이 필요하다.

3.3 철근콘크리트 구조물의 설계

구조물이 사용목적에 따른 기능을 충분히 발휘할 수 있게 설계하려면, 설계개념(design concept)을 구체화한 설계의 기준(design criteria)을 기반으로 하여 설계기준(design code)의 규정에 따른 설계검증(design verification)을 수행하여야 한다. 일반적으로 구조물 설계의 기준(structural design criteria)은 다음의 세 가지를 들 수 있다.

① 안정성(stability)

구조물은 안정된 상태를 유지하여야 사용목적에 따른 기능을 발휘할 수 있으므로, 구조물이 불안정(unstable)한 상태가 되지 않도록 구조형식(structural system)을 선택하여야 한다. 예를 들어, 캔틸레버의 지점에 한지를 둔다든지 단순보의 양 지점을 이동단으로 한다든지 하여 구조물이 불안정한 상태가 되면 기능을 발휘할 수 없으므로, 안정한 상태의 구조형식을 갖도록 하여야 한다.

② 안전성(Safety)

구조물은 용도에 따른 기능을 상실하지 않으면서 사용자가 안전하게 이용하여야 하므로, 목표로 하는 하중 수준까지 파괴되지 않도록 안전하게 설계하여야 한다. 또 파괴가 발생하지 않을 목표하중보다 더 높은 하중이 작용하여 구조물이 파괴되더라도, 파괴되기 전에 파괴가 임박하였다는 징후가 뚜렷하게 나타나서 파괴의 경고(warning of failure)를 줄 수 있는 설계를 하여야 한다. 따라서 설계기준에 따른 하중조합과 하중계수를 적용한 계수하중 상태에서의 파괴여부를 검증하고, 구조물이 파괴될 때 급작스러운 취성파괴가 발생하지 않는지 검증하여야 한다.

③ 사용성(serviceability)

구조물은 사용하는 도중에 사용자가 불편하지 않게 이용할 수 있어야 하므로, 정상적인 상황에서 성능이 저하되지 않도록 설계하여야 한다. 따라서 구조적 기능, 사용자의 편의, 구조물의 외관에 관련된 사용요구성능을 고려하여 목표로 하는 하중 수준에서 처짐, 균열, 진동 등이 과대하게 발생하지 않는지 검증하여야 한다.

이와 같은 일반적인 구조물 설계의 기준(design criteria)을 만족시키기 위하여 철근콘크리트 구조물의 설계에서는 구체적으로 다음과 같은 설계개념과 설계검증을 수행한다.

3.3.1 극한한계상태와 강도한계상태의 설계검증

극한한계상태의 설계검증이나 강도한계상태의 설계검증은 구조물 설계의 기준(design criteria) 중 안정성(stability)과 안전성(Safety)을 만족시키기 위한 목적으로 수행되는 것으로, 설계기준(design code)에서 규정하고 있는 계수하중까지 구조물을 안전하게 이용할 수 있도록 하는 것이다. 즉, 계수하중이 작용할 때를 대상으로 구조물의 안정과 부재의 강도를 검증하여 구조물의 붕괴(collapse)와 파괴(failure) 가능성을 확인한다. 구조물이 사용되는 동안에 안정된 상태를 유지하려면, 먼저 구조적으로 안정한 구조형식(structural system)을 갖도록 구조물을 설계하여야 한다. 또한 계수하중이 작용할 때까지 구조물을 지지하고 있는 지반과 구조물의 기초가 파괴되지 않아야 하므로, 지반과 기초의 강도를 검증하여 구조물이 안정된 상태를 유지하도록 설계하여야 한다.

구조물에 있어서는 계수하중이 작용할 때까지 부재가 파괴되지 않아야 하므로, 계수하중에서 부재에 작용하는 단면력을 대상으로 강도를 검증한다. 여기서 부재의 강도 검증은 휨모멘트, 전단력, 비틀림, 축방향 압축력, 축방향 인장력, 또는 이들의 합성작용에 의한 파괴 가능성을 해석을 통하여 확인하는 것을 의미한다. 철근과 콘크리트가 합성작용으로 외력에 저항하는 철근콘크리트 구조물은 2장 2.3절에 소개된 콘크리트와 철근의 합성작용 및 철근콘크리트의 합성거동에 근거한 해석모델을 적용하여 부재단면의 설계강도를 해석하고 파괴에 대한 안전성을 검증한다. 철근콘크리트 단면의 휨강도는 콘크리트와 철근의 응력-변형률 곡선을 기반으로 하여 휨 극한상태에서의 평형(equilibrium)조건과 적합

(compatibility)조건을 만족하는 응력분포와 변형률분포를 찾아 계산하는 해석으로 결정한다. 철근콘크리트 부재의 전단강도 및 비틀림강도는 콘크리트와 철근의 응력-변형률 곡선과 평형조건 및 적합조건을 적용한 역학적 해석으로 구하는 과정이 매우 복잡하며 일관성 있는 정확도를 제공하기도 어려우므로, 일반적으로 설계기준에서 제시하는 단순해법이나 경험적 해석법에 따라 결정한다. 철근콘크리트 부재의 축압축강도 및 축인장강도는 전체 단면에 동일한 변형률이 나타난다는 가정으로, 축압축 극한상태 및 축인장 극한상태에서 각각 나타나는 변형률분포 및 변형률을 기반으로 단순하게 정리된 수식으로 결정하는 것이 일반적이다. 극한한계상태와 강도한계상태의 차이에 대해서는 3.2.3절에 자세히 설명되어 있다.

3.3.2 연성파괴 보장설계

연성파괴 보장설계는 구조물 설계의 기준(design criteria) 중 안전성(Safety)을 만족시키기 위한 목적으로 수행되는 것으로, 구조물이 파괴될 때 연성으로 파괴되도록 설계하는 것을 말한다. 물론 구조물의 안전성 확보는 계수하중까지 파괴되지 않고 안전하게 이용할 수 있도록 하는 것이 첫째 목표이다. 그러나 정상적으로 설계된 구조물이라면 계수하중보다 더 큰 하중이 작용할 때 파괴되는 것이 정상이다. 이와 같이 예상을 초월하는 하중이 작용하여 구조물이 파괴될 때에는 연성으로 파괴되어야 인명과 재산을 보호할 수 있다. 따라서 설계기준에서는 구조물이 연성으로 파괴되도록 유도하기 위하여 거동별 부재강도의 안전율을 조정하여 계수나 수식을 규정하고 있으며, 또한 연성 확보를 위한 추가적인 요구조건을 규정하고 있다. 즉, 구조물이 파괴될 때 가장 연성적인 파괴거동인 휨파괴가 가장 먼저 발생하도록 유도하기 위하여 휨파괴에 대한 안전율보다 전단파괴, 축압축파괴, 정착파괴 등에 대하여 더 높은 안전율을 갖도록 조정한 계수를 규정하고 있다. 또 철근콘크리트 휨부재는 휨파괴 거동에 있어서도 인장철근의 단면적 비율에 따라 연성능력에 차이를 보이므로, 소정의 연성능력이 보장되도록 휨인장철근의 최소철근량과 최대철근량을 규정하고 있다.

특히 연성파괴 보장설계는 내진설계에 있어서 매우 중요한 설계개념이다. 즉, 내진설계에서는 목표로 하는 지진수준을 초과한 지진으로 구조물이 파괴되더라도 구조물 전체가 붕괴되지 않도록 설계하여야 하는 것이다. 이를 위하여 응답수정계수 설계법이나 최대 소성힌지력 설계법을 적용한다. 응답수정계수 설계법은 탄성지진해석으로 구한 탄성 단면력에 각기 다른 값의 응답수정계수(response modification factor, 반응수정계수, R 계수)를 적용하여 연성파괴를 유도하는 설계법이다. 즉, 탄성지진해석으로 구한 탄성 휨모멘트를 3, 5, 7 등 높은 값의 응답수정계수로 나눈 값을 계수 휨모멘트로 하여 휨강도를 만족하도록 설계하고, 전단설계는 수정하지 않은 탄성 전단력을 계수 전단력으로 하여 전단강도를 만족하도록 설계하며, 기초는 휨 모멘트에 적용한 응답수정계수 값의 1/2에 해당하는 값으로 나누어 수정한 단면력을 계수 단면력으로 하여 강도를 만족하도록 설계함으로써 가장 연성인 휨파괴가 가장 먼저 발생하도록 설계하는 방법이다. 교량설계기준(한계상태설계법)[3.4]의 최대 소성힌지력 설계법은 재료의 초과강도(over-strength)를 고려하여 교각을 통하여 전달되는 최대 횡하중에도 취성파괴가 발생하지 않도록 연성파괴를 유도하는 설계법이다. 즉, 기준강도보다 크게 발휘되는 콘크리트와 철근의 강도를 고려하여 재료강도가 최대일 때 발휘되는 교각의 휨강도를 최대 소성휨모멘트로 설정하고, 최대 소성휨모멘트를 교각의 길이로 나눈 최대 소성힌지력(maximum plastic hinging force)을 계수하중으로 하여 교각의 전단강도, 받침의 강도, 기초의 강도 등이 충분하도록 설계하는 방법이다. 이와 같이 구조물의 내진설계에서는 연성보장설계를 수행하여 지진에 의하여 부재가 파괴되더라도 부재의 취성파괴나 구조물의 붕괴를 방지하도록 한다.

그러나 구조물의 특성에 따라서는 관련 설계기준만으로 연성파괴 보장설계가 충분하지 않는 경우가 있으므로, 설계자는 단순히 설계기준의 조항을 기계적으로 적용하는 것보다 구조물 전체의 구조형식과 구조특성을 고려하여 연성파괴의 보장 여부를 검증하는 것이 바람직하다.

3.3.3 사용한계상태의 설계검증

사용한계상태의 설계검증은 구조물 설계의 기준(design criteria) 중 사용성(serviceability)을 만족시키기 위한 목적으로 수행되는 것으로, 설계기준(design code)에서 규정하고 있는 사용하중(service load) 또는 지속하중(sustained load)까지 구조물을 사용하는데 불편하지 않도록 하는 것이다. 즉, 구조물의 수명동안 구조물로서의 기능이 원활하며 사용자가 불편하지 않게 이용할 수 있는지 검증한다. 이를 위하여 콘크리트 구조물의 사용성 검증은 지속하중 또는 사용하중을 검증하중으로 하여, 응력, 균열, 처짐, 진동 등을 검증 대상으로 한다. 지속하중은 장기간에 걸쳐 구조물에 항상 작용하는 장기하중(long-term load)을 의미하는 것으로, 고정하중과 함께 구조물의 하중 특성을 고려하여 활하중의 일부를 포함한다. 즉, 차량하중이 짧은 시간 동안에 작용하는 도로교에서는 지속하중에 활하중을 포함시키지 않는 것이 일반적이지만, 매우 큰 중량의 열차하중이 활하중으로 작용하는 철도교에서는 활하중의 일부를 지속하중으로 고려하는 경우도 있다. 건물에 있어서도 일반 사무용 건물, 창고 건물, 도서관 건물 등 하중의 특성에 따라 지속하중으로 고려하는 활하중의 비율을 달리한다. Eurocode 등 유럽의 기준에서는 지속하중과 유사한 것으로 준영구하중조합(quasi-permanent load combination)을 규정하고 있으며, 역시 고정하중과 활하중의 일부를 합한 하중조합이다. 사용하중은 고정하중과 활하중을 합한 하중조합으로 설계하중이 작용하고 있는 상태를 의미한다.

[1] 응력의 설계검증

응력(stress)의 검증은 콘크리트와 철근에 작용하는 응력이 어느 한계를 넘지 않는지 확인하는 작업이다. 철근콘크리트 구조물을 극한한계상태의 요구조건에 따라 콘크리트 단면의 크기와 철근의 단면적을 결정하는 경우, 사용하중 또는 지속하중 상태에서 콘크리트와 철근에 작용하는 응력이 과도하게 크게 나타나는 일이 종종 발생한다. 구조물에 과도한 응력이 작용하면 구조물의 기능과 외관을 크게 해칠 수 있을 뿐만 아니라, 내구성(durability)을 저하시켜 구조물의 수명을 단축시킬 수 있다. 특히 콘크리트 구조물에 작용하는 과도한 응력은 다음과 같이 구조성능에 몇 가지의 부정적인 영향을 준다. 첫째, 콘크리트에 작용하는 큰 압축응력은 콘크리트의 비선형 크리프를 유발하여 부재의 변형을 크게 증대시킨다.

둘째, 인장철근에 작용하는 큰 인장응력은 철근 주위의 콘크리트에 미세 균열을 유발하여 부재의 수밀성이 저하된다. 셋째, 항복에 가까울 정도로 큰 인장응력이 철근에 작용하면 철근 배치 방향의 직각방향으로 콘크리트에 큰 폭의 인장균열이 발생하며, 철근을 따라 콘크리트에 쪼갬 균열이 발생할 수 있어서 내구성이 저하된다. 따라서 지속하중 또는 사용하중 상태에서 콘크리트와 철근에 과도하게 큰 응력이 작용하지 않도록 설계하여야 한다. 휨 응력의 설계검증은 11장 11.2절에서 자세히 다룬다.

[2] 균열의 설계검증

균열(crack)의 검증은 콘크리트에 발생하는 균열이 어느 한계를 넘지 않는지 확인하는 작업이다. 물론 철근콘크리트 구조물에 균열이 발생한다고 해도 단기적으로는 구조적으로 크게 문제가 되지 않는다. 그러나 구조물에 과도하게 큰 균열이 발생하면 구조물의 외관이 보기에 좋지 않게 되며, 사용자들이 구조물의 안전에 대하여 심리적으로 불안감을 느낄 수 있다. 또 수분이나 유해물질에 접하는 콘크리트 구조물의 경우에는 균열을 통하여 수분이나 유해물질이 단면의 내부로 침투할 수 있다. 균열을 통하여 침투한 수분이나 유해물질은 철근의 부식을 유발하게 되고, 부식되는 철근의 팽창력에 의하여 콘크리트가 파손될 수 있다. 이에 따라 장기적으로 구조물의 내구성이 저하되어 구조물의 수명이 단축될 수 있다. 따라서 지속하중 또는 사용하중 상태에서 콘크리트에 과도하게 큰 균열이 발생하지 않도록 설계하여야 한다. 균열의 설계검증은 11장 11.3절에서 자세히 다룬다.

[3] 처짐의 설계검증

처짐(deflection)의 검증은 구조물에 발생하는 처짐이 어느 한계를 넘지 않는지 확인하는 작업이다. 하중이 작용하는 구조물은 그 크기가 아무리 작더라도 하중이 작용하는 방향으로 변위(displacement)가 발생하게 된다. 횡방향으로 구속되지 않은 구조물에 횡방향으로 바람이나 지진 또는 횡토압이 작용할 때에는 구조물에 횡방향 변위가 발생하며, 고정하중과 함께 수직방향으로 활하중이 작용하면 보와 슬래브 등 수평방향으로 배치된 부재에 수직방향으로 변위가 발생한다. 이러한 변위를 처짐이라고 하는데, 영문 'deflection'은 'displacement'와 동일한 의미라고 할 수 있다. 따라서 수평방향으로의 변위는 'lateral deflection'이나 'horizontal deflection'으로 표현하고, 수직방향으로의 변위는 'vertical deflection'으로 표현하여 구분한다. 그러나 단순히 'deflection'이라고 하면 수직 처짐을 의미할 때가 많다. 이와는 달리 우리말 '처짐'은 '수직 아랫방향으로의 변위'라는 의미가 강한 표현이지만, '상향 처짐(upward deflection)', '하향 처짐(downward deflection)', '수평 처짐(lateral deflection)' 등으로 의미를 전달하고 있다. 구조물에 처짐이 발생한다고 해도 사용하는데 크게 불편하지 않다면 구조적으로 크게 문제가 되지는 않는다. 그러나 구조물에 큰 처짐이 발생하면 비록 실제로 구조적 안전에 영향을 주지 않을지라도 일반적인 사용자들은 구조 안전성에 확신을 갖지 못하여 심리적으로 불안하게 된다. 따라서 부재 또는 구조물의 처짐은 육안으로 쉽게 구분할 수 없는 정도가 되도록 설계하는 것이 바람직하다.

한편 콘크리트 구조물은 장기간 작용하는 지속하중에 의하여 콘크리트에 크리프 변형이 발생하고, 이에 따른 장기 처짐(long-term deflection)이 발생하여 시간이 경과함에 따라 처짐이 증가한다. 이에 따른 처짐이 과도하게 발생한 건물은 책상이나 책장 등 가구가 수평을 유지하지 못하며 바퀴가 달린 의자가 움직이는 등 사용성이 좋지 않게 된다. 또 활하중에 의한 처짐이 과도하게 발생하는 것도 바람직하지 않다. 즉, 활하중에 의한 처짐이 과도한 교량은 진동이 크게 되어 차량의 주행성이 좋지 않고, 상부구조에 작용하는 충격 또는 동적 하중을 증가시켜 사용자의 불편과 구조적 손상을 유발할 수 있다. 따라서 지속하중 또는 사용하중 상태에서 구조물 또는 부재에 과도하게 큰 처짐이 발생하지 않도록 설계하여야 한다. 처짐의 설계검증은 11장 11.4절에서 자세히 다룬다.

[4] 진동의 설계검증

진동(vibration)의 검증은 구조물에 발생하는 진동이 어느 한계를 넘지 않는지 확인하는 작업이다. 진동은 동적하중이 지배적인 구조물에서 발생하는데, 진동을 유발하는 요인으로는 차량 주행, 바람, 지진, 기계 작동 등을 들 수 있다. 물론 구조물에 진동이 발생한다고 해도 공진(resonance)에 의한 진동의 증폭으로 구조물이 파괴되는 경우가 아니라면 진동이 구조물의 안전에 크게 문제가 되지는 않는다. 그러나 구조물에 과도하게 큰 진동이 발생하면 사용자들이 구조물을 이용하기 불편하게 되며 구조물의 안전에 대하여 심리적으로 불안감을 느낄 수 있다. 따라서 부재 또는 구조물의 진동은 사용성에 큰 문제가 되지 않을 정도로 제어하여 설계하는 것이 바람직하다.

그림 3-2는 시간에 따른 구조물의 정역학적 거동과 동역학적 거동 및 진동을 나타낸다. 구조물에 하중이 작용할 때 구조물에 나타나는 현상을 반응(response)이라고 한다면, 구조물의 반응은 응력이나 변형 또는 처짐의 항으로 나타낼 수 있다. 구조물에는 고정하중이 항상 작용하고 있으므로 그림 3-2에 나타난 바와 같이 고정하중에 의한 반응, 즉, 응력, 변형, 처짐이 항상 존재하게 된다. 이 상태에서 시간 t_1에 활하중이 추가되면, 추가된 활하중에 의하여 반응이 증가하여 그림 3-2의 점선과 같이 활하중이 최대인 시간 t_2에 반응이 최대가 된다. 활하중이 감소하면 반응도 감소하여 활하중이 완전히 제거된 시간 t_4에는 고정하중 상태의 반응으로 되돌아온다. 이와 같이 정적하중이 작용하는 경우에는 하중의 크기와 구조물의 반응이 시간과 무관하게 단순 비례하는데, 이러한 경우를 정역학적 거동 또는 정적 거동이라고 한다.

이와는 달리 동적하중이 지배적인 구조물에서는 시간과 무관하게 하중의 크기와 구조물의 반응이 단순 비례하는 것이 아니라 시간에 따라 증감하는 동역학적 거동을 나타낸다. 즉, 그림 3-2의 실선과

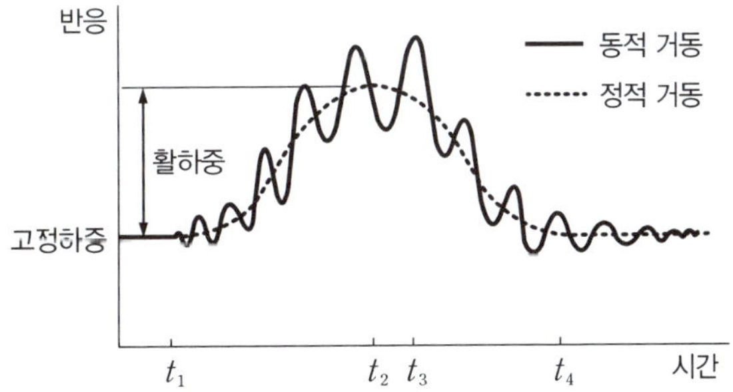

그림 3-2 구조물의 정적 거동과 동적 거동 및 진동

같이 시간 t_1에 활하중이 작용하기 시작하면 구조물에 진동이 발생하면서 반응이 증가한다. 이때 증가하는 반응은 진동이 발생하면서 증가하기 때문에 단순 증가하지 않고, 정역학적 반응보다 더 크다가 더 작아지는 현상이 반복하여 나타나면서 최대에 이른다. 따라서 동적 거동에서는 최대반응이 정적 거동에서의 최대반응보다 큰 증폭(amplification) 현상이 나타난다. 또 최대반응이 나타나는 시간도 달라져서 정적 거동에서 최대반응이 나타나는 시간 t_2가 아니라 시간 t_3에서 나타난다. 이때 시간 t_3는 t_2보다 항상 늦는 것은 아니고 더 일찍 발생할 수도 있다. 한편, 활하중이 완전히 제거된 시간 t_4 이후에도 진동이 나타나며, 구조물의 감쇠(damping)에 의하여 진동이 소멸된 후에야 정적 거동의 고정하중 상태로 돌아온다.

동적 거동에 따른 증폭은 구조물의 고유진동수와 하중의 진동수 및 감쇠비(damping ratio)에 따라 다르게 나타난다. 구조물의 고유진동수(natural frequency)는 1초 동안 발생하는 진동 횟수이며, 동적해석에서의 고유치(eigenvalue) 해로서 감쇠되지 않는 경우에 다음 식으로 나타낸다.

$$\omega = \sqrt{\frac{k}{m}} = \sqrt{\frac{kg}{W}} \tag{3·14}$$

$$f = \frac{\omega}{2\pi} = \frac{1}{2\pi}\sqrt{\frac{k}{m}} = \frac{1}{2\pi}\sqrt{\frac{kg}{W}} \tag{3·15}$$

여기서 k는 구조물의 강성도(stiffness), m은 구조물의 질량(mass), g는 중력가속도, W는 구조물의 중량이며, ω는 radian/second 단위로 표현한 비감쇠 고유진동수(undamped natural frequency)이고, f는 헤르츠(hertz, cycles/second) 단위로 표현한 비감쇠 고유진동수이다. 감쇠되는 경우에는 감쇠비 ξ의 영향을 받아서 ξ이 1보다 작은 저감쇠(under-damped)의 경우 감쇠 고유진동수(damped natural frequency) ω_D는 다음 식만큼으로 감소한다.

$$\omega_D = \omega\sqrt{1-\xi^2} \tag{3·16}$$

철근콘크리트 구조물의 감쇠비 ξ는 반복하중을 받는 주철근의 변형상태에 따라 다른 값을 나타낸다. 휨모멘트가 최대인 위치의 주철근이 탄성상태인 경우에는 감쇠비가 매우 작지만, 주철근이 항복하는 상태에서는 약 5%의 값을 나타내며 비탄성변위가 증가할수록 증가하여 15% 이상으로 나타난다.[3.12] 이것은 비탄성거동을 보이는 철근콘크리트 부재의 주철근이 소성상태에서의 반복이력거동으로 에너지를 흡수하기 때문이다. 대부분의 내진설계기준에서는 항복상태를 기준으로 하여 5%의 감쇠비에서 나타나는 지진응답스펙트럼을 설계스펙트럼으로 취하여 지진하중을 결정하도록 규정하고 있다. 따라서 소성거동을 보이도록 내진설계된 철근콘크리트 구조물은 파괴 때 실제로 나타나는 감쇠비보다 작은 5%의 감쇠비를 기준으로 설계하였으므로 안전측인 설계가 된다고 할 수 있다. 한편 감쇠비가 5%인 경우에는 식 (3·16)에 따른 감쇠 고유진동수 ω_D가 비감쇠 고유진동수 ω의 0.9987배이다. 따라서 일반적인 구조물의 경우, 감쇠 고유진동수는 비감쇠 고유진동수와 큰 차이가 없다.

구조물이 갖는 고유 진동특성은 진동수의 역수인 주기(period)로도 나타낸다. 즉, 구조물이 갖는 고유주기(natural period) T는 고유진동수와 다음과 같은 관계가 있다.

$$T = \frac{2\pi}{\omega} = \frac{1}{f} \tag{3·17}$$

이 고유진동수와 고유주기는 구조물의 자유진동에서 나타나는 동적 특성으로, 그림 3-2에서 활하중이 더 이상 작용하지 않는 시간 t_4 이후, 즉 외력이 작용하지 않는 상태에서 나타나는 진동의 진동수 및 주기와 같다.

구조물에 조화하중(harmonic loading)이 작용하면 조화하중의 진동수 ω_L과 구조물의 진동수 ω_D에 따라 증폭 효과가 달라진다. 조화하중은 회전운동을 하는 기계 등에 의하여 주기적으로 반복하여 힘을 가하는 경우의 하중으로, 다음과 같이 최댓값이 F_o인 sine 함수로 나타낼 수 있는 하중이다.

$$F(t) = F_o \sin \omega_L t \tag{3·18}$$

만일 하중의 진동수 ω_L과 구조물의 진동수 ω_D가 유사하면 진동이 크게 증폭되며, 두 진동수가 같을 때는 이론적으로 무한대로 증폭되는 공진(resonance)이 나타난다. 실제 구조물에서는 두 진동수가 정확하게 일치하지 않더라도 유사한 값을 갖는 경우, 진동이 크게 증폭되어 재료강도의 한계에 도달하면 부재가 파괴된다. 예를 들어 사람이 걷거나 뛰는 경우 또는 운동을 하거나 춤을 추는 경우에 작용하는 하중의 주파수는 대략 2~4hertz(cycles/second) 정도인데, 이와 유사한 고유진동수를 가진 구조물에 다수의 군중이 걷거나 동시에 운동하는 도중에 구조물의 진동이 증폭되어 붕괴된 사례도 있다. 그러나 조화하중과 같이 동일한 주기로 반복하여 하중이 작용할 때 구조물의 고유주기가 하중의 주기와 유사하지 않으면 공진이 발생할 염려가 없고, 또 철근콘크리트 구조물은 철근이 소성변형을 하면서 진동 에너지를 흡수하므로 철근콘크리트 구조물이 진동에 의하여 파괴되는 경우는 거의 발생하지 않는다.

그러나 앞에서 설명한 바와 같이, 동적하중이 지배적인 구조물에서는 동적 효과(dynamic effect)로 인하여 정적 거동의 반응보다 더 큰 반응이 나타난다. 따라서 극한한계상태 및 강도한계상태의 설계검증과 사용한계상태의 설계검증에서 동적 효과를 고려하여야 한다. 이를 고려하는 방법으로는 동적 해석(dynamic analysis)을 직접 수행하는 방법과 충격계수(impact factor) IM을 이용하여 정적 반응을 증가시킴으로써 동적 효과를 간접적으로 반영하는 방법이 있다. 교량설계기준(한계상태설계법)[3.4]은 사장교나 현수교 등의 케이블 교량을 제외한 일반 도로교의 경우, 원심력과 제동력 이외의 표준트럭하중에 의한 정적효과를 표 3-3의 충격계수만큼 증가시켜서 동적 효과를 반영하도록 규정하고 있다.

한편 사용하중 상태에서의 진동은 구조물의 사용자가 감각적으로 느끼는 것으로, 주로 활하중에 의한 진동을 느끼게 된다. 이에 대한 한계상태, 즉 허용진동폭에 대해서는 설계기준에서 뚜렷하게 규정하고

표 3-3 교량설계기준(한계상태설계법)의 도로교에 대한 충격계수, IM

성분		충격계수, IM
바닥판 신축이음장치를 제외한 모든 다른 부재	피로한계상태를 제외한 모든 한계상태	25%
	피로한계상태	15%

있지 않으므로, 사용자가 진동에 의한 불편함을 느끼지 않도록 설계자의 판단과 경험을 바탕으로 설계하여야 한다.

3.3.4 피로한계상태의 설계검증

피로한계상태의 설계검증은 구조물 설계의 기준(design criteria) 중 안전성(Safety)을 만족시키기 위한 목적으로 수행되는 것으로, 구조물이 피로(fatigue)에 의하여 파괴되지 않도록 설계하는 것을 말한다. 구조물은 파괴될 정도의 극한하중이 작용하지 않더라도 낮은 수준의 하중이 반복적으로 많은 횟수로 작용하면 교번응력(repetitive cyclic stress)으로 인하여 재료가 파괴되는 피로파괴(fatigue failure)가 발생할 수 있다.

그림 3-3은 응력범위와 피로파괴의 응력범위-반복횟수 곡선(S-N 곡선)을 나타낸다. 그림 3-3(a)에 나타낸 바와 같이, 구조물에 활하중이 작용하면 고정하중에 의한 응력에 활하중에 의한 응력이 추가되고 활하중이 제거되면 응력은 다시 고정하중 응력의 상태로 되돌아온다. 따라서 고정하중과 활하중만 작용하는 경우, 고정하중 상태의 응력이 최소응력이 되고 활하중 응력이 추가된 응력이 최대응력이 된다. 활하중이 반복하여 작용하면 최소응력과 최대응력 사이에서 응력의 변화가 반복된다. 이때 반복된 응력의 변화를 응력범위(stress rage)라고 한다.

일반적으로 피로파괴는 하중의 반복횟수(cycles to failure, N), 응력범위(stress rage, S), 최소응력의 수준(low stress level), 이 세 가지가 주요 변수이다. 이러한 변수를 고려하여 반복하중을 가하는 실험을 수행한 후 피로파괴가 발생하는 반복횟수를 얻고, 그 결과를 분석하여 설계에 이용할 수 있도록 응력범위와 반복횟수의 관계를 나타낸 것을 S-N 곡선이라고 한다. 이때 반복횟수 N은 로그(log) 값으로 나타낸다. S-N 곡선은 그림 3-3(b)에 나타낸 바와 같이, 피로파괴가 발생하는 반복횟수 N이 증가할수록 응력범위 S가 감소하는 경향을 보이다가 더 이상 감소하지 않는 형상을 나타낸다. 예를 들어, 부재에 작용하는 활하중 응력, 즉 응력범위가 S_1으로 높은 수준인 경우에는 하중이 N_1의 횟수로 반복하여 작용하면 피로파괴가 발생한다. 응력범위가 S_2로 S_1보다 낮은 수준인 경우에는 하중이 N_1보다 큰 N_2의 횟수로 반복하여 작용하여야 피로파괴가 발생한다. 만일 응력범위가 S_3보다 작은 경우라면 하중이 무한히

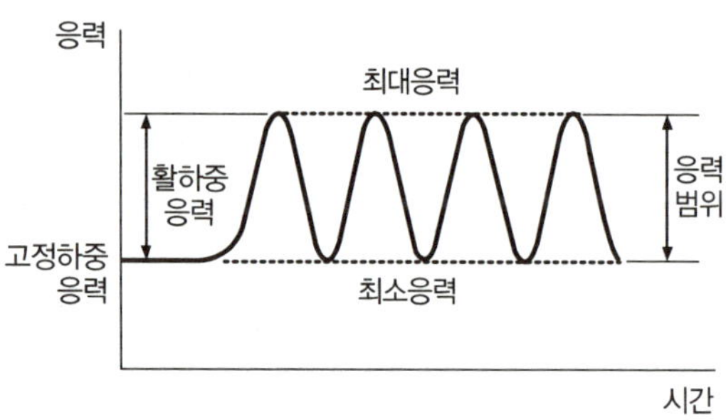

(a) 응력범위

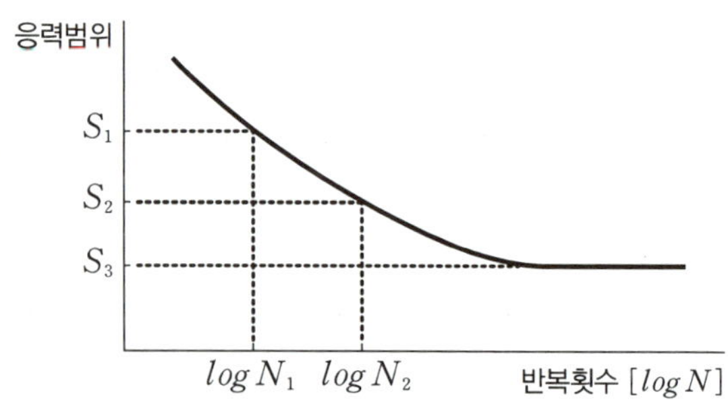

(b) 피로파괴 S-N 곡선

그림 3-3 응력범위 및 피로파괴 S-N 곡선

반복하여 작용하더라도 피로파괴는 발생하지 않는다. 응력범위가 감소하는 부분은 그림 3-3(b)에 곡선 형상으로 나타내었으나, 피로설계 및 검증을 수행할 때에는 직선으로 나타내는 선형관계를 적용하는 것이 일반적이다.

철근콘크리트의 피로파괴에 대한 연구는 1970년대부터 집중적으로 수행된 바 있는데, 철근콘크리트 부재의 피로파괴는 철근의 피로에 의하여 발생하며 콘크리트의 피로는 거의 영향이 없다는 결론을 얻었다. 이에 따라 철근콘크리트 구조설계에서 수행하는 피로한계상태의 검증은 인장철근을 대상으로 한다. 이때 적용하는 피로파괴의 검증개념은 모든 설계기준이 기본적으로는 동일하지만, 설계기준별로 다소 다른 형태로 규정하고 있다. 즉, 콘크리트구조 학회기준(2017)[3.2]과 KDS 14 20 콘크리트구조 설계기준[3.3]은 2백만 회의 반복하중에서 피로파괴가 발생하지 않는 철근의 한계응력범위를 제시하고, 작용하는 응력범위가 이보다 작은 경우는 피로파괴를 검토하지 않도록 규정하고 있다. 교량설계기준(한계상태설계법)[3.4]과 AASHTO-LRFD[3.6]은 수식에 따라 피로한계 응력범위를 결정하고, 피로하중조합에 의해 유발된 응력이 피로한계 응력범위를 초과하지 않게 설계하도록 규정하고 있다. 이와 같은 피로한계상태 설계검증의 내용은 11장 11.5절에서 자세히 다룬다.

3.3.5 부재강도 검증과 설계상세

설계기준에 규정된 부재강도 해석법은 실험결과에 대한 검증으로 입증된 것이지만, 이에 따라 설계된 부재가 시공되었을 때 설계에 적용한 강도성능이 실제로 발휘되어야 한다. 이를 위해서는 부재상세(detailing of member, member details)와 철근상세(detailing of reinforcement, reinforcement details)가 설계기준의 규정을 만족하여야 한다.

부재상세는 보, 기둥, 슬래브, 벽체 등 각각의 부재 특성을 고려하여 축방향 철근의 최대 철근량과 최소 철근량, 횡방향 철근량 및 간격, 추가로 배치되어야 할 철근 등에 대한 상세한 사항을 의미한다. 이것은 계수하중보다 더 큰 하중이 작용하여 구조물이 파괴되더라도 연성거동이 나타나게 하려는 것이다. 철근콘크리트 구조물이 연성파괴거동을 보이도록 하려면 극한상태에서 콘크리트의 압축파괴보다 철근의 항복이 먼저 발생하도록 설계하여야 한다. 이를 위하여 설계기준에서는 연성파괴가 보장되도록 최대 철근량 규정과 최소 철근량 규정을 두고 있으며, 부재의 설계휨강도, 설계전단강도, 설계축강도의 해석에서 철근의 응력이 항복강도 f_y에 도달한 상태를 대상으로 계산한다. 그러나 재료의 강도와 단면력 작용에 따른 거동의 특성 상 철근이 먼저 항복하지 않는 경우도 있다. 예를 들면 항복강도가 매우 높은 고강도철근을 축방향 철근으로 사용하는 기둥에 중심 축압축력이 작용하는 경우가 대표적이다. 이때에는 횡방향 철근을 충분히 배치하여 파괴 때 가능한 한 취성이 감소하도록 추가의 조치를 취하는 것이 바람직하다. 철근이 항복하지 않는 경우의 단면강도는 재료의 응력-변형률 관계를 이용하여 평형(equilibrium) 조건과 적합(compatibility) 조건을 만족하는 단면강도 해석으로 구하여야 한다.

철근상세는 철근의 구부림, 갈고리 형태, 철근간격, 피복두께 등 철근이 콘크리트 내에 배치될 때의 형상이나 길이 또는 위치에 대한 상세한 사항을 의미한다. 설계기준에 규정된 부재강도 해석법의 검증에 이용된 실험체는 각각의 철근상세를 가지고 있었으므로, 설계기준의 부재강도 해석법은 설계된 부재의 철근상세가 실험체의 철근상세를 만족하였을 때만 만족되는 것이다. 따라서 설계기준에는 부재강도 해석법의 필요조건으로 최소한의 요구조건인 철근상세 규정을 두고 있다. 즉, 설계기준에 규정된 철근상세를 만족하지 않는 부재는 설계기준에서 제시한 부재강도 해석법에 따른 강도성능을 발휘하지 못한다는 뜻이다. 따라서 설계자들은 설계기준에서 제시한 부재강도 해석법에 따라 단면강도를 산정하고, 해당 설계기준에서 제시하고 있는 철근상세 규정을 만족하도록 철근을 배치하여야 한다.

부재상세 및 철근상세와 함께 설계자와 시공자는 단면상세(section details)에도 주의를 기울여야 한다. 바람직한 단면상세는 콘크리트 부재의 시공과정 또는 사용 중에 국부적인 손상이 발생하지 않는 단면 크기와 형상을 말한다. 즉, 단면에 작용하는 힘과 응력이 원활하게 전달되도록 단면의 크기와 형상을 결정하여야 하는 것이다. 단면상세는 설계기준에 자세히 규정되어 있지 않은 것이 일반적이므로 기술적 지식과 경험적 지식을 바탕으로 합리적인 공학적 판단에 따라 설계를 수행하여야 한다.

부재상세에 대한 구체적인 내용은 보, 기둥, 슬래브, 벽체 등 각 부재의 설계를 다루는 장에서 다루고, 철근 구부림, 표준갈고리, 철근 간격, 피복두께, 헌치 및 모따기 등 공통으로 적용되는 철근상세와 단면상세에 대한 구체적인 내용은 3.4절에서 자세히 다룬다. 단, 철근의 절단 위치와 연결 방법 등은 10장 '철근의 정착과 이음'에서 다룬다.

한편 설계기준에 따라서는 부재상세와 철근상세를 구분하지 않고 '철근상세'라는 표현으로 두 가지를 모두 지칭하기도 한다. 즉, 교량설계기준(한계상태설계법)[3.4]과 Eurocode 2[3.7]는 부재상세와 철근상세를 구분하고 있으나, KDS 14 20 콘크리트구조 설계기준[3.3]과 ACI 318 Code[3.5]는 철근상세로 모든 것을 다루고 있다.

3.3.6 내구성 설계와 설계등급

콘크리트 구조는 설계에서 목표로 하였던 최소한의 구조성능이 설계수명 동안 유지되도록 주변 환경조건에서 내구성이 유지되어야 한다. 여기서 내구성이란 구조물이 노출된 환경조건에 의하여 화학적 또는 물리적 영향을 받더라도, 콘크리트 구조를 구성하는 재료가 과도한 손상 없이 설계에서 가정하였던 최소한의 강도를 유지할 수 있는 성능을 말한다. 따라서 콘크리트 구조의 내구성 저하 요인은 강재의 부식(steel corrosion)과 콘크리트의 손상 또는 열화(concrete degradation)로 나눌 수 있다.

강재의 부식은 강재 자체의 재료성능보다는 강재를 둘러싸고 있는 콘크리트의 성능에 영향을 받는다. 콘크리트는 PH값이 평균 12.8로 강알칼리성이고, 또 강재의 표면이 $2{\sim}6\times10^{-6}mm$ 두께의 얇고 치밀한 부동태 피막으로 피복되어 있기 때문에 정상적인 상황에서는 콘크리트에 묻힌 강재가 부식되지 않는다. 또 콘크리트를 타설하기 전에 강재의 표면 일부분이 부식된 상태이더라도 콘크리트를 타설하고 나면 강재의 부식은 더 이상 진행되지 않는다. 그러나 콘크리트 중에 일정량 이상의 염화물이 존재하면 염소이온(cl^-)의 작용에 의해 부동태 피막이 파괴되어 철근이 부식되기 쉬운 상태가 된다. 또, 대기 중에 존재하는 탄산가스, 산성비와 산성안개, 또는 눈이나 얼음을 녹이는 각종 제빙 화학물의 영향으로 콘크리트의 중성화가 촉진되어 알칼리성을 상실하면 철근이 부식되기 쉬운 상태가 된다. 한편, 같은 조건의 철근이라도 구부려서 가공한 부분은 부동태 피막이 파괴되는 것이 일반적이어서, 구부리지 않은 부분에 비하여 더 빨리 부식되기 쉽다. 강재가 부식되면 체적이 2배 내지 3배로 팽창하는데, 그 팽창압에 의해 피복콘크리트에 균열이 발생하고, 그림 3-4와 같이 피복콘크리트가 탈락되기도 한다. 그림 3-4(a)는 교각의 축방향철근과 횡방향철근이 부식된 모습이며, 그림 3-4(b)는 교량 바닥판 하면의 주철근과 배력철근이 부식된 모습이다.

따라서 해수, 해풍, 황산염, 탄산가스, 산성비, 제빙 화학물 등 콘크리트에 유해한 부식성 환경에 노출되는 경우, 설계단계에서 피복두께를 일반 환경의 경우보다 증가시키거나 물-결합재비를 낮추면서 강도를 높여 수밀한 콘크리트가 되도록 하여야 한다. 또, 콘크리트의 배합에서 해사를 사용하는 경우에는 염분 농도에 대한 기준을 준수하여야 한다.

(a) 교각의 철근 부식 (b) 교량 바닥판의 철근 부식

그림 3-4 철근 부식으로 인한 피복콘크리트 탈락

콘크리트의 손상 또는 열화(concrete degradation)는 주로 동결융해의 반복 작용이나 화학물질의 침투에 따라 발생한다. 특히 동결융해에 의한 열화는 제빙화학제가 사용된 경우나 지속적으로 수분과 접촉하는 경우에 특히 심하게 발생한다. 또, 투수 저항성이 낮은 콘크리트가 수분과 접촉하는 경우에도 열화 되어 강도가 낮아진다.

KDS 14 20 콘크리트구조 설계기준[3.3]과 KCS 14 20 콘크리트공사 표준시방서[3.13]의 내구성에 관련된 기준은 다음과 같이 노출 범주를 다섯 가지로 구분하고 노출 정도에 따라 노출등급을 나눈다.

- 일반 노출 범주: 강재의 부식이나 유해물질의 침투에 따른 위험이 없는 노출등급

  E0: 물리적, 화학적 작용에 의한 콘크리트 손상의 우려가 없는 경우와 철근이나 내부 금속의 부식 위험이 없는 경우(예: 공기 중 습도가 매우 낮은 건물 내부)

- 탄산화 노출 범주(EC): 탄산화에 의한 강재의 부식과 관련된 노출등급

  EC1: 건조하거나 수분으로부터 보호되는 경우 또는 영구적으로 습윤한 경우(예: 공기 중 습도가 낮은 건물 내부나 물에 계속 침지 되어 있는 콘크리트)

  EC2: 습윤하고 드물게 건조되는 콘크리트로 탄산화의 위험이 보통인 경우(예: 장기간 물과 접하는

콘크리트 표면이나 외기에 노출되는 기초)

EC3: 보통 정도의 습도에 노출되는 콘크리트로 탄산화 위험이 비교적 높은 경우(예: 공기 중 습도가 보통 이상으로 높은 건물 내부나 비를 맞지 않는 외부 콘크리트)

EC4: 건습이 반복되는 콘크리트로 매우 높은 탄산화 위험에 노출되는 경우(예: 비를 맞는 콘크리트 외벽이나 난간 등과 같이, EC2 등급에 해당하지 않고 물과 접하는 콘크리트)

- 염화물 노출 범주(ES): 해수와 제빙화학제 등 염화물에 의한 강재의 부식과 관련된 노출등급

ES1: 보통 정도의 습도에서 대기 중의 염화물에 노출되지만 해수 또는 염화물을 함유한 물에 직접 접하지 않는 경우(예: 해안가 또는 해안 근처에 있는 구조물이나 도로 주변에 위치하여 공기 중의 제빙화학제에 노출되는 콘크리트)

ES2: 습윤하고 드물게 건조되며 염화물에 노출되는 경우(예: 수영장 또는 염화물을 함유한 공업용수에 노출되는 콘크리트)

ES3 : 항상 해수에 침지되는 경우(예: 해상 교각의 해수 중에 침지되는 부분)

ES4: 건습이 반복되면서 해수 또는 염화물에 노출되는 경우(예: 해양 환경의 물보라 지역(비말대) 및 간만대에 위치한 콘크리트, 염화물을 함유한 물보라에 직접 노출되는 교량 부위, 도로 포장, 주차장)

- 동결융해 노출 범주(EF): 콘크리트의 동결 융해작용과 관련된 노출등급

EF1: 간혹 수분과 접촉하나 염화물에 노출되지 않고 동결융해의 반복작용에 노출되는 경우(예: 비와 동결에 노출되는 수직 콘크리트 표면)

EF2: 간혹 수분과 접촉하고 염화물에 노출되며 동결융해의 반복작용에 노출되는 경우(예: 공기 중 제빙화학제와 동결에 노출되는 도로구조물의 수직 콘크리트 표면

EF3: 지속적으로 수분과 접촉하나 염화물에 노출되지 않고 동결융해의 반복작용에 노출되는 경우(예: 비와 동결에 노출되는 수평 콘크리트 표면)

EF4: 지속적으로 수분과 접촉하고 염화물에 노출되며 동결융해의 반복작용에 노출되는 경우(예: 제빙화학제에 노출되는 도로와 교량 바닥판, 제빙화학제가 포함된 물과 동결에 노출되는 콘크리트 표면, 동결에 노출되는 물보라 지역(비말대) 및 간만대에 위치한 해양 콘크리트)

- 황산염 노출 범주(EA): 토양 내의 수용성 황산염의 질량비(%)와 물속에 용해된 황산염(ppm)으로 구분되는 화학적 침식과 관련된 노출등급

EA1: 보통 수준의 황산염이온에 노출되는 경우(예: 해수에 노출되는 콘크리트)

EA2: 유해한 수준의 황산염이온에 노출되는 경우

EA3: 매우 유해한 수준의 황산염이온에 노출되는 경우(예: 하수나 오·폐수에 노출되는 콘크리트)

이러한 노출등급에 대하여 KDS 14 20 콘크리트구조 설계기준[3.3]과 KCS 14 20 콘크리트공사 표준시방서[3.13]는 표 3-4와 같이 콘크리트 구조의 내구성을 확보하기 위한 콘크리트의 최소 설계기준압축강도, 즉 내구성기준압축강도를 규정하고 있다. 콘크리트 재료 및 배합은 노출등급에 따라 KCS 14 20 콘크리

표 3-4 KDS 14 20과 KCS 14 20의 콘크리트 최소 설계기준압축강도와 내구성기준압축강도

노출 등급	일반	탄산화(EC)				염화물(ES)				동결융해(EF)				황산염(EA)		
	E0	EC1	EC2	EC3	EC4	ES1	ES2	ES3	ES4	EF1	EF2	EF3	EF4	EA1	EA2	EA3
$f_{ck,\,min}$ 1) / f_{cd} 2)	21	21	24	27	30	30	30	35	35	24	27	30	30	27	30	30

주 1) $f_{ck,\,min}$: KDS 14 20에서 규정하는 최소 설계기준압축강도(MPa)
2) f_{cd}: KCS 14 20에서 규정하는 내구성기준압축강도(MPa)

트공사 표준시방서[3.13]에서 규정하는 물-결합재비, 결합재 종류, 연행공기량, 염화물 함량 등에 대한 요구조건을 만족하여야 한다.

KDS 24 14 21 콘크리트교 설계기준(한계상태설계법)[3.4]에서도 KDS 14 20 콘크리트구조 설계기준의 이 규정을 인용하고 있으며, 노출등급을 고려하여 철근과 프리스트레싱 강재에 대한 최소 피복두께를 규정하고 있다. 노출 환경에 따른 피복두께는 3.4.4절에서 다룬다.

또한, 교량설계기준(한계상태설계법)은 A~E의 다섯 가지 설계등급을 정의하고, 부재의 종류와 노출 환경에 따라 표 3-5와 같이 최소한의 설계등급을 규정하고 있다. 설계등급 A는 가장 엄격한 성능요구조건이며 설계등급 E가 가장 완화된 성능요구조건이다. 이 설계등급은 프리스트레스트 콘크리트와 철근콘크리트의 노출 환경에 따른 내구성 확보를 고려한 것이다. 최소한의 설계등급이란, 예를 들어 부착된 긴장재가 배치되는 부재가 부식성 환경에 노출되는 경우에는 적어도 설계등급 C 이상으로서 A, B, C 중 하나로 설계하여야 한다는 뜻이다. 비부착 긴장재가 배치된 프리스트레스트 콘크리트와 철근콘크리트는 최소설계등급이 E이므로 A~E의 다섯 가지 설계등급 중 어느 것을 선택하여도 좋지만, 목표로 하고 있는 성능수준과 경제성을 고려하여 선정하는 것이 바람직하다. A~E의 각 설계등급에 대해서는 표 3-6과 같이, 규정된 사용하중조합에서 영응력 한계상태와 균열폭 한계상태를 동시에 만족하도록 성능요구조건을 규정하고 있다.

철근콘크리트의 경우에는 표 3-5에 나타난 바와 같이 노출 환경에 관계없이 항상 최소설계등급이 E이다. 설계등급 E의 요구조건은 표 3-6에 나타난 바와 같이 영응력 한계상태에 대한 조건이 없으며, 사용한계상태 하중조합-V에서 표면 균열폭이 0.3 mm 이하이어야 한다. 교량설계기준(한계상태설계법)의

표 3-5 교량설계기준(한계상태설계법)의 노출환경에 따른 최소설계등급

노출 환경	최소설계 등급	
	부착 프리스트레싱	비부착 프리스트레싱 또는 철근콘크리트
건조 또는 영구적 수중 환경(E0, EC1)	D	E
부식성 환경 (습기 또는 물과 장기간 접촉되는 환경 : EC2, EC3, EC4)	C	E
고부식성 환경 (염화물 또는 해수에 노출되는 환경 : ES1, ES2, ES3, ES4)	B	E

사용한계상태 하중조합은 3.5.4절에서 간단히 소개하고 11장 11.1.2절에서 자세히 설명하며, 균열폭 해석과 균열의 설계검증은 11.3.5절에서 다룬다.

표 3-6 교량설계기준(한계상태설계법)의 설계등급에 따른 하중조합과 한계값

설계등급	응력 한계상태	균열폭 한계상태	
	검증 하중조합	검증 하중조합	표면 한계균열폭
A	사용한계상태 하중조합-I	–	–
B	사용한계상태 하중조합-III/IV	사용한계상태 하중조합-I	0.2 mm
C	사용한계상태 하중조합-V	사용한계상태 하중조합-III/IV	0.2 mm
D	–	사용한계상태 하중조합-III/IV	0.2 mm
E	–	사용한계상태 하중조합-V	0.3 mm

3.4 철근상세와 단면상세

앞의 3.3.5절에서 설명한 바와 같이, 철근콘크리트 구조물의 설계와 시공에서 부재상세(detailing of member, member details)와 철근상세(detailing of reinforcement, reinforcement details)는 매우 중요한 의미를 가진다. 한편 콘크리트 부재는 단면의 크기가 급격히 변화하는 경우에 국부적인 균열이 발생하는 등의 구조적인 결함이 발생할 수 있다. 또 직선인 두 개의 변이 만나도록 단면의 바깥쪽 또는 안쪽 모서리가 만들어지면 시공과정 또는 사용 중에 국부적인 손상이 발생할 수 있다. 이러한 결함을 경감시키기 위해서는 단면에 작용하는 응력이 원활하게 전달되도록 단면의 크기와 형상을 결정하여야 한다. 이와 같이 단면의 형상에 대한 상세한 사항을 단면상세(section details)라고 한다.

이 절에서는 철근 구부림, 표준갈고리, 철근 간격, 피복두께, 헌치 및 모따기 등 공통으로 적용되는 철근상세와 단면상세를 다룬다. 철근의 절단 위치와 연결 방법 등은 10장 '철근의 정착과 이음'에서 소개한다. 부재상세는 부재에 배치되는 철근의 상세라는 의미를 가진 철근상세라는 표현으로 보, 기둥, 슬래브, 벽체 등 각 부재의 설계를 다루는 부분에서 소개한다.

3.4.1 철근 구부림

철근콘크리트 구조물에서 철근은 직선 형태로만 시공되는 것이 아니라 곡선 형태로 시공되는 경우도 있으며, 철근의 일부분을 구부려서 사용하는 경우도 자주 발생한다. 특히 전단철근이나 띠철근은 구부려서 가공할 수밖에 없는 철근이다. 또, 한번 구부렸던 철근을 다시 펴서 사용하는 경우도 있다. 철근의 가공과정에서 철근을 구부릴 때 주의하여야 할 점을 간과하고 구부리면 철근에 무리를 주어 철근의 성능이 제대로 발휘되지 못하는 결과를 유발할 수 있다. 따라서 철근 구부림은 설계기준이나 시방서의 규정에 따라 주의하여 시행해야 하는 공정이다. 철근 구부림에서 고려하여야 할 사항은 구부림 가공 때의 온도, 콘크리트 내의 묻힘 여부, 구부림 내면 반지름 등이 있다.

철근을 구부릴 때의 온도는 항상 상온(常溫)이어야 한다. 그러나 책임구조기술자가 승인한 경우에는 철근을 가열하여 상온보다 높은 온도에서 철근 구부림 작업을 실시할 수 있다. 일반적으로 철근은 거푸집 안에 배치되기 전에 가공된다. 여기서 '가공'이란 철근을 절단하고 구부리는 공정을 말한다. 가공된 철근을 서로 연결하여 원하는 형태로 조립하는 과정을 거치면 철근망(steel cage)이 완성된다. 이때 철근의 조립은 두 가지 형태로 이루어진다. 즉, 가공된 철근을 거푸집 안으로 운반하여 조립하는 방식이거나, 선 조립(先 組立, pre-fabrication)으로 미리 철근망을 완성한 후 거푸집 안으로 운반하는 방식이다. 어떤 방식을 적용하든 철근망이 거푸집 안에 배치된 후에 콘크리트를 타설한다. 따라서 일반적으로는 콘크리트를 타설하기 전에 철근의 구부림 작업이 이루어지며, 철근의 구부림 작업은 상온에서 이루어진다.

그러나 간혹 전체 구조물 중 일부의 콘크리트를 타설한 후, 일부는 콘크리트에 묻혀 있고 나머지 일부는 콘크리트 외부에 노출되어 있는 철근을 구부려야 할 때가 있다. 이러한 철근의 현장 구부림은 철근망 조립을 위하여 철근을 가공할 때와는 달리 철근을 의도한 대로 정확히 구부리기가 매우 어렵고, 콘크리트에 균열이나 파손이 발생하는 경우가 있다. 따라서 철근의 현장 구부림은 설계도면에 표시되어 있거나 책임구조기술자가 승인한 경우에만 가능하다. 책임구조기술자는 구조물의 상태와 현장의 상황을 검토하여 철근을 구부리기 위해 철근을 가열할 것인가를 결정해야 한다. 철근의 현장 구부림에서 가열이 필요한 경우에는 800°C 이하의 온도에서 가열하여야 한다. 이때 철근의 가열은 콘크리트에 손상이 가지 않도록 시행되어야 한다. 일반적으로 철근을 구부리는 위치가 콘크리트부터 약 150 *mm* 이내에 있으면 콘크리트에 대한 적절한 보호막이 필요하다. 가열된 철근의 구부림 작업은 서서히 이루어져야 하며, 적어도 300°C로 온도가 하강할 때까지는 인위적으로 냉각시키지 않아야 한다.

철근을 구부릴 때는 구부림 내면 반지름에 대한 기준을 준수하여야 한다. 이것은 철근 구부림에 의한 철근 자체의 손상을 방지하고, 구부린 철근의 안쪽과 접촉하는 콘크리트의 손상을 방지하기 위한 것이다. 과거에는 간단한 기구를 이용하여 수작업으로 철근을 구부렸으나, 근래에는 그림 3-5와 같이 기계를 이용하여 철근을 구부리는 것이 일반적이다. 철근 구부림 작업에서는 그림 3-5에 나타나 있는 굴대(mandrel)를 이용한다. 즉, 철근의 구부릴 부분을 굴대에 접촉시키고 반대방향에서 철근에 힘을 주어 철근이 굴대를 중심으로 회전하도록 하여 구부리는 것이다. 이 굴대는, 예를 들어 철근을 90°로 구부릴 때 완전한 직각으로 구부리면 철근에 손상이 발생할 수밖에 없으므로, 완만한 곡선 형상으로 구부리기 위하여 사용하는 것이다. 굴대의 크기는 철근상세 기준에 따라 결정하여야 한다.

표 3-7은 콘크리트구조 학회기준(2017)[3.2]과 KDS 14 20 콘크리트구조 설계기준[3.3]의 철근 구부림 최소 내면 반지름으로, 철근의 굵기에 따라 철근지름의 3배~5배로 규정하고 있다. 따라서 철근을 구부릴 때는 이 값의 최소 내면 반지름보다 큰 반지름을 갖는 굴대를 사용하여야 한다. ACI 318 Code[3.5]는 반지름 대신 지름으로 규정하고 있지만 내용상으로 동일한 것이다. 한편 철근의 구부림 부분에 큰 응력이 작용하는 경우에는 철근의 구부림 부분과 접촉하고 있는 콘크리트에도 역시 큰 응력이 작용하게 된다. 이러한 경우에는 접촉하는 콘크리트가 파쇄될 수 있으므로, 콘크리트구조 학회기준(2017)과 KDS 14 20 콘크리트구조 설계기준의 해설에서는 철근을 가공할 때 구부림 내면 반지름을 철근 지름의 5배 이상

그림 3-5 철근의 구부림 가공

표 3-7 KDS 14 20 콘크리트구조 설계기준의 철근 구부림 최소 내면 반지름

철근의 크기	철근의 구부림 최소 내면 반지름(r)
D10~D25	$3d_b$
D29~D35	$4d_b$
D38 이상	$5d_b$

으로 더 크게 하는 것을 추천하고 있다.

표 3-8은 교량설계기준(한계상태설계법)[3.4]의 철근 구부림 최소 내면 반지름으로, 구부림으로 인한 철근의 손상을 방지하기 위한 최소한의 반지름이다. 표 3-8에 나타난 바와 같이, D16 이하 이형철근은 구부림 내면 반지름이 철근지름의 2배($2\,d_b$) 이상이어야 하며, D19 이상 이형철근은 철근지름의 3.5배($3.5\,d_b$) 이상이어야 한다. 또 표 3-8에는 나타나 있지 않지만 교량설계기준(한계상태설계법)은 원형철근에 대하여도 규정하고 있어서, D16 이하 원형철근은 철근지름의 1.25배($1.25\,d_b$), D19 이상 원형철근은 철근지름의 2.5배($2.5\,d_b$)를 구부림 최소 내면 반지름으로 하고 있다. 철근을 용접한 후에 구부릴 때는 조건에 따라 구부림 내면 반지름이 철근지름의 2.5배($2.5\,d_b$) 또는 10배($10\,d_b$) 이상이어야 한다. 즉 표 3-8의 그림에 나타난 바와 같이, 용접되는 철근이 구부림 방향의 내부에 위치하는 경우에는 구부림 최소 내면 반지름이 철근지름의 2.5배($2.5\,d_b$)이다. 용접되는 철근이 구부림 방향의 외부에 위치하는 경우에는 조건을 따져서 구부림 최소 내면 반지름을 결정하여, 용접 철근의 표면에서 구부림 시작부분까지의 거리 d가 철근지름의 3배($3\,d_b$) 이상인 경우에는 철근지름의 2.5배($2.5\,d_b$)로 한다. 용접되는 철근이 구부림 방향의 외부에 위치할 때, d가 철근지름의 3배($3\,d_b$) 미만이거나 곡선영역에서 용접되는 경우에는 구부림 최소 내면 반지름을 철근지름의 10배($10\,d_b$)로 한다. 단, prEN ISO 17660 Annex B에 준하여 용접하는 경우에는 $10\,d_b$를 $2.5\,d_b$까지 감소시킬 수 있다. Eurocode 2[3.7]에서는 최소 내면 반지름으로 규정하고 있는 교량설계기준(한계상태설계법)과는 달리 구부림 최소 내면 지름으로 규정하고 있지만, 지름 16 mm 이하의 철근은 구부림 최소 내면 지름을 $4\,d_b$로 하고 16 mm를 초과하는 철근은 구부림 최소 내면 지름을 $7\,d_b$로 규정하여, 내용상으로는 교량설계기준(한계상태설계법)의 규정과 동일하다.

또한 교량설계기준(한계상태설계법)과 Eurocode 2는 다음의 두 가지 조건 중 하나를 만족하면 철근의 구부림 부분과 접촉하고 있는 콘크리트의 파쇄 및 손상에 대한 검토를 생략하도록 규정하고 있다.

- 철근의 소요정착길이(required anchorage length)를 만족시키기 위하여 구부린 후의 연장길이를 철근지름의 5배($5\,d_b$) 이상으로 할 필요가 없는 경우나, 철근이 표면 근처에 있지 않고 구부린 위치에 배치된 횡방향 철근의 지름이 구부린 철근지름(d_b)을 초과하는 경우
- 구부린 철근의 내면 반지름이 표 3-8의 철근 구부림 최소 내면 반지름보다 큰 경우

표 3-8 교량설계기준(한계상태설계법)의 철근 구부림 최소 내면 반지름

구분	조건	최소 내면 반지름(r)
일반 철근	D16 이하의 이형철근	$2\,d_b$
	D19 이상의 이형철근	$3.5\,d_b$
용접 후에 구부린 철근 또는 철망	용접되는 철근이 구부림 방향의 내부에 위치하는 경우 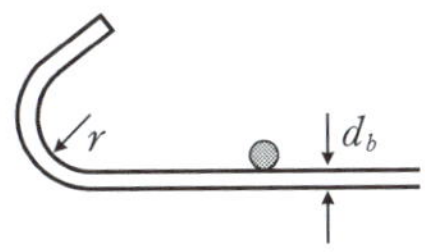 또는 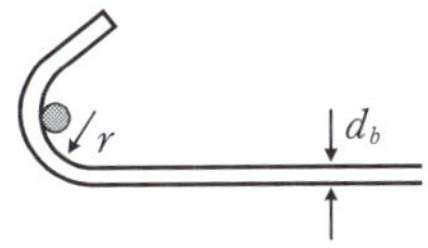	$2.5\,d_b$
	용접되는 철근이 구부림 방향의 외부에 위치하는 경우로, 용접 철근의 표면에서 구부림 시작부분까지의 거리 d의 조건이 $d \geq 3\,d_b$인 경우 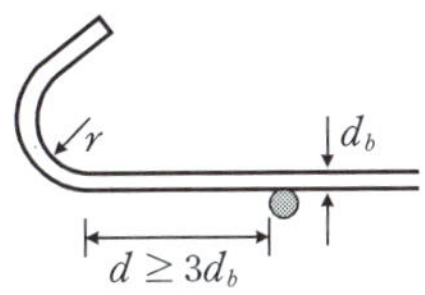	$2.5\,d_b$
	용접되는 철근이 구부림 방향의 외부에 위치하는 경우로, 용접 철근의 표면에서 구부림 시작부분까지의 거리 d의 조건이 $d < 3\,d_b$이거나 곡선 영역에서 용접되는 경우 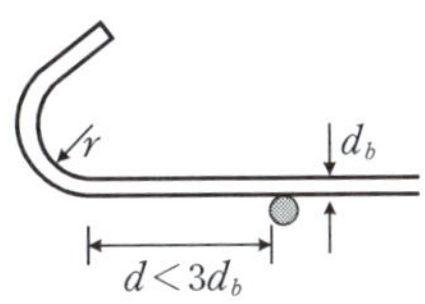 또는 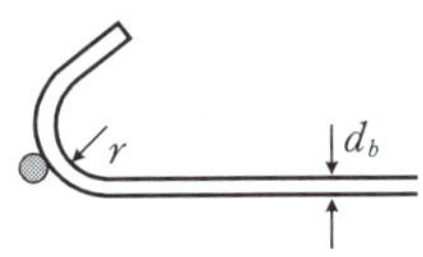	$10\,d_b$ (단, prEN ISO 17660 Annex B에 준하여 용접하는 경우에는 $2.5\,d_b$까지 감소시킬 수 있다.)

이 두 가지 조건 중 하나을 만족하지 못하는 경우에는, 콘크리트의 손상을 막기 위하여 교량설계기준(한계상태설계법)과 Eurocode 2에서 규정하는 수식을 적용하여 최소 내면 지름을 설정하어야 한다.

3.4.2 표준갈고리

철근의 끝 부분을 구부린 갈고리(hook) 형태의 철근은 직선 철근에 비하여 콘크리트에 정착되는 성능이 향상된다. 이때 갈고리 철근의 정착성능은 갈고리의 구부림 각도와 구부린 후의 연장길이에 따라 달라진다. 설계기준에서는 모든 형태와 모든 연장길이를 갖는 갈고리에 대하여 정착성능을 규정하는 것이 어려우므로, 특정한 구부림 각도와 연장길이를 갖는 갈고리를 표준갈고리(standard hook)로 정의하고 있다. 설계기준에서 정의된 표준갈고리는 성능이 입증된 갈고리이므로, 추가의 성능 검증 없이 사용할 수 있는 갈고리이다. 표준갈고리가 아닌 갈고리를 사용하기 위해서는 실험을 통하여 성능을 검증한 후 설계에 반영하여야 한다.

콘크리트구조 학회기준(2017)과 KDS 14 20 콘크리트구조 설계기준은 주철근 용도로 사용하는 철근의

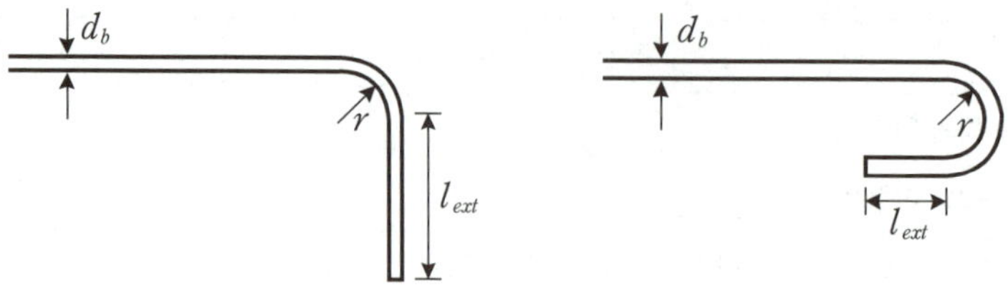

(a) 주철근 90° 표준갈고리　　(b) 주철근 180° 표준갈고리

그림 3-6 KDS 14 20 콘크리트구조 설계기준의 주철근 용도의 표준갈고리

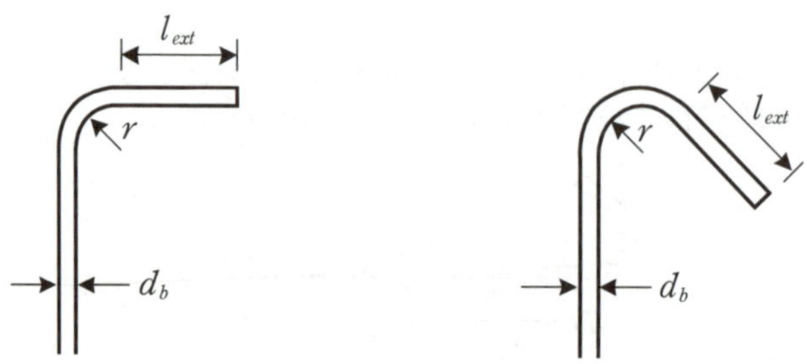

(a) 전단철근과 띠철근의 90° 표준갈고리　　(b) 전단철근과 띠철근의 135° 표준갈고리

그림 3-7 KDS 14 20 콘크리트구조 설계기준의 전단철근 및 띠철근 용도의 표준갈고리

표준갈고리로 그림 3-6과 같은 90° 표준갈고리와 180° 표준갈고리를 규정하고 있다. 전단철근이나 띠철근 용도로 사용하는 철근의 표준갈고리로는 그림 3-7과 같은 90° 표준갈고리와 135° 표준갈고리를 규정하고 있다. 그림 3-6과 그림 3-7에서 r은 철근의 구부림 내면 반지름이며, l_{ext}는 구부린 반원 끝에서부터 측정한 연장길이이다.

표 3-9와 표 3-10은 콘크리트구조 학회기준(2017)과 KDS 14 20 콘크리트구조 설계기준의 표준갈고리 구부림 최소 내면 반지름 r과 구부린 후의 최소 연장길이 l_{ext}를 나타낸다. 표 3-9에 나타난 바와 같이, 주철근 용도로 사용하는 철근의 경우 표준갈고리의 구부림 최소 내면 반지름 r은 표 3-7의 구부림 최소 내면 반지름과 동일하다. 구부린 후의 최소 연장길이 l_{ext}는 90° 표준갈고리와 180° 표준갈고리가 각각 다르다. 즉, 표 3-10에 나타난 바와 같이, 주철근의 90° 표준갈고리는 $12\,d_b$ 이상의 연장길이를 가져야 하며, 주철근의 180° 표준갈고리는 $4\,d_b$ 이상이며 60 mm 이상인 연장길이를 가져야 한다.

표 3-9 KDS 14 20 콘크리트구조 설계기준의 표준갈고리 구부림 최소 내면 반지름

철근의 크기	표준갈고리의 최소 내면 반지름(r)	
	주철근 용도의 철근 구부림	전단철근이나 띠철근 용도의 철근 구부림
D16 이하	$3\,d_b$	$2\,d_b$
D19~D25	$3\,d_b$	$3\,d_b$
D29~D35	$4\,d_b$	–
D38 이상	$5\,d_b$	–

표 3-10 KDS 14 20 콘크리트구조 설계기준의 표준갈고리 최소 연장길이

철근의 크기	표준갈고리의 최소 연장길이(l_{ext})			
	주철근 용도의 표준갈고리		전단철근이나 띠철근 용도의 표준갈고리	
	90° 갈고리	180° 갈고리	90° 갈고리	135° 갈고리
D16 이하	$12\,d_b$	$4\,d_b$, $60\,mm$	$6\,d_b$	$6\,d_b$
D19~D25	$12\,d_b$	$4\,d_b$, $60\,mm$	$12\,d_b$	$6\,d_b$
D29 이상	$12\,d_b$	$4\,d_b$, $60\,mm$	−	−

전단철근이나 띠철근 용도로 사용하는 철근의 표준갈고리는 기본적으로 표 3-7의 구부림 최소 내면 반지름과 동일하지만, 철근의 지름이 작은 경우는 그보다 작은 값으로 규정하고 있다. 즉, 표 3-9에 나타난 바와 같이, D16 이하의 철근을 전단철근이나 띠철근으로 사용할 때는 구부림 내면 반지름이 $2\,d_b$ 이상이어야 한다. 구부린 후의 최소 연장길이 l_{ext}는 표 3-10에 나타난 바와 같이, D16 이하의 전단철근이나 띠철근의 경우에 90° 표준갈고리와 135° 표준갈고리 모두 $6\,d_b$이다. 그러나 D19 이상 D25 이하의 전단철근이나 띠철근은 90° 표준갈고리의 경우 $12\,d_b$ 이상, 135° 표준갈고리의 경우 $6\,d_b$ 이상의 연장길이를 갖아야 한다. 참고로, 이 표준갈고리 규정은 ACI 318 Code의 표준갈고리 규정과 동일하다.

교량설계기준(한계상태설계법)[3.4]과 Eurocode 2[3.7]는 구부림 각도가 90° 이상 150° 미만인 갈고리와 구부림 각도가 150° 이상인 갈고리로 구분하고 있으나, 연장길이는 모두 $5\,d_b$ 이상이도록 규정하고 있다. 그러나 전단철근이나 띠철근 용도의 철근 구부림에 대하여 구부림 최소 내면 반지름 또는 지름을 따로 규정하고 있는 콘크리트구조 학회기준(2017), KDS 14 20 콘크리트구조 설계기준, ACI 318 Code와는 달리, 교량설계기준(한계상태설계법)과 Eurocode 2에서는 전단철근이나 띠철근에 대하여도 동일하게 표 3-8의 철근 구부림 최소 내면 반지름 또는 지름을 적용한다.

3.4.3 철근 간격

철근 간격은 철근콘크리트 구조물의 성능에 중요한 영향을 미친다. 콘크리트의 굵은골재가 철근 사이를 통과하지 못할 정도로 철근이 너무 촘촘하게 배치되면, 콘크리트가 단면에 충분히 채워지지 못하여 구조물의 내구성과 구조성능이 저하된다. 또 축방향 철근의 간격이 너무 작으면 철근이 콘크리트에 충분히 정착되지 못하여 설계에서 계산하였던 단면의 설계강도가 발휘되기 전에 철근의 정착파괴가 발생할 수 있다. 따라서 설계기준에서는 철근 간격의 최소 규정을 두고 있다.

철근 간격은 그림 3-8과 같이, 순간격과 중심간 간격으로 구분하여 두 가지 형태로 나타낸다. 그림 3-8에서 s_{ctc}는 인접하는 철근의 중심 사이 거리를 나타내는 중심간격(center-to-center space)이며, s_{clh}와 s_{clv}는 인접하는 철근의 표면 사이 거리를 나타내는 순간격(clear space)이다. 수평방향으로 배치된 보나 슬래브에서 주철근이 2열 이상으로 배치되는 경우에는 순간격을 수평 순간격(horizontal clear space) s_{clh}와 수직 순간격(vertical clear space) s_{clv}로 구분한다. 기둥이나 벽체와 같이 수직방향으로 배치된 압축부재는 주철근이 2열 이상으로 배치되는 경우라도 방향에 따른 순간격을 구분하지 않으므로,

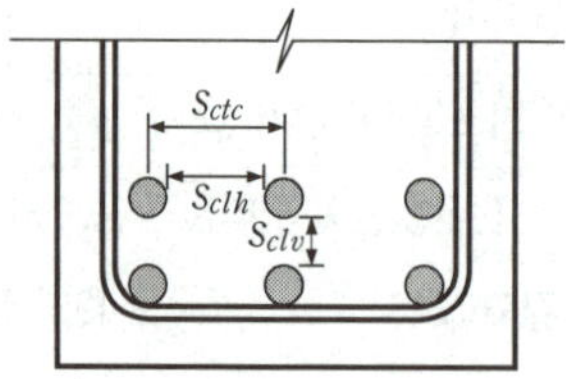

(a) 보의 주철근 간격

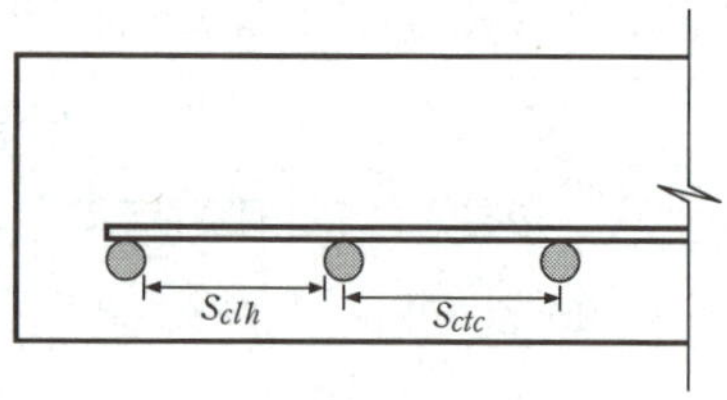

(b) 슬래브의 주철근 간격

그림 3-8 철근의 간격

철근의 순간격을 하나의 기호 s_{cl}로 나타낼 수 있다.

콘크리트구조 학회기준(2017)[3.2]과 KDS 14 20 콘크리트구조 설계기준[3.3]은 표 3-11과 같이 축방향 철근의 최소 순간격을 규정하고 있다. 수평으로 시공되는 보와 슬래브 등 휨 부재에서 축방향 철근의 수평 순간격 s_{clh}는 25 mm, 철근지름 d_b, 굵은골재 최대치수의 4/3배 중 가장 큰 값 이상이어야 한다. 축방향 철근이 2단 이상으로 배치된 경우에는 상하 철근을 동일 연직면 내에 배치하여야 하며, 상하 철근의 수직 순간격 s_{clv}는 25 mm 이상이어야 한다. 즉, 위열 철근은 25 mm 이상의 수직 순간격으로 그림 3-9(a)와 같이 아래 철근의 바로 위에 위치하여야 한다. 그림 3-9의 (b)와 (c)는 위 열 철근이 수가 아래 열 철근의 수보다 적은 경우로, (b)는 상하 철근을 동일 연직면 내에 배치하여 기준에 적합한 예이고, (c)는 바람직하지 않은 철근배치의 예이다. 이것은 상하 철근을 동일 연직면 내에 배치하지 않고 그림 3-9(c)와 같이 위 철근이 아래 철근들 사이에 지그재그 형태로 배치되면 콘크리트 타설 때 콘크리트가 밀실하게 채워지지 않을 가능성이 있기 때문이다. 수직으로 시공되는 기둥과 벽체 등 압축부재에서 축방향 철근의 순간격 s_{cl}은 40 mm, 1.5 d_b, 굵은골재 최대치수의 4/3배 중 가장 큰 값 이상이어야 한다. 철근을 겹침이음 하는 경우에는, 철근의 순간격 기준이 겹침이음과 겹침이음 사이 또는 겹침이음과 철근 사이의 순간격에도 적용된다.

표 3-11 KDS 14 20 콘크리트구조 설계기준의 철근 최소 순간격

부재 조건	보와 슬래브 등 휨 부재의 축방향 철근		기둥과 벽체 등 압축부재의 축방향 철근 순간격(s_{cl})
	수평 순간격(s_{clh})	수직 순간격(s_{clv})	
최소 순간격 및 요구조건	25 mm d_b 굵은골재 최대치수의 4/3배	25 mm 상하 철근은 동일 연직면 내에 배치	40 mm 1.5 d_b 굵은골재 최대치수의 4/3배

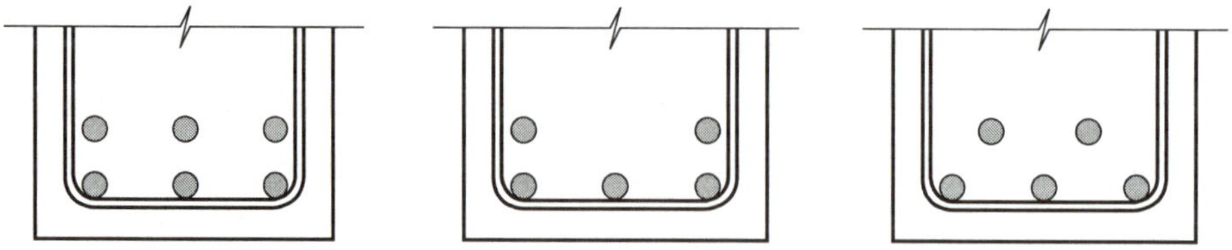

(a) 동일 연직면 배치 (b) 기준에 적합한 철근배치 (c) 부적절한 철근배치

그림 3-9 2단 철근의 배치 형태

표 3-12는 교량설계기준(한계상태설계법),[3.4] AASHTO-LRFD,[3.6] Eurocode 2[3.7]의 철근 최소 순간격을 나타낸다. 교량설계기준(한계상태설계법)과 AASHTO-LRFD는 현장타설 콘크리트와 프리캐스트 콘크리트를 구분하여 규정하고 있다. 현장타설 콘크리트의 경우에는 철근의 수평 순간격이 40 mm, 1.5 d_b, 굵은골재 최대치수의 1.5배 중 가장 큰 값 이상이어야 한다. 프리캐스트 콘크리트의 경우에는 철근의 수평 순간격이 25 mm, d_b, 굵은골재 최대치수의 4/3배 중 가장 큰 값 이상이어야 한다. 교량 바닥판을 제외한 구조요소에서, 각 단 사이의 순간격이 150 mm 이하인 다단배근의 경우 상하철근은 동일 연직면 내에 배치하여야 한다. 이때 각 단 간의 수직 순간격은 25 mm와 d_b 중 큰 값 이상으로 하여야 한다. Eurocode 2에서는 유럽의 국가별 기준에서 달리 규정하지 않는다면, 철근의 순간격이 20 mm, d_b, 굵은골재 최대치수보다 5 mm 큰 값 중 가장 큰 값 이상이어야 한다.

표 3-12 교량설계기준, AASHTO-LRFD, Eurocode 2의 철근 최소 순간격(s_{clh})

설계기준 및 부재 조건	교량설계기준(한계상태설계법), AASHTO-LRFD		Eurocode 2
	현장타설 콘크리트의 수평철근	프리캐스트 콘크리트의 수평철근	
최소 순간격	40 mm 1.5 d_b 굵은골재 최대치수의 1.5배	25 mm d_b 굵은골재 최대치수의 1.33배	20 mm d_b 굵은골재 최대치수+5 mm

3.4.4 피복두께

피복두께는 철근을 감싸고 있는 콘크리트의 두께로 철근과 콘크리트 표면 사이의 거리를 말한다. 콘크리트 피복(concrete cover)은 다음과 같은 네 가지 역할을 하므로 철근콘크리트 구조물의 성능에 매우 중요한 요소이다. 다음 네 가지 항목 중 앞의 세 항목은 콘크리트 피복의 주된 역할이며 네 번째 항목은 보조적인 역할이라고 할 수 있다.

① 철근의 부식방지

콘크리트는 PH 값이 평균 12.8인 알칼리성으로, 콘크리트가 알칼리성을 유지한다면 콘크리트 내부에 배치된 철근은 부식되지 않는다. 그러나 콘크리트 표면은 흙, 해수, 공기 등 다양한 환경에 노출되므로, 콘크리트 표면부터 서서히 알칼리성이 약화되는 중성화 반응이 일어난다. 콘크리트 표면에서 시작된 중성화 반응이 철근이 배치된 위치까지 진행되면 철근의 부식에 좋지 않은 환경이 된다. 또 물이 상대적으로 쉽게 투과하는 콘크리트, 즉 내투수성이 낮은 콘크리트의 경우에는 철근의 위치까지 물이 투과하면 철근의 부식이 시작될 수 있다. 따라서 철근의 부식방지에는 콘크리트 피복이 두꺼울수록 유리하다.

② 철근의 부착 및 정착

철근을 감싸는 콘크리트 피복은 철근이 힘을 받을 때 철근을 구속하여 정착파괴가 발생하지 않게 하는 역할을 한다. 즉, 피복두께가 너무 얇으면 철근을 제대로 구속하지 못하여 충분한 부착강도가 발현되지 못하기 때문에 철근이 항복하기 전에 정착파괴가 발생할 수 있다. 이것은 2장 2.3.2절에서 설명한 바와 같이, 이형철근의 부착파괴가 쪼갬파괴 형태로 나타나기 때문이다. 이형철근은 철근 사이에서 콘크리트가 쪼개지거나 피복 콘크리트가 쪼개지는 쪼갬파괴가 발생하도록 철근의 마디 높이와 마디 간격을 설정하기 때문에 피복두께가 철근의 부착성능 및 정착성능에 영향을 주는 것이다.

③ 철근콘크리트 구조의 내화성능

콘크리트와 철근은 높은 온도에서 강도가 저하된다. 따라서 철근콘크리트 구조물에 화재가 발생하여 오래 지속되면 높은 온도의 열에 의하여 구조성능이 저하된다. 일반적으로 콘크리트는 100°C 이하에서는 압축강도가 저하되지 않고, 200°C에서 5% 이하의 압축강도 저하가 발생한다. 400°C, 600°C, 800°C, 1,000°C의 온도에서는 실리카질 골재의 콘크리트의 경우 각각 25%, 55%, 85%, 96%의 압축강도 저하가, 석회질 골재의 콘크리트의 경우 각각 15%, 40%, 73%, 94%의 압축강도 저하가 발생한다. 열간압연 철근은 400°C 이하에서는 항복강도가 저하되지 않지만, 그보다 높은 온도에서는 급격히 항복강도가 저하된다. 즉, 500°C에서는 22%, 600°C에서는 53%, 800°C에서는 89%, 1,000°C에서는 96%의 항복강도 저하가 발생한다. 1,200°C에서는 철근과 콘크리트 모두 강도가 소멸된다.[3.14] 그러나 철근은 열전도율이 높지 않은 콘크리트 단면의 내부에 위치하고 있으므로, 콘크리트 피복을 통하여 열이 전달될 때까지는 시간이 걸린다. 따라서 콘크리트 구조물의 내화설계(structural fire design, design for fire resisting structures)는 콘크리트 피복의 두께를 결정하는 것 또한 중요한 결정사항이다.

④ 휨철근의 장부작용

철근콘크리트 선부재(linear member)의 전단강도는 전단철근의 저항성능과 함께, 균열이 없는 부분의 콘크리트, 전단 균열면에서의 골재 맞물림 작용, 휨철근의 장부작용으로 발휘되는 것으로 알려지고 있다. 여기서 장부작용(dowel action)은 인장 주철근이 전단력에 의하여 꺾이면서 저항하는 것을 말하다. 즉 균열이 발생한 인장연단 영역에서 균열을 가로지르는 인장철근은 지점과 균열 사이를 지나는 부분이 콘크리트 피복을 받침점으로 하여 균열면에서 꺾이면서 전단력에 저항하는 것이다. 따라서 휨철근의 장부작용에 의한 전단저항성능은 휨철근의 양과 함께 콘크리트 피복두께가 중요한 변수이다. 즉, 피복두께가 충분하지 않으면 휨철근의 장부작용에 의한 저항성능이 발휘되지 못한다.

철근에 대한 콘크리트 피복두께는 그림 3-10과 같이 여러 가지 거리로 정의된다. 일반적으로 설계기준에서 정의하고 있는 최소 피복두께는 철근의 부식방지 및 내구성 확보가 주목적 중 하나이므로, 콘크리트 표면에서 가장 가까이에 위치한 철근의 표면까지의 최단거리를 기준으로 한다. 즉, 그림 3-10과 같은 보 단면에서 콘크리트 표면과 가장 가까운 위치의 철근은 전단철근이므로, 전단철근의 외측표면에서 단면의 하면까지의 거리나 측면까지의 거리 c_{cv}를 피복두께로 하여 설계기준에서 규정한 최소 피복두께 이상이 되도록 하여야 한다.

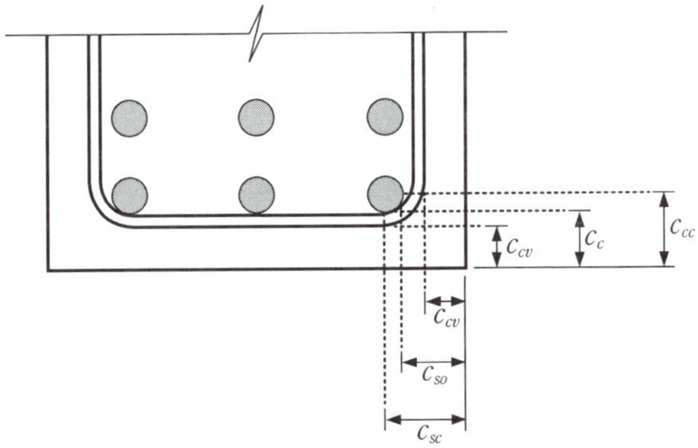

그림 3-10 콘크리트 피복두께

철근의 정착에서는 정착되는 철근에 대하여 피복두께를 적용하여야 하므로, 그림 3-10과 같은 단면의 경우 짙은 색 원으로 표시된 휨철근과 콘크리트 표면의 최단거리를 기준으로 한다. 이때, 철근의 피복두께는 철근의 표면에서 측정한 거리이므로, 정착되는 철근의 피복두께는 인장연단에 대한 피복두께 c_c나 측면에 대한 피복두께 c_{so}를 적용하여야 한다. 그러나 철근의 정착길이를 결정하는 과정에서 정착되는 철근의 중심부터 콘크리트 표면까지의 최단거리가 사용되는 규정이 있으므로, 이때에는 인장연단에 대한 거리 c_{cc}나 측면에 대한 거리 c_{sc}를 적용하여야 한다.

한편 철근과 콘크리트 표면 사이의 거리는 '균열의 검증'에서 허용균열폭을 결정할 때와 설계 균열폭을 계산할 때도 사용된다. 이때에는 인장철근의 표면에서 인장연단까지의 거리가 적용되므로, 그림 3-10의 c_c를 피복두께로 하여 균열의 검증을 수행하여야 한다.

한국 설계기준의 피복두께 기준은 다음과 같다.

[1] 콘크리트구조 학회기준(2017)과 KDS 14 20 콘크리트구조 설계기준의 최소 피복두께

콘크리트구조 학회기준(2017)[3.2]과 KDS 14 20 콘크리트구조 설계기준[3.3]은 철근과 긴장재의 부식방지와 철근의 정착성능을 기본적인 고려사항으로 하여 현장타설 철근콘크리트 부재, 현장타설 프리스트레스트 콘크리트 부재, 프리캐스트 콘크리트 부재, 다빌철근, 확대머리 전단 스터느, 특수환경에 노출되는 콘크리트 부재에 대하여 각각 최소 피복두께를 규정하고 있다.

표 3-13은 현장타설 철근콘크리트 부재의 최소 피복두께이다. 표 3-13에서 '흙에 접하여 콘크리트를 친 후 영구히 흙에 묻혀 있는 콘크리트'란 부지를 평평하게 할 때 타설하는 버림콘크리트나 거푸집 없이 흙에 직접 타설되어 영구히 흙에 묻히는 경우의 콘크리트를 말한다. '흙에 접하거나 옥외의 공기에 직접 노출되는 콘크리트'란 거푸집을 설치하여 콘크리트가 타설될 때는 흙에 접하지 않았지만, 나중에 흙에 접하거나 옥외의 공기에 노출되는 경우를 말한다. 옥외의 공기에 직접 노출되는 경우에는 옥외의 공기뿐만 아니라 온도변화와 습도변화에도 직접 노출된 경우도 포함한다.

만일 기준에서 요구하는 콘크리트 피복 규정과 동일한 효과를 발휘할 수 있다면, 외기에 대한 철근

표 3-13 KDS 14 20 콘크리트구조 설계기준의 현장타설 철근콘크리트 최소 피복두께

<table>
<tr><th colspan="3">환경조건과 부재의 종류</th><th>최소 피복두께(mm)</th></tr>
<tr><td colspan="3">수중(水中)에서 타설되는 콘크리트</td><td>100</td></tr>
<tr><td colspan="3">흙에 접하여 타설된 후 영구히 흙에 묻혀 있는 콘크리트</td><td>75</td></tr>
<tr><td colspan="2" rowspan="2">흙에 접하거나 옥외의 공기에 직접 노출되는 콘크리트</td><td>D19 이상의 철근</td><td>50</td></tr>
<tr><td>D16 이하의 철근</td><td>40</td></tr>
<tr><td rowspan="4">옥외의 공기나 흙에 직접 접하지 않는 콘크리트</td><td rowspan="2">슬래브, 벽체, 장선</td><td>D35를 초과하는 철근</td><td>40</td></tr>
<tr><td>D35 이하의 철근</td><td>20</td></tr>
<tr><td colspan="2">보, 기둥</td><td>40[(1)]</td></tr>
<tr><td colspan="2">쉘, 절판부재</td><td>20</td></tr>
</table>

(1) 콘크리트의 설계기준압축강도가 40 MPa 이상인 경우 10 mm를 감소시킬 수 있다.

보호를 위해 다른 방법을 사용할 수 있다. 이때는 책임구조기술자의 승인을 받아 피복두께를 감소시킬 수 있지만, 감소된 피복두께가 외기에 직접 접하지 않는 경우의 최소 피복두께보다 작아서는 안 된다.

두 개 이상의 철근을 묶어놓은 다발철근의 피복두께는 50 *mm*와 다발철근의 등가지름 중 작은 값 이상이어야 한다. 확대머리 철근의 피복두께를 산정할 때에는 정착길이를 결정할 때가 아니라면 철근의 몸통이 아닌 확대머리를 기준으로 한다.

노출범주 EC로 콘크리트가 해수 또는 해수 물보라 등으로 염해(鹽害)를 받는 해안환경에 노출되거나 제빙화학제 등 염화물에 노출되어 철근 또는 긴장재의 부식이 우려되는 경우는 특수 환경에 노출되는 콘크리트에 대한 피복두께 규정을 적용한다. 특수 환경에 노출되는 현장타설 철근콘크리트 벽체와 슬래브의 최소 피복두께는 50 *mm*이며, 벽체와 슬래브 외 모든 현장타설 철근콘크리트 부재의 최소 피복두께는 염화물에 대한 노출등급에 따라 EC1과 EC2는 60 *mm*, EC3은 70 *mm*, EC4는 80 *mm*이다.

철근콘크리트 구조의 내화에 대하여는 표 3-13의 최소 피복두께 규정을 기본으로 하되, 추가의 고려사항, 즉 화열의 온도, 지속시간, 사용골재의 성질 등을 고려하여 내화설계를 수행하여야 한다. 여기서 내화를 필요로 하는 구조물이란 일시적으로 화재 등에 노출되는 일반구조물이 아니라 상당기간 동안 지속적으로 고온에 노출되는 특수구조물을 말하며, 표 3-13의 최소 피복두께보다 더 큰 값이 요구될 때에는 동등한 내화성능의 재료나 피복 재료를 사용하거나 피복두께의 값을 증가시켜야 한다.

그 외에 바다나 강 또는 하천에 시공되어 유수에 의한 침식이 우려되는 경우와 도로의 포장 콘크리트와 같이 차량 통행에 따른 마모가 우려되는 경우는 피복두께를 증가시키거나 강도를 증가시키는 방안을 고려해야 한다.

한편 콘크리트구조 학회기준(2017)과 KDS 14 20 콘크리트구조 설계기준은 철근의 정착길이를 산정할 때 피복두께를 고려한다. 따라서 경우에 따라서는 표 3-13의 최소 피복두께보다 더 큰 값의 피복두께를 사용하는 것이 구조물의 성능과 경제성을 높이는 방안이 될 수 있다.

[2] 교량설계기준(한계상태설계법)의 최소 피복두께

교량설계기준(한계상태설계법)[3.4]은 다음과 같이 최소 피복두께 $t_{c,\,min}$와 설계편차 허용량 $\Delta t_{c,\,dev}$를 더하여 공칭피복두께 $t_{c,\,nom}$를 결정하도록 규정하고 있다.

$$t_{c,\,nom} = t_{c,\,min} + \Delta t_{c,\,dev} \tag{3·19}$$

설계편차 허용량 $\Delta t_{c,\,dev}$는 기본적으로 10 mm이지만, 조건에 따라 감소시킬 수 있다. 즉, 모니터링 항목에 콘크리트의 피복두께 측정을 포함하는 품질보증 시스템을 적용하는 경우에는 $\Delta t_{c,\,dev}$로 5 mm 이상 10 mm 이하의 값을 사용할 수 있다. 모니터링에 매우 정밀한 측정 장치를 사용하는 프리캐스트 부재 등의 경우에는 $\Delta t_{c,\,dev}$를 0으로 하거나 10 mm 이하의 값을 사용할 수 있다.

최소 피복두께 $t_{c,\,min}$는 철근의 부착성능을 확보하기 위한 최소 피복두께와 내구성 확보를 위한 최소 피복두께를 구분하고, 이들 중 큰 값을 최소 피복두께로 결정한다. 단, 이렇게 결정된 최소 피복두께는 10 mm 이상이어야 한다. 즉, 최소 피복두께 $t_{c,\,min}$은 다음과 같이 $t_{c,\,min,\,d}$, $t_{c,\,min,\,b}$, 10 mm 중 가장 큰 값으로 결정한다.

$$t_{c,\,min} = max\,\{t_{c,\,min,\,b};\ t_{c,\,min,\,d};\ 10\ mm\} \tag{3·20}$$

여기서, $t_{c,\,min,\,b}$: 철근의 부착성능을 확보하기 위한 최소 피복두께

$t_{c,\,min,\,d}$: 내구성 확보를 위한 최소 피복두께

철근의 부착에 대한 요구사항을 고려한 최소 피복두께 $t_{c,\,min,\,b}$는 철근의 지름 d_b와 같으며, 여러 개의 철근을 묶어서 배치하는 다발철근은 하나의 철근으로 환산한 등가 지름과 같다. 단, 공칭 최대 골재 치수가 32 mm 보다 큰 경우에는 콘크리트의 다짐이 잘 되도록 $t_{c,\,min,\,b}$를 5 mm 증가시켜야 한다.

내구성 확보를 위한 최소 피복두께 $t_{c,\,min,\,d}$는 다음과 같이 결정한다.

$$t_{c,\,min,\,d} = t_{c,\,min,\,dur} - \Delta t_{c,\,dur,\,st} - \Delta t_{c,\,dur,\,add} \tag{3·21}$$

여기서, $t_{c,\,min,\,dur}$: 환경조건에 대한 요구사항을 만족하는 최소 피복두께

$\Delta t_{c,\,dur,\,st}$: 스테인레스 철근에 대한 추가 감소값

$\Delta t_{c,\,dur,\,add}$: 코팅과 같이 추가의 보호 조치를 취한 경우의 감소값

$t_{c,\,min,\,dur}$은 환경조건에 따라 표 3-14와 같이 적용한다. 환경조건은 3.3.6절에 소개한 바와 같이, E0은 강재의 부식이나 유해물질의 침투에 따른 위험이 없는 노출등급이며, EC는 탄산화, ES는 염화물에 의한 강재의 부식과 관련된 노출등급이다. 표 3-14의 환경조건에 따른 최소 피복두께는 다음의 세 가지 경우에 각각 5 mm 씩 감소시킬 수 있어서, 세 가지 조건을 모두 충족하는 경우에는 총 15 mm까지 감소시킬 수 있다. 첫째는 E0 등급이나 탄산화의 EC 등급에 노출된 콘크리트가 표 3-4의 최소 설계기준압축강도보다 5 MPa 이상 높은 강도인 경우, 또는 염화물이나 해수의 ES 등급에 노출된 콘크리트가

표 3-14 철근 및 프리스트레싱 강재의 내구성을 고려한 최소 피복두께, $t_{c,\,min,\,dur}(mm)$[3.4]

강재 종류	노출등급						
	E0	EC1	EC2/EC3	EC4	ES1	ES2/ES3	ES4
철근	20	25	35	40	50	60	70
프리스트레싱 강재	20	35	45	50	60	70	80

최소 설계기준압축강도보다 10 MPa 이상 높은 강도인 경우이고, 둘째는 시공과정에서 철근 위치의 변동을 최소화 한 슬래브 형상의 부재인 경우이며, 셋째는 콘크리트를 제조할 때 특별한 품질관리방안이 확보되었다고 승인받은 경우이다.

$\Delta t_{c,\,dur,\,st}$는 스테인레스 철근을 사용하거나 다른 특별한 조치를 취한 경우에 감소시킬 수 있는 값으로, 일반적으로 0을 적용하지만 실험 자료와 신뢰할 수 있는 내구성 예측 기법에 따른 타당한 근거를 제시한 경우에는 0보다 큰 값을 적용할 수 있다. $\Delta t_{c,\,dur,\,add}$는 코팅과 같은 추가 표면처리를 한 콘크리트의 경우에 감소시킬 수 있는 값으로, 일반적으로 0을 적용하지만 실험 자료와 신뢰할 수 있는 내구성 예측 기법에 따른 타당한 근거를 제시한 경우에는 0보다 큰 값을 적용할 수 있다.

울퉁불퉁한 표면에 콘크리트를 타설하는 경우에는 바닥 요철에 의한 차이만큼 더 큰 설계 편차를 적용하여 공칭피복두께를 증가시켜야 한다. 또한 요철 메우기 등 미리 준비된 지면에 콘크리트를 타설하는 경우에는 공칭피복두께가 20 mm 이상이어야 하며, 토양에 직접 콘크리트를 타설하는 경우에는 공칭피복두께가 50 mm 이상이어야 한다. 요철 마감, 즉 울퉁불퉁한 상태로 표면처리 된 경우와 골재가 노출된 표면 상태에서는 피복두께를 증가시켜야 하며, 방수처리나 표면처리를 하지 않은 노출 콘크리트 바닥판의 피복두께는 마모에 대비하여 최소 10 mm만큼 증가시켜야 한다.

경량콘크리트의 경우에는 보통중량콘크리트에 대한 콘크리트 최소 피복두께보다 5 mm를 증가시켜야 한다.

3.4.5 헌치와 모따기

콘크리트 부재는 단면의 크기가 급격히 변화하는 경우에 국부적인 균열이 발생하는 등의 구조적인 결함이 발생할 수 있다. 또 단면의 두 면이 만나는 위치에서 바깥쪽 또는 안쪽에 날카로운 각도의 모서리가 만들어지면 시공과정 또는 사용 중에 국부적인 손상이 발생할 수 있다. 이러한 결함을 경감시키기 위해서는 단면에 작용하는 응력이 원활하게 전달되도록 부재와 단면의 형상과 크기를 결정하여야 한다. 이를 고려한 부재 및 단면의 상세로 중요한 항목으로는 헌치와 모따기가 있다.

헌치(haunch)는 힘의 흐름이 원활하도록 연결되는 부재들 간의 접합각도를 완만하게 하거나 단면의 크기를 점진적으로 변하도록 깊이가 변하는 부분을 말한다. 그림 3-11(a)는 크기가 다른 보가 연결된 경우이고 그림 3-11(c)는 기둥과 보가 직각으로 연결된 경우로, 두 부재의 연결부에서 힘의 흐름이 원활하지 않을 수 있다. 그 이유는 이와 같은 형태로 부재를 연결하면 연결부에서 응력집중현상(stress concentration)이

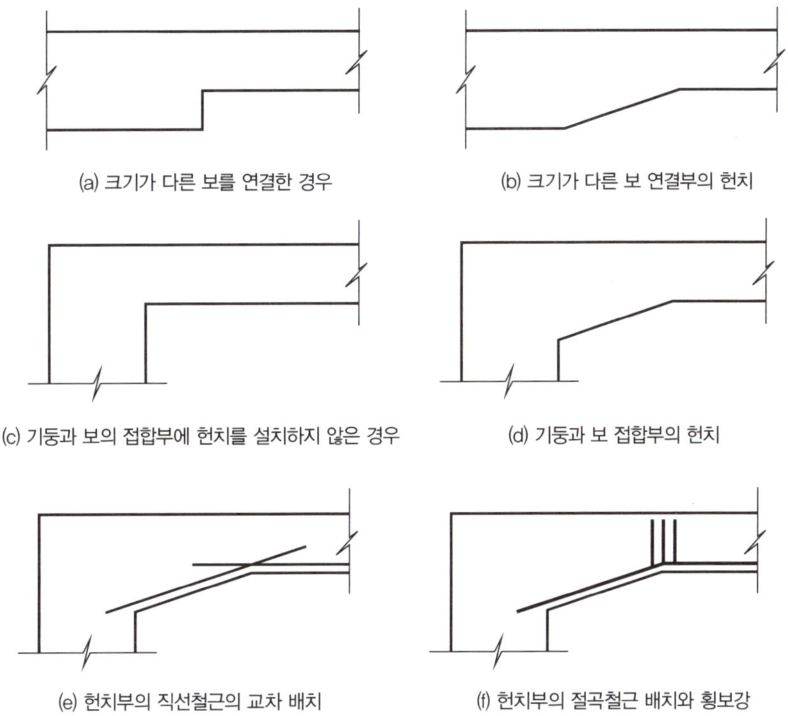

(a) 크기가 다른 보를 연결한 경우

(b) 크기가 다른 보 연결부의 헌치

(c) 기둥과 보의 접합부에 헌치를 설치하지 않은 경우

(d) 기둥과 보 접합부의 헌치

(e) 헌치부의 직선철근의 교차 배치

(f) 헌치부의 절곡철근 배치와 횡보강

그림 3-11 헌치의 유무와 헌치부의 철근 배치

나타나기 때문이다. 그림 3-11(b)는 보의 크기가 점진적으로 변하도록 헌치를 둔 경우이고, 그림 3-11(d)는 기둥에 접한 부분에서 보의 크기를 기둥의 크기와 같게 하고 기둥에서 일정 거리만큼 떨어진 위치까지 보의 크기가 점진적으로 감소하도록 헌치를 둔 경우이다. 이와 같이 헌치를 두는 경우에는 응력집중현상이 발생하지 않고 힘이 원활하게 전달되어 국부적인 균열 등의 구조적인 결함이 발생하지 않도록 할 수 있다.

헌치를 두는 경우에는 인장철근에 작용하는 인장력에 의하여 헌치부 콘크리트가 파손되지 않도록 인장철근을 배치하여야 한다. 이것은 인장철근을 구부려서 일정한 피복두께를 갖도록 헌치 표면에 평행하게 하나의 절곡철근을 배치하면, 극한상태에서 구부린 부분의 철근이 펴지면서 피복콘크리트를 미는 힘이 발생하여 피복콘크리트가 탈락될 수 있기 때문이다. 따라서 이와 같은 파손이 발생하지 않도록 그림 3-11(e)와 같이 두개의 직선철근을 교차하도록 배치하여야 한다. 만일 하나의 절곡철근을 사용하고자 한다면, 철근 절곡부에 작용하는 힘에 저항할 수 있도록 그림 3-11(f)와 같이 인장철근의 절곡부분을 감싸는 횡보강 철근을 배치하여야 한다.

모따기는 콘크리트 단면에서 두면이 만나는 모서리가 날카로운 각도를 갖지 않도록 두면을 부드럽게 연결하는 작업이다. 그림 3-12는 6개의 모서리를 가지고 있는 단면을 나타낸다. 여기서 그림 3-12(a)는 모따기를 실시하지 않은 단면으로, 모서리가 90°의 날카로운 각도를 갖고 있다. 이와 같은 형상을 갖도록 거푸집을 만들어서 콘크리트를 타설하고 양생한 후 거푸집을 해체하면, 거푸집을 해체할 때 가해지는 진동이나 충격에 의하여 모서리 부분의 콘크리트가 손상을 받을 수 있다. 또 거푸집의 해체작업에서 콘크리트가 손상을 받지 않았더라도, 구조물을 사용하는 중에 단면 모서리가 손상을 받을 수 있다. 그림 3-12(b)는 6개의 면이 부드럽게 연결되도록 여섯 군데의 모서리에 모따기를 적용한 단면을 나타낸다. 모따기는 거푸집을 제작할 때 단면의 각 면들이 날카로운 각도를 갖지 않도록 모서리를 처리하는 비교적 간단한 방법으로 실시할 수 있다.

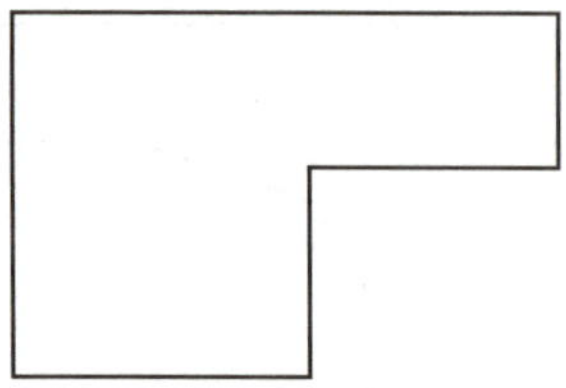

(a) 모따기를 적용하지 않은 단면

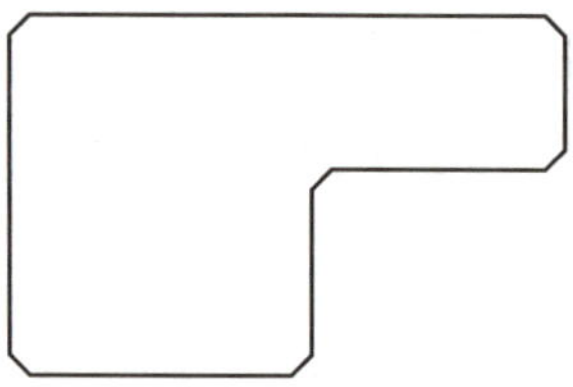

(b) 모따기를 적용한 단면

그림 3-12 모따기를 적용하지 않은 단면과 적용한 단면

3.5 설계하중과 안전계수

3.2절에서 설명한 바와 같이, 근래의 철근콘크리트 구조물은 강도설계법이나 한계상태설계법에 따른 설계기준에 따라 설계되고 시공된다. 강도설계법과 한계상태설계법은 기본 개념에 있어서 크게 차별된다고도 할 수 있지만, 한편으로는 서로 유사한 개념으로 동질화 되고 있다고 말할 수도 있다. 이 절에서는 안전계수의 적용방법을 소개하고, 콘크리트구조 학회기준(2017)[3.2]과 KDS 14 20 콘크리트구조 설계기준[3.3] 및 교량설계기준(한계상태설계법)[3.4]을 중심으로 설계하중과 하중조합을 소개한다.

3.5.1 설계하중단계

구조물의 설계는 작용하는 하중의 수준을 단계별로 구분하여 각 하중수준에서 구조물이 발휘할 수 있는 성능을 검증하는 과정이다. 설계검증의 대상이 되는 하중수준은 일반적으로 지속하중, 사용하중, 계수하중의 세 단계로 나눌 수 있다.

그림 3-13은 설계기준에 따라 연성의 휨파괴가 발생하도록 설계된 철근콘크리트 휨부재의 하중-처짐 관계와 설계하중단계를 나타낸다. 하중이 매우 낮을 때에는 콘크리트에 균열이 발생하지 않는 균질단면(homogeneous section)으로, 하중과 처짐이 선형의 비례관계를 나타낸다. 하중이 증가하여 인장부 콘크리트에 휨균열이 발생하면 부재강성이 저하되기 시작하여 하중의 증가보다 처짐의 증가가 더 큰 비선형(nonlinear)의 하중-처짐 관계가 나타난다. 하중이 더 증가하여 인장철근이 항복하면 단면이 소성(plastic) 상태가 되어 하중이 조금만 증가하여도 처짐이 급격히 증가하게 된다. 인장철근이 항복한 후에는 콘크리트 압축부에 작용하는 압축력과 인장철근의 인장력 사이의 팔길이가 증가하여 하중에 저항하다가, 압축연단 콘크리트가 파쇄(crushing) 되면 단면이 파괴되어 하중-처짐 곡선이 급격히 하강한다.

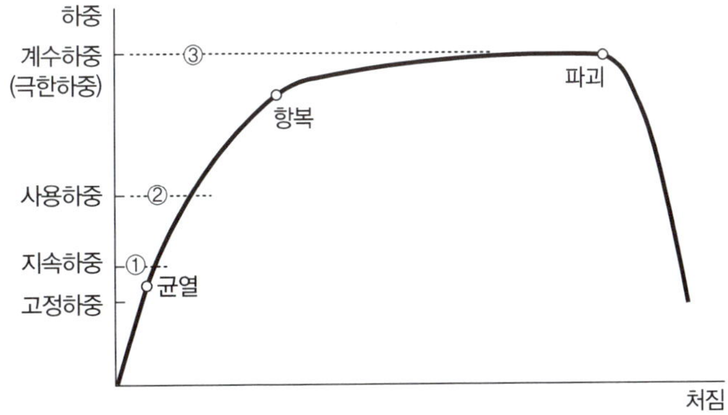

그림 3-13 철근콘크리트 휨부재의 하중-처짐 관계 및 설계하중단계

철근콘크리트 구조물의 설계에서는 몇 가지 설계하중단계를 설정하고, 각 설계하중단계에서의 성능을 검증한다. 이 설계하중단계는 그림 3-13에서 ①, ②, ③의 기호로 표시된 세 가지 하중수준을 구분하는데, 여기서는 고정하중과 활하중만을 대상으로 이를 설명하고자 한다.

고정하중(dead load)은 구조물의 자중(self weight)과 함께 구조물의 설계수명 동안 항상 작용하는 추가고정하중(additional dead load)을 합한 하중으로, 영구하중(permanent load)이라고도 한다. 그림 3-13에는 고정하중이 균열하중보다 작게 나타나 있으나 고정하중이 균열하중보다 클 수도 있다. 고정하중 외에 구조물의 용도에 따라 추가로 작용하는 하중을 활하중(live load) 또는 변동하중(variable load)이라고 한다. 활하중은 일반적으로 구조물에 일시적으로 작용하다가 제거되는 하중이지만, 구조물의 용도에 따라서는 활하중의 일부가 설계수명 동안 항상 작용하는 경우도 있다. 이 하중단계를 지속하중(sustained load) 또는 준영구하중(quasi-permanent load)라고 한다. 지속하중 L_{st}는 그림 3-13에서 ①의 기호로 표시된 하중수준으로 고정하중과 활하중의 일부가 포함되므로 다음과 같이 나타낸다.

$$L_{st} = D + \alpha_{st} L \tag{3·22}$$

여기서, α_{st}는 지속되는 활하중의 크기를 설계활하중에 대한 비율로 나타낸 1.0 이하의 값을 갖는 상수로, 구조물의 용도와 활하중의 특성에 따라 값을 정할 수 있다. 즉, 활하중으로 작용하는 책의 무게가 지속하중으로 작용하는 도서관 건물과 같은 경우에는 상대적으로 큰 값의 α_{st}를 적용하며, 차량이 정체되는 기간이 짧아서 활하중으로 작용하는 설계트럭의 무게가 지속하중으로 작용한다고 볼 수 없는 교량과 같은 경우에는 작은 값의 α_{st}를 적용한다. 콘크리트 구조물의 설계에서는 그림 3-13에서 ①로 표시된 지속하중 또는 준영구하중에 대하여 사용한계상태의 검증의 일환으로 콘크리트의 압축응력, 균열, 장기처짐 등의 구조성능을 검증한다. 그림 3-13에는 지속하중이 균열하중보다 크게 나타나 있으나 지속하중이 균열하중보다 작은 경우도 많다. 특히 α_{st}가 0인 경우에는 지속하중이 고정하중과 같다는 것을 유의하여야 한다.

그림 3-13에서 ②의 기호로 표시된 하중수준은 사용하중(service load)으로, 일반적으로 고정하중과 활하중을 합한 하중이므로 사용하중 L_{sv}는 다음과 같이 나타낸다.

$$L_{sv} = D+L \tag{3·23}$$

콘크리트 구조물의 설계에서는 그림 3-13에서 ②로 표시된 사용하중에 대하여, 사용한계상태의 검증의 일환으로 콘크리트와 철근의 휨 응력, 균열, 활하중 처짐 등의 구조성능을 검증한다. 균열에 대해서는 설계기준에 따라 검증하는 하중수준이 다르다는 것을 유의할 필요가 있다. 즉, 지속하중(sustained load) 또는 준영구하중(quasi-permanent load)에 대하여 균열을 검증하도록 규정하는 설계기준도 있으며, 이와는 달리 사용하중(service load)에 대하여 균열을 검증하도록 규정하는 설계기준도 있다.

그림 3-13에서 ③의 기호로 표시된 하중수준은 극한하중(ultimate load)과 계수하중(factored load)이다. 여기서 유의할 것은 극한하중과 계수하중의 의미이다. 극한하중은 부재가 저항할 수 있는 최대하중, 즉 부재강도(member strength)로 부재의 실험에서 나타나는 파괴하중(failure load)을 의미한다. 계수하중은 고정하중과 활하중에 1.0보다 큰 하중계수를 곱하여 더한 하중으로, 부재의 안전성을 확보하기 위하여 하중의 특성에 따라 확률적으로 작용할 수 있는 최대하중을 의미한다. 계수하중 L_u는 다음과 같이 나타낸다.

$$L_u = \gamma_D D+\gamma_L L \tag{3·24}$$

여기서, γ_D는 고정하중계수이며 γ_L은 활하중계수이다. 이렇게 결정한 계수하중을 목표로 부재를 설계하여, 부재의 극한하중(ultimate load), 즉 파괴하중(failure load)이 계수하중(factored load) 이상이 되는지를 확인하여 안전성(safety)을 검증하는 것이다.

이와 같은 하중계수와 하중조합은 건물, 교량, 철도 및 도시철도(지하철), 수처리 구조물, 항만시설, 수력과 화력 및 원자력 발전소 구조물 등 구조물의 용도와 특성에 따라 작용하는 하중의 종류와 크기 및 변동성을 고려한다. 콘크리트구조 학회기준(2017)[3.2]과 KDS 14 20 콘크리트구조 설계기준[3.3]의 하중조합은 3.5.3절에, 교량설계기준(한계상태설계법)[3.4]의 하중조합은 3.5.4절에 소개한다.

3.5.2 부재계수와 재료계수

부재의 설계강도를 결정할 때 적용하는 안전계수로는 부재계수와 재료계수의 두 가지 형태가 있다. 설계기준에 따라서는 부재계수를 적용하도록 규정하거나, 재료계수를 적용하노록 규정하거나, 또는 부재계수와 재료계수를 모두 적용하도록 규정하고 있다.

부재계수(member factor, safety factor for actions)는 축력, 휨모멘트, 전단력, 비틀림모멘트 등 단면력 작용에 대한 설계강도를 공칭부재강도(nominal member strength) 이하의 값으로 결정하기 위하여 적용하는 계수로, 부재저항계수(member resistance factors) 형태나 부재부분안전계수(partial factors for members) 형태로 표현된다.

콘크리트구조 학회기준(2017),[3.2] KDS 14 20,[3.3] ACI 318 Code,[3.5] AASHTO-LRFD[3.6] 등의 설계기준은 부재저항계수 형태의 부재계수를 적용한다. 즉, 다음과 같이 기준재료강도를 이용하여 해석한 부재의 공칭강도 R_n에 강도감소계수 ϕ_b를 곱하여 부재설계강도(design strength of member) R_d를 결정하고 부재의 강도성능을 검증한다.

$$R_d = \phi_b R_n \tag{3·25}$$

이때 강도감소계수 ϕ_b은 부재의 파괴거동 특성과 변동성을 고려하여 1.0 이하의 값으로 규정된다. 즉, 연성파괴를 나타내어 변동성이 크지 않은 휨모멘트에 대해서는 큰 값을 적용하고, 취성파괴를 나타내어 변동성이 큰 전단력이나 축압축력에 대해서는 작은 값을 적용한다.

부재계수를 부분안전계수의 형태로 적용할 때는 다음과 같이 기준재료강도로 해석한 공칭강도 R_n을 부재부분안전계수 γ_b로 나누어 부재설계강도 R_d를 결정하고 부재의 강도성능을 검증한다.

$$R_d = \frac{R_n}{\gamma_b} \tag{3·26}$$

부재부분안전계수 γ_b는 안전율(safety ratio)의 적용개념에 따라 1.0 이상의 값으로 규정되며, 역시 부재의 파괴거동 특성과 변동성을 고려한 값으로 규정된다. 즉, 휨모멘트와 같이 연성파괴를 나타내어 변동성이 크지 않은 단면강도에 대해서는 작은 값을 적용하고, 전단력이나 축압축력과 같이 휨모멘트에 비하여 상대적으로 취성파괴를 나타내어 변동성이 큰 단면강도에 대해서는 큰 값을 적용한다. 부재부분안전계수를 적용하는 설계기준으로는 일본 토목학회의 콘크리트설계기준인 JSCE 설계기준[3.19]이 있으나, JSCE 설계기준은 부재계수뿐만 아니라 재료계수도 같이 사용하도록 규정하고 있다.

재료계수(material factor, safety factor for materials)는 기준재료강도(characteristic material strength) 이하의 값으로 부재의 성능을 검증하기 위하여 설계에 적용하는 계수로, 재료부분안전계수(partial factors for materials) 형태나 재료저항계수(material resistance factors) 형태로 표현된다.

Eurocode 2[3.7]와 JSCE 설계기준[3.19]은 재료부분안전계수 형태의 재료계수를 적용한다. 즉, 다음과 같이 기준재료강도 f_{mk}를 재료계수 γ_m으로 나눈 설계재료강도(design strength of material) f_{md}로 구조물의 성능을 검증한다.

$$f_{md} = \frac{f_{mk}}{\gamma_m} \tag{3·27}$$

이때 재료계수 γ_m은 재료의 강도특성과 변동성을 고려한 1.0 이상의 값으로 규정된다. 즉, 다음과 같이 콘크리트의 압축강도는 기준압축강도 f_{ck}를 콘크리트의 재료계수 γ_c로 나눈 설계압축강도 f_{cd}를 결정하고, 철근과 프리스트레싱 강재의 기준항복강도 f_{yk}를 강재의 재료계수 γ_s로 나눈 설계항복강도 f_{yd}를 결정한다.

$$f_{cd} = \frac{f_{ck}}{\gamma_c} \tag{3·28}$$

$$f_{yd} = \frac{f_{yk}}{\gamma_s} \tag{3·29}$$

재료부분안전계수의 값은 극한한계상태와 사용한계상태를 구분하여 적용하며, 극한한계상태에서도 설계상황을 구분하여 적용한다. 유럽의 국가별 기준에서 달리 규정하지 않는다면, 정상설계상황과 임시

설계상황의 극한한계상태의 검증에서 콘크리트에는 1.5를, 철근과 프리스트레싱 강재에는 1.15를 적용하는 것이 기본이다. 극단설계상황의 극한한계상태의 검증에서는 콘크리트에 1.2, 철근과 프리스트레싱 강재에 1.0을 적용하는 것이 기본이다. 지진설계상황의 극한한계상태에 대해서는 Eurocode 8[3.18]에서 지진에 의한 반복하중작용으로 재료강도가 감소되는 현상을 고려한다. 반복하중작용으로 인한 재료강도의 감소에 대한 자료가 없는 경우에는 정상설계상황과 임시설계상황의 극한한계상태에 적용하는 재료부분안전계수의 값을 사용하도록 규정하고 있다. 그러나 재료강도의 감소에 대한 고려 및 검토가 있는 경우에는 국가추가규정(national annex)으로 극단설계상황의 극한한계상태에 적용하는 재료부분안전계수의 값을 사용할 수 있도록 규정하고 있다. 사용한계상태에는 콘크리트와 철근 및 프리스트레싱 강재에 모두 1.0의 재료계수를 적용한다

한편, 교량설계기준(한계상태설계법)[3.4]과 캐나다의 설계기준 CSA[3.8]는 재료저항계수 형태의 재료계수를 적용한다. 즉, 다음과 같이 기준재료강도 f_{mk}에 재료계수 ϕ_m을 곱한 설계재료강도 f_{md}로 구조물의 성능을 검증한다.

$$f_{md} = \phi_m f_{mk} \tag{3·30}$$

이때 재료계수 ϕ_m은 재료의 강도특성과 변동성을 고려한 1.0 이하의 값으로 규정된다. 즉, 다음과 같이 콘크리트의 압축강도는 기준압축강도 f_{ck}에 콘크리트의 재료계수 ϕ_c를 곱한 설계압축강도 f_{cd}를 결정하고, 철근과 프리스트레싱 강재의 기준항복강도 f_{yk}에 강재의 재료계수 ϕ_s를 곱한 설계항복강도 f_{yd}를 결정한다.

$$f_{cd} = \phi_c f_{ck} \tag{3·31}$$

$$f_{yd} = \phi_s f_{yk} \tag{3·32}$$

재료저항계수의 값은 한계상태를 구분하여 적용한다. 교량설계기준(한계상태설계법)은 극한한계상태 검증에 적용하는 재료계수로 콘크리트에는 0.65를, 철근과 프리스트레싱 강재에는 0.90을 적용하도록 규정하고 있다. 재료계수 0.65와 0.90은 콘크리트구조설계기준(1999)[3.20]의 휨 및 압축에 대한 강도감소계수 0.85를 대신할 재료저항계수로 김재홍과 이재훈[3.21]이 제안한 값으로, 휨 및 압축 설계 이외의 설계에 대한 적용성이 검토된 후 도로교설계기준(한계상태설계법, 2015)에 채택된 것이다. 내진설계를 포함한 극단상황과 피로한계상대 및 사용한계상태에서는 콘크리드와 칠근 및 프리스트레싱 강재 등 모든 재료에 1.0의 재료계수를 적용한다.

표 3-15는 각 한계상태에 대한 교량설계기준(한계상태설계법)과 Eurocode 2의 재료계수를 정리하여 나타낸 것이다. Eurocode 2의 경우 유럽의 국가별 기준에서 달리 규정하지 않는다면 표 3-15의 값을 재료부분안전계수의 값으로 적용한다.

한편 콘크리트구조 학회기준(2017)[3.2]과 KDS 14 20 콘크리트구조 설계기준[3.3]은 기본적으로 부재저항계수 형태의 부재계수를 적용하는 설계기준으로 본문에서 이를 규정하고 있으나, 휨 및 압축에 대해서는 교량설계기준(한계상태설계법)[3.4]과 동일한 값의 재료계수를 적용하여 설계강도를 결정할 수 있도록

표 3-15 교량설계기준(한계상태설계법)과 Eurocode 2의 재료계수

구분	교량설계기준(한계상태설계법)	Eurocode 2
극한한계상태 정상설계상황 임시설계상황	– 콘크리트: ϕ_c=0.65 – 철근 및 긴장재: ϕ_s=0.90	– 콘크리트: γ_c=1.5 – 철근 및 긴장재: γ_s=1.15
극단설계상황 (지진설계상황)	– 콘크리트: ϕ_c=1.0 – 철근 및 긴장재: ϕ_s=1.0	– 콘크리트: γ_c=1.2 – 철근 및 긴장재: γ_s=1.0
사용한계상태 피로한계상태	– 콘크리트: ϕ_c=1.0 – 철근 및 긴장재: ϕ_s=1.0	– 콘크리트: γ_c=1.0 – 철근 및 긴장재: γ_s=1.10

부록에서 별도로 규정하였다. 따라서 휨모멘트가 작용하는 부재의 설계휨강도, 축력이 작용하는 부재의 설계축강도, 휨모멘트와 축력이 동시에 작용하는 부재의 설계축력-휨강도는 0.65의 콘크리트 재료계수와 0.90의 철근 재료계수를 적용하여 결정하여도 좋다.

3.5.3 KDS 14 20 콘크리트구조 설계기준의 하중조합과 강도감소계수

KDS 14 20 콘크리트구조 설계기준은 콘크리트구조 학회기준(2017)과 동일하게 하중조합과 강도감소계수를 다음과 같이 규정하고 있다.

[1] KDS 14 20 콘크리트구조 설계기준의 하중조합

콘크리트구조 학회기준(2017)[3.2]과 KDS 14 20 콘크리트구조 설계기준[3.3]은 강도성능의 검증에 적용하는 하중조합과 하중계수를 다음과 같이 규정하고 있는데, 이 하중조합은 기본적으로 교량 외의 일반적인 토목구조물과 건물에 적용된다.

$$U = 1.4(D+F) \tag{3·33}$$

$$U = 1.2(D+F+T)+1.6(L+\alpha_H H_v+H_h)+0.5(L_r \text{ 또는 } S \text{ 또는 } R) \tag{3·34}$$

$$U = 1.2+1.6(L_r \text{ 또는 } S \text{ 또는 } R)+(1.0\,L \text{ 또는 } 0.65\,W) \tag{3·35}$$

$$U = 1.2\,D+1.3\,W+1.0\,L+0.5(L_r \text{ 또는 } S \text{ 또는 } R) \tag{3·36}$$

$$U = 1.2(D+H_v)+1.0\,E+1.0\,L+0.2\,S+(1.0\,H_h \text{ 또는 } 0.5\,H_h) \tag{3·37}$$

$$U = 1.2(D+F+T)+1.6(L+\alpha_H H_v)+0.8H_h+0.5(L_r \text{ 또는 } S \text{ 또는 } R) \tag{3·38}$$

$$U = 0.9(D+H_v)+1.3\,W+(1.6\,H_h \text{ 또는 } 0.8\,H_h) \tag{3·39}$$

$$U = 0.9(D+H_v)+1.0\,W+(1.0\,H_h \text{ 또는 } 0.5\,H_h) \tag{3·40}$$

여기서 U: 소요강도

D: 고정하중(사하중) 또는 이에 의해 발생하는 단면력

F : 유체의 중량 및 압력 또는 이에 의해 발생하는 단면력

T : 온도, 크리프, 수축 및 부등침하의 영향 등에 의해 발생하는 단면력

L : 활하중 또는 이에 의해 발생하는 단면력

H_v : 흙, 지하수 또는 기타 재료의 자중에 의한 연직방향 하중 또는 이에 의해 발생하는 단면력

H_h : 흙, 지하수 또는 기타 재료의 횡 압력에 의한 수평방향 하중, 또는 이에 의해 발생하는 단면력

L_r : 지붕 활하중 또는 이에 의해 발생하는 단면력

S : 적설하중 또는 이에 의해 발생하는 단면력

R : 강우하중 또는 이에 의해 발생하는 단면력

W : 풍하중 또는 이에 의해 발생하는 단면력

E : 지진하중 또는 이에 의해 발생하는 단면력

α_H : 토피의 두께 h에 따른 연직방향 하중 H_v에 대한 보정계수

$h \leq 2\,m$에 대하여 α_H=1.0

$h > 2\,m$에 대하여 α_H=1.05−0.025 h > 0.875

이 하중조합과 하중계수는 미국에서 각기 다른 값과 조합을 적용하던 콘크리트구조와 강구조에 대하여 이를 통일하도록 미국토목학회에서 발간한 ASCE/SEI 7−98[3.15]의 하중조합과 하중계수를 참조하고, 고정하중, 토압, 풍하중 및 지진하중의 조합에 대한 국내 전문가들의 의견을 반영한 것이다.

연직방향 하중 H_v에 대한 보정계수 α_H는 토목분야와 건축분야의 경험을 합리적으로 반영하기 위하여 도입된 보정계수이다. 지하구조물에서 토피가 두꺼운 경우에는 흙 무게의 변동성이 작고 아치작용에 의한 저항 등으로 연직방향 하중 H_v에 대한 하중계수가 클 필요는 없다. 그러나 토피의 두께가 작은 경우에, 특히 설계 당시의 계획과 실제 시공에서의 현장상황 변화로 인하여 토피의 두께가 변할 가능성이 있는 경우에는 흙의 무게의 변동성이 크므로 연직방향 하중 H_v에 대한 하중계수가 클 필요가 있다. 따라서 토피의 두께가 2 m 이하인 경우에는 α_H의 값을 1.0으로 하여 연직방향 하중 H_v에 대한 하중계수가 1.6이 되도록 하고, 토피의 두께가 7 m 이상인 경우에는 α_H의 값을 0.875로 하여 연직방향 하중 H_v에 대한 하중계수가 1.4가 되도록 α_H의 수식을 정한 것이다. 토피의 두께가 7 m와 2 m 사이인 경우에는 수식에 따라 α_H의 값이 0.875~1.0 사이의 값이 되어, H_v에 대한 하중계수는 1.4~1.6 사이의 값을 갖게 된다.

이와 같이 연직방향 토압에 대한 하중계수가 토피의 두께에 따라 다른 값을 사용하는 또 하나의 설계기준으로는 캐나다의 설계기준 CSA[3.8]를 들 수 있다. 캐나다의 CSA는 콘크리트구조기준과 동일한 개념으로, 토피 두께가 1.2 m 이하인 경우에는 1.5의 하중계수를, 2.4 m 이상인 경우에는 1.25의 하중계수를 적용하고, 그 사이에는 선형으로 비례하는 값을 연직방향 토압에 대한 하중계수로 하고 있다.

내진설계에서는 설계지진을 1,000년이나 2,400년 등의 재현주기로 표현하므로 지진하중에 대한 하중계수는 1.0을 사용한다.

한편, 이 하중조합을 적용할 때의 고려 사항으로 다음의 내용을 추가로 규정하고 있다.

① 차고, 공공의 집회장소 및 L이 5.0 kN/m^2 이상인 모든 장소 이외에는 식 (3 ·35), 식 (3 ·36) 및 식 (3 ·37)에서 활하중 L에 대한 하중계수를 0.5로 감소시킬 수 있다.

② 구조물에 충격의 영향이 가해지는 경우에는 활하중 L을 충격효과 I가 포함된 $(L+I)$로 대체하여야 한다.

③ 부등침하, 크리프, 수축, 팽창콘크리트의 팽창량 및 온도변화는 사용구조물의 실제적 상황을 고려하여 계산하여야 한다.

④ 포스트텐션 정착부의 설계에 있어서, 프리스트레싱 강재의 최대 긴장력에 대하여 하중계수 1.2를 적용하여야 한다.

참고로 미국의 ACI 318 Code[3.5]는 연직방향 토압에 대한 하중계수 외에는 콘크리트구조기준의 하중계수 및 하중조합과 매우 유사하다.

사용성 검증에 적용하는 사용하중조합은 고정하중과 활하중에 1.0의 하중계수를 적용한 하중조합을 기본으로 하고 있으나, 장기 처짐과 콘크리트의 압축응력은 지속하중조합에 대하여 검증한다. 이에 대하여는 11장에서 자세히 다룬다.

[2] KDS 14 20 콘크리트구조 설계기준의 강도감소계수

강도감소계수(저항계수)는 구조물 별로 규정된 하중계수와 하중조합으로 결정된 계수하중에 대하여 휨, 전단 및 비틀림, 인장 및 압축 등의 부재강도 변동특성과 연성파괴 보장을 고려하여 결정한 것이다. 예를 들어 휨, 전단, 축압축(axial compression)의 세 가지 파괴거동을 비교하면 휨, 전단, 축압축 순으로 강도의 변동성이 크고 취성인 특성이 있어서 그림 3-14와 같은 분포를 보인다. 즉 가장 연성이 큰 파괴형태를 나타내는 휨은 그림 3-14(a)와 같이 휨강도의 편차가 적고, 가장 취성의 파괴형태를 나타내는 축압축은 그림 3-14(c)와 같이 압축강도의 편차가 크다. 공칭휨강도 M_n, 공칭전단강도 V_n, 공칭축압축강도 P_n은 각각 휨강도, 전단강도, 축압축강도의 평균값의 의미를 가지고 있으므로, 시공된 후 부재가 갖는 실제 강도는 공칭강도보다 작을 확률이 50%이다. 따라서 이 값을 부재강도로 설정하여 부재를 설계하면 안전한 설계가 될 수 없다. 실제 강도가 설계강도보다 확실하게 크게 되도록 하려면 공칭강도에 1보다 작은 강도감소계수를 곱한 값을 설계강도로 하여야 한다. 이때 휨강도는 편차가 크지 않으므로

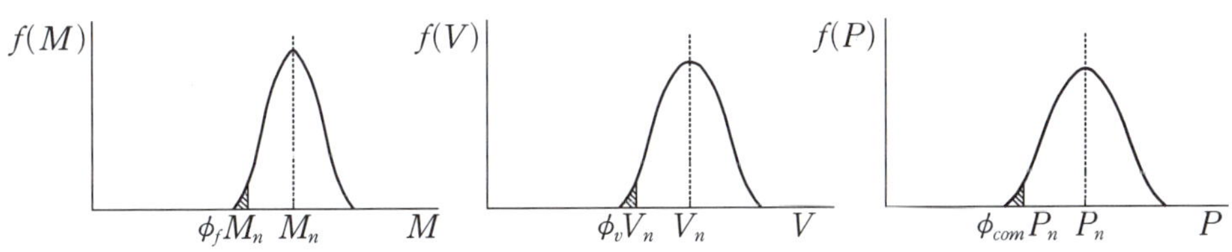

(a) 휨 (b) 전단 (c) 축압축

그림 3-14 부재강도의 변동성과 강도감소계수의 크기

상대적으로 큰 값의 강도감소계수를 적용하며, 축압축강도는 편차가 크므로 상대적으로 작은 값의 강도감소계수를 적용하는 것이다.

콘크리트구조 학회기준(2017)과 KDS 14 20 콘크리트구조 설계기준은 강도감소계수(저항계수)를 표 3-16과 같이 규정하고 있다. 휨부재에 대한 강도감소계수는 인장철근량에 따른 연성능력을 고려하여 단면을 구분하고, 표 3-16의 인장지배단면에 대한 강도감소계수나 변화구간단면에 대한 강도감소계수를 적용한다. 이에 대해서는 5장 5.2.1절에서 자세히 다룬다.

참고로 ACI 318 Code[3.5]의 강도감소계수는 세 가지, 즉 인장지배단면에 대한 강도감소계수, 나선철근 부재의 압축지배단면에 대한 강도감소계수, 무근콘크리트의 휨모멘트, 압축력, 전단력, 지압력에 대한 강도감소계수가 콘크리트구조기준의 값보다 각각 0.05씩 큰 것 외에는 콘크리트구조 학회기준(2017) 및 KDS 14 20과 동일한 값이 규정되어 있다.

AASHTO-LRFD[3.6]의 저항계수(강도감소계수)는 대체적으로 ACI 318 Code와 유사하지만, 일반적인 공법의 부재와 조립식 부재를 구분하여 저항계수를 규정하고, 전단 및 비틀림에 있어서 보통중량콘크리트와 경량콘크리트를 구분하여 저항계수를 규정하며, 압축부재에 있어서 나선철근 부재와 띠철근 부재를 구분하지 않고 같은 값의 저항계수를 사용하도록 규정한 것이 특징이다. 또, 인장지배 휨부재의 경우 철근콘크리트에는 0.9, 완전긴장(full prestressing) 프리스트레스트 콘크리트 부재에는 1.0을 적용하며, 부분긴장(partial prestressing) 프리스트레스트 콘크리트 부재에는 부분긴장비율(PPR)을 고려하여 0.9와 1.0 사이 값을 적용한다.

표 3-16 KDS 14 20 콘크리트구조 설계기준의 강도감소계수

부재, 단면 또는 단면력의 종류		강도감소계수 ϕ
인장지배단면		0.85
변화구간단면	나선철근 부재	0.70과 0.85 사이에서 직선보간 한 값
	그 이외의 부재	0.65와 0.85 사이에서 직선보간 한 값
압축지배단면	나선철근 부재	0.70
	그 이외의 부재	0.65
전단력과 비틀림모멘트		0.75
콘크리트의 지압력(포스트텐션 정착부나 스트럿-타이모델은 제외)		0.65
포스트텐션 정착구역		0.85
스트럿-타이모델과 그 모델에서 스트럿, 타이, 절점부 및 지압부		0.75
긴장재 묻힘 길이가 정착 길이보다 작은 프리텐션 부재의 휨단면	부재의 단부에서 절단길이 단부까지	0.75
	전달길이 단부에서 정착길이 단부사이	0.75에서 0.85까지 선형적으로 증가시킨 값
무근콘크리트의 휨모멘트, 압축력, 전단력, 지압력		0.55

3.5.4 교량설계기준(한계상태설계법)의 하중조합과 재료계수

교량설계기준(한계상태설계법)의 하중조합과 재료계수는 다음과 같다.

[1] 교량설계기준(한계상태설계법)의 하중조합

교량설계기준(한계상태설계법)[3.4]은 하중계수와 하중조합을 AASHTO-LRFD[3.6]과 유사한 형태로 규정하고 있다. 표 3-17은 교량설계기준(한계상태설계법) 하중조합의 일부로, 극한한계상태 하중조합, 극단상황한계상태 하중조합, 사용한계상태 하중조합, 피로한계상태 하중조합을 나타낸다.

극한한계상태 하중조합Ⅰ은 일반적인 차량통행을 고려한 기본하중조합으로 풍하중은 고려하지 않는다. 극한한계상태 하중조합Ⅱ는 발주자가 규정하는 특수차량이나 통행허가차량을 고려한 하중조합으로 풍하중은 역시 고려하지 않는다. 극한한계상태 하중조합Ⅲ은 거더 높이에서의 풍속 25 m/s를 초과하는 설계 풍하중을 고려하는 하중조합이며, 극한한계상태 하중조합Ⅳ는 활하중에 비하여 고정하중이 매우 큰 경우에 적용하는 하중조합이다. 극한한계상태 하중조합Ⅴ는 차량 통행이 가능한 최대 풍속과 일상적인 차량통행에 의한 하중 효과를 고려한 하중조합이다.

극단상황한계상태 하중조합Ⅰ은 지진하중을 고려하는 하중조합이며, 지진하중을 고려할 때의 활하중계수 γ_{EQ}는 공사별 특별시방에 따라 결정한다. 극단상황한계상태 하중조합Ⅱ는 빙하중, 선박 또는 차량의 충돌하중 및 감소된 활하중을 포함한 수리학적 사건에 관계된 하중조합으로, 설하중, 차량충돌, 선박충돌은 한 번에 한 가지만 적용한다.

사용한계상태 하중조합Ⅰ은 교량의 정상 운용 상태에서 발생 가능한 모든 하중의 표준값과 25 m/s의 풍하중을 합한 하중조합으로, 철근콘크리트의 사용성 검증, 옹벽과 사면의 안정성 검증, 매설된 금속

표 3-17 교량설계기준(한계상태설계법)의 하중조합 일부

하중조합	고정하중	활하중	수압부력	구조풍하중	차량풍하중	마찰력	평균온도하중	극단하중			
								지진	설하중	차량충돌	선박충돌
극한한계상태Ⅰ	γ_p	1.8	1.0	–	–	1.0	0.5/1.2	–	–	–	–
극한한계상태Ⅱ	γ_p	1.4	1.0	–	–	1.0	0.5/1.2	–	–	–	–
극한한계상태Ⅲ	γ_p	–	1.0	1.4	–	1.0	0.5/1.2	–	–	–	–
극한한계상태Ⅳ	γ_p	–	1.0	–	–	1.0	0.5/1.2	–	–	–	–
극한한계상태Ⅴ	γ_p	1.4	1.0	0.4	1.0	1.0	0.5/1.2	–	–	–	–
극단상황Ⅰ	γ_p	γ_{EQ}	1.0	–	–	1.0	–	1.0	–	–	–
극단상황Ⅱ	γ_p	0.5	1.0	–	–	1.0	–	–	1.0	1.0	1.0
사용한계상태Ⅰ	1.0	1.0	1.0	0.3	1.0	1.0	1.0/1.2	–	–	–	–
사용한계상태Ⅱ	1.0	1.3	1.0	–	–	1.0	1.0/1.2	–	–	–	–
사용한계상태Ⅲ	1.0	0.8	1.0	–	–	1.0	1.0/1.2	–	–	–	–
사용한계상태Ⅳ	1.0	–	1.0	0.7	–	1.0	1.0/1.2	–	–	–	–
사용한계상태Ⅴ	1.0	–	–	–	–	–	0.5	–	–	–	–
피로한계상태	–	0.75	–	–	–	–	–	–	–	–	–

구조물, 터널라이닝판과 열가소성 파이프에서의 변형제어에 적용한다. 사용한계상태 하중조합Ⅱ는 차량하중에 의한 강구조물의 항복과 마찰이음부의 미끄러짐에 대한 하중조합이다. 사용한계상태 하중조합Ⅲ은 하부구조의 한계상태 검증과 부착된 프리스트레스 강재가 배치된 상부구조의 균열폭과 인장응력 크기를 검증하는데 적용한다. 사용한계상태 하중조합IV는 부착된 프리스트레스 강재가 배치된 하부 구조의 한계상태 검증에 적용한다. 사용한계상태 하중조합V는 설계수명 동안 작용하는 고정하중과 수명의 약 50% 기간 동안 지속하여 작용하는 하중을 고려한 하중조합이다.

표 3-18 교량설계기준(한계상태설계법)의 고정하중계수 γ_p

하중의 종류	하중계수 γ_p	
	불리한 영향(최대) $\gamma_{p,max}$	유리한 영향(최소) $\gamma_{p,min}$
DC: 구조부재와 비구조적 부착물	1.25 1.50 (극한IV의 경우)	0.90
DD: 말뚝부마찰력	1.80	0.45
DW: 포장과 시설물	1.50	
EH: 수평토압 • 주동 • 정지	 1.50 1.35	 0.90 0.90
EV: 연직토압 • 전체안정 • 옹벽 및 교대 • 강성 암거(예: 콘크리트 박스) • 뼈대형 강성구조물(예: 라멘형) • 연성 암거(예: 파형강관) • 박스형 연성 강재암거	 1.00 1.35 1.30 1.35 1.95 1.50	 – 1.00 0.90 0.90 0.90 0.90
ES: 상재토하중	1.50	0.75
EL: 시공중 발생하는 구속응력	1.0	1.0
PS: 프리스트레스힘 • 세그멘탈콘크리트교량의 상부, 하부구조 • 비세그멘탈콘크리트교량 상부구조 • 비세그멘탈콘크리트교량 하부구조 – I_g를 사용하는 경우 – $I_{effective}$를 사용하는 경우 • 강재 하부구조	 1.0 1.0 1.0 0.5 1.0	
CR, SH: 콘크리트의 크리프, 콘크리트의 수축 • 세그멘탈콘크리트교량의 상부, 하부구조 • 비세그멘탈콘크리트교량 상부구조 • 비세그멘탈콘크리트교량 하부구조 – I_g를 사용하는 경우 – $I_{effective}$를 사용하는 경우 • 강재 하부구조	 DC에 대한 γ_p 적용 1.0 0.5 1.0 1.0	

피로한계상태 하중조합은 반복적인 차량하중과 동적응답에 의한 피로파괴를 검토하기 위한 하중조합으로, 이때의 활하중은 피로설계트럭하중을 적용한다. 피로설계트럭하중은 표준트럭하중의 80%이며, 피로한계상태의 검증에는 0.15의 충격하중계수를 적용한다.

고정하중계수는 극한한계상태 하중조합과 극단상황한계상태 하중조합에 γ_p를 적용하며, 사용한계상태 하중조합에는 1.0을 적용한다. 이때 프리스트레스와 콘크리트의 크리프로 인한 단면력은 고정하중의 영향으로 취급한다. 표 3-18은 고정하중계수 γ_p로, 자중(DC), 마찰력(DD), 포장(DW), 수평토압(EH), 연직토압(EV), 상재토하중(ES), 시공 중의 구속력(EL)에 대해서는 불리한 경우와 유리한 경우를 구분하여 최댓값이나 최솟값을 적용한다. 그러나 프리스트레스 힘(PS)과 콘크리트의 크리프(CR) 및 수축(SH)에 대해서는 하나의 대푯값을 적용한다.

차량활하중은 KL-510이라고 하며, 표준트럭하중과 표준차로하중으로 이루어져 있다. 총중량이 513 kN인 표준트럭하중은 4개의 축으로 구성되며, 그림 3-15(a)와 같은 축간 거리와 축 중량을 가진다. 표준차로하중은 종방향으로 균등하게 분포된 하중으로 표 3-19의 값을 적용하며, 횡방향으로는 3,000 mm의 폭으로 균등하게 분포된다. 주거더를 설계할 때는 그림 3-15(a)의 표준트럭하중의 영향과 그림 3-15(b)와 같이 표준트럭하중의 75%와 표준차로하중을 합한 것의 영향 중 큰 값을 사용한다. 이때 충격하중은 표준차로하중에는 적용하지 않고 표준트럭하중에만 적용한다. 2차로 이상인 경우에는 다차로재하계수 m을 적용하는데, 2차로에는 0.9, 3차로에는 0.8, 4차로에는 0.7, 5차로 이상에는 0.65의 값을 적용한다. 바닥판과 바닥틀을 설계할 때는 교량설계기준(한계상태설계법)에 규정되어 있는 해당 설계차량하중을 적용하여야 한다.

표 3-19 교량설계기준(한계상태설계법)의 표준차로하중

$L \leq 60\ m$	$\omega = 12.7\ (kN/m)$
$L > 60\ m$	$\omega = 12.7 \times \left(\dfrac{60}{L}\right)^{0.18}\ (kN/m)$

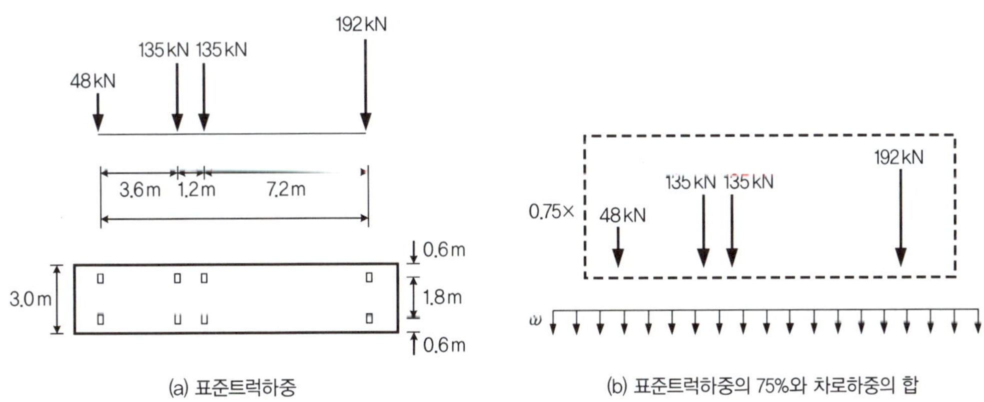

그림 3-15 교량설계기준(한계상태설계법)의 표준트럭하중과 주거더에의 적용

참고로 미국의 교량설계기준인 AASHTO-LRFD[3.6]는 미국 교량의 특성이 반영된 하중계수 및 하중조합과 저항계수가 규정되어 있다. AASHTO-LRFD는 기본적으로 고정하중에 1.25, 활하중에 1.75의 하중계수를 적용하지만, 다른 하중과의 조합에 따라 각기 다른 값이 규정되어 있다. 고정하중 이외에 교량에 작용하는 영구하중(permanent load)에는 그 특성에 따라 0.25~1.5의 하중계수를 적용한다. 영구하중(permanent load)은 자중과 추가고정하중 외에 지점부 상부구조가 위쪽으로 뜨지 못하도록 잡아주는 구조요소의 부반력, 완공 후 추가될지 모르는 상황을 고려한 덧씌우기 포장의 중량, 수평 및 연직 토압 등이 포함된다. 이러한 내용은 한국의 교량설계기준(한계상태설계법)의 내용과 유사하다.

[2] 교량설계기준(한계상태설계법)의 재료계수

교량설계기준(한계상태설계법)은 재료저항계수 형태의 재료계수 ϕ_m을 적용한 재료강도를 이용하여 단면 또는 부재의 설계강도를 결정한다. 즉, 콘크리트의 압축강도는 기준압축강도 f_{ck}에 콘크리트의 재료계수 ϕ_c를 곱하여 설계압축강도 f_{cd}를 결정하고, 철근과 프리스트레싱 강재의 기준항복강도 f_{yk}에 강재의 재료계수 ϕ_s를 곱하여 설계항복강도 f_{yd}를 결정한다. 이렇게 결정된 설계재료강도를 적용하여 설계축강도, 설계휨강도, 설계전단강도 등을 계산한다.

재료계수 ϕ_m은 재료의 강도특성과 변동성을 고려한 1.0 이하의 값으로, 극한한계상태, 극단상황의 하중조합, 피로한계상태, 사용한계상태 등 성능검증의 한계상태를 구분하여 적용한다. 극한한계상태의 검증에서는 다음과 같이, 콘크리트에 대한 재료계수 ϕ_c로 0.65의 값을 적용하고 철근과 프리스트레싱 강재에 대한 재료계수 ϕ_s로 0.90의 값을 적용한다.

$$f_{cd} = \phi_c f_{ck} = 0.65 f_{ck} \tag{3·41}$$

$$f_{yd} = \phi_s f_{yk} = 0.90 f_{yk} \tag{3·42}$$

이 재료계수의 값 0.65와 0.90은 김재홍과 이재훈[3.21]에 의하여 제안된 값으로, 휨 및 압축 설계 이외의 설계에 대한 적용성이 검토된 후 교량설계기준(한계상태설계법)[3.4]과 휨 및 압축에 대한 콘크리트구조 학회기준(2017)[3.2]과 KDS 14 20 콘크리트구조 설계기준[3.3]의 부록에 채택된 것이다.

내진설계를 포함한 극단상황과 피로한계상태 및 사용한계상태에서는 콘크리트와 철근 및 프리스트레싱 강재 등 모든 재료에 1.0의 재료계수를 적용한다. 극한한계상태와 사용한계상태에 대한 교량설계기준(한계상태설계법)과 Eurocode 2의 재료계수는 3.5.2절의 표 3-15에 정리되어 있다.

3.6 구조물 설계를 위한 구조해석

철근콘크리트 구조물을 설계할 때에는 어떤 형태이든 구조해석(structural analysis)을 수행하여야 한다. 구조해석은 수행 목적에 따라 여러 형태로 수행되는데, 일반적으로 이미 시공된 구조물의 거동을 추정하기 위한 구조해석과 앞으로 시공될 구조물을 설계하기 위한 구조해석으로 구분할 수 있다. 이미 시공된 구조물에 대한 구조해석은 현재 상태 그대로의 부재치수, 재료특성, 철근배치, 철근상세 등을 입력 자료로 하여, 해석목적에 따라 작용중인 또는 작용하게 될 하중이나 하중효과에 대한 해석으로 단면력과 변형을 구하여 거동을 파악하고 강도성능과 사용성능을 검증한다.

설계를 위한 구조해석은 하중작용에 의하여 구조물에 발생하게 될 단면력과 변형을 구하기 위하여 수행하는 것으로, 이 결과에 따라 단면의 크기를 결정하고 철근을 배치하며 강도성능과 사용성능을 검증한다. 여기서 단면력(member force, 부재력)은 휨모멘트, 전단력, 축력, 비틀림모멘트 등 부재 단면에 작용하는 힘을 말하며, 변형(deformation)은 변위(displacement)와 회전(rotation)을 말하는데 수직방향 변위는 일반적으로 처짐(deflection)이라고 표현한다. 이를 위하여, 설계를 위한 구조해석에서는 구조물 또는 구조요소를 단순화(simplification) 및 이상화(idealization)하고, 설계목적에 적합한 구조해석법을 선택하여야 하며, 안전성 검증을 위하여 주요 위치의 단면력이 최대가 되는 하중 배치를 고려하여야 한다. 이 절은 철근콘크리트 구조물의 설계를 위한 구조해석을 다룬다.

3.6.1 설계 적용 구조해석법

구조물의 설계를 위한 구조해석은 구조계(structural system)의 전체해석(global analysis)과 국부해석(local analysis)으로 구분하여 실시한다. 구조계 전체해석(global analysis)은 구조물의 전반적인 거동 해석으로, 구조물을 여러 단위의 부재들이 연결된 수학적 모델로 단순화하고 재료특성 및 합성작용에 따른 부재의 역학적 특성을 이상화하여 하중효과(load effect, action)에 의한 단면력과 변형을 구하는 해석이다. 전체해석의 방법으로는 다음의 해석법을 적용할 수 있다.

- 선형탄성해석(linear elastic analysis)
- 선형탄성해석 후 재분배(linear elastic analysis with redistribution)
- 소성해석(plastic analysis)
- 비선형해석(nonlinear analysis)

이와 같은 구조해석은 외력에 의하여 부재가 변형된 후에도 변형된 단면이 평면을 유지한다는 가정을 기반으로 하는 해석이다. 그러나 구조물을 구성하는 부재로서 깊이에 비해 길이가 짧은 부재, 부재 사이의 연결부, 집중하중이 작용하는 부분, 단면의 크기가 갑자기 변하는 부분 등의 교란영역(disturbcd region)은 전단변형 등의 영향으로 응력이 균일하게 분포되지 않아서 평면보존의 가정이 적용되지 않는다. 이러한 경우에는 국부해석(local analysis)을 수행하여 힘의 흐름을 파악하고 적절한 양의 철근을 보강하여야 한다. 국부해석의 방법으로는 다음의 해석법을 적용할 수 있다.

- 유한요소해석(finite element analysis)
- 스트럿–타이 모델 해석(strut–tie model analysis)

교란영역의 국부해석은 9장에서 다루고, 이 절에서는 구조계 전체해석방법을 소개한다.

[1] 선형탄성해석

선형탄성해석(linear elastic analysis)은 구조물의 설계에 가장 많이 사용되는 구조해석법으로, 하중의 크기와 무관하게 부재강성(member stiffness)이 상수로 일정하다는 가정 하에 각 부분에 발생하는 변형과 작용하는 단면력을 구한다. 따라서 엄밀하게 말하면 선형탄성해석으로 철근콘크리트 구조물의 거동을 완벽히 나타낼 수는 없다. 이것은 균열의 유무와 진전된 정도에 따라 실제로는 철근콘크리트 부재의 강성이 변화하기 때문이다. 즉, 균열이 없는 단면의 강성으로 선형탄성해석을 수행하는 경우, 하중이 작은 초기에는 철근콘크리트 구조물에 작용하는 실제의 휨모멘트가 해석결과와 유사하게 나타나지만, 하중이 증가하여 콘크리트에 균열이 발생하고 진전된 후 철근이 항복하면 선형탄성해석의 결과와는 다르게 나타난다. 그러나 해석에 이용되는 콘크리트의 탄성계수와 단면2차모멘트가 실제로 나타나는 값의 평균값이면, 사용하중 수준에서 나타나는 구조물의 거동은 해석결과와 유사하게 된다. 특히 연속보나 골조에서 단면력의 해석결과는 부재강성의 값 자체가 아니라 연결된 부재들 간의 상대적인 강성비가 중요하므로, 강성 값의 불확실성이 큰 문제가 되지 않는다. 사용한계상태의 검증으로 처짐을 검토할 때에는 전체해석의 결과로 얻은 변위 값을 사용하지 않고, 부재에 작용하는 휨모멘트의 크기를 고려하여 비균열 단면강성 또는 균열 이후의 유효강성을 부재강성으로 산정한 후 처짐을 해석한다.

비선형 및 비탄성 거동을 보이는 극한하중 수준에서는 선형탄성해석으로 철근콘크리트 구조물의 실제 거동을 유추하기 어렵지만, 평형상태가 유지되며 재료의 극한한계값을 초과하지 않는 상태를 대상으로 하는 설계에서 안전측으로 적용될 수 있다.

선형탄성해석은 하중과 단면력 및 변형이 정비례하며 중첩의 원리(principle of superposition)가 적용된다는 장점이 있다. 이것은 구조물 설계에 적용하는 구조해석법으로 매우 편리한 것이다. 즉, 사용한계상태의 검증에서는 고정하중과 활하중 등 각각의 하중에 대하여 개별적으로 구조해석을 수행한 후, 사용하중조합에 따라 각각의 단면력을 단순히 더하면 된다. 또 강도한계상태나 극한한계상태의 검증에서는 계수하중조합에 따라 각각의 하중계수를 각각의 단면력에 곱하고 더하면 되므로, 해석결과를 재사용할 수 있는 장점이 있다. 구조물의 설계에서는 경우에 따라 하중을 추가하거나 제거하고자 할 때가 있는데, 이때에도 중첩의 원리를 적용할 수 있어서 매우 편리하게 결과를 얻을 수 있다. 또 선형탄성해석에서 철근을 무시하고 콘크리트 단면만의 강성을 사용하면, 최종 설계단계에서 결정될 철근의 배치위치와 양을 몰라도 구조해석을 수행할 수 있으므로 설계과정이 간편해진다.

[2] 선형탄성해석 후 재분배

선형탄성해석 후 재분배(linear elastic analysis with redistribution)는 파괴에 임박하였을 때 충분한 소성거동을 보이는 구조물에 적용할 수 있다. 철근콘크리트 부재의 소성거동은 휨모멘트의 작용으로 인장철근이 항복한 이후 압축연단 콘크리트가 파괴될 때까지 충분히 변형되는 거동을 말하며, 이를 연성능력(ductility capacity)이라고 한다. 소성거동을 보이는 구조물에는 다음에 소개하는 소성해석을 적용할 수 있지만, 선형탄성해석 후 휨모멘트를 재분배하는 기법이 훨씬 간편하다. 이것은 선형탄성해석을 수행함에 따라 중첩의 원리를 적용할 수 있기 때문이다.

그림 3-16은 선형탄성해석 후 재분배 기법의 개념을 나타낸다. 그림 3-16(a)와 같은 고정지점과 힌지 가동단을 갖는 부정정보(statically indeterminate beam)에 등분포 하중이 작용하는 경우, 고정지점의 단면이 소성휨모멘트 M_p에 도달하면 휨모멘트는 그림 3-16(b)의 ①로 나타낸 분포를 나타내게 된다. 이때의 등분포 하중의 크기를 w_p라고 하면, 전통적인 강도설계법에서는 구조물에 허용되는 최대 계수하중이 w_p가 된다. 그러나 고정지점 단면의 연성능력이 충분하면, 그 위치의 단면이 소성힌지(plastic hinge)로 거동하여 휨모멘트의 크기가 유지된 상태에서 구조물이 추가의 하중 Δw에 저항할 수 있다. 즉 이 구조물은 $w_p+\Delta w$의 하중까지 저항할 수 있어서, 구조물에 허용하는 최대 계수하중을 $w_p+\Delta w$와 같도록 설계하는 것이 경제적이다. 이때의 설계과정에서 $w_p+\Delta w$의 하중에 대하여 선형탄성해석을 수행하면

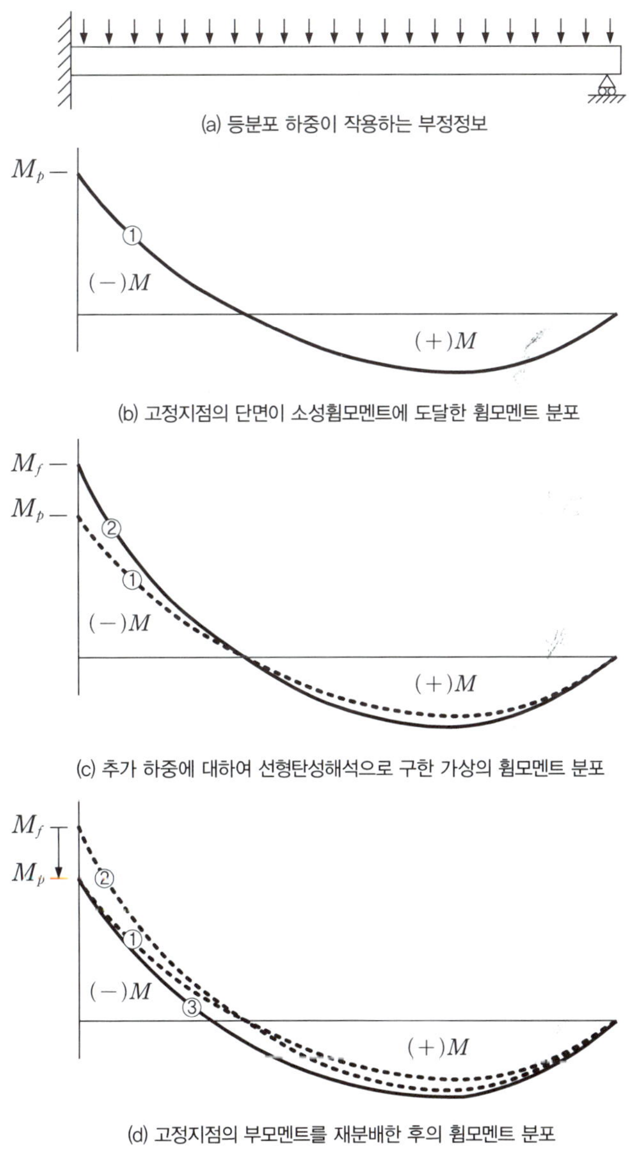

그림 3-16 선형탄성해석 후 휨모멘트 재분배 개념

하중의 크기와 휨모멘트의 크기가 정비례하므로, 그림 3-16(c)의 ②와 같은 휨모멘트 분포를 얻게 된다. 그러나 ②와 같은 휨모멘트 분포는 실제로 나타나는 분포가 아니라 구조해석 상으로 나타나는 가상의 분포이다. 즉, 고정지점 단면에 나타나는 휨모멘트는 가상의 휨모멘트 M_f가 아니라 M_p로 유지되고 있는 것이다. 따라서 고정지점 단면에 나타나는 가상의 휨모멘트 M_f를 실제의 휨모멘트 M_p로 낮추어야 하며, 이에 따라 휨모멘트가 전체적으로 재분배되어야 한다. 이와 같은 재분배가 이루어진 후의 분포는 그림 3-16(d)의 ③과 같으며, 이 휨모멘트 분포와 최대 정모멘트에 대하여 구조물을 설계한다.

이와 같은 개념과 절차에 따르는 구조해석법이 선형탄성해석 후 재분배이다. 그림 3-16을 통하여 설명한 바와 같이, 이 해석은 단면이 소성상태가 된 후의 거동을 대상으로 하고 있으므로 극한한계상태의 검증에 적용되며 사용한계상태의 검증에는 적용할 수 없다.

휨모멘트의 재분배에서 분배모멘트는 주어진 하중과 평형조건을 유지하여야 한다. 따라서 휨모멘트가 재분배되면 이에 따라 전단력 분포도 변화하게 되므로, 어떤 계수전단력 분포를 대상으로 전단설계를 수행할지를 결정하여야 한다. 이때 구조물 설계에서 전단파괴는 발생하지 않도록 부재를 설계하여야 하므로, 그림 3-16의 휨모멘트 분포 ①에 해당하는 재분배되기 전의 전단력과 ③에 해당하는 재분배되고 난 후의 전단력 중에서 큰 값을 계수전단력으로 취하여 설계하는 것이 좋다. 마찬가지의 이유로, 하부구조의 설계에 사용되는 반력도 재분배되기 전의 반력과 재분배되고 난 후의 반력 중에서 큰 값을 취하여 설계하는 것이 좋다. 교량의 설계에서 휨모멘트의 작용으로 소성거동을 보이는 도중에 비틀림모멘트가 증가하여 취성파괴를 일으킬 수 있는 곡선교(curved bridge)나 사교(skewed bridge)의 경우에는 휨모멘트 재분배를 할 수 없다. 또 보와 기둥이 연결된 골조(frame)의 설계에서 기둥에 대하여는 휨모멘트 재분배를 하지 않는 것이 좋다.

휨모멘트 재분배를 수행하여 콘크리트 구조물을 설계할 때에는 다음의 과정으로 설계하고 검증할 수 있을 것이다.

(1) 설계하중에 대한 계수하중을 결정하고, 선형탄성 구조해석을 수행하여 지점에서의 계수휨모멘트 M_{el}를 구한다.

(2) 지점에서 단면이 보유하고 있는 설계휨강도 M_d(또는 ϕM_n)를 구한다.

(3) 탄성 계수휨모멘트 M_{el}이 설계휨강도 M_d보다 더 크다면, 지점에서 재분배되어야 할 소요 재분배율 η_{req}를 다음 식으로구한다.

$$\eta_{req} = \frac{M_{el}}{M_d} - 1.0 \qquad (3 \cdot 64)$$

(4) 단면이 충분한 소성회전 변형능력을 보유하고 있는지 연성능력을 검토하여 한계 재분배율 η_{lim}을 구한다.

(5) 다음과 같이 소요 재분배율 η_{req}이 한계 재분배율 η_{lim}을 초과하지 않는다는 것을 검증한다.

$$\eta_{req} \leq \eta_{lim} \qquad (3 \cdot 65)$$

한계 재분배율 η_{lim}은 설계기준에 따라 달리 규정하고 있으므로, 실제 설계에서는 적용하는 설계기준에 따라 결정하여야 한다.

콘크리트구조 학회기준(2017),[3.2] KDS 14 20,[3.3] ACI 318 Code,[3.5] AASHTO-LRFD[3.6]은 극한상태에서 강재에 발생하는 순인장변형률 ε_t를 기준으로 휨모멘트 재분배율을 규정하고 있다. 즉, 공칭휨강도 해석을 수행하고 최외단 인장철근의 순인장변형률 ε_t를 구한 후 휨모멘트 재분배율을 결정한다. 재분배율은 다음 식과 같이 순인장변형률 ε_t에 1,000을 곱하여 퍼센트 단위로 결정하며, ε_t가 0.0075 이상인 경우에만 재분배를 허용하고, 최대 20%까지 허용한다. 여기서 식 (3 · 66)의 η_{lim}은 퍼센트 단위로 표현한 것이며, 식 (3 · 67)의 η_{lim}은 소수로 표현한 것이다.

$$\eta_{lim} = 1{,}000\varepsilon_t\ (\%) \qquad (3 \cdot 66)$$

$$0.075 \le \eta_{lim} \le 0.2 \qquad (3 \cdot 67)$$

교량설계기준(한계상태설계법)[3.4]은 인접한 부재와의 지간의 비가 0.5와 2.0 사이인 경우, 설계휨강도 해석에서 구한 중립축의 깊이와 유효깊이의 비율, 즉 c/d를 기준으로 다음과 같이 휨모멘트 재분배율을 규정하고 있으며, 최대 15%까지 허용한다.

$$\eta_{lim} = 1 - \frac{0.0033}{\varepsilon_{cu}}\left(0.6 + \frac{c}{d}\right) \qquad (3 \cdot 68)$$

$$\eta_{lim} \le 0.15 \qquad (3 \cdot 69)$$

식 (3 · 68)은 c/d 외에 콘크리트의 극한변형률 ε_{cu}가 변수이므로, 콘크리트의 기준압축강도에 따라 재분배 비율이 달라진다. 교량설계기준(한계상태설계법)은 콘크리트의 설계기준압축강도가 40 MPa 이하인 경우 극한변형률 ε_{cu}가 0.0033이고, 압축강도가 증가함에 따라 ε_{cu}가 감소한다. 따라서 고강도콘크리트에서는 압축강도가 증가할수록 재분배 비율이 감소하게 된다.

Eurocode 2[3.7]은 인접한 부재와의 지간의 비가 0.5와 2.0 사이인 경우, 유럽의 국가별 기준에서 달리 규정하지 않는다면 다음과 같이 재분배되고 남은 휨모멘트 비율 δ을 규정하고 있다.

$$\delta \ge 0.44 + 1.25\left(0.6 + \frac{0.0014}{\varepsilon_{cu}}\right)\frac{x_u}{d} \qquad (3 \cdot 70)$$

$$\delta \ge 0.54 + 1.25\left(0.6 + \frac{0.0014}{\varepsilon_{cu}}\right)\frac{x_u}{d} \qquad (3 \cdot 71)$$

식 (3 ·70)은 콘크리트의 설계기준압축강도 f_{ck}가 50 MPa 이하인 경우에 적용하며, 식 (3 ·71)은 f_{ck}가 50 MPa을 초과하는 경우에 적용한다. 이 식에서 x_u는 설계휨강도 해석에서 구한 중립축의 깊이로 식 (3 · 68)의 c와 동일한 것이다. 철근콘크리트인 경우에는 구조용인 B 등급 철근과 내진용인 C 등급 철근일 때, 건물에 대해서는 δ를 0.7까지 허용하고 교량에 대해서는 δ를 0.85까지 허용한다. 즉, 건물에 대해서는 30%까지 휨모멘트 재분배를 허용하고 교량에 대해서는 15%까지 휨모멘트 재분배를 허용한다.

식 (3 ·70)과 식 (3 ·71)을 변환하여 휨모멘트 한계 재분배율 η_{lim}로 나타내면 다음과 같이 변환된다. 식 (3 ·77)은 f_{ck}가 50 MPa 이하인 경우, 식 (3 ·78)은 f_{ck}가 50 MPa을 초과하는 경우의 한계 재분배율이다.

$$\eta_{lim} = 1-\delta = 0.56-\left(0.75+\frac{0.00175}{\varepsilon_{cu}}\right)\frac{x_u}{d} \tag{3·72}$$

$$\eta_{lim} = 1-\delta = 0.46-\left(0.75+\frac{0.00175}{\varepsilon_{cu}}\right)\frac{x_u}{d} \tag{3·73}$$

Eurocode 2에서도 고강도콘크리트의 극한변형률이 보통강도콘크리트의 극한변형률보다 작게 규정되어 있으므로, f_{ck}가 50 MPa을 초과하는 경우에는 압축강도가 증가할수록 재분배 비율이 감소하게 된다.

[3] 소성해석

소성해석(plastic analysis)은 극한한계상태의 검증에만 적용할 수 있으며, 하한계해나 상한계해에 기초하여 수행하여야 한다. 하한계해(lower bound solution)를 구하게 되는 하한계법은 한계해석(limit analysis)에서 평형조건만을 만족하는 경우의 해를 구하는 방법으로, 슬래브에 대한 스트립해석법(strip method)과 깊은보, 브래킷(bracket)과 코벨(corbel), PSC 정착구, 벽체, 면내력(in-plane force)을 받는 판 등에 대한 스트럿-타이 모델해석 등이 있다. 하한계 해석법의 대표적인 특징은 해석결과, 즉 내하력이 어떠한 경우에도 정해(exact solution)보다 클 수가 없어서 정해에서 멀어질수록 작은 값을 보이며 정해에 가까울수록 큰 값을 보이는 것이다.

상한계해(upper bound solution)를 구하게 되는 상한계법은 한계해석에서 운동적합조건만을 만족하는 경우의 해를 구하는 방법으로, 보와 골조 및 1방향 슬래브에 대한 소성힌지해석법(plastic hinge method)과 슬래브에 대한 항복선 이론(yield line theory) 등이 있다. 상한계해를 적용할 때에는 최소 내하력을 결정하기 위하여 다양한 파괴 메커니즘에 대해 검토하여야 한다. 일반적으로 하중이력의 영향은 무시할 수 있으며, 단조증가 하중으로 가정할 수 있다. 보와 골조 및 1방향 슬래브에 대한 소성힌지해석법은 부정정구조물에 다수의 소성힌지가 발생하여 붕괴 메커니즘(collapse mechanism)에 이르렀을 때의 하중, 즉 소성붕괴하중(plastic collapse load)을 구하고 이에 따른 단면력을 구하는 구조해석법이다. 따라서 소성힌지가 발생하는 위치의 단면이 충분한 연성능력을 보유하고 있을 때에만 적용이 가능하다.

표 3-20은 Eurocode 2와 교량설계기준(한계상태설계법)의 소성해석 적용 조건을 나타낸다. 표 3-20에서 (1)로 표현된 조건은 단면의 회전성능을 검증하지 않고도 소성해석을 적용할 수 있는 조건으로,

표 3-20 Eurocode 2와 교량설계기준(한계상태설계법)의 소성해석 적용 조건

구분	Eurocode 2	교량설계기준(한계상태설계법)
(1) 회전성능의 검증 없이 소성해석을 적용할 수 있는 조건	• $x_u/d \leq 0.25$ ($f_{ck} \leq 50$ MPa일 때) $x_u/d \leq 0.15$ ($f_{ck} \geq 55$ MPa일 때) • B 등급 철근이나 C 등급 철근 사용 • 받침부 부모멘트에 대한 경간 중앙 정모멘트 비가 0.5~2.0인 경우	• $c/d \leq 0.15$ ($f_{ck} \leq 40$ MPa일 때) $c/d \leq 0.10$ ($f_{ck} > 40$ MPa일 때) • KS D 3504의 표준철근 사용 • 받침부 부모멘트에 대한 경간 중앙 정모멘트 비가 0.5~2.0인 경우
(2) 간단한 방법으로 회전성능을 검증하고 소성해석을 적용할 수 있는 조건	• $x_u/d \leq 0.45$ ($f_{ck} \leq 50$ MPa일 때) • $x_u/d \leq 0.35$ ($f_{ck} \geq 55$ MPa일 때)	• $c/d \leq 0.30$ ($f_{ck} \leq 40$ MPa일 때) • $c/d \leq 0.23$ ($f_{ck} > 40$ MPa일 때)

설계휨강도 해석에서 구한 중립축의 깊이 x_u 또는 c가 유효깊이 d에 비하여 매우 작아서 연성능력이 매우 큰 경우이다.

표 3-20에서 (2)로 표현된 조건은 간단한 방법으로 회전성능을 검증하고 소성해석을 적용할 수 있는 조건이다. x_u/d 또는 c/d의 조건을 만족하는 경우에는 다음과 같이 소성힌지영역에서 계산된 소요회전각 θ_s가 설계소성회전각(허용소성회전각) $\theta_{pl,d}$ 이하인 것을 검증하고, 이를 만족하는 경우에 소성해석을 적용할 수 있다. 즉, 이 조건을 만족하는 경우에만 소성거동을 보장할 수 있다는 뜻이다.

$$\theta_s \leq \theta_{pl,d} \tag{3·74}$$

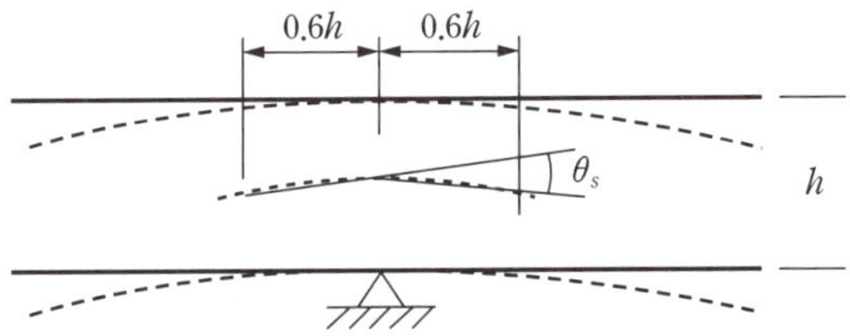

그림 3-17 소성회전각 및 회전가능영역

소성힌지영역의 소요회전각 θ_s는 보 또는 슬래브 단면 깊이의 약 1.2배 길이의 회전가능영역에 대하여 그림 3-17과 같이 결정한다. 설계소성회전각(허용소성회전각) $\theta_{pl,d}$는 다음과 같이 기준소성회전각 θ_{pl}에 전단지간비에 따른 보정계수 k_λ를 곱하여 결정할 수 있다.

$$\theta_{pl,d} = k_\lambda \theta_{pl} \tag{3·75}$$

기준소성회전각 θ_{pl}은 그림 3-18의 도표로 결정한다. 그림 3-18(a)는 Eurocode 2의 도표로 철근의 등급과 콘크리트의 기준압축강도에 따라 다른 값을 제시한다. 그림 3-18(b)는 교량설계기준(한계상태설계법)의 도표로 콘크리트의 기준압축강도에 따라 다른 값을 제시한다. 도표에 나타난 콘크리트 기준압축강도 값 사이의 압축강도인 경우에는 도표의 두 선을 직선보간 하여 결정한다.

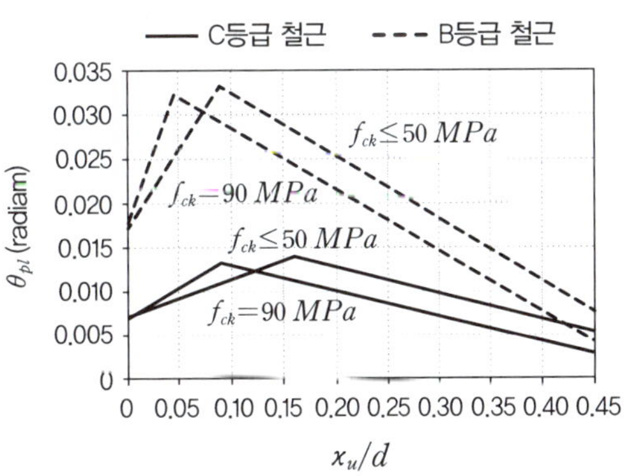

(a) Eurocode 2

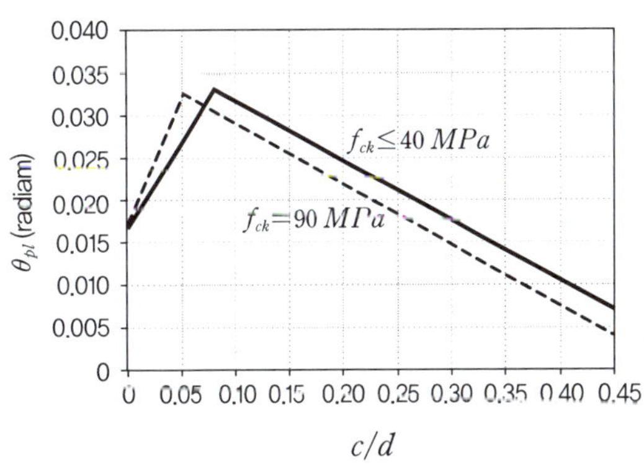

(b) 교량설계기준(한계상태설계법)

그림 3-18 부재의 기준 소성회전능력

보정계수 k_λ는 다음 식으로 결정한다. 여기서 λ는 전단지간비(shear slenderness ratio, shear span-depth ratio)로, 계수휨모멘트 M_u와 계수전단력 V_u 및 유효깊이 d로 결정한다. 이것은 전단지간비가 작은 부재의 경우 연성능력이 감소하는 것을 반영한 것이다.

$$k_\lambda = \sqrt{\frac{\lambda}{3}} = \sqrt{\frac{M_u}{3V_u d}} \tag{3·76}$$

한편 골조의 경우에는 기둥과 연결된 보에 의하여 기둥에 전달될 수 있는 최대 소성휨모멘트를 저항할 수 있도록 기둥을 설계하여야 한다. 또 플랫슬래브의 경우에는 슬래브의 최대 소성휨모멘트를 고려하여 펀칭전단력을 계산하여야 한다.

[4] 비선형해석

비선형해석(nonlinear analysis)은 하중과 변위 및 단면력의 관계가 정비례하지 않는 구조물의 거동해석으로, 비선형성을 일으키는 원인을 구분하여 재료비선형해석과 기하비선형해석으로 구분한다.

재료비선형해석(material nonlinear analysis)은 재료의 역학적 특성에 따라 구조물이 비선형거동을 나타낼 때, 실제와 가까운 구조물의 거동을 모사(simulation)하기 위한 구조해석이다. 비선형거동을 나타내는 대표적인 구조물은 철근콘크리트이다. 철근콘크리트 구조물은 작용하는 단면력의 크기에 따라 부재의 강성이 변화하여 하중과 변위 및 단면력의 관계가 정비례하지 않는 비선형거동을 보인다. 즉, 콘크리트의 응력-변형률 관계는 응력의 증가에 비하여 변형률의 증가가 더 큰 비선형성을 보이고 철근은 항복 후 소성변형을 나타낸다. 또 철근콘크리트 단면의 인장부에 균열이 발생하여 균열이 진전되면 부재강성이 감소하므로 비선형거동이 나타난다. 이와 같은 재료특성에 따른 비선형해석에는 평형조건(equilibrium condition) 및 적합조건(compatibility condition)과 함께 응력과 변형이 비선형관계를 나타내는 구성방정식(constitutive relationship and equation)이 적용된다.

구조물의 비선형거동은 연화거동과 경화거동의 두 가지 형태로 나타난다. 연화거동(softening behavior)은 단면력의 증가보다 변형의 증가가 더 크게 나타나는 경우로, 그림 3-19(a)와 같은 비선형거동을 보인다. 일반적인 구조물은 연화거동의 비선형성을 보이는데, 철근콘크리트 구조물도 재료특성상 연화거동의 비선형성을 나타낸다. 이와 같은 비선형거동에 대한 해석에서는 응력과 변형의 관계가 비선형으로 단순비례하지 않기 때문에 반복해석과정(iteration procedure)이 필요하게 된다. 연화 비선형거동의 경우에는 하중의 증가보다 하중효과의 증가가 더 커서, 그림 3-19(b)와 같은 비선형거동을 보인다. 연화 비선형거동을 보이는 구조물의 설계에서 하중계수를 적용할 때에는 그림 3-19(b)와 같이 표준하중 Q_k에 하중계수 γ를 곱하여 계수하중을 결정하고, 이 계수하중 γQ_k를 입력값으로 비선형구조해석을 수행하여 하중효과 $E(\gamma Q_k)$를 구한다.

경화거동(hardening behavior)은 변형의 증가보다 단면력의 증가가 더 크게 나타나는 경우로, 그림 3-20(a)와 같은 비선형거동을 보인다. 경화거동의 비선형성을 보이는 구조물로는 케이블 구조(cable structures)가 대표적이다. 즉, 사장교(cable stayed bridge)나 현수교(suspension bridge) 등과 같이 케이블이 주 구조요소(main member)인 구조물은 케이블의 자중이 작용하는 상태에서 장력과 변형의

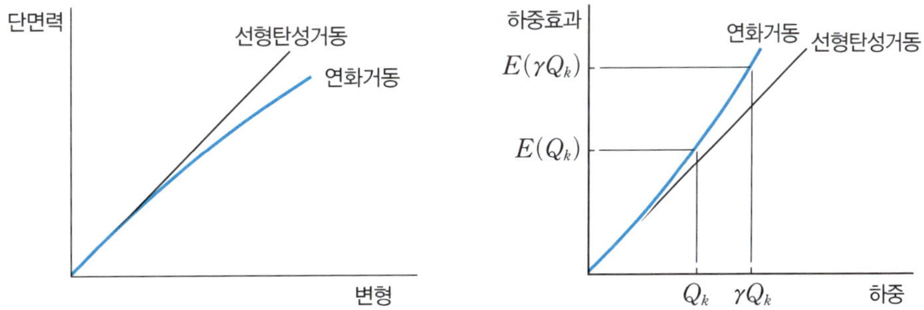

(a) 연화거동의 재료비선형해석 (b) 연화거동의 하중계수 적용

그림 3-19 연화거동의 재료비선형해석 및 하중계수 적용

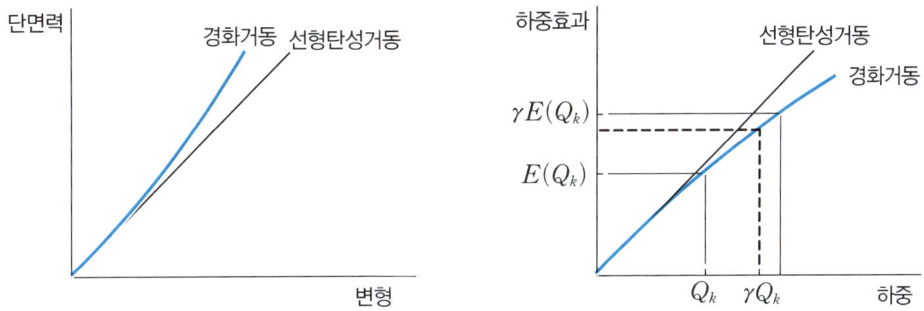

(a) 경화거동의 재료비선형해석 (b) 경화거동의 하중계수 적용

그림 3-20 경화거동의 재료비선형해석 및 하중계수 적용

관계가 경화거동의 비선형성을 보인다. 이 경우에는 하중의 증가보다 하중효과의 증가가 더 작아서, 그림 3-20(b)와 같은 비선형거동을 보인다. 따라서 경화 비선형거동을 보이는 구조물의 설계에서 하중계수를 적용할 때에는 그림 3-20(b)와 같이 표준하중 Q_k를 입력값으로 비선형구조해석을 수행하고 그 하중효과 $E(Q_k)$에 하중계수 γ를 곱하여 하중효과 $\gamma E(Q_k)$를 결정한다. 이와 같은 적용방법은 그림 3-20(b)에서 점선으로 나타낸 하중계수를 곱한 하중 γQ_k에 대하여 해석하는 경우보다 안전한 설계가 된다.

기하비선형해석(geometric nonlinear analysis)은 구조물에 매우 큰 변형이 발생하여 하중효과(load effect)가 비선형거동을 보이는 경우에 적용한다. 예를 들어 보와 기둥으로 구성된 그림 3-21(a)와 같은 구조물에서 기둥 중앙의 횡방향 변위 Δ의 크기에 따라 기하비선형거동이 나타날 수 있다. 그림 3-21(a)의 구조물에 대하여 선형탄성해석(linear elastic analysis)을 수행하면, 기둥에 작용하는 탄성휨모멘트 M_e는 다음과 같이 Pe와 같다.

$$M_e = Pe \tag{3·77}$$

이 휨모멘트 M_e는 변형이 발생하기 전의 구조물 형상을 기본으로 하여 힘의 평형을 나타낸 것이다. 이러한 선형탄성해석은 변형이 무시해도 될 정도로 작아서 변형 전의 형상으로 평형조건을 만족하도록 하는 소변위이론(small displacement theory)을 기반으로 하는 구조해석이다.

그림 3-21(b)는 기둥의 중앙까지 나타낸 자유물체도로, 변형된 후의 형상에 대하여 기둥 중앙에서 모멘트를 취하면 기둥 중앙에 작용하는 휨모멘트 M_c는 다음과 같이 축력 P와 축력 사이의 팔길이 $e+\Delta$의 곱과 같다.

$$M_c = P(e+\Delta) \tag{3·78}$$

이 휨모멘트 M_c는 변형이 발생한 후의 구조물 형상을 기본으로 하여 힘의 평형을 나타낸 것이다. 만일 기둥의 강성이 커서 Δ가 무시해도 될 정도로 매우 작다면, M_c는 M_e와 같게 될 것이다. 그러나 만일 기둥이 세장비(slenderness ratio)가 큰 장주(long column, slender column)라면, Δ가 무시할 수 없을 정도의 값을 갖게 되어 기둥 중앙에 작용하는 휨모멘트 M_c는 다음과 같이 M_e인 Pe에 $P\Delta$만큼의 휨모멘트가 추가된다.

$$M_c = M_e + M_{2nd} = Pe + P\Delta \tag{3·79}$$

이때 추가되는 휨모멘트 $P\Delta$를 2차모멘트(secondary moment)라고 하며 M_{2nd}로 표현한다. 탄성휨모멘트 M_e는 1차모멘트(primary moment)라고 한다. 즉, 기둥에 작용하는 휨모멘트 분포는 그림 3-21(c)와 같게 된다. 이렇게 변형효과로 인하여 발생하는 비선형거동을 고려하는 해석을 기하비선형해석(geometric nonlinear analysis)이나 $P-\Delta$ 해석 또는 2차 해석(second-order analysis, 2계 해석)이라고 한다. 이것은 변형 후의 형상으로 평형조건을 만족하도록 하는 대변위이론(large displacement theory)을 기반으로 하는 구조해석이다.

그림 3-21로 설명한 변형효과를 세장효과(slender column effect) 또는 장주효과(long column effect)라고 한다. 이 효과는 그림 3-21(d)에 나타난 바와 같이 기둥의 휨모멘트를 증가시키므로, 기둥의 축력-휨모멘트 강도성능 검증에 중요한 항목이 된다. 장주에 대한 $P-\Delta$ 해석, 즉 기하비선형해석에 대해서는 6장 6.5절에서 자세히 다룬다.

한편, 행렬을 이용하는 구조해석에서는 다음과 같이 하중벡터 $\{P\}$와 변위벡터 $\{d\}$의 관계를 강성도 행렬 $[K]_T$로 나타낸다.

$$\{P\} = [K]_T \{d\} \tag{3·80}$$

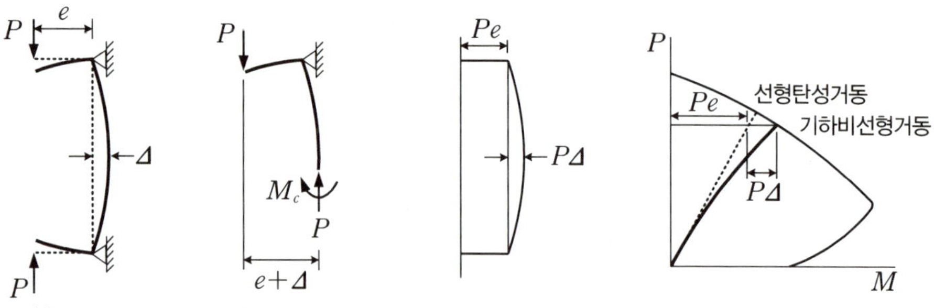

(a) 변형　(b) 자유물체도　(c) 기둥의 휨모멘트　(d) 기둥의 축력과 휨모멘트

그림 3-21 기하비선형거동

이때 $P-\Delta$ 해석, 즉 기하비선형해석에서는 강성도 행렬 $[K]_T$를 다음과 같이 $[K]_B$와 $[K]_G$의 합으로 나타낸다.

$$[K]_T = [K]_B + [K]_G \tag{3·81}$$

$[K]_B$는 탄성강성도 행렬(elastic stiffness matrix)로 평면뼈대요소(plane frame element)인 경우에는 다음과 같다.

$$[K]_B = \begin{bmatrix} \frac{EA}{L} & 0 & 0 \\ 0 & \frac{12EI}{L^3} & \frac{6EI}{L^3} \\ 0 & \frac{6EI}{L^3} & \frac{4EI}{L^3} \end{bmatrix} \tag{3·82}$$

$[K]_G$는 기하강성도 행렬(geometric stiffness matrix)로 평면뼈대요소(plane frame element)인 경우에는 다음과 같다. $[K]_G$ 행렬 내의 값이 모두 음(-)인 것은 기하비선형성에 따라 강성도가 감소하는 연화거동을 나타내는 것이다.

$$[K]_G = \begin{bmatrix} 0 & 0 & 0 \\ 0 & -\frac{6P}{5L} & -\frac{P}{10} \\ 0 & -\frac{P}{10} & -\frac{2PL}{15} \end{bmatrix} \tag{3·83}$$

만일 기하비선형성을 무시하고 소변위이론의 선형탄성해석을 적용하려면, 기하강성도 행렬 $[K]_G$를 고려하지 않고 강성도 행렬 $[K]_T$를 $[K]_B$와 같게 하여 해석을 수행하면 된다. 기하강성도 행렬 $[K]_G$를 이용한 이와 같은 해석법은 범용 구조해석 프로그램에 채택된 경우가 많다. 그러나 철근콘크리트의 설계에 적용하는 기하비선형해석에서는 구조요소의 강성, 즉 EI의 값으로 어떤 값을 적용하느냐가 더욱 중요한 문제이다. 따라서 철근콘크리트의 설계에서는 구조해석 프로그램의 단순한 적용보다는 구조물의 거동을 이해하고 그에 따른 입력값을 선정하는 것이 더 중요하다.

3.6.2 구조물의 이상화

설계단계는 아직 구조물이 시공되지 않은 상태로, 완공 후 어떤 구조특성을 갖게 될지 불확실한 변수가 많다. 또 구조물의 안전성을 위하여 설계단계에서는 보수적으로 접근해야 할 필요가 있다. 따라서 설계를 위한 구조해석에서는 구조물 또는 구조요소를 단순화(simplification)하고 이상화(idealization)하는 것이 일반적이고 효율적이다. 그 이유는 실제 구조물의 형상이 매우 복잡하여 눈에 보이는 그대로의 형상으로 구조해석을 수행하는 것이 현실적으로 매우 어려운 일이며, 또한 효율적이지도 않기 때문이다. 따라서 구조적으로 의미 있는 형태로 구조물을 이상화하고 단순화하여 구조해석을 수행한다.

설계를 위한 구조해석에서는 부재의 중심축과 일치하는 직선들의 조합으로 구조물을 이상화하여, 전체 해석(global analysis)으로 골조해석법(frame analysis)을 사용하는 것이 일반적이다. 이때 각 부재를 나타내는 직선은 부재의 위치와 강성 및 지점조건이 실제 구조물에 가깝게 이상화하여야 한다.

그림 3-22는 슬래브-보-기둥 구조물의 해석 모델의 예이다. 그림 3-22(a)는 확대기초를 가진 4개의 기둥 위에 x 방향으로 3개의 보와 y 방향으로 2개의 보가 내민보를 가진 형태로서 슬래브와 일체로 타설된 구조물을 나타낸다. 이 구조물을 설계할 때 전체해석으로서 골조해석법을 적용하면 그림 3-22(b)와 같은 3차원 골조해석 모델을 구성할 수 있다. 즉, 슬래브와 복부가 일체로 타설된 판은 x 방향으로 강성이 큰 복부를 중심으로 한 3개의 T형 단면 보로, y 방향으로는 2개의 T형 단면 보로 이상화하여 각 방향으로 3개와 2개의 선으로 나타낸다. 기둥이 위치한 곳에서는 수직방향의 직선 4개로 각각의 기둥을 나타낸다. 기초는 구속정도를 고려하여 지점조건을 이상화한다. 이와 같은 3차원 골조 모델은 그림 3-22와 같은 정도로 단순한 경우일 때는 큰 문제가 되지 않을 수 있으나, 절점과 부재의 수가 매우 많고 복잡한 형상인 구조물의 경우에는 해석시간이 매우 길게 소요된다. 또, 3차원 구조해석 모델에서 각각의 부재에 작용하는 휨모멘트, 전단력, 축력, 비틀림모멘트가 각각 최대가 되도록 하중을 배치하는 것은 매우 복잡하고 시간이 많이 소요되는 번거로운 작업이다. 따라서 비틀림 작용을 받는 곡선교와 같이 3차원 거동을 설계에 꼭 반영하여야 하는 경우 외에는 3차원 구조물은 2차원 구조로 단순화한 해석 모델을 적용하는 것이 일반적이다.

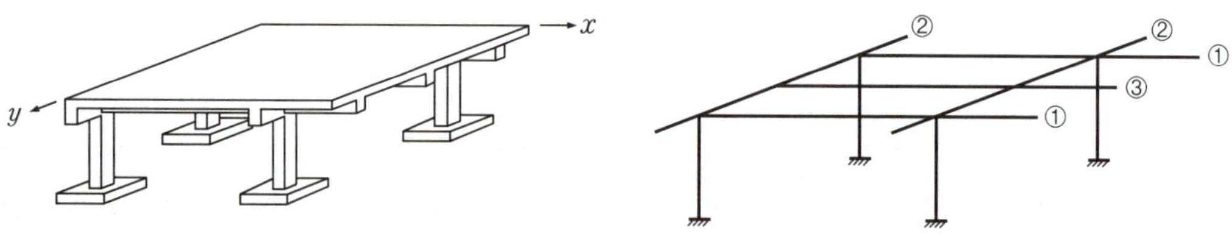

(a) 슬래브-보-기둥 구조물

(b) 3차원 공간골조 해석 모델

그림 3-22 구조물의 해석 모델

그림 3-23은 그림 3-22의 3차원 골조를 2차원 평면골조로 단순화한 해석 모델을 나타낸다. 연직방향 하중과 함께 x 방향으로 수평하중이 작용할 때 그림 3-22(b)에서 보 ①을 포함하는 골조는 그림 3-23(a)와 같이, y 방향으로 수평하중이 작용할 때 그림 3-22(b)에서 보 ②를 포함하는 골조는 그림 3-23(b)와 같이 평면골조로 단순화하고 부분골조(sub-assembly) 해석을 수행한다. 그림 3-22(b)에서 보 ③은 수평하중에 저항할 수 있는 구조요소가 아니므로 캔틸레버를 포함한 단순보로 단순화하고 연직방향하중에 대한 해석을 수행하여도 좋다.

그림 3-22(a)에서 기둥 하단부의 지점조건은 확대기초의 거동을 고려하여 이상화한다. 만일 기초가 연직방향과 수평방향으로 이동하지 않고 회전도 발생하지 않는 상태라고 판단되면, 그림 3-22(b)와 그림 3-23의 기둥 하단과 같이 지점을 완전 고정단으로 이상화할 수 있다. 그러나 만일 기초가 연직방향 또는 수평방향으로 이동할 수 있고 회전도 발생할 수 있는 상태라고 판단되면, 그림 3-24와 같이

(a) 골조 ①의 2차원 평면골조 모델 (b) 골조 ②의 2차원 평면골조 모델

그림 3-23 평면골조 해석 모델

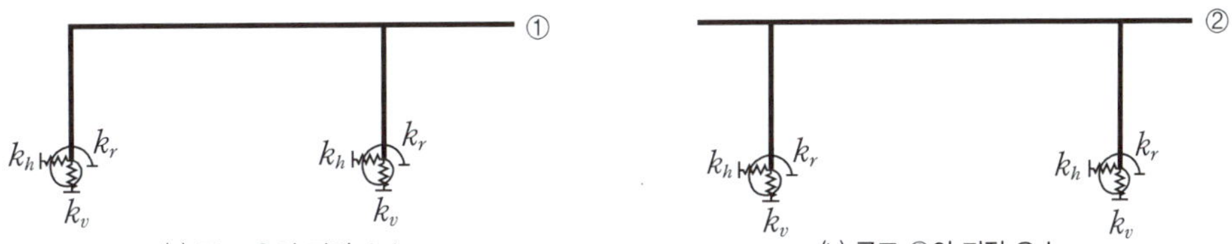

(a) 골조 ①의 지점 요소 (b) 골조 ②의 지점 요소

그림 3-24 지점 강성을 고려한 해석 모델

(a) 슬래브와 일체인 보 ②와 보 ③ (b) 보 ③의 지점 요소

그림 3-25 지점 강성을 고려한 보 ③의 해석 모델

수직방향, 수평방향, 회전에 대한 지점의 구속 정도를 강성으로 치환하고 이 값의 스프링 상수를 갖는 스프링(spring) 요소를 추가하여 구조해석을 수행한다.

한편 그림 3-22(b)의 보 ③은 그림 3-25(a)와 같이 보 ② 및 슬래브와 일체로 콘크리트가 타설되어 시공된다. 이때 보 ③과 보 ②는 슬래브가 플랜지가 되는 T형 단면의 형상을 갖게 된다. 이 경우에 보 ②는 보 ③의 지점 역할을 하게 되는데, 그림 3-25(a)에 나타난 바와 같이 보 ②의 단면이 더 커서 상대적으로 큰 휨강성을 가지고 있다면, 보 ②의 처짐을 무시하여 보 ③을 단순지점을 갖는 단순보로 단순화할 수 있다. 그러나 실제는 보 ③이 보 ②의 강성과 변형에 영향을 받을 수 있으므로, 이 구속 작용을 고려할 수도 있다. 즉, 보 ②의 연직방향 하중-변위 관계를 고려하여 연직방향 스프링으로 이상화하고, 기둥의 수평방향 하중-변위 관계를 고려하여 수평방향 스프링으로 이상화하며, 보 ②의 비틀림강성과 기둥 단부의 휨모멘트-회전각 관계를 고려하여 회전 스프링으로 이상화할 수 있다. 이렇게 이상화하면, 그림 3-25(b)와 같이 수직방향, 수평방향, 회전에 대하여 각각 k_v, k_h, k_r의 스프링 상수를 갖는 스프링 요소를 추가하여 구조해석을 수행한다.

연직방향으로 작용하는 하중이 x 방향 또는 y 방향의 한쪽 방향으로만 힘이 전달되는 1방향 슬래브의 경우는 보와 같은 방법으로 단순 해석 모델을 구성할 수 있다. 1방향 슬래브는 그림 3-26(a)와 같이 한쪽 방향으로 배치된 보의 위에 있는 슬래브가 대표적이다. 보는 슬래브에 비하여 단면의 강성이 매우 커서 보의 처짐은 슬래브의 처짐에 비하여 매우 작다. 이러한 경우에는 보가 슬래브의 지점의 역할을 하여,

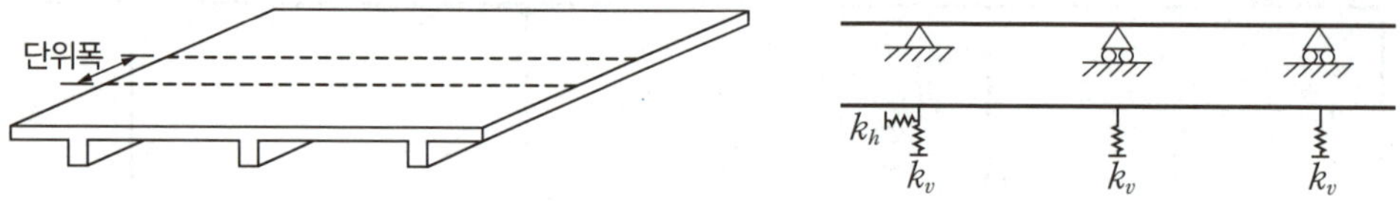

(a) 1방향 슬래브의 단위폭

(b) 보로 이상화한 1방향 슬래브

그림 3-26 1방향 슬래브의 단순 해석 모델

슬래브에 작용하는 하중이 지점 역할을 하는 보가 있는 방향으로 흐른다. 이런 경우에는 그림 3-26(a)에 점선으로 나타난 바와 같이 단위길이의 폭을 갖는 보로 이상화하여 그림 3-26(b)와 같이 연속보로 이상화할 수 있다. 이때에도 보에 의한 구속 정도를 무시하여 단순지점으로 이상화하거나, 보에 의한 구속 정도를 고려하여 스프링으로 이상화할 수 있다.

교량설계기준(한계상태설계법)[3.4]은 여러 구조요소들이 조합된 구조물을 해석할 때 적용하는 구조요소의 구분을 규정하고 있다. 즉, 전체 단면 깊이의 4배보다 큰 경간을 갖는 부재는 일반적인 보(beam)로 해석하고, 그렇지 않은 경우에는 깊은보(deep beam)로 해석한다. 전체 단면 깊이의 5배 이상의 폭을 갖는 부재는 슬래브(slab)로 해석한다. 등분포 하중이 지배적인 슬래브로, 두개의 자유단과 평행한 변을 갖는 경우나 가로와 세로의 길이 비율인 변장비가 2.0 이상인 4변 지지 직사각형 슬래브의 중심 부분은 일방향 슬래브로 해석할 수 있다.

리브 슬래브(ribbed slab) 또는 와플 슬래브(waffle slab)는 다음 조건을 만족하는 경우, 플랜지와 횡방향 리브가 충분한 비틀림 강성을 갖는다고 보아 분리된 요소로 해석할 필요가 없다.

- 리브 간격이 1,500 mm 이하
- 플랜지 아래의 리브 깊이가 리브 폭의 4배 이하
- 횡방향 리브의 순간격이 슬래브 전체 깊이의 10배 이하
- 최소 플랜지 두께가 리브 순간격의 1/10 이상
- 플랜지 아래의 리브 깊이가 리브 폭의 4배 이하
- 최소 플랜지 두께가 50 mm 이상. 단, 리브 사이를 영구 블록으로 채운 경우에는 40 mm 이상

단면 깊이가 폭의 4배 이하이며 높이가 단면 깊이의 3배 이상인 부재로 축입축력을 주로 받는 부재는 기둥(column)으로 해석하며, 그렇지 않은 경우에는 벽체(wall)로 해석하여야 한다. 그러나 기둥과 벽체의 구분은 단면력의 작용방향을 고려하여야 한다. 즉, 부재단면의 강축방향과 약축방향을 구분하여 단면의 깊이와 폭 및 부재 높이의 비율을 판정하여야 한다. 따라서 하나의 부재가 강축방향으로는 벽체로 분류되지만 약축방향으로는 기둥으로 분류되는 경우가 생긴다.

이와 같은 구분은 기본적으로 Eurocode 2[3.7]와 동일하며, Eurocode 2에서 전체 단면 깊이의 3배 미만인 경간을 갖는 부재를 깊은보로 구분하는 것만 차이가 있다.

3.6.3 지점조건의 이상화

하중효과에 따라 나타나는 구조물의 단면력과 변형은 지점조건에 따라 크게 다르므로, 지점의 이상화는 구조해석에서 매우 중요한 항목이다. 특히 설계를 위한 구조해석에서는 구조물의 설계수명 동안 나타날 수 있는 지점조건의 변화 가능성도 고려하여 안전하고 보수적으로 이상화할 필요가 있다.

만일 지점이 완벽히 이상적으로 거동한다면, 그림 3-27과 같이 완전 고정단, 힌지 고정단, 힌지 가동단으로 이상화할 수 있다. 그림 3-27(a)의 완전 고정단은 수직방향과 수평방향으로 이동하지 못하며 또한 회전도 발생하지 않는 지점이다. 그림 3-27(b)의 힌지 고정단은 수직방향과 수평방향으로는 이동하지 못하지만 회전할 수는 있는 지점이다. 그림 3-27(c)의 힌지 가동단은 수직방향으로는 이동하지 못하지만 수평방향으로는 이동할 수 있으며 회전할 수 있는 지점이다.

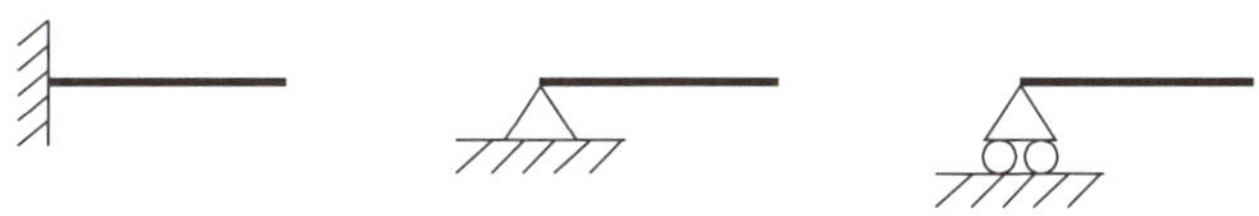

(a) 완전 고정단　(b) 힌지 고정단　(c) 힌지 가동단

그림 3-27 이상적인 지점조건

교량과 같이 한쪽방향으로 긴 구조물에서는 이상적인 지점조건을 만들기 위하여 받침을 사용한다. 이것은 구조물이 설계자가 의도한대로 거동하도록 하려는 것이다. 그림 3-28은 실제 구조물에서 힌지 고정단으로 이상화할 수 있는 지점의 예이다. 그림 3-28(a)의 힌지 고정단 받침은 그림 3-27(b)와 유사한 형태로, 받침 하단부를 볼트로 고정하여 수평방향으로 이동하지 못하도록 하고 받침의 윗부분과 아랫부분을 핀으로 연결하여 회전이 가능하도록 한 것이다. 그림 3-28(b)의 힌지 고정단 받침은 받침의 윗부분과 아랫부분을 구(球, sphere)의 일부분인 형상으로 접촉하도록 만들어서, 수평방향으로는 이동하지 못하도록 하고 회전은 가능하도록 한 것이다.

그림 3-29(a)는 과거에 사용하였던 고전적인 강재 받침이다. 사진에서 왼쪽 받침은 그림 3-28(a)와 동일한 핀 연결 형식의 힌지 고정단 받침이며, 오른쪽 받침은 힌지 가동단 받침이다. 그림 3-29(b)는

(a) 핀 연결 형식의 힌지 고정단 받침

(b) 구 형상 접촉면의 힌지 고정단 받침

그림 3-28 고전적인 고정단 힌지 강재받침

(a) 힌지 고정단 받침과 힌지 가동단 받침

(b) 힌지 가동단 받침

그림 3-29 고전적인 강재받침

그림 3-29(a)의 오른쪽 받침과 동일한 것으로 힌지 가동단 받침의 구조를 잘 나타내는데, 교축방향으로는 이동과 회전이 가능하지만 교축직각방향으로는 구속되어 있음을 보여준다. 즉, 교대에 배치된 강판과 핀 힌지 아랫부분에서 강판과 접촉하는 부분에는 요철(凹凸)을 두어 서로 맞물리게 하여 교축직각방향으로 이동하지 못하도록 한다. 핀 힌지 아랫부분에서 강판과 접촉하는 부분은 교축방향으로 곡면을 이루도록 하여 회전할 수 있으므로, 상부구조가 교축방향으로 이동할 수 있다. 핀 힌지 윗부분은 상부구조와 연결되어 지점에서 교축방향으로 회전과 이동이 가능하다.

그림 3-30은 콘크리트 교량에 사용한 강재받침(포트받침, pot bearing)을 나타낸다. 여기서 그림 3-30(a)는 한쪽방향으로만 이동이 가능한 일방향 가동 받침이다. 상부구조에 연결된 윗부분과 교각이나 교대에 연결된 아랫부분 사이에 요철(凹凸)을 두어 요철의 길이방향으로는 이동할 수 있으나 그 외의 방향으로는 움직일 수 없도록 구속한다. 그림 3-30(b)는 받침의 윗부분과 아랫부분이 접촉하는 면을 평평하게 하고 매끄럽게 하여 어떤 방향으로도 상부구조가 이동할 수 있도록 하는 전방향 가동 받침이다. 이와 같은 강재받침에서 서로 분리되어 있는 받침의 윗부분과 아랫부분 사이 접촉면을 곡면으로 처리하거나 고무패드 등을 끼워 넣으므로, 원하는 방향으로 회전이 가능한 힌지로서 거동한다.

그림 3-31은 적층고무받침을 나타낸다. 적층고무받침(layered rubber bearing, laminated rubber bearing)은 고무판을 여러 겹 겹쳐서 만든 받침으로, 일반적인 고무받침(rubber bearing)과 구별하여야 한다. 고무판을 여러 겹 겹친 이유는 이렇게 하여야 다른 형태의 변형 없이 수평방향으로의 전단변형만 발생

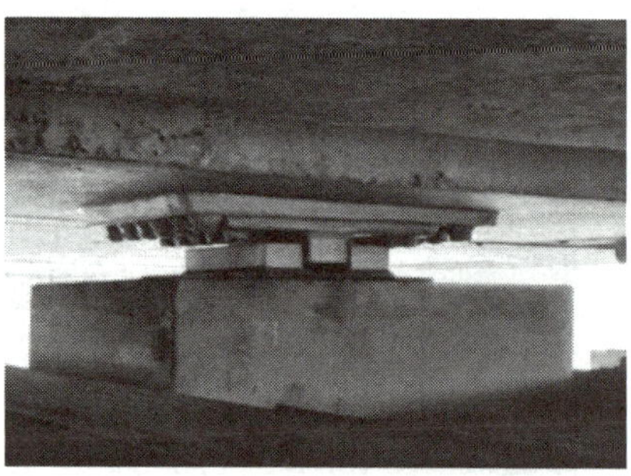

(a) 일방향 가동 힌지 받침

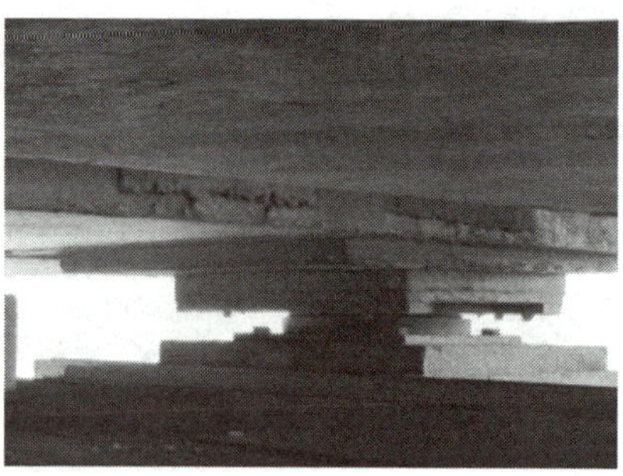

(b) 전방향 가동 힌지 받침

그림 3-30 강재받침(포트받침)

(a) 일방향 가동 적층고무받침

(b) 전방향 가동 적층고무받침

그림 3-31 적층고무받침

할 수 있기 때문이다. 적층고무 옆쪽으로 추가로 철판을 대면 철판이 있는 방향으로는 변형이 구속되어 가동방향이 결정된다. 즉, 그림 3-31(a)는 사진의 좌우방향이 교축방향인데, 적층고무의 양쪽으로 아래 철판에 교축방향으로 길게 돌출되는 철판을 추가하여 교축직각방향으로는 이동하지 못하도록 한 것이다. 그림 3-31(b)는 추가의 철판이 없으므로 어떤 방향으로도 상부구조가 이동할 수 있게 한 전방향 가동 적층고무받침이다. 일반적으로 적층고무받침은 직육면체의 형상으로 제작되는데, 적층고무의 사방으로 추가의 철판을 설치하면 힌지 고정단 받침이 된다. 적층고무받침 위의 상부구조가 휨 변형으로 회전하면 적층고무의 좌우에 다른 크기의 압축응력이 작용하여 좌우에 다른 크기의 변형이 발생하므로 받침에서의 회전이 가능한 힌지로 거동한다.

그림 3-32는 부재 내에 힌지를 가지고 있는 게르버 보(Gerber beam)의 해석 모델이다. 게르버 보는 부재 내에 힌지가 있으므로, 힌지의 위치에서 연결된 좌우의 부재 사이에 전단력은 전달되지만 휨모멘트는 전달되지 않는다. 만일 힌지의 위치에서 부재의 축방향으로 이격이 있으면 축력도 전달되지 않는다. 그림 3-33은 게르버 보로 설계되고 시공된 콘크리트 교량의 예이다. 그림 3-33(a)는 힌지의 위치를 나타내는데, 교량을 지나가는 트럭의 두 번째 바퀴 위치에서 상부구조가 좌우로 분리된 선을 발견할 수

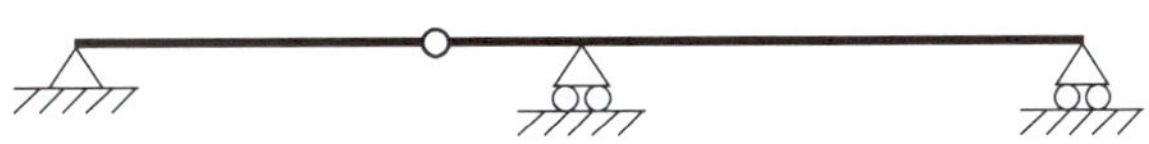

그림 3-32 게르버 보의 해석 모델

(a) 교각 사이에 힌지를 둔 게르버 보

(b) 게르버 보의 힌지

그림 3-33 콘크리트 게르버 보의 힌지

있을 것이다. 이곳은 두 교각 사이에서 오른쪽 교각에 가까운, 경간의 약 1/3인 위치이다. 그림 3-33(b)는 상부구조가 좌우로 분리된 위치를 자세히 보여주는 것으로, 양 쪽 부재가 ㄷ형상이나 ㄱ과 ㄴ이 조합된 형상 등으로 요철을 두어 전단력은 전달되지만 휨모멘트는 전달되지 않도록 한 것이다. 이와 같은 게르버 보 형식은 구조해석의 차원이나 구조거동의 차원에서 장점이 있을 수 있다. 그러나 힌지 부분에서 차량에 의한 충격 등으로 파손된 경우가 있고 유지관리 및 보수비용이 소요될 수 있으므로, 콘크리트 구조물에 게르버 보 형식을 적용하려 한다면 기본설계 단계에서 적합성 여부를 검토하는 것이 바람직하다.

기둥과 지반 사이에서 상부구조로부터의 힘을 전달하는 기초에 대한 지점조건의 이상화도 기본적으로는 앞에서 설명한 바와 동일하다. 그러나 이상적인 지점조건을 만들기 위한 받침을 기초에 사용하는 경우가 아니라면, 설계자는 실제 기초에서 나타날 거동을 예측하고 판단하여 이상화하여야 한다. 만일 말뚝기초(pile foundation)로서 수직 및 수평방향 이동과 회전에 대하여 완전히 구속되는 상황이라고 판단된다면, 그림 3-27(a)와 그림 3-34(b)와 같은 완전 고정단으로 이상화할 수 있을 것이다. 그러나 탄성계수가 매우 작은 연약한 지반에 확대기초(spread footing)가 사용된 경우에는 지반의 특성에 따라 기초의 회전 가능성과 수평 이동의 가능성을 검토하여 지점을 이상화하여야 한다. 만일 기초에서 회전은 가능하지 않지만 수평방향 이동은 가능한 상황이라고 판단되면, 보수적인 이상화로서 그림 3-34(a)와 같이 회전고정 가동단으로 이상화할 수도 있을 것이다. 기초 전체가 하나의 판인 전면 기초(mat foundation)의 경우에는 기초가 회전이나 이동이 가능하지 않으므로, 전면 기초에 연결된 기둥의 하단은 고정단으로 이상화할 수 있다. 지반이 연약하고 기초구조물의 강성이 작아서 지반과 구조물의 거동이 서로 영향을 주는 경우에는 지반과 구조물의 상호작용을 고려하는 것이 바람직하다. 지반과 구조물의 상호작용은 3.6.7절에서 좀 더 자세히 다룬다.

구조물의 내진설계(seismic design)에서는 내진설계의 개념을 이해하고 해석을 수행하여 구조물을 설계하는 것이 중요하다. 교량의 내진설계는 교각으로 하여금 지진에 의한 관성력에 저항하도록 하는데, 교각의 내진설계는 탄성설계와 소성설계로 구분한다. 그림 3-34의 (b)와 (c)는 하단이 고정단이고 상단이 자유단(free end)인 캔틸레버 교각으로, 각각 탄성설계와 소성설계에서의 곡률분포와 지점조건의 이상화를 나타낸다. 교각의 탄성설계(elastic design)는 주철근이 탄성인 상태에서 지진에 의한 관성력에 저항하도록 설계하는 개념이다. 따라서 탄성설계에서는 그림 3-34(b)와 같이 교각 전체길이에 걸쳐서 곡률이 항복곡률 ϕ_y 이하인 상태이므로, 교각의 지점을 완전 고정단으로 이상화하고 주철근이 항복할 때의

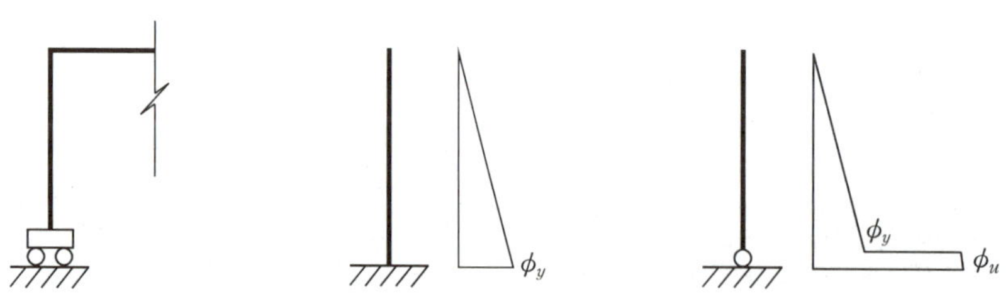

(a) 회전고정 가동단 (b) 탄성교각의 곡률분포 (c) 소성힌지 교각의 곡률분포

그림 3-34 회전고정 가동단 및 내진설계 교각의 지점조건

항복유효강성(effective yield stiffness)을 갖는 부재로 이상화할 수 있다. 교각의 소성설계(plastic design)는 교각 단면이 소성상태에서 반복하중을 받으면서 지진에너지를 소산시키도록 설계하는 개념이다. 이때에는 많은 양의 횡방향 철근을 배치하여 주철근과 심부콘크리트를 구속하여야 하는데, 심부구속효과가 충분히 발휘되면 최대휨모멘트가 작용하는 위치에서 그림 3-34(c)와 같이 소성힌지가 형성되어 반복하중에 대한 저항으로 에너지를 흡수하게 된다. 소성힌지의 위치에서는 그림 3-34(c)와 같이 큰 값의 곡률을 보이게 되어 극한곡률 ϕ_u까지의 극한한계상태를 나타나게 된다. 따라서 소성설계를 적용할 때에는 교각의 주철근이 항복할 때까지는 그림 3-34(b)와 같이 이상화하고, 소성힌지가 형성된 후에는 그림 3-34(c)와 같이 이상화하여야 한다. 이러한 탄소성해석(elasto-plastic analysis)을 수행하지 않는다면 탄성해석 후 응답수정계수(반응수정계수, response modification factor, R-factor)를 적용하는 기법을 사용한다.

3.6.4 유효경간과 받침부의 단면력

그림 3-28과 그림 3-29와 같은 핀 힌지 받침을 사용하는 경우에는 부재의 변형이 힌지와 힌지 사이에서 발생하므로, 그림 3-27의 (b)나 (c)와 같은 이상적인 지점조건과 부재의 길이로 이상화할 수 있다. 그러나 그 외 대부분의 경우에는 받침부가 수평방향으로 상당한 폭과 길이를 가지고 있으므로, 실제 부재의 길이와 이상적인 지점조건으로 이상화하여 해석한 결과는 실제 구조물의 거동과 차이가 있다. 즉, 그림 3-35와 같이 기둥과 일체인 부재를 기둥 중앙에 힌지지점을 두고 이상화하는 경우, 기둥에 의하여 지지되는 길이, 즉 받침점 폭 t인 구간의 부재는 실제로는 매우 큰 강성을 가지고 있다. 그러나 일반적으로는 이 강성을 고려하지 않고 부재 전체가 동일한 강성을 갖는 것으로 이상화하므로 이에 대한 고려가 필요하다. 따라서 일체로 연결된 기둥이나 받침 폭의 영향을 고려한 유효경간(effective length)의 개념을 적용하여 이상화하고 보의 단면력을 결정하면 정해에 가까운 값을 얻게 된다.

한편 보와 슬래브에서는 받침부 중심과 받침부의 양면(받침부 전면, 받침점 면) 사이에서 휨모멘트가 상당히 크게 변화한다. 따라서 이상적인 지점과 유효경간을 사용한 해석을 수행하면 받침부 내에는 그림 3-36의 점선과 같은 전단력 분포와 휨모멘트 분포가 나타난다. 따라서 받침부 중심에서의 단면력으로

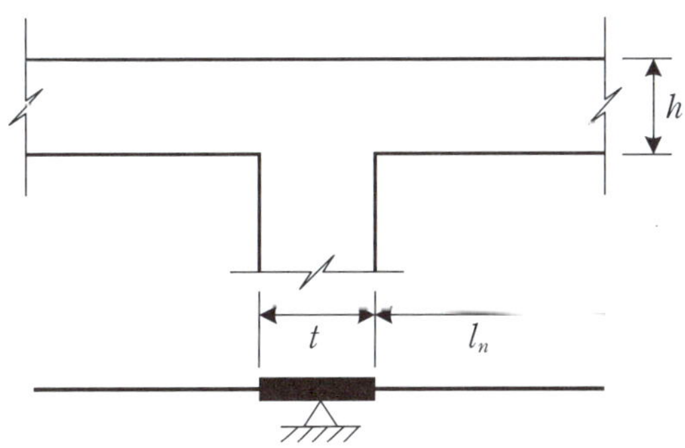

그림 3-35 기둥 구간의 부재강성 및 지점의 이상화

보와 슬래브를 설계한다면 과대설계가 될 수 있다. 이것은 부재의 두께 h에 비하여 받침부의 폭 t가 클수록 이러한 현상이 크게 영향을 미친다. 즉, 그림 3-36(a)와 같이 보나 슬래브가 받침부와 일체로 시공되어 단부가 회전에 구속된 경우에는 반력의 대부분이 받침부 면에 집중되어 받침의 중심 근처에는 전단력이 존재한지 않는 상태이다. 따라서 이때에는 받침부 면의 휨모멘트와 받침 중심의 휨모멘트는 큰 차이가 없게 되며, 또한 받침부 면의 휨모멘트로 설계하여도 큰 문제가 생기지 않는다.

그림 3-36(b)와 같이 보나 슬래브가 지압에 의해서만 받침부에 지지되어 회전에 구속되지 않는 경우에는 받침 중심의 지압응력이 무시하지 못할 정도의 값으로 존재하여, 받침부의 전단력 분포는 그림 3-36(b)와 같은 형태를 나타낸다. 여기서 휨모멘트의 변화량은 전단력도의 면적과 같으므로, 이상적인 지점으로 해석한 점선의 전단력 분포를 기준으로 하여 받침부 면과 받침 중심 사이의 전단력도의 면적을 대략 $Vt/2$로 보고 감소된 면적이 약 1/4이라고 가정한다면, 휨모멘트의 변화량은 $Vt/8$가 된다. 따라서 그림 3-36(b)의 휨모멘트 분포에 나타난 바와 같이 받침 중심의 휨모멘트는 이상적인 지점으로 해석한 휨모멘트보다 $Vt/8$ 만큼 작은 값을 나타낸다. 만일 설계자가 보수적으로 설계하고자 한다면, 이상적인 지점으로 해석한 받침 중심의 휨모멘트로 설계할 수 있을 것이다. 그러나 $Vt/8$ 만큼 수정한 휨모멘트를 사용한다면 실제와 좀 더 가까운 값으로 설계할 수 있다. 한편, $Vt/8$ 만큼 수정한 휨모멘트는 받침부 면의 휨모멘트보다 큰 값을 갖기 때문에, 받침부와 일체가 아닌 부재에 대해서는 받침부 면의 휨모멘트를 최대 휨모멘트로 취하여 설계할 수 없다. 만일 받침부가 원형으로 지압응력이 작용하는 접촉면의 지름이 D인 경우에는 사각형 받침부의 폭 t 대신 $D/3\pi$를 사용한다. $D/3\pi$는 중앙 절반 면적에 해당하는 폭이다.

설계기준에서는 이와 같은 영향을 고려하여 구조해석을 수행하도록 규정하고 있다. 예를 들어 콘크리트구조 학회기준(2017)[3.2]과 KDS 14 20 콘크리트구조 설계기준[3.3]은 유효경간이라는 단어를 명시적으로 사용하고 있지는 않지만 내용 상 유효경간을 규정하고 있으며, 받침부 설계에 적용하는 위치 또한 규정

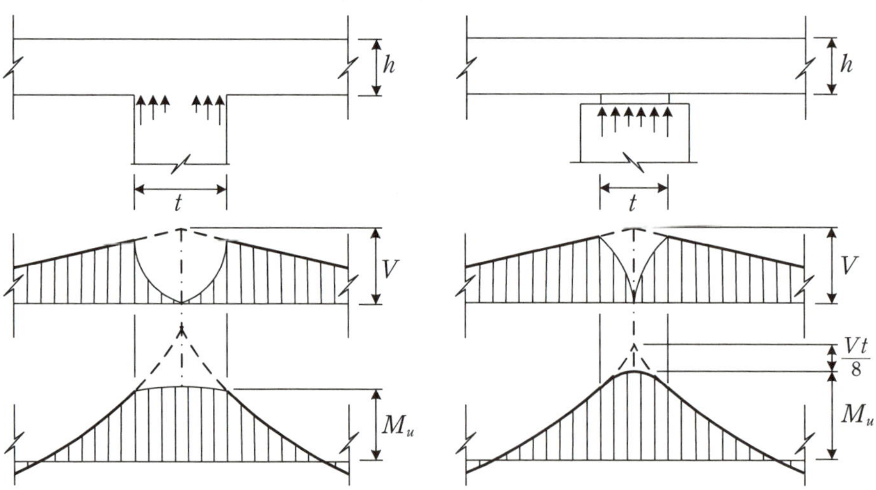

(a) 받침부와 일체인 부재 (b) 받침부와 일체가 아닌 부재

그림 3-36 받침부 단면력 분포 및 계수휨모멘트 수정[3.22]

하고 있다. 즉, 받침부와 일체로 되어 있지 않은 부재는 받침부의 중심간 거리를 초과하지 않는 범위에서 순경간에 보나 슬래브의 두께를 더한 값을 경간으로 하여 해석하도록 하고 있다. 골조 또는 연속구조물의 해석에서 휨모멘트를 구할 때 사용하는 경간은 받침부의 중심간 거리로 하도록 규정하고 있다. 또 받침부와 일체로 시공된 보의 경우에는 받침부 전면의 휨모멘트로 설계할 수 있도록 하고 있으며, 받침부와 일체로 된 3 m 이하의 순경간을 갖는 슬래브는 그 지지보의 폭을 무시하고 순경간을 경간으로 하는 연속보로 해석할 수 있도록 하고 있다.

교량설계기준(한계상태설계법)[3.4]은 보와 슬래브에 대하여 다음과 같이 결정된 유효경간을 적용하여 구조해석을 수행하도록 하고 있다.

$$l_{eff} = l_n + a_1 + a_2 \tag{3 · 84}$$

여기서 l_n은 양쪽 받침부 면 사이의 순경간이며, 양쪽 지점의 조건에 따른 값 a_1과 a_2는 그림 3-37과 표 3-21에 따라 결정한다.

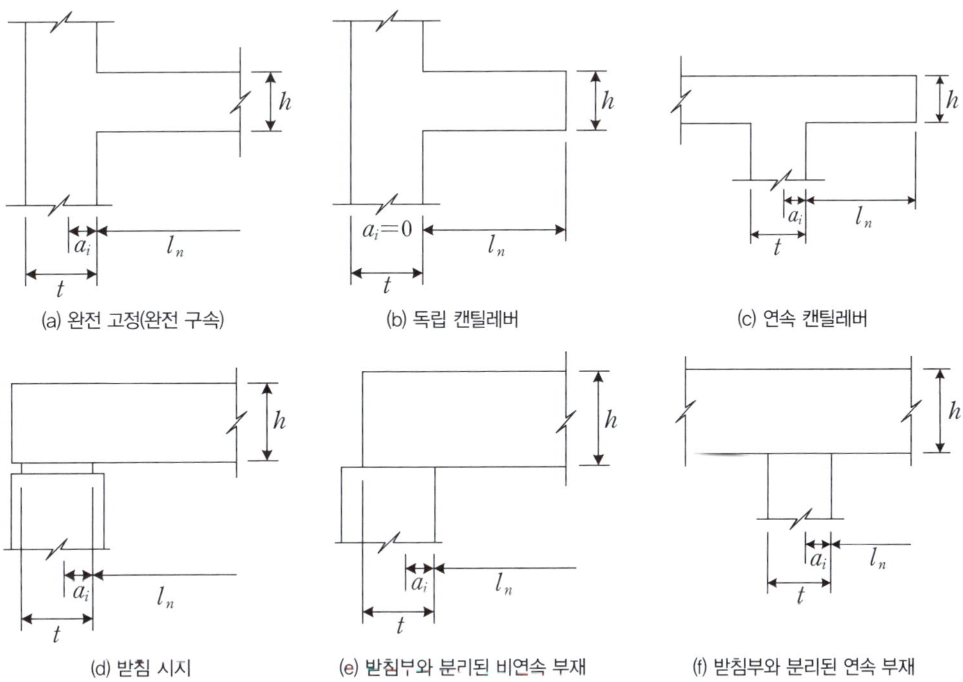

그림 3-37 받침부 조건별 유효경간

표 3-21 교량설계기준(한계상태설계법)의 지점의 조건에 따른 값 a_i 및 유효경간 l_{eff}

구분	(a) 완전 고정	(b) 독립 캔틸레버	(c) 연속 캔틸레버	(d) 받침 지지	(e) (f) 받침부와 분리된 부재
a_i	$\frac{h}{2}$ 와 $\frac{t}{2}$ 중 작은 값	0	$\frac{h}{2}$ 와 $\frac{t}{2}$ 중 작은 값	$\frac{t}{2}$	$\frac{h}{2}$ 와 $\frac{t}{2}$ 중 작은 값
l_{eff}	$l_n+a_1+a_2$	l_n	$l_n+a_1+a_2$	받침 중심 간 거리	$l_n+a_1+a_2$

또 교량설계기준(한계상태설계법)[3.4]은 보 또는 슬래브가 받침점과 일체로 된 경우 받침점에서의 설계 휨모멘트는 받침점 면에서의 값을 취하도록 하고 있으며, 이때 받침점 면의 휨모멘트 값은 고정단 휨모멘트 값의 0.65배 이상이어야 한다. 벽체 상단 등과 같이 회전 구속이 없다고 간주되는 받침점을 갖는 연속보 또는 슬래브에서, 경간을 지점의 중심간 거리로 간주하여 계산된 받침점의 계수휨모멘트는 해석 방법에 관계없이 다음의 ΔM_u 양 만큼 감소시킬 수 있도록 하고 있다. 여기서, $f_{u,sup}$는 받침점의 계수 반력이고, t는 받침점 폭이다.

$$\Delta M_u = \frac{f_{u,sup}\, t}{8} \tag{3·85}$$

이와 같은 교량설계기준(한계상태설계법)의 규정은 기본적으로 Eurocode 2의 해당 규정과 동일하다.

3.6.5 플랜지 유효폭

플랜지(flange)의 유효폭(effective width)은 플랜지를 가진 단면의 압축응력분포가 단면폭에 걸쳐 일정하지 않으며, 전체 단면적을 기반으로 계산한 강성보다 실제 발휘되는 강성이 감소되는 현상을 반영한 것이다. 일반적으로 콘크리트 구조에서는 슬래브와 보의 콘크리트가 한 번에 일체로 타설되므로 보는 플랜지를 갖는 단면이 된다. 플랜지를 갖는 단면에 휨모멘트가 작용하면 플랜지에 작용하는 압축응력분포는 그림 3-38(a)와 같이 복부에서 멀어질수록 응력이 감소한다. 즉, 강성이 큰 복부(web)에는 큰 응력이 작용하고 강성이 작은 플랜지 부분에는 작은 응력이 작용하게 되는데, 이와 같은 현상을 전단지연(shear lag)이라고 한다. 휨모멘트에 의하여 작용하는 휨 압축력은 그림 3-38(a)와 같은 형상을 갖는 압축응력분포의 면적에 응력이 작용하는 깊이를 곱하여 구하여야 한다. 이때 압축응력분포의 면적을 구하는 것은 매우 어려운 작업이다. 만일 실제 면적과 동일한 면적을 갖는 직사각형을 그림 3-38(b)와 같이 결정한다면, 그 폭을 유효폭 b_e로 하여 간편하게 압축력을 계산할 수 있다. 유효폭에 대한 이론은 T. von Kármán이 처음 제안하여, 초창기에 Timoshenko와 Goodier[3.23]과 Girkmann[3.24]에 의하여 정리되었다.[3.25]

플랜지를 가진 단면의 유효폭은 경간 길이의 함수로 보의 수평간격, 보의 복부폭, 전체 부재두께에 대한 플랜지의 두께 비율과 함께 하중의 종류, 하중의 분포 형상, 지점조건에 따라서도 다르다. 그러나

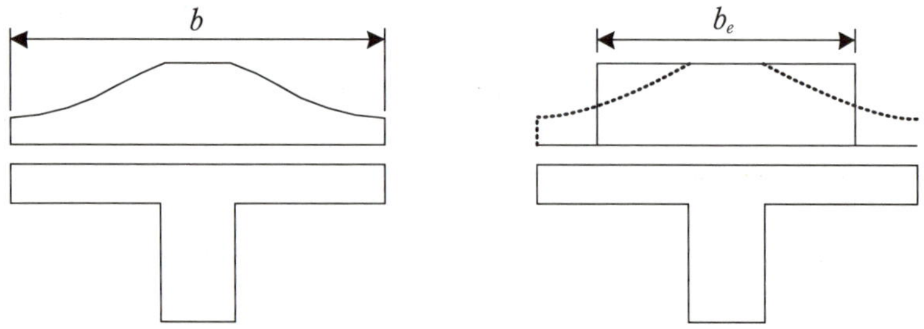

(a) 플랜지의 압축응력분포 (b) 플랜지의 균일 응력분포

그림 3-38 플랜지 유효폭의 개념

표 3-22 T형 단면의 유효폭

설계기준	양쪽으로 플랜지가 있는 경우 (다음 셋 중 가장 작은 값)	한쪽으로 플랜지가 있는 경우 (다음 셋 중 가장 작은 값)
콘크리트구조 학회기준 KDS 14 20 ACI 318 Code	$b_e = b_w + 16\,t_f$ $b_e = s$ $b_e = \frac{l}{4}$	$b_e = b_w + 6\,t_f$ $b_e = \frac{b_w + s}{2}$ $b_e = b_w + \frac{l}{12}$
교량설계기준 (한계상태설계법) AASHTO-Standard	$b_e = b_w + 12\,t_f$ $b_e = s$ $b_e = \frac{l}{4}$	$b_e = b_w + 6\,t_f$ $b_e = \frac{b_w + s}{2}$ $b_e = b_w + \frac{l}{12}$

이 모든 변수를 고려하여 유효폭을 결정하는 것은 매우 복잡하므로, 설계기준에서는 보수적이며 간편한 기준으로 유효폭을 규정하고 있다.

표 3-22는 콘크리트구조 학회기준(2017)[3.2]과 KDS 14 20 콘크리트구조 설계기준[3.3] 및 교량설계기준(한계상태설계법)[3.4]의 T형 단면에 대한 유효폭 기준으로, 양쪽으로 플랜지가 있는 경우와 한쪽으로만 플랜지가 있는 경우를 구분하여 규정하고 있다. 여기서, b_w는 복부의 폭, t_f는 플랜지의 두께, s는 보의 중심간 수평간격, l은 보의 경간길이이다. 콘크리트구조 학회기준(2017)과 KDS 14 20의 유효폭 기준은 ACI 318 Code[3.5]와 동일하며, 교량설계기준(한계상태설계법)의 T형 단면에 대한 유효폭은 AASHTO-LRFD[3.6] 이전에 교량설계에 적용하였던 AASHTO-Standard[3.26]와 동일하다. 참고로 AASHTO-LRFD의 유효폭 기준은 좀 더 복잡한 형태로 규정되어 있다. 교량설계기준(한계상태설계법)은 T형 단면 이외에도 박스형 세그멘탈 콘크리트 보 및 단 격실 박스형 현장타설 콘크리트 보와 현장타설 콘크리트 다중 박스거더 등에 대한 유효폭에 대해서도 규정되어 있다.

Eurocode 2[3.7]는 양쪽으로 플랜지가 있는 경우를 T형 단면으로, 한쪽으로만 플랜지가 있는 경우를 L형 단면으로 표현하며, 그림 3-39의 유효 플랜지폭 b_{eff}를 다음과 같이 결정한다.

$$b_{eff} = \sum b_{eff,\,i} + b_i \le b \tag{3·86}$$

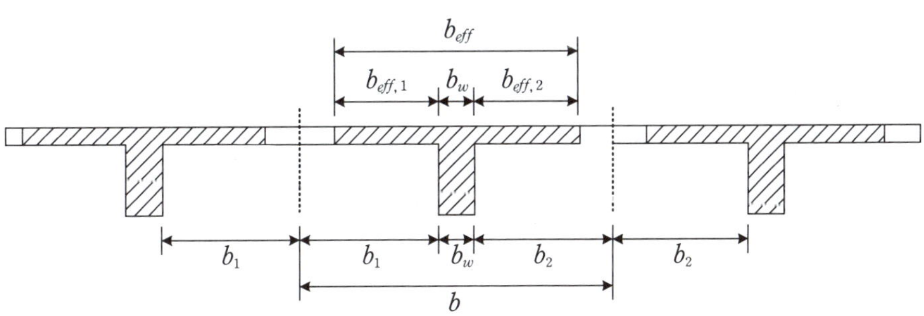

그림 3-39 Eurocode 2의 플랜지 유효폭

여기서 $b_{eff,i}$는 다음 두 식으로 결정하는데, l_o는 경간 내에서 휨모멘트가 0인 위치 사이 길이로 그림 3-40에 따라 결정하여도 좋다.

$$b_{eff,i} = 0.2\,b_i + 0.1\,l_o \leq 0.2\,l_o \tag{3·87}$$

$$b_{eff,i} \leq b_i \tag{3·88}$$

다만, 정밀한 구조해석이 필요하지 않는 경우에는 위치에 따라 플랜지 유효폭을 달리 하지 않고 부재 전체에 걸쳐서 경간 중앙의 유효폭을 사용하여도 큰 문제가 없다.

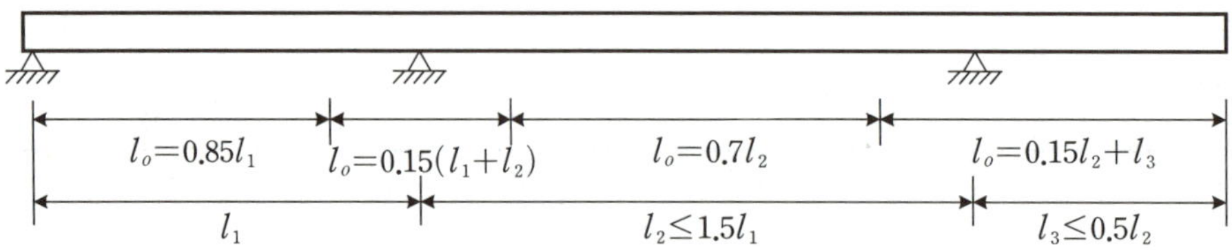

그림 3-40 Eurocode 2의 플랜지 유효폭을 결정하기 위한 l_o의 정의

3.6.6 단면상수와 재료상수의 이상화

구조해석에는 부재강성이 기본 입력값으로 필요한데, 강성(剛性, rigidity)은 재료와 단면의 강도(剛度, stiffness)로 발휘된다. 구조해석의 방법으로 비선형해석을 수행한다면 재료의 응력-변형률 곡선과 단면의 크기 및 형상에 따라 비선형의 부재강성이 결정되지만, 선형탄성해석을 수행한다면 상수의 부재강성이 사용된다. 즉, 강성은 재료특성인 탄성계수와 단면력 작용방향에 따른 단면상수가 곱해진 값으로, 재료의 탄성계수가 E이고 단면적이 A이며 단면2차모멘트가 I인 부재의 경우 축강성(axial stiffness)은 EA로 나타나고 휨강성(flexural stiffness)은 EI로 나타난다.

철근콘크리트와 같은 합성부재에서는 역학특성이 다른 두 가지 재료가 같이 외력에 저항하므로, 축강성과 휨강성의 값은 두 재료의 합성특성이 반영된 값이어야 한다. 이에 대한 일반적인 접근 방법은 탄성계수 E로는 단면의 대부분을 차지하고 있는 콘크리트의 탄성계수를 대푯값으로 하고, 단면적 A와 단면2차모멘트 I의 값에서 합성거동의 영향을 반영하는 것이다. 즉, 축압축력에 대한 강성을 결정하기 위하여 단면적 A를 계산할 때는 철근의 탄성계수와 단면적을 고려하여 콘크리트로 환산한 환산단면적을 적용한다. 축인장력에 대한 강성을 결정하기 위하여 단면적 A를 계산할 때는 인장균열을 고려하여야 한다. 즉, 인장균열 발생 전에는 환산단면적을 적용하며, 인장균열 발생 후에는 콘크리트를 무시하고 인장철근에 의한 강성만을 적용한다. 단면2차모멘트 I의 결정에서도 합성거동의 영향을 반영하여 휨균열 발생 전에는 철근을 콘크리트로 환산한 전체단면(gross section)에 대한 환산단면(transformed section)을 적용하고, 휨균열 발생 후에는 균열의 진전 정도를 고려하여 결정한 값을 적용하는 것이 논리적이다. 그러나 아직 최종 설계단면이 결정되지 않은 설계과정에서 정밀하게 단면상수를 결정하는 것은 매우 번거로운 작업이므로, 단면적 A와 휨균열 발생 전의 단면2차모멘트 I는 철근을 무시하고 콘크리트만으로 계산하는 경우가 많다.

또한 휨균열 발생 후 균열의 진전 수준을 고려하여 단면2차모멘트 I를 결정하는 것이 논리적이지만, 이 또한 매우 번거로운 작업이므로 하나의 대푯값을 입력하는 것이 효율적이다. 이때에도 구조물의 거동을 반영하여 값을 선정하는 것이 바람직하다. 예를 들어 계수하중상태의 설계단면력을 구하기 위한 구조해석에서, 대상 구조물이 보로만 구성된 경우에는 부재의 상대강성이 중요하므로 전체 단면적에 대한 단면2차모멘트 I_g로 해석하여도 큰 문제가 없지만, 보와 기둥으로 구성된 골조의 경우에는 I_g로 해석하는 것이 적절하지 않다. 왜냐 하면 중력방향 하중이 주 하중인 철근콘크리트 골조에서 균열은 보에 주로 발생하고 기둥에는 균열이 적게 발생하므로 강성저하의 차이가 발생하기 때문이다. 즉, 기둥은 축력의 작용으로 균열이 적게 발생하므로, 보에 비하여 강성의 저하가 크기 않다. 따라서 이러한 경우에는 기둥의 단면2차모멘트로 I_g의 0.7배를 적용하고, 보의 단면2차모멘트로 I_g의 0.5배를 적용하는 것이 하나의 선택이 될 수 있다. 만일 횡방향 하중이 주 하중인 철근콘크리트 골조에서 횡변위를 구하고자 할 때에는 횡하중에 의한 기둥의 강성저하를 고려하여 기둥의 단면2차모멘트로는 I_g의 0.5배를 적용하는 것이 하나의 선택이 될 수 있다. 또 하나의 예로 프리스트레스트 콘크리트 보와 철근콘크리트 기둥으로 구성된 골조를 생각해 볼 수 있다. 이 경우에는 철근콘크리트에 비하여 균열이 거의 발생하지 않는 프리스트레스트 콘크리트의 특성을 반영하여, 프리스트레스트 콘크리트 보의 단면2차모멘트로는 I_g를 적용하고 철근콘크리트 기둥의 단면2차모멘트로는 I_g의 0.5배를 적용하는 것이 하나의 선택이 될 수 있다.

콘크리트구조 학회기준(2017)[3.2]과 KDS 14 20 콘크리트구조 설계기준[3.3]은 계수하중상태의 설계단면력을 구하기 위한 구조해석에 표 3-23의 단면2차모멘트와 단면적을 적용하도록 규정하고 있다. 이 표의 단면상수는 장주설계에서의 탄성 2차 해석을 수행할 때 적용하도록 규정되어 있지만, 장주를 포함하고 있지 않은 일반적인 철근콘크리트 골조에 적용하여도 좋다. 설계하중에 의한 횡변위를 산정할 때에는 부재의 강성저하를 고려하여 전 단면에 대한 강성의 50%, 즉 0.5 I_g를 적용하도록 하고 있다.

ACI 318 Code[3.5]도 계수하중상태의 설계단면력을 구하기 위한 선형탄성해석에 표 3-23의 단면상수를 적용하도록 규정하고 있으나, 표 3-23의 값을 대신할 추가의 단면2차모멘트 값도 제시하고 있다. 즉, 기둥과 벽체에는 최소 0.35 I_g와 최대 0.875 I_g의 범위 내에서 식 (3·89)로 계산된 단면2차모멘트를 적용할 수 있다. 보, 플랫 플레이트, 플랫 슬래브에는 최소 0.25 I_g와 최대 0.5 I_g의 범위 내에서 식 (3·90)으로 계산된 단면2차모멘트를 적용할 수 있다.

표 3-23 계수하중의 탄성해석에 적용하는 KDS 14 20의 단면상수

부재 및 조건		단면2차모멘트, I	단면적, A
기둥		0.70 I_g	1.0 A_g
벽체	비균열 벽체	0.70 I_g	
	균열 벽체	0.35 I_g	
보		0.35 I_g	
플랫 플레이트 및 플랫 슬래브		0.25 I_g	

$$I = \left(0.80+25\frac{A_{st}}{A_g}\right)\left(1-\frac{M_u}{P_u h}-0.5\frac{P_u}{P_o}\right)I_g \tag{3·89}$$

$$I = (0.10+25\rho)\left(1.2-0.2\frac{b_w}{d}\right)I_g \tag{3·90}$$

여기서, A_{st}는 축방향 철근의 단면적, A_g는 부재의 단면적, M_u는 계수휨모멘트, P_u는 계수축력, P_o는 부재의 축강도, ρ는 축방향 철근비, b_w는 복부폭, d는 유효깊이이다. 연속보에서는 정모멘트 구간과 부모멘트 구간의 단면2차모멘트를 평균하여 적용한다.

교량설계기준(한계상태설계법)[3.4]은 설계자가 합리적인 부재강성을 선정하여 적용하도록 하고 있다. 다만 장주설계에서 모멘트확대계수법을 적용하기 위한 탄성골조해석에는 표 3-23의 단면상수를 적용하도록 규정하고 있다. 교량설계기준(한계상태설계법)의 내진설계기준은 지진해석으로 선형탄성해석을 적용하는 경우, 탄성단면력과 변위를 구하기 위한 철근콘크리트 교각의 강성을 모멘트-곡률 해석으로 구하도록 하고 있다. 만일 교각의 강성을 모멘트-곡률 해석으로 구하지 않는다면 다음 식의 항복유효단면2차모멘트를 적용할 수 있다고 규정하고 있다.

$$I_{y,\,eff} = \left(0.16+12\rho_l+0.3\sqrt{\frac{P_u}{f_{ck}A_g}}\right)I_g \tag{3·91}$$

이 식은 배성용과 이재훈[3.27]이 기둥의 휨 변형과 기둥 단부에서의 축방향 철근 미끄럼에 의한 변위(slip displacement)를 고려하여 제안한 식으로, 원형이나 직사각형 등 일반적인 형상을 갖는 기둥에서 축방향 철근이 항복하는 상태의 단면2차모멘트를 의미한다. 축방향 철근비 ρ_l이 0.01일 때, 이 식으로 계산되는 항복유효 단면2차모멘트는 축력이 0인 경우 0.28 I_g, 축력비 $P_u/f_{ck}A_g$가 0.1인 경우 0.38 I_g, 축력비 $P_u/f_{ck}A_g$가 0.2인 경우 0.41 I_g로 계산된다. 축방향 철근비 ρ_l이 0.02일 때에는 축력이 0인 경우 0.40 I_g, 축력비 $P_u/f_{ck}A_g$가 0.1인 경우 0.50 I_g, 축력비 $P_u/f_{ck}A_g$가 0.2인 경우 0.53 I_g로 계산된다.

설계단면력과 변위를 구하기 위한 선형탄성해석에서 콘크리트의 탄성계수로는 설계기준에서 규정하고 있는 재령 28일의 탄성계수를 적용하는 것이 일반적이다. 이것은 28일 이후에는 탄성계수가 크게 변화하지 않으며, 또 재료의 변동성을 설계에서 일일이 반영하기도 어렵지만 탄성계수의 변동성이 철근콘크리트 구조물의 단면력 해석결과에 크게 영향을 주지는 않기 때문이다.

3.6.7 지반-구조 상호작용

지반이 연약하고 기초구조물의 강성이 작아서 지반과 구조물의 거동이 서로 영향을 주는 경우에는 지반과 구조물의 상호작용을 고려하는 것이 바람직하다. 지반과 구조물의 거동이 서로 영향을 주는 경우는 기둥의 간격이 넓고 기초판이 얇은 전면 기초를 하나의 예로 들 수 있다. 지반의 반력은 지반의 침하량에 비례하는데, 기초판이 두꺼워서 강성이 큰 경우 기둥의 위치에서 기초판 상단에 작용하는 집중하중이 기초판의 하단에서 지반에 전달될 때는 기초판 전체에 걸쳐서 침하량이 동일하여 지반의 반력도 등분포로 발생한다. 그러나 기초판이 얇아서 강성이 작은 경우에는 기둥의 위치에서 기초판 상단에 작용하는 집중하중이 기초판의 하단에서 지반에 전달될 때 기초판의 각 위치에서 침하량이 다르게 나타난다. 왜냐 하면 기둥에서 멀리 떨어진 위치에서는 지반 반력에 의하여 기초판이 상향으로 휘게 되므로 지반의 침하량이 적게 되고, 이에 따라 반력도 기둥 위치의 반력보다 작아지기 때문이다. 이와 같이 지반과 구조물의 강성에 따라 지반 반력의 크기가 영향을 받는 현상을 지반-구조 상호작용(soil-structure interaction)이라고 한다. 지반-구조 상호작용을 고려하는 구조해석은 다음과 같이 연립해석법과 분리해석법의 두 가지 방법이 있다.[3.28]

(1) 지반-구조 상호작용의 연립해석법

연립해석법은 구조물과 지반을 모두 한꺼번에 모델링하여 해석을 수행하는 해석법이다. 지반의 모델링은 지반 전체를 유한요소(finite element)로 모델링할 수도 있으나, 그림 3-41(a)와 같은 스프링으로 모델링하는 것이 일반적이다. 즉, 지반의 수직방향 압축-침하 관계로 수직 스프링 상수를 결정하고, 지반의 횡하중-변위 관계로 수평 스프링 상수를 결정하며, 경우에 따라서는 회전 스프링 상수를 결정하여 모델링하는 것이다. 이때 지반의 거동에 비선형성이 크게 나타나면 2개의 직선으로 구성하는 스프링 모델이나 비선형 스프링 모델을 적용할 수도 있다.

(2) 지반-구조 상호작용의 분리해석법

분리해석법은 그림 3-41(b)와 같이 구조물과 지반을 분리하여 해석하면서 서로간의 영향을 반영하는 해석법이다. 우선 지반을 강체라고 가정하여 지점조건을 완전 고정단이나 힌지 고정단으로 모델링하고 구조물에 대한 구조해석을 수행한다. 구조해석 후에는 그 결과를 이용하여 지반을 해석한다. 즉, 구조물에 대한 해석의 결과로 지점에 작용하는 반력을 구한 후, 이 반력을 지반에 작용시켜서 지반의 침하량을 해석한다. 지반의 침하량을 구한 후에는 다시 구조물에 대한 해석을 수행하는데, 각 위치에 따른 부등침하량을 간접하중으로 작용시켜서 구조해석을 수행한다. 이 구조해석 결과가 처음에 수행한 구조해석 결과와 차이가 있으면 반복하여 구조해석과 지반해석을 수행하고, 앞선 해석의 결과와의 차이가 원하는 오차 범위, 예를 들면 10% 이내의 오차범위에 들면 반복해석을 종료한다.

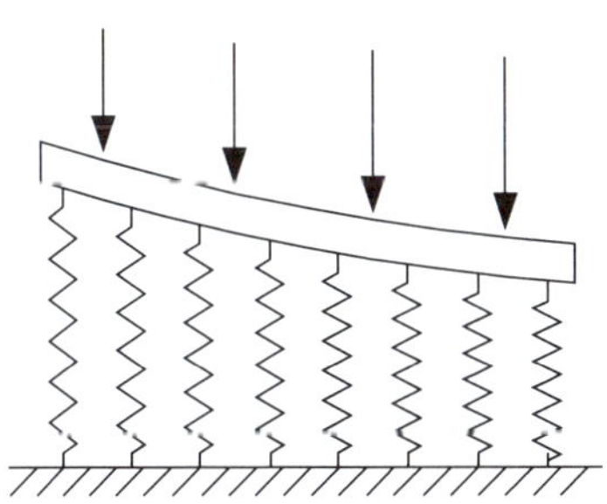

(a) 연립해석법의 지반 스프링 모델링

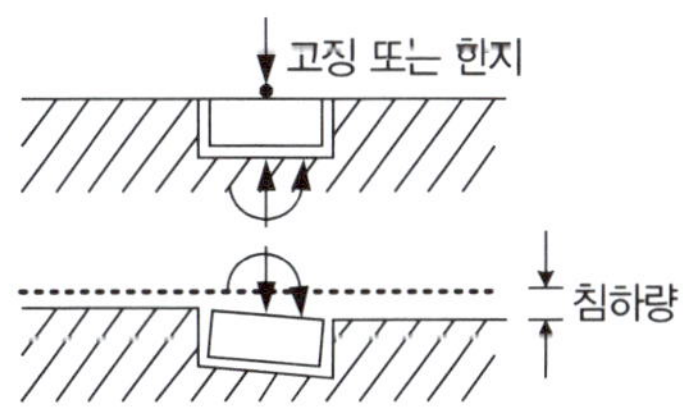

(b) 분리해석법의 첫 단계 지반거동 가정

그림 3-41 지반-구조 상호작용의 해석[3.28]

3.6.8 설계용 구조해석을 위한 하중 배치

구조물은 가장 불리한 상태에서도 안정성(stability)과 안전성(safety)이 확보되어야 하므로, 설계과정에서 수행하는 구조해석에서는 가장 불리하게 작용할 하중 배치를 고려하여야 한다.

구조물의 안정성(stability) 검증에서 구조물에 항상 존재하는 고정하중에 대해서는 유리함과 불리함을 고려하여 고정하중에 대한 하중계수를 적용하여야 한다. 대부분의 설계기준은 하중계수 및 하중조합에서 고정하중 D에 대한 하중계수를 1.0보다 큰 최댓값 γ_{max}와 1.0 이하의 최솟값 γ_{min}을 규정하고 있다. 활하중의 경우에는 유리함과 불리함을 고려하여 경간별로 최대 계수활하중 $\gamma_{max}L$을 배치하거나 아예 활하중을 배치하지 않아야 한다. 그림 3-42는 구조물의 안정성 검증을 위한 하중배치 나타낸다. 예를 들어 내민보를 가진 단순보의 경우에는 그림 3-42(a)와 같이 하중계수를 적용하고 하중을 배치하여야 한다. 즉, 캔틸레버 부분에는 고정하중과 활하중이 가장 큰 계수하중으로 작용하고 지점 사이의 경간에는 고정하중이 가장 작은 계수하중으로 작용할 때가 안정성에 가장 불리한 경우가 된다. 이 하중 상태에서 왼쪽 지점의 반력이 부 반력(negative reaction)이라면 왼쪽 지점이 상향으로 뜨는 불안정(unstable)한 상태이므로, 왼쪽 지점이 뜨지 않도록 앵커(anchor)를 설치하는 등의 조치를 취하여야 한다. 이러한 하중 배치 개념은 그림 3-42의 (b)와 (c)와 같이 기둥과 골조의 안정성 및 전도(over-turning)의 검증에도 적용된다. 특히 그림 3-42(c)의 골조에는 횡방향 하중도 같이 작용하고 있는데, 두 기둥 사이의 부재가 매우 가벼운 콘크리트로 시공되는 등 고정하중이 매우 작을 때가 골조의 안정에 가장 불리한 경우가 된다.

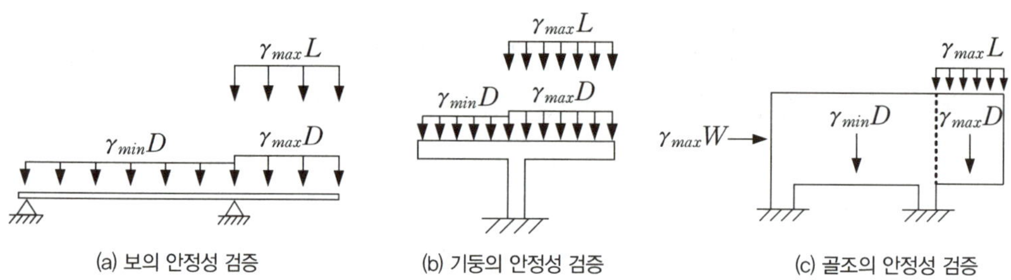

그림 3-42 구조물 안정성 검증 때의 하중 배치

구조물의 안전성(safety)을 확보하기 위한 설계는 구조물에 작용할 수 있는 가장 최대의 단면력에 저항할 수 있도록 하는 것이므로, 하중계수로는 최댓값 γ_{max}를 적용하고 활하중 작용의 유리함과 불리함을 고려하여 활하중 배치 여부를 결정하여야 한다. 이때 활하중 작용의 유리함과 불리함은 각 경간의 영향선(influence line)을 활용할 수 있다.

그림 3-43은 3경간 연속보의 휨모멘트 영향선을 나타내며, 그림 3-44는 다섯 가지 하중배치를 나타낸다. 그림 3-43(a)와 같은 3경간 연속보에서 고정하중은 항상 구조물에 작용하고 있으므로, 그림 3-44(c)와 같이 최대 계수고정하중 $\gamma_{max}D$가 전체 구조물에 작용하도록 하중을 배치하고 첫 번째 하중 배치라는 뜻으로 LC1로 명칭 한다. 여기서 'LC'는 'load case'의 약자이다.

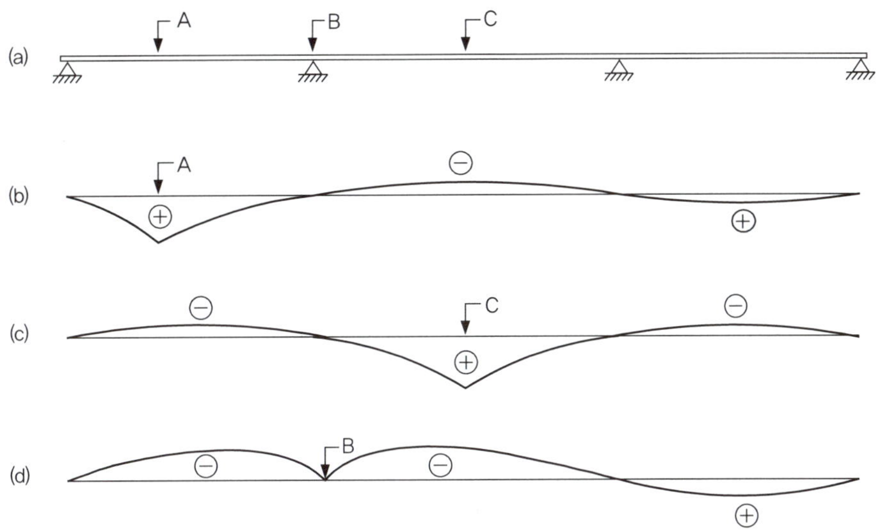

그림 3-43 3경간 연속보의 휨모멘트 영향선

외측경간의 위치 A에 대한 휨모멘트 영향선은 그림 3-43(b)와 같이 첫 번째와 세 번째의 외측경간에서는 정(+)의 부호를 갖고 두 번째의 내측경간에서는 부(−)의 부호를 갖는다. 따라서 그림 3-44(b)와 같이 두 외측경간에 최대 계수활하중 $\gamma_{max} L$이 작용하고 내측경간에는 활하중이 작용하지 않을 때, 두 외측경간에 최대 정모멘트가 발생하게 된다. 이 경우를 LC2로 명칭 한다.

내측 경간의 위치 C에 대한 휨모멘트 영향선은 그림 3-43(c)와 같이 내측경간에서는 정(+)의 부호를 갖고 외측경간에서는 부(−)의 부호를 갖는다. 따라서 그림 3-44(c)와 같이 내측경간에 최대 계수활하중 $\gamma_{max} L$이 작용하고 외측경간에는 활하중이 작용하지 않을 때 내측경간에 최대 정모멘트가 발생하게 된다. 이 경우를 LC3으로 명칭 한다. 한편 그림 3-43(c)의 위치 C에 대한 휨모멘트 영향선의 부호를 보면 내측경간에서 정(+)이고 외측경간에서 부(−)로, 그림 3-43(b)의 위치 A에 대한 휨모멘트 영향선의 부호와 반대이다. 이것은 그림 3-44(c)의 LC3이 내측경간의 정모멘트를 감소시키는 결과가 된다는 것을 뜻하므로, LC3은 내측경간에는 정모멘트가 최대로 발생하게 하고 외측경간에는 정모멘트가 최소로 발생하게 한다. 또 반대로 그림 3-44(b)의 LC2는 외측경간에는 정모멘트가 최대로 발생하게 하고 내측경간에는 정모멘트가 최소로 발생하게 한다. 철근콘크리트 구조물의 설계에서는 휨모멘트가 최대로 발생하게 하는 하중배치 뿐만 아니라 휨모멘트가 최소로 발생하게 하는 하중배치도 구조해석에서 고려해야 할 필요가 있다. 그 이유는 그림 3-45의 계수휨모멘트 포락선에 대한 설명에서 언급한다.

내측지점의 위치 B에 대한 휨모멘트 영향선은 그림 3-43(d)와 같이 첫 번째와 두 번째 경간에서 부(−)의 부호를 갖고 세 번째 경간에서는 정(+)의 부호를 갖는다. 따라서 그림 3-44(d)와 같이 첫 번째와 두 번째 경간에 최대 계수활하중 $\gamma_{max} L$이 작용하고 세 번째 경간에는 활하중이 작용하지 않을 때, 내측지점에 최대 부모멘트가 발생하게 된다. 이 경우를 LC4로 명칭 한다. 반대로 세 번째 경간에만 활하중이 작용하는 그림 3-44(e)의 LC 5는 내측지점의 위치 B에 정모멘트가 발생하도록 하여 결과적으로

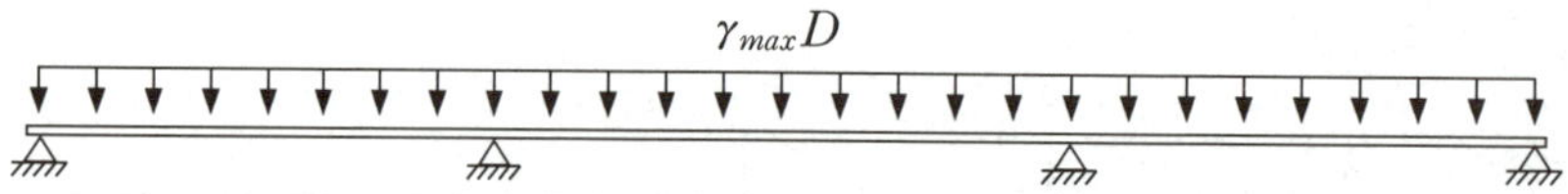

(a) 하중배치-1 (LC1): 계수고정하중의 배치

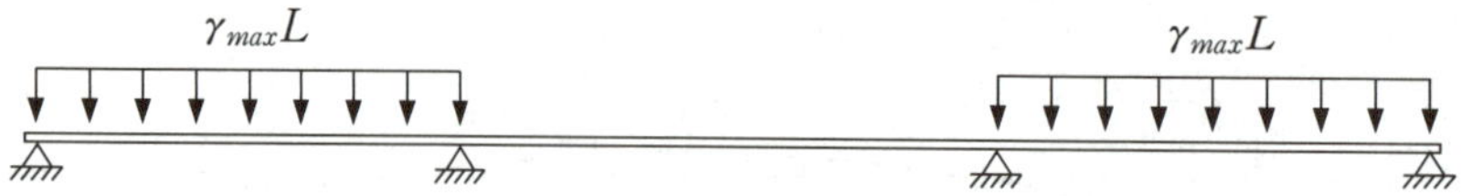

(b) 하중배치-2 (LC2): 외측경간 최대 정모멘트, 내측경간 최소 정모멘트 발생 배치

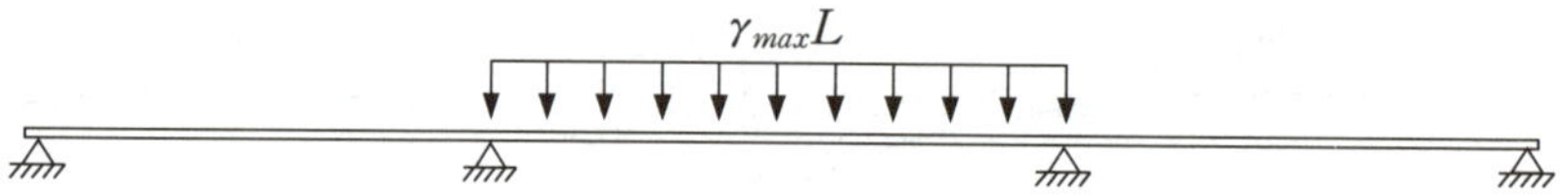

(c) 하중배치-3 (LC3): 내측경간 최대 정모멘트, 외측경간 최소 정모멘트 발생 배치

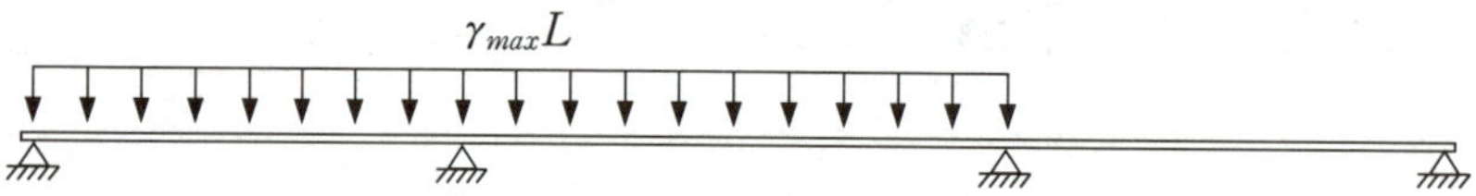

(d) 하중배치-4 (LC4): 내측지점 부모멘트가 최대가 되는 계수활하중의 배치

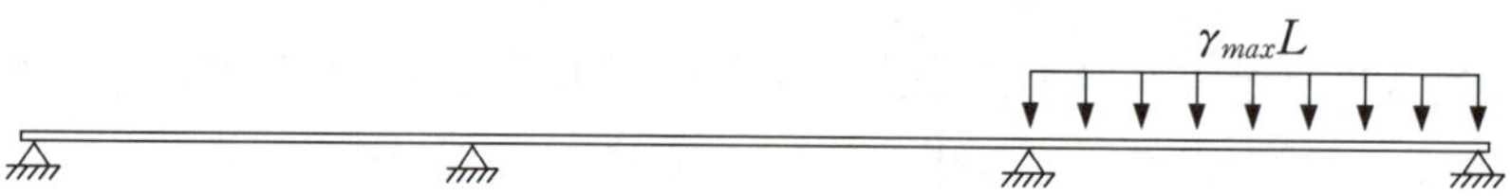

(e) 하중배치-5 (LC5): 내측지점 부모멘트가 최소가 되는 계수활하중의 배치

그림 3-44 휨모멘트에 대한 극한한계상태 검증 때의 하중 배치

내측지점의 부모멘트를 최소가 되도록 하는 하중배치가 된다.

그림 3-44의 다섯 가지 하중배치에 대하여 구조해석을 수행하고, 고정하중 계수휨모멘트 분포와 활하중 계수휨모멘트 분포를 더하여 하나의 그림에 중첩하여 나타내면 그림 3-45(a)와 같게 된다. LC1은 고정하중이므로 항상 구조물에 존재하고 LC2에서 LC5의 네 가지는 경우에 따라 작용하는 활하중이므로, LC1에 LC2, LC3, LC4, LC5를 각각 더하여 계수휨모멘트 분포를 구한다. 그림 3-45는 3경간 연속보의 계수휨모멘트 분포가 좌우 대칭이므로 왼쪽 반만 나타낸 것이다. 그림 3-45에서 정모멘트는 아래쪽에 표현하고 부모멘트는 위쪽에 표현하였다. 이것은 철근콘크리트 구조설계에서 정모멘트가 작용하는 구간에 철근을 아래쪽에 배치하고 부모멘트가 작용하는 구간에는 철근을 위쪽에 배치하므로, 철근배치와 같은 방향에 휨모멘트를 나타내는 표현방식이다.

그림 3-45(b)는 그림 3-45(a)의 계수휨모멘트 분포 중 각 위치에서 가장 큰 정모멘트와 가장 큰 부모멘트를 굵은 실선으로 나타낸 것인데, 이를 계수휨모멘트 포락선(envelop curve)이라고 한다. 그림 3-45(b)의 계수휨모멘트 포락선을 살펴보면, 외측경간 중앙부의 최대 정모멘트는 [LC1+LC2], 내측경간 중앙부의 최대 정모멘트는 [LC1+LC3], 내측지점의 최대 부모멘트는 [LC1+LC4] 일 때이다. 그러나 부모멘트 구간에서 [LC1+LC4]의 조합이 내측지점에서 가장 큰 부모멘트를 만들지만 부모멘트가 작은 구간에서는 [LC1+LC3]과 [LC1+ LC2]가 [LC1+LC4]보다 더 큰 부모멘트를 만든다. 또 정모멘트 구간

에서는 [LC1+LC5]가 [LC1+LC2]보다 휨모멘트가 더 큰 구간이 존재한다. 철근콘크리트 구조에서 인장응력이 작용하는 부분에는 인장철근을 보강하여야 하므로, 인장철근을 배치하여야 할 구간과 인장철근을 절단하여도 좋은 위치를 결정하기 위하여 휨모멘트가 작용하는 위치를 정확하게 파악하는 것이 중요하다. 따라서 그림 3-45의 계수휨모멘트 포락선에 나타난 바와 같이, 지점에서 부모멘트가 최대가 되는 LC4 뿐만 아니라 LC2와 LC3도 철근의 배치구간을 결정하는데 중요한 하중배치이다.

그림 3-45(c)는 휨모멘트 작용구간을 나타내는 계수휨모멘트 포락선이다. 외측경간과 내측경간 중앙부에 (P)로 표시된 부분은 정모멘트(positive moment)만 작용하는 구간이며, 내측지점부에 (N)으로 표시된 부분은 부모멘트(negative moment)만 작용하는 구간을 나타낸다. (PN)으로 표시된 부분은 활하중의 위치에 따라 어떤 경우에는 정모멘트가 작용하지만 어떤 경우에는 부모멘트가 작용하는 구간이다. 따라서 (PN) 구간은 단면의 하단과 상단에 모두 인장철근을 배치하여야 하는 구간이다.

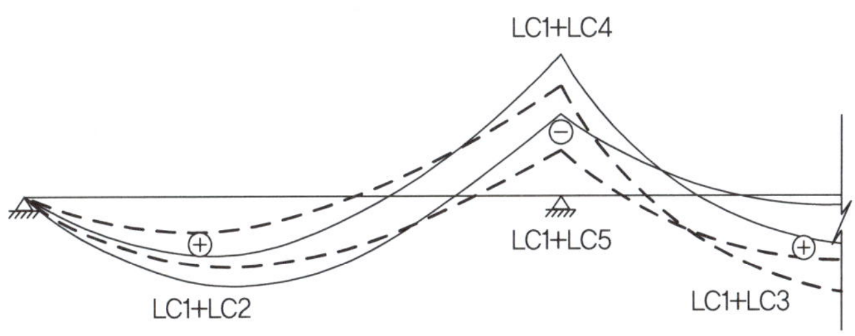

(a) 하중조합에 따른 휨모멘트 분포

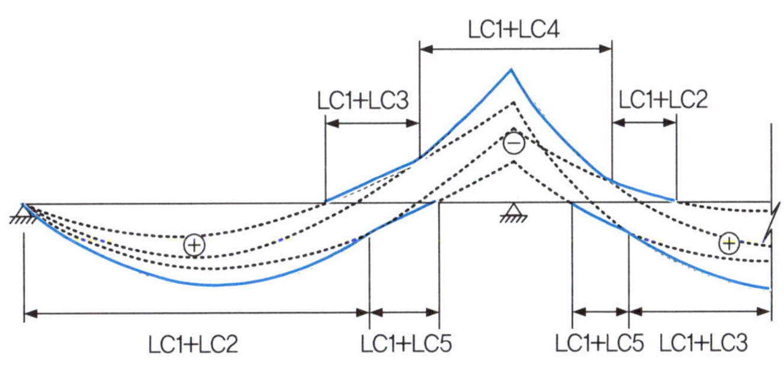

(b) 계수휨모멘드 포락선과 위치별 지배 히중조합

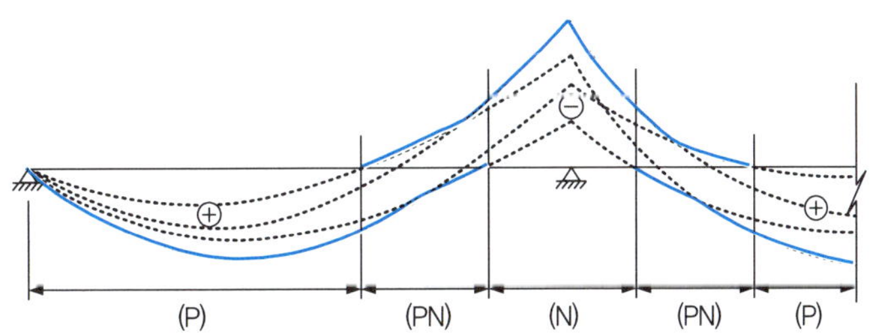

(c) 계수휨모멘트 포락선의 정모멘트 및 부모멘트 작용구간

그림 3-45 3경간 연속보의 계수휨모멘트 포락선

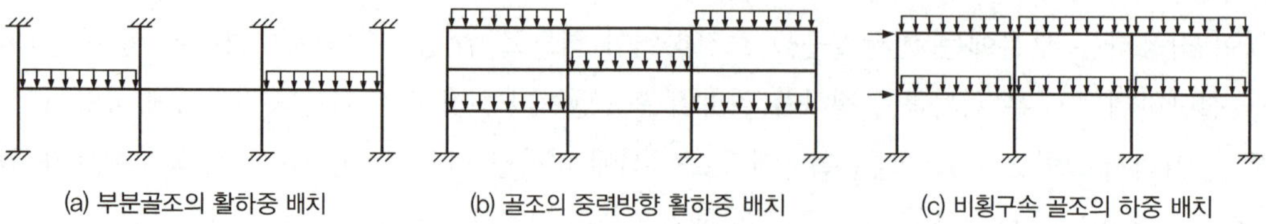

그림 3-46 보의 최대 정모멘트나 기둥의 최대 휨모멘트를 구하기 위한 골조 구조물의 하중 배치

골조의 경우 중력방향 하중에 대해서는 한 층의 보를 중심으로 위와 아래에 연결된 기둥의 상단과 하단을 고정단으로 이상화한 그림 3-46(a)와 같은 부분골조(sub-assembly) 해석을 수행하여도 실제 거동과 크게 차이나지 않는 결과를 얻을 수 있다. 또는 그림 3-46(b)와 같이 전체골조에 대하여 해석을 수행할 수 있는데, 이때에도 역시 그림 3-43과 같은 휨모멘트 영향선을 고려하여 활하중을 배치하여야 한다. 그림 3-46(a)와 그림 3-46(b)는 보의 최대 정모멘트를 구하기 위하여 활하중을 한 경간씩 건너 배치한 것으로, 이와 같은 하중배치를 영문으로 pattern loading이라고 한다. 횡방향 하중과 중력방향 하중이 같이 작용하는 경우에는 그림 3-46(c)와 같이 전체골조에 대하여 해석을 수행하여야 한다. 이때에는 횡방향 하중의 영향이 최대가 될 수 있는 중력방향 하중의 배치 위치를 고려하여야 한다.

전단력에 대한 설계에서도 활하중 작용의 유리함과 불리함을 고려하여 활하중의 배치 여부와 작용 위치를 결정하여야 한다. 이때에도 전단력에 대한 영향선을 활용할 수 있으며, 경간 내의 부분적 하중 작용도 고려하여야 한다. 그림 3-47은 단순보의 전단설계를 위한 하중 배치 및 전단력 분포를 나타낸다. 구조물에 항상 존재하는 고정하중이 등분포하중으로 작용하면, 그림 3-47(a)와 같은 전단력 분포가 나타나서 지점의 전단력이 최대이고 경간 중앙에는 전단력이 0이다. 활하중도 역시 등분포하중으로 작용할 때 반력이 최대가 되도록 하려면, 그림 3-47(a)와 마찬가지로 전체 경간에 등분포 활하중을 작용시켜야 한다. 그러나 경간 내의 특정 위치에서는 지점에서 그 위치까지의 경간 일부분에 등분포 활하중이 작용할 때 전단력이 최대가 된다. 즉, 그림 3-47(b)와 같이 지점에서 경간중앙까지 등분포 활하중이 작용하면 그림 3-47(a)의 경우와 달리 경간중앙에 전단력이 발생하게 된다. 집중하중이 작용하는 경우에도 그림 3-47(c)와 같이 집중하중이 작용하는 위치와 지점 사이에서 전단력이 최대로 작용하게 된다. 따라서 교량의 설계트럭하중과 같이 이동하는 집중하중에 대해서는 경간 내에서 하중의 위치를

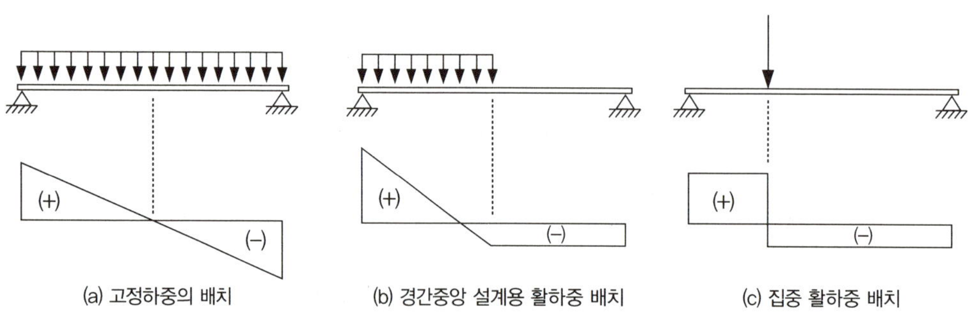

그림 3-47 단순보의 전단설계를 위한 하중 배치 및 전단력 분포

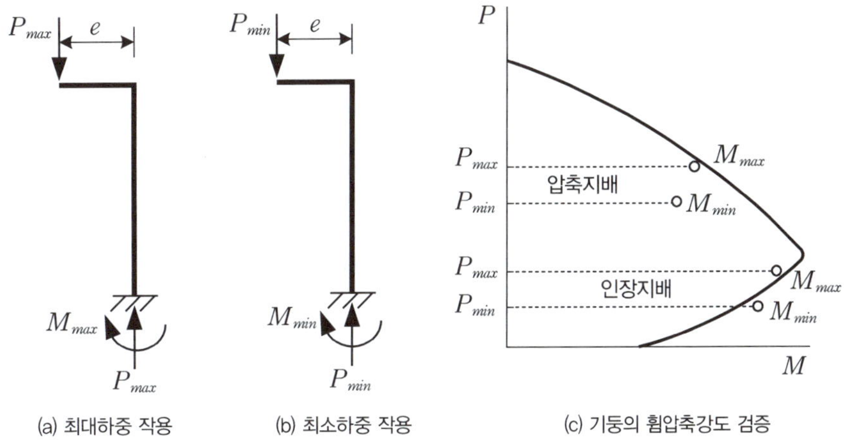

그림 3-48 기둥의 휨압축설계를 위한 하중 및 강도 검증

변화시켜가면서 각 위치에 발생할 수 있는 최대전단력을 해석하여야 한다.

축력과 휨모멘트가 작용하는 기둥의 설계에서도 활하중 작용의 유리함과 불리함을 고려하여 활하중의 배치 여부와 작용위치를 결정하여야 하는데, 특히 철근콘크리트 기둥은 계수하중의 최댓값과 최솟값의 영향도 고려하여야 한다. 그림 3-48(a)는 최댓값의 하중계수를 적용한 경우이고 그림 3-48(b)는 최솟값의 하중계수를 적용한 경우로서, 기둥에는 각각 최대계수축력 P_{max}와 최대계수휨모멘트 M_{max} 및 최소계수축력 P_{min}와 최소계수휨모멘트 M_{min}가 작용한다. 그림 3-48(c)는 이들 계수단면력을 기둥의 휨압축강도곡선(P–M 상관도)과 비교하여 강도를 검증한 결과를 나타낸다. 만일 축력의 수준이 매우 높아서 압축지배인 경우에는, 그림 3-48(c)에 나타난 바와 같이 최대하중에서 강도를 만족한다면 최소하중에서도 항상 강도를 만족한다. 그러나 축력의 수준이 낮아서 인장지배인 경우에는, 최대하중에서 강도를 만족하더라도 최소하중에서 강도를 만족하지 못하는 경우도 발생할 수 있다. 이것은 압축지배인 경우에는 축력이 증가할수록 기둥의 휨강도가 감소하지만, 인장지배인 경우에는 축력이 증가할수록 기둥의 휨강도가 증가하기 때문이다. 따라서 기둥의 설계에서는 계수하중의 최댓값뿐만 아니라 최솟값도 고려하여야 한다.

3.7 철근콘크리트 구조물의 시공

철근콘크리트 구조물은 시공의 품질에 따라 구조성능과 내구성이 크게 영향을 받는다. 따라서 시공계획, 동바리와 거푸집의 설치와 관리, 철근의 가공과 배치, 콘크리트의 배합과 타설 및 양생 등 많은 공정에서 철저히 품질관리가 이루어져야 한다. 특히 재료의 품질은 구조물의 품질을 결정하는 매우 중요한 요소인데, 전문지식과 경험이 없는 현장종사자가 철근과 콘크리트를 다루는 경우에는 매우 조악한 품질의 콘크리트 구조물이 된다. 또 콘크리트 구조물의 품질은 콘크리트를 구성하는 재료의 품질과 함께 시공의 품질이 큰 영향을 미친다. 이 절에서는 KCS 14 20 콘크리트공사 표준시방서[3.13]와 KCS 24 10 콘크리트교량공사 표준시방서[3.29]를 중심으로, 거푸집 및 동바리 설치, 철근의 가공 및 배치와 허용오차, 콘크리트의 배합 및 비비기, 운반과 타설 및 다지기, 양생 및 품질검사 등 철근콘크리트 구조의 시공에 대한 기본 사항을 설명한다.

3.7.1 거푸집과 동바리 설치

콘크리트 구조물을 설계에서 계획된 형태와 크기로 만들기 위해서는 거푸집과 동바리가 필요하다. 거푸집(form)은 콘크리트 구조물을 원하는 형태로 만들기 위한 용도로 사용하는 것으로 굳지 않은 콘크리트를 담는 형틀이며, 동바리(support, shore)는 거푸집과 콘크리트의 무게 및 시공하중을 지지하기 위하여 설치하는 가설부재이다. 거푸집과 동바리는 철근콘크리트 구조물을 시공하는 도중에 일시적으로 설치하는 가설구조물로, 콘크리트가 자중을 버틸 수 있을 만큼 굳게 되면 철거한다. 물론 이것은 현장에서 콘크리트를 타설하여 구조물을 완공하는 현장타설(CIP, cast-in-place, cast-in-situ) 콘크리트의 시공에 대한 것으로, 콘크리트 부재를 미리 미리 제작하고 시공현장으로 옮긴 후 조립하는 프리캐스트(precast) 공법은 동바리가 필요하지 않은 경우가 일반적이다. 그림 3-49는 콘크리트 구조물의 시공에 사용하는 거푸집 장치와 동바리의 예를 보여준다. 거푸집과 동바리는 다음과 같은 조건을 고려하여야 한다.

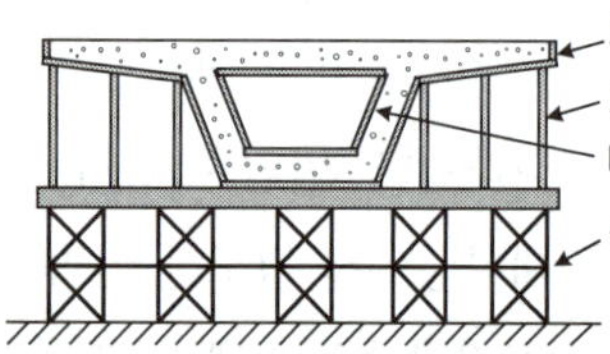

(a) 거푸집 장치와 동바리

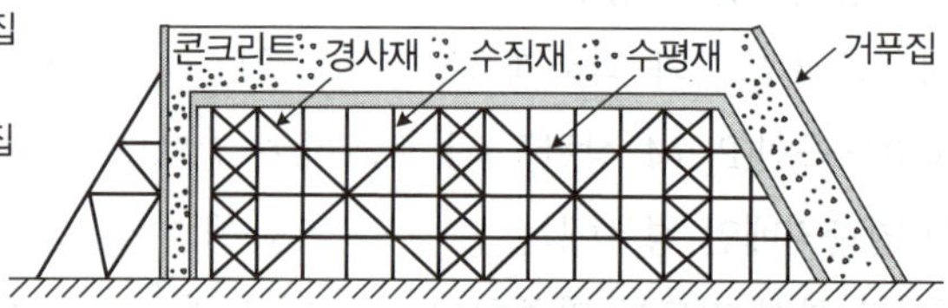

(b) 동바리의 구성

그림 3-49 거푸집 및 동바리의 구성

[1] 거푸집

거푸집 장치(form system)는 콘크리트를 타설하고 양생하는 동안 존치시키는 것으로, 콘크리트 박스교량 상부구조의 거푸집 장치를 보여주는 그림 3-49(a)에 나타난 바와 같이 '거푸집'과 '보강재'로 구성된다. 거푸집은 부재의 형상을 만들기 위하여 거푸집 널(form panel)을 조립한 것이며, 보강재는 거푸집 형틀을 지지하여 콘크리트를 타설하는 동안 거푸집이 변형되지 않도록 하는 역할을 한다. 콘크리트를 타설할 때는 부재의 아래에서부터 위로 채워나가므로, 일반적으로 아래와 옆으로 거푸집을 대어 형틀을 구성한다. 이때 아래를 받치는 거푸집과 옆을 받치는 거푸집에는 콘크리트의 중량에 의하여 압력을 받게 되는데, 아래를 받치는 거푸집은 콘크리트 중량에 의한 변형이 발생하지 않아야 하며 옆을 받치는 거푸집은 콘크리트의 측압(lateral pressure)에 의한 변형이 발생하지 않아야 한다. 콘크리트의 측압은 콘크리트의 종류에 따라 다르므로, 거푸집 판재의 두께와 보강재의 간격은 이를 고려하여 결정하여야 한다.

거푸집의 품질 확보를 위해서는 거푸집 판재의 두께와 보강재의 간격 외에도 고려하여야 할 사항이 많다. 즉, 거푸집의 형상과 위치가 정확하게 유지되어야 하므로, 거푸집을 고정시키는 거푸집 긴결재(form tie)와 볼트 또는 강봉 등의 조임재 등을 사용하여 고정시켜야 한다. 또 거푸집은 모르타르가 새지 않도록 밀실하게 구성하여야 하며, 거푸집의 이음면은 부재축에 직각인 방향이나 평행한 방향이 되도록 하여야 한다.

한편 거푸집은 콘크리트가 굳은 후 해체하여야 하는데, 해체과정에서 콘크리트 부재에 손상이 발생하지 않도록 하여야 한다. 따라서 콘크리트를 타설하기 전에 거푸집 판재 내면에 박리제를 도포하여야 한다. 거푸집 박리제(form oil)는 콘크리트가 양생된 후 거푸집을 해체할 때 콘크리트와 거푸집이 잘 분리되도록 하는 기름성분의 물질이다. 또, 부재의 모서리는 3.4.6절에 설명한 모따기를 실시하여야 한다. 거푸집을 해체할 때에는 콘크리트 부재에 손상이 발생하지 않도록 조심하여야 하며, 거푸집의 조임재는 거푸집을 해체한 다음 콘크리트 표면에 남아 있지 않도록 제거하여야 한다. 만일 거푸집에 접했던 콘크리트 면이 거칠게 된 경우에는, 구멍이나 기타 결함이 있는 부위를 땜질하여 보수하고 6 mm 이상의 돌기물이 발견되면 이를 제거하여 면을 매끄럽게 마감하여야 한다.

거푸집 널의 재질은 콘크리트 구조물의 특성과 시공현장의 조건을 고려하여 결정하여야 한다. 즉, 한중콘크리트, 서중콘크리트, 매스콘크리트 등 특수 콘크리트는 온도와 관련된 사항을 고려하여 거푸집의 종류를 결정하여야 한다. 콘크리트가 갑자기 냉각되면 콘크리트 내외부의 온도차가 커져서 균열이 발생할 가능성이 높아지므로, 추운 지역에 시공되는 한중콘크리트의 거푸집은 보온성이 좋은 것을 사용하여야 한다. 또 한중콘크리트는 거푸집을 해체할 때에도 콘크리트의 온도가 갑자기 저하되지 않도록 하여야 한다. 더운 지역에 시공되는 서중콘크리트는 콘크리트의 온도상승에 따른 문제가 발생하지 않도록 거푸집을 운영하여야 한다. 또 거푸집이 콘크리트로부터 물을 흡수할 가능성이 있으면 거푸집 내면을 습윤상태로 유지하여야 하며, 직사일광을 받아서 고온이 될 가능성이 있는 경우에는 온도가 높아지지 않도록 적절한 조치를 하여야 한다. 수화열에 의하여 콘크리트 내부의 온도가 높아지는 매스콘크리트는 콘크리트 내부와 표면부의 온도 차이가 커지는 경우에 온도균열이 많이 발생한다. 따라서 매스콘크리트의 거푸집은 보온성이 좋은 것을 사용하고 존치기간은 길게 하여야 하며, 탈형 후 콘크리트 표면의 급랭을 방지하기 위해 양생포 등으로 콘크리트 표면을 일정기간 동안 보온해 주어야 한다. 이러한 특성들을 고려하여 콘크리트 거푸집 널은 콘크리트 거푸집용 합판, 합성수지, 경질섬유판, 알루미늄 패널, 강판 등 다양한 재질을 사용한다.

또 거푸집은 일반적인 용도로 사용하는 거푸집 외에 특수한 거푸집을 사용하기도 한다. 교량 공사에서 교각이나 주탑에 사용하는 특수 거푸집으로는 '슬립폼'과 '클라이밍폼'이 있다. 슬립폼(slip form)은 구조물이 완성될 때까지 또는 소정의 시공구간이 완료될 때까지 연속해서 이동시키는 거푸집 장치이다. 따라서 슬립폼을 사용할 때에는 동바리도 이동이 가능한 '이동식 동바리'를 사용하여야 하는 경우가 많다. 슬립폼의 활동속도는 슬립폼을 떼어낸 직후 콘크리트의 압축강도가 그 부분에 걸리는 전 하중에 견딜 수 있도록 콘크리트의 품질과 시공조건에 따라 결정하여야 한다. 클라이밍폼(climbing form)은 콘크리트 타설의 단계별로 거푸집을 인양(lifting)하여 이동시키는 거푸집 장치이다. 따라서 클라이밍폼은 사용 횟수를 고려하여 충분한 강성과 강도를 확보하여야 하며, 충당 사이클에 적합한 양중방법(lifting method)을 고려하여야 한다. 크레인을 사용하여 클라이밍폼을 인양할 경우에는 최대인양하중 및 크레인의 양중능력을 고려하여야 한다.

[2] 동바리

동바리(support, shore)는 거푸집 내에 타설된 콘크리트가 경화되어 콘크리트 구조체로서 자중과 고정하중 및 시공하중을 저항할 수 있을 때까지 거푸집과 콘크리트의 무게 및 시공하중을 지지할 수 있어야 한다. 동바리는 여러 부재가 조합되어 구성되는데, 그림 3-49(b)와 같이 부재가 배치되는 방향에 따라 수직재, 수평재, 경사재로 구분된다.

수직재는 중력방향으로 작용하는 거푸집과 콘크리트의 무게 및 시공하중을 지지하는 역할을 한다. 수평재는 수직재를 구속하여 수직재의 비지지 길이를 짧게 만들어서 수직재의 좌굴을 방지하고 안정성(stability)을 확보하는 역할을 한다. 그러나 수직재와 수평재만으로 동바리를 구성하면 두 가지 부재가 서로 직각으로 연결되어 비횡구속 골조(unbraced frame)로 거동하므로, 수직방향 하중이 비대칭으로 작용할 때 횡방향 변위가 크게 발생하여 동바리가 불안정한 상태가 될 수 있다. 이러한 경우에는 동바리가 붕괴되는 사고가 발생할 수 있으므로, 동바리가 안정 상태가 되도록 경사재(가새)로 보강하여야 한다. 또 경사재는 공사 중에 작용할 수 있는 횡하중에 대한 저항능력을 높여준다. 즉, 동바리가 설치된 후 태풍이나 강한 바람이 불 때에는 큰 횡하중이 작용하므로, 이에 대한 저항성능이 높은 경사재를 추가하여 동바리의 안전성을 확보하여야 한다. 또 필요하다고 판단될 때는 방풍막을 설치하여 가설구조물의 안전성을 확보하여야 한다.

동바리의 성능 확보를 위해서는 동바리의 구성부재 외에도 부재들 간의 연결성능이 중요하다. 즉, 동바리 부재의 이음부나 접속부 등은 간극이나 느슨한 곳이 생기지 않도록 단단히 연결하여야 한다. 특히 동바리 부재를 이음 하는 곳에서는 축선을 일치시켜야 한다.

한편 동바리는 지반 또는 또 다른 구조물 위에 설치되므로, 동바리가 충분히 튼튼하더라도 지반에서 침하가 발생하거나 지지하는 바닥에서 처짐이 발생하면 동바리로서의 성능이 제대로 발휘될 수 없다. 따라서 동바리를 지지하는 지반이나 바닥은 충분한 강도와 안정성을 가져야 하며, 지반의 침하가 예상되면 지반을 보강하여야 한다. 또 동바리의 기초가 세굴(scouring)될 가능성이 있는 경우에는 특히 물의 처리에 유의하여야 한다.

3.7.2 철근의 가공과 배치 및 허용오차

철근콘크리트 구조물을 시공할 때는 콘크리트를 타설하기 전에 철근이 구조도면에 표시된 위치에 정확하게 배치되어야 하며, 콘크리트를 타설하는 중에 움직이지 않도록 적절하게 고정 지지되어야 한다. 그림 3-50(a)는 콘크리트 피복두께를 확보하기 위한 간격재(spacer) 위에 철근을 수평방향으로 배치하고 결속하여 철근망(steel cage)을 조립하는 모습이다. 이때 철근망의 최 외측 철근과 교차하는

(a) 철근의 배치 및 간격재　　(b) 철근 결속용 갈고리　　(c) 결속된 철근과 결속선

그림 3-50 철근의 배치 및 결속

철근들은 600 mm 이하의 간격으로 최 외측 철근과의 교차점에서 두 철근을 한꺼번에 결속선으로 묶어준다. 그림 3-50(b)는 철근을 결속할 때 사용하는 갈고리이며, 그림 3-50(c)는 결속선과 결속된 철근을 보인다.

그러나 철근을 정확한 위치에 배치하였다고 하더라도 콘크리트를 타설하는 도중에 철근의 위치가 전혀 움직이지 않도록 시공하는 것은 거의 불가능하다. 따라서 설계기준이나 시방서에서는 철근 배치에 대한 허용 오차를 규정하여 허용 오차 이내의 오차를 인정하며, 강도감소계수나 재료계수 등의 적용으로 철근 배치의 오차에 따른 부재 강도의 변동성을 고려하고 있다.

콘크리트구조 학회기준(2017)[3.2]과 KDS 14 20 콘크리트구조 설계기준[3.3]에서는 철근, 긴장재, 덕트를 표 3-24에 나타낸 허용오차 이내에서 규정된 위치에 배치하도록 규정하고 있으나, 책임구조기술자가 특별히 승인한 경우에는 허용오차를 벗어날 수 있도록 하고 있다. 철근, 긴장재, 덕트에 대한 허용오차와 콘크리트 피복두께에 대한 허용오차는 표 3-24와 같이 부재의 유효깊이 d에 따라 규정하고 있다. 즉, 유효깊이 d가 200 mm 이하로 크기가 작은 부재는 철근 위치의 허용오차가 ± 10 mm이고 피복두께의 허용오차가 -10 mm이며, d가 200 mm보다 큰 부재는 철근 위치의 허용오차가 ± 13 mm이고 피복두께의 허용오차가 -13 mm이다.

콘크리트구조 학회기준(2017)[3.2]과 KDS 14 20 콘크리트구조 설계기준[3.3]은 그 외의 경우에 대하여도 허용오차를 규정하고 있는데, 종방향으로 철근을 구부리거나 철근이 끝나는 단부의 허용오차는 ± 50 mm이다. 브래킷과 내민받침의 불연속단에서는 허용오차가 ± 13 mm이며, 그 밖의 부재의 불연속단에서는 허용오차가 ± 25 mm이다. 만일 철근이 설계된 도면상의 배치 위치에서 철근의 지름(d_b) 이상 벗어나야 할 경우에는 책임구조기술자의 승인을 받아야 한다.

교량설계기준(한계상태설계법)[3.4]과 KCS 24 10 콘크리트교량공사 표준시방서[3.29]는 표 3-25와 같이

표 3-24 KDS 14 20의 철근 위치 및 피복두께의 허용오차

유효 깊이에 따른 조건	철근 위치의 허용오차	피복두께의 허용오차[1]
$d \le 200$ mm인 경우	± 10 mm	-10 mm
$d > 200$ mm인 경우	± 13 mm	-13 mm

[1] 다만, 하단 거푸집까지의 순거리에 대한 허용오차는 -7 mm이다. 또한, 모든 경우의 피복두께 허용오차는 도면 또는 구조기준에서 요구하는 최소 피복두께의 -1/3을 초과하지 않아야 한다.

철근배치에 관한 시공 허용오차를 규정하고 있다. 이 표에서 $\Delta t_{c,\,dev}$는 3.4.4절에서 설명한 설계편차 허용량으로 피복두께의 허용오차이다. $\Delta t_{c,\,dev}$는 기본적으로 10 mm이지만, 모니터링 항목에 콘크리트의 피복두께 측정을 포함하는 품질보증 시스템을 적용하는 경우에는 $\Delta t_{c,\,dev}$로 5 mm 이상 10 mm 이하의 값을 사용할 수 있다. 모니터링에 매우 정밀한 측정 장치를 사용하는 프리캐스트 부재 등의 경우에는 $\Delta t_{c,\,dev}$를 0으로 하거나 10 mm 이하의 값을 사용할 수 있다. 피복두께와 관련이 없는 철근으로 바닥판 이외의 부재는 부재 두께의 3%와 30 mm 중 작은 값을 철근 위치의 허용오차로 하며, 바닥판은 10 mm를 철근 위치의 허용오차로 한다.

한편 철근조립을 위해 교차되는 철근은 용접할 수 없다. 철근이 교차되는 경우 교차되는 부분이 움직이지 않도록 살짝 용접하는 것을 점용접(tag welding)이라고 하는데, 철근의 점용접은 철근의 용접 부위를 크게 약화시킬 수 있기 때문에 허용하지 않는 것이다. 그러나 책임구조기술자가 점용접이 철근의 특성을 크게 손상시키지 않을 것으로 판단하고 승인한 경우에는 용접할 수 있다. 그 외에는 일반 철근에 대한 용접이 허용되지 않으므로, 철근에 용접이 필요한 경우에는 용접용 철근을 사용하여야 한다. 다만 구조물의 증축 등으로 기존 콘크리트 구조물에 배치된 일반구조용 철근과 새로운 철근을 연결할 때는 기존 철근의 탄소당량을 검토하여 조건에 따라 용접용 철근과 용접이음 할 수 있다. 이때의 용접 가능 조건은 콘크리트구조 학회기준(2017)과 KDS 14 20 콘크리트구조 설계기준의 규정에 따라야 한다. 이에 대하여는 10장 10.4.3절 [2]항과 [3]항에 자세히 설명되어 있다.

표 3-25 교량설계기준(한계상태설계법)과 교량공사 표준시방서의 철근 위치 허용오차

조건	피복두께와 관련 없는 철근 위치의 허용오차	피복두께를 결정하는 철근 위치의 허용오차
바닥판 이외의 부재	부재 두께의 ±3% 또는 ±30 mm 중 작은 값	$-\Delta t_{c,\,dev}$
바닥판	±10 mm	$-\Delta t_{c,\,dev}$

3.7.3 콘크리트의 배합과 비비기

콘크리트는 압축강도를 충분히 확보할 수 있도록 배합하는 것이 중요하다. 콘크리트의 압축강도를 높이려면 시멘트의 양을 증가시켜야 되는데, 시멘트의 양이 증가되면 수화열과 크리프가 증가한다. 또 시멘트의 양을 증가시키면서 물-시멘트 비를 낮추지 않는다면, 물의 양이 증가하여 건조수축이 증가하는 결과가 된다. 따라서 압축강도를 확보할 수 있는 범위 내에서 수화열, 크리프, 수축이 과도하게 커지지 않도록 단위 시멘트량을 최소화할 필요가 있다.

콘크리트의 압축강도를 높이려면 물-시멘트 비를 감소시키면 되지만, 물-시멘트 비가 줄어들면 콘크리트의 유동성이 떨어져서 콘크리트를 시공하기가 어려워진다. 따라서 물의 양은 콘크리트의 압축강도와 유동성을 확보할 수 있는 정도를 사용하여야 하는데, 압축강도와 유동성 확보를 위하여 물의 양을 줄이면서 유동화제 등 혼화재료를 사용하는 방안을 고려할 수 있다. 콘크리트의 유동성은 KS F 2402(콘크리트의 슬럼프 시험법)[3.30]에 따라 측정한 슬럼프 값으로 나타낸다. 그림 3-51은 콘크리트의

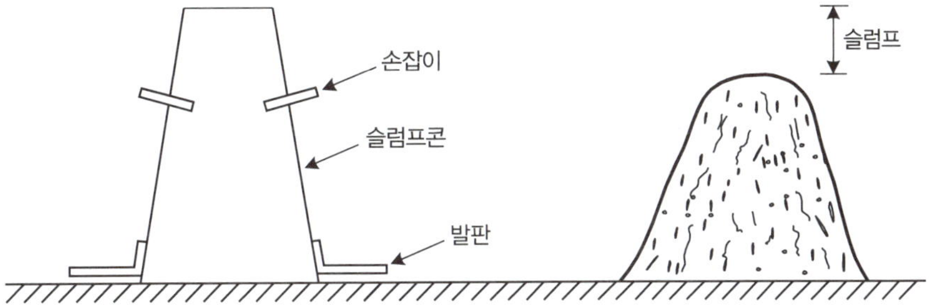

그림 3-51 슬럼프 시험

슬럼프 시험법을 나타내는데, 그림 3-51(a)와 같이 윗면 안지름이 100 *mm*이고 밑면 안지름이 200 *mm*이며 높이가 300 *mm*인 깔때기 모양의 금속제 기구인 슬럼프콘(slump cone)을 사용한다. 이 슬럼프 콘에 비빈 콘크리트를 넣고 슬럼프 콘을 들어 올려서 그림 3-51(b)와 같이 허물어진 높이를 측정하여 슬럼프 값으로 한다. 이 시험법이 슬럼프 시험법의 표준으로 개발되는 과정에서 초창기 연구자들의 많은 시도가 있었다. 즉, Chapman, Davis, Abrams 등 여러 연구자가 콘크리트의 압축강도 시험용 실린더 몰드(mold)나 다른 형상의 기구를 사용하는 방법들을 시도하였지만 만족할 만한 결과를 얻지는 못하였다. 그 후 1920년에 Roman[3.31]이 물-시멘트 비와 슬럼프 값이 선형(linear) 관계를 나타내는 깔때기 모양의 슬럼프콘(slump cone)을 제시한 후, 1922년에 미국 표준인 ASTM에 콘크리트의 슬럼프 시험법 표준으로 채택되어 현재까지 사용되고 있다. Roman은 여러 크기의 원뿔형(cone) 깔때기 모양의 금속제 기구를 시도해 본 후, 윗면 안지름, 밑면 안지름, 높이가 각각 4 inch(101.6 *mm*), 8 inch(203.2 *mm*), 12 inch(304.8 *mm*)인 제원을 제시하였다.

그러나 콘크리트가 다짐 없이도 거푸집에 충전되는 자기 충전성(self-compacting ability)이 필요할 때 사용되는 고유동 콘크리트는 이 시험법에 의한 슬럼프 값으로 유동성을 나타내는 것이 적합하지 않다. 이때에는 허물어진 높이를 측정하는 대신 콘크리트가 퍼진 후의 지름을 측정하는 방법을 사용한다. 이것을 슬럼프 플로(slump flow) 시험이라고 하는데, 원형으로 넓게 퍼진 콘크리트의 최대 지름과 이에 직교하는 지름을 평균하여 슬럼프 플로 값을 결정하고 유동성을 판단한다.[3.32] 일반적으로 슬럼프 플로가 600 *mm* 이상인 경우에는 다짐 작업 없이 타설이 가능하다. 그러나 슬럼프 플로가 700 *mm* 이상인 경우에는 펌프압송이나 타설 중에 재료 분리가 발생하기 쉽기 때문에 주의할 필요가 있다. 슬럼프 플로가 500~600 *mm* 범위일 때는 유동성이 부족하여 다짐 작업 없이는 충분한 충전성을 확보하지 못할 수 있으나, 추가로 다짐 작업에 의해 자기 충전이 가능하다. 또한 고유동 콘크리트는 재료 분리의 가능성을 검토하여야 하는데, 재료 분리 저항성은 500 *mm* 슬럼프 플로 도달 시간(reaching time of slump flow), 즉 500 *mm*의 슬럼프 플로에 도달하는데 걸리는 시간을 기준으로 검증한다.

한편 시멘트의 양과 물의 양은 콘크리트의 크리프와 수축에 큰 영향을 주는데, 크리프와 수축은 콘크리트 구조물의 장기변형을 유발하여 장기적으로 구조물의 처짐이 증가하게 된다. 이와 같은 현상은 사용성 측면에서 바람직하지 않으므로, 가능하면 콘크리트의 크리프와 수축이 적게 발생하는 배합을 고려할 필요가 있다.

또한 근래에는 구조물의 경제성을 평가할 때 공사비만을 대상으로 하지 않고, 유지관리비도 경제성 평가 항목으로 반영하는 생애주기비용(life cycle cost)이 중요한 관점이 되고 있다. 따라서 콘크리트 구조물이 오랜 기간 동안 구조성능을 유지할 수 있도록 내구성이 좋은 콘크리트가 되는 배합을 고려할 필요가 있다.

배합되어 반죽된 콘크리트는 믹서(mixer) 안에서 균질하게 될 때까지 충분히 비벼야 한다. 믹서는 비빈 콘크리트를 배출할 때 재료분리를 일으키지 않는 것이어야 하는데, 일반적으로 가경식 믹서와 강제식 믹서를 주로 사용한다. 가경식(可傾式) 믹서(tilting mixer)는 믹서의 몸체를 기울여 뒤섞으면서 콘크리트를 토해 내는 형식의 믹서로 가동식(可動式) 믹서 또는 중력식(重力式) 믹서라고도 하며, 비교적 슬럼프 값이 큰 콘크리트에 사용한다. 강제식 믹서(强制式, pan mixer)는 내부에 설치된 비빔구동장치를 이용하여 재료를 강제로 동력에 의해 비비는 믹서로, 혼합성능이 가경식 믹서보다 좋으므로 슬럼프 값이 작은 콘크리트에도 사용할 수 있다.

콘크리트 믹서에 재료를 넣는 순서는 미리 적절하게 정해 놓아야 하며, 비비기를 시작하기 전에 미리 믹서 내부를 모르타르로 부착시켜야 한다. 콘크리트의 비비기 시간은 믹서 안에 재료를 투입한 후 가경식 믹서일 경우에는 1분 30초 이상, 강제식 믹서일 경우에는 1분 이상을 표준으로 하여 시험에 의해 비비기 시간을 정하여야 한다. 단, 비비기는 미리 정해 둔 비비기 시간의 3배를 초과하지 않아야 한다. 한 번의 비비기가 끝난 후에는 믹서 안의 콘크리트를 전부 꺼내야 하며, 전부 꺼낸 후가 아니면 믹서 안에 다음번의 비비기를 위한 재료를 넣지 말아야 한다. 비벼놓아 굳기 시작한 콘크리트는 되비빔(re-mixing)하여 사용하면 안 되며, 믹서는 사용 전후에 충분히 청소하여야 한다.

3.7.4 콘크리트의 품질기준강도와 호칭강도 및 배합강도

콘크리트를 시공하기 위하여 콘크리트를 생산할 때에는 배합강도를 기준으로 하며, 배합강도의 설정은 KCS 14 20 콘크리트공사 표준시방서[3.13]에 따라 다음과 같이 품질기준강도에 기온보정강도를 더한 호칭강도를 변수로 한다.

[1] 콘크리트 품질기준강도

콘크리트의 품질기준강도 f_{cq}는 다음과 같이 설계기준압축강도 f_{ck}와 내구성 설계를 반영한 내구성기준압축강도 f_{cd}, 즉 3.3.6절 표 3-4의 최소 설계기준압축강도 중에서 큰 값으로 정한다.

$$f_{cq} = \max(f_{ck},\ f_{cd}) \qquad (3 \cdot 92)$$

여기서 내구성기준압축강도의 기호 f_{cd}는 KDS 24 14 21 콘크리트교 설계기준(한계상태설계법)에서 콘크리트 설계압축강도로 정의한 f_{cd}와 동일한 기호이지만 의미는 전혀 다른 것이다. 식 (3·92)에 따라 결정된 콘크리트의 품질기준강도 f_{cq}는 콘크리트구조물의 설계와 시공에 적용된다. 즉, 내구성기준압축강도 f_{cd}가 설계기준압축강도 f_{ck}보다 크다면, 내구성기준압축강도 f_{cd}를 품질기준강도 f_{cq}로 설정하고 설계기준압축강도 f_{ck}를 대신하여 f_{cq}의 값을 설계에 적용한다. 콘크리트의 시공에서는 다음에 소개하는 콘크리트 호칭강도와 배합강도의 결정에 품질기준강도 f_{cq}가 이용된다.

[2] 콘크리트 호칭강도

공장에서 미리 배합한 레디믹스트 콘크리트(ready mixed concrete), 약칭 레미콘은 굳지 않은 콘크리트 상태로 제조 및 생산되어 건설현장에 운반되고, 구조물에 맞게 제작된 거푸집의 내부에 타설되어 경화됨으로 강도를 발휘한다. 이러한 레디믹스트 콘크리트는 양생방법, 온도, 습도, 타설 및 다지기 등 현장의 환경조건에 따라 강도가 큰 편차를 보일 수 있다. 그러나 건설현장의 환경조건에 대한 정보를 갖지 못하는 레미콘 생산자가 환경조건에 따라 달라질 수 있는 품질변동까지 고려하여 콘크리트를 배합하는 것은 현실적으로 가능하지 않다. 따라서 레디믹스트 콘크리트 사용자는 건설현장의 환경을 고려하여 구조물의 콘크리트 타설 때로부터 콘크리트 강도측정 때까지의 기간 동안 예상되는 평균기온을 파악하고, 그에 따른 콘크리트의 기온보정강도를 더하여 레미콘을 주문하여야 한다. 즉, 레디믹스트 콘크리트를 주문할 때에는 세 가지 중요한 변수를 호칭하여 주문하게 되는데, 그 중에서 압축강도를 나타내는 용어가 '호칭강도'이다. 세 가지 중요한 변수는 굵은골재 최대치수, 호칭강도, 슬럼프 값으로, 예를 들어 '20-30-120'이라고 하면 굵은골재 최대치수가 20 mm이고, 호칭강도가 30 MPa이며, 슬럼프 값이 120 mm인 레디믹스트 콘크리트를 의미한다.

KCS 14 20 콘크리트공사 표준시방서[3.13]는 호칭강도 f_{cn}을 다음 식으로 결정하도록 규정하고 있다.

$$f_{cn} = f_{cq} + T_n \tag{3·93}$$

여기서 T_n은 MPa 단위의 기온보정강도로 표 3-26에 따라 적용한다. 예를 들어 EC2의 탄산화 노출

표 3-26 기온에 따른 콘크리트의 강도 보정값, T_n

결합재 종류	재령	재령 기간 동안 예상되는 평균기온		
보통포틀랜드 시멘트 플라이 애시 시멘트 1종	28일	18℃ 이상	8℃ 이상 18℃ 미만	4℃ 이상 8℃ 미만
	42일	12℃ 이상	4℃ 이상 12℃ 미만	-
	56일	7℃ 이상	4℃ 이상 7℃ 미만	-
플라이 애시 시멘트 2종	28일	18℃ 이상	10℃ 이상 18℃ 미만	4℃ 이상 10℃ 미만
	42일	13℃ 이상	5℃ 이상 13℃ 미만	4℃ 이상 5℃ 미만
	56일	8℃ 이상	4℃ 이상 8℃ 미만	-
고로 슬래그 시멘드 2종	28일	18℃ 이상	13℃ 이상 18℃ 미만	4℃ 이상 13℃ 미만
	42일	14℃ 이상	4℃ 이상 14℃ 미만	4℃ 이상 10℃ 미만
	56일	10℃ 이상	5℃ 이상 10℃ 미만	4℃ 이상 5℃ 미만
보정값 T_n		0	3 MPa	6 MPa

범주에 해당하는 환경조건의 구조물을 설계한다면 표 3-4에 따라 EC2의 내구성기준압축강도 f_{cd}는 24 MPa인데, 콘크리트의 설계기준압축강도 f_{ck}로 27 MPa을 선정하였다면 품질기준강도 f_{cq}는 두 값 중 큰 값인 27 MPa이다. 시멘트로는 보통 포틀랜드 시멘트를 사용하고 재령 28일을 기준으로 콘크리트 압축강도를 관리할 때, 현장에서 콘크리트를 타설하는 시기로부터 콘크리트 압축강도를 측정하는 시기인 28일 동안 예상되는 평균기온이 14℃라면 표 3-26에 따라 기온보정강도 T_n은 3 MPa이다. 따라서 호칭강도 f_{cn}은 식 (3·93)에 따라 27 MPa에 3 MPa을 더한 30 MPa이 된다.

한편 KCS 14 20 콘크리트공사 표준시방서는 레디믹스트 콘크리트 뿐만 아니라 현장배치 플랜트로 생산되는 콘크리트에도 기온보정강도 T_n을 고려하여 배합할 수 있도록 규정하고 있다. 즉, 현장배치 플랜트인 경우에도 식 (3·93)에 따른 호칭강도 f_{cn}을 이용하여 배합강도를 결정할 수 있다.

[3] 콘크리트 배합강도

콘크리트는 동일한 물-결합재비를 갖더라도 실제 사용하는 재료의 종류, 품질변동, 계량오차, 설비조건 등에 따라 압축강도가 달라질 수 있다. 따라서 콘크리트를 생산할 때에는 품질기준강도보다 작은 값의 강도가 나오는 빈도를 최소화하기 위하여 배합강도를 설정하고, 배합강도가 확보되도록 배합하여야 한다. 배합강도의 정확한 의미는 평균소요배합강도(required average compressive strength)이다. 배합강도는 KDS 14 20 콘크리트구조 설계기준과 KCS 14 20 콘크리트공사 표준시방서에 따라, 콘크리트를 생산하는 일정한 조건에서 수행한 30개의 연속시험 기록으로 구한 표준편차(standard deviation) s를 이용하여 결정한다. 만일 표준편차를 구한 시험횟수가 15개 이상 29개 이하일 때는 표 3-27의 보정계수를 곱하여 보정한 표준편차 s를 적용하여야 한다. 표에 명시되지 않은 시험횟수에 대해서는 직선보간하여 보정계수를 결정한다.

시험횟수가 14회 이하이거나 시험 기록이 없는 경우에는 설계기준압축강도에 따라 표 3-28에 제시된 수식을 적용하여 배합강도 f_{cr}을 결정한다. 배합강도 f_{cr}은 기본적으로 다음 식을 적용한다. 이 식은 연속 3회 실시한 시험의 평균값이 호칭강도 f_{cn} 이하가 될 확률이 1%가 되게 하려는 조건이다.

$$f_{cr} = f_{cn} + 1.34s \tag{3·94}$$

또한, 호칭강도 35 MPa을 기준으로 구분한 두 번째 식을 적용하여 배합강도 f_{cr}을 결정한다. 호칭강도가 35 MPa 이하인 경우는 f_{cn}을 3.5 MPa 이상 밑도는 확률이 1%가 되게 하려는 조건인 다음 식과 식 (3·94)로 계산된 두 값 중 큰 값으로 배합강도 f_{cr}을 결정한다.

$$f_{cr} = (f_{cn} - 3.5) + 2.33s \tag{3·95}$$

호칭강도가 35 MPa를 초과하는 경우는 개개의 시험값이 $0.9f_{ck}$ 이하가 될 확률이 1%가 되게 하려는 조건인 다음 식과 식 (3·94)로 계산된 두 값 중 큰 값으로 배합강도 f_{cr}을 결정한다.

$$f_{cr} = 0.9f_{cn} + 2.33s \tag{3·96}$$

표 3-27 표준편차에 대한 보정계수

시험횟수	표준편차의 보정계수
15	1.16
20	1.08
25	1.03
30 이상	1.00

표 3-28 시험횟수가 14회 이하이거나 기록이 없는 경우의 배합강도

호칭강도 f_{cn}	배합강도 f_{cr}
$f_{cn} < 21\ MPa$	$f_{cr} = f_{cn} + 7\ MPa$
$21\ MPa \le f_{cn} \le 35\ MPa$	$f_{cr} = f_{cn} + 8.5\ MPa$
$35\ MPa < f_{cn}$	$f_{cr} = 1.1 f_{cn} + 5\ MPa$

그림 3-52는 시험 기록의 변동계수(coefficient of variation) V에 따른 배합강도를 나타낸다. 여기서 변동계수는 시험 기록의 표준편차를 평균값으로 나눈 값이다. 그림 3-52에 나타난 바와 같이 변동계수 V가 작을수록 시험 기록의 편차가 작아서 호칭강도 f_{cn}에 대한 소요배합강도 f_{cr}이 작다. 즉, 식 (3·94)에 따라 소요배합강도 f_{cr}을 결정하면, 변동계수 V가 0.1인 경우의 소요배합강도 f_{cr1}은 f_{cn}의 1.15배이며, V가 0.15인 경우의 소요배합강도 f_{cr2}은 f_{cn}의 1.25배이고, V가 0.2인 경우의 소요배합강도 f_{cr3}은 f_{cn}의 1.37배이다. 다시 말하면 품질관리 수준이 낮을수록 목표로 하는 평균배합강도가 높아진다는 것이다.

배합강도의 발현여부는 20±2°C의 수중에서 양생하는 표준양생조건에서 강도관리를 기준으로 하는 재령에서의 압축강도로 검증한다.

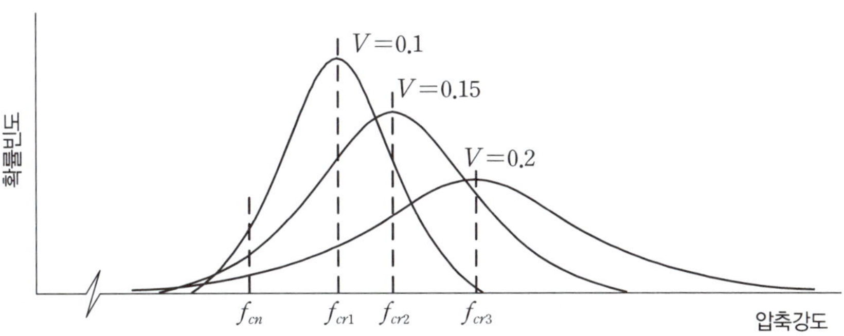

그림 3-52 변동계수 V에 따른 배합강도

3.7.5 콘크리트의 운반과 타설 및 다지기

콘크리트의 타설은 구조물의 형태를 만들기 위해 거푸집에 콘크리트를 채워 넣는 작업을 말한다. 이때 콘크리트는 시공 현장에서 가까운 콘크리트 생산 공장에서 만들어서 운반한 레미콘(ready-mixed concrete)을 사용하거나, 시공 현장 또는 그 인근에 콘크리트 생산 시설(batch plant)을 만들고 여기서 생산된 콘크리트를 사용한다. 생산된 콘크리트는 1시간 30분 이내에 타설이 완료되어야 하므로, 일반적으로 1시간 이내에 운반할 수 있는 거리에 위치한 곳에서 생산된 콘크리트를 사용한다. 레미콘인 경우에는 공장에서 배합되고 비벼서 생산된 콘크리트가 운반하는 도중에 굳지 않도록 레미콘 차량을 운행하는 동안에 콘크리트 통을 돌려주어 콘크리트를 뒤섞는 작업(agitating)을 하여야 한다. 시공 현장에서는 레미콘 차량으로 도착한 콘크리트나 시공 현장 또는 그 인근에서 생산된 콘크리트를 거푸집이 설치된 위치까지 운반한 후 타설하게 된다. 이때의 콘크리트 운반은 콘크리트 버킷, 콘크리트 펌프, 콘크리트 플레이서, 콘크리트 벨트컨베이어, 콘크리트 슈트 등의 장치를 사용한다.

콘크리트 버킷(concrete bucket)을 이용한 운반은 통(bucket)을 이용하는 방식으로, 버킷에 콘크리트를 담아 운반한 후 최종 배출할 때 재료분리가 발생하지 않도록 하여야 한다. 콘크리트 펌프(concrete pump)를 이용한 운반은 기계장치로 압력을 주어 수송관을 통하여 콘크리트를 압송하는 방식이다. 콘크리트 펌프를 사용할 때에는 콘크리트의 품질, 타설 장소, 1회 타설 양 등을 고려하여 적절한 기종의 펌프를 선정하여야 한다. 수송관을 배치할 때에는 철근, 거푸집, 동바리에 유해한 진동이나 변형을 주지 않도록 하여야 한다. 또 수송관이 콘크리트로 막히지 않도록 압송조건을 결정하여야 한다. 근래에는 압송차량(押送車輛, pump car)을 이용하여 압송하는 방법을 많이 사용하는데, 굵은골재의 크기가 매우 크면 압송하기가 어려우므로 이를 사전에 검토할 필요가 있다. 콘크리트 플레이서(concrete placer)를 이용한 운반은 압축 공기로 콘크리트를 압송하며 수송관을 통하여 운반하는 방식이다. 콘크리트 벨트컨베이어(concrete belt conveyer)를 이용한 운반은 계속 움직이는 벨트를 이용하여 콘크리트를 운반하는 방식으로, 벨트컨베이어의 끝부분에는 조절판 및 깔때기를 설치하여 재료분리를 방지하여야 한다. 콘크리트 슈트(concrete chute)를 이용한 운반은 홈통 형태의 슈트를 이용하여 콘크리트를 운반하는 방식으로, 슈트는 수직방향 또는 경사방향으로 사용할 수 있다. 슈트를 이용한 운반은 간단한 설비로 비교적 넓은 범위에 운반 배분할 수 있는 장점이 있으나, 콘크리트의 재료분리가 발생하기가 쉬운 단점도 있다. 슈트를 사용하는 경우에는 원칙적으로 연직슈트를 사용하여야 하며, 연직슈트는 깔때기 등을 이어서 사용하여 재료분리가 적게 일어나도록 하여야 한다. 부득이 경사슈트를 사용하는 경우에는 특히 재료분리가 일어나지 않도록 유의하여야 하며, 이를 위하여 슈트의 경사가 수평 2에 대하여 연직 1 정도가 되도록 하는 것이 일반적이다.

콘크리트 타설은 비가 오거나 강풍이 불 때 실시하면 안 된다. 콘크리트를 타설할 때에는 타설하기 전에 철근, 거푸집, 동바리 등이 시공 상세도와 철근 조립도에 정해진 대로 배치되었는지를 확인하여야 한다. 또 미리 타설 설비와 거푸집 내부를 청소하여 콘크리트 속에 이물질이 들어가지 않도록 하여야 한다. 만일 콘크리트의 수분을 흡수할 염려가 있다고 판단되면 그 부분을 미리 습윤 상태로 만들어 놓아야 한다. 콘크리트가 타설될 터파기 안에 물이 있다면 타설 전에 물을 제거하여야 하며, 터파기 안에 물이 흘러 들어오지 않도록 하여 새로 타설한 콘크리트가 흘러 들어오는 물에 씻기지 않도록 하여야 한다. 만일 콘크리트 타설 도중 표면에 떠올라 고인 블리딩수(bleeding water)가 발견된 경우에는 블리딩수를 제거한 후 콘크리트 타설작업을 진행하여야 한다.

콘크리트를 거푸집 안에 채울 때에는 콘크리트를 어느 정도의 높이에서 떨어뜨리듯이 타설하게 될 때가 있다. 이때 타설면까지의 자유낙하 높이가 너무 높으면 충격에 의하여 재료분리가 발생할 수 있으므로, 자유낙하 높이는 1.5 m를 넘지 않도록 하는 것이 좋다.

콘크리트의 타설 순서는 여러 사항을 고려해서 결정하여야 한다. 즉, 콘크리트의 타설로 인하여 거푸집과 동바리에 유해한 침하가 발생하지 않도록 하여야 하며, 먼저 타설된 콘크리트에 유해한 균열이 발생하지 않도록 침하량이 큰 부분부터 타설하는 것이 좋다. 또, 경사면에 타설할 경우에는 낮은 쪽부터 타설하는 것이 일반적이며, 여러 층으로 나누어 타설할 때에는 충분히 다짐을 할 수 있도록 적당한 층 두께로 타설하여야 한다. 콘크리트를 2층 이상으로 나누어 타설할 경우, 상층의 콘크리트는 원칙적으로 하층의 콘크리트가 굳기 시작하기 전에 타설하여야 하며 상층과 하층이 일체가 되도록 시공하여야 한다. 따라서 콘크리트를 나누어 타설할 때에는 콜드조인트가 발생하지 않도록 하나의 시공구획의 면적, 콘크리트의 공급능력, 이어치기 허용시간 간격 등을 정하여야 한다. 일반적으로 이어치기 허용시간 간격은 외기온도가 25℃를 넘은 경우에는 2시간, 25℃ 이하인 경우에는 2시간 30분을 표준으로 한다. 여기서 콜드조인트(cold joint)는 먼저 타설한 콘크리트가 경화를 시작한 후 그 위에 새로운 콘크리트가 타설되어 두 부분이 일체화 되지 않은 불연속면을 말한다.

콘크리트는 거푸집 안에 빈 공간이 없도록 밀실하게 채워져야 하므로 콘크리트 타설 과정에서 나무망치 등으로 거푸집을 두드리거나 막대기 형상의 봉상(棒狀) 진동기(振動機, vibrator), 즉 내부 진동기를 사용하여 진동을 준다. 이러한 작업을 다지기(compaction)라고 한다. 콘크리트의 다지기는 내부 진동기를 쓰는 것을 원칙으로 한다. 그러나 얇은 슬래브 등과 같이 내부 진동기를 사용하기 곤란한 곳에서는 거푸집 진동기를 병용하는 것이 일반적이다. 그림 3-53은 펌프와 수송관을 이용하여 콘크리트를 타설하고 다지기를 하는 모습이다.

콘크리트의 다지기는 콘크리트가 굳기 시작하기 전에 종료하여야 하며, 콘크리트 내부에 배치된 철근망에 직접 진동기를 대고 진동을 주면 안 된다. 또 내부 진동기는 콘크리트에서 천천히 빼야 하며, 진동기를 뺀 후에는 콘크리트에 구멍이 남아 있지 않도록 하여야 한다. 내부 진동기는 수직방향으로 움직이며 진동을 주어야 하며, 삽입간격은 일반적으로 0.5 m 이하로 하는 것이 좋고, 1개소 당 진동시간은 5~15초로 하는 것이 좋다. 단면의 두께가 급격히 변하는 경계부나 철근의 상부에서는 콘크리트 침하균열이 발생하기 쉬운데, 콘크리트가 굳기 전에 침하균열이 발생한 경우에는 즉시 다짐이나 재진동을 실시하여 균열을 제거하여야 한다. 만일 재진동이 필요한 경우에는 콘크리트에 유해한 영향이 생기지 않도록 응결이 시작되기 전에 실시하여야 한다.

(a) 콘크리트 타설

(b) 진동기를 이용한 콘크리트 다지기

그림 3-53 펌프와 수송관을 이용한 콘크리트 타설과 다지기

3.7.6 콘크리트의 양생과 품질검사

콘크리트를 타설한 후 콘크리트가 굳을 때까지 적당한 수분을 유지하고 충격으로 변형되지 않도록 하며, 너무 낮은 온도가 되지 않도록 보호하고 관리하는 작업을 양생(養生, curing)이라고 한다. 초기재령에서의 양생조건은 콘크리트의 강도에 크게 영향을 주므로 콘크리트의 양생은 콘크리트의 품질에 매우 중요한 요인이다.

콘크리트의 양생조건으로 가장 중요한 것은 습도와 온도이다. 콘크리트가 너무 일찍 건조되면 강도가 발현되지 않으므로 콘크리트 내부의 수분이 너무 빨리 증발되지 않도록 하여야 한다. 수분이 너무 빨리 증발되지 않으려면 콘크리트 주위의 습도가 높아야 하므로, 양생포라고 부르는 천으로 콘크리트를 덮고 물을 뿌려주어 습도를 유지시킨다. 이러한 양생방법을 습윤 양생(濕潤 養生, moisture curing)이라고 한다. 습윤 양생을 할 때에는 일반적으로 처음 7일 동안 습도를 유지하도록 양생하고 콘크리트가 손상을 받지 않도록 보호하는데, 중요한 공사에서는 14일 이상 보호하기도 한다.

콘크리트의 양생기간 동안에 콘크리트의 온도가 낮으면 강도 발현이 제대로 되지 않는다. 특히 양생 초기에 콘크리트가 대략 5℃ 이하의 온도에서 양생되는 경우에는 강도 발현이 매우 저조하게 된다. 또, 굳지 않은 콘크리트가 얼게 되면 그 후 양생을 계속하더라도 강도는 그다지 증진되지 않는다. 이러한 경우를 콘크리트가 초기동해(初期凍害)를 입었다고 표현한다. 따라서 대기의 온도가 5℃ 이하인 경우에는 콘크리트 양생에 매우 불리한 상태이므로 콘크리트 타설 및 양생 계획을 미리 검토하여야 한다.

이와 같이 콘크리트의 강도와 품질을 높이기 위해서는 높은 습도와 온도를 유지시키는 것이 중요하므로, 콘크리트를 타설한 후 천막을 치고 그 내부에 증기를 공급하여 양생하는 방법을 사용하기도 한다. 이러한 양생 방법을 증기 양생(蒸氣 養生, steam curing)이라고 한다. 증기 양생은 물을 끓이는 시설과 증기를 운반하는 관(pipe)이 필요하므로 일반적으로 프리캐스트 공장에 증기 양생 시설을 설치한다. 증기 양생을 하는 경우에는 증기를 공급함에 따라 습도가 높은 상태에서 콘크리트의 온도가 올라가게 되고, 증기의 공급을 중단한 후 천막을 제거하면 대기 온도와 유사한 온도로 콘크리트의 온도가 낮아지게 된다. 이때 너무 빠른 속도로 콘크리트의 온도가 변화하는 것은 바람직하지 않으므로 이를 결정하는 것이 중요하다. 특히 너무 빠른 속도로 온도가 낮아지면 균열이 발생하는 등 콘크리트에 해로운 영향을 주므로 온도 하강 속도에 대하여 미리 검토하고 결정하여야 한다.

콘크리트 시공에서의 품질관리는 콘크리트를 타설하기 전의 콘크리트 받아들이기 품질관리와 콘크리트가 경화된 후의 압축강도에 의한 콘크리트의 품질검사로 나누어 실시한다. 콘크리트 받아들이기 품질관리로는 콘크리트를 타설하기 전에 표 3-29에 따라 품질검사를 실시하고 판정한다.[3.13] 표 3-29는 콘크리트 받아들이기 품질검사의 일부 항목이며, 표 3-29에 명시된 항목 외에 콘크리트 배합과 펌퍼빌리티(pumpability, 펌프 압송 성능)도 품질검사 항목에 포함된다.

압축강도에 의한 콘크리트의 품질관리 검사는 시험실에서 표준양생한 공시체를 기준으로 하여 표 3-30에 따라 실시하고 판정한다. 각 날짜에 타설한 각 등급의 콘크리트 강도시험용 공시체의 시료 채취는 하루에 1회 이상, 120 m^3 당 1회 이상, 슬래브나 벽체의 표면적 500 m^2 마다 1회 이상, 배합이 변경될 때마다 1회 이상 실시하여야 한다. 여기서 1회는 똑같은 콘크리트 시료로 제작한 공시체 3개를 의미하며, 압축강도 시험값은 3개 공시체의 압축강도 시험값의 평균값으로 한다. 만일 사용한 콘크리트의 전체량이 40 m^3보다 적을 경우, 책임구조기술자의 판단으로 만족할 만한 강도라고 인정될 때는 강도시험을 생략할 수 있다.

콘크리트구조 학회기준(2017)[3.2]과 KDS 14 20 콘크리트구조 설계기준[3.3]은 실제 구조물에서 콘크리트의 보호와 양생의 적절함을 검토하기 위하여 필요하다고 판단되면, 책임구조기술자가 현장 상태에서 양생된 공시체 강도의 시험을 요구할 수 있도록 규정하고 있다. 즉, 현장 양생의 적합성을 판단하기 위한 합리적인 판정기준이 필요한 경우, 시험실에서 양생하는 공시체 외에 추가로 공시체를 현장에서 양생하고 압축강도시험을 실시는 것이다. 현장에서 양생되는 시험공시체는 시험실에서 양생되는 시험공시체와 똑같은 시간에 같은 시료로 만들어야 한다. 현장에서 양생한 공시체에 대한 압축강도시험으로 얻은 압축강도는 설계기준압축강도 f_{ck}와 비교하는 것이 아니라, 실험실에서 양생한 공시체의 압축강도와 상대적으로 비교한다. 압축강도의 시험결과로 현장에서 양생된 공시체의 강도가 표준 실험실에서 수행한 습윤양생 공시체 강도의 85% 이상이 되면 적합하게 양생된 것으로 판정한다. 그러나 현장 양생 공시체의

표 3-29 콘크리트의 받아들이기 품질검사

항목	시험·검사 방법	시기·횟수	판정기준
굳지 않은 콘크리트의 상태	외관 관찰	콘크리트 타설 개시 및 타설 중 수시로 함	워커빌리티가 좋고, 품질이 균질하며 안정할 것
슬럼프	KS F 2402의 방법	최초 1회 시험을 실시하고, 이후 압축강도 시험용 공시체 채취 시 및 타설 중에 품질변화가 인정될 때 실시	KS F 4009의 슬럼프 허용오차 이내
슬럼프 플로	KS F 2594의 방법		KS F 4009의 슬럼프 플로 허용오차 이내
공기량	KS F 2409의 방법 KS F 2421의 방법 KS F 2449의 방법		허용오차: ±1.5 %
온도	온도측정		정해진 조건에 적합할 것
단위질량	KS F 2409의 방법	필요한 경우 별도로 정함	정해진 조건에 적합할 것
염화물 함유량	KS F 4009 부속서 A의 방법	바닷모래를 사용할 경우 2회/일, 필요한 경우 별도로 정함	KS F 4009에 따름

표 3-30 시험실에서 양생한 공시체의 압축강도에 의한 콘크리트의 품질검사

종류	항목	시험·검사방법	시기 및 횟수[1]	판정기준	
				$f_{ck} \leq 35\ MPa$	$f_{ck} > 35\ MPa$
설계기준 압축강도로부터 배합을 정한 경우	압축강도 (일반적인 경우 재령 28일)	KS F 2405의 방법[1]	1회/일, 구조물의 중요도와 공사의 규모에 따라 100m^3 마다 1회, 또는 배합이 변경될 때 마다	•연속3회 시험값의 평균이 기준압축강도 이상 •1회 시험값이(기준압축강도−3.5MPa) 이상	•연속3회 시험값의 평균이 기준압축강도 이상 •1회 시험값이 기준압축강도의 90% 이상
그 밖의 경우				압축강도의 평균값이 소요의 물-결합재비에 대응하는 압축강도 이상일 것	

(1) 1회의 시험값은 공시체 3개의 압축강도 시험값의 평균값

압축강도가 실험실 양생 공시체 압축강도의 85% 미만이라도 추가 조건을 만족하면 적합하게 양생된 것으로 판정한다. 여기서 추가 조건은, f_{ck}가 35 MPa 이하인 경우에는 f_{ck}보다 3.5 MPa를 더 초과하였을 때, f_{ck}가 35 MPa을 초과하는 경우에는 f_{ck}의 10%를 초과하였을 때로, 이러한 때에는 현장 양생 공시체의 결과가 만족스러운 것으로 간주한다. 만일 현장 양생이 적합하지 않다고 판정되면 콘크리트의 양생 방법과 보호절차를 개선하여야 한다.

시공된 구조물의 콘크리트 강도가 현저히 부족하다고 판단될 때나 계산에 의해 하중저항 능력이 크게 감소되었다고 판단될 때에는, 문제가 되는 부분에서 콘크리트 코어(core)를 채취하고 채취된 코어에 대한 압축강도시험을 실시하여 강도를 추정할 수 있다. 다만 코어의 채취과정에서 코어가 손상되면 신뢰할 수 있는 압축강도를 얻을 수 없으므로, 코어가 손상되지 않도록 주의하여 채취하여야 한다.

참고문헌

3.1 FIB, *Structural Concrete Textbook on behaviour, design and performance-Volume 1*, 2nd edition, fédération internationale du béton(fib), 2009.

3.2 한국콘크리트학회, 콘크리트구조 학회기준, 2017.

3.3 국토교통부, 한국콘크리트학회, KDS 14 20 콘크리트구조 설계기준, 기준 및 해설, 2021.

3.4 국토교통부, 한국교량및구조공학회, 교량설계기준(한계상태설계법), KDS 24 10 11 교량 설계 일반사항(한계상태설계법), KDS 24 12 11 교량 설계하중조합(한계상태설계법), KDS 24 14 21 콘크리트교 설계기준(한계상태설계법), KDS 24 17 11 교량 내진설계기준(한계상태설계법), 기준 및 해설, 2023.

3.5 ACI Committee 318, *Building Code Requirements for Structural Concrete* (ACI 318–19) *and Commentary* (ACI 318R–19), American Concrete Institute, Farmington Hills, MI, 2019.

3.6 AASHTO, LRFD Bridge Design Specifications, 9th edition, American Association of State Highway and Transportation Officials, Washington, D.C., USA, 2020.

3.7 CEN, Eurocode 2: Design of Concrete Structures, European Committee for Standardization, 2004.

3.8 CSA, *Design of Concrete Structures*(CSA Standard A23.3–04), Canadian Standard Association, Rexdale, Ontario, Canada, 2004.

3.9 AISC, *Load and Resistance Factor Design*, LRFD Specification for Structural Steel Buildings and Commentary, American Institute of Steel Construction, Chicago, IL, 1986.

3.10 British Standards Institution, *The Structural Use of Concrete*, BSI: London, 1985, BS 8110.

3.11 British Standards Institution, *The Structural Use of Concrete*, BSI: London, 1972, CP 110.

3.12 이재훈, 손혁수, 배성용, 박찬민, "서해대교 PSM교 교각의 내진성능", 한국지진공학회논문집, 제4권 3호, 2000년 9월, pp 67–81.

3.13 국토교통부, 한국콘크리트학회, KCS 14 20 콘크리트공사 표준시방서, 시방서 및 해설 2022.

3.14 CEN, Eurocode 2: *Design of Concrete Structures-Part 1-2: General Rules-Structural fire design*, European Committee for Standardization, 2004.

3.15 ASCE and SEI, *Minimum Design Loads for Buildings and Other Structures*, American Society of Civil Engineering and Structural Engineering Institute, ASCE/SEI 7–98, 1998.

3.16 CEN, Eurocode: *Basis of Structural Design*, European Committee for Standardization, 2002.

3.17 CEN, Eurocode 1: *Actions on Structures*, European Committee for Standardization, 2002.

3.18 CEN, Eurocode 8: *Design of Structures for Earthquake Resistance*, European Committee for Standardization, 2004.

3.19 JSCE, "Standard Specifications for Concrete Structures–2007, Design," JSCE Guidelines for Concrete No. 15, Japan Society of Civil Engineers, Japan, 2007.

3.20 건설교통부, 한국콘크리트학회, 콘크리트구조설계기준, 1999.

3.21 김재홍, 이재훈, "철근콘크리트 휨부재 및 압축부재의 재료저항계수 적용에 관한 연구", 한국콘크리트학회논문집, 제12권 2호, 2000년, pp 21–30.

3.22 김우, 콘크리트구조한계상태설계, 동화기술, 2014년 (p 173).

3.23 Timoshenko, S. P. and Goodier, N. J., *Theory of Elasticity*, 2nd edition, McGraw–Hill, 1951 (p. 171–177).

3.24 Girkmann, Karl, Flachentragwerke, 3rd edition, Vienna: Springer–Verlag, 1954 (p. 116–123).

3.25 Wang, C. K., Salmon, C. G., and Pincheira, J. A., *Reinforced Concrete Design*, 7th edition, John Wiley & Son, 2007 (p 321).

3.26 AASHTO, *Standard Specifications for Highway Bridges*, 17th edition, American Association of State Highway and Transportation Officials, Washington, D.C., USA, 2002.

3.27 이재훈, 배성용, "철근콘크리트 원형교각의 설계지진력 해석시의 항복유효강성", 대한토목학회논문집, 제21권 5–A호, 2001년 9월, pp 719–728.

3.28 Gulvanessian, H. and Holicky, M., Designers' Handbook to Eurocode – Part 1: Basis of Design, Thomas Telford, 1996.

3.29 국토교통부, 한국교량및구조공학회, KCS 24 10 콘크리트교량공사표준시방서, 2018.

3.30 한국산업표준, KS F 2402, 콘크리트의 슬럼프 시험 방법, 2007(2012 확인).

3.31 Roman, F. L., An Apparatus for Determining the Consistency of Concrete, Engineering and Contracting, 52(9).

3.32 한국산업표준, KS F 2594, 굳지 않은 콘크리트의 슬럼프 플로 시험 방법, 2021.

연습문제

3-1 허용응력설계법, 강도설계법, 한계상태설계법의 특징을 설명하시오. **[정답: 3.2.1~3.2.3절 참조]**

3-2 사양기반 설계기준(prescriptive design code)과 성능기반 설계기준(performance based design code)의 차이점을 설명하시오. **[정답: 3.2.5절 참조]**

3-3 철근콘크리트 구조물의 극한한계상태 또는 강도한계상태에 대하여 수행해야 할 설계검증의 내용을 설명하시오. **[정답: 3.3.1절 참조]**

3-4 철근콘크리트 구조물의 사용한계상태 또는 사용성에 대하여 수행해야 할 설계검증의 내용을 설명하시오. **[정답: 3.3.3절 참조]**

3-5 구조물의 피로파괴에 영향을 주는 주요 변수를 설명하시오. **[정답: 3.3.4절 참조]**

3-6 철근콘크리트 구조물의 철근상세 및 부재상세가 구조성능과 어떤 관계를 갖는지 설명하시오. **[정답: 3.3.5절 참조]**

3-7 콘크리트 구조물의 내구성에 영향을 주는 요소와 내구성 증진 방안을 설명하시오. **[정답: 3.3.6절 참조]**

3-8 철근콘크리트 구조물의 철근 간격이 왜 중요한지 설명하시오. **[정답: 3.4.3절 참조]**

3-9 철근콘크리트 구조물에서 콘크리트 피복이 어떤 역할을 하는지와 피복두께의 중요성을 설명하시오. **[정답: 3.4.4절 참조]**

3-10 철근콘크리트 구조물의 설계에서 철근의 정착, 절단, 연결에 대한 상세설계가 중요한 이유를 설명하시오. **[정답: 3.4절 참조]**

3-11 대부분의 설계기준에는 활하중에 대한 하중계수가 고정하중에 대한 하중계수보다 큰 값으로 규정되어 있는데, 그 이유를 설명하시오. **[정답: 3.2.4절, 3.5.3절 참조]**

3-12 KDS 14 20 콘크리트구조 설계기준에는 하중조합 중 하나로 다음과 같은 하중조합이 규정되어 있다. 이 하중조합에서 수평토압 H_h의 하중 계수를 1.0 또는 0.5로 하여, 두 가지를 검토하도록 한 이유를 설명하시오.

$U = 1.2(D+H_v)+1.0\,E+1.0\,L+0.2\,S+(1.0\,H_h$ 또는 $0.5\,H_h)$

[정답: 3.5.3절, 12.4.6절 참조]

3-13 KDS 14 20 콘크리트구조 설계기준에는 고정하중에 대한 하중계수가 1.2이지만, 다음과 같이 고정하중에 대한 하중계수가 0.9인 하중조합도 규정되어 있다. 계수하중을 결정하기 위한 하중계수는 1.0 이상인 것이 일반적인데, 이 하중조합과 같이 고정하중에 대한 하중계수를 0.9로 규정한 이유를 설명하시오.

$U = 0.9(D+H_v)+1.3\,W+(1.6\,H_h$ 또는 $0.8\,H_h)$

[정답: 3.5.3절, 3.6.8절 참조]

3-14 KDS 14 20 콘크리트구조 설계기준의 하중계수 및 하중조합에서는 흙, 지하수, 기타 재료의 중량에 의한 연직하중 H_v를 고려할 때, H_v의 하중계수에 대한 보정계수 α_H를 적용하도록 규정하고 있다. α_H를 적용하도록 규정한 이유를 설명하시오. **[정답: 3.5.3절 참조]**

3-15 콘크리트 구조물의 설계강도를 결정하기 위하여 적용하는 부재계수와 재료계수의 특징을 설명하시오. **[정답: 3.5.2절 참조]**

3-16 부재계수, 즉 강도감소계수를 적용하는 강도설계법의 설계기준에서 전단력에 대한 강도감소계수가 휨에 대한 강도감소계수보다 작은 값으로 규정되어 있는 이유를 설명하시오. **[정답: 3.5.3절 참조]**

3-17 구조물 설계에 적용하는 구조해석법들의 특징을 설명하시오. **[정답: 3.6.1절 참조]**

3-18 구조해석에서의 구조물의 이상화와 지점조건의 이상화에 대하여 설명하시오. **[정답: 3.6.2절, 3.6.3절 참조]**

3-19 플랜지가 압축응력을 받는 T형 단면에서 플랜지의 유효폭을 적용하는 이유를 설명하시오. **[정답: 3.6.5절 참조]**

3-20 구조물 설계를 위한 구조해석에서의 하중배치에 대하여 설명하시오. **[정답: 3.6.8절 참조]**

3-21 철근콘크리트 구조물 시공에서의 철근 가공과 배치 및 허용오차에 대하여 설명하시오. **[정답: 3.7.2절 참조]**

3-22 콘크리트의 배합과 비비기에서 유의하여 할 사항을 설명하시오. **[정답: 3.7.3절 참조]**

3-23 콘크리트의 품질기준강도와 호칭강도 및 배합강도에 대하여 설명하시오. **[정답: 3.7.4절 참조]**

3-24 콘크리트의 운반, 타설, 다지기, 양생에서 유의하여 할 사항을 설명하시오. **[정답: 3.7.5절, 3.7.6절 참조]**

제4장 휨 거동과 해석

4.1 하중 증가에 따른 휨 거동과 성능검증 한계상태

구조물은 목표수준을 초과하는 하중이 작용하여 구조요소가 파괴되더라도 구조물 전체가 붕괴되지 않도록 설계하여야 한다. 이를 위해서는 파괴가 가장 연성인 형태가 되어야 하므로, 다른 형태의 파괴보다 가장 연성인 휨 작용에 의한 파괴가 발생하도록 구조물을 설계하여야 한다. 따라서 합리적으로 설계된 구조물이 파괴된다면 휨 작용에 의한 파괴가 발생하므로 휨강도의 해석과 휨 설계가 매우 중요하다. 또 구조물은 파괴방지의 안전성능과 함께 공용 중의 사용성능을 확보하고 있어야 한다. 이때의 사용성능은 응력, 처짐, 균열 등으로 표현되는데, 이 거동들은 모두 휨 작용으로 나타난다. 이 장에서는 철근콘크리트 부재의 휨 거동특성과 파괴특성 및 휨 거동의 성능검증 한계상태를 소개하고, 균열휨모멘트 해석, 탄성응력 해석, 휨강도 해석, 휨모멘트-곡률 해석 등 휨 작용에 대한 해석방법을 다룬다.

4.1.1 하중-처짐 관계와 휨응력 분포

그림 4-1은 연성거동을 보이는 일반적인 철근콘크리트 부재의 휨 거동으로, 경간 중앙의 단면을 대상으로 하중 증가에 따른 처짐의 변화, 변형률분포의 변화, 응력분포의 변화, 내력 C와 T의 변화, 그리고 처짐 및 균열의 변화를 나타낸다.

그림 4-1에서 하중을 나타내는 수직축의 GL은 부재의 자중(gravity load, self weight)을 나타낸다. 자중과 함께 구조물의 설계수명 동안 항상 작용하는 추가고정하중(additional dead load)이 더해지면, 그림 4-1에서 DL로 나타낸 고정하중(dead load) 또는 영구하중(permanent load) 상태가 되며

하중-처짐 곡선에서 ⓐ점이 된다. 이 상태에서는 일반적으로 변형률이 매우 작아서 콘크리트 인장연단에 콘크리트의 균열변형률보다 작은 변형률이 발생한다. 따라서 그림 4-1의 오른쪽 아랫부분에 나타낸 바와 같이 부재단면에는 균열이 발생하지 않는 상태로 처짐은 매우 미미하게 발생한다. 이때 압축연단 콘크리트의 변형률이 ε_{c1}이고 인장철근의 변형률이 ε_{s1}이라면, 변형 후의 변형률이 직선 분포를 나타낸다는 베르누이의 가정에 따라 ε_{c1}과 ε_{s1}를 직선으로 연결한 것이 변형률분포가 되며 변형률이 0인 위치가 중립축(neutral axis, n.a.)이 된다. 콘크리트 압축연단에 ε_{c1}의 변형률이 발생하면, 그림 4-2(a)에 나타난 바와 같이 변형률 ε_{c1}에 해당하는 압축응력 f_{c1}이 콘크리트 압축연단에 작용하게 된다. 중립축에서는 변형률이 0이므로 응력도 역시 0이 되고, 균열이 발생하지 않은 인장부 콘크리트에 인장응력이 작용한다. 이 상태에서 단면에 작용하는 응력분포는 변형률분포와 동일한 직선분포를 나타낸다. 이것은 그림 4-2(a)에 나타난 바와 같이 원점에서 압축응력 f_{c1}까지의 응력증가가 선형탄성의 직선으로 나타나기 때문이다. 인장철근은 ε_{s1}의 변형률이 발생하였으므로 그림 4-2(b)에 나타난 바와 같이 변형률 ε_{s1}에 해당하는 인장응력 f_{s1}이 철근에 작용하게 된다. 단면에 작용하는 압축응력과 인장응력을 각각 합하고 작용점을 구하면 내력 C와 T의 크기와 작용위치를 구할 수 있다.

활하중이 작용하기 시작하여 DL보다 큰 하중이 작용하면 변형률, 응력, 처짐이 각각 선형으로 증가한다. 그러다가 콘크리트 인장연단의 응력이 콘크리트의 인장강도인 f_r 또는 f_{ctm}에 도달하면 인장연단부터 균열이 발생하기 시작한다. 이때의 하중은 균열하중(CL, cracking load)으로 그림 4-1의 하중-처짐 곡선에서 ⓑ점이 된다. 단면에 균열이 발생하기 시작하는 ⓑ점까지는 하중과 처짐 관계가 직선으로 나타나며 변형률, 응력, 내력은 비례관계를 보인다. 균열하중 CL보다 큰 하중이 작용하면 단면의 압축응력과

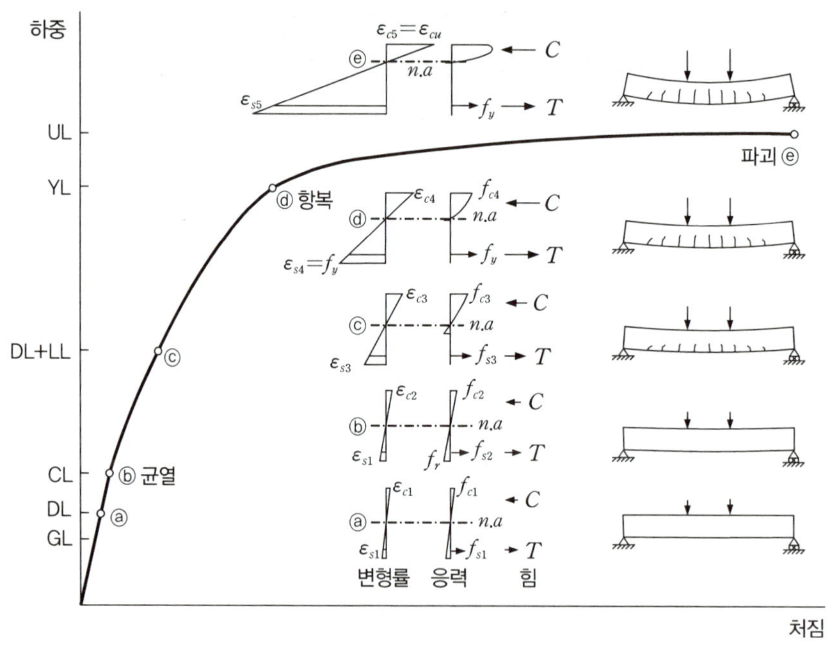

그림 4-1 철근콘크리트 휨부재의 하중-처짐 관계 및 변형률, 응력, 내력의 변화와 분포

인장응력이 증가하고, 단면 하단에서 시작된 휨균열이 상단방향으로 진전된다. 이때 균열면에서는 콘크리트가 인장응력에 저항하지 못하므로 단면2차모멘트가 감소하게 된다. 감소된 단면2차모멘트의 영향은 단면강성 EI의 감소로 이어져서 하중 증가보다 처짐 증가가 더 커진다. 따라서 그림 4-1에 나타난 바와 같이 ⓑ점 이후에는 하중-처짐 곡선이 비선형 형태가 된다.

그림 4-1에서 ⓒ점은 고정하중에 활하중(LL, live load)이 추가하여 작용하는 사용하중상태이다. DL+LL의 사용하중은 균열하중 CL보다 큰 것이 일반적이므로 사용하중 상태에서 콘크리트 구조물에 휨균열이 발생하는 것은 지극히 정상적이다. 균열이 진전된 ⓒ점에서는 변형률이 증가하여, 압축연단 콘크리트에는 ε_{c3}의 변형률이 발생하고 인장철근에는 ε_{s3}의 변형률이 발생한다. 이에 따라 콘크리트 압축연단에는 그림 4-2(a)에 나타난 바와 같이 변형률 ε_{c3}에 해당하는 압축응력 f_{c3}이 작용한다. 이 상태에서도 단면에 작용하는 콘크리트의 압축응력분포는 직선이라고 가정하여도 좋다. 이것은 그림 4-2(a)에 나타난 바와 같이 원점에서 압축응력 f_{c3}까지를 직선이라고 보아도 큰 무리가 없기 때문이다. 인장철근은 그림 4-2(b)에 나타난 바와 같이 변형률 ε_{s3}에 해당하는 인장응력 f_{s3}이 작용하게 된다.

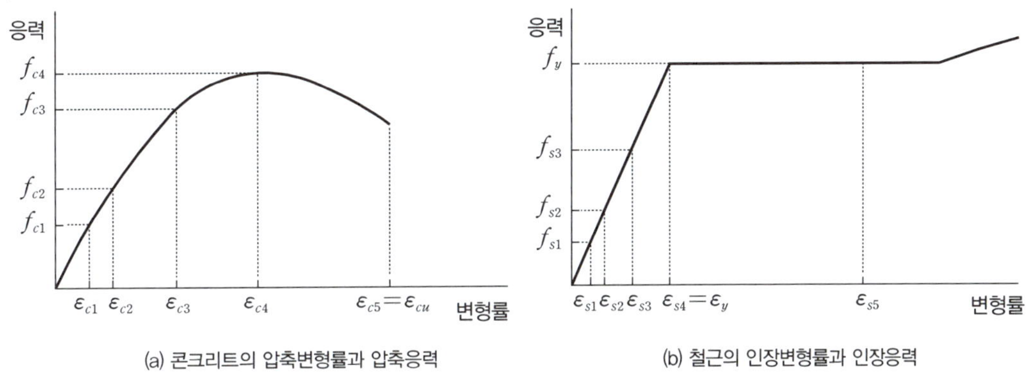

그림 4-2 하중단계별 콘크리트와 철근의 변형률 및 응력

그림 4-3은 하중단계별 균열면 위치의 철근 응력을 나타낸다. 그림 4-1의 ⓑ점인 균열하중(CL)에서는 단면의 인장연단에서 균열이 발생하기 시작하는 단계로, 인장연단에서 피복두께만큼 떨어져 있는 철근 위치까지는 아직 균열이 진전되지 않은 상태이다. 따라서 이때 휨모멘트에 의하여 단면에 작용하는 인장력은 철근과 함께 콘크리트의 인장부가 같이 저항하므로, 그림 4-3과 같이 ⓑ점에서의 철근 응력은 매우 작은 크기의 f_{s2}가 작용한다. 하중이 증가하여 균열이 철근의 위치까지 진전되면 그림 4-3에 나타난 바와 같이 철근의 응력이 갑자기 크게 증가한다. 이것은 균열이 진전되기 전에는 인장부 콘크리트가 철근과 함께 인장력에 저항하였으나, 균열진전 후에는 균열면에서 인장부 콘크리트가 인장력에 저항하지 못하고 철근만이 인장력에 저항하기 때문이다. 그 후에는 하중이 증가함에 따라 더 큰 비율로 철근의 응력이 증가하여 DL+LL인 사용하중의 ⓒ점에서는 f_{s3}의 인장응력이 작용하게 된다. 4.1.3절에서 설명할 저보강 단면(under-reinforced section)에서는 하중이 증가함에 따라 중립축의 위치가 압축연단 쪽으로 이동하고, 이에 따라 그림 4-3에 나타난 바와 같이 하중의 증가보다 인장철근의 응력증가가 더

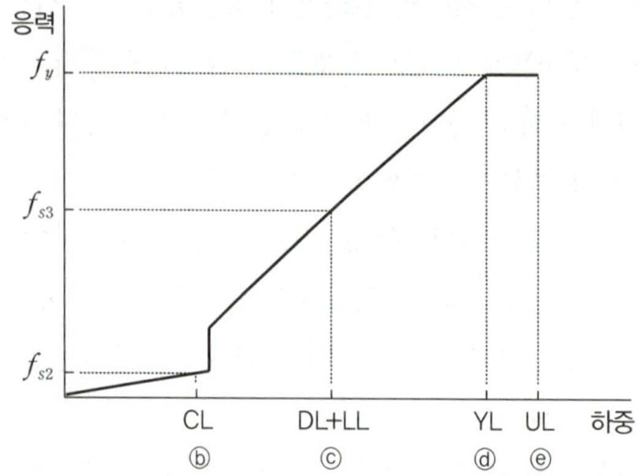

그림 4-3 하중단계별 균열면 위치의 철근 응력

작게 나타나지만 그 영향은 미미하다. 인장철근이 항복하는 하중상태 YL 이후에는 철근의 응력이 항복응력 f_y로 일정해진다.

인장철근이 항복하는 YL 하중상태에서는 그림 4-1에서 ⓓ점이 된다. 이때에는 인장철근의 변형률이 ε_y이고, 콘크리트의 압축연단 변형률은 ε_{c4}로 증가한다. 이에 따라 콘크리트 압축연단에는 그림 4-2(a)에 나타난 바와 같이 변형률 ε_{c4}에 해당하는 압축응력 f_{c4}가 작용하며, 단면에 작용하는 콘크리트의 압축응력분포는 비선형 형상을 나타낸다. 인장철근이 항복한 이후에는 인장철근에 작용하는 인장력이 일정하지만, 중립축의 위치가 압축연단 쪽으로 이동하여 콘크리트에 작용하는 압축력과 철근에 작용하는 인장력 사이의 팔길이(moment arm)가 증가하면서 극한하중 UL까지 저항하게 된다. 이때에는 인장철근이 항복한 이후로, 철근의 변형률이 크게 증가하기 때문에 부재의 강성이 급격히 감소하여 처짐이 크게 증가하는 하중-처짐 관계가 나타난다.

그림 4-1의 ⓔ점은 극한하중 UL이 작용하여 단면이 파괴되는 상태를 나타낸다. 이때에는 콘크리트 압축연단 변형률이 ε_{c5}로 극한변형률 ε_{cu}에 도달하여 파괴되는 상태이다. 부재에 작용하는 콘크리트

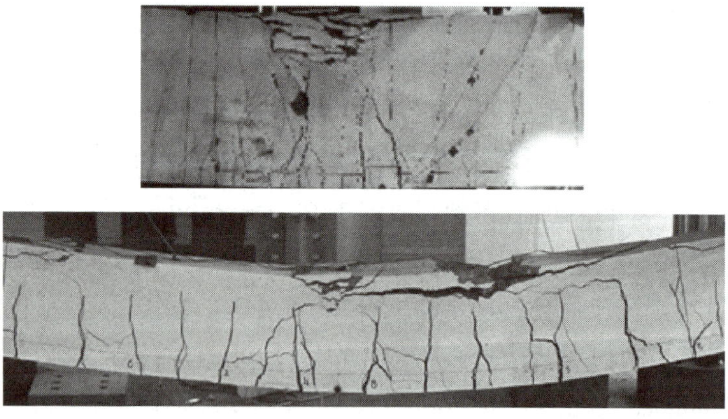

그림 4-4 콘크리트 압쇄에 의한 철근콘크리트 휨부재의 파괴[4.1]

압축응력분포는 그림 4-2(a)에 나타난 바와 같이 변형률 ε_{cu}까지의 콘크리트 압축응력-변형률 곡선과 동일한 형태를 보인다. 인장철근은 그림 4-2(b)에 나타난 바와 같이 항복응력 f_y가 작용하는 상태로, 변형률이 항복변형률보다 훨씬 큰 ε_{c5}인 상태이지만 철근의 극한변형률보다는 작아서 파단 되지는 않는 상태이다. 그림 4-4는 ⓔ점 상태로 콘크리트 압축부가 압쇄되어 휨부재가 파괴된 모습이다.

4.1.2 휨균열에 따른 응력분포와 단면2차모멘트 분포

그림 4-5는 그림 4-1의 ⓒ점과 같이 휨균열이 발생한 철근콘크리트 휨부재의 휨모멘트와 응력 및 단면2차모멘트 분포를 나타낸다. 그림 4-5(a)와 같이 좌우 대칭으로 두 개의 집중하중이 부재에 작용하고 있으므로 휨모멘트는 그림 4-5(b)와 같은 분포를 나타낸다. 이 상태에서 인장철근의 응력 f_s의 분포는 그림 4-5(c)와 같고, 인장철근과 동일한 위치의 콘크리트의 인장응력 f_{ct}는 그림 4-5(d)와 같다. 이 응력분포들은 균열이 발생한 이후의 상태로, 만일 균열이 발생하지 않았다면 인장철근과 콘크리트의 인장응력은 그림 4-5(c)의 점선과 같이 휨모멘트 분포와 동일한 형상일 것이다. 그러나 균열이 발생하면 동일한 크기의 휨모멘트가 작용하는 위치에서도 크기가 다른 응력분포가 나타난다. 즉, 그림 4-5(d)와 같이 균열면에서는 콘크리트의 인장응력이 0이고 균열과 균열 사이에서는 콘크리트에 인장응력이 작용한다. 이와 같이 균열 사이의 콘크리트가 인장응력으로 저항하므로 이 위치에서는 철근의 인장응력이

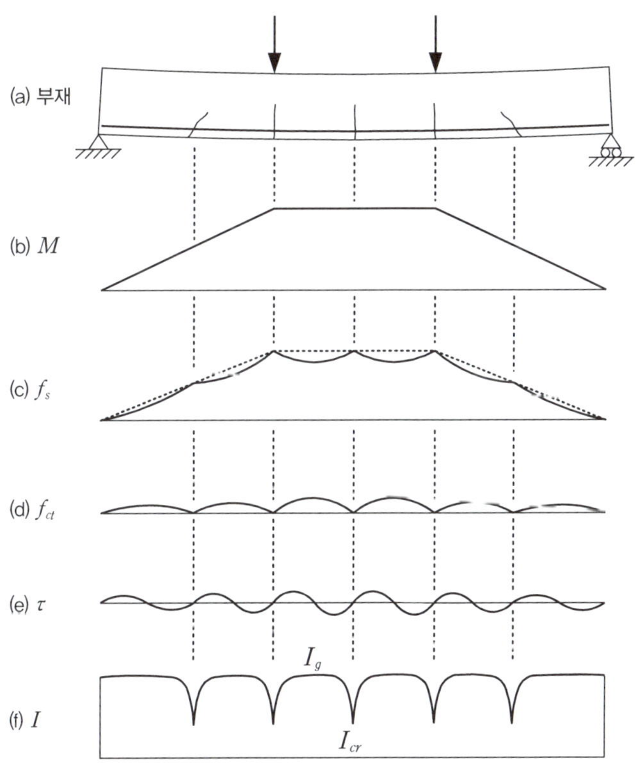

그림 4-5 균열이 발생한 철근콘크리트 부재의 휨모멘트와 응력 및 단면2차모멘트 분포

그만큼 감소한다. 그러나 균열이 발생한 위치에서는 콘크리트의 인장응력이 0이므로 모든 인장력을 철근이 받게 되어 철근의 인장응력이 가장 크게 나타난다.

그림 4-5(e)는 철근과 콘크리트 사이의 부착응력 τ의 분포이다. 균열면에서는 철근과 콘크리트가 부착되어 있지 않으므로 부착응력이 0이다. 균열과 균열 사이에서는 가운데 부분을 중심으로 좌우가 반대 방향으로 늘어나므로, 부착응력의 방향을 표현하여 (+) 부착응력과 (–) 부착응력을 나타내면 그림 4-5(e)와 같게 된다. 부착응력에 대해서는 제10장 '철근의 정착 및 이음'에서 자세히 다룬다.

그림 4-5(f)는 균열이 발생한 휨부재의 단면2차모멘트 분포를 나타낸다. 균열이 발생하지 않은 경우에는 부재 전체길이에 걸쳐서 전체단면(gross section)의 단면2차모멘트 I_g로 일정하지만, 균열이 발생하면 균열이 단면2차모멘트 분포에 영향을 준다. 균열이 진전된 단면에서는 콘크리트 인장부가 힘에 저항하지 못하는 상태가 되어 균열단면2차모멘트 I_{cr}로 단면2차모멘트가 감소하고, 균열 사이에서는 I_g를 유지하여 그림 4-5(f)와 같은 단면2차모멘트 분포가 나타난다. 이 단면2차모멘트 분포는 철근콘크리트 부재의 처짐에 영향을 준다.

4.1.3 휨 거동의 성능검증 한계상태

구조물은 파괴방지의 안전성능과 공용 중의 사용성능을 확보하고 있어야 한다. 이에 대한 구조물의 성능검증은 다음의 세 가지 한계상태에 대하여 수행한다.

- 극한한계상태 또는 강도한계상태
- 사용한계상태
- 피로한계상태

[1] 극한한계상태 또는 강도한계상태

파괴방지에 대해서는 극한한계상태(ultimate limit state) 또는 강도한계상태(strength limit state)에서 안전성능을 만족하도록 설계하고 안전성능을 검증한다. 이 한계상태에서는 하중 특성에 따른 초과하중의 통계적 자료와 경험적인 지식으로 결정된 하중계수 및 하중조합에 따라 계수하중(factored load)을 결정하고, 이 계수하중 상태에서 부재가 파괴되지 않도록 설계한다. 극한한계상태나 강도한계상태에서의 안전성능은 부재에 작용하는 단면력을 구분하여 휨모멘트, 전단력, 비틀림모멘트, 축력에 대한 설계와 강도성능검증을 수행한다. 즉, 보, 슬래브, 기초판 등은 휨모멘트만 작용하거나 전단력만 작용하는 경우가 거의 없고 휨모멘트와 전단력이 동시에 작용하므로, 휨모멘트 강도성능과 전단력 강도성능을 각각 검증하여야 한다. 일반적으로 단순한 형태의 구조물에서는 보에 휨모멘트와 전단력이 작용하지만, 특별한 형태의 구조물에서는 보에 비틀림모멘트가 추가로 작용할 수 있다. 이와 같은 경우에는 비틀림모멘트에 대한 강도성능검증이 추가되어야 한다.

한편, 강도성능검증은 단면력의 합성작용을 또한 고려하여야 한다. 예를 들어 기둥은 축력만 작용하는 경우도 있지만, 구조물의 형태와 기둥의 위치에 따라서는 기둥에 축력과 함께 휨모멘트와 전단력이 동시에 작용하는 경우가 일반적이다. 또, 횡토압이 작용하는 지하구조물의 보에는 휨모멘트와 전단력과 함께 축력이 작용할 수도 있다. 이와 같이 축력이 작용하는 부재에서는 휨강도의 해석에 축력의 영향을 고려하여야 하며 전단강도의 해석에도 축력의 영향을 고려하여야 한다. 이것은 축력이 작용할 때의 휨강도 및 전단강도가 축력이 작용하지 않을 때의 휨강도 및 전단강도와 다르기 때문이다. 휨모멘트에 대한 안전성능검증 및 설계는 제5장 '휨강도의 설계검증'에서, 휨모멘트와 축력의 합성작용에 대한 안전성능검증 및 설계는 제6장 '축-휨강도의 설계검증'에서, 전단력과 비틀림에 대한 안전성능검증 및 설계는 제7장 '전단강도의 설계검증'과 제8장 '비틀림강도의 설계검증'에서 다룬다. 그리고 제9장 '교란영역의 설계검증'에서는 변형 전의 평면이 변형 후에도 평면을 유지한다는 베르누이의 가정이 적용되지 않는 교란영역의 설계를 다룬다. 이와 같은 파괴한계상태에 도달하기 전에 철근과 콘크리트 사이의 부착강도 저하로 정착파괴가 발생하지 않아야 하는데, 이에 대해서는 제10장 '철근의 정착과 이음의 설계검증'에서 다룬다.

[2] 사용한계상태

구조물의 사용성능은 사용한계상태(serviceability limit state)에서 성능을 검증한다. 이 한계상태에서는 사용하중 또는 지속하중 상태에서의 구조물의 성능을 검증하는 것으로, 성능이 만족되지 않는 경우에는 성능이 만족되도록 설계를 수정하여야 한다. 사용한계상태의 검증 대상 항목은 응력(stress), 균열(crack), 처짐(deflection)으로, 이 거동들은 모두 휨 작용으로 나타난다. 사용한계상태에 대한 성능해석과 안전성능검증에 대해서는 11장 '사용한계상태와 피로한계상태 설계검증'의 11.2절 '휨 응력 사용한계상태의 설계검증', 11.3절 '균열 사용한계상태의 설계검증', 11.4절 '처짐 사용한계상태의 설계검증'에서 자세히 다룬다.

[3] 피로한계상태

구조물은 피로에 의한 파괴가 발생하지 않도록 설계하고 성능을 검증하여야 한다. 피로에 의한 파괴는 비록 파괴를 대상으로 하고 있지만, 사용하중 수준의 반복하중이 검증 대상의 하중상태이므로 계수하중을 대상으로 하는 극한한계상태에 포함시키기 어렵다. 또, 피로파괴의 검증이 비록 사용하중 수준을 대상으로 하고 있지만 파괴를 다루고 있으므로, 공용 중의 사용성능을 다루는 사용한계상태에 포함시키기도 어렵다. 따라서 대부분의 설계기준에서는 별도의 피로한계상태(fatigue limit state)를 정의하고 성능검증을 수행하도록 하고 있다. 철근콘크리트 구조물의 피로파괴 원인은 콘크리트의 피로와 철근의 피로로 구분할 수 있다. 그러나 철근콘크리트 구조물의 피로파괴는 콘크리트의 피로에 의한 경우가 기의 없으며, 주로 축방향 인장철근의 피로에 의하여 발생한다. 따라서 콘크리트의 피로파괴는 검증할 필요가 없으며, 휨부재의 축방향 인장철근, 즉 주철근의 피로저항성능을 검증한다. 일반적으로 철근콘크리트 구조물에서는 피로한계상태가 설계결과를 좌우하지 않으므로, 이 책에서는 피로를 하나의 장(chapter)으로 구성하지 않고 11장 11.5절 '피로한계상태의 설계검증'에서 자세히 다루며, 2장 2.2.4절 [6]항과 3장 3.3.4절에서 철근의 피로특성과 피로한계상태의 설계검증에 대한 기본사항을 소개하였다.

4.2 철근량에 따른 휨 파괴거동

구조물은 계수하중까지 파괴가 발생하지 않는 안전성능을 보유하고 있어야 함과 동시에, 계수하중보다 더 큰 하중이 작용하여 파괴될 때 파괴가 임박하였다는 징후를 나타낼 수 있어야 한다. 이것은 파괴에 대비할 시간적 여유를 제공하여 인명과 재산의 손실을 방지하기 위한 것이다. 따라서 구조물을 구성하는 부재요소 중 어느 하나가 파괴(failure) 되더라도 구조물 전체가 붕괴(collapse) 되지는 않도록 설계하여야 한다. 이를 위하여 슬래브나 보에 비하여 구조물 전체의 안전에 영향이 큰 기둥이나 기초의 파괴 안전성을 더 높여야 한다. 또, 동일한 부재에서도 작용하는 단면력에 따른 파괴유형이 다르므로 연성(ductile)으로 파괴되도록 부재를 설계하여야 한다. 즉, 보에 있어서 전단력에 의한 파괴는 휨모멘트에 의한 파괴보다 상대적으로 취성(brittle)이므로, 부재의 급작스런 파괴를 방지하기 위해서는 전단 파괴보다 휨 파괴가 먼저 발생하도록 설계하여야 한다. 이를 고려하여 대부분의 설계기준에서는 부재가 파괴될 때 연성으로 파괴되도록 세부기준을 규정하고 있다.

부재의 휨 파괴는 철근과 콘크리트 사이의 부착 파괴나 부재의 전단 파괴에 비하여 가장 연성의 파괴형태를 보이지만, 휨 파괴가 가장 먼저 발생하도록 설계하더라도 철근의 양에 따라서는 취성의 파괴형태가 나타날 수 있다. 이 절에서는 인장철근만 배치된 단철근 단면과 인장철근과 압축철근이 모두 배치된 복철근 단면을 대상으로 인장철근량과 압축철근량에 따른 휨 파괴거동 특성을 소개한다.

4.2.1 인장철근량에 따른 휨 파괴거동

콘크리트 단면에서 인장응력이 작용하는 부분에 철근을 보강한 단면을 단철근 단면(singly reinforced section)이라고 하며, 이 철근을 인장철근이라고 한다. 그림 4-6은 단철근 단면의 인장철근량에 따라 달리 나타나는 극한상태, 즉 단면의 파괴상태에서 나타나는 변형률분포와 응력분포 및 철근의 응력상태를 나타낸다.

그림 4-6(a)와 같은 단철근 단면에서 인장철근의 양이 상대적으로 적은 경우에는, 그림 4-6(b)와 같이 압축연단 콘크리트가 극한변형률 ε_{cu}에 도달하여 파괴될 때 인장철근의 변형률 ε_s가 항복변형률 ε_y를 이미 초과한 상태가 된다. 이러한 파괴를 보이는 단면을 저보강 단면(under-reinforced section)이라고 한다. 저보강 단면은 그림 4-6(d)에 나타난 바와 같이 인장철근의 응력이 항복응력 f_y로 일정한 상태

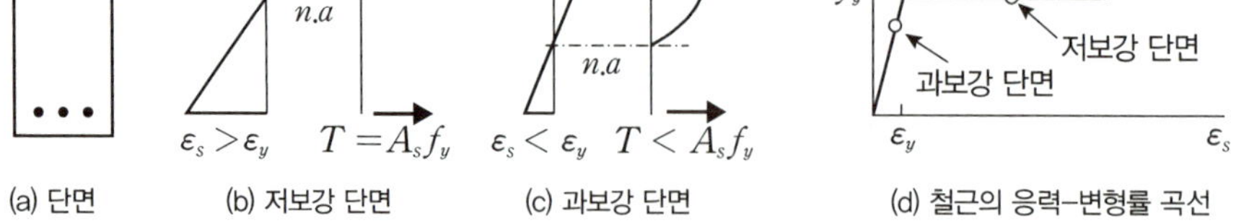

그림 4-6 철근량에 따른 철근콘크리트 휨부재의 변형률분포 및 응력분포

에서 압축연단 콘크리트가 파괴되며, 그림 4-6(b)와 같이 변형 전과 변형 후의 평면이 이루는 각도, 즉 곡률이 상대적으로 큰 변형률분포가 나타난다. 이것은 인장철근의 양이 상대적으로 적기 때문에 나타나는 현상이다. 즉, 항복한 인장철근에 작용하는 인장력 T는 $A_s f_y$와 같은데, 인장철근의 단면적이 작으므로 T도 작은 값을 갖는다. 이때 콘크리트 압축부에 작용하는 압축력 C가 인장력 T와 평형을 이루어야 하므로 C도 역시 작은 값을 갖게 된다. 따라서 작은 값의 C가 작용할 압축부의 면적이 작아야 하므로 중립축(neutral axis, n.a.)의 위치가 압축연단에 가깝게 된다. 이에 따라 인장철근의 변형률이 매우 큰 그림 4-6(b)와 같은 변형률분포를 보이게 된다. 이와 같이 저보강 단면은 인장철근의 변형률이 크므로, 휨 파괴가 발생하기 전에 균열과 처짐이 육안으로 쉽게 관찰될 정도로 크게 발생하는 연성파괴(ductile failure)의 유형을 보인다.

이와 반대로 인장철근의 양이 상대적으로 많은 경우에는 그림 4-6(c)와 같은 변형률분포와 응력분포를 보인다. 즉, 인장철근의 변형률 ε_s가 항복변형률 ε_y보다 작은 상태에서 압축연단 콘크리트가 극한변형률 ε_{cu}에 도달하여 파괴된다. 이러한 파괴를 보이는 단면을 과보강 단면(over-reinforced section)이라고 한다. 과보강 단면은 그림 4-6(d)에 나타난 바와 같이 인장철근의 응력이 항복응력 f_y보다 작은 탄성상태에서 압축연단 콘크리트가 파괴되며, 그림 4-6(c)와 같이 곡률이 상대적으로 작은 변형률분포가 나타난다. 이것은 인장철근의 양이 상대적으로 많기 때문에 나타나는 현상이다. 즉, 인장철근에 작용하는 인장력 T는 $A_s f_y$와 같은데, 인장철근의 단면적이 크므로 T도 큰 값을 갖는다. 이때 T와 평형을 이루는 콘크리트 압축부의 압축력 C도 역시 큰 값을 갖게 된다. 따라서 큰 값의 C가 작용할 압축부의 면적이 커야 하므로 중립축의 위치가 압축연단에서 멀게 된다. 이에 따라 인장철근의 변형률이 매우 작은 그림 4-6(c)와 같은 변형률분포를 보이게 된다. 이와 같이 과보강 단면은 인장철근의 변형률이 작으므로, 휨 파괴가 발생할 때까지 균열과 처짐이 육안으로 관찰되지 않을 정도로 작게 발생한 상태에서 파괴되는 취성파괴(brittle failure)의 유형을 보인다.

한편 인장철근의 양이 저보강 단면과 과보강 단면의 분기점이 되는 양과 같다면, 인장철근이 항복함과 동시에 압축연단 콘크리트가 파괴된다. 즉, 그림 4-7(b)와 같이 인장철근의 변형률이 항복변형률 ε_y와 같고 압축연단 콘크리트의 변형률이 극한변형률 ε_{cu}와 같은 변형률분포를 나타낼 수 있는데, 이와 같은 분포를 균형변형률 상태(balanced strain condition)라고 한다. 이때에는 그림 4-7의 (c)와 (d)에 나타난 바와 같이 인장철근이 항복점에 도달한 상태이다.

이와 같은 파괴상태를 균형파괴(balanced failure)라고 하며, 이때의 인장철근 단면적을 균형철근 단면적

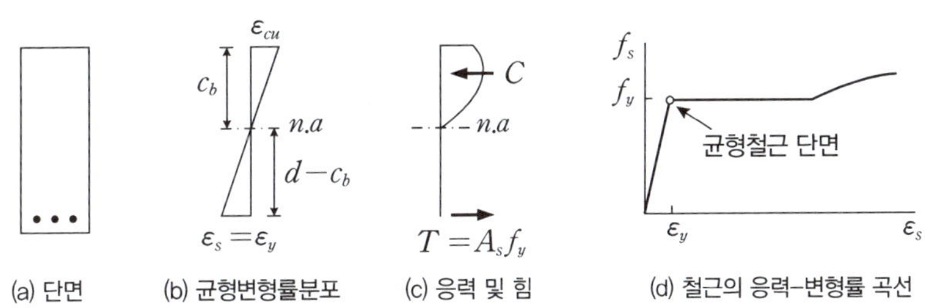

그림 4-7 균형철근 단면의 변형률분포 및 응력분포

(balanced steel area) A_{sb}라고 하고, 이러한 단면을 균형철근 단면이라고 한다. 균형철근 단면적을 구하는 구체적인 방법은 4.5.7절에 소개되어 있다. 직사각형 단면의 경우에는 다음과 같이 콘크리트의 유효단면적 bd에 대한 균형철근 단면적 A_{sb}의 비율을 균형철근비(balanced steel ratio) ρ_b로 정의한다. 여기서 b는 단면의 폭이며, d는 압축연단에서 인장철근의 중심까지의 거리인 유효깊이이다.

$$\rho_b = \frac{A_{sb}}{bd} \tag{4·1}$$

단면적이 A_s인 인장철근이 배치된 직사각형 단면에서 철근비(steel ratio) ρ는 다음으로 정의한다.

$$\rho = \frac{A_s}{bd} \tag{4·2}$$

한편 그림 4-7(b)의 변형률분포에서 중립축을 중심으로 위쪽의 삼각형과 아래쪽의 삼각형이 닮은꼴이므로, 비례식을 적용하면 균형변형률 상태의 중립축의 깊이 c_b 를 다음과 같이 구할 수 있다.

$$c_b = \frac{\varepsilon_{cu}}{\varepsilon_y + \varepsilon_{cu}} d \tag{4·3}$$

그림 4-8(a)는 극한상태에서 나타나는 균형철근 단면, 저보강 단면, 과보강 단면의 변형률분포와 중립축의 위치를 나타낸다. 저보강 단면의 중립축 깊이 c_{ur}은 균형철근 단면의 중립축 깊이 c_b보다 작고, 과보강 단면의 중립축 깊이 c_{or}은 c_b보다 크다. 극한상태에서의 인장철근의 변형률은 저보강 단면의 경우 $\varepsilon_{s,ur}$로서 항복변형률 ε_y보다 크며, 과보강 단면의 경우 $\varepsilon_{s,or}$로서 ε_y보다 작다.

그림 4-8(b)는 인장철근량에 따른 휨모멘트-곡률 곡선을 나타낸다. 초기거동은 선형탄성이므로 휨모멘트와 곡률이 직선의 비례관계를 보이다가 균열이 발생하면 기울기가 낮아진 형태로 휨모멘트와 곡률이 증가한다. 그 후 인장철근비가 균형철근비가 같은 경우, 즉 $\rho=\rho_b$인 균형철근 단면은 인장철근이 항복함과 동시에 콘크리트 압축연단이 파괴되어 더 이상 휨모멘트를 저항하지 못한다. 과보강 단면, 즉 $\rho>\rho_b$인 경우는 인장철근 단면적이 크므로 휨강도가 균형철근 단면의 휨강도보다는 다소 크지만, 철근이 항복하지 않는 탄성상태에서 콘크리트 압축연단이 먼저 파괴되므로 매우 작은 곡률에서 파괴되는 취성파괴가 나타난다. 저보강 단면, 즉 $\rho<\rho_b$인 경우는 콘크리트 압축연단의 파괴보다 인장철근의 항복이 먼저 발생하여, 항복 후 다시 한 번 기울기가 낮아지고 콘크리트 압축연단이 파괴될 때까지 곡률이 증가

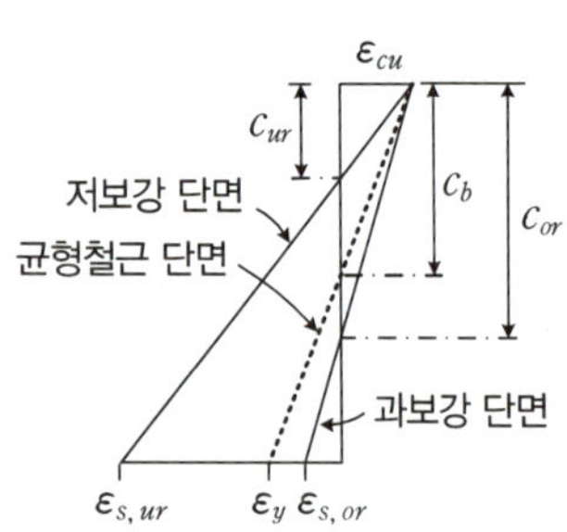

(a) 극한상태의 변형률분포

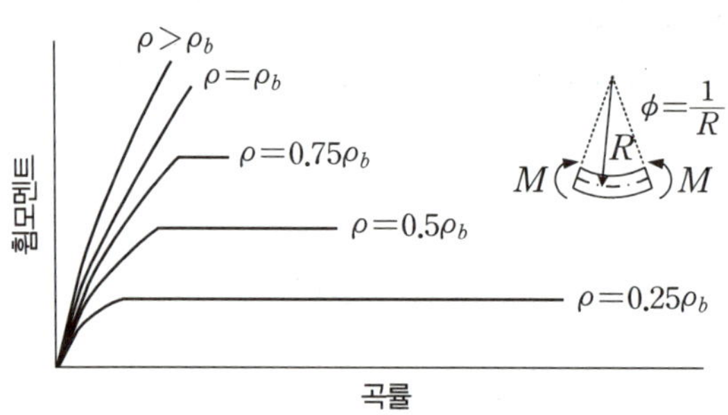

(b) 휨모멘트-곡률 곡선

그림 4-8 철근콘크리트 휨부재의 극한상태 변형률분포 및 휨모멘트-곡률 곡선

한다. 이때 저보강 단면은 철근비에 따라서 휨강도와 연성능력이 달라진다. 그림 4-8(b)에 나타난 바와 같이, 인장철근비가 균형철근비의 75%인 경우, 즉 $\rho=0.75\,\rho_b$인 저보강 단면은 휨강도가 균형철근 단면 휨강도의 약 0.75배로 감소하지만, 항복 후 파괴까지 균형철근 단면보다 곡률이 더 증가하는 연성능력이 발휘된다. $\rho=0.5\,\rho_b$인 저보강 단면은 휨강도가 균형철근 단면 휨강도의 약 0.5배이지만, 항복 후 파괴까지 곡률이 더 크게 증가하는 연성능력이 발휘된다. $\rho=0.25\,\rho_b$인 저보강 단면도 같은 경향을 보여서, 작은 철근단면적으로 인하여 휨강도는 작지만 매우 큰 연성능력이 발휘된다. 이와 같은 결과는 인장철근량이 감소할수록 단면의 휨강도가 감소하지만, 연성능력은 증가한다는 것을 나타낸다.

표 4-1은 세 가지 단면의 철근비, 휨 파괴에 의하여 극한상태가 될 때의 중립축의 위치와 인장철근의 변형률 상태, 그리고 파괴형태를 비교하여 나타낸 것이다.

표 4-1 철근콘크리트 단철근 단면의 조건 및 극한상태

구분	저보강 단면	균형철근 단면	과보강 단면
철근비	$\rho<\rho_b$	$\rho=\rho_b$	$\rho>\rho_b$
중립축	$c=c_{ur}<c_b$	$c=c_b$	$c=c_{or}>c_b$
인장철근 변형률	$\varepsilon_y<\varepsilon_s=\varepsilon_{s,ur}$	$\varepsilon_s=\varepsilon_y$	$\varepsilon_s=\varepsilon_{s,or}<\varepsilon_y$
파괴형태	연성파괴	균형파괴	취성파괴

이와 같은 휨 파괴의 특성을 고려하면, 철근콘크리트 휨부재는 계수하중보다 큰 하중이 작용하여 파괴될 때 연성파괴가 발생하도록 유도하기 위하여 저보강 단면으로 설계하는 것이 바람직하다. 그림 4-9는 저보강 단면의 인장철근 항복상태와 콘크리트 파괴의 극한상태를 나타낸다. 인장철근이 항복한 상태에서는 그림 4-9(a)와 같은 변형률분포와 응력분포가 나타난다. 이때에는 인장철근이 항복하여 변형률이 ε_y가 될 때로, 압축연단 콘크리트의 변형률 ε_c는 극한변형률 ε_{cu}보다 작은 상태이다. 변형 후의 평면과 변형 전의 평면이 이루는 각도인 곡률은 항복곡률 ϕ_y로 나타내며, 이때 작용하는 휨모멘트는 항복휨모멘트 M_y로 나타낸다. 극한상태에서는 그림 4-9(b)와 같은 변형률분포와 응력분포가 나타난다. 이때에는 인장철근이 항복한 이후로 변형률 ε_s가 ε_y보다 큰 상태이고, 압축연단 콘크리트는 극한변형률 ε_{cu}에 도달하여 파괴되는 상태이다. 이때의 곡률은 극한곡률 ϕ_u로 나타내며, 작용하는 휨모멘트는 극한휨모멘트 M_{ult}로 나타낸다. 그림 4-9(c)는 저보강 철근콘크리트 단면이 파괴될 때까지 곡률과 휨모멘트의 관계를 나타내는 휨모멘트-곡률 곡선이다.

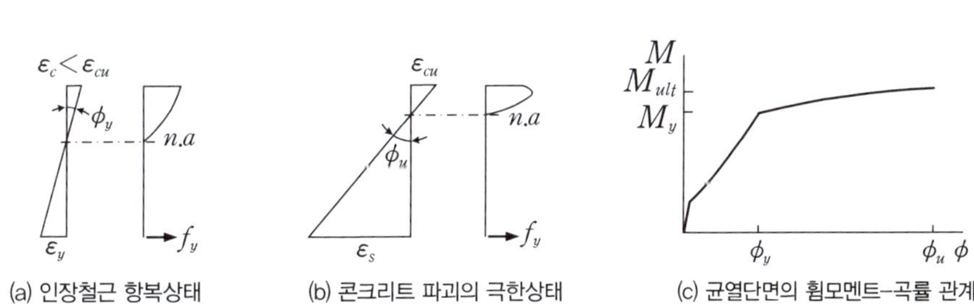

그림 4-9 저보강 단면의 항복상태와 극한상태의 변형률 응력분포 및 곡률

휨부재의 연성능력은 처짐, 회전각, 곡률 등의 여러 변수를 이용하여 정량적(定量的, quantitative)으로 나타낼 수 있는데, 곡률로 연성능력을 나타내면 다음과 같은 곡률연성도(curvature ductility factor, curvature ductility index, 곡률연성지수) μ_ϕ로 표현한다.

$$\mu_\phi = \frac{\phi_u}{\phi_y} \tag{4·4}$$

곡률연성도는 저보강 단면의 경우 1.0보다 큰 값을 나타내며, 균형철근 단면은 철근이 항복할 때의 곡률과 콘크리트 압축연단이 파괴될 때의 곡률이 동일하므로 곡률연성도가 1이 된다. 그림 4-10은 비선형 단면해석에 의한 단철근 저보강 단면의 곡률연성도를 나타낸 것으로, 그림에 나타낸 재료강도를 갖는 단면에서 인장철근비 ρ가 균형철근비 ρ_b의 0.1배인 경우에는 곡률연성도가 20으로 매우 크지만 인장철근비가 증가할수록 곡률연성도가 감소한다는 것을 나타낸다. 즉, ρ/ρ_b가 0.2일 때는 9.1, ρ/ρ_b가 0.4일 때는 3.7, ρ/ρ_b가 0.6일 때는 2.1, ρ/ρ_b가 0.75일 때는 1.5의 곡률연성도를 나타낸다.[4.2]

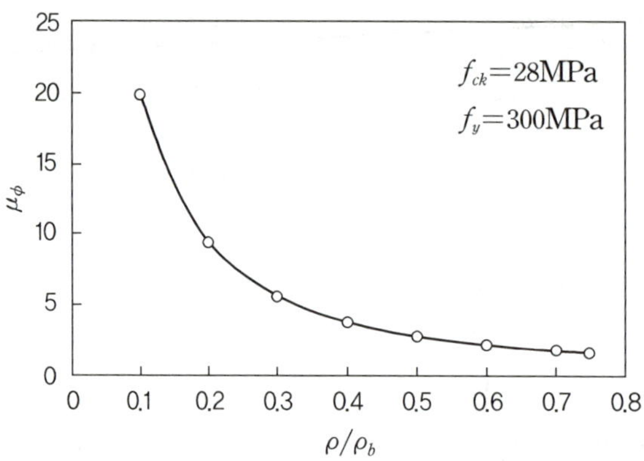

그림 4-10 인장철근의 양에 따른 저보강 단면의 곡률연성도[4.2]

4.2.2 압축철근의 효과와 압축철근량에 따른 휨 파괴거동

콘크리트 단면에서 인장응력이 작용하는 부분뿐만 아니라 압축응력이 작용하는 부분에도 철근을 배치하여 보강한 단면을 복철근 단면(doubly reinforced section)이라고 한다. 이때 압축부에 배치된 철근을 압축철근이라고 한다. 철근콘크리트 휨부재는 철근콘크리트의 기본개념에 따라 콘크리트 인장부를 철근으로 보강하는 단철근 단면을 기본으로 하지만, 압축철근을 추가하면 다음과 같은 효과를 기대할 수 있으므로 복철근 단면으로 설계하는 경우가 있다.

- 전단철근을 고정하는 조립철근의 역할
- 장기 처짐의 감소
- 휨강도와 연성의 증가

이 세 가지 효과를 자세히 설명하면 다음과 같다.

[1] 전단철근을 고정하는 조립철근의 역할

7장에서 다루는 전단설계를 수행하면, 필요에 따라 부재 축방향의 90°인 수직전단철근 또는 30°~45° 각도인 경사전단철근을 부재에 배치하게 된다. 이때의 전단철근은 그림 4-11과 같이 단면 하단의 인장철근을 감싸는 형태가 된다. 단면의 상단에는 전단철근이 폐합되거나 90° 또는 그 이상의 각도로 구부려서 정착하도록 한다. 그림 4-11은 수직으로 배치되는 전단철근을 135°의 각도로 구부려서 정착시킨 예이다. 이때 그림 4-11(a)와 같은 단철근 단면은 단면의 상부에 전단철근을 걸 수 있는 상태가 되지 못하므로, 정확하게 90°의 각도로 전단철근을 배치하기가 어렵다. 따라서 시공현장에서는 철근의 위치를 도면에 표시된 정확한 위치에 배치하기 위해서 도면에 표시되지 않은 철근, 즉 조립용 철근 또는 가외철근이라고 부르는 철근을 추가하게 된다. 만일 전단철근을 배치하기 위한 조립용 철근을 단면의 상부에 축방향으로 배치한다면 그림 4-11(b)와 같이 자연스럽게 복철근 단면이 된다. 조립용 철근은 단면적이 클 필요가 없으므로, 실무설계에서는 조립용 철근의 개념으로 추가되어 복철근 단면이 되는 경우 휨강도의 해석에서 압축철근을 무시하고 단철근 단면으로 해석한다.

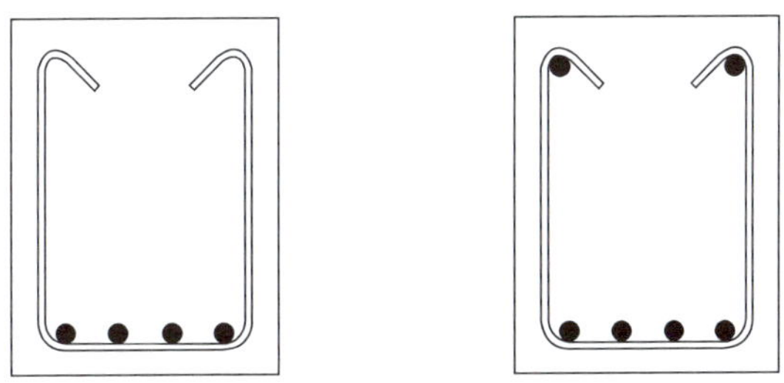

(a) 단철근 단면　　(b) 복철근 단면

그림 4-11 단철근 단면과 복철근 단면의 전단철근 조립

[2] 장기처짐의 감소

단면에 압축철근이 추가되면 휨부재의 장기처짐(long-term deflection)이 감소하는 효과가 크다. 그림 4-12는 사용하중 수준에서 단철근 단면과 복철근 단면에 나타나는 장기변형률분포를 나타낸다. 하중이 작용하면 콘크리트 압축연단에 탄성변형률 ε_e가 발생하여 탄성곡률 ϕ_e에 따라 휨부재에 탄성처짐이 발생한다. 그 후 하중이 지속하여 작용하는 상태에서 시간이 경과하면 콘크리트 압축부에 크리프(creep)에 의하여 변형률이 증가하여 곡률도 역시 증가하며, 이에 따라 처짐도 증가한다. 즉, 휨부재에 나타나는 총 처짐은 하중에 의하여 발생하는 단기처짐(short-term deflection)과 크리프로 인하여 발생하는 장기처짐(long-term deflection)의 합으로 나타난다. 단기처짐은 하중작용에 의한 탄성거동으로 나타나므로 탄성처짐(elastic deflection)이라고도 한다.

그림 4-12의 (a)와 (b)는 압축철근의 영향을 나타내는데, 압축철근이 배치되지 않은 단철근 단면의 경우에는 그림 4-12(a)와 같이 압축연단의 탄성변형률 ε_e에 크리프변형률 ε_{cps}가 추가된다. 이때의 ε_{cps}는 콘크리트의 크리프변형률 ε_{cp}와 같다고 보아도 좋다. 압축연단의 변형률 증가에 따라 곡률도 증가한다.

이때 콘크리트의 크리프는 인장응력에 대하여 무시할 수 있는 정도이고, 또 인장부에는 인장철근이 배치되어 인장철근 위치에서의 변형률은 시간이 지나도 변화하지 않으므로, 시간 경과 후 단철근 단면의 총 곡률은 ϕ_{tls}로 증가된다. 이에 따라 단철근 단면 휨부재는 ϕ_{tls}에 해당하는 처짐이 발생한다. 복철근 단면의 경우에는 그림 4-12(b)와 같이 압축연단에 크리프변형률 ε_{cps}보다 크기가 작은 변형률 ε_{cpd}가 추가된다. 이것은 콘크리트 크리프 변형에 대하여 압축철근이 저항하므로 콘크리트에 발생하는 추가의 변형률이 ε_{cps}만큼 발생하지 못하기 때문이다. 이에 따라 시간이 경과할수록 압축철근은 압축응력이 증가하고 콘크리트 압축부는 압축응력이 감소한다. 이러한 압축철근의 크리프 저항 작용으로 시간 경과 후 나타나는 총 곡률이 단철근 단면에서 나타나는 총 곡률 ϕ_{tls}보다 크기가 작은 ϕ_{tld}의 곡률을 보이게 되어, 장기처짐도 역시 단철근 단면의 경우보다 작게 된다.

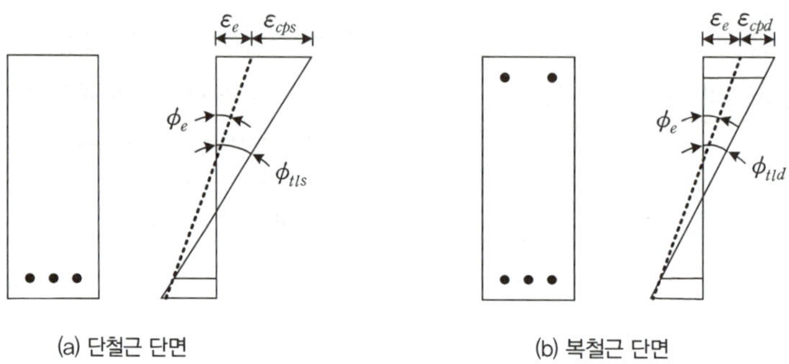

그림 4-12 단철근 단면과 복철근 단면의 장기 변형률분포

[3] 휨강도와 연성의 증가

단면에 압축철근이 추가되면 휨강도가 증가하는 효과를 기대할 수 있으며, 그 보다 더 큰 효과로 연성의 증가를 기대할 수 있다. 그림 4-13은 단철근 단면과 복철근 단면의 파괴상태에서 나타나는 변형률분포와 응력분포로, 압축철근의 영향을 나타낸다.

휨모멘트의 작용으로 압축연단 콘크리트의 변형률이 콘크리트의 극한변형률 ε_{cu}에 도달하여 파괴되는 상태에서, 저보강 단철근 단면은 그림 4-13(a)와 같이 중립축의 깊이가 c_1이 되어 극한곡률이 ϕ_{u1}으로 나타난다. 이때 인장철근에 발생한 변형률 ε_{s1}은 철근의 항복변형률 ε_y보다 큰 상태로 철근은 이미 항복한 상태이므로, 철근의 인장력 T는 다음과 같은 값을 갖는다.

$$T = A_s f_y \tag{4·5}$$

철근의 인장력 T와 콘크리트의 압축력 C는 평형조건에 의하여 다음과 같은 관계를 보인다.

$$T = C \tag{4·6}$$

저보강 단철근 단면에 압축철근이 추가된 복철근 단면은 그림 4-13(b)와 같이 단면 압축부에 작용하는 압축력이 콘크리트에 작용하는 압축력 C_c와 압축철근에 작용하는 압축력 C_s로 나타난다. 이때에도 역시 단면에 작용하는 인장력과 압축력이 평형을 이루므로, 복철근 단면에서는 다음과 같은 관계를 보인다.

$$T = C_c + C_s \tag{4·7}$$

인장철근은 항복한 이후의 응력이 항복응력 f_y로 일정하므로, 철근의 인장력 T는 식 (4·5)와 같은 항복인장력과 같다. 따라서 단철근 단면의 압축부에 작용하는 콘크리트의 압축력 C는 복철근 단면의 압축부에 작용하는 두 가지 압축력, 즉 C_c와 C_s의 합과 값이 같다. 따라서 복철근 단면의 콘크리트 압축력 C_c는 다음 관계식과 같이 단철근 단면의 콘크리트 압축력 C보다 C_s만큼 작다.

$$C_c = C - C_s \tag{4·8}$$

따라서 휨 극한상태에서 복철근 단면의 콘크리트 압축부는 단철근 단면의 콘크리트 압축부보다 면적이 작으므로, 그림 4-13(b)에 나타낸 중립축 깊이 c_2는 단철근 단면의 중립축 깊이 c_1보다 작은 값으로 나타난다. 중립축 깊이가 감소하게 되면 그림 4-13(b)에서 ϕ_{u2}로 나타낸 극한곡률과 ε_{s2}로 나타낸 인장철근의 변형률이 단철근 단면에 나타나는 극한곡률 ϕ_{u1}과 인장철근의 변형률 ε_{s1}보다 크다. 즉 복철근 단면은 단면이 파괴될 때의 인장철근 변형률과 극한곡률이 단철근 단면의 경우보다 증가하여 연성이 증가하는 결과로 나타난다.

단면의 휨강도 M_n은 다음과 같이 단면에 작용하는 압축력 또는 인장력의 내력(internal force)과 내력 사이의 팔길이(moment arm) z로 계산된다.

$$M_n = Tz = Cz \tag{4·9}$$

앞에서 설명한 바와 같이 복철근 단면은 단철근 단면보다 중립축의 깊이가 작으므로, 그림 4-13(b)와 같이 복철근 단면의 팔길이 z_2는 단철근 단면의 팔길이 z_1에 비하여 크다. 따라서 복철근 단면의 휨강도는 동일한 인장철근량을 가진 단철근 단면의 휨강도에 비하여 크게 나타난다.

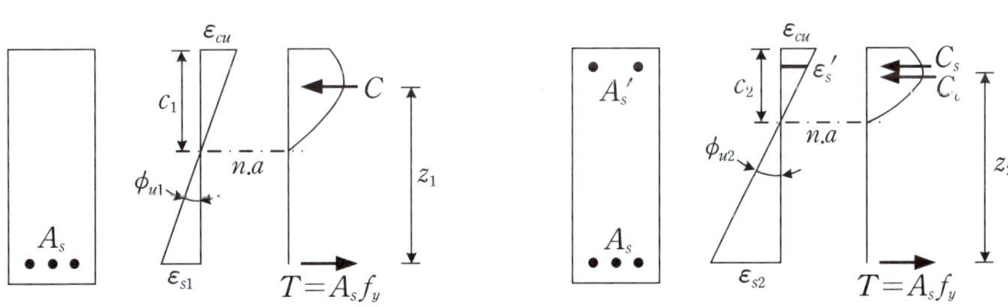

그림 4-13 단철근 단면과 복철근 단면의 곡률, 변형률, 응력 및 힘

4.3 탄성응력 해석과 균열휨모멘트

콘크리트는 인장강도가 압축강도의 약 1/10 정도이고 철근 항복강도의 약 1/100 정도로 매우 낮은 특성을 가진 재료이므로, 철근콘크리트는 사용 중에 균열이 발생하는 것이 지극히 정상적인 구조물이다. 균열의 발생은 철근콘크리트 부재의 파괴와는 무관한 것인데, 이것은 균열이 발생하여 콘크리트가 인장력에 저항하지 못하더라도 인장철근이 인장력에 저항하기 때문이다. 콘크리트 부재에 균열이 발생하기 전에는 부재가 완전한 탄성체로 거동하지만, 균열이 발생한 이후에는 부재가 탄성상태에서 비선형 거동을 보인다. 즉, 균열이 발생한 후에도 철근이 탄성상태에 있고 압축을 받는 콘크리트도 선형의 응력-변형률 상태에 있으므로 부재가 탄성으로 거동하는 것이다. 따라서 단면에 작용하는 응력을 구하기 위한 해석으로 탄성응력 해석을 수행하여도 만족할 만한 결과를 얻을 수 있다.

탄성응력 해석을 수행할 때에는 평형조건과 적합조건에 따라 해석을 수행하는 방법과 환산단면의 단면2차모멘트를 이용하여 해석하는 두 가지 방법을 적용할 수 있다. 단면2차모멘트는 부재의 처짐 해석과 휨응력 해석에 이용되는 단면의 특성값으로, 콘크리트 구조물의 경우에는 균열의 발생 여부에 따라 단면2차모멘트의 값이 변화한다. 따라서 부재의 처짐 해석이나 휨응력 해석을 수행하기 위해서는 균열이 발생하기 시작하는 휨모멘트를 알아야 하는데, 이 휨모멘트를 균열모멘트(cracking moment) 또는 균열휨모멘트라고 한다. 이 절에서는 부재의 거동에 변화가 나타나는 균열휨모멘트와 균열이 발생하기 전과 후의 단면2차모멘트 해석법 및 탄성응력 해석법을 소개한다. 이 탄성응력 해석은 11장에서 다루는 사용하중 수준에서의 구조물 거동 및 성능을 검증하는 사용한계상태의 검증과 피로한계상태의 검증에 이용된다.

4.3.1 단면2차모멘트

단면2차모멘트는 부재의 처짐 해석과 휨응력 해석에 이용되는 단면의 특성값으로, 단면을 x축과 y축의 직각좌표계에 나타낼 때 x축에 대한 단면2차모멘트 I_x는 정역학(statics) 이론에 따라 다음과 같이 정의된다.

$$I_x = \int y^2 \, dA \tag{4·10}$$

여기서, dA는 단면적 A를 구성하는 매우 작은 크기의 미소한 면적요소이고, y는 x축부터 면적요소 dA까지의 수직거리이다. 이에 따라 폭이 b이고 높이가 h인 직사각형단면의 경우, 도심을 지나는 수평축에 대한 단면2차모멘트는 다음과 같은 값을 갖는다.

$$I_o = \frac{bh^3}{12} \tag{4·11}$$

도심을 지나는 수평축에 평행한 다른 축에 대한 단면2차모멘트를 구하고자 할 때에는 평행축 정리를 적용하여, 고려하는 축이 도심을 지나는 수평축과의 거리가 y일 때 다음과 같이 구한다.

$$I = I_o + A y^2 \tag{4·12}$$

이와 같은 정역학 이론을 적용하여 철근콘크리트 단면의 단면2차모멘트 해석을 수행할 때에는 서로 다른 탄성계수를 가진 두 재료의 합성거동과 균열 발생 여부에 따른 거동의 변화를 고려하여야 한다.

그림 4-14는 철근콘크리트 부재에서 균열이 발생하는 위치의 단면에 나타나는 휨모멘트-곡률 관계이다. 그림 4-14(a)와 같이 균열이 l_s의 간격으로 발생한 휨부재에서, 균열이 발생하지 않은 위치에서는 중립축의 위치가 단면도심의 위치와 유사하지만 균열이 발생한 위치인 단면 A-A에서는 중립축이 압축연단 쪽으로 올라간 위치에 존재한다. 즉, 중립축은 균열의 존재 여부에 따라서 부재의 축방향을 따라 위치가 변동하여 휨모멘트와 곡률의 관계도 위치에 따라 다르게 나타난다. 그림 4-14(b)는 균열 위치인 단면 A-A의 휨모멘트-곡률 관계이며, 그림 4-14(c)는 균열과 균열 사이인 간격 l_s 내의 평균 휨모멘트-곡률 관계이다. 균열이 발생하지 않은 초기에는 휨모멘트와 곡률이 정비례하는 선형탄성 거동을 보이며, 이때의 기울기는 E_cI_g이다. 즉, 다음과 같은 관계로 나타낼 수 있는데, 여기서 E_c는 콘크리트의 탄성계수이고 I_g는 콘크리트 전체단면의 단면2차모멘트이다.

$$\phi = \frac{M}{E_c I_g} \tag{4·13}$$

$$I_g = \frac{M}{E_c \phi} \tag{4·14}$$

휨모멘트가 증가하여 균열이 발생하면 휨모멘트의 증가보다 곡률이 더 크게 증가하는 비선형 관계를 나타낸다. 이때 균열 위치인 단면 A-A에서 인장철근이 항복할 때는 균열이 충분히 진전된 상태로 휨모멘트-곡률 곡선의 기울기를는 E_cI_{cr}로 나타낼 수 있다. 여기서 I_{cr}은 균열이 충분히 진전된 균열단면의 단면2차모멘트이다. 그림 4-14(b)에 나타난 바와 같이 균열 위치의 단면 A-A에서는 휨모멘트가 증가할수록 단면의 강성이 빠르게 E_cI_{cr}에 가까워져 간다. 그러나 균열간격 l_s 내의 평균 휨모멘트-곡률 관계는 균열이 발생하지 않은 부분의 강성 E_cI_g의 영향으로, 그림 4-14(c)에 나타난 바와 같이 휨모멘트의 증가에 따라 부재의 강성이 빠르게 E_cI_{cr}에 가까워지지는 않으며 인장철근이 항복할 때 부재의 평균 곡률 ϕ_{ym}은 균열단면의 곡률 ϕ_y보다는 작은 값을 갖게 된다.

그림 4-14(b)와 같은 균열단면의 휨모멘트-곡률 관계는 휨모멘트의 작용에 따라 발생하는 철근과 콘크리트의 응력과 균열폭을 구할 때 적용되며, 그림 4-14(c)와 같은 균열부재의 평균 휨모멘트-곡률

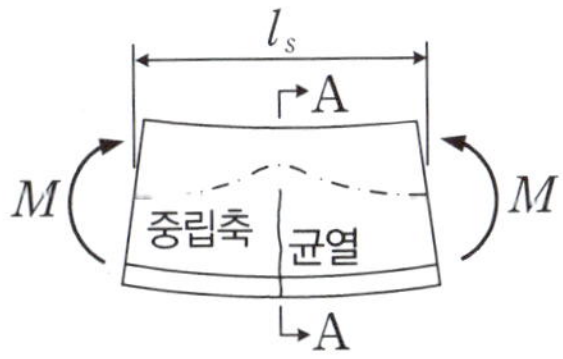

(a) 부재단면 요소

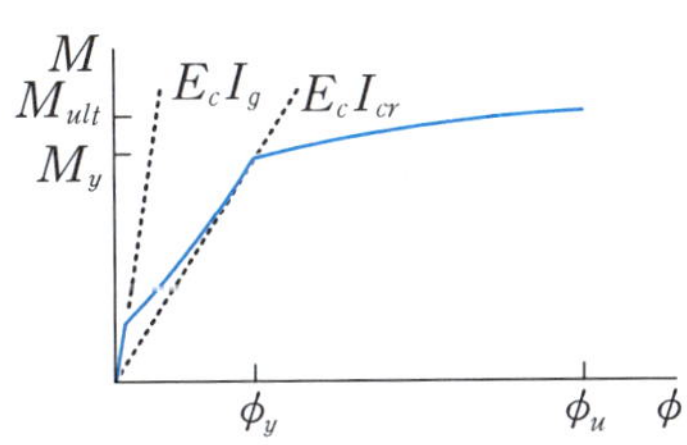

(b) 단면 A-A의 휨모멘트-곡률 관계

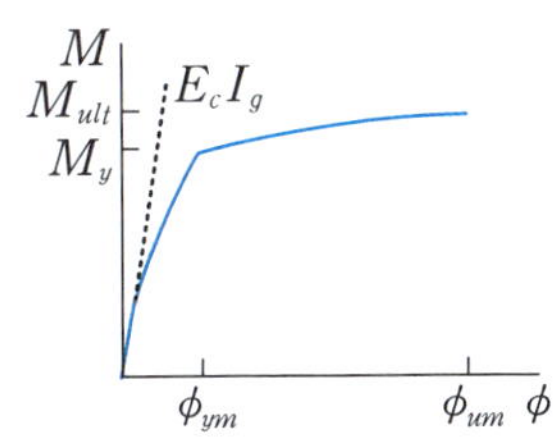

(c) l_s구간의 평균 휨모멘트-곡률 관계

그림 4-14 균열단면의 휨모멘트-곡률 관계 및 평균 휨모멘트-곡률 관계

관계는 휨모멘트의 작용에 따라 발생하는 처짐을 구할 때 적용된다. 인장철근이 항복하기 전까지, 즉 휨모멘트가 M_y에 도달하기 전까지 철근과 콘크리트의 최대응력과 균열폭, 그리고 부재의 처짐을 해석으로 구하기 위해서는 단면2차모멘트 I_g와 I_{cr}의 값을 알아야 한다. 단면2차모멘트 I_g와 I_{cr}의 값은 탄성계수비를 이용하여 다음과 같은 과정의 해석으로 구할 수 있다.

[1] 합성단면의 탄성응력과 탄성계수비

그림 4-15는 직사각형단면의 철근콘크리트 합성부재가 축방향으로 변형이 발생하였을 때 탄성상태에서 철근과 콘크리트에 발생하는 응력을 나타낸다. 그림 4-15(a)와 같이 길이가 l_o인 부재에 Δ만큼의 변형이 발생하면, 완전히 부착(perfect bond) 되어 있는 상태의 철근과 콘크리트는 다음으로 계산되는 동일한 크기의 변형률이 발생한다.

$$\varepsilon = \frac{\Delta}{l_o} \tag{4·15}$$

변형률 ε이 발생한 부재의 철근과 콘크리트는 그림 4-15(b)에 나타낸 바와 같이 변형률 ε에 각각의 탄성계수를 곱한 만큼의 응력이 발생하여, 콘크리트의 응력 f_c와 철근의 응력 f_s는 다음과 같게 된다.

$$f_c = \varepsilon E_c \tag{4·16}$$

$$f_s = \varepsilon E_s \tag{4·17}$$

즉, 철근은 탄성계수가 콘크리트에 비하여 매우 크므로, 동일한 변형률에서 발생하는 철근의 응력 f_s는 콘크리트의 응력 f_c보다 탄성계수의 비율만큼 높게 나타난다. 따라서 콘크리트의 탄성계수 E_c에 대한 철근의 탄성계수 E_s의 비율을 다음과 같이 탄성계수비(modular ratio) n으로 나타내면, 철근 응력과 콘크리트 응력은 다음과 같은 관계로 나타낼 수 있다.

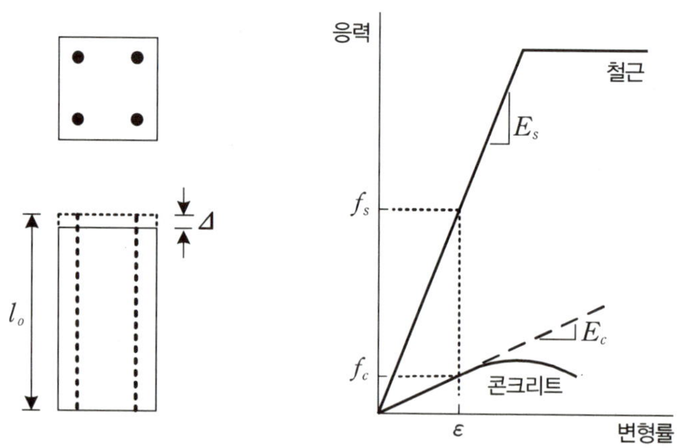

(a) 단면 및 축방향 변형　　(b) 철근과 콘크리트의 탄성계수와 탄성응력

그림 4-15 변형률이 동일할 때 철근과 콘크리트의 탄성응력

$$n = \frac{E_s}{E_c} \tag{4·18}$$

$$f_s = \varepsilon E_s = \varepsilon(nE_c) = n(\varepsilon E_c) = n f_c \tag{4·19}$$

이 식의 의미는 탄성상태의 경우 철근이 콘크리트보다 n배의 큰 응력으로 저항한다는 것이다. 한편 이와 같이 서로 다른 성질을 갖는 두 가지 이상의 재료로 이루어진 합성단면의 탄성해석에서는 한 가지의 역학적 특성으로 치환하여 해석하는 것이 간편하다. 이때에는 하나의 재료가 갖는 단면적을 다른 하나의 단면적으로 치환하면 간단해진다. 따라서 콘크리트보다 n배로 강한 철근을 콘크리트의 특성으로 나타낸다면, 철근의 단면적을 다음과 같이 가상의 콘크리트 단면적으로 환산할 수 있다.

$$A_{trn} = n\,A_s \tag{4·20}$$

콘크리트로 치환한 이 가상의 단면적을 환산단면적(transformed area)라고 하며, 이와 같이 하나의 재료인 것으로 나타낸 단면을 환산단면(transformed section)이라고 한다. 철근콘크리트 부재에서 환산단면은 균열의 유무를 고려하여 구성하고 단면2차모멘트를 구한다. 즉, 균열이 발생하기 전에는 전체단면의 환산단면에 대하여 단면2차모멘트 I_g를 구하고, 균열이 충분히 진전된 상태는 균열단면의 환산단면에 대하여 단면2차모멘트 I_{cr}을 구한다.

참고로 표 4-2는 한국 설계기준[4.3~4.5]에 따른 철근과 콘크리트의 탄성계수로 계산한 탄성계수비로, 콘크리트의 압축강도가 증가할수록 탄성계수비가 감소한다는 것을 나타낸다. 과거에 허용응력설계법을 사용하던 때의 설계기준에서는 콘크리트 탄성계수의 큰 변동성을 고려하여 정수의 탄성계수비를 사용하도록 하였으나, 소수 첫째자리의 값으로 나타내고 이를 사용하여도 큰 무리는 없다.

표 4-2 한국 설계기준에 따른 콘크리트의 탄성계수 및 탄성계수비

$f_{ck}\,(MPa)$	21	24	27	30	35	40	50	60	70	80	90
$f_{cm}\,(MPa)$	25	28	31	34	39	44	55	66	76	86	96
$E_c\,(MPa)$	24,900	25,800	26,700	27,500	28,800	30,000	32,300	34,400	36,000	37,500	38,900
탄성계수비 n	8.0	7.8	7.5	7.3	6.9	6.7	6.2	5.8	5.6	5.3	5.1

[2] 전체단면의 단면2차모멘트 I_g의 해석

균열이 발생하지 않은 철근콘크리트 단면은 콘크리트와 철근이 모두 압축응력과 인장응력에 저항한다. 따라서 이때의 단면은 그림 4-16과 같이 환산단면을 구성하고 전체단면(gross section)에 대하여 단면2치모멘트 I_g를 해석한다. 즉, 그림 4-16(a)와 같은 복철근 단면에서 중립축이 위치가 그림 4-16(b)와 같다면, 단면의 하단철근은 인장응력을 받고 단면의 상단철근은 압축응력을 받게 된다. 이 철근들의 단면적을 다음과 같이 콘크리트의 단면적으로 환산하여 콘크리트 단면에 추가하면 그림 4-16(c)와 같은 환산단면을 구성할 수 있다.

$$A_{trn} = (n-1)\,A_s \qquad (4 \cdot 21)$$

즉, 인장철근과 압축철근의 단면적에 $(n-1)$을 곱한 환산단면적 $(n-1)\,A_s$와 $(n-1)\,A_s{}'$을 철근의 위치에 추가하여 환산단면을 구성한다. 인장철근 단면적 A_s가 압축철근 단면적 $A_s{}'$보다 클 때 환산단면의 중립축을 구하면, 중립축이 콘크리트 단면의 도심보다 인장연단에 더 가깝게 위치하여 그림 4-16(b)와 같이 y_{gc}가 y_{gt}보다 더 크게 나타난다.

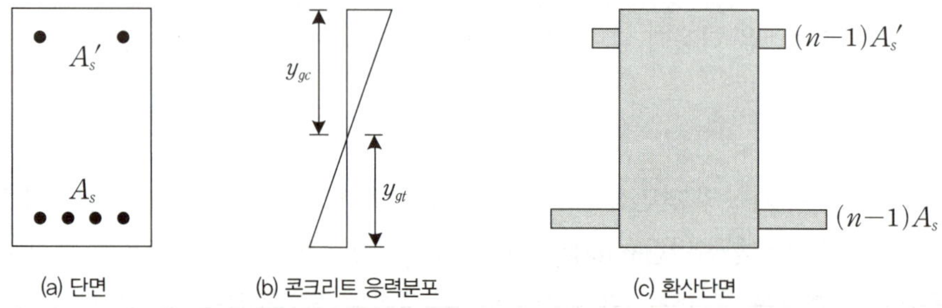

그림 4-16 균열이 발생하지 않은 단면의 전체 환산단면

그림 4-17은 균열이 발생하지 않은 단면에서 환산단면을 구성할 때 철근의 단면적에 탄성계수비 n을 곱하지 않고 $(n-1)$을 곱하는 이유를 나타낸다. 그림 4-17(a)와 같이 철근의 단면적이 A_s인 경우 철근 단면적을 콘크리트 단면적으로 환산하면 nA_s가 되어, 그림 4-17(b)와 같이 환산단면적이 콘크리트 단면적에 추가된다. 이때 응력을 받는 콘크리트 단면적은 사각형 단면적에서 철근의 단면적을 뺀 단면적이 되어, 그림 4-17(b)에 나타난 바와 같이 네 개의 구멍이 있는 단면이 된다. 그러나 이렇게 환산단면을 구성한다면 콘크리트 단면의 도심을 구하는 것이 매우 어렵고 복잡하게 된다. 따라서 환산단면적 nA_s에서 A_s만큼의 단면적을 빼서 네 개의 구멍을 메꾸고 콘크리트 단면을 직사각형으로 취급하면 단면의 도심을 구하는 것이 매우 쉬워진다. 따라서 이와 같이 환산단면을 구성하면, 그림 4-17(c)와 같이 직사각형 콘크리트 단면에 $(n-1)A_s$의 단면적이 추가된 형태가 되는 것이다.

이와 같이 구성된 환산단면에 대하여 중립축의 위치를 구하고 나서 단면2차모멘트를 계산하면 전체 단면의 단면2차모멘트 I_g를 구할 수 있다.

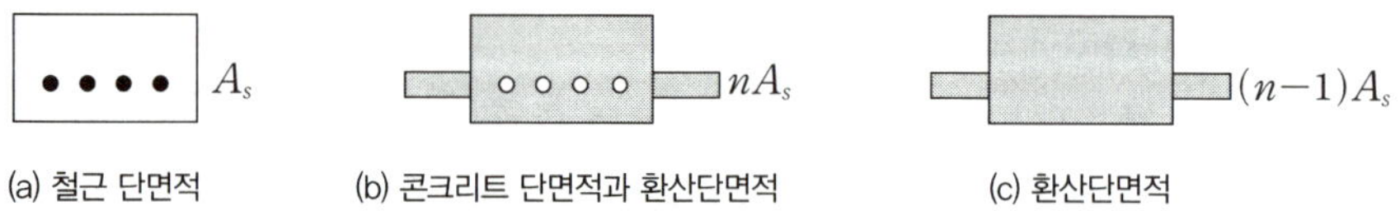

그림 4-17 균열이 발생하지 않은 단면의 환산단면

[3] 균열단면의 단면2차모멘트 I_{cr}의 해석

균열이 발생한 철근콘크리트 단면은 압축부 콘크리트와 철근이 함께 압축응력을 받지만 균열이

발생한 인장부는 철근만이 인장응력을 받는다. 물론 균열의 끝 위치와 중립축 사이의 콘크리트는 균열이 발생하지 않은 부분이므로 인장력에 저항하기는 하지만, 이에 따른 인장력은 크기가 매우 작고 중립축과의 팔길이도 매우 작아서 휨모멘트에 저항하는 효과가 무시해도 좋을 정도로 미미하다. 따라서 중립축 아래의 모든 콘크리트 인장부를 무시하고 인장철근만이 인장력에 저항하는 것으로 해석하여 그림 4-18(c)와 같이 환산단면을 구성한다. 즉, 압축철근의 환산단면적을 콘크리트 압축부에 추가하고, 인장철근 단면적을 콘크리트 단면적으로 환산한 단면적 nA_s를 인장철근의 위치에 나타낸다. 이때 인장철근은 콘크리트와 함께 인장응력으로 저항하는 것이 아니라 철근만이 인장력에 저항하는 것이므로, nA_s로 환산단면을 구성한다. 이 환산단면에 대하여 중립축의 위치를 구하면, 그림 4-18(b)와 같이 중립축이 압축연단에 가깝게 위치하여 y_{cc}가 y_{ct}보다 매우 작게 나타나는 것이 일반적이다. 이 환산단면의 중립축에 대하여 단면2차모멘트를 계산하면 균열단면(cracked section)의 단면2차모멘트 I_{cr}을 구할 수 있다.

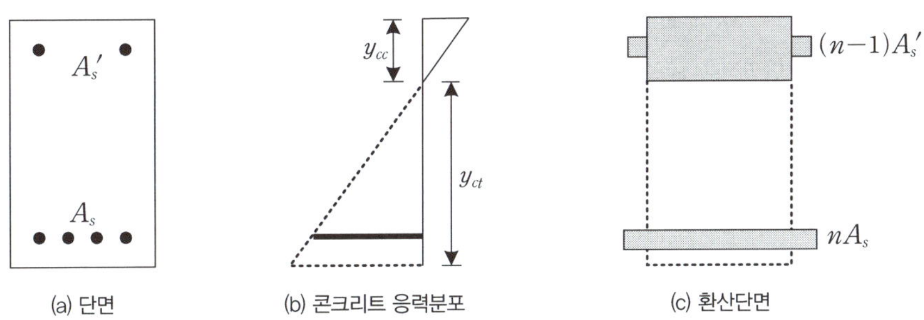

그림 4-18 균열 환산단면

예제 4-1 단면의 폭 b=320 mm, 깊이 h=600 mm인 그림 4-19의 복철근 직사각형 단면에 대하여 전체단면의 단면2차모멘트 I_g와 균열단면의 단면2차모멘트 I_{cr}을 구하시오. I_g로는 철근을 무시하고 콘크리트 단면만으로 계산한 I_{gc}와 철근을 모두 고려하여 환산단면으로 계산한 I_{gt}의 두 가지를 구하시오. 콘크리트의 설계기준압축강도 f_{ck}=30 MPa이고, 인장철근으로는 SD400 3-D29 (A_s=1,927 mm^2)가 유효깊이 d=530 mm인 위치에, 압축철근으로는 SD400 2-D19 (A_s'=573 mm^2)가 d'=70 mm인 위치에 배치되어 있다.

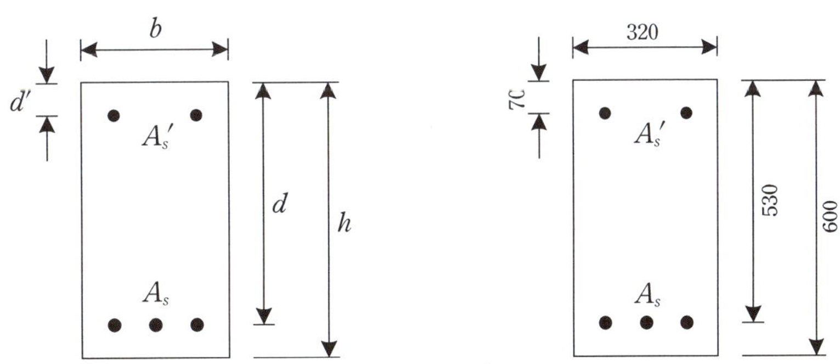

그림 4-19 예제 4-1의 단면

〈풀이〉

(1) 콘크리트의 탄성계수와 탄성계수비 및 철근의 환산단면적

콘크리트의 평균압축강도와 콘크리트의 탄성계수는

$$f_{cm} = f_{ck} + \Delta f = 30+4 = 34\ MPa$$

$$E_c = 8{,}500\sqrt[3]{f_{cm}} = 8{,}500\sqrt[3]{34} = 27{,}500\ MPa$$

철근의 탄성계수는 200,000 MPa이므로, 콘크리트를 기준으로 하는 탄성계수비는 식 (4 ·18)로부터

$$n = \frac{E_s}{E_c} = \frac{200{,}000}{27{,}500} = 7.3$$

콘크리트 단면적은

$$A_c = bh = 320\times600 = 192{,}000\ mm^2$$

압축철근은 균열이 발생하지 않는 위치이므로 식 (2 ·21)을 적용하고, A_s 대신 A_s'을 대입하여 압축철근의 환산단면적을 구하면

$$(n-1)A_s' = (7.3-1)\times573 = 3{,}610\ mm^2$$

인장철근의 환산단면적을 균열이 발생하지 않는 위치에서 구하면, 식 (4 ·21)을 적용하여

$$(n-1)A_s = (7.3-1)\times1{,}927 = 12{,}140\ mm^2$$

인장철근의 환산단면적을 균열이 발생하는 위치에서 구하면, 식 (4 ·20)을 적용하여

$$nA_s = 7.3\times1{,}927 = 14{,}067\ mm^2$$

(2) 철근을 무시하고 콘크리트 단면만으로 계산한 전체단면의 단면2차모멘트 I_{gc}

콘크리트 단면은 폭이 320 mm이고 깊이가 600 mm이므로, 직사각형의 단면2차모멘트는

$$I_{gc} = \frac{bh^3}{12} = \frac{320\times600^3}{12} = 5{,}760\times10^6\ mm^4$$

(3) 철근을 고려하여 환산단면으로 계산한 전체단면의 단면2차모멘트 I_{gt}

전체 환산단면의 단면2차모멘트를 구하려면 먼저 다음 그림과 같은 환산단면의 중립축을 구해야 한다.

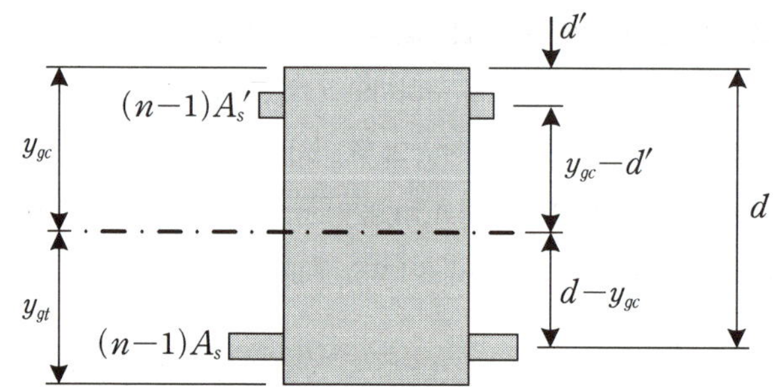

그림 4-20 전체 환산단면

단면의 상단에서 중립축까지의 거리를 y_{gc}, 환산단면의 면적을 A_{gtr}, 단면의 상단을 중심으로 한 단면1차모멘트를 Q_{gtp}라고 하고, 이를 이용하여 y_{gc}를 구하면

$$A_{gtr} = A_c + (n-1)A_s' + (n-1)A_s = 192{,}000+3{,}610+12{,}140 = 207{,}750\ mm^2$$

$$Q_{gtp} = A_c\frac{h}{2} + (n-1)A_s'd' + (n-1)A_s d = 192{,}000\times300+3{,}610\times70+12{,}140\times530$$
$$= 64{,}287{,}000\ mm^3$$

$$y_{gc} = \frac{Q_{gtr}}{A_{gtr}} = \frac{64,287,000}{207,750} = 309\ mm$$

환산단면의 중립축을 구하는 위의 과정은 표 4-3과 같이 표를 이용할 수도 있다.

표 4-3 환산단면의 중립축 해석

구 분	단면적 $A\ (mm^2)$	상단부터의 도심거리 $x\ (mm)$	단면1차모멘트 $A \cdot x\ (mm^3)$
콘크리트 A_c 압축철근 $(n-1)A_s'$ 인장철근 $(n-1)A_s$	192,000 3,610 12,140	$h/2 = 300$ $d' = 70$ $d = 530$	57.600×10^6 0.253×10^6 6.434×10^6
합 계	207,750	–	64.287×10
환산단면의 중립축	$y_{gc} = \frac{\Sigma Ax}{\Sigma A} = \frac{64,287,000}{207,750} = 309\ mm$		

중립축에 대한 전체 환산단면의 단면2차모멘트를 구하면

$$I_{gt} = I_{gc} + A_c\left(y_{gc} - \frac{h}{2}\right)^2 + (n-1)\ A_s'(y_{gc} - d')^2 + (n-1)A_s(d - y_{gc})^2$$

$$= 5,760 \times 10^6 + 192,000 \times (309-300)^2 + 3,610 \times (309-70)^2 + 12,140 \times (530-309)^2$$

$$= 6,575 \times 10^6\ mm^4$$

환산단면의 단면2차모멘트를 구하는 위의 과정은 표 4-4와 같이 표를 이용할 수도 있다.

표 4-4 합성단면의 단면2차모멘트 해석

구 분	$A(mm^2)$	중립축부터의 도심거리 $y(mm)$	$A \cdot y^2$ (mm^3)	$I_o(mm^4)$	$I = I_o + A \cdot y^2 (mm^4)$
콘크리트 A_c 압축철근 $(n-1)A_s'$ 인장철근 $(n-1)A_s$	192,000 3,610 12,140	$y_{gc} - h/2 = 9$ $y_{gc} - d' = 239$ $d - y_{gc} = 221$	16×10^6 206×10^6 593×10^6	$5,760 \times 10^6$ – –	$5,776 \times 10^6$ 206×10^6 593×10^6
합성단면의 단면2차모멘트					$I_{gt} = \Sigma I = 6,575 \times 10^6$

이상의 결과로, 이 단면의 경우에는 전체 환산단면의 단면2차모멘트 I_{gt}가 콘크리트 단면만의 단면2차모멘트 I_{gc}의 1.14배의 값을 나타낸다.

(4) 균열단면의 단면2차모멘트 I_{cr}

균열단면의 단면2차모멘트를 구하기 위해서는 먼저 다음 그림 4-21과 같은 균열환산단면에 대하여 중립축을 구하여야 한다.

단면의 상단에서 중립축까지의 거리를 y_{cc}라고 하면, 중립축을 중심으로 압축응력을 받는 단면의 단면1차모멘트와 인장응력을 받는 단면의 단면1차모멘트가 같아야 한다. 이 관계를 정리하면

$$\frac{by_{cc}^2}{2} + (n-1)A_s'(y_{cc} - d') = nA_s\ (d - y_{cc})$$

$$\frac{320y_{cc}^2}{2} + 3,610(y_{cc} - 70) = 14,067(530 - y_{cc})$$

$$y_{cc}{}^2 + 110.5\ y_{cc} - 48,176 = 0$$

이 2차방정식의 해를 구하면

$$y_{cc} = \frac{-110.5 \pm \sqrt{110.5^2 + 4 \times 48,176}}{2} = 171 \text{ 또는 } -282$$

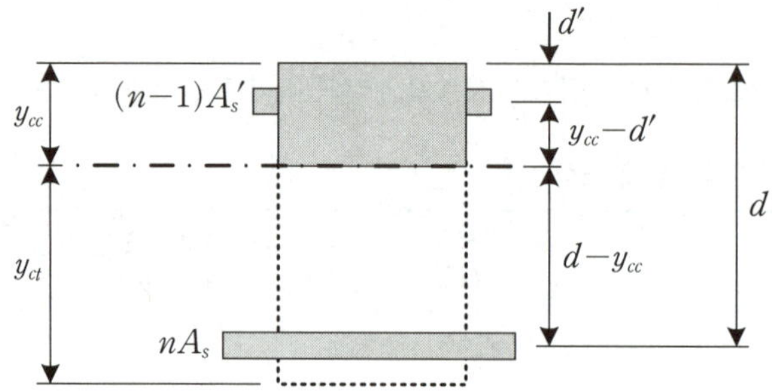

그림 4-21 균열환산단면

이 값들 중 양의 값을 취하면 단면 상단에서 중립축의 위치는

$$y_{cc} = 171\,mm$$

중립축을 중심으로 단면2차모멘트를 구하면

$$I_{cr} = \frac{1}{3}by_{cc}^3+(n-1)A_s'(y_{cc}-d')^2+nA_s(d-y_{cc})^2$$

$$= \frac{1}{3}\times320\times171^3+3{,}610\times(171-70)^2+14{,}067\times(530-171)^2 = 2{,}383\times10^6\,mm^4$$

균열단면의 단면2차모멘트를 구하는 위의 과정은 표 4-5와 같이 표를 이용할 수도 있다.

표 4-5 균열단면의 단면2차모멘트 해석

구 분	$A(mm^2)$	중립축부터의 도심거리 $y(mm)$	$A\cdot y^2$ (mm^3)	$I_o(mm^4)$	$I=I_o+A\cdot y^2(mm^4)$
콘크리트 $A_{cc}=by_{cc}$	54,720	$y_{cc}/2=85.5$	400×10^6	133×10^6	533×10^6
압축철근 $(n-1)A_s'$	3,610	$y_{cc}-d'=101$	37×10^6	–	37×10^6
인장철근 nA_s	14,067	$d-y_{cc}=359$	$1{,}813\times10^6$	–	$1{,}813\times10^6$
합성단면의 단면2차모멘트					$I_{cr}=\Sigma I=2{,}383\times10^6$

이상의 결과로, 이 단면의 경우에는 균열단면의 단면2차모멘트 I_{cr}은 전체 환산단면의 단면2차모멘트 I_{gt}에 대해서는 0.36배, 철근을 무시한 콘크리트 전체단면의 단면2차모멘트 I_{gc}에 대해서는 0.41배를 나타낸다.

예제 4-2 그림 4-22와 같이 유효폭 b_e=1,200mm, 플랜지 두께 t_f=200mm, 복부폭 b_w=400mm, 전체깊이 h=800mm인 T형 단면에 정모멘트가 작용하는 부분에는 그림 4-22(a)와 같이, 부모멘트가 작용하는 부분에는 그림 4-22(b)와 같이 SD400 4-D25 (A_s=2,027mm^2)가 유효깊이 d=530mm인 위치에 배치되어 있다. 이 T형 단면에 대하여 철근을 무시한 전체단면의 단면2차모멘트 I_{gc}를 구하고, 정모멘트가 작용할 때 균열단면의 단면2차모멘트 $I_{cr,p}$와 부모멘트가 작용할 때 균열단면의 단면2차모멘트 $I_{cr,n}$을 구하시오. 콘크리트의 설계기준압축강도 f_{ck}=35MPa이다.

〈풀이〉

(1) 철근을 무시하고 콘크리트 단면만으로 계산한 전체단면의 단면2차모멘트 I_{gc}

그림 4-23과 같이 콘크리트 단면을 복부 부분과 양쪽 플랜지 부분을 합한 직사각형으로 구분하여, 단면의 상단을 중심으로 한 단면1차모멘트를 Q_{gtop}, 총 단면적을 A_g, 단면 상단에서 중립축까지의 거리를 y_{gtop}라고 하자.

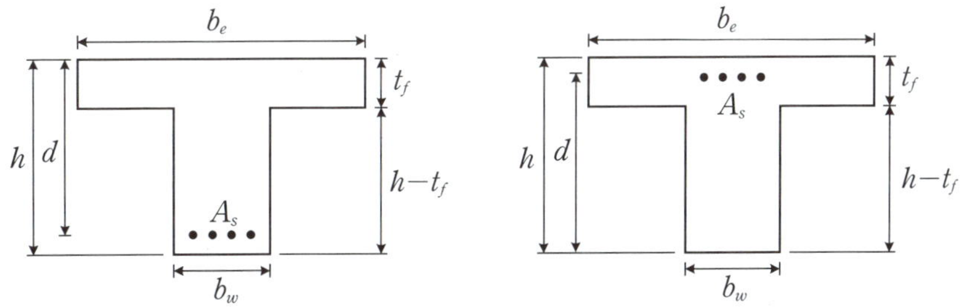

(a) 정모멘트 단면　　(b) 부모멘트 단면

그림 4-22 예제 4-2의 단면

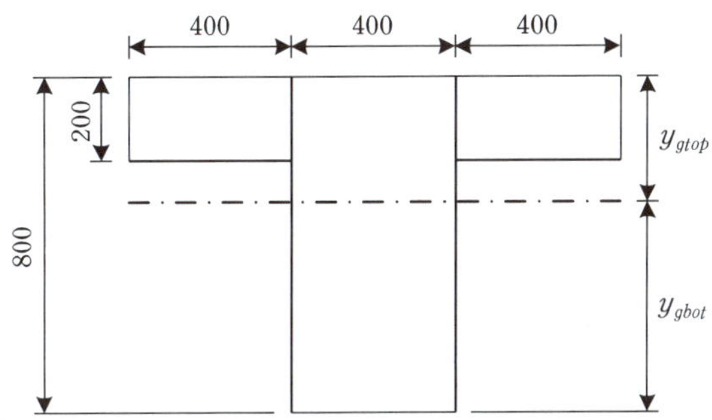

그림 4-23 전체단면의 중립축

A_g와 Q_{gtop}의 값을 구하고, 이를 이용하여 단면 상단에서 중립축까지의 거리 y_{gc}를 구하면

$$A_g = 400\times800+2\times400\times200 = 480{,}000\ mm^2$$

$$Q_{gtop} = 400\times\frac{800^2}{2}+2\times400\times\frac{200^2}{2} = 144\times10^6\ mm^3$$

$$y_{gtop} = \frac{Q_{gtop}}{A_g} = \frac{144\times10^6}{480{,}000} = 300\ mm$$

단면 하단에서 중립축까지의 거리 y_{gbot}는

$$y_{gbot} = h-y_{gtop} = 800-300 = 500\ mm$$

따라서 단면 상단을 기준으로 각 분할 단면의 단면2차모멘트를 구하고, 각 분할 단면의 도심에서 중립축까지의 거리를 이동시키는 평행축 정리를 적용하여 전체단면의 단면2차모멘트를 구하면

$$I_{gc} = \frac{400\times800^3}{3}+400\times800\times300^2+2\times\left(\frac{400\times200^3}{3}+400\times200\times300^2\right) = 105.33\times10^9\ mm^4$$

(2) 콘크리트의 탄성계수와 탄성계수비 및 철근의 환산단면적

콘크리트의 평균압축강도와 콘크리트의 탄성계수는

$$f_{cm} = f_{ck}+\Delta f = 35+4 = 39\ MPa$$

$$E_c = 8{,}500\sqrt[3]{f_{cm}} = 8{,}500\sqrt[3]{39} = 28{,}800\ MPa$$

철근의 탄성계수는 200,000 MPa이므로, 콘크리트를 기준으로 하는 탄성계수비는

$$n = \frac{E_s}{E_c} = \frac{200{,}000}{28{,}800} = 6.9$$

인장철근의 환산단면적을 균열이 발생하는 위치에서 구하면

$$nA_s = 6.9 \times 2{,}027 = 13{,}986\ mm^2$$

(3) 정모멘트가 작용하는 균열단면의 단면2차모멘트 $I_{cr,\,p}$

정모멘트가 작용하는 균열단면의 단면2차 모멘트를 구하기 위해서는 먼저 균열환산단면에 대하여 중립축을 구하여야 한다. 다음 그림 4-24와 같이 정모멘트가 작용할 때 중립축이 플랜지 내에 있다고 가정하여 단면 상단에서 중립축까지의 거리를 y_{cpt}라고 하고 중립축을 구한다.

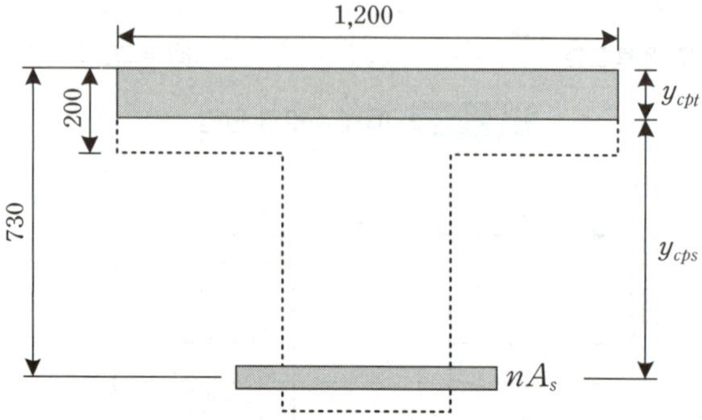

그림 4-24 정모멘트 단면의 균열환산단면

중립축을 중심으로 압축응력을 받는 중립축 윗부분 콘크리트 단면의 단면1차모멘트와 인장응력을 받는 중립축 아랫부분 인장철근 환산단면의 단면1차모멘트가 같아야 하므로, 이 관계를 정리하면

$$\frac{b_e y_{cpt}^2}{2} = nA_s\,(d - y_{cpt})$$

$$\frac{1{,}200\ y_{cpt}^2}{2} = 13{,}986\ (730 - y_{cpt})$$

$$y_{cpt}^2 + 23.31\ y_{cpt} - 17{,}016 = 0$$

이 2차방정식의 해를 구하면

$$y_{cpt} = \frac{-23.31 \pm \sqrt{23.31^2 + 4 \times 17{,}016}}{2} = 119\ \text{또는}\ -143$$

이 값들 중 양의 값을 취하면 단면 상단에서 중립축의 위치는

$$y_{cpt} = 119\ mm < t_f (=200\ mm)$$

중립축 깊이가 플랜지 두께보다 작으므로 가정한 바와 같이 중립축이 플랜지 내에 있다. 중립축에서 중립축 아랫부분 인장철근까지의 거리 y_{cps}를 구하면

$$y_{cps} = d - y_{cpt} = 730 - 119 = 611\ mm$$

이제 중립축을 중심으로 정모멘트가 작용하는 균열단면의 단면2차모멘트 $I_{cr,\,p}$를 구하면

$$I_{cr,\,p} = \frac{1}{3} b_e\, y_{cpt}^3 + nA_s\, y_{cps}^2 = \frac{1}{3} \times 1{,}200 \times 119^3 + 13{,}986 \times 611^2 = 5{,}895 \times 10^6\ mm^4$$

(4) 부모멘트가 작용하는 균열단면의 단면2차모멘트 $I_{cr,\,n}$

부모멘트가 작용하는 균열단면의 단면2차모멘트를 구하기 위해서는 먼저 균열환산단면에 대하여 중립축을 구하여야 한다. 다음 그림 4-25와 같이 부모멘트가 작용할 때 중립축이 복부 내에 있다고 가정하여 단면 하단에서 중립축까지의 거리를 y_{cnb}라고 하고 중립축을 구한다.

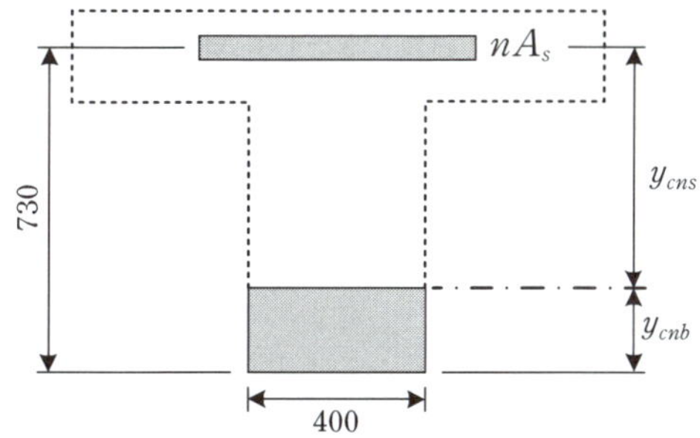

그림 4-25 부모멘트 단면의 균열환산단면

중립축을 중심으로 압축응력을 받는 중립축 아랫부분 콘크리트 단면의 단면1차모멘트와 인장응력을 받는 중립축 윗부분 인장철근 환산단면의 단면1차모멘트가 같아야 하므로, 이 관계를 정리하면

$$\frac{b_w y_{cnb}^2}{2} = nA_s(d - y_{cnb})$$

$$\frac{400\,y_{cnb}^2}{2} = 13{,}986\,(730 - y_{cnb})$$

$$y_{cnb}^2 + 69.93\,y_{cnb} - 51{,}049 = 0$$

이 2차방정식의 해를 구하면

$$y_{cnb} = \frac{-69.93 \pm \sqrt{69.93^2 + 4 \times 51{,}049}}{2} = 194 \text{ 또는 } -264$$

이 값들 중 양의 값을 취하면 단면 하단에서 중립축의 위치는

$$y_{cnb} = 194\,mm < h - t_f (= 600\,mm)$$

가정한 바와 같이 중립축이 복부 내에 있다. 중립축에서 중립축 윗부분 인장철근까지의 거리 y_{cnb}를 구하면

$$y_{cnb} = d - y_{cnb} = 730 - 194 = 536\,mm$$

이제 중립축을 중심으로 부모멘트가 작용하는 균열단면의 단면2차모멘트 $I_{cr,n}$을 구하면

$$I_{cr,n} = \frac{1}{3} b_w y_{cnb}^3 + nA_s y_{cns}^2 = \frac{1}{3} \times 400 \times 194^3 + 13{,}986 \times 536^2 = 4{,}992 \times 10^6\,mm^4$$

4.3.2 균열휨모멘트

콘크리트 부재에서 단면에 작용하는 인장응력이 콘크리트의 균열강도 f_{cr}에 도달하면 균열이 발생하기 시작한다. 그림 4-26은 인장연단의 응력이 콘크리트의 균열강도 f_{cr}에 도달하여 균열이 발생하기 시작하는 변형률분포를 나타낸다. 그림 4-26(a)는 휨모멘트가 작용하는 경우로, 다음과 같이 탄성해석에 따라 계산되는 단면 하단의 인장연단 응력 f_{bot}가 f_{cr}과 같아지면 균열이 발생한다.

$$f_{bot} = \frac{My_{ten}}{I_g} \tag{4·22}$$

$$f_{bot} = f_{cr} \tag{4·23}$$

여기서, M은 단면에 작용하는 휨모멘트, y_{ten}은 단면의 중립축에서 인장연단까지의 거리, I_g는 균열이 발생하기 전의 전체단면에 대한 단면2차모멘트이다. 식 (4·23)과 같이 f_{bot}가 f_{cr}과 같아질 때의 휨모멘트를 M_{cr}이라고 하고 두 식의 관계를 이용하여 구하면, 균열휨모멘트 M_{cr}은 다음과 같다.

$$M_{cr} = \frac{f_{cr} I_g}{y_{ten}} \tag{4·24}$$

기둥과 같이 휨모멘트와 함께 축압축력이 작용하는 경우에는 그림 4-26(b)와 같이 축력의 영향을 고려하여 균열휨모멘트 M_{cr}을 구하여야 한다. 즉, 축방향 압축력 P가 작용하면 단면적 A에 P/A의 압축응력이 작용하므로, 그림 4-26(b)에 나타낸 바와 같이 축력에 의한 압축응력과 휨모멘트에 의한 인장응력의 합이 f_{cr}과 같을 때 균열이 발생한다. 이에 따른 균열휨모멘트 M_{cr}은 다음과 같다.

$$f_{bot} = -\frac{P}{A} + \frac{My_{ten}}{I_g} \tag{4·25}$$

$$M_{cr} = \left(f_{cr} + \frac{P}{A}\right)\frac{I_g}{y_{ten}} = \frac{f_{cr} I_g}{y_{ten}} + \frac{P}{A}\frac{I_g}{y_{ten}} \tag{4·26}$$

따라서 기둥과 같이 휨모멘트와 축압축력이 작용하는 경우의 균열휨모멘트는 휨모멘트만 작용하는 경우의 균열휨모멘트보다 $PI_g/(Ay_{ten})$ 만큼 증가한다. 만일 부재에 인장력이 작용하면 P의 부호는 음(−)이 되며, 인장력 $-P$에 의한 인장응력이 f_{cr}과 같으면 휨모멘트가 작용하기 전에 인장력에 의하여 균열이 발생한다.

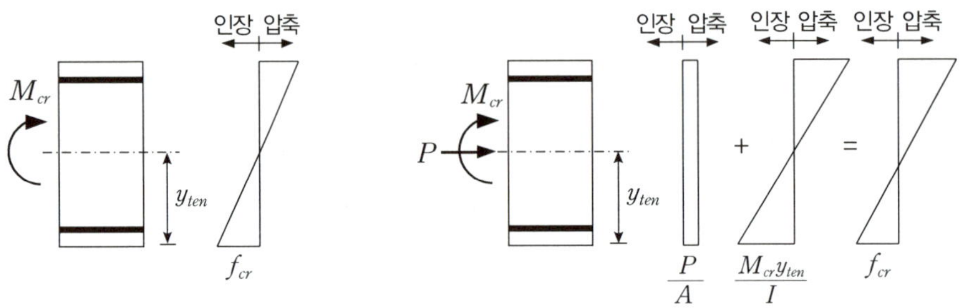

(a) 축력이 0인 경우의 균열휨모멘트

(b) 축압축력이 작용하는 경우의 균열휨모멘트

그림 4-26 균열휨모멘트와 균열이 발생하기 시작하는 변형률분포

이와 같은 균열휨모멘트의 해석에서 단면2차모멘트 I_g의 값은 철근의 영향을 고려하여 결정하는 것이 정해(exact solution)이다. 이것은 균열의 발생 상태를 응력만으로 설명하기보다는 변형률과 함께 표현하면 이해하기 쉽다. 즉, 콘크리트의 균열은 콘크리트 인장연단의 변형률이 콘크리트의 균열변형률에 도달할 때 발생한다는 것이다. 그림 4-27은 철근이 배치되지 않은 무근콘크리트 단면과 인장철근이 배치된 단철근 단면의 내력과 균열이 발생하는 변형률분포를 나타낸다. 무근콘크리트 단면은 그림 4-27(a)와 같이 인장연단의 변형률이 콘크리트의 균열변형률 ε_{cr}에 도달하여 균열이 발생하기 시작할 때 중립축의 깊이는 y_{c0}이고 압축력과 인장력은 각각 C_0와 T_0로서, 이 힘에 두 힘 사이의 팔길이를 곱한 휨모멘트가

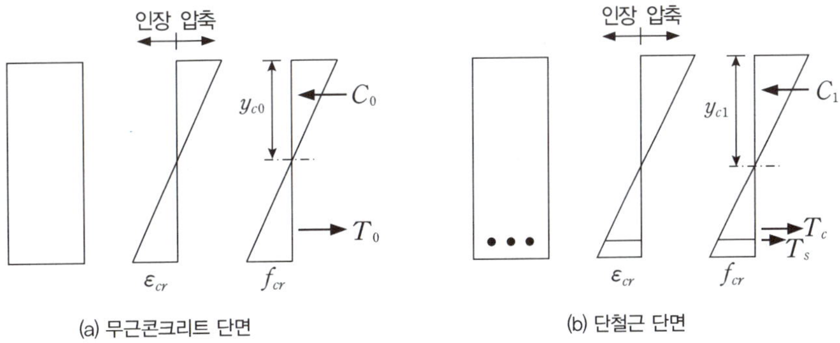

그림 4-27 **균열이 발생하는 변형률분포와 응력분포 및 내력**

균열휨모멘트가 된다. 인장철근이 추가된 단철근 단면은 그림 4-27(b)와 같이 인장연단의 변형률이 ε_{cr}일 때 인장부의 콘크리트와 함께 철근도 인장응력을 받게 되어 T_c와 T_s의 두 인장력으로 저항한다. 이 두 인장의 합은 압축부 콘크리트의 압축력 C_1과 같고, 이 값은 무근콘크리트 단면의 C_o보다 커서 중립축의 깊이 y_{c1}이 무근콘크리트 단면의 중립축 깊이 y_{c0}보다 크다. 따라서 C_1의 위치는 C_0보다 다소 인장연단에 가까워지지만 T_c의 위치도 T_0보다 인장연단에 가까워져서 팔길이가 무근콘크리트 단면의 경우보다 감소하지 않고, 또 T_s에 의한 휨모멘트가 추가되어 결국 균열휨모멘트가 무근콘크리트 단면의 균열휨모멘트보다 커지게 된다. 이와 같은 현상은 단면의 균열휨모멘트 M_{cr}을 구할 때 단면2차모멘트 I_g로 철근의 영향을 반영한 값을 적용하는 것이 정해라는 것을 뒷받침한다.

콘크리트의 균열강도 f_{cr}로는 설계기준에 따라 적용하는 값이 다르다. 2장 2.1.8절에서 설명한 바와 같이, 콘크리트구조 학회기준(2017),[4.3] KDS 14 20 콘크리트구조 설계기준,[4.4] ACI 318 Code,[4.6] AASHTO[4.7]는 콘크리트의 균열강도를 콘크리트의 휨인장강도(파괴계수) f_r로 규정하고 있으므로, 콘크리트의 균열강도 f_{cr}을 다음 식으로 나타낼 수 있다.

$$f_{cr} = f_r \tag{4·27}$$

콘크리트의 파괴계수 f_r은 앞의 식 (2·31)과 같다.

$$f_r = 0.63\lambda\sqrt{f_{ck}} \tag{2·31}$$

여기서 λ는 경량콘크리트계수로, 보통중량콘크리트는 λ가 1.0이고, 전경량콘크리트는 λ가 0.75이며, 모래경량콘크리트는 λ가 0.85이다. 0.75에서 0.85 사이의 값은 모래경량콘크리트의 잔골재를 경량잔골재로 치환하는 체적비에 따라 직선 보간한다. 0.85에서 1.0사이의 값은 보통중량콘크리트의 굵은골재를 경량골재로 치환하는 체적비에 따라 직선 보간한다. 전경량콘크리트와 모래경량콘크리트의 정의는 2장 2.1.2절 [4]항에 설명되어 있다.

유럽형 한계상태설계법을 기본으로 하는 KDS 24 14 21 콘크리트교 설계기준(한계상태설계법)[4.5]과 Eurocode 2[4.8]는 2장 2.1.8절에서 설명한 바와 같이 콘크리트의 균열강도를 콘크리트의 인장강도로 규정한다. 콘크리트의 인장강도는 1축 인장에 의한 직접인장강도 f_{ct}와 휨 작용에 의한 휨인장강도 $f_{ct,fl}$로 구분되며, 평균인장강도와 0.05 분위 기준인장강도로 표현된다.

콘크리트의 직접인장강도 f_{ct} 중에서 평균인장강도 f_{ctm}은 콘크리트의 평균압축강도 f_{cm}을 이용하여 앞의 식 (2 ·28)로 구한다.

$$f_{ctm} = 0.3(f_{cm})^{2/3} \tag{2 ·28}$$

KDS 24 14 21 콘크리트교 설계기준(한계상태설계법)[4.5]은 설계기준압축강도에 관계없이 이 식을 사용하지만, Eurocode 2[4.8]는 설계기준압축강도가 50 MPa을 초과하는 경우에 이와 다른 식을 적용하도록 하고 있다.

콘크리트의 평균압축강도 f_{cm}은 앞의 식 (2 ·1)로 결정한다.

$$f_{cm} = f_{ck} + \Delta f \tag{2 ·1}$$

Δf는 콘크리트를 생산하는 지역에 따라 다른 값을 사용할 수 있는데, 한국 설계기준[4.3~4.5]은 설계기준압축강도가 40 MPa 이하이면 4 MPa, 60 MPa 이상이면 6 MPa, 40 MPa과 60 MPa 사이이면 4 MPa과 6 MPa 사이에서 직선보간 하도록 규정하고 있다. Eurocode 2는 더 정확한 통계자료가 없는 경우에 Δf로 8 MPa을 사용하도록 규정하고 있다.

f_{ctk}는 하위 5%에 해당하는 0.05 분위 기준인장강도로, 앞의 식 (2 ·29)로 구한다.

$$f_{ctk} = 0.7 f_{ctm} \tag{2 ·29}$$

콘크리트의 휨인장강도 $f_{ct,fl}$ 중에서 평균휨인장강도 $f_{ctm,fl}$은 앞의 식 (2 ·30)으로 구한다.

$$f_{ctm,fl} = \left(1.6 - \frac{h}{1{,}000}\right) f_{ctm} \geq f_{ctm} \tag{2 ·30}$$

이것은 부재의 크기효과를 고려한 것으로, 부재의 두께 h가 600 mm보다 작은 경우에는 평균인장강도 f_{ctm}의 1.6배까지 커지지만, 600 mm 이상인 경우에는 평균인장강도와 동일한 값을 갖는다. 설계에서 크기효과를 무시하고 평균인장강도 f_{ctm}을 사용하면 보수적으로 안전측인 설계가 된다.

인장부재의 설계에서는 0.05 분위 기준인장강도와 재료계수를 적용하여 설계인장강도를 결정한다. KDS 24 14 21 콘크리트교 설계기준(한계상태설계법)[4.5]은 콘크리트의 설계인장강도 f_{ctd}를 다음과 같이 규정하고 있다.

$$f_{ctd} = \phi_c \alpha_{ct} f_{ctk} \tag{4 ·28}$$

여기서, ϕ_c는 콘크리트 재료계수로 0.65이고, f_{ctk}는 0.05 분위 기준인장강도이며, α_{ct}는 인장강도 유효계수이다. α_{ct}는 콘크리트 압축대의 쪼갬인장강도를 산정할 때 0.85를 취하고, 그 외의 경우에는 모두 1.0을 적용한다. 설계인장강도 f_{ctd}는 인장부재의 설계에 적용하는 것인데, 이것을 휨모멘트에 의한 균열을 검토할 때 적용한다면 균열이 발생할 확률이 매우 작은 설계균열휨모멘트를 구하게 될 것이다. 따라서 균열휨모멘트를 구할 때에는 일반적으로 평균인장강도 f_{ctm}을 기준으로 하므로, 다음과 같이 나타낼 수 있다.

$$f_{cr} = f_{ctm} \tag{4·29}$$

예제 4-3 앞의 예제 4-1과 동일한 다음 그림 4-28의 복철근 직사각형 단면의 제원은 다음과 같다. 단면의 폭 b=320 mm이고, 깊이 h=600 mm로서, 콘크리트의 설계기준압축강도 f_{ck}=30 MPa이며, 인장철근으로는 SD400 3-D29(A_s=1,927 mm^2)가 유효깊이 d=530 mm인 위치에, 압축철근으로는 SD400 2-D19(A_s'=573 mm^2)가 d'=70 mm인 위치에 배치되어 있다. 전체단면의 단면2차모멘트로서 철근을 무시하고 콘크리트 단면만으로 계산한 I_{gc}와 전체 환산단면으로 계산한 I_{gt}를 기준으로 이 단면의 균열휨모멘트를 구하시오. 콘크리트의 균열강도로는 KDS 14 20 콘크리트구조 설계기준의 파괴계수와 KDS 24 14 21 콘크리트교 설계기준(한계상태설계법)의 평균인장강도 중에서 작은 값을 적용하시오. 예제 4-1의 전체 환산단면해석 결과, 중립축으로부터 단면 하단까지의 거리는 y_{gt}=291 mm이었으며, I_{gt}=6,575×10^{6}mm^{4}이었다. 철근을 무시할 때 중립축으로부터 단면 하단까지의 거리는 y_{ten}=300 mm이었으며, I_{gc}=5,760×10^{6}mm^{4}이었다.

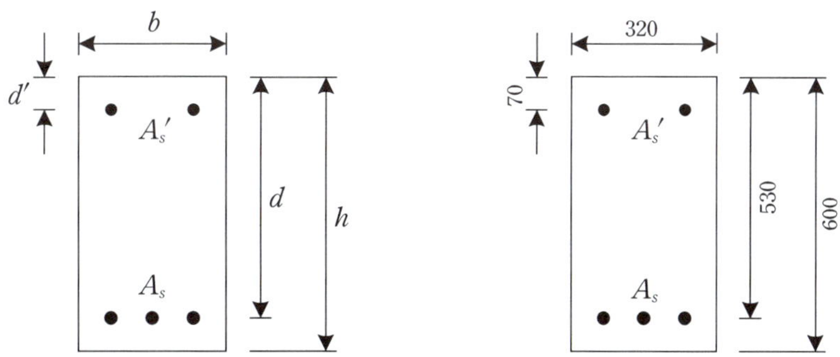

그림 4-28 예제 4-1과 예제 4-3의 단면

〈풀이〉

(1) 콘크리트의 균열강도

KDS 14 20 콘크리트구조 설계기준에 따른 콘크리트의 파괴계수는 식 (2·31)로부터

$$f_r = 0.63\,\lambda\sqrt{f_{ck}} = 0.63\times1.0\times\sqrt{30} = 3.45\ MPa$$

KDS 24 14 21 콘크리트교 설계기준(한계상태설계법)에 따른 콘크리트의 평균인장강도를 구하려면, 콘크리트의 평균압축강도를 먼저 구하여야 한다. 콘크리트의 평균압축강도는 식 (2·1)로부터

$$f_{cm} = f_{ck}+\Delta f = 30+4 = 34\ MPa$$

콘크리트의 평균인장강도는 식 (2·28)로부터

$$f_{ctm} = 0.3(f_{cm})^{2/3} = 0.3\times(34)^{2/3} = 3.15\ MPa$$

KDS 14 20 콘크리트구조 설계기준에 따른 콘크리트의 파괴계수와 KDS 24 14 21 콘크리트교 설계기준(한계상태설계법)에 따른 콘크리트의 평균인장강도 중에서 작은 값이 3.15 MPa이므로, 콘크리트의 균열강도 f_{cr}을 3.15 MPa로 하여 균열휨모멘트를 계산한다.

(2) 철근을 무시한 전체단면의 단면2차모멘트로 계산한 균열휨모멘트

콘크리트 단면의 도심에서 인장연단까지의 거리 y_{ten}은 300 mm이고, 콘크리트 단면의 단면2차모멘트는

I_{gc}=5,760×10^6 mm^4이므로, 균열휨모멘트는

$$M_{cr} = \frac{f_{cr}I_{gc}}{y_{ten}} = \frac{3.15\times5,760\times10^6}{300} = 60.5\times10^6\,N\cdot mm = 60.5\,kN\cdot m$$

(3) 전체 환산단면의 단면2차모멘트로 계산한 균열휨모멘트

환산단면의 도심에서 인장연단까지의 거리 y_{gt}는 291 mm이고 환산단면의 단면2차모멘트는 I_{gt}=6,575×10^6 mm^4 이므로, 균열휨모멘트는

$$M_{cr} = \frac{f_{cr}I_{gt}}{y_{gt}} = \frac{3.15\times6,575\times10^6}{291(10)^6} = 71.2\,kN\cdot m$$

따라서 이 단면의 경우에는 환산단면의 단면2차모멘트로 계산한 균열휨모멘트가 71.2 $kN\cdot m$로서, 콘크리트 단면의 단면2차모멘트로 계산한 균열휨모멘트 60.5 $kN\cdot m$의 1.18배의 값을 보인다. 즉, 환산단면의 단면2차모멘트로 계산한 균열휨모멘트를 정해로 한다면, 이 단면의 경우에는 철근을 무시하고 콘크리트 단면만을 고려한 균열휨모멘트가 정해의 0.85배의 값을 보인다.

예제 4-4 앞의 예제 4-2와 동일한 T형 단면에 대하여 정모멘트가 작용할 때의 균열휨모멘트 $M_{cr,\,p}$와 부모멘트가 작용할 때의 균열휨모멘트 $M_{cr,\,n}$을 KDS 14 20 콘크리트구조 설계기준에 따라 계산하시오. 예제 4-2에서 철근을 무시한 전체단면의 단면2차모멘트 해석 결과, 중립축으로부터 단면 상단까지의 거리는 y_{gtop}=300 mm, 중립축으로부터 단면 하단까지의 거리는 y_{gbot}=500 mm이었으며, 전체단면의 단면2차모멘트는 I_{gc}=105.33×10^{9}mm^{4}이었다.

〈풀이〉

(1) 콘크리트의 균열강도

KDS 14 20 콘크리트구조 설계기준에 따른 콘크리트의 파괴계수는 f_{ck}가 35 MPa이므로

$$f_r = 0.63\,\lambda\sqrt{f_{ck}} = 0.63\times1.0\times\sqrt{35} = 3.73\,MPa$$

따라서 콘크리트의 균열강도 f_{cr}을 3.73 MPa로 하여 균열휨모멘트를 계산한다.

(2) 정모멘트 단면의 균열휨모멘트

정모멘트가 작용할 때는 단면 하단이 인장연단이므로, 중립축에서 인장연단까지의 거리 y_{ten}은 다음과 같이 중립축에서 단면 하단까지의 거리 y_{gbot}과 같다.

$$y_{ten} = y_{gbot} = 500\,mm$$

y_{gbot}이 500 mm이고 전체단면의 단면2차모멘트는 I_{gc}=105.33×10^9 mm^4이므로, 정모멘트 단면의 균열휨모멘트는

$$M_{cr,\,p} = \frac{f_{cr}I_g}{y_{gbot}} = \frac{3.73\times105.33\times10^6}{500} = 786\times10^6\,N\cdot mm = 786\,kN\cdot m$$

(3) 부모멘트 단면의 균열휨모멘트

부모멘트가 작용할 때는 단면 상단이 인장연단이므로, 중립축에서 인장연단까지의 거리 y_{ten}은 다음과 같이 중립축에서 단면 하단까지의 거리 y_{gtop}와 같다.

$$y_{ten} = y_{gtop} = 300\,mm$$

y_{gtop}이 300 mm이고 전체단면의 단면2차모멘트는 I_{gc}=105.33×10^9 mm^4이므로, 부모멘트 단면의 균열휨모멘트는

$$M_{cr,\,n} = \frac{f_{cr}I_g}{y_{gtop}} = \frac{3.73\times105.33\times10^9}{300} = 1,310\times10^6\,N\cdot mm = 1,310\,kN\cdot m$$

4.3.3 단조증가하중에 대한 탄성응력 해석

철근콘크리트 휨부재의 탄성응력 해석은 다음의 가정을 기반으로 한다.

① 베르누이(Bernoulli)의 가정에 따라 변형 전의 평면은 변형 후에도 평면을 유지한다. 즉, 전체 단면에 걸쳐서 변형률의 분포는 직선을 유지한다.

② 콘크리트의 인장응력은 무시하며 균열면에서 인장응력은 전달되지 않는다.

③ 철근과 콘크리트는 완전히 부착되어 철근과 철근 주위의 콘크리트 사이에 미끄럼(slip)이 발생하지 않는다. 즉, 중립축으로부터의 거리가 같은 철근과 콘크리트는 변형률이 같다.

이와 같은 가정은 사용하중 상태의 탄성응력 해석뿐만 아니라 휨에 대한 극한한계상태의 휨강도 해석에도 동일하게 적용된다. 이 가정들과 선형탄성 이론에 따라 탄성응력 해석을 수행하는 것은 그림 4-29(b)와 같이 균열이 발생한 후 이상화한 휨모멘트-곡률 곡선을 이용한 해석이다. 즉, 실제의 휨모멘트-곡률 곡선은 균열이 발생한 후에 그림 4-29(a)와 같이 비선형으로 휨모멘트와 곡률이 증가하는 형태이지만, 선형탄성의 탄성응력 해석은 그림 4-29(b)와 같이 강성 E_cI_{cr}의 기울기로 선형 증가하는 휨모멘트-곡률 관계로 이상화(idealization)한 해석이다.

실제 탄성응력 해석을 수행할 때에는 평형조건과 적합조건에 따라 해석을 수행하는 방법과 환산단면의 단면2차모멘트를 이용하여 해석하는 다음의 두 가지 방법을 적용할 수 있다.

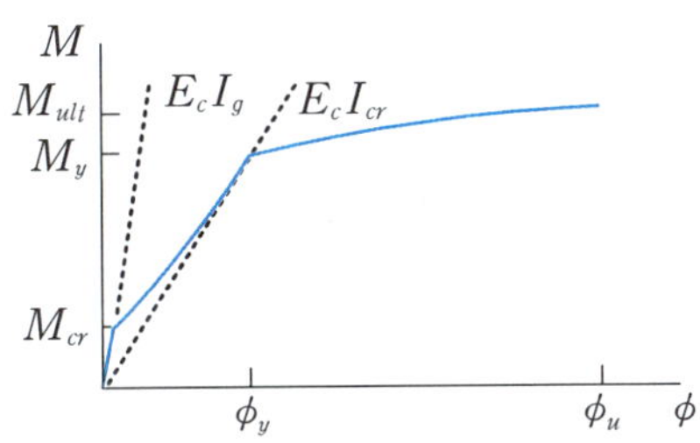

(a) 휨모멘트-곡률 관계

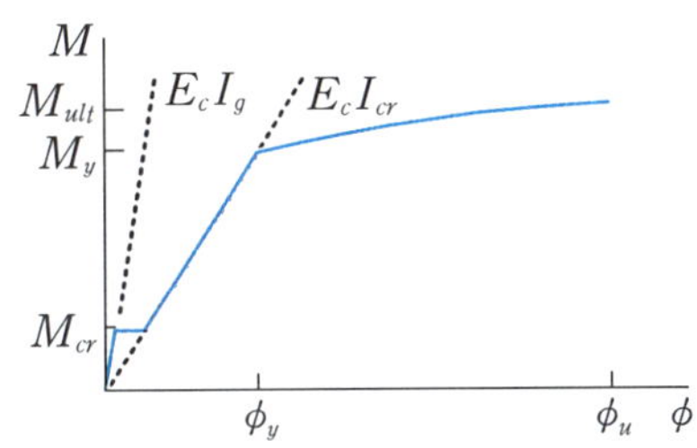

(b) 균열 후 이상화된 휨모멘트-곡률 곡선

그림 4-29 휨모멘트-곡률 곡선의 이상화(idealization)

[1] 평형조건과 적합조건에 따른 균열단면의 탄성응력 해석

평형조건에 따른 탄성응력 해석은 다음과 같은 두 가지 평형 조건을 적용한다.

① 단면에 작용하는 압축응력의 합인 압축내력(internal compressive force)은 단면에 작용하는 인장응력의 합인 인장내력(internal tensile force)과 같다.

② 단면에 작용하는 압축력과 인장력에 의한 내력 휨모멘트(internal bending moment)는 단면에 작용하는 외력 휨모멘트(external bending moment)와 같다.

적합조건은 베르누이(Bernoulli)의 가정에 따라 직선의 변형률분포로 변형률을 계산하며, 중립축으로

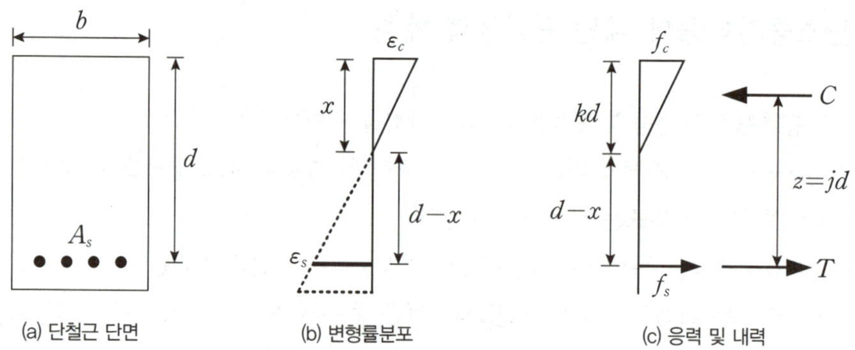

그림 4-30 균열단면의 변형률분포와 응력 및 내력

부터의 거리가 같은 철근과 콘크리트는 같은 변형을 갖는 것으로 해석한다.

그림 4-30은 이와 같은 평형조건과 적합조건을 적용한 균열단면의 변형률분포와 응력 및 내력을 나타낸다. 그림 4-30(a)의 단철근 직사각형 단면에서 균열단면의 중립축의 위치가 그림 4-30(b)와 같이 압축연단에서 x만큼 떨어져 있는 위치일 때, 압축연단의 콘크리트 변형률을 ε_c라고 하고 인장철근의 변형률을 ε_s라고 하자. 이때 단면에 작용하는 응력의 분포와 내력의 작용위치는 그림 4-30(c)와 같다. 여기서 압축내력 C는 콘크리트에 작용하는 압축응력의 합이므로, 다음과 같이 나타낼 수 있다.

$$C = \frac{1}{2} f_c bx \tag{4·30}$$

인장철근에 작용하는 인장내력 T는 다음과 같다.

$$T = A_s f_s \tag{4·31}$$

평형조건에 따라 압축내력 C와 인장내력 T는 같으므로 다음과 같은 관계가 성립한다.

$$C = T \tag{4·32}$$

$$\frac{1}{2} f_c bx = A_s f_s \tag{4·33}$$

$$\frac{f_s}{f_c} = \frac{bx}{2A_s} \tag{4·34}$$

적합조건의 적용으로 그림 4-30(b)의 변형률분포로부터 ε_c와 ε_s 사이의 관계를 구하면 다음과 같은 관계가 성립한다.

$$\frac{\varepsilon_s}{\varepsilon_c} = \frac{d-x}{x} \tag{4·35}$$

한편 탄성상태에서의 응력은 탄성계수와 변형률의 곱이므로, 압축연단 콘크리트의 응력 f_c와 인장철근의 응력 f_s의 비율을 다음과 같이 나타낼 수 있다.

$$\frac{f_s}{f_c} = \frac{E_s \varepsilon_s}{E_c \varepsilon_c} \tag{4·36}$$

이 식에 식 (4·35)를 대입하고 탄성계수비로 표현하면 다음과 같이 정리된다.

$$\frac{f_s}{f_c} = n\frac{d-x}{x} \tag{4·37}$$

평형조건에 따른 식 (4·34)와 적합조건에 따른 식 (4·37)은 같아야 하므로, 두 식을 등치시키면 다음과 같은 관계를 얻는다.

$$\frac{bx}{2A_s} = n\frac{d-x}{x} \tag{4·38}$$

$$\frac{b}{2A_s}x^2+nx-nd = 0 \tag{4·39}$$

$$x^2+\frac{2nA_s}{b}x-\frac{2nA_sd}{b} = 0 \tag{4·40}$$

이 2차방정식의 해를 구하고 양수를 취하면 중립축의 깊이 x를 구하게 된다. 중립축의 깊이 x가 결정되면 콘크리트의 압축부에 작용하는 압축내력의 위치가 결정되므로 휨모멘트의 팔길이(moment arm) z는 다음과 같게 된다.

$$z = d-\frac{x}{3} \tag{4·41}$$

따라서 이 단면에 휨모멘트 M_s가 작용할 때 압축내력과 인장내력은 다음과 같은 크기의 힘으로 작용한다.

$$C = T = \frac{M_s}{z} \tag{4·42}$$

이 관계와 식 (4·30) 및 식 (4·31)을 이용하여 콘크리트 압축연단의 응력 f_c와 인장철근의 응력 f_s를 각각 구하면 다음과 같다.

$$f_c = \frac{2M_s}{bxz} \tag{4·43}$$

$$f_s = \frac{M_s}{zA_s} \tag{4·44}$$

이와 같은 과정을 통하여 응력을 구하는 해석법을 내력 해석법(internal-force method)이라고 한다.

한편 중립축의 위치 x와 휨모멘트의 팔길이 z는 그림 4-30(c)에 나타난 바와 같이 압축연단에서 인장철근까지의 유효깊이 d의 비율로 나타낼 수 있다. 즉, 다음과 같이 상수 k와 j를 이용하여 나타내는 것이다.

$$x = kd \tag{4·45}$$

$$z = jd \tag{4·46}$$

$$j = 1-\frac{k}{3} \tag{4·47}$$

인장철근의 단면적을 콘크리트 유효단면적에 대한 비율인 인장철근비 ρ로 나타내면 다음과 같다.

$$A_s = \rho bd \tag{4·48}$$

중립축에 대한 2차방정식인 식 (4·39)에 식 (4·45)와 식 (4·48)을 대입하면 다음과 같이 k에 대한 2차방정식으로 표현되어 그 해를 구할 수 있다.

$$\frac{bd^2}{2}k^2 + \rho nbd^2k - \rho nbd^2 = 0 \tag{4·49}$$

$$k^2 + 2\rho nk - 2\rho n = 0 \tag{4·50}$$

$$k = \sqrt{2\rho n + (\rho n)^2} - \rho n \tag{4·51}$$

k의 값을 구하고 나면 식 (4·47)에 따라 j의 값을 구할 수 있으므로, 식 (4·45)와 식 (4·46)을 식 (4·43)과 식 (4·44)에 대입하여 나타낸 다음 식으로 콘크리트 압축연단의 응력 f_c와 인장철근의 응력 f_s를 각각 구할 수 있다.

$$f_c = \frac{2M_s}{jkbd^2} \tag{4·52}$$

$$f_s = \frac{M_s}{A_s jd} \tag{4·53}$$

압축철근이 추가된 복철근 단면의 경우, 압축철근의 단면적 A_s'을 다음과 같이 콘크리트 유효단면적에 대한 비율인 압축철근비 ρ'로 나타내고 중립축의 위치를 나타내는 k를 구하면 다음과 같이 표현된다. 여기서 d'은 압축연단부터 압축철근의 중심까지의 거리이다.

$$A_s' = \rho' bd \tag{4·54}$$

$$k = \sqrt{(\rho + \rho')^2 n^2 + 2\left(\rho + \frac{\rho d'}{d}\right)n} - (\rho + \rho')n \tag{4·55}$$

[2] 환산단면의 단면2차모멘트를 이용한 탄성응력 해석

환산단면의 단면2차모멘트를 이용한 탄성응력 해석은 다음과 같은 휨응력 공식(formular)을 적용하여 응력을 구하는 방법이다. 여기서 y는 휨응력을 구하고자 하는 위치에서 중립축까지의 거리이다.

$$f = \frac{My}{I} \tag{4·56}$$

철근콘크리트 단면에 이 공식을 적용할 때, 휨균열이 발생하기 전에는 단면2차모멘트 I로 전체단면의 단면2차모멘트 I_g를 적용하고 휨균열이 발생한 후에는 I로 균열단면의 단면2차모멘트 I_{cr}을 적용한다. 예를 들어 균열이 발생한 후의 복철근 직사각형 단면의 응력은 그림 4-31에 따라 다음과 같이 해석한다. 먼저 그림 4-31(a)와 같은 단면에 대하여 그림 4-31(b)와 같이 균열환산단면을 구성하고, 중립축의

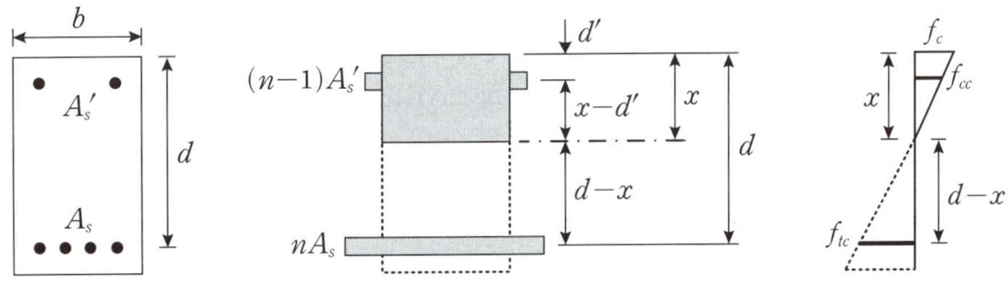

(a) 복철근 단면 (b) 균열환산단면 (c) 응력분포

그림 4-31 균열환산단면의 응력분포

위치 x와 균열단면2차모멘트 I_{cr}을 구한다. 이 단면에 휨모멘트 M_s가 작용할 때 휨응력 공식과 x 및 I_{cr}의 값을 이용하면, 그림 4-31(c)에 나타난 압축연단의 콘크리트 응력 f_c, 압축철근 위치의 콘크리트 압축응력 f_{cc}, 인장철근 위치에서 철근의 단면적을 콘크리트 단면적으로 환산한 인장응력 f_{tc}를 다음과 같이 구할 수 있다.

$$f_c = \frac{M_s x}{I_{cr}} \tag{4·57}$$

$$f_{cc} = \frac{M_s(x-d')}{I_{cr}} \tag{4·58}$$

$$f_{tc} = \frac{M_s(d-x)}{I_{cr}} \tag{4·59}$$

여기서 f_{cc}와 f_{tc}는 철근 단면적을 콘크리트 단면적으로 환산한 콘크리트로의 응력이므로, 이 응력을 철근 응력으로 다시 환산하려면 탄성계수비 n을 곱하여야 한다. 즉, 역학적으로 철근 단면적 1.0은 콘크리트 단면적 n에 해당하여, 철근에 작용하는 응력은 같은 위치의 콘크리트에 작용하는 응력의 n배가 되는 것이다. 따라서 압축철근의 압축응력 f_s'과 인장철근의 인장응력 f_s는 다음과 같이 구한다.

$$f_s' = n f_{cc} \tag{4·60}$$

$$f_s = n f_{tc} \tag{4·61}$$

균열이 발생하지 않은 경우에는 그림 4-16에 나타낸 중립축 y_{gc}와 전체단면의 단면2차모멘트 I_g를 적용하여 압축연단의 콘크리트 응력 f_c, 압축철근 위치의 콘크리트 압축응력 f_{cc}, 인장철근 위치에서 철근의 단면적을 콘크리트 단면적으로 환산한 인장응력 f_{tc}를 다음과 같이 구하고, 철근의 응력은 식 (4·60)과 식 (4·61)로 구한다.

$$f_c = \frac{M_s y_{gc}}{I_g} \tag{4·62}$$

$$f_{cc} = \frac{M_s(y_{gc} \quad d')}{I_g} \tag{4·63}$$

$$f_{tc} = \frac{M_s(d-y_{gc})}{I_g} \tag{4·64}$$

예제 4-5 단면의 폭 b=320 mm, 깊이 h=600 mm인 그림 4-32의 단철근 직사각형 단면에 균열휨모멘트보다 큰 휨모멘트 M_{s2}=140 kN·m가 작용한다. 평형조건과 적합조건에 따른 균열단면의 탄성응력 해석을 수행하여 단면에 작용하는 콘크리트의 최대 압축응력과 인장철근의 응력을 구하시오. 또 이 해석을 중립축의 위치 x와 휨모멘트의 팔길이 z를 유효깊이 d의 비율로 나타내는 상수 k와 j를 이용하는 방법으로도 수행하시오. 콘크리트의 설계기준압축강도 f_{ck}=30 MPa이고, 인장철근으로는 SD400 3-D29(A_s=1,927 mm²)가 유효깊이 d=530 mm인 위치에 배치되어 있다.(참고: 이 예제의 단면은 앞의 예제 4-1의 복철근 단면에서 압축철근을 제거한 단철근 단면이다.)

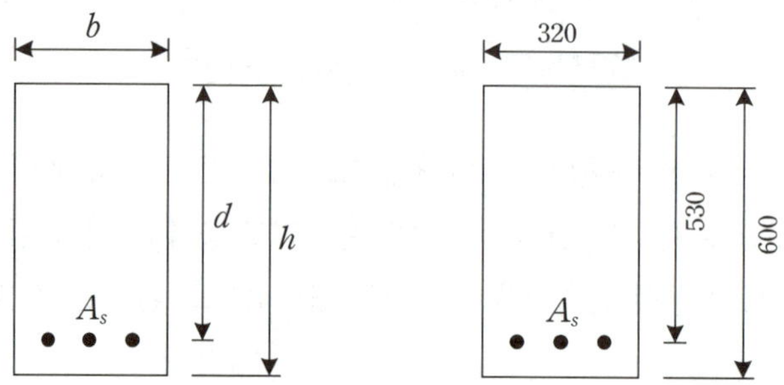

그림 4-32 예제 4-5의 단면

〈풀이〉

(1) 콘크리트의 탄성계수와 탄성계수비 및 철근의 환산단면적

콘크리트의 평균압축강도와 콘크리트의 탄성계수는

$$f_{cm} = f_{ck} + \Delta f = 30 + 4 = 34\ MPa$$

$$E_c = 8{,}500\sqrt[3]{f_{cm}} = 8{,}500\sqrt[3]{34} = 27{,}500\ MPa$$

철근의 탄성계수는 200,000 MPa이므로, 콘크리트를 기준으로 하는 탄성계수비는

$$n = \frac{E_s}{E_c} = \frac{200{,}000}{27{,}500} = 7.3$$

(2) 평형조건과 적합조건에 따른 균열단면의 탄성응력 해석

그림 4-33과 같이 압축연단에서 중립축까지의 거리를 x라고 하고 압축연단의 콘크리트 응력을 f_c라고 하면, 단면의 압축부에 작용하는 압축내력은 식 (4·30)에 따라

$$C = \frac{1}{2} f_c bx = \frac{1}{2} f_c \times 320 \times x = 160 f_c x$$

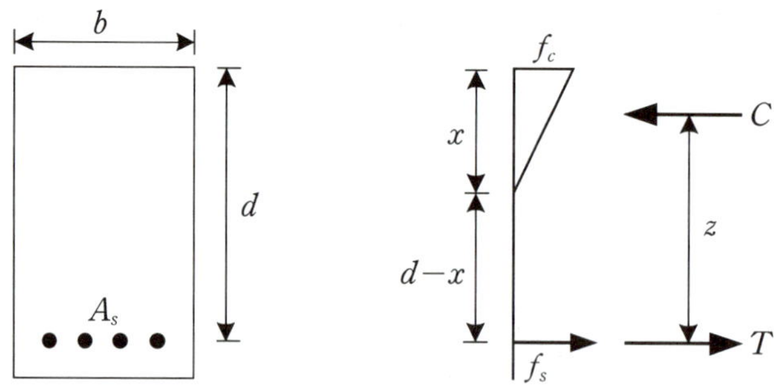

그림 4-33 단면과 응력 및 내력분포

인장철근에 작용하는 인장응력을 f_s라고 하면, 인장내력은 식 (4 ·31)에 따라

$$T = A_s f_s = 1{,}927\,f_s$$

압축내력과 인장내력은 평형을 이루므로, 평형조건에 따라 응력의 비를 구하면

$$C = T$$

$$160\,f_c x = 1{,}927\,f_s$$

$$\frac{f_s}{f_c} = \frac{160x}{1{,}927}$$

적합조건에 따라 식 (4 ·35)와 식 (4 ·36)을 이용하여 유도한 식 (4 ·37)로 응력의 비를 구하면

$$\frac{f_s}{f_c} = \frac{E_s \varepsilon_s}{E_c \varepsilon_c} = n\frac{d-x}{x} = 7.3\frac{530-x}{x}$$

평형조건으로 구한 응력의 비와 적합조건으로 구한 응력의 비는 같아야 하므로

$$\frac{160x}{1{,}927\,f_s} = 7.3\frac{530-x}{x}$$

이 분수식을 정리하고, 2차방정식의 해를 구하면

$$x^2+87.92x-46{,}597 = 0$$

$$x = \frac{-87.92\pm\sqrt{87.92^2+4\times45{,}597}}{2} = 176 \text{ 또는 } -264$$

이 값들 중 양의 값을 취하면 단면 상단에서 중립축의 위치 x는

$$x = 176\,mm$$

압축내력과 인장내력 사이의 팔길이 z는 식 (4 ·41)에 따라

$$z = d-\frac{x}{3} = 530-\frac{176}{3} = 471\,mm$$

압축내력과 인장내력은 식 (4 ·42)에 따라

$$C = T = \frac{M_s}{z} = \frac{140\times10^6}{471} = 297{,}200\,N = 297.2\,kN$$

앞에서 압축내력 C는 $160\,f_c x$이었으므로, 콘크리트 압축연단의 응력 f_c는

$$160\,f_c\,x = 297{,}200$$

$$f_c = \frac{297{,}200}{160x} = \frac{297{,}200}{160\times176} = 10.6\,MPa$$

앞에서 f_s와 f_c의 관계가 다음과 같으므로, 인장철근의 응력 f_s는

$$\frac{f_s}{f_c} = \frac{160x}{1{,}927}$$

$$f_s = \frac{160x}{1{,}927}f_c = \frac{160\times176}{1{,}927}\times10.6 = 155\,MPa$$

따라서 이 단면에 $140\,kN\cdot m$의 휨모멘트가 작용할 때, 콘크리트 압축연단에 $10.6\,MPa$의 압축응력이 작용하고 인장철근에는 $155\,MPa$의 인장응력이 작용한다. 콘크리트의 압축응력 $10.6\,MPa$은 콘크리트의 설계기준압축강도 $30\,MPa$의 0.35배이며, 철근의 인장응력 $155\,MPa$은 철근의 설계기준항복강도 $400\,MPa$의 0.39배 수준의 탄성응력을 나타낸다.

(3) 상수 k와 j를 이용한 탄성응력 해석

식 (4 ·48)을 변환하여 인장철근비 ρ를 구하면

$$\rho = \frac{A_s}{bd} = \frac{1{,}927}{320\times530} = 0.01136$$

탄성계수비 n이 7.3이므로, 식 (4·51)에 따라 k를 구하면

$$\rho n = 0.01136 \times 7.3 = 0.082928$$

$$k = \sqrt{2\rho n + (\rho n)^2} - \rho n = \sqrt{2 \times 0.082928 + 0.082928^2} - 0.082928 = 0.333$$

식 (4·47)에 따라 j를 구하면

$$j = 1 - \frac{k}{3} = 1 - \frac{0.333}{3} = 0.889$$

따라서 중립축 x와 팔길이 z를 구하면, 식 (4·45)와 식 (4·46)에 따라

$$x = kd = 0.333 \times 530 = 176\ mm$$

$$z = jd = 0.889 \times 530 = 471\ mm$$

이 값들은 위 (2)의 해석 결과와 동일하다.

콘크리트 압축연단의 응력 f_c는 식 (4·52)에 따라

$$f_c = \frac{2M_s}{jkbd^2} = \frac{2 \times 140 \times 10^6}{0.889 \times 0.333 \times 320 \times 530^2} = 10.5\ MPa$$

인장철근의 응력 f_s는 식 (4·53)에 따라

$$f_s = \frac{M_s}{A_s jd} = \frac{140 \times 10^6}{1{,}927 \times 0.889 \times 530} = 154\ MPa$$

중간 계산과정에서의 유효숫자의 차이에 의한 오차를 고려하면, f_c의 값과 f_s의 값은 위 (2)의 해석 결과와 동일하다고 할 수 있다.

예제 4-6 앞의 예제 4-1과 예제 4-3와 동일한 다음 그림 4-34의 복철근 직사각형 단면에 휨모멘트 M_{s1}=70 kN·m와 M_{s2}=140 kN·m가 각각 작용할 때, 단면2차모멘트를 이용한 탄성응력 해석을 수행하여 단면에 작용하는 콘크리트의 최대 압축응력, 인장철근의 응력, 압축철근의 응력을 구하시오. 단면의 제원은 다음과 같다. 단면의 폭 b=320 mm이고, 깊이 h=600 mm로, 콘크리트의 설계기준압축강도 f_{ck}=30 MPa이며, 인장철근으로는 SD400 3-D29 (A_s=1,927 mm^2)가 유효깊이 d=530 mm인 위치에, 압축철근으로는 SD400 2-D19 (A_s'=573 mm^2)가 d'=70 mm인 위치에 배치되어 있다. 예제 4-1 풀이 (3)의 전체 환산단면해석 결과, 중립축으로부터 단면 상단까지의 거리는 y_{gc}=309mm이었으며, 단면2차모멘트는 I_{gt}=6,575×10^{6}mm^{4}이었다. 예제 4-1 풀이 (4)의 균열단면해석 결과, 중립축으로부터 단면 상단까지의 거리는 y_{cc}=171 mm이었으며, 균열단면의 단면2차모멘

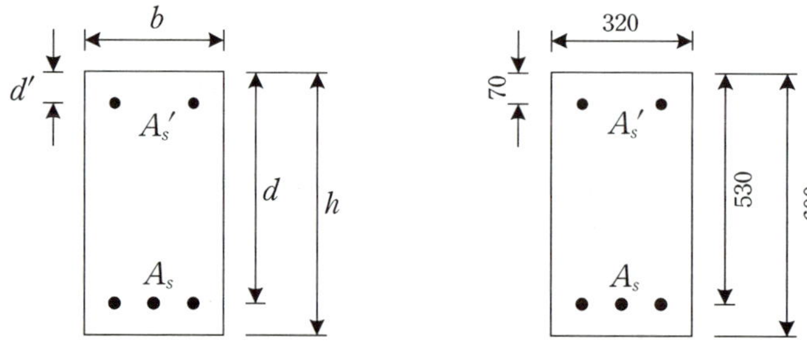

그림 4-34 예제 4-5의 단면

트는 I_{cr}=2,383×10^{6}mm^{4}이었다. 또 예제 4-3의 결과, 전체 환산단면의 단면2차모멘트로 계산한 균열휨모멘트는 M_{cr}=71.2kN·m이었다.

〈풀이〉

(1) 휨모멘트 $M_{s1}=70\ kN\cdot m$가 작용할 때의 응력

KDS 24 14 21 콘크리트교 설계기준(한계상태설계법)에 따른 콘크리트의 평균인장강도를 기준으로 하여 전체 환산단면의 단면2차모멘트로 계산한 균열휨모멘트 M_{cr}는 71.2 $kN\cdot m$로, 작용하는 휨모멘트 $M_{s1}=70\ kN\cdot m$가 M_{cr}을 초과하지 않는다.

$$M_{s1}=70\ kN\cdot m < M_{cr}\ (=71.2\ kN\cdot m)$$

따라서 휨모멘트 $M_{s1}=70\ kN\cdot m$가 작용하는 이 경우에는 휨균열이 발생하지 않는 것으로 판정할 수 있다. 휨균열이 발생하지 않는 경우에는 전체단면이 유효하므로, 전체 환산단면의 단면2차모멘트를 이용하여 콘크리트의 압축연단 응력 f_{c1}을 계산하면

$$f_{c1} = \frac{M_{s1}\,y_{gc}}{I_{gt}} = \frac{70\times10^6\times309}{6{,}575\times10^6} = 3.3\ MPa$$

압축철근 위치의 콘크리트 압축응력 f_{cc1}을 계산하면

$$f_{cc1} = \frac{M_{s1}\,(y_{gc}-d')}{I_{gt}} = \frac{70\times10^6\times(309-70)}{6{,}575\times10^6} = 2.54\ MPa$$

이 응력으로부터 압축철근의 압축응력 f_{s1}'을 계산하면

$$f_{s1}' = n\,f_{cc1} = 7.3\times2.54 = 18.5\ MPa$$

인장철근 위치의 콘크리트 인장응력 f_{tc1}을 계산하면

$$f_{tc1} = \frac{M_{s1}\,(d-y_{gc})}{I_{gt}} = \frac{70\times10^6\times(530-309)}{6{,}575\times10^6} = 2.35\ MPa$$

이 응력으로부터 인장철근의 인장응력 f_{s1}을 계산하면

$$f_{s1} = n\,f_{tc1} = 7.3\times2.35 = 17.2\ MPa$$

이 결과로부터, 이 단면에 70 $kN\cdot m$의 휨모멘트가 작용하면 콘크리트 압축연단에는 3.3 MPa의 압축응력이 작용하고, 압축철근에는 18.5 MPa의 압축응력이 작용하며 인장철근에는 17.2 MPa의 인장응력이 작용한다.

(2) 휨모멘트 $M_{s2}=140\ kN\cdot m$가 작용할 때의 응력

휨모멘트 $M_2=140\ kN\cdot m$은 다음과 같이 71.2 $kN\cdot m$인 균열휨모멘트 M_{cr}을 초과하는 휨모멘트이다.

$$M_2 = 140\ kN\cdot m > M_{cr}(=71.2\ kN\cdot m)$$

따라서 휨균열이 발생하는 경우이므로, 균열단면의 단면2차모멘트를 이용하여 콘크리트의 압축연단 응력 f_{c2}를 계산하면

$$f_{c2} = \frac{M_{s2}\,y_{cc}}{I_{cr}} = \frac{140\times10^6\times171}{2{,}383\times10^6} = 10.0\ MPa$$

압축철근 위치의 콘크리트 압축응력 f_{cc2}를 계산하면

$$f_{cc2} = \frac{M_{s2}\,(y_{cc}-d')}{I_{cr}} = \frac{140\times10^6\times(171-70)}{2{,}383\times10^6} = 5.93\ MPa$$

이 응력으로부터 압축철근의 압축응력 f_{s2}'을 계산하면

$$f_{s2}' = n\,f_{cc2} = 7.3\times5.93 = 43\ MPa$$

인장철근 위치에서의 가상의 콘크리트 인장응력 f_{tc2}를 계산하면

$$f_{tc2} = \frac{M_{s2}(d-y_{gc})}{I_{cr}} = \frac{140\times10^6\times(530-171)}{2{,}383\times10^6} = 21.1\ MPa$$

이 응력으로부터 인장철근의 인장응력 f_{s2}를 계산하면

$$f_{s2} = n\,f_{tc2} = 7.3\times21.1 = 154\ MPa$$

이 결과로부터, 이 단면에 140 $kN\cdot m$의 휨모멘트가 작용하면 콘크리트 압축연단에는 10.0 MPa의 압축응력이 작용하고, 압축철근에는 43 MPa의 압축응력이 작용하며 인장철근에는 154 MPa의 인장응력이 작용한다.

예제 4-7 앞의 예제 4-6의 결과로 휨모멘트가 M_{s1}=70 kN·m에서 M_{s2}=140 kN·m로 2배가 되었을 때, 균열의 영향에 의한 중립축의 위치, 콘크리트의 최대 압축응력, 인장철근의 응력, 압축철근의 응력 변화를 설명하시오. 또 앞의 예제 4-5와 예제 4-6의 결과로 휨모멘트 M_{s2}=140 kN·m가 작용하는 단철근 단면에 압축철근이 추가되었을 때의 변화를 설명하시오.

〈풀이〉

(1) 휨모멘트 M_{s1}=70 $kN\cdot m$가 M_{s2}=140 $kN\cdot m$로 증가하였을 때의 변화

휨모멘트 M_{s1}=70 $kN\cdot m$가 작용할 때에는 균열이 발생하지 않은 상태로, 압축연단으로부터의 중립축의 위치 y_{gc}, 콘크리트의 압축연단 응력 f_{c1}, 인장철근의 인장응력 f_{s1}, 압축철근의 압축응력 f_{s1}'은 각각 다음과 같다. 휨모멘트 M_{s2}=140 $kN\cdot m$ 작용할 때에는 균열이 발생한 상태로, 압축연단으로부터의 중립축의 위치 y_{cc}, 콘크리트의 압축연단 응력 f_{c2}, 압축철근의 압축응력 f_{s2}', 인장철근의 인장응력 f_{c2}은 각각 다음과 같다. 이들 값의 비율은 각각 다음과 같다.

$M_{s1} = 70\ kN\cdot m$	$M_{s2} = 140\ kN\cdot m$	$M_{s2}/M_{s1} = 2.0$
$y_{gc} = 309\ mm$	$y_{cc} = 171\ mm$	$y_{cc}/y_{gc} = 0.55$
$f_{c1} = 3.3\ MPa$	$f_{c2} = 10.0\ MPa$	$f_{c2}/f_{c1} = 3.0$
$f_{s1}' = 18.5\ MPa$	$f_{s2}' = 43\ MPa$	$f_{s2}'/f_{s1}' = 2.3$
$f_{s1} = 17.2\ MPa$	$f_{s2} = 154\ MPa$	$f_{s2}/f_{s1} = 9.0$

이 결과로부터, M_{s2}의 휨모멘트가 작용할 때에도 균열이 발생하지 않는 상태였다면 중립축의 위치가 변하지 않고 응력은 모두 2배로 증가하겠지만, M_{s2}의 휨모멘트가 작용할 때 균열이 발생한 상태이므로 중립축의 위치가 변하고 응력은 모두 휨모멘트 비율인 2배보다 더 큰 비율로 증가한다는 것을 알 수 있다. 즉, 균열이 발생하기 전에는 중립축이 압축연단에서 309 mm인 위치였으나, 균열단면에서는 중립축이 압축연단 쪽으로 이동하여 171 mm인 위치가 된다. 이에 따라 휨모멘트가 2배가 되었을 때, 콘크리트의 압축연단 응력은 3.0배로, 압축철근의 압축응력은 2.3배로, 인장철근의 인장응력은 9.0배로 증가한다. 특히 인장철근이 가장 크게 증가하는데, 이것은 중립축의 위치가 인장철근과 더 멀리 떨어진 위치로 이동하여 선형의 변형률 분포에 따라 변형률이 크게 증가하기 때문이다.

그림 4-35는 M_{s1}과 M_{s2}가 작용할 때의 변형률분포를 나타낸다. M_{s1}이 작용할 때의 압축연단의 변형률 ε_{c1}과 인장철근의 변형률 ε_{c1}, M_{s2}가 작용할 때의 압축연단의 변형률 ε_{c2}와 인장철근의 변형률 ε_{c2}는 다음과 같다.

$$\varepsilon_{c1} = \frac{f_{c1}}{E_c} = \frac{3.3}{27{,}500} = 0.00012 = 120\times10^{-6} = 120\ \mu\varepsilon$$

$$\varepsilon_{s1} = \frac{f_{s1}}{E_s} = \frac{17.2}{200{,}000} = 0.000086 = 86\times10^{-6} = 86\ \mu\varepsilon$$

$$\varepsilon_{c2} = \frac{f_{c2}}{E_c} = \frac{10.0}{27{,}500} = 0.000364 = 364\times10^{-6} = 364\ \mu\varepsilon$$

$$\varepsilon_{s2} = \frac{f_{s2}}{E_s} = \frac{154}{200{,}000} = 0.00077 = 770\times10^{-6} = 770\ \mu\varepsilon$$

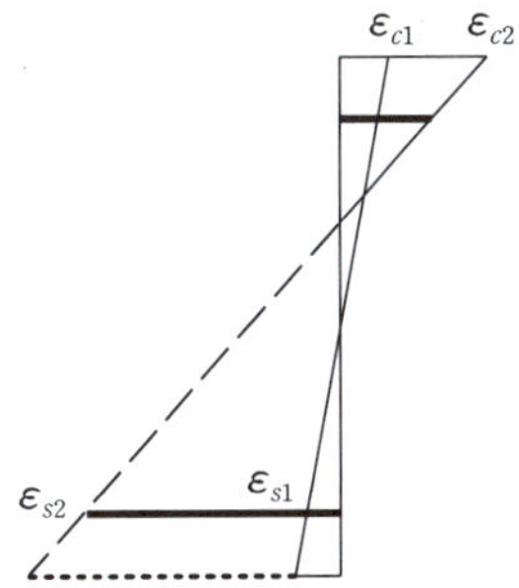

그림 4-35 M_{s1}과 M_{s2}가 작용할 때의 변형률분포

(2) 휨모멘트 M_{s2}=140 $kN\cdot m$가 작용하는 단철근 단면에 압축철근이 추가되었을 때의 변화

휨모멘트 M_{s2}=140 $kN\cdot m$가 작용할 때에는 균열이 발생한 상태로, 단철근 단면의 압축연단으로부터의 중립축의 위치 x, 콘크리트의 압축연단 응력 f_c, 인장철근의 인장응력 f_s는 각각 다음과 같다. 휨모멘트 M_{s2}=140 $kN\cdot m$가 작용할 때 복철근 단면의 압축연단으로부터의 중립축의 위치 y_{cc}, 콘크리트의 압축연단 응력 f_{c2}, 인장철근의 인장응력 f_{s2}, 압축철근의 압축응력 f_{s2}'은 각각 다음과 같다. 이들 값의 비율은 각각 다음과 같다.

단철근 단면	복철근 단면	비율
$x = 176\ mm$	$y_{cc} = 171\ mm$	$y_{cc}/x = 0.97$
$f_c = 10.6\ MPa$	$f_{c2} = 10.0\ MPa$	$f_{c2}/f_c = 0.94$
$f_s = 155\ MPa$	$f_{s2} = 154\ MPa$	$f_{s2}/f_s = 0.99$
–	$f_{s2}' = 43.3\ MPa$	–

이 결과로부터, 압축철근이 추가 되면 중립축의 위치가 다소 변하고 콘크리트 압축응력과 인장철근의 응력이 다소 감소하기는 하지만 크게 영향을 주지는 않는다는 것을 알 수 있다. 즉, 단철근 단면의 중립축은 압축연단에서 176 mm인 위치였으나, 복철근 단면에서는 중립축이 압축연단 쪽으로 이동하여 171 mm인 위치가 된다. 이것은 압축철근이 추가되어 압축력의 일부분을 압축철근이 받게 되므로, 압축응력을 받아야 할 콘크리트의 면적이 줄어들기 때문이다. 이에 따라 복철근 단면은 콘크리트의 압축연단 응력이 10.0 MPa로, 단철근 단면의 10.6 MPa에 비하여 다소 감소하여 0.94배가 된다. 그러나 복철근 단면에서 인장철근의 인장응력은 154 MPa로 단철근 단면의 155 MPa에 비하여 다소 감소하기는 하지만, 비율이 0.99배로 압축철근의 영향은 매우 미미하다. 이것은 중립축의 위치가 인장철근과 더 멀리 떨어진 위치로 다소 이동하기는 하지만, 압축연단의 변형률도 감소하기 때문에 인장철근의 변형률이 크게 변하지 않았기 때문이다.

4.3.4 반복하중에 대한 탄성응력 해석

4.3.1절에서 설명한 바와 같이, 그림 4-14(b)와 같은 균열단면의 휨모멘트-곡률 관계는 휨모멘트에 의해 발생하는 철근의 응력과 콘크리트의 응력을 구할 때와 균열폭을 구할 때 적용되며, 그림 4-14(c)와 같은 균열부재의 평균 휨모멘트-곡률 관계는 휨모멘트에 의해 발생하는 처짐을 구할 때 적용된다. 철근과 콘크리트의 응력과 균열폭을 구할 때에는, 그림 4-14(b)와 그림 4-29(a)의 균열단면 휨모멘트-곡률 관계를 그림 4-29(b)와 같이 이상화(idealization)하여 균열 발생 후에는 균열단면2차모멘트 I_{cr}의 단면강성을 갖는 것으로 해석한다. 이때 탄성응력의 해석에서는 하중의 작용형태를 고려하여야 한다.

그림 4-36은 하중작용에 따른 탄성응력 해석개념의 차이를 나타낸다. 그림 4-36(a)는 하중이 지속적으로 증가하는 단조증가하중(monotonically increasing load)이 작용하는 경우로, 균열이 발생하기 전에는 전체단면의 단면2차모멘트 I_g의 강성을 갖는 단면으로 해석하고 균열이 발생한 후에는 균열단면2차모멘트 I_{cr}의 단면강성을 갖는 단면으로 해석한다.

그림 4-36(b)는 하중이 일정한 범위 내에서 반복하는 반복하중(cyclic load)이 작용하는 경우이다. 즉, 고정하중에 의한 휨모멘트 M_D가 작용한 후 활하중 휨모멘트 M_L이 추가되어 사용하중 휨모멘트 M_s가 작용한 상태에서, 활하중이 제거되었다가 다시 작용하는 반복하중상태를 나타낸다. 이때의 휨모멘트 범위(bending moment range) M_{rg}는 활하중 휨모멘트 M_L과 같다. 그림에 나타난 바와 같이, 최초에 작용한 M_D는 단면의 균열휨모멘트 M_{cr}보다 작으므로 이때의 응력은 전체단면의 단면2차모멘트 I_g의 강성을 갖는 단면으로 해석하여야 한다. M_{cr}보다 큰 사용하중 휨모멘트 M_s가 작용한 상태에서는 균열단면2차모멘트 I_{cr}의 단면강성을 갖는 단면으로 해석하여야 한다. 그 후 활하중이 제거되어 M_D 상태로 되돌아 올 때는 그림 4-36(b)에서 화살표로 나타낸 방향으로 휨모멘트와 곡률이 감소한다. 이 상태는 이미 단면에 균열이 존재하고 있는 상태이므로, 균열이 발생하지 않았던 최초의 M_D 작용상태와는 다르다. 즉, 인장부 콘크리트의 변형률이 감소하여 균열폭과 응력이 감소하기는 하지만 이미 발생한 균열면으로 인장응력이 전달되지는 않는 상태이다. 다시 활하중이 작용하면 그림 4-36(b)에서 화살표로 나타낸 방향으로 휨모멘트와 곡률이 증가한다. 따라서 반복하중이 작용하는 경우에는 그림 4-36(b)와 같이 고정하중 휨모멘트 M_D가 작용하는 상태와 사용하중 휨모멘트 M_s가 작용하는 상태 모두 균열단면2차모멘트 I_c의 단면강성을 갖는 단면으로 해석하여야 한다.

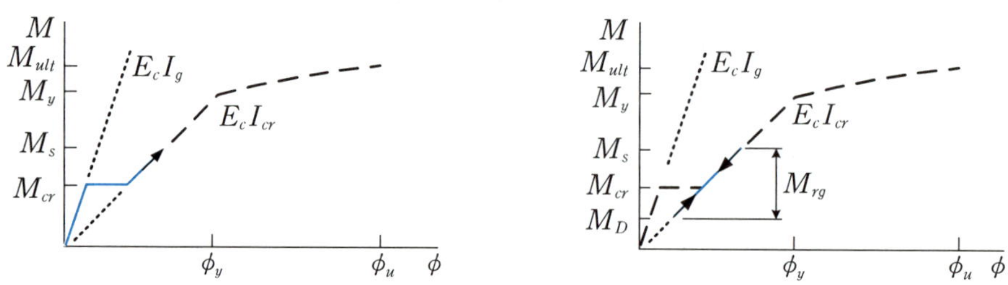

(a) 단조증가하중작용 (b) 반복하중작용

그림 4-36 하중작용에 따른 탄성응력 해석개념

교량과 같이 반복하중이 작용하는 구조물인 경우에는 이와 같은 반복하중 하의 거동을 고려하여 응력을 해석하여야 하며, 2장 2.2.4절 [6]항과 3장 3.3.4절에서 소개한 구조물의 고주파 피로(high-cycle fatigue)에 대한 검증도 반복하중작용에 대한 탄성응력 해석개념을 적용하여야 한다.

예제 4-8 앞의 예제 4-6과 같은 단면에 고정하중 휨모멘트 M_D=50 kN·m가 작용할 때 단면에 작용하는 콘크리트의 최대 압축응력과 인장철근의 응력을 구하시오. 또 고정하중 휨모멘트 M_D=50 kN·m가 작용하는 상태에서 활하중 휨모멘트 M_L=100 kN·m가 반복하여 작용하는 경우, 콘크리트 압축연단과 인장철근에 작용하는 최대응력과 최소응력을 구하시오. 단면의 제원은 다음과 같다. 단면의 폭 b=320 mm이고, 깊이 h=600 mm로, 콘크리트의 설계기준압축강도 f_{ck}=30 MPa이며, 인장철근으로는 SD400 3-D29 (A_s=1,927 mm^2)가 유효깊이 d=530 mm인 위치에, 압축철근으로는 SD400 2-D19(A_s'=573 mm^2)가 d'=70 mm인 위치에 배치되어 있다. 예제 4-1 풀이 (3)의 전체 환산단면해석 결과, 중립축으로부터 단면 상단까지의 거리는 y_{gc}=309 mm이었으며, 단면2차모멘트는 I_{gt}=6,575×10^{6}mm^{4}이었다. 예제 4-1 풀이 (4)의 균열단면해석 결과, 중립축으로부터 단면 상단까지의 거리는 y_{cc}=171 mm이었으며, 균열단면의 단면2차모멘트는 I_{cr}=2,383×10^{6}mm^{4}이었다. 또 예제 4-3의 결과, 전체 환산단면의 단면2차모멘트로 계산한 균열휨모멘트는 M_{cr}=71.2 kN·m이었다.

〈풀이〉

(1) 휨모멘트 $M_D=50\,kN\cdot m$가 작용할 때의 응력

균열휨모멘트 M_{cr}는 71.2 $kN\cdot m$로, 작용하는 휨모멘트 $M_D=50\,kN\cdot m$는 M_{cr}을 초과하지 않는다.

$$M_D = 50\,kN\cdot m < M_{cr}\ (=71.2\,kN\cdot m)$$

따라서 이 경우에는 휨균열이 발생하지 않는 상태이므로, 전체 환산단면의 단면2차모멘트를 이용하여 콘크리트의 압축연단 응력 f_{cD}를 계산하면

$$f_{cD} = \frac{M_D\,y_{gc}}{I_{gt}} = \frac{50\times10^6\times309}{6{,}575\times10^6} = 2.3\,MPa$$

탄성계수비 n이 7.3이므로 휨모멘트 $M_D=50\,kN\cdot m$가 작용할 때의 인장철근 응력 f_{sD}는

$$f_{sD} = n\,\frac{M_D\,(d-y_{gc})}{I_{gt}} = 7.3\times\frac{50\times10^6\times(530-309)}{6{,}575\times10^6} = 12.3\,MPa$$

(2) 휨모멘트 $M_D=50\,kN\cdot m$에 $M_L=100\,kN\cdot m$가 반복하중으로 작용할 때의 최대응력

고정하중과 활하중이 작용하는 최대휨모멘트를 계산하면

$$M_{max} = M_D+M_L = 50+100 = 150\,kN\cdot m$$

균열휨모멘트 M_{cr}은 71.2 $kN\cdot m$로 최대휨모멘트 $M_{max}=150\,kN\cdot m$가 작용할 때 단면은 균열이 발생한 상태이다. 따라서 I_{cr}을 이용하여 콘크리트 압축연단의 최대압축응력 $f_{c,\,max}$와 인장철근의 최대응력 $f_{s,\,max}$를 계산하면

$$f_{c,\,max} = \frac{M_{max}\,y_{cc}}{I_{cr}} = \frac{150\times10^6\times171}{2{,}383\times10^6} = 10.8\,MPa$$

$$f_{s,\,max} = n\,\frac{M_{max}\,(d-y_{cc})}{I_{cr}} = 7.3\times\frac{150\times10^6\times(530-171)}{2{,}383\times10^6} = 165\,MPa$$

(3) M_L=100 $kN\cdot m$가 반복하중으로 작용한 후 M_D=50 $kN\cdot m$가 작용할 때의 최소응력

균열이 발생한 상태에서 반복하중이 작용하므로, I_{cr}을 이용하여 최소휨모멘트 $M_{min}=M_D$=50 $kN\cdot m$가 작용할 때의 콘크리트 압축연단의 최소압축응력 $f_{c,\ min}$과 인장철근의 최소응력 $f_{s,\ min}$을 구하면

$$f_{c,\ min}=\frac{M_{min}\,y_{cc}}{I_{cr}}=\frac{50\times10^6\times171}{2{,}383\times10^6}=3.6\ MPa$$

$$f_{s,\ min}=n\frac{M_{min}\,(d-y_{cc})}{I_{cr}}=7.3\times\frac{50\times10^6\times(530-171)}{2{,}383\times10^6}=55\ MPa$$

위의 (1)과 (3)의 결과로, 고정하중 휨모멘트 M_D=50 $kN\cdot m$가 처음 작용하였을 때는 콘크리트 압축연단에 2.3 MPa의 응력과 인장철근에 12.3 MPa의 응력이 작용하고, 반복하중이 작용한 후에는 고정하중 상태에서 콘크리트 압축연단에 3.6 MPa의 응력과 인장철근에 55 MPa의 응력이 작용한다는 것을 알 수 있다. 또 위의 (2)와 (3)의 결과로, 고정하중 휨모멘트 M_D=50 $kN\cdot m$에 활하중 휨모멘트 M_L=100 $kN\cdot m$가 반복하중으로 작용하면, 콘크리트 압축연단에는 최소 3.6 MPa에서 최대 10.8 MPa의 응력이 반복하여 작용하고, 인장철근에는 최소 55 MPa에서 최대 165 MPa의 응력이 반복하여 작용한다는 것을 알 수 있다.

4.4 장기응력 해석

2장 2.1.9절과 2.1.10절에서 설명한 바와 같이, 콘크리트는 시간경과에 따라 크리프(creep)와 수축(shrinkage)이 발생한다. 이와 같은 시간적 재료특성(time-dependent material characteristics)은 콘크리트 구조물의 거동에 영향을 미친다. 휨부재에서는 하중 작용에 의한 처짐이 시간이 경과함에 따라 더욱 증가하는 장기처짐(long-term deflection) 현상이 나타나며, 단면에 작용하는 응력도 시간에 따라 변화하는 현상으로 장기응력(long-term stress)이 나타난다. 순수 압축부재에서는 압축력에 의한 탄성수축(elastic shortening) 이후 시간경과에 따라 수축이 증가하는 장기수축(long-term shortening) 현상이 나타나며, 응력의 크기도 역시 시간경과에 따라 변화한다. 콘크리트 구조물에 나타나는 이와 같은 현상을 장기거동(long-term behavior)라고 한다. 이 절에서는 콘크리트 구조물에 나타나는 장기거동의 개괄적 내용을 설명하고, 콘크리트 크리프에 의한 장기응력의 해석법으로 유효탄성계수법을 소개한다.

4.4.1 휨부재의 장기거동

그림 4-37은 철근콘크리트 휨부재의 하중작용에 따른 단기(short-term) 거동 및 콘크리트 크리프(creep)에 따른 장기(long-term) 거동으로서, 변형률분포와 응력분포, 그리고 이에 따른 휨모멘트-곡률 관계를 나타낸다. 4.2.2절 [2]항에서 소개한 바와 같이, 그림 4-37(a)와 같은 단면에 휨모멘트가 작용하면 그림 4-37(b)의 점선과 같이 압축연단에 ε_e의 탄성변형률이 발생하는 변형률분포를 보인다. 시간이 경과하면 압축부 콘크리트에 크리프가 진행되어 압축연단의 변형률이 ε_{cpr}로 증가한다. 압축철근이 배치되지 않은 단철근 단면에서는 압축연단의 증가된 변형률 ε_{cpr}이 콘크리트의 크리프변형률 ε_{cp}와 같다고 보아도 좋다. 복철근 단면에서는 압축철근이 콘크리트의 크리프를 억제하는 작용을 하여 압축연단에서

증가된 변형률 ε_{cpr}이 콘크리트의 크리프변형률 ε_{cp}보다 작은 크기로 발생한다. 한편 시간이 경과하여도 인장철근의 변형률은 거의 변화가 없으므로, 시간 경과에 따라 중립축의 위치가 인장철근 쪽으로 서서히 이동하여 그림 4-37(b)의 직선과 같은 변형률분포가 나타난다. 이에 따라 그림 4-37(c)와 같이 점선의 콘크리트 탄성응력분포가 실선의 장기응력분포로 변화하게 된다. 즉, 중립축의 위치가 아래로 이동하여 압축응력이 작용하는 면적이 증가하지만, 인장철근에 작용하는 인장력이 크게 변화하지는 않는 상태에서 콘크리트의 크리프로 인하여 압축철근의 압축력이 증가하므로 콘크리트에 작용하는 압축응력은 감소하게 되는 것이다. 이와 같은 변형률과 응력의 변화로 그림 4-37(b)와 같이 탄성상태의 곡률 ϕ_e가 크리프 변형 후 ϕ_{tlt}의 장기곡률로 곡률이 증가하여, 그림 4-37(d)에 나타난 바와 같이 점선으로 나타낸 탄성상태의 휨모멘트-곡률 관계가 실선으로 나타낸 장기 휨모멘트-곡률 관계로 변화한다.

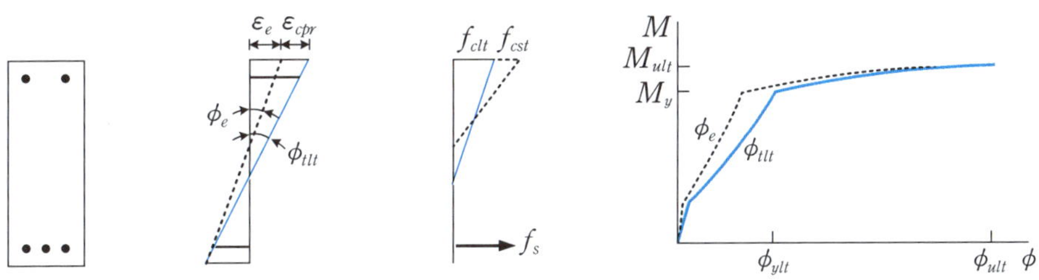

그림 4-37 휨부재의 장기거동

4.4.2 장기거동 해석법

콘크리트의 크리프에 따른 부재의 장기거동은 탄성 응력 및 탄성 변형률과 크리프 응력 및 크리프변형률의 구성 방정식(constituent equation)을 세우고, 그 해를 수치해석(numerical method)으로 구하거나 다음과 같은 해법(analytical method)으로 구할 수 있다.[4.14, 4.15]

① Effective Modulus Method(유효계수법, *EMM*)

② Age Adjusted Effective Modulus Method(재령보정 유효계수법, *AEMM*)

③ Rate of Creep Method(*RCM*)

④ Rate of Flow Method(*RFM*)

⑤ Improved Dischinger Method(*IDM*)

여기서, ③~⑤의 Rate of Creep Method(RCM), Rate of Flow Method(RFM), Improved Dischinger Method(*IDM*)는 미분방정식(微分方程式, differential equation) 형식의 해석방법이다.

①의 유효계수법(*EMM*)과 ②의 재령보정 유효계수법(*AEMM*)은 대수방정식(代數方程式, algebraic equation) 형식으로 탄성해석과 유사한 해석방법이다. 콘크리트구조 학회기준(2017)[4.3]과 KDS 14 20 콘크리트구조 설계기준[4.4]은 탄성변형률 ε_e와 크리프변형률 ε_{cp}를 합한 콘크리트의 총변형률 $\varepsilon_{c\sigma}$을 유효계수법의

형태로 다음과 같이 나타내고 있다.

$$\varepsilon_{c\sigma}(t, t') = f_c(t')\left[\frac{1}{E_{ci}(t')} + \frac{\phi(t, t')}{E_{ci}}\right] \qquad (4 \cdot 65)$$

이 식은 콘크리트의 총 변형률을 ε_{tot}라고 할 때, 다음과 같이 시간 t'에서 콘크리트에 작용하는 탄성응력 $f_c(t')$에 크리프함수(creep function) $\Phi(t, t')$를 곱하여 ε_e와 ε_{cp}를 각각 구하지 않고 한 번에 계산하는 형태이다.

$$\varepsilon_{tot} = \varepsilon_e + \varepsilon_{cp} = f_c(t')\ \Phi(t, t') \qquad (4 \cdot 66)$$

$$\Phi(t, t') = \frac{1+\phi(t, t')}{E_c(t')} \qquad (4 \cdot 67)$$

크리프 함수 $\Phi(t, t')$의 역수를 취하여 콘크리트의 유효탄성계수 E_{ce}로 정의하면 다음과 같고, 이 유효탄성계수 E_{ce}를 이용하여 변형률을 해석하면 크리프변형률이 포함된 총 변형률이 계산된다.

$$E_{ce} = \frac{E_c(t')}{1+\phi(t, t')} \qquad (4 \cdot 68)$$

그러나 이와 같은 유효계수법은 재령에 따른 콘크리트 탄성계수의 변화를 제대로 반영하지 못하는 단점이 있다. 콘크리트의 재령에 따른 탄성계수의 변화를 고려하는 방법으로는 유효계수법을 보완한 재령보정 유효계수법이 있다. 이 해석방법에서는 재령보정계수 $\chi(t, t')$를 추가하여 다음과 같이 유효탄성계수 E_{ce}를 결정한다.

$$E_{ce} = \frac{E_c(t')}{1+\chi(t, t')\ \phi(t, t')} \qquad (4 \cdot 69)$$

재령보정계수 $\chi(t, t')$는 시간의 함수로 나타내지만, 시간 t가 무한대(∞)일 때의 해석을 간단히 구하고자 할 때는 다음과 같이 근사적으로 0.8을 적용하여도 큰 무리가 없다.

$$\chi(\infty, t') = 0.8 \qquad (4 \cdot 70)$$

따라서 재령보정 유효계수법을 적용할 때에는 크리프계수를 재령보정계수로 보정하여, 다음과 같이 보정된 크리프계수 $\phi_m(t, t')$를 적용하는 것과 동일하게 된다.

$$\phi_m(t, t') = \chi(t, t')\ \phi(t, t') \qquad (4 \cdot 71)$$

4.4.3 휨부재의 장기응력 해석

철근콘크리트 휨부재의 장기응력을 구하는 가장 간단한 방법은 유효계수법(effective modulus method)을 이용하여 단면해석을 수행하는 것이다. 이 방법은 KDS 24 14 21 콘크리트교 설계기준(한계상태설계법)[4.5]과 Eurocode 2[4.8]에서 규정하고 있는 장기응력 해석법으로, 그림 4-38은 이 해석법의 개념을 나타낸다. 즉, 그림 4-38(a)와 같은 단면이 그림 4-38(b)와 같은 변형률분포로 곡률을 나타낼 때,

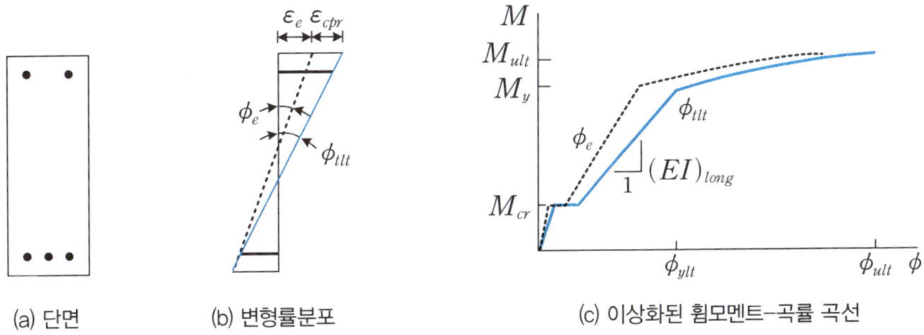

그림 4-38 균열 발생 후를 이상화(idealization)한 장기 휨모멘트-곡률 곡선

그림 4-38(c)와 같이 균열 발생 후를 직선으로 단순하게 이상화(idealization)한 장기 휨모멘트-곡률 곡선을 이용하여 콘크리트와 철근의 응력을 해석하는 것이다. 그림 4-38(c)에서 $(EI)_{long}$은 장기곡률을 나타내는데, 응력해석에서는 단면2차모멘트만 사용되므로 장기 단면2차모멘트(long-term moment of inertia)를 구하고 이를 응력해석에 적용한다.

장기 단면2차모멘트는 다음의 콘크리트의 유효탄성계수를 이용하여 결정한다.

$$E_{ce} = \frac{E_c}{1+\phi(t, t_o)} \qquad (4 \cdot 72)$$

여기서, $\phi(t, t_o)$는 지속기간에 해당하는 크리프계수로, 시간 t_o에 압축응력이 작용할 때 시간 t에서의 크리프계수이다. 일반적인 설계에서는 시간 t를 무한대로 하거나, 재령 10,000일 등 크리프계수가 별로 증가하지 않는 기간을 기준으로 하는 경우도 있다. 이 식은 식 (4 · 68)과 기본적으로 동일한 것으로, 탄성응력이 작용하는 콘크리트의 재령을 t'으로 나타낸 것을 t_o로 표현하고 분자의 탄성계수를 28일 재령의 탄성계수로 설정한 것이다.

4.4.2절에 소개한 바와 같이, 해석적으로는 재령에 따른 콘크리트 탄성계수의 변화를 고려하는 재령보정 유효계수법(*AEMM*)이 유효계수법(*EMM*)보다 더 정확한 해석법이다. 그러나 일반적인 장기거동 해석에서는 단순한 유효계수법을 적용하여도 큰 문제가 되지 않는다. 이것은 크리프계수의 변동성이 재령에 따른 탄성계수의 변화보다 더 크기 때문이다. 즉, 2장 2.1.9절에 소개한 바와 같이 크리프는 콘크리트의 배합에 매우 큰 영향을 받으며, 또한 양생조건과 노출되는 환경조건뿐만 아니라 하중 이력(load history)에 따라서도 매우 큰 영향을 받는다. 따라서 콘크리트의 설계기준압축강도만을 결정하고 나서 탄성계수와 크리프계수 등의 재료 특성을 수식으로 결정하여 설계를 진행하는 일반적인 경우에는, 어떤 배합의 콘크리트가 시공에 사용될지 알 수 없기 때문에 콘크리트의 크리프계수를 정확히 예측하기가 어렵다. 또 시공과 설계를 통합하여 설계단계에서 콘크리트의 배합과 양생방법을 결정하고 시공단계의 설계검증을 수행하는 경우라도 실제 시공하는 상황에서의 온도와 습도의 변화와 시공의 정밀도를 반영하여 콘크리트의 크리프계수를 정확히 예측하는 것은 매우 어려운 일이다. 따라서 이러한 변동성에 비하여 콘크리트 탄성계수의 변화는 상대적으로 큰 영향을 미치지 않으므로 단순한 유효계수법을 적용하여도 큰 문제가 되지 않는 것이다.

콘크리트의 유효탄성계수를 결정한 후에는 다음과 같은 유효탄성계수비 n_e를 사용하여 강재의 단면적을 콘크리트의 단면적으로 환산한 장기거동 환산단면을 구성한다.

$$n_e = \frac{E_s}{E_{ce}} \tag{4·73}$$

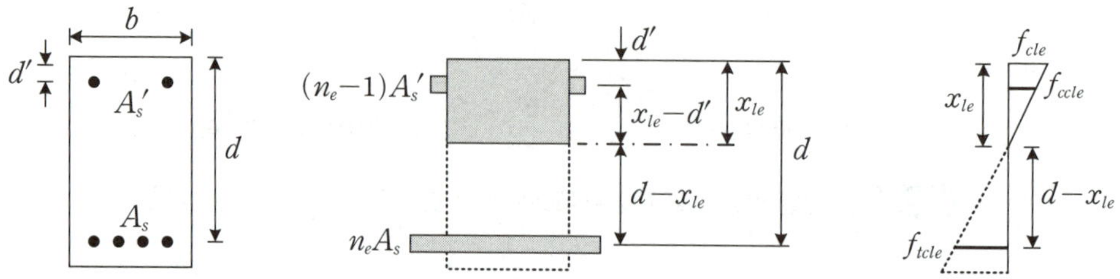

그림 4-39 장기거동 균열환산단면의 응력분포

장기거동 환산단면을 구성할 때에는 그림 4-39(b)와 같이 균열이 발생하지 않은 위치의 강재에는 단면적에 (n_e-1)을 곱하고, 균열이 발생한 인장부에 배치된 강재에는 단면적에 n_e를 곱한다. 이렇게 구성한 장기거동 환산단면에 대하여 장기거동 중립축(long-term neutral axis) x_{le}와 장기거동 단면2차모멘트(long-term moment of inertia) I_{le}를 구하고, 다음의 기본 식에 따라 장기응력을 계산한다.

$$f = \frac{My}{I} \tag{4·74}$$

즉, 식 (4·74)를 적용하여 지속하중 휨모멘트 M_{sust}가 작용할 때 균열이 발생한 후의 복철근 직사각형 단면의 응력을 구하면, 그림 4-39(c)에 나타난 콘크리트 압축연단의 장기압축응력 f_{cle}, 압축철근 위치의 콘크리트 장기압축응력 f_{ccle}, 인장철근 위치에서 철근의 단면적을 콘크리트 단면적으로 환산한 장기인장응력 f_{tcle}를 다음과 같이 나타낼 수 있다.

$$f_{cle} = \frac{M_{sust}\,x_{le}}{I_{le}} \tag{4·75}$$

$$f_{ccle} = \frac{M_{sust}\,(x_{le}-d')}{I_{le}} \tag{4·76}$$

$$f_{tcle} = \frac{M_{sust}\,(d-x_{le})}{I_{le}} \tag{4·77}$$

철근 위치에서의 콘크리트 장기응력을 구한 뒤 철근의 장기응력으로 환산할 때에도 역시 유효탄성계수비 n_e를 적용한다. 즉, 압축철근의 장기압축응력 f_{sle}'와 인장철근의 장기인장응력 f_{sle}는 다음과 같이 구한다.

$$f_{sle}' = n_e f_{ccle} \tag{4·78}$$

$$f_{sle} = n_e f_{tcle} \tag{4·79}$$

참고로 KDS 24 14 21 콘크리트교 설계기준(한계상태설계법)[4.5] 해설에서는 고정하중 휨모멘트 M_D가 지속하중으로 작용하는 상태에서 활하중 휨모멘트 M_L이 추가된 경우에 대하여 다음 식의 콘크리트 유효탄성계수를 추천하고 있다.

$$E_{ce} = \frac{(M_D+M_L)E_c}{M_L+(1+\phi)M_D} \tag{4·80}$$

예제 4-9 단면의 폭 b=320mm, 깊이 h=600mm인 그림 4-40의 복철근 직사각형 단면에 지속하중 휨모멘트 M_{sust}=140 kN·m가 작용하고 있다. 이 단면은 콘크리트의 설계기준압축강도 f_{ck}=30 MPa이고, 인장철근으로는 SD400 3-D29 (A_s=1,927 mm^2)가 유효깊이 d=530 mm인 위치에, 압축철근으로는 SD400 2-D19 (A_s'=573 mm^2)가 d'=70 mm인 위치에 배치되어 있으며, 재령 14일에 동바리와 거푸집을 해체하는 경우 50년 후의 크리프계수는 2.2로 평가되었다. 이 단면은 예제 4-3와 예제 4-6와 동일한 단면으로, 예제 4-3의 해석결과 균열휨모멘트는 M_{cr}=71.2 kN·m이었다. 이 단면에 대하여 균열단면의 장기거동 단면2차모멘트 I_{crle}를 구하고, 지속하중 휨모멘트 M_{sust}=140 kN·m가 작용할 때 50년 후에 작용하는 압축연단 콘크리트의 응력, 인장철근의 응력, 압축철근의 응력을 구하시오. 또 예제 4-6에서 구한 탄성응력과 이 예제로 구한 장기응력을 비교하여 단면의 응력변화를 설명하시오.

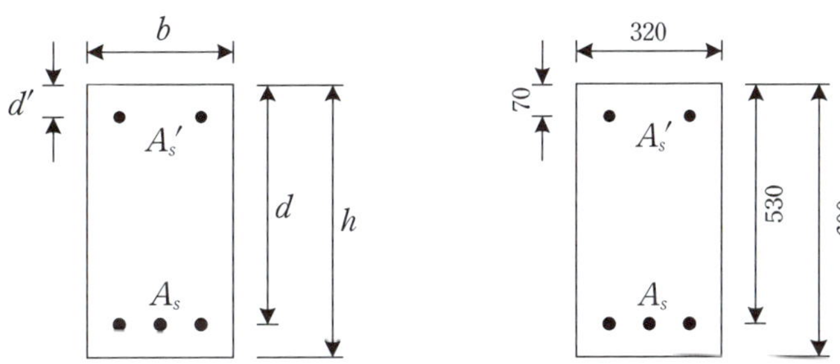

그림 4-40 예제 4-9의 단면

〈풀이〉

(1) 유효탄성계수비와 장기거동 환산단면적 및 장기거동 균열단면2차모멘트

콘크리트의 평균압축강도와 콘크리트의 탄성계수는

$$f_{cm} = f_{ck}+\Delta f = 30+4 = 34\ MPa$$

$$E_c = 8{,}500\sqrt[3]{f_{cm}} = 8{,}500\sqrt[3]{34} = 27{,}500\ MPa$$

재령 14일에 동바리와 거푸집을 해체하는 경우 50년 후의 크리프계수는

$$\phi_{cp} = \phi(t, t_o) = \phi(50\text{ years, }14\text{ days}) = 2.2$$

크리프를 고려한 콘크리트의 유효탄성계수는 식 (4·72)로부터

$$E_{ce} = \frac{E_c}{1+\phi(t,t_o)} = \frac{E_c}{1+\phi_{cp}} = \frac{27{,}500}{1+2.2} = 8{,}590\ MPa$$

철근의 탄성계수는 200,000 MPa이므로, 유효탄성계수비는 식 (4·73)으로부터

$$n_e = \frac{E_s}{E_{ce}} = \frac{200{,}000}{8{,}590} = 23.3$$

단면에 작용하는 휨모멘트가 균열휨모멘트보다 크므로, 균열단면의 환산단면을 구성한다. 압축철근의 장기거동 환산단면적을 구하면

$$(n_e-1)\,A_s' = (23.3-1)\times 573 = 12{,}778\ mm^2$$

인장철근의 장기거동 환산단면적을 구하면

$$n_e\,A_s = 23.3\times 1{,}927 = 44{,}899\ mm^2$$

균열환산단면의 단면2차모멘트를 구하기 위해서는 먼저 다음 그림과 같은 환산단면에 대하여 중립축을 구하여야 한다.

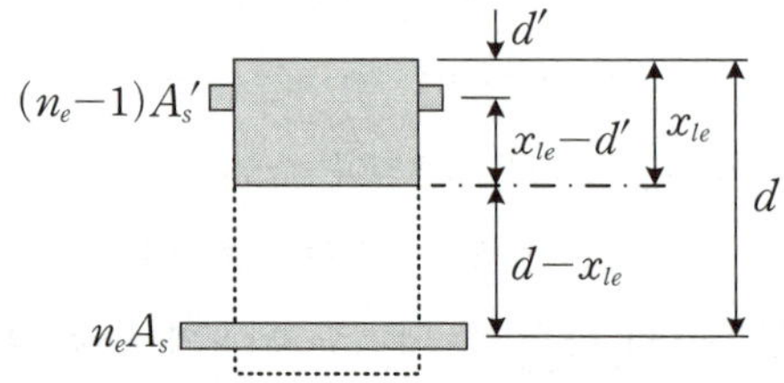

그림 4-41 장기거동 균열환산단면

단면의 상단에서 중립축까지의 거리를 x_{le}라고 하고, 중립축을 중심으로 압축응력을 받는 단면의 단면1차모멘트와 인장응력을 받는 단면의 단면1차모멘트가 같아야 하므로, 이 관계를 정리하면

$$\frac{bx_{le}^2}{2}+(n_e-1)\,A_s'\,(x_{le}-d') = n_e\,A_s\,(d-x_{le})$$

$$\frac{320x_{le}^2}{2}+12{,}778\,(x_{le}-70) = 44{,}899\,(530-x_{le})$$

$$x_{le}^2+360.5\,x_{le}-154{,}318 = 0$$

이 2차방정식의 해를 구하면

$$x_{le} = \frac{-360.5\pm\sqrt{360.5^2+4\times 154{,}318}}{2} = 252 \text{ 또는 } -612$$

이 값들 중 양의 값을 취하면 단면 상단에서 중립축의 위치는

$$x_{le} = 252\ mm$$

중립축을 중심으로 장기거동 균열단면2차모멘트 I_{crle}를 구하면

$$I_{crle} = \frac{1}{3}\,bx_{le}^3+(n_e-1)\,A_s'\,(x_{le}-d')^2+n_eA_s(d-x_{le})^2$$

$$= \frac{1}{3}\times 320\times 252^3+12{,}778\times(252-70)^2+44{,}899\times(530-252)^2 = 5{,}600\times 10^6\ mm^4$$

장기거동 균열단면2차모멘트 I_{crle}를 구하는 위의 과정은 표 4-6과 같이 표를 이용할 수도 있다.

표 4-6 균열단면의 단면2차모멘트 해석

구 분	$A(mm^2)$	중립축부터의 도심거리 $y(mm)$	$A\cdot y^2$ (mm^3)	$I_o(mm^4)$	$I = I_o+A\cdot y^2(mm^4)$
콘크리트 $A_{cc}=bx_{le}$	80,640	$x_{le}/2 = 126$	$1{,}280\times 10^6$	427×10^6	$1{,}707\times 10^6$
압축철근 $(n_e-1)A_s'$	12,778	$x_{le}-d' = 182$	423×10^6	−	423×10^6
인장철근 $n_e\,A_s$	44,899	$d-x_{le} = 278$	$3{,}470\times 10^6$	−	$3{,}470\times 10^6$
균열단면의 단면2차모멘트					$I_{crle} = \Sigma I = 5{,}600\times 10^6$

(2) 지속하중 휨모멘트 $M_{sust} = 140\ kN \cdot m$가 작용할 때의 응력

$$f_{cle} = \frac{M_{sust} x_{le}}{I_{le}} = \frac{140 \times 10^6 \times 252}{5{,}600 \times 10^6} = 6.3\ MPa$$

압축철근 위치의 콘크리트 압축응력 f_{ccle}를 계산하면

$$f_{ccle} = \frac{M_{sust}(x_{le} - d')}{I_{le}} = \frac{140 \times 10^6 \times (252 - 70)}{5{,}600 \times 10^6} = 4.55\ MPa$$

이 응력으로부터 압축철근의 압축응력 f_{sle}'를 계산하면

$$f_{sle}' = n_e f_{ccle} = 23.3 \times 5.55 = 129\ MPa$$

인장철근 위치에서의 가상의 콘크리트 인장응력 f_{ccle}를 계산하면

$$f_{tcle} = \frac{M_{sust}(d - x_{le})}{I_{le}} = \frac{140 \times 10^6 \times (530 - 252)}{5{,}600 \times 10^6} = 6.95\ MPa$$

이 응력으로부터 인장철근의 인장응력 f_{s2}를 계산하면

$$f_{sle} = n_e f_{tcle} = 23.3 \times 6.95 = 162\ MPa$$

이 결과로부터, 이 단면에 140 $kN \cdot m$의 휨모멘트가 지속하중으로 작용하면 콘크리트 압축연단에는 6.3 MPa의 압축응력이 작용하고, 압축철근에는 129 MPa의 압축응력이 작용하며 인장철근에는 162 MPa의 인장응력이 작용한다.

(3) 단기거동과 장기거동의 비교

140 $kN \cdot m$의 휨모멘트가 단기휨모멘트로 작용하는 예제 4-6의 결과와 140 $kN \cdot m$의 휨모멘트가 장기휨모멘트로 작용하는 이 예제의 결과로부터, 중립축의 위치와 콘크리트 압축연단과 압축철근 및 인장철근에 작용하는 응력을 정리하면 표 4-7과 같다.

표 4-7에 나타난 바와 같이, 이 단면에 크리프계수 2.2의 크리프가 진행되면 중립축의 위치가 압축연단에서 171 mm인 위치에서 252 mm인 위치로 변화하여, 장기거동 중립축 깊이가 단기거동 중립축 깊이의 1.47배가 된다. 압축연단 콘크리트의 압축응력은 10.0 MPa에서 6.3 MPa로 감소하여 0.63배가 된다. 압축철근의 압축응력은 43 MPa에서 129 MPa로 크게 증가하여 3.00배가 된다. 이것은 압축철근에 작용하던 압축응력의 2.0배가 추가로 작용하게 된다는 것을 의미하는데, 추가로 작용하는 응력의 증가비율 2.0은 콘크리트의 크리프 2.2보다는 작은 값이다. 이 비율 2.0은 콘크리트 압축부가 크리프로 인하여 추가로 발생하는 변형률 비율로서 탄성변형률의 2.0배가 추가로 발생한다는 것을 뜻한다. 이 비율 2.0이 크리프계수 2.2보다 작은 것은 압축철근이 콘크리트의 크리프를 억제하기 때문이다. 인장철근의 인장응력은 154 MPa에서 162 MPa로 다소 증가하지만, 그 비율이 1.05배이므로 큰 변화는 아니라고 할 수 있다. 이와 같은 장기거동 응력해석의 결과로부터, 휨부재에서 콘크리트 크리프가 진행되면 압축응력을 받는 콘크리트의 면적이 점점 증가하고, 콘크리트의 압축응력이 크게 감소하며, 압축철근의 압축응력은 매우 크게 증가하지만, 인장철근의 인장력은 상대적으로 매우 미미한 정도가 증가한다는 것을 알 수 있다.

표 4-7 단면별 중립축의 위치와 응력

구 분	휨모멘트 ($kN \cdot m$)	중립축 (mm)	압축연단 콘크리트 응력 (MPa)	압축철근 응력 (MPa)	인장철근 응력 (MPa)
예제 4-6	140 (단기)	$y_{cc}=171$	$f_{c2}=10.0$	$f_{s2}'=43$	$f_{s2}=154$
예제 4-9	140 (장기)	$x_{le}=252$	$f_{cle}=6.3$	$f_{sle}'=129$	$f_{sle}=162$
장기/단기	1.0	1.47	0.63	3.00	1.05

4.5 휨강도 해석

휨강도 해석은 외력으로 휨모멘트가 작용하여 부재가 휨 파괴될 때의 휨모멘트 내력 값, 즉 휨강도를 구하기 위하여 수행하는 것이다. 여기서 휨강도는 극한휨강도, 공칭휨강도, 설계휨강도의 세 가지 각기 다른 의미로 구분한다. 극한휨강도(ultimate flexural strength)는 실제 구조물이 휨 파괴 되는 휨모멘트로, 실험으로 구한 휨강도나 실제의 재료강도를 기준으로 해석을 수행하여 구한 휨강도를 말한다. 공칭휨강도(nominal flexural strength)는 설계에 적용하는 재료의 설계기준강도(specified strength, characteristic strength)를 재료강도로 하여 해석으로 구한 휨강도로, 설계기준강도와 동일한 강도를 가진 재료를 사용하여 부재를 만들었을 때 부재가 보유하고 있는 휨강도의 예측 값을 의미한다. 설계휨강도(design flexural strength)는 설계과정에서 부재의 안전성을 확보하기 위하여 부재가 보유하고 있다고 인정하는 최솟값의 휨강도로, 재료의 설계기준강도와 부재계수(부재 강도감소계수, 부재 저항계수) 또는 재료계수(재료 강도감소계수, 재료 저항계수, 재료 부분안전계수)와 같은 안전계수를 적용하여 해석으로 구한 휨강도이다. 이 절에서는 일반적으로 '휨강도'라고 표현하는 극한휨모멘트 또는 공칭휨강도의 의미를 갖는 휨강도의 해석법을 다룬다.

4.5.1 휨강도 해석의 원칙과 가정

해석을 수행하여 휨강도를 구할 때에는 다음과 같은 원칙(principle)과 가정(assumption)에 따라야 한다.

① 휨강도 해석은 힘의 평형조건과 변형률 적합조건을 만족하여야 한다.

② 베르누이(Bernoulli)의 가정에 따라 변형 전의 평면은 변형 후에도 평면을 유지한다. 즉, 전체 단면에 걸쳐서 변형률의 분포는 직선을 유지한다.

③ 철근과 콘크리트는 완전히 부착되어 철근과 철근 주위의 콘크리트 사이에 미끄럼(slip)이 발생하지 않는다. 즉, 중립축으로부터의 거리가 같은 철근과 콘크리트는 변형률이 같다.

④ 균열면에서 인장응력은 전달되지 않으며, 균열의 끝 위치와 중립축 사이의 콘크리트에 작용하는 인장응력은 무시한다.

⑤ 단면의 압축연단 변형률이 콘크리트의 극한변형률에 도달하면 부재가 파괴된다.

⑥ 콘크리트의 압축응력분포는 실제 응력분포를 나타내는 압축응력분포 또는 그와 동일한 결과를 주는 등가의 압축응력분포를 적용한다.

⑦ 철근의 응력-변형률 관계는 소성상태에서의 변형률 경화를 무시하고 선형탄성-완전소성으로 가정한다.

이 원칙과 가정의 내용을 항목별로 설명하면 다음과 같다.

[1] 힘의 평형조건과 변형률 적합조건

휨강도 해석은 역학이론(theory of mechanics)에 따라야 한다. 역학이론에 따른 해석은 재료의 응력-변형률 관계를 기반으로 하여 극한상태에서 힘의 평형조건(equilibrium)과 변형률 적합조건(compatibility)을 만족하는 압축력과 인장력을 구하고, 이 힘들에 의하여 저항하는 휨모멘트의 크기를 구하는 것이다. 이와 같은 역학이론에 따른 해석을 수행하지 않고 경험적인 수식(empirical equation)이나 경험 값(empirical value)으로 휨강도를 결정하여서는 안 된다.

[2] 베르누이의 가정

베르누이(Bernoulli)의 가정은 변형 전의 평면이 변형 후에도 평면을 유지한다는 가정이다. 즉, 전체 단면에 걸쳐서 변형률의 분포는 직선을 유지한다는 것으로, 휨 변형이 지배적인 부재에서는 이 가정이 잘 맞는다. 그러나 깊은보나 브래킷 등 전단변형이 지배적인 부재와 부재의 크기가 급격히 변하는 부분 및 집중하중이 작용하는 부분 등 교란영역(D-region)에서는 변형률분포가 직선이 아니므로 이 가정이 잘 맞지 않는다. 보 이론(beam theory) 중에서 전단변형을 고려하지 않은 보 이론을 오일러-베르누이 보 이론(Euller-Bernoulli beam theory)이라고 하며, 전단변형을 고려한 보 이론을 티모센코 보 이론(Timoshenko beam theory)이라고 하는데, 철근콘크리트 휨부재의 휨강도 해석은 오일러-베르누이 보 이론을 적용하는 것이다. 철근콘크리트 휨부재에 대한 실험을 수행해 보면, 이 가정과 거의 일치하는 실험 결과가 나타난다. 즉 콘크리트 인장부에 균열이 발생한 단면에서 극한상태까지 변형률을 측정해 보면, 일반적인 양의 인장철근이 배치된 단면은 파괴상태에서 거의 직선으로 봐도 좋을 정도의 변형률분포를 보인다. 인장철근량이 매우 많은 단면의 경우에는 파괴상태에서 완벽한 직선분포를 보이지는 않지만, 변형률분포를 직선으로 가정하고 해석한 결과가 크게 오차를 보이지는 않는다.[4.9]

[3] 철근과 콘크리트의 완전 부착

설계기준에는 철근이 항복할 때까지 정착파괴가 발생하지 않을 철근의 묻힘길이, 즉 정착길이를 규정하여 설계과정에서 이 정착길이보다 긴 묻힘길이를 갖는지 검증하도록 규정하고 있다. 철근의 묻힘길이가 정착길이보다 긴 부재는 휨파괴가 발생하기 전에 정착파괴가 발생하지 않으므로, 철근과 콘크리트가 완전히 부착되어 철근과 철근 주위의 콘크리트 사이에 미끄럼(slip)이 발생하지 않는다. 따라서 정착길이보다 긴 묻힘길이를 갖는 부재에 대해서는 철근과 콘크리트가 완전 부착되어 변형률이 같다는 가정에 따라 휨강도 해석을 수행한다.

[4] 콘크리트의 인장응력

균열이 발생하면 균열면에서 휨 인장응력은 전달되지 않는다. 균열의 끝 위치와 중립축 사이의 콘크리트에는 균열이 발생하지 않은 부분이므로 인장응력이 작용한다. 그러나 이 인장응력은 그 크기가 매우 작고, 또 중립축과 매우 가까운 거리에 작용하여 팔길이가 매우 작으므로 이 인장응력은 휨강도 해석 결과에 거의 영향을 미치지 못한다. 즉, 휨강도 해석에서 콘크리트의 인장응력을 고려할 때와 고려하지 않을 때를 비교해 보면, 두 가지 해석결과에 차이가 나지 않는다. 따라서 휨강도 해석에서는 인장철근이 모든 인장력을 부담한다고 가정한다.

[5] 콘크리트의 극한변형률

단면의 압축연단 변형률이 콘크리트의 극한변형률 ε_{cu}에 도달하면 부재가 더 이상 휨모멘트에 저항하지 못하고 파괴된다고 가정한다. 2장 2.1.7절에서 설명한 바와 같이, 휨응력 상태의 콘크리트는 변형률 기울기의 영향(strain gradient effect)에 따라 순 압축응력을 받는 콘크리트보다 극한변형률이 더 크다. 실험에 의하면 콘크리트의 휨 극한변형률은 그림 2-9에 나타난 바와 같이 매우 큰 변동성을 보이지만, 휨강도 해석에서 콘크리트의 극한변형률은 휨강도 해석결과에 큰 영향을 주지는 않는다.[4.10, 4.11] 즉, 콘크리트 극한변형률의 값이 다르면 부재의 변형능력, 즉 연성능력의 해석결과는 차이가 나지만, 휨강도 해석 결과는 큰 차이가 없다는 것이다. 휨강도 해석에 적용하는 콘크리트의 설계 휨 극한변형률에 대해서는 설계기준에 따라 각기 다른 값을 규정하고 있다. 미국의 ACI 318 Code[4.6]와 AASHTO[4.7]는 콘크리트 압축강도와 관계없이 0.003의 일정한 값으로 규정하고 있고, 캐나다의 CSA 설계기준[4.12]는 압축강도와 관계없이 0.0035의 일정한 값으로 규정하고 있다. 한국의 설계기준[4.3~4.5]은 0.0033을, 유럽의 Eurocode 2[4.8]와 일본의 JSCE 설계기준[4.13]은 0.0035를 기본으로 하고, 고강도콘크리트에서는 콘크리트의 압축강도가 증가함에 따라 값이 감소하는 형태로 설계 휨 극한변형률을 규정하고 있다.

[6] 콘크리트의 압축응력분포

휨강도 해석에서 콘크리트의 압축응력분포는 실제의 응력분포를 사용하는 것이 바람직하지만, 반드시 그래야 하는 것은 아니며 실제와 동일한 결과를 주는 등가의 압축응력분포를 적용하여도 좋다. 휨강도 해석에 적용하는 콘크리트의 압축응력분포에 대해서는 설계기준에 따라 다소 다른 모델을 규정하고 있다. 한국 설계기준, Eurocode 2, JSCE 설계기준 등은 그림 4-42(a)와 같은 형태의 포물선-사각형 압축응력분포를 기본으로 하고, 더 간편한 응력분포로 그림 4-42(b)와 같은 형태의 직사각형 압축응력분포를 사용하게 하고 있다. ACI 318 Code, AASHTO, CSA 설계기준 등은 그림 4-42(b)와 같은 형태의 등가직사각형 압축응력분포를 제시하고 있다. 콘크리트 압축응력분포의 특성으로 각 설계기준에 따른 콘크리트의 휨 극한변형률, 합력의 크기, 합력의 작용위치 등은 2장 2.1.7절에 설명되어 있다.

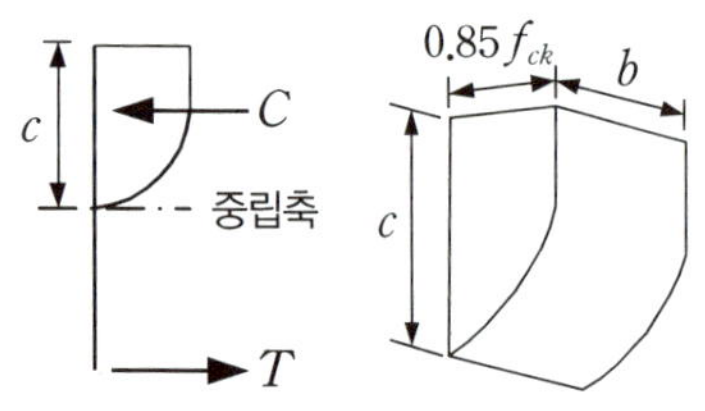

(a) 포물선-사각형 응력분포

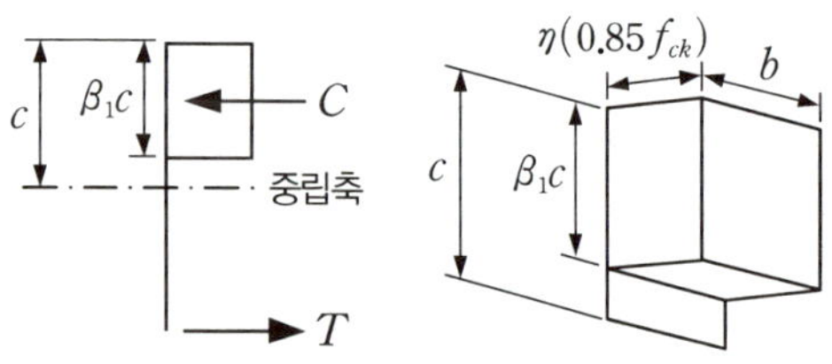

(b) 등가직사각형 응력분포

그림 4-42 휨강도 해석에서의 콘크리트 압축응력분포와 직사각형 단면의 압축응력 체적

[7] 철근의 응력-변형률 관계

휨강도 해석에서 철근의 응력-변형률 관계는 소성상태에서의 변형률 경화를 무시하고 선형탄성-완전소성으로 가정한다. 즉, 콘크리트 압축연단의 변형률이 콘크리트의 극한변형률 ε_{cu}에 도달하여 부재가 파괴될 때, 철근의 변형률 ε_s가 항복변형률 ε_y보다 작은 탄성상태에 있으면 철근의 응력은 탄성계수 E_s의 비율로 ε_s에 정비례하며, 철근이 항복한 이후라면 항복응력 f_y로 일정한 값을 갖는다. 물론 휨강도의 해석에서 변형률 경화를 고려할 수도 있지만, 설계기준에 따라 설계된 휨부재는 완전연성으로 내진설계된 소성힌지구역을 제외하고는 일반적으로 휨 파괴 때 인장철근이 변형률 경화에 이를 정도로 변형률이 크지 않으므로 선형탄성-완전소성으로 가정하여 휨강도 해석에 적용한다.

4.5.2 단철근 직사각형 저보강 단면의 휨강도 해석

4.2.1절에서 설명한 바와 같이, 저보강 단면은 휨모멘트가 증가함에 따라 인장철근이 먼저 항복하고 나서 변형이 더 진행된 후 압축연단 콘크리트가 파괴되는 거동을 보인다. 즉, 압축연단의 변형률이 극한변형률 ε_{cu}에 도달하여 부재가 파괴될 때, 철근의 변형률 ε_s가 항복변형률 ε_y보다 큰 변형률분포를 보이는 단면이다. 이때의 휨강도는 적합조건과 평형조건을 이용하여 다음과 같이 해석한다.

그림 4-43(a)와 같이 단면적이 A_s인 인장철근이 압축연단에서 유효깊이 d만큼 떨어진 위치에 배치된 단철근 직사각형 단면이 저보강 단면일 경우, 파괴 때의 변형률분포는 그림 4-43(b)와 같다. 즉, 중립축의 위치가 압축연단에서 c 만큼 떨어진 위치라고 하면 중립축에서 인장철근까지의 거리는 $d-c$가 되고, 인장철근의 변형률 ε_s는 중립축 위쪽의 삼각형과 아래쪽 삼각형의 닮은비는 다음과 같은 관계를 갖는다.

$$\frac{\varepsilon_{cu}}{\varepsilon_s} = \frac{c}{d-c} \tag{4·81}$$

이 관계식을 정리하여 인장철근의 변형률 ε_s를 구하면 다음과 같다.

$$\varepsilon_s = \varepsilon_{cu}\frac{d-c}{c} \tag{4·82}$$

저보강 단면의 경우에는 이렇게 계산된 ε_s가 인장철근의 항복변형률 ε_y보다 크다. 따라서 인장철근에 작용하는 인장력 T는 다음과 같다.

$$T = A_s f_y \tag{4·83}$$

이 인장력 T는 그림 4-43(c)에 나타낸 바와 같이 인장철근의 중심 위치에 작용한다. 그림 4-43(c)는 그림 4-43(b)와 같은 변형률분포에서 단면에 작용하는 응력분포와 내력의 작용위치를 나타낸다. 중립축 위쪽의 콘크리트는 변형률의 증가에 따라 압축응력이 증가하다가 감소하는 압축응력이 작용하며, 압축응력분포의 도심 위치에 압축력 C가 작용한다. 만일 깊이 c인 압축부에 작용하는 응력의 평균값을 $f_{c,\,avg}$라고 한다면, 직사각형 단면의 압축부에 작용하는 압축력 C는 다음과 같이 나타낼 수 있다.

$$C = f_{c,\,avg}\,bc \tag{4·84}$$

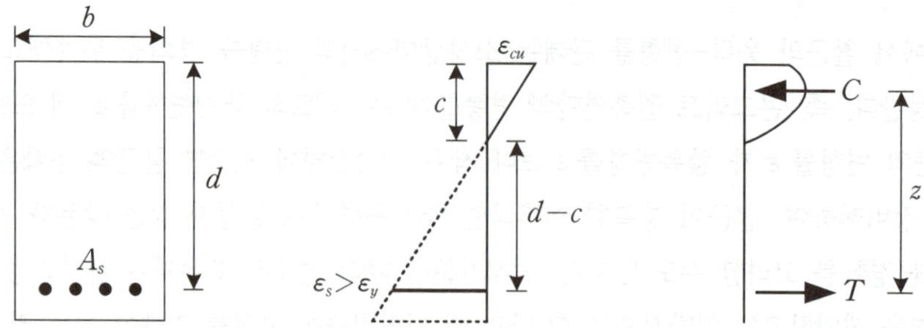

(a) 단면 (b) 변형률분포 (c) 응력분포와 내력

그림 4-43 단철근 저보강 단면의 변형률분포 및 응력분포와 내력

단면에 작용하는 내력(internal force)으로서 압축력 C와 인장력 T는 평형조건에 따라 다음과 같이 동일한 크기이어야 한다.

$$C = T \tag{4·85}$$

이와 같이 적합조건과 평형조건을 만족하는 중립축의 깊이 c를 구하게 되면, 압축력 C와 인장력 T 사이의 팔길이 z를 결정할 수 있고, 휨강도 M_n을 다음과 같이 구할 수 있다.

$$M_n = Cz = Tz \tag{4·86}$$

저보강 단철근 단면의 휨강도는 다음과 같은 순서에 따라 해석할 수 있다.

① 인장철근이 항복한다고 가정하고 인장철근에 작용하는 인장력 T를 식 (4·83)에 따라 계산한다. 즉, 압축연단의 변형률이 콘크리트의 극한변형률 ε_{cu}에 도달할 때 인장철근은 이미 항복한 상태라고 가정하여 수식을 세워서 중립축의 위치 c를 구한 후, 이 가정이 맞는지 ④번 과정에서 확인한다.

② 중립축의 깊이 c를 미지수로 하여 압축력 C를 식 (4·84)에 따라 결정한다. 여기서 식 (4·84)는 개념적인 표현이고, 실제 해석에서는 적용하는 콘크리트의 압축응력분포에 따라 콘크리트 압축부에 작용하는 압축력 C를 다음에 소개하는 식 (4·87) 또는 식 (4·89)나 식 (4·91)로 결정한다.

③ 압축력 C와 인장력 T가 같다는 평형조건에 따라 방정식을 세우고, 방정식의 해인 중립축의 깊이 c를 구한다.

④ 방정식의 해로 구한 c의 값과 식 (4·82)에 따라 인장철근의 변형률 ε_s를 구하고, ε_s의 값이 인장철근의 항복변형률 ε_y보다 크다는 것을 확인한다. 만일 ε_s가 ε_y보다 작다면 이 단면은 저보강 단면이 아니라 과보강 단면일 것이다.

⑤ 적합조건과 평형조건을 만족하는 중립축의 깊이 c를 구하고 인장철근이 항복하는 상태라는 것을 확인한 후에는, 압축력 C와 인장력 T 사이의 팔길이 z를 결정하여 식 (4·86)에 따라 휨강도 M_n을 구한다. 여기서 식 (4·86)은 개념적인 표현이고, 실제 해석에서는 적용하는 콘크리트의 압축

응력분포에 따라 휨강도 M_n을 다음에 소개하는 식 (4·88) 또는 식 (4·90)이나 식 (4·96)으로 결정한다.

이와 같은 휨강도 해석에서 콘크리트의 압축응력분포로 어떤 모델을 사용하느냐에 따라, 식 (4·84)의 압축력 C와 식 (4·86)의 휨강도 M_n은 다음과 같이 각기 다른 형태로 표현된다.

[1] 한국 설계기준의 포물선-사각형 응력분포를 적용하는 경우

2장 2.1.7절에 소개된 콘크리트구조 학회기준(2017),[4.3] KDS 14 20 콘크리트구조 설계기준,[4.4] KDS 24 14 21 콘크리트교 설계기준(한계상태설계법)[4.5]의 포물선-사각형 응력분포는 그림 4-44(b)와 같다. 이 응력분포를 적용하는 경우, 직사각형단면에 작용하는 압축력 C는 다음과 같이 표현된다.

$$C = \alpha(0.85 f_{ck})\, bc \tag{4·87}$$

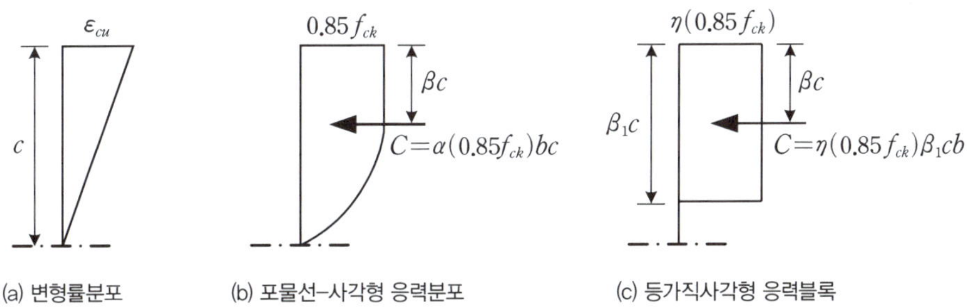

그림 4-44 한국 설계기준의 압축응력분포와 합력

그림 4-45는 직사각형 저보강 단면의 변형률분포와 한국 설계기준에 따른 포물선-사각형 응력분포 및 내력을 나타낸다. 그림 4-45(b)와 같은 극한상태의 변형률분포에 대하여 한국 설계기준의 포물선-사각형 응력분포를 적용하면, 그림 4-45(c)에 나타낸 바와 같이 압축력 C와 인장력 T 사이의 팔길이 z는 $d-\beta c$가 된다. 따라서 적합조건과 평형조건을 만족하는 중립축의 깊이 c를 알면 휨강도 M_n을 다음과 같이 구할 수 있다.

$$M_n = T(d-\beta c) \tag{4·88}$$

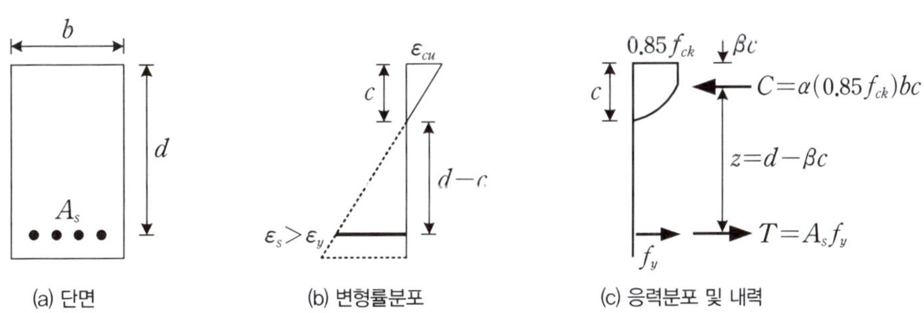

그림 4-45 한국 설계기준의 포물선-사각형 응력분포 및 내력

콘크리트의 극한변형률 ε_{cu}와 압축합력의 크기를 나타내는 응력분포의 변수 α 및 압축합력의 위치를 나타내는 응력분포의 변수 β는 2장 2.1.7절 표 2-3의 값을 적용한다.

[2] 한국 설계기준의 등가직사각형 응력블록을 적용하는 경우

2장 2.1.7절에 소개된 콘크리트구조 학회기준(2017),[4.3] KDS 14 20 콘크리트구조 설계기준,[4.4] KDS 24 14 21 콘크리트교 설계기준(한계상태설계법)[4.5]의 등가직사각형 응력블록은 그림 4-44(c)와 같다. 이 응력블록을 적용하는 경우, 직사각형단면에 작용하는 압축력 C는 다음과 같이 표현된다.

$$C = \eta(0.85 f_{ck})\, \beta_1 cb \tag{4·89}$$

그림 4-46은 직사각형 저보강 단면의 변형률분포와 한국 설계기준에 따른 등가직사각형 응력분포 및 내력을 나타낸다. 그림 4-46(b)와 같은 극한상태의 변형률분포에 대하여 한국 설계기준의 등가직사각형 응력블록을 적용하면, 그림 4-46(c)에 나타낸 바와 같이 직사각형 단면의 경우 압축력 C와 인장력 T 사이의 팔길이 z는 $d-\beta_1 c/2$가 된다. 따라서 적합조건과 평형조건을 만족하는 중립축의 깊이 c를 알면 휨강도 M_n을 다음과 같이 구할 수 있다.

$$M_n = T\left(d - \frac{\beta_1 c}{2}\right) \tag{4·90}$$

콘크리트의 극한변형률 ε_{cu}와 등가직사각형 응력블록 계수 η 및 β_1은 2장 2.1.7절 표 2-4의 값을 적용한다.

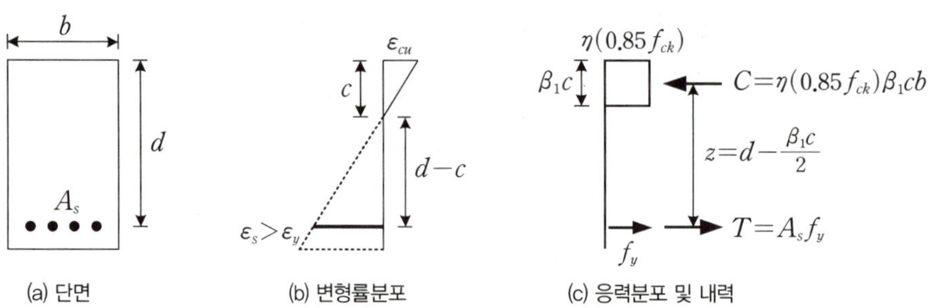

그림 4-46 한국설계기준의 등가직사각형 응력블록과 내력

[3] 미국 설계기준의 등가직사각형 응력블록을 적용하는 경우

2장 2.1.7절에 소개된 미국의 ACI 318 Code와 AASHTO의 등가직사각형 응력블록은 과거 한국의 설계기준에서 채택했었던 것으로 그림 4-47과 같다. 콘크리트의 극한변형률 ε_{cu}는 콘크리트의 압축강도와는 무관하게 0.003으로 가정한다. 이 응력블록을 적용하는 경우 직사각형단면에 작용하는 압축력 C는 다음과 같이 표현된다.

$$C = 0.85 f_{ck}\, ab \tag{4·91}$$

등가직사각형 응력블록의 깊이 a와 중립축 c의 관계는 다음과 같으며, β_1은 0.65에서 0.85 사이의 값을 가진다.

$$a = \beta_1 c \tag{4·92}$$

$$\beta_1 = 0.85 - 0.007(f_{ck} - 28) \tag{4·93}$$

$$0.65 \leq \beta_1 \leq 0.85 \tag{4·94}$$

따라서 a 대신 c와 β_1으로 표현하면 직사각형단면에 작용하는 압축력 C는 다음과 같이 나타낼 수도 있다.

$$C = 0.85 f_{ck}\, ab = 0.85 f_{ck}\, b\beta_1 c \tag{4·95}$$

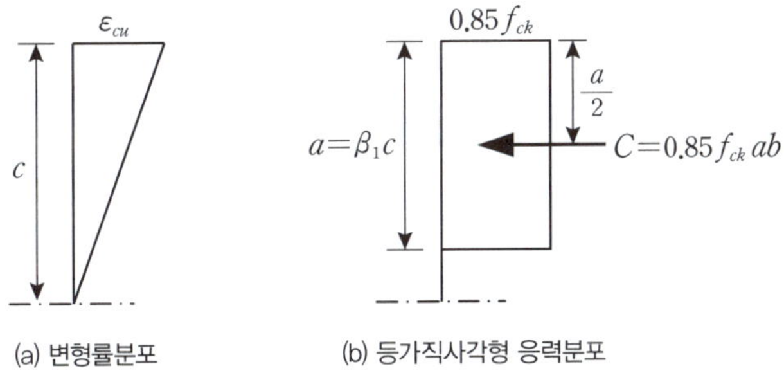

그림 4-47 미국 설계기준의 등가직사각형 압축응력분포와 합력

그림 4-48은 직사각형 저보강 단면의 변형률분포와 미국 설계기준에 따른 응력분포 및 내력을 나타낸다. 그림 4-48(b)와 같은 극한상태의 변형률분포에 대하여 미국 설계기준의 등가직사각형 응력블록을 적용하면, 그림 4-48(c)에 나타낸 바와 같이 압축력 C와 인장력 T 사이의 팔길이 z는 $d-a/2$가 된다. 따라서 적합조건과 평형조건을 만족하는 등가직사각형 응력블록의 깊이 a와 중립축의 깊이 c를 알면 휨강도 M_n을 다음과 같이 구할 수 있다.

$$M_n = T\left(d - \frac{a}{2}\right) \tag{4·96}$$

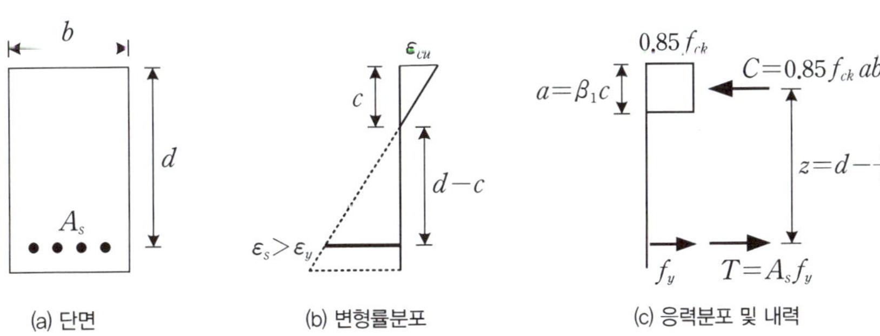

그림 4-48 미국 설계기준의 등가직사각형 응력블록 및 내력

그림 4-49는 휨강도 실험결과와 미국 설계기준의 등가직사각형 응력블록을 적용한 휨강도 해석결과를 비교한 것이지만, 한국, 유럽, 캐나다, 일본 등의 설계기준에 규정된 어떤 응력분포를 적용하여도 휨강도 해석결과는 큰 차이가 없다.[4.16] 그림에 나타난 바와 같이 해석결과는 실험결과의 평균값에 해당한다. 따라서 휨부재의 설계에서는 1.0보다 작은 강도감소계수나 재료계수를 적용하여 공칭휨강도보다 작은 설계휨강도를 사용한다. 설계휨강도는 실험값의 하한값에 해당한다고 할 수 있다. 그림 4-49의 수식에서 계수 0.59는 미국 설계기준의 등가직사각형 응력블록을 직사각형 단면에 적용하여 휨강도 수식을 표현할 때 나타나는 계수 1/(2×0.85)을 소수로 표현한 것이다.

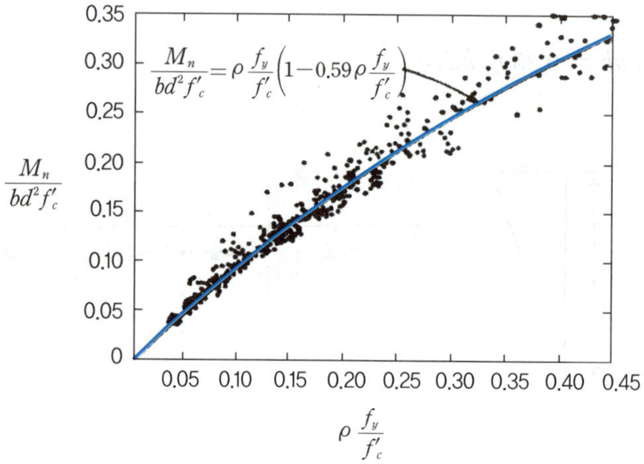

그림 4-49 공칭휨강도 실험결과와 등가직사각형 응력블록을 적용한 해석결과[4.16]

예제 4-10 그림 4-50과 같이 폭 b=320 mm, 깊이 h=600 mm, 유효깊이 d=530 mm인 단철근 직사각형 단면이 35 MPa의 콘크리트 설계기준압축강도와 SD400 4-D29(A_s=2,570 mm^2)의 인장철근으로 설계되어 있다. 시공과정에서 수행한 재료시험 결과, 이 철근의 실제 항복강도는 463 MPa이었고 콘크리트 실린더 공시체의 압축강도는 39 MPa이었다. 다음 세 가지 콘크리트의 응력분포, (1) 한국 설계기준의 포물선-사각형 응력분포, (2) 한국 설계기준의 등가직사각형 응력블록, (3) 미국 설계기준의 등가직사각형 응력블록을 적용하여 이 단면의 휨강도를 구시오.

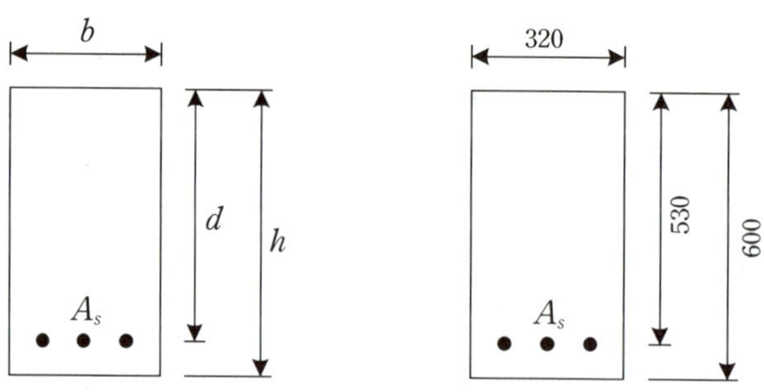

그림 4-50 예제 4-10의 단면

〈풀이〉

이 단면의 실제 재료 강도는 f_{ck}=39 MPa이고 f_y=463 MPa이므로, 이 실제 재료강도로 휨강도 해석을 수행한다. 철근의 항복변형률 ε_y를 먼저 구하면

$$\varepsilon_y = \frac{f_y}{E_s} = \frac{463}{200,000} = 0.00232$$

(1) 한국 설계기준의 포물선-사각형 응력분포를 적용하는 경우의 휨강도

휨강도의 해석은 그림 4-51의 변형률분포와 응력분포 및 내력분포로 수행한다.

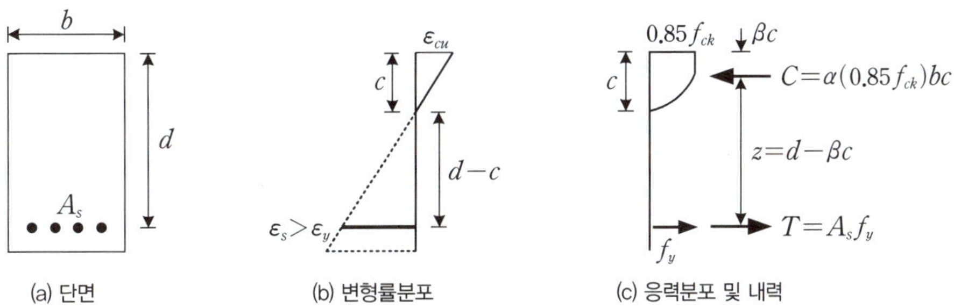

그림 4-51 한국 설계기준의 포물선-사각형 응력분포를 적용한 해석

극한상태에서 인장철근이 이미 항복한 상태라고 가정하면 철근에 작용하는 인장력은

$$T = A_sf_y = 2{,}570\times463 = 1{,}189{,}910\ N$$

f_{ck} = 39 MPa로서 40 MPa 이하의 압축강도이므로, 표 2-3으로부터 포물선-직사각형 응력분포 변수로 α=0.80, β=0.40을 적용한다. 압축연단에서 중립축까지의 깊이를 c라고 하면, 콘크리트 압축부에 작용하는 압축력은

$$C = \alpha(0.85f_{ck})\,bc = 0.80\times(0.85\times39)\times320\times c = 8{,}486c\ [N]$$

평형조건에 따라 c를 구하면

$$C = T$$
$$8{,}486c = 1{,}189{,}910$$
$$c = 140\ mm$$

한국 설계기준에서 40 MPa 이하의 압축강도를 갖는 콘크리트의 극한변형률 ε_{cu}는 0.0033이므로(표 2-3 참조), 인장철근의 변형률 ε_s를 식 (4·82)에 따라 계산하고 항복변형률 ε_y와 비교하면

$$\varepsilon_s = \varepsilon_{cu}\frac{d-c}{c} = 0.0033\times\frac{530-140}{140} = 0.00919 > \varepsilon_y\ (=0.00232)$$

인장철근의 변형률 0.00919는 항복변형률 0.00232의 4.0배로, 극한상태에서 인장철근이 항복한다. 가정과 같이 인장철근이 항복한다는 것을 확인하였으므로, 이제 인장력 또는 압축력과 두 내력 사이의 팔길이로 휨강도를 구하면

$$M_n = T(d-\beta c) = 1{,}189{,}910\times(530-0.40\times140) = 564\times10^6\ N\cdot mm = 564\ kN\cdot m$$

(2) 한국 설계기준의 등가직사각형 응력블록을 적용하는 경우의 휨강도

휨강도의 해석은 그림 4-52의 변형률분포와 응력분포 및 내력분포로 수행한다.

극한상태에서 인장철근이 이미 항복한 상태라고 가정하면 철근에 작용하는 인장력은

$$T = A_sf_y = 2{,}570\times463 = 1{,}189{,}910\ N$$

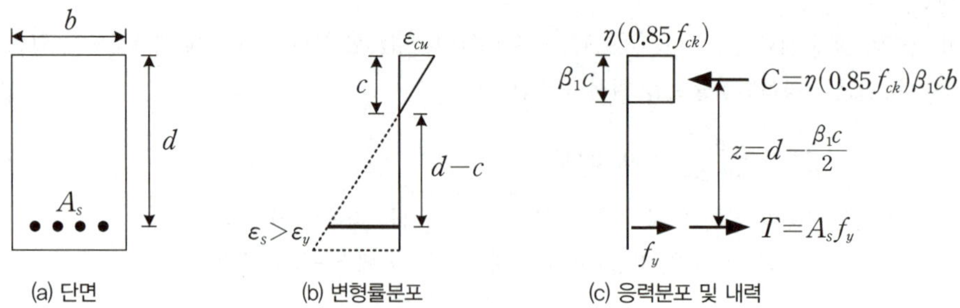

그림 4-52 한국 설계기준의 등가직사각형 응력블록을 적용한 해석

f_{ck}=39 MPa로 40 MPa 이하의 압축강도이므로, 표 2-4로부터 직사각형 응력분포 변수로 η=1.0, β_1=0.80을 적용한다. 압축연단에서 중립축까지의 깊이를 c라고 하면, 콘크리트 압축부에 작용하는 압축력은

$$C = \eta(0.85 f_{ck})\, \beta_1\, cb = 1.0\times(0.85\times39)\times0.80\times320\times c = 8{,}486\, c\ [N]$$

평형조건에 따라 c를 구하면

$$C = T$$
$$8{,}486\, c = 1{,}189{,}910$$
$$c = 140\ mm$$

한국 설계기준에서 40 MPa 이하의 압축강도를 갖는 콘크리트의 극한변형률 ε_{cu}는 0.0033이므로(표 2-3 또는 표 2-4 참조), 인장철근의 변형률 ε_s를 식 (4·82)에 따라 계산하고 항복변형률 ε_y와 비교하면

$$\varepsilon_s = \varepsilon_{cu}\frac{d-c}{c} = 0.0033\times\frac{530-140}{140} = 0.00919 > \varepsilon_y\ (= 0.00232)$$

인장철근의 변형률 0.00919는 항복변형률 0.00232의 4.0배로, 극한상태에서 인장철근이 항복한다. 가정과 같이 인장철근이 항복한다는 것을 확인하였으므로, 이제 인장력 또는 압축력과 두 내력 사이의 팔길이로 휨강도를 구하면

$$M_n = T\left(d-\frac{\beta_1 c}{2}\right) = 1{,}189{,}910\times\left(530-\frac{0.80\times140}{2}\right) = 564\times10^6\ N\cdot mm = 564\ kN\cdot m$$

(3) 미국 설계기준의 등가직사각형 응력블록을 적용하는 경우의 휨강도
휨강도의 해석은 그림 4-53의 변형률분포와 응력분포 및 내력분포로 수행한다.
극한상태에서 인장철근이 이미 항복한 상태라고 가정하면 철근에 작용하는 인장력은

$$T = A_s f_y = 2{,}570\times463 = 1{,}189{,}910\ N$$

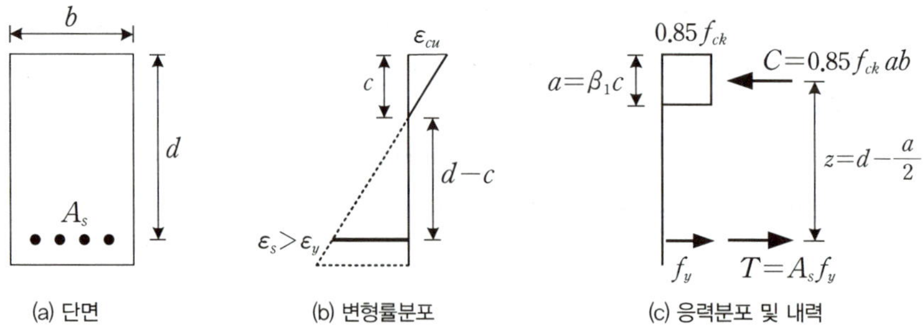

그림 4-53 미국 설계기준의 등가직사각형 응력블록을 적용한 해석

등가직사각형 응력블록의 깊이를 a라고 하면, 콘크리트 압축부에 작용하는 압축력은

$$C = 0.85 f_{ck}\, ab = 0.85 \times 39 \times a \times 320 = 10{,}608a\ [N]$$

평형조건에 따라 a를 구하면

$$C = T$$
$$10{,}608a = 1{,}189{,}910$$
$$a = 112\ mm$$

극한상태에서 인장철근이 이미 항복한 상태라고 가정한 것이 맞는 가정이었는지 확인하기 위해서 인장철근의 변형률을 구하여야 한다. 인장철근의 변형률은 압축연단에서 중립축까지의 깊이 c와 콘크리트의 극한변형률 ε_{cu}로 구하여야 하므로, 중립축 깊이 c를 먼저 구하여야 한다. f_{ck}=39 MPa이므로, β_1을 식 (4 ·93)에 따라 구하면

$$\beta_1 = 0.85 - 0.007(f_{ck} - 28) = 0.85 - 0.007 \times (39 - 28) = 0.773$$

중립축 깊이 c와 등가직사각형 응력블록의 깊이를 a의 관계를 나타내는 식 (4 ·92)를 바꾸어 c를 구하는 수식으로 변환하고 c를 구하면

$$c = \frac{a}{\beta_1} = \frac{112}{0.773} = 145\ mm$$

미국 설계기준에서 콘크리트의 극한변형률 ε_{cu}는 0.003이므로, 인장철근의 변형률 ε_s를 식 (4 ·82)에 따라 계산하고 항복변형률 ε_y와 비교하면

$$\varepsilon_s = \varepsilon_{cu} \frac{d-c}{c} = 0.003 \times \frac{530-145}{145} = 0.00797 > \varepsilon_y\ (= 0.00232)$$

인장철근의 변형률 0.00797은 항복변형률 0.00232의 3.4배로, 인장철근이 항복한다. 인장철근이 항복한다는 것을 확인하였으므로, 이제 인장력 또는 압축력과 두 내력 사이의 팔길이로 휨강도를 구하면

$$M_n = T\left(d - \frac{a}{2}\right) = 1{,}189{,}910 \times \left(530 - \frac{112}{2}\right) = 564 \times 10^6\ N \cdot mm = 564\ kN \cdot m$$

예제 4-11 예제 4-10과 같이 설계된 부재의 시공 중에 레미콘의 관리 오류로 인하여 고강도콘크리트가 타설되었다. 재료시험 결과, 철근의 실제 항복강도는 463MPa이었고 콘크리트 실린더 공시체의 압축강도는 78MPa이었다. 한국 설계기준의 포물선-사각형 응력분포와 등가직사각형 응력블록을 적용하여 이 단면의 휨강도를 구시오.

〈풀이〉

이 단면의 실제 재료 강도는 f_{ck}=78 MPa이고 f_y=463 MPa이므로, 이 실제 재료강도로 휨강도 해석을 수행한다. 철근의 항복변형률 ε_y를 먼저 구하면

$$\varepsilon_y = \frac{f_y}{E_s} = \frac{463}{200{,}000} = 0.00232$$

(1) 한국 설계기준의 포물선-사각형 응력분포를 적용하는 경우의 휨강도

극한상태에서 인장철근이 이미 항복한 상태라고 가정하고 계산한 후에 항복 여부를 검증한다.

$$T = A_s f_y = 2{,}570 \times 463 = 1{,}189{,}910\ N$$

f_{ck}=78 MPa이므로, 표 2-3으로부터 f_{ck}=70 MPa일 때와 f_{ck}=80 MPa일 때의 포물선-직사각형 응력분포 변수 α와 β의 값을 직선보간법(linear interpolation)으로 구한다. f_{ck}=70 MPa일 때 α=0.67, β=0.37이고, f_{ck}=80 MPa일 때 α=0.63, β=0.36이므로, α와 β을 구하면

$$\alpha = 0.67 + \frac{78-70}{80-70}(0.63-0.67) = 0.67-0.032 = 0.638$$

$$\beta = 0.37 + \frac{78-70}{80-70}(0.36-0.37) = 0.37-0.008 = 0.362$$

콘크리트 압축부에 작용하는 압축력은

$$C = \alpha(0.85 f_{ck})bc = 0.638\times(0.85\times78)\times320\times c = 13{,}536c\ [N]$$

평형조건에 따라 c를 구하면

$$C = T$$

$$13{,}536c = 1{,}189{,}910$$

$$c = 88\ mm$$

표 2-3으로부터, f_{ck}=70 MPa일 때 ε_{cu}=0.003이고, f_{ck}=80 MPa일 때 ε_{cu}=0.0029이므로, f_{ck}=78 MPa일 때 콘크리트의 극한변형률 ε_{cu}는

$$\varepsilon_{cu} = 0.003 + \frac{78-70}{80-70}(0.0029-0.003) = 0.67-0.032 = 0.00292$$

인장철근의 변형률 ε_s를 식 (4·82)에 따라 계산하고 항복변형률 ε_y와 비교하면

$$\varepsilon_s = \varepsilon_{cu}\frac{d-c}{c} = 0.00292\times\frac{530-88}{88} = 0.0147 > \varepsilon_y\,(=0.00232)$$

인장철근의 변형률 0.0147은 항복변형률 0.00232의 6.3배로, 인장철근이 항복한다. 휨강도를 구하면

$$M_n = T(d-\beta c) = 1{,}189{,}910\times(530-0.362\times88) = 593\times10^6\ N\cdot mm = 593\ kN\cdot m$$

(2) 한국 설계기준의 등가직사각형 응력블록을 적용하는 경우의 휨강도

극한상태에서 인장철근이 이미 항복한 상태라고 가정하면 철근에 작용하는 인장력은

$$T = A_s f_y = 2{,}570\times463 = 1{,}189{,}910\ N$$

f_{ck}=78 MPa이므로, 표 2-4로부터 f_{ck}=70 MPa일 때와 f_{ck}=80 MPa일 때의 직사각형 응력분포 변수 η와 β_1의 값을 직선보간법(linear interpolation)으로 구한다. f_{ck}=70 MPa일 때 η=0.91, β_1=0.74이고, f_{ck}=80 MPa일 때 η=0.87, β_1=0.72이므로, η와 β_1을 구하면

$$\eta = 0.91 + \frac{78-70}{80-70}(0.87-0.91) = 0.91-0.032 = 0.878$$

$$\beta_1 = 0.74 + \frac{78-70}{80-70}(0.72-0.74) = 0.74-0.016 = 0.724$$

콘크리트 압축부에 작용하는 압축력은

$$C = \eta(0.85 f_{ck})\beta_1 cb = 0.878\times(0.85\times78)\times0.724\times320\times c = 13{,}486c\ [N]$$

평형조건에 따라 c를 구하면

$$C = T$$

$$13{,}486c = 1{,}189{,}910$$

$$c = 88\ mm$$

표 2-3 또는 표 2-4로부터, f_{ck}=70 MPa일 때 ε_{cu}=0.003이고, f_{ck}=80 MPa일 때 ε_{cu}=0.0029이므로, f_{ck}=78 MPa일 때 콘크리트의 극한변형률 ε_{cu}는

$$\varepsilon_{cu} = 0.003 + \frac{78-70}{80-70}(0.0029-0.003) = 0.67-0.032 = 0.00292$$

인장철근의 변형률 ε_s를 식 (4·82)에 따라 계산하고 항복변형률 ε_y와 비교하면

$$\varepsilon_s = \varepsilon_{cu}\frac{d-c}{c} = 0.00292\times\frac{530-88}{88} = 0.0147 > \varepsilon_y\ (=0.00232)$$

인장철근의 변형률 0.0147은 항복변형률 0.00232의 6.3배로, 인장철근이 항복한다. 휨강도를 구하면

$$M_n = T\left(d-\frac{\beta_1 c}{2}\right) = 1{,}189{,}910\times\left(530-\frac{0.724\times 88}{2}\right) = 593\times 10^6\ N\cdot mm = 593\ kN\cdot m$$

예제 4-12 예제 4-10과 같이 설계된 부재의 시공 중에 철근의 관리 오류로 인하여 SD600의 고강도철근으로 시공되었다. 재료시험 결과, 철근의 실제 항복강도는 648MPa이었고 콘크리트 실린더 공시체의 압축강도는 39MPa이었다. 한국 설계기준의 포물선-사각형 응력분포와 등가직사각형 응력블록을 적용하여 이 단면의 휨강도를 구하시오.

〈풀이〉

이 단면의 실제 재료 강도는 $f_{ck}=39\ MPa$이고 $f_y=648\ MPa$이므로, 이 실제 재료강도로 휨강도 해석을 수행한다. 철근의 항복변형률 ε_y 먼저 구하면

$$\varepsilon_y = \frac{f_y}{E_s} = \frac{648}{200{,}000} = 0.00324$$

(1) 한국 설계기준의 포물선-사각형 응력분포를 적용하는 경우의 휨강도

극한상태에서 인장철근이 이미 항복한 상태라고 가정하면 철근에 작용하는 인장력은

$$T = A_s f_y = 2{,}570\times 648 = 1{,}665{,}360\ N$$

$f_{ck}=39\ MPa$이므로, 포물선-직사각형 응력분포 변수로 $\alpha=0.80$, $\beta=0.40$을 적용한다. 압축연단에서 중립축까지의 깊이를 c라고 하면, 콘크리트 압축부에 작용하는 압축력은

$$C = \alpha(0.85 f_{ck})\, bc = 0.80\times(0.85\times 39)\times 320\times c = 8{,}486\, c\ [N]$$

평형조건에 따라 c를 구하면

$$C = T$$

$$8{,}486c = 1{,}665{,}360$$

$$c = 196\ mm$$

한국 설계기준에서 40 MPa 이하의 압축강도를 갖는 콘크리트의 극한변형률 ε_{cu}는 0.0033이므로(표 2-3 참조), 인장철근의 변형률 ε_s를 식 (4·82)에 따라 계산하고 항복변형률 ε_y와 비교하면

$$\varepsilon_s = \varepsilon_{cu}\frac{d-c}{c} = 0.0033\times\frac{530-196}{196} = 0.00562 > \varepsilon_y\ (= 0.00232)$$

인장철근의 변형률 0.00562는 항복변형률 0.00232의 2.4배로, 극한상태에서 인장철근이 항복한다. 휨강도를 구하면

$$M_n = T(d-\beta c) = 1{,}665{,}360\times(530-0.40\times 196) = 752\times 10^6\ N\cdot mm = 752\ kN\cdot m$$

(2) 한국 설계기준의 등가직사각형 응력블록을 적용하는 경우의 휨강도

극한상태에서 인장철근이 이미 항복한 상태라고 가정하면 철근에 작용하는 인장력은

$$T = A_s f_y = 2{,}570\times 648 = 1{,}665{,}360\ N$$

$f_{ck}=39\ MPa$이므로, 표 2-4로부터 직사각형 응력분포 변수로 $\eta=1.0$, $\beta_1=0.80$을 적용한다. 압축연단에서 중립축까지의 깊이를 c라고 하면, 콘크리트에 작용하는 압축력은

$$C = \eta(0.85 f_{ck})\, \beta_1 cb = 1.0\times(0.85\times 39)\times 0.80\times 320\times c = 8{,}486\, c\ [N]$$

평형조건에 따라 c를 구하면

$$C = T$$

$$8{,}486c = 1{,}665{,}360$$

$$c = 196\ mm$$

한국 설계기준에서 40 MPa 이하의 압축강도를 갖는 콘크리트의 극한변형률 ε_{cu}는 0.0033이므로, 인장철근의 변형률 ε_s를 식 (4·82)에 따라 계산하고 항복변형률 ε_y와 비교하면

$$\varepsilon_s = \varepsilon_{cu}\frac{d-c}{c} = 0.0033\times\frac{530-196}{196} = 0.00562 > \varepsilon_y\ (=0.00232)$$

인장철근의 변형률 0.00562는 항복변형률 0.00232의 2.4배로, 인장철근이 항복한다. 휨강도를 구하면

$$M_n = T\left(d-\frac{\beta_1 c}{2}\right) = 1{,}665{,}360\times\left(530-\frac{0.80\times196}{2}\right) = 752\times10^6\ N\cdot mm = 752\ kN\cdot m$$

예제 4-13 예제 4-10, 예제 4-11, 예제 4-12의 해석결과로 콘크리트 응력분포에 따른 휨강도 해석결과를 비교하고, 콘크리트와 철근의 재료강도에 따른 휨강도의 변화경향을 분석하시오.

〈풀이〉

예제 4-10, 예제 4-11, 예제 4-12의 재료강도와 휨강도 해석결과를 정리하면 표 4-8과 같다. 표에서 'KDS P-R분포'는 한국 설계기준의 포물선-사각형 응력분포'를, 'KDS R분포'는 한국 설계기준의 등가직사각형 응력블록을, 'ACI R분포'는 미국 설계기준의 등가직사각형 응력블록'을 의미한다.

표 4-8 예제별 재료강도와 휨강도 해석결과

구 분	재료강도	재료강도 변화	휨강도 (적용 기준 및 응력분포)			휨강도 변화
			KDS P-R분포	KDS R분포	ACI R분포	
예제 4-10	f_{ck}=39 MPa f_y=463 MPa	비교 기준	564 $kN\cdot m$	564 $kN\cdot m$	564 $kN\cdot m$	비교 기준
예제 4-11	f_{ck}=78 MPa f_y=463 MPa	f_{ck}가 2.0배	593 $kN\cdot m$	593 $kN\cdot m$	597 $kN\cdot m$*	M_n이 1.05배
예제 4-12	f_{ck}=39 MPa f_y=648 MPa	f_y가 1.4배	752 $kN\cdot m$	752 $kN\cdot m$	752 $kN\cdot m$*	M_n이 1.33배

* 해석과정 생략

(1) 설계기준 및 응력분포에 따른 휨강도의 비교

f_{ck}=39 MPa로 보통강도콘크리트를 사용한 예제 4-10과 예제 4-12의 경우, 세 가지 응력분포를 사용한 해석이 모두 두 단면에 대하여 각각 M_n=564 $kN\cdot m$와 M_n=752 $kN\cdot m$의 동일한 휨강도 해석결과를 나타내었다.

f_{ck}=78 MPa로 고강도콘크리트를 사용한 예제 4-11에서는 한국 설계기준의 포물선-사각형 응력분포와 등가직사각형 응력블록을 사용한 경우에 M_n=593 kN이었고, 미국 설계기준의 등가직사각형 응력블록을 사용한 경우에는 M_n=597 kN로 0.65%의 미미한 차이를 보였다.

따라서 보통강도콘크리트를 사용한 경우에는 어떤 설계기준과 어떤 응력분포를 사용하여도 휨강도 해석결과에 별 차이가 없다는 것을 알 수 있다. 고강도콘크리트를 사용한 경우에는 적용하는 설계기준에 따라 다소 차이가 발생하지만, 그 차이는 무시할 수 있는 정도로 미미하다는 것을 알 수 있다. 참고로, 이와 같이 휨강

도는 고강도콘크리트를 사용한 경우에도 콘크리트 압축응력분포에 따른 해석결과의 차이가 무시할 수 있는 정도로 미미하지만, 축압축력과 휨모멘트를 동시에 받는 고강도콘크리트 휨압축부재의 휨압축강도는 특히 압축지배단면의 경우 콘크리트 압축응력분포에 따른 해석결과의 차이가 무시할 수 없는 정도로 크게 발생한다.

(2) 재료강도 변화에 따른 휨강도의 비교

콘크리트 압축강도가 $f_{ck}=39\ MPa$에서 $f_{ck}=78\ MPa$로 2배가 되었을 때, 휨강도는 1.05배로 5% 증가하였다. 이것은 콘크리트의 압축강도가 증가하여도 내력 C와 T가 증가하지 않고 팔길이만 소폭 증가하기 때문이다. 즉, 콘크리트의 압축강도가 다르더라도 철근의 항복강도가 동일하여 인장력 T가 일정하므로, 콘크리트의 압축강도가 2배가 되어도 압축력 C가 T와 같은 크기로 더 이상 증가하지 않는다. 그러나 콘크리트의 압축강도가 2배인 단면은 압축응력을 받는 단면적이 약 1/2로 줄어들어 압축응력의 합력이 작용하는 위치가 압축연단 쪽으로 높아진다. 따라서 C와 T 사이의 팔길이가 1.05배가 되어 휨강도도 1.05배가 된 것이다.

철근의 항복강도가 $f_y=463\ MPa$에서 $f_y=648\ MPa$로 1.4배가 되었을 때, 휨강도는 1.33배로 33% 증가하였다. 이것은 철근의 항복강도가 1.4배가 되어 내력 C와 T도 1.4배가 되었지만, 팔길이가 소폭 감소하여 휨강도는 1.4배보다 다소 작은 1.33배가 된 것이다. 즉, 철근의 항복강도 증가에 따라 인장력 T가 1.4배가 되어, 압축력 C도 역시 1.4배가 된다. 이때 압축응력을 받는 단면적도 약 1.4배로 넓어지므로 압축응력의 합력이 작용하는 위치가 중립축 쪽으로 낮아진다. 따라서 C와 T 사이의 팔길이가 다소 감소하여 휨강도가 1.4배까지는 증가하지 않고 1.33배로 33%만 증가하였다.

이와 같은 결과로, 휨부재에서는 콘크리트의 압축강도가 크게 증가하여도 휨강도는 크게 증가하지 않으며, 인장철근의 항복강도가 증가하면 휨강도가 철근의 항복강도 증가비율만큼까지는 아니지만 상당한 크기로 증가한다는 것을 알 수 있다. 즉, 휨강도에 영향을 주는 재료 강도는 콘크리트 압축강도보다는 인장철근의 항복강도라는 것을 알 수 있다.

4.5.3 단철근 직사각형 과보강 단면의 휨강도 해석

4.2.1절에서 설명한 바와 같이, 과보강 단면은 철근이 항복하지 않는 탄성상태에서 콘크리트 압축연단이 먼저 파괴되는 거동을 보인다. 즉, 압축연단의 변형률이 극한변형률 ε_{cu}에 도달하여 부재가 파괴될 때, 철근의 변형률 ε_s가 항복변형률 ε_y보다 작은 변형률분포를 보이는 단면이다. 이때의 휨강도도 역시 적합조건과 평형조건을 이용하여 해석한다.

그림 4-54(a)와 같이 단면적이 A_s인 인장철근이 압축연단에서 유효깊이 d만큼 떨어진 위치에 배치된 단철근 직사각형 단면이 과보강 단면일 경우, 파괴 때의 변형률분포는 그림 4-54(b)와 같고 인장철근의 변형률 ε_s는 앞의 식 (4·82)과 동일하게 구할 수 있다.

$$\varepsilon_s = \varepsilon_{cu}\frac{d-c}{c} \tag{4·82}$$

과보강 단면의 경우에는 이렇게 계산된 ε_s가 인장철근의 항복변형률 ε_y보다 작다. 따라서 변형률과 응력이 탄성범위에 있는 인장철근은 다음과 같은 인장응력 f_s가 작용한다.

$$f_s = E_s\,\varepsilon_s = E_s\,\varepsilon_{cu}\frac{d-c}{c} \tag{4·97}$$

이에 따라 인장철근에는 다음과 같은 인장력 T가 작용한다.

$$T = A_s f_s = A_s E_s \varepsilon_s = A_s E_s \varepsilon_{cu} \frac{d-c}{c} \tag{4·98}$$

직사각형 단면의 콘크리트 압축부에는 중립축의 깊이 c의 함수로 표현되는 압축력 C가 작용하고, 단면에 작용하는 내력(internal force)으로서 압축력 C와 인장력 T는 앞의 식 (4·85)와 같이 평형조건을 만족하여야 한다.

$$C = T \tag{4·85}$$

이와 같이 적합조건과 평형조건에 따라 방정식을 구성하면 중립축의 깊이 c에 대한 2차방정식이 된다. 이 2차방정식의 해로써 적합조건과 평형조건을 만족하는 중립축의 깊이 c를 구하게 되면, 그림 4-54(c)에 나타낸 압축력 C와 인장력 T 사이의 팔길이 z를 결정할 수 있고, 휨강도 M_n을 앞의 식 (4·86)에 따라 구할 수 있다.

$$M_n = Cz = Tz \tag{4·86}$$

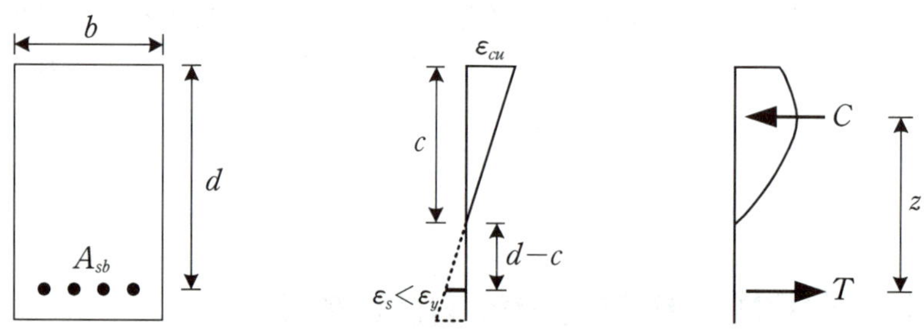

그림 4-54 단철근 과보강 단면의 변형률분포 및 응력분포와 내력

예제 4-14 그림 4-55와 같이 폭 b=320 mm, 깊이 h=600 mm인 단철근 직사각형 단면이 40 MPa의 콘크리트 설계기준 압축강도와 SD400 6-D29(A_s=3,854 mm^2)의 인장철근으로 설계되어 있다. 측면의 피복두께 기준과 철근의 최소 수평 순간격 기준을 만족시키려면 6개의 D29 철근을 1열로 배치할 수 없어서 3개씩 2열로 배치하였고, 철근의 최소 수직 순간격 기준을 고려하여 상하 철근 중심까지의 유효깊이 d=500 mm로 설계되었다. 유효깊이 d는 인장철근 6개의 중심까지 깊이이고, 상단 철근과 하단 철근 중심 사이의 간격은 60 mm이다. 이 부재는 저보강 단면으로 설계되었으나, 시공 중 콘크리트의 품질관리 오류로 인하여 낮은 강도의 콘크리트가 타설되었다. 시공과정에서 수행한 재료시험 결과, 이 철근의 실제 항복강도는 463 MPa이었고 콘크리트 실린더 공시체의 압축강도는 21 MPa이었다. 한국 설계기준의 포물선-사각형 응력분포를 적용하여 이 단면의 휨강도를 구하시오.

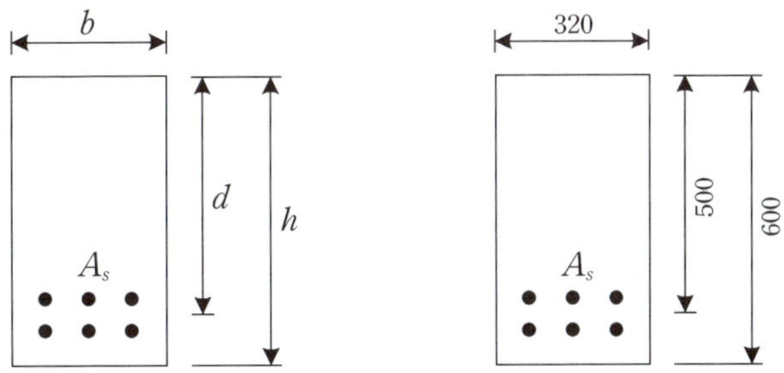

그림 4-55 예제 4-14의 단면

〈풀이〉

이 단면의 실제 재료 강도는 f_{ck}=21 MPa이고 f_y=463 MPa이므로, 이 실제 재료강도로 휨강도 해석을 수행한다. 철근의 항복변형률 ε_y를 먼저 구하면

$$\varepsilon_y = \frac{f_y}{E_s} = \frac{463}{200{,}000} = 0.00232$$

콘크리트의 설계기준압축강도를 40MPa로 선택하여 저보강 단면으로 설계하였으나, 실제 콘크리트의 압축강도가 21 MPa이라면 과보강 단면이 될 가능성이 높다. 따라서 이 단면이 과보강 단면일 것으로 가정하고 휨강도 해석을 수행하며, 실제로도 과보강 단면인지 검토한다.

표 2-3에 나타낸 바와 같이, 한국 설계기준에서 40 MPa 이하의 압축강도를 갖는 콘크리트의 극한변형률 ε_{cu}는 0.0033이다. 압축연단에서 중립축까지의 깊이를 c라고 하고, 극한상태에서 인장철근이 탄성상태라고 가정하면 철근에 작용하는 인장력은

$$T = A_s E_s \varepsilon_{cu} \frac{d-c}{c} = 3{,}854 \times 200{,}000 \times 0.0033 \times \frac{500-c}{c} = 2{,}543{,}640\, \frac{500-c}{c}\ [N]$$

f_{ck}=21 MPa로 40 MPa 이하의 압축강도이므로, 표 2-3으로부터 포물선-직사각형 응력분포 변수로 α=0.80, β=0.40을 적용한다. 압축연단에서 중립축까지의 깊이를 c라고 하면, 콘크리트 압축부에 작용하는 압축력은

$$C = \alpha(0.85 f_{ck})\, bc = 0.80 \times (0.85 \times 21) \times 320 \times c = 4{,}570\, c\ [N]$$

평형조건에 따라 방정식을 구성하면

$$C = T$$

$$4{,}570 c = 2{,}543{,}640\, \frac{500-c}{c}$$

이 분수식을 정리하고, 2차방정식의 해를 구하면

$$c^2 + 556.6 c - 278{,}298 = 0$$

$$c = \frac{-556.6 \pm \sqrt{556.6^2 + 4 \times 278{,}298}}{2} = 318 \text{ 또는 } -875$$

이 값들 중 양의 값을 취하면 단면 상단에서 중립축 깊이 c는

$$c = 318\ mm$$

극한상태에서 인장철근이 탄성상태라고 가정한 것이 맞는 가정이었는지 확인하기 위해서 인장철근의 변형률을 구하여야 한다. 인장철근의 변형률 ε_s를 식 (4·82)에 따라 계산하고 항복변형률 ε_y와 비교하면

$$\varepsilon_s = \varepsilon_{cu} \frac{d-c}{c} = 0.0033 \times \frac{500-318}{318} = 0.00189 < \varepsilon_y\ (= 0.00232)$$

인장철근의 변형률 0.00189는 항복변형률 0.00232의 81% 수준으로, 극한상태에서 인장철근은 항복하지

않는 상태이다. 가정과 같이 인장철근이 항복하지 않는다는 것을 확인하였으므로, 철근의 인장력 T와 콘크리트의 압축력 C를 구하면

$$T = 2{,}543{,}640\,\frac{500-c}{c} = 2{,}543{,}640\,\frac{500-318}{318} = 1{,}456{,}000\,N = 1{,}456\,kN$$

$$C = 4{,}570c = 4{,}570\times318 = 1{,}453{,}000\,N = 1{,}453\,kN$$

이 두 힘 T와 C는 완전히 동일한 값은 아니지만 0.2%의 오차이므로, T와 C는 평형조건을 만족한다고 할 수 있다. 만일 중립축 깊이 c의 유효숫자를 더 많이 취한다면 두 힘 사이의 오차는 감소한다. 두 힘 사이의 평균값으로 T와 C를 결정하면

$$T = C = \frac{1{,}456+1{,}453}{2} = 1{,}455\,kN$$

이제 인장력 또는 압축력과 두 내력 사이의 팔길이로 휨강도를 구하면

$$M_n = T(d-\beta c) = 1{,}455{,}000\times(500-0.40\times318) = 542\times10^6\,N\cdot mm = 542\,kN\cdot m$$

만일 부재계수 형태의 강도감소계수를 적용하여 설계휨강도를 구하고자 한다면, 최외단 인장철근의 변형률을 기준으로 강도감소계수를 결정하여야 한다. 위에서 구한 인장철근의 변형률 0.00189는 상단과 하단 철근들의 평균 변형률이므로, 좀 더 정확하게 상단과 하단 철근의 변형률을 구하여야 한다. 상단과 하단 철근 중심 사이의 거리가 60 mm이므로, 상단철근의 유효깊이 d_1과 하단철근의 유효깊이 d_2는

$$d_1 = d-\frac{60}{2} = 500-30 = 470\,mm$$

$$d_2 = d+\frac{60}{2} = 500+30 = 530\,mm$$

극한상태에서 상단철근의 변형률 ε_{s1}과 하단철근의 변형률 ε_{s2}를 구하면 다음과 같다.

$$\varepsilon_{s1} = \varepsilon_{cu}\frac{d_1-c}{c} = 0.0033\times\frac{470-318}{318} = 0.00158 < \varepsilon_y\,(=0.00232)$$

$$\varepsilon_{s2} = \varepsilon_{cu}\frac{d_2-c}{c} = 0.0033\times\frac{530-318}{318} = 0.00220 < \varepsilon_y\,(=0.00232)$$

따라서 극한상태에서 상단철근과 하단철근이 모두 항복하지 않는다는 것을 알 수 있으며, 강도감소계수의 값은 최외단 인장철근인 하단철근의 변형률을 기준으로 하여 결정하여야 한다.

4.5.4 복철근 직사각형 단면의 휨강도 해석

복철근 단면(doubly reinforced section)은 콘크리트 단면의 인장부와 압축부 모두에 철근을 배치하여 보강한 단면으로, 압축부에 배치된 철근을 압축철근이라고 한다. 압축철근을 추가하여 기대할 수 있는 효과는 4.2.2절에 설명한 바 있다. 복철근 단면의 휨강도 해석도 역시 단철근 단면의 휨강도 해석과 마찬가지로 적합조건과 평형조건을 이용하여 해석한다. 다만, 단철근 단면의 경우에는 인장철근과 압축부 콘크리트에 작용하는 두 가지 내력을 다루면 되었으나, 복철근 단면의 경우에는 이 두 내력 외에 압축철근에 작용하는 압축력을 추가로 고려하여야 한다.

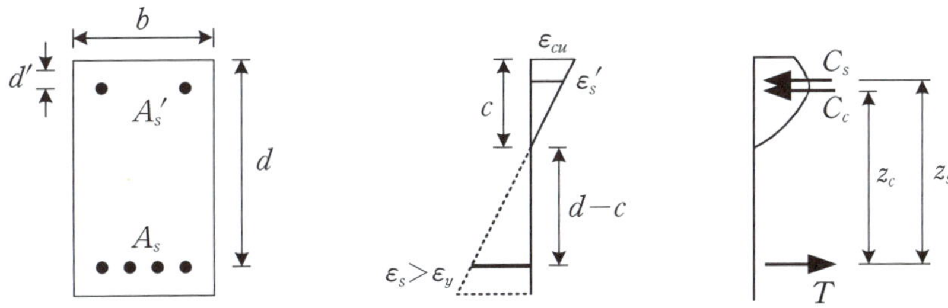

(a) 단면 (b) 변형률분포 (c) 응력분포와 내력

그림 4-56 복철근 저보강 단면의 변형률분포 및 응력분포와 내력

그림 4-56은 복철근 저보강 단면의 변형률분포 및 응력분포와 내력을 나타낸다. 그림 4-56(a)의 복철근 단면이 그림 4-56(b)와 같은 변형률분포를 보일 때, 단면에는 그림 4-56(c)에 나타난 바와 같이 인장철근의 인장력 T, 콘크리트 압축부의 압축력 C_c, 압축철근의 압축력 C_s가 작용한다. 압축철근은 그림 4-56(b)에 나타난 바와 같이 ε_s'의 변형률을 보이며, ε_s'을 철근의 항복변형률 ε_y와 비교함으로써 압축철근의 항복여부를 판단하고 다음과 같이 압축철근의 응력 f_s'을 결정한다.

$$\varepsilon_s' < \varepsilon_y \text{ 일 때, } f_s' = E_s \varepsilon_s' \quad (4 \cdot 99)$$

$$\varepsilon_s' \geq \varepsilon_y \text{ 일 때, } f_s' = f_y \quad (4 \cdot 100)$$

압축철근의 변형률 ε_s'은 그림 4-56(b)에서 중립축 윗부분의 압축연단 변형률 ε_{cu}와의 닮은비로써 유도한 다음 식으로 구할 수 있다.

$$\varepsilon_s' = \varepsilon_{cu} \frac{c-d'}{c} \quad (4 \cdot 101)$$

압축철근에 작용하는 압축력은 해석의 편의성을 고려하여 응력을 분리하는 것이 간편하다. 즉, 그림 4-57(a)의 압축부 단면에 작용하는 실제 면적과 응력은 그림 4-57(b)와 같지만, 그림 4-57(c)와 같이 면적과 응력을 분리하는 것이 간편하다는 것이다. 그림 4-57(b)에 나타난 바와 같이, 압축응력 $0.85f_{ck}$가 작용하는 콘크리트의 면적은 사각형 면적에서 압축철근의 단면적을 뺀 짙은 색으로 표시한 부분이다. 이 면적에 압축응력 $0.85f_{ck}$를 곱한 값이 콘크리트에 작용하는 압축력이 되는데, 이렇게 압축력을 결정하면 휨강도를 구하기 위한 팔길이를 결정하는 것이 매우 어려워진다. 따라서 휨모멘트를 쉽게 계산하려면 간편한 방법으로 팔길이를 결정할 수 있어야 하므로, 압축철근의 단면적도 포함하여 그림 4-57(c)와

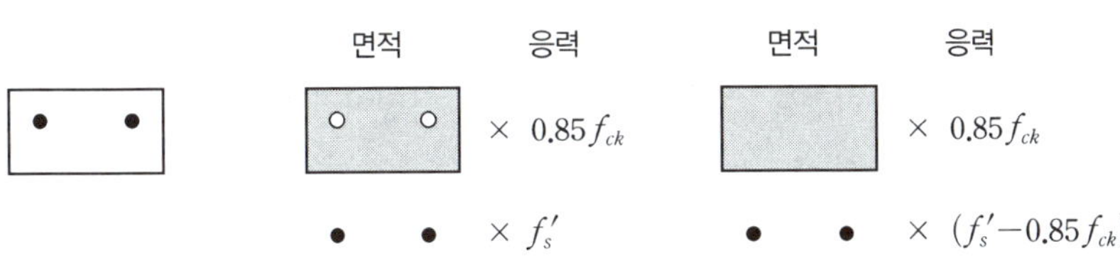

(a) 압축부 단면 (b) 실제 면적과 응력 (c) 분리된 면적과 응력

그림 4-57 압축부 콘크리트와 압축철근의 응력 분리

같이 사각형 면적을 기준으로 콘크리트에 작용하는 압축력을 구하는 것이다. 이렇게 하면 사각형 단면의 도심까지의 팔길이를 쉽게 결정할 수 있게 된다. 한편 압축철근에 실제로 작용하는 응력은 그림 4-57(b)에 나타난 바와 같이 f_s'이다. 그러나 그림 4-57(c)와 같이 사각형 면적을 기준으로 콘크리트에 작용하는 압축력을 구했다면, 압축철근의 단면적만큼의 콘크리트에 $0.85f_{ck}$의 응력이 이미 포함되어 있으므로 압축철근에 작용하는 응력은 f_s'에서 $0.85f_{ck}$만큼 빼고 계산하여야 한다.

따라서 이와 같이 간편하게 해석하려고 할 때에는, 압축철근에 작용하는 압축력 C_s를 다음과 같이 계산한다.

$$C_s = A_s' \, (f_s' - 0.85 f_{ck}) \tag{4·102}$$

콘크리트 압축부에 작용하는 압축력 C_c는 단철근 직사각형 단면의 경우와 동일한 수식을 적용하면 된다. 즉, 한국 설계기준의 포물선-사각형 응력분포를 적용하는 경우에는 앞의 식 (4·87)과 동일한 형태인 다음 식을 적용한다.

$$C_c = \alpha(0.85 f_{ck})bc \tag{4·103}$$

한국 설계기준의 등가직사각형 응력블록을 적용하는 경우에는 앞의 식 (4·89)와 동일한 형태인 다음 식을 적용한다.

$$C_c = \eta(0.85 f_{ck})\, \beta_1 cb \tag{4·104}$$

미국 설계기준의의 등가직사각형 응력블록을 적용하는 경우에는 앞의 식 (4·91)과 동일한 형태인 다음 식을 적용한다.

$$C_c = 0.85 f_{ck}\, ab = 0.85 f_{ck}\, b\, \beta_1 c \tag{4·105}$$

인장철근에 작용하는 인장력은 저보강 단면의 경우 앞의 식 (4·83)으로 계산한다.

$$T = A_s f_y \tag{4·83}$$

인장철근의 항복 여부는 앞의 식 (4·82)로 변형률 ε_s를 구한 후 철근의 항복변형률 ε_y와 비교함으로써 판단할 수 있다.

$$\varepsilon_s = \varepsilon_{cu} \frac{d-c}{c} \tag{4·82}$$

만일 이렇게 계산된 ε_s가 항복변형률 ε_y보다 작은 과보강 단면이라면, 인장철근의 응력 f_s는 앞의 식 (4·97)과 같고 인장력 T는 앞의 식 (4·98)과 같다.

$$f_s = E_s\, \varepsilon_s = E_s\, \varepsilon_{cu} \frac{d-c}{c} \tag{4·97}$$

$$T = A_s f_s = A_s\, E_s\, \varepsilon_s = A_s\, E_s\, \varepsilon_{cu} \frac{d-c}{c} \tag{4·98}$$

인장력 T와 압축력 C_c 및 C_s는 다음과 같이 평형조건을 만족하여야 한다.

$$T = C_c + C_s \tag{4·106}$$

이와 같이 적합조건과 평형조건에 따라 방정식을 구성하면 중립축의 깊이 c에 대한 방정식이 된다. 이때 인장철근과 압축철근이 모두 항복하는 상태라면 c에 대한 1차방정식이 되며, 항복하지 않는 철근이 있으면 c에 대한 2차방정식이 된다. 이 방정식의 해로써 적합조건과 평형조건을 만족하는 중립축의 깊이 c를 구하게 되면, 그림 4-56(c)에 나타낸 압축력 C_c 및 C_s와 인장력 T 사이의 팔길이 z_c와 z_s를 각각 결정할 수 있고, 휨강도 M_n을 다음과 같이 구할 수 있다.

$$M_n = C_c z_c + C_s z_s \tag{4·107}$$

구체적으로는, 한국 설계기준의 포물선-사각형 응력분포를 적용하는 경우에는 휨강도 M_n을 다음과 같이 구한다.

$$M_n = C_c(d - \beta c) + C_s(d - d') \tag{4·108}$$

한국 설계기준의 등가직사각형 응력블록을 적용하는 경우에는 휨강도 M_n을 다음과 같이 구한다.

$$M_n = C_c\left(d - \frac{\beta_1 c}{2}\right) + C_s(d - d') \tag{4·109}$$

미국 설계기준의 등가직사각형 응력블록을 적용하는 경우, 휨강도 M_n을 다음과 같이 구한다.

$$M_n = C_c\left(d - \frac{a}{2}\right) + C_s(d - d') \tag{4·110}$$

예제 4-15 그림 4-58과 같이 폭 b=320 mm, 깊이 h=600 mm인 직사각형 단면이 복철근 단면으로 설계되었다. 콘크리트 설계기준압축강도는 35 MPa로, SD400 4-D29(A_s=2,570 mm^2)의 인장철근을 d=530 mm인 위치에 배치하고 SD400 2-D16(A_s=397 mm^2)의 압축철근은 d'=70 mm인 위치에 배치하는 것으로 설계되었다. 시공과정에서 수행한 재료시험 결과, 인장철근과 압축철근의 실제 항복강도는 463 MPa이었고 콘크리트 실린더 공시체의

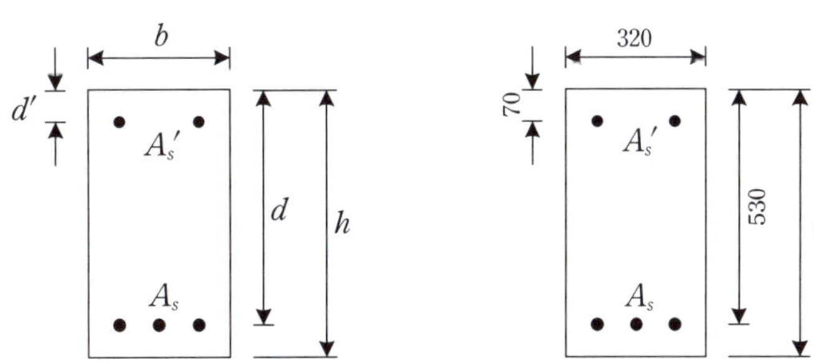

그림 4-58 예제 4-15의 단면

압축강도는 39MPa이었다. 한국 설계기준의 포물선-사각형 응력분포와 등가직사각형 응력블록을 적용하여 이 단면의 휨강도를 구시오. 또 이 예제와 동일한 크기와 재료강도를 가지고 있으나 압축철근은 배치되지 않고 인장철근만 배치된 단철근 단면의 예제 4-10의 휨강도 해석결과와 비교하여 휨강도 특성을 비교하시오.

〈풀이〉

이 단면의 실제 재료 강도는 $f_{ck}=39\ MPa$이고 $f_y=463\ MPa$이므로, 이 실제 재료강도로 휨강도 해석을 수행한다. 철근의 항복변형률 ε_y를 먼저 구하면

$$\varepsilon_y = \frac{f_y}{E_s} = \frac{463}{200{,}000} = 0.00232$$

(1) 한국 설계기준의 포물선-사각형 응력분포를 적용하는 경우의 휨강도

휨강도의 해석은 그림 4-59의 변형률분포와 응력분포 및 내력분포로 수행한다.

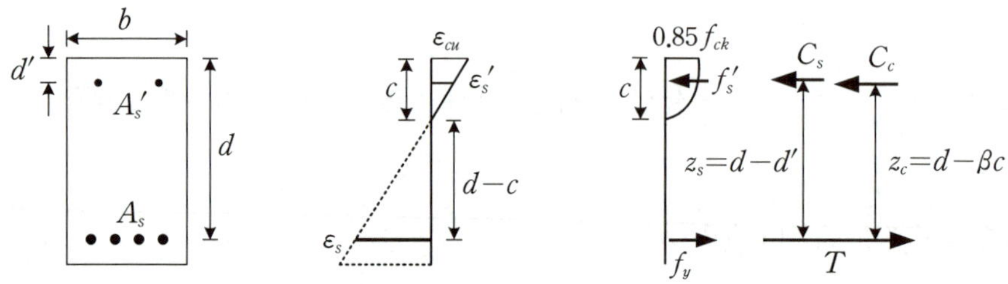

그림 4-59 한국 설계기준의 포물선-사각형 응력분포를 적용한 해석

극한상태에서 인장철근이 이미 항복한 상태라고 가정하면 철근에 작용하는 인장력은

$$T = A_s f_y = 2{,}570\times 463 = 1{,}189{,}910\ N$$

압축철근이 탄성상태로 거동한다고 가정하고, 또한 압축철근 위치의 콘크리트에 작용하는 응력이 $0.85f_{ck}$라고 가정하여 압축철근에 작용하는 압축력 C_s를 식 (4·102)와 식 (4·99) 및 식 (4·101)을 이용하여 나타내면

$$C_s = A_s'(f_s'-0.85f_{ck}) = A_s'\left(E_s\varepsilon_{cu}\frac{c-d'}{c}-0.85f_{ck}\right)$$

$$= 397\times\left(200{,}000\times 0.003\times\frac{c-70}{c}-0.85\times 39\right) = \frac{238{,}200c-16{,}674{,}000}{c}-13{,}160\ [N]$$

$f_{ck}=39\ MPa$로 $40\ MPa$ 이하의 압축강도이므로, 표 2-3으로부터 포물선-직사각형 응력분포 변수로 $\alpha=0.80$, $\beta=0.40$을 적용한다. 압축연단에서 중립축까지의 깊이를 c라고 하면, 콘크리트 압축부에 작용하는 압축력 C_c는

$$C_c = \alpha(0.85f_{ck})bc = 0.80\times(0.85\times 39)\times 320\times c = 8{,}486\,c\ [N]$$

이제 평형조건에 따라 중립축 깊이 c를 구하면

$$C_c+C_s = T$$

$$8{,}486c+\frac{238{,}500c-16{,}674{,}000}{c}-13{,}160 = 1{,}189{,}910$$

이 분수식을 정리하고, 2차방정식의 해를 구하면

$$c^2-113.7c-1{,}965 = 0$$

$$c = \frac{113.7\pm\sqrt{(-113.7)^2+4\times 1{,}965}}{2} = 129 \text{ 또는 } -15$$

이 값들 중 양의 값을 취하면 단면 상단에서 중립축 깊이 c는

$$c = 129\ mm$$

$40\ MPa$ 이하의 압축강도를 갖는 콘크리트의 극한변형률 ε_{cu}는 0.0033이므로(표 2-3 참조), 압축철근이 탄성상태에 있다는 가정을 확인하기 위해 압축철근의 변형률 ε_s를 식 (4·101)에 따라 계산하고 항복변형률 ε_y와 비교하면

$$\varepsilon_s' = \varepsilon_{cu}\frac{c-d'}{c} = 0.0033\times\frac{129-70}{129} = 0.00151 < \varepsilon_y\ (= 0.00232)$$

따라서 압축철근이 탄성상태에 있다는 가정이 확인되었다. 한편 압축철근 위치의 콘크리트에 작용하는 응력이 $0.85 f_{ck}$라고 가정한 것을 검증하려면, 압축철근 위치의 콘크리트 변형률과 2장 2.1.7절의 식 (2·12)로 정의되는 콘크리트의 정점변형률 ε_{co}을 비교하여야 한다. $40\ MPa$ 이하의 압축강도를 갖는 콘크리트의 정점변형률 ε_c는 0.002이므로(표 2-3 참조)

$$\varepsilon_c = \varepsilon_s' = 0.00151 < \varepsilon_{co}\ (= 0.002)$$

따라서 C_s를 계산할 때 압축철근 위치의 콘크리트에 작용하는 응력을 $0.85 f_{ck}$인 $33\ MPa$이라고 가정하였으나 $0.85 f_{ck}$보다는 작은 값을 가진다. 2장 2.1.7절의 식 (2·9)에서 재료계수 ϕ_c를 제외하고, 변형률 0.00151을 기준으로 이 응력을 계산하면

$$f_{ccs} = 0.85 f_{ck}\left[1-\left(1-\frac{\varepsilon_c}{\varepsilon_{co}}\right)^n\right] = 0.85 f_{ck}\left[1-\left(1-\frac{0.00151}{0.002}\right)^n\right] = 0.85 f_{ck}\times 0.940$$
$$= 0.85\times 39\times 0.940 = 31\ MPa$$

이것은 앞에서 압축부 콘크리트와 압축철근에 작용하는 응력을 분리하여 압축철근에 작용하는 압축력 C_s를 계산할 때 사용한 응력이 $0.85 f_{ck}$인 $33\ MPa$이 아니라 $31\ MPa$이라는 것이다. 그러나 이 값 $31\ MPa$도 변형률 0.00151을 기준으로 계산한 것이므로, 정확한 값은 아니다. 정확한 값을 구하려면 C_s의 식에서 $0.85 f_{ck}$ 대신 중립축 깊이 c를 변수로 하여 나타내어야 한다. 그러나 이와 같이 복합한 과정을 거치더라도 휨강도 해석결과에 큰 영향을 미치지 않으므로, 중립축 깊이 c를 $129\ mm$라고 얻은 결과로 휨강도 해석을 진행하기로 한다.

인장철근이 항복한다는 가정을 확인하기 위해 인장철근의 변형률 ε_s를 식 (4·82)에 따라 계산하고 항복변형률 ε_y와 비교하면

$$\varepsilon_s = \varepsilon_{cu}\frac{d-c}{c} = 0.0033\times\frac{530-129}{129} = 0.01026 > \varepsilon_y\ (=0.00232)$$

인장철근의 변형률 0.01026은 항복변형률 0.00232의 4.4배로, 극한상태에서 인장철근이 항복한다는 가정이 확인되었다. 중립축 깊이 c를 구했으므로, c를 변수로 하여 표현된 C_s와 C_c를 구하면

$$C_s = \frac{238{,}200c-16{,}674{,}000}{c}-13{,}160 = \frac{238{,}200\times 129-16{,}674{,}000}{129}-13{,}160 = 95{,}780\ N$$

$$C_c = \alpha(0.85 f_{ck})bc = 8{,}486c = 8{,}486\times 129 = 1{,}094{,}700\ N$$

평형조건을 다시 한 번 확인하면

$$C_c+C_s = 1{,}094{,}700+95{,}780 = 1{,}190{,}000\ N$$

$$T = 1{,}189{,}910\ N \approx 1{,}190{,}000\ N$$

압축력과 인장력은 오차 범위 내에서 동일하므로 평형조건이 다시 한 번 확인되었다.
이제 휨강도를 구하면

$$M_n = C_c(d-\beta c)+C_s(d-d') = 1{,}094{,}700\times(530-0.4\times 129)+95{,}780\times(530-70)$$
$$= 568\times 10^6\ N\cdot mm = 568\ kN\cdot m$$

(2) 한국 설계기준의 등가직사각형 응력블록을 적용하는 경우의 휨강도

휨강도의 해석은 그림 4-60의 변형률분포와 응력분포 및 내력분포로 수행한다.

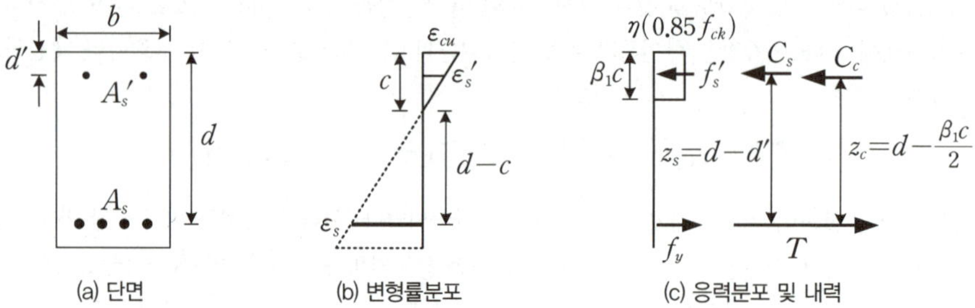

그림 4-60 **한국 설계기준의 등가직사각형 응력블록을 적용한 해석**

극한상태에서 인장철근이 이미 항복한 상태라고 가정하면 철근에 작용하는 인장력은

$$T = A_s f_y = 2{,}570\times 463 = 1{,}189{,}910\ N$$

압축철근이 탄성상태로 거동한다고 가정하고, 또한 압축철근 위치의 콘크리트에 작용하는 응력이 $0.85f_{ck}$라고 가정하여 압축철근에 작용하는 압축력 C_s를 식 (4·102)와 식 (4·99) 및 식 (4·101)을 이용하여 나타내면

$$C_s = A_s'(f_s'-0.85f_{ck}) = A_s'\left(E_s\varepsilon_{cu}\frac{c-d'}{c}-0.85f_{ck}\right)$$

$$= 397\times\left(200{,}000\times 0.003\times\frac{c-70}{c}-0.85\times 39\right) = \frac{238{,}200c-16{,}674{,}000}{c}-13{,}160\ [N]$$

$f_{ck}=39\ MPa$로 $40\ MPa$ 이하의 압축강도이므로, 표 2-4로부터 직사각형 응력분포 변수로 $\eta=1.0$, $\beta_1=0.80$을 적용한다. 압축연단에서 중립축까지의 깊이를 c라고 하면, 콘크리트 압축부에 작용하는 압축력 C_c는

$$C_c = \eta(0.85f_{ck})\beta_1 bc = 1.0\times(0.85\times 39)\times 0.80\times c\times 320 = 8{,}486\,c\ [N]$$

이제 평형조건에 따라 중립축 깊이 c를 구하면

$$C_c+C_s = T$$

$$8{,}486c+\frac{238{,}200c-16{,}674{,}000}{c}-13{,}160 = 1{,}189{,}910$$

이 분수식을 정리하고, 2차방정식의 해를 구하면

$$c^2-113.7c-1{,}965 = 0$$

$$c = \frac{113.7\pm\sqrt{(-113.7)^2+4\times 1{,}965}}{2} = 129 \text{ 또는 } -15$$

이 값들 중 양의 값을 취하면 단면 상단에서 중립축 깊이 c는

$$c = 129\ mm$$

$40\ MPa$ 이하의 압축강도를 갖는 콘크리트의 극한변형률 ε_{cu}는 0.0033이므로, 압축철근이 탄성상태에 있다는 가정을 확인하기 위해 압축철근의 변형률 ε_s를 식 (4·101)에 따라 계산하고 항복변형률 ε_y와 비교하면

$$\varepsilon_s' = \varepsilon_{cu}\frac{c-d'}{c} = 0.0033\times\frac{129-70}{129} = 0.00151 < \varepsilon_y\ (=0.00232)$$

따라서 압축철근이 탄성상태에 있다는 가정이 확인되었다. 인장철근이 항복한다는 가정을 확인하기 위해 인장철근의 변형률 ε_s를 계산하고 항복변형률 ε_y와 비교하면

$$\varepsilon_s = \varepsilon_{cu}\frac{d-c}{c} = 0.0033\times\frac{530-129}{129} = 0.01026 > \varepsilon_y\ (=0.00232)$$

인장철근의 변형률 0.01026은 항복변형률 0.00232의 4.4배로, 극한상태에서 인장철근이 항복한다는 가정이 확인되었다. 중립축 깊이 c를 구했으므로, c를 변수로 하여 표현된 C_s와 C_c를 구하면

$$C_s = \frac{238{,}200c-16{,}674{,}000}{c}-13{,}160 = \frac{238{,}200\times129-16{,}674{,}000}{129}-13{,}160 = 95{,}780\ N$$

$$C_c = \eta(0.85f_{ck})\beta_1 cb = 8{,}486\,c = 8{,}486\times129 = 1{,}094{,}700\ N$$

평형조건을 다시 한 번 확인하면

$$C_c+C_s = 1{,}094{,}700+95{,}780 = 1{,}190{,}000\ N$$

$$T = 1{,}189{,}910\ N \approx 1{,}190{,}000\ N$$

압축력과 인장력은 오차 범위 내에서 동일하므로 평형조건이 다시 한 번 확인되었다.

이제 휨강도를 구하면

$$M_n = C_c\left(d-\frac{\beta_1 c}{2}\right)+C_s(d-d') = 1{,}094{,}700\times\left(530-\frac{0.8\times129}{2}\right)+95{,}780\times(530-70)$$

$$= 568\times10^6\ N\cdot mm = 568\ kN\cdot m$$

(3) 단철근 단면과 복철근 단면의 휨강도 특성 비교

예제 4-10의 단철근 단면과 이 예제의 복철근 단면은 압축철근 외에는 모든 변수가 같다. 즉, 폭 b=320 mm와 깊이 h=600 mm인 단면의 크기, f_{ck}=39 MPa과 f_y=463 MPa의 재료 강도, 4-D29(A_s=2,570 mm^2)의 인장철근이 모두 동일하다. 이 예제의 복철근 단면은 압축철근 2-D16(A_s=397 mm^2)이 추가된 것으로 압축철근 단면적은 인장철근 단면적의 15%에 해당한다. 휨강도 해석결과는 표 4-9와 같다.

표 4-9 휨강도에 대한 압축철근의 영향

구 분	재료강도	철근 단면적	휨강도	중립축	인장철근 변형률
예제 4-10 (단철근 단면)	f_{ck}=39 MPa f_y=463 MPa	A_s=2,570 mm^2	564 $kN\cdot m$	140 mm	0.00919
예제 4-15 (복철근 단면)	f_{ck}=39 MPa f_y=463 MPa	A_s=2,570 mm^2 A_s'=397 mm^2	568 $kN\cdot m$	129 mm	0.01026
복철근 단면으로의 변화	동일	15% 증가	0.7% 증가	7.9% 감소	11.6% 증가

예제 4-10의 단철근 단면은 휨강도가 564 $kN\cdot m$이고 이 예제의 복철근 단면은 568 $kN\cdot m$로, 압축철근이 추가됨에 따라 휨강도가 0.7%인 4 $kN\cdot m$가 증가하였다. 즉, 복철근 단면은 철근의 총 단면적이 단철근 단면보다 15% 증가하였으나, 휨강도는 0.7% 증가로 매우 미미한 수준의 증가를 보인다. 이것은 압축철근이 항복하지 않은 탄성상태로 휨모멘트에 저항하여 철근의 항복강도만큼 응력이 증가하지 않았고, 또 압축철근과 중립축 사이의 거리가 인장철근과 중립축 사이의 거리보다 작기 때문이다.

한편 한국 설계기준을 적용하는 경우 극한상태에서 단철근 단면의 인장철근 변형률은 0.00919이고, 복철근 단면의 인장철근 변형률은 0.01026으로 단철근 단면에 비하여 11.6%가 증가한다. 즉, 복철근 단면은 중립축의 깊이가 감소하게 되어 인장철근의 변형률이 증가하는 연성거동을 보이는 것이다.

이와 같은 결과로, 압축철근을 추가하면 휨강도는 크게 증가하지 않지만, 파괴 때의 연성능력이 증가한다는 것을 알 수 있다.

4.5.5 T형 단면의 휨강도 해석

철근콘크리트 슬래브와 보를 일체로 만드는 경우에는 역학적으로 유리한 형태로서 T형 단면이 주로 사용된다. 박스형 단면인 경우에도 복부를 중심으로 단면의 좌우를 분리하면 좌우 대칭인 T형 단면이나 좌우 비대칭인 T형 단면으로 볼 수 있다. 이때 T형 단면의 휨부재는 휨모멘트의 부호, 즉 작용방향에 따라 단면의 압축부와 인장부가 결정되며, 휨강도 해석에서 중립축의 위치에 따른 압축응력 분포의 형태에 따라 압축부가 T형 압축부와 직사각형 압축부로 구분된다.

그림 4-61과 그림 4-62는 플랜지가 단면의 위쪽에 있는 T형 단면과 플랜지가 단면의 아래쪽에 있는 역T형 단면에서 나타나는 T형 압축부와 직사각형 압축부를 나타낸다. T형 단면에 정모멘트가 작용하면 그림 4-61의 (a) 및 (b)와 같이 상단이 압축부가 된다. 이때 중립축의 깊이가 플랜지 두께보다 크면 그림 4-61(a)와 같이 압축부의 형태는 T형이 되고, 중립축의 깊이가 플랜지 두께보다 작으면 그림 4-61(b)와 같이 압축부의 형태가 직사각형이 된다. T형 단면에 부모멘트가 작용하면 그림 4-61(c)와 같이 하단이 압축부가 되며 압축부의 형태는 직사각형이 된다.

역T형 단면에 정모멘트가 작용하면 그림 4-62(a)와 같이 상단이 압축부가 되며 압축부의 형태는 직사각형이 된다. 역T형 단면에 부모멘트가 작용하면 그림 4-62의 (b) 및 (c)와 같이 하단이 압축부가 된다. 이때 단면 하단으로부터의 중립축 깊이가 플랜지 두께보다 작으면 그림 4-62(b)와 같이 압축부의 형태는 직사각형이 되고, 단면 하단으로부터의 중립축 깊이가 플랜지 두께보다 크면 그림 4-62(c)와 같이 압축부의 형태가 T형이 된다.

따라서 휨강도 해석에서 단면의 형태가 T형이나 역T형이라고 해서 압축부를 항상 T형 형상으로 해석

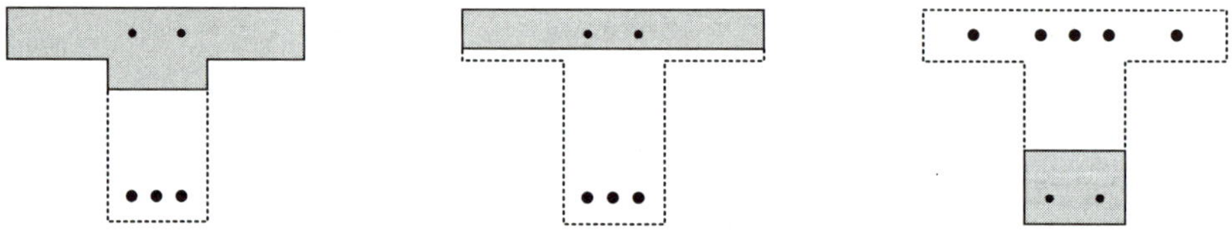

(a) 정모멘트의 T형 압축부　(b) 정모멘트의 직사각형 압축부　(c) 부모멘트의 직사각형 압축부

그림 4-61 정모멘트 및 부모멘트가 작용하는 T형 단면의 압축부

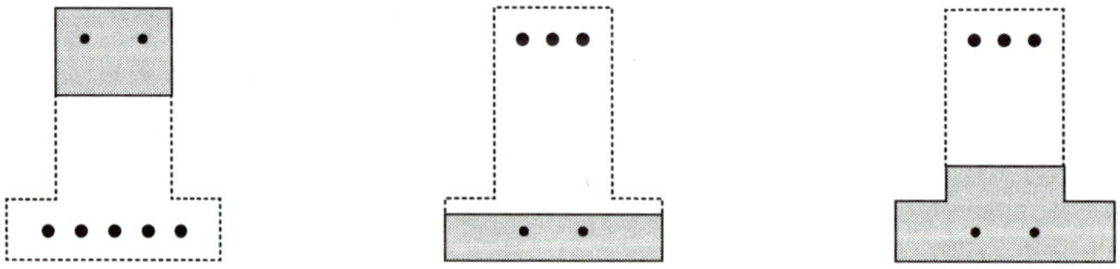

(a) 정모멘트의 직사각형 압축부　(b) 부모멘트의 직사각형 압축부　(c) 부모멘트의 T형 압축부

그림 4-62 정모멘트 및 부모멘트가 작용하는 역T형 단면의 압축부

해야 하는 것은 아니다. 즉, 그림 4-61의 (b) 및 (c)와 그림 4-62의 (a) 및 (b)와 같이 압축부가 직사각형인 경우에는 휨강도가 직사각형 단면의 휨강도와 동일하다. 이것은 그림 4-63(a)와 같이 단면의 외형이 T형이라도 극한상태에서 직사각형 단면 거동을 보인다면, 그림 4-63의 (b) 및 (c)와 같은 직사각형 단면으로 취급하여 휨강도 해석을 수행하면 되는 것이다.

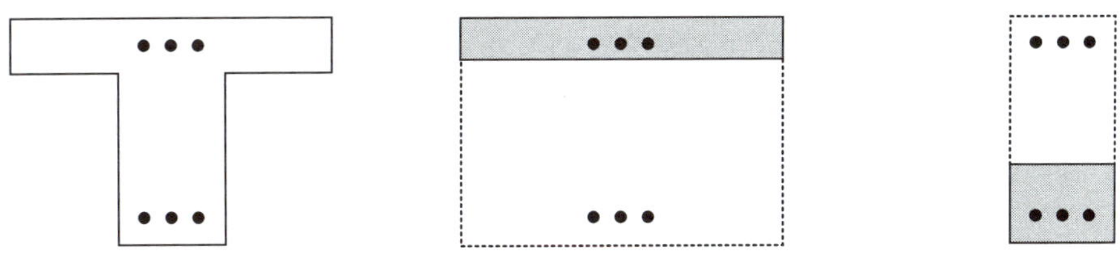

(a) T형 단면 (b) 정모멘트의 직사각형 단면 (c) 부모멘트의 직사각형 단면

그림 4-63 직사각형 압축부를 갖는 T형 단면의 직사각형 단면해석

T형 단면이 극한상태에서 T형 단면 거동을 보이는 경우에는 그림 4-64와 같이 T형 압축부를 대상으로 휨강도 해석을 수행하여야 한다. 즉, 적합조건과 평형조건을 만족하는 중립축의 위치 c를 구할 때, 인장철근과 압축철근에 각각 작용하는 인장력 T와 압축력 C_s를 결정하는 과정은 직사각형 단면의 경우와 동일하지만 콘크리트 압축부에 작용하는 압축력 C_c는 압축응력을 받는 단면의 형상을 고려하여 구하여야 한다는 것이다. 그림 4-64(a)에서 플랜지의 폭은 3장 3.6.5절에 소개한 플랜지 유효폭으로서 b_e의 기호로 나타낸 것이다.

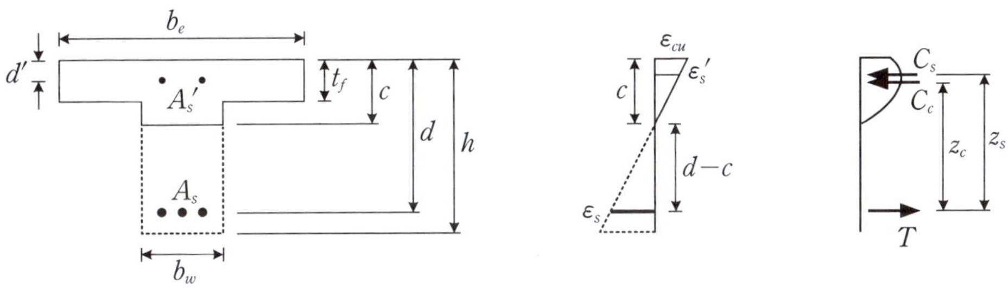

(a) T형 단면 (b) 변형률분포 (c) 응력분포 및 내력

그림 4-64 정모멘트가 작용하는 T형 단면의 응력분포 및 내력

한국 설계기준의 콘크리트 포물선-직사각형 압축응력분포와 등가직사각형 응력블럭을 적용할 때 T형 단면의 휨강도 해석은 다음과 같이 수행할 수 있다.

[1] 한국 설계기준의 포물선-사각형 응력분포를 적용하는 경우

그림 4-65는 휨강도 해석에서한국 설계기준의 포물선-직사각형 압축응력블록을 적용하여 콘크리트에 작용하는 압축력 C를 계산하는 예를 나타낸다. 이 경우에는 그림 4-65(b)와 같이 중립축에서 압축연단방향으로 압축응력이 비선형으로 증가하므로, 압축력 C_w 및 C_f와 팔길이 z_{cw} 및 z_{cf}의 크기를 결정

하는 과정이 매우 복잡하게 된다. 이 변수들은 플랜지 아랫면, 즉 압축연단에서 플랜지 두께 t_f 떨어진 위치의 콘크리트 변형률과 2장 2.1.7절의 식 (2·12)로 정의되는 콘크리트의 정점변형률 ε_{co}을 비교하여 압축응력의 크기를 결정함으로써 구할 수 있다. 즉, 플랜지 아랫면 위치의 콘크리트 변형률이 정점변형률 ε_{co}보다 크다면 플랜지 두께에 걸쳐서 $0.85f_{ck}$로 일정한 응력이 작용한다고 해석하고, 팔길이를 비교적 어렵지 않게 결정할 수 있다. 그러나 플랜지 아랫면 위치의 콘크리트 변형률이 정점변형률 ε_{co}보다 작다면 플랜지에 작용하는 압축력과 팔길이를 계산하는 과정이 매우 복잡해진다. 따라서 간편하게 T형 단면의 휨강도를 해석하고자 할 때는 등가직사각형 압축응력블록을 적용하는 것이 일반적이다.

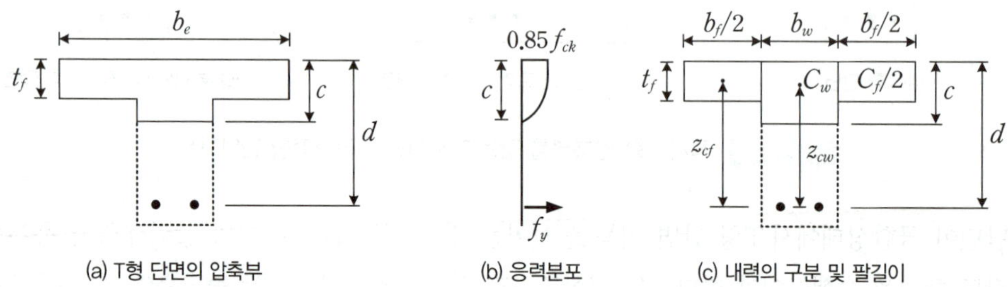

그림 4-65 포물선-사각형 응력분포를 적용할 때의 내력의 구분 및 팔길이

[2] 한국 설계기준의 등가직사각형 응력블록을 적용하는 경우

그림 4-66은 휨강도 해석에서 한국 설계기준의 등가직사각형 압축응력블록을 적용하여 콘크리트에 작용하는 압축력 C를 계산하는 예를 나타낸다. 이 경우에는 콘크리트의 압축강도에 따른 변수 η가 적용되어 콘크리트의 압축응력이 $\eta(0.85f_{ck})$이다. 따라서 복부폭에 작용하는 압축력 C_w와 나머지 플랜지폭에 작용하는 압축력 C_f는 다음 식으로 각각 계산하여야 한다.

$$C_w = \eta(0.85f_{ck})b_w\beta_1 c \tag{4·111}$$

$$C_f = \eta(0.85f_{ck})b_f t_f = \eta(0.85f_{ck})(b_e - b_w)t_f \tag{4·112}$$

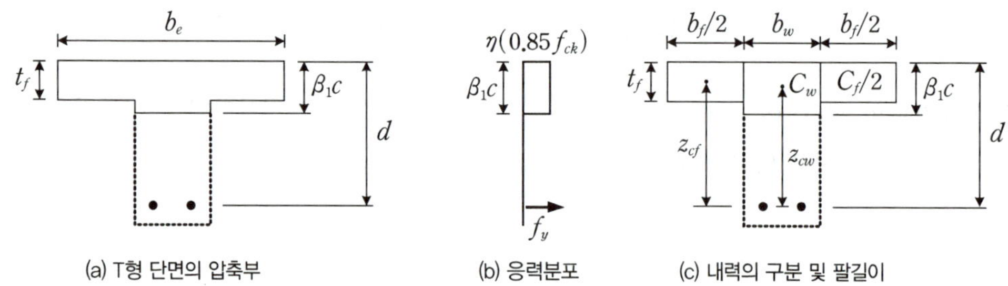

그림 4-66 등가직사각형 응력블록을 적용할 때의 내력의 구분 및 팔길이

예제 4-16 그림 4-67과 같이 유효폭 b_e=800 mm, 복부폭 b=320 mm, 플랜지 두께 t_f=120 mm, 깊이 h=600 mm 인 T형 단면이 단철근 단면으로 설계되었다. 콘크리트의 설계기준압축강도는 24 MPa이고, SD400 6-D32 (A_s=4,765 mm²)의 인장철근으로 설계되어 있다. 측면의 피복두께 기준과 철근의 최소 수평 순간격 기준을 만족시키려면 6개의 D32 철근을 1열로 배치할 수 없어서 3개씩 2열로 배치하였고, 철근의 최소 수직 순간격 기준을 고려하여 상하 철근의 중심까지의 유효깊이 d=500 mm로 설계되었다. 시공과정에서 수행한 재료시험 결과, 인장철근과 압축철근의 실제 항복강도는 492 MPa이었고 콘크리트 실린더 공시체의 압축강도는 26 MPa이었다. 한국 설계기준의 등가직사각형 응력블록을 적용하여 이 단면의 휨강도를 구하시오.

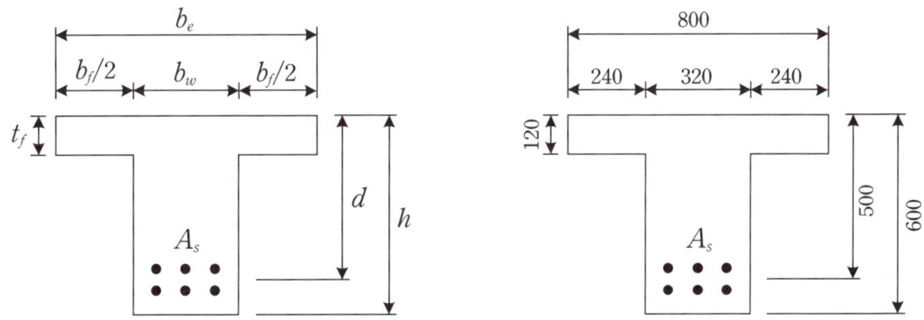

그림 4-67 예제 4-16의 단면

〈풀이〉

이 단면의 실제 재료 강도는 $f_{ck}=26\ MPa$이고 $f_y=492\ MPa$이므로, 이 실제 재료강도로 휨강도 해석을 수행한다. 철근의 항복변형률 ε_y를 구하면

$$\varepsilon_y = \frac{f_y}{E_s} = \frac{492}{200{,}000} = 0.00246$$

이 단면이 극한상태에서 T형 단면으로 거동할지 직사각형 단면으로 거동할지를 판단해 본다. 극한상태에서 인장철근이 항복한다고 가정하면 철근에 작용하는 인장력은

$$T = A_s f_y = 4{,}765 \times 492 = 2{,}344{,}000\ N$$

$f_{ck}=26\ MPa$로 40 MPa 이하의 압축강도이므로, 표 2-4로부터 직사각형 응력분포 변수로 $\eta=1.0$, $\beta_1=0.80$을 적용한다. 압축연단에서 t_f까지의 깊이에 $0.85 f_{ck}$의 압축응력이 작용할 때의 압축력 C_{ft}는

$$C_{ft} = \eta(0.85 f_{ck}) t_f b_e = 1.0 \times (0.85 \times 26) \times 120 \times 800 = 2{,}122{,}000\ [N]$$

이 두 힘을 비교해 보면

$$T > C_{ft}$$

따라서 등가직사각형 응력의 깊이 $\beta_1 c$가 t_f보다 커야만 압축력과 인장력이 같다는 평형조건을 만족하므로, 이 단면은 극한상태에서 T형 단면으로 거동한다.

한국 설계기준의 등가직사각형 응력블록을 적용한 T형 단면의 휨강도의 해석은 그림 4-66의 변형률분포와 응력분포 및 내력분포로 수행한다. 압축연단에서 중립축까지의 깊이를 c라고 하면, 콘크리트 압축부 중 복부에 작용하는 압축력은

$$C_w = \eta(0.85 f_{ck}) b_w \beta_1 c = 1.0 \times (0.85 \times 26) \times 320 \times 0.8 \times c = 5{,}658\ c\ [N]$$

콘크리트 압축부 중 복부 외의 플랜지에 작용하는 압축력을 계산하면

$$b_f = b_e - b_w = 800 - 320 = 480\ mm$$

$$C_f = \eta(0.85 f_{ck}) b_f t_f = 1.0 \times (0.85 \times 26) \times 480 \times 120 = 1{,}273{,}000\ N$$

압축력의 총합은

$$C = C_w + C_f = 5{,}658c + 1{,}273{,}000\ [N]$$

평형조건에 따라 c를 구하고 등가직사각형 응력의 깊이 $\beta_1 c$를 계산하면

$$C = T$$

$$5{,}658c + 1{,}273{,}000 = 2{,}344{,}000$$

$$c = 189\ mm$$

$$\beta_1 c = 0.8 \times 189 = 151\ mm$$

$\beta_1 c$가 t_f보다 크므로 T형 단면으로 거동한다는 것이 확인되었다. 40 MPa 이하의 압축강도를 갖는 콘크리트의 극한변형률 ε_{cu}는 0.0033이므로, 인장철근의 변형률 ε_s을 계산하고 항복변형률 ε_y와 비교하면

$$\varepsilon_s = \varepsilon_{cu} \frac{d-c}{c} = 0.0033 \times \frac{500-189}{189} = 0.00543 > \varepsilon_y\ (=0.00246)$$

인장철근의 변형률 0.00543은 항복변형률 0.00246의 2.2배로, 극한상태에서 인장철근이 항복한다. 인장철근이 항복한다는 것을 확인하였으므로, c의 값을 대입하여 압축력 C_w의 값을 구하면

$$C_w = 5{,}658c = 5{,}658 \times 189 = 1{,}069{,}000\ N$$

평형조건을 다시 한 번 확인하면

$$C = C_w + C_f = 1{,}069{,}000 + 1{,}273{,}000 = 2{,}342{,}000\ N \approx T(=2{,}344{,}000\ N)$$

압축력과 인장력은 오차 범위 내에서 동일하므로 평형조건이 다시 한 번 확인되었다. 이제 휨강도를 계산하면

$$M_n = C_w\left(d - \frac{\beta_1 c}{2}\right) + C_f\left(d - \frac{t_f}{2}\right)$$

$$= 1{,}069{,}000 \times \left(500 - \frac{151}{2}\right) + 1{,}273{,}000 \times \left(500 - \frac{120}{2}\right) = 1{,}010 \times 10^6\ N \cdot mm$$

$$= 1{,}010\ kN \cdot m$$

4.5.6 비정형 단면의 휨강도 해석

직사각형이나 T형 형상을 가진 일반적인 철근콘크리트 단면은 4.5.5절에서 설명한 바와 같이 직사각형이나 T형의 압축부를 대상으로 휨강도를 해석하면 된다. 그러나 구조물을 효율적으로 사용하려 하거나 미학적인 이유로 직사각형이나 T형 형상이 아닌 비정형(irregular shape) 단면이 사용되기도 한다. 예를 들어 그림 4-68(a)와 같은 단면은 미관을 고려한 선택이거나 또는 설계자의 의도에 따라 일부분이 곡선 형태인 단면이며, 그림 4-68(b)와 같은 단면은 중공단면 또는 속빈단면(void section, hollow section)으로서 부재의 자중을 줄여서 효율적인 구조물로 만들고자 할 때 적용되는 단면이다. 이와 같은 단면에 대한 휨강도 해석에서 압축부의 형상이 그림 4-68의 (a) 및 (b)와 같이 직사각형이라면, 단면이 어떤 형상의 비정형 단면이라도 직사각형 단면과 동일하게 해석을 수행하면 된다. 만일 압축부가 곡선부까지 포함하여야 평형조건을 만족하게 된다면, 압축부의 면적과 도심의 위치를 결정하는데 복잡한

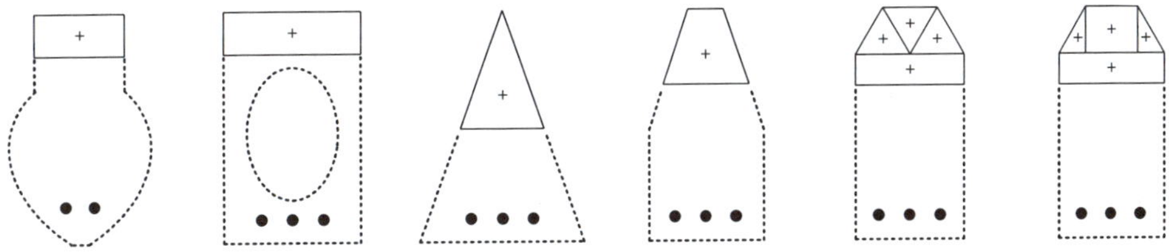

그림 4-68 비정형 단면의 압축부 형상 및 분할

과정이 필요하게 된다.

그림 4-68의 (c)와 (d)는 압축부가 사각형은 아니지만 단면적과 도심의 위치를 쉽게 알 수 있는 형상의 단면이다. 즉, 그림 4-68(c)와 같이 압축부가 삼각형인 경우에는 단면의 면적을 쉽게 계산할 수 있으며, +의 기호로 표시된 압축력의 작용위치가 삼각형의 도심과 같으므로 휨강도를 계산하기 위한 팔길이도 쉽게 구할 수 있다. 그림 4-68(d)와 같이 압축부가 사다리꼴인 경우에도 단면의 면적과 +의 기호로 표시된 압축력의 작용위치를 비교적 어렵지 않게 구할 수 있다.

그림 4-68의 (e)와 (f)는 압축부가 하나의 사각형이나 삼각형 또는 사다리꼴이 아닌 경우로, 여러 개의 전형적인 형상으로 분할하여 해석하는 예이다. 즉, 그림 4-68(e)는 압축부를 세 개의 삼각형과 하나의 사각형으로 분할하고 각각의 도심을 이용하여 4 개의 압축력에 의하여 발휘되는 휨강도를 해석하는 예이다. 그림 4-68(f)는 그림 4-68(e)와 동일한 단면인데, 압축부를 두 개의 삼각형과 두 개의 사각형으로 분할하고 각각의 도심을 이용하여 4 개의 압축력으로 발휘되는 휨강도를 해석하는 예이다.

그림 4-69는 매우 비정형적인 단면으로, 그림 4-68과 같은 단순 해석을 적용하지 못하는 경우의 해석법을 나타낸다. 그림 4-69와 같이 곡선으로만 이루어진 단면은 단면적과 도심의 위치를 쉽게 구할 수 있는 삼각형이나 사각형으로 나타내거나 분할하기 어려운 형상이다. 이런 경우에는 그림 4-69의 (b)나 (c) 또는 (d)와 같이 단면을 층으로 분할하는 해법(layered method)을 적용할 수 있다.

층(layer)의 형상은 그림 4-69(b)와 같이 직사각형을 택하는 것이 간편하다. 이때 각 층의 폭은 층 상단 위치의 실제 단면폭과 층 하단 위치의 실제 단면폭을 평균하여 취한다. 각 층의 도심은 층이 사각형이므로 층의 중심에 위치한다. 실제 단면형상과 유사하게 층을 분할하려면 그림 4-64(c)와 같이 사다리꼴로 모델링할 수 있다. 이때 각 층의 폭은 층 상단과 층 하단 위치의 실제 단면폭을 취한다.

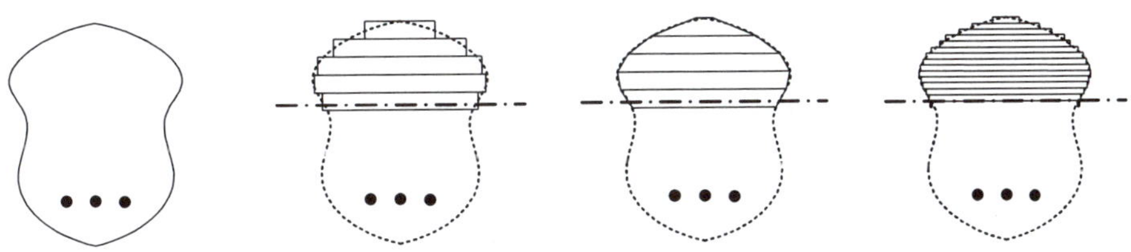

그림 4-69 비정형 단면의 층(layer) 분할

각 층의 도심은 층이 사다리꼴이므로 사다리꼴의 중심에 위치한다. 이와 같이 단면을 층으로 모델링한 후에는 각 층에 작용하는 압축력 C_i을 다음과 같이 계산한다. 여기서 f_{ci}는 i번째 층 도심에서의 압축응력, b_i는 i번째 층의 폭, t_i는 i번째 층의 두께이다.

$$C_i = f_{ci}\, b_i\, t_i \tag{4·113}$$

각 층의 압축력은 다음과 같이 상단 층부터 누적하여 n번째 층까지의 누적 압축력 C_n을 계산하여 인장철근에 작용하는 인장력 T와 비교하면서 중립축의 위치를 찾는다.

$$C_n = \sum_{i=1}^{n} C_i = \sum_{i=1}^{n} (f_{ci}\, b_i\, t_i) \tag{4·114}$$

예를 들어 $n-1$번째 층까지의 누적 압축력 C_{n-1}이 T보다 작고, n번째 층까지의 누적 압축력 C_n이 T보다 크다면 중립축은 n번째 층의 내부에 위치한다. 만일 n번째 층까지의 누적 압축력 C_n이 T보다 작다면, 누적 압축력이 T보다 큰 위치를 계속 찾아 나가야 한다. 중립축이 위치한 층이 n번째 층이라면 더 세밀하게 n번째 층을 나누어 허용오차(allowable tolerance) 이내에서 압축력과 인장력이 동일하게 되는 중립축의 위치를 찾는다. 중립축을 내부에 포함하고 있는 층을 찾은 후 더 세밀하게 층을 나누는 방법을 사용하지 않으려면, 처음에 층을 나눌 때 그림 4-69(d)와 같이 층의 두께가 매우 작은 세밀한 층으로 나누고 층이 분리된 위치 중에서 중립축을 찾을 수도 있다. 이와 같은 세밀 층을 사용할 때는 계산량이 매우 크게 증가하지만, 컴퓨터(computer)를 사용할 때는 계산시간이 크게 문제가 되지 않는다. 또 사각형이나 사다리꼴로 층을 단순화하는 방법보다 더 정밀한 수치해석(numerical analysis)법을 적용할 수도 있다.

중립축이 결정되면 상단에서 각 층 도심까지의 거리를 이용하여 다음과 같이 휨강도를 계산한다.

$$M_n = \sum_{i=1}^{n} C_i d_{ci} - Td = \sum_{i=1}^{n} (f_{ci}\, b_i\, t_i)\, d_{ci} - Td \tag{4·115}$$

만일 인장철근이 그림 4-69와 같이 하나의 열로 배치되지 않고 그림 4-70과 같이 철근이 여러 열로 배치된 경우에는 중립축의 위치에 따라 철근에 인장응력이나 압축응력이 작용한다. 이렇게 철근이 배치된 경우에는 j번째 철근 열의 힘 F_{sj}를 다음과 같이 결정한다. 여기서 f_{sj}는 j번째 철근 열의 응력이고 A_{sj}는 j번째 철근 열의 단면적이다.

$$F_{sj} = f_{sj}\, A_{sj} \tag{4·116}$$

j번째 철근 열의 응력 f_{sj}는 중립축의 위치 c에 따라 다음과 같이 결정하며, 정(+)의 값은 압축응력이고 음(–)의 값은 인장응력이다. 여기서 d_{sj}는 단면 상단에서 j번째 철근 열 중심까지의 깊이이다.

$$f_{sj} = E_s\, \varepsilon_{sj} = E_s\, \varepsilon_{cu} \frac{c - d_{sj}}{c} \le |f_y| \tag{4·117}$$

m개의 철근 열을 가진 단면의 경우, 다음의 평형조건을 만족하는 콘크리트 압축층 n과 중립축 c를 구하고 다음과 같이 휨강도를 계산한다.

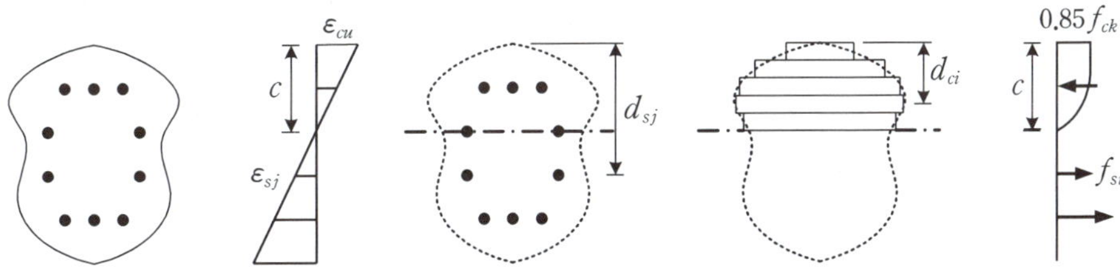

(a) 단면 (b) 변형률분포 (c) 철근 열 (d) 콘크리트 층 (e) 응력분포

그림 4-70 다열 철근 비정형 단면의 휨강도 해석

$$\sum_{i=1}^{n} C_i + \sum_{j=1}^{m} F_{sj} = 0 \tag{4·118}$$

$$M_n = \sum_{i=1}^{n} C_i d_{ci} + \sum_{j=1}^{m} F_{sj} d_{sj} \tag{4·119}$$

그림 4-71은 기둥과 같이 축력이 작용하는 비정형 단면의 외력 및 내력을 나타낸다. 그림 4-71(a)에서 단면상단부터 y_{pc} 떨어진 위치에 (+)의 기호로 표현되어 있는 곳을 소성중심(plastic centroid)이라고 하는데, 소성중심은 단면 전체가 동일한 변형률로 소성상태가 되게 하는 축압축력의 작용점이며 편심(eccentricity)의 기준이 된다. 그림 4-71(b)와 같이 이 단면의 소성중심에 축압축력 P_{ext}이 외력으로 작용하고 있을 때, 그림 4-70과 같이 단면을 층으로 분할하여 동일한 방법으로 휨강도 해석을 수행할 수 있다. 이 경우 그림 4-70에 대한 설명과 동일하게 해석을 수행하지만, 콘크리트 압축층 n과 중립축의 위치 c를 찾기 위한 평형조건은 축력을 고려하여 다음을 만족하여야 한다.

$$P_{ext} = P_{int} \tag{4·120}$$

$$P_{int} = \sum_{i=1}^{n} C_i + \sum_{j=1}^{m} F_{sj} = C_n + \sum_{j=1}^{m} F_{sj} \tag{4·121}$$

여기서 P_{int}은 단면 내부에서 저항하는 내력(internal force)의 합으로, 그림 4-71(c)와 같은 분포를 보인다. 이 경우에는 4개의 철근 열 중 단면 상단의 두 열은 압축철근으로 작용하고 단면 하단의 두 열은 인장철근으로 작용하는 예이다. C_n은 콘크리트 단면의 n번째 층까지의 누적 압축력이다. 평형조건을 만족하는 콘크리트 압축층 n과 중립축 c를 구하고 나면 다음과 같이 휨강도를 계산한다.

$$M_n = \sum_{i=1}^{n} C_i d_{ci} + \sum_{j=1}^{m} F_{sj} d_{sj} - P_{ext} y_{pc} \tag{4·122}$$

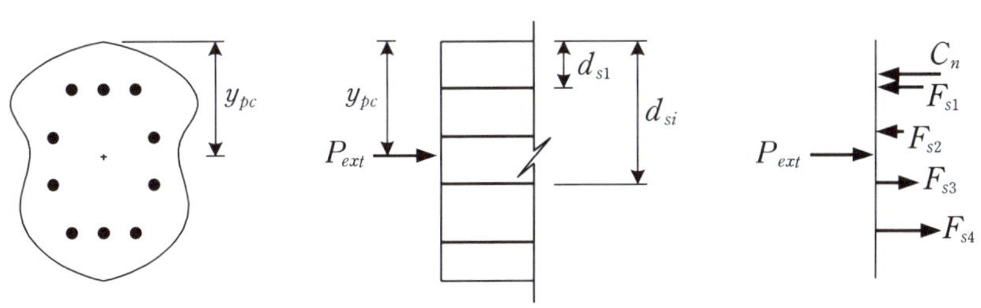

(a) 단면 (b) 축력의 작용 (c) 외력과 내력의 분포

그림 4-71 축력이 작용하는 비정형 단면의 휨강도 해석

축압축력 P_{ext}를 0부터 단면의 축압축강도까지 증가시키면서 이와 같은 해석을 반복하면 각각의 축력에 대한 휨강도를 구할 수 있고, 그 해석결과들을 연결하면 그림 4-72와 같은 휨압축부재의 축-휨강도 곡선, 즉 기둥의 P-M 상관도를 얻을 수 있다. 그림 4-72에는 축력이 0인 경우의 휨강도와 축력이 P_{ext}일 때의 휨강도 해석결과를 "o"의 기호로 나타내었다.

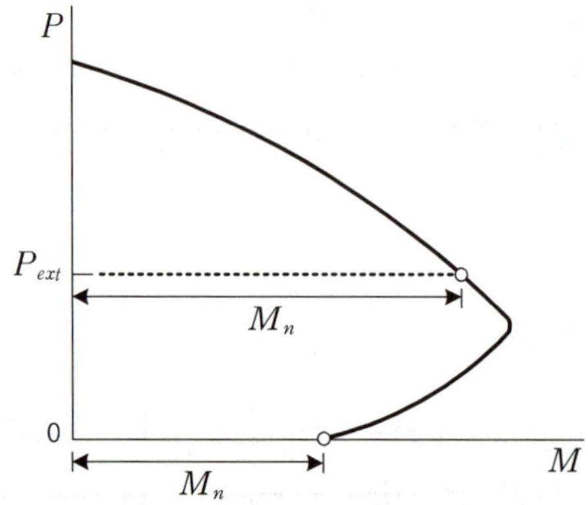

그림 4-72 축력이 작용하는 단면의 휨강도

4.5.7 균형철근 단면적 해석

4.2.1절에서 설명한 바와 같이, 극한상태에서 인장철근의 변형률이 항복변형률 ε_y와 같고 압축연단 변형률이 콘크리트의 극한변형률 ε_{cu}와 같은 변형률분포를 균형변형률 상태(balanced strain condition)라고 한다. 이와 같은 변형률분포를 나타낼 때를 균형파괴(balanced failure)라고 하며, 이때의 인장철근 단면적을 균형철근 단면적(balanced steel area) A_{sb}라고 한다. 직사각형 단면의 경우에는 앞의 식 (4·1)과 같이 콘크리트의 유효단면적 bd에 대한 균형철근 단면적 A_{sb}의 비율을 균형철근비(balanced steel ratio) ρ_b로 정의한다.

$$\rho_b = \frac{A_{sb}}{bd} \tag{4·1}$$

균형철근 단면적 A_{sb}는 어떤 형상의 단면이든지, 또 어떤 재료강도로 구성되든지 상관없이 균형변형률분포에 대한 평형조건으로 구할 수 있다. 그림 4-73은 복철근 직사각형 단면의 예를 나타낸다. 이 단면이 극한상태에서 그림 4-73(b)와 같은 균형변형률 상태를 나타낸다면, 균형변형률 상태의 중립축의 깊이 c_b는 앞의 식 (4·3)과 같다.

$$c_b = \frac{\varepsilon_{cu}}{\varepsilon_y + \varepsilon_{cu}} d \tag{4·3}$$

압축철근의 변형률 ε_s'은 식 (4·123)으로 구할 수 있으며, 압축철근의 항복 여부에 따라 응력 f_s'을 결정하고 앞의 식 (4·102)로 압축철근에 작용하는 압축력 C_s를 구할 수 있다.

$$\varepsilon_s' = \varepsilon_{cu}\frac{c_b-d'}{c_b} \tag{4·123}$$

$$C_s = A_s'(f_s'-0.85f_{ck}) \tag{4·102}$$

콘크리트 압축부에 작용하는 압축력 C_c에 대해서는 중립축의 깊이 c_b를 알고 있으므로, 그림 4-73(c)와 같이 포물선-직사각형 응력분포나 등가직사각형 응력블록을 적용하여 압축력의 크기와 작용위치를 구할 수 있다. 인장철근은 항복하므로 항복인장력 T_y는 다음과 같이 나타낼 수 있으며, 이때 균형철근 단면적 A_{sb}가 미지수가 된다.

$$T_y = A_{sb}f_y \tag{4·124}$$

이 내력 C_c, C_s, T_y는 다음의 평형조건을 만족하여야 한다.

$$T_y = C_c+C_s \tag{4·125}$$

$$A_{sb}f_y = C_c+C_s \tag{4·126}$$

이 방정식을 풀면 균형철근 단면적 A_{sb}를 다음과 같이 구할 수 있다.

$$A_{sb} = \frac{C_c+C_s}{f_y} \tag{4·127}$$

그림 4-73(c)에 표현된 팔길이 z_c와 z_s의 값을 구하고 적용하면 휨강도를 구할 수 있다. 단철근 직사각형 단면의 경우에는 위의 과정에서 C_s와 z_s를 생략하면 되고, T형 단면이나 비정형 단면의 경우에는 단면의 형상을 고려하여 4.5.5절과 4.5.6절에 따라 해석을 수행하면 된다.

이와 같은 방법을 적용하여 단철근 직사각형 단면의 균형철근 단면적 A_{sb}를 구하고 콘크리트의 유효단면적 bd로 나누면 다음과 같이 균형철근비 ρ_b를 구할 수 있다. 여기서 α는 2장 2.1.7절에 소개한 콘크리트에 작용하는 압축합력의 크기를 나타내는 계수이다.

$$\rho_b = \frac{\alpha(0.85f_{ck})}{f_y}\frac{\varepsilon_{cu}}{\varepsilon_y+\varepsilon_{cu}} \tag{4·128}$$

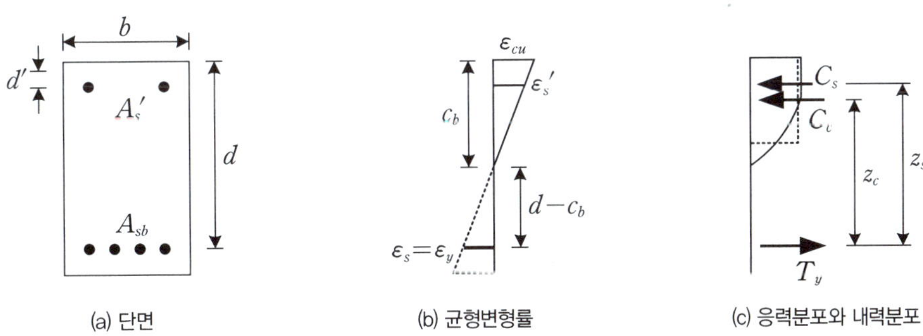

그림 4-73 균형철근 단면의 변형률분포 및 응력분포와 내력

예제 4-17 그림 4-74는 유효폭 b_e=800 mm, 복부폭 b=320 mm, 플랜지 두께 t_f=120 mm, 깊이 h=600 mm, 유효깊이 d=500 mm, 콘크리트의 설계기준압축강도 f_{ck}=35 MPa인 단철근 T형 단면이다. 이 단면에 설계기준항복강도 f_y=500 MPa인 SD500의 인장철근을 보강하려고 한다. 한국 설계기준의 등가직사각형 응력블록을 적용하여 이 단면의 균형철근 단면적 A_{sb}와 균형철근 단면의 휨강도를 구하시오.

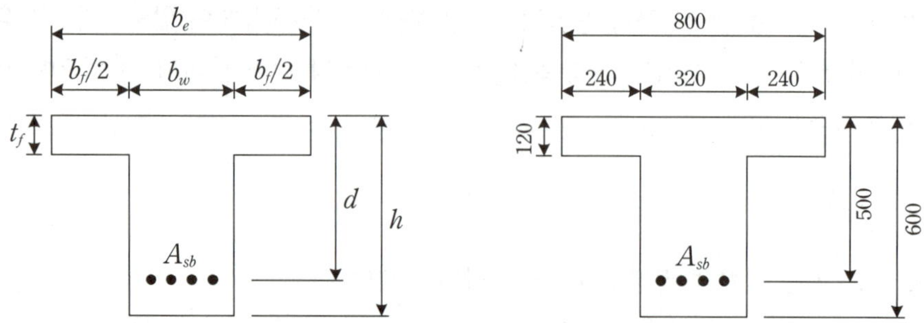

그림 4-74 예제 4-17의 단면

〈풀이〉

인장철근의 항복강도가 f_y=500 MPa이므로, 철근의 항복변형률 ε_y를 먼저 구하면

$$\varepsilon_y = \frac{f_y}{E_s} = \frac{500}{200{,}000} = 0.0025$$

40 MPa 이하의 압축강도를 갖는 콘크리트의 극한변형률 ε_{cu}는 0.0033이므로, 그림 4-75(a)와 같은 균형변형률 상태의 중립축을 구하면

$$c_b = \frac{\varepsilon_{cu}}{\varepsilon_y + \varepsilon_{cu}} d = \frac{0.0033}{0.0025+0.0033} \times 500 = 284\ mm$$

f_{ck}=35 MPa로 40 MPa 이하의 압축강도이므로, 표 2-4로부터 직사각형 응력분포 변수로 η=1.0, β_1=0.80을 적용한다. 그림 4-75(b)에 나타낸 등가직사각형 응력블록의 깊이 $\beta_1 c_b$를 구하면

$$\beta_1 c_b = 0.80 \times 284 = 227\ mm$$

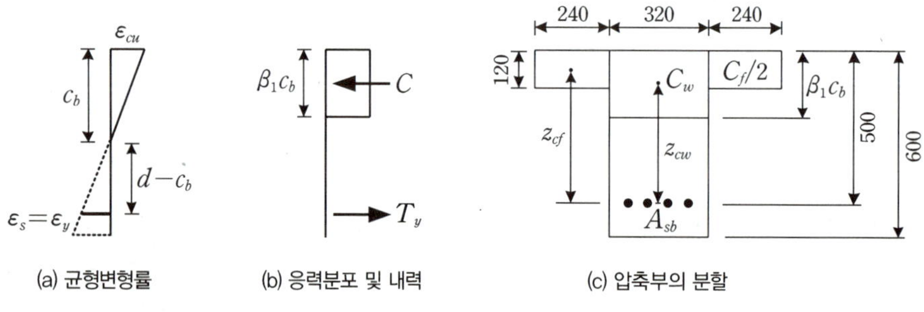

그림 4-75 등가직사각형 응력블록을 적용한 해석

이 깊이가 플랜지의 두께인 120 mm보다 크므로 등가압축응력이 작용하는 단면은 T형이다. 따라서 그림 4-75(c)와 같이 압축응력이 작용하는 면적을 나누어 균형변형률 상태의 압축력 C_b를 C_w와 C_f의 합으로 구하면

$$b_f = b_e - b_w = 800-320 = 480\ mm$$

$$C_f = \eta(0.85 f_{ck}) b_f t_f = 1.0\times(0.85\times35)\times480\times120 = 1{,}713{,}600\ N$$

$$C_w = \eta(0.85 f_{ck}) b_f \beta_1 c_b = 1.0\times(0.85\times35)\times320\times227 = 2,161,040\ N$$

$$C_b = C_w + C_f = 1,713,600 + 2,161,040 = 3,874,640\ N$$

철근의 단면적 A_{sb}를 미지수로 하여 철근에 작용하는 인장력을 표현하면

$$T_y = A_{sb} f_y = A_{sb}\times500 = 500A_{sb}\ [N]$$

인장력과 압축력의 평형조건으로 균형철근 단면적 A_{sb}를 구하면

$$T_y = C_b$$

$$500\ A_{sb} = 3,874,640$$

$$A_{sb} = 7,749\ mm^2$$

균형철근 단면적 A_{sb}가 배치된 단면의 휨강도를 계산하면

$$M_n = C_w\left(d - \frac{\beta_1 c}{2}\right) + C_f\left(d - \frac{t_f}{2}\right)$$

$$= 2,161,040\times\left(500 - \frac{227}{2}\right) + 1,713,600\times\left(500 - \frac{120}{2}\right)$$

$$= 1,589\times10^6\ N\cdot mm = 1,589\ kN\cdot m$$

4.6 휨모멘트-곡률 해석

휨모멘트-곡률 해석(moment-curvature analysis)은 휨부재가 휨모멘트를 받아 파괴될 때까지 나타나는 곡률, 즉 변형을 구하는 해석이다. 휨모멘트-곡률 해석 결과로 수평축을 곡률로 하고 수직축을 휨모멘트로 하여 휨모멘트와 곡률이 0인 초기상태부터 극한상태인 파괴까지의 변화를 나타낸 곡선을 휨모멘트-곡률 곡선(moment-curvature curve) 또는 휨모멘트-곡률 관계(moment-curvature relationship)라고 한다. 휨모멘트-곡률 곡선을 얻게 되면 휨부재가 파괴에 이를 때까지 균열단면에 나타나는 변형의 변화를 한눈에 파악할 수 있다. 휨모멘트-곡률 해석은 다음과 같은 가정과 원칙에 따라 수행한다.

① 휨모멘트-곡률 해석은 힘의 평형조건과 변형률 적합조건을 만족하여야 한다.

② 베르누이(Bernoulli)의 가정에 따라 변형 전의 평면은 변형 후에도 평면을 유지한다. 즉, 전체 단면에 걸쳐서 변형률의 분포는 직선을 유지한다.

③ 철근과 콘크리트는 완전히 부착되어 철근과 철근 주위의 콘크리트 사이에 미끄럼(slip)이 발생하지 않는다. 즉, 중립축으로부터의 거리가 같은 철근과 콘크리트는 변형률이 같다.

④ 콘크리트의 압축응력-변형률 관계는 실제 응력분포를 나타내는 압축응력-변형률 곡선을 적용한다.

⑤ 콘크리트의 인장응력-변형률 관계는 실제 응력분포를 나타내는 인장응력-변형률 곡선을 적용하거나 콘크리트의 인장응력을 무시하고 해석을 수행할 수 있다.

⑥ 균열면에서는 인장응력이 전달되지 않는다.

⑦ 철근의 응력-변형률 관계는 소성상태에서의 변형률 경화를 무시하고 선형탄성-완전소성으로

가정하거나 변형률 경화(strain hardening)까지 고려한 응력–변형률 곡선을 적용한다.

⑧ 극한상태는 단면의 압축연단 변형률이 콘크리트의 극한변형률에 도달하거나 인장철근의 변형률이 극한변형률에 도달할 때로 정의한다.

휨모멘트–곡률 해석에서는 해석을 수행하는 과정에서 초기상태부터 극한상태까지 증가시키는 변수로 압축연단의 변형률이나 곡률을 택할 수 있으며, 어떤 방법을 적용하든지 평형조건과 적합조건을 만족하는 중립축의 위치를 구하는 과정이 필수적이다. 증가시키는 변수로 압축연단의 변형률을 택한 방법을 변형평면 회전법(rotating deformed plane method)이라고 표현할 수 있으며, 증가시키는 변수로 곡률을 택한 방법을 변형평면 이동법(sliding deformed plane method)이라고 표현할 수 있다. 일반적으로는 변형평면 회전법을 적용하는 사례가 많은데, 이 방법은 그림 4-76(c)와 같이 압축연단의 변형률 ε_c에 대하여 변형평면을 회전해 가며 평형조건과 적합조건을 만족하는 중립축의 위치를 찾는 방법이다.[4.17]

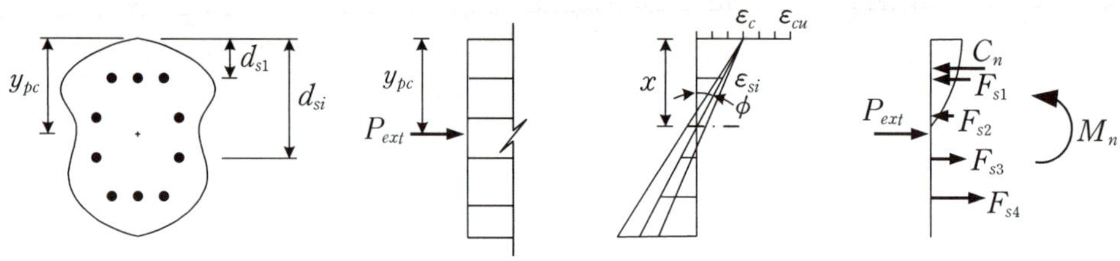

그림 4-76 변형평면 회전법에 의한 휨모멘트–곡률 해석[4.17]

그림 4-76(a)와 같은 단면에 그림 4-76(b)와 같이 압축력 P_{ext}이 작용하는 경우, 변형평면 회전법의 휨모멘트–곡률 해석과정은 다음과 같다.[4.17]

① 해석의 목표로 하는 압축연단 변형률 ε_c에 대하여 그림 4-76(c)와 같이 중립축의 위치 x를 선택한다.

② 해석 목표인 ε_c, 선택된 x값, 선택된 콘크리트의 압축응력–변형률 곡선을 이용하여 콘크리트 압축부에 작용하는 압축력 C_n을 구하고 C_n의 작용위치 d_c를 구한다. 여기서 d_c는 압축연단으로부터의 거리이다. 만일 그림 4-69와 같이 단면을 층으로 분할하는 해법(layered method)을 적용한다면, 각 층에 작용하는 콘크리트 압축력 C_i를 구하고 식 (4·114)에 따라 합력 C_n을 구한다.

③ 콘크리트의 인장응력은 무시하거나 선택된 콘크리트의 압축응력–변형률 곡선을 적용하여 고려할 수 있다. 그림 4-76은 콘크리트의 인장응력을 무시한 경우이다.

④ 해석 목표인 ε_c, 선택된 x값, 선택된 철근의 압축응력–변형률 곡선을 이용하여 각 철근 열에 발생하는 변형률과 응력을 식 (4·117)에 따라 구하고, 각 철근 열에 작용하는 압축력 또는 인장력의 힘 F_{sj}를 식 (4·116)에 따라 구한다.

⑤ 해석 목표인 ε_c와 선택된 x값에 의한 내력의 합 P_{int}을 앞의 식 (4·121)로 구한다.

$$P_{int} = \sum_{i=1}^{n} C_i + \sum_{j=1}^{m} F_{sj} = C_n + \sum_{j=1}^{m} F_{sj} \tag{4·121}$$

⑥ 내력 P_{int}과 외력 P_{ext}의 차이 $\varDelta P$를 계산하고, 다음과 같이 $\varDelta P$의 절댓값이 허용오차(allowable tolerance) 범위 $\varDelta_{tol}$ 이하이면 선택된 x값을 중립축 위치로 확정한다. $\varDelta_{tol}$는 0에 가까운 매우 작은 값으로 정한다.

$$\varDelta P = P_{int} - P_{ext} \tag{4·129}$$

$$|\varDelta P| \leq \varDelta_{tol} \tag{4·130}$$

⑦ $\varDelta P$의 절댓값이 $\varDelta_{tol}$보다 크면 ①번 과정으로 되돌아가서 중립축의 위치 x를 다시 선택하고 식 (4·130)을 만족하는 중립축의 위치 x를 구할 때까지 같은 과정을 반복수행(iterative procedure, iteration)한다. 만일 내력 P_{int}이 외력 P_{ext}보다 크다면 선택했던 x값이 정해보다 크기 때문이므로, 새로운 x값은 이전에 선택한 x값보다 작은 값으로 선택한다. 반대로 내력 P_{int}이 외력 P_{ext}보다 작다면 선택했던 x값이 정해보다 작기 때문이므로, 새로운 x값은 이전에 선택한 x값보다 큰 값으로 선택한다.

⑧ 이와 같은 과정으로 평형조건과 적합조건을 만족하는 중립축의 위치를 찾고 나면, 다음과 같이 압축연단 변형률이 ε_c일 때의 휨모멘트 M_k와 곡률 ϕ_k를 구한다. 여기서 아래첨자 k는 k번째로 선택된 ε_c에 대하여 수행한 해석결과라는 의미이다.

$$M_k = \sum_{i=1}^{n} C_i d_{ci} + \sum_{j=1}^{m} F_{sj} d_{sj} - P_{ext} y_{pc} \tag{4·131}$$

$$\phi_k = \frac{\varepsilon_c}{x} \tag{4·132}$$

⑨ 해석의 목표로 하는 압축연단 변형률 ε_c을 증가시키면서 극한상태까지 반복수행하고, 휨모멘트와 곡률의 값들을 연결하면 휨모멘트-곡률을 얻게 된다.

휨모멘트-곡률 해석은 축력이 작용하지 않는 휨부재와 축력이 작용하는 휨압축부재 또는 휨인장부재에도 모두 적용할 수 있다. 그림 4-76은 휨압축부재의 예를 나타내는데, 만일 축압축력 P_{ext}이 0이라면 이 경우에는 휨부재에 대한 휨모멘트-곡률 해석이 된다.

그림 4-77은 압축력이 작용하는 부재에 대하여 휨모멘트-곡률 해석을 수행한 결과로, 콘크리트의 압축강도가 28 MPa이고 철근의 항복강도가 420 MPa이며 축방향철근비가 1%인 단면의 휨모멘트-곡률 곡선을 나타낸다.[4.17] 그림 4-77(a)는 단면에 작용하는 압축력 P가 균형변형률 분포로 극한상태가 되게 하는 균형압축력(balanced compression force) P_b보다 낮은 인장지배단면(tension controlled section)의 휨모멘트-곡률 곡선을 무차원화(non-dimensional) 한 것이며, 그림 4-77(b)는 P가 P_b보다 높은 압축지배단면(compression-controlled section)의 휨모멘트-곡률 곡선을 무차원화 한 것이다. 휨모멘트 M은 균형변형률 상태의 휨강도 M_b에 대한 상대적인 값으로 무차원화 하고, 곡률 ϕ은 균형변형률 상태의

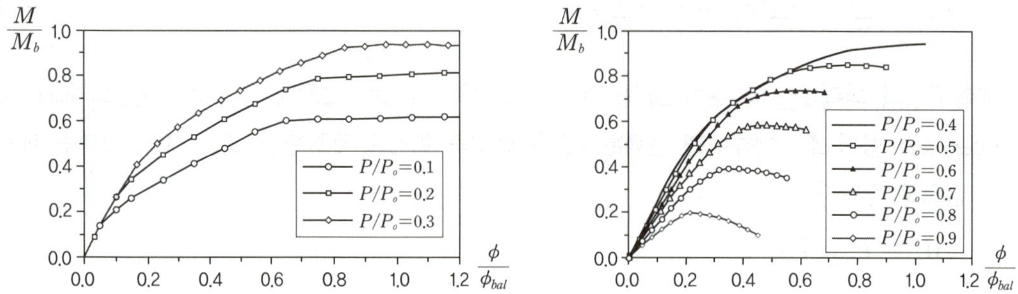

그림 4-77 압축력이 작용하는 휨부재의 휨모멘트-곡률 해석에 의한 휨모멘트-곡률 곡선[4.17]

곡률 ϕ_{bal}에 대한 상대적인 값으로 무차원화 하였다. 따라서 곡선의 끝인 파괴점을 나타내는 극한곡률은 그림 4-77(a)의 인장지배단면의 경우 ϕ_{bal}보다 큰 값을 나타내고, 그림 4-77(b)의 압축지배단면의 경우 ϕ_{bal}보다 작은 값을 나타내며, 축력이 증가할수록 극한곡률이 감소하는 취성을 나타낸다. 그림에서 축력 P를 무차원화 할 때 적용된 P_o는 철근콘크리트 단면의 축압축강도(axial compression strength)이다.

휨모멘트와 축압축력이 작용하는 부재의 경우, 4.5.6절의 그림 4-71에 대한 설명과 같이 휨강도해석을 수행하여 그림 4-72와 같은 축력-휨모멘트 강도곡선(P-M 상관도)를 얻을 수도 있으나 휨모멘트-곡률 해석의 결과로 P-M 상관도를 구할 수도 있다. 즉, 축력 P에 대한 휨모멘트-곡률 해석을 수행한 후, 그림 4-78과 같이 최댓값의 휨모멘트를 휨강도로 취하여 축력과 휨모멘트의 좌표를 연결하는 방법으로 P-M 상관도를 구할 수 있다.[4.17]

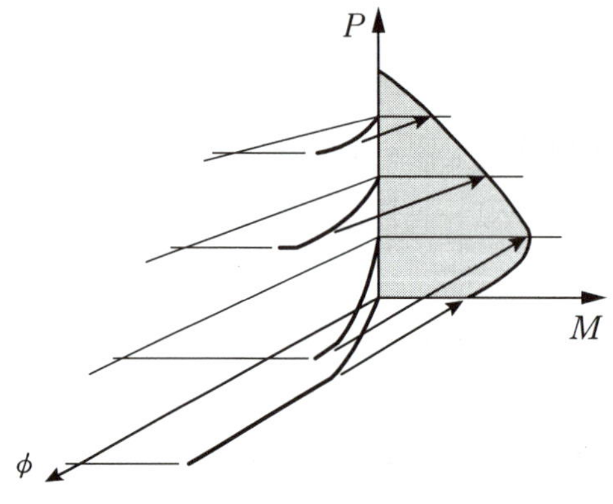

그림 4-78 휨모멘트-곡률 해석에 의한 축력-휨모멘트 강도곡선[4.17]

예제 4-18 그림 4-79(a)와 같이 폭 b=320 mm, 깊이 h=600 mm, 유효깊이 d=530 mm인 단철근 직사각형 단면이 SD400 4-D29(A_s=2,570 mm^2)의 인장철근으로 설계되어 있다. 시공과정에서 수행한 재료시험 결과, 이 철근의 실제 항복강도는 463 MPa이었고 콘크리트 실린더 공시체의 압축강도는 39 MPa이었다. 콘크리트의 압축응력-변형률 관계가 다음의 2차 함수식 $f_c(\varepsilon)$와 같고, 콘크리트의 균열변형률 ε_{cr}=90×10^{-6}로서 인장강도 f_{cr}=3.51 MPa일 때, 의미 있는 응력상태를 대상으로 직접적분법으로 휨모멘트-곡률 해석을 수행하여 휨모멘트-곡률관계를 구시오. 또, 한국 설계기준의 콘크리트 압축응력분포를 적용한 휨강도 해석결과와도 비교하시오.

$$f_c(\varepsilon) = f_{ck}\left[\frac{2\varepsilon}{\varepsilon_{co}} - \left(\frac{\varepsilon}{\varepsilon_{co}}\right)^2\right] = f_{ck}\left[\frac{2\varepsilon}{0.002} - \left(\frac{\varepsilon}{0.002}\right)^2\right] \quad (4 \cdot 133)$$

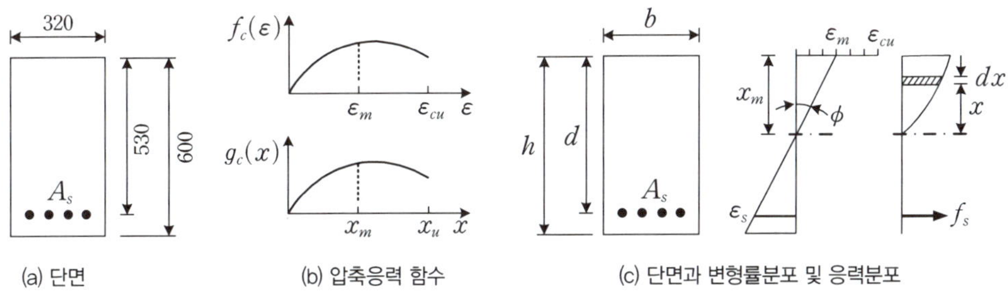

그림 4-79 예제 4-18의 단면 및 응력 함수와 변형률분포

〈풀이〉

이 단면의 실제 재료 강도는 f_{ck}=39 MPa이고 f_y=463 MPa이므로, 이 실제 재료강도로 휨모멘트-곡률 해석을 수행한다. 철근의 항복변형률 ε_y를 먼저 구하면

$$\varepsilon_y = \frac{f_y}{E_s} = \frac{463}{200{,}000} = 0.00232$$

(1) 내력의 기본 수식

그림 4-79의 (b)와 (c)에 나타낸 바와 같이, 콘크리트의 압축응력-변형률 곡선이 변형률 ε을 변수로 한 함수 $f_c(\varepsilon)$로 정의된다면, 이에 해당하는 단면에 작용하는 압축응력분포는 중립축 x를 변수로 한 함수 $g_c(x)$로 정의될 수 있다. 이때 그림 4-79와 같이 중립축 x_m과 동일한 아래첨자 m을 적용하여 해석과정에서 목표로 선택한 압축연단 콘크리트의 변형률을 ε_m로 표현한다면, 중립축 x와 변형률 ε 및 중립축의 증분 dx와 변형률의 증분 $d\varepsilon$의 관계는 다음과 같다.

$$\frac{x}{x_m} = \frac{\varepsilon}{\varepsilon_m}$$

$$x = \frac{x_m}{\varepsilon_m}\varepsilon$$

$$dx = \frac{x_m}{\varepsilon_m}d\varepsilon$$

따라서 중립축의 깊이가 x_m일 때 콘크리트 단면의 압축부에 작용하는 압축력 C는

$$C = b\int_0^{x_m} g_c(x)dx = b\int_0^{\varepsilon_m} f_c(\varepsilon)\frac{x_m}{\varepsilon_m}d\varepsilon = \frac{bx_m}{\varepsilon_m}\int_0^{\varepsilon_m} f_c(\varepsilon)d\varepsilon$$

$$= \frac{bx_m}{\varepsilon_m}\int_0^{\varepsilon_m} f_{ck}\left[\frac{2\varepsilon}{0.002} - \left(\frac{\varepsilon}{0.002}\right)^2\right]d\varepsilon = f_{ck}\,b\left[\frac{\varepsilon_m}{0.002} - \frac{\varepsilon_m^2}{0.000012}\right]x_m$$

중립축을 중심으로 압축력 C에 의한 휨모멘트 M_c는

$$M_c = b\int_0^{x_m} g_c(x)x dx = b\int_0^{\varepsilon_m} f_c(\varepsilon)\left(\frac{x_m}{\varepsilon_m}\varepsilon\right)\left(\frac{x_m}{\varepsilon_m}d\varepsilon\right) = \frac{bx_m^2}{\varepsilon_m^2}\int_0^{\varepsilon_m}\varepsilon f_c(\varepsilon)d\varepsilon$$

$$= \frac{bx_m^2}{\varepsilon_m^2}\int_0^{\varepsilon_m}\varepsilon f_{ck}\left[\frac{2\varepsilon}{0.002} - \left(\frac{\varepsilon}{0.002}\right)^2\right]d\varepsilon = f_{ck}\, b\left[\frac{\varepsilon_m}{0.003} - \frac{\varepsilon_m^2}{0.000016}\right]x_m^2$$

철근에 작용하는 인장력 T_s는

$$T_s = A_s\,\varepsilon_s\,E_s = A_s\left(\frac{d-x_m}{x_m}\varepsilon_m\right)E_s = \left(\frac{d-x_m}{x_m}\right)A_s\,E_s\,\varepsilon_m \le A_s f_y$$

중립축을 중심으로 인장력 T_s에 의한 휨모멘트 M_s는

$$M_s = T_s(d-x_m)$$

(2) 균열 발생 직전 상태

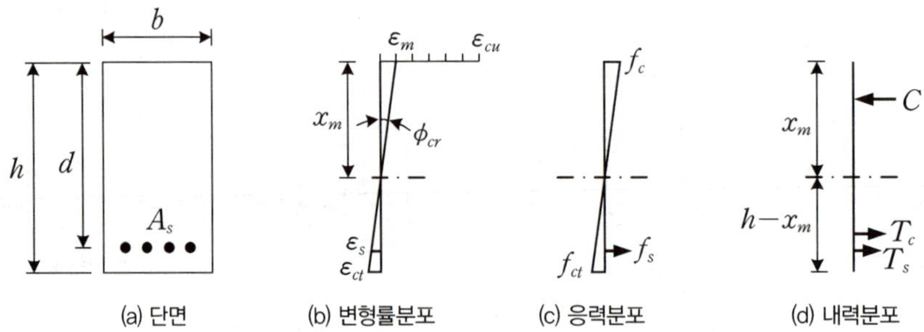

그림 4-80 균열 발생 직전 상태

균열이 발생하기 시작하는 상태는 그림 4-80 (b)와 같이 인장연단 콘크리트의 변형률이 균열변형률 $\varepsilon_{ct}=90\times10^{-6}$에 도달하는 상태이다. 이 변형률분포에서 압축연단변형률 ε_m과 중립축 x_m가 미지수이다. 그림 4-80 (c)의 응력분포에 따라 그림 4-80 (d)의 콘크리트에 작용하는 인장력 T_c를 구하면

$$T_c = \frac{1}{2}f_{ct}\,b(h-x_m)$$

중립축을 중심으로 인장력 T_c에 의한 휨모멘트 M_{ct}는

$$M_{ct} = \frac{2}{3}(h-x_m)\,T_c$$

평형조건에 따라 평형방정식을 구성하면

$$C = T_s + T_c$$

$$f_{ck}\,b\left[\frac{\varepsilon_m}{0.002} - \frac{\varepsilon_m^2}{0.000012}\right]x_m = \left(\frac{d-x_m}{x_m}\right)A_s\,E_s\,\varepsilon_m + \frac{1}{2}f_{ck}\,b(h-x_m)$$

한편 그림 4-79 (c)의 변형률분포로부터 압축연단변형률 ε_m과 중립축 x_m의 관계를 구하면

$$\frac{\varepsilon_m}{x_m} = \frac{\varepsilon_{ct}}{h-x_m}$$

$$\varepsilon_m = \left(\frac{\varepsilon_{ct}}{h-x_m}\right)x_m$$

이 적합조건식과 위의 평형방정식은 2개의 미지수 ε_m과 x_m을 가진 연립방정식이다. 적합조건식의 ε_m을 평형방정식의 ε_m에 대입하면

$$\frac{f_{ck}\,bx_m}{0.002}\left(\frac{\varepsilon_{ct}\,x_m}{h-x_m}\right) - \frac{f_{ck}\,bx_m}{0.000012}\left(\frac{\varepsilon_{ct}\,x_m}{h-x_m}\right)^2 = \left(\frac{d-x_m}{x_m}\right)A_s\,E_s\left(\frac{\varepsilon_{ct}\,x_m}{h-x_m}\right) + \frac{1}{2}f_{ct}\,b(h-x_m)$$

이 식에 $f_{ck}=39$, $b=320$, $\varepsilon_{ct}=90\times10^{-6}$, $h=600$, $d=530$, $A_s=2{,}570$, $E_s=200{,}000$, $f_{ct}=3.51$을 대입하고 정리하면

$$x_m^3+85{,}471x_m^2-78{,}186{,}800x_m+1.614245\times10^{10}=0$$

이 3차방정식의 해를 구하면

$$x_m=316\,mm$$

이 값을 적합조건식에 대입하여 ε_m을 구하면

$$\varepsilon_m=\left(\frac{\varepsilon_{ct}}{h-x_m}\right)x_m=\left(\frac{90\times10^{-6}}{600-316}\right)\times316=0.0001=100\times10^{-6}$$

인장철근의 변형률을 구하면

$$\varepsilon_s=\frac{d-x_m}{x_m}\,\varepsilon_m=\frac{530-316}{316}\times0.0001=67.7\times10^{-6}<\varepsilon_y\ (=0.00232)$$

인장철근은 탄성상태에 있다. 이 상태의 곡률은 다음과 같다.

$$\phi_{cr}=\frac{\varepsilon_m}{x_m}=\frac{100\times10^{-6}}{316}=0.32\times10^{-6}\ [1/mm]$$

단면에 작용하는 압축력과 인장력을 구하면

$$C=f_{ck}\,b\left[\frac{\varepsilon_m}{0.002}-\frac{\varepsilon_m^2}{0.000012}\right]x_m=39\times320\times\left[\frac{100\times10^{-6}}{0.002}-\frac{(100\times10^{-6})^2}{0.000012}\right]\times316$$

$$=193{,}900\,N\approx194{,}000\,N$$

$$T_s=A_s\,\varepsilon_s\,E_s=2{,}570\times67.7\times10^{-6}\times200{,}000=34{,}700\,N$$

$$T_c=\frac{1}{2}f_{ct}\,b(h-x_m)=\frac{1}{2}\times3.51\times320\times(600-316)=159{,}500\,N$$

평형조건을 검토하면

$$T_s+T_c=34{,}700+159{,}500=194{,}200\,N\approx194{,}000\,N$$

인장력과 압축력은 오차범위 내에서 같은 값을 나타낸다. 이제 중립축을 중심으로 C에 의한 휨모멘트 M_c, T_s에 의한 휨모멘트 M_s, T_c에 의한 휨모멘트 M_{ct}를 구하면

$$M_c=f_{ck}\,b\left[\frac{\varepsilon_m}{0.003}-\frac{\varepsilon_m^2}{0.000016}\right]x_m^2=39\times320\times\left[\frac{100\times10^{-6}}{0.003}-\frac{(100\times10^{-6})^2}{0.000016}\right]\times316^2$$

$$=40{,}761{,}000\,N\cdot mm$$

$$M_s=T_s(d-x_m)=34{,}700\times(530-316)=7{,}426{,}000\,N\cdot mm$$

$$M_{ct}=\frac{2}{3}(h-x_m)T_c=\frac{2}{3}\times(600-316)\times159{,}500=30{,}199{,}000\,N\cdot mm$$

휨모멘트를 구하면

$$M_{cr}=M_c+M_s+M_{ct}=40{,}761{,}000+7{,}426{,}000+30{,}199{,}000$$

$$=78{,}386{,}000\,N\cdot mm=78.4\,kN\cdot m$$

해석결과를 정리하면, 균열이 발생하기 시작하는 상태의 압축연단 변형률 ε_m, 중립축 x_m, 곡률 ϕ_{cr}, 휨모멘트 M_{cr}은 다음과 같다.

$$\varepsilon_m=0.0001=100\times10^{-6}$$

$$x_m=316\,mm$$

$$\phi_{cr}=0.32\times10^{-6}\ [1/mm]$$

$$M_{cr}=78.4\,kN\cdot m$$

(3) 압축연단 변형률 ε_m이 0.0005인 상태

압축연단 변형률 ε_m이 0.0005인 상태에서는 인장철근이 항복하지 않은 상태라고 가정하고 해석을 수행하고, 콘크리트의 인장응력은 영향이 미미하므로 무시하고 해석을 수행한다.

평형조건에 따라 평형방정식을 구성하면

$$C = T_s$$

$$f_{ck}\,b\left[\frac{\varepsilon_m}{0.002}-\frac{\varepsilon_m^2}{0.000012}\right]x_m = \left(\frac{d-x_m}{x_m}\right)A_s\,E_s\,\varepsilon_m$$

이 식을 중립축 x_m을 중심으로 정리하면

$$f_{ck}\,b\left(\frac{\varepsilon_m}{0.002}-\frac{\varepsilon_m^2}{0.000012}\right)x_m^{\ 2}+(A_s\,E_s\,\varepsilon_m)x_m-A_s\,E_s\,\varepsilon_m d = 0$$

이 식에 ε_m의 값 0.0005를 대입하고, f_{ck}=39, b=320, A_s=2,570, E_s=200,000, d=530을 대입하여 정리하면, $A_s\,E_s$=514×10^{6}이므로

$$39\times320\times\left[\frac{0.0005}{0.002}-\frac{0.005^2}{0.000012}\right]x_m^2+(514+10^6\times0.0005)x_m-(514\times10^6)\times0.0005\times530 = 0$$

$$x_m^2+89.86x_m-47{,}626 = 0$$

이 2차방정식의 해를 구하여 양수의 값을 취하면

$$x_m = 178\ mm$$

인장철근의 변형률을 구하면

$$\varepsilon_s = \frac{d-x_m}{x_m}\,\varepsilon_m = \frac{530-178}{178}\times0.0005 = 989\times10^{-6} < \varepsilon_y\ (=0.00232)$$

인장철근은 탄성상태에 있다. 이 상태의 곡률은 다음과 같다.

$$\phi = \frac{\varepsilon_m}{x_m} = \frac{0.0005}{178} = 2.81\times10^{-6}\ [1/mm]$$

단면에 작용하는 압축력과 인장력을 구하면

$$C = f_{ck}\,b\left[\frac{\varepsilon_m}{0.002}-\frac{\varepsilon_m^2}{0.000012}\right]x_m = 39\times320\times\left[\frac{0.0005}{0.002}-\frac{0.0005^2}{0.000012}\right]\times178 = 509{,}080\ N$$

$$T_s = A_s\,\varepsilon_s\,E_s\ = 2{,}570\times989\times10^{-6}\times200{,}000 = 508{,}300\ N$$

인장력과 압축력은 0.15%의 오차로 같은 값을 나타낸다. 이제 중립축을 중심으로 C에 의한 휨모멘트 M_c와 T_s에 의한 휨모멘트 M_s를 구하면

$$M_c = f_{ck}\,b\left[\frac{\varepsilon_m}{0.003}-\frac{\varepsilon_m^2}{0.000016}\right]x_m^2 = 39\times320\times\left[\frac{0.0005}{0.003}-\frac{0.0005^2}{0.000016}\right]\times178^2$$

$$= 59{,}724{,}000\ N\cdot mm$$

$$M_s = T_s(d-x_m) = 508{,}300\times(530-178) = 178{,}922{,}000\ N\cdot mm$$

휨모멘트를 구하면

$$M = M_c+M_s = 59{,}427{,}000+178{,}922{,}000 = 238{,}646{,}000\ N\cdot mm = 239\ kN\cdot m$$

해석결과를 정리하면, 압축연단 변형률 ε_m, 중립축 x_m, 곡률 ϕ, 휨모멘트 M은 다음과 같다.

$$\varepsilon_m = 0.0005$$

$$x_m = 178\ mm$$

$$\phi = 2.81\times10^{-6}\ [1/mm]$$

$$M = 239\ kN\cdot m$$

(4) 압축연단 변형률 ε_m이 0.001인 상태

압축연단 변형률 ε_m이 0.001인 상태에서는 인장철근이 항복하지 않은 상태라고 가정하고 해석을 수행하고, 콘크리트의 인장응력은 영향이 미미하므로 무시하고 해석을 수행한다. 앞의 (3)에서 구한 평형방정식을 이용하면

$$f_{ck}\,b\left(\frac{\varepsilon_m}{0.002}-\frac{\varepsilon_m^2}{0.000012}\right)x_m^2+(A_s\,E_s\,\varepsilon_m)x_m-A_s\,E_s\,\varepsilon_m d=0$$

이 식에 ε_m의 값 0.001을 대입하고, $f_{ck}=39$, $b=320$, $A_s=2{,}570$, $E_s=200{,}000$, $d=530$을 대입하여 정리하면, $A_s\,E_s=514\times10^6$이므로

$$39\times320\times\left[\frac{0.001}{0.002}-\frac{0.001^2}{0.000012}\right]x_m^2+(514\times10^6\times0.001)x_m-(514\times10^6)\times0.001\times530=0$$

$$x_m^2+98.85\,x_m-52{,}388=0$$

이 2차방정식의 해를 구하여 양수의 값을 취하면

$$x_m=185\,mm$$

인장철근의 변형률을 구하면

$$\varepsilon_s=\frac{d-x_m}{x_m}\,\varepsilon_m=\frac{530-185}{185}\times0.001=0.00186<\varepsilon_y\,(=0.00232)$$

인장철근은 탄성상태에 있다. 이 상태의 곡률은 다음과 같다.

$$\phi=\frac{\varepsilon_m}{x_m}=\frac{0.001}{185}=5.41\times10^{-6}\ [1/mm]$$

단면에 작용하는 압축력과 인장력을 구하면

$$C=f_{ck}\,b\left[\frac{\varepsilon_m}{0.002}-\frac{\varepsilon_m^2}{0.000012}\right]x_m=39\times320\times\left[\frac{0.001}{0.002}-\frac{0.001^2}{0.000012}\right]\times185=962{,}080\,N$$

$$T_s=A_s\,\varepsilon_s\,E_s=2{,}570\times0.00186\times200{,}000=956{,}040\,N$$

인장력과 압축력은 0.63%의 오차로 같은 값을 나타낸다. 이제 중립축을 중심으로 C에 의한 휨모멘트 M_c와 T_s에 의한 휨모멘트 M_s를 구하면

$$M_c=f_{ck}\,b\left[\frac{\varepsilon_m}{0.003}-\frac{\varepsilon_m^2}{0.000016}\right]x_m^2=39\times320\times\left[\frac{0.001}{0.003}-\frac{0.001^2}{0.000016}\right]\times185^2$$

$$=115{,}681{,}000\,N\cdot mm$$

$$M_s=T_s(d-x_m)=956{,}040\times(530-185)=329{,}834{,}000\,N\cdot mm$$

휨모멘트를 구하면

$$M=M_c+M_s=115{,}681{,}000+329{,}834{,}000=445{,}515{,}000\,N\cdot mm=446\,kN\cdot m$$

해석결과를 정리하면, 압축연단 변형률 ε_m, 중립축 x_m, 곡률 ϕ, 휨모멘트 M은 다음과 같다.

$$\varepsilon_m=0.001$$

$$x_m=185\,mm$$

$$\phi=5.41\times10^{-6}\ [1/mm]$$

$$M=446\,kN\cdot m$$

(5) 인장철근이 항복하는 상태

인장철근이 항복할 때, 평형조건에 따라 평형방정식을 구성하면

$$C = T_y$$

$$f_{ck}\,b\left[\frac{\varepsilon_m}{0.002}-\frac{\varepsilon^2_m}{0.000012}\right]x_m = A_s f_y$$

한편 인장철근이 항복할 때 압축연단변형률 ε_m과 중립축 x_m로부터 철근의 변형률과 철근의 항복변형률이 같을 조건을 구하고, ε_m로 정리하면

$$\left(\frac{d-x_m}{x_m}\right)\varepsilon_m = \frac{f_y}{E_s}$$

$$\varepsilon_m = \frac{x_m f_y}{E_s(d-x_m)}$$

이 적합조건식과 위의 평형방정식은 2개의 미지수 ε_m과 x_m을 가진 연립방정식이다. 적합조건식의 ε_m을 평형방정식의 ε_m에 대입하고 정리하면

$$\left(\frac{f_{ck}bf_yE_s}{0.002}+\frac{f_{ck}bf^2_y}{0.000012}\right)x^3_m-\left(\frac{f_{ck}bf_yE_s d}{0.002}-A_s f_y E^2_s\right)x^2_m-(2A_s f_y\,E^2_s\,d)x_m+A_s f_y\,E^2_s\,d^2 = 0$$

이 식에 f_{ck}=39, b=320, f_y=463, E_s=200,000, A_s=2,570, d=530을 대입하고 정리하면

$$x^3_m-324.4x^2_m-63{,}081x_m+16{,}716{,}000 = 0$$

이 3차방정식의 해를 구하면

$$x_m = 189\,mm$$

이 값을 적합조건식에 대입하여 ε_m을 구하면

$$\varepsilon_m = \frac{x_m f_y}{E_s(d-x_m)} = \frac{189\times463}{200{,}000\times(530-189)} = 0.001283 = 1{,}283\times10^{-6}$$

이 상태의 항복곡률은 다음과 같다.

$$\phi_y = \frac{\varepsilon_m}{x_m} = \frac{0.001283}{189} = 6.79\times10^{-6}\ [1/mm]$$

단면에 작용하는 압축력과 인장력을 구하면

$$C = f_{ck}\,b\left[\frac{\varepsilon_m}{0.002}-\frac{\varepsilon^2_m}{0.000012}\right]x_m = 39\times320\times\left[\frac{0.001283}{0.002}-\frac{0.001283^2}{0.000012}\right]\times189$$

$$= 1{,}189{,}600\ N$$

$$T_y = A_s f_y = 2{,}570\times463 = 1{,}189{,}000\ N$$

인장력과 압축력은 0.03%의 오차로 같은 값을 나타낸다. 이제 중립축을 중심으로 C에 의한 휨모멘트 M_c와 T_y에 의한 휨모멘트 M_s를 구하면

$$M_c = f_{ck}\,b\left[\frac{\varepsilon_m}{0.003}-\frac{\varepsilon^2_m}{0.000016}\right]x^2_m = 39\times320\times\left[\frac{0.001283}{0.003}-\frac{0.001283^2}{0.000016}\right]\times189^2$$

$$= 144{,}789{,}000\ N\cdot mm$$

$$M_s = T_y(d-x_m) = 1{,}189{,}900\times(530-189) = 405{,}756{,}000\ N\cdot mm$$

항복휨모멘트를 구하면

$$M_y = M_c+M_s = 144{,}789{,}000+405{,}756{,}000 = 550{,}545{,}000\ N\cdot mm = 551\,kN\cdot m$$

해석결과를 정리하면, 인장철근 항복상태의 압축연단 변형률 ε_m, 중립축 x_m, 항복곡률 ϕ_y, 항복휨모멘트 M_y는 다음과 같다.

$$\varepsilon_m = 0.001283$$

$$x_m = 189\ mm$$

$$\phi_y = 6.79\times10^{-6}\ [1/mm]$$

$$M_y = 551\ kN\cdot m$$

(6) 압축연단 변형률이 0.0033인 극한상태

극한상태에서는 인장철근이 항복한 이후이므로, 평형조건에 따라 평형방정식을 구성하면

$$C = T_y$$

$$f_{ck}\,b\left[\frac{\varepsilon_m}{0.002}-\frac{\varepsilon^2_m}{0.000012}\right]x_m = A_s f_y$$

이 식에 ε_m의 값 0.0033을 대입하고, f_{ck}=39, b=320, A_s=2,570, f_y=463을 대입하여 정리하고 중립축 x_m을 구하면

$$39\times320\times\left[\frac{0.0033}{0.002}-\frac{0.0033^2}{0.000012}\right]x_m = 2{,}570\times463$$

$$9{,}266\ x_m = 1{,}189{,}900$$

$$x_m = 128\ mm$$

이 상태의 극한곡률은 다음과 같다.

$$\phi_u = \frac{\varepsilon_m}{x_m} = \frac{0.0033}{128} = 25.79\times10^{-6}\ [1/mm]$$

중립축을 중심으로 C에 의한 휨모멘트 M_c와 T_y에 의한 휨모멘트 M_s를 구하고 이를 합하여 극한휨모멘트를 구하면

$$M_c = f_{ck}\,b\left[\frac{\varepsilon_m}{0.003}-\frac{\varepsilon^2_m}{0.000016}\right]x^2_m = 39\times320\times\left[\frac{0.0033}{0.003}-\frac{0.0033^2}{0.000016}\right]\times128^2$$

$$= 85{,}751{,}000\ N\cdot mm$$

$$M_s = T_y(d-x_m) = 1{,}189{,}900\times(530-128) = 478{,}340{,}000\ N\cdot mm$$

극한휨모멘트를 구하면

$$M_{ult} = M_c+M_s = 85{,}751{,}000+478{,}340{,}000 = 564{,}091{,}000\ N\cdot mm = 564\ kN\cdot m$$

해석결과를 정리하면, 극한상태의 압축연단 변형률 ε_m, 중립축 x_m, 극한곡률 ϕ_u, 극한휨모멘트 M_{ult}는 다음과 같다.

$$\varepsilon_m = 0.0033$$

$$x_m = 128\ mm$$

$$\phi_u = 25.78\times10^{-6}\ [1/mm]$$

$$M_{ult} = 564\ kN\cdot m$$

(7) 휨모멘트-곡률 곡선 및 해석결과의 비교

휨모멘트-곡률 해석결과를 정리하면 표 4-10과 같으며, 휨모멘트-곡률 곡선은 그림 4-81과 같다. 콘크리트구조 학회기준(2017), KDS 14 20 콘크리트구조 설계기준, KDS 24 14 21 콘크리트교 설계기준(한계상태설계법) 등 한국 설계기준에 의한 극한상태의 해석결과는 예제 4-10의 (1)과 동일하며, 그 결과는 다음과 같다.

$\varepsilon_{cu} = 0.0033$ $\quad x_u = 140\ mm$ $\quad \phi_u = 23.57\times10^{-6}\,[1/mm]$ $\quad M_n$=564 $kN\cdot m$

이 예제의 경우, 콘크리트의 응력분포를 이용한 휨강도 해석결과인 휨강도 M_n은 564 $kN\cdot m$로, 2차 함수의

콘크리트 압축응력분포를 적용한 휨모멘트-곡률 해석결과인 $M_{ult}=564\,kN\cdot m$와 동일한 값을 나타내었다. 이것은 해석에 적용한 콘크리트 압축응력분포가 실제 분포와 유사하다면, 휨강도 해석으로 얻은 휨강도와 휨모멘트-곡률 해석으로 얻은 휨강도가 유사한 값을 나타낼 것임을 의미한다.

표 4-10 휨모멘트-곡률 해석결과

상태	압축연단 변형률, ε_m	중립축 x_m $[mm]$	곡률 ϕ $[1/mm]$	휨모멘트 M $[kN\cdot m]$	비고	
균열 시작 상태	0.0001	316	0.32×10^{-6}	78.4	ϕ_{cr}	M_{cr}
균열 후 인장철근 탄성상태	0.0005	178	2.81×10^{-6}	239		
균열 후 인장철근 탄성상태	0.001	185	5.41×10^{-6}	446		
인장철근 항복상태	0.001283	189	6.79×10^{-6}	551	ϕ_y	M_y
극한상태	0.0033	128	25.78×10^{-6}	564	ϕ_u	M_{ult}

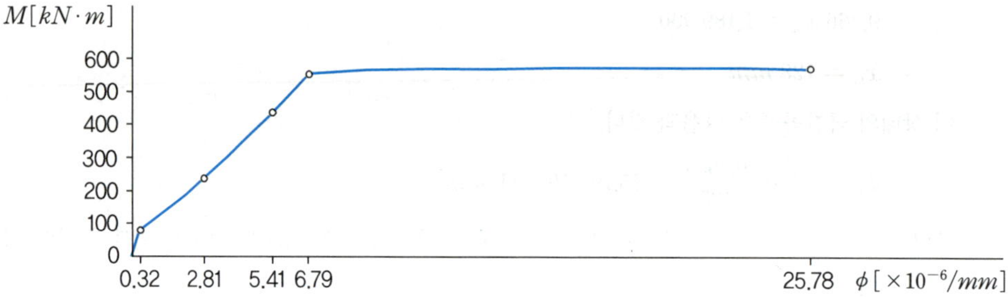

그림 4-81 휨모멘트-곡률 곡선

참고문헌

4.1 이재훈, “철근콘크리트 부재의 구조성능 실험자료”, 영남대학교 건설시스템공학과 콘크리트구조연구실 자료.

4.2 이재훈, “철근콘크리트 휨부재의 연성지수에 관한 해석적 연구”, 대한토목학회논문집, 제14권 3호, 1994년, pp 391–402.

4.3 한국콘크리트학회, 콘크리트구조 학회기준, 2017.

4.4 국토교통부, 한국콘크리트학회, KDS 14 20 콘크리트구조 설계기준, 기준 및 해설, 2021.

4.5 국토교통부, 한국교량및구조공학회, KDS 24 14 21 콘크리트교 설계기준(한계상태설계법), 기준 및 해설, 2023.

4.6 ACI Committee 318, *Building Code Requirements for Structural Concrete* (ACI 318–19) and Commentary (ACI 318R–19), American Concrete Institute, Farmington Hills, MI, 2019.

4.7 AASHTO, LRFD *Bridge Design Specifications*, 9th edition, American Association of State Highway and Transportation Officials, Washington, D.C., USA, 2020.

4.8 CEN, Eurocode 2: Design of Concrete Structures, European Committee for Standardization, 2004.

4.9 Hognestad, E., “A Study of Combined Bending and Axial Load in Reinforced Concrete Members,” Bulletin No 399, Engineering Experimental Station, University of Illinois, 1951, 128 pp.

4.10 Blume, J. A., Newmark, N. M., and Corning, L. H., “Design of Multistory Reinforced Concrete Buildings for Earthquake Motions,” Portland Cement Association, Chicago, 1961, 318 pp.

4.11 이재훈, 임강섭, 황도규, “성능 중심 설계기준을 위한 콘크리트 압축응력 분포”, 한국콘크리트학회논문집, 제23권 3호, 2011년 6월, pp 365–376.

4.12 CSA, *Design of Concrete Structures*(CSA Standard A23.3–04), Canadian Standard Association, Rexdale, Ontario, Canada, 2004.

4.13 JSCE, “Standard Specifications for Concrete Structures–2007, Design,” JSCE Guidelines for Concrete No. 15, Japan Society of Civil Engineers, Japan, 2007.

4.14 Gilbert, R. I., Time Effects in Concrete Structures, Elsevier, Amsterdam, Netherlands, 1988, 321 p.

4.15 Ghali, A. and Favre, R., *Concrete Structures : Stresses and Deformations,* 2nd edition, E & FN Spon, 2nd edition, London, UK, 1994, 444 p.

4.16 Mattock, A., Kriz, L. and Hognestad, E. “Rectangular Concrete Stress Distribution in Ultimate Strength Design,” *ACI Journal Proceedings,* Vol. 57, No. 8, Feb. 1961, pp. 875–926.

4.17 Lee, Jae–Hoon, “A Study on Analysis of Unbraced Reinforced Concrete Plane Frames with Slender Columns for Design Purposes,” Ph.D. Dissertation, Department of Civil and Environmental Engineering, University of Wisconsin–Madison, May, 1991, 235 p.

연습문제

4-1 일반적인 철근콘크리트 휨 부재가 하중 증가에 따라 파괴될 때까지 나타내는 하중-처짐 관계, 변형률 분포, 응력 분포의 변화를 설명하시오. **[정답: 4.1.1절 참조]**

4-2 모든 조건이 동일할 때 인장철근의 단면적이 증가하거나 항복강도가 증가하면 단면의 연성이 감소하는 이유를 평형조건과 적합조건(즉, 중립축의 위치와 인장철근의 변형률을 중심으로)을 이용하여 설명하시오.
[정답: 4.2.1절, 예제 4-10과 예제 4-12의 중립축 위치 참조]

4-3 모든 조건이 동일할 때 압축철근의 단면적이 증가하거나 항복강도가 증가하면 단면의 연성이 증가하는 이유를 평형조건과 적합조건(즉, 중립축의 위치와 인장철근의 변형률을 중심으로)을 이용하여 설명하시오.
[정답: 4.2.2절, 예제 4-10과 예제 4-15의 중립축 위치 참조]

4-4 모든 조건이 동일할 때 콘크리트의 압축강도가 증가하면 단면의 연성이 증가하는 이유를 평형조건과 적합조건(즉, 중립축의 위치와 인장철근의 변형률을 중심으로)을 이용하여 설명하시오.
[정답: 4.5.2절, 예제 4-10과 예제 4-11의 중립축 위치 참조]

4-5 저보강단면에서 인장철근의 항복강도 f_y가 2배가 되면 휨강도 M_n이 2배 가까이 증가하지만 콘크리트의 압축강도 f_{ck}가 2배가 되면 휨강도 M_n이 별로 증가하지 않는 이유를 인장력 T와 압축력 C, 그리고 팔길이 z의 관점에서 설명하시오. **[정답: 4.2.1절, 4.5.2절 참조]**

4-6 단철근 단면에 압축철근을 추가할 때 기대할 수 있는 효과를 설명하시오. **[정답: 4.2.2절 참조]**

4-7 단면의 폭 $b=480\ mm$, 전체깊이 $h=1{,}000\ mm$, 인장철근의 유효깊이 $d=900\ mm$, 압축철근의 유효깊이 $d'=100\ mm$인 연습문제 그림 4-1(a)의 직사각형 단면에 대하여 다음 (1)~(10)의 값을 구하시오. 콘크리트의 설계기준압축강도 f_{ck}와 철근의 설계기준항복강도 f_y는 조건 (a)~(f)의 6 가지 중 하나를 선택하시오.
[정답: 부록 E, 4.1절~4.6절 참조]

(1) 압축철근이 배치되지 않은 단철근 단면의 균형철근 단면적 A_{sb}

(2) 균형철근 단면적 A_{sb}의 1/2이 인장철근으로 배치된 단철근 단면의 공칭휨강도 M_{n2}

(3) 균형철근 단면적 A_{sb}의 1.5배가 인장철근으로 배치된 단철근 단면의 공칭휨강도 M_{n3}

(4) 인장철근 단면적 $A_s=0.5\ A_{sb}$이고 압축철근 단면적 $A_s'=0.5\ A_{sb}$인 단면의 공칭휨강도 M_{n4}

(5) 문제 (4) 단면을 대상으로 철근을 고려한 환산단면으로 계산한 전체단면의 단면2차모멘트 I_{gt}

(6) 문제 (5)의 단면2차모멘트 I_{gt}와 KDS 14 20 콘크리트구조 설계기준의 파괴계수를 적용한 균열휨모멘트 M_{cr}

(7) 문제 (4) 단면의 균열단면2차모멘트 I_{cr}

(8) 문제 (4) 단면에 공칭휨강도 M_{n4}와 균열휨모멘트 M_{cr}의 중간 값이 휨모멘트 M_s로 작용할 때, 균열단면의 콘크리트 압축연단의 응력 f_c와 인장철근의 응력 f_s 및 압축철근의 응력 f_s'

(9) 콘크리트의 크리프계수 ϕ_{cp}가 2.0일 때 문제 (4) 단면의 장기거동 균열단면2차모멘트 I_{crle}

(10) 콘크리트의 크리프계수 ϕ_{cp}가 2.0일 때 문제 (8)과 동일한 조건을 가진 단면에 휨모멘트 M_s가 지속하중으로

작용하는 경우, 균열단면의 콘크리트 압축연단의 응력 f_{cle}와 인장철근의 응력 f_{sle} 및 압축철근의 응력 f_{sle}'

[조건] (a) $f_{ck}=30\ MPa$ $f_y=400\ MPa$ (b) $f_{ck}=35\ MPa$ $f_y=500\ MPa$

(c) $f_{ck}=40\ MPa$ $f_y=500MPa$ (d) $f_{ck}=50\ MPa$ $f_y=500\ MPa$

(e) $f_{ck}=50\ MPa$ $f_y=600\ MPa$ (f) $f_{ck}=60\ MPa$ $f_y=600\ MPa$

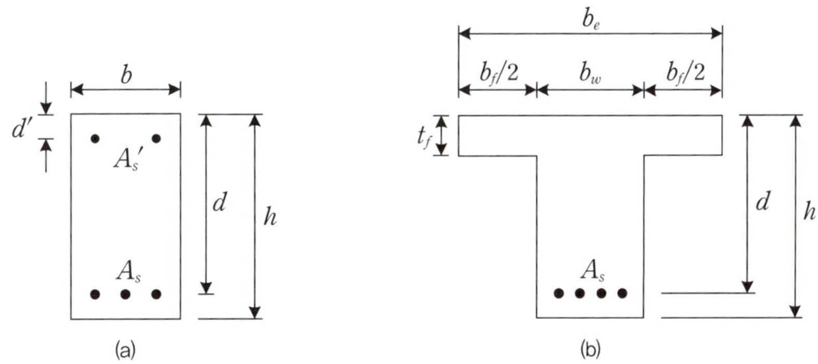

[연습문제 그림 4-1]

4-8 복부의 폭 b_w=400 mm, 플랜지 유효폭 b_e=800mm, 플랜지 두께 t_f=200 mm, 전체깊이 h=1,000 mm, 인장철근의 유효깊이 d=900mm인 연습문제 그림 4-1(b)의 T형 단면에 대하여 다음 (1)~(9)의 값을 구하시오. 콘크리트의 설계기준압축강도 f_{ck}와 철근의 설계기준항복강도 f_y는 연습문제 4-7의 조건 (a)~(f)의 6가지 중 하나를 선택하시오. **[정답: 부록 E, 4.1절~4.6절 참조]**

(1) 균형철근 단면적 A_{sb}

(2) 균형철근 단면적 A_{sb}의 1/2이 인장철근으로 배치된 단철근 단면의 공칭휨강도 M_{n2}

(3) 균형철근 단면적 A_{sb}의 1.5배가 인장철근으로 배치된 단철근 단면의 공칭휨강도 M_{n3}

(4) 문제 (2) 단면을 대상으로 철근을 고려한 환산단면으로 계산한 전체단면의 단면2차모멘트 I_{gt}

(5) 문제 (4)의 단면2차모멘트 I_{gt}와 KDS 14 20 콘크리트구조 설계기준의 파괴계수를 적용한 균열휨모멘트 M_{cr}

(6) 문제 (2) 단면의 균열단면2차모멘트 I_{cr}

(7) 문제 (2) 단면에 공칭휨강도 M_{n2}와 균열휨모멘트 M_{cr}의 중간 값이 휨모멘트 M_s로 작용할 때, 균열단면의 콘크리트 압축연단의 응력 f_c와 인장철근의 응력 f_s

(8) 콘크리트의 크리프계수 ϕ_{cp}가 2.0일 때 문제 (2) 단면의 장기거동 균열단면2차모멘트 I_{crle}

(9) 콘크리트의 크리프계수 ϕ_{cp}가 2.0일 때 문제 (7)과 동일한 조건을 가진 단면에 휨모멘트 M_s가 지속하중으로 작용하는 경우, 균열단면의 콘크리트 압축연단의 응력 f_{cle}와 인장철근의 응력 f_{sle}

제5장 휨강도의 설계검증

5.1 휨부재의 설계검증

'휨부재'는 휨모멘트만을 받는 부재가 아니라 휨모멘트와 전단력을 같이 받는 부재 중 전단력에 의한 변형을 무시할 수 있는 부재를 말한다. 그러나 전단변형을 무시할 수 있는 부재라고 해서 전단파괴가 발생하지 않는 것은 아니므로, 계수하중 이상의 하중에서 부재가 파괴될 때 취성인 전단 파괴가 발생하지 않도록 보강하여 연성인 휨 파괴를 유도하여야 한다. 또 엄밀한 의미의 '휨강도'는 축력이 작용하지 않는 상태에서 휨모멘트에 저항할 수 있는 능력만을 말하는 것이 아니라, 축력이 작용하는 상태에서 휨모멘트에 저항할 수 있는 능력도 포괄하는 용어이다. 다만 휨부재로 분류하는 부재에는 일반적으로 축력이 작용하지 않거나 축력이 작용하더라도 무시할 수 있는 정도이므로, 휨부재의 휨강도는 축력이 작용하지 않는 상태에서의 휨강도를 의미한다. 이 장에서는 휨부재의 설계 요구조건과 기본사항 및 휨강도의 설계검증에 대한 각 설계기준의 내용을 소개한다. 휨부재의 설계 중 균열이나 처짐 등 사용한계상태의 검증과 피로한계상태의 설계검증은 11장에서 다룬다.

5.1.1 휨부재의 설계 요구조건과 설계검증

표 5-1은 철근콘크리트 휨부재의 성능목표 및 설계검증 항목을 나타낸다. 휨부재의 설계에서는 세 가지 한계상태, 즉 극한한계상태 또는 강도한계상태, 사용한계상태, 피로한계상태에 대한 성능검증이 이루어져야 한다. 극한한계상태 또는 강도한계상태에서는 휨강도와 휨연성이 확보되어야 한다. 휨강도의 설계검증은 부재의 모든 위치에서 보유하고 있는 설계휨강도가 각 위치에 작용하는 계수휨모멘트

이상인 것을 확인하는 작업이다. 휨연성은 4장 4.2.1절에서 설명한 바와 같이 인장철근이 항복한 후에 콘크리트 압축부가 파괴되는 저보강 단면에서 발휘되므로, 휨연성의 설계검증은 인장철근의 단면적이 설계기준에서 규정하는 최대 인장철근단면적 이하인지 확인하는 작업으로 이루어진다. 또 부재가 균열이 발생한 후 즉시 파괴되면 휨연성을 보장할 수 없으므로, 인장철근의 단면적이 설계기준에서 규정하는 최소 인장철근단면적 이상인지 확인하는 작업도 휨연성의 설계검증에 포함된다. 그러나 설계기준에 따라서는 인장철근의 단면적을 직접적으로 제한하는 방법 외의 다른 방법으로 휨연성의 설계검증을 수행한다. 이에 대하여는 5.1.3절과 5.1.4절에서 설명한다.

사용한계상태에서의 휨부재에 대한 성능목표와 설계검증 항목은 네 가지로 분류할 수 있다. 첫째, 휨부재는 압축응력에 의한 과도한 장기변형, 즉 비선형의 크리프 변형이 발생하지 않아야 하며, 또한 압축응력에 의한 종방향균열이 발생하지 않아야 한다. 이에 대한 설계검증으로 설계기준에 따라서는 콘크리트의 압축응력을 최댓값 이하로 제어하도록 규정하고 있다. 둘째, 인장응력에 의한 콘크리트의 균열이 과도하게 발생하지 않아야 하므로, 균열폭을 계산하여 허용균열폭으로 규정된 값 이하인지 검증하거나 철근이 균열 제어용으로 규정된 허용간격 이하로 배치되었는지 검증한다. 셋째, 휨모멘트에 의한 변형이 과도하게 발생하지 않아야 하므로, 휨부재의 처짐이 허용처짐으로 규정된 값 이하인지 검증한다. 넷째, 반복하중이 작용하는 구조물은 진동이 심하지 않아야 하는데, 일반적으로 처짐 제어로써 간접적으로 진동에 대하여 검증한다. 또 반복하중에 의하여 부재가 파괴되지 않아야 하므로, 피로한계상태에서는 철근의 피로파괴에 대한 검증으로 응력범위가 허용값 이하인지 검증하거나 활하중, 즉 변동하중의 작용횟수가 허용값 이하인지 검증한다. 사용한계상태의 설계검증과 피로한계상태의 설계검증은 11장에서 자세히 다룬다.

표 5-1 철근콘크리트 휨부재의 성능목표 및 설계검증

한계상태	휨부재의 성능목표	설계검증 항목
극한한계상태 또는 강도한계상태	휨강도 확보	설계휨강도
	휨연성 확보	최대 인장철근단면적 최소 인장철근단면적
사용한계상태	압축응력에 의한 장기변형과 종방향균열 제어	압축응력(한계상태설계법) 규정 없음(강도설계법)
	인장응력에 의한 콘크리트의 균열 제어	균열폭 또는 철근간격
	휨모멘트에 의한 변형(변위) 제어	처짐
	반복하중에 의한 진동 제어	처짐 제어로 진동 검증
피로한계상태	반복하중에 의한 파괴 방지	철근의 피로파괴 응력범위

5.1.2 설계휨강도 결정법

부재의 강도성능은 공칭강도와 설계강도의 두 가지 형태로 표현된다. 공칭강도는 설계에서 재료의 기준강도를 선정하여 구조설계를 수행하면 시공에서 그 이상의 강도를 가진 재료가 사용된다는 가정에 따라 재료의 설계기준강도를 사용하여 해석한 강도를 말한다. 따라서 시공에서 사용되는 재료가 설계기준강도보다 큰 값을 갖도록 관리되어야 하므로, 실제 구조물의 강도는 공칭강도보다 큰 값을 갖는 것이 일반적이다. 만일 최소한의 요구강도인 설계기준강도를 갖는 재료로 구조물이 시공된 경우라면, 해석으로 구한 공칭강도는 실재 부재가 갖는 강도의 평균값에 해당한다. 휨강도의 경우에는 이 부재강도를 '공칭휨강도(nominal flexural strength)'라고 한다.

한편 부재의 강도가 공칭강도와 같다는 가정으로 설계하면 부재의 안전성능을 보장할 수 없으므로, 구조물의 설계에서는 안전성을 확보하기 위하여 공칭강도보다 작은 값의 설계강도를 사용한다. 설계강도는 정상적으로 설계되고 시공된 부재가 설계수명 동안 발휘할 수 있는 최소의 강도라는 의미를 갖는다. 이것은 재료강도의 변동성, 강도해석 방법의 신뢰성, 설계수명 동안의 환경조건에 따른 강도 저하의 가능성, 시공에서 부재의 치수와 강재의 배치 위치가 설계도와 정확하게 일치하지 않을 가능성 등을 고려한 것이다. 설계에서 강도의 검증은 휨모멘트, 휨모멘트와 축력의 합성작용, 축력, 전단력, 지압에 대하여 수행한다. 휨강도의 경우에는 이 부재강도를 '설계휨강도(design flexural strength)'라고 한다. 설계휨강도를 결정하는 방법은 다음과 같이 부재계수를 적용하는 방법과 재료계수를 적용하는 방법의 두 가지 형태가 사용된다.

[1] 부재계수를 적용한 설계휨강도

이 방법은 부재의 공칭휨강도를 해석하고 단면력 작용에 따라 달리 정해진 강도감소계수(또는 저항계수)를 곱하여 설계휨강도를 결정하는 방법이다. 단면력 작용에 따라 달리 정해진 강도감소계수란, 휨모멘트, 축력, 전단력, 지압 등에 대하여 각기 다른 값의 강도감소계수를 적용한다는 뜻이다. 이 방법은 연성으로 파괴되는 휨모멘트에 대하여는 상대적으로 큰 값을 적용하고, 상대적으로 취성의 파괴형태를 보이는 전단력이나 파괴결과가 전체 구조물의 붕괴에 크게 영향을 주는 기둥 등 압축부재의 축력에 대해서는 작은 값을 적용한다. 따라서 부재계수를 적용하는 방법은 부재파괴의 안전율 변동성을 간편하게 반영할 수 있는 장점이 있다. 이 방법은 콘크리트구조 학회기준(2017),[5.1] KDS 14 20 콘크리트구조 설계기준,[5.2] ACI 318 Code,[5.3] AASHTO-LRFD[5.4] 등에서 사용한다. 콘크리트구조 학회기준(2017)과 KDS 14 20 콘크리트구조 설계기준은 휨모멘트에 대한 강도감소계수로 0.85를 기본 값으로 하며, 연성이 낮은 휨부재에는 0.85보다 작은 값을 적용한다.

[2] 재료계수를 적용한 설계휨강도

이 방법은 구조물을 구성하는 재료의 특성을 고려하여 재료별로 각기 다른 값을 재료계수로 정하고, 이를 적용한 재료강도를 기반으로 설계휨강도를 해석하는 방법이다. 재료계수는 재료의 설계기준강도를

1.0보다 큰 값으로 나누는 부분안전계수(partial safety factor)의 형태나 재료의 설계기준강도에 1.0 이하의 값을 곱하는 저항계수(resistance factor) 또는 감소계수(reduction factor)의 형태로 적용한다. 이 방법은 철근콘크리트, 프리스트레스트 콘크리트, 강-콘크리트 합성구조 등 두 가지 이상의 재료로 구조물을 구성하는 합성구조의 특성을 합리적으로 반영할 수 있는 장점이 있다. 또 설계휨강도의 경우에는 부재의 연성이 감소하면 공칭휨강도에 대한 비율이 감소하여 연성이 자동적으로 반영되는 장점이 있다. 참고로 압축력만 작용하는 부재의 설계축압축강도는 축방향철근비가 0인 무근콘크리트 기둥일 때는 콘크리트의 재료계수와 같은 공칭축압축강도에 대한 비율을 나타내고, 축방향철근비가 증가하면 공칭축압축강도에 대한 비율이 증가하여 강재로만 구성된 기둥일 때는 강재의 재료계수와 같은 공칭축압축강도에 대한 비율을 나타낸다. 즉 재료의 구성 비율에 따라 공칭축압축강도에 대한 설계축압축강도의 비율이 결정되는 특징이 있다. 이 방법은 KDS 24 14 21 콘크리트교 설계기준(한계상태설계법),[5.5] Eurocode 2,[5.6] 캐나다의 콘크리트구조설계기준 CSA,[5.7] 한국콘크리트학회와 한국강구조학회가 공동 발간한 강-콘크리트 합성구조설계기준안[5.8]에 채택되어 있다. 한국 설계기준의 재료계수로는 콘크리트에 0.65, 철근과 프리스트레싱 강재에 0.9, 구조용 강재에 1.0을 적용한다.

한편 콘크리트구조 학회기준(2017)[5.1]은 부재의 설계강도를 결정할 때 부재계수의 강도감소계수를 적용하여 규정하도록 하고 있으나, 휨모멘트와 축력을 받는 부재의 설계휨강도와 설계축강도 해석에는 재료계수를 적용하여 설계강도를 결정할 수 있도록 '부록 II 재료계수를 적용한 휨 및 압축 부재의 별도 설계'를 추가로 규정하고 있다. 또 이를 반영한 KDS 14 20 콘크리트구조 설계기준[5.2]에서도 KDS 14 20 20의 '콘크리트구조 휨 및 압축 설계기준'에서 부록으로 재료계수의 적용을 허용한다.

5.1.3 최대 인장철근단면적 결정법

4장 4.2.1절에서 설명한 바와 같이 휨부재가 파괴될 때 연성거동을 보이기 위해서는 인장철근이 항복한 후에 콘크리트 압축부가 파괴되는 저보강 단면이어야 한다. 따라서 인장철근단면적이 너무 과도하게 배치되지 않도록 한계값 이하로 설계하여야 한다. 이 한계값을 최대 인장철근단면적이라고 한다. 최대 인장철근단면적을 결정하는 방법은 여러 가지가 있어서, 각 설계기준에 규정된 최대 인장철근단면적 조항이 달라 보이지만 기본적으로는 동일한 개념에 바탕을 두고 있다. 이 개념은 그림 5-1에 나타나 있다.

그림 5-1(a)는 최대 인장철근단면적 결정을 위한 한계변형률분포를 나타낸다. 이 한계변형률분포는 파괴 때의 인장철근 변형률 최소 한계값 $\varepsilon_{t,\,min}$을 규정하여, 단면 상단의 압축연단이 콘크리트의 극한변형률 ε_{cu}에 도달할 때 인장철근의 변형률이 $\varepsilon_{t,\,min}$ 이상의 값을 갖도록 한 것이다. 이 경우 압축연단에서 중립축까지의 깊이는 최대 c_{max}까지이다. 만일 압축철근도 배치된 복철근 단면이라면 압축철근에는 ε_s'의 변형률이 발생한다. 그림 5-1(b)는 복철근 단면의 내력을 나타내는데, 중립축의 깊이가 최대 중립축깊이 c_{max}와 같을 때 콘크리트 압축부에 압축력 최댓값 $C_{c,\,max}$와 압축철근에 압축력 최댓값 $C_{s,\,max}$가 작용한다. 이 압축력들에 대하여 인장철근에 작용하는 인장력이 평형을 이루어야 하므로 최대 인장철근단면적 $A_{s,\,max}$이 다음과 같이 결정된다. 물론 단철근 단면에서는 $C_{s,\,max}$가 0이다.

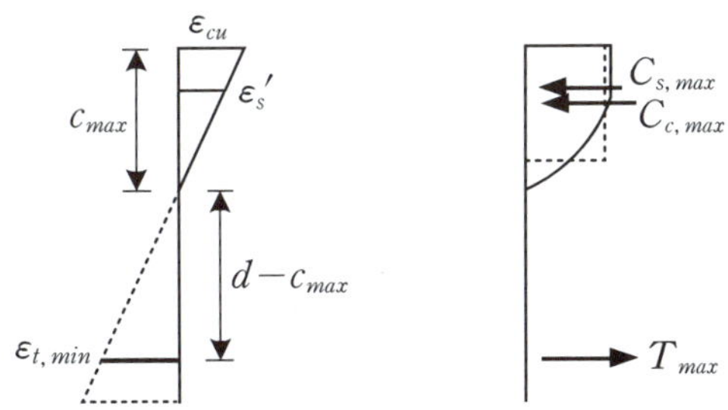

(a) 한계변형률분포　　　(b) 단면의 내력

그림 5-1 **최대 인장철근단면적 결정의 한계변형률분포와 내력**

$$T_{max} = C_{c,\,max} + C_{s,\,max} \tag{5·1}$$

$$A_{s,\,max} = \frac{T_{max}}{f_y} \tag{5·2}$$

그림 5-1(a)의 한계변형률분포를 기본으로 하여 최대 인장철근단면적을 규정하는 방법으로는 다음과 같은 직접적인 방법 또는 간접적인 방법이 있다.

- 균형철근비 ρ_b의 비율로 최대 인장철근단면적을 검증하는 방법
- 인장철근의 최소 허용변형률 $\varepsilon_{t,\,min}$로 최대 인장철근단면적을 검증하는 방법
- 유효깊이 d의 비율로 규정한 최대 허용중립축깊이 c_{max}로 최대 인장철근단면적을 검증하는 방법
- 한계변형률분포로 규정한 최대 허용중립축깊이 c_{max}로 최대 인장철근단면적을 검증하는 방법

이 방법들의 내용은 다음과 같다.

[1] 균형철근비의 비율로 최대 인장철근단면적을 검증하는 방법

4장 4.2.1절과 4.5.7절에 소개한 바와 같이, 직사각형 단면의 경우에는 콘크리트의 유효단면적 bd에 대한 균형철근 단면적 A_{sb}의 비율을 균형철근비(balanced steel ratio) ρ_b로 정의하여 앞의 식 (4·1)과 같이 나타낸다.

$$\rho_b = \frac{A_{sb}}{bd} \tag{4·1}$$

포물선–사각형 응력분포를 적용하여 4장 4.5.7절에 소개한 과정에 따라 단철근 직사각형 단면의 균형철근비를 수식으로 표현하면 다음과 같다.

$$\rho_b = \frac{\alpha(0.85 f_{ck})}{f_y}\,\frac{\varepsilon_{cu}}{\varepsilon_{cu} + \varepsilon_y} \tag{5·3}$$

등가직사각형 응력블록을 적용하면 다음과 같이 나타낼 수 있다.

$$\rho_b = \frac{\eta(0.85 f_{ck})\beta_1}{f_y}\,\frac{\varepsilon_{cu}}{\varepsilon_{cu} + \varepsilon_y} \tag{5·4}$$

4장 4.2.1절 그림 4-8(b)의 휨모멘트-곡률 곡선에 나타낸 바와 같이, 철근콘크리트 휨부재가 이 균형철근비 ρ_b보다 작은 인장철근비를 갖게 하면 최소한의 연성을 확보할 수 있다. 예를 들면 최대 인장철근비 ρ_{max}를 ρ_b의 0.75배로 제한하는 것이다. 복철근 직사각형 단면에서는 압축철근 단면적이 증가할수록 연성이 증가하고, 압축철근 단면적만큼 인장철근 단면적을 증가시키면 단철근 단면과 동일한 연성이 나타나므로 최대 인장철근비 ρ_{max}를 다음과 같이 규정할 수 있다. 여기서 ρ'은 압축철근비이다.

$$\rho_{max} = 0.75\,\rho_b + \rho' \tag{5·5}$$

이 방법은 과거의 토목분야 및 건축분야의 구조설계기준, 건축분야와 토목분야의 통합된 콘크리트구조설계기준(1999, 2003), 1999년도 판까지의 과거 ACI 318 Code, 과거의 미국 교량설계기준이었던 AASHTO-Standard[5.9]에 적용하던 방법으로, 인장철근단면적을 직접 비교하고 판단하여 인장철근량의 수준을 쉽게 알 수 있는 장점이 있다. 그러나 이 방법은 직사각형 단면 거동을 보이지 않는 단면에는 합리적으로 적용되기 어렵다. 즉, 직사각형 이외의 형상을 갖는 단면에서는 단면의 폭 b로 어떤 값을 적용하여야 하는지 명확하지 않고 일관성 있는 결과를 제공하지도 않는다는 것이다. 예를 들면, T형 단면에서는 유효폭과 복부폭 중 어떤 폭을 단면의 폭 b로 적용하여야 하는지 논란이 되며, 사다리꼴, 삼각형, 원형 등의 단면에서는 유효단면적 bd를 어떻게 결정하여야 하는지가 불명확하다는 것이다.

[2] 인장철근의 최소 허용변형률로 최대 인장철근단면적을 검증하는 방법

이 방법은 그림 5-1(a)의 한계변형률분포에 나타낸 변수 중에서 인장철근의 변형률을 기준으로 인장철근단면적을 제한하는 것이다. 즉, 인장철근의 최소 허용변형률 $\varepsilon_{t,\,min}$을 규정하고, 극한상태에서 인장철근의 변형률이 $\varepsilon_{t,\,min}$ 미만이 되지 않도록 제한하여 너무 많은 인장철근을 사용하지 않도록 하는 것이다. 이 방법은 2007년도 판부터의 콘크리트구조기준과 2002년도 판부터의 ACI 318 Code에 채택된 방법이다.

콘크리트구조 학회기준(2017)[5.1]과 KDS 14 20 콘크리트구조 설계기준[5.2]은 철근의 설계기준항복강도가 400 MPa 이하인 경우 인장철근의 최소 허용변형률 $\varepsilon_{t,\,min}$을 다음과 같이 규정하고 있다.

$$\varepsilon_{t,\,min} = 0.004 \tag{5·6}$$

이 제한 규정에 따라 단철근 직사각형 단면의 최대철근비 ρ_{max}를 구하면 인장철근의 항복강도가 300~400 MPa인 경우 ρ_b 의 0.64~0.71배가 된다. 한편 SD400 철근의 항복변형률 ε_y가 0.002이므로, $\varepsilon_{t,\,min}$의 값 0.004는 항복변형률의 2배에 해당한다. 그러나 고강도철근의 경우에는 항복변형률이 증가하여, SD500 철근의 ε_y는 0.0025이고 SD600 철근의 ε_y는 0.003이다. 따라서 고강도철근을 사용한 부재에 대하여도 $\varepsilon_{t,\,min}$를 0.004로 한다면, 인장철근의 항복 후 단면의 파괴까지 나타내게 될 변형의 여유가 감소하게 된다. 이러한 사실을 반영하여 고강도철근을 사용한 부재도 유사한 연성을 확보할 수 있도록, 콘크리트구조 학회기준(2017)과 KDS 14 20 콘크리트구조 설계기준은 철근의 설계기준항복강도가 400 MPa을 초과하는 경우 다음과 같이 철근 항복변형률의 2배를 인장철근의 최소 허용변형률

$\varepsilon_{t,\,min}$로 규정하였다.

$$\varepsilon_{t,\,min} = 2\varepsilon_y \tag{5·7}$$

ACI 318 Code에서는 2014년도 판까지 철근의 항복강도와 관계없이 식 (5·6)의 0.004를 $\varepsilon_{t,\,min}$로 규정하였으나, 2019년도 판에서 고강도철근을 적용하기 위하여 개정하였다. 즉, 2019년 ACI 318 Code[5.3]는 그 이전 기준에서 0.005의 상수로 규정했었던 인장지배변형률 한계 $\varepsilon_{ttc,\,min}$을 다음과 같이 철근의 항복변형률을 변수로 하는 수식으로 개정하고, 인장철근의 최소 허용변형률 $\varepsilon_{t,\,min}$으로도 인장지배변형률 한계 $\varepsilon_{ttc,\,min}$와 같은 한계를 적용하도록 개정하였다.

$$\varepsilon_{ttc,\,min} = \varepsilon_y + 0.003 \tag{5·8}$$

인장지배변형률 한계 $\varepsilon_{ttc,\,min}$에 대해서는 5.2.1절에 설명되어 있다.

[3] 유효깊이의 비율로 규정한 최대 허용중립축깊이로 최대 인장철근단면적을 검증하는 방법

이 방법은 그림 5-1(a)의 한계변형률분포에 나타낸 변수 중에서 중립축의 깊이를 기준으로 인장철근단면적을 제한하는 것이다. 즉, 압축연단에서 중립축까지의 최대깊이 c_{max}를 규정하고, 극한상태에서 중립축이 c_{max}를 초과하지 않도록 제한하여 너무 많은 인장철근을 사용하지 않도록 하는 것이다. 이 방법은 과거의 AASHTO-LRFD(1994, 1998)에 채택되었던 방법이며, Eurocode 2에 간접적으로 규정된 방법이다. 과거의 AASHTO-LRFD(1994, 1998)는 최대 허용중립축깊이 c_{max}를 다음과 같이 유효깊이 d의 비율로 규정하였다.

$$c_{max} = 0.42\,d \tag{5·9}$$

이 제한 규정에 따른 단철근 직사각형 단면의 최대철근비 ρ_{max}는 인장철근의 항복강도가 400 MPa인 철근의 경우 ρ_b의 0.7배가 된다. 즉, AASHTO-LRFD에서 콘크리트의 극한변형률로 0.003을 사용하도록 하고 있고 항복강도가 400 MPa인 철근의 항복변형률 ε_y이 0.002이므로, 균형변형률 상태의 중립축 깊이 c_b는 d의 0.6배이다. 이 균형변형률 중립축 깊이 0.6 d의 0.7배를 취하면 0.42 d가 된다.

한편 Eurocode 2[5.6]는 최대 인장철근단면적을 명시적으로 규정하지는 않지만, 휨모멘트 재분배 규정을 통하여 간접적으로 인장철근단면적을 제한한다. 즉, 콘크리트 설계기준압축강도 f_{ck}가 50 MPa 이하인 부재를 예로 들면, 다음과 같이 상수의 k_1, 콘크리트 극한변형률 ε_{cu}의 함수로 표현된 k_2, 극한상태의 중립축 깊이 x_u, 유효깊이 d를 이용하여 재분배되고 남은 휨모멘트 비율 δ을 규정하고 있다.

$$\delta \geq k_1 + k_2 \frac{x_u}{d} \tag{5·10}$$

$$\delta \geq 0.44 + 1.25\left(0.6 + \frac{0.0014}{\varepsilon_{cu}}\right)\frac{x_u}{d} \tag{5·11}$$

Eurocode 2에서는 f_{ck}가 50 MPa 이하일 때 콘크리트 극한변형률 ε_{cu}로 0.0035을 사용하도록 하고 있으므로, 휨모멘트 재분배를 하지 않는 경우, 즉 δ를 1.0으로 할 때 중립축 깊이 x_u를 최대 허용중립축깊이 c_{max}로 나타내면 다음과 같게 된다.

$$c_{max} = x_u = \frac{\delta - k_1}{k_2} d = \frac{1-0.44}{1.25} d = 0.448\, d \tag{5·12}$$

이것은 단철근 단면에서 극한상태의 중립축 깊이가 0.448 d인 최대 허용중립축깊이 c_{max}보다 크게 될 때, 콘크리트 단면의 크기를 증가시키지 않으려면 압축철근을 추가한 복철근 단면으로 설계하여 연성을 높여야 한다는 의미이다. 또한 휨모멘트 재분배는 충분한 연성능력이 확보된 연속부재에만 적용할 수 있으므로, 1.0 미만의 δ 값으로 휨모멘트 재분배를 적용하고 싶으면 중립축 깊이 x_u의 값이 작은 단면으로 설계하라는 의미이다.

[4] 한계변형률분포로 규정한 최대 허용중립축깊이로 최대 인장철근단면적을 검증하는 방법

이 방법은 이준석 등[5.10]이 제안한 방법으로, 그림 5-1(a)의 한계변형률분포를 그림 5-2(a)와 같은 균형변형률 상태의 한계변형률분포로 정의하고 그림 5-2(b)에 나타낸 재료계수를 적용한 내력으로 최대 인장철근 단면적 $A_{s,\,max}$를 구하는 방법이다. 인장철근의 한계변형률은 설계항복변형률 ε_{yd}로 한다. 그림 5-2(c)에 나타난 바와 같이, 설계항복변형률 ε_{yd}는 철근의 응력-변형률 곡선에 철근의 재료계수 ϕ_s를 적용한 설계응력-변형률 곡선에서의 설계항복점 변형률로서 다음과 같이 정의된다.

$$\varepsilon_{yd} = \phi_s\, \varepsilon_y \tag{5·13}$$

이 경우 최대 허용중립축깊이 c_{max}는 다음과 같다.

$$c_{max} = \frac{\varepsilon_{cu}}{\varepsilon_{cu} + \varepsilon_{yd}} d = \frac{\varepsilon_{cu}}{\varepsilon_{cu} + \phi_s\, \varepsilon_y} d \tag{5·14}$$

이와 같이 하면 앞의 [3]과 같이 중립축의 깊이를 기준으로 인장철근단면적을 제한하는 것과 개념적으로는 같은 방법이 되는데, 재료계수를 적용한 내력으로 최대인장철근 단면적을 구한다는 것에서 차이가 있다. 즉, 그림 5-2(a)와 같은 균형변형률 상태에 대하여 그림 5-2(b)의 재료계수를 적용한 내력은 직사각형 단면의 경우 각각 다음과 같다.

$$\phi_c\, C_{c,\,max} = \phi_c\, \alpha(0.85\, f_{ck}) b c_{max} \tag{5·15}$$

$$\phi_s\, C_{s,\,max} = \phi_c\, A_s'(f_s' - 0.85\, f_{ck}) \tag{5·16}$$

$$\phi_s\, T_{max} = \phi_s\, A_{s,\,max} f_y \tag{5·17}$$

재료계수를 적용한 내력에 대하여 평형조건을 적용하면 다음과 같이 평형방정식을 구성할 수 있다.

$$\phi_s\, T_{max} = \phi_c\, C_{c,\,max} + \phi_s\, C_{s,\,max} \tag{5·18}$$

단철근 직사각형 단면의 경우에는 압축철근 항이 삭제된 다음의 평형방정식을 구성한다.

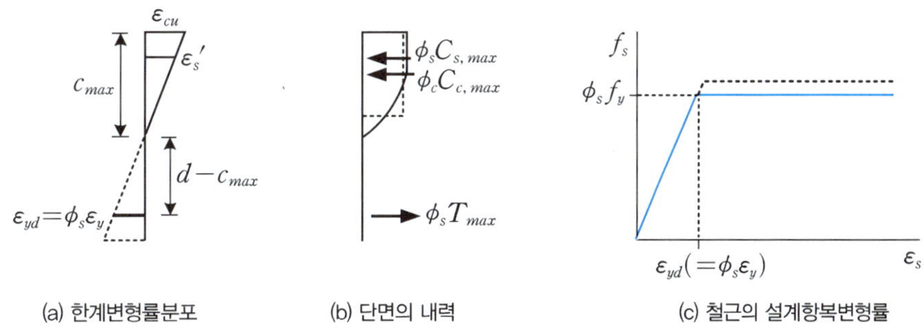

그림 5-2 **최대 인장철근단면적 결정의 한계변형률분포와 내력 및 철근의 설계항복변형률**

$$\phi_s T_{max} = \phi_c C_{c,max} \tag{5·19}$$

이 평형방정식의 해로 최대인장철근 단면적 $A_{s,max}$를 구하고 유효단면적 bd로 나누어 철근비로 표현하면, 최대 허용인장철근비 ρ_{max}를 다음과 같이 얻게 된다.[5.10] 여기서 α는 포물선-사각형 응력분포의 유효계수이다.

$$\rho_{max} = 0.85\,\alpha\frac{\phi_c}{\phi_s}\frac{f_{ck}}{f_y}\frac{\varepsilon_{cu}}{\varepsilon_{cu}+\varepsilon_{yd}} = 0.85\,\alpha\frac{\phi_c}{\phi_s}\frac{f_{ck}}{f_y}\frac{\varepsilon_{cu}}{\varepsilon_{cu}+\phi_s\varepsilon_y} \tag{5·20}$$

최대 허용인장철근비 ρ_{max}를 균형철근비 ρ_b의 비율로 표현하면 대략 다음과 같이 나타낼 수 있다.

$$\rho_{max} \approx \frac{\phi_c}{\phi_s}\left(\frac{\varepsilon_{cu}+\varepsilon_y}{\varepsilon_{cu}+\phi_s\varepsilon_y}\right)\rho_b \tag{5·21}$$

한국 설계기준에서 콘크리트와 철근의 재료계수는 각각 0.65와 0.9이므로,[5.1, 5.2, 5.5] 최대철근비 ρ_{max}는 대략 ρ_b의 0.75배가 된다. 단, 콘크리트의 극한변형률 ε_{cu}는 콘크리트 설계기준압축강도에 따라 값이 다르므로, 여기서 말하는 ρ_b는 특정 설계기준에 따른 값이 아니라 일반적으로 표현되는 균형철근비라는 의미이다.

KDS 24 14 21 콘크리트교 설계기준(한계상태설계법)[5.5]은 식 (5·14)의 최대 허용중립축깊이 c_{max}로 최대 인장철근단면적을 검증하도록 규정하고 있으며, 콘크리트구조 학회기준(2017)과 KDS 14 20 콘크리트구조 설계기준의 부록에서도 재료계수를 적용하여 설계휨강도를 결정할 때 식 (5·14)의 최대 허용중립축깊이 c_{max}로 최대 인장철근단면적을 검증하도록 규정하고 있다.

5.1.4 최소 인장철근단면적 결정법

철근콘크리트 휨부재에 너무 적은 양의 인장철근이 배치되면 파괴가 임박하였다는 징후가 나타남과 동시에 급작스럽게 파괴되는 취성거동을 보인다. 4장 4.1.1절에서 휨부재의 거동으로 그림 4-1을 참조하여 설명한 바와 같이, 휨모멘트가 작용하기 시작하는 초기에는 콘크리트 인장부와 인장철근이 같이 인장응력을 받으면서 휨모멘트에 저항한다. 이때에는 예제 4-18 풀이 (2)항에 나타난 바와 같이, 균열 발생

직전의 상태에서 인장철근에 작용하는 인장력 T_s가 콘크리트에 작용하는 인장력 T_c에 비하여 매우 작은 것이 일반적이다. 그러나 휨모멘트가 증가하여 콘크리트 인장연단에서 발생한 균열이 인장철근의 위치까지 진전되면 인장철근에 작용하는 인장력이 급격히 증가한다. 이것은 균열 발생 전에 콘크리트 인장부가 저항하던 인장력을 인장철근이 모두 저항하기 때문이다. 이때 만일 매우 적은 양의 인장철근이 배치된 경우라면, 균열의 발생과 동시에 인장철근의 변형률과 응력이 매우 급격하게 증가하여 인장철근이 항복한 후 소성상태가 된다. 인장철근이 소성상태가 된 단면은 인장부의 변형률이 급격히 증가하고, 즉시 압축연단 변형률이 콘크리트의 극한변형률에 도달하는 파괴상태가 된다. 이러한 거동은 매우 빠르게 진행되므로, 매우 적은 양의 인장철근이 배치된 휨부재는 콘크리트 인장부에 균열이 발생하면서 즉시 파괴된다. 이는 취성인 파괴거동이며 매우 바람직하지 않은 파괴형태이다.

따라서 철근콘크리트 휨부재의 취성파괴를 방지하기 위한 조치로, 균열이 발생한 후에도 즉시 파괴되지 않도록 최소한의 단면적을 갖는 인장철근을 배치하여야 한다. 이러한 목적으로 정의된 인장철근단면적을 최소 인장철근단면적이라고 한다. 최소 인장철근단면적을 규정하는 방법으로는 다음과 같은 직접적인 방법 또는 간접적인 방법이 있다.

- 설계휨강도 M_d가 무근콘크리트 단면의 균열휨모멘트 M_{cr}보다 크도록 비율을 규정하고, 그 조건을 만족하도록 하여 최소 인장철근단면적을 검증하는 방법
- 최소 인장철근단면적 $A_{s,\,min}$을 계산하는 식을 규정하고, 인장철근의 단면적이 최소 인장철근단면적 이상임을 검증하는 방법
- 인장부재의 최소 인장철근단면적을 휨부재로 확장한 방법

이 방법들의 내용은 다음과 같다.

[1] 설계휨강도와 균열휨모멘트의 비율 조건으로 최소 인장철근단면적을 검증하는 방법

이 방법은 최소한의 단면적을 갖는 인장철근을 배치하는 목적을 요구성능(demand)의 형태로 표현하는 방식이다. 즉 다음 식을 만족하도록 인장철근을 배치하라는 것으로, 설계휨강도 M_d 또는 ϕM_n이 무근콘크리트 단면의 균열휨모멘트 M_{cr}의 α배 이상이 되도록 하라는 것이다. α로는 1.0을 초과하는 값을 적용한다.

$$M_d \geq \alpha M_{cr} \tag{5·22}$$

이 방법은 콘크리트구조 학회기준(2017)[5.1]과 KDS 14 20 콘크리트구조 설계기준[5.2]에서 철근콘크리트와 프리스트레스트 콘크리트 휨부재의 요구조건 규정으로 채택되었으며, ACI 318 Code[5.3]와 KDS 24 14 21 콘크리트교 설계기준(한계상태설계법)[5.5]에서는 프리스트레스트 콘크리트 휨부재에 대해서만 요구조건 규정으로 채택되어 있다.

과거의 콘크리트구조기준에서는 다음 [2]에 소개하는 방법으로 ACI 318 Code와 동일하게 최소 인장철근단면적을 $A_{s,\,min}$을 규정했었지만, 콘크리트구조 학회기준(2017)과 KDS 14 20 콘크리트구조 설계

기준은 식 (5 ·22)를 만족하도록 개정하였고 α값으로 1.2를 적용하도록 하였다. 이것은 다음 [2]항에서 소개하는 $A_{s,\,min}$ 수식을 적용한 검증법이 항상 일관된 결과를 제공하지는 않는다는 판단에 따른 것이다. 즉, 이전의 콘크리트구조기준에 따라 식 (5 ·30)과 식 (5 ·31)의 $A_{s,\,min}$을 적용한 다양한 형상을 가진 직사각형 단면과 T형 단면에 대하여 식 (5 ·22)의 α값을 구해 보면 단면의 형상에 따라 변동폭이 매우 큰 값들로 나타난다는 것이다. 따라서 콘크리트구조 학회기준(2017)과 KDS 14 20 콘크리트구조 설계기준은 일관성 있는 설계를 유도하기 위하여 철근콘크리트에 대하여도 설계휨강도와 균열휨모멘트의 비율 조건으로 검증하는 방법을 채택하였고, α값을 1.2로 규정함으로써 철근콘크리트와 프리스트레스트 콘크리트에 동일하게 적용하도록 하였다.

한편 ACI 318 Code는 부착긴장재(bonded prestressing reinforcement)를 가진 프리스트레스 콘크리트 부재에는 α를 1.2로 한 식 (5 ·22)을 만족하도록 철근과 긴장재 전체량이 배치되어야 한다고 규정하고 있다. KDS 24 14 21 콘크리트교 설계기준(한계상태설계법)은 비부착 긴장재를 사용하거나 외부 긴장 방식으로 긴장하는 프리스트레스 콘크리트 부재에 대하여 1.15의 α값을 적용하여 휨강도가 균열휨모멘트의 1.15배 이상이 되도록 규정하고 있다.

[2] 휨부재의 인장철근단면적이 최소 인장철근단면적 이상임을 검증하는 방법

이 방법은 배치되는 인장철근단면적을 설계기준에서 규정하는 최소 인장철근단면적 $A_{s,\,min}$과 직접 비교하여 검증하는 형식이다. 설계기준에서 $A_{s,\,min}$은 식 (5 ·22)를 만족하는 인장철근단면적의 최솟값을 수식으로 표현한 것으로, 다음의 과정으로 유도할 수 있다. 먼저 최소 인장철근단면적 $A_{s,\,min}$을 갖는 단면의 설계휨강도 M_d를 구하면 다음과 같다.

$$M_d = \phi A_{s,\,min} f_y\, z \tag{5 ·23}$$

여기서 z는 단면의 압축내력과 인장내력 사이의 팔길이이다. 무근콘크리트 단면의 균열휨모멘트 M_{cr}은 다음과 같다.

$$M_{cr} = \frac{f_{ct} I_g}{y_t} = f_{ct}\; C\left(\frac{b_w h^3/12}{h/2}\right) = f_{ct}\, C\left(\frac{b_w h^2}{6}\right) \tag{5 ·24}$$

여기서 C는 단면의 폭이 b_w이고 높이가 h인 직사각형 난면의 단면상수 $b_w h^2/6$에 대한 비율이다. 즉, 직사각형 단면의 C 값은 1.0이며, 복부폭이 b_w이고 높이가 h인 T형 단면의 경우에는 인장연단에 대한 단면상수 I_g/y_t가 $b_w h^2/6$보다 크므로 C 값은 1.0보다 크다. 이 두 시을 식 (5 ·22)에 대입하여 정리하고, M_d가 $\alpha\, M_{cr}$와 같다는 조건의 최소 인장철근단면적 $A_{s,\,min}$을 구하면 다음과 같다.

$$A_{s,\,min} = \frac{0.167\,\alpha\, f_{ct}\, C b_w h^2}{\phi f_y z} \tag{5 ·25}$$

여기서 α의 값을 1.0으로, 휨에 대한 강도감소계수로 ϕ의 값을 0.9로 하고, 팔길이 z가 0.95 d와 같다고 가정하면, $A_{s,\,min}$은 다음과 같이 나타낼 수 있다.

$$A_{s,\,min} = \frac{0.195 f_{ct}}{f_y}\left(\frac{h}{d}\right)^2 C b_w d \tag{5·26}$$

직사각형 단면의 경우, C가 1.0이고 단면높이와 유효깊이의 비 h/d가 1.05~1.20이라면, 콘크리트의 인장강도 f_{ct}를 파괴계수 f_r인 $0.63\sqrt{f_{ck}}$로 취했을 때 식 (5·26)은 다음과 같게 된다.

$$A_{s,\,min} = (0.135 \sim 0.177)\frac{\sqrt{f_{ck}}}{f_y} b_w d \tag{5·27}$$

플랜지가 압축응력을 받는 T형 단면의 경우, 일반적인 크기와 형상을 갖는 T형 단면의 C가 1.3~1.6의 범위에 있으므로 1.5의 값을 취하고 h/d가 1.05~1.20이라면,[5.11] f_{ct}를 f_r인 $0.63\sqrt{f_{ck}}$로 취했을 때 식 (5·26)은 다음과 같게 된다.

$$A_{s,\,min} = (0.203 \sim 0.265)\frac{\sqrt{f_{ck}}}{f_y} b_w d \tag{5·28}$$

플랜지가 인장응력을 받는 T형 단면의 경우, 일반적인 크기와 형상을 갖는 T형 단면의 C가 3.0~4.0의 범위에 있으므로 3.5의 값을 취하고 h/d가 1.05~1.20이라면,[5.11] f_{ct}를 f_r인 $0.63\sqrt{f_{ck}}$로 취했을 때 식 (5·26)은 다음과 같게 된다.

$$A_{s,\,min} = (0.474 \sim 0.619)\frac{\sqrt{f_{ck}}}{f_y} b_w d \tag{5·29}$$

이와 같은 배경에서 ACI 318 Code는 최소 인장철근단면적 $A_{s,\,min}$를 결정하는 두 개의 식 중 주된 식을 다음과 같이 규정하고 있다.

$$A_{s,\,min} = \frac{0.25\sqrt{f_{ck}}}{f_y} b_w d \tag{5·30}$$

이 식은 플랜지가 압축응력을 받는 T형 단면에 대한 식 (5·28)을 대표하는 식이다. ACI 318 Code의 두 번째 $A_{s,\,min}$ 식은 다음과 같다.

$$A_{s,\,min} = \frac{1.4}{f_y} b_w d \tag{5·31}$$

이 식은 낮은 강도의 콘크리트를 사용하던 시절에 ACI 318 Code의 $A_{s,\,min}$으로 규정되었던 식인데, 콘크리트 압축강도를 반영한 식 (5·30)이 추가되면서 두 식으로 계산한 값 중 큰 값을 $A_{s,\,min}$으로 결정하도록 하였다. 플랜지가 인장응력을 받는 T형 단면에 대해서는 식 (5·30)에서 b_w 대신 $2b_w$의 값을 대입하도록 규정하고 있다. 이렇게 하면 b_w를 기준으로 할 때 계수가 0.5가 되어, 계산된 결과가 식 (5·29)를 대표하도록 한 것이다. 이와 같은 내용은 과거 한국의 콘크리트구조기준에서 ACI 318 Code와 동일하게 규정되었었다.

한편 실제 구조물에서는 보의 형상이 직사각형인 경우가 매우 드믄데, 직사각형 단면에 식 (5·30)을 적용하는 경우에는 식 (5·27)의 계수 범위인 0.135~0.177보다 큰 값인 0.25를 적용함으로써 α가 1.41~1.85의 값을 갖는 보수적인 결과를 제공하게 된다. 형상이 직사각형인 부재로는 슬래브나 기초판 등이 대표적인데, 이 경우 식 (5·27)을 h의 함수로 표현하면 다음과 같게 된다.

$$A_{s,\,min} = \frac{0.130\sqrt{f_{ck}}}{f_y} b_w h \tag{5·32}$$

이 식은 식 (5·25)에 α의 값을 1.0, f_{ct}를 f_r인 $0.63\sqrt{f_{ck}}$로, C를 1.0으로, 휨에 대한 강도감소계수로 ϕ의 값을 0.9로 하고, 팔길이 z가 $0.9\,h$와 같다고 가정하여 대입한 결과이다. 이 식에 따르면 f_y가 증가하면 $A_{s,\,min}$이 감소하고 f_{ck}가 증가하면 $A_{s,\,min}$이 증가한다. 예를 들면 f_{ck}가 21 MPa일 때, f_y가 300 MPa인 경우에는 $b_w h$ 앞의 계수 값이 0.002가 되고 f_y가 400 MPa인 경우에는 $b_w h$ 앞의 계수 값이 0.0015가 된다. f_{ck}가 30 MPa일 때, f_y가 400 MPa인 경우와 500 MPa인 경우에는 $b_w h$앞의 계수 값이 각각 0.0018과 0.0014가 된다. 이를 단순화하여, 콘크리트구조 학회기준(2017)과 KDS 14 20 콘크리트구조 설계기준은 1방향 철근콘크리트 슬래브의 최소 수축·온도 철근비를 f_y가 400 MPa 이하인 이형철근을 사용하는 경우 0.002로, f_y가 400 MPa를 초과하는 이형철근이나 용접철망을 사용하는 경우에는 0.002에 수정계수를 적용한 $0.002 \times 400/f_y$로 규정하고 있다. ACI 318 Code도 개념을 동일하지만, f_y가 420 MPa인 Grade 60 철근을 기준으로 하여, 420 MPa 미만에는 0.002를, f_y가 420 MPa 이상인 경우는 $0.0018 \times 420/f_y$로 규정하고 있다. 단, 콘크리트구조 학회기준(2017), KDS 14 20 콘크리트구조 설계기준, ACI 318 Code는 모두 최소 수축·온도 철근비가 0.0014 이상이어야 한다고 규정하고 있다.

[3] 인장부재의 최소 인장철근단면적을 휨부재로 확장한 방법

이 방법은 앞의 [2]와 개념적으로 동일한 방법이지만 철근콘크리트 인장부재의 최소 인장철근단면적을 결정하는 개념을 바탕으로 하여 휨부재로 적용범위를 확장한 것으로, KDS 24 14 21 콘크리트교 설계기준(한계상태설계법)[5.5]과 Eurocode 2[5.6]에 채택된 것이다.

인장부재에서 콘크리트 단면에 균열이 발생하는 균열축인장력 N_{cr}과 최소 인장철근단면적을 갖는 단면의 공칭축인장강도 N_n은 각각 다음과 같다. 여기서 f_{ctm}은 콘크리트의 평균인장강도이다.

$$N_{cr} = A_{ct} f_{ctm} \tag{5·33}$$

$$N_n = A_{s,\,min} f_y \tag{5·34}$$

이 두 식을 같다고 놓으면 N_n이 N_{cr} 이상이 될 최소 인장철근단면적 $A_{s,\,min}$은 다음과 같다.

$$A_{s,\,min} = \frac{f_{ctm}}{f_y} A_{ct} \tag{5·35}$$

휨부재에 대해서도 식 (5·25)의 $A_{s,\,min}$를 표현할 때, 콘크리트의 인장강도 f_{ct}를 평균인장강도 f_{ctm}으로 하고, 휨부재의 유효단면적 $b_w h$ 대신에 첫 균열이 발생하기 직전 상태에서 인장응력을 받는 인장영역 단면적 A_{ct}로 나타내면 식 (5·25)와 동일한 형태에 계수 α_3이 추가된 다음의 형태로 나타낼 수 있다.

$$A_{s,\,min} = \frac{\alpha_3 f_{ctm}}{f_s} A_{ct} \tag{5·36}$$

즉, 식 (5·25)에서 α와 C의 값을 1.0으로, f_{ct}를 평균인장강도 f_{ctm}로, 공칭강도를 기준으로 하므로 ϕ의 값을 1.0으로 하고, 팔길이 z가 $0.9\,d$이고 유효 깊이 d가 $0.95\,h$와 같아서 결국 z가 $0.855\,h$와 같다고 가정하여 대입하면, $A_{s,\,min}$은 다음과 같이 나타낼 수 있다.

$$A_{s,\,min} = \frac{0.195\, f_{ctm}}{f_y}\, b_w h \tag{5·37}$$

철근콘크리트 직사각형 단면의 경우 균열이 발생하기 직전 상태에서 인장응력을 받는 인장영역 단면적 A_{ct}는 전체 단면적 $b_w h$의 대략 1/2이므로, 식의 $b_w h$에 $2A_{ct}$를 대입하면 다음과 같이 된다.

$$A_{s,\,min} = 0.39\, A_{ct} \frac{f_{ctm}}{f_y} \tag{5·38}$$

KDS 24 14 21 콘크리트교 설계기준(한계상태설계법)과 Eurocode 2는 철근콘크리트 부재의 균열을 제어하기 위한 최소 인장철근단면적 $A_{s,\,min}$을 다음과 같이 규정하고 있다.

$$A_{s,\,min} = k_c k A_{ct} \frac{f_{cte}}{f_s} \tag{5·39}$$

이 식은 균열 직전의 콘크리트 인장력과 균열 직후의 철근 인장력이 같다는 평형조건으로 유도한 것이다. 이 규정은 취성파괴를 방지하기 위한 최소 인장철근단면적의 배치뿐만 아니라 균열폭을 제어하기 위한 목적에도 적용하도록 철근의 인장응력을 f_s로 표현하고, f_s로 항복응력 f_y를 적용하거나 필요할 때는 항복응력보다 낮은 응력을 사용하도록 하고 있다. 따라서 취성파괴를 방지하기 위한 최소 인장철근단면적을 결정할 때는 f_s로 f_y를 적용하고, 균열폭을 더 엄격히 제한하고자 할 때는 f_y보다 작은 값을 적용한다. k는 콘크리트의 수축이나 온도변화 등 간접하중영향에 의해 부등 분포하는 응력의 영향을 반영하는 계수로, 이를 고려하지 않을 때는 1.0의 값을 적용하면 된다. k_c는 균열 발생 직전의 단면 내 응력 분포 상태를 반영하는 계수로, k_c를 적용함으로써 인장부재, 휨부재, 압축부재를 포함하는 모든 부재에 대하여 최소 인장철근단면적을 결정할 수 있도록 한 것이다. 즉, 인장부재에는 k_c로 1.0을 적용하며, 휨모멘트와 축력이 작용하는 부재에는 다음 식으로 결정되는 k_c 값을 적용한다.

$$k_c = 0.4\left[1 - \frac{f_n}{k_1(h/h^*)f_{cte}}\right] \le 1.0 \tag{5·40}$$

순수 휨인 경우에는 축방향 응력 f_n이 0이므로, k_c의 값은 0.4가 된다. 따라서 휨부재의 경우 식 (5·39)에서 k_c로 0.4를, k로 1.0을, f_{cte}로 f_{ctm}을, f_s로 f_y를 대입하면 다음과 같이 정리된다.

$$A_{s,\,min} = 0.4\, A_{ct} \frac{f_{ctm}}{f_y} \tag{5·41}$$

이 식은 식 (5·25)로부터 유도된 식 (5·38)과 유사한 결과이다. 순수 인장인 경우에도 식 (5·39)의 f_s로 f_y를 대입하고, k와 k_c로 각각 1.0을 적용하면 식 (5·35)와 동일한 결과가 된다.

5.1.5 콘크리트와 인장철근의 소요단면적 결정법

철근콘크리트 휨부재의 설계는 콘크리트 단면의 모양과 크기를 결정하고 적정량의 주철근을 배치하는 작업이다. 이때 콘크리트 단면이 크면 클수록 배치되어야 할 인장철근의 단면적이 작아지므로, 구조

성능과 경제성을 고려하여 단면의 크기를 결정하여야 한다. 여기서는 콘크리트구조 학회기준(2017)의 본문과 KDS 14 20 콘크리트구조 설계기준의 본문과 같이 부재계수로서의 강도감소계수를 적용하여 설계휨강도를 결정하는 경우를 먼저 소개하고, KDS 24 14 21 콘크리트교 설계기준(한계상태설계법), 콘크리트구조 학회기준(2017) 부록 II, KDS 14 20 20 '콘크리트구조 휨 및 압축 설계기준'의 부록과 같이 재료계수를 적용하여 설계휨강도를 결정하는 경우를 그 다음에 소개한다.

먼저 포물선–직사각형의 콘크리트 압축응력분포를 적용할 때 직사각형 단철근 단면의 공칭휨강도 M_n은 다음과 같이 나타낼 수 있다.

$$M_n = T(d-\beta c) = A_s f_y(d-\beta c) = A_s f_y\left[d-\frac{\beta A_s f_y}{\alpha(0.85 f_{ck})b}\right] \tag{5·42}$$

여기서 중립축의 깊이 c는 콘크리트에 작용하는 압축력과 인장철근에 작용하는 인장력이 같다는 평형방정식의 해를 적용한 것이다. α와 β의 값은 콘크리트 압축강도에 따라 결정한다. 한편 $A_s=\rho bd$이므로, 위 식을 인장철근비 ρ로 나타내면 다음과 같다.

$$M_n = \rho bd^2 f_y\left[1-\frac{\beta\rho f_y}{\alpha(0.85 f_{ck})}\right] \tag{5·43}$$

이 식의 양변을 bd^2으로 나누면 다음과 같다.

$$\frac{M_n}{bd^2} = \rho f_y\left[1-\frac{\beta\rho f_y}{\alpha(0.85 f_{ck})}\right] \tag{5·44}$$

이 식의 양변을 R_n이라고 표현하면 다음과 같이 두 개의 방정식이 된다.

$$R_n = \frac{M_n}{bd^2} \tag{5·45}$$

$$R_n = \rho f_y\left[1-\frac{\beta\rho f_y}{\alpha(0.85 f_{ck})}\right] \tag{5·46}$$

ACI 318 Code나 과거의 콘크리트구조기준을 적용할 때는 β/α의 값으로 0.5를 적용하면 된다. 이것은 ACI 318 Code와 과거 콘크리트구조기준에서 규정한 등가직사각형 압축응력분포의 β/α 값이 콘크리트 압축강도와 관계없이 항상 0.5이기 때문이다.

위의 두 방정식은 각각 재료강도 이외에 설계단계에서의 미지수를 포함하고 있는데, 식 (5·45)는 콘크리트 단면적으로 표현된 bd^2이 미지수이고 식 (5·46)은 인장철근비 ρ가 미지수이다. 이 미지수에 따라 설계방식이 다음과 같이 두 가지 형태로 구분된다.

- 자유크기의 단면설계(free size section design)
- 제한크기의 단면설계(given size section design)

이 두 가지 설계형태의 내용은 다음과 같다.

[1] 자유크기 단면설계에서의 소요콘크리트단면적

이 형태의 설계는 구조물의 크기에 제한이 없는 경우로, 단면의 형상과 크기를 결정하고 선택된 단면에 대한 최적의 철근을 배치하는 형태이다. 단면의 크기는 식 (5·45)에 따라 결정한다. 즉, 콘크리트구조 학회기준(2017)이나 KDS 14 20 콘크리트구조 설계기준을 적용할 때 설계휨강도 ϕM_n이 계수휨모멘트 M_u와 같도록 설계하는 것이 최적이므로, 식 (5·45)의 공칭휨강도 M_n을 M_u/ϕ로 나타내고 bd^2 항으로 정리하면 소요콘크리트단면적 $req'd(bd^2)$을 다음과 같이 나타낼 수 있다.

$$req'd(bd^2) = \frac{M_u}{\phi(req'd\ R_n)} \tag{5·47}$$

이 식의 $req'd\ R_n$, 즉 소요 R_n의 값은 설계자가 선택한 인장철근비 ρ의 값을 식 (5·46)에 대입하여 다음과 같이 구한다.

$$req'd\ R_n = \rho f_y \left[1 - \frac{\beta \rho f_y}{\alpha(0.85 f_{ck})}\right] \tag{5·48}$$

이 과정에서, 만일 콘크리트 단면적을 가장 작게 하려면 인장철근비 ρ를 최대인장철근비 ρ_{max}로 하고, 콘크리트 단면적을 가장 크게 하려면 ρ를 최소인장철근비 ρ_{min}으로 하여 소요 R_n 값을 구하면 된다. 그러나 실제 설계에서 ρ를 ρ_{max}으로 택하여 가장 작은 콘크리트 단면적으로 설계하는 경우에는 전단설계에서 전단철근을 배치하기 어려운 경우나 사용한계상태의 검증에서 처짐이나 균열폭이 과도하게 발생하는 경우가 될 수 있다. 또 ρ를 ρ_{min}으로 택하여 가장 큰 콘크리트 단면적으로 설계하는 경우에는 자중이 너무 커져서 오히려 비경제적인 설계가 될 수 있다. 일반적으로는 ρ_{max}의 1/2 정도를 ρ로 택하면 전단설계나 사용한계상태의 검증에 큰 문제가 발생하지 않는다.

KDS 24 14 21 콘크리트교 설계기준(한계상태설계법), 콘크리트구조 학회기준(2017) 부록 II, KDS 14 20 20 '콘크리트구조 휨 및 압축 설계기준'의 부록과 같이 재료계수를 적용하여 설계휨강도를 결정하는 경우에는 식 (5·47)과 식 (5·48) 대신 다음으로 bd^2 항의 소요콘크리트단면적과 소요 R_d의 값을 구할 수 있다.

$$req'd(bd^2) = \frac{M_u}{req'd\ R_d} \tag{5·49}$$

$$req'd\ R_d = \rho \phi_s f_y \left[1 - \frac{\beta \rho \phi_s f_y}{\alpha \phi_c(0.85 f_{ck})}\right] \tag{5·50}$$

[2] 제한크기 단면설계에서의 소요인장철근단면적

이 형태의 설계는 구조적 요건과는 다른 이유로 콘크리트 단면적이 결정된 경우로, 이미 정해진 단면의 형상과 크기에 대한 최적의 철근을 배치하는 형태이다. 예를 들면 건축구조물에서 층간 소음의 문제로 슬래브의 두께가 결정되거나, 교량에서 교하 공간을 확보하면서 도로 선형을 유지하기 위하여 단면의 두께가 제한된 경우 등이다. 이때에는 이미 정해진 단면 크기로 b와 d 값을 식 (5·45)에 대입하여 소요 R_n의 값을 구하는데, 콘크리트구조 학회기준(2017)이나 KDS 14 20 콘크리트구조 설계기준을 적용할 때에는 휨에 대한 강도감소계수를 적용하여 다음과 같이 구한다.

$$req'd\ R_n = \frac{M_u}{\phi b d^2} \tag{5·51}$$

이렇게 계산된 소요 R_n의 값을 식 (5·46)의 R_n에 대입하면 ρ에 대한 2차방정식이 되는데, 이 2차방정식의 해를 구하면 다음과 같이 소요인장철근비 $req'd\ \rho$를 나타낼 수 있다.

$$req'd\ \rho = \frac{\alpha(0.85 f_{ck})}{2\beta f_y}\left[1-\sqrt{1-\frac{4\beta(req'd\ R_n)}{\alpha(0.85 f_{ck})}}\right] \tag{5·52}$$

소요인장철근단면적은 다음과 같이 구한다.

$$req'd\ A_s = (req'd\ \rho)bd \tag{5·53}$$

KDS 24 14 21 콘크리트교 설계기준(한계상태설계법), 콘크리트구조 학회기준(2017) 부록 II, KDS 14 20 20 '콘크리트구조 휨 및 압축 설계기준'의 부록과 같이 재료계수를 적용하여 설계휨강도를 결정하는 경우에는 식 (5·51)과 식 (5·52) 대신 다음으로 소요 R_d의 값과 소요인장철근비를 구할 수 있다.

$$req'dR_d = \frac{M_u}{bd^2} \tag{5·54}$$

$$req'd\ \rho = \frac{\alpha\phi_c(0.85 f_{ck})}{2\beta\phi_s f_y}\left[1-\sqrt{1-\frac{4\beta(req'd\ R_d)}{\alpha\phi_c(0.85 f_{ck})}}\right] \tag{5·55}$$

식 (5·55)는 설계압축내력과 설계인장내력이 같다는 평형방정식으로 구한 다음의 중립축 깊이 c_d를 다음 식의 설계휨강도 M_d에 대입하고 ρ로 표현한 2차방정식의 해이다.

$$c_d = \frac{\phi_s f_y A_s}{\alpha\phi_c(0.85 f_{ck})} \tag{5·56}$$

$$M_d = T_d(d-\beta c_d) = \phi_s f_y A_s(d-\beta c_d) \tag{5·57}$$

그러나 이와 같이 소요인장철근비를 구하는 것은 수식이 복잡하므로 효율적이지 않을 때도 있다. 이런 경우에는 압축내력과 인장내력 사이의 팔길이 z의 값을 가정하여 다음 식으로 간단히 소요인장철근단면적을 구할 수도 있다.

$$\left.\begin{aligned} req'd\ A_s &= \frac{M_u}{\phi f_y z} \\ req'd\ A_s &= \frac{M_u}{\phi_s f_y z} \end{aligned}\right\} \tag{5·58}$$

여기서 콘크리트구조 학회기준(2017)이나 KDS 14 20 콘크리트구조 설계기준을 적용할 때는 첫 번째 식과 같이 부재계수의 강도감소계수 ϕ로 계산한다. KDS 24 14 21 콘크리트교 설계기준(한계상태설계법), 콘크리트구조 학회기준(2017) 부록 II, KDS 14 20 20 '콘크리트구조 휨 및 압축 설계기준'의 부록을 적용할 때는 두 번째 식과 같이 철근의 재료계수 ϕ_s로 계산한다. 팔길이 z의 값은 인장철근비와 재료강도에 따라 달라지고, 또 강도감소계수 또는 재료계수의 적용 여부에 따라서도 영향을 받으므로 하나의 값으로 모든 경우를 나타낼 수는 없다. 그러나 일반적으로 강도감소계수를 적용하는 경우에는 z의 값을 $(0.90\sim0.95)d$로, 재료계수를 적용하는 경우에는 z의 값을 $(0.85\sim0.90)d$로 가정할 수 있을 것이다.

5.2 콘크리트구조 설계기준(강도설계법)의 휨 설계와 검증

5.2.1 강도감소계수와 설계휨강도

휨모멘트가 작용하는 부재의 휨강도 설계검증에 대한 KDS 14 20 콘크리트구조 설계기준[5.2]의 규정은 기본적으로 콘크리트구조 학회기준(2017)[5.1]의 규정과 동일하며, 부재계수 형태로의 강도감소계수의 적용을 기본으로 하고 있다. 그러나 휨모멘트와 축력을 받는 부재의 설계휨강도, 설계축강도, 설계축-휨강도 해석에는 콘크리트구조 학회기준(2017) 부록 II와 KDS 14 20 20 '콘크리트구조 휨 및 압축 설계기준'의 부록에 따라 KDS 24 14 21 콘크리트교 설계기준(한계상태설계법)과 동일한 재료계수의 적용을 허용하고 있다. 재료계수를 적용한 설계휨강도에 대해서는 5.3.1절에 소개되어 있다.

강도감소계수를 적용한 설계휨강도는 ϕM_n으로 표현하며 공칭휨강도 M_n에 강도감소계수(저항계수) ϕ를 곱하여 결정한다. 철근이나 프리스트레싱 긴장재로 보강한 콘크리트 휨부재, 휨압축부재, 휨인장부재의 설계휨강도를 결정할 때 적용하는 강도감소계수 값은 단면의 최외단 인장철근의 순인장변형률(net tensile strain)을 기준으로 결정한다. 순인장변형률은 압축연단 변형률이 콘크리트의 극한변형률 ε_{cu}에 도달할 때 인장철근 또는 긴장재에 발생하는 변형률에서 프리스트레스, 콘크리트의 크리프와 수축, 온도변화에 의한 변형률을 제외한 변형률이다. 철근콘크리트 부재에서는 하중작용에 의하여 최외단 인장철근에 발생하는 변형률을 순인장변형률로 취하면 된다. 휨에 대한 강도감소계수의 값은 그림 5-3과 같이 세 가지 범주, 즉 압축지배단면, 변화구간단면, 인장지배단면으로 구분하여 결정한다. 이 단면의 구분은 그림 5-3(b)와 같이 휨모멘트와 축력이 동시에 작용하는 경우, 휨모멘트만 작용하는 경우, 축력만 작용하는 경우 모두를 대상으로 한다.

압축지배단면(compression controlled section)은 연성을 기대하기 어려운 단면으로, 그림 5-3(c)에 나타난 바와 같이 압축연단 변형률이 콘크리트의 극한변형률 ε_{cu}에 도달할 때 최외단 인장철근의 순인장변형률이 압축지배변형률 한계 이하인 단면으로 정의된다. 압축지배변형률 한계는 철근의 항복변형률 ε_y로 규정되어 있으며, 최외단 철근이 압축응력을 받아서 압축변형률을 나타내는 경우도 포함한다.

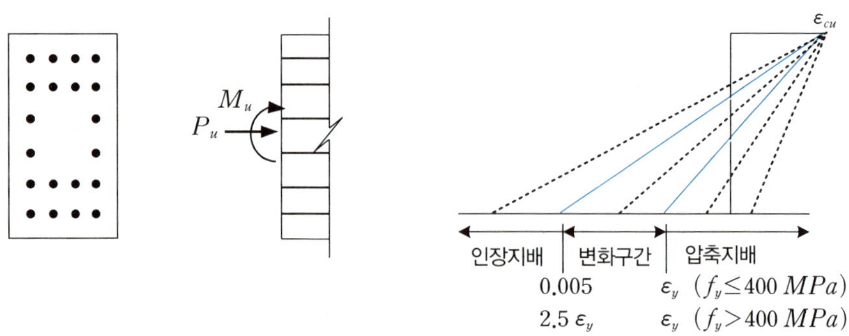

(a) 단면 (b) 계수단면력 (c) 변형률분포 및 단면의 구분

그림 5-3 KDS 14 20의 순인장변형률에 따른 단면의 구분

인장지배단면(tension controlled section)은 연성을 나타내는 단면으로, 그림 5-3(c)에 나타난 바와 같이 압축연단 변형률이 콘크리트의 극한변형률 ε_{cu}에 도달할 때 최외단 인장철근의 순인장변형률이 인장지배변형률 한계 $\varepsilon_{ttc,\,min}$ 이상인 단면으로 정의된다. 인장지배변형률 한계는 철근의 설계기준항복강도 f_y가 400 MPa 이하인 경우에는 다음과 같이 0.005로 규정하고 있다.

$$\varepsilon_{ttc,\,min} = 0.005 \tag{5·59}$$

f_y가 400 MPa을 초과하는 경우에는 다음과 같이 항복변형률 ε_y의 2.5배로 규정하고 있다.

$$\varepsilon_{ttc,\,min} = 2.5\,\varepsilon_y \tag{5·60}$$

이것은 고강도 철근을 적용한 부재의 경우 0.005의 변형률로는 충분한 연성이 확보되기 어렵기 때문에 그보다 큰 값의 변형률을 인장지배변형률 한계로 규정한 것이며, SD400 철근의 항복변형률 0.002의 2.5배가 0.005임을 감안한 것이다. 참고로 ACI 318 Code[5.3]는 그 이전 기준에서 철근의 항복강도와 무관하게 0.005의 상수로 규정했었던 인장지배변형률 한계를 앞의 식 (5·8)과 같이 ε_y를 변수로 하는 수식으로 개정하였다.

$$\varepsilon_{ttc,\,min} = \varepsilon_y + 0.003 \tag{5·8}$$

변화구간단면(section in transition region)은 제한된 연성을 나타내는 단면으로, 그림 5-3(c)에 나타난 바와 같이 압축연단 변형률이 콘크리트의 극한변형률 ε_{cu}에 도달할 때 최외단 인장철근의 순인장변형률이 압축지배변형률 한계와 인장지배변형률 한계 사이인 단면으로 정의된다.

강도감소계수의 값은 연성을 기대하기 어려운 압축지배단면에는 작은 값을, 연성이 큰 인장지배단면에는 큰 값을, 변화구간단면에는 두 값의 사이에 있는 값을 적용한다. KDS 14 20 콘크리트구조 설계기준의 강도감소계수는 0.65와 0.85를 기본으로 하여 결정하는데, 참고로 표 5-2에 ACI 318 Code와 AASHTO-LRFD의 강도감소계수도 함께 나타내었다. 표 5-2에 나타낸 바와 같이 강도감소계수는 설계기준 별로 다른 값이 규정되어 있다. 이것은 부재의 파괴확률이 강도감소계수 뿐만 아니라 하중계수 및 하중조합과 연계하여 다르게 나타나므로, 설계기준별로 강도감소계수를 조정(calibration)하였기 때문이다. 표 5-2의 압축지배단면에 대한 강도감소계수는 나선철근 외의 횡방향철근, 즉 띠철근이나

표 5-2 설계기준에 따른 철근콘크리트 부재의 휨에 대한 강도감소계수

구분	나선철근 외의 횡방향철근이 배치된 부재의 휨에 대한 강도감소계수		
	압축지배단면 ϕ_c ($\varepsilon_t \le \varepsilon_y$)	변화구간단면 ϕ ($\varepsilon_y < \varepsilon_t < \varepsilon_{ttc,\,min}$)	인장지배단면 ϕ_f ($\varepsilon_t \ge \varepsilon_{ttc,\,min}$)
KDS 14 20 콘크리트구조 설계기준	0.65	0.65~0.85	0.85
ACI 318	0.65	0.65~0.90	0.90
AASHTO-LRFD	0.75	0.75~0.90	0.90

스터럽이 배치된 기타 부재에 적용되는 값이다. 나선철근이 배치된 부재에는 압축지배단면에 대한 강도감소계수로 KDS 14 20 콘크리트구조 설계기준은 0.7을, ACI 318 Code는 0.75를 적용한다. 이것은 나선철근이 배치된 부재가 띠철근이 배치된 부재보다 연성이 크다는 것을 반영한 것이다. 그러나 AASHTO-LRFD는 나선철근이 배치된 부재와 띠철근이 배치된 부재에 모두 0.75로 동일한 값을 적용한다.

변화구간단면의 강도감소계수는 압축지배단면에 대한 강도감소계수 ϕ_c에서 인장지배단면에 대한 강도감소계수 ϕ_f까지 최외단 인장철근의 순인장변형률 ε_t에 따라 다음 식과 같이 직선보간(linear interpolation)하여 결정한다. 여기서 $\varepsilon_{ttm,\,min}$은 인장지배변형률 한계이다.

$$\phi = \phi_c + \frac{\phi_f - \phi_c}{\varepsilon_{ttm,\,min} - \varepsilon_y}(\varepsilon_t - \varepsilon_y) \tag{5·61}$$

KDS 14 20 콘크리트구조 설계기준에서 ϕ_c가 0.65이고 ϕ_f가 0.85이므로, 나선철근 외의 횡방향 철근, 즉 기둥의 축방향 철근을 감싸는 띠철근이나 보의 전단철근 용도로 스터럽이 배치된 기타 부재에 철근의 설계기준항복강도가 각각 400 MPa, 500 MPa, 600 MPa인 인장철근이 배치된 경우, 변화구간단면의 강도감소계수는 다음과 같이 유도된다.

$$\phi = 0.65 + \frac{200}{3}(\varepsilon_t - 0.002) \quad [\text{SD400}] \tag{5·62}$$

$$\phi = 0.65 + \frac{200}{3.75}(\varepsilon_t - 0.0025) \quad [\text{SD500}] \tag{5·63}$$

$$\phi = 0.65 + \frac{200}{4.5}(\varepsilon_t - 0.003) \quad [\text{SD600}] \tag{5·64}$$

그림 5-4(a)는 KDS 14 20 콘크리트구조 설계기준의 휨에 대한 강도감소계수 변화를 나타낸다. 이러한 강도감소계수의 적용법은 휨부재와 함께 압축부재와 인장부재를 포함한 모든 부재에 적용하는 방법이다. 다만 휨모멘트와 축력을 동시에 받는 부재라도 축력이 작은 경우에는 축력의 영향을 무시할 수 있다. 즉, $0.1 f_{ck} A_g$보다 작은 계수축력이 작용하는 부재는 축력의 영향을 무시하고 휨부재로 취급하여

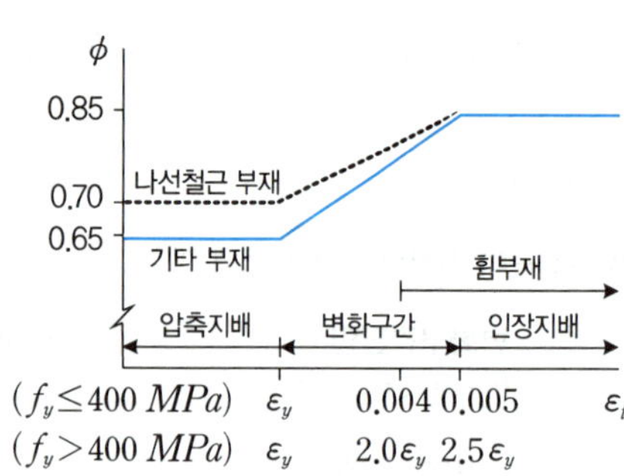

(a) 순인장변형률에 따른 강도감소계수의 변화

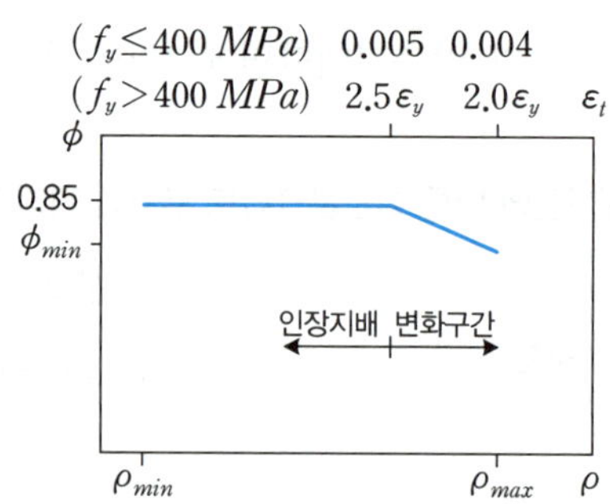

(b) 휨부재의 강도감소계수의 변화

그림 5-4 KDS 14 20 콘크리트구조 설계기준의 휨에 대한 강도감소계수 변화

휨강도를 계산할 수 있다.

그림 5-4(b)는 앞의 5.1.3절 [2]항과 다음의 5.2.2절에 소개한 최대 인장철근단면적 이하의 인장철근이 배치된 휨부재의 강도감소계수 변화를 나타낸다. 그림 5-4(b)의 위 수평축은 극한상태에서의 최외단 인장철근 변형률로서 오른쪽으로 갈수록 감소하는데, KDS 14 20의 휨부재 최소 허용변형률 0.004 또는 $2\varepsilon_y$까지 나타낸 것이다. 아래 수평축은 오른쪽으로 갈수록 증가하는 철근비로, 최소철근비 ρ_{min}와 최대 철근비 ρ_{max} 사이의 강도감소계수 변화를 나타낸다. 그림 5-4(b)에 나타난 바와 같이 최대 인장철근단면적이 배치된 휨부재는 변화구간에 존재하게 되고, 변화구간 휨부재의 강도감소계수는 식 (5 · 61) 또는 식 (5 · 62)~(5 · 64)로 계산하여 0.85보다 작은 값을 적용하여야 한다.

5.2.2 콘크리트구조 설계기준의 최대 인장철근단면적

KDS 14 20 콘크리트구조 설계기준은 최대 인장철근단면적을 규정하는 용도로, 5.1.3절 [2]항에서 설명한 바와 같이 단면이 극한상태에 도달할 때 나타나는 최외단 인장철근의 순인장변형률이 최소 허용변형률 $\varepsilon_{t,\,min}$ 이하이도록 규정하고 있다. 즉, 철근의 설계기준항복강도가 400 MPa 이하인 경우는 앞의 식 (5 · 6)으로, 철근의 설계기준항복강도가 400 MPa을 초과하는 경우는 앞의 식 (5 ·7)로 $\varepsilon_{t,\,min}$을 규정하고 있다.

$$\varepsilon_{t,\,min} = 0.004 \tag{5 · 6}$$

$$\varepsilon_{t,\,min} = 2\,\varepsilon_y \tag{5 · 7}$$

순인장변형률에 따른 강도감소계수의 변화를 나타내는 그림 5-4(a)에는 휨부재에 허용되는 최외단 인장철근의 순인장변형률 ε_t가 0.004 또는 $2\,\varepsilon_y$ 이상이라는 것이 나타나 있다. 이때 최소 허용변형률 $\varepsilon_{t,\,min}$ (0.004 또는 $2\,\varepsilon_y$)과 인장지배변형률 한계 $\varepsilon_{ttc,\,min}$ (0.005 또는 $2.5\,\varepsilon_y$) 사이는 변화구간단면이므로, 그림 5-4의 (a)와 (b)에 나타난 바와 같이 순인장변형률 ε_t가 감소할수록 강도감소계수가 0.85보다 작은 값으로 감소한다.

표 5-3은 콘크리트 설계기준압축강도 f_{ck}가 40 MPa 이하일 때, 철근의 설계기준항복강도에 따른

표 5-3 f_{ck}가 40 MPa 이하일 때 KDS 14 20의 휨부재 단면구분과 해당 변수 값

철근의 설계기준 항복강도 f_y (MPa)	압축지배 변형률한계 ε_y	최대철근단면			인장지배단면 한계	
		최소 허용변형률 $\varepsilon_{t,\,min}$	직사각형 단면의 최대 인장철근비 ρ_{max}	강도감소 계수 ϕ_{min}	변형률한계 $\varepsilon_{ttc,\,min}$	직사각형 단면의 해당 인장철근비
300	0.0015	0.004	0.658 ρ_b	0.793	0.005	0.578 ρ_b
400	0.002	0.004	0.726 ρ_b	0.783	0.005	0.639 ρ_b
500	0.0025	0.005 ($2\varepsilon_y$)	0.699 ρ_b	0.783	0.00625 ($2.5\varepsilon_y$)	0.607 ρ_b
600	0.003	0.006 ($2\varepsilon_y$)	0.677 ρ_b	0.783	0.0075 ($2.5\varepsilon_y$)	0.583 ρ_b

압축지배단면의 변형률한계, 최대철근단면의 최소 허용변형률 및 최대 인장철근비와 휨부재에 적용되는 강도감소계수 최솟값 ϕ_{min}, 인장지배단면의 변형률한계와 해당 인장철근비를 나타낸다. 여기서 ρ_b는 단철근 직사각형 단면의 균형철근비이다.

5.2.3 콘크리트구조 설계기준의 최소 인장철근단면적

KDS 14 20 콘크리트구조 설계기준은 요구성능(demand)의 형태로 최소 인장철근단면적을 검증하도록 규정하고 있다. 즉, 5.1.4절 [1]항에 설명한 바와 같이 설계휨강도와 균열휨모멘트의 비율 조건으로 검증하는 방법으로, 다음의 조건을 만족하는 양의 인장철근단면적이 배치되어 있는지 검증한다.

$$\phi M_n \geq 1.2\, M_{cr} \tag{5 · 65}$$

이 규정은 부착 긴장재를 갖는 프리스트레스트 휨부재에서 철근과 긴장재 전체량이 균열하중의 1.2배를 이상의 계수하중을 받는데 충분하여야 한다는 프리스트레스트 콘크리트 휨부재의 보강에 대한 규정과 내용이 동일한 것이다.

이전의 콘크리트구조기준은 ACI 318 Code와 동일하게 최소 인장철근단면적 $A_{s,\,min}$의 수식을 이용하여 검증하도록 했었다. 그러나 그 방법이 항상 일관된 결과를 제공하지는 않는다는 판단에 따라, 콘크리트구조 학회기준(2017)과 KDS 14 20 콘크리트구조 설계기준은 일관성 있는 설계를 유도하기 위하여 철근콘크리트에 대하여도 설계휨강도와 균열휨모멘트의 비율 조건으로 검증하는 방법을 채택하였고, α값을 1.2로 규정함으로써 철근콘크리트와 프리스트레스트 콘크리트에 동일하게 적용하도록 개정하였다. 즉, 단면의 형태, 형상비, 재료의 강도에 관계없이 최소 철근량을 배치한 휨부재의 균열모멘트에 대한 안전율이 일정하도록 최소 인장철근단면적의 검증 규정을 개정한 것이다. 한편 설계기준에서 기준으로 규정한 사항은 아니지만, 해설에서 휨모멘트가 재분배될 가능성이 없는 캔틸레버 등의 정정구조물은 부정정구조물보다 더 많은 양의 최소철근 단면적을 배치하는 것이 바람직하다고 언급하고 있다.

한편, 최소 인장철근단면적에 대한 규정을 적용하면 매우 과다한 인장철근을 배치해야 하는 경우가 발생할 수 있다. 예를 들면 층간소음을 방지하기 위하여 슬래브를 두껍게 설계하거나 미관을 고려하여 구조적으로 필요한 두께보다 더 두껍게 부재를 설계하는 경우가 이에 해당한다. 이러한 비구조적인 요인으로 인하여 크기가 결정된 부재에 최소 인장철근단면적 규정을 적용하면, 계수휨모멘트를 저항하기 위한 인장철근량에 비하여 매우 많은 양의 인장철근을 배치하게 되어 비경제적인 설계가 된다. 따라서 KDS 14 20 콘크리트구조 설계기준과 ACI 318 Code는 예외 규정을 두고 있다. 즉, 인장철근단면적이 해석상 필요한 단면적보다 1/3 이상 더 큰 경우에는 최소 철근량의 규정을 따르지 않아도 좋도록 규정하고 있다. 따라서 단면 해석에 의해 필요한 크기보다 크게 설계된 부재의 경우, 계수휨모멘트에 저항하기 위한 소요인장철근단면적을 계산하고 이 값의 4/3배가 이 식들로 계산된 단면적보다 작으면 소요인장철근단면적의 4/3배에 해당하는 철근을 배치하는 것이다. 물론 소요인장철근단면적의 4/3배가 최소 인장철근단면적보다 크면, 최소 인장철근단면적의 철근을 배치한다.

콘크리트구조 학회기준(2017)과 KDS 14 20 콘크리트구조 설계기준은 이와 같은 예외 규정을 설계휨강도로 이용하여 검증하도록 하고 있다. 즉, 다음과 같이 설계휨강도의 항으로 나타낸 조건을 만족할 때는 식 (5·65)를 만족하지 않아도 좋다고 규정하고 있다.

$$\phi M_n \geq \frac{4}{3} M_u \qquad (5 \cdot 66)$$

이것은 소요인장철근단면적이 최소 인장철근단면적보다 작은 경우, 배치되는 인장철근단면적이 해석상 필요한 소요인장철근단면적보다 1/3 이상 더 많은 경우에는 최소 인장철근단면적 규정을 따를 필요가 없다는 의미이다.

또 한편, 두께가 균일한 구조용 슬래브와 기초판에 대하여 경간방향으로 보강되는 휨철근의 단면적은 최소 인장철근단면적 규정을 적용하지 않고 별도의 규정을 적용한다. 이 별도의 규정은 '수축·온도철근'이라는 표현으로 규정되어 있으나, 경간방향으로 보강되는 철근의 경우에는 휨철근으로서의 최소 철근인장철근을 의미한다. 경간의 직각방향으로 배치되는 철근은 수축·온도철근의 용도로 배치되는 철근인데, 경간방향과 경간의 직각방향 모두에 대하여 같은 양의 철근비를 적용하도록 규정한 것이다. KDS 14 20 콘크리트구조 설계기준은 설계기준항복강도 f_y가 400 MPa 이하인 이형철근을 사용한 슬래브의 경우에는 0.002 이상의 철근비로, f_y가 400 MPa을 초과하는 이형철근이나 용접철망을 사용한 슬래브의 경우에는 $0.002 \times 400/f_y$ 이상이며 0.0014 이상인 철근비로 철근을 배치하도록 규정하고 있다. ACI 318 Code도 개념을 동일하지만, f_y가 420 MPa인 Grade 60 철근을 기준으로 하여, 420 MPa 미만에는 0.002 이상의 철근비로, f_y가 420 MPa 이상인 경우는 $0.0018 \times 420/f_y$ 이상이며 0.0014 이상인 철근비로 규정하고 있다. 이와 같은 철근비의 단면적은 앞의 식 (5·30)이나 식 (5·31)로 계산된 단면적에 비하여 작은 것이 일반적이며, 5.1.4절 [2]항에 소개한 직사각형 단면의 이론적인 최소 인장철근단면적인 앞의 식 (5·32)와 유사한 값을 보인다. 이것은 슬래브나 기초가 직사각형 단면을 갖고 있음을 반영하여 직사각형 단면의 이론적인 최소 인장철근단면적을 수축·온도철근의 기준으로 설정한 ACI 318 Code Committee의 결정에 따른 것이다.[5.11] 이렇게 보강하는 철근은 경간방향으로 보강되는 휨철근의 경우 최대간격이 슬래브 또는 기초판의 두께의 3배와 450 mm 중 작은 값을 초과하지 않도록 하여야 하며, 경간의 직각방향으로 배치되는 수축·온도철근의 경우 최대간격이 슬래브 또는 기초판의 두께의 5배와 450 mm 중 작은 값을 초과하지 않도록 하여야 한다.

5.2.4 콘크리트구조 설계기준의 철근상세와 부재상세

철근상세(detailing of reinforcement, reinforcement details)는 철근의 구부림, 갈고리 형태, 철근간격, 피복두께 등 철근이 콘크리트 내에 배치될 때의 형상이나 길이 또는 위치에 대한 상세한 사항을 의미한다. 휨부재의 설계에서는 피복두께, 전단철근의 구부림 최소 내면 반지름과 갈고리의 연장길이, 주철근의 수평 순간격과 수직 순간격을 고려하여야 한다. KDS 14 20 콘크리트구조 설계기준의 철근상세 규정은 3.4절에 자세히 설명되어 있으나, 여기서 휨부재에 관련된 철근상세를 간략히 정리하면 다음과 같다.

- 3장 3.4.1절의 표 3-7에 나타난 바와 같이, 철근을 구부릴 때는 철근 구부림 최소 내면 반지름 이상의 반지름으로 구부려야 한다. 철근 구부림 최소 내면 반지름으로 D10~D25의 철근은 철근지름의 3배(3 d_b), D29~D35의 철근은 철근지름의 4배(4 d_b), D38 이상의 철근은 철근지름의 5배(5 d_b)이다.
- 3장 3.4.2절의 표 3-9에 나타난 바와 같이, D16 이하의 철근을 전단철근으로 사용할 때는 구부림 내면 반지름이 철근지름의 2배(2 d_b) 이상이어야 하며 D19~D25의 전단철근은 철근지름의 3배(3 d_b) 이상이어야 한다.
- 3장 3.4.2절의 표 3-10에 나타난 바와 같이, 주철근을 구부린 후의 최소 연장길이는 90° 표준갈고리인 경우에 철근지름의 12배(12 d_b)이고, 180° 표준갈고리인 경우에는 4 d_b이며 또한 60 mm 이상이어야 한다.
- 3장 3.4.2절의 표 3-10에 나타난 바와 같이, 전단철근을 구부린 후의 최소 연장길이는 D16 이하인 경우에 90° 표준갈고리와 135° 표준갈고리 모두 6 d_b이고, D19 이상 D25 이하인 경우에 90° 표준갈고리는 12 d_b, 135° 표준갈고리는 6 d_b이다.
- 3장 3.4.3절의 표 3-11에 나타난 바와 같이, 주철근의 수평 순간격은 25 mm, 철근지름 d_b, 굵은 골재 최대치수의 4/3배 중 가장 큰 값 이상이어야 하며, 주철근이 2단 이상으로 배치된 경우에는 25 mm 이상의 수직 순간격으로 상하 철근을 동일 연직면 내에 배치하여야 한다.
- 3장 3.4.4절의 표 3-13에 나타난 바와 같이, 최소 피복두께는 콘크리트의 노출환경과 부재의 종류 및 철근의 크기에 따라 20~100 mm를 적용하여야 한다. 외기에 대한 철근 보호를 위해 다른 방법을 사용할 때에는 책임구조기술자의 승인을 받아 피복두께를 감소시킬 수 있다. 그러나 이때에도 감소된 피복두께가 외기에 직접 접하지 않는 경우의 최소 피복두께 이상이어야 한다.

이와 같은 철근상세 규정에 따라 보(beam)를 설계할 때에는 철근을 배치하기 위한 최소 복부폭을 고려하여야 한다. 또 실제의 부재설계에서는 현실적으로 적용할 단면치수와 철근의 크기 및 간격을 결정하여야 한다. 이에 대한 내용은 다음과 같다.

[1] 보의 최소 복부폭

플랜지를 갖는 단면에서 주철근을 플랜지에 배치할 때는 피복두께와 주철근 간격 규정을 충분히 만족할 정도로 플랜지가 넓은 것이 일반적이어서 철근을 배치하는데 단면의 폭이 문제가 되지 않는다. 그러나 주철근을 복부에 배치할 때는 복부폭 내에 주철근이 규정에 위배되지 않고 배치될 수 있는지 설계과정에서 확인하여야 한다. 만일 철근배치 규정에 위배되는 경우에도 이에 대한 검증 없이 설계가 완료되면, 콘크리트 타설 때 단면의 일부분이 콘크리트로 밀실하게 채워지지 않을 가능성이 있기 때문이다. 따라서 설계에서 선택한 주철근들이 설계기준의 모든 요구조건을 만족하면서 1열로 배치될 수 있는 최소한의 복부폭 $b_{w,min}$을 구하고, 설계단면의 복부폭이 이보다 작지 않은지 검증하여야 한다.

그림 5-5는 보의 복부 중 주철근이 배치되는 부분 중 왼쪽 일부분을 나타낸 것으로, 보의 최소 복부

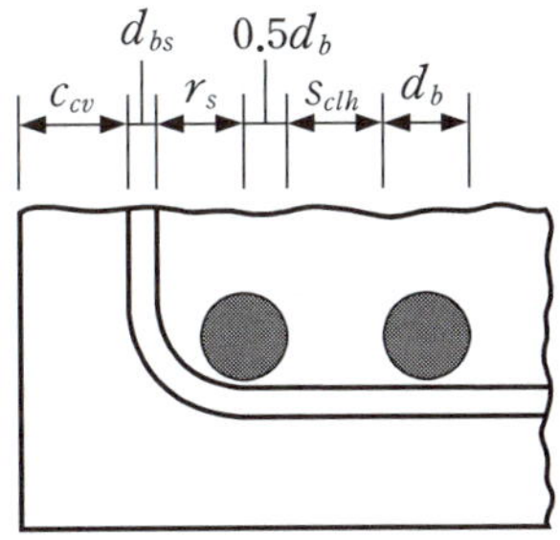

그림 5-5 보의 최소 복부폭을 결정하는 변수

폭 $b_{w,min}$의 결정에 영향을 주는 변수를 나타낸다. 여기서 s_{cv}는 설계기준에서 규정하는 최소 피복두께로 KDS 14 20 콘크리트구조 설계기준은 3장 3.4절의 표 3-12와 같이 규정하고 있다. d_{bs}는 전단철근의 지름이며, r_s는 전단철근의 구부림 최소반지름으로 D16 이하의 전단철근은 2 d_{bs}이고 D19~D25의 전단철근은 3 d_{bs}이다. 이렇게 전단철근을 90°로 구부려서 복부 아랫면을 따라 수평이 되는 위치가 첫 번째 주철근의 중심이 되도록 배치된다고 가정하면, 첫 번째 주철근의 반지름만큼은 r_s에 포함이 된다. 따라서 주철근이 좌우 대칭으로 n개가 배치될 때, 최소 복부폭 $b_{w,min}$의 결정에는 n보다 하나 작은 수의 주철근 지름이 포함된다. s_{clh}는 설계기준에서 규정하는 철근의 최소 수평 순간격으로 KDS 14 20 콘크리트구조 설계기준은 25 mm, 철근지름 d_b, 굵은골재 최대치수의 4/3배 중 가장 큰 값으로 규정하고 있다. 주철근의 수가 n개일 때, 최소 복부폭 $b_{w,min}$의 결정에는 n보다 하나 작은 수의 수평 순간격이 포함된다. 따라서 보의 최소 복부폭 $b_{w,min}$은 다음과 같다.

$$b_{w,min} = 2\,c_{cv} + 2\,d_{bs} + 2\,r_s + (n-1)d_b + (n-1)\,s_{clh} \qquad (5 \cdot 67)$$

[2] 단면치수

설계기준은 콘크리트 단면의 치수에 대해서 특별히 규정하고 있지 않다. 실제 설계에서 단면치수를 결정할 때는 구조적 효율과 현실적인 간편성을 고려하여 결정하는 것이 바람직하다. 다음은 보에 대하여 그간의 경험적 지식을 기반으로 제시하는 바람직한 단면치수에 대한 권고지침(guideline)이다.

(1) 단면치수는 10 mm의 배수인 치수를 선택하는 것이 바람직하다. 예를 들어 320 mm나 840 mm 등의 값을 선택하라는 것으로, 319 mm나 840.45 mm 등 너무 세세하게 표현되는 치수는 피하라는 것이다. 실제 설계도에서 단면치수는 단위 표현 없이 mm 단위로 나타내므로, 도면에 단위 없이 320이라고 표현되어 있다면, 이것은 치수 320 mm를 의미한다.

(2) 보의 폭은 10 mm 단위가 짝수인 치수를 선택하는 것이 바람직하다. 예를 들어 320 mm나 840 mm 등의 값을 선택하라는 것으로, 310 mm나 830 mm 등 10 mm 단위가 홀수인 치수는 가능하면 피하라는 것이다. 이것은 설계도에 보의 배치가 보와 보 사이의 중심 간격으로 표현되어 있다면, 보의 거푸집을 제작할 때 보의 중심에서 복부측면으로 사용할 거푸집이 좌우로 얼마나 떨어진 위치에 있어야 하는지 쉽게 파악하기 위한 것이다. 또한 꼭 따를 필요는 없으나, 보의

폭을 가능하면 10 mm 단위가 4의 배수인 치수를 선택하는 것도 좋다. 이것은 보의 중심과 복부 측면 사이의 중간위치를 파악해야 경우도 있기 때문이다.

(3) 주철근의 정착이나 균열폭을 검증하는 경우에는 주철근을 대상으로 하여 피복두께의 치수를 적용하지만, 설계기준에서 규정하는 최소 피복두께는 콘크리트 표면에서 가장 가까이에 위치한 철근의 표면까지의 최단거리이다. 따라서 보에서 주철근의 순간격이나 보의 최소폭을 계산할 때는 전단철근의 외측표면에서부터 콘크리트 표면까지의 거리를 피복두께의 치수로 취하여야 한다.

(4) 일반 구조물에서 사각형 단면 보의 폭에 대한 깊이의 비율은 1.5~2.5로 하는 것이 실용적이다. 구조역학적인 관점에서는 같은 단면적을 가질 때 보의 깊이가 증가할수록 단면2차모멘트가 증가하여 휨응력이 감소하는 경제성이 있다. 그러나 보의 깊이가 증가하는 만큼 보의 폭이 감소하면 주철근과 전단철근을 배치할 공간이 협소해서 시공이 어렵고, 또 횡좌굴(lateral buckling)이 발생할 가능성이 있으므로 바람직하지 않다. 그러나 건축구조물 등에서 한 층의 높이가 높으면 전체 높이가 증가하여 풍하중이 작용하는 면적이 증가하는 등의 이유로 오히려 구조적으로 바람직하지 않을 수 있다. 따라서 깊이/보 비율은 구조물의 특성을 고려하여 경우에 따라 합리적으로 결정하는 것이 바람직하다.

(5) 일반 구조물에서 T형 단면 보의 플랜지 두께는 전체 깊이의 약 20% 정도로 하는 것이 실용적이다. 그러나 보의 플랜지 역할을 하는 슬래브가 구조적인 관점에서만 두께가 결정되는 것이 아니라 소음방지 등의 비구조적인 요인으로 두께가 결정되는 경우가 있으므로, 이 비율을 꼭 20%로 할 필요는 없다. 또 교량의 상부구조가 박스형 단면인 경우에는 복부가 얇고 높으며, 또한 상부와 하부의 플랜지가 압축응력의 크기에 따라 결정되거나 바닥판의 요구조건에 따라 결정되므로 이 비율을 20%로 할 필요는 없다. 따라서 플랜지가 있는 단면의 플랜지 두께/전체 깊이 비율은 구조물의 특성을 고려하여 경우에 따라 합리적으로 결정하는 것이 바람직하다.

[3] 철근의 크기 및 배치

설계기준은 철근의 크기와 배치에 대해서 특별히 규정하고 있지 않다. 그러나 실제 설계와 시공에서는 구조적 효율과 현실적인 간편성을 위하여 철근의 크기와 배치를 결정할 필요가 있다. 다음은 보에 대하여 그간의 경험적 지식을 기반으로 제시하는 바람직한 철근의 크기 및 배치에 대한 권고지침(guideline)이다.

(1) 보의 주철근은 단면의 좌우대칭으로 배치하여야 하며, 최소한 2개의 철근을 가능한 양쪽 표면에 가까이 배치하는 것이 좋다. 이것은 수직방향 하중뿐만 아니라 수평방향 하중이나 비틀림모멘트에 대해서도 효율적으로 저항할 수 있는 배치이기 때문이다.

(2) 주철근은 설계기준에서 규정하는 철근의 최소 수평 순간격과 최소 수직 순간격 이상의 간격으로 배치하며, 특별한 이유가 있지 않다면 철근을 동일 간격으로 배치하는 것이 좋다. 이것은 가능한 한 단순한 형태로 철근을 배치하는 것이 시공에 효율적이기 때문이다.

(3) 보의 주철근은 가능하면 D35 이하의 철근을 사용하는 것이 바람직하다. 이것은 총 단면적이 같은 경우 소수의 굵은 철근을 사용하면 다수의 가는 철근을 사용할 때보다 균열폭이 더 크게

나타나고, 굵은 철근일수록 정착길이가 길어져서 구조적으로 불리하기 때문이다. 또 D35보다 큰 철근을 인장철근으로 사용하는 경우에는 겹침이음을 허용하지 않아서 기계적이음이나 용접이음을 하여야 하며, 용접이음을 할 때에는 용접용 철근을 사용하여야 하므로 큰 철근을 사용하면 선택의 폭이 좁아지기 때문이다. 그러나 너무 작은 철근을 다수 사용하면 철근의 순간격이 좁아져서 콘크리트 타설에 불리하고, 또 철근의 가공이나 배치에 번거로운 상황이 될 수 있으므로 구조물의 특성을 고려하여 경우에 따라 합리적으로 결정하는 것이 바람직하다.

(4) 같은 용도로 사용하는 철근은 가능하면 크기를 하나로 통일하여 단순한 형태로 시공하도록 설계하는 것이 좋다. 그러나 경우에 따라서는 크기가 다른 철근을 조합하여 사용할 수도 있는데, 이 경우에는 크기가 너무 큰 차이가 나지 않도록 호칭지름 두 단계 이내의 크기로 조합하는 것이 좋다. 예를 들어 D25와 D19를 조합하는 것은 큰 문제가 없지만, D29와 D16을 조합하는 것은 바람직하지 않다.

(5) 주철근은 가능하면 1열로 배치하는 것이 좋다. 이것은 주철근이 중립축으로부터 멀리 배치되면 팔길이가 길어져서 휨강도 발현에 효율적이기 때문이다. 특히 상부 철근은 1열로 배치하는 것이 좋다. 이것은 팔길이의 문제뿐만 아니라 콘크리트의 타설을 고려한 것으로, 단면의 상부에 철근이 다열로 배치되면 콘크리트가 원활하게 타설되는데 방해가 될 수 있기 때문이다. 특히 T형 단면의 상부철근은 플랜지의 폭이 넓으므로, 복부폭 내에 모든 인장철근을 배치할 필요가 없으며 플랜지 폭 전체에 걸쳐서 분포시키는 것이 균열제어에도 유리하다. 그러나 이때 반드시 동일한 간격으로 철근을 배치할 필요는 없으며, 복부폭 내에 상대적으로 많은 철근을 배치하여도 좋다.

(6) 크기가 다른 주철근을 다열로 배치하여야 하는 경우에는 큰 철근을 중립축과 멀게 배치하는 것이 좋다. 또 같은 크기의 주철근을 2열로 배치하는 경우에도 중립축과 먼 열에 가능한 한 많은 철근을 배치하고 남은 철근을 다른 열에 양쪽으로 벌려서 배치하는 것이 좋다. 이것은 큰 주철근에 대한 팔길이를 증가시켜서 휨강도 발현에 효율이며, 콘크리트를 원활하게 타설할 수 있는 시공 상의 장점이 있기 때문이다.

5.2.5 콘크리트구조 설계기준에 따른 휨 설계와 검증

KDS 14 20 콘크리트구조 설계기준에 따른 휨 설계와 설계검증의 요구조건을 정리하면 다음과 같다.

[1] 휨강도

부재의 모든 위치에서 단면의 설계휨강도 ϕM_n은 다음과 같이 계수휨모멘트 M_u 이상의 강도성능을 보유하여야 한다.

$$\phi M_n \geq M_u \tag{5·68}$$

설계휨강도는 공칭휨강도 M_n에 강도감소계수 ϕ를 곱하여 결정한다. 공칭휨강도 해석은 4장 4.5절에 소개한 강도해석법을 적용하며, 휨에 대한 강도감소계수는 극한상태에서 최외단 인장철근에 나타나는 순인장변형률에 따라 0.85 또는 0.85 이하의 값으로 결정한다. 강도감소계수 결정방법에 대한 자세한 내용은 5.2.1절에 설명되어 있다.

극한상태에서 인장철근이 항복하는 단철근 직사각형 단면의 설계휨강도는 포물선–직사각형 콘크리트 압축응력분포를 적용할 때 다음의 식으로 계산할 수 있다.

$$\phi M_n = \phi A_s f_y \left[d - \frac{\beta A_s f_y}{\alpha (0.85 f_{ck}) b} \right] = \phi \rho b d^2 f_y \left[1 - \frac{\beta \rho f_y}{\alpha (0.85 f_{ck})} \right] \qquad (5 \cdot 69)$$

참고로 ACI 318 Code나 과거의 콘크리트구조기준을 적용할 때는 β/α의 값으로 0.5를 적용하면 된다. 이것은 ACI 318 Code와 과거 콘크리트구조기준에서 규정한 등가직사각형 압축응력분포의 β/α 값이 콘크리트 압축강도와 관계없이 항상 0.5이기 때문이다.

한편 콘크리트구조 학회기준(2017)[5.1]은 '부록 II 재료계수를 적용한 휨 및 압축 부재의 별도 설계'에서, 또 이를 반영한 KDS 14 20 콘크리트구조 설계기준[5.2]은 KDS 14 20 20의 '콘크리트구조 휨 및 압축 설계기준'의 부록에서 재료계수를 적용하여 설계휨강도를 결정할 수 있도록 규정하고 있다. 재료계수를 적용한 설계휨강도 해석 예는 KDS 24 14 21 콘크리트교 설계기준(한계상태설계법)을 적용한 예제 5–8의 풀이 (1)과 같다.

[2] 최대 인장철근단면적 및 최소 인장철근단면적

휨부재의 최대 인장철근단면적은 극한상태에서 최외단 인장철근에 나타나는 순인장변형률이 최소 허용변형률과 같을 때이다. 따라서 휨부재는 극한상태에서 최외단 인장철근의 변형률이 최소 허용변형률 이상이 되도록 설계하여야 한다. 최소 허용변형률 $\varepsilon_{t,\,min}$은 철근의 설계기준항복강도가 400 MPa 이하인 경우 앞의 식 (5 · 6)으로, 철근의 설계기준항복강도가 400 MPa을 초과하는 경우 앞의 식 (5 · 7)로 $\varepsilon_{t,\,min}$을 규정하고 있다. 휨부재의 최대 인장철근단면적에 대한 자세한 내용은 5.2.2절에 설명되어 있다.

$$\varepsilon_{t,\,min} = 0.004 \qquad (5 \cdot 6)$$

$$\varepsilon_{t,\,min} = 2\varepsilon_y \qquad (5 \cdot 7)$$

휨부재의 최소 인장철근단면적은 앞의 식 (5 · 65)를 만족하는 인장철근단면적의 최솟값이다.

$$\phi M_n \geq 1.2\, M_{cr} \qquad (5 \cdot 65)$$

다만, 앞의 식 (5 · 66)의 조건을 만족할 때는 식 (5 · 65)의 조건, 즉 최소 인장철근단면적에 대한 규정을 적용하지 않아도 좋다. 이것은 소요인장철근단면적이 최소 인장철근단면적보다 작은 경우, 배치되는 인장철근단면적이 해석상 필요한 소요인장철근단면적보다 1/3 이상 더 많은 경우에는 최소 인장철근단면적 규정을 따를 필요가 없다는 의미이다.

$$\phi M_n \geq \frac{4}{3} M_u \qquad (5 \cdot 66)$$

두께가 균일한 구조용 슬래브와 기초판에 대한 적용방법 등 휨부재의 최대 인장철근단면적에 대한 자세한 내용은 5.2.3절에 설명되어 있다.

[3] 철근상세

휨부재의 철근 배치는 피복두께, 전단철근의 구부림 최소 내면 반지름과 갈고리의 연장길이, 주철근의 수평 순간격과 수직 순간격을 고려하여 결정하여야 한다. 복철근 단면인 경우에는 압축철근을 띠철근이나 스터럽 또는 등가의 단면적을 갖는 용접철망 등의 횡방향 철근으로 둘러싸야 한다. 이때의 횡방향 철근은 압축철근이 단면의 상단에 배치되는 경우 7장 7.2.4절의 그림 7-26(a)나 그림 7-27(d) 또는 그림 7-27(e)와 같은 상세이어야 하며, 압축부재에 배치하는 횡방향 철근과 동일한 양과 간격을 갖도록 하여야 한다. 압축부재의 횡방향 철근에 대한 KDS 14 20 콘크리트구조 설계기준의 규정은 6장 6.4.2절에 설명되어 있다. 단, 휨부재에서 전단철근을 고정하기 위하여 단면의 압축부에 배치하는 조립용 철근은 휨강도 해석에서 압축철근으로 취급하지 않으므로, 압축철근에 대한 횡방향 철근의 요구조건을 적용할 필요가 없다. 그 외 KDS 14 20 콘크리트구조 설계기준의 철근상세 규정은 3장 3.4절에 자세히 설명되어 있으며, 휨부재의 철근상세와 최소 복부폭 및 단면치수와 철근 크기의 결정에 대한 권고지침은 5.2.4절에 요약 정리되어 있다.

예제 5-1 콘크리트 설계기준압축강도 f_{ck}가 35MPa이고, 그림 5-6과 같이 폭 b=320mm, 깊이 h=600mm, 유효깊이 d=530mm인 단철근 직사각형 단면을 대상으로 아래 다섯 가지 조건에 대한 공칭휨강도와 설계휨강도를 KDS 14 20 콘크리트구조 설계기준에 따라 구하고, 인장철근 단면적에 대한 공칭휨강도의 변화를 그림으로 나타내시오.
(1) SD400 4-D29(A_s=2,570mm^2)의 인장철근이 배치된 경우 포물선-사각형 응력분포를 적용한 공칭휨강도와 설계휨강도, (2) SD400 4-D29(A_s=2,570mm^2)의 인장철근이 배치된 경우 등가직사각형 응력블록을 적용한 공칭휨강도와 설계휨강도, (3) SD400 철근을 사용할 때의 균형철근 단면적과 균형철근비 및 공칭휨강도와 설계휨강도, (4) SD400 철근으로 A_s=4,300mm^{2}의 인장철근이 배치된 경우의 공칭휨강도와 설계휨강도, (5) SD400 철근으로 A_s=8,000mm^{2}의 인장철근이 배치된 경우의 공칭휨강도와 설계휨강도.

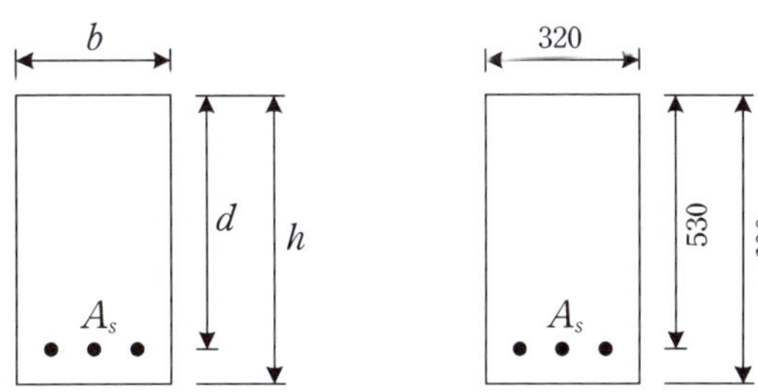

그림 5-6 예제 5-1의 단면

〈풀이〉

(1) 포물선-사각형 응력분포를 적용한 SD400 4-D29 인장철근이 배치된 단면의 휨강도

휨강도의 해석은 그림 5-7 의 변형률분포와 응력분포 및 내력분포로 수행한다.

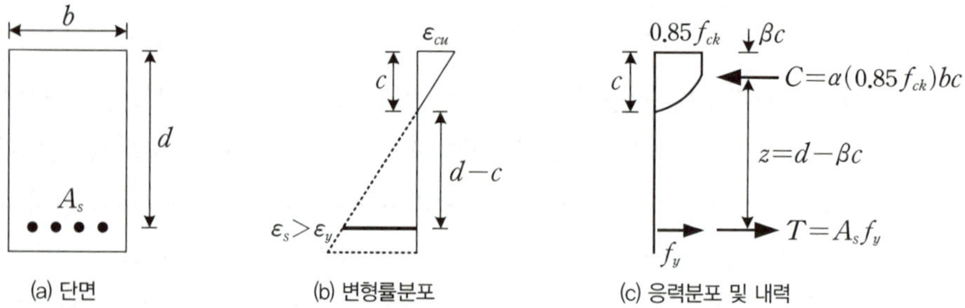

그림 5-7 포물선-사각형 응력분포를 적용한 해석

SD400 철근의 항복변형률 ε_y를 구하면

$$\varepsilon_y=\frac{f_y}{E_s}=\frac{400}{200{,}000}=0.002$$

극한상태에서 인장철근이 이미 항복한 상태라고 가정하면 철근에 작용하는 인장력은

$$T=A_sf_y=2{,}570\times400=1{,}028{,}000\ N$$

f_{ck}=35 MPa로 40 MPa 이하의 압축강도이므로, 포물선-직사각형 응력분포 변수로 β=0.40, α=0.80을 적용한다. 압축연단에서 중립축까지의 깊이를 c라고 하면, 콘크리트 압축부에 작용하는 압축력은

$$C=\alpha(0.85f_{ck})bc=0.80\times(0.85\times35)\times320\times c=7{,}616\ c\ [N]$$

평형조건에 따라 c를 구하면

$$C=T$$
$$7{,}616\ c=1{,}028{,}000$$
$$c=135\ mm$$

40 MPa 이하의 압축강도를 갖는 콘크리트의 극한변형률 ε_{cu}는 0.0033이므로, 인장철근의 변형률 ε_s를 계산하고 항복변형률 ε_y와 비교하면

$$\varepsilon_s=\varepsilon_{cu}\frac{d-c}{c}=0.0033\times\frac{530-135}{135}=0.00966>\varepsilon_y\ (=0.002)$$

따라서 극한상태에서 인장철근이 항복한다. 가정과 같이 인장철근이 항복한다는 것을 확인하였으므로, 이제 인장력 또는 압축력과 두 내력 사이의 팔길이로 공칭휨강도를 구하면

$$M_n=T(d-\beta c)=1{,}028{,}000\times(530-0.40\times135)=489\times10^6\ N\cdot mm=489\ kN\cdot m$$

인장철근의 순인장변형률 ε_t는 ε_s와 같으므로 ε_t를 인장지배 변형률한계 $\varepsilon_{ttc,min}$와 비교하면, 철근의 기준항복강도가 400 MPa 이하일 때 인장지배 변형률한계 $\varepsilon_{ttc,min}$이 0.005이므로

$$\varepsilon_t=\varepsilon_s=0.00966>\varepsilon_{ttc,min}\ (=0.005)$$

따라서 이 단면은 인장지배단면이다. 인장지배단면의 강도감소계수는 0.85이므로, 설계휨강도를 구하면

$$\phi M_n=0.85\times489=416\ kN\cdot m$$

(2) 등가직사각형 응력블록을 적용한 SD400 4-D29 인장철근이 배치된 단면의 휨강도

휨강도의 해석은 그림 5-8의 변형률분포와 응력분포 및 내력분포로 수행한다.

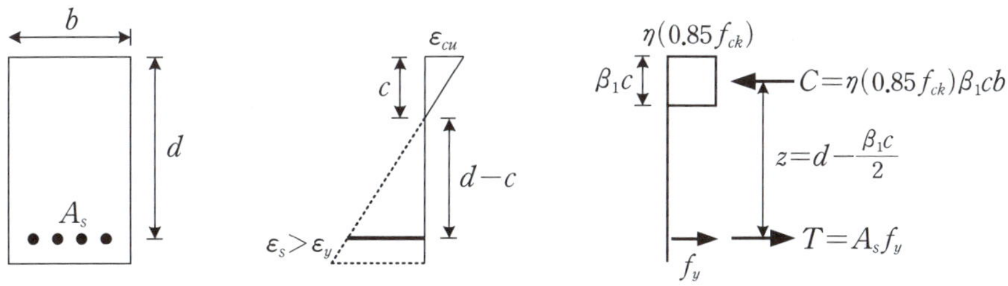

(a) 단면 (b) 변형률분포 (c) 응력분포 및 내력

그림 5-8 등가직사각형 응력블록을 적용한 해석

극한상태에서 인장철근이 이미 항복한 상태라고 가정하면 철근에 작용하는 인장력은

$$T = A_s f_y = 2{,}570 \times 400 = 1{,}028{,}000\ N$$

f_{ck}=35 MPa로 40 MPa 이하의 압축강도이므로, 등가직사각형 응력분포 변수로 η=1.0, β_1=0.80을 적용한다. 압축연단에서 중립축까지의 깊이를 c라고 하면, 콘크리트 압축부에 작용하는 압축력은

$$C = \eta(0.85 f_{ck})\beta_1 cb = 1.0 \times (0.85 \times 35) \times 0.80 \times 320 \times c = 7{,}616\ c\ [N]$$

평형조건에 따라 c를 구하면

$$C = T$$
$$7{,}616\ c = 1{,}028{,}000$$
$$c = 135\ mm$$

40 MPa 이하의 압축강도를 갖는 콘크리트의 극한변형률 ε_{cu}는 0.0033이므로, 인장철근의 변형률 ε_s를 계산하고 항복변형률 ε_y와 비교하면

$$\varepsilon_s = \varepsilon_{cu}\frac{d-c}{c} = 0.0033 \times \frac{530-135}{135} = 0.00966 > \varepsilon_y\ (=0.002)$$

따라서 극한상태에서 인장철근이 항복한다. 가정과 같이 인장철근이 항복한다는 것을 확인하였으므로, 이제 인장력 또는 압축력과 두 내력 사이의 팔길이로 공칭휨강도를 구하면

$$M_n = T\left(d - \frac{\beta_1 c}{2}\right) = 1{,}028{,}000 \times \left(530 - \frac{0.80 \times 135}{2}\right) = 489 \times 10^6\ N \cdot mm = 489\ kN \cdot m$$

인장철근의 순인장변형률 ε_t는 ε_s와 같으므로 ε_t를 인장지배 변형률한계 $\varepsilon_{ttc,\,min}$와 비교하면, 철근의 기준항복강도가 400 MPa 이하일 때 인장지배 변형률한계 $\varepsilon_{ttc,\,min}$이 0.005이므로

$$\varepsilon_t = \varepsilon_s = 0.00966 > \varepsilon_{ttc,\,min}\ (=0.005)$$

따라서 이 난면은 인장지배단면이다. 인장지배단면의 강도감소계수는 0.85이므로, 설계휨강도를 구하면

$$\phi M_n = 0.85 \times 489 = 416\ kN \cdot m$$

(3) 균형철근 단면적과 균형철근 난면적이 배치된 단면의 휨강도

그림 5-9(b)와 같은 균형변형률 상태의 중립축을 구하면

$$c_b = \frac{\varepsilon_{cu}}{\varepsilon_y + \varepsilon_{cu}} d = \frac{0.0033}{0.002 + 0.0033} \times 530 = 0.62264 \times 530 = 330\ mm$$

포물선-직사각형 응력분포 변수로 α=0.80, β=0.40을 적용하여 중립축 위의 콘크리트에 작용하는 압축력을 구하면

$$C = \alpha(0.85 f_{ck})bc_b = 0.80 \times (0.85 \times 35) \times 320 \times 330 = 2{,}513{,}000\ [N]$$

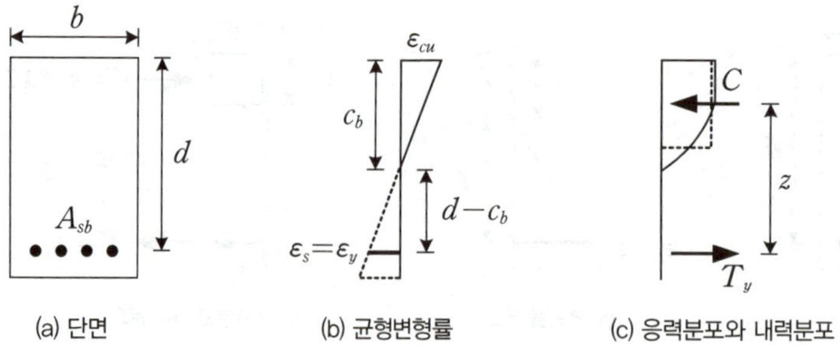

그림 5-9 균형철근 단면의 변형률분포 및 응력분포와 내력

철근의 단면적 A_{sb}를 미지수로 하여 철근에 작용하는 인장력을 표현하면

$$T_y = A_{sb} f_y = A_{sb} \times 400 = 400\ A_{sb}\ [N]$$

인장력과 압축력의 평형조건으로 균형철근 단면적 A_{sb}를 구하면

$$T_y = C$$

$$400\ A_{sb} = 2{,}513{,}000$$

$$A_{sb} = 6{,}283\ mm^2$$

균형철근비 ρ_b를 구하면

$$\rho_b = \frac{A_{sb}}{bd} = \frac{6{,}283}{320 \times 530} = 0.03705$$

균형철근 단면적 A_{sb}가 배치된 단면의 공칭휨강도를 계산하면

$$M_n = C(d-\beta c_b) = 2{,}513{,}000 \times (530-0.40 \times 330) = 1{,}000 \times 10^6\ N \cdot mm = 1{,}000\ kN \cdot m$$

이 단면이 설계에서 허용되는 단면은 아니지만 설계휨강도를 계산한다면, 압축지배단면의 강도감소계수가 0.65이므로

$$\phi M_n = 0.65 \times 1{,}000 = 650\ kN \cdot m$$

(4) SD400 A_s=4,300 mm^2의 인장철근이 배치된 단면의 휨강도

철근단면적 4,300 mm^2은 6,283 mm^2인 균형철근 단면적보다 작으므로 인장철근이 항복한 상태에서 콘크리트 압축연단이 극한변형률에 도달한다. 이때 철근에 작용하는 인장력은

$$T = A_s f_y = 4{,}300 \times 400 = 1{,}720{,}000\ N$$

압축연단에서 중립축까지의 깊이를 c라고 하면, 콘크리트 압축부에 작용하는 압축력은 α=0.80이고 β=0.40이므로

$$C = \alpha(0.85\, f_{ck})bc = 0.80 \times (0.85 \times 35) \times 320 \times c = 7{,}616\ c\ [N]$$

평형조건에 따라 c를 구하면

$$C = T$$

$$7{,}616\ c = 1{,}720{,}000$$

$$c = 226\ mm$$

콘크리트의 극한변형률 ε_{cu}는 0.0033이므로, 인장철근의 변형률 ε_s를 계산하고 휨부재의 최소 허용변형률 $\varepsilon_{t,min}$과 비교하면

$$\varepsilon_s = \varepsilon_{cu} \frac{d-c}{c} = 0.0033 \times \frac{530-226}{226} = 0.00444 > \varepsilon_{t,min}\ (=0.004)$$

따라서 이 단면은 휨부재로 허용되는 단면이다. 인장철근의 순인장변형률 ε_t를 인장지배 변형률한계 $\varepsilon_{ttc,\,min}$와 비교하면

$$\varepsilon_t = \varepsilon_s = 0.00444 < \varepsilon_{ttc,\,min}\ (=0.005)$$

따라서 이 단면은 변화구간단면이다. 직선보간법으로 강도감소계수를 구하면

$$\phi = \phi_c + \frac{\phi_f - \phi_c}{\varepsilon_{ttc,\,min} - \varepsilon_y}(\varepsilon_t - \varepsilon_s) = 0.65 \times \frac{0.85 - 0.65}{0.005 - 0.002}(0.00444 - 0.002) = 0.813$$

이제 공칭휨강도와 설계휨강도를 구하면

$$M_n = T(d - \beta c) = 1{,}720{,}000 \times (530 - 0.40 \times 226) = 756 \times 10^6\ N \cdot mm = 756\ kN \cdot m$$

$$\phi M_n = 0.813 \times 756 = 615\ kN \cdot m$$

(5) SD400 A_s=8,000 mm^2의 인장철근이 배치된 단면의 휨강도

철근단면적 8,000 mm^2은 6,283 mm^2인 균형철근 단면적보다 크므로 인장철근이 항복하기 전에 콘크리트 압축연단이 극한변형률에 도달한다. 압축연단에서 중립축까지의 깊이를 c라고 하고, 극한상태에서 탄성상태인 인장철근에 작용하는 인장력을 수식으로 표현하면

$$T = A_s E_s \varepsilon_{cu} \frac{d - c}{c} = 8{,}000 \times 200{,}000 \times 0.0033 \times \frac{530 - c}{c} = 5{,}280{,}000 \frac{530 - c}{c}\ [N]$$

콘크리트 압축부에 작용하는 압축력은

$$C = \alpha(0.85 f_{ck})bc = 0.80 \times (0.85 \times 35) \times 320 \times c = 7{,}616\ c\ [N]$$

평형조건에 따라 방정식을 구성하면

$$C = T$$

$$7{,}616\ c = 5{,}280{,}000 \frac{530 - c}{c}$$

이 분수식을 정리하고, 2차방정식의 해를 구하면

$$c^2 + 693\ c - 367{,}437 = 0$$

$$c = \frac{-693 \pm \sqrt{693^2 + 4(367{,}437)}}{2} = 352 \text{ 또는 } -1{,}045$$

이 값들 중 양의 값을 취하면 단면 상단에서 중립축 깊이 c는

$$c = 352\ mm$$

극한상태에서의 인장철근 변형률 ε_s를 계산하고 항복변형률 ε_y와 비교하면

$$\varepsilon_s = \varepsilon_{cu} \frac{d - c}{c} = 0.0033 \times \frac{530 - 352}{352} = 0.00167 < \varepsilon_y\ (=0.002)$$

철근의 인장력 T와 콘크리트의 압축력 C를 구하면

$$T = 5{,}280{,}000 \frac{530 - c}{c} = 5{,}280{,}000 \frac{530 - 352}{352} = 2{,}670{,}000\ N = 2{,}670\ kN$$

$$C = 7{,}616\ c = 7{,}616 \times 352 = 2{,}680{,}000\ N = 2{,}680\ kN$$

이 두 힘 T와 C는 완전히 동일한 값은 아니지만 0.4%의 오차이므로, T와 C는 평형조건을 만족한다고 할 수 있다.

이제 계산된 두 값의 평균값 2,675 kN을 적용하여 공칭휨강도를 계산하면

$$M_n = T(d - \beta c) = 2{,}675{,}000 \times (530 - 0.40 \times 352) = 1{,}040 \times 10^6\ N \cdot mm = 1{,}040\ kN \cdot m$$

이 단면이 설계에서 허용되는 단면은 아니지만 설계휨강도를 계산한다면, 압축지배단면의 강도감소계수가 0.65이므로

$$\phi M_n = 0.65 \times 1{,}040 = 676\,kN \cdot m$$

(6) 인장철근 단면적에 따른 중립축의 위치와 공칭휨강도

이상의 해석 결과를 정리하면 다음과 같다.

$$A_s = 2{,}570\,mm^2 : c = 135\,mm \qquad M_n = 489\,kN \cdot m$$

$$A_s = 4{,}300\,mm^2 : c = 226\,mm \qquad M_n = 756\,kN \cdot m$$

$$A_s = 6{,}283\,mm^2 : c = 330\,mm \qquad M_n = 1{,}000\,kN \cdot m$$

$$A_s = 8{,}000\,mm^2 : c = 352\,mm \qquad M_n = 1{,}040\,kN \cdot m$$

인장철근의 증가에 따른 공칭휨강도의 변화는 그림 5-10과 같다.

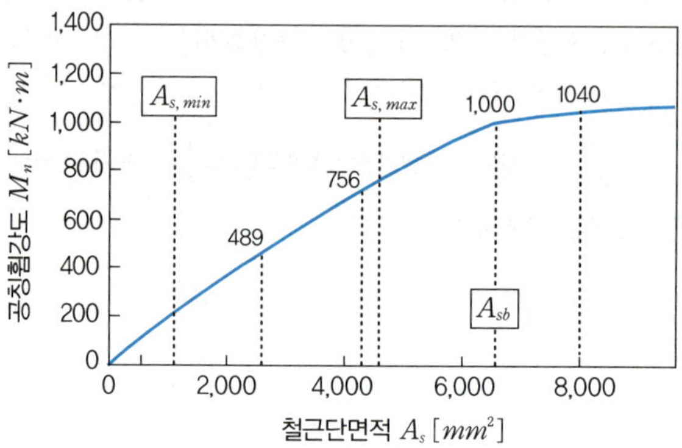

그림 5-10 인장철근 증가에 따른 공칭휨강도

예제 5-2 그림 5-11과 같이 폭 b=320 mm, 깊이 h=600 mm인 직사각형 단면을 복철근 단면 또는 단철근 단면으로 설계하려고 한다. 콘크리트 설계기준압축강도 f_{ck}를 35 MPa로 하고, d'=70 mm인 위치에 SD400 2-D16 (A_s=397 mm^2)의 압축철근을 배치하는 복철근 단면과 배치하지 않는 단철근 단면에 대하여 KDS 14 20 콘크리트구조 설계기준에 따라 유효깊이 d=530 mm인 위치에 배치할 수 있는 SD400의 최대 인장철근단면적을 구하고, 그 결과를 비교하시오.

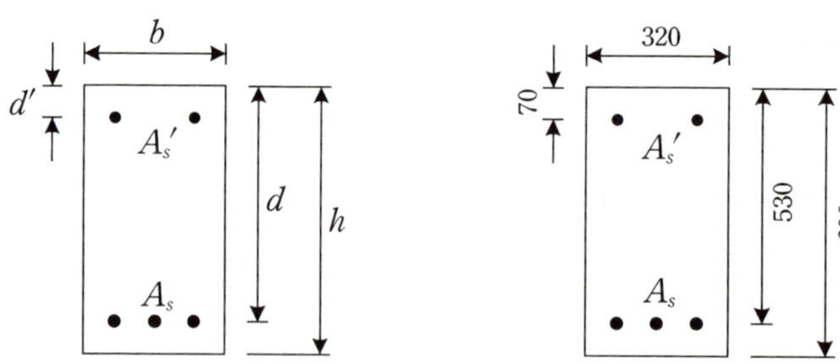

그림 5-11 예제 5-2의 단면

〈풀이〉

(1) KDS 14 20에 따른 복철근 단면의 최대 인장철근단면적

철근의 설계기준항복강도는 f_y=400 MPa이므로, 철근의 항복변형률 ε_y는

$$\varepsilon_y = \frac{f_y}{E_s} = \frac{400}{200{,}000} = 0.002$$

f_{ck}가 35 MPa로 40 MPa 이하일 때 극한변형률 ε_{cu}가 0.0033이고 SD400 인장철근의 최소 허용변형률 $\varepsilon_{t,\,min}$이 0.004이므로, 그림 5-12(b)의 변형률분포에서 중립축 위와 아래 두 삼각형의 변형률분포 닮은비로 중립축 깊이 c_{max}를 구하면

$$c_{max} = \frac{\varepsilon_{cu}}{\varepsilon_{t,\,min}+\varepsilon_{cu}}d = \frac{0.0033}{0.004+0.0033}\times 530 = 240\ mm$$

f_{ck}=35 MPa로 40 MPa 이하의 압축강도이므로, 표 2-3으로부터 포물선-직사각형 응력분포 변수로 α=0.80, β=0.40을 적용한다. 극한상태에서 콘크리트 압축부에 작용하는 압축력은

$$C_c = \alpha(0.85 f_{ck})bc_{max} = 0.80\times(0.85\times 35)\times 320\times 240 = 1{,}828{,}000\ [N]$$

삼각형 변형률분포의 닮은비로 압축철근의 변형률 ε_s'를 계산하고 항복변형률 ε_y와 비교하면

$$\varepsilon_s' = \varepsilon_{cu}\frac{c_{max}-d'}{c_{max}} = 0.0033\times\frac{240-70}{240} = 0.00234 > \varepsilon_y\ (=0.002)$$

압축철근이 항복하므로, 압축철근의 압축응력은

$$f_s' = f_y = 400\ MPa$$

압축부 콘크리트와 압축철근에 작용하는 응력을 분리하여 압축철근에 작용하는 압축력을 구하면

$$C_s = A_s'(f_s'-0.85 f_{ck}) = 397\times(400-0.85\times 35) = 147{,}000\ N$$

극한상태에서 인장철근이 항복한 상태이므로, 복철근 단면의 최대 인장철근단면적을 $A_{s,\,max,\,d}$이라고 할 때 인장철근에 작용하는 인장력은

$$T = A_{s,\,max,\,d}\, f_y = 400\ A_{s,\,max,\,d}$$

평형조건에 따라 복철근 단면의 최대 인장철근단면적 $A_{s,\,max,\,d}$를 구하면

$$T = C_c + C_s$$

$$400\ A_{s,\,max,\,d} = 1{,}828{,}000+147{,}000$$

$$400\ A_{s,\,max,\,d} = 1{,}975{,}000$$

$$A_{s,\,max,\,d} = 4{,}938\ mm^2$$

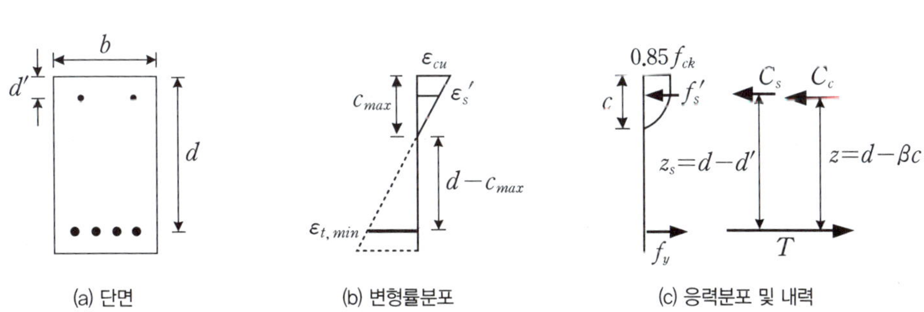

그림 5-12 최대 인장철근단면적을 계산하기 위한 변형률, 응력, 내력분포

(2) KDS 14 20에 따른 단철근 단면의 최대 인장철근단면적

단철근 단면의 최대 인장철근단면적을 구하는 과정은 앞의 복철근 단면의 최대 인장철근단면적을 구하는 과정 중에서 압축철근에 대한 부분만 생략하면 된다. 따라서 극한상태에서 콘크리트 압축부에 작용하는 압축력은

$$C_c = \alpha(0.85 f_{ck}) b c_{max} = 0.80 \times (0.85 \times 35) \times 320 \times 240 = 1{,}828{,}000\ N$$

단철근 단면의 최대 인장철근단면적을 $A_{s,\,max,\,s}$라고 할 때 인장철근에 작용하는 인장력은

$$T = A_{s,\,max,\,s} f_y = 400\ A_{s,\,max,\,s}$$

평형조건에 따라 단철근 단면의 최대 인장철근단면적 $A_{s,\,max,\,s}$를 구하면

$$T = C_c$$

$$400\ A_{s,\,max,\,s} = 1{,}828{,}000$$

$$A_{s,\,max,\,s} = 4{,}570\ mm^2$$

(3) 단철근 단면과 복철근 단면의 최대 인장철근단면적 비교

복철근 단면의 최대 인장철근단면적은 4,938 mm^2로서 단철근 단면의 최대 인장철근단면적 4,570 mm^2보다 368 mm^2가 크다. 이 값은 단철근 단면의 최대 인장철근단면적의 8.1%에 해당하는 값으로, 반올림 등에 따른 오차 범위를 고려할 때 다음과 같이 계산되는 값과 같은 값이다.

$$A_s'\left(\frac{f_s' - 0.85 f_{ck}}{f_y}\right) = 397 \times \frac{400 - 0.80 \times 35}{400} = 367\ mm^2$$

즉, 다음과 같이 복철근 단면의 최대 인장철근단면적 $A_{s,\,max,\,d}$는 단철근 단면의 최대 인장철근단면적 $A_{s,\,max,\,s}$에 압축철근 단면적의 일정 비율이 추가된 단면적이다.

$$A_{s,\,max,\,d} = A_{s,\,max,\,s} + A_s'\left(\frac{f_s' - 0.85 f_{ck}}{f_y}\right)$$

이와 같은 결과는 콘크리트 단면적을 증가시키지 못하는 제한이 있을 때 단철근 단면으로 최대 인장철근단면적을 배치하여도 휨강도를 만족시키지 못하는 경우의 해결방안을 제시한다. 즉, 이때에는 단철근 단면에 최대 인장철근단면적을 배치하여 설계기준에서 요구하는 최소한의 연성을 확보하고, 이 단면에 압축철근을 추가하면 연성이 증가되므로 추가된 연성의 여유만큼 인장철근을 추가할 수 있는 것이다. 추가할 수 있는 인장철근의 단면적은 $A_s'(f_s' - 0.85 f_{ck})/f_y$로, 이 단면적만큼 추가된 인장철근의 인장력과 압축철근의 압축력 효과로 단면의 휨강도를 증가시키면서 최소한의 연성을 확보하는 것이다.

예제 5-3 그림 5-13과 같은 T형 단면에 부모멘트 760 kN·m의 계수휨모멘트가 작용한다. 추후 전단설계와 균열 및 처짐의 성능확보를 위하여 최대 인장철근단면적의 0.6배 수준의 인장철근단면적을 배치할만한 크기로 단면의 크기를 결정하려고 한다. 단, 이 부재는 비구조적인 요구조건에 의하여 보의 총 깊이가 600 mm를 초과할 수 없다. 이 부재의 콘크리트 설계기준압축강도 f_{ck}를 35 MPa로 하고 유효깊이 d가 530 mm인 위치에 SD400의 인장철근을 사용하려고 할 때, 보의 복부폭 b_w을 어떤 크기로 하여야 할지 실무적으로 적용할 수 있는 크기의 폭을 KDS 14 20 콘크리트구조 설계기준에 따라 결정하시오.

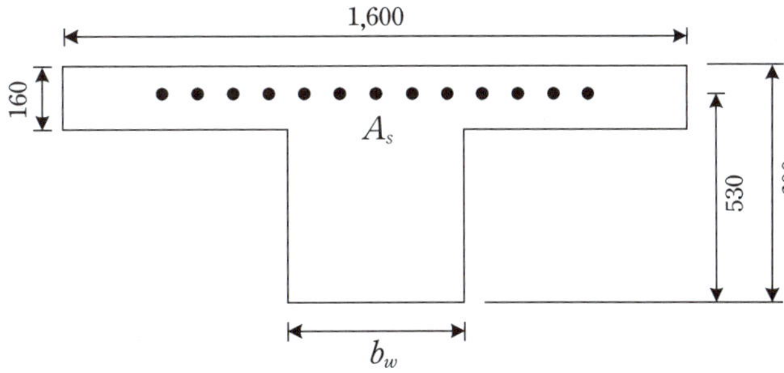

그림 5-13 예제 5-3의 단면

〈풀이〉

철근의 설계기준항복강도는 f_y=400 MPa이므로, 철근의 항복변형률 ε_y는

$$\varepsilon_y = \frac{f_y}{E_s} = \frac{400}{200{,}000} = 0.002$$

f_{ck}가 35 MPa로 40 MPa 이하일 때 극한변형률 ε_{cu}가 0.0033이므로, 균형철근비 ρ_b를 식 (5·3)에 따라 구하면

$$\rho_b = \frac{\alpha(0.85 f_{ck})}{f_y}\frac{\varepsilon_{cu}}{\varepsilon_{cu}+\varepsilon_y} = \frac{0.85\times(0.80\times 35)}{400}\times\frac{0.0033}{0.0033+0.002} = 0.0370$$

균형철근비의 0.6배는

$$\rho = 0.6\,\rho_b = 0.6\times 0.370 = 0.0222$$

이 값이 최대철근비를 넘지 않는지 확인하기 위하여, 식 (5·3)의 ε_y 대신 $\varepsilon_{t,\,min}$로 표현한 최대철근비 ρ_{max}의 수식을 이용하여 계산하면

$$\rho_{max} = \frac{\alpha(0.85 f_{ck})}{f_y}\frac{\varepsilon_{cu}}{\varepsilon_{cu}+\varepsilon_{t,\,min}} = \frac{0.85\times(0.80\times 35)}{400}\times\frac{0.0033}{0.0033+0.004} = 0.0269$$

선택한 인장철근비 0.0222는 최대철근비 ρ_{max}보다 작으므로 설계기준에 적합한 철근비이다. 이 인장철근비에 해당하는 단면적을 구하기 위하여 식 (5·48)에 따라 소요 R_n의 값을 구하면

$$req'd\,R_n = \rho f_y\left[1-\frac{\beta\rho f_y}{\alpha(0.85 f_{ck})}\right] = 0.0222\times 400\times\left[1-\frac{0.4\times 0.0222\times 400}{0.8\times(0.85\times 35)}\right] = 7.55\ MPa$$

표 5-3에서 SD400 철근을 사용하는 경우 강도감소계수로 0.85를 적용하는 인장철근비의 한계가 0.639 ρ_b이므로, 이 단면과 같이 인장철근비가 0.6 ρ_b인 경우에는 강도감소계수가 0.85이다. 이제 소요 R_n의 값에 해당하는 단면적 조건을 식 (5·47)에 따라 구하면,

$$req'd(bd^2) = \frac{M_u}{\phi(req'd\,R_n)} = \frac{760\times 10^6}{0.85\times 7.55} = 118{,}426{,}000\ mm^3$$

이 단면의 유효깊이 d가 530 mm이므로, 소요복부폭은

$$req'd(b_w) = \frac{req'd(bd^2)}{d^2} = \frac{118{,}426{,}000}{530^2} = 422\ mm$$

따라서 복부폭은 422 mm와 유사한 크기 중 10의 배수로서 430 mm가 가능하며, 실무적으로 40의 배수를 선택한다면 440 mm가 적당하다.

예제 5-4 그림 5-14와 같은 T형 단면으로 실내에 위치하는 경간 8 m의 단순보에 등분포 고정하중 20.3 kN/m와 등분포 활하중 30.1 kN/m가 작용한다. 이 부재의 콘크리트 설계기준압축강도 f_{ck}를 35 MPa로 하고 인장철근으로는 SD400 철근을 사용하려고 할 때, KDS 14 20 콘크리트구조 설계기준에 따라 인장철근을 선택하고 설계검증을 수행하시오.

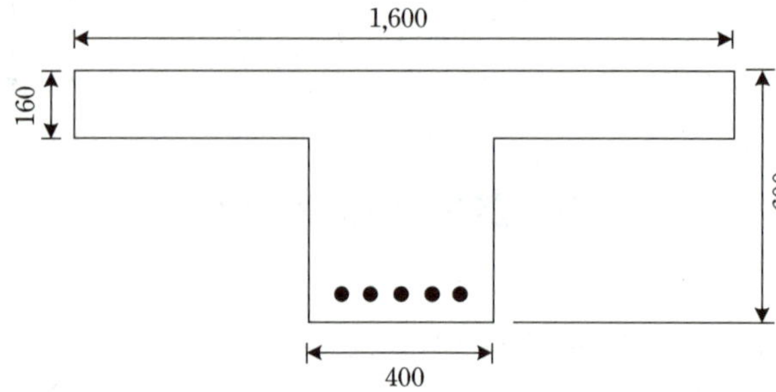

그림 5-14 **예제 5-4의 단면**

〈풀이〉

(1) 계수휨모멘트와 설계 기본 변수

3장 3.5.3절에 소개된 KDS 14 20 콘크리트구조 설계기준의 계수하중조합 중에서 고정하중과 활하중이 작용하는 경우에 적용하여야 할 계수하중조합은 여러 가지가 있으나, 고정하중과 활하중이 모두 중력방향으로 작용하므로 각각의 하중계수가 가장 큰 하중조합을 적용하면 된다. 따라서 식 (3 · 33)과 식 (3 · 34)를 적용하여 계수등분포하중을 계산하면

$$w_u = 1.4\, w_D = 1.4 \times 20.3 = 28.42\, kN/m$$

$$w_u = 1.2\, w_D + 1.6\, w_L = 1.2 \times 20.3 + 1.6 \times 30.1 = 72.52\, kN/m$$

이 중 $72.52\, kN/m$가 더 크므로, 이 값을 계수등분포하중으로 하여 단순보에 작용하는 최대 계수휨모멘트를 다음과 같이 구하여 설계에 적용한다.

$$M_u = \frac{w_u L^2}{8} = \frac{72.52 \times 8^2}{8} = 580\, kN \cdot m$$

이 최대 계수휨모멘트에 대한 휨 설계를 수행하기 위하여 설계의 기본 변수로서 인장철근의 유효깊이를 먼저 선정하여야 한다. 부재가 실내에 위치하므로, 표 3-13에 따라 KDS 14 20 콘크리트구조 설계기준의 최소 피복두께를 적용하면 '옥외의 공기나 흙에 직접 접하지 않는 콘크리트'로 분류된다. 이때의 보에 대한 철근의 최소 피복두께 c_{cv}는 $40\, mm$이다. 전단설계는 아직 수행하지 않았으나, 경험적 지식에 따라 D16 철근을 전단철근으로 설계한다고 가정하면 전단철근의 지름 d_{bs}는 대강 $16\, mm$이다. 인장철근을 1열로 배치한다고 가정하고, 인장철근으로는 D25 내외의 철근을 사용한다고 가정하면 인장철근의 반지름 $d_b/2$은 대략 $13\, mm$ 정도이다. 이러한 가정에 따라 인장철근의 유효깊이를 대강 산정하면

$$d_{est} = h - c_{cv} - d_{bs} - d_b/2 = 600 - 40 - 16 - 13 = 600 - 69 \approx 530\, mm$$

철근의 설계기준항복강도 f_y가 $400\, MPa$일 때, 철근의 항복변형률 ε_y는

$$\varepsilon_y = \frac{f_y}{E_s} = \frac{400}{200{,}000} = 0.002$$

f_{ck}=35 MPa로 40 MPa 이하의 압축강도이므로, 표 2-3으로부터 포물선-직사각형 응력분포 변수로 α=0.80, β=0.40을 적용한다. 따라서 $\alpha/2\beta$=1이고 $2\beta/\alpha$=1이다.

(2) SD400 철근을 적용하는 경우 간편 해법에 의한 소요인장철근단면적

단면 내의 압축내력과 인장내력 사이의 팔길이 z를 경험적 지식에 따라 선정하여 식 (5·58)에 따라 소요인장철근단면적을 산정할 수 있다. 이 단면이 정모멘트를 받는 T형 단면이므로 z가 매우 클 것이라는 판단에 따라, z를 0.95 d 내외일 것으로 가정하고 식 (5·58)에 따라 소요인장철근단면적을 구하면

$$z = 0.95\, d_{est} = 0.95 \times 530 = 504\, mm$$

$$req'd\ A_s = \frac{M_u}{\phi f_y z} = \frac{580 \times 10^6}{0.85 \times 400 \times 504} = 3{,}380\, mm^2$$

(3) SD400 철근을 적용하는 경우 정밀 해법에 의한 소요인장철근단면적

5.1.5절 [2]에 따라 소요인장철근단면적을 정밀하게 계산할 수도 있다. 먼저 극한상태에서의 중립축이 플랜지 내에 존재하여 직사각형 단면거동을 한다고 가정한다. 이에 따라 단면의 폭 b를 플랜지 유효폭과 같은 1,600 mm로 계산한다. 강도감소계수가 0.85라고 가정하고, 식 (5·51)에 따라 소요 R_n의 값을 구하면

$$req'd\ R_n = \frac{M_u}{\phi\, b d_{est}^2} = \frac{580 \times 10^6}{0.85 \times 1{,}600 \times 530^2} = 1.52\, MPa$$

식 (5·52)에 따라 소요인장철근비 ρ를 구하면, $\alpha/2\beta = 1$이고 $2\beta/\alpha = 1$이므로

$$req'd\ \rho = \frac{\alpha(0.85 f_{ck})}{2\beta f_y}\left[1 - \sqrt{1 - \frac{4\beta(req'd\ R_n)}{\alpha(0.85 f_{ck})}}\right] = \frac{0.85 f_{ck}}{f_y}\left[1 - \sqrt{1 - \frac{2(req'd\ R_n)}{0.85 f_{ck}}}\right]$$

$$= \frac{0.85 \times 35}{400}\left[1 - \sqrt{1 - \frac{2 \times 1.52}{0.85 \times 35}}\right] = 0.00390$$

식 (5·53)에 따라 소요철근단면적 A_s를 구하면

$$req'd\ A_s = (req'd\ \rho) b\, d_{est} = 0.00390 \times 1{,}600 \times 530 = 3{,}310\, mm^2$$

(4) SD400 철근을 적용하는 경우의 인장철근 선택

앞에서 수행한 (2)의 간편 해법과 (3)의 정밀 해법은 유사한 값의 소요인장철근단면적을 제공하였다. 정밀 해법에 의한 소요인장철근단면적 $req'd\ A_s$가 3,310 mm^2이므로, 이 단면적 이상으로 고려할 수 있는 철근의 조합은 다음과 같다.

12−D19: $A_s = 3{,}438\, mm^2$ ($req'd\ A_s$의 1.04배) $d_b = 19.1\, mm$

9−D22: $A_s = 3{,}484\, mm^2$ ($req'd\ A_s$의 1.05배) $d_b = 22.2\, mm$

7−D25: $A_s = 3{,}547\, mm^2$ ($req'd\ A_s$의 1.07배) $d_b = 25.4\, mm$

6−D29: $A_s = 3{,}854\, mm^2$ ($req'd\ A_s$의 1.16배) $d_b = 28.6\, mm$

5−D32: $A_s = 3{,}971\, mm^2$ ($req'd\ A_s$의 1.20배) $d_b = 31.8\, mm$

12−D19의 철근조합은 400 mm인 복부폭에 12개의 D19 철근을 1단으로 배치할 수 없다는 것이 경험적인 판단이며, 6개씩 2단으로 배치하여야 할 것으로 판단된다. 그러나 2단으로 배치하면 철근 중심까지의 유효깊이가 감소하여, 1단으로 배치하는 것으로 가정하고 계산한 소요인장철근단면적보다 더 큰 단면적이 필요하다. D19 인장철근을 6개씩 2단으로 배치하는 경우의 유효깊이는

$$d \approx 530 - d_b/2 - 25/2 = 530 - 19.1/2 - 25/2 = 508\, mm$$

D19 인장철근을 6개씩 2단으로 배치하는 경우의 소요인장철근단면적을 비례식으로 구하면

$$req'd\ A_s = 3{,}310 \times \frac{530}{508} = 3{,}453\, mm^2$$

이 값은 12−D19의 총 철근단면적 3,438 mm^2보다 크므로, 12−D19의 철근조합은 설계휨강도가 계수휨모멘트보다 작아서 휨강도 성능을 만족시키지 못할 것으로 판단된다. 휨강도 성능을 만족시키기 위해서는

철근을 한 개 추가하여야 하는데 13개의 철근을 2단으로 배치하는 것은 대칭배치가 어려우므로 현실적인 설계안이 될 수 없다. 따라서 D19 철근을 사용하는 안은 고려대상에서 제외한다.

9−D22의 철근조합도 1단으로 배치할 수 없고 2단 배치도 대칭배치가 어렵다. 따라서 D22 철근을 사용하는 안도 고려대상에서 제외한다. 다만 확인을 위하여 400 mm인 복부폭에 9개의 D22 철근을 1단으로 배치할 수 있는지 검토해 본다. 9개의 D22 철근을 1단으로 배치할 수 있는 최소 복부폭 $b_{w,min}$을 식 (5 · 67)에 따라 계산하면, 철근의 수평 순간격 s_{clh}가 철근 지름과 25 mm 중 큰 값인 25 mm이므로

$$\begin{aligned} b_{w,min} &= 2\,c_{cv}+2\,d_{bs}+2r_s+(n-1)\,d_b+(n-1)\,s_{clh} \\ &= 2\times40+2\times15.9+2\times2\times15.9+(9-1)\times22.2+(9-1)\times25 \\ &= 553\,mm > b_w\,(=400\,mm) \end{aligned}$$

따라서 1단으로 배치할 수 없다.

7−D25의 철근조합을 1단으로 배치할 수 있는 최소 복부폭 $b_{w,min}$을 식 (5 · 67)에 따라 계산한다. 이때 철근지름 d_b가 25.4 mm이고, 철근의 수평 순간격 s_{clh}는 표 3−11에 나타난 바와 같이 25 mm, 철근지름, 굵은 골재 최대치수의 4/3배 중 가장 큰 값 이상이어야 한다. 굵은골재 최대치수가 20 mm라고 가정하면 이 값의 4/3배는 26.7 mm이므로, 이들 값 중 가장 큰 값인 26.7 mm를 s_{clh}로 하면

$$\begin{aligned} b_{w,min} &= 2\,c_{cv}+2\,d_{bs}+2r_s+(n-1)\,d_b+(n-1)\,s_{clh} \\ &= 2\times40+2\times15.9+2\times2\times15.9+(7-1)\times25.4+(7-1)\times26.7 \\ &= 488\,mm > b_w\,(=400\,mm) \end{aligned}$$

따라서 1단으로 배치할 수 없다. 이 경우에는 2열로 배치하여야 하는데 구조적인 효율과 콘크리트 타설의 용이성을 고려하여, 그림 5−15와 같이 아랫열에 5개를 배치하고 윗열에 2개를 배치하기로 한다. 이에 따라 아랫열에 D25 철근 5개를 배치할 수 있는 최소 복부폭 $b_{w,min}$을 식 (5 · 67)에 따라 계산하면

$$\begin{aligned} b_{w,min} &= 2\,c_{cv}+2\,d_{bs}+2r_s+(n-1)\,d_b+(n-1)\,s_{clh} \\ &= 2\times40+2\times15.9+2\times2\times15.9+(5-1)\times25.4+(5-1)\times26.7 \\ &= 384\,mm < b_w\,(=400\,mm) \end{aligned}$$

따라서 아랫열에 D25 철근 5개를 배치할 수 있다.

6−D29의 철근조합과 5−D32의 철근조합은 7−D25의 철근조합에 비하여 단면적이 커서 비경제적이므로 고려대상에서 제외한다. 따라서 SD400 철근을 인장철근으로 사용한다면, 그림 5−15와 같이 아랫열에 5개를 배치하고 윗열에 2개를 배치하는 7−D25의 철근배치로 설계한다.

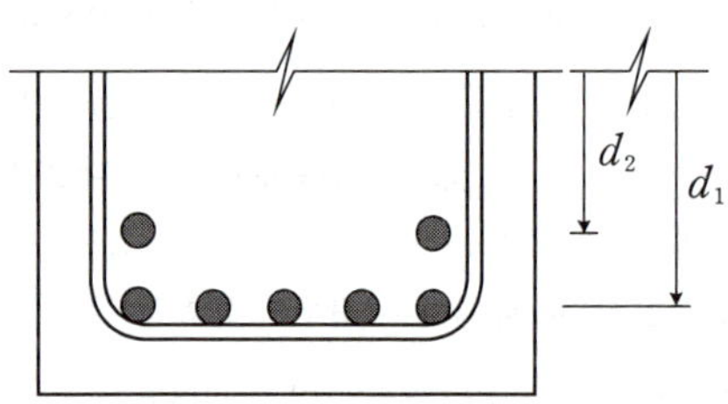

그림 5−15 인장철근 SD400 7−D25의 배치

(5) 인장철근 SD400 7−D25이 배치된 단면의 설계검증

SD400 7−D25 철근(A_s=3,547 mm^2, d_b=25.4 mm)을 적용하는 경우의 설계검증은 휨강도 검증과 최대 및 최소 인장철근단면적을 검증하는 것이다.

① 휨강도 검증

4장 4.5.2절의 휨강도 해석 절차에 따라 공칭휨강도를 구하고, 5.2.1절에 따라 강도감소계수를 결정한 후 공칭휨강도에 곱하여 설계휨강도를 구한다. 공칭휨강도 해석은 그림 5-16의 변형률분포와 응력분포 및 내력분포로 수행한다.

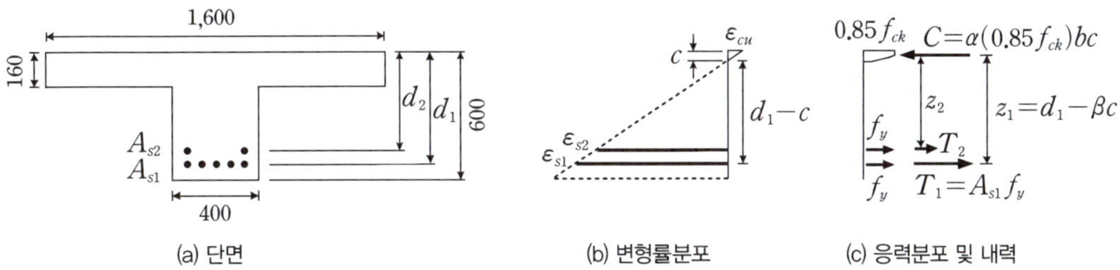

그림 5-16 휨강도 해석의 변형률분포와 응력분포 및 내력

먼저 아랫열 인장철근 5개(A_{s1}=2,534 mm^2)의 실제 유효깊이 d_1과 윗열 인장철근 2개(A_{s2}=1,013 mm^2)의 실제 유효깊이 d_2를 구하면

$$d_1 = h-c_{cv}-d_{bs}-\frac{d_b}{2} = 600-40-15.9-\frac{25.4}{2} = 531\ mm$$

$$d_2 = h-c_{cv}-d_{bs}-d_b-25-\frac{d_b}{2} = 600-40-15.9-25.4-25-\frac{25.4}{2} = 481\ mm$$

극한상태에서 7개 인장철근이 모두 항복한 상태라고 가정하고, 아랫열 인장철근 5개의 인장력 T_1과 윗열 인장철근 2개의 인장력 T_2, 그리고 총 인장력 T를 구하면

$$T_1 = A_{s1}f_y = 2{,}534\times400 = 1{,}013{,}600\ N$$

$$T_2 = A_{s2}f_y = 1{,}013\times400 = 405{,}200\ N$$

$$T = T_1+T_2 = 1{,}013{,}600+405{,}200 = 1{,}418{,}800\ N$$

중립축 깊이가 플랜지 두께보다 작다고 가정하면, 콘크리트 압축부에 작용하는 압축력은

$$C_c = \alpha(0.85f_{ck})bc = 0.80\times(0.85\times35)\times1{,}600\times c = 38{,}080\ c\ [N]$$

평형조건에 따라 c를 구하면

$$C = T$$

$$38{,}080\ c = 1{,}418{,}800$$

$$c = 37.3\ mm$$

중립축 깊이 c가 플랜지 두께보다 작으므로, 가정한 바와 같이 이 난면은 직사각형 거동을 보인다. 콘크리트의 극한변형률 ε_{cu}가 0.0033이므로, 아랫열 인장철근 5개의 변형률 ε_{s1}과 윗열 인장철근 2개의 변형률 ε_{s2}를 계산하고 항복변형률 ε_y와 비교하면

$$\varepsilon_{s1} = \varepsilon_{cu}\frac{d_1-c}{c} = 0.0033\times\frac{531-37.3}{37.3} = 0.0437 > \varepsilon_y\ (=0.002)$$

$$\varepsilon_{s2} = \varepsilon_{cu}\frac{d_2-c}{c} = 0.0033\times\frac{481-37.3}{37.3} = 0.0393 > \varepsilon_y\ (=0.002)$$

따라서 극한상태에서 모든 인장철근이 항복한다. 가정과 같이 인장철근이 항복한다는 것을 확인하였으므로, 이제 2개의 인장력과 팔길이로 공칭휨강도를 구하면

$$M_n = T_1 z_1 + T_2 z_2 = T_1(d_1 - \beta c) + T_2(d_2 - \beta c)$$
$$= 1{,}013{,}600 \times (531 - 0.40 \times 37.3) + 405{,}200 \times (481 - 0.40 \times 37.3)$$
$$= 712 \times 10^6 \, N \cdot mm = 712 \, kN \cdot m$$

최외단 인장철근의 순인장변형률 ε_t는 ε_{s1}과 같으므로 ε_t를 인장지배 변형률한계 $\varepsilon_{ttc,\,min}$와 비교하면, 철근의 기준항복강도가 400 MPa 이하일 때 인장지배 변형률한계 $\varepsilon_{ttc,\,min}$이 0.005이므로

$$\varepsilon_t = \varepsilon_{s1} = 0.0437 > \varepsilon_{ttc,\,min} \, (=0.005)$$

따라서 이 단면은 인장지배단면이다. 인장지배단면의 강도감소계수는 0.85이므로, 설계휨강도를 구하고 계수휨모멘트와 비교하면

$$M_d = \phi M_n = 0.85 \times 712 = 605 \, kN \cdot m > M_u \, (=580 \, kN \cdot m)$$

이 단면은 계수휨모멘트보다 4% 큰 설계휨강도를 가진 단면으로 휨강도를 만족한다.

② 최대 인장철근단면적 검증

최대 인장철근단면적의 검증은 최외단 인장철근의 순인장변형률이 최소 허용변형률 이하인 것을 확인하는 방법으로 수행한다. 이 예제에서 최외단 인장철근의 순인장변형률 ε_t는 ε_{s1}과 같고, 철근의 설계기준항복강도가 400 MPa 이하인 경우에는 최소 허용변형률 $\varepsilon_{t,\,min}$을 0.004로 규정하고 있으므로, 이를 비교하면

$$\varepsilon_t = \varepsilon_{s1} = 0.0437 > \varepsilon_{t,\,min} \, (=0.004)$$

따라서 최소 허용변형률 기준, 즉 최대 인장철근단면적 기준을 만족한다.

③ 최소 인장철근단면적 검증

최소 인장철근단면적은 설계휨강도와 균열휨모멘트를 이용하여 식 (5 · 65)를 만족함을 보임으로써 검증한다. 따라서 먼저 4장 예제 4-1과 4-2의 해석과정에 따라 T형 단면의 단면2차모멘트와 균열휨모멘트를 구한다. 철근을 무시하고 콘크리트 단면만 고려한 해석의 결과로, 단면 도심에서 압축연단까지의 거리 y_{com}, 단면 도심에서 인장연단까지의 거리 y_{ten}, 단면2차모멘트는 I_{gc}의 값은 다음과 같다.

$$y_{com} = 202 \, mm \qquad y_{ten} = 398 \, mm \qquad I_{gc} = 12.77 \times 10^9 \, mm^4$$

콘크리트의 균열인장강도 f_{cr}을 콘크리트의 파괴계수 f_r로 하면, 식 (2 · 29)로부터

$$f_{cr} = f_r = 0.63 \, \lambda \sqrt{f_{ck}} = 0.63 \times 1.0 \times \sqrt{35} = 3.73 \, MPa$$

균열휨모멘트는 식 (4 · 24)로부터

$$M_{cr} = \frac{f_{cr} I_g}{y_{ten}} = \frac{3.73 \times 12.77 \times 10^9}{398} = 120 \times 10^6 \, N \cdot mm = 120 \, kN \cdot m$$

최소 인장철근단면적에 대한 요구조건인 식 (5 · 65)을 검증하면

$$1.2 \, M_{cr} = 1.2 \times 120 = 144 \, kN \cdot m$$
$$\phi M_n = 605 \, kN \cdot m > 1.2 \, M_{cr} \, (=144 \, kN \cdot m)$$

따라서 최소 인장철근단면적에 대한 요구조건을 만족한다.

예제 5-5 예제 5-4와 동일한 조건을 갖는 부재에 인장철근으로 SD600 철근을 사용하려고 할 때, KDS 14 20 콘크리트 구조 설계기준에 따라 인장철근을 선택하고 설계검증을 수행하시오.

〈풀이〉

(1) SD600 철근을 적용하는 경우의 소요인장철근단면적 및 인장철근 선택

SD600 철근을 적용하는 경우 앞 예제 5-4의 (3)에서 계산한 결과를 이용하여 비례식으로 소요 A_s를 구하면

$$req'd\ A_s = (req'd\ A_s)_{400} \times \frac{f_{y(400)}}{f_{y(600)}} = 3{,}310 \times \frac{400}{600} = 2{,}210\ mm^2$$

SD600 철근을 적용하는 경우 소요인장철근단면적 $req'd\ A_s$가 2,210 mm^2이므로, 이 단면적 이상으로 고려할 수 있는 철근의 조합은 다음과 같다.

8–D19: $A_s = 2{,}292\ mm^2$ ($req'd\ A_s$의 1.04배) $d_b = 19.1\ mm$

6–D22: $A_s = 2{,}323\ mm^2$ ($req'd\ A_s$의 1.05배) $d_b = 22.2\ mm$

5–D25: $A_s = 2{,}534\ mm^2$ ($req'd\ A_s$의 1.15배) $d_b = 25.4\ mm$

4–D29: $A_s = 2{,}570\ mm^2$ ($req'd\ A_s$의 1.16배) $d_b = 28.6\ mm$

3–D32: $A_s = 2{,}383\ mm^2$ ($req'd\ A_s$의 1.08배) $d_b = 31.9\ mm$

이들 중 1열로 배치할 수 있으면서 철근단면적이 비교적 적은 3–D32의 철근조합을 선택한다. 8–D19와 6–D22는 1열로 배치할 수 없으므로 배제하고, 5–D25와 4–D29는 3–D32보다 단면적이 커서 배제한다. 선택된 3–D32에 대하여, D32 철근 3개를 1열로 배치할 수 있는 최소 복부폭 $b_{w,\,min}$을 식 (5·67)에 따라 계산한다. 이때 철근지름 d_b가 31.8 mm이고, 철근의 수평 순간격 s_{clh}는 표 3–11에 나타난 바와 같이 25 mm, 철근지름, 굵은골재 최대치수의 4/3배 중 가장 큰 값 이상이어야 한다. 굵은골재 최대치수가 20 mm라고 가정하면 이 값의 4/3배는 26.7 mm이므로, 이들 값 중 가장 큰 값인 철근 지름 31.8 mm를 s_{clh}로 하면

$$\begin{aligned} b_{w,\,min} &= 2\,c_{cv} + 2\,d_{bs} + 2r_s + (n-1)d_b \times (n-1)s_{clh} \\ &= 2\times40 + 2\times15.9 + 2\times2\times15.9 + (3-1)\times31.8 + (3-1)\times31.8 \\ &= 303\ mm < b_w\ (=400\ mm) \end{aligned}$$

따라서 그림 5–17과 같이 D32 철근 3개를 1열로 배치할 수 있다.

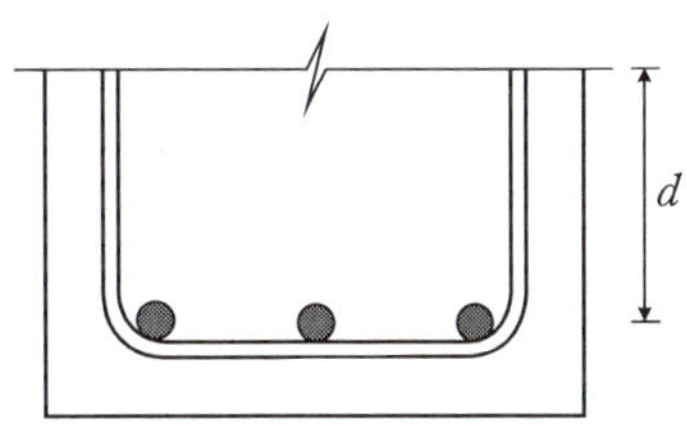

그림 5–17 인장철근 SD600 3–D32의 배치

(2) 인장철근 SD600 3–D32이 배치된 단면의 설계검증

① 휨강도 검증

철근의 설계기준항복강도가 f_y=600 MPa일 때, 철근의 항복변형률 ε_y는

$$\varepsilon_y = \frac{f_y}{E_s} = \frac{600}{200{,}000} = 0.003$$

3–D32 철근(A_s=2,383 mm^2, d_b=31.8 mm)을 사용할 때의 실제 유효깊이 d를 구하면

$$d = h - c_{cv} - d_{bs} - \frac{d_b}{2} = 600 - 40 - 15.9 - \frac{31.8}{2} = 528\ mm$$

극한상태에서 인장철근이 항복한 상태라고 가정하고 인장력 T를 구하면

$$T = A_s f_y = 2{,}383 \times 600 = 1{,}429{,}800\ N$$

f_{ck}=35 MPa이므로, 포물선–직사각형 응력분포 변수로 α=0.80, β=0.40을 적용한다. 압축연단에서 중립축까지의 깊이를 c라고 하고 중립축 깊이가 플랜지 두께보다 작다고 가정하면, 콘크리트 압축부에 작용하는

압축력은

$$C = \alpha(0.85 f_{ck})bc = 0.80\times(0.85\times35)\times1{,}600\times c = 38{,}080\, c\ [N]$$

평형조건에 따라 c를 구하면

$$C = T$$

$$38{,}080\, c = 1{,}429{,}800$$

$$c = 37.5\ mm$$

중립축 깊이 c가 플랜지 두께보다 작으므로 가정한 바와 같이 이 단면은 직사각형 거동을 보인다. 40 MPa 이하의 압축강도를 갖는 콘크리트의 극한변형률 ε_{cu}는 0.0033이므로, 인장철근의 변형률 ε_s를 계산하고 항복변형률 ε_y와 비교하면

$$\varepsilon_s = \varepsilon_{cu}\frac{d-c}{c} = 0.0033\times\frac{528-37.5}{37.5} = 0.0432 > \varepsilon_y\ (=0.003)$$

따라서 가정과 같이 극한상태에서 인장철근이 항복한다. 이제 공칭휨강도를 구하면

$$M_n = T(d-\beta c) = 1{,}429{,}800\times(528-0.40\times37.5) = 733\times10^6\ N\cdot mm = 733\ kN\cdot m$$

철근의 설계기준항복강도가 400 MPa을 초과하는 경우에는 인장지배 변형률한계 $\varepsilon_{ttc,\,min}$가 항복변형률의 2.5배이므로, ε_y을 계산하고, ε_s와 같은 값인 순인장변형률 ε_t를 ε_y와 비교하면

$$\varepsilon_{ttc,\,min} = 2.5\,\varepsilon_y = 2.5\times0.003 = 0.0075$$

$$\varepsilon_t = \varepsilon_s = 0.0432 > \varepsilon_{ttc,\,min}\ (=0.0075)$$

따라서 이 단면은 인장지배단면이다. 인장지배단면의 강도감소계수는 0.85이므로, 설계휨강도를 구하고 계수휨모멘트와 비교하면

$$M_d = \phi M_n = 0.85\times733 = 623\ kN\cdot m > M_u\ (=580\ kN\cdot m)$$

이 단면은 계수휨모멘트보다 7% 큰 설계휨강도를 가진 단면으로 휨강도를 만족한다.

② 최대 인장철근단면적 검증

최대 인장철근단면적의 검증은 최외단 인장철근의 순인장변형률이 최소 허용변형률 이하인 것을 확인하는 방법으로 수행한다. 철근의 설계기준항복강도가 400 MPa을 초과하는 경우에는 최소 허용변형률 $\varepsilon_{t,\,min}$이 항복변형률의 2.0배이므로, $\varepsilon_{t,\,min}$을 계산하고, ε_s와 같은 값인 순인장변형률 ε_t와 비교하면

$$\varepsilon_{t,\,min} = 2.0\,\varepsilon_y = 2.0\times0.003 = 0.006$$

$$\varepsilon_t = \varepsilon_s = 0.0432 > \varepsilon_{t,\,min}\ (=0.006)$$

따라서 최소 허용변형률 기준, 즉 최대 인장철근단면적 기준을 만족한다.

③ 최소 인장철근단면적 검증

최소 인장철근단면적은 설계휨강도와 균열휨모멘트를 이용하여 식 (5·65)를 만족함을 보임으로써 검증한다. 따라서 먼저 예제 4-1과 4-2의 해석과정에 따라 T형 단면의 단면2차모멘트와 균열휨모멘트를 구한다. 철근을 무시하고 콘크리트 단면만 고려한 해석의 결과로, 단면 도심에서 압축연단까지의 거리 y_{com}, 단면 도심에서 인장연단까지의 거리 y_{ten}, 단면2차모멘트는 I_{gc}의 값은 다음과 같다.

$$y_{com} = 202\ mm \qquad y_{ten} = 398\ mm \qquad I_{gc} = 12.77\times10^9\ mm^4$$

콘크리트의 파괴계수는 식 (2·29)로부터

$$f_r = 0.63\,\lambda\sqrt{f_{ck}} = 0.63\times1.0\times\sqrt{35} = 3.73\ MPa$$

f_{cr}을 f_r로 하면, 균열휨모멘트는 식 (4 · 24)로부터

$$M_{cr} = \frac{f_{cr} I_g}{y_{ten}} = \frac{3.73 \times 12.77 \times 10^9}{3980} = 120 \times 10^6\, N \cdot mm = 120\, kN \cdot m$$

최소 인장철근단면적에 대한 요구조건인 식 (5 · 65)을 검증하면

$$1.2\, M_{cr} = 1.2 \times 120 = 144 \times 10^6\, N \cdot mm$$

$$\phi M_n = 623\, kN \cdot m > 1.2\, M_{cr}\ (=144\, kN \cdot m)$$

따라서 최소 인장철근단면적에 대한 요구조건을 만족한다.

5.3 콘크리트교 설계기준(한계상태설계법)의 휨 설계와 검증

5.3.1 재료계수와 설계휨강도

KDS 24 14 21 콘크리트교 설계기준(한계상태설계법),[5.5] Eurocode 2,[5.6] CSA[5.7] 등은 콘크리트와 철근의 기준재료강도(specified material strength)에 재료계수(재료저항계수 또는 재료부분안전계수)를 적용한 설계재료강도(design material strength)를 대상으로 단면해석을 수행하여 설계휨강도를 결정한다. 즉, 콘크리트에 대하여는 그림 5-18과 같이 포물선-사각형 또는 직사각형 압축응력분포에 1.0보다 작은 값인 재료계수 ϕ_c를 곱하거나(콘크리트교 설계기준(한계상태설계법)과 CSA), 1.0보다 큰 값인 재료부분안전계수 γ_c로 나눈(Eurocode 2) 압축응력분포를 설계휨강도 해석에 이용한다. 또 철근에 대하여는 그림 5-19과 같이 2직선으로 이상화한 응력-변형률 관계에 1.0보다 작은 값인 철근의 재료계수 ϕ_s를 곱하거나(콘크리트교 설계기준(한계상태설계법)과 CSA), 1.0보다 큰 값인 강재의 재료부분안전계수 γ_s로 나눈(Eurocode 2) 응력-변형률 관계를 설계휨강도 해석에 이용한다.

KDS 24 14 21 콘크리트교 설계기준(한계상태설계법)에서는 콘크리트의 재료계수 ϕ_c로 0.65를, 철근과 프리스트레싱 강재의 재료계수 ϕ_s로 0.90을 적용하도록 규정하고 있다. Eurocode 2에서는 재료

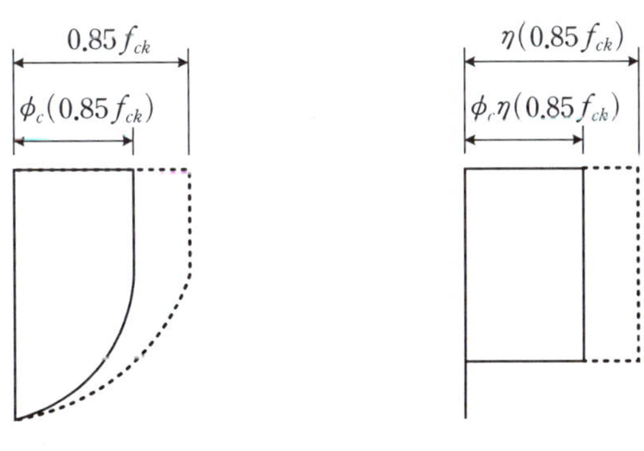

(a) 포물선-사각형 분포 (b) 직사각형 분포

그림 5-18 재료계수를 적용한 콘크리트의 압축응력분포

부분안전계수로 콘크리트에 1.5, 철근과 프리스트레싱 강재에 1.15를 기본으로 규정하고 있지만, 국가별 재료의 통계결과를 고려하여 이와 다른 값을 사용할 수 있도록 하고 있다. 한편 콘크리트구조 학회기준(2017)[5.1]과 KDS 14 20 콘크리트구조 설계기준[5.2]은 부재계수, 즉 강도감소계수의 적용을 기본으로 하고 있으나, 휨모멘트와 축력을 받는 부재의 설계휨강도, 설계축강도, 설계축-휨강도 해석에는 부록의 규정에 따라 KDS 24 14 21 콘크리트교 설계기준(한계상태설계법)과 동일한 재료계수의 적용을 허용하고 있다.

그림 5-18의 실선은 설계휨강도 해석을 수행할 때 적용하는 콘크리트의 압축응력분포로, 다음과 같이 설계기준압축강도 f_{ck}에 0.85 값의 유효계수 α_{cc}와 재료계수 ϕ_c를 곱한 값을 설계압축강도 f_{cd}로 한다.

$$f_{cd} = \phi_c \, \alpha_{cc} f_{ck} = \phi_c \, (0.85 f_{ck}) \tag{5·70}$$

그림 5-19의 실선은 설계휨강도 해석을 수행할 때 적용할 수 있는 철근의 응력-변형률 관계로, 두 가지 형태의 2직선으로 이상화한 응력-변형률 관계와 한계변형률을 나타낸 것이다. 두 가지 모델 모두 다음과 같이 항복강도 f_y에 재료계수 ϕ_s를 곱한 값을 설계항복강도 f_{yd}로 하고, 이 응력에 해당하는 변형률 ε_{yd}를 설계항복변형률로 한다.

$$f_{yd} = \phi_s f_y \tag{5·71}$$

$$\varepsilon_{yd} = \phi_s \, \varepsilon_y \tag{5·72}$$

항복 이후에는 두 가지 모델에 차이가 있다. 즉, 그림 5-19(a)는 철근이 항복한 후 일정한 응력을 유지하면서 변형률이 증가하는 탄성-완전소성(elastic-perfectly plastic) 응력-변형률 관계이다. 이 모델은 극한한계상태의 검증에서 철근의 한계변형률이 불필요한 경우에 적용하는 것으로, 극한한계변형률이 특별히 규정되어 있지 않다. 따라서 일반적으로 단면의 설계휨강도 해석을 수행할 때 이 관계를 적용한다.

그림 5-19(b)는 철근이 항복한 후에도 응력이 k배까지 증가하는 탄성-증가비탄성(elastic-increasing inelastic) 응력-변형률 관계이다. 이 모델은 극한한계상태의 검증에서 철근의 한계변형률이 필요한 경우에 적용하는 것으로, 설계 극한한계변형률까지 변형성능을 발휘하는 것으로 해석한다. 이 모델에서 비탄성 상태의 두 번째 직선은 2장 그림 2-38과 그림 2-41에 나타낸 철근의 인장강도 f_u까지 응력이 증가한다. 한국산업표준에 따라 생산된 철근의 경우에는 2장 2.2.5절의 표 2-8과 표 2-9에 나타나 있는

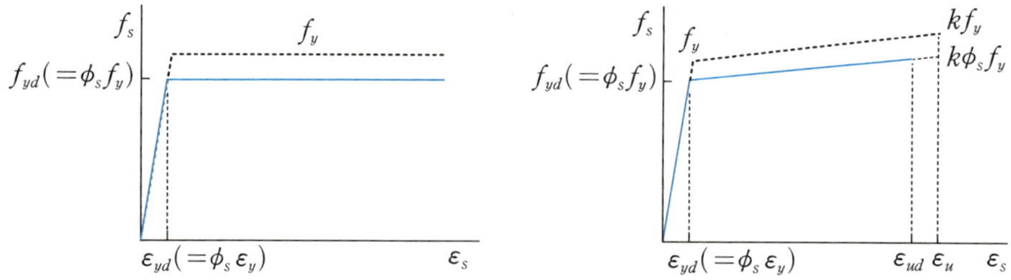

(a) 탄성-완전소성 관계

(b) 탄성-증가비탄성 관계

그림 5-19 재료계수를 적용한 철근의 응력-변형률 곡선

KS D 3504[5.12]의 최소인장강도 $f_{u,min}$을 f_u의 값으로 적용하면 된다. 이 모델에서의 설계 극한한계변형률 ε_{ud}는 철근의 극한한계변형률 ε_u에 1.0보다 작은 감소계수를 적용하여 결정한다. 이때의 감소계수는 다음과 같이 0.9의 값을 적용하는 것이 일반적이다.

$$\varepsilon_{ud} = 0.9\,\varepsilon_u \tag{5·73}$$

철근의 극한한계변형률 ε_u는 2장 그림 2-41에 나타낸 철근의 균일 연신율(uniform elongation, total elongation at maximum force)을 적용한다. 참고로 Eurocode 2에서는 Class B인 일반 구조용 철근의 경우 최소 균일 연신율을 0.05로, 내진용 철근의 경우 최소 균일 연신율을 0.075로 규정하고 있다. 이와 같이 철근의 인장강도 f_u와 설계 극한한계변형률 ε_{ud}가 결정되면 두 번째 직선의 기울기 k를 구할 수 있다.

재료계수를 적용한 모델을 이용하여 KDS 24 14 21 콘크리트교 설계기준(한계상태설계법)에 따라 직사각형 단면의 콘크리트 압축부에 작용하는 설계압축력 C_d를 계산하면, 포물선-사각형 압축응력분포를 적용할 때 다음과 같다. 여기서 c_d는 설계재료강도를 적용하였을 때 극한상태의 중립축깊이이다.

$$C_d = \alpha\phi_c\,(0.85\,f_{ck})\,bc_d \tag{5·74}$$

포물선-사각형 압축응력분포 대신 등가직사각형 압축응력블록을 이용하면 설계압축력 C_d는 다음과 같이 표현된다.

$$C_d = \eta\phi_c\,(0.85\,f_{ck})\,\beta_1\,c_d b \tag{5·75}$$

인장철근이 항복하는 경우, 그림 5-19(a)의 탄성-완전소성 응력-변형률 관계를 적용할 때 인장철근의 설계인장력 T_d는 다음과 같다.

$$T_d = f_{yd}\,A_s = \phi_s f_y\,A_s \tag{5·76}$$

중립축 c_d는 설계압축력 C_d와 설계인장력 T_d가 같다는 평형방정식으로 구한다. 극한상태에서 직사각형 단면거동을 하는 경우 포물선-사각형 압축응력분포를 적용할 때 중립축 c_d는 다음으로 구할 수 있다.

$$c_d = \frac{\phi_s f_y A_s}{\alpha\phi_c(0.85\,f_{ck})b} \tag{5·77}$$

등가직사각형 압축응력블록을 적용할 때의 중립축 c_d는 다음으로 구할 수 있다.

$$c_d = \frac{\phi_s f_y A_s}{\eta\beta_1\phi_c(0.85\,f_{ck})b} \tag{5·78}$$

중립축 c_d를 구하고 나면, 포물선-사각형 압축응력분포를 적용할 때의 설계휨강도 M_d는 다음 식으로 구한다.

$$M_d = T_d(d - \beta c_d) \tag{5·79}$$

등가직사각형 압축응력블록을 적용할 때의 설계휨강도 M_d는 다음 식으로 구한다.

$$M_d = T_d\left(d - \frac{\beta_1 c_d}{2}\right) \tag{5·80}$$

5.3.2 콘크리트교 설계기준의 최대 인장철근단면적

KDS 24 14 21 콘크리트교 설계기준(한계상태설계법)[5.5]은 휨부재의 최대 인장철근단면적을 명시적으로 규정하고 있지 않는 Eurocode 2[5.6]와는 달리 최대 인장철근단면적을 명시적으로 규정하고 있다. Eurocode 2에서 최대 인장철근단면적을 명시적으로 규정하지 않은 것은, 5.1.3절 [3]항에서 설명한 바와 같이 휨모멘트 재분배 규정을 통하여 간접적으로 인장철근단면적을 제한할 수 있기 때문이다. 즉, 휨모멘트 재분배는 충분한 연성능력이 확보된 연속부재에만 적용할 수 있으므로 1.0 미만의 δ 값으로 휨모멘트 재분배를 적용하려면 중립축 깊이가 작은 단면으로 설계하라는 의미이며, 휨모멘트 재분배를 적용하지 않을 때에도 앞의 식 (5·10)을 만족하기 위해서는 인장철근단면적을 어느 한계 이상으로 배치할 수 없으므로 이것이 최대 인장철근단면적 규정의 역할을 하는 것이다. 이를 만족하지 못하는 경우에는 복철근 단면으로 설계하여 조건을 만족시켜야 한다.

$$\delta \geq k_1 + k_2 \frac{x_u}{d} \tag{5·10}$$

이와 같은 배경으로 KDS 24 14 21 콘크리트교 설계기준(한계상태설계법)을 처음 제정할 때에는 최대 인장철근단면적을 명시적으로 규정할 필요가 없다는 것이 기준집필위원 대다수의 의견이었다. 그러나 콘크리트구조기준과 강도설계법을 기반으로 한 이전 도로교설계기준의 최대 인장철근단면적 규정에 익숙한 실무설계자들의 요청에 따라 다음 식으로 규정된 최대 허용중립축깊이로 중립축을 제한하는 방법으로 최대 인장철근단면적 규정이 삽입되었다.

$$c_{max} = \left(\frac{\delta\,\varepsilon_{cu}}{0.0033} - 0.6\right) d \tag{5·81}$$

그러나 이 기준은 매우 보수적인 휨모멘트 재분배 규정에 기반을 둔 것으로 과도하게 최대 인장철근단면적을 제한하며, 특히 콘크리트의 강도가 증가할수록 이러한 경향이 커진다. 이에 대한 대안으로 5.1.3절 [4]항의 방법에 따라 앞의 식 (5·14)의 최대 허용중립축깊이로 중립축깊이를 제한하는 방법과 직사각형 단면의 경우 앞의 식 (5·20)의 최대 인장철근비를 적용하는 방법이 제안되었다.[5.10] 이 제안에 따라 KDS 24 14 21 콘크리트교 설계기준(한계상태설계법)은 식 (5·81) 대신 앞의 식 (5·14)를 사용하도록 개정하였다.

$$c_{max} = \frac{\varepsilon_{cu}}{\varepsilon_{cu} + \varepsilon_{yd}} d = \frac{\varepsilon_{cu}}{\varepsilon_{cu} + \phi_s \varepsilon_y} d \tag{5·14}$$

$$\rho_{max} = 0.85\,\alpha \frac{\phi_c}{\phi_s} \frac{f_{ck}}{f_y} \frac{\varepsilon_{cu}}{\varepsilon_{cu} + \varepsilon_{yd}} = 0.85\,\alpha \frac{\phi_c}{\phi_s} \frac{f_{ck}}{f_y} \frac{\varepsilon_{cu}}{\varepsilon_{cu} + \phi_s \varepsilon_y} \tag{5·20}$$

한편 콘크리트구조 학회기준(2017)[5.1]은 '부록 II 재료계수를 적용한 휨 및 압축 부재의 별도 설계'에, 또 이를 반영한 KDS 14 20 콘크리트구조 설계기준[5.2]은 KDS 14 20 20의 '콘크리트구조 휨 및 압축 설계기준'의 부록에 식 (5 ·14)의 최대 허용중립축깊이로 중립축깊이를 제한하는 방법이 채택되어 있다.

5.3.3 콘크리트교 설계기준의 최소 인장철근단면적

KDS 24 14 21 콘크리트교 설계기준(한계상태설계법)과 Eurocode 2는 5.1.4절에서 설명한 기본 개념과 수식의 유도과정을 바탕으로 하여, 콘크리트 부재의 최소 인장철근단면적 $A_{s,\,min}$을 앞의 식 (5 ·39)와 같이 규정하고 있다.

$$A_{s,\,min} = k_c k A_{ct} \frac{f_{cte}}{f_s} \tag{5 ·39}$$

여기서 f_{cte}는 첫 균열이 발생할 때의 콘크리트 유효인장강도로, 특별한 경우가 아니면 콘크리트의 평균인장강도 f_{ctm}을 적용한다. 그러나 만일 재령 28일 이전에 균열이 발생할 것으로 예측된다면, 설계자의 판단에 따라 더 낮은 인장강도를 적용하여야 한다. 예를 들어, 수화열에 의한 균열과 같이 콘크리트를 타설한 후 3일이나 5일 이내에 균열이 발생할 것으로 예측되는 경우에는 $0.5f_{ctm}$의 값을 f_{cte}로 취할 수 있다. 반면에 재령 28일 이후에 균열이 발생할 것으로 예측되지만 그 시기를 추정할 수 없는 경우에는 f_{cte}의 값으로 2.9 MPa을 사용할 수 있다.

f_s는 첫 균열이 발생한 직후의 상태에서 허용하는 철근의 인장응력으로, 취성파괴를 방지하기 위한 최소 인장철근단면적을 결정할 때는 철근의 항복강도 f_y를 적용한다. 만일 균열이 발생한 후 균열폭을 더 엄격히 제한하고자 할 때는 f_s의 값으로 f_y보다 작은 값을 적용한다.

A_{ct}는 첫 균열이 발생하기 직전 상태에서 계산된 콘크리트 인장영역의 단면적이다. 따라서 인장부재는 전체 콘크리트 단면적이 A_{ct}가 되지만, 휨부재는 균열이 발생하지 않은 상태에서 중립축부터 인장연단 사이의 면적이 A_{ct}가 된다. 즉 휨부재의 경우에는 비균열단면의 중립축을 구하고 나서 A_{ct}의 면적이 결정된다.

k는 콘크리트의 수축이나 온도변화 등 간접하중영향에 의해 부등 분포하는 응력의 영향을 반영하는 계수로, 콘크리트의 수축이나 온도 변화에 의해 유발된 구속력(restraint force)이 부재 내부에서 자체 평형 응력(self−equilibrating stress)으로 부등분포(non−uniform) 상태가 되면서 감소되는 현상을 반영하는 계수이다. 이것은 온도나 수축에 의한 변형이 단면의 내부보다는 표면에서 더 빨리 진행되어 표면에서 응력이 더 크게 되기 때문이다. 이에 따라 두꺼운 부재일수록 적은 최소 인장철근단면적이 소요되므로, 부재가 크면 k는 작은 값을 취할 수 있다. 따라서 k의 값은 부재의 크기에 따라 달리 적용되어, 단면깊이 또는 복부 폭을 포함한 플랜지 전체 폭이 300 mm 이하인 경우에는 1.0을, 800 mm 이상인 경우에는 0.65를 적용한다. 300 mm와 800 mm 사이인 경우에는 직선보간 하여 1.0과 0.65 사이의 값을 적용한다. 콘크리트의 수축이나 온도변화 등 간접하중의 영향을 고려하지 않을 때는 k의 값으로 1.0을 적용하면 된다.

k_c는 균열 발생 직전의 단면 내 응력분포 상태를 반영하는 계수로, 인장부재, 휨부재, 압축부재로 구분되는 모든 부재에 대하여 최소 인장철근단면적을 결정할 수 있도록 도입한 것이다. 즉, 인장부재에는 k_c로 1.0을 적용하며, 휨모멘트와 축력이 작용하는 부재에는 경우에 따라 다음 두 가지 식으로 k_c 값을 결정한다. 즉, 휨모멘트와 축력이 작용하는 사각형 단면과 T형 단면 또는 박스 단면의 복부에는 앞의 식 (5 · 40)을 적용한다.

$$k_c = 0.4\left[1 - \frac{f_n}{k_1(h/h^*)\,f_{cte}}\right] \le 1.0 \tag{5 · 40}$$

또, 휨모멘트와 축력이 작용하는 T형 단면 또는 박스 단면의 플랜지에는 다음 식을 적용한다.

$$k_c = 0.9\,\frac{N_{cr}}{A_{ct}\,f_{cte}} \ge 0.5 \tag{5 · 82}$$

여기서 f_n은 단면에 작용하는 평균 법선응력으로, 계수축력 N_u을 부재의 단면적으로 나눈 축방향 응력이며 압축응력일 때 정(+)의 값이고 인장응력일 때 부(−)의 값이다. 따라서 휨모멘트와 축력이 동시에 작용하는 부재에서 프리스트레스나 또는 다른 요인에 의해 단면에 압축력이 작용하면 k_c 값은 감소하고, 인장력이 작용하면 k_c 값이 증가한다. 유효프리스트레스를 포함한 사용하중조합-I에서 전체단면이 압축응력 상태이면 k_c 값으로 0을 취하여 최소 철근을 배치하지 않는다. k_1은 축력이 응력 분포에 미치는 영향을 반영하는 계수로, 계수축력 N_u가 압축력일 때에는 k_1 값으로 1.5를, 계수축력 N_u가 인장력일 때에는 $2h^*/3h$로 계산되는 값을 k_1 값으로 적용한다. h는 단면의 전체 깊이이며, h^*는 단면의 기준 깊이로 h가 1 m 미만인 경우에는 h로 하고 h가 1 m 이상인 경우에는 1 m로 적용한다. N_{cr}은 플랜지에 균열이 처음 발생하기 직전에 부재 전 단면에 작용하는 휨모멘트와 축력으로 계산한 플랜지의 인장력으로, 탄성이론으로 구한 비균열단면의 플랜지 인장응력의 합이다.

이와 같은 규정에 따라 일반적인 휨부재의 경우에는 축방향 응력 f_n이 0이므로 k_c의 값은 0.4가 되고, k로 1.0을, f_{cte}로 f_{ctm}을, f_s로 f_y를 적용하면 다음과 같이 앞의 식 (5 · 41)로 정리된다.

$$A_{s,\,min} = 0.4\,A_{ct}\,\frac{f_{ctm}}{f_y} \tag{5 · 41}$$

5.3.4 콘크리트교 설계기준에 따른 휨 설계검증과 철근상세 및 부재상세

KDS 24 14 21 콘크리트교 설계기준(한계상태설계법)에 따른 휨 설계와 설계검증의 요구조건을 정리하면 다음과 같다.

[1] 휨강도

부재의 모든 위치에서 단면의 설계휨강도 M_d는 다음과 같이 계수휨모멘트 M_u 이상의 강도성능을 보유하여야 한다.

$$M_d \ge M_u \tag{5 · 83}$$

설계휨강도 해석은 재료기준강도에 재료계수를 곱한 설계재료강도를 대상으로 4장 4.5절에 소개한 휨강도 해석법을 적용한다. 재료계수로는 콘크리트의 재료계수 ϕ_c로 0.65를, 철근과 프리스트레싱 강재의 재료계수 ϕ_s로 0.90을 적용한다. 이에 대한 자세한 내용은 5.3.1절에 설명되어 있다.

참고로 극한상태에서 인장철근이 항복하는 단철근 직사각형 단면의 설계휨강도는 포물선-사각형 압축응력분포를 적용할 때 다음의 식으로 계산할 수 있다.

$$M_d = \phi_s f_y A_s \left[d - \frac{\beta \phi_s f_y A_s}{\alpha \phi_c (0.85 f_{ck}) b} \right] = \phi_s f_y \rho b d^2 \left[1 - \frac{\beta \rho \phi_s f_y}{\alpha \phi_c (0.85 f_{ck})} \right] \quad (5 \cdot 84)$$

등가직사각형 압축응력블록을 적용할 때에는 다음의 식으로 설계휨강도를 계산할 수 있다.

$$M_d = \phi_s f_y A_s \left(d - \frac{\phi_s f_y A_s}{1.7 \eta \phi_c f_{ck} b} \right) = \phi_s f_y \rho b d^2 \left(1 - \frac{\rho \phi_s f_y}{1.7 \eta \phi_c f_{ck}} \right) \quad (5 \cdot 85)$$

[2] 최대 인장철근단면적 및 최소 인장철근단면적

휨부재의 최대 인장철근단면적은 설계재료강도를 적용하였을 때 극한상태에서의 중립축깊이 c_d가 최대 허용중립축깊이 c_{max}와 같을 때이다. 따라서 중립축깊이 c_d가 앞의 식 (5·14)로 정의된 c_{max} 이하임을 검증함으로써 휨부재 인장철근의 최대 인장철근단면적 검증이 이루어진다.

$$c_{max} = \frac{\varepsilon_{cu}}{\varepsilon_{cu} + \varepsilon_{yd}} d = \frac{\varepsilon_{cu}}{\varepsilon_{cu} + \phi_s \varepsilon_y} d \quad (5 \cdot 14)$$

콘크리트 부재의 최소 인장철근단면적은 인장부재, 휨부재, 압축부재로 구분되는 모든 부재에 적용되는 식 (5·39)로 결정하는데, 휨부재의 최소 인장철근단면적에 국한하여 간단히 정리하면 앞의 식 (5·41)로 표현된다. 따라서 배치되는 인장철근단면적 A_s가 $A_{s,\,min}$ 이상임을 검증함으로써 휨부재 인장철근의 최소 인장철근단면적 검증이 이루어진다.

$$A_{s,\,min} = 0.4\, A_{ct} \frac{f_{ctm}}{f_y} \quad (5 \cdot 41)$$

휨부재의 최대 인장철근단면적에 대한 자세한 내용은 5.3.2절에, 휨부재의 최소 인장철근단면적에 대한 자세한 내용은 5.3.3절에 설명되어 있다.

[3] 철근상세와 부재상세

KDS 24 14 21 콘크리트교 설계기준(한계상태설계법)의 피복두께, 철근의 구부림 최소 내면 반지름, 갈고리의 연장길이, 철근의 순간격 등 철근상세 규정은 3장 3.4절에 자세히 설명되어 있다. 여기서 휨부재에 관련된 철근상세와 부재상세를 간략히 정리하면 다음과 같다.

- 3장 3.4.1절의 표 3-8에 나타난 바와 같이, D16 이하 철근의 구부림 내면 반지름이 철근지름의 2배($2\,d_b$) 이상이어야 하며 D19 이상 철근은 철근지름의 3.5배($3.5\,d_b$) 이상이어야 한다. 철근을 용접한 후에 구부릴 때는 조건에 따라 구부림 내면 반지름이 철근지름의 2.5배($2.5\,d_b$) 또는 10배($10\,d_b$) 이상이어야 한다.

- 3장 3.4.1절 표 3-8의 철근 구부림 내면 반지름은 구부림으로 인한 철근의 손상을 방지하기 위한 최소한의 반지름으로, 필요한 경우에는 3.4.1절에 설명한 방법에 따라 철근의 구부림 부분과 접촉하고 있는 콘크리트의 파쇄 및 손상에 대한 검토도 수행하여야 한다.
- 3장 3.4.2절에서 설명한 바와 같이, 표준갈고리의 구부림 각도는 90° 이상 150° 미만인 갈고리와 구부림 각도가 150° 이상인 갈고리로 구분하고 있으며, 구부린 후의 최소 연장길이는 모든 갈고리에 대하여 5 d_b이다.
- 3장 3.4.3절의 표 3-12에 나타난 바와 같이, 현장타설 콘크리트인 경우 수평철근의 순간격은 40 mm, 철근지름의 1.5배(1.5 d_b), 굵은골재 최대치수의 1.5배 중 가장 큰 값 이상이어야 하며, 프리캐스트 콘크리트인 경우 수평철근의 순간격은 25 mm, 철근지름(d_b), 굵은골재 최대치수의 1.33배 중 가장 큰 값 이상이어야 한다.
- 3장 3.4.4절에서 설명한 바와 같이, 공칭피복두께 $t_{c,min}$은 최소 피복두께 $t_{c,min}$와 설계편차 허용량 $\Delta t_{c,dev}$를 더하여 결정한다. 최소 피복두께 $t_{c,min}$은 철근의 부착성능을 확보하기 위한 최소 피복두께 $t_{c,min,b}$, 내구성 확보를 위한 최소 피복두께 $t_{c,min,d}$, 10 mm 중 가장 큰 값으로 결정한다. 설계편차 허용량 $\Delta t_{c,dev}$는 기본적으로 10 mm이지만, 모니터링 항목에 콘크리트의 피복두께 측정을 포함하는 품질보증 시스템을 적용하는 경우에는 5 mm 이상 10 mm 이하의 값을 사용할 수 있다. 모니터링에 매우 정밀한 측정 장치를 사용하는 프리캐스트 부재 등의 경우에는 $\Delta t_{c,dev}$를 0으로 하거나 10 mm 이하의 값을 사용할 수 있다. 철근의 부착성능을 확보하기 위한 최소 피복두께 $t_{c,min,b}$와 내구성 확보를 위한 최소 피복두께 $t_{c,min,d}$의 결정은 3장 3.4.4절에 자세히 설명되어 있다.
- 휨강도나 연성을 증가시키기 위해 압축철근이 배치된 경우에는 전 구간의 압축철근을 띠철근, 스터럽, 등가용접철망 등의 횡방향 철근으로 둘러싸야 한다. 이때의 횡방향 철근은 압축철근이 단면의 상단에 배치되는 경우 7장 7.2.4절의 그림 7-26(a)나 그림 7-27(d) 또는 그림 7-27(e)와 같은 상세이어야 하며, 압축철근 D32 이하에 대해서는 D10 이상, 압축철근 D35 이상이나 다발철근에 대해서는 D13 이상인 횡방향 철근이어야 한다. 횡방향 철근의 간격은 압축철근 지름의 16배 이하이어야 한다. 단, 휨부재에서 전단철근을 고정하기 위하여 단면의 압축부에 배치하는 조립용 철근은 휨강도 해석에서 압축철근으로 취급하지 않으므로, 압축철근에 대한 횡방향 철근의 요구조건을 적용할 필요가 없다.

최소 복부폭 및 단면치수와 철근 크기의 결정에 대한 권고지침은 5.2.3절의 내용을 참조할 수 있다. 단, 보의 최소 복부폭은 KDS 24 14 21 콘크리트교 설계기준(한계상태설계법)의 최소 피복두께, 철근의 구부림 최소 내면 반지름, 철근의 최소 순간격 규정을 적용하여 결정하여야 한다.

예제 5-6 보통의 습도인 환경에 노출되는 그림 5-20과 같은 T형 단면에 정모멘트 580 kN·m의 계수휨모멘트가 작용한다. 이 부재의 콘크리트 기준압축강도 f_{ck}를 35 MPa로 하고 인장철근으로는 SD400 또는 SD600 철근을 사용하려고 할 때, KDS 24 14 21 콘크리트교 설계기준(한계상태설계법)에 따라 소요인장철근단면적을 계산하시오. 참고로 이 예제는 KDS 14 20 콘크리트구조 설계기준을 적용한 앞의 예제 5-4 및 예제 5-5와 동일한 조건이다.

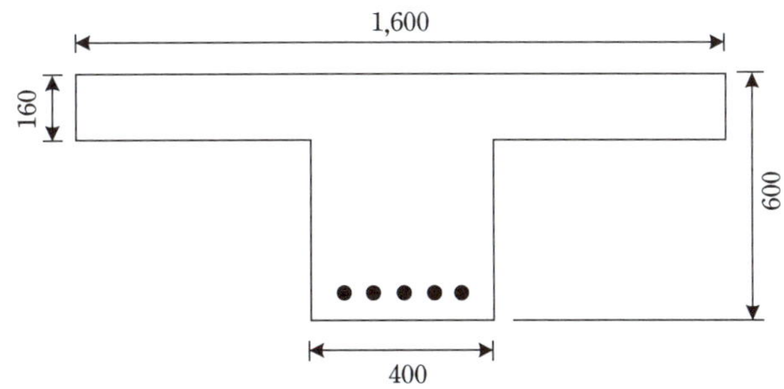

그림 5-20 예제 5-6의 단면

〈풀이〉

(1) 피복두께 및 유효깊이

휨 설계에서는 인장철근의 유효깊이를 먼저 선정하여야 한다. 부재가 보통인 습도의 환경에 노출되는 경우이므로, 3장 3.3.6절에 설명한 바와 같이 노출등급이 EC3에 해당한다. 표 3-4에 나타난 바와 같이 노출등급 EC3에 대한 콘크리트의 최소 설계기준압축강도는 27 MPa이다. 따라서 이 예제와 같이 35 MPa의 콘크리트 기준압축강도로 설계하는 것은 적절하다.

한편 KDS 24 14 21 콘크리트교 설계기준(한계상태설계법)에서는 최소 피복두께 $t_{c,min}$과 설계편차 허용량 $\Delta t_{c,dev}$를 더하여 공칭피복두께 $t_{c,nom}$를 결정한다. 최소 피복두께 $t_{c,min}$은 식 (3·20)에 따라 $t_{c,min,d}$, $t_{c,min,b}$, 10 mm 중 가장 큰 값으로 결정한다. $t_{c,min,d}$는 내구성 확보를 위한 최소 피복두께로서, 환경조건에 대한 요구사항을 만족하는 최소 피복두께 $t_{c,min,dur}$을 기본으로 하여 경우에 따라 식 (3·21)과 같이 보정하여 결정한다. 이제 표 3-14에 따라 $t_{c,min,dur}$을 결정하면, 노출등급이 EC3이므로 최소 피복두께가 35 mm이다. 여기서 스테인레스 철근에 대한 추가 감소 값 $\Delta t_{c,dur,st}$와 코팅 등의 추가 보호 조치를 취한 경우의 감소 값 $\Delta t_{c,dur,add}$을 고려하지 않으면 식 (3·21)에 따라 $t_{c,min,d}$은 다음과 같다.

$$t_{c,min,d} = t_{c,min,dur} = 35\ mm$$

$t_{c,min,b}$는 철근의 부착에 대한 요구사항을 고려한 최소 피복두께로 철근의 지름과 같다. 이 예제에서 $t_{c,min,d}$의 값인 35 mm를 초과하는 큰 지름의 철근을 사용하지 않을 것이므로, 최소 피복두께 $t_{c,min}$은 다음과 같다.

$$t_{c,min} = t_{c,min,d} = 35\ mm$$

설계편차 허용량 $\Delta t_{c,dev}$는 기본적으로 10 mm이지만, 모니터링 항목에 콘크리트의 피복두께 측정을 포함하는 품질보증 시스템을 적용하는 경우에는 $\Delta t_{c,dev}$를 5 mm 이상 10 mm 이하의 값을 사용할 수 있다. 따라서 시공에서 콘크리트의 피복두께 측정을 포함하는 품질보증 시스템을 적용하기로 하고 5 mm의 $\Delta t_{c,dev}$를 적용하면, 식 (3·19)에 따라 공칭피복두께 $t_{c,nom}$은

$$t_{c,nom} = t_{c,min} + \Delta t_{c,dev} = 35+5 = 40\ mm$$

전단설계는 아직 수행하지 않았으나, 경험적 지식에 따라 D16 철근을 전단철근으로 설계한다고 가정하면 전단철근의 지름 d_{bs}은 대강 16 mm이다. 인장철근은 1열로 배치한다고 가정하고, 인장철근으로는 D25 내외의 철근을 사용한다고 가정하면 인장철근의 반지름 $d_b/2$는 대략 13 mm 정도이다. 공칭피복두께 $t_{c,nom}$을

피복두께 c_{cv}로 취하고, 철근 크기에 대한 앞의 가정에 따라 인장철근의 유효깊이를 대강 산정하면

$$d_{est} = h - c_{cv} - d_{bs} - d_b/2 = 600-40-16-13 = 600-69 \approx 530\ mm$$

(2) SD400 철근을 적용하는 경우 간편 해법에 의한 소요인장철근단면적

단면 내 압축내력과 인장내력 사이의 팔길이 z를 경험적 지식에 따라 선정하여 식 (5 ·58)에 따라 소요인장철근단면적을 산정할 수 있다. 이 단면이 정모멘트를 받는 T형 단면이므로 z가 매우 클 것이라는 판단에 따라, z를 0.95 d 내외일 것으로 가정하고 철근의 재료계수를 적용하여 식 (5 ·58)에 따라 소요인장철근단면적을 구하면

$$z = 0.95\, d_{est} = 0.95\times 530 = 504\ mm$$

$$req'd\ A_s = \frac{M_u}{\phi_s f_y z} = \frac{580\times 10^6}{0.9\times 400\times 504} = 3{,}200\ mm^2$$

(3) SD400 철근을 적용하는 경우 정밀 해법에 의한 소요인장철근단면적

5.1.5절 [2]항에 따라 소요인장철근단면적을 정밀하게 계산할 수도 있다. 먼저 중립축의 깊이 c_d가 플랜지 두께보다 작아서 직사각형 단면거동을 한다고 가정한다. 이에 따라 단면의 폭 b를 플랜지 유효폭과 같은 1,600 mm로 취한다. 식 (5 ·54)에 따라 소요 R_d의 값을 구하고, 식 (5 ·55)에 따라 소요인장철근비 ρ를 구한 후, 소요철근단면적 A_s를 구하면

$$req'd\ R_d = \frac{M_u}{bd_{est}^2} = \frac{580\times 10^6}{1{,}600\times 530^2} = 1.29\ MPa$$

$$req'd\ \rho = \frac{\alpha\,\phi_c(0.85\,f_{ck})}{2\beta\phi_s f_y}\left[1-\sqrt{1-\frac{4\beta(req'd\ R_d)}{\alpha\,\phi_c(0.85\,f_{ck})}}\right]$$

$$= \frac{0.8\times 0.65\times 0.85\times 35}{2\times 0.4\times 0.9\times 400}\left[1-\sqrt{1-\frac{4\times 0.4\times 1.29}{0.8\times 0.65\times 0.85\times 35}}\right] = 0.00371$$

$$req'd\ A_s = (req'd\ \rho)bd_{est} = 0.00371\times 1{,}600\times 530 = 3{,}150\ mm^2$$

소요철근단면적 A_s만큼 철근이 배치될 때 극한상태의 중립축 깊이를 식 (5 ·77)에 따라 구하면

$$c_d = \frac{\phi_s f_y A_s}{\alpha\phi_c(0.85\,f_{ck})b} = \frac{0.9\times 400\times 3{,}150}{0.8\times 0.65\times 0.85\times 35\times 1{,}600} = 46\ mm$$

극한상태의 중립축 깊이 46 mm는 플랜지 두께 160 mm보다 작으므로, 가정한 바와 같이 이 단면은 직사각형 거동을 보인다.

참고로 KDS 14 20 콘크리트구조 설계기준을 적용한 예제 5-4의 결과는 소요철근단면적 A_s가 3,310 mm^2였다. 따라서 KDS 24 14 21 콘크리트교 설계기준(한계상태설계법)을 적용한 이 예제의 경우에는 소요철근단면적이 3,150 mm^2로, KDS 14 20 콘크리트구조 설계기준을 적용한 경우의 3,310 mm^2보다 5% 적은 소요철근단면적이 계산되었다.

(4) SD600 철근을 적용하는 경우의 소요인장철근단면적

SD600 철근을 적용할 때 앞의 (3)에서 계산한 결과를 이용하여 비례식으로 소요 A_s를 구하면

$$req'd\ A_s = (req'd\ A_s)_{400}\times\frac{f_{y(400)}}{f_{y(600)}} = 3{,}150\times\frac{400}{600} = 2{,}100\ mm^2$$

예제 5-7 앞의 예제 5-6의 소요인장철근단면적을 고려하여, 그림 5-20의 단면에 SD400 5-D29 철근 또는 SD600 3-D32 철근을 인장철근으로 배치하려고 한다. 이 철근들을 1열로 배치할 수 있는지 KDS 24 14 21 콘크리트교 설계기준(한계상태설계법)을 적용하여 검토하시오.

〈풀이〉

(1) SD400 5-D29 철근의 1열 배치

앞의 예제 5-6의 결과로 공칭피복두께 $t_{c,nom}$은 다음과 같이 40 mm이다.

$$t_{c,nom} = t_{c,min} + \Delta t_{c,dev} = 35+5 = 40\ mm$$

공칭피복두께 $t_{c,nom}$을 피복두께 c_{cl}로 취하고, D29 철근 5개를 1열로 배치할 수 있는 최소 복부폭 $b_{w,min}$을 식 (5·67)에 따라 계산한다. 이때 철근지름 d_b가 28.6 mm이고, 철근의 수평 순간격 s_{clh}는 표 3-12에 나타난 바와 같이 40 mm, 철근지름의 1.5배인 42.9 mm, 굵은골재 최대치수의 1.5배 중 가장 큰 값 이상이어야 한다. 굵은골재 최대치수가 20 mm라고 가정하면 이 값의 1.5배는 30 mm이므로, 이들 값 중 가장 큰 값인 42.9 mm를 s_{clh}로 한다. 전단철근으로는 D16 철근을 사용한다고 가정하면 전단철근의 지름 d_{bs}가 15.9 mm이므로, 최소 복부폭 $b_{w,min}$을 식 (5·67)에 따라 계산하면

$$\begin{aligned} b_{w,min} &= 2\,c_{cv} + 2\,d_{bs} + 2r_s + (n-1)\,d_b + (n-1)\,s_{clh} \\ &= 2\times40+2\times15.9+2\times2\times15.9+(5-1)\times28.6+(5-1)\times42.9 \\ &= 462\ mm > b_w\ (=400\ mm) \end{aligned}$$

따라서 SD400 D29 철근 5개는 1열로 배치할 수 없다.

(2) SD600 3-D32 철근의 1열 배치

D32 철근 3개를 1열로 배치할 수 있는 최소 복부폭 $b_{w,min}$을 계산한다. 이때 철근지름 d_b가 31.8 mm이고, 철근의 수평 순간격 s_{clh}는 표 3-12에 나타난 바와 같이 40 mm, 철근지름의 1.5배인 47.7 mm, 굵은골재 최대치수의 1.5배 중 가장 큰 값 이상이어야 한다. 굵은골재 최대치수가 20 mm라고 가정하면 이 값의 1.5배는 30 mm이므로, 이들 값 중 가장 큰 값인 47.7 mm를 s_{clh}로 한다. 전단철근으로는 D16 철근을 사용한다고 가정하면 전단철근의 지름 d_{bs}가 15.9 mm이므로, 최소 복부폭 $b_{w,min}$을 식 (5·67)에 따라 계산하면

$$\begin{aligned} b_{w,min} &= 2\,c_{cv} + 2\,d_{bs} + 2r_s + (n-1)\,d_b + (n-1)\,s_{clh} \\ &= 2\times40+2\times15.9+2\times2\times15.9+(3-1)\times31.8+(3-1)\times47.7 \\ &= 335\ mm < b_w\ (=400\ mm) \end{aligned}$$

따라서 SD600 D32 철근 3개는 1열로 배치할 수 있다.

예제 5-8 앞의 예제 5-6의 소요인장철근단면적과 예제 5-7의 최소 복부폭을 고려하여, 그림 5-20의 단면에 SD600 3-D32 철근을 인장철근으로 배치하려고 한다. 이 부재는 보통의 습도인 환경에 노출되는 T형 단면으로 정모멘트 580 kN·m의 계수휨모멘트가 작용한다. 이 부재의 콘크리트 설계기준압축강도 f_{ck}를 35 MPa로 하고 SD600 3-D32 인장철근을 배치할 때 KDS 24 14 21 콘크리트교 설계기준(한계상태설계법)을 적용하여 설계검증을 수행하시오. 참고로 이 예제는 KDS 14 20 콘크리트구조 설계기준을 적용한 앞의 예제 5-5와 동일한 조건이므로, 설계휨강도와 최대 및 최소 인장철근 검증은 예제 5-5의 설계검증결과로 차이점을 생각해 볼 수 있을 것이다.

〈풀이〉

(1) 휨강도 검증

설계휨강도 해석은 먼저 재료기준강도에 부재계수를 곱한 설계재료강도를 적용하여 수행한다. 재료계수로는

콘크리트의 재료계수 ϕ_c로 0.65를, 철근과 프리스트레싱 강재의 재료계수 ϕ_s로 0.90을 적용한다. 이때의 설계휨강도 해석은 그림 5-21의 변형률분포와 응력분포 및 내력분포로 수행한다. 먼저 철근의 항복변형률 ε_y와 식 (5·72)에 따라 설계항복변형률 ε_{yd}를 구하면, 철근의 기준항복강도가 f_y=600 MPa이므로

$$\varepsilon_y = \frac{f_y}{E_s} = \frac{600}{200{,}000} = 0.003$$

$$\varepsilon_{yd} = \phi_s \, \varepsilon_y = 09 \times 0.003 = 0.0027$$

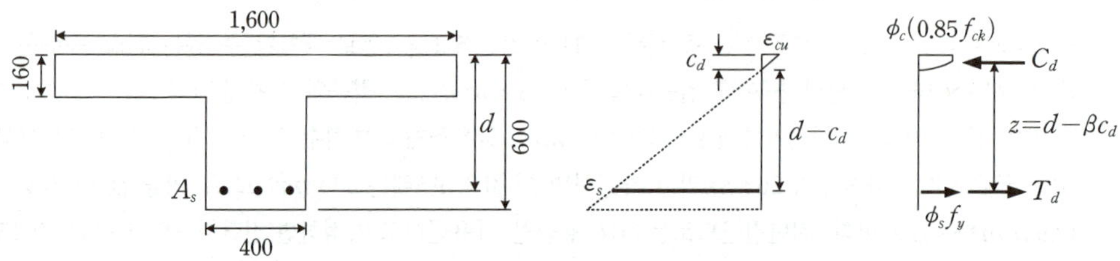

그림 5-21 포물선-사각형 응력분포를 적용한 설계휨강도 해석

전단철근으로는 D16 철근을 사용한다고 가정하고, 3-D32 철근(A_s=2,383 mm^2, d_b=31.8 mm)을 사용할 때의 실제 유효깊이 d를 구하면

$$d = h - c_{cl} - d_{bs} - \frac{d_b}{2} = 600 - 40 - 15.9 - \frac{31.8}{2} = 528 \, mm$$

극한상태에서 인장철근이 이미 항복한 상태라고 가정하면 철근에 작용하는 설계인장력은

$$T_d = \phi_s f_y \, A_s = 0.9 \times 600 \times 2{,}383 = 1{,}286{,}820 \, N$$

f_{ck}=35 MPa로 40 MPa 이하이므로, 포물선-직사각형 응력분포 변수로 α=0.80, β=0.40을 적용한다. 압축연단에서 중립축까지의 깊이를 c_d라고 하면, 콘크리트 압축부에 작용하는 설계압축력은

$$C_d = \alpha \phi_c (0.85 f_{ck}) b c_d = 0.80 \times 0.65 \times (0.85 \times 35) \times 1{,}600 \times c_d = 24{,}752 \, c_d \, [N]$$

평형조건에 따라 c_d를 구하면

$$C_d = T_d$$

$$24{,}752 \, c_d = 1{,}286{,}820$$

$$c_d = 52 \, mm$$

중립축 깊이 c_d가 플랜지 두께보다 작으므로, 가정한 바와 같이 이 단면은 직사각형 거동을 보인다. 40 MPa 이하의 압축강도를 갖는 콘크리트의 극한변형률 ε_{cu}는 0.0033이므로(표 2-3 참조), 인장철근의 변형률 ε_s를 계산하고 항복변형률 ε_y와 비교하면

$$\varepsilon_s = \varepsilon_{cu} \frac{d - c_d}{c_d} = 0.0033 \times \frac{528 - 52}{52} = 0.0302 > \varepsilon_{yd} \, (=0.0027)$$

따라서 가정과 같이 극한상태에서 인장철근이 항복한다. 이제 설계휨강도를 구하면

$$M_d = T_d (d - \beta c_d) = 1{,}286{,}820 \times (528 - 0.40 \times 52) = 653 \times 10^6 \, N \cdot mm$$

$$= 653 \, kN \cdot m > M_u \, (=580 \, kN \cdot m)$$

이 단면은 계수휨모멘트보다 12.5% 큰 설계휨강도를 가진 단면으로 휨강도를 만족한다. 참고로 예제 5-5에서 KDS 14 20 콘크리트구조 설계기준에 따른 설계휨강도는 623 $kN \cdot m$이었는데, 이 예제에서 KDS 24

14 21 콘크리트교 설계기준(한계상태설계법)에 따른 설계휨강도는 653 $kN\cdot m$로 KDS 14 20 콘크리트구조 설계기준에 따른 설계휨강도보다 4.8% 큰 값을 나타내었다.

(2) 최대 인장철근단면적 검증

식 (5 ·14)에 따라 최대 인장철근단면적과 동등한 의미를 갖는 최대 허용중립축깊이를 구한다면

$$c_{max} = \frac{\varepsilon_{cu}}{\varepsilon_{cu}+\phi_s\varepsilon_y}d = \frac{\varepsilon_{cu}}{\varepsilon_{cu}+\varepsilon_{yd}}d = \frac{0.0033}{0.0033+0.0027}d = 0.55\,d = 0.55\times528 = 290\ mm$$

중립축깊이 c가 52 mm이므로

$$c_d = 52\ mm < c_{max}\ (=290\ mm)$$

따라서 이 경우에도 최대 인장철근단면적 기준을 만족한다.

(3) 최소 인장철근단면적 검증

콘크리트 기준압축강도가 35 MPa이므로, 콘크리트의 평균압축강도는 식 (2 ·1)로부터

$$f_{cm} = f_{ck}+\Delta f = 35+4 = 39\ MPa$$

콘크리트의 평균인장강도는 식 (2 ·28)로부터

$$f_{ctm} = 0.3(f_{cm})^{2/3} = 0.3\times(39)^{2/3} = 3.45\ MPa$$

콘크리트 인장영역의 단면적 A_{ct}를 결정하기 위해서는 중립축의 위치를 알아야 한다. 이 예제에서는 중립축의 위치를 균열이 발생하지 않은 비균열 단면에 대하여 인장철근을 무시한 콘크리트 단면을 대상으로 구한다. 단면 상단으로 부터의 단면도심을 구하면, 단면의 상단에서 중립축까지의 압축부 깊이 y_{gc}와 중립축에서 단면의 하단까지의 인장부 깊이 y_{gt}는 각각 다음과 같다.

$$y_{gc} = \frac{1{,}600\times160\times80+400\times440\times380}{1{,}600\times160+400\times400} = 202\ mm$$

$$y_{gt} = h-y_{gc} = 600-202 = 398\ mm$$

이 중립축은 복부 내에 위치한다. 따라서 첫 균열이 발생하기 직전 상태에서 계산된 콘크리트 인장영역의 단면적 A_{ct}는

$$A_{ct} = y_{gt}\,b_w = 398\times400 = 159{,}200\ mm^2$$

이제 최소 인장철근단면적을 규정하는 식 (5 ·39)를 휨부재에 대하여 단순화한 식 (5 ·41)에 따라 최소 인장철근단면적을 계산하면

$$A_{s,min} = k_c k\,A_{ct}\frac{f_{ct}}{f_s} = 0.4\ A_{ct}\frac{f_{ctm}}{f_y} = 0.4\times159{,}200\times\frac{3.45}{600} = 366\ mm^2$$

배치된 인장철근단면적과 최소 인장철근단면적을 비교하면

$$A_s = 2{,}383\ mm^2 > A_{s,min}\ (=366\ mm^2)$$

따라서 최소 인장철근단면적 기준을 만족한다.

참고문헌

5.1 한국콘크리트학회, 콘크리트구조 학회기준, 2017.

5.2 국토교통부, 한국콘크리트학회, KDS 14 20 콘크리트구조 설계기준, 기준 및 해설, 2021.

5.3 ACI Committee 318, *Building Code Requirements for Structural Concrete* (ACI 318−19) and Commentary (ACI 318R−19), American Concrete Institute, Farmington Hills, MI, 2019.

5.4 AASHTO, LRFD *Bridge Design Specifications*, 9th edition, American Association of State Highway and Transportation Officials, Washington, D.C., USA, 2020.

5.5 국토교통부, 한국교량및구조공학회, KDS 24 14 21 콘크리트교 설계기준(한계상태설계법), 기준 및 해설, 2023.

5.6 CEN, Eurocode 2: *Design of Concrete Structures*, European Committee for Standardization, 2004.

5.7 CSA, *Design of Concrete Structures*(CSA Standard A23.3−04), Canadian Standard Association, Rexdale, Ontario, Canada, 2004.

5.8 한국강구조학회, 한국콘크리트학회, 배두병 외 21인, 성능기반 합성구조 설계기준 연구, 11기술표준화09−01, 2014. 제1권 합성휨부재 기술보고서, 334 pp., 제2권 합성기둥 기술보고서, 187 pp., 제3권 합성연결부 기술보고서, 207 pp.

5.9 AASHTO, *Standard Specifications for Highway Bridges*, 17th edition, American Association of State Highway and Transportation Officials, Washington, D.C., USA, 2002.

5.10 이준석, 김우, 최승원, "철근콘크리트 휨부재의 최대철근비에 대한 고찰: 단철근 직사각형보를 중심으로", 한국콘크리트학회논문집, 제29권 2호, 2017년 4월, pp 179−187.

5.11 Wang, C. K., Salmon, C. G., and Pincheira, J. A., *Reinforced Concrete Design*, 7th edition, John Wiley & Son, 2007 (p 57, p 58).

5.12 한국산업표준, KS D 3504, 철근 콘크리트용 봉강, 2021.

연습문제

5-1 부재계수를 사용하여 설계휨강도를 결정하는 방법과 재료계수를 사용하여 설계휨강도를 결정하는 방법의 특징과 차이점을 설명하시오. **[정답: 5.1.2절 참조]**

5-2 철근콘크리트 구조의 설계기준은 휨부재의 인장철근으로 배치할 수 있는 최대단면적과 최소단면적을 규정하고 있다. 설계기준에서 이러한 제한 규정을 두는 이유를 설명하시오.
[정답: 5.1.2절, 5.1.3절, 4.2절 참조]

5-3 철근콘크리트 휨부재의 최대 인장철근단면적을 결정하는 방법들을 설명하시오. **[정답: 5.1.2절 참조]**

5-4 철근콘크리트 휨부재의 최소 인장철근단면적을 결정하는 방법들을 설명하시오. **[정답: 5.1.3절 참조]**

5-5 단면의 폭 b=480 mm, 전체깊이 h=1,000 mm, 인장철근의 유효깊이 d=900 mm, 압축철근의 유효깊이 d'=900 mm인 연습문제 그림 5-1(a)의 직사각형 단면에 대하여 KDS 14 20 콘크리트구조 설계기준을 적용하여 다음 (1)~(5)의 값을 구하고 문제 (6)을 수행하시오. 콘크리트의 설계기준압축강도 f_{ck}와 철근의 설계기준항복강도 f_y는 조건 (a)~(f)의 6 가지 중 하나를 선택하시오. **[정답: 부록 E, 5.2절 참조]**

(1) 압축철근이 배치되지 않은 단철근 단면의 최대 인장철근단면적 $A_{s,\,max,\,s}$
(2) 최대 인장철근단면적 $A_{s,\,max,\,s}$이 인장철근으로 배치된 단철근 단면의 설계휨강도 $\phi M_{n,\,max}$
(3) $\phi M_{n,\,max}$의 1/2이 계수휨모멘트로 작용할 때 단철근 단면의 소요인장철근단면적 $req'd\ A_{s,\,s}$
(4) $req'd\ A_{s,\,s}$의 1/2이 압축철근으로 배치된 복철근 단면의 최대 인장철근단면적 $A_{s,\,max,\,d}$
(5) 인장철근단면적이 $req'd\ A_{s,\,s}$이고 압축철근단면적이 $req'd\ A_{s,\,s}$의 1/2인 복철근 단면의 $\phi M_{n,\,d}$
(6) 문제 (5) 단면을 대상으로 최소 인장철근단면적 검증

[조건] (a) $f_{ck} = 30\ MPa \quad f_y = 400\ MPa$ (b) $f_{ck} = 35\ MPa \quad f_y = 500\ MPa$
(c) $f_{ck} = 40\ MPa \quad f_y = 500\ MPa$ (d) $f_{ck} = 50\ MPa \quad f_y = 500\ MPa$
(e) $f_{ck} = 50\ MPa \quad f_y = 600\ MPa$ (f) $f_{ck} = 60\ MPa \quad f_y = 600\ MPa$

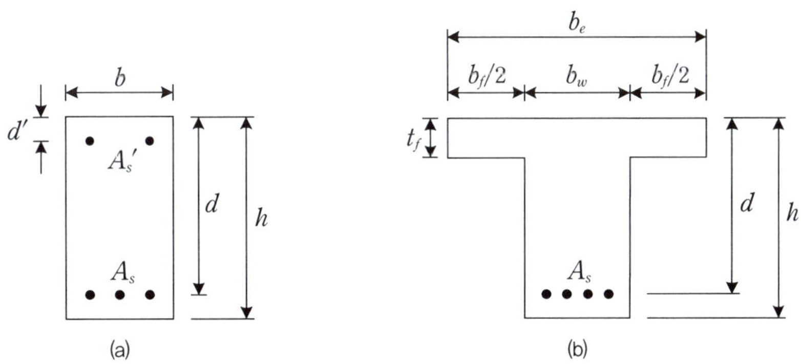

[연습문제 그림 5-1]

5-6 복부의 폭 b_w=400 mm, 플랜지 유효폭 b_e=800 mm, 플랜지 두께 t_f=200 mm, 전체깊이 h=1,000 mm, 인장철근의 유효깊이 d=900 mm인 연습문제 그림 5-1(b)의 T형 단면에 대하여 연습문제 5-5와 동일하게 연습문제 5-5에서 요구하는 (1)~(5)의 값을 구하고 문제 (6)을 수행하시오. 콘크리트의 설계기준압축강도 f_{ck}와 철근의 설계기준항복강도 f_y는 연습문제 5-5의 조건 (a)~(f)의 6 가지 중 하나를 선택하시오.

[정답: 부록 E, 5.2절 참조]

5-7 연습문제 그림 5-1(b)의 T형 단면으로 복부의 폭 b_w=500mm, 플랜지 유효폭 b_e=1,400 mm, 플랜지 두께 t_f=200 mm, 전체깊이 h=1,000 mm의 값을 가진 경간 10 m의 단순보에 자중을 포함한 등분포 고정하중 25 kN/m와 등분포 활하중 30 kN/m가 작용한다. 실내에 위치한 이 보에 D13의 전단철근이 배치된 경우 KDS 14 20 콘크리트구조 설계기준에 따라 인장철근을 선택하고 설계검증을 수행하시오. 콘크리트의 설계기준압축강도 f_{ck}와 철근의 설계기준항복강도 f_y는 조건 (a)~(f)의 6 가지 중 하나를 선택하시오.

[정답: 5.2.4절 참조]

[조건] (a) $f_{ck} = 30\ MPa \quad f_y = 500\ MPa$ (b) $f_{ck} = 35\ MPa \quad f_y = 500\ MPa$

(c) $f_{ck} = 40\ MPa \quad f_y = 500\ MPa$ (d) $f_{ck} = 50\ MPa \quad f_y = 500\ MPa$

(e) $f_{ck} = 50\ MPa \quad f_y = 600\ MPa$ (f) $f_{ck} = 60\ MPa \quad f_y = 600\ MPa$

5-8 연습문제 5-5와 동일한 문제를 KDS 24 14 21 콘크리트교 설계기준(한계상태설계법)을 적용하여 수행하시오.

[정답: 부록 E, 5.3절 참조]

5-9 연습문제 5-6과 동일한 문제를 KDS 24 14 21 콘크리트교 설계기준(한계상태설계법)을 적용하여 수행하시오.

[정답: 부록 E, 5.3절 참조]

5-10 연습문제 5-7과 동일한 문제를 KDS 24 14 21 콘크리트교 설계기준(한계상태설계법)을 적용하여 수행하시오.

[정답: 5.3.4절 참조]

제6장 축-휨강도의 설계검증

6.1 축력과 휨모멘트가 작용하는 부재의 설계검증

구조물을 구성하는 부재에 하중이 가해지거나 온도 변화 등에 따른 부재의 변형이 인접 부재에 의하여 구속되는 경우에는 부재에 축력, 휨모멘트, 전단력이 부재력(member force)으로 작용하게 된다. 이때의 축력(axial force)은 인장력(tensile force)과 압축력(compressive force)으로 구분되는데, 휨모멘트에 의하여 단면에 작용하는 응력은 축력에 의한 응력과 같이 축방향으로 작용하므로 단면해석에서 축력과 휨모멘트를 같이 고려하여야 한다. 여기서 인장력과 압축력은 외력(external force)으로서의 단면력이므로, 단면력을 단면 내부에서 저항하는 내력(internal force)으로서의 인장력과 압축력과 구분하기 위하여 이 장에서는 축인장력(axial tensile force)과 축압축력(axial compressive force)으로 표현하기로 한다. 부재력으로 축력과 휨모멘트가 작용할 때는 축력만 작용하거나, 휨모멘트만 작용하거나, 축력과 휨모멘트가 동시에 작용하는 세 가지 형태로 구분할 수 있다. 휨모멘트만 작용하는 부재에 대해서는 5장에서 다루었으므로, 이 장에서는 축력만 작용하는 경우와 축력과 휨모멘트가 동시에 작용하는 경우를 다룬다.

6.1.1 철근콘크리트 부재의 축력과 휨모멘트 작용

구조물에 하중이 작용하면 구조물을 구성하는 구조요소에는 축력, 휨모멘트, 전단력의 단면력이 작용하게 되는데, 그림 6-1은 그 한 예를 나타낸다. 그림 6-1(a)와 같이 말뚝(pile)으로 지지된 기초판(footing) 위 기둥(column)의 상단에 중력방향으로 수직하중 P와 수평방향으로 횡하중 V가 작용하면,

그림 6-1(b)와 같이 기둥 상단에 압축력 P와 전단력 V가 작용하며 기초에 가까울수록 캔틸레버 기둥의 휨모멘트가 증가하여 기둥 하단에는 축압축력 P와 전단력 V와 함께 휨모멘트 M이 작용하게 된다. 기둥 하단의 P, V, M은 그림 6-1(c)와 같이 기초판 상단에 전달되고, 다시 말뚝에 전달된다. 말뚝에 의하여 지지되는 기초판의 반력은 기둥 하단의 축압축력 P와 휨모멘트 M의 상대적인 크기에 따라 방향이 달라진다. 즉, 축압축력 P의 작용이 휨모멘트 M의 작용보다 클 때는 말뚝에 의한 기초판의 두 반력이 모두 상향 반력(upward reaction)이 되어 두 말뚝은 모두 압축력을 받게 된다. 그러나 휨모멘트 M의 작용이 축압축력 P의 작용보다 클 때는, 그림 6-1(d)와 같이 왼쪽 말뚝에는 축인장력 P_{ten}이 작용하고 오른쪽 말뚝에는 축압축력 P_{com}이 작용하게 된다. 또한 횡하중 V는 기둥과 기초판을 거쳐 말뚝 상단에 전달되고, 말뚝 주변의 지반이 횡토압으로 저항하므로 말뚝에는 휨모멘트도 같이 작용하게 된다. 따라서 기둥과 오른쪽 말뚝에는 축압축력, 전단력, 휨모멘트가 작용하고, 왼쪽 말뚝에는 축인장력, 전단력, 휨모멘트가 작용하는 상태인 것이다.

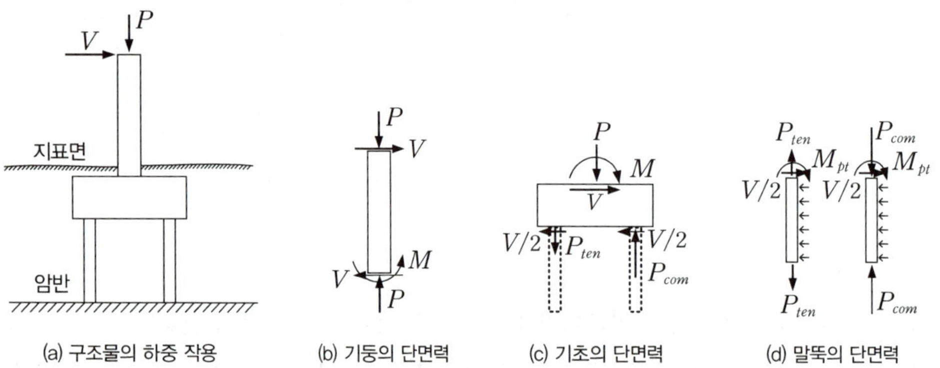

그림 6-1 구조물의 하중작용과 부재의 단면력

이와 같이 보, 기둥, 말뚝 등과 같은 선부재(linear member)에는 축력, 전단력, 휨모멘트가 동시에 작용하는데, 축력에 의한 응력과 휨모멘트의 의한 응력은 동일한 부재 축방향으로 작용하므로 단면의 강도해석에 축력과 휨모멘트의 상호작용을 고려하여야 한다. 슬래브, 벽체, 판, 쉘 등의 면부재(plane member)에도 축력, 전단력, 휨모멘트가 동시에 작용할 수 있으므로 선부재와 동일한 개념을 적용할 수 있으나, 단면력을 면외력(out-of-plane forces)과 면내력(in-plane forces)으로 구분하여 각각의 거동에 따라 단면의 강도해석을 수행하여야 한다. 특히 액체를 저장하는 면부재의 구조물인 경우에는 두 축방향으로 작용하는 축력의 작용을 고려하여 축강도와 축-휨강도를 결정하여야 한다.

그림 6-2는 2축 응력 상태에서 면외력이 작용하는 면부재의 축강도와 축-휨강도를 결정할 때 두 축방향으로 작용하는 축력의 작용을 고려하여야 하는 예를 나타낸다. 그림 6-2(a)와 같이 액체를 저장하는 원통형 쉘이나 판으로 이루어진 구조물의 지붕 위에 중력방향으로 수직하중이 작용하면, 면부재인 벽체에는 수직과 수평의 양방향으로 단면력이 작용한다. 수직방향으로는 지붕에 작용하는 하중에 의한 압축력과 함께 액체의 수평 압에 의한 전단력과 휨모멘트가 작용하며, 수평방향으로는 액체의 수평

압으로 인하여 후프인장력과 휨모멘트 및 전단력이 작용한다.

그림 6-2(b)는 그림 6-2(a)에서 벽체의 중간에 사각형으로 표현한 요소에 작용하는 축력과 휨모멘트로, 수직방향으로는 축압축력 P_{com}과 휨모멘트 M_{vt}가 작용하며 수평방향으로는 축인장력 P_{ten}과 휨모멘트 M_{tv}가 작용한다는 것을 나타낸다. 따라서 벽체의 수직방향으로는 축압축력과 휨모멘트가 작용하는 상태의 축-휨강도를 검증하여야 하며, 수평방향으로는 축인장력과 휨모멘트가 작용하는 상태의 축-휨강도를 검증하여야 한다.

이때 유의해야 할 것은 고려하는 방향의 직각방향으로 작용하는 축력의 영향을 고려하여 콘크리트의 압축강도와 인장강도를 결정하고 적용하여야 한다는 것이다. 그림 6-2(c)는 2축 응력 상태의 콘크리트 강도를 설명한 2장 2.1.13절에서 2축 압축-인장 상태로 연화된 콘크리트의 압축강도를 나타내는 그림 2-33(c)와 동일한 것으로, 직각방향으로 작용하는 인장응력이 증가하면 콘크리트의 압축강도가 감소한다는 것을 나타낸다. 2장 2.1.13절에 설명한 바와 같이 2축 압축-압축 상태일 때는 콘크리트의 압축강도가 증가하지만, 구조물의 설계는 가장 불리한 조건에 대하여 안전성을 검증하는 작업이므로 2축 압축-압축 상태일 때의 증가되는 압축강도를 무시할 수도 있다.

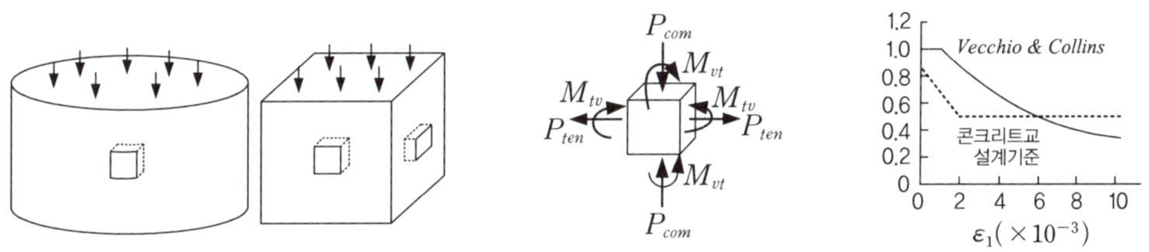

(a) 쉘과 판구조의 하중 작용 (b) 벽체의 단면력 (c) 콘크리트 유효압축강도

그림 6-2 면부재의 2축 응력 상태 단면력과 콘크리트 유효압축강도

6.1.2 축력과 휨모멘트가 작용하는 부재의 극한한계상태와 축-휨강도

축력과 휨모멘트가 작용하는 부재는 단면에 작용하는 응력분포에 따라 극한한계상태에서의 한계변형률, 즉 극한변형률을 설정하여야 한다. 2장 2.1.7절에서 설명한 바와 같이 축압축력만 작용하는 경우에는 전체 단면에 동일한 크기의 압축응력이 균일하게 작용하여 콘크리트 압축강도에 도달하는 변형률에서 파괴되므로, 그림 6-3(a)와 같이 정점변형률 ε_{co}을 콘크리트의 한계변형률로 하고 $0.85 f_{ck}$을 최대응력으로 설정한다. 이때에는 축압축력 또는 축인장력이 작용하는 경우의 변형률분포와 한계변형률을 나타내는 그림 6-4(b)와 같이, 단면 전체가 압축변형률로 ε_{co}에 도달할 때가 극한한계상태이며 중립축의 크기가 무한대(∞)이다. 축인장력이 작용하는 경우에는 콘크리트 부재에 균열이 발생하여 철근만으로 인장력에 저항하므로, 그림 6-4(b)와 같이 균열단면에서 단면 전체가 인장변형률로 ε_{ud}에 도달할 때가 극한한계상태이며 중립축의 크기가 역시 무한대(∞)이다. 철근의 설계 극한한계변형률 ε_{ud}에 대해서는 5장 5.3.1절에 설명되어 있다.

축압축력에 휨모멘트가 추가된 경우에는 압축연단의 변형률이 최대이고 중립축 위치의 변형률이 0인 변형률 경사 영향(strain gradient effect)에 따라 극한변형률이 증가된다. 따라서 이를 반영하여 중립축의 위치에 따라 한계변형률을 설정한다. 극한상태의 중립축이 단면의 내부에 존재하는 경우에는 휨강도를 구할 때와 마찬가지로 그림 6-3(b)와 같이 ε_{cu}를 콘크리트의 한계변형률로 하는 응력분포를 적용한다. 즉, 그림 6-4(c)에 나타낸 바와 같이 콘크리트 압축연단의 변형률이 ε_{cu}일 때 점선으로 나타낸 변형률분포는 굵은 실선으로 나타낸 변형률분포의 경계(boundary) 이내에 존재한다. 변형률분포의 두 경계는 압축연단의 변형률이 ε_{cu}이고 중립축이 압축연단의 반대쪽 연단에 위치하는 변형률분포와 인장연단에 가장 가까운 인장철근의 변형률이 ε_{ud}인 변형률분포이다.

휨모멘트보다 축압축력의 영향이 더 크면 극한상태의 중립축이 단면의 외부에 존재한다. 이때는 단면 내에 압축응력만 작용하므로 변형률 경사 영향(strain gradient effect)이 크지 않다. 이 경우에는 압축연단의 한계변형률이 ε_{co}와 ε_{cu} 사이의 값인 변형률분포와 응력분포를 적용한다. 즉, 그림 6-4(d)와 같이 축압축력만 작용하여 변형률이 ε_{co}인 점선의 변형률분포와 압축연단 변형률이 ε_{cu}이고 반대쪽 연단의 변형률이 0인 점선의 변형률분포가 만나는 점 C를 찾고, 축력과 휨모멘트의 상대적인 크기에 따라 이 점을 중심으로 변형 평면을 회전시켜서 ε_{co}와 ε_{cu} 사이의 값을 결정하여 굵은 실선으로 나타낸 극한상태의 변형률분포를 결정한다.

휨모멘트와 축인장력이 작용할 때에는 축인장력의 크기에 따라 변형률분포가 달라진다. 즉, 축인장력이 작을 때에는 콘크리트 압축연단이 한계변형률 ε_{cu}에 도달하는 상태에서 파괴된다. 이때에는 중립축이

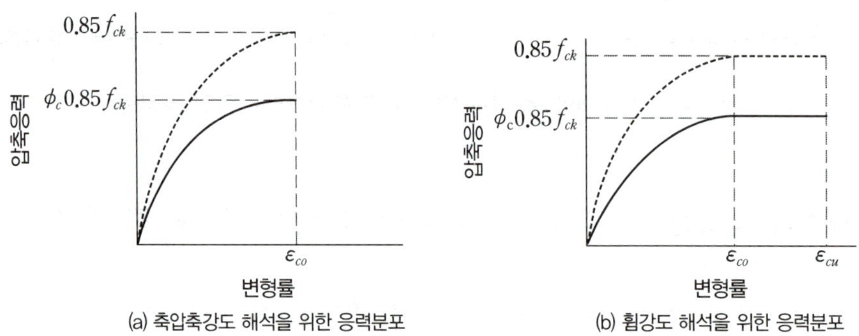

(a) 축압축강도 해석을 위한 응력분포 (b) 휨강도 해석을 위한 응력분포

그림 6-3 단면 설계를 위한 콘크리트의 압축응력-변형률 관계

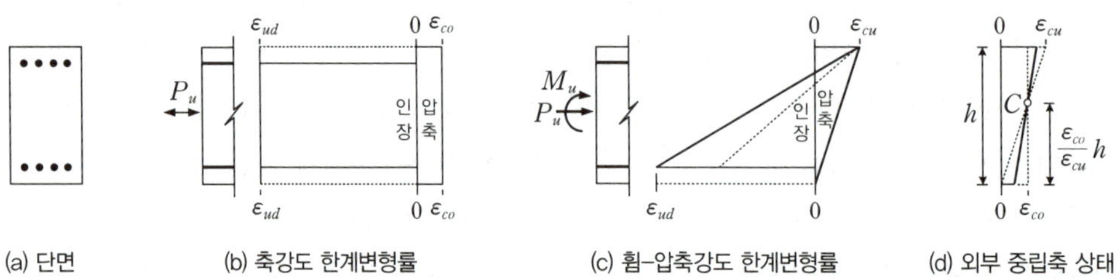

(a) 단면 (b) 축강도 한계변형률 (c) 휨-압축강도 한계변형률 (d) 외부 중립축 상태

그림 6-4 축력과 휨모멘트가 작용하는 부재의 한계변형

단면의 내부에 존재한다. 축인장력이 커지면 콘크리트 압축연단이 한계변형률 ε_{cu}에 도달하지 않는 상태에서 균열단면의 인장철근이 한계변형률 ε_{ud}에 도달하는 극한한계상태가 된다. 축인장력이 매우 큰 경우에는 단면 전체가 인장변형률이 발생하는 상태로 중립축이 단면의 외부에 존재하게 되며, 중립축에서 가장 멀리 위치한 인장철근이 한계변형률 ε_{ud}에 도달하는 극한한계상태가 된다.

이와 같은 한계변형률과 응력분포를 적용하여 단면의 강도해석을 수행한 결과는 그림 6-5와 같은 축-휨강도로 나타난다. 그림 6-5(a)의 첫 번째 그림과 같이 부재에 계수축력 P_u와 계수휨모멘트 M_u가 작용하는 상태는 두 번째 그림과 같이 단면의 중심에서 거리 e만큼 떨어진 위치에 P_u가 작용하는 것과 같은 상태이다. 이때의 거리 e를 편심(eccentricity)이라고 하며 다음과 같이 구한다. 축력만 작용할 때는 편심 e가 0이며, 축력이 작용하지 않고 휨모멘트만 작용할 때는 편심 e가 무한대(∞)이다.

$$e = \frac{M_u}{P_u} \tag{6·1}$$

그림 6-5(a)의 두 번째 그림과 같이 P_u가 단면중심의 왼쪽에 위치하는 편심을 가질 때는 세 번째 그림 부재단면의 왼쪽 부분에 더 큰 압축응력이 작용하여 변형률이 경사를 가지게 된다.

그림 6-5(b)는 수직축에 축강도를 나타내고 수평축에 휨강도를 나타낸 축-휨강도곡선으로, P-M 상관도(P-M interaction diagram)나 축-휨강도 상관도(axial-flexural strength interaction diagram) 또는 간단하게 강도상관도(strength interaction diagram 또는 interaction diagram)라고 부른다. 축-휨강도곡선에서 수평축의 x좌표는 휨모멘트 값이고 수직축의 y좌표는 축력 값이므로, 그림 6-5(b)에 나타낸 바와 같이 원점에서 시작하는 직선의 기울기는 편심 e의 역수인 $1/e$이 된다.

축압축강도는 그림 6-5(b)에 A로 표시되어 있고, 그림 6-4(b)로 설명한 바와 같이 단면 전체가 압축변형률 ε_{co}인 변형률분포를 가진다. B로 표시된 축-휨강도는 그림 6-4(c)로 설명한 바와 같이 압축연단의

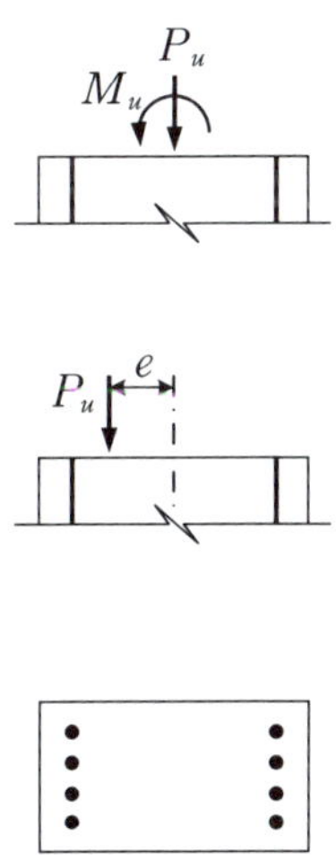

(a) 단면 및 축력과 휨모멘트 작용

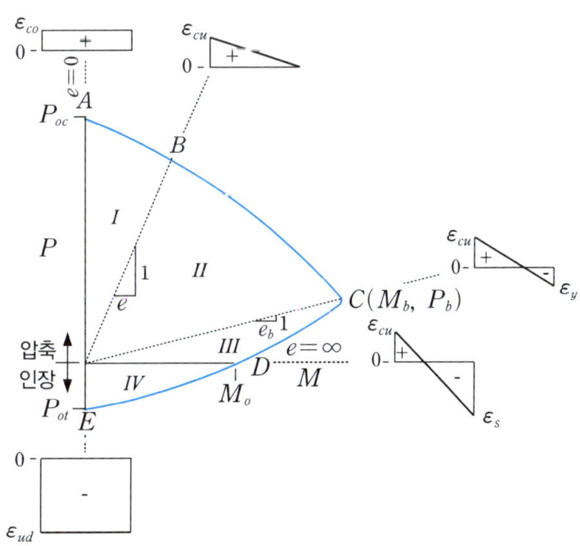

(b) 축-휨강도곡선 및 변형률분포와 한계변형률

그림 6-5 축력과 휨모멘트가 작용하는 부재의 축-휨강도

변형률이 ε_{cu}이고 중립축이 압축연단의 반대쪽 연단에 위치하는 변형률분포를 가진다. C로 표시된 축-휨강도는 압축연단의 변형률이 ε_{cu}이고 인장연단에 가장 가까운 인장철근이 항복하여 변형률이 ε_y인 균형변형률 상태(balanced strain condition)의 변형률분포를 가진다. 이때의 휨강도는 M_b, 축강도는 P_b, 편심은 균형편심 e_b로 표현한다. 축력이 작용하지 않을 때의 휨강도는 D로 표시되어 있고, 같은 양의 압축철근과 인장철근이 배치된 일반적인 경우 인장철근의 변형률은 항복변형률 ε_y보다 매우 큰 변형률을 나타낸다. 축인장강도는 E로 표시되어 있고, 그림 6-4(b)로 설명한 바와 같이 균열단면에서 단면 전체가 인장변형률 ε_{ud}인 변형률분포를 가진다.

휨강도는 그림 6-5(b)와 같이 축력의 크기에 따라 변한다. D로 표시된 축력이 0인 경우의 휨부재 휨강도 M_o를 중심으로 설명하면, 휨강도는 축인장력이 작용하면 감소하고 축압축력이 작용하면 일정 범위까지 증가한다. 즉, 축인장력이 클수록 휨강도가 감소하여 E로 표시된 축인장강도 P_{ot}와 같은 값의 축인장력이 작용할 때는 휨강도가 0이 된다. 축압축력이 작용할 때는 C로 표시된 균형변형률 상태까지 휨강도가 증가한다. 이것은 축압축력이 증가할수록 압축응력을 받는 면적이 증가하는 방향으로 중립축이 이동하여, 압축에 강한 콘크리트의 강도특성이 유리하게 발휘되기 때문이다. 그러나 휨강도의 증가는 균형변형률 상태까지로, P_b보다 큰 축압축력이 작용하면 휨강도는 감소한다. 이것은 P_b보다 작은 축압축력이 작용할 때는 인장철근이 항복한 상태이지만, P_b보다 큰 축압축력이 작용할 때는 인장철근이 탄성상태로 휨강도를 발휘하는 내력(internal force)으로서의 철근 인장력이 감소하기 때문이다. 또 축압축력이 더 증가하여 B로 표시된 축압축력이 작용하면 단면 전체가 압축응력을 받게 되어 휨강도가 감소하며, A로 표시된 축압축강도 P_{oc}와 같은 값의 축압축력이 작용할 때는 휨강도가 0이 된다.

6.2 축-휨강도 해석

이 절에서는 앞에서 설명한 한계변형률분포와 파괴 거동을 고려하여 축-휨강도 상관도 내의 지배영역을 구분하고 축-휨강도를 해석하는 방법을 다룬다.

6.2.1 해석범주와 지배영역의 구분

축-휨강도 해석에서는 그림 6-5(b)에 나타낸 바와 같이 I, II, III, IV의 네 가지 범주로 구분하여 해석을 수행할 수 있다.

- 해석범주 I: 중립축이 단면 외부에 존재하여 단면 전체에 압축변형률이 발생하는 상태로 극한상태에 도달하여 파괴되는 범주로, 그림 6-5(b)의 A와 B 사이의 강도를 갖는다. 이때의 강도검증은 횡방향 철근의 구속 효과, 축방향 철근의 항복 여부, 콘크리트 크리프의 영향, 시공오차로 인한 최소편심 등을 고려하여야 하는데, 이에 대한 내용과 축압축강도 및 축-휨강도 해석은 6.2.2절에 소개한다.
- 해석범주 II: 중립축이 단면 내부에 존재하여 단면에 압축응력과 인장응력이 작용하며 인장력을 받는 인장철근이 항복하지 않은 탄성상태에서 압축연단 콘크리트가 극한변형률에 도달하여 파괴

되는 범주로, 그림 6-5(b)의 B와 C 사이의 강도를 갖는다. C로 표시된 균형변형률 상태의 축-휨강도는 6.2.3절에 소개하며 해석범주 II에서의 축-휨강도 해석은 6.2.4절에 소개한다.

- 해석범주 III: 중립축이 단면 내부에 존재하여 단면에 압축응력과 인장응력이 작용하며 인장력을 받는 인장철근이 항복하는 소성상태에서 압축연단 콘크리트가 극한변형률에 도달하여 파괴되는 범주로, 그림 6-5(b)의 C와 D 사이의 강도를 갖는다. 이때의 축-휨강도 해석은 6.2.4절에 소개한다.
- 해석범주 IV: 축인장력의 크기에 따라 중립축이 단면의 내부 또는 외부에 존재하여, 단면에 압축응력과 인장응력이 작용하거나 또는 단면 전체에 인장변형률이 발생하는 상태로 극한상태에 도달하는 범주로, 그림 6-5(b)의 D와 E 사이의 강도를 갖는다. 이때의 축인장강도와 축-휨강도 해석은 6.2.5절에 소개한다.

압축으로의 축력이 작용하는 경우에는 균형변형률 상태를 기준으로 하여, 다음과 같이 두 가지 지배영역으로 구분한다.

- 압축지배영역(compression-controlled region): 그림 6-5(b)에서 균형변형률 상태를 나타내는 C의 위쪽 영역으로 해석범주 I과 II를 포함한다. 즉, 단면 전체가 압축응력을 받거나 단면의 일부가 인장응력을 받더라도 인장철근이 항복하지 않는 상태로 콘크리트가 압축 파괴되는 거동을 보인다. 일반적으로 철근콘크리트 부재는 축압축 파괴보다는 휨 파괴가 연성파괴로 나타나지만, 해석범주 II에 해당하는 부재라도 인장철근이 항복하지 않는 상태에서 파괴되므로 4장 4.2.1절에 소개한 과보강 단면(over-reinforced section)과 같은 취성파괴를 보인다. 따라서 4장 4.2.1절에 소개한 곡률연성도(curvature ductility factor, curvature ductility index, 곡률연성지수) μ_ϕ도 존재하지 않는다.
- 인장지배영역(tension-controlled region): 그림 6-5(b)에서 균형변형률 상태를 나타내는 C의 아래쪽 영역으로 해석범주 III에 해당한다. 즉, 단면에 압축응력과 인장응력이 작용하며 인장력을 받는 인장철근이 항복하는 소성상태에서 압축연단 콘크리트가 극한변형률에 도달하여 파괴되는 연성거동을 보인다. 따라서 균형변형률 상태를 나타내는 C에서는 곡률연성도(curvature ductility factor, curvature ductility index, 곡률연성지수) μ_ϕ가 1.0이며, 축압축력이 감소할수록 곡률연성도 μ_ϕ가 증가하여 연성능력(ductility capacity)이 커진다. 참고로 부재계수로의 강도감소계수를 적용하는 KDS 14 20 콘크리트구조 설계기준[6.1]과 ACI 318 Code[6.2]에서는 인장지배영역을 5장 5.2.1절에 설명된 정의에 따라 연성능력이 상대적으로 작은 변화구간단면(transition section)과 연성능력이 상대적으로 큰 인장지배단면(tension-controlled section)으로 구분한다. 그러나 재료계수를 적용하는 KDS 24 14 21 콘크리트교 설계기준(한계상태설계법)[6.3]과 Eurocode 2[6.4]에서는 이러한 구분이 없다. 한편 콘크리트 단면에 압축응력이 작용하지 않더라도 인장철근이 항복한 상태에서 단면이 파괴되거나 인장철근이 한계변형률에 도달하여 극한상태가 된다는 의미도 인장지배영역의 정의에 포함한다면 해석범주 IV도 인장지배영역에 해당한다고 할 수 있다.

6.2.2 축압축강도와 축압축력이 지배적인 단면의 축-휨강도 해석

철근콘크리트 부재의 축압축강도에 대하여는 관련된 항목으로 소성중심, 횡방향 철근의 구속 효과, 축방향 철근의 항복 여부, 콘크리트 크리프의 영향, 시공오차로 인한 최소편심을 이해해야 하므로 이를 구분하여 설명하고, 축압축력이 지배적인 해석범주 I에 대한 축-휨강도 해석법을 소개한다.

[1] 소성중심

축압축강도는 단면 전체가 동일한 값의 압축변형률을 가진 극한상태에 발휘되는 강도이므로, 축압축력이 단면의 중심에 작용하여야 한다. 아주 높은 항복강도의 철근이 사용되지 않는다면 이때의 파괴는 콘크리트와 철근이 모두 압축응력에 의하여 소성상태가 된 후에 발생하므로, 축력이 작용해야 할 단면의 중심을 소성중심(plastic centroid, p.c.)이라고 한다. 즉, 소성중심은 그림 6-6에 나타낸 바와 같이 콘크리트 단면 전체가 균등하게 $0.85f_{ck}$의 압축응력을 받고 철근도 균등하게 압축으로 항복응력을 받을 때 전체 응력의 합력 P_{int}이 작용하는 위치이다. 따라서 철근이 좌우와 상하로 각각 대칭으로 배치된 단면은 소성중심이 단면의 중심, 즉 도심과 동일하다. 그러나 철근이 비대칭으로 배치된 단면은 소성중심이 단면의 중심과 동일한 위치가 아니므로 소성중심의 위치를 구하여야 한다. 이것은 그림 6-5(a)의 두 번째 그림과 같이 소성중심이 편심의 기준이 되기 때문이다.

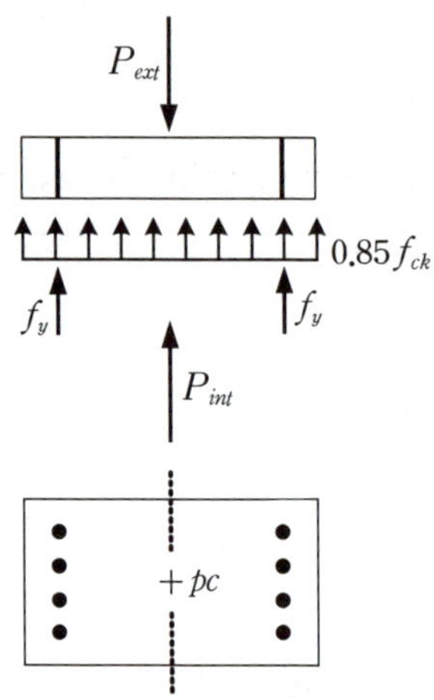

그림 6-6 단면의 소성중심

[2] 횡방향 철근의 구속 효과와 축압축강도

축압축력을 받는 콘크리트 부재의 거동과 축압축강도는 1900년대 초에 프랑스의 Considéré,[6.5] 미국 Illinois 대학의 Talbot[6.6]와 Wisconsin 대학의 Withey[6.7]가 철근콘크리트 기둥에 대한 실험을 수행함으로써 알려지기 시작하였다. 그 후 1930년도를 전후한 시기에 미국에서 수행한 564개의 대대적인 기둥실험을 담은 ACI 105 위원회 보고서[6.8]가 설계기준 작성의 기초가 되었고, 철근콘크리트 부재의 축압축강도를 다음의 식으로 계산할 수 있을 것으로 보고하였다.

$$P_{oc} = P_{cc}+P_{sl}+P_{sp} = k_c f_{ck} A_c+f_y A_{st}+k_s f_{ys} A_{sp} \tag{6·2}$$

여기서, P_{oc} : 띠철근 부재의 축압축강도 또는 나선철근 기둥의 축압축강도

P_{cc} : 콘크리트에 의한 축압축강도

P_{sl} : 축방향 철근에 의한 축압축강도

P_{sp} : 나선철근에 의한 축압축강도

k_c : 콘크리트 공시체 압축강도와 기둥 콘크리트 압축강도의 차이를 고려한 계수

f_{ck} : 콘크리트 설계기준압축강도

A_c : 콘크리트 단면적으로, 띠철근 부재는 전체 단면적이고 나선철근 부재는 심부 단면적

f_y : 축방향 철근 항복강도

A_{st} : 축방향 철근 전체 단면적

k_s : 나선철근의 영향을 고려한 계수

f_{ys} : 나선철근 항복강도

A_{sp} : 기둥 단위길이 당 나선철근 체적

이 식은 세 가지 항, 즉 콘크리트에 의한 축압축강도 P_{cc}, 축방향 철근에 의한 축압축강도 P_{sl}, 횡방향 철근으로 나선철근을 사용하는 경우 나선철근에 의한 축압축강도 P_{sp}로 구성되어 있다. 따라서 나선철근이 아닌 횡방향 철근이 배치된 경우에는 세 번째 항 P_{sp}를 0으로 한다.

횡방향 철근은 축방향 철근을 감싸는 철근을 말하며 띠철근과 나선철근으로 구분한다. 띠철근은 사각형이나 원형 또는 기타의 형상으로 구부린 횡방향 철근으로, 일정한 간격으로 배치되어 축방향 철근을 감싼다. 그림 6-7(a)에 사각형 띠철근으로 감싼 띠철근 부재가 나타나 있다. 띠철근은 후프띠철근과 보강띠철근으로 구성되는데, 그림 6-7(b)는 띠철근의 종류와 형상을 나타낸다. 후프띠철근은 축방향 철근을 모두 감싸는 띠철근으로, 축방향 철근의 배치형상에 따라 사각형이나 원형 또는 기타의 형상을 갖는다. 후프띠철근의 끝은 갈고리로 가공하여 단면의 내부로 정착시켜야 하는데, 사각형 띠철근은 모서리에 배치된 축방향 철근을 감싸도록 양끝을 135°로 구부린 후 소정의 연장길이를 갖는 표준갈고리로 정착되어야 한다. 원형 띠철근은 양끝을 소정의 길이로 겹침이음하여 90°로 구부린 후 소정의 연장길이를 갖도록 하여야 한다. 겹침이음을 하지 않고 원형 띠철근을 구성하려면 커플러(coupler)를 이용한 기계적이음(mechanical connection)이나 용접용 철근을 용접하는 용접이음(welded connection)으로 연결하여 폐합시킬 수 있다. 이와 같은 후프띠철근 외에 필요에 따라서 추가로 배치하는 보강띠철근(cross tie)이 있다. 보강띠철근은 연결철근이라고 하며 그림 6-7(b)에 보이는 'J'자 형태를 가진 것으로, 한쪽 끝은 90° 갈고리로 구부리고 다른 한쪽 끝은 135° 갈고리로 구부린 횡방향 철근이다.

그림 6-7의 (f)~(h)는 횡방향 철근과 단면 형상에 따른 기둥의 파괴를 나타낸 것으로, 그림 6-7(f)는 직사각형 띠철근 기둥이 축압축력의 작용으로 콘크리트 피복이 탈락된 후 파괴되어 축방향 철근이 좌굴되면서 띠철근이 벌어져 떨어져 나간 파괴 모습이다. 그림 6-7(g)는 나선철근 원형 기둥이 반복 횡방향 하중의 작용으로 압축응력을 받는 콘크리트 피복은 탈락되었으나 심부 콘크리트가 손상되지 않고

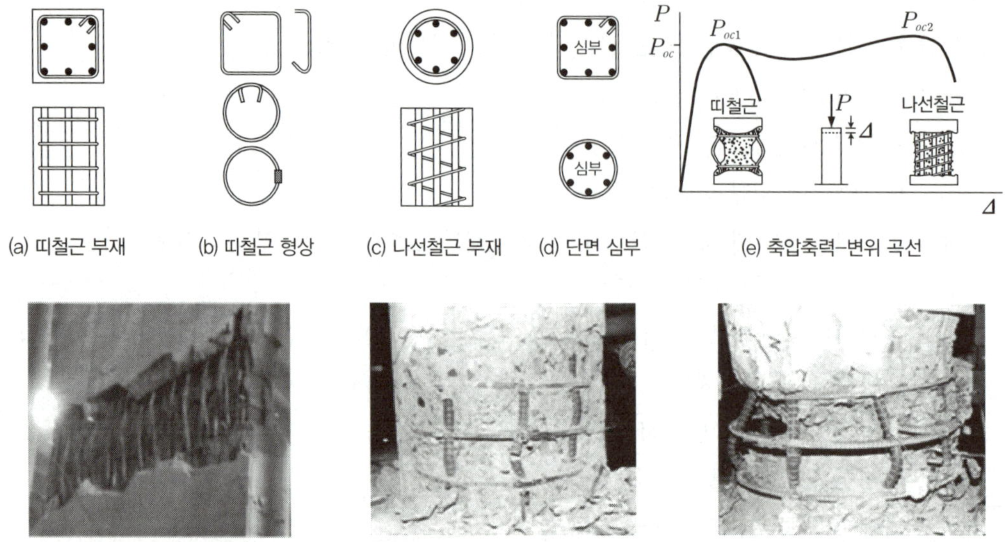

(a) 띠철근 부재 (b) 띠철근 형상 (c) 나선철근 부재 (d) 단면 심부 (e) 축압축력-변위 곡선

(f) 직사각형 띠철근 기둥의 파괴 (g) 나선철근 기둥의 파괴 (h) 겹침이음 원형띠철근 기둥의 파괴

그림 6-7 횡방향 철근의 종류와 단면 심부 및 파괴 거동

하중에 저항하다가 축방향철근이 압축과 인장의 반복작용으로 파단 된 파괴 모습이다. 그림 6-7(h)는 갈고리를 가진 반원형 띠철근 2개를 겹침이음한 원형 띠철근 기둥이 콘크리트 피복의 탈락과 함께 축방향 철근이 좌굴되면서 띠철근이 벌어지고, 이에 따라 심부콘크리트도 파괴된 모습이다.

단면적이 넓은 띠철근 부재에서는 후프띠철근의 변을 이루는 직선의 길이가 길어서 축방향 철근을 감싸는 효과가 나타나지 않게 되므로, 후프띠철근의 중간에 구부린 모서리가 존재하도록 추가의 띠철근을 배치하여야 한다. 이때에는 여러 가지 방법으로 띠철근을 조합할 수 있는데, 그림 6-8은 그 예를 나타낸다. 그림 6-8(a)는 단면 전체를 감싸는 큰 직사각형 후프띠철근에 작은 크기의 사각형 띠철근을 추가하여 띠철근을 구성한 것이고, 그림 6-8(b)는 중간 크기의 직사각형 띠철근 두 개를 겹쳐서 띠철근을 구성한 것이다. 그림 6-8(c)는 단면 전체를 감싸는 큰 직사각형 후프띠철근에 'J'자 형태의 보강띠철근 두 개를 추가하여 띠철근을 구성한 것이다. 보강띠철근의 135° 갈고리와 90° 갈고리는 같은 각도의 갈고리가 수평방향과 수직방향으로 같은 열에 존재하지 않도록 엇갈리게 배치하여야 한다. 즉, 수평방향과 수직방향의 양쪽 방향으로 135° 갈고리와 90° 갈고리가 번갈아 나타나도록 배치하는 것이다. 보강띠철근을 배치할 때 갈고리가 어떤 철근을 감싸도록 하느냐에 따라 구속효과가 달라질 수 있는데, 그림 6-8(c)와 같이 90° 갈고리의 연장부가 후프띠철근과 평행하도록 배치하여 축방향 철근을 감싸는 것보다 갈고리의 연장부를 경사지게 배치하여 축방향 철근과 후프띠철근을 같이 감싸는 것이 더 큰 구속효과가 있다.[6.9] 따라서 높은 수준의 횡구속 효과가 필요한 내진설계에서는 보강띠철근이 축방향 철근과 후프띠철근을 같이 감싸도록 하는 상세가 적용되는 경우도 있으나, 콘크리트 피복두께가 얇아지게 됨을 고려하여야 한다. 그러나 설계기준[6.1~6.4]에서는 보강띠철근이 축방향 철근을 감싸는 상세를 기본으로 하여 철근상세를 규정하고 있다. 그림 6-8(d)는 단면 전체를 감싸는 큰 정사각형 후프띠철근에 작은 크기의

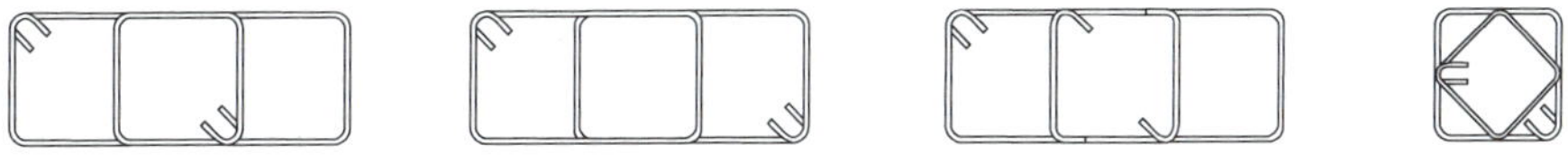

그림 6-8 띠 철근의 구성

정사각형 띠철근을 마름모 형태로 띠철근을 구성한 것인데, 콘크리트를 타설하기 좋도록 단면의 중심부에 공간을 둔 것이다.

나선철근은 원형 형상의 용수철과 같은 형태로 축방향 철근을 감싸는 연속된 횡방향 철근이며, 그림 6-7(c)에 나선철근으로 감싼 나선철근 부재가 나타나 있다. 매우 촘촘하게 축방향 철근을 감싸는 나선철근은 띠철근보다 축방향 철근을 구속하는 효과가 크다. 나선철근은 일반적으로 원형 단면을 갖는 부재에 적용하지만, 사각형 단면에 축방향 철근을 원형으로 배치하는 경우에도 적용할 수 있다. 한편 연속된 횡방향 철근을 원형 형상으로만 만들 수 있는 것이 아니라 사각형 형상으로도 만들 수 있지만, 사각형 형상의 연속된 횡방향 철근을 나선철근으로 분류하지는 않는다. 이것은 축방향 철근에 대한 구속효과가 횡방향 철근의 간격뿐만 아니라 형상이 큰 영향을 미쳐서, 사각형 형상이 원형 형상보다 성능이 떨어지기 때문이다.

식 (6·2)에서 k는 콘크리트 공시체 압축강도와 기둥 콘크리트 압축강도의 차이를 고려한 계수로, ACI 105 위원회 보고서[6.8]의 제안에 따라 0.85의 값을 사용한다. 콘크리트 단면적 A_c는 횡방향 철근의 종류에 따라 달리 적용한다. 띠철근 부재에는 A_g의 기호로 나타내는 전체 단면적을 A_c로 하고, 나선철근 부재에는 심부 단면적 A_{ch}를 A_c로 한다. 여기서 단면의 심부는 그림 6-7(d)에 나타낸 바와 같이 횡방향 철근으로 둘러싸인 부분이다. 단면 심부의 콘크리트는 심부 콘크리트(core concrete)라고 하며, 횡방향 철근의 구속 성능에 따라 피복 콘크리트(cover concrete)에 비하여 압축강도가 증가한다. 띠철근 부재에서 전체 단면적 A_g를 A_c로 적용하는 것은 띠철근의 구속효과가 크지 않아서 심부 콘크리트의 압축강도가 피복 콘크리트의 압축강도와 유사하기 때문이다.[6.8]

따라서 식 (6·2)를 정리하여 띠철근 부재의 축압축강도를 나타내면 다음과 같다.

$$P_{oc1} = 0.85 f_{ck} A_g + f_y A_{st} \tag{6·3}$$

나선철근 부재의 축압축강도는 심부 단면적 A_{ch}를 기준으로 하므로, 식 (6·2)를 정리하면 다음과 같다. k_s는 나선철근의 영향을 고려한 계수로 1.5∼2.5의 범위를 갖으며 평균값은 1.95이다.

$$P_{oc2} = 0.85 f_{ck} A_{ch} + f_y A_{st} + k_s f_{ys} A_{sp} \tag{6·4}$$

띠철근 부재와 나선철근 부재의 파괴거동과 축압축강도는 축압축력과 변위 관계를 보이는 그림 6-7(e)에 나타나 있다. 축압축력이 작용할 때 축방향으로 발생하는 변위는 초기에 직선으로 나타난 후 비선형 거동을 보이며 축방향 철근이 항복한 상태에서 콘크리트가 압축강도에 해당하는 압축응력을 받을 때 식 (6·3)의 첫 번째 축압축강도 P_{oc1}에 도달한다. 이때까지는 띠철근 부재와 나선철근 부재가 동일한 거동을 보이며 횡방향 철근의 형상, 단면적과 간격, 갈고리 상세 등에 영향을 받지 않고 P_{oc1}의 값을 보이지만, 그 이후에는 크게 다른 거동을 보인다. 즉, P_{oc1}에 도달하고 나면 띠철근 부재는 저항할 수 있는 축압축력이 급격히 감소하여 즉시 파괴되는 취성파괴(brittle failure)를 보이지만, 나선철근 부재는 즉시 파괴되지 않고 변형이 지속되는 연성거동(ductile behavior)을 보인다. 이것은 횡방향 철근의 구속효과가 큰 차이를 보이기 때문이다.

첫 번째 축압축강도 P_{oc1}에 도달하면 피복 콘크리트가 파괴되어 탈락하는데, 띠철근 부재는 후프띠철근의 직선부분이 단면의 바깥쪽 방향으로 휘어지기 때문에 심부 콘크리트를 구속하지 못하여 심부 콘크리트도 같이 파괴된다. 또 띠철근의 간격이 넓으므로 압축력을 받고 있는 축방향 철근이 좌굴(buckling) 될 수 있는 조건이 된다. 따라서 그림 6-7(e)의 그림과 같이 띠철근 부재는 첫 번째 축압축강도 P_{oc1}에 도달한 후 피복 콘크리트와 심부 콘크리트가 파괴되며 축방향 철근이 좌굴되어 급격히 저항능력을 상실한다.

나선철근 부재는 용수철 형태로 좁은 간격의 연속된 횡방향 철근이기 때문에, 피복 콘크리트가 파괴되어 탈락한 후 심부 콘크리트가 팽창하여 늘어날 때도 원래의 형태인 원형을 유지함으로써 심부구속효과가 뛰어나며 또한 축방향 철근의 좌굴을 방지하는 데도 효과적이다. 따라서 그림 6-7(e)의 그림과 같이 피복 콘크리트가 파괴되어 탈락한 후에도 심부 콘크리트가 파괴되지 않고 압축응력에 저항하며, 축방향 철근도 좌굴되지 않고 압축력에 저항한다. P_{oc1}의 축압축력이 작용하여 피복 콘크리트가 탈락하면 콘크리트 단면적이 심부 단면적 A_{ch}로 감소하므로 저항하는 축압축력이 일시적으로 감소하는 형태를 보이지만, 심부구속효과에 의하여 심부 콘크리트의 압축강도가 증가하기 때문에 심부 콘크리트가 파괴되지 않고 변형만 증가한다. 이후 축압축력을 다시 가하면 심부에 작용하는 압축응력이 증가된 심부 콘크리트의 압축강도에 도달하여 두 번째 축압축강도 P_{oc2}에서 파괴가 발생한다. 이때 P_{oc2}는 나선철근의 양에 따라 P_{oc1}보다 클 수도 있고 작을 수도 있으므로, 설계기준에서는 P_{oc1}보다 P_{oc2}가 더 큰 값이 되는 나선철근의 양을 규정하고 있다. 참고로 KDS 14 20 콘크리트구조 설계기준[6.1]과 ACI 318 Code[6.2]는 식 (6·3)의 P_{oc1}와 같은 의미를 가진 축압축강도 수식을 사용하지만, 나선철근 부재의 강도감소계수를 띠철근 부재의 강도감소계수보다 큰 값으로 규정하여 나선철근에 의한 축압축강도의 증진 효과를 반영하도록 하고 있다.

[3] 재료강도와 콘크리트 크리프에 따른 축압축 한계상태에서의 철근 응력

ACI 105 위원회 보고서[6.8]에 소개된 기둥실험들은 축압축 한계상태에서 축방향 철근이 모두 항복하는 결과를 나타내었으므로, 식 (6·2)에 축방향 철근의 응력을 f_y로 표현하였다. 이것은 그 당시에 사용하였던 철근이 비교적 낮은 항복강도를 가진 것이었기 때문이다. 그러나 축압축강도는 축방향 철근의 항복 여부에 따라 달라지는데, 축방향 철근의 항복 여부에는 콘크리트 압축강도와 철근 항복강도의 조합과 함께 콘크리트의 크리프(creep)도 영향을 미친다.

그림 6-9(b)는 축압축력이 작용하였을 때 콘크리트와 철근에 나타나는 변형률과 작용하는 응력을 나타낸다. 축압축력을 받는 단면은 콘크리트에 최대응력이 작용할 때 파괴되는데, 이때의 변형률이 정점

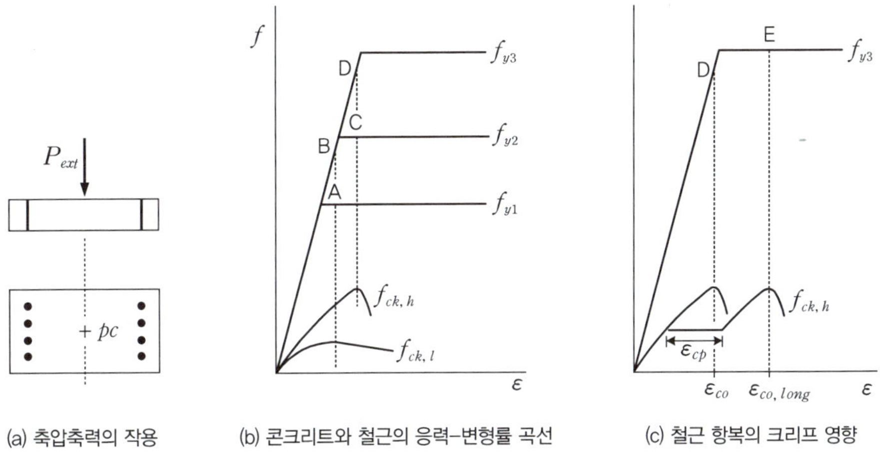

그림 6–9 축압축력 작용의 한계변형률에서의 철근의 항복 여부

변형률(ε_{co})이므로 이를 한계변형률로 정의한다. 압축강도가 $f_{ck,\,l}$로 보통강도인 콘크리트에 항복강도가 f_{y1}로 낮은 철근을 축방향 철근으로 배치한 경우, $f_{ck,\,l}$의 정점변형률에서 철근이 응력–변형률 곡선의 A의 위치에 있으므로 철근이 항복한 상태에서 단면의 파괴가 발생한다. 그러나 이 콘크리트 단면에 항복강도가 f_{y2}나 f_{y3}으로 높은 철근을 축방향 철근으로 배치한 경우, $f_{ck,\,l}$의 정점변형률에서 철근이 응력–변형률 곡선의 B의 위치에 있으므로 철근이 항복하지 않는 탄성상태에서 단면의 파괴가 발생한다. 압축강도가 $f_{ck,\,h}$로 고강도일 때에는 정점변형률이 압축강도가 $f_{ck,\,l}$인 콘크리트보다 정점변형률이 크다. 따라서 그림 6–9(b)에 나타난 바와 같이, 항복강도가 f_{y1}로 낮은 철근은 물론이고 항복강도가 f_{y2}로 높아진 철근을 배치한 경우에도 $f_{ck,\,h}$의 정점변형률에서 철근이 응력–변형률 곡선의 C의 위치에 있으므로 철근이 항복한 상태에서 단면의 파괴가 발생한다. 그러나 항복강도가 f_{y3}으로 매우 높은 철근을 배치한 경우에는 $f_{ck,\,h}$의 정점변형률에서 철근이 응력–변형률 곡선의 D의 위치에 있으므로, 철근이 항복하지 않는 탄성상태에서 단면의 파괴가 발생한다. 즉, 축압축강도는 콘크리트의 압축강도와 철근의 항복강도에 따라 단면의 파괴 때 철근의 항복 여부가 달라진다.

한편 그림 6–9(b)로 설명한 이와 같은 거동은 축압축력이 단기하중(short–term loading) 상태로 하중이 빠르게 작용하였을 때 나타나는 현상이다. 그러나 실제 구조물에서는 고정하중과 영구히 작용하는 활하중의 일부분을 더한 지속하중(sustained load, 또는 영구하중 permanent load)이 사용 수명까지 장기간 작용하는 상태에서 활하중이 가해지고 제거되는 하중이력을 보이게 된다. 따라서 그림 6–9(c)에 나타난 바와 같이, 지속하중이 작용하는 상태에서는 일정한 크기의 콘크리트 압축응력에서 변형률이 증가하는 크리프 현상이 발생하여 크리프 변형률 ε_{cp}가 추가된다. 그 후 활하중이 작용하면 단기하중이 작용할 때와 동일한 응력–변형률 관계로 변형이 나타나서, 장기 정점변형률 $\varepsilon_{co,\,long}$은 다음의 값으로 증가한다.

$$\varepsilon_{co,\,long} = \varepsilon_{co} + \varepsilon_{cp} \qquad (6 \cdot 5)$$

이에 따라 압축강도가 $f_{ck,h}$이고 철근의 항복강도가 f_{y3}인 경우, 단기하중이 작용할 때에는 ε_{co}의 정점변형률에서 철근이 응력-변형률 곡선의 D의 위치에 있으므로 철근이 항복하지 않는 탄성상태이지만 장기하중이 작용할 때에는 $\varepsilon_{co,\,long}$의 정점변형률에서 철근이 응력-변형률 곡선의 E의 위치에 있게 되므로 철근이 항복한 상태에서 단면의 파괴가 발생하게 된다. 즉, 축압축강도는 콘크리트 압축강도와 철근 항복강도의 조합뿐만 아니라 하중이 가해지는 시간도 영향을 미친다.

축압축의 한계변형률에서 철근이 항복하는 경우에는 다음과 같이 축압축강도를 계산할 수 있다.

$$P_{oc} = 0.85 f_{ck}(A_g - A_{st}) + f_y A_{st} \tag{6·6}$$

여기서 A_g는 전체 단면적이고 A_{st}는 축방향 철근 전체 단면적이므로, $(A_g - A_{st})$는 순수한 콘크리트만의 면적이다. 단기하중이 작용할 때 축압축의 한계변형률에서 철근이 항복하지 않는 경우에는 축방향 철근이 콘크리트의 정점변형률 ε_{co}에 해당하는 변형률로 탄성상태에 있게 되므로, 축압축강도를 다음과 같이 계산할 수 있다.

$$P_{oc} = 0.85 f_{ck}(A_g - A_{st}) + \varepsilon_{co} E_s A_{st} \tag{6·7}$$

만일 장기거동을 고려하여 콘크리트의 크리프를 반영하는 경우, 장기 정점변형률 $\varepsilon_{co,\,long}$이 축방향 철근의 항복변형률보다 크다면 콘크리트가 파괴될 때 축방향 철근이 항복한 상태이므로 식 (6·6)을 적용하여 축압축강도를 계산할 수 있다.

이와 같은 축압축력 하의 축방향 철근의 항복 여부는 축-휨강도곡선의 형상에 영향을 준다. 그림 6-10(a)는 축압축 한계변형률에서 축방향 철근이 항복하는 경우로, 그림의 B 위치에서 좌우의 A와 C가 자연스러운 형상의 곡선으로 연결되는 형태를 보인다. 그러나 축압축 한계변형률에서 축방향 철근이 항복하지 않는 경우에는 그림 6-10(b)와 같이 축압축강도 P_{oc}와 해석범주 I에서의 축압축강도가 그림 6-10(a)보다 작은 값을 보이므로, 그림의 B 위치에서 곡선이 꺾이는 형상을 보인다. 참고로 해석범주 II와 III에서는 그림 6-10(a)와 그림 6-10(b)의 강도가 동일하다.

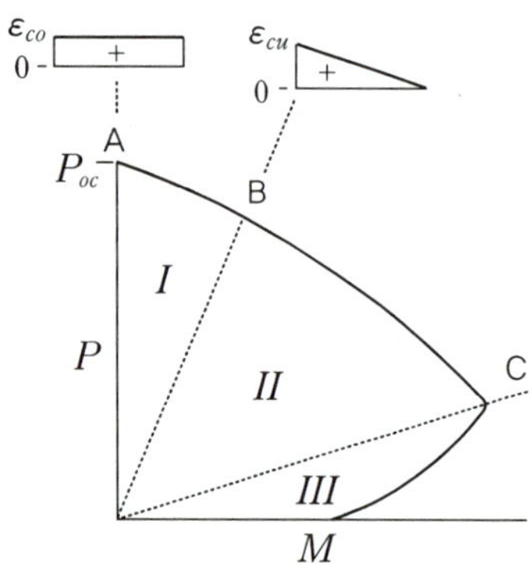

(a) P_{oc}에서 축방향 철근이 항복하는 경우

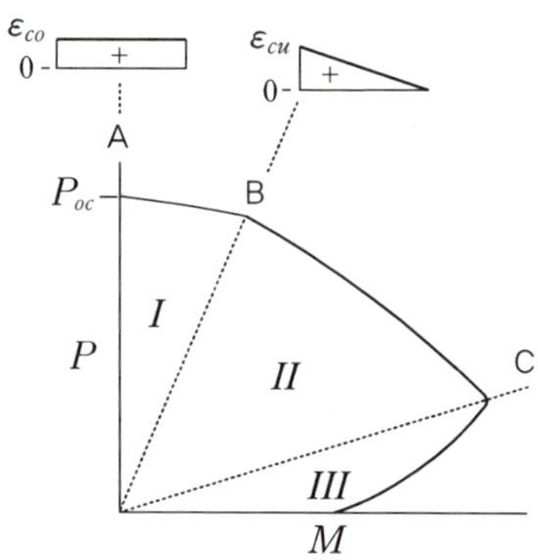

(b) P_{oc}에서 축방향 철근이 항복하지 않는 경우

그림 6-10 축압축 한계변형률에서 축방향 철근의 항복 여부에 따른 축-휨강도곡선 형상

[4] 최소편심의 영향

철근콘크리트 부재는 도면에 표시된 것과 정확히 일치하도록 시공하는 것이 어려우며, 또 해석상의 소성중심에 축압축력이 가해지더라도 전체단면의 변형률이 완전히 동일한 상태가 되기 어렵다. 이것은 다음과 같은 여러 가지 요인으로 인하여 발생하게 된다.

- 거푸집을 제작하고 설치할 때 완벽한 수직이 되도록 시공하기 어려우며, 전체적으로 수직으로 설치되었더라도 국부적으로 변형이 생길 수 있어서 완벽한 직선이 되기 어렵다.
- 축방향 철근을 도면에 표시된 위치에 정확히 일치하도록 배치하기 어렵고, 콘크리트를 타설하는 동안 위치가 변할 수 있다.
- 콘크리트는 완벽한 균질성 재료(homogeneous material)가 아니므로 굵은골재의 분포에 따라 단면 내에서 국부적으로 탄성계수가 다를 수 있어서 한 단면에서 변형률이 다를 수 있기 때문에 편심하중이 작용하는 것과 같은 상태가 된다.

이와 같은 이유로 해석상의 소성중심이 실제의 소성중심과 다른 것이 일반적이므로, 축압축력의 작용점과 실제의 소성중심과의 차이가 나타난다. 이것을 시공오차로 인한 최소편심이라고 한다. KDS 14 20 콘크리트구조 설계기준[6.1]과 ACI 318 Code[6.2]는 다음으로 최소편심 e_{min}을 규정하고 있다.

$$e_{min} = 15+0.03\,h \qquad (6\cdot 8)$$

여기서 h는 단면의 각 주축에 대한 부재의 전체두께이며, e_{min}과 h는 모두 mm 단위이다. KDS 24 14 21 콘크리트교 설계기준(한계상태설계법)[6.3]과 Eurocode 2[6.4]는 다음으로 구한 값으로서 20 mm 이상의 값을 최소편심으로 규정하고 있다.

$$e_{min} = \frac{h}{30} \qquad (6\cdot 9)$$

그림 6-11(a)는 최소편심 e_{min} 에 의하여 부재가 저항할 수 있는 축압축강도를 감소시키는 결과가 나타남을 보여준다. 그림 6-11(b)와 그림 6-11(c)는 최소편심을 고려하여 강도성능을 검증하는 두 가지 방법을 나타낸다.

첫 번째 방법은 그림 6-11(b)와 같이 최소편심을 가지고 축압축력이 증가하여 축-휨강도곡선과 만나는 점을 찾고, 그에 해당하는 축압축력을 축압축강도로 설정하는 방법이다. 이때에는 그림 6-11(b)와 같이 축-휨강도곡선의 윗부분이 잘려나간 형태가 된다. 강도성능의 검증은 작용하는 계수축력 P_u를 수직축에 표시하는데, 이때의 좌표는 $(0, P_u)$가 되며 이 계수단면력이 수정된 축-휨강도 상관도의 내부에 존재함을 나타내는 형태로 검증한다. KDS 14 20 콘크리트구조 설계기준[6.1]과 ACI 318 Code[6.2]는 이와 같은 방법을 채택하였는데, 일일이 최소편심을 결정하고 축-휨강도곡선과 만나는 점을 찾는 과정이 번거로운 작업이기 때문에 다음과 같이 축압축강도의 γ배로 제한하는 방법을 채택하였다. γ의 값은 6.3.1절에 소개된 바와 같이 띠철근 부재에는 0.8, 나선철근 부재에는 0.85를 적용한다.

$$P_{n,\,max} = \gamma\,P_{oc} \qquad (6\cdot 10)$$

두 번째 방법은 KDS 24 14 21 콘크리트교 설계기준(한계상태설계법)[6.3]과 Eurocode 2[6.4]에서 채택한 방법으로, 계수축력 P_u가 작용할 때 최소편심으로 인하여 발생할 수 있는 휨모멘트를 다음과 같이 구하고, 이것을 최소휨모멘트 M_{min}으로 정의하여 강도검증을 수행하는 방법이다.

$$M_{min} = P_u e_{min} \tag{6·11}$$

즉, 구조해석상 휨모멘트가 작용하지 않는 경우라도 계수축력 P_u와 최소편심 e_{min}으로 인한 최소휨모멘트 M_{min}을 구하고, 그림 6-11(c)와 같이 계수단면력의 좌표(M_{min}, P_u)가 축-휨강도 상관도의 내부에 존재함을 나타내는 형태로 검증한다.

물론 이 두 가지 방식을 그림 6-11(b)와 그림 6-11(c)과 같은 공칭 축-휨강도 상관도에 적용하여 강도성능을 검증하지는 않고, 설계축-휨강도 상관도를 이용하여 강도성능 검증을 수행한다.

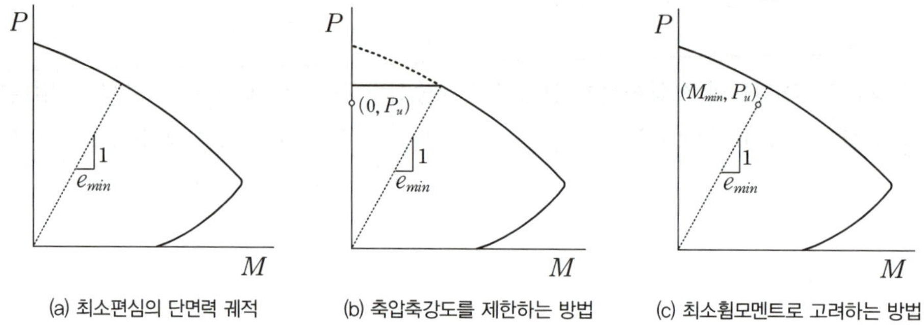

그림 6-11 최소편심을 고려하여 강도성능을 검증하는 방법

[5] 축압축력이 지배적인 단면의 축-휨강도 해석

6.2.1절과 그림 6-5(b)에 소개한 해석범주 I은 매우 작은 편심의 휨모멘트가 작용하여, 파괴거동에 있어서 휨모멘트보다는 축압축력이 지배적인 경우이다. 이때는 그림 6-4(d)와 같이 중립축이 단면 외부에 존재하여 단면 내에 압축응력만 작용하며 변형률 경사 영향을 다소 받는 상태이다. 해석범주 I에 해당하는 단면의 축-휨강도 해석에는 그림 6-4(d)와 같이 압축연단의 한계변형률이 ε_{co}와 ε_{cu} 사이의 값인 변형률분포와 응력분포를 적용한다. 즉, 6.1절에서 그림 6-4(d)에 대하여 설명한 바와 같이, 그림 6-4(d)의 점 C를 중심으로 변형 평면을 회전시켜서 압축응력이 가장 큰 연단의 한계변형률을 ε_{co}와 ε_{cu} 사이의 값으로 결정하고 반대쪽 연단의 변형률을 비례식으로 구하여 변형률분포를 결정한다. 이 변형률분포에 대하여 콘크리트의 압축응력분포를 설정하면 콘크리트 단면에 작용하는 압축력의 크기와 작용위치를 구할 수 있다. 또 각 철근 위치의 변형률을 확인하고 이에 해당하는 철근 응력을 결정한 후 철근 단면적을 곱하면 철근에 작용하는 압축력을 구할 수 있다. 이렇게 구한 콘크리트와 철근의 압축력을 대상으로, 압축력의 합을 축강도로 결정하고 소성중심을 중심으로 모멘트를 취하여 휨강도를 구한다.

그림 6-4(d)의 점 C를 중심으로 변형 평면을 회전시켜가면서 이와 같은 해석을 수행하면 수행한 해석의 수만큼 해석범주 I의 축-휨강도를 구하여 축-휨강도 상관도 작성에 이용할 수 있다. 그러나 다수의

해석결과로 구성한 해석범주 I의 축-휨강도 상관도 형상은 매우 완만한 곡선을 이룬다. 따라서 다수의 해석을 수행하는 대신 그림 6-5(b) 또는 그림 6-10에서 A와 B로 나타낸 두 점을 직선으로 연결하여도 부재의 축-휨강도를 안전측으로 검증하는데 크게 문제가 되지 않는다. 이것은 앞의 [4]항에서 소개한 바와 같이 시공오차로 인한 최소편심을 고려해야 하므로, 해석범주 I의 축-휨강도가 부재의 축-휨강도 검증에 직접 적용되지 않기 때문이다.

6.2.3 균형변형률 상태 직사각형 단면의 축-휨강도 해석

철근콘크리트 부재의 축-휨강도 상관도를 나타내는 그림 6-5(b)에서 C로 표시된 축-휨강도는 균형변형률 상태(balanced strain condition)의 강도를 나타낸다. 이때의 휨강도는 M_b, 축강도는 P_b, 편심은 균형편심 e_b로 표현한다. 이들 값은 다음과 같이 균형변형률분포에 대한 적합조건과 평형조건을 적용하여 수행한 해석으로 얻을 수 있다.

그림 6-12(a)와 같이 압축연단의 변형률이 ε_{cu}이고 인장연단에 가장 가까운 인장철근이 항복하여 변형률이 ε_y인 변형률분포에서, 압축연단과 인장철근 중심까지의 유효깊이가 d일 때 비례식에 따라 중립축의 깊이 c_b를 구하면 다음과 같다.

$$c_b = \frac{\varepsilon_{cu}}{\varepsilon_y + \varepsilon_{cu}} d \qquad (6 \cdot 12)$$

압축연단과 중립축 사이에 작용하는 압축응력분포는 포물선-직사각형 응력분포를 적용하는 것이 기본이지만, 압축응력을 받는 단면의 형상이 직사각형이 아닌 경우에는 계산이 복잡해지므로 등가직사각형 압축응력블록을 적용하는 것이 간편하다. 등가직사각형 응력블록의 깊이는 $\beta_1 c$이므로, 직사각형 단면의 폭이 b일 때 콘크리트에 작용하는 압축력은 다음과 같다.

$$C_c = \eta(0.85 f_{ck}) \beta_1 c_b b \qquad (6 \cdot 13)$$

압축응력을 받는 압축철근의 변형률 ε_s'을 비례식으로 구하면 다음과 같다.

$$\varepsilon_s' = \varepsilon_{cu} \frac{c_b - d'}{c_b} \qquad (6 \cdot 14)$$

압축철근 변형률 ε_s'을 항복변형률 ε_y와 비교하여 다음과 같이 압축철근의 압축 응력 f_s'을 결정한다.

$$\varepsilon_s' < \varepsilon_y \text{일 때,} \quad f_s' = E_s \varepsilon_s' \qquad (6 \cdot 15)$$

$$\varepsilon_s' \geq \varepsilon_y \text{일 때,} \quad f_s' = f_y \qquad (6 \cdot 16)$$

압축철근에 작용하는 압축력은 다음과 같다.

$$C_s = A_s' (f_y - 0.85 f_{ck}) \qquad (6 \cdot 17)$$

인장철근은 항복하는 상태이므로, 인장철근에 작용하는 인장력은 다음과 같다.

$$T = A_s f_y \tag{6·18}$$

부재의 축방향으로 저항하는 세 내력(internal force), 즉 콘크리트에 작용하는 압축력 C_c, 압축철근에 작용하는 압축력 C_s, 인장철근에 작용하는 인장력 T의 합력은 다음과 같이 균형변형률 상태의 축강도 P_b가 된다.

$$P_b = C_c + C_s - T \tag{6·19}$$

C_c, C_s, T와 소성중심 사이의 거리를 각각 z_{cc}, z_{cs}, z_{ts}라고 하면, 소성중심을 중심으로 저항하는 휨모멘트는 세 내력이 모두 시계방향으로 저항하므로 다음과 같이 균형변형률 상태의 휨강도 M_b가 된다.

$$M_b = \sum Fz = C_c z_{cc} + C_s z_{cs} + T z_{ts} \tag{6·20}$$

이때의 편심은 균형편심 e_b로 다음과 같이 계산한다.

$$e_b = \frac{M_b}{P_b} \tag{6·21}$$

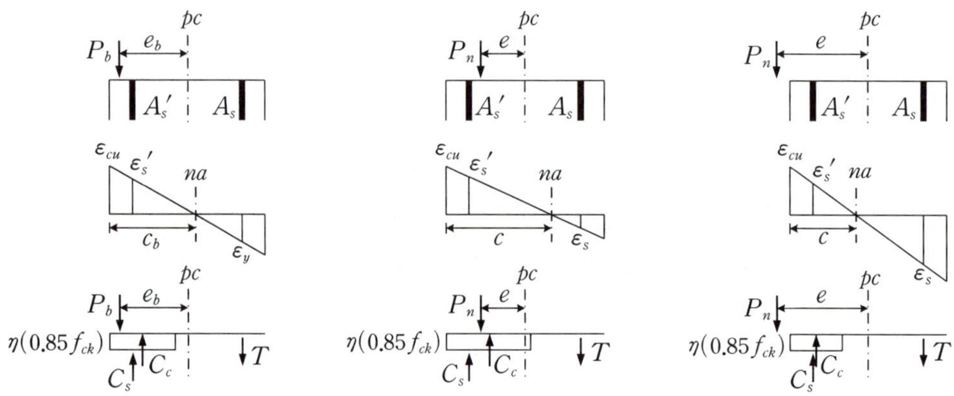

(a) 균형변형률 상태의 강도해석 (b) 압축지배영역의 강도해석 (c) 인장지배영역의 강도해석

그림 6-12 변형률 분포와 응력 및 내력 분포

6.2.4 압축지배와 인장지배 직사각형 단면의 축-휨강도 해석

철근콘크리트 부재의 축-휨강도 상관도를 나타내는 그림 6-5(b)에서 해석범주 II와 III으로 표시된 압축지배영역의 단면과 인장지배영역의 단면은 적합조건과 평형조건을 적용한 해석으로 공칭휨강도 M_n과 공칭축강도 P_n을 구한다. 압축지배단면과 인장지배단면의 구분은 계수단면력 M_u와 P_u에 따른 편심 e를 균형편심 e_b와 비교하여 결정한다. 편심 e는 앞의 식 (6·1)로 구한다.

$$e = \frac{M_u}{P_u} \tag{6·1}$$

편심 e를 이용하는 것은 휨모멘트와 축압축력이 식 (6·1)의 편심을 갖고 계속 증가할 때 단면이 파괴되는 공칭휨강도 M_n과 공칭축강도 P_n을 구하기 위한 것이다. 편심 e가 균형편심 e_b보다 작으면 그림 6-12(b)와 같은 상태의 압축지배단면으로, e가 e_b보다 크면 그림 6-12(c)와 같은 상태의 인장지배단면으로 구분한다. 그림 6-12(b)와 같이 압축지배단면에서는 중립축 c가 균형변형률 상태의 중립축 c_b보다 크고 인장철근의 변형률 ε_s가 항복변형률 ε_y보다 작다. 인장지배단면은 그림 6-12(c)와 같이 c가 c_b보다 작고 ε_s가 ε_y보다 크다.

축-휨강도 해석은 아직 알지 못하는 중립축의 깊이 c를 변수로 하고 철근의 항복 여부를 반영하여 콘크리트에 작용하는 압축력 C_c, 압축철근에 작용하는 압축력 C_s, 인장철근에 작용하는 인장력 T를 표현하고, 이 내력들로 모멘트를 취한 평형방정식의 해로 중립축의 깊이 c를 구한 후 C_c, C_s, T의 값을 결정하여 공칭휨강도 M_n과 공칭축강도 P_n을 구하는 과정으로 이루어진다.

콘크리트 등가직사각형 응력블록의 깊이는 $\beta_1 c$이므로, 직사각형 단면의 폭이 b일 때 콘크리트에 작용하는 압축력은 다음과 같으며, 오른쪽 항의 η, f_{ck}, β_1은 재료특성의 상수이고 b는 단면 크기의 상수이므로 c만 변수이다.

$$C_c = \eta(0.85 f_{ck})\,\beta_1\, cb \tag{6·22}$$

압축철근에 작용하는 압축력은 다음과 같이 앞의 식 (6·17)과 동일하다.

$$C_s = A_s'\,(f_s' - 0.85 f_{ck}) \tag{6·17}$$

이때 압축철근의 압축응력 f_s'은 항복여부에 따라 앞의 식 (6·15)와 식 (6·16)과 동일하게 선택적으로 적용한다.

$$\varepsilon_s' < \varepsilon_y \text{일 때,}\ \ f_s' = E_s\,\varepsilon_s' \tag{6·15}$$

$$\varepsilon_s' \geq \varepsilon_y \text{일 때,}\ \ f_s' = f_y \tag{6·16}$$

일반적인 과정으로는, 먼저 압축철근이 항복한다고 가정하여 식 (6·16)과 같이 f_s'를 f_y로 하여 식 (6·17)의 C_s를 다음과 같이 설정한다.

$$C_s = A_s'\,(f_y - 0.85 f_{ck}) \tag{6·23}$$

그 후 C_c, C_s, T의 내력들로 모멘트를 취한 평형방정식의 해로 중립축의 깊이 c를 구한 후 압축철근의 변형률 ε_s'을 구하여 ε_y와 비교함으로써 압축철근이 항복한다는 가정을 확인한다. 이때 압축철근의 변형률 ε_s'은 변형률분포에 대한 비례식으로 다음과 같이 구한다.

$$\varepsilon_s' = \varepsilon_{cu}\,\frac{c - d'}{c} \tag{6·24}$$

만일 압축철근이 항복한다는 가정으로 계산한 c로 ε_s'를 구한 결과가 압축철근이 항복하지 않는다고 나타난다면, 압축철근이 항복한다는 가정이 잘못된 것이므로 식 (6·15)와 식 (6·24)을 적용하여 식 (6·17)의 C_s를 다음과 같이 설정한다.

$$C_s = A_s'(E_s\,\varepsilon_s' - 0.85 f_{ck}) = A_s'\left(E_s\,\varepsilon_{cu}\frac{c-d'}{c} - 0.85 f_{ck}\right) \tag{6·25}$$

이와 같이 설정한 C_s와 함께 C_c와 T의 내력들로 모멘트를 취한 평형방정식의 해로 중립축 깊이 c를 구한 후 압축철근 변형률 ε_s'을 구하여 ε_y와 비교함으로써 압축철근이 항복하지 않는다는 것을 확인한다.

인장철근에 작용하는 인장력은 압축지배단면과 인장지배단면을 구분하여 각기 달리 적용한다. 즉, 압축지배단면은 인장철근이 항복하지 않는 상태이므로, 변형률분포에 대한 비례식으로 인장철근의 변형률 ε_s를 다음과 같이 구한다.

$$\varepsilon_s = \varepsilon_{cu}\frac{d-c}{c} \tag{6·26}$$

이를 이용하여 인장철근에 작용하는 인장력을 다음과 같이 설정한다.

$$T = A_s f_s = A_s E_s\,\varepsilon_s = A_s E_s\,\varepsilon_{cu}\frac{d-c}{c} \tag{6·27}$$

인장지배단면은 인장철근이 항복하는 상태이므로, 인장철근의 인장력을 다음과 같이 설정한다.

$$T = A_s f_y \tag{6·28}$$

이제 그림 6-12의 (b)와 (c)에서 소성중심과 C_c, C_s, T 사이의 거리를 각각의 팔길이로 하여 세 내력이 이루는 모멘트와 e를 팔길이로 하여 P_n가 이루는 모멘트가 같다는 평형방정식을 세울 수 있다. 그러나 이렇게 모멘트를 취한 평형방정식은 미지수가 c와 P_n으로 2개가 존재하기 때문에 해를 구할 수 없다. 따라서 평형방정식의 해를 구하기 위하여 하나의 식에 하나의 미지수가 존재하도록 P_n을 중심으로 모멘트를 취한다. 즉, P_n과 C_c, C_s, T 사이의 거리를 각각 z_{cce}, z_{cse}, z_{tse}라고 하면, 그림 6-12(b)의 경우, T와 C_s는 시계방향으로, C_c는 반시계방향으로 저항하므로 다음과 같이 평형방정식을 구성할 수 있다.

$$T\,z_{tse} + C_s\,z_{cse} - C_c\,z_{cce} = 0 \tag{6·29}$$

그림 6-12(c)의 경우, T는 시계방향으로, C_s와 C_c는 반시계방향으로 저항하므로 다음과 같이 평형방정식을 구성할 수 있다.

$$T\,z_{tse} - C_s\,z_{cse} - C_c\,z_{cce} = 0 \tag{6·30}$$

이제 평형방정식의 해를 구하는데, 모든 축방향 철근이 항복하는 경우에는 평형방정식이 c에 대한 2차식이 되며 항복하지 않는 축방향 철근이 존재하는 경우에는 평형방정식이 c에 대한 3차식이 된다. 따라서 인장철근이 항복하지 않는 압축지배단면에서는 식 (6·29)가 압축철근의 항복 여부와 관계없이 항상 3차식이 된다. 인장철근이 항복하는 인장지배단면에서는 압축철근도 항복할 때는 식 (6·30)이 2차식이 되며, 압축철근이 항복하지 않을 때는 3차식이 된다.

한편 그림 6-12(b)에서 C_c가 P_n의 오른쪽에 위치하도록 그림을 그렸으나, 이는 아직 중립축의 깊이

c의 값을 모르므로 C_c의 위치를 알 수 없어서 임의로 위치를 잡은 것이다. 따라서 실제의 C_c 위치는 P_n의 왼쪽에 존재할 수도 있다. 그러나 만일 실제 C_c의 위치가 P_n의 왼쪽에 존재하는데 해석을 시작할 때 C_c가 P_n의 오른쪽에 위치한다고 가정하여 그림을 그린 후, 그에 따라 모멘트의 방향을 적용했다면 해석 결과에는 오류가 발생하지 않는다. 왜냐하면 이러한 가정의 그림과 평형방정식으로 얻은 c의 값을 적용하면 C_c와 P_n사이의 팔길이 z_{cce}의 함수 값은 음(−)으로 나타나서, C_c의 위치가 P_n의 반대쪽에 존재하는 것과 동일한 결과를 주기 때문이다.

평형방정식의 해로 c의 값을 구한 후에는 c를 변수로 한 C_c, C_s, T의 수식에 c의 값을 대입하여 값을 구하고, 다음과 같이 내력의 합력으로 공칭축강도 P_n을 구한다.

$$P_n = C_c + C_s - T \tag{6·31}$$

또, 소성중심을 중심으로 하여 C_c, C_s, T의 세 내력이 모두 시계방향으로 저항하므로, 소성중심과 C_c, C_s, T 사이의 거리를 각각 z_{cc}, z_{cs}, z_{ts}라고 하면 다음과 같이 공칭휨강도 M_n을 구할 수 있다.

$$M_b = \sum Fz = C_c z_{cc} + C_s z_{cs} + T z_{ts} \tag{6·32}$$

또한 이렇게 구한 공칭휨강도 M_n의 값은 다음으로 구한 값과 같아야 한다.

$$M_n = P_n e \tag{6·33}$$

6.2.5 축인장강도와 축인장력이 지배적인 단면의 축-휨강도 해석

축인장력만 작용하는 구조 부재를 철근콘크리트로 설계하는 경우는 거의 없다고 봐도 좋다. 그러나 6.1.1절과 그림 6-1에 소개한 말뚝의 경우와 같이, 압축력에 저항하도록 설계한 철근콘크리트 부재가 상부구조물에 작용하는 하중의 모멘트 작용으로 인하여 축인장력을 받는 경우가 있을 수 있다. 이때에는 계수축인장력에 대한 파괴 안전성을 확보하기 위하여 축인장강도의 검증을 수행하여야 한다.

6.1.2절의 그림 6-4(b)에 나타낸 바와 같이, 축인장력을 받는 콘크리트 부재의 변형률한계상태는 균열단면에서 단면 전체가 5장 5.3.1절에 소개한 철근의 설계 극한한계변형률 ε_{ud}에 도달할 때이다. 이것은 축인장력이 작용하는 경우 콘크리트 부재에 균열이 발생하여 철근만으로 인장력에 저항하기 때문이다. 그러나 철근은 항복강도를 재료 특성값으로 하고 있으므로, 한계변형률을 고려할 필요 없이 다음과 같이 축인장강도 P_{ot}를 계산할 수 있다.

$$P_{ot} = f_y A_{st} \tag{6·34}$$

축인장력과 함께 매우 작은 편심의 휨모멘트가 작용할 때는 6.2.1절과 그림 6-5(b)에 소개한 해석범주 IV에 해당한다. 이때에는 휨모멘트보다는 축인장력이 지배적이며, 축인장력의 크기에 따라 중립축이 단면의 내부 또는 외부에 존재한다. 즉, 축인장력이 상대적으로 작을 때에는 중립축이 단면의 내부에 존재하여 단면에 압축응력과 인장응력이 작용한다. 축인장력이 상대적으로 클 때에는 중립축이 단면의 외부에 존재하여 단면 전체에 인장응력이 작용한다.

이때의 축-휨강도 해석도 재료의 응력-변형률 곡선과 적합조건 및 평형조건을 적용하여 수행하는데, 선택한 변형률분포의 수만큼 해석범주 IV의 축-휨강도를 구하여 축-휨강도 상관도 작성에 이용할 수 있다. 그러나 다수의 해석결과로 구성한 해석범주 IV의 축-휨강도 상관도 형상은 매우 완만한 곡선을 이룬다. 따라서 다수의 해석을 수행하는 대신 그림 6-5(b)에서 D와 E로 나타낸 두 점을 직선으로 연결하여도 부재의 축-휨강도를 안전측으로 검증하는데 크게 문제가 되지 않은 경우가 많다.

6.2.6 원형 단면과 비정형 단면의 축-휨강도 해석

어떤 형상의 단면이라도 축-휨강도 해석은 재료의 응력-변형률 곡선과 적합조건 및 평형조건을 적용하여 수행한다. 다만 직사각형 단면이 아닌 경우에는 단면의 형상과 축방향 철근의 배치 형태가 단순하지 않아서 계산이 복잡해질 수 있다. 그러나 단면의 형상과 축방향 철근의 배치 형태를 적절하게 반영하기만 하면 직사각형 단면의 경우와 마찬가지로 크게 어렵지 않게 축-휨강도를 구할 수 있다.

그림 6-13(a)와 같은 원형 단면에 외력 P_{ext}와 편심 e에 대하여 수행하는 축-휨강도 해석은, 그림 6-13(b)와 같이 콘크리트에 작용하는 내력 C_c와 각 축방향 철근 열에 작용하는 다섯 개의 내력 F_{si}의 합을 P_n으로 하고 내력들이 소성중심을 중심으로 회전하는 모멘트를 M_n으로 할 때 M_n을 P_n으로 나눈 편심이 e와 같을 변형률 분포를 구하는 것이 주요 과정이다. 즉, 그림 6-13(c)와 같이 콘크리트 압축연단의 변형률이 극한변형률 ε_{cu}이고 중립축의 깊이가 c라면, 압축을 받는 콘크리트의 변형률 분포와 각 철근 열의 변형률 ε_{si}이 결정된다. 이때 콘크리트 압축연단과 중립축 사이에 작용하는 압축응력을 합하면 콘크리트에 작용하는 압축력 C_c가 된다. 콘크리트 압축응력분포는 기본적으로 그림 6-13(b)에 점선으로 나타낸 포물선과 직선으로 이루어지지만, 압축응력이 작용하는 단면의 폭이 일정하지 않는 원형단면에는 포물선-사각형 응력분포를 적용하여 계산하는 것이 매우 복잡하다. 이런 경우에는 그림 6-13(b)에 실선으로 나타낸 등가직사각형 응력블록을 적용하는 것이 간편하다. 등가직사각형 응력블록을 적용하면 그림 6-13(d)에 빗금 친 부분인 $\beta_1 c$의 깊이까지 일정한 크기의 압축응력이 작용하는 상태를 해석에 이용하면 된다. 즉, 빗금 친 부분의 단면적 A_{ac}에 $0.85 f_{ck}$의 응력을 곱하여 콘크리트에 작용하는 압축력 C_c를 구한다. 그림 6-13(d)의 빗금 친 부분으로 호(arc)와 현(chord)이 이루는 호-현 단면적

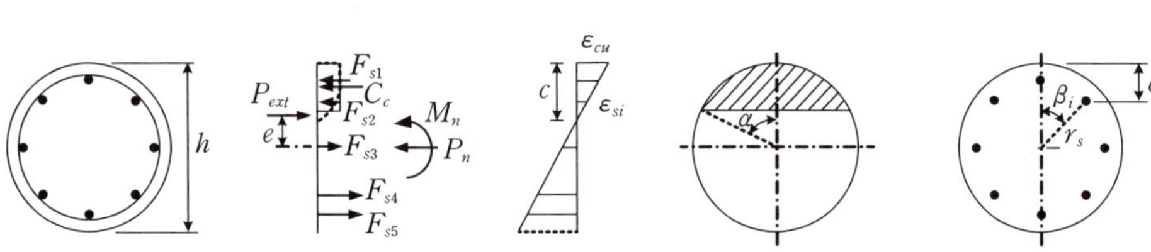

(a) 원형 단면 (b) 내력 및 합력 (c) 변형률분포 (d) 호-현 단면적 (e) 축방향 철근 위치

그림 6-13 원형 단면의 단면 분할과 변형률, 응력, 내력 분포

A_{ac}, 단면1차모멘트 Q_{ac}, 단면2차모멘트 I_{ac}는 각각 다음으로 계산하여 축-휨강도 해석에 이용한다.

$$A_{ac} = h^2 \left(\frac{\alpha - \sin\alpha \cos\alpha}{4} \right) \tag{6·35}$$

$$Q_{ac} = h^3 \left(\frac{\sin^3\alpha}{12} \right) \tag{6·36}$$

$$I_{ac} = h^4 \left(\frac{4\alpha - \sin 4\alpha}{256} \right) \tag{6·37}$$

그림 6-13(e)는 압축연단과 축방향 철근 중심 사이의 거리 d_{si}를 나타낸다. 단면의 중심과 축방향 철근의 중심까지의 거리를 r_s라고 한다면, i번째 철근 열의 유효깊이 d_{si}를 다음으로 계산할 수 있다.

$$d_{si} = \frac{h}{2} - r_s \cos\beta_i \tag{6·38}$$

각 축방향 철근 열은 d_{si} 위치에서의 변형률 ε_{si}의 방향과 크기에 따라 압축 또는 인장으로 탄성응력 또는 항복응력의 값을 가지므로, 이를 적용하여 각 축방향 철근 열에 작용하는 다섯 개의 내력 F_{si}의 값이 결정된다. 이렇게 결정한 F_{si}와 C_c의 합력을 P_n으로 하고 내력들이 이루는 모멘트를 M_n으로 하여, M_n을 P_n으로 나눈 편심이 외력에 의한 편심 e와 같도록 중립축의 깊이 c를 구하면 된다.

단면이 사각형이나 원형이 아닌 형상을 가진 비정형 단면의 축-휨강도를 해석에는 그림 6-14와 같이 단면을 층으로 분할하는 해법(layered method)을 적용할 수 있다. 물론 사각형 단면과 원형 단면도 층 분할 해법을 적용할 수 있다. 이에 대한 자세한 내용은 4장 4.5.6절에 소개되어 있다.

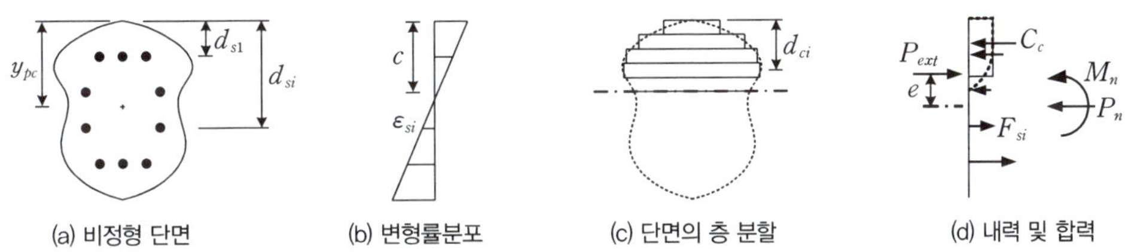

그림 6-14 비정형 단면의 단면 분할과 변형률, 응력, 내력 분포

6.2.7 축력과 2축 휨이 작용하는 부재의 축-휨강도 해석

앞에서 설명한 축-휨강도 해석은 직사각형 단면의 주축(principal axis)으로 휨모멘트가 작용할 때를 대상으로 하였다. 그러나 실제 구조물에는 두 개의 주축으로 동시에 휨모멘트가 작용하는 부재들이 있다. 건물 등 3차원 골조(frame)의 모퉁이에 배치된 기둥이나 교량구조의 교각이 그 예이다. 건물의 모퉁이에 배치된 기둥(corner column)에는 서로 직각으로 배치되어 연결된 두 개의 보를 통하여 휨모멘트가 전달되므로 단면의 x축과 y축으로 각각 휨모멘트가 작용하게 된다. 교각에는 교축방향의 상부구조를 통하여 전달되는 반력 또는 단면력이 작용하는 상태에서 교축직각방향으로 풍하중이나 지진하중이

작용하면 교각 단면의 x축과 y축으로 각각 휨모멘트가 작용하게 된다. 또한 지진이 교축방향이나 교축직각방향이 아닌 임의의 방향으로 작용할 수 있으므로, 축력과 2축 휨이 작용하는 상태를 대상으로 교각의 내진설계가 수행되어야 한다. 여기서 교축방향은 교량의 상부구조가 진행하는 축의 방향을 말한다. 이 절에서는 축력과 2축 휨이 작용하는 부재의 축-휨강도 해석의 정해와 근사해법을 소개한다.

[1] 축력과 2축 휨이 작용하는 부재의 축-휨강도 해석의 정해

그림 6-15(a)와 같이 x축으로부터 편심 e_y만큼 떨어진 위치의 y축 위에 축력이 작용하는 경우에는 x축에 평행한 중립축을 기준으로 단면의 위쪽 짙은 색으로 표시한 부분에 압축응력이 작용하고 아래쪽 부분에 인장응력이 작용하는 상태이다. 이에 대한 축-휨강도 상관도는 그림 6-15(d)의 왼쪽 부분에 (a)로 표시된 곡선, 즉 휨모멘트를 나타내는 수평축이 M_{nx}이고 축력을 나타내는 수직축이 P_n인 평면에 나타낸 곡선이다. 그림 6-15(b)와 같이 y축으로부터 편심 e_x만큼 떨어진 위치의 x축 위에 축력이 작용하는 경우에는, y축에 평행한 중립축을 기준으로 단면의 왼쪽 짙은 색으로 표시한 부분에 압축응력이 작용하고 오른쪽 부분에 인장응력이 작용하는 상태이다. 이에 대한 축-휨강도 상관도는 그림 6-15(d)의 오른쪽 부분에 (b)로 표시된 곡선, 즉 휨모멘트를 나타내는 수평축이 M_{ny}이고 축력을 나타내는 수직축이 P_n인 평면에 나타낸 곡선이다. 여기서 M_{nx} 축과 M_{ny} 축 사이의 각도는 90°이다.

그림 6-15(c)는 축력과 2축 휨이 작용하는 상태를 나타낸다. 계수축력 P_u와 함께 y축을 중심으로 회전하는 계수휨모멘트 M_{ux}와 x축을 중심으로 회전하는 계수휨모멘트 M_{uy}가 동시에 작용하면, 각각의 편심을 다음과 같이 나타낼 수 있다.

$$e_y = \frac{M_{ux}}{P_u} \tag{6·39}$$

$$e_x = \frac{M_{uy}}{P_u} \tag{6·40}$$

이 경우에는 그림 6-15(c)와 같이 짙은 색으로 표시한 삼각형 부분에 압축응력이 작용하고 나머지 부분에 인장응력이 작용하는 상태가 된다. 이때의 축력 작용점과 y축 사이의 각도 θ와 편심 e_θ는 다음과 같다.

$$\theta = \tan^{-1}\left(\frac{M_{ux}}{M_{ux}}\right) = \tan^{-1}\left(\frac{e_x}{e_y}\right) \tag{6·41}$$

$$e_\theta = \sqrt{e_x + e_y} \tag{6·42}$$

그림 6-15(c)와 같이 축력과 2축 휨이 작용하는 단면의 축-휨강도 해석도 역시 재료의 응력-변형률 곡선과 적합조건 및 평형조건을 적용하여 수행한다. 다만 이 경우의 중립축은 e_θ를 거리로 하는 소성중심과 축력 작용점을 연결한 직선과 직각을 이루지는 않는다. 즉, 그림 6-15(c)에 나타난 바와 같이 축력 작용점과 y축 사이의 각도는 θ이지만, 중립축과 x축 사이의 각도는 θ와 같은 값이 아닌 ω인 것이다. 이와 같이 θ의 방향으로 휨모멘트가 작용할 때의 축-휨강도 해석을 통하여 얻은 축-휨강도 상관도는 그림 6-15(d)의 θ평면에 (c)로 표시된 곡선, 즉 휨모멘트를 나타내는 수평축이 $M_{n\theta}$이고 축력을 나타

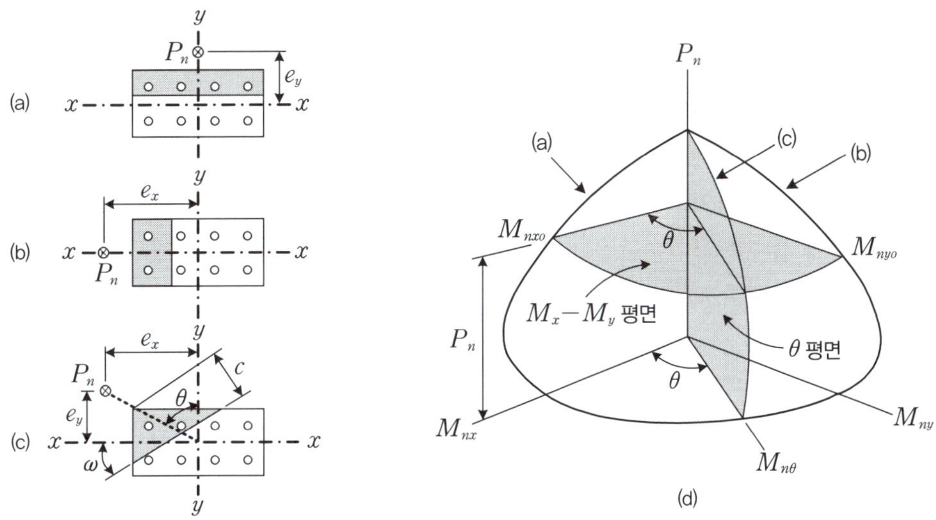

그림 6-15 축압축력과 2축 휨이 작용하는 부재의 축-휨강도 곡선

내는 수직축이 P_n인 평면에 나타낸 곡선이다.

[2] 축력과 2축 휨이 작용하는 부재의 축-휨강도 해석의 근사해법

정해를 구하기 위한 축-휨강도 해석을 수행하는 과정은 매우 복잡해서 컴퓨터 프로그램을 이용하지 않은 수계산(手計算, hand calculation)으로는 너무 오랜 시간이 소요되며 과정도 매우 어렵다. 이것은 앞의 [1]항에서 설명한 바와 같이, 중립축과 x축 사이의 각도 ω가 이미 알고 있는 축력 작용점과 y축 사이의 각도 θ와 다른 값이기 때문이다. 즉, 평형조건과 적합조건을 만족시키는 중립축의 깊이 c의 값과 각도 ω의 값을 구하는 것이 쉽지 않은 것이다. 따라서 컴퓨터 프로그램이 일반적이지 않던 시절에는 축력과 2축 휨이 작용하는 부재의 축-휨강도 해석의 근사해법이 필요했었다. 이러한 용도의 근사해법으로는 등하중법과 역하중법, 두 가지를 들 수 있다.

등하중법(load contour method)은 등축력선법(axial load contour method)이라고도 하며, 주어진 축력 상태에서 두 축의 휨강도를 이용한 관계식을 적용하는 방법으로 Bresler[6.10]가 제안한 방법이 가장 많이 알려져 있다. 이 방법은 그림 6-15(d)에 $M_x - M_y$ 평면으로 표시한 부채꼴 형상의 곡선 부분을 수식으로 나타내는 방법이다. 즉, 축압축력 P_n이 작용하는 상태에서 단면의 x축과 y축에 대한 휨강도 해석으로 각각 M_{nxo}와 M_{nyo}의 휨강도를 구한 후 다음의 관계식으로 2축 휨강도를 나타낸다.

$$\left(\frac{M_{nx}}{M_{nxo}}\right)^a + \left(\frac{M_{ny}}{M_{nyo}}\right)^a = 1 \tag{6·43}$$

만일 단면의 x축으로만 휨모멘트가 작용한다면 M_{ny}가 0인 경우이므로, 이 관계식에 따라 휨강도 M_{nx}는 M_{nxo}와 같게 된다. 또한 y축으로만 휨모멘트가 작용한다면 M_{nx}가 0인 경우이므로, 이 관계식에 따라 휨강도 M_{ny}는 M_{nyo}와 같게 된다. 이 두 가지 경우는 1축 휨이 작용할 때와 같은 것이고, 2축 휨이 작용할 때는 이 관계식에 따라 M_{nx}와 M_{ny}의 값을 결정할 수 있다.

α는 단면의 형상, 철근의 배치 형태와 철근량, 콘크리트와 철근의 응력-변형률 특성, 피복두께 등에 따른 지수로, α가 1이면 그림 6-15(d)의 M_x-M_y 평면에서 M_{nxo}와 M_{nyo}를 직선으로 연결한 것이고 α가 2이면 M_{nxo}와 M_{nyo}를 원의 형태로 연결한 것이 된다. Bresler[6.10]는 α 값이 1.15~1.55 범위의 값을 보인다고 보고하였다. 일반적 실무에서는 직사각형 단면의 경우 1.5의 값을 적용하고 정사각형 단면의 경우 1.5와 2.0 사이의 값을 적용하여도 큰 무리는 없을 것이다. 참고로 KDS 24 14 21 콘크리트교 설계기준(한계상태설계법)[6.3]에서는 축력의 수준을 나타내는 축력비에 따라 다른 α값을 제시하고 있다. 이와 같은 Bresler의 등하중법 외에도 M_{nxo}와 M_{nyo}의 비율을 β로 정의하고 β를 변수로 한 log 함수를 α에 적용하는 등하중법도 제안되었다. 이 방법은 Parme 등[6.11]이 제안한 방법으로 Parme의 등하중법 또는 PCA 등하중법이라고 한다.

역하중법(reciprocal load method)은 P_n, M_{nx}, M_{ny} 상관도를 $1/P_n$, e_x, e_y 상관도로 변환하여 파괴면(failure surface)을 축강도의 역수로 표현한 다음의 관계식[6.10]을 이용하는 방법이다.

$$\frac{1}{P_n} = \frac{1}{P_{nxo}} + \frac{1}{P_{nyo}} - \frac{1}{P_o} \tag{6 · 44}$$

여기서, P_n은 편심 e_x와 e_y로 2축 휨이 작용할 때의 축압축강도, P_{nxo}는 e_x가 0으로 e_y의 1축 휨이 작용할 때의 축강도, P_{nyo}는 e_y가 0으로 e_x의 1축 휨이 작용할 때의 축강도, P_o는 e_x와 e_y가 모두 0일 때의 축압축강도이다.

이와 같은 등하중법과 역하중법은 컴퓨터 프로그램이 일반적이지 않던 시절에 주로 적용되었던 방법이다. 그러나 컴퓨터 프로그램이 일반적으로 많이 사용되면서, 근사해법인 등하중법이나 역하중법은 초기단계의 설계과정에 시도하고 최종 설계단면의 강도검증에는 정해를 구하는 해석법을 적용하는 것이 일반적인 과정이 되었다.

6.2.8 축-휨강도 상관도 작성 방법과 강도검증

철근콘크리트 단면의 축-휨강도를 그림으로 나타내는 축-휨강도 상관도는 그림 6-15(d)에 (a), (b), (c)로 표시된 곡선, 즉 수평축은 휨모멘트를 나타내고 수직축은 축력을 나타내는 P-M 상관도 형태가 있다. P-M 상관도는 휨모멘트가 단면의 주축(principal axis)으로 작용할 때뿐만 아니라 2축 휨이 작용할 때에도 θ평면으로 나타낼 수 있다.

축-휨강도의 강도검증은 설계축-휨강도를 나타내는 설계축-휨강도 상관도를 작성하고, 구조해석을 통하여 부재에 작용하는 계수휨모멘트 M_u와 계수축력 P_u를 구한 후 설계축-휨강도 상관도에 M_u와 P_u의 좌표를 표시하여 설계축-휨강도 상관도 이내에 M_u와 P_u 좌표가 존재함을 보이는 과정으로 이루어진다. 설계축-휨강도 상관도는 KDS 14 20 콘크리트구조 설계기준[6.1]과 같이 강도감소계수를 적용하여 설계강도를 결정하는 경우에는 $\phi P_n-\phi M_n$ 상관도라고 표기하며, KDS 24 14 21 콘크리트교 설계기준(한계상태설계법)[6.3]과 같이 재료계수를 적용하여 설계강도를 결정하는 경우에는 P_r-M_r 상관도 또는 P_d-M_d 상관도라고 표기한다.

P-M 상관도를 작성하기 위한 축-휨강도 해석은 그림 6-16의 (a), (b), (c)로 나타낸 세 가지 방식이 있다. 그림 6-16(a)는 편심을 증분으로 하여 해석을 수행하고 축-휨강도 상관도를 작성하는 방식으로, 다음과 같은 과정에 따른다. 먼저 편심을 0으로 하여 6.2.2절에 소개한 방법에 따라 축압축강도 P_o를 계산하고, 수직축에 P_o 값을 표시한다. 두 번째 과정으로는 6.2.3절에 따라 균형변형률 상태의 축-휨강도 해석을 수행하여 균형편심 e_b와 휨강도 M_b 및 축강도 P_b를 구하고, 좌표 (M_b, P_b)를 그림 위에 표시한다. 이제 0과 e_b 사이에 몇 개의 편심에 대하여 해석을 수행할지 결정한다. 예를 들어 그림 6-16(a)는 0과 e_b 사이에 3개의 편심을 선택한 예이다. 이제 편심 e_i, e_{i+1}, e_{i+2} 각각에 대하여 해석범주를 판단한 후 해석범주 I이라면 6.2.2절, 해석범주 II라면 6.2.4절에 소개한 방법에 따라 축-휨강도 해석을 수행하여 각 편심에 대한 휨강도와 축강도를 구한다. 이렇게 구한 세 개의 좌표(M_{ni}, P_{ni}), (M_{ni+1}, P_{ni+1}), (M_{ni+2}, P_{ni+2})를 그림 위에 표시한 후, 그림 6-16(a)의 점선과 같이 5개의 점을 연결한다. 편심 e_i, e_{i+1}, e_{i+2}의 값은 일정한 값이 증가하도록 같은 값의 증분을 갖게 할 수도 있고 증분의 값을 점점 작게 할 수도 있다. 같은 값의 증분을 갖게 하면 균형편심 e_b에서의 균형파괴점(M_b, P_b)에 가까울수록 촘촘한 좌표 값을 얻게 되므로, 등간격에 가까운 좌표 값을 얻으려면 편심의 증분 값을 점점 작게 하여야 한다. 이제 해석범주 III의 P-M 상관도를 작성하기 위하여 균형편심 e_b보다 큰 값으로 몇 개의 편심에 대하여 해석을 수행할지 결정한다. 예를 들어 그림 6-16(a)는 e_b보다 큰 한 개의 편심을 선택하여 e_{i+3}로 표현한 예이지만, 정확한 P-M 상관도를 작성하기 위해서는 많은 수의 편심 값을 선택하여야 한다. 선택한 편심 e_{i+3}에 대하여 6.2.4절에 소개한 방법에 따라 축-휨강도 해석을 수행하여 휨강도와 축강도를 구하고, 좌표(M_{ni+3}, P_{ni+3})를 그림 위에 표시한다. 또 보의 휨강도 해석법으로 축력이 0인 상태의 휨강도 M_o를 구하여 수평의 M축에 표시한다. 이렇게 구한 M축의 M_o와 좌표(M_{ni+3}, P_{ni+3}) 및 (M_b, P_b)를 연결하여 그림 6-16(a)에 점선으로 나타낸 P-M 상관도를 완성한다. 강도해석에서 선택한 편심의 수가 많을수록 그림 6-16(a)에 실선으로 나타낸 정해에 가까운 P-M 상관도를 얻을 수 있다.

그림 6-16(b)는 축력을 증분으로 하여 해석을 수행하고 축-휨강도 상관도를 작성하는 방식으로, 다음과 같은 과정에 따른다. 먼저 보의 휨강도 해석법으로 축력이 0인 상태의 휨강도 M_o를 구하여 수평의 M축에 표시한다. 두 번째 과정으로는 축압축강도 P_o를 계산하고, 수직의 P축에 P_o 값을 표시한다. 세 번째 과정으로는 균형변형률 상태의 축-휨강도 해석을 수행하여 좌표 (M_b, P_b)를 그림 위에 표시한다. 이제 0과 P_o 사이에 몇 개의 축력에 대하여 해석을 수행할지 결정한다. 예를 들어 그림 6-16(b)는 5개의 축력을 선택한 예인데, P_{i+1}가 우연히 P_b와 같은 값을 갖게 된 것이다. 이제 축력 P_i부터 P_{i+4}까지 각각에 대하여 해석범주를 판단한 후 해석범주 I이면 6.2.2절, 해석범주 II 또는 III이면 6.2.4절에 소개한 방법을 응용하여 축-휨강도 해석을 수행함으로써 각 축력에 대한 휨강도를 구한다. 축력 0에서 P_o까지 균형변형률 상태의 좌표 (M_b, P_b)를 포함하여 각 축력에 대한 강도 좌표를 그림 위에 표시한 후 연결하면 그림 6-16(c)에 점선으로 나타낸 P-M 상관도가 완성된다. 이와 같은 강도해석에서 선택한 축력의 수가 많을수록 그림 6-16(c)에 실선으로 나타낸 정해에 가까운 P-M 상관도를 얻을 수 있다.

그림 6-16(c)는 중립축을 증분으로 하여 해석을 수행하고 축-휨강도 상관도를 작성하는 방식으로, 다음과 같은 과정에 따른다. 먼저 보의 휨강도 해석법으로 축력이 0인 상태의 중립축 깊이 c_o와 휨강도

M_o를 구하여 휨강도를 수평의 M축에 표시한다. 두 번째 과정으로는 축압축강도 P_o를 계산하고 수직의 P축에 P_o 값을 표시한다. 세 번째 과정으로는 균형변형률 상태의 축–휨강도 해석을 수행하여 중립축의 깊이 c_b와 휨강도 M_b 및 축강도 P_b를 구하고, 좌표 (M_b, P_b)를 그림 위에 표시한다. 이제 앞에서 구한 세 점 외에 몇 개의 P–M 상관도 좌표를 구할지 결정한다. 이때의 중립축 값은 c_o보다 큰 값으로 택한다. 그림 6–16(c)는 단면 내부에 존재하는 3개의 중립축과 중립축 깊이가 단면의 전체깊이와 동일한 c_{i+3}을 선택한 예이다. 이제 중립축 c_i부터 c_{i+3}까지 각각에 대하여 지배영역을 판단한다. 중립축 깊이가 c_b보다 작으면 인장지배영역이며, 중립축 깊이가 c_b보다 크면 압축지배영역이 된다. 각 중립축에 대하여 휨강도와 축강도를 구한다. 이제 축력 0에서 P_o까지 균형변형률 상태의 좌표 (M_b, P_b)를 포함하여 각 중립축에 대한 강도 좌표를 그림 위에 표시한 후 연결하면 P–M 상관도가 완성된다. 이와 같은 강도해석에서 선택한 중립축의 수가 많을수록 정해에 가까운 P–M 상관도를 얻을 수 있다. 만일 해석범주 I에서의 축–휨강도를 정확히 구하여 P–M 상관도를 작성하고자 한다면, 중립축이 단면의 외부에 존재하는 변형률분포를 대상으로 축–휨강도 해석을 수행하여야 한다. 이때에는 6.1.2절의 그림 6–4(d)와 같이 압축연단의 한계변형률이 ε_{co}와 ε_{cu} 사이의 값인 변형률분포를 적용하여야 한다.

축력과 2축 휨이 작용하는 부재의 강도검증은 앞에서 설명한 θ 평면의 P–M 상관도를 이용할 수도 있으나, 그림 6–16(d)와 같이 M_x–M_y 평면으로 나타낸 상관도를 이용하는 것이 간편할 때가 있다. 이때의 강도검증도 M_x–M_y 설계강도 상관도에 두 축에 대한 계수휨모멘트 M_{ux}와 M_{uy}의 좌표를 표시하고 설계강도 상관도 이내에 좌표가 존재함을 보이는 과정으로 이루어진다. 그림 6–16(d)는 편심각도 θ를 증분으로 하여 해석을 수행하고 M_x–M_y 상관도를 작성하는 방식으로, 다음과 같은 과정에 따른다. 먼저 구조해석을 통하여 계수축력 P_u를 구한 후, P_u가 압축력으로 작용하는 상태에서 θ가 0°와 90°인 두 주축에 대한 축–휨강도 해석을 수행하여 수평축과 수직축에 각각 M_{nx}와 M_{ny} 값을 표시한다. 이제 0°와 90° 사이에서 몇 개의 상관도 좌표를 구할지 결정한다. 그림 6–16(d)는 θ_i부터 θ_{i+3}까지 4개의 편심각도를 선택한 예이다. 선택된 각 편심각도에 대하여 6.2.7절 [1]항에 소개한 방법에 따라 강도해석을 수행한다. 이때에는 P_u가 압축력으로 작용하는 상태에서 y방향 휨강도 M_{nx}와 x방향 휨강도 M_{ny}가 앞의 식 (6·41)를 만족하는 θ값을 갖도록 중립축 깊이 c의 값과 중립축의 각도 ω를 구해야 한다. θ_i부터 θ_{i+3}까지 이와 같은 과정으로 구한 강도 좌표를 그림 위에 표시한 후 연결하면 그림 6–16(d)에 점선으로

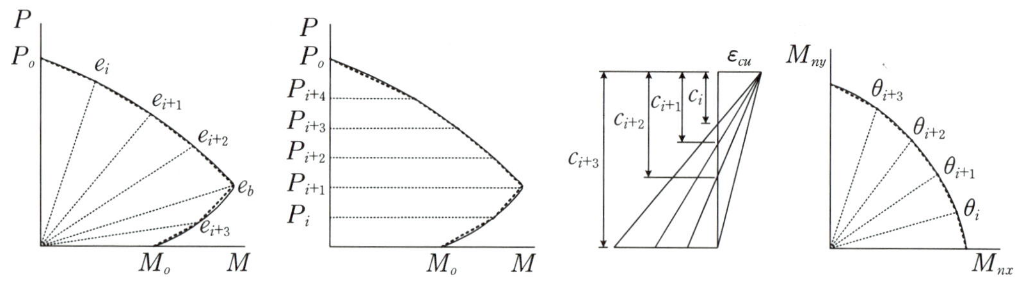

(a) 편심 증분 방식 (b) 축력 증분 방식 (c) 중립축 증분 방식 (d) 각도 증분 방식

그림 6–16 축–휨강도 상관도 작성을 위한 해석 방식

나타낸 상관도가 완성된다. 이와 같은 강도해석에서 선택한 편심각도의 수가 많을수록 그림 6-16(d)에 실선으로 나타낸 정해에 가까운 상관도를 얻을 수 있다. 또 편심각도를 0°에서 360°까지 증가시키면서 강도해석을 수행하면 모든 방향의 휨강도를 나타내는 상관도를 작성할 수 있다.

6.3 콘크리트구조 설계기준(강도설계법)의 축-휨강도 설계검증

6.3.1 강도감소계수와 설계축-휨강도

축력과 휨모멘트가 작용하는 부재의 축-휨강도 설계검증에 대한 KDS 14 20 콘크리트구조 설계기준[6.1]의 규정은 기본적으로 콘크리트구조 학회기준(2017)[6.12]과 동일하다. 이 기준들은 기본적으로 공칭강도에 강도감소계수(저항계수) ϕ를 곱하여 설계강도를 결정하며, 휨모멘트와 축력을 받는 부재에 대한 강도감소계수는 5장 5.2.1절의 내용을 동일하게 적용한다. 즉, 단면 압축연단의 반대쪽에 배치되는 최외단 인장철근의 순인장변형률(net tensile strain) ε_t를 기준으로 세 가지 범주, 즉 압축지배단면, 변화구간단면, 인장지배단면으로 구분하여 결정한다. 순인장변형률은 압축연단 변형률이 콘크리트의 극한변형률 ε_{cu}에 도달할 때 인장철근 또는 긴장재에 발생하는 변형률에서 프리스트레스, 콘크리트의 크리프와 수축, 온도변화에 의한 변형률을 제외한 변형률이다.

압축지배단면(compression controlled section)은 연성을 기대하기 어려운 단면으로, 압축연단 변형률이 콘크리트의 극한변형률 ε_{cu}에 도달하는 한계변형률 상태에서 최외단 인장철근의 순인장변형률 ε_t가 압축지배변형률 한계 이하인 단면으로 정의된다. 압축지배변형률 한계는 철근의 항복변형률 ε_y로 규정되어 있으며, 최외단 철근이 압축응력을 받아서 압축변형률을 나타내는 경우도 포함한다.

인장지배단면(tension controlled section)은 연성을 나타내는 단면으로, 콘크리트의 한계변형률 상태에서 ε_t가 인장지배변형률 한계 $\varepsilon_{ttc,\,min}$ 이상인 단면으로 정의된다. 인장지배변형률 한계는 철근의 설계기준항복강도 f_y가 400 MPa 이하인 경우에는 다음과 같이 0.005로 규정하고 있다.

$$\varepsilon_{ttc,\,min} = 0.005 \tag{6·45}$$

철근의 설계기준항복강도 f_y가 400 MPa을 초과하는 경우에는 다음과 같이 항복변형률 ε_y의 2.5배로 규정하고 있다.

$$\varepsilon_{ttc,\,min} = 2.5\,\varepsilon_y \tag{6·46}$$

변화구간단면(section in transition region)은 제한된 연성을 나타내는 단면으로, 콘크리트의 한계변형률 상태에서 ε_t가 압축지배변형률 한계와 인장지배변형률 한계 사이인 단면으로 정의된다.

강도감소계수는 연성을 기대하기 어려운 압축지배단면에는 작은 값을, 연성이 큰 인장지배단면에는 큰 값을, 변화구간단면에는 두 값의 사이에 있는 값을 적용한다. KDS 14 20 콘크리트구조 설계기준에서 압축지배단면의 강도감소계수는 나선철근으로 횡구속된 부재에는 0.70을, 나선철근 외의 횡방향철근,

즉 띠철근이나 스터럽이 배치된 기타 부재에는 0.65를 적용한다. 이것은 6.2.2절의 [2]항에서 설명한 바와 같이, 나선철근이 배치된 부재가 띠철근이 배치된 부재보다 연성과 축압축강도의 증진효과가 크다는 것을 반영한 것이다. 인장지배단면(tension controlled section)의 강도감소계수로는 0.85를 적용한다.

변화구간단면의 강도감소계수는 압축지배단면에 대한 강도감소계수 ϕ_c에서 인장지배단면에 대한 강도감소계수 ϕ_f까지 최외단 인장철근의 순인장변형률 ε_t에 따라 다음 식과 같이 직선보간(linear interpolation)하여 결정한다.

$$\phi = \phi_c + \frac{\phi_f - \phi_c}{\varepsilon_{ttc,\,min} - \varepsilon_y}(\varepsilon_t - \varepsilon_y) \tag{6·47}$$

표 6-1은 순인장변형률 ε_t의 범위에 따른 지배단면의 구분 및 지배단면과 횡방향 철근의 종류에 따른 강도감소계수를 정리한 것이다.

표 6-1 철근콘크리트 휨압축부재의 강도감소계수

구분		압축지배단면	변화구간단면	인장지배단면
순인장변형률 ε_t의 범위		$\varepsilon_t \le \varepsilon_y$	$\varepsilon_y < \varepsilon_t < \varepsilon_{ttc,\,min}$	$\varepsilon_t \ge \varepsilon_{ttc,\,min}$
강도감소계수	띠철근 부재	0.65	0.65~0.85	0.85
	나선철근 부재	0.70	0.70~0.85	0.85

한편 KDS 14 20 콘크리트구조 설계기준[6.1]은 축압축강도를 P_o의 기호로 하고, 6.2.2절의 [4]항에서 설명한 바와 같이 최소편심의 영향을 고려하는 방법으로 축압축강도 P_o의 최댓값을 제한하는 방법을 적용하고 있다. 즉, 띠철근 부재에는 P_o의 0.8배, 나선철근 부재에는 P_o의 0.85배를 최댓값으로 한다. 축압축강도 P_o는 다음으로 계산한다.

$$P_o = 0.85 f_{ck}(A_g - A_{st}) + f_y A_{st} \tag{6·48}$$

띠철근 부재의 최대 공칭축압축강도는 다음으로 결정한다.

$$P_{n,\,max} = 0.8\,P_o = 0.8\,[0.85 f_{ck}(A_g - A_{st}) + f_y A_{st}] \tag{6·49}$$

나선철근 부재의 최대 공칭축압축강도는 다음으로 결정한다. 여기서 나선철근 부재는 다음 절인 6.3.2절의 식 (6·62) 이상의 나선철근이 횡방향 철근으로 배치된 부재를 말한다.

$$P_{n,\,max} = 0.85\,P_o = 0.85\,[0.85 f_{ck}(A_g - A_{st}) + f_y A_{st}] \tag{6·50}$$

설계강도는 공칭강도에 강도감소계수를 곱하여 결정하므로, 띠철근 부재와 나선철근 부재의 최대 설계축압축강도는 각각 다음과 같다.

$$\phi P_{n,\,max} = 0.8\,\phi\,[0.85 f_{ck}(A_g - A_{st}) + f_y A_{st}] \tag{6·51}$$

$$\phi P_{n,\,max} = 0.85\,\phi\,[0.85 f_{ck}(A_g - A_{st}) + f_y A_{st}] \tag{6·52}$$

이와 같은 최대 설계축압축강도와 표 6-1의 강도감소계수를 적용한 설계축-휨강도 상관도는 그림 6-17과 같은 형태로 나타난다. 그림에 나타난 바와 같이 띠철근 부재의 경우 상수인 0.65의 강도감소계수를 적용한 압축지배구간의 설계강도는 공칭강도와 동일한 형상을 보인다. 인장지배구간에서도 상수인 0.85의 강도감소계수를 적용한 설계강도가 공칭강도와 동일한 형상을 보이지만, 공칭강도에 더 근접한 형태가 나타난다. 변화구간단면은 압축지배구간과 연결된 부분에는 0.65의 강도감소계수를 적용하고, 축압축력이 감소할수록 0.65보다 큰 강도감소계수를 적용하여 인장지배구간과 연결된 부분에는 0.65의 강도감소계수를 적용한다. 따라서 그림 6-17과 같이 변화구간단면과 인장지배구간이 연결되는 부분에서 가장 큰 설계휨강도가 나타난다. 즉, 공칭축-휨강도 상관도에서는 균형파괴점에서 가장 큰 공칭휨강도가 나타나지만, 설계축-휨강도 상관도에서는 변화구간단면과 인장지배구간이 연결되는 부분에서 가장 큰 설계휨강도가 나타나는 형상을 보인다.

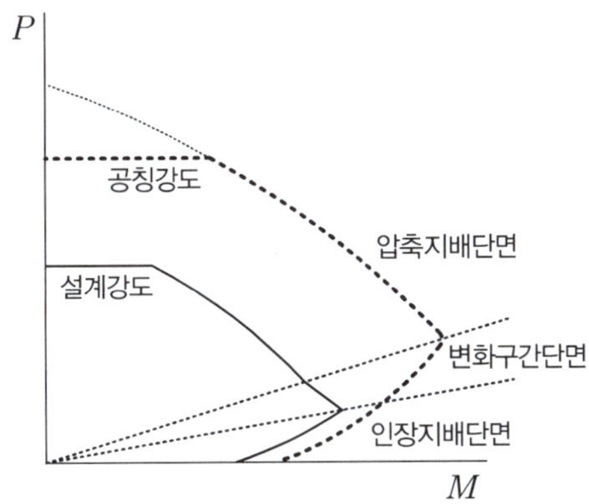

그림 6-17 공칭축-휨강도 상관도와 설계축-휨강도 상관도

6.3.2 콘크리트구조 설계기준의 기둥 철근상세

부재상세는 철근 배치에 대한 상세한 요구조건을 말하는데, 설계기준에서 보, 기둥, 슬래브, 벽체 등 각각의 부재 특성을 고려하여 기준을 제시하고 있다. KDS 14 20 콘크리트구조 설계기준은 휨모멘트의 작용 여부와 상관없이 축압축력이 작용하는 부재를 압축부재로 표현하고 있으나, '기둥'과 '압축부재'를 혼용하고 있다. 또 KDS 14 20 콘크리트구조 설계기준은 부재에 배치되는 철근의 상세라는 의미를 가진 철근상세라는 표현으로 부재상세까지 포함하여 나타내고 있다. 따라서 KDS 14 20 콘크리트구조 설계기준의 내용을 소개하는 이 절에서는 철근상세라는 표현으로 기둥의 축방향 철근, 띠철근, 나선철근의 배치에 대한 규정을 소개한다.

[1] 축방향 철근의 배치

기둥의 축방향 철근에 대한 철근상세는 축방향 철근의 위치, 양, 간격을 대상으로 한다. 축방향 철근의 위치는 콘크리트의 노출환경에 따른 최소피복두께와 횡방향 철근 지름을 더한 길이만큼의 두께를 가진 단면 내부로, 가능한 한 콘크리트 표면에 가까이 배치한다. 따라서 축방향 철근의 배치 형상은 단면과 같은 형상을 보이는데, 단면의 모퉁이에 반드시 축방향 철근을 배치하여야 한다. 즉 다각형 단면에는 각 모서리에 축방향 철근을 배치하여, 삼각형 단면은 3개 이상, 사각형 단면은 4개 이상, 오각형 단면은 5개 이상을 배치한다. 원형 단면은 띠철근 기둥에 4개 이상, 나선철근 기둥에 6개 이상의 축방향 철근을 배치하여야 한다.

축방향 철근의 양은 다음과 같이 기둥 전체단면적에 대한 축방향 철근의 단면적 비율로 정의한 철근비 ρ_g로 상대적인 양을 나타낸다.

$$\rho_g = \frac{A_{st}}{A_g} \tag{6·53}$$

KDS 14 20 콘크리트구조 설계기준은 기둥의 축방향 철근 단면적이 전체 단면적의 0.01배 이상, 0.08배 이하로, 축방향 철근비가 0.01~0.08의 범위이어야 한다고 규정하고 있다. 단, 축방향 철근이 겹침이음되는 경우의 철근비는 0.04를 초과하지 않도록 하여야 한다. 최소 축방향 철근비를 1%로 규정한 것은 지속하중 상태에서 축방향 철근이 항복하지 않도록 제한한 것이다. 초기의 설계기준에서는 최소 축방향 철근비를 1%보다 적은 값으로 규정했었는데, 압축응력을 받는 축방향 철근이 콘크리트의 크리프와 수축으로 인한 변형률 증가로 항복하는 경우가 발생한 사례가 있었다. 즉, 고정하중과 장기적으로 존재하는 낮은 수준의 활하중이 추가된 지속하중상태에서 콘크리트의 크리프와 수축으로 축방향 철근이 항복하여 추가의 활하중이 작용할 때 축방향 철근이 저항하지 못하는 현상이 발생하였던 것이다. 따라서 최소 축방향 철근비를 1%로 상향시킨 것이다.

최대 축방향 철근비를 8%로 규정한 것은 높은 철근비를 갖는 기둥 실험결과가 많지 않기 때문이다. 실제로는 축방향 철근비가 6% 이하인 기둥 실험이 대부분이지만, 휨모멘트가 동시에 작용하는 기둥에서는 8%까지 허용하여도 문제가 없다는 판단을 반영한 것이다. 또한 축방향 철근을 단면의 표면에 가까이 배치하기 때문에 8%에 가까운 철근비로 설계하면 매우 많은 양의 축방향 철근이 콘크리트 표면 가까이 밀집되어 시공이 거의 불가능할 정도가 된다. 따라서 설계기준에서 축방향 철근비를 최대 8%로 제한하여도 실제 기둥설계에서 이 규정의 적용에 따른 문제는 발생하지 않는다.

축방향 철근이 겹침이음되는 경우에 최대 축방향 철근비를 4%로 규정한 것은 모든 축방향 철근을 한 군데에서 겹침이음되는 가장 불리한 경우를 고려한 것이다. 그러나 모든 축방향 철근을 한 군데에서 겹침이음하는 것을 허용한다는 뜻은 아니므로, 철근을 겹침이음할 때는 인접 철근과 엇갈리게 겹침이음 위치를 정해야 한다. 만일 모든 축방향 철근을 한 군데에서 겹침이음을 하려고 한다면 책임기술자의 공학적 판단이 필요하다.

축방향 철근의 간격에 대하여는 최소 순간격에 대한 규정이 있다. 즉, 축방향 철근의 순간격은 40 mm, 철근 공칭 지름의 1.5배, 굵은골재 최대치수의 4/3배 중 가장 큰 값 이상이어야 한다. 축방향 철근에 대한 최대 간격에 대하여는 명시적인 규정이 없으나, 띠철근 기둥의 경우에는 축방향 철근의 순간격이 150 mm를 초과하는 경우에는 150 mm 이하인 경우와 띠철근의 배치 규정이 다르므로 이를 염두에 두어야 한다.

[2] 띠철근의 배치

기둥의 띠철근에 대한 철근상세는 띠철근의 크기, 형상, 간격을 대상으로 한다. 6.2.2절 [2]항에서 설명한 바와 같이 기둥의 횡방향 철근은 피복 콘크리트가 파괴되어 탈락한 후 발생하는 축방향 철근의 좌굴을 저지하는 역할을 하여야 하므로, 축방향 철근의 크기에 따라 띠철근의 최소 크기가 규정되어 있다. 즉, 축방향 철근이 D32 이하인 경우에는 D10 이상으로 구성된 띠철근으로 축방향 철근을 둘러싸야 하며, 축방향 철근이 D35 이상이거나 다발철근인 경우에는 D13 이상으로 구성된 띠철근으로 축방향 철근을 둘러싸야 한다. 철근 대신 이형철선이나 용접철망을 사용하여 띠철근을 구성하고자 할 때는 D10이나 D13 철근과 동일한 단면적, 즉 등가단면적의 이형철선이나 용접철망을 사용할 수 있다.

축방향 철근의 좌굴을 저지하는 역할에는 횡방향 철근의 수직간격이 더 큰 영향을 준다. 이것은 좌굴하중이 축방향 철근이 구속된 위치 사이의 길이의 제곱에 반비례하기 때문이다. 6.2.2절 [2]항에서 설명한 바와 같이 사각형 띠철근은 축방향 철근의 좌굴을 완벽히 저지할 수는 없지만 너무 넓은 간격은 파괴거동에 바람직하지 않으므로, 축방향 철근지름의 16배, 띠철근이나 철선지름의 48배, 기둥 단면의 최소 치수 중 가장 작은 값을 띠철근의 최대 수직간격으로 규정하고 있다.

사각형 후프띠철근은 그림 6-18의 (a)~(c)에 보이는 바와 같이, 모서리에 배치된 축방향 철근을 감싸도록 양끝을 135°로 구부린 후 소정의 연장길이를 갖는 표준갈고리로 정착되도록 하여야 한다. 또한 6.2.2절 [2]항에서 설명한 바와 같이 사각형 띠철근 부재에서는 후프띠철근의 변을 이루는 직선의 길이가 길면 축방향 철근을 감싸는 효과가 나타나지 않게 되므로, 후프띠철근의 중간에 구부린 모서리가 존재하도록 추가의 띠철근을 배치하여야 한다. 따라서 후프띠철근의 변을 이루는 직선의 길이를 얼마까지 허용하느냐의 문제가 대두되는데, KDS 14 20 콘크리트구조 설계기준은 축방향 철근의 순간격을 기준으로 구분하도록 하고 있다. 즉, 축방향 철근의 순간격이 150 *mm* 이하인 경우에는 모든 모서리 축방향 철근과 하나 건너 위치하고 있는 축방향 철근들을 135° 이하로 구부린 띠철근의 모서리로 횡지지하도록 규정하고 있다. 축방향 철근의 순간격이 150 *mm*를 초과하는 경우에는 모든 축방향 철근들을 135° 이하로 구부린 띠철근의 모서리로 횡지지하여야 한다. 예를 들어 그림 6-18의 (a)와 (b)는 모서리 축방향 철근과 하나 건너 위치하고 있는 축방향 철근들을 띠철근의 모서리로 구속한 경우를 나타낸다. 이와 같이 모든 축방향 철근들을 띠철근의 모서리로 구속하지 않고 하나 건너 구속하도록 하려면, 그림 6-18의 (a)와 (b)에 A로 표시한 축방향 철근의 순간격이 150 *mm* 이하이어야 한다. 그림 6-18(c)는 B로 표시한 축방향 철근의 순간격이 150 *mm*를 초과하는 단면으로, 모든 축방향 철근들을 띠철근의 모서리로 구속한 경우이다. 한편 여기서 유의할 점은 이와 같은 규정은 동일한 응력상태에 있는 축방향 철근

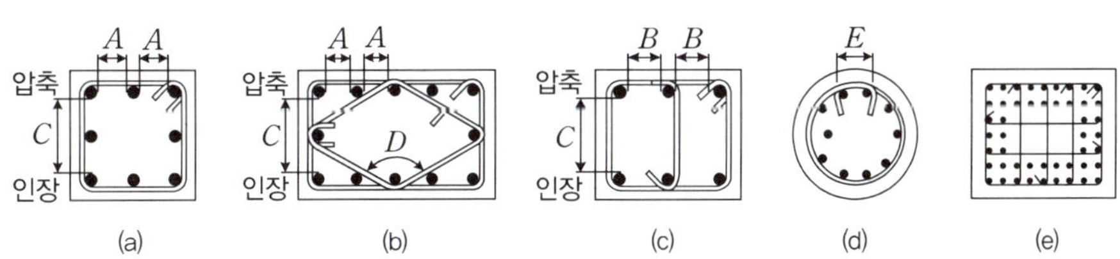

그림 6-18 띠철근 상세

만을 대상으로 한다는 것이다. 즉, 그림 6-18의 (a)~(c)에서 압축응력을 받는 축방향 철근의 순간격 또는 인장응력을 받는 축방향 철근의 순간격을 대상으로 하는 것으로, 그림에서 C로 표시한 축방향 철근의 순간격이 150 mm를 초과하더라도 추가의 띠철근 모서리로 구속할 필요는 없다. 그림 6-18(b)에서 C로 표시한 부분의 축방향 철근을 마름모 형상의 내부 띠철근의 모서리로 구속한 것은 압축철근과 인장철근의 중앙에 위치한 축방향 철근을 구속하기 위한 마름모 형상의 내부 띠철근을 걸어주기 위한 것이다. 이때에도 D로 표시한 띠철근의 모서리 각도는 135° 이하이어야 한다. 참고로 하나 건너 위치하고 있는 축방향 철근들을 띠철근의 모서리로 구속하여야 하는 규정은 교량에는 적용하지 않는다.

한편 위와 같은 설명은 기둥 단면의 한쪽 주축(principal axis)으로만 휨모멘트가 작용할 때를 대상으로 한 것이다. 구조물의 특성 상 다른 한 쪽 주축으로 휨모멘트가 작용할 때에는, 그림에서 C로 표시한 부분이 압축철근과 인장철근 사이의 순간격이 아니라 압축철근끼리 또는 인장철근끼리의 순간격이 된다는 것을 인식하여야 한다.

축방향 철근이 원형으로 배치된 경우에는 원형 띠철근이나 나선철근으로 축방향 철근을 횡구속하여야 한다. 원형 띠철근을 사용하는 경우에는 그림 6-18(d)와 같이 겹침이음과 표준갈고리를 갖는 상세이어야 한다. 그림 6-18(d)에서 E로 표시한 겹침이음 부분은 150 mm 이상의 겹침이음길이를 가져야 하며 90° 표준갈고리로 축방향 철근을 감싸고 정착되도록 하여야 한다.

한편 이와 같은 띠철근 철근상세는 가장 바깥쪽에 배치된 축방향 철근을 감싸는 띠철근에만 해당한다. 즉, 그림 6-18(e)와 같이 축방향 철근이 2열로 배치되거나 또는 그 이상의 열로 축방향 철근이 배치된 경우에는 내부에 배치된 축방향 철근을 감싸는 띠철근은 배치할 필요가 없다. 이것은 피복콘크리트가 파괴되어 탈락한 이후부터 횡방향 철근의 구속효과가 발휘되므로, 단면의 심부에 배치된 띠철근이나 나선철근은 심부를 횡구속 할 수 없기 때문이다. 내부에 배치된 축방향 철근은 정확한 위치에 배치되도록 조립용 철근을 이용하여 고정하기만 하면 된다.

기초판 또는 슬래브의 윗면에 연결되는 기둥의 첫 번째 띠철근 간격은 다른 띠철근 간격의 1/2 이하로 하여야 한다. 또한 슬래브나 지판, 기둥전단머리에 배치된 최하단 수평철근 아래에 배치되는 첫 번째 띠철근도 다른 띠철근 간격의 1/2 이하로 하여야 한다. 이것은 7장 7.2.4절에서 그림 7-30으로 설명한 첫 번째 전단철근의 위치가 전단철근 간격의 1/2 이하로 하여야 하는 것과 같은 이유이다.

[3] 나선철근의 배치

나선철근 기둥에서 나선철근의 양은 체적비로 계산되는 나선철근비로 나타낸다. 즉, 나선철근비 ρ_s는 콘크리트 심부 체적에 대한 나선철근 체적의 비로 정의하며, 콘크리트 심부 체적은 나선철근 바깥으로 측정한 지름으로 계산한다. 콘크리트 심부의 단면적을 A_{ch}, 나선철근의 단면적을 A_{sp}, 나선철근 바깥으로 측정한 지름을 d_c라고 하면, 나선철근의 간격 s 내의 나선철근 체적은 $A_{sp}\pi d_c$이고 심부 체적은 sA_{ch}로 $s\pi d_c^2/4$이다. 따라서 나선철근비 ρ_s는 다음과 같으며, 이 식은 2장 식 (2 · 67)과 동일한 것이다.

$$\rho_s = \frac{A_{sp}\pi d_c}{s\pi d_c^2/4} = \frac{4A_{sp}}{sd_c} \qquad (6 \cdot 54)$$

따라서 나선철근의 단면적 A_{sp}와 간격 s는 각각 다음과 같이 나타낼 수 있다.

$$A_{sp} = \frac{\rho_s s d_c}{4} \tag{6·55}$$

$$s = \frac{4A_{sp}}{\rho_s d_c} \tag{6·56}$$

한편 단면적이 A_{sp}이고, 항복강도가 f_{yt}이며, 간격이 s인 나선철근이 항복할 때 나선철근에 의한 콘크리트 심부의 횡구속 응력을 f_2라고 하면, 반원으로 이루어진 자유물체도(free body diagram)에서 반원의 양단 나선철근에 작용하는 두 힘의 합과 원주응력(hoop stress, 후프응력, 원환응력)에 의한 합력이 같으므로 다음의 방정식을 세울 수 있다.

$$2 f_{yt} A_{sp} = f_2 d_c s \tag{6·57}$$

이 식에 식 (6·55)의 A_{sp}를 대입하고 정리하면 횡구속 응력 f_2를 다음과 같이 나타낼 수 있다.

$$f_2 = \frac{f_{yt}\rho_s}{2} \tag{6·58}$$

이제 f_{ck}의 콘크리트 압축강도를 가진 전체 단면적의 축압축력과 횡구속 응력 f_2로 인하여 f_{ck}보다 큰 압축강도를 가진 심부콘크리트 단면적의 축압축력이 같게 되는 나선철근비 ρ_s를 구한다. 이것은 f_{ck}를 피복 콘크리트 단면적에 곱한 축압축력 $0.85 f_{ck}(A_g - A_{ch})$과 증가된 콘크리트 압축강도를 심부콘크리트 단면적에 곱한 축압축력이 같다는 것으로 구할 수 있다. 2장 2.1.12절의 식 (2·61)은 증가된 콘크리트 압축강도를 $k_m f_{com}$으로 표현하였는데, k_m의 값으로 4.0을 택하고 횡구속 응력 f_{com}를 f_2로 표현하면 증가된 축압축력 $k_m f_{com} A_{ch}$는 식 (6·58)을 적용하여 다음으로 나타낼 수 있다.

$$k_m f_{com} A_{ch} = 4 f_2 A_{ch} = 4\left(\frac{f_{yt}\rho_s}{2}\right) A_{ch} = 2 f_{yt} \rho_s A_{ch} \tag{6·59}$$

피복 콘크리트 단면적의 축압축력과 심부콘크리트의 증가된 축압축력이 같아야 하므로, 이것을 다음 식으로 나타낸다.

$$0.85 f_{ck}(A_g - A_{ch}) = 2 f_{yt} \rho_s A_{ch} \tag{6·60}$$

이 식을 나선철근비 ρ_s로 정리하면 다음과 같다.

$$\rho_s = 0.425\left(\frac{A_g}{A_{ch}} - 1\right)\frac{f_{ck}}{f_{yt}} \tag{6·61}$$

KDS 14 20 콘크리트구조 설계기준은 이 식의 계수 0.425로 0.45로 상향 조정하여 다음의 나선철근비 이상의 나선철근을 나선철근 기둥에 배치하도록 규정하고 있으며, 나선철근의 설계기준항복강도 f_{yt}는 최대 700 MPa까지 허용하고 있다.

$$\rho_s = 0.45\left(\frac{A_g}{A_{ch}} - 1\right)\frac{f_{ck}}{f_{yt}} \tag{6·62}$$

나선철근은 지름이 10 mm 이상인 이형 및 원형 철근이나 이형 및 원형 철선을 사용할 수 있다. 나선철근의 순간격(clear space)은 25 mm 이상이어야 하며 또한 75 mm 이하이어야 하고, 또한 굵은골재 최대치수의 4/3배 이상이어야 한다. 따라서 나선철근 기둥의 지름이 결정되면 최소 피복두께를 고려하여 나선철근 바깥으로 측정한 지름 d_c를 결정하고, 식 (6·54)~식 (6·56)의 ρ_s를 식 (6·62)로 계산된 최소 나선철근비의 값으로 하여 나선철근의 순간격이 25 mm와 75 mm 사이가 되도록 나선철근의 단면적 A_{sp}와 나선철근의 중심간격(center-to-center space) s를 결정하여야 한다. 한편 나선철근의 순간격 규정은 25 mm와 75 mm 사이의 순간격을 갖는 비교적 작은 크기의 나선철근 기둥 실험체를 대상으로 축압축력에 의한 파괴실험을 수행하여 검증한 결과를 반영한 것이다. 따라서 교량구조의 교각과 같이 크기가 상대적으로 크고 축압축력에 의한 파괴가 지배적인 한계상태가 아닌 부재에는 이 나선철근의 순간격 규정을 적용하지 않는다.

나선철근은 갈고리에 의하여 정착되는 띠철근과는 달리 하나의 철근으로 연속된 횡방향 철근이므로 정착성능과 이음성능을 확보하여야 한다. 나선철근을 정착시키기 위해서는 나선철근 기둥의 단부 나선철근 끝에서 추가로 1.5 회전만큼 연장하여야 한다. 이와 더불어 설계기준에는 나선철근 기둥 단부와 연결된 부재의 종류에 따라 나선철근을 연장해야 할 범위에 대한 규정도 추가되어 있다. 나선철근의 이음은 기계적이음, 용접이음, 겹침이음을 적용할 수 있다. 겹침이음을 하는 경우에는 겹침이음 길이가 300 mm 이상이어야 하며, 강재의 종류와 갈고리 유무에 따라 나선철근 지름 d_b의 배수로 규정된 최소 겹침이음 길이 이상으로 겹쳐 이어야 한다. 즉, 이어지는 나선철근의 단부에 표준갈고리를 두지 않은 경우에는 이형철근 또는 이형철선은 48 d_b, 원형철근 또는 원형철선과 에폭시 도막 이형철근 또는 철선은 72 d_b가 최소 겹침이음길이로 규정되어 있다. 이어지는 나선철근의 단부에 표준갈고리를 두는 경우에는 원형철근 또는 철선과 에폭시 도막 이형철근 또는 철선의 이음성능이 향상되어 최소 겹침이음 길이가 감소한다. 이에 따라 표준갈고리를 가진 비도막 원형철근 또는 철선과 에폭시 도막 이형철근 또는 철선의 최소 겹침이음 길이는 48 d_b로 규정되어 있다. 다만, 이때의 갈고리는 나선철근으로 형성되는 심부콘크리트에 정착되어야 한다.

6.3.3 콘크리트구조 설계기준에 따른 단주 설계와 설계검증

6.2.8절에 설명한 바와 같이 축-휨강도의 강도검증은 설계축-휨강도 상관도에 계수휨모멘트 M_u와 계수축력 P_u의 좌표를 표시하여 설계축-휨강도 상관도 이내에 M_u와 P_u 좌표가 존재함을 보이는 과정으로 이루어진다. KDS 14 20 콘크리트구조 설계기준의 규정에 따른 설계축-휨강도 상관도는 공칭축-휨강도 상관도에 강도감소계수를 적용해서 구성하므로 $\phi P_n - \phi M_n$ 상관도라고도 한다. 강도감소계수는 6.3.1절에 설명한 바와 같이 최외단 인장철근의 순인장변형률 ε_t를 기준으로 압축지배단면, 변화구간단면, 인장지배단면의 세 가지 범주로 구분하여 결정한다.

실제 설계를 수행할 때에는 이와 같이 설계축-휨강도 상관도를 직접 구하는 방법과 함께 몇 가지 다른 방법도 이용되어 왔다. 축-휨강도의 강도검증에 이용되어 왔던 방법들은 다음과 같다.

- 축–휨강도 해석 이론에 따른 수계산(手計算, hand calculation): 6.2절에 소개한 축–휨강도 해석 이론에 따라 계수단면력에 의한 편심에 대하여 설계축–휨강도 해석을 수계산으로 수행하고, 설계축–휨강도가 계수단면력 이상임을 검증하는 방법이다. 이 방법은 단면이 직사각형과 같은 단순한 형상이 아니거나 축방향철근이 다수의 열로 배치되는 경우 매우 복잡한 계산이 필요하여 해석에 소요되는 시간이 매우 길다. 이러한 경우에는 수계산 수행시간을 단축하기 위하여 단면의 형상과 축방향철근의 배열을 보수적인 측면으로 단순화하기도 한다. 계수단면력에 의한 편심에 대하여만 설계축–휨강도 해석을 수행하지 않고, 6.2.8절의 그림 6–16(a)와 같이 편심증분 방식으로 설계축–휨강도 해석을 수계산으로 수행하여 설계축–휨강도 상관도를 작성하고 강도를 검증할 수도 있다. 2축 휨이 작용하는 경우에는 6.2.7절 [2]항에 소개한 근사해법, 즉 등하중법이나 역하중법을 적용하여 강도검증을 수행한다.
- 축–휨강도 해석 이론에 따른 컴퓨터 프로그램(computer program): 축–휨강도 해석 이론에 따라 설계축–휨강도 상관도를 구성하는 컴퓨터 프로그램을 작성하고, 계수단면력의 좌표가 설계축–휨강도 상관도 이내에 존재함을 검증하는 방법이다. 컴퓨터 프로그램은 1축 휨과 2축 휨을 구분하여 작성한다. 1축 휨에 대한 축–휨강도 해석은 6.2절에 소개한 이론에 따르고, 2축 휨에 대한 축–휨강도 해석은 6.2.7절 [1]항에 소개한 이론에 따른다. 설계축–휨강도 상관도는 6.2.8절의 그림 6–16으로 설명한 바와 같이, P–M 상관도는 해석 대상 각도 θ에 대하여 편심 증분 방식, 축력 증분 방식, 중립축 증분 방식 중 하나를 택하여 구성할 수 있고, M_x-M_y 상관도는 해석 대상 축력 P_n에 대하여 각도 증분 방식을 이용하여 구성할 수 있다.
- 근사해법의 기둥강도 수식(equation): 평형조건과 적합조건을 적용한 축–휨강도 해석 이론에 따른 수계산은 복잡한 계산이 필요하여 수계산에 소요되는 시간이 매우 길다. Whitney[6.13]는 기둥강도 해석에 소요되는 수계산 수행시간을 단축하기 위한 근사해법으로 기둥강도 수식을 제안하였다. 이 수식은 단면 양단에 한 열씩의 축방향 철근이 배치된 직사각형 단면을 대상으로 하여 압축지배 단면에 대한 기둥강도 수식과 인장지배 단면에 대한 기둥강도 수식으로 구분되어 제안되었다. 수식은 단면의 크기, 재료 강도, 철근 단면적, 압축철근과 인장철근의 유효깊이, 편심을 변수로 하여 공칭축강도 P_n의 값을 제공한다. 이 수식은 컴퓨터 프로그램이 일반적이지 않던 시절에 실무설계에 유용하게 이용되었다. 그러나 설계축–휨강도 상관도를 구성하는 많은 컴퓨터 프로그램이 개발된 이후에는 실제로 적용되는 사례가 급격히 줄어든 근사해법이다.
- 기둥 설계강도 도표(chart): 휨압축부재는 휨부재와는 달리 계수단면력을 저항하는데 필요한 소요철근단면적을 구하기가 매우 어렵다. 이와 같은 경우 설계에 필요한 자료를 미리 작성하여 이용할 수 있도록 자료를 모아둔 문건을 설계편람(design handbook)이라고 한다. 그림 6–19는 설계편람에 수록되는 기둥 설계강도 도표의 예이다. 다양한 단면 변수와 재료 변수를 조합한 기둥단면을 설정하고, 축–휨강도 해석 이론에 따라 설계축–휨강도 상관도를 구성한 후 축강도 축과 휨강도 축을 응력단위로 나타내어 단면의 크기와 관계없이 이용하도록 한 도표이다. 설계축–휨강도 상관도는 설계기준의 최소 및 최대 축방향 철근비 규정에 따라 0.01에서 0.08까지 표현하였다. 기둥의

설계에서는 철근량 이외의 재료 변수와 단면의 크기를 선택한 후 소요철근비를 구하는데 사용한다. 즉, 계수축력 P_u를 설계축강도 ϕP_n과 같은 값으로 하여 단면적 A_g로 나눈 응력단위로 변환하고, 계수휨모멘트 M_u는 설계휨모멘트 ϕM_n과 같은 값으로 하여 $A_g h$로 나눈 응력단위로 변환한다. 응력단위로 변환한 두 값의 좌표를 도표에 표시하여 여덟 개의 상관도 내에 존재한다는 것을 확인하면 어떤 축방향 철근비의 상관도에 가까운 지를 판단하여 소요철근비를 구하고 소요철근단면적을 구할 수 있다. 만일 계수단면력 좌표가 1% 축방향 철근비의 설계축–휨강도 상관도 이내에 존재하면, 최소 축방향 철근비를 배치하여도 강도가 충분하다는 것이므로 기둥 단면적이 너무 크다는 의미이다. 계수단면력 좌표가 8% 축방향 철근비의 설계축–휨강도 상관도 외부에 존재하면, 최대 축방향 철근비를 배치하여도 강도가 부족하다는 것이므로 기둥 단면적이 너무 작다는 의미이다. 한편 기둥 설계강도 도표는 기둥강도 검증에도 이용할 수 있다. 즉, 검증 대상인 기둥의 단면 변수와 재료 변수와 일치하는 변수를 나타내는 기둥 설계강도 도표에 응력단위로 변환한 두 값의 좌표를 표시하여, 배치된 축방향 철근비가 소요 축방향 철근비 이상임을 보임으로써 강도검증을 대신하는 것이다.

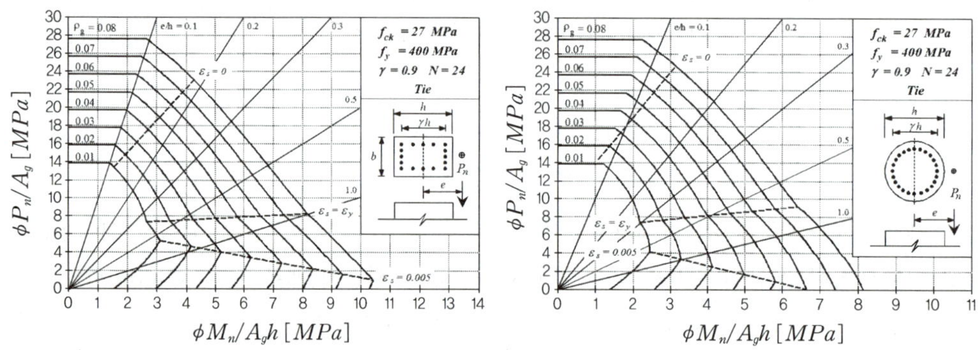

(a) 사각형 단면의 설계강도 도표

(b) 원형 단면의 설계강도 도표

그림 6-19 기둥 설계강도 도표

실제 설계를 수행할 때에는 단면 변수와 재료 변수를 설정하는 작업이 매우 중요한데, 어떤 변수가 축–휨강도 상관도에 어떤 영향을 미치는지 아는 것이 도움이 된다. 하나의 변수를 변화시켜가면서 그 영향을 파악하는 것을 매개변수 연구(parametric study)라고 한다. 그림 6-20은 세 가지 설계변수에 대한 매개변수 연구결과를 나타낸다.

그림 6-20(a)는 콘크리트 압축강도의 영향으로 높은 강도를 사용할수록 축압축강도가 증가하고 압축지배 단면에서 강도가 증가하지만, 인장지배 단면에서는 휨강도 증가에 효율적이지 않다는 것을 보여준다. 이때에는 균형변형률 상태의 강도좌표, 즉 균형점(balanced point)이 방사형으로 이동하는 모습을 보인다.

그림 6-20(b)는 축방향 철근 항복강도의 영향으로, 높은 강도를 사용할수록 축압축강도와 휨강도가 모두 증가하여 압축지배 단면과 인장지배 단면에서 모두 강도 증가에 효율적이라는 것을 보여준다. 이때

에는 균형점이 수평으로 이동하는 모습을 보인다.

그림 6-20(c)는 축방향 철근비의 영향으로 축방향 철근 항복강도의 영향과 동일한 결과를 보인다. 즉, 높은 철근비를 사용할수록 축압축강도와 휨강도가 모두 증가하여 압축지배 단면과 인장지배 단면에서 모두 강도 증가에 효율적이다. 이때에는 균형점도 역시 수평으로 이동하는 모습을 보인다.

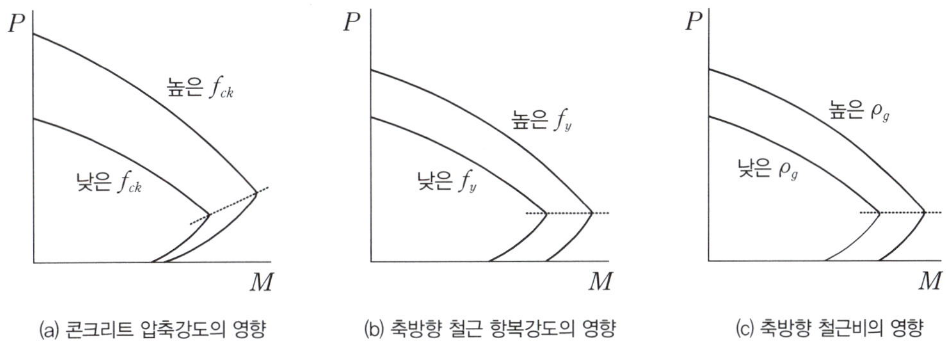

그림 6-20 설계변수에 따른 축-휨강도 상관도의 형상

예제 6-1 그림 6-21과 같이 폭 b=400 mm, 깊이 h=600 mm인 직사각형 단면을 가진 띠철근 기둥에 SD400 D32 철근 여덟 개(f_y=400 MPa, A_{st}=6,354 mm^2)가 네 개씩(A_s=A_s'=3,177 mm^2) 대칭으로 배치되어 있다. 콘크리트 설계기준압축강도 f_{ck}는 30 MPa이고, d=530 mm, d'=70 mm이다. KDS 14 20 콘크리트구조 설계기준에 따라 다음 문제를 수행하시오.

(1) 축방향 철근비, 공칭축압축강도, 설계축압축강도를 구하고 계수축압축력 P_u=4,000 kN이 작용할 때 강도성능을 검증하시오.

(2) 균형변형률 상태의 균형편심, 공칭강도, 설계강도를 구하시오.

(3) 계수휨모멘트 M_u=450 kN·m와 계수축압축력 P_u=3,000 kN이 작용할 때 공칭강도와 설계강도를 구하고 강도성능을 검증하시오.

(4) 계수휨모멘트 M_u=600 kN·m와 계수축압축력 P_u=1,200 kN이 작용할 때 공칭강도와 설계강도를 구하고 강도성능을 검증하시오.

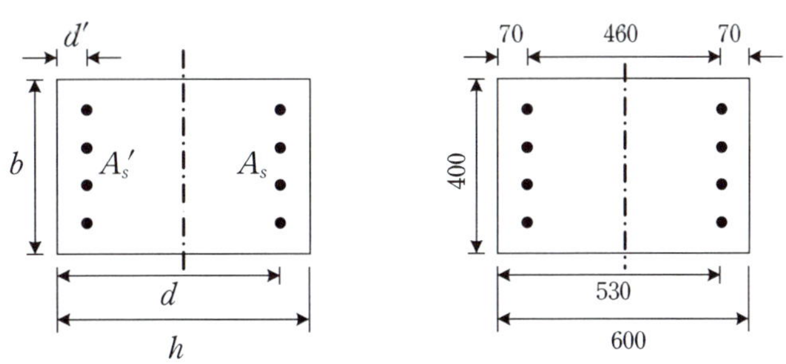

그림 6-21 예제 6-1의 단면

〈풀이〉

(1) 축방향 철근비와 축압축강도 검증

축방향 철근비를 구하기 위하여 먼저 기둥 단면적을 구하면

$$A_g = 400\times600 = 240{,}000\ mm^2$$

D32 축방향 철근 여덟 개의 단면적이 6,354 mm^2이므로, 축방향 철근비는

$$\rho_g = \frac{A_{st}}{A_g} = \frac{6{,}354}{240{,}000} = 0.0265$$

축압축강도를 계산하면

$$P_o = 0.85 f_{ck}(A_g - A_{st}) + f_y A_{st}$$

$$= [0.85\times30\times(240{,}000-6{,}354)+400\times6{,}354]/1{,}000 = 8{,}500\ kN$$

띠철근 기둥이므로 최대 공칭축압축강도는

$$P_{n,max} = 0.8\,P_o = 0.8\times8{,}500 = 6{,}800\ kN$$

띠철근 기둥의 강도감소계수는 0.65이므로, 설계축압축강도를 구하고 계수축압축력에 대한 강도검증을 수행하면

$$\phi P_{n,max} = 0.65\,P_{n,max} = 0.65\times6{,}800 = 4{,}420\ kN > P_u\ (=4{,}000\ kN)$$

따라서 압축강도를 만족한다.

(2) 균형변형률 상태의 균형편심과 축-휨강도

균형변형률 상태에 대한 해석은 적합조건에 따라 균형변형률분포로부터 중립축의 위치를 구하고, 평형조건에 따라 내력을 계산한다. 균형변형률분포를 결정하기 위하여 먼저 철근의 항복변형률 ε_y를 구하면 철근의 설계기준항복강도 f_y=400 MPa이므로

$$\varepsilon_y = \frac{f_y}{E_s} = \frac{400}{200{,}000} = 0.002$$

f_{ck}가 30 MPa이므로 극한변형률 ε_{cu}가 0.0033이다. 그림 6-22(a)의 균형변형률분포에서 중립축 좌우 ε_{cu}와 ε_y까지 두 삼각형의 닮은비로 균형변형률 상태의 중립축 깊이 c_b를 구하면

$$c_b = \frac{\varepsilon_{cu}}{\varepsilon_y+\varepsilon_{cu}}\,d = \frac{0.0033}{0.002+0.0033}\times530 = 330\ mm$$

이때 삼각형의 닮은비로 압축철근의 변형률 ε_s'을 구하고 항복 여부를 판단하면

$$\varepsilon_s' = \varepsilon_{cu}\frac{c_b-d'}{c} = 0.0033\times\frac{330-70}{330} = 0.00236 > \varepsilon_y\ (=0.002)$$

따라서 균형변형률 상태에서 압축철근은 항복하며, 이때의 변형률분포는 그림 6-22(b)와 같다.

이제 콘크리트의 압축력 C_c, 압축철근의 압축력 C_s, 인장철근의 인장력 T를 구하면

$$C_c = \eta(0.85 f_{ck})\,\beta_1\,c_b\,b = 1.0\times(0.85\times30)\times0.8\times330\times400 = 2{,}692{,}800\ N$$

$$C_s = A_s'(f_y - 0.85 f_{ck}) = 3{,}177\times(400-0.85\times30) = 1{,}189{,}800\ N$$

$$T = A_s f_y = 3{,}177\times400 = 1{,}270{,}800\ N$$

이들 세 내력의 합력으로 균형변형률 상태에서의 축강도 P_b를 구하면

$$P_b = C_c + C_s - T = 2{,}692{,}800+1{,}189{,}000-1{,}270{,}800 = 2{,}611{,}800\ N = 2{,}612\ kN$$

세 내력에 의한 휨모멘트를 구하기 위해서 소성중심과 C_c, C_s, T 사이의 팔길이를 각각 구하면

$$z_{cc} = \frac{h}{2} - \frac{\beta_1 c_b}{2} = \frac{600}{2} - \frac{0.8\times330}{2} = 168\ mm$$

$$z_{cs} = \frac{h}{2} - d' = \frac{600}{2} - 70 = 230\ mm$$

$$z_{ts} = d - \frac{h}{2} = 530 - \frac{600}{2} = 230\ mm$$

따라서 내력분포는 그림 6-22(c)와 같다.

이제 균형변형률 상태에서의 휨강도 M_b를 구하면, 세 내력 C_c, C_s, T가 모두 소성중심을 중심으로 시계방향으로 회전하므로

$$M_b = C_c\, z_{cc} + C_s\, z_{cs} + T\, z_{ts} = (2{,}692{,}800 \times 168 + 1{,}189{,}800 \times 230 + 1{,}270{,}800 \times 230)/10^6$$

$$= 1{,}018\ kN \cdot m$$

균형편심 e_b를 구하면

$$e_b = \frac{M_b}{P_b} = \frac{1{,}018 \times 1{,}000}{2{,}612} = 390\ mm$$

축강도 P_b의 작용위치는 그림 6-22(d)와 같다.

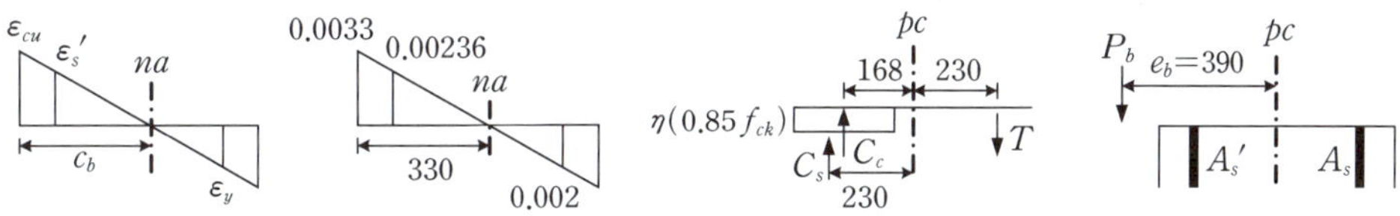

(a) 균형변형률 상태 (b) 중립축 위치 (c) 내력 분포 (d) 균형편심

그림 6-22 균형변형률 상태의 해석

이때의 설계강도를 구하면 다음과 같다.

$$\phi M_n = \phi M_b = 0.65 \times 1{,}018 = 662\ kN \cdot m$$

$$\phi P_n = \phi P_b = 0.65 \times 2{,}612 = 1{,}700\ kN \cdot m$$

(3) 압축지배영역의 축-휨강도 검증

계수휨모멘트 M_u=450 $kN \cdot m$와 계수축압축력 P_u=3,000 kN이 작용할 때, 편심을 구하고 균형편심과 비교하면

$$e_b = \frac{M_u}{P_u} = \frac{450 \times 1{,}000}{3{,}000} = 150\ mm < e_b\ (= 390\ mm)$$

편심 e가 균형편심 e_b보다 작으므로 압축지배단면으로 거동한다. 축-휨강도 해석은 적합조건과 평형조건으로부터 중립축의 위치를 구하고 내력을 결정한다. 중립축의 깊이 c는 균형변형률 상태의 중립축 깊이 c_b보다 클 것이므로 그림 6-23(a)와 같이 가정한다. 압축철근의 변형률 ε_s'도 균형변형률 상태의 변형률보다 클 것이므로, 극한상태에서 압축철근이 항복할 것이다. 인장철근은 항복하지 않는 탄성상태일 것이므로, 중립축 좌우 ε_{cu}와 ε_s까지의 두 삼각형의 닮은비로 인장철근의 변형률 ε_s를 나타낸다. 이에 따라 세 내력 C_c, C_s, T을 각각 중립축의 깊이 c로 나타내면

$$C_c = \eta(0.85 f_{ck})\, \beta_1\, c b = 1.0 \times (0.85 \times 30) \times 0.8 \times c \times 400 = 8{,}160c$$

$$C_s = A_s'(f_y - 0.85 f_{ck}) = 3{,}177 \times (400 - 0.85 \times 30) = 1{,}189{,}787\ N$$

$$T = A_s E_s \varepsilon_s = A_s E_s \varepsilon_{cu} \frac{d-c}{c} = 3{,}177 \times 200{,}000 \times 0.0033 \times \frac{530-c}{c} = 2{,}096{,}820 \times \frac{530-c}{c}$$

평형방정식을 구성하기 위하여 P_n의 위치와 세 내력 C_c, C_s, T 사이의 팔길이를 그림 6-23(b)를 참조하여 각각 구하면

$$z_{cce} = \frac{\beta_1 c}{2} - e = \frac{0.8c}{2} - 150 = 0.4c - 150$$

$$z_{cse} = e - d' = 150 - 70 = 80\ mm$$

$$z_{tse} = d - e = 530 - 150 = 380\ mm$$

P_n을 중심으로 세 내력의 휨모멘트 합은 0이 되어야 한다. 이제 평형방정식을 구성하고 정리하면, P_n을 중심으로 C_s와 T는 시계방향으로 회전하고 C_c는 반시계방향으로 회전하므로

$$T z_{tse} + C_s z_{cse} - C_c z_{cce} = 0$$

$$2{,}096{,}820 \times \frac{530-c}{c} \times 380 + 1{,}189{,}787 \times 80 - 8{,}160\,c \times (0.4\,c - 150) = 0$$

$$c^3 - 375c^2 + 215 \times 10^3\,c - 129.38 \times 10^6 = 0$$

c에 대한 3차 방정식의 해 중에서 양수인 해를 구하면

$$c = 484\ mm$$

압축철근과 인장철근의 변형률을 구하면

$$\varepsilon_s' = \varepsilon_{cu} \frac{c-d'}{c} = 0.0033 \times \frac{484-70}{484} = 0.00282 > \varepsilon_y\ (=0.002)$$

$$\varepsilon_s = \varepsilon_{cu} \frac{d-c}{c} = 0.0033 \times \frac{530-484}{484} = 0.00031 < \varepsilon_y\ (=0.002)$$

가정한대로 압축철근은 항복하고 인장철근은 항복하지 않는 탄성상태이다. 이때의 변형률분포는 그림 6-23(c)와 같다. 이제 c의 값을 대입하여 C_c와 T의 값을 구하고 C_s 와 함께 나타내면

$$C_c = 8{,}160c = 8{,}160 \times 484 = 3{,}949{,}440\ N$$

$$C_s = 1{,}189{,}787\ N$$

$$T = 2{,}096{,}820 \times \frac{530-c}{c} = 2{,}096{,}820 \times \frac{530-484}{484} = 199{,}285\ N$$

공칭축강도 P_n을 구하면

$$P_n = C_c + C_s - T = 3{,}949{,}440 + 1{,}189{,}000 - 199{,}285 = 4{,}939{,}942\ N = 4{,}940\ kN$$

편심의 값을 이용하여 공칭휨강도 M_n을 구하면

$$M_n = P_n e = 4{,}940 \times 0.15 = 741\ kN \cdot m$$

소성중심을 중심으로 회전하는 세 내력의 휨모멘트로 공칭휨강도 M_n을 다시 구하기 위하여 소성중심과 C_c, C_s, T 사이의 팔길이를 각각 구하면

$$z_{cc} = \frac{h}{2} - \frac{\beta_1 c}{2} = \frac{600}{2} - \frac{0.8 \times 484}{2} = 106\ mm$$

$$z_{cs} = \frac{h}{2} - d' = \frac{600}{2} - 70 = 230\ mm$$

$$z_{ts} = d - \frac{h}{2} = 530 - \frac{600}{2} = 230\ mm$$

공칭휨강도 M_n을 다시 구하면, 그림 6-23(d)와 같이 세 내력 C_c, C_s, T가 모두 소성중심을 중심으로 시계방향으로 회전하므로

$$M_n = C_c z_{cc} + C_s z_{cs} + T z_{ts} = (3{,}949{,}440 \times 106 + 1{,}189{,}787 \times 230 + 199{,}285 \times 230)/10^6$$

$$= 738\ kN \cdot m$$

이 값은 편심의 값을 이용하여 공칭휨강도 741 $kN \cdot m$와 0.27%의 무시할 수 있는 정도의 차이를 보이므로

풀이에 오류가 없다고 판단할 수 있다. 공칭휨강도의 값은 소성중심을 중심으로 회전하는 세 내력의 휨모멘트로 구한 값이 더 많은 유효숫자를 고려한 것이므로 더 정확한 값이라고 할 수 있다. 따라서 공칭휨강도 M_n은 다음과 같다.

$$M_n = 783\,kN \cdot m$$

이제 설계강도를 구하여 강도를 검증하면, 압축지배단면으로 강도감소계수가 0.65이므로

$$\phi M_n = 0.65 \times 738 = 480\,kN \cdot m > M_u\,(=450\,kN \cdot m)$$

$$\phi P_n = 0.65 \times 4{,}940 = 3{,}210\,kN\ > P_u\,(=3{,}000\,kN)$$

따라서 강도성능을 만족한다.

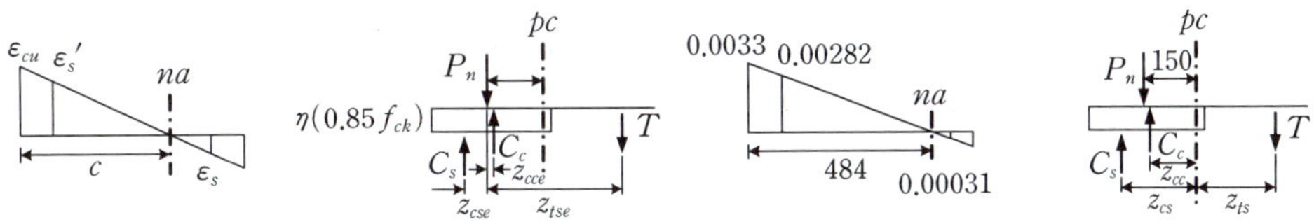

(a) 중립축 위치 (b) P_n에 대한 내력의 팔길이 (c) 변형률분포 (d) 내력 분포

그림 6-23 압축지배단면의 해석

(4) 인장지배영역의 축-휨강도 검증

계수휨모멘트 M_u=600 $kN \cdot m$와 계수축압축력 P_u=1,200 kN이 작용할 때, 편심을 구하고 균형편심과 비교하면

$$e = \frac{M_u}{P_u} = \frac{600 \times 1{,}000}{1{,}200} = 500\,mm > e_b\,(= 390\,mm)$$

편심 e가 균형편심 e_b보다 크므로 인장지배영역으로 구분된다. 축-휨강도 해석은 적합조건과 평형조건으로부터 중립축의 위치를 구하고 내력을 결정한다. 중립축의 깊이 c는 균형변형률 상태의 중립축 깊이 c_b보다 작을 것이므로 그림 6-24(a)와 같이 가정한다. 압축철근의 변형률 ε_s'가 균형변형률 상태의 변형률보다 작을 것이므로 극한상태에서 압축철근의 항복 여부는 아직 알지 못하지만, 항복한다고 가정하여 해석을 수행하고 중립축을 구한 후 항복 여부를 판단한다. 인장철근은 항복할 것이다. 이에 따라 세 내력 C_c, C_s, T을 각각 중립축의 깊이 c로 나타내면

$$C_c = \eta(0.85 f_{ck})\,\beta_1 cb = 1.0 \times (0.85 \times 30) \times 0.8 \times c \times 400 = 8{,}160c$$

$$C_s = A_s'(f_y - 0.85 f_{ck}) = 3{,}177 \times (400 - 0.85 \times 30) = 1{,}189{,}787\,N$$

$$T = A_s f_y = 3{,}177 \times 400 = 1{,}270{,}800\,N$$

평형방정식을 구성하기 위하여 P_n의 위치와 세 내력 C_c, C_s, T 사이의 팔길이를 그림 6-24(b)를 참조하여 각각 구하면

$$z_{cce} - e - \frac{h}{2} + \frac{\beta_1 c}{2} = 500 - \frac{600}{2} - \frac{0.8c}{2} = 200 + 0.4\,c$$

$$z_{cse} = e - \frac{h}{2} + d' = 500 - \frac{600}{2} + 70 = 270\,mm$$

$$z_{tse} = e + \frac{h}{2} - d' = 530 + \frac{600}{2} - 70\ = 730\,mm$$

P_n을 중심으로 세 내력의 휨모멘트 합은 0이 되어야 한다. 이제 평형방정식을 구성하고 정리하면, P_n을 중심으로 T는 시계방향으로 회전하고 C_s와 C_c는 반시계방향으로 회전하므로

$$T\,z_{tse} - C_s\,z_{cse} - C_c\,z_{cce} = 0$$

$$1{,}270{,}800 \times 730 - 1{,}189{,}787 \times 270 - 8{,}160\,c \times (200 + 0.4\,c) = 0$$

$$c^2 + 500\,c - 185{,}797 = 0$$

c에 대한 2차 방정식의 해 중에서 양수인 해를 구하면

$$c = 248\,mm$$

압축철근과 인장철근의 변형률을 구하면

$$\varepsilon_s' = \varepsilon_{cu}\frac{c-d'}{c} = 0.0033 \times \frac{248-70}{248} = 0.00237 > \varepsilon_y\ (=0.002)$$

$$\varepsilon_s = \varepsilon_{cu}\frac{d-c}{c} = 0.0033 \times \frac{530-248}{248} = 0.00375 > \varepsilon_y\ (=0.002)$$

가정한대로 압축철근과 인장철근 모두 항복한다. 이때의 변형률분포는 그림 6-24(c)와 같다. 이제 c의 값을 대입하여 C_c의 값을 구하고 C_s와 T를 함께 나타내면

$$C_c = 8{,}160c = 8{,}160 \times 248 = 2{,}023{,}680\ N$$

$$C_s = 1{,}189{,}787\ N$$

$$T = 1{,}270{,}800\ N$$

공칭축강도 P_n을 구하면

$$P_n = C_c + C_s - T = 2{,}023{,}680 + 1{,}189{,}787 - 1{,}270{,}800 = 1{,}942{,}667\ N = 1{,}943\ kN$$

편심의 값을 이용하여 공칭휨강도 M_n을 구하면

$$M_n = P_n e = 1{,}943 \times 0.5 = 972\ kN \cdot m$$

소성중심을 중심으로 회전하는 세 내력의 휨모멘트로 공칭휨강도 M_n을 다시 구하기 위하여 소성중심과 C_c, C_s, T 사이의 팔길이를 각각 구하면

$$z_{cc} = \frac{h}{2} - \frac{\beta_1 c}{2} = \frac{600}{2} - \frac{0.8 \times 248}{2} = 201\ mm$$

$$z_{cs} = \frac{h}{2} - d' = \frac{600}{2} - 70 = 230\ mm$$

$$z_{ts} = d - \frac{h}{2} = 530 - \frac{600}{2} = 230\ mm$$

공칭휨강도 M_n을 다시 구하면, 그림 6-24(d)와 같이 세 내력 C_c, C_s, T가 모두 소성중심을 중심으로 시계방향으로 회전하므로

$$M_n = C_c z_{cc} + C_s z_{cs} + T z_{ts} = (2{,}023{,}680 \times 201 + 1{,}189{,}787 \times 230 + 1{,}270{,}800 \times 230)/10^6$$
$$= 973\ kN \cdot m$$

이 값은 편심의 값을 이용하여 공칭휨강도 972 $kN \cdot m$와 0.10%의 무시할 수 있는 정도의 차이를 보이므로 풀이에 오류가 없다고 판단할 수 있다. 공칭휨강도의 값은 소성중심을 중심으로 회전하는 세 내력의 휨모멘트로 구한 값이 더 많은 유효숫자를 고려한 것이므로 더 정확한 값이라고 할 수 있다. 따라서 공칭휨강도 M_n은 다음과 같다.

$$M_n = 973\ kN \cdot m$$

설계강도를 구하기 위해서는 강도감소계수를 결정하여야 한다. 강도감소계수는 최외단 인장철근의 순인장변형률 ε_t의 값과 인장지배 한계변형률 0.005와의 비교로 다음과 같이 판단한다.

$$\varepsilon_y < (\varepsilon_t = \varepsilon_s = 0.00375) < 0.005$$

따라서 변화구간단면에 해당한다. 변화구간단면의 강도감소계수를 구하면

$$\phi = \phi + \frac{\phi_f - \phi_c}{\varepsilon_{ttc,\,min} - \varepsilon_y}(\varepsilon_t - \varepsilon_y) = 0.65 + \frac{0.85-0.65}{0.005-0.002}(0.00375-0.002) = 0.767$$

이제 설계강도를 구하여 강도를 검증하면, 변화구간단면으로 강도감소계수가 0.767이므로

$$\phi M_n = 0.767 \times 793 = 746\,kN \cdot m > M_u\,(=600\,kN \cdot m)$$

$$\phi P_n = 0.767 \times 1{,}943 = 1{,}490\,kN > P_u\,(=1{,}200\,kN)$$

따라서 강도성능을 만족한다.

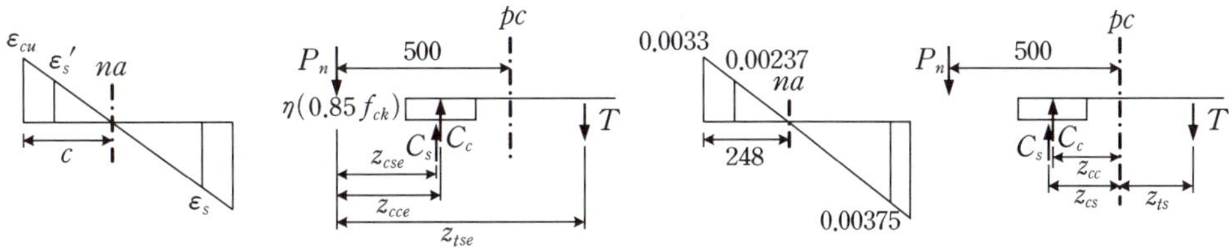

(a) 중립축 위치 (b) P_n에 대한 내력의 팔길이 (c) 변형률분포 (d) 내력 분포

그림 6-24 인장지배영역의 해석

예제 6-2 앞 예제 6-1의 단면에 대하여 KDS 14 20 콘크리트구조 설계기준에 따라 변화구간단면에서 인장지배단면으로 전환되는 편심과 공칭강도 및 설계강도를 구하고, 축력이 0일 때의 공칭휨강도가 608kN·m라면 예제 6-1의 결과와 함께 공칭축-휨강도 상관도와 설계축-휨강도 상관도를 작성하시오. 또 설계축-휨강도 상관도를 이용하여 앞 예제 6-1의 세 가지 계수단면력에 대한 강도검증을 수행하시오.

〈풀이〉

(1) 인장지배단면 한계변형률분포에 대한 축-휨강도 해석

철근의 설계기준항복강도가 400 MPa이므로, 철근의 항복변형률 ε_y는 0.002이고 인장지배단면의 한계변형률, 즉 인장지배변형률 한계 $\varepsilon_{ttc,min}$는 0.005이다. 콘크리트 설계기준강도가 30 MPa이므로 극한변형률 ε_{cu}는 0.0033이다. 이에 따라 그림 6-25(a)의 인장지배단면 한계변형률분포에서 중립축 좌우 ε_{cu}와 $\varepsilon_{ttc,min}$까지 두 삼각형의 닮은비로 중립축 깊이 c_t를 구하면

$$c_t = \frac{\varepsilon_{cu}}{\varepsilon_{ttc,\,min} + \varepsilon_{cu}} d = \frac{0.0033}{0.005+0.0033} \times 530 = 221\,mm$$

이때 삼각형의 닮은비로 압축철근의 변형률 ε_s'을 구하고 항복 여부를 판단하면

$$\varepsilon_s' = \varepsilon_{cu}\frac{c_t - d'}{c_t} = 0.0033 \times \frac{221-70}{221} = 0.00225 > \varepsilon_y\,(=0.002)$$

따라서 인장지배단면 한계변형률분포에서 압축철근은 항복하며, 이때의 변형률분포는 그림 6-25(b)와 같다. 이제 콘크리트의 압축력 C_c, 압축철근의 압축력 C_s, 인장철근의 인장력 T를 구하면

$$C_c = \eta(0.85 f_{ck})\,\beta_1\,c_t\,b = 1.0 \times (0.85 \times 30) \times 0.8 \times 221 \times 400 = 1{,}803{,}400\,N$$

$$C_s = A_s'(f_y - 0.85 f_{ck}) = 3{,}177 \times (400 - 0.85 \times 30) = 1{,}189{,}787\,N$$

$$T = A_s f_y = 3{,}177 \times 400 = 1{,}270{,}800\,N$$

이들 세 내력의 합력으로 균형변형률 상태에서의 축강도 P_{tn}을 구하면

$$P_{tn} = C_c + C_s - T = 1{,}803{,}400 + 1{,}189{,}787 - 1{,}270{,}000 = 1{,}722{,}387\ N = 1{,}722\ kN$$

세 내력에 의한 휨모멘트를 구하기 위해서 소성중심과 C_c, C_s, T 사이의 팔길이를 각각 구하면

$$z_{cc} = \frac{h}{2} - \frac{\beta_1 c_t}{2} = \frac{600}{2} - \frac{0.8 \times 221}{2} = 212\ mm$$

$$z_{cs} = \frac{h}{2} - d' = \frac{600}{2} - 70 = 230\ mm$$

$$z_{ts} = d - \frac{h}{2} = 530 - \frac{600}{2} = 230\ mm$$

따라서 내력분포는 그림 6-25(c)와 같다.

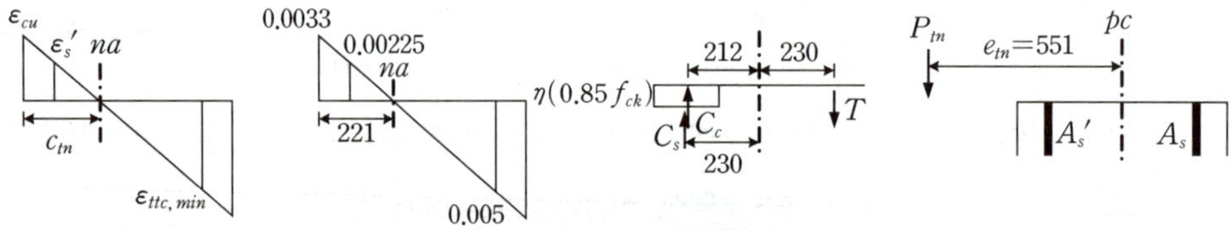

(a) 한계변형률 상태　(b) 중립축 위치　(c) 내력 분포　(d) 편심

그림 6-25 인장지배단면 한계변형률상태의 해석

이제 균형변형률 상태에서의 휨강도 M_{tn}을 구하면, 세 내력 C_c, C_s, T가 모두 소성중심을 중심으로 시계방향으로 회전하므로

$$\begin{aligned} M_{tn} &= C_c z_{cc} + C_s z_{cs} + T z_{ts} \\ &= (1{,}803{,}400 \times 212 + 1{,}189{,}787 \times 230 + 1{,}270{,}800 \times 230)/10^6 = 948\ kN \cdot m \end{aligned}$$

이때의 편심 e_{tn}를 구하면

$$e_{tn} = \frac{M_{tu}}{P_{tu}} = \frac{948 \times 1{,}000}{1{,}722} = 551\ mm$$

축강도 P_{tn}의 작용위치는 그림 6-25(d)와 같다.

이때의 설계강도를 구하면 다음과 같다.

$$\phi M_n = \phi M_{tn} = 0.85 \times 948 = 806\ kN \cdot m$$

$$\phi P_n = \phi P_{tn} = 0.85 \times 1{,}722 = 1{,}460\ kN$$

(2) 축-휨강도 상관도

축력이 0일 때 공칭휨강도가 608 $kN \cdot m$이므로 설계휨강도는

$$\phi M_n = 0.85 \times 608 = 517\ kN \cdot m$$

예제 6-1과 이 예제의 공칭축-휨강도 해석 결과를 정리하면 다음과 같다.

$e = 0$에서 $M_n = 0$　$P_o = 8{,}500\ kN$

$e = 0$에서 $M_n = 0$　$P_{n,\ max} = 6{,}800\ kN$

$e = 150\ mm$에서 $M_n = 738\ kN \cdot m$　$P_n = 4{,}940\ kN$

$e_b = 390\ mm$에서 $M_b = 1{,}018\ kN \cdot m$　$P_b = 2{,}612\ kN$

$e = 500\ mm$에서 $M_n = 973\ kN \cdot m \quad P_n = 1{,}943\ kN$

$e_{tn} = 551\ mm$에서 $M_{tn} = 948\ kN \cdot m \quad P_{tn} = 1{,}722\ kN$

$e = \infty$에서 $M_n = 608\ kN \cdot m \quad P_n = 0$

예제 6-1과 이 예제의 설계축-휨강도 해석 결과를 정리하면 다음과 같다.

$e = 0$에서 $\phi M_n = 0 \quad \phi P_{n,max} = 4{,}420\ kN$

$e = 150\ mm$에서 $\phi M_n = 480\ kN \cdot m \quad \phi P_n = 3{,}210\ kN$

$e_b = 390\ mm$에서 $\phi M_b = 662\ kN \cdot m \quad \phi P_b = 1{,}700\ kN$

$e = 500\ mm$에서 $\phi M_n = 746\ kN \cdot m \quad \phi P_n = 1{,}490\ kN$

$e_{tn} = 551\ mm$에서 $\phi M_{tn} = 806\ kN \cdot m \quad \phi P_{tn} = 1{,}460\ kN$

$e = \infty$에서 $\phi M_n = 517\ kN \cdot m \quad \phi P_n = 0$

이상 6개의 공칭강도 해석결과를 직선으로 연결하여 구성한 공칭축-휨강도 상관도와 설계축-휨강도 상관도는 그림 6-26(a)와 같다. 그림 6-26(b)는 컴퓨터 프로그램을 이용하여 201개의 해석결과로 구성한 정해의 축-휨강도 상관도로 공칭강도와 설계강도를 나타낸다. 그림 6-26(c)는 예제 6-1에서 다룬 세 가지 계수단면력에 대한 설계축-휨강도의 검증으로, 모든 계수단면력 좌표가 설계축-휨강도 상관도의 내부에 위치함으로써 강도가 만족된다는 것을 보여준다.

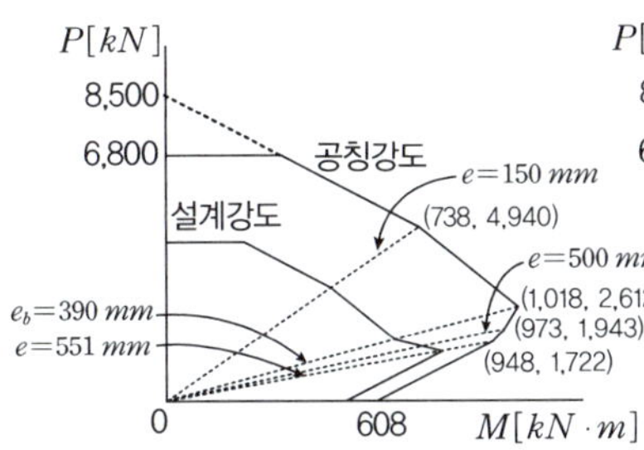

(a) 수계산에 의한 상관도

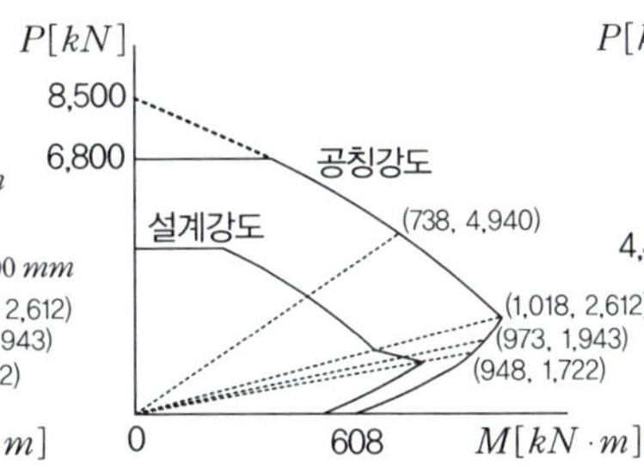

(b) 컴퓨터 해석에 의한 상관도

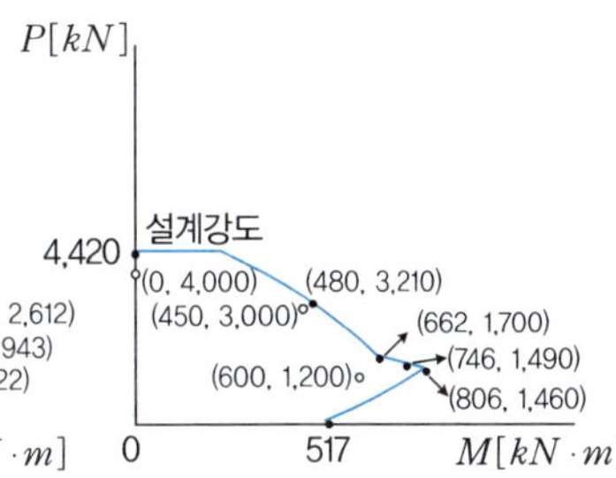

(c) 설계축-휨강도의 검증

그림 6-26 축-휨강도 상관도와 강도검증

예제 6-3 앞 예제 6-1의 그림 6-21과 같이 폭 b=400mm, 깊이 h=600mm인 직사각형 단면을 가진 띠철근 기둥에 D32 철근 여덟 개가 네 개씩 대칭으로 배치되어 있다. 이 기둥이 옥외의 공기에 직접 노출되는 위치인 경우, 콘크리트KDS 14 20 콘크리트구조 설계기준에 따라 축방향 철근의 배치 규정을 검증하고 띠철근 배치 설계를 수행하시오.

〈풀이〉

(1) 띠철근의 지름과 수직간격

축방향 철근이 D32 이하일 때는 띠철근으로 D10 이상의 철근을 사용해야 한다. 이 예제에서는 축방향 철근이 D32로 비교적 굵은 철근이므로 설계자의 공학적 판단에 따라 띠철근으로 D13 철근을 사용하기로 한다. 띠철근의 간격을 결정하기 위하여 세 가지의 조건, 즉 축방향 철근지름의 16배, 띠철근이나 철선지름의 48배, 기둥 단면의 최소 치수를 검토하면

$$16\,d_{b,long} = 16 \times 31.8 = 509\,mm$$

$$48\,d_{b,tie} = 48 \times 12.7 = 610\,mm$$

$$[b, h]_{smallest} = 400\,mm$$

기둥 단면의 최소 치수 400 mm가 가장 작으므로, 띠철근 수직간격 s를 400 mm로 하여 배치한다.

(2) 축방향 철근의 순간격

축방향 철근의 순간격은 40 mm, 철근 공칭 지름의 1.5배, 굵은골재 최대치수의 4/3배 중 가장 큰 값 이상이어야 한다. 굵은골재 최대치수로 20 mm 골재를 사용한다고 가정하고 이를 검토하면

$$s_{cl,req} = 40\,mm$$

$$1.5\,d_{b,long} = 1.5 \times 31.8 = 47.7\,mm$$

$$(4/3)\,a_{max} = 4 \times 20/3 = 26.7\,mm$$

따라서 축방향 철근의 순간격은 47.7 mm인 $s_{cl,min}$ 이상이어야 한다.

3장 3.4.4절의 표 3-13에 따라 옥외의 공기에 직접 노출되는 콘크리트로 철근이 D19 이상인 경우에는 최소 피복두께가 50 mm이다. 피복두께가 50 mm이고 D13 띠철근을 사용하는 경우, 그림 6-21에서 같은 열에 배치된 D32 철근 4개의 순간격을 3장 3.4.2절의 표 3-9의 띠철근 구부림 내면반지름을 고려하여 계산하면

$$s_{cl} = \frac{b - 2c_{cl} - 2d_{b,tie} - 2r_s - 3d_{b,long}}{3} = \frac{400 - 2\times50 - 2\times12.7 - 2\times12.7 - 3\times31.8}{3}$$

$$= 51.3\,mm > s_{cl,min}\,(= 47.7\,mm)$$

따라서 축방향 철근의 최소 순간격 규정을 만족한다.

(3) 띠철근의 형상과 가공

135° 이하의 띠철근 모서리로 구속되어야 할 축방향 철근을 고려한 띠철근의 배치 형상을 결정하기 위하여 먼저 축방향 철근의 순간격을 검토한다. 축방향 철근의 순간격이 150 mm 이하인 경우에는 모든 모서리 축방향 철근과 하나 건너 위치하고 있는 축방향 철근들을 135° 이하로 구부린 띠철근의 모서리로 횡지지하여야 한다. 축방향 철근의 순간격이 150 mm를 초과하는 경우에는 모든 축방향 철근들을 135° 이하로 구부린 띠철근의 모서리로 횡지지하여야 한다.

이 예제의 경우 축방향 철근의 순간격이 51.3 mm로 150 mm 이하이므로, 모서리 축방향 철근과 하나 건너 위치하고 있는 축방향 철근들을 135° 이하로 구부린 띠철근의 모서리로 횡지지하면 된다. 축방향 철근 1열이 4개로 구성된 경우 양쪽 끝 모서리의 두 축방향 철근은 사각형 후프 띠철근의 90° 모서리로 구속하여야 한다. 양쪽 끝 모서리의 축방향 철근을 제외한 내부의 축방향 철근은 모서리 축방향 철근에서 하나 건너 위치하고 있는 축방향 철근을 135° 이하로 구부린 띠철근의 모서리로 구속하면 되므로, 수직방향으로 번갈아 가며 구속하거나 아니면 보수적으로 모두 구속하여도 좋다.

따라서 그림 6-23와 같은 네 가지 종류의 띠철근 형상과 배치가 가능하다. 즉, 그림 6-27(a)는 단면 전체를 감싸는 큰 직사각형 후프띠철근에 작은 크기의 사각형 띠철근을 추가하여 띠철근을 구성한 것이고, 그림 6-27(b)는 중간 크기의 직사각형 띠철근 두 개를 겹쳐서 띠철근을 구성한 것이다. 그림 6-27(c)는 단면 전체를 감싸는 큰 직사각형 후프띠철근에 'J'자 형태의 보강띠철근 두 개를 추가하여 띠철근을 구성한 것이다. 보강띠철근의 135° 갈고리와 90° 갈고리는 같은 각도의 갈고리가 수평방향과 수직방향으로 같은 열에 존재하지 않도록 엇갈리게 배치하여야 한다. 즉, 수평방향과 수직방향의 양쪽 방향으로 135° 갈고리와 90° 갈고리가 번갈아 나타나도록 배치하는 것이다. 그림 6-27(d)는 단면 전체를 감싸는 큰 직사각형 후프띠철근에 'J'자 형태의 보강띠철근 한 개를 추가하여 띠철근을 구성한 것이다. 그림 6-27(d)는 보강띠철근이 위에서 세 번째 축방향철근을 감싸고 있는데, 기둥의 수직방향으로 그 위 또는 아래의 띠철근은 위에서 두 번째

축방향철근을 보강띠철근으로 감싸도록 배치한다. 이때에도 보강띠철근의 135° 갈고리와 90° 갈고리는 수직 방향으로 엇갈리게 배치한다.

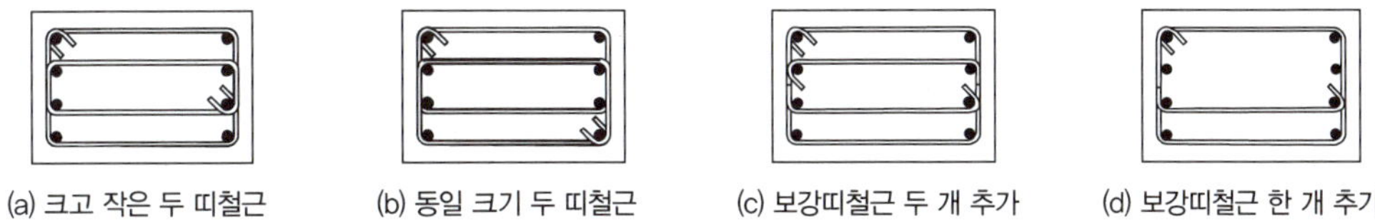

그림 6-27 띠철근 형상

예제 6-4 콘크리트 설계기준압축강도 f_{ck}가 30 MPa이고 지름이 800 mm이며 피복두께가 50 mm인 원형 기둥에 SD400의 10-D29 철근을 축방향 철근을 배치하고 횡방향 철근으로 나선철근을 배치하여 그림 6-28과 같은 단면을 가진 나선철근 기둥을 설계하려고 한다. KDS 14 20 콘크리트구조 설계기준에 따라 이 기둥의 공칭축압축강도와 설계축압축강도를 계산하고, 8,500 kN의 계수축압축력 P_u가 작용할 때 강도검증을 수행하시오. 콘크리트 KDS 14 20 콘크리트구조 설계기준에 따라 나선철근 배치 설계를 수행하고, 횡구속 콘크리트의 응력-변형률 관계를 이용하여 피복콘크리트가 탈락한 후 심부콘크리트가 저항할 수 있는 축압축강도와 극한변형률을 구하시오.

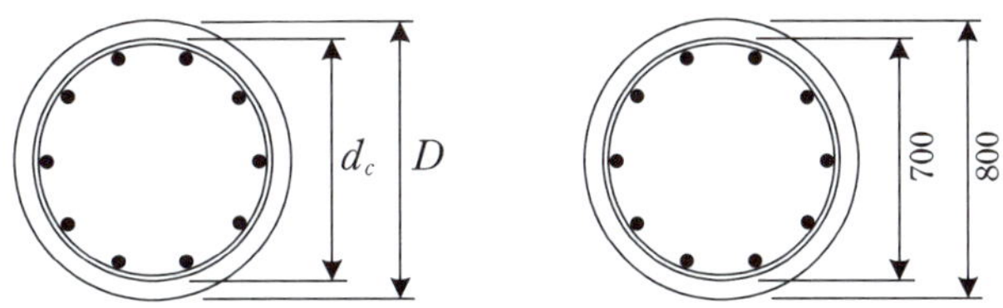

그림 6-28 예제 6-4의 단면

〈풀이〉

(1) 공칭축압축강도와 설계축압축강도

축압축강도를 구하기 위하여 먼저 기둥 단면적을 구하면

$$A_g = \frac{\pi D^2}{4} = \frac{\pi \times 800^2}{4} = 502{,}700\ mm^2$$

D29 축방향 철근 열 개가 배치되므로 축방향 철근 단면적은 다음과 같이 6,424 mm^2이다.

$$A_{st} = 6{,}424\ mm^2$$

축방향 철근비를 구하면

$$\rho_g = \frac{A_{st}}{A_g} = \frac{6{,}424}{502{,}700} = 0.0128$$

축압축강도를 계산하면

$$P_o = 0.85 f_{ck}(A_g - A_{st}) + f_y A_{st}$$

$$= [0.85 \times 30 \times (502{,}700 - 6{,}424) + 400 \times 6{,}424]/1{,}000 = 15{,}200\ kN$$

나선철근 기둥이므로 최대 공칭축압축강도는

$$P_{n,max} = 0.85\, P_o = 0.85 \times 15{,}200 = 12{,}900\ kN$$

나선철근 기둥의 강도감소계수는 0.70이므로, 설계축압축강도를 구하고 계수축압축력에 대한 강도검증을 수행하면

$$\phi P_{n,max} = 0.7\,P_{n,max} = 0.7\times12{,}900 = 9{,}030\,kN > P_u\,(=8{,}500\,kN)$$

따라서 압축강도를 만족한다.

(2) 나선철근의 지름과 간격

콘크리트 심부의 지름은 나선철근 바깥으로 측정한 지름으로 정의되어 있으므로, 피복두께 c_{cv}가 50 mm인 이 기둥단면의 심부의 지름을 구하면

$$d_c = D-2c_{cv} = 800-2\times50 = 700\,mm$$

콘크리트 심부의 단면적을 계산하면

$$A_{ch} = \frac{\pi d_c^2}{4} = \frac{\pi\times700^2}{4} = 384{,}800\,mm^2$$

항복강도가 400 MPa인 나선철근을 사용하는 것으로 가정하고 KDS 14 20 콘크리트구조 설계기준에 따라 소요나선철근비 $\rho_{s,req}$를 구하면

$$\rho_{s,req} = 0.45\left(\frac{A_g}{A_{ch}}-1\right)\frac{f_{ck}}{f_{yt}} = 0.45\times\left(\frac{502{,}700}{384{,}800}-1\right)\times\frac{30}{400} = 0.01034$$

지름이 13 mm인 철근을 나선철근으로 사용하는 경우 나선철근의 단면적 A_{sp}가 126.7 mm^2이므로, 식 (6·56)의 ρ_s를 소요나선철근비 $\rho_{s,req}$로 하여 소요간격 s_{req}를 계산하면

$$s_{req} = \frac{4\,A_{sp}}{\rho_{s,req}\,d_c} = \frac{4\times126.7}{0.0103\times700} = 70.3\,mm$$

따라서 소요간격 s_{req}보다 작은 70 mm를 나선철근의 중심간격 s로 선택한다. 중심간격 70 mm의 SD400 D13 나선철근비는

$$\rho_s = \frac{4\,A_{sp}}{s\,d_c} = \frac{4\times126.7}{70\times700} = 0.01034$$

이때의 순간격은 25 mm와 75 mm 사이의 값이어야 하며 또한 굵은골재 최대치수의 4/3배 이상이어야 한다. 굵은골재 최대치수로 20 mm 골재를 사용한다고 가정하고 이를 검토하면

$$(4/3)a_{max} = 4\times20/3 = 26.7\,mm$$

이 값은 최소 순간격 25 mm보다 크므로, 나선철근의 순간격은 26.7 mm와 75 mm 사이의 값이어야 한다. 이제 공칭지름이 12.7 mm인 D13 나선철근을 70 mm의 중심간격으로 배치할 때 순간격 s_{cl}을 구하면

$$s_{cl} = s-d_{b,sp} = 70-12.7 = 57.3\,mm$$

순간격 57.3 mm는 26.7 mm와 75 mm 사이의 값이므로 기준에 만족한다.

한편 KDS 14 20 콘크리트구조 설계기준에서 나선철근의 설계기준항복강도를 최대 700 MPa까지 허용하고 있다. 이에 따라 위에서 선택한 중심간격 70 mm의 SD400 D13 나선철근을 대신하여 SD700 D10 철근을 선택한다면, 공칭지름 $d_{b,sp}$가 9.53 mm, 단면적 A_{sp}가 71.33 mm^2, 항복강도 f_{yt}가 700 MPa이므로

$$\rho_{s,req} = 0.45\left(\frac{A_g}{A_{ch}}-1\right)\frac{f_{ck}}{f_{yt}} = 0.45\times\left(\frac{502{,}700}{384{,}800}-1\right)\times\frac{30}{700} = 0.00591$$

$$s_{req} = \frac{4\,A_{sp}}{\rho_{s,req}\,d_c} = \frac{4\times71.33}{0.00591\times700} = 69.0\,mm$$

따라서 69 mm를 나선철근의 중심간격 s로 선택하면

$$s_{cl} = s-d_{b,sp} = 69-9.53 = 59.5\,mm$$

순간격 59.5 mm는 26.7 mm와 75 mm 사이의 값이므로 기준에 만족한다.

따라서 중심간격 70 mm의 SD400 D13 나선철근을 배치하거나, 또는 중심간격 69 mm의 SD700 D10 나선철근을 배치할 수 있다.

(3) 콘크리트 심부의 축압축강도와 극한변형률

중심간격 70 mm의 SD400 D13 나선철근을 배치한 경우, 2장 2.1.12절의 식 (2 · 65)에 따라 횡방향 유효 압축응력 f_{c2}를 구하면, f_{yh}는 f_{yt}와 같은 것이므로

$$f_{c2} = \frac{1}{2}\rho_s f_{yh}\left(1-\frac{s}{d_c}\right) = \frac{1}{2}\times 0.01034\times 400\times\left(1-\frac{70}{700}\right) = 1.86\ MPa$$

횡구속효과로 인하여 증가된 심부콘크리트의 압축강도 $f_{ck,c}$를 식 (2 · 62)에 따라 구하면

$$f_{ck,c} = f_{ck}+3.7 f_{c2} = 30+3.7\times 1.86 = 36.9\ MPa$$

콘크리트 심부의 축압축강도를 계산하면

$$P_{och} = 0.85 f_{ck,c}(A_{ch}-A_{st})+f_y A_{st}$$

$$= [0.85\times 36.9\times(384{,}800-6{,}424)+400\times 6{,}424]/1{,}000 = 14{,}440\ kN$$

콘크리트 심부의 설계축압축강도를 구하고 계수축압축력에 대한 강도검증을 수행하면

$$\phi P_{nch,max} = 0.7(0.85\,P_{och}) = 0.7\times 0.85\times 14{,}440 = 8{,}590\ kN > P_u\,(= 8{,}500\ kN)$$

이제 극한변형률을 구하기 위하여 설계기준압축강도에 대한 콘크리트 심부의 증가된 압축강도 비율을 구하면

$$\frac{f_{ck,c}}{f_{ck}} = \frac{36.9}{30} = 1.23$$

증가된 정점변형률 $\varepsilon_{co,c}$를 구하면

$$\varepsilon_{co,c} = \varepsilon_{co}(f_{ck,c})^2 = 0.002\times 1.23^2 = 0.00303$$

증가된 극한변형률 $\varepsilon_{cu,c}$를 구하면

$$\varepsilon_{cu,c} = \varepsilon_{cu}\frac{0.2 f_{c2}}{f_{ck}} = 0.0033+\frac{0.2\times 1.86}{30} = 0.0157$$

(4) 심부구속효과

이상의 결과를 정리하면 콘크리트 심부의 압축강도는 30 MPa에서 36.9 MPa로 1.23배가 되고, 정점변형률은 0.002에서 0.00303으로 1.52배가 되며, 극한변형률은 0.0033에서 0.0157로 4.76배가 되어 연성능력이 크게 증가한다.

기둥단면의 축압축강도 P_o는 15,200 kN이고 콘크리트 심부의 축압축강도 P_{och}가 14,440 kN이므로, 콘크리트 피복이 파괴된 후 기둥의 축압축강도가 5% 감소된 수준으로 저항한다는 결과를 나타내었다. 이것은 KDS 14 20 콘크리트구조 설계기준의 최소 나선철근비를 나타내는 식 (6 · 62)가 횡구속 응력을 정수압(hydrostatic pressure) 상태의 횡방향 압력으로 가정하고 계수 k_m 값을 4.0으로 가정하여 유도된 식이고, 단면설계와 설계검증에 적용되는 횡구속 콘크리트의 응력-변형률 모델은 횡구속 철근의 간격을 고려하여 s/d_c 비율만큼 횡구속 효과가 감소되는 효과를 고려하고 계수 k_m 값으로 3.7을 적용하는 보수적인 모델이기 때문이다. KDS 14 20 콘크리트구조 설계기준의 횡구속 콘크리트의 응력-변형률 모델을 적용할 때, 콘크리트 심부의 축압축강도 P_{och}가 전체 단면의 축압축강도 P_o인 15,200 kN 이상의 값을 가지려면 SD400 D13 나선철근 또는 SD700 D10 나선철근의 중심간격을 52 mm로 배치하여야 한다.

6.3.4 콘크리트구조 설계기준 부록의 재료계수 적용에 따른 설계강도

KDS 14 20 콘크리트구조 설계기준[6.1]은 부재계수 형태로의 강도감소계수의 적용을 기본으로 하고 있다. 그러나 휨모멘트와 축력을 받는 부재의 설계휨강도, 설계축강도, 설계축-휨강도 해석에는 KDS 14 20 20 '콘크리트구조 휨 및 압축 설계기준'의 부록에 따라 KDS 24 14 21 콘크리트교 설계기준(한계상태 설계법)[6.3]과 동일한 재료계수의 적용을 허용하고 있다. 이 내용은 콘크리트구조 학회기준(2017)[6.12]의 '부록 II 재료계수를 적용한 휨 및 압축 부재의 별도 설계'를 차용한 것이다.

재료계수를 적용하여 설계강도를 결정하는 방법은 3장 3.5.2절과 5장 5.1.2절에 소개된 바 있는데, 콘크리트와 철근 및 프리스트레싱 강재의 설계기준재료강도(specified material strength)에 재료계수를 적용한 설계재료강도(design material strength)를 대상으로 단면해석을 수행하여 단면의 설계강도를 결정한다. 콘크리트의 재료계수 ϕ_c로는 0.65를, 철근과 프리스트레싱 강재의 재료계수 ϕ_s로는 0.90을 적용한다.

휨압축부재에서 최소편심의 영향을 고려하는 방법은 6.2.2절 [4]항에서 그림 6-10으로 설명한 바와 같이 두 가지가 있는데, 휨과 압축에 대한 강도감소계수를 적용하여 설계강도를 결정할 때는 축압축강도를 제한하는 방법을 적용한다. 즉, 축압축강도 P_o에 0.8 또는 0.85를 곱하여 최대 공칭축압축강도 $P_{n,\,max}$를 구하고 이 최댓값에 강도감소계수 ϕ를 곱하여 최대 설계축압축강도 $\phi P_{n,\,max}$를 결정한 후 계수축력 P_u가 $\phi P_{n,\,max}$ 이하임을 검증하는 방법이다.

재료계수를 적용하여 설계검증을 수행할 때는 최소휨모멘트 M_{min}을 앞의 식 (6·11)로 구하고 설계축-휨강도 상관도에 계수단면력의 좌표 (M_{min}, P_u)를 표시하여 설계축-휨강도 상관도의 내부에 존재함을 나타내는 형태로 검증한다.

$$M_{min} = P_u\, e_{min} \tag{6·11}$$

여기서 최소편심 e_{min}은 KDS 14 20 콘크리트구조 설계기준[6.1]에서 앞의 식 (6·8)로 규정하고 있다. h는 단면의 각 주축에 대한 부재의 전체두께이며, e_{min}과 h는 모두 mm 단위이다.

$$e_{min} = 15+0.03\,h \tag{6·8}$$

재료계수를 적용한 설계축압축강도는 축방향철근의 설계항복변형률 $\phi_s\,\varepsilon_y$가 콘크리트의 정점변형률 ε_{co} 이하인 경우, 즉 6.2.2절 [4]항에서 설명한 바와 같이 한계상태에서 축방향철근이 항복하는 경우에는 다음 식에 따라 설계축강도 P_{do}를 결정한다.

$$P_{do} = \phi_c\,(0.85\,f_{ck})\,(A_g - A_{st}) + \phi_s f_y\, A_{st} \tag{6·63}$$

축방향철근의 설계항복변형률 $\phi_s\,\varepsilon_y$가 콘크리트의 정점변형률 ε_{co}를 초과하는 경우, 즉 한계상태에서 축방향철근이 항복하지 않는 경우에는 다음 식에 따라 설계축강도 P_{do}를 결정한다. 단, 콘크리트의 크리프 영향을 고려하고자 할 때에는 ε_{co} 대신 증가된 변형률 한계를 적용하고 축방향철근의 항복 여부를 판단하여 설계축강도를 결정할 수 있다.

$$P_{do} = \phi_c\,(0.85\,f_{ck})\,(A_g - A_{st}) + \phi_s\,\varepsilon_{co}\,E_s\,A_{st} \tag{6·64}$$

재료계수를 적용한 설계축-휨강도 해석법은 다음 6.4절에 소개하는데, 부재계수 형태로의 강도감소계수를 적용한 설계축-휨강도 상관도의 형상과 재료계수를 적용한 설계축-휨강도 상관도의 형상을 비교하면 그림 6-29와 같다. 그림 6-29(a)와 같이 축방향 철근비가 0.01인 경우에는 전반적으로 유사한 설계강도분포를 보이는데, 압축지배영역에서 재료계수를 적용한 설계강도가 다소 크고 균형점 아래 인장지배영역의 일부 구간에서 강도감소계수를 적용한 설계강도가 다소 큰 형상을 보인다. 그림 6-29(b)와 같이 축방향 철근비가 0.03인 경우에는 압축지배영역에서 재료계수를 적용한 설계강도가 크고 균형점 아래 인장지배영역에서는 두 가지 설계강도가 유사한 형상을 보인다.

이 두 가지 경우의 설계축-휨강도 상관도를 비교하면 재료계수를 적용한 설계강도가 강도감소계수를 적용한 설계강도보다 전반적으로 크며, 압축지배영역에서 특히 크게 나타난다는 것을 알 수 있다. 이것은 강도감소계수를 적용할 때에는 공칭축-휨강도에 0.65의 압축지배단면 강도감소계수를 곱하여 일률적으로 65%로 감소시키지만, 재료계수를 적용할 때에는 콘크리트에 0.65를 적용하고 철근에 0.9를 적용하여 철근의 기여성분을 크게 취하기 때문이다. 한편 인장지배영역에서는 압축지배영역과는 달리 두 가지 설계축-휨강도가 유사하다고 할 수 있다. 이것은 철근에 0.9를 적용하여 인장철근의 인장력을 항복력의 90%로 취하기 때문에, 이에 평형을 이루어야 하는 콘크리트의 압축응력 $0.65f_{ck}$이 작용하는 면적이 넓어져서 압축력과 인장력 사이의 팔길이가 감소하기 때문이다.

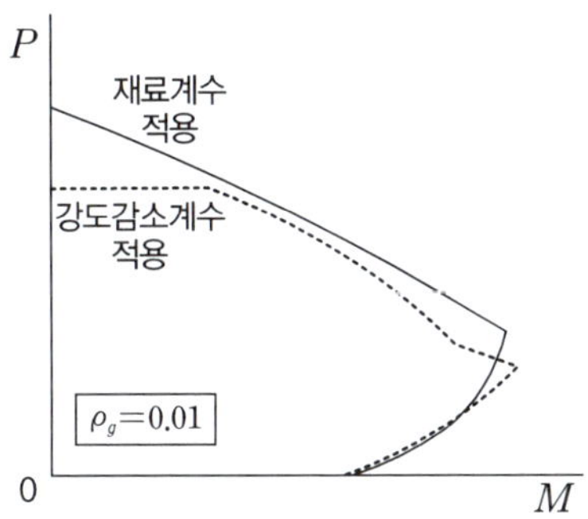

(a) 축방향 철근비가 0.01인 경우

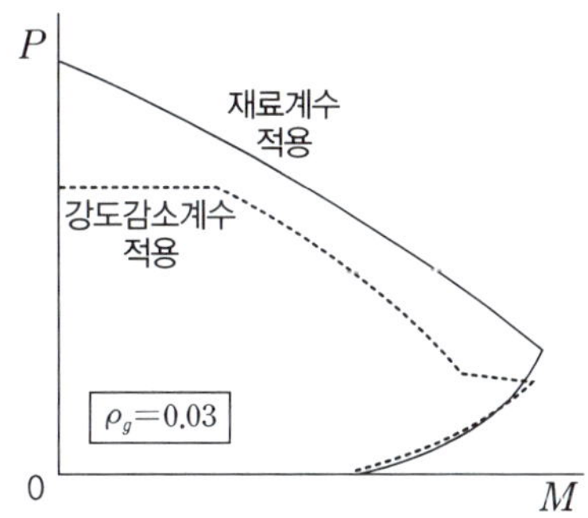

(b) 축방향 철근비가 0.03인 경우

그림 6-29 띠철근 기둥 설계축-휨강도 상관도의 형상 비교

6.4 콘크리트교 설계기준(한계상태설계법)의 축-휨강도 설계검증

6.4.1 재료계수와 설계축-휨강도

축력과 휨모멘트가 작용하는 부재의 축-휨강도 설계검증에 대한 KDS 24 14 21 콘크리트교 설계기준

(한계상태설계법)[6.3]의 규정은 5장 5.3.1절에서 설명한 설계휨강도 해석에 적용한 규정과 동일하다. 즉 콘크리트의 재료계수 ϕ_c로 0.65를, 철근과 프리스트레싱 강재의 재료계수 ϕ_s로 0.90을 적용하여 다음과 같이 콘크리트의 설계압축강도 f_{cd}, 철근의 설계항복강도 f_{yd}, 철근의 설계항복변형률 ε_{yd}를 결정하고 설계강도 해석에 적용한다.

$$f_{cd} = \phi_c \, \alpha_{cc} \, f_{ck} = \phi_c \, (0.85 f_{ck}) \tag{6·65}$$

$$f_{yd} = \phi_s f_y \tag{6·66}$$

$$\varepsilon_{yd} = \phi_s \, \varepsilon_y \tag{6·67}$$

[1] 설계축압축강도

설계축압축강도 P_{do}는 한계상태에서 축방향철근이 항복하는 경우 앞의 식 (6·63)에 따라, 항복하지 않는 경우 앞의 식 (6·64)에 따라 결정한다. 단, 콘크리트의 크리프 영향을 고려할 때에는 ε_{co} 대신 증가된 변형률 한계를 적용하고 축방향철근의 항복 여부를 판단하여 설계축강도를 결정할 수 있다.

$$P_{do} = \phi_c \, (0.85 f_{ck}) \, (A_g - A_{st}) + \phi_s f_y \, A_{st} \tag{6·63}$$

$$P_{do} = \phi_c \, (0.85 f_{ck}) \, (A_g - A_{st}) + \phi_s \, \varepsilon_{co} \, E_s \, A_{st} \tag{6·64}$$

시공오차로 인한 최소편심 e_{min}은 단면의 전체두께 h를 기준으로 한 앞의 식 (6·9)와 20 mm 중 큰 값으로 정의하고, 앞의 식 (6·11)에 따라 최소휨모멘트 M_{min}을 결정하고 강도검증을 수행한다.

$$e_{min} = \frac{h}{30} \tag{6·9}$$

$$M_{min} = P_u \, e_{min} \tag{6·11}$$

[2] 설계균형변형률분포의 설계축–휨강도

직사각형 단면에 대한 설계균형변형률분포의 설계축–휨강도 해석은 그림 6–30(a)에 따라 다음과 같이 설계균형변형률분포에서의 중립축의 깊이 c_{bd}를 구하고 내력을 구한다. 압축연단의 변형률이 ε_{cu}이고 인장연단에 가장 가까운 인장철근의 변형률이 $\phi_s \, \varepsilon_y$인 설계균형변형률분포에서, 압축연단과 인장철근 중심까지의 유효깊이가 d일 때 비례식에 따라 중립축의 깊이 c_{bd}를 구하면 다음과 같다.

$$c_{bd} = \frac{\varepsilon_{cu}}{\phi_s \, \varepsilon_y + \varepsilon_{cu}} \, d \tag{6·65}$$

중립축의 깊이 c_{bd}의 값을 적용하여 콘크리트, 압축철근, 인장철근에 작용하는 내력을 구하고 내력의 합력과 휨모멘트를 구하여 설계축–휨강도를 결정한다. 등가직사각형 압축응력블록을 적용할 때 콘크리트에 작용하는 설계압축력 C_{bd}는 다음과 같다.

$$C_{cd} = \eta \, \phi_c (0.85 f_{ck}) \, \beta_1 \, c_{bd} \, b \tag{6·66}$$

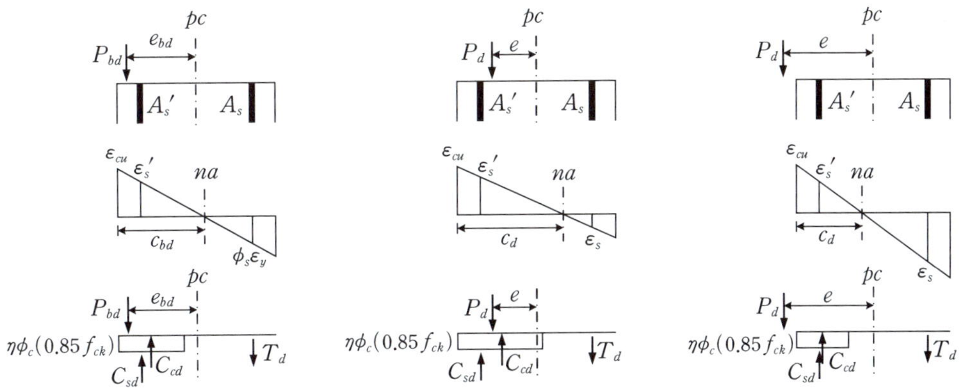

(a) 설계균형변형률 상태 설계강도 해석 (b) 압축지배영역 설계강도 해석 (c) 인장지배영역 설계강도 해석

그림 6-30 변형률 분포와 응력 및 내력 분포

압축철근에 작용하는 설계압축력은 압축철근의 변형률에 따라 항복 여부를 판단하여 결정한다. 압축철근의 변형률 ε_s'을 비례식으로 구하면 다음과 같다.

$$\varepsilon_s' = \varepsilon_{cu}\frac{c_{bd}-d'}{c_{bd}} \tag{6·67}$$

압축철근의 변형률 ε_s'을 철근의 설계항복변형률 $\phi_s\varepsilon_y$와 비교하여 다음과 같이 압축철근의 압축응력 f_s'을 결정한다.

$$\varepsilon_s' < \phi_s\,\varepsilon_y \text{ 일 때, } f_s' = \phi_s\,E_s\,\varepsilon_s' \tag{6·68}$$

$$\varepsilon_s' \geq \phi_s\,\varepsilon_y \text{ 일 때, } f_s' = \phi_s f_y \tag{6·69}$$

압축철근에 작용하는 설계압축력 C_{sd}는 압축철근의 항복 여부에 따라 결정된 압축응력 f_s'을 적용하여 다음과 같이 계산한다.

$$C_{sd} = \phi_s\,A_s'\,[f_s'-\phi_c(0.85f_{ck})] \tag{6·70}$$

인장철근은 항복하는 상태이므로, 인장철근에 작용하는 설계인장력 T_d는 다음과 같다.

$$T_d = \phi_s\,A_s f_y \tag{6·71}$$

설계균형변형률 상태의 설계축강도 P_{bd}는 부재의 축방향으로 저항하는 C_{cd}, C_{sd}, T_d의 합력으로 다음과 같다.

$$P_{bd} = C_{cd}+C_{sd}-T_d \tag{6·72}$$

균형변형률 상태의 설계축강도를 구하려면 팔길이를 먼저 구하여야 한다. 단면의 소성중심과 C_{cd}, C_{sd}, T_d 사이의 거리를 각각 z_{cc}, z_{cs}, z_{ts}라고 하면, 세 내력이 소성중심을 중심으로 저항하는 휨모멘트는 세 내력이 모두 시계방향으로 저항하므로 균형변형률 상태의 설계휨강도 M_{bd}는 다음과 같다.

$$M_{bd} = \sum Fz = C_{cd}\, z_{cc} + C_{sd}\, z_{cs} + T_d\, z_{ts} \tag{6·77}$$

이때의 편심은 설계균형편심 e_{bd}로 다음과 같이 계산한다.

$$e_{bd} = \frac{M_{bd}}{P_{bd}} \tag{6·78}$$

[3] 압축지배와 인장지배 직사각형 단면의 설계축-휨강도

계수단면력 M_u와 P_u에 따른 편심 e에 대한 설계축-휨강도 해석은 그림 6-30의 (b) 및 (c)와 같이 압축지배영역과 인장지배영역을 구분하여 수행한다. 이 과정도 역시 아직 알지 못하는 중립축의 깊이 c_d를 변수로 하여 콘크리트의 설계압축력 C_{cd}, 압축철근의 설계압축력 C_{sd}, 인장철근의 설계인장력 T_d를 표현하고, 이 내력들로 모멘트를 취한 평형방정식의 해로 중립축의 깊이 c_d를 구한 후 C_{cd}, C_{sd}, T_d의 값을 결정하여 설계휨강도 M_d와 설계축강도 P_d를 구하는 과정으로 이루어진다.

콘크리트의 설계압축력 C_{cd}는 다음과 같으며, 여기서 c_d만 변수이고 나머지는 모두 상수이다.

$$C_{cd} = \eta\, \phi_c (0.85 f_{ck})\, \beta_1 c_d\, b \tag{6·79}$$

압축철근의 설계압축력 C_{sd}는 다음과 같이 앞의 식 (6·70)과 동일하다.

$$C_{sd} = \phi_s A_s' [f_s' - \phi_c (0.85 f_{ck})] \tag{6·70}$$

이때 압축철근의 압축응력 f_s'는 항복여부에 따라 앞의 식 (6·68)과 식 (6·69)와 동일하게 선택적으로 적용한다.

$$\varepsilon_s' < \phi_s \varepsilon_y \text{ 일 때, } f_s' = \phi_s E_s \varepsilon_s' \tag{6·68}$$

$$\varepsilon_s' \geq \phi_s \varepsilon_y \text{ 일 때, } f_s' = \phi_s f_y \tag{6·69}$$

일반적인 과정으로는, 먼저 압축철근이 항복한다고 가정하여 식 (6·69)와 같이 f_s'를 f_y로 하여 식 (6·70)의 C_{sd}를 다음과 같이 설정한다.

$$C_{sd} = \phi_s A_s' [f_y - \phi_c (0.85 f_{ck})] \tag{6·80}$$

그 후 C_{cd}, C_{sd}, T_d의 내력들로 모멘트를 취한 평형방정식의 해로 중립축의 깊이 c_d를 구한 후 압축철근의 변형률 ε_s'을 구하여 ε_y와 비교함으로써 압축철근이 항복한다는 가정을 확인한다. 이때 압축철근의 변형률 ε_s'은 변형률분포에 대한 비례식으로 다음과 같이 구한다.

$$\varepsilon_s' = \varepsilon_{cu} \frac{c_d - d'}{c_d} \tag{6·81}$$

만일 압축철근이 항복한다는 가정으로 계산한 c_d로 ε_s'를 구한 결과가 압축철근이 항복하지 않는다고 나타난다면, 압축철근이 항복한다는 가정이 잘못된 것이므로 식 (6·68)과 식 (6·81)을 적용하여 식 (6·70)의 C_{sd}를 다음과 같이 설정한다.

$$C_{sd} = \phi_s A_s' [E_s \varepsilon_s' - \phi_c(0.85 f_{ck})] = \phi_s A_s' \left[E_s \varepsilon_{cu} \frac{c_d - d'}{c_d} - \phi_c(0.85 f_{ck}) \right] \quad (6 \cdot 82)$$

이와 같이 설정한 C_{sd}와 함께 C_{cd}와 T_d의 내력들로 모멘트를 취한 평형방정식의 해로 중립축의 깊이 c_d를 구한 후 압축철근의 변형률 ε_s'을 구하여 ε_y와 비교함으로써 압축철근이 항복하지 않는다는 것을 확인한다.

인장철근은 압축지배영역과 인장지배영역을 구분하여 각기 달리 적용한다. 즉, 압축지배영역은 인장철근이 항복하지 않는 상태이므로, 변형률분포에 대한 비례식으로 인장철근의 변형률 ε_s를 다음과 같이 구한다.

$$\varepsilon_s = \varepsilon_{cu} \frac{d - c_d}{c_d} \quad (6 \cdot 83)$$

이를 이용하여 인장철근에 작용하는 인장력을 다음과 같이 설정한다.

$$T_d = \phi_s A_s f_s = \phi_s A_s E_s \varepsilon_s = \phi_s A_s E_s \varepsilon_{cu} \frac{d - c_d}{c_d} \quad (6 \cdot 84)$$

인장지배단면은 인장철근이 항복하는 상태이므로, 인장철근에 작용하는 인장력을 다음과 같이 설정한다.

$$T_d = \phi_s f_y A_s \quad (6 \cdot 85)$$

이제 그림 6-30의 (b)와 (c)에서 P_d를 중심으로 모멘트를 취한다. 즉, P_d와 C_{cd}, C_{sd}, T_d 사이의 거리를 각각 z_{cce}, z_{cse}, z_{tse}라고 하면, 그림 6-30(b)의 경우 T_d와 C_{sd}는 시계방향으로, C_{cd}는 반시계방향으로 저항하므로 다음과 같이 평형방정식을 구성할 수 있다.

$$T_d z_{tse} + C_{sd} z_{cse} - C_{cd} z_{cce} = 0 \quad (6 \cdot 86)$$

그림 6-30(c)의 경우 T_d는 시계방향으로, C_{sd}와 C_{cd}는 반시계방향으로 저항하므로 다음과 같이 평형방정식을 구성할 수 있다.

$$T_d z_{tse} - C_{sd} z_{cse} - C_{cd} z_{cce} = 0 \quad (6 \cdot 87)$$

이 평형방정식의 해로 c_d의 값을 구한 후에는 c_d를 변수로 한 C_{cd}, C_{sd}, T_d의 수식에 c_d의 값을 대입하여 값을 구하고, 다음과 같이 내력의 합력으로 설계축강도 P_d를 구한다.

$$P_d = C_{cd} + C_{sd} - T_d \quad (6 \cdot 88)$$

또, 소성중심을 중심으로 하여 C_{cd}, C_{sd}, T_d의 세 내력이 모두 시계방향으로 저항하므로, 소성중심과 C_{cd}, C_{sd}, T_d 사이의 거리를 각각 z_{cc}, z_{cs}, z_{ts}라고 하면 다음과 같이 설계휨강도 M_d를 구할 수 있다.

$$M_d = \sum Fz = C_{cd} z_{cc} + C_{sd} z_{cs} + T_d z_{ts} \quad (6 \cdot 89)$$

6.4.2 콘크리트교 설계기준의 기둥 부재상세

KDS 24 14 21 콘크리트교 설계기준(한계상태설계법)[6.3]은 단면의 큰 치수가 작은 치수의 4배 이하인 부재를 기둥으로 분류한다. 이 절에서는 기둥의 축방향 철근, 띠철근, 나선철근의 배치에 대한 KDS 24 14 21 콘크리트교 설계기준(한계상태설계법)의 규정을 소개한다.

[1] 축방향 철근의 배치

다각형 단면을 가진 기둥에는 단면의 각 모서리에 최소한 1개의 축방향 철근을 배치하여야 한다. 원형 단면 기둥에는 4개 이상의 축방향 철근을 배치하여야 한다. 기둥 축방향 철근의 양은 철근뿐만 아니라 프리스트레싱 긴장재(prestressing steel)도 포함하여 양을 제한한다. 즉, 축방향 철근과 긴장재는 다음 두 식을 만족하는 최대단면적 이하를 배치하여야 한다.

$$\frac{A_{st}}{A_g}+\frac{A_{ps}f_{pu}}{A_g f_y}\leq 0.08 \qquad (6\cdot 90)$$

$$\frac{A_{ps}f_{pe}}{A_g f_y}\leq 0.3 \qquad (6\cdot 91)$$

여기서, A_{st} : 겹침이음된 철근을 포함한 모든 철근의 총 단면적(mm^2)

A_g : 기둥의 단면적(mm^2)

A_{ps} : 프리스트레싱 강재의 단면적(mm^2)

f_{pu} : 프리스트레싱 강재의 설계기준인장강도(MPa)

f_y : 축방향 철근의 설계기준항복강도(MPa)

f_{ck} : 콘크리트의 설계기준압축강도(MPa)

f_{pe} : 프리스트레싱 강재의 유효 긴장응력(MPa)

또한 축방향 긴장재 및 철근은 다음을 만족하도록 최소단면적 이상을 배치하여야 한다.

$$\frac{A_{st}f_y}{A_g f_{ck}}+\frac{A_{ps}f_{pu}}{A_g f_{ck}}\geq 0.135 \qquad (6\cdot 92)$$

여기서, A_{st}는 겹침이음 위치가 아닌 일반 단면에서의 축방향 철근 단면적(mm^2)이다. 이 절에서는 일관성 있는 표현을 유지하기 위하여 축방향 철근의 총 단면적을 A_{st}로 나타내었으나, KDS 24 14 21 콘크리트교 설계기준(한계상태설계법)에서는 A_s로 축방향 철근의 단면적을 나타낸다.

기둥에 긴장재를 배치하지 않고 축방향 철근만 배치한 철근콘크리트 기둥인 경우에는 A_{ps}가 0이므로, 다음과 같이 조건이 단순화된다.

$$\frac{A_{st}}{A_g}\leq 0.08 \qquad (6\cdot 93)$$

$$\frac{A_{st} f_y}{A_g f_{ck}} \geq 0.135 \tag{6·94}$$

따라서 철근콘크리트 기둥에서는 최대 축방향 철근비가 0.08이며, 최소 축방향 철근비는 단순한 단면적 비율이 아니라 단면적에 재료강도를 곱한 힘의 비율로 규정된다. 식 (6·94)를 적용하면 콘크리트의 설계기준압축강도 f_{ck}가 증가할수록 최소 축방향 철근비가 증가하며, 축방향 철근의 설계기준항복강도 f_y가 증가할수록 최소 축방향 철근비가 감소한다. 예를 들어 f_{ck}가 30 MPa이고 f_y가 400 MPa인 경우에는 식 (6·94)로 계산한 최소 축방향 철근비가 0.01이 된다.

[2] 횡방향 철근 배치 일반사항

기둥의 횡방향 철근으로 너무 작은 크기의 철근을 사용하면 횡방향 철근으로의 역할을 충분히 할 수 없다. 따라서 교량설계기준에서는 축방향 철근 최대 지름의 1/4 이상의 지름을 갖는 횡방향 철근을 사용하도록 규정하고 있다. 그러나 실제 현장에서는 축방향 철근 지름의 1/3 또는 1/2 내외인 지름의 철근을 횡방향 철근으로 사용하는 것이 일반적이다. 예를 들어 축방향 철근이 D22인 경우, 기준에 의하면 D6을 횡방향 철근으로 사용할 수 있다. 그러나 D6은 주문생산으로 공급되어 일반적으로 사용되지 않으므로 실제로 생산되는 D10이나 D13을 사용하는 것이 일반적이다. 한편 횡방향 철근으로 용접철망을 사용하는 경우 철선의 지름은 5 mm 이상이어야 한다.

횡방향 철근의 간격으로는 다음 [3]항과 [4]항의 내용과 같이 띠철근과 나선철근을 구분하여 최대 간격이 규정되어 있다. 그러나 이 최대 간격은 기둥의 중간부분과 자유단에 대한 것이고, 다른 부재와 연결된 부분은 감소된 최대 간격을 적용하도록 규정하고 있다. 이것은 다른 부재와 연결된 부분의 횡방향 철근 간격을 감소시킴으로써 구속효과를 증진시키기 위한 것이다. 이 부분에 적용하는 횡방향 철근 최대 간격의 감소비율로는 0.6을 적용하며, 적용구간은 기둥 단면의 큰 치수와 동일한 거리이다. 즉, 보나 슬래브 또는 기초와 연결된 기둥의 단부구역에서 연결된 부재의 상부 또는 하부와 접하는 기둥 단면의 치수 중 큰 치수와 동일한 거리 이내에 있는 구간은 일반구간 최대 간격의 0.6배를 넘지 않게 횡방향 철근을 배치하여야 한다.

다른 부재와 연결된 부분이 아닌 일반구간에서도 조건에 따라 횡방향 철근의 최대 간격을 감소시켜서 적용하여야 한다. 여기서 조건이라 함은 축방향 철근의 겹침이음을 말한다. 교량설계기준에서는 D13 이상의 축방향 철근이 겹침이음된 구간의 경우 일반구간 최대 간격에 계수 0.6을 적용하여 횡방향 철근의 최대 간격을 감소시키고, 겹침이음된 구간에 3개 이상의 횡방향 철근을 등간격으로 배치하도록 규정하고 있다. 또 D35 이상의 축방향 철근이 한 다발 내에 2개 이상으로 묶어 있을 경우에는 일반구간 최대 간격에 계수 0.5를 적용하여 횡방향 철근의 최대 간격을 감소시키도록 규정하고 있다.

[3] 띠철근의 배치

축방향 철근이 D32 이하인 경우에는 D10 이상의 띠철근으로 축방향 철근을 둘러싸야 하며, 축방향 철근이 D35 이상인 경우에는 D13 이상, 다발철근인 경우에는 D16 이상의 띠철근으로 축방향 철근을 둘러싸야 한다. 철근 대신 이형철선이나 용접철망을 사용하여 띠철근을 구성하고자 할 때는 등가단면적의 이형철선이나 용접철망을 사용할 수 있다.

띠철근의 간격은 축방향 철근지름의 20배, 압축부재의 최소 치수, 400 *mm* 중 가장 작은 값을 최대 간격으로 규정하고 있다. 단, 축방향 철근이 D32보다 큰 철근으로 구성된 다발철근인 경우에는 부재 최소 치수의 1/2과 150 *mm* 중 가장 작은 값을 띠철근의 최대 간격으로 한다.

축방향 철근이 원형으로 배치된 경우에는 원형 띠철근을 사용할 수 있다. 이때에는 원형 띠철근의 이음으로 기계적이음, 용접이음, 겹침이음을 사용할 수 있으며, 이음부분은 인접 원형띠철근의 이음부분과 엇갈린 위치가 되도록 배치하여야 한다. 원형 단면과 타원형 단면을 제외한 기둥 단면에서는 모든 모서리에 있는 축방향 철근이 135° 이하로 구부린 띠철근의 모서리에 의하여 횡지지되도록 띠철근을 배치하여야 하며, 구속된 종방향 철근으로부터 띠철근을 따라 어느 쪽으로든지 600 *mm* 이상 떨어진 축방향 철근이 존재하지 않도록 철근을 배치하여야 한다. 이 규정은 횡방향 철근에 의한 구속효과가 좋은 원형 단면과 타원형 단면에는 적용되지 않는다. 즉, 6.2.2절의 [2]항에서 설명한 바와 같이 사각형 띠철근 부재에서는 후프띠철근의 변을 이루는 직선의 길이가 길수록 구속효과가 감소하기 때문에 추가로 구속할 띠철근을 배치하는 것이다. 문제는 6.3.2절 [2]항에서 설명한 바와 같이 후프띠철근의 변을 이루는 직선의 길이를 얼마까지 허용하느냐이다. 이에 대하여 KDS 14 20 콘크리트구조 설계기준은 축방향 철근의 순간격 150 *mm*를 기준으로 구분하여, 모든 모서리 축방향 철근과 하나 건너 위치하고 있는 축방향 철근들을 구속하거나 모든 축방향 철근들을 구속하도록 규정하고 있다. 이에 반하여 KDS 24 14 21 콘크리트교 설계기준(한계상태설계법)에서는 구속된 종방향 철근으로부터 띠철근을 따라 어느 쪽으로든지 600 *mm* 이상 떨어진 축방향 철근이 존재하지 않게 배치하도록 규정하고 있다. 이것은 교각의 철근배치 특성과 설계를 지배하는 하중조합의 특성을 고려한 것이다. 즉, 교각에는 매우 많은 수의 축방향 철근이 배치되며, 축압축강도에 대한 축압축력의 비율인 축력비가 낮은 경우가 대부분이기 때문에 교각의 극한한계상태에서는 축압축력이 설계를 지배하지 않는다는 특성을 반영한 것이다. 구속된 축방향 철근으로부터 띠철근을 따라 어느 쪽으로든지 600 *mm* 이상 떨어진 축방향 철근이 존재하지 않도록 배치한 예는 그림 6-31에 나타나 있다. 이 기둥은 직사각형 단면 내에 후프띠철근이 배치되어 전체 축방향 철근을 감싸고 있고, 가로방향으로 매우 긴 형상이므로 중간에 보강띠철근을 추가 배치한 예이다. 이때 그림에서 A로 표시된 부분은 띠철근의 90° 또는 135° 갈고리로 구속된 축방향 철근으로부터 가장 멀리 떨어진 축방향 철근까지의 거리인데, 이 거리 A가 600 *mm*를 초과하지 않아야 한다는 것이다. 따라서 이 규정에 따르면 단면의 중간을 가로지르는 띠철근이나 후프띠철근의 최대 수평간격은 1,200 *mm*에 축방향 철근의 중심간격을 더한 길이가 될 것이다. 한편 이와 같은 규정은 내진설계 되지 않는 기둥에 대한 것으로, 내진설계된 기둥의 소성힌지구간을 제외한 구간에 적용할 수 있으나 소성힌지구간에는 내진설계기준에 따른 양과 간격 및 철근상세를 갖는 심부구속철근을 배치하여야 한다.

보강띠철근은 하나의 연속된 철근으로 한쪽 단에 135° 이상의 갈고리를 갖고, 다른 쪽 단에 90° 이상의 갈고리를 갖도록 하여야 한다. 이때 135° 갈고리는 띠철근 지름의 6배와 80 *mm* 중 큰 값 이상의 연장길이를 가져야 하며, 90° 갈고리는 띠철근 지름의 6배 이상의 연장길이를 가져야 한다.

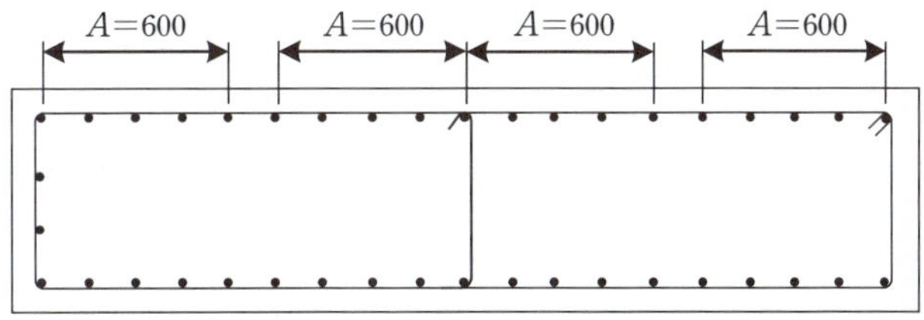

그림 6-31 기둥 단면 사각형 부분의 띠철근 면내 최대 간격

기둥 하단의 첫 번째 띠철근은 기초 등 아래에 연결된 부재의 상부로부터 다른 띠철근 간격의 1/2 이내에 배치하여야 하며, 기둥 상단의 첫 번째 띠철근은 상단 연결 부재의 최하단 수평철근으로부터 횡방향 철근 간격의 1/2 이내에 배치하여야 한다. 기둥에 소성힌지가 형성되도록 설계하는 경우에는 소성힌지구역의 철근 배치는 내진설계기준의 철근 상세에 따라야 한다.

[4] 나선철근의 배치

말뚝을 제외한 압축부재에 배치하는 나선철근은 지름 9 *mm* 이상의 이형철근, 원형철근, 또는 철선을 사용하여야 하며 일정한 간격으로 배치하여야 한다. 이때의 나선철근은 한 개로 구성하거나 다수의 연속 나선으로 구성할 수 있으며, 모든 축방향 철근을 둘러싸고 접촉한 상태로 배치하여야 한다. 나선철근의 순간격은 25 *mm*와 굵은골재 최대치수의 1.33배 중 큰 값 이상이어야 하며, 나선철근 중심간격은 축방향 철근 지름의 6배와 150 *mm* 중 작은 값 이하이어야 한다.

나선철근의 이음은 기계적이음, 용접이음, 겹침이음을 사용할 수 있다. 기계적이음은 성능이 확인된 기계적 연결 장치를 사용하여야 하며, 용접이음도 성능이 확인된 용접방법을 적용하여야 한다. 겹침이음을 사용할 때 일반 철근이나 철선을 이용하여 나선철근으로 가공한 경우에는 겹침이음길이를 철근이나 철선 지름의 48배 이상으로 하여야 하며, 도막철근을 이용하여 나선철근으로 가공한 경우에는 겹침이음길이를 철근 지름의 72배 이상으로 하여야 한다. 나선철근은 기둥 양단에서 충분히 정착되어야 하므로, 기둥의 단부에서 1.5 회전만큼 더 연장하여 정착시켜야 한다.

6.4.3 콘크리트교 설계기준에 따른 단주 설계와 설계검증

6.2.8절에 설명한 바와 같이 축-휨강도의 강도검증은 설계축-휨강도 상관도에 계수휨모멘트 M_u와 계수축력 P_u의 좌표를 표시하여 설계축-휨강도 상관도 이내에 M_u와 P_u 좌표가 존재함을 보이는 과정으로 이루어진다. 이 절에서는 KDS 24 14 21 콘크리트교 설계기준(한계상태설계법)에 따른 축-휨강도의 설계검증을 예제를 통하여 설명한다.

예제 6-5 그림 6-32와 같이 폭 b=400 mm, 깊이 h=600 mm인 직사각형 단면을 가진 띠철근 기둥에 SD400 D32 철근 여덟 개(f_y=400 MPa, A_{st}=6,354 mm^2)가 네 개씩(A_s=A_s'=3,177 mm^2) 대칭으로 배치되어 있다. 콘크리트 설계기준압축강도 f_{ck}는 30 MPa이고, d=530 mm, d'=70 mm이다. KDS 24 14 21 콘크리트교 설계기준(한계상태설계법)에 따라 다음 문제를 수행하시오. 참고로 이 예제는 KDS 14 20 콘크리트구조 설계기준을 적용한 앞의 예제 6-1과 동일한 조건이다.

(1) 설계축압축강도를 구하고 계수축압축력 P_u=4,000 kN이 작용할 때 강도성능을 검증하시오.

(2) 설계균형변형률 상태의 균형편심과 설계강도를 구하시오.

(3) 계수휨모멘트 M_u=450 kN·m와 계수축압축력 P_u=3,000 kN이 작용할 때 설계강도를 구하고 강도성능을 검증하시오.

(4) 계수휨모멘트 M_u=600 kN·m와 계수축압축력 P_u=1,200 kN이 작용할 때 설계강도를 구하고 강도성능을 검증하시오.

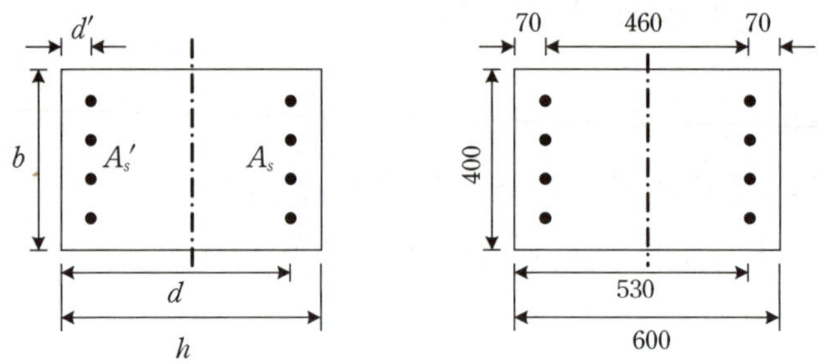

그림 6-32 예제 6-5의 단면

〈풀이〉

(1) 축압축강도 검증

기둥 단면적과 축방향 철근비를 구하면

$$A_g = 400 \times 600 = 240{,}000\ mm^2$$

$$\rho_g = \frac{A_{st}}{A_g} = \frac{6{,}354}{240{,}000} = 0.0265$$

철근의 설계기준항복강도 f_y=400 MPa이므로

$$\varepsilon_y = \frac{f_y}{E_s} = \frac{400}{200{,}000} = 0.002$$

f_{ck}가 30 MPa이므로 정점변형률 ε_{co}는 0.002이다. 따라서 축압축력에 의하여 콘크리트의 변형률이 한계변형률인 0.002의 정점변형률 ε_{co}에 도달하여 파괴될 때 축방향철근은 항복한다. 이에 따라 설계축압축강도를 계산하면

$$P_{do} = \phi_c\,(0.85 f_{ck})\,(A_g - A_{st}) + \phi_s f_y A_{st}$$

$$= [0.65 \times (0.85 \times 30) \times (240{,}000 - 6{,}354) + 0.90 \times 400 \times 6{,}354]/1{,}000 = 6{,}160\ kN$$

단순하게 계수축압축력만을 대상으로 축압축강도를 검증한다면 다음과 같이 강도를 만족한다.

$$P_{do} = 6{,}160\ kN > P_u\ (= 4{,}000\ kN)$$

그러나 계수축압축력에 대한 강도검증은 시공오차를 고려한 최소편심으로 인하여 발생할 수 있는 최소휨모멘트를 고려하여야 한다. 최소편심은 20 mm와 다음으로 계산하는 값 중 큰 값이다. 이를 계산하면

$$e_{min} = \frac{h}{30} = \frac{600}{30} = 20\ mm$$

따라서 최소편심은 20 mm이다. 이를 이용하여 최소휨모멘트를 구하면

$$M_{min} = P_u e_{min} = 400 \times 20 = 80{,}000\ kN \cdot m = 80\ kN \cdot m$$

이제 20 mm의 편심으로 축압축력이 작용할 때의 설계축-휨강도를 구하여야 하지만, 이 해석과정이 복잡하므로 다음 예제 6-6에서 구성한 설계축-휨강도 상관도를 이용하여 강도를 검증하기로 한다.

(2) 설계균형변형률 상태의 균형편심과 축-휨강도

설계균형변형률분포를 결정하기 위하여 먼저 철근의 설계항복변형률 ε_{yd}를 구하면

$$\varepsilon_{yd} = \phi_s\, \varepsilon_y = 0.90 \times 0.002 = 0.0018$$

f_{ck}가 30 MPa이므로 극한변형률 ε_{cu}가 0.0033이다. 그림 6-33(a)의 균형변형률분포에서 중립축 좌우 ε_{cu}와 $\phi_s\, \varepsilon_y$까지 두 삼각형의 닮은비로 균형변형률 상태의 중립축 깊이 c_{bd}를 구하면

$$c_{bd} = \frac{\varepsilon_{cu}}{\phi_s \varepsilon_y + \varepsilon_{cu}} d = \frac{0.0033}{0.0018 + 0.0033} \times 530 = 364\ mm$$

이때 삼각형의 닮은비로 압축철근의 변형률 ε_s'을 구하고 항복 여부를 판단하면

$$\varepsilon_s' = \varepsilon_{cu} \frac{c_{cd} - d'}{c_{cd}} = 0.0033 \times \frac{364 - 70}{364} = 0.00267 > \phi_s\, \varepsilon_y\ (= 0.0018)$$

따라서 설계균형변형률 상태에서 압축철근은 항복하며, 이때의 변형률분포는 그림 6-33(b)와 같다.

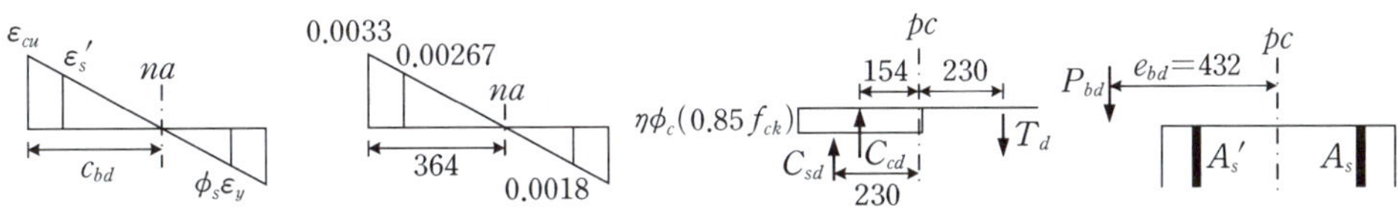

(a) 균형변형률 상태 (b) 중립축 위치 (c) 내력 분포 (d) 균형편심

그림 6-33 설계균형변형률 상태의 해석

이제 콘크리트의 설계압축력 C_{cd}, 압축철근의 설계압축력 C_{sd}, 인장철근의 설계인장력 T_d를 구하면

$$C_{cd} = \eta\, \phi_c (0.85 f_{ck})\, \beta_1\, c_{bd}\, b = 1.0 \times 0.65 \times (0.85 \times 30) \times 0.8 \times 364 \times 400 = 1{,}930{,}700\ N$$

$$C_{sd} = \phi_s\, A_s' [f_y - \phi_c (0.85 f_{ck})] = 0.90 \times 3{,}177 \times [400 - 0.65 \times (0.85 \times 30)] = 1{,}096{,}300\ N$$

$$T_d = \phi_s\, A_s f_y = 0.90 \times 3{,}177 \times 400 = 1{,}143{,}700\ N$$

이들 세 내력의 합력으로 설계균형변형률 상태에서의 설계축강도 P_{bd}를 구하면

$$P_{bd} = C_{cd} + C_{sd} - T_d = 1{,}930{,}700 + 1{,}096{,}300 - 1{,}143{,}700 = 1{,}883{,}300\ N = 1{,}883\ kN$$

세 내력에 의한 휨모멘트를 구하기 위해서 소성중심과 C_{cd}, C_{sd}, T_d 사이의 팔길이를 각각 구하면

$$z_{cc} = \frac{h}{2} - \frac{\beta_1 c_b}{2} = \frac{600}{2} - \frac{0.8 \times 364}{2} = 154\ mm$$

$$z_{cs} = \frac{h}{2} - d' = \frac{600}{2} - 70 = 230\ mm$$

$$z_{ts} = d - \frac{h}{2} = 530 - \frac{600}{2} = 230\ mm$$

따라서 내력분포는 그림 6-33(c)와 같다. 이제 균형변형률 상태에서의 휨강도 M_{bd}를 구하면, 세 내력 C_{cd}, C_{sd}, T_d가 모두 소성중심을 중심으로 시계방향으로 회전하므로

$$M_{bd} = C_{cd}\, z_{cc} + C_{sd}\, z_{cs} + T_d\, z_{ts}$$
$$= (1{,}930{,}700 \times 154 + 1{,}096{,}300 \times 230 + 1{,}143{,}700 \times 230)/10^6 = 813\ kN \cdot m$$

균형편심 e_{bd}를 구하면

$$e_{bd} = \frac{M_{bd}}{P_{bd}} = \frac{813 \times 1{,}000}{1{,}883} = 432\ mm$$

축강도 P_{bd}의 작용위치는 그림 6-33(d)와 같다.

(3) 압축지배영역의 축-휨강도 검증

계수휨모멘트 M_u=450 $kN \cdot m$와 계수축압축력 P_u=3,000 kN이 작용할 때, 편심을 구하고 균형편심과 비교하면

$$e = \frac{M_u}{P_u} = \frac{450 \times 1{,}000}{3{,}000} = 150\ mm < e_{bd}\ (= 432\ mm)$$

편심 e가 균형편심 e_{bd}보다 작으므로 압축지배단면으로 거동한다. 중립축의 깊이 c_d는 설계균형변형률 상태의 중립축 깊이 c_{bd}보다 클 것이므로 그림 6-34(a)와 같이 가정한다. 압축철근의 변형률 ε_s'도 설계균형변형률 상태의 변형률보다 클 것이므로, 극한상태에서 압축철근이 항복할 것이다. 인장철근은 항복하지 않는 탄성상태일 것이므로, 중립축 좌우 ε_{cu}와 ε_s까지의 두 삼각형의 닮은비로 인장철근의 변형률 ε_s를 나타낸다. 이에 따라 세 내력 C_{cd}, C_{sd}, T_d를 각각 중립축의 깊이 c_d로 나타내면

$$C_{cd} = \eta\, \phi_c (0.85 f_{ck})\, \beta_1\, c_d\, b = 1.0 \times 0.65 \times (0.85 \times 30) \times 0.8 \times c_d \times 400 = 5{,}304\ c_d$$

$$C_{sd} = \phi_s\, A_s' [f_y - \phi_c (0.85 f_{ck})] = 0.90 \times 3{,}177 \times [400 - 0.65 \times (0.85 \times 30)] = 1{,}096{,}300\ N$$

$$T_d = \phi_s A_s E_s \varepsilon_s = \phi_s\, A_s\, E_s\, \varepsilon_{cu} \frac{d - c_d}{c_d} = 0.90 \times 3{,}177 \times 200{,}000 \times 0.0033 \times \frac{530 - c_d}{c_d}$$

$$= 1{,}143{,}700 \times \frac{530 - c_d}{c_d}$$

평형방정식을 구성하기 위하여 P_d의 위치와 세 내력 C_{cd}, C_{sd}, T_d 사이의 팔길이를 그림 6-34(b)를 참조하여 각각 구하면

$$z_{cce} = \frac{\beta_1 c_d}{2} - e = \frac{0.8 c_d}{2} - 150 = 0.4\ c_d - 150$$

$$z_{cse} = e - d' = 150 - 70 = 80\ mm$$

$$z_{tse} = d - e = 530 - 150 = 380\ mm$$

P_d를 중심으로 세 내력의 휨모멘트 합은 0이 되어야 한다. 이제 평형방정식을 구성하고 정리하면, P_d를 중심으로 C_{cd}와 T_d는 시계방향으로 회전하고 C_{cd}는 반시계방향으로 회전하므로

$$T_d\, z_{tse} + C_{cd}\, z_{cse} - C_{cd}\, z_{cce} = 0$$

$$1{,}887{,}138 \times \frac{530 - c_d}{c_d} \times 380 + 1{,}096{,}300 \times 80 - 5{,}304\ c_d \times (0.4\ c_d - 150) = 0$$

$$c_d^3 - 375\ c_d^2 + 297 \times 10^3 c_d - 179.14 \times 10^6 = 0$$

c_d에 대한 3차 방정식의 해 중에서 양수인 해를 구하면

$$c_d = 499\ mm$$

압축철근과 인장철근의 변형률을 구하면

$$\varepsilon_s' = \varepsilon_{cu} \frac{c_d - d'}{c_d} = 0.0033 \times \frac{499 - 70}{499} = 0.00284 > \phi_s\, \varepsilon_y\ (= 0.0018)$$

$$\varepsilon_s = \varepsilon_{cu} \frac{d - c_d}{c_d} = 0.0033 \times \frac{530 - 499}{499} = 0.00021 < \phi_s\, \varepsilon_y\ (= 0.0018)$$

가정한대로 압축철근은 항복하고 인장철근은 항복하지 않는 탄성상태이다. 이때의 변형률분포는 그림 6-34(c)와 같다. 이제 c_d의 값을 대입하여 C_{cd}와 T_d 의 값을 구하고 C_{sd}와 함께 나타내면

$$C_{cd} = 5{,}304\, c_d = 5{,}304 \times 499 = 2{,}646{,}700\ N$$

$$C_{sd} = 1{,}096{,}300\ N$$

$$T_d = 1{,}887{,}138 \times \frac{530 - c_d}{c_d} = 1{,}887{,}138 \times \frac{530-499}{499} = 117{,}237\ N$$

설계축강도 P_d를 구하면

$$P_d = C_{cd} + C_{sd} - T_d = 2{,}646{,}700 + 1{,}096{,}300 - 117{,}237 = 3{,}625{,}763\ N = 3{,}626\ kN$$

편심의 값을 이용하여 설계휨강도 M_d을 구하면

$$M_d = P_d e = 3{,}626 \times 0.15 = 544\ kN \cdot m$$

소성중심을 중심으로 회전하는 세 내력의 휨모멘트로 설계휨강도 M_d을 다시 구하기 위하여 소성중심과 C_{cd}, C_{sd}, T_d 사이의 팔길이를 각각 구하면

$$z_{cc} = \frac{h}{2} - \frac{\beta_1 c_d}{2} = \frac{600}{2} - \frac{0.8 \times 499}{2} = 100\ mm$$

$$z_{cs} = \frac{h}{2} - d' = \frac{600}{2} - 70 = 230\ mm$$

$$z_{ts} = d - \frac{h}{2} = 530 - \frac{600}{2} = 230\ mm$$

설계휨강도 M_d을 다시 구하면, 그림 6-34(d)와 같이 세 내력 C_{cd}, C_{sd}, T_d가 모두 소성중심을 중심으로 시계방향으로 회전하므로

$$M_d = C_{cd}\, z_{cc} + C_{sd}\, z_{cs} + T_d\, z_{ts}$$

$$= (2{,}646{,}700 \times 100 + 1{,}096{,}300 \times 230 + 117{,}237 \times 230)/10^6 = 544\ kN \cdot m$$

편심의 값을 이용하여 계산한 값과 세 내력의 휨모멘트로 구한 값이 동일하므로 계산에 오류는 발생하지 않았다고 할 수 있다. 따라서 설계휨강도 M_d는 다음과 같다.

$$M_d = 544\ kN \cdot m$$

이제 강도를 검증하면

$$M_d = 544\ kN \cdot m > M_u\ (= 450\ kN \cdot m)$$

$$P_d = 3{,}626\ kN \cdot m > P_u\ (= 3{,}000\ kN \cdot m)$$

따라서 강도성능을 만족한다.

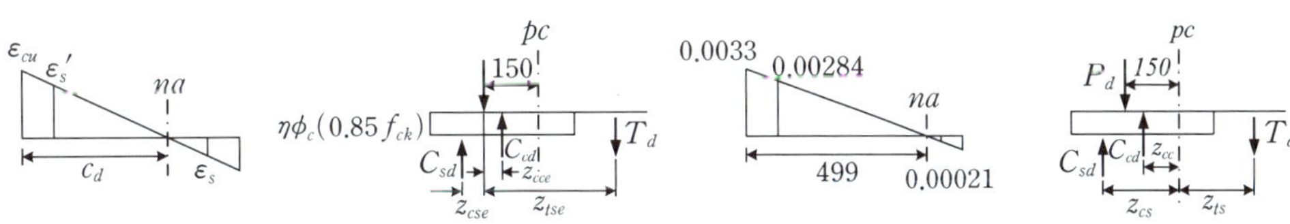

(a) 중립축 위치 (b) P_d에 대한 내력의 팔길이 (c) 변형률분포 (d) 내력 분포

그림 6-34 압축지배단면의 해석

(4) 인장지배영역의 축-휨강도 검증

계수휨모멘트 M_u=600 $kN \cdot m$와 계수축압축력 P_u=1,200 kN이 작용할 때, 편심을 구하고 균형편심과 비교하면

$$e = \frac{M_u}{P_u} = \frac{600 \times 1{,}000}{1{,}200} = 500\ mm > e_{bd}\ (= 432\ mm)$$

편심 e가 균형편심 e_{bd}보다 크므로 인장지배영역으로 거동한다. 중립축의 깊이 c_d는 설계균형변형률 상태의 중립축 깊이 c_{bd}보다 작을 것이므로 그림 6-35(a)와 같이 가정한다. 압축철근의 변형률 ε_s'가 균형변형률 상태의 변형률보다 작을 것이므로 극한상태에서 압축철근의 항복 여부는 아직 알지 못하지만, 항복한다고 가정하여 해석을 수행하고 중립축을 구한 후 항복 여부를 판단한다. 인장철근은 항복할 것이다. 이에 따라 세 내력 C_{cd}, C_{sd}, T_d를 각각 중립축의 깊이 c_d로 나타내면

$$C_{cd} = \eta\,\phi_c(0.85\,f_{ck})\,\beta_1\,c_d\,b = 1.0\times0.65\times(0.85\times30)\times0.8\times c_d\times400 = 5{,}304\,c_d$$

$$C_{sd} = \phi_s\,A_s'\,[f_y-\phi_c(0.85\,f_{ck})] = 0.90\times3{,}177\times[400-0.65\times(0.85\times30)] = 1{,}096{,}300\,N$$

$$T_d = \phi_s\,A_s f_y = 0.90\times3{,}177\times400 = 1{,}143{,}700\,N$$

평형방정식을 구성하기 위하여 P_d의 위치와 세 내력 C_{cd}, C_{sd}, T_d 사이의 팔길이를 그림 6-35(b)를 참조하여 각각 구하면

$$z_{cce} = e-\frac{h}{2}-\frac{\beta_1 c_d}{2} = 500-\frac{600}{2}+\frac{0.8\,c_d}{2} = 200+0.4\,c_d$$

$$z_{cse} = e-\frac{h}{2}-d' = 500-\frac{600}{2}+70 = 270\,mm$$

$$z_{tse} = e+\frac{h}{2}-d' = 530+\frac{600}{2}-70 = 730\,mm$$

P_d를 중심으로 세 내력의 휨모멘트 합은 0이 되어야 한다. 이제 평형방정식을 구성하고 정리하면, P_d를 중심으로 T_d는 시계방향으로 회전하고 C_{sd}와 C_{cd}는 반시계방향으로 회전하므로

$$T_d\,z_{tse}-C_{cd}\,z_{cse}-C_{cd}\,z_{cce} = 0$$

$$1{,}143{,}700\times730-1{,}096{,}300\times270-5{,}304\,c_d\times(200+0.4\,c_d) = 0$$

$$c_d^2+500\,c_d-254{,}006 = 0$$

c_d에 대한 2차 방정식의 해 중에서 양수인 해를 구하면

$$c_d = 313\,mm$$

압축철근과 인장철근의 변형률을 구하면

$$\varepsilon_s' = \varepsilon_{cu}\frac{c_d-d'}{c_d} = 0.0033\times\frac{313-70}{313} = 0.00256 > \phi_s\,\varepsilon_y\;(=0.0018)$$

$$\varepsilon_s = \varepsilon_{cu}\frac{d-c_d}{c_d} = 0.0033\times\frac{530-313}{313} = 0.00229 > \phi_s\,\varepsilon_y\;(=0.0018)$$

가정한대로 압축철근과 인장철근 모두 항복한다. 이때의 변형률분포는 그림 6-35(c)와 같다. 이제 c_d의 값을 대입하여 C_{cd}의 값을 구하고 C_{sd}와 T_d를 함께 나타내면

$$C_{cd} = 5{,}304\,c_d = 5{,}304\times313 = 1{,}660{,}152\,N$$

$$C_{sd} = 1{,}086.300\,N$$

$$T_d = 1{,}143{,}700\,N$$

설계축강도 P_d를 구하면

$$P_d = C_{cd}+C_{sd}-T_d = 1{,}660{,}152+1{,}096{,}300-1{,}143{,}700 = 1{,}612{,}752\,N = 1{,}613\,kN$$

편심의 값을 이용하여 설계휨강도 M_d을 구하면

$$M_d = P_d e = 1{,}613\times0.5 = 807\,kN\cdot m$$

소성중심을 중심으로 회전하는 세 내력의 휨모멘트로 설계휨강도 M_d을 다시 구하기 위하여 소성중심과 C_{cd},

C_{sd}, T_d 사이의 팔길이를 각각 구하면

$$z_{cc} = \frac{h}{2} - \frac{\beta_1 c_d}{2} = \frac{600}{2} + \frac{0.8\times 313}{2} = 175\ mm$$

$$z_{cs} = \frac{h}{2} - d' = \frac{600}{2} - 70 = 230\ mm$$

$$z_{ts} = d - \frac{h}{2} = 530 - \frac{600}{2} = 230\ mm$$

설계휨강도 M_d을 다시 구하면, 그림 6-35(d)와 같이 세 내력 C_{cd}, C_{sd}, T_d가 모두 소성중심을 중심으로 시계방향으로 회전하므로

$$M_d = C_{cd}\, z_{cc} + C_{sd}\, z_{cs} + T_d\, z_{ts}$$

$$= (1{,}660{,}152\times 175 + 1{,}096{,}300\times 230 + 1{,}143{,}700\times 230)/10^6 = 806\ kN\cdot m$$

이 값은 편심의 값을 이용한 설계휨강도 807 $kN\cdot m$와 0.12%의 무시할 수 있는 정도의 차이를 보이므로 풀이에 오류가 없다고 판단할 수 있다. 설계휨강도의 값은 소성중심을 중심으로 회전하는 세 내력의 휨모멘트로 구한 값이 더 많은 유효숫자를 고려한 것이므로 더 정확한 값이라고 할 수 있다. 따라서 설계휨강도 M_d는 다음과 같다.

$$M_d = 806\ kN\cdot m$$

이제 강도를 검증하면

$$M_d = 806\ kN\cdot m > M_u\ (= 600\ kN\cdot m)$$

$$P_d = 1{,}613\ kN\cdot m > P_u\ (= 1{,}200\ kN\cdot m)$$

따라서 강도성능을 만족한다.

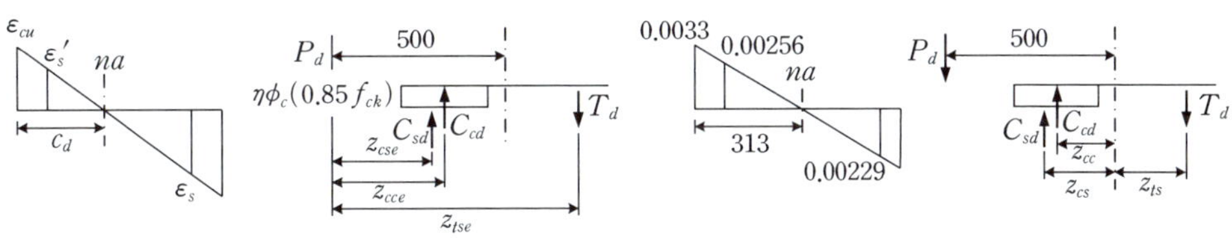

(a) 중립축 위치 (b) P_d에 대한 내력의 팔길이 (c) 변형률분포 (d) 내력 분포

그림 6-35 인장지배단면의 해석

예제 6-6 축력이 0일 때 KDS 24 14 21 콘크리트교 설계기준(한계상태설계법)에 따른 앞 예제 6-5 단면의 설계휨강도가 541 kN·m라면 예제 6-5의 결과와 함께 설계축-휨강도 상관도를 작성하시오. 또 설계축-휨강도 상관도를 이용하여 앞 예제 6-5의 세 가지 계수단면력에 대한 강도검증을 수행하시오. 또한 이 예제에서 구한 설계축-휨강도 상관도와 KDS 14 20 콘크리트구조 설계기준을 적용한 앞의 예제 6-2의 설계축-휨강도 상관도를 비교하여 나타내시오.

〈풀이〉

(1) 수계산에 의한 축-휨강도 상관도

예제 6-5의 설계축-휨강도 해석 결과와 축력이 0일 때 예제에서 주어진 설계강도를 정리하면 다음과 같다.

$$e = 0\text{에서}\quad M_d = 0 \qquad P_d = 6{,}160\ kN$$

$e = 150\,mm$에서 $M_d = 544\,kN \cdot m \quad P_d = 3{,}626\,kN$

$e_{bd} = 432\,mm$에서 $M_d = 813\,kN \cdot m \quad P_d = 1{,}883\,kN$

$e = 500\,mm$에서 $M_d = 806\,kN \cdot m \quad P_d = 1{,}613\,kN$

$e = \infty$에서 $M_d = 541\,kN \cdot m \quad P_d = 0$

이상 5개의 설계강도 해석결과를 직선으로 연결하여 구성한 설계축-휨강도 상관도는 그림 6-36(a)와 같다.

(2) 컴퓨터 해석에 의한 축-휨강도 상관도와 강도검증

그림 6-36(b)는 컴퓨터 프로그램을 이용하여 201개의 해석결과로 구성한 정해의 설계축-휨강도 상관도를 나타낸다. 예제 6-5에서 다룬 세 가지 계수단면력에 대한 설계축-휨강도의 검증으로, 모든 계수단면력 좌표가 설계축-휨강도 상관도의 내부에 위치함으로써 강도가 만족된다는 것을 보여준다. 강도검증에 이용된 계수단면력의 좌표(80, 4000)는 앞에서 설명한 바와 같이 최소편심에 의한 최소휨모멘트를 고려한 계수단면력을 나타낸다. 한편 앞의 (1)에서 5개의 설계강도 해석결과를 직선으로 연결하여 구성한 그림 6-36(a)의 설계축-휨강도 상관도는 정해인 그림 6-36(b)의 설계축-휨강도 상관도와 전체적으로 유사한 형상을 보인다.

(3) 설계축-휨강도 상관도의 비교

그림 6-36(c)는 예제 6-5와 이 예제에 따라 재료계수를 적용한 설계축-휨강도 상관도와 예제 6-2에 따라 강도감소계수를 적용한 설계축-휨강도 상관도을 비교하여 나타낸 것이다. 6.3.4절에서 설명한 바와 같이, 축방향 철근비가 1%인 경우에는 재료계수를 적용한 설계축-휨강도 상관도와 강도감소계수를 적용한 설계축-휨강도 상관도가 전반적으로 유사한 분포를 보이지만, 축방향 철근비가 증가할수록 차이가 나타난다. 즉, 축방향 철근비가 증가할수록 압축지배영역에서 재료계수를 적용한 설계강도가 커지며 균형점 아래 인장지배영역에서는 두 가지 설계강도가 유사한 형상을 보인다. 축방향 철근비가 2.65%인 이 기둥 단면의 경우에도 두 가지 감소계수 적용방법에 따른 설계축-휨강도 상관도의 차이가 나타난다. 압축지배영역과 인장지배영역에서 강도증가에 차이를 보이는 이유는 6.3.4절에 설명되어 있다.

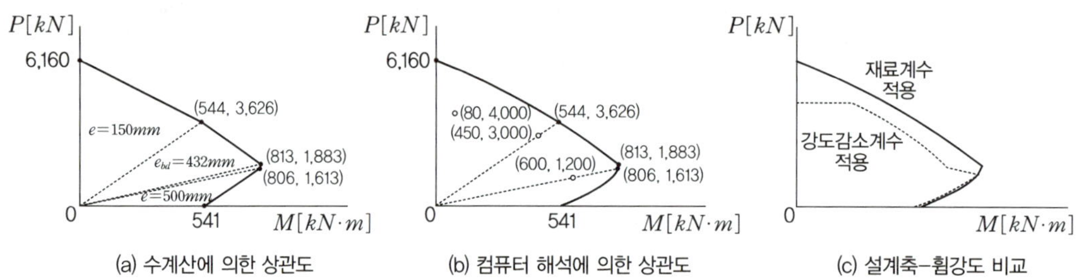

그림 6-36 설계축-휨강도 상관도와 강도검증

6.5 부재 길이효과와 장주의 설계검증

6.5.1 부재 길이효과와 장주 거동

앞에서 설명한 축-휨강도는 축력과 휨모멘트가 작용하는 부재에서 단면이 보유하고 있는 강도성능을 의미한다. 동일한 단면과 동일한 재료강도를 갖는 부재는 동일한 축-휨강도를 나타내지만, 부재의

길이가 다르면 단면이 축-휨강도에 도달하도록 하는 외력의 크기가 달라진다. 이에 대해서는 비선형해석을 소개하는 3장 3.6.1절 [4]항에서 설명하였다. 이 절에서는 부재의 길이에 따른 거동 차이를 항목별로 나누어 설명한다.

[1] 부재 길이에 따른 2차 효과

하중을 받는 부재의 길이가 길어지면 큰 변형이 발생하여 하중효과(load effect)가 비선형거동을 보인다. 즉, 보와 기둥으로 구성된 그림 6-37(a)와 같은 구조물에서 기둥 중앙의 횡방향 변위 Δ의 크기에 따라 기하비선형거동이 나타날 수 있다. 그림 6-37은 장주, 단주, 좌굴의 세 가지 거동을 설명하기 위한 것으로, 그림 6-37의 (a)~(c)는 3장 3.6.1절 [4]항에서 소변위이론(small displacement theory)을 기반으로 한 선형탄성해석(linear elastic analysis)과 대변위이론(large displacement theory)을 기반으로 한 기하비선형해석(geometric nonlinear analysis)을 설명할 때 이용한 그림 3-21의 (a)~(c)와 동일한 것이다. 그림 6-37(a)의 구조물에 대하여 선형탄성해석을 수행하면, 기둥에 작용하는 탄성휨모멘트 M_e는 다음과 같이 Pe와 같다.

$$M_e = Pe \tag{6·95}$$

그림 6-37(b)는 기둥의 중앙까지 나타낸 자유물체도로, 변형 후의 형상에 대하여 기둥 중앙에서 모멘트를 취하면 기둥 중앙에 작용하는 휨모멘트 M_c는 다음과 같이 축력 P와 축력 사이의 팔길이 $e+\Delta$의 곱과 같다.

$$M_c = P(e+\Delta) \tag{6·96}$$

이때 만일 기둥의 강성이 커서 변위 Δ가 무시해도 될 정도로 매우 작다면, M_c는 M_e와 같게 된다. 그러나 만일 기둥이 길어서 세장비(slenderness ratio)가 큰 장주(long column, slender column)라면, Δ가 무시할 수 없을 정도의 값을 갖게 된다. 이때 기둥 중앙에 작용하는 휨모멘트 M_c는 식 (6·96)의 괄호를 풀어서 다음과 같이 두 항으로 나타낼 수 있다.

$$M_c = M_e + M_{2nd} = Pe + P\Delta \tag{6·97}$$

즉, 기둥 중앙에 작용하는 휨모멘트 M_c는 M_e인 Pe에 $P\Delta$만큼의 휨모멘트가 추가된 것이다. 이때 추가되는 휨모멘트 $P\Delta$를 2차모멘트(secondary moment)라고 하며 M_{2nd}로 표현한다. 탄성휨모멘트 M_e인 Pe는 1차모멘트(primary moment)라고 한다. 기둥에 작용하는 휨모멘트 분포는 그림 6-37(c)와 같다. 이렇게 변형효과로 인하여 발생하는 비선형거동을 고려하는 해석을 기하비선형해석(geometric nonlinear analysis)이나 P Δ 해석 또는 2차 해석(second-order analysis, 2계 해석)이라고 한다.

그림 6-37(d)는 이와 같은 부재 길이에 따른 거동을 나타낸다. 기둥의 길이가 짧아서 변위 Δ가 무시해도 될 정도로 매우 작으면 2차모멘트인 $P\Delta$를 0으로 보아도 좋다. 이런 경우에는 축력 P가 증가함에 따라 휨모멘트 M이 정비례로 증가하여 1차모멘트인 Pe만 나타나서, 그림 6-37(d)에 '단주'로 표기된

점선의 직선으로 거동한다. 이러한 거동을 보이는 기둥을 단주(short column)라고 한다.

기둥의 변위 Δ가 무시할 수 없는 정도로 큰 경우에는 축력 P가 증가함에 따라 휨모멘트 M가 $e+\Delta$의 비율로 증가하는 비선형 거동을 보이는데, 길이가 적당한 정도로 길면 휨모멘트 $Pe+P\Delta$가 단면의 축-휨강도에 도달하여 파괴될 수 있다. 이런 경우에는 그림 6-37(d)에 '장주'로 표기된 곡선과 같은 거동을 보이는데, 이러한 부재 길이의 영향을 세장효과(slender column effect) 또는 장주효과(long column effect)라고 하며 이와 같은 거동을 보이는 부재를 장주(long column, slender column)라고 한다.

그림 6-37(d)에 '좌굴'로 표기된 곡선은 불안정(unstable) 상태로 좌굴(buckling)이 발생하는 기둥의 거동을 나타낸다. 즉, 길이가 매우 긴 부재에 하중이 작용하면 변위 Δ_o가 매우 크게 발생하고, Δ_o로 인하여 $P\Delta_o$의 휨모멘트가 발생하며, 휨모멘트 $P\Delta_o$에 의하여 추가의 변위 Δ_1이 발생하고, Δ_1로 인하여 $P\Delta_1$의 추가 휨모멘트가 발생한다. 이와 같이 추가된 변위에 따라 추가의 휨모멘트가 발생하고, 또 추가의 휨모멘트에 의하여 추가의 변위가 발생하는 과정이 순식간에 이루어져서 변위가 수렴하지 않고 발산하는 과정으로 파괴에 이르는 거동이 좌굴이라는 현상으로 나타나는 것이다. 즉, 그림 6-37(d)에 나타낸 바와 같이 축력이 어느 수준까지 증가하면 무한대의 변위가 발생하여, 축력이 더 이상 증가하지 않아도 휨모멘트가 급격히 증가하여 파괴되는 것이다. 이와 같은 좌굴 현상은 편심이 작용하지 않고 단면의 소성중심에 축압축력이 작용하는 실제의 구조부재에도 발생할 수 있다. 이론상 완벽히 대칭인 단면에 완벽하게 단면의 소성중심에 축압축력이 작용한다면 좌굴이 발생하지 않지만, 실제 구조물에서는 6.2.2절 [4]항에서 소개한 시공오차로 인한 최소편심 e_{min}가 존재하기 때문에 불안정(unstable) 상태의 좌굴이 발생하는 것이다.

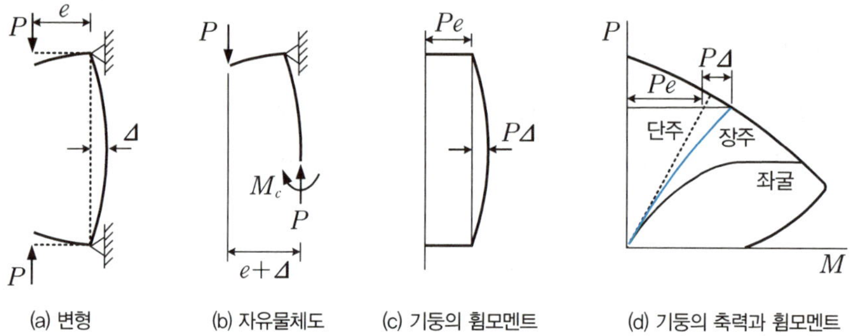

그림 6-37 부재 길이효과

[2] 횡구속 골조와 비횡구속 골조

부재 길이에 따른 2차 효과, 즉 세장효과(slender column effect)는 다른 부재와 연결되지 않은 단독 기둥뿐만 아니라 보와 연결되어 골조(frame)를 구성하는 기둥에서도 나타난다. 이때에는 기둥 단부 횡방향 변위의 발생 유무에 따라 2차 효과의 영향이 크게 다른 형태를 보인다. 횡방향 변위는 횡방향 하중에 의하여 발생하는 것이 일반적이지만, 비대칭인 골조에 중력방향 하중이 작용하거나 골조가 대칭이더라도 비대칭의 중력방향 하중이 작용할 때에도 발생할 수 있다.

그림 6-38은 횡방향 변위 발생을 좌우하는 구조형식을 구분하여 나타낸 것이다. 그림 6-38(a)는

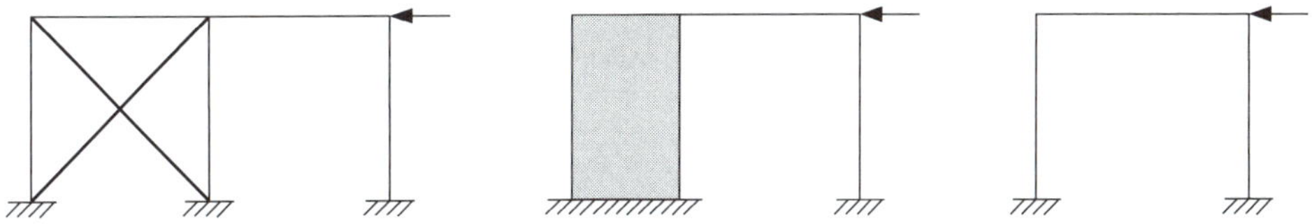

(a) 트러스로 횡구속된 골조　　(b) 전단벽으로 횡구속된 골조　　(c) 비횡구속 골조

그림 6-38 **횡구속 골조와 비횡구속 골조**

X자 형태의 트러스(truss)가 배치된 횡구속 골조(braced frame)이며, 그림 6-38(b)는 전단벽(shear wall)이 배치된 횡구속 골조이다. 여기서 트러스와 전단벽은 기둥 상단의 횡방향 변위를 구속하는 역할을 하는 부재로, 수평력 저항 시스템을 구성하는 구조요소이다. 물론 트러스나 전단벽과 같은 수평력 저항 시스템이 횡방향 하중에 저항한다고 해서 횡방향 변위가 전혀 발생하지 않는 것은 아니지만, 무시할 수 있는 정도로 작은 변위가 발생한다고 이해해야 한다. 트러스는 강재 트러스로 강구조에 적용하는 것이 일반적이지만 철근콘크리트 트러스나 프리스트레스트 콘크리트 트러스를 콘크리트 구조물에 적용한 예도 많다. 전단벽은 용어상 벽체의 전단강도로 전단력에 저항하는 부재로 오해할 수 있지만, 휨강도와 전단강도로 횡방향 하중, 즉 수평전단력에 저항하는 부재이다. 전단벽은 주로 철근콘크리트 구조이며, 휨강도와 전단강도를 발휘할 수 있도록 수직방향과 수평방향으로 철근을 배치한다. 그림 6-38(c)는 비횡구속 골조(unbraced frame)로 트러스나 전단벽과 같은 수평력 저항 시스템을 구성하는 구조요소를 추가하지 않고 골조만으로 횡방향 하중을 저항하는 골조형식이다.

그림 6-39는 중력 방향과 횡방향으로 하중이 작용할 때 횡구속 골조와 비횡구속 골조의 변형과 2차 효과에 의한 기둥의 총모멘트 분포를 나타낸다. 그림 6-39(a)와 같은 횡구속 골조에서는 수평력 저항 시스템이 횡방향 하중에 저항하여, 그림에 점선으로 나타낸 변위 형상으로 알 수 있듯이 기둥 상단에 횡방향 변위가 발생하지 않는다. 횡구속 골조의 오른쪽 기둥은 휨모멘트의 작용으로 복 곡률(double curvature, 이중 곡률)의 변형을 보여서, 축력에 이 횡방향 변위를 곱한 2차모멘트가 그림 6-39(a)의 오른쪽 그림에 실선으로 표현된 1차모멘트에 추가된다. 따라서 추가된 2차모멘트에 의하여 기둥 상단과 하단 사이 기둥의 중간에 작용하는 휨모멘트 M_{max}가 기둥 상단의 1차모멘트 M_2보다 더 클 수 있다.

이에 반하여 그림 6-39(b)와 같은 비횡구속 골조에서는 그림에 점선으로 나타낸 변위 형상으로

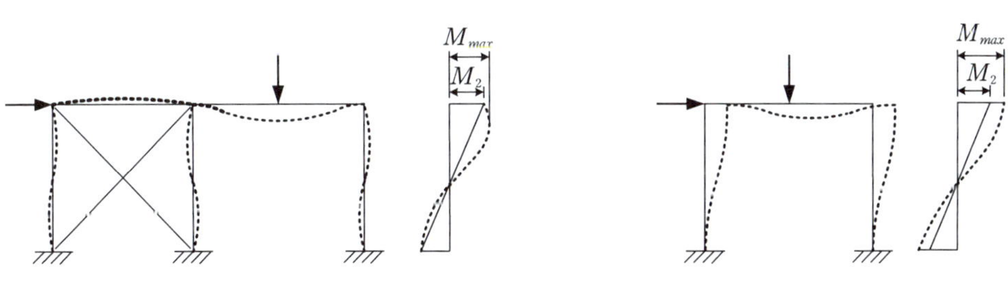

(a) 횡구속 골조 기둥의 최대 휨모멘트　　(b) 비횡구속 골조 기둥의 최대 휨모멘트

그림 6-39 **횡구속 골조와 비횡구속 골조 기둥의 최대 휨모멘트**

알 수 있듯이 횡방향 하중에 의하여 기둥 상단에 횡방향 변위가 발생한다. 이때의 횡방향 변위는 기둥 상단에서 최대로 발생하므로, 기둥의 상단과 하단의 상대 변위에 따른 2차모멘트도 기둥의 상단과 하단에서 최대로 발생한다.

이러한 거동의 차이로, 횡구속 골조에서는 기둥 상단과 하단 사이의 내부에서 휨모멘트가 확대되므로 내적 $P-\delta$ 효과(internal $P-\delta$ effect)라고도 하며, 이때 추가된 2차모멘트를 $P-\delta$ 모멘트라고 표현하기도 한다. 비횡구속 골조에서는 기둥 상단과 하단에서 휨모멘트가 확대되므로 외적 $P-\Delta$ 효과(external $P-\Delta$ effect)라고도 하며, 이때 추가된 2차모멘트를 $P-\Delta$ 모멘트라고 표현하여 횡구속 골조의 세장효과 및 2차모멘트와 구분하기도 한다.

횡구속 골조와 비횡구속 골조를 구분하는 정량적인 기준은 기둥 단부의 2차모멘트와 1차모멘트의 비율로 한다. 일반적으로 기둥 양단 횡방향 변위의 차이, 즉 횡방향 상대변위(relative displacement)에 축력을 곱한 2차모멘트가 1차모멘트의 5% 이하일 때는 횡구속 골조, 5%를 초과할 때는 비횡구속 골조로 분류한다. 따라서 횡구속 골조와 비횡구속 골조를 구분하기 위해서는 기둥 단부의 2차모멘트를 구하기 위한 2차 해석을 수행해야 하는데, 복잡한 2차 해석을 수행하지 않고 횡구속 여부를 판단하려면 MacGregor와 Hage[6.14]의 제안에 따라 다음의 층 안정성 지수(stability index) Q가 0.05 이하일 때 횡구속 구조물로 가정할 수 있다.

$$Q = \frac{\Delta_o \sum P_u}{V_u \, l_c} \tag{6·98}$$

여기서, Δ_o : V_u로 인한 해당 층의 상단과 하단 사이의 탄성 1차 해석에 의한 상대변위

$\sum P_u$: 해당 층의 전체 수직 축력

V_u : 해당 층의 층전단력(수평 계수전단력)

l_c : 골조에서 절점 중심을 기준으로 측정된 압축부재의 길이

2차 해석이나 층 안정성 지수 Q를 이용하지 않는 또 다른 방법으로는 골조의 횡방향 강성을 기준으로 판단하는 방법이 있다. 즉, 트러스나 전단벽과 같은 수평력 저항 시스템의 총 횡방향 강성이 골조 기둥의 횡방향 강성의 12배보다 크면 횡구속 골조로 간주할 수 있다.

[3] 압축부재의 좌굴하중과 부재강성

1744년 Leonhard Euler[6.15]는 양단이 힌지의 단순지점으로 중심 축압축력을 받는 기둥에 대한 다음의 미분방정식을 유도하고, 좌굴하중 P_c를 구하는 해로써 다음의 좌굴하중 공식을 유도하였다. 여기서 y는 기둥의 횡방향 변위이고 x는 기둥 길이방향으로 지점과의 거리이다.

$$EI \frac{d^2y}{dx^2} = -Py \tag{6·99}$$

$$P_c = \frac{n^2\pi^2 EI}{l_u^2} \tag{6·100}$$

이 좌굴하중 공식은 수학적인 결과로, n에 1, 2, 3 등의 정수를 대입하면 좌굴형상에 따른 좌굴하중을 구할 수 있다. 즉, n이 1일 때는 그림 6-40(a)와 같이 하나의 곡률을 가진 좌굴형상이 나타나고, n이 2일 때는 'S' 형상으로 두개의 곡률을 가진 좌굴형상이 나타난다. 그러나 실제 구조물에서는 n이 1일 때 좌굴에 의한 파괴(buckling failure, stability failure)가 발생하므로, Euler의 좌굴하중 공식은 다음과 같이 단순하게 나타낼 수 있다.

$$P_c = \frac{\pi^2 EI}{l_u^2} \tag{6·101}$$

이 Euler의 좌굴하중 공식에 대하여 1889년 Engesser[6.16]는 탄성계수 E로 접선 탄성계수(tangent modulus) E_t를 적용하는 수정안을 제안하였다. 그 후 1910년 von Kármán[6.17]이 Engesser의 가정을 증명하는 실험결과를 제시한 이후 접선 탄성계수를 적용한 좌굴하중 공식이 널리 받아들여졌다. 그러나 von Kármán이 장주의 비탄성 좌굴(inelastic buckling)에 대한 합리적인 해석법을 사용한 첫 번째 공학자이기는 하지만, 이 해석법이 철근콘크리트 장주를 대상으로 한 것은 아니었다. 철근콘크리트 장주의 좌굴하중을 결정하기 위해서는 부재강성 EI로 어떤 값을 적용해야 하는지가 해결해야 할 문제였기 때문이다.

한편 Euler의 좌굴하중 공식은 그림 6-40(a)와 같이 양단 힌지의 단순지지 된 기둥에 대한 것이었으므로, 지지조건이 다른 경우에 적용하기 위한 방법이 필요하였다. 그 중 가장 간단한 방법은 유효길이계수(equivalent length factor) k를 적용하는 방법이다. 즉, 기둥 단부의 지지조건에 따라 달리 나타나는 좌굴형상에서, 힌지인 위치부터 또 다른 힌지 위치까지의 길이를 단순지지 된 기둥과 동일하게 취급하여 다음과 같이 Euler의 좌굴하중 공식을 적용하는 것이다.

$$P_c = \frac{\pi^2 EI}{(kl_u)^2} \tag{6·102}$$

여기서 kl_u은 힌지인 위치부터 또 다른 힌지 위치까지의 길이, 즉 등가힌지길이(equivalent hinge length)이며 유효길이계수 k는 지점 사이 기둥 길이 l_u에 대한 힌지 사이의 길이의 비율이다. 예를 들어 양단 횡방향 변위가 구속된 기둥 중에서, 그림 6-40(b)와 같이 양단이 완전 고정단인 경우 유효길이계수 k는 0.5이다. 따라서 이때의 좌굴하중은 기둥 양단이 힌지인 그림 6-40(a) 기둥 좌굴하중의 4배인 값을 갖는다. 그림 6-40(c)와 같이 한쪽이 단순지지 되고 다른 단부가 완전 고정단인 경우 유효길이계수

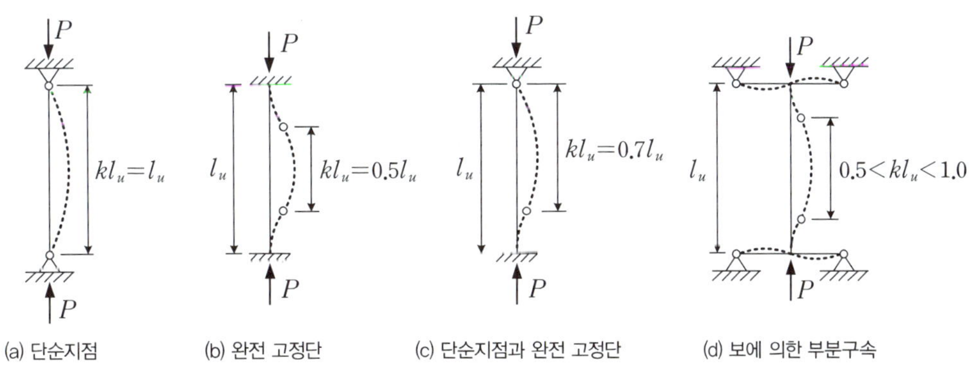

그림 6-40 양단 횡방향 변위가 구속된 기둥의 등가힌지길이와 유효길이계수

k는 0.7이 된다. 그림 6-40(d)는 양단이 보와 연결된 실제 골조의 기둥을 나타내는데, 상단과 하단 보의 강성도 EI/l_b가 무한대(∞)에 가까우면 지점조건이 완전 고정단에 가깝게 되어 k값이 0.5에 가깝게 된다. 반대로 상단과 하단 보의 강성도 EI/l_b가 0에 가까우면 지점조건이 단순지점에 가깝게 되어 k값이 1.0에 가깝게 된다. 따라서 횡구속 골조의 기둥은 k가 0.5와 1.0 사이의 값을 갖는다.

그림 6-41은 양단 횡방향 변위가 구속되지 않은 기둥의 등가힌지길이와 유효길이계수를 나타낸다. 그림 6-41(a)는 양단이 완전 고정단인 기둥에 횡방향 변위가 발생한 경우로, 기둥 하단 아래 반대편의 가상의 힌지까지의 길이를 등가힌지길이로 하므로 유효길이계수 k는 1.0이 된다. 그림 6-41(b)는 하단이 완전 고정이고 상단이 자유단인 캔틸레버 기둥으로, 기둥 하단 아래 반대편의 가상의 힌지까지의 등가힌지길이는 기둥 길이의 2배가 되므로 유효길이계수 k는 2.0이 된다. 그림 6-41(c)는 지점이 완전 고정단이 아니라 부분구속 지점인 캔틸레버 기둥으로, k는 2.0보다 큰 값이 된다. 그림 6-41(d)는 하단이 완전 고정단이고 상단이 보와 연결된 실제 골조의 기둥을 나타내는데, 상단 보의 강성도 EI/l_b가 무한대(∞)에 가까우면 그림 6-41(a)와 가까운 지점조건이 되어 k값이 1.0에 가깝게 된다. 반대로 상단 보의 강성도 EI/l_b가 0에 가까우면 지점조건이 그림 6-41(b)와 같은 캔틸레버에 가깝게 되어 k값이 2.0에 가깝게 된다. 따라서 그림 6-41(d)와 같은 비횡구속 골조의 기둥은 k가 1.0과 2.0 사이의 값을 갖게 된다. 만일 하단도 보와 연결되고 보의 강성도가 0에 가까우면 지점조건이 그림 6-41(c)와 유사하게 되어 k값이 2.0을 초과하고 이론상 무한대(∞)가 될 수도 있다.

기둥의 좌굴하중을 계산할 때 적용하는 기둥 길이 l_u는 보와 기둥으로 구성되는 골조의 경우 비지지길이(unbraced length)로 적용한다. 즉 골조에서 l_u는 기둥 하단에 연결된 보의 상면에서 기둥 상단에 연결된 보의 하면까지의 순길이(clear length)를 의미한다.

한편 Euler의 좌굴하중 공식인 식 (6·102)를 철근콘크리트 기둥에 적용하기 위해서는 부재강성 EI로 합리적인 값을 사용하여야 한다. 그러나 정확한 부재강성 값을 결정하기 위해서는 매우 복잡한 해석과정이 필요하며, 또 콘크리트 부재의 변동성으로 인하여 이론적인 해석결과가 실제 콘크리트 기둥의 강성을 정확히 예측할 수 있다고 보장하기도 어렵다. 따라서 MacGregor 등[6.18]은 부재강성을 결정하는

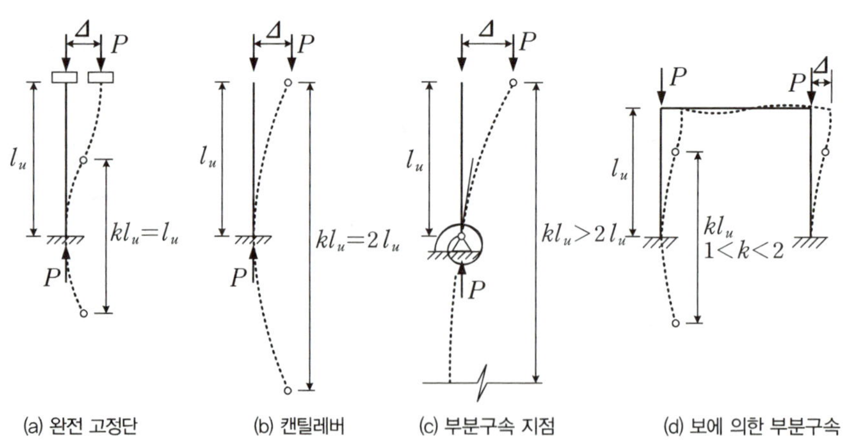

그림 6-41 양단 횡방향 변위가 구속되지 않은 기둥의 등가힌지길이와 유효길이계수

간단한 방법으로 다음 두 식 중 큰 값을 좌굴하중 공식에 적용할 것을 제안하였다.

$$EI = \frac{0.2\,E_c I_g + E_s I_{se}}{1+\beta_{dns}} \tag{6·103}$$

$$EI = \frac{0.4\,E_c I_g}{1+\beta_{dns}} \tag{6·104}$$

여기서, E_c: 설계기준이 제시하는 콘크리트의 탄성계수

I_g: 축방향 철근을 무시한 콘크리트 단면의 단면2차모멘트

I_{se}: 축방향 철근의 단면2차모멘트

β_{dns}: 최대 축방향 계수하중에 대한 최대 축방향 계수지속하중의 비로, 콘크리트의 크리프에 의한 장기거동을 고려한 계수

그림 6-42는 축력을 고려한 모멘트-곡률 해석으로 구한 이론적인 강성 EI_{theory}를 수식으로 구한 강성 EI_{eq}로 나눈 비율을 나타내는데, 그림 6-42(a)는 β_{dns}를 0으로 한 식 (6·103)을, 그림 6-42(b)는 β_{dns}를 0으로 한 식 (6·104)를 적용한 것이다. 이 수식을 적용하는 경우 축방향 철근비가 높을 때에는 축방향 철근의 단면2차모멘트 I_{se}를 고려하는 식 (6·103)이 더 크게 나타나고, 축방향 철근비가 낮을 때에는 식 (6·104)가 더 크게 나타난다. 따라서 축방향 철근비가 ρ가 0.08인 경우에는 식 (6·103)에 따른 값이 더 큰데, 이 경우에는 그림 6-42(a)와 같이 EI_{theory}/EI_{eq}비율이 1.0을 약간 상회하는 값으로 이론적인 값에 매우 근접한다는 것을 나타낸다. 그러나 ρ가 0.08일 때 식 (6·103)보다 더 작은 값으로 계산되는 식 (6·104)는 그림 6-42(b)와 같이 EI_{theory}/EI_{eq} 비율이 2~5의 범위를 보이므로, 이론적인 값보다 매우 작은 값의 부정확한 결과가 나타난다는 것이다. 반대로 ρ가 0.01인 경우에는 식 (6·104)가 더 큰데, 이 경우에는 그림 6-42(b)와 같이 EI_{theory}/EI_{eq} 비율이 2.0 이하로 이론적인 값에 근접한다는 것을 나타낸다. 그러나 ρ가 0.01일 때 식 (6·104)보다 더 작은 값으로 계산되는 식 (6·103)은 그림 6-42(a)와 같이 EI_{theory}/EI_{eq} 비율이 그림 6-42(b)보다는 크게 나타나서, 이론적인 값보다 작은 값의 부정확한 결과가 나타난다는 것이다. 즉, 두 식 중 큰 값을 적용하더라도 실제보다 저평가(under-estimate) 된 값으로 이론적인 값에 더 근접하므로, 그림 6-42은 두 식 중 큰 값을 적용해야하는 이유를 나타낸다.

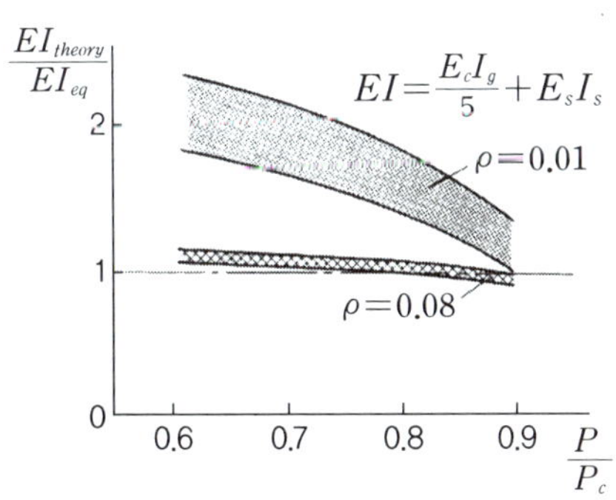

(a) 식 (6·103)의 EI

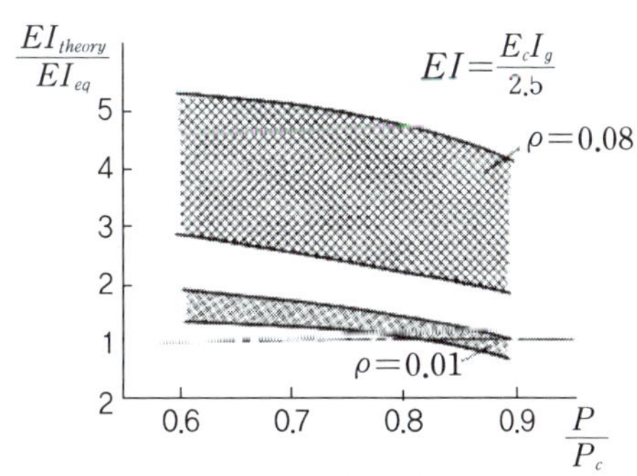

(b) 식 (6·104)의 EI

그림 6-42 좌굴하중을 구하기 위한 부재강성 이론값과 수식 값의 비교 [6.18, 6.19]

[4] 압축부재의 유효길이계수

앞의 [3]항에서는 기둥 단부의 지점조건이 이상적인 경우에 대한 유효길이계수 k를 소개하였고, 그림 6-40(d)와 그림 6-41(d)로 양단이 보와 연결된 실제 골조의 기둥에서 나타나는 k 값의 범위를 소개하였다. 골조의 장주해석에서는 기둥 유효길이계수 k의 값이 필요한데, k 값은 보의 강성도에 따라 다르게 나타나므로 단부 구속계수(end restraint factor)를 다음과 같이 정의하여 k 값 산정에 이용한다.

$$\psi = \frac{\sum(E_c I/l_c)_{column}}{\sum(E_c I/l_c)_{beam}} \tag{6·105}$$

여기서 단면2차모멘트 I로는 6.5.2절 [2]항에서 소개하는 표 6-3의 값을 적용하며, l_c는 보와 기둥이 만나는 절점의 중심(center-to-center of joints)을 기준으로 한 부재의 길이이다.

단부 구속계수는 기둥의 양단, 즉 A단과 B단에서 계산하여 각각 ψ_A와 ψ_B로 나타낸다. 이 식의 분자와 분모에서 합을 나타내는 '$\sum$'를 표현한 것은 상단과 하단 절점에 연결된 부재의 강성을 모두 합한다는 뜻이다. 예를 들어 기둥의 상단을 A단이라 하고 하단을 B단이라고 할 때, 그림 6-43의 기둥 ①의 경우에는 상단 절점에 기둥 C_{21}과 보 B_{21}이 연결되어 있으므로 ψ_A의 분자와 분모는 각각 $(EI)_{C_{21}}$과 $(EI)_{B_{21}}$이 되고, 하단 절점에 두 개의 기둥 C_{11}과 C_{21}과 함께 보 B_{11}이 연결되어 있으므로 ψ_B의 분자와 분모는 각각 $(EI)_{C_{11}}+(EI)_{C_{21}}$과 $(EI)_{B_{11}}$이 된다. 기둥 ②의 경우에는 상단 절점에 기둥 C_{22}와 함께 보 B_{21}과 B_{22}가 연결되어 있으므로 ψ_A의 분자와 분모는 각각 $(EI)_{C_{22}}$와 $(EI)_{B_{21}}+(EI)_{B_{22}}$가 되고, 하단 절점에 두 개의 기둥 C_{12}과 C_{22}와 함께 두 개의 보 B_{11}과 B_{12}가 연결되어 있으므로 ψ_B의 분자와 분모는 각각 $(EI)_{C_{12}}+(EI)_{C_{22}}$와 $(EI)_{B_{11}}+(EI)_{B_{12}}$가 된다.

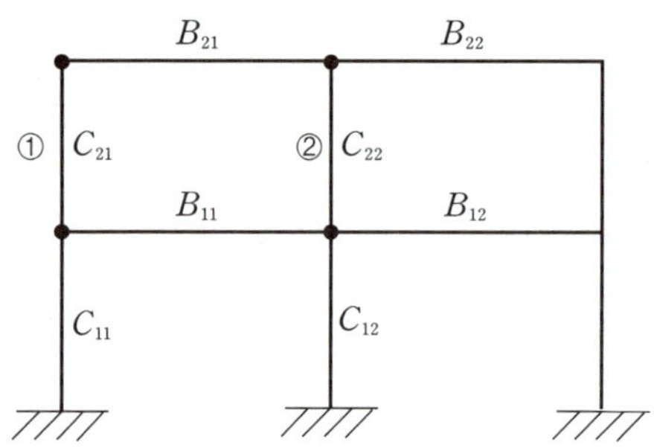

그림 6-43 기둥 단부 구속계수를 결정할 때 고려되는 골조의 부재

기둥 양단의 단부 구속계수를 결정한 후 유효길이계수 k 값 구하는 간편한 방법으로는 그림 6-44와 같은 도표(Jackson and Moreland alignment charts)를 이용하는 것이 가장 일반적이다. 그림 6-44의 (a)와 (b)는 각각 횡구속 골조와 비횡구속 골조에 적용하는 도표로, ψ_A와 ψ_B의 값을 각각의 수직축에 표시하고 두 값을 직선으로 연결하여 가운데의 k 축을 지나는 값을 k 값으로 결정한다. 예를 들어 지점이 힌지인 단순지점은 보의 강성이 0인 경우와 같으므로 단부 구속계수가 무한대(∞)이고, 완전 고정단은 보의 강성이 무한대(∞)인 경우와 같으므로 단부 구속계수가 0이 된다. 이에 따라 횡구속 골조 기둥의 양단이 단순지점이면 ψ_A와 ψ_B가 모두 무한대(∞)이므로, 그림 6-44(a)에서 ψ_A 축과 ψ_B 축에서 각각

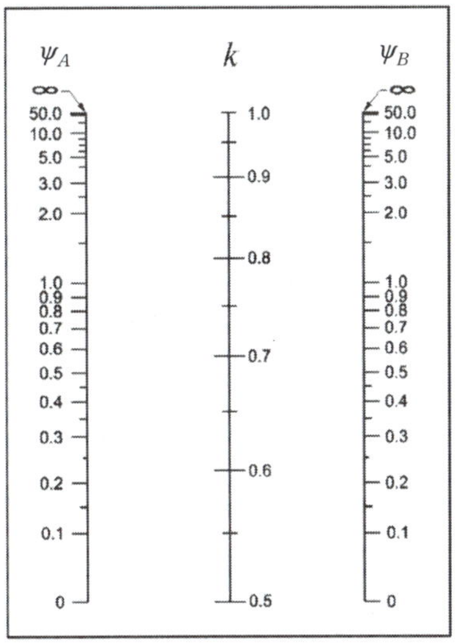

(a) 횡구속 골조

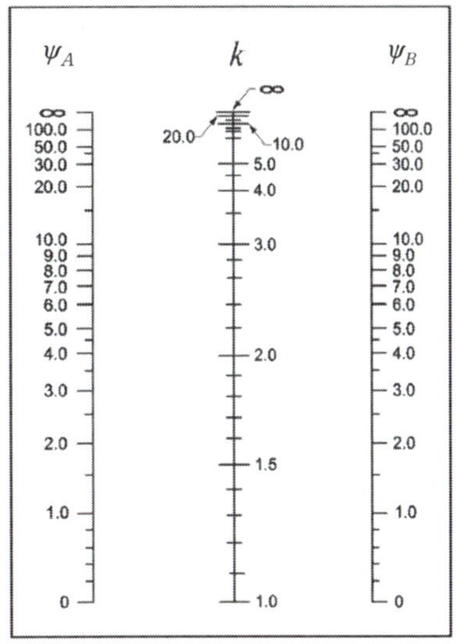

(b) 비횡구속 골조

그림 6-44 유효길이계수 k를 구하기 위한 도표[6.20]

무한대(∞)인 두 점을 연결하면 k 축을 지나는 값이 1.0임을 알 수 있다. 또 캔틸레버 기둥의 경우에는 완전 고정단인 지점의 단부 구속계수가 0이고 자유단의 단부 구속계수가 무한대(∞)이므로, 그림 6-44(b)에서 ψ_A 축과 ψ_B 축에서 각각 무한대(∞)와 0인 두 점을 연결하면 k 축을 지나는 값이 2.0임을 알 수 있다.

기둥이 보와 연결되지 않고 기초 구조에 연결된 경우 등은 단부 구속계수를 적절하게 결정하여야 한다. 이때 지점을 고정단이라고 가정하더라도 완전 고정으로 거동하기는 어려우므로, 실무설계에서는 완전 고정단의 단부 구속계수 0을 대신하여 1을 적용하기도 한다. 또 지점을 힌지라고 가정하더라도 완전 힌지로 거동하기는 어려우므로, 실무설계에서는 완전 힌지의 단부 구속계수 무한대(∞)을 대신하여 10에서 25 사이의 값을 적용하기도 한다.

도표를 이용하는 방법 외에도 수식을 적용하여 k 값을 결정할 수도 있다. 영국의 1972년도 BSI Code[6.21]는 다음 두 식 중에서 작은 값을 횡구속 골조 기둥의 유효길이계수 k 값으로 제시하였다. 여기서 ψ_{min}은 ψ_A와 ψ_B 중에서 작은 값이다.

$$k = 0.7+0.05(\psi_A+\psi_B) \leq 1.0 \tag{6·106}$$

$$k = 0.85+0.05\,\psi_{min} \leq 1.0 \tag{6·107}$$

또, 한 쪽 단부가 구속되고 다른 쪽 단부가 힌지인 비횡구속 골조 기둥에 대해서 1972년도 BSI Code는 다음 식을 제시하였다. 여기서 ψ는 구속된 단부의 구속계수이다.

$$k = 2.0+0.3\,\psi \tag{6·108}$$

Furlong[6.22]은 비횡구속 골조 기둥에 대해서 다음 식을 제시하였다. 여기서 ψ_m은 ψ_A와 ψ_B의 평균값이다.

$$\psi_m < 2\text{인 경우,}\quad k = \frac{20-\psi_m}{20}\sqrt{1+\psi_m} \tag{6·109}$$

$$\psi_m \geq 2\text{인 경우,}\quad k = 0.9\sqrt{1+\psi_m} \tag{6·110}$$

한편 k 값을 구하기 위한 단부 구속계수의 산정에서도 역시 기둥과 보의 강성 EI 값이 중요하다. 이 해석은 기둥의 좌굴하중을 구하는 것이 목적이므로, 골조의 기둥이 좌굴을 일으킬 때 나타나는 기둥의 강성과 보의 강성을 적용하는 것이 기본 개념이다. 이때에는 축력의 영향과 휨모멘트에 의한 균열의 영향을 고려하여 하여야 한다. 그러나 이러한 영향을 고려하여 부재강성을 산정하는 것은 불확실성도 내포된 복잡하고 어려운 과정이 필요하므로, 경험적인 방법을 적용하는 것이 간편하다. 이에 대해서는 몇 가지 방법이 제안되어 있다. 예를 들면, 보는 균열단면2차모멘트 I_{cr}을 적용하고 기둥은 전체단면의 단면2차모멘트 I_g를 적용하는 방법, 보는 $0.5\,I_g$를 적용하고 기둥은 I_g를 적용하는 방법, 그리고 설계기준에 따라 탄성 2차 해석을 수행할 때와 동일하게 보는 $0.35\,I_g$를 적용하고 기둥은 $0.7\,I_g$를 적용하는 방법 등이 있다.

[5] 단주와 장주의 구분

단주와 장주를 구분하는 정량적인 기준은 기둥 단부의 2차모멘트와 1차모멘트의 비율로 한다. 일반적으로 기둥의 2차모멘트가 1차모멘트의 5% 이하일 때는 단주, 5%를 초과할 때는 장주로 분류한다. 따라서 단주와 장주를 구분하기 위해서는 기둥 단부의 2차모멘트를 구하기 위한 2차 해석을 수행해야 한다. 그러나 복잡한 2차 해석을 수행하지 않고 간단하게 단주와 장주를 구분하려면, MacGregor 등[6.18]의 제안에 따른 세장비 한계로 판단할 수 있다. 즉, 횡구속 골조 기둥의 세장비 한계는 40 이하로써 다음 식으로 계산된 값으로 정의되어, 기둥의 세장비가 이 세장비 한계 이하일 때는 단주, 세장비 한계를 초과할 때는 장주로 분류한다.

$$\left(\frac{kl_u}{r}\right)_{limit} = 34-12\left(\frac{M_1}{M_2}\right) \tag{6·111}$$

여기서, M_1/M_2의 값은 기둥이 한 쪽으로만 휘는 단일 곡률(single curvature)의 변형이 생길 때 양(+)의 부호로 하고, 이중 곡률(double curvature)의 변형이 생길 때 음(–)의 부호로 한다.

비횡구속 골조 기둥의 세장비 한계는 다음 식으로 계산된 값으로 정의되어, 기둥의 세장비가 이 세장비 한계 이하일 때는 단주, 세장비 한계를 초과할 때는 장주로 분류한다.

$$\left(\frac{kl_u}{r}\right)_{limit} = 22 \tag{6·112}$$

[6] 지속하중의 영향과 크리프 좌굴

구조물에 장기간 작용하는 지속하중(sustained load)은 콘크리트의 크리프(creep)를 유발하여 기둥의 변형과 하중저항성능에 영향을 준다. 그림 6–45(a)와 같은 부재에 하중 P가 작용하면 기둥 중앙에 횡방향 탄성변위 Δ_e가 발생하여, 그림 6–45(b)와 같이 1차모멘트 Pe와 함께 Δ_e에 의한 2차모멘트 $P\Delta_e$가

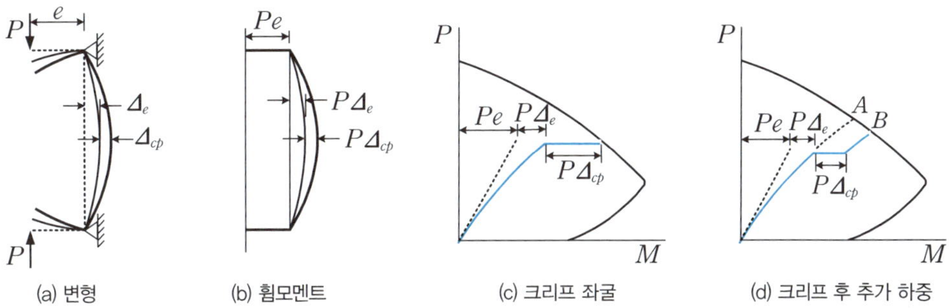

그림 6-45 크리프 효과

작용하게 된다. 만일 하중 P가 지속하중으로 장기간 작용하면 기둥 단면에서 압축응력을 받는 콘크리트에 압축변형이 증가하는 크리프 현상이 나타난다. 단면에는 휨모멘트에 의하여 경사 변형률 분포가 나타나므로 압축연단의 크리프 변형이 더 크게 발생해서 곡률이 증가하고, 결국 기둥의 횡방향 변형이 증가하여 그림 6-45(a)와 같이 크리프에 의한 변형 Δ_{cp}가 추가된다. 이에 따라 그림 그림 6-45(b)와 같이 크리프에 의한 추가의 2차모멘트 $P\Delta_{cp}$가 발생한다.

그림 6-45의 (c)와 (d)는 축력이 지속하중으로 작용하는 기둥의 휨모멘트 변화를 P-M 상관도 상에 나타낸 것이다. 그림에 나타낸 바와 같이 그림 6-45(a)와 같은 부재에 하중 P가 작용하면 Pe 모멘트와 $P\Delta_e$ 모멘트가 발생한다. 그 후 하중 P가 지속하중으로 장기간 작용하면, P가 일정한 상태에서 크리프에 의한 $P\Delta_{cp}$ 모멘트가 추가된다. 이때 그림 6-45(c)는 추가된 $P\Delta_{cp}$ 모멘트로 인하여 단면의 파괴를 나타내는 P-M 상관도에 도달한 경우이다. 즉, 하중이 증가하지 않는 지속하중 상태에서 기둥이 파괴된다는 것으로, 크리프의 진행으로 횡방향 변위 Δ_{cp}가 증가하여 기둥이 좌굴과 같은 형태로 파괴되는 것이다. 이러한 현상을 크리프 좌굴(creep buckling)이라고 한다. 크리프 좌굴이 발생하는 경우는 매우 높은 세장비를 가진 기둥에 매우 높은 축하중이 작용하는 경우이다. 그러나 설계기준에 따라 설계된 장주에서는 그런 조건이 되지 못하므로, 설계과정에서 크리프 좌굴을 검증할 필요는 없다.

그림 6-45(d)는 $P\Delta_{cp}$ 모멘트가 추가된 후에도 크리프 좌굴이 발생하지 않고 추가의 하중저항능력을 나타내는 일반적인 경우이다. 즉, 크리프 변형 Δ_{cp}가 더 증가하지 않고 수렴하여 파괴되지 않은 상태로 유지된 경우이다. 그러나 이 경우에도 지속하중의 영향으로 기둥이 저항할 수 있는 축하중은 감소한다. 이것은 그림 6-45(d)에 나타난 바와 같이, 지속하중의 영향을 받지 않는 경우 축하중이 증가하면 장주 거동에 따라 그림에 A로 표시된 축하중까지 저항할 수 있지만, 지속하중이 작용할 때는 그림에 B로 표시된 축하중으로 저항능력이 감소하는 것이다. 이를 고려하는 해석방법 중 하나는 다음과 같이 단면의 강성을 감소시키는 것이다.

$$EI_{sust} = \frac{EI_e}{1+\beta_d} \qquad (6 \cdot 113)$$

즉, 탄성상태의 강성 EI_e를 $1+\beta_d$로 나눈 지속하중 상태의 강성 EI_{sust}를 적용하는 것이다. 지속하중 영향계수 β_d는 다음과 같이 총계수하중에 대한 계수지속하중의 비로 정의할 수 있다.

$$\beta_d = \frac{\gamma_D D}{\gamma_D D + \gamma_L L} \tag{6·114}$$

여기서 γ_D와 γ_L은 각각 고정하중 D와 활하중 L에 대한 하중계수로, 이 식은 고정하중만 지속하중으로 작용하는 경우를 나타낸다.

[7] 연결부재의 구속효과

기둥 단부가 보와 연결된 경우는 연결부재의 구속효과가 기둥의 거동에 영향을 준다. 이와 같은 연결부재의 구속효과는 MacGregor 등[6.18]과 Furlong과 Ferguson[6.23] 등 여러 연구자들에 의하여 보고되었다. 그림 6–46(a)와 같이 양 단부가 보로 구속된 기둥에서 캔틸레버 단부에 P_1의 축력이 작용하면 기둥에 연결된 보의 오른쪽 지점에 P_2의 반력이 작용하여 기둥에는 P_1과 P_2를 합한 축력 P가 작용한다. 그림 6–46(b)는 상단 절점의 단면력을 나타내는데, 기둥에 연결된 캔틸레버 단부에 휨모멘트 M_{ext}, 기둥에 연결된 보 단부에 휨모멘트 M_{rb}, 기둥 단부에 휨모멘트 M_{ec}가 축력 P와 함께 작용한다. 이때 절점의 휨모멘트는 다음과 같이 평형조건을 만족하도록 M_{ext}가 M_{rb}와 M_{ec}로 분배된다.

$$M_{ext} = M_{ec} + M_{rb} \tag{6·115}$$

기둥을 구속하는 보와 기둥에 분배되는 휨모멘트는 보와 기둥의 강성에 따라 비율이 결정된다. 즉, 기둥의 강성을 K_c라고 하고 보의 강성을 K_b라고 하면, 기둥 단부에는 다음과 같이 기둥과 보의 강성을 합한 총 강성에 대한 기둥의 강성 비율로 휨모멘트 M_{ext}가 분배된다.

$$M_{ec} = \left(\frac{K_c}{K_c + K_b}\right) M_{ext} \tag{6·116}$$

따라서 그림 6–46(c)와 같이 휨모멘트 M_{ext}에서 보에 분배되는 M_{rb}를 제외한 M_{ec}가 기둥에 전달되며, 휨모멘트에 의한 횡방향 변위가 가장 큰 기둥 중앙부에는 다음과 같이 2차모멘트 $P\Delta$가 추가된 최대 모멘트 $M_{c,max}$가 발생한다.

$$M_{c,max} = M_{ec} + P\Delta \tag{6·117}$$

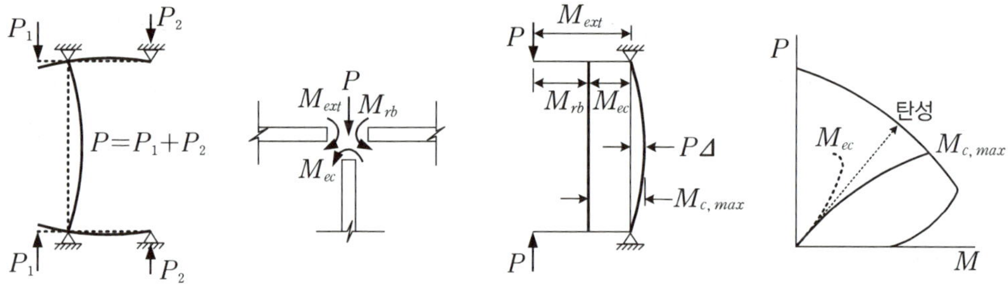

(a) 보로 구속된 기둥 (b) 절점의 모멘트 분배 (c) 기둥 모멘트 (d) 기둥 단부와 중앙의 단면력

그림 6–46 연결부재의 구속효과[6.18, 6.23]

여기서 기둥에 전달되는 휨모멘트 M_{ec}는 축력 P가 증가함에 따라 감소하는 경향을 나타낸다. 이것은 Furlong과 Ferguson[6.23]이 철근콘크리트 골조에 대한 실험결과를 그림 6-46(d)로 설명한 거동으로, 축력이 증가하면 기둥의 강성 K_c가 감소하기 때문에 식 (6·116)에 따라 기둥에 전달되는 휨모멘트 M_{ec}가 감소하는 것이다. 즉, 골조가 완전한 탄성거동을 보인다면 식 (6·116)의 분배계수가 상수이므로, 그림 6-46(d)에 '탄성'으로 나타낸 점선의 화살표와 같이 기둥의 축력과 휨모멘트는 정비례로 증가한다. 그러나 철근콘크리트 골조에서는 축력이 증가할수록 기둥에 분배되는 비율이 감소하여, 기둥 단부의 휨모멘트 M_{ec}는 그림 6-46(d)의 점선과 같이 축력 증가분보다 휨모멘트 증가분이 작게 나타난다. 그러나 기둥 중앙부에는 기둥에 전달되는 휨모멘트 M_{ec}의 증가비율이 감소하더라도 그보다 더 큰 2차모멘트 $P\Delta$가 추가될 수 있다. 이때에는 축력 증가분보다 휨모멘트 증가분이 크게 나타나서 식 (6·117)의 기둥 중앙부 최대모멘트 $M_{c,max}$가 그림 6-46(d)의 실선과 같이 증가한 비선형 거동으로 파괴에 도달한다.

따라서 이와 같은 연결부재의 구속효과는 기둥의 $P\Delta$ 효과를 감소시킨다. 그러나 철근콘크리트 골조의 장주 설계에서 연결부재의 구속효과를 엄밀하게 고려하는 것은 매우 복잡한 해석과정이 필요하고, 또 이를 무시하는 것이 안전측의 보수적인 결과를 주므로 무시하는 것이 일반적이다.

이상에서 설명한 연결부재의 구속효과는 기둥 단부의 횡방향 변위가 구속된 횡구속 골조에 대한 것이었다. 기둥 단부의 횡방향 변위가 발생하는 비횡구속 골조에서는 연결부재의 구속효과는 무시할 정도가 된다. 다만 비횡구속 골조에서는 기둥 단부에서 $P\Delta$ 모멘트가 추가되므로, 연결된 보의 단부가 기둥의 증가된 휨모멘트를 저항할 수 있는 설계휨강도를 갖도록 설계하여야 한다.

6.5.2 장주 해석법

하중과 변위 및 변형이 정비례한다는 선형탄성이론에 따라 수행하는 구조해석을 선형탄성해석(linear elastic analysis) 또는 1차 해석(first-order analysis)이라고 한다. 장주 해석은 부재의 길이효과를 고려한 구조해석으로 기하비선형해석(geometric nonlinear analysis) 또는 2차 해석(second-order analysis)이라고 한다. 표 6-2는 장주 해석법의 종류와 분류 및 적용을 나타낸 것으로, 크게 비선형 2차 해석과 탄성 2차 해석으로 구분한다. 이 절에서는 장주 해석법과 적용 범위를 항목별로 나누어 설명한다.

표 6-2 장주 해석법의 종류와 분류

구분		적용
비선형 2차 해석	횡구속 골조	재료비선형해석을 포함한 기하비선형해석
	비횡구속 골조	
탄성 2차 해석	횡구속 골조	모멘트확대계수법
	비횡구속 골조	반복 $P-\Delta$ 해석법, 직접 $P-\Delta$ 해석법, 모멘트확대계수법

[1] 비선형 2차 해석

비선형 2차 해석(nonlinear second-order analysis)은 하중과 변위의 관계가 비선형으로 나타나는 변수를 고려한 해석을 말하며, 철근콘크리트 장주 해석법으로는 비선형성을 유발하는 모든 변수를 고려한 해석이어야 한다. 비선형 하중-변위 관계는 비선형 응력-변형률 관계의 재료 특성으로 나타나는 비선형성, 균열로 인한 강성 변화에 따른 비선형성, 축력의 수준에 따른 곡률 변화에 따른 비선형성, 횡방향 변위 증가로 인한 $P\Delta$ 효과에 따른 비선형성, 콘크리트의 수축과 크리프에 따른 비선형성, 재하기간으로 인한 장기거동에 따른 비선형성에 영향을 받으며, 또한 지지 기초와의 상호작용도 영향을 준다.

이와 같은 비선형성을 모두 고려한 해석을 수계산(手計算, hand calculation)으로 하는 것은 거의 불가능하므로, 정교한 비선형 해석용 컴퓨터 프로그램을 이용하여야 한다. KDS 14 20 콘크리트구조 설계기준은 장주효과에 대한 비선형 2차 해석으로 부정정 콘크리트 구조물의 기둥에 대한 강도실험 결과와 유사한 결과를 예측하는 해석 방법을 사용하도록 규정하고 있다. 이때의 유사한 결과를 예측하는 해석 방법이라고 함은 부정정 철근콘크리트 구조물의 실험에서 보고된 극한하중의 15% 이내로 극한하중을 예측하는 것이 증명된 해석 방법을 말한다. 또한 해석 결과와 실험 결과의 비교에는 최소한 2차원 횡구속 골조와 비횡구속 골조 및 다양한 기둥 강성을 가진 골조들의 기둥 실험이 포함되어야 한다. 이를 만족하는 해석 방법을 적용하여 설계할 때에는 실제 부재의 특성과 해석상의 변동성을 고려하여 감소된 부재강성을 사용하여야 한다. 즉, 모멘트-곡률 해석 등으로 얻은 부재강성에 1.0 미만의 강성감소계수 ϕ_K를 곱한 보수적인 값을 적용하는 것이다. 이때의 강성감소계수 ϕ_K는 일반적으로 0.80과 0.85 사이의 값을 적용할 수 있으나, KDS 14 20 콘크리트구조 설계기준 해설에서는 다음에 소개하는 탄성 2차 해석과의 일관성을 확보하기 위하여 0.80을 추천하고 있다.

[2] 탄성 2차 해석

탄성 2차 해석은 선형탄성의 1차 해석으로 구조해석을 수행하면서 2차 효과를 구하는 구조해석 기법을 말한다. 이 해석에서는 축력의 영향, 부재 길이에 걸쳐있는 균열의 영향, 지속하중의 영향 등을 고려하여 계산된 부재의 단면 특성을 사용하여야 한다. 여기서 축력의 영향과 균열의 영향은 탄성 2차 해석을 수행할 때의 부재강성으로 고려하며, 지속하중의 영향도 역시 부재강성을 수정하는 방법으로 고려한다. 부재강성 EI의 값은 하중이 크게 작용하는 단면의 모멘트-곡률 관계로부터 구하는 것이 아니고 부재 전체에 대한 모멘트-단부 회전 관계로 구하여야 한다. 부재 전체에 대한 모멘트-단부 회전 관계로 부재강성 EI의 값을 결정하지 않는다면, 앞의 식 (2·4)의 탄성계수와 표 6-3의 단면2차모멘트와 단면적을 부재 단면 특성으로 하여 탄성 2차 해석을 수행할 수 있다.

$$E_c = 8{,}500\sqrt[3]{f_{cm}} \qquad (2\cdot4)$$

강도설계를 위한 탄성해석에서 강성 EI는 파괴 직전 부재의 강성을 나타내므로, 표 6-3의 강성 변수들은 계수하중에 대한 탄성해석에 적용한다. 여기서 기둥의 단면2차모멘트로 $0.7\,I_g$를, 보의 단면2차모멘트로 $0.35\,I_g$를 제시한 것은 축력이 작용하지 않는 보의 경우 계수하중 하에서 균열이 많이

표 6-3 계수하중에 대한 탄성해석에 적용되는 강성 변수

부재와 조건	단면2차모멘트	단면적	탄성계수
기둥	$0.7\ I_g$	$1.0\ A_g$	E_c
비균열 벽체	$0.7\ I_g$		
균열 벽체	$0.35\ I_g$		
보	$0.35\ I_g$		
플랫 플레이트 및 플랫 슬래브	$0.25\ I_g$		

발생하여 강성이 저하되지만 축압력이 작용하는 기둥은 상대적으로 균열이 많이 발생하지 않아서 강성이 크게 저하되지 않음을 반영한 것이다. 이와 같은 개념으로 균열이 발생하지 않는 벽체에는 단면2차모멘트로 $0.7\ I_g$를, 균열이 발생하는 벽체에는 $0.35\ I_g$를 제시하고 있다.

이 기본 강성 값 $0.7\ I_g$와 $0.35\ I_g$는 MacGregor와 Hage가 제안한 값을 수정하여 반영한 것이다. 즉, MacGregor와 Hage[6.14]는 기둥과 보의 단면2차모멘트로 각각 $0.8\ I_g$와 $0.4\ I_g$를 제안하였는데, 강성의 변동성을 고려하여 보수적인 값을 적용하도록 이 제안 값에 0.875를 곱하여 $0.7\ I_g$와 $0.35\ I_g$를 제시한 것이다. 여기서 0.875는 강성감소계수 ϕ_K의 값의 의미를 갖는다. 골조 등 부정정 구조물에 대한 일반적인 선형탄성해석에서 변위를 구하기 위한 해석이 아니라면, 부재강성 값 자체가 중요한 것이 아니라 부재들 사이의 강성도 비율이 중요하다. 그러나 $P\Delta$ 효과를 고려하기 위한 2차 해석에서는 골조의 횡방향 변위에 따라 2차 모멘트 값이 결정되므로 부재강성 값 자체가 중요하며, 안전한 구조물을 설계하기 위해서는 단면특성의 변동성을 고려하여 안전측의 부재강성 값을 적용하여야 한다. 따라서 탄성 2차 해석에서 부재의 강성에는 강성감소계수 ϕ_K를 적용하여 강성의 불확실성을 고려하고, 공칭축-휨강도 상관도에 강도감소계수 ϕ를 적용하여 단면강도의 불확실성을 고려하는 것이다.

표 6-3의 단면2차모멘트는 골조 실험과 해석의 결과로 선정된 값이며, 계산된 변위의 변동성도 고려하여 앞에서 설명한 바와 같이 MacGregor와 Hage가 제안한 값에 0.875의 강성감소계수 ϕ_K를 적용한 것이다. 그러나 골조 구조물에 대한 실험 및 해석 결과를 분석한 결과, 과거 설계기준에 따라 콘크리트 설계기준압축강도 f_{ck}의 함수로 결정한 탄성계수와 표 6-3의 단면2차모멘트를 해석에 사용했을 때 극한하중에서 횡방향 변위를 20~25%까지 과대평가하는 것으로 나타났다. 이것은 ϕ_K 값으로 0.80과 0.85 사이의 값을 적용한 것과 유사한 결과를 준다고 평가되었다. 앞의 식 (2·4)에 따라 콘크리트 평균압축강도 f_{cm}의 함수로 나타낸 탄성계수를 사용할 때는 f_{ck}의 함수로 나타낸 탄성계수를 사용할 때보다 변위가 다소 작게 해석되므로, ϕ_K 값으로 0.85 내외의 값을 적용한 것과 유사한 결과를 줄 것이다.

한편 구조물에 횡방향으로 지속하중이 작용할 때에는 지속하중의 영향을 고려하여야 한다. 횡방향 지속하중은 횡토압 등과 같이 영구히 또는 장기간 횡방향으로 작용하는 하중을 말하며, 여기서는 구조물의 양 측면에 서로 다른 크기의 토압이 작용하여 토압에 의한 횡방향 변위가 발생하는 경우를 대상으로 한다. 이때에는 기둥이나 벽체 등 횡방향 저항부재의 단면2차모멘트로 표 6-3의 값을 적용한 후 $(1+\beta_{ds})$로 나누어야 한다. 이것은 지속하중의 영향과 크리프 좌굴을 설명한 6.5.1절 [6]항에 소개한 앞의 식 (6·113)을 적용한 것과 동일한 개념으로, 예를 들어 기둥의 경우에는 다음 식과 같이 적용한다. 여기서 β_{ds}는 1개 층 전체의 최대 계수전단력에 대한 최대 계수지속전단력의 비이며 1.0 이하의 값을 사용하여야 한다.

$$EI_{sust} = \frac{E_c(0.7\,I_g)}{1+\beta_{ds}} \tag{6·118}$$

이상과 같은 요구 조건을 적용하여 탄성 2차 해석을 수행하는 구체적인 방법으로는, 표 6-2에 나타낸 바와 같이 반복 $P-\Delta$ 해석법, 직접 $P-\Delta$ 해석법, 모멘트확대계수법이 있다. 이 해석법들의 구체적인 내용은 다음 항에서 설명한다.

[3] 비횡구속 골조 기둥의 반복 $P-\Delta$ 해석법

반복 $P-\Delta$ 해석법(iterative $P-\Delta$ analysis)은 비횡구속 골조에 적용하는 탄성 2차 해석법으로, 부재의 길이효과로 추가되는 횡방향 변위가 원하는 수준의 오차범위(tolerance) 이내로 수렴할 때까지 선형 탄성해석을 반복 수행하는 해석법이다. 이 해석법을 이해하기 위해서는 비횡구속 골조의 하중과 기둥의 휨모멘트 관계를 알아야 한다. 그림 6-47(a)는 단주로 구성된 비횡구속 골조로, 기둥 상단 절점에 횡방향 하중 V가 작용할 때 발생하는 횡방향 변위 Δ가 무시할 수 있을 정도로 작으므로 기둥에 작용하는 축압축력 P와 횡방향 변위 Δ에 의한 2차모멘트가 0이라고 간주한다. 따라서 좌우 기둥의 상단과 하단에 작용하는 휨모멘트의 총합은 다음과 같이 횡방향 하중 V와 기둥 길이 l_c를 곱한 모멘트와 같다.

$$\Sigma(M_{1el}+M_{2el}) = Vl_c \tag{6·119}$$

그림 6-47(b)는 장주로 구성된 비횡구속 골조로, 횡방향 하중 V에 의한 횡방향 변위 Δ와 축압축력 P로 인한 2차모멘트가 발생한다. 따라서 좌우 기둥의 상단과 하단에 작용하는 휨모멘트의 총합은 다음과 같이 횡방향 하중 V와 기둥 길이 l_c를 곱한 모멘트, 즉 식 (6·119)의 탄성휨모멘트에 두 기둥에서 발생하는 2차모멘트를 합한 $\Sigma P\Delta$가 추가된다.

$$\Sigma(M_{1tot}+M_{2tot}) = Vl_c+\Sigma P\Delta \tag{6·120}$$

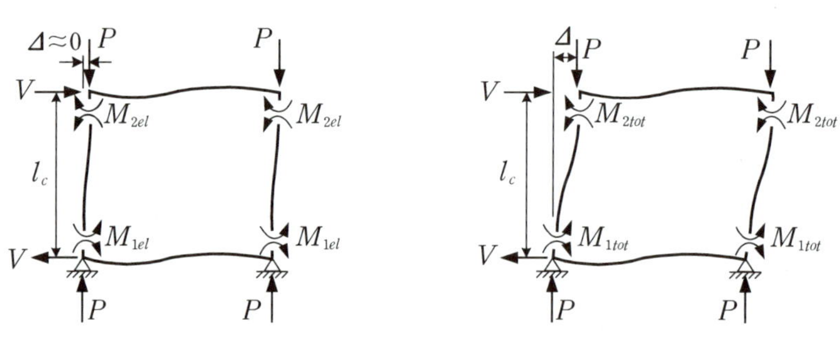

(a) 단주의 탄성모멘트　　(b) 장주의 총모멘트

그림 6-47 비횡구속 골조의 하중과 기둥의 휨모멘트

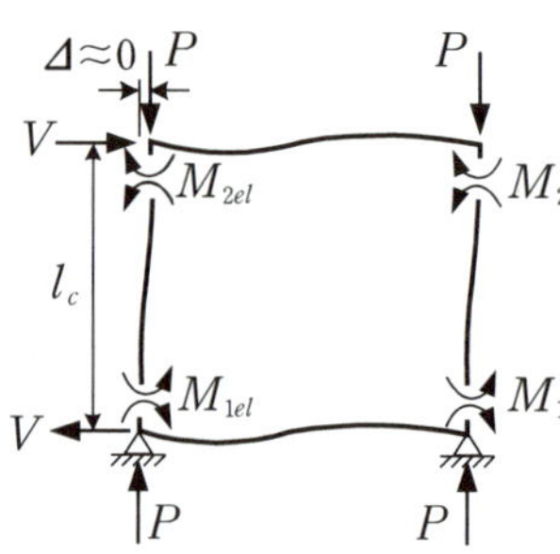

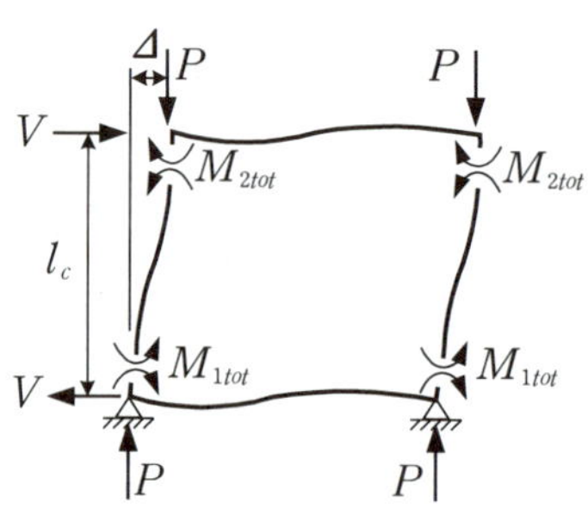

그림 6-48(a)와 같이 횡방향 하중 V에 의한 횡방향 변위 Δ와 축압축력 P로 인한 추가된 2차모멘트의 총합 $\sum P\Delta$는 다음과 같이 총 2차모멘트를 기둥 길이 l_c로 나눈 추가의 횡방향 하중(additional lateral load) dV가 작용하는 것과 동일한 효과를 준다.

$$dV = \frac{\sum P\Delta}{l_c} \tag{6·121}$$

즉, 그림 6-48(b)에 나타낸 바와 같이 크기가 $\sum P\Delta / l_c$인 가상의 추가 횡하중 dV가 V와 함께 작용하는 것과 동일한 것이다. 따라서 횡방향 하중 V에 대한 첫 번째 해석의 결과로 얻은 횡방향 변위를 Δ_{1st}라고 하면, 두 번째 해석은 다음으로 구하는 V_2가 횡방향 하중으로 작용하는 경우에 대하여 수행한다.

$$V_2 = V + dV_1 = V + \frac{\sum P\Delta_{1st}}{l_c} \tag{6·122}$$

횡방향 하중 V_2에 대한 두 번째 해석의 결과로 얻은 횡방향 변위를 Δ_{2nd}라고 하면, 세 번째 해석은 다음으로 구하는 V_3이 횡방향 하중으로 작용하는 경우에 대하여 수행한다.

$$V_3 = V + dV_2 = V + \frac{\sum P\Delta_{2nd}}{l_c} \tag{6·123}$$

또, 횡방향 하중 V_3에 대한 세 번째 해석의 결과로 얻은 횡방향 변위를 Δ_{3rd}라고 하면, 네 번째 해석은 다음으로 구하는 V_4가 횡방향 하중으로 작용하는 경우에 대하여 수행한다.

$$V_4 = V + dV_3 = V + \frac{\sum P\Delta_{3rd}}{l_c} \tag{6·124}$$

이와 같은 방법으로 해석을 반복하여, 횡방향 변위가 그 이전 해석과정에서 구한 횡방향 변위와 유사한 값으로 원하는 수준의 오차범위(tolerance) 이내로 수렴하면 해석을 종료한다. 만일 i번째 해석 후 종료했다면, 이때의 최종 횡하중은 다음과 같이 나타낼 수 있다.

$$V_{final} = V + dV_{i-th} = V + \frac{\sum P\Delta_{i-th}}{l_c} \tag{6·125}$$

그림 6-48(c)는 다층 골조(multistory frame)의 반복 $P-\Delta$ 해석을 이해하기 위한 2층 골조이다. 그림 6-48(c)와 같이 한 층을 3개의 기둥이 받치는 2층 골조에서 1층과 2층이 만나는 절점에 횡방향 하중 V_{f1}가 작용하고 2층 상단 절점에 횡방향 하중 V_{f2}가 작용하면 횡방향 변위가 발생하게 된다. 이때 1층

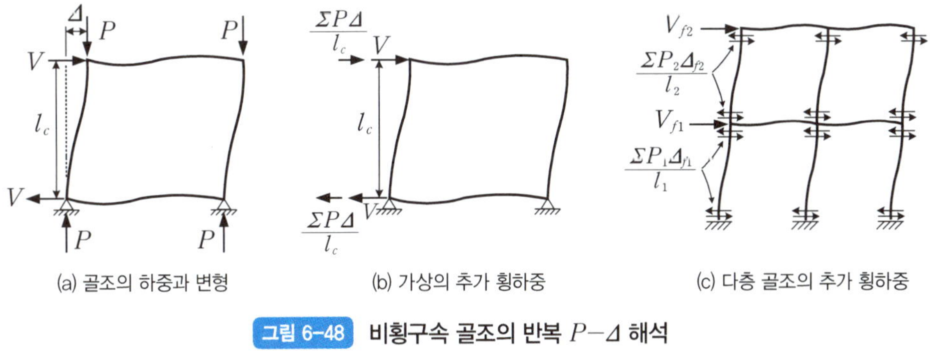

(a) 골조의 하중과 변형　(b) 가상의 추가 횡하중　(c) 다층 골조의 추가 횡하중

그림 6-48 비횡구속 골조의 반복 $P-\Delta$ 해석

기둥 상단과 하단의 횡방향 상대변위 Δ_{f1}에 의하여 발생하는 추가의 횡방향 하중 $\Sigma P_1\,\Delta_{f1}/l_1$은 1층 기둥의 상단과 하단에 전단력으로 작용한다. 여기서 ΣP_1은 3개의 1층 기둥에 작용하는 축압축력의 합이며 l_1는 1층의 층 높이이다. 1층의 추가 횡방향 하중 $\Sigma P_1\,\Delta_{f1}/l_1$은 1층 상단에서 V_{f1}과 같은 방향으로 작용한다. 2층 기둥 상단과 하단의 황방향 상대변위 Δ_{f2}에 의하여 발생하는 추가의 횡방향 하중 $\Sigma P_2\,\Delta_{f2}/l_2$는 2층 기둥의 상단과 하단에 전단력으로 작용한다. 여기서 ΣP_2는 3개의 2층 기둥에 작용하는 축압축력의 합이며 l_2는 2층의 층 높이이다. 2층의 추가 횡방향 하중 $\Sigma P_2\,\Delta_{f2}/l_2$는 2층 상단에서는 V_{f2}와 같은 방향으로 작용하지만, 2층 하단에서는 V_{f1}과 반대 방향으로 작용한다. 따라서 1층과 2층이 만나는 절점에 추가되는 횡방향 하중 ΔV_{f1}은 다음과 같다.

$$d\,V_{f1} = \frac{\Sigma P_1 \Delta_{f1}}{l_1} - \frac{\Sigma P_2 \Delta_{f2}}{l_2} \tag{6·126}$$

이와 같은 방법으로 각 절점에 추가되는 횡방향 하중을 결정하고, 원래의 횡방향 하중에 가상의 추가 횡방향 하중을 더하여 각층의 횡방향 변위가 원하는 수준의 오차범위 이내로 수렴할 때까지 해석을 반복한다. 이 같은 반복해석은 경우에 따라 수렴성에 차이를 보이지만, 보통 3차례 이내의 반복해석으로 변위가 수렴하며 더 많은 반복해석이 필요하더라도 5차례를 넘지 않고 수렴하는 것이 일반적이다.

[4] 비횡구속 골조 기둥의 직접 $P-\Delta$ 해석법

직접 $P-\Delta$ 해석법(direct $P-\Delta$ analysis)은 MacGregor와 Hage[6.14]가 제안한 비횡구속 골조의 탄성 2차 해석법으로, 선형탄성 1차 해석으로 구한 횡방향 변위, 전단력, 휨모멘트의 수식을 이용하여 $P\Delta$ 효과를 고려한 기둥의 총 휨모멘트를 직접 구하는 방법이다. 직접 $P-\Delta$ 해석법의 수식은 다음의 과정으로 유도된다.

탄성 휨모멘트의 평형방정식은 앞의 식 (6·119)와 같으며, $P\Delta$ 효과를 고려한 평형방정식은 앞의 식 (6·120)과 같다.

$$\Sigma(M_{1el}+M_{2el}) = V l_c \tag{6·119}$$

$$\Sigma(M_{1tot}+M_{2tot}) = V l_c + \Sigma P\Delta \tag{6·120}$$

이제 식 (6·120)의 총 휨모멘트와 식 (6·119)의 탄성 휨모멘트의 관계는 다음과 같이 확대계수 δ_s를 이용하여 나타낼 수 있다.

$$\Sigma(M_{1tot}+M_{2tot}) = \delta_s\,\Sigma(M_{1el}+M_{2el}) \tag{6·127}$$

즉, 장주의 휨모멘트는 $P\Delta$ 효과로 인하여 탄성 휨모멘트보다 크게 되므로, 증가된 $P\Delta$ 모멘트를 포함한 총 휨모멘트와 탄성 휨모멘트의 비율을 확대계수 δ_s로 나타낸 것이다. δ_s를 총 휨모멘트와 탄성 휨모멘트의 비율로 나타내고, 식 (6·119)와 식 (6·120)을 대입하여 정리하면 다음과 같이 나타낼 수 있다.

$$\delta_s = \frac{\Sigma(M_{1tot}+M_{2tot})}{\Sigma(M_{1el}+M_{2el})} = \frac{V l_c + \Sigma P\Delta}{V l_c} = 1 + \frac{\Sigma P\Delta}{V l_c} \tag{6·128}$$

따라서 계수하중에 대한 탄성해석으로 얻은 기둥의 1차 휨모멘트를 M_o, 축력을 P_u, 전단력을 V_u라고 하면 기둥의 총 휨모멘트 M_c는 다음과 같이 나타낼 수 있다.

$$M_c = \delta_s M_o = \left(1+\frac{\Sigma P_u \Delta}{V_u l_c}\right) M_o = M_o + \frac{M_o \Sigma P_u \Delta}{V_u l_c} \tag{6·129}$$

변위에 대하여도 이 관계를 적용하면 $P\Delta$ 효과를 고려한 기둥의 총 횡방향 변위 Δ와 탄성해석으로 얻은 횡방향 변위 Δ_o는 다음과 같은 관계가 있다.

$$\Delta = \Delta_o + \frac{\Delta_o \Sigma P_u \Delta}{V_u l_c} \tag{6·130}$$

이 식의 마지막 항 분자의 Δ_o와 Δ의 자리를 바꾸고 총 횡방향 변위 Δ로 정리하면 다음과 같다.

$$\Delta = \Delta_o + \frac{\Delta \Sigma P_u \Delta_o}{V_u l_c} \tag{6·131}$$

$$\Delta\left(1-\frac{\Sigma P_u \Delta_o}{V_u l_c}\right) = \Delta_o \tag{6·132}$$

$$\Delta = \frac{\Delta_o}{1-\dfrac{\Sigma P_u \Delta_o}{V_u l_c}} \tag{6·133}$$

따라서 총 횡방향 변위 Δ는 탄성해석으로 얻은 횡방향 변위 Δ_o를 $1-\Sigma P_u \Delta_o / V_u l_c$로 나눈 것과 같다. 이 관계는 $P\Delta$ 모멘트를 $\Sigma P_u \Delta / l_c$의 전단력으로 변환하여 유도한 것이므로, $P\Delta$ 모멘트가 기둥 양단 사이에서 직선인 형상을 갖는 것으로 가정한 것이다. 그러나 실제 $P\Delta$ 모멘트는 다음 6.5.3절 [3]항의 그림 6-51(c)와 같이 곡선의 분포를 보인다. 일반적으로 곡선의 $P\Delta$ 모멘트 분포는 직선의 $P\Delta$ 모멘트 분포로 계산된 횡방향 변위보다 15% 정도 큰 횡방향 변위를 유발한다고 알려졌다. 따라서 이와 같은 영향을 고려하기 위해서는 식 (6·133)의 분모에서 $\Sigma P_u \Delta_o / V_u l_c$를 1.15배로 증가시켜서 $1-1.15\,\Sigma P_u \Delta_o / V_u l_c$를 적용하여야 한다. 이와 같은 Δ와 Δ_o의 관계는 총 휨모멘트 M_c와 탄성해석으로 얻은 1차 휨모멘트 M_o의 관계와 동일하므로, M_c를 다음과 같이 나타낼 수 있다.

$$M_c = \frac{M_o}{1-\dfrac{1.15\Sigma P_u \Delta_o}{V_u l_c}} \tag{6·134}$$

이와 같이 $P\Delta$ 효과를 고려한 장주의 총 휨모멘트 M_c를 구하는 방법을 직접 $P-\Delta$ 해석법이라고 한다. 한편 M_c는 식 (6·129)와 같이 $\delta_s M_o$로 나타낼 수 있으므로, 식 (6·134)의 관계를 모멘트확대계수 δ_s로 나타내면 다음과 같다.

$$\delta_s = \frac{1}{1-\dfrac{1.15\Sigma P_u \Delta_o}{V_u l_c}} \tag{6·135}$$

이 식에서 분모의 마지막 항을 Q로 나타내면 다음과 같이 나타낼 수 있다.

$$\delta_s = \frac{1}{1-1.15\,Q} \tag{6·136}$$

이때 Q는 앞의 식 (6·98)과 동일한 것으로, 층 안정성 지수(stability index)라고 한다.

$$Q = \frac{\sum P_u \Delta_o}{V_u l_c} \tag{6·98}$$

안정성 지수 Q는 횡구속 골조와 비횡구속 골조를 구분하는 지표로도 이용되어, Q가 0.05 이하이면 횡구속 골조로 분류한다.

[5] 모멘트확대계수법에 의한 해석

모멘트확대계수법(moment magnification method 또는 moment magnifier method)은 횡구속 골조와 비횡구속 골조의 장주에 모두 적용하는 탄성 2차 해석법으로, 다음과 같이 선형탄성의 1차 해석의 휨모멘트 M_e에 계수축압축력과 좌굴하중의 비율을 변수로 하는 모멘트확대계수 δ를 곱하여 $P\Delta$ 효과를 고려한 기둥의 총 휨모멘트를 구하는 방법이다.

$$M_c = \delta M_e \tag{6·137}$$

모멘트확대계수 δ의 해석이론은 다음 절에 소개한다.

6.5.3 모멘트확대계수 해석 이론

모멘트확대계수는 횡구속 골조의 장주와 비횡구속 골조의 장주를 구분하여 다음과 같이 유도할 수 있다.

[1] 대칭 휨모멘트를 받는 단순지지 횡구속 골조 장주의 모멘트확대계수

그림 6-49(a)와 같이 길이가 l이고 양 단부 절점에 횡방향 변위가 발생하지 않는 부재에 전체 길이에 걸쳐 휨모멘트 M_o가 작용하면, 휨모멘트 M_o에 의한 횡방향 변위 Δ_o와 $P\Delta$효과에 의한 2차 휨모멘트의 작용으로 횡방향 변위 Δ_a가 추가된다. 휨모멘트 M_o에 의한 부재 중앙의 횡방향 변위 Δ_o는 그림 6-49(b)와 같이 휨모멘트 분포를 부재강성 EI로 나눈 곡률, 즉 M_o/EI의 곡률분포로 발생하는 변위로 다음과 같다.

$$\Delta_o = \frac{M_o l^2}{8EI} \tag{6·138}$$

$P\Delta$효과에 의하여 추가된 횡방향 변위의 총 합이 Δ_a라면, $P\Delta$ 모멘트는 그림 6-49(c)와 같이 축압축력 P와 총 횡방향 변위 $(\Delta_o+\Delta_a)$를 곱한 휨모멘트 분포를 갖는다. 그림 6-49(c)의 $P\Delta$ 모멘트 분포는 포물선이며, 이 휨모멘트 분포를 부재강성 EI로 나눈 곡률분포로 추가된 횡방향 변위 Δ_a를 다음과 같이 구할 수 있다.

$$\Delta_a = \left[\frac{P}{EI}(\Delta_o+\Delta_a)\frac{l}{2}\times\frac{2}{\pi}\right]\frac{l}{\pi} = \frac{Pl^2}{\pi^2 EI}(\Delta_o+\Delta_a) \quad (6\cdot139)$$

여기서 대괄호 안의 값은 그림 6-49(c)와 같이 최댓값이 $P(\Delta_o+\Delta_a)/EI$인 포물선 곡률분포 면적의 1/2이고, 대괄호 밖의 값 l/π는 부재 중앙까지 면적의 도심에서 지점까지의 거리이다. 이 식의 마지막 항 소괄호 앞의 계수 $Pl^2/\pi^2 EI$ 중 P를 제외한 나머지 항 $l^2/\pi^2 EI$는 식 (6·101)의 좌굴하중 P_c의 역수이므로, Δ_a는 다음과 같이 나타낼 수 있다.

$$\Delta_a = (\Delta_o+\Delta_a)\frac{P}{P_c} \quad (6\cdot140)$$

이 식에는 좌 항과 우 항에 모두 Δ_a가 있으므로, 이 식을 정리하면 Δ_a는 다음과 같다.

$$\Delta_a = \Delta_o\left(\frac{P/P_c}{1-P/P_c}\right) \quad (6\cdot141)$$

총 횡방향 변위 Δ는 Δ_o와 Δ_a를 합한 값이므로, 다음과 같이 Δ_a에 식 (6·141)을 대입 하고 정리하면 Δ를 다음과 같이 구할 수 있다.

$$\Delta = \Delta_o+\Delta_a = \frac{\Delta_o}{1-P/P_c} \quad (6\cdot142)$$

이제 1차 모멘트 M_o와 2차 모멘트 $P\Delta$를 더하여 기둥 중앙의 총 휨모멘트 M_c를 구하는데, 총 횡방향 변위 Δ에 식 (6·142)를 대입하면 다음과 같이 나타낼 수 있다.

$$M_c = M_o+P\Delta = M_o+\frac{P\Delta_o}{1-P/P_c} \quad (6\cdot143)$$

이 식에서 Δ_o는 휨모멘트 M_o에 의한 부재 중앙의 횡방향 변위로 식 (6·138)과 같으므로, 식 (6·138)을 식 (6·143)의 Δ_o에 대입하고 P에는 $(P/P_c)\pi^2 EI/l^2$을 대입하여 정리하면 다음과 같다.

$$M_c = M_o+\frac{1+0.23\,P/P_c}{1-P/P_c} \quad (6\cdot144)$$

이제 이 식을 기둥 중앙의 총 휨모멘트 M_c를 식 (6·137)과 같은 형태로 나타내고 식의 분자를 C_{m1}로 나타내면 다음과 같다.

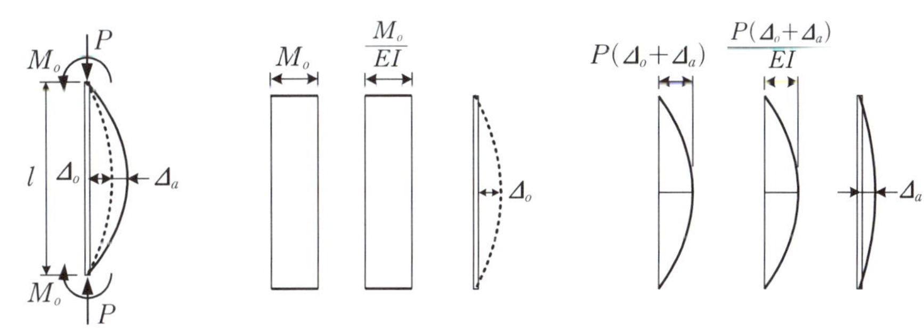

그림 6-49 대칭 휨모멘트 작용 기둥의 휨모멘트와 곡률 및 처짐

$$M_c = \delta M_o = M_o \frac{C_{m1}}{1-P/P_c} \tag{6·145}$$

$$\delta = \frac{C_{m1}}{1-P/P_c} \tag{6·146}$$

$$C_{m1} = 1+0.23\frac{P}{P_c} \tag{6·147}$$

일반적인 장주에서 축압축력이 좌굴하중 P_c에 비하여 매우 작은 것이 일반적이므로, 설계기준[6.1~6.3]에서는 다음과 같이 C_{m1}의 값을 1로 단순화한 형태의 모멘트확대계수 식을 적용하고 있다.

$$\delta = \frac{1}{1-P/P_c} \tag{6·148}$$

[2] 비대칭 휨모멘트를 받는 단순지지 횡구속 골조 장주의 모멘트확대계수

그림 6-50(a)와 같이 길이가 l이고 양 단부 절점에 횡방향 변위가 발생하지 않는 부재의 양 단부에 각각 M_1과 M_2의 휨모멘트가 작용하는 경우에는 최대 휨모멘트가 작용하는 위치가 $P\varDelta$ 효과를 따라 달라질 수 있다. 그림 6-50의 (b)와 (c)는 부재가 한 쪽으로만 휘는 단일 곡률(single curvature)의 변형이 발생하도록 휨모멘트 M_1과 M_2가 작용하는 경우이다. 여기서 절댓값이 큰 단부 휨모멘트를 M_2로 한다. 이 중에서 그림 6-50(b)는 기둥 내부에서 횡방향 변위 $\varDelta$가 크게 발생하여 $P\varDelta$ 효과가 크게 나타남에 따라, 기둥 내부에서 최대 휨모멘트가 나타나는 경우이다. 그림 6-50(c)는 $P\varDelta$ 효과로 기둥 내부에서 휨모멘트가 증가하더라도 기둥 단부의 휨모멘트 M_2보다 작아서, 단부에서 최대 휨모멘트가 작용하는 경우이다. 그림 6-50(d)는 부재가 이중 곡률(double curvature)의 변형이 발생하도록 휨모멘트 M_1과 M_2가 작용할 때, $P\varDelta$ 효과로 기둥 내부에서 휨모멘트가 증가하더라도 기둥 단부의 휨모멘트 M_2가 최대 휨모멘트로 작용하는 경우를 나타낸다.

비대칭 휨모멘트를 받는 단순지지 횡구속 골조 장주에서 부재 내부의 확대모멘트를 이론에 따라 구한 해는 다음과 같다.

$$M_{c,\,max} = M_2\sqrt{\frac{1-2(M_1/M_2)\cos\lambda l+(M_1+M_2)^2}{\sin^2\lambda l}} \tag{6·149}$$

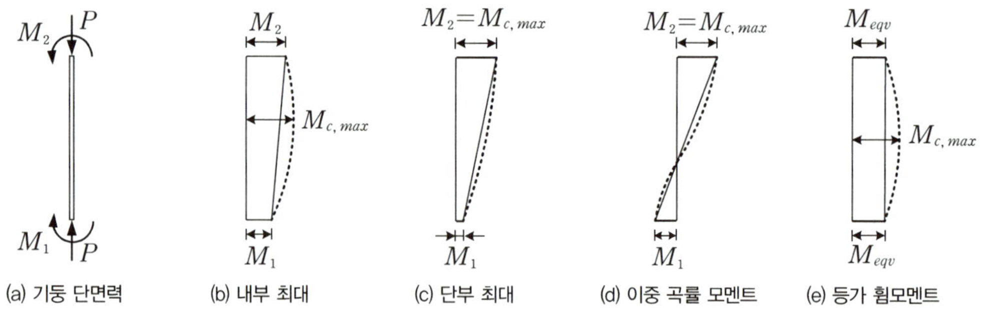

그림 6-50 비대칭 휨모멘트 작용 기둥의 휨모멘트

이 식은 1차 모멘트와 2차모멘트에 의한 곡률이 총 모멘트에 의한 곡률과 같다는 미분방정식의 해로 써 총 모멘트의 함수를 구하고, 총 모멘트 함수의 미분 값이 0인 위치에서 총 모멘트의 최댓값을 구한 것이다. 이 식에서 λl은 $\pi\sqrt{P/P_c}$ 이다.

이제 양 단부에 각각 M_1과 M_2의 휨모멘트가 작용하는 그림 6-50(b)의 휨모멘트 분포를 앞의 [1]항에서 다룬 대칭 휨모멘트가 작용하는 부재로 취급하기 위하여, 식 (6 ·149)의 M_1과 M_2에 모두 M_{eqv}를 대입하면 다음과 같게 된다.

$$M_{c,\,max} = M_{eqv}\sqrt{\frac{2(1-\cos\lambda l)}{\sin^2\lambda l}} \tag{6 ·150}$$

여기서 M_{eqv}는 등가 균등 휨모멘트로 그림 6-50(e)의 휨모멘트 분포를 의미한다. 식 (6 ·149)와 식 (6 ·150)의 관계로 M_{eqv}는 다음과 같이 나타낼 수 있다.

$$M_{eqv} = M_2\sqrt{\frac{(M_1/M_2)^2-2(M_1/M_2)\cos\lambda l+1}{2(1-\cos\lambda l)}} \tag{6 ·151}$$

이제 앞의 [1]항에서 다룬 대칭 휨모멘트가 작용하는 부재와 같은 방법으로 모멘트확대계수를 적용한 근삿값의 최대 휨모멘트를 표현하면 다음과 같게 된다.

$$M_{c,\,max} = M_{eqv}\frac{1}{1-P/P_c} \tag{6 ·152}$$

이 식의 M_{eqv}에 식 (6 ·151)을 대입하면 다음과 같다.

$$M_{c,\,max} = M_2\sqrt{\frac{(M_1/M_2)^2-2(M_1/M_2)\cos\lambda l+1}{2(1-\cos\lambda l)}}\,\frac{1}{1-P/P_c} \tag{6 ·153}$$

이제 이 식을 다음과 같이 계수 C_{m2}를 포함한 모멘트확대계수로 나타내면 다음과 같게 된다.

$$M_{c,\,max} = M_2\frac{C_{m2}}{1-P/P_c} = M_2\,\delta \tag{6 ·154}$$

$$\delta = \frac{C_{m2}}{1-P/P_c} \tag{6 ·155}$$

$$C_{m2} = \sqrt{\frac{(M_1/M_2)^2-2(M_1/M_2)\cos\lambda l+1}{2(1-\cos\lambda l)}} \tag{6 ·156}$$

식 (6 ·156)의 C_{m2}는 매우 복잡한 형태를 보이므로, 설계기준[6.1~6.3]에서는 다음과 같이 단순화한 근삿값의 C_{m2} 수식을 적용하고 있다.

$$C_{m2} = 0.6+0.4\frac{M_1}{M_2} \tag{6 ·157}$$

여기서, M_1/M_2의 값은 기둥이 한 쪽으로만 휘는 단일 곡률(single curvature)의 변형이 생길 때 양(+)의 부호로 하고, 이중 곡률(double curvature)의 변형이 생길 때 음(−)의 부호로 한다.

[3] 비횡구속 골조 장주의 모멘트확대계수

비횡구속 골조의 장주에서는 그림 6-51과 같이 1차 모멘트와 2차의 $P\Delta$ 모멘트가 절점에서 최대이므로 총모멘트도 절점에서 최댓값을 갖게 된다. 이때에는 모멘트확대계수의 C_{m3}은 다음과 같다.

$$C_{m3} = 1+\left(\frac{\pi^2}{12}-1\right)\frac{P}{P_c} = 1-0.18\frac{P}{P_c} \tag{6·158}$$

일반적인 장주에서 축압축력이 좌굴하중 P_c에 비하여 매우 작은 값을 갖는 것이 일반적이므로, 설계기준[6.1~6.3]에서는 식 (6·158)의 C_{m3}을 1로 단순화하여 다음과 같이 모멘트확대계수 δ_s를 적용하고 있다.

$$\delta_s = \frac{1}{1-\dfrac{\sum P}{\sum P_c}} \tag{6·159}$$

여기서 $\sum P$와 $\sum P_c$는 각각 한 층을 구성하는 모든 기둥의 축압축력의 합과 좌굴하중의 합이다. 이렇게 한 층을 구성하는 모든 기둥의 축압축력과 좌굴하중을 각각 합하는 것은, 비횡구속 골조가 그림 6-51(a)에 나타난 바와 같이 한 층의 기둥이 모두 동일한 횡방향 변위를 갖는 변형을 보이기 때문이다.

한편 비횡구속 골조의 장주에 대해서는 식 (6·159)에 따라 모멘트확대계수를 구하는 방법 외에도 직접 $P-\Delta$ 해석법의 결과를 이용하여 모멘트확대계수를 구하는 방법을 이미 소개하였다. 즉, 직접 $P-\Delta$ 해석법의 결과를 모멘트확대계수의 항으로 나타낸 앞의 식 (6·136)을 적용하는 방법이다.

$$\delta_s = \frac{1}{1-1.15Q} \tag{6·136}$$

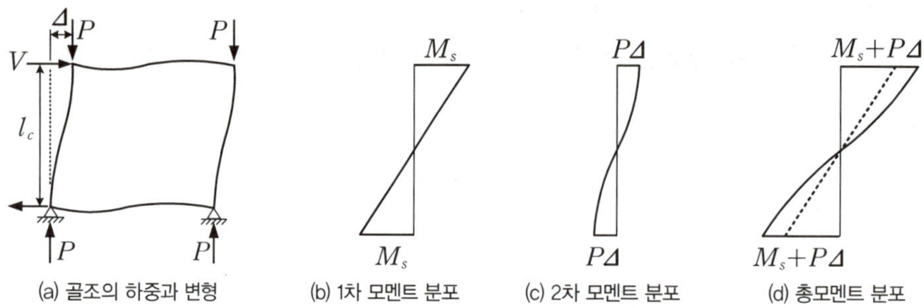

그림 6-51 비횡구속 골조의 휨모멘트 분포

6.5.4 설계기준에 따른 장주의 설계검증

철근콘크리트 장주에 대한 설계기준은 KDS 14 20 콘크리트구조 설계기준[6.1]에 최신의 연구결과가 가장 많이 반영되어 있다. 교량 구조물의 철근콘크리트 장주에 대한 설계기준은 구조해석 부분을 포함하고 있는 KDS 24 10 11 교량 설계 일반사항(한계상태설계법)[6.24]과 설계검증 부분을 포함하고 있는 KDS 24 14 21 콘크리트교 설계기준(한계상태설계법)[6.3]으로 구성되어 있다. 그러나 KDS 24 10 11 교량 설계 일반사항(한계상태설계법)[6.24]의 장주 해석법은 철근콘크리트 장주뿐만 아니라 강구조 장주에도 공통으로 적용하기 위한 것으로, 철근콘크리트 장주의 해석법으로는 최신의 연구결과가 반영된 것이라고 할 수는 없다. 따라서 이 절과 다음 절들에서는 철근콘크리트 장주에 대한 최신의 연구결과가 가장 많이 반영되어 있는 KDS 14 20 콘크리트구조 설계기준[6.1]의 내용을 소개한다.

[1] 횡구속 구조물과 비횡구속 구조물의 구분

2차 해석에 의한 기둥 단부 휨모멘트의 증가량이 탄성 1차 해석에 의한 단부 휨모멘트의 5% 이하인 경우에는 횡구속 구조물로, 5%를 초과하는 경우에는 비횡구속 구조물로 구분한다. 2차 해석을 수행하지 않고 횡구속 여부를 판단할 때에는 탄성 1차 해석의 결과를 이용하여 앞의 식 (6 ·98)에 따라 층 안정성 지수 Q를 구하고, Q가 0.05 이하일 경우 횡구속 구조물로 구분할 수 있다.

$$Q = \frac{\Delta_o \sum P_u}{V_u l_c} \tag{6 ·98}$$

여기서, $\sum P_u$와 V_u는 각각 해당 층의 전체 수직 축력과 층전단력(수평 계수전단력)이며, Δ_o는 V_u로 인한 해당 층의 상단과 하단 사이의 탄성 1차 해석에 의한 상대변위이고, l_c는 골조에서 절점 중심을 기준으로 측정된 압축부재의 길이이다.

층 안정성 지수 Q로 판단하는 방법 외의 또 다른 방법으로는 횡방향 하중에 저항하는 구조요소의 강성으로 구분하는 방법이 있다. 즉, 횡변위에 저항하는 구조요소 중 기둥을 제외한 구조요소의 전체 총 강성이 해당 층에 있는 기둥 전체 강성의 12배보다 큰 구조형식을 가지고 있다면 횡구속 구조물로 간주할 수 있다.

모멘트확대계수 δ로는 두 가지 골조를 구분하여 적용하도록 횡구속 골조는 non-sway를 뜻하는 ns를 아래첨자로 하여 δ_{ns}로, 비횡구속 골조는 sway를 뜻하는 s를 아래첨자로 하여 δ_s로 표현한다.

[2] 단주와 장주의 구분

횡구속 골조 압축부재의 경우, 다음 식을 만족하면 장주효과를 무시할 수 있는 단주로 분류하며 세장비가 $[34-12(M_1/M_2)]$를 초과하면 장주로 분류한다. 단, $[34-12(M_1/M_2)]$의 값은 40을 초과할 수 없다. 따라서 세장비의 한계는 $[34-12(M_1/M_2)]$와 40 중 작은 값이다. 이 식에서 M_1/M_2 비율은 기둥이 단일 곡률일 때 양(+)의 값으로, 이중 곡률일 때 음(−)의 값으로 한다.

$$\frac{kl_u}{r} \leq 34-12\frac{M_1}{M_2} \tag{6 ·160}$$

비횡구속 골조 압축부재의 경우, 다음 식을 만족하면 장주효과를 무시할 수 있는 단주로 분류하며 세장비가 22를 초과하면 장주로 분류한다.

$$\frac{kl_u}{r} \leq 22 \tag{6 ·161}$$

위의 두 식에서 압축부재의 비지지길이(unbraced length) l_u는 바닥슬래브, 보, 기타 고려하는 방향으로 횡지지할 수 있는 부재들 사이의 순길이(clear length)이다. 기둥머리나 헌치가 있는 경우의 비지지길이는 검토하고자 하는 면에 있는 기둥머리나 헌치의 최하단까지 측정된 거리로 한다. 회전반지름 r은 직사각형 압축부재의 경우 좌굴안정성이 고려되는 방향의 단면치수의 0.3배, 원형 압축부재의 경우 지름의 0.25배로 사용할 수 있다. 그 이외의 형상에 대한 회전반지름 r은 콘크리트 전체 단면적에 대하여 계산한다.

유효길이계수 k는 6.5.1절 [4]항에 소개된 방법, 즉 도표나 수식을 적용하여 결정한다. 다만 횡구속 골조 압축부재의 k 값으로는 보수적으로 1.0을 사용할 수 있다.

[3] 장주효과의 제한과 부재 단면의 크기

압축부재, 구속 보, 기타 지지부재는 2차 해석에 의한 총 휨모멘트가 탄성 1차 해석에 의한 휨모멘트의 1.4배를 초과하지 않도록 설계하여야 한다. 즉, 모멘트확대계수가 1.4 이하의 값을 갖는 장주로 설계하도록 제한한 것이다. 이것은 MacGregor와 Hage[6.14]의 연구결과를 반영한 것으로, 구조물의 중량이 크고 횡방향 강성이 작은 경우에는 $P\Delta$ 효과가 과도하게 발생하여 구조물이 불안정 상태가 될 수 있기 때문이다. 압축부재의 안정성에 문제가 발생하여 파괴될 가능성이 높아지는 경우는 층 안정성 지수 Q가 0.2 내지 0.25를 초과하는 경우이다. Q가 0.2 내지 0.25인 경우는 1차 휨모멘트에 대한 2차 휨모멘트의 비율이 1.25 내지 1.33인 경우와 동등한 상태이므로, 이를 고려하여 최대 1.4를 초과하지 않도록 제한한 것이다. 설계기준에서 규정한 1.4는 MacGregor와 Hage[6.14]가 제시한 1.33보다는 큰 값이지만, 압축부재의 강도감소계수 적용 등 안전성을 확보하는 다른 보수적인 규정을 함께 고려하여 선택한 것이다. 만일 설계대상인 장주의 모멘트확대계수가 1.4를 초과한다면 부재 단면이 작아서 안정성 확보를 보장할 수 없는 경우이므로, 더 큰 단면으로 변경하거나 더 높은 재료강도를 고려하여야 한다.

[4] 장주 해석

$P\Delta$ 효과에 의한 2차 모멘트를 구하기 위한 구조해석은 6.5.2절 표 6-2에 나타낸 장주 해석법을 적용할 수 있다. 장주 해석법은 크게 비선형 2차 해석과 탄성 2차 해석으로 구분한다. 비선형 2차 해석은 재료비선형해석을 포함한 기하비선형해석으로, 재료의 비선형성, 균열, 부재곡률, 횡방향 변위, 재하기간, 콘크리트의 수축과 크리프, 지지 기초와의 상호작용 등 철근콘크리트 구조물의 비선형성을 유발하는 모든 변수를 고려한 해석이어야 한다. 비선형 2차 해석을 수행할 때는 실제 부재의 특성과 해석상의 가변성을 고려하여, 모멘트-곡률 해석 등으로 얻은 부재강성에 1.0 미만의 강성감소계수 ϕ_K를 곱한 보수적인 값을 적용하여야 한다. 이때의 강성감소계수 ϕ_K는 일반적으로 0.80과 0.85 사이의 값을 적용할 수 있으나, KDS 14 20 콘크리트구조 설계기준 해설에서는 탄성 2차 해석과의 일관성을 확보하기 위하여 0.80을 추천하고 있다.

탄성 2차 해석은 선형탄성의 1차 해석으로 구조해석을 수행하면서 2차 효과를 구하는 구조해석 기법으로, 축력의 영향, 부재 길이에 걸쳐있는 균열의 영향, 지속하중의 영향 등을 고려하여 계산된 부재의 단면 특성을 사용하여야 한다. 이를 고려한 간단한 방법으로는 6.5.2절 표 6-3의 강성 변수를 사용할 수 있다. 표 6-3의 강성 변수를 사용하여 계수하중에 대한 선형탄성해석을 수행한 후, 설계자의 선택에 따라 6.5.2절 표 6-2에 나타낸 탄성 2차 해석법을 적용할 수 있다. 즉, 횡구속 골조에 대하여는 모멘트

확대계수법을 적용하며, 비횡구속 골조에 대하여는 반복 $P-\Delta$ 해석법이나 직접 $P-\Delta$ 해석법 또는 모멘트확대계수법을 적용한다.

구조물의 양 측면에 서로 다른 크기의 토압이 작용하여 토압에 의한 횡방향 변위가 발생하는 경우, 즉 영구히 또는 장기간 횡방향 지속하중이 작용할 경우에는 기둥이나 벽체 등 횡방향 저항부재의 단면2차모멘트로 표 6-3의 값을 적용한 후 식 (6·118)과 같이 $(1+\beta_{ds})$로 나누어야 한다. β_{ds}는 1개 층 전체의 최대 계수전단력에 대한 최대 계수지속전단력의 비로, 1.0 이하의 값을 사용하여야 한다.

[5] 2축 휨 작용

압축부재에 단면의 두 축방향으로 횡방향 하중이 작용하거나 인접 경간의 하중 불균형 등으로 인하여 2축 휨모멘트가 작용하는 경우에는 2축 휨을 받는 압축부재로 설계하여야 한다. 이때 압축부재가 장주라면 각 축에 대한 휨모멘트를 해당 축의 구속조건을 기초로 하여 각각 증대시킨다.

[6] 사용하중에 대한 해석

구조물의 사용성능(serviceability)을 검증하거나 구조물에 대한 풍동실험에서 풍하중을 결정하기 위해서는 다양한 사용하중 수준에 대한 처짐, 진동, 주기해석이 필요하다. 이때의 해석에서도 부재의 단면2차모멘트는 다양한 사용하중에서 균열 발생 정도를 나타내는 대표적인 값이다. 따라서 사용하중 단계에서 균열 발생 정도에 대한 정확한 평가가 중요하지만, 보다 정확한 평가를 수행하여 강성을 결정하지 않는다면 6.5.2절 표 6-3의 단면2차모멘트를 0.7로 나눈 값, 즉 1.43배의 값을 사용할 수 있다.

6.5.5 횡구속 골조 장주의 설계검증

이 절에서는 횡구속 골조 장주에 대한 KDS 14 20 콘크리트구조 설계기준[6.1]이 모멘트확대계수법 설계기준과 이에 따른 설계검증을 소개한다.

[1] 횡구속 골조 장주의 모멘트확대계수법 설계기준

횡구속 골조의장주는 계수축력 P_u와 다음으로 구하는 확대계수휨모멘트 M_c에 대하여 설계한다.

$$M_c = \delta_{ns} M_2 \tag{6·162}$$

여기서 M_2는 압축부재 양 단부의 계수휨모멘트 중 절댓값이 큰 휨모멘트 값이다. δ_{ns}는 다음으로 결정하는 횡구속 골조 장주에 대한 휨모멘트 확대계수이며, 모든 장주에 대하여 각각 구하고 적용하여 설계검증을 수행하여야 한다.

$$\delta_{ns} = \frac{C_m}{1-\dfrac{P_u}{0.75\,P_c}} \geq 1.0 \tag{6·163}$$

P_c는 압축부재의 좌굴하중으로 앞의 식 (6 · 102)로 결정한다.

$$P_c = \frac{\pi^2 EI}{(kl_u)^2} \tag{6 · 102}$$

k는 횡구속 골조 압축부재의 유효길이계수로 6.5.1절 [4]항에 소개된 도표나 수식을 적용하여 결정하여야 하지만, 보수적으로 1.0을 사용할 수 있다. EI는 앞의 식 (6 · 103)과 식 (6 · 104)로 계산한 값 중 큰 값을 적용한다.

$$EI = \frac{0.2\, E_c I_g + E_s I_{se}}{1+\beta_{dns}} \tag{6 · 103}$$

$$EI = \frac{0.4\, E_c I_g}{1+\beta_{dns}} \tag{6 · 104}$$

여기서, E_c : 설계기준이 제시하는 콘크리트의 탄성계수

I_g : 축방향 철근을 무시한 콘크리트 단면의 단면2차모멘트

I_{se} : 축방향 철근의 단면2차모멘트

β_{dns} : 축방향 계수지속하중을 최대 축방향 계수하중으로 나눈 값으로 1.0 이하의 값을 갖는 콘크리트의 크리프에 의한 장기거동을 고려한 계수

δ_{ns}를 계산하는 식 (6 · 163)에서 분모 P_c 앞의 계수 0.75는 강성감소계수(stiffness reduction factor)로, 식 (6 · 103) 또는 식 (6 · 104)로 계산하는 부재강성 EI의 변동성을 고려한 계수이다. 즉, 식 (6 · 103) 또는 식 (6 · 104)의 부재강성 EI로 계산한 좌굴하중 P_c의 0.75배를 안전측으로 적용하는 것이다. C_m 은 실제 휨모멘트 분포를 등가 균일 휨모멘트 분포로 치환하는데 관련된 계수로 다음 식으로 결정한다.

$$C_m = 0.6 + 0.4\frac{M_1}{M_2} \tag{6 · 164}$$

여기서, M_1/M_2은 기둥이 단일 곡률로 변형될 때는 양(+)의 값을 취하고, 이중 곡률로 변형될 때는 음(−)의 값을 취한다. 기둥의 양단 사이에 횡방향 하중이 존재하는 경우에는 C_m을 1.0으로 취한다.

한편 식 (6 · 162)로 확대계수휨모멘트 M_c를 구할 때, M_2는 각 주축에 대하여 다음의 최솟값 $M_{2,min}$ 이상을 적용하여야 한다.

$$M_{2,min} = P_u\, e_{min} \tag{6 · 165}$$

e_{min}은 시공오차를 고려한 최소편심으로 앞의 식 (6 · 8)로 결정한다. 여기서 h는 단면의 각 주축에 대한 부재의 전체두께이며, 15와 h는 모두 mm 단위이다.

$$e_{min} = 15 + 0.03\, h \tag{6 · 8}$$

이와 같이 $M_{2,min}$을 적용하여 δ_{ns}를 계산할 때에는, C_m을 원래 계산된 단부 휨모멘트 M_1과 M_2의 비를 적용하여 식 (6 · 164)로 결정하거나 단순화한 C_m 값으로 1.0을 적용할 수 있다

[2] 횡구속 골조 기둥의 설계검증 과정

횡구속 골조 장주에 대한 설계검증은 다음과 같은 과정에 따라 수행할 수 있다.

(1) 구조해석 수행

6.5.2절 표 6-3을 적용하여 부재 강성 변수를 결정하고, 탄성 1차 해석을 수행하여 단면력과 변위를 구한다.

(2) 횡구속 골조 여부의 판정

탄성 1차 해석의 결과를 이용하여 식 (6·98)에 따라 층 안정성 지수 Q를 구하고, Q가 0.05 이하일 경우 횡구속 구조물로 판정한다.

(3) 기둥의 유효길이계수 k 값 결정

기둥 양단의 지점조건이나 연결 부재의 강성도를 고려하여 식 (6·105)로 단부 구속계수를 결정하고, 그림 6-43과 같은 도표(Jackson and Moreland alignment charts)나 수식을 이용하여 기둥 유효길이계수 k 값을 결정한다. 이와 같이 k 값을 결정하는 방법 대신에 보수적인 값으로 1.0을 적용할 수도 있다.

(4) 장주 여부의 판정

기둥의 유효길이계수 k를 적용한 세장비 kl_u/r을 구하고, 식 (6·160)의 $[34-12(M_1/M_2)]$와 40 중 작은 값을 세장비의 한계로 하여 세장비 kl_u/r가 한계를 초과하면 장주로 판정한다.

(5) 최소휨모멘트 적용 여부의 판정

식 (6·8)의 최소편심을 적용하여 식 (6·165)에 따라 최소휨모멘트 $M_{2,\,min}$를 구하고, 이 값이 기둥의 최대휨모멘트 M_2보다 크다면 M_2 대신 $M_{2,\,min}$ 값을 적용한다.

(6) 확대휨모멘트 결정

앞의 [1]항에 따라 식 (6·103)과 식 (6·104)로 계산한 값 중 큰 값을 기둥의 강성 EI로 하여 식 (6·102)로 좌굴하중 P_c를 구하고, 식 (6·164)로 구한 C_m 및 계수축력 P_u와 함께 식 (6·163)으로 휨모멘트 확대계수 δ_{ns}를 구한 후 식 (6·162)에 따라 확대계수휨모멘트 M_c를 결정한다.

(7) 설계강도 검증

기둥단면에 대한 설계축-휨강도 해석을 수행하여 설계축-휨강도를 결정하고, 이상의 과정으로 구한 확대계수휨모멘트 M_c와 계수축력 P_u를 대상으로 설계강도 검증을 수행한다.

예제 6-7 그림 6-52(a)과 같이 상단이 고정단에 연결된 기둥에 750 kN의 고정하중 P_D와 620 kN의 활하중 P_L이 150 mm의 편심 e로 작용한다. 확대기초 위의 기둥은 그림 6-52(b)와 같이 한 변이 500 mm인 정사각형으로 SD400 12-D19의 축방향 철근이 한 변에 4개씩 배치되어 있으며, 콘크리트 설계기준압축강도 f_{ck}는 30 MPa이다. 이 기둥의 설계검증에 적용할 계수축압축력과 계수휨모멘트를 구하시오.

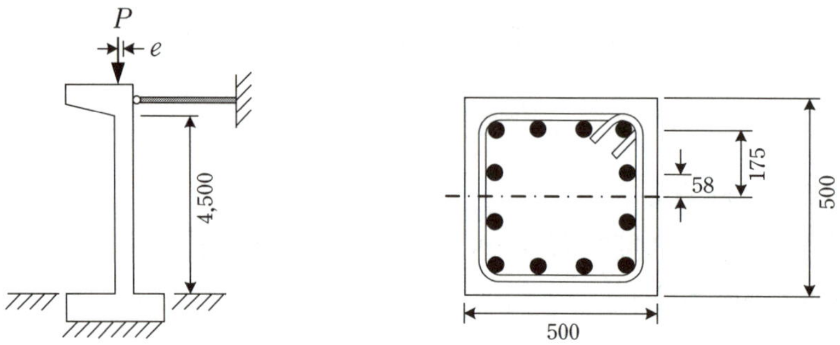

(a) 기둥 형식과 하중

(b) 기둥 단면

그림 6-52 예제 6-7의 기둥

〈풀이〉

(1) 탄성 1차 해석에 의한 단면력

보수적인 가정으로 확대기초와 연결된 기둥의 하단과 고정단에 연결된 상단이 모두 힌지로 거동한다고 가정한다. KDS 14 20 콘크리트구조 설계기준의 하중조합에 따라 계수축압축력을 구하면

$$P_u = 1.2\,P_D + 1.6\,P_L = 1.2\times750 + 1.6\times620 = 900 + 992 = 1{,}892\ kN$$

편심이 150 mm이므로 기둥에 작용하는 탄성 1차 계수휨모멘트를 구하면

$$M_1 = M_2 = P_u\,e = 1{,}892\times0.15 = 284\ kN\cdot m$$

양단 힌지인 기둥은 전체에 걸쳐서 284 $kN\cdot m$로 일정한 크기의 탄성 1차 휨모멘트가 작용하여 단일 곡률의 변형을 보인다.

(2) 유효길이계수 k와 장주 여부의 판정

양단 힌지인 기둥은 6.5.1절 [3]항의 그림 6-40(a)와 같은 지점조건이므로, 유효길이계수 k는 다음과 같이 1.0을 적용한다.

$$k = 1.0$$

단주의 세장비 한계를 구하면, 단일 곡률이므로

$$\left(\frac{kl_u}{r}\right)_{limit} = 34-12\left(\frac{M_1}{M_2}\right) = 34-12\left(\frac{284}{284}\right) = 34-12 = 22$$

이 값은 40을 넘지 않으므로 세장비 한계는 22이다. 한 변의 길이 h가 500 mm인 기둥의 회전반지름 r을 설계기준에 따라 0.3 h로 구하고, 세장비를 결정하여 세장비 한계와 비교하면

$$r = 0.3\,h = 0.3\times0.5 = 0.15\ m$$

$$\frac{kl_u}{r} = \frac{1.0\times4.5}{0.15} = 30 > \left(\frac{kl_u}{r}\right)_{limit}$$

따라서 이 기둥은 장주로 거동한다.

(3) 최소휨모멘트를 고려한 탄성 1차 계수휨모멘트

시공오차를 고려한 최소편심을 구하면

$$e_{min} = 15+0.03\,h = 15+0.03\times500 = 30\,mm = 0.03\,m$$

시공오차를 고려한 최소휨모멘트를 구하면

$$M_{2,min} = P_u e_{min} = 1{,}892\times0.03 = 56.8\,kN\cdot m$$

휨모멘트 M_2가 최소휨모멘트 $M_{2,min}$보다 크므로, 다음과 같이 M_2의 값을 적용한다.

$$M_2 = 284\,kN\cdot m$$

(4) 휨모멘트 확대계수와 확대휨모멘트

휨모멘트 확대계수를 구하기 위해서는 좌굴하중을 먼저 구하여야 한다. 좌굴하중을 구할 때 기둥 단면의 강성 EI는 앞의 식 (6·103)과 식 (6·104)로 계산한 값 중 큰 값을 적용한다. 이를 위하여 장기거동 계수 β_{dns}를 먼저 구하면

$$\beta_{dns} = \frac{1.2\,P_D}{1.2\,P_D+1.6\,P_L} = \frac{900}{1{,}892} = 0.496$$

그림 6-52(b)를 참조하여 축방향 철근에 의한 단면2차모멘트 I_{se}를 구하면, D19 철근의 단면적 A_b가 286.5 mm^2이므로

$$I_{se} = \Sigma A_s y^2 = \Sigma A_s n_b y^2 = 2\times286.5\times(4\times175^2+2\times58^2) = 74.05\times10^6\ mm^4$$

단면 전체의 단면2차모멘트 I_g를 구하면

$$I_g = \frac{bh^3}{12} = \frac{500\times500^3}{12} = 5.208\times10^9\,mm^4$$

콘크리트의 평균압축강도와 콘크리트의 탄성계수는

$$f_{cm} = f_{ck}+\Delta f = 30+4 = 34\,MPa$$

$$E_c = 8{,}500\sqrt[3]{f_{cm}} = 8{,}500\sqrt[3]{34} = 27{,}500\,MPa$$

이제 기둥 단면의 강성 EI를 구하면

$$EI = \frac{0.2\,E_c\,I_g+E_s\,I_{se}}{1+\beta_{dns}} = \frac{0.2\times27{,}500\times5.208\times10^9+200{,}000\times74.05\times10^6}{1+0.496} = 29.05\times10^{12}\,N\cdot mm^2$$

$$EI = \frac{0.4\,E_c\,I_g}{1+\beta_{dns}} = \frac{0.4\times27{,}500\times5.208\times10^9}{1+0.496} = 38.29\times10^{12}\,N\cdot mm^2$$

이 두 값 중 큰 값이 기둥 단면의 강성 EI이므로

$$EI = 38.29\times10^{12}\,N\cdot mm^2$$

좌굴하중을 구하면

$$P_c = \frac{\pi^2 EI}{(kl_u)^2} = \frac{\pi^2\times38.29\times10^{12}}{(1.0\times4{,}500)^2} = 18{,}660{,}000\,N = 18{,}660\,kN$$

계수 C_m, 휨모멘트 확대계수 δ_{ns}, 확대휨모멘트 M_c 를 구하면

$$C_m = 0.6+0.4\frac{M_1}{M_2} = 0.6+0.4\times1 = 1.0$$

$$\delta_{ns} = \frac{C_m}{1-\dfrac{P_u}{0.75P_c}} = \frac{1.0}{1-\dfrac{1{,}892}{0.75\times18{,}660}} = 1.16$$

$$M_c = \delta_{ns} M_2 = 1.16\times284 = 329\,kN\cdot m$$

따라서 이 기둥의 강도검증에 적용할 계수축압축력과 계수휨모멘트는 다음과 같다.

$$P_u = 1{,}892\,kN \qquad M_u = M_c = 329\,kN\cdot m$$

예제 6-8 그림 6-53(a) 평면도와 같이 기둥의 간격이 8 m와 4 m이고, 구조물 평면의 두 주축 방향으로 간격이 4 m인 기둥 사이에 전단벽(평면도에 짙은 색으로 표시한 부분)이 2개씩 배치된 10층 건물에서 평면 골조 B의 3층까지의 정면도가 그림 6-53(b)에 나타나 있다. 정면도의 좌우방향으로 횡방향 하중이 작용하는 경우, 지배적인 하중조합에 대한 1차 탄성구조해석의 결과 중에서 1층 B4 기둥의 단면력은 표 6-4와 같다. 1층 기둥들은 전면기초(mat foundation) 위에 시공된다. 중력방향 하중과 수평방향 하중이 작용하는 표 6-4의 1번과 2번 하중조합일 때, 1층의 네 개 기둥(B1~B4)과 B2와 B3 기둥 사이의 전단벽에 작용하는 총 계수축압축력은 38,400 kN이며, 계수풍하중에 의한 1층의 층전단력은 420 kN이고 1층 상단과 하단의 횡방향 상대변위는 1.86 mm이다. 표 6-4의 1번과 2번 하중조합은 건축구조기준에 따라 활하중에 대한 하중계수를 0.5로 감소시킨 하중조합이다. 구조물이 횡구속 골조인지 비횡구속 골조인지 판정하고, 1층 B4 기둥이 단주인지 장주인지 판정한 후, 장주인 경우 3번 하중조합에 대하여 설계검증에 적용할 계수축압축력과 계수휨모멘트를 구하시오. 3번 하중조합에서 층 B4 기둥에 작용하는 고정하중 축력(P_D)은 1,105 kN이다. 기둥과 보 및 슬래브의 콘크리트 설계기준압축강도 f_{ck}는 30 MPa이고, 기둥은 한 변이 500 mm인 정사각형으로 앞의 예제 6-7의 그림 6-52(b)와 같이 SD400 12-D19의 축방향 철근이 한 변에 4개씩 배치되어 있다. 골조 B의 보는 복부폭 b=500 mm이고 깊이 h=800 mm인 T형 단면으로 전체단면의 단면2차모멘트 I_g는 42.7×10^9 mm^{4}이다.

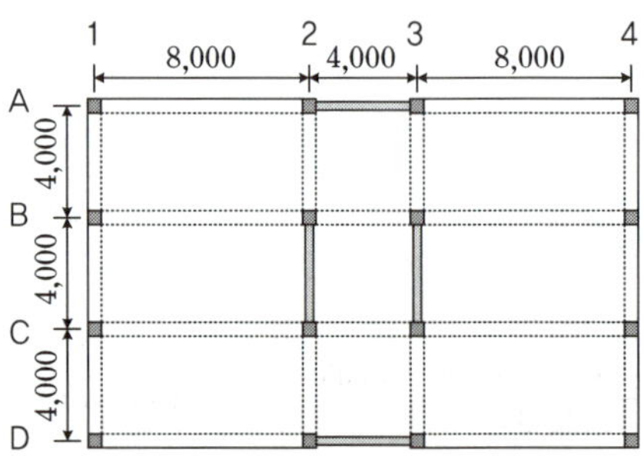

(a) 평면도

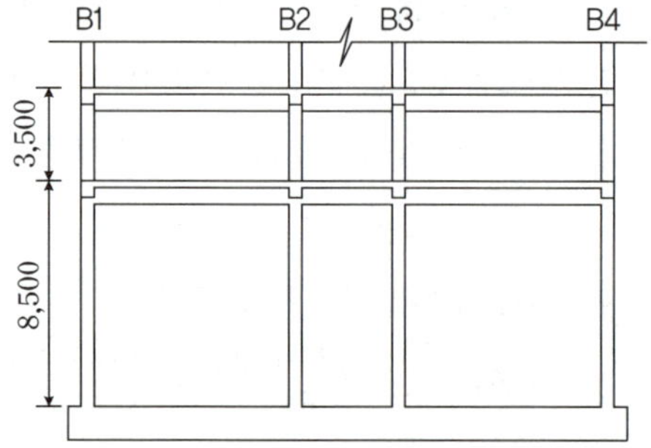

(b) 골조 B의 정면도 (1층~3층 일부)

그림 6-53 예제 6-8의 골조

표 6-4 예제 6-8의 골조에 대한 탄성구조해석 결과: 1층 B 4 기둥의 단면력

구분	하중조합	계수축력 (kN)	계수휨모멘트($kN\cdot m$)	
			상단	하단
1	$U=1.2D+0.5L+0.5L_r+1.3W$	2,420	−220	240
2	$U=1.2D+0.5L+0.5L_r-1.3W$	2,380	−208	232
3	$U=1.2D+1.6L+0.5L_r$	2,740	−244	256

〈풀이〉

(1) 횡구속 여부의 판정

횡구속 여부를 판정하기 위해서는 층 안정지수 Q를 구하여야 한다. 이를 위하여 1층 기둥의 절점 사이 길이 l_c를 구하면, 보의 깊이가 800 mm이므로

$$l_c = 8{,}500-\frac{800}{2} = 8{,}100\ mm$$

1층의 전체 수직 축력(총 계수축압축력) $\sum P_u$는 38,400 kN, 층전단력(수평 계수전단력) V_u는 420 kN, 1층의 상단과 하단 사이의 탄성 1차 해석에 의한 상대변위 Δ_o는 1.86 mm이므로, 층 안정지수 Q를 구하면

$$Q = \frac{\Delta_o \sum P_u}{V_u\, l_c} = \frac{1.86 \times 38{,}400}{420 \times 8{,}100} = 0.021 < 0.05$$

층 안정지수 Q가 0.05보다 작으므로 횡구속 골조이다.

(2) 유효길이계수 k와 장주 여부의 판정

유효길이계수 k는 6.5.1절 [4]항의 그림 6-44(a)의 도표를 적용한다. 1층 B4 기둥의 하단은 매트기초에 연결되어 고정단으로 볼 수 있으나 완전 고정으로 거동하기는 어렵다고 판단하여, 기둥 하단의 단부 구속계수는 다음과 같이 1.0을 적용하기로 한다.

$$\psi_A = 1.0$$

1층 B4 기둥의 상단은 1개의 보와 연결되어 있고 그 위에도 2층 기둥이 연결되어 있으므로, 두 개의 기둥과 한 개의 보가 연결된 절점의 구속계수를 적용한다. 이때에는 부재의 강성으로는 6.5.2절 [2]항의 표 6-3에 따라 기둥에는 0.7 I_g를 적용하고 보에는 0.35 I_g를 적용한다. 먼저 콘크리트의 평균압축강도와 콘크리트의 탄성계수를 구하면

$$f_{cm} = f_{ck} + \Delta f = 30 + 4 = 34\ MPa$$

$$E_c = 8{,}500 \sqrt[3]{f_{cm}} = 8{,}500 \sqrt[3]{34} = 27{,}500\ MPa$$

1층 B4 기둥의 강성도를 계산하면

$$l_c = 8{,}100\ mm$$

$$I_g = \frac{500 \times 500^3}{12} = 5.208 \times 10^9\ mm^4$$

$$I = 0.7\, I_g = 0.7 \times 5.208 \times 10^9 = 3.646 \times 10^9\ mm^4$$

$$\left(\frac{E_c I}{l_c}\right)_{column} = \frac{27{,}500 \times 3.646 \times 10^9}{8{,}100} = 12.38 \times 10^9\ N \cdot mm$$

2층 B4 기둥의 강성도를 계산하면

$$l_c = 3{,}500 - \frac{800}{2} + \frac{800}{2} = 3{,}500\ mm$$

$$I = 0.7\, I_g = 0.7 \times 5.208 \times 10^9 = 3.646 \times 10^9\ mm^4$$

$$\left(\frac{E_c I}{l_c}\right)_{column} = \frac{27{,}500 \times 3.646 \times 10^9}{3{,}500} = 28.65 \times 10^9\ N \cdot mm$$

보의 강성도를 계산하면

$$l_c = 8{,}000\ mm$$

$$I = 0.35\, I_g = 0.35 \times 42.7 \times 10^9 = 14.95 \times 10^9\ mm^4$$

$$\left(\frac{E_c I}{l_c}\right)_{beam} = \frac{27{,}500 \times 14.95 \times 10^9}{8{,}000} = 51.39 \times 10^9\ N \cdot mm$$

기둥 상단의 단부 구속계수를 구하면

$$\psi_B = \frac{\sum (E_c I / l_c)_{column}}{\sum (E_c I / l_c)_{beam}} = \frac{12.38 \times 10^9 + 28.65 \times 10^9}{51.39 \times 10^9} = 0.80$$

그림 6-44(a)의 도표를 적용하여 유효길이계수 k를 구하면, ψ_A=1.0이고 ψ_B=0.80이므로

$$k = 0.76$$

이 예제에서는 보수적으로 k 값을 1.0으로 취한다.

3번 하중조합에 대하여 해석한 1층 B4 기둥의 계수휨모멘트를 적용하여 단주의 세장비 한계를 구하면, 이중 곡률이므로

$$\left(\frac{kl_u}{r}\right)_{limit} = 34-12\left(\frac{M_1}{M_2}\right) = 34-12\left(\frac{-244}{256}\right) = 45.4 > 40$$

계산한 값은 40을 넘으므로 다음과 같이 세장비 한계는 40이다.

$$\left(\frac{kl_u}{r}\right)_{limit} = 40$$

보의 깊이가 800 mm임을 고려하여 1층 B4 기둥의 비지지 길이와 한 변의 길이 h가 500 mm인 기둥의 회전반지름 r을 0.3 h로 구하고, k 값을 1.0으로 하여 세장비를 결정하고 세장비 한계와 비교하면

$$l_u = 8{,}500-800 = 7{,}700\ mm = 7.7\ m$$

$$r = 0.3\,h = 0.3\times0.5 = 0.15\ m$$

$$\frac{kl_u}{r} = \frac{1.0\times7.7}{0.15} = 51.3 > \left(\frac{kl_u}{r}\right)_{limit}$$

따라서 이 기둥은 장주로 거동한다.

(3) 최소휨모멘트를 고려한 탄성 1차 계수휨모멘트

시공오차를 고려한 최소편심을 구하면

$$e_{min} = 15+0.03\,h = 15+0.03\times500 = 30\ mm = 0.03\ m$$

시공오차를 고려한 최소휨모멘트를 구하면

$$M_{2,min} = P_u e_{min} = 2{,}740\times0.03 = 82.2\ kN\cdot m$$

3번 하중조합에 대하여 해석한 1층 B4 기둥 하단의 휨모멘트 절댓값 M_2가 최소휨모멘트 $M_{2,min}$보다 크므로, 다음과 같이 M_2의 값을 적용한다.

$$M_2 = 256\ kN\cdot m$$

(4) 휨모멘트 확대계수와 확대휨모멘트

휨모멘트 확대계수를 구하기 위해서는 좌굴하중을 먼저 구하여야 한다. 좌굴하중을 구할 때 기둥 단면의 강성 EI는 앞의 식 (6·103)과 식 (6·104)로 계산한 값 중 큰 값을 적용한다. 이를 위하여 장기거동 계수 β_{dns}를 먼저 구하면

$$\beta_{dns} = \frac{1.2\,P_D}{P_u} = \frac{1.2\,P_D}{1.2\,P_D+1.6\,P_L+0.5\,P_{Lr}} = \frac{1.2\times1{,}105}{2{,}740} = 0.484$$

그림 6-52(b)를 참조하여 축방향 철근에 의한 단면2차모멘트 I_{se}를 구하면, D19 철근의 단면적 A_b가 286.5 mm^2이므로

$$I_{se} = \sum A_s y^2 = \sum A_s n_b y^2 = 2\times286.5\times(4\times175^2+2\times58^2) = 74.05\times10^6\ mm^4$$

단면 전체의 단면2차모멘트 I_g를 구하면

$$I_g = \frac{bh^3}{12} = \frac{500\times500^3}{12} = 5.208\times10^9\ mm^4$$

이제 기둥 단면의 강성 EI를 구하면

$$EI = \frac{0.2\,E_c I_g + E_s I_{se}}{1+\beta_{dns}} = \frac{0.2\times27{,}500\times5.208\times10^9+200{,}000\times74.05\times10^6}{1+0.484} = 29.28\times10^{12}\ N\cdot mm^2$$

$$EI = \frac{0.4\,E_c I_g}{1+\beta_{dns}} = \frac{0.4\times27{,}500\times5.208\times10^9}{1+0.484} = 38.60\times10^{12}\ N\cdot mm^2$$

이 두 값 중 큰 값이 기둥 단면의 강성 EI이므로

$$EI = 38.60\times10^{12}\ N\cdot mm^2$$

k 값을 1.0으로 하여 좌굴하중을 구하면

$$P_c = \frac{\pi^2 EI}{(kl_u)^2} = \frac{\pi^2\times38.60\times10^{12}}{(1.0\times7{,}700)^2} = 6{,}425{,}000\ N = 6{,}425\ kN$$

계수 C_m과 휨모멘트 확대계수 δ_{ns}를 구하면

$$C_m = 0.6+0.4\frac{M_1}{M_2} = 0.6+0.4\times\left(\frac{-244}{256}\right) = 0.219$$

$$\delta_{ns} = \frac{C_m}{1-\dfrac{P_u}{0.75P_c}} = \frac{0.219}{1-\dfrac{2{,}740}{0.75\times6{,}425}} = 0.51 < 1.0$$

계산한 휨모멘트 확대계수의 값이 1보다 작으므로, 기둥의 최대 휨모멘트는 단부에 작용하는 M_2이다. 따라서 이 기둥의 강도검증에 적용할 계수축압축력과 계수휨모멘트는 다음과 같다.

$$P_u = 2{,}740\ kN \qquad M_u = M_c = 256\ kN\cdot m$$

6.5.6 비횡구속 골조 장주의 설계검증

이 절은 KDS 14 20 콘크리트구조 설계기준[6.1]에 따른 비횡구속 골조 장주의 설계검증을 소개한다.

[1] 비횡구속 골조 장주의 설계기준

계수축력 P_u가 작용하는 비횡구속 골조의 압축부재는 다음과 같이 $P\Delta$ 효과를 고려한 양단의 확대 휨모멘트 M_1과 M_2에 대하여 설계검증을 수행하여야 한다.

$$M_1 = M_{1ns}+\delta_s M_{1s} \qquad (6\cdot166)$$

$$M_2 = M_{2ns}+\delta_s M_{2s} \qquad (6\cdot167)$$

이때의 해석으로는 6.5.2절 표 6-2에 정리한 바와 같이, 비선형 2차 해석이나 탄성 2차 해석을 적용할 수 있다. 비선형 2차 해석을 수행할 때에는 재료 특성으로 나타나는 비선형성, 균열로 인한 강성 변화에 따른 비선형성, 축력의 수준에 따른 곡률 변화에 따른 비선형성, 횡방향 변위 증가로 인한 $P\Delta$ 효과에 따른 비선형성, 콘크리트의 수축과 크리프에 따른 비선형성, 재하기간으로 인한 장기거동에 따른 비선형성 등 비선형성을 유발하는 모든 변수와 지시 기초와의 상호작용도 고려하여야 한다. 선형탄성의 1차 해석으로 구조해석을 수행하면서 2차 효과를 구하는 탄성 2차 해석에는 6.5.2절 표 6-3의 단면2차 모멘트와 단면적을 부재 단면 특성으로 적용할 수 있다. 횡방향 하중에 의하여 비틀림 변위가 크게 발생하는 골조 형식인 경우에는 3차원 2차 해석을 수행하여야 한다.

식 (6·166)과 식 (6·167)에서 M_{1ns}와 M_{2ns}는 기둥과 보가 만나는 절점에서 횡방향 변위를 발생시키지 않는 하중에 대하여 1차 탄성 골조해석으로 계산된 기둥의 단부 계수휨모멘트이다. 따라서 대칭인 형상의 골조에서는 중력방향 하중에 의한 기둥 단부의 휨모멘트이다. 중력방향 하중이 작용하는 경우

에도 골조가 비대칭이거나 하중의 배치가 비대칭인 경우에는 기둥 단부에서 횡방향 변위가 발생할 수 있다. 이때에도 횡방향 변위와 기둥길이의 비 Δ/l_c가 1/1500 이하인 경우에는 횡방향 변위가 발생하지 않는 경우로 취급할 수 있다.

M_{1s}와 M_{2s}는 단부에서 횡방향 변위를 일으키는 하중에 대하여 1차 탄성 골조해석으로 계산된 기둥의 단부 계수휨모멘트이며, 양단 휨모멘트 중 절댓값이 큰 휨모멘트를 M_{2s}로 한다. $\delta_s M_{1s}$와 $\delta_s M_{2s}$는 반복 $P-\Delta$ 해석법, 직접 $P-\Delta$ 해석법, 모멘트확대계수법 등의 탄성 2차 해석으로 구할 수 있다. 반복 $P-\Delta$ 해석법에서는 해석을 통하여 확대모멘트를 구하며, 직접 $P-\Delta$ 해석법에서는 수식에 따라 확대모멘트 $\delta_s M_{1s}$와 $\delta_s M_{2s}$를 직접 구하거나 수식에서 M_{1s} 및 M_{2s} 이외의 항을 모멘트확대계수 δ_s로 나타낸 형태로 계산하고, 모멘트확대계수법은 탄성모멘트 M_{1s}와 M_{2s}에 좌굴하중을 포함한 모멘트확대계수 δ_s를 곱한다.

직접 $P-\Delta$ 해석법을 적용할 때 비횡구속 골조 모멘트확대계수 δ_s는 다음 식에 따라 계산한다.

$$\delta_s = \frac{1}{1-Q} \geq 1 \qquad (6 \cdot 168)$$

여기서 Q는 앞의 식 (6 · 98)의 층 안정성 지수이다.

$$Q = \frac{\Delta_o \sum P_u}{V_u \, l_c} \qquad (6 \cdot 98)$$

층 안정성 지수 Q를 이용하여 식 (6 · 168)로 δ_s를 구한 값이 1.5를 초과하면 이 값을 설계에 적용할 수 없다. 이것은 비횡구속 골조에서 Q계수를 이용한 모멘트확대계수 δ_s는 1.5에 이를 때까지 2차 휨모멘트를 잘 예측할 수 있지만, 1.5를 초과하면 오차가 발생하기 때문이다. 따라서 이럴 때는 다른 방법의 탄성 2차 해석을 적용하거나 좌굴하중을 포함한 다음 식에 따라 δ_s를 계산하여야 한다.

$$\delta_s = \frac{1}{1-\dfrac{\sum P_u}{0.75\,P_c}} \qquad (6 \cdot 169)$$

여기서, $\sum P_u$는 한 층의 모든 연직계수축력의 합이고, $\sum P_c$는 횡방향 변위에 저항하는 모든 기둥의 좌굴하중 P_c의 합이다. 식 (6 · 169)에서 P_c 앞의 0.75는 강성감소계수(stiffness reduction factor)로 기둥 강성의 변동성을 고려한 감소계수이다. 좌굴하중 P_c는 앞의 식 (6 · 102)로 결정한다.

$$P_c = \frac{\pi^2 EI}{(kl_u)^2} \qquad (6 \cdot 102)$$

k는 비횡구속 골조 압축부재의 유효길이계수로 6.5.1절 [4]항에 소개된 도표나 수식을 적용하여 결정하며, 이 값은 1.0 이상이어야 한다. EI는 앞의 식 (6 · 103) 및 식 (6 · 104)와 동일한 식을 적용하여 결정하지만, 다음과 같이 β_{dns} 대신 계수전단력에 의한 β_{ds}를 사용하여 두 식으로 계산한 값 중 큰 값을 적용한다.

$$EI = \frac{0.2\,E_c I_g + E_s I_{se}}{1+\beta_{ds}} \qquad (6 \cdot 170)$$

$$EI = \frac{0.4\,E_c\,I_g}{1+\beta_{ds}} \tag{6·171}$$

여기서, β_{ds}는 콘크리트의 크리프에 의한 장기거동을 고려한 계수로, 비횡구속 골조 1개 층 전체의 최대 계수전단력에 대한 최대 계수지속전단력의 비이다. 횡방향 하중 중에서 지속하중으로 작용하는 하중이 존재하지 않는 경우에는 당연히 β_{ds}의 값이 0이 된다.

한편 비횡구속 골조에서 기둥의 단부와 연결된 보의 단부는 힘의 평형을 이루어야 하므로, 보의 단부에도 기둥 단부에서 확대된 휨모멘트와 같은 크기의 휨모멘트가 작용하게 된다. 따라서 접합부의 휨부재도 압축부재의 확대된 단부 계수휨모멘트를 저항할 수 있도록 설계하여야 한다.

[2] 비횡구속 골조 기둥의 설계검증 과정

비횡구속 골조 장주에 대한 설계검증은 다음과 같은 과정에 따라 수행할 수 있다.

(1) 구조해석 수행

6.5.2절 표 6-3을 적용하여 부재 강성 변수를 결정하고, 탄성 1차 해석을 수행하여 단면력과 변위를 구한다. 이때의 구조해석은 수직방향 하중과 수평방향 하중을 구분하여 수행한다.

(2) 횡구속 골조 여부의 판정

탄성 1차 해석의 결과를 이용하여 식 (6·98)에 따라 층 안정성 지수 Q를 구하고, Q가 0.05를 초과하는 경우 비횡구속 구조물로 판정한다.

(3) 기둥의 유효길이계수 k 값 결정

기둥 양단의 지점조건이나 연결 부재의 강성도를 고려하여 식 (6·105)에 따라 단부 구속계수를 결정하고, 그림 6-43과 같은 도표나 수식을 이용하여 기둥 유효길이계수 k의 값을 결정한다.

(4) 장주 여부의 판정

기둥의 유효길이계수 k를 적용한 세장비 kl_u/r을 구하고, 세장비 kl_u/r가 식 (6·161)의 세장비 한계를 초과하면 장주로 판정한다.

(5) 최소휨모멘트 적용 여부의 판정

식 (6·8)의 최소편심을 적용하여 식 (6·165)에 따라 최소휨모멘트 $M_{2,min}$를 구하고, 이 값이 기둥의 최대휨모멘트 M_2보다 크다면 M_2 대신 $M_{2,min}$ 값을 적용한다.

(6) 확대휨모멘트 결정

확대휨모멘트는 $P-\Delta$ 해석을 수행하거나, 다음 두 가지 방법 중 하나를 적용할 수 있다.

① 층 안정성 지수 Q를 이용하여 식 (6·168)에 따라 휨모멘트 확대계수 δ_s를 구한 후 식 (6·166)과 식 (6·167)에 따라 확대계수휨모멘트 M_1과 M_2를 결정한다.

② 해당 층의 모든 기둥에 대하여 앞의 [1]항에 따라 식 (6·170)과 식 (6·171)로 계산한 값 중 큰 값을 기둥의 강성 EI로 하여 식 (6·102)로 좌굴하중 P_c를 구하고, 식 (6·169)로 휨모멘트 확대계수 δ_s를 구한 후 식 (6·166)과 식 (6·167)에 따라 확대계수휨모멘트 M_1과 M_2를 결정한다.

(7) 설계강도 검증

기둥단면에 대한 설계축-휨강도 해석을 수행하여 설계축-휨강도를 결정하고, 이상의 과정으로 구한 확대계수휨모멘트 M_1과 M_2 및 계수축력 P_u를 대상으로 설계강도 검증을 수행한다.

예제 6-9 그림 6-54(a) 평면도와 같이 기둥의 간격이 8m와 4m인 5층 건물에서 평면 골조 B의 3층까지의 정면도가 그림 6-54(b)에 나타나 있다. 정면도의 좌우방향으로 횡방향 하중이 작용하는 경우, 지배적인 하중조합에 대한 1차 탄성구조해석의 결과 중에서 1층 B4 기둥의 단면력과 상단 변위는 표 6-5와 같다. 1층 기둥들은 전면기초(mat foundation) 위에 시공된다. 중력방향 하중과 수평방향 하중이 작용하는 표 6-5의 1번과 2번 하중조합일 때, 1층의 네 개 기둥(B1~B4)에 착용하는 총 계수축압축력은 19,200kN이며, 계수풍하중에 의한 1층의 층전단력은 280kN이고 1층 상단과 하단의 횡방향 상대변위는 8.90mm이다. 1번과 2번 하중조합은 건축구조기준에 따라 활하중에 대한 하중계수를 0.5로 감소시킨 하중조합이다. 구조물이 횡구속 골조인지 비횡구속 골조인지 판정하고, 1층 B4 기둥이 단주인지 장주인지 판정한 후, 장주인 경우 1번 하중조합에 대하여 설계검증에 적용할 계수축압축력과 계수휨모멘트를 구하시오. 기둥과 보 및 슬래브의 콘크리트 설계기준압축강도 f_{ck}는 30MPa이고, 기둥은 한 변이 500mm인 정사각형으로 앞의 예제 6-7의 그림 6-52(b)와 같이 SD400 12-D19의 축방향 철근이 한 변에 4개씩 배치되어 있다. 골조 B의 보는 복부폭 b=500mm이고 깊이 h=800mm인 T형 단면으로 전체단면의 단면2차모멘트 I_g는 42.7×10^9mm이다.

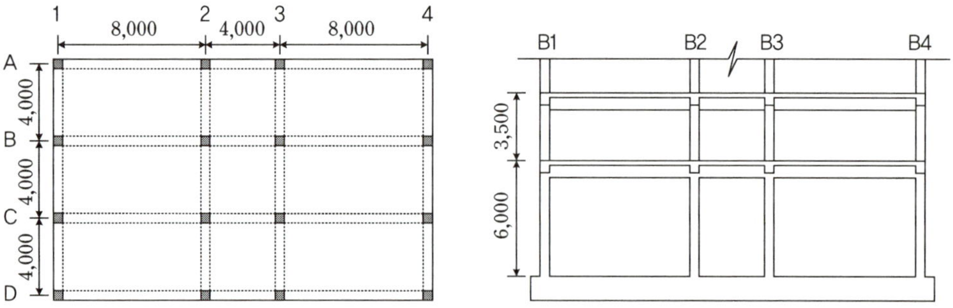

(a) 평면도

(b) 골조 B의 정면도 (1층~3층 일부)

그림 6-54 예제 6-9의 골조

표 6-5 예제 6-9의 골조에 대한 탄성구조해석 결과: 1층 B 4 기둥의 단면력

구분	하중조합	계수축력(kN)	계수휨모멘트(kN·m)		비고
			상단	하단	
1	$U=1.2D+0.5L+0.5L_r+1.3W$	1,320	−242	300	−
	$U_v=1.2D+0.5L+0.5L_r$	1,240	−88	120	M_{ns}
	$U_h=1.3W$	80	−154	180	M_s
2	$U=1.2D+0.5L+0.5L_r-1.3W$	1,160	66	−60	−
	$U_v=1.2D+0.5L+0.5L_r$	1,240	−88	120	M_{ns}
	$U_h=-1.3W$	−80	154	−180	M_s

〈풀이〉

(1) 횡구속 여부의 판정

1층 기둥의 절점 사이 길이 l_c를 구하면, 보의 깊이가 800 mm이므로

$$l_c = 6{,}000-\frac{800}{2} = 5{,}600\ mm$$

1층의 전체 수직 축력(총 계수축압축력) $\sum P_u$는 19,200 kN, 층전단력(수평 계수전단력) V_u는 280 kN, 1층의 상단과 하단 사이의 탄성 1차 해석에 의한 상대변위 Δ_o는 8.90 mm이므로, 층 안정지수 Q를 구하면

$$Q = \frac{\Delta_o \sum P_u}{V_u l_c} = \frac{8.90\times19{,}200}{280\times5{,}600} = 0.109 > 0.05$$

층 안정지수 Q가 0.05보다 크므로 비횡구속 골조이다.

(2) 유효길이계수 k와 장주 여부의 판정

유효길이계수 k는 6.5.1절 [4]항의 그림 6-44(b)의 도표를 적용한다. 1층 B4 기둥의 하단은 전면기초(mat foundation)에 연결되어 고정단으로 볼 수 있으나 완전 고정으로 거동하기는 어렵다고 판단하여, 기둥 하단의 단부 구속계수는 다음과 같이 1.0을 적용하기로 한다.

$$\psi_A = 1.0$$

1층 B4 기둥의 상단은 1개의 보와 연결되어 있고 그 위에도 2층 기둥이 연결되어 있으므로, 두 개의 기둥과 한 개의 보가 연결된 절점의 구속계수를 적용한다. 이때에는 부재의 강성으로는 6.5.2절 [2]항의 표 6-3에 따라 기둥에는 $0.7I_g$를 적용하고 보에는 $0.35I_g$를 적용한다. 먼저 콘크리트의 평균압축강도와 콘크리트의 탄성계수를 구하면

$$f_{cm} = f_{ck}+\Delta f = 30+4 = 34\ MPa$$

$$E_c = 8{,}500\sqrt[3]{f_{cm}} = 8{,}500\sqrt[3]{34} = 27{,}500\ MPa$$

1층 B4 기둥의 강성도를 계산하면

$$l_c = 5{,}600\ mm$$

$$I_g = \frac{500\times500^3}{12} = 5.208\times10^9\ mm^4$$

$$I = 0.7\,I_g = 0.7\times5.208\times10^9 = 3.646\times10^9\ mm^4$$

$$\left(\frac{E_c I}{l_c}\right)_{column} = \frac{27{,}500\times3.646\times10^9}{5{,}600} = 17.90\times10^9\ N\cdot mm$$

2층 B4 기둥의 강성도를 계산하면

$$l_c = 3{,}500 - \frac{800}{2} + \frac{800}{2} = 3{,}500\ mm$$

$$I = 0.7\ I_g = 0.7 \times 5.208 \times 10^9 = 3.646 \times 10^9\ mm^4$$

$$\left(\frac{E_c I}{l_c}\right)_{column} = \frac{27{,}500 \times 3.646 \times 10^9}{3{,}500} = 28.65 \times 10^9\ N \cdot mm$$

보의 강성도를 계산하면

$$l_c = 8{,}000\ mm$$

$$I = 0.35\ I_g = 0.35 \times 42.7 \times 10^9 = 14.95 \times 10^9\ mm^4$$

$$\left(\frac{E_c I}{l_c}\right)_{beam} = \frac{27{,}500 \times 14.95 \times 10^9}{8{,}000} = 51.39 \times 10^9\ N \cdot mm$$

기둥 상단의 단부 구속계수를 구하면

$$\psi_B = \frac{\Sigma(E_c I/l_c)_{column}}{\Sigma(E_c I/l_c)_{beam}} = \frac{17.90 \times 10^9 + 28.65 \times 10^9}{51.39 \times 10^9} = 0.91$$

그림 6-44(b)의 도표를 적용하여 유효길이계수 k를 구하면, ψ_A=1.0이고 ψ_B=0.91이므로

$$k = 1.30$$

비횡구속 골조 기둥의 세장비 한계는 다음과 같이 22이다.

$$\left(\frac{kl_u}{r}\right)_{limit} = 22$$

보의 깊이가 800 mm임을 고려하여 1층 B4 기둥의 비지지 길이와 한 변의 길이 h가 500 mm인 기둥의 회전반지름 r을 설계기준에 따라 0.3 h로 구하고, 세장비를 결정하여 세장비 한계와 비교하면

$$l_u = 6{,}000 - 800 = 5{,}200\ mm = 5.2\ m$$

$$r = 0.3\ h = 0.3 \times 0.5 = 0.15\ m$$

$$\frac{kl_u}{r} = \frac{1.30 \times 5.2}{0.15} = 45.1 > \left(\frac{kl_u}{r}\right)_{limit}$$

따라서 이 기둥은 장주로 거동한다.

(3) 최소휨모멘트를 고려한 탄성 1차 계수휨모멘트

시공오차를 고려한 최소편심을 구하면

$$e_{min} = 15 + 0.03\ h = 15 + 0.03 \times 500 = 30\ mm = 0.03\ m$$

시공오차를 고려한 최소휨모멘트를 구하면, 표 6-5에 나타낸 바와 같이 1번 하중조합에서 축압축력 P_u가 1,320 kN이므로

$$M_{2,min} = P_u e_{min} = 1{,}320 \times 0.03 = 39.6\ kN \cdot m$$

1번 하중조합에 대하여 해석한 1층 B4 기둥의 상단과 하단 휨모멘트가 각각 242 $kN \cdot m$와 300 $kN \cdot m$로 최소휨모멘트 $M_{2,min}$보다 크므로, 상단과 하단 중 휨모멘트의 절대값이 큰 하단을 대상으로 다음과 같이 M_{2ns}와 M_{2s}의 값을 적용한다.

$$M_{2ns} = 120\ kN \cdot m \qquad M_{2s} = 180\ kN \cdot m$$

(4) 휨모멘트 확대계수와 확대휨모멘트

층 안정성 지수 Q를 이용하여 횡방향 하중에 의한 휨모멘트 M_{2s}에 대한 확대계수 δ_s를 구하면, (1)항에서 구한 Q가 0.109였으므로

$$\delta_s = \frac{1}{1-Q} = \frac{1}{1-0.109} = 1.12$$

기둥의 확대휨모멘트를 구하면

$$M_2 = M_{2ns}+\delta_2 M_{2s} = 120+1.12\times180 = 322\,kN\cdot m$$

따라서 이 기둥의 강도검증에 적용할 계수축압축력과 계수휨모멘트는 다음과 같다.

$$P_u = 1{,}320\,kN\cdot m \qquad M_u = M_2 = 322\,kN\cdot m$$

예제 6-10 한 층의 모든 연직계수축력의 합 ΣP_u와 횡방향 변위에 저항하는 모든 기둥의 좌굴하중 P_c의 합 ΣP_u를 이용하여 모멘트확대계수 δ_s를 결정하는 방법에 따라, 앞 예제 6-9와 동일한 구조물을 대상으로 1층 B4 기둥의 설계검증에 적용할 1번 하중조합에 대한 계수휨모멘트를 구하시오. 정면도의 좌우방향으로 횡방향 하중이 작용하는 경우 지배적인 하중조합에 대한 1차 탄성구조해석의 결과 중, 1층 기둥들의 계수축력과 1층 B4 기둥의 휨모멘트는 앞 예제 6-9의 표 6-5와 같고, 1층 모든 기둥의 계수축력은 표 6-6과 같다.

표 6-6 예제 6-10의 골조에 대한 탄성구조해석 결과: 1층 기둥의 계수축압축력

기둥	A1, D1	A2, D2	A3, D3	A4, D4	B1, C1	B2, C2	B3, C3	B4, C4	합계
$P_u\,[kN]$	580	720	750	660	1,160	1,440	1,500	1,320	19,200

〈풀이〉

(1) 부재의 강성도

콘크리트의 평균압축강도와 콘크리트의 탄성계수를 구하면

$$f_{cm} = f_{ck}+\Delta f = 30+4 = 34\,MPa$$

$$E_c = 8{,}500\sqrt[3]{f_{cm}} = 8{,}500\sqrt[3]{34} = 27{,}500\,MPa$$

기둥 단부의 구속계수를 구하기 위한 부재강성으로는 6.5.2절 [2]항의 표 6-3에 따라 기둥에는 $0.7\,I_g$를 적용하고 보에는 $0.35\,I_g$를 적용한다. 먼저 1층 기둥의 강성도를 계산하기 위하여 1층 기둥의 절점 사이 길이 l_c는 구하면, 보의 깊이가 800 mm이므로

$$l_c = 6{,}000-\frac{800}{2} = 5{,}600\,mm$$

1층 기둥의 강성도를 계산하면

$$I_g = \frac{500\times500^3}{12} = 5.208\times10^9\,mm^4$$

$$I= 0.7\,I_g = 0.7\times5.208\times10^9 = 3.646\times10^9\,mm^4$$

$$\left(\frac{E_cI}{l_c}\right)_{column} = \frac{27{,}500\times3.646\times10^9}{5{,}600} = 17.90\times10^9\,N\cdot mm$$

2층 기둥의 강성도를 계산하기 위하여 2층 기둥의 절점 사이 길이 l_c는 구하면, 보의 깊이가 800 mm이므로

$$l_c = 3{,}500-\frac{800}{2}+\frac{800}{2} = 3{,}500\,mm$$

2층 기둥의 강성도를 계산하면

$$I = 0.7\,I_g = 0.7\times5.208\times10^9 = 3.646\times10^9\,mm^4$$

$$\left(\frac{E_cI}{l_c}\right)_{column} = \frac{27{,}500\times3.646\times10^9}{3{,}500} = 28.65\times10^9\,N\cdot mm$$

길이가 8 m인 보의 강성도를 계산하면

$$l_c = 8{,}000\ mm$$

$$I = 0.35\, I_g = 0.35 \times 42.7 \times 10^9 = 14.95 \times 10^9\ mm^4$$

$$\left(\frac{E_c I}{l_c}\right)_{beam} = \frac{27{,}500 \times 14.95 \times 10^9}{8{,}000} = 51.39 \times 10^9\ N \cdot mm$$

길이가 4 m인 보의 강성도를 계산하면

$$l_c = 4{,}000\ mm$$

$$I = 0.35\, I_g = 0.35 \times 42.7 \times 10^9 = 14.95 \times 10^9\ mm^4$$

$$\left(\frac{E_c I}{l_c}\right)_{beam} = \frac{27{,}500 \times 14.95 \times 10^9}{4{,}000} = 102.8 \times 10^9\ N \cdot mm$$

(2) 기둥 단부의 구속계수와 유효길이계수

1층 기둥의 하단은 전면기초(mat foundation)에 연결되어 고정단으로 볼 수 있으나 완전 고정으로 거동하기는 어렵다고 판단하여, 기둥 하단의 단부 구속계수는 다음과 같이 1.0을 적용하기로 한다.

$$\psi_A = 1.0$$

1번열과 4번열의 기둥 A1, B1, C1, D1, A4, B4, C4, D4는 모두 기둥의 상단이 1개의 보와 연결되어 있고 그 위에도 2층 기둥이 연결되어 있으므로, 1층과 2층의 기둥 두 개와 길이가 8 m인 보 한 개가 연결된 절점의 구속계수를 적용한다. 이 기둥들의 상단에 대한 단부 구속계수를 구하면

$$\psi_B = \frac{\Sigma(E_c I/l_c)_{column}}{\Sigma(E_c I/l_c)_{beam}} = \frac{17.90 \times 10^9 + 28.65 \times 10^9}{51.39 \times 10^9} = 0.91$$

그림 6-44(b)의 도표를 적용하여 유효길이계수 k를 구하면, ψ_A=1.0이고 ψ_B=0.91이므로

$$k = 1.30$$

2번열과 3번열의 기둥 A2, B2, C2, D2, A3, B3, C3, D3는 모두 기둥의 상단이 2개의 보와 연결되어 있고 그 위에도 2층 기둥이 연결되어 있으므로, 1층과 2층의 기둥 두 개와 길이가 각각 8 m와 4 m인 보 두 개가 연결된 절점의 구속계수를 적용한다. 이 기둥들의 상단에 대한 단부 구속계수를 구하면

$$\psi_B = \frac{\Sigma(E_c I/l_c)_{column}}{\Sigma(E_c I/l_c)_{beam}} = \frac{17.90 \times 10^9 + 28.65 \times 10^9}{51.39 \times 10^9 + 102.8 \times 10^9} = 0.30$$

그림 6-44(b)의 도표를 적용하여 유효길이계수 k를 구하면, ψ_A=1.0이고 ψ_B=0.30이므로

$$k = 1.20$$

(3) 기둥의 좌굴하중

그림 6-52(b)를 참조하여 축방향 철근에 의한 단면2차모멘트 I_{se}를 구하면, D19 철근의 단면적 A_b가 286.5 mm^2이므로

$$I_{se} = \Sigma A_s y^2 = \Sigma A_s n_b y^2 = 2 \times 286.5 \times (4 \times 175^2 + 2 \times 58^2) = 74.05 \times 10^6\ mm^4$$

단면 전체의 단면2차모멘트 I_g를 구하면

$$I_g = \frac{bh^3}{12} = \frac{500 \times 500^3}{12} = 5.208 \times 10^9\ mm^4$$

이제 기둥 단면의 강성 EI를 구하면, 횡방향 하중에 지속하중으로 작용하는 성분이 존재하지 않아서 β_{ds}가 0이므로

$$EI = \frac{0.2\, E_c I_g + E_s I_{se}}{1 + \beta_{ds}} = \frac{0.2 \times 27{,}500 \times 5.208 \times 10^9 + 200{,}000 \times 74.05 \times 10^6}{1+0} = 43.45 \times 10^{12}\ N \cdot mm^2$$

$$EI = \frac{0.4\,E_c\,I_g}{1+\beta_{dns}} = \frac{0.4\times27{,}500\times5.208\times10^9}{1+0} = 57.29\times10^{12}\,N\cdot mm^2$$

이 두 값 중 큰 값이 기둥 단면의 강성 EI이므로

$$EI = 57.29\times10^{12}\,N\cdot mm^2$$

보의 깊이가 800 mm임을 고려하여 1층 기둥의 비지지 길이를 구하면

$$l_u = 6{,}000-800 = 5{,}200\,mm$$

이제 1번열과 4번열의 기둥 A1, B1, C1, D1, A4, B4, C4, D4의 좌굴하중을 구하면, 유효길이계수 k가 1.30이므로

$$P_c = \frac{\pi^2 EI}{(kl_u)^2} = \frac{\pi^2\times57.29\times10^{12}}{(1.30\times5{,}200)^2} = 12{,}370{,}000\,N = 12{,}370\,kN$$

2번열과 3번열의 기둥 A2, B2, C2, D2, A3, B3, C3, D3의 좌굴하중을 구하면, 유효길이계수 k가 1.20이므로

$$P_c = \frac{\pi^2 EI}{(kl_u)^2} = \frac{\pi^2\times57.29\times10^{12}}{(1.20\times5{,}200)^2} = 14{,}520{,}000\,N = 14{,}520\,kN$$

(4) 휨모멘트 확대계수와 계수휨모멘트

16개의 1층 기둥에 작용하는 총 계수축압축력은 표 6-6에 나타난 바와 같이 다음과 같다.

$$\Sigma P_u = 19{,}200\,kN$$

16개의 1층 기둥의 총 좌굴하중은

$$\Sigma P_c = 8\times12{,}370+8\times14{,}520 = 215{,}120\,kN$$

기둥의 확대계수와 확대휨모멘트를 구하면

$$\delta_{ns} = \frac{1}{1-\dfrac{\Sigma P_u}{0.75\,\Sigma P_c}} = \frac{1}{1-\dfrac{19{,}200}{0.75\times215{,}120}} = 1.14$$

$$M_2 = M_{2ns}+\delta_s\,M_{2s} = 120+1.14\times180 = 325\,kN\cdot m$$

따라서 이 기둥의 강도검증에 적용할 계수축압축력과 계수휨모멘트는 다음과 같다.

$$P_u = 1{,}320\,kN \qquad M_u = M_2 = 325\,kN\cdot m$$

예제 6-11 콘크리트 설계기준압축강도 f_{ck}=35 MPa, 지름 D=1.8 m, 길이 l_c=12 m인 그림 6-55의 캔틸레버 원형 교각에 계수축압축력 P_u=8,800 kN과 계수횡하중 V_u=640 kN이 작용한다. 반복 P-Δ 해석법을 적용하여 교각 하단 지점에 작용하는 총 계수전단력과 총 계수휨모멘트를 구하시오.

〈풀이〉

(1) 부재의 강성도

콘크리트의 평균압축강도와 콘크리트의 탄성계수를 구하면

$$f_{cm} = f_{ck}+\Delta f = 35+4 = 39\,MPa$$

$$E_c = 8{,}500\sqrt[3]{f_{cm}} = 8{,}500\sqrt[3]{39} = 28{,}800\,MPa$$

지름 D가 1.8 m인 기둥의 단면2차모멘트와 회전반지름 r을 구하면

$$I_g = \frac{\pi D^4}{64} = \frac{\pi\times(1{,}800)^4}{64} = 515.3\times10^9\,mm^4$$

$$r = 0.25\,D = 0.25\times1.8 = 0.45\,m$$

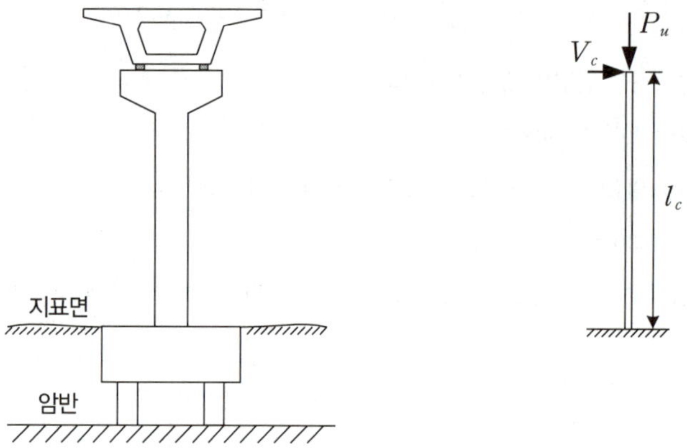

(a) 정면도 (b) 캔틸레버 교각의 하중작용

그림 6-55 예제 6-11의 교각

2.0의 캔틸레버의 유효길이계수 k를 적용하여 세장비를 결정하고 세장비 한계 22와 비교하면

$$\frac{kl_c}{r} = \frac{2.0\times 12.0}{0.45} = 53.3 > \left(\frac{kl_u}{r}\right)_{limit}$$

따라서 이 기둥은 장주로 거동한다.

6.5.2절 [2]항의 표 6-3에 따라 기둥의 단면2차모멘트로 0.7 I_g를 적용하여 강성도를 계산하면

$$(EI)_{col} = E_c(0.7\,I_g) = 27{,}500\times 0.7\times 515.3\times 10^9 = 10.39\times 10^{15}\ N\cdot mm^2$$

이제 첫 번째 해석으로 계수횡하중 V_u에 의한 캔틸레버 교각 하단의 1차모멘트와 교각 상단의 횡방향 변위 $\varDelta_{1st}$를 구하면

$$M_e = V_u\,l_c = 640\times 12.0 = 7{,}680\ kN\cdot m$$

$$\varDelta_{1st} = \frac{V_u\,l_c^3}{3(EI)_{col}} = \frac{640{,}000\times(12{,}000)^3}{3\times 10.39\times 10^{15}} = 35.5\ mm$$

교각 상단의 횡방향 변위 $\varDelta_{1st}$와 계수축압축력 P_u에 의하여 추가되는 횡방향 하중을 구하면

$$dV_1 = \frac{P_u\,\varDelta_{1st}}{l_c} = \frac{8{,}800\times 35.5}{12{,}000} = 26.0\ kN$$

횡방향 변위 $\varDelta_{1st}$와 계수축압축력 P_u로 인하여 증가된 횡방향 하중을 구하면

$$V_2 = V_u + d\,V_1 = 640 + 26.0 = 666.0\ kN$$

이제 두 번째 해석으로 횡하중 V_2에 의한 교각 상단의 횡방향 변위 $\varDelta_{2nd}$를 구하면

$$\varDelta_{2nd} = \frac{V_2\,l_c^3}{3(EI)_{col}} = \frac{666{,}000\times(12{,}000)^3}{3\times 10.39\times 10^{15}} = 36.9\ mm$$

교각 상단의 횡방향 변위 $\varDelta_{2nd}$와 계수축압축력 P_u에 의하여 추가되는 횡방향 하중을 구하면

$$dV_2 = \frac{P_u\,\varDelta_{2nd}}{l_c} = \frac{8{,}800\times 36.9}{12{,}000} = 27.1\ kN$$

횡방향 변위 $\varDelta_{2nd}$와 계수축압축력 P_u로 인하여 증가된 횡방향 하중을 구하면

$$V_3 = V + d\,V_2 = 640 + 27.1 = 667.1\ kN$$

이제 세 번째 해석으로 횡하중 V_3에 의한 교각 상단의 횡방향 변위 $\varDelta_{3rd}$를 구하면

$$\Delta_{3rd} = \frac{V_3\, l_c^3}{3(EI)_{col}} = \frac{667{,}100 \times (12{,}000)^3}{3 \times 10.39 \times 10^{15}} = 37.0\, mm$$

교각 상단의 횡방향 변위 Δ_{3rd}와 계수축압축력 P_u에 의하여 추가되는 횡방향 하중을 구하면

$$dV_3 = \frac{P_u\, \Delta_{3rd}}{l_c} = \frac{8{,}800 \times 37.0}{12{,}000} = 27.1\, kN = dV_2$$

이 값 dV_3가 dV_2와 같은 값이므로 이제 반복해석을 종료하면, 증가된 총 계수전단력 $\delta_s V_u$와 총 계수휨모멘트 $\delta_s M_u$는 다음과 같다.

$$\delta_s V_u = 667.1\, kN$$

$$\delta_s M_u = (\delta_s V_u) l_c = 667.1 \times 12.0 = 7{,}890\, kN \cdot m$$

이것을 확대계수 형태로 나타내면, 확대계수 δ_s는 다음과 같다.

$$\delta_s = \frac{\delta_s M_u}{M_e} = \frac{7{,}890}{7{,}680} = 1.03$$

참고문헌

6.1 국토교통부, 한국콘크리트학회, KDS 14 20 콘크리트구조 설계기준, 기준 및 해설, 2021.

6.2 ACI Committee 318, *Building Code Requirements for Structural Concrete* (ACI 318-19) and Commentary (ACI 318R-19), American Concrete Institute, Farmington Hills, MI, 2019.

6.3 국토교통부, 한국교량및구조공학회, KDS 24 14 21 콘크리트교 설계기준(한계상태설계법), 기준 및 해설, 2023.

6.4 CEN, Eurocode 2: *Design of Concrete Structures*, European Committee for Standardization, 2004.

6.5 Considéré, A., "Concrete-Steel and Hooped Concrete," Reinforced Concrete, 1903, 119 p.

6.6 Talbot, A. N., "Test of Concrete and Reinforced Concrete Columns," *Bulletin*, NO. 10, 1906 and No. 20, 1907, University of Illinois, Urbana.

6.7 Withey, Mo. O., "Test on Reinforced Concrete Columns," *Bulletin*, NO. 300, 1910 and No. 466, 1911, University of Wisconsin, Madison.

6.8 ACI Committee 105, "Reinforced Concrete Column Investigation," ACI Journal, Proceedings, Vol. 26, April 1930, pp. 601-612; Vol. 27, February 1931, pp. 675-676; Vol. 28, November 1931, pp. 157-578; Vol. 29, September 1932, pp. 53-56; Vol. 30, September-October 1933, pp. 78-90; November-December 1933, pp. 153-156.

6.9 이재훈, 김호영, 곽임종, "보강띠철근의 상세에 따른 중공 사각형 교각 압축부의 파괴 거동", 한국지진공학회 논문집, 제 21권 1호, 2017년 1월, pp 21-29.

6.10 Bresler, B., "Design Criteria for Reinforced Concrete Columns under Axial Load and Biaxial Bending," *ACI Journal*, Vol. 57, No. 5, 1960, pp. 481-490. Discussion, 1621-1638.

6.11 Parme, A., Nieves, J. M., and Gouwens, A., "Capacity of Reinforced Rectangular Columns Subject to Biaxial Bending," *ACI Journal*, Vol. 63, No. 9, 1966, pp. 911-923.

6.12 한국콘크리트학회, 콘크리트구조 학회기준, 2017.

6.13 Whitney, C. S., "Plastic Theory of Statistical Descriptions of Reinforced Concrete Design," *Transactions* ASCE, 107, 1942, pp. 251-326.

6.14 MacGregor, J. G. and Hage, S. E., "Stability Analysis and Design of Concrete Frames," *Journal of the Structural Division*, ASCE, Vol. 103, No. ST10, 1977, pp. 1953-1970.

6.15 Euler, L., DeCurvis Elasticis, *Additamentum I, Methodus Inveniendi Lineas Maximi Minimive Proprietate Gaudentes*. Lausanne and Geneva: 1744, pp. 267-268; and "Sur la Force des Colonnes," Mémoires de l' Académie de Berlin, Vol. 13. Berlin: 1759, pp. 252-282.

6.16 Engesser, F., "Ueber die Knickfestigkeit gerader Stäbe," *Zeitschrift des Architektenund Ingenieur-Vereins zu Hanover*, 35, 1889, pp. 445-462; and "Die Knickfestigkeit gerader Stäbe," Zentralblatt der Bauverwaltung, Berlin, Dec. 5, 1891, p. 483.

6.17 von Kármán, T., "Die Knickfestigkeit gerader Stäbe," *Physikalische Zeitschrift*, Vol. 9, 1908, p. 136; and "Untersuchungen über knickfestigkeit," Mitteilungen übert Forschungsarbeiten auf den Gebiete des Ingenieurwesens, No. 81, Berlin: 1910.

6.18 MacGregor, J. G., Breen, J. E., Pfrang, E. O., "Design of Slender Concrete Columns," *ACI Journal*, Vol.

67, No. 1, 1970, pp. 6–28.

6.19 Wang, C. K., Salmon, C. G., and Pincheira, J. A., *Reinforced Concrete Design*, 7th edition, John Wiley & Son, 2007 (p 583).

6.20 Thomas C. Kavanagh, "Effective Length of Framed Columns," *Transactions ASCE*, Vol. 127, Part 2, 1962, pp. 81–101.

6.21 BSI, *Code of Practice for the Structural Use of Concrete, Part 1, Design, Materials and Workmanship*. London: British Standards Institution, 1972.

6.22 Furlong, R. W., "Column Slenderness and Charts for Design," *ACI Journal*, Vol. 68, No. 1, 1971, pp. 9–18.

6.23 Richard W. Furlong and Phil M. Ferguson, "Tests of Frames with Columns in Single Curvature," Symposium on Reinforced Concrete Columns, ACI Publication SP–13, American Concrete Institute, Farmington Hills, MI, 1966, pp. 55–73.

6.24 국토교통부, 한국교량및구조공학회, KDS 24 10 11 교량 설계 일반사항(한계상태설계법), 기준 및 해설, 2023.

연습문제

6-1 축력과 휨모멘트가 작용하는 부재의 한계변형률과 적용방법을 설명하고, 이에 따른 축-휨강도 곡선의 형상과 주요 위치를 설명하시오. **[정답: 6.1.2절 참조]**

6-2 철근콘크리트 단면의 소성중심을 설명하시오. **[정답: 6.2.2절 참조]**

6-3 횡방향 철근의 종류에 따라 축압축력을 받는 철근콘크리트 압축부재가 보이는 거동을 설명하시오. **[정답: 6.2.2절 참조]**

6-4 시공오차를 고려하여 철근콘크리트 압축부재의 강도성능을 검증하는 방법을 설명하시오. **[정답 : 6.2.2절 참조]**

6-5 축력과 2축 휨이 작용하는 철근콘크리트 압축부재의 강도성능을 검증하는 방법을 설명하시오. **[정답: 6.2.7절 참조]**

6-6 연습문제 그림 6-1과 같은 띠철근 기둥으로, 폭 $b=600\ mm$, 깊이 $h=800\ mm$인 직사각형 단면에 D32 철근 열 개($A_{st}=7{,}942\ mm^2$)가 다섯 개씩($A_s=A_s'=3{,}971\ mm^2$) $d=720\ mm$, $d'=80\ mm$인 위치에 대칭으로 배치되어 있을 때, KDS 14 20 콘크리트구조 설계기준에 따라 다음 (1)~(5)의 값을 구하고 이 값들로 공칭축-휨강도 상관도를 작성하시오. 또 강도감소계수 적용법에 따라 설계축-휨강도 상관도를 작성하시오. 콘크리트의 설계기준압축강도 f_{ck}와 철근의 설계기준항복강도 f_y는 조건 (a)~(f)의 6가지 중 하나를 선택하시오.
[정답: 부록 E, 6.3.3절 예제 6-1과 예제 6-2 참조]

(1) 축압축강도 P_o, 공칭축압축강도 $P_{n,\,max}$, 설계축압축강도 $\phi P_{n,\,max}$

(2) 균형변형률 상태의 균형편심 e_b, 공칭강도 M_b와 P_b, 설계강도 ϕM_b와 ϕP_b

(3) 작용하는 단면력의 편심이 $e_b/2$일 때, 공칭강도 M_n과 P_n, 설계강도 ϕM_n과 ϕP_n

(4) 작용하는 단면력의 편심이 $2e_b$일 때, 공칭강도 M_n과 P_n, 설계강도 ϕM_n과 ϕP_n

(5) 작용하는 축력이 0일 때, 공칭휨강도 M_n과 설계휨강도 ϕM_n

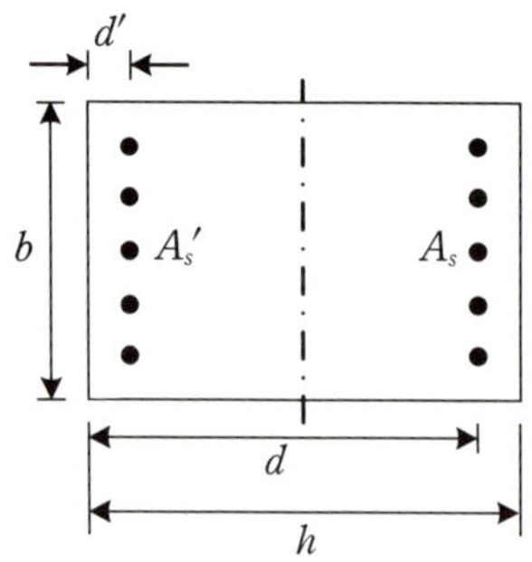

[연습문제 그림 6-1]

[조건] (a) $f_{ck} = 30\ MPa$ $f_y = 400\ MPa$ (b) $f_{ck} = 35\ MPa$ $f_y = 500\ MPa$
(c) $f_{ck} = 40\ MPa$ $f_y = 500\ MPa$ (d) $f_{ck} = 50\ MPa$ $f_y = 500\ MPa$
(e) $f_{ck} = 50\ MPa$ $f_y = 600MPa$ (f) $f_{ck} = 60\ MPa$ $f_y = 600MPa$

6-7 KDS 14 20 콘크리트구조 설계기준 부록 또는 KDS 24 14 21 콘크리트교 설계기준(한계상태설계법)의 재료계수 적용법에 따라 연습문제 6-6과 동일한 조건으로 (1)~(5)의 편심을 갖는 설계강도를 구하고, 이 값들로 설계축-휨강도 상관도를 작성하시오. **[정답: 부록 E, 6.4.3절 예제 6-5 참조]**

6-8 KDS 14 20 콘크리트구조 설계기준에 따라 연습문제 6-6의 띠철근 기둥에 띠철근을 배치하시오. 또 띠철근의 가공에서 어떤 철근상세가 가능한지, 즉 어떤 형상으로 가공된 횡방향 철근을 배치할 수 있는지 가능한 모든 형상을 제시하시오. **[정답: 6.3.2절 참조]**

6-9 연습문제 그림 6-2와 같이 지름이 800 mm이며 피복두께가 50 mm인 원형 기둥에 10-D32 철근을 축방향 철근을 배치하고 횡방향 철근으로 나선철근을 배치한 나선철근 기둥을 설계하려고 한다. KDS 14 20 콘크리트구조 설계기준에 따라 이 기둥의 공칭축압축강도와 설계축압축강도를 계산하고, 나선철근 배치 설계를 수행하시오. 또, 횡구속 콘크리트의 응력-변형률 관계를 이용하여 피복콘크리트가 탈락한 후 심부콘크리트가 저항할 수 있는 축압축강도와 극한변형률을 구하시오. 콘크리트의 설계기준압축강도 f_{ck}와 철근의 설계기준항복강도 f_y는 조건 (a)~(f)의 6가지 중 하나를 선택하시오. **[정답: 6.3.3절 예제 6-4 참조]**

[조건] (a) $f_{ck} = 30\ MPa$ $f_y = 400\ MPa$ (b) $f_{ck} = 35\ MPa$ $f_y = 500\ MPa$
(c) $f_{ck} = 40\ MPa$ $f_y = 500MPa$ (d) $f_{ck} = 50\ MPa$ $f_y = 500MPa$
(e) $f_{ck} = 50\ MPa$ $f_y = 600MPa$ (f) $f_{ck} = 60\ MPa$ $f_y = 600MPa$

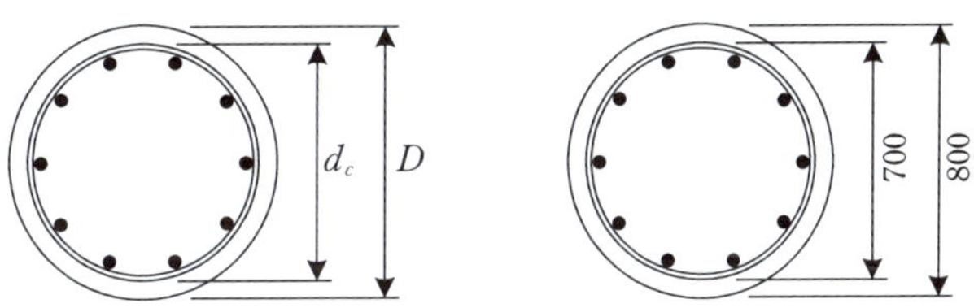

[연습문제 그림 6-2]

6-10 횡구속 골조와 비횡구속 골조의 차이를 설명하고, 횡구속 골조의 장주와 비횡구속 골조의 장주에 대한 장주 해석법을 설명하시오. **[정답: 6.5.1절, 6.5.2절 참조]**

6-11 연습문제 그림 6-3과 같이 상단이 고정단에 연결된 기둥에 744 kN의 고정하중 P_D와 620 kN의 활하중 P_L이 200 mm의 편심 e로 작용한다. 확대기초 위의 기둥은 연습문제 그림 6-3과 같이 한 변이 500 mm인 정사각형으로 12-D22의 축방향 철근이 한 변에 4개씩 배치되어 있다. KDS 14 20 콘크리트구조 설계기준에 따라 확대 휨모멘트계수 δ_{ns}를 구하고, 이 기둥의 설계검증에 적용할 계수 축압축력 P_u와 계수휨모멘트 M_u를 구하시오. 콘크리트의 설계기준압축강도 f_{ck}와 철근의 설계기준항복강도 f_y는 조건 (a)~(f)의 6가지 중 하나를 선택하시오. **[정답: 부록 E, 6.5.5절 예제 6-7 참조]**

[조건] (a) $f_{ck} = 30\ MPa$ $f_y = 400\ MPa$ (b) $f_{ck} = 35\ MPa$ $f_y = 500\ MPa$
(c) $f_{ck} = 40\ MPa$ $f_y = 500\ MPa$ (d) $f_{ck} = 50\ MPa$ $f_y = 500\ MPa$
(e) $f_{ck} = 50\ MPa$ $f_y = 600\ MPa$ (f) $f_{ck} = 60\ MPa$ $f_y = 600\ MPa$

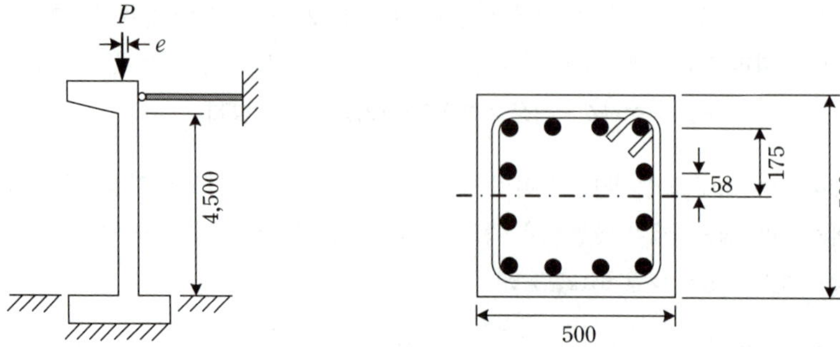

[연습문제 그림 6-3]

6-12 6.5.5절 예제 6-8과 동일한 구조물에 모든 하중이 20% 증가되어, 구조해석 결과 모든 단면력과 변위가 예제 6-8의 값들보다 20% 증가되었다. 따라서 콘크리트의 설계기준압축강도 f_{ck}를 35 MPa로 증가시키고, 철근은 SD400 대신 SD500을 사용하려고 한다. KDS 14 20 콘크리트구조 설계기준에 따라 이 구조물이 횡구속 골조인지 비횡구속 골조인지 판정하고, 1층 B4 기둥이 단주인지 장주인지 판정한 후, 장주인 경우 예제 6-8 표 6-4의 3번 하중조합보다 20% 증가된 경우에 대하여 설계검증에 적용할 계수축압축력과 계수휨모멘트를 구하시오. **[정답: 6.5.5절 예제 6-8 참조]**

6-13 6.5.6절 예제 6-9와 동일한 구조물에 모든 하중이 20% 증가되어, 구조해석 결과 모든 단면력과 변위가 예제 6-9의 값들보다 20% 증가되었다. 따라서 콘크리트의 설계기준압축강도 f_{ck}를 35 MPa로 증가시키고, 철근은 SD400 대신 SD500을 사용하려고 한다. KDS 14 20 콘크리트구조 설계기준에 따라 이 구조물이 횡구속 골조인지 비횡구속 골조인지 판정하고, 1층 B4 기둥이 단주인지 장주인지 판정한 후, 장주인 경우 예제 6-9 표 6-5의 값보다 20% 증가된 경우에 대하여 설계검증에 적용할 계수축압축력과 계수휨모멘트를 구하시오. **[정답: 6.5.6절 예제 6-9 참조]**

6-14 6.5.6절 예제 6-10과 모든 조건은 동일하지만 하중이 20% 증가되어 모든 단면력과 변위가 20% 증가된 구조물에 콘크리트의 설계기준압축강도 f_{ck}를 35 MPa로 증가시키고 철근은 SD400 대신 SD500을 사용하려고 한다. 한 층의 모든 연직계수축력의 합 $\sum P_u$와 횡방향 변위에 저항하는 모든 기둥의 좌굴하중 P_c의 합 $\sum P_c$를 이용하여 모멘트확대계수 δ_s를 결정하는 방법에 따라, 1층 B4 기둥의 설계검증에 적용할 1번 하중조합에 대한 계수휨모멘트를 구하시오. **[정답: 6.5.6절 예제 6-10 참조]**

제7장 전단강도의 설계검증

7.1 철근콘크리트 부재의 전단 거동

전단력이 작용하는 철근콘크리트 부재는 전단작용의 특성에 따라 축력(축방향력, axial force)이 작용하지 않는 선부재(linear member)인 휨부재(보), 축력이 작용하거나 축력과 휨모멘트가 동시에 작용하는 선부재인 기둥, 경간에 비하여 두께가 상대적으로 두꺼운 깊은보, 면외력(out-of-plane forces)이 작용하는 면부재(plane member)인 슬래브나 판의 뚫림전단, 면내력(in-plane forces)이 작용하는 면부재인 벽체, 부재와 부재 사이의 계면전단과 전단마찰, 브래킷과 내민받침 등 여러 가지 형태로 분류할 수 있다. 또 비틀림을 받는 부재는 그 거동이 전단작용과 매우 유사하다. 이 장에서는 변형 전의 평면이 변형 후에도 평면을 유지한다는 베르누이의 가정이 적용되는 선부재의 전단을 중점적으로 다루고, 뚫림전단, 계면전단과 전단마찰, 벽체의 전단을 소개한다. 비틀림강도와 설계는 8장에서 다루며, 베르누이의 가정이 적용되지 않는 깊은보와 브래킷 및 내민받침 등 스트럿-타이 모델이 적용될 수 있는 교란영역의 설계는 9장에서 다룬다.

7.1.1 철근콘크리트 부재의 전단 작용

전단력이 작용하는 철근콘크리트 부재는 전단작용의 특성에 따라 그림 7-1과 같이 여러 가지 형태로 분류할 수 있다. 그림 7-1(a)는 변형전의 평면이 변형 후에도 평면을 유지한다는 베르누이의 가정이 적용될 수 있는 휨부재인 보, 즉 축력이 작용하지 않는 선부재로 전단력과 휨모멘트에 의한 전단균열과 휨균열이다. 그림 7-1(b)는 압축력 또는 인장력의 축력이 작용하는 선부재인 기둥으로 전단력과 휨모멘트에 의한 전단균열과 휨균열이다. 그림 7-1(c)는 강축방향으로 면내력(in-plane force)이 작용하는 벽체로 전단력과 휨모멘트에 의한 균열을 나타내며, 그림 7-1(d)는 경간 길이에 대한 단면 높이가 큰 깊은보로 전단력과 휨모멘트에 의한 균열을 나타낸다. 그림 7-1(e)는 기둥이나 벽체에 설치되어 하중을 전달하는 브래킷(bracket) 또는 코벨(corbel)이라고 부르는 내민받침으로 전단력과 휨모멘트에 의한 균열을 나타낸다. 목조나 가구 등에서 사용하던 엄밀한 표현으로는 브래킷이 상대적으로 폭이 좁은 내민받침이며 코벨은 상대적으로 폭이 넓은 내민받침이다. 그러나 콘크리트구조에서는 브래킷과 코벨을 엄밀하게 구분하여 표현하지 않고 혼용한다. 그림 7-1(f)는 얇은 판에 나타나는 뚫림전단(punching shear)을 나타낸다. 그림 7-1(g)는 타설 시기가 다른 콘크리트 접촉면에서 나타나는 계면전단(interface shear)으로서 전단마찰(shear friction) 거동을 나타낸다.

이와 같은 여러 가지 전단 거동은 균일영역(B-region)과 교란영역(D-region)으로 구분하여 해석과 설계를 수행한다. 균일영역(B-region)은 선형의 변형률 분포를 보여서 베르누이(Bernoulli)의 가정이 적용될 수 있는 보 또는 하중작용점과의 떨어진 거리가 단면의 깊이보다 더 먼 경우에 응력이 일정해진다는 생 베낭(St. Venant) 원리가 적용되는 영역으로, Bending region 또는 Bernoulli region의 첫 글자로 B-region이라고 한다. 그림 7-1(a)의 보와 그림 7-1(b)의 기둥은 균일영역 부재에 해당한다.

교란영역(D-region)은 비선형 변형률 분포를 보이는 보나 생 베낭(St. Venant) 원리가 적용되지 않는 영역으로, Disturbed region 또는 Discontinuity region의 첫 글자로 D-region이라고 한다. 교란영역에 대한 해석이나 설계에는 스트럿-타이 모델을 적용할 수 있다. 그림 7-1(c)의 강축방향 세장비가 작은 벽체, 그림 7-1(d)의 깊은보, 그림 7-1(e)의 내민받침은 교란영역 부재에 해당한다. 한편 그림 7-1(c)의 강축방향 세장비가 작은 벽체의 설계에 스트럿-타이 모델을 적용할 수도 있으나, 전단강도의 경험적 수식을 적용하여 설계할 수도 있다. 그림 7-1(f)의 뚫림 전단과 그림 7-1(g)의 계면 전단은 균일영역이나 교란영역으로 구분하기 어려운 고유의 특징이 나타나는 전단 거동이다.

이 장에서는 그림 7-1(a)의 보, 그림 7-1(b)의 기둥, 그림 7-1(c)의 벽체, 그림 7-1(f)의 뚫림전단, 그림

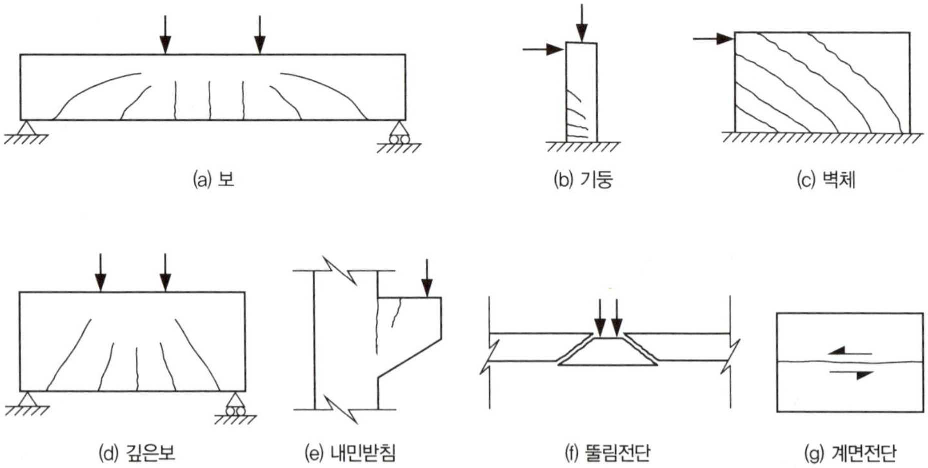

그림 7-1 철근콘크리트 부재의 전단작용

7-1(g)의 계면전단을 다루며, 그림 7-1(d)의 깊은보와 그림 7-1(e)의 내민받침 등 교란영역의 설계는 9장에서 다룬다.

7.1.2 휨부재의 탄성 거동

일반적으로 휨부재에는 그림 7-2(a)와 같이 휨모멘트 M뿐만 아니라 전단력 V도 동시에 작용한다. 이 부재가 탄성 거동을 보일 때는 휨모멘트에 의한 휨응력이 중립축부터의 거리 y에 비례하여 단면에 작용하므로, 탄성이론에 따라 다음과 같이 휨응력 f를 구할 수 있다. 여기서 I는 단면2차모멘트이다.

$$f = \frac{My}{I} \tag{7·1}$$

이 휨응력 f는 압축응력과 인장응력으로 작용하는데 휨모멘트의 부호에 따라 작용방향이 결정된다. 예를 들어 하중이 중력방향으로 작용하는 단순보와 같이 정모멘트가 작용하는 경우, 그림 7-2(a)에 나타낸 A, B, C의 위치에서는 그림 7-2(b)와 같은 휨응력 f가 작용한다. 즉, A의 위치에서는 압축응력이 작용하고, 중립축 위치인 B에서는 휨응력이 0이며, C의 위치에서는 인장응력이 작용한다.

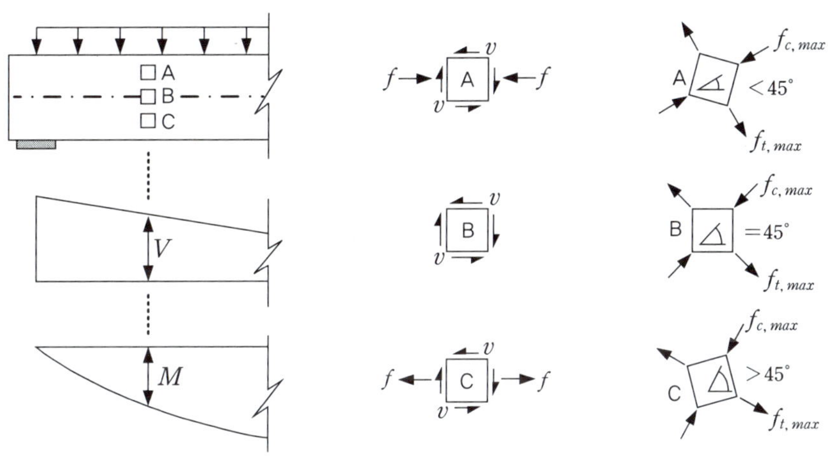

(a) 응력 작용 위치 (b) 휨응력과 전단응력 (c) 주응력과 각도

그림 7-2 응력 작용 위치 별 주응력

이 단면에 전단력 V가 작용할 때에는 탄성이론에 따라 다음과 같이 전단응력 v를 구할 수 있다. 여기서 Q는 전단응력을 계산하는 위치에 대한 단면1차모멘트이며, b는 전단응력을 계산하는 위치의 단면 폭이다.

$$v = \frac{VQ}{Ib} \tag{7·2}$$

이 전단응력 v는 단면의 연단에서 0이며 중립축의 위치에서 최댓값을 갖는다. 그림 7-3은 전형적인 단면의 전단응력 분포로, T형 단면이나 I형 단면과 같이 복부폭이 작은 단면은 플랜지에 작용하는

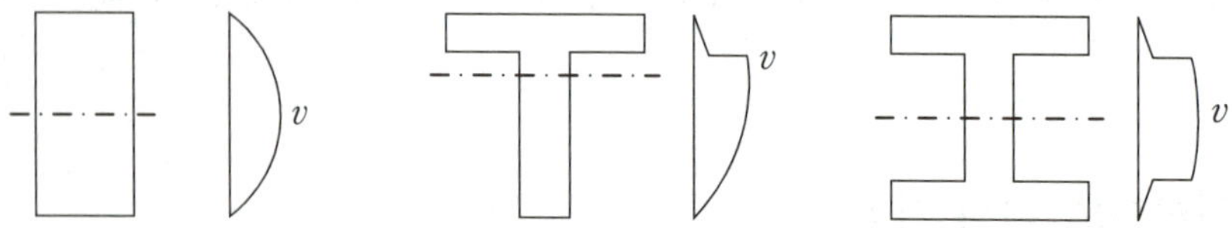

(a) 직사각형 단면의 전단응력 (b) T형 단면의 전단응력 (c) I형 단면의 전단응력

그림 7-3 단면 별 전단응력

전단응력에 비하여 복부에 작용하는 전단응력이 매우 커서 대부분의 전단력이 복부에 의하여 지지된다는 것을 나타낸다. 따라서 그림 7-2(b)에서 v의 화살표 크기로 나타낸 바와 같이 중립축 위치인 B에 가장 큰 전단응력이 작용하며, A와 C의 위치에는 그보다 작은 전단응력이 작용한다. 이때 전단응력 v는 그림 7-2(b)와 같이 수평 전단응력과 수직 전단응력으로 작용한다.

그림 7-4는 수평 전단응력의 작용 원리를 나타낸다. 즉, 그림 7-4(a)는 분리된 2개의 부재가 포개진 채로 하중을 받는 경우의 변형으로, 위쪽 부재의 아랫면과 아래쪽 부재의 윗면이 미끄러지면서 분리된 채로 처짐이 발생한다. 따라서 이때에는 위쪽 부재의 아랫면과 아래쪽 부재의 윗면 사이에서 수평방향으로 힘이 전달되지 않으므로 전단응력이 발생하지 않는다. 그림 7-4(b)는 단일 부재의 변형으로 중립축 윗부분은 압축으로, 중립축 아랫부분은 인장으로 변형이 발생하면서 처지는 형상을 나타낸다. 이때 만일 그림 7-4(a)와 같이 단면이 분리되었다면 위쪽 부재의 아랫면이 인장응력을 받아 늘어나고 아래쪽 부재의 윗면은 압축응력을 받아 줄어들었을 것이지만, 단일 단면에서는 중립축 위치에서 수평방향으로의 변형이 0이 되어야 한다. 따라서 중립축 위치에서 수평방향의 변형이 발생하지 않도록 저항하여야 하므로, 그림 7-4(c)와 같이 수평방향으로 전단응력이 발생하는 것이다.

그림 7-2(b)에 나타낸 바와 같이 중립축 위치인 B에는 v의 수평 전단응력과 수직 전단응력이 작용하며, A와 C의 위치에는 수평 전단응력과 수직 전단응력 v와 함께 휨응력 f가 같이 작용한다. 이 응력작용은 그림 7-2(c)와 같은 주응력(principle stress)으로 변환할 수 있다. 즉, 전단응력만 작용하는 B의 위치에서는 수평 전단응력과 수직전단응력의 합력으로 최대 주인장응력(maximum tensile principle stress) $f_{t,max}$과 최대 주압축응력(maximum compressive principle stress) $f_{c,max}$가 작용한다. 이 주응력들은 부재축인 수평축과 45°의 각도를 이룬다. A의 위치에는 전단응력에 의한 45° 각도의 주응력에 압축의 휨응력 f가 추가되어 수평축과의 각도가 45°보다 작은 방향으로 주압축응력이 작용한다. 주인장응력은 주압축응력과 90°의 각도를 이룬다. C의 위치에는 전단응력에 의한 45° 각도의 주응력에 인장의 휨응력 f가

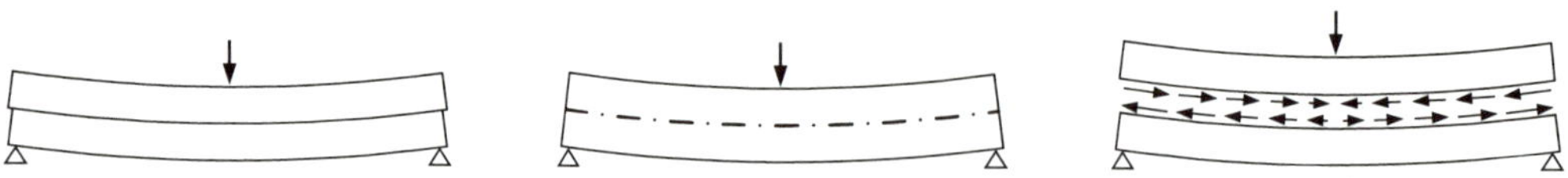

(a) 분리된 부재의 변형 (b) 단일 부재의 변형 (c) 단일 부재의 수평 전단응력

그림 7-4 수평 전단응력의 작용 원리

추가되어 수평축과의 각도가 45°보다 큰 방향으로 주압축응력이 작용한다. 이러한 주응력의 크기와 수평축과의 각도는 다음과 같은 관계식으로 구할 수 있다.

$$f_{t,max}=\frac{1}{2}f+\sqrt{\left(\frac{1}{2}f\right)^2+v^2} \tag{7·3}$$

$$f_{c,max}=\frac{1}{2}f-\sqrt{\left(\frac{1}{2}f\right)^2+v^2} \tag{7·4}$$

$$\tan 2\theta=-\frac{2v}{f} \tag{7·5}$$

여기서 최대 주인장응력의 방향은 콘크리트 구조물의 균열이 벌어지는 방향을 의미한다. 그림 7–2(c)와 같이 주응력이 작용할 때, 최대 주인장응력 $f_{t,max}$가 콘크리트의 인장강도에 도달하면 주인장응력의 직각방향, 즉 주압축응력에 평행한 방향으로 균열이 발생한다. 주인장응력의 작용으로 콘크리트 부재에 경사진 균열이 발생하면 균열 면에서 응력이 전달되지 않으므로, 식 (7·3)~식 (7·5)의 탄성이론이 더 이상 적합하지 않다. 따라서 이 절에서 설명한 탄성이론은 균열을 고려하지 않은 균질재료(homogeneous material)에 대한 이론적 해석이므로, 전단균열이 발생한 이후 철근 콘크리트 부재의 전단 거동을 예측하는 데에는 한계가 있다. 그러나 탄성이론에 의한 주응력의 해석은 콘크리트 부재의 균열 발생 시점과 균열 방향을 이해하는 데에는 매우 적절하다.

한편, 부재에 축력이 작용하는 경우에는 전단강도가 증가하거나 감소하게 된다. 부재의 축방향으로 압축력이 작용하는 경우에는 전체 단면적 중에서 그림 7–2의 A와 같이 전단응력과 함께 압축응력이 작용하는 부분의 비율이 커지고 균열의 각도가 작아지면서 사인장 균열강도가 커진다. 축방향 인장력이 작용하는 경우에는, 전체 단면적 중에서 그림 7–2의 C와 같이 전단응력과 함께 인장응력이 작용하는 부분의 비율이 커지고 균열의 각도가 커지면서 사인장 균열강도가 작아진다. 따라서 축방향 압축력이 작용하는 경우에는 부재의 전단강도가 증가하고, 축방향 인장력이 작용하는 경우에는 부재의 전단강도가 감소하게 된다.

7.1.3 휨부재의 전단균열과 전단보강철근의 배치

앞 절에서 설명한 바와 같이 최대 주인장응력 $f_{t,max}$가 콘크리트의 인장강도에 도달하면 주인장응력의 직각방향, 즉 주압축응력에 평행한 방향으로 균열이 발생한다. 따라서 그림 7–2에서 중립축 아래인 C의 위치에는 45°보다 큰 각도로, 중립축인 B의 위치에는 45°의 각도로, 중립축 위인 A의 위치에는 45°보다 작은 각도로 균열이 발생한다. 이와 같이 경사진 방향으로 발생하는 균열을 사인장 균열(diagonal tension crack)이라고 하는데 휨모멘트에 의하여 발생하는 휨균열과 구분하기 위하여 사인장 균열을 전단 균열이라고도 부른다. 전단응력이 0이고 인장의 휨응력만 작용하는 단면 하단에는 수직방향, 즉 90° 각도로 균열이 발생한다. 따라서 휨모멘트와 전단력이 작용하여 발생하는 균열은 그림 7–5(a)와 같은 형상을 보인다.

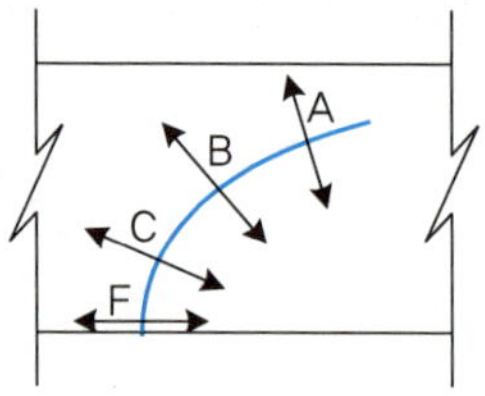

(a) 주응력 방향과 균열

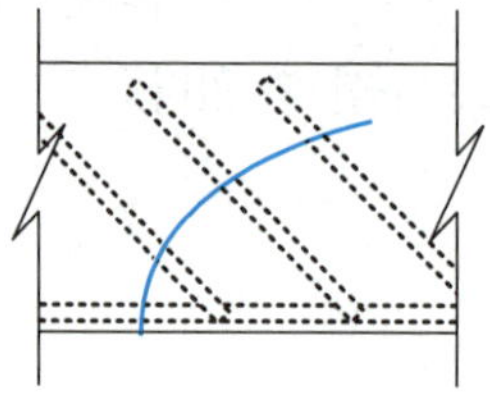

(b) 45°로 배치된 전단보강철근

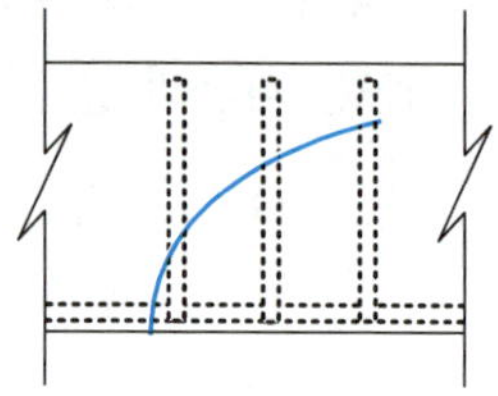

(c) 수직 전단보강철근

그림 7-5 콘크리트 휨부재의 사인장 균열과 전단보강철근 배치

그림 7-5(a)에서 인장 연단인 F의 위치에는 부재 축방향으로 인장력이 작용하므로 휨모멘트에 저항하도록 주철근을 배치한다. 사인장 균열은 A, B, C의 위치에서 그림 7-5(a)와 같이 화살표 방향으로 벌어지는 균열이므로, 그 방향으로 철근을 배치하면 효율적일 것이다. 그러나 그렇게 하려면 여러 개의 철근을 방사선의 부채꼴 모양으로 배치하여야 하는데, 부재 축방향을 따라 어느 위치에서 균열이 발생할지 알기 어려우므로 부채꼴 모양의 배치는 현실적인 방법이 되지 못한다. 따라서 보강철근을 일정한 방향으로 배치하게 되는데, 중립축 위치에서의 주인장응력 방향을 고려하면 그림 7-5(b)와 같이 45°의 경사로 배치하는 것이 효율적이다. 그러나 45°로 배치하면 철근의 길이가 길어야 하고 정확히 45°의 경사를 갖도록 배치하는 것은 현장에서 시공할 때 번거로운 작업이 되기도 한다. 따라서 그림 7-5(c)와 같이 수직방향으로 철근을 배치하는 것이 보편적인데, 주인장응력 방향과 일치하는 방향이 아니어서 효율이 떨어지므로 간격을 촘촘히 하여야 하지만 철근의 길이가 짧아지므로 경제성으로는 45° 배치와 큰 차이가 없다. 수직방향 배치는 45° 배치에 비하여 시공이 간편하므로 실제 설계에서 많이 사용되는 배치이다.

이와 같이 배치되는 철근을 전단보강철근 또는 전단철근이라고 하는데, 엄밀하게 말하면 전단력만을 받는 철근이라는 뜻이 아니라 주인장응력에 저항하는 철근을 의미한다. 그러나 주인장응력의 크기와 방향이 휨응력 뿐만 아니라 전단응력에 의해서도 영향을 받으므로, 통상적으로 전단보강철근 또는 전단철근이라고 부른다.

한편 콘크리트 부재에 휨모멘트와 전단력이 동시에 작용한다고 해서 항상 사인장 균열이 발생하는 것은 아니다. 예를 들어 단면의 깊이에 비하여 길이가 매우 긴 부재는 전단 작용보다 휨 작용이 주된 영향을 주므로, 부재 축에 직각방향인 수직방향의 휨균열이 발생하고 콘크리트의 압축부가 압괴(crushing)되는 휨 파괴를 보인다. 부재의 길이가 그보다 짧아지면 전단의 영향이 증가하여 사인장 응력이 발생하고, 이에 따른 사인장 균열이 나타나게 된다. 이때 사인장 균열은 조건에 따라 여러 형태로 나타난다. 전단철근이 배치되지 않은 철근콘크리트 부재에 대하여 초기에 수행된 실험과 연구결과[7.1~7.13]로, 전단 작용에 의하여 콘크리트 부재에 발생하는 균열의 형태는 크게 두 가지로 분류할 수 있다. 즉, 휨전단 균열(flexure-shear crack)과 복부전단 균열(web-shear crack)로, 그림 7-6은 두 가지 대표적인 사인장 균열 형태를 나타낸다.

휨전단 균열(flexure-shear crack)은 하부 플랜지가 존재하지 않아서 복부의 두께가 인장연단까지 일정한 직사각형 단면이나 T형 단면에 주로 나타난다. 하중이 작용하는 초기에는 휨모멘트에 의하여 부재

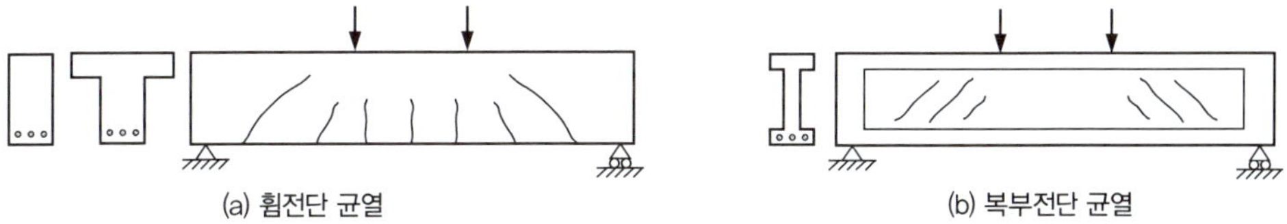

그림 7-6 콘크리트 부재의 사인장 균열

축의 직각방향으로 인장연단부터 균열이 시작된다. 하중이 증가하면 균열이 진전되는데, 단면의 인장연단 외에는 휨응력과 전단응력과의 합성작용으로 사인장응력이 작용하게 되어 그림 7-6(a)와 같이 경사진 방향으로 균열이 진전된다.

복부전단 균열(web-shear crack)은 복부의 두께가 얇은 I형 단면에 주로 나타난다. 하중이 작용하면 단면의 도심에 큰 전단응력이 작용하여, 철근콘크리트 부재의 경우에는 그림 7-6(b)와 같이 복부 중간에서 45° 방향으로 복부전단 균열이 발생한다. 프리스트레스트 콘크리트 부재는 긴장재에 의한 압축력의 영향으로 45°보다 작은 각도로 복부전단 균열이 발생한다.

7.1.4 전단 무보강 휨부재의 전단파괴와 전단강도

휨모멘트에 대한 보강으로 인장 주철근을 배치한 철근콘크리트 휨부재 중에서 전단력의 영향이 무시할 수 없는 정도인 경우에는 그림 7-6과 같은 사인장 균열이 발생한 후 파괴에 이른다. 사인장 균열이 발생하는 부분에 그림 7-5의 (b)나 (c)와 같이 전단보강철근이 배치된 경우에는 전단보강철근의 저항성능으로 사인장 균열이 발생하는 하중보다 더 큰 하중을 지지할 수 있다. 그러나 전단작용에 대하여 철근을 보강하지 않은 전단 무보강 휨부재의 경우에는 사인장 균열이 발생한 후 즉시 파괴되는 것이 일반적이다. 이때의 파괴는 여러 가지 변수의 작용으로 몇 가지의 파괴유형이 나타나는데, 가장 크게 영향을 미치는 변수는 전단경간-깊이 비(a/d), 즉 부재의 유효깊이 d에 대한 전단경간 a의 비율이다. 전단경간(shear span)은 그림 7-7에 나타낸 a로, 지점과 집중하중 사이의 거리로 정의된다. 철근콘크리트 휨부재는 전단경간-깊이 비(a/d)에 따라 사인장 균열이 발생한 상태에서 휨파괴가 나타날 수도 있고 사인장 균열이 파괴를 유발하는 파괴형태가 나타날 수도 있다. 예를 들어 그림 7-7의 (a)와 (b)는 단면은 동일하지만 길이가 다른 보로서 파괴형태가 달리 나타나는 예이다. 여기서 이 두 보는 단면의 크기와 배치된 인장철근이 동일하므로 단면의 휨강도 M_n이 동일하다. 이 두 보는 집중하중이 좌우 대칭으로 작용하므로

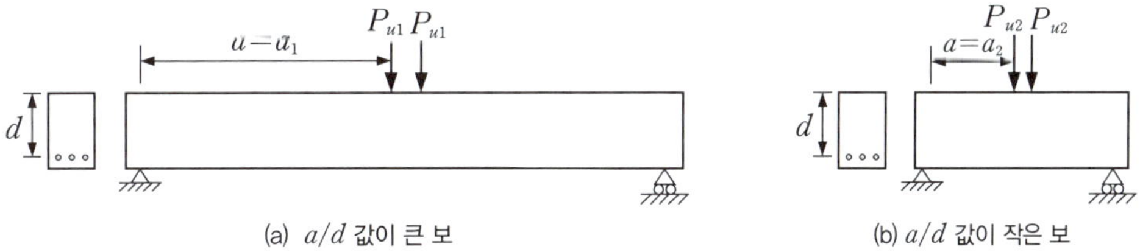

그림 7-7 휨강도가 동일하지만 전단경간-깊이 비(a/d)가 다른 보

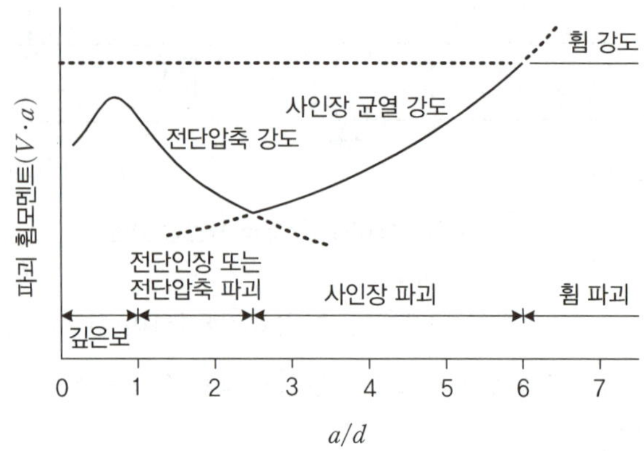

그림 7-8 전단경간-깊이 비(a/d)에 따른 직사각형 보의 전단강도[7.12, 7.14]

휨모멘트가 집중하중과 전단경간의 곱으로 계산된다. 따라서 경간 중앙 단면의 휨모멘트가 휨강도 M_n에 도달하기 위한 집중하중, 즉 휨 파괴를 일으키는 집중하중의 크기는 그림 7-7(a)의 경우 P_{u1}이 M_n/a_1으로 계산되고 그림 7-7(b)의 경우 P_{u2}가 M_n/a_2으로 계산된다. 이때 전단경간 a_2는 a_1보다 작으므로 P_{u2}가 P_{u1}보다 큰 값이 된다. 이 부재들의 단면이 갖고 있는 전단강도를 V_n이라고 하면, 일반적으로 P_{u1}은 V_n보다 작고 P_{u2}는 V_n과 같다. 따라서 P_{u1}이 V_n보다 작은 그림 7-7(a)의 보는 휨모멘트에 의한 휨 파괴(flexural failure)가 나타나며, P_{u2}가 V_n과 같은 그림 7-7(b)의 보는 전단 파괴(shear failure)가 나타난다.

그림 7-8은 전단 무보강 직사각형 보의 실험결과를 분석한 결과로,[7.12~7.14] 전단경간-깊이 비(a/d)에 따른 전단강도를 휨모멘트 항으로 나타낸 것이다. 이 그림에서는 파괴형태의 특성에 따라 1.0, 2.5, 6.0의 a/d 비를 기준으로 하여 네 가지 범주로 분류하였다. 여기서 구간을 나누는 a/d 비 1.0, 2.5, 6.0는 초기 실험결과[7.12, 7.13]에 따라 제안된 것으로 절대적인 값을 의미하는 것은 아니며, 연구자들에 따라서는 다른 값이 제시되기도 한다.[7.14] 네 가지 범주의 파괴특성은 다음과 같다.[7.12, 7.15]

[1] $a/d \leq 1.0$인 깊은보(deep beam)

이 범주의 깊은보에는 파괴거동에 있어서 전단응력이 가장 큰 영향을 준다. 사인장 균열이 발생한 후 그림 7-9(a)의 아랫부분에 점선으로 나타낸 인장 타이(tension tie)와 윗부분의 압축 아치(compression

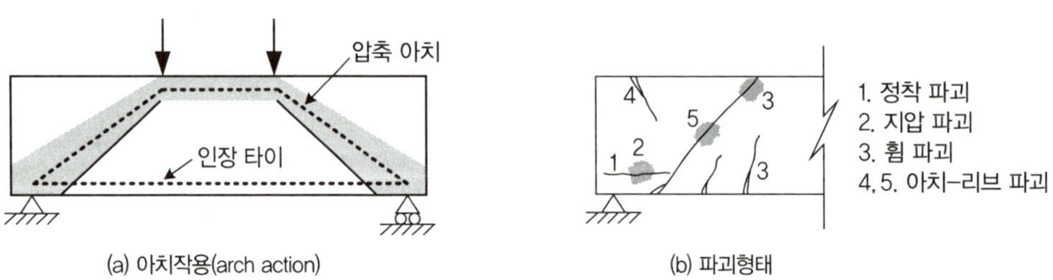

그림 7-9 $a/d \leq 1.0$인 깊은보의 파괴형태[7.12]

arch)에 의한 아치작용(arch action)으로 타이 형 아치(tied-arch)처럼 거동한다. 이때 휨모멘트에 대하여 저항하도록 배치된 축방향 인장철근이 인장 타이의 역할을 하며, 그림 7-9(a)에서 압축 중심선인 점선 주위에 진하게 표시된 부분이 압축 아치의 역할을 하여 하중이 직접압축(direct compression)으로 지점에 전달된다. 파괴는 그림 7-9(b)와 같이 여러 가지 형태로 나타난다. 1의 정착 파괴는 지점에서 인장철근이 뽑히는 파괴이며, 2의 지압 파괴는 반력이 작용하는 부분의 콘크리트가 압괴(crushing)되는 파괴이다. 3의 휨 파괴는 아치 윗부분의 콘크리트가 압괴되거나 인장철근이 항복하여 더 이상 하중을 지지하지 못하는 파괴이다. 4와 5의 아치-리브 파괴(arch-rib failure)는 아치에 작용하는 압축력의 편심작용으로 지점의 윗부분인 4의 위치에서 균열이 발생하거나 리브(rib)에 해당하는 아치 아랫부분의 콘크리트가 압괴되는 파괴이다.[7.12]

[2] $1.0 < a/d \leq 2.5$인 짧은 보(short beam, beam with short shear span)

그림 7-8에 나타낸 바와 같이 이 범주의 짧은 보도 깊은보와 마찬가지로 전단압축강도가 전단강도로 나타난다. 사인장 균열이 발생한 후 하중이 증가함에 따라 균열이 더욱 압축부 쪽으로 진전되며, 일반적으로 그림 7-10과 같이 전단인장 파괴(shear tension failure)나 전단압축 파괴(shear compression failure)의 두 가지 파괴형태가 나타난다. 전단인장 파괴는 사인장 균열이 진전되다가 그림 7-10(a)와 같이 사인장 균열의 아랫부분에서 인장철근 방향으로 2차 균열(secondary crack)이 발생하고, 인장철근을 따라 수평 쪼갬균열(splitting crack)이 발생하여 정착 파괴되는 경우이다. 그림 7-10(b)의 전단압축 파괴는 사인장 균열이 진전되다가 균열의 상단부, 즉 압축응력이 작용하는 부분에서 콘크리트가 압괴(crushing)되는 파괴이다.[7.12]

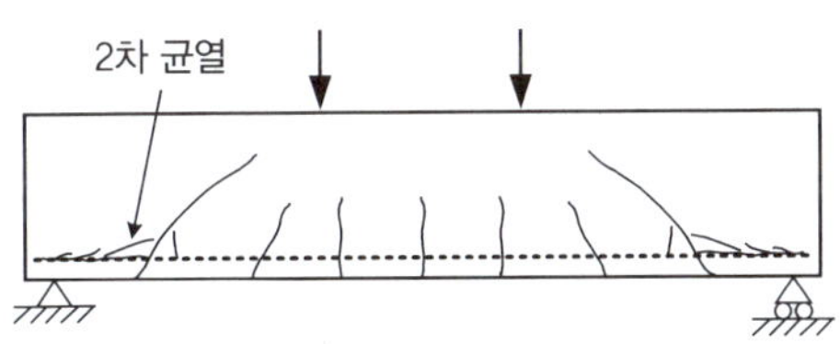

(a) 전단인장 파괴(shear tension failure)

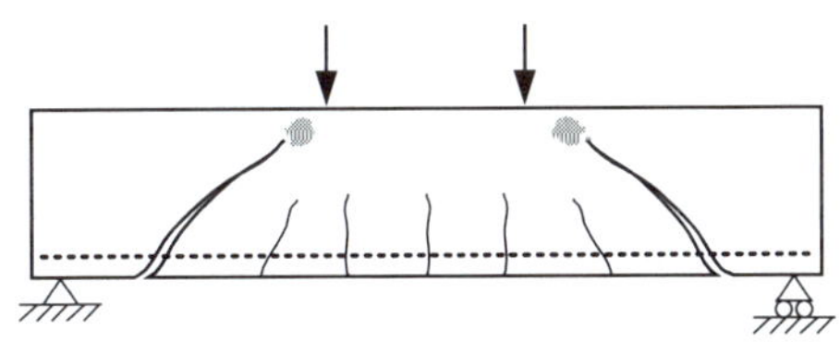

(b) 전단압축 파괴(shear compression failure)

그림 7-10 $1.0 < a/d \leq 2.5$인 짧은 보의 파괴형태[7.12]

[3] $2.5 < a/d \leq 6.0$인 보통 보(intermediate length beam, beam with slender shear span)

이 범주의 보통 보는 수직방향의 휨균열이 먼저 발생한 후 경사방향으로 휨전단 균열이 진전된다. 이 균열들 중 가장 큰 사인장 균열이 그림 7-11과 같이 압축부까지 크게 진전되면 부재가 더 이상 하중을 지지하지 못하고 파괴된다.[7.12] 한편 Kani[7.16]는 이러한 파괴 형상을 캔틸레버로 거동하는 치아(tooth)로 비유하여 설명하기도 하였다. Kani는 사인장 균열과 그 인접 균열 사이의 콘크리트는 윗부분인 압축부를 잇몸으로 하여 아랫부분으로 돌출된 치아와 유사하다고 본 것이다. 즉, 치아의 두 균열 위치의 휨모멘트는 크기가 다르므로 인장력의 크기도 달라서, 인장력의 차이 ΔT가 한쪽 방향으로 작용하여

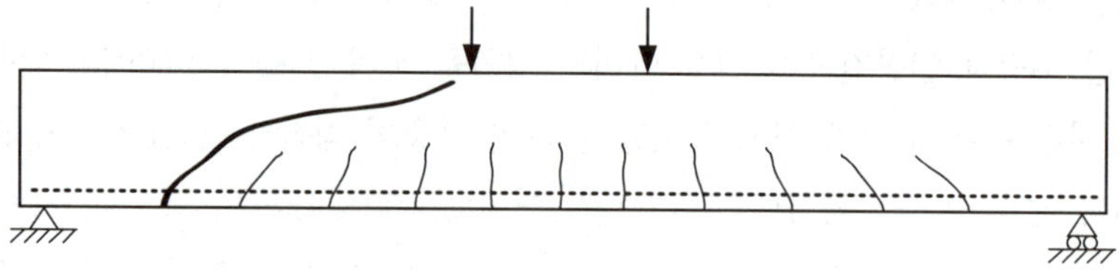

그림 7-11 $2.5 < a/d \le 6.0$인 보통 보의 사인장 파괴[7.13]

캔레버인 치아가 부러지는 현상과 같다고 설명하였다. 이러한 Kani의 생각은 정량적으로 전단강도를 해석하는 이론으로 발전하지는 못하였지만, 7.2.1절에 소개한 빗살 모델(comb model)의 일부로 소개된 개념이었다.

[4] $a/d > 6.0$인 긴 보(long beam, very slender beam)

이 범주의 긴 보는 전형적인 휨파괴를 나타낸다. 즉, 휨모멘트가 가장 큰 위치에서 수직방향의 휨균열이 먼저 발생하고, 그보다 작은 휨모멘트가 작용하는 위치에서 전단력의 영향을 받아 경사방향으로 균열이 진전되지만 균열이 크게 진전되지는 않는다. 하중이 더 증가하면 저보강 보의 경우 인장주철근이 먼저 항복하고 나서, 그림 7-12와 같이 압축부에서 콘크리트가 압괴(crushing)되는 파괴거동을 보인다.[7.12]

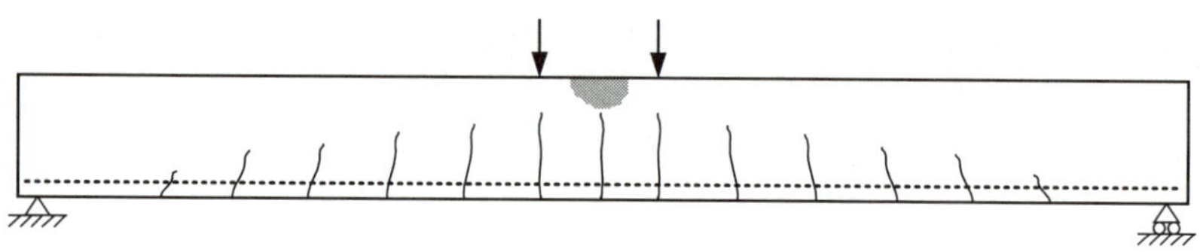

그림 7-12 $6.0 > a/d$인 긴 보의 휨 파괴

이와 같은 네 가지 네 가지 범주의 파괴특성은 인장부에 플랜지가 존재하지 않아서 인장연단까지 복부의 폭으로 동일한 폭을 가진 직사각형 보나 T형 보에 대한 것이다. 이와는 달리 복부의 두께가 매우 얇은 I형 단면은 그림 7-6(b)와 같은 복부전단 균열이 발생하고, 그림 7-13과 같이 복부의 압축 스트럿(compression strut)이 주압축응력의 작용으로 압축 파괴되는 거동을 보인다.

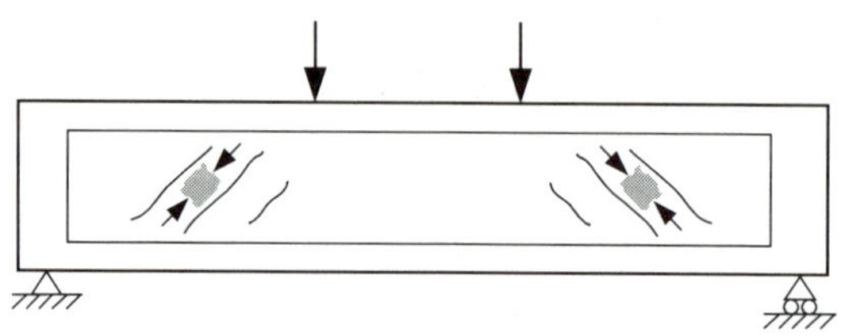

그림 7-13 복부가 얇은 보의 복부전단 파괴(web-crushing failure)

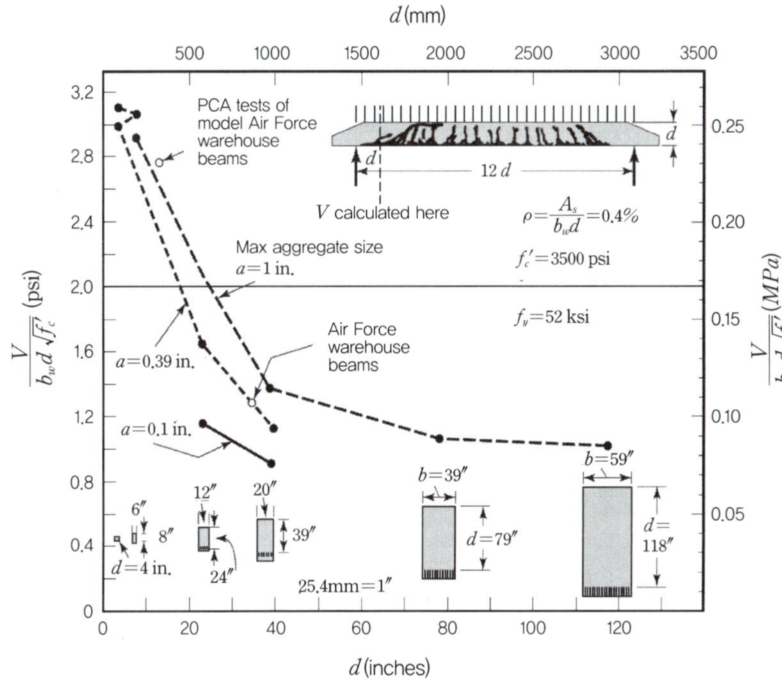

그림 7-14 전단 크기효과에 따른 전단 무보강 휨부재의 전단강도 변화[7.19, 7.20, 7.22]

한편 전단 무보강 휨부재의 전단강도에 나타나는 특성 중 하나로 크기효과(size effect)가 있다. 전단 크기효과는 Kani[7.17]가 높이 6 in.인 보와 그 높이의 2배, 4배, 8배인 네 가지 크기의 전단 무보강 보에 대한 실험을 수행하고, 부재의 크기가 증가하면 전단강도가 감소한다는 결과를 발표함으로써 알려졌다. 그 후 여러 연구자들에 의하여 전단 무보강 보의 전단 크기효과에 대한 연구가 수행되었고,[7.18~7.20] 전단 무보강 보에 비하면 그 영향이 상대적으로 작지만 전단보강 보에도 전단 크기효과가 존재한다.[7.21] 그림 7-14는 전단 무보강 휨부재의 전단강도로,[7.19, 7.20, 7.22] 깊이가 2 m를 넘는 부재의 전단강도는 부재 깊이가 0.5 m 내외인 부재의 전단강도의 약 1/2에 해당한다는 것을 나타낸다.

이와 같은 전단 크기효과는 설계기준에 따라 반영되어 있기도 하다. 즉 과거의 ACI 318 Code에서는 전단강도를 결정할 때 전단 크기효과가 반영되지 않았으나 2019년판 ACI 318 Code[7.23]에서는 최소 전단철근 미만의 전단철근이 배치된 경우에 크기효과를 고려한다. 콘크리트구조 학회기준(2017)[7.24]과 KDS 14 20 콘크리트구조 설계기준[7.25]은 뚫림 전단강도에 대해서 크기효과를 고려한다. Eurocode 2,[7.26] KDS 24 14 21 콘크리트교 설계기준(한계상태설계법),[7.27] JSCE 설계기준[7.28]에서는 전단 무보강 휨부재의 전단강도와 뚫림 전단강도를 결정할 때 크기효과를 고려한다.

그림 7-15는 전체깊이가 1,350 mm이고 전단경간-깊이 비(a/d)가 2.5인 철근콘크리트 보가 전단파괴 된 모습으로, 전단철근의 보강 여부에 따른 균열 분포의 차이를 나타낸다. 전단철근이 배치되지 않은 그림 7-15(a)의 전단 무보강 보는 왼쪽 부분에 발생한 하나의 사인장 균열이 크게 발달하면서 사인장 파괴가 나타난 모습이다. 전단철근이 배치된 그림 7-15(b)의 전단보강 보는 전단 무보강 보에

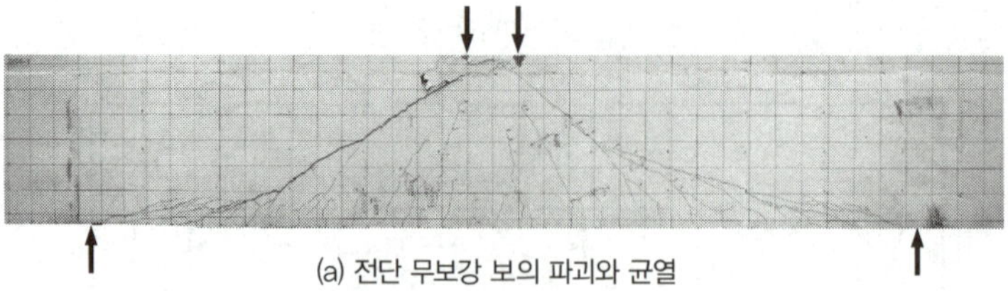

(a) 전단 무보강 보의 파괴와 균열

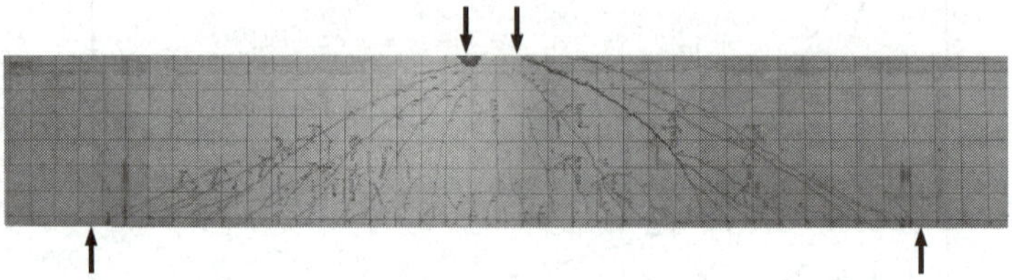

(b) 전단보강 보의 파괴와 균열

그림 7-15 **전단 무보강 보와 전단보강 보의 파괴와 균열**[7.21, 7.29]

비하여 더 높은 전단강도를 나타내면서, 더 많은 사인장 균열이 발생함으로써 균열이 분포된 모습을 보인다.[7.21, 7.29]

7.2 철근콘크리트 휨부재의 전단설계

7.2.1 휨부재의 전단작용 해석과 전단철근

철근콘크리트 보의 실험결과를 관찰한 초기 연구자들은 휨모멘트와 전단력이 작용하는 철근콘크리트 보의 균열과 파괴형태를 나타내기 위한 여러 가지의 해석개념을 제안하였다. 그 대표적인 것으로 보의 거동을 트러스와 유사하게 보는 트러스 유사법(truss analogy)과 아치와 유사하게 보는 아치 유사법(arch analogy)이 있다.

그림 7-16(a)는 Ritter[7.30]가 제안한 후 Mörsch[7.31]가 발전시키고 널리 소개한 트러스 모델(truss model)을 나타낸다. Ritter는 일반적인 트러스 모델을 제안하였고, Mörsch는 경사재를 응력장(stress field)으로 취급할 수 있음을 소개하였다. 트러스 모델은 보의 거동을 트러스와 유사한 것으로 보고 트러스로 해석하는 모델이다. 즉, 트러스에서는 휨모멘트에 의하여 짝힘(couple force)으로 작용하는 압축력과 인장력을 트러스의 상현재(upper chord, 上弦材)와 하현재(lower chord, 下弦材)가 각각 받는다. 콘크리트 보를 트러스와 유사하게 해석한다면, 압축력을 받는 단면 상단의 콘크리트를 상현재로 보고 인장력을 받는 단면 하단의 인장철근을 하현재로 보는 것이다. 또 사인장 균열 사이의 콘크리트가 압축력을 받는 경사재(diagonal member, 傾斜材)의 역할을 하고, 수직방향으로 배치된 전단철근이 인장력을 받는 수직재(vertical member, 垂直材)의 역할을 하는 것으로 보는 것이다. 트러스 모델은 사인장 균열의 각도를 하나의 일정한 값으로 하여, 그 각도와 동일한 방향으로 경사재를 배치한 모델을 결정한다. 따라서 트러스 모델은 해석이 간편한 장점이 있어서 콘크리트 구조물에 대한 대부분의 설계기준에서 전단강도의 해석

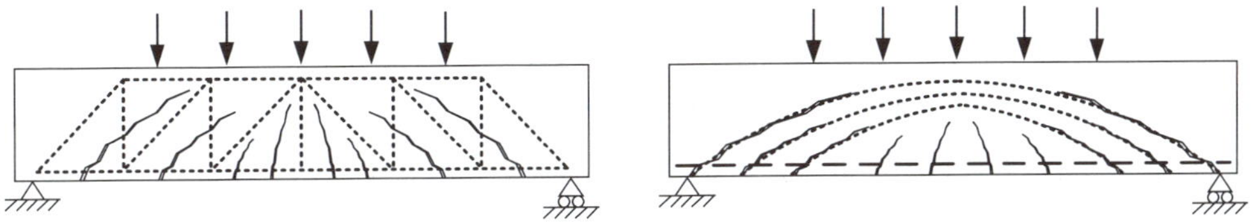

(a) 트러스 유사법에 의한 트러스 모델　　(b) 아치 유사법에 의한 아치 모델

그림 7-16 전단파괴 부재의 해석모델

모델로 채택된 모델이다.

그림 7-16(b)는 아치 모델(arch model)을 나타낸다. 아치 모델은 주인장응력에 의한 사인장 균열이 아치의 형상으로 발생하여, 주인장응력의 직각방향으로 작용하는 아치 형상의 주압축응력을 콘크리트가 아치부재의 역할을 하여 저항한다고 보는 것이다. 부재 하단에 수평으로 배치된 인장철근은 타이 형 아치(tied-arch) 구조의 인장타이(tension tie)로 작용하여 아치에 작용하는 압축력의 수평성분과 평형을 이룬다.

아치 모델 이외에도 골조 모델(frame model)과 빗살 모델(comb model) 등도 제안되었다. 골조 모델(frame model)은 콘크리트 부재의 거동이 골조와 유사하다고 보고 골조의 해석방법을 적용하는 모델이다. 빗살 모델(comb model)[7.16]은 균열 사이의 콘크리트 부분이 캔틸레버로 거동하는 치아(tooth)와 유사하다고 보고 해석하는 것으로, 그 형태가 빗 모양과 유사하여 빗살 모델(comb model)이라고 부른다. 그러나 이와 같은 모델들은 전단균열 발생 후 파괴에 이르는 거동을 이해하는 데에는 도움이 되지만, 정량적인 값을 구하기 위한 해석방법이 실용적이지 않고 파괴강도의 예측에 정확성을 기대하기 어려운 측면이 있다. 따라서 콘크리트 구조물에 대한 대부분의 설계기준은 트러스 모델(truss model)을 전단강도의 해석 모델로 채택하고 있다.

트러스 모델은 콘크리트와 강재가 트러스를 구성하여, 콘크리트가 압축력을 받는 상현재와 경사재의 역할을 하고 강재가 인장력을 받는 수직재와 하현재의 역할을 한다. 하현재로 배치된 강재는 휨모멘트를 저항하도록 배치된 철근이나 프리스트레싱 강재가 그 역할을 하고, 수직재로 배치된 강재는 전단력을 저항하도록 배치된 철근이 그 역할을 한다. 전단철근은 전단력에 저항하는 역할 외에도 추가의 기능을 발휘하는데, 전단철근의 기능은 다음과 같이 네 가지로 정리할 수 있다.

① 전단력에 저항하여 콘크리트 부재의 전단강도를 증가시킨다.

② 콘크리트에 사인장 균열이 진전될 때 균열폭의 증가를 억제하고, 골재 맞물림 작용(aggregate interlocking)에 의한 균열면의 전단강도를 증가시킨다.

③ 인장 주철근을 감싸서 인장 주철근과 인장연단의 콘크리트 피복에 의하여 전단력을 저항하는 장부작용(dowel action)의 성능을 증가시킨다.

④ 폐합된 형태의 전단철근은 피복을 제외한 단면 내부의 콘크리트를 감싸서, 압축응력을 받는 부분의 콘크리트 압축강도를 증가시키는 횡구속 효과(confinement effect)를 제공한다.

그림 7-17과 그림 7-18은 부재의 축과 α의 각도를 갖는 경사전단철근이 배치된 부재로, 부재의 축과 θ의 각도를 갖는 균열이 발생한 경우의 트러스 모델을 나타낸다. 그림 7-17은 전단철근의 간격 s가 균열면의 수평 길이보다 작아서, 균열면 내에 다수의 전단철근이 배치된 경우이다. 휨모멘트에 저항하는 내력(internal force)으로 인장력 T_b와 압축력 C 사이의 팔길이를 jd라고 한다면, 균열면과 경사진 전단철근으로 이루어진 삼각형의 밑변의 길이는 $jd\cot\theta + jd\cot\alpha$가 된다. 따라서 균열면 내에 배치된 전단철근의 수를 n이라고 한다면, n은 다음과 같이 나타낼 수 있다.

$$n = \frac{jd(\cot\theta + \cot\alpha)}{s} \tag{7·6}$$

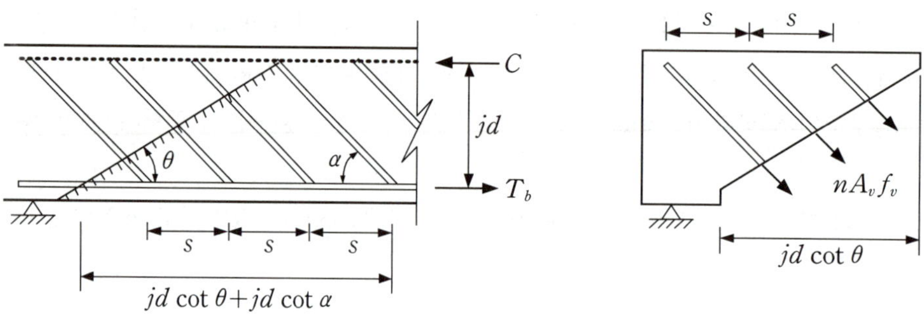

그림 7-17 균열면 내에 다수의 전단철근이 배치된 경우의 트러스 모델

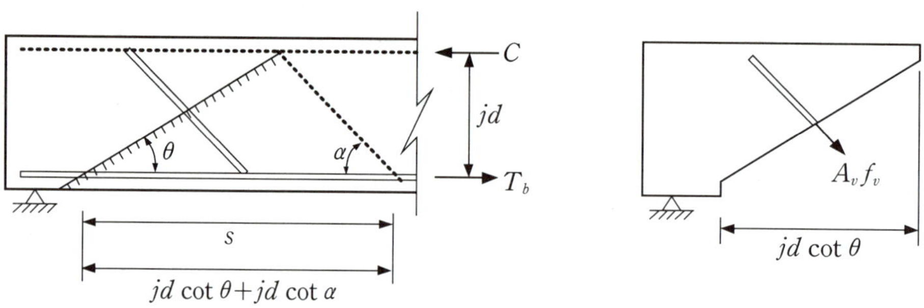

그림 7-18 균열면의 수평길이와 전단철근의 간격이 동일한 경우의 트러스 모델

균열면 내에 배치된 n개의 전단철근에 작용하는 인장력의 총합은 $nA_v f_v$가 된다. 여기서, A_v는 전단철근 1개의 단면적이며, f_v는 전단철근에 작용하는 응력이다. 이제 전단철근에 작용하는 인장력에 의하여 전단철근의 배치방향으로 균열면에 작용하는 평균응력을 v_{scm}이라고 하면, 경사진 균열면의 길이는 $jd/\sin\theta$이므로 총인장력을 균열면의 면적으로 나누어 다음과 같이 나타낼 수 있다.

$$v_{scm} = \frac{nA_v f_v}{b_w(jd/\sin\theta)} \tag{7·7}$$

이 식에 식 (7·6)의 n을 대입하고 정리하면 다음과 같다.

$$v_{scm} = \frac{jd(\cot\theta + \cot\alpha)A_v f_v}{sb_w(jd/\sin\theta)} = \frac{A_v f_v(\cot\theta + \cot\alpha)\sin\theta}{b_w s} \tag{7·8}$$

그림 7-18은 전단철근의 간격 s가 균열면의 수평 길이와 같아서, 균열면 내에 1개의 전단철근이 배치된 경우이다. 균열면과 경사진 전단철근으로 이루어진 삼각형의 밑변의 길이 $jd\cot\theta + jd\cot\alpha$가 s와 같으므로 다음과 같이 나타낼 수 있다.

$$jd = \frac{s}{\cot\theta + \cot\alpha} \tag{7·9}$$

균열면 내에 배치된 전단철근에 작용하는 인장력은 $A_v f_v$이므로, 전단철근 1개의 인장력에 의하여 전단철근의 배치방향으로 균열면에 작용하는 평균응력을 v_{sc1}이라고 하면 인장력을 균열면의 면적으로 나누어 다음과 같이 나타낼 수 있다.

$$v_{sc1} = \frac{A_v f_v}{b_w(jd/\sin\theta)} \tag{7·10}$$

이 식에 식 (7·9)의 jd를 대입하고 정리하면 다음과 같다.

$$v_{sc1} = \frac{A_v f_v(\cot\theta + \cot\alpha)\sin\theta}{b_w s} \tag{7·11}$$

식 (7·8)과 식 (7·11)을 비교해 보면, 결국 v_{scm}과 v_{sc1}이 같은 값을 가진다는 것을 알 수 있다. 즉, 그림 7-17과 같이 균열면 내에 다수의 전단철근이 배치된 경우와 그림 7-18과 같이 균열면 내에 전단철근이 1개만 배치된 경우는 전단철근에 의한 균열면의 평균응력이 동일하다는 것이다. 따라서 상대적으로 단순한 형태로 이해하기 쉬운 트러스 모델로서, 그림 7-18과 같이 균열면의 수평길이와 전단철근의 간격이 동일하여 균열면 내에 전단철근이 1개만 배치된 경우를 대상으로 전단철근에 의한 전단저항력 V_s를 구한다.

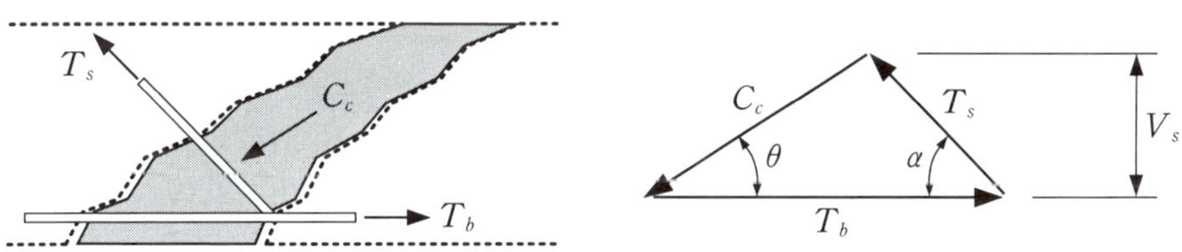

그림 7-19 트러스 모델에서의 힘의 평형

그림 7-19의 트러스 모델에서 3개의 힘, 즉 경사진 전단철근의 인장력 T_s, 콘크리트 스트럿(strut)의 압축력 C, 주철근의 인장력 T_b는 힘의 평형을 이룬다. 단면에 작용하는 전단력은 전단철근의 인장력의 수직방향성분으로 지지되므로, 다음과 같이 나타낼 수 있다.

$$V_s = T_s\sin\alpha = A_v f_v \sin\alpha \tag{7·12}$$

따라서 전단철근의 인장력 T_s, 즉 $A_v f_v$는 다음과 같다.

$$A_v f_v = \frac{V_s}{\sin\alpha} \tag{7·13}$$

한편, 식 (7·9)를 변형하거나, 혹은 그림 7-17과 그림 7-18에 나타낸 바와 같이 균열면과 경사진 전단철근으로 이루어진 삼각형의 밑변의 길이가 전단철근의 간격과 같다는 관계를 이용하면, 전단철근의 간격 s는 다음과 같이 나타낼 수 있다.

$$s = jd(\cot\theta + \cot\alpha) \tag{7·14}$$

전단철근의 인장력을 전단철근의 간격으로 나눈 단위길이 당 인장력은 $A_v f_v/s$인데, $A_v f_v$에 식 (7·13)을 대입하고 s에 식 (7·14)를 대입하면 다음과 같다.

$$\frac{A_v f_v}{s} = \frac{V_s}{\sin\alpha(jd)(\cot\theta + \cot\alpha)} \tag{7·15}$$

이 식을 변환하면 전단철근에 의한 전단저항력 V_s는 다음과 같으며, 이 식은 전단철근이 α의 각도로 배치되고 균열이 θ의 각도로 발생하는 트러스 모델의 일반적인 경우를 나타낸다.

$$V_s = \frac{A_v f_v(jd)}{s}(\cot\theta + \cot\alpha)\sin\alpha \tag{7·16}$$

팔길이 jd가 단면의 유효깊이 d와 같다고 가정하면 다음과 같이 표현할 수 있다.

$$V_s = \frac{A_v f_v d}{s}(\cot\theta + \cot\alpha)\sin\alpha \tag{7·17}$$

만일 균열의 각도 θ가 45°라고 한다면, 전단철근에 의한 전단저항력 V_s는 다음과 같이 두 가지 형태로 나타낼 수 있다.

$$V_s = \frac{A_v f_v d}{s}(1 + \cot\alpha)\sin\alpha \tag{7·18}$$

$$V_s = \frac{A_v f_v d}{s}(\sin\alpha + \cos\alpha) \tag{7·19}$$

전단철근이 수직으로 배치되면 α가 90°이므로 식 (7·16)은 다음과 같이 표현된다.

$$V_s = \frac{A_v f_v(jd)}{s}\cot\theta \tag{7·20}$$

또, 수직 전단철근이 배치되었을 때 균열의 각도 θ가 45°라고 한다면, 식 (7·18)과 식 (7·19)는 다음과 같이 표현된다.

$$V_s = \frac{A_v f_v d}{s} \tag{7·21}$$

한편, 수직 전단철근이 배치된 경우, 트러스 모델의 일반적인 경우를 나타내는 식 (7·16)에 각도 α로 90°를 대입하여 식 (7·20)을 구할 수도 있지만, 그림 7-20을 이용하여 구할 수도 있다. 즉, 그림 7-20과 같이 균열이 θ의 각도로 발생하는 트러스 모델에서, 다음과 같이 균열면을 가로지르는 전단철근에 작용하는 인장력의 합으로 수직 전단철근에 의한 전단강도를 표현할 수 있다. 균열면의 수평 길이는 $jd\cot\theta$이고 전단철근의 간격은 s이므로, 균열면을 가로지르는 전단철근의 수를 n이라고 한다면 n은 다음과 같다.

$$n = \frac{jd\cot\theta}{s} \tag{7 ·22}$$

따라서 균열면 내에서 전단철근에 의한 전단저항력 V_s는 다음과 같다.

$$V_s = nA_v f_v = \frac{A_v f_v(jd)}{s}\cot\theta \tag{7 ·23}$$

균열의 각도 θ가 45°라고 하고 팔길이 jd가 단면의 유효깊이 d와 같다고 가정하면 n은 d/s와 같으므로, 전단철근에 의한 전단저항력 V_s는 다음과 같다.

$$V_s = nA_v f_v = \frac{A_v f_v d}{s} \tag{7 ·24}$$

식 (7 ·23)과 식 (7 ·24)는 일반식인 식 (7 ·16)을 단순화한 식 (7 ·20) 및 식 (7 ·21)과 각각 동일하다.

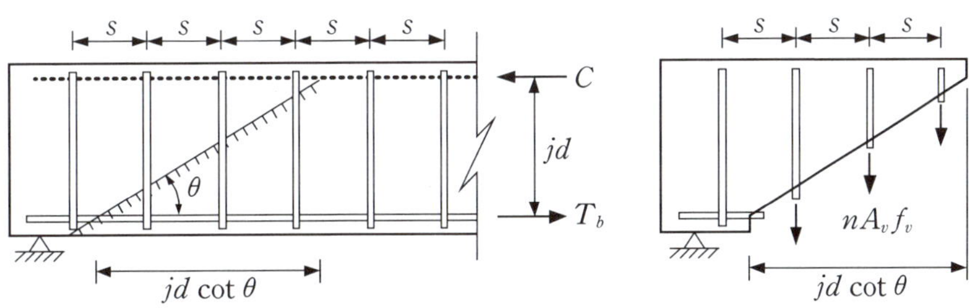

그림 7-20 수직 전단철근이 배치된 트러스 모델

7.2.2 휨부재의 전단 이론과 전단설계모델

균질(homogeneous)한 재료의 부재에 휨모멘트가 작용하지 않은 상태에서 전단력만 작용하면, 주응력은 부재 축에 45°의 각도로 작용한다. 그러나 상대적으로 탄성계수가 매우 큰 철근을 콘크리트 부재에 보강하면 철근이 배치된 방향으로 강성이 증가한다. 즉, 부재의 축방향으로 휨철근이 배치되고 전단철근이 그 직각방향으로 배치되면, 철근의 양과 간격에 따라 각 방향으로의 강성에 차이가 발생한다. 만일 휨철근이 전단철근보다 상대적으로 많은 양이 배치되면 균열의 각도는 작아지고, 전단철근이 휨철근보다 상대적으로 많은 양이 배치되면 균열의 각도는 커진다. 따라서 전단력만 작용하는 경우도 주응력의 각도가 항상 45°라고는 할 수 없는데, 실제 구조물에서는 여기에 휨모멘트도 같이 작용하게 된다. 이와 같은 콘크리트 부재를 트러스로 이상화한다면 그림 7-21과 같이 위치와 조건에 따라 각기 다른 각도를 가진 변각트러스 모델(variable angle truss model)로 이상화할 수 있다. 그러나 위치마다 경사재의 각도가 각각 다른 트러스 모델은 해석과 설계가 복잡하므로, 하나의

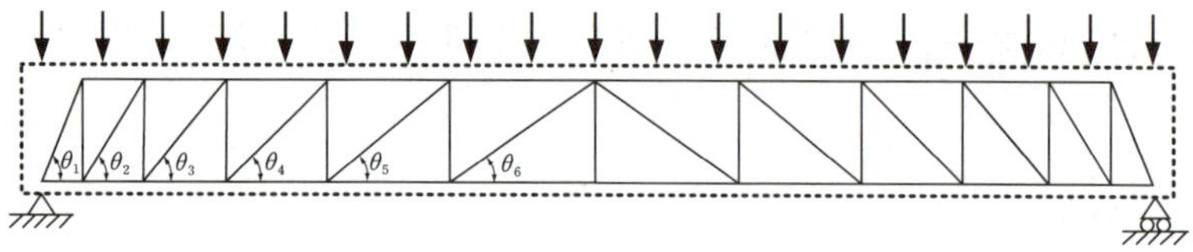

그림 7-21 변각트러스 모델(variable angle truss model)

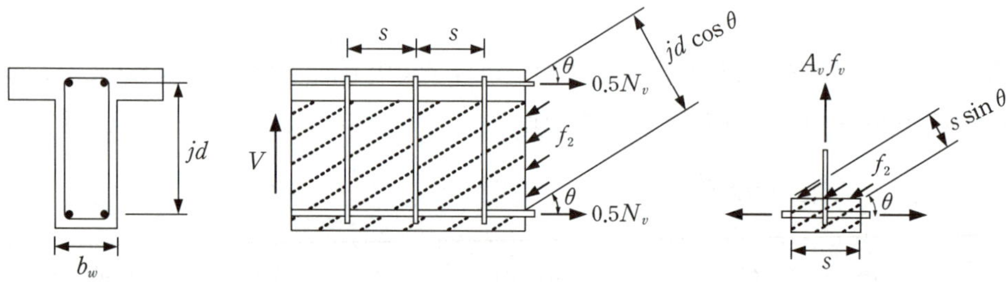

(a) 단면 (b) 사인장 응력 및 종방향 힘의 평형 (c) 전단철근의 힘

그림 7-22 변각트러스의 힘의 평형조건

대푯값의 각도를 가진 트러스로 모델링하는 것이 간편하다.

그림 7-22는 부재 축과 θ의 각도로 경사재가 배치된 변각트러스의 힘의 평형을 나타낸 것이다. 그림 7-22(a)는 복부폭이 b_w인 단면에 인장철근과 압축철근이 jd의 거리로 배치된 부재를 나타낸다. 두 철근 사이의 중심 간격을 나타내는 부호 jd는 과거에 허용응력설계법을 사용하여 콘크리트 구조물을 해석하고 설계했을 때 단면에 작용하는 압축력과 인장력 사이의 팔길이를 나타내던 기호로, 유효깊이 d에 대한 비율 j로 나타내는 관행적인 표현이다. 이 부재에 간격이 s인 전단철근이 수직방향으로 배치되면 그림 7-22(b)와 같이 자유물체도(free body diagram)를 나타낼 수 있다. 그림 7-22는 부재의 외력으로 휨모멘트는 작용하지 않고 전단력만 작용하는 경우이다. 이 단면에 전단력 V가 작용하여 θ의 방향으로 주압축응력 f_2가 발생하면, 수직방향으로 작용하는 힘은 다음과 같은 관계로 평형을 유지하여야 한다.

$$V = f_2(b_w\, jd \cos\theta) \sin\theta \tag{7·25}$$

이 식을 변환하면, 복부에 작용하는 주압축응력은 다음으로 나타낼 수 있다.

$$f_2 = \frac{V}{b_w\, jd} \frac{1}{\sin\theta \cos\theta} = \frac{V}{b_w\, jd}(\tan\theta + \cot\theta) \tag{7·26}$$

θ의 방향으로 작용하는 주압축응력 f_2에 의하여 단면의 수평방향으로 작용하는 힘은 다음과 같은 관계로 평형을 유지하여야 한다.

$$N_v = f_2(b_w\, jd \cos\theta) \cos\theta \tag{7·27}$$

이 식의 f_2에 식 (7·26)을 대입하면, 전단력 V에 의하여 인장철근과 압축철근에 발생하는 인장력의 합 N_v는 다음과 같다.

$$N_v = V \cot \theta \tag{7·28}$$

이 인장력 N_v는 트러스 모델의 상현재와 하현재에 1/2씩 작용한다고 가정한다. 따라서 휨모멘트에 의한 인장철근의 인장력이 전단작용으로 0.5 N_v인 0.5 $V \cot \theta$ 만큼 증가하고, 압축철근의 압축력이 전단작용으로 0.5 N_v인 $V \cot \theta$ 만큼 감소한다는 것을 의미한다.

복부를 압축 응력장(compressive stress field)으로 해석하는 이 트러스 모델의 해석결과는 전단철근을 수직재로 한 트러스 해석 및 휨모멘트만을 대상으로 한 해석 결과와 함께 그림 7-23에 나타나 있다. 그림 7-23(a)와 같이 하중이 작용하는 철근콘크리트 부재에 대하여 그림 7-23(b)와 같이 전단철근을 수직재로 모델링한 트러스에 대한 해석을 수행하면, 그림 7-23(c)에 가는 점선으로 나타나 있는 인장 주철근에 작용하는 인장력 분포를 구할 수 있다. 한편 휨모멘트만을 대상으로 하여 인장 주철근에 작용하는 인장력을 M/jd로 구하면 그림 7-23(c)에 굵은 점선으로 나타나 있는 인장력 분포를 구할 수 있다. 그러나 이 굵은 점선의 인장력 분포는 전단력의 영향이 고려되어 있지 않으므로 실제 분포와 같지 않다. 복부를 압축 응력장(compressive stress field)으로 해석하는 트러스모델에 의하면 M/jd의 인장력에

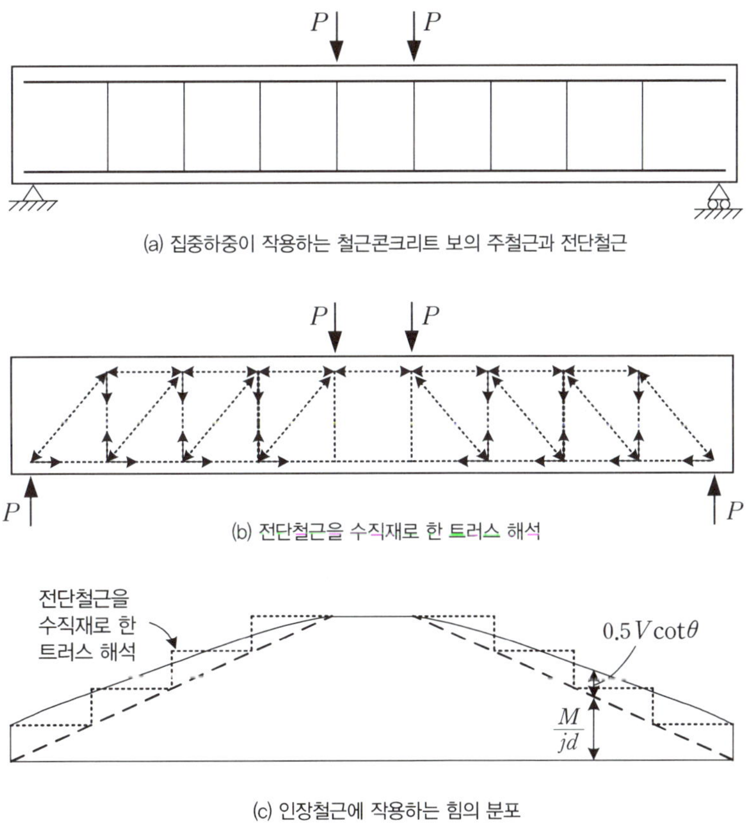

그림 7-23 철근콘크리트 부재 인장철근의 인장력

$0.5\,V\cot\theta$ 만큼 전단력에 의한 인장력이 추가 되어, 그림 7-23(c)의 실선과 같은 인장력 분포가 나타나는데 이 분포가 실제 분포에 가까울 것이다.

이와 같은 전단력의 영향은 휨부재 인장철근의 절단 위치 결정에 영향을 준다. 그림 7-24는 N_v를 고려한 인장철근 절단위치 결정법을 나타낸 것으로, 그림 7-24(a)와 같이 등분포하중이 작용하는 보의 휨모멘트 분포는 그림 7-24(b)와 같다. 이 휨모멘트에 의한 인장철근의 인장력은 그림 7-24(c)의 점선이며, 이 분포는 휨모멘트 분포와 동일한 형상이다. 여기에 전단력에 의한 인장력 $0.5\,N_v$가 추가되므로 총인장력의 분포는 실선과 같다. 이 실선의 총인장력의 분포는 휨부재 인장철근에는 전단력의 영향으로 인하여 휨응력보다 큰 응력이 작용하며, 휨모멘트에 의한 인장응력이 작용하지 않는 부분에도 전단력에 의한 인장응력이 작용한다는 것을 나타낸다. 즉, 그림 7-24(c)의 점선으로 표시한 정모멘트가 작용하는 부분에서 휨모멘트가 0인 오른쪽 위치까지만 단면 하부에 인장력이 작용하는 것이 아니라, 그 위치에서 오른쪽으로 a_l 만큼 더 연장된 위치까지 단면 하부에 인장력이 작용한다. 또 점선으로 표시한 부모멘트가 작용하는 부분에서 휨모멘트가 0인 왼쪽 위치까지만 단면 상부에 인장력이 작용하는 것이 아니라, 그 위치에서 왼쪽으로 a_l만큼 더 연장된 위치까지 단면 상부에 인장력이 작용한다. 따라서 휨모멘트가 0인 위치를 철근의 절단위치로 하면 안 되고, 연장길이 a_l을 고려하여 더 긴 길이의 철근을 배치하도록 철근의 절단 위치를 결정하여야 한다.

한편 그림 7-24(c) 실선의 총인장력에 나타난 바와 같이 전단위험단면(shear critical section)에서 지점으로 갈수록 전단력에 의한 인장력이 감소한다. 그 이유를 최대 부모멘트가 작용하는 오른쪽 지점을

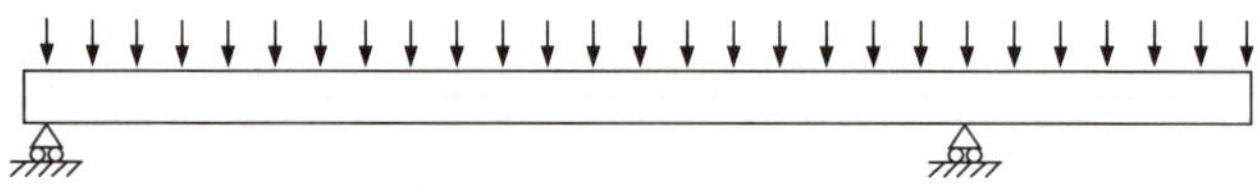

(a) 등분포하중이 작용하는 보

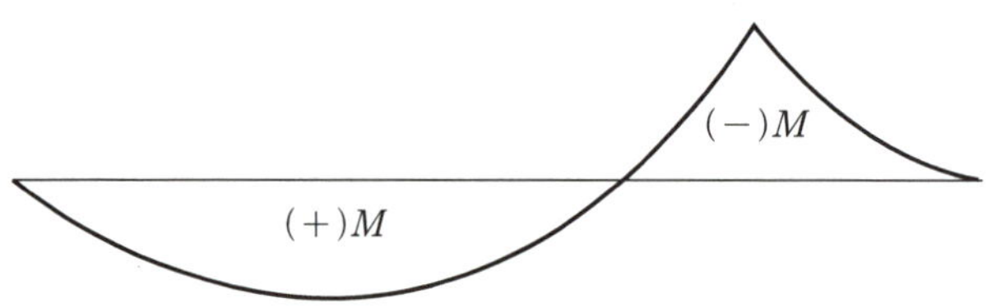

(b) 휨모멘트 분포

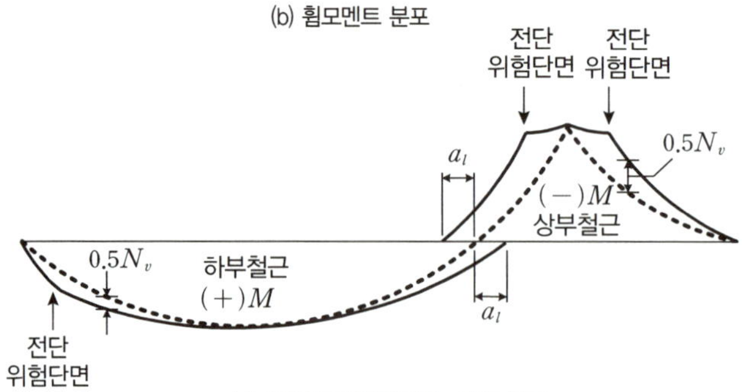

(c) 인장철근에 작용하는 힘의 분포

그림 7-24 인장철근의 절단위치

대상으로 설명하면, 연속부재의 지점에서 전단위험단면 사이의 균열 형상이 부챗살 형태(fan shape)로 전단위험단면에서 지점으로 갈수록 균열의 각도가 커지기 때문이다. 즉 전단력에 의한 인장력 0.5 N_v에서 N_v는 식 (7·28)과 같이 cot θ에 비례하므로, 전단위험단면에서 지점으로 갈수록 θ가 90°에 가까워지므로 cot θ의 값이 0에 가까워지기 때문이다. 따라서 그림 7-24(c)에 나타난 바와 같이 최대 정모멘트가 작용하는 위치와 지점에서는 인장철근의 응력이 전단력의 영향으로 증가하지는 않는다. 최대 정모멘트가 작용하는 위치에서 인장철근의 응력이 증가하지 않는 이유는 그 위치에 전단력이 작용하지 않기 때문이다. 왼쪽 지점은 전단력이 최대임에도 불구하고 지점에서 인장철근의 응력이 발생하지 않는데, 그 이유도 역시 전단위험단면 사이의 균열 형상이 부채형태(fan shape)로 지점에서는 균열의 각도 θ가 90°이므로 cot θ의 값이 0이기 때문이다. 그림 7-24(c)에는 오른쪽 지점 전단위험단면에서의 인장철근 총인장력이 지점의 인장철근 총인장력보다 작은 것으로 나타내었지만, 경우에 따라서는 그렇지 않을 수도 있을 것이다. 이에 대하여 설계기준에서는 인장철근의 총인장력이 최대 휨모멘트가 작용하는 위치에서의 휨모멘트에 의한 인장력을 초과하지 않는 값으로 제한하여 설계하도록 하고 있다. 따라서 휨부재의 설계에서 전단력의 영향을 고려하여 인장철근의 단면적을 증가시킬 필요는 없으며, 인장철근의 절단 위치를 결정하는 것에만 전단력의 영향을 고려하여야 한다. 선부재 전단위험단면의 정의와 각 설계기준의 내용은 7.3.4절, 7.4.1절 [2]항과 7.4.5절 [8]항, 7.5.3절 [9]항에 설명되어 있다.

ACI 318 Code,[7.23] 콘크리트구조 학회기준(2017),[7.24] KDS 14 20 콘크리트구조 설계기준[7.25]은 연장길이 a_l을 유효깊이 d와 철근지름의 12배 중 큰 값으로, 부모멘트의 반곡점에서는 그 두 가지에 순경간의 1/16을 추가하여 그 중 가장 큰 값으로 한다. Eurocode 2[7.26]와 KDS 24 14 21 콘크리트교 설계기준(한계상태설계법)[7.27]은 다음 식의 인장력 ΔT가 추가된 철근 인장력 분포로 철근 절단위치를 결정하거나, 유효깊이 d 또는 다음 식에 따른 연장길이 a_l을 추가하여 철근 절단위치를 결정한다.

$$\Delta T = 0.5\, V_u\, (\cot\theta - \cot\alpha) \tag{7·29}$$

$$a_l = \frac{z}{2}\,(\cot\theta - \cot\alpha) \tag{7·30}$$

한편, 그림 7-22(c)는 수직재인 전단철근과 현재인 인장철근이 만나는 절점을 중심으로 전단철근의 간격 s 범위 내에 작용하는 응력과 힘을 나타낸 자유물체도(free body diagram)이다. 이 자유물체도에서, θ 방향으로 작용하는 주압축응력 f_2의 분력으로서 수직방향으로 작용하는 힘은 전단철근에 작용하는 인장력과 다음과 같이 평형을 유지하여야 한다.

$$A_v f_v = f_2\,(b_w\, s \sin\theta)\sin\theta \tag{7·31}$$

여기서 A_v는 전단철근의 단면적이며, f_v는 전단철근에 작용하는 인장응력이다. 이 식의 f_2에 식 (7·26)을 대입하면 다음과 같이 나타낼 수 있다.

$$A_v f_v = \frac{Vs}{jd}\tan\theta \tag{7·32}$$

$$\frac{A_v f_v}{s} = \frac{V}{jd}\tan\theta \tag{7·33}$$

$$V = \frac{A_v f_v jd}{s\tan\theta} = \frac{A_v f_v jd}{s}\cot\theta \tag{7·34}$$

이상의 세 가지 조건, 즉 수직방향 힘의 평형, 수평방향 힘의 평형, 전단철근 인장력과 콘크리트 스트럿 압축력의 평형으로 얻은 결과를 정리하면, 다음 관계식으로 요약할 수 있다.

$$f_2 = \frac{V}{b_w jd}(\tan\theta + \cot\theta) \tag{7·35}$$

$$N_v = V\cot\theta \tag{7·36}$$

$$V = \frac{A_v f_v jd}{s}\cot\theta \tag{7·37}$$

이 변각트러스 기본모델의 방정식을 살펴보면, 식 (7·35), 식 (7·36), 식 (7·37) 3개의 연립방정식에 4개의 미지수 θ, f_2, N_v, f_v가 포함되어 있다. 따라서 방정식보다 미지수가 더 많으므로 이 상태에서는 연립방정식의 해를 구할 수 없다.

그러나 실제 콘크리트 부재가 가지는 조건을 고려하여 변수를 단순화하면 해를 구할 수 있다. 전단파괴가 발생한 콘크리트 부재는 취성의 파괴형태를 보이지만, 전단철근이 항복한 상태에서의 전단파괴는 그렇지 않은 경우에 비하여 상대적으로 연성거동을 보인다. 따라서 전단으로 파괴되더라도 전단철근이 항복하도록 설계기준에서 제한을 두면, 설계기준에 따라 설계된 부재는 전단철근이 항복하는 상태에서 전단파괴가 발생한다. 이때에는 전단철근의 인장응력 f_v를 상수인 항복응력 f_y로 치환하고 해를 구할 수 있다. 다음은 콘크리트구조에 대한 주요 설계기준에서 채택하고 있는 전단모델에서 취하고 있는 가정이나 단순화의 내용이다.

[1] 45도 트러스 모델

변각트러스 기본모델의 4 개의 미지수 θ, f_2, N_v, f_v 중에서, 전단철근이 항복하는 경우로 전단철근 응력 f_v를 상수인 항복응력 f_y로 하면, 미지수가 3개로 감소하여 연립방정식의 해를 구할 수 있다. 그러나 균열각도 θ를 구하는 다소 복잡한 과정이 필요하다. 45도 트러스 모델은 이를 단순화하여 θ를 45°로 가정한 모델이다. 그러나 실제 콘크리트 부재에 작용하는 주응력 방향과 균열의 각도는 45°보다 작은 것이 일반적이므로, 45도 트러스 모델은 실제의 전단강도를 과소평가하여 실험으로 구한 값보다 작은 값의 전단강도가 계산된다. 따라서 45도 트러스 모델을 채택한 설계기준에서는 이 차이를 콘크리트가 부담하는 전단강도의 항으로 추가하여, 콘크리트가 부담하는 전단강도와 전단철근이 부담하는 전단강도의 합으로 부재의 전단강도를 결정한다. ACI 318 Code,[7.23] 콘크리트구조 학회기준(2017),[7.24] KDS 14 20 콘크리트구조 설계기준[7.25] 등이 45도 트러스 모델을 전단설계모델로 채택하고 있다.

[2] 소성 변각트러스 모델

전단철근이 항복하는 경우는 식 (7 ·37)의 전단철근 응력 f_v를 상수인 항복응력 f_y로 하여, 식 (7 ·35)에서 식 (7 ·37)까지의 연립방정식의 해를 구할 수 있다. 이때 재료조건에 의하여 영향을 받는 사인장 균열의 각도 θ를 예측하기 위하여 소성트러스 이론(plasticity truss theory)을 적용한다. 소성트러스 이론은 부재가 파괴에 도달했을 때 재료가 소성상태에 도달한다고 가정한다. 즉, 전단철근과 콘크리트가 모두 소성상태로 각각의 최대 응력에 도달한다고 가정하여 균열의 각도를 결정하는 것이다. Eurocode 2[7.26]와 KDS 24 14 21 콘크리트교 설계기준(한계상태설계법)[7.27] 등이 소성 변각트러스 모델을 전단설계모델로 채택하고 있다.

[3] 변형률 적합조건을 적용한 수정압축장 모델

45도 트러스 모델과 소성 변각트러스 모델은 힘의 평형조건으로 전단력을 간편하게 계산할 수 있다. 그러나 45도 트러스 모델은 균열의 각도를 45°로 가정하고 콘크리트의 인장강도를 고려하지 않아서 실제의 전단강도를 과소평가 하는 경향이 있다. 소성 변각트러스 모델은 균열의 각도를 구하기는 하지만 콘크리트의 인장강도를 고려하지 않고 단순화한 것이다. 콘크리트 부재의 전단 거동을 역학적으로 설명하려면 힘의 평형조건 뿐만 아니라 변형률 적합조건과 재료의 응력–변형률 곡선을 이용하여야 한다. 그 한 예로서 수정 압축장 이론(modified compression field theory)[7.32]이 제안되었고, 이를 설계에 이용하기 위하여 단순화한 모델이 제안되었다. 이 모델에서는 부재에 발생하는 축방향 변형률을 구하고 이에 따라 균열의 각도와 전단강도를 구한다. 캐나다의 콘크리트구조설계기준 CSA–A23.3[7.33]과 교량설계기준 CSA–S6,[7.34] 미국의 교량설계기준 AASHTO–LRFD[7.35] 등이 수정 압축장 모델을 전단설계 모델로 채택하고 있다.

표 7–1은 전단설계 모델의 차이, 특징, 채택하고 있는 주요 설계기준을 나타낸다.

표 7–1 전단설계 모델의 특징 및 적용 설계기준

모델	스트럿(균열) 각도	평형 조건	적합 조건	콘크리트 인장	적용 설계기준
45도 트러스 모델	$\theta=45^\circ$	반영	무시	무시	ACI 318 Code 콘크리트구조 학회기준(2017) KDS 14 20 콘크리트구조 설계기준
소성 변각트러스 모델	$22^\circ \le \theta \le 45^\circ$	반영	무시	무시	Eurocode 2 KDS 24 14 21 콘크리트교 설계기준(한계상태설계법)
수정 압축장 모델	$27.6^\circ \le \theta \le 50^\circ$ *	반영	반영	반영	캐나다 설계기준 미국 AASHTO–LRFD

*AASHTO–LRFD 기준 본문에 따른 θ의 범위

7.2.3 휨부재 전단철근의 양과 전단파괴 형태

콘크리트가 상현재와 압축 경사재로, 인장주철근이 하현재로, 전단철근이 수직재로 트러스를 구성하면서 저항하는 철근콘크리트 휨부재는 전단파괴 때에도 연성의 파괴형태가 바람직하다. 이때의 전단파괴 형태는 전단철근의 양에 따라 다르게 나타난다. 전단철근의 양이 상대적으로 적은 경우에는 압축 경사재로의 콘크리트가 압축파괴되기 전에 전단철근이 인장으로 항복하여 사인장 균열이 쉽게 관찰되는 상태에서 파괴되는 연성파괴 거동을 보인다. 반대로 전단철근의 양이 매우 많은 경우에는 전단철근이 인장으로 항복하기 전에 콘크리트가 경사방향으로 압축파괴 되어 갑자기 파괴되는 취성파괴 거동을 보인다. 한편 전단철근의 양이 너무 적은 경우에는 사인장 균열이 발생하는 즉시 부재가 전단작용으로 취성파괴되는 바람직하지 않은 파괴가 나타난다. 따라서 휨부재가 전단파괴 될 때에도 연성의 파괴형태가 나타나게 하려면 다음과 같이 전단철근의 단면적 A_v가 최소 전단철근단면적 $A_{v,\,min}$ 이상이면서 또한 최대 전단철근단면적 $A_{v,\,max}$ 이하이도록 제한하여야 한다.

$$A_{v,\,min} \le A_v \le A_{v,\,max} \tag{7·38}$$

그러나 설계기준에 따라서는 최대 전단철근단면적에 대하여 식 (7·38)과 같은 직접적인 방법 대신에 별도의 방법으로 설계검증을 수행하도록 규정하여 간접적인 방법으로 전단철근의 양을 제한하기도 한다.

ACI 318 Code와 KDS 14 20 콘크리트구조 설계기준 등 45도 트러스 모델을 전단설계모델로 채택하고 있는 설계기준에서는 다음과 같이 전단철근에 의한 공칭전단강도 V_s가 최대허용 공칭전단강도 $V_{s,\,max}$ 이하가 되도록 규정하여 최대 전단철근단면적 이하의 전단철근을 사용하도록 제한하고 있다.

$$V_s \le V_{s,\,max} \tag{7·39}$$

이보다 더 많은 양의 전단철근을 배치하여야 계수전단력 이상의 설계전단강도를 확보할 수 있는 상황이라면, 콘크리트 단면적이 너무 작아서 전단철근이 인장항복 전에 콘크리트가 경사방향으로 압축파괴되는 경우이다. 따라서 전단철근에 의한 공칭전단강도 V_s가 최대허용 공칭전단강도 $V_{s,\,max}$와 같도록 전단철근을 배치하여도 계수전단력 이상의 설계전단강도를 확보할 수 없는 상황이라면, 콘크리트 단면의 크기를 증가시켜서 최대 전단철근단면적 이하의 전단철근이 사용되도록 하여야 한다. 최소 전단철근단면적에 대하여는 ACI 318 Code, 콘크리트구조 학회기준(2017), KDS 14 20 콘크리트구조 설계기준이 $A_{v,\,min}$을 결정하는 수식을 규정하여 직접적인 방법으로 전단철근의 단면적을 검증하도록 규정하고 있다.

Eurocode 2와 KDS 24 14 21 콘크리트교 설계기준(한계상태설계법) 등과 같이 소성 변각트러스 모델을 전단설계모델로 채택하고 있는 설계기준에서는 전단철근이 항복할 때의 설계전단강도 V_{sd}와 경사방향의 콘크리트 스트럿이 압축 파괴될 때의 설계전단강도 V_{cd} 중 작은 값을 설계전단강도로 취한다. 이때의 전단파괴가 연성이려면 전단철근이 항복하도록 하여야 하므로, Eurocode 2와 KDS 24 14 21 콘크리트교 설계기준(한계상태설계법)에서도 간접적인 방법으로 전단철근의 단면적을 제한하고 있다. 즉, 다음과 같이 최대허용 설계전단강도 $V_{d,\,max}$를 콘크리트 스트럿이 압축 파괴될 때의 설계전단강도 V_{cd}로 규정하고, 전단철근이 항복할 때의 설계전단강도 V_{sd}가 $V_{d,\,max}$ 이하이도록 규정하여 최대 전단철근단면적 이하의 전단철근을 사용하도록 제한하고 있다.

$$V_{sd} \leq V_{d,\,max} \tag{7·40}$$

$$V_{d,\,max} = V_{cd} \tag{7·41}$$

또한 Eurocode 2와 KDS 24 14 21 콘크리트교 설계기준(한계상태설계법)은 이와 별도로 최대 전단철근단면적 $A_{v,\,max}$와 최소 전단철근단면적 $A_{v,\,min}$을 결정하는 수식을 규정하여, 식 (7·38)에 따른 직접적인 방법으로 전단철근의 단면적을 검증하도록 규정하고 있다. 이때의 최소 전단철근단면적 $A_{v,\,min}$은 전단강도의 요구조건 상 전단철근이 필요하지 않는 부재에도 항상 적용하여야 한다. 이것은 소성 변각트러스 모델을 콘크리트와 철근으로 구성된 트러스로 취급하기 때문이다.

AASHTO-LRFD[7.35] 등 수정 압축장 모델을 전단설계모델로 채택하고 있는 설계기준에서는 다음과 같이 계수전단응력 v_u가 최대허용 계수전단응력 $v_{u,\,max}$ 이하가 되도록 규정하고 있다.

$$v_u \leq v_{u,\,max} \tag{7·42}$$

$$v_u = \frac{V_u}{b_w d} \tag{7·43}$$

$$v_{u,\,max} = 0.25 f_{ck} \tag{7·44}$$

이것은 간접적인 방법으로 전단철근의 단면적을 최대 전단철근단면적 이하이도록 제한하는 규정이다. 즉, 최대허용 계수전단응력 $v_{u,\,max}$보다 큰 계수전단응력 v_u가 작용하게 되는 부재는 콘크리트 단면적이 너무 작아서 전단철근의 인장항복 전에 콘크리트가 경사방향으로 압축파괴 되므로, 콘크리트 단면의 크기를 증가시켜서 최대 전단철근단면적 이하의 전단철근이 사용되도록 하여야 한다. 최소 전단철근단면적에 대하여는 AASHTO-LRFD에서도 $A_{v,\,min}$을 결정하는 수식을 규정하여 직접적인 방법으로 전단철근의 단면적을 검증하도록 규정하고 있다.

7.2.4 휨부재 전단철근의 상세와 간격

휨부재는 적절한 철근상세를 가진 전단철근이 적절한 간격으로 배치되어야 구조적 성능을 발휘할 수 있다. 그 조건 중 하나는 최소피복두께 규정을 만족하는 범위에서 수직 전단철근이든 경사 전단철근이든 모두 압축연단과 인장 연단까지 연장되어야 한다는 것이다. 이것은 사인장 균열이 인장연단에서 압축연단에 기까운 위치까지 광범위하게 진전되기 때문이다. 즉, 그림 7-25는 파괴되기 직전까지 사인장 균열이 진전된 휨부재를 나타내는데, 단면 A-A는 하부 축방향 철근에 가까운 위치에 균열이 관통하고 있으며 단면 B-B는 상부 축방향 철근에 가까운 위치에 균열이 관통하고 있다. 따라서 균열이 관통하는 위치에서 전단철근이 사인장 응력에 저항하기 위해서는 전단철근이 압축연단과 인장 연단 가까이까지 연장되어야 한다.

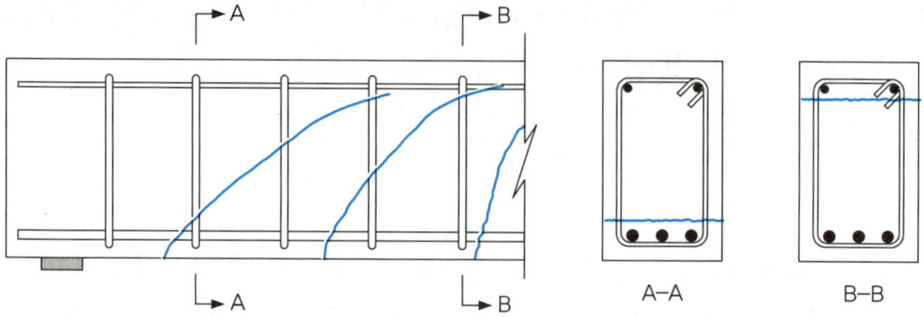

그림 7-25 단면 A–A와 단면 B–B의 균열 위치와 전단철근의 정착

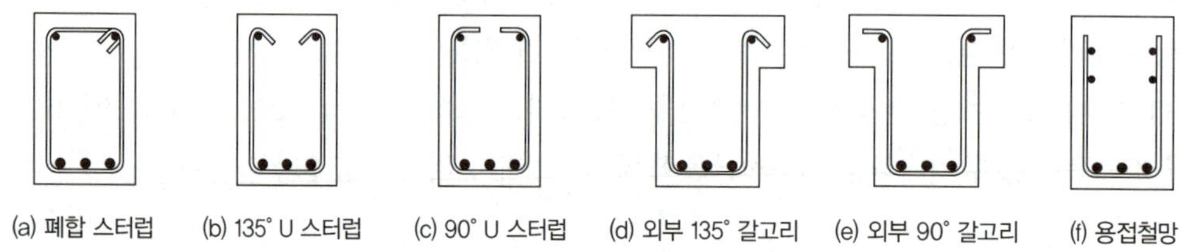

그림 7-26 전단철근의 갈고리 상세

전단철근이 구조적 성능을 발휘하기 위해서는 충분히 정착되어야 한다. 전단철근의 정착을 위해서는 그림 7-26과 같은 여러 가지 형태의 정착상세가 적용된다. 그림 7-26(a)는 정착성능이 가장 확실한 폐합 스터럽(stirrup, 폐쇄 스터럽)으로, 철근의 양단을 135° 표준갈고리로 구부려서 콘크리트 심부(core) 안에서 정착시키는 상세이다. 그림 7-26의 (b)와 (c)는 각각 135° 표준갈고리와 90° 표준갈고리로 구부린 철근의 양단을 상부 축방향 철근에 걸어 준 U형 스터럽이다. 이러한 형태의 U형 스터럽은 양단의 갈고리를 부재의 안쪽으로 구부린 형태인데, T형 단면의 플랜지와 같이 복부의 바깥쪽 방향으로 공간이 충분한 경우에는 그림 7-26의 (d)와 (e)와 같이 갈고리를 부재의 바깥쪽으로 구부려도 좋다. 다만 KDS 14 20 콘크리트구조 설계기준에 따를 경우 D19 이상의 스터럽은 10장 10.3.8절에 소개한 정착길이 조건을 만족하여야 한다. 용접철망을 전단철근으로 사용하는 경우에는 설계기준에서 요구하는 조건을 만족하여야 하며, 그림 7-26(f)와 같이 전단철근의 단부에 갈고리를 두지 않아도 된다. 이때 상부 축방향 철근은 전단철근과 용접 되어야 한다.

그림 7-26은 균열을 지나가야 할 전단철근이 두 가닥인 경우의 U형 스터럽을 나타내는데, 전단철근의 설계에서 균열을 지나가야 할 전단철근이 두 가닥을 넘는 경우에는 다양한 형태의 전단철근을 고려할 수 있다. 예를 들어 한 단면에 네 가닥의 전단철근을 배치하는 경우에는 그림 7-27의 (a), (b), (c)와 같은 배치가 가능하다. 그림 7-27(a)는 수직철근 두 가닥 사이의 폭이 넓은 U형 스터럽과 수직철근 두 가닥 사이의 폭이 좁은 U형 스터럽 두 개를 하나의 조합으로 전단철근을 구성한 경우이다. 그림 7-27(b)는 동일한 U형 스터럽 두 개를 일부분이 겹치도록 배치하여 하나의 조합된 전단철근을 구성한 경우이다. 그림 7-27(c)는 하나의 연속된 철근을 구부려서 사인장 응력을 받는 수직철근이 네 가닥이 되도록 한 예이다. 경우에 따라서는 그림 7-27(d)와 같이 사인장 응력을 받는 수직철근을 겹침이음

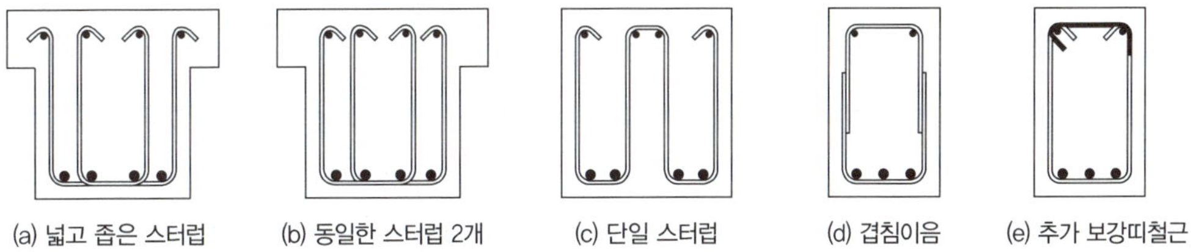

그림 7-27 전단철근의 구성과 형상

(lap splice)하여 전단철근을 구성할 수도 있다. 이때에는 설계기준의 규정에 따라 충분한 겹침이음길이를 갖도록 하여야 한다. 한편 전단력뿐만 아니라 비틀림 모멘트도 작용하는 경우에는 횡방향 철근이 폐합된 형태이어야 한다. 따라서 비틀림을 받는 경우에는 압축연단 쪽을 감싸지 않은 U형 스터럽 형태의 전단철근이 적절하지 않으므로, 그림 7-26(a)와 같은 폐합 스터럽을 사용하여야 한다. 만일 폐합 스터럽 대신 다른 상세를 사용하고자 할 때에는 U형 스터럽과 보강띠철근을 조합하여 폐합 형태를 구성할 수 있다. 즉, 철근 양단을 135°나 90° 표준갈고리로 구부린 U형 스터럽에 그림 7-27(e)에서 진하게 표현된 J형 보강띠철근을 추가하여 폐합시키는 것이다. J형 보강띠철근(cross-tie)은 한쪽을 135° 표준갈고리로 구부리고 다른 한쪽을 90° 표준갈고리로 구부린 철근을 말한다.

한편 압축부재의 축방향 철근과 복철근 휨부재의 압축철근은 띠철근이나 스터럽 또는 등가의 단면적을 갖는 용접철망 등의 횡방향 철근으로 둘러싸야 한다. 따라서 이러한 경우의 전단철근도 비틀림을 받는 경우와 마찬가지로 그림 7-26(a)나 그림 7-27(e)와 같은 상세로 폐합시켜야 하며, 전단설계에서 요구하는 간격과 압축철근을 구속하기 위한 간격 규정을 모두 고려하여 전단철근의 간격을 결정하여야 한다.

전단철근 상세에서 주의하여야 할 점은 축방향 철근과 단면의 안쪽을 감싸는 방향으로만 전단철근을 구부려야 한다는 것이다. 예를 들어서 축방향 철근이 배치된 하부 플랜지를 전단철근으로 감싸는 경우 그림 7-28(a)는 부적절한 상세이다. 그림 7-28(a)는 하나의 전단철근을 구부려서 축방향 철근과 단면을 감싸는 상세인데, 이 경우에는 구부린 전단철근이 인장력을 받게 될 때 직선이 되려는 방향으로 변형이 발생한다. 이 변형으로 인하여 전단철근의 바깥쪽으로 피복 콘크리트를 밀어내는 힘이 발생하고, 이 힘으로 그림 7-28(b)와 같이 짙은 색으로 표시한 부분의 피복 콘크리트가 탈락할 수 있다. 따라서 이와 같은 국부적인 파괴를 방지하기 위해서는, 그림 7-28(c)와 같이 복부를 지나는 전단철근과 플랜지를

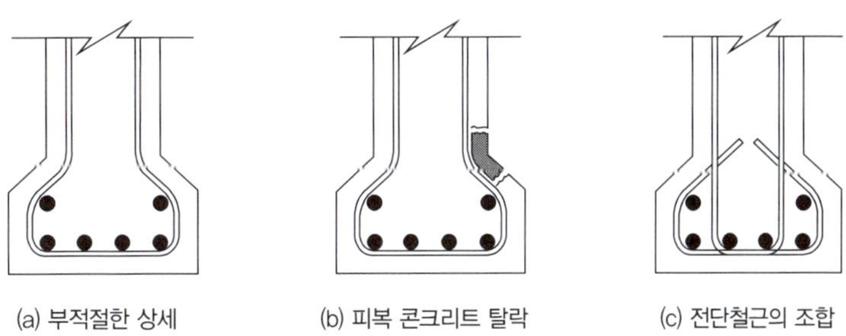

그림 7-28 하부 플랜지 부분 전단철근 상세

감싸는 철근으로 구분하여 가공하고 조합하여야 한다.

콘크리트 구조물에 대한 전단철근의 설계에서는 전단철근의 크기를 먼저 선택한 후 소요전단철근량에 따라 전단철근의 간격을 결정하는 것이 보편적인 과정이다. 이때 대부분의 설계기준이 전단철근의 최대간격을 제한하는 규정을 두고 있으므로, 최대허용간격을 넘지 않도록 전단철근을 배치하여야 한다. 그렇지 않으면 철근콘크리트 휨부재에 의도하지 않은 취성파괴가 나타날 수 있기 때문이다. 예를 들어 그림 7-29(a)와 같이 45° 각도의 균열이 발생하는 경우에 부재의 유효깊이 d와 같은 간격으로 전단철근을 배치한 경우, 최악의 경우에는 균열이 전단철근 사이에 발생하여 균열을 가로지르는 전단철근이 하나도 존재하지 않을 수 있다. 이때에는 비록 전단철근이 배치되기는 했으나, 실제로는 전단 무보강 휨부재와 같은 파괴거동을 보이게 된다. 따라서 전단균열이 가장 불리한 위치에 발생하는 경우에도 최소한 하나의 전단철근이 전단균열을 가로지르게 하려면, 그림 7-29(b)와 같이 $d/2$의 간격으로 전단철근을 배치하여야 한다. 이에 따라 ACI 318 Code와 KDS 14 20 콘크리트구조 설계기준 등 45도 트러스 모델을 전단설계모델로 채택하고 있는 설계기준에서는 $d/2$를 기본적인 최대허용간격으로 규정하고 몇 가지 규정을 추가하고 있다. 한편 균열의 각도가 45°보다 작은 경우에는 그림 7-29(c)와 같이 전단철근의 간격이 $d/2$을 초과하더라도 최소한 하나의 전단철근이 전단균열을 가로지르게 된다. 따라서 Eurocode 2와 KDS 24 14 21 콘크리트교 설계기준(한계상태설계법) 등 소성 변각트러스 모델을 전단설계모델로 채택하고 있는 설계기준에서는 0.75 d를 기본적인 최대허용간격으로 규정하고 있다.

전단철근의 배치에 있어서는 첫 번째 전단철근과 받침부 내면과의 거리가 전단철근의 간격 s의 1/2을 넘지 않도록 하여야 한다. 이것은 간격 s로 배치된 전단철근들은 양쪽으로 $s/2$씩의 범위를 하나의 전단철근이 부담하기 때문이다. 즉, 그림 7-30(a)와 같이 첫 번째 전단철근이 받침부 내면에서 s 떨어진 위치에

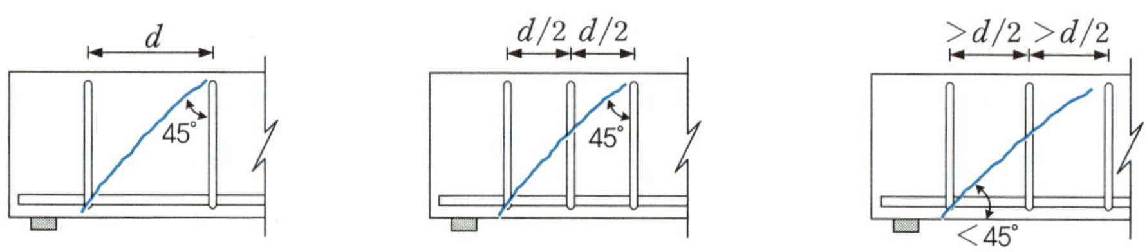

(a) 45° 균열과 간격 d (b) 45° 균열과 간격 $d/2$ (c) 45° 미만 균열과 최대간격

그림 7-29 전단철근의 최대간격

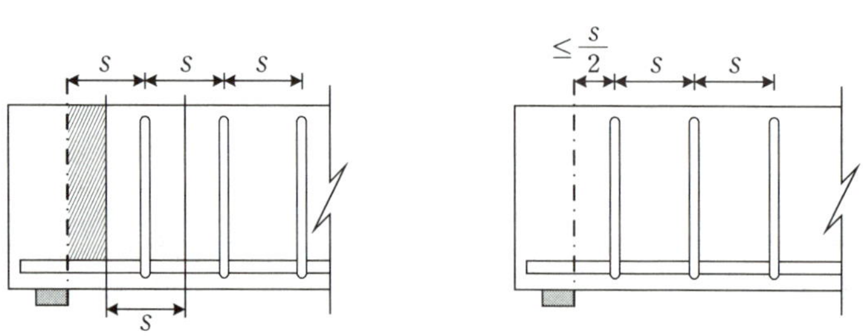

(a) 부적절한 배치 (b) 적절한 배치

그림 7-30 첫 번째 전단철근의 위치

배치되는 경우, 빗금 친 부분은 전단철근이 보강된 간격 s의 범위 밖에 존재하게 된다. 따라서 첫 번째 전단철근은 그림 7-30(b)와 같이 받침부 내면에서 $s/2$ 이하의 거리를 갖도록 배치하여야 한다.

7.2.5 깊이가 변하는 휨부재의 전단설계

철근콘크리트 휨부재는 구조성능과 역학적 효율성 또는 구조물의 기능을 고려하여 단면의 깊이가 변화하는 변단면 부재(tapered member, variable depth member)로 설계하는 경우가 있다. 그림 7-31의 (a), (b), (c)는 변단면 부재의 예로, (a)는 헌치를 가진 단순보, (b)는 경사진 지붕을 받치는 보, (c)는 헌치를 가진 연속보나 골조 또는 캔틸레버이다. 이와 같은 변단면 부재는 그림 7-31(d)에 나타낸 바와 같이 휨모멘트에 의하여 단면에 작용하는 압축력과 인장력이 부재 축방향과 경사를 이루게 되어, 압축력과 인장력의 수직방향 성분이 부재의 전단강도 검증에 무시할 수 없는 정도의 영향을 미친다. 이때의 전단강도 검증에서 엄밀한 해석을 수행하지 않는다면, 계수전단력을 수정하는 방법이나 설계전단강도를 수정하는 두 가지 간단한 방법 중 하나를 적용할 수 있다.

첫 번째 방법으로, 계수전단력을 수정하는 방법은 단면해석으로 구한 설계전단강도 V_d는 그대로 두고 구조해석으로 구한 계수전단력 V_u를 수정하는 방법이다. 즉, 그림 7-31(d)와 같이 압축응력이 작용하는 부재 상면이 β_C의 각도로 깊이가 변화하고 인장응력이 작용하는 부재 하면이 β_T의 각도로 깊이가 변화하는 경우, 휨모멘트에 의하여 단면에 작용하는 압축력 C와 인장력 T의 수직방향 성분을 고려하여 계수전단력 $V_{u,\,mod}$를 구하고 이 값이 설계전단강도 V_d 이하임을 검증한다. 변단면에 대한 수정 계수전단력 $V_{u,\,mod}$는 다음과 같이 구한다.

$$V_{u,\,mod} = V_u - C\tan\beta_C - T\tan\beta_T = V_u - \frac{M}{jd}(\tan\beta_C + \tan\beta_T) \tag{7·45}$$

여기서 M은 검승 위지의 휨모멘트이고, 휨모멘트에 의하여 단면에 작용하는 압축력 C와 인장력 T는 M을 팔길이 jd로 나누어 구한 것이다. 간편하게 계산하고자 할 때에는 팔길이 jd 대신 유효깊이 d를 적용하기도 한다. β_C와 β_T의 부호는휨모멘트의 절대값이 증가함에 따라 유효깊이 d가 증가하는 경우에는

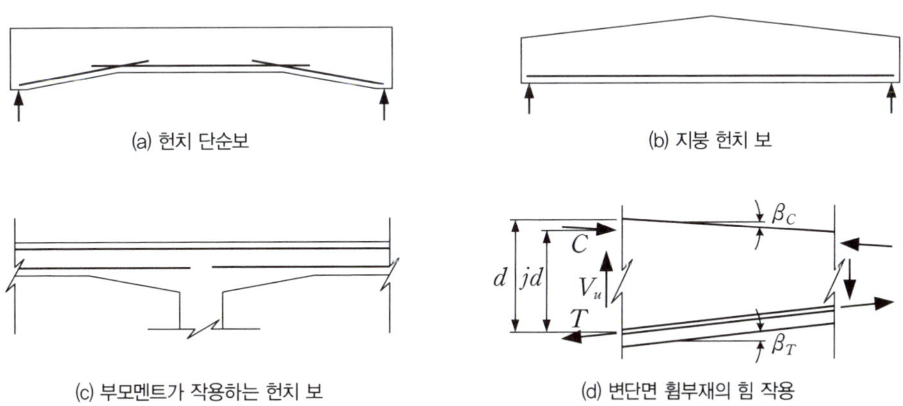

그림 7-31 변단면 휨부재

양(+)의 부호를 취하고, 감소하는 경우는 음(−)의 부호를 취한다. 따라서 그림 7-31(a)의 헌치 단순보와 같이 지점에서 경간중앙으로 휨모멘트가 증가할 때 부재의 두께가 감소하는 경우에는 수정 계수전단력 $V_{u,\,mod}$가 V_u보다 커진다. 그림 7-31(b)의 지붕보와 같이 지점에서 경간중앙으로 휨모멘트가 증가할 때 부재의 두께가 증가하는 경우나, 그림 7-31(c)의 헌치를 가진 연속보나 골조 또는 캔틸레버와 같이 지점에 가까울수록 휨모멘트가 증가할 때 부재의 두께가 증가하는 경우에는 수정 계수전단력 $V_{u,\,mod}$가 V_u보다 작아진다.

두 번째 방법으로, 설계전단강도를 수정하는 방법은 구조해석으로 구한 계수전단력 V_u는 그대로 두고 단면해석으로 구한 설계전단강도 V_d를 수정하는 방법이다. 즉, 그림 7-31의 변단면 부재의 경우 설계전단강도 V_d를 다음과 같이 수정하여 $V_{d,\,mod}$를 구하고, 이 값이 계수전단력 V_u 이상임을 검증한다.

$$V_{d,\,mod} = V_d + \frac{M}{jd}(\tan\beta_C + \tan\beta_T) \tag{7·46}$$

KDS 24 14 21 콘크리트교 설계기준(한계상태설계법)[7.27]은 깊이가 변하는 부재의 경사진 상현재와 하현재에 작용하는 힘의 수직 성분과 프리스트레스트 부재의 경사진 긴장력의 수직 성분을 설계전단강도에 추가할 수 있다고 규정함으로써, 설계전단강도를 수정하는 방법을 제시하고 있다.

그러나 이와 같이 계수전단력이나 설계전단강도를 간단히 수정하여 적용하는 방법은 β_C와 β_T의 합계가 30°를 넘는 경우 매우 부정확한 결과를 제공하므로, 합계가 30° 이하인 경우에 적용하여야 한다.

7.3 45도 트러스 모델 설계기준의 선부재 전단설계

45도 트러스 모델은 주응력 방향과 균열의 각도가 45°인 것으로 가정하고 콘크리트가 부담하는 전단강도와 전단철근이 부담하는 전단강도의 합으로 부재의 전단강도를 결정하는 모델이다. 45도 트러스 모델을 전단설계모델로 채택한 설계기준은 ACI 318 Code,[7.23] 콘크리트구조 학회기준(2017),[7.24] KDS 14 20 콘크리트구조 설계기준[7.25]이 대표적이다. 이 세 가지 설계기준의 전단설계기준은 기본적으로 동일하지만, 보와 같은 선부재(linear member)에 대한 최대 전단철근 규정과 뚤림전단강도 기준에 차이가 있다. 선부재 최대 전단철근 규정은 7.3.5절 [2]항에 설명되어 있고, 뚤림전단강도 기준은 7.6절에 설명되어 있다. 이 절에서는 KDS 14 20 콘크리트구조 설계기준의 전단설계기준을 중심으로 45도 트러스 모델에 의한 전단설계를 소개한다. KDS 14 20 콘크리트구조 설계기준의 전단설계기준은 콘크리트구조 학회기준(2017)과 동일하다.

7.3.1 45도 트러스 모델 설계기준의 전단강도 설계검증

철근콘크리트 부재에 대한 전단강도의 성능 요구조건으로, 다음과 같이 설계전단강도 ϕV_n이 계수전단력 V_u 이상이도록 설계하여야 한다.

$$\phi V_n \geq V_u \tag{7·47}$$

계수전단력 V_u는 부재에 가장 불리한 조건이 되는 계수하중조합에 대하여 구조해석을 수행하여 결정하며, 부재 각 위치의 최대 계수전단력 V_u는 소요전단강도(required shear strength)가 된다. 설계전단강도 ϕV_n은 공칭전단강도 V_u에 강도감소계수(저항계수) ϕ를 곱해서 결정하고, 공칭전단강도 V_n은 다음과 같이 콘크리트에 의하여 발휘되는 공칭전단강도 V_c와 전단철근에 의하여 발휘되는 공칭전단강도 V_s의 합으로 결정한다.

$$V_n = V_c + V_s \tag{7 · 48}$$

전단강도에 대한 강도감소계수(저항계수) ϕ로는 KDS 14 20 콘크리트구조 설계기준과 ACI 318 Code가 동일하게 0.75의 값을 적용한다. 설계전단강도 ϕV_n은 다음 식과 같이 V_c와 V_s에 각각 ϕ를 곱하여, 콘크리트에 의하여 발휘되는 설계전단강도 ϕV_c와 전단철근에 의하여 발휘되는 설계전단강도 ϕV_s의 합으로 결정해도 된다.

$$\phi V_n = \phi V_c + \phi V_s \tag{7 · 49}$$

그림 7-32는 전단철근이 보강된 보에 대하여 45도 트러스 모델을 적용할 때, 하중이 증가함에 따라 사인장 균열 위치에서 나타나는 전단 저항 내력분포이다. 그림에서 수평축은 부재에 작용하는 전단력이며, 수직축은 작용 전단력에 저항하여 단면에서 발휘되는 전단 저항 내력인데 그 성분을 구분하여 나타낸 것이다. 그림 7-32에 나타난 바와 같이 작용 전단력이 증가하면 단면의 인장연단에서부터 휨균열이 발생하기 시작하는데, 이때까지는 균열이 발생하지 않은 콘크리트, 즉 비균열 콘크리트에 의하여 전단력에 저항한다. 휨균열이 진전되어 사인장 균열로 발전하면, 균열면에서의 골재 맞물림 작용과 장부작용에 의한 전단 저항성능과 균열을 가로지르는 전단철근에 의한 전단 저항성능 V_s가 발휘된다. 전단력이

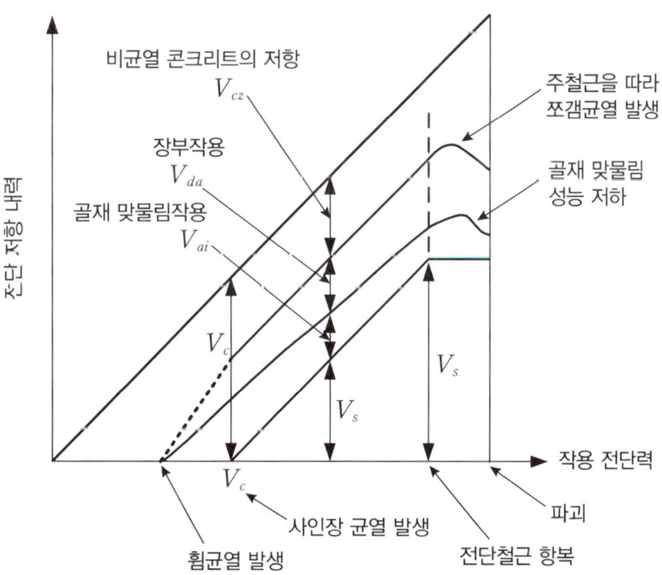

그림 7-32 전단철근이 보강된 보의 전단 저항 내력분포[7.13]

더 증가하여 전단철근이 항복하면 전단철근에 의한 V_s는 일정한 값을 나타내게 되며, 골재 맞물림 작용에 의한 전단 저항성능은 저하되고 장부작용에 의한 전단 저항성능은 큰 변화가 없으나, 비균열 콘크리트에 의한 전단 저항성능이 증가하여 전단강도가 발휘된다.

7.3.2 콘크리트에 의한 전단강도

앞 절에서 설명한 바와 같이, 45도 트러스 모델은 콘크리트에 의한 전단강도 V_c와 전단철근에 의한 전단강도 V_s의 합으로 전단강도가 발휘된다고 해석하는 모델이다. 이때의 콘크리트에 의한 전단강도는 그림 7-32와 그림 7-33에 나타난 바와 같이 다음과 같은 세 가지 성분에 의하여 발휘된다.[7.13]

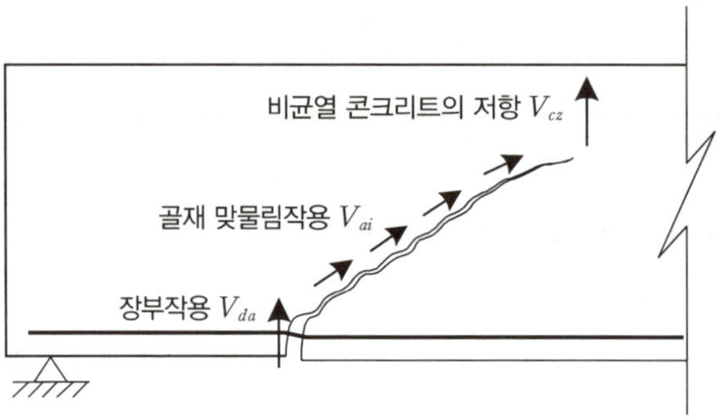

그림 7-33 콘크리트에 의한 전단강도의 성분

- 비균열 콘크리트에 의한 저항(uncracked concrete resistance): V_{cz}
  그림 7-33에 나타낸 사인장 균열 끝 위의 균열이 발생하지 않은 부분에서 콘크리트가 저항하는 전단 저항으로, 전체 저항력의 20~40%를 부담한다.
- 균열면의 골재 맞물림작용에 의한 저항(aggregate interlock, interface shear transfer): V_{ai}
  그림 7-33에 나타낸 사인장 균열 면에서 균열 면 윗부분의 굵은 골재와 균열 면 아랫부분의 굵은 골재가 맞물려서 마찰작용으로 저항하는 성분으로, 전체 저항력의 약 33~50%를 부담한다.
- 인장 주철근의 장부작용에 의한 저항(dowel action): V_{da}
  그림 7-33에서 단면의 아래쪽 인장 연단 부분에 배치된 축방향 철근이 균열 위치에서 수직방향으로 저항하는 장부작용에 의한 전단 저항으로, 전체 저항력의 약 15~25%를 부담한다.

이 세 가지 전단저항력 성분의 크기는 콘크리트의 압축강도, 전단철근의 항복강도, 축방향 인장철근의 양에 따라 달라지며 분담비율도 영향을 받는다. 콘크리트의 압축강도가 증가하면 비균열 콘크리트의 전단저항력과 장부작용의 전단저항력은 다소 증가한다. 그러나 균열면 골재 맞물림작용의 전단저항력은 일반적으로 감소한다. 엄밀하게 말하면 이것은 콘크리트의 압축강도의 영향이라기보다는 최대골재 크기의 영향에 따른 것으로, 고강도 콘크리트에는 일반적으로 작은 크기의 최대골재를 사용하기 때문에 나타나는 현상이다. 즉, 2장 2.1.4절에서 그림 2-6으로 설명한 바와 같이 압축응력이 압축강도의 약 40~70% 수준에 도달하면 골재와 시멘트 풀의 부착성능이 저하되어 골재의 표면에 미세한 균열(micro-crack)이 발생하는데, 콘크리트의 강도에 따라 균열의 진전형태가 다르게 나타나서 전단강도에도 영향을 준다. 보통강도 콘크리트는 골재의 인장강도보다 시멘트 풀의 부착강도가 더 낮아서 그림 7-34(a)와 같이 균열이 골재의 표면을 따라 진전된다. 따라서 균열면이 울퉁불퉁한 형태가 되어 마찰저항성능이 좋다. 고강도 콘크리트는 일반적으로 크기가 작은 골재를 사용하며 낮은 물-시멘트 비로 배합하여 골재의 인장강도보다 시멘트 풀의 부착강도가 더 높다. 따라서 그림 7-34(b)와 같이 균열이 골재를 관통하면서 진전되어 균열면이 매끈한 형태가 되므로 마찰저항성능이 좋지 않다. 그 결과로 고강도 콘크리트의 경우 골재 맞물림작용의 전단저항력이 일반적으로 감소하므로, 비균열 콘크리트의 전단저항력과 장부작용의 전단저항력이 다소 증가하더라도 전체적으로 콘크리트에 의한 전단강도 V_c가 별로 증가하지 않는다. 이와 같은 현상을 반영하여 설계기준[7.23, 7.24, 7.25]에서는 V_c를 계산할 때 $\sqrt{f_{ck}}$의 최댓값을 MPa 단위로 8.3을 초과하지 않도록 제한하고 있다. 즉, f_{ck}가 70 MPa을 초과하는 경우에는 f_{ck}가 70 MPa인 콘크리트와 동일한 값의 V_c를 갖는 것으로 계산하라는 의미이다.

(a) 보통강도 콘크리트의 골재 맞물림작용 (b) 고강도 콘크리트의 골재 맞물림작용

그림 7-34 콘크리트의 골재 맞물림작용

한편 전단철근의 항복강도가 증가하는 경우에는 균열면 골재 맞물림작용의 전단저항력이 달라질 수 있다. 설계기준에서는 부재가 전단 파괴될 때 전단철근이 항복한 상태가 되도록 유도하고 있는데, 고강도 철근은 항복변형률이 크므로 전단철근이 항복에 도달했을 때의 균열폭이 일반강도의 전단철근을 사용했을 때보다 크다. 균열폭이 증가하면 마찰저항성능이 감소하게 되어 설계기준에서 제시하는 V_c 계산식의 정확도에 영향을 주게 된다. 따라서 설계기준에서는 전단강도 해석법의 정확도에 영향을 주지 않는 범위로 전단철근의 항복강도를 제한하고 있다.

축방향 인장철근의 양이 증가하면 장부작용의 전단저항력이 증가한다. 이때의 축방향 인장철근은 복부폭 내에 배치된 철근만을 의미한다. 이것은 플랜지가 인장부인 경우 복부폭 외부의 플랜지에 배치된 축방향 인장철근에 의한 장부작용은 무시할 수 있는 정도로 미미하기 때문이다. 장부작용에 의한 전단저항력은 피복의 두께와 콘크리트의 압축강도도 영향을 준다. 그러나 일반적인 설계에서 장부작용의 전단저항력을 증가시키기 위하여 콘크리트 압축강도나 피복두께를 증가시키지는 않고, 최소 피복두께 규정을 만족시키는 수준으로 설계를 시행한다.

콘크리트에 의한 공칭전단강도 V_c를 결정할 때 세 가지 전단저항력 성분 V_{cz}, V_{ai}, V_{da}의 크기를 각각 계산하고 합하는 방법은 현실적으로 적용하기 어려우므로, 하나의 수식으로 다음의 V_c 계산식이 제안되었다.[7.36]

$$\frac{V_c}{bd\sqrt{f_c'}} = 1.9 + 2{,}500\frac{\rho Vd}{M\sqrt{f_c'}} \le 3.5 \quad [psi\text{ 단위}] \tag{7·50}$$

이 식은 440개의 실험결과를 바탕으로 한 것으로 그림 7-35에 실험결과와 비교되어 있으며, 특히 전단경간-깊이 비(a/d)를 나타내는 M/Vd의 값이 2.5와 6.0 사이인 경우 휨전단 균열하중(flexure-shear cracking load)을 예측하는데 정확도가 높은 것으로 평가된다.[7.13, 7.16, 7.17] 그림 7-35의 실험결과는 수평축의 변수가 감소하여 0에 가까워질수록 전단강도가 감소하는 경향을 보인다. 여기서 수평축의 변수가 0에 가까워진다는 것은 수평축의 변수 중 분모에 있는 휨모멘트 M이 매우 큰 경우에 해당한다. 따라서 이러한 경향은 부재에 작용하는 휨모멘트가 증가하면 단면 인장부의 축방향 변형률이 증가하여 부재의 전단강도가 감소한다는 것을 의미한다.

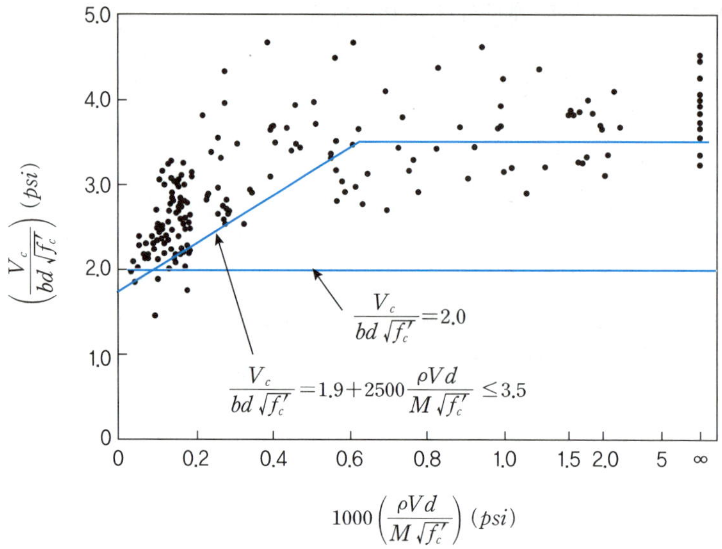

그림 7-35 전단 무보강 보의 콘크리트에 의한 전단강도 비교[7.36, 7.37]

ACI 318 Code는 1963년부터 이 식을 전단 무보강 보의 사인장 균열 강도로 채택하였고, 2014년 ACI 318 Code부터 다음 세 식 중 가장 작은 값을 V_c의 값으로 결정하도록 규정하고 있다. 이 식들은 모두 SI 단위로 표현한 것이다.

$$V_c = \left(0.16\lambda\sqrt{f_c'} + 17\frac{\rho_w V_u d}{M_u}\right)b_w d \tag{7·51}$$

$$V_c = (0.16\lambda\sqrt{f_c'} + 17\rho_w)\,b_w d \tag{7·52}$$

$$V_c = 0.29\lambda\sqrt{f_c'}\,b_w d \tag{7·53}$$

여기서 λ는 2장 2.1.8절에 설명한 경량콘크리트 계수로, 보통중량콘크리트는 1.0이고, 전경량콘크리트는 0.75이며, 모래경량콘크리트는 0.85이다. b_w는 복부폭이고 V_u는 계수전단력이며, M_u은 V_u를 계산할 때와 동일한 하중 상태에서 작용하는 휨모멘트이다. ρ_w는 복부폭 내에 배치된 축방향 인장철근의 철근비로 다음 식과 같이 결정한다.

$$\rho_w = \frac{A_s}{b_w d} \tag{7·54}$$

ACI 318 Code의 세 식 중 두 번째 식인 식 (7·52)는 휨모멘트가 0인 변곡점(inflection point) 부근에서 기본식인 식 (7·51)의 제한(limit) 값이 된다. 이와 같이 V_c의 값을 엄밀하게 계산하는 방법 외에, ACI 318 Code는 다음 식에 따라 V_c의 값을 간편하게 계산하는 방법도 허용하고 있다.

$$V_c = 0.17\,\lambda\sqrt{f_c'}\,b_w d \tag{7·55}$$

KDS 14 20 콘크리트구조 설계기준도 식 (7·50)을 기본으로 하여, 다음 두 식 중에서 작은 값을 V_c의 값으로 결정하도록 규정하고 있다.

$$V_c = \left(0.16\,\lambda\sqrt{f_{ck}} + 17.6\,\rho_w\frac{V_u d}{M_u}\right)b_w d \tag{7·56}$$

$$V_c = 0.29\,\lambda\sqrt{f_{ck}}\,b_w d \tag{7·57}$$

여기서 $V_u d/M_u$ 값은 1.0을 초과할 수 없다. $V_u d/M_u$의 최댓값을 1.0으로 제한한 규정은 ACI 318 Code의 식 (7·52)를 적용한 것과 동일한 결과를 얻게 한다. V_c의 최대 한계값인 식 (7·53)과 식 (7·57)의 배경은 축력이 작용하는 경우의 전단강도를 다루는 7.3.6절 [1]항에 설명되어 있다.

KDS 14 20 콘크리트구조 설계기준에서도 이와 같이 V_c의 값을 엄밀하게 계산하는 방법 외에, 다음 식에 따라 V_c의 값을 간편하게 계산하는 방법을 허용하고 있다.

$$V_c = \frac{1}{6}\,\lambda\sqrt{f_{ck}}\,b_w d \tag{7·58}$$

V_c의 간편식인 식 (7·55)와 식 (7·58)을 psi 단위로 표현하면 다음과 같다.

$$V_c = 2\,\lambda\sqrt{f_c'}\,b_w d \quad [psi\ 단위] \tag{7·59}$$

이 간략식은 식 (7·50)의 두 번째 항 중에서 $(2{,}500\,\rho\,Vd/M)$가 psi 단위로 $0.1\sqrt{f_c'}$인 경우에 해당하며, 그림 7-35에 보이는 바와 같이 실험값에 비하여 매우 보수적인 값을 나타낸다.

7.3.3 전단철근에 의한 전단강도

7.2.1절에서 설명한 바와 같이, 전단철근이 부재의 축과 α의 각도로 배치되고 균열이 θ의 각도로 발생하는 일반적인 트러스 모델의 경우 전단철근에 의한 전단저항력 V_s는 앞의 식 (7·16)과 같다.

$$V_s = \frac{A_v f_v (jd)}{s} (\cot\theta + \cot\alpha)\sin\alpha \qquad (7 \cdot 16)$$

45도 트러스 모델에서는 균열의 각도 θ가 45°라고 가정하므로, 팔길이 jd가 단면의 유효깊이 d와 같다고 가정하는 경우 전단철근에 의한 전단저항력 V_s는 앞의 식 (7 · 19)와 같이 나타낼 수 있다.

$$V_s = \frac{A_v f_v d}{s} (\sin\alpha + \cos\alpha) \qquad (7 \cdot 19)$$

전단철근이 항복하는 경우에는 전단철근의 응력 f_v가 전단철근의 항복응력 f_{yt}가 되므로, 45도 트러스 모델을 채택한 설계기준에서 전단철근에 의한 전단강도 V_s는 다음과 같다.

$$V_s = \frac{A_v f_{yt} d}{s} (\sin\alpha + \cos\alpha) \qquad (7 \cdot 60)$$

전단철근이 부재의 축에 수직으로 배치된 경우에는 α가 90°이므로, 이 식은 다음과 같이 단순화 된다.

$$V_s = \frac{A_v f_{yt} d}{s} \qquad (7 \cdot 61)$$

이 식들에서 전단철근의 응력으로는 설계기준항복강도 f_{yt}를 사용한다. 이것은 전단파괴가 발생할 때에도 콘크리트 스트럿의 압축파괴보다 전단철근이 먼저 항복하도록 하여, 상대적으로 연성파괴가 되도록 유도하기 위한 것이다. 이를 보장하기 위하여 설계기준에서는 최대 전단철근량을 규정하고 있다.

한편 철근의 항복변형률은 항복강도에 비례하므로, 항복강도가 매우 높은 철근을 전단철근으로 사용하면 전단철근이 항복할 때 전단균열의 폭이 커져서 균열면에서의 골재 맞물림 작용으로 인한 저항 성능이 낮아질 가능성이 있다. 따라서 45도 트러스 모델을 채택한 설계기준에서는 전단철근의 설계기준 항복강도를 제한한다. 즉, 휨부재의 전단철근으로 KDS 14 20 콘크리트구조 설계기준은 f_{yt}를 500 MPa까지, ACI 318 Code는 420 MPa까지 허용한다. 용접 이형철망을 전단철근으로 사용하는 경우, KDS 14 20 콘크리트구조 설계기준은 f_{yt}를 600 MPa까지, ACI 318 Code는 550 MPa까지 허용한다.

7.3.4 전단 위험단면과 계수전단력 포락선

3장 3.6.8절에서 설명한 바와 같이 구조물은 부재의 각 위치에서 가장 크게 작용하게 될 단면력에 저항할 수 있도록 설계하여야 한다. 이에 따라 설계과정에서 수행하는 구조해석에서는 가장 불리하게 작용하는 하중 배치를 고려하여야 하므로, 경간중앙에 대하여도 3장 그림 3-47(b)와 같이 지점에서 경간 중앙까지 등분포 활하중이 작용할 때의 계수전단력으로 전단설계를 수행하여야 한다. 또 교량의 설계 트럭하중과 같이 이동하는 집중하중에 대해서는 경간 내에서 하중의 위치를 변화시켜가면서 각 위치에 발생할 수 있는 최대전단력을 해석하여야 한다.

한편 전단설계에서는 부재의 실제 거동을 반영하여 설정한 위치를 대상으로 설계를 수행한다. 예를 들어 등분포하중이 작용하는 구조물의 구조해석에서는 전체 구조물에 하중이 작용할 때 지점의 전단력이 최댓값을 나타낸다. 그러나 철근콘크리트 부재에 대하여는 지점에서 일정 거리 떨어진 위치를 대상

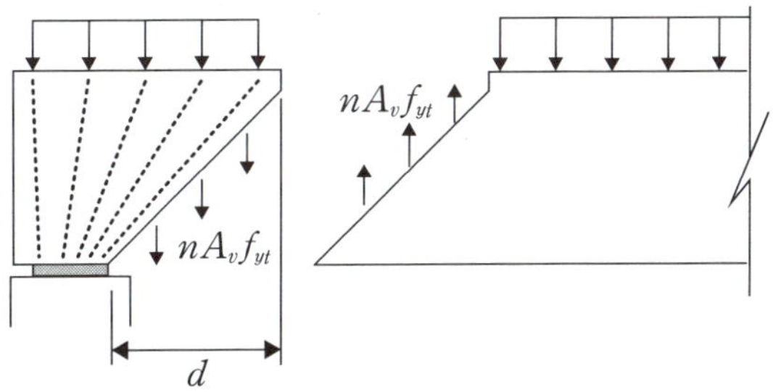

그림 7-36 등분포하중이 작용하는 경우 전단위험단면에서의 힘의 전달

으로 설계를 수행하여도 된다. 이 위치의 단면을 전단위험단면(shear critical section)이라고 하며, 실질적으로 전단작용이 가장 커서 설계를 지배하게 되는 단면을 의미한다. 즉, 철근콘크리트 부재의 윗면에 중력방향으로 등분포하중이 작용하는 경우에는 받침부 내면에서 유효깊이 d만큼 떨어진 위치를 전단위험단면으로 한다. 전단위험단면과 지점 사이의 단면은 전단위험단면에 작용하는 계수전단력 V_u를 대상으로 전단설계를 수행한다. 그림 7-36은 등분포하중이 부재의 윗면에 중력방향으로 작용하는 경우 받침부 내면에서 d만큼 떨어진 위치를 전단위험단면으로 선정하는 이유를 나타낸다. 전단균열이 45°의 각도로 발생한다고 가정하면 부재 축방향으로 잰 균열의 수평거리는 유효깊이 d와 같다. 이때 받침부 내면에서 유효깊이 d만큼 떨어진 위치부터 경간 중앙부 쪽에 위치한 등분포하중은 균열면을 지나서 지점으로 전달된다. 그러나 받침부 내면에서 유효깊이 d만큼 떨어진 위치까지 부재 윗면에 작용하는 등분포하중은 균열면을 지나면서 지점으로 전달되는 것이 아니라, 그림에 점선으로 나타낸 것과 같이 힘이 직접 지점으로 전달된다. 따라서 이 부분의 등분포하중은 전단설계에 고려할 필요가 없다.

단순보의 경우 그림 7-37(a)와 같이 양쪽 위험단면 사이에만 하중을 배치하고 구조해석을 수행하면 위험단면에서의 최대 계수전단력 $V_{u,\,max}$을 구할 수 있다. 한편 그림 7-37(b)와 같이 전체 경간에 하중을 배치한 경우의 전단력 분포를 대상으로 일부 구간의 전단력 분포를 수정하여도 같은 결과를 얻게 된다. 즉, 전체 경간에 하중을 배치한 경우의 전단력 분포 중 전단위험단면에서 지점 사이의 전단력 분포를 무시하고, 위험단면에서의 계수전단력으로 일정한 값을 갖는 것으로 수정하여 $V_{u,\,max}$를 결정하는 것이다. 그림 7-37(b)와 같이 전체 경간에 하중을 배치한 경우는 이미 휨 설계를 수행할 때 최대 휨모멘트를

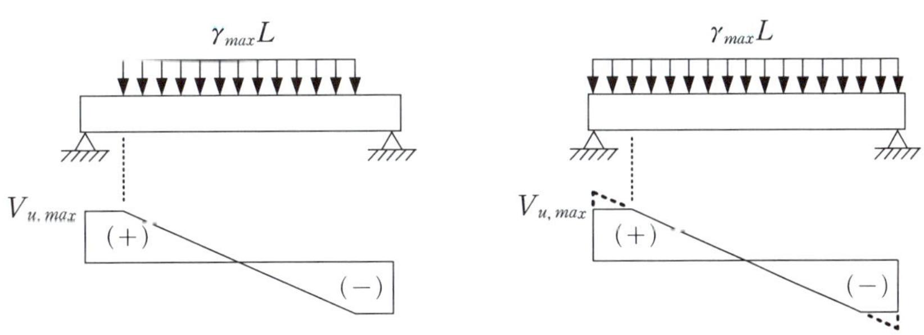

(a) 위험단면 사이에 하중이 작용하는 경우 (b) 전체에 하중을 작용시키는 경우

그림 7-37 위험단면에서의 최대 계수전단력을 구하기 위한 하중 배치

구하기 위하여 수행한 구조해석이므로, 이와 같은 방법으로 위험단면에서의 계수전단력을 구하는 것이 간편할 수도 있다. 여기서 그림 7-37의 계수전단력 분포는 위험단면에서의 최대 계수전단력을 구하기 위한 하중 배치에 따른 전단력 분포이며, 설계에서는 각 위치에서 발생할 수 있는 최대 계수전단력을 연결한 포락선(envelop curve)을 적용한다.

그림 7-38은 부재 윗면에 등분포하중이 작용하는 철근콘크리트 보의 전단위험단면을 나타낸다. 그림 7-38에서 (a)는 하부구조와 받침으로 연결된 보, (b)는 거더와 일체로 시공된 보, (c)는 기둥과 일체로 시공된 골조의 보이다. 이러한 보에서는 받침부 반력이 부재의 단부를 압축하고 하중이 부재의 윗면 또는 그 근처에 작용함으로써 복부를 통하여 힘이 전달되는 경우인데, 이런 경우에는 받침부 내면에서 유효깊이 d만큼 떨어진 위치를 전단위험단면으로 한다. 즉, 받침부 내면에서 거리 d 이내에 위치한 단면은 거리 d에서 구한 계수전단력 V_u의 값을 대상으로 전단설계를 수행하는 것이다. 참고로 프리스트레스트 콘크리트 보에 대하여는 철근콘크리트의 경우보다 좀 더 보수적인 위치를 택하여 유효깊이 d 대신 부재 높이의 절반인 $h/2$ 떨어진 위치를 전단위험단면으로 한다.

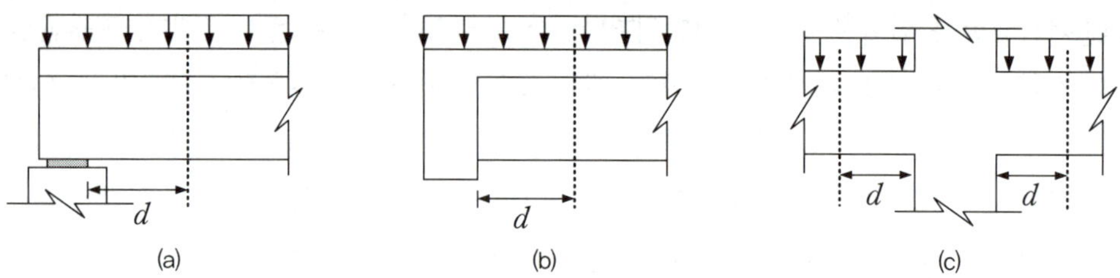

그림 7-38 철근콘크리트 보의 전단위험단면 위치

철근콘크리트 부재에서 전단위험단면이 받침부 내면에서 만큼 떨어진 위치가 아닌 경우가 있다. 이러한 예는 그림 7-39에 나타낸 바와 같이 전단위험단면이 점선으로 표시한 받침부 내면인 경우이다. 그림 7-39의 (a)는 지점 가까이에 집중하중이 작용하는 경우, (b)는 지점 역할을 하는 부재가 인장력을 받는 경우, (c)는 역T형 단면이나 L형 단면과 같이 하부 플랜지가 존재하는 단면에서 등분포하중이 단면의 하부 플랜지에 작용하는 경우, (d)는 브래킷(bracket)에 하중이 작용하는 경우, (e)는 골조의 압축부재에 지진이나 풍하중 등의 횡방향 하중으로 전단력이 작용하는 경우이다. 이 경우들은 모두 점선 위치의 받침부 내면을 통하여 전달되는 전단력이 부재에 작용하는 전단력 중 가장 큰 값을 가진다.

이와 같은 전단위험단면에 대한 적용방법은 ACI 318 Code와 동일하다.

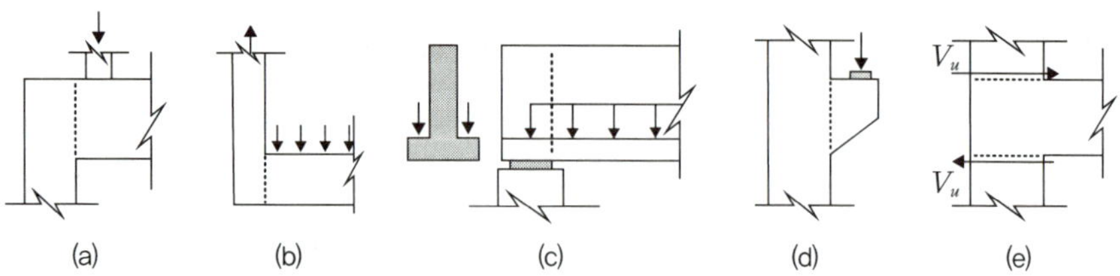

그림 7-39 전단위험단면이 받침부 내면인 경우의 부재

7.3.5 전단철근의 배치

이 절에서는 전단철근의 구성과 상세, 최대 전단철근, 최소 전단철근, 전단철근의 배치구간, 전단철근의 간격 제한 등 전단철근의 배치에 대한 설계기준의 내용을 소개한다. 전단철근의 배치 규정은 기본적으로 KDS 14 20 콘크리트구조 설계기준과 ACI 318 Code가 동일하지만, 일부 규정은 같지 않다.

[1] 전단철근의 구성과 상세

전단철근은 부재축에 직각인 스터럽(stirrup), 부재축에 직각으로 배치한 용접철망, 나선철근이나 원형 띠철근 또는 후프철근의 형태로 주인장 철근에 45° 이상의 각도로 설치되는 스터럽, 부재 축을 기준으로 30° 이상의 각도로 구부린 주인장 굽힘철근, 스터럽과 굽힘철근의 조합 등 여러 형태를 사용할 수 있다. 7.2.4절 그림 7-25를 참조하여 설명한 바와 같이, 전단철근은 허용하는 한 부재의 압축면과 인장면 가까이까지 연장하여 표준갈고리나 완전 후프의 형태로 정착되어야 한다. 전단철근의 정착은 7.2.4절 그림 7-26의 예와 같은 갈고리 상세로 성능을 확보하여야 한다.

시공의 편의를 위하여 전단철근을 두 부분으로 나누어 가공하는 경우에는 7.2.4절 그림 7-27(d)와 같이 정착길이의 1.3배 이상의 겹침이음길이로 연결하여 조립할 수 있다.

[2] 최대 전단철근

7.2.3절에서 설명한 바와 같이 전단철근의 양이 매우 많은 부재가 전단작용으로 파괴되는 경우에는 전단철근이 인장으로 항복하지 않는 상태에서 콘크리트가 경사방향으로 압축파괴 되는 취성의 전단-압축파괴(shear-compression failure)가 발생하게 된다. 따라서 KDS 14 20 콘크리트구조 설계기준은 전단철근이 부담하는 공칭전단력이 다음 식으로 계산되는 값을 초과하지 않도록 최대 전단철근의 양을 제한하고 있다.

$$V_{s,\,max} = 0.2\left(1-\frac{f_{ck}}{250}\right) f_{ck}\, b_w\, d \qquad (7 \cdot 62)$$

이 식은 이정윤[7.38]의 제안에 따른 것으로, 식 (7 · 121)의 콘크리트 압축강도 유효계수 ν를 적용한 트러스 모델의 평형방정식으로 유도된 것이다. 이것은 ACI 318 Code와 과거 한국의 콘크리트구조기준에 채택된 $V_{s,\,max}$ 식이 유럽, 일본, 캐나다의 콘크리트구조설계기준[7.26, 7.28, 7.33]에 비하여 매우 보수적이며 전단철근으로 SD500 철근을 사용하는 경우에 특히 지나치게 보수적이기 때문에 수정 제안된 것이다.

식 (7 · 62)의 $V_{s,\,max}$를 적용하면 KDS 14 20 콘크리트구조 설계기준에 따라 주어진 부재 크기로 전단설계가 가능한 최대 계수전단력 $V_{u,\,max}$는 다음과 같다.

$$V_{u,\,max} = \phi(V_c+V_{s,\,max}) = \phi\left[\left(\frac{1}{6}\lambda\sqrt{f_{ck}}\right)+0.2\left(1-\frac{f_{ck}}{250}\right)f_{ck}\right]b_w\, d \qquad (7 \cdot 63)$$

만일 부재에 작용하는 계수전단력 V_u가 주어진 부재 크기로 계산된 $V_{u,\,max}$ 보다 크다면, 콘크리트 압축 스트럿이 파괴되는 매우 취성의 전단파괴가 발생할 수 있으므로 이를 피하기 위하여 부재의 단면적을 증가시켜야 한다. 참고로, ACI 318 Code는 $V_{s,\,max}$을 $0.68\,\lambda\sqrt{f_{ck}}\,b_w\,d$로 규정하고 있다.

[3] 최소 전단철근

전단철근의 양이 매우 적은 부재가 전단작용으로 파괴되는 경우에는 예고 없이 취성파괴가 발생할 가능성이 있다. 따라서 KDS 14 20 콘크리트구조 설계기준은 다음 두 식으로 계산되는 값 중 큰 값의 단면적을 배치하도록 최소 전단철근 $A_{v,\,min}$을 규정하고 있다.

$$A_{v,\,min} = 0.0625\sqrt{f_{ck}}\,\frac{b_w s}{f_{yt}} \tag{7 · 64}$$

$$A_{v,\,min} = 0.35\,\frac{b_w s}{f_{yt}} \tag{7 · 65}$$

콘크리트의 설계기준압축강도가 32 MPa 이상인 경우에는 식 (7 · 64)에 따라 최소 전단철근 단면적이 결정되고, 32 MPa 미만인 경우에는 식 (7 · 65)에 따라 최소 전단철근 단면적이 결정된다. 만일 전단철근이 없어도 계수휨모멘트와 계수전단력에 저항할 수 있다는 것을 실험에 의해 확인한다면 최소 전단철근 규정을 적용하지 않을 수 있다. 최소 전단철근 $A_{v,\,min}$은 ACI 318 Code도 동일하게 규정되어 있다.

[4] 최소 전단철근의 배치구간

45도 트러스 모델은 콘크리트가 부담하는 전단강도와 전단철근이 부담하는 전단강도를 합하는 개념이므로, 콘크리트에 의한 설계전단강도 ϕV_c가 계수전단력 V_u보다 큰 부분에는 전단철근을 배치하지 않아도 논리적으로 무리가 되지 않는다. 따라서 그림 7-40(a)와 같은 계수전단력 포락선을 갖는 부재의 경우, V_u가 ϕV_c보다 큰 A와 B 사이 구간은 전단철근이 필요하지만 B의 오른쪽 구간은 전단철근을 배치하지 않아도 되는 구간이다. 이때의 계수전단력 포락선은 설계자가 가정한 이상적인 상태로 거동할 때의 구조해석 결과이다. 그러나 실제 구조물은 이상적인 상태로 거동하지 않을 가능성이 크다. 예를 들어 연속보 각 부분의 콘크리트 탄성계수나 단면2차모멘트가 완전히 동일하지는 않는 경우에는 구조해석에 적용한 강성비와 달라서 휨모멘트 분포와 전단력 분포가 달라질 수 있다. 또 받침을 사용한 경우에는 힌지나 이동단 받침에 불순물이 접하는 등의 이유로 지점이 이상적인 조건으로 작동하지 않을 수 있다. 특히 지반의 압밀(consolidation) 현상으로 지점의 부등침하가 발생하면 휨모멘트 분포와 전단력 분포가 구조해석결과와 달라질 수 있다. 이와 같이 구조물 거동의 변동성을 고려하면 그림 7-40(b)에 점선으로 나타낸 구조해석 결과에 따른 계수전단력 포락선이 오른쪽으로 이동하여, 실선으로 나타낸 V_u 포락선이 실제로 나타나는 포락선이 될 수 있다. 이러한 경우에는 전단철근을 배치하여야 할 구간은 A와 B 사이가 아니라 그보다 넓은 A와 C 사이가 된다.

그러나 실제 설계에서는 구조물 거동의 변동성을 고려하여 구조해석을 수행함으로써 계수전단력 포락선을 구하는 것이 매우 번거로운 작업이며, 또한 정밀성과 안전성을 보장하기도 쉽지 않다. 따라서 설계기준에서는 V_u 포락선을 설계자가 가정한 이상적인 상태의 구조해석 결과를 그대로 사용하고, 그림 7-40(c)와 같이 계수전단력이 ϕV_c의 1/2인 위치까지 최소 전단철근을 배치하도록 규정하고 있다.

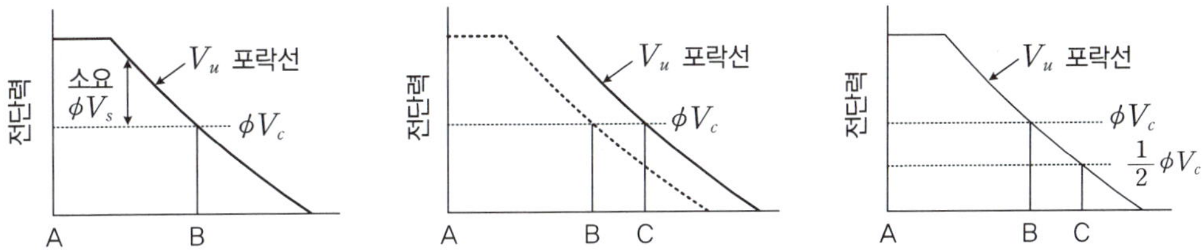

(a) 이상화된 계수전단력 분포 (b) 변동성이 고려된 계수전단력 분포 (c) 전단철근 배치구간 결정

그림 7-40 최소 전단철근 배치구간의 결정

즉, 그림 7-40(b)와 같이 오른쪽으로 이동한 V_u 포락선에서 ϕV_c와 같은 값을 갖는 C의 위치를 찾는 대신, 그림 7-40(c)와 같이 이동하기 전의 V_u 포락선에서 ϕV_c의 1/2인 값을 갖는 C의 위치를 찾는 것이다. 이에 따라 최소 전단철근은 계수전단력 V_u가 콘크리트에 의한 설계전단강도 ϕV_c의 1/2을 초과하는 부분에 배치하여야 한다. 그러나 전단철근이 없어도 계수휨모멘트와 계수전단력에 저항할 수 있다는 것이 실험에 의해 확인된다면 최소 전단철근 규정을 적용하지 않을 수 있다.

한편 이와 같은 계수전단력의 이동은 부재가 두꺼운 경우에는 영향이 크지만 두께가 얇은 부재에는 영향이 크지 않다. 따라서 KDS 14 20 콘크리트구조 설계기준은 다음의 경우 최소 전단철근을 배치할 필요가 없다고 규정하고 있다.

① 슬래브와 기초판
② 작은 크기의 보를 촘촘히 배치하여 일방향 슬래브를 이루는 장선구조
③ 전체 깊이가 250 mm 이하인 부재와 전체 깊이가 플랜지 두께의 2.5배 또는 복부폭의 1/2 중 큰 값 이하인 I형보나 T형보
④ 교대 벽체 및 날개벽, 옹벽의 벽체, 암거 등과 같이 휨이 주거동인 판 부재
⑤ 순단면의 깊이가 315 mm를 초과하지 않는 속빈(hollow-core) 부재로서, 계수전단력이 0.5 ϕV_{cw}를 초과하지 않는 경우(V_{cw}는 복부전단강도)
⑥ 보의 깊이가 600 mm를 초과하지 않고 설계기준압축강도가 40 MPa를 초과하지 않는 강섬유 콘크리트 보로서, 계수전단력이 $\phi(1/6)\,\lambda\sqrt{f_{ck}}\,b_w d$를 초과하지 않는 경우

위의 ④를 제외한 나머지 항목은 ACI 318 Code에도 동일하게 규정된 것이다.

[5] 전단철근의 간격

계수전단력 V_u가 콘크리트에 의한 설계전단강도 ϕV_c보다 큰 부분에는 전단철근을 보강하여야 한다. 이때 전단철근이 저항하여야 할 소요설계전단강도 $req'd\ \phi V_s$는 다음과 같다.

$$req'd\ \phi V_s = V_u - \phi V_c \tag{7 · 66}$$

이 소요설계전단강도에 대하여 전단철근의 보강설계를 수행할 때에는, 일반적으로 하나의 전단철근

지름을 선택하고 위치별로 전단철근의 간격을 조정하는 방법을 사용한다. 전단강도를 만족하기 위한 수직전단철근의 간격 s는 앞의 식 (7·61)을 변환하여 표현할 수 있는데, 여기에 앞의 식 (7·47)과 식 (7·48)의 관계를 적용하면 소요간격 $req'd\ s$를 다음과 같이 나타낼 수 있다.

$$req'd\ s = \frac{\phi A_v f_{yt} d}{req'd\ \phi V_s} \tag{7·67}$$

이에 따라 전단철근은 이 식으로 계산된 값 이하의 간격을 갖도록 하여야 하며, 또한 설계기준에 규정된 최대간격을 초과하지 않도록 설계하여야 한다. 전단철근의 최대간격은 7.2.4절 그림 7-29를 참조하여 설명한 바와 같이, 45° 각도의 균열이 발생하는 경우에 최소한 하나의 전단철근이 전단균열을 가로지르게 하여야 한다. KDS 14 20 콘크리트구조 설계기준은 유효깊이의 전단철근이 부담하게 될 전단력을 두 가지 수준으로 구분하여 다음과 같이 전단철근의 최대간격 s_{max}을 규정하고 있다. ACI 318 Code는 V_s의 크기를 판정하는 수식의 계수가 1/3 대신 소수로 표현된 것 외에는 동일하다.

$$V_s \le \left(\frac{1}{3}\lambda\sqrt{f_{ck}}\right)b_w d\text{인 경우: } s_{max} = \frac{d}{2}\text{와 } 600\ mm\text{ 중 큰 값}$$

$$\left(\frac{1}{3}\lambda\sqrt{f_{ck}}\right)b_w d < V_s \le V_{s,\,max}\text{인 경우: } s_{max} = \frac{d}{4}\text{와 } 300\ mm\text{ 중 큰 값}$$

전단철근의 최대간격으로 $d/2$ 또는 $d/4$ 외에 600 mm 또는 300 mm가 추가로 규정된 것은, 매우 큰 크기의 부재에 복부전단균열이 복부의 중간부분에 발생하는 경우 $d/2$ 또는 $d/4$의 간격으로 배치된 전단철근이 균열면을 가로지르지 못할 가능성이 있기 때문이다.

한편, 식 (7·64)와 식 (7·65)의 최소 전단철근 단면적은 실제 설계에서는 전단철근의 간격으로 변환하여 적용하는 것이 일반적이다. 이것은 전단철근의 간격 s를 먼저 선택하고 최소 전단철근 단면적 $A_{v,\,min}$을 만족하도록 전단철근의 지름을 정하는 형태로 설계하지 않기 때문이다. 즉, 효율적인 시공을 위하여 철근의 크기는 여러 가지를 사용하지 않기 때문에 전단철근의 크기를 먼저 선정하고 필요에 따라 전단철근의 간격을 조정하는 것이 일반적이다. 식 (7·64)와 식 (7·65)를 전단철근의 간격으로 표현하면 다음과 같이 전단철근의 최대간격으로 각각 표현된다.

$$s_{max} = \frac{A_v f_{yt}}{0.0625\sqrt{f_{ck}}\,b_w} \tag{7·68}$$

표 7-2 철근콘크리트의 전단철근 최대간격 (①, ②, ③, ④ 중 가장 작은 값)

조건	전단철근의 최대간격	
$\frac{1}{2}\phi V_c < V_u \le \phi V_c$ 또는 $\phi V_c < V_u \le \phi V_c + \phi\left(\frac{1}{3}\lambda\sqrt{f_{ck}}\right)b_w d$	① $d/2$ ③ $\frac{A_v f_{yt}}{0.0625\sqrt{f_{ck}}\,b_w}$	② 600 mm ④ $\frac{A_v f_{yt}}{0.35\,b_w}$
$\left(\frac{1}{3}\lambda\sqrt{f_{ck}}\right)b_w d < V_s \le V_{s,\,max}$	① $d/4$ ③ $\frac{A_v f_{yt}}{0.0625\sqrt{f_{ck}}\,b_w}$	② 300 mm ④ $\frac{A_v f_{yt}}{0.35\,b_w}$

$$s_{max} = \frac{A_v f_{yt}}{0.35\, b_w} \tag{7·69}$$

따라서 철근콘크리트 보에 대한 전단철근의 최대간격은 최소한 하나의 전단철근이 전단균열을 가로지르게 할 목적으로 규정된 최대간격에 최소 전단철근 단면적을 배치할 목적의 최대간격을 추가하여, 표 7-2와 같이 4개 중 가장 작은 값이 된다.

7.3.6 축력의 영향에 따른 전단강도

7.1.2절의 마지막 문단에서 설명한 바와 같이, 휨부재에 축방향 압축력이 작용하는 경우에는 부재의 전단강도가 증가하고, 축방향 인장력이 작용하는 경우에는 부재의 전단강도가 감소하게 된다. KDS 14 20 콘크리트구조 설계기준은 축력의 영향을 다음과 같이 고려하여 콘크리트에 의한 공칭전단강도를 결정한다.

[1] 압축력이 작용하는 경우의 전단강도

축력의 영향을 고려한 콘크리트의 공칭전단강도는 엄밀식 또는 근사식을 적용하여 결정한다. 이때의 엄밀식은 축력이 작용하지 않는 휨부재의 V_c 엄밀식을 기본으로 한다. 즉, 축력이 작용하지 않는 휨부재에 대하여 KDS 14 20 콘크리트구조 설계기준은 콘크리트에 의한 공칭전단강도의 엄밀식으로 앞의 식 (7·56)과 식 (7·57)을 규정하고 있는데, 식 (7·57)은 기본식인 식 (7·56)의 최대 한계값이다.

$$V_c = \left(0.16\,\lambda\sqrt{f_{ck}} + 17.6\,\rho_w \frac{V_u d}{M_u}\right) b_w d \tag{7·56}$$

$$V_c = 0.29\,\lambda\sqrt{f_{ck}}\, b_w d \tag{7·57}$$

부재에 축력 N_u가 압축력으로 작용하는 경우에는 이 식들을 수정하여 적용한다. 즉, 기본식인 식 (7·56)에 대하여는 M_u 대신 다음으로 계산되는 M_m을 대입한다. 여기서 축력 N_u는 압축력으로 작용할 때 양(+)의 값으로 적용한다.

$$M_m = M_u - N_u\left(\frac{4h-d}{8}\right) \tag{7·70}$$

따라서 압축력이 작용하는 경우의 V_c 엄밀식은 다음과 같이 표현할 수 있다.

$$V_c = \left(0.16\,\lambda\sqrt{f_{ck}} + 17.6\,\rho_w \frac{V_u d}{M_m}\right) b_w d \tag{7·71}$$

$$V_c = 0.16\,\lambda\sqrt{f_{ck}} + 17.6\,\rho_w \left(\frac{V_u d}{M_u - N_u \dfrac{(4h-d)}{8}}\right) b_w d \tag{7·72}$$

다만 식 (7·56)의 $V_u\, d/M_u$은 최댓값을 1.0으로 제한하지만 식 (7·71)의 $V_u\, d/M_m$은 최댓값을 제한

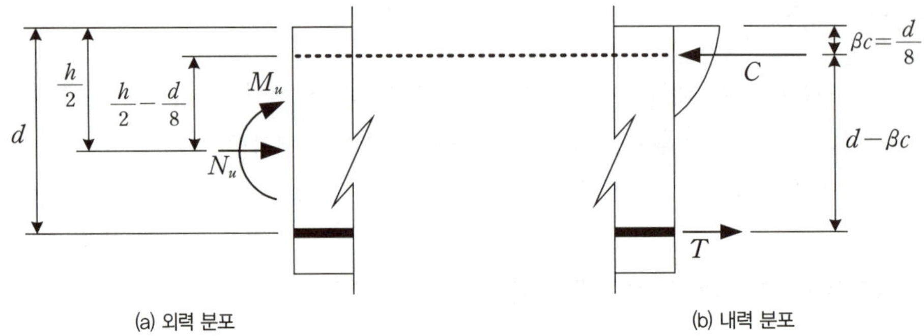

그림 7-41 축방향 압축력과 휨모멘트가 작용할 때의 외력과 내력 분포

하지 않는다. 식 (7 ·70)의 M_m은 그림 7-41의 외력과 내력 분포로 유도할 수 있다.[7.39] 그림 7-41(a)는 두께가 h인 부재에 휨모멘트 M_u와 축압축력 N_u가 외력(external force)으로 동시에 작용하는 경우를 나타내며, 그림 7-41(b)는 M_u와 N_u에 의하여 부재에 전단파괴가 발생할 때 단면에 작용하는 내력(internal force)으로 압축력 C와 인장력 T의 분포를 나타낸다. 이때 압축력 C와 인장력 T를 합한 힘은 축압축력 N_u와 같아야 하므로 C가 T보다 절댓값이 더 크다. 따라서 압축력이 작용하지 않는 경우에 비하여 압축응력이 작용하는 면적이 증가하게 되며, 압축력 C의 작용위치 βc가 압축연단에서 더 멀어진다. 이와 같은 내력 분포에서 압축력 C의 작용위치에 대하여 내력모멘트 M_{int}를 구하면 다음과 같이 나타낼 수 있다.

$$M_{int} = T(d-\beta c) \tag{7 ·73}$$

βc의 값으로 $d/8$을 대푯값으로 하고, 그림 7-41(a)의 외력분포에서도 그림 7-41(b)와 같이 점선으로 나타낸 압축력 C의 작용위치에 대하여 외력모멘트 M_{ext}를 구하면 다음과 같이 식 (7 ·70)과 동일한 결과를 얻게 된다.

$$M_{ext} = M_u - N_u\left(\frac{h}{2}-\beta c\right) = M_u - N_u\left(\frac{h}{2}-\frac{d}{8}\right) = M_u - N_u\left(\frac{4h-d}{8}\right) \tag{7 ·74}$$

부재에 축력 N_u가 압축력으로 작용하는 경우의 전단강도 최대 한계값은 식 (7 ·57)에 압축력 N_u를 고려한 다음의 수정계수 α_{cv}를 적용한다. 여기서 A_g는 부재의 천체 단면적이며, N_u/A_g는 N/mm^2 단위를 적용한다.

$$\alpha_{cv} = \sqrt{1+\frac{N_u}{3.5\,A_g}} \tag{7 ·75}$$

이 수정계수 α_{cv}는 최대 주인장응력을 나타내는 앞의 식 (7 ·3)으로부터 유도할 수 있다.

$$f_{t,\,max} = \frac{1}{2}f + \sqrt{\left(\frac{1}{2}f\right)^2 + v^2} \tag{7 ·3}$$

이 식을 변환하여 전단응력 v로 나타내면 다음과 같다.

$$v = f_{t,max}\sqrt{1-\frac{f}{f_{t,max}}} \tag{7·76}$$

이 식에서 최대 주인장응력 $f_{t,max}$에 콘크리트의 균열강도를 적용하면 이때의 전단응력 v를 응력단위의 전단균열강도 v_{cr}로 나타낼 수 있다. 휨모멘트만 작용하는 경우에는 중립축 위치의 휨응력 f가 0이므로 제곱근의 값은 1이 되며, 콘크리트의 균열강도로 $0.29\sqrt{f_{ck}}$를 적용하면 전단균열강도 v_{cr}는 다음과 같게 된다.

$$v_{cr} = 0.29\sqrt{f_{ck}} \tag{7·77}$$

이 식은 축력이 작용하지 않는 휨부재의 V_c를 결정하는 식들 중 하나인 식 (7·57)의 기본이 된다. 압축력이 작용하는 경우에는 이 식에 수정계수 α_{cv}를 적용한 다음의 형태로 나타낼 수 있다.

$$v_{cr} = (0.29\sqrt{f_{ck}})\,\alpha_{cv} \tag{7·78}$$

여기서 α_{cv}는 식 (7·76)에서 제곱근으로 표현된 부분과 같은데, 제곱근 안의 $f_{t,max}$로 콘크리트의 균열강도 $0.29\sqrt{f_{ck}}$를 그대로 적용하지 않고 대푯값으로 3.5 MPa을 적용하고 f를 단면도심에 작용하는 응력인 N_u/A_g로 나타내면 다음과 같이 정리된다.

$$\alpha_{cv} = \sqrt{1-\frac{f}{f_{t,max}}} = \sqrt{1+\frac{N_u}{3.5\,A_g}} \tag{7·79}$$

이 식은 식 (7·75)와 같은 것으로, KDS 14 20 콘크리트구조 설계기준은 압축력이 작용하는 휨부재의 V_c 엄밀식으로 식 (7·71) 또는 식 (7·72)의 최대 한계값을 다음 식으로 규정하고 있다.

$$V_c = 0.29\,\lambda\sqrt{f_{ck}}\,b_w\,d\sqrt{1+\frac{N_u}{3.5\,A_g}} \tag{7·80}$$

즉, 압축력이 작용하는 휨부재의 V_c를 엄밀식으로 결정할 때는 식 (7·71) 또는 식 (7·72)와 식 (7·80) 중 작은 값으로 한다. 다만 식 (7·70)의 M_m 값이 음(−)일 경우에는 식 (7·71) 또는 식 (7·72)를 적용하지 않고 식 (7·80)으로 결정하는 최댓값을 V_c로 한다.

한편 KDS 14 20 콘크리트구조 설계기준은 축방향 압축력이 작용하는 경우에 대하여, 이와 같은 V_c 엄밀식을 대신할 간편식을 또한 추가로 규정하고 있다. 이 식은 축력이 작용하지 않는 경우의 V_c 간편식인 식 (7·58)을 기본으로 하고 축방향 압축력의 영향을 압축력에 정비례하는 관계로 단순화한 것으로, 다음과 같이 규정하고 있다.

$$V_c = \frac{1}{6}\left(1+\frac{N_u}{14A_g}\right)\lambda\sqrt{f_{ck}}\,b_w\,d \tag{7·81}$$

[2] 인장력이 작용하는 경우의 전단강도

KDS 14 20 콘크리트구조 설계기준은 축방향 인장력이 작용하는 경우 축력이 작용하지 않는 경우의 식 (7·58)을 기본으로 하고, 축방향 인장력의 영향을 인장력에 정비례하는 관계로 단순화하여 다음과 같이 계산하도록 규정하고 있다.

$$V_c = \frac{1}{6}\left(1+\frac{N_u}{3.5A_g}\right)\lambda\sqrt{f_{ck}}\,b_w\,d \tag{7·82}$$

축력 N_u는 인장력으로 작용할 때 음(−)의 값으로 적용한다. 이 식을 적용하지 않는 경우에는 단순한 방법으로서 콘크리트에 의한 전단강도 V_c를 0으로 취하여 전단철근만으로 계수전단력을 저항하도록 설계하여야 한다.

[3] 전단강도 설계기준식 V_c에 대한 축력의 영향

표 7-3은 KDS 14 20 콘크리트구조 설계기준에서 규정하고 있는 설계기준식 V_c를 정리한 것이다. 표 7-3에 나타난 바와 같이, 철근콘크리트 휨부재의 V_c는 축력의 작용여부에 따라 휨모멘트만 작용하는 경우, 휨모멘트와 축압축력이 작용하는 경우, 휨모멘트와 축인장력이 작용하는 경우를 구분하고, 엄밀법 또는 단순법을 선택하여 적용한다.

그림 7-42는 설계기준식 V_c와 실험결과를 나타내며, 또한 콘크리트에 의하여 발휘되는 전단강도에 대한 축력의 영향을 나타낸다. 그림에서 축압축력이 작용하는 경우의 V_c 엄밀식은 변수에 따라 빗금 친 범위의 값을 나타내는데, 빗금 친 범위의 최댓값과 최솟값은 각각 전단경간-깊이 비(a/d)의 역수($V_u d/M_m$)가 2이고 인장철근비(ρ)가 0.03이며 콘크리트 압축강도(f_{ck})가 2,500 psi(17.5 MPa)인 경우와 $V_u d/M_m$가 5이고 ρ가 0.05이며 f_{ck}가 5,000 psi(35 MPa)인 경우이다. 빗금 친 범위 내부에 점선은 축압축력이 작용

표 7-3 축력에 따른 KDS 14 20 콘크리트구조 설계기준의 설계기준식 V_c

조건	엄밀법	단순법
휨모멘트만 작용하는 경우	$V_c = \left(0.16\,\lambda\sqrt{f_{ck}} + 17.6\,\rho_w\frac{V_u d}{M_u}\right)b_w d$와 $V_c = 0.29\,\lambda\sqrt{f_{ck}}\,b_w d$ 중 작은 값 여기서 $V_u d/M_u$은 1.0 이하	$V_c = \frac{1}{6}\lambda\sqrt{f_{ck}}\,b_w d$
휨모멘트와 축압축력이 작용하는 경우	$V_c = \left(0.16\,\lambda\sqrt{f_{ck}} + 17.6\,\rho_w\frac{V_u d}{M_m}\right)b_w d$와 $V_c = 0.29\,\lambda\sqrt{f_{ck}}\,b_w d\sqrt{1+\frac{N_u}{3.5\,A_g}}$ 중 작은 값 여기서 $M_m = M_u - N_u\left(\frac{4h-d}{8}\right)$ $M_m<0$인 경우, 두 번째 식 적용 $V_u d/M_u$의 제한 없음 N_u는 압축력일 때 양(+) N_u/A_g는 N/mm^2 단위	$V_c = \frac{1}{6}\left(1+\frac{N_u}{14\,A_g}\right)\lambda\sqrt{f_{ck}}\,b_w d$
휨모멘트와 축인장력이 작용하는 경우	$V_c = \frac{1}{6}\left(1+\frac{N_u}{3.5\,A_g}\right)\lambda\sqrt{f_{ck}}\,b_w d$ 여기서 N_u는 인장력일 때 음(−) N_u/A_g는 N/mm^2 단위	$V_c = 0$

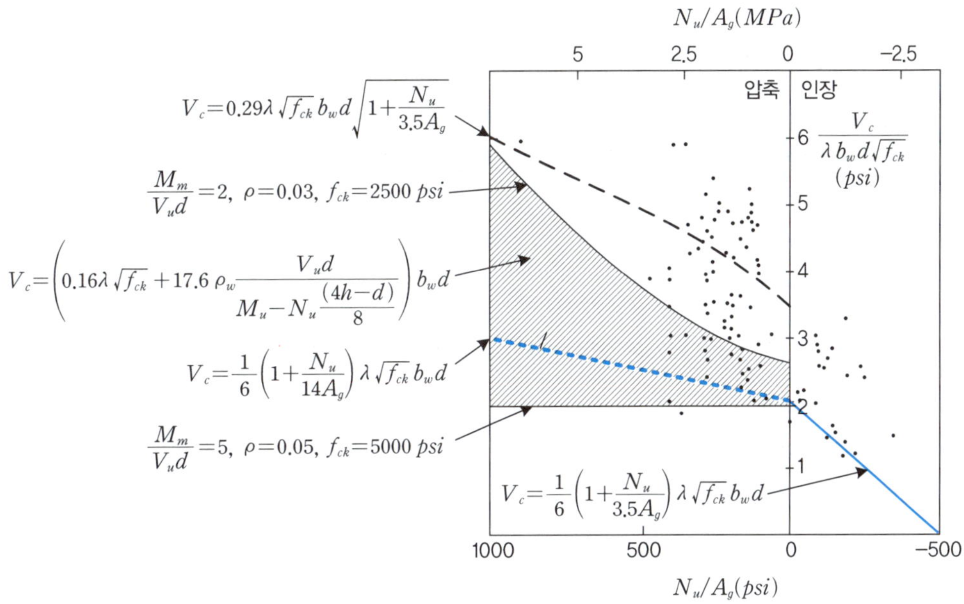

그림 7-42 설계기준식 V_c에 대한 축력의 영향[7.39]

하는 경우의 V_c 간략식으로, 축압축응력만을 변수로 하므로 V_c가 하나의 대푯값으로 표현되며 대부분의 실험결과에 비하여 낮은 전단강도를 예측한다. 또 축인장력이 작용하는 경우의 V_c 엄밀식은 인장응력이 500 *psi*일 때 0으로 계산되는데, 실험결과의 하한값으로 보수적으로 전단강도를 예측한다.

7.3.7 콘크리트구조 설계기준(강도설계법)에 따른 선부재의 전단설계와 검증

45도 트러스 모델을 채택한 KDS 14 20 콘크리트구조 설계기준의 선부재 전단설계 규정을 요약하면 다음과 같다.

[1] 강도성능 요구조건

강도성능 요구조건으로, 부재에 가장 불리한 조건이 되는 계수하중조합에 대하여 최대 계수전단력 V_u를 구조해석으로 구하고 부재의 설계전단강도 ϕV_n가 그 이상의 성능을 갖도록 앞의 식 (7·47)을 만족하게 설계하여야 한다. 이때 부재 각 위치의 최대 계수전단력 V_u는 소요전단강도(required shear strength)가 된다.

$$\phi V_n \ge V_u \tag{7·47}$$

설계전단강도 ϕV_n은 공칭전단강도 V_n에 강도감소계수(저항계수) ϕ를 곱해서 결정하고, 공칭전단강도 V_n은 콘크리트에 의한 전단강도 V_c와 전단철근에 의한 전단강도 V_s를 합하여 앞의 식 (7·48)로 결정한다.

$$V_n = V_c + V_s \tag{7·48}$$

전단력에 대한 강도감소계수(저항계수) ϕ는 0.75의 값을 적용한다. 설계전단강도 ϕV_n은 V_c와 V_s에 각각 ϕ를 곱하여, 앞의 식 (7·49)와 같이 콘크리트에 의하여 발휘되는 설계전단강도 ϕV_c와 전단철근에 의하여 발휘되는 설계전단강도 ϕV_s의 합으로 결정해도 된다.

$$\phi V_n = \phi V_c + \phi V_s \tag{7·49}$$

[2] 축력이 작용하지 않는 경우의 콘크리트에 의한 전단강도

콘크리트에 의한 공칭전단강도 V_c는 엄밀식 또는 간략식을 적용하여 결정한다. 엄밀식은 앞의 식 (7·56)과 식 (7·57)이며, 두 식 중에서 작은 값을 V_c의 값으로 결정한다. 식 (7·57)은 식 (7·56)의 최대 한계값이다.

$$V_c = \left(0.16\,\lambda\sqrt{f_{ck}} + 17.6\,\rho_w \frac{V_u\,d}{M_u}\right) b_w\,d \tag{7·56}$$

$$V_c = 0.29\,\lambda\sqrt{f_{ck}}\;b_w\,d \tag{7·57}$$

여기서 $V_u d/M_u$의 값은 1.0을 초과할 수 없으며, λ는 2장 2.1.8절에 설명한 경량콘크리트 계수로 보통중량콘크리트는 1.0이고, 전경량콘크리트는 0.75이며, 모래경량콘크리트는 0.85이다. b_w는 복부폭이며, M_u는 계수전단력 V_u를 계산할 때와 동일한 하중 상태에서 작용하는 휨모멘트이다. ρ_w는 복부폭 내에 배치된 축방향 인장철근의 철근비로 앞의 식(7·54)로 결정한다.

$$\rho_w = \frac{A_s}{b_w\,d} \tag{7·54}$$

이와 같이 여러 변수를 고려하여 V_c의 값을 엄밀하게 계산하는 방법 외에 간편식인 앞의 식 (7·58)에 따라 V_c의 값을 계산하는 방법을 허용하고 있다.

$$V_c = \frac{1}{6}\,\lambda\sqrt{f_{ck}}\;b_w\,d \tag{7·58}$$

[3] 축력이 작용하는 경우의 콘크리트에 의한 전단강도

부재에 축력이 작용하는 경우, 콘크리트에 의한 공칭전단강도 V_c는 엄밀식 또는 간략식으로 결정한다. 축력 N_u는 압축력으로 작용할 때 양(+)의 값을, 인장력으로 작용할 때 음(−)의 값을 적용한다.

축력 N_u가 압축력으로 작용하는 경우의 엄밀식은 앞의 식 (7·71)과 식 (7·80)이며, 두 식 중에서 작은 값을 V_c의 값으로 결정한다. 식 (7·80)은 식 (7·71)의 최대 한계값이다.

$$V_c = \left(0.16\,\lambda\sqrt{f_{ck}} + 17.6\,\rho_w \frac{V_u\,d}{M_m}\right) b_w\,d \tag{7·71}$$

$$V_c = 0.29\,\lambda\sqrt{f_{ck}}\;b_w\,d\sqrt{1 + \frac{N_u}{3.5\,A_g}} \tag{7·80}$$

여기서 식 (7 ·71)의 $V_u\,d/M_m$은 최댓값을 제한하지 않으며, M_m은 앞의 식 (7 ·70)으로 결정한다.

$$M_m = M_u - N_u\left(\frac{4h-d}{8}\right) \tag{7 ·70}$$

다만 M_m의 값이 음(−)일 경우에는 식 (7 ·71)을 적용하지 않고 식 (7 · 80)으로 결정하는 최댓값을 V_c로 한다. 이와 같이 여러 변수를 고려하여 V_c의 값을 엄밀하게 계산하는 방법 외에 간편식인 앞의 식 (7 · 81)에 따라 V_c의 값을 계산하는 방법을 허용하고 있다.

$$V_c = \frac{1}{6}\left(1+\frac{N_u}{14A_g}\right)\lambda\sqrt{f_{ck}}\,b_w\,d \tag{7 · 81}$$

축력 N_u가 인장력으로 작용하는 경우에는 V_c의 값을 앞의 식 (7 · 82)로 결정한다.

$$V_c = \frac{1}{6}\left(1+\frac{N_u}{3.5A_g}\right)\lambda\sqrt{f_{ck}}\,b_w\,d \tag{7 · 82}$$

이 식을 적용하지 않는 경우에는 단순한 방법으로 콘크리트에 의한 전단강도 V_c를 0으로 취하여 전단철근만으로 계수전단력을 저항하도록 설계하여야 한다. 축력에 따른 설계기준식 V_c는 표 7–3에 정리되어 있다.

[4] 전단철근에 의한 전단강도

45도 트러스 모델에서는 균열의 각도 θ를 45°라고 가정하여 부재의 축과 α의 각도를 갖는 경사전단철근에 의한 공칭전단강도 V_s를 앞의 식 (7 · 60)으로 결정한다.

$$V_s = \frac{A_v f_{yt}\,d}{s}(\sin\alpha+\cos\alpha) \tag{7 · 60}$$

전단철근이 부재의 축에 수직으로 배치된 경우에는 α가 90°이므로 식 (7 · 60)이 단순화된 앞의 식 (7 · 61)로 결정한다.

$$V_s = \frac{A_v f_{yt}\,d}{s} \tag{7 · 61}$$

KDS 14 20 콘크리트구조 설계기준은 전단철근에 대하여 500 MPa을, 용접 이형철망에 대하여 600 MPa을 최대 설계기준항복강도로 규정하고 있으며, ACI 318 Code는 전단철근에 대하여 420 MPa을, 용접 이형철망에 대하여 550 MPa을 최대 설계기준항복강도로 규정하고 있다.

[5] 전단철근의 구성 및 상세

전단철근은 부재축에 직각인 스터럽(stirrup), 부재축에 직각으로 배치한 용접철망, 나선철근이나 원형 띠철근 또는 후프철근의 형태로서 주인장 철근에 45° 이상의 각도로 설치되는 스터럽, 부재 축을 기준으로 30° 이상의 각도로 구부린 주인장 굽힘철근, 스터럽과 굽힘철근의 조합 등 여러 형태를 사용할 수 있다. 전단철근은 허용하는 한 부재의 압축면과 인장면 가까이까지 연장하여 표준갈고리나 완전 후프의 형태로 정착되어야 하며, 7.2.4절 그림 7–26 의 예와 같은 갈고리 상세로 정착성능을 확보하여야 한다. 한편, 시공과정에서 전단철근의 형태와 갈고리 요구조건 등에 의하여 주철근과의 조립이 매우 어려운 경우가 발생하기도 한다. 이러한 경우에는 전단철근을 두 부분으로 나누어 가공한 후 정착길이의 1.3배 이상의 겹침이음길이로 연결하여 조립할 수 있다.

[6] 최소 전단철근

최소 전단철근은 앞의 식 (7 · 64)와 식 (7 · 65)로 계산되는 값 중 큰 값으로 결정한다.

$$A_{v,\,min} = 0.0625\,\lambda\sqrt{f_{ck}}\,\frac{b_w s}{f_{yt}} \tag{7 · 64}$$

$$A_{v,\,min} = 0.35\,\frac{b_w s}{f_{yt}} \tag{7 · 65}$$

콘크리트의 설계기준압축강도가 32 MPa 이상인 경우에는 식 (7 · 64)에 따라 최소 전단철근 단면적이 결정되고, 32 MPa 미만인 경우에는 식 (7 · 65)에 따라 최소 전단철근 단면적이 결정된다.

계수전단력 V_u가 콘크리트에 의한 설계전단강도 ϕV_c의 1/2을 초과하는 부분에는 최소 전단철근을 배치하여야 한다. 그러나 전단철근이 없어도 계수휨모멘트와 계수전단력에 저항할 수 있다는 것을 실험에 의해 확인한다면 최소 전단철근 규정을 적용하지 않을 수 있다. 또, 다음의 경우에는 최소 전단철근을 배치할 필요가 없다.

① 슬래브와 기초판

② 계수전단력이 0.5 ϕV_{cw}를 초과하지 않는 속빈(hollow-core) 단면의 부재로서, 순 단면의 깊이가 315 mm를 초과하지 않는 경우(V_{cw}는 복부전단강도)

③ 작은 크기의 보를 촘촘히 배치하여 일방향 슬래브를 이루는 장선구조

④ 전체 깊이가 250 mm 이하인 부재

⑤ 슬래브와 일체로 콘크리트가 타설되어 플랜지를 가진 보로서, 전체 깊이가 600 mm 이하이고, 플랜지 두께의 2.5배 이하이며, 복부폭의 1/2 이하인 보

⑥ 설계기준압축강도가 40 MPa 이하인 강섬유 콘크리트 보로서, 보의 깊이가 600 mm 이하이고, 계수전단력이 $\phi\sqrt{f_{ck}/6}\;b_w d$ 이하인 경우

⑦ 교대 벽체 및 날개벽, 옹벽의 벽체, 암거 등과 같이 휨 작용이 주된 거동인 판 부재

[7] 최대 전단철근

전단철근이 부담하는 공칭전단력이 앞의 식 (7 · 62)로 계산되는 값을 초과하지 않도록 최대 전단철근의 양을 제한하여야 한다.

$$V_{s,\,max} = 0.2\left(1-\frac{f_{ck}}{250}\right)f_{ck}\,b_w\,d \tag{7 · 62}$$

따라서 부재에 작용하는 계수전단력 V_u가 앞의 식 (7 · 63)으로 계산되는 최대 계수전단력 $V_{u,\,max}$보다 클 때에는 주어진 단면적이 너무 작은 상태이므로 부재의 단면적을 증가시켜야 한다.

$$V_{u,\,max} = \phi(V_c + V_{s,\,max}) = \phi\left[\left(\frac{1}{6}\lambda\sqrt{f_{ck}}\right) + 0.2\left(1 - \frac{f_{ck}}{250}\right)f_{ck}\right]b_w\,d \tag{7·63}$$

[8] 전단철근의 간격

계수전단력 V_u가 콘크리트에 의한 설계전단강도 ϕV_c보다 큰 부분에는 전단철근을 보강하여야 하며, 수직전단철근을 배치할 때에는 앞의 식 (7·66)과 식 (7·67)로 계산되는 전단철근의 소요간격 $req'd\ s$ 이하의 간격으로 배치하여야 한다.

$$req'd\ \phi V_s = V_u - \phi V_c \tag{7·66}$$

$$req'd\ s = \frac{\phi A_v f_{yt}\, d}{req'd\ \phi V_s} \tag{7·67}$$

또한 전단철근은 최대간격 s_{max}을 초과하지 않도록 설계하여야 한다. 전단철근의 최대간격은 계수전단력의 수준을 두 가지로 구분하여 적용한다. 한편, 식 (7·64)와 식 (7·65)의 최소 전단철근 단면적은 실제 설계에서는 앞의 식 (7·68)과 식 (7·69)와 같이 전단철근의 간격으로 변환하여 적용하는 것이 일반적이다.

$$s_{max} = \frac{\phi A_v f_{yt}}{0.0625\sqrt{f_{ck}}\, b_w} \tag{7·68}$$

$$s_{max} = \frac{A_v f_{yt}}{0.35\, b_w} \tag{7·69}$$

축력이 작용하지 않는 휨부재의 경우, 작용하는 계수전단력의 수준에 따른 전단철근의 배치 여부와 전단철근의 간격은 표 7-4와 같다.

표 7-4 축력이 작용하지 않는 휨부재의 전단철근 배치 (s_{max}는 괄호 안의 값 중 가장 작은 값)

구분	조건	전단철근의 설계와 전단철근의 간격(s)
A	$V_u \le \frac{1}{2}\phi V_c$	전단철근이 필요하지 않음
B	$\frac{1}{2}\phi V_c < V_u \le \phi V_c$	$s \le s_{max}$ $\quad s_{max} = \left[\frac{d}{2},\ 600\ mm,\ \frac{A_v f_{yt}}{0.0625\sqrt{f_{ck}}\, b_w},\ \frac{A_v f_{yt}}{0.35\, b_w}\right]$
C	$\phi V_c < V_u \le \phi V_c + \phi\left(\frac{1}{3}\lambda\sqrt{f_{ck}}\right)b_w\, d$	$s \le req'd\ s$ $\quad req'd\ s = \frac{\phi A_v f_{yt}\, d}{req'd\ \phi V_s}$ $\quad req'd\ \phi V_s = V_u - \phi V_c$ $s \le s_{max}$ $\quad s_{max} = \left[\frac{d}{2},\ 600\ mm,\ \frac{A_v f_{yt}}{0.0625\sqrt{f_{ck}}\, b_w},\ \frac{A_v f_{yt}}{0.35\, b_w}\right]$
D	$\phi V_c + \phi\left(\frac{1}{3}\lambda\sqrt{f_{ck}}\right)b_w\, d < V_u \le \phi V_{s,\,max}$	$s \le req'd\ s$ $\quad req'd\ s = \frac{\phi A_v f_{yt}\, d}{req'd\ \phi V_s}$ $\quad req'd\ \phi V_s = V_u - \phi V_c$ $s \le s_{max}$ $\quad s_{max} = \left[\frac{d}{4},\ 300\ mm,\ \frac{A_v f_{yt}}{0.0625\sqrt{f_{ck}}\, b_w},\ \frac{A_v f_{yt}}{0.35\, b_w}\right]$
E	$\phi V_c + \phi V_{s,\,max} < V_u$	단면의 크기를 증가시켜야 함

[9] 전단위험단면과 계수전단력 포락선

설계에서는 구조물에 가장 불리하게 작용하는 하중 배치를 고려하여 각 위치에서 발생할 수 있는 최대 계수전단력을 연결한 포락선(envelop curve)을 적용한다. 교량의 설계트럭하중과 같이 이동하는 집중하중에 대해서는 경간 내에서 하중의 위치를 변화시켜가면서 각 위치에 발생할 수 있는 최대전단력을 해석하여야 한다.

전단위험단면(shear critical section)은 실질적으로 전단작용이 가장 커서 설계를 지배하게 되는 단면을 의미한다. 철근콘크리트 부재의 윗면에 중력방향으로 등분포하중이 작용하는 경우에는 받침부 내면에서 유효깊이 d만큼 떨어진 위치를 전단위험단면으로 하고, 전단위험단면과 지점 사이의 단면은 전단위험단면에 작용하는 계수전단력 V_u를 대상으로 전단설계를 수행한다. 철근콘크리트 부재에서 전단위험단면이 받침부 내면에서 만큼 떨어진 위치가 아닌 경우는 그림 7-39에 나타나 있다.

예제 7-1 그림 7-43과 같은 단면 형상과 크기를 가진 경간 6m의 단순보에 310kN의 계수집중하중 P_u가 좌우대칭으로 2개가 작용한다. 콘크리트 설계기준압축강도 f_{ck}는 35MPa이며, 인장철근으로 SD600 3-D32(A_s= 2,383mm^2)가 배치되어 있고, 지점과 집중하중 사이에는 U형 수직전단철근으로 SD400의 D10 철근이 125mm 간격으로 배치되어 있다. 이 부재에 대하여 KDS 14 20 콘크리트구조 설계기준에 따라 콘크리트에 의한 공칭전단강도의 엄밀식과 간편식을 적용하여 전단강도를 검증하시오.

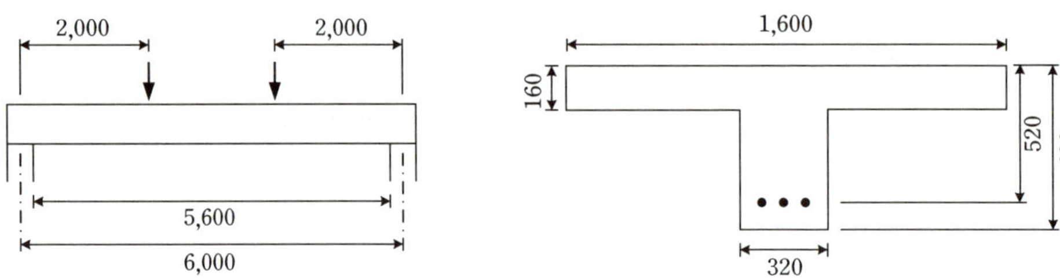

그림 7-43 예제 7-1의 단순보와 단면

〈풀이〉

(1) 계수전단력과 계수휨모멘트

자중을 무시하면 집중하중이 좌우대칭으로 작용하므로 지점과 집중하중 사이의 계수전단력은 계수하중과 같고, 지점과 집중하중 사이의 계수휨모멘트는 계수전단력에 지점부터의 거리 x를 곱한 값이 된다. 따라서 지점과 집중하중 사이의 계수전단력과 계수휨모멘트를 계산하면

$$V_u = P_u = 310\,kN$$

$$M_u = V_u x$$

두 집중하중 사이의 계수전단력은 0이고 계수휨모멘트는 다음과 같다.

$$M_u = V_u \times 2 = 310 \times 2 = 620\,kN \cdot m$$

(2) V_c 엄밀식을 적용한 설계전단강도와 전단강도 검증

SD400 D10 U형 수직전단철근이 125 mm 간격으로 배치되었으므로, 한 단면에서 두 개의 D10이 전단

철근으로 저항하는 설계전단강도를 구하면

$$A_v = 143\,mm^2 \qquad f_{yt} = 400\,MPa \qquad d = 520\,mm \qquad s = 125\,mm$$

$$\phi V_s = \frac{\phi A_v f_{yt} d}{s} = \frac{0.75\times143\times400\times520}{125} = 178\times10^3\,N = 178\,kN$$

엄밀식을 적용하여 콘크리트에 의한 전단강도를 구하려면 $V_u d/M_u$의 값이 필요하다. 지점부터의 거리 x를 m 단위로 나타낼 때 x에서의 $V_u d/M_u$값은

$$\frac{V_u d}{M_u} = \frac{V_u d}{V_u x} = \frac{d}{x} = \frac{0.52}{x}$$

이 부재는 집중하중이 작용하므로 받침부 내면의 위치가 위험단면이다. 받침부 내면의 위치는 x가 0.2 m인 위치이므로, $V_u d/M_u$값은

$$\frac{V_u d}{M_u} = \frac{0.52}{x} = \frac{0.52}{0.2} = 2.65$$

이 값은 1.0보다 크므로, $V_u d/M_u$의 값으로는 1.0을 적용하여야 한다. 엄밀식을 적용하기 위하여 복부 내의 철근비를 계산하면

$$\rho_w = \frac{A_s}{b_w d} = \frac{2{,}383}{320\times520} = 0.01432$$

이제 엄밀식을 적용하여 x가 0.2 m인 위험단면에서의 콘크리트에 의한 전단강도를 계산하면, 경량콘크리트 계수 λ가 1.0이므로

$$V_c = \left(0.16\,\lambda\sqrt{f_{ck}} + 17.6\,\rho_w \frac{V_u d}{M_u}\right) b_w d = (0.16\times1.0\times\sqrt{35} + 17.6\times0.01432\times1.0)\times320\times520$$
$$= 199{,}400\,N = 199.4\,kN$$

x가 0.2 m인 위험단면에서의 콘크리트에 의한 설계전단강도를 계산하면

$$\phi V_c = 0.75\times199.4 = 150\,kN$$

콘크리트에 의한 설계전단강도의 최대허용값을 계산하면

$$\phi V_c = \phi\,(0.29\,\lambda\sqrt{f_{ck}})b_w d = 0.75\times(0.29\times1.0\times\sqrt{35})\times320\times520\times(10)^{-3} = 214\,kN$$

이 값은 앞에서 계산한 150 kN보다 크므로, 콘크리트에 의한 설계전단강도 ϕV_c는 150 kN이다. 이제 x가 0.2 m인 위험단면에서의 설계전단강도를 계산하면

$$\phi V_n = \phi V_c + \phi V_s = 150 + 178 = 328\,kN$$

이와 같은 방법으로 지점에서 0.5 m 간격으로 경간중앙까지 설계전단강도를 구하면 표 7-5와 같다. 표 7-5에 나타난 바와 같이, 위험단면과 x가 1.0 m인 위치까지는 전단강도성능을 만족하지만 x가 1.0 m를 초과

표 7-5 V_c 엄밀식을 적용할 때의 설계전단강도와 전단강도 검증

$x[m]$	$V_u d/M_u$	$V_c\,[kN]$	$\phi V_c\,[kN]$	$\phi V_s\,[kN]$	$\phi V_n\,[kN]$	$V_u\,[kN]$	강도 검증
0.2	2.65 → 1.0	199.4	150	178	328	310	만족
0.5	1.04 → 1.0	199.4	150	178	328	310	만족
1.0	0.520	179.3	134	178	312	310	만족
1.5	0.347	171.1	129	178	307	310	불만족
2.0	0.260	168.4	126	178	304	310	불만족
2.5	0.208	166.2	125	–	125	0	만족
3.0	0.173	163.8	124	–	124	0	만족

하는 구간에서 집중하중이 작용하는 x가 2.0 m인 위치까지는 전단강도성능을 만족하지 못하며 집중하중 사이에는 다시 전단강도성능을 만족한다. 이것은 그림 7-44에 나타난 바와 같이 지점에서 경간중앙으로 가면서 콘크리트에 의한 설계전단강도가 감소하기 때문이다. 즉, 휨모멘트가 증가하면 콘크리트에 의한 전단강도가 감소한다는 것을 나타낸다.

(3) V_c 간편식을 적용한 설계전단강도와 전단강도 검증

V_c 간편식을 적용하면, 모든 위치에서

$$\phi V_c = \phi\left(\frac{1}{6}\lambda\sqrt{f_{ck}}\right)b_w d = 0.75\times\left(\frac{1}{6}\times1.0\times\sqrt{35}\right)\times320\times520\times(10)^{-3} = 123\,kN$$

모든 위치에서 설계전단강도는

$$\phi V_n = \phi V_c + \phi V_s = 123+178 = 301\,kN < V_u\,(=310\,kN)$$

따라서 간편식을 적용한다면 위험단면과 집중하중이 작용하는 위치, 즉 x가 2.0 m인 위치까지는 전단강도성능을 만족하지 못한다. 그림 7-44는 엄밀식과 간편식을 적용한 콘크리트에 의한 설계전단강도 ϕV_c의 분포를 나타낸다.

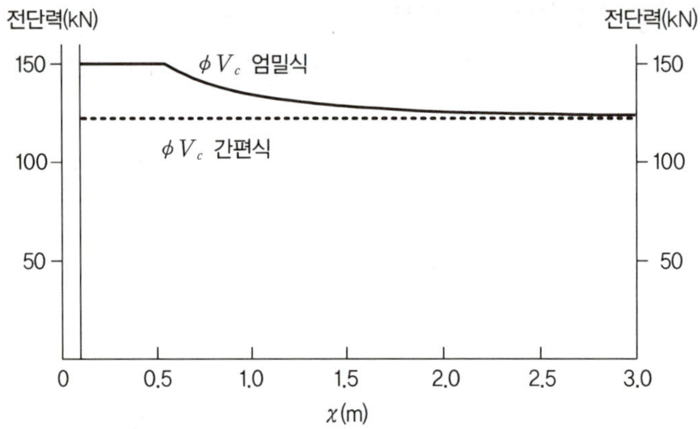

그림 7-44 콘크리트에 의한 설계전단강도 ϕV_c의 분포

예제 7-2 그림 7-45와 같은 단면 형상과 크기를 가진 경간 6m의 단순보에 36kN/m의 등분포 고정하중과 54kN/m의 등분포 활하중이 작용한다. 콘크리트 설계기준압축강도 f_{ck}는 35MPa이며, 인장철근으로 SD600 3-D32(A_s=2,383mm^2)가 배치되어 있다. SD400의 D10 철근을 U형 수직전단철근으로 사용하여, KDS 14 20 콘크리트구조 설계기준에 따라 전단설계를 수행하시오. 또 실무설계에서 적용할만한 다른 강종이나 다른 지름의 전단철근과 간격을 제시하시오.

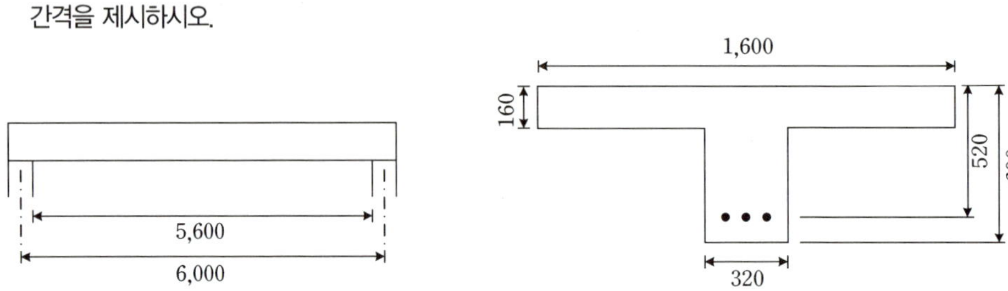

그림 7-45 예제 7-2의 단순보와 단면

〈풀이〉

(1) 계수전단력 포락선과 위험단면의 계수전단력

3장 3.5.3절에 소개된 KDS 14 20 콘크리트구조 설계기준의 계수하중조합 중에서 고정하중과 활하중이 작용하는 경우에 적용하여야 할 계수하중조합은 여러 가지가 있으나, 고정하중과 활하중이 모두 중력방향으로 작용하므로 각각의 하중계수가 가장 큰 하중조합을 적용하면 된다. 이에 해당하는 하중조합은 U=1.4 D인 식 (3·33)과 U=1.2 D+1.6 L인 식 (3·34)이다. 그러나 이 예제의 경우 36 kN/m인 w_D보다 54 kN/m인 w_L이 더 커서 고정하중이 지배적인 경우가 아니므로, 식 (3·34)에 따른 U=1.2 D+1.6 L가 설계를 지배한다.

이 하중조합에 대한 구조해석에서 계수고정하중 1.2 w_D는 전체경간에 등분포하중으로 배치하고, 계수활하중 1.6 w_L은 그림 7-46과 같은 배치를 고려한다. 그림 7-46(a)는 지점의 반력과 전단력이 최대가 되는 하중배치이고, 그림 7-46(b)는 위험단면의 전단력이 최대가 되는 하중배치이며, 그림 7-46(c)는 경간중앙의 전단력이 최대가 되는 하중배치이다. 위험단면과 경간중앙 사이의 위치에 대하여는 그림 7-46의 (b)와 (c)와 같은 형태로 경간의 한쪽 일부분에만 계수활하중 배치하여야 한다. 따라서 부재의 각 위치에 작용할 수 있는 최대전단력의 정확한 값을 구하려면, 이와 같이 많은 계수활하중 배치에 대한 구조해석이 필요하다.

이 예제에서는 간단하고 보수적인 계수전단력 포락선을 구하여 설계에 적용한다. 이 방법은 지점에서의 최대 계수전단력과 경간중앙 위치의 최대 계수전단력을 직선으로 연결하는 단순한 방법이다. 즉, 그림 7-46(a)와 같은 계수활하중 배치로 지점에서의 최대 계수전단력을 구하고, 그림 7-46(c)와 같은 계수활하중 배치로 경간중앙에서의 최대 계수전단력을 구하여 두 점을 연결하여 계수전단력 포락선을 구하는 것이다.

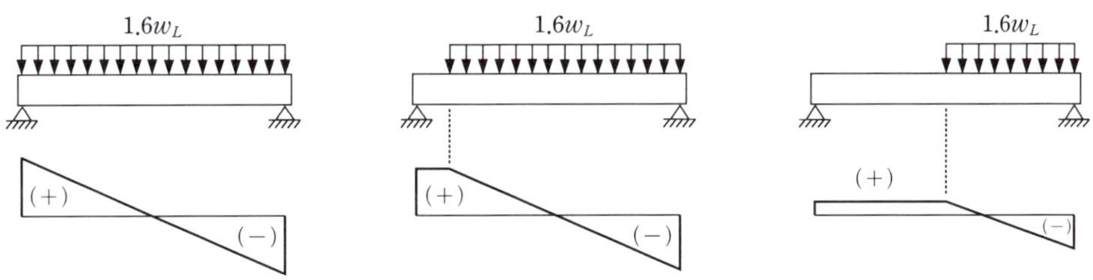

(a) 전체경간 활하중 배치 (b) 위험단면 활하중 배치 (c) 경간 중앙 활하중 배치

그림 7-46 계수활하중의 배치와 전단력 분포

먼저 고정하중과 활하중이 모두 동일한 하중배치로 작용하는 경우의 계수등분포하중 w_u를 구하면

$$w_u = 1.2\,w_D + 1.6\,w_L = 1.2\times 36 + 1.6\times 54 = 129.6\,kN/m$$

이 계수등분포하중 w_u가 그림 7-46(a)와 같이 전체 경간에 작용할 때, 지점에서의 계수전단력은

$$V_u = \frac{w_u L}{2} = \frac{129.6\times 6}{2} = 389\,kN$$

경간중앙에서는 계수고정하중에 의한 전단력이 0이므로 계수활하중에 의한 전단력만 고려하면 된다. 계수활하중 1.6 w_L가 그림 7-46(c)와 같이 경간중앙의 오른쪽 부분만 작용할 때, 경간중앙에서의 계수전단력은 다음과 같다.

$$V_u = \frac{1.6\,w_L L}{8} = \frac{1.6\times 54\times 6}{8} = 65\,kN$$

이 결과를 이용하여 지점에서의 계수전단력 389 kN과 경간중앙에서의 계수전단력 65 kN을 연결한 직선은 그림 7-47의 실선과 같이 나타난다. 이 실선에서 위험단면의 위치를 찾고, 그림 7-47의 가는 점선과 같이 위험단면의 위치에서 받침부 내면까지를 위험단면의 계수전단력으로 일정하게 연결하면 단순 계수전단력 포락선을 구할 수 있다.

지점부터의 거리를 x라고 하고 받침부 내면부터의 거리를 x_f라고 하면, 이 부재의 위험단면은 받침부 내면에서 520 mm인 유효깊이 d 만큼 떨어진 위치이므로 x가 720 mm(0.72 m)이며 x_f가 520 mm(0.52 m)인 위치이다. 그림 7-47에서 실선으로 나타낸 직선으로 위험단면의 계수전단력을 직선보간으로 구하면 다음과 같다.

$$V_u = 389 - \left(\frac{389-65}{3}\right) \times 0.72 = 311\, kN$$

참고로, 만일 위험단면 계수전단력의 정해를 구하고자 한다면, 계수고정하중은 전체 경간에 배치하고 계수활하중을 그림 7-46(b)와 같이 위험단면의 오른쪽에만 배치하여 다음과 같이 계산할 수 있다.

$$V_u = 1.2 \times 36 \times (3-0.72) + 1.6 \times 54 \times \frac{(6-0.72)^2}{2 \times 6} = 299\, kN$$

이와 같은 활하중 배치로 각 위치에서의 최대 전단력을 연결하면 그림 7-47에서 굵은 점선으로 나타낸 것과 같은 엄밀한 계수전단력 포락선을 구할 수 있다.

위험단면에서의 계수전단력을 비교하면, 엄밀한 해석에 따른 값이 299 kN이고 단순한 해석에 따른 값이 311 kN로 약 4%의 오차를 나타낸다. 따라서 단순한 해석에 따르더라도 오차가 크지 않고, 또 보수적인 설계가 될 것이므로 간편한 계산과정에 따르는 이 예제에서는 단순 계수전단력 포락선을 적용하기로 한다.

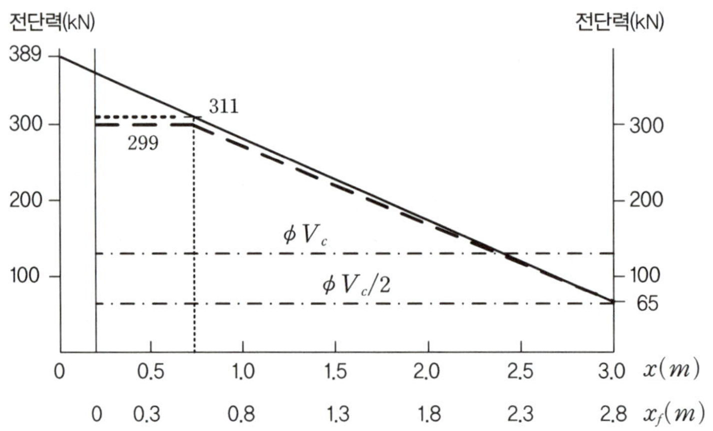

그림 7-47 계수전단력 포락선

(2) 콘크리트에 의한 설계전단강도와 전단철근의 최대간격

간편식을 적용하여 콘크리트에 의한 설계전단강도를 계산하면

$$\phi V_c = \phi\left(\frac{1}{6}\lambda\sqrt{f_{ck}}\right) b_w d = 0.75 \times \left(\frac{1}{6} \times 1.0 \times \sqrt{35}\right) \times 320 \times 520 \times (10)^{-3} = 123\, kN$$

311 kN인 위험단면의 계수전단력이 ϕV_c보다 크므로 전단철근으로 보강하여야 한다. 최소 전단철근을 배치하여야 할 위치를 결정하기 위하여 ϕV_c의 1/2을 계산하면

$$\frac{\phi V_c}{2} = \frac{123}{2} = 61.5\, kN$$

이 값은 경간중앙에 작용하는 계수전단력의 최솟값보다 작으므로, 경간 전체에 걸쳐서 최소 전단철근 이상의 전단철근을 배치하여야 한다.

전단철근의 소요간격을 계산하기 전에, 먼저 전단철근의 최대간격을 결정하기로 한다. 이 부재가 7.3.7절

표 7-4의 C에 해당하는지, 아니면 D에 해당하는지 판단하기 위하여 한계를 계산하면

$$\phi V_c+\phi\left(\frac{1}{3}\lambda\sqrt{f_{ck}}\right)b_w d = 3(\phi V_c) = 3\times123 = 369\,kN > V_{u,\,max}\,(=311\,kN)$$

따라서 7.3.7절 표 7-4의 C에 해당하므로, 전단철근의 간격은 $d/2$ 또는 600 mm를 초과하지 못한다. 이 두 가지 최대간격과 함께 최소 전단철근 단면적을 간격으로 환산한 두 가지 조건도 포함하여 모두 4가지 조건의 최대간격을 구하면, f_{yt}가 400 MPa이고 A_v가 143 mm^2인 SD400 D10 U형 수직전단철근을 사용할 때

$$s_{max,\,1} = \frac{d}{2} = \frac{520}{2} = 260\,mm$$

$$s_{max,\,2} = 600\,mm$$

$$s_{max,\,3} = \frac{A_v f_{yt}}{0.0625\sqrt{f_{ck}}\,b_w} = \frac{143\times400}{0.0625\sqrt{35}\times320} = 483\,mm$$

$$s_{max,\,4} = \frac{A_v f_{yt}}{0.35\,b_w} = \frac{143\times400}{0.35\times320} = 510\,mm$$

이 네 가지 중 가장 작은 간격은 $s_{max,\,1}$인 260 mm이므로, 전단철근의 최대간격은 다음과 같다.

$$s_{max} = 260\,mm$$

(3) 전단철근의 배치

전단철근의 소요간격 중 가장 작은 값을 구하기 위하여 계수전단력이 311 kN인 위험단면에서의 소요간격을 계산하면

$$req'd\,\phi V_s = V_u-\phi V_c = 311-123 = 188\,kN$$

$$req'd\,s = \frac{\phi A_v f_{yt}\,d}{req'd\,\phi V_s} = \frac{0.75\times143\times400\times520}{188\times1{,}000} = 118\,mm$$

소요간격 118 mm 이하의 값으로서 실무에 적용할 수 있는 간격으로 100 mm를 택하고, 그 이상의 간격에 대한 설계전단강도를 계산한다. 전단철근의 간격이 s일 때 설계전단강도를 나타내면

$$\phi V_s = \frac{\phi A_v f_{yt}\,d}{s} = \frac{0.75\times143\times400\times520}{s} = \frac{22{,}308}{s}\ [kN]$$

$$\phi V_n = \phi V_c+\phi V_s = 123+\frac{22{,}308}{s}\ [kN]$$

이 식의 s에 100 mm부터 250 mm까지 25 mm씩 또는 50 mm를 증가시킨 간격과 최대간격인 260 mm를 대입하여 설계전단강도를 구하면 표 7-6과 같다.

표 7-6 엄밀식을 적용할 때의 설계전단강도와 전단강도 검증

s [mm]	ϕV_s [kN]	ϕV_n [kN]	ϕV_n과 동일한 V_u의 위치, x_f (받침부 내면에서의 거리)
100	223	346	–
125	178	301	613mm
150	149	272	881mm
175	127	250	1,085mm
200	112	235	1,224mm
250	89	212	1,437mm
260	86	209	1,465mm

각각의 간격에 대한 설계전단강도 ϕV_n과 동일한 V_u의 위치를 받침부 내면에서의 거리 x_f로 구하면

$$x_f = 520 + \frac{311-\phi V_n}{311-65} \times (2{,}800-520) = 520 + 9.2683 \times (311-\phi V_n)$$

표 7-6의 ϕV_n 값을 이 식에 대입하여 표의 전단철근 간격 s로 배치했을 때 전단강도를 만족하는 위치를 구하면 표 7-6의 마지막 열의 값과 같다. 이렇게 구한 각 위치를 그림으로 나타내면 그림 7-48과 같다.

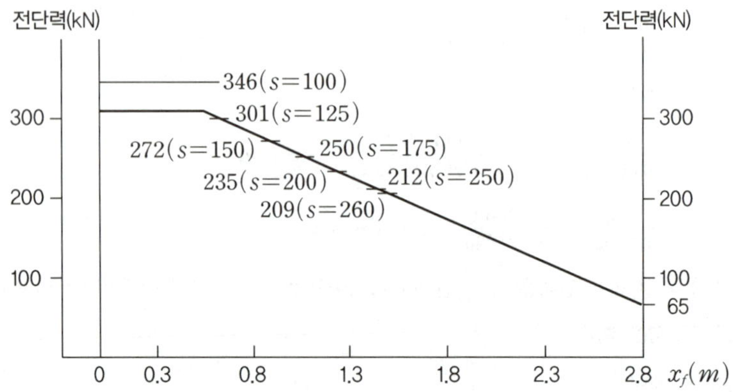

그림 7-48 전단철근 간격에 따른 전단강도와 해당 위치

그림 7-48의 해당 위치를 고려하여 전단철근의 간격으로 100 mm, 150 mm, 250 mm의 세 가지 간격을 선택하고, 전단철근이 경간에 좌우 대칭으로 배치되도록 다음과 같이 배치하기로 한다.

① 첫 번째 전단철근은 받침부 내면에서 전단철근 간격의 1/2 이하인 위치에 배치하여야 하므로, 받침부 내면에서 50 mm 떨어진 위치에 첫 번째 전단철근을 배치한다.

② 두 번째 전단철근부터는 100 mm 간격으로 9개를 배치한다. 이때 100 mm 간격으로 배치하는 마지막 전단철근의 위치는 $50+9\times100 = 950$ mm로, 그 다음 전단철근의 간격인 150 mm로 배치할 때 전단강도를 만족하는 위치인 881mm를 초과한다.

③ 그 다음 전단철근부터는 150 mm 간격으로 4개를 배치한다. 이때 150 mm 간격으로 배치하는 마지막 전단철근의 위치는 $950+4\times150 = 1{,}550$ mm로, 그 다음 전단철근의 간격인 250 mm로 배치할 때 전단강도를 만족하는 위치인 1,437 mm를 초과한다.

④ 그 다음 전단철근부터는 250 mm 간격으로 5개를 배치한다. 이때 250 mm 간격으로 배치하는 마지막 전단철근의 위치는 $1{,}550+5\times250 = 2{,}800$ mm로 경간중앙의 위치이다.

전단철근은 부재 전체에 모두 37개가 배치된다.

(4) 전단강도 검증과 전단철근 배치도

그림 7-49는 계수전단력 포락선과 설계전단강도의 분포를 나타낸다. 그림에 나타난 바와 같이 모든 위치에서 설계전단강도 ϕV_n이 계수전단력 V_u보다 크므로, 전단강도성능을 만족한다. 또 그림 7-49는 경간의 왼쪽 1/2인 부분의 전단철근 배치도로, 부재 전체에는 좌우대칭으로 모두 37개의 전단철근을 배치한다.

(5) 적용 가능한 전단철근

위와 같은 과정으로 수행한 전단설계로서, 실무설계에서 적용 가능한 전단철근의 배치는 표 7-7과 같다. 이 설계 대안은 311 kN의 최대 계수전단력이 작용하는 위험단면의 전단철근 배치이다. 전단철근으로 SD500 D16을 사용하면 소요간격이 412 mm로 넓어지지만 최대간격 260 mm 이하로 배치하여야 하므로 경제적이지 않고, SD300 D10을 사용하면 소요간격이 89 mm로 너무 좁게 되어 시공에 적합하지 않다.

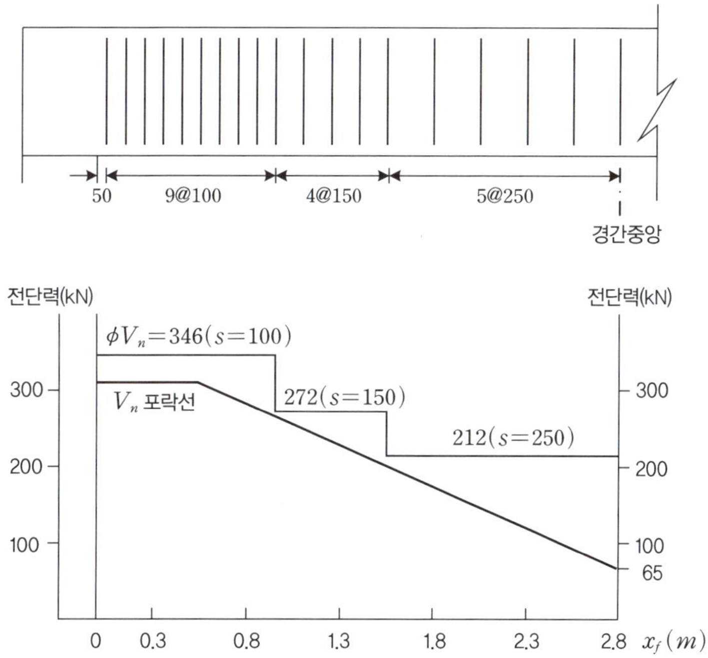

그림 7-49 설계전단강도 분포도와 전단철근 배치도

표 7-7 실무설계에서 적용 가능한 위험단면의 전단철근 배치

철근 강종	철근 크기	$A_v\ [mm^2]$	$s\ [mm]$	$\phi V_n\ [kN]$
SD500	D10	143	125	346
	D13	253	250	320
SD400	D10	143	100	346
	D13	253	200	320
	D16	397	250	370
SD300	D13	253	150	320
	D16	397	200	355

예제 7-3 콘크리트 설계기준압축강도 f_{ck}가 30MPa이며, 복부폭 b_w=420 mm, 유효깊이 d=800 mm인 T형 단면 연속보의 외측 경간(받침부 내면 사이의 순경간은 12m)에 대한 계수전단력 포락선을 절댓값으로 나타낸 것이 그림 7-50과 같을 때, SD400의 D13 철근을 U형 수직전단철근으로 사용하여 KDS 14 20 콘크리트구조 설계기준에 따라 전단설계를 수행하시오.

〈풀이〉

(1) 콘크리트에 의한 설계전단강도와 전단철근의 최대간격

계수전단력 포락선에서 오른쪽에 나타낸 첫 번째 경간 첫 내부지점의 위험단면 위치에 다음의 최대계수

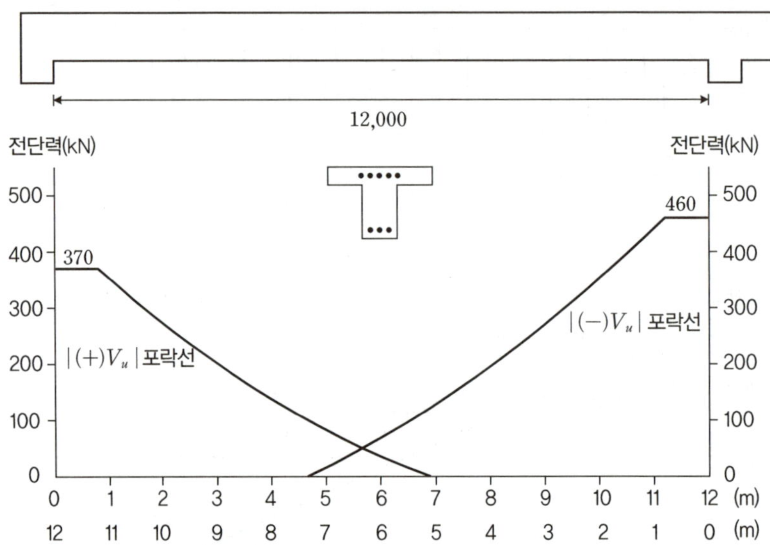

그림 7-50 예제 7-3의 보와 계수전단력 포락선

전단력이 작용한다.

$$V_{u,\,max} = 460\,kN$$

간편식을 적용하여 콘크리트에 의한 설계전단강도를 계산하면

$$\phi V_c = \phi\left(\frac{1}{6}\lambda\sqrt{f_{ck}}\right)b_w d = 0.75\times\left(\frac{1}{6}\times1.0\times\sqrt{30}\right)\times420\times800\times(10)^{-3} = 230\,kN$$

최대계수전단력 $V_{u,\,max}$가 콘크리트에 의한 설계전단강도 ϕV_c보다 크므로, 전단철근의 소요간격을 구하고 전단철근을 배치하여야 한다. 최소 전단철근을 배치하여야 할 위치를 결정하기 위하여 ϕV_c의 1/2을 계산하면

$$\frac{\phi V_c}{2} = \frac{230}{2} = 115\,kN$$

전단철근의 소요간격을 계산하기 전에 먼저 전단철근의 최대간격을 결정하기로 한다. 이 부재가 7.3.7절 표 7-4의 C에 해당하는지, 아니면 D에 해당하는지 판단하기 위하여 한계를 계산하면

$$\phi V_c + \phi\left(\frac{1}{3}\lambda\sqrt{f_{ck}}\right)b_w d = 3(\phi V_c) = 3\times230 = 690\,kN > V_{u,\,max}\,(=460\,kN)$$

따라서 7.3.7절 표 7-4의 C에 해당하므로 전단철근의 간격은 $d/2$ 또는 600 mm를 초과하지 못한다. 이 두 가지 최대간격과 함께 최소 전단철근 단면적을 간격으로 환산한 두 가지 조건도 포함하여 모두 4가지 조건의 최대간격을 구하면, f_{yt}가 400 MPa이고 A_v가 253 mm^2인 SD400 D13 U형 수직전단철근을 사용할 때

$$s_{max,\,1} = \frac{d}{2} = \frac{800}{2} = 400\,mm$$

$$s_{max,\,2} = 600\,mm$$

$$s_{max,\,3} = \frac{A_v f_{yt}}{0.0625\sqrt{f_{ck}}\,b_w} = \frac{253\times400}{0.0625\sqrt{35}\times420} = 704\,mm$$

$$s_{max,\,4} = \frac{A_v f_{yt}}{0.35\,b_w} = \frac{253\times400}{0.35\times320} = 688\,mm$$

이 네 가지 중 가장 작은 간격은 $s_{max,1}$인 400 mm이므로, 전단철근의 최대간격은 다음과 같다.

$$s_{max} = 400\ mm$$

(2) 경간 왼쪽 외측 지점부의 전단철근 배치

전단철근의 소요간격 중 가장 작은 값을 구하기 위하여 계수전단력이 370 kN인 위험단면에서의 소요간격을 계산하면

$$req'd\ \phi V_s = V_u - \phi V_c = 370 - 230 = 140\ kN$$

$$req'd\ s = \frac{\phi A_v f_{yt}\, d}{req'd\ \phi V_s} = \frac{0.75 \times 253 \times 400 \times 800}{140 \times 1{,}000} = 433\ mm > s_{max}\ (= 400\ mm)$$

소요간격 433 mm는 최대간격 400 mm를 초과하므로 첫 번째 전단철근을 받침부 내면에서 400 mm의 절반인 200 mm 떨어진 위치에 배치하고, 그 다음 전단철근부터는 400 mm 간격으로 ϕV_c의 1/2인 위치까지 배치한다. 400 mm 간격으로 SD400 D13 U형 수직전단철근을 배치할 때의 설계전단강도는

$$\phi V_s = \frac{\phi A_v f_{yt}\, d}{s} = \frac{0.75 \times 253 \times 400 \times 800}{400 \times 1{,}000} = 152\ kN$$

$$\phi V_n = \phi V_c + \phi V_s = 230 + 152 = 382\ kN$$

그림 7-51과 같이 ϕV_c의 1/2인 115 kN을 계수전단력 포락선 위에 표시하고, 축척에 따라 눈대중(목측, 目測, eye measurement)으로 계수전단력이 115 kN인 위치를 찾은 결과는 받침부 내면에서 4.4 m 떨어진 위치이다. 따라서 배치되어야 할 전단철근의 수 n을 구하면

$$req'd\ n = \frac{4{,}400 - 200}{400} + 1 = 11.5$$

따라서 모두 12개의 전단철근이 배치되어야 한다. 전단철근 12개를 배치할 때 마지막 전단철근의 위치 l_L을 구하면

$$l_L = 200 + 11 \times 400 = 4{,}600\ mm$$

이 값은 전단철근이 배치되어야 하는 위치인 4.4 m보다 크므로 설계기준에 부합되게 설계된 것이다.

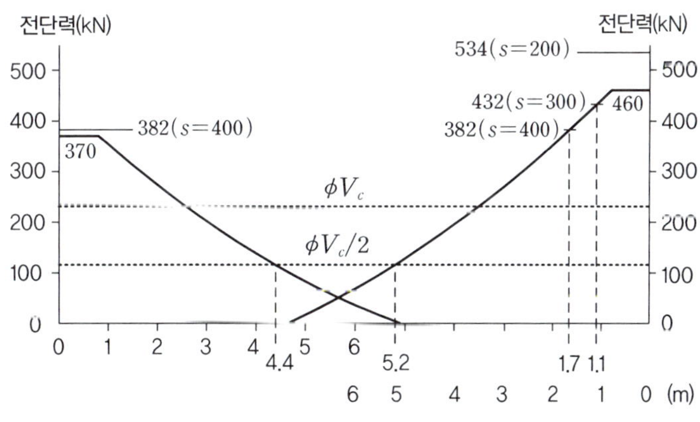

그림 7-51 전단철근 간격에 따른 전단강도와 해당 위치

(3) 경간 오른쪽 내측 지점부의 전단철근 배치

전단철근의 소요간격 중 가장 작은 값을 구하기 위하여 계수전단력이 460 kN인 위험단면에서의 소요간격을 계산하면

$$req'd\ \phi V_s = V_u - \phi V_c = 460 - 230 = 230\ kN$$

$$req'd\ s = \frac{\phi A_v f_{yt} d}{req'd\ \phi V_s} = \frac{0.75 \times 253 \times 400 \times 800}{230 \times 1{,}000} = 264\ mm < s_{max}\ (= 400\ mm)$$

소요간격 264 mm 이하의 값으로서 실무에 적용할 수 있는 간격으로 200 mm를 택하고, 그 이상의 간격에 대한 설계전단강도를 계산한다. 전단철근의 간격이 s일 때 설계전단강도를 나타내면

$$\phi V_s = \frac{\phi A_v f_{yt} d}{s} = \frac{0.75 \times 253 \times 400 \times 800}{s} = \frac{60{,}720}{s}\ [kN]$$

$$\phi V_n = \phi V_c + \phi V_s = 230 + \frac{60{,}720}{s}\ [kN]$$

전단철근 간격으로 200 mm와 400 mm 외에 그 중간 값을 검토하기 위하여 300 mm 간격을 추가 선택하고, 이 식의 s에 200 mm, 300 mm, 400 mm를 대입하여 설계전단강도를 구하면 표 7-8과 같다.

표 7-8 전단철근 간격에 따른 설계전단강도와 적용 가능 위치

$s\ [mm]$	$\phi V_s\ [kN]$	$\phi V_n\ [kN]$	ϕV_n과 동일한 V_u의 위치, x_f (받침부 내면에서의 거리)
200	304	534	–
300	202	432	1,100 mm
400	152	382	1,700 mm

전단철근을 300 mm 간격과 400 mm 간격으로 배치할 때의 설계전단력 ϕV_n을 그림 7-51과 같이 계수전단력 포락선 위에 표시하고, 축척에 따라 눈대중(목측, 目測, eye measurement)으로 해당 위치를 찾은 결과는 표 7-8에 나타난 바와 같이 받침부 내면에서 각각 1.1 m와 1.7 m 떨어진 위치이다. 그림 7-51에서 ϕV_c의 1/2인 115 kN을 계수전단력 포락선 위에 표시하고, 축척에 따라 눈대중(목측, 目測, eye measurement)으로 계수전단력이 115 kN인 위치를 찾은 결과는 받침부 내면에서 5.2 m 떨어진 위치이다.

전단철근의 간격으로 200 mm와 400 mm 외에 300 mm도 선택한다면, 300 mm 간격의 전단철근을 배치할 구간은 받침부 내면에서 1.1 m 떨어진 위치와 1.7 m 떨어진 위치 사이로 600 mm 구간이다. 이 구간의 길이 600 mm는 부재의 유효깊이 800 mm에 비하여 너무 좁은 범위이며, 300 mm 간격으로 배치할 전단철근의 수가 2개 또는 3개가 될 것이다. 따라서 시공 편의성의 관점에서 너무 많은 종류의 간격을 선택하지 않는 것이 바람직하다는 설계자의 판단에 따라 200 mm 간격과 400 mm 간격만 선택하고, 그림 7-51의 해당 위치를 고려하여 다음과 같이 배치하기로 한다.

① 첫 번째 전단철근은 받침부 내면에서 전단철근 간격의 1/2 이하인 위치에 배치하여야 하므로, 받침부 내면에서 100 mm 떨어진 위치에 첫 번째 전단철근을 배치한다.

② 두 번째 전단철근부터는 200 mm 간격으로 9개를 배치한다. 이때 200 mm 간격으로 배치하는 마지막 전단철근의 위치는 100+9×200=1,900 mm로, 그 다음 전단철근의 간격인 400 mm로 배치할 때 전단강도를 만족하는 위치인 1,700 mm를 초과한다.

③ 그 다음 전단철근부터는 400 mm 간격으로 9개를 배치한다. 이때 400 mm 간격으로 배치하는 마지막 전단철근의 위치는 1,900+9×400=5,500 mm로, 전단철근이 배치되어야 하는 위치인 5,200 mm를 초과한다.

경간의 오른쪽 내측 지점부의 전단철근은 19개가 배치된다.

(4) 전단강도 검증과 전단철근 배치도

그림 7-52는 계수전단력 포락선과 설계전단강도 분포를 나타낸다. 그림에 나타난 바와 같이 모든 위치에서 설계전단강도 ϕV_n이 계수전단력 V_u보다 크므로 전단강도성능을 만족한다. 전단철근은 경간의 왼쪽 부분에

12개, 오른쪽 부분에 19개로 모두 31개가 배치되고 중앙부 1,900 mm 구간에는 배치되지 않는다.

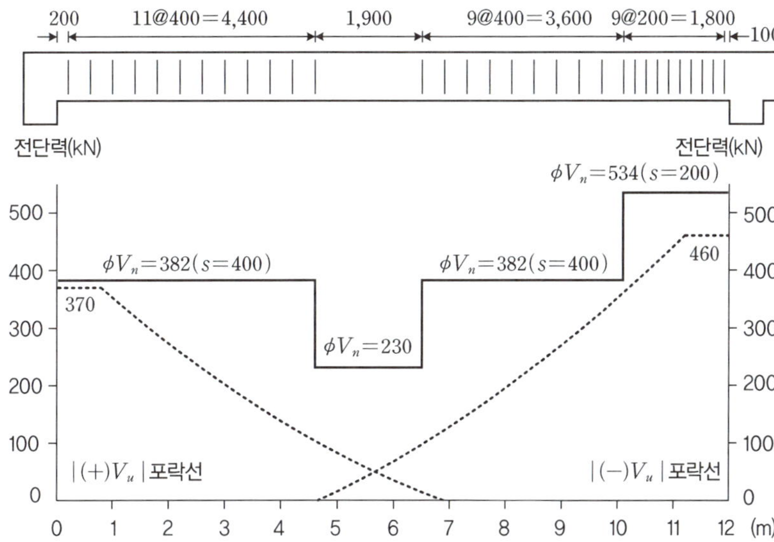

그림 7-52 설계전단강도 분포도와 전단철근 배치도

예제 7-4 길이 L=3.2m인 그림 7-53과 같은 캔틸레버 기둥에 계수전단력 V_u=40kN과 계수압축력 P_u=750kN이 작용하고 있을 때, KDS 14 20 콘크리트구조 설계기준에 따라 설계전단강도를 계산하고 축압축력의 영향을 설명하시오. 기둥 단면은 그림 7-53에 나타낸 바와 같이 한 변의 길이 h=400mm인 정사각형이며, SD400의 D25 철근이 축방향 철근으로 압축부와 인장부에 각각 4개씩 배치되어 인장철근의 유효깊이 d=320mm이다. 횡방향 철근은 SD400의 D13 철근이 폐합띠철근으로 s=200mm의 간격으로 축방향 철근을 둘러싸고 있다. 콘크리트 설계기준압축강도 f_{ck}는 30MPa이다.

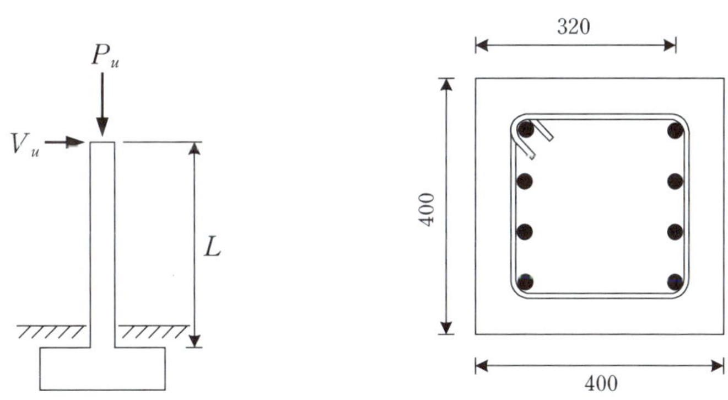

그림 7-53 예제 7-4의 기둥

〈풀이〉

(1) 콘크리트에 의한 공칭전단강도의 엄밀식을 이용한 설계전단강도

캔틸레버 단부에 40 kN의 계수전단력이 작용하므로, 이에 의한 휨모멘트를 계산하면

$$M_u = V_u L = 40 \times 3.2 = 128\ kN \cdot m$$

축압축력이 작용하는 경우의 콘크리트에 의한 공칭전단강도 엄밀식을 적용하기 위하여 축압축력을 고려하여 수정된 휨모멘트를 계산하면

$$M_m = M_u - N_u\left(\frac{4h-d}{8}\right) = 128-750\times\left(\frac{4\times0.4-0.32}{8}\right) = 8.0\,kN\cdot m$$

인장철근으로 4-D25의 철근이 배치되었으므로, 인장철근의 단면적과 철근비는

$$A_{s,ten} = 2{,}027\,mm^2$$

$$\rho_w = \frac{A_{s,ten}}{b_w d} = \frac{2{,}027}{400\times320} = 0.01584$$

축압축력이 작용하는 경우의 엄밀식으로 콘크리트에 의한 공칭전단강도를 계산하면

$$V_c = \left(0.16\,\lambda\sqrt{f_{ck}} + 17.6\,\rho_w\frac{V_u d}{M_m}\right)b_w d$$

$$= \left(0.16\times1.0\times\sqrt{30}+17.6\times0.01584\times\frac{40\times0.32}{8.0}\right)\times400\times320 = 169\times10^3\,N = 169\,kN$$

엄밀식의 최대 한계값을 계산하면

$$V_c = 0.29\,\lambda\sqrt{f_{ck}}\,b_w d\sqrt{1+\frac{N_u}{3.5\,A_g}}$$

$$= (0.29\times10\times\sqrt{30})\times400\times320\times\sqrt{1+\frac{750{,}000}{3.5\times400\times400}} = 311\times10^3\,N = 311\,kN$$

엄밀식으로 계산한 콘크리트에 의한 공칭전단강도가 최대 한계값을 넘지 않으므로 콘크리트에 의한 공칭전단강도는

$$V_c = 169\,kN$$

f_{yt}가 400 MPa이고 A_v가 253 mm^2인 SD400 D13 U형 수직전단철근을 200 mm 간격으로 배치할 때 전단철근에 의한 공칭전단강도는

$$V_s = \frac{A_v f_{yt}\,d}{s} = \frac{253\times400\times320}{200\times1{,}000} = 162\,kN$$

이제 공칭전단강도를 계산하면

$$V_n = V_c + V_s = 169+162 = 331\,kN$$

설계전단강도는

$$\phi\,V_n = 0.75\times331 = 248\,kN$$

(2) 콘크리트에 의한 공칭전단강도의 간편식을 이용한 설계전단강도

축압축력이 작용하는 경우의 간편식으로 콘크리트에 의한 공칭전단강도를 계산하면

$$V_c = \frac{1}{6}\left(1+\frac{N_u}{14\,A_g}\right)\lambda\sqrt{f_{ck}}\,b_w d$$

$$= \frac{1}{6}\left(1+\frac{750{,}000}{14\times400\times400}\right)\times1.0\times\sqrt{30}\times400\times320 = 156\times10^3\,N = 156\,kN$$

f_{yt}가 400 MPa이고 A_v가 253 mm^2인 SD400 D13 U형 수직전단철근을 200 mm 간격으로 배치할 때 전단철근에 의한 공칭전단강도는

$$V_s = \frac{A_v f_{yt}\,d}{s} = \frac{253\times400\times320}{200\times1{,}000} = 162\,kN$$

이제 공칭전단강도를 계산하면

$$V_n = V_c + V_s = 156+162 = 318\,kN$$

설계전단강도는

$$\phi V_n = 0.75 \times 318 = 239\,kN$$

(3) 설계전단강도에 대한 축압축력의 영향

750 kN인 계수축압축력의 수준을 축압축강도 P_o의 비율로 나타내기 위하여 축방향 철근의 총 단면적과 기둥 단면의 단면적을 먼저 계산한다. 축방향 철근으로 SD400의 8−D25 철근이 배치되었고 기둥 단면의 한 변이 400 mm이므로

$$A_{st} = 4{,}054\,mm^2$$

$$A_g = 400 \times 400 = 160{,}000\,mm^2$$

축압축강도 P_o(6장 6.3.3절 참조)를 계산하면

$$P_o = 0.85 f_{ck}(A_g - A_{st}) + f_y A_{st} = 0.85 \times 30 \times (160{,}000 - 4{,}054) + 400 \times 4{,}054$$

$$= 5{,}600 \times 10^3\,N = 5{,}600\,kN$$

축압축강도 P_o에 대한 계수축압축력의 비율을 계산하면

$$\frac{P_u}{P_o} = \frac{750}{5{,}600} = 0.134$$

축력이 작용하지 않는 경우의 간편식으로 콘크리트에 의한 공칭전단강도를 계산하면

$$V_c = \left(\frac{1}{6}\lambda\sqrt{f_{ck}}\right) b_w d = \left(\frac{1}{6} \times 1.0 \times \sqrt{30}\right) \times 400 \times 320 \times (10)^{-3} = 117\,kN$$

이 값을 기준으로 하면, 750 kN의 계수축압축력이 작용하여 축력비가 0.134인 이 예제의 경우 엄밀식으로 계산한 콘크리트에 의한 공칭전단강도는 169 kN으로 축력이 작용하지 않는 경우의 117 kN보다 44%가 증가한 것으로 계산되었다. 간편식을 적용하면 콘크리트에 의한 공칭전단강도가 156 kN으로 축력이 작용하지 않는 경우보다 33%가 증가한 것으로 계산되었다.

축력이 작용하지 않는 경우의 간편식으로 계산한 설계전단강도는

$$\phi V_n = \phi\,(V_c + V_s) = 0.75 \times (117 + 162) = 209 \times 10^3\,N = 209\,kN$$

따라서 이 예제의 경우 콘크리트에 의한 공칭전단강도를 엄밀식으로 계산했을 때 설계전단강도는 248 kN으로, 축력이 작용하지 않는 경우의 209 kN보다 19%가 증가한 것으로 계산되었다. 콘크리트에 의한 공칭전단강도를 간편식으로 계산했을 때에는 설계전단강도가 239 kN으로, 축력이 작용하지 않는 경우보다 14%가 증가한 것으로 계산되었다.

7.4 소성 변각트러스 모델 설계기준의 선부재 전단설계*

소성 변각트러스 모델은 균열의 각도를 일정한 값으로 가정하지 않고 부재 전체를 하나의 트러스로 취급하는 모델이다. 소성 변각트러스 모델을 전단설계모델로 채택한 설계기준은 Eurocode 2[7.26]와 KDS 24 14 21 콘크리트교 설계기준(한계상태설계법)[7.27]이 대표적이다. 이 절에서는 KDS 24 14 21 콘크리트교

* 이 절은 기본적으로 프리스트레스트 콘크리트–강도설계법과 한계상태설계법(이재훈 저, 동명사, 2015)의 7.4절과 동일한 것으로, 철근콘크리트를 대상으로 하면서 좀 더 명확하게 설명하기 위하여 표현을 일부 수정하고 내용을 추가하여 보강한 것이다.

설계기준(한계상태설계법)을 중심으로 소성 변각트러스 모델에 따른 선부재(linear member)의 전단설계를 설명하고, Eurocode 2의 내용도 소개한다.

7.4.1 소성 변각트러스 모델 설계기준의 전단강도 설계검증

[1] 선부재의 전단강도 설계검증

소성 변각트러스 모델은 균열의 각도를 일정한 값으로 가정하지 않기 때문에 균열의 각도를 결정하여 전단강도를 계산하여야 한다. 또 부재 전체를 하나의 트러스로 취급하여 전단강도를 검증하는 개념이므로, 전단철근 없이 계수전단력을 지지할 수 있는 부분이 존재하더라도 부재 전체에 최소 전단철근을 배치하여야 한다. 참고로, 45도 트러스 모델을 채택한 설계기준에서는 단면을 대상으로 전단강도를 검증하여 콘크리트에 의한 설계전단강도만으로 계수전단력을 지지할 수 있는 부분에는 전단철근을 배치하지 않아도 된다. 한편 소성 변각트러스 모델을 채택한 설계기준을 적용하여 부재 전체를 하나의 트러스로 취급하여 설계하더라도 전단강도의 검증은 각 단면에서의 전단강도 및 전단력으로 이루어진다. 즉, 각 단면의 설계전단강도 V_d는 다음과 같이 계수전단력 V_u 이상이 되도록 설계하여야 한다.

$$V_d \geq V_u \tag{7·83}$$

여기서 V_d는 부재의 설계전단강도로, 계수전단력 V_u를 저항하는 데에 있어서 전단철근의 필요 여부에 따라 각기 다른 방법으로 결정한다. 즉, 계수전단력 V_u를 콘크리트만으로 저항할 수 있는 경우는 '전단 무보강 부재'로 설계할 수 있으며, 콘크리트만으로는 전단강도가 부족한 경우는 필요한 만큼의 전단철근을 배치한 '전단 보강 부재'로 설계한다.

콘크리트만으로 계수전단력 V_u를 저항할 수 있는 전단 무보강 부재는 다음과 같이 콘크리트에 의한 설계전단강도 V_{cd}를 설계전단강도 V_d로 한다.

$$V_d = V_{cd} \tag{7·84}$$

여기서, 철근콘크리트 보와 기둥은 균열이 이미 발생한 상태에서 극한한계상태에 도달할 때 콘크리트에 의하여 저항하는 전단력을 설계전단강도 V_{cd}로 하며, 축력의 영향을 고려하여 결정한다. 프리스트레스트 콘크리트 부재는 균열의 발생 여부에 따라 두 가지 경우로 나누어 각각의 값을 결정한다. 만일 철근콘크리트 기둥에서 축방향 압축력의 영향이 매우 커서 극한한계상태에서도 균열이 발생하지 않는 경우에는 축방향 압축력을 프리스트레스트 콘크리트의 긴장력(prestressing force)과 동일하게 취급하여 콘크리트에 의한 설계전단강도 V_{cd}를 계산할 수도 있다. 다만, 콘크리트만으로 계수전단력 V_u를 저항할 수 있는 전단 무보강 부재라도 설계기준에서 규정하고 있는 최소 전단철근은 배치하여야 한다.

콘크리트만으로는 계수전단력을 저항하기에 불충분한 경우에는 전단보강철근을 배치한 전단 보강 부재로 설계한다. 전단 보강 부재의 설계전단강도 V_d는 균열의 각도를 고려하여 전단철근의 항으로 계산되는 설계전단강도 V_{sd}로 결정한다. V_{sd}는 전단보강철근의 항복을 전제로 하여 결정한 값이며, 이때 설계전단강도는 다음과 같이 최대 설계전단강도 $V_{d,max}$를 초과하지 않는 값으로 한다.

$$V_d = V_{sd} \leq V_{d,max} \tag{7·85}$$

최대 설계전단강도 $V_{d,max}$는 콘크리트 스트럿의 압축 파괴를 대상으로 하여 결정하는 값으로, 콘크리트 스트럿의 파괴에 따른 전단강도를 $V_{cd,strut}$이라고 하면 $V_{d,max}$는 $V_{cd,strut}$와 같은 의미를 갖는다. V_{sd}가 $V_{d,max}$를 초과하지 않도록 한 것은 부재가 전단력에 의하여 파괴되더라도 상대적으로 연성적인 파괴를 유도하기 위하여 콘크리트 스트럿의 압축 파괴보다 전단철근이 먼저 항복하도록 하려는 의도이다. 콘크리트 스트럿의 파괴를 의미하는 $V_{d,max}$의 결정에 있어서 콘크리트의 압축강도가 증가한다고 해서 전단강도가 같은 비율로 증가하는 것은 아니므로, 설계기준에서는 콘크리트 압축강도 유효계수 ν로 이러한 효과를 반영한다. 또한 철근콘크리트 기둥이나 프리스트레스트 콘크리트와 같이 축방향으로 압축력이 작용하는 경우에는 축방향 압축력을 고려하는 계수 α_{cw}를 적용하여 최대 설계전단강도 $V_{d,max}$의 값을 증가시킨다. 한편, 받침부와 가까운 부분은 깊은보(deep beam)와 같은 거동을 보이므로, 이를 고려하여 부재의 전단강도를 검증한다.

이와 같은 내용을 정리하면, Eurocode 2와 KDS 24 14 21 콘크리트교 설계기준(한계상태설계법)에서는 철근콘크리트 선부재의 전단강도를 다음과 같이 세 가지로 구분하여 결정한다. 여기서, ①의 전단 무보강 부재와 ②의 전단 보강 부재에 대한 전단강도는 축력의 영향을 고려한 형태로 표현하고 있어서, 축력이 작용하지 않는 휨부재에 대해서는 축력의 항을 0로 하여 적용하면 된다.

① 전단 무보강 부재의 전단강도: 전단철근이 배치되지 않은 부재가 사인장균열이 이미 발생한 상태에서 극한한계상태에 도달할 때의 전단강도

② 전단 보강 부재의 전단강도: 전단철근이 배치된 부재가 사인장균열이 이미 발생한 상태에서 극한한계상태에 도달할 때의 전단강도

③ 깊은보 거동 구간의 전단강도: 지점에 가까운 구간에서 깊은보로 거동하는 경우로, 전단철근이 배치되지 않은 경우와 전단철근이 배치된 경우의 전단강도

그 외, 플랜지가 있는 단면에서 복부와 플랜지 사이의 계면전단과 서로 다른 시기에 타설된 콘크리트 사이의 계면전단이 있다. 이들에 대해서는 7.7절에서 다룬다.

[2] 선부재의 전단위험단면

선부재 내에서 계수전단력 V_u가 가장 크게 작용하는 위치인 전단위험단면(shear critical section)은 등분포하중이 지배적으로 작용하는 일반적인 보의 경우 그림 7-36에 나타낸 바와 같이 받침부 내면부터 유효깊이 d 떨어진 단면으로 한다. 이때 소요전단철근은 받침부까지 연장 배치하여야 한다. 그 외의 경우는 그림 7-38을 참조하여 결정할 수 있다. 2방향 뚫림전단에 대한 위험단면은 7.6.3절에 따른다.

7.4.2 전단 무보강 부재의 전단강도

전단철근이 배치되지 않은 전단 무보강 부재는 균열이 이미 발생한 상태에서 극한한계상태에 도달할 때의 전단력을 전단강도로 한다. 균열이 발생한 이후의 거동과 전단강도는 이론식으로 나타내기가 매우 어려우므로, 설계기준에서는 경험식을 바탕으로 하여 전단강도 설계식을 규정하는 것이 일반적이다. Eurocode 2[7.26]와 KDS 24 14 21 콘크리트교 설계기준(한계상태설계법)[7.27]에서도 전단철근이 보강되지 않은 콘크리트 부재에 휨균열이 발생한 경우, 다음과 같이 경험식으로 전단강도를 결정하도록 하고 있다.

[1] KDS 24 14 21 콘크리트교 설계기준(한계상태설계법)의 전단 무보강 부재의 전단강도

KDS 24 14 21 콘크리트교 설계기준(한계상태설계법)은 전단철근이 배치되지 않은 철근콘크리트 부재의 설계전단강도 V_{cd}를 다음과 같은 경험식을 이용하여 결정하도록 규정하고 있다. 이때 V_{cd}는 최솟값 $V_{cd,\,min}$ 이상의 값으로 결정하여야 한다. 여기서 V_{cd}는 휨균열이 이미 발생한 상태에서 극한한계상태에 도달할 때 콘크리트에 의하여 저항하는 전단력을 의미한다.

$$V_{cd} = [0.85\,\phi_c\,\kappa(\rho\,f_{ck})^{1/3} + 0.15\,f_n]\,b_w d \tag{7·86}$$

$$V_{cd,\,min} = (0.035\,\kappa^{3/2}\,f_{ck}^{1/2} + 0.15\,f_n)b_w d \tag{7·87}$$

이 식들에 적용하는 변수들은 다음과 같다.

$$\kappa = 1 + \sqrt{\frac{200}{d}} \le 2.0 \tag{7·88}$$

$$\rho = \frac{A_s}{b_w d} \le 2.0 \tag{7·89}$$

$$f_n = \frac{N_u}{A_c} \le 2.0\,\phi_c f_{ck} \tag{7·90}$$

여기서, ϕ_c : 콘크리트의 재료계수, 0.65

f_{ck} : 콘크리트의 설계기준압축강도(N/mm^2, MPa)

f_n : 축하중 또는 프리스트레스에 의하여 단면의 도심에 작용하는 응력(N/mm^2, MPa)

b_w: 단면의 복부폭(mm)

d : 단면의 유효깊이(mm)

A_s :인장철근 단면적(mm^2)

N_u :단면에 작용하는 축력(압축일 때 +)

A_c :콘크리트 단면적

전단철근이 배치되지 않은 전단 무보강 부재는 부재의 크기에 따라서 응력 단위의 전단강도가 변화하는 크기효과(size effect)가 존재한다. 이것은 식 (7·88)로 결정하는 크기효과 계수 κ로 반영한다.

그림 7-54는 크기효과 계수 $\varkappa$의 변화를 나타내는데, 부재의 유효깊이가 200 mm 이하일 때는 전단강도가 일정하지만, 200 mm를 초과하면 크기가 커질수록 전단강도가 감소하게 된다. 전단철근이 배치된 전단 보강 콘크리트 부재에서도 크기효과가 존재하기는 하지만, 그 영향이 그리 크지 않으므로 설계기준에서는 이를 무시한다.

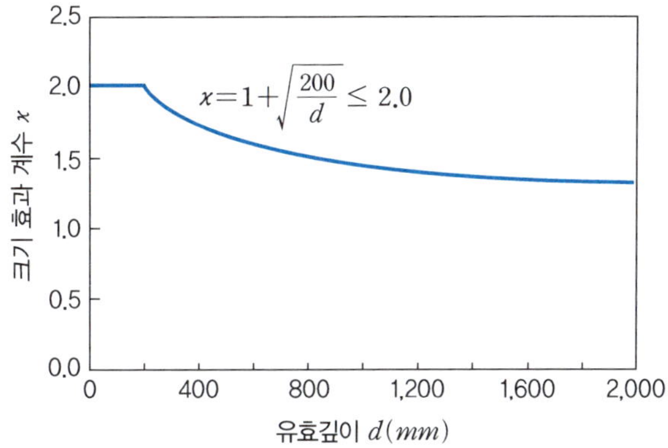

그림 7-54 크기효과 계수

식 (7·89)로 결정하는 ρ는 복부를 지나는 인장철근 또는 긴장재의 비이다. 부재의 전단강도를 결정할 때 ρ를 변수로 한 것은, ρ가 증가하면 부재의 전단강도가 증가하는 효과를 반영하기 위한 것이다. 이것은 부재의 종방향으로 강성이 큰 강재가 배치되면 콘크리트의 주인장응력 방향으로 변형률이 감소하게 되어 부재의 전단강도가 증가하기 때문이다. 이러한 효과는 전단철근이 배치된 전단 보강 콘크리트 부재에서도 존재하기는 하지만 그 영향이 그리 크지 않으므로 설계기준에서는 이를 무시한다.

경량콘크리트를 사용하는 경우에는 식 (7·86)과 식 (7·87) 대신 다음의 식들을 적용하여 설계전단강도 V_{cd}를 결정한다.

$$V_{cd}=[0.70\,\eta_l\,\phi_c\,\varkappa(\rho f_{ck})^{1/3}+0.15 f_n]\,b_w d \tag{7·91}$$

$$V_{cd,\,min}=(0.030\,\varkappa^{3/2} f_{ck}^{1/2}+0.15 f_n)b_w d \tag{7·92}$$

여기서 η_l은 경량콘크리트 계수로, kg/m^3 단위의 절대건조 밀도의 상한 값 γ_g를 변수로 하여 다음과 같이 결정한다.

$$\eta_l=0.4+\frac{0.6\,\gamma_g}{2,200} \tag{7·93}$$

[2] Eurocode 2의 전단 무보강 부재의 전단강도

Eurocode 2는 전단철근이 보강되지 않은 콘크리트 부재에 휨균열이 발생한 경우, 다음과 같이 경험식으로 전단강도를 결정하도록 하고 있다.

$$V_{Rd,c}=[C_{Rd,c}\,k(100\,\rho_l f_{ck})^{1/3}+k_1\sigma_{cp}]b_w d \tag{7·94}$$

$$V_{Rd,c} \geq (v_{min}+k_1\sigma_{cp})b_w d \tag{7·95}$$

이 식들에 적용하는 변수 및 상수들은 다음과 같다.

$$C_{Rd,c} = \frac{0.18}{\gamma_c} \tag{7·96}$$

$$k = 1+\sqrt{\frac{200}{d}} \leq 2.0 \tag{7·97}$$

$$\rho_l = \frac{A_{sl}}{b_w d} \leq 0.02 \tag{7·98}$$

$$k_1 = 0.15 \tag{7·99}$$

$$\sigma_{cp} = \frac{N_{Bd}}{A_c} \leq 0.2 f_{cd} \tag{7·100}$$

$$f_{cd} = \frac{f_{ck}}{\gamma_c} \tag{7·101}$$

$$v_{min} = 0.035\, k^{3/2} f_{ck}^{1/2} \tag{7·102}$$

여기서, 콘크리트에 대한 재료부분안전계수 γ_c는 유럽의 국가별 기준에서 달리 규정하지 않는다면 1.5를 적용한다. 따라서 γ_c가 1.5인 경우, 식 (7·93)의 $C_{Rd,c}$는 0.12의 값을 갖게 된다.

식 (7·94)의 첫 번째 항의 일부인 $(100\,\rho_l f_{ck})$에서 $(100)^{1/3}$을 따로 계산하면 값이 4.6416이므로, $C_{Rd,c}$가 0.12일 때 4.6416을 0.12에 곱하면 0.557이 된다. KDS 24 14 21 콘크리트교 설계기준(한계상태설계법)에서 ϕ_c는 0.65이므로, 식 (7·86)에서 첫 번째 항의 일부인 $(0.85\,\phi_c)$는 0.553의 값을 갖게 된다. 따라서 식 (7·86)의 첫 번째 항에서 $\kappa(\rho f_{ck})^{1/3}$을 제외한 값이 0.553이고, 식 (7·94)의 첫 번째 항에서 $k(\rho_l f_{ck})^{1/3}$을 제외한 값이 0.557이므로, KDS 24 14 21 콘크리트교 설계기준(한계상태설계법)과 Eurocode 2의 기본 설계식은 거의 동일할 정도의 유사한 값을 제공한다고 할 수 있다.

7.4.3 전단 보강 부재의 전단강도

Eurocode 2[7.26]와 KDS 24 14 21 콘크리트교 설계기준(한계상태설계법)[7.27]에서 전단철근이 배치된 콘크리트 부재의 전단강도는 소성 변각트러스 모델로 결정한다. 소성 변각트러스 모델은 부재 전체를 하나의 트러스로 취급하여 전단강도를 검증하는 개념이며, 균열의 각도를 일정한 값으로 가정하지 않기 때문에 균열의 각도를 결정하여야 한다. 그러나 부재 전체를 하나의 트러스로 취급하더라도 전단강도의 검증은 각 단면에서의 검증으로 수행한다. 전단력에 저항하는 콘크리트 부재가 트러스로 거동하면서 나타나는 파괴는 수직재 또는 경사재가 한계상태에 도달하는 상태로 나타난다. 그림 7-55는 상부와 하부에 플랜지를 갖는 I형 단면 부재의 전단파괴 형태를 나타낸다.[7.40] 그림 7-55(a)는 수직재의 역할을 하는 전단철근이 항복한 상태인데, 전단철근이 항복하고 나서 전단철근의 변형률이 증가하면 주응력의 방향이 변화하여 더 작은 각도의 새로운 균열이 발생하는 모습을 나타낸다. 이때의 전단강도는 앞의

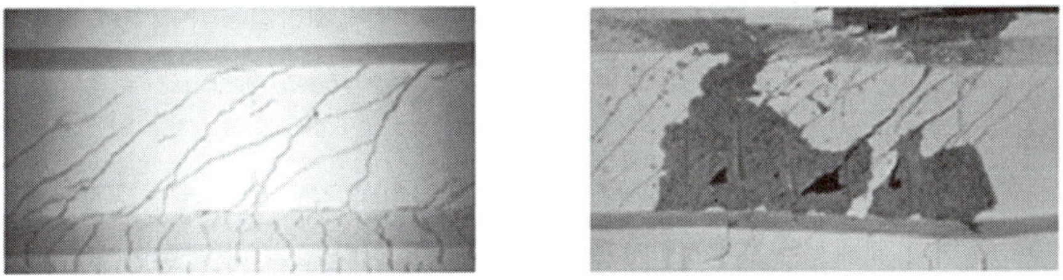

(a) 전단철근이 항복한 이후 균열의 경사각 변화 (b) 콘크리트 스트럿의 파괴

그림 7-55 전단 파괴 및 전단 한계상태[7.40]

식 (7·37)에서 전단철근의 응력 f_v가 항복응력인 f_y가 되므로, 휨모멘트에 의한 압축력과 인장력 사이의 팔길이 jd를 z로 표현하면 전단철근이 항복한 이후에 발휘되는 전단강도는 다음과 같다.

$$V_s = \frac{A_v f_y z}{s} \cot\theta \tag{7·103}$$

전단설계를 수행할 때에는 전단철근의 항복강도 f_y에 재료계수를 적용하여 설계강도 f_{yd}를 사용하므로, 다음과 같이 설계전단강도 V_{sd}를 나타낸다.

$$V_{sd} = \frac{f_{yd}\, A_v\, z}{s} \cot\theta \tag{7·104}$$

그림 7-55(b)는 전단철근이 항복한 이후 하중이 증가함에 따라 경사각이 작아진 후에 경사재 역할을 하는 콘크리트 스트럿이 압축 파괴된 상태를 나타낸다. 이때의 전단강도는 앞의 식 (7·35)를 전단력으로 변환한 후 jd를 z로 표현하고, 축하중 또는 프리스트레스에 의한 압축응력의 영향을 나타내는 계수 α_{cw}를 고려하여 스트럿의 응력 f_2를 유효압축강도 $f_{c,eff}$로 표현하면 다음과 같이 나타낼 수 있다.

$$V_{c,strut} = \frac{\alpha_{cw} f_{c,eff}\, b_w z}{\cot\theta + \tan\theta} \tag{7·105}$$

$$f_{c,eff} = \nu f_{ck} = 0.6\left(1 - \frac{f_{ck}}{250}\right) f_{ck} \tag{7·106}$$

유효압축강도 $f_{c,eff}$는 실린더 공시체로 시험한 압축강도보다 작은 값으로, 압축응력 작용방향과 평행한 방향으로 균열이 발생한 스트럿 콘크리트의 압축강도이다. 전단설계를 수행할 때에는 콘크리트의 유효압축강도 $f_{c,eff}$에 콘크리트의 재료계수를 적용한 설계유효압축강도 $f_{cd,eff}$를 사용하여, 다음과 같이 설계전단강도 $V_{cd,strut}$을 나타낼 수 있다. 여기서 f_{cd}는 콘크리트의 설계강도로, 재료부분안전계수 형태를 적용한 식 (7·101)이나 재료저항계수 형태를 적용한 식 (7·109)로 결정한다.

$$V_{cd,strut} = \frac{\alpha_{cw} f_{cd,eff}\, b_w z}{\cot\theta + \tan\theta} \tag{7·107}$$

$$f_{cd,eff} = \nu f_{cd} = 0.6\left(1 - \frac{f_{ck}}{250}\right) f_{cd} \tag{7·108}$$

$$f_{cd} = \phi_c f_{ck} \tag{7·109}$$

한편 복부가 두껍고 매우 적은 양의 전단철근이 배치된 부재는 전단철근이 항복한 후 소성변형이 크게 증가하여 전단철근이 파단 되는 파괴형태가 나타날 수 있으므로, 설계에서는 최소 전단철근을 규정하여 이와 같은 파괴를 방지하고 있다.

이상의 식들에 나타나는 콘크리트 스트럿의 경사각, 즉 균열의 각도 θ는 내적 부정정 문제이므로 역학적으로 값을 결정하기 위해서는 변형적합조건을 고려하여야 한다. 그러나 극한한계상태에서 전단철근이 항복하는 소성상태가 되면 평형조건만으로 θ를 결정할 수 있다. 즉, 그림 7-55(b)와 같이 전단철근이 항복한 이후 콘크리트 스트럿의 압축 파괴가 발생하는 경우에는 식 (7 ·104)의 V_{sd}와 식 (7 ·107)의 $V_{cd,\,strut}$이 같은 값을 갖게 되고, 두 식의 경사각 θ도 같은 값을 갖게 된다. 식 (7 ·104)와 식 (7 ·107)을 같다고 놓고 경사각 θ를 구하면 다음과 같은데, 이 값은 소성 하한해(low boundary plasticity solution)로서 한계경사각이라고 한다.

$$\cot\theta = \sqrt{\frac{\alpha_{cw} f_{cd,\,eff}\, b_w s}{f_{yd} A_v} - 1} \qquad (7 \cdot 110)$$

이 한계경사각은 재료강도와 함께 부재의 복부폭, 전단철근 단면적, 전단철근 간격이 주어져 있을 때 결정할 수 있으므로, 모든 제원이 주어진 경우의 전단강도를 결정할 때 적용할 수 있다. 설계에서는 경사각 θ의 값을 선택하고 식 (7 ·110)을 만족하면서 식 (7 ·104)와 식 (7 ·107)로 계산한 설계전단강도가 계수전단력 V_u와 같도록 복부의 폭과 깊이, 전단철근의 단면적과 간격을 결정하면 설계자가 의도하는 전단 파괴거동을 얻을 수 있다. 그러나 실제의 구조물 설계에서는 단면의 크기가 전단설계의 관점에서만 결정되는 것이 아니라 휨 강도 또는 균열이나 처짐 등의 사용한계상태에 대한 설계로 결정되는 경우가 대부분이다. 따라서 어떤 경우에는 다음과 같은 두 가지 바람직하지 않은 파괴거동이 나타날 수 있다.

첫째는 전단철근의 항복보다 콘크리트 스트럿의 압축 파괴가 먼저 발생하는 경우이다. 이때의 콘크리트 스트럿 압축 파괴는 매우 취성의 형태를 보여서 구조적으로 바람직하지 않으므로, 항상 전단철근이 먼저 항복하도록 설계하여야 한다. 따라서 설계기준에서는 다음과 같이 전단철근이 항복할 때의 전단력으로 설계전단강도 V_{sd}를 결정하도록 하고 있으며, 스트럿이 압축 파괴되는 전단력을 초과하지 않도록 제한하는 개념을 채택하고 있다. 또, 이 개념에 따라 최대 허용 전단철근량을 정의한다.

$$V_d = V_{sd} \le V_{d,\,max} \qquad (7 \cdot 111)$$

$$V_{d,\,max} = V_{cd,\,strut} \qquad (7 \cdot 112)$$

둘째는 전단철근이 항복한 이후 콘크리트 스트럿의 압축 파괴가 발생하기 전에 전단철근이 파단되는 취성파괴가 발생하는 경우이다. 이때에는 한계경사각이 너무 작은 경우이므로, 설계기준에서는 이와 같은 파괴를 방지하기 위하여 스트럿의 경사각 θ의 허용 범위를 규정하고 있다.

한편 계수전단력을 저항하기 위한 실제의 전단설계에서는 계수전단력이 구조해석에 의하여 계산되고, 단면의 크기가 주어졌을 때 부재가 계수전단력을 저항할 수 있도록 전단철근의 단면적과 간격을 결정하여야 한다. 이때에도 콘크리트 스트럿의 압축 파괴를 기준으로 한 설계전단강도의 최댓값 $V_{d,\,max}$가 계수전단력 V_u와 같도록 스트럿의 경사각 θ를 결정하고, 이 경사각을 기준으로 전단철근의 단면적과 간격을 결정하면 가장 경제적인 설계가 된다.

이상과 같은 기본 개념에 따라, KDS 24 14 21 콘크리트교 설계기준(한계상태설계법)과 Eurocode 2는 전단철근이 배치된 콘크리트 부재의 설계전단강도를 다음과 같이 규정하고 있다.

[1] KDS 24 14 21 콘크리트교 설계기준(한계상태설계법)의 전단 보강 부재의 전단강도

KDS 24 14 21 콘크리트교 설계기준(한계상태설계법)에서는 전단철근이 보강된 콘크리트 부재의 설계전단강도를 다음 식으로 결정한다. 식 (7·113)은 수직전단철근이 배치된 부재의 설계전단강도이고, 식 (7·114)는 경사전단철근이 배치된 부재의 설계전단강도이다. 여기서 α는 전단철근과 주인장철근 사이의 경사각이다.

$$V_{sd} = \frac{\phi_s f_{vy} A_v z}{s} \cot\theta \qquad (7\cdot113)$$

$$V_{sd} = \frac{\phi_s f_{vy} A_v z}{s} (\cot\theta + \cot\alpha)\sin\alpha \qquad (7\cdot114)$$

여기서, ϕ_s : 강재의 재료계수, 0.90

f_{vy} : 전단철근의 항복강도

A_v : 전단철근의 단면적

z : 단면 내부의 팔길이, 근사적으로 유효깊이의 0.9배(0.9 d)

s : 전단철근의 간격

θ : 복부의 스트럿 경사각

α : 경사전단철근과 주인장철근 사이의 경사각

이 식들은 전단철근이 항복하는 한계상태를 나타낸 것으로, 콘크리트 스트럿이 압축 파괴되는 한계상태의 전단강도를 초과하지 않아야 한다. 따라서 콘크리트 스트럿이 압축 파괴될 때의 전단강도를 최댓값으로 한다. 축하중 또는 프리스트레스에 의하여 압축응력이 작용할 때, 이 최댓값은 $V_{d,max,com}$으로 다음과 같이 결정한다.

$$V_{d,max,com} = \alpha_{cw} V_{d,max} \qquad (7\cdot115)$$

$$V_{d,max} = \frac{\nu\phi_c f_{ch} b_w z}{\cot\theta + \tan\theta} \qquad (7\cdot116)$$

$$V_{d,max} = \nu\phi_c f_{ck} b_w z \frac{\cot\theta + \cot\alpha}{1+\cot^2\theta} \qquad (7\cdot117)$$

여기서 α_{cw}는 압축응력의 영향을 고려하는 계수로, 압축응력이 작용하지 않는 경우의 설계전단강도 $V_{d,max}$에 α_{cw}를 곱하여 $V_{d,max,com}$을 결정한다. 축하중 또는 프리스트레스에 의한 압축응력이 작용하지 않는 부재의 경우에는 α_{cw}가 1.0이므로 최댓값이 $V_{d,max}$이다. $V_{d,max}$는 수직전단철근이 배치된 부재의 경우 식 (7·116)으로, 경사전단철근이 배치된 부재의 경우 식 (7·117)로 결정한다. 단면의 복부폭 b_w로는 그림 7-56(a)와 같이 복부의 폭이 일정하지 않은 단면의 경우 압축연단에서 인장철근 사이에서 가장

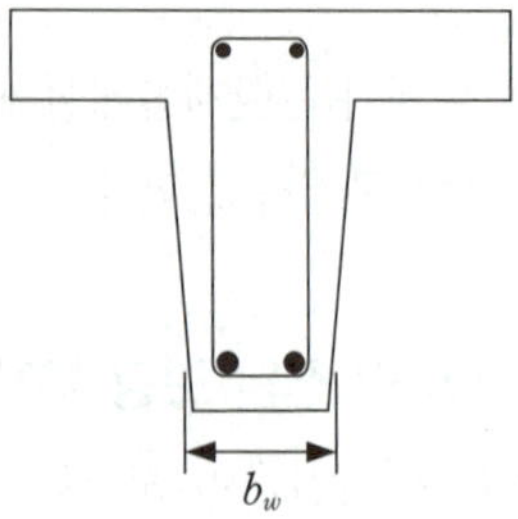

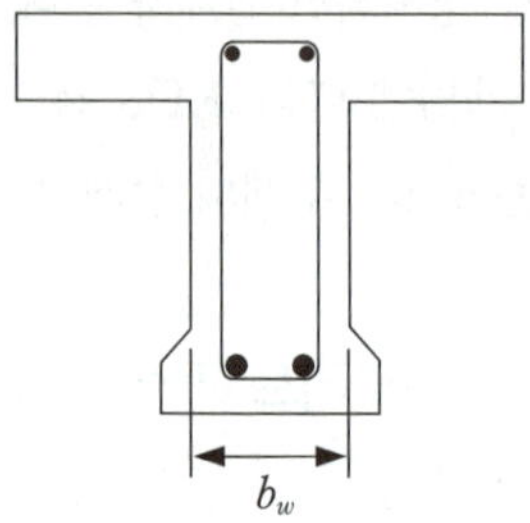

그림 7-56 복부폭의 정의

작은 폭으로 하고, 그림 7-56(b)와 같이 단면의 하부에서 폭이 확대된 단면의 경우 확대되지 않은 최솟값의 폭으로 한다.

압축응력의 영향을 고려하는 계수 α_{cw}는 다음과 같이 세 범주로 나누어 값을 결정한다.

$$\alpha_{cw} = 1+\frac{f_n}{\phi_c f_{ck}} \quad : \ 0 \leq f_n \leq 0.25\,\phi_c f_{ck} \tag{7·118}$$

$$\alpha_{cw} = 1.25 \quad : \ 0.25\,\phi_c f_{ck} < f_n < 0.5\,\phi_c f_{ck} \tag{7·119}$$

$$\alpha_{cw} = 2.5\left(1-\frac{f_n}{\phi_c f_{ck}}\right) \quad : \ 0.5\,\phi_c f_{ck} < f_n < 1.0\,\phi_c f_{ck} \tag{7·120}$$

여기서, ϕ_c : 콘크리트의 재료계수, 0.65

f_n : 축하중 또는 프리스트레스에 의하여 단면 도심에 작용하는 응력 (압축일 때 +)

그림 7-57은 압축응력 비율 $f_n/\phi_c f_{ck}$에 따른 α_{cw} 값의 변화를 나타낸다. 압축응력 비율 $f_n/\phi_c f_{ck}$가 0에서 0.25로 증가할 때까지는 α_{cw}가 1.0에서 1.25로 증가하고, $f_n/\phi_c f_{ck}$가 0.25에서 0.5 사이일 때는 α_{cw}가 1.25로 일정한 값을 갖는다. $f_n/\phi_c f_{ck}$가 0.5보다 크면 α_{cw}가 1.25보다 작은 값으로 감소하여 $f_n/\phi_c f_{ck}$가 0.6일 때 α_{cw}의 값이 1.0이 되며, $f_n/\phi_c f_{ck}$가 1.0이면 압축응력만으로 한계상태에 도달하게 되므로 α_{cw}의

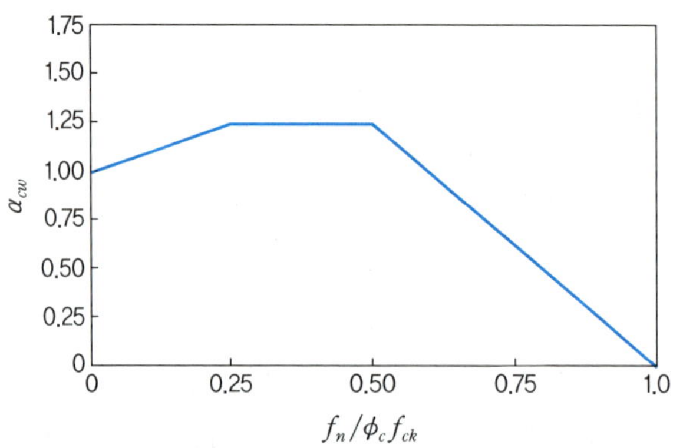

그림 7-57 압축응력 비율에 따른 α_{cw}값의 변화

값이 0이 되어 $V_{d,max,com}$의 값도 0이 된다.

$V_{d,max}$를 결정하는 식 (7·116)과 식 (7·117)에 적용하는 압축강도 유효계수 ν는 콘크리트 압축강도의 증가에 따른 감소계수로서 다음과 같이 결정한다.

$$\nu = 0.6\left(1 - \frac{f_{ck}}{250}\right) \tag{7·121}$$

콘크리트 압축강도 유효계수 ν는 압축응력이 작용하는 방향으로 균열이 발생하는 스트럿 콘크리트의 압축강도가 실린더 공시체의 압축강도보다 작게 나타나는 현상을 반영하는 계수이다. ν 값을 적용함으로써, 기본적으로 콘크리트 압축강도를 0.6배로 감소시키면서 콘크리트 압축강도가 증가할수록 감소효과가 크게 되는 영향을 고려한다. 표 7-9는 콘크리트 압축강도에 따른 유효계수 ν의 값을 나타낸다. 유효계수 ν는 압축강도가 증가함에 따라 선형으로 감소하여 압축강도가 30 MPa일 때는 0.528이고, 압축강도가 그 2배와 3배인 60 MPa과 90 MPa일 때는 각각 0.456과 0.384로 30 MPa일 때에 비하여 각각 14%와 27% 작은 값을 가진다.

표 7-9 콘크리트 압축강도에 따른 유효계수

설계기준압축강도 f_{ck} (MPa)	24	27	30	35	40	45	50	60	70	80	90
유효계수, ν	0.542	0.535	0.528	0.516	0.504	0.492	0.480	0.456	0.432	0.408	0.384

콘크리트 스트럿의 경사각, 즉 균열의 각도 θ는 다음 식으로 주어진 범위의 값으로 선택하여야 한다.

$$1 \leq \cot\theta \leq 2.5 \tag{7·122}$$

$\cot\theta$의 값이 1일 때에는 θ가 45°이며, $\cot\theta$의 값이 2.5일 때에는 θ가 22°로 정확하게는 21.8°이다. 따라서 전단철근을 설계할 때 스트럿의 경사각 θ를 22°~45°의 범위에서 선택하여야 한다. 스트럿의 경사각 θ를 22° 이상으로 하는 것은, 그 이하의 경사각을 갖도록 설계하면 소성능력의 한계 문제로 전단철근이 항복한 후 급격히 파괴에 이르는 취성거동을 보일 수 있기 때문이다.

그림 7-58은 축하중 또는 프리스트레스에 의한 압축응력이 작용하지 않는 부재, 즉 철근콘크리트 휨부재의 스트럿 경사각과 설계전단강도의 관계를 나타낸다. f_{ck}가 30 MPa이고 f_{vy}가 400 MPa일 때, 전단력에 저항하는 복부의 단면적이 충분히 큰 부재는 그림 7-58(a)와 같이 전단철근비 ρ_v가 0.30%인 수직전단철근을 배치한 경우에 전단철근이 항복하는 설계전단강도 V_{sd}가 콘크리트 스트럿이 압축 파괴되는 설계전단강도 $V_{d,max}$보다 항상 작다. 이 경우에는 스트럿의 경사각 θ를 22°로 하여 규정에 따라 설계를 진행하면 된다.

전단력에 저항하는 복부의 단면적이 적절한 크기인 부재는 22°와 45° 사이의 스트럿 경사각에서 V_{sd}와 $V_{d,max}$가 같아진다. 즉, f_{ck}가 30 MPa이고 f_{vy}가 400 MPa이며 전단철근비 ρ_v가 0.90%일 때는 그림 7-58(b)와 같이 34.1°의 스트럿 경사각에서 V_{sd}와 $V_{d,max}$가 같아진다. 이것은 θ가 34.1°로 V_{sd}와 $V_{d,max}$가 같은 값을 갖도록 0.9%의 전단철근을 배치했을 때 V_{sd} 및 $V_{d,max}$와 계수전단력 V_u가 같다면, 이 단면이 가장 경제적이라는 의미이다. 즉, 가장 경제적인 부재는 V_{sd}와 $V_{d,\,max}$가 같아지는 스트럿 경사각으로 계수전단력 V_u에 의하여 파괴되는 부재이다.

전단력에 저항하는 복부의 단면적이 매우 작은 부재는 그림 7-58(c)와 같이 $V_{d,\,max}$가 V_{sd}보다 항상 더 작다. 이러한 경우에는 콘크리트 스트럿이 압축 파괴되는 취성파괴가 나타나므로 복부의 단면적을 증가시켜서 연성거동이 나타나도록 설계하여야 한다.

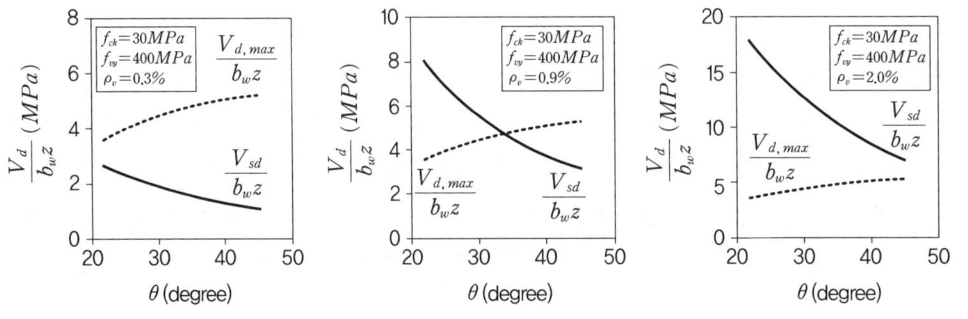

(a) 복부단면적이 매우 큰 경우 (b) 복부단면적이 적절한 경우 (c) 복부단면적이 매우 작은 경우

그림 7-58 복부단면적에 따른 스트럿 경사각과 설계전단강도

V_{sd}와 $V_{d,\,max}$가 같아지는 스트럿 경사각 θ로 파괴되는 부재가 가장 경제적인 부재이므로, 가장 경제적으로 전단철근을 설계하려면 설계전단강도의 최댓값 $V_{d,\,max}$ 또는 $V_{d,\,max,\,com}$이 계수전단력 V_u와 같도록 스트럿의 경사각 θ를 결정하고 이 경사각을 기준으로 전단철근의 단면적과 간격을 결정하면 된다. 이때의 경사각 θ는 수직전단철근이 배치된 부재의 경우, 다음과 같이 설계전단강도의 최대값 $V_{d,\,max,\,com}$이 V_u와 같을 조건으로 유도할 수 있다.

$$V_{d,\,max,\,com} = V_u \tag{7·123}$$

이 식에서 $V_{d,\,max,\,com}$을 식 (7·115)와 식 (7·116)을 이용하여 표현하면 다음으로 나타낼 수 있다.

$$\frac{\alpha_{cw}\,\nu\,\phi_c f_{ck} b_w z}{\cot\theta + \tan\theta} = V_u \tag{7·124}$$

여기서 다음과 같은 삼각함수의 관계를 이용하면,

$$\frac{1}{\cot\theta + \tan\theta} = \frac{1}{2}\sin 2\theta \tag{7·125}$$

식 (7·124)는 다음과 같이 나타낼 수 있다.

$$\frac{\alpha_{cw}\,\nu\,\phi_c f_{ck} b_w z}{2}\sin 2\theta = V_u \tag{7·126}$$

$$\sin 2\theta = \frac{2\,V_u}{\alpha_{cw}\,\nu\,\phi_c f_{ck} b_w z} \tag{7·127}$$

따라서 22°와 45° 사이의 스트럿 각도 θ는 다음과 같이 구할 수 있다.

$$\theta = \frac{1}{2}\sin^{-1}\left(\frac{2V_u}{\alpha_{cw}\nu\phi_c f_{ck} b_w z}\right) \tag{7·128}$$

이 식의 ν에 식 (7·121)을 대입하고, z를 0.9 d로 하면, θ는 다음과 같이 나타낼 수 있다.

$$\theta = \frac{1}{2}\sin^{-1}\left[\frac{V_u}{0.27\,\alpha_{cw}\phi_c f_{ck} b_w d\left(1-\dfrac{f_{ck}}{250}\right)}\right] \tag{7·129}$$

ϕ_c의 값으로 0.65를 대입하면, 스트럿 각도 θ는 다음과 같이 나타낼 수 있다.

$$\theta = \frac{1}{2}\sin^{-1}\left[\frac{V_u}{0.1755\,\alpha_{cw} f_{ck} b_w d\left(1-\dfrac{f_{ck}}{250}\right)}\right] \tag{7·130}$$

이렇게 구한 스트럿의 경사각 θ를 적용하여 식 (7·113)의 설계전단강도 V_{sd}가 계수전단력 V_u 이상이 되도록 전단철근의 단면적 A_v와 간격 s를 결정한다. 만일 θ로 22°보다 작은 값을 얻었다면 θ를 22°로 하여 전단철근을 설계하고, 45°보다 큰 값을 얻었다면 부재 단면을 증가시키거나 콘크리트 압축강도를 증가시켜야 한다.

식 (7·128)~식 (7·130)은 부재에 작용하는 전단력이 큰 경우에 스트럿 경사각이 증가한다는 것을 나타낸다. 일반적으로 크기가 큰 집중하중이 작용할 때에는 경사각이 22°보다 커지지만, 등분포하중이 작용할 때에는 대부분이 최솟값인 22°의 각도를 갖는 경우가 일반적이다. 따라서 전단설계에서 식 (7·128)이나 식 (7·130)로 스트럿 경사각을 계산하기 전에 계수전단력 V_u의 크기를 검토하여 경사각이 22°인지, 22°와 45° 사이의 각도인지, 또는 45°를 넘는지 미리 판단하면 편리하다. 이것은 스트럿 경사각 θ가 22°일 때와 45°일 때의 최대전단강도를 각각 구하고 계수전단력 V_u와 비교하면 된다.

수직전단철근이 배치된 부재에서 스트럿 경사각 θ가 22°인 경우, 식 (7·115)와 식 (7·116)에 ν의 값으로 식 (7·121)을 대입하고, z를 0.9 d, ϕ_c를 0.65로 하면, 최대전단강도를 다음과 같이 나타낼 수 있다.

$$V_{d,\,max,\,com(22)} = 0.1210\,\alpha_{cw} f_{ck} b_w d\left(1-\frac{f_{ck}}{250}\right) \tag{7·131}$$

$$V_{d,\,max(22)} = 0.1210\,f_{ck} b_w d\left(1-\frac{f_{ck}}{250}\right) \tag{7·132}$$

θ가 45°인 경우에는 최대전단강도를 다음과 같이 나타낼 수 있다.

$$V_{d,\,max,\,com(45)} = 0.1755\,\alpha_{cw} f_{ck} b_w d\left(1-\frac{f_{ck}}{250}\right) \tag{7·133}$$

$$V_{d,\,max(45)} = 0.1755\,f_{ck} b_w d\left(1-\frac{f_{ck}}{250}\right) \tag{7·134}$$

수직전단철근의 설계에서, 식 (7·131) 또는 식 (7·132)로 결정한 스트럿 경사각 22°에서의 설계전단강도 최대값 $V_{d,\,max,\,com(22)}$ 또는 $V_{d,\,max(22)}$보다 계수전단력 V_u가 작은 경우에는 스트럿 경사각 θ는 22°이다.

식 (7·133) 또는 식 (7·134)로 결정한 스트럿 경사각 45°에서의 설계전단강도 최대값 $V_{d,\,max,\,com(45)}$ 또는 $V_{d,\,max(45)}$보다 계수전단력 V_u가 더 큰 경우에는, V_u보다 작은 전단력에서 콘크리트 스트럿이 취성으로 압축 파괴되는 상황이므로 부재의 단면적을 증가시키거나 콘크리트 압축강도를 증가시켜야 한다. 계수전단력 V_u가 $V_{d,\,max,\,com(22)}$와 $V_{d,\,max,\,com(45)}$ 사이 또는 $V_{d,\,max(22)}$와 $V_{d,\,max(45)}$ 사이의 값을 가진 경우에는 스트럿 경사각 θ를 22°와 45° 사이에서 결정하여야 한다. 이를 정리하면 다음과 같다.

- $V_u \leq V_{d,\,max,\,com(22)}$ 또는 $V_u \leq V_{d,\,max(22)}$인 경우
  $\theta = 22°$로 하고, $V_{sd} \geq V_u$를 만족하도록 A_v와 s 결정
- $V_{d,\,max,\,com(22)} < V_u \leq V_{d,\,max,\,com(45)}$ 또는 $V_{d,\,max(22)} < V_u \leq V_{d,\,max(45)}$인 경우
  식 (7·128) 또는 식 (7·130)을 이용하여 θ를 22°와 45° 사이의 값으로 결정하고, $V_{sd} \geq V_u$를 만족하도록 A_v와 s 결정
- $V_{d,\,max,\,com(45)} < V_u$ 또는 $V_{d,\,max(45)} < V_u$인 경우
  부재의 단면적을 증가시키거나 콘크리트 압축강도를 증가시킨 후, 재설계 수행

이와 같이 스트럿 경사각 θ의 한계값에 대응하는 한계 전단력 $V_{d,\,max(22)}$ 또는 $V_{d,\,max(45)}$와 계수전단력을 비교하여 θ를 결정하는 방법 외에도 식 (7·128)이나 식 (7·130)을 이용하는 방법이 있다. 즉, 식 (7·128)이나 식 (7·130)에 따라 스트럿 경사각 θ_{est}(estimated angle)를 구한 후 22°와 45° 사이에서 값을 결정하는 방법이다. 이를 정리하면 다음과 같다.

- $\theta_{est} < 22°$인 경우
  $\theta_{est} = 22°$로 하고, $V_{sd} \geq V_u$를 만족하도록 A_v와 s 결정
- $22° \leq \theta_{est} \leq 45°$인 경우
  계산된 결과에 따라 θ를 22°와 45° 사이의 값으로 결정하고, $V_{sd} \geq V_u$를 만족하도록 A_v와 s 결정
- θ_{est}의 값을 계산할 수 없는 경우
  식 (7·128)이나 식 (7·130)에서 괄호 안의 분자가 분모보다 크면 θ_{est}의 값을 계산할 수 없는 경우가 되므로, 부재의 단면적을 증가시키거나 콘크리트 압축강도를 증가시킨 후 재설계 수행

[2] Eurocode 2의 전단 보강 부재의 전단강도

Eurocode 2는 KDS 24 14 21 콘크리트교 설계기준(한계상태설계법)과 기본적으로 동일한 개념과 수식을 적용하여 전단철근이 보강된 콘크리트 부재의 설계전단강도를 결정하도록 하고 있다. 다만, 저항계수 형태의 재료계수 ϕ_s와 ϕ_c 대신 부분안전계수 형태의 재료계수 γ_s와 γ_c를 적용하고, 몇 가지의 다른 형태의 기호를 사용한다. KDS 24 14 21 콘크리트교 설계기준(한계상태설계법)과 다른 형태로 표현한 수식을 소개하면, 전단철근이 보강된 콘크리트 부재의 설계전단강도를 다음 식으로 결정하도록 하고 있다. 식 (7·135)는 수직전단철근이 배치된 부재의 설계전단강도이고, 식 (7·136)은 경사전단철근이 배치된 부재의 설계전단강도이다.

$$V_{Rd,s}=\frac{A_{sw}}{s}z f_{ywd}\cot\theta \tag{7·135}$$

$$V_{Rd,s}=\frac{A_{sw}}{s}z f_{ywd}(\cot\theta+\cot\alpha)\sin\alpha \tag{7·136}$$

여기서, f_{ywd} : 전단철근의 설계강도, f_{yk}/γ_s

설계전단강도의 최댓값은 다음과 같이 결정한다. 식 (7·137)은 수직전단철근이 배치된 부재에, 식 (7·138)은 경사전단철근이 배치된 부재에 적용한다.

$$V_{Rd,max}=\frac{\alpha_{cw}b_w z\nu_1 f_{cd}}{\cot\theta+\tan\theta} \tag{7·137}$$

$$V_{Rd,max}=\alpha_{cw}b_w z\nu_1 f_{cd}\frac{\cot\theta+\cot\alpha}{1+\cot^2\theta} \tag{7·138}$$

여기서, f_{cd} : 콘크리트의 설계강도, f_{ck}/γ_c

압축응력의 영향을 고려하는 계수 α_{cw}는 다음과 같이 세 범주로 나누어 결정한다.

$$\alpha_{cw}=1+\frac{\sigma_{cp}}{f_{cd}} \qquad : 0<\sigma_{cp}\le 0.25f_{cd} \tag{7·139}$$

$$\alpha_{cw}=1.25 \qquad : 0.25f_{cd}<\sigma_{cp}\le 0.5f_{cd} \tag{7·140}$$

$$\alpha_{cw}=2.5\left(1-\frac{\sigma_{cp}}{f_{cd}}\right) \qquad : 0.5f_{cd}<\sigma_{cp}\le 1.0f_{cd} \tag{7·141}$$

여기서, σ_{cp} : 축하중 또는 프리스트레스에 의하여 단면의 도심에 작용하는 응력 (압축일 때 +)

콘크리트 압축강도 유효계수 ν_1는 유럽의 국가별 기준에서 달리 규정하지 않는다면, 다음과 같이 KDS 24 14 21 콘크리트교 설계기준(한계상태설계법)과 동일하게 식 (7·121)의 ν와 같은 식을 적용한다.

$$\nu_1=0.6\left(1-\frac{f_{ck}}{250}\right) \tag{7·142}$$

콘크리트 스트럿의 경사각 θ도 KDS 24 14 21 콘크리트교 설계기준(한계상태설계법)과 동일하게 앞의 식 (7·122)로 주어진 범위의 값으로 선택하여야 한다.

$$1\le\cot\theta\le 2.5 \tag{7·122}$$

수직전단철근이 배치된 부재에서 스트럿 각도 θ가 22°인 경우, ν_1에 식 (7·142)를 대입하고, z를 $0.9d$, γ_c를 1.5로 하면, 최대전단강도는 다음과 같이 나타낼 수 있다.

$$V_{Rd,max(22)}=0.124\,\alpha_{cw}f_{ck}b_w d\left(1-\frac{f_{ck}}{250}\right) \tag{7·143}$$

θ가 45°인 경우에는 최대전단강도를 다음과 같이 나타낼 수 있다.

$$V_{Rd,max(45)} = 0.18\,\alpha_{cw} f_{ck} b_w d \left(1 - \frac{f_{ck}}{250}\right) \tag{7·144}$$

수직전단철근의 설계에서, 계수전단력 V_{Ed}가 스트럿 각도 22°에서의 설계전단강도 최대값 $V_{Rd,max(22)}$보다 작은 경우에는 스트럿 각도 θ를 22°로 하고, 식 (7·135)의 설계전단강도 $V_{Rd,s}$가 계수전단력 V_{Ed} 이상이 되도록 전단철근의 단면적 A_{sw}와 간격 s를 결정한다. 단면에 작용하는 계수전단력 V_{Ed}가 스트럿 각도 45°에서의 설계전단강도 최대값 $V_{Rd,max(45)}$ 보다 큰 경우에는, 위험단면에서의 계수전단력 V_{Ed}보다 작은 전단력에서 콘크리트 스트럿이 취성으로 압축 파괴되는 상황이므로 부재의 단면적을 증가시키거나 콘크리트 압축강도를 증가시켜야 한다.

단면에 작용하는 계수전단력 V_{Ed}가 $V_{Rd,max(22)}$과 $V_{Rd,max(45)}$ 사이의 값을 가진 경우에는, 다음 식을 이용하여 스트럿 각도 θ를 22°와 45° 사이에서 결정하여야 한다.

$$\theta = \frac{1}{2}\sin^{-1}\left[\frac{\gamma_c V_{Ed}}{0.27\,\alpha_{cw} f_{ck} b_w d \left(1 - \frac{f_{ck}}{250}\right)}\right] \tag{7·145}$$

콘크리트의 재료부분안전계수 γ_c가 1.5일 때, 스트럿 각도 θ는 다음과 같이 나타낼 수 있다.

$$\theta = \frac{1}{2}\sin^{-1}\left[\frac{V_{Ed}}{0.18\,\alpha_{cw} f_{ck} b_w d \left(1 - \frac{f_{ck}}{250}\right)}\right] \tag{7·146}$$

이렇게 구한 스트럿 각도 θ를 적용하여 식 (7·135)의 설계전단강도 $V_{Rd,s}$가 계수전단력 V_{Ed} 이상이 되도록 전단철근의 단면적 A_v와 간격 s를 결정한다.

7.4.4 깊은보 거동 구간의 전단강도

집중하중이 지점에 가까운 위치에 작용하는 경우에는 받침점 근처 구간이 깊은보와 같이 거동하여 다른 구간보다 전단강도가 증가한다. 단, 중력방향으로 하중이 작용하는 경우, 하중이 단면의 상면에 작용하여 반력과 하중 사이의 복부가 경사방향으로 압축응력을 받게 될 때에만 이러한 현상이 나타난다. 따라서 그림 7-39(c)와 같이 역 T형 단면의 하부에 위치한 플랜지에 하중이 가해지는 경우에는 적용되지 않는다. Eurocode 2[7.26]와 KDS 24 14 21 콘크리트교 설계기준(한계상태설계법)[7.27]은 이와 같은 깊은보 거동 구간의 전단강도증진 효과를 고려하여 다음과 같이 전단성능을 검증하거나 스트럿-타이 모델을 적용하도록 하고 있다.

[1] KDS 24 14 21 콘크리트교 설계기준(한계상태설계법)의 깊은보 거동 구간의 전단강도

받침점 내면으로부터 단면 유효깊이 d의 0.5배 떨어진 위치와 2배 떨어진 위치 사이에 하중이 작용하는 경우, 즉 그림 7-59와 같이 하중 작용점의 외면과 받침점 내면 사이의 거리 x가 $0.5\,d \sim 2\,d$인 경우에 설계전단강도를 증가시킬 수 있다. 이때의 전단강도는 전단철근이 배치되지 않은 경우와 배치된 경우를

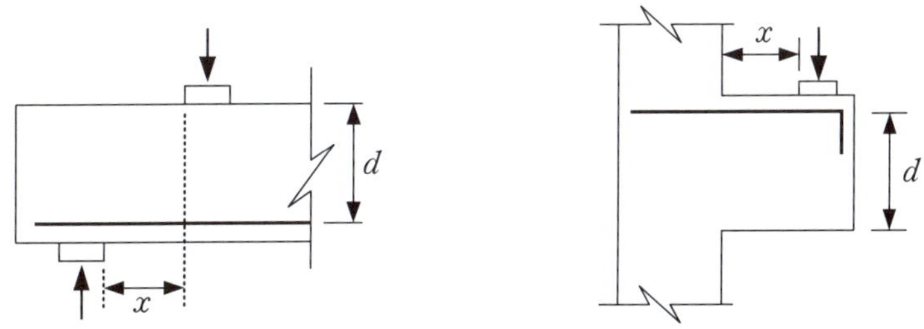

(a) 깊은 보 거동의 보　　　　(b) 내민 받침

그림 7-59 깊은보로 거동하는 부재

구분하여 달리 규정하고 있다.

전단철근이 배치되지 않은 경우에는 다음과 같이 증가된 V_{cd}를 설계전단강도 V_d로 결정하며, 이 값은 최댓값 $V_{cd,\,max}$를 초과하지 못한다.

$$V_{cd} = \left[0.85\,\phi_c\,\kappa(\rho f_{ck})^{1/3}\left(\frac{2d}{x}\right)+0.15\,f_n\right]b_w\,d \geq \left[0.035\,\kappa^{3/2}f_{ck}^{1/2}\left(\frac{2d}{x}\right)+0.15\,f_n\right]b_w\,d \tag{7·147}$$

$$V_{cd,\,max} = 0.5\,\phi_c\,\nu\,f_{ck}\,b_w\,d \tag{7·148}$$

이 식들에 적용하는 변수들은 앞의 식 (7·88)~식 (7·90) 및 앞의 식 (7·121)과 동일한 것으로 다음과 같다.

$$\kappa = 1+\sqrt{\frac{200}{d}} \leq 2.0 \tag{7·88}$$

$$\rho = \frac{A_s}{b_w d} \leq 0.02 \tag{7·89}$$

$$f_n = \frac{N_u}{A_c} \leq 0.02\,\phi_c\,f_{ck} \tag{7·90}$$

$$\nu = 0.6\left(1-\frac{f_{ck}}{250}\right) \tag{7·121}$$

식 (7·147)의 부등호 좌우 두 식은 전단철근이 보강되지 않은 콘크리트 부재에 휨균열이 발생한 경우의 설계전단강도인 식 (7·86)의 V_{cd}와 그 최솟값인 식 (7·87)의 $V_{cd,\,min}$에서 첫 번째 항에 증가계수 $2d/x$를 적용한 것이다. 여기서 x는 받침점 내면부터의 거리이고, x가 $0.5d$와 $2d$ 사이인 경우에 이 규정을 적용한다. 거리 x가 $0.5d$에서 $2d$ 사이인 난넨에는 $2d/x$로 계산되는 증가계수를 적용하며, $0.5d$ 떨어진 위치와 지점 사이의 단면은 $0.5d$ 떨어진 위치의 증가계수, 즉 4.0의 값을 적용한다. 그림 7-60은 증가계수 $2d/x$를 $1/\beta$로 나타낸 것으로, 받침점 내면에의 거리가 $2d$ 이하인 구간은 전단강도가 4배까지 증가한다는 것을 보여준다. 여기서 β는 증가계수 $2d/x$의 역수인 $x/(2d)$와 같다.

한편, 집중하중과 분포하중이 동시에 작용할 때 전단강도를 증가시킬 경우에는 받침점에서 $2d$ 떨어진

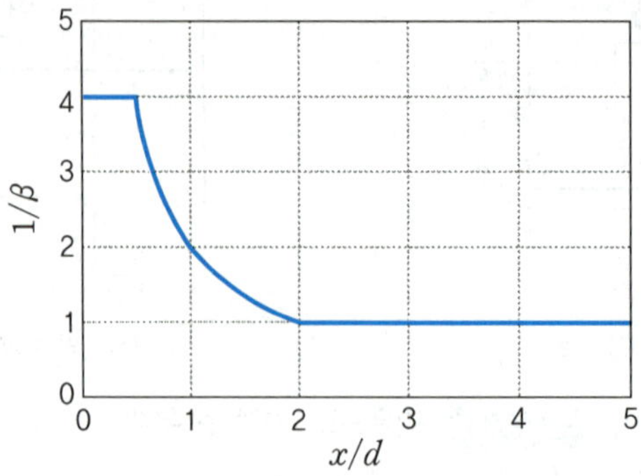

그림 7-60 깊은보로 거동하는 구간의 전단강도 증가계수

위치 사이의 모든 가능한 위험 단면에 대하여 검토하는 것이 바람직하다. 이때 유의할 것은, 종방향 철근이 단부에 완전 정착되어 있는 경우로서 하중이 부재 상면에 작용하며 지점이 부재 하면이 존재하는 경우에만 전단강도를 증가시킬 수 있다는 것이다.

전단철근이 보강된 경우에는 다음과 같이 설계전단강도 V_d를 결정한다.

$$V_d = \phi_s f_{vy} A_v \left(\frac{2d}{x}\right) \tag{7·149}$$

$$V_d = \phi_s f_{vy} A_v \sin\alpha \left(\frac{2d}{x}\right) \tag{7·150}$$

식 (7·149)는 수직전단철근이 배치된 부재의 설계전단강도이고, 식 (7·150)은 경사전단철근이 배치된 부재의 설계전단강도이다. 여기서 α는 전단철근과 주인장철근 사이의 경사각이다. 단, 이 설계전단강도 V_d는 각각 앞의 식 (7·116)과 식 (7·117)의 $V_{d,\,max}$에 $2d/x$를 곱한 최댓값을 초과하지 못한다.

식 (7·149)와 식 (7·150)으로 설계전단강도 V_d를 결정할 때, 전단철근은 그림 7-61과 같이 전단경간 중앙부 $0.75x$의 구간 안에 위치하는 전단철근만을 고려하여야 한다. 이와 같이 $0.75x$의 구간 안에 위치하는 전단철근만을 유효한 것으로 취급하는 것은 부재가 전단으로 파괴될 때 하중작용 위치 근처에 배치된 전단철근과 받침 근처에 배치된 전단철근이 항복하지 않았던 실험결과를 반영한 것이다.

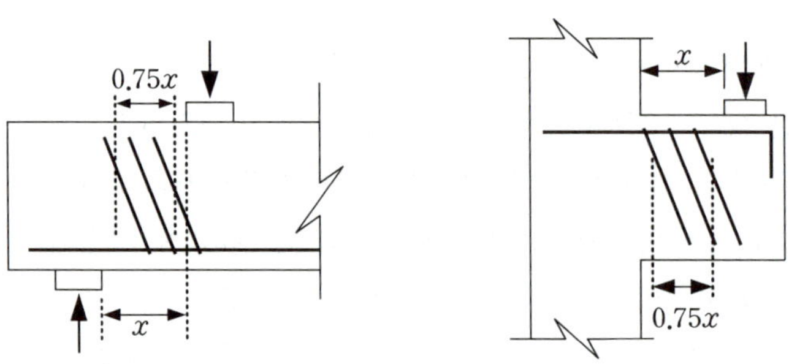

그림 7-61 전단철근이 유효한 구간

[2] Eurocode 2의 깊은보 거동 구간의 전단강도

Eurocode 2는 KDS 24 14 21 콘크리트교 설계기준(한계상태설계법)과 기본적으로 동일한 개념을 적용하지만, 설계전단강도를 증가시키는 대신 계수전단력을 감소시켜서 강도를 검증하도록 하고 있다. 즉, 다음과 같이 계수전단력 V_{Ed}에 계수 β를 곱하여 감소시키고, 감소된 계수전단력 이상의 설계전단강도 V_{Rd}를 갖도록 하여야 한다.

$$V_{Rd} \geq \beta V_{Ed} \tag{7·151}$$

감소계수 β는 다음과 같이 결정한다.

$$\beta = \frac{a_v}{2d} \tag{7·152}$$

여기서 a_v는 KDS 24 14 21 콘크리트교 설계기준(한계상태설계법)에서 x로 표현한 전단경간(shear span)이다. 따라서 감소계수 β는 KDS 24 14 21 콘크리트교 설계기준(한계상태설계법)에 대하여 그림 7-60에서 설명한 증가계수 $2d/x$의 역수인 β와 동일한 것이다. 계수전단력 V_{Ed}에 계수 β를 곱하여 감소시키는 이 규정은 a_v가 $0.5\,d$와 $2\,d$ 사이인 경우에 적용한다. $0.5\,d$ 떨어진 위치와 지점 사이의 단면은 $0.5\,d$ 떨어진 위치에서의 감소계수, 즉 0.25의 값을 적용한다. 그러나 감소된 계수전단력 V_{Ed}는 다음의 최댓값 이하이어야 한다.

$$V_{Ed} \leq 0.5\, b_w\, d\, \nu\, f_{cd} \tag{7·153}$$

여기서, f_{cd}는 콘크리트의 부분안전계수를 적용한 콘크리트의 설계압축강도이며, ν는 앞의 식 (7·121)로 결정한다.

$$\nu = 0.6\left(1-\frac{f_{ck}}{250}\right) \tag{7·121}$$

전단철근이 배치되지 않은 경우에는, 다음과 같이 설계전단강도 V_{Rd}를 앞의 식 (7·94)로 계산한 $V_{Rd,c}$로 한다.

$$V_{Rd} = V_{Rd,c} \tag{7·154}$$

$$V_{Rd,c} = [C_{Rd,c}\, k(100\,\rho_l\, f_{ck})^{1/3}+k_1\,\sigma_{cp}]\,b_w d \tag{7·94}$$

이 식들에 적용하는 변수 및 상수들은 다음과 같이 앞의 식 (7·96)~식 (7·102)와 같으며, 각 변수들에 대해서는 7.4.2절에 설명되어 있다.

$$C_{Rd,c} = \frac{0.18}{\gamma_c} \tag{7·96}$$

$$k = 1+\sqrt{\frac{200}{d}} \leq 2.0 \tag{7·97}$$

$$\rho_l = \frac{A_{sl}}{b_w d} \le 0.02 \qquad (7 \cdot 98)$$

$$k_1 = 0.15 \qquad (7 \cdot 99)$$

$$\sigma_{cp} = \frac{N_{Bd}}{A_c} \le 0.2 f_{cd} \qquad (7 \cdot 100)$$

$$f_{cd} = \frac{f_{ck}}{\gamma_c} \qquad (7 \cdot 101)$$

$$v_{min} = 0.035\, k^{3/2} f_{ck}^{1/2} \qquad (7 \cdot 102)$$

전단철근이 보강된 경우에는 다음과 같이 전단철근에 의한 전단강도만을 고려하여 설계전단강도 V_{Rd}를 결정한다.

$$V_{Rd} = V_{Rd,\,s} \qquad (7 \cdot 155)$$

$$V_{Rd,\,s} = A_{sw} f_{ywd} \sin \alpha \qquad (7 \cdot 156)$$

여기서, f_{ywd}는 철근의 부분안전계수를 적용한 설계항복강도이다. A_{sw}는 복부에 배치된 전단철근의 단면적으로, 그림 7-61과 같이 전단경간(x 또는 a_v)의 중앙부 75% 구간 안에 위치하는 전단철근만을 고려하여야 한다. α는 전단철근과 주인장철근 사이의 경사각으로, 수직전단철근의 경우에는 식 (7 ·156)이 다음과 같이 단순화된다.

$$V_{Rd,\,s} = A_{sw} f_{ywd} \qquad (7 \cdot 157)$$

7.4.5 콘크리트교 설계기준(한계상태설계법)에 따른 선부재의 전단설계

소성 변각트러스 모델을 채택한 KDS 24 14 21 콘크리트교 설계기준(한계상태설계법)의 선부재 설계전단강도 관련 규정을 요약하고 철근상세 규정을 소개하면 다음과 같다.

[1] 강도성능 요구조건과 전단철근의 배치 여부

부재에 가장 불리한 조건이 되는 계수하중조합과 하중배치를 선택하고 이에 대한 구조해석을 수행하여 최대 계수전단력 V_u를 구한 후, 앞의 식 (7 ·83)과 같이 부재의 설계전단강도 V_d가 V_u 이상의 성능을 갖도록 설계한다.

$$V_d \ge V_u \qquad (7 \cdot 83)$$

설계전단강도 V_d는 계수전단력 V_u를 저항하는 데에 있어서 전단철근의 필요 여부에 따라 전단 무보강 부재 또는 전단 보강 부재의 두 가지로 구분하여 결정한다. 전단 무보강 부재는 콘크리트만으로 계수전단력 V_u를 저항할 수 있는 경우로 전단철근이 필요하지 않지만 기준에 따라 최소 전달철근을 배치해야 하는 부재이며, 앞의 식 (7 · 84)의 콘크리트에 의한 설계전단강도 V_{cd}를 설계전단강도 V_d 로 한다.

$$V_d = V_{cd} \tag{7 · 84}$$

여기서, 철근콘크리트 보와 기둥은 휨균열이 이미 발생한 상태에서 극한한계상태에 도달할 때 콘크리트에 의하여 저항하는 전단력을 설계전단강도 V_{cd}로 한다. 프리스트레스트 콘크리트 부재는 휨균열의 발생 여부에 따라 비균열 단면과 균열 단면으로 구분하여 각각의 설계전단강도를 결정한다. 철근콘크리트 기둥에서 축방향 압축력의 영향이 매우 커서 극한한계상태에서도 휨균열이 발생하지 않는 경우에는 축방향 압축력을 프리스트레스트 콘크리트의 긴장력(prestressing force)과 동일하게 취급하여 콘크리트에 의한 설계전단강도 V_{cd}를 계산할 수도 있다.

전단 보강 부재는 콘크리트만으로 계수전단력 V_u를 저항할 수 없어서 전단보강철근을 배치한 부재이며, 균열의 각도를 고려하여 전단철근의 항으로 계산되는 설계전단강도 V_{sd}로 부재의 설계전단강도 V_d를 결정한다. V_{sd}는 전단보강철근의 항복을 전제로 하여 결정한 값이며, 이때 설계전단강도는 앞의 식 (7 · 85)와 같이 같이 최대 설계전단강도 $V_{d,\,max}$를 초과하지 않는 값으로 한다.

$$V_d = V_{sd} \leq V_{d,\,max} \tag{7 · 85}$$

최대 설계전단강도 $V_{d,\,max}$는 콘크리트 스트럿의 압축 파괴를 대상으로 하여 결정하는 값이다. V_{sd}가 $V_{d,\,max}$를 초과하지 않도록 한 것은 부재가 전단력에 의하여 파괴되더라도 상대적으로 연성적인 파괴를 유도하기 위하여, 콘크리트 스트럿의 압축 파괴보다 전단철근이 먼저 항복하도록 하려는 의도이다. 콘크리트 스트럿의 파괴를 의미하는 $V_{d,\,max}$의 결정에 있어서, 콘크리트의 압축강도가 증가한다고 해서 전단강도가 같은 비율로 증가하는 것은 아니므로 설계기준에서는 콘크리트 압축강도 유효계수 ν로 이 효과를 반영한다. 또한 철근콘크리트 기둥이나 프리스트레스트 콘크리트와 같이 축방향으로 압축력이 작용하는 경우에는 축방향 압축력을 고려하는 계수 α_{cw}를 적용하여 최대 설계전단강도 $V_{d,\,max}$의 값을 증가시킨다.

[2] 전단 무보강 부재의 전단강도

전단철근이 필요하지 않은 부재의 설계전단강도 V_{cd}는 앞의 식 (7 · 86)으로 구하며, 이 값은 앞의 식 (7 · 87)의 최솟값 $V_{cd,\,min}$ 이상이어야 한다. 여기서 V_{cd}는 휨균열이 이미 발생한 상태에서 극한한계상태에 도달할 때 콘크리트에 의하여 저항하는 전단력을 의미하며, 축방향 압축력의 영향은 f_n으로 고려한다.

$$V_{cd} = [0.85\,\phi_c\,\kappa(\rho\,f_{ck})^{1/3} + 0.15\,f_n]\,b_w d \tag{7 · 86}$$

$$V_{cd,\,min} = (0.035\,\kappa^{3/2}\,f_{ck}^{1/2} + 0.015\,f_n)\,b_w d \tag{7 · 87}$$

받침점 내면으로부터 단면 유효깊이 d의 0.5배와 2배인 위치 사이에 집중하중이 작용하는 깊은보 거동

구간은 스트럿-타이 모델을 적용하거나 설계전단강도를 증가시켜서 전단강도를 검증하는 방법을 적용한다. 이때 앞의 식 (7·147)로 설계전단강도를 증가시키지만, 앞의 식 (7·148)의 최댓값 $V_{cd,\,max}$를 초과하지 못한다.

$$V_{cd} = \left[0.85\,\phi_c\,\kappa(\rho f_{ck})^{1/3}\left(\frac{2d}{x}\right) + 0.15\,f_n\right]b_w\,d \geq \left[0.035\,\kappa^{3/2} f_{ck}^{1/2}\left(\frac{2d}{x}\right) + 0.15\,f_n\right]b_w\,d \tag{7·147}$$

$$V_{cd,\,max} = 0.5\,\phi_c\,\nu f_{ck}\,b_w\,d \tag{7·148}$$

여기서 x는 받침점 내면부터의 거리이다. 받침점 내면부터 0.5d 떨어진 위치와 지점 사이의 단면은 0.5d 떨어진 위치의 증가계수, 즉 4.0의 값을 적용한다.

[3] 전단 보강 부재의 전단강도

전단철근이 보강된 부재의 설계전단강도는 앞의 식 (7·113)과 식 (7·114)로 결정한다. 식 (7·113)은 수직전단철근이 배치된 부재의 설계전단강도이고, 식 (7·114)는 경사전단철근이 배치된 부재의 설계전단강도이다. 여기서 α는전단철근과 주인장철근 사이의 경사각이다.

$$V_{sd} = \frac{\phi_s f_{vy}\,A_v z}{s}\cot\theta \tag{7·113}$$

$$V_{sd} = \frac{\phi_s f_{vy}\,A_v z}{s}(\cot\theta + \cot\alpha)\sin\alpha \tag{7·114}$$

축하중 또는 프리스트레스에 의하여 압축응력이 작용할 때, 설계전단강도 V_{sd}는 앞의 식 (7·115)로 계산되는 최댓값 $V_{d,\,max,\,com}$을 초과할 수 없다. 여기서 $V_{d,\,max}$는 수직전단철근이 배치된 부재의 경우 앞의 식 (7·116)으로, 경사전단철근이 배치된 부재의 경우 앞의 식 (7·117)로 결정한다.

$$V_{d,\,max,\,com} = \alpha_{cw}\,V_{d,\,max} \tag{7·115}$$

$$V_{d,\,max} = \frac{\nu\,\phi_c f_{ck} b_w z}{\cot\theta + \tan\theta} \tag{7·116}$$

$$V_{d,\,max} = \nu\,\phi_c\,f_{ck}\,b_w\,z\,\frac{\cot\theta + \cot\alpha}{1 + \cot^2\theta} \tag{7·117}$$

압축응력 f_n에 대한 증가계수 α_{cw}는 다음과 같이 세 범주로 나누어 값을 결정한다.

$$\alpha_{cw} = 1 + \frac{f_n}{\phi_c f_{ck}} \quad : \; 0 \leq f_n \leq 0.25\,\phi_c f_{ck} \tag{7·118}$$

$$\alpha_{cw} = 1.25 \quad : \; 0.25\,\phi_c f_{ck} < f_n < 0.5\,\phi_c f_{ck} \tag{7·119}$$

$$\alpha_{cw} = 2.5\left(1 - \frac{f_n}{\phi_c f_{ck}}\right) \quad : \; 0.5\,\phi_c f_{ck} < f_n < 1.0\,\phi_c f_{ck} \tag{7·120}$$

콘크리트 압축강도 유효계수 ν는 콘크리트 압축강도에 대한 감소계수로 앞의 식 (7·121)로 결정하며,

콘크리트 스트럿의 경사각, 즉 균열의 각도 θ는 앞의 식 (7·122)로 주어진 범위의 값으로 선택하여야 한다.

$$\nu = 0.6\left(1 - \frac{f_{ck}}{250}\right) \tag{7·121}$$

$$1 \leq \cot\theta \leq 2.5 \tag{7·122}$$

즉, 스트럿의 경사각 θ는 22°~45° 범위로, $V_{d,\,max,\,com}$이 계수전단력 V_u와 같을 조건으로 스트럿의 경사각 θ를 결정한 후 22°~45° 범위의 값을 취하거나, 미리 θ가 22°일 조건과 45°일 조건을 검토하여 경사각을 결정할 수 있다. 스트럿의 경사각 θ는 앞의 식 (7·128) 또는 앞의 식 (7·130)으로 구할 수 있다.

$$\theta = \frac{1}{2}\sin^{-1}\left(\frac{2V_u}{\alpha_{cw}\nu\phi_c f_{ck} b_w z}\right) \tag{7·128}$$

$$\theta = \frac{1}{2}\sin^{-1}\left[\frac{V_u}{0.1755\,\alpha_{cw} f_{ck} b_w d\left(1 - \frac{f_{ck}}{250}\right)}\right] \tag{7·130}$$

만일 θ로 22°보다 작은 값을 얻었다면 θ를 22°로 하여 전단철근을 설계하고, 45°보다 큰 값을 얻었다면 부재 단면을 증가시키거나 콘크리트 압축강도를 증가시켜야 한다. 스트럿 경사각 θ가 결정되면, 설계전단강도 V_{sd}가 계수전단력 V_u 이상이 되도록 전단철근의 단면적 A_v와 간격 s를 결정한다.

전단철근의 설계에서 전단철근의 배치하고 스트럿의 경사각을 결정하여 설계전단강도를 계산하는 과정은 다음의 순서에 따를 수 있다.

① 최대전단강도 $V_{d,\,max,\,com}$이 계수전단력 V_u와 같다는 방정식으로 얻은 식 (7·128) 또는 식 (7·130)에 따라 스트럿 경사각 산정값 θ_{est}를 구하고, 22°~45°의 범위에서 θ_{est}를 결정한다.

② 설계전단강도 V_{sd}가 계수전단력 V_u와 같다는 방정식으로 얻은 다음 식에 θ_{est}를 적용하여 전단철근의 소요간격 $s_{req'd}$를 계산한다.

$$s_{req'd} = \frac{\phi_s f_{vy} A_v z}{V_u}\cot\theta_{est} \tag{7·158}$$

③ 전단철근의 최대 허용간격과 최소 전단철근단면적 규정을 고려하여 간격 $s_{req'd}$ 이하의 값으로 전단철근의 간격 s를 선택하고, 설계 조건에 해당하는 스트럿의 설계경사각 θ_d를 다음 식으로 계산한다. 이 식은 식 (7·110)을 KDS 24 14 21 콘크리트교 설계기준(한계상태설계법)의 기호로 나타낸 것이다. 설계경사각 θ_d는 22°~45° 범위의 값이어야 한다.

$$\cot\theta_d = \sqrt{\frac{\alpha_{cw}\nu\phi_c f_{ck} b_w s}{\phi_s f_{vy} A_v} - 1} \tag{7·159}$$

④ 설계경사각 θ_d와 선택된 전단철근의 간격 s로 설계전단강도 V_{sd}를 계산하고 최대 전단강도 $V_{d,\,max,\,com}$를 초과하지 않는지 검토한 후, 설계전단강도 V_d를 확정하고 전단강도를 검증한다. 또한 전단철근의 간격과 단면적이 최대 전단철근단면적 규정을 만족하는지 검증한다.

위의 ①에서 ④까지의 설계과정에 적용되는 변수들의 의미는 그림 7-62에 나타나 있다. 축하중 또는 프리스트레스에 의한 압축응력이 작용하지 않는 철근콘크리트 휨부재에 대하여 ①에 따라 θ_{est}를 구하는 것은 그림 7-62(a)와 같이 $V_{d,\,max}$가 V_u와 같을 θ_{est}를 결정하는 것이다. ②에 따라 $s_{req'd}$를 구하는 것은 그림 7-62(b)와 같이 θ_{est}의 각도에서 V_{sd}가 $V_{d,\,max}$ 또는 V_u와 같을 전단철근의 최대 소요간격 $s_{req'd}$를 결정하는 것이다. $s_{req'd}$보다 작은 간격으로 s를 선택한 후 ③에 따라 θ_d를 구하는 것은 그림 7-62(c)와 같이 전단철근이 먼저 항복한 후 콘크리트 스트럿이 압축 파괴되는 극한상태의 스트럿 설계경사각 θ_d를 결정한 것이다. ④에 따라 설계전단강도를 검증하는 것은 그림 7-62(c)와 같이 전단철근이 먼저 항복한 후 θ_d의 각도로 파괴될 때의 V_{sd}를 설계전단강도 V_d로 결정하고 $V_{d,\,max}$를 초과하지 않는다는 것을 확인한 후, 설계전단강도 V_d가 계수전단력 V_u 이상이라는 것을 확인하는 작업이다. 이때 V_u가 작용하는 상태에서는 스트럿이 압축 파괴되지 않고 전단철근이 항복한 상태로 저항한다.

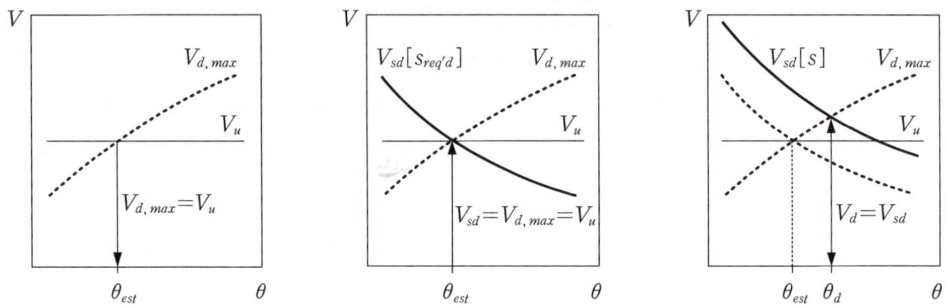

(a) 과정 ①의 θ_{est} 결정　　(b) 과정 ②의 $s_{req'd}$ 결정　　(c) 과정 ③과 ④의 θ_d와 V_d 결정

그림 7-62 스트럿 경사각과 설계전단강도 결정 과정

받침점 내면부터 단면 유효깊이 d의 0.5배와 2배인 위치 사이에 집중하중이 작용하는 깊은보 거동 구간은 스트럿-타이 모델을 적용하거나 설계전단강도를 증가시켜서 전단강도를 검증하는 방법을 적용한다. 이때 전단철근이 보강된 부재의 설계전단강도 V_d는 앞의 식 (7·149) 또는 식 (7·150)으로 결정한다. 식 (7·149)는 수직전단철근이 배치된 부재에 적용하고, 식 (7·150)은 경사전단철근이 배치된 부재에 적용한다. 이때의 전단철근은 전단경간 중앙부 0.75x의 구간 안에 위치하는 전단철근만을 고려하여야 한다.

$$V_d = \phi_s f_{vy} A_v \left(\frac{2d}{x}\right) \tag{7·149}$$

$$V_d = \phi_s f_{vy} A_v \sin\alpha \left(\frac{2d}{x}\right) \tag{7·150}$$

단, 이 설계전단강도 V_d는 각각 앞의 식 (7·116)과 앞의 식 (7·117)의 $V_{d,\,max}$에 $2d/x$를 곱한 최댓값을 초과하지 못한다.

[4] 전단철근의 구성과 상세

전단철근은 다음 세 가지 종류로 구성할 수 있다.

① 종방향 인장철근과 압축부를 둘러싸는 폐합철근(폐쇄철근) 또는 U형 철근

② 주철근을 구부린 굽힘철근

③ 종방향 철근을 둘러싸지는 않지만 압축영역과 인장영역에 적절히 정착된 단일 철근

전단철근을 이 세 가지 종류로 구성할 수 있으나, 한 단면에서 전단철근 중 최소 50%는 폐쇄철근이나 U형철근의 형태를 사용하여야 한다. 전단철근은 충분히 정착되어야 하며, 비틀림모멘트가 작용하지 않는 경우에는 전단철근이 복부 면 근처에서 겹침이음하여도 좋다.

[5] 최소 전단철근

전단철근의 양이 매우 적은 부재가 전단작용으로 파괴되는 경우에는 예고 없이 취성파괴가 발생할 가능성이 있으므로, 최소 전단철근을 배치하도록 규정하고 있다. 최소 전단철근은 다음과 같이 전단철근비 ρ_v로 나타내며, 최소 전단철근비 $\rho_{v,\,min}$ 이상의 전단철근비를 갖도록 전단철근을 배치하여야 한다.

$$\rho_v = \frac{A_v}{s\, b_w \sin\alpha} \tag{7·160}$$

$$\rho_{v,\,min} = \frac{0.08\sqrt{f_{ck}}}{f_{vy}} \tag{7·161}$$

설계기준에서는 철근비로 최소 전단철근을 규정하고 있으나, 실무설계에서는 이 식을 다음과 같이 전단철근의 간격으로 변형하여 또 하나의 최대간격으로 검증하는 것이 일반적이다. 이것은 전단철근의 크기를 먼저 선택한 후 간격을 조정하여 배치하는 것이 일반적인 설계절차이기 때문이다.

$$s_{max,\,\rho_{v,\,min}} = \frac{A_v}{\rho_{v,\,min}\, b_w \sin\alpha} \tag{7·162}$$

[6] 최대 전단철근

전단철근의 양이 매우 많은 부재가 전단작용으로 파괴되는 경우에는 전단철근이 항복하지 않는 상태에서 콘크리트 스트럿이 압축 파괴되는 취성파괴가 발생하게 된다. 따라서 설계기준은 다유 식을 만족하도록 최대 전단철근의 양을 제한하고 있다. 식 (7·163)은 수직전단철근이 배치된 부재에 적용하고, 식 (7·164)는 경사전단철근이 배치된 부재에 적용한다. 이 식들은 스트럿 경사각 θ가 45°일 때 식 (7·113)과 식 (7·114)의 V_{sd}가 각각 식 (7·116)과 식 (7·117)의 $V_{d,\,max}$ 이하일 조건으로 유도된 것이다.

$$\frac{\phi_s f_{vy} A_{v,\,max}}{b_w\, s} \le 0.5\,\nu\,\phi_c f_{ck} \tag{7·163}$$

$$\frac{\phi_s f_{vy} A_{v,\,max}}{b_w\, s} \le 0.5\,\nu\,\phi_c f_{ck} \frac{1}{\sin\alpha} \tag{7·164}$$

식 (7·163)과 식 (7·164)를 변환하여, 한 단면에 배치된 전단철근의 최대허용단면적을 표현하면 각각 다음과 같다.

$$A_{v,\,max} = \frac{0.5\,\nu\,\phi_c f_{ck}\,b_w s}{\phi_s f_{vy}} \tag{7·165}$$

$$A_{v,\,max} = \frac{0.5\,\nu\,\phi_c f_{ck}\,b_w s}{\phi_s f_{vy}\sin\alpha} \tag{7·166}$$

따라서, 한 단면에 배치된 전단철근의 단면적 A_v는 식 (7·165)와 식 (7·166)의 최대허용단면적 $A_{v,\,max}$을 초과하지 않도록 하여야 한다.

[7] 전단철근의 간격

전단철근은 부재 종방향으로 다음의 최대간격을 넘지 않도록 배치하여야 한다.

$$s_{max} = 0.75\,d(1+\cot\alpha) \tag{7·167}$$

수직전단철근의 경우에는 최대간격이 다음과 같이 단순해진다.

$$s_{max} = 0.75\,d \tag{7·168}$$

이와 함께 [5]에서 설명한 바와 같이 최소 전단철근 규정을 전단철근의 간격으로 변형한 식 (7·162)로 또 하나의 최대간격으로 검증하는 것이 일반적이다. 수직전단철근의 경우에는 식 (7·162)가 다음과 같이 간단해 진다.

$$s_{max,\,\rho_{v,\,min}} = \frac{A_v}{\rho_{v,\,min}\,b_w} \tag{7·169}$$

전단철근으로 굽힘철근을 사용하는 경우에는 다음의 최대간격을 넘지 않도록 배치하여야 한다.

$$s_{max} = 0.6\,d(1+\cot\alpha) \tag{7·170}$$

한 단면 내에 배치되는 전단철근은 전단철근 사이의 간격이 다음의 최대 폭방향 간격을 넘지 않도록 배치하여야 한다. 예를 들어 U형의 전단철근을 배치한다면 두 가닥의 철근이 복부의 양쪽 면을 따라 배치되는데, 이때 두 철근 사이의 간격이 다음 식의 조건을 만족하여야 한다는 것이다.

$$s_{max} = 0.75\,d \le 600\,mm \tag{7·171}$$

[8] 전단위험단면 및 깊이가 변하는 부재의 전단력

등분포하중이 지배적으로 작용하는 부재는 전단위험단면(shear critical section)을 받침부 내면에서 유효깊이 d 떨어진 단면으로 한다(그림 7-36과 그림 7-38 참조). 즉, 받침부 내면부터 유효깊이 d 떨어진 위치까지의 작용 전단력은 받침부 내면부터 유효깊이 d 떨어진 위치의 전단력과 동일하게 취한다. 이때 소요전단철근은 받침부까지 연장 배치하여야 한다. 깊이가 변하는 부재는 7.2.5절에서 설명한 바와 같이 경사진 상현재와 하현재에 작용하는 힘의 수직 성분을 고려할 수 있다.

예제 7-5 콘크리트 설계기준압축강도 f_{ck}가 35 MPa인 그림 7-63과 같은 단면의 보에 인장철근으로 SD600 3-D32(A_s=2,383 mm²)가 배치되어 있다. 계수전단력이 각각 100 kN, 520 kN, 720 kN이 작용할 때 KDS 24 14 21 콘크리트교 설계기준(한계상태설계법)에 따라 전단철근을 설계하시오. 전단철근은 SD400 D13의 U형 수직전단철근을 사용하시오. 또, 계수전단력 720 kN이 작용할 때 설계된 전단철근의 간격을 사용하면서 D13 대신 D19의 U형 수직전단철근을 배치했을 때의 설계전단강도를 구하고 어떤 파괴형태가 나타날지 기술하시오.

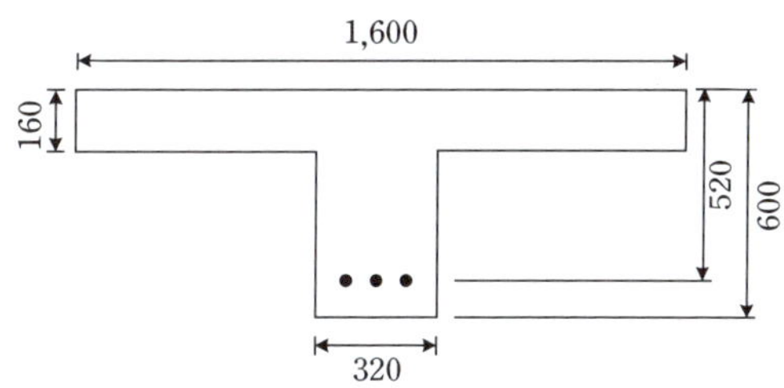

그림 7-63 예제 7-5의 단면

〈풀이〉

(1) 계수전단력 100 kN이 작용할 때의 전단설계

먼저 계수전단력 100 kN이 작용할 때 전단철근이 필요하지 않는지 전단 무보강 부재의 설계전단강도를 구한다. 인장철근으로 SD600 3-D32(A_s=2,383 mm^2)가 배치되었고 축력(N_u)이 작용하지 않은 경우이므로, 식 (7·86)에 적용되는 변수를 계산하면

$$b_w = 320\ mm \qquad d = 520\ mm \qquad A_s = 2{,}383\ mm^2 \qquad f_{ck} = 35\ MPa$$

$$\kappa = 1+\sqrt{\frac{200}{d}} = 1+\sqrt{\frac{200}{520}} = 1.62 < 2.0$$

$$\rho = \frac{A_s}{b_w\, d} = \frac{2{,}383}{320\times 520} = 0.0143 < 0.02$$

$$f_n = \frac{N_u}{A_c} = 0$$

전단 무보강 부재 설계전단강도의 최솟값을 식 (7·87)로 구하면

$$V_{cd,\,min} = (0.035\,\kappa^{3/2}\,f_{ck}^{1/2}+0.15\,f_n)b_w\,d = (0.035\times 1.62^{3/2}\times 35^{1/2}+0.15\times 0)\times 320\times 520$$
$$= 71{,}000\ N = 71\ kN$$

전단 무보강 부재 설계전단강도를 식 (7·86)으로 구하면

$$V_{cd} = [(0.85\,\phi_c\,\kappa(\rho\,f_{ck})^{1/3}+0.15\,f_n]b_w\,d$$
$$= [0.85\times 0.65\times 1.62\times(0.0143\times 35)^{1/3}+0.15\times 0]\times 3210\times 520 = 118{,}000\ N = 118\ kN$$

이 값은 $V_{cd,\,min}$인 71 kN보다 크므로, 설계전단강도를 118 kN으로 하고 계수전단력과 비교하면

$$V_d = V_{cd} = 118\,kN > V_u\,(= 100\,kN)$$

따라서 전단철근을 배치하지 않아도 전단강도를 만족하므로, 부재에는 최소 전단철근을 배치하면 된다. SD400의 전단철근을 사용할 때 최소 전단철근비는

$$\rho_{v,\,min} = \frac{0.08\sqrt{f_{ck}}}{f_{vy}} = 0.08\frac{\sqrt{35}}{400} = 0.001183$$

한 단면 내에 배치되는 전단철근 사이의 거리는 0.75 d와 600 mm를 넘지 않아야 하는데, 이 단면의 복부 폭이 320mm이므로 철근 두 가닥으로 이루어지는 U형 전단철근을 사용하는 데에 문제가 없다. D13의 U형 수직전단철근으로 최소 전단철근을 배치한다면 두 개의 철근으로 이루어진 전단철근의 단면적 A_v가 253 mm^2이다. 최소 전단철근비에 해당하는 전단철근의 최대간격을 식 (7·169)로 구하면

$$s_{max,\,\rho_{v,\,min}} = \frac{A_v}{\rho_{v,\,min}\,b_w} = \frac{253}{0.001183\times320} = 668\,mm$$

또한 전단철근의 최대허용간격을 식 (7·168)에 따라 구하면

$$s_{max} = 0.75\,d = 0.75\times520 = 390\,mm$$

이 간격은 최소 전단철근비에 해당하는 전단철근의 최대간격 $s_{max,\,\rho_{v,\,min}}$보다 작으므로, 전단철근의 간격은 390 mm를 초과하지 않아야 한다. 따라서 여기서는 전단철근의 배치를 단순하게 하도록 350 mm 간격으로 SD400의 D13 U형 수직전단철근을 배치하기로 한다.

(2) 계수전단력 520 kN이 작용할 때의 전단설계

계수전단력 520 kN은 (1)에서 구한 전단 무보강 부재의 설계전단강도 118 kN보다 크므로, 소요전단철근 이상의 전단철근을 배치하는 전단 보강 부재로 설계하여야 한다. 전단철근으로 SD400 D13 U형 수직전단철근을 사용한다면

$$A_v = 253\,mm^2 \qquad f_{vy} = 400\,MPa$$

식 (7·128)로 스트럿 경사각을 산정하기 위하여 변수들을 구하면

$$\nu = 0.6\left(1-\frac{f_{ck}}{250}\right) = 0.6\times\left(1-\frac{35}{250}\right) = 0.516$$

$$f_{cd,\,eff} = \nu\,f_{cd} = \nu\,\phi_c f_{ck} = 0.516\times0.65\times35 = 11.74\,MPa$$

$$z = 0.9\,d = 0.9\times520 = 468\,mm$$

축력이 작용하지 않으므로, α_{cw}=1.0

이제 식 (7·128)로 스트럿 경사각을 산정하면

$$\theta_{est} = \frac{1}{2}\sin^{-1}\left(\frac{2\,V_u}{\alpha_{cw}\,\nu\,\phi_c f_{ck}\,b_w\,z}\right) = \frac{1}{2}\sin^{-1}\left(\frac{2\,V_u}{\alpha_{cw}\,f_{cd,\,eff}\,b_w\,z}\right)$$

$$= \frac{1}{2}\sin^{-1}\left(\frac{2\times520\times10^3}{1.0\times11.74\times320\times468}\right) = 18.1^\circ < 22^\circ$$

이 값은 최소경사각 22°보다 작으므로, 다음 조건을 만족하도록 콘크리트의 스트럿 경사각 θ_{est}를 22°로 한다.

$$1 \le \cot\theta \le 2.5$$

이에 따라 $\cot\theta_{est}$와 $\tan\theta_{est}$의 값은

$$\cot\theta_{est} = 2.5$$

$$\tan\theta_{est} = \frac{1}{\cot\theta_{est}} = \frac{1}{2.5} = 0.4$$

전단철근의 소요간격을 식 (7·158)로 계산하면

$$s_{req'd} = \frac{\phi_s f_{vy}\,A_v\,z}{V_u}\cot\theta_{est} = \frac{0.9\times400\times253\times468}{520\times1{,}000}\times2.5 = 205\,mm$$

앞의 (1)에서 전단철근의 최대허용간격 s_{max}이 390 mm이므로, 소요간격 205 mm는 최대허용간격 이내이다. 여기서 전단철근의 배치를 단순하게 하도록 다음과 같이 200 mm 간격으로 SD400의 D13 U형 수직전단철근을 배치하기로 한다.

$$s = 200\ mm$$

이제 SD400의 D13 U형 수직전단철근을 200 mm 간격으로 배치했을 때의 스트럿 경사각을 식 (7 ·159)로 계산하면

$$\cot\theta_d = \sqrt{\frac{\alpha_{cw}\nu\phi_c f_{ck} b_w s}{\phi_s f_{vy} A_v} - 1} = \sqrt{\frac{\alpha_{cw} f_{cd,eff} b_w s}{\phi_s f_{vy} A_v} - 1} = \sqrt{\frac{1.0\times11.74\times320\times200}{0.9\times400\times253} - 1} = 2.69$$

$$\theta_d = 20.4^\circ < 22^\circ$$

이 값은 최소경사각 22°보다 작으므로, 콘크리트의 스트럿 경사각 θ_d를 22°로 하고 $\cot\theta_d$와 $\tan\theta_d$의 값을 각각 2.5와 0.4로 한다. 이제 θ_d가 22°일 때 설계전단강도 최댓값 $V_{d,\,max}$을 식 (7 ·116)으로 계산하면

$$V_{d,\,max} = \frac{\nu\phi_c f_{ck} b_w z}{\cot\theta + \tan\theta} = \frac{f_{cd,eff} b_w z}{\cot\theta_d + \tan\theta_d} = \frac{11.74\times320\times468}{2.5+0.4} = 606{,}000\ N = 606\ kN$$

θ_d가 22°일 때 설계전단강도 V_{sd}를 식 (7 ·113)으로 계산하면

$$V_{sd} = \frac{\phi_s f_{vy} A_v z}{s}\cot\theta_d = \frac{0.9\times400\times253\times468}{200\times1{,}000}\times2.5 = 533\ kN < V_{d,\,max}\ (=606\ kN)$$

따라서 설계전단강도를 533 kN으로 하고 계수전단력과 비교하면

$$V_d = V_{sd} = 533\ kN > V_u\ (=520\ kN)$$

전단강도를 만족하므로, SD400의 D13 U형 수직전단철근을 200 mm 간격으로 배치한다.

(3) 계수전단력 720 kN이 작용할 때의 전단설계

계수전단력 720 kN은 (1)에서 구한 전단 무보강 부재의 설계전단강도 118 kN보다 크므로, 소요전단철근 이상의 전단철근을 배치하는 전단 보강 부재로 설계한다. 전단철근으로 SD400 D13 U형 수직전단철근을 사용할 때 변수들의 값은 (2)에서 계산하였다. 이제 식 (7 ·128)로 스트럿 경사각을 산정하면

$$\theta_{est} = \frac{1}{2}\sin^{-1}\left(\frac{2V_u}{\alpha_{cw}\nu\phi_c f_{ck} b_w z}\right) = \frac{1}{2}\sin^{-1}\left(\frac{2V_u}{\alpha_{cw} f_{cd,\,eff} b_w z}\right)$$
$$= \frac{1}{2}\sin^{-1}\left(\frac{2\times720\times10^3}{1.0\times11.74\times320\times468}\right) = 27.5^\circ$$

이 값은 22°와 45° 사이의 값이므로 다음 조건을 만족한다.

$$1 \le \cot\theta \le 2.5$$

스트럿 경사각 27.5°에 대한 전단철근의 소요간격을 식 (7 ·158)로 계산하면

$$s_{req'd} = \frac{\phi_s f_{vy} A_v z}{V_u}\cot\theta_{est} = \frac{0.9\times400\times253\times468}{520\times1{,}000}\times\cot(27.5^\circ) = 114\ mm$$

앞의 (1)에서 전단철근의 최대허용간격 s_{max}이 390 mm이었으므로, 소요간격 114 mm는 최대허용간격 이내이다. 여기서 전단철근의 배치를 단순하게 하도록 다음과 같이 100 mm 간격으로 SD400의 D13 U형 수직전단철근을 배치하기로 한다.

$$s = 100\ mm$$

이제 SD400의 D13 U형 수직전단철근을 100 mm 간격으로 배치했을 때의 스트럿 경사각을 식 (7 ·159)로 계산하면

$$\cot\theta_d = \sqrt{\frac{\alpha_{cw}\nu\phi_c f_{ck} b_w s}{\phi_s f_{vy} A_v} - 1} = \sqrt{\frac{\alpha_{cw} f_{cd,eff} b_w s}{\phi_s f_{vy} A_v} - 1} = \sqrt{\frac{1.0\times11.74\times320\times100}{0.9\times400\times253} - 1} = 1.7677$$

$$\theta_d = 29.5°$$

이 값은 22°와 45° 사이의 값이다. 이때 $\tan\theta_d$의 값은

$$\tan\theta_d = \frac{1}{\cot\theta_d} = \frac{1}{1.7677} = 0.5657$$

이제 θ_d가 29.5°일 때 설계전단강도 최댓값 $V_{d,\,max}$을 식 (7·116)으로 계산하면

$$V_{d,\,max} = \frac{\nu\phi_c f_{ck} b_w z}{\cot\theta + \tan\theta} = \frac{f_{cd,\,eff} b_w z}{\cot\theta_d + \tan\theta_d} = \frac{11.74\times320\times468}{1.7677+0.5657} = 753{,}500\ N = 753.5\ kN$$

θ_d가 29.5°일 때 설계전단강도 V_{sd}를 식 (7·113)으로 계산하면

$$V_{sd} = \frac{\phi_s f_{ck} A_v z}{s}\cot\theta_d = \frac{0.9\times400\times253\times468}{100\times1{,}000}\times1.7677 = 753.5\ kN$$

V_{sd}와 $V_{d,\,max}$는 같은 값이다. 따라서 설계전단강도를 유효숫자 세 자리인 754 kN으로 하고 계수전단력과 비교하면

$$V_d = V_{sd} = 754\ kN > V_u\ (= 720\ kN)$$

따라서 전단강도를 만족한다. 최대 전단철근 규정을 검증하기 위하여 식 (7·165)로 전단철근의 최대허용단면적을 계산하면

$$A_{v,\,max} = \frac{0.5\,\nu\phi_c f_{ck} b_w s}{\phi_s f_{vy}} = \frac{0.516\times0.65\times35\times320\times100}{0.9\times400} = 1{,}043\ mm^2 > A_v\ (= 253\ mm^2)$$

따라서 최대 전단철근 규정을 만족한다. 또는 KDS 24 14 21 콘크리트교 설계기준(한계상태설계법)의 표현대로 식 (7·163)으로 최대 전단철근을 다음과 같이 검증해도 좋다.

$$\frac{\phi_s f_{ck} A_v}{b_w s} = \frac{0.9\times400\times253}{320\times100} = 2.85\ MPa$$

$$0.5\,\nu\phi_c f_{ck} = 0.9\times0.516\times0.65\times35 = 10.6\ MPa$$

따라서 다음 조건을 만족하므로 최대 전단철근 규정을 만족한다.

$$\frac{\phi_s f_{ck} A_{v,max}}{b_w s} \le 0.5\,\nu\phi_c f_{ck}$$

모든 조건이 만족되므로, SD400의 D13 U형 수직전단철근을 100 mm 간격으로 배치한다.

(4) SD400 D19 U형 수직전단철근을 100 mm 간격으로 배치할 때의 설계전단강도와 파괴형태

전단철근으로 SD400 D19 U형 수직전단철근을 100 mm 간격으로 배치한다면

$$A_v = 593\ mm^2 \qquad s = 100\ mm$$

이때의 스트럿 경사각을 식 (7·159)로 계산하면

$$\cot\theta_d = \sqrt{\frac{\alpha_{cw}\nu\phi_c f_{ck} b_w s}{\phi_s f_{vy} A_v} - 1} = \sqrt{\frac{\alpha_{cw} f_{cd,\,eff} b_w s}{\phi_s f_{vy} A_v} - 1} = \sqrt{\frac{1.0\times11.74\times320\times100}{0.9\times400\times597} - 1} = 0.872$$

$$\theta_d = 48.9°$$

이 값은 45°를 초과하는 값이다. 따라서 θ_d를 45°로 하고 $\cot\theta_d$와 $\tan\theta_d$의 값을 모두 1.0으로 하여, 설계전단강도 최댓값 $V_{d,\,max}$을 식 (7·116)으로 계산하면

$$V_{d,\,max} = \frac{\nu\phi_c f_{ck} b_w z}{\cot\theta + \tan\theta} = \frac{f_{cd,\,eff} b_w z}{\cot\theta_d + \tan\theta_d} = \frac{11.74\times320\times468}{1.0+1.0} = 879{,}000\ N = 879\ kN$$

θ_d가 45°일 때 설계전단강도 V_{sd}를 식 (7·113)으로 계산하면

$$V_{sd} = \frac{\phi_s f_{vy} A_v z}{s}\cot\theta_d = \frac{0.9\times400\times593\times468}{100\times1{,}000}\times1.0 = 999\ kN > V_{d,\,max}\ (= 879\ kN)$$

따라서 설계전단강도는

$$V_d = V_{d,\,max} = 879\,kN$$

이 경우에는 전단철근이 항복하기 전에 콘크리트 스트럿이 압축파괴될 것이다.

예제 7-6 콘크리트 설계기준압축강도 f_{ck}가 30 MPa이며, 복부폭 b_w=420 mm, 유효깊이 d=800 mm인 T형 단면 연속보의 외측 경간(받침부 내면 사이의 순경간은 12 m)에 대한 계수전단력 포락선을 절댓값으로 나타낸 것이 그림 7-64와 같을 때, SD400의 D13 철근을 U형 수직전단철근으로 사용하여 KDS 24 14 21 콘크리트교 설계기준(한계상태설계법)에 따라 전단설계를 수행하시오. 참고로 이 예제는 KDS 14 20 콘크리트구조 설계기준을 적용한 앞의 예제 7-3과 동일한 조건이다.

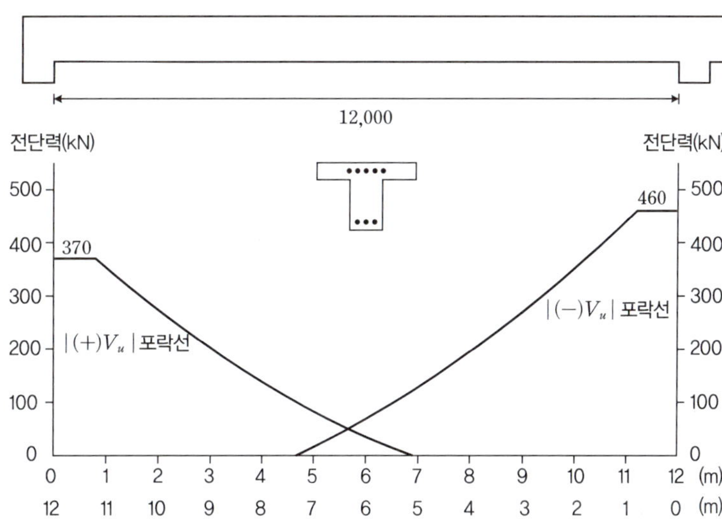

그림 7-64 예제 7-6의 보와 계수전단력 포락선

〈풀이〉

(1) 전단철근의 최대간격

한 단면 내에 배치되는 전단철근 사이의 거리는 0.75 d와 600 mm를 넘지 않아야 하는데, 이 단면의 복부폭이 420 mm이므로 철근 두 가닥으로 이루어지는 U형 전단철근을 사용하는 데에 문제가 없다. 여기서는 A_v가 253 mm^2인 SD400 D13 U형 수직전단철근을 선택하여 최대간격을 결정하기로 한다. 먼저 SD400의 전단철근을 사용할 때 최소 전단철근비를 계산하면

$$\rho_{v,\,min} = \frac{0.08\sqrt{f_{ck}}}{f_{vy}} = 0.08\frac{\sqrt{30}}{400} = 0.001095$$

최소 전단철근비에 해당하는 전단철근의 최대간격을 식 (7 · 169)로 구하면

$$s_{max,\,\rho_{v,\,min}} = \frac{A_v}{\rho_{v,\,min}\,b_w} = \frac{253}{0.001095\times420} = 550\,mm$$

또한 전단철근의 최대허용간격을 식 (7 · 168)에 따라 구하면

$$s_{max} = 0.75\,d = 0.75\times800 = 600\,mm$$

이 간격은 최소 전단철근비에 해당하는 전단철근의 최대간격 $s_{max,\rho_{v,min}}$보다 크므로, 전단철근의 간격은 550 mm를 초과하지 않아야 한다. 따라서 이 예제의 경우 전단철근의 최대간격은 다음과 같다.

$$s_{max} = s_{max,\rho_{v,min}} = 550\ mm$$

(2) 부재 좌우 최대계수전단력에 대한 스트럿 경사각과 설계전단강도

부재 좌우 최대계수전단력은 다음과 같다.

$$V_{u,L} = 370\ kN \qquad V_{u,R} = 460\ kN$$

식 (7 ·132)에 따라 스트럿 경사각이 22°이기 위한 계수전단력을 구하면

$$V_{d,\,max(22)} = 0.1210\, f_{ck}\, b_w\, d\left(1-\frac{f_{ck}}{250}\right) = 0.1210\times30\times420\times800\times\left(1-\frac{30}{250}\right)\times10^{-3} = 1{,}070\ kN$$

부재 좌우에 작용하는 최대계수전단력 370 kN과 460 kN이 모두 $V_{d,\,max(22)}$보다 작으므로, 다음 조건을 만족하도록 콘크리트의 스트럿 경사각 θ_{est}를 22°로 한다.

$$1 \le \cot\theta \le 2.5$$

또는 다음과 같이 식 (7 ·128)을 이용하여 θ_{est}를 결정할 수도 있다. 스트럿 경사각을 산정하기 위하여 변수들을 구하면

$$\nu = 0.6\left(1-\frac{f_{ck}}{250}\right) = 0.6\times\left(1-\frac{30}{250}\right) = 0.528$$

$$z = 0.9\,d = 0.9\times800 = 720\ mm$$

축력이 작용하지 않으므로, α_{cw}=1.0이다.

이제 460 kN인 부재 오른쪽 최대계수전단력 $V_{u,R}$에 대하여 식 (7 ·128)로 스트럿 경사각을 산정하면

$$\theta_{est} = \frac{1}{2}\sin^{-1}\left(\frac{2\,V_u}{\alpha_{cw}\,\nu\,\phi_c\, f_{ck}\, b_w\, z}\right) = \frac{1}{2}\sin^{-1}\left(\frac{2\times460\times10^3}{1.0\times0.528\times0.65\times30\times420\times720}\right) = 8.6^\circ < 22^\circ$$

이 값은 최소경사각 22°보다 작으므로 콘크리트의 스트럿 경사각 θ_{est}를 22°로 한다.

이에 따라 $\cot\theta_{est}$와 $\tan\theta_{est}$의 값은

$$\cot\theta_{est} = 2.5$$

$$\tan\theta_{est} = \frac{1}{\cot\theta_{est}} = \frac{1}{2.5} = 0.4$$

460 kN인 부재 오른쪽의 최대계수전단력 $V_{u,R}$에 대하여 전단철근의 소요간격을 식 (7 ·158)로 계산하면

$$z = 0.9\,d = 0.9\times800 = 720\ mm$$

$$s_{req'd} = \frac{\phi_s f_{vy} A_v\, z}{V_{u,R}}\cot\theta_{est} = \frac{0.9\times400\times253\times720}{460\times1{,}000}\times2.5 = 356\ mm$$

전단철근의 최대허용간격 s_{max}가 550 mm이므로, 소요간격 356 mm는 최대허용간격 이내이다. 이제 전단철근의 배치를 단순하게 하도록 300 mm와 500 mm의 두 가지 간격을 택하여 설계전단강도를 계산하고 배치할 수 있는 위치를 결정한다.

먼저, SD400의 D13 U형 수직전단철근을 300 mm 간격으로 배치했을 때의 스트럿 경사각을 식 (7 ·159)로 계산하면

$$\cot\theta_d = \sqrt{\frac{\alpha_{cw}\,\nu\,\phi_c\, f_{ck}\, b_w\, s}{\phi_s\, f_{vy}\, A_v}-1} = \sqrt{\frac{1.0\times0.528\times0.65\times30\times420\times300}{0.9\times400\times253}-1} = 3.64$$

$$\theta_d = 15.4^\circ < 22^\circ$$

전단철근을 300 mm 간격으로 배치할 때 스트럿 경사각은 22°로 하여야 하며, 500 mm 간격으로 배치할 때에도 22°로 하여야 한다. 이제 θ_d가 22°일 때 설계전단강도 최댓값 $V_{d,\,max}$을 식 (7 ·116)으로 계산하면

$$V_{d,\,max} = \frac{\nu \phi_c f_{ck} b_w z}{\cot\theta + \tan\theta} = \frac{0.528 \times 0.65 \times 30 \times 420 \times 720}{2.5 + 0.4} = 1{,}070{,}000\ N = 1{,}070\ kN$$

전단철근을 300 mm 간격으로 배치한 경우 θ_d가 22°일 때 설계전단강도 V_{sd}를 식 (7 ·113)으로 계산하면

$$V_{sd} = \frac{\phi_s f_{vy} A_v z}{s} \cot\theta_d = \frac{0.9 \times 400 \times 253 \times 720}{300 \times 1{,}000} \times 2.5 = 546\ kN < V_{d,\,max}\ (= 1{,}070\ kN)$$

전단철근을 500 mm 간격으로 배치한 경우 θ_d가 22°일 때 설계전단강도 V_{sd}를 식 (7 ·113)으로 계산하면

$$V_{sd} = \frac{\phi_s f_{vy} A_v z}{s} \cot\theta_d = \frac{0.9 \times 400 \times 253 \times 720}{500 \times 1{,}000} \times 2.5 = 328\ kN < V_{d,\,max}\ (= 1{,}070\ kN)$$

따라서 전단철근을 300 mm 간격으로 배치한 경우의 설계전단강도 V_d는 다음과 같다.

$$V_d = V_{sd} = 546\ kN$$

전단철근을 500 mm 간격으로 배치한 경우의 설계전단강도 V_d는 다음과 같다.

$$V_d = V_{sd} = 328\ kN$$

(3) 전단철근 배치와 전단강도 검증

전단철근을 300 mm 간격과 500 mm 간격으로 배치할 때의 설계전단강도 V_{sd}를 그림 7-65와 같이 계수전단력 포락선 위에 표시하였다. 500 mm 간격의 전단철근에 의한 V_{sd}인 328 kN에 해당하는 위치를 축척에 따라 눈대중(목측, 目測, eye measurement)으로 찾은 결과는 왼쪽에서 1.3 m인 위치와 오른쪽에서 2.3 m 떨어진 위치이다.

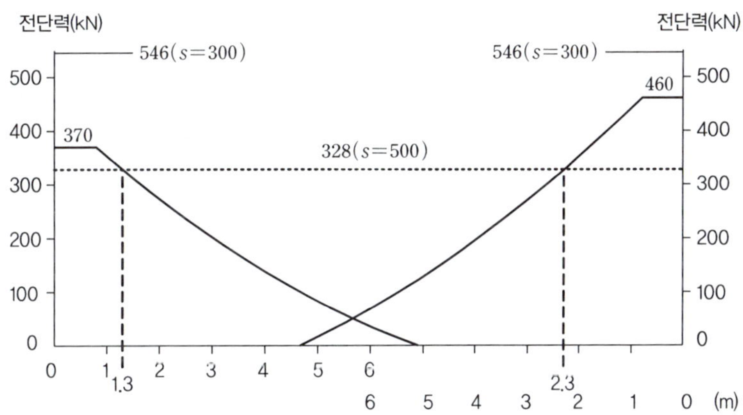

그림 7-65 전단철근 간격에 따른 전단강도와 해당 위치

500 mm 간격의 전단철근 배치가 가능한 해당 위치를 고려하여 다음과 같이 배치하기로 한다.

① 첫 번째 전단철근은 받침부 내면에서 전단철근 간격의 1/2 이하인 위치에 배치하여야 하므로, 왼쪽과 오른쪽 모두 받침부 내면에서 150 mm 떨어진 위치에 첫 번째 전단철근을 배치한다.

② 두 번째 전단철근부터는 300 mm 간격으로 배치하는데, 왼쪽은 마지막 전단철근의 위치가 1.3 m를 넘어서는 1.65 m가 되도록 5개를 배치하고, 오른쪽은 마지막 전단철근의 위치가 2.3 m를 넘어서는 2.85 m가 되도록 9개를 배치한다.

③ 왼쪽에서 1.65 m인 위치와 오른쪽에서 2.85 m인 위치 사이의 거리는 7.5 m이므로, 그 사이는 500 mm 간격으로 15개를 배치한다.

이와 같이 전단철근의 간격과 수량을 결정한 것은 300 mm와 500 mm의 간격으로 부재 전체에 걸쳐 균형이 맞도록 단순하게 배치하여 시공에서의 혼선을 피하기 위한 것이다. 그림 7-66은 계수전단력 포락선과 전단철근 배치에 따른 설계전단강도 분포를 나타낸다. 그림에 나타난 바와 같이 모든 위치에서 설계전단강도 ϕV_n이 계수전단력 V_u보다 크므로 전단강도성능을 만족한다. 전단철근은 모두 31개가 배치된다.

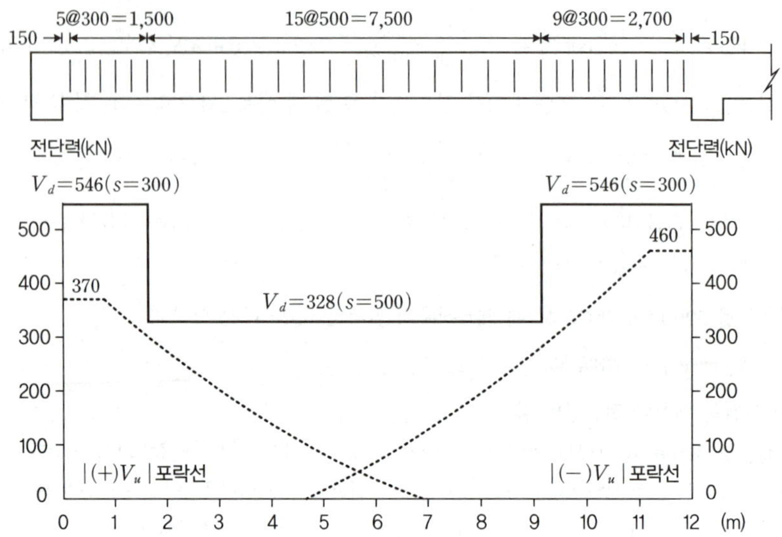

그림 7-66 설계전단강도 분포도와 전단철근 배치도

예제 7-7 콘크리트 설계기준압축강도 f_{ck}가 40 MPa이며, 복부폭 b_w=420 mm, 유효깊이 d=800 mm로서 SD500 5-D32(A_s= 3,971 mm^2)의 인장철근이 배치된 T형 단면으로 순경간이 8 m인 단순보에 40 kN/m의 계수 등분포 하중과 그림 7-67에 나타낸 위치에 계수 집중하중 520 kN이 작용한다. 받침부 내면 위치에서 전단강도를 검증하시오.

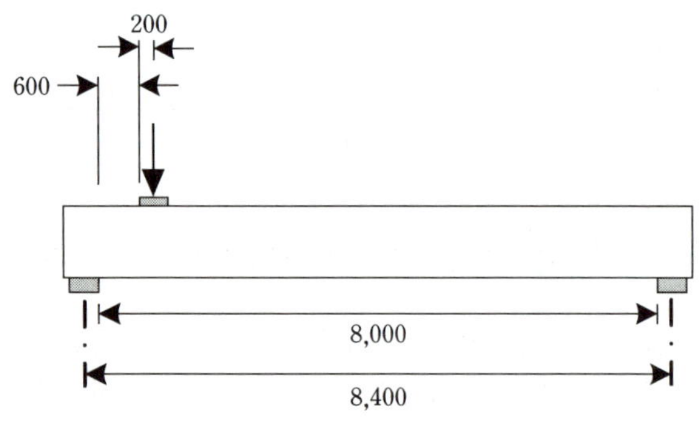

그림 7-67 예제 7-6의 보와 집중하중 작용 위치

〈풀이〉

(1) 계수전단력

깊은보 거동에 의한 전단강도 증가는 집중하중의 작용위치에서 받침방향으로 갈수록 급격히 증가한다. 따라서 집중하중의 작용위치에서 받침방향으로 갈수록 계수전단력의 증가보다 전단강도의 증가가 더 클 것이므로, 그림 7-67에서 집중하중 작용부의 왼쪽부분을 대상으로 전단강도를 검증하기로 한다. 그림 7-59에 나타난 바와 같이 깊은보 거동에 의한 전단강도 증가분은 받침부 내면에서 집중하중 작용부의 외측면까지로 측정한 거리 x를 기준으로 하므로, 이 예제의 경우 x는 600 mm가 된다.

한편 받침의 중심간 거리로 측정한 경간 L이 8.4 m이고, 양쪽 받침 내면 사이의 순경간 L_u가 8 m인 등분포하중이 작용하는 이 예제에서 거리 x 위치의 전단력은 순경간 L_u를 경간길이로 하여 계산한 결과와 L을 경간길이로 하여 해당 위치의 전단력을 계산한 결과가 동일하다. 따라서 간편하게 순경간 L_u를 경간길이로 하여 40 kN/m인 계수 등분포하중 w_u에 의한 x 위치의 계수전단력 $V_{u,\,dist}$를 계산하면

$$V_{u,\,dist} = \frac{w_u L_u}{2} = \frac{40\times8}{2} = 160\,kN$$

집중하중의 경우에는 순경간 L_u를 경간길이로 하여 계산한 전단력 해석결과와 L를 경간길이로 하여 해당 위치의 전단력을 계산한 결과가 동일하지 않은데, 엄밀히 말하면 이 거동은 받침 자체의 수직방향 강성에 따라 달라진다. 이 예제에서 보수적인 검증방법으로 전단력이 크게 계산되도록 순경간 L_u를 경간길이로 하여 구조해석을 수행하기로 한다. 520 kN인 계수 집중하중 P_u에 의한 x 위치의 계수전단력 $V_{u,\,conc}$를 계산하면, 받침부 내면에서 집중하중의 작용점 사이의 거리는 x에 200 mm를 추가한 위치이므로

$$V_{u,\,conc} = \frac{P_u(L_u - x - 200)}{L_u} = \frac{520\times(8{,}000-600-200)}{8{,}000} = 405\,kN$$

계수 등분포하중과 계수 집중하중에 의한 x 위치의 계수전단력 $V_{u,\,x}$를 계산하면

$$V_{u,\,x} = V_{u,\,dist} + V_{u,\,conc} = 160 + 405 = 541\,kN$$

이제 $V_{u,\,x}$ 위치의 설계전단강도를 구하기 위하여 변수들을 먼저 계산하면

$$b_w = 420\,mm \qquad d = 800\,mm \qquad A_s = 3{,}971\,mm^2 \qquad f_{ck} = 40\,MPa$$

$$\kappa = 1+\sqrt{\frac{200}{d}} = 1+\sqrt{\frac{200}{800}} = 1.5 < 2.0$$

$$\rho = \frac{A_s}{b_w d} = \frac{3{,}971}{320\times520} = 0.0118 < 0.02$$

$$\frac{2d}{x} = \frac{2\times800}{600} = 2.67$$

$$f_n = \frac{N_u}{A_c} = 0$$

$$\nu = 0.6\left(1-\frac{f_{ck}}{250}\right) = 0.6\times\left(1-\frac{40}{250}\right) = 0.504$$

설계전단강도의 최댓값을 구하면

$$V_{cd,\,max} = 0.5\,\phi_c\,\nu\,f_{ck}\,b_w\,d = 0.5\times0.65\times0.504\times40\times800\times10^{-3} = 2{,}200\,kN$$

설계전단강도를 구하면

$$V_{cd} = \left[0.85\,\phi_c\,\kappa(\rho f_{ck})^{1/3}\left(\frac{2d}{x}\right)+0.15 f_n\right] b_w d$$

$$= [0.85\times0.65\times1.5\times(0.0118\times40)^{1/3}\times2.67+0.15\times0]\times\frac{420\times800}{1{,}000}$$

$$= 578\,kN < V_{cd,\,max}\,(=2{,}200\,kN)$$

계산한 값이 최댓값을 넘지 않으므로 설계전단강도는 578 kN이며, 다음과 같이 전단강도를 만족한다.

$$V_{cd} = 578\,kN > V_{u,\,x}\,(=541\,kN)$$

참고로 이 예제는 깊은보 거동에 의하여 x 위치의 설계전단강도가 2.67배로 증가된 예이다.

예제 7-8 길이 L=3.2 m인 그림 7-68과 같은 캔틸레버 기둥에 계수전단력 V_u=40 kN과 계수압축력 P_u=750 kN이 작용하고 있을 때, KDS 24 14 21 콘크리트교 설계기준(한계상태설계법)에 따라 전단에 대한 설계검증을 수행하시오. 기둥 단면은 그림 7-68에 나타낸 바와 같이 한 변의 길이 h=400 mm인 정사각형이며, SD400의 D25 철근이 축방향 철근으로 압축부와 인장부에 각각 4개씩 배치되어 인장철근의 유효깊이 d=320 mm이다. 횡방향 철근은 SD400의 D13 철근이 폐합띠철근으로 s=200 mm의 간격으로 축방향 철근을 둘러싸고 있다. 콘크리트 설계기준압축강도 f_{ck}는 30 MPa이다. 참고로 이 예제는 KDS 14 20 콘크리트구조 설계기준을 적용한 앞의 예제 7-4와 동일한 조건이다.

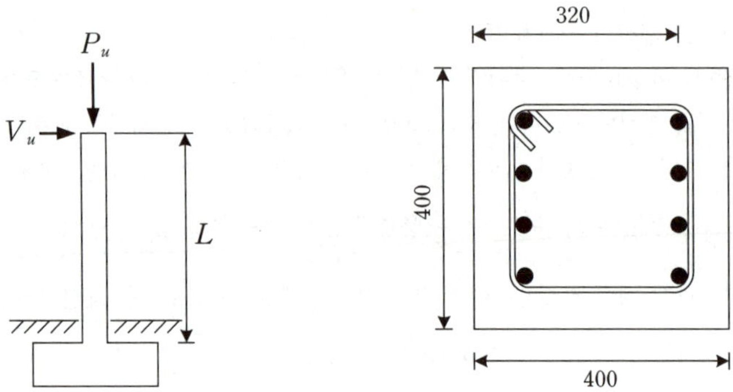

그림 7-68 예제 7-8의 기둥

〈풀이〉

(1) 전단 무보강 기둥의 설계전단강도

먼저 계수전단력 40 kN과 계수압축력 750 kN이 작용할 때 전단철근이 필요하지 않는지 확인하기 위하여 전단 무보강 부재의 설계전단강도를 구한다. 인장철근으로 SD400 4-D25(A_s=2,027mm^2)가 배치되었으므로, 식 (7·86)에 적용되는 변수를 계산하면

$$b_w = 400\ mm \qquad d = 320\ mm \qquad A_s = 2{,}027\ mm^2 \qquad f_{ck} = 30\ MPa$$

$$\kappa = 1+\sqrt{\frac{200}{d}} = 1+\sqrt{\frac{200}{320}} = 1.79 < 2.0$$

$$\rho = \frac{A_s}{b_w\, d} = \frac{2{,}027}{400\times 520} = 0.01584 < 0.02$$

$$f_n = \frac{N_u}{A_c} = \frac{750{,}000}{400\times 400} = 4.69\ MPa$$

전단 무보강 부재 설계전단강도의 최솟값을 식 (7·87)로 구하면

$$V_{cd,\,min} = (0.035\,\kappa^{3/2} f_{ck}^{1/2} + 0.15 f_n)\, b_w\, d = [0.035\times(1.79)^{3/2}\times(30)^{1/2}+0.15\times 4.69]\times 400\times 320$$

$$= 149{,}000\ N = 149\ kN$$

전단 무보강 부재 설계전단강도를 식 (7·86)으로 구하면

$$V_{cd} = [0.85\,\phi_c\,\kappa(\rho f_{ck})^{1/3} + 0.15 f_n]\, b_w d$$

$$= [0.85\times 0.65\times 1.79\times(0.01584\times 30)^{1/3}+0.15\times 4.69]\times 400\times 320$$

$$= 189{,}000\ N = 189\ kN$$

이 값은 $V_{cd,\,min}$인 149 kN보다 크므로, 설계전단강도는

$$V_d = V_{cd} = 189\ kN$$

(2) 전단 무보강 기둥의 설계전단강도 검증

계수전단력 40 kN과 계수압축력 750 kN이 작용할 때, 전단철근을 무시하고 계산한 설계전단강도가 189kN이므로 이를 계수전단력과 비교하면

$$V_d = V_{cd} = 189\,kN > V_u\,(= 40\,kN)$$

따라서 이 부재는 전단철근을 보강하지 않아도 전단강도를 만족하므로, 최소 전단철근의 양과 간격에 대한 기준과 기둥의 최소 띠철근 양과 간격에 대한 기준을 만족하는 횡방향 철근만 배치되어도 좋은 경우이다. SD400의 전단철근을 사용할 때, 전단철근에 대한 최소 기준을 검증하기 위하여 먼저 최소 전단철근비를 계산하면

$$\rho_{v,\,min} = \frac{0.08\sqrt{f_{ck}}}{f_{vy}} = 0.08\frac{\sqrt{30}}{400} = 0.001095$$

SD400 D13의 횡방향 철근이 폐합띠철근 형태로 200 mm 간격으로 배치되었으므로, 2개의 철근으로 이루어진 전단철근의 전단철근비를 계산하면 단면적 A_v가 253 mm^2이므로

$$\rho_v = \frac{A_v}{s\,b_w \sin\alpha} = \frac{253}{200\times400\times1.0} = 0.00316 > \rho_{v,\,min}\,(= 0.001095)$$

따라서 전단철근의 양은 최소기준을 만족한다. 전단철근의 최대허용간격을 구하면

$$s_{max} = 0.75\,d = 0.75\times400 = 300\,mm$$

횡방향 철근의 간격이 200 mm이므로, 다음과 같이 최대허용간격 기준을 만족한다.

$$s = 200\,mm < s_{max}\,(= 300\,mm)$$

기둥의 띠철근 간격은 축방향 철근 최소 지름의 20배 이하, 압축부재의 최소치수 이하, 400 mm 이하이어야 하므로, 이를 계산하면

$$s_{max1} = 20\,d_{bl} = 20\times25.4 = 508\,mm$$

$$s_{max2} = b_w = 400\,mm$$

$$s_{max3} = 400\,mm$$

횡방향 철근의 간격이 200 mm이므로, 기둥 띠철근의 최대허용간격 기준을 만족한다.

7.5 수정 압축장 모델 설계기준의 휨부재 전단설계**

수정 압축장 이론(compression field theory)은 균열면의 직각방향으로 콘크리트가 인장응력에 저항한다는 가정으로 일반적인 트러스 모델을 확장한 것이며, 힘의 평형조건 뿐만 아니라 변형률 적합조건도 고려한다. 또 이 이론은 원래 하중이 가해지기 시작할 때부터 파괴될 때까지의 전단 거동을 예측하는 모델로 제안된 것이기 때문에 매우 복잡한 해석과정이 필요하다. 그러나 구조물의 설계에서는 중간과정의 해석이 필요하지 않으므로, 극한상태의 전단강도를 예측하기 위하여 실계용으로 단순화한 모델이 제안되었다. 이렇게 단순화된 수정 압축장 모델을 전단설계모델로 채택한 설계기준은 캐나다의

** 이 절은 기본적으로 프리스트레스트 콘크리트-강도설계법과 한계상태설계법(이재훈 저, 동명사, 2015)의 7.5절과 동일한 것으로, 철근콘크리트를 대상으로 하면서 좀 더 명확하게 설명하기 위하여 표현을 일부 수정하고 내용을 추가하여 보강한 것이다.

콘크리트구조설계기준 CSA-A23.3[7.33]과 교량설계기준 CSA-S6,[7.34] 미국의 교량설계기준 AASHTO-LRFD[7.35]가 대표적이다. 이 절에서는 AASHTO-LRFD를 중심으로 수정 압축장 모델에 따른 휨부재의 전단설계를 설명한다.

7.5.1 압축장 이론과 수정 압축장 이론

수정 압축장 이론은 Mitchell과 Collins가 제안했던 압축장 이론(compression field theory)[7.41, 7.42]을 Vecchio와 Collins가 수정한 이론[7.32, 7.43]이다. 압축장(壓縮場) 이론은 1929년에 Wagner[7.44]가 강구조 I형 플레이트거더(plate girder)의 후좌굴 거동(post-buckling behavior)을 설명하면서 제시한 인장장 이론(tension field theory)과 유사한 개념의 이론이다. 그림 7-69는 I형 플레이트거더 얇은 복부판의 인장 응력장을 나타내는데, 중간 수직보강재 사이의 복부판이 주압축응력(compressive principle stress)의 작용으로 좌굴된 후 인장장(引張場, tension field, 인장역-引張域)이 형성되어 인장응력만으로 추가의 하중에 저항한다는 것이다.

압축장 이론은 인장장 이론과 반대로 압축응력만으로 하중에 저항한다고 설명한다. 즉, 철근콘크리트 부재에 사인장 균열이 발생한 후에는 균열에 평행한 방향으로 압축 응력장이 형성되어 트러스 작용으로 하중에 저항한다고 가정한다. 수정 압축장 이론은 이와 같은 압축장 이론의 가정에 균열면의 직각방향으로 콘크리트가 인장응력에 저항한다는 가정을 추가하여 트러스 모델을 확장한 것이다. 즉, 그림 7-70(b)에 나타낸 바와 같이 사인장 균열이 발생한 콘크리트 스트럿에서 압축응력의 직각방향으로 작용하는 인장응력 f_1을 콘크리트가 저항한다고 가정한다.

그림 7-70은 휨모멘트가 0인 위치에서 전단력만 작용하는 경우를 나타낸다. 그림 7-70(c)의 모어의 응력원(Mohr's stress circle)에 나타나 있는 바와 같이, 부재 축방향인 x 방향의 응력 f_{cx}와 부재 축의 직각방향인 y 방향의 응력 f_{cy}, 그리고 전단응력 v의 크기에 따라 스트럿의 경사각 θ가 결정된다. 또 그 결과로 주인장응력 f_1과 주압축응력 f_2가 결정되고, 이에 따라 부재단면의 전단강도가 결정된다. 부재 축방향의 응력 f_{cx}와 직각방향의 응력 f_{cy}, 그리고 전단응력 v의 관계는 각 방향으로의 변형률 ε_{cx}와 ε_{cy}, 그리고 전단변형률 γ_{xy}의 관계로 변환할 수 있다. 이 변형률 사이의 관계는 주응력 f_1과 f_2에 의한 각 방향으로의 변형률 ε_1과 ε_2, 그리고 스트럿의 경사각 θ의 관계로 변환할 수 있다. 이때 변형률 ε_{cx}, ε_{cy}, γ_{xy}는 휨모멘트에 저항하도록 배치된 축방향철근과 전단력에 저항하도록 배치된 횡방향 철근의 양에 따라 각

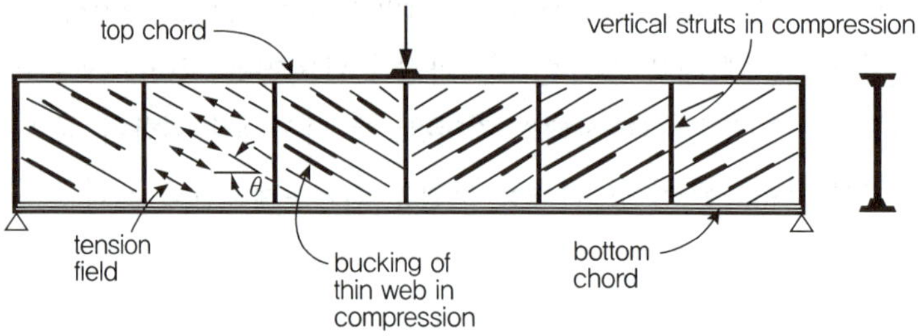

그림 7-69 강구조 I형 플레이트거더 얇은 복부판의 인장 응력장[7.43, 7.44]

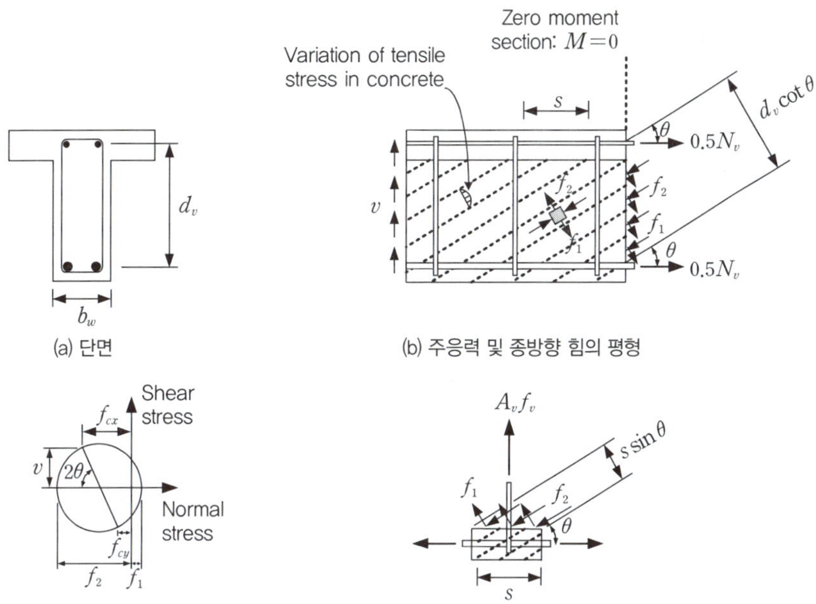

(a) 단면
(b) 주응력 및 종방향 힘의 평형
(c) 평균 콘크리트 응력
(d) 전단철근의 힘

그림 7-70 수정 압축장 모델에 따른 콘크리트 스트럿과 철근 타이의 평형[7.41]

방향으로의 강성에 영향을 받기 때문에 변형률 ε_1과 ε_2도 역시 두 방향으로의 강성에 영향을 받는다. 전단철근의 인장력과 콘크리트의 주인장응력 f_1 및 주압축응력 f_2의 작용은 그림 7-70(d)에 나타나 있다.

이와 같은 개념의 수정 압축장 이론을 적용하여 하중이 0에서부터 부재가 파괴될 때까지의 부재 거동을 해석한다면 매우 복잡한 해석과정이 필요하다. 그러나 설계에서는 극한상태에서의 전단강도를 구하는 것이 목적이므로 수정 압축장 이론을 단순화하여 설계기준에 활용하게 되었다. 수정 압축장 모델을 전단설계모델로 채택하고 있는 캐나다의 콘크리트구조설계기준 CSA-A23.3[7.33]과 교량설계기준 CSA-S6,[7.34] 미국의 교량설계기준 AASHTO-LRFD[7.35]의 설계모델은 부재에 발생하는 축방향 변형률을 구하고 이에 따라 균열의 각도와 전단강도를 구하는 과정으로 단순화한 것이다.

이 절에서는 AASHTO-LRFD를 중심으로 수정 압축장 모델의 전단설계모델을 소개한다.

7.5.2 AASHTO-LRFD의 전단강도

AASHTO-LRFD[7.35]는 ACI 318 Code[7.23]와 마찬가지로 공칭전단강도 V_n에 강도감소계수(저항계수) ϕ를 곱하여 설계전단강도를 결정한다. 공칭전단강도 V_n은 다음과 같이 세 가지 성분을 합하여 결정한다.

$$V_n = V_c + V_s + V_p \qquad (7 \cdot 172)$$

여기서, V_c: 콘크리트에 의한 전단강도

V_s: 전단철근에 의한 전단강도

V_p: 긴장력의 수직성분에 의한 전단강도

식 (7 · 172)로 계산된 공칭전단강도는 다음으로 계산되는 상 한계(upper limit) 값을 초과하지 않아야 한다.

$$V_{n,\,max} = 0.25 f_c' \, b_v \, d_v + V_p \tag{7 · 173}$$

식 (7 · 173)의 첫 번째 항 $0.25 f_c' \, b_w \, d_v$는 식 (7 · 172)에서 V_c와 V_s를 합한 값의 상한 값이다. 기호 f_c'는 콘크리트의 설계기준압축강도로 f_{ck}와 동일한 의미를 가진다. 유효 복부폭 b_v는 전단유효깊이 d_v 이내에서 가장 작은 값의 복부폭으로 취한다. 전단유효깊이 d_v는 휨모멘트에 의한 단면의 압축력과 인장력 사이의 팔길이로, 인장력을 받는 강재의 도심에서 압축연단까지의 유효깊이 d_e의 0.9배와 부재 두께 h의 0.72배 중 큰 값보다 작게 취할 필요는 없다. 즉, d_v는 $0.9\,d_e$와 $0.72\,h$, 그리고 다음 식으로 계산되는 팔길이 d_v의 값 중에서 가장 큰 값을 택한다.

$$d_v = \frac{M_n}{A_s f_y + A_{ps} f_{ps}} \tag{7 · 174}$$

유효깊이 d_e는 다음 식으로 정의되는데, 이 식은 프리스트레싱 강재와 인장철근이 모두 배치된 부재의 유효깊이를 구할 때 적용한다. 여기서 A_{ps}는 긴장재의 단면적, f_{ps}는 극한상태에서의 긴장재 응력, d_p는 긴장재 도심에서 압축연단까지의 유효깊이이고, A_s는 인장철근의 단면적, f_y는 인장철근의 설계기준항복강도, d_s는 인장철근 도심에서 압축연단까지의 유효깊이이다.

$$d_e = \frac{A_{ps} f_{ps} d_p + A_s f_y d_s}{A_{ps} f_{ps} + A_s f_y} \tag{7 · 175}$$

철근콘크리트 부재의 경우에는 식 (7 · 172), 식 (7 · 173), 식 (7 · 174), 식 (7 · 175)가 각각 다음과 같이 단순화된다.

$$V_n = V_c + V_s \tag{7 · 176}$$

$$V_{n,\,max} = 0.25 f_c' b_v \, d_v \tag{7 · 177}$$

$$d_v = \frac{M_n}{A_s f_y} \tag{7 · 178}$$

$$d_e = d_s \tag{7 · 179}$$

따라서 철근콘크리트 부재의 전단유효깊이 d_v는 식 (7 · 178)로 계산되는 팔길이, 인장철근의 유효깊이 d_s의 0.9배인 $0.9\,d_e$, 그리고 $0.72\,h$ 중 가장 큰 값으로 결정되는데, 일반적으로 $0.72\,h$의 값으로 결정되는 경우는 많지 않다. 이것은 포스트텐션 프리스트레스트 콘크리트 보의 단부에서 정착구가 단면의 중앙부에 위치하여 d_p가 상대적으로 작은 값을 갖게 되는 것이 일반적이므로, 이러한 경우에 너무 작은 값을 적용하지 않게 하기 위하여 $0.72\,h$를 추가한 것이기 때문이다.

콘크리트에 의한 전단강도 V_c는 다음에 소개하는 수정 압축장 이론에 따라 결정한다. 그러나 AASHTO−LRFD에서는 수정 압축장 이론을 적용하는 대신 ACI 318 Code에서 규정하고 있는 방법으로 V_c를 결정하는 단순 해석법도 허용하고 있다. 즉, 식 (7 · 180)의 β 값으로 2.0을 적용하여 V_c를 식 (7 · 55)와 동일한 값으로 계산하도록 한다. 또 식 (7 ·181)의 θ 값으로 45도를 적용하여 철근에 의한 공칭전단강도 V_s를 식 (7 · 60)과 동일한 값으로 계산하도록 하는 것이다.

수정 압축장 이론에 따라 전단강도를 결정할 때에는, 전단철근의 배치 여부에 따라 전단 보강 단면과 전단 무보강 단면을 구분하여 다음과 같이 결정하여야 한다.

[1] 최소 전단철근 이상이 배치된 부재의 공칭전단강도

철근콘크리트 부재와 프리스트레스트 콘크리트 부재에 대하여 콘크리트와 전단철근에 의한 공칭전단강도는 각각 다음으로 결정한다.

$$V_c = 0.083\,\beta\sqrt{f_c'}\;b_v\,d_v \tag{7 ·180}$$

$$V_s = \frac{A_v f_y d_v(\cot\theta + \cot\alpha)\sin\alpha}{s} \tag{7 ·181}$$

$$V_s = \frac{A_v f_y d_v \cot\theta}{s} \tag{7 ·182}$$

여기서, β는 사인장 균열이 발생한 콘크리트 부재에서 균열 사이에 전달되는 인장력의 크기를 표현하는 계수이다. 계수 0.083은 pound-inch 단위를 SI 단위로 변환하는 환산계수로, 식 (7 ·180)에서 계수 0.083을 삭제하면 pound-inch 단위로 계산된다. pound-inch 단위의 AASHTO-LRFD 설계기준에서는 계수 0.083 대신 0.0316으로 표현되어 있는데, 이 값은 $1/\sqrt{1{,}000}$과 같은 값으로 ACI 318 Code에서 f_c'에 psi 단위를 사용하는 것과 달리 ksi 단위의 f_c'를 사용하여 수식을 표현하기 위한 것이다. 식 (7 ·181)은 부재 축에 대하여 α의 각도로 배치된 경사 전단철근에 대한 V_s의 일반식으로, 수직 전단철근의 경우에는 식 (7 ·182)로 단순화된다. V_s를 결정하는 식에서 θ는 콘크리트 스트럿의 경사각이다.

V_c의 β와 V_s의 θ는 부재 축방향으로 발생하는 순인장 변형률 ε_s에 따라 결정한다. 여기서 ε_s는 휨모멘트에 의한 인장력에 저항하도록 배치된 강재의 도심에서 발생한 축방향 순인장 변형률로, 휨모멘트 M_u의 영향, 축력 N_u(인장력일 때 +)의 영향, 전단작용에 의한 인장력 $(V_u-V_p)\cot\theta$를 단순화한 $|V_u-V_p|$의 영향, 긴장재에 의한 압축력 $A_{ps}f_{po}$의 영향을 고려한다. 이때 적용되는 축방향 강성은 응력의 조건, 즉 인장응력이냐 압축응력이냐에 따라 다음과 같이 두 가지로 구분하여 적용한다. 먼저, 축방향 순인장 변형률 ε_s가 인장상태라고 가정하고 다음 식으로 ε_s를 계산한다.

$$\varepsilon_s = \frac{\dfrac{|M_u|}{d_v} + 0.5\,N_u + |V_u - V_p| - A_{ps}f_{po}}{E_s A_s + E_p A_{ps}} \tag{7 ·183}$$

철근콘크리트 부재는 식 (7 ·183)이 다음 식으로 단순화된다.

$$\varepsilon_s = \frac{\dfrac{|M_u|}{d_v} + 0.5\,N_u + |V_u|}{E_s A_s} \tag{7 ·184}$$

식 (7 ·183) 또는 식 (7 ·184)로 ε_s를 계산했을 때 부(–)의 값을 얻었다면 강재 도심의 위치가 압축상태인 경우이다. 이때에는 강재의 축강성에 콘크리트 단면 일부의 축강성을 포함하여 다음 식으로 ε_s를 다시 계산한다.

$$\varepsilon_s = \frac{\frac{|M_u|}{d_v} + 0.5\,N_u + |V_u - V_p| - A_{ps} f_{po}}{E_s\,A_s + E_p\,A_{ps} + E_c\,A_{ct}} \tag{7 ·185}$$

철근콘크리트 부재는 식 (7 ·185)가 다음 식으로 단순화된다.

$$\varepsilon_s = \frac{\frac{|M_u|}{d_v} + 0.5\,N_u + |V_u|}{E_s\,A_s + E_c\,A_{ct}} \tag{7 ·186}$$

식 (7 ·185) 또는 식 (7 ·186)으로 계산한 압축변형률로의 ε_s 값은 -0.4×10^{-3} 이상의 값이어야 한다. 여기서 A_{ct}는 휨인장 부분의 단면적으로, 단면 전체 높이의 절반인 위치에서 인장측 연단까지의 단면적이다. 그림 7-71은 단면의 휨인장 부분을 나타내는데, 짙게 표시한 부분의 면적이 A_{ct}이다. 또한 그림 7-71은 축방향 순인장 변형률 ε_s를 포함하여 전단강도 해석에 이용되는 변수들을 나타낸다.

식 (7 ·183)과 식 (7 ·185)에서 $|M_u|$는 $|V_u - V_p|d_v$ 이상의 값을 적용하여야 하며, 식 (7 ·184)와 (7 ·186)에서 $|M_u|$는 $|V_u|d_v$ 이상의 값을 적용하여야 한다.

부재의 축방향 변형률 ε_s가 결정되면 β와 θ를 다음과 같이 결정한다.

$$\beta = \frac{4.8}{1 + 750\,\varepsilon_s} \tag{7 ·187}$$

$$\theta = 29 + 3{,}500\,\varepsilon_s \tag{7 ·188}$$

여기서 θ는 도(degree) 단위이다. β와 θ를 결정할 때, 식 (7 ·183) 또는 식 (7 ·184)로 계산된 ε_s 값보다 큰 값을 적용하여 안전측으로 결정하여도 좋다. 그러나 그렇게 결정하는 경우, ε_s로 6×10^{-3} 보다 큰 값을 적용하지는 않아야 한다.

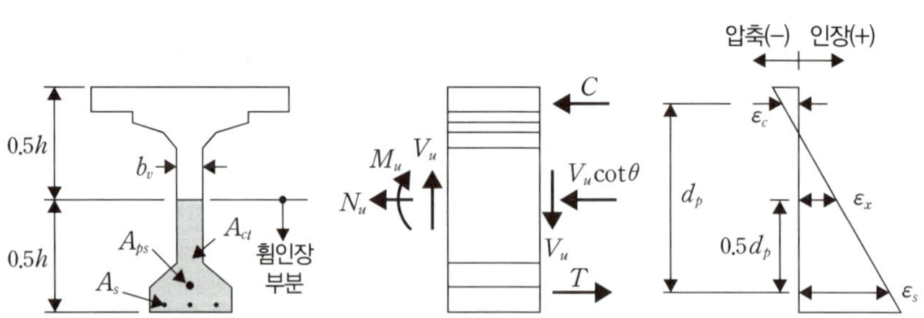

그림 7-71 전단 보강 단면의 전단강도에 관련된 변수와 휨인장 부분 단면적

[2] 최소 전단철근 미만이 배치된 부재의 공칭전단강도

AASHTO-LRFD[7.35]에서 '최소 전단철근보다 적은 양의 전단철근이 배치된 경우'라는 의미는 전단철근이 배치되지 않은 경우도 포함하는 표현이다. 이러한 경우에도 역시 기본적으로는 앞의 [1]항과 동일한 과정으로 공칭전단강도를 결정한다. 즉, 부재의 축방향 변형률 ε_s를 식 (7·183) 또는 식 (7·184)나 식 (7·185) 또는 식 (7·186)으로 계산하고, ε_s에 따라 θ와 β를 결정하는 기본적인 절차는 동일하다. 그러나 θ는 앞의 [1]과 동일하게 식 (7·188)을 적용하지만, β는 앞의 식 (7·187) 대신에 다음의 식을 적용한다.

$$\beta = \frac{4.8}{1+750\,\varepsilon_s}\,\frac{1,300}{990+s_{xe}} \tag{7·189}$$

이 식에서 s_{xe}는 균열간격 변수로서 다음으로 결정하며, 이 값은 300 mm 이상, 2,000 mm 이하이어야 한다.

$$s_{xe} = s_x \frac{35}{a_g+16} \tag{7·190}$$

여기서, a_g : 최대골재치수(mm)

s_x : d_v와 각 열에서 $0.003\,b_v\,s_x$ 이상인 균열제어용 종방향 철근 사이의 최대 수직간격 중 작은 값 (mm)

이 식은 최대골재치수가 19 mm인 경우를 기본으로 하여 유도된 것으로, a_g가 19 mm일 때 s_{xe}가 s_x와 같아진다. 여기서 s_x는 사인장 균열의 수평간격을 의미하는 것으로, 그림 7-72는 전단철근이 배치되지 않은 단면에서의 s_x를 나타낸다.

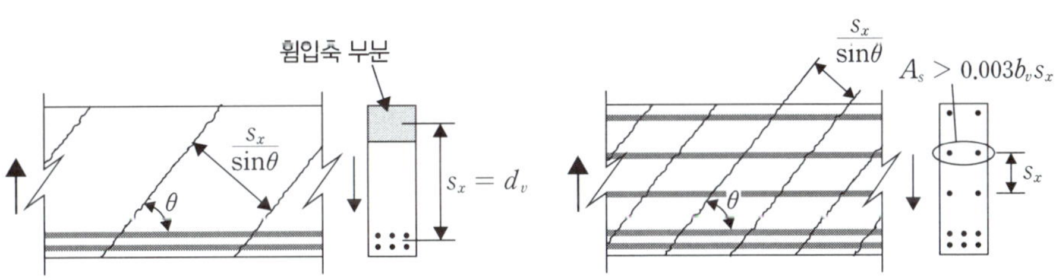

(a) 축방향 강재가 인장 연단에만 배치된 단면 (b) 축방향 강재가 분포 배치된 단면

그림 7-72 전단 무보강 단면의 균열 및 s_x의 정의

[3] 축방향 인장강재의 검증

휨부재에 축방향으로 배치된 긴장재나 철근은 전단력의 작용으로 인장력이 추가된다. 따라서 부재의 모든 위치에서 축방향 인장강재는 다음 조건을 만족하도록 배치되어야 한다.

$$A_{ps}f_{ps}+A_s f_y \geq \frac{|M_u|}{d_v\,\phi_f}+0.5\frac{N_u}{\phi_c}+\left(\left|\frac{N_u}{\phi_v}-V_p\right|-0.5\,V_s\right)\cot\theta \tag{7·191}$$

철근콘크리트 부재는 식 (7 · 191)이 다음 식으로 단순화된다.

$$A_s f_y \geq \frac{|M_u|}{d_v \phi_f} + 0.5\frac{N_u}{\phi_c} + \left(\left|\frac{V_u}{\phi_v}\right| - 0.5\,V_s\right)\cot\theta \qquad (7 \cdot 192)$$

여기서, ϕ_f는 인장지배단면에 대한 저항계수로 철근콘크리트의 경우에는 0.9이고 프리스트레스트 콘크리트의 경우에는 1.0이다. ϕ_c는 압축지배단면에 대한 저항계수로 0.75이다. ϕ_v는 전단에 대한 저항계수로 보통중량콘크리트의 경우에는 0.9이고 경량콘크리트의 경우에는 0.8이다. 이 식의 검증에서 V_s는 V_u/ϕ_v를 초과하지 않는 값이어야 한다.

식 (7 · 191) 또는 식 (7 · 192)에 따라 축방향 인장강재의 양을 검증하더라도 부재에 작용하는 최대휨모멘트에 대한 강재량보다 더 많은 강재를 사용할 필요는 없다. 이것은 최대휨모멘트가 작용하는 위치에서 전단력의 방향이 바뀌어 경사압축응력의 방향이 바뀌기 때문이다. 또, 부재의 휨압축 면에 반력이나 하중에 의한 압축응력이 작용하는 경우에도 최대휨모멘트에 대한 강재량보다 더 많은 강재를 사용할 필요는 없다. 이것은 직접 집중하중이 작용하는 위치에서도 부채살 형태로 경사압축응력의 방향이 바뀌어, 전단력에 의하여 축방향 강재에 작용하는 인장력이 감소하기 때문이다.

직접 반력이 작용하는 외측 지점에서는 받침부 내면에서 위험단면까지 다음의 조건을 만족하여야 한다. 이 조건은 식 (7 · 191)의 조건이 단순화된 것이다.

$$A_s f_y + A_{ps} f_{ps} \geq \left(\left|\frac{V_u}{\phi_v}\right| - 0.5\,V_s - V_p\right)\cot\theta \qquad (7 \cdot 193)$$

철근콘크리트 부재는 식 (7 · 193)이 다음 식으로 단순화된다.

$$A_s f_y \geq \left(\left|\frac{V_u}{\phi_v}\right| - 0.5\,V_s\right)\cot\theta \qquad (7 \cdot 194)$$

식 (7 · 191)~식 (7 · 194)는 모두 비틀림 모멘트가 작용하지 않는 경우에 적용한다. 또한 이 식들은 축방향으로 배치된 긴장재와 철근이 모두 완전히 정착된 경우에 적용하며, 만일 완전히 정착된 경우가 아니라면 그 영향을 고려하여 검증하여야 한다.

[4] 반복계산에 의한 θ와 β의 정밀 결정법

앞의 [1]과 [2]에 따른 θ와 β의 결정방법, 즉 수식에 따라 θ와 β의 값을 결정하는 방법은 AASHTO-LRFD 설계기준 2010년판부터 채택된 방법으로, 반복계산에 의한 θ와 β의 정밀 결정법을 단순화한 것이다. AASHTO-LRFD[7.35]는 반복계산에 의한 θ와 β의 정밀 결정법을 부록에 수록하여 θ와 β의 단순 결정법을 대신하여 적용할 수 있도록 하고 있다. θ와 β의 정밀 결정법은 AASHTO-LRFD 설계기준 2007년판까지 본문 기준에 규정되었던 방법으로, 그 내용은 다음과 같다.

(1) 최소 전단철근 이상이 배치된 부재의 θ와 β 정밀 결정법

β와 θ를 정밀하게 결정하고자 할 때는 단면에 작용하는 계수전단응력 v_u와 복부에서의 부재 축방향 변형률 ε_x에 따라 결정한다. 계수전단응력 v_u는 다음에 따라 계산한다.

$$v_u = \frac{|V_u - \phi V_p|}{\phi b_v d_v} \tag{7·195}$$

철근콘크리트 부재는 식 (7 ·195)가 다음 식으로 단순화된다.

$$v_u = \frac{|V_u|}{\phi b_v d_v} \tag{7·196}$$

부재 축방향 변형률 ε_x는 다음 식으로 결정한다.

$$\varepsilon_x = \frac{\dfrac{|M_u|}{d_v} + 0.5 N_u + 0.5 |V_u - V_p| \cot\theta - A_{ps} f_{po}}{2(E_s A_s + E_p A_{ps})} \tag{7·197}$$

철근콘크리트 부재는 식 (7 ·197)이 다음 식으로 단순화된다.

$$\varepsilon_x = \frac{\dfrac{|M_u|}{d_v} + 0.5 N_u + 0.5 |V_u| \cot\theta}{2 E_s A_s} \tag{7·198}$$

식 (7 ·197)과 식 (7 ·198)의 ε_x는 그림 7-71에 나타난 바와 같이 압축력 C와 인장력 T의 중간 위치에서의 축방향 변형률로, 식 (7 ·183)과 식 (7 ·184)의 분자에서 $|V_u - V_p|$와 $|V_u|$에 각각 $\cot\theta$를 추가하고 분모에 상수 2를 추가한 형태이다.

이 식들로 ε_x를 계산했을 때 부(−)의 값을 얻었다면 복부가 압축상태인 경우이므로, 강재의 축강성에 콘크리트의 축강성을 추가하여 다음 식으로 ε_x를 다시 계산한다.

$$\varepsilon_x = \frac{\dfrac{|M_u|}{d_v} + 0.5 N_u + 0.5 |V_u - V_p| \cot\theta - A_{ps} f_{po}}{2(E_c A_{ct} + E_s A_s + E_p A_{ps})} \tag{7·199}$$

철근콘크리트 부재는 식 (7 ·199)가 다음 식으로 단순화된다.

$$\varepsilon_x = \frac{\dfrac{|M_u|}{d_v} + 0.5 N_u + 0.5 |V_u| \cot\theta}{2(E_c A_{ct} + E_s A_s)} \tag{7·200}$$

계수전단응력 v_u와 부재 축방향 변형률 ε_x가 결정되면 표 7-10을 이용하여 θ와 β를 결정한다. 표 7-10에서 v_u와 ε_x의 값에 부등호가 표기된 것은 v_u와 ε_x가 각각의 한계값 이하인 경우에도 표의 값을 대푯값으로 하여 θ와 β를 쉽게 결정하도록 한 것이다.

여기서 유의해야 할 것은 θ와 β의 값을 결정할 때 반복계산이 필요하다는 것이다. 이것은, 식 (7 ·197)~식 (7 ·200)에 따라 ε_x의 값을 계산할 때 θ의 값이 필요하지만, 그 단계에서는 아직 θ의 값이 결정되지 않은 상태이기 때문이다. 따라서 계산의 초기에는 θ의 값을 가정하여 ε_x의 값을 계산하고, 표 7-10을 이용하여 θ를 구한 후 그 값이 가정한 θ의 값과 같지 않으면 그 값들이 같을 때까지 반복계산을 하여야 한다. 또 다른 방법은 θ의 값을 가정하지 않고, ε_x 값을 가정하는 것이다. 이 방법에서는 먼저 ε_x의 값을 가정하고, 식 (7 ·195) 또는 식 (7 ·196)으로 결정한 v_u 값과 가정한 ε_x 값으로 표 7-10을 이용하여 θ를 구한다. 구한 θ의 값을 이용하여 식 (7·197)~식 (7·200) 중 하나의 식으로 ε_x의 값을 계산하고, 계산된 값이 가정한 ε_x 값과 같을 때까지 반복 수행한다. 이때 θ의 값을 가정하는 방법을 사용하든 ε_x의 값을 가정하는 방법을 사용하든, 초기의 ε_x 값은 0.002를 초과하지 않아야 한다. 반복계산을 통하여 ε_x와 θ의 값이 확정되면 표 7-10에 따라 β의 값을 결정한다.

표 7-10 최소 전단철근 이상이 배치된 단면의 θ와 β 값

v_u/f_c'	$\varepsilon_x \times 1{,}000$								
	≤-0.20	≤-0.10	≤-0.005	≤0	≤0.125	≤0.25	≤0.50	≤0.75	≤1.00
≤0.075	22.3 6.32	20.4 4.75	21.0 4.10	21.8 3.75	24.3 3.24	26.6 2.94	30.5 2.59	33.7 2.38	36.4 2.23
≤0.100	18.1 3.79	20.4 3.38	21.4 3.24	22.5 3.14	24.9 2.91	27.1 2.75	30.8 2.50	34.0 2.32	36.7 2.18
≤0.125	19.9 3.18	21.9 2.99	22.8 2.94	23.7 2.87	25.9 2.74	27.9 2.62	31.4 2.42	34.4 2.26	37.0 2.13
≤0.150	21.6 2.88	23.3 2.79	24.2 2.78	25.0 2.72	26.9 2.60	28.8 2.52	32.1 2.36	34.9 2.21	37.3 2.08
≤0.175	23.2 2.73	24.7 2.66	25.5 2.65	26.2 2.60	28.0 2.52	29.7 2.44	32.7 2.28	35.2 2.14	36.8 1.96
≤0.200	24.7 2.63	26.1 2.59	26.7 2.52	27.4 2.51	29.0 2.43	30.6 2.37	32.8 2.14	34.5 1.94	36.1 1.79
≤0.225	26.1 2.53	27.3 2.45	27.9 2.42	28.5 2.40	30.0 2.34	30.8 2.14	32.3 1.86	34.0 1.73	35.7 1.64
≤0.250	27.5 2.39	28.6 2.39	29.1 2.33	29.7 2.33	30.6 2.12	31.3 1.93	32.8 1.70	34.3 1.58	35.8 1.50

(2) 최소 전단철근 미만이 배치된 부재의 θ와 β 정밀 결정법

AASHTO-LRFD[7.35]에서 규정하는 최소 전단철근보다 적은 양의 전단철근이 배치된 경우 또는 전단철근이 배치되지 않은 경우에는, 식 (7·195) 또는 식 (7·196)으로 계수전단응력 v_u를 계산하지 않고 균열간격 변수 s_{xe}를 다음으로 계산하여 θ와 β를 결정하는데 이용한다. 이 식은 기본적으로 식 (7·190)과 동일한 것이다.

$$s_{xe} = s_x \frac{35}{a_g+16} \leq 2{,}000\ mm \qquad (7\cdot201)$$

여기서, a_g: 최대골재치수(mm)

s_x: d_v와 각 열에서 $0.003\, b_v\, s_x$ 이상인 균열제어용 종방향 철근 사이의 최대 수직간격 중 작은 값(mm)

부재 축방향 변형률 ε_x는 다음 식으로 계산한다.

$$\varepsilon_x = \frac{\dfrac{|M_u|}{d_v} + 0.5\, N_u + 0.5\, |V_u - V_p| \cot\theta - A_{ps} f_{po}}{E_s\, A_s + E_p\, A_{ps}} \tag{7·202}$$

이 식은 식 (7 ·197)의 분모에서 상수 2를 삭제한 형태이다. 이것은 그림 7-71에서 인장력 T의 위치와 0.5 d_v 위치의 중간에서 축방향 변형률을 계산하고 이를 전단강도 해석에 적용하기 위한 것이다.

철근콘크리트 부재는 식 (7 ·202)가 다음 식으로 단순화된다.

$$\varepsilon_x = \frac{\dfrac{|M_u|}{d_v} + 0.5\, N_u + 0.5\, |V_u| \cot\theta}{E_s\, A_s} \tag{7·203}$$

식 (7 ·202) 또는 식 (7 ·203)으로 ε_x를 계산했을 때 부(−)의 값을 얻었다면 복부가 압축상태인 경우이다. 이때에는 최소 전단철근 이상의 전단철근이 배치된 경우와 마찬가지로, 앞의 식 (7 ·199) 또는 식 (7 ·200)을 이용하여 ε_x를 다시 계산한다.

균열간격 변수 s_{xe}와 부재 축방향 변형률 ε_x가 결정되면 표 7-11을 이용하여 θ를 결정한다. 이때에도 역시 반복계산으로 θ의 값을 결정하며, θ의 값을 가정하는 방법이나 ε_x의 값을 가정하는 방법을 적용할 수 있다. 반복계산을 통하여 ε_x와 θ의 값이 확정되면 표 7-11에 따라 β의 값을 결정한다.

표 7-11 최소 전단철근 미만이 배치된 단면의 θ와 β 값

s_{xe} (mm)	$\varepsilon_x \times 1{,}000$										
	≤−0.20	≤−0.10	≤−0.005	≤0	≤0.125	≤0.25	≤0.50	≤0.75	≤1.00	≤1.50	≤2.00
≤130	25.4 6.36	25.5 6.06	25.9 5.56	26.4 5.15	27.7 4.41	28.9 3.91	30.9 3.26	32.4 2.86	33.7 2.58	35.6 2.21	37.2 1.96
≤250	27.6 5.78	27.6 5.78	28.3 5.38	29.3 4.89	31.6 4.05	33.5 3.52	36.3 2.88	38.4 2.50	40.1 2.23	42.7 1.88	44.7 1.65
≤380	29.5 5.34	29.5 5.34	29.7 5.27	31.1 4.73	34.1 3.82	36.5 3.28	39.9 2.64	42.4 2.26	44.4 2.01	47.4 1.68	49.7 1.46
≤500	31.2 4.99	31.2 4.99	31.2 4.99	32.3 4.61	36.0 3.65	38.8 3.09	42.7 2.46	45.5 2.09	47.6 1.85	50.9 1.52	53.4 1.31
≤750	34.1 4.46	34.1 4.46	34.1 4.46	34.2 4.43	38.9 3.39	42.3 2.82	46.9 2.19	50.1 1.84	52.6 1.60	56.3 1.30	59.0 1.10
≤1000	36.6 4.06	36.6 4.06	36.6 4.06	36.6 4.06	41.2 3.20	45.0 2.62	50.2 2.00	53.7 1.66	56.3 1.43	60.2 1.14	63.0 0.95
≤1500	40.8 3.50	40.8 3.50	40.8 3.50	40.8 3.50	44.5 2.92	49.2 2.32	55.1 1.72	58.9 1.40	61.8 1.18	65.8 0.92	68.6 0.75
≤2000	44.3 3.10	44.3 3.10	44.3 3.10	44.33 3.10	47.1 2.71	52.3 2.11	58.7 1.52	62.8 1.21	65.7 1.01	69.7 0.76	72.4 0.62

7.5.3 AASHTO-LRFD의 수정 압축장 모델에 따른 휨부재의 전단설계

AASHTO-LRFD[7.35]의 수정 압축장 모델에 따른 철근콘크리트 구조물의 전단설계 내용을 정리하면 다음과 같다.

[1] 강도성능 요구조건

부재의 설계전단강도(계수전단저항, factored shear resistance) V_r이 다음과 같이 최대 계수전단력 V_u 이상이 되도록 설계하여야 한다.

$$V_r \geq V_u \tag{7·204}$$

이때 설계전단강도 V_r는 다음과 같이 공칭전단강도 V_n에 강도감소계수(저항계수)를 곱해서 결정한다.

$$V_r = \phi V_n \tag{7·205}$$

여기서, 전단력에 대한 강도감소계수(저항계수)는 보통중량콘크리트의 경우에 0.9를, 경량콘크리트의 경우에 0.8을 적용한다.

[2] 단순해석법에 의한 공칭전단강도

공칭전단강도 V_n은 콘크리트에 의한 전단강도 V_c와 전단철근에 의한 전단강도 V_s를 합하여 앞의 식 (7·176)으로 결정한다.

$$V_n = V_c + V_s \tag{7·176}$$

식 (7·176)으로 계산된 공칭전단강도는 앞의 식 (7·177)로 계산되는 최댓값을 초과하지 않아야 한다.

$$V_{n,\,max} = 0.25 f_c' \, b_v \, d_v \tag{7·177}$$

여기서 유효 복부폭 b_v는 전단유효깊이 d_v 이내에서 가장 작은 값의 단면폭으로 취한다. 전단유효깊이 d_v는 $0.9\,d_e$와 $0.72\,h$, 그리고 철근콘크리트의 경우에는 앞의 식 (7·178)로 계산되는 팔길이 d_v의 값 중에서 가장 큰 값을 택한다.

$$d_v = \frac{M_n}{A_s f_y} \tag{7·178}$$

여기서 h는 부재 두께이고, 유효깊이 d_e는 인장력을 받는 강재의 도심에서 압축연단까지의 유효깊이로 철근콘크리트에는 통상 d_s의 기호로 표기된다.

콘크리트와 전단철근에 의한 공칭전단강도는 앞의 식 (7·180)과 앞의 식 (7·181) 또는 앞의 식 (7·182)로 각각 계산한다.

$$V_c = 0.083\,\beta\,\sqrt{f_c'}\;b_v\,d_v \tag{7·180}$$

$$V_s = \frac{A_v f_y\,d_v(\cot\theta + \cot\alpha)\sin\alpha}{s} \tag{7·181}$$

$$V_s = \frac{A_v f_y\,d_v \cot\theta}{s} \tag{7·182}$$

β와 θ는 축방향 변형률 ε_s를 이용하여 결정한다. 축방향 순인장 변형률 ε_s가 인장응력일 때는 앞의 식 (7 ·184)로 계산하며, 압축응력일 때는 앞의 식 (7 ·186)으로 계산한다. 압축변형률로의 ε_s 값은 -0.4×10^{-3} 이상의 값이어야 한다.

$$\varepsilon_s = \frac{\dfrac{|M_u|}{d_v} + 0.5\,N_u + |V_u|}{E_s\,A_s} \tag{7·184}$$

$$\varepsilon_s = \frac{\dfrac{|M_u|}{d_v} + 0.5\,N_u + |V_u|}{E_s\,A_s + E_c\,A_{ct}} \tag{7·186}$$

ε_s 값이 결정되면, 최소 전단철근 이상의 전단철근이 배치된 경우 β를 앞의 식 (7 ·187)로 결정한다.

$$\beta = \frac{4.8}{1+750\,\varepsilon_s} \tag{7·187}$$

최소 전단철근 미만의 전단철근이 배치된 경우와 전단철근이 배치되지 않은 경우에는 β를 앞의 식 (7 ·189)와 식 (7 ·190)으로 결정한다. 여기서 s_{xe}는 균열간격 변수로 300 mm 이상, 2,000 mm 이하이어야 한다.

$$\beta = \frac{4.8}{1+750\,\varepsilon_s}\;\frac{1{,}300}{990+s_{xe}} \tag{7·189}$$

$$s_{xe} = s_x\,\frac{35}{a_g+16} \tag{7·190}$$

θ는 앞의 식 (7 ·188)로 결정한다.

$$\theta = 29 + 3{,}500\,\varepsilon_s \tag{7·188}$$

[3] 반복해석법에 의한 공칭전단강도

단순해석법을 대신하여, 반복 해석으로 β와 θ를 정밀하게 결정하는 반복해석법을 사용할 수도 있다. 이때에는 최소 전단철근 이상의 전단철근이 배치된 경우 앞의 식 (7 ·196)에 따라 계수전단응력 v_u를 계산하고, 앞의 식 (7 ·197) 또는 앞의 식 (7 ·199)에 따라 인장 또는 압축의 축방향 변형률 ε_x를 계산한 후 표 7-10을 이용하여 반복해석으로 θ와 β의 값을 결정한다.

$$v_u = \frac{|V_u|}{\phi\,b_v\,d_v} \tag{7·196}$$

$$\varepsilon_x = \frac{\frac{|M_u|}{d_v} + 0.5\, N_u + 0.5\, |V_u| \cot\theta}{2E_s\, A_s} \tag{7·198}$$

$$\varepsilon_x = \frac{\frac{|M_u|}{d_v} + 0.5\, N_u + 0.5\, |V_u| \cot\theta}{2(E_c\, A_{ct} + E_s\, A_s)} \tag{7·200}$$

최소 전단철근 미만의 전단철근이 배치된 경우와 전단철근이 배치되지 않은 경우에는, 앞의 식 (7·201)로 s_{xe}를 구하고 앞의 식 (7·203)에 따라 축방향 변형률 ε_x를 계산한 후 표 7-11에 따라 θ와 β의 값을 결정한다. 복부가 압축상태이면 ε_x를 식 (7·200)으로 다시 계산한다.

$$s_{xe} = s_x \frac{35}{a_g + 16} \leq 2{,}000\ mm \tag{7·201}$$

$$\varepsilon_x = \frac{\frac{|M_u|}{d_v} + 0.5\, N_u + 0.5\, |V_u| \cot\theta}{E_s\, A_s} \tag{7·203}$$

동일한 조건에서 단순 해법과 엄밀 해법을 같이 적용해보면, 단순 해법의 결과가 엄밀 해법의 결과보다 작게 계산되는 것이 일반적인 경향이다. 이것은 복잡한 해석과정을 단순화하면 정밀도가 떨어지기 때문에, 안전성을 고려하여 해석결과가 보수적으로 산출되도록 유도하였기 때문이다. 따라서 해석과 설계의 편의성을 위해서는 단순 해법을 적용하고, 더 경제적인 설계를 하기 위해서는 엄밀 해법을 적용하는 경우가 많다. 그러나 AASHTO-LRFD의 수정 압축장 이론에 따른 전단강도 해석에서는 엄밀 해법이 단순 해법보다 항상 큰 전단강도가 계산되지는 않는다. 이것은 AASHTO-LRFD의 부록에 규정된 반복해석법이 엄밀한 해법으로 인식되지만, 이것도 역시 설계에 적용하기 위하여 표를 이용하는 방법 등으로 원래의 수정 압축장 이론을 단순화한 해법이기 때문이다. 대체적으로 작용하중이 낮은 상태에서 반복해석법의 결과가 단순해석법의 결과보다 작게 계산되는 경향이 있다.

[4] 전단철근의 구성 및 상세

전단철근은 부재축에 직각인 스터럽(stirrup)이나 부재축에 직각으로 배치한 용접철망을 사용할 수 있다. 이때 용접철망은 적어도 하나의 가로지르는 철선을 포함한 100 mm(4inch)의 측정 길이(gage length)로 시험한 연신율이 최소기준을 만족하여야 한다. 연신율의 최소기준은 ASTM A615[7.45]에 규정되어 있는데, 우리나라의 KS D 3504[7.46]의 최소연신율 기준을 만족하는 철근이나 철선은 ASTM A 615의 최소연신율 기준을 항상 만족한다.[7.47] 또, 부재축에 직각인 스터럽이나 용접철망 외에, 나선철근이나 후프철근의 형태로 주인장 철근에 45° 이상의 각도로 설치되는 스터럽이나 부재축을 기준으로 30° 이상의 각도로 구부린 주인장 굽힘철근을 전단철근으로 사용할 수 있으며, 이들을 혼합하여 사용할 수도 있다.

전단 보강재의 강종에 대한 제한도 설계에서 고려하여야 한다. AASHTO-LRFD[7.35]에서는 전단 보강재로 철근을 사용할 때, 전단철근의 설계기준항복강도를 690 MPa(100ksi)까지 허용한다.

[5] 전단철근의 배치구간

슬래브, 기초, 지중박스구조(culvert)를 제외하고, 콘크리트 교량에는 다음과 같은 조건이 만족되는 구간에 최소 전단철근 이상의 전단철근을 배치하여야 한다.

$$V_u > 0.5\,\phi(V_c + V_p) \tag{7·206}$$

[6] 최소 전단철근

전단철근을 배치하여야 하는 구간에는 사인장 균열의 진전을 억제하고 연성거동을 증진시키기 위하여 다음 식으로 계산되는 값 이상의 단면적을 갖도록 최소 전단철근을 배치하여야 한다.

$$A_{v,\,min} = 0.083\sqrt{f_c'}\,\frac{b_v\,s}{f_y} \tag{7·207}$$

[7] 전단철근의 간격

전단철근을 배치하여야 하는 구간에서는 수직전단철근의 간격을 다음과 같이 결정할 수 있다.

$$s = \frac{\phi\,A_v\,f_y\,d_v\cot\theta}{V_u - \phi V_c} \tag{7·208}$$

이때 전단철근의 간격은 다음의 최대간격 s_{max}을 초과하지 않도록 하여야 한다.

$$v_u < 0.125\,f_c'\text{인 경우}:\ s_{max} = 0.8\,d_v \le 600\ mm \tag{7·209}$$

$$v_u \ge 0.125\,f_c'\text{인 경우}:\ s_{max} = 0.4\,d_v \le 300\ mm \tag{7·210}$$

[8] 축방향 인장강재의 검증

부재의 모든 위치에서 축방향 인장강재는 앞의 식 (7·192)의 조건을 만족하도록 배치되어야 한다.

$$A_s f_y \ge \frac{|M_u|}{d_v\,\phi_f} + 0.5\,\frac{N_u}{\phi_c} + \left(\left|\frac{V_u}{\phi_v}\right| - 0.5\,V_s\right)\cot\theta \tag{7·192}$$

여기서, ϕ_f는 인장지배단면에 대한 저항계수로 철근콘크리트의 경우에는 0.9이다. ϕ_c는 압축지배단면에 대한 저항계수로 0.75이다. ϕ_v는 전단에 대한 저항계수로 보통중량콘크리트의 경우에는 0.9이고 경량콘크리트의 경우에는 0.8이다. 이 식의 검증에서 V_s는 V_u/ϕ_v를 초과하지 않는 값이어야 한다.

직접 반력이 작용하는 외측 지점에서는 받침부 내면에서 위험단면까지 앞의 식 (7·194)의 조건을 만족하여야 한다.

$$A_s f_y \ge \left(\frac{V_u}{\phi_v} - 0.5\,V_s\right)\cot\theta \tag{7·194}$$

식 (7·192)와 식 (7·194)는 모두 비틀림 모멘트가 작용하지 않는 경우에 적용한다. 또 이 조건들은 축방향으로 배치된 긴장재와 철근이 모두 완전히 정착된 경우에 적용하며, 만일 완전히 정착된 경우가 아니라면 그 영향을 고려하여야 한다.

[9] 전단위험단면

부재의 단부가 반력에 의하여 압축응력을 받는 전단위험단면(shear critical section)은 받침부 내면부터 d_v만큼 떨어진 위치로 한다. 즉, 받침부 내면부터 d_v만큼 떨어진 위치까지의 작용 전단력은 받침부 내면부터 d_v만큼 떨어진 위치의 전단력에 대하여 검증한다. 이에 대한 해설에서, 부재 높이의 1/2인 위치보다 위쪽에서 하중이 중력방향으로 작용하는 경우에는 전단위험단면을 $0.5\,d_v \cot\theta$만큼 떨어진 위치로 정할 수 있다고 언급하고 있다.

예제 7-9 콘크리트 설계기준압축강도 f_{ck}가 35 MPa인 그림 7-73과 같은 단면의 보에 인장철근으로 SD600 3-D32(A_s=2,383 mm^2)가 배치되어 있다. 계수전단력 240 kN과 계수휨모멘트 270 kN·m가 작용할 때 AASHTO-LRFD에 따라 전단철근을 설계하시오. 콘크리트는 최대골재치수가 25 mm인 골재로 배합할 것으로 가정하고, 전단철근은 SD400 D13의 U형 수직전단철근을 사용하시오.

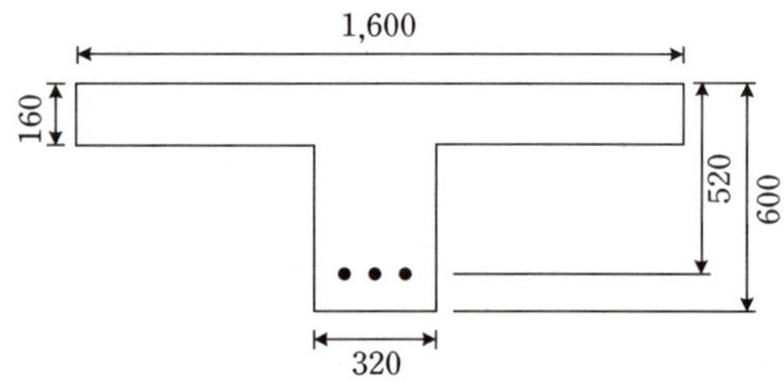

그림 7-73 예제 7-9의 단면

〈풀이〉

(1) 전단유효깊이

압축연단에서 인장철근 중심까지의 유효깊이 d_e는 520 mm이고, 단면의 전체 높이 h는 600 mm이므로, 전단유효깊이를 결정하기 위하여 $0.9\,d_e$와 $0.72\,h$를 계산하면

$$0.9\,d_e = 0.9\times520 = 468\ mm$$

$$0.72\,h = 0.72\times600 = 432\ mm$$

휨강도의 해석에서 압축력과 인장력 사이의 팔길이는 $0.9\,d_e$나 $0.72\,h$보다 큰 값인 505 mm로 계산되었다. 따라서 전단유효깊이 d_v는

$$d_v = 505\ mm$$

(2) 단순해석법에 따른 전단설계

① 단순해석법에 따른 축방향변형률과 전단보강 여부의 판정

단순해석법에서의 축방향변형률 ε_s를 식 (7·184)로 구하면, M_u=270 $kN\cdot m$이고 V_u=240 kN이므로

$$\varepsilon_s = \frac{\dfrac{|M_u|}{d_v}+0.5\,N_u+|V_u|}{E_s\,A_s} = \frac{\dfrac{|270(10)^6|}{505}+0+|240(10)^3|}{200{,}000\times2{,}383} = 0.001625$$

전단철근이 보강되지 않은 경우의 콘크리트에 의한 설계전단강도를 구하면, 최대골재치수 s_{xe}가 25 mm이므로

$$s_x = d_v = 505\ mm$$

$$s_{xe} = s_x \frac{35}{a_g+16} = 505\times\frac{35}{25+16} = 431\ mm$$

이 값은 300 mm 이상이며 2,000 mm 이하이므로, 계산된 s_{xe}의 값을 그대로 β의 계산에 적용한다. β의 값을 계산하면

$$\beta = \frac{4.8}{1+750\ \varepsilon_s}\frac{1{,}300}{990+s_{xe}} = \frac{4.8}{1+750\times0.001625}\times\frac{1{,}300}{990+431} = 1.98$$

$$V_c = 0.083\ \beta\sqrt{f_c'}\ b_v\ d_v = 0.083\times1.98\sqrt{35}\times320\times505/(10)^{-3} = 157\ kN$$

$$\phi V_c = 0.9\times157 = 141\ kN < V_u\ (=240\ kN)$$

계수전단력 V_u=240 kN이 전단철근이 보강되지 않은 경우의 콘크리트에 의한 설계전단강도보다 크므로 전단철근의 보강이 필요하다.

② 단순해석법에 따른 전단철근의 설계

단순해석법에서의 축방향변형률 ε_s가 0.001625이므로, 전단철근이 보강된 경우의 콘크리트에 의한 설계전단강도를 구하면

$$\beta = \frac{4.8}{1+750\ \varepsilon_s} = \frac{4.8}{1+750\times0.001625} = 2.16$$

$$V_c = 0.083\ \beta\sqrt{f_c'}\ b_v\ d_v = 0.083\times2.16\sqrt{35}\times320\times505/(10)^{-3} = 171\ kN$$

$$\phi V_c = 0.9\times157 = 154\ kN$$

이때의 스트럿 경사각은

$$\theta = 29+3{,}500\ \varepsilon_s = 29+3{,}500\times0.001625 = 34.7^\circ$$

전단철근으로 SD400 D13 철근의 U형 스터럽을 사용하기로 하고, 전단철근의 최대간격을 계산한다. D13 철근의 단면적이 126.7 mm^2이므로, 전단철근의 단면적은

$$A_v = 2\times126.7 = 253\ mm^2$$

식 (7 ·207)의 최소 전단철근 조건을 최대간격으로 변환하면

$$s_{max} = \frac{A_v f_y}{0.083\sqrt{f_c'}\ b_v} = \frac{253\times400}{0.083\sqrt{35}\times320} = 644\ mm$$

최대간격을 결정하기 위하여 계수전단응력을 식 (7 ·196)으로 구하고, 그 한계를 구하면

$$v_u = \frac{|V_u|}{\phi\ b_v\ d_v} = \frac{(240)\times(10)^3}{0.9\times320\times505} = 1.65\ MPa$$

$$0.125\ f_c' = 0.125\times35 = 4.38\ MPa$$

$v_v < 0.125\ f_c'$이므로, 전단철근의 최대간격은 0.8 d_v 또는 600 mm이다. 최대간격 0.8 d_v의 값은

$$0.8\ d_v = 0.8\times505 = 404\ mm$$

최소 전단철근 조건의 최대간격 644 mm, 0.8 d_v의 404 mm, 600 mm 중 가장 작은 값이 최대간격이므로, 최대간격 s_{max}은 404 mm이다.

계수전단력을 저항하기 위한 전단철근의 소요설계전단강도는

$$(\phi V_s)_{req'd} = V_u - \phi V_c = 240-154 = 86\ kN$$

전단철근의 소요간격을 계산하면

$$s_{req'd} = \frac{\phi A_v f_y d_v \cot\theta}{(\phi V_s)_{req'd}} = \frac{0.9\times253\times400\times505\times\cot(34.7^\circ)}{(\phi V_s)_{req'd}} = 772\ mm$$

이 소요간격은 최대간격 404 mm보다 크므로, 전단철근을 400 mm 간격으로 배치한다. 이때의 전단철근에 의한 공칭전단강도와 설계전단강도는

$$V_s = \frac{A_v f_y d_v \cot\theta}{s} = \frac{253\times400\times505\times\cot(34.7^\circ)}{400\times1{,}000} = 185\ kN$$

$$\phi V_s = 0.9\times185 = 167\ kN$$

이 단면의 공칭전단강도와 설계전단강도는

$$V_n = V_c + V_s = 171+185 = 356\ kN$$

$$\phi V_n = 0.9\times356 = 320\ kN > V_u\ (=240\ kN)$$

따라서 전단강도 요구성능을 만족한다.

(3) 반복해석법에 따른 설계전단강도 및 전단설계

반복해석법에서는 축방향변형률 ε_x를 변수로 한다. 전단철근이 보강된 경우의 축방향변형률 ε_x를 식 (7·198)로 구할 때, 스트럿 경사각 θ를 30°로 가정하면

$$\varepsilon_x = \frac{\frac{|M_u|}{d_v}+0.5\ N_u+0.5\ |V_u|\ \cot\theta}{2\ E_s\ A_s} = \frac{\frac{|270(10)^6|}{505}+0+0.5\times|240|\times(10)^3\times\cot(30^\circ)}{2\times200{,}000\times2{,}383} = 0.000779$$

계수전단응력 v_u는 1.65 MPa이므로, 콘크리트 압축강도와의 비율을 구하면

$$\frac{v_u}{f_c'} = \frac{1.65}{35} = 0.0471$$

계산된 v_u/f_c'의 값은 0.0471로 표 7-10에서 $v_u/f_c' \le 0.075$에 해당한다. ε_x의 값이 0.000779이므로 표 7-10과 같이 $\varepsilon_x\times1{,}000$의 값으로 표현하면 0.779이며, 이 값은 $v_u/f_c' \le 0.075$인 범주에서 0.75와 1.00의 값 사이에 있다. $v_u/f_c' \le 0.075$인 범주에서 $\varepsilon_x\times1{,}000$이 0.75일 때에는 스트럿 경사각 θ의 값이 33.7°이고, $\varepsilon_x\times1{,}000$이 1.00일 때에는 θ의 값이 36.4°이다. 따라서 가정했던 θ의 값 30°가 33.7°와 36.4° 사이에 있지 않으므로, θ를 34°로 다시 가정한다. 이때의 축방향변형률 ε_x를 구하면

$$\varepsilon_x = \frac{\frac{|M_u|}{d_v}+0.5\ N_u+0.5\ |V_u|\ \cot\theta}{2\ E_s\ A_s} = \frac{\frac{|270(10)^6|}{505}+0+0.5\times|240|\times(10)^3\times\cot(34^\circ)}{2\times200{,}000\times2{,}383} = 0.000748$$

ε_x의 값 0.000748을 $\varepsilon_x\times1{,}000$의 값으로 표현하면 0.748이며, 이 값은 $v_u/f_c' \le 0.075$인 범주에서 0.50과 0.75의 값 사이에 있다. $v_u/f_c' \le 0.075$인 범주에서 $\varepsilon_x\times1{,}000$이 0.50일 때에는 θ의 값이 30.5°이고, $\varepsilon_x\times1{,}000$이 0.75일 때에는 θ의 값이 33.7°이다. 따라서 가정했던 θ의 값 34°가 30.5°와 33.7° 사이에 있지 않으므로, θ를 33.7°로 다시 가정한다. 이때의 축방향변형률 ε_x를 구하면

$$\varepsilon_x = \frac{\frac{|M_u|}{d_v}+0.5\ N_u+0.5\ |V_u|\ \cot\theta}{2\ E_s\ A_s} = \frac{\frac{|270(10)^6|}{505}+0+0.5\times|240|\times(10)^3\times\cot(33.7^\circ)}{2\times200{,}000\times2{,}383} = 0.000750$$

표 7-10에서 $\varepsilon_x\times1{,}000$와 $v_u/f_c' \le 0.075$에 대한 값을 취하여 θ를 결정하면

$$\theta = 33.7^\circ$$

이 값은 가정했던 θ 값과 일치한다. 따라서 이때의 β는 표 7-10에서

$$\beta = 2.38$$

이에 따라 콘크리트에 의한 설계전단강도를 구하면

$$V_c = 0.083\,\beta\sqrt{f_c'}\,b_v\,d_v = 0.083\times2.38\sqrt{35}\times320\times505/(10)^{-3} = 189\ kN$$

$$\phi V_c = 0.9 \times 189 = 170\,kN$$

전단철근으로 SD400 D13 철근의 U형 스터럽을 사용할 때 앞의 계산에서 전단철근의 최대간격 s_{max}은 404 mm이었다.

계수전단력을 저항하기 위한 전단철근의 소요설계전단강도는

$$(\phi V_s)_{req'd} = V_u - \phi V_c = 240 - 170 = 70\,kN$$

전단철근의 소요간격을 계산하면

$$s_{req'd} = \frac{\phi A_v f_y d_v \cot\theta}{(\phi V_s)_{req'd}} = \frac{0.9 \times 253 \times 400 \times 505 \times \cot(33.7^\circ)}{70 \times 10^3} = 985\,mm$$

이 소요간격은 최대간격 404 mm보다 크므로, 전단철근을 400 mm 간격으로 배치한다. 이때의 전단철근에 의한 공칭전단강도와 설계전단강도는

$$V_s = \frac{A_v f_y d_v \cot\theta}{s} = \frac{253 \times 400 \times 505 \times \cot(33.7^\circ)}{400 \times 1{,}000} = 192\,kN$$

$$\phi V_s = 0.9 \times 192 = 173\,kN$$

이 단면의 공칭전단강도와 설계전단강도는

$$V_n = V_c + V_s = 189 + 192 = 381\,kN$$

$$\phi V_n = 0.9 \times 381 = 343\,kN > V_u\,(= 240\,kN)$$

따라서 전단강도 요구성능을 만족한다.

이 예제의 경우, 반복해석법에 따른 설계전단강도 해석결과는 (2)의 단순해석법에 따른 설계전단강도 해석결과보다 크게 나타났다.

7.6 뚫림전단

두께가 얇은 콘크리트 판에 집중하중으로 생각할 수 있는 정도의 좁은 면적으로 하중이나 반력이 작용하면, 그림 7-74와 같이 사인장 균열이 각뿔(pyramid, 피라미드)이나 원뿔(cone, 원추) 형상으로 발생하면서 판이 뚫린 형태로 전단 파괴될 수 있다. 이때의 균열형상은 하중 또는 반력으로 작용하는 접촉면의 형상에 따라 달라진다. 즉, 그림 7-74(a)와 같이 사각형 기둥으로 지지된 경우에는 각뿔 형상으로, 그림 7-74(b)와 같이 원형 기둥으로 지지된 경우에는 원뿔 형상으로 나타난다. 이러한 거동을 뚫림전단(punching shear) 또는 2방향 전단(two-way shear)이라고 하며, 이때의 파괴를 뚫림전단파괴(punching

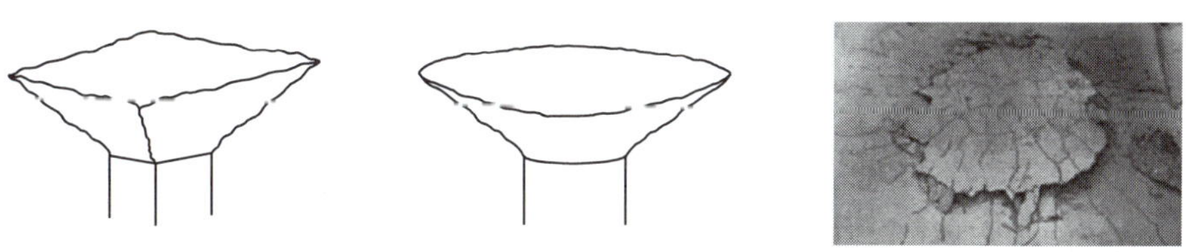

(a) 각뿔 형상의 뚫림전단파괴면　(b) 원뿔 형상의 뚫림전단파괴면　(c) 원형기둥 위의 판의 균열[7.40]

그림 7-74 뚫림전단파괴의 형상

shear failure, 펀칭전단파괴)라고 한다. 이 절에서는 뚫림전단의 기본적인 거동과 설계기준에서의 뚫림전단 설계검증방법을 소개한다.

7.6.1 뚫림전단 거동과 설계검증

그림 7-75는 뚫림전단파괴가 발생할 수 있는 경우를 나타낸다. 첫 번째 경우는 플랫슬래브와 같이 두께가 얇은 2방향 슬래브가 기둥에 지지되어 있을 때로, 그림 7-75(a)와 같이 뚫림전단파괴가 발생할 수 있다. 두 번째 경우는 교량의 바닥판에 차량에 의하여 집중하중이 작용할 때로, 그림 7-75(b)와 같이 뚫림전단파괴가 발생할 수 있다. 세 번째 경우는 확대기초에 기둥을 통하여 집중하중이 작용할 때로, 그림 7-75(c)와 같이 뚫림전단파괴가 발생할 수 있다. 다만 기초판의 경우에는 지반에 의한 구속작용에 의하여 2방향 슬래브나 교량 바닥판보다는 뚫림전단강도가 크게 나타난다.

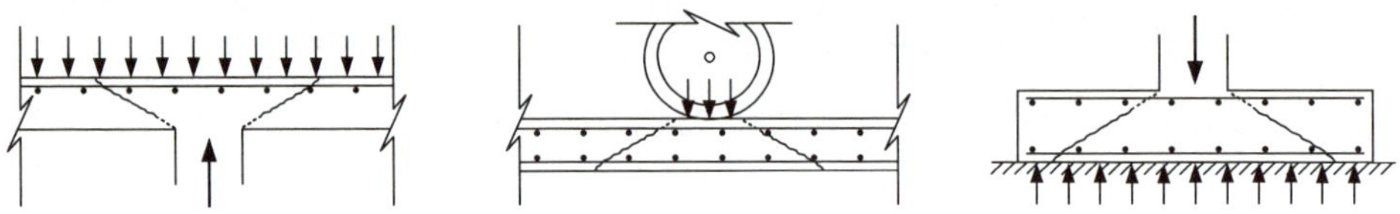

(a) 2방향 슬래브의 뚫림전단파괴 (b) 교량 바닥판의 뚫림전단파괴 (c) 기초판의 뚫림전단파괴

그림 7-75 뚫림전단파괴

뚫림전단강도의 설계검증은 위험단면(critical section) 위치에서 수행하는데, 뚫림전단에 대한 위험단면은 보나 기둥과 같은 선부재(linear member)의 전단위험단면과는 달리 설계기준 별로 다른 위치로 정의되어 있다. 이것은 뚫림전단응력이 위치에 따라 크게 달라지기 때문이다. 즉, 1방향 전단의 선부재에서는 전단력에 저항하는 단면적이 일정한 것이 일반적이므로, 전단응력의 크기는 전단력의 크기에 정비례한다. 따라서 대부분의 설계기준에서는 등분포하중이 작용하는 경우 1방향 전단에 대한 위험단면의 위치를 받침부 내면에서 부재의 유효깊이 d 만큼 떨어진 위치로 규정하고 있다. 그러나 뚫림전단에 저항하는 단면적은 기둥 또는 하중작용 위치에서 가까워질수록 좁아지므로 전단응력이 크게 증가한다. 따라서 대부분의 설계기준에서는 2방향 전단(뚫림전단)에 대한 위험단면을 $0.5\,d$ 만큼 떨어진 위치를 위험단면으로 정의했었다. 그러나 2방향 슬래브를 지지하는 기둥의 크기와 관계없이 전단응력이 일정한 크기로 분포되는 위치가 $2d$ 만큼 떨어진 위치라는 사실을 반영하여 CEB-FIP 1990 Model Code[7.48]에서 뚫림전단에 대한 위험단면을 $2d$ 만큼 떨어진 위치로 규정한 후, Eurocode 2[7.26]와 KDS 24 14 21 콘크리트교 설계기준(한계상태설계법)[7.27]이 그에 따르고 있다.

이와 같이 뚫림전단에 대한 위험단면이 설계기준에 따라 달리 정의되더라도, 뚫림전단강도에 대해서는 위험단면에 작용하는 계수전단력 V_u, 위험단면의 둘레길이(perimeter length) p_l, 부재의 유효깊이 d를 이용하여 설계검증을 수행한다. 이때 설계검증은 두 가지 형태가 적용될 수 있는데, 응력 단위로 나타내거나 힘 단위로 나타내는 것이다. 즉, 응력 단위로 나타낼 때는 V_u를 p_l과 d로 나누어 뚫림전단 저항면적에 작용하는 계수전단응력 v_u를 다음과 같이 구하고, 응력 단위의 설계뚫림전단강도와 비교하여 강도를 검증한다.

$$v_u = \frac{V_u}{p_l d} \tag{7·211}$$

힘 단위로 나타낼 때는 응력 단위의 설계뚫림전단강도 ϕv_c와 뚫림전단 저항면적 $p_l d$를 곱하여 힘 단위의 설계뚫림전단강도 V_d를 다음과 같이 구하고, 계수전단력 V_u와 비교하여 강도를 검증한다.

$$V_d = \phi V_n = \phi v_c p_l d \tag{7·212}$$

7.6.2 콘크리트구조 설계기준(강도설계법)에 따른 뚫림전단강도 설계검증

KDS 14 20 콘크리트구조 설계기준[5.25]의 뚫림전단강도 검증법은 콘크리트구조 학회기준(2017)[7.24]과 동일한 것으로, 최경규 등[7.49~7.51]의 연구결과를 반영한 콘크리트구조기준(2012)[7.52]의 내용을 일부 개정한 것이다. 뚫림전단에 대해서도 강도감소계수를 적용하는 강도성능 검증법을 적용하여 앞의 식 (7·47)을 만족하여야 하며 앞의 식 (7·48)로 공칭전단강도를 결정한다.

$$\phi V_n \geq V_u \tag{7·47}$$

$$V_n = V_c + V_s \tag{7·48}$$

이때 뚫림전단강도의 검증은 기본적으로 뚫림전단 위험단면에 대하여 수행한다. 즉, 뚫림전단 위험단면에서 발휘되는 설계전단강도 ϕV_n를 계산하고, 뚫림전단 위험단면에 작용하는 계수전단력 V_u와의 비교로 성능을 검증한다. 다만 다음 [1]항에 설명하는 바와 같이, 기초판의 경우에는 위험단면이 아닌 다른 위치에서 계수전단력 V_u를 산정한다. 전단에 대한 강도감소계수 ϕ는 0.75의 값을 적용하며 전단철근이 배치되지 않는 경우는 V_s의 값이 0이다.

[1] 뚫림전단 위험단면과 계수전단력 산정 위치

뚫림전단 위험단면은 집중하중, 반력구역, 기둥, 기둥머리 또는 지판 등 하중 재하면의 경계로부터 $d/2$ 떨어진 위치이며, 사각형 형대의 기둥과 집중하중 또는 반력 구역에 대해서는 계수전단력이 전달되는 변에 나란한 직선으로 정의할 수 있다. 즉, 하중 재하면이 그림 7-76(a)와 같이 판의 내부에 위치할 때는 4면이, 그림 7-76(b)와 같이 판의 가장자리에 위치할 때는 3면이, 그림 7-76(c)와 같이 판의 모퉁이에 위치할 때는 2면이 뚫림전단 위험단면이 된다.

뚫림전단강도를 검증할 때 계수전단력 V_u는 기본적으로 뚫림전단 위험단면에 작용하는 계수전단력을 사용한다. 즉 하중 재하면의 경계로부터 $0.5\,d$ 내에 재하되는 등분포하중의 영향은 무시할 수 있다. 따라서 그림 7-76과 같이 집중하중 또는 반력 구역과 같은 하중 재하면이 대칭으로 배치되고 하중의 분포도 대칭인 경우에는 위험단면 하나 당 작용하는 전단력이 위험단면의 외부에 작용하는 하중의 합을

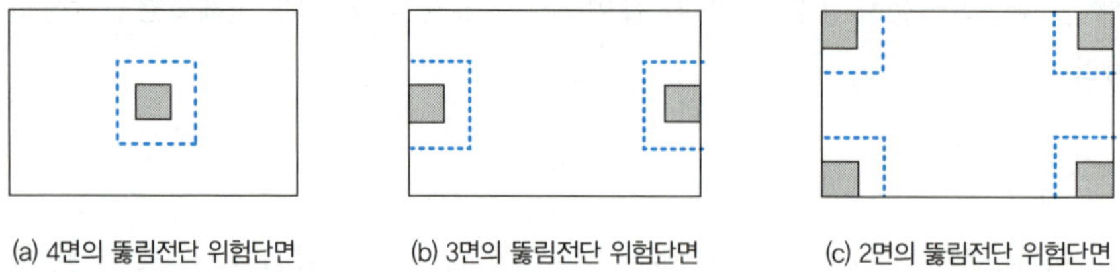

그림 7-76 점선으로 표시된 KDS 14 20 콘크리트구조 설계기준의 뚫림전단 위험단면

표 7-12 KSD 14 20에 따른 뚫림전단강도 검증의 위험단면과 계수전단력 산정 위치

구분	위험단면 위치	계수전단력 V_u 산정 위치
2방향 슬래브	집중하중, 반력구역, 기둥, 기둥머리 등의 경계로부터 0.5 d 떨어진 위치	집중하중, 반력구역, 기둥, 기둥머리 등의 경계로부터 0.5 d 떨어진 위치
기초판	집중하중이나 기둥의 경계로부터 0.5 d 떨어진 위치	집중하중이나 기둥의 경계로부터 0.75 d 떨어진 위치

하중 재하면의 숫자로 나눈 값과 같다. 다만 기초판의 경우에는 위험단면에서 계수전단력 V_u를 구하지 않고 기둥면에서 0.75 d 떨어진 위치에서 산정하여야 한다. 표 7-12는 2방향 슬래브와 기초판의 뚫림전단강도 검증에 적용하는 위험단면과 계수전단력 산정 위치를 나타낸다.

기초판의 경우 위험단면에서 계수전단력 V_u를 구하지 않고 기둥면에서 0.75 d 떨어진 위치에서 산정하는 것은 기초판이 일반적인 2방향 슬래브보다 더 큰 하중에 저항하는 현상을 반영한 것이다. 즉, 기초판은 등분포하중이 작용하는 2방향 슬래브와는 달리 토압의 분포가 기초판의 강성에 따라 달라져서, 위험단면을 지나지 않고 기둥에 직접 전달되는 기둥 주변의 토압이 다른 위치의 토압보다 크므로 위험단면에 작용하는 계수전단력이 등분포로 가정한 토압보다 작기 때문이다. 또 일반적으로 기초판은 전단경간비가 작아서 이러한 현상이 크게 영향을 주며, 지반과 기초판 사이에 존재하는 마찰저항도 기초판의 뚫림전단강도를 증가시킨다. 따라서 토압분포에 따른 이러한 현상을 반영하여 경제적인 기초판의 설계를 유도하기 위하여 기둥면에서 0.75 d 떨어진 위치에서 V_u를 산정하도록 규정한 것이다.

한편, 경우에 따라서는 슬래브에 구멍이 뚫려 있는 개구부(開口部, opening)가 존재할 때가 있는데, KDS 14 20 콘크리트구조 설계기준은 슬래브의 개구부가 하중 재하면의 중심에서 슬래브 두께의 10배 이내의 거리에 위치하거나 플랫 슬래브의 개구부가 주열대(柱列帶, column strip) 내에 위치할 때는 전단에 대한 위험단면을 수정하도록 규정하고 있다. 이때의 위험단면 수정은 하중 재하면의 중심과 개구부의 경계점 사이를 그은 직선 내에 있는 단면의 둘레부분을 제하는 방법으로 한다. 즉, 그림 7-77의 (a) 또는 (b)와 같이, ×로 표시한 사각형 개구부의 양쪽 경계점을 지나도록 하중 재하면 중심으로부터 직선으로 연결하여 두 직선 사이에 존재하는 위험단면의 둘레부분을 빼고 위험단면의 둘레길이를 산정한다. 하중 재하면이 원형이거나 개구부가 사각형이 아닌 경우에도 동일한 방법을 적용한다. 그림 7-77(c)는 폭이 넓은 개구부가 $d/2$ 이내에 존재하는 경우로, 이때에는 개구부 쪽을 자유단으로 하여 세 면만 위험단면이 된다.

이와 같은 위험단면의 수정 방법은 전단머리가 없는 슬래브의 경우에 적용하는데, 전단머리(shear

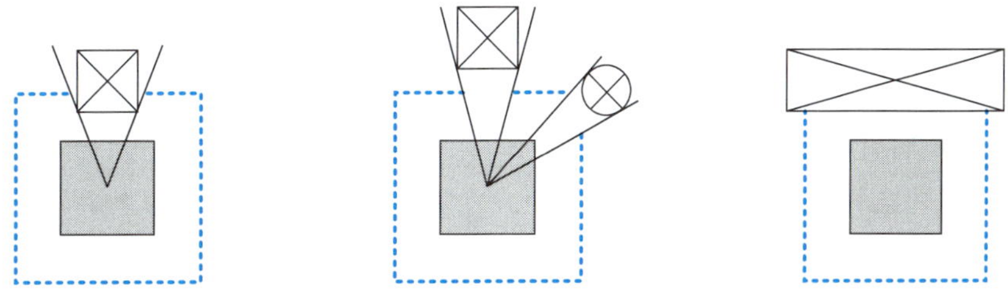

그림 7-77 개구부가 있는 경우 점선으로 표시된 KDS 14 20의 뚫림전단 위험단면

head)는 기둥을 가로지르도록 슬래브 콘크리트 내에 배치하여 슬래브를 전단보강 한 I형강 또는 ㄷ형강 등의 구조용 강재를 말한다. 전단머리가 있는 슬래브의 경우에는 전단머리가 없는 경우에 제하는 부분의 절반을 위험단면에서 제하여야 한다.

[2] 콘크리트에 의한 공칭전단강도

KDS 14 20 콘크리트구조 설계기준은 콘크리트가 부담하는 뚫림전단강도 V_c를 결정할 때 인장철근비와 크기효과(size effect)를 고려한다는 특징이 있다. 인장철근비를 변수로 하는 것은 휨모멘트에 의한 극한상태를 고려하는 것으로, 2방향 전단 거동을 보이는 부재에도 역시 전단력만 작용하는 것이 아니라 휨모멘트도 같이 작용하기 때문이다. 즉, 2방향 전단 거동을 보이는 부재에는 전단보강철근의 배치여부와 관계없이 휨 인장철근이 항상 배치되어 있는데, 인장철근비가 증가하면 압축연단과 중립축 c_u 사이의 압축응력 작용 면적이 커져서 V_c가 증가하는 경향을 반영한 것이다. 또 부재두께가 증가하면 응력단위의 전단강도가 감소하는 경향이 있으므로, 부재의 유효깊이 d를 변수로 하여 크기효과를 고려한다. 이러한 특징을 반영하여 콘크리트가 부담하는 전단강도 V_c는 다음 식으로 계산하며, 전단철근을 배치하지 않은 2방향 슬래브와 전단철근을 배치한 2방향 슬래브에 모두 동일하게 적용한다.

$$V_c = v_c\, b_o\, d \tag{7·213}$$

$$v_c = \lambda\, k_s\, k_{bo} f_{te} \cot\psi \left(\frac{c_u}{d}\right) \tag{7·214}$$

$$k_s = (300/d)^{0.25} \le 1.1 \tag{7·215}$$

$$k_{bo} = \frac{4}{\sqrt{\alpha_s(b_o/d)}} \le 1.25 \tag{7·216}$$

$$f_{te} = 0.2\sqrt{f_{ck}} \tag{7·217}$$

$$\cot\psi = \frac{\sqrt{f_{te}(f_{te}+f_{cc})}}{f_{te}} \tag{7·218}$$

$$c_u = d\left[25\sqrt{\frac{\rho}{f_{ck}}} - 300\left(\frac{\rho}{f_{ck}}\right)\right] \tag{7·219}$$

$$f_{cc}=\frac{2}{3}f_{ck} \tag{7·220}$$

여기서 d : mm 단위의 인장철근 유효깊이

v_c : 콘크리트 재료의 공칭전단응력강도

b_o : 위험단면의 둘레 길이

λ : 경량콘크리트계수

k_s : 슬래브의 두께계수(하한값 0.75, 상한값 1.1)

k_{bo} : 위험단면 둘레길이의 영향계수(상한값 1.25)

α_s : 하중의 위치를 반영하는 계수

f_{te} : 압축대 콘크리트의 인장강도

ψ : 슬래브 휨 압축대의 균열각도

c_u : 압축철근의 영향을 무시하고 계산된 슬래브 위험단면 압축대 깊이의 평균값

ρ : 설계위험단면에서 양방향으로 각각 판의 두께만큼 떨어진 폭에서의 평균인장주철근비

f_{cc} : 위험단면의 압축대에 작용하는 평균압축응력

식 (7·214)로 계산하는 콘크리트의 공칭전단응력강도 v_c는 응력 단위의 공칭뚫림전단강도이며, 위험단면 압축대의 기본 뚫림전단응력강도 $f_{te}\cot\psi$를 기본으로 하여 네 가지 변수를 곱하여 결정한다. 여기서 $f_{te}\cot\psi$는 식 (7·217)로 압축대 콘크리트의 인장강도 f_{te}를 결정하고 식 (7·220)으로 위험단면의 압축대에 작용하는 평균압축응력 f_{cc}를 구한 다음, 식 (7·218)로 슬래브 휨 압축대 균열각도 ψ의 코탄젠트 값 $\cot\psi$를 구한 후 f_{te}에 곱하여 결정하지만, $\cot\psi$를 구하지 않고 다음 식으로 간단히 계산할 수도 있다.

$$f_{te}\cot\psi=\sqrt{f_{te}(f_{te}+f_{cc})} \tag{7·221}$$

이 식은 Rankine의 콘크리트 인장파괴기준, 즉 주인장응력이 콘크리트의 인장강도에 도달하면 파괴가 발생한다는 가정으로 유도된 것이다. 여기서 콘크리트의 인장강도는 압축대 축의 직각방향으로 발휘되는 인장강도로, 압축대의 축방향 압축응력에 의하여 감소된 인장강도 f_{te}를 적용한다. 이때 f_{te}는 직각방향으로 압축응력이나 인장응력이 작용하지 않는 경우에 발휘되는 인장강도의 약 1/3 수준을 채택하여 식 (7·217)로 결정한다. f_{cc}는 뚫림전단파괴가 발생할 때 압축대 단면에 작용하는 평균압축응력으로, 압축응력분포를 포물선 형태로 가정하면 평균압축응력 f_{cc}가 식 (7·220)과 같이 f_{ck}의 2/3배가 된다. 이것은 일반적으로 슬래브-기둥접합부의 뚫림전단파괴가 휨 인장철근이 항복한 이후에 발생하기 때문으로, 이때의 압축대 콘크리트의 최대압축변형률을 2장 2.1.7절에 소개한 정점변형률 ε_{co}로 채택한 결과이다. 즉 콘크리트 주응력이 콘크리트의 압축강도에 해당하는 정점변형률 ε_{co}에 도달하여 압축파괴 되는 상태를 기반으로 한 것으로, 이와 같은 한계상태로의 V_c 최댓값을 다음과 같이 규정한다.

$$V_{c,\,max}=0.58\,f_{ck}\,b_o\,c_u \tag{7·222}$$

한편 엄밀하게 말하면, 이렇게 결정하는 $f_{te}\cot\psi$는 콘크리트 압축대의 뚫림전단파괴 면에 대하여 정의한 것이므로 설계 위험단면과 일치하지 않는 점을 지적할 수 있다. 그러나 일반적인 설계 범위에서는 콘크리트 압축대의 뚫림전단파괴 면의 면적과 설계 위험단면의 면적이 서로 큰 차이가 나지 않는다. 따라서 설계의 편의를 위하여 $f_{te}\cot\psi$를 기본으로 한 식 (7·214)의 v_c에 설계 위험단면의 면적인 $b_o d$를 곱한 식 (7·213)으로 V_c를 결정하도록 규정하였다.

v_c는 $f_{te}\cot\psi$를 기본으로 하여 λ, k_s, k_{bo}, c_u/d의 네 가지 변수를 곱하여 결정한다. 여기서 λ는 경량콘크리트계수로 보통중량콘크리트에는 1.0, 전경량콘크리트에는 0.75, 모래경량콘크리트에는 0.85의 값을 적용한다.

k_s는 식 (7·215)로 계산되는 두께계수로, 판의 두께가 증가할수록 콘크리트에 의한 전단강도가 감소하는 크기효과를 고려한다. 이 계수 식은 1997년도 BS 8110[7.53]의 크기효과 보정식의 형태를 차용하여 수정한 것이며, 하한값 0.75와 상한값 1.1 사이의 값을 적용한다. 하한값 0.75는 두께가 948 mm를 초과하는 경우에 적용되는데, 기초판이 매우 두꺼운 경우 식 (7·215)로 계산되는 k_s 값이 지나치게 작아져서 비경제적인 설계가 되는 문제점을 방지하기 위한 것이다. 상한값 1.1은 두께가 205 mm보다 작은 경우에 적용되는데, 건축물에서 200~300 mm 두께의 콘크리트 슬래브가 많이 사용되는 현실을 반영하여 크기효과를 적용하기 위한 것이다.

k_{bo}는 식 (7·216)으로 계산되는 위험단면 둘레길이의 영향계수로서 판의 두께와 위험단면의 둘레길이의 비에 따른 영향을 고려한다. 이 계수 식은 Manterola의 연구[7.54]에 근거한 것으로 α_s가 변수로 사용되는데, α_s는 하중의 위치를 반영하는 계수로 뚫림전단 위험단면이 4면인 내부기둥은 1.0, 3면인 외부기둥은 1.33, 2면인 모서리기둥은 2.0의 값을 적용한다.

c_u/d는 슬래브 위험단면 압축대 깊이의 평균값 c_u와 인장철근에 대한 유효깊이 d의 비율이다. 여기서 c_u는 평형조건을 고려하여 단면해석을 통하여 계산할 수 있지만 식 (7·219)로 간단히 계산할 수 있다. 이 식은 실무 적용을 위하여 제안된 근사식으로 압축철근의 영향을 무시한 것이며, ρ가 0.03 이하인 경우에만 적용할 수 있다. 여기서 ρ는 설계위험단면에서 양방향으로 각각 판의 두께 h만큼 떨어진 폭에서의 평균인장주철근비이다. 이것은 전단균열의 각도를 고려한 실질적인 위험단면의 폭을 적용하도록 한 것으로, 실질적인 위험단면의 폭이 설계위험단면의 폭에서 양방향으로 각각 최소 h만큼 떨어진 폭이라는 의미이다. 만일 ρ가 0.005 이하인 경우에는 식 (7·219)를 적용할 때 ρ의 값으로 0.005를 사용할 수 있다. 이것은 주철근비가 매우 낮은 경우 일반적인 뚫림전단파괴와 달리 휨철근이 항복한 이후 비교적 연성적인 휨-뚫림전단파괴가 발생할 수 있고, 종전 설계기준에 따라 설계된 많은 사례에서 큰 문제가 발생되지 않은 점을 고려한 것이다. 한편, 뚫림전단강도를 증가시키기 위한 하나의 방편으로 접합부 주위 위험단면 영역 내에 추가의 인장주철근을 열십자형태로 배치할 수 있다. 이때 모든 인장주철근은 설계위험단면에서 최소 $(h+l_d)$ 만큼 연장하여 정착해야 한다. 여기서 l_d는 인장이형철근의 정착길이이다.

[3] 전단철근에 의한 공칭전단강도

콘크리트에 의한 설계전단강도로 계수전단력 V_u를 저항하지 못하는 경우에는 전단철근을 배치하는

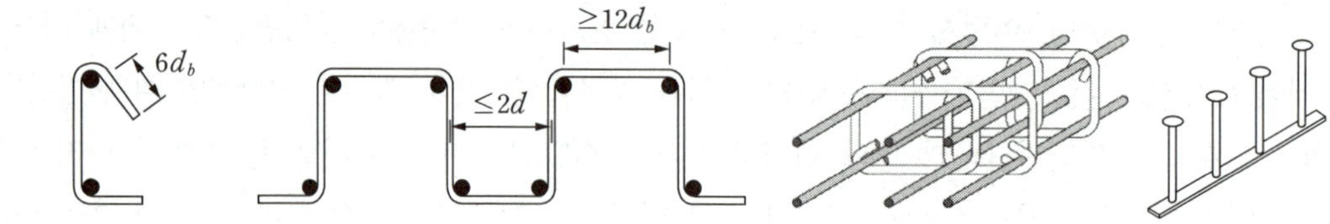

(a) 단일가닥 전단철근 (b) 다중가닥 전단철근 (c) 폐쇄형 스터럽 (d) 전단스터드

그림 7-78 전단 보강재의 형태

등의 방법으로 보강하여야 한다. 전단철근으로 보강할 때에는 그림 7-78의 (a)와 같은 연장길이를 갖는 단일가닥 전단철근, (b)와 같은 간격을 만족하는 다중가닥 전단철근, (c)와 같은 폐쇄형 스터럽을 사용할 수 있다. 그림에서 d_b는 전단철근의 지름이다. 이와 같은 전단철근 외에도 그림 7-78(d)와 같은 확대머리 전단스터드(headed shear stud)나 I형강 또는 ㄷ형강 등의 전단머리(shear head)로 보강할 수도 있으며, 이에 대하여는 KDS 14 20 콘크리트구조 설계기준에 규정되어 있다.

전단철근을 배치한 2방향 슬래브의 경우 전단철근의 설계기준항복강도 f_{yt}는 400 MPa를 초과할 수 없으며, 다음 식으로 전단철근에 의한 공칭전단강도를 계산한다.

$$V_s = \frac{A_v f_s d}{s} = \frac{A_v(0.5 f_{yt})d}{s} \qquad (7 \cdot 223)$$

이 식에서 전단철근의 응력 f_s로 $0.5 f_{yt}$를 적용하도록 한 것은, 슬래브-기둥 접합부의 경우 접합부가 최대강도에 도달할 때 뚫림전단파괴 면 이내에 내치된 전단철근이 항복하지 않는 것이 일반적이므로 안전측의 설계를 위하여 도입한 것이다.

한편 공칭전단강도 V_n은 다음의 최댓값 이하이어야 한다.

$$V_{n,\,max} = 0.58 f_{ck} b_o c_u \qquad (7 \cdot 224)$$

이 V_n의 최댓값 $V_{n,\,max}$는 식 (7 ·222)의 V_c 최댓값 $V_{c,\,max}$와 동일한 값이다. 이것은 전단철근이 배치된 경우라도 압축대 콘크리트의 압축파괴로 뚫림전단파괴가 발생하기 때문이다. 따라서 전단철근을 배치하여도 전단강도가 부족한 경우에는 기둥 단면의 증가, 슬래브 두께의 증가, 콘크리트 압축강도의 증가, 주철근비의 증가 등의 방법으로 뚫림전단강도 요구조건을 만족시켜야 한다.

전단철근은 유효깊이 d가 150 mm 이상이면서 전단철근 지름의 16배 이상인 슬래브와 기초판에 적용할 수 있다. 전단철근을 배치할 때는 콘크리트에 의한 설계전단강도로 계수전단력을 저항할 수 있는 위치를 찾은 후, 그 위치와 기둥 사이에 전단철근을 배치한다. 그림 7-79는 그 예를 나타내는데, 그림 7-79(a)의 평면도에서 마름모 형태의 점선으로 표시된 부분이 전단철근 외부의 위험단면으로, 콘크리트만으로 계수전단력을 저항할 수 있는 위치이다. 그림 7-79(a)에 나타난 바와 같이 전단철근 외부의 위험단면에서 $d/2$ 떨어진 위치까지는 전단철근을 배치하여야 하며, 그림 7-79의 (a)와 (b)에 나타난 바와 같이 기둥 주위를 감싸는 첫 번째 열 전단철근과 기둥면 사이의 간격은 $d/2$ 이하이어야 한다. 그림 7-79(b)에 나타난 바와 같이, 기둥면의 평행방향으로 전단철근 다리 사이의 간격은 $2d$ 이하이어야 하며 전단철근 열 사이의 간격 s는 기둥면에 직각방향으로 $d/2$ 이하이어야 한다. 또한 전단철근은 단면

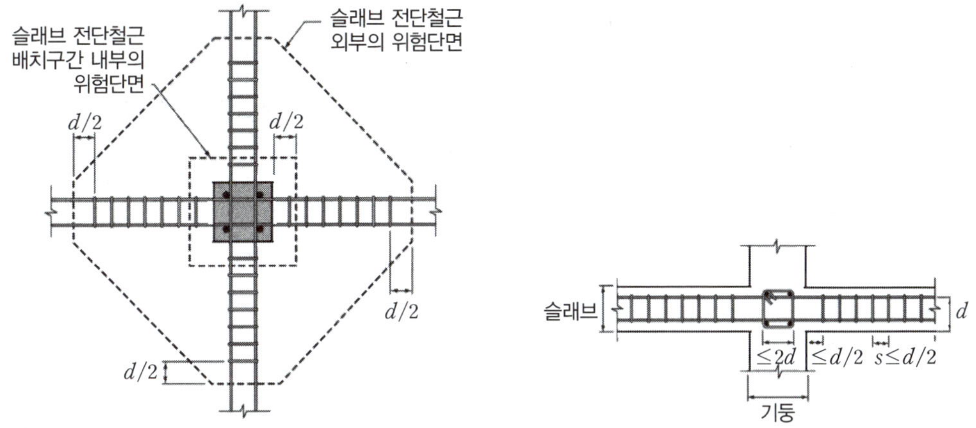

(a) 평면도

(b) 단면도

그림 7-79 내부기둥의 뚫림전단철근 배치

상·하에서 충분히 정착되어야 하므로, 설계기준에서 제시하는 정착 요건을 만족시켜야 하며 길이방향 휨철근을 둘러싸야 한다. 그림 7-79는 내부기둥 접합부 슬래브의 예인데, 외부기둥 접합부 슬래브에도 동일한 개념으로 적용한다.

[4] 불균형휨모멘트에 의한 편심전단 설계

연직하중, 풍하중, 지진하중 또는 기타 횡하중으로 인하여 기둥에 계수축력 P_u와 함께 계수휨모멘트 M_u가 동시에 작용하는 경우, 기둥의 M_u가 판과 기둥의 접합부를 통하여 판에 전달되어 뚫림전단 위험단면의 뚫림전단 응력분포가 비대칭인 형태가 된다. 이때 기둥의 계수휨모멘트 M_u를 '불균형휨모멘트'라고 하며, 이에 따라 비대칭의 전단응력분포가 나타나는 현상을 '편심전단'이라고 한다. KDS 14 20 콘크리트구조 설계기준은 불균형휨모멘트에 의한 편심전단 설계검증 방법으로 전단과 휨을 분리하여 독립적으로 강도를 검증하는 방법을 채택하였다. 즉 뚫림전단강도의 검증은 기둥의 계수축력 P_u에 의한 계수전단력을 대상으로 하며, 불균형휨모멘트 M_u에 대해서 다음으로 정의되는 설계불균형휨강도 ϕM_n이 M_u 이상임을 검증하는 것이다.

$$\phi M_n - \phi_f M_F + \phi_v M_S + \phi_v M_T \quad (7\cdot225)$$

여기서 M_F는 전면과 후면 슬래브의 휨강도 합, M_S는 전면과 후면의 편심전단에 의한 휨강도, M_T는 측면의 편심전단에 의한 비틀림강도이며, ϕ_f는 0.85이고 ϕ_v는 0.75이다. 기둥 주위 4각형 형태의 위험단면 4개의 모서리 성분 중에서 전면과 후면은 불균형휨모멘트가 직접 받침부에 전달되는 면으로, 전면은 연직하중에 의한 직접전단력과 불균형휨모멘트에 의한 전단력의 방향이 일치하는 면이며, 후면은 전면의 반대측에 위치하는 면이다. 측면은 전면과 후면에 직교하는 양쪽의 두 면이다. 즉, 위험단면을 구성하는 전면, 후면, 측면의 3개 모멘트 성분의 합으로 설계불균형휨강도 ϕM_n을 계산하는 것이다. 따라서 편심전단 설계에서는 이 조건을 만족하도록 설계하여야 하며, 뚫림전단강도의 검증은 불균형휨모멘트가 작용하지 않을 때 뚫림전단 응력분포가 대칭인 형태로 강도를 검증하는 경우와 동일하게 수행한다.

참고로 과거의 콘크리트구조기준에서는 ACI 318 Code 2014년판까지 규정된 내용과 동일하게, 불균형휨모멘트 M_u 중 다음과 같이 계산되는 γ_f 비율의 $\gamma_f M_u$는 판에 휨 작용으로 전달되고, 나머지 비율의 $\gamma_v M_u$는 전단편심으로 전달되는 것으로 나누는 방법으로 규정했었다.

$$\gamma_f = \frac{1}{1+\frac{2}{3}\sqrt{\frac{b_1}{b_2}}} \tag{7·226}$$

$$\gamma_v = 1-\gamma_f = 1-\frac{1}{1+\frac{2}{3}\sqrt{\frac{b_1}{b_2}}} \tag{7·227}$$

여기서 b_1은 뚫림전단 위험단면의 종방향 길이로서 측면의 길이이고, b_2는 횡방향 길이로서 전면 또는 후면의 길이이다. 이렇게 계산된 휨모멘트 $\gamma_v M_u$에 의하여 뚫림전단 위험단면에 작용하는 전단응력을 구하고, 최대전단응력이 응력단위의 설계뚫림전단강도 이하인지 검증한다. 이때 $\gamma_v M_u$에 의한 전단응력은 뚫림전단 위험단면의 도심으로부터 선형으로 증가한다고 가정하여 계산한다. 참고로 2019년 ACI 318 Code[7.23]에서는 γ_f의 식 (7·226)에 대하여 분자 1을 1.25로 개정하였다.

예제 7-10 그림 7-80과 같이 4.4 m×3.8 m 크기의 직사각형 확대기초가 지지하고 있는 0.8 m×0.6 m 크기의 직사각형 단면 기둥에 계수축압축력 4,000 kN이 작용하고 있다. 확대기초판에는 양쪽 방향으로 SD400 D32(A_b=794.2 mm^2) 인장철근이 250 mm 간격으로 배치되어 있다. 콘크리트 설계기준압축강도 f_{ck}가 30 MPa일 때 KDS 14 20 콘크리트구조 설계기준에 따라 기초판의 뚫림전단 강도성능을 검증하시오.

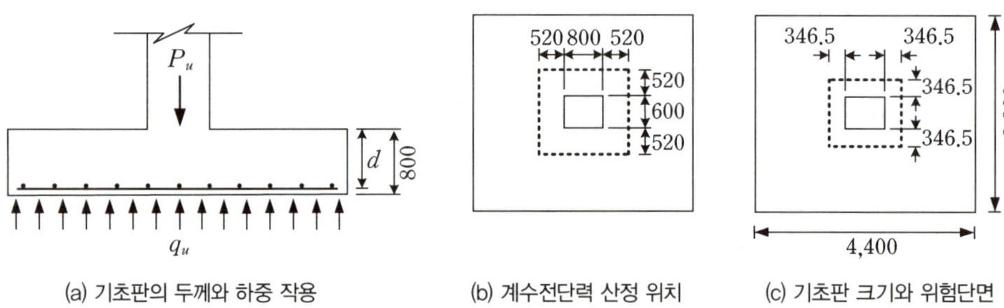

그림 7-80 예제 7-10의 단면

〈풀이〉

(1) 계수하중에 의한 지반반력과 계수전단력

기초판의 장변방향 길이 4.4 m를 l_l이라고 하고 단변방향 길이 3.8 m를 l_s라고 하면, 기둥으로부터 전달되는 계수축압축력 4,000 kN에 의한 지반반력 q_u는

$$q_u = \frac{P_u}{l_l l_s} = \frac{4{,}000}{4.4\times3.8} = 239.2\ kN/m^2$$

기초판 바닥의 피복두께를 75 mm로 설계하였다고 가정하고, 장변방향 인장철근을 바닥에 가까이 배치하며 그 위에 단면방향 인장철근을 배치한다고 가정하여 장변방향과 단변방향 인장철근의 유효깊이 d_l과 d_s 및 양방향의 주철근비 ρ_{ll}와 ρ_{ls}를 각각 구하면

$$d_l = 800-75-32/2 = 709\ mm \qquad \rho_{ll} = \frac{A_b}{s d_l} = \frac{794.2}{250\times709} = 0.00488$$

$$d_s = 800-75-32-32/2 = 677\ mm \qquad \rho_{ls} = \frac{A_b}{s d_s} = \frac{794.2}{250\times677} = 0.00469$$

뚫림전단 강도검증에 적용할 유효깊이를 두 방향 유효깊이 d_l과 d_s의 평균값으로 하면

$$d = \frac{d_l+d_s}{2} = \frac{709+677}{2} = 693\ mm$$

기초판에서 계수전단력 산정 위치는 기둥 경계로부터 거리 0.75 d 떨어진 위치이므로, 위험단면까지의 거리 0.75 d와 계수전단력 산정 위치의 각 변 길이를 구하면, c_l이 800 mm이고 c_s가 600 mm이므로

$$0.75\,d = 0.75\times693 = 520\ mm$$

$$b_{cl} = c_l+2\times(0.75\,d) = 800+2\times520 = 1{,}840\ mm < l_l\ (= 4{,}400\ mm)$$

$$b_{cs} = c_s+2\times(0.75\,d) = 600+2\times520 = 1{,}640\ mm < l_s\ (= 3{,}800\ mm)$$

따라서 계수전단력 산정 위치는 모두 기초판 내부에 존재한다. 계수전단력 산정 위치 둘레 내부의 면적 A_o를 구하면

$$A_o = b_{cl}\times b_{cs} = 1{,}840\times1{,}640 = 3{,}018{,}000\ mm^2 = 3.018\ m^2$$

계수전단력 산정 위치 둘레 내부 A_o에 작용하는 토압의 합을 ΔV_u로 하여, 계수전단력 산정 위치 둘레에 작용하는 계수전단력 V_u을 구하면

$$V_u = V_{u,total}-\Delta V_u = P_u-q_uA_o = 4{,}000-239.2\times3.018 = 3{,}280\ kN$$

(2) 위험단면에서의 뚫림전단 설계검증

기둥 경계에서 위험단면까지의 거리 0.5 d와 위험단면 둘레길이 b_o를 구하면, c_l이 800 mm이고 c_s가 600 mm이므로

$$0.5\,d = 0.5\times693 = 346.5\ mm$$

$$b_o = 2[c_l+2\times(0.5\,d)]+2[c_s+2\times(0.5\,d)] = 2(c_l+c_s+2\,d) = 2\times(800+600+2\times693)$$
$$= 5{,}572\ mm$$

평균인장철근비 ρ와 최솟값을 비교하면

$$\rho = \frac{\rho_{ll}+\rho_{ls}}{2} = \frac{0.00488+0.00469}{2} = 0.004785 < 0.005$$

계산된 평균인장철근비는 0.004785로 0.005보다 작은 값이므로, 압축대 깊이의 평균값 c_u를 계산할 때 적용되는 ρ는 다음과 같이 0.005를 적용한다.

$$\rho = 0.005$$

콘크리트는 일반중량콘크리트이므로, 경량콘크리트계수 λ는 1.0을 적용한다. 슬래브의 두께계수 k_s는

$$k_s = \left(\frac{300}{d}\right)^{0.25} = \left(\frac{300}{693}\right)^{0.25} = 0.811 < 1.1$$

슬래브의 두께계수 k_s가 상한값 1.1보다 작으므로 계산된 값 0.811을 적용한다. 기둥이 기초판의 내부에 위치하므로 α_s는 1.0을 적용한다. 위험단면 둘레길이의 영향계수 k_{bo}는

$$k_{bo} = \frac{4}{\sqrt{\alpha_s\left(\frac{b_o}{d}\right)}} = \frac{4}{\sqrt{1.0\times\left(\frac{5{,}572}{693}\right)}} = 1.41 > 1.25$$

계산된 위험단면 둘레길이의 영향계수는 1.41로 상한값 1.25보다 크므로, k_{bo}는 다음과 같이 1.25를 적용한다.

$$k_{bo} = 1.25$$

압축대 콘크리트의 인장강도 f_{te}는

$$f_{te} = 0.2\sqrt{f_{ck}} = 0.2\sqrt{30} = 1.10\ MPa$$

위험단면의 압축대에 작용하는 평균압축응력 f_{cc}는

$$f_{cc} = \frac{2}{3}f_{ck} = \frac{2}{3}\times 30 = 20\ MPa$$

휨 압축대 균열각도 ψ의 코탄젠트 값 $\cot\psi$를 구하면

$$\cot\psi = \frac{\sqrt{f_{te}(f_{te}+f_{cc})}}{f_{te}} = \frac{\sqrt{1.10\times(1.10+20)}}{1.10} = 4.59$$

위험단면 압축대 깊이의 평균값 c_u는

$$c_u = d\left[25\sqrt{\frac{\rho}{f_{ck}}} - 300\left(\frac{\rho}{f_{ck}}\right)\right] = 693\left[25\sqrt{\frac{0.005}{30}} - 300\times\left(\frac{0.005}{30}\right)\right] = 189\ mm$$

이제 응력단위의 콘크리트 공칭전단강도 v_c를 구하면

$$v_c = \lambda\, k_s k_{bo} f_{te} \cot\psi\left(\frac{c_u}{d}\right) = 1.0(0.811)(1.25)(1.10)(4.59)\left(\frac{189}{693}\right) = 1.27\ MPa$$

휨 단위의 공칭전단강도 V_c와 설계 전단강도 ϕV_n을 구하고 강도를 검증하면

$$V_c = v_c\, b_o\, d = 1.27\times 5{,}572\times 693 = 4{,}904{,}000\ N = 4{,}904\ kN$$

$$\phi V_n = \phi V_c = 0.75\times 4{,}904 = 3{,}678\ kN > V_u\ (= 3{,}280\ kN)$$

따라서 전단강도 요구성능을 만족한다.

7.6.3 콘크리트교 설계기준(한계상태설계법)에 따른 뚫림 전단강도 설계검증

KDS 24 14 21 콘크리트교 설계기준(한계상태설계법)[7.27]의 뚫림전단 설계기준은 뚫림 전단강도의 수식 몇 가지가 다른 것 이외에는 기본적으로 Eurocode 2[7.26]와 내용이 동일하다. 뚫림 전단강도는 응력단위로 성능을 검증하는데, 다음 [2]항에 소개하는 계수전단응력 v_u가 다음과 같이 설계뚫림전단강도 v_{cd} 이하인 경우에는 전단철근을 배치할 필요가 없다. 여기서 v_{cd}는 다음 [3]항과 [4]항에 소개하는 전단 무보강 슬래브 또는 기초판의 설계뚫림전단강도이다.

$$v_{cd} \geq v_u \tag{7·228}$$

계수전단응력 v_u가 설계뚫림전단강도 v_{cd}를 초과하는 경우에는 전단철근을 배치하는 등의 방법으로 보강하여, 다음과 같이 설계뚫림전단강도 v_{csd}가 v_u 이상이 되도록 하여야 한다. 여기서 v_{csd}는 다음 [5]항에 소개하는 전단 보강 슬래브 또는 기초판의 설계뚫림전단강도이다.

$$v_{csd} \geq v_u \tag{7·229}$$

[1] 뚫림전단 위험단면과 계수전단력 산정 위치

KDS 24 14 21 콘크리트교 설계기준(한계상태설계법)에서는 일반적인 경우 뚫림전단에 대한 기본 위험단면을 위험단면으로 적용하고, 개구부가 존재하는 경우에는 개구부의 영향을 고려하여 기본 위험단면을 수정한 위험단면을 적용한다. 기본 위험단면(basic control section)은 하중 재하면의 경계로부터 $2d$의 거리를 유지하면서 둘레길이가 최소가 되는 단면으로, 기본 위험단면 둘레길이(basic control perimeter)에 슬래브의 평균유효깊이를 곱한 면적이다. 이렇게 $2d$만큼 떨어진 위치로 설정한 이유는 다음과 같다. 첫째, 이곳이 경사 균열각의 영향을 받지 않는 위치로서 균일 응력상태가 된다고 볼 수 있는 위치이다. 둘째, 이곳은 구속효과에 의한 강도증가 현상이 발생하지 않아서 보와 동일한 전단강도 계산식을 적용할 수 있는 위치이다. 즉, 하중 재하면 위치의 단면에는 최대전단력이 작용하지만 구속효과에 의해 전단강도도 증가하여, 많은 실험에 따르면 하중 재하면에서 $0.5d$인 위치의 전단강도가 선부재(linear member)인 일반적인 보의 전단강도의 약 3~4배로 크게 증가한다고 알려졌다. 반면에 하중 재하면으로부터 멀어지면 둘레길이와 슬래브 두께를 곱한 단면적이 커지기 때문에 전단응력이 작아지고, 또 구속효과도 사라져서 보와 동일한 전단강도 계산식을 적용할 수 있는 것이다.

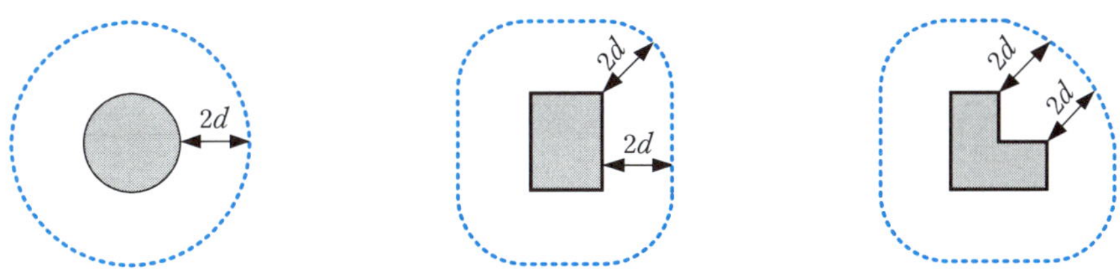

(a) 원형 재하면의 기본 위험단면 (b) 사각형 재하면의 기본 위험단면 (c) L형 재하면의 기본 위험단면

그림 7-81 점선으로 표시된 콘크리트교 설계기준(한계상태설계법)의 뚫림전단 기본 위험단면

그림 7-81은 점선으로 표시된 뚫림전단 기본 위험단면의 예를 나타낸다. 그림 7-81(a)와 같이 하중 재하면이 원형일 때 하중 재하면의 지름을 D라고 한다면, 기본 위험단면 둘레길이 u_1은 다음과 같다.

$$u_1 = \pi(D+4d) \tag{7·230}$$

그림 7-81(b)와 같이 하중 재하면이 직사각형일 때 하중 재하면의 두 변의 길이가 각각 c_1과 c_2라고 한다면, 기본 위험단면 둘레길이 u_1은 다음과 같다.

$$u_1 = 2(c_1+c_2)+4\pi d \tag{7·231}$$

하중 재하면이 그림 7-81(c)와 같은 형상일 때에는 $2d$가 표시된 두 꼭지점을 연결한 선과 평행하게 위험단면을 정정하여야 한다. 하중 재하면이 슬래브의 가장자리 또는 모서리의 선상에 위치하거나 d 미만의 거리 내에 위치한 경우에는 가장자리의 한 면과 모서리의 두 면을 제외하고 위험단면을 설정하여야 하며, 가장자리와 모서리에 특수 테두리 철근을 반드시 배치해야 한다.

하중 재하면의 중심에서 슬래브 유효깊이의 6배 이내의 거리에 개구부(開口部, opening)가 존재할 때에는 그림 7-82와 같이 기본 위험단면을 수정하여 위험단면을 설정한다. 그림 7-82(a)는 ×로 표시한 직사각형 개구부의 긴 변이 하중 재하면에 가까운 경우로, 개구부의 양쪽 경계점을 지나도록 하중 재하면 중심으로부터 직선으로 연결하여 두 직선 사이에 존재하는 위험단면의 둘레부분을 빼고 위험단면의 둘레길이를 산정한다. 그림 7-82(b)는 직사각형 개구부의 짧은 변이 하중 재하면에 가까운 경우로, 다음의 길이 r로 증가된 폭을 대상으로 양쪽 경계점을 지나도록 하중 재하면 중심으로부터 직선으로 연결하여 두 직선 사이에 존재하는 위험단면의 둘레부분을 빼고 위험단면의 둘레길이를 산정한다.

$$r = \sqrt{h^2 + b^2} \quad (7 \cdot 232)$$

깊이가 변하는 슬래브나 확대기초의 경우에는 그림 7-83과 같이 재하면 둘레 위치의 유효깊이 d를 기준으로 하여 $2d$ 떨어진 위치를 위험단면으로 설정하며, 계수전단응력 v_u를 결정할 때에도 재하면 둘레 위치의 유효깊이 d를 적용한다. 기둥 기초판의 경우에는 다음 [4]항에 소개하는 바와 같이 위험단면뿐만 아니라 기둥면과 위험단면 사이의 단면에 대하여도 뚫림전단강도를 검증한다.

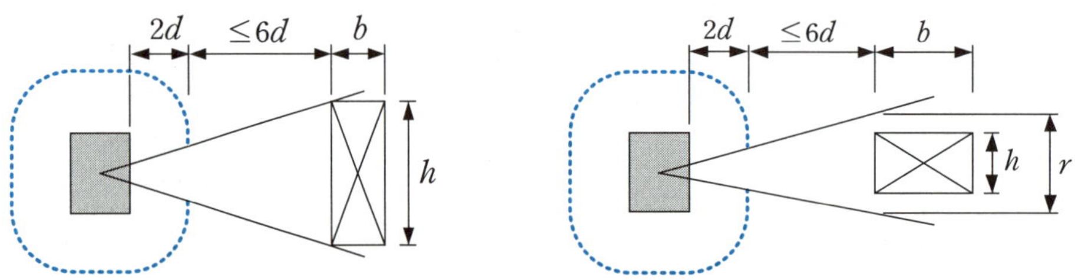

(a) $h > b$인 경우의 위험단면　　(b) $h > b$인 경우의 위험단면

그림 7-82 개구부가 있는 경우 콘크리트교 설계기준(한계상태설계법)의 뚫림전단 위험단면

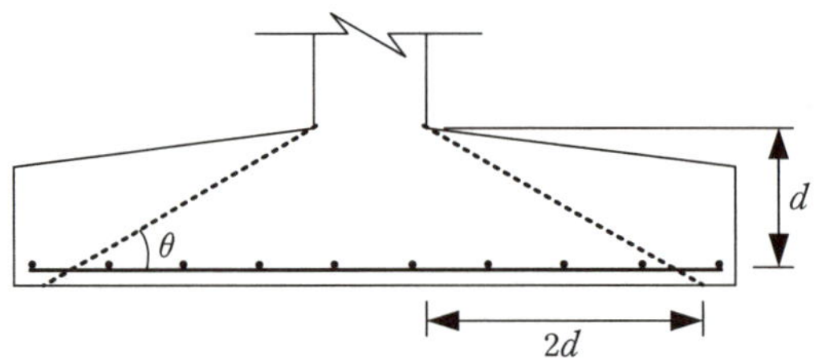

그림 7-83 깊이가 변하는 확대기초판의 뚫림전단 위험단면의 결정

[2] 계수뚫림전단응력

계수뚫림전단응력 v_u는 계수하중에 의하여 뚫림전단 위험단면에 작용하는 최대 전단응력으로, 집중하중만 작용하는 경우와 집중하중이 휨모멘트와 함께 작용하는 경우를 구분하여 계산한다.

그림 7-84(a)와 같이 휨모멘트를 동반하지 않고 집중하중만 작용하는 경우는 계수뚫림전단력 V_u에 의하여 뚫림전단 위험단면에 작용하는 뚫림전단응력 v_{uV}가 계수뚫림전단응력 v_u가 된다. 이때의 계수

뚫림전단응력 v_u는 다음과 같이 계산한다.

$$v_u = v_{uV} = \frac{V_u}{u_i d} \tag{7·233}$$

여기서, d : 슬래브의 평균유효깊이로 양방향으로 배치되는 주철근에 대한 유효깊이의 평균값
u_i : 검토하는 뚫림전단 위험단면의 둘레길이

기둥을 통하여 집중하중이 휨모멘트와 함께 작용하는 경우, 즉 그림 7-84(b)와 같이 불균형휨모멘트 M_u가 추가된 경우는 휨모멘트에 의하여 뚫림전단 위험단면에 작용하는 뚫림전단응력 v_{uM}을 산정하여 V_u에 의한 v_{uV}에 추가하여야 한다. 이때 뚫림전단응력 v_{uM}의 크기는 불균형휨모멘트 M_u의 일부분을 대상으로 계산한다. 이것은 그림 7-84(b)에 나타낸 바와 같이 불균형휨모멘트 M_u가 슬래브로 전달될 때 휨 작용과 전단 작용의 두 가지 성분으로 저항하기 때문이다. 휨 저항은 그림 7-84(b)의 왼쪽 슬래브 단면 하단과 오른쪽 슬래브 단면 상단에서 수평방향으로 작용하는 압축응력 f_c에 의한 것으로, f_c의 합력인 두 수평력과 두 힘의 팔길이로 M_u의 일부분을 저항하는 것을 말한다. 이렇게 M_u에서 슬래브의 휨 작용으로 저항하는 휨모멘트를 제한 나머지 휨모멘트는 슬래브의 뚫림전단 위험단면에 작용하는 뚫림전단응력 v_{uM}로 저항하게 된다. 이때 균형휨모멘트에 의한 전단응력 v_{uM}이 소성응력분포로 일정하다고 가정하면, 기둥이 직사각형 단면인 경우 그림 7-84(c)와 같이 동일한 크기의 전단응력이 기둥을 중심으로 좌우 위험단면에서 서로 반대방향으로 작용한다.

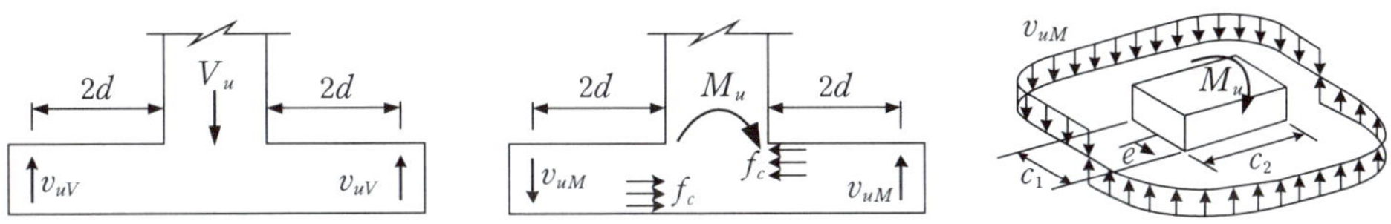

(a) 집중하중에 의한 뚫림전단응력 (b) 휨모멘트에 의한 뚫림전단응력 (c) 휨모멘트에 의한 전단응력분포

그림 7-84 슬래브의 계수뚫림전단응력

그림 7-84(c)와 같은 분포로 뚫림전단응력 v_{uM}으로 저항하면, 위험단면 둘레를 따라 비소구간 dl에 작용하는 전단력은 슬래브 단면의 유효깊이 d, 전단응력 v_{uM}, 미소구간 dl의 곱이므로 $v_{uM}\,d\,dl$이 된다. 이 전단력에 기둥 중심으로부터의 편심거리 e를 곱하면 미소구간 dl에서 v_{uM}으로 저항하는 휨모멘트가 된다. 이 휨모멘트를 dM_{uV}라고 한다면 다음과 같이 나타낼 수 있다.

$$dM_{uV} = e\,v_{uM}\,d\,dl \tag{7·234}$$

이 관계를 위험단면 둘레를 따라 적분하면 다음과 같이 나타낼 수 있다.

$$M_{uV} = \int_0^{u_1} e\,v_{uM}\,d\,dl \tag{7·235}$$

이 식에서 적분 항은 위험단면 둘레길이 u_1에 대한 1차모멘트이다. 이것을 W_1이라고 하면 다음과 같다.

$$W_1 = \int_0^{u_1} e\,dl \tag{7·236}$$

위험단면 둘레길이에 대한 1차모멘트 W_1은 위험단면 둘레길이 u_1의 크기와 위험단면의 형상에 따라 달라진다. 또 위험단면의 형상에 따라 전체 불균형휨모멘트 M_u 중에서 뚫림전단응력 v_{uM}으로 저항하는 휨모멘트의 크기도 달라진다. 따라서 뚫림전단응력 v_{uM}으로 저항하는 휨모멘트 $d\,M_{uV}$와 전체 불균형휨모멘트 M_u의 비율을 k라고 한다면, 휨모멘트에 의한 뚫림전단응력 v_{uM}은 다음과 같이 나타낼 수 있다.

$$v_{uM} = \frac{kM_u}{W_1 d} \tag{7·237}$$

따라서 위험단면이 기본위험단면과 같다면 위험단면에 작용하는 최대 뚫림전단응력은 다음과 같다.

$$v_u = v_{uV} + v_{uM} = \frac{V_u}{u_1 d} + \frac{kM_u}{W_1 d} \tag{7·238}$$

이렇게 편심전단의 영향으로 증가된 뚫림전단응력 v_{uM}을 포함한 최대 뚫림전단응력 v_u를 v_{uV}에 대한 비율 β로 표현하면 다음과 같이 나타낼 수 있다.

$$v_u = \beta\, v_{uV} = \beta \frac{V_u}{u_1 d} \tag{7·239}$$

이제 식 (7·239)와 식 (7·238)을 등치시키면 다음과 같이 계수 β를 유도할 수 있다.

$$\beta \frac{V_u}{u_1 d} = \frac{V_u}{u_1 d} + \frac{kM_u}{W_1 d} \tag{7·240}$$

$$\beta = 1 + k \frac{M_u}{V_u} \frac{u_1}{W_1} \tag{7·241}$$

KDS 24 14 21 콘크리트교 설계기준(한계상태설계법)에서는 이와 같이 유도된 계수 β를 적용하여 불균형휨모멘트에 의한 편심전단의 설계검증에서 계수뚫림전단응력 v_u를 다음과 같이 계산하도록 규정하고 있다.

$$v_u = \beta \frac{V_u}{u_i d} \tag{7·242}$$

계수 β로는 사각형 기둥의 경우 기본 식인 식 (7·241)을 적용한다. 이때 위험단면 둘레길이 u_1에 대한 1차모멘트 W_1은 다음 식으로 계산하고, k의 값은 기둥 치수 c_1과 c_2의 비에 따른 계수로 표 7–13의 값을 적용한다.

$$\begin{aligned} W_1 &= \frac{c_1^2}{2} + c_1 c_2 + 2\,c_2(2\,d) + 4(2\,d)^2 + \pi\, c_1(2\,d) \\ &= \frac{c_1^2}{2} + c_1 c_2 + 4\,c_2\,d + 16\,d^2 + 2\,\pi\, c_1\, d \end{aligned} \tag{7·243}$$

여기서, c_1 : 하중 편심방향과 평행한 방향의 기둥 치수

c_2 : 하중 편심방향과 직각인 방향의 기둥 치수

표 7-13 사각형 하중 재하면인 경우의 k값

c_1/c_2	0.5 이하	1.0	2.0	3.0 이상
k	0.45	0.60	0.70	0.80

지름이 D인 내부 원형기둥인 경우에는 계수 β로 기본 식인 식 (7·241)을 원형의 위험단면 둘레 형상에 대한 식으로 정리하여 다음과 같이 계산한다. 여기서 e는 편심거리로 다음과 같이 결정한다.

$$\beta = 1+0.6\,\pi\,\frac{e}{D+4\,d} \tag{7·244}$$

$$e = \frac{M_u}{V_u} \tag{7·245}$$

[3] 전단 무보강 슬래브의 설계뚫림전단강도

앞의 [1]항에서 언급한 바와 같이 하중 재하면에 가까운 위치는 구속효과에 의해 전단강도가 증가하며, 하중 재하면에서 $2\,d$ 이상 떨어진 위치에서는 구속효과가 사라지는 균일 응력상태가 된다. 이에 따라 KDS 24 14 21 콘크리트교 설계기준(한계상태설계법)에서는 하중 재하면의 경계로부터 $2\,d$만큼 떨어진 위치를 뚫림전단 위험단면으로 규정하고 있으며, 이 위치가 뚫림전단에 대하여 전단철근 등으로 보강되지 않은 경우에는 다음 식에 따라 설계뚫림전단강도 v_{cd}를 계산하도록 규정하고 있다.

$$v_{cd} = 0.85\,\phi_c\,\kappa\,(\rho\,f_{ck})^{1/3}+0.10\,f_n \geq 0.035\,\kappa^{3/2}\,f_{ck}^{1/2}+0.10\,f_n \tag{7·246}$$

이 식의 부등호 좌우 두 식은 보에 적용하는 식 (7·86)의 V_{cd}와 그 최솟값인 식 (7·87)의 $V_{cd,\,min}$을 응력단위로 표현하고 법선응력(normal stress)에 대한 계수 0.15를 0.10으로 수정한 것이다. 이 식에 적용하는 변수들은 다음과 같다.

$$\kappa = 1+\sqrt{\frac{200}{d}} \leq 2.0 \tag{7·247}$$

$$\rho = \sqrt{\rho_{ly}\rho_{lz}} \leq 0.02 \tag{7·248}$$

$$f_n = \frac{f_{ny}+f_{nz}}{2} \tag{7·249}$$

여기서 ρ_{ly}와 ρ_{lz}는 각각 슬래브 평면의 y방향과 z방향의 인장철근비로, 각 방향으로 하중 재하폭에 $3\,d$를 더한 슬래브 폭을 기준으로 결정한다. f_n은 슬래브 평면의 y방향과 z방향으로 작용하는 법선응력의 평균값으로, 압축응력일 때 양(+)의 값을 가지며 슬래브에 축력이나 프리스트레스가 작용할 때 적용한다. 식 (7·247)은 보에 적용하는 식 (7·88)과 동일한 것이며, 식 (7·248)과 식 (7·249)는 각각 보에 적용하는 식 (7·89)와 식 (7·90)을 슬래브의 경우로 확장한 것이다.

[4] 전단 무보강 기둥 기초판의 뚫림전단강도 설계검증

기둥 기초판이 뚫림전단에 대하여 전단철근 등으로 보강되지 않은 경우에는 계수기둥하중에서 검토하는 위험단면 둘레 내의 상향 지반 반력을 차감한 값을 계수뚫림전단력 V_u로 하여야 한다. 또 하중 재하면의 경계로부터 $2d$만큼 떨어진 뚫림전단 위험단면과 기둥면 위치 사이의 기초판 단면에 대하여도 뚫림전단강도를 검증하여야 한다. 이때에는 다음 식에 따라 설계뚫림전단강도 v_{cd}를 계산한다. 여기서 a는 기둥면에서부터 검토하는 위험단면까지의 거리이다.

$$v_{cd} = 0.85\,\phi_c\,\kappa(\rho f_{ck})^{1/3}\left(\frac{2d}{a}\right) \geq 0.035\,\kappa^{3/2} f_{ck}^{1/2}\left(\frac{2d}{a}\right) \qquad (7\cdot250)$$

이 식의 부등호 좌우 두 식은 일반 보에 적용하는 식 (7·86)의 V_{cd}와 그 최솟값인 식 (7·87)의 $V_{cd,\,min}$의 첫 번째 항에 증가계수 $2d/a$을 곱하여 응력단위로 표현한 것이며, 또한 7.4.4절 [1]항에서 다룬 깊은보의 식 (7·147)에서 x를 a로 바꾼 후 응력단위로 표현하고 법선응력 항을 삭제한 것이다. 여기서 한 가지 유념해야 할 것은 설계뚫림전단강도 v_{cd}의 값이 다음의 최댓값 $v_{d,\,max}$을 초과하지 않아야 한다는 것이다.

$$v_{d,\,max} = 0.5\,\phi_c\,\nu f_{ck} = v_{cd,\,max} \qquad (7\cdot251)$$

이 식은 깊은보에 적용하는 앞의 식 (7·148)을 응력단위로 표현한 것이며, 이 식에서 νf_{ck}는 2장 2.1.13절 [2]항에서 2축 압축-인장 상태로 연화된 콘크리트의 유효압축강도로 소개한 앞의 식 (2·74)의 $f_{c2,\,max}$와 같다.

$$f_{c2,\,max} = \nu f_{ck} = 0.6\left(1-\frac{f_{ck}}{250}\right)f_{ck} \qquad (2\cdot74)$$

ν는 앞의 식 (7·121)로 결정한다.

$$\nu = 0.6\left(1-\frac{f_{ck}}{250}\right) \qquad (7\cdot121)$$

그림 7-85는 기둥면에서부터 떨어진 거리에 따른 콘크리트 설계뚫림전단강도를 나타낸 것으로, 깊은보의 전단강도 증가계수를 나타내는 그림 7-60과 형태가 동일하다. 그림에 나타낸 바와 같이 $2d$ 거리의 기본위험단면 외부에는 일반 보와 동일하게 식 (7·246)을 적용하고, 기본위험단면 이내에는

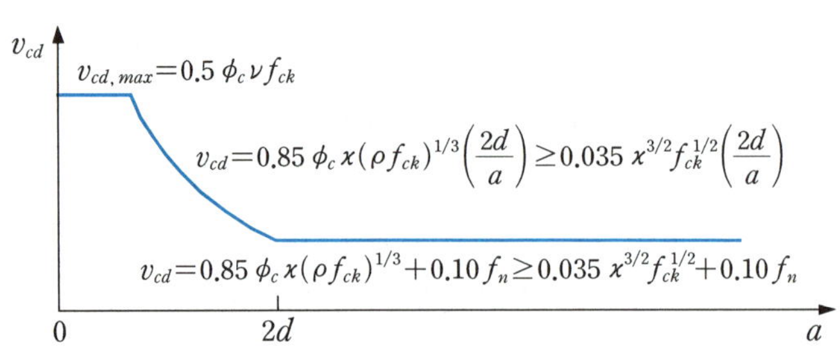

그림 7-85 전단 무보강 기초판의 콘크리트 설계뚫림전단강도

식 (7 ·251)을 최댓값으로 하여 깊은보와 동일하게 식 (7 ·250)을 적용한다. 그러나 기본위험단면 이내에는 모든 위치에 대하여 강도검증을 할 필요는 없고, 기본위험단면에서 설계뚫림전단강도 v_{cd}와 기둥면에서 $v_{d,\,max}$에 대해서만 검증하면 된다. 이것은 기본위험단면 이내에서 계수전단응력 v_u가 식 (7 ·242)에 따라 거리 a에 반비례하여 증가하고, 식 (7 ·250)의 설계뚫림전단강도 v_{cd}도 역시 거리 a에 반비례하여 증가하기 때문이다.

한편 기초판에는 상향 지반반력이 작용하며, 또한 지반이 기초판을 수평방향으로 구속하여 뚫림전단 설계검증에 유리한 효과가 나타난다. 따라서 기초판의 뚫림전단 설계검증에서는 다음과 같이 총 계수전단력 $V_{u,\,total}$에서 ΔV_u을 차감하여 계수전단력 V_u를 결정한다. 여기서 ΔV_u는 검증하는 위험단면 둘레 내부에 작용하는 순 상향 지반반력으로 지반반력에서 기초판의 자중을 뺀 값이다.

$$V_u = V_{u,\,total} - \Delta V_u \tag{7 ·252}$$

다만 검증하는 위험단면이 기둥면에 가까워질수록 ΔV_u가 급격히 감소하여 유리한 효과가 사라진다. 이로 인하여 기본위험단면에서 뚫림전단 성능이 만족되더라도 다른 위험단면에서는 만족되지 않을 수 있다. 만일 순 상향 지반반력의 유리한 효과를 무시한다면 슬래브와 같이 기본위험단면에서의 뚫림전단 설계검증만으로 안전한 설계를 할 수 있다. 이런 경우에는 기초판의 자중을 무시하고 기둥으로부터 전달되는 축력에 대하여 반력으로 작용하는 토압에서 기본위험단면 둘레 내부에 작용하는 토압을 뺀 토압의 합으로 계수전단력 V_u를 결정하면 된다.

[5] 전단 보강 슬래브 또는 기초판의 설계뚫림전단강도

계수전단응력 v_u가 설계뚫림전단강도 v_{cd}를 초과하는 경우에는 I형강 또는 ㄷ형강 등의 전단머리(shear head)로 보강하거나, 그림 7-78과 같은 전단철근이나 확대머리 전단스터드로 보강하여야 한다. 다만 그림 7-78에 나타낸 전단철근의 연장길이와 간격은 ACI 318 Code의 규정을 반영한 KDS 14 20 콘크리트구조 설계기준이므로, KDS 24 14 21 콘크리트교 설계기준(한계상태설계법)을 적용할 때는 해당 철근 상세 규정을 만족하도록 설계하여야 한다.

전단철근을 배치할 때는 콘크리트에 의한 설계뚫림전단강도 v_{cd}로 계수전단력을 저항할 수 있는 위치를 찾은 후, 그 위치와 기둥 사이에 전단철근을 배치한다. 그림 7-86는 전단철근을 방사방향으로 배치할 때와 직교방향으로 배치할 때의 예로, 위험단면 둘레가 점선으로 표시되어 있다. 전단철근 사이의 간격이 모두 유효깊이의 2배, 즉 $2\,d$ 이하인 경우에는 그림 7-86의 (a)와 (b)와 같이 폐합된 위험단면 둘레가 형성되며 둘레길이를 u_{out}로 표현한다. 간격이 $2\,d$를 초과하는 전단철근이 존재하는 경우에는 그림 7-86(c)와 같이 90° 각도의 호에서 d만큼만 연장된 부분까지를 포함하는 불연속의 위험단면 둘레가 형성되며, 이때의 유효둘레길이를 $u_{out,\,ef}$로 표현한다. 전단철근이 필요하지 않는 위험단면 둘레길이 u_{out} 또는 유효둘레길이 $u_{out,\,ef}$는 다음과 같이 계산한다.

$$u_{out,\,ef} = \frac{V_u}{v_{cd}\,d} \tag{7 ·253}$$

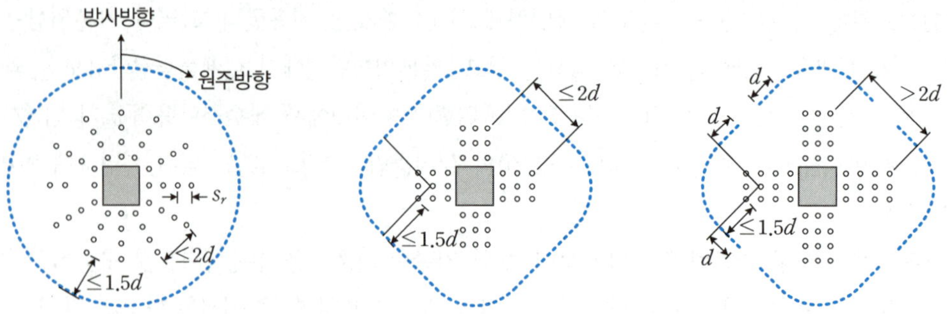

(a) 방사형 배치 전단철근 (b) 최대간격 $2d$ 이하 직교형 배치 (c) 최대간격 $2d$ 초과 직교형 배치

그림 7-86 전단철근이 필요하지 않는 뚫림전단 위험단면과 전단철근의 배치

그림 7-86에 나타난 바와 같이 위험단면에서 $1.5\,d$ 떨어진 위치까지는 전단철근을 배치하여야 한다. 이것은 뚫림전단 파괴면의 끝 부근에 배치된 전단철근이 충분한 전단저항성능을 발휘하지 못한다는 사실을 반영하여, 파괴면의 수평투영거리를 다음에 소개하는 전단보강 단면의 설계뚫림전단강도 v_{csd}를 유도할 때 가정한 $2\,d$보다 작은 $1.5\,d$로 설정한 것이다. 또 기둥면에서 가장 가까운 철근은 기둥면에서 $0.5\,d$ 이내의 거리에 배치하여야 한다. 그러나 기둥면에서 $0.3\,d$ 이내에 배치된 전단철근은 전단저항성능을 발휘하지 못하므로 첫 번째 전단철근을 $0.3\,d$ 이내에 배치하면 안 된다. 따라서 기둥면에서 가장 가까운 철근은 $0.3\,d$에서 $0.5\,d$ 사이에 배치하여야 한다. 전단철근의 수평간격 s_r은 $0.75\,d$ 이하이어야 한다.

굽힘철근을 전단철근으로 사용하고자 할 때에는 조건을 검토하여야 한다. 즉, 기둥면 내부를 통과하는 굽힘철근과 위에서 보았을 때 기둥면으로부터 수평거리 $0.5\,d$ 이내의 받침부 구간을 지나가는 굽힘철근만 전단철근으로 인정하여야 한다. 다시 말하면 기둥면으로부터 수평거리 $0.5\,d$를 넘는 곳을 지나가도록 배치된 굽힘철근은 전단철근으로 저항하지 못한다는 것이다. 이때의 굽힘철근은 경사각 α가 30° 이상이어야 하며, 기둥면에 가장 가까운 굽힘철근의 굽힘부가 $0.5\,d$ 이하의 거리에 존재하여야 한다.

전단 보강 슬래브 또는 기초판의 설계뚫림전단강도 v_{csd}는 $\cos\theta=2$가 되도록 뚫림전단 파괴면의 경사각 θ를 26.5°로 가정한 소성트러스 모델을 바탕으로 다음과 같이 결정한다.

$$v_{csd} = 0.75\,v_{cd} + \left(\frac{1.5d}{s_r}\right) A_v\,\phi_s f_{vy,\,ef} \left(\frac{1}{u_1 d}\right) \sin\alpha \qquad (7\cdot 254)$$

여기서 s_r은 그림 7-86(a)에 나타난 바와 같이 전단철근의 방사(radial) 방향 수평간격이다. A_v는 기둥 주변 각 위험단면의 전단철근의 총 단면적으로 원주(circular) 상에 배치된 전단철근의 총 단면적이다. 따라서 그림 7-86과 같은 배치는 (a), (b), (c)의 세 가지 모두 12개의 전단철근이 배치된 경우이다. α는 전단철근과 슬래브 평면 사이의 각으로 수직전단철근의 경우 90°이다. MPa 단위의 $\phi_s f_{vy,\,ef}$는 전단철근의 유효 설계항복강도 이하의 값을 갖는 유효 설계강도로서 다음과 같이 결정한다.

$$\phi_s f_{vy,\,ef} = 250 + 0.25\,d \le \phi_s f_{vy} \qquad (7\cdot 255)$$

이와 같이 유효깊이 d를 변수로 하여 $\phi_s f_{vy,ef}$를 결정하는 이유는 슬래브 두께에 따라 전단철근의 정착성능이 다르게 나타나기 때문이다. 예를 들어, 전단철근으로 항복강도 f_{vy}가 400 MPa인 철근을 사용하는 경우에는 유효깊이 d가 최소한 440 mm가 되어야 360 MPa인 유효 설계항복강도 $\phi_s f_{vy}$까지 성능을 발휘할 수 있게 된다. 따라서 너무 얇은 슬래브에는 전단철근 보강효과가 떨어지므로, 슬래브를 전단철근으로 보강하고자 할 때에는 적정한 정도의 두께를 갖도록 설계하는 것이 바람직하다.

한편 전단철근 단면적은 항상 다음 조건을 만족하는 최소 전단철근량 $A_{v,min}$ 이상이어야 한다. 여기서 s_r은 방사(radial) 방향의 전단철근 간격이고, s_t는 원주(circular) 방향의 전단철근 간격이다.

$$\frac{A_{v,min}(1.5\sin\alpha+\cos\alpha)}{s_r\, s_t} \geq 0.08\frac{\sqrt{f_{ck}}}{f_{vy}} \qquad (7 \cdot 256)$$

또한 전단철근이 보강된 경우라도 설계뚫림전단강도는 식 (7·251)의 최댓값 $v_{d,max}$을 초과하지 않아야 한다. 여기서 식 (7·251)의 $v_{d,max}$는 절대 최대 설계뚫림전단강도로 콘크리트 스트럿이 파괴되는 극한상태의 전단강도이며, 보에도 동일하게 적용하는 값이다.

예제 7-11 기둥을 지지하는 그림 7-87과 같은 크기의 확대기초판에 양방향으로 SD400 D32(A_b=794.2mm^2) 인장철근이 250mm 간격으로 배치되어 있다. 기둥으로부터 계수축압축력 4,000kN과 계수휨모멘트 1,000kN·m가 작용할 때, KDS 24 14 21 콘크리트교 설계기준(한계상태설계법)에 따라 콘크리트 설계기준압축강도 f_{ck}가 30MPa인 기초판의 뚫림전단 강도성능을 검증하시오.

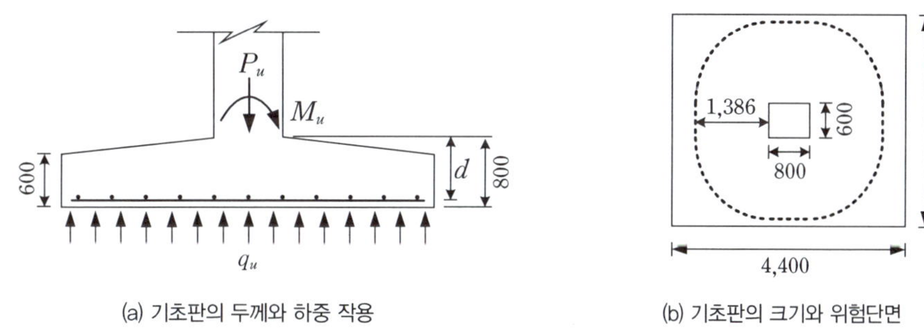

그림 7-87 예제 7-11의 단면

〈풀이〉

(1) 계수하중에 의한 지반반력과 휨강도 성능

기초판의 장변방향 길이 4.4 m를 l_l이라고 하고 단변방향 길이 3.8 m를 l_s라고 하면, 기둥으로부터 전달되는 계수축압축력 4,000 kN에 의한 지반반력 q_p는

$$q_p = \frac{P_u}{l_l\, l_s} = \frac{4{,}000}{4.4\times3.8} = 239.2\ kN/m^2$$

계수휨모멘트 1,000 $kN\cdot m$에 의한 모서리의 최대지반반력 q_M은

$$q_M = \frac{M_u}{\frac{l_l\, l_s^2}{6}} = \frac{1{,}000}{\frac{3.8(4.4)^2}{6}} = 81.6\,kN/m^2$$

안전측의 검증으로, 지반반력에 의하여 기초판의 중앙에 작용하는 단위폭 당 최대계수휨모멘트 M_{uf}를 구하면

$$M_{uf} = (239.2\times2.2)\times1.1+\left(\frac{1}{2}\times81.6\times2.2\right)\times\left(\frac{2}{3}\times2.2\right) = 711\,kN\cdot m$$

기초판 바닥의 피복두께를 75 mm로 설계하였다고 가정하고, 장변방향 인장철근을 바닥에 가까이 배치하며 그 위에 단면방향 인장철근을 배치한다고 가정하여 장변방향과 단변방향 인장철근의 유효깊이 d_l과 d_s, 양방향의 주철근비 ρ_{ll}와 ρ_{ls}, 양방향의 설계휨강도 M_{dl}와 M_{ds}를 각각 구하면

$$d_l = 800-75-32/2 = 709\,mm \qquad \rho_{ll} = \frac{A_b}{s\,d_l} = \frac{794.2}{250\times709} = 0.00488$$

$$M_{dl} = 782\,kN\cdot m/m$$

$$d_s = 800-75-32-32/2 = 677\,mm \qquad \rho_{ls} = \frac{A_b}{s\,d_s} = \frac{794.2}{250\times677} = 0.00469$$

$$M_{ds} = 746\,kN\cdot m/m$$

설계휨강도 M_{dl}과 M_{ds}는 모두 최대계수휨모멘트 M_{uf}보다 큰 값을 나타낸다.

(2) 기본위험단면에서의 뚫림전단 설계검증

기초판의 양방향 평균 유효깊이 d, 기둥면에서 기본위험단면까지의 거리 $2\,d$, 기본위험단면 둘레길이 u_1을 구하면, c_1이 800 mm이고 c_2가 600 mm이므로

$$d = \frac{d_l+d_s}{2} = \frac{709+677}{2} = 693\,mm$$

$$2\,d = 2\times693 = 1{,}386\,mm$$

$$u_1 = 2(c_1+c_2)+4\pi d = 2\times(800+600)+4\pi\times693 = 11{,}508\,mm$$

기본위험단면 둘레 내부의 면적 A_{u1}을 구하면

$$A_{u1} = c_1c_2+2(2\,d)(c_1+c_2)+\pi(2\,d)^2 = 800\times600+2\times1{,}386\times(800+600)+\pi\times(1{,}386)^2$$

$$= 10{,}400{,}000\,mm^2 = 10.4\,m^2$$

기본위험단면 둘레 내부 A_{u1}에 작용하는 토압의 합을 ΔV_u로 하여, 기본위험단면 둘레에 작용하는 계수전단력 V_u을 구하면

$$V_u = V_{u,total}-\Delta V_u = P_u-q_p\,A_{u1} = 4{,}000-239.2\times10.4 = 1{,}512\,kN$$

기본위험단면 둘레길이 u_1에 대한 1차모멘트 W_1는

$$W_1 = \frac{c_1^2}{2}+c_1c_2+2c_2(2d)+4(2d)^2+\pi\,c_1(2d)$$

$$= \frac{800^2}{2}+800\times600+2\times600\times1{,}386+4\times1{,}386^2+\pi\times800\times1{,}386 = 13.63\times10^6\,mm^2$$

기둥 치수 c_1과 c_2의 비를 구하면

$$\frac{c_1}{c_2} = \frac{800}{600} = 1.33$$

표 7-13에서 c_1/c_2가 1.0일 때 k의 값이 0.60이고, c_1/c_2가 2.0일 때 k의 값이 0.70이므로, c_1/c_2가 1.33일 때 k의 값을 직선보간법으로 구하면

$$k = 0.60+(0.70-0.60)\times\frac{1.33-1.0}{2.0-1.0} = 0.633$$

따라서 β의 값을 구하면

$$\beta = 1+k\frac{M_u}{V_u}\frac{u_1}{W_1} = 1+0.633\times\frac{1{,}000\times10^3}{1{,}512}\frac{11{,}508}{13.63\times10^6} = 1.353$$

이제 기본위험단면 둘레에 작용하는 계수뚫림전단응력 v_u를 구하면

$$v_u = \beta\frac{V_u}{u_1 d} = 1.353\times\frac{1{,}512\times10^3}{11{,}508\times693} = 0.257\ MPa$$

설계뚫림전단강도 v_{cd}를 결정하기 위하여 철근비 ρ와 크기효과 계수 κ를 구하면

$$\rho = \sqrt{\rho_{ly}\rho_{lz}} = \sqrt{0.00448\times0.00469} = 0.00458$$

$$\kappa = 1+\sqrt{\frac{200}{d}} = 1+\sqrt{\frac{200}{693}} = 1.537$$

κ의 값이 2.0을 초과하지 않으므로, 계산한대로 1.537을 κ의 값으로 한다. 설계뚫림전단강도의 최솟값 $v_{cd,\,min}$과 최댓값 $v_{d,\,max}$를 구하면

$$v_{cd,\,min} = 0.035\,\kappa^{3/2}f_{ck}^{1/2}+0.10\,f_n = 0.035\times1.537^{3/2}\times30^{1/2}+0.10\times0 = 0.365\ MPa$$

$$\nu = 0.6\left(1-\frac{f_{ck}}{250}\right) = 0.6\times\left(1-\frac{30}{250}\right) = 0.528$$

$$v_{d,\,max} = 0.5\,\phi_c\nu f_{ck} = 0.5\times0.65\times0.528\times30 = 5.15\ MPa$$

설계뚫림전단강도 v_{cd}를 계산하면

$$v_{cd} = 0.85\,\phi_c\,\kappa(\rho\,f_{ck})^{1/3}+0.10\,f_n = 0.85\times0.65\times1.537\times(0.00458\times30)^{1/3}+0.10\times0 = 0.438\ MPa$$

이 값 0.438 MPa은 최솟값 $v_{cd,\,min}$보다 크고 최댓값 $v_{d,\,max}$보다 작으므로, v_{cd}는

$$v_{cd} = 0.438\ MPa > v_u\ (= 0.257\ MPa)$$

설계전단강도 v_{cd}가 계수전단응력 v_u보다 크므로 전단강도 요구성능을 만족한다.

(3) 기둥면에서 유효깊이 d 떨어진 위험단면에서의 뚫림전단 설계검증

기초판에서 지반반력에 의한 유리한 효과를 고려할 때는 기본위험단면보다 안쪽의 위험단면에 대한 추가 검증이 필요하다. 기둥면에서 유효깊이 d 떨어진 위험단면에서 뚫림전단 설계검증하면, 기둥의 치수 c_1이 800 mm이고 c_2가 600 mm이므로 위험단면 둘레길이 u_i는

$$u_i = 2(c_1+c_2)+2\,\pi\,d = 2\times(800+600)+2\,\pi\times693 = 7{,}154\ mm$$

위험단면 둘레 내부의 면적 A_{ui}는

$$A_{ui} = c_1c_2+2d(c_1+c_2)+\pi d^2 = 800\times600+2\times693\times(800+600)+\pi\times693^2$$
$$= 3{,}930{,}000\ mm^2 = 3.93\ m^2$$

위험단면 둘레 내부 A_{ui}에 작용하는 도압의 힘을 ΔV_u로 하여, 기본위험단면 둘레에 작용하는 계수전단력 V_u을 구하면

$$V_u = V_{u,\,total}-\Delta V_u = P_u-q_p\,A_{u1} = 4{,}000-239.2\times3.93 = 3{,}060\ kN$$

위험단면 둘레길이 u_i에 대한 1차모멘트 W_i는

$$W_i = \frac{c_1^2}{2}+c_1c_2+2c_2(2d)+4d^2+\pi\,c_1d$$
$$= \frac{800^2}{2}+800\times600+2\times600\times693+4\times693^2+\pi\times800\times693 = 5.29\times10^6\ mm^2$$

표 7-13로부터 직선보간 한 k의 값이 0.633이므로, β의 값을 구하면

$$\beta = 1+k\frac{M_u}{V_u}\frac{u_i}{W_i} = 1+0.633\times\frac{1{,}000\times10^3}{3{,}060}\frac{7{,}154}{5.29\times10^6} = 1.280$$

위험단면 둘레에 작용하는 계수뚫림전단응력 v_u를 구하면

$$v_u = \beta \frac{V_u}{u_i d} = 1.280 \times \frac{3,060 \times 10^3}{7,154 \times 693} = 0.790\ MPa$$

앞의 (2)에서 철근비 ρ는 0.00458, 크기효과 계수 κ는 1.537, 설계뚫림전단강도의 최댓값 $v_{d,\,max}$는 5.15 MPa이었다. 설계뚫림전단강도의 최솟값 $v_{cd,\,min}$을 구하면, 검증하는 위험단면의 위치 a가 d와 같으므로

$$v_{cd,\,min} = 0.035\,\kappa^{3/2} f_{ck}^{1/2}\left(\frac{2d}{a}\right) = 0.035 \times 1.537^{3/2} \times 30^{1/2} \times 2 = 0.731\ MPa$$

설계뚫림전단강도 v_{cd}를 계산하면

$$v_{cd} = 0.85\,\phi_c\,\kappa(\rho f_{ck})^{1/3}\left(\frac{2d}{a}\right) = 0.85 \times 0.65 \times 1.537 \times (0.00458 \times 30)^{1/3} \times 2 = 0.876\ MPa$$

이 값 0.876 MPa은 최솟값 $v_{cd,\,min}$보다 크고 최댓값 $v_{d,\,max}$보다 작으므로, v_{cd}는

$$v_{cd} = 0.876\ MPa > v_u\ (= 0.790\ MPa)$$

설계전단강도 v_{cd}가 계수전단응력 v_u보다 크므로 전단강도 요구성능을 만족한다.

(4) 기둥면 위치의 위험단면에서의 뚫림전단 설계검증

마지막으로 기둥면 위치의 위험단면에서 절대최대 설계전단강도 $v_{d,\,max}$에 대한 추가 검증이 필요하다. 기둥면에서 위치에서 뚫림전단 설계검증하면, 기둥의 치수 c_1이 800 mm이고 c_2가 600 mm이므로 위험단면 둘레길이 u_o는

$$u_o = 2(c_1 + c_2) = 2 \times (800 + 600) = 2,800\ mm$$

위험단면 둘레 내부의 면적 A_{uo}는

$$A_{uo} = c_1 c_2 = 800 \times 600 = 480,000\ mm^2 = 0.48\ m^2$$

위험단면 둘레 내부 A_{uo}에 작용하는 토압의 합을 ΔV_u로 하여, 기본위험단면 둘레에 작용하는 계수전단력 V_u을 구하면

$$V_u = V_{u,\,total} - \Delta V_u = P_u - q_p A_{uo} = 4,000 - 239.2 \times 0.48 = 4,000 - 115 = 3,885\ kN$$

위험단면 둘레길이 u_o에 대한 1차모멘트 W_o는

$$W_o = \frac{c_1^2}{2} + c_1 c_2 = \frac{800^2}{2} + 800 \times 600 = 0.8 \times 10^6\ mm^2$$

표 7-13로부터 직선보간 한 k의 값이 0.633이므로, β의 값을 구하면

$$\beta = 1 + k\frac{M_u}{V_u}\frac{u_o}{W_o} = 1 + 0.633 \times \frac{1,000 \times 10^3}{3,885}\,\frac{2,800}{0.8 \times 10^6} = 1.570$$

위험단면 둘레에 작용하는 계수뚫림전단응력 v_u를 구하면

$$v_u = \beta \frac{V_u}{u_o d} = 1.570 \times \frac{3,885 \times 10^3}{2,800 \times 693} = 3.14\ MPa$$

식 (7·251)과 그림 7-85와 같이 a가 0일때는 v_{cd}가 $v_{d,\,max}$와 같고, 앞의 (2)에서 $v_{d,\,max}$는 5.15 MPa이었으므로

$$v_{cd} = v_{d,\,max} = 5.15\ MPa > v_u\ (= 3.14\ MPa)$$

설계전단강도 v_{cd}가 계수전단응력 v_u보다 크므로 전단강도 요구성능을 만족한다.

7.7 계면전단과 전단마찰

서로 다른 시기에 타설된 콘크리트가 만나는 면이나 두께가 얇은 여러 판이 조합된 부재에서 판들이 만나는 면을 계면(interface, 界面)이라고 한다. 콘크리트가 서로 다른 시기에 타설된 계면은 일반적으로 신·구 콘크리트의 시공이음면(construction joint)이라고 하며, 이와 같은 시공이음 계면은 그림 7-88의 (a), (b), (c)를 예로 들 수 있다. 그림 7-88(a)는 아랫부분에 진한 색으로 표시된 기초(footing) 콘크리트가 먼저 타설되어 굳은 후, 그 위에 기둥이나 벽체 콘크리트를 타설하는 경우로 시공이음 계면이 점선으로 표시되어 있다. 그림 7-88(b)는 아랫부분에 진한 색으로 표시된 현장타설 또는 프리캐스트 콘크리트 보가 시공된 후, 그 위에 슬래브 또는 바닥판 콘크리트를 타설하는 경우로서 점선으로 표시된 부분이 시공이음 계면이다. 그림 7-88(c)는 수평방향으로 긴 부재를 시공할 때 왼쪽에 진한 색으로 표시된 부분의 콘크리트가 먼저 타설되어 굳은 후, 오른쪽 부분에 콘크리트를 타설하여 연결하는 경우로서 시공이음 계면이 점선으로 표시되어 있다. 그 외에도 기존 콘크리트 구조물의 표면에 새로운 콘크리트를 추가하여 보수(repair)하거나 보강(strengthening)하는 경우, 현장타설 콘크리트로 시공되고 있는 부재에 프리캐스트 콘크리트 부재를 연결하는 경우 등 굳은 콘크리트에 새로운 콘크리트를 접합하는 모든 경우에 계면이 형성된다. 이와 같은 시공이음 계면은 균열이 발생하기 쉬워서 전단력에 취약한 부분이 되므로, 설계에서 전단저항성능에 대한 검증이 수행되어야 한다.

한편 T형 단면이나 상자형 단면(box section)과 같이 두께가 얇은 여러 판이 조합된 부재는 복부와 플랜지가 만나는 계면에 상대적으로 큰 응력이 작용하므로, 설계에서 이에 대한 검증이 필요할 때가 있다. 그림 7-88(d)는 얇은 여러 판이 조합된 단면의 계면의 예로, T형 단면 부재의 계면을 점선으로 나타낸 것이다. 이 절에서는 계면전단의 기본적인 거동과 설계기준에서의 계면전단 설계검증방법을 소개한다.

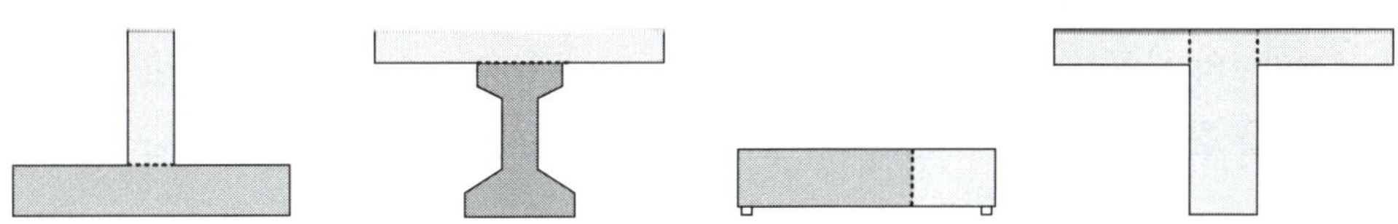

(a) 기초와의 시공이음 계면 (b) 합성단면의 시공이음 계면 (c) 보의 시공이음 계면 (d) T형 단면 부재의 계면

그림 7-88 콘크리트 부재의 계면

7.7.1 시공이음 계면의 전단 거동과 설계검증

계면전단강도에 대한 연구는 신·구 콘크리트의 시공이음 계면이 전단력에 취약한 경우가 있다는 것을 주목한 1960년대부터 시작되었다. Philip Birkeland와 Halvard Birkeland[7.55]는 불규칙한 형상의 시공이음 계면을 톱니모양의 형상으로 가정하여 계면전단강도의 기본 수식을 제안하였다. 그 후 계면전단강도를 얻기 위한 실험방법의 제안과 함께 계면의 형상, 콘크리트 압축강도, 철근 항복강도 등 다양한

변수에 대한 실험과 연구[7.56~7.64]가 수행되었다.

시공이음 계면이 구조적으로 취약한 이유는 먼저 타설된 콘크리트와 나중에 타설된 콘크리트가 각기 수축하여 균열이 발생하기 쉬운 상태가 되는 콘크리트의 재료 특성 때문이다. 따라서 시공이음 계면은 계면의 직각 방향으로 인장력이 작용할 때뿐만 아니라 계면에 평행한 방향으로 전단력이 작용할 때에도 균열이 발생하기 쉽다. 균열 발생 후의 계면전단 거동은 계면을 가로지르는 철근의 존재 여부에 따라 달라진다. 계면을 가로지르는 철근 없이 신·구 콘크리트만 계면에서 접촉하는 경우에는 균열 발생 후 즉시 파괴되는 취성파괴 거동을 보인다. 그러나 계면을 가로지르는 철근이 존재하는 경우에는 균열이 발생한 이후에도 미끄럼(slip) 변위가 증가하는 과정에서 전단력에 저항하다가 파괴되는 연성파괴 거동을 보인다. 일반적으로 계면 면적에 대한 철근 단면적의 비율인 철근비가 0.05% 이상인 경우에 연성파괴 거동을 보인다. 그림 7-89(a)에 나타낸 바와 같이 계면에 평행한 방향으로 전단력 V_u가 작용할 때, 시공이음 계면의 전단저항은 다음에 설명하는 세 가지 성분, 즉 점착작용과 맞물림작용 V_{ai}, 전단마찰작용 V_{sf}, 장부작용 V_{da}로 이루어진다.[7.65]

• 점착작용(adhesive bonding)과 맞물림작용(mechanical interlocking)

점착작용은 시공이음 계면에서 시멘트 풀의 점착성으로 전단저항성능이 발휘되는 것을 말하며, 맞물림작용은 신·구 콘크리트 계면에서의 요철(凹凸)이 맞물려 있음으로 인하여 전단저항성능이 발휘되는 것을 말한다. 점착작용과 맞물림작용은 전체 전단저항에 큰 영향을 미치는데, 미끄럼(slip) 변위가 작은 상태에서 파괴되는 경우에 특히 크게 영향을 미치며 미끄럼 변위가 큰 경우에는 급격히 영향이 줄어든다. 점착작용과 맞물림작용에 가장 큰 영향을 주는 요소로는 계면의 화학적 물리적 상태이다. 즉, 계면에 이물질이 존재하는지 아니면 이물질 없이 깨끗한 상태를 유지하고 있는지와 계면이 평탄한지 아니면 요철(凹凸)이 크게 형성되어 있는지가 중요한 요소이다. 그 외에도 신·구 콘크리트의 압축강도와 재령, 구 콘크리트의 다공성(porosity)과 수분함유량(moisture content), 신 콘크리트의 수축(shrinkage) 수준 등이 영향을 준다.

• 전단마찰작용(shear friction)

전단마찰작용은 시공이음 계면에서 마찰력에 의하여 전단저항성능이 발휘되는 것을 말한다. 그림 7-89(a)에 나타난 바와 같이 시공이음 계면에 수평전단력 V_u가 작용하여 균열이 발생하면 미끄러짐이 발생한다. 이때 그림 7-89(b)와 같이 균열면의 직각방향으로 압축력 N이 작용하면 균열면의 마찰계수

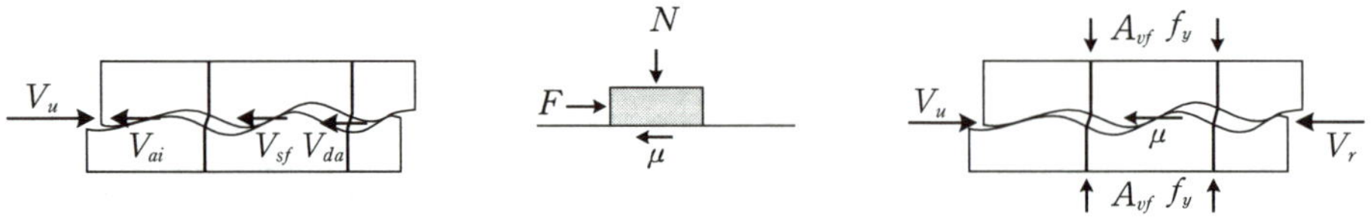

(a) 전단 저항 성분 (b) 마찰작용 (c) 콘크리트와 철근에 의한 전단마찰

그림 7-89 전단 저항 및 전단마찰 저항

μ와 N의 곱인 F의 마찰 저항력이 존재한다. 균열면의 마찰계수 μ는 균열면이 거친 정도에 따라 다양한 값을 가진다. 압축력 N은 외부로부터 작용하는 압축력뿐만 아니라 균열면을 가로지르는 철근에 의하여 작용하게 되는 힘이다. 즉, 외부로부터 작용하는 압축력이 존재하지 않더라도 시공이음 계면을 가로지르는 철근이 존재하면 압축력 N이 발생한다. 그림 7-89(c)와 같이 수평전단력 V_u가 작용하여 시공이음 계면에서 신·구 콘크리트 간의 미끄러짐이 발생하면 거칠고 불규칙적인 균열면의 직각방향으로 이격이 증가하게 된다. 이때 계면을 가로지르는 철근은 계면의 이격에 따라 인장력을 받게 되고, 그 반작용으로 계면에는 압축력이 작용하게 된다. 만일 계면을 가로지르는 철근이 모두 항복한다면 그림 7-89(c)와 같이 압축력 N은 철근단면적과 항복응력을 곱한 $A_{vf}f_y$이 되며, 마찰저항력 V_r은 이 힘에 마찰계수 μ를 곱한 값이 된다.

• 장부작용(dowel action)

장부작용은 시공이음 계면을 지나는 철근이 전단력에 저항하여 전단저항성능이 발휘되는 것을 말한다. 수평전단력 V_u가 작용하여 시공이음 계면에서 신·구 콘크리트 간의 미끄러짐이 발생하면, 그림 7-89의 (a)와 (c)에 나타난 바와 같이 계면을 가로지르는 철근이 꺾이면서 전단력에 저항한다. 이와 같은 작용을 장부작용이라고 하는데, 엄밀히 말하면 철근이 직접전단(direct shear)으로 저항하기 보다는 휨(bending)으로 저항하는 것이다. 즉, 계면에서의 수평으로 변위가 발생하면 계면 윗부분 철근은 단면의 왼쪽에 압축응력이 작용하고 오른 쪽에 인장응력이 작용하며, 반대로 계면 아랫부분 철근은 단면의 왼쪽에 인장응력이 작용하고 오른 쪽에 압축응력이 작용하는 휨 거동을 보이는 것이다. 그러나 장부작용에 의한 저항력이 철근 단면의 소성휨모멘트(plastic moment) 만큼 발휘되지는 않는다. 이것은 휨작용과 함께 계면의 이격에 따라 철근에 인장력이 작용하게 되므로 철근 단면 전체가 소성상태가 되지는 않기 때문이다.

위에 소개한 저항 성분들은 계면의 미끄럼(slip) 변위에 따라 서로 영향을 준다. 미끄럼 변위가 작을 때에는 주로 점착작용과 요철(凹凸)의 맞물림작용으로 저항하다가, 미끄럼 변위가 증가하여 극한상태에 가까워지면 주로 전단마찰작용과 장부작용으로 저항한다. 미끄럼 변위가 증가하여 점착 저항성능이 손실되면 맞물림작용의 저항성능도 감소하는데, 이것은 미끄럼 변위가 증가함에 따라 요철이 손상되기 때문이다.

시공이음 계면의 전단저항성능은 다양한 변수의 영향을 받지만 철근의 양과 항복강도와 함께 계면의 표면상태가 가장 큰 영향을 준다. 그림 7-90은 시공현장에서 시행되는 다양한 방법의 면처리 모습을 나타낸다.[7.63] 그림 7-90(a)는 매끈한 면처리로, 매끈한 면의 거푸집에 콘크리트를 타설하고 콘크리트가 굳은 후 거푸집을 제거하면 나타나는 표면상태이다. 그림 7-90(b)는 쪼아냄 면처리로, 뾰족한 정 또는 끌 등의 연장(chisel)으로 굳은 콘크리트 표면을 타격하여 요철을 형성한 표면상태이다. 이와 같이 연장을 사용하여 콘크리트 표면을 타격하는 작업을 면 쪼아내기(chipping)이라고 한다. 그림 7-90(c)는 골재 노출 면처리로서, 거푸집을 배치하지 않은 상면에 노출된 콘크리트 표면을 매끈하게 면처리 하지

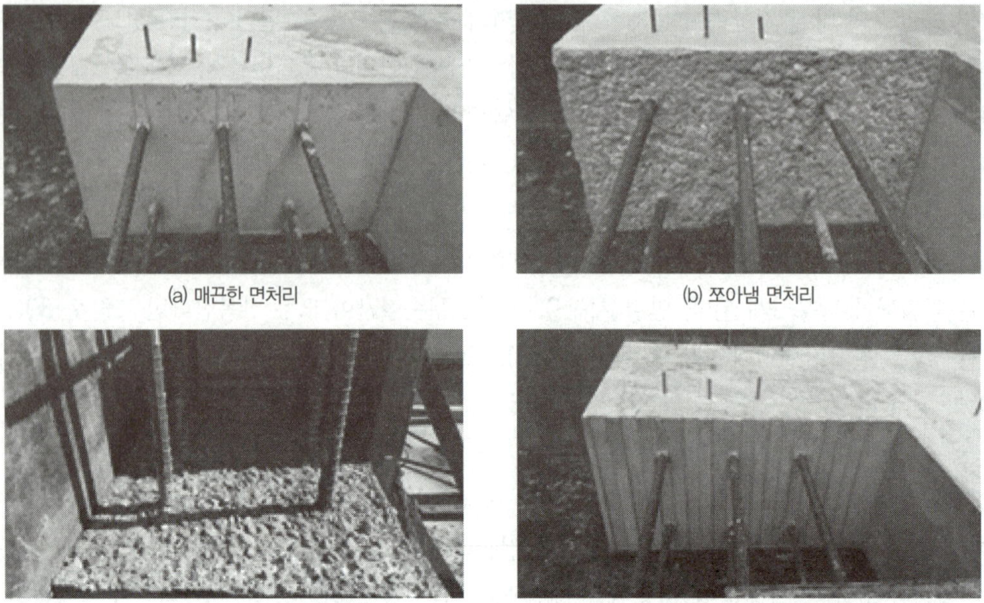

(a) 매끈한 면처리　(b) 쪼아냄 면처리　(c) 골재 노출 면처리　(d) 인위적 요철 면처리

그림 7-90 시공이음 계면의 면처리[7.63]

않고 굵은 골재가 자연스럽게 요철을 형성하도록 하면 나타나는 표면상태이다. 만일 그림 7-90의 (a) 또는 (b)와 같이 시공이음 계면이 수직방향으로 존재할 때 계면을 골재 노출 면처리로 하려면 거푸집에 지연재를 도포하고 콘크리트를 타설하여 거푸집에 접촉된 시멘트 풀이 빨리 굳지 못하게 한 후 거푸집을 제거하고 나서 높은 압력으로 물을 뿜는 방법(water jet)으로 시멘트 풀을 제거하여 굵은 골재를 노출시킬 수 있다. 이 방법을 사용하면 콘크리트가 굳은 후 표면을 쪼아서(chipping) 요철을 만들 때 발생하는 굵은 골재의 손상을 방지할 수 있다. 그림 7-90(d)는 인위적 요철 면처리로, 거푸집에 인위적으로 요철을 만들어 놓고 콘크리트를 타설하여 콘크리트가 굳은 후 거푸집을 제거하면 나타나는 표면상태이다. 그림 7-90(d)의 인위적 요철은 7.7.3절의 그림 7-93과 같은 형상으로 7.7.2절에 소개하는 6 mm 높이의 요철을 갖게 제작한 것이다.

그림 7-90에 소개한 방법 외에 갈퀴(rake) 등으로 긁어서 인위적으로 요철을 설치하는 방법도 있다. 긁어서 요철을 만드는 방법은 그림 7-90(c)와 같이 거푸집이 필요 없는 부재의 상면에 계면이 존재하는 경우에 가능하며, 콘크리트를 타설한 후 콘크리트가 굳기 전에 상면을 갈퀴(rake) 등으로 긁으면 된다. 이렇게 긁어서 요철을 만들 때 한쪽 방향으로 길게 요철을 만드는 경우에는 수평전단응력 작용방향의 직각방향으로 긁어야 한다.

7.7.2 콘크리트구조 설계기준(강도설계법)에 따른 전단마찰 설계검증

KDS 14 20 콘크리트구조 설계기준[5.25]의 전단마찰강도 검증법은 콘크리트구조 학회기준(2017)[7.24]과 동일한 것으로, 전단에 대한 강도감소계수로 0.75을 적용한 설계전단강도 ϕV_n와 계면에 작용하는 계수전단력 V_u가 앞의 식 (7·47)를 만족하도록 설계하고 성능을 검증한다.

$$\phi V_n > V_u \tag{7·47}$$

공칭전단강도 V_n은 다음과 같이 전단마찰 저항력으로만 표현한 가장 간단한 형태로 규정하고 있다.

$$V_n = A_{vf} f_y (\mu \sin \alpha_f + \cos \alpha_f) \tag{7·257}$$

$$\phi V_n = \phi A_{vf} f_y (\mu \sin \alpha_f + \cos \alpha_f) \tag{7·258}$$

여기서 α_f는 계면을 가로지르는 전단마찰철근과 계면 사이의 각으로, 철근에 평행한 전단력의 분력 성분이 보강철근에 인장을 일으키는 경우에만 적용할 수 있다. 즉 계면의 윗부분이 오른쪽으로 이동하는 전단력이 작용하는 그림 7-91에서, 경사진 전단마찰철근이 그림 7-91(a)와 같은 경사로 배치된 경우는 전단마찰철근과 평행한 방향으로 실선의 화살표로 나타낸 분력이 전단마찰철근에 인장력으로 작용하게 된다. 따라서 전단력의 일부는 철근에 작용하는 인장력 중 전단면과 평행한 분력에 의하여 지탱된다. 이 힘은 식 (7·257)과 식 (7·258)에 $A_{vf} f_y \cos \alpha_f$ 항으로 나타나 있다. 그림 7-91(b)와 같이 α_f가 90°보다 큰 경우에는 전단마찰철근과 평행한 방향으로 실선의 화살표로 나타낸 분력이 전단마찰철근에 압축력으로 작용하게 되므로 식 (7·257)과 식 (7·258)을 적용할 수 없다.

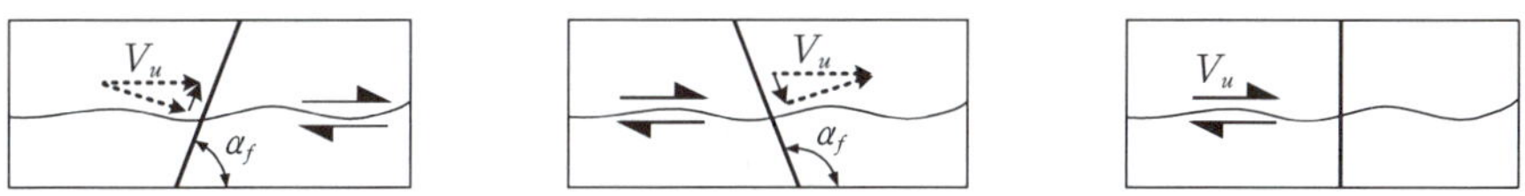

(a) 철근이 인장력을 받는 경우　(b) 철근이 압축력을 받는 경우　(c) 수직 전단마찰철근의 경우

그림 7-91 경사각을 갖는 전단마찰철근과 수직 전단마찰철근

그림 7-91(c)와 같이 전단마찰철근이 계면에 직각으로 가로지르도록 배치된 경우에는 분력이 발생되지 않으므로, 식 (7·257)과 식 (7·258)이 각각 다음과 같이 간단해진다.

$$V_n = \mu A_{vf} f_y \tag{7·259}$$

$$\phi V_n = \phi \mu A_{vf} f_y \tag{7·260}$$

만일 계면 전체단면에 압축력 P가 영구적으로 작용하는 경우에는 압축력 P를 전단마찰철근에 의한 힘 $A_{vf} f_y$에 추가되는 힘으로 고려하여 다음과 같이 공칭전단강도를 결정할 수 있다. 여기서 P는 영구적으로 작용하는 압축력이므로, 활하중과 같이 일시적으로 작용하는 힘들은 제외하여야 한다.

$$V_n = \mu (A_{vf} f_{yt} + P) \tag{7·261}$$

마찰계수 μ의 값은 표 7-14와 같이 계면의 상태에 따라 구분하여 적용한다. λ는 경량콘크리트 계수로 보통중량콘크리트는 1.0, 모래경량콘크리트는 0.85, 전경량콘크리트는 0.75이다. 이 마찰계수 값은 실제 계면의 마찰계수보다 큰 값이다. 이렇게 실제 값보다 큰 값을 규정한 이유는 점착작용과 맞물림작용 및 장부작용에 의한 저항력을 명시적으로 표현하지 않고 전단마찰 저항력만으로 계면의 전단저항력을 표현하기 때문이다. 표 7-14의 ③과 ④는 계면이 거칠지 않은 경우인데, 이 경우에는 주로 장부작용에 의하여 전단저항력이 발휘된다.

식 (7·257)이나 식 (7·259) 또는 식 (7·261)로 계산한 공칭전단강도는 최대 한계값을 넘지 않아야 한다. 이 최대공칭전단강도 $V_{n,\,max}$는 계면의 상태에 따라 구분하여 적용한다. 표 7-14의 ①과 ②인 경우, 즉 일체로 친 보통중량콘크리트나 계면의 요철이 대략 6 mm인 보통중량콘크리트의 경우에는 다음의 $V_{n,\,max1}$, $V_{n,\,max2}$, $V_{n,\,max3}$ 중 가장 작은 값을 최대공칭전단강도로 한다. 표 7-14의 ③과 ④인 경우, 즉 계면이 거칠지 않거나 구조용 강재와 접촉하는 콘크리트 계면에는 다음의 $V_{n,\,max1}$과 $V_{n,\,max4}$ 중 작은 값을 최대공칭전단강도로 한다.

$$V_{n,\,max1} = 0.2\, f_{ck}\, A_c \tag{7·262}$$

$$V_{n,\,max2} = (3.3+0.08\, f_{ck})A_c \tag{7·263}$$

$$V_{n,\,max3} = 11\, A_c \tag{7·264}$$

$$V_{n,\,max4} = 5.5\, A_c \tag{7·265}$$

여기서 A_c는 전단전달에 저항하는 콘크리트 단면의 면적이다. 강도가 서로 다른 콘크리트를 친 경우에는 낮은 강도의 설계기준압축강도 f_{ck}로 최대공칭전단강도 $V_{n,\,max}$을 산정하여야 한다.

계면의 공칭전단강도 V_n과 설계전단강도 ϕV_n의 계산에서 f_y는 500 MPa 이하의 값을 적용하여야 한다. 즉, 계면을 가로지르는 전단마찰철근으로 설계기준항복강도 f_y가 500 MPa을 초과하는 고강도철근이 사용되었더라도 f_y를 500 MPa로 하여 공칭전단강도 V_n를 계산하여야 한다는 뜻이다. 이것은 더 높은 항복강도를 갖는 철근을 전단마찰철근으로 사용하더라도 항복강도에 비례하여 계면의 전단강도가 나타나지 않기 때문이다. 철근의 항복강도가 높을 때 철근이 항복하려면 항복변형률만큼 변형이 발생하여야 하는데, 높은 변형률을 나타내려면 계면에서의 균열폭이 증가하여야 하고, 균열폭이 증가하면 요철의 맞물림작용 성능이 낮아져서 마찰계수가 감소한다. 따라서 표 7-14와 같이 상수를 마찰계수로 적용하여 계면의 공칭전단강도를 결정할 때에는 f_y의 값을 제한하여야 하는 것이다.

표 7-14 KSD 14 20의 마찰계수와 최대공칭전단강도

구분	마찰계수 μ	최대공칭전단강도 $V_{n,\,max}$
① 일체로 친 콘크리트	$1.4\,\lambda$	$V_{n,\,max1}$, $V_{n,\,max2}$, $V_{n,\,max3}$ 중 가장 작은 값 (보통중량콘크리트의 경우)
② 요철의 크기가 대략 6mm가 되도록 계면을 거칠게 만든 굳은 콘크리트에 새로 친 콘크리트	$1.0\,\lambda$	
③ 계면을 일부러 거칠게 하지 않은 굳은 콘크리트에 새로 친 콘크리트	$0.7\,\lambda$	$V_{n,\,max1}$과 $V_{n,\,max4}$ 중 작은 값
④ 전단연결재에 의하거나 철근에 의해 구조용 강재에 정착된 콘크리트	$0.6\,\lambda$	

한편, 계면에 순인장력이 작용할 때는 인장력에 저항하기 위한 철근을 추가로 두어야 한다. 계면에 휨모멘트가 작용할 때에는 철근을 추가로 배치할 필요는 없다. 이것은 휨인장력과 휨압축력이 서로 평형을 이루어 계면 전체에 작용하는 압축력 $A_{vf}f_y$에는 변화가 없으므로 전단강도가 변하지 않기 때문이다. 따라서 소요휨인장철근이 휨인장영역에 배치된 전단마찰철근량을 초과하지 않는 한 휨인장응력에 저항할 철근을 추가로 배치할 필요가 없는 것이다. 다만 계면에 휨모멘트가 작용할 때에는 전단마찰철근의 대부분을 휨인장구역에 배치하는 것이 바람직하다. 계면에 휨모멘트가 작용하지 않는 경우에는 균열폭을 최소화하기 위하여 일정한 간격으로 철근을 배치하여야 한다. 또, 전단마찰철근은 철근 양쪽에 인장철근의 정착길이를 확보하거나 갈고리 또는 특수한 장치에 용접하여 철근이 설계기준항복강도를 발휘할 수 있도록 양측에 정착시켜야 한다.

계면에 직각으로 배치되는 전단마찰철근에 대한 설계를 수행할 때에는 식 (7 ·47)의 강도성능 조건에 따라 식 (7 ·260)을 변환한 다음 식으로 소요전단마찰철근 단면적을 구하고 철근을 배치한 후 기준에 따라 성능을 검증하여야 한다.

$$A_{vf,\,req'd} = \frac{V_u}{\phi \mu f_{yt}} \tag{7 ·266}$$

예제 7–12 그림 7–92(a)와 같은 단면을 가진 부재를 시공할 때, 설계기준압축강도가 24 MPa인 아랫부분의 기초 콘크리트를 먼저 타설하고 굳은 후, 윗부분의 옹벽과 접하게 될 계면에 6 mm 이상의 요철을 갖도록 쪼아냄 면처리를 하고 나서 설계기준압축강도가 30 MPa인 옹벽 콘크리트를 타설하도록 계획되어 있다. 그림 7–92(a)와 같이 기초판에 갈고리로 정착되어 옹벽 상단까지 수직 배치된 철근은 SD400 D19 철근으로, 그림 7–92(b)에 나타난 바와 같이 폭 1,800 mm 두께 400 mm인 옹벽 단면에 10개가 배치되어 총 철근단면적 A_s는 2,865 mm^2이다. 이 옹벽에 800 kN의 계수전단력 V_u가 작용할 때, KDS 14 20 콘크리트구조 설계기준에 따라 기초판과 옹벽의 계면에 대한 전단강도성능을 검증하시오.

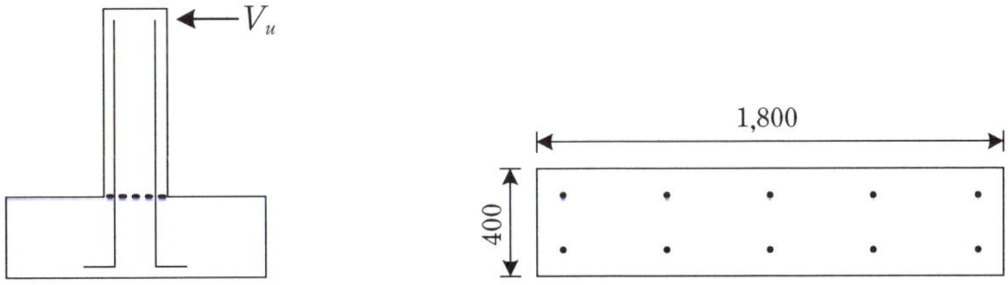

(a) 옹벽 단면과 전단력 작용

(b) 옹벽–기초판 계면의 철근배치

그림 7–92 예제 7–12의 단면

〈풀이〉

계면에 6 mm 이상의 요철을 갖도록 쪼아냄 면처리를 할 예정이므로, 계면의 최대공칭전단강도 $V_{n,max}$는 $V_{n,max1}$, $V_{n,max2}$, $V_{n,max3}$ 중 가장 작은 값을 적용한다(표 7–14 참조). 기초판과 옹벽의 설계기준압축강도 중 작은 값인 24 MPa을 적용하여 이 값들을 구하면

$$A_c = 400 \times 1{,}800 = 720{,}000\ mm^2$$

$$V_{n,max1} = 0.2 f_{ck} A_c = 0.2 \times 24 \times 720{,}000 = 3{,}456{,}000\ N = 3{,}456\ kN$$

$$V_{n,max2} = (3.3 + 0.08 f_{ck}) A_c = (3.3 + 0.08 \times 24) \times 720{,}000 = 3{,}758{,}000\ N = 3{,}758\ kN$$

$$V_{n,max3} = 11\ A_c = 11 \times 720{,}000 = 7{,}920{,}000\ N = 7{,}920\ kN$$

따라서 계면의 최대공칭전단강도 $V_{n,max}$는

$$V_{n,max} = V_{n,max1} = 3{,}456\ kN$$

계면에 6 mm 이상의 요철을 갖도록 쪼아냄 면처리를 할 예정이므로, 마찰계수 μ로는 1.0을 적용한다. 계면의 공칭전단강도를 구하면

$$V_n = \mu\ A_{vf} f_y = 1.0 \times 2{,}865 \times 400 = 1{,}146{,}000\ N = 1{,}146\ kN$$

이 값은 $V_{n,max}$보다 작으므로 공칭전단강도 V_n은 1,146 kN이다. 계면의 설계전단강도를 구하고 계수전단력과 비교하면

$$\phi V_n = 0.75 \times 1{,}146 = 860\ kN > V_u\ (= 800\ kN)$$

따라서 계면의 전단강도성능이 검증되었다.

7.7.3 콘크리트교 설계기준(한계상태설계법)에 따른 시공이음의 계면전단 설계검증

KDS 24 14 21 콘크리트교 설계기준(한계상태설계법)[5.27]은 응력단위의 설계전단강도 v_d와 계면에 작용하는 계수전단응력 v_u가 다음을 만족하도록 설계하고 전단마찰강도 성능을 검증한다.

$$v_d \geq v_u \tag{7·267}$$

계수전단응력 v_u는 경우에 따라 달리 계산한다. 예를 들어 그림 7-88(b)와 같이 아랫부분에 진한 색으로 표시된 콘크리트 보가 시공된 후 그 위에 플랜지 콘크리트를 타설하는 합성보의 경우에는, 점선으로 표시된 시공이음 계면의 수평계수전단응력 v_u를 다음으로 계산한다.

$$v_u = \frac{\beta V_u}{z b} \tag{7·268}$$

여기서 V_u는 계수전단력이며, z는 합성단면의 내부 모멘트 팔길이이고, b는 계면의 폭으로 복부폭과 같다. β는 새로 친 콘크리트에 작용하는 종방향력과 총 종방향력의 비이며, 휨 극한한계상태에서 단면에 작용하는 압축응력의 분포로 결정한다. 그림 7-93은 휨강도의 해석에 사용되는 포물선-사각형 곡선의 형상으로 압축응력이 작용할 때, 중립축의 위치가 계면 아래 복부에 위치하는 경우를 나타낸다. 이 경우에는 β의 값을 다음과 같이 결정한다.

$$\beta = \frac{C_f}{C_f + C_w} \tag{7·269}$$

그림 7-88(a)와 같이 아랫부분에 진한 색으로 표시된 기초 콘크리트가 먼저 시공된 후 그 위에 기둥

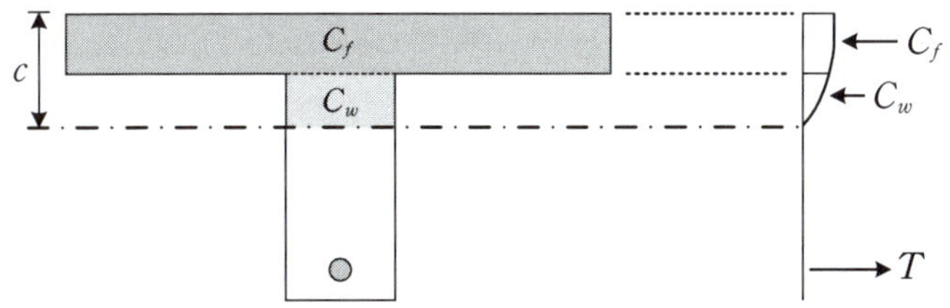

그림 7-93 휨 극한상태에서의 압축력

이나 벽체 콘크리트를 타설하는 경우에는, 점선으로 표시된 시공이음 계면의 계수전단응력 v_u를 다음과 같이 계수전단력 V_u를 계면의 면적 A_c로 나눈 값으로 결정한다.

$$v_u = \frac{V_u}{A_c} \tag{7 ·270}$$

계면의 응력단위 설계전단강도 v_d는 다음과 같이 결정한다.

$$v_d = \phi_c \mu_1 f_{ctk} + \mu_2 f_n + \phi_s \rho f_y (\mu_2 \sin\alpha + \cos\alpha) \tag{7 ·271}$$

여기서, μ_1, μ_2 : 계면 거칠기에 따른 계수[표 7-15 참조]

ϕ_c : 콘크리트의 재료계수, 0.65

ϕ_s : 철근과 프리스트레싱 강재의 재료계수, 0.90

f_{ctk} : 콘크리트의 0.05 분위 기준인장강도 [2장 2.1.8절 식 (2 ·29) 참조]

f_n : 계면에 전단력과 동시에 작용하는 최소 법선응력, 압축인 경우 (+)

ρ : 계면을 가로지르는 철근에 대한 철근비

f_y : 계면에 가로지르는 철근의 설계기준항복강도 (MPa)

α : 계면을 가로지르는 철근과 계면 사이의 각도로, 45°~90° 사이의 값

이때 설계전단강도 v_d는 다음의 최댓값 ν를 초과하지 않아야 한다.

$$v_{d,\,max} = 0.5\, \phi_c\, \nu\, f_{ck} \tag{7 ·272}$$

이 식에서 콘크리트 압축강도 유효계수 ν는 앞의 식 (7 ·121)로 결정한다.

$$\nu = 0.6\left(1 - \frac{f_{ck}}{250}\right) \tag{7 ·121}$$

설계전단강도 v_d를 결정할 때 철근비 ρ는 계면을 가로지르는 철근단면적과 계면의 면적 비율로, 다음과 같이 결정한다.

$$\rho = \frac{A_s}{A_c} \tag{7 ·273}$$

f_n은 계면에 전단력과 동시에 작용하는 최소 법선응력으로, 다음과 같이 계면에 작용하는 압축력 또는 인장력 N_u와 계면의 면적 비율로 결정한다. 이때 f_n은 압축인 경우 양(+)의 값을 가지며 $0.6\,\phi_c f_{ck}$를

초과하지 않는 값으로 한다. f_n이 인장인 경우에는 v_d를 계산하는 식 (7·271)에서 $\phi_c\,\mu_1 f_{ctk}$를 0으로 취하여야 한다.

$$f_n = \frac{N_u}{A_c} \leq 0.6\,\phi_c f_{ck} \tag{7·274}$$

계면을 가로지르는 철근과 계면 사이의 각도 α는 전단력의 작용방향을 고려하여 45°~90° 사이의 값을 갖도록 배치하여야 한다. 즉, 그림 7-94에 나타낸 바와 같이 전단력의 작용방향을 고려하여 철근이 인장력을 받도록 배치하고, 45°~90° 사이의 예각으로 α를 나타낸다. 계면을 가로지르는 철근이 수직으로 배치되어 α가 90°이면, 식 (7·271)의 설계전단강도 v_d는 다음과 같이 간략해진다.

$$v_d = \phi_c\,\mu_1 f_{ctk} + \mu_2 f_n + \phi_c\,\mu_2\,\rho f_y \tag{7·275}$$

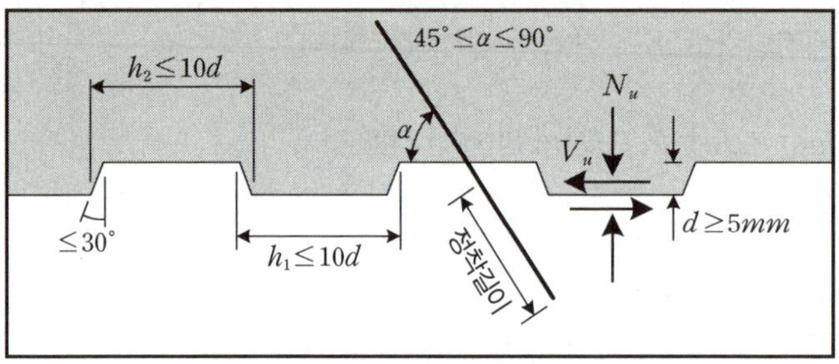

그림 7-94 요철 표면의 형상 및 크기

계면 거칠기에 따른 계수 μ_1과 μ_2는 표면의 상태에 따라 표 7-15의 값을 적용한다. μ_1과 μ_2의 값으로 표 7-15의 마지막 행에 나타나 있는 0.50과 0.9를 각각 적용하려면 시공 이음부 요철의 크기와 형상이 그림 7-94와 같아야 한다. 시공 이음 계면에 현저하게 큰 균열이 발생할 가능성이 있거나 피로 또는 동적 하중이 작용하는 경우에는 표 7-15에 제시된 μ_1값의 1/2을 취해야 한다.

전단마찰철근의 설계기준항복강도에 대한 별도의 제한조건이 규정되어 있지 않으므로, KDS 24 14 21 콘크리트교 설계기준(한계상태설계법)의 기본적인 규정인 설계기준항복강도 600 MPa까지 적용할 수 있다. 계면에 직각으로 배치되는 전단마찰철근에 대한 설계를 수행할 때에는 식 (7·267)의 강도성능

표 7-15 콘크리트교 설계기준(한계상태설계법)의 표면 구분 및 계수

표면 구분	표면 상태	μ_1	μ_2
매우 매끄러움	강재, 플라스틱 또는 특별히 제작된 목재 거푸집에 타설한 표면	0.25	0.5
매끄러움	슬립폼(slip form)이나 사출 성형(extruded surface) 거푸집에 타설한 표면 및 진동 다짐 후 더 이상의 표면처리를 하지 않은 자유 표면	0.35	0.6
거침	표면을 긁어 거칠게 하거나 골재를 노출시키거나 또는 기타 방법을 통해 약 40mm 간격에 적어도 3mm 거칠이 있는 표면	0.45	0.7
요철 표면	5mm 이상의 깊은 요철을 가지면서 그림 7-94의 규정에 맞게 사전 제작된 표면	0.50	0.9

조건에 따라 식 (7·275)를 변환한 다음 식으로 소요전단마찰철근 단면적을 구하고 철근을 배치한 후 기준에 따라 성능을 검증하여야 한다.

$$A_{s,req'd} = \frac{A_c(v_u - \phi_c \mu_1 f_{ctk} - \mu_2 f_n)}{\phi_s \mu_2 f_y} \tag{7·276}$$

예제 7-13 예제 7-12와 동일한 조건에 대하여 KDS 24 14 21 콘크리트교 설계기준(한계상태설계법)에 따라 기초판과 옹벽의 계면에 대한 전단강도성능을 검증하시오.

〈풀이〉

계면에 6 mm 이상의 요철을 갖도록 쪼아냄 면처리를 할 예정이지만 그림 7-93와 같은 형상을 가진 요철표면은 아니므로, 표 7-15에 따른 표면 구분은 '거침'으로 판단하여 계수 μ_1과 μ_2를 적용하기로 한다. 계면의 전단강도성능 평가에 적용하는 콘크리트 설계기준압축강도는 기초판과 옹벽의 설계기준압축강도 중 작은 값인 24 MPa을 적용한다.

계면의 응력단위 설계전단강도 v_d의 최댓값 $v_{d,max}$를 구하기 위하여 콘크리트 압축강도 유효계수 ν를 먼저 구하면

$$\nu = 0.6\left(1-\frac{f_{ck}}{250}\right) = 0.6\left(1-\frac{24}{250}\right) = 0.5424$$

v_d의 최댓값 $v_{d,max}$는

$$v_{d,max} = 0.5\,\phi_c\,\nu\,f_{ck} = 0.5\times0.65\times0.5424\times24 = 4.23\ MPa$$

계면의 응력단위 설계전단강도 v_d를 구하려면 f_{ctk}, f_n, ρ의 값이 필요한데, 계면에 수직방향으로 하중이 작용하지 않으므로 f_n의 값은 0이다. KDS 24 14 21 콘크리트교 설계기준(한계상태설계법)에 따른 콘크리트 하위 0.05 분위 기준인장강도 f_{ctk}를 구하려면 콘크리트의 평균인장강도 f_{ctm}을 먼저 구하여야 하고, f_{ctm}을 구하려면 콘크리트의 평균압축강도 f_{cm}를 먼저 구하여야 한다. 콘크리트의 평균압축강도는

$$f_{cm} = f_{ck} + \Delta f = 24+4 = 28\ MPa$$

콘크리트의 평균인장강도는

$$f_{ctm} = 0.3(f_{cm})^{2/3} = 0.3\times(28)^{2/3} = 2.77\ MPa$$

콘크리트의 0.05 분위 기준인장강도는

$$f_{ctk} = 0.7\,f_{ctm} = 0.7\times2.77 = 1.94\ MPa$$

표 7-15에 따른 표면 구분은 '거침'으로 판단하여 다음 값의 계수 μ_1과 μ_2를 적용하기로 한다.

$$\mu_1 = 0.45$$

$$\mu_2 = 0.7$$

계면의 단면적 및 철근 단면적과 철근비는

$$A_c = 400\times1{,}800 = 720{,}000\ mm^2$$

$$A_s = 2{,}885\ mm^2$$

$$\rho = \frac{A_s}{A_c} = \frac{2{,}885}{720{,}000} = 0.004007$$

따라서 계면의 응력단위 설계전단강도 v_d는

$$v_d = \phi_c \mu_1 f_{ctk} + \mu_2 f_n + \phi_c \mu_2 \rho f_y = 0.65 \times 0.45 \times 1.94 + 0 + 0.9 \times 0.7 \times 0.004007 \times 400.94$$

$$= 1.58\ MPa < v_{d,max}\ (= 4.23\ MPa)$$

따라서 설계전단강도 v_d는 1.58 MPa이다.

계면에 작용하는 계수전단력 V_u가 800 kN이므로, 계수전단응력을 구하면

$$v_u = \frac{V_u}{A_c} = \frac{800{,}000}{720{,}000} = 1.11\ MPa$$

계면의 설계전단강도와 계수전단응력을 비교하면

$$v_d = 1.58\ MPa > v_u\ (= 1.11\ MPa)$$

따라서 계면의 전단강도성능이 검증되었다.

7.7.4 콘크리트교 설계기준(한계상태설계법)에 따른 플랜지와 복부 사이 계면전단 설계검증

T형 단면이나 상자형 단면(box section)과 같이 두께가 얇은 여러 판이 조합된 부재는 복부와 플랜지가 만나는 계면, 즉 그림 7-95(a)에 진한 색으로 표시된 계면에 전단응력이 작용할 수 있다. 이 전단응력은 부재의 축방향으로 휨모멘트가 변화하는 경우에 발생한다. 부재에 정모멘트가 작용하면 플랜지에 압축력이 작용하는데, 종방향으로 휨모멘트가 변화하면 그림 7-95(a)에 나타낸 바와 같이 구간 Δx에서 휨모멘트에 의한 압축력이 C와 $C+\Delta C$로 ΔC 만큼 차이가 발생한다. 이 휨압축력의 차이 ΔC로 인하여 그림 7-95(a)에 진한 색으로 표시된 계면에 전단응력이 작용하게 된다. 이때 전단응력의 합력은 ΔC와 같아야 하므로, 계면에는 다음의 전단응력 v_{uf}가 작용하게 된다.

$$v_{uf} = \frac{\Delta C}{t_f\,\Delta x} \qquad (7 \cdot 277)$$

KDS 24 14 21 콘크리트교 설계기준(한계상태설계법)[5.27]은 이 식에 따라 플랜지의 내민부와 복부 사

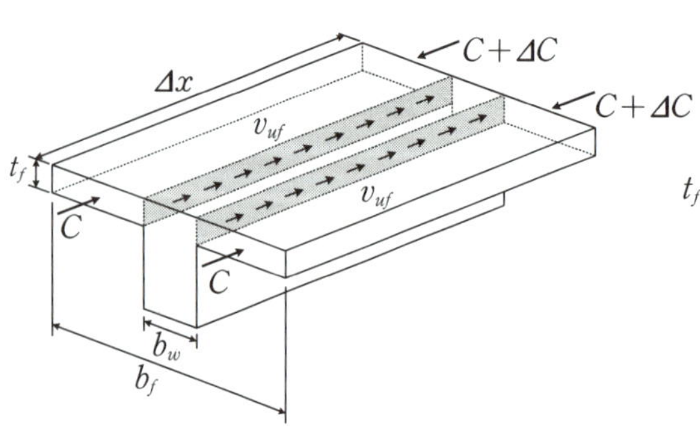

(a) 플랜지의 압축력과 플랜지-복부 계면의 전단응력

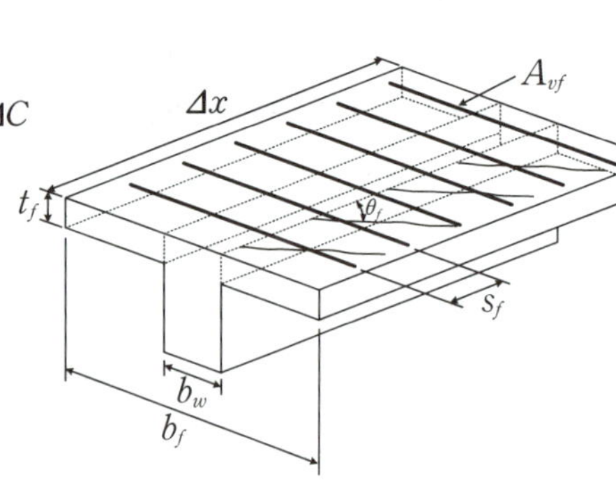

(b) 플랜지의 경사 균열과 횡방향 철근

그림 7-95 플랜지-복부 계면의 전단응력과 플랜지 균열 및 횡방향 철근

이의 수직계면에 작용하는 전단응력을 산정하도록 규정하고 있다. 여기서, t_f는 플랜지의 두께로서 분모 $t_f\,\Delta x$는 계면의 면적을 의미한다. Δx는 검토하는 구간 길이로, 휨모멘트가 0인 단면에서 최대 휨모멘트가 발생하는 단면까지의 거리보다 크지 않게 취하여야 하며, 집중 하중이 작용하는 부재에서는 집중하중 간의 간격보다 크지 않게 취하여야 한다.

계면 전단응력 v_{uf}의 계산에서 ΔC의 값은 두 가지 방법을 적용하여 결정할 수 있다. 정확한 방법으로 경제적인 설계를 하고자 할 때는, 플랜지의 두 내민 부분과 복부폭 내에 모두 휨압축력 C와 $C+\Delta C$가 작용하므로 플랜지의 두 내민 부분에 작용하는 힘이 전체 힘의 $(b_f-b_w)/b_f$ 비만큼 해당한다고 가정하여 ΔC의 값을 결정할 수 있다. 이것은 복부폭 내에 작용하는 휨압축력이 계면에 전단응력을 유발하지 않기 때문이다. 그러나 간단한 방법으로 보수적인 설계를 하고자 할 때는 플랜지의 두 내민 부분이 휨압축력을 모두 담당한다고 가정하여 간단하게 ΔC의 값을 결정할 수 있다.

이와 같은 계면의 전단응력 v_{uf}로 인하여 플랜지가 면내력을 받는 평면요소가 되므로, 플랜지에 작용하는 주인장응력이 콘크리트의 인장강도를 초과하는 경우에 그림 7-94(b)와 같이 θ_f의 각도를 갖는 균열이 발생한다. 이에 대하여 KDS 24 14 21 콘크리트교 설계기준(한계상태설계법)은 다음의 조건을 만족하는 경우, 플랜지에 횡방향으로 작용하는 휨모멘트를 저항할 휨철근량 이상의 추가적인 횡방향 철근은 배치할 필요가 없다고 규정하고 있다.

$$v_{uf} \le 0.4\,\phi_c f_{ctk} \tag{7·278}$$

이 조건을 만족하지 않는 경우에는 부재축에 직각방향으로 철근을 배치하며, 트러스 모델을 적용하여 설계하고 성능을 검증한다. 이때의 트러스 모델은 복부의 전단설계에 적용한 연직면 트러스 형상에 적합하도록 플랜지의 수평면 트러스 형상을 구성하고 극한한계상태를 검증하여야 한다. 그림 7-95(b)에 나타낸 바와 같이 A_{vf}의 단면적을 갖는 철근이 s_f의 간격으로 배치된 경우, 응력단위의 설계전단강도를 $v_{sd,\,t}$라고 한다면 철근 하나에 해당하는 계면면적 $t_f\,s_f$에 $v_{sd,\,t}$를 곱한 힘이 철근의 배치방향으로 작용하는 성분은 $\tan\theta_f$를 곱한 값과 같으므로, 철근이 항복할 때 다음 관계가 성립한다.

$$v_{sd,\,t}\,(t_f\,s_f)\tan\theta_f = \phi_s\,A_{vf}\,f_y \tag{7·279}$$

$$v_{sd,\,t} = \frac{\phi_s\,A_{vf}\,f_y}{t_f\,s_f\tan\theta_f} \tag{7·280}$$

따라서 플랜지와 복부 사이 계면전단에 대한 철근보강은 다음 관계가 만족하도록 하여야 한다.

$$v_{sd,\,t} \ge v_{uf} \tag{7·281}$$

$$\frac{\phi_s\,A_{vf}\,f_y}{t_f\,s_f\tan\theta_f} \ge \frac{\Delta C}{t_f\,\Delta x} \tag{7·282}$$

KDS 24 14 21 콘크리트교 설계기준(한계상태설계법)은 이 수식을 변환하여 플랜지의 단위 길이당 횡방향 철근량 A_{vf}/s_f가 다음 조건을 만족하여야 한다고 규정하고 있다.

$$\frac{A_{vf}}{s_f} \ge \frac{v_{uf}\,t_f}{\phi_s f_y \cot\theta_f} \tag{7·283}$$

여기서, θ_f는 부재 축과 콘크리트 압축 스트럿 사이 각으로 정밀한 계산법을 적용하지 않는 경우에는 다음 값을 사용할 수 있다.

$$\text{압축플랜지인 경우}: 1.0 \leq \cot\theta_f \leq 2.0 \; (45° \geq \theta_f \geq 26.5°) \tag{7·284}$$

$$\text{인장플랜지인 경우}: 1.0 \leq \cot\theta_f \leq 1.25 \; (45° \geq \theta_f \geq 38.6°) \tag{7·285}$$

플랜지 콘크리트 스트럿의 압축 파괴를 방지하기 위해서는 전단응력 v_{uf}로 인한 스트럿의 압축응력이 콘크리트의 설계유효압축강도 $\phi_c f_{c2,\,max}$, 즉 $\phi_c \nu f_{ck}$를 초과하지 않도록 하여야 한다. 따라서 KDS 24 14 21 콘크리트교 설계기준(한계상태설계법)은 다음 조건을 만족하여야 한다고 규정하고 있다.

$$v_{uf} \leq \phi_c \nu f_{ck} \sin\theta_f \cos\theta_f \tag{7·286}$$

한편 플랜지에는 중력방향 하중이 작용하는 것이 일반적이므로, 이때에는 플랜지와 복부 사이의 연직 계면에는 전단력뿐만 아니라 횡방향 휨모멘트도 같이 작용한다. 따라서 이 계면에는 전단력과 횡방향 휨모멘트를 동시에 저항할 수 있도록 횡방향 철근을 배치하여야 한다. 이에 대한 간단한 설계법으로 KDS 24 14 21 콘크리트교 설계기준(한계상태설계법)은 식 (7·283)의 소요전단철근량 A_{vf}와 A_{vf}의 1/2에 횡방향 소요휨철근량 A_{bf}를 더한 철근량 중에서 큰 값을 배치하도록 규정하고 있다. 즉, A_{vf}와 $A_{vf}/2+A_{bf}$를 비교하여 큰 값을 소요철근량 A_s로 결정하는 것이다. 철근을 배치할 때 전단에 필요한 철근은 휨인장부와 휨압축부에 사이에 나누어 배치하여야 한다. 그림 7-96은 플랜지의 횡방향 철근 배치방법을 나타낸다. 그림 7-96(a)에 나타낸 바와 같이 횡방향 소요휨철근량과 소요전단철근량의 비, 즉 A_{bf}/A_{vf}의 값이 0.5 미만인 경우에는 A_{vf}가 $A_{vf}/2+A_{bf}$보다 클 때이므로 A_{vf} 만큼의 횡방향 철근량 A_s를 배치하면 된다. 이때에는 그림 7-96(b)와 같이 인장부에는 $A_{vf}/2$에 $A_{bf}/2$을 더한 값의 철근량을 배치하고, 압축부에는 $A_{vf}/2$에서 $A_{bf}/2$을 뺀 값의 철근량을 배치한다. A_{bf}/A_{vf}의 값이 0.5를 초과하는 경우에는 $A_{vf}/2+A_{bf}$가 A_{vf}보다 클 때이므로 $A_{vf}/2+A_{bf}$ 만큼의 횡방향 철근량 A_s를 배치하면 된다. 이때에는 그림 7-96(c)와 같이 인장부에는 $A_{vf}/4$에 A_{bf}를 더한 값의 철근량을 배치하고, 압축부에는 $A_{vf}/4$ 만큼의 철근량을 배치한다.

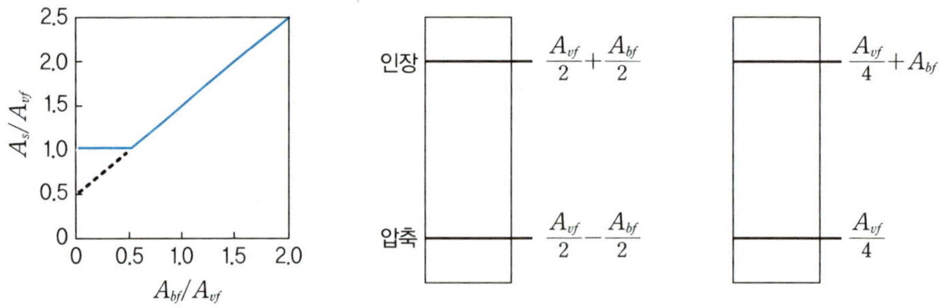

(a) 플랜지의 횡방향 소요철근단면적　(b) $\frac{A_{vf}}{2}+A_{bf} \leq A_{vf}$인 경우　(c) $\frac{A_{vf}}{2}+A_{bf} > A_{vf}$인 경우

그림 7-96 플랜지의 횡방향 철근 배치방법

플랜지와 복부 사이의 연직 계면에 전단력과 횡방향 휨모멘트가 조합하여 작용할 때에도 콘크리트 경사 스트럿의 압축 파괴 여부를 검증하여야 한다. 이때에는 전단력만 작용하는 경우와는 다르게 플랜지 깊이 t_f를 휨압축 영역에 해당하는 두께로 감소시켜서 전단응력 v_{uf}를 산정하여야 한다. 이것은 전단력에 대해서는 플랜지 두께가 모두 유효한 반면에 휨에 대해서는 인장균열에 의해 휨압축 영역에서만 경사 압축장이 유효하게 되기 때문이다.

한편 플랜지에 배치되는 종방향 철근은 계면 전단력에 의해 플랜지에 형성되는 트러스의 타이 역할을 하므로 계면전단 위험구간을 지나서 충분히 정착되도록 하여야 하며, 또한 트러스모델에 의한 복부의 전단 설계와 적합하도록 플랜지에 작용하는 힘을 결정하여 설계하여야 한다.

7.8 벽체의 전단설계

벽체(wall)는 가로와 세로 비율이 큰 직사각형 단면의 판이 수직방향으로 세워진 면부재(plane member)를 말한다. 일반적으로 벽체는 수직방향 하중과 수평방향 하중을 직접 받거나 연결된 부재를 통하여 단면력이 전달되어 축력, 휨모멘트, 전단력이 함께 작용하는 구조요소이다. 이 절에서는 벽체의 전단 설계를 중점적으로 다룬다.

7.8.1 벽체의 전단 거동과 설계검증

그림 7-97(a)는 긴 변 길이 b_l, 짧은 변 길이 b_s, 높이 l_h로, 긴 변 방향인 강축(strong axis) 방향의 횡하중 $V_{u,l}$과 짧은 변 방향인 약축(weak axis) 방향의 횡하중 $V_{u,s}$가 작용하는 부재를 나타낸다. 이러한 형상의 부재는 b_l과 b_s의 비율, 즉 단면 형상비(aspect ratio of section) b_l/b_s에 따라 선부재(linear member)인 기둥과 면부재(plane member)인 벽체로 구분한다. 예를 들어 KDS 24 14 21 콘크리트교 설계기준(한계상태설계법)[5.27]은 그림 7-97(b)와 같이 단면의 큰 치수가 작은 치수의 4배를 초과($b_l > 4b_s$)하는 부재를 벽체로 분류하고, 4배 이하($b_l \leq 4b_s$)인 부재를 기둥으로 분류한다. KDS 14 20 콘크리트구조 설계기준[5.25]은 단면의 치수 비율로 명확하게 벽체와 기둥을 구분하는 규정을 두고 있지는 않지만, 공학사들이 부재 거동에 대한 지식을 기반으로 하여 경험적으로 구분하는데 큰 어려움은 없다.

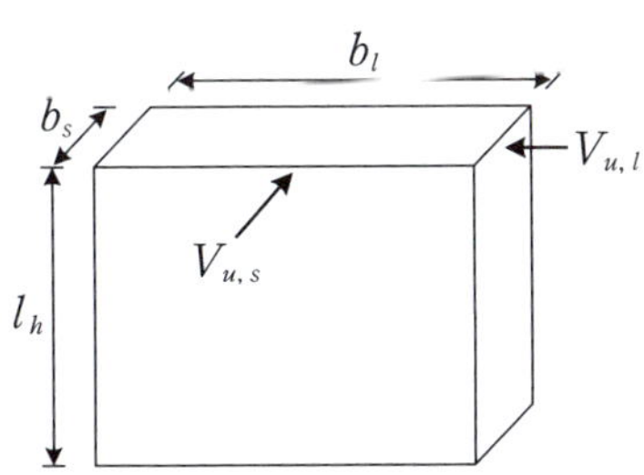

(a) 수직 부재의 하중작용

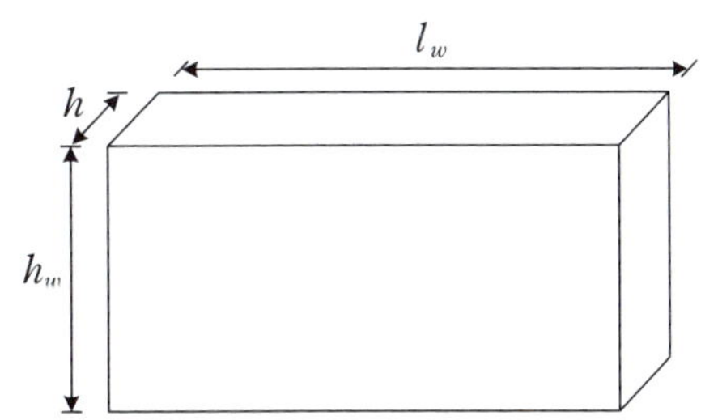
(b) $b_l \geq 4b_s$인 경우의 벽체

그림 7-97 수직 부재의 하중작용과 벽체의 정의

벽체의 거동과 그에 따른 설계는 벽체의 두 주축에 따라 다르므로, 하중 작용방향을 고려하여 설계검증을 수행하여야 한다. 예를 들어 그림 7-97(a)와 같이 두 주축, 즉 강축과 약축으로 횡하중이 작용하는 경우, 각 방향으로의 파괴거동이 다르게 나타난다. 일반적으로 부재의 파괴거동은 부재의 길이와 하중이 작용하는 방향 단면치수의 비율, 즉 부재 형상비(aspect ratio of member) l/b에 따라 달라진다. 부재 형상비 l/b가 크면 휨작용이 전단작용보다 크게 나타나서, 전단파괴가 발생하기 전에 휨파괴가 나타난다. 반대로 부재의 형상비 l/b가 작으면 전단작용이 휨작용보다 크게 나타나서, 휨파괴가 발생하기 전에 전단파괴가 나타난다. 벽체의 경우는 이 두 가지 파괴형태가 나타날 수 있다.

그림 7-97(a)에서 횡하중 $V_{u,s}$가 작용하는 약축(weak axis) 방향으로는 부재 형상비 l/b가 l_h/b_s로서 상대적으로 큰 값을 갖게 되므로 휨파괴가 지배적이게 된다. 따라서 약축 방향의 구조거동은 벽체와 기둥이 동일하므로, 벽체를 기둥과 동일하게 취급하여 휨파괴가 지배적인 거동에 대한 설계를 수행한다. 횡하중 $V_{u,l}$이 작용하는 강축(strong axis) 방향으로는 부재 형상비 l/b가 l_h/b_l로서 상대적으로 작은 값을 갖게 되므로 전단파괴가 지배적이게 된다. 따라서 강축 방향으로는 벽체를 기둥과 동일하게 취급할 수 없으므로, 이 장에 소개하는 벽체의 전단강도 성능검증과 전단설계를 수행하여야 한다.

7.8.2 콘크리트구조 설계기준(강도설계법)에 따른 벽체의 전단설계

KDS 14 20 콘크리트구조 설계기준[5.25]의 벽체 관련 기준은 콘크리트구조 학회기준(2017)[7.24]과 동일한 것으로, 계수연직축력이 $0.4\,A_g f_{ck}$ 이하이고 총 수직철근량이 단면적의 0.01배 이하인 부재를 벽체로 구분한다. 여기서 A_g는 벽체의 단면적이고 f_{ck}는 벽체 콘크리트의 설계기준압축강도이며, 벽체의 치수는 그림 7-97(b)와 같이 벽체의 수평길이 l_w, 벽체의 두께 h, 벽체의 전체 높이 h_w의 기호로 나타낸다.

앞 절에서 설명한 바와 같이 벽체의 전단강도 성능검증과 설계에서는 하중의 작용방향을 고려하여야 하므로, 벽체 면과 나란한 수평전단력에 대한 설계는 이 절에 소개하는 규정에 따라야 한다. 벽체 면의 직각방향으로 작용하는 전단력에 대한 설계는 슬래브와 기초판의 전단 관련 기준을 따르도록 규정하고 있다. 한편 벽체의 높이가 벽체 길이의 2배를 초과하지 않은 경우, 즉 $h_w \le 2l_w$일 때는 이 절에 소개하는 규정을 적용하지 않고 스트럿-타이 모델을 적용하여 설계할 수도 있다. 그러나 이 경우에도 벽체의 최소철근 규정은 따라야 한다.

벽체의 수평전단력에 대해서도 강도감소계수 0.75를 적용한 설계전단강도 ϕV_n와 벽체에 작용하는 계수전단력 V_u가 앞의 식 (7·47)를 만족하도록 설계하고 성능을 검증한다.

$$\phi V_n \ge V_u \tag{7·47}$$

벽체 평면에서 전단력에 대한 수평단면의 공칭전단강도 V_n은 콘크리트에 의하여 발휘되는 공칭전단강도 V_c와 전단철근에 의하여 발휘되는 공칭전단강도 V_s의 합으로 결정하며, 다음의 최대공칭전단강도를 초과하지 않도록 하여야 한다.

$$V_{n,max} = \frac{5\lambda\sqrt{f_{ck}}}{6}hd \tag{7·287}$$

콘크리트에 의하여 발휘되는 공칭전단강도 V_c는 다음 두 식 중에서 작은 값으로 결정한다.

$$V_c = 0.28\lambda\sqrt{f_{ck}}hd + \frac{N_u d}{4 l_w} \tag{7·288}$$

$$V_c = \left[0.05\lambda\sqrt{f_{ck}} + \frac{l_w\left(0.10\lambda\sqrt{f_{ck}} + 0.2\dfrac{N_u}{l_w h}\right)}{\dfrac{M_u}{V_u} - \dfrac{l_w}{2}}\right]hd \tag{7·289}$$

여기서, N_u는 축력으로 압축력일 때 양(+), 인장력일 때 음(−)의 기호를 갖는다. 단, 식 (7·289)의 두 번째 항의 분모 $M_u/V_l - l_w/2$의 값이 음(−)일 때에는, 이 식이 물리적 의미를 상실하게 되어 식 (7·289)는 적용할 수 없으며 식 (7·288)만 적용한다. 이 두 식은 전단벽체의 임의 단면에서 일어나는 경사균열강도를 나타낸다. 식 (7·288)은 대략 $(1/3)\lambda\sqrt{f_{ck}}$의 주인장응력이 전단벽체의 단면 중심에 발생하는 경우이며, 식 (7·289)는 검토되는 단면 위로 $l_w/2$ 떨어진 단면에서 대략 $0.5\lambda\sqrt{f_{ck}}$의 휨인장응력이 발생하는 경우이다.

벽체의 유효깊이 d는 $0.8\,l_w$로 취할 수 있지만, 변형률 적합 해석(strain compatibility analysis)을 수행하여 모든 인장철근에 작용하는 인장력의 중심을 구하는 경우에는 압축연단에서 인장철근의 힘의 중심까지 거리인 d를 사용할 수 있다.

콘크리트에 의한 공칭전단강도 V_c를 이 두 식에 따라 계산하지 않는다면, 축력 N_u을 압축력과 인장력으로 구분하여 간략식을 사용할 수 있다. 축력 N_u가 압축력으로 작용하는 경우에는 간략식이 다음과 같다.

$$V_c = \frac{\lambda\sqrt{f_{ck}}}{6}hd \tag{7·290}$$

축력 N_u가 인장력으로 작용하는 경우에는 다음의 간략식을 사용할 수 있다. 이 식은 기본적으로 선부재에 적용하는 앞의 식 (7·82)와 동일한 것으로, 선부재의 복부폭 b_w 대신 벽체의 두께 h로 표현한 것이다.

$$V_c = \frac{1}{6}\left(1 + \frac{N_u}{3.5A_g}\right)\lambda\sqrt{f_{ck}}\,hd \tag{7·291}$$

계수전단력 V_u가 전단강도 ϕV_c를 초과하는 곳은 수평전단철근을 배치하여야 하는데, 이때 전단철근에 의한 공칭전단강도 V_s는 다음으로 계산한다.

$$V_s = \frac{A_{vh} f_y d}{s_h} \tag{7·292}$$

여기서, s_h는 수평전단철근의 간격이며 A_{vh}는 수평전단철근의 단면적이다. f_y는 수평전단철근의 설계기준항복강도로 벽체에는 600 MPa까지 적용할 수 있다.

한편 수평전단력이 작용하는 벽체는 이 장의 첫 번째 그림인 그림 7-1(c)에 나타낸 바와 같은 경사

균열이 발생하여, 콘크리트 압축 스트럿을 통해서 압축력이 벽체 하단으로 전달됨으로써 전단작용이 벽체의 아랫부분에서는 감소하게 된다. 따라서 벽체 수평길이의 1/2과 벽체 높이의 1/2 중 작은 값, 즉 $l_w/2$과 $h_w/2$ 중 작은 값을 기준으로 하여, 그 거리보다 벽체 바닥에 가까이 위치한 단면은 그 거리만큼 떨어진 위치에서 구한 V_c를 적용하여도 좋다.

벽체에는 최소 수평전단철근과 최소 수직전단철근 이상의 전단철근을 배치하여야 한다. 이때 수평전단철근비 ρ_h는 수평전단철근 단면적 A_{vh}와 벽체 콘크리트의 전체 수직단면적의 비로 다음과 같이 정의되며, 수직전단철근비 ρ_v는 수직전단철근 단면적 A_{vv}와 벽체 콘크리트의 전체 수평단면적의 비로 다음과 같이 정의된다.

$$\rho_h = \frac{A_{vh}}{h_w h} \tag{7·293}$$

$$\rho_v = \frac{A_{vv}}{l_w h} \tag{7·294}$$

표 7-16 KSD 14 20의 벽체 최소 전단철근비와 최대간격

구분	조건	최소 전단철근비	최대간격[(1)]
수평전단철근	$f_y \le 400\ MPa$	$\rho_{h,\,min} = 0.0025$	$s_{h,\,max1} = l_w/5$ [(2)] $s_{h,\,max2} = 3\,h$ $s_{h,\,max3} = 450\ mm$
	$f_y > 400\ MPa$	$\rho_{h,\,min} = 0.0025 \times \frac{400}{f_y}$ [(3)]	
수직전단철근	-	$\rho_{l,\,min1} = \rho_{h,\,min} + 0.5\left(2.5 - \frac{h_w}{l_w}\right)(\rho_h - \rho_{h,\,min})$ $\rho_{l,\,min2} = \rho_{h,\,min}$	$s_{v,\,max1} = l_w/3$ $s_{v,\,max2} = 3\,h$ $s_{v,\,max3} = 450\ mm$

(1) 어떤 경우에도 벽체의 두께 h보다 작을 필요는 없음

(2) 단부나 접합부에서 갈고리 또는 기계적 정착을 사용하는 경우에는 $s_{h,\,max1} = l_w/3$

(3) 이 식의 f_y에 대입할 수 있는 값은 최대 500 MPa까지

표 7-16은 최소 수평전단철근비와 최소 수직전단철근비 및 최대간격을 나타낸다. 수평전단철근비 ρ_h는 다음과 같이 전단철근의 설계기준항복강도가 400 MPa 이하인 경우 0.0025, 400 MPa 초과인 경우 $0.0025 \times 400/f_y$인 최소 수평전단철근비 $\rho_{h,\,min}$ 이상으로 하여야 한다.

$$f_y \le 400\ MPa\text{인 경우}: \rho_{h,\,min} = 0.0025 \tag{7·295}$$

$$f_y > 400\ MPa\text{인 경우}: \rho_{h,\,min} = 0.0025 \times \frac{400}{f_y} \tag{7·296}$$

다만, 이 철근비의 계산에서 f_y는 500 MPa를 초과할 수 없다. 따라서 전단철근으로 설계기준항복강도가 600 MPa인 철근을 배치하는 경우, 최소 수평전단철근비 $\rho_{h,\,min}$을 결정할 때만큼은 수식의 f_y에 500 MPa를 대입하여야 한다. 수평전단철근의 간격 s_h는 $l_w/5$ 이하, $3\,h$ 이하 또한 450 mm 이하로 하여야 한다. 다만, 벽체의 단부 또는 접합부에서 수평전단철근의 갈고리 정착 또는 기계적 정착을 사용하는 경우, 간격 s_h는 $l_w/3$ 이하, $3\,h$ 이하 또한 450 mm 이하로 하여야 한다. 그러나 어떤 경우에도 수평전단철근의 간격은 h보다 작을 필요는 없다. 여기에 사용된 기호는 그림 7-97 (b)에 나타나 있다.

수직전단철근비 ρ_l은 다음 두 식 중 큰 값으로 결정하는 최소 수직전단철근비 $\rho_{l,\,min}$ 이상으로 하여야 한다.

$$\rho_{l,\,min1} = \rho_{h,\,min} + 0.5\left(2.5 - \frac{h_w}{l_w}\right)(\rho_h - \rho_{h,\,min}) \qquad (7 \cdot 297)$$

$$\rho_{l,\,min2} = \rho_{h,\,min} \qquad (7 \cdot 298)$$

그러나 수직전단철근을 배치할 때, 하중을 받기 위하여 배치하여야 할 소요수평전단철근보다 더 많은 양을 배치할 필요는 없다. 따라서 소요수평전단철근비 $\rho_{h,\,req'd}$가 $\rho_{l,\,min}$보다 작을 때에는 $\rho_{h,\,req'd}$와 같은 값의 수직전단철근비 ρ_l로 수직전단철근을 배치하여도 좋다. 수직전단철근의 간격 s_v는 $l_w/3$ 이하, $3\,h$ 이하, 또한 450 mm 이하로 하여야 한다.

7.8.3 콘크리트교 설계기준(한계상태설계법)에 따른 벽체의 전단설계

KDS 24 14 21 콘크리트교 설계기준(한계상태설계법)[5.27]은 부재 치수와 단면 치수의 비율로 벽체와 기둥을 명확하게 구분한다. 즉, 단면의 큰 치수가 작은 치수의 4배 이하이며 부재의 높이가 단면 깊이의 3배 이상인 부재로서 축압축력을 주로 받는 부재를 기둥으로 해석하여야 하며, 그렇지 않은 경우에는 벽체로 해석하여야 한다고 규정하고 있다. 즉, 그림 7-97(a)에 나타낸 기호로 표현하면, 단면의 치수 비율로 $b_l \le 4b_s$이며 부재의 치수 비율로 $l_h \ge 3\,b_l$인 부재를 기둥으로 분류하고, 단면의 큰 치수가 작은 치수의 4배를 초과($b_l > 4b_s$)하는 부재를 벽체로 분류한다.

벽체의 강축 방향으로 작용하는 면내력에 대하여는 스트럿-타이 모델을 적용하여 철근량을 결정하고 철근 상세를 적용하여 설계할 수 있다고 간단히 규정하고 있으며, 약축 방향으로 작용하는 면외력에 대해서는 슬래브의 규정을 적용하도록 규정하고 있다. KDS 24 14 21 콘크리트교 설계기준(한계상태설계법)에서 이와 같이 간단하게 규정한 것은, 교량 구조를 구성하는 부재요소 중 벽식 교각이 벽체로 분류되는 부재인데 벽식 교각은 강축(strong axis) 방향으로의 부재 형상비 l_h/b_l가 상대적으로 작은 값을 갖는 경우가 대부분이기 때문이다.

참고문헌

7.1 Gaston, J. R., Siess, C. P., and Newmark, N. M., "An Investigation of Load–Deformation Characteristics of Reinforced Concrete Beams Up to Point of Failure," Civil Engineering Studies, Structural Research Series, No. 40, University of Illinois, Urbana, Dec. 1952.

7.2 Moody, K. G., Vies, I. M., Elstner, R. C., and Hogstand, E., "Shear Strength of Reinforced Concrete Beams, Part 1 and 2," *ACI Journal*, Vol. 51, No. 4, Dec. 1954, pp. 317–332, and No. 5, Jan. 1955, pp. 417–434.

7.3 Sozen, M. A., Zwoyer, E. M., and Siess, C. P., "Strength in Shear of Beams without Web Reinforcement," Bulletin No 452, Engineering Experimental Station, University of Illinois, 1959.

7.4 Diaz de Cossio, R. and Siess, C. P., "Behavior and Strength in Shear of Beams and Frames without Web Reinforcement," *ACI Journal*, Vol. 56, No. 8, Feb. 1960, pp. 695–735.

7.5 Taylor, R., "Some Shear Tests on Reinforced Concrete Beams without Shear Reinforcement," *Magazine of Concrete Research*, Vol. 12, No. 36, Nov. 1960, pp. 145–154.

7.6 Rüsch, H., Haugli, F. R., and Mayer, H., "Schubversuche an Stahlbeton–Rechteckbalken mit gleichmässig verteilter Belastung," *Bulletin* No. 145, Deutscher Ausschuss fur Stahlbeton, Berlin, 1962, pp. 4–30. (in German)

7.7 Van Den Berg, F. J., "Shear Strength of Reinforced Concrete Beams without Web Reinforcement: Part 2–Factors Affecting Load at Diagonal Cracking," *ACI Journal*, Vol. 59, No. 11, Nov. 1962, pp. 1587–1600.

7.8 Leonhardt, F. and Walther, R., "Beiträge zur Behandlung der Schubprobleme im Stahlbetonbau," *Beton- und Stahlbetonbau* (Berlin), Vol. 56, No. 12, 1961; Vol. 57, No. 2, 3, 6, 7, and 8, 1962; and V. 58, No. 8 and 9, 1963. (in German)

7.9 Bresler, B. and Scordelis, A. C., "Shear Strength of Reinforced Concrete Beams," *ACI Journal*, Vol. 60, No. 1, Jan. 1963, pp. 51–74.

7.10 MacGregor, J. G., Sozen, M. A., and Siess, C. P., "Strength of Concrete Beams with Web Reinforcement," *ACI Structural Journal*, Vol. 62, No. 12, 1965, pp. 1503–1519.

7.11 Kani, G. N. J., "Basic Facts Concerning Shear Failure," *ACI Structural Journal*, Vol. 63, No. 6, 1966, pp. 675–692.

7.12 Bresler, B. and MacGregor, J. G., "Review of Concrete Beams Failing in Shear," Journal of the Structural Division, ASCE, Vol. 93, No. ST1, 1967, pp 343–372.

7.13 ACI–ASCE Committee 426, "Shear Strength of Reinforced Concrete Members," *Journal of the Structural Division*, ASCE, Vol. 99, No. ST6, 1973, pp 1091–1187.

7.14 MacGregor, J. G. and Wight, J. K., *Reinforced Concrete: Mechanics and Design*, 4th edition, Person Prentice Hall, 2005 (p 251).

7.15 Wang, C. K., Salmon, C. G., and Pincheira, J. A., *Reinforced Concrete Design*, 7th edition, John Wiley & Son, 2007 (p 124~127).

7.16 Kani, G. N. J., "The Riddle of Shear Failure and Its Solution," *ACI Journal*, Vol. 61, No. 4, 1964, pp 441–467.

7.17 Kani, G. N. J., "How safe are our large reinforced concrete beams?" *ACI Journal*, Vol. 64, No. 3, 1967, pp 128–141.

7.18 Bažant, Z. and Kim, Jin–Keun, "Size effect in shear failure of longitudinally reinforced beams," *ACI Journal*, Vol. 81, No. 5, 1984, pp 456–468.

7.19 Shioya, T., Iguro, M. N. Y., Akiyama, H., and Okada, T., "Shear Strength of Large Reinforced Concrete Beams," Fracture Mechanics: Application to Concrete, SP–118, V. C. Li and Z. P. Bažant, eds., American Concrete Institute, Farmington Hills, Mich., 1989, pp. 59–279.

7.20 Collins, M. P. and Kuchma, D., "How Safe are our Large, Lightly Reinforced Concrete Beams, Slabs, and Footings?" *ACI Journal*, Vol. 96, No. 4, 1999, pp 482–490.

7.21 Lee, Jung–Yoon, Lee, Jae–Hoon, Lee, Do–Hyung, Hong, Seong–Jun, and Kim, Ho–Young, "Practicability of Large–scale RC Beams using Grade 80 Stirrups," *ACI Journal*, Vol. 115, No. 1, 2018, pp. 269–280.

7.22 MacGregor, J. G. and Wight, J. K., *Reinforced Concrete: Mechanics and Design*, 4th edition, Person Prentice Hall, 2005 (p 258).

7.23 ACI Committee 318, *Building Code Requirements for Structural Concrete* (ACI 318–19) and Commentary (ACI 318R–19), American Concrete Institute, Farmington Hills, MI, 2019.

7.24 한국콘크리트학회, 콘크리트구조 학회기준, 2017.

7.25 국토교통부, 한국콘크리트학회, KDS 14 20 콘크리트구조 설계기준, 기준 및 해설, 2021.

7.26 CEN, Eurocode 2: *Design of Concrete Structures*, European Committee for Standardization, 2004.

7.27 국토교통부, 한국교량및구조공학회, KDS 24 14 21 콘크리트교 설계기준(한계상태설계법), 기준 및 해설, 2023.

7.28 JSCE, "Standard Specifications for Concrete Structures–2007, Design," JSCE Guidelines for Concrete No. 15, Japan Society of Civil Engineers, Japan, 2007.

7.29 이재훈, 신현목, 박홍근, 최창식, 이정윤, 이도형, 조재열, 천성철, "원전 구조물의 고강도 철근 적용 기술개발" 연구보고서(연구진 보관용), 한국콘크리트학회, 한국수력원자력 주식회사 중앙연구원, 2016, 427 pp.

7.30 Ritter, W., *Die Bauweise Hennebique* (Construction Techniques of Hennebique), Schweizerische Bauzeitung, Zürich, 1899.

7.31 Mörsch, E., *Concrete-Steel Construction*, McGraw–Hill, New York, 1909, 368 pp. (English translation by E.P. Goodrich of 3rd edition of Der Eisenbetonbau, 1st edition, 1902.)

7.32 Vecchio, F. J. and Collins, M. P., "The Modified Compression Field Theory for Reinforced Concrete Elements Subjected to Shear," *ACI Structural Journal*, Vol. 83, No. 2, 1986, pp. 219–231.

7.33 CSA, *Design of Concrete Structures*, CSA Standard A23.3, Canadian Standard Association, Rexdale, Ontario, Canada, 2004.

7.34 CSA International, *Canadian Highway Bridge Design Code*, CSA Standard S6, Canadian Standard Association, Rexdale, Ontario, Canada, 2000.

7.35 AASHTO, *LRFD Bridge Design Specifications*, 9th edition, American Association of State Highway and Transportation Officials, Washington, D.C., USA, 2020.

7.36 ACI–ASCE Committee 326, "Shear and Diagonal Tension," *ACI Structural Journal*, Vol. 59, No. 1–3, 1962, pp. 1–30, 277–344, 352–396.

7.37 Nilson, A., Darwin, D., and Dolran, C., *Design of Concrete Structures*, 14th edition, McGraw–Hill, 2010 (p. 127).
7.38 이정윤, "트러스모델에 근거한 철근콘크리트 보의 최대 전단철근비 평가", 콘크리트학회논문집, 제30권 2호, 2018년 4월, pp. 217–227.
7.39 MacGregor, J. G., and Hanson, J. M., "Proposed Changes in Shear Provisons for Reinforced and Prestressed Concrete Beams," *ACI Structural Journal*, Vol. 66, No. 4, 1969, pp. 276–288. Discussion, 849–851.
7.40 Walraven, J. C. "Eurocode 2: Design of concrete structures, EN1992–1–1," PDF file, Symposium Eurocodes: Backgrounds and Applications, Brussels, 22 February 2008.
7.41 Mitchell, D., and Collins, M. P., "Diagonal Compression Field Theory–A Rational Model for Structural Concrete in Pure Torsion," *ACI Structural Journal*, Vol. 71, No. 8, 1974, pp. 396–408.
7.42 Collins, M. P., and Mitchell, D., "Design Proposals for Shear and Torsion," *PCI Journal*, Vol. 25, No. 5, 1980, 70 pp.
7.43 Collins, M. P. and Mitchell, D., *Prestressed Concrete Structures*, Prentice Hall, 1991.
7.44 Wager. H., "Ebene Blechwandtäger mit sehr dünnem Stegblech" (Metal Beam with very Thin Webs), *Zeitschrift für Flugtechnik und Motorluftschiffahr*, Vol. 20, Nos. 8 to 12, 1929.
7.45 ASTM A615/A615M–15, "Standard Specification for Deformed and Plain Carbon–Steel Bars for Concrete Reinforcement," ASTM, USA, 2022.
7.46 한국산업표준, KS D 3504, 철근 콘크리트용 봉강, 2021.
7.47 이재훈, 김동현, 최진호, "철근 최소 연신율 규격에 대한 평가", 한국콘크리트학회논문집, 제23권 5호, 2011년 10월, pp 559–567.
7.48 CEB–FIP *Model Code 1990 for Concrete Structures*, Comité Euro–International du Béton, 1993.
7.49 최경규, 박홍근, "무량판 슬래브–기둥 내부 접합부에 대한 전단강도모델", 한국콘크리트학회논문집, 제22권 3호, 2010년 6월, pp. 345–356.
7.50 최경규, 박홍근, 김혜민, "슬래브–기둥 접합부에 대한 전단강도모델", 한국콘크리트학회논문집, 제22권 4호, 2010년 8월, pp. 585–593.
7.51 최경규, 김석환, 김동훈, 박홍근, "전단보강 슬래브–기둥 내부 접합부 및 기초판에 대한 뚫림전단강도모델", 한국콘크리트학회논문집, 제23권 2호, 2011년 4월, pp 559–567.
7.52 국토해양부, 한국콘크리트학회, 콘크리트구조기준, 2012.
7.53 British Standards Institution, *The Structural Use of Concrete*, BSI: London, 1997, BS 8110.
7.54 Manterola, M., "Poinçonnement de dalles sans armature d'effort trenchant", ComitéEuropéen du Béton (Hrsg.), Dalles, Structures planes, CEB–Bull, Paris, d'Information, 1966, p.58.
7.55 Birkeland, Philip W., and Birkeland, Halvard W., "Connections in Precast Concrete Construction," *ACI Structural Journal*, Vol. 63, No. 3, 1966, pp. 345–368.
7.56 Hofbeck, J. A., Ibrahim, I. O., and Mattock, A. H., "Shear Transfer in Reinforced Concrete–Recent Research," *ACI Journal*, Vol. 66, No. 2, 1969, pp. 119–128. Discussion, 678–680.
7.57 Mattock, A. H., and Hawkins, N. M., "Research on Shear Transfer in Reinforced Concrete," *PCI Journal*, Vol. 17, No. 2, 1972, pp. 55–75.
7.58 Mattock, A. H., "Shear Transfer in Concrete Having Reinforcement at an Angle to the Shear Plane," Shear in Reinforced Concrete, SP–42, American Concrete Institute, 1974, pp. 17–42.

7.59 Mattock, A. H., Li, W. K., and Want, T. C., "Shear Transfer in Lightweight Reinforced Concrete," *PCI Journal*, Vol. 21, No. 1, 1976, pp. 20–39.

7.60 Walraven, J., Frenay, J. and Pruijssers, A., Influence of Concrete Strength and Load History on the Shear Friction Capacity of Concrete Members, Precast/Prestressed Concrete Institute, PCI Journal, Vol. 32, No. 1, pp. 66–84, 1987.

7.61 Walraven, J., Stroband, J., Shear Friction in High–Strength Concrete, American Concrete Institute, American Concrete Institute Special Publication, SP 149–17, pp. 311–330, 1994.

7.62 Mattock, A.H., Shear Friction and High–Strength Concrete, American Concrete Institute, ACI Structural Journal, Vol. 98, No. 1, pp. 50–59, 2001.

7.63 김호영, "분리 타설된 철근콘크리트 부재의 전단마찰 강도", 영남대학교 대학원 건설시스템공학과 박사학위논문, 2019, 178 pp.

7.64 이재훈, 김호영, 이병수, "고강도 대구경 철근을 사용한 철근콘크리트 부재의 전단마찰거동", 한국콘크리트학회논문집, 제31권 6호, 2019년 12월, pp 577–587.

7.65 FIB, fib Model Code for Concrete Structures, International Federation for Structural Concrete (fib), 2010, 402 pp.

연습문제

7-1 철근콘크리트 보의 전단력에 대한 보강으로 전단철근을 부재 축방향의 직각방향 또는 45° 방향으로 배치하는 이유를 설명하시오. **[정답: 7.1.3절 참조]**

7-2 전단보강철근이 배치되지 않은 전단 무보강 휨부재의 전단경간–깊이 비(a/d)에 따른 파괴특성을 설명하시오. **[정답: 7.1.4절 참조]**

7-3 철근콘크리트 보에 배치되는 전단철근의 기능을 설명하시오. **[정답: 7.2.1절 참조]**

7-4 콘크리트 부재에 대한 전단설계 모델로서 45도 트러스 모델, 소성 변각트러스 모델, 수정 압축장 모델의 특징을 비교하여 설명하시오. **[정답: 7.2.2절 참조]**

7-5 철근콘크리트 보에서 전단철근의 양에 따라 나타나는 전단파괴 형태를 설명하시오. **[정답: 7.2.3절 참조]**

7-6 철근콘크리트 보에 대하여 전단철근의 최대허용간격을 적용하는 이유를 설명하시오. **[정답 =: 7.2.4절 참조]**

7-7 45도 트러스 모델에서 콘크리트에 의한 전단강도 V_c를 발휘하는 세 가지 성분을 설명하고, V_c를 계산할 때, 콘크리트 설계기준압축강도의 제곱근인 $\sqrt{f_{ck}}$ 의 값을 8.4 MPa 이하로 제한하는 이유를 설명하시오. **[정답: 7.3.2절 참조]**

7-8 45도 트러스 모델을 채택한 강도설계법 설계기준에서 전단철근의 최대 설계기준항복강도를 규정하여 제한하는 이유를 설명하시오. **[정답: 7.3.3절 참조]**

7-9 철근콘크리트 부재의 윗면에 중력방향으로 등분포하중이 작용하는 경우, 받침부 내면에서 유효깊이 d 만큼 떨어진 위치를 전단위험단면으로 하는 이유를 설명하시오. **[정답: 7.3.4절 참조]**

7-10 45도 트러스 모델을 채택한 강도설계법 설계기준에서 철근콘크리트 보의 계수전단력이 콘크리트에 의한 설계전단강도 ϕV_c의 1/2인 위치까지 최소 전단철근을 배치하도록 규정한 이유를 설명하시오. **[정답: 7.3.5절 참조]**

7-11 단면의 폭 $b=400\ mm$, 인장철근의 유효깊이 $d=800\ mm$인 직사각형 단면에 D16 U형 전단철근이 간격 $s_{400}=400\ mm$와 $s_{200}=200\ mm$로 배치된 구간에 대하여 KDS 14 20 콘크리트구조 설계기준을 적용하여 설계전단강도 ϕV_n을 구하시오. 이때 콘크리트에 의한 전단강도 V_c는 간편식을 적용하고, 콘크리트의 설계기준 압축강도 f_{ck}와 전단철근의 설계기준항복강도 f_{yt}는 조건 (a)~(d)의 4가지 중 하나를 선택하시오. **[정답: 부록 E, 7.3.7절 예제 7-2 참조]**

[조건] (a) $f_{ck}=30\ MPa \quad f_{yt}=400\ MPa$ (b) $f_{ck}=35\ MPa \quad f_{yt}=400\ MPa$
(c) $f_{ck}=40\ MPa \quad f_{yt}=500\ MPa$ (d) $f_{ck}=50\ MPa \quad f_{yt}=500\ MPa$

7-12 7.3.7절 예제 7-3과 동일한 보에 작용하는 모든 하중이 20% 증가되어, 계수전단력 포락선이 그림 7-50의 값들보다 20% 증가되었다. 따라서 콘크리트의 설계기준압축강도 f_{ck}를 40 MPa로 증가시키고, SD500의 D13 철근을 U형 수직전단철근으로 배치하려고 한다. KDS 14 20 콘크리트구조 설계기준에 따라 전단설계를 수행하시오. **[정답: 7.3.7절 예제 7-3 참조]**

7-13 7.3.7절 예제 7-4와 동일한 캔틸레버 기둥에 작용하는 모든 하중이 20% 증가되어, 콘크리트의 설계기준압축강도 f_{ck}를 35 MPa로 증가시키고, 횡방향 철근으로 SD500의 D13 철근을 사용하려고 한다. 이 경우에 대하여 KDS 14 20 콘크리트구조 설계기준에 따라 설계전단강도 성능검증을 수행하시오. **[정답: 7.3.7절 예제 7-4 참조]**

7-14 소성 변각트러스 모델을 채택한 한계상태설계법 설계기준에서 부재 전체길이에 걸쳐서 소요전단철근과 최소전단철근을 배치하도록 규정한 이유를 설명하시오. **[정답: 7.4.1절 참조]**

7-15 소성 변각트러스 모델을 채택한 한계상태설계법 설계기준의 전단설계기준에서 콘크리트 압축 스트럿의 경사각 θ의 허용 범위를 규정하고 있는 이유를 전단 파괴거동과 관련지어 설명하시오. **[정답: 7.4.3절 참조]**

7-16 7.4.5절 예제 7-5에서 콘크리트의 설계기준압축강도 f_{ck}를 40 MPa로 증가시킨 것 외에 모든 변수가 동일할 때, 예제 7-5와 동일한 값의 계수전단력들에 대하여 KDS 24 14 21 콘크리트교 설계기준(한계상태설계법)에 따라 전단철근을 설계하시오. **[정답: 7.4.5절 예제 7-5 참조]**

7-17 7.4.5절 예제 7-6과 동일한 보에 작용하는 모든 하중이 20% 증가되어, 계수전단력 포락선이 그림 7-50의 값들보다 20% 증가되었다. 따라서 콘크리트의 설계기준압축강도 f_{ck}를 40 MPa로 증가시키고, SD500의 D13 철근을 U형 수직전단철근으로 배치하려고 한다. KDS 24 14 21 콘크리트교 설계기준(한계상태설계법)에 따라 전단설계를 수행하시오. **[정답: 7.4.5절 예제 7-6 참조]**

7-18 7.4.5절 예제 7-7과 동일한 보에 작용하는 모든 하중이 10% 감소되어 콘크리트의 설계기준압축강도 f_{ck}를 35 MPa로 감소시키고자 한다. 이 경우에 대하여 KDS 24 14 21 콘크리트교 설계기준(한계상태설계법)에 따라 받침부 내면의 위치에서 전단강도를 검증하시오. **[정답: 7.4.5절 예제 7-7 참조]**

7-19 7.4.5절 예제 7-8과 동일한 캔틸레버 기둥에 작용하는 모든 하중이 20% 증가되어, 콘크리트의 설계기준압축강도 f_{ck}를 35 MPa로 증가시키고, 횡방향 철근으로 SD500의 D13 철근을 사용하려고 한다. 이 경우에 대하여 KDS 24 14 21 콘크리트교 설계기준(한계상태설계법)에 따라 전단에 대한 설계검증을 수행하시오. **[정답: 7.4.5절 예제 7-8 참조]**

7-20 7.6.2절 예제 7-10과 동일한 확대기초에 작용하는 집중하중이 10% 증가되어, 콘크리트의 설계기준압축강도 f_{ck}를 35 MPa로 증가시키려고 한다. 이 경우에 대하여 KDS 14 20 콘크리트구조 설계기준에 따라 기초판의 뚫림전단 강도성능을 검증하시오. **[정답: 7.6.2절 예제 7-10 참조]**

7-21 7.6.3절 예제 7-11과 동일한 확대기초에 작용하는 집중하중이 10% 증가되어, 콘크리트의 설계기준압축강도 f_{ck}를 35 MPa로 증가시키고 철근의 설계기준항복강도 f_y를 500 MPa로 증가시키려고 한다. 이 경우에 대하여 KDS 24 14 21 콘크리트교 설계기준(한계상태설계법)에 따라 기초판의 뚫림전단 강도성능을 검증하시오. **[정답: 7.6.3절 예제 7-11 참조]**

7-22 7.7.2절 예제 7-12와 동일한 구조물에 작용하는 계수전단력이 20% 증가되어, 철근의 설계기준항복강도 f_y를 500 MPa로 증가시키려고 한다. 이 경우에 대하여 KDS 14 20 콘크리트구조 설계기준에 따라 기초판과 옹벽의 계면에 대한 전단강도성능을 검증하시오. **[정답: 7.7.2절 예제 7-12 참조]**

7-23 연습문제 7-22와 동일한 경우에 대하여 KDS 24 14 21 콘크리트교 설계기준(한계상태설계법)에 따라 기초판과 옹벽의 계면에 대한 전단강도성능을 검증하시오. **[정답: 7.7.3절 예제 7-13 참조]**

제8장 비틀림강도의 설계검증*

8.1 비틀림 작용과 비틀림 이론 개요

이 절에서는 콘크리트 구조물의 비틀림 작용과 비틀림 이론의 개요를 소개하고, 이어지는 절에서 비틀림 이론의 주요 내용과 설계기준의 내용을 소개한다.

8.1.1 비틀림 작용

하중이 작용하는 방향을 축으로 하여 단면의 형상이 완전히 대칭인 직선부재에서 하중이 부재 축에 작용하는 경우가 아니면 비틀림이 작용할 수 있다. 즉, 전체적으로 하나의 선으로 이루어진 직선부재에서는 하중이 부재의 축에서 벗어난 위치에 작용하는 경우 편심효과에 의하여 비틀림이 발생한다. 곡선부재 또는 여러 개의 직선부재가 직선으로 연결되지 않고 각도를 가지고 연결된 구조물은 하중이 부재의 축에 작용하는 경우에도 비틀림이 발생한다.

그림 8-1은 비틀림 작용의 예를 나타낸다. 그림 8-1(a)는 점선으로 표시된 부재 축의 왼쪽과 오른쪽에서 대각선 방향으로 하중이 위치하여 비틀림이 작용하는 교량이다. 그림 8-1(b)는 프리캐스트 L형 보의 하부 플랜지에 하중이 위치하여 비틀림이 작용하는 건축구조이다. 또, 그림 8-1(c)는 점선으로 표시된 부재 축에 하중이 위치하더라도 비틀림이 작용하게 되는 곡선교이다.

---

* 이 장은 기본적으로 프리스트레스트 콘크리트-강도설계법과 한계상태설계법(이재훈 저, 동명사, 2015)의 8장과 동일한 것으로, 철근콘크리트를 대상으로 하면서 좀 더 명확하게 설명하기 위하여 표현을 일부 수정하고 내용을 추가하여 보강한 것이다.

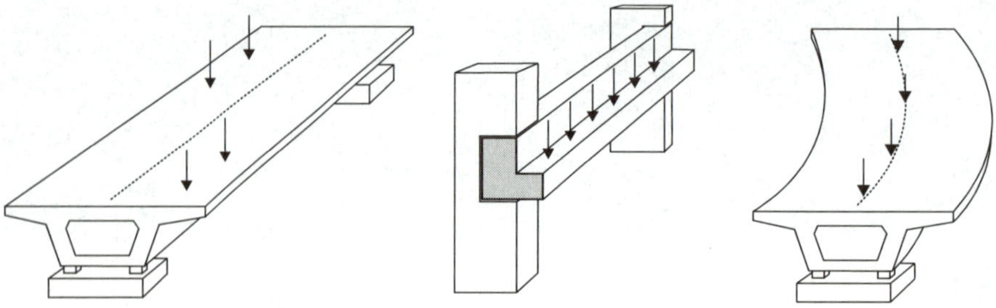

(a) 교차로 편 재하된 교량 (b) 프리캐스트 L형 보 (c) 곡선교

그림 8-1 보의 비틀림 작용

그림 8-2(a)는 교량구조물의 교각 등 기둥에 작용할 수 있는 비틀림 작용을 나타낸다. 예를 들어 그림 8-2(b)와 같이 교량 상부구조가 교각의 중심축 바로 위에 위치하지 않음으로써 편심을 가지고 수직방향으로 자중이 작용하는 구조물에 교축방향으로 지진이 작용하는 경우를 생각할 수 있다. 이러한 구조물은 상부구조가 지나가는 위치 아래의 지중에 지장물이 매설되어 있는 등의 불가피한 상황으로 상부구조의 중심과 교각단면의 중심을 일치시키기 어려울 때 종종 발생하는 형식이다. 이런 경우에는 교각 평면도를 나타내는 그림 8-2(c)와 같이 내민보 위에 설치되는 받침이 교각 단면의 중심에서 일정 거리만큼 떨어진 곳에 위치하게 되는데, 상부구조 교축방향으로 지진이 발생하면 받침을 통하여 화살표 방향으로 수평방향 하중이 작용하게 되고, 이에 따라 기둥에는 비틀림모멘트가 작용하게 된다.

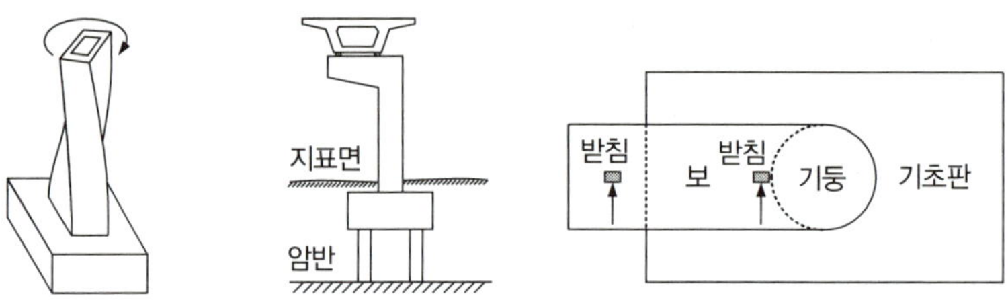

(a) 기둥 비틀림 입체도 (b) 교각 정면도 (c) 교각 평면도

그림 8-2 기둥의 비틀림 작용

또한, 드문 경우지만 시공 중 예기치 못한 사고 상황으로 교각이 비틀림 작용을 받을 수도 있다. 예를 들어 그림 8-3(a)는 중공 팔각형 기둥의 교각 위에 교량 상부구조가 캔틸레버 공법으로 시공되는 도중에 선박이 캔틸레버 단부를 충돌한 하중작용의 평면도이다. 이러한 충돌이 발생하면 충돌하중과 켄틸레버 보의 길이를 곱한 비틀림모멘트가 교각에 작용하게 되어, 그림 8-3의 (b), (c), (d)와 같이 비틀림 균열이 발생한 것이다.

구조물에 작용하는 비틀림모멘트는 작용방법과 구조형식에 따라, 다음과 같이 평형비틀림(정정비틀림)과 적합비틀림(부정정비틀림)으로 구분된다.[8.1, 8.2]

(a) 하중작용 평면도 (b) 북서쪽 방향 (c) 서쪽 방향 (d) 남서쪽 방향

그림 8-3 비틀림 작용에 의한 균열

- 평형비틀림(정정비틀림): 그림 8-4(a)와 같이 편심효과에 의하여 구조물에 작용하는 비틀림모멘트는 내부력의 재분배에 의하여 감소될 수 없는 비틀림모멘트이다. 이 비틀림모멘트는 구조물이 힘의 평형을 유지하기 위하여 발생하는 비틀림모멘트로, 평형비틀림(equilibrium torsion) 또는 정정비틀림이라고 한다.
- 적합비틀림(부정정비틀림): 그림 8-4(b)와 같은 부정정 구조물에 작용하는 비틀림은 부재의 강성비율에 따라 비틀림 효과가 달라진다. 하중이 작용하는 부재의 휨 작용으로 연결된 부재에 비틀림모멘트가 유발되는데, 비틀림을 받는 부재에 균열이 발생하기 전에는 상대적으로 큰 비틀림모멘트가 작용하게 된다. 그러나 비틀림을 받는 부재에 균열이 발생하게 되면 비틀림 강성이 급격히 감소하여, 전달되는 비틀림모멘트가 더 이상 증가하지 않고 힘이 재분배된다. 이러한 거동을 보이는 비틀림을 적합비틀림(compatibility torsion) 또는 부정정비틀림이라고 한다. 적합비틀림이 작용할 때의 설계에서는 힘의 재분배에 의하여 전달되는 비틀림모멘트의 최댓값을 균열비틀림모멘트(cracking torsional moment 또는 cracking torque)로 하여 계수비틀림모멘트를 제한한다.

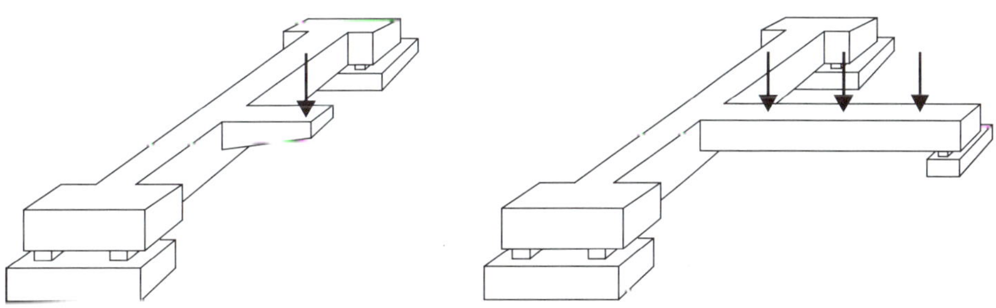

(a) 평형비틀림 부재 (b) 적합비틀림 부재

그림 8-4 비틀림 부재

일반적으로 비틀림이 작용하는 부재에 비틀림모멘트만 작용하는 경우는 매우 드물며, 휨모멘트와 전단력이 동시에 작용하는 경우가 대부분이다. 이때 최대 휨모멘트를 유발하는 하중조건과 최대 비틀림모멘트를 유발하는 하중조건이 다르므로, 휨설계에 따라 단면의 크기와 종방향 철근을 결정한 후 전단설계와 비틀림설계를 수행하는 것이 일반적이다.

이 절에서는 닫힌 단면(closed section)과 속찬 단면(solid section)의 순환형 전단류(circulatory shear flow)에 의한 순수비틀림(pure torsion, St. Venant torsion)만을 다룬다. 열린 단면(open section)에서 발생할 수 있는 뒤틀림(warping torsion)은 극한한계상태의 검증에서 생략하는 경우가 많기 때문에 이 절에서 다루지는 않는다. 그러나 매우 얇은 벽체로 이루어진 U형이나 T형 단면의 부재를 설계할 때에는 뒤틀림을 검토하여야 하는 경우가 있다.

비틀림철근이 배치되지 않은 콘크리트 부재는 비틀림 균열이 발생함과 동시에 취성으로 파괴된다. 이때에는 비틀림 회전각이 작고 비틀림 균열의 수도 적다. 비틀림철근이 배치된 부재는 사인장 비틀림 균열이 발생한 이후에도 급격히 파괴되지 않고, 비틀림철근이 항복한 이후 콘크리트 스트럿이 압축파괴될 때까지 비틀림강도를 발휘한다. 이때에는 비틀림 변형이 크며 비틀림 균열의 수도 많다.

8.1.2 비틀림 이론 개요

비틀림이 작용하는 콘크리트 부재에서 균열이 발생하기 전에는 고전적 탄성이론인 박벽관 이론(thin-walled tube theory)을 적용할 수 있다. 박벽관 이론은 St. Venant 비틀림 이론(순수 비틀림, pure torsion)에 바탕을 둔 이론이다. 균열이 발생한 후에는 박벽관 이론과 함께 공간트러스 해석법(space truss analogy)을 적용할 수 있다. 비틀림 균열이 발생한 후에도 균열비틀림모멘트보다 더 큰 비틀림모멘트를 저항하려면 부재 축과 직각인 횡방향으로 비틀림 보강철근을 배치하여야 하며, 부재 축과 평행인 종방향으로도 보강철근을 배치하여야 한다.

8.2 비틀림 이론

8.2.1 St. Venant 비틀림 이론

비틀림이 작용하는 탄성 상태의 원형관(pipe)에 대하여 Navier[8.3]는 다음의 가정에 따라 비틀림 전단응력을 유도하였다.

① 원형관의 단면은 비틀림이 작용한 후에도 원형을 유지한다.

② 비틀림에 의한 회전각이 작은 경우, 단면의 지름과 임의 단면 간의 거리는 변하지 않는다.

St. Venant[8.4]은 Navier의 이론을 발전시켜서 원형이 아닌 임의의 형상을 갖는 단면에 적용하였다. 원형관은 원의 중심에서 떨어진 거리가 일정하지만, 사각형과 같이 임의의 형상을 갖는 단면은 단면의 중심에서 떨어진 거리가 일정하지 않아서 비틀림 작용에 의한 변형과 전단흐름이 일정하지 않기 때문이다. St. Venant은 다음의 가정에 따라 임의의 형상을 갖는 단면의 비틀림 전단응력을 유도하였다.

① 단면은 비틀림이 작용한 후에도 변형 전과 동일한 형상을 유지한다.

② 비틀림에 의하여 임의의 단면형상을 갖는 부재에 발생하는 뒤틀림(warping)은 부재 전체 길이에 걸쳐서 일정하다.

St. Venant 비틀림 이론은 다음과 같다. 부재가 비틀림모멘트에 의하여 비틀리는 회전각의 변화율, 즉 부재 축방향의 단위길이 당 비틀림회전각을 θ_T라고 하면, θ_T는 전단탄성계수(shear modulus of elasticity) G와 비틀림상수(torsional constant) J를 이용하여 다음과 같이 나타낼 수 있다. 전단탄성계수 G는 재료특성으로 결정되는 값이고, 비틀림상수 J는 단면의 형상으로 결정되는 값이다.

$$\theta_T = \frac{T}{GJ} \tag{8·1}$$

원형 단면의 경우 비틀림상수 J는 다음과 같다. 여기서, r과 D는 각각 단면의 반지름과 지름이다.

$$J = \frac{\pi r^4}{2} = \frac{\pi D^4}{32} \tag{8·2}$$

원형 단면에 작용하는 최대 비틀림 전단응력 v_{max}는 단면의 표면에 발생하며, 다음과 같이 나타낼 수 있다.

$$v_{max} = \frac{Tr}{J} = \frac{TD}{2J} = \frac{16T}{\pi D^3} \tag{8·3}$$

원형 단면이 아닌 경우(비 원형 단면, noncircular section)에는 원형 단면과는 달리, 비틀림 변형 후에도 평면을 유지하지 않고 단면의 직각방향으로 변형이 발생하는 뒤틀림(warping)이 발생한다. 만일 비틀림 변형 후에도 평면을 유지한다면 단면 중심에서 가장 멀리 떨어진 위치에서 최대 비틀림 전단응력이 발생하지만, 뒤틀림 변형이 발생하는 비 원형 단면에서는 그렇지 않다.

그림 8-5는 비틀림에 의한 전단응력분포를 나타낸다. 그림 8-5(a)는 비틀림을 받는 직사각형 속찬 단면의 비틀림 전단응력의 분포를 나타내는 것으로, 재료가 탄성거동을 보인다면 단면의 응력은 전단면에 걸쳐서 실선과 같이 선형으로 분포한다. 그러나 재료가 비탄성거동을 보이는 콘크리트 부재에서는 그림에서 점선으로 나타낸 것과 같이 비선형의 응력분포를 보인다. 탄성체 역학이론(theory of elasticity)에 따르면 최대 비틀림 전단응력은 단면의 긴 변 중앙에서 발생하며, 비틀림상수 J와 최대 비틀림 전단응력 v_{max}는 다음과 같다.[8.5]

$$J - khl^3 \tag{8·4}$$

$$v_{max} = \frac{T}{kt^2h} \tag{8·5}$$

여기서, t는 단면의 짧은 변 길이이고, h는 단면의 긴 변 길이이다. 이 식의 k는 단면의 형상비에 따른 변수로, 다음 식으로 결정할 수 있다.[8.5]

$$k=\frac{1}{3}\left[1-0.63\frac{t}{h}\left(1-\frac{t^4}{12h^4}\right)\right] \tag{8·6}$$

짧은 변 길이에 대한 긴 변 길이의 비율 h/t의 변화에 따른 k 값은 표 8-1과 같다.

표 8-1 단면 형상비(h/t)에 따른 k 값

h/t	1.0	1.2	1.5	2.0	2.5	3.0	4.0	5.0	7.5	10.0	8
k	0.141	0.165	0.196	0.229	0.250	0.263	0.281	0.291	0.305	0.312	0.333

T형, L형, I형 단면과 같은 열린 단면(open section)을 가진 부재가 탄성으로 거동하는 경우, 전체 단면을 사각형 단면으로 분해한 후 각 요소 단면마다 식 (8·4)로 비틀림상수 J를 구하여 다음과 같이 최종적으로 합해서 부재의 비틀림 강도를 구할 수 있다.

$$J=\sum k_i h_i t_i^3 \tag{8·7}$$

이때 각 요소가 분담하는 비틀림모멘트는 각 요소의 비틀림 강성 구성비에 비례하도록 분배하여야 전체 단면에 대해 유도한 비틀림강성(torsional stiffness)이 최대가 된다.

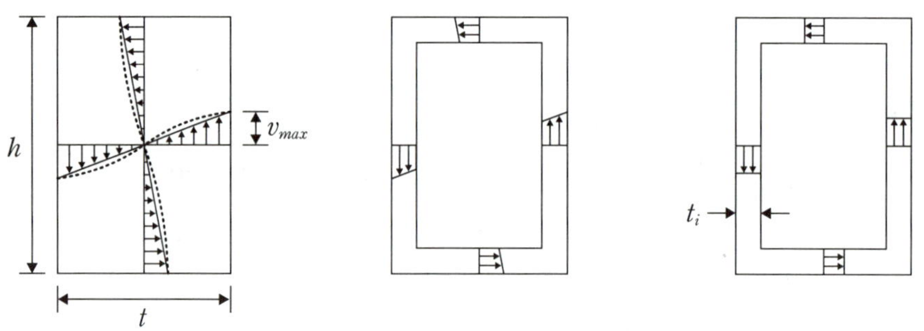

(a) 속찬 단면의 비틀림 응력 (b) 속빈 단면의 비틀림 응력 (c) 박벽관의 비틀림 응력

그림 8-5 비틀림 전단응력

8.2.2 박벽관 이론

박벽관 이론(thin-walled tube theory)은 Bredt[8.6]가 제안한 것으로, 비틀림이 작용한 후에도 단면의 형상을 유지한다는 가정과 부재 축방향으로의 변형이 구속되지 않는다고 가정하는 St. Venant 비틀림 이론(순수 비틀림, pure torsion)에 바탕을 둔 이론이다. 여기서 박벽(thin wall)은 두께 방향으로의 응력 변화가 무시할 수 있을 정도로 작아서 두께 방향의 응력을 등분포로 간주할 수 있는 얇은 두께의 벽체를 의미한다. 이러한 박벽으로 구성된 단면으로 닫힌 단면(closed section)을 형성한 것을 박벽관(thin-walled tube)이라고 한다.

그림 8-5(b)는 속빈 단면의 비틀림 응력분포로, 그림 8-5(a)의 실선과 같이 선형의 분포를 나타낸다. 만일 단면두께가 매우 작은 경우라면, 그림 8-5(c)와 같이 단면 내의 응력이 균일하다고 가정할 수 있다. 또 콘크리트 부재에서는 그림 8-5(a)의 점선과 같이 비틀림 응력이 비선형 형상의 분포를 보이므로, 단면 내의 응력이 균일하다고 가정할 수 있다.

그림 8-6(a)는 속빈 단면(void section, hollow section)으로 두께가 얇은 부정형의 박벽관을 나타낸다. 두께가 t로 일정할 때, 전단흐름(shear flow) q와 비틀림모멘트에 의한 전단응력 v는 다음과 같은 관계를 가진다.

$$q = vt \tag{8·8}$$

단면에 작용하는 비틀림모멘트 T와 전단흐름(shear flow) q는 다음과 같은 관계로 나타낼 수 있다.

$$q = \frac{T}{2A_o} \tag{8·9}$$

여기서, A_o는 그림 8-6(a)에 나타난 바와 같이 벽체단면 중심선 이내의 면적이다. 따라서 비틀림모멘트 T와 전단흐름 q, 그리고 전단응력 v는 다음과 같은 관계로 나타낼 수 있다.

$$T = 2A_o q = 2A_o vt \tag{8·10}$$

$$v = \frac{T}{2A_o t} \tag{8·11}$$

한편, 그림 8-6(b)와 같이 각 벽체의 두께가 동일하지 않은 사각형 단면의 경우에는, 비틀림모멘트 T가 작용할 때의 전단흐름 q를 앞의 식 (8·9)로 구한 후 다음과 같이 각 벽체에 작용하는 전단력을 구할 수 있다. 여기서, y_i와 t_i는 각각 i번째 벽체의 길이와 두께로 그림 8-6(b)에 나타나 있다.

$$V_i = qy_i = v_i t_i y_i \tag{8·12}$$

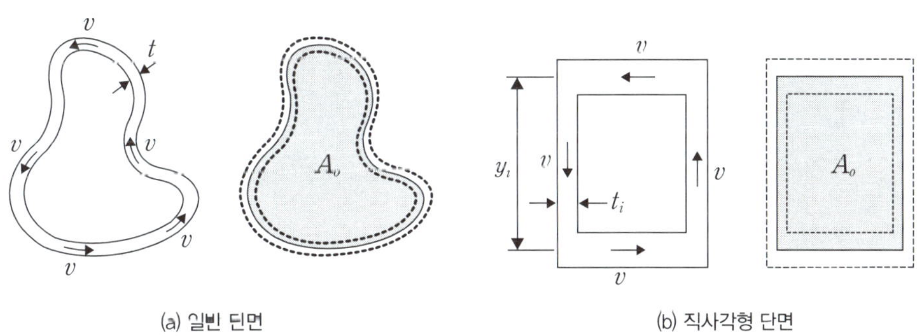

그림 8-6 박벽관의 전단응력과 전단흐름 내부 단면적

8.3 균열비틀림모멘트

8.3.1 철근콘크리트의 균열비틀림모멘트

만일 비틀림모멘트 T가 작용했을 때 사인장균열이 발생하였다면, 이때의 전단응력을 v_{cr}로 표현하고 T를 T_{cr}로 표현하여 식 (8·11)을 다음과 같이 나타낼 수 있다.

$$v_{cr} = \frac{T_{cr}}{2A_o t} \tag{8·13}$$

한편, 철근콘크리트 단면에서 전단응력이 콘크리트의 인장강도 f_{ct}에 도달할 때 사인장균열이 발생한다. 따라서 식 (8·13)에서 사인장균열이 발생할 때의 전단응력 v_{cr}에 f_{ct}를 대입하고 정리하면, 다음과 같이 철근콘크리트 속빈 단면(void section, hollow section)의 균열비틀림모멘트(cracking torsional moment 또는 cracking torque) T_{cr}을 구할 수 있다.

$$T_{cr} = 2A_o t f_{ct} \tag{8·14}$$

속찬 단면(solid section)은 가상의 속빈 단면으로 이상화하여 박벽관 이론을 적용할 수 있다. 즉, 많은 실험과 해석의 연구결과로 가상 속빈 단면의 벽체두께 t_c는 다음의 범위에 있다고 알려졌다.

$$2c \le t_c \le \frac{A_{cp}}{p_{cp}} \tag{8·15}$$

여기서, c는 종방향 철근 중심부터의 피복두께, A_{cp}는 콘크리트 단면의 외부 둘레로 둘러싸인 면적, p_{cp}는 콘크리트 단면의 외부 둘레 길이이다. 가상 속빈 단면의 벽체두께 t_c는 이 범위 내의 값으로 다음과 같이 선택할 수 있다.

$$t_c = \frac{3}{4}\frac{A_{cp}}{p_{cp}} \tag{8·16}$$

이 관계에 따른 가상 박벽관의 t_c는 정사각형 단면의 경우 한 변의 길이의 0.1875배이며, 원형 단면의 경우에도 반지름의 0.1875배이다. 따라서 가상 벽체단면 중심선 이내의 면적 A_o를 계산하면 A_{cp}의 0.6602배가 되어, 다음과 같이 이상화할 수 있다.

$$A_o = \frac{2}{3} A_{cp} \tag{8·17}$$

이제, 식 (8·14)의 A_o에 식 (8·17)을 대입하고, t에 식 (8·16)의 t_c 를 대입하면, 철근콘크리트 속찬 단면의 균열비틀림모멘트를 다음으로 나타낼 수 있다.

$$T_{cr} = \frac{A_{cp}^2}{p_{cp}} f_{ct} \tag{8·18}$$

8.3.2 설계기준의 균열비틀림모멘트

설계기준에서는 AASHTO-LRFD[8.7]와 같이 균열비틀림모멘트를 명시적으로 규정하고 있는 설계기준도 있고, 명시적으로 규정하지는 않지만 암묵적으로 표현하고 있는 설계기준도 있다. 그러나 그 어떤 경우에도 식 (8·18)을 기본으로 하고, 콘크리트 인장강도의 변동성에 따라 강도감소계수 또는 재료계수를 고려하여 설계 균열비틀림모멘트(design cracking torsional moment)를 나타낸다는 것은 동일하다.

KDS 14 20 콘크리트구조 설계기준[8.8]과 과거에 적용하던 강도설계법의 도로교설계기준[8.9]은 식 (8·18)의 콘크리트 인장강도 f_{ct}를 $(1/3)\sqrt{f_{ck}}$로 취하여, 철근콘크리트의 설계 균열비틀림모멘트를 식 (8·19)와 식 (8·20)으로 각각 나타낸다. KDS 14 20 콘크리트구조 설계기준의 식 (8·19)에서 λ는 경량콘크리트 계수이다. 전단력과 비틀림에 대한 강도감소계수(저항계수) ϕ는 KDS 14 20 콘크리트구조 설계기준[8.8]에 따를 때 0.75를 적용한다.

$$\phi T_{cr} = \phi(\lambda\sqrt{f_{ck}}/3)\,\frac{A_{cp}^2}{p_{cp}} \tag{8·19}$$

$$\phi T_{cr} = \phi\,\frac{1}{3}\sqrt{f_{ck}}\,\frac{A_{cp}^2}{p_{cp}} \tag{8·20}$$

ACI 318 Code[8.10]는 콘크리트의 인장강도 f_{ct}를 $0.33\sqrt{f_c'}$로 취하여 다음과 같이 철근콘크리트의 설계 균열비틀림모멘트를 나타낸다. 여기서, 전단력과 비틀림에 대한 강도감소계수(저항계수) ϕ는 0.75를 적용한다.

$$\phi T_{cr} = \phi\,0.33\,\lambda\sqrt{f_c'}\left(\frac{A_{cp}^2}{p_{cp}}\right) \tag{8·21}$$

AASHTO-LRFD[8.7]는 콘크리트의 인장강도 f_{ct}를 $0.328\sqrt{f_c'}$로 취하여 프리스트레스트 콘크리트의 설계 균열비틀림모멘트를 나타내는데, 프리스트레스 항을 0으로 하면 철근콘크리트의 설계 균열비틀림 모멘트를 다음과 같이 나타낼 수 있다. 여기서, 전단력과 비틀림에 대한 강도감소계수(저항계수) ϕ는 보통중량콘크리트의 경우에 0.9를, 경량콘크리트의 경우에 0.8을 적용한다.

$$\phi T_{cr} = \phi\,0.328\sqrt{f_c'}\,\frac{A_{cp}^2}{p_{cp}} \tag{8·22}$$

KDS 24 14 21 콘크리트교 설계기준(한계상태설계법)[8.11]과 Eurocode 2[8.12]도 역시 박벽관 이론을 기본으로 하여 비틀림 설계기준을 규정하고 있다. 다만, KDS 24 14 21 콘크리트교 설계기준(한계상태설계법)은 KDS 14 20 콘크리트구조 설계기준과 ACI 318 Code와 동일한 기호를 사용하여 비틀림 설계기준을 표현하고 있고, Eurocode 2는 고유의 기호를 사용하여 비틀림 설계기준을 표현하고 있다.

Eurocode 2[8.12]는 식 (8·9)를 다음과 같이 표현하고 있다.

$$\tau_{t,i}\,t_{\mathrm{ef},i} = \frac{T_{Ed}}{2A_k} \tag{8·23}$$

이것은 식 (8·9)의 q를 $\tau_{t,i}\,t_{\mathrm{ef},i}$로, T를 T_{Ed}로, A_o를 A_k로 표현한 것이며, 또한 식 (8·12)의 v_i를

$\tau_{t,i}$로, 식 (8·12)의 t_i와 식 (8·15)의 t_c를 유효 벽두께 $t_{\text{ef},i}$로 표현한 것이다. 유효 벽두께 $t_{\text{ef},i}$는 다음과 같이 정의되어 있으나, 종방향 철근 중심부터 콘크리트 표면까지 거리의 2배를 넘지 않는 값으로 결정하여야 한다. 또한, 속빈 단면의 경우에는 $t_{\text{ef},i}$가 실제 벽체 두께를 넘지 않는 값으로 결정하여야 한다.

$$t_{\text{ef},i} = \frac{A}{u} \tag{8·24}$$

여기서, A는 콘크리트 단면의 외부 둘레로 둘러싸인 면적으로 식 (8·16)의 A_{cp}와 동일하고, u는 콘크리트 단면의 외부 둘레 길이로 식 (8·16)의 p_{cp}동일하다. 또, 그림 8-6(b)와 식 (8·12)의 y_i를 z_i로 표현하여 각 벽체에 작용하는 전단력을 다음과 같이 표현하고 있다.

$$V_{Ed,i} = \tau_{t,i} t_{\text{ef},i} z_i \tag{8·25}$$

KDS 24 14 21 콘크리트교 설계기준(한계상태설계법)과 Eurocode 2는 설계 균열비틀림모멘트를 명시적인 수식으로 표현하고 있지는 않다. 다만, Eurocode 2는 균열비틀림모멘트를 구할 때 $\tau_{t,i}$를 콘크리트의 설계인장강도 f_{ctd}로 하여 계산하도록 규정하고 있다. 따라서 Eurocode 2의 재료변동성을 고려하는 개념과 기호에 따르면 철근콘크리트의 설계 균열비틀림모멘트를 다음과 같이 표현할 수 있다.

$$T_{Rd,c} = 2A_k t_{\text{ef},i} f_{ctd} \tag{8·26}$$

여기서 A_k는 벽체단면 중심선 이내의 면적으로, 속빈 단면의 경우에는 단면 내부 빈 공간의 면적도 포함한다. 콘크리트의 설계인장강도 f_{ctd}는 설계기준인장강도 f_{ctk}에 콘크리트에 대한 재료계수를 곱하거나 부분안전계수로 나누어 결정한다.

8.4 콘크리트 부재의 비틀림강도

8.4.1 비틀림 설계모델

비틀림에 대하여 보강되지 않은 콘크리트 부재와 비틀림철근이 보강된 콘크리트 부재는 비틀림 거동이 매우 다르게 나타난다. 비틀림철근이 보강되지 않은 콘크리트 부재는 비틀림에 의한 균열이 콘크리트에 발생하는 즉시 파괴되는 취성 거동을 보인다. 그러나 비틀림철근이 보강된 콘크리트 부재는 비틀림 균열이 발생하더라도 즉시 파괴되지 않고, 더 큰 비틀림모멘트에 저항하며 변형이 진행되어 상대적으로 연성 거동을 보인다.

비틀림철근이 보강된 콘크리트 부재는 파괴에 이를 때까지의 거동에서 비틀림 균열의 발생 이전과 이후가 크게 다르다. 비틀림 균열이 발생하기 전에는 비틀림철근의 역할이 매우 미미해서, 비틀림에 대하여 보강되지 않은 콘크리트 부재와 거의 유사하다. 이때의 거동은 탄성 비틀림 이론으로 설명할 수 있다. 그러나 비틀림 균열이 발생하게 되면, 부재의 비틀림강성이 급격히 감소하게 되고 비틀림철근의 응력이 크게 증가하여 평형을 유지하게 된다.

비틀림철근이 보강된 콘크리트 부재의 파괴는 비틀림철근의 양에 따라, 일반적으로 다음과 같이 세 가지 형태로 구분할 수 있다.[8.13]

① 상대적으로 적은 양의 비틀림철근이 배치된 경우로, 비틀림철근이 항복하여 더 이상 비틀림모멘트에 저항하지 못하는 파괴 형태

② 상대적으로 많은 양의 비틀림철근이 배치된 경우로, 콘크리트 스트럿이 압축파괴 되어 더 이상 비틀림모멘트에 저항하지 못하는 파괴 형태

③ 상대적으로 다소 많은 양의 비틀림철근이 배치된 경우로, 비틀림철근과 종방향철근이 항복한 뒤 변형이 진행되다가 콘크리트 스트럿이 압축파괴 되어 더 이상 비틀림모멘트에 저항하지 못하는 파괴 형태

설계기준에서는 콘크리트 부재가 연성으로 파괴되도록 유도하여야 하므로, 비틀림에 의한 파괴가 발생하더라도 위의 첫 번째 파괴 형태가 나타나도록 하여야 한다. 따라서 설계기준에서는 연성의 비틀림 파괴를 유도하기 위한 제한기준과 비틀림강도를 확보하기 위한 강도검증기준을 규정하고 있다. 강도검증기준에 대해서는 대부분의 주요설계기준이 공간트러스 해석법을 기초로 하고 있다.

공간트러스 해석법은 Rausch[8.14]가 해석개념을 제안한 후, Lampert[8.15]가 소성 공간트러스 유사법(plastic truss analogy)으로 발전시킨 것이다. 그 후 유럽에서는 Lampert와 Thürlimann[8.16], Lüchinger[8.17] 등 많은 연구자들에 의하여 발전되어서, 유럽콘크리트위원회(European Concrete Committee)의 1978년도 CEB-FIB Model Coder[8.18]에 비틀림 설계모델로 처음 채택되었고, 2010년도 FIB Model Coder[8.19]와 Eurocode 2[8.19]도 공간트러스 해석법을 기초로 하고 있다.

북미에서는 Lampert와 Collins[8.20]의 연구결과가 소개된 후, 기존의 미국 연구자들의 연구결과와 함께 미국과 캐나다의 여러 연구자들에 의해 발전되었다. 미국에서는 공간트러스 해석법과 개념적으로는 유사하다고 할 수 있으나 표현에 있어서 다른 형태를 보이는 경사-휨 이론(skew-bending theory)이 1971년도부터 ACI 318 Code의 비틀림 설계모델로 처음 채택되었다. 경사-휨 이론(skew-bending theory)은 사각형 단면에 대한 비틀림강도 해석모델로, Lessig[8.21]에 의하여 제안된 후 Hsu[8.22]와 Zia[8.23] 등 여러 연구자들에 의해 발전되었다. 그 후 MacGregor와 Ghoneim[8.24]이 공간트러스 해석법을 기존의 미국 연구자들의 연구결과에 접목한 설계기준안을 제안하였고, 여러 논의와 수정을 거쳐 1995년도부터 ACI 318 Code의 비틀림 설계모델로 채택되었다. 이때부터 그 이전의 ACI 318 Code에서 비틀림강도에 포함하였던 콘크리트에 의한 비틀림강도 T_c 항이 삭제되었다. 이것은 비틀림 균열이 발생하기 전에는 콘크리트가 비틀림모멘트에 저항하지만, 균열이 발생한 이후에는 공간트러스로 해석하므로 콘크리트에 의한 비틀림강도를 따로 계산할 필요가 없어졌기 때문이다.

한편 캐나다에서는 Lampert와 Collins[8.20]의 연구결과가 Mitchell과 Collins[8.25, 8.26]에 의하여 공간트러스 해석법에 따른 압축장 이론(compression field theory)로 발전하였다. 그 후 수정 압축장 이론의 공간트러스 해석법에 따른 비틀림 설계모델이 캐나다의 콘크리트구조설계기준[8.27]과 미국의 AASHTO-LRFD[8.7]에 채택되었다.

8.4.2 공간트러스 해석법과 비틀림강도

비틀림을 받은 콘크리트 보에 콘크리트의 인장강도보다 큰 주인장응력이 작용하면, 그림 8-7(a)와 같이 θ의 각도를 갖는 경사균열이 발생한다. 균열 발생 후의 콘크리트 박벽관은 그림 8-7(a)에 나타낸 바와 같이 패쇄 비틀림철근, 종방향 철근, 경사 압축 스트럿의 세 가지 부재가 박벽관의 각 벽에 작용하는 전단흐름을 지지하는 공간트러스(입체트러스, space truss)로 이상화할 수 있다. 트러스 해석에서 인장력을 지지하는 보강철근 또는 타이(tie)는 항복하고, 콘크리트 스트럿(strut)은 압축력만을 지지한다고 가정하여 힘의 평형조건에 따라 부재력을 산정한다. 그림 8-7(b)는 한 벽면에 작용하는 수직방향 힘의 작용이다. 여기서 A_t와 f_{yt}는 각각 비틀림철근의 단면적과 설계기준항복강도이다.

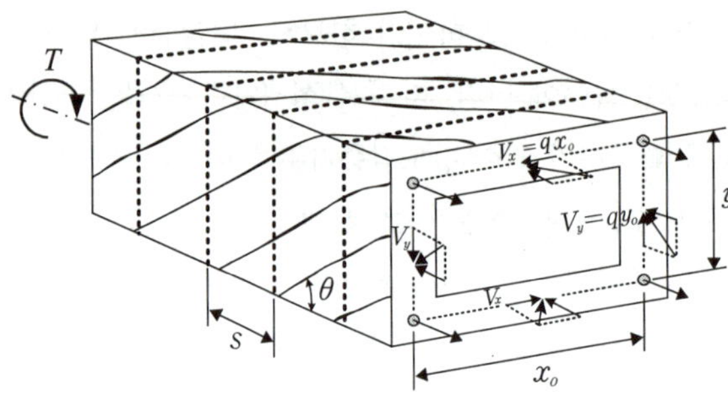

(a) 공간트러스 모델의 비틀림 저항

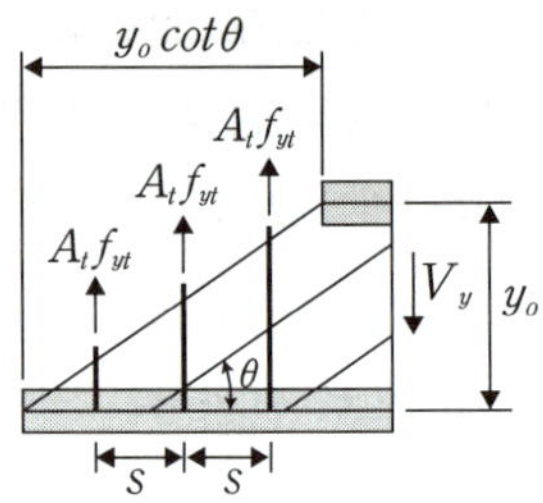

(b) 힘의 수직평형

그림 8-7 공간트러스 모델

그림 8-7(a)에 나타낸 바와 같이, 수직벽에 작용하는 전단력 V_y는 전단흐름 q에 벽의 길이 y_o를 곱한 것과 같으므로 다음과 같이 표현할 수 있다.

$$V_y = q\,y_o = \frac{T}{2A_o}y_o \tag{8 ·27}$$

한편, 각도가 θ인 균열면을 가로지르는 비틀림철근의 수는 $y_o \cot\theta$를 비틀림철근의 간격 s로 나누어 구할 수 있으므로, 비틀림철근이 항복한다면 수직방향의 힘의 평형을 다음의 관계로 나타낼 수 있다.

$$V_y = \frac{y_o \cot\theta}{s}A_t f_{yt} \tag{8 ·28}$$

이제 V_y를 표현하는 식 (8 ·27)의 마지막 항과 식 (8 ·28)의 오른쪽 항을 같다고 하고, T를 T_s로 표현하면 비틀림철근에 의해 지지되는 비틀림모멘트를 다음과 같이 구할 수 있다.

$$T_s = \frac{2A_o A_t f_{yt}}{s}\cot\theta \tag{8 ·29}$$

이 관계는 다음과 같은 또 다른 방법으로도 유도할 수 있다. 즉, 그림 8-7(a)에 표시된 V_x와 V_y는 각각 다음과 같이 나타낼 수 있다.

$$V_x = \frac{x_o}{s} A_t f_{yt} \cot\theta \tag{8·30}$$

$$V_y = \frac{y_o}{s} A_t f_{yt} \cot\theta \tag{8·31}$$

비틀림모멘트는 전단력과 단면 중심까지의 거리를 곱한 것이므로, V_x와 V_y에 의한 비틀림모멘트는 각각 다음과 같다.

$$T_x = V_x \frac{y_o}{2} = \frac{x_o y_o}{2s} A_t f_{yt} \cot\theta \tag{8·32}$$

$$T_y = V_y \frac{x_o}{2} = \frac{x_o y_o}{2s} A_t f_{yt} \cot\theta \tag{8·33}$$

따라서 총 비틀림모멘트는 다음과 같이 구할 수 있다.

$$T_s = \sum T_i = 2T_x + 2T_y = 2\frac{x_o y_o}{s} A_t f_{yt} \cot\theta \tag{8·34}$$

이 식에서 $x_o y_o$은 벽체단면 중심선 이내의 면적 A_o와 동일하므로, $x_o y_o$ 대신 A_o로 표현하면 비틀림모멘트는 다음과 같이 나타낼 수 있다.

$$T_s = 2\frac{A_o A_t f_{yt}}{s} \cot\theta \tag{8·35}$$

이렇게 구한 식 (8·35)는 식 (8·29)와 동일한 것이다. 속찬 단면의 경우에는 A_o를 폐쇄형 비틀림철근으로 둘러싸인 콘크리트 면적으로 한다.

한편, 전단흐름 q의 단면 직각방향 성분은 $q\cot\theta$이고 전단흐름 q는 벽체단면 중심으로 이루어진 둘레 길이 p를 따라 작용하므로, 단면의 직각방향으로 작용하는 압축력은 $qp\cot\theta$가 된다. 이 힘은 종방향 철근에 작용하는 인장력과 평형을 이루는데, 부재의 축방향으로 배치된 철근의 항복응력이 f_{yl}이라면 이 힘을 지지하기 위하여 축방향 철근의 단면적 A_l이 필요하다. 즉, 다음과 같이 힘의 평형이 이루어져야 한다.

$$A_l f_{yl} = qp\cot\theta \tag{8·36}$$

이 식의 q에 식 (8·9)를 대입하고, T에 식 (8·29)를 대입하면 다음과 같다.

$$A_l f_{yl} = \frac{T}{2A_o} p\cot\theta = \frac{A_t}{s} f_{yt}\, p\cot^2\theta \tag{8·37}$$

따라서, 부재의 축방향으로 배치되어야 할 철근의 단면적을 다음으로 구할 수 있다.

$$A_l f_{yl} = \frac{Tp}{2f_{yl}A_o}\cot\theta = \frac{A_t}{s}\frac{f_{yt}}{f_{yl}}\, p\cot^2\theta \tag{8·38}$$

이 식을 이용하여, 비틀림 균열각도 θ는 다음과 같이 나타낼 수 있다.

$$\theta = \tan^{-1}\left(\sqrt{\frac{pA_t f_{yt}}{sA_l f_{yl}}}\right) \tag{8·39}$$

한편, 콘크리트 스트럿이 저항할 수 있는 최대전단력은 앞의 식 (7·105)와 같다. 이 식에서 α_{cw}는 축하중 또는 프리스트레스에 의한 압축응력의 영향을 고려하는 계수이다.

$$V_{c,\,strut} = \frac{\alpha_{cw} f_{c,\,eff} b_w z}{\cot\theta + \tan\theta} \tag{7·105}$$

이 식의 양변을 $b_w z$로 나누면 전단응력으로 표현되고, 전단응력 $V_{c,\,strut}/(b_w z)$를 $T_{c,\,max}/(2A_o t)$로 치환한 후 정리하면 다음과 같이 콘크리트 스트럿이 압축파괴될 때의 최대 비틀림모멘트강도를 구할 수 있다.

$$T_{c,\,max} = \frac{2\alpha_{cw} f_{c,\,eff} A_o t}{\cot\theta + \tan\theta} = 2\alpha_{cw} f_{c,\,eff} A_o t \sin\theta \cot\theta \tag{8·40}$$

8.5 비틀림과 전단의 상호작용

구조부재에 비틀림만 작용하는 경우는 매우 드물다. 대부분의 부재에는 휨모멘트, 전단력, 비틀림모멘트가 동시에 작용하여, 비틀림이 주된 한계상태가 되는 경우는 흔하지 않다. 휨모멘트, 전단력, 비틀림모멘트가 동시에 작용하는 부재는 각각의 개별 단면력에 대한 검증을 수행한 후 서로의 상호작용을 고려하여 그 영향을 별도로 검토하는 검증방법을 사용할 수 있다. 전단력과 비틀림모멘트가 동시에 작용하는 경우, 전단응력과 비틀림응력은 위치에 따라 동일한 방향이나 반대 방향으로 작용한다.

그림 8-8과 그림 8-9는 각각 속빈 단면과 속찬 단면의 전단응력과 비틀림응력의 조합을 나타낸다. 전단응력은 아랫방향으로 작용하고 비틀림응력은 좌우 양쪽 면에서 반대방향으로 작용하여, 한쪽 변에서는 두 응력이 같은 방향으로 합성응력이 증가되지만 반대쪽 변에서는 두 응력이 반대 방향으로 합성응력이 감소된다. 따라서 최댓값이 되는 전단력은 전단응력과 비틀림응력이 같은 방향으로 작용하는 경우로, 다음과 같이 나타낼 수 있다.

$$V_{i,\,max} = (v_V + v_T) t_i h_i \tag{8·41}$$

이와 같은 상관관계를 반영하기 위하여, 다음과 같이 속찬 단면은 원형의 관계로 나타내고, 속빈 단면은 선형의 관계로 이상화하여 조합하중이 작용하는 부재의 극한한계상태를 검증할 수 있다. 즉, 콘크리트 스트럿의 강도에 의한 최대 설계전단강도 $V_{d,\,max}$를 기준으로 하여 다음의 조건을 만족하여야 한다.

$$\text{속찬 단면:}\ \left(\frac{T_u}{T_{d,\,max}}\right)^2 + \left(\frac{V_u}{V_{d,\,max}}\right)^2 \le 1.0 \tag{8·42}$$

$$\text{속빈 단면:}\ \frac{T_u}{T_{d,\,max}} + \frac{V_u}{V_{d,\,max}} \le 1.0 \tag{8·43}$$

여기서, T_u와 V_u는 각각 계수비틀림모멘트와 계수전단력이며, $T_{d,\,max}$는 식 (8·40)의 $T_{c,\,max}$와 같은

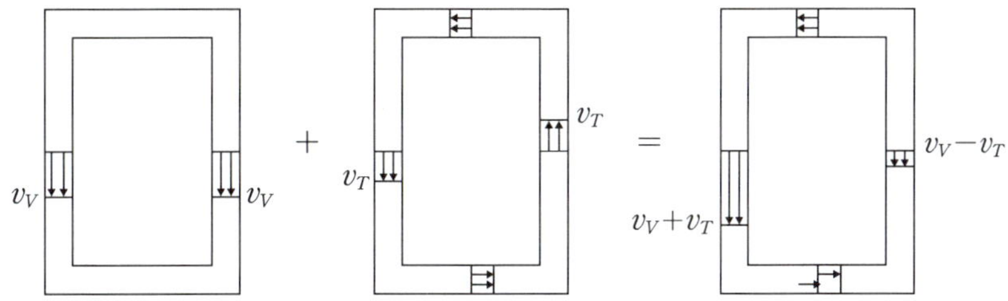

(a) 전단응력 (b) 비틀림응력 (c) 합성응력

그림 8-8 속빈 단면의 합성응력

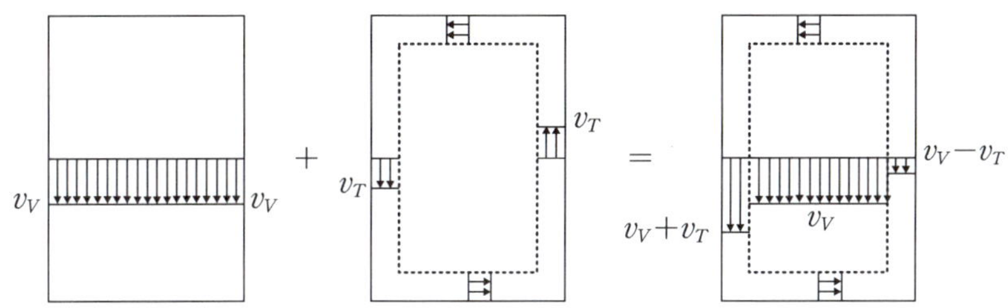

(a) 전단응력 (b) 비틀림응력 (c) 합성응력

그림 8-9 속찬 단면의 합성응력

최대 비틀림강도이고, $V_{d,\,max}$는 식 (7 · 105)의 $V_{c,\,strut}$와 같은 최대 전단강도이다.

강도설계법의 설계기준이나 한계상태설계법의 설계기준은 그 표현방법이 다르지만, 모두 식 (8 · 42)와 식 (8 · 43)의 조건을 기본으로 하고 있다. 즉, KDS 24 14 21 콘크리트교 설계기준(한계상태설계법)[8.11]은 전단력과 비틀림모멘트가 동시에 작용하는 경우, 식 (8 · 42)와 식 (8 · 43)과 동일한 형태로 규정하고 있다. 또, 속찬 직사각형 단면에 대한 추가기준으로, 최소비틀림철근을 배치하였다면 비틀림 설계와 검증을 생략할 수 있는 범위를 규정하고 있다. 이 범위는 사각형 단면의 형상비(h/t)를 2.0으로 가정하여 식 (8 · 6)으로 계산되는 k 값을 0.229로 하면[표 8-1 참조], 식 (8 · 5)에 따라 다음과 같이 나타낼 수 있다.

$$v_T = \frac{T_u}{kt^2h} = \frac{T_u}{0.229\,t^2h} \tag{8 · 44}$$

$$T_u \le 0.229\,t^2hv_T \approx \frac{t^2hv_T}{4.5} = \frac{t^2h\left(\dfrac{V_T}{th}\right)}{4.5} = \frac{V_Tt}{4.5} \tag{8 · 45}$$

이 식을 만족하는 경우, 즉 T_u가 $V_T\,t/4.5$ 이하인 경우에는 비틀림 설계와 검증을 생략할 수 있다. 한편 비틀림과 전단은 합성작용을 하므로, 식 (8 · 41)과 동일한 개념으로 다음 조건을 또한 만족하여야 한다.

$$V_u\left(1+\frac{4.5\,T_u}{V_ut}\right) \le V_{cd} \tag{8 · 46}$$

여기서 V_{cd}는 앞의 식 (7·86)으로 계산되는 전단철근이 보강되지 않은 균열 단면의 설계전단강도이다.

$$V_{cd} = [0.85\,\phi_c\,\chi(\rho\,f_{ck})^{1/3} + 0.15\,f_n]\,b_w d \qquad (7\cdot 86)$$

Eurocode 2[8.12]는 전단력과 비틀림모멘트가 동시에 작용하는 경우, 속찬 단면과 속빈 단면을 구분하지 않고 모두 식 (8·43)과 같이 1차식의 관계로 규정하여, 다음의 식으로 검증하도록 하고 있다.

$$\frac{T_{Ed}}{T_{Rd,\,max}} + \frac{V_{Ed}}{V_{Rd,\,max}} \leq 1.0 \qquad (8\cdot 47)$$

여기서, T_{Ed}와 V_{Ed}는 각각 T_u와 V_u와 같은 의미이고, $T_{Rd,\,max}$와 $V_{Rd,\,max}$는 각각 $T_{d,\,max}$와 $V_{d,\,max}$와 같은 의미로, $T_{Rd,\,max}$는 다음으로 계산한다.

$$T_{Rd,\,max} = 2\,\nu\,\alpha_{cw} f_{cd}\,A_k\,t_{ef,\,i}\sin\theta\cos\theta \qquad (8\cdot 48)$$

Eurocode 2에서 속찬 직사각형 단면의 경우에는 다음의 조건을 만족하도록 하고 있다.

$$\frac{T_{Ed}}{T_{Rd,\,c}} + \frac{V_{Ed}}{V_{Rd,\,c}} \leq 1.0 \qquad (8\cdot 49)$$

여기서 $V_{Rd,\,c}$는 $\tau_{t,\,i}$를 콘크리트의 설계인장강도 f_{ctd}로 하여 계산한 균열비틀림모멘트로 식 (8·26)과 같으며, $V_{Rd,\,c}$는 앞의 식 (7·94)와 식 (7·95)로 결정한다.

$$V_{Rd,\,c} = [C_{Rd,\,c}\,k(100\,\rho_l\,f_{ck})^{1/3} + k_1\sigma_{cp}]b_w d \qquad (7\cdot 94)$$

$$V_{Rd,\,c} \geq (v_{min} + k_1\sigma_{cp})b_w d \qquad (7\cdot 95)$$

KDS 14 20 콘크리트구조 설계기준[8.8]과 ACI 318 Code[8.10]는 전단력과 비틀림모멘트가 동시에 작용하는 경우, 과대한 균열을 방지하고 콘크리트 압축스트럿의 파괴를 방지하기 위하여 다음의 조건을 만족하도록 규정하고 있다.

$$\text{속찬 단면: } \sqrt{\left(\frac{V_u}{b_w d}\right)^2 + \left(\frac{T_u p_h}{1.7\,A_{oh}^3}\right)^2} \leq \phi\left(\frac{V_c}{b_w d} + \frac{2\sqrt{f_{ck}}}{3}\right) \qquad (8\cdot 50)$$

$$\text{속빈 단면: } \left(\frac{V_u}{b_w d}\right) + \left(\frac{T_u p_h}{1.7\,A_{oh}^3}\right) \leq \phi\left(\frac{V_c}{b_w d} + \frac{2\sqrt{f_{ck}}}{3}\right) \qquad (8\cdot 51)$$

여기서, A_{oh}는 가장 바깥의 비틀림 보강철근의 중심으로 닫힌 단면적이며, p_h는 가장 바깥의 폐쇄 횡방향 비틀림철근 중심선의 둘레 길이이다. 속빈 단면에서, 만일 벽의 두께가 A_{oh}/p_h보다 작다면, 식 (8·51)의 좌변 두 번째 항을 $T_u/1.7\,A_{oh}\,t$로 대체하여야 한다. 여기서, t는 응력이 계산되는 위치에서 속빈 단면의 벽 두께이다. 따라서 벽의 두께가 A_{oh}/p_h보다 작은 경우에는 식 (8·51) 대신 다음 조건을 만족하여야 한다.

$$\text{속빈 단면: } \left(\frac{V_u}{b_w d}\right) + \left(\frac{T_u}{1.7\,A_{oh}\,t}\right) \leq \phi\left(\frac{V_c}{b_w d} + \frac{2\sqrt{f_{ck}}}{3}\right) \qquad (8\cdot 52)$$

이 식들은 식 (8·9)의 A_o를 다음과 같이 A_{oh}의 0.85배로 가정한 것으로, 0.85의 2배인 1.7를 상수로 하여 표현한 것이다.

$$A_o = 0.85\, A_{oh} \tag{8·53}$$

A_o를 A_{oh}의 0.85배로 가정한 것은 비틀림모멘트에 의하여 콘크리트 부재의 파괴가 진행될 때 단면의 모서리 부분의 콘크리트가 탈락되어 단면적이 감소하는 경우가 많기 때문이다. T형, L형, I형 단면의 A_{oh}는 그림 8–10과 같이 서로 교차하는 비틀림철근의 가장 바깥쪽 가닥에 의하여 폐쇄된 면적으로 취한다. 속빈 단면의 A_{oh}도 역시 그림 8–11과 같이 비틀림철근의 가장 바깥쪽 가닥에 의하여 폐쇄된 면적으로 취한다.

KDS 24 14 21 콘크리트교 설계기준(한계상태설계법)[8.11]과 Eurocode 2[8.12]는 강도설계법의 설계기준과는 달리 A_o를 A_{oh}의 0.85배로 하지 않고, 벽체의 중심선으로 둘러싸인 면적을 A_o로 한다. 속찬 단면은 유효 벽두께 t_i로 이루어진 가상 벽체의 중심선으로 둘러싸인 면적을 A_o로 한다. 따라서 그림 8–11의 속빈 사각형단면과 속빈 원형단면과 같이 벽체가 두껍고 횡방향철근이 한 가닥만 배치된 경우에는 벽체의 중심선이 아닌 가상 벽체의 중심선을 기준으로 A_o가 계산될 것이다. 여기서, A_o는 KDS 24 14 21 콘크리트교 설계기준(한계상태설계법)의 기호이며, Eurocode 2에서는 같은 의미를 가진 기호로 A_k를 사용한다.

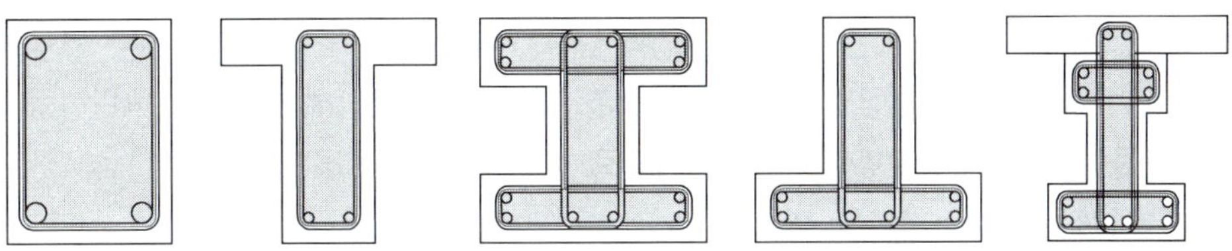

그림 8–10 속찬 단면의 폐쇄 횡방향 비틀림철근으로 둘러싸인 면적 A_{oh}

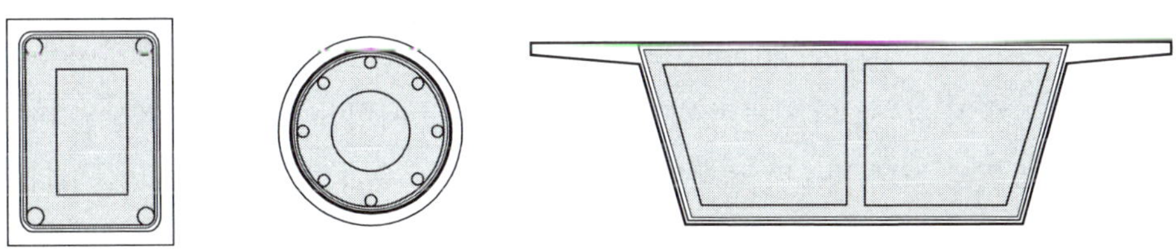

그림 8–11 속빈 단면의 폐쇄 횡방향 비틀림철근으로 둘러싸인 면적 A_{oh}

8.6 비틀림 설계검증

8.6.1 콘크리트구조 설계기준(강도설계법)에 따른 비틀림 설계검증

KDS 14 20 콘크리트구조 설계기준[8.8]과 ACI 318 Code[8.10]의 비틀림 설계기준은 기본적으로 내용이 동일하다. 이 절에서는 KDS 14 20 콘크리트구조 설계기준의 비틀림 설계기준을 중심으로 설명한다.

[1] 비틀림을 고려하지 않아도 되는 경우

철근콘크리트 부재에서 다음 조건을 만족하는 경우에는 비틀림의 영향을 무시할 수 있다.

$$T_u < \phi(\lambda\sqrt{f_{ck}}/12)\,\frac{A_{cp}^2}{p_{cp}} \qquad (8 \cdot 54)$$

이 식의 오른쪽 항은 식 (8 ·19)의 설계 균열비틀림모멘트 ϕT_{cr}의 1/4에 해당하는 비틀림모멘트로, 계수비틀림모멘트 T_u가 이보다 작으면 비틀림의 영향이 휨 및 전단강도에 큰 영향을 미치지 않기 때문에 이와 같이 규정한 것이다. 여기서 A_{cp}는 콘크리트 단면의 외부 둘레로 둘러싸인 면적이고, p_{cp}는 콘크리트 단면의 외부 둘레 길이이다. 속이 빈 단면의 경우에는 A_{cp} 대신에 전체단면적 A_g를 사용할 수 있다.

[2] 적합비틀림에 대한 계수비틀림모멘트

적합비틀림은 부정정 구조물에 작용하는 비틀림으로, 부재에 균열이 발생하게 되면 비틀림 강성이 급격히 감소하여 전달되는 비틀림모멘트가 더 이상 증가하지 않고 힘이 재분배된다. 따라서 철근콘크리트 부정정 구조물의 경우에는, 선형탄성 구조해석으로 구한 계수비틀림모멘트 T_u를 다음으로 계산되는 설계 균열비틀림모멘트로 감소시킬 수 있다.

$$T_{u,\,max} = \phi\,T_{cr} = \phi(\lambda\sqrt{f_{ck}}/3)\,\frac{A_{cp}^2}{p_{cp}} \qquad (8 \cdot 55)$$

즉, 비균열단면의 강성을 적용하여 탄성해석을 수행하고, 계산된 계수비틀림모멘트가 식 (8 ·55)의 값보다 큰 경우에는 식 (8 ·55)의 값을 계수비틀림모멘트 T_u로 하여 비틀림 설계를 수행하여야 한다. 계산된 계수비틀림모멘트가 식 (8 ·54)의 오른쪽 항과 식 (8 ·55)의 값 사이인 경우에는, 계산된 비틀림모멘트를 계수비틀림모멘트 T_u로 하여 비틀림 설계를 수행하여야 한다. 속이 빈 단면에서 비틀림의 고려 여부를 판정하기 위한 비틀림모멘트 산정에서는 A_{cp} 대신에 전체단면적 A_g를 사용할 수 있다. 그러나 적합비틀림에 대한 계수비틀림모멘트를 계산할 때, 속이 빈 단면의 경우에는 A_{cp} 대신에 A_g를 사용할 수 없다.

[3] 비틀림 부재의 단면 크기

비틀림이 작용하는 부재는 앞의 식 (8 ·50) 또는 앞의 식 (8 ·51)을 만족하는 크기의 단면으로 설계하여야 한다. 이것은 비틀림과 전단의 합성작용을 고려한 것이다.

$$\text{속찬 단면: } \sqrt{\left(\frac{V_u}{b_w d}\right)^2+\left(\frac{T_u p_h}{1.7 A_{oh}^3}\right)^2} \le \phi\left(\frac{V_c}{b_w d}+\frac{2\sqrt{f_{ck}}}{3}\right) \tag{8 · 50}$$

$$\text{속빈 단면: } \left(\frac{V_u}{b_w d}\right)+\left(\frac{T_u p_h}{1.7 A_{oh}^3}\right) \le \phi\left(\frac{V_c}{b_w d}+\frac{2\sqrt{f_{ck}}}{3}\right) \tag{8 · 51}$$

여기서, A_{oh}는 가장 바깥의 비틀림 보강철근의 중심으로 닫혀진 단면적이며, p_h는 가장 바깥의 폐쇄 횡방향 비틀림철근 중심선의 둘레 길이이다. 속빈 단면의 벽 두께가 변하는 경우에는 식 (8 · 50)의 좌변이 최대가 되는 위치에서 계산하여야 한다. 또, 벽의 두께가 A_{oh}/p_h보다 작다면, 식 (8 · 51)의 좌변 두 번째 항을 $T_u/1.7\ A_{oh}t$로 대체하여야 한다. 여기서, t는 응력이 계산되는 위치에서 속빈 단면의 벽 두께이다. 따라서 벽의 두께가 A_{oh}/p_h보다 작은 경우에는 식 (8 · 51) 대신 앞의 식 (8 · 52)를 만족하여야 한다.

$$\text{속빈 단면: } \left(\frac{V_u}{b_w d}\right)+\left(\frac{T_u}{1.7 A_{oh} t}\right) \le \phi\left(\frac{V_c}{b_w d}+\frac{2\sqrt{f_{ck}}}{3}\right) \tag{8 · 52}$$

[4] 비틀림강도 검증 및 비틀림철근량

식 (8 · 54)의 조건을 만족하지 않는 경우, 즉 식 (8 · 54)의 오른쪽 항보다 큰 비틀림모멘트가 작용하는 부재는 다음의 강도 조건을 만족하도록 비틀림철근을 배치하여야 한다.

$$T_u \le \phi T_n \tag{8 · 56}$$

여기서, 공칭비틀림강도 T_n을 계산할 때는 모든 비틀림모멘트가 스터럽과 종방향 철근에 의하여 지지된다고 가정하여, 공칭비틀림강도 T_n은 식 (8 · 29)로 계산한 T_s와 같은 값으로 한다. 이때 콘크리트에 의한 전단강도 V_c는 비틀림에 의하여 변하지 않는다고 가정한다.

$$T_n = \frac{2 A_o A_t f_{yt}}{s}\cot\theta \tag{8 · 57}$$

여기서, A_o는 0.85 A_{oh}로 취할 수 있다. 압축경사각 θ는 30°와 60° 사이의 각도로, 철근콘크리트 부재나 프리스트레스 힘이 주철근 인장강도의 40% 미만인 프리스트레스트 콘크리트는 45°로 취할 수 있다. 프리스트레스 힘이 주철근 인장강도의 40% 이상인 경우는 θ를 37.5°로 취할 수 있다.

식 (8 · 57)의 공칭비틀림강도에 강도감소계수를 곱하고 계수비틀림모멘트와 같다고 한 뒤 소요 비틀림철근량을 구하면 다음과 같이 소요 비틀림철근의 단면적과 간격의 비율로 나타낼 수 있다.

$$\left(\frac{A_t}{s}\right)_{req'd} = \frac{T_u}{\phi(2A_o)f_{yt}}\tan\theta \tag{8 · 58}$$

소요 전단철근의 단면적과 간격의 비율로 나타낸 소요 전단철근량은 다음과 같다.

$$\left(\frac{A_v}{s}\right)_{req'd} = \frac{V_u-\phi V_c}{\phi f_{yt} d} \tag{8 · 59}$$

따라서 전단력과 비틀림모멘트가 작용하는 단면의 소요 횡방향철근량은 다음과 같이 나타낼 수 있다.

$$\left(\frac{A_{v+t}}{s}\right)_{req'd} = \left(\frac{A_v}{s} + 2\frac{A_t}{s}\right)_{req'd} \tag{8·60}$$

비틀림모멘트에 저항하기 위한 추가적인 종방향 철근은 다음 값 이상의 단면적을 갖도록 배치하여야 한다.

$$A_l = \frac{A_t}{s} p_h \left(\frac{f_{yt}}{f_y}\right) \cot^2\theta \tag{8·61}$$

여기서, f_{yt}는 비틀림철근의 설계기준항복강도이며, f_y는 종방향철근의 설계기준항복강도이다.

참고로, AASHTO-LRFD[8.7]는 박스단면(box section) 교량에 대한 추가 종방향 철근을 다음 값 이상의 단면적을 갖도록 규정하고 있는데, 이 식은 θ를 45°로 취했을 때의 식 (8·61)과 동일한 것이다.

$$A_l = \frac{T_n p_h}{2A_o f_y} \tag{8·62}$$

비틀림모멘트에 의하여 요구되는 철근은 비틀림모멘트와 함께 작용하는 전단력과 휨모멘트 및 축력에 의하여 요구되는 철근에 추가되어야 한다.

[5] 비틀림철근의 구성 및 상세

비틀림철근은 부재의 종방향과 횡방향으로 배치되는 보강재로 구성한다. 종방향으로 배치되는 보강재는 철근이나 긴장재로 구성한다. 횡방향 보강재는 다음과 같은 종류로 구성하여야 한다.

① 부재축에 수직인 폐쇄스터럽 또는 폐쇄띠철근

② 부재축에 수직인 횡방향 강선으로 구성된 폐쇄용접철망

③ 철근콘크리트 보의 경우에는 나선철근

KDS 14 20 콘크리트구조 설계기준[8.8]에서 횡방향 비틀림철근의 설계기준항복강도는 500 MPa을 초과할 수 없다. 이 제한은 비틀림에 의한 콘크리트의 경사균열폭을 제어하기 위한 것이다. 참고로 횡방향 비틀림철근의 최대 설계기준항복강도로, ACI 318 Code[8.10]는 420 MPa, AASHTO-LRFD[8.7]는 520 MPa, KDS 24 14 21 콘크리트교 설계기준(한계상태설계법)[8.11]과 Eurocode 2[8.12]는 600 MPa로 규정하고 있다.

횡방향 비틀림철근은 종방향 철근 주위를 감싸는 135° 표준갈고리로 정착시키거나, 정착부를 둘러싸는 콘크리트가 플랜지나 슬래브 또는 기타 유사한 부재에 의하여 박리가 일어나지 않도록 된 영역에서는 단일 U형 또는 다중 U형 스터럽의 단부상세 규정에 따라 정착시켜야 한다. 비틀림모멘트를 받는 속빈 단면에서는 횡방향 비틀림철근의 중심선부터 내부 벽면까지 거리가 0.5 A_{oh}/p_h 이상이 되도록 설계하여야 한다. 또, 종방향 비틀림철근은 양단에서 정착되어야 한다.

[6] 최소 비틀림철근량 및 간격

계수비틀림모멘트 T_u가 식 (8 ·54)를 만족하지 못하는 모든 구간에는 폐쇄스터럽 형태의 횡방향 최소 비틀림철근을 배치하여야 한다. 횡방향 비틀림철근의 최소 단면적은 다음으로 계산하여야 한다.

$$A_v+2A_t = 0.0625\sqrt{f_{ck}}\,\frac{b_w s}{f_{yt}} \geq 0.35\,\frac{b_w s}{f_{yt}} \tag{8 ·63}$$

이 식으로 횡방향 비틀림철근의 최소 단면적을 결정할 때, A_v로는 폐쇄스터럽의 두 가닥 면적을 적용하고 A_t로는 폐쇄스터럽의 한 가닥 면적을 적용하여야 한다. 이것은, 전단철근은 단면 전체의 폭을 이용한 트러스 모델로 계산하지만, 비틀림철근은 단면의 한쪽 면을 이용한 박벽관 이론에 따른 공간트러스 모델로 계산하기 때문이다.

종방향 비틀림철근의 최소 단면적은 다음으로 계산하여야 한다. 여기서, A_t/s는 $0.175\,b_w/f_{yt}$ 이상이어야 한다.

$$A_{l,\,min} = \frac{0.42\sqrt{f_{ck}}\,A_{cp}}{f_y} - \left(\frac{A_t}{s}\right)p_h\,\frac{f_{yt}}{f_y} \tag{8 ·64}$$

횡방향 비틀림철근의 간격은 $p_h/8$와 300 mm 중 작은 값을 초과하지 않아야 한다. 비틀림철근은 계산상으로 필요한 위치에서 (b_t+d) 이상의 거리까지 연장시켜 배치하여야 한다. 여기서, b_t는 비틀림모멘트에 저항하는 폐쇄스터럽을 포함하는 단면의 폭이다. 비틀림철근의 연장길이 (b_t+d)는 전단 및 휨인장에 따라 요구되는 연장길이보다 긴데, 이것은 비틀림에 의한 사인장균열이 나선형으로 길기 때문이다.

종방향 비틀림철근은 폐쇄스터럽의 내부에 배치시켜야 하고, 폐쇄스터럽의 둘레를 따라 300 mm 이하의 간격으로 분포시켜야 하며, 폐쇄스터럽의 각 모서리에 최소한 하나를 배치하여야 한다. 종방향 비틀림철근은 D10 이상의 크기이어야 하며, 철근의 지름은 폐쇄스터럽 간격의 1/24 이상이어야 한다.

[7] 비틀림 위험단면

전단설계와 마찬가지로, 비틀림에 의한 전단응력방향으로 받침부의 반력이 부재를 압축하는 경우에는 비틀림 위험단면 이내에 위치한 단면을 비틀림 위험단면의 계수비틀림모멘트 T_u에 대하여 설계할 수 있다. 이때의 비틀림 위험단면은 철근콘크리트 부재의 경우 받침부에서 유효깊이 d만큼 떨어진 위치이며, 프리스트레스콘크리트 부재의 경우 받침부에서 단면전체깊이의 1/2인 $h/2$만큼 떨어진 위치이다. 만일 비틀림 위험단면 이내에 집중된 비틀림모멘트가 작용하면 위험단면은 받침부의 안쪽 면으로 하여야 한다.

[8] 대체 비틀림 설계법

단면의 형상비 h/b_t가 3 이상인 속찬 단면의 경우, 해석이나 실험으로 검증된 다른 방법을 적용하여 비틀림 설계를 수행할 수 있다. 이 경우에도 비틀림철근의 구성 및 상세와 간격 기준을 만족하여야 한다.

예제 8-1 다음 그림과 같은 구조형식의 구조물에 중력방향 활하중 6.0 kN/m²이 작용한다. 테두리 보(spandrel beam)의 비틀림 설계에 적용할 최대 계수비틀림모멘트 $T_{u,max}$를 KDS 14 20 콘크리트구조 설계기준에 따라 구하시오. 콘크리트의 설계기준압축강도는 35 MPa이고, 테두리 보는 그림과 같은 크기의 철근콘크리트 보이다.

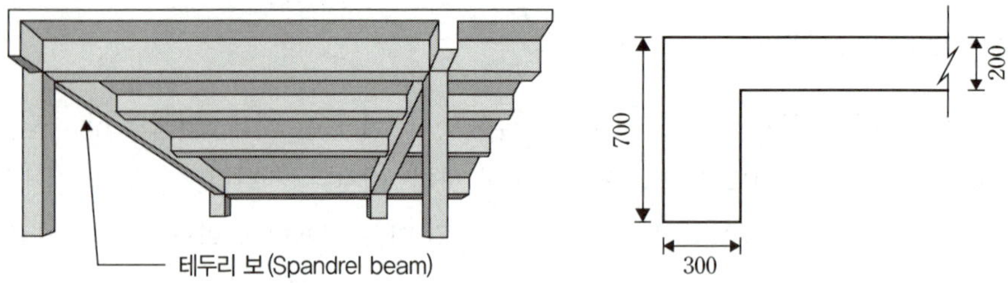

그림 8-12 **예제 8-1 구조물의 구조형식과 단면**

〈풀이〉

(1) 비틀림 작용의 구분

이 구조물은 부정정 구조물이므로, 테두리 보에 작용하는 비틀림 작용은 적합비틀림(부정정비틀림)이다. 적합비틀림의 부재에 비틀림 균열이 발생하게 되면 비틀림 강성이 급격히 감소하여, 전달되는 비틀림모멘트가 더 이상 증가하지 않고 힘이 재분배된다. 따라서 적합비틀림 부재는 설계 균열비틀림모멘트를 최대계수비틀림모멘트로 하고 있다. 즉, 비균열단면의 강성을 적용하여 탄성해석을 수행하고, 계산된 계수비틀림모멘트가 설계 균열비틀림모멘트보다 큰 경우에는 설계 균열비틀림모멘트의 값을 계수비틀림모멘트 T_u로 하여 비틀림 설계를 수행하여야 한다.

(2) 최대계수비틀림모멘트

최대계수비틀림모멘트는 균열비틀림모멘트에 강도감소계수를 곱한 설계 균열비틀림모멘트와 같다. 균열비틀림모멘트를 구하기 위하여, 폭이 300 mm이고 깊이가 700 mm인 테두리 보 단면의 외부 둘레로 둘러싸인 면적 A_{cp}와 단면의 외부 둘레 길이 p_{cp}를 구하면

$$A_{cp} = 300 \times 700 = 210{,}000\ mm^2$$

$$p_{cp} = 2 \times (300+700) = 2{,}000\ mm$$

KDS 14 20 콘크리트구조 설계기준에 따라 철근콘크리트 부재의 균열비틀림모멘트를 구하면, 보통중량 콘크리트의 경우 경량콘크리트 계수 λ가 1.0이므로

$$T_{cr} = \frac{\lambda\sqrt{f_{ck}}}{3}\frac{A_{cp}^2}{p_{cp}} = \frac{1.0\sqrt{35}}{3}\frac{210{,}000^2}{2{,}000} = 43{,}480{,}000\ N\cdot mm = 43.48\ kN\cdot m$$

KDS 14 20 콘크리트구조 설계기준에서 전단 및 비틀림에 대한 강도감소계수는 0.75이므로, 최대 계수비틀림모멘트를 식 (8·55)로 구하면

$$T_{u,\,max} = \phi\, T_{cr} = 0.75 \times 43.48 = 32.6\ kN\cdot m$$

예제 8-2 다음 그림과 같은 구조형식을 갖는 구조물에서, 슬래브로부터 전달되는 하중과 자중에 의해 50 kN/m의 등분포 계수하중 w_u가 철근콘크리트 L형 단면 보에 작용한다. 등분포 하중의 작용위치와 단면의 크기는 그림에 나타난 바와 같다. 단면의 압축연단에서 인장철근 중심까지의 유효깊이는 520 mm이다. 콘크리트의 설계기준압축강도 f_{ck}는 35 MPa, 폐합 횡방향 철근의 설계기준항복강도 f_{yt}는 400 MPa, 종방향 철근의 설계기준항복강도 f_{yl}은

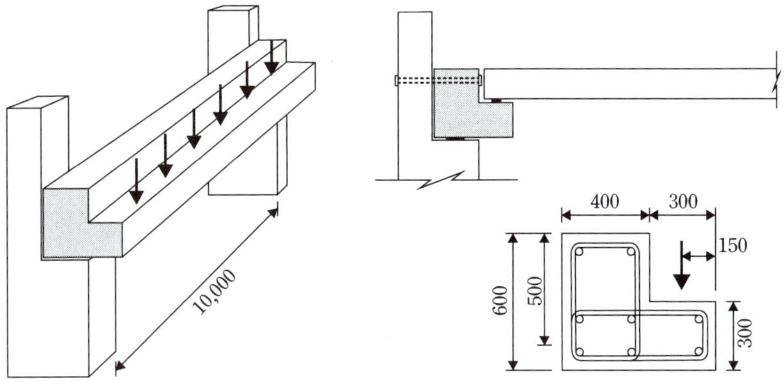

그림 8-13 예제 8-2 구조물의 구조형식과 단면

500 MPa로, KDS 14 20 콘크리트구조 설계기준에 따라 비틀림 설계를 수행하시오. 보의 순경간은 10 m이며, 그림과 같이 지점부에서 보 단면의 윗부분이 기둥에 횡방향으로 결합되어 회전에 구속되어 있다.

〈풀이〉

(1) 계수 단면력 및 위험단면

그림 8-13의 L형 보 단면에서 비틀림모멘트의 팔길이 e_p를 안전측으로 선정하기 위하여 폭이 400 mm이고 깊이가 600 mm인 부분의 중심을 단면 전체의 중심으로 하여 e_p를 계산하면

$$e_p = \frac{1}{2} \times 400 + 150 = 350\ mm$$

이 보에는 휨모멘트, 전단력, 비틀림모멘트가 단순보의 거동으로 작용하므로, 순경간을 지간으로 하여 단면력을 계산할 수 있다. 보의 중앙에서의 최대 계수휨모멘트는

$$M_{u,\,max} = \frac{1}{8}\, w_u\, l_n^2 = \frac{1}{8} \times 50 \times 10^2 = 625\ kN \cdot m$$

보에 작용하는 등분포하중이 단면의 상면에 작용하면, 그림 7-38과 같이 전단위험단면을 선정하여야 한다. 그러나 이 보는 L형 단면으로서 하중이 아래쪽 내민 플랜지에 작용하여, 지점에서 $h/2$ 이내의 구간에 작용하는 하중이 복부를 압축하고 있지 않다. 따라서 이 경우에는 그림 7-39(c)와 같이 전단위험단면은 받침부 내면으로 한다. 전단위험단면인 지점에서의 최대 계수전단력은

$$V_{u,\,max} = \frac{1}{2}\, w_u\, l_n = \frac{1}{2} \times 50 \times 10 = 250\ kN$$

비틀림모멘트에 대한 위험단면도 전단위험단면과 같은 위치이므로, 지점에서의 계수비틀림모멘트를 구하면

$$T_{u,\,max} = \frac{1}{2}(w_u\, e_p)\, l_n = \frac{1}{2} \times 50 \times 0.35 \times 10 = 87.5\ kN \cdot m$$

따라서 계수휨모멘트, 계수전단력, 계수비틀림모멘트의 분포는 그림 8-14와 같다.

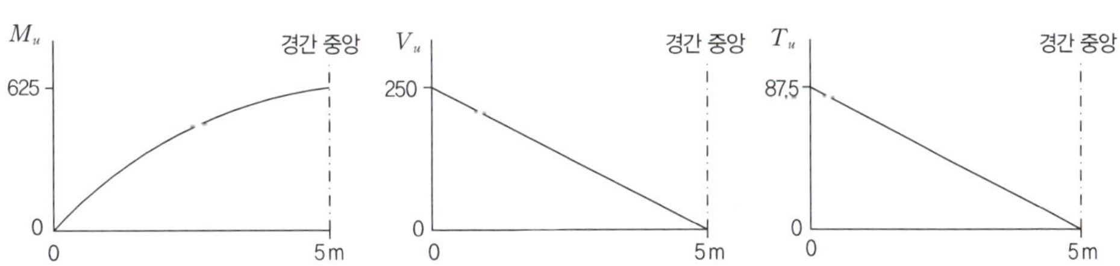

그림 8-14 계수단면력 분포

(2) 비틀림 설계 고려 여부의 판정

비틀림 설계를 고려하여야 하는지를 판단하기 위해, 보 단면의 외부 둘레로 둘러싸인 면적 A_{cp}와 단면의 외부 둘레 길이 p_{cp}를 구하면

$$A_{cp} = 600\times400+300\times300 = 330{,}000\ mm^2$$

$$p_{cp} = 2\times(600+700) = 2{,}600\ mm$$

KDS 14 20 콘크리트구조 설계기준에 따라 철근콘크리트 부재에서 비틀림 설계를 고려하지 않아도 되는 한계 비틀림모멘트 $T_{u,\ limit}$를 구하여, 부재에 작용하는 최대 계수비틀림모멘트와 비교한다. 보통중량콘크리트는 경량콘크리트 계수 λ가 1.0이고, 전단 및 비틀림에 대한 강도감소계수는 0.75이므로, 식 (8 ·54)에 따라 $T_{u,\ limit}$을 구하면

$$T_{u,\ limit} = \phi\left(\frac{\lambda\sqrt{f_{ck}}}{12}\right)\frac{A_{cp}^2}{p_{cp}} = 0.75\left(\frac{1.0\sqrt{35}}{12}\right)\frac{330{,}000^2}{2{,}600}$$
$$= 15{,}500{,}000\ N\cdot m = 15.5\ kN\cdot m$$

최대 계수비틀림모멘트 $T_{u,\ max}$은 87.5 $kN\cdot m$이므로

$$T_{u,\ max} > T_{u,\ limit}$$

따라서 이 보는 비틀림 설계를 고려하여야 한다.

계수비틀림모멘트의 분포에서 $T_{u,\ limit}$인 15.5 $kN\cdot m$에 해당하는 위치는 그림 8-15에 나타낸 바와 같이 지점부 내면에서 4.11 m 떨어진 위치이다. 비틀림 철근은 이 위치에서 단면의 폭과 유효깊이를 합한 길이만큼 더 연장해서 배치하여야 하므로, 이 거리를 계산하면

$$b_t+d = 700+500 = 1{,}200\ mm = 1.2\ m$$

따라서 비틀림 철근을 배치하여야 할 구간은 지점부 내면에서 4.11 m 떨어진 위치에서 1.2 m가 추가된 5.31 m로 경간 중앙을 초과한다. 따라서 부재의 전 구간에 비틀림 철근을 배치하여야 한다.

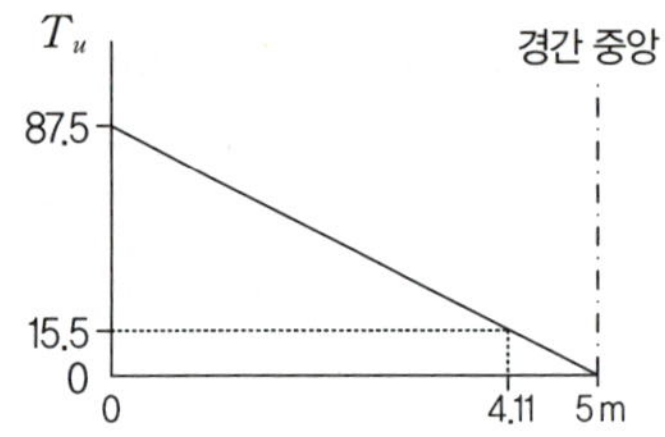

그림 8-15 비틀림 설계를 고려하여야 하는 구간

(3) 콘크리트에 의한 전단강도

비틀림과 전단의 상호작용을 고려하기 위해서는 먼저 콘크리트에 의한 공칭전단강도를 구하여야 한다. KDS 14 20 콘크리트구조 설계기준의 간편식을 이용하여 콘크리트에 의한 공칭전단강도와 설계전단강도를 구하면

$$V_c = \frac{\lambda\sqrt{f_{ck}}}{6}\,b_w\,d = \frac{1.0\sqrt{35}}{6}\times400\times520 = 205{,}000\ N = 205\ kN$$

$$\phi V_c = 0.75\times205 = 154\ kN$$

(4) 비틀림과 전단의 상호작용을 고려한 단면 크기의 검증

환경조건을 고려한 콘크리트 피복두께를 고려하여, 비틀림철근 중심부터 단면 표면까지의 두께를 50 mm로 한다. 그림 8-16에 나타낸 폐쇄 횡방향 비틀림 보강철근의 중심으로 닫힌 단면적 A_{oh}와 비틀림철근 중심선의 둘레 길이 p_h를 구하면

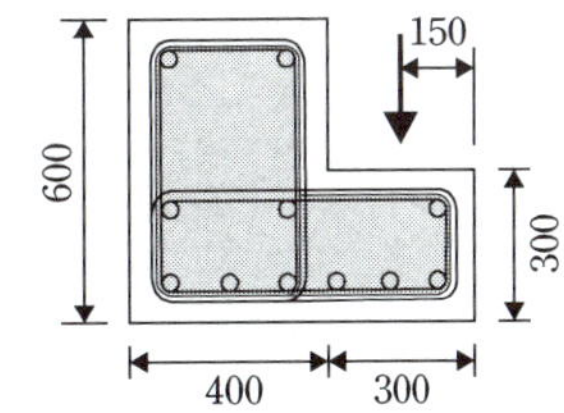

그림 8-16 폐쇄 횡방향 비틀림철근으로 둘러싸인 면적 A_{oh}

$$A_{oh} = (600-2\times50)\times(400-2\times50)+(300-2\times50)+300 = 210{,}000\ mm^2$$

$$p_h = 500+600+200+300+300+300 = 2{,}200\ mm$$

비틀림과 전단의 상호작용을 고려한 단면의 크기를 검토하기 위하여 식 (8 ·50)의 좌변과 우변을 계산할 때, 보수적으로 검토하기 위하여 전단력에 저항하는 복부폭 b_w를 400 mm로 택한다. 전단력과 비틀림모멘트가 최대인 지점의 위치에서 식 (8 ·50)의 좌변과 우변을 계산하면

$$\sqrt{\left(\frac{V_u}{b_w d}\right)^2+\left(\frac{T_u p_h}{1.7\,A_{oh}^2}\right)^2} = \sqrt{\left(\frac{250\times10^3}{400\times520}\right)^2+\left(\frac{87.5\times10^6\times2{,}200}{1.7\times210{,}000^2}\right)^2} = 2.86$$

$$\phi\left(\frac{V_u}{b_w d}+\frac{2\sqrt{f_{ck}}}{3}\right) = 0.75\times\left(\frac{197{,}000}{400\times520}+\frac{2\sqrt{35}}{3}\right) = 3.67$$

두 값을 비교하면

$$\sqrt{\left(\frac{V_u}{b_w d}\right)^2+\left(\frac{T_u p_h}{1.7\,A_{oh}^2}\right)^2} < \phi\left(\frac{V_u}{b_w d}+\frac{2\sqrt{f_{ck}}}{3}\right)$$

따라서 비틀림과 전단의 상호작용을 고려했을 때 단면의 크기는 만족된다.

(5) 비틀림철근의 설계

전단력과 비틀림모멘트가 최대인 받침부 내면의 위치, 즉 $x=0$인 위치에서, 소요 전단철근의 단면적과 간격으로 나타낸 소요 전단철근량을 식 (8 ·59)로 구하면

$$\left(\frac{A_v}{s}\right)_{req'd} = \frac{V_u-\phi V_c}{\phi f_{yt}\, d} = \frac{(250-154)\times10^3}{0.75\times400\times520} = 0.615\ mm^2/mm$$

소요 비틀림철근량을 구할 때 적용될 A_o를 식 (8 ·53)으로 계산하면

$$A_o = 0.85\,A_{oh} = 0.85\times210{,}000 = 178{,}500\ mm^2$$

철근콘크리트는 압축경사각 θ를 45°로 취할 수 있다. 소요 비틀림철근의 단면적과 간격으로 나타낸 소요 비틀림철근량을 식 (8 ·58)로 구하면

$$\left(\frac{A_t}{s}\right)_{req'd} = \frac{T_u}{\phi\,(2A_o)\,f_{yt}}\tan\theta = \frac{87.5\times10^6}{0.75\times(2\times178{,}500)\times400}\times\tan 45^\circ = 0.817\ mm^2/mm$$

비틀림철근과 전단철근의 소요 횡방향철근량을 식 (8 ·60)으로 구하면

$$\left(\frac{A_{v+t}}{s}\right)_{req'd} = \left(\frac{A_v}{s}+2\frac{A_t}{s}\right)_{req'd} = 0.615+2\times0.817 = 2.249\ mm^2/mm$$

식 (8 ·63)의 최소조건을 구할 때 단면의 폭을 큰 값으로 취하는 것이 보수적이므로, 단면의 폭 b_w를 전체 단면의 폭인 700 mm로 하여 최소조건을 구하면

$$\left(\frac{A_{v+t}}{s}\right)_{min} = 0.0625\sqrt{f_{ck}}\,\frac{b_w}{f_y} = 0.0625\sqrt{35}\,\frac{700}{400} = 0.647\ mm^2/mm$$

$$\left(\frac{A_{v+t}}{s}\right)_{min} = 0.35\frac{b_w}{f_y} = 0.35\frac{700}{400} = 0.613\,mm^2/mm$$

이 중 큰 값인 0.647 mm^2/mm가 최소조건이다. 비틀림철근과 전단철근의 소요조건 2.249 mm^2/mm가 최소조건보다 크므로, 2.249 mm^2/mm의 소요조건으로 횡방향철근을 설계하여야 한다.

비틀림철근의 간격을 결정하기 위하여, 비틀림철근의 최대허용간격을 구하면

$$s_{max} = \frac{p_h}{8} = \frac{2{,}200}{8} = 275\,mm \text{ 또는 } 300\,mm$$

전단철근의 최대허용간격을 구하면, 철근콘크리트 부재이므로

$$s_{max} = \frac{d}{8} = \frac{520}{8} = 260\,mm \text{ 또는 } 600\,mm$$

따라서 횡방향철근의 최대허용간격은 이 값들 중 가장 작은 260 mm이다.

전단력과 비틀림모멘트가 최대인 받침부 내면 위치, 즉 $x=0$인 위치에서 횡방향철근의 소요조건이 2.249 mm^2/mm이므로, 이에 대한 소요간격을 계산한다. 단면적이 198.6 mm^2인 D16 철근을 폐합횡방향철근으로 사용하면, 전단철근으로 두 가닥이 작용하므로 소요간격은

$$s_{req'd} = \frac{2A_b}{2.249} = \frac{2\times198.6}{2.249} = 177\,mm$$

이와 같은 방법으로, 주요 위치에서 횡방향철근의 소요간격을 계산한 결과는 표 8-2와 같다. 표 8-2의 마지막 열에 나타나 있는 바와 같이, 150 mm, 200 mm, 250 mm의 세 가지 간격을 선택하여 횡방향철근을 설계한다.

표 8-2 위치별 횡방향철근의 소요간격과 설계 간격

위치 $x(m)$	V_u (kN)	ϕV_c (kN)	$V_u-\phi V_c$ (kN)	$\left(\frac{A_v}{s}\right)_{req'd}$ (mm^2/mm)	T_u (kN)	$\left(\frac{A_t}{s}\right)_{req'd}$ (mm^2/mm)	$\left(\frac{A_{v+t}}{s}\right)_{req'd}$ (mm^2/mm)	$s_{req'd}$ (mm)	s (mm)
0	250	154	96	0.615	87.5	0.817	2.249	177	150
1.0	200	154	46	0.295	70.0	0.654	1.603	248	200
2.0	150	154	–	–	52.5	0.490	0.980	405	250
3.0	100	154	–	–	35.0	0.327	0.654	607	250
4.0	50	154	–	–	17.5	0.163	0.326	1,218	250
5.0	0	154	–	–	0	0	0	∞	250

(6) 추가 종방향철근의 설계

A_t/s의 값이 가장 큰 위치인 $x=0$인 위치를 기준으로, 추가되어야 할 종방향철근의 단면적을 식 (8·61)에 따라 계산하면

$$A_l = \frac{A_t}{s}p_h\left(\frac{f_{yt}}{f_y}\right)\cot^2\theta = 0.817\times2{,}200\times\frac{400}{500}\times\cot^2 45^\circ = 1{,}438\,mm^2$$

추가 종방향철근 단면적의 최솟값을 계산할 때 A_t/s의 최솟값이 적용되므로, A_t/s의 최솟값을 계산하면

$$\left(\frac{A_t}{s}\right)_{min} = 0.175\frac{b_w}{f_y} = 0.175\frac{400}{400} = 0.175\,mm^2/mm$$

$x=0$인 위치에서 A_t/s의 값은 0.817 mm^2/mm로서 최솟값 0.175 mm^2/mm를 초과하므로, A_t/s의 값으로 0.817 mm^2/mm을 적용한다. 식 (8·64)에 따라 최소 추가 종방향철근 단면적을 계산하면

$$A_{l,\,min} = \frac{0.42\sqrt{f_{ck}}\,A_{cp}}{f_y} - \left(\frac{A_t}{s}\right)p_h\frac{f_{yt}}{f_y}$$

$$= \frac{0.42\sqrt{35}\times330{,}000}{6} - 0.817\times2{,}200\times\frac{400}{500} = 202\,mm^2$$

이 값은 추가되어야 할 종방향철근의 단면적 1,438 mm^2보다 작으므로, 추가되어야 할 종방향철근의 단면적은 1,438 mm^2이다. 따라서 종방향철근 사이의 간격이 300 mm를 초과하지 않고 총단면적이 1,438 mm^2을 초과하도록, 휨모멘트에 저항하는 종방향철근 외에 D16철근 8개(총 단면적 1,589 mm^2)를 종방향철근으로 주가 배치한다.

8.6.2 콘크리트교 설계기준(한계상태설계법)에 따른 비틀림 설계

한계상태설계법의 KDS 24 14 21 콘크리트교 설계기준(한계상태설계법)[8.11]과 Eurocode 2[8.12]의 비틀림 설계기준은 기본적으로 강도설계법 설계기준의 비틀림 설계기준과 내용상으로 유사하다고 할 수 있지만, 표현방법에 있어서 다소 차이가 있다. 이 절에서는 KDS 24 14 21 콘크리트교 설계기준(한계상태설계법)의 비틀림 설계기준의 내용을 소개하고, Eurocode 2에서 KDS 24 14 21 콘크리트교 설계기준(한계상태설계법)과 다른 부분을 소개한다.

[1] 비틀림강도의 검증

구조물에서 비틀림에 대해 정역학적 평형 확보가 구조 요소의 안정성에 필수적인 경우에는 비틀림에 대한 검증을 수행하여야 한다. 부정정 구조물의 경우에는 비틀림이 구조물의 안정성을 지배하지 않으므로 비틀림에 대한 검증이 필요하지 않다. 그러나 비틀림에 대한 검증이 불필요한 경우에도 균열이 과도하게 발생하는 것을 방지하기 위해서 최소철근량 이상의 비틀림철근을 배치하여야 한다.

한계상태설계법의 설계기준을 적용할 때는 비틀림 작용을 유효 벽두께 t_i에 작용하는 전단력으로 변환한 후 유효 벽두께 부분에 작용하는 전단력과 합하여 계수전단력 $V_{u,\,i}$를 결정하고, 이 계수전단력을 대상으로 강도를 검증하여 설계할 수 있다. 즉, 다음의 조건을 검증한다.

$$V_{cd,\,i} < V_{u,\,i} \leq V_{d,\,max,\,i} \tag{8·65}$$

여기서 $V_{cd,\,i}$는 전단철근이 보강되지 않은 균열 단면의 실세전난상노도, 비틀림 작용과 전단 작용을 합한 계수전단력 $V_{u,\,i}$가 $V_{cd,\,i}$보다 큰 경우에 소요 전단철근량 이상의 횡방향철근을 배치하여야 한다. $V_{u,\,i}$가 $V_{cd,\,i}$ 이하인 경우에는 논리 상 전단철근이 필요하지 않으나, 설계기준에 따라 최소 전단철근을 배치하여야 한다. $V_{cd,\,i}$는 유효 벽두께를 기준으로 하여 다음으로 계산한다.

$$V_{cd,\,i} = [0.85\,\phi_c\,\kappa(\rho\,f_{ck})^{1/3} + 0.15\,f_n]\,t_i\,d \tag{8·66}$$

또, 전단력에 의하여 콘크리트 압축스트럿이 파괴되지 않도록 설계하기 위하여 $V_{u,\,i}$가 $V_{d,\,max,\,i}$ 이하임을 검증하여야 한다.

이와 같은 설계검증에 있어서 유효 벽두께를 기준으로 한 계수전단력 $V_{u,\,i}$는 비틀림 작용에 의한 계수전단력 $V_{u,\,ti}$와 전단력 작용에 의한 계수전단력 $V_{u,\,vi}$의 합으로, 다음과 같이 계산한다.

$$V_{u,i} = V_{u,ti} + V_{u,vi} \qquad (8 \cdot 67)$$

비틀림에 의한 계수전단력 $V_{u,ti}$는 박벽관 이론에 따라, 전단흐름 q 또는 비틀림 전단응력 $v_{t,i}$를 이용하여 다음과 같이 계산한다.

$$V_{u,ti} = qy_i = v_{t,i} t_i y_i \qquad (8 \cdot 68)$$

$$v_{t,i} = \frac{q}{t_i} = \frac{T_u}{2A_o t_i} \qquad (8 \cdot 69)$$

여기서, $V_{u,ti}$: 단면을 구성하고 있는 i번 벽체의 비틀림모멘트에 의한 전단력(Eurocode 2에서는 $V_{Ed,i}$)

y_i : 인접 벽체와의 교차점 사이의 거리로 정의된 i번 벽의 측면 길이(Eurocode 2에서는 z_i)

$v_{t,i}$: i번 벽체의 비틀림 전단응력(Eurocode 2에서는 $\tau_{t,i}$)

T_u : 계수하중에 의한 비틀림모멘트(Eurocode 2에서는 T_{Ed})

A_o : 속빈 공간을 포함하는 벽체의 중심선으로 둘러싸인 면적으로, 속찬 단면의 경우에는 유효 벽두께 t_i로 이루어진 가상의 벽체를 대상으로 벽체 중심선으로 둘러싸인 면적(Eurocode 2에서는 A_k)

q : 벽을 따라 흐르는 전단흐름(전단류)

t_i : i번 벽체의 유효 벽두께(Eurocode 2에서는 $t_{ef,i}$)

비틀림 전단응력 $v_{t,i}$를 식 (8 · 69)로 계산할 때 벽체의 중심선으로 둘러싸인 면적 A_o를 이용하여야 하는데, 벽체의 중심선을 결정하기 위하여 유효 벽두께 t_i를 산정하여야 한다. 유효 벽두께 t_i는 다음과 같이 결정하여야 한다.

$$t_i = \frac{A_{cp}}{p_{cp}} \qquad (8 \cdot 70)$$

여기서, A_{cp} : 단면의 바깥쪽 둘레로 둘러싸인 면적(Eurocode 2에서는 A)

p_{cp} : 단면 바깥쪽 둘레 길이(Eurocode 2에서는 u)

그러나 이와 같이 계산된 유효 벽두께 t_i는 속빈 단면의 경우 실제 벽체두께 이하이어야 하며, 속찬 단면의 경우 $2t_c \leq t_i \leq A_{cp}/p_{cp}$의 범위이어야 한다. t_c는 횡방향 철근의 피복 두께이다. 그림 8-17은 비틀림을 받는 단면에서의 기호를 나타낸다.

속빈 단면이더라도 벽체가 두껍고 횡방향철근이 한 가닥만 배치된 경우에는 벽체의 중심선이 아닌 가상 벽체의 중심선을 기준으로 A_o를 계산한다.

계수전단력에 의한 전단응력 $v_{v,i}$와 이 전단응력에 의하여 유효 벽두께에 작용하는 계수전단력 $V_{u,vi}$는 다음과 같이 계산한다.

$$v_{t,i} = \frac{V_u}{b_w d} \qquad (8 \cdot 71)$$

$$V_{u,vi} = v_{v,i} t_i y_i \qquad (8 \cdot 72)$$

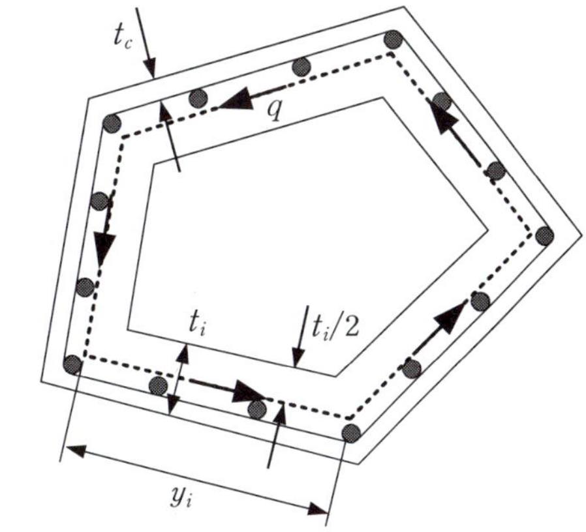

그림 8-17 비틀림을 받는 단면에서의 기호

따라서, 식 (8 ·70)의 유효 벽두께에 작용하는 계수전단력 $V_{u,i}$는 다음과 같이 나타낼 수 있다.

$$V_{u,i} = V_{u,ti} + V_{u,vi} = v_{t,i}\, t_i y_i + v_{v,i}\, t_i y_i = (v_{t,i} + v_{v,i}) t_i y_i \tag{8 ·73}$$

식 (8 · 65)에서 $V_{d,max,i}$는 유효 벽두께의 최대설계전단강도로 콘크리트 스트럿의 압축응력이 콘크리트의 유효압축설계강도 $\nu\phi_c f_{ck}$에 도달하는 전단력이므로, 다음과 같이 계산한다.

$$V_{d,max,i} = \frac{\alpha_{cw}\nu\phi_c f_{ck}\, t_i z}{\cot\theta + \tan\theta} \tag{8 ·74}$$

이 식은 식 (7 ·109)를 설계기준의 형식으로 표현한 것으로, 식 (7 ·116)에 축하중 또는 프리스트레스에 의한 압축응력의 영향을 고려하는 계수 α_{cw}를 적용한 식 (7 ·115)의 $V_{d,max,com}$과 같은 의미이며, 복부폭 b_w에 유효 벽두께 t_i를 적용한 것이다. α_{cw}는 앞의 식 (7 ·118)~식 (7 ·120)으로 결정한다.

$$\alpha_{cw} = 1 + \frac{f_n}{\phi_c f_{ck}} \quad : 0 \le f_n \le 0.25\,\phi_c f_{ck} \tag{7 ·118}$$

$$\alpha_{cw} = 1.25 \quad : 0.25\,\phi_c f_{ck} < f_n < 0.5\,\phi_c f_{ck} \tag{7 ·119}$$

$$\alpha_{cw} = 2.5\left(1 - \frac{f_n}{\phi_c f_{ck}}\right) \quad : 0.5\,\phi_c f_{ck} < f_n < 1.0\,\phi_c f_{ck} \tag{7 ·120}$$

콘크리트 스트럿의 경사각, 즉 균열의 각도 θ는 앞의 식 (7 ·122)로 주어진 범위로서 22°~45°의 범위에서 선택하여야 한다.

$$1 \le \cot\theta \le 2.5 \tag{7 ·122}$$

전단력과 비틀림모멘트가 작용하는 유효 벽두께 단면의 소요 횡방향철근량은 다음과 같이 나타낼 수 있다. 여기서 $A_{v,i}$와 s는 유효 벽두께 내에 배치된 횡방향철근의 단면적과 간격이다.

$$\left(\frac{A_{v,i}}{s}\right)_{req'd} = \frac{V_{v,i}}{\phi_s f_{vy} z}\tan\theta \tag{8 ·75}$$

전단력이 작용하지 않고 비틀림모멘트만 작용하는 경우에는 전단력 항으로 강도를 검증하는 대신에 비틀림모멘트 항으로 강도를 검증할 수 있다. 즉, 설계비틀림강도 T_d를 다음으로 계산하고 계수비틀림모멘트 T_u 이상임을 검증하는 것이다.

$$T_d = 2\phi_s f_{vy} A_v A_o \frac{\cot\theta}{s} \tag{8·76}$$

이때 설계비틀림강도 T_d는 콘크리트 스트럿의 압축응력이 콘크리트의 유효압축설계강도 $\phi_c \nu f_{ck}$에 도달하는 비틀림모멘트를 초과할 수 없으므로, 축하중이 작용하는 경우 또는 프리스트레스트 콘크리트의 경우 다음으로 계산되는 최대설계비틀림강도 $T_{d,\,max}$ 이하이어야 한다. 축하중이 작용하지 않는 철근콘크리트의 경우에는 α_{cw}의 값으로 1.0을 적용한다.

$$T_{d,\,max} = 2\,\alpha_{cw}\,\nu\,\phi_c f_{ck} t_i A_o \sin\theta\cos\theta \tag{8·77}$$

전단력이 작용하지 않고 비틀림모멘트만 작용하는 경우, 소요 비틀림철근의 단면적과 간격의 비율로 나타낸 소요 비틀림철근량은 식 (8·76)의 설계비틀림강도가 계수비틀림모멘트와 같을 때로 하여 다음으로 계산할 수 있다.

$$\left(\frac{A_v}{s}\right)_{t,\,req'd} = \frac{T_u}{\phi_s (2A_o) f_{vy}} \tan\theta \tag{8·78}$$

[2] 비틀림과 전단이 동시에 작용하는 부재의 최대 강도 검증

식 (8·73)으로 결정하는 유효 벽두께의 계수전단력 $V_{u,\,i}$가 식 (8·74)로 결정하는 유효 벽두께의 최대설계전단강도 $V_{d,\,max,\,i}$보다 작다는 것을 검증하는 방법 대신에, 앞의 식 (8·42)와 식 (8·43)의 조건을 적용하여 전단력과 비틀림모멘트가 동시에 작용하는 부재의 검증을 수행하여도 된다.

$$\text{속찬 단면}: \left(\frac{T_u}{T_{d,\,max}}\right)^2 + \left(\frac{V_u}{V_{d,\,max}}\right)^2 \le 1.0 \tag{8·42}$$

$$\text{속빈 단면}: \left(\frac{T_u}{T_{d,\,max}}\right) + \left(\frac{V_u}{V_{d,\,max}}\right) \le 1.0 \tag{8·43}$$

이 식들을 적용할 때에는 최대설계비틀림강도 $T_{d,\,max}$는 식 (8·77)로 계산하고, 최대설계전단강도 $V_{d,\,max}$는 다음으로 계산한다.

$$V_{d,\,max} = \frac{\alpha_{cw}\,\nu\,\phi_c f_{ck} b_w z}{\cot\theta + \tan\theta} \tag{8·79}$$

이 식은 식 (7·107)을 설계기준의 형식으로 표현한 것으로, 식 (7·116)에 축하중 또는 프리스트레스에 의한 압축응력의 영향을 고려하는 계수 α_w를 적용한 식 (7·115)의 $V_{d,\,max,\,com}$과 같은 의미이며, 식 (8·74)와 달리 유효 벽두께 t_i 대신 복부폭 b_w로 계산하여야 한다.

속찬 단면과 속빈 단면에 대하여 단면 크기에 대한 제한식이 다르게 표현된 이유는 전단에 의한 전단응력과 비틀림에 의한 전단응력의 중첩효과가 다르다는 것을 반영한 것이다. 즉, 속빈 단면의 경우에는

그림 8-8과 같이 전단 및 비틀림에 의한 전단응력이 동일위치의 벽에 동일 방향으로 발생하여 서로 중첩되지만, 속찬 단면의 경우에는 그림 8-9와 같이 전단에 의한 전단응력은 전단면에 걸쳐 작용하는데 비하여 비틀림에 의한 전단응력은 외곽부 단면에만 작용하기 때문에 최대 응력 부위의 전단응력이 중첩되는 효과가 다르기 때문이다.

참고로, Eurocode 2는 전단력과 비틀림모멘트가 동시에 작용하는 경우, 속찬 단면과 속빈 단면을 구분하지 않고 1차식의 관계로 규정하여, 앞의 식 (8·47)로 검증하도록 하고 있다.

$$\frac{T_{Ed}}{T_{Rd,\,max}}+\frac{V_{Ed}}{V_{Rd,\,max}} \leq 1.0 \tag{8·47}$$

여기서, T_{Ed}와 V_{Ed}는 각각 T_u와 V_u와 같은 의미이고, $T_{Rd,\,max}$와 $V_{Rd,\,max}$는 각각 $T_{d,\,max}$와 $V_{d,\,max}$와 같은 의미로서 $T_{Rd,\,max}$는 앞의 식 (8·48)로 계산한다.

$$T_{Rd,\,max} = 2\,\nu \alpha_{cw} f_{cd} A_k t_{\mathrm{ef},\,i} \sin\theta \cos\theta \tag{8·48}$$

[3] 속찬 직사각형 단면

속찬 직사각형 단면에 대한 추가기준으로, 최소비틀림철근이 배치된 속찬 직사각형 단면이 다음 두 식의 조건을 만족하는 경우에는 비틀림 설계와 검증을 생략할 수 있다. 이 두 식은 식 (8·45)와 식 (8·46)과 동일한 것으로, 부재의 폭을 t 대신 b_w로 표현한 것이다.

$$T_u \leq \frac{V_u b_w}{4.5} \tag{8·80}$$

$$V_u\left(1+\frac{4.5\,T_u}{V_u b_w}\right) \leq V_{cd} \tag{8·81}$$

여기서 V_{cd}는 전단철근이 보강되지 않은 균열 단면의 설계전단강도로, 앞의 식 (7·86)으로 계산한다.

$$V_{cd} = [0.85\,\phi_c\,\kappa(\rho\,f_{ck})^{1/3}+0.15\,f_n]\,b_w d \tag{7·86}$$

참고로, 속찬 직사각형 단면에 대한 이 추가기준은 초기 Eurocode 2의 기준안[0.20]에 규정되었던 것이며, 현행 Eurocode 2[8.12]는 다음의 조건을 만족하도록 하고 있다.

$$\frac{T_{Ed}}{T_{Rd,\,c}}+\frac{V_{Ed}}{V_{Rd,\,c}} \leq 1.0 \tag{8·49}$$

여기서 $T_{Rd,\,c}$는 $\tau_{t,\,i}$를 콘크리트의 설계인장강도 f_{ctd}로 하여 계산한 균열비틀림모멘트로 앞의 식 (8·26)과 같으며, $V_{Rd,\,c}$는 앞의 식 (7·94)와 식 (7·95)로 결정한다.

$$T_{Rd,\,c} = 2\,A_k\,t_{\mathrm{ef},\,i}\,f_{ctd} \tag{8·26}$$

$$V_{Rd,\,c} = [C_{Rd,\,c}\,k(100\,\rho_l\,f_{ck})^{1/3}+k_1\sigma_{cp}]\,b_w d \tag{7·94}$$

$$V_{Rd,\,c} \geq (v_{min}+k_1\sigma_{cp})\,b_w d \tag{7·95}$$

[4] 종방향 비틀림철근

종방향 비틀림 철근의 소요 단면적은 다음 식으로 산정한다.

$$\Sigma A_{sl} = \frac{T_u p_o}{2\phi_s f_y A_o} \cot\theta \qquad (8 \cdot 82)$$

여기서, p_o : 면적 A_o의 표면 둘레 길이

f_y : 종방향 철근의 설계기준항복강도

θ : 22°~45°의 범위에서 선택하는 압축 스트럿의 경사각

콘크리트 스트럿의 경사각 θ는 실험 결과와 소성이론 가정을 바탕으로 정한 범위의 각을 설계자가 자유롭게 선택하여 비틀림을 설계한다. 그러나 순수 비틀림에 대해 설계할 때는 일반적으로 스트럿의 경사각을 45°로 가정한다.

부재 단면에서 휨모멘트나 축력에 의하여 압축응력을 받게 되는 부분의 종방향 비틀림 철근은 단면에 작용하는 휨압축력의 크기에 비례하여 단면적을 감소시킬 수 있다. 부재 단면에서 휨모멘트나 축력에 의하여 인장응력을 받게 되는 부분의 종방향 비틀림 철근은 휨철근에 추가하여 단면적을 증가시켜야 한다. 종방향 철근은 단면 둘레를 따라 분산 배치하여야 하며, 비교적 작은 단면에서는 모서리에 집중하여 배치하여야 한다.

[5] 비틀림철근 상세

비틀림철근은 부재축과 직각인 폐합 횡방향 철근이어야 하며, 겹침이음이나 갈고리로 정착되어야 한다. 횡방향 비틀림철근의 종방향 최대간격 s_{max}은 $p_{cp}/8$, $0.75\,d$, 단면의 최소치수 중 가장 작은 값으로 한다. 여기서 p_{cp}는 단면 외부표면의 둘레길이이다. 내측 지점부에는 경간 내에 배치된 비틀림 철근량의 1/4 이상의 철근을 배치하여야 한다. 최소비틀림철근은 최소전단철근과 동일하게 앞의 식 (7 ·161)을 적용한다.

$$\rho_{v,\,min} = \frac{0.08\sqrt{f_{ck}}}{f_{vy}} \qquad (7 \cdot 161)$$

KDS 24 14 21 콘크리트교 설계기준(한계상태설계법)과 Eurocode 2에서 횡방향 비틀림철근의 설계기준항복강도는 600 MPa을 초과할 수 없다. 참고로, KDS 14 20 콘크리트구조 설계기준은 500 MPa, ACI 318 Code는 420 MPa, AASHTO-LRFD는 520 MPa을 횡방향 비틀림철근의 최대 설계기준항복강도로 규정하고 있다.

종방향 철근은 비틀림철근의 각 모서리에 적어도 하나씩의 배치되어야 하며, 안쪽 둘레에 종방향 철근이 균일하게 분포되어야 한다. 이 때 종방향 철근의 간격은 350 mm 이하이어야 한다.

[6] 비부착 긴장재의 프리캐스트 조립식 부재

부착된 프리스트레스 강재가 배치되지 않은 프리캐스트 세그멘탈 공법으로 시공된 거더의 각 세그

먼트 이음부에서 비틀림에 의한 국부적인 전단력을 저항하는 전단키가 설치되어 있지 않는 경우, 휨과 전단 및 비틀림의 조합을 고려하여 가장 큰 응력이 발생하는 복부에 대하여 극한한계상태 검증을 수행하여야 한다. 이것은 인장 영역에서 큰 이음부의 열림이 발생할 수 있어서, 닫힌 단면으로 비틀림에 저항하지 않고 열린 단면으로 비틀림에 저항하게 될 가능성이 높기 때문이다.

예제 8-3 다음 그림과 같은 철근콘크리트 L형 보의 단면에 최대 계수전단력 250kN과 최대 계수비틀림모멘트 87.5kN·m가 작용할 때, KDS 24 14 21 콘크리트교 설계기준(한계상태설계법)에 따라 비틀림철근 설계를 수행하시오. 콘크리트의 설계기준압축강도 f_{ck}는 35MPa, 폐합 횡방향 철근의 설계기준항복강도 f_{yt}는 400MPa, 종방향 철근의 설계기준항복강도 f_{yl}은 500MPa이며, 휨모멘트에 대한 인장철근으로 유효깊이 520mm인 위치에 배치된 6개의 D29 철근 중 3개가 복부폭 400mm 내에 배치된다.(이 예제의 철근콘크리트 L형 보는 예제 8-2의 보와 동일하다)

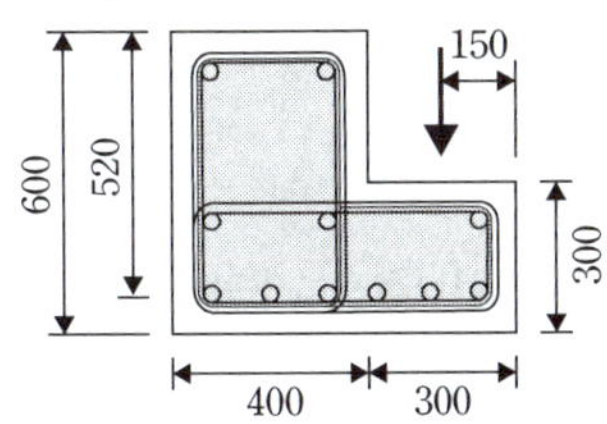

그림 8-18 예제 8-3의 철근콘크리트 단면

〈풀이〉

(1) 유효 벽두께

보 단면의 외부 둘레로 둘러싸인 면적 A_{cp}와 단면의 외부 둘레 길이 p_{cp}를 구하면

$$A_{cp} = 600\times400+300\times300 = 330{,}000\ mm^2$$

$$p_{cp} = 2\times(600+700) = 2{,}600\ mm$$

유효 벽두께를 식 (8·70)으로 구하면

$$t_i = \frac{A_{cp}}{p_{cp}} = \frac{330{,}000}{2{,}600} = 127\ mm$$

지름이 15.9 mm인 D16 철근을 폐합횡방향철근으로 사용하기로 하고, 횡방향철근 중심에서 측정한 피복두께 t_c와 피복두께의 두 배인 $2t_c$를 구하면

$$t_c = 50+\frac{15.9}{2} = 58\ mm$$

$$2t_c = 5\times58 = 116\ mm$$

계산된 유효 벽두께 127 mm가 $2t_c$보다 크므로, 유효 벽두께 t_i를 127 mm로 한다. 유효 벽두께의 중심으로 둘러싸인 면적 A_o와 둘레길이 p_o를 구하면

$$A_o = \left(600-2\times\frac{127}{2}\right)\times\left(400-2\times\frac{127}{2}\right)+\left(300-2\times\frac{127}{2}\right)\times300 = 181{,}000\ mm^2$$

$$p_o = 2\times\left(600-2\times\frac{127}{2}\right)+2\times\left(700-2\times\frac{127}{2}\right) = 2{,}092\ mm$$

(2) 비틀림과 전단의 상호작용에 의한 계수전단력

계수비틀림모멘트에 의한 비틀림 전단응력을 식 (8 · 69)로 구하면

$$v_{t,i} = \frac{T_u}{2A_o t_i} = \frac{87.5\times10^6}{2\times181{,}000\times127} = 1.90\ MPa$$

계수전단력에 의한 전단응력을 식 (8 · 71)로 구할 때, 보수적으로 검토하기 위하여 전단력에 저항하는 복부폭 b_w를 400 mm로 택하면

$$v_{v,i} = \frac{V_u}{b_w d} = \frac{250\times10^3}{400\times520} = 1.20\ MPa$$

인접 가상 벽체와의 교차점 사이의 거리로 정의된 i번 가상 벽의 측면 길이 y_i는

$$y_i = 600-2\times\frac{127}{2} = 473\ mm$$

따라서, 유효 벽두께에 작용하는 계수전단력 $V_{u,i}$를 식 (8 · 73)으로 구하면

$$V_{u,i} = (v_{t,i}+v_{v,i})t_i y_i = (1.90+1.20)\times127\times473 = 186{,}000\ N = 186\ kN$$

(3) 소요 횡방향철근량 계산의 필요성 검증

식 (8 · 65)의 조건으로, $V_{u,i}$와 $V_{cd,i}$를 비교하여 소요 횡방향철근량을 계산하여야 할지 검토한다. 균열 단면의 설계전단강도를 구하기 위하여 식 (7 · 86)에 적용되는 변수를 계산한다.

인장철근의 유효깊이 d가 520 mm이므로

$$\kappa = 1+\sqrt{\frac{200}{d}} = 1+\sqrt{\frac{200}{520}} = 1.62 < 2.0$$

400 mm의 복부폭 b_w에 배치된 D29 인장철근 3개의 단면적이 1,927 mm^2이므로

$$\rho = \frac{A_{s,w}}{b_w d} = \frac{1{,}927}{400\times520} = 0.00926 < 0.02$$

축력은 작용하지 않으므로

$$f_n = 0$$

먼저 $V_{cd,i}$의 최솟값을 식 (7 · 87)을 이용하여 구할 때, 유효 벽두께 단면에 대한 것이므로 b_w에 t_i 값인 127 mm를 대입하면

$$V_{cd,min,i} = (0.035\,\kappa^{3/2} f_{ck}^{1/2}+0.15 f_n)t_i d$$

$$= (0.035\times1.62^{3/2}\times35^{1/2}+0.15\times0)\times127\times520 = 28{,}200\ N = 28.2\ kN$$

이제, $V_{cd,i}$를 식 (8 · 66)으로 구하면

$$V_{cd,i} = [0.85\,\phi_c\,\kappa(\rho f_{ck})^{1/3}+0.15 f_n]t_i d$$

$$= [0.85\times0.65\times1.62\times(0.00926\times35)^{1/3}+0.15\times0]\times127\times520 = 40{,}600\ N = 40.6\ kN$$

이 값은 $V_{cd,min,i}$인 28.2 kN보다 크므로, $V_{cd,i}$는

$$V_{cd,i} = 40.6\ kN$$

$V_{cd,i}$와 $V_{u,i}$를 검토하면, $V_{cd,i}$는 40.6 kN이고 $V_{u,i}$는 186 kN이므로

$$V_{cd,i} < V_{u,i}$$

따라서 콘크리트만으로는 저항할 수 없으므로, 소요 횡방향철근량을 계산하고 그 이상의 전단철근을 배치하여야 한다.

(4) 비틀림과 전단의 상호작용에 따른 콘크리트 스트럿의 압축파괴 검증

식 (8 · 74)의 최대 전단강도 $V_{cd,min,i}$를 결정하기 위하여 변수들을 계산한다. 축력은 작용하지 않아서 f_n이

0이므로

$$\alpha_{cw} = 1+\frac{f_n}{\phi_c f_{ck}} = 1+0 = 1.0$$

콘크리트 압축강도 유효계수 ν를 식 (7·121)로 구하면

$$\nu = 0.6\left(1-\frac{f_{ck}}{250}\right) = 0.6\left(1-\frac{35}{250}\right) = 0.516$$

z를 구하면

$$z = 0.9\,d = 0.9\times520 = 468\,mm$$

$V_{cd,\,min,\,i}$를 식 (8·74)로 구하면

$$V_{d,\,max,\,i} = \frac{\alpha_{cw}\,\nu\,\phi_c f_{ck}\,t_i\,z}{\cot\theta+\tan\theta} = \frac{1.0\times0.516\times0.65\times35\times127\times468}{\cot\theta+\tan\theta}\,\frac{1}{(10)^3}$$
$$= \frac{698}{\cot\theta+\tan\theta}\,[kN]$$

$V_{cd,\,min,\,i}$가 $V_{u,\,i}$와 같은 값을 가질 때의 경사각 θ를 구하면

$$\frac{698}{\cot\theta+\tan\theta} = 186$$

이 방정식을 풀면

$\cot\theta=0.289$ 또는 $\cot\theta = 3.464$

이때의 경사각 θ는 73.9° 또는 16.1°이다. 그러나 경사각 θ는 22°~45°의 범위이므로, 경사각을 45°로 제한하면 $\cot\theta=\tan\theta=1$이므로

$$V_{d,\,max,\,i} = \frac{698}{\cot\theta+\tan\theta} = \frac{698}{1+1} = 349\,kN > V_{u,\,i}\ (= 186\,kN)$$

따라서 $V_{d,\,max,\,i} > V_{u,\,i}$이므로, 콘크리트 스트럿의 압축파괴는 발생하지 않는다.

(5) 비틀림과 전단의 상호작용의 검증

앞의 (2)에서는 비틀림과 전단의 상호작용을 전단력의 항으로 변환하여 검증하였으나, 다음과 같은 방법으로 검증하여도 된다.

스트럿의 경사각 θ를 가장 경제적인 경사각 45°로 가정하고, $T_{d,\,max}$를 식 (8·77)로 구하면

$$T_{d,\,max} = 2\,\alpha_{cw}\,\nu\,\phi_c f_{ck}\,t_i\,A_o\sin\theta\cos\theta$$
$$= 2\times1.0\times0.516\times0.65\times35\times127\times181{,}000\times\frac{1}{\sqrt{2}}\times\frac{1}{\sqrt{2}}$$
$$= 270{,}000{,}000\,N\cdot m = 270\,kN\cdot m$$

스트럿의 경사각 θ를 45°로 가정하고, $V_{d,\,max}$를 식 (8·79)로 구하면

$$V_{d,\,max} = \frac{\alpha_{cw}\,\nu\,\phi_c f_{ck}\,b_w z}{\cot\theta+\tan\theta} = \frac{1.0\times0.516\times0.65\times35\times400\times468}{1+1} = 1{,}099{,}000\,N = 1{,}099\,kN$$

속찬 단면이므로 식 (8·42)의 좌변을 계산하면

$$\left(\frac{T_u}{T_{d,\,max}}\right)^2+\left(\frac{V_u}{V_{d,\,max}}\right)^2 = \left(\frac{87.5}{270}\right)^2+\left(\frac{250}{1{,}099}\right)^2 = 0.157$$

따라서 다음의 조건을 만족한다.

$$\left(\frac{T_u}{T_{d,\,max}}\right)^2+\left(\frac{V_u}{V_{d,\,max}}\right)^2 < 1.0$$

(6) 비틀림철근의 설계

먼저, 전단 작용에 의한 스트럿 경사각 θ를 식 (7·128)을 응용하여 구한다. 식 (7·128)의 V_u에 $V_{u,\,i}$를 대입

하고 b_w에 t_i를 대입하여 θ를 구하면

$$\theta = \frac{1}{2}\sin^{-1}\left[\frac{2V_{u,i}}{\alpha_{cw}\,\nu\phi_c f_{ck} t_i z}\right] = \frac{1}{2}\sin^{-1}\left[\frac{2\times186\times10^3}{1.0\times0.516\times0.65\times35\times127\times468}\right] = 16.1^\circ < 22^\circ$$

스트럿의 경사각 θ는 22°~45° 범위의 값을 갖아야 하므로, θ를 22°로 하여 소요 횡방향철근량을 식 (8·75)로 구하면

$$\left(\frac{A_{v,i}}{s}\right)_{req'd} = \frac{V_{u,i}}{\phi_s f_{vy} z}\tan\theta = \frac{186\times10^3}{0.9\times400\times468}\tan 22^\circ = 0.446\ mm^2/mm$$

식 (7·161)의 최소철근비를 구하면

$$\rho_{v,min} = \frac{0.08\sqrt{f_{ck}}}{f_{vy}} = \frac{0.08\sqrt{35}}{400} = 0.00118$$

식 (7·160)의 관계식으로 최소철근비를 철근단면적과 간격으로 나타낸 최소철근량을 유효 벽두께를 기준으로 구하면

$$\left(\frac{A_{v,i}}{s}\right)_{min} = \rho_{v,min}\,t_i = 0.00118\times127 = 0.150\ mm^2/mm$$

소요 횡방향철근량 0.446 mm^2/mm이 최소조건보다 크므로, 0.446 mm^2/mm의 소요조건으로 횡방향철근을 설계하여야 한다.

비틀림철근의 간격을 결정하기 위하여, 비틀림철근의 최대허용간격을 구하면

$$s_{max} = \frac{p_{cp}}{8} = \frac{2{,}600}{8} = 325\ mm$$

전단철근의 최대허용간격을 구하면

$$s_{max} = 0.75\,d = 0.75\times468 = 351\ mm$$

또 하나의 조건은 단면의 최소치수 600 mm이므로, 횡방향철근의 최대허용간격은 이 값들 중 가장 작은 325 mm이다.

단면적이 198.6 mm^2인 D16 철근을 폐합횡방향철근으로 사용하면, 유효 벽두께에 한 가닥이 작용하므로 소요간격은

$$s_{req'd} = \frac{A_b}{0.446} = \frac{198.6}{0.446} = 445\ mm$$

이 소요간격은 최대허용간격 325 mm보다 크므로 325 mm 이하의 간격으로 배치하여야 한다. 이에 따라 전단철근을 300 mm 간격으로 배치하기로 한다.

추가되어야 할 종방향철근의 단면적을 식 (8·82)에 따라 계산하면

$$\sum A_{sl} = \frac{T_u p_o}{2\phi_s f_y A_o}\cot\theta = \frac{87.5\times10^6\times2{,}092}{2\times0.9\times400\times181{,}000}\cot 22^\circ = 3{,}477\ mm^2$$

종방향철근 사이의 간격이 350 mm를 초과하지 않고 총단면적이 3,477 mm^2을 초과하도록, D22철근 9개(총 단면적 3,484 mm^2)를 종방향철근으로 추가 배치한다.

참고로, 스트럿의 경사각 θ를 22°보다 크게 선택하면 소요 횡방향철근량은 증가하고 소요 종방향철근량은 감소한다. 따라서 스트럿의 경사각 θ를 적절한 각도로 선택하면 경제적인 설계가 가능하다.

예제 8-2의 결과와 비교해 보면, KDS 24 14 21 콘크리트교 설계기준(한계상태설계법)에 따랐을 때에는 KDS 14 20 콘크리트구조 설계기준에 따랐을 때보다 더 적은 양의 횡방향철근이 배치되었으나 종방향철근은 더 많은 양이 배치되었다.

참고문헌

8.1 Collins, M. P. and Lampert, P., "Redistribution of Moments at Cracking–The Key to Simpler Torsion Design?" *Analysis of Structural Systems for Torsion*, SP–35, American Concrete Institute, 1974, pp. 343–383.

8.2 Hsu, T. C. and Burton, K. T., "Design of Reinforced Concrete Spandrel Beams," *Proceedings*, ASCE, Vol. 100, No. ST1, 1974, pp. 209–229.

8.3 Navier, C. L., "Resume des lecons donnees a l'ecole des ponts et chaussees sur l'application de la mecanique a l'estblissement des constructions et des machines," Premiere partie, Paris, 1826, pp. 71–76.

8.4 Barré de Saint–Venant, A. J. C., "Memoire sur la Torsion des Prismes," Mem. Divers Savants, 14, 1855, pp. 233–560.

8.5 Timoshenko, S. P. and Goodier, N. J., *Theory of Elasticity*, 2nd edition, McGraw–Hill, 1951 (p. 275–288).

8.6 Bredt, R., "Kritische Bemerkungen zur Drehungselastizitat," Zeitschrift des Vereines Deutscher Ingenieure, Band 40, No. 28, 1896, pp. 785–790; No. 29, 1906, pp. 813–817.

8.7 AASHTO, LRFD Bridge Design Specifications, 9th edition, American Association of State Highway and Transportation Officials, Washington, D.C., USA, 2020.

8.8 국토교통부, 한국콘크리트학회, KDS 14 20 콘크리트구조 설계기준, 기준 및 해설, 2021.

8.9 국토해양부, 한국도로교통협회, 도로교설계기준, 2010.

8.10 ACI Committee 318, *Building Code Requirements for Structural Concrete* (ACI 318–19) *and Commentary* (ACI 318R–19), American Concrete Institute, Farmington Hills, MI, 2019.

8.11 국토교통부, 한국교량및구조공학회, KDS 24 14 21 콘크리트교 설계기준(한계상태설계법), 기준 및 해설, 2023.

8.12 CEN, Eurocode 2: *Design of Concrete Structures*, European Committee for Standardization, 2004.

8.13 Hsu, T. T. C., "Torsion of Structural Concrete – Behavior of Reinforced Concrete Rectangular Members," ACI Special Publication SP–18, *Torsion of Structural Concrete*, American Concrete Institute, 1968, pp. 261–306.

8.14 Rausch, E., Berechnung des *Eisenbetons gegen Verdrehung und Abscheren (Design of Reinforced Concrete for Torsion and Shear)*, Springer–Verlag, Berlin, 1929.

8.15 Lampert, P., *Bruchwiderstand von Stahlbeton balken unter Torsion und Biegung (ULS-resistance of RC beams subjected to torsion and bending)*, Institute für Baustatik und Konstruktion, ETH Zurich, Bericht 27, Report No 26, Birkhäuser Verlag, Basel, Stuttgart, 1970.

8.16 Lampert, P., and Thürlimann, B., "Ultimate Strength and Design of Reinforced Concrete Beams in Torsion and Bending," International Association for Bridge and Structural Engineering, *Publication*, Vol. 31–I, Zurich, 1971, pp. 107–131.

8.17 Lüchinger, P., *Bruchwiderstand von Kastenträgern aus Stahlbeton unter Torsion, Biegung und Querkraft (ULS-resistance of RC box girders subjected to torsion, bending and shear)*, Institute für Baustatik und Konstruktion, ETH Zurich, Bericht 27, Report No 69, Birkhäuser Verlag, Basel, Stuttgart, 1977.

8.18 CEB–FIB, *Model Code for Concrete Structures*, CEB–FIP International Recommendations, 3rd ed. Comité Euro–International du Beton, Paris, 1978, 348 pp.

8.19 FIB, fib Model Code for Concrete Structures, International Federation for Structural Concrete (fib), 2010, 402 pp.

8.20 Lampert, P., and Collins, M. P., "Torsion, Bending, and Confusion: An Attempt to Establish the Facts,"

ACI Structural Journal, Vol. 69, No. 8, 1972, pp. 500–504.

8.21 Lessig, N. N., *Determination of the Load Carrying Capacity of Reinforced Concrete Elements with Rectangular Cross-Section Subjected to Flexure with Torsion*, Work 5, Institute Betona I Zhelezobetona, Moscow, 1959, pp. 4–28.

8.22 Hsu, T. T. C., "Torsion of Structural Concrete – A Summary of Pure Torsion," ACI Special Publication SP–18, *Torsion of Structural Concrete*, American Concrete Institute, 1968, pp. 165–178.

8.23 Zia, P., "Torsion Theories for Concrete Members," ACI Special Publication SP–18, *Torsion of Structural Concrete*, American Concrete Institute, 1968, pp. 103–132.

8.24 MacGregor, J. G., and Ghoneim, M. G., "Design for Torsion," *ACI Structural Journal*, Vol. 92, No. 2, 1995, pp. 211–218.

8.25 Mitchell, D., and Collins, M. P., "Diagonal Compression Field Theory–A Rational Model for Structural Concrete in Pure Torsion," *ACI Structural Journal*, Vol. 71, No. 8, 1974, pp. 396–408.

8.26 Collins, M. P., and Mitchell, D., "Shear and Torsion Design of Prestressed and Non–Prestressed Concrete Beams," *PCI Journal*, Vol. 25, No. 5, 1980, pp. 32–100; Discussion and Closure, *PCI Journal*, Vol. 26, No. 6, 1981, pp. 96–118.

8.27 CSA, *Design of Concrete Structures*(CSA Standard A23.3–04), Canadian Standard Association, Rexdale, Ontario, Canada, 2004.

8.28 CEN, Eurocode 2: *Design of Concrete Structures*, prEN 1991–1 (Final draft), European Committee for Standardization, 2001.

연습문제

8-1 정정비틀림인 평형비틀림과 부정정비틀림인 적합비틀림의 차이점을 설명하시오. **[정답: 8.1.1절 참조]**

8-2 콘크리트 부재의 비틀림강도 해석법 중 공간트러스 해석법의 해석개념을 설명하시오. **[정답: 8.4.2절 참조]**

8-3 콘크리트 부재에 전단력과 비틀림모멘트가 동시에 작용하는 경우, 전단과 비틀림의 상호작용에 대하여 설명하시오. **[정답: 8.5절 참조]**

8-4 연습문제 그림 8-1과 같은 단면의 철근콘크리트 보가 부정정 구조물의 테두리 보로 배치되어 있다. 이 테두리 보의 비틀림 설계에 적용할 최대 계수비틀림모멘트 $T_{u,\,max}$를 KDS 14 20 콘크리트구조 설계기준에 따라 구하시오. 콘크리트의 설계기준압축강도 f_{ck}, 보의 폭 b, 보의 두께 h, 슬래브 두께 t_s에 대한 조건은 다음 (a)~(f)의 6가지 중 하나를 선택하시오. **[정답: 부록 E, 8.6.1절 예제 8-1 참조]**

(a) $f_{ck} = 30\ MPa,\ b = 520\ mm,\ h = 760\ mm,\ t_s = 200\ mm$

(b) $f_{ck} = 35\ MPa,\ b = 480\ mm,\ h = 720\ mm,\ t_s = 200\ mm$

(c) $f_{ck} = 40\ MPa,\ b = 400\ mm,\ h = 680\ mm,\ t_s = 200\ mm$

(d) $f_{ck} = 45\ MPa,\ b = 400\ mm,\ h = 600\ mm,\ t_s = 180\ mm$

(e) $f_{ck} = 50\ MPa,\ b = 360\ mm,\ h = 720\ mm,\ t_s = 180\ mm$

(f) $f_{ck} = 60\ MPa,\ b = 320\ mm,\ h = 640\ mm,\ t_s = 180\ mm$

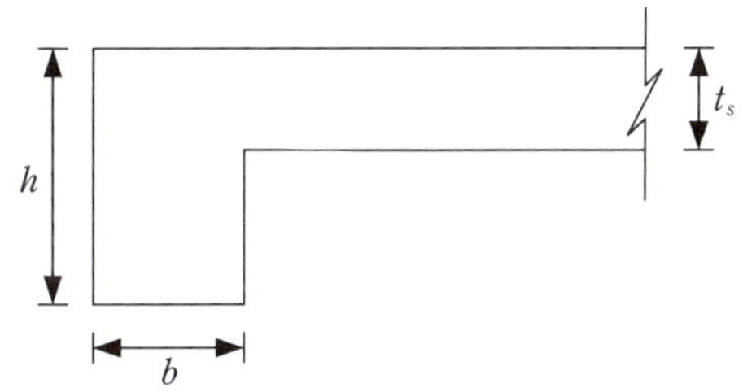

[연습문제 그림 8-1]

8-5 8.6.1절 예제 8-2와 동일한 보에 작용하는 모든 하중이 20% 증가되어, 콘크리트의 설계기준압축강도 f_{ck}를 40 MPa로, 폐합 횡방향 철근의 설계기준항복강도 f_{yt}를 500 MPa로, 종방향 철근의 설계기준항복강도 f_{yl}를 600 MPa로 각각 증가시키려고 한다. 이 경우에 대하여 KDS 14 20 콘크리트구조 설계기준에 따라 비틀림철근 설계를 수행하시오. **[정답 : 8.6.1절 예제 8-2 참조]**

8-6 8.6.2절 예제 8-3과 동일한 보에 작용하는 모든 하중이 20% 증가되어, 콘크리트의 설계기준압축강도 f_{ck}를 40 MPa로, 폐합 횡방향 철근의 설계기준항복강도 f_{yt}를 500 MPa로, 종방향 철근의 설계기준항복강도 f_{yl}를 600 MPa로 각각 증가시키려고 한다. 이 경우에 대하여 KDS 24 14 21 콘크리트교 설계기준(한계상태설계법)에 따라 비틀림철근 설계를 수행하시오. **[정답: 8.6.2절 예제 8-3 참조]**

제9장 교란영역의 설계검증

9.1 교란영역과 해석모델

교란영역(disturbed region)은 하중작용으로 발생한 응력장(stress field)이 4장에서 8장까지 다룬 휨모멘트, 축력, 축력과 휨모멘트, 전단력, 비틀림모멘트에 의하여 발생한 응력장과 다른 형태로 나타나는 구역을 말한다. 이 절에서는 교란영역의 특징과 교란영역에 적용하는 해석모델의 개요를 소개하고, 이어지는 절에서 교란영역에 적용하는 스트럿-타이모델과 설계기준의 내용을 소개한다.

9.1.1 응력장과 부재영역

외력에 의하여 부재 내부에 발생하는 응력(stress)과 내력(internal force)은 궤적의 형태로 나타내어 시각화(視覺化, visualize) 할 수 있다. 예를 들면, 그림 9-1은 집중하중이 작용하는 보의 일부분으로 집중하중과 반력 사이의 응력 궤적(stress trajectory)을 나타낸다. 그림에서 점선은 압축응력의 궤적이며

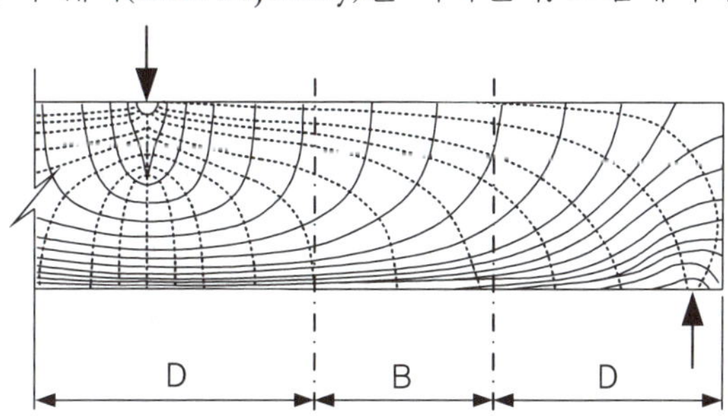

그림 9-1 응력 궤적(stress trajectory)[9.1]

실선은 인장응력의 궤적이다. 집중하중과 반력 사이의 압축응력 궤적은 집중하중이 부재 내부를 통하여 지점으로 전달되는 경로가 되므로, 응력의 궤적을 나타내는 그림은 하중전달경로(load path) 또는 힘의 흐름(force flow)을 나타내는 것이라고도 할 수 있다. 이와 같이 부재 내부에 작용하는 응력분포는 외력과 평형을 이루는 형태로 나타나는데, 이와 같은 응력분포를 응력장(stress field)이라고 한다.

응력장은 일반적으로 두 가지 형태, 즉 응력균일영역과 응력교란영역으로 구분한다. 응력균일영역은 그림 9-1에서 'B'로 나타낸 부분으로, 하중이 연속으로 분포되는(continuously distributed) 영역을 말하며 간단히 'B-영역'이라고 한다. B-영역의 응력 궤적은 힘이 자연스럽게 흐르는 형태라고 할 수 있다. 응력교란영역은 그림 9-1에서 'D'로 나타낸 부분으로, 하중전달 과정에서 불연속성(discontinuities)을 보이는 영역을 말하며 간단히 'D-영역'이라고 한다. D-영역의 응력 궤적은 힘이 자연스럽게 흐르지 못하는 모습으로 다소 불규칙한 형태를 띤다고 할 수 있다. 이와 같은 특성은 응력뿐만 아니라 변형률에서도 나타나므로, 이 장에서는 응력균일영역을 대신하여 '균일영역'이라는 용어와 응력교란영역을 대신하여 '교란영역'이라는 용어를 사용하기로 한다. B-영역과 D-영역의 특징은 다음과 같다.

- B-영역(균일영역, B-region)

  B-영역은 부재 두께가 일정한 평판이나 보에서 하중이 연속으로 분포되는(continuously distributed) 구간으로, 변형 전의 평면이 변형 후에도 평면을 유지한다는 베르누이의 가정이 잘 적용되는 구간이다. 따라서 일반적인 휨 이론과 보 이론을 적용할 수 있는 구간이므로, Bernoulli, bending, beam 등 'B'로 시작하는 단어의 특징을 나타내는 용어로 표현하여 B-영역이라고 한다.

- D-영역(교란영역, D-region)

  D-영역은 부재의 두께나 형상이 갑자기 변하는 구간이나 집중하중이 작용하여 비선형 변형률 분포(nonlinear strain distribution)가 나타나는 구간이다. 부재의 두께나 형상이 갑자기 변하는 구간에는 기하학적 불연속성(geometrical discontinuity)이 나타나며, 집중하중이 작용하는 구간에는 정적 불연속성(statical discontinuity)이 나타나서 응력과 변형률이 교란(disturbed)된다. 따라서 일반적인 휨 이론과 보 이론을 적용할 수 없는 구간이므로, disturbed와 discontinuity 등 'D'로 시작하는 단어의 특징을 나타내는 용어로 표현하여 D-영역이라고 한다.

그림 9-2는 B-영역과 D-영역의 대표적인 위치를 나타내는데, D-영역은 다음 몇 가지 경우로 구분할 수 있다. 그 외의 구간은 B-영역이다.

- 각기 다른 축방향을 가진 두 부재가 연결되는 부분으로서의 D-영역

  그림 9-2에서 기둥으로부터 축력과 휨모멘트 또는 축력만 확대기초로 전달되는 왼쪽 첫 번째와 두 번째 기둥 하단과 확대기초, 기둥과 보가 연결되는 왼쪽 첫 번째와 두 번째 기둥 상단의 접합부가 해당된다.

• 집중하중이 작용하는 부분으로서의 D–영역

그림 9–2의 왼쪽 골조 상단 보에서 집중하중이 작용하는 구간, 두 번째와 세 번째 기둥의 상단에 배치된 프리스트레스트 콘크리트 보에서 긴장력이 집중하중으로 작용하는 단부 구간과 점선으로 표현된 절곡 긴장재가 배치되어 상향의 집중하중이 작용하는 효과가 나타나는 긴장재 절곡부 구간, 두 번째와 세 번째 기둥의 중간 부분에 배치된 보의 지점부, 기둥과 기초가 한 지점으로 연결된 왼쪽에서 세 번째 기둥 하단과 확대기초, 말뚝으로 지지된 가장 오른쪽 기둥 하단과 말뚝머리(pile cap), 보의 지점으로 집중하중이 작용하는 왼쪽에서 두 번째와 세 번째 기둥 상단과 가장 오른쪽 기둥 상단이 해당된다. 또 그림 9–2의 왼쪽에서 첫 번째, 두 번째, 세 번째 기둥의 중간에서 보를 지지하기 위하여 기둥 단면이 크게 확장된 구간, 즉 내민받침(브래킷, bracket, 또는 코벨, corbel)과 왼쪽 골조 아래 보에서 단면이 갑자기 작아지는 지점부 구간은 집중하중이 작용하는 구간이면서 부재 형상의 변화가 큰 부분으로서의 D–영역이라고 할 수 있다.

• 부재 형상의 변화가 큰 부분으로서의 D–영역

그림 9–2의 두 번째와 세 번째 기둥의 중간 부분에 배치된 보의 중앙에 '⊠'로 표시된 구멍이 존재하여 크기가 급격히 변하는 구간, 왼쪽 골조 아래 보에서 단면이 갑자기 작아지는 지점부 구간이 해당한다. 또 그림 9–2의 왼쪽에서 첫 번째, 두 번째, 세 번째 기둥의 중간에서 보를 지지하기 위하여 기둥 단면이 크게 확장된 구간, 즉 내민받침(브래킷, bracket, 또는 코벨, corbel)과 왼쪽 골조 아래 보에서 단면이 갑자기 작아지는 지점부 구간은 부재 형상의 변화가 큰 부분이면서 집중하중이 작용하는 구간으로서의 D–영역이라고 할 수 있다.

• 전단경간–깊이 비가 작은 부분으로서의 D–영역

단면이 상대적으로 깊은보로, 그림 9–2의 오른쪽 두 기둥 위에 배치된 깊은보(deep beam)가 해당된다.

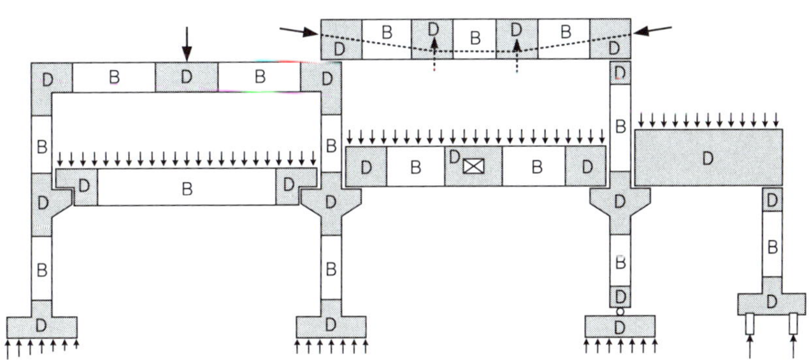

그림 9–2 대표적인 B–영역과 D–영역

9.1.2 부재영역의 강도해석 모델

앞 절에서 설명한 바와 같이 부재영역은 B–영역(균일영역, B–region)과 D–영역(교란영역, D–region)으로 구분할 수 있는데, 부재가 저항할 수 있는 최대하중을 예측하기 위해서는 실험결과와 유사한 값을 제공할 수 있는 적절한 해석방법을 적용하여야 한다.

B–영역은 변형 전의 평면이 변형 후에도 평면을 유지한다는 베르누이의 가정이 잘 적용되는 구간으로, 강도해석 모델로는 휨, 전단, 비틀림 강도해석에 사용하는 단면해석모델(sectional model), 즉 트러스 모델을 적용할 수 있다. 이 해석모델의 정확도는 Kani 등의 전단실험 결과[9.2]를 대상으로 비교한 그림 9–3에 나타나 있다. 그림 9–3에서 전단경간–깊이 비 a/d가 대략 2.5 이상인 경우를 B–영역이라고 할 수 있는데, a/d가 2.5 이상일 때 단면해석모델(sectional model)이 실험결과를 안전측으로 잘 예측한다는 것을 보여준다.

D–영역은 베르누이의 가정이 적용되지 않는 구간으로, 하중 작용 후의 변형률이 비선형 분포를 나타낸다. 비선형 변형률 분포를 보이는 부재는 단면해석모델을 적용했을 때 부재의 강도를 제대로 예측할 수 없다. 즉, 그림 9–3에서 전단경간–깊이 비 a/d가 대략 2.5 이하인 경우를 D–영역이라고 할 수 있는데, a/d가 2.5 이하일 때 단면해석모델은 실험결과와 큰 오차를 보이며 스트럿–타이 모델(strut and tie model)이 실험결과를 안전측으로 잘 예측한다는 것을 보여준다. 스트럿–타이 모델은 D–영역의 철근콘크리트 부재에 적용할 수 있는 강도해석 모델이다.

D–영역 철근콘크리트 부재의 강도성능 검증에는 일반적으로 유한요소해석(finite element analysis)이나 스트럿–타이 모델(strut and tie model)을 적용할 수 있다. 유한요소해석으로는 철근과 콘크리트 재료의

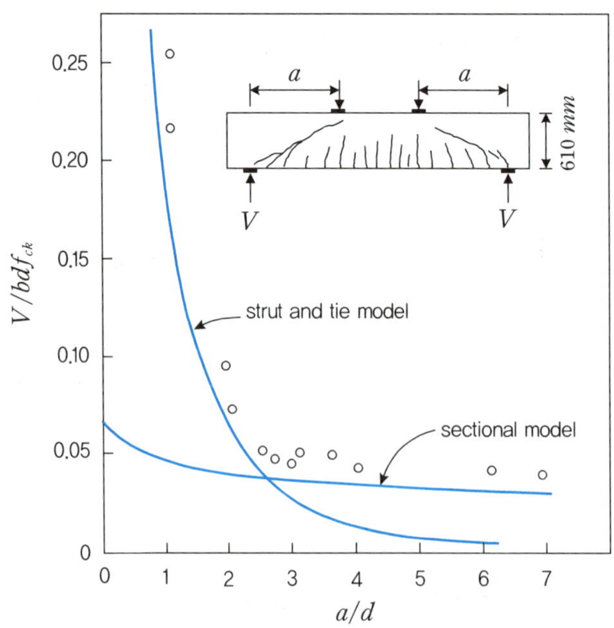

그림 9–3 철근콘크리트 보의 전단강도 해석모델과 Kani 등의 전단실험 결과[9.3]

비선형성과 콘크리트의 균열 발생 후 거동을 정확히 예측할 수 있는 재료비선형 유한요소해석으로 D-영역 철근콘크리트의 부재강도를 구할 수 있을 것이다. 이와 같이 철근콘크리트 부재를 대상으로 한 비선형 유한요소해석을 수행하지 않고 선형탄성 유한요소해석을 수행하는 경우에는 해석의 정밀도와 해석결과의 분석에 제약이 있을 수 있다. 즉, 선형탄성 유한요소해석으로는 탄성 상태의 힘의 흐름과 응력분포를 대강 알 수 있을 뿐이고, 철근과 콘크리트가 합성되어 나타나는 힘의 흐름과 응력분포 및 균열이 발생한 후의 힘의 흐름과 응력분포를 정확히 알 수 없으며, 또한 설계차원에서는 배치해야 할 철근의 양을 결정하는 방법이 명확하지 않다는 것이다.

예를 들어 그림 9-4와 같이 부재가 압축을 받도록 양단 중앙에 집중하중이 작용하는 경우, 철근을 배치하지 않은 무근 콘크리트로 취급하여 탄성해석을 수행하면 그림 9-4(a)와 같은 응력분포를 구하게 된다. 여기서 부재의 상단과 하단 중앙의 하중 작용점 사이의 콘크리트는 점선으로 나타낸 응력궤적으로 압축응력이 작용하고, 그 직각방향으로 실선으로 나타낸 응력궤적으로 인장응력이 작용한다. 여기서 압축응력은 하중 작용점에서 단면중앙까지 곡선으로 퍼져나가다가 다시 곡선으로 모아지는 형상을 보인다.

이 부재에 하중 작용의 직각방향으로 네 개의 수평철근을 보강하면 그림 9-4(b)와 같은 응력궤적을 보이게 된다. 즉, 압축응력이 하중 작용점에서 단면중앙까지 퍼져갈 때 철근이 배치된 위치까지 직선의 형태를 보인다는 것이다. 이때 수평으로 배치된 철근에는 콘크리트를 통하여 작용하는 압축응력이 경사방향으로 작용하므로, 이 압축응력과 평형을 이루기 위하여 철근에는 인장응력이 작용한다. 다시 말하면 철근콘크리트 부재에서 철근을 무시하고 콘크리트로만 이루어진 부재라고 생각하여 탄성해석을 수행하면 그림 9-4(a)와 같이 압축응력과 인장응력이 곡선 형태로 분포되지만, 실제로는 그림 9-4(b)와 같이 압축응력과 인장응력이 직선 형태로 분포된다는 것이다. 달리 말하면 철근이 배치된 위치에 따라서 응력분포가 달라진다는 것이다. 따라서 D-영역 철근콘크리트 부재는 철근배치를 결정하는 설계자의 의도에 따라 힘의 흐름이 결정된다고도 할 수 있다. 특히 철근콘크리트 부재는 저항할 수 있는 최대하중에 도달하기 전에 균열이 발생하는 것이 일반적인데, 콘크리트에 균열이 발생한 후에는 응력궤적이 더욱 더 직선 형태로 나타난다. 이와 같이 D-영역 철근콘크리트 부재의 응력이 직선 형태로 분포되므로 그림 9-4(c)와 같이 직선으로 이루어진 트러스를 구성할 수 있으며, 이와 같이 압축응력을 받는 점선의

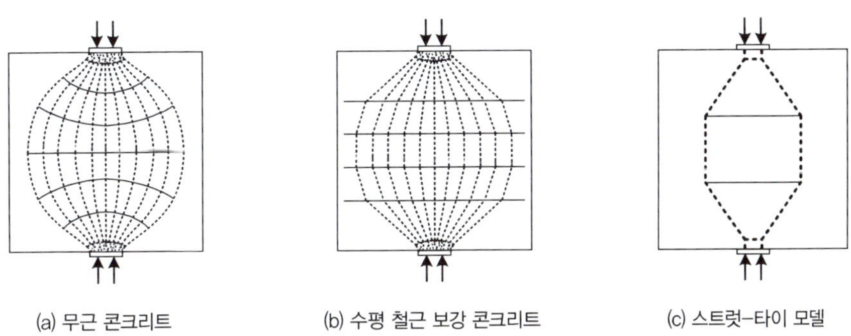

그림 9-4 철근 배치에 따른 힘의 흐름과 스트럿-타이 모델[9.1]

스트럿(strut)과 인장응력을 받는 실선의 타이(tie)로 구성한 트러스를 스트럿-타이 모델(strut and tie model)이라고 한다. 그림 9-4(c)에서 한 개의 수평 타이에 작용하는 인장력은 그림 9-4(b)에서 두 개의 수평철근에 작용하는 인장력과 같다.

9.2 스트럿-타이 모델

9.2.1 스트럿-타이 모델의 기본 개념과 적용

1800년대 말과 1900년대 초에 여러 연구자들은 철근콘크리트 보에 대한 다양한 해석모델을 제안하였는데, 그 중 Ritter[9.4]가 제안한 후 Mörsch[9.5]가 발전시킨 트러스 모델(truss model)이 소개된 후 많은 연구자들이 트러스 모델을 발전시켰다. 스트럿-타이 모델은 트러스 모델의 일종으로, 스트럿-타이 모델을 이용한 해석은 평형조건을 기반으로 하는 소성해석의 대표적인 해석법이다. 스트럿-타이 모델은 콘크리트 부재에 작용하는 힘의 흐름을 단순한 트러스 모델로 이상화한 것으로, 비선형 변형률 분포를 직접적으로 고려하지 않더라도 응력교란영역의 설계에 적용할 수 있는 해석방법이다. 스트럿-타이 해석법은 스트럿과 타이를 어떻게 배치하느냐에 따라 결과가 다르게 나타날 수 있는 하한계(lower bound solution) 해석법의 일종이다. 하한계 해석법의 대표적인 특징은 내하력 해석결과가 어떠한 경우에도 정해(exact solution)보다 클 수 없어서, 정해에서 멀어질수록 작은 값을 보이며 정해에 가까울수록 큰 값을 보이는 것이다. 즉, 힘의 흐름을 이상적으로 구현하도록 스트럿과 타이를 배치한 트러스로서, 절점과 스트럿의 크기를 적절하게 구성한 모델이라면 정해보다 항상 작거나 근접한 해석결과가 나온다. 따라서 적용 가능한 여러 스트럿-타이 모델들 중에서 가장 큰 내하력을 보이는 모델의 해석결과가 가장 정해에 가깝다고 할 수 있다. 결국 실제 힘의 흐름과 유사하게 구성한 스트럿-타이 모델을 이용한 해석과 설계는 항상 안전한 설계결과를 제공한다. 따라서 어떤 모델이라도 실제 힘의 흐름과 유사하게 구성한 스트럿-타이 모델이라면 설계에 적용할 수 있다. 또 콘크리트에 균열이 발생하고 나면 철근이 배치된 방향으로 타이를 따라 힘이 흐르므로, 설계자가 모델을 정한대로 힘이 흐른다고 할 수 있다. 그러나 힘의 흐름을 잘못 이해하여 모델을 구성하면 엉뚱한 결과가 되므로, 유럽에서는 오래 전에 힘의 흐름에 대한 깊은 이해와 경험을 갖춘 구조공학자들이 수행하던 분야였다.

스트럿-타이 모델은 오래 전부터 유럽의 구조공학자들이 응력교란영역의 설계에 적용하여 왔으나, 이 모델의 특징에 따라 공학자마다 다른 트러스가 적용되곤 하였다. 그러다가 유럽에서 Schlaich와 Schäfer 등에 의하여 스트럿-타이 모델이 정형화되기 시작하였다. 1980년대 후반부터는 Schlaich 등[9.1, 9.6, 9.7]에 의하여 미국과 캐나다 등 북미에 소개된 후 북미에서도 스트럿-타이 모델이 정형화되어, 다수의 설계기준에서 응력교란영역 설계법의 한 방법으로 규정되었다.

그림 9-5는 철근콘크리트 부재를 설계할 때 스트럿-타이 모델을 적용하는 대표적인 구간들과 해당 구역에 대한 스트럿-타이 모델의 전형적인 형태를 나타낸다. 일반적인 깊은보는 그림 9-5(a)와 같이 단순한 형태로 스트럿-타이 모델을 구성할 수 있으나, 그림 9-5(b)와 같이 부재 내부에 '⊠'로 표시된

구멍이 존재하면 힘의 흐름을 고려한 스트럿-타이 모델이 복잡한 형태로 구성된다. 그림 9-5(c)는 경사방향으로 긴장력이 가해진 포스트텐션 프리스트레스트 콘크리트(post-tensioned prestressed concrete) 부재의 정착구역이며, 그림 9-5(d)는 한 개의 지점 위에 가설되는 박스형 단면의 교량 상부구조에서 지점부 격벽의 스트럿-타이 모델과 기초에서 말뚝으로 힘이 전달되는 말뚝머리의 스트럿-타이 모델이다. 그림 9-5의 (e)와 (f)는 기둥이나 벽체의 중간 부분에 한 쪽 또는 양 쪽에 프리캐스트(precast) 보나 슬래브를 올려놓기 위하여 설치하는 내민받침부의 스트럿-타이 모델이다. 그림 9-5의 (g)와 (h)는 보와 기둥 또는 슬래브와 벽체가 일체로 시공된 접합부로, 휨모멘트의 방향에 따라 오므라지거나 벌어지는 닫힘 모멘트(closing moment)의 접합부와 열림 모멘트(opening moment)의 접합부이다. 그림 9-5(i)는 수평 부재 아래의 공간활용 등의 목적으로 지점부의 높이를 줄인 계단형 지점부의 스트럿-타이 모델이고, 그림 9-5(j)는 계단과 같이 단차를 가진 부재의 스트럿-타이 모델이다. 그림 9-5(k)는 8장 예제 8-2의 그림 8-13에 나타낸 L형 선반(ledge) 부재에서 단면 아래쪽 내민 부분 위에 하중이 작용할 때의 스트럿-타이 모델이며, 그림 9-5(l)은 단면 아래쪽에 양 쪽으로 내민 부분을 가진 대칭 선반 부재의 스트럿-타이 모델이다.

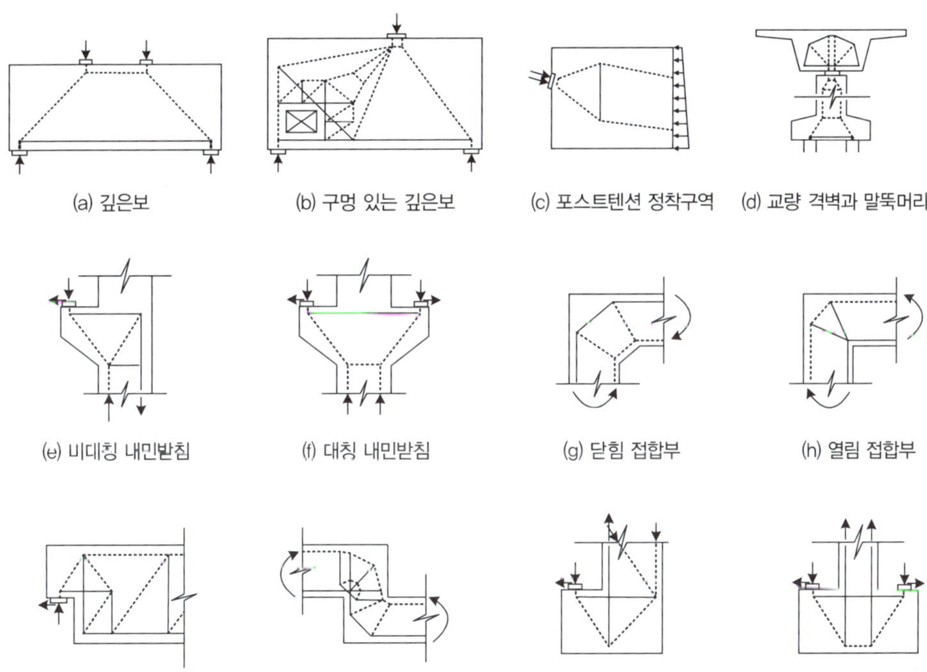

(a) 깊은보 (b) 구멍 있는 깊은보 (c) 포스트텐션 정착구역 (d) 교량 격벽과 말뚝머리

(e) 비대칭 내민받침 (f) 대칭 내민받침 (g) 닫힘 접합부 (h) 열림 접합부

(i) 계단형 지점부 (j) 계단형 부재 (k) 비대칭 선반 부재 (l) 대칭 선반 부재

그림 9-5 스트럿-타이 모델의 적용 예

9.2.2 스트럿-타이 모델의 구성요소

스트럿-타이 모델은 다음과 같이 스트럿, 타이, 절점의 세 가지 요소로 구성되는 트러스 모델이다.

① 스트럿(struts)

스트럿은 압축응력장을 이상화한 것으로서 강도한계를 초과하면 파괴되는 콘크리트로 구성된 트러스의 압축요소이다. 스트럿은 형상에 따라 그림 9-6과 같이 세 가지 종류로 구분한다. 즉, 스트럿 전체 길이에 걸쳐서 폭이 일정한 등단면 스트럿(프리즘 스트럿, prismatic strut), 스트럿 양쪽 단부의 폭이 다르며 일정한 비율로 폭이 변화하는 테이퍼 스트럿(uniformly tapered strut, 부채모양), 중간 부분의 폭이 단부의 폭보다 더 큰 병모양 스트럿(bottle-shaped strut)이다. 테이퍼 스트럿은 부채모양 스트럿(fan-shaped strut)이라고도 한다.

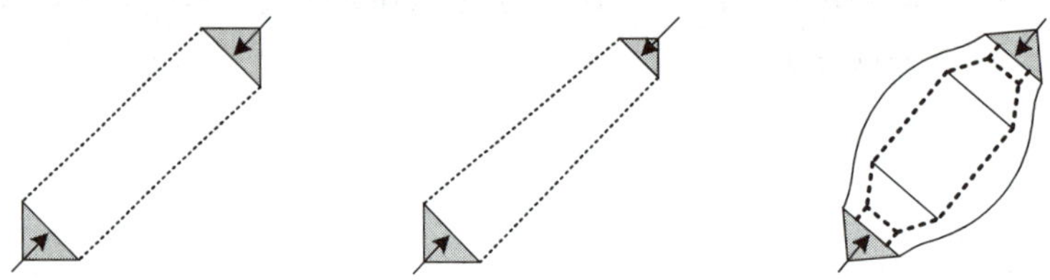

(a) 프리즘 스트럿 (b) 테이퍼 스트럿 (c) 병모양 스트럿

그림 9-6 스트럿의 종류

② 타이(ties)

타이는 트러스의 인장력 전달요소로서 철근이나 프리스트레싱 강재 또는 이들을 포함한 동일한 중심축을 갖는 주변의 콘크리트까지 포함한 인장요소이다. 그러나 타이의 구조성능을 검증하기 위하여 응력을 구할 때에는 철근이나 프리스트레싱 강재만이 인장력에 저항하는 것으로 해석한다. 다만 타이의 응력한계상태는 균열폭과 관련되어 있으므로, 강도성능뿐만 아니라 균열폭 한계상태에 대한 고려로 응력한계를 결정할 수 있다.

③ 절점(nodes)과 절점영역(nodal zone)

절점은 트러스에서 3개 이상의 압축 스트럿과 인장 타이가 만나는 위치의 콘크리트 요소이며, 절점영역은 스트럿과 타이의 폭에 따라 결정되는 절점 주변의 콘크리트 영역이다. 스트럿과 타이의 중심선으로 구성된 트러스에서 절점은 하나의 점으로 표현되며, 트러스 해석을 통하여 스트럿과 타이에 작용하는 힘을 구한다. 일반적으로 절점은 세 방향에서 작용하는 압축력 또는 인장력이 평형을 이루는 요소로서, 그림 9-7과 같이 네 종류로 구분하고 응력한계를 결정한다. 즉, 세 힘이 모두 압축력인 C-C-C 절점, 두 압축력과 한 인장력의 C-C-T 절점, 한 압축력과 두 인장력의 C-T-T 절점, 세 힘이 모두 인장력인 T-T-T 절점으로 구분한다. 절점은 스트럿과 타이가 목표로 하는 성능을 발휘할 때까지 파괴되지

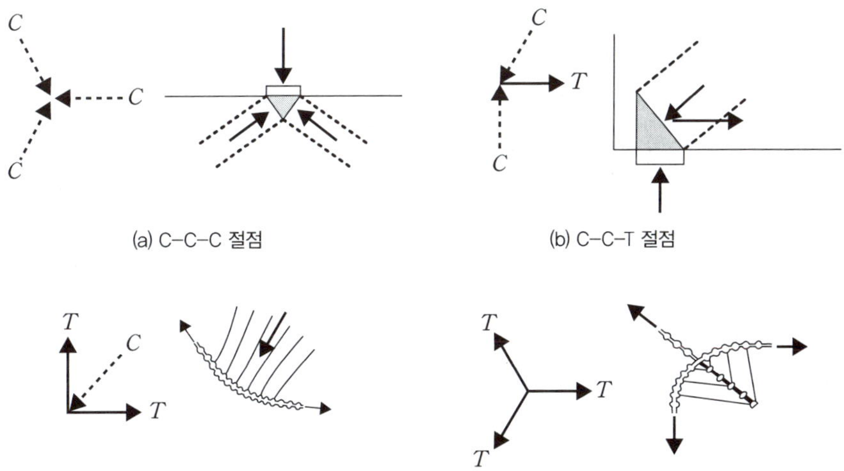

(a) C–C–C 절점 (b) C–C–T 절점

(c) C–T–T 절점 (d) T–T–T 절점

그림 9–7 스트럿–타이 모델의 절점

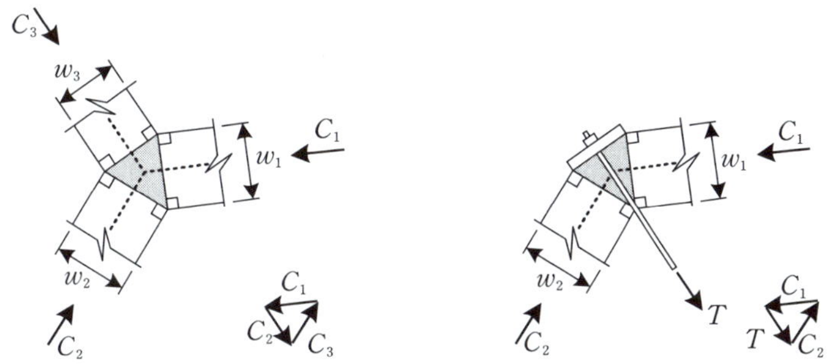

(a) C–C–C 절점영역 (b) 정착판이 설치된 C–C–T 절점영역

그림 9–8 정수압 절점영역

않아야 하는데, 절점의 강도검증은 절점영역을 대상으로 한다.

그림 9–8(a)와 같이 압축력이 작용하는 절점영역의 표면이 스트럿 축과 직각을 이루면 절점영역의 모든 표면에는 같은 크기의 압축응력이 작용한다. 이때의 압축응력은 면내 주응력(in–plane principal stress)과 같다. 이와 같은 절점영역을 정수압 절점영역(hydrostatic nodal zone)이라고 한다. 하나 또는 그 이상의 타이가 정착된 절점영역도 그림 9–8(b)와 같이 타이가 배치된 반대쪽 절점영역 표면의 정착판을 통하여 압축응력이 작용하는 것으로 취급하여 정수압 절점영역으로 볼 수 있다. 그러나 실제의 철근콘크리트 부재에서는 절점영역의 크기가 스트럿, 타이, 정착판 또는 반력이 작용하는 지점의 크기와 방향에 따라 결정되므로 절점영역이 모두 정수압 절점영역이 될 수는 없다. 이것은 스트럿이 실제의 압축응력 분포를 나타내는 것은 아니기 때문이다. 즉, 지점으로 전달되는 실제의 압축응력은 그림 9–9(a)와 같이 굵은 점선으로 표현된 넓은 구간을 통하여 여러 각도를 가진 압축응력이 전달되는데, 스트럿–타이 모델에서는 그림 9–9(b)와 같이 제한된 폭을 가진 스트럿을 통하여 압축응력이 전달되는 것으로

해석한다는 것이다. 이에 대하여 Schlaich와 Schäfer[9.1]는 절점의 크기를 그림 9-9(c)에서 짙은 색으로 표시한 부분과 같이 절점영역에 확장절점영역(extended nodal zone)을 추가한 단순모델을 사용할 것을 제안하였다. 확장절점영역으로 절점영역의 범위를 넓힌 이 단순모델은 철근의 정착길이(anchorage length, development length)를 검증할 때에도 적용된다. 이 단순모델의 절점영역은 정수압 절점영역과는 달리 절점영역의 표면에 법선응력(normal stress)뿐만 아니라 전단응력도 작용하게 된다. 이에 대하여 Schlaich와 Schäfer[9.1]는 절점영역에 접하는 스트럿과 타이의 단면적에 직각으로 작용하는 응력이 절점영역의 응력한계를 넘지 않는다면 안전한 것으로 평가하는 방법을 제안하였다. 따라서 절점영역의 강도를 검증할 때에는 압축력과 인장력을 단순하게 스트럿과 타이의 폭과 두께로 나눈 응력을 응력한계와 비교하는 방법이나 압축력과 인장력을 스트럿과 타이의 두께와 응력한계로 나눈 소요폭(required width)을 실제 폭과 비교하는 방법을 적용한다.

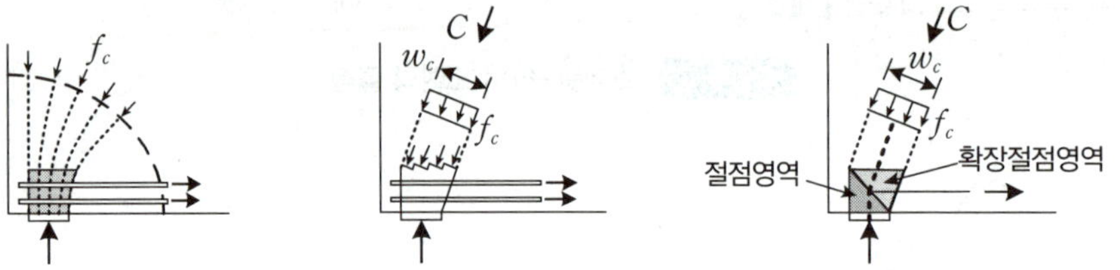

(a) 실제 힘의 흐름　(b) 이상화된 절점영역과 응력　(c) 확장절점영역이 추가된 단순모델

그림 9-9 절점영역의 이상화[9.1]

9.2.3 스트럿-타이 모델의 구성

스트럿-타이 모델을 구성할 때는 그림 9-10과 같이 단순 모델(simplified model)이나 정밀 모델(refined model)이 가능하다. 그림 9-10에서 가장 위의 보는 전단경간-깊이 비가 1.0 내외로 매우 작은 경우로, 왼쪽의 단순모델은 집중하중과 지점 사이를 하나의 압축 스트럿으로 하고 지점 사이를 하나의 인장 타이로 구성한 모델이다. 이 트러스를 해석하여 스트럿의 압축력을 구하고 타이의 인장력을 구한 후, 스트럿의 강도를 검증하고 타이가 인장력을 받을 수 있도록 적절한 양의 철근을 배치하는 설계를 수행한다. 이와 같이 단순 스트럿-타이 모델을 적용한 경우에는 지점과 지점 사이 부재 하단에만 보강철근을 배치한다. 오른쪽의 정밀모델은 지점 사이를 하나의 인장 타이로 구성하지만 집중하중과 반력 사이는 압축 스트럿과 인장 타이를 혼합한 모델이다. 즉, 집중하중과 반력 사이에 작용하는 압축력이 두 개의 스트럿으로 퍼지게 하고 두 스트럿 사이를 타이로 연결한 모델로 구성한 것이다. 이 트러스에 대하여도 역시 해석을 통하여 각 스트럿의 압축력과 각 타이의 인장력을 구한 후, 각각의 스트럿에 대하여 강도를 검증하고 각각의 타이가 인장력을 받을 수 있도록 적절한 양의 철근을 배치한다. 이와 같이 정밀 스트럿-타이 모델을 적용한 경우에는 지점과 지점 사이 부재 하단에 보강철근을 배치하는 것 외에 집중하중과 반력 사이에 경사진 방향으로도 보강철근을 배치한다.

그림 9-10에서 가운데의 보는 전단경간-깊이 비가 2.0 내외로 증가한 경우로, 왼쪽의 단순모델은

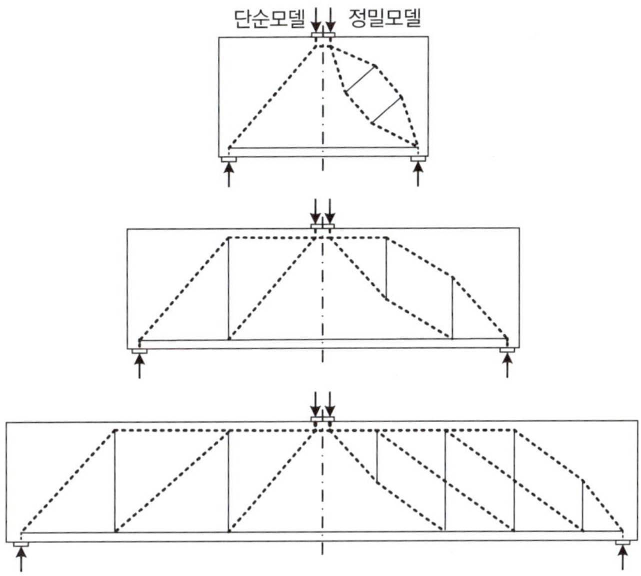

그림 9-10 단순 스트럿-타이 모델과 정밀 스트럿-타이 모델

집중하중과 지점 사이에 하나의 수직 인장 타이를 둔 모델이고 오른쪽의 정밀모델은 집중하중과 지점 사이에 두 개의 수직 인장 타이를 둔 모델이다. 그림 9-10에서 가장 아래의 보는 전단경간-깊이 비가 2.0를 초과하는 정도로 증가한 경우로, 왼쪽의 단순모델은 집중하중과 지점 사이에 두 개의 수직 인장 타이를 두고 스트럿과 타이를 삼각형 형태로 연결한 모델이고 오른쪽의 정밀모델은 집중하중과 지점 사이에 네 개의 수직 인장 타이를 두고 스트럿이 하나 건넌 위치의 절점에 연결한 모델이다. 이와 같이 스트럿을 하나 건넌 위치의 절점에 연결하는 이유는 스트럿 경사각을 실제와 가까운 값으로 설정하기 위한 것이다.

이와 같이 스트럿-타이 모델의 구성은 단순모델과 정밀모델이 모두 가능하여 어떤 모델을 적용하는 것이 정답이라고는 말할 수 없다. 이에 대한 판단은 설계된 구조물이 실제로 나타내는 구조적 거동을 기반으로 하므로, 힘의 흐름에 대한 설계자의 깊은 이해와 경험이 중요하다. 그림 9-11은 적절하게 스트럿-타이 모델이 구성된 경우와 그렇지 않은 경우를 나타낸다. 즉, 그림 9-11(a)는 부재 상면에 작용하는 하중이 양쪽 지점으로 흘러들어가는 경로를 고려한 적절한 모델이지만, 그림 9-11(b)는 힘의 흐름과

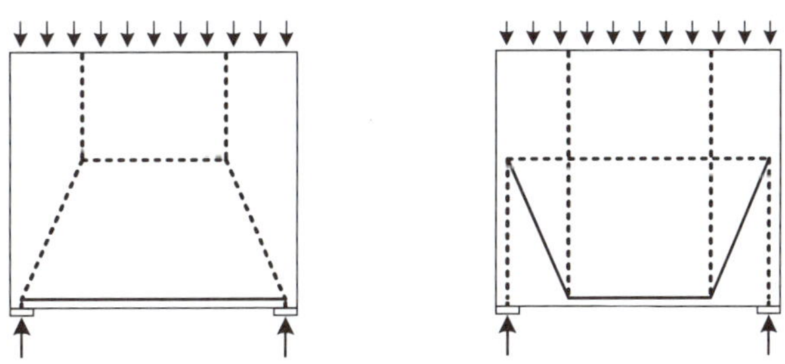

(a) 적절한 모델 (b) 적절하지 않은 모델

그림 9-11 스트럿-타이 모델의 예[9.1]

유사하지 않은 적절하지 않은 모델이다. 일반적으로 탄성응력의 흐름을 가장 적절하게 반영하는 모델을 선정한다면 최적의 모델을 선정할 수 있다. 따라서 힘의 흐름에 대한 지식이 충분한 공학자가 스트럿–타이 모델을 구성하거나 유한요소해석 등을 이용하여 응력분포를 파악한 후 스트럿–타이 모델을 구성하는 방법이 이용된다. 스트럿–타이 모델을 구성할 때 하나의 지침으로는 철근의 체적을 최소화시키는 모델, 즉 타이의 길이가 최소화되는 모델을 구성해야 한다는 것이다. 이에 따르면 그림 9–11 (a)의 모델은 그림 9–11 (b)에 비하여 타이의 길이가 매우 짧게 형성되어 있는 적절한 모델이라고 할 수 있다.

이러한 개념을 바탕으로 Schlaich 등[9.1, 9.6, 9.7]은 콘크리트 스트럿의 변형률이 철근타이에 비해 무시될 수 있는 정도로 작은 것이 일반적이므로, 스트럿–타이 모델을 최적화하는 다음 식을 제안하였다. 여기서, T_i는 타이의 인장력이고 l_i는 타이의 길이이며, 타이의 인장력과 길이를 곱한 변형률 에너지가 최소화되도록 스트럿–타이 모델을 구성하여야 한다는 것이다.

$$\sum T_i \cdot l_i = \text{minmum} \tag{9·1}$$

콘크리트 스트럿이 긴 길이에 걸쳐서 매우 높은 수준의 응력을 받는 경우는 스트럿도 포함한 다음 식을 적용하여 스트럿–타이 모델을 최적화할 수 있다. 여기서, F_i는 스트럿 또는 타이에 작용하는 힘이며 l_i는 스트럿 또는 타이의 길이이고 ε_{mi}는 스트럿 또는 타이의 변형률이다.

$$\sum F_i \cdot l_i \cdot \varepsilon_{mi} = \text{minmum} \tag{9·2}$$

절점부 스트럿의 폭 w_s는 그림 9–12를 참조하여 다음으로 구한다.

$$w_s = w_t \cos\theta + l_b \sin\theta \tag{9·3}$$

그림 9–12 (a)는 인장철근이 1열로 배치된 C–C–T 절점영역으로, 타이의 폭 w_t를 철근 중심에서 측정한 콘크리트 피복두께 c_b의 2배로 결정하고 C_b의 반력이 압축력으로 작용하는 지점의 폭을 l_b라고 하면 C_s의 압축력이 작용하는 스트럿의 폭 w_s는 식 (9·3)과 같게 된다. 그림 9–12 (b)는 인장철근이 여러 열로 배치된 C–C–T 절점영역으로, 스트럿의 폭 w_s 역시 식 (9·3)과 같게 된다. 설계기준의 규정에 따라 결정되는 인장철근의 정착길이 l_d는 그림 9–12의 (a)와 (b)에 l_{anc}로 나타낸 길이 이하가 되어야 하며, 이를 만족하지 못하는 경우라면 인장철근에 갈고리를 두거나 기계적 정착장치를 두어 조건을 만족시키도록 설계하여야 한다.

그림 9–12 (c)는 하중 또는 반력의 압축력 C_b와 휨모멘트에 의한 압축력 C_f 및 스트럿의 압축력 C_s가 작용하는 C–C–C 절점영역으로, C_b 작용점의 폭을 l_b라고 하고 C_f 작용점의 폭을 w_t라고 하면 경사 스트럿 C_s의 폭 w_s도 역시 식 (9·3)과 같게 된다.

그림 9–12 (d)는 철근이 90°로 절곡된 부분에 경사 스트럿의 압축력 C_s가 작용하는 C–T–T 절점영역으로, 경사 스트럿 C_s의 폭 w_s를 결정하는 방법이 명확하게 제시되어 있지 않다. 따라서 이에 대해서는 설계자의 공학적 판단에 따라야 한다. 만일 철근 직선부를 연장하여 직각으로 만나는 점에서 각 방향으로 철근지름의 6배를 경험적인 값으로 가정한다면, l_b와 w_t를 모두 철근지름의 6배인 $6\,d_b$로 하여 경사

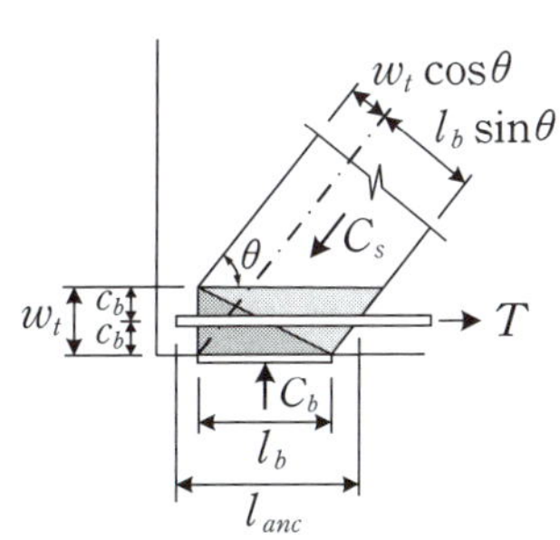

(a) 1열 철근 배치 C–C–T 절점영역

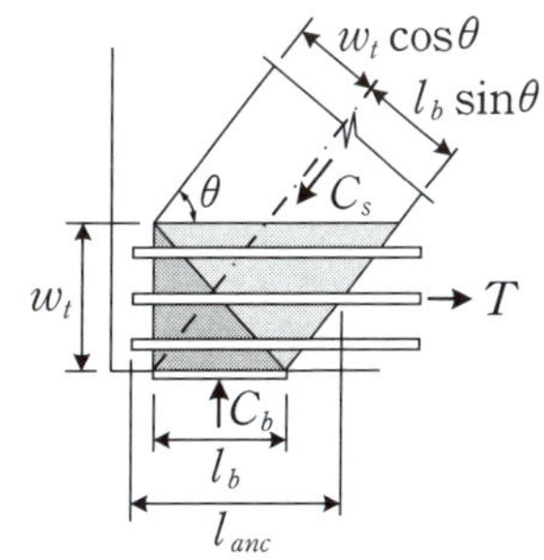

(b) 다열 철근 배치 C–C–T 절점영역

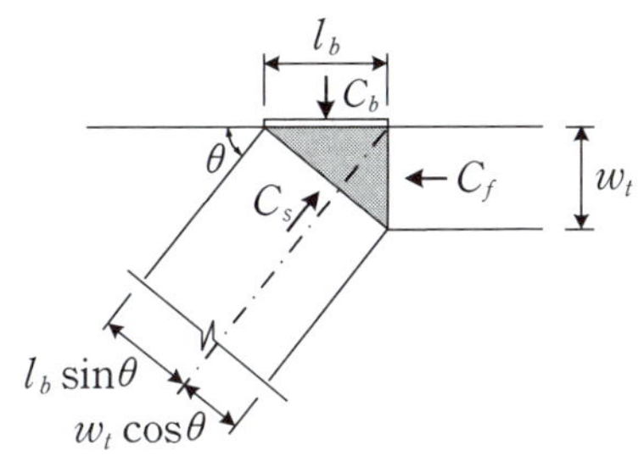

(c) 지압판 배치 C–C–C 절점영역

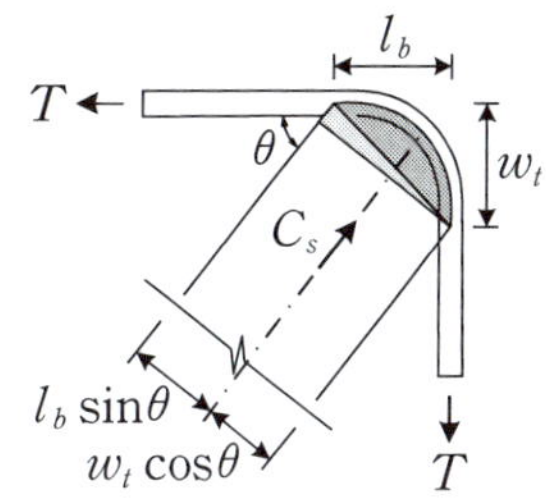

(d) 철근 90° 절곡부 C–T–T 절점영역

그림 9–12 절점부 스트럿의 폭

스트럿 C_s의 폭 w_s를 식 (9 ·3)으로 결정할 수 있을 것이다.

이와 같이 스트럿의 폭을 결정하고 스트럿의 단면적에 콘크리트의 유효압축강도를 곱하여 스트럿의 축강도를 구한 후, 트러스 해석의 결과로 얻은 스트럿의 압축력과 비교하는 방법으로 강도를 검증할 수 있다. 그러나 계산만으로 스트럿의 폭과 단면적을 결정하여 강도를 검증하는 경우에는 스트럿끼리 일부 구간이 중복되는지의 여부를 파악하기 어려운 경우가 있다. 이런 경우에는 스트럿–타이 모델의 치수화(proportioning, dimensioning) 기법으로 강도검증을 수행한다.

9.2.4 스트럿–타이 모델을 이용한 설계와 강도성능 검증 및 요소의 치수화

스트럿–타이 모델을 이용하여 콘크리트 구조물의 교란영역을 설계할 때는 일반적으로 다음의 절차에 따른다.

- 1단계: 설계 대상 D–영역을 설정하고 설계를 위한 초기 조건을 결정하는 단계

  그림 9–2 와 그림 9–5 를 참조하여 설명한 교란영역을 설정하고, 설계의 초기조건으로 설계 대상 영역의 기하학적 형상, 콘크리트의 강도, 사용 철근의 종류, 지압판의 크기 등을 결정한다. 일반적으로 D–영역의 길이는 단면두께 이상의 값으로 설정한다.

- 2단계: D–영역 경계면에 작용하는 힘을 구하는 단계

  D–영역에 작용하는 하중에 대하여 정적평형을 이루는 반력(reaction) 또는 D–영역과 B–영역의 경계면의 응력과 내력(internal force)을 구하여 D–영역 경계면에 작용하는 힘을 결정한다.

- 3단계: 설계 대상 영역의 설계를 위한 스트럿–타이 모델을 구성하는 단계

  합리적으로 선정된 하중전달경로를 이용하거나 힘의 흐름을 나타내는 응력장을 참조하여 스트럿–타이 모델을 구성한다. 하중전달경로를 이용할 때에는 하중작용 위치에서 받침부 또는 D–영역 경계면 사이의 적절한 하중경로를 가정하고 이에 따라 스트럿–타이 모델을 구성한다. 응력장을 이용할 때에는 주압축응력 흐름에 따라 스트럿의 방향과 위치를 결정한 후, 철근 배치 형태를 고려하여 타이의 위치를 결정한다. 이때 하중전달경로 또는 주압축응력 흐름방향과 유사하게 스트럿 방향을 결정하면 타이의 변형률 에너지가 최소인 최적의 스트럿–타이 모델을 선정하는 데 유리하다. 타이는 스트럿이나 다른 타이를 가로지를 수 있지만, 스트럿은 다른 스트럿을 가로지를 수 없으며 절점에서만 접할 수 있다. 절점의 위치는 하중작용 지점, 받침점, 철근의 위치 및 피복두께를 고려하여 선정한다.

- 4단계: 스트럿–타이 모델의 구조해석을 통하여 스트럿과 타이의 단면력을 계산하는 단계

  구성된 스트럿–타이 모델을 대상으로 트러스 해석을 수행하여 스트럿과 타이의 단면력을 계산한다. 스트럿을 통해 직접 전달하는 경로와 인장 타이를 통한 간접하중경로로 이루어진 부정정 스트럿–타이 모델의 경우에는 기하학적인 특성, 요소의 강도, 연성 정도로 고려하여 하중전달 크기를 결정한다.

- 5단계: 타이의 유효강도를 고려하여 인장철근을 배치하는 단계

  타이에 작용하는 인장력을 타이의 유효강도, 즉 인장철근의 응력한계로 나누어 소요철근단면적을 구하고 철근을 배치한다. 이때 타이의 유효강도는 설계기준의 규정에 따라 결정하며, 집중하중과 인접 집중하중 사이 또는 집중하중과 반력 사이에 휨모멘트에 저항하는 타이가 2개 이상 존재할 때는 구간 내에 존재하는 타이의 인장력 중 가장 큰 인장력을 기준으로 인장철근을 배치한다. 또한 설계기준의 규정에 따라 철근을 배치하고 철근의 정착성능을 검증한다.

- 6단계: 스트럿과 절점영역의 강도성능 검증을 수행하는 단계

  스트럿과 절점영역의 설계강도가 스트럿과 절점영역에 작용하는 압축력 이상임을 검증하거나, 치수화 기법을 적용하여 강도성능을 검증한다. 조건을 만족하지 못하는 경우에는 철근타이의 정착방법과 지압판의 크기를 변경하여 스트럿과 절점영역의 강도를 재검토하거나 초기의 설계조건을 수정하여 3단계로 되돌아가서 스트럿–타이 모델을 새로 구성한다.

• 7단계: 설계대상 구조요소에 대한 설계기준의 추가 요구조건을 만족하도록 설계하는 마지막 단계
  설계기준에 따라서는 깊은보나 내민받침 등 정형화된 구조요소에 대하여 추가의 요구조건을 규정하고 있으므로, 이를 만족시키기 위한 설계를 수행한다.

스트럿-타이 모델을 구성할 때 한 가지 유의해야 할 점은 절점에서 스트럿과 타이 사이의 각도가 25° 이상이어야 한다는 것이다. 이것은 Muttoni 등[9.8]이 제안한 것으로 스트럿과 타이 사이의 각도를 너무 작게 하지 않음으로써 균열을 완화시키고, 또한 스트럿의 압축변형과 타이의 인장변형이 유사한 방향으로 발생하여 적합조건이 만족되지 않는 부적합(incompatibility) 상태를 피하기 위한 것이다.

스트럿-타이 모델의 각 요소에 대한 강도성능 검증은 다음과 같이 각 요소의 설계강도와 계수축력을 직접 비교하는 방법이나 치수화(proportioning, dimensioning) 기법을 적용하는 방법을 적용할 수 있다.

[1] 설계강도와 계수축력을 직접 비교하는 강도성능 검증 방법

스트럿-타이 모델 각 요소의 설계강도와 계수축력을 직접 비교하는 방법으로, 다음 조건을 만족함을 검증한다.

$$F_d \geq F_u \tag{9·4}$$

여기서 F_d는 각 요소의 설계강도이고 F_u는 각 요소에 작용하는 계수축력이다. 설계강도 F_d는 다음과 같이 각 요소의 단면적 A_{el}에 설계기준의 규정에 따른 강도감소계수나 재료계수 ϕ와 각 요소의 유효강도 f_{eff}를 곱하여 결정한다.

$$F_d = \phi f_{eff} A_{el} \tag{9·5}$$

이 방법은 스트럿-타이 모델이 단순하여 각 요소의 소요폭으로 나타낸 스트럿-타이 모델의 기하학적 형상에서 중복되는 부분이 없다고 판단되는 경우에 적용할 수 있다.

[2] 치수화 기법을 적용하는 강도성능 검증 방법

치수화 기법은 스트럿-타이 모델이 비교적 복잡한 형태로 구성되어 각 요소의 소요폭으로 나타낸 스트럿-타이 모델의 기하학적 형상에서 중복되는 부분이 없다고 확신하지 못하는 경우에 유용한 방법이다. 치수화 기법을 적용할 때는 다음과 같이 각 요소에 작용하는 계수축력을 부재단면의 폭 b_w와 설계기준의 규정에 따른 각 요소의 유효강도 f_{eff}, 그리고 강도감소계수나 재료계수 ϕ로 나누어 각 요소의 소요폭 w_{req}를 구하고 각 요소의 실제 폭 w_{el}가 소요폭 w_{req} 이상임을 검증하거나, 소요폭으로 나타낸 스트럿-타이 모델의 기하학적 형상을 대상으로 중복되는 부분이 없다는 것을 도식적으로 검증한다.

$$w_{req} = \frac{F_u}{\phi f_{eff} b_w} \tag{9·6}$$

$$w_{el} \geq w_{req} \tag{9·7}$$

여기서 실제 폭 w_{el}은 각 요소로서 제공되는 폭(provided width)이라는 의미이므로, w_{prv}라는 기호로도 나타낼 수 있다.

9.3 콘크리트구조 설계기준(강도설계법)에 따른 스트럿-타이 모델

9.3.1 콘크리트구조 설계기준에 따른 스트럿-타이 모델의 강도성능 검증

스트럿-타이 모델에 의한 설계에서는 힘의 흐름을 스트럿, 타이, 절점영역으로 구성된 트러스로 이상화하여 각 요소에 작용하는 힘을 계산한 후, 식 (9·4)와 같이 각 요소의 설계강도가 계수축력 F_u 이상임을 검증한다. KDS 14 20 콘크리트구조 설계기준[9.9]은 설계강도 F_d를 강도감소계수 ϕ와 공칭축강도 F_n의 곱인 ϕF_n으로 결정하여 다음의 강도 요구성능을 만족하도록 설계할 것을 규정하고 있다.

$$\phi F_n \geq F_u \tag{9·8}$$

여기서, F_u는 계수하중에 의한 스트럿과 타이의 단면력 또는 절점영역의 한 면에 작용하는 단면력이고, F_n은 스트럿, 타이, 절점영역의 공칭축강도이다. 강도감소계수 ϕ는 표 9-1과 같이 스트럿, 절점영역, 지압부에 대해서는 전단에 대한 강도감소계수와 동일하게 0.75를 적용하고, 타이에 대해서는 인장지배 단면의 휨에 대한 강도감소계수와 동일하게 0.85를 적용한다. 참고로 ACI 318 Code[9.10]는 모든 요소에 대하여 0.75를 적용한다.

표 9-1 스트럿-타이 모델 각 요소의 강도감소계수

요소 구분	KDS 14 20 콘크리트구조 설계기준	ACI 318 Code
스트럿 절점부 지압부	0.75	0.75
타이	0.85	

9.3.2 콘크리트구조 설계기준에 따른 스트럿의 설계와 강도성능 검증

콘크리트 스트럿은 설계압축강도 ϕF_{ns}가 계수압축력 F_u 이상이도록 설계하고, 다음의 강도 요구성능을 검증한다.

$$\phi F_{ns} \geq F_u \tag{9·10}$$

강도감소계수 ϕ는 0.75를 적용하며, 콘크리트 스트럿의 공칭압축강도 F_{ns}은 다음과 같이 계산하고 스트럿 양쪽 끝의 값 중에서 작은 값으로 결정한다.

$$F_{ns} = f_{ce} A_c \quad (9 \cdot 11)$$

$$F_{ns} = f_{ce} A_c + 1.13 A_s' f_s' \quad (9 \cdot 12)$$

식 (9 ·11)은 콘크리트로만 이루어진 스트럿에 적용하며, 식 (9 ·12)는 압축철근이 배치된 스트럿에 적용한다. 여기서, f_{ce}는 콘크리트 스트럿의 유효압축강도, A_c는 스트럿의 최소 단면적, A_s'은 압축철근의 단면적이다. f_s'은 압축철근의 응력으로 콘크리트 스트럿이 파쇄될 때의 스트럿 변형률을 이용하여 구할 수 있으나, 설계기준항복강도 f_y가 400 MPa 이하인 경우에는 f_y를 f_s'으로 취할 수 있다. 식 (9 ·12) 두 번째 항의 계수 1.13은 타이로 작용하는 철근에 대한 강도감소계수 0.85와 스트럿과 절점영역으로 작용하는 콘크리트에 대한 강도감소계수 0.75의 비율이다. 참고로 ACI 318 Code는 타이, 스트럿, 절점영역에 모두 0.75로 동일한 값을 적용하므로, KDS 14 20 콘크리트구조 설계기준의 식 (9 ·12) 대신 다음 식을 적용한다.

$$F_{ns} = f_{ce} A_c + A_s' f_s' \quad (9 \cdot 13)$$

스트럿의 강도를 증가시키기 위하여 사용되는 압축철근은 콘크리트 스트럿의 중심선에 평행하게 스트럿의 내부에 배치하여야 하며 적절히 정착되어야 한다. 또, 압축철근은 압축요소로서 성능을 발휘할 수 있도록 띠철근 또는 나선철근과 같은 횡방향 보강재로 감싸야 한다.

콘크리트 스트럿의 유효압축강도 f_{ce}는 스트럿 위치의 주응력 상태, 스트럿 방향과 압축주응력 방향과의 각도 차이, 그리고 강재에 의한 구속효과에 영향을 받는다. 이와 같은 영향요소에 대하여 엄밀한 검토로 f_{ce}를 결정하지 않는다면, f_{ce}는 다음으로 결정한다.

$$f_{ce} = 0.85 \beta_s f_{ck} \quad (9 \cdot 14)$$

따라서 압축철근이 배치되지 않은 콘크리트 스트럿의 설계압축강도 ϕF_{ns}는 다음과 같다.

$$\phi F_{ns} = \phi f_{ce} A_c = \phi(0.85 \beta_s f_{ck}) A_c = 0.75(0.85 \beta_s f_{ck}) A_c \quad (9 \cdot 15)$$

만일 식 (9 ·14)로 콘크리트 스트럿의 유효압축강도를 결정하지 않을 때에는, 유효압축강도에 영향을 미치는 여러 인자를 고려하여 실험과 적절한 해석을 통해 구한 값을 이용할 수 있다.

β_s는 콘크리트 스트럿의 압축강도를 계산할 때 균열의 영향과 구속철근의 영향을 고려하기 위한 계수로, 각 조건에 따라 표 9–2의 값을 적용한다. 여기서, λ는 경량콘크리트계수로, 보통중량콘크리트는 1.0, 모래경량콘크리트는 0.85, 전경량콘크리트는 0.75이다.

표 9–2의 ①은 단면이 일정한 프리즘 스트럿으로, 보나 기둥의 압축영역에서 직사각형 응력블록에 상응하는 스트럿에 적용된다. 표 9–2의 ②는 하중이 반력으로 전달될 때 응력이 퍼졌다가 다시 모이는 경사 스트럿과 같은 병모양 스트럿에 적용한다. 병모양 스트럿에 대한 β_s 값은 철근 배치 규정의 만족 여부에 따라 적용하는데, 콘크리트의 압축강도 f_{ck}가 40 MPa 이하인 경우로 다음 식의 조건을 만족할 때 철근 배치 규정을 만족하는 것으로 한다. 식 (9 ·16)은 KDS 14 20 콘크리트구조 설계기준의 조건식이고,

표 9-2 KDS 14 20 콘크리트구조 설계기준의 β_s

스트럿의 구분		β_s
① 전 길이에 걸쳐 단면적이 일정한 스트럿 (프리즘 스트럿)		1.0
② 병모양 스트럿	철근 배치 규정을 만족하는 경우	0.75
	철근 배치 규정을 만족하지 못하는 경우	0.6λ
③ 인장요소 또는 인장플랜지에 위치하는 스트럿		0.4
④ 그 외의 모든 스트럿		0.6

식 (9 ·17)은 ACI 318 Code의 조건식으로 sine 함수에 제곱이 누락된 형태로 규정하고 있다.

$$\Sigma \frac{A_{si}}{bs_i} \sin^2 \gamma_i \geq 0.003 \qquad (9 \cdot 16)$$

$$\Sigma \frac{A_{si}}{b_i s_i} \sin \alpha_i \geq 0.003 \qquad (9 \cdot 17)$$

여기서, A_{si}는 콘크리트 스트럿을 지나는 철근의 전체 단면적, γ_i와 α_i는 동일한 의미의 기호로 스트럿 중심선과 철근이 이루는 각도, s_i는 철근의 간격, b와 b_i는 스트럿의 두께로, 그림 9-13의 기호 정의에 따른다.

그림 9-13과 같이 콘크리트 스트럿을 가로지르도록 배치된 철근은 스트럿 압축응력의 확산으로 인한 스트럿의 횡방향 인장력에 저항하는 역할을 하는 철근으로, 스트럿 중심선과 교차하도록 배치하여야 한다. 즉, 그림 9-14와 같이 병모양 스트럿(bottle-shaped strut)에 작용하는 압축력이 스트럿의 종방향과 횡방향으로 각각 2대 1의 비율로 분산되어 전달된다고 가정하고, 타이에 작용하는 인장력에 저항하는데 충분한 철근을 배치하여 증가된 스트럿의 압축강도를 이용하려는 의도이다. 이 구속철근은 콘크리트 스트럿 중심선에 대해 그림 9-13과 같이 두 직각방향으로 배치하거나 한 방향으로 배치하여야 한다. 구속철근을 한 방향으로 배치할 때에는 스트럿 중심선에 각, 즉 그림 9-13의 γ_1 또는 γ_2가 40° 이상

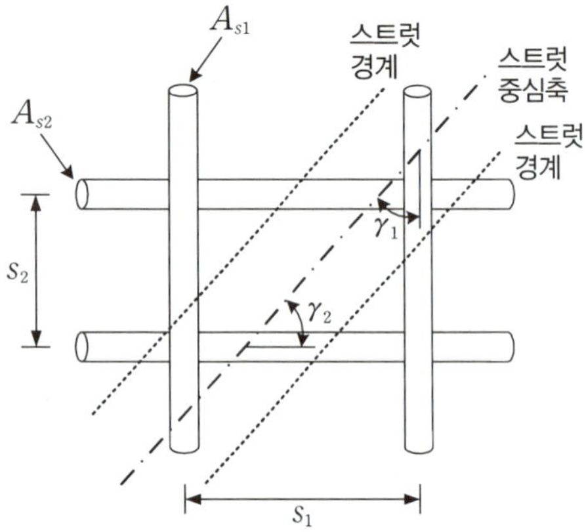

그림 9-13 스트럿을 가로지르는 구속철근

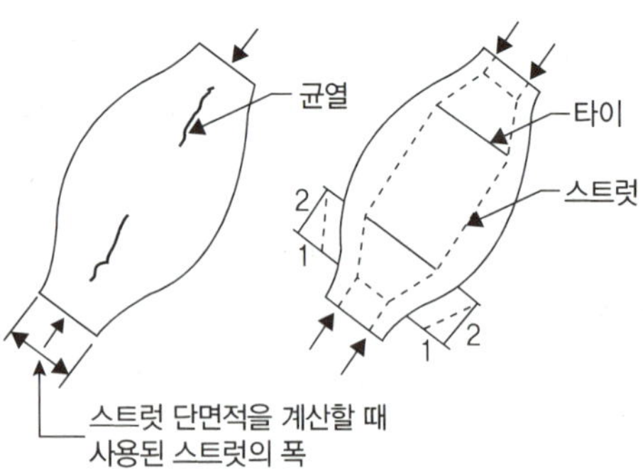

그림 9-14 병모양 스트럿

이어야 한다. 예를 들어 1.0보다 작은 전단경간-깊이 비를 갖는 내민받침에서 이 조건을 만족하도록 하는 구속철근은 일반적으로 경사 콘크리트 스트럿을 가로지르는 수평철근 형태로 배치한다.

표 9-2의 ③은 보의 인장플랜지, 박스거더, 벽체와 같은 구조 부재의 종방향과 횡방향 보강철근 설계에 사용하는 스트럿-타이 모델의 콘크리트 스트럿에 적용한다. 이때의 β_s 값은 다른 상태의 스터럿에 대한 값보다 작은 값인데, 이것은 스트럿이 인장영역의 균열을 가로질러 압축력을 전달한다는 것을 반영한다. 표 9-2의 ④는 ①, ②, ③에 해당하지 않는 스트럿에 적용하는데, 대표적인 예는 그림 9-15와 같이 보 복부의 압축장에서 대각선 균열이 경사 스트럿을 교차하는 경우이다. 즉, 스트럿의 경사각이 주압축응력의 방향과 현저하게 큰 차이를 보이는 경우이다.

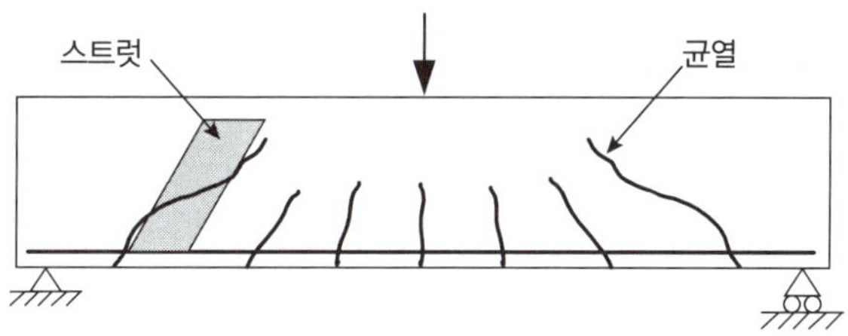

그림 9-15 비스듬한 균열을 가로지르는 스트럿

9.3.3 콘크리트구조 설계기준에 따른 타이의 설계와 강도성능 검증

타이는 설계인장강도 ϕF_{nt}가 계수인장력 F_u 이상이도록 설계하고, 다음의 강도 요구성능을 검증한다.

$$\phi F_{nt} \geq F_u \tag{9·18}$$

강도감소계수 ϕ는 0.85를 적용하며, 타이의 역할로 철근만 배치하는 경우에는 철근의 단면적 A_{st}와 철근의 설계기준항복강도 f_y를 곱하여 다음과 같이 타이의 공칭인장강도 F_{nt}를 결정한다.

$$F_{nt} = A_{st} f_y \tag{9·19}$$

참고로 ACI 318 Code는 타이에 대한 강도감소계수로 0.75를 적용한다. 철근과 긴장재를 혼합하여 타이로 배치할 때에는 타이의 공칭인장강도 F_{nt}를 다음으로 결정한다.

$$F_{nt} - A_{st} f_y + A_{ps}(f_{pe} + \Delta f_p) \tag{9·20}$$

여기서, A_{ps}는 긴장재의 단면적, f_{pe}는 유효 긴장력, Δf_p는 계수축력에 의한 긴장재의 응력 증가분이다. Δf_p의 값은 부착된 긴장재의 경우 420 MPa, 부착되지 않는 긴장재의 경우 70 MPa을 사용할 수 있다. 해석에 의해 Δf_p 값을 구하는 경우에는 제시된 경험적인 값보다 큰 값을 사용할 수 있다. 그러나 어떠한 경우에도 긴장재의 설계기준항복강도 f_{py}를 초과하는 값을 $(f_{pe} + \Delta f_p)$의 값으로 사용할 수는 없다.

따라서 타이의 역할로 철근만 배치하는 경우 타이의 설계인장강도 ϕF_{nt}는 다음과 같다.

$$\phi F_{nt} = \phi A_{st} f_y = 0.85\, A_{st} f_y \tag{9·21}$$

타이의 역할을 하도록 배치되는 철근이나 긴장재의 중심선은 스트럿-타이 모델에서 타이의 중심선과 일치시켜야 한다. 이때 타이는 기계적 장치, 포스트텐션 정착장치, 표준갈고리 또는 철근의 연장 등을 이용하여 정착시켜야 한다.

9.3.4 콘크리트구조 설계기준에 따른 절점영역의 설계와 강도성능 검증

스트럿-타이 모델의 절점영역은 설계압축강도 ϕF_{nn}이 계수압축력 F_u 이상이도록 설계하고, 다음의 강도 요구성능을 검증한다.

$$\phi F_{nn} \geq F_u \tag{9·22}$$

강도감소계수 ϕ는 0.75를 적용하며, 절점영역의 공칭압축강도 F_{nn}은 다음과 같이 결정한다.

$$F_{nn} = f_{ce} A_n \tag{9·23}$$

여기서, f_{ce}는 절점영역의 유효압축강도이고, A_n은 F_u의 작용선에 직각인 절점영역 경계면의 면적 또는 합력 작용선에 직각인 절점영역 경계면의 면적이다. 절점영역 경계면의 유효압축강도 f_{ce}는 다음으로 결정한다.

$$f_{ce} = 0.85\, \beta_n f_{ck} \tag{9·24}$$

따라서 절점영역의 설계압축강도 ϕF_{nn}은 다음과 같다.

$$\phi F_{nn} = \phi f_{ce} A_n = \phi(0.85\, \beta_n f_{ck}) A_n = 0.75(0.85\, \beta_n f_{ck}) A_n \tag{9·25}$$

β_n은 절점영역의 압축강도를 계산할 때 타이의 정착 영향을 고려하기 위한 계수로, 각 조건에 따라 표 9-3의 값을 적용한다.

스트럿-타이 모델을 3차원으로 구성하는 경우에도 절점영역의 각 경계면의 면적이 식 (9·24)에 주어진

표 9-3 KDS 14 20 콘크리트구조 설계기준의 β_n

절점영역의 구분	절점 종류	β_n
지지판, 스트럿 또는 지지판과 스트럿에 의해 형성된 절점영역	C-C-C 절점	1.0
하나의 타이가 연결된 절점영역	C-C-T 절점	0.8
두개 이상의 타이가 연결된 절점영역	C-T-T 절점 T-T-T 절점	0.6

값보다 작지 않아야 하며, 절점영역 각 경계면의 형상은 절점영역 경계면에 접하는 스트럿 단부의 투영 형상과 유사하여야 한다.

9.3.5 콘크리트구조 설계기준에 따른 스트럿-타이 모델 구성요소의 치수화

치수화 기법을 적용할 때 스트럿의 소요폭 $w_{s,\,req}$는 계수압축력 F_u를 부재단면의 폭 b_w와 식 (9·15)의 스트럿 설계압축강도 중 스트럿의 최소 단면적 A_c를 제외한 응력단위 유효 설계강도로 나누어 다음과 같이 구한다.

$$w_{s,\,req} = \frac{F_u}{\phi\,(0.85\,\beta_s f_{ck})b_w} \tag{9·26}$$

스트럿과 접한 면의 절점영역 소요폭 $w_{n,\,req}$는 해당 스트럿에 작용하는 계수압축력 F_u를 부재단면의 폭 b_w와 식 (9·25)의 절점영역 설계압축강도 중 절점영역 경계면의 면적 A_n을 제외한 설계압축강도의 응력단위 유효 설계강도로 나누어 다음과 같이 구한다.

$$w_{n,\,req} = \frac{F_u}{\phi\,(0.85\,\beta_n f_{ck})b_w} \tag{9·27}$$

타이에 대해서는 타이의 인장력이 절점영역에 정수압 상태로 작용하는 경우에만 소요폭을 구하고 검증하면 된다. 즉, 직선철근이나 갈고리 철근과 같이 부착에 의하여 정착하는 경우는 설계기준의 철근 상세 기준에 따라 철근을 배치하고 정착길이를 검증하면 되지만, 절점영역에 정착판을 배치하고 용접 등의 방법으로 철근을 정착판에 연결하여 정착판의 지압작용으로 절점영역에 정수압 상태로 작용할 때 타이의 소요폭을 구하고 검증한다. 이때 타이의 소요폭 $w_{t,\,req}$는 인장력이 작용하는 방향으로의 절점영역 소요폭과 같으므로, 계수인장력 F_u를 식 (9·25)의 절점영역 설계압축강도 중 응력단위 유효 설계강도와 부재 두께로 나누어 다음과 같이 구한다.

$$w_{t,\,req} = \frac{F_u}{\phi\,(0.85\,\beta_n f_{ck})b_w} \tag{9·28}$$

이렇게 구한 스트럿-타이 모델 구성요소의 소요폭을 w_{req}로 표현하고 각 요소의 폭, 즉 각 요소로서 제공되는 폭(provided width)을 w_{prv}로 표현하면, 다음과 같이 w_{prv}가 w_{req} 이상이 되도록 설계하고 이를 검증하여야 한다.

$$w_{prv} \ge w_{req} \tag{9·29}$$

w_{prv}는 설계자가 선택한 지점의 폭, 하중작용점의 폭, 인장철근이 배치된 타이의 폭에 따라 결정되는 각 요소의 폭으로 스트럿의 폭 w_s, 절점영역의 폭 w_n, 철근타이의 유효폭 w_t를 의미한다. 이때 고려하는 스트럿 방향으로 스트럿의 폭 w_s와 절점영역의 폭 w_n은 동일한 폭을 가지며, 지점의 폭과 하중작용점의 폭을 l_b로 하고 인장철근이 배치된 타이의 폭을 w_t로 했을 때 그림 9-12와 식 (9·3)으로 나타낸 바와 같이 다음으로 구한다.

$$w_s = w_n = w_t \cos\theta + l_b \sin\theta \quad (9 \cdot 30)$$

철근타이의 유효폭 w_t는 인장철근을 1열로 배치할 때 그림 9-12(a)와 같이 피복두께의 2배와 철근 지름을 더한 값으로 취할 수 있다. 여러 열의 인장철근을 배치할 때에는 그림 9-12(b)와 같이 철근들이 점유하고 있는 수직방향 폭에 피복두께의 2배를 더한 폭을 철근타이의 유효폭 w_t로 취할 수 있다. 만일 식 (9·29)를 만족하지 못한다면 지점의 폭 또는 하중작용점의 폭 l_b를 증가시키거나 인장철근이 배치된 타이의 폭 w_t를 증가시켜야 한다.

스트럿-타이 모델 구성요소의 치수화, 즉 소요폭을 이용하는 또 다른 방법으로는 소요폭으로 나타낸 스트럿-타이 모델의 기하학적 형상을 대상으로 중복되는 부분이 없다는 것을 도식적으로 검증하는 방법이 있다. 이 방법을 적용할 때에는 스트럿의 소요폭 $w_{s,req}$와 절점영역 소요폭 $w_{n,req}$를 각각 따로 구할 필요 없이 하나의 소요폭 $w_{ns,req}$만 결정하면 된다. 스트럿과 절점영역의 소요폭 $w_{ns,req}$는 다음과 같이 절점영역의 β_n과 스트럿의 β_s 중 작은 값을 β_{ns}로 취하여 계산한다.

$$\beta_{ns} = [\beta_n, \beta_s]_{min} \quad (9 \cdot 31)$$

$$w_{ns,req} = \frac{F_u}{\phi\,(0.85\,\beta_{ns} f_{ck}) b_w} \quad (9 \cdot 32)$$

이상과 같이 스트럿-타이 모델 구성요소의 치수화, 즉 소요폭을 이용하여 스트럿과 절점영역을 검증하는 방법을 구분하면 다음 두 가지 방법으로 나눌 수 있으며, 설계자는 이 두 가지 방법 중 하나를 선택하여 적용할 수 있다.

- 스트럿의 소요폭 $w_{s,req}$와 절점영역 소요폭 $w_{n,req}$를 각각 따로 구하고 검증하는 방법
- 절점영역의 β_n과 스트럿의 β_s 중 작은 값을 β_{ns}로 취하여 하나의 소요폭 $w_{ns,req}$로 검증하는 방법

9.3.6 콘크리트구조 설계기준에 따른 깊은보의 설계

그림 9-16은 전단경간-깊이 비가 작은 보에 등분포하중이 작용할 때 나타나는 응력분포로, 그림 9-16(a)에서 점선의 압축응력 궤적과 실선의 인장응력 궤적은 교란된 주응력분포를 나타낸다. 그림 9-16(b)는 경간중앙단면의 변형률분포로 변형률이 중립축에서의 거리와 비례하지 않는 비선형분포를 보인다. 따라서 경간중앙단면의 응력도 변형률분포와 같은 비선형분포를 나타내며, 압축합력 C와 압축합력 T의 작용점이 일반적인 보와 다른 위치이다. 이와 같이 깊은보는 변형 전의 평면이 변형 후에도 평면을 유지한다는 베르누이의 가정이 적용되지 않는 대표적인 교란영역 구조부재 중 하나이다.

KDS 14 20 콘크리트구조 설계기준[9.9]은 한쪽 면이 하중을 받고 반대쪽 면이 지지되어 하중과 받침부 사이에 압축대가 형성되는 구조요소로서, 순경간이 부재 깊이의 4배 이하인 부재나 받침부 내면에서 부재 깊이의 2배 이하인 위치에 집중하중이 작용하는 부재를 깊은보로 정의한다. 하중이 측면 또는 하부를 통하여 작용하는 부재는 깊은보에 해당하지 않는다.

깊은보는 비선형 변형률 분포를 고려하여 설계하거나 스트럿-타이모델을 이용하여 설계할 수 있으며 횡좌굴(lateral buckling)도 고려하여야 한다. 비선형 변형률 분포를 고려하여 설계할 때에는 비선형 응력

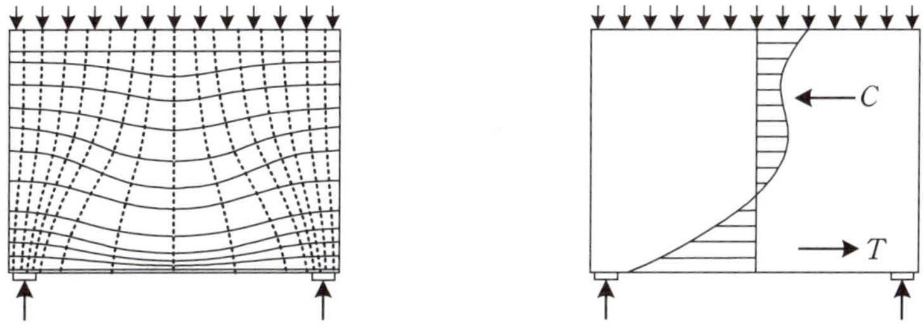

(a) 주응력분포 (b) 경간중앙단면의 변형률분포와 합력

그림 9-16 깊은보의 응력분포

장을 고려하여 철근을 보강하고 강도성능을 검증하여야 하며, 응력분포에 따른 균열 영향도 고려하여야 한다. 스트럿-타이모델은 하중 조건과 받침점 조건에 상관없이 깊은보의 설계에 적용할 수 있다.

깊은보의 설계에서는 부재의 크기를 적절하게 선정하여야 한다. 이것은 부재단면이 적절한 크기를 갖지 않으면 사용하중 상태에서 적절한 균열제어가 어려우며, 계수하중상태에서 경사압축파괴(diagonal compression failure)를 방지하기 어렵기 때문이다. 따라서 KDS 14 20 콘크리트구조 설계기준은 다음 조건을 만족하도록 단면의 크기를 선택하도록 규정하고 있으므로, 설계자는 부재단면의 폭 b_w와 유효깊이 d를 적절하게 선정하여야 한다.

$$V_u \leq \phi\left(\frac{5}{6}\lambda\sqrt{f_{ck}}\right)b_w d \qquad (9 \cdot 33)$$

깊은보에는 수직방향과 수평방향으로 최소전단철근을 배치하여야 한다. 휨인장철근과 직각인 수직전단철근은 다음의 조건을 만족하도록 전단철근비 0.0025 이상의 최소 수직전단철근을 배치하여야 한다. 여기서, A_v는 수직전단철근의 단면적이며 s는 수직전단철근의 간격으로 $d/5$와 300 mm 중의 작은 값 이하로 하여야 한다.

$$A_v \geq 0.0025\, b_w\, s \qquad (9 \cdot 34)$$

휨인장철근과 평행한 수평전단철근은 다음의 조건을 만족하도록 전단철근비 0.0015 이상의 최소 수평전단철근을 배치하여야 한다. 여기서, A_{vh}는 수평전단철근의 단면적이고, 수평전단철근의 간격 s_h는 수직전단철근의 간격 s와 마찬가지로 $d/5$와 300 mm 중의 작은 값 이하로 하여야 한다.

$$A_{vh} \geq 0.0015\, b_w\, s_h \qquad (9 \cdot 35)$$

이와 같이 최소 수직전단철근량이 최소 수평전단철근량보다 더 큰 것은 수직전단철근이 수평전단철근보다 전단강도 증진에 더 효과적이라는 실험결과[9.11, 9.12]를 반영한 것이다. 스트럿-타이 모델을 적용하여 깊은보를 설계할 때에는 위와 같은 최소 철근 대신 스트럿-타이 모델에 관한 설계기준을 만족하는 철근을 배치할 수 있다. 즉, 9.3.2절의 식 (9 ·16)을 만족하도록 철근을 배치하면 식 (9 ·34)와 식 (9 ·35)의 최소전단철근을 배치하지 않아도 된다.

깊은보의 정모멘트 철근은 휨모멘트 분포에 따라 인장응력이 변화하는 일반적인 보와는 달리 지점 사이에서 일정한 응력이 작용한다. 따라서 깊은보의 단순 받침부에서 정모멘트 철근은 받침부 전면에서 철근의 설계기준항복강도 f_y를 발휘할 수 있도록 정착하여야 한다. 그러나 깊은보의 외측 지점부는 철근이 정착하는데 충분한 공간이 확보되지 못할 때가 많다. 이런 경우에 직선철근을 배치하면 철근이 항복할 때까지 정착에 필요한 길이, 즉 정착길이(anchorage length, development length)보다 묻힘길이(embedment length)가 짧아서 정착성능을 발휘하기 어렵게 된다. 이때에는 기계적 정착장치, 포스트텐션 정착장치, 표준갈고리 등으로 정모멘트 철근을 정착시켜야 한다. 즉, 어떤 방법을 사용하든 다음 조건을 만족하도록 하여야 한다.

$$l_{emb} \geq l_d \tag{9 · 36}$$

여기서 l_d는 철근이 항복할 때까지 정착에 필요한 길이로 설계기준에 따라 결정되는 정착길이이다. l_{emb}는 절점부에서 정착성능을 발휘하는 실제 묻힘길이로, 스트럿–타이모델을 이용하여 설계할 때에는 **그림 9–12**의 (a)와 (b)와 같이 결정하는 l_{anc}와 동일한 값으로 한다. 즉, 묻힘길이 l_{emb}는 타이가 연결된 절점영역에서 확장절점영역의 경계면과 철근타이의 도심이 교차하는 곳부터 철근의 단부까지의 길이이다. 두 개 이상의 타이가 연결된 절점영역에서는 각 방향의 확장절점영역 경계면과 철근타이의 도심이 교차하는 곳부터 철근의 단부까지의 길이를 각각의 묻힘길이 l_{emb}로 결정한다.

철근타이를 90° 갈고리로 정착시키는 경우에는 갈고리 각도가 90°보다 커지는 방향으로 연장부분이 부재 단부를 밀어내는 힘이 작용하여 쪼갬 균열이 발생할 수 있다. 따라서 받침부의 피복두께가 충분하지 않을 때에는 받침부에서 갈고리의 외부를 따라 발생하는 균열을 방지하기 위해 받침부에서 보의 안쪽으로 연장되는 철근을 배치하여 갈고리를 구속하여야 한다. 보의 폭이 U자형 철근을 배치시키기에 충분한 경우에는 철근타이와 겹쳐 있는 U자형 철근을 배치하여 철근타이를 구속할 수 있다.

다경간(multi–span) 깊은보의 내부 받침부에 배치되는 정모멘트 철근은 받침부를 지나서 연속되거나 인접 경간의 정모멘트 철근과 겹침이음, 기계적이음, 용접이음 등으로 연결하여야 한다. 단, 용접이음으로 연결할 때에는 용접용 철근을 사용하여야 한다. 또 내부 받침부의 부모멘트 철근은 인접경간의 부모멘트 철근과 연속되어야 한다.

예제 9–1 **그림 9–17**과 같이 단면의 폭 b_w=600 mm, 깊이 h=2,000 mm, 순경간 6,900 mm인 깊은보에 두 개의 상부 기둥으로부터 각각 2,176 kN의 집중하중과 80 kN/m의 등분포하중이 계수하중으로 작용하고 있다. 상부 기둥의 폭은 깊은보의 폭과 같은 600 mm이고 보의 경간방향으로의 다른 한 변은 400 mm이다. 콘크리트 설계기준압축강도 f_{ck}는 30 MPa이고 철근으로는 SD400 철근을 사용한다. 스트럿–타이 모델 구성요소의 치수화, 즉 소요폭을 이용하는 방법 중 스트럿의 소요폭 $w_{s,req}$와 절점영역 소요폭 $w_{n,req}$를 각각 따로 구하고 검증하는 방법으로 KDS 14 20 콘크리트구조 설계기준에 따라 스트럿–타이 모델을 이용한 설계를 수행하시오.

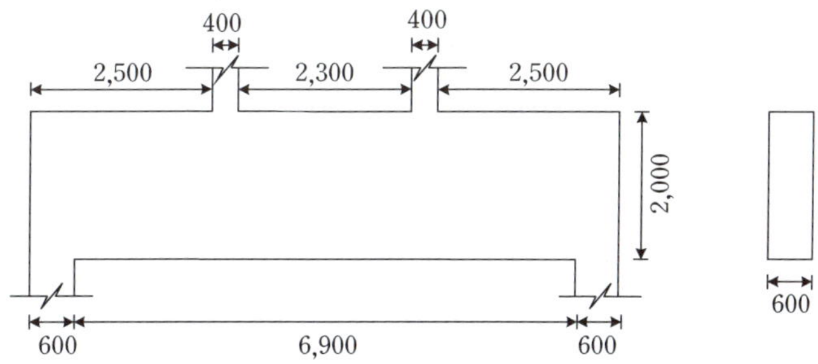

그림 9-17 예제 9-1 깊은보의 형상과 단면

〈풀이〉

(1) 하중 및 계수단면력과 부재 크기의 검증

① 계수하중 및 계수단면력

절점에 하중이 작용하는 스트럿-타이 모델을 선정하기 위하여 보에 작용하는 등분포하중을 집중하중으로 변환하고 기둥에 작용하는 하중에 추가하여 계수집중하중을 결정한다. 계수등분포하중 w_u가 80 kN/m이고 보의 전체 길이가 8.1 m이므로, 계수등분포하중의 합을 2로 나누어 두 개의 집중하중으로 변환하면

$$P_{u,dist} = 80\times\frac{8.1}{2} = 324\ kN$$

$$P_u = 2{,}176+324 = 2{,}500\ kN$$

구조형식과 하중이 좌우 대칭이므로, 계수전단력은

$$V_u = P_u = 2{,}500\ kN$$

집중하중이 작용하는 기둥의 중심과 반력이 작용하는 지점의 중심 사이의 거리가 2.4 m이므로, 보의 중앙에 작용하는 계수휨모멘트를 계산하면

$$M_u = 2{,}500\times 2.4 = 6{,}000\ kN\cdot m$$

② 부재 크기의 검증

이 부재에 작용하는 계수전단력이 식 (9·33)의 최대 허용계수전단력 이하임을 확인함으로써 부재가 충분한 크기인지 검증한다. 유효깊이 d를 1,900 mm로 가정하여 식 (9·33)의 최대 허용계수전단력을 구하고 계수전단력과 비교하면

$$V_{u,max} = \phi\left(\frac{5}{6}\lambda\sqrt{f_{ck}}\right)b_w d = 0.75\left(\frac{5}{6}\times 10\times\sqrt{30}\right)\times 600\times 1{,}900 = 3{,}903{,}000\ N$$

$$= 3{,}903\ kN > V_u\ (= 2{,}500\ kN)$$

따라서 부재의 크기는 만족된다.

(2) 스트럿-타이 모델의 구성

① 수평 타이의 중심선 위치와 수평 스트럿의 중심선 위치 결정

보 하단의 수평 스트럿은 최대 계수휨모멘트에 저항하는 소요 인장철근단면적과 인장철근의 배치형태를 고려하여 인장철근의 중심을 수평 타이의 중심선 위치로 선정한다. 집중하중 사이의 보 상단의 수평 스트럿은 휨모멘트에 저항하는 콘크리트 압축력이 작용하는 요소이므로, 소요 인장철근단면적과 유효깊이를 이용하여 콘크리트의 등가직사각형 응력분포의 깊이를 계산한 후 그 값보다 큰 안전측의 값을 선정하여 중심선의 위치를 결정한다.

수평 타이의 중심선 위치를 선정하기 위하여 먼저 유효깊이 d를 구한다. 보의 인장철근으로 D29를 2단으로 배치하고 전단철근으로 D16을 배치한다고 가정하여 피복두께 c_{cl}이 40 mm일 때 유효깊이 d를 구하면, 전단철근의 지름 d_{bs}가 대략 16 mm이고 인장철근의 지름 d_b가 대략 29 mm이며 인장철근의 최소 수직 순간격 s_{clv}가 25 mm이므로

$$d = h - c_{cl} - d_{bs} - d_b - 0.5\,s_{clv} = 2{,}000 - 40 - 16 - 29 - 0.5 \times 25 = 1{,}902.5 \approx 1{,}900\ mm$$

따라서 인장철근의 중심은 인장연단에서 100 mm 떨어진 위치이므로, 수평 타이의 중심선은 인장연단에서 100 mm 떨어진 위치로 선정한다.

수평 스트럿의 중심선 위치를 선정하기 위해서는 먼저 소요인장철근단면적을 계산한다. 타이의 강도감소계수가 0.85이므로, 5장 5.1.5절에 소개한 방법에 따라 소요인장철근단면적을 구하면, $\alpha/2\beta=1$이고 $2\beta/\alpha=1$이므로

$$req'd\ R_n = \frac{M_u}{\phi\, b_w d^2} = \frac{6{,}000 \times 10^6}{0.85 \times 600 \times 1{,}900^2} = 3.259\ MPa$$

$$req'd\ \rho = \frac{\alpha(0.85 f_{ck})}{2\beta f_y}\left[1 - \sqrt{1 - \frac{4\beta(req'd\ R_n)}{\alpha(0.85 f_{ck})}}\right] = \frac{0.85 f_{ck}}{f_y}\left[1 - \sqrt{1 - \frac{2(req'd\ R_n)}{0.85 f_{ck}}}\right]$$

$$= \frac{0.85 \times 30}{400}\left[1 - \sqrt{1 - \frac{2 \times 3.259}{0.85 \times 30}}\right] = 0.00875$$

$$req'd\ A_s = (req'd\ \rho) b_w d = 0.00875 \times 600 \times 1{,}900 = 9{,}975\ mm^2$$

이제 콘크리트의 등가직사각형 응력분포의 깊이 $\beta_1 c$를 계산하면, 콘크리트의 압축력과 철근의 인장력이 같다는 평형방정식의 해로써

$$\beta_1 c = \frac{req'd\ A_s f_y}{\eta(0.85 f_{ck}) b_w} = \frac{9{,}975 \times 400}{1.0 \times (0.85 \times 30) \times 600} = 261\ mm$$

따라서 수평 스트럿의 폭을 등가직사각형 응력분포의 깊이 $\beta_1 c$보다 큰 보수적인 값으로 300 mm를 택하고, 수평 스트럿의 중심선을 압축연단에서 150 mm 떨어진 위치로 선정한다.

② 스트럿-타이 모델 구성

앞의 과정에 따라 수평 타이의 중심선은 인장연단에서 100 mm 떨어진 위치로, 수평 스트럿의 중심선은 압축연단에서 150 mm 떨어진 위치로 선정하고, 집중하중과 반력 사이에 1개의 수직 타이와 2개의 경사 스트럿을 두어 그림 9-18과 같이 스트럿-타이 모델을 구성한다.

(3) 스트럿-타이 모델의 해석과 부재력

그림 9-18의 스트럿-타이 모델에 대한 해석으로 다음과 같이 스트럿과 타이의 단면력을 계산한다. 먼저 경사 스트럿 AB와 타이 AC 사이의 각도와 스트럿 CD와 타이 CF 사이의 각도 θ를 계산하면

$$\theta = \arctan\left(\frac{1{,}750}{1{,}200}\right) = 55.6^\circ > 25^\circ$$

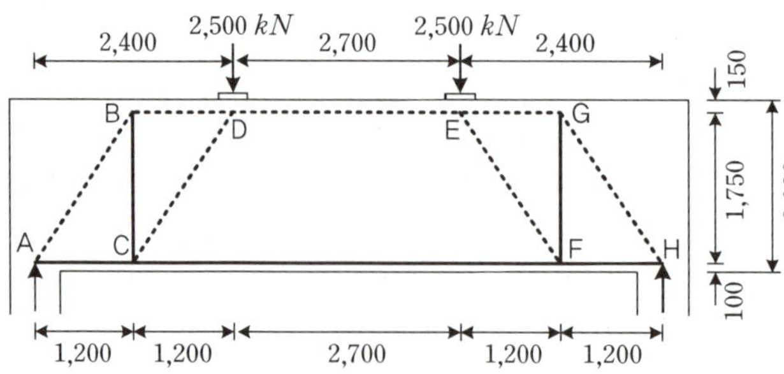

그림 9-18 스트럿-타이 모델의 구성

스트럿과 타이 사이의 각도는 55.6°로 25°를 초과하므로, 이 스트럿-타이 모델은 적절하다고 할 수 있다. 이제 스트럿의 단면력을 구하면

$$F_{uAB} = F_{uGH} = \frac{2{,}500}{\sin\theta} = \frac{2{,}500}{\sin 55.6^\circ} = 3{,}030\ kN$$

$$F_{uBD} = F_{uEG} = F_{uAB}\cos\theta = 3{,}030\times\cos 55.6^\circ = 1{,}712\ kN$$

$$F_{uCD} = F_{uEF} = \frac{F_{uBC}}{\sin\theta} = \frac{2{,}500}{\sin 55.6^\circ} = 3{,}030\ kN$$

$$F_{uDE} = F_{uBD}+F_{uCD}\cos\theta = 1{,}712+3{,}030\times\cos 55.6^\circ = 3{,}423\ kN$$

타이의 단면력을 구하면

$$F_{uAC} = F_{uFH} = 2{,}500\cot\theta = 2{,}500\times\cot 55.6^\circ = 1{,}712\ kN$$

$$F_{uBC} = F_{uFG} = F_{uAB}\sin\theta = 3{,}030\times\sin 55.6^\circ = 2{,}500\ kN$$

$$F_{uCF} = F_{uAC}+F_{uCD}\cos\theta = 1{,}712+3{,}030\times\cos 55.6^\circ = 3{,}423\ kN$$

그림 9-19는 스트럿-타이 모델의 해석결과를 나타낸다.

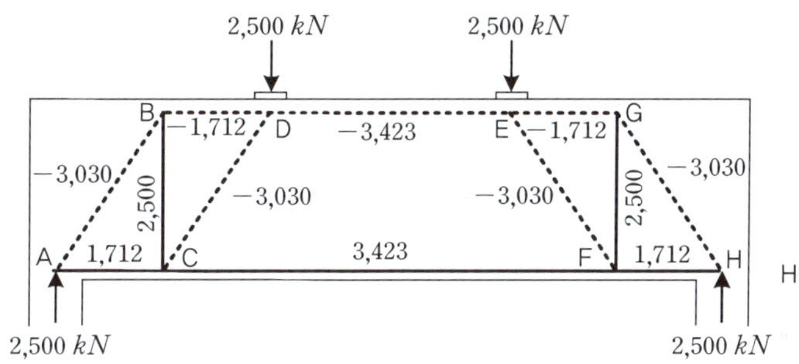

그림 9-19 스트럿과 타이의 단면력

(4) 철근 배치

① 휨철근 배치

집중하중과 인접 집중하중 사이 또는 집중하중과 반력 사이에 휨모멘트에 저항하는 타이가 2개 이상 존재할 때는 구간 내에 존재하는 타의의 인장력 중 가장 큰 인장력을 기준으로 인장철근을 배치한다. 그림 9-18의 스트럿-타이 모델에서 집중하중과 반력 사이에 휨모멘트에 저항하는 타이로 타이 AC와 타이 CF가 있다. 이 중에서 인장력이 큰 타이 CF의 인장력을 기준으로 인장철근을 배치한다. 디이 CF의 인장력 F_{uCF}가 3,423 kN이므로, 이에 대한 소요철근단면적 $A_{st,req}$를 계산하면

$$A_{st,req} = \frac{F_{uCF}}{\phi f_y} = \frac{3{,}423\times10^3}{0.85\times400} = 10{,}068\ mm^2$$

따라서 인장철근으로는 단면적 A_b가 642.4 mm^2인 D29 철근 16개를 선택한다. 이때 16-D29 철근의 단면적 A_{st}는 10,278 mm^2이며, 각 열에 8개씩 상하 2열로 배치한다. 여기서 D29 철근 8개를 한 열에 배치할 수 있는지 최소 복부폭 $b_{w,min}$을 5장 5.2.4설에 소개한 방법에 따라 계산하면, 철근의 수평순간격 s_{cl}이 철근 지름과 25 mm 중 큰 값인 철근 지름 28.6 mm이므로 피복두께 c_{cl}이 40 mm일 때

$$b_{w,min} = 2\,c_{cl}+2\,d_{bs}+2r_s+(n-1)d_b+(n-1)s_{cl}$$

$$= 2\times40+2\times15.9+2\times2\times15.9+(8-1)\times28.6+(8-1)\times28.6 = 576\ mm < b_w\,(=600\ mm)$$

따라서 D29 철근 8개를 한 열에 배치할 수 있으므로, 16-D29 철근을 8개씩 상하 2열로 배치하기로 한다.

② 전단철근 배치

타이 BC의 인장력 F_{uBC}가 2,500 kN이므로, 이에 대한 소요철근단면적 $A_{st,req}$를 계산하면

$$A_{st,req} = \frac{F_{uBC}}{\phi f_y} = \frac{2{,}500\times10^3}{0.85\times400} = 7{,}353\ mm^2$$

따라서 D16 철근을 U형 전단철근으로 배치하면 수직전단철근 단면적 A_v는 D16 철근단면적의 2배인 397 mm^2이므로, 집중하중과 반력 사이에 배치해야 할 소요수량을 계산하면

$$n_{req} = \frac{A_{st,req}}{A_v} = \frac{7{,}353}{397} = 18.5$$

전단력에 해당하는 인장력이 작용하는 타이 BC의 최대 유효폭은 절점 A와 절점 C 사이의 수평길이 2,400 mm이므로, 수직전단철근의 소요수평간격을 구하면

$$s_{req} = \frac{2{,}400}{18.5} = 129.7\ mm$$

따라서 D16 U형 수직전단철근을 125 mm 간격으로 배치한다.

(5) 스트럿-타이 모델 요소의 소요폭을 이용한 강도검증

① 스트럿의 폭 검증

각 스트럿에 대하여 스트럿으로 제공되는 폭(provided width) w_s를 그림 9-12를 참조하여 식 (9 · 30)으로 구하면

$$w_{sAB} = w_{sGH} = w_t\cos\theta + l_b\sin\theta = 200\times\cos 55.6^\circ + 600\times\sin 55.6^\circ = 608\ mm$$

$$w_{sCD} = w_{sEF} = w_t\cos\theta + l_b\sin\theta = 300\times\cos 55.6^\circ + 400\times\sin 55.6^\circ = 500\ mm$$

$$w_{sBD} = w_{sDE} = w_{sEG} = 300\ mm$$

각 스트럿에 대하여 스트럿의 소요폭 $w_{s,req}$를 식 (9 · 26)으로 구하고 스트럿의 폭 w_s와 비교하면, 경사 스트럿 AB, CD, EF, GH는 하중이 반력으로 전달될 때 응력이 퍼졌다가 다시 모이는 병모양 스트럿으로 철근 배치 규정을 만족하도록 한다면 β_s가 0.75이고, 스트럿 BD, DE, EG는 휨모멘트에 의한 압축응력을 받는 프리즘 스트럿으로 β_s가 1.0이므로

$$w_{s,reqAB} = \frac{F_{uAB}}{\phi(0.85\,\beta_s f_{ck})b_w} = \frac{3{,}030\times10^3}{0.75\times(0.85\times0.75\times30)\times600} = 352\ mm < w_{sAB}\ (= 608\ mm)$$

$$w_{s,reqCD} = \frac{F_{uCD}}{\phi(0.85\,\beta_s f_{ck})b_w} = \frac{3{,}030\times10^3}{0.75\times(0.85\times0.75\times30)\times600} = 352\ mm < w_{sCD}\ (= 500\ mm)$$

$$w_{s,reqEF} = w_{s,reqCD} = 352\ mm < w_{sEF}\ (= 500\ mm)$$

$$w_{s,reqGH} = w_{s,reqAB} = 352\ mm < w_{sGH}\ (= 608\ mm)$$

$$w_{s,reqBD} = \frac{F_{uBD}}{\phi(0.85\,\beta_s f_{ck})b_w} = \frac{1{,}712\times10^3}{0.75\times(0.85\times1.0\times30)\times600} = 149\ mm < w_{sBD}\ (= 300\ mm)$$

$$w_{s,reqDE} = \frac{F_{uDE}}{\phi(0.85\,\beta_s f_{ck})b_w} = \frac{3{,}423\times10^3}{0.75\times(0.85\times1.0\times30)\times600} = 298\ mm < w_{sDE}\ (= 300\ mm)$$

$$w_{s,reqEG} = w_{s,reqBD} = 149\ mm < w_{sEG}\ (= 300\ mm)$$

이상과 같이 모든 스트럿의 폭(provided width) w_s가 소요폭 $w_{s,req}$를 초과하므로 강도를 만족한다. 이를 정리하면 표 9-4와 같다.

② 타이의 폭 검증

타이에 대해서는 절점영역에 정착판을 배치하고 용접 등의 방법으로 철근을 정착판에 연결하여 정착판의 지압작용으로 절점영역에 정수압 상태로 작용할 때 타이의 폭을 검증한다. 이 예제에서는 정착판을 배치하지

표 9-4 스트럿의 폭 검증

스트럿	$F_u\ [kN]$	β_s	$w_{s,\ req}\,[mm]$	$w_s\,[mm]$	검증결과
AB, GH	3,030	0.75	352	608	OK
CD, EF	3,030	0.75	352	500	OK
BD, EG	1,712	1.0	149	300	OK
DE	3,423	1.0	298	300	OK

않고 90° 갈고리로 정착시킬 예정이므로 타이의 폭을 검증할 필요가 없으며, 다음 (6)에서 90° 갈고리의 정착성능을 검증한다.

③ 절점영역의 폭 검증

스트럿-타이 모델이 좌우 대칭이므로, 절점영역의 폭 검증은 절점영역 A, B, C, D에 대하여 수행하고 절점영역 E, F, G, H는 생략한다. 절점영역 A는 압축력으로의 반력 R, 스트럿 AB의 압축력, 타이 AC의 인장력이 작용하는 C-C-T 절점영역으로 β_n은 0.8이다. 따라서 절점영역 A에 대하여 압축력이 작용하는 방향으로의 소요폭을 구하고, 반력 작용 폭 w_R 및 스트럿의 폭 w_s와 비교하면

$$w_{n,\,reqR} = \frac{F_{uR}}{\phi\,(0.85\,\beta_n f_{ck})b_w} = \frac{2{,}500\times10^3}{0.75\times(0.85\times0.8\times30)\times600} = 272\ mm < w_R\ (= 600\ mm)$$

$$w_{n,\,reqAB} = \frac{F_{uAB}}{\phi\,(0.85\,\beta_n f_{ck})b_w} = \frac{3{,}030\times10^3}{0.75\times(0.85\times0.8\times30)\times600} = 330\ mm < w_{sAB}\ (= 608\ mm)$$

절점영역 B는 스트럿 AB의 압축력, 스트럿 BD의 압축력, 타이 BC의 인장력이 작용하는 C-C-T 절점영역으로 β_n은 0.8이다. 따라서 절점영역 B에 대하여 압축력이 작용하는 방향으로의 소요폭을 구하고, 스트럿의 폭 w_s와 비교하면

$$w_{n,\,reqAB} = \frac{F_{uAB}}{\phi\,(0.85\,\beta_n f_{ck})b_w} = \frac{3{,}030\times10^3}{0.75\times(0.85\times0.8\times30)\times600} = 330\ mm < w_{sAB}\ (= 608\ mm)$$

$$w_{n,\,reqBD} = \frac{F_{uBD}}{\phi\,(0.85\,\beta_n f_{ck})b_w} = \frac{1{,}712\times10^3}{0.75\times(0.85\times0.8\times30)\times600} = 186\ mm < w_{sBD}\ (= 300\ mm)$$

절점영역 C는 스트럿 CD의 압축력, 타이 AC의 인장력, 타이 BC의 인장력, 타이 CF의 인장력이 작용하는 C-T-T 절점영역으로 β_n은 0.6이다. 따라서 절점영역 C에 대하여 압축력이 작용하는 방향으로의 소요폭을 구하고, 스트럿의 폭 w_s와 비교하면

$$w_{n,\,reqCD} = \frac{F_{uCD}}{\phi\,(0.85\,\beta_n f_{ck})b_w} = \frac{3{,}030\times10^3}{0.75\times(0.85\times0.6\times30)\times600} = 440\ mm < w_{sCD}\ (= 500\ mm)$$

절점영역 D는 압축력으로의 하중 P, 스트럿 BD의 압축력, 스트럿 DE의 압축력, 스트럿 CD의 압축력이 작용하는 C-C-C 절점영역으로 β_n은 1.0이다. 따라서 절점영역 D에 대하여 압축력이 작용하는 방향으로의 소요폭을 구하고, 하중 작용 폭 w_P 및 스트럿의 폭 w_s와 비교하면

$$w_{n,\,reqP} = \frac{F_{uP}}{\phi\,(0.85\,\beta_n f_{ck})b_w} = \frac{2{,}500\times10^3}{0.75\times(0.85\times1.0\times30)\times600} = 218\ mm < w_P\ (= 400\ mm)$$

$$w_{n,\,reqBD} = \frac{F_{uBD}}{\phi\,(0.85\,\beta_n f_{ck})b_w} = \frac{1{,}712\times10^3}{0.75\times(0.85\times1.0\times30)\times600} = 149\ mm < w_{sBD}\ (= 300\ mm)$$

$$w_{n,\,reqDE} = \frac{F_{uDE}}{\phi\,(0.85\,\beta_n f_{ck})b_w} = \frac{3{,}423\times10^3}{0.75\times(0.85\times1.0\times30)\times600} = 298\ mm < w_{sDE}\ (= 300\ mm)$$

$$w_{n,\,reqCD} = \frac{F_{uCD}}{\phi\,(0.85\,\beta_n f_{ck})b_w} = \frac{3{,}030\times10^3}{0.75\times(0.85\times1.0\times30)\times600} = 264\ mm < w_{sCD}\ (= 500\ mm)$$

이상과 같이 모든 스트럿의 폭(provided width) w_s가 소요폭 $w_{s,\,req}$를 초과하므로 강도를 만족한다. 이를

정리하면 표 9-5와 같다. 그림 9-20은 요소의 소요폭으로 치수화한 스트럿-타이모델로, 구성요소에 중복되는 부분이 없다는 것을 나타낸다.

표 9-5 절점영역의 폭 검증

절점영역	절점종류	β_n	부재	$F_u[kN]$	$w_{n,\,req}[mm]$	$w_n[mm]$	검증결과
A	C-C-T	0.8	R	2,500	272	600	OK
			AB	3,030	330	608	OK
B	C-C-T	0.8	AB	3,030	330	608	OK
			BD	1,712	186	300	OK
C	C-T-T	0.6	CD	3,030	440	500	OK
D	C-C-C	1.0	P	2,500	218	400	OK
			BD	2,500	149	300	OK
			DE	3,423	298	300	OK
			CD	3,030	264	500	OK

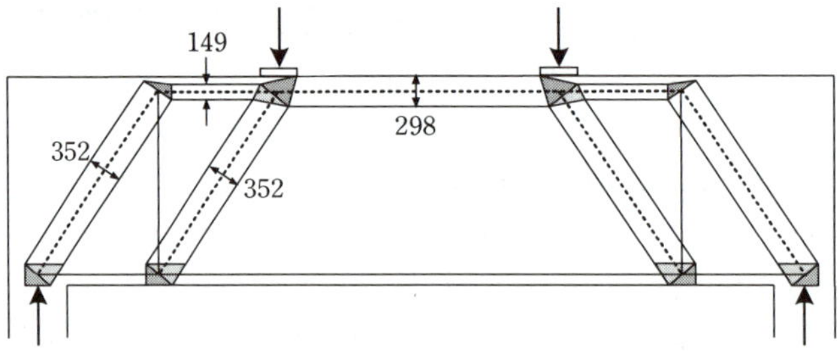

그림 9-20 소요폭으로 치수화한 깊은보의 스트럿-타이 모델

(6) 수평철근 배치 및 병모양 스트럿에 대한 최소 철근 검증

경사 스트럿 AB와 CD는 하중이 반력으로 전달될 때 응력이 퍼졌다가 다시 모이는 병모양 스트럿으로 앞의 (5) ①에서 철근 배치 규정, 즉 식 (9·16)을 만족한다고 가정하고 β_s 값을 0.75로 취하였으므로, 수평전단철근을 배치하고 식 (9·16)의 만족여부를 검증하여야 한다. 깊은보의 수평전단철근 간격과 수직전단철근 간격은 모두 $d/5$인 380 mm와 300 mm 중의 작은 값 이하로 하여야 하므로, 보의 수평방향으로 2-D16 철근을 300 mm 간격으로 6개를 배치하기로 한다. 따라서 경사 스트럿 AB와 CD는 125 mm 간격의 2-D16 수직철근과 300 mm 간격의 2-D16 수평철근이 각각 스트럿의 34.4°와 55.6°의 각도로 지나가고 있으므로

$$\Sigma \frac{A_{si}}{bs_i}\sin^2\gamma_i = \frac{2\times 198.7}{600\times 125}\sin^2 34.4^\circ + \frac{2\times 198.7}{600\times 300}\sin^2 55.6^\circ = 0.00320 > 0.003$$

따라서 철근 배치 규정을 만족한다. 만일 이 조건을 만족하지 못하면 조건을 만족하도록 철근 배치를 수정하거나, 만족하지 않은 상태의 철근 배치를 유지하려면 β_s 값을 0.6으로 취하여 스트럿 AB와 CD의 강도성능을 다시 검증하여야 한다.

(7) 철근타이의 정착성능 검증

휨 인장철근 SD400 D29의 단부에 90° 갈고리를 두어 정착시킬 때 정착길이를 계산하면

$$l_{dh} = \frac{0.24\,\beta d_b f_y}{\sqrt{f_{ck}}}\times\frac{A_{s,\,req}}{A_{s,\,prv}} = \frac{0.24\times 1.0\times 28.6\times 400}{1.0\times\sqrt{30}}\times\frac{10,068}{10,278} = 491\ mm$$

그림 9-21을 참조하여 절점부의 묻힘길이 l_{emb}를 계산하면

$$l_{emb} = 600 + \frac{100}{\tan 55.6^\circ} - 40 - 16 = 544 + \frac{100}{\tan 55.6^\circ} = 544 + 68 = 612\ mm > l_{dh}\ (= 491\ mm)$$

따라서 90° 갈고리로써 정착성능을 만족한다.

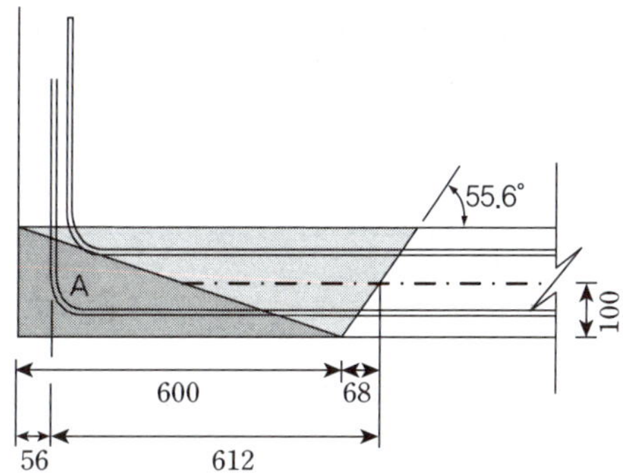

그림 9-21 절점영역 A에서의 타이 정착길이

(8) 철근 배치

이상의 설계로 그림 9-22와 같이 휨철근으로는 16-D29 철근을 각 열에 8개씩 상하 2열로 배치하고, 보의 수평방향으로 2-D16 철근을 300 mm 간격으로 6개를 배치하며, 집중하중과 반력 사이에는 D16 U형 수직전단철근을 125 mm 간격으로 배치하고, 집중하중 사이에는 D10 U형 수직전단철근을 300 mm 간격으로 추가 배치한다.

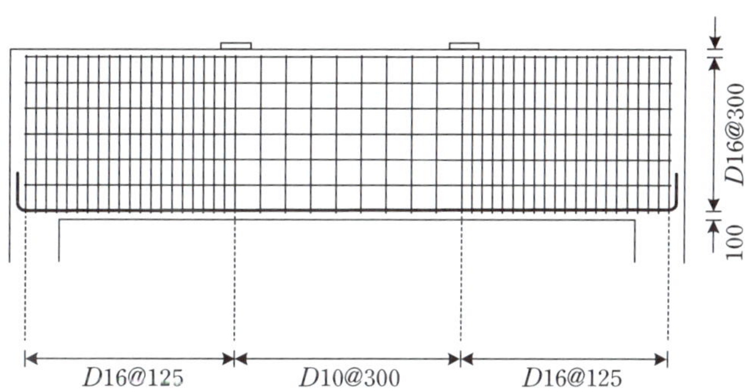

그림 9-22 깊은보의 철근 배치도

예제 9-2 앞의 예제 9-1과 동일한 깊은보에 대하여 절점영역의 β_n과 스트럿의 β_s 중 작은 값을 β_{ns}로 취하여 하나의 소요 폭 $w_{ns,\ req}$을 이용하는 방법으로 스트럿과 절점영역의 강도성능 검증을 수행하시오.

〈풀이〉

예제 9-1의 풀이에서 스트럿 AB, CD, EF, GH는 하중이 반력으로 전달될 때 응력이 퍼졌다가 다시 모이는 병모양 스트럿으로 철근 배치 규정을 만족하였으므로, β_s의 값은 0.75이다. 요소 AB는 절점 A와 절점 B를 연결하는 스트럿 AB로 구성되어 있는데, 절점 A와 절점 B는 모두 C-C-T 절점이므로 β_n의 값은 0.80이다. 따라서 요소 AB에서 β_{ns}은 β_s와 β_n 중 작은 값인 0.75이다. 예제 9-1의 풀이에서 요소 AB에는 3,030 kN의 압축력 F_{uAB}가 작용하며, 스트럿으로 제공되는 폭(provided width) w_{prv}로의 요소 AB의 폭 w_{sAB}은

608 mm이다. 이제 요소 AB의 소요폭을 구하면

$$w_{reqAB} = \frac{F_{uAB}}{\phi\,(0.85\,\beta_{ns} f_{ck}) b_w} = \frac{3{,}030 \times 10^3}{0.75 \times (0.85 \times 0.75 \times 30) \times 600} = 352\,mm < w_{sAB}\,(= 608\,mm)$$

따라서 요소 AB의 폭(provided width) w_{sAB} 가 소요폭 w_{reqAB}를 초과하므로 강도를 만족한다.

스트럿 CD, EF, GH에 대해서도 동일한 방법으로 소요폭을 구하고 검증한 결과를 정리하면 표 9-6과 같으며, 모든 구성요소의 강도성능이 만족된다.

표 9-6 요소의 폭 검증

요소	요소종류	β_s 또는 β_n	β_{ns}	$F_u\,[kN]$	$w_{ns,\,req}[mm]$	$w_{prv}[mm]$	검증결과
AB	스트럿 AB	0.75	0.75	3,030	352	608	OK
	절점 A [C-C-T]	0.80					
	절점 B [C-C-T]	0.80					
BD	스트럿 BD	1.00	0.80	1,712	186	300	OK
	절점 B [C-C-T]	0.80					
	절점 D [C-C-C]	1.00					
CD	스트럿 CD	0.75	0.60	3,030	440	500	OK
	절점 C [C-T-T]	0.60					
	절점 D [C-C-C]	1.00					
DE	스트럿 DE	1.00	1.00	3,423	298	300	OK
	절점 D [C-C-C]	1.00					
	절점 E [C-C-C]	1.00					

예제 9-3 앞의 예제 9-1과 동일한 깊은보에 대하여 집중하중과 반력 사이에 수직 타이가 없는 단순한 스트럿-타이 모델을 적용하여 KDS 14 20 콘크리트구조 설계기준에 따라 설계를 수행하시오.

〈풀이〉

(1) 하중 및 계수단면력과 부재 크기의 검증

예제 9-1의 결과 계수하중과 단면력은 다음과 같고 부재 크기도 만족되는 것으로 검증되었다.

$$P_u = 2{,}500\,kN$$

$$V_u = P_u = 2{,}500\,kN$$

$$M_u = 2{,}500 \times 2.4 = 6{,}000\,kN{\cdot}m$$

$$V_{u,\,max} = \phi\left(\frac{5}{6}\lambda\sqrt{f_{ck}}\right) b_w\,d = 3{,}903\,kN > V_u\,(= 2{,}500\,kN)$$

(2) 스트럿-타이 모델의 구성과 단면력 해석

예제 9-1의 (2)와 동일하게 수평 타이의 중심선은 인장연단에서 100 mm 떨어진 위치로, 수평 스트럿의 중심선은 압축연단에서 150 mm 떨어진 위치로 선정하여 그림 9-23과 같이 스트럿-타이 모델을 구성한다. 그림 9-23의 스트럿-타이 모델에 대한 해석으로 다음과 같이 스트럿과 타이의 단면력을 계산한다. 먼저 경사 스트럿 AB와 타이 AD 사이의 각도 θ를 계산하면

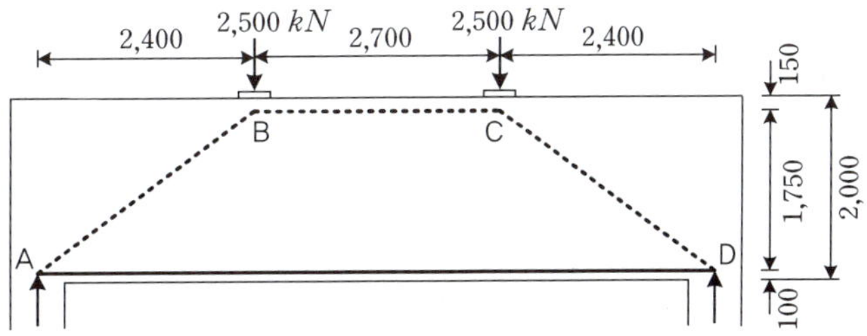

그림 9-23 단순 스트럿-타이 모델

$$\theta = \arctan\left(\frac{1{,}750}{2{,}400}\right) = 36.1^\circ > 25^\circ$$

스트럿과 타이 사이의 각도는 36.1°로 25°를 초과하므로, 이 스트럿-타이 모델은 적절하다고 할 수 있다. 이제 스트럿의 단면력을 구하면

$$F_{uAB} = F_{uCD} = \frac{2{,}500}{\sin\theta} = \frac{2{,}500}{\sin 36.1^\circ} = 4{,}243\,kN$$

$$F_{uBC} = F_{uAB}\cos\theta = 4{,}243\times\cos 36.1^\circ = 3{,}428\,kN$$

타이의 단면력을 구하면

$$F_{uBC} = F_{uAB}\cos\theta = 4{,}243\times\cos 36.1^\circ = 3{,}428\,kN$$

그림 9-24는 스트럿-타이 모델의 해석결과를 나타낸다.

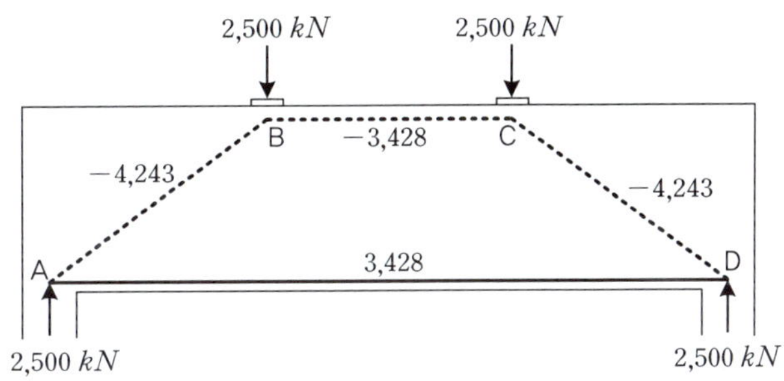

그림 9-24 단순 스트럿-타이 모델의 단면력

(3) 최소전단철근 배치

깊은보의 수직전단철근 간격과 수평전단철근 간격은 모두 $d/5$인 380 mm와 300 mm 중의 작은 값 이하로 하여야 하므로, 수직전단철근과 수평전단철근은 300 mm 이하의 간격으로 배치하여야 한다. 수직방향으로 D16 철근을 U형 전단철근으로 배치하고 수평방향으로 2개의 D16 철근을 전단철근으로 배치하면, 전단철구 단면적 A_v는 D16 철근단면적의 2배인 397 mm^2이다. 수직전단철근은 전단철근비 0.0025 이상을 배치하여야 하므로, U형 D16 수직전단철근의 소요수평간격을 구하면

$$s_{req} = \frac{A_v}{0.0025\,b_w} = \frac{397}{0.0025\times600} = 265\,mm$$

따라서 D16 U형 수직전단철근을 250 mm 간격으로 배치하기로 한다.

수평전단철근은 전단철근비 0.0015 이상을 배치하여야 하므로, 2개의 D16 철근을 수직전단철근으로 배치할 때 소요수직간격을 구하면

$$s_{h,req} = \frac{A_v}{0.0015\,b_w} = \frac{397}{0.0015\times600} = 441\ mm$$

이 간격은 최대허용간격 300 mm를 초과하므로, D16 2개의 수평전단철근은 300 mm 간격으로 배치하기로 한다.

(4) 스트럿-타이 모델 요소의 강도 검증

① 스트럿의 강도 검증

각 스트럿에 대하여 스트럿으로 제공되는 폭(provided width) w_s를 그림 9-12를 참조하여 식 (9·30)으로 구하면, 타이 AD의 폭 w_t는 200 mm이고 지점과 하중작용점의 폭 l_b는 각각 600 mm와 400 mm이며 스트럿 BC의 폭은 300 mm이므로

$$w_{sAB} = w_{sCD} = w_t\cos\theta + l_b\sin\theta = 200\times\cos 36.1^\circ + 600\times\sin 36.1^\circ = 515\ mm$$

$$w_{sBC} = 300\ mm$$

경사 스트럿 AB와 CD는 하중이 반력으로 전달될 때 응력이 퍼졌다가 다시 모이는 병모양 스트럿으로 철근 배치 규정, 즉 식 (9·16)을 만족하면 β_s가 0.75이고 만족하지 못하면 β_s가 0.6이므로 이를 검증하여야 한다. 경사 스트럿 AB와 CD는 250 mm 간격의 2-D16 수직철근과 300 mm 간격의 2-D16 수평철근이 각각 스트럿의 53.9°와 36.1°의 각도로 지나가고 있으므로

$$\sum\frac{A_{si}}{bs_i}\sin^2\gamma_i = \frac{2\times198.7}{600\times250}\sin^2 53.9^\circ + \frac{2\times198.7}{600\times300}\sin^2 36.1^\circ = 0.00250 < 0.003$$

따라서 철근 배치 규정을 만족하지 못하므로 β_s 값을 0.6으로 취하여야 한다. 이제 스트럿 AB의 설계강도를 구하면

$$\begin{aligned}\phi F_{nsAB} &= \phi(0.85\,\beta_s f_{ck})w_{sAB}\,b_w = 0.75\times(0.85\times0.6\times30)\times515\times600/10^3\\ &= 3{,}546\ kN < F_{uAB}\ (=4{,}243\ kN)\end{aligned}$$

강도를 만족하지 못하므로 β_s로 0.75를 적용할 수 있도록 수직전단철근이나 수평전단철근의 간격을 감소시켜야 한다. 경사 스트럿 AB의 각도 θ가 45°보다 작은 36.1°이므로, 수평전단철근보다는 수직전단철근의 간격을 감소시키는 것이 효과적이다. 따라서 수직전단철근의 간격으로 200 mm, 175 mm, 150 mm를 고려해 보면

$$\sum\frac{A_{si}}{bs_i}\sin^2\gamma_i = \frac{2\times198.7}{600\times200}\sin^2 53.9^\circ + \frac{2\times198.7}{600\times300}\sin^2 36.1^\circ = 0.00293 < 0.003$$

$$\sum\frac{A_{si}}{bs_i}\sin^2\gamma_i = \frac{2\times198.7}{600\times175}\sin^2 53.9^\circ + \frac{2\times198.7}{600\times300}\sin^2 36.1^\circ = 0.00324 > 0.003$$

$$\sum\frac{A_{si}}{bs_i}\sin^2\gamma_i = \frac{2\times198.7}{600\times150}\sin^2 53.9^\circ + \frac{2\times198.7}{600\times300}\sin^2 36.1^\circ = 0.00365 > 0.003$$

수직전단철근의 간격으로 200 mm는 조건을 만족하지 못한다. 조건을 만족하는 간격인 175 mm와 150 mm 중 경제적인 간격으로 175 mm를 선택하기로 하고, 집중하중 사이 중앙부는 수직전단철근을 300 mm 간격으로 배치하기로 한다. 이제 다시 스트럿 AB의 설계강도를 구하면, β_s가 0.75이므로

$$\begin{aligned}\phi F_{nsAB} &= \phi(0.85\,\beta_s f_{ck})w_{sAB}\,b_w = 0.75\times(0.85\times0.75\times30)\times515\times600/10^3\\ &= 4{,}432\ kN > F_{uAB}\ (=4{,}243\ kN)\end{aligned}$$

따라서 스트럿 AB는 강도를 만족한다.

스트럿 BC는 휨모멘트에 의한 압축응력을 받는 프리즘 스트럿으로 β_s가 1.0이므로, 설계강도를 구하면

$$\begin{aligned}\phi F_{nsBC} &= \phi(0.85\,\beta_s f_{ck})w_{sBC}\,b_w = 0.75\times(0.85\times1.0\times30)\times300\times600/10^3\\ &= 3{,}443\ kN > F_{uBC}\ (=3{,}428\ kN)\end{aligned}$$

따라서 스트럿 BC는 강도를 만족한다.

② 타이의 강도 검증

타이 AD에는 예제 9-1과 같이 단면적 A_{st}가 10,278 mm^2인 16-D29 철근을 각 열에 8개씩 상하 2열로 배치한다. 예제 9-1에서 D29 철근 8개를 한 열에 배치할 수 있는 것으로 검토되었다. 이 철근배치에 대하여 설계강도를 구하면, 타이의 강도감소계수가 0.85이므로

$$\phi F_{ntAD} = \phi A_{st} f_y = 0.85 \times 10{,}278 \times 400/10^3 = 3{,}495\, kN > F_{uAD}\,(= 3{,}428\, kN)$$

따라서 타이 AD는 강도를 만족한다.

③ 절점영역의 강도 검증

절점영역 A는 압축력으로의 반력 R, 스트럿 AB의 압축력, 타이 AD의 인장력이 작용하는 C-C-T 절점영역으로 β_n은 0.8이다. 따라서 절점영역 A에 대하여 압축력이 작용하는 방향으로 설계강도를 구하면, 반력이 작용하는 지점의 폭 w_R은 600 mm이고, 앞의 ① 스트럿의 강도 검증과정에서 경사 스트럿 AB 방향으로의 폭 w_{sAB}는 515 mm이었으므로

$$\begin{aligned}\phi F_{nnR} &= \phi(0.85\,\beta_n f_{ck}) b_w\, w_R = 0.75 \times (0.85 \times 0.8 \times 30) \times 600 \times 600/10^3 \\ &= 5{,}508\, kN > F_{uR}\,(= 2{,}500\, kN)\end{aligned}$$

$$\begin{aligned}\phi F_{nnAB} &= \phi(0.85\,\beta_n f_{ck}) b_w\, w_{sAB} = 0.75 \times (0.85 \times 0.8 \times 30) \times 600 \times 515/10^3 \\ &= 4{,}728\, kN > F_{uAB}\,(= 4{,}243\, kN)\end{aligned}$$

따라서 절점영역 A는 강도를 만족한다.

절점영역 B는 압축력으로의 집중하중 P, 스트럿 AB의 압축력, 스트럿 BC의 압축력이 작용하는 C-C-C 절점영역으로 β_n은 1.0이다. 따라서 절점영역 B에 대하여 압축력이 작용하는 방향으로 설계강도를 구하면, 집중하중이 작용하는 지압면의 폭 w_P는 400 mm이고, 앞의 ① 스트럿의 강도 검증과정에서 경사 스트럿 AB 방향으로의 폭 w_{sAB}는 515 mm, 스트럿 BC 방향으로의 폭 w_{sBC}는 300 mm이었으므로

$$\begin{aligned}\phi F_{nnP} &= \phi(0.85\,\beta_n f_{ck}) b_w\, w_P = 0.75 \times (0.85 \times 1.0 \times 30) \times 600 \times 400/10^3 \\ &= 4{,}590\, kN > F_{uP}\,(= 2{,}500\, kN)\end{aligned}$$

$$\begin{aligned}\phi F_{nnAB} &= \phi(0.85\,\beta_n f_{ck}) b_w\, w_{sAB} = 0.75 \times (0.85 \times 1.0 \times 30) \times 600 \times 515/10^3 \\ &= 5{,}910\, kN > F_{uAB}\,(= 4{,}243\, kN)\end{aligned}$$

$$\begin{aligned}\phi F_{nnBC} &= \phi(0.85\,\beta_n f_{ck}) b_w\, w_{sBC} = 0.75 \times (0.85 \times 1.0 \times 30) \times 600 \times 300/10^3 \\ &= 3{,}443\, kN > F_{uBC}\,(= 3{,}428\, kN)\end{aligned}$$

따라서 절점영역 B는 강노를 만족한다.

(5) 철근타이의 정착성능 검증

정착길이 수식의 수정계수를 구하기 위하여 타이 AD의 인장력 F_{uAD}의 3,428 kN에 대한 소요철근단면적 $A_{st,\,req}$를 계산하면

$$A_{st,\,req} = \frac{F_{uCF}}{\phi f_y} = \frac{3{,}428 \times 10^3}{0.85 \times 400} = 10{,}082\, mm^2$$

예제 9-1과 같이 휨 인장철근 SD400 D29의 단부에 90° 갈고리를 둘 때 정착길이를 계산하면

$$l_{dh} = \frac{0.24\,\beta\, d_b f_y}{\sqrt{f_{ck}}} \times \frac{A_{s,\,req}}{A_{s,\,prv}} = \frac{0.24 \times 1.0 \times 28.6 \times 400}{1.0 \times \sqrt{30}} \times \frac{10{,}082}{10{,}278} = 492\, mm$$

절점부의 묻힘길이 l_{emb}를 계산하면

$$l_{emb} = 600 + \frac{100}{\tan 36.1^\circ} - 40 - 16 = 544 + \frac{100}{\tan 36.1^\circ} = 544 + 137 = 681\, mm > l_{dh}\,(= 492\, mm)$$

따라서 90° 갈고리로써 정착성능을 만족한다.

(6) 철근 배치

이상의 설계로 그림 9-25와 같이 휨철근으로는 16-D29 철근을 각 열에 8개씩 상하 2열로 배치하고, 보의 수평방향으로 2-D16 철근을 300 mm 간격으로 6개를 배치하며, 집중하중과 반력 사이에는 D16 U형 수직전단철근을 175 mm 간격으로 배치하고, 집중하중 사이에는 D10 U형 수직전단철근을 300 mm 간격으로 추가 배치한다.

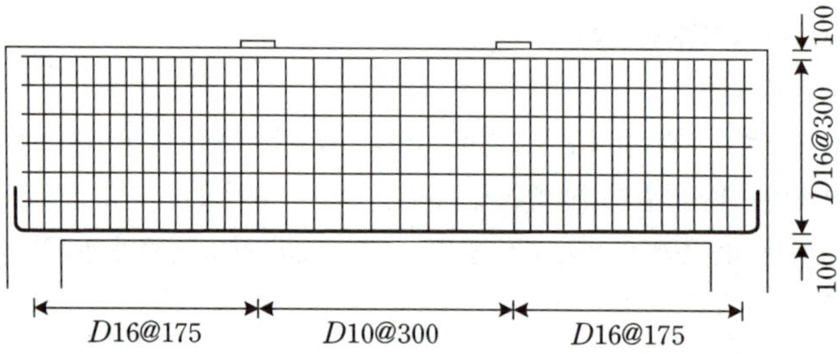

그림 9-25 단순 스트럿-타이 모델을 이용한 설계의 철근 배치도

9.3.7 콘크리트구조 설계기준에 따른 브래킷과 내민받침의 설계

기둥이나 벽체에서 돌출된 짧은 길이의 캔틸레버 형태로 하중을 지지하는 부재를 브래킷(bracket) 또는 코벨(corbel)이라고 한다. 브래킷과 코벨은 유럽 건축물의 벽체에 설치하던 것으로, 대표적인 용어는 브래킷이라고 할 수 있다. 코벨은 브래킷의 일종으로 폭이 넓은 브래킷을 지칭하는 용어이지만, 브래킷과 코벨을 구별하지 않고 같은 의미로 사용하기도 한다. 따라서 bracket과 corbel을 우리말로 표현한다면 모두 내민받침이라고 부를 수 있으나, KDS 14 20 콘크리트구조 설계기준[9.9]은 bracket을 '브래킷'으로, corbel을 '내민받침'으로 표현하고 있다.

그림 9-26(a)는 내민받침에 수직방향 집중하중이 작용할 때 나타나는 응력분포로, 점선의 압축응력 궤적과 실선의 인장응력 궤적은 교란된 주응력분포를 나타낸다. 따라서 내민받침은 변형 전의 평면이 변형 후에도 평면을 유지한다는 베르누이의 가정이 적용되지 않는 대표적인 교란영역 구조부재 중 하나이다. 그림 9-26(b)는 내민받침의 스트럿-타이모델 구성을 위한 철근 배치와 단순화한 힘의 흐름의 예를 나타낸다.

보나 슬래브를 올려놓기 위하여 기둥이나 벽체와 같은 지지부재에 내민받침을 설치하는 경우에는 그림 9-27(a)와 같이 내민받침에 수직방향 하중 V_u와 수평방향 하중 N_{uc}가 작용한다. V_u는 보나 슬래브의 수직반력으로, 내민받침과 기둥이나 벽체 경계면으로부터 거리 a_v만큼 떨어진 위치에 작용한다. N_{uc}는 보나 슬래브의 축방향으로 콘크리트의 크리프와 수축 및 온도변형에 대한 구속작용으로 발생하는 수평반력으로 내민받침 상단에 인장력으로 작용한다. Elzanaty 등[9.13]은 이러한 하중작용에 따른 내민받침의 파괴를 다음과 같이 네 가지 형태로 정리하였다.

- 내민받침과 지지부재 경계면의 전단파괴
- 인장 타이철근의 항복에 의한 파괴

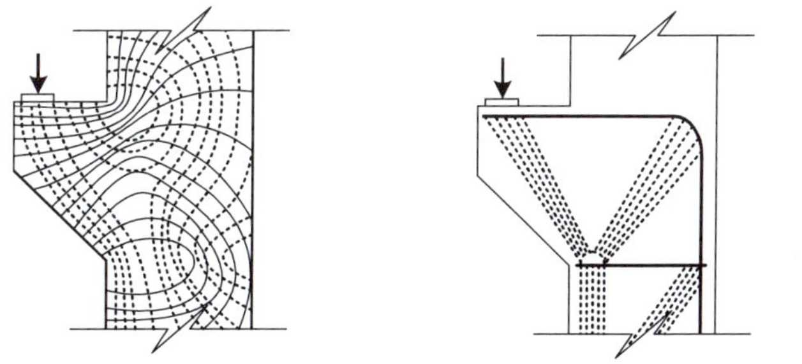

그림 9-26 내민받침의 주응력분포와 철근배치 및 단순화된 힘의 흐름

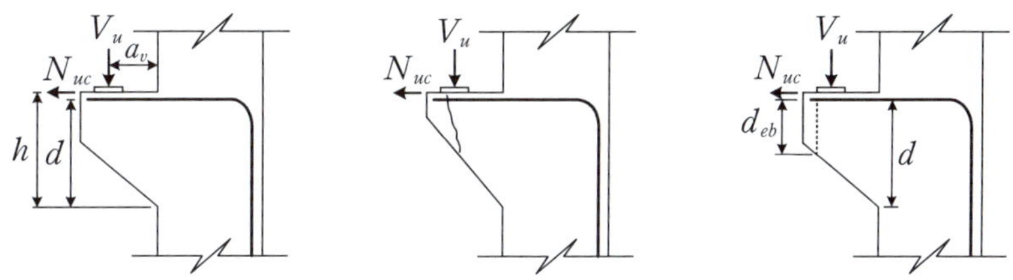

그림 9-27 내민받침의 하중과 지압면 외측단의 깊이

- 콘크리트 스트럿의 압축 파괴 또는 쪼갬 파괴
- 하중이 작용하는 지압판 부분 콘크리트의 국부적인 지압파괴 또는 전단파괴

그림 9-27(b)는 내민받침의 파괴유형 중 지압판 부분 콘크리트의 전단파괴를 나타내는데, 내민받침 단부의 깊이가 충분하지 않을 때, 즉 얇은 단부를 가진 내민받침에서 발생할 수 있는 전단파괴이다. Kritz와 Raths[9.14]는 이와 같은 전단파괴를 방지하기 위하여 그림 9-27(c)의 지압면 외측단의 깊이 d_{eb}가 내민받침과 지지부재 경계면에서의 유효깊이 d의 1/2 이상이 될 것을 제안하였고, 이에 따라 KDS 14 20 콘크리트구조 설계기준과 ACI 318 Code는 다음 조건을 만족하도록 규정하고 있다.

$$d_{eb} \geq 0.5\,d \tag{9·37}$$

캔틸레버의 깊이가 자유단으로 갈수록 작은 내민받침의 경우는 지압면 외측단의 깊이 d_{eb}는 항상 자유단의 깊이보다 크다. 따라서 캔틸레버 자유단의 깊이가 0.5 d 이상이거나 지점에서의 내민받침 깊이 h의 1/2 이상이라면, 이 조건은 항상 만족할 것이다.

내민받침은 스트럿-타이 모델을 적용하여 설계할 수 있다. ACI 318 Code는 전단경간-깊이 비 a_v/d에 대한 제한이 없으나, KDS 14 20 콘크리트구조 설계기준은 전단경간-깊이 비 a_v/d가 2.0 이하인 내민받침의 설계에 스트럿-타이 모델을 적용할 수 있다고 규정하고 있다. 단, 전단경간-깊이 비 a_v/d가 1.0 이하이고 수평방향 하중이 수직방향 하중보다 크지 않은 브래킷과 내민받침의 설계에서는 스트럿-타이 모델 대신 다음 [1]~[4]항에 기술하는 반경험적 설계법의 적용을 허용하고 있다. [1]항과 [2]항은

KDS 14 20 콘크리트구조 설계기준의 내민받침 설계기준의 배경이고, [3]항과 [4]항은 KDS 14 20 콘크리트구조 설계기준의 내민받침 설계기준의 내용이다.

[1] 내민받침의 강도성능 검증과 계수단면력에 대한 소요철근단면적

내민받침은 수직방향 계수하중 V_u, 수평방향 계수인장력 N_{uc}, 그리고 이 두 하중에 의하여 발생하는 계수 휨모멘트에 대하여 다음과 같이 강도성능이 만족하도록 설계하여야 한다.

$$\phi N_n \geq N_{uc} \tag{9·38}$$

$$\phi V_n \geq V_u \tag{9·39}$$

$$\phi M_n \geq M_u \tag{9·40}$$

강도감소계수 ϕ는 인장력과 휨모멘트에 대하여는 0.85, 전단에 대하여는 0.75를 적용한다. 계수인장력 N_{uc}는 콘크리트의 크리프 및 건조수축 또는 온도변화에 대한 구속작용으로 발생한 경우라도 활하중으로 간주하여야 하며, 이 인장력이 발생하지 않도록 하는 특별한 장치가 마련되어 있지 않는 한 $0.2\,V_u$ 이상의 값으로 결정하여야 한다. 계수인장력 N_{uc}에 대한 설계축강도 ϕN_n은 다음으로 계산한다.

$$\phi N_n = \phi A_n f_y \tag{9·41}$$

여기서 A_n은 계수인장력 N_{uc}에 저항하기 위한 철근단면적이므로, 소요 인장철근단면적 $A_{n,req'd}$는 다음으로 구한다.

$$A_{n,req'd} = \frac{N_{uc}}{\phi f_y} \tag{9·42}$$

수직방향 계수하중 V_u는 그림 9-28(a)에 점선으로 나타낸 내민받침과 기둥이나 벽체 경계면에 직접 전단(direct shear)으로 작용한다. 따라서 계수전단력 V_u에 대한 설계전단강도 ϕV_u은 7장 7.7.2절에 소개한 전단마찰강도로 다음과 같이 계산한다. 참고로 이 식은 식 (7·260)과 동일한 식이다.

$$\phi V_n = \phi \mu A_{vf} f_y \tag{9·43}$$

여기서 보통중량콘크리트를 일체로 타설하는 경우에는 마찰계수 μ가 1.4이고, 공칭전단강도 V_n은 $0.2 f_{ck} b_w d$, $(3.3+0.08 f_{ck}) b_w d$ 및 $11\, b_w d$ 중 가장 작은 값을 초과할 수 없다. 경량콘크리트를 일체로 타설하는 경우에는 마찰계수 μ가 $1.4\,\lambda$이고, 공칭전단강도 V_n은 $(0.2-0.07\,a_v/d) f_{ck} b_w d$와 $(5.6-2.0\,a_v/d) f_{ck} b_w d$ 중의 작은 값을 초과할 수 없다. A_{vf}는 계수전단력 V_u에 저항하기 위한 전단마찰철근의 단면적으로, 소요 전단마찰철근단면적 $A_{vf,req'd}$는 다음으로 구한다.

$$A_{vf,req'd} = \frac{V_u}{\phi \mu f_y} \tag{9·44}$$

V_u와 N_{uc}에 의한 계수휨모멘트 M_u에 대한 설계휨강도 ϕM_n은 다음으로 계산한다. 참고로 이 식은 식 (5·69)와 동일한 식으로, 철근단면적을 A_s 대신 휨(flexure) 철근이라는 의미를 표현한 A_f로

표현한 것이다.

$$\phi M_n = \phi\, A_f f_y \left[d - \frac{\beta\, A_f f_y}{\alpha(0.85 f_{ck}) b} \right] \tag{9·45}$$

따라서 소요 휨철근단면적 $A_{f,\,req'd}$는 다음으로 구한다. 이 식들은 식 (5·51), (5·52), (5·53)과 동일한 것이다.

$$req'd\ R_n = \frac{M_u}{\phi b_w d^2} \tag{9·46}$$

$$req'd\ \rho = \frac{\alpha(0.85 f_{ck})}{2\beta f_y}\left[1 - \sqrt{1 - \frac{4\beta(req'd\ R_n)}{\alpha(0.85 f_{ck})}}\right] \tag{9·47}$$

$$A_{f,\,req'd} = (req'd\ \rho)\, b_w d \tag{9·48}$$

계수휨모멘트 M_u는 다음으로 구한다.

$$M_u = V_u a_v + N_{uc}(h-d) \tag{9·49}$$

한편 KDS 14 20 콘크리트구조 설계기준은 식 (9·38)~(9·40)의 강도성능을 직접 검증하도록 규정하지 않고, 다음 [3]항에 따라 철근을 배치하면 강도성능이 확보된 것으로 간주한다. 다음 [2]항은 M_u를 구하는 식 (9·49)를 유도하는 과정과 [3]항의 KDS 14 20 콘크리트구조 설계기준의 철근배치 기준의 배경을 설명한다.

[2] 내민받침의 힘의 평형과 계수휨모멘트

그림 9-28(a)는 각 하중에 대하여 저항함으로써 공칭강도에 도달하였을 때 내민받침에 작용하는 힘의 평형을 나타낸다. 그림 9-28(a)에 점선으로 나타낸 경계면에 작용하는 전단력에 대해서는 전단마찰 이론에 따라 다음의 전단강도로 저항한다.

$$V_n = \mu C \tag{9·50}$$

여기서 C는 휨작용에 따라 내민받침 경계면 하단 콘크리트에 작용하는 압축력이다. 이 압축력의 응력분포는 그림 9-28(a)에 등가직사각형 응력분포로 표현하여, 인장철근까지의 팔길이는 $d-\beta_1 c/2$이다. 단면적인 A_s인 인장철근에는 휨작용에 따라 C와 같은 크기의 인장력에 철근의 항복강도에 해낭하는 인장력 N_{nc}가 작용하므로, 다음의 관계로 나타낼 수 있다.

$$T = C + N_{nc} \tag{9·51}$$

이 식의 T에 $A_s f_y$를 대입하고 C에 식 (9·50)을 C로 변환하여 대입한 후 N_{nc}로 정리하면 다음과 같다.

$$N_{nc} = A_s f_y - \frac{V_n}{\mu} \tag{9·52}$$

이 식을 다시 A_s로 정리하면 다음과 같으며, 이 식은 전단강도 V_n과 인장강도 N_{nc}를 발휘할 수 있는 철근단면적을 의미한다.

$$A_s = \frac{V_n}{\mu f_y} + \frac{N_{nc}}{f_y} \tag{9·53}$$

한편 경계면에서 압축력 C가 작용하는 점 A를 중심으로 V_n, N_{nc}, T의 모멘트를 취하면 다음과 같다.

$$V_n\, a_v + N_{nc}\left(h - \frac{\beta_1 c}{2}\right) = T\left(d - \frac{\beta_1 c}{2}\right) \tag{9·54}$$

이 식에서 N_{nc}가 포함된 항을 둘로 분리하고 T에 $A_s f_y$를 대입하면 다음과 같다.

$$V_n\, a_v + N_{nc}(h-d) + N_{nc}\left(d - \frac{\beta_1 c}{2}\right) = A_s f_y\left(d - \frac{\beta_1 c}{2}\right) \tag{9·55}$$

이제 이 식을 다시 A_s로 정리하면 다음과 같으며, 이 식은 휨강도 M_n과 인장강도 N_{nc}를 발휘할 수 있는 철근단면적을 의미한다.

$$A_s = \frac{V_n\, a_v + N_{nc}(h-d)}{f_y\left(d - \frac{\beta_1 c}{2}\right)} + \frac{N_{nc}}{f_y} \tag{9·56}$$

설계에서는 계수단면력 V_u와 N_{uc}를 강도감소계수로 나눈 값이 각각 소요공칭강도 V_n과 N_{nc}이므로, 식 (9·53)과 식 (9·56)의 V_n과 N_{nc}에 각각 V_u/ϕ와 N_{uc}/ϕ를 대입하면 다음과 같다.

$$A_{s,req'd} = \frac{V_u}{\phi \mu f_y} + \frac{N_{uc}}{\phi f_y} \tag{9·57}$$

$$A_{s,req'd} = \frac{V_u a_v + N_{uc}(h-d)}{\phi f_y\left(d - \frac{\beta_1 c}{2}\right)} + \frac{N_{uc}}{\phi f_y} \tag{9·58}$$

즉, 식 (9·57)은 계수전단력 V_u와 계수인장력 N_{uc}에 요구되는 철근단면적이고, 식 (9·58)은 계수휨모멘트 M_u와 계수인장력 N_{uc}에 요구되는 철근단면적이다. 계수휨모멘트 M_u는 식 (9·58) 오른쪽 첫 번째 항의 분자로, 이것은 식 (9·49)와 같다.

식 (9·57)과 식 (9·58)을 식 (9·42)의 소요 인장철근단면적 $A_{n,req'd}$, 식 (9·44)의 소요 전단마찰철근단면적 $A_{vf,req'd}$, 식 (9·46)~(9·49)의 소요 휨철근단면적 $A_{f,req'd}$로 표현하면 다음과 같이 된다.

$$A_{s,req'd} = A_{vf,req'd} + A_{n,req'd} \tag{9·59}$$

$$A_{s,req'd} = A_{f,req'd} + A_{n,req'd} \tag{9·60}$$

한편 내민받침에는 사인장 파괴(diagonal tension failure)를 방지하기 위하여, 그림 9-28(a)에서 점선으로 나타낸 경계면에 발생할 가능성이 있는 수직 균열을 지나도록 그림 9-28(b)와 같이 인장철근단면적 A_s외에 단면적이 A_h인 추가의 폐합 전단철근이 필요하다. 이에 대하여 Mattock 등[9.15]은 추가의 폐합

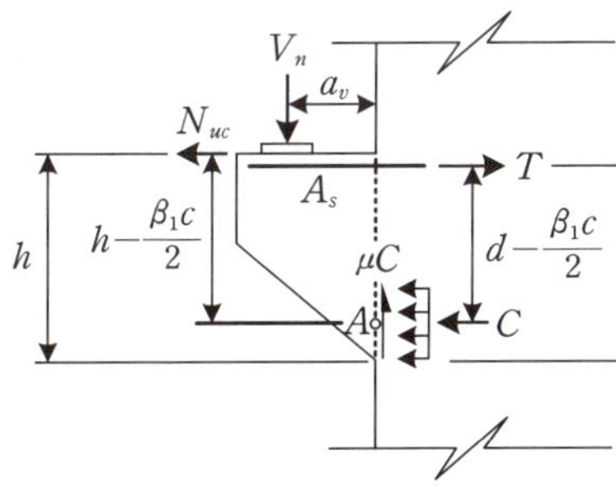

(a) 힘의 평형

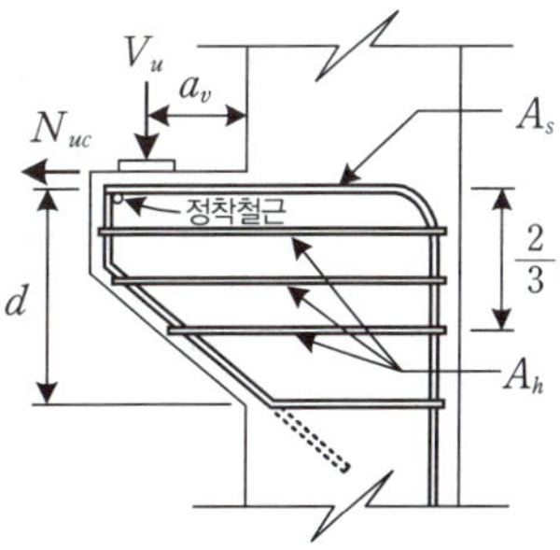

(b) 철근 배치

그림 9-28 내민받침에 작용하는 힘의 평형과 철근 배치

전단철근 단면적 A_h로 휨철근단면적 A_f의 1/2 이상, 또한 전단마찰철근단면적 A_{vf}의 1/3 이상을 배치하여야 한다는 실험결과를 발표하였다. 따라서 A_h 철근을 그림 9-28(b)와 같이 배치하고, 식 (9·59)의 주철근 단면적에서 그 양만큼을 줄여서 다음의 철근량을 배치할 수 있다.

$$A_{s,req'd} = A_{vf,req'd} + A_{n,req'd} - A_h \tag{9·61}$$

A_h를 전단마찰철근단면적 $A_{vf,req'd}$의 1/3을 취하면 다음과 같이 나타낼 수 있다.

$$A_{s,req'd} = \frac{2}{3} A_{vf,req'd} + A_{n,req'd} \tag{9·62}$$

[3] KDS 14 20 콘크리트구조 설계기준의 내민받침 철근 배치

전단경간-깊이 비가 1.0 이하이고 수평방향 하중이 수직방향 하중보다 크지 않은 내민받침에는 다음의 조건을 만족하는 단면적 A_s, 즉 (A_f+A_n)와 $(2A_{vf}/3+A_n)$ 중에서 큰 값 이상이며 또한 최소철근비 이상의 주인장철근을 배치하여야 한다.

$$A_s \geq \left[(A_f+A_n), \left(\frac{2}{3} A_{vf} + A_n \right) \right]_{larger} \tag{9·63}$$

$$\rho_{min} = \frac{A_{s,min}}{b_w d} = 0.04 \frac{f_{ck}}{f_y} \tag{9·64}$$

여기서 A_f는 휨모멘트 M_u에 저항하기 위한 철근단면적, A_n은 계수인장력 N_{uc}에 저항하기 위한 철근단면적, A_{vf}는 계수전단력 V_u에 저항하기 위한 전단마찰철근의 단면적이다. 이때 내민받침 위에서 하중이 작용하는 지압면은 주인장철근 A_s의 직선 부분 내에 배치되어야 하며, 또 [4]항에서 소개하는 횡방향 정착철근을 사용하는 경우는 이 철근의 내측 면 이내에 배치되어야 한다. 주인장철근 A_s에 인접한 유효깊이의 2/3 내에는 다음의 조건을 만족하는 단면적 A_h의 폐쇄스터럽이나 띠철근을 그림 9-28(b)와 같이 A_s와 나란하게 균등 배치하여야 한다.

$$A_h \geq 0.5(A_s - A_n) \tag{9·65}$$

식 (9·63)과 식 (9·65)의 조건은 A_f와 $2A_{vf}/3$의 크기에 따라 철근단면적 A_s와 A_h를 결정하라는 의미이다. 즉, $2A_{vf}/3$가 A_f보다 큰 경우에는 전단마찰철근 A_{vf}의 2/3를 주인장철근 A_s의 일부로 배치하고 남은 A_{vf}의 1/3을 A_h로 배치하여야 한다는 뜻이다. 이것은 식 (9·65) 오른쪽 항의 A_s에 $(2A_{vf}/3+A_n)$을 대입해 보면 다음과 같이 정리되기 때문이다.

$$0.5(A_s-A_n)=0.5\left(\frac{2}{3}A_{vf}+A_n-A_n\right)=\frac{1}{3}A_{vf} \tag{9·66}$$

반대로 A_f가 $2A_{vf}/3$보다 큰 경우에는 A_f와 A_n을 더한 값의 주인장철근 A_s를 배치하고, A_f의 1/2을 A_h로 배치하여야 한다는 뜻이다. 이것은 식 (9·65) 오른쪽 항의 A_s에 (A_f+A_n)을 대입해 보면 다음과 같이 정리되기 때문이다.

$$0.5(A_s-A_n)=0.5(A_f+A_n-A_n)=\frac{1}{2}A_f \tag{9·67}$$

[4] 내민받침의 철근상세와 주인장철근의 정착

인장철근의 정착은 위험단면의 양쪽에서 철근이 항복할 수 있는 충분한 묻힘길이를 갖고 정착되어야 한다. 지지부재 방향으로는 내민받침과 지지부재의 경계면이 주인장철근의 위험단면이고, 일반적으로 그림 9-28(b)와 그림 9-29와 같이 수직방향으로 90° 갈고리를 두어 정착시킨다. 그러나 만일 지지부재의 단면 폭이 좁아서 위험단면과 90° 갈고리 사이의 묻힘길이가 90° 갈고리의 정착길이보다 짧다면, 철근이 항복할 수 있는 다른 정착방법을 사용하여야 한다.

내민받침 단부 방향으로는 내민받침과 지지부재의 경계면에서 연직하중 작용점 사이를 모두 주인장철근의 위험단면으로 고려하여야 한다. 이것은 연직하중 작용점과 연결된 경사진 콘크리트 압축대의 수평분력이 주인장철근에 인장력으로 전달되고(그림 9-26(b) 참조), 이 인장력은 휨모멘트에 의한 철근인장력에 추가되어 하중 작용점부터 내민받침과 지지부재의 경계면까지 주인장철근에 균일한 응력이 작용하기 때문이다. 따라서 내민받침 단부 방향으로는 특별한 정착방법을 적용하여야 한다. KDS 14 20 콘크리트구조 설계기준은 내민받침 단부 방향으로의 주인장철근 정착방법으로 다음의 세 가지 방법을 제시하고 있다.

- 자유단에서 수평으로 구부려 지지부재에 정착시키는 방법
- 같은 크기의 횡방향 철근을 정착철근으로 배치하고 구조적으로 용접하여 정착시키는 방법
- 그 외 다른 확실한 정착 방법

주인장철근을 자유단에서 수평으로 구부려 지지부재에 정착시키는 방법은 그림 9-29(a)와 같다. 그림 9-29의 (a), (b), (d)에서 위 그림은 내민받침 윗부분을 옆에서 바라본 것이고, 아래 그림은 내민받침의 아래에서 위쪽으로 주인장철근을 바라본 투시도이다.

그림 9-29(b)는 내민받침 단부에 주인장철근과 같은 크기의 정착철근을 주인장철근의 직각방향으로 배치하고 용접하는 방법을 나타낸다. 이 방법을 적용할 때에는 [3]항에서 언급한 바와 같이 하중이

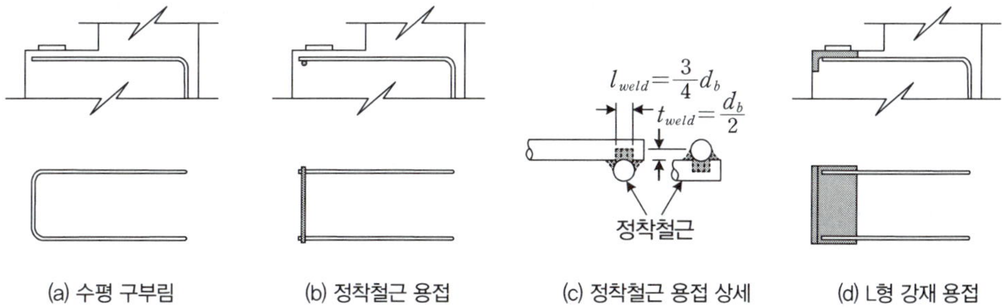

그림 9-29 주인장철근의 정착 상세

작용하는 지압면을 횡방향 정착철근의 내측 면 이내에 배치하여야 한다. 이 방법은 Mattock 등[9.16]이 제안한 것이며, 그들의 실험에서 적용한 용접 상세를 나타내는 그림 9-29(c)와 같이 용접하여야 한다. 즉, 주인장철근과 정착철근이 만나는 네 군데에 용접을 하여야 하며, 이때 용접길이 l_{weld}는 철근지름의 3/4 이상이어야 하고 용접 목두께 t_{weld}는 철근지름의 1/2 이상이어야 한다.

그 외 다른 확실한 정착 방법의 한 예로는 그림 9-29(d)와 같이 L형 구조용 강재에 용접하여 정착시키는 방법이 있다.

예제 9-4 그림 9-30과 같은 형상의 내민받침에 대하여 KDS 14 20 콘크리트구조 설계기준의 반경험적 설계법을 적용한 설계를 수행하시오. 내민받침에는 450 kN의 계수전단력 V_u가 작용하며, 콘크리트 설계기준압축강도 f_{ck}는 30 MPa이고 철근으로는 SD400 철근을 사용한다.

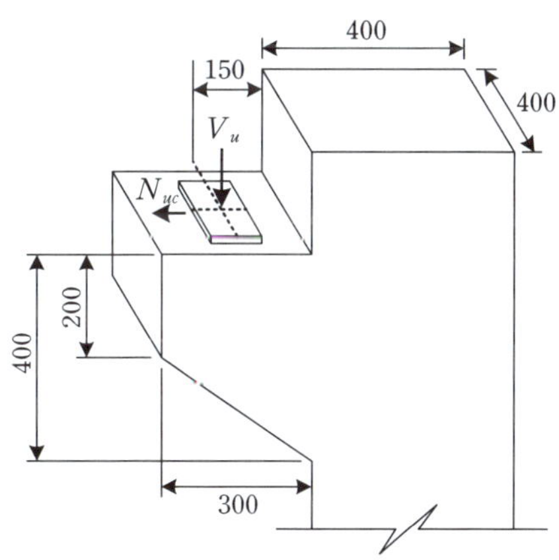

그림 9-30 예제 9-4 내민받침의 형상과 단면

〈풀이〉

(1) 지압판의 크기와 수평하중 결정 및 계수단면력 해석과 부재 크기의 검증

① 지압판의 크기와 지압강도

내민받침의 수직방향 하중을 받치기 위한 지압판의 크기는 기둥 표면으로부터 150 mm 떨어진 하중의 중심점에서 좌우로 각각 100 mm의 길이를 갖도록 200 mm로 하고, 부재의 폭 방향으로 300 mm로 하여

지압강도를 검증하기로 한다. KDS 14 20 콘크리트구조 설계기준에 따른 지압강도는 9.5.1절에 소개한 바와 같이 다음 식으로 구할 수 있다.

$$\phi B_n = \phi_b(0.85 f_{ck} A_1)\sqrt{\frac{A_2}{A_1}}$$

여기서 지압에 대한 강도감소계수 ϕ_b는 0.65이다. A_1은 재하면적이며 A_2는 상부의 재하면적으로부터 수직 1, 수평 2의 비율로 측면 경사를 취하여 받침부 내부에 완전히 포함된 가장 큰 피라미드, 원뿔 또는 경사진 쐐기모양의 하부 면적이고, $\sqrt{A_s/A_1}$는 2.0을 초과할 수 없다. 이 내민받침의 경우 지압판의 크기가 A_1이고, 내민받침의 상면이 지압판보다 크므로 1.0보다 큰 값의 A_2를 결정할 수 있으나 보수적으로 간단하게 검증하기 위하여 A_2를 1.0으로 취하기로 한다. 이렇게 설계지압강도를 구하면

$$\phi B_n = \phi_b(0.85 f_{ck} A_1)\sqrt{\frac{A_2}{A_1}} = 0.65\times[0.85\times30\times(200\times300)]\times1.0/10^3$$
$$= 995\,kN > V_u\,(=450\,kN)$$

따라서 지압강도를 만족한다.

② 수평하중과 계수단면력의 결정

KDS 14 20 콘크리트구조 설계기준에 따르면 반경험적 설계법을 적용할 때 수평하중이 발생하지 않도록 하는 특별한 장치가 마련되어 있지 않는 한 $0.2\,V_u$ 이상의 값을 갖는 수평하중으로의 계수인장력 N_{uc}를 고려하여야 한다. 또 계수휨모멘트 M_u는 식 (9·49)에 따라 결정하여야 한다. 따라서 이 내민받침에 작용하는 계수단면력을 구하면, 수직하중의 중심에서 기둥 표면까지의 거리 a_v가 150 mm이고 피복두께 c_{cl}이 40 mm일 때 휨모멘트에 대한 철근으로 D19를 사용한다고 가정하면 유효깊이 d가 350 mm이므로

$$V_u = 450\,kN$$

$$N_{uc} = 0.2\,V_u = 0.2\times450 = 90\,kN$$

$$M_u = V_u\,a_v + N_{uc}(h-d) = [450\times150+90\times(400-350)]/10^3 = 72\,kN\cdot m$$

③ 내민받침의 크기 검증

KDS 14 20 콘크리트구조 설계기준에 따르면, 지압면 외측단의 깊이 d_{eb}가 내민받침과 지지부재 경계면에서의 유효깊이 d의 1/2 이상이어야 한다(그림 9-27(c) 참조). 내민받침 캔틸레버의 깊이를 자유단으로 갈수록 작게 할 때 자유단의 깊이를 d_{ef}라고 하면, 지압면 외측단의 깊이 d_{eb}는 항상 자유단의 깊이 d_{ef}보다 크다. 따라서 이 내민받침은 다음과 같이 내민받침의 크기 조건을 만족한다.

$$d_{ef} = 200\,mm$$

$$d_{eb} > d_{ef}\,(=200\,mm)$$

$$0.5\,d = 0.5\times400 = 200\,mm$$

$$d_{eb} > 0.5\,d$$

(2) 반경험적 설계법의 적용 조건 검증과 철근 배치

① 반경험적 설계법의 적용 조건 검증

전단경간-깊이 비 a_v/d가 1.0 이하이고 수평방향 하중이 수직방향 하중보다 크지 않은 내민받침의 설계에서는 스트럿-타이 모델 대신 반경험적 설계법의 적용을 허용하고 있다. 이 내민받침의 전단경간-깊이 비 a_v/d를 계산하고, 수평방향 하중과 수직방향 하중을 비교하면

$$\frac{a_v}{d} = \frac{150}{350} = 0.429 < 1.0$$

$$N_{uc}\ (=90\,kN) < V_u\ (=450\,kN)$$

따라서 반경험적 설계법을 적용할 수 있다.

② 소요 인장철근단면적과 소요 전단마찰철근단면적 및 소요 휨철근단면적

반경험적 설계법을 적용하기 위해서는 먼저 소요 인장철근단면적 $A_{n,req'd}$과 소요 전단마찰철근단면적 $A_{vf,req'd}$ 및 소요 휨철근단면적 $A_{f,req'd}$을 구하여야 한다. 소요 인장철근단면적 $A_{n,req'd}$를 구하면

$$A_{n,req'd} = \frac{N_{uc}}{\phi f_y} = \frac{90\times10^3}{0.85\times400} = 265\,mm^2$$

소요 전단마찰철근단면적 $A_{vf,req'd}$을 구하면, 일체로 타설한 콘크리트의 마찰계수는 1.4이므로

$$A_{vf,req'd} = \frac{V_u}{\phi\mu f_y} = \frac{450\times10^3}{0.75\times1.4\times400} = 1{,}071\,mm^2$$

전단마찰에 대한 공칭전단강도는 $(0.2-0.07\,a_v/d)f_{ck}\,b_w\,d$와 $(5.6-2.0\,a_v/d)f_{ck}\,b_w\,d$ 중의 작은 값을 초과할 수 없으므로, 이를 검증하여야 한다. 먼저 소요 공칭전단강도를 구하면

$$V_{n,req'd} = \frac{V_u}{\phi} = \frac{450}{0.75} = 600\,kN$$

전단마찰에 대한 최대공칭전단강도를 구하면

$$V_{n,max1} = \left(0.2-0.07\frac{a_v}{d}\right)f_{ck}\,b_w\,d = (0.2-0.07\times0.429)\times30\times400\times350/10^3 = 714\,kN$$

$$V_{n,max2} = \left(5.6-2.0\frac{a_v}{d}\right)f_{ck}\,b_w\,d = (5.6-2.0\times0.429)\times30\times400\times350/10^3 = 19{,}920\,kN$$

전단마찰에 대한 최대공칭전단강도는 둘 중 작은 값으로 다음과 같으며, 소요 공칭전단강도와 비교하면

$$V_{n,max} = 714\,kN > V_{n,req'd}\ (=600\,kN)$$

따라서 최대공칭전단강도를 초과하지 않으므로, 소요 전단마찰철근단면적 $A_{vf,req'd}$는 위에서 계산한 1,071 mm^2이다.

이제 5장 5.1.5절에 소개한 방법에 따라 소요 휨철근단면적 $A_{f,req'd}$을 구하면, $\alpha/2\beta=1$이고 $2\beta/\alpha=1$이므로

$$req'd\ R_n = \frac{M_u}{\phi\,b_w d^2} = \frac{72\times10^6}{0.85\times400\times350^2} = 1.729\,MPa$$

$$req'd\ \rho = \frac{\alpha(0.85f_{ck})}{2\beta f_y}\left[1-\sqrt{1-\frac{4\beta(req'd\ R_n)}{\alpha(0.85f_{ck})}}\right] = \frac{0.85f_{ck}}{f_y}\left[1-\sqrt{1-\frac{2(req'd\ R_n)}{0.85f_{ck}}}\right]$$

$$= \frac{0.85\times30}{400}\left[1-\sqrt{1-\frac{2\times1.729}{0.85\times30}}\right] = 0.00448$$

$$A_{f,req'd} = (req'd\ \rho)b_w\,d = 0.00448\times400\times350 = 627\,mm^2$$

③ 주인장철근과 전단철근의 배치

주인장철근은 식 (9·63)과 식 (9·64)와 같이 (A_f+A_n)와 $(2A_{vf}/3+A_n)$ 중에서 큰 값 이상, 또한 최소철근비 이상의 단면적을 배치하여야 한다. 앞에서 계산한 $A_{f,req'd}$를 A_f로, $A_{n,req'd}$를 A_n으로, $A_{vf,req'd}$를 A_{vf}로 하여 소요 주인장철근 단면적 $A_{s,req'd}$과 최소 주인장철근 단면적 $A_{s,min}$을 계산하면

$$A_{s,req'd1} = A_f+A_n = 627+265 = 892\,mm^2$$

$$A_{s,req'd2} = \frac{2}{3}A_{vf}+A_n = \frac{2}{3}\times1{,}071+265 = 979\,mm^2$$

$$A_{s,min} = 0.04\frac{f_{ck}}{f_y}b_w\,d = 0.04\times\frac{30}{400}\times400\times350 = 420\,mm^2$$

이들 중 큰 값인 소요 주인장철근 단면적 $A_{s,req'd}$는

$$A_{s,req'd} = 979\ mm^2$$

따라서 주인장철근으로는 지름 d_b가 15.9 mm이고 단면적 A_b가 198.6 mm^2인 D16 철근 5개를 선택하여, 총 단면적 993 mm^2를 배치한다. 이 주인장철근은 기둥 내에서 90° 갈고리로 정착시키고 폐쇄형 수평전단철근으로 갈고리 연장부분을 감싸게 할 예정이다. 이런 배치를 고려하여 D16 철근 5개를 한 열에 배치할 수 있는지 최소 복부폭 $b_{w,min}$을 5장 5.2.4절에 소개한 방법에 따라 계산하면, 수평전단철근으로 D16의 폐합철근(폐쇄철근)을 사용한다고 가정하고 순간격 s_{cl}이 철근 지름과 25 mm 중 큰 값인 철근 지름 25 mm이므로 피복두께 c_{cl}이 40 mm일 때

$$\begin{aligned} b_{w,min} &= 2c_{cl}+2d_{bs}+2r_s+(n-1)d_b+(n-1)s_{cl} \\ &= 2\times40+2\times15.9+2\times2\times15.9+(5-1)\times15.9+(5-1)\times25.0 \\ &= 339\ mm < b_w\ (= 400\ mm) \end{aligned}$$

따라서 1열 배치가 가능하므로, 총 단면적이 993 mm^2인 5−D16 철근을 주인장철근으로 배치하기로 한다.
폐합 수평전단철근의 소요철근단면적 $A_{h,req'd}$를 식 (9·65)에 따라 구하면

$$A_{h,req'd} = 0.5(A_s - A_n) = 0.5\times(979-265) = 357\ mm^2$$

따라서 D13 폐쇄전단철근 2개를 택한다. 이때 폐쇄철근(폐합철근) 1개의 단면적은 D13 철근 두 개의 단면적으로 253 mm^2이며 폐쇄철근(폐합철근) 두 개의 총 단면적은 507 mm^2이다. 이 수평전단철근은 주인장철근에 인접한 유효깊이의 2/3 내에 균등 배치하여야 하므로, 배치 구간을 계산하면

$$\frac{2}{3}d = \frac{2}{3}\times350 = 233\ mm$$

주인장철근의 중심은 내민받침 상면에서 50 mm 떨어진 위치이므로, 수평전단철근을 수직간격 80 mm로 배치하면 하단 수평전단철근의 위치는 내민받침 상면에서 210 mm 떨어진 위치가 되어 배치 구간 규정을 만족한다.

④ 주인장철근의 정착성능 검증과 철근 배치

주인장철근 SD400 D16의 단부에 90° 갈고리를 두어 기둥 내부로 정착시킬 때 정착길이를 계산하면

$$l_{dh} = \frac{0.24\,\beta d_b f_y}{\sqrt{f_{ck}}}\times\frac{A_{s,req}}{A_{s,prv}} = \frac{0.24\times1.0\times15.9\times400}{1.0\times\sqrt{30}}\times\frac{979}{993} = 275\ mm$$

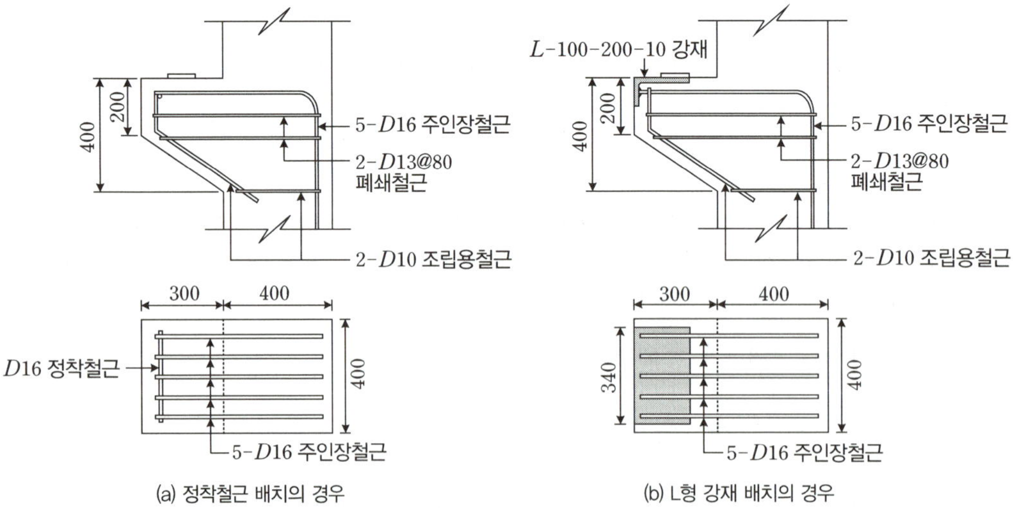

그림 9-31 반경험적 설계법 적용의 내민받침 철근 배치도

기둥 단면의 두께가 400 mm이므로, 피복두께 40 mm와 갈고리 연장부분을 감싸는 수평전단철근의 지름 및 주인장철근의 반지름을 뺀 묻힘길이 l_{emb}를 계산하면 다음과 같이 90° 갈고리로써 정착성능을 만족한다.

$$l_{emb} = 400-40-12.7-0.5\times15.9 = 339\ mm > l_{dh}\ (= 275\ mm)$$

내민받침 캔틸레버 자유단 쪽으로는 그림 9-29(b)와 같이 정착철근을 배치하고 용접하거나 그림 9-29(c)와 같이 L형 강재를 배치하고 용접한다.

이상의 설계로 정면도와 평면도를 나타내는 그림 9-31의 (a) 또는 (b)와 같이 철근을 배치한다.

예제 9-5 앞의 예제 9-4와 동일한 내민받침에 대하여 스트럿-타이 모델을 적용하여 KDS 14 20 콘크리트구조 설계기준에 따라 설계를 수행하시오.

〈풀이〉

(1) 지압판의 크기와 수평하중 결정 및 부재 크기의 검증

① 지압판의 크기와 지압강도

지압판의 크기는 앞의 예제 9-4와 동일하게 기둥 표면으로부터 150 mm 떨어진 하중의 중심점에서 좌우로 각각 100 mm의 길이를 갖도록 200 mm로 하고, 부재의 폭 방향으로 300 mm로 한다. 내민받침의 상면이 지압판보다 크므로 1.0보다 큰 값의 A_2를 결정할 수 있으나 보수적으로 간단하게 A_2를 1.0으로 취하여 설계 지압강도를 구하면

$$\phi B_n = \phi_b(0.85 f_{ck}\, A_1)\sqrt{\frac{A_2}{A_1}} = 0.65\times[0.85\times30\times(200\times300)]\times1.0/10^3$$

$$= 995\ kN > V_u\ (= 450\ kN)$$

따라서 지압강도를 만족한다.

② 수평하중의 결정

수평하중이 발생하지 않도록 하는 특별한 장치를 설치하지 않을 예정이므로, $0.2\,V_u$의 값을 갖는 수평하중으로의 계수인장력 N_{uc}를 고려하기로 한다. 따라서 내민받침에 작용하는 계수하중은 다음과 같다.

$$V_u = 450\ kN$$

$$N_{uc} = 0.2\,V_u = 0.2\times450 = 90\ kN$$

③ 내민받침의 크기 검증

앞의 예제 9-4와 동일하게 이 내민받침은 다음의 내민받침 크기 조건을 만족한다.

$$d_{eb} > 0.5\,d$$

(2) 스트럿-타이 모델의 타이와 절점의 위치 결정

① 스트럿과 타이 및 절점의 선정

내민받침의 스트럿-타이 모델은 그림 9-32의 (a)와 (b)를 고려해 볼 수 있을 것이다. 이 예제에서는 스트럿 AC와 스트럿 BC의 경사각이 우연히 같은 각도를 보이는데, 그림 9-32의 (a)와 (b), 두 스트럿-타이 모델의 차이는 타이 CD가 존재하느냐 존재하지 않느냐이다. 이 스트럿-타이 모델들은 모두 정정트러스이므로, 하중이 작용하는 절점 A에서부터 평형조건을 이용하여 트러스 해석을 수행한다. 이때 트러스 해석결과는 절점 C에서 스트럿 AC의 수평분력과 스트럿 BC의 수평분력이 수평하중 N_{uc}만큼 차이가 나서 평형조건을 만족하지 못한다. 즉 그림 9-32(a)의 스트럿-타이 모델은 N_{uc}가 존재하는 경우 절점 C에서 평형조건을 만족하지 못하므로, 그림 9-32(b)와 같이 절점 C에 연결된 수평 타이가 존재하여야만 한다. 따라서 이 예제의 내민받침에 대해서는 그림 9-32(b)와 같은 절점과 요소를 가진 스트럿-타이 모델로 구성하기로 한다.

② 수평 타이 AB의 위치

그림 9-32에서 타이 AB로 D16 철근을 사용한다고 가정하여 피복두께 c_{cl}이 40 mm일 때 주인장철근의 중심부터 콘크리트 표면까지의 최단거리 c_{ccAB}를 구하면

$$c_{ccAB} = c_{cl} + 0.5\, d_b = 40 + 0.5 \times 16 = 48.0 \approx 50\ mm$$

따라서 수평 타이 AB의 중심선은 내민받침 상단에서 50 mm 떨어진 위치로 선정한다.

③ 수직 타이 BD의 위치

기둥의 축방향 철근으로도 주인장철근과 동일하게 D16을 배치하고 수평 타이 CD의 철근으로 D16을 배치한다고 가정하면 수평보강철근과 기둥 축방향 철근의 지름 d_b가 대략 16 mm이므로, 피복두께 c_{cl}이 40 mm일 때 기둥 주철근의 중심부터 콘크리트 표면까지의 최단거리 c_{ccBV}를 구하면

$$c_{ccBV} = c_{cl} + d_{bs} + 0.5\, d_b = 40 + 16 + 0.5 \times 16 = 64.0 \approx 70\ mm$$

따라서 수직 타이 BD의 중심선은 기둥 표면에서 70 mm 떨어진 위치로 선정한다.

④ 절점 A의 위치

절점 A는 수직하중 V_u와 수평하중 N_{uc}의 합력 P_u가 작용하는 위치로 선정한다. 합력 P_u가 작용하는 방향을 연직방향에 대한 각도 θ_P로 구하면

$$\theta_P = \arctan\left(\frac{N_{uc}}{V_u}\right) = \arctan\left(\frac{90}{440}\right) = 11.3^\circ$$

주인장철근의 중심부터 콘크리트 표면까지의 최단거리 c_{ccAB}가 50 mm이고 수직하중 V_u와 내민받침 캔틸레버 자유단 사이의 거리가 150 mm이므로, 합력 P_u가 작용하는 위치인 절점 A는 다음 계산과 그림 9-32(a)에 나타난 바와 같이 140 mm이다.

$$150 - c_{ccAB} \sin\theta_P = 150 - 50 \times \sin 11.3^\circ = 150 - 10 = 140\ mm$$

⑤ 절점 C의 위치와 수직 스트럿 CE의 유효폭

절점 C의 위치는 수직 스트럿 CE의 중심선을 결정함으로써 구할 수 있는데, 스트럿 CE의 유효폭과 압축력을 변수로 하는 연립방정식의 해로 구한다. 앞의 ①에서 설명한대로 절점 C에는 수평 타이가 연결되어야 하므로, 그림 9-32(b)에 나타난 바와 같이 절점 C는 C-C-T 절점영역으로 β_n은 0.8이다. 따라서 스트럿 CE의 압축력을 설계압축강도와 동일하다고 하여 유효폭 w_{sCE}로 나타내면

$$F_{uCE} = \phi F_{nnCE} = \phi(0.85\,\beta_n f_{ck}) w_{sCE}\, b_w = 0.75 \times (0.85 \times 0.8 \times 30) \times w_{sCE} \times 400/10^3 = 6.12\, w_{sCE}$$

이제 수직하중, 수평하중, 스트럿 CE의 압축력으로 절점 D에 대한 모멘트를 취한 값이 0이라는 평형방정식으로 두 번째 수식을 구한다. 이때에는 그림 9-32(a)와 같이 지압판 하단 위치의 수직하중 V_u와 수평하중 N_{uc}로 모멘트를 취한 것과 그림 9-32(b)와 같이 절점 A 위치의 수직하중 450 kN과 수평하중 90 kN로 모멘트를 취한 것은 같은 결과를 제공한다. 이 예제에서 그림 9-32(a)와 같이 지압판 하단 위치의 수직하중 V_u와 수평하중 N_{uc}로 모멘트를 취하면

$$V_u \times (400 - 70 + 150) + N_{uc} \times 400 = F_{uCE} \times \left(400 - 70 - \frac{1}{2} w_{sCE}\right)$$

이제 연립방정식의 해를 구하기 위하여 이 식에 V_u와 N_{uc}의 값을 대입하고 F_{uCE}로 6.12 w_{sCE}를 대입하면, 다음과 같이 유효폭 w_{sCE}에 대한 2차 방정식이 된다.

$$450 \times 480 + 90 \times 400 = 6.12\, w_{sCE} \times \left(330 - \frac{1}{2} w_{sCE}\right)$$

$$(w_{sCE})^2 - 600\, w_{sCE} + 82{,}353 = 0$$

이 2차방정식을 풀면 양수의 두 가지 해를 구하게 되는데, 다음과 같이 그 중 작은 값인 167 mm가 정해이다.

$$w_{sCE} = 167\ mm \approx 170\ mm$$

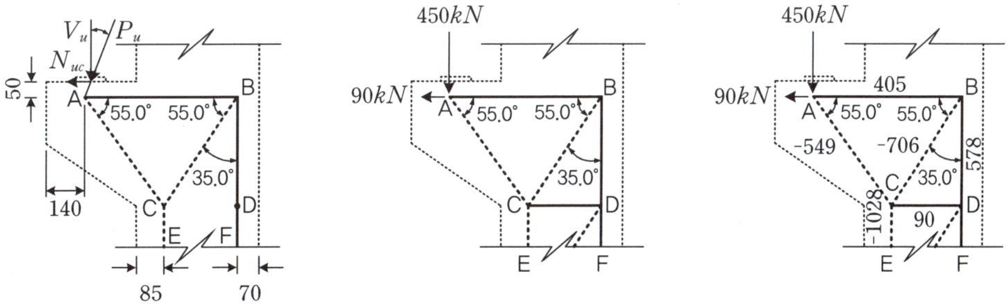

(a) 절점 A와 C의 위치 (b) 스트럿–타이 모델 구성 (c) 스트럿과 타이의 단면력

그림 9-32 절점 A와 C의 위치 및 스트럿–타이 모델 해석

따라서 절점 C와 스트럿 CE의 중심선은 기둥 표면에서 85 mm 떨어진 위치로 선정한다.

(3) 스트럿–타이 모델의 구성과 단면력 해석

① 스트럿–타이 모델 구성

앞의 과정에 따라 그림 9-32(b)와 같이 스트럿–타이 모델을 구성한다. 스트럿 AC와 수평 타이 AB가 이루는 각도를 계산하면

$$\theta_{CAB} = \arctan\left(\frac{400-50}{300-140+85}\right) = \arctan\left(\frac{350}{245}\right) = 55.0^\circ$$

스트럿 BC와 수평 타이 AB가 이루는 각도를 계산하면

$$\theta_{CBA} = \arctan\left(\frac{400-50}{400-70-85}\right) = \arctan\left(\frac{350}{245}\right) = 55.0^\circ$$

스트럿 AC와 수평 타이 AB가 이루는 각도와 스트럿 BC와 수평 타이 AB가 이루는 각도는 우연히 같은 값인 55°이다.

② 스트럿–타이 모델 해석과 요소의 단면력

먼저 하중이 작용하는 절점 A에서의 수직방향 평형조건으로 스트럿 AC의 압축력을 구하면

$$F_{uAC} = \frac{450}{\sin 55.0^\circ} = 549\ kN$$

절점 A에서의 수평방향 평형조건으로 타이 AB의 인장력을 구하면

$$F_{uAC} = F_{uAC}\,55.0^\circ + N_{uc} = 549\cos 55.0^\circ + 90 = 405\ kN$$

절점 B에서의 수평방향 평형조건으로 스트럿 BC의 압축력을 구하면

$$F_{uBC} = \frac{405}{\cos 55.0^\circ} = 706\ kN$$

절점 B에서의 수직방향 평형조건으로 타이 BD의 인장력을 구하면

$$F_{uBD} = F_{uBC}\sin 55.0^\circ = 706\sin 55.0^\circ = 578\ kN$$

절점 C에서의 수평방향 평형조건으로 타이 CD의 인장력을 구하면

$$F_{uCD} = F_{uBC}\cos 55.0^\circ - F_{uAC}\cos 55.0^\circ = 706\cos 55.0^\circ - 549\cos 55.0^\circ = 90\ kN$$

절점 C에서의 수직방향 평형조건으로 스트럿 CE의 압축력을 구하면

$$F_{uCE} = F_{uAC}\sin 55.0^\circ - F_{uBC}\sin 55.0^\circ = 549\sin 55.0^\circ + 706\sin 55.0^\circ = 1{,}028\ kN$$

그림 9-32(c)는 스트럿–타이 모델의 해석결과로 스트럿과 타이의 단면력을 나타낸다.

(4) 철근 배치

① 타이 AB의 철근 배치

타이 AB의 인장력 F_{uAB}가 405 kN이므로, 이에 대한 소요철근단면적 $A_{st,req}$를 계산하면

$$A_{st,req} = \frac{F_{uAB}}{\phi f_y} = \frac{405\times10^3}{0.85\times400} = 1{,}191\ mm^2$$

따라서 주인장철근으로는 지름 d_b가 15.9 mm이고 단면적 A_b가 198.6 mm^2인 D16 철근 6개를 선택하여, 총 단면적 1,192 mm^2를 배치한다. 이 주인장철근은 기둥 내에서 90° 갈고리로 정착시키고 폐합 수평전단 철근으로 갈고리 연장부분을 감싸게 할 예정이다. 이런 배치를 고려하여 D16 철근 6개를 한 열에 배치할 수 있는지 최소 복부폭 $b_{w,min}$을 5장 5.2.4절에 소개한 방법에 따라 계산하면, 수평 타이 CD의 철근으로 D16의 폐쇄철근(폐합철근)을 사용한다고 가정하고 순간격 s_{cl}이 철근 지름과 25 mm 중 큰 값인 철근 지름 25 mm이므로 피복두께 c_{cl}이 40 mm일 때

$$\begin{aligned} b_{w,min} &= 2c_{cl}+2d_{bs}+2r_s+(n-1)d_b+(n-1)s_{cl} \\ &= 2\times40+2\times15.9+2\times2\times15.9+(6-1)\times15.9+(6-1)\times25.0 \\ &= 380\ mm < b_w\ (=400\ mm) \end{aligned}$$

따라서 1열 배치가 가능하므로, 총 단면적이 1,192 mm^2인 6–D16 철근을 타이 AB의 철근으로 배치하기로 한다.

② 타이 BD의 철근 배치

타이 BD의 인장력 F_{uBD}가 578 kN이므로, 이에 대한 소요철근단면적 $A_{st,req}$를 계산하면

$$A_{st,req} = \frac{F_{uBD}}{\phi f_y} = \frac{578\times10^3}{0.85\times400} = 1{,}700\ mm^2$$

타이 BD 철근은 타이 AB 철근으로 배치된 총 단면적 1,433 mm^2의 5–D19 철근을 90° 갈고리로 구부려서 이용하고, 또 기둥의 축방향 철근으로 배치된 철근 단면적을 추가하면 1,700 mm^2를 초과하는 철근단면적이 될 것이므로 별도의 철근을 배치하지 않아도 될 것이다.

③ 타이 CD의 철근 배치

타이 CD의 인장력 F_{uCD}가 90 kN이므로, 이에 대한 소요철근단면적 $A_{st,req}$를 계산하면

$$A_{st,req} = \frac{F_{uBD}}{\phi f_y} = \frac{578\times10^3}{0.85\times400} = 1{,}700\ mm^2$$

따라서 2가닥으로 이루어져서 단면적이 397 mm^2인 D16 폐쇄철근(폐합철근) 1개를 배치한다.

④ 병모양 스트럿 AC와 BC에 대한 보강철근 배치

경사 스트럿 AC와 BC는 응력이 퍼졌다가 다시 모이는 병모양 스트럿으로 철근 배치 규정, 즉 식 (9·16)을 만족하면 β_s가 0.75이고 만족하지 못하면 β_s가 0.6이다. 이 조건에 따른 보강철근 배치의 결정은 다음 (5)의 ③ 스트럿과 절점영역의 강도 검증 과정에서 수행하기로 한다.

(5) 스트럿–타이 모델 요소의 강도 검증

① 타이의 강도 검증

타이 AB에는 단면적 A_{st}가 1,192 mm^2인 D16 철근 6개를 배치하였고, (4)의 ①에서 D16 철근 6개를 한 열에 배치할 수 있는 것으로 검토되었다. 이 철근배치에 대하여 설계강도를 구하면, 타이의 강도감소계수는 0.85이므로

$$\phi F_{ntAB} = \phi A_{st} f_y = 0.85\times1{,}192\times400/10^3 = 405.3\ kN > F_{uAB}\ (=405\ kN)$$

따라서 타이 AB는 강도를 만족한다.

타이 BD에 대하여는 기둥의 축방향 철근으로 배치된 철근 단면적을 추가하여 강도를 검증하여야 하는데 이 예제에서는 생략한다.

타이 CD에는 2가닥으로 이루어져서 단면적이 397 mm^2인 D16 폐쇄철근(폐합철근) 1개를 배치한다. 이 철근배치에 대하여 설계강도를 구하면, 타이의 강도감소계수는 0.85이므로

$$\phi F_{ntCD} = \phi A_{st} f_y = 0.85 \times 397 \times 400/10^3 = 135\,kN > F_{uCD}\ (= 90\,kN)$$

따라서 타이 CD는 강도를 만족한다.

② 스트럿의 폭 결정

각 스트럿에 대하여 스트럿으로 제공되는 폭(provided width) w_s를 그림 9-12를 참조하여 식 (9 ·30)으로 구한다. 타이 AB의 폭 w_t는 100 mm이고 수직하중 작용점의 폭 l_b는 200 mm이므로, 경사 스트럿 AC의 폭을 구하면

$$w_{sAC} = w_t \cos\theta + l_b \sin\theta = 100 \times \cos 55.0^\circ + 200 \times \sin 55.0^\circ = 221\,mm$$

절점 B의 철근 90° 절곡부에 접하는 경사 스트럿 BC의 폭에 대해서는 9.2.3절에서 언급한 바와 같이 직각으로 만나는 철근의 두 직선부를 연장하여 직각으로 만나는 점에서 각 방향으로 철근지름의 6배인 위치 사이의 직선거리로 선택하기로 한다. 이 가정에 따라 경사 스트럿 BC의 폭을 구하면

$$w_{sBC} = 6d_b \cos\theta + 6d_b \sin\theta = 6 \times 19.1 \times (\cos 55.0^\circ + \sin 55.0^\circ) = 160\,mm$$

수직 스트럿 CE의 폭은 앞 (2)의 ⑤에 따라 다음과 같이 85 mm의 2배이다.

$$w_{sCE} = 2 \times 85 = 170\,mm$$

③ 스트럿과 절점영역의 강도 검증

절점영역의 β_n과 스트럿의 β_s 중 작은 값을 β_{ns}로 취하여 스트럿과 절점영역의 강도 검증을 수행한다. 스트럿 AC에 대해서는 우선 스트럿을 가로지르는 수평철근이 배치되지 않는 경우로 설계강도를 구해본다. 이 경우 β_s 값이 0.6으로 C-C-T 절점인 절점 C의 β_n값 0.8보다 작으므로 β_{ns}는 0.6이다. 이 값으로 스트럿 AC의 설계강도를 구하면

$$\phi F_{ntAC} = \phi(0.85\,\beta_{ns} f_{ck}) w_{sAC}\, b_w = 0.75 \times (0.85 \times 0.6 \times 30) \times 221 \times 400/10^3$$
$$= 1{,}014\,kN > F_{uAC}\ (= 549\,kN)$$

스트럿 AC는 강도를 만족하므로, 스트럿을 가로지르는 수평철근을 꼭 배치해야 하는 것은 아니다.

스트럿 BC에 대해서도 스트럿을 가로지르는 수평철근이 배치되지 않는 경우로 설계강도를 구해본다. 이 경우 β_s 값이 0.6으로 C-T-T 절점인 절점 B의 β_n 값 0.6과 같으므로 β_{ns}는 0.6이다. 이 값으로 스트럿 BC의 설계강도를 구하면

$$\phi F_{nsBC} = \phi(0.85\,\beta_{ns} f_{ck}) w_{sBC}\, b_w = 0.75 \times (0.85 \times 0.6 \times 30) \times 160 \times 400/10^3$$
$$= 734\,kN > F_{uBC}\ (= 706\,kN)$$

스트럿 BC도 강도를 만족하므로, 스트럿을 가로지르는 수평철근을 꼭 배치해야 하는 것은 아니다.

스트럿 CE는 프리즘 스트럿으로 β_s가 1.0이지만 절점 C가 C-C-T 절점으로 β_n이 0.8이므로 β_{ns}가 0.8이다. 이 값으로 스트럿 CE의 설계강도를 구하면

$$\phi F_{nsCE} = \phi(0.85\,\beta_{ns} f_{ck}) w_{sCE}\, b_w = 0.75 \times (0.85 \times 0.8 \times 30) \times 170 \times 400/10^3$$
$$= 1{,}040\,kN > F_{uCE}\ (= 1{,}028\,kN)$$

스트럿 CE는 강도를 만족한다. 이 결과들을 정리하면 표 9-7과 같으며, 모든 구성요소의 강도성능이 만족된다.

④ 스트럿과 절점영역의 소요폭을 이용한 강도 검증

앞의 ③과 같이 스트럿과 절점영역의 강도를 직접 계산하여 강도를 검증하는 방법 대신, 절점영역의 β_n과 스트럿의 β_s 중 작은 값을 β_{ns}로 취하여 하나의 소요폭 $w_{ns,\,req}$을 이용하는 방법으로 스트럿과 절점영역의

강도 검증을 수행할 수도 있다. 그 과정은 다음과 같다.

요소 AC의 소요폭을 구하고 검증하면

$$w_{reqAC} = \frac{F_{uAC}}{\phi(0.85\,\beta_{ns} f_{ck}) b_w} = \frac{549\times10^3}{0.75\times(0.85\times0.60\times30)\times400} = 120\ mm < w_{sAC}\ (=221\ mm)$$

요소 BC의 소요폭을 구하고 검증하면

$$w_{reqBC} = \frac{F_{uBC}}{\phi(0.85\,\beta_{ns} f_{ck}) b_w} = \frac{706\times10^3}{0.75\times(0.85\times0.60\times30)\times400} = 154\ mm < w_{sBC}\ (=160\ mm)$$

요소 CE의 소요폭을 구하고 검증하면

$$w_{reqCE} = \frac{F_{uCE}}{\phi(0.85\,\beta_{ns} f_{ck}) b_w} = \frac{1{,}028\times10^3}{0.75\times(0.85\times0.80\times30)\times400} = 168\ mm < w_{sCE}\ (=170\ mm)$$

이 결과들을 정리하면 표 9-7과 같으며, 모든 구성요소의 강도성능이 만족된다. 그림 9-33은 요소의 소요폭으로 치수화한 스트럿-타이모델로, 구성요소에 중복되는 부분이 없다는 것을 나타낸다.

표 9-7 요소의 폭 검증

요소	요소종류	β_s 또는 β_n	β_{ns}	$F_u[kN]$	$\phi F_n[kN]$	$w_{ns,req}[mm]$	$w_{prv}[mm]$	검증결과
AC	스트럿 AC	0.60	0.60	549	1,014	120	221	OK
	절점 A [C-C-T]	0.80						
	절점 C [C-C-T]	0.80						
BC	스트럿 BC	0.60	0.60	706	734	154	160	OK
	절점 B [C-T-T]	0.60						
	절점 C [C-C-T]	0.80						
CE	스트럿 CE	1.00	0.80	1,028	1,040	168	170	OK
	절점 C [C-C-T]	0.80						
	절점 E [C-C-T]	0.80						

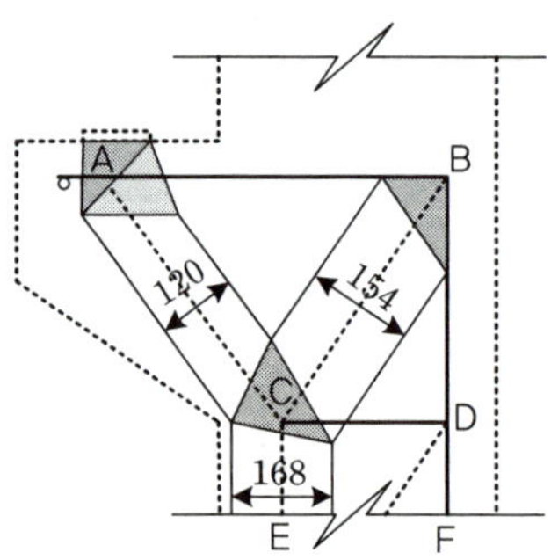

그림 9-33 소요폭으로 치수화한 내민받침의 스트럿-타이 모델

(6) 주인장철근의 정착성능 검증과 철근 배치

주인장철근 SD400 D16의 단부에 90° 표준갈고리를 두어 기둥 내부로 정착시킬 때 정착길이를 계산하면

$$l_{dh} = \frac{0.24\,\beta d_b f_y}{\sqrt{f_{ck}}} \times \frac{A_{s,req}}{A_{s,prv}} = \frac{0.24\times1.0\times15.9\times400}{1.0\times\sqrt{30}} \times \frac{1{,}191}{1{,}192} = 278\ mm$$

기둥 단면의 두께가 400 mm이므로, 피복두께 40 mm와 갈고리 연장부분을 감싸는 수평전단철근의 지름 및 주인장철근의 반지름을 뺀 묻힘길이 l_{emb}를 계산하면 다음과 같이 90° 갈고리로써 정착성능을 만족한다.

$$l_{emb} = 400-40-9.53-0.5\times15.9 = 343\ mm > l_{dh}\ (= 278\ mm)$$

내민받침 캔틸레버 자유단 쪽으로는 그림 9-29(b)와 같이 정착철근을 배치하고 용접하거나 그림 9-29(c)와 같이 L형 강재를 배치하고 용접한다.

한편 앞 (5)의 ③에서 스트럿 AC와 스트럿 BC는 강도를 만족하므로, 스트럿을 가로지르는 수평철근을 꼭 배치해야 하는 것은 아니다. 그러나 균열제어를 목적으로 추가의 수평철근을 추가하는 것이 좋겠다는 공학적 판단에 따라, 주인장철근에 인접한 유효깊이의 2/3 내에 균등 배치하기 위하여로 2개의 D10 폐쇄철근(폐합철근)을 수직간격 80 mm로 배치하기로 한다.

이상의 설계로 정면도와 평면도를 나타내는 그림 9-34의 (a) 또는 (b)와 같이 철근을 배치한다.

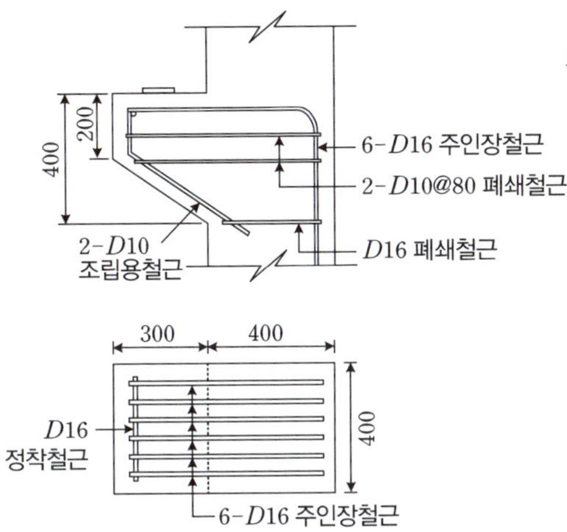

(a) 정착철근 배치의 경우

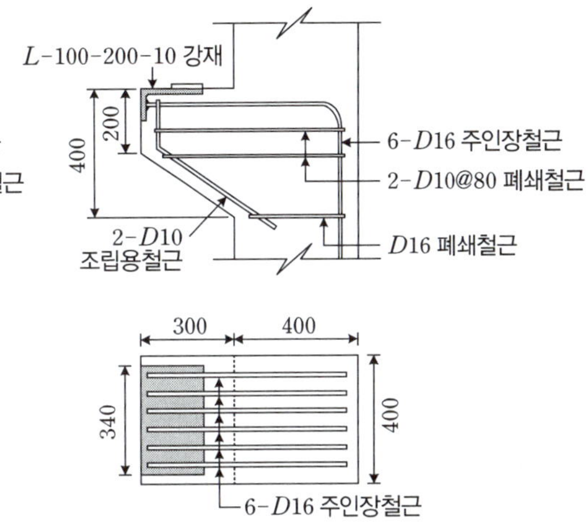

(b) L형 강재 배치의 경우

그림 9-34 스트럿-타이 모델을 이용한 설계의 내민받침 철근 배치도

9.4 콘크리트교 설계기준(한계상태설계법)에 따른 스트럿-타이 모델

KDS 24 14 21 콘크리트교 설계기준(한계상태설계법)[9.17]은 다음과 같이 KDS 14 20 콘크리트구조 설계기준[9.9]보다 단순한 형태로 스트럿-타이 모델에 대한 강도 기준을 규정하고 있다.

9.4.1 콘크리트교 설계기준에 따른 스트럿-타이 모델의 스트럿

콘크리트 스트럿은 설계압축강도 F_{cd}가 계수압축력 F_u 이상이도록 설계하여 다음의 강도 요구성능을 검증한다.

$$F_{cd} \geq F_u \tag{9·68}$$

콘크리트 스트럿의 설계압축강도 F_{cd}는 다음과 같이 결정한다. 여기서 $f_{cd,max}$는 콘크리트 스트럿의 유효설계강도이고 A_c는 스트럿의 최소 단면적이다.

$$F_{cd} = f_{cd,max} A_c \tag{9·69}$$

콘크리트 스트럿의 유효설계강도 $f_{cd,max}$는 스트럿 축과 다른 각도로 스트럿에 작용하는 횡방향 응력과 횡방향 인장철근 배치의 두 가지 변수를 고려하여 다음과 같이 구분하여 결정한다.

[1] 횡방향 응력이 작용하지 않거나 횡방향 압축응력이 작용하는 경우

그림 9-35의 (a) 또는 (b)와 같이, 횡방향 응력이 작용하지 않는 스트럿이나 횡방향 응력이 압축응력으로 작용하는 스트럿은 유효설계강도 $f_{cd,max}$를 다음과 같이 결정한다. 여기서, ϕ_c는 콘크리트의 재료계수로 0.65이다.

$$f_{cd,max} = 0.85\,\phi_c f_{ck} \tag{9·70}$$

횡방향 압축응력이 3축 이상 다축으로 작용하는 경우에는 콘크리트 스트럿의 유효설계강도 $f_{cd,max}$를 증가시킬 수 있다.

참고로 Eurocode 2[9.18]에서는 스트럿에 작용하는 횡방향 응력은 변수로 고려하지만 횡방향 인장철근 배치는 변수로 고려하지 않고 콘크리트 스트럿의 유효설계강도 $\sigma_{Rd,max}$를 다음과 같이 결정한다. 여기서 γ_c는 콘크리트의 재료부분안전계수로, 유럽의 국가별 기준에서 달리 규정하지 않는다면 1.5를 적용한다.

$$\sigma_{Rd,max} = f_{cd} = \frac{f_{ck}}{\gamma_c} \tag{9·71}$$

Eurocode 2에서도 역시 횡방향 압축응력이 3축 이상 다축으로 작용하는 경우에는 콘크리트 스트럿의 유효설계강도 $\sigma_{Rd,max}$를 증가시킬 수 있다.

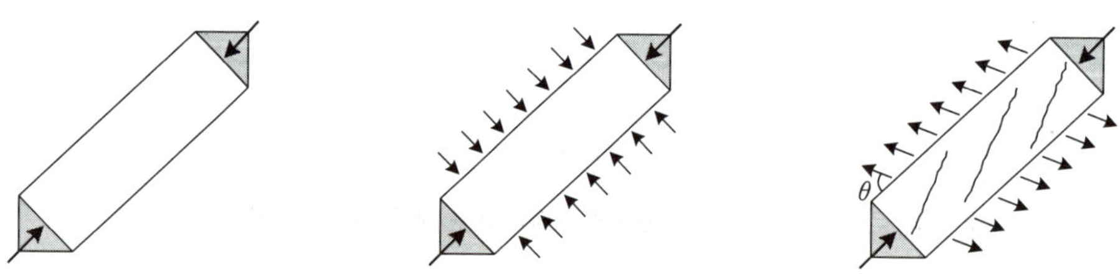

(a) 횡방향 응력이 0인 경우 (b) 횡방향 압축응력 (c) 횡방향 인장응력과 철근 배치 방향

그림 9-35 스트럿에 대한 횡방향 응력 작용

[2] 횡방향 인장응력이 작용하여 균열이 발생한 것으로 가정하는 경우

그림 9-35(c)와 같이 콘크리트 스트럿의 횡방향으로 인장응력이 작용하는 경우에는 스트럿에 균열이 발생할 수 있다. KDS 24 14 21 콘크리트교 설계기준(한계상태설계법)에서는 스트럿 축을 가로지르는 횡방향 인장철근의 철근비 0.4%를 기준으로 하여 $f_{cd,max}$를 다음과 같이 결정한다. 횡방향 인장철근비가

0.4% 이상인 경우에는 스트럿 축과 횡방향 인장응력 사이의 각도 θ에 따라 $f_{cd,max}$를 결정한다.

(1) 횡방향 인장철근비가 0.4% 미만인 경우

$$f_{cd,max} = 0.6\left(1-\frac{f_{ck}}{250}\right)\phi_c f_{ck} \tag{9·72}$$

(2) 횡방향 인장철근비가 0.4% 이상인 경우

$$f_{cd,max} = 0.85\left(1-\frac{f_{ck}}{250}\right)\phi_c f_{ck} : 75^\circ < \theta \tag{9·73}$$

$$f_{cd,max} = 0.70\left(1-\frac{f_{ck}}{250}\right)\phi_c f_{ck} : 60^\circ < \theta \leq 75^\circ \tag{9·74}$$

$$f_{cd,max} = 0.60\left(1-\frac{f_{ck}}{250}\right)\phi_c f_{ck} : \theta \leq 60^\circ \tag{9·75}$$

여기서 θ는 철근이 1방향으로만 배치된 경우의 스트럿과 횡방향 철근 사이의 각도이다. 횡방향 철근이 2방향 이상의 방향으로 배치된 경우에는, 배치된 횡방향 철근이 스트럿에 작용하는 횡방향 인장응력을 저항하는 용도로 배치되었는지를 판단하여 각도 θ를 결정한다.

참고로 Eurocode 2는 스트럿에 횡방향 인장응력이 작용하는 경우, 횡방향 인장철근의 배치여부와 무관하게 콘크리트 스트럿의 유효설계강도 $\sigma_{Rd,max}$를 다음과 같이 결정한다.

$$\sigma_{Rd,max} = 0.6\,\nu f_{cd} = 0.6\,\nu \frac{f_{ck}}{\gamma_c} \tag{9·76}$$

여기서 ν는 유럽의 국가별 기준에서 달리 규정하지 않는다면 다음으로 결정한다.

$$\nu = 1-\frac{f_{ck}}{250} \tag{9·77}$$

참고로 AASHTO-LRFD[9.19]는 스트럿-타이 모델의 압축에 대한 저항계수를 0.7로 규정하고 있으며, 스트럿의 유효설계강도를 f_{cu}로 표현하여 다음과 같이 결정한다.

$$f_{cu} = \frac{f_{ck}}{0.8+170\,\varepsilon_1} \leq 0.85 f_{ck} \tag{9·78}$$

여기서 ε_1은 스트럿 축의 직각방향으로 발생하는 변형률로 인장변형률일 때 양(+)의 부호를 갖는다. 스트럿의 유효설계강도 f_{cu}의 최댓값이 $0.85 f_{ck}$이므로, ε_1이 인장변형률로서 0.002을 초과하면 $0.85 f_{ck}$보다 작은 값을 f_{cu}로 하여야 한다. ε_1은 다음으로 결정한다.

$$\varepsilon_1 = \varepsilon_s + (\varepsilon_s + 0.002)\cot^2 \alpha_s \tag{9·79}$$

여기서 α_s는 스트럿에 인접한 타이와 스트럿 사이의 각도이며, ε_2는 스트럿에 인접한 타이의 인장변형률이다.

9.4.2 콘크리트교 설계기준에 따른 스트럿-타이 모델의 타이

인장 타이는 설계인장강도 F_{td}가 계수인장력 F_u 이상이도록 설계하여 다음의 강도 요구성능을 검증한다.

$$F_{td} \geq F_u \tag{9·80}$$

타이의 설계인장강도 F_{td}는 다음과 같이 결정한다. 여기서, ϕ_s는 철근의 재료계수로 0.90이다.

$$F_{td} = \phi_s f_y A_s \tag{9·81}$$

한편, KDS 24 14 21 콘크리트교 설계기준(한계상태설계법)은 철근응력이 300 MPa 이하이면 균열에 대한 검토를 생략할 수 있도록 규정하고 있다. 따라서 식 (9·81)에서 철근의 재료계수 ϕ_s가 0.90이므로, SD400 철근을 보강하는 경우 $\phi_s f_y$의 값으로 360 MPa까지 적용할 수 있지만, $\phi_s f_y$의 실제 값을 대신하여 300 MPa을 적용하여 설계하면 균열폭에 대한 검증을 생략할 정도의 보수적인 설계가 될 것이다.

참고로 Eurocode 2에서는 타이의 설계인장강도 F_{td}를 다음과 같이 결정한다.

$$F_{td} = f_{yd} A_s = \frac{f_{yk}}{\gamma_s} A_s \tag{9·82}$$

여기서 f_{yk}는 설계기준항복강도이며, Eurocode에서는 f_y를 철근의 실제 항복강도로 표현한다는 것을 유의해야 한다. γ_s는 철근의 재료부분안전계수로, 유럽의 국가별 기준에서 달리 규정하지 않는다면 1.15를 적용한다. 일반 구조물과 건물에 적용하는 Eurocode 2 part 1[9.18]에서는 식 (9·82)의 f_{yd}로 300 MPa 이하의 값을 적용하여 설계하는 경우에 균열검증을 생략할 수 있다. 교량 구조물에 적용하는 Eurocode 2 part 2[9.20]에서는 f_{yd}로 250 MPa 이하를 적용하여 설계하는 경우에 균열검증을 생략할 수 있다.

참고로 AASHTO-LRFD[9.19]는 타이의 설계인장강도 ϕP_n을 다음과 같이 결정한다.

$$\phi P_n = \phi [f_y A_{st} + A_{ps}(f_{pe} + f_y)] \tag{9·83}$$

여기서, ϕ는 스트럿-타이 모델의 타이에 대한 강도감소계수로 0.90을 적용하고, f_y는 철근의 설계기준항복강도, A_{st}는 타이 철근의 단면적, A_{ps}는 긴장재의 단면적, f_{pe}는 유효 긴장력이다. 긴장재가 배치되지 않는 철근콘크리트 부재에서는 A_{ps}를 0으로 하여 식이 단순해진다.

9.4.3 콘크리트교 설계기준에 따른 스트럿-타이 모델의 절점영역

절점영역의 크기와 상세는 지압강도의 결정에 크게 영향을 미치므로, 스트럿과 타이와 함께 외력의 기하학적 특성을 고려하여 결정하여야 한다. 스트럿-타이 모델의 절점영역은 설계압축강도 $F_{nd,i}$가 계수압축력 $F_{u,i}$ 이상이도록 설계하여 다음의 강도 요구성능을 검증한다.

$$F_{nd,i} \geq F_{u,i} \tag{9·84}$$

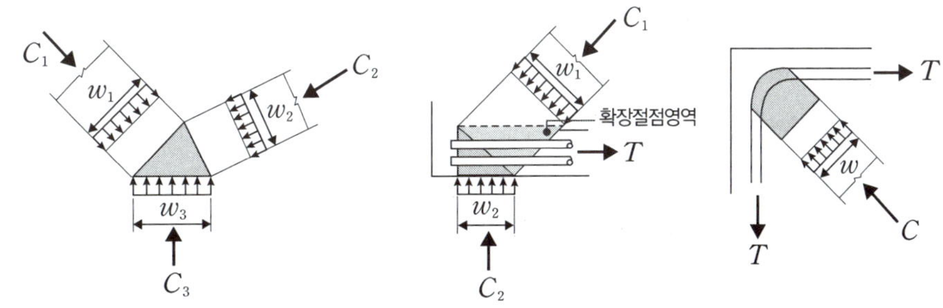

그림 9-36 절점 종류에 따른 힘의 작용과 절점의 크기

강도성능의 검증은 절점과 스트럿이 접한 각각의 절점 면에 대하여 수행하여, 그림 9-36(a)의 C–C–C 절점은 3면, 그림 9-36(b)의 C–C–T 절점은 2면, 그림 9-36(c)의 C–T–T 절점은 1면에 대하여 검토한다. 절점에 작용하는 압축력 C_i는 스트럿을 통하여 각 면에 C_1, C_2, C_3로 작용하며, 각 면에 작용하는 계수압축력 $F_{u,i}$가 된다.

절점영역 i번째 면의 설계압축강도 $F_{nd,i}$은 다음과 같이 결정한다.

$$F_{nd,i} = f_{cd,max}\, w_i\, t \tag{9·85}$$

여기서, $f_{cd,max}$: 절점영역 내 압축응력의 최대설계유효강도

w_i : i번째 절점 면의 폭

t : 절점영역의 두께

절점영역 내 압축응력의 최대설계유효강도 $f_{cd,max}$는 절점의 종류에 따라 다음과 같이 결정한다. 그림 9-36(a)의 C–C–C 절점은 타이가 정착되지 않은 압축 절점으로, 다음과 같이 $f_{cd,max}$를 결정한다.

$$f_{cd,max} = \left(1 - \frac{f_{ck}}{250}\right)\phi_c f_{ck} \tag{9·86}$$

그림 9-36(b)의 C–C–T 절점은 한쪽에 정착 타이가 있는 압축 절점으로, 다음과 같이 $f_{cd,max}$를 결정한다.

$$f_{cd,max} = 0.85\left(1 - \frac{f_{ck}}{250}\right)\phi_c f_{ck} \tag{9·87}$$

그림 9-36(c)의 C–T–T 절점은 두 방향으로 정착 타이가 있는 압축 절점으로, 다음과 같이 $f_{cd,max}$를 결정한다.

$$f_{cd,max} = 0.75\left(1 - \frac{f_{ck}}{250}\right)\phi_c f_{ck} \tag{9·88}$$

이상과 같이 결정하는 절점영역의 설계압축강도는 다음과 같은 조건 중에서 적어도 1개의 조건이 적용되는 경우에 10%까지 증가시킬 수 있다.

① 절점이 3축 압축상태인 경우
② 스트럿과 타이 사이의 모든 사잇각이 55°보다 큰 경우
③ 지점과 집중하중에 작용하는 하중이 등분포하중으로 작용하며, 절점이 스터럽으로 구속된 경우
④ 여러 층의 철근이 배치되어 인장력이 분산되는 효과가 발휘되는 경우
⑤ 절점이 지압응력이나 마찰력에 의하여 안정적으로 구속된 경우

또, 절점이 3축 압축상태인 경우에는 각 방향으로 구속 상태에 있으므로, 설계 압축 강도를 증가시킬 수 있다. 이때에는 절점영역에 세 방향으로 압축력을 작용시키는 스트럿 모두의 힘을 구하고, 2장 2.1.12절에 소개한 횡구속 효과를 고려하여 앞의 식 (2 · 62)에 따라 콘크리트의 압축강도를 증가시킬 수 있다.

$$f_{ck,\,c} = f_{ck} + 3.7\,f_{c2} \tag{2 · 62}$$

여기서, f_{c2}는 횡구속에 의해서 작용하는 횡방향 유효 압축응력이다. 그러나 3축 압축상태로 인하여 증가된 콘크리트 압축강도는 다음의 값을 초과하지 못한다.

$$f_{cd,\,max} = 3\left(1 - \frac{f_{ck}}{250}\right)\phi_c f_{ck} \tag{9 · 89}$$

참고로 Eurocode 2[9.18]에서는 $f_{cd,\,max}$와 동일한 의미를 갖는 $\sigma_{Rd,\,max}$를 절점의 종류에 따라 다음과 같이 결정한다.

$$\sigma_{Rd,\,max} = k_1\,\nu f_{cd} = 1.0 \times \nu \frac{f_{ck}}{\gamma_c} \tag{9 · 90}$$

$$\sigma_{Rd,\,max} = k_2\,\nu f_{cd} = 0.85 \times \nu \frac{f_{ck}}{\gamma_c} \tag{9 · 91}$$

$$\sigma_{Rd,\,max} = k_3\,\nu f_{cd} = 0.75 \times \nu \frac{f_{ck}}{\gamma_c} \tag{9 · 92}$$

여기서, k_1, k_2, k_3은 각각 C–C–C 절점, C–C–T 절점, C–T–T 절점에 적용하는 계수로, 유럽의 국가별 기준에서 달리 규정하지 않는다면 k_1로는 1.0, k_2로는 0.85, k_3으로는 0.75를 적용한다. ν는 유럽의 국가별 기준에서 달리 규정하지 않는다면 앞의 식 (9 · 77)로 결정한다.

$$\nu = 1 - \frac{f_{ck}}{250} \tag{9 · 77}$$

Eurocode 2에서도 KDS 24 14 21 콘크리트교 설계기준(한계상태설계법)와 동일하게 앞에서 나열한 ①~⑤의 조건 중에서 적어도 1개의 조건이 적용되는 경우에 10%까지 증가시킬 수 있다. 단, 식 (2 · 62)와는 다른 유사한 형태의 수식에 의하여 콘크리트의 압축강도를 증가시킬 수 있으며, 증가된 콘크리트 압축강도의 최댓값도 식 (9 · 89)와 유사한 형태로 규정되어 있다.

참고로 AASHTO–LRFD[9.19]는 스트럿–타이 모델의 절점에는 지압에 대한 저항계수 0.7을 적용한다. 이 값은 스트럿–타이 모델의 압축에 적용하는 저항계수와 같은 값이다. 절점의 유효설계강도 f_{cu}는 다음과 같이 결정한다.

$$f_{cu} = 0.85\,\phi f_{ck} : \text{C–C–C 절점} \tag{9·93}$$

$$f_{cu} = 0.75\,\phi f_{ck} : \text{C–C–T 절점} \tag{9·94}$$

$$f_{cu} = 0.65\,\phi f_{ck} : \text{C–T–T 절점} \tag{9·95}$$

9.4.4 콘크리트교 설계기준에 따른 치수화와 균열제어를 위한 철근의 응력한계

강도검증에 대하여 9.2.4절의 마지막 부분에서 설명한 바와 같이, 압축력과 인장력의 단면력과 설계축강도를 대상으로 강도를 검증할 수도 있지만, 소요폭을 대상으로 스트럿–타이 모델의 강도를 검증할 수도 있다. 즉, 식 (9·68), 식 (9·80), 식 (9·84)에 따라 스트럿과 타이와 절점영역의 강도를 검증하는 대신, 다음 식에 따라 스트럿이나 절점영역의 소요 유효폭 w_{req}를 구하고 앞의 식 (9·7)과 같이 각 요소의 실제 폭 w_{el}가 소요폭 w_{req} 이상임을 검증하거나, 소요폭으로 나타낸 스트럿–타이 모델의 기하학적 형상을 대상으로 중복되는 부분이 없다는 것을 도식적으로 검증한다.

$$w_{req} = \frac{F_u}{f_{cd,\,max}\, t} \tag{9·96}$$

$$w_{el} \geq w_{req} \tag{9·7}$$

여기서, t는 부재 단면의 두께로서 스트럿이나 절점영역의 두께이다. 타이로 철근만 배치하는 경우에는 철근의 소요 단면적을 다음 식으로 결정하고, 그 이상의 단면적을 갖도록 철근을 배치한다.

$$A_{s,\,req} = \frac{F_u}{\phi_s f_y} \tag{9·97}$$

한편 스트럿–타이 모델을 적용하여 설계된 구조물도 사용하중상태에서의 철근응력이 크면 균열폭이 커서 사용성능을 저해할 수 있다. 따라서 설계기준에 따라서는 균열제어를 위한 철근의 응력한계를 규정하고 있다. 앞에서 언급한 바와 같이 KDS 24 14 21 콘크리트교 설계기준(한계상태설계법)은 철근응력이 300 MPa 이하일 때 균열에 대한 검토를 생략할 수 있도록 규정하고 있다. 따라서 식 (9·97)을 적용하여 철근의 단면적을 결정할 때, $\phi_s f_y$의 실제 값을 대신하여 300 MPa을 적용하여 설계하면 균열폭에 대한 검증을 생략할 정도의 보수적인 설계가 된다. 동일한 개념으로, Eurocode 2에 따라 식 (9·82)로 철근을 설계할 때 균열검증을 생략할 수 있는 f_{yd}의 최댓값으로 Eurocode 2 part 1[9.18]은 300 MPa, Eurocode 2 part 2[9.20]은 250 MPa로 규정하고 있다. Eurocode 2에서 part 1은 건물과 일반 구조물에 적용하고, part 2는 교량 구조물에 적용한다.

9.4.5 콘크리트교 설계기준에 따른 피어캡의 설계와 깊은보의 부재상세

피어캡(pier cap)은 교량의 바닥판(bridge deck)과 주거더(main girder) 등 상부구조를 지지하는 하부구조의 일부로, 수직부재인 교각(bridge pier) 위에 연결된 수평부재이다. 즉 상부구조의 지점 역할을 하는 보의 형태로 하중을 교각으로 전달하는 역할을 한다. 여기서 피어(pier, 교각)는 수직방향 부재로 기둥(column) 형태나 벽체(wall) 형태를 가질 수 있어서, 영문으로 기둥 형식의 교각은 'pier column' 또는 'bridge column'이라고 하며 벽체 형식의 교각은 'pier wall'이라고 한다. 피어캡에 해당하는 순수한 한글 용어는 정립되지 않아서 '코핑(coping)'이라는 용어를 사용하기도 하지만 국제적으로는 거의 통용되지 않는 용어이다.

기둥 형식의 교각을 분류할 때, 하나의 기둥 위에 양쪽 방향으로 캔틸레버 피어캡이 연결된 경우는 'T형 교각'이라고 하며 두개의 기둥 위에 보가 연결되고 그 반대 방향으로 내민보를 가진 피어캡 형식인 경우는 'π형 교각'이라고 한다. 이와 같이 기둥 형식의 교각을 구성하는 피어캡은 일반적으로 길이에 비하여 부재 깊이가 상대적으로 깊은 형태를 보이므로, 내민받침이나 깊은보와 같은 교란영역의 구조물로 분류될 수 있다. 따라서 교량 피어캡은 스트럿-타이 모델을 적용하여 설계할 수 있다. 이 절에서는 예제를 통하여 KDS 24 14 21 콘크리트교 설계기준(한계상태설계법)에 따라 스트럿-타이 모델을 적용한 설계를 소개한다.

한편 KDS 24 14 21 콘크리트교 설계기준(한계상태설계법)은 깊은보에 대하여 최소 전단철근의 양과 간격 및 정착에 대한 부재상세 규정을 두고 있다. 최소 전단철근으로는 깊은보 단면의 양 측면에 인접한 직교 철근망을 수직과 수평 방향으로 배치하도록 규정하고 있다. 이때 양면 각각의 철근망은 콘크리트 단면적의 0.1%인 $0.001\,A_c$의 최소 철근량 이상이어야 하며, 또한 $1\,m$ 당 $150\,mm^2$ 이상이어야 한다. 철근망의 두 인접한 철근 사이의 간격은 깊은보 단면 폭 두께의 2배와 $300\,mm$ 중 작은 값 이하여야 한다. 철근은 힘의 평형을 만족시키기고 항복강도를 발휘할 수 있도록 정착되어야 한다. 만일 절점영역과 보의 단부 사이에 정착길이가 충분하지 않은 경우라면 설계 모델에서 고려된 타이에 해당하는 철근을 굽힘철근이나 U형 또는 정착장치를 사용하여 절점영역에서 힘의 완전히 정착되어야 한다. 이러한 깊은보의 부재상세는 피어캡의 설계에도 적용된다.

예제 9-6 그림 9-37과 같은 형상으로 단면의 폭이 1,000mm인 피어캡에 대하여 KDS 24 14 21 콘크리트교 설계기준(한계상태설계법)에 따라 스트럿-타이 모델을 이용한 설계를 수행하시오. 교각은 직사각형 단면의 기둥 형식으로 단면 크기는 1,000×2,400mm이며, 교량받침은 500x700mm 크기로 그림 9-37에 보이는 폭이 500mm이다.

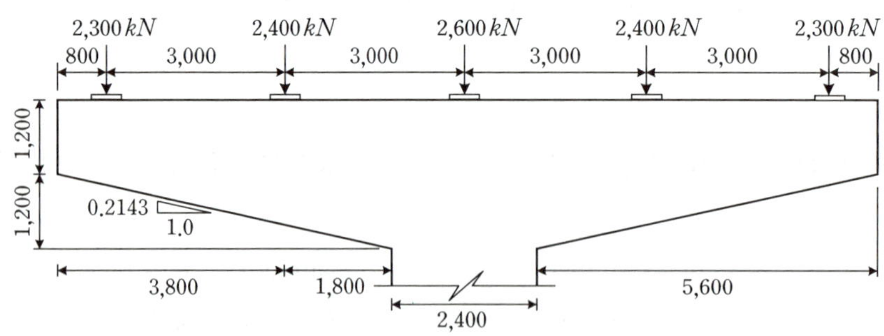

그림 9-37 예제 9-6 피어캡의 형상과 단면

피어캡에 작용하는 수직방향 계수하중은 그림 9-37에 나타난 바와 같으며, 콘크리트 설계기준압축강도 f_{ck}는 30 MPa이고 철근으로는 SD500 철근을 사용한다.

〈풀이〉

(1) 지압강도의 검증

9.5.2절에 소개한 KDS 24 14 21 콘크리트교 설계기준(한계상태설계법)에 따라 지압강도를 검증하기로 한다. 수직방향 하중을 받치는 교량받침은 그림 9-38의 평면도에 나타난 바와 같이 피어캡의 폭 방향으로 700 mm이므로 교량받침 양 측면에서 150 mm를 확장하면 피어캡의 폭 1,000 mm과 같아진다.

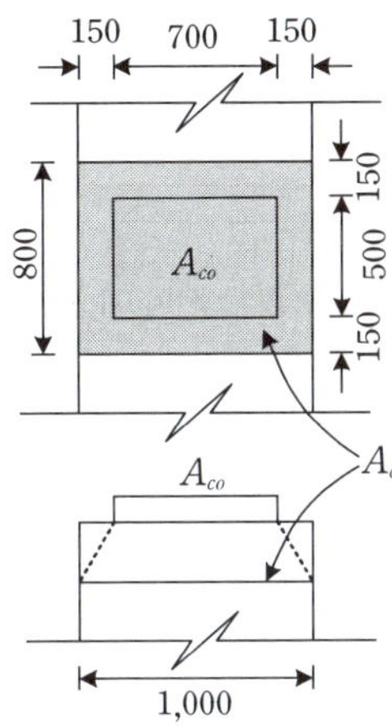

그림 9-38 면적 A_{c1}의 결정(평면도와 측면도)

따라서 교량받침과 피어캡이 접하는 면적을 A_{co}로 하고, 그림 9-38과 같이 교량받침의 네 측면에서 150 mm를 확장하여 이루는 면적을 최대 설계분포면적 A_{c1}로 하여 설계지압강도를 구한다. 먼저 그림 9-38 윗 그림에서 짙은 색으로 표시된 부분이 A_{c1}이고, 그 안의 사각형이 A_{co}이다. 이제 A_{co}와 A_{c1}의 면적을 계산하고 최대 설계지압강도 $F_{d,\,max}$를 구하면

$$A_{co} = 500 \times 700 = 350{,}000\ mm^2$$

$$A_{c1} = (500+300) \times (700+300) = 800 \times 1{,}000 = 800{,}000\ mm^2$$

$$F_{d,\,max} = 3.0\ \phi_c(0.85 f_{ck})A_{co} = 3.0 \times 0.65 \times (0.85 \times 30) \times 350{,}000/10^3 = 17{,}400\ kN$$

설계지압강도 F_d를 구하면

$$F_d = \phi_c(0.85 f_{ck})A_{co}\sqrt{\frac{A_{c1}}{A_{co}}} = 0.65 \times)0.85 \times 30) \times 350{,}000 \times \sqrt{\frac{800{,}000}{350{,}000}}/10^3$$

$$= 8{,}770\ kN < F_{d,\,max}\ (= 17{,}400\ kN)$$

이 값이 최대 설계지압강도 $F_{d,\,max}$를 넘지 않으므로, 설계지압강도 F_d는 8,770 kN이다. 이제 지압강도를 검증하면, 그림 9-37에 나타난 바와 같이 최대하중 P_u가 2,600 kN이므로 다음과 같이 지압강도를 만족한다.

$$F_d = 8{,}770\ kN > P_u\ (= 2{,}600\ kN)$$

(2) 스트럿-타이 모델의 구성과 단면력 해석

① 스트럿-타이 모델의 구성

단면 상단 수평 타이에 대한 인장철근이 2단으로 배치될 것으로 예상되어 수평 타이의 중심선을 단면 상단에서 150 mm 떨어진 위치로 선정하고, 단면 하단에서 0.2143/1.0의 기울기로 단면 하단에 평행한 스트럿은 계수전단력을 전달하기 위한 영역을 확보하기 위하여 스트럿의 중심선을 단면 하단에서 200 mm 떨어진

위치로 선정한다.

절점 A와 절점 C 사이는 3,000 mm로 두 절점 사이 수직방향 부재두께의 2배에 가까운 길이이므로 두 절점 사이 중앙에 수직 타이를 두어 두 개의 경사스트럿과 함께 힘을 전달하도록 한다.

절점 D 위에 작용하는 수직하중은 스트럿 DH를 통하여 직접 지반으로 전달한다고 가정하며, 절점 A와 절점 C에 작용하는 두 수직하중은 스트럿 CG와 스트럿 FG를 통하여 기둥부의 절점 G에서 시작하는 수직 스트럿을 통하여 지반으로 전달한다고 가정한다. 이에 따라 절점 G의 위치를 구하기 위하여 기둥에 작용하는 단위폭 1m 당 축방향 응력을 구하면, 피어캡 단면의 폭이 1m이므로

$$f_{u,\,col} = \frac{(2{,}300+2{,}400)\times 2+2{,}600}{2{,}400\times 1.0} = 5.0\,kN/mm/m$$

기둥 위 절점 D의 하중 2,600 kN을 저항하는 수직 스트럿 HK의 폭은

$$w_{sHK} = \frac{2{,}600}{5.0} = 520\,mm$$

절점 A와 절점 C에 작용하는 하중 2,300 kN과 2,400 kN을 저항하는 수직 스트럿 GJ의 폭은

$$w_{sGJ} = \frac{2{,}300+2{,}400}{5.0} = 940\,mm$$

따라서 수직 스트럿 GJ의 중심선 위치는 수직 스트럿 GJ의 폭의 1/2인 위치이므로, 기둥표면에서 940 mm 떨어진 위치이다.

앞의 과정에 따라 그림 9-39와 같이 스트럿-타이 모델을 구성한다. 중요 위치의 각도와 거리를 계산한 결과는 그림 9-39에 나타난 있다.

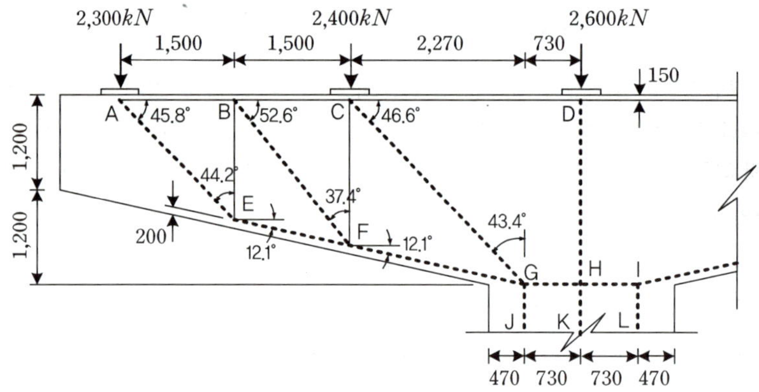

그림 9-39 스트럿-타이 모델의 구성

② 스트럿-타이 모델 해석과 요소의 단면력

먼저 하중이 작용하는 절점 A에서의 수직방향 평형조건으로 스트럿 AE의 압축력을 구하면

$$F_{uAE} = \frac{2{,}300}{\sin 45.8^\circ} = 3{,}208\,kN$$

절점 A에서의 수평방향 평형조건으로 타이 AB의 인장력을 구하면

$$F_{uAB} = F_{uAE}\cos 45.8^\circ = 3{,}208\cos 45.8^\circ = 2{,}237\,kN$$

절점 E에서의 수평방향 평형조건으로 스트럿 EF의 압축력을 구하면

$$F_{uEF} = \frac{F_{uAE}\sin\ 44.2^\circ}{\cos 12.1^\circ} = 2{,}287\,kN$$

절점 E에서의 수직방향 평형조건으로 타이 BE의 인장력을 구하면

$$F_{uBE} = F_{uAE} \cos 44.2^\circ - F_{uEF} \sin 12.1^\circ = 3{,}208 \cos 44.2^\circ - 2{,}287 \sin 12.1^\circ = 1{,}820\ kN$$

절점 B에서의 수직방향 평형조건으로 타이 BF의 인장력을 구하면

$$F_{uBF} = \frac{F_{uBE}}{\sin 52.6^\circ} = \frac{1{,}820}{\sin 52.6^\circ} = 2{,}291\ kN$$

절점 B에서의 수평방향 평형조건으로 스트럿 BC의 인장력을 구하면

$$F_{uBC} = F_{uAB} + F_{uBF} \cos 52.6^\circ = 2{,}237 + 2{,}291 \cos 52.6^\circ = 3{,}628\ kN$$

절점 F에서의 수평방향 평형조건으로 스트럿 FG의 압축력을 구하면

$$F_{uFG} = \frac{F_{uEF} \cos 12.1^\circ + F_{uBF} \sin 37.4^\circ}{\cos 12.1^\circ} = \frac{2{,}287 \cos 12.1^\circ + 2{,}291 \sin 37.4^\circ}{\cos 12.1^\circ} = 3{,}710\ kN$$

절점 F에서의 수직방향 평형조건으로 타이 CF의 인장력을 구하면

$$F_{uCF} = F_{uEF} \sin 12.1^\circ + F_{uBF} \cos 37.4^\circ - F_{uFG} \sin 12.1^\circ$$

$$= 2{,}287 \sin 12.1^\circ + 2{,}291 \cos 37.4^\circ - 3{,}710 \sin 12.1^\circ = 1{,}522\ kN$$

절점 C에서의 수직방향 평형조건으로 스트럿 CG의 압축력을 구하면

$$F_{uCG} = \frac{2{,}400 + F_{uCF}}{\sin 46.6^\circ} = \frac{2{,}400 + 1{,}522}{\sin 46.6^\circ} = 5{,}398\ kN$$

절점 C에서의 수평방향 평형조건으로 스트럿 CD의 인장력을 구하면

$$F_{uCD} = F_{uBC} + F_{uCG} \cos 46.6^\circ = 3{,}628 + 5{,}398 \cos 46.6^\circ = 7{,}337\ kN$$

절점 G에서의 수평방향 평형조건으로 스트럿 GH의 압축력을 구하면

$$F_{uGH} = F_{uFG} \cos 12.1^\circ + F_{uCG} \sin 43.4^\circ = 3{,}710 \cos 12.1^\circ + 5{,}398 \sin 43.4^\circ = 7{,}336\ kN$$

절점 G에서의 수직방향 평형조건으로 스트럿 GJ의 압축력을 구하면

$$F_{uGH} = F_{uFG} \sin 12.1^\circ + F_{uCG} \cos 43.4^\circ = 3{,}710 \sin 12.1^\circ + 5{,}398 \cos 43.4^\circ = 4{,}700\ kN$$

그림 9-40은 스트럿-타이 모델의 해석결과로 스트럿과 타이의 단면력을 나타낸다.

(3) 철근 배치

① 휨철근 배치

그림 9-40의 스트럿-타이 모델에서 휨모멘트에 저항하는 타이로 타이 AB, 타이 BC, 타이 CD가 있다. 이 중에서 인장력이 큰 타이 CD에 대한 인장철근을 먼저 결정한다. 타이 CD의 인장력 F_{uCD}가 7,337 kN이므로,

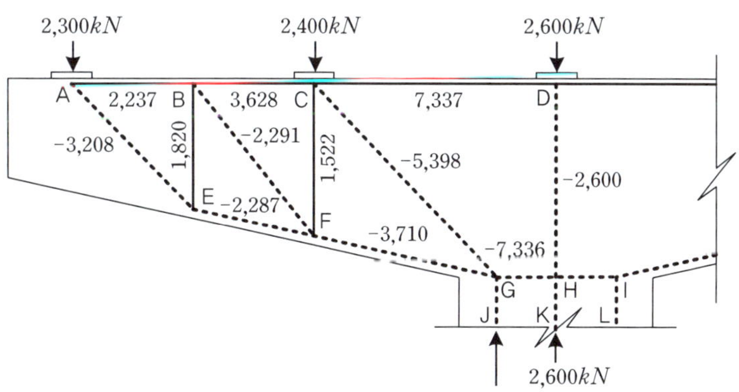

그림 9-40 스트럿과 타이의 단면력

이에 대한 소요철근단면적 $A_{st,req}$를 계산하면

$$A_{st,req} = \frac{F_{uCD}}{\phi_s f_y} = \frac{7,337\times10^3}{0.9\times500} = 16,304\ mm^2$$

따라서 인장철근으로는 단면적 A_b가 794.2 mm^2인 D32 철근 22개를 선택한다. 이때 22-D32 철근의 단면적 A_{st}는 17,472 mm^2이며, 각 열에 11개씩 상하 2열로 배치한다. 여기서 D32 철근 11개를 한 열에 배치할 수 있는지 최소 복부폭 $b_{w,min}$을 5장 5.2.4절에 소개한 방법에 따라 계산한다. KDS 24 14 21 콘크리트교 설계기준(한계상태설계법)에 따른 공칭피복두께 $t_{c,nom}$은 3장의 3.4.4절 [2]항에 소개한 바와 같이 최소 피복두께 $t_{c,min}$에 설계편차 허용량 $\Delta t_{c,dev}$를 더하는데, $\Delta t_{c,dev}$는 기본적으로 10 mm이다. 최소 피복두께 $t_{c,min}$는 $t_{c,min,b}$, $t_{c,min,d}$, 10 mm 중 가장 큰 값으로, 노출등급 EC4의 40 mm를 내구성 확보를 위한 최소 피복두께 $t_{c,min,d}$로 하였을 때 철근지름과 같은 값인 부착성능을 확보하기 위한 최소 피복두께 $t_{c,min,b}$보다 크므로 $t_{c,min}$은 40 mm이다. 따라서 공칭피복두께 $t_{c,nom}$은 다음과 같이 40 mm의 최소 피복두께 $t_{c,min}$에 10 mm를 더한 50 mm가 된다.

$$t_{c,nom} = t_{c,min} + \Delta t_{c,dev} = 40+10 = 50\ mm$$

한편 전단철근으로 D16 철근을 사용한다고 가정할 때, KDS 24 14 21 콘크리트교 설계기준(한계상태설계법)에 따른 D16 철근의 구부림 최소 내면 반지름은 3장 표 3-8에 나타낸 바와 같이 철근지름의 2배이고 철근의 수평순간격 s_{cl}은 3장 표 3-12에 나타낸 바와 같이 철근 지름의 1.5배와 40 mm 중 큰 값인 철근 지름의 1.5배 47.7 mm이다. 이에 따라 피복두께 c_{cl}이 공칭피복두께 $t_{c,nom}$인 50 mm, D16 철근의 구부림 최소 내면 반지름 r_s가 전단철근 지름의 2배, 철근의 수평순간격 s_{cl}이 47.7 mm일 때 D32 철근 11개를 한 열에 배치할 최소 복부폭 $b_{w,min}$을 구하면

$$\begin{aligned} b_{w,min} &= 2c_{cl}+2d_{bs}+2r_s+(n-1)d_b+(n-1)s_{cl} \\ &= 2\times50+2\times15.9+2\times2\times15.9+(11-1)\times31.9+(11-1)\times47.7 \\ &= 991\ mm < b_w\ (=1,000\ mm) \end{aligned}$$

따라서 D32 철근 11개를 한 열에 배치할 수 있으므로, 22-D32 철근을 11개씩 상하 2열로 배치하기로 한다.

두 번째로 타이 BC에 대한 인장철근을 결정한다. 타이 BC의 인장력 F_{uBC}가 3,628 kN이므로, 이에 대한 소요철근단면적 $A_{st,req}$를 계산하면

$$A_{st,req} = \frac{F_{uCD}}{\phi_s f_y} = \frac{3,628\times10^3}{0.9\times500} = 8,062\ mm^2$$

따라서 인장철근으로는 단면적 A_b가 794.2 mm^2인 D32 철근 11개를 선택한다. 이때 11-D32 철근의 단면적 A_{st}는 8,736 mm^2이며, 타이 CD로 배치되는 2 열의 22-D32 철근 중 위열에 배치되는 11-D32 철근을 연장하여 배치한다.

마지막 타이 AB에 대한 인장철근은 타이 BC와 동일하게 11-D32 철근을 배치한다. 이것은 집중하중과 인접 집중하중 사이에 휨모멘트에 저항하는 타이가 2개 이상 존재할 때는 구간 내에 존재하는 타의의 인장력 중 가장 큰 인장력을 기준으로 인장철근을 배치하기 때문이다.

② 전단철근 배치

전단철근을 배치해야 할 타이는 타이 BE와 타이 CF이다. 먼저 타이 BE에 대한 전단철근을 먼저 결정한다. 타이 BE의 인장력 F_{uBE}가 1,820 kN이므로, 이에 대한 소요철근단면적 $A_{st,req}$를 계산하면

$$A_{st,req} = \frac{F_{uBE}}{\phi_s f_y} = \frac{1,820\times10^3}{0.9\times500} = 4,044\ mm^2$$

따라서 D16 철근을 7장 그림 7-17(b)와 같은 2중 U형 전단철근으로 배치하면 수직전단철근 단면적 A_v는

D16 철근단면적의 4배인 794 mm^2이므로, 집중하중과 반력 사이에 배치해야 할 소요수량을 계산하면

$$n_{req} = \frac{A_{st,req}}{A_v} = \frac{4,044}{794} = 5.1$$

전단력에 해당하는 인장력이 작용하는 타이 BE의 최대 유효폭은 절점 A와 절점 C 사이의 수평길이 3,000 mm의 1/2인 1,500 mm이므로, 수직전단철근의 소요수평간격을 구하면

$$s_{req} = \frac{1,500}{5.1} = 294.1\ mm$$

따라서 D16 2중 U형 수직전단철근을 250 mm 간격(간격 6개)으로 배치한다.

이제 타이 CF에 대한 전단철근을 결정한다. 타이 BE의 인장력 F_{uCF}가 1,522 kN이므로, 이에 대한 소요철근단면적 $A_{st,req}$를 계산하면

$$A_{st,req} = \frac{F_{uCF}}{\phi_s f_y} = \frac{1,522\times10^3}{0.9\times500} = 3,333\ mm^2$$

따라서 D16 철근을 2중 U형 전단철근으로 배치하면 수직전단철근 단면적 A_v는 D16 철근단면적의 4배인 794 mm^2이므로, 집중하중과 반력 사이에 배치해야 할 소요수량을 계산하면

$$n_{req} = \frac{A_{st,req}}{A_v} = \frac{3,333}{794} = 4.2$$

전단력에 해당하는 인장력이 작용하는 타이 CF의 최대 유효폭은 절점 B와 절점 C 사이의 수평길이의 1/2이 좌우에 점유한 폭과 같으므로 1,500 mm으로 취한다. 이에 따라 수직전단철근의 소요수평간격을 구하면

$$s_{req} = \frac{1,500}{4.2} = 357.1\ mm$$

따라서 D16 2중 U형 수직전단철근을 300 mm 간격(간격 5개)으로 배치한다.

③ 추가 철근의 배치와 최소 철근량 검증

타이 BE와 타이 CF의 폭이 각각 1,500 mm이므로, 타이 BE의 중심선과 타이 CF의 중심선에서 각각 좌우로 750 mm인 구간을 점유한다. 그 외의 구간, 즉 BE의 중심선에서 왼쪽으로 750 mm 떨어진 위치에서 절점 A 방향으로의 구간과 타이 CF의 중심선에서 오른쪽으로 750 mm 떨어진 위치에서 절점 D 방향으로의 구간은 KDS 24 14 21 콘크리트교 설계기준(한계상태설계법)에 따라 최소 수직철근을 배치하고, 전체구간에 최소 수평철근을 배치한다. 이때 최소 수직철근과 최소 수평철근의 간격은 보 단면 폭 두께의 2배인 2,000 mm와 300 mm 중 작은 값 이하여야 하므로, 300 mm 간격으로 배치하기로 한다. 최소 수직철근과 최소 수평철근은 양면에 각각 콘크리트 단면적의 0.1% 이상을 배치하여야 하므로, 1 m 당 한쪽 면의 최소 수직철근 단면적 $A_{sv,min}$과 최소 수평철근 단면적 $A_{sh,min}$을 구하면 단면의 폭이 1,000 mm이므로

$$A_{sv,min} = A_{sh,min} = 0.001\times1,000\times1,000 = 1,000\ mm^2$$

수직철근으로는 이미 타이 CF에 대한 전단철근으로 D16 2중 U형 수직전단철근을 300 mm 간격으로 배치하기로 하였으므로, 나머지 구간에도 동일하게 D16 2중 U형 수직철근을 300 mm 간격으로 배치할 때 단위길이 1 m 당 한쪽 면에 배치되는 수직철근의 양은 다음과 같이 최소 수직철근 단면적 이상으로 기준을 만족한다.

$$A_{sv} = \frac{1}{2}\times\frac{794\times1,000}{300} = 1,323\ mm^2 > A_{sv,min}\ (=1,000\ mm^2)$$

수평철근으로 전체 길이에 걸쳐 수직철근과 동일한 양이 되도록 4개의 D16 수평철근을 300 mm 간격으로 배치하면, 단위길이 1 m 당 한쪽 면에 배치되는 수평철근의 양은 다음과 같이 최소 수평철근 단면적 이상으로 기준을 만족한다.

$$A_{sh} = \frac{1}{2}\times\frac{794\times1,000}{300} = 1,323\ mm^2 > A_{sh,min}\ (=1,000\ mm^2)$$

수직철근과 수평철근의 또 다른 최소 단면적 규정으로 1 m 당 철근 단면적이 150 mm^2 이상이어야 하는데, 위에서 검증한 최소 단면적이 150 mm^2보다 크므로 자동으로 규정을 만족한다.

(4) 스트럿-타이 모델 요소의 강도 검증

① 휨모멘트를 저항하는 타이의 강도 검증

타이 CD에는 단면적 A_{st}가 17,472 mm^2인 22-D32 철근을 각 열에 11개씩 상하 2열로 배치하기로 하였다. 이 철근배치에 대하여 설계강도를 구하면, 타이철근의 재료계수가 0.9이므로

$$F_{tdCD} = \phi_s f_y A_{st} = 0.9 \times 500 \times 17{,}427/10^3 = 7{,}862\ kN > F_{uCD}\ (= 7{,}337\ kN)$$

따라서 타이 CD는 강도를 만족한다.

타이 BC와 타이 AB에는 단면적 A_{st}가 8,736 mm^2인 11-D32 철근을 배치하기로 하였다. 이 철근배치에 대하여 타이 BC의 설계강도를 구하면

$$F_{tdBC} = \phi_s f_y A_{st} = 0.9 \times 500 \times 8{,}736/10^3 = 3{,}931\ kN > F_{uBC}\ (= 3{,}628\ kN)$$

따라서 타이 BC는 강도를 만족한다.

타이 AB의 설계강도는 타이 BC의 설계강도와 동일하므로

$$F_{tdAB} = F_{tdBC} = 3{,}931\ kN > F_{uAB}\ (= 2{,}237\ kN)$$

따라서 타이 AB는 강도를 만족한다.

② 스트럿의 폭 결정

각 스트럿에 대하여 스트럿으로 제공되는 폭(provided width) w_s를 그림 9-12를 참조하여 식 (9·30)으로 구한다. 절점 A에 접한 경사 스트럿 AE의 폭 w_{sAE}(참고: s 다음의 AE에서 A를 앞에 표기한 것은 절점 A에 접한 스트럿의 폭이라는 것을 의미함)를 구하면, 타이 AB의 폭 w_t가 300 mm이고 수직하중 작용점의 폭 l_b가 500 mm이므로,

$$w_{sAE} = w_t \cos\theta + l_b \sin\theta = 300 \times \cos 45.8^\circ + 500 \times \sin 45.8^\circ = 568\ mm$$

절점 E에 접한 경사 스트럿 AE의 폭 w_{sEA}를 구하면, 스트럿 AE와 절점 E에서 연결되어 있는 스트럿 EF의 폭 w_{sEF}가 400 mm이므로

$$w_{sEA} = \frac{w_{sEF}}{\sin(44.2^\circ + 12.1^\circ)} = \frac{400}{\sin(44.2^\circ + 12.1^\circ)} = 481\ mm$$

절점 B에 접한 경사 스트럿 BF의 폭 w_{sBF}를 구하면, 타이 BE의 폭 w_{tBE}가 1,500 mm이고 타이 BC의 폭 w_{tBC}가 300 mm이므로,

$$w_{sBF} = w_{tBE} \cos\theta + w_{tBC} \sin\theta = 1{,}500 \times \cos 52.6^\circ + 300 \times \sin 52.6^\circ = 1{,}149\ mm$$

절점 F에 접한 경사 스트럿 BF의 폭 w_{sFB}를 구하면, 스트럿 BF와 절점 F에서 연결되어 있는 스트럿 FG의 폭 w_{sFG}가 400 mm이므로

$$w_{sFB} = \frac{w_{sFG}}{\sin(37.4^\circ + 12.1^\circ)} = \frac{400}{\sin(37.4^\circ + 12.1^\circ)} = 526\ mm$$

절점 C에 접한 경사 스트럿 CG의 폭 w_{sCG}를 구하면, 타이 CD의 폭 w_t가 300 mm이고 수직하중 작용점의 폭 l_b가 500 mm이므로,

$$w_{sCG} = w_t \cos\theta + l_b \sin\theta = 300 \times \cos 46.6^\circ + 500 \times \sin 46.6^\circ = 569\ mm$$

절점 G에 접한 경사 스트럿 CG의 폭 w_{sGC}를 구하면, 스트럿 CG와 절점 G에서 연결되어 있는 스트럿 FG의 폭 w_{sFG}가 400 mm이므로

$$w_{sGC} = \frac{w_{sFG}}{\sin(43.4^\circ + 12.1^\circ)} = \frac{400}{\sin(43.4^\circ + 12.1^\circ)} = 485\ mm$$

절점 D에 접한 수직 스트럿 DH의 폭 w_{sDH}는 다음과 같이 수직하중 작용점의 폭 l_b와 동일하다.

$$w_{sDH} = l_b = 500\ mm$$

③ 스트럿과 절점영역의 강도 검증

스트럿의 설계강도 $f_{cd,\,max}$는 스트럿 축을 가로지르는 횡방향 인장철근의 철근비 0.4%를 기준으로 구분하여 결정한다. 횡방향 인장철근비가 0.4% 미만인 경우에는 식 (9 ·72)로 $f_{cd,\,max}$를 구하고, 0.4% 이상인 경우에는 스트럿과 횡방향 철근 사이의 각도에 따라 식 (9 ·73)~식 (9 ·75)로 $f_{cd,\,max}$를 구한다. 앞 (3)의 ②에서 수직철근으로 D16 2중 U형 수직전단철근을 250 mm 간격과 300 mm 간격으로 배치하고, 앞 (3)의 ③에서 수평철근으로 4개의 D16 철근을 300 mm 간격으로 배치하기로 하였다.

이에 따라 그림 9-13과 식 (9 ·16)을 참조하여 스트럿 AE의 중심축을 직각으로 가로지르는 횡방향 철근비로 환산하면, 수직철근이 250 mm 간격이고 수평철근이 300 mm 간격일 때 D16 철근단면적의 4배가 794 mm^2이므로

$$\rho_{vhAE} = \sum \frac{A_{si}}{bs_i} \sin^2 \gamma_i = \frac{794}{1{,}000 \times 250} \sin^2 45.8^\circ + \frac{794}{1{,}000 \times 300} \sin^2 44.2^\circ = 0.00292 < 0.004$$

스트럿 BF의 중심축을 직각으로 가로지르는 횡방향 철근비로 환산하면, 수직철근과 수평철근이 모두 300 mm 간격일 때

$$\rho_{vhBF} = \sum \frac{A_{si}}{bs_i} \sin^2 \gamma_i = \frac{794}{1{,}000 \times 300} \sin^2 52.6^\circ + \frac{794}{1{,}000 \times 300} \sin^2 37.4^\circ = 0.00265 < 0.004$$

스트럿 BF의 중심축을 직각으로 가로지르는 횡방향 철근비가 모두 0.4% 미만이므로, 스트럿의 설계강도 $f_{cd,\,max}$는 다음과 같다.

$$f_{cd,\,max} = 0.6\left(1 - \frac{f_{ck}}{250}\right)\phi_c f_{ck} = 0.6 \times \left(1 - \frac{30}{250}\right) \times 0.65 \times 30 = 10.3\ MPa$$

절점영역의 설계강도 $f_{cd,\,max}$는 C-C-C 절점, C-C-T 절점, C-T-T 절점의 경우 각각 다음과 같다.

$$f_{cd,\,max} = \left(1 - \frac{f_{ck}}{250}\right)\phi_c f_{ck} \qquad f_{cd,\,max} = 0.85\left(1 - \frac{f_{ck}}{250}\right)\phi_c f_{ck} \qquad f_{cd,\,max} = 0.75\left(1 - \frac{f_{ck}}{250}\right)\phi_c f_{ck}$$

절점영역 설계강도 $f_{cd,\,max}$ 수식의 계수는 각각 1.0, 0.85, 0.75이고, 스트럿 설계강도 $f_{cd,\,max}$ 수식의 계수는 0.6이므로 항상 스트럿의 설계강도가 지배적이다.

이제 스트럿 AE의 설계강도를 구하면

$$F_{cdAE} = f_{cd,\,max} A_c = f_{cd,\,max}\, w_{sAE}\, b_w = 10.3 \times 568 \times 1{,}000/10^3$$

$$= 5{,}850\ kN > F_{uAC}\ (= 3{,}208\ kN)$$

스트럿 AE는 강도를 만족한다. 이 결과들을 정리하면 표 9-8과 같으며, 모든 구성요소의 강도성능이 만족된다.

스트럿과 절점영역의 강도를 직접 계산하여 강도를 검증하는 방법 대신, 소요폭 $w_{ns,\,req}$을 이용하는 방법으로 스트럿과 절점영역의 강도 검증을 수행할 수도 있다. 그 과정은 다음과 같다.

스트럿 AE의 소요폭을 구하고 검증하면

$$w_{reqAE} = \frac{F_{uAE}}{f_{cd,\,max}\, b_w} = \frac{3{,}208 \times 10^3}{10.3 \times 1{,}000} = 311\ mm < w_{sAE}\ (= 568\ mm)$$

이 결과들을 정리하면 표 9-8과 같으며, 모든 구성요소의 강도성능이 만족된다.

(5) 주인장철근의 정착성능 검증과 철근 배치

① 주인장철근의 위치

수평 타이의 중심선을 단면 상단에서 150 mm 떨어진 위치로 선정하여 타이의 폭을 300 mm로 하였고, 피어캡 상단 표면에서 위열 주인장철근의 중심까지의 거리를 100 mm로 하고 위열 철근 중심과 아래열 철근

표 9-8 요소의 폭 검증

요소	요소종류	$f_{cd,\,max}[MPa]$	$F_u[kN]$	$F_{cd}[kN]$	$w_{ns,\,req}[mm]$	$w_{prv}[mm]$	검증결과
AE	스트럿 AE 절점 A [C-C-T] 절점 E [C-C-T]	10.3	3,208	5,850	311	568	OK
BF	스트럿 BF 절점 B [C-T-T] 절점 F [C-C-T]	10.3	2,291	11,830	222	1,149	OK
CG	스트럿 CG 절점 C [C-C-T] 절점 G [C-C-C]	10.3	5,398	5,861	524	569	OK

중심 사의의 거리도 100 mm가 되도록 주인장철근을 배치하기로 한다.

② 주인장철근의 기본정착길이

2열의 주인장철근 중 위열의 SD500 11-D32는 절점 A를 지난 후 캔틸레버 자유단에, 아래열의 11-D32는 절점 C를 지난 후에 직선철근 또는 90° 갈고리 철근으로 정착시키려 한다. KDS 24 14 21 콘크리트교 설계기준(한계상태설계법)에 따라 철근의 설계정착길이를 결정하려면 기본정착길이를 구하고 수정계수를 적용하여야 한다. 기본정착길이를 구하려면 설계 부착강도를 먼저 산정해야 하는데, 부착강도는 콘크리트의 기준인장강도의 함수로 결정되며 콘크리트의 기준인장강도는 평균압축강도의 함수로 결정된다. 이에 따라 콘크리트의 평균압축강도를 먼저 구하면, 콘크리트 설계기준압축강도가 30 MPa이므로

$$f_{cm} = f_{ck} + \Delta f = 30 + 4 = 34\ MPa$$

콘크리트의 기준인장강도 f_{ctk}는 평균인장강도 f_{ctm}의 0.7배이므로, 식 (2·28)과 식 (2·29)를 이용하여 계산하면

$$f_{ctk} = 0.7\, f_{ctm} = 0.7\,[0.3(f_{cm})^{2/3}] = 0.21(f_{cm})^{2/3} = 0.21 \times (34)^{2/3} = 2.20\ MPa$$

2열의 주인장철근은 모두 상부철근이므로 철근 위치계수 η_1는 다음과 같이 0.7이고, 철근지름이 32 mm로 32 mm를 초과하지 않으므로 철근 크기계수 η_2는 1.0이다.

$$\eta_1 = 0.7$$
$$\eta_2 = 1.0$$

이를 적용하여 설계부착강도를 계산하면

$$f_{bd} = \phi_c(2.25\,\eta_1\eta_2)f_{ctk} = 0.65 \times 2.25 \times 0.7 \times 1.0 \times 2.20 = 2.25\ MPa$$

기본정착길이를 구하면, 철근의 설계응력 f_{sd}가 $\phi_s f_y$이므로

$$l_b = \frac{d_b}{4}\frac{f_{sd}}{f_{bd}} = \frac{31.8}{4} \times \frac{0.9 \times 500}{2.25} = 1{,}590\ mm$$

③ 위열의 SD500 11-D32 주인장철근의 정착설계

위열의 SD500 11-D32 주인장철근은 그림 9-41과 같이 피어캡 캔틸레버 자유단까지 연장하여 정착시키려고 한다. 그림 9-41(a)와 같이 직선철근으로 정착시킬 때의 묻힘길이는 캔틸레버 자유단과 절점 A 위치 교량받침의 오른쪽 끝 부분까지의 거리에서 피복두께를 뺀 거리이다. 이 묻힘길이 l_{emb}를 계산하면, 피복두께가 50 mm이므로

$$l_{emb} = 800 + \frac{500}{2} - 50 = 1{,}000\ mm$$

그림 9-41(b)와 같이 갈고리 철근으로 정착시킬 때의 묻힘길이는 캔틸레버 자유단과 절점 A 위치 교량받침의 오른쪽 끝 부분까지의 거리에서 피복두께와 철근 반지름을 뺀 거리이다. 이 묻힘길이 l_{emb}를 계산하면, 피복두께가 50 mm이고 철근지름이 31.8 mm이므로

$$l_{emb} = 800+\frac{500}{2}-50-\frac{31.8}{2} = 984\ mm$$

설계정착길이를 구할 때 적용하는 수정계수 α_1과 α_2를 결정하기 위해서는 피복두께와 순간격에 따라 결정하는 C_b를 먼저 구해야 한다. 이를 위하여 주인장철근 사이의 순간격 a의 1/2을 구하면

$$\frac{a}{2} = \frac{(b_w-2c_1-11\,d_b)/10}{2} = \frac{1{,}000-2\times81.2-11\times31.8}{10\times2} = 24.4\ mm$$

보의 측면 콘크리트 표면에서 주인장철근의 표면까지의 거리 c_1을 구하면

$$c_1 = c_{cl}+d_{bs}+2r_s-\frac{d_b}{2} = 50+15.7+2\times15.7-\frac{31.8}{2} = 81.2\ mm$$

이제 위열 주인장철근에 대한 피복두께 c를 구하면,

$$c = 100-\frac{31.8}{2} = 84\ mm$$

직선철근으로 정착시킨다면 $a/2$, c_1, c 중 가장 작은 값이 C_b인데 $a/2$가 가장 작으므로

$$C_b = 24.4\ mm$$

철근을 구부린 절곡 철근으로 정착시킨다면 $a/2$와 c_1 중 작은 값이 C_b인데 $a/2$가 더 작으므로

$$C_b = 24.4\ mm$$

직선철근으로 정착시킬 때에는 C_b와 무관하게 수정계수 α_1은 다음과 같다.

$$\alpha_1 = 1.0$$

철근을 구부린 절곡 철근으로 정착시킬 때에는 C_b와 철근지름의 3배를 비교하여 수정계수 α_1를 결정한다. 이를 비교하면

$$C_b = 24.4\ mm < 3\,d_b\ (= 3\times31.8 = 95.4\ mm)$$

C_b가 철근지름의 3배를 초과하지 않으므로, 철근 형상에 따른 수정계수 α_1은 다음과 같다.

$$\alpha_1 = 1.0$$

이 결과는 철근지름의 5배인 연장길이를 갖는 90° 갈고리로 가공하더라도 갈고리를 두지 않은 직선철근과 동일한 정착성능을 보인다는 뜻이다. 따라서 이 철근은 직선철근으로의 설계정착길이를 적용하여야 한다. 피복두께에 따른 수정계수 α_2를 직선철근에 대한 수식으로 계산하면

$$\alpha_2 = 1-0.15\,\frac{C_d-3d_b}{d_b} = 1-0.15\times\frac{24.4-3\times31.8}{31.8} = 1.33 > 1.0$$

계산한 값이 1.0을 초과하므로, 피복두께에 따른 수정계수 α_2는 다음과 같다.

$$\alpha_2 = 1.0$$

이상의 결과로 설계정착길이 l_{bd}를 계산하면

$$l_{bd} = \alpha_1\,\alpha_2\,l_b = l_b = 1{,}590\ mm$$

이 길이는 직선철근일 때의 묻힘길이 1,000 mm를 초과한다. 따라서 묻힘길이 1,000 mm 내에 배치된 수직전단철근에 의한 구속효과를 반영하여 수정계수 α_3를 구하고, 이 계수를 적용하여 설계정착길이 l_{bd}를 결정하기로 한다. 주철근에 용접되어 있지 않는 횡방향 철근에 의한 구속효과를 반영하는 수정계수 α_3를 구하기 위해서는 K와 λ를 결정하여야 한다. 11개의 주인장철근 중 양쪽 끝에 배치되는 철근은 수직전단철근의 구부림 부분으로 구속되지만 나머지 9개는 수직전단철근의 직선부로 구속된다. 따라서 K 값은 횡방향

철근의 직선부로 구속하는 보수적인 상황을 적용하여 10장 10.5.1절 [3]항의 그림 10-53으로부터 다음과 같은 값을 적용한다.

$$K = 0.05$$

λ는 설계정착길이 l_{bd} 내의 횡방향 철근 단면적 $\sum A_{st}$, 최소 횡방향 철근 단면적 $\sum A_{st,\,min}$, 최대지름을 가진 정착철근 한 개의 단면적 A_s를 이용하여 계산한다. 이 구간에는 D16 2중 U형 수직전단철근을 300 mm 간격으로 배치하므로, 묻힘길이 1,000 mm 내에 300 mm 간격으로 배치되는 수직전단철근 수를 구하면

$$n = \frac{l_{bd}}{s_{vv}} = \frac{1{,}000}{300} = 3.3 \rightarrow n = 3$$

만일 철근을 구부린 절곡 철근으로 정착시킨다면, 묻힘길이 984 mm 내에 300 mm 간격으로 배치되는 수직전단철근 수는

$$n = \frac{l_{bd}}{s_{vv}} = \frac{984}{300} = 3.28 \rightarrow n = 3$$

이 경우에도 역시 묻힘길이 내의 수직전단철근의 수는 3개이다. 수직전단철근 단면적 A_v는 D16 철근단면적의 4배인 794 mm^2이므로, $\sum A_{st}$를 구하면

$$\sum A_{st} = n\,A_v = 3\times794 = 2{,}382\ mm^2$$

주철근 11-D32의 총 단면적 A_s가 8,736 mm^2이므로, 보의 경우 0.25 A_s인 최소 횡방향 철근 단면적 $\sum A_{st,\,min}$를 구하면

$$\sum A_{st,\,min} = 0.25A_s = 0.25\times8{,}736 = 2{,}184\ mm^2$$

이제 λ를 구하면, D32 철근의 단면적이 794.2 mm^2이므로

$$\lambda = \frac{\sum A_{st} - \sum A_{st,\,min}}{A_s} = \frac{2{,}382-2{,}184}{794.2} = 0.249$$

이제 수정계수 α_3를 구하면

$$\alpha_3 = 1-K\lambda = 1-0.1\times0.249 = 0.975$$

수정계수 α_4와 α_5는 해당 사항이 아니고 α_6는 철근지름의 12배인 연장길이를 갖는 90° 갈고리에 대한 수정계수이므로, 직선철근에 대한 설계정착길이 l_{bd}를 구하면

$$l_{bd} = \alpha_1\alpha_2\alpha_3\alpha_4\alpha_5\alpha_6\,l_b = \alpha_3\,l_b = 0.975\times1{,}590 = 1{,}482\ mm$$

한편 설계정착길이는 최소 정착길이 $l_{b,\,min}$ 이상이어야 한다. 최소 정착길이 $l_{b,\,min}$는 다음 세 값 중 가장 큰 값이다.

$$l_{b,\,min1} = 0.3\,l_b = 0.3\times l_b = 0.3\times1{,}590 = 477\ mm$$

$$l_{b,\,min2} = 15\,d_b = 15\times31.8 = 477\ mm$$

$$l_{b,\,min3} = 100\ mm$$

이 값들은 모두 1,482 mm보다 작으므로, 설계정착길이 l_{bd}는 다음과 같다.

$$l_{bd} = 1{,}482\ mm$$

KDS 24 14 21 콘크리트교 설계기준(한계상태설계법)에서는 직선철근의 설계정착길이를 직선철근뿐만 아니라 철근을 구부린 절곡 철근으로 정착시키는 경우에도 적용할 수 있다. 이 예제의 경우 직선철근으로 배치할 때 1,000 mm인 묻힘길이 l_{emb}가 1,482 mm인 설계정착길이 l_{bd}보다 작으므로 철근을 구부린 절곡 철근으로 정착시키도록 한다. 이때 구부림 부분을 포함한 묻힘길이는 설계정착길이보다 크도록 1,500 mm로 한다. 즉 절점 A 위치 교량받침의 오른쪽 끝 부분에서 철근의 끝이 1,500 mm이도록 철근을 절단하고 3.5 d_b의 구부림 내면 반지름(표 3-8 참조)으로 90° 구부려서 그림 9-41(b)와 같이 배치하기로 한다. 묻힘길이 1,500 mm는

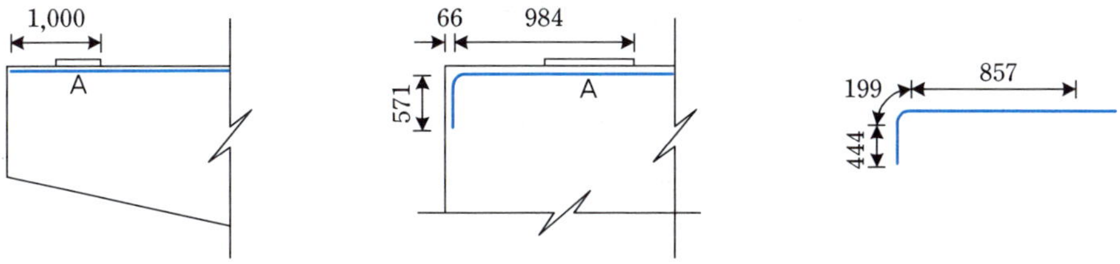

(a) 직선철근의 묻힘길이 (b) 구부림 철근 배치 (c) 묻힘길이 1,500 mm 구성

그림 9-41 위열 SD500 11-D32 주인장철근의 정착

그림 9-41(c)와 같이 수평 부분 857 mm, 구부림 부분 199 mm, 수직 부분 444 mm로 구성된다.

④ 아래열의 SD500 11-D32 주인장철근의 정착설계

아래열 SD500 11-D32 주인장철근도 위열 SD500 11-D32 주인장철근과 동일하게 다음과 같은 값을 갖는다.

$$C_b = 24.4\ mm \qquad \alpha_1 = 1.0 \qquad \alpha_2 = 1.0 \qquad \alpha_3 = 0.975$$

따라서 아래열 SD500 11-D32 주인장철근의 설계정착길이 l_{bd}도 위열 주인장철근과 동일하게 다음과 같다.

$$l_{bd} = 1{,}482\ mm$$

아래열 SD500 11-D32 주인장철근은 절점 C 위치 교량받침의 오른쪽 끝 부분에서 철근의 끝이 1,500 mm 이도록 그림 9-42(a)와 같이 배치하기로 한다. 그림 9-42(b)는 아래열과 위열 주인장철근의 묻힘길이와 배치도를 나타낸다.

이상의 설계로 그림 9-43과 같이 철근을 배치한다. 피어캡 하면을 따라 경사진 방향으로 배치하는 4-D16 철근은 조립용 철근이다.

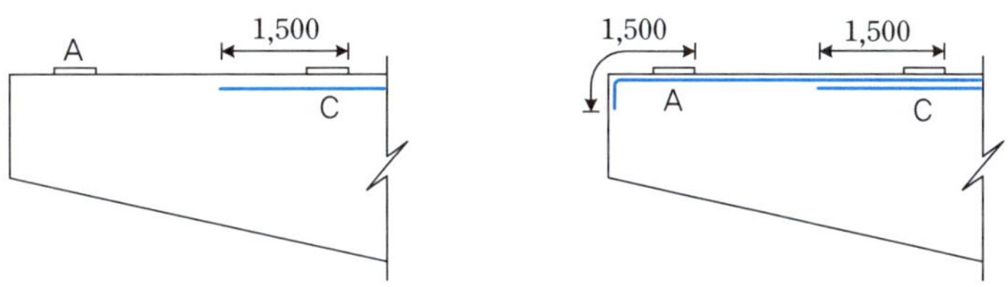

(a) 아래열 직선철근의 묻힘길이 (b) 아래열과 위열 주인장철근의 묻힘길이

그림 9-42 주인장철근의 배치

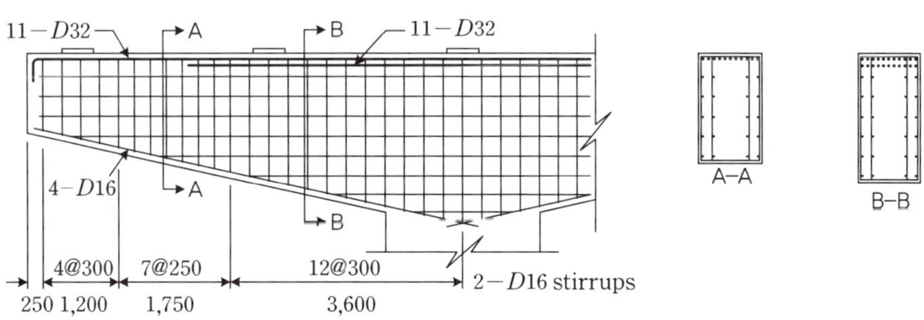

그림 9-43 철근 배치

9.4.6 콘크리트교 설계기준에 따른 접합부의 설계

여러 가지 용도의 구조물로 이용되는 골조와 지하철, 통로박스, 수로박스, 전력구 및 통신구 등으로 이용되는 박스 형식의 구조물은 수직부재와 수평부재가 연결되는 접합부(joint)가 존재한다. 접합부는 위치에 따라 그림 9-44의 (a)와 (b)같이 가장 바깥쪽의 수직부재와 수평부재가 연결되는 모서리 접합부와 그림 9-44의 (c)와 (d)같이 구조물 내부의 수직부재와 수평부재가 연결되는 내부 접합부로 구분할 수 있다.

여기서 그림 9-44(a)는 수직부재와 수평부재가 오므라드는 변형이 발생하도록 닫힘 모멘트(closing moment)가 작용하는 모서리 접합부이며, 그림 9-44(b)는 벌어지는 변형이 발생하도록 열림 모멘트(opening moment)가 작용하는 모서리 접합부이다. 교량구조에서 모서리 접합부는 영문으로 'knee joint'라고 한다. 그림 9-44(c)는 내부 접합부의 하나로 수직부재 상단에 수평부재가 좌우로 연결되는 T형 접합부이며, 영문으로 'T joint'라고 한다. 그림 9-44(d)는 상하 수직부재와 좌우 수평부재가 연결되는 십(十)자형 내부 접합부이다. 한편 위와 같이 접합부 형태를 세분하여 명칭을 사용하지 않고 연결되는 부재의 종류에 따라 보-기둥 접합부(beam-column joint)와 슬래브-기둥 접합부(slab-column joint)라는 용어를 사용하기도 한다.

이 절에서는 다음과 같이 모서리 접합부와 T형 접합부의 스트럿-타이 모델을 적용한 설계를 소개한다.

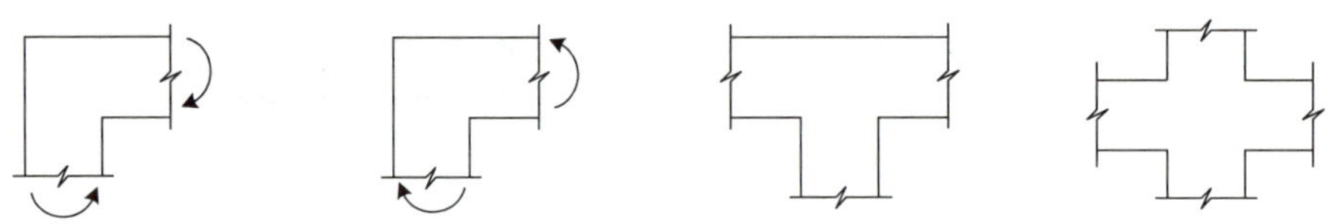

(a) 닫힘 모서리 접합부 (b) 열림 모서리 접합부 (c) T형 내부 접합부 (d) 십(十)자형 내부 접합부

그림 9-44 접합부의 종류

[1] 닫힘 모멘트가 작용하는 모서리 접합부

모서리 접합부에 닫힘 모멘트가 작용하면 그림 9-45(a)와 같이 모서리 바깥쪽에 인장력이 작용하여 인장균열이 발생할 수 있다. 모서리 안쪽에는 압축력이 작용하는데, 매우 드물지만 이 압축력에 의한 할렬균열(쪼개짐 균열, splitting crack)이 발생하는 경우가 있다. 닫힘 모서리 접합부의 인장철근은 모서리에서 구부린 형태의 연속된 철근을 사용하여야 하며, 접합부 내에 전단철근을 배치하지 않아도 되고 정착길이 검증도 수행하지 않아도 된다. 한편 모서리 접합부에는 모서리 안쪽과 바깥쪽의 대각선 방향으로 압축 스트럿이 형성되는데, 인장철근의 구부림 반지름이 그림 9-45(b)와 같이 클 때와 그림 9-45(c)와 같이 작을 때는 대각 스트럿의 형상에 차이가 나타날 수 있다. 구조적으로는 인장철근의 구부림 반지름을 크게 할 때가 더 안전한 설계가 된다. 수평부재와 수직부재의 깊이가 크게 차이 날 때는 대각 스트럿이 45°와 다른 각도를 갖게 되어 스트럿 축의 직각방향으로 인장력이 작용할 수 있으므로 이에

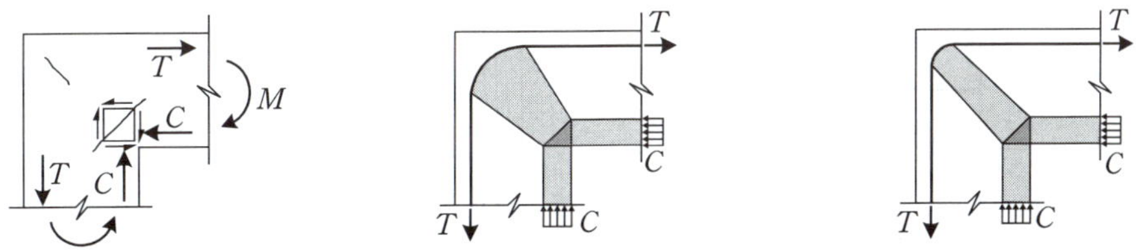

(a) 힘 작용과 균열　(b) 큰 구부림 반지름 철근 배치　(c) 작은 구부림 반지름 철근 배치

그림 9-45 닫힘 모서리 접합부의 힘 작용

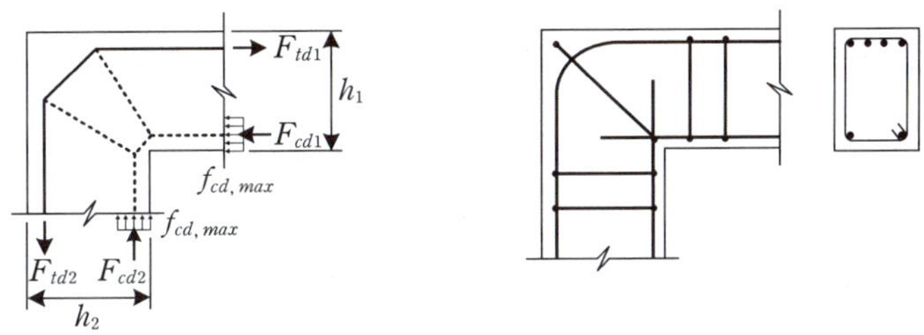

(a) 스트럿-타이 모델과 힘 작용　(b) 철근 배치

그림 9-46 수평부재와 수직부재의 깊이가 비슷한 닫힘 모서리 접합부 모델과 철근 배치

대한 철근보강이 필요할 수 있다.

KDS 24 14 21 콘크리트교 설계기준(한계상태설계법)은 수평부재와 수직부재의 깊이가 유사할 때와 크게 차이 날 때를 구분하여 일반적인 닫힘 모서리 접합부에 적용할 수 있는 스트럿-타이 모델을 제시하고 있다. 그림 9-46은 수평부재의 깊이 h_1과 수직부재의 깊이 h_2의 비율이 2/3~3/2의 범위로 50% 이하의 차이를 보이는 닫힘 모서리 접합부의 스트럿-타이 모델과 철근 배치를 나타낸다. 그림 9-46(b)에 나타난 바와 같이 수평부재와 수직부재의 축방향 철근 외의 철근은 폐합철근(폐쇄철근)이어야 한다. 그림 9-46(b)에서 횡방향 철근을 나타내는 선보다 굵은 크기의 양쪽 끝 점은 폐합철근이라는 것을 의미한다.

그림 9-47은 두 접합부재의 깊이 비율이 50%를 넘는 닫힘 모서리 접합부의 스트럿-타이 모델과 철근 배치를 나타낸다. 그림 9-47(a)와 같이 수평부재가 매우 두꺼운 경우에는 대각 스트럿을 다수로 분리하고 이를 연결하는 다수의 타이와 함께 모델을 구성한다. 이렇게 구성된 타이에 대하여 그림 9-47(b)와 같이 폐합철근을 배치한다. 축방향 철근에 대해서는 정착길이 검증이 필요할 수 있다. 즉, 두 접합부재의 깊이가 비슷할 때 수평부재와 수직부재의 인장철근으로 보서리에서 구부린 형태의 연속된 철근을 사용하면, 그림 9-46(a)에 나타낸 수평부재와 수직부재 인장철근의 설계인장강도 F_{td1}과 F_{td2}가 동일한 값이므로 정착길이 검증을 수행하지 않아도 된다. 그러나 두 접합부재의 깊이가 큰 차이를 보이는 경우에는 단면 내에 작용하는 압축력과 인장력 사이의 팔길이가 다르므로 그림 9-47(a)에 나타낸 수직부재 인장철근의 설계인장강도 F_{td2}가 수평부재 인장철근의 F_{td1}보다 크게 된다. 이 두 힘의 차이 ΔF_{td}는 그림 9-47(a)에 표현되어 있으며, 그 크기는 다음과 같다.

$$\Delta F_{td} = F_{td2} - F_{td1} \tag{9·98}$$

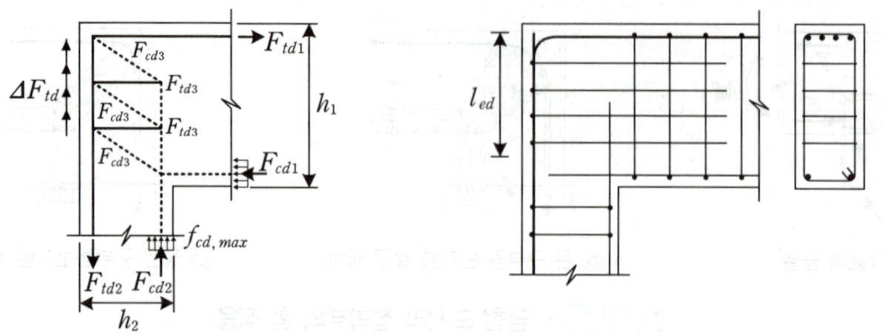

(a) 스트럿-타이 모델과 힘 작용 (b) 철근 배치

그림 9-47 수평부재와 수직부재의 깊이가 크게 다른 닫힘 모서리 접합부 모델과 철근 배치

따라서 그림 9-47(b)와 같이 모서리에서 구부린 형태의 연속된 철근 외에 직선 인장철근을 수직부재 인장철근으로 추가하여야 할 것이다. 이 철근에 대해서는 그림 9-47(b)에 나타낸 설계정착길이 l_{bd}를 결정하고 ΔF_{td}에 대하여 정착성능 검증을 수행하여야 한다.

[2] 열림 모멘트가 작용하는 모서리 접합부

모서리 접합부는 일반적으로 닫힘 모멘트보다는 열림 모멘트가 작용하는 경우가 더 취약하며, 철근 배치 형상에 따라 접합부의 성능에 크게 차이가 나타난다. 모서리 접합부에 열림 모멘트가 작용하면 그림 9-48(a)와 같이 모서리 안쪽에 인장력이 작용하여 인장균열이 발생할 수 있고, 모서리 바깥쪽에는 압축력이 작용하여 할렬균열(쪼개짐 균열, splitting crack)이 발생할 수 있다. 따라서 인장력이 작용하는 모서리 안쪽을 지나도록 수평부재와 수직부재의 인장철근을 연장 배치하고, 모서리 안쪽과 바깥쪽의 대각선 방향으로 철근을 보강할 필요가 있다. 그림 9-48(b)은 스트럿-타이 모델의 한 예를 나타내며, 그림 9-48(c)는 그 모델에 따른 철근 배치이다.

열림 모멘트가 작용하는 모서리 접합부는 철근 배치 형상에 따라 성능이 크게 차이 나므로, KDS 24 14 21 콘크리트교 설계기준(한계상태설계법)은 작용하는 휨모멘트의 수준을 두 가지로 구분하여 스트럿-타이 모델을 구성하고 철근을 배치하도록 규정하고 있다. 즉, 2% 이하의 인장철근비로 인장철근이 배치될 정도로 작은 열림 모멘트가 작용할 때는 그림 9-49(a)와 같이 스트럿-타이 모델을 구성한다. 슬래브와 벽체가 연결되는 모서리 접합부는 이 정도로 작은 휨모멘트가 작용하는 대표적인 구조이다. 그림 9-49는 수평부재의 깊이 h_1과 수직부재의 깊이 h_2가 비슷한 경우로, 그림 9-49(a)의 스트럿-타이

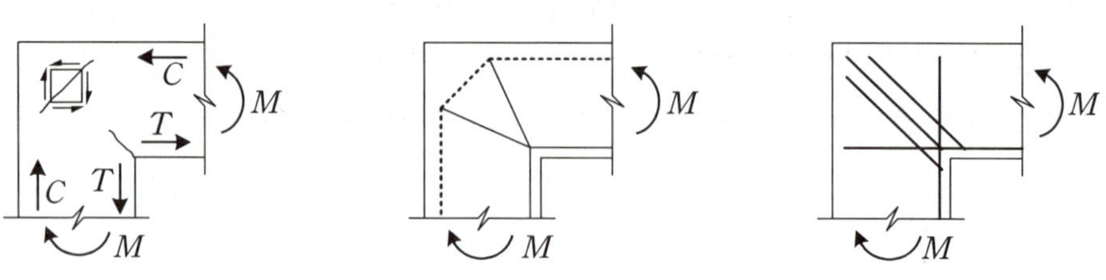

(a) 힘 작용과 균열 (b) 스트럿-타이 모델 (c) 철근 배치

그림 9-48 열림 모서리 접합부의 힘 작용과 모델 및 철근 배치

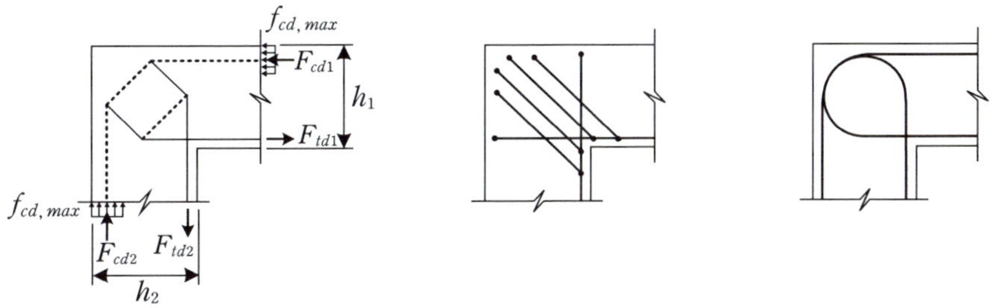

(a) 스트럿-타이 모델과 힘 작용 (b) 폐합철근 배치 (c) 루프 철근 배치

그림 9-49 작은 열림 모멘트가 작용하는 모서리 접합부

모델에 따라 그림 9-49의 (b) 또는 (c)와 같이 철근을 배치한다. 그림 9-49(b)는 수평부재와 수직부재의 축방향 인장철근을 각각의 폐합철근(폐쇄철근)으로 배치하고 모서리 안쪽과 바깥쪽의 대각선 방향으로 폐합철근을 배치하는 경우이다. 그림 9-48(c)는 수평부재와 수직부재 각각의 축방향 인장철근과 압축철근을 U형의 루프 철근으로 가공하여 각각의 축방향으로 배치함으로써 모서리 접합부에서 U형 루프부분이 직각으로 겹치도록 배치하는 경우이다.

큰 열림 모멘트가 작용하는 모서리 접합부는 2%를 초과하는 인장철근비로 인장철근이 배치되는 경우로 그림 9-50(a)와 같이 스트럿-타이 모델을 구성한다. 보와 기둥이 연결되는 모서리 접합부는 이 정도로 큰 휨모멘트가 작용하는 대표적인 구조이다. 그림 9-50은 수평부재의 깊이 h_1과 수직부재의 깊이 h_2가 비슷한 경우로, 그림 9-50(a)의 스트럿-타이 모델에 따라 그림 9-50의 (b) 또는 (c)와 같이 철근을 배치한다. 그림 9-50(a)의 스트럿-타이 모델은 작은 휨모멘트가 작용하는 경우인 그림 9-49(a)의 스트럿-타이 모델에 모서리 안쪽을 지나도록 타이를 추가한 모델이다. 이렇게 추가된 모서리 안쪽의 타이에 대응하도록 하려면 그림 9-50의 (b) 또는 (c)와 같이 모서리 안쪽을 경사방향으로 지나는 철근을 배치하여야 한다. 그림 9-50(b)는 작은 휨모멘트가 작용하는 경우인 그림 9-49(b)의 폐합철근(폐쇄철근)에 모서리 안쪽을 경사방향으로 지나는 철근을 추가로 배치하는 형태이다. 그림 9-50(c)는 작은 휨모멘트가 작용하는 경우인 그림 9-49(c)의 U형 루프 철근과 폐합철근에 모서리 안쪽을 경사방향으로 지나는 철근을 추가로 배치하는 형태이다.

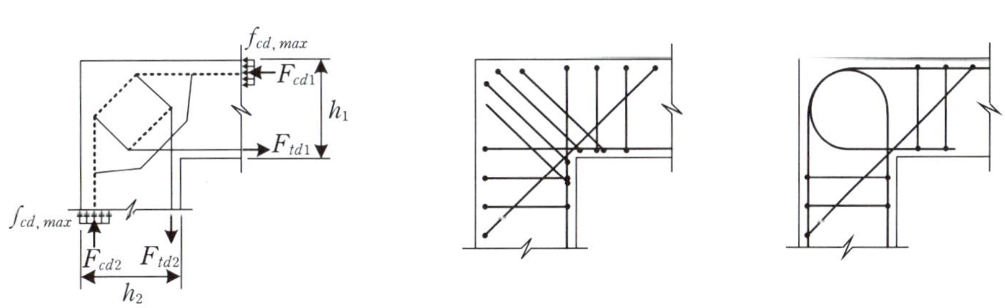

(a) 스트럿-타이 모델과 힘 작용 (b) 폐합철근 배치 (c) 루프 철근과 폐합철근 배치

그림 9-50 큰 열림 모멘트가 작용하는 모서리 접합부

[3] 내부 접합부

수직부재 상단에 수평부재가 좌우로 연결되는 T형 접합부의 설계는 모서리 접합부의 스트럿-타이 모델과 철근 배치를 참조할 수 있다. 즉, 양쪽 수평부재에 작용하는 휨모멘트의 방향에 따라 접합부의 양쪽이 모두 열림 모멘트 또는 닫힘 모멘트가 작용하거나 열림 모멘트와 닫힘 모멘트가 같이 작용하는 접합부로의 힘의 흐름을 반영하여 스트럿-타이 모델을 구성하고 철근을 배치한다. 따라서 그림 9-51(a)와 같이 수직부재의 축방향 철근은 T형 접합부를 감싸도록 구부려서 반대쪽의 수평부재의 상부를 지나도록 배치하여야 한다. 그림 9-51(b)와 같이 수직부재의 축방향 철근이 T형 접합부를 감싸지 않고 가까운 쪽의 수평부재의 상부를 지나도록 배치하는 것은 바람직하지 않다. 접합부의 왼쪽 수평부재 방향으로는 열림 모멘트가, 오른쪽 수평부재 방향으로는 닫힘 모멘트가 작용하는 경우에는 힘의 흐름을 반영하여 그림 9-51(c)와 같이 스트럿-타이 모델을 구성할 수 있다. 같은 조건의 휨모멘트가 작용하는 십(+)자형 내부 접합부에도 같은 개념을 적용하여 그림 9-51(d)와 같이 스트럿-타이 모델을 구성할 수 있다.

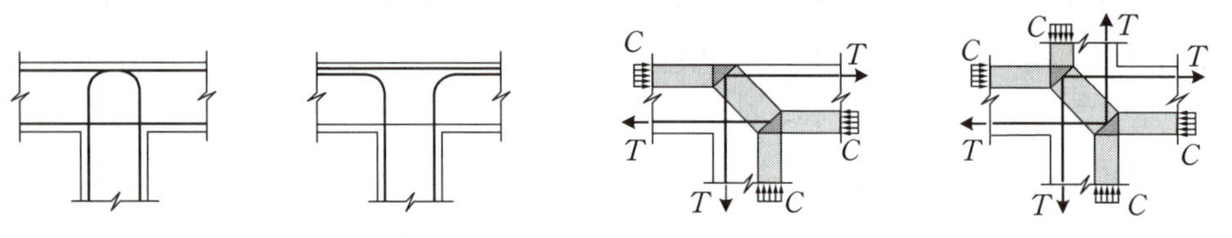

(a) 효율적인 철근 배치 (b) 비효율적 철근 배치 (c) T형 접합부 모델 (d) 십자형 접합부 모델

그림 9-51 내부 접합부의 철근 배치와 스트럿-타이 모델

9.4.7 콘크리트교 설계기준에 따른 내민받침의 설계

KDS 24 14 21 콘크리트교 설계기준(한계상태설계법)은 내민받침의 설계에 적용할 수 있는 스트럿-타이 모델을 그림 9-52(a)와 같이 제시하고 있다. 단, 이 모델은 a_v가 z_o보다 작은 내민받침에 적용하며, $\tan\theta$가 1.0~2.5의 값을 갖도록 θ를 45°~68.2°의 범위로 한다. 여기서, a_v, z_o, θ는 그림 9-52(a)에 나타나 있다.

내민받침의 파괴형태는 휨파괴와 전단파괴이다. 휨파괴에 대한 철근 보강은 그림 9-52(a)에서 하중 작용점 아래 수평타이에 대한 철근 배치로 이루어진다. 그림 9-52(a)에서 하중 작용점 아래 수평타이의 인장력 F_{ut}은 평형 조건에 따라 다음으로 계산하고 소요 철근단면적 $req'd\ A_{s,\,main}$을 구할 수 있다.

$$F_{ut}=\frac{V_u z_h+H_h(z+a_h)}{z} \tag{9·99}$$

$$req'd\ A_{s,\,main}=\frac{F_{ut}}{\phi_s f_y} \tag{9·100}$$

내민받침의 전단파괴에 대한 철근 보강은 그림 9-52(a)에서 내민받침 중간을 가로지르는 수평타이에 대한 철근 배치로 이루어진다. 이 수평타이에 작용하는 인장력은 스트럿-타이 모델의 해석으로 구하여야 하는데, 그림 9-52(a)의 스트럿-타이 모델은 부정정 트러스이므로 해석이 단순하지 않다. 부정정 트러스 해석을 수행하지 않고 근사해법으로 중간 수평타이의 인장력 F_{uw}를 구하고자 할 경우에는 다음의 근사식을 사용하여 계산하고 소요 철근단면적 $req'd\ A_{vh}$를 구할 수 있다.

$$F_{uw} = \left(\frac{2z/z_h - 1}{3 + V_u/F_{ut}}\right) F_{ut} \tag{9·101}$$

$$req'd\ A_{vh} = \frac{F_{uw}}{\phi_s f_y} \tag{9·102}$$

KDS 24 14 21 콘크리트교 설계기준(한계상태설계법)은 그림 9-52(b)에 나타낸 바와 같이 a_v가 0.5 h보다 작아서 짧은 내민받침으로 분류되는 경우, 다음과 같이 내민받침 중간을 수평으로 가로지르는 전단철근의 총 단면적이 주인장철근의 1/4 이상이 되도록 규정하고 있다.

$$A_{vh} \geq 0.25\ A_{s,\,main} \tag{9·103}$$

a_v가 0.5 h보다 커서 긴 내민받침으로 분류되는 경우, V_u가 7장 7.4.2절의 식 (7·86)로 나타낸 전단무보강 콘크리트 부재의 설계전단강도 V_{cd}보다 클 때에는 그림 9-52(c)와 같이 내민받침의 하중 작용점과 수직부재 전면 사이에 수직전단철근을 추가로 배치하여야 한다. KDS 24 14 21 콘크리트교 설계기준(한계상태설계법)은 이 수직전단철근의 총 단면적이 다음과 같이 최소 단면적 이상이 되도록 규정하고 있다.

$$A_{vv} \geq \frac{0.5\ V_u}{\phi_s f_y} \tag{9·104}$$

이때 수평전단철근과 수직전단철근은 모두 폐합철근이어야 한다.

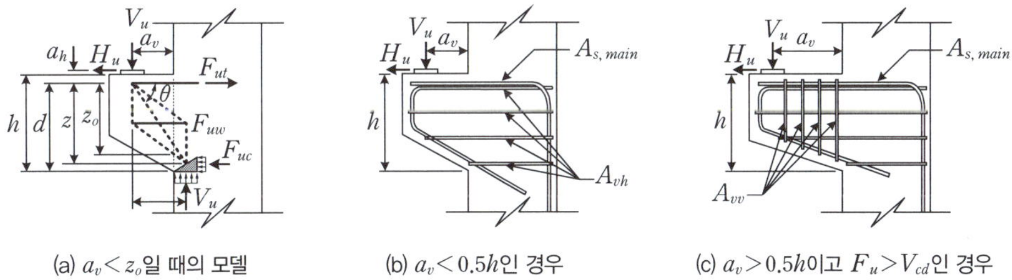

(a) $a_v < z_o$일 때의 모델 (b) $a_v < 0.5h$인 경우 (c) $a_v > 0.5h$이고 $F_u > V_{cd}$인 경우

그림 9-52 내민받침의 스트럿-타이 모델과 철근 배치

9.5 지압강도와 지압부 설계

콘크리트 부재 표면의 일부분에 압축력이 작용하는 지압부는 지압 작용면의 아래 부분이 횡방향으로 팽창하지 못하도록 주위의 콘크리트가 구속하는 3축 압축상태가 되어 콘크리트의 압축강도가 증가한다. 이렇게 증가된 콘크리트의 압축강도를 지압강도(bearing strength)라고 한다. 이절에서는 KDS 14 20 콘크리트구조 설계기준[9.9]과 KDS 24 14 21 콘크리트교 설계기준(한계상태설계법)[9.17]의 설계지압강도를 소개한다.

9.5.1 콘크리트구조 설계기준(강도설계법)에 따른 지압강도

KDS 14 20 콘크리트구조 설계기준에서는 Hawkins의 실험결과[9.21]에 따라 $0.85 f_{ck}$를 지압강도로 규정하고 있다. 콘크리트 부재 표면의 일부분에 압축력이 작용하는 경우에는 다음 식에 따라 설계지압강도 ϕB_n을 결정한다. 여기서 지압에 대한 강도감소계수 ϕ는 0.65이다.

$$\phi B_n = \phi(0.85 f_{ck} A_1)\sqrt{\frac{A_2}{A_1}} \tag{9·105}$$

이 식에 따라 설계지압강도는 $\sqrt{A_2/A_1}$에 비례하여 증가하지만, 다음과 같이 $\sqrt{A_2/A_1}$의 값을 2.0까지로 제한한다.

$$\sqrt{\frac{A_2}{A_1}} \le 2.0 \tag{9·106}$$

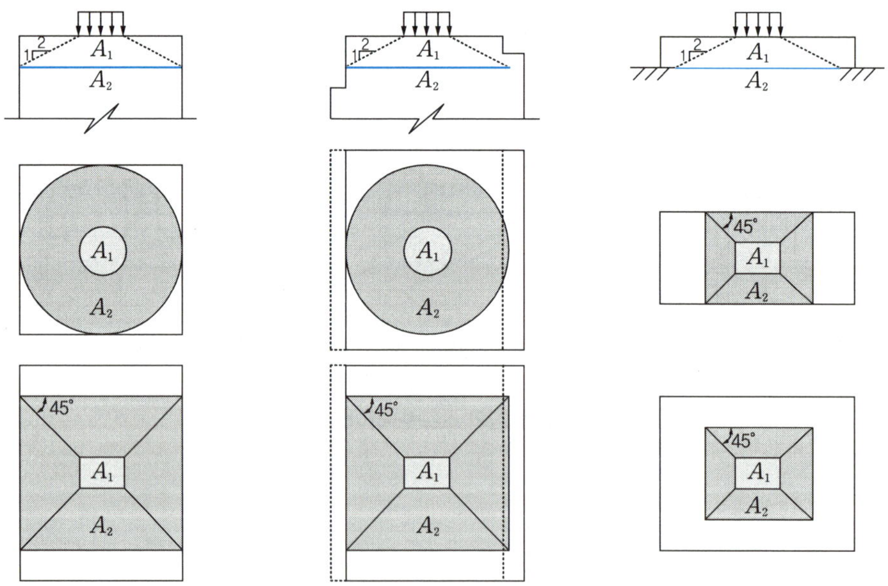

(a) 두 변 이상 도달하는 경우 (b) 한 변이 먼저 도달하는 경우 (c) 하면에 먼저 도달하는 경우

그림 9-53 절두체 면적 A_2의 결정

여기서 A_1은 하중이 직접 작용하는 재하면적이며, A_2는 그림 9-53의 가장 위 그림에 나타낸 바와 같이 상부의 하중 재하면 테두리로부터 수평방향과 수직방향으로 2 대 1 비율인 경사선이 부재의 측면 또는 하면에 이를 때까지 연장하여 결정되는 절두체(截頭體, frustum)의 면적이다. 그림 9-53(a)는 원형기둥 또는 사각형 기둥을 통하여 사각형 기초판에 압축력이 작용할 때 네 측면이나 두 측면에 경사선이 접하여 A_2가 결정되는 경우이다. 그림 9-53(b)는 한 쪽 측면에 경사선이 접하여 A_2가 결정되는 경우이며, 그림 9-53(c)는 경사선이 측면에 접하기 전에 하면에 먼저 접하여 A_2가 결정되는 경우이다.

그림 9-53에 나타난 바와 같이 면적이 A_2인 절두체의 형상은 하중이 작용하는 재하면의 형상에 따르게 되어, 재하면과 절두체 사이의 공간은 윗부분이 수평으로 제거된 원뿔 모양이나 피라미드 모양 또는 경사진 쐐기 모양이 된다.

예제 9-7 12장 12.3.3절 예제 12-2의 그림 12-28과 같이 5.0 m×2.4 m 크기의 직사각형 확대기초가 지지하고 있는 500 mm 크기의 정사각형 단면 기둥에 계수 축압축력 P_u=3,000 kN이 작용하고 있다. 기둥의 콘크리트 설계기준압축강도가 35 MPa이고 기초판의 콘크리트 설계기준압축강도가 30 MPa일 때 KDS 14 20 콘크리트구조 설계기준에 따라 지압강도 설계검증을 수행하시오.

〈풀이〉

(1) 기둥의 지압강도 설계검증

기둥단면의 크기를 c_l과 c_s라고 하여 기둥의 단면적 A_1을 구하고, 기둥의 콘크리트 설계기준압축강도를 $f_{ck,c}$라고 하여 기둥의 설계지압강도 ϕB_{nc}를 계산하면

$$A_1 = c_l c_s = 500 \times 500 = 250{,}000\ mm^2$$

$$\phi B_{nc} = \phi_b (0.85 f_{ck,c}\ A_1) = 0.65 \times 0.85 \times 35 \times 250{,}000/10^3 = 4{,}830\ kN$$

기둥의 설계지압강도를 검증하면

$$\phi B_{nc} = 4{,}830\ kN > P_u\ (= 3{,}000\ kN)$$

기둥의 지압강도 성능이 검증되었다.

(2) 기초판의 지압강도 설계검증

기초판 상부의 하중 재하면 테두리로부터 수평방향과 수직방향으로 2 대 1 비율로 경사선을 연장하면 그림 9-53(a)의 맨 위 그림과 같이 단변방향으로 측면에 도달하여 그림 9-53(a)의 맨 아래 그림과 동일하게 변의 길이가 기초판 단변길이와 같은 정사각형 절두체가 구성된다. 이에 따라 기초판의 단변방향 길이 2.4 m를 l_s라고 하여 절두체의 단면적 A_2를 구하고, $\sqrt{A_2/A_1}$의 값을 구하면

$$A_2 = l_s\, l_s = 2{,}400 \times 2{,}400 = 5.76 \times 10^6\ mm^2$$

$$\sqrt{\frac{A_2}{A_1}} = \sqrt{\frac{5.76 \times 10^6}{250 \times 10^3}} = 4.8 > 2.0$$

이 값이 2.0을 초과하므로, $\sqrt{A_2/A_1}$의 값으로는 2.0 적용한다. 기초판의 콘크리트 설계기준압축강도를 $f_{ck,f}$라고 하여 기둥의 설계지압강도 ϕB_{nc}를 계산하면

$$\phi B_{nf} = \phi_b(0.85 f_{ck,f} A_1)\sqrt{\frac{A_2}{A_1}} = 0.65\times0.85\times30\times250{,}000\times2.0/10^3 = 8{,}290\,kN$$

기초판의 설계지압강도를 검증하면

$$\phi B_{nf} = 8{,}290\,kN > P_u\,(=3{,}000\,kN)$$

기초판의 지압강도 성능이 검증되었다.

9.5.2 콘크리트교 설계기준(한계상태설계법)에 따른 지압강도

KDS 24 14 21 콘크리트교 설계기준(한계상태설계법)은 콘크리트 부재 표면의 일부분에 압축력이 작용하는 경우에는 다음 식에 따라 설계지압강도를 결정한다.

$$F_d = \phi_c(0.85 f_{ck})A_{co}\sqrt{\frac{A_{c1}}{A_{co}}} \tag{9·107}$$

이 식에 따라 계산하는 설계지압강도는 다음으로 계산하는 값을 최댓값으로 한다.

$$F_{d,\,max} = 3.0\,\phi_c(0.85 f_{ck})A_{co} \tag{9·108}$$

여기서 A_{co}는 지압력 재하면의 면적이며, A_{c1}은 A_{co}와 같은 형상을 가지는 최대 설계 분포면의 면적이다. A_{c1}의 중심은 그림 9-54와 같이 재하면적 A_{co}의 중심을 지나는 작용선상에 있어야 한다. 또한, 두 변의 길이가 각각 b_o와 d_o인 사각형 재하면인 경우, 그림 9-54에 나타낸 바와 같이 면적이 A_{c1}인 최대 설계 분포면의 두 변의 길이 b_1과 d_1은 다음과 같이 각각 b_o와 d_o의 3배 이하로 한다.

$$b_1 \le 3\,b_o \tag{9·109}$$

$$d_1 \le 3\,d_o \tag{9·110}$$

면적이 A_{c1}인 최대 설계 분포면은 지압력 재하면으로부터 다음의 조건을 만족하는 h만큼 떨어진 깊이에 위치한다.

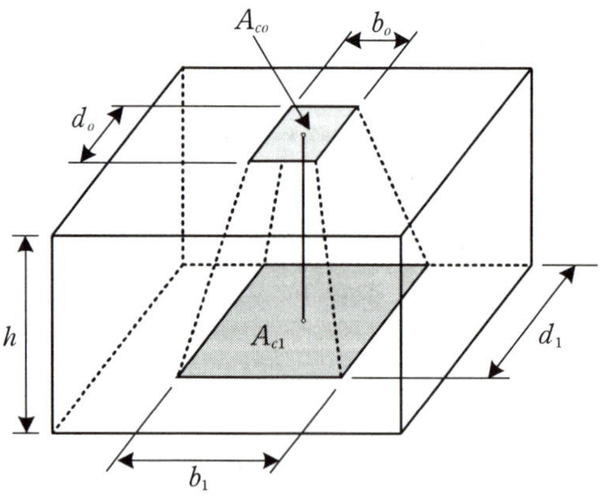

그림 9-54 부분 재하 영역의 설계 투영면

$$h \geq b_1 - b_o \tag{9·111}$$

$$h \geq d_1 - d_o \tag{9·112}$$

콘크리트 표면에 두개 이상의 지압력이 작용하는 경우, 각 지압력 재하면에 상응하는 최대 설계 분포면은 각각 독립적으로 위치하여야 한다. 즉, 최대 설계 분포면의 면적 A_{c1}은 겹쳐질 수 없다.

참고문헌

9.1 Schlaich, J., and Schäfer, K., *Design and Detailing using Strut-and-Tie Models*, Report, University of Stuttgart, Germany, 1993, 129 pp.

9.2 Kani, M. W., Huggins, M. W., and Wittkopp. R. R., *Kani on shear in Reinforced Concrete*, Department of Civil Engineering, University of Toronto, Toronto, 1979, 225 pp.

9.3 Collins, M. P. and Mitchell, D., *Prestressed Concrete Structures*, Prentice Hall, 1991 (p. 433).

9.4 Ritter, W., *Die Bauweise Hennebique* (Construction Techniques of Hennebique), Schweizerische Bauzeitung, Zürich, 1899.

9.5 Mörsch, E., *Concrete-Steel Construction*, McGraw–Hill, New York, 1909, 368 pp. (English translation by E.P. Goodrich of 3rd edition of Der Eisenbetonbau, 1st edition, 1902.)

9.6 Schlaich, J., Schäfer, K., and Jennewein, M., "Towards a Consistent Design of Reinforced Concrete Structures," *PCI Journal*, Vol. 32, No. 3, 1987, pp. 74–150.

9.7 Schlaich, J., and Schäfer, K., "Design and Detailing using Strut–and–Tie Models," *The Structural Engineer*, Vol. 69, No. 6, 1991, pp. 113–125.

9.8 Muttoni, A., Schwartz, J., and Thürlimann, B., *Design of Concrete Structures with Stress Fields*, Birkhauser, Boston, 1997, 143 pp.

9.9 국토교통부, 한국콘크리트학회, KDS 14 20 콘크리트구조 설계기준, 기준 및 해설, 2021.

9.10 ACI Committee 318, *Building Code Requirements for Structural Concrete* (ACI 318–19) and Commentary (ACI 318R–19), American Concrete Institute, Farmington Hills, MI, 2019.

9.11 Crist, R. A., "Shear Behavior of Deep Reinforced Concrete Beams," *Proceedings*, Synposium on the Effects of Repeated Loading of Materials and Structural Elements (Mexico City), Vol. 4, RILEM, Paris, France, 1966, 31 pp.

9.12 Marti, P., "Basic Tools of Reinforced Concrete Beam Design," *ACI Journal Proceedings*, Vol. 82, No. 1, 1985, pp. 46–56.

9.13 Elzanaty, A. H., Nilson, A. H., and Slate, F. O., "Shear Capacity of Reinforced Concrete Beams Using High Strength Concrete," *ACI Journal Proceedings*, Vol. 83, No. 2, 1986, pp. 290–296.

9.14 Kriz, L. B. and Raths, C. H., "Connections in Precast Concrete Structures–Strength of Corbels," *PCI Journal*, Vol. 10, No. 1, 1965, pp. 47–61.

9.15 Mattock, A. H., Li, W. K., and Wang, T. C., "Shear Transfer in Lightweight Reinforced Concrete," *PCI Journal*, Vol. 21, No. 1, 1976, pp. 20–39.

9.16 Mattock, A. H., Chen, K. C., and Soongswang, K., "The Behavior of Reinforced Concrete Corbels," *PCI Journal*, Vol. 21, No. 2, 1976, pp. 52–77.

9.17 국토교통부, 한국교량및구조공학회, KDS 24 14 21 콘크리트교 설계기준(한계상태설계법), 기준 및 해설, 2023.

9.18 CEN, Eurocode 2: *Design of Concrete Structures*, European Committee for Standardization, 2004.

9.19 AASHTO, *LRFD Bridge Design Specifications*, 9th edition, American Association of State Highway and Transportation Officials, Washington, D.C., USA, 2020.

9.20 CEN, Eurocode 2: *Design of Concrete Structures-Part 2: Concrete bridges*, European Committee for Standardization, 2004.

9.21 Hawkins, N. M., "Bearing Strength of Concrete Loaded through Rigid Plates," *Magazine of Concrete Research*, Vol. 20, No. 62, 1968, pp. 31–40.

연습문제

9-1 B-영역(균일영역, B-region)과 D-영역(교란영역, D-region)의 특징과 차이점을 설명하시오. **[정답: 9.1.1절 참조]**

9-2 구조물에서 D-영역(교란영역, D-region)으로 분류되는 대표적인 부분을 설명하시오. **[정답: 9.1.1절 참조]**

9-3 스트럿-타이 모델을 구성하는 요소의 종류와 특징을 설명하시오. **[정답: 9.2.2절 참조]**

9-4 스트럿-타이 모델을 구성하는 요소 중 절점의 종류와 특징을 설명하시오. **[정답: 9.2.2절 참조]**

9-5 9.3.6절 예제 9-1과 모든 조건은 동일하지만, 두 개의 상부 기둥 위치가 다른 깊은보를 대상으로 스트럿-타이 모델 구성요소의 치수화, 즉 소요폭을 이용하는 방법 중 스트럿의 소요폭 $w_{s,\,req}$와 절점영역 소요폭 $w_{n,\,req}$를 각각 따로 구하고 검증하는 방법으로 KDS 14 20 콘크리트구조 설계기준에 따라 스트럿-타이 모델을 이용한 설계를 수행하시오. 좌우 대칭으로 배치된 상부 기둥 간의 순간격은 조건 (a)~(f)의 6가지 중 하나를 선택하시오. **[정답: 9.3.6절 예제 9-1 참조]**

[조건] (a) 2,000 mm (b) 2,100 mm (c) 2,200 mm (d) 2,400 mm (e) 2,500 mm (f) 2,600 mm

9-6 위의 연습문제 9-5와 동일한 깊은보를 대상으로 절점영역의 β_n과 스트럿의 β_s 중 작은 값을 β_{ns}로 취하여 하나의 소요폭 $w_{ns,\,req}$을 이용하는 방법으로 KDS 14 20 콘크리트구조 설계기준을 적용하여 스트럿과 절점영역의 강도성능 검증을 수행하시오. **[정답: 9.3.6절 예제 9-2 참조]**

9-7 9.3.7절 예제 9-4와 모든 조건은 동일하지만, 수직하중의 중심에서 기둥 표면까지의 거리 a_v가 다른 내민받침에 대하여 KDS 14 20 콘크리트구조 설계기준에 반경험적 설계법을 적용한 설계를 수행하시오. a_v는 조건 (a)~(d)의 4가지 중 하나를 선택하시오. **[정답: 9.3.7절 예제 9-4 참조]**

[조건] (a) 130 mm (b) 135 mm (c) 140 mm (d) 145 mm

9-8 위의 연습문제 9-7과 동일한 내민받침을 대상으로 KDS 14 20 콘크리트구조 설계기준에 따라 스트럿-타이 모델을 이용한 설계를 수행하시오. [정답 : 9.3.7절 예제 9-5 참조]

9-9 9.4.5절 예제 9-6과 모든 조건은 동일하지만 집중하중들 사이의 간격이 다른 피어캡에 대하여 KDS 24 14 21 콘크리트교 설계기준(한계상태설계법)에 따라 스트럿-타이 모델을 이용한 설계를 수행하시오. 가장 바깥쪽의 집중하중과 피어캡 연단 사이의 거리는 예제 9-6과 동일하게 800 mm이다. 집중하중들 사이의 간격은 조건 (a)~(d)의 4가지 중 하나를 선택하시오. **[정답: 9.4.5절 예제 9-8 참조]**

[조건] (a) 2,800 mm (b) 2,900 mm (c) 3,100 mm (d) 3,200 mm

9-10 9.5.1절 예제 9-7과 모든 조건은 동일하지만 크기가 다른 사각형 확대기초에 대하여 KDS 14 20 콘크리트구조 설계기준에 따라 지압강도 설계검증을 수행하시오. 기초판의 크기는 조건 (a)~(d)의 4가지 중 하나를 선택하시오. **[정답: 9.5.1절 예제 9-7 참조]**

[조건] (a) 3.5×3.5 m (b) 4.0×3.0 m (c) 4.5×2.8 m (d) 4.8×2.5 m

제10장 철근 정착과 이음의 설계검증

10.1 철근의 정착

철근콘크리트의 역학적 해석은 '콘크리트 속에 묻혀 있는 철근의 변형률은 철근을 둘러싸고 있는 주위의 콘크리트 변형률과 같다'는 기본가정에 기초를 두고 있다. 이 기본가정이 충족되기 위해서는 철근이 콘크리트에 충분히 정착되어야 한다. 이 절에서는 철근의 정착 거동과 기본 이론을 소개하고 이어지는 절에서 철근 정착과 철근 이음의 설계검증에 대한 각 설계기준의 내용을 소개한다.

10.1.1 철근의 정착과 부착

철근콘크리트는 철근과 콘크리트가 일체화 된 상태로 외력에 저항하는 구조이다. 즉, 철근과 콘크리트가 완전히 부착되어, 두 재료 사이에 미끄럼(slip)이 발생하지 않고 완전하게 힘이 전달되어야 한다. 이를 위해서는 철근이 콘크리트에 적절히 정착되어야 한다. 철근이 콘크리트에 적절히 정착되어 있지 않으면 철근콘크리트 부재가 역학적으로 해석한 결과와는 다른 거동을 나타낸다. 그림 10-1(a)는 단철근 단순보에서 인장철근이 콘크리트에 적절히 정착되지 않은 경우의 거동을 나타낸다. 그림 10-1(a)와 같이 하중이 작용하면 중립축의 아랫부분이 늘어나서 콘크리트가 인장응력을 받게 된다. 이 인장응력이 콘크리트의 균열강도보다 커지면 단면의 하단부터 균열이 발생하는데, 콘크리트 사이 균열면에서 힘이 전달되지 않으면 부재가 파괴되므로 콘크리트에 작용하는 인장력이 철근으로 전달되어야 한다. 만일 인장철근이 콘크리트와 일체화 되지 않는다면 그림 10-1(a)와 같이 철근 위치의 콘크리트는 인장변형률의 비율로 늘어나지만 철근은 늘어나지 않으므로, 부재 양쪽 단부에 '미끄럼(slip)'이라고 표현한 길이의 차이가 나타나게 된다. 이런 차이가 나타나지 않게 철근과 콘크리트 경계면에서 미끄럼(slip)에 저항하는 것을 부착(bond)이라고 하며, 그림 10-1(b)와 같이 철근의 양쪽 끝 단부에서 미끄럼(slip)이 발생하지 않고 콘크리트와 일체화 되는 것을 정착(anchorage)이라고 한다. 그림 10-1(b)에 나타낸 바와 같이 철근의 양쪽 끝이 정착되어 있으면 부재가 아치(arch)와 같은 거동을 보여서, 부재 내부에서 부분적으로 부착파괴(bond failure)가 발생하여 철근을 따라 수평방향의 균열이 발생하여도 부재는 붕괴되지 않고 하중에 저항한다.

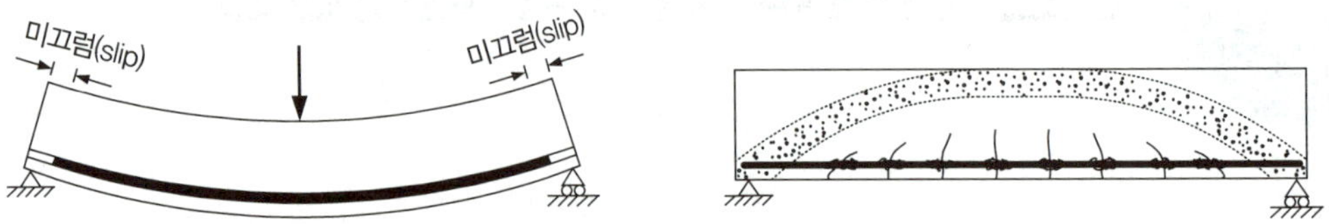

(a) 정착되지 않은 철근의 미끄럼[10.1]　　(b) 부재 단부의 철근 정착

그림 10-1 철근의 정착성능

10.1.2 철근의 평균 부착응력

철근과 콘크리트 사이에 작용하는 부착응력은 철근 길이방향을 따라 철근의 응력과 인장력이 변하는 모든 위치에서 발생한다. 그림 10-2(a)와 같이 길이가 dx인 구간에서 철근의 오른쪽에 작용하는 인장력이 왼쪽에 작용하는 인장력 T보다 dT만큼 큰 경우, U가 단위길이 당 작용하는 부착력일 때 평형조건에 따라 dx 구간에 작용하는 부착력은 다음과 같이 dT와 같다.

$$Udx = dT \tag{10·1}$$

철근의 지름이 d_b일 때 dx 구간의 부착력 Udx는 철근 표면적 $(\pi\, d_b)\, dx$에 작용하는 평균 부착응력 τ_{avg}의 합과 같으므로, 다음과 같이 나타낼 수 있다.

$$Udx = \tau_{avg}(\pi\, d_b)\, dx \tag{10·2}$$

dx 구간의 왼쪽과 오른쪽에 작용하는 인장력의 차이 dT는 인장응력의 차이 df_s에 철근의 단면적을 곱한 값이므로, 다음과 같이 나타낼 수 있다.

$$dT = df_s \frac{\pi d_b^2}{4} \tag{10·3}$$

식 (10·2)와 식 (10·3)을 식 (10·1)에 대입하고 정리하면, 평균 부착응력 τ_{avg}를 다음과 같이 구할 수 있다.

$$\tau_{avg} = \frac{d_b}{4}\frac{df_s}{dx} \tag{10·4}$$

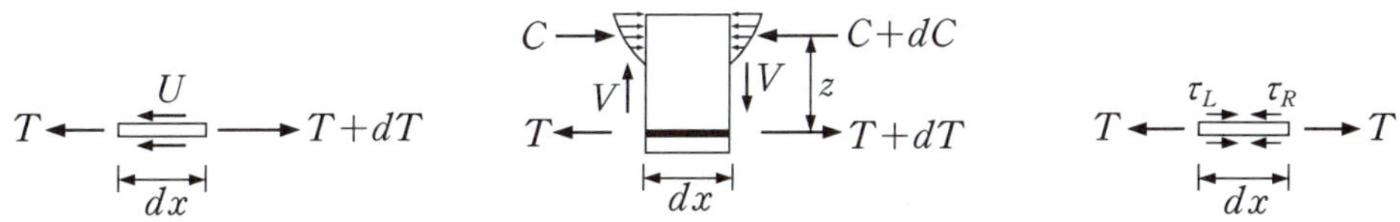

(a) 비대칭 인장력 작용 철근 (b) 비대칭 휨모멘트 작용 부재 (c) 대칭 인장력 작용 철근

그림 10-2 dx 구간에 작용하는 힘의 자유물체도

이 철근에 작용하는 인장력 T와 dT가 그림 10-2(b)와 같이 휨모멘트에 의한 것이라면, 철근 인장응력의 차이 df_s를 다음과 같이 나타낼 수 있다. 여기서, z는 보의 내력 C와 T의 팔길이이며 A_s는 철근의 단면적이다.

$$df_s = \frac{dT}{A_s} = \frac{dM}{zA_s} = \frac{4}{\pi d_b^2}\frac{dM}{z} \tag{10·5}$$

따라서 이 식을 식 (10·4)에 대입하고 정리하면, 평균 부착응력 τ_{avg}를 다음과 같이 구할 수 있다.

$$\tau_{avg} = \frac{1}{\pi d_b z}\frac{dM}{dx} \tag{10·6}$$

여기서, dM/dx은 휨모멘트의 변화비율이므로 다음과 같이 전단력 V와 같다.

$$\frac{dM}{dx} = V \tag{10·7}$$

따라서 평균 부착응력 τ_{avg}를 다음과 같이 나타낼 수도 있다.

$$\tau_{avg} = \frac{V}{\pi d_b z} \tag{10·8}$$

식 (10·4), 식 (10·6), 식 (10·8)의 평균 부착응력 τ_{avg}는 휨부재의 균열과 균열 사이 인장철근에 작용하는 부착응력의 평균값으로 압축철근에는 적용되지 않는다.

한편 부재의 dx 구간 양쪽에 동일한 크기의 휨모멘트나 인장력이 작용하면, 그림 10-2(c)와 같이 dx 왼쪽 절반 구간에는 왼쪽에 작용하는 인장력에 저항하는 방향으로 부착응력 τ_L이 작용하고 dx 오른쪽 절반 구간에는 오른쪽에 작용하는 인장력에 저항하는 방향으로 부착응력 τ_R이 작용한다. 이 부착응력에 의한 부착력은 같은 크기로 반대방향으로 작용하여 평균 부착응력 τ_{avg}가 0이 된다. 즉, 이 경우에는 그림 10-2(a)의 dT가 0인 상태로 df_s 역시 0이므로, 식 (10·4)에 따른 평균 부착응력 τ_{avg}가 0으로 계산되는 것이다.

10.1.3 철근의 부착응력 분포

그림 10-3은 두 개의 집중하중이 좌우 대칭으로 작용하는 철근콘크리트 단순보에서 인장철근 위치의 응력분포를 나타낸다. 부재에 하중이 작용하면 그림 10-3(b)와 같은 분포로 휨모멘트 M이 증가하여,

단면 하단 콘크리트의 인장응력이 인장강도에 도달하면 균열이 발생하게 된다. 그림 10-3(a)는 5개의 균열이 발생한 상태로, 하중 증가에 따라 균열이 인장철근 위치를 지나 중립축 방향의 위쪽으로 진전된 상태를 나타낸다.

그림 10-3(c)는 실선으로 나타낸 철근의 인장응력 f_s의 분포가 점선으로 나타낸 휨모멘트 분포와 일치하지 않음을 나타낸다. 이것은 균열의 영향으로, 균열이 철근 위치까지 진전되지 않은 경우에는 철근의 인장응력 분포가 점선으로 나타낸 휨모멘트 분포와 같은 형상이지만, 철근 위치까지 균열이 진전되면 전혀 다른 형상을 보이게 된다. 즉, 균열과 인접 균열 사이의 철근 인장응력이 균열 위치의 철근 인장응력보다 작은 값을 갖게 된다. 이것은 균열 발생 전에는 부재 전체 길이에 걸쳐서 인장부의 콘크리트와 철근이 일체화 된 상태로 하중에 저항하다가, 균열이 발생하면 균열 위치의 콘크리트가 인장응력을 받을 수 없어서 콘크리트가 부담하던 인장응력을 철근이 모두 부담하기 때문이다. 이에 따라 철근 위치의 콘크리트 인장응력 f_{ct}의 분포는 그림 10-3(d)와 같이 나타난다. 즉, 철근 위치의 콘크리트는 균열 사이에 인장응력이 작용하지만 균열 위치에서는 인장응력이 0이다. 이에 따라 균열에서 멀어질수록 콘크리트의 인장응력은 증가하고 철근의 인장응력은 감소하는데, 이것은 철근과 콘크리트 사이의 부착작용으로 인하여 나타나는 현상이다.

한편 부착응력 τ는 식 (10 · 4)에 나타낸 바와 같이 철근 인장응력의 변화율 df_s/dx에 비례하므로, 그림 10-3(c)의 철근 인장응력 분포의 기울기에 비례한다. 그림 10-3의 (c)와 (d)에 대하여 설명한 바와 같이 균열에서 멀어질수록 콘크리트의 인장응력은 증가하고 철근의 인장응력은 감소하므로, 철근의 인장응력이 균열 위치에서 최대가 되고 균열과 균열 사이에서는 최소가 된다. 따라서 철근과 콘크리트 사이의 부착응력 τ의 분포는 그림 10-3(e)와 같은 형태를 보인다.

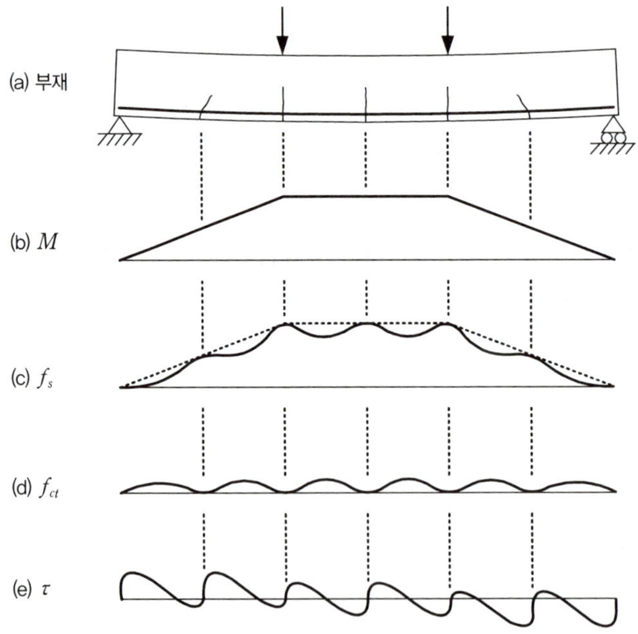

그림 10-3 휨부재의 휨모멘트, 인장철근 응력, 콘크리트 인장응력, 부착응력 분포

그림 10-3에서 집중하중과 집중하중 사이는 순수휨모멘트가 작용하는 구간으로 휨모멘트의 크기가 일정하다. 따라서 그림 10-2(c)와 같이 철근에 좌우 대칭으로 같은 크기의 인장력이 작용하는 경우로, 균열과 균열 사이 절반 구간에 서로 반대방향으로 부착응력 τ_L과 τ_R이 작용하는 형태(in-and-out bond stress)를 보인다. 이때의 τ_L과 τ_R의 분포는 그림 10-3(e)에서 집중하중과 집중하중 사이 구간에 나타낸 형상과 같으며, 인장력만 작용하는 철근콘크리트 인장부재에 나타나는 응력분포도 이와 같다.

그림 10-3에서 지점과 집중하중 사이는 휨모멘트의 크기가 변하며 같은 크기의 전단력이 작용하는 구간이다. 이 구간은 그림 10-3(e)에서 지점과 집중하중 사이 구간에 나타낸 형상과 같은 부착응력 분포를 보인다. 휨모멘트와 전단력이 같이 변화하는 경우는 그림 10-4(a)와 같이 등분포 하중이 작용하는 철근콘크리트 단순보가 대표적이다. 이 부재의 철근 인장력 T의 분포는 그림 10-4(b)와 같이 나타난다. 그림 10-4(b)에서 점선으로 나타낸 인장력 M/z의 분포는 그림 10-3(c)의 점선과 마찬가지로 휨모멘트 분포와 같은 형상이다. 그림 10-4(c)는 철근과 콘크리트 사이의 부착력 U의 분포이며, 부착응력 τ의 분포도 이와 동일한 형상이다. 여기서 점선으로 나타낸 부착력 분포 V/z는 평균부착력이며, 식 (10·8)로 계산되는 평균 부착응력 τ_{avg}의 분포도 이와 동일한 형상이다. 그림 10-4(c)에 나타난 바와 같이 균열 위치의 부착응력은 식 (10·8)의 평균 부착응력과 동일하지만, 균열과 균열 사이에서는 부착응력 분포가 평균 부착응력과 큰 차이를 나타낸다.

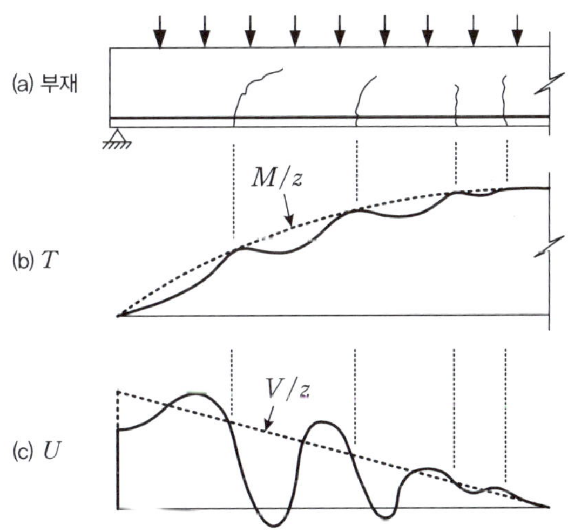

그림 10-4 단순보의 철근 인장력 분포와 부착력 분포[10.1]

10.1.4 철근의 부착성능

2장 2.3.2절에 기술한 바와 같이, 철근과 콘크리트의 부착성능은 그림 10-5에 나타낸 다음의 세 가지 저항 작용으로 발휘된다.

- 시멘트풀과 철근표면의 점착(adhesion, cohesion)에 의한 저항

• 콘크리트와 철근표면의 마찰(friction)에 의한 저항
• 이형철근 표면 돌기의 요철(凹凸)에 의한 지압(bearing)에 의한 저항

점착은 시멘트풀이 경화하면서 철근표면에 달라붙는 성질로, 세 가지 작용 가운데 비교적 부착저항성능이 낮은 편이다. 마찰은 콘크리트로부터 철근표면에 작용하는 압력이 클수록, 또 철근표면이 거칠수록 저항성능이 크게 나타난다. 지압은 이형철근 표면 돌기의 요철(凹凸), 즉 횡방향 리브와 콘크리트의 맞물림(inter-locking) 작용에 의한 저항력이다. 철근에 작용하는 인장력이 증가하면 포아송비(poisson's ratio)의 효과로 철근지름이 감소하면서 점착과 마찰에 의한 저항성능이 빠르게 상실되고, 대부분의 힘이 이형철근 표면의 요철(凹凸)에 의한 지압으로 전달된다. 그러나 횡방향 리브 사이에서 인장력에 평행으로 저항하는 점착과 마찰에 의한 저항성능이 상실된 경우에도, 그림 10-5에 나타낸 바와 같이 횡방향 리브 경사진 방향으로의 마찰작용은 부착에 무시 못 할 정도의 역할을 한다.[10.3] 이것은 횡방향 리브 사이에서 인장력에 평행으로 저항하는 점착과 마찰에 의한 저항성능이 상실되어 횡방향 리브 부분의 저항으로 부착성능이 발휘되는 상태에서, 마찰계수가 작은 에폭시 도막 철근보다 에폭시로 도막되지 않은 철근의 부착성능이 더 크게 나타난다는 사실로 알 수 있다. 즉, 에폭시 도막 철근보다 일반철근에 더 크게 나타나는 부착성능은 횡방향 리브 부분의 마찰에 의한 저항성능이라는 것이다.

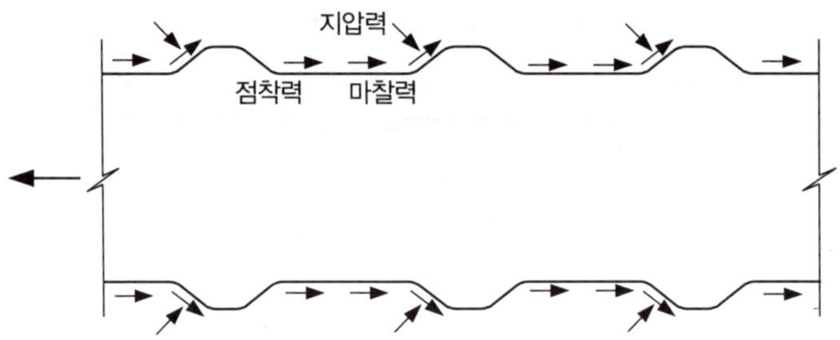

그림 10-5 철근 표면의 부착 저항력[10.2]

그림 10-6은 이형철근과 콘크리트 사이의 부착력 상호작용을 보인다. 그림 10-6(a)와 같이 철근에 인장력이 작용하면 콘크리트가 저항하여 철근의 횡방향 리브의 경사진 면에 지압응력(bearing stress)이 작용하고, 콘크리트에는 그림 10-6(b)와 같이 동일한 크기의 응력이 반대방향으로 작용한다. 이때 콘크리트에 작용하는 경사진 방향의 응력은 그림 10-6(c)와 같이 축방향 응력(longitudinal stress)과 반지름방향 응력(radial stress)으로 분력을 나눌 수 있다.

반지름방향 응력은 그림 10-6(d)와 같이 철근을 나타내는 원의 내부에서 방사방향으로 콘크리트를 밀어내어, 철근 둘레의 콘크리트에 원주방향(circumferential direction)으로 인장응력을 발생시킨다. 이 원주방향 인장응력은 그림 10-6(d)에서 수직방향으로 작용하는 응력으로, 철근에서 멀어질수록 감소하는 분포를 보인다. 이 원주방향 인장응력이 콘크리트의 인장강도보다 클 때 콘크리트에 쪼갬균열(splitting crack)이 철근을 따라 발생하게 된다. 쪼갬균열은 그림 10-7과 같이 철근과 콘크리트 표면 사이,

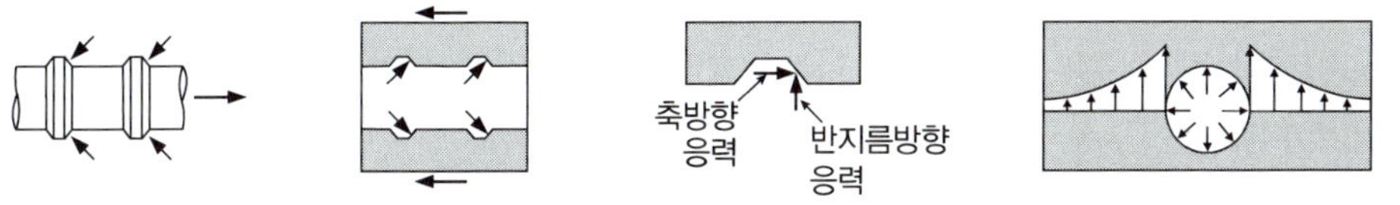

(a) 철근에 작용하는 힘　(b) 콘크리트에 작용하는 힘　(c) 힘의 분력　(d) 반지름방향과 원주방향 응력

그림 10-6 부착 전달 메커니즘[10.3]

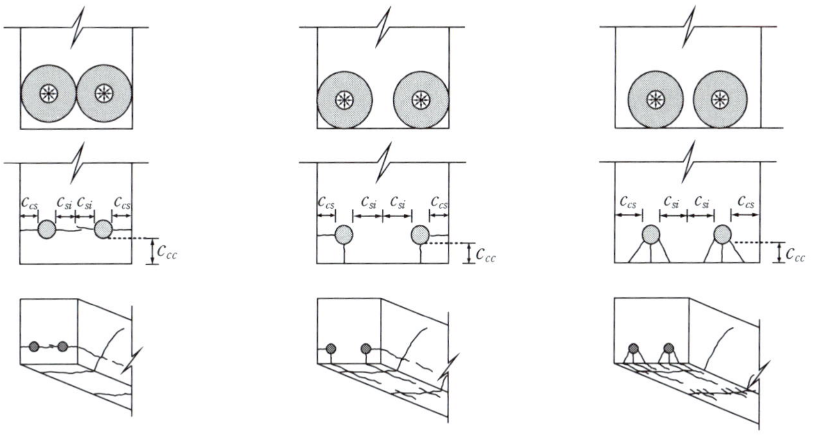

(a) $(c_{cs}=c_{si})<c_{cc}$인 경우　(b) $(c_{cs}=c_{cc})<c_{si}$인 경우　(c) $c_{cc}<(c_{cs}, c_{si})$인 경우

그림 10-7 피복두께와 철근 순간격에 따른 쪼갬균열 형태

또는 철근 사이의 최단 거리를 따라 발생한다. 그림 10-7(a)와 같이 철근 표면에서 측면 콘크리트 표면까지의 피복두께 c_{cs}와 철근 사이 순간격의 1/2인 c_{si}가 유사하고, 철근 표면에서 하면 인장연단 콘크리트 표면까지의 피복두께 c_{cc}보다 c_{cs}와 c_{si}가 작은 경우에는 수평 쪼갬균열(horizontal splitting crack)이 발생한다. 이 수평 쪼갬균열은 부재의 측면에 철근을 따라 관찰된다. 그림 10-7(b)와 같이 c_{cc}와 c_{cs}가 유사하고, c_{si}보다 c_{cc}와 c_{cs}가 작은 경우에는 부재 측면의 수평 쪼갬균열과 부재 하면의 수직 쪼갬균열이 철근을 따라 발생한다. 그림 10-7의 (a)와 (b)에 나타나는 수평 쪼갬균열은 부재 측면에서 경사진 방향으로 진전되는 사인장 균열(diagonal crack)에서 시작된다. 이것은 전단파괴와 부착파괴가 서로 복잡한 관계에 있음을 의미한다. 그림 10-7(c)와 같이 c_{cc}가 c_{cs}와 c_{si}보다 작은 경우에는 부재 하면에 수직 쪼갬균열이 철근을 따라 발생한다.

이와 같은 쪼갬균열이 발생하더라도 초기의 쪼갬균열이 곧바로 보의 파괴를 유발하지는 않는다. 그러나 계속 진전되는 쪼갬균열은 부착력 감퇴의 신호가 되고, 쪼갬균열이 크게 진전되면 부착파괴의 일반적인 형태인 쪼갬파괴(splitting failure)로 이어진다. 이와 같은 쪼갬파괴에 대한 저항성능을 증가시키기 위해서는 전단철근(스터럽, stirrup)이나 나선철근 등의 횡방향 철근을 배치하여 인장철근을 감싸야 한다. 이렇게 하면 횡방향 철근의 횡구속 효과(confining effect)로 콘크리트의 인장강도를 증가시켜서 쪼갬균열을 발생시키는 인장력을 증가시킴으로써 철근의 부착파괴를 지연시킬 수 있다.

한편, 그림 10-6(c)에 나타낸 축방향 응력(longitudinal stress)은 철근의 뽑힘파괴(pullout failure)를 유발시키는 요인이 될 수 있다. 콘크리트 피복두께와 철근 순간격이 비교적 크면서 철근의 횡방향 리브가 낮고 간격이 좁은 경우에는 쪼갬파괴가 발생하기 전에 뽑힘파괴가 먼저 발생할 수 있다. 이때는 2장 2.3.2절 그림 2-57(b)와 같이 철근 횡방향 리브 끝부분 높이에서 콘크리트에 원통형 파괴면이 형성되고, 이 면을 따라 철근이 빠져나감으로써 뽑힘파괴가 발생한다. 따라서 철근의 표준(standard)은 쪼갬파괴가 나타나도록 이형철근의 횡방향 리브 높이와 간격에 대한 규정을 두고 있다.

10.1.5 철근의 평균 부착강도와 정착길이 및 영향요인

그림 10-1로 설명한 바와 같이 철근의 양쪽 끝이 정착되어 있으면 부재는 붕괴되지 않고 하중에 저항한다. 따라서 설계기준에서는 철근이 항복할 때까지 정착파괴가 발생하지 않을 묻힘길이(embedment length), 즉 정착길이(anchorage length, development length)를 결정하는 방법을 규정하여 정착성능을 검증하도록 하고 있다. 설계기준에서 규정하고 있는 정착길이는 구간 내의 평균 부착강도로 나타낸 것으로, 철근이 항복할 때의 인장력과 같은 값의 힘 단위 부착강도를 갖기 위하여 필요한 길이이다. 즉, 10.1.3절에 소개한 바와 같이 실제 부착응력은 균일하지 않은 분포이지만, 부착파괴가 발생할 때의 부착응력 분포의 평균값인 평균 부착강도를 이용하여 정착파괴가 발생하지 않을 묻힘길이를 결정한다.

그림 10-8의 (a)와 (b)는 콘크리트에 묻혀있는 철근의 길이를 의미하는 묻힘길이 l_{emb}와 정착길이 l_d의 의미를 나타낸다. 콘크리트 내에 l_1만큼의 짧은 길이로 철근을 묻어두어 묻힘길이 l_{emb}가 l_1인 실험체를 제작한 후, 그림 10-8(a)와 같이 철근에 인장력을 가하면 철근이 항복하기 전에 T_1의 인장력에서 정착파괴가 발생한다. 두 번째 실험체로 묻힘길이가 l_1보다 긴 l_2를 갖도록 실험체를 제작하여 철근에 인장력을 가하면 철근이 항복하기 전에 T_2의 인장력에서 정착파괴가 발생한다. 이때의 인장력 T_2는 그림 10-8(b)에 나타난 바와 같이 T_1보다 큰 값으로 나타난다. 이와 같이 묻힘길이 l_{emb}를 증가시켜가면서 실험을 수행하면 철근이 항복할 때의 인장력 T_y에 도달할 때까지 정착파괴가 발생하지 않는 최소 묻힘길이를 얻을 수 있다. 이때의 묻힘길이를 정착길이라고 하고 l_d로 표현한다. 묻힘길이 l_{emb}가 정착길이 l_d보다 길 때는 정착파괴가 발생하지 않고 철근이 항복하여, 철근의 변형률 경화 구간의 응력증가를 무시한다면 그림 10-8(b)와 같이 부재가 받을 수 있는 힘이 T_y로 일정하다.

그러나 철근 정착길이를 구하기 위한 실험으로는 그림 10-8(a)와 같은 형태의 실험체를 대상으로

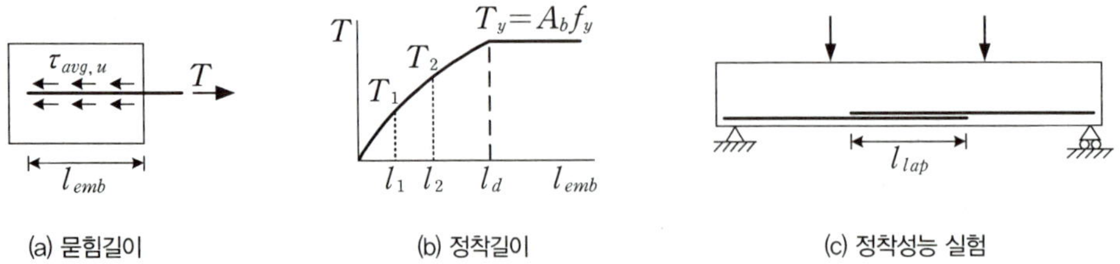

(a) 묻힘길이 (b) 정착길이 (c) 정착성능 실험

그림 10-8 철근의 묻힘길이와 정착길이

철근에 인장력을 가하는 인발실험(pull−out test)을 수행하지는 않는다. 인발실험으로 철근에 인장력을 가하려면 철근 주위의 콘크리트에 압축력을 가하여 그 반작용을 이용하기 때문에, 철근 주위의 콘크리트도 철근과 같이 인장응력을 받는 실제 철근콘크리트 부재와는 거동이 다르기 때문이다. 따라서 철근 정착길이를 구하기 위한 실험으로는 그림 10−8(c)와 같이 인장철근이 l_{lap}의 길이로 겹친 보를 제작하고 순수휨모멘트가 작용하도록 하중을 가하는 실험방법을 사용한다. 여기서 철근의 겹침이음길이 l_{lap}은 철근의 묻힘길이 l_{emb}의 의미를 가진다.

그림 10−9는 철근의 정착길이를 구하기 위한 실험연구로서 그림 10−8(c)의 방법으로 정착성능 실험을 수행한 실험체에 쪼갬파괴가 나타난 모습이다. 이와 같이 실험으로 결정한 정착길이는 10.1.3절에 소개한 분포를 보이는 부착응력을 하나의 부착강도 평균값, 즉 평균부착강도 $\tau_{avg,u}$로 나타낸 것이다. 이때 평균부착강도 $\tau_{avg,u}$는 묻힘길이와 무관하게 일정한 값이 아니라, 묻힘길이가 길수록 감소하는 경향을 보인다. 이것은 그림 10−3과 그림 10−4에 나타낸 바와 같이 균열의 위치에서 부착응력이 집중되어 큰 값을 가지고, 그 사이 구간은 작은 값의 부착응력이 작용하여 묻힘길이가 길수록 평균부착강도 $\tau_{avg,u}$가 감소하기 때문이다.

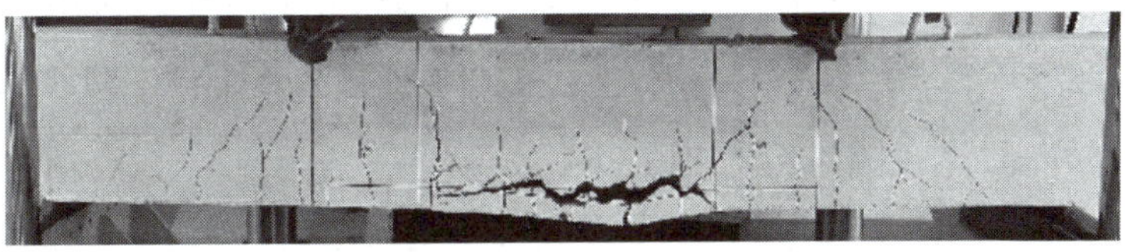

그림 10−9 철근의 정착성능 실험과 쪼갬파괴[10.4, 10.5]

철근의 정착길이 l_d는 철근이 항복할 때까지 부착파괴가 발생하지 않을 최소길이이므로, 그림 10−8(a)를 참조하여 나타내면 l_d 구간 철근 표면에 작용하는 힘 단위의 부착강도와 철근의 항복력이 다음과 같이 힘의 평형을 이루는 길이이다.

$$(\pi d_b)\,\tau_{avg,u}\,l_d = \left(\frac{\pi d_b^2}{4}\right) f_y \qquad (10 \cdot 9)$$

이 평형방정식을 정리하면 철근의 정착길이 l_d는 다음과 같다.

$$l_d = \frac{d_b f_y}{4\,\tau_{avg,u}} \qquad (10 \cdot 10)$$

따라서 그림 10−8(c)와 그림 10−9와 같이 철근 정착성능 실험을 수행하면 평균부착강도 $\tau_{avg,u}$와 정착길이 l_d의 관계를 얻을 수 있다. 정착길이 l_d의 식 (10 ·10)에서 평균부착강도 $\tau_{avg,u}$는 분모에 위치한다. 따라서 정착성능이 좋을수록, 즉 $\tau_{avg,u}$가 클수록 철근의 정착길이가 짧고, 정착성능이 안 좋을수록, 즉 $\tau_{avg,u}$가 작을수록 철근의 정착길이가 길게 된다. 다음 [1]~[10]항은 철근의 정착성능과 정착길이에 영향을 주는 구조적 특성으로서의 요소들이며, [11]항은 압축철근의 정착 특성, [12]항은 시공과 관련된 요소이다.

[1] 철근의 표면상태

철근의 표면상태로는 표면의 형상과 거친 정도가 콘크리트와의 마찰작용에 크게 영향을 준다. 표면 형상으로는 표면에 횡방향 리브를 가진 이형철근과 표면이 매끈한 원형철근을 들 수 있다. 2장 2.3.2절에 설명한 바와 같이 이형철근의 부착강도는 원형철근보다 훨씬 크다. 이것은 원형철근이 표면에서의 점착저항과 마찰저항에 의해서만 부착되는 반면에 이형철근은 점착저항 및 마찰저항과 함께 횡방향 리브 부분의 지압(bearing)에 의하여 부착성능이 발휘되기 때문이다. 따라서 부착성능이 좋은 이형철근은 원형철근보다 정착길이가 더 짧다.

표면의 거친 정도는 철근 표면의 부식 여부와 부식방지를 위한 표면 처리가 영향을 준다. 2장 2.3.2절에 설명한 바와 같이 철근 체적의 약 1% 이내가 부식된 철근은 콘크리트와의 부착강도가 증가한다. 따라서 과거에 원형철근을 주로 사용하던 시절에는 일부러 철근 표면에 경미한 녹이 발생하도록 한 후 시공하기도 했었다. 그러나 원형철근은 더 이상 콘크리트의 보강재로 사용하지 않고 이형철근을 사용하므로 일부러 철근 표면에 녹이 발생하도록 할 필요는 없다. 이것은 횡방향 리브 부분의 지압에 의하여 충분한 부착강도가 발휘되어 부식으로 인하여 철근 표면이 거칠게 되어 부착강도가 증가하는 효과가 미미하기 때문이다. 또 2장 2.2.7절에 설명한 바와 같이 표면이 부식된 철근이더라도 콘크리트 내부에 배치된 이후에는 더 이상 부식이 진행되지 않으므로 내구성 차원에서 큰 문제가 되지는 않지만, 일부러 철근에 녹이 발생하도록 할 이유가 없기 때문이다.

해양환경 등과 같이 철근 부식을 촉진하는 환경에 노출되는 콘크리트 구조물에는 철근 부식을 방지하기 위하여 철근 표면을 아연도금(zinc galvanizing)을 하거나 에폭시(epoxy)를 씌우기도 한다. 이러한 표면 처리는 표면의 거친 정도에 영향을 주어 부착성능에 영향을 준다. 일반적으로 에폭시 도막(epoxy coating)은 표면을 매끄럽게 하여 부착성능을 감소시킨다.[10.10, 10.11] 따라서 에폭시 도막 철근(epoxy-coated reinforcement)은 1보다 큰 값의 수정계수를 적용하여 정착길이를 길게 한다. 아연도금은 부착성능에 크게 영향을 주지 않는다.

[2] 콘크리트의 압축강도

10.1.4절에서 설명한 바와 같이 그림 10-7에 나타낸 콘크리트의 쪼갬균열이 부착파괴의 일반적인 형태이므로 콘크리트의 인장강도가 철근의 부착강도를 나타내는 척도가 된다. 설계기준에서 콘크리트의 인장강도는 압축강도 f_{ck}의 함수로 표현하고 있으므로, 설계기준의 설계정착길이는 f_{ck}를 변수로 한 수식을 규정하고 있다. 즉, KDS 14 20 콘크리트구조 설계기준[10.6]과 ACI 318 Code[10.7]는 콘크리트의 인장강도를 압축강도 f_{ck}의 1/2 제곱에 비례하는 식을 채택하였으므로 정착길이 산정식이 $\sqrt{f_{ck}}$의 함수로 표현되어 있다. KDS 24 14 21 콘크리트교 설계기준(한계상태설계법)[10.8]과 Eurocode 2[10.9]는 콘크리트의 인장강도를 압축강도 f_{ck}의 2/3 제곱에 비례하는 식을 채택하였으므로 정착길이 산정식이 $(f_{ck})^{2/3}$의 함수로 나타난다. 그러나 콘크리트의 균열은 파괴 에너지(fracture energy)와 관계된 것으로 압축강도와는 직접적인 관계가 없어서, 부착강도가 f_{ck}의 2/3 제곱이나 1/2 제곱보다 더 낮은 비율로 증가한다. 고강도 콘크리트에 대한 실험결과가 축적됨에 따라 f_{ck}의 1/4 제곱으로 표현된 부착강도가 더 부착성능을 잘 나타낸

다는 연구결과[10.12]에 따라 ACI Committee 408[10.2]은 f_{ck}의 1/4 제곱으로 표현된 정착길이 산정식을 제안하고 있다.

콘크리트의 인장강도를 압축강도 f_{ck}의 어떤 함수로 표현하든지 간에, 압축강도가 증가하면 지압강도와 인장강도도 증가하기 때문에 횡방향 리브 부분의 부착저항성능이 증가하여 부착강도가 증가한다. 따라서 콘크리트의 압축강도가 증가하면 정착길이 l_d가 감소하며, 설계기준에 규정되어 있는 설계정착길이 산정식의 변수로 콘크리트의 압축강도 f_{ck}가 분모에 위치하고 있다. 그러나 부착강도가 압축강도에 비례해서 무한정 증가하는 것은 아니다. 그림 10-9에 대하여 설명한 바와 같이 균열의 위치에서 부착응력이 집중되어 큰 값을 가지고 그 사이 구간은 작은 값의 부착응력이 작용하는데, 콘크리트의 압축강도가 증가할수록 균열의 위치에서 부착응력이 집중되는 현상이 더 크게 나타나서 부착강도 평균값의 증가가 미미하기 때문이다. 또한 부착강도가 f_{ck}의 1/4 제곱에 비례한다고 볼 때 고강도 콘크리트는 압축강도 증가에 따른 부착강도의 증가가 매우 미미하기 때문이기도 하다. 따라서 설계기준에서는 설계정착길이 산정식에 f_{ck}의 최댓값을 규정하여 그 값을 초과하는 콘크리트의 압축강도는 허용 최댓값을 수식에 적용하도록 규정하고 있다.

한편 경량콘크리트는 보통중량콘크리트에 비하여 인장강도가 상대적으로 낮아서 부착강도도 낮다. 따라서 경량콘크리트로 시공되는 경우에는 보통중량콘크리트로 시공되는 경우보다 철근의 정착길이가 더 길어진다.

[3] 철근의 항복강도

철근의 항복강도는 부착강도에 직접 영향을 미치지는 않지만 정착길이에는 큰 영향을 준다. 이것은 정착길이가 철근이 항복할 때까지 부착파괴가 발생하지 않을 최소길이이기 때문으로, 철근의 항복강도가 증가할수록 정착길이가 길어진다. 즉, 철근이 항복할 때의 인장력 T_y는 철근의 항복강도 f_y에 비례하므로, 큰 인장력에 대하여 부착파괴가 발생하지 않으려면 묻힘길이가 더 길어야 한다는 뜻이다. 따라서 설계기준에 규정되어 있는 설계정착길이 산정식의 변수로 철근의 항복강도 f_y가 분자에 위치하고 있다. 그러나 실제 정착길이는 철근의 항복강도에 단순히 정비례해서 증가하는 것은 아니다. 이것은 앞에서 설명한 바와 같이 평균부착강도 $\tau_{avg,\,u}$가 묻힘길이와 무관하게 일정한 값이 아니라 묻힘길이가 길수록 감소하는 경향을 보이기 때문이다. 따라서 설계기준에 따라서는 고강도 철근에 대해서 더 큰 비율로 정착길이를 증가시키기 위하여 1보다 큰 값의 수정계수를 적용하도록 규정하기도 한다.

[4] 철근의 표면적과 단면적 비율

철근의 부착강도는 철근의 표면에서 발휘되는데, 식 (10·9)의 평형방정식으로 식 (10·10)의 정착길이 기본수식을 유도할 때 설명한 바와 같이 철근 표면에 작용하는 힘 단위의 부착강도와 철근의 항복력이 같게 되는 길이가 정착길이이다. 이때 힘 단위의 부착강도는 정착길이 구간 철근 표면적 πd_b에 비례하고, 철근의 항복력은 철근 단면적 $\pi d_b^2/4$에 비례한다. 이와 같이 철근의 표면적은 지름 d_b에 비례하고 단면적은 d_b^2에 비례하므로, 철근의 단면적에 대한 표면적의 비율은 $1/d_b$의 함수로 나타난다. 즉, 철근이 굵어질수록 표면적/단면적 비율이 감소하여 부착성능도 감소하고 정착길이가 증가한다. 따라서 설계기준에 규정되어 있는 설계정착길이 산정식의 변수로 철근 지름 d_b가 분자에 위치하고 있다. 그러나 실제 정착길이는 철근 지름에 단순히 정비례해서 증가하는 것은 아니다. 이것은 앞에서 설명한 바와 같이 평균부착강도 $\tau_{avg,u}$가 묻힘길이와 무관하게 일정한 값이 아니라 묻힘길이가 길수록 감소하는 경향을 보이기 때문이다. 다시 말하면 지름이 작은 철근은 정착길이가 짧기 때문에 평균부착강도가 더 크게 나타난다. 이에 대하여 설계기준에 따라서는 지름이 작은 철근에 대해서 더 낮은 비율로 정착길이를 감소시키기 위하여 1보다 작은 값의 수정계수를 적용하도록 규정하기도 한다.

[5] 피복두께

피복두께는 부착성능에 영향을 주는 쪼갬균열의 거동에 큰 영향을 준다. 따라서 철근이 콘크리트에 정착되기 위해서는 적절한 피복두께가 확보되어야 한다. 철근 정착을 위해서는 일반적으로 최소한 철근 지름 이상의 피복두께가 필요한 것으로 알려져 있으며, 두꺼운 피복이 정착성능에 유리하므로 정착길이가 짧게 된다. 한편 10.1.4절에서 그림 10-7을 참조로 하여 설명한 바와 같이, 철근을 따라 발생하는 쪼갬균열은 피복두께와 함께 철근 순간격의 영향을 같이 받는다. 따라서 설계기준에서는 피복두께와 철근 순간격을 같이 고려한 치수를 반영하여 정착길이의 수정계수를 규정하고 있다.

[6] 철근의 순간격

앞에서 설명한 바와 같이 철근의 순간격도 부착성능에 영향을 주는 쪼갬균열의 거동에 큰 영향을 준다. 따라서 철근이 콘크리트에 정착되기 위해서는 적절한 철근 순간격이 확보되어야 하며, 철근 순간격이 넓을수록 정착성능에 유리하므로 정착길이가 짧게 된다. 피복두께에 대한 앞의 설명과 같이 철근을 따라 발생하는 쪼갬균열은 철근 순간격과 함께 피복두께의 영향을 같이 받으므로, 설계기준에서는 피복두께와 철근 순간격을 같이 고려한 치수를 반영하여 정착길이의 수정계수를 규정하고 있다.

[7] 철근의 묻힌 위치

두꺼운 콘크리트 윗부분에 수평으로 배치되는 철근은 부착강도가 낮아서 정착길이가 길어진다. 이것은 콘크리트가 양생되는 동안에 수평철근 아랫부분에 콘크리트의 블리딩(bleeding)으로 인한 수막(水膜)이나 공극(空隙)이 생기기 쉽고 또한 레이턴스가 존재하기 쉽기 때문이다. 즉, 굳지 않은 콘크리트 내의 물과 공기 및 여러 형태의 불순물은 골재보다 가벼워서 위로 뜨다가 수평철근에 가로 막혀서 수평철근 아랫부분에 위치한 상태에서 콘크리트가 경화되는 것이다. 여기서, 레이턴스(laitance, 불경화층)는 콘크리트를 타설할 때 시멘트나 골재에 포함되어 있던 불순물이 부상하여 블리딩 현상에 따라 상승한 물과 함께 흰빛의 얇은 막이 형성된 후 블리딩수(bleeding water)가 증발되고 남은 고형물질이다. 이와 같은 공극과 레이턴스는 국부적으로 콘크리트 강도를 저하시키는 요인이 되어 부착강도를 감소시킨다.[10.13] 따라서 설계기준에서는 이런 현상이 나타나는 수평철근을 상부철근으로 구분하고 1보다 큰 값의 수정계수를 적용하여 정착길이를 길게 한다.

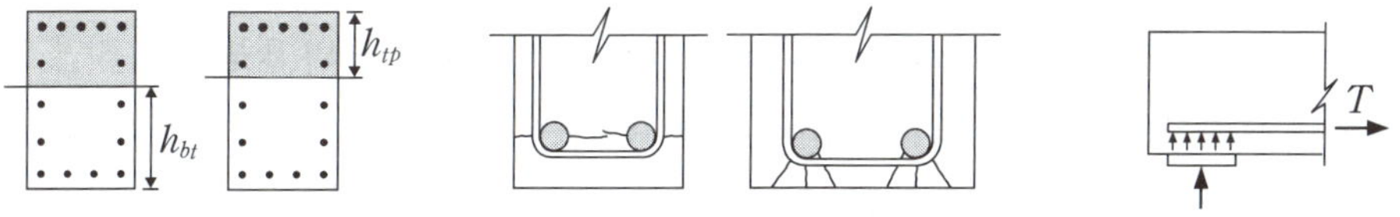

(a) 상부철근의 정의 방법 (b) 횡방향 철근의 구속효과 (c) 연직 압력의 구속효과

그림 10-10 상부철근의 정의 방법과 구속효과

상부철근을 정의하는 방법으로는 그림 10-10(a)의 왼쪽 그림과 같이 단면 하단부터 측정한 깊이 h_{bt} 위의 짙은 색으로 표시한 부분에 위치하는 철근을 상부철근으로 정의하거나, 그림 10-10(a)의 오른쪽 그림과 같이 단면 상단부터 측정한 깊이 h_{tp} 내의 짙은 색으로 표시한 부분에 위치하는 철근을 상부철근으로 정의하는 방법이 있다. 상부철근의 정의에 사용되는 깊이는 설계기준 별로 다소 차이가 있지만, 대체적으로 250 mm 또는 300 mm를 기준으로 한다.

[8] 횡방향 철근의 구속효과

횡방향 철근은 부착되는 철근 주위의 콘크리트를 구속하고 쪼갬균열의 진전을 억제하여 부착강도를 향상시키는 역할을 한다. 보에서는 수직방향으로 배치되어 주철근을 감싸는 전단철근이 횡방향 철근으로서 그림 10-10(b)의 왼쪽 그림과 같이 수평방향의 쪼갬균열에 직각방향으로 가로지르게 되며, 그림 10-10(b)의 오른쪽 그림과 같이 수직방향의 쪼갬균열에도 직각방향으로 가로지르게 되어 구속효과를 발휘한다. 횡방향 철근의 양이 증가하면 쪼갬균열을 억제하고 쪼갬파괴 강도를 증가시켜서 부착강도가 향상되지만, 무한정 효과가 나타나는 것은 아니다. 이것은 횡방향 철근의 양이 어느 한계 이상으로 증가하면 쪼갬파괴가 방생하기 전에 뽑힘파괴가 발생하기 때문이다. 즉, 뽑힘파괴가 발생하는 경우에는 횡방향 철근량을 증가시키더라도 부착강도는 크게 향상되지 않는다. 따라서 설계기준에서는 횡방향 철근의 양을 고려하여 정착길이를 감소시키도록 하지만, 한계 값을 규정하여 적용범위를 제한한다. 이때 적용하는 수정계수에는 횡방향 철근은 항복강도가 변수로 적용되지 않는다. 이것은 부착파괴가 발생할 때 횡방향 철근은 항복하지 않는다는 연구결과[10.2, 10.12]를 반영한 것이다.

[9] 연직방향 압력의 구속효과

그림 10-10(c)와 같이 지점에서 부재의 내부방향으로 작용하는 반력은 인장철근에 연직방향 압축력으로 작용한다. 이 압축력은 받침부의 길이에 걸쳐 압축응력으로 작용하여 인장철근을 횡방향으로 구속하는 효과를 나타낸다. 이 연직방향 압력의 구속효과는 부착강도를 증가시켜서 정착길이를 감소시키는 효과가 있다. 이에 대하여 설계기준에 따라서는 1보다 작은 값의 수정계수를 적용하여 정착길이를 감소시키는 직접적인 방법이나, 정착길이는 수정하지 않고 비교 대상인 묻힘길이를 증가시켜서 비교하는 간접적인 방법을 채택하고 있다.

[10] 지압 효과

철근의 정착은 콘크리트와 철근 사이의 부착에 의한 방법 외에도 별도의 방법으로 지압 효과를 추가하여 정착성능을 증가시킬 수 있다. 인장철근의 지압 효과는 그림 10-11의 (a), (b), (c)와 같이 갈고리, 확대머리, 용접철근을 통하여 얻을 수 있고, 압축철근의 지압 효과는 그림 10-11(d)와 같이 철근의 단부에서 나타난다.

그림 10-11(a)는 정착되는 철근을 구부린 90° 갈고리를 나타내는데, 그림에서 구부린 부분에 화살표로 나타낸 지압응력이 인장철근의 정착효과를 증진시키는 역할을 한다. 이러한 효과는 180° 갈고리에서도 동일하다. 그림 10-11(b)는 정착되는 철근의 끝에 철근 단면적보다 더 큰 면적의 강재를 용접 등으로 부착시킨 기계적 정착장치를 나타낸다. 기계적 정착장치의 크기 등 설계기준의 규정을 만족하는 경우를 확대머리 철근이라고 하는데, 그림에서 확대머리에 화살표로 나타낸 지압응력이 인장철근의 정착효과를 증진시키는 역할을 한다. 그림 10-11(c)는 정착되는 철근에 직각방향으로 추가의 철근을 배치하고 용접한 경우로, 그림에서 용접철근에 화살표로 나타낸 지압응력이 정착효과를 증진시키는 역할을 한다. 이에 대하여 설계기준에 따라서는 1보다 작은 값의 수정계수를 적용하여 정착길이를 감소시키는 방법이나 별도의 정착길이 산정식을 규정하는 방법을 채택하고 있다.

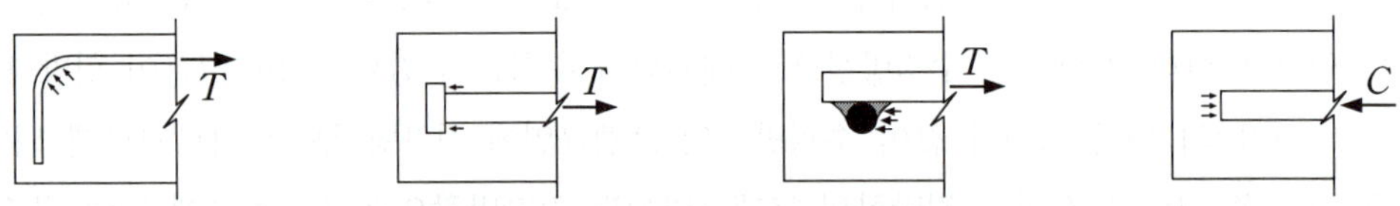

(a) 갈고리의 지압 (b) 확대머리의 지압 (c) 용접철근의 지압 (d) 압축철근의 지압

그림 10-11 지압 효과

[11] 압축철근의 정착

철근이 압축력을 받을 때에는 인장력을 받을 때와는 반대방향으로 부착응력이 작용하며, 정착되는 철근 끝 단면에 접하는 콘크리트가 압축력에 저항한다. 따라서 그림 10-11(d)에 세 개의 화살표로 나타낸 지압응력이 압축철근의 정착성능을 증진시키는 역할을 한다. 또한 그림 10-3(e)와 같이 균열면을 기점으로 방향이 변하는 부착응력(in-and-out bond stress) 분포를 보이는 인장철근과 달리, 압축철근은 주위의 콘크리트에 균열이 발생하지 않아서 부착응력의 방향이 변하지 않는 특징이 있다. 따라서 동일한 조건에서는 압축철근의 정착길이가 인장철근의 정착길이보다 짧다. 이에 대하여 설계기준에 따라서는 1보다 작은 값의 수정계수를 적용하여 정착길이를 감소시키는 방법이나, 별도의 정착길이 산정식을 규정하는 방법을 채택하고 있다.

한편 압축철근의 정착방법으로는 그림 10-11의 (a), (b), (c)의 갈고리 철근, 확대머리 철근, 용접철근을 적용하지 않는다. 이것은 갈고리가 압축력에는 효과적으로 저항하지 못하기 때문이며, 직선 압축철근에서도 지압 효과가 정착성능을 증진시키므로 굳이 확대머리와 같은 기계적 정착이나 용접철근에 의한 정착이 필요하지 않기 때문이다.

[12] 콘크리트의 다지기

콘크리트에 대한 철근의 부착 및 정착성능은 콘크리트의 밀실(consolidation) 정도에 영향을 받는다. 즉, 콘크리트가 얼마나 밀실하게 시공되었는가에 따라 철근의 부착 및 정착성능이 다르게 나타난다는 것이다. 따라서 콘크리트의 시공에서 콘크리트의 다지기가 불충분하지 않도록 시공품질을 유지하여야 한다.

10.1.6 철근의 정착방법

철근의 단부를 콘크리트에 정착시키기 위해서는 다음 방법 중에서 하나, 또는 조합하여 사용한다.

[1] 묻힘길이에 의한 정착

묻힘길이에 의한 정착은 그림 10-1(b)로 설명한 바와 같이 충분한 길이를 가진 직선철근을 그대로 콘크리트 속에 묻어 넣어서 콘크리트와의 부착에 의해 정착하는 방법이다. 묻힘길이에 의하여 철근이 정착되려면 직선철근의 정착길이(anchorage length, development length) 이상의 묻힘길이를 갖아야 한다. 이때 정착길이는 그림 10-8로 설명한 바와 같이 철근이 항복할 때까지 정착파괴가 발생하지 않을 길이이며, 묻힘길이는 외력에 의하여 철근이 항복하는 위치에서 철근 단부까지의 길이이다.

[2] 갈고리에 의한 정착

갈고리에 의한 정착은 그림 10-11(a)와 같이 철근 끝부분을 갈고리(hook)로 만들어서 갈고리부의 지압 작용과 직선부의 부착 작용을 조합하여 정착하는 방법이다. 과거에 사용하였던 원형철근은 반드시 갈고리를 두어 정착시키도록 하였으나, 이형철근에 대해서는 직선 묻힘길이에 의한 정착만으로는 정착길이를 확보할 수 없는 경우에 갈고리에 의한 정착을 적용한다. 갈고리 철근은 갈고리 내면에 작용하는 지압 작용에 의해 정착성능이 크게 향상되므로 정착길이가 직선철근의 정착길이보다 짧다. 설계기준에서는 3장 3.4.2절에 소개한 표준갈고리에 대한 정착길이 결정법을 규정하고 있는데, 표준갈고리가 아닌 갈고리를 사용할 경우에는 갈고리의 정착성능을 입증하여야 한다. 주철근에 대한 표준갈고리는 갈고리 구부림 각도가 설계기준에 따라서 다르기는 하지만 3장 3.4.2절 그림 3-6과 같이 대부분이 90°와 180°로 한다. 한편 갈고리 철근의 정착성능은 갈고리를 구부린 후의 연장길이에 따라 달라지므로, 설계기준에서는 표준갈고리로 규정한 연장길이에 따라서 다른 비율의 정착길이를 규정하고 있다. 즉, 90° 표준갈고리의 연장길이를 철근지름의 12배로 규정하는 KDS 14 20 콘크리트구조 설계기준[10.6]과 ACI 318 Code[10.7]는 90° 표준갈고리의 정착길이를 직선철근 정착길이의 40%로 규정하며, 표준갈고리의 연장길이를 철근지름의 5배로 규정하는 KDS 24 14 21 콘크리트교 설계기준(한계상태설계법)[10.8]과 Eurocode 2[10.9]는 표준갈고리의 정착길이를 직선철근 정착길이의 70%로 규정한다.

[3] 기계적 정착장치나 용접철근에 의한 정착

묻힘길이에 의한 정착과 갈고리에 의한 정착이 적절하지 않을 때에는 기계적 정착장치를 이용하여 정착시키는 방법이 있다. 기계적 정착장치는 그림 10-11(b)와 같이 정착되는 철근의 끝에 철근 단면적보다 더 큰 면적의 강재를 용접 등으로 부착시킨다. 기계적 정착장치를 사용할 경우에는 기계적 정착장치의 정착성능을 입증하여야 하지만, 기계적 정착장치의 크기 등 설계기준의 규정을 만족하는 확대머리 철근에 대해서는 설계기준에서 정착길이 산정방법을 규정하기도 한다. 또한 지압효과를 이용하는 방법 중에는 그림 10-11(c)와 같이 정착되는 철근에 직각방향으로 추가의 철근을 배치하고 용접하여, 용접철근의 지압응력이 정착효과를 증진시키도록 하는 용접철근에 의한 정착방법을 이용할 수 있다.

10.2 철근의 이음

직선으로 생산되는 철근은 일반적으로 $8m$ 길이나 혹은 주문에 따라 그보다 좀 더 길게 생산되므로, 부재의 축방향으로 배치되어야 하는 철근이 낱개 철근 길이보다 길 때에는 철근을 연결하여 배치하여야 한다. 이 절에서는 인장철근과 압축철근의 이음 방법에 대한 일반적인 사항을 소개한다.

10.2.1 인장철근의 이음방법

인장철근의 이음방법은 그림 10-12에 나타낸 바와 같이 겹침이음(lap splice), 기계적이음(mechanical splice), 용접이음(welded splice)의 세 가지로 구분할 수 있다. 그림 10-12(a)의 겹침이음은 철근의 일부 구간 길이를 겹쳐서 연결하는 형식이다. 이 이음방법은 철근의 부착성능으로 인장력이 전달되는 형식이므로 겹치는 길이, 즉 겹침이음길이 l_{lap}은 설계기준에 따라 결정되는 정착길이 l_d를 기본으로 한다. 겹침이음은 그림 10-12(a)의 위 그림과 같이 연결되는 철근을 접촉시켜 겹치는 것이 일반적이지만, 필요에 따라서는 아래 그림처럼 연결되는 철근 간에 약간의 거리를 갖도록 해도 좋다. 이때의 철근 간 거리는 설계기준에서 허용하는 거리 이내이어야 한다.

그림 10-12(b)의 기계적이음은 기계적 장치를 이용하여 철근을 연결하는 형식으로, 연결 장치는 커플러(coupler)라는 용어로 통용된다. 커플러는 나사식, 용융금속식, 슬리브 압착식 등 여러 가지 형태가 있으나, 설계기준에서 규정하고 있는 성능목표를 만족한다는 것이 입증된 제품을 사용하여야 한다. 커플러의 성능은 강도 확보와 변형 억제의 두 가지 성능이 중요하다. 강도가 확보되지 않으면 철근의 항복력을 전달할 수 없고, 변형이 억제되지 않고 미끄럼(slip)이 발생하면 이음부에 균열이 크게 나타나기 때문이다. 커플러의 성능검증 시험에 대해서는 KS D 0249[10.14]에 규정되어 있으므로 구조물의 용도에

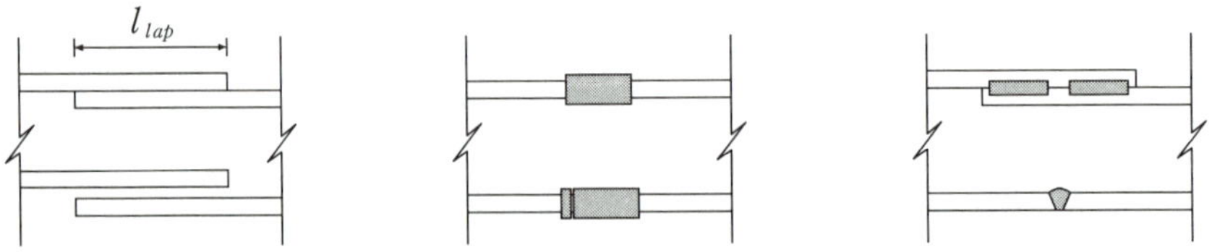

(a) 겹침이음 (b) 기계적이음 (c) 용접이음

그림 10-12 인장철근의 이음방법

따라 적절한 성능조건을 선별하여 적용하여야 한다. 일반적으로 커플러는 그림 10-12(b)의 위 그림과 같이 하나의 기계적 장치로 철근을 연결하지만, 목적에 따라서는 그림 10-12(b)의 아래 그림처럼 두 개로 하나의 커플러를 구성하기도 한다.

그림 10-12(c)의 용접이음은 기본적으로 용접용 철근에만 적용된다. 다만 설계기준에 따라서는 특별한 경우 탄소당량에 따른 용접 조건을 만족하는 일반 구조용 철근과의 용접이음을 허용하기도 한다. 철근의 용접이음은 열을 이용하여 용접봉을 녹인 용착금속으로 두 철근을 일체화 시키는 것으로, 그림 10-12(c)의 위 그림과 같이 필릿용접(fillet welding) 형태의 겹침 용접이음을 하거나 아래 그림과 같이 그루브용접(groove welding, 맞댐 용접) 형태를 이용할 수 있으나 설계기준에서 규정하고 있는 성능목표를 만족하는 용접이음이어야 한다. 그루브용접은 허용하지 않는 설계기준도 있다.

10.2.2 압축철근의 이음방법과 교번응력을 받는 철근의 이음방법

이 절에서는 영구히 압축응력을 받는 압축철근의 이음과 하중작용에 따라 인장응력과 압축응력이 반복하여 작용하는 교번응력(tension-compression cyclic stress)이 작용하는 철근의 이음방법의 기본 사항을 소개한다.

[1] 압축철근의 이음방법

압축철근의 이음은 인장철근의 이음방법과 동일하게 겹침이음, 기계적이음, 용접이음의 세 가지 방법을 적용할 수 있다. 압축철근의 겹침이음에서 겹침이음길이는 압축철근의 정착길이를 기본으로 하지만, 설계기준에 따라서는 별도의 겹침이음길이 수식과 기준을 제시하기도 한다. 이것은 압축철근의 부착거동이 횡방향 인장균열에 의한 복잡한 문제와는 관련이 없어서, 압축철근의 이음에는 인장철근의 이음과 같은 엄격한 규정이 필요하지 않기 때문이다.

압축철근의 기계적이음과 용접이음은 인장철근의 기계적이음 및 용접이음과 동일하게 적용할 수 있다. 그러나 압축철근을 연결할 때 연결되는 두 철근의 중심이 잘 맞도록 양끝을 접촉시키면 직접 지압으로 압축응력을 전달할 수 있다. 따라서 설계기준에 따라서는 별도의 조건을 만족하는 경우 커플러나 용접을 이용하지 않고 단순히 연결되는 두 철근의 중심이 잘 맞도록 양끝을 접촉시키는 단부 지압이음(end bearing splice)을 허용하기도 한다.

[2] 교번응력을 받는 철근의 이음방법

교번응력(tension-compression cyclic stress)은 인장응력과 압축응력이 반복하여 작용할 때의 응력으로, 인장으로만 또는 압축으로만 높고 낮은 응력이 반복되는 단순한 반복응력(cyclic stress)과는 다르다. 인장과 압축이 반복하는 교번응력은 지진에 저항하는 구조요소(earthquake resisting structural element)에서 나타난다. 특히 지진에 의하여 축방향 철근이 항복한 상태로 인장응력과 압축응력이 반복되는 소성힌지구역(plastic hinge region)에서는 축방향 철근이 압축일 때 좌굴이 일어나고 인장일 때

변형률경화(strain hardening) 현상이 발생하므로 축방향 철근의 성능이 매우 중요하다. 따라서 소성힌지구역에 배치되는 축방향 철근은 내진용 철근을 사용하여야 하며, 철근의 이음에도 높은 수준의 성능이 요구된다.

이를 고려하여 모든 내진설계기준에서 소성힌지구역에서의 축방향 철근 겹침이음을 허용하지 않으며, 시설물에 따라서는 용접 이음도 허용하지 않는다. 소성힌지구역에서 축방향 철근의 이음을 피할 수 없을 때에는 커플러를 사용하는 기계적이음을 적용하여야 한다. 이때의 커플러는 철근 항복 이후의 교번응력 상태에서 강도 성능과 변형억제 성능이 만족되어야 하므로, KS D 0249[10.14]의 해당 성능 조건이 시험으로 만족된 제품을 사용하여야 한다. 한편 시설물 별 내진설계기준에 따라서는 소성힌지구역 이외의 구역에서 연결하는 축방향철근의 이음에 대해서도 추가로 조건을 규정하기도 한다.

10.3 콘크리트구조 설계기준(강도설계법)에 따른 철근 정착 설계검증

KDS 14 20 콘크리트구조 설계기준[10.6]의 철근 정착 설계기준은 기본적으로 ACI 318 Code를 근간으로 하였으나, 2000년대 이후 한국 연구자들의 연구결과가 반영되어 ACI 318 Code[10.7]와는 다른 내용으로 규정된 부분이 다수 있다. 이 절에서는 KDS 14 20 콘크리트구조 설계기준에 따른 직선 인장 이형철근, 압축 이형철근, 표준갈고리 철근, 확대머리 철근의 정착길이 산정방법과 휨철근 및 전단철근과 띠철근의 정착 설계검증 방법을 소개한다.

한편 KDS 14 20 콘크리트구조 설계기준에서는 어떤 형태의 철근이라도 정착길이를 산정할 때 $\sqrt{f_{ck}}$로 8.4 MPa을 초과하지 않은 값을 적용하도록 규정하고 있다. 즉, 10.1.5절 [2]항에서 설명한 바와 같이 고강도 콘크리트는 부착강도 평균값의 증가와 압축강도 증가에 따른 부착강도의 증가가 미미하므로, KDS 14 20 콘크리트구조 설계기준에서는 정착길이 산정식의 f_{ck}에 대한 허용 최댓값으로 70 MPa을 채택하고 $\sqrt{f_{ck}}$의 허용 최댓값을 70 MPa의 제곱근인 8.4 MPa로 규정하고 있다.

10.3.1 콘크리트구조 설계기준에 따른 직선 인장 이형철근과 이형철선의 정착길이

KDS 14 20 콘크리트구조 설계기준의 직선 인장 이형철근과 이형철선의 정착길이 l_d는 다음 [1]항의 정밀식 또는 [2]항의 간편식을 적용하여 결정한다. 단, 어떤 방법을 적용하든지 정착길이 l_d는 300 mm 이상이어야 한다. [1]항의 정밀식과 [2]항의 간편식을 적용하는 방법은 모두 Orangun 등[10.15, 10.16]의 제안식을 기본으로 하여 단순화한 것이다. 이 제안식은 정착 및 겹침이음 실험 결과[10.17~10.24]에 대한 비선형 회귀분석을 통해 얻은 pound-inch 단위의 부착강도 경험식으로, 다음과 같다.

$$\frac{T_b}{\sqrt{f_{ck}}} = \frac{A_b f_s}{\sqrt{f_{ck}}} = 0.25\,\pi l_d(c_{min}+0.4\,d_b)+16.6\,A_b+\frac{\pi l_d\,A_{tr}}{41.5\,sn}f_{yt} \qquad (10\cdot11)$$

여기서 T_b : 정착되거나 이음된 철근의 총 부착력

A_b : 정착되거나 이음된 철근의 단면적

f_s : 정착되거나 이음된 철근의 응력

l_d : 정착길이 또는 이음길이

c_{min} : 철근의 중심부터 콘크리트 표면까지 최단거리 또는 정착되거나 이음된 철근의 중심간 거리의 1/2 중 작은 값

d_b : 정착되거나 이음된 철근의 지름

A_{tr} : 정착되거나 이음된 철근을 따라 쪼개질 가능성이 있는 면을 가로질러 배치된 횡방향 철근의 전체 단면적

f_{yt} : 횡방향 철근의 항복강도

f_{ck} : 콘크리트의 압축강도

식 (10·11)에서 ($c_{min}+0.4\,d_b$)을 c_b로 치환하고 단순화하여 l_d로 나타내면, pound-inch 단위의 정착길이 또는 이음길이 l_d는 다음과 같다.

$$l_d = \left[\frac{f_s - 16.6\sqrt{f_{ck}}}{\sqrt{f_{ck}}\left(\dfrac{c_b + K_{tr}}{d_b}\right)} \right] d_b \tag{10·12}$$

다시 이 식의 ($f_s-16.6\sqrt{f_{ck}}$)을 $(3/40)f_y$로 단순화하면 pound-inch 단위의 정착길이 또는 이음길이 l_d는 다음과 같이 나타낼 수 있다.

$$l_d = \left[\frac{3}{40} \frac{f_y}{\sqrt{f_{ck}}\left(\dfrac{c_b + K_{tr}}{d_b}\right)} \right] d_b \tag{10·13}$$

SI 단위로 단위환산 한 정착길이 또는 이음길이 l_d는 다음과 같다.

$$l_d = \left[\frac{f_y}{1.1\sqrt{f_{ck}}\left(\dfrac{c_b + K_{tr}}{d_b}\right)} \right] d_b \tag{10·14}$$

이 식들은 ACI 318 Code의 직선 인장 이형철근과 이형철선의 정착길이 기본 수식으로 채택되었고, KDS 14 20 콘크리트구조 설계기준도 이 수식을 기본으로 하고 있다.

[1] 정밀식에 따른 직선 인장 이형철근과 이형철선의 정착길이

KDS 14 20 콘크리트구조 설계기준은 식 (10·14)의 계수 1/1.1을 소수 0.9로 표현한 다음 수식으로 직선 인장 이형철근과 이형철선의 정착길이를 결정하도록 규정하고 있다.

$$l_d = \frac{0.90\,d_b f_y}{\lambda\sqrt{f_{ck}}} \frac{\alpha\beta\gamma}{\left(\dfrac{c + K_{tr}}{d_b}\right)} \tag{10·15}$$

여기서 보정계수 α는 철근배치 위치계수, 보정계수 β는 도막계수, 보정계수 γ는 철근 또는 철선의

크기계수로 적용조건과 그에 따른 계수 값이 표 10-1에 정리되어 있다. 단, 에폭시 도막철근이 상부철근인 경우에 상부철근의 위치계수 α와 도막계수 β의 곱인 $\alpha\beta$의 값이 1.7을 초과할 때는 1.7을 적용할 수 있다. λ는 경량콘크리트 계수로, 보통중량콘크리트는 1.0, 모래경량콘크리트는 0.85, 전경량콘크리트는 0.75이다.

표 10-1 직선 인장 이형철근과 이형철선의 보정계수

구분	값	조건
위치계수 α	1.3	상부철근(단면 하단에서 300mm를 초과하는 높이에 배치되는 수평철근)인 경우
	1.0	상부철근이 아닌 경우
도막계수 β	1.5	피복 두께가 $3\,d_b$ 미만이거나 순간격이 $6\,d_b$ 미만으로 에폭시 도막 혹은 아연-에폭시 이중 도막인 경우
	1.2	기타 에폭시 도막 혹은 아연-에폭시 이중 도막인 경우
	1.0	아연도금이거나 도막되지 않은 경우
크기계수 γ	1.0	D22 이상의 철근인 경우
	0.8	D19 이하의 철근과 이형철선인 경우

주: α와 β를 곱한 $\alpha\beta$의 값은 최대 1.7까지 적용할 수 있음.

식 (10·15)에서 분모 $(c+K_{tr})/d_b$는 철근이나 철선의 순간격과 피복두께의 영향과 횡구속 효과를 고려하는 항으로, 다음과 같이 최대 2.5까지 적용한다.

$$\frac{c+K_{tr}}{d_b} \leq 2.5 \tag{10·16}$$

여기서 c는 mm 단위로 표현되는 철근 간격 또는 피복두께에 관련된 치수로, 철근 또는 철선의 중심부터 콘크리트 표면까지 최단거리 또는 정착되는 철근 또는 철선의 중심간 거리의 1/2 중 작은 값이다. K_{tr}은 횡방향 철근지수로 다음 식에 따라 결정한다. 단, 횡방향 철근이 배치되어 있더라도 횡구속 효과를 무시하고자 할 때에는 K_{tr}의 값을 0으로 할 수 있다.

$$K_{tr} = \frac{40\,A_{tr}}{sn} \tag{10·17}$$

여기서 A_{tr} : 정착된 철근을 따라 쪼개질 가능성이 있는 면을 가로질러 배치된 간격 s 이내에 있는 횡방향 철근의 전체 단면적(mm^2)

s : 정착길이내에 배치되어 있는 횡방향 철근의 최대 중심간 간격(mm)

n : 쪼개질 가능성이 있는 평면을 따라 정착되거나 이음된 철근의 수

보의 경우 A_{tr}과 s는 각각 정착길이내에 배치되어 있는 전단철근의 단면적과 간격이 된다. 정착길이내에 전단철근이 두 가지 이상의 간격으로 배치되어 있을 때는 정착성능에 불리한 경우로 가장 큰 값의 간격을 s로 한다.

n의 값은 인장철근의 배치상황을 고려하여 면밀하게 검토한 후 결정하여야 한다. 이것은 인장철근이 동일하게 배치되었더라도 n의 값이 달라질 수 있기 때문이다. 예를 들어 그림 10–13(a)와 같이 동일한 지름과 길이를 갖는 5개 인장철근이 정착될 때 정착되는 철근의 수 n은 5가 된다. 그러나 그림 10–13의 (b)와 (c)와 같이 2개의 짧은 철근과 3개의 긴 철근이 배치되었을 때는 경우에 따라 n의 값이 달라진다. 그림 10–13(b)와 같이 2개의 짧은 철근과 3개의 긴 철근의 정착길이가 겹치지 않을 때는 짧은 철근에 대한 n 값은 2이고 긴 철근에 대한 n 값은 3이 된다. 그러나 그림 10–13(c)와 같이 짧은 철근과 긴 철근의 정착길이가 겹칠 때에는 모든 철근에 대한 n 값은 5가 된다. 정착길이를 구할 때 두 가지 경우를 구분하기 위해서는 다음과 같은 반복 검증이 필요하다. 먼저 그림 10–13(b)와 같이 정착길이가 겹치지 않을 것이라고 가정하여, 짧은 철근에 대해서는 n 값을 2로 하고 긴 철근에 대해서는 n 값을 3으로 하여 정착길이를 각각 구한다. 이렇게 구한 긴 철근의 정착길이 구간이 짧은 철근의 단부까지 도달하지 않는다면 정착길이가 겹치지 않을 것이라고 가정한 것이 옳은 가정이므로, 계산된 정착길이 값들을 짧은 철근과 긴 철근의 정착길이로 확정한다. 즉, 그림 10–13(b)에서 긴 철근의 점선으로 나타낸 부분은 정착되는 부분이 아니므로, 짧은 철근에 대해서는 정착되는 철근의 수가 2개이기 때문에 n 값이 2가 되는 것이다. 그러나 정착길이가 겹치지 않을 것이라고 가정하고 구한 긴 철근의 정착길이 구간이 짧은 철근의 단부를 지나쳐서 정착길이가 서로 겹치게 된다면, 정착길이가 겹치지 않을 것이라는 가정이 옳은 가정이 아니다. 따라서 이럴 때는 n 값을 5로 하여 정착길이를 다시 구하여 짧은 철근과 긴 철근의 정착길이를 확정하여야 한다.

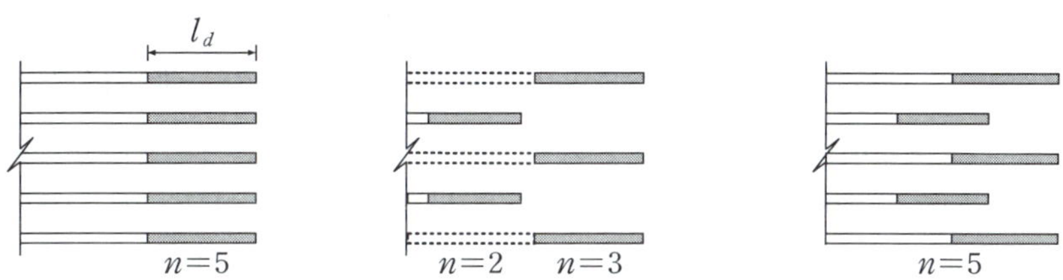

(a) 같은 길이로 정착된 경우 (b) 정착길이가 분리된 경우 (c) 정착길이가 겹치는 경우

그림 10–13 n **값의 결정**

[2] 간편식에 따른 직선 인장 이형철근과 이형철선의 정착길이

KDS 14 20 콘크리트구조 설계기준은 정밀식에 따라 직선 인장 이형철근과 이형철선의 정착길이를 결정하는 방법을 대신하여, 다음과 같이 기본정착길이 l_{db}에 보정계수 ψ_{tb}를 곱하는 간편식에 따라 정착길이 l_d를 결정하는 방법을 허용하고 있다.

$$l_d = \psi_{tb}\, l_{db} \tag{10·18}$$

여기서 보정계수 ψ_{tb}는 간편식의 의미를 명확히 표현하기 위한 기호이다. KDS 14 20 콘크리트구조 설계기준은 보정계수를 나타내는 기호를 정의하지 않고 문장으로 기술하고 있다. 직선 인장 이형철근과 이형철선의 기본정착길이 l_{db}는 다음과 같다.

$$l_{db} = \frac{0.6\, d_b f_y}{\lambda \sqrt{f_{ck}}} \tag{10·19}$$

보정계수 ψ_{tb}는 철근과 철선의 지름, 철근의 순간격, 피복두께, 횡방향 철근의 배치 등에 따라 표 10-2와 같이 4가지 범주로 구분하여 적용한다. 즉, D19 이하와 D22 이상으로 가는 철근 및 철선과 굵은 철근을 구분하고, 정착성능에 유리한 조건과 불리한 조건을 구분하여 4가지 범주로 구분한다. 정착성능에 유리한 조건은 표 10-2의 ① 또는 ②를 만족하는 조건이다. ①은 순간격이 d_b 이상이고 피복두께도 d_b 이상이면서 최소량 이상의 스터럽 또는 띠철근으로 횡구속된 경우이고, ②는 횡구속 철근과 관계없이 피복두께가 d_b 이상이면서 순간격이 $2d_b$ 이상으로 넓은 경우이다. 표 10-2의 ③ 그 밖의 경우(기타의 경우)는 ① 또는 ② 이외의 경우로 정착성능에 불리한 조건을 말한다.

표 10-2 직선 인장 이형철근과 이형철선의 기본정착길이에 대한 보정계수 ψ_{tb}

순간격과 피복두께 등의 조건 \ 지름 구분	D19 이하 이형철근과 이형철선	D22 이상 이형철근
① 정착되거나 이어지는 철근의 순간격이 d_b 이상이고, 피복두께도 d_b 이상이면서, l_d의 전 구간에 설계기준에 규정된 최소량 이상의 스터럽 또는 띠철근이 배근된 경우, 또는 ② 정착되거나 이어지는 철근의 순간격이 $2d_b$ 이상이고, 피복두께가 d_b 이상인 경우	$0.8\,\alpha\beta$	$\alpha\beta$
③ 그 밖의 경우(기타의 경우)	$1.2\,\alpha\beta$	$1.5\,\alpha\beta$

4가지 범주의 보정계수 ψ_{tb}는 $\alpha\beta$의 배수 형태를 띠고 있는데, 이때의 α와 β는 표 10-1에 따라 값을 결정한다. 이때에도 1.3인 상부철근의 위치계수 α와 도막계수 β의 곱인 $\alpha\beta$의 값이 1.7을 초과할 때는 1.7을 적용할 수 있다. 보정계수 $\alpha\beta$ 앞의 계수는 철선의 크기계수 γ의 의미를 갖는다. 즉, 정착성능에 유리한 조건인 경우일 때 D19 이하에는 $0.8\,\alpha\beta$의 수정계수를 적용하고 D22 이상에는 $1.0\,\alpha\beta$의 수정계수를 적용하는데, 이때 $\alpha\beta$ 앞의 계수 0.8과 1.0은 표 10-1에 나타낸 철근 또는 철선의 크기계수 γ와 동일하다. 정착성능에 불리한 조건일 때 D19 이하에는 $1.2\,\alpha\beta$의 수정계수를 적용하고 D22 이상에는 $1.5\,\alpha\beta$의 수정계수를 적용한다. 이 값들은 각각 정착성능에 유리한 조건인 경우의 수정계수 $0.8\,\alpha\beta$와 $1.0\,\alpha\beta$의 1.5배로, 정착성능에 불리한 조건이면 정착길이를 1.5배로 증가시키는 것이다. 이때에도 D19 이하의 가는 철근 및 철선에 대한 수정계수 $1.2\,\alpha\beta$는 D22 이상의 굵은 철근에 대한 수정계수 $1.5\,\alpha\beta$의 0.8배로, 이 비율이 철근 또는 철선의 크기계수 γ와 동일한 것이다.

한편 식 (10·19)의 기본정착길이 l_{db}는 계수가 0.6으로, 정밀식인 식 (10·15)의 앞부분 분수식의 계수 0.9의 1/1.5배에 해당한다. 따라서 간편식에 따른 직선 인장 이형철근의 정착길이 결정법은 정착성능에 유리한 조건을 가진 D22 이상의 굵은 철근을 기본으로 하여 기본정착길이 l_{db}를 산정하고, 철근 크기에 따라 0.8 또는 1.0의 크기계수 γ와 철근의 순간격, 피복두께, 횡방향 철근의 배치 등을 고려한 정착성능 조건에 따라 1.0 또는 1.5를 적용하는 간략방법이다.

[3] 소요량 이상의 철근이 배치된 경우의 보정

인장철근이 해석상 필요로 하는 양 이상으로 배치된 경우는 '소요 A_s/배근 A_s'의 비율을 곱하여 정착길이를 감소시킬 수 있다. 여기서 '소요 A_s'는 계산상 요구되는 철근의 양이고, '배근 A_s'는 실제로 배치된 철근의 양이다. 그러나 철근의 설계기준항복강도 f_y를 발휘하도록 정착을 특별히 요구하는 경우에는 이 규정을 적용하지 않는다. 이에 해당하는 경우는 받침부에서 정착되는 정모멘트 철근, 수축·온도철근, 연성거동을 기반으로 하는 내진설계 구조물의 주철근이 대표적이다. 그 외의 경우는 공학자의 판단에 따라 이 규정의 적용 여부가 결정된다. 예를 들면 연속보의 내부 받침부에 배치되는 부모멘트 철근의 경우, 탄성 구조해석 후 휨모멘트를 재분배하는 기법이나 소성 구조해석을 적용하는 소성설계를 수행할 때는 이 철근이 항복한 후에도 단면이 변형 능력을 충분히 발휘하여야 하므로 이 규정을 적용하지 않고 정착길이를 결정하여야 할 것이다. 그러나 소성설계를 수행하지 않을 때에는 이 규정을 적용할 수도 있고 적용하지 않을 수도 있다. 즉, 연속보의 내부 받침부에 배치되는 부모멘트 철근으로 해석상 필요로 하는 양보다 많은 양이 배치된 경우, 이 철근이 항복할 때까지 하중을 지지할 필요는 없다고 판단된다면 이 규정을 적용하여 정착길이를 감소시킬 수 있다. 그러나 연속보의 소성거동으로 계수하중보다 더 큰 하중까지 저항할 수 있도록 하는 것이 바람직하다고 판단된다면 이 규정을 적용하지 않고 정착길이를 결정할 수 있을 것이다.

[4] 고강도철근을 사용하는 경우의 추가 요구사항

KDS 14 20 콘크리트구조 설계기준은 ACI 318 Code와는 달리 고강도철근을 사용하는 경우의 추가 요구사항을 규정하고 있다. 이때의 고강도철근이란 설계기준항복강도가 550 MPa을 초과하는 철근을 말하며, KS 표준으로는 SD600 철근이 이에 해당한다. 설계기준항복강도가 550 MPa을 초과하는 인장철근의 정착구간에 횡방향 철근을 배치하지 않는 경우에는 철근의 순간격과 피복두께를 조절하여 c/d_b 값이 2.5 이상이도록 하여야 한다. 고강도 인장철근의 정착구간에 횡방향 철근을 배치하는 경우에는 $K_{tr}/d_b \geq 0.25$와 $(c+K_{tr})/d_b \geq 2.25$을 만족하도록 하여야 한다. 설계기준항복강도가 700 MPa인 고강도철근의 정착성능과 정착길이에 대해서는 권동욱과 이재훈의 연구결과[10.25, 10.26]가 있다.

[5] 직선 인장 이형철근 정착길이에 대한 정밀식과 간편식 적용의 영향

기본정착길이에 보정계수를 곱하는 간편식에 따라 정착길이를 구하는 방법은 횡방향 철근의 양에 따른 횡구속 효과를 고려하는 계수 K_{tr}을 적용하지 않는 근사해법으로, 계산과정이 상대적으로 간편하지만 정밀식에 따른 정착길이보다 항상 더 긴 정착길이를 얻게 된다. 그러나 정착길이가 더 길게 산정되었다고 해서 인장철근을 더 길게 배치해야 하는 것은 아니다. 이것은 계수휨모멘트에 대하여 인장철근이 더 이상 필요하지 않은 지점에서 10.3.5절에 소개하는 최소연장길이만큼 지난 위치가 철근의 절단위치가 되는 경우가 대부분이므로, 두 가지 방법 중에서 어느 방법으로 정착길이를 계산하여도 설계결과는 동일한 경우가 많기 때문이다.

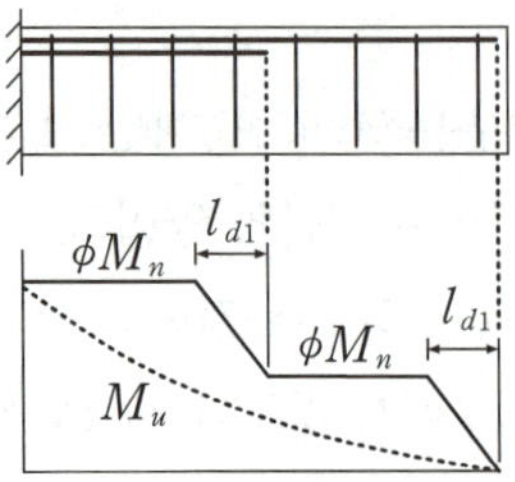

(a) 정밀식에 따른 정착길이의 검증

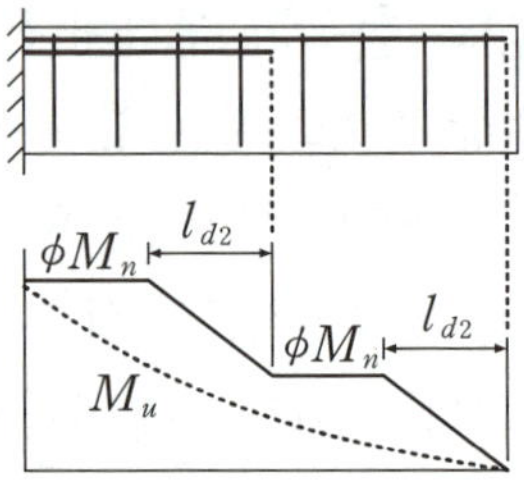

(b) 간편식에 따른 정착길이의 검증

그림 10-14 철근 절단위치와 설계휨강도 분포

그 예로 그림 10-14는 두 가지 정착길이 산정방법에 따랐으나 철근 절단점의 위치가 동일하여 철근배치도면이 동일한 경우를 나타낸다. 이 예는 부모멘트의 계수휨모멘트 M_u 분포를 고려하여 짧은 인장철근과 긴 인장철근을 배치한 캔틸레버 보이다. 이때 그림 10-14(a)는 정밀식에 따라 l_{d1}을 정착길이로 산정한 경우로, 짧은 인장철근과 긴 인장철근 각각의 끝에서 l_{d1} 만큼 떨어진 위치부터 인장철근이 항복하여 발휘되는 설계휨강도 ϕM_n의 강도성능을 보이게 된다. 그림 10-14(b)는 간편식에 따라 l_{d2}를 정착길이로 산정한 경우로 l_{d2}는 l_{d1}보다 길다. 이때에도 역시 짧은 인장철근과 긴 인장철근 각각의 끝에서 정착길이만큼 떨어진 위치, 즉 l_{d2} 만큼 떨어진 위치부터 인장철근이 항복하여 발휘되는 설계휨강도 ϕM_n의 강도성능을 보이게 된다. 그림 10-14의 (a)와 (b)에 나타난 바와 같이, 두 가지 경우 모두 설계휨강도 ϕM_n 분포가 계수휨모멘트 M_u 분포보다 모든 위치에서 크게 나타나므로 $\phi M_n \geq M_u$이어야 하는 강도성능조건을 만족한다. 즉, 정착길이가 l_{d1}로 짧게 산정된 경우와 l_{d2}로 길게 산정된 경우 모두 동일한 길이의 짧은 인장철근과 긴 인장철근이 배치되어 휨강도를 만족하며, 설계결과로 작성되는 철근배치 도면이 동일하게 된다.

예제 10-1 그림 10-15(a)와 같이 300 mm 간격의 D13 U형 수직전단철근이 배치되어 있는 복부폭 b_w=400 mm인 단면에 5개의 D22 인장철근을 하나 건너씩 3개의 긴 철근과 2개의 짧은 철근으로 배치할 때, 보의 단부에서 긴 철근과 2개의 짧은 철근 사의의 길이 차이 Δl_s를 그림 10-15(b)와 같이 1,000 mm로 설계하는 경우와 그림 10-15(c)와 같이 600 mm로 설계하는 경우의 정착길이를 KDS 14 20 콘크리트구조 설계기준의 정밀식과 간편식을 적용하여 구하시오. 콘크리트 설계기준압축강도 f_{ck}는 30 MPa이며 인장철근의 설계기준항복강도 f_y는 500 MPa이다.

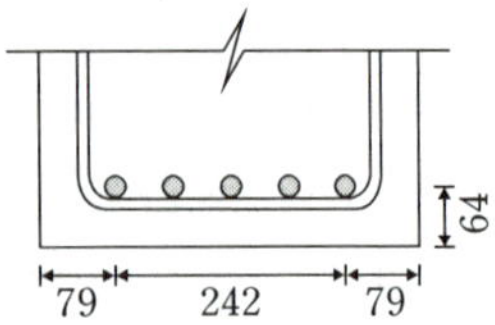

(a) 단면도

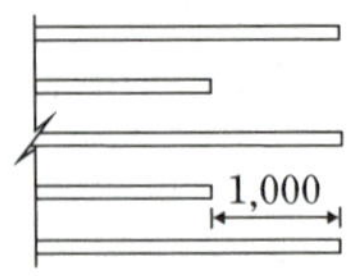

(b) Δl_s가 1,000 mm인 평면도

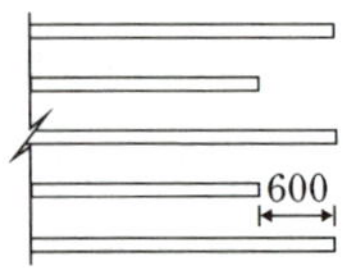

(c) Δl_s가 600 mm인 평면도

그림 10-15 예제 10-1의 단면과 인장철근 배치 평면도

〈풀이〉

(1) 정밀식에 따른 Δl_{ls}=1,000 mm인 경우의 정착길이

먼저 1,000 mm인 Δl_{ls}보다 긴 철근의 정착길이가 작아서 긴 철근의 정착길이와 짧은 철근의 정착길이가 겹치지 않고 분리되어 있다고 가정하고 정밀식에 따라 긴 철근의 정착길이를 구한다. 콘크리트는 경량콘크리트가 아닌 일반 중량콘크리트이므로 경량콘크리트 계수 λ는 다음과 같이 1.0이다.

$$\lambda = 1.0$$

인장철근은 상부철근이 아니고 도막되지 않은 철근이며 D22로 굵은 철근에 해당하므로, 철근배치 위치계수 α, 도막계수 β, 철근 또는 철선의 크기계수 γ는 모두 다음과 같이 1.0이다.

$$\alpha = 1.0 \qquad \beta = 1.0 \qquad \gamma = 1.0$$

c는 철근 또는 철선의 중심부터 콘크리트 표면까지 최단거리 또는 정착되는 철근 또는 철선의 중심간 거리의 1/2 중 작은 값이다. 먼저 철근의 중심부터 콘크리트 표면까지 최단거리를 구하면, 그림 10-16(a)에 나타난 바와 같이 가장 바깥쪽에 배치된 철근의 중심에서 측면 표면까지의 거리 c_1은 79 mm이고 철근의 중심에서 하면 표면까지의 거리 c_2는 64 mm이다. 긴 철근의 정착길이와 짧은 철근의 정착길이가 겹치지 않고 분리되어 있다고 가정하였으므로 정착되는 철근, 즉 긴 철근 사이의 중심간 거리는 그림 10-16(a)에 나타난 바와 같이 121 mm이다. 따라서 정착되는 철근 중심간 거리의 1/2인 c_3은 60.5 mm이다. 즉, c_1, c_2, c_3는 다음과 같다.

$$c_1 = 79\ mm \qquad c_2 = 64\ mm \qquad c_3 = 60.5\ mm$$

따라서 c는 세 값 중 가장 작은 값인 c_3로 다음과 같다.

$$c = 60.5\ mm$$

D13 U형 수직전단철근이므로 한 단면에서 두 개의 D13 철근이 저항하는 횡구속 철근의 단면적은

$$A_{tr} = 253\ mm^2$$

K_{tr}을 계산하면, 횡구속 철근인 전단철근의 간격이 300 mm이고 정착되는 철근의 수가 3개이므로

$$K_{tr} = \frac{40\,A_{tr}}{sn} = \frac{40\times253}{300\times3} = 11.24\ mm$$

$(c+K_{tr})/d_b$의 값을 계산하면

$$\frac{c+K_{tr}}{d_b} = \frac{60.5+11.24}{22.2} = 3.23 > 2.5$$

이 값 3.23은 최대허용값 2.5를 초과하므로, $(c+K_{tr})/d_b$로 2.5를 적용한다. 이제 긴 철근의 정착길이를 구하면

$$l_d = \frac{0.90\,d_b f_y}{\lambda\sqrt{f_{ck}}}\ \frac{\alpha\beta\gamma}{\left(\dfrac{c+K_{tr}}{d_b}\right)} = \frac{0.90\,d_b\times500}{1.0\sqrt{30}}\ \frac{1.0\times1.0\times1.0}{2.5} = 32.863\,d_b = 32.863\times22.2$$

$$= 730\ mm < \Delta l_{ls}\ (=1{,}000\ mm)$$

긴 철근의 정착길이 730 mm는 1,000 mm인 긴 철근과 짧은 철근의 보 단부에서의 길이 차이 Δl_{ls} 보다 작아서 긴 철근과 짧은 철근의 정착길이가 겹치지 않고 분리되어 있다는 가정이 옳은 가정이었다.

이제 짧은 철근의 정착길이를 구한다. 짧은 철근에 대한 조건으로는 대부분이 긴 철근의 경우와 동일하지만 c의 값이 달라지는지 검토하여야 한다. 긴 철근과 짧은 철근의 정착길이가 겹치지 않고 분리되어 있으므로, 그림 10-16(b)에 나타난 바와 같이 정착되는 짧은 철근의 중심에서 측면 표면까지의 거리 c_1은 137.5 mm, 철근의 중심에서 하면 표면까지의 거리 c_2는 64 mm, 정착되는 철근 중심간 거리가 121 mm로 그 값의 1/2인 c_3은 60.5 mm이다. 즉, c_1, c_2, c_3는 다음과 같다.

$c_1 = 137.5\ mm \qquad c_2 = 64\ mm \qquad c_3 = 60.5\ mm$

따라서 c는 세 값 중 가장 작은 값인 c_3로 다음과 같다.

$$c = 60.5\ mm$$

이 값 c는 긴 철근에 대한 c 값과 동일하다. 따라서 모든 변수들이 긴 철근에 대한 변수와 동일하므로 짧은 철근의 정착길이는 다음과 같이 긴 철근의 정착길이와 동일하다.

$$l_d = 730\ mm$$

긴 철근과 짧은 철근의 정착길이는 그림 10-16(c)와 같이 730 mm로 서로 겹치지 않는다.

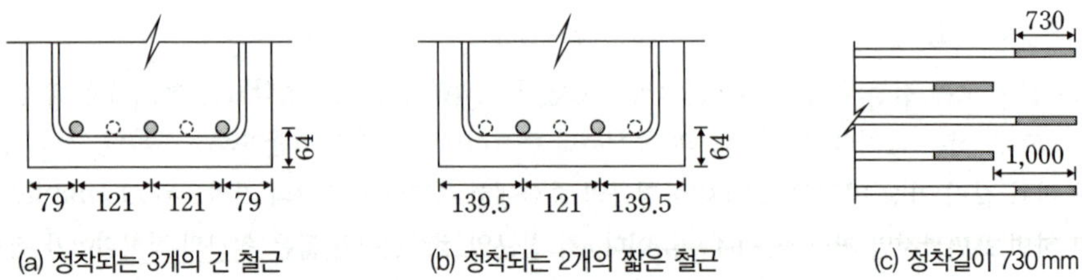

그림 10-16 정착되는 철근 단면도와 정착길이

(2) 정밀식에 따른 $\Delta l_{ls} = 600\ mm$인 경우의 정착길이

먼저 긴 철근의 정착길이와 짧은 철근의 정착길이가 겹치지 않고 분리되어 있다고 가정하고 정밀식에 따라 긴 철근의 정착길이를 구한다. 이 과정은 앞의 (1)과 동일하므로 그 결과를 인용하면, 긴 철근의 정착길이는 다음과 같다.

$$l_f = 730\ mm > \Delta l_{ls} (= 600\ mm)$$

이 정착길이는 600 mm인 긴 철근과 짧은 철근의 보 단부에서의 길이 차이 Δl_{ls} 보다 크므로 긴 철근과 짧은 철근의 정착길이가 겹치는 경우로 다시 계산하여야 한다. 철근의 중심부터 콘크리트 표면까지 최단거리를 구하면, 그림 10-17(a)에 나타난 바와 같이 가장 바깥쪽에 배치된 철근의 중심에서 측면 표면까지의 거리 c_1은 79 mm이고 철근의 중심에서 하면 표면까지의 거리 c_2는 64 mm이다. 정착되는 5개 철근의 중심간 거리는 242 mm를 4개의 간격으로 나눈 60.5 mm이므로, 정착되는 철근 중심간 거리의 1/2인 c_3은 30.25 mm이다. 즉, c_1, c_2, c_3는 다음과 같다.

$c_1 = 79\ mm \qquad c_2 = 64\ mm \qquad c_3 = 30.25\ mm$

따라서 c는 세 값 중 가장 작은 값인 c_3로 다음과 같다.

$$c = 30.25\ mm$$

K_{tr}을 계산하면, 횡구속 철근인 전단철근의 간격이 300 mm이고 정착되는 철근의 수가 5개이므로

$$K_{tr} = \frac{40\ A_{tr}}{sn} = \frac{40\times253}{300\times5} = 6.75\ mm$$

$(c+K_{tr})/d_b$의 값을 계산하면

$$\frac{c+K_{tr}}{d_b} = \frac{30.25+6.75}{22.2} = 1.67 < 2.5$$

1.67이 최대허용값 2.5를 초과하지 않으므로, $(c+K_{tr})/d_b$로 1.67을 적용한다. 이제 정착길이를 구하면

$$l_d = \frac{0.90\ d_b f_y}{\lambda\sqrt{f_{ck}}} \frac{\alpha\beta\gamma}{\left(\frac{c+K_{tr}}{d_b}\right)} = \frac{0.90\ d_b\times500}{1.0\sqrt{30}} = \frac{1.0\times1.0\times1.0}{1.67} = 49.20\ d_b = 49.20\times22.2$$

$$= 1,092\ mm$$

긴 철근과 짧은 철근의 정착길이는 1,092 mm로 그림 10-17(b)와 같이 서로 겹쳐진다.

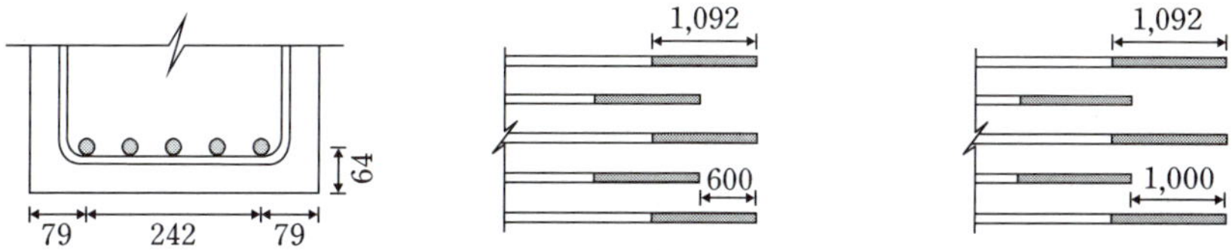

(a) 단면도 (b) 정밀식 정착길이(l_{sl}=600 mm) (c) 간편식 정착길이(l_{sl}=1,000 mm)

그림 10-17 단면도와 정밀식 및 간편식에 따른 정착길이

(3) 간편식에 따른 정착길이

간편식에 따라 철근의 정착길이를 구할 때에도 앞의 (1)과 (2)와 동일하게 경량콘크리트 계수 λ, 철근배치 위치계수 α, 도막계수 β는 다음과 같다.

$$\lambda = 1.0 \qquad \alpha = 1.0 \qquad \beta = 1.0$$

먼저 기본정착길이를 계산하면

$$l_d = \frac{0.60\, d_b f_y}{\lambda \sqrt{f_{ck}}} = \frac{0.6\, d_b \times 500}{1.0 \sqrt{30}} = 54.77\, d_b = 54.77 \times 22.2 = 1{,}216\, mm$$

이제 수정계수 ψ_{tb}를 결정하여야 하는데, 이를 위해서는 인장철근의 순간격과 피복두께를 구하여야 한다. 그림 10-17(a)과 같이 5개 인장철근의 정착길이가 겹쳐지는 가장 불리한 경우, 5개 철근의 중심간격은 242 mm를 4개의 간격으로 나눈 60.5 mm이므로 중심간격에서 철근의 지름을 빼서 수평 순간격 s_{clh}를 구하면 다음과 같이 철근지름보다 크다.

$$s_{clh} = 60.5 - 22.2 = 38.3\, mm > d_b\,(= 22.2\, mm)$$

정착되는 철근에 대한 피복두께 c_c는 그림 10-17(a)에 나타낸 철근중심과 단면 하단 표면 사이의 거리 64 mm에서 철근의 반지름을 뺀 거리이므로 다음과 같이 철근지름보다 크다.

$$c_c = 64 - \frac{22.2}{2} = 52.9\, mm > d_b\,(= 22.2\, mm)$$

전단철근은 설계기준에 따라 배치되었다고 가정하면, 인장철근의 순간격과 피복두께가 모두 철근지름을 초과하므로 표 10-2에서 정착성능에 유리한 ①의 경우이다. 이때 철근이 D22로 굵은 철근에 해당하므로 표 10-2에 따라 다음과 같이 수정계수 ψ_{tb}는 $\alpha\beta$로 값은 1.0이다.

$$\psi_{tb} = \alpha \cdot \beta = 1.0 \times 1.0 = 1.0$$

한편 긴 철근의 정착길이가 Δl_{ls} 보다 작아서 긴 철근과 짧은 철근의 정착길이가 겹치지 않고 분리되어 있는 경우에도 인장철근의 순간격과 피복두께가 철근지름을 초과하여 표 10-2의 ①의 경우로 동일하므로, 이 예제의 경우 간편식을 적용할 때는 긴 철근과 짧은 철근의 정착길이의 겹쳐짐 여부와 무관하게 동일한 정착길이가 계산된다.

이제 기본정착길이에 수정계수를 곱하여 정착길이를 계산하면 다음과 같다.

$$l_d = \psi_{tb}\, l_{db} = \alpha\beta\, l_{db} = 1.0 \times \frac{0.6\, d_b f_y}{\lambda \sqrt{f_{ck}}} = 1{,}216\, mm$$

인장철근의 정착길이는 1,216 mm로, 긴 철근과 짧은 철근의 보 단부에서의 길이 차이 l_{sl}가 600 mm인 경우와 1,000 mm인 경우 모두 정착길이가 겹쳐진다. 그림 10-17(c)는 Δl_{ls}가 1,000 mm인 경우 간편식에 따른 정착길이를 나타낸다.

10.3.2 콘크리트구조 설계기준에 따른 표준갈고리 인장철근의 정착길이

KDS 14 20 콘크리트구조 설계기준은 기본적으로 Marques와 Jirsa[10.27]의 연구결과를 바탕으로 하여, 3장 3.4.2절에 소개한 90°와 180° 표준갈고리(standard hook)를 갖는 인장 주철근에 대한 정착길이를 규정하고 있다. 135° 표준갈고리에 대하여는 정착성능 실험이 충분히 수행되지 않았기 때문에 기준에 포함되지 않았다.

그림 10-18(a)는 90° 표준갈고리 철근의 저항성분을 나타낸다.[10.27] 그림 10-18(a)에 나타낸 바와 같이 갈고리 철근은 부착응력, 지압응력, 압축응력의 세 가지 성분으로 철근에 작용하는 인장력에 저항한다. 부착응력은 직선부와 구부림 부분의 내측 면에서 작용한다. 철근에 인장력 T가 작용하면 길이방향으로 늘어나면서 단면적이 줄어들게 되는데, 이때 구부림 부분의 내측 면은 콘크리트와의 접촉이 유지되지만 외측 면 콘크리트와 미세하게 분리되어 접촉하지 않게 됨으로써 구부림 부분의 외측 면에는 부착응력이 작용하지 않게 된다. 콘크리트와의 접촉이 유지되는 구부림 부분의 내측 면에는 직선부 철근이 뽑히지 않도록 콘크리트가 지압응력으로 저항한다. 한편 구부림 부분의 지압응력은 그림 10-18(a)에 나타낸 바와 같이 구부림 부분의 내측 면에서 외측 면 방향으로 작용하므로, 구부림 부분을 펴지게 하는 힘으로 작용한다. 따라서 그림 10-18(a)에서 수직방향으로 나타낸 90° 갈고리의 연장부도 구부림 부분이 펴지는 방향으로 변형이 발생하게 되는데, 이 변형을 억제하기 위하여 갈고리 연장부의 피복콘크리트가 압축응력으로 저항하게 된다.

이와 같은 힘의 작용으로 갈고리 철근은 국부응력집중 현상이 매우 큰 갈고리 안쪽 면에서 쪼개짐이 시작되어 콘크리트 피복이 쪼개짐으로써 정착파괴가 발생한다. 즉, 90° 표준갈고리 철근은 그림 10-18(b)와 같이 갈고리 연장부 피복콘크리트가 파열되는 파괴나 그림 10-18(c)와 같이 갈고리 측면 피복콘크리트가 파열되는 파괴 형태를 나타낸다. 그림 10-18(b) 오른쪽 그림의 단부파열파괴와 그림 10-18(c)의 측면파열파괴는 90° 표준갈고리 정착부를 위에서 아래로 바라 본 평면도이다.

KDS 14 20 콘크리트구조 설계기준은 90°와 180° 표준갈고리를 갖는 인장 주철근에 대한 정착길이 l_{dh}를 8 d_b와 150 mm 이상의 값으로, 다음과 같이 기본정착길이 l_{hb}에 보정계수 ψ_{hb}를 곱하여 결정한다.

$$l_{dh} = \psi_{hb} l_{hb} \qquad (10 \cdot 20)$$

여기서 보정계수 ψ_{hb}는 간편식의 의미를 명확히 표현하기 위한 기호이며, KDS 14 20 콘크리트구조

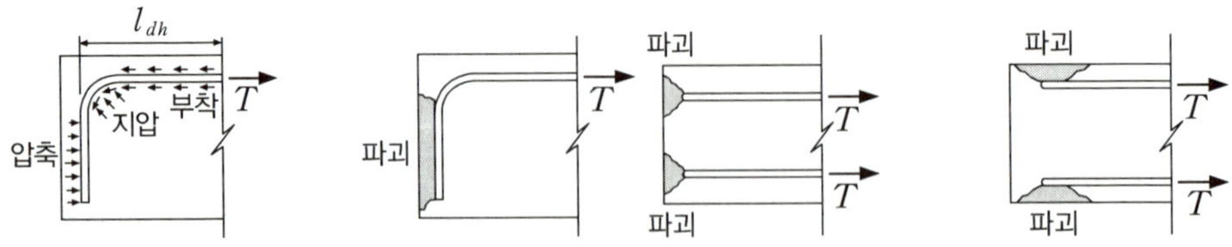

(a) 저항성분 (b) 갈고리 연장부 피복의 파괴 정면도와 평면도 (c) 측면 파괴 평면도

그림 10-18 90° 표준갈고리 철근의 저항성분과 파괴형태

설계기준은 보정계수를 나타내는 기호를 정의하지 않고 문장으로 기술하고 있다. 표준갈고리를 가지는 인장철근의 정착길이 l_{dh}는 그림 10-18(a)에 나타낸 바와 같이 위험단면으로부터 갈고리 외측(外側)까지의 거리이다. 즉, l_{dh}는 위험단면으로부터 갈고리 시점까지의 직선구간에 갈고리의 구부린 내면 반지름과 철근 지름을 합한 길이이다. 기본정착길이 l_{hb}는 다음 식에 따라 계산한다.

$$l_{hb} = \frac{0.24\,\beta\,d_b\,f_y}{\lambda\sqrt{f_{ck}}} \tag{10 · 21}$$

여기서 도막계수 β는 에폭시 도막 혹은 아연-에폭시 이중 도막 철근의 경우 1.2, 아연도금 또는 도막되지 않은 철근의 경우 1.0이다. 경량콘크리트 계수 λ는 보통중량콘크리트는 1.0, 모래경량콘크리트는 0.85, 전경량콘크리트는 0.75이다. 이 표준갈고리의 기본정착길이는 계수가 0.24이므로, 계수가 0.6인 식 (10 ·19)의 직선 인장 이형철근과 이형철선의 기본정착길이의 0.4배 수준이다.

기본정착길이 l_{hb}에 곱하는 보정계수는 표 10-3과 같이 네 가지를 적용한다. 첫 번째 보정계수는 D35 이하 철근에 대한 피복두께에 관한 것으로, 갈고리를 구부린 평면의 측면 피복두께가 70 mm 이상이고 90° 갈고리의 경우 갈고리를 넘어선 단부 피복두께가 50 mm 이상일 때 0.7의 보정계수를 적용할 수 있다. 이것은 이 정도의 피복두께를 가지면 측면파열파괴가 지연될 뿐 아니라 갈고리가 펴지는 것을 방지할 수 있기 때문이다.

두 번째와 세 번째 보정계수는 D35 이하 철근에 대한 횡구속 효과를 반영하는 것으로, 90° 갈고리 철근과 180° 갈고리 철근의 정착길이 l_{dh} 구간을 그림 10-19(a)와 같이 3 d_b 이하 간격으로 띠철근 또는 전단철근(스터럽)이 둘러싼 경우일 때 0.8의 보정계수를 적용할 수 있다. 이때 첫 번째 띠철근 또는 전단철근(스터럽)은 그림 10-19(a)와 같이 갈고리 구부러진 부분 바깥면부터 2 d_b 이내에서 갈고리의 구부러진 부분을 둘러싸야 한다. 단, 이 보정계수는 갈고리 철근의 설계기준항복강도가 550 MPa을 초과하면 적용할 수 없다. 90° 갈고리 철근의 경우에는 그림 10-19(b)와 같이 갈고리 끝 연장부와 구부림부의 전 구간을 3 d_b 이하 간격으로 띠철근 또는 전단철근(스터럽)이 수평으로 둘러싼 경우일 때에도 0.8의 보정계수를 적용할 수 있다.

네 번째 보정계수는 초과철근에 대한 보정계수로, 철근의 설계기준항복강도를 발휘하도록 정착을 특별히 요구하지 않는 단면에서 계산상 필요한 양 이상으로 갈고리 인장철근을 배치한 경우에 적용한다.

한편 KDS 14 20 콘크리트구조 설계기준은 콘크리트 피복두께에 관하여 표준갈고리 철근의 정착에 대한 추가의 요구조건을 규정하고 있다. 이것은 갈고리 철근의 측면과 갈고리 철근 직선부의 피복이

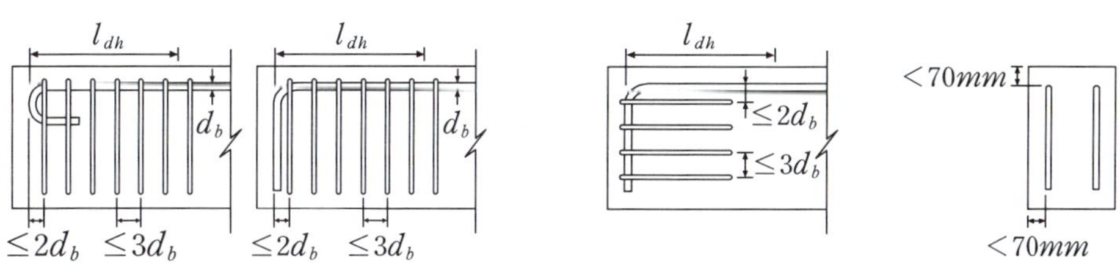

(a) 수직 횡구속 철근 (b) 수평 횡구속 철근 (c) 피복두께 조건

그림 10-19 표준갈고리 철근의 횡구속 철근 배치

작은 경우에 피복 콘크리트의 쪼갬파괴가 발생하기 쉽기 때문이다. 이런 경우에는 횡방향 철근을 추가로 배치하여 횡구속 효과로 정착성능을 향상시켜야 한다. 따라서 KDS 14 20 콘크리트구조 설계기준은 부재의 불연속단에서 그림 10-19(c)와 같이 갈고리 철근의 측면 피복두께가 70 mm 미만이고 동시에 갈고리 철근 직선부의 상부 또는 하부의 피복두께가 70mm 미만인 표준갈고리 철근에는 정착길이 l_{dh} 구간에 $3d_b$ 이하 간격으로 띠철근이나 스터럽으로 갈고리 철근을 둘러싸도록 규정하고 있다. 이때 첫 번째 횡구속 철근은 갈고리 구부러진 부분 바깥 면부터 $2d_b$ 이내에서 갈고리의 구부러진 부분을 둘러싸야 한다. 단 이 규정에 따라 횡구속 철근을 배치하는 경우에는 표 10-3의 두 번째와 세 번째 보정계수 0.8은 적용하지 않아야 한다.

표 10-3 표준갈고리 철근의 보정계수 ψ_{hb}

구분	조건	보정계수
피복두께	D35 이하의 철근으로서 갈고리 평면에 직각인 측면의 피복두께가 70mm 이상이고, 또 90° 갈고리의 경우, 그 연장 끝에서 피복두께가 50mm 이상인 경우	0.7
90° 갈고리 철근의 횡구속 효과	D35 이하 90° 갈고리 철근에서 정착길이 l_{dh} 구간을 $3d_b$ 이하의 간격으로 띠철근 또는 스터럽이 정착되는 철근을 수직으로 둘러싼 경우[그림 10-19(a)] 또는 갈고리 끝 연장부와 구부림부의 전 구간을 $3d_b$ 이하의 간격으로 띠철근 또는 스터럽이 정착되는 철근을 평행하게 둘러싼 경우[그림 10-19(b)], 단 f_y가 550MPa을 초과하면 적용하지 않음.	0.8
180° 갈고리 철근의 횡구속 효과	D35 이하 180° 갈고리 철근에서 정착길이 l_{dh} 구간을 $3d_b$ 이하 간격으로 띠철근 또는 스터럽이 정착되는 철근을 수직으로 둘러싼 경우, 단 f_y가 550MPa을 초과하면 적용하지 않음.	0.8
초과철근	전체 f_y를 발휘하도록 정착을 특별히 요구하지 않는 단면에서 휨철근이 소요철근량 이상 배치된 경우	$\frac{소요\ A_s}{배근\ A_s}$

예제 10-2 그림 10-20과 같이 변의 길이가 500mm인 정사각형 기둥에 길이 1,400mm 폭 400mm 높이 500mm인 직사각형 단면의 캔틸레버 보가 연결되어 있다. 보에는 단면 상부에 5개의 D22 인장철근이 배치되어 있고, 캔틸레버 지점부의 기둥 내부와 캔틸레버 자유단에 90° 표준갈고리로 정착시키려 한다. 보 단면에서 인장철근의 측면 피복두께는 67mm이고 상면 피복두께는 53mm이다. 또 보에는 200mm 간격의 D13 U형 수직전단철근이 배치되어 있다. 콘크리트 설계기준압축강도 f_{ck}는 30MPa이며 철근의 설계기준항복강도 f_y는 500MPa이다. KDS 14 20 콘크리트구조 설계기준에 따라 이 부재의 지점부와 자유단의 90° 표준갈고리 인장철근의 정착성능을 검증하시오.

〈풀이〉

(1) 지점부 90° 표준갈고리 인장철근의 정착성능

먼저 표준갈고리 정착길이의 최솟값으로 철근지름의 8배와 150 mm를 비교하면

$$8\,d_b = 8 \times 22.2 = 178\ mm > 150\ mm$$

따라서 D22 표준갈고리 철근의 최소 정착길이 $l_{dh,\,min}$은 다음과 같이 178 mm이므로, 정착길이는 178 mm 이상의 값이어야 한다.

$$l_{dh,\,min} = 178\ mm$$

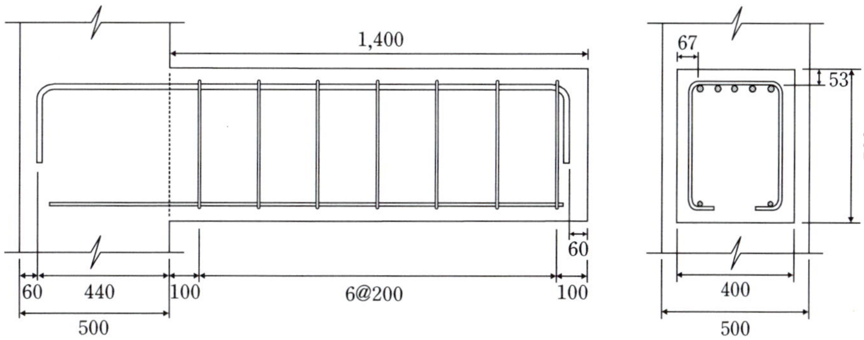

(a) 기둥과 캔틸레버 보 정면도

(b) 단면도

그림 10-20 예제 10-2의 단면과 철근 배치도

기본정착길이를 계산하면, 경량콘크리트 계수 λ와 도막계수 β가 모두 1.0이므로

$$l_{hd} = \frac{0.24\,\beta d_b f_y}{\lambda\sqrt{f_{ck}}} = \frac{0.24\times1.0\times d_b\times500}{1.0\sqrt{30}} = 21.91\,d_b = 21.91\times22.2 = 486\,mm$$

이제 표 10-3의 수정계수를 결정하여야 하는데, 먼저 피복두께에 대한 조건을 검토한다. 갈고리 각도가 90° 이므로 두 가지 피복두께, 즉 측면 피복두께와 갈고리를 넘어선 단부 피복두께를 검토하여야 한다. 지점부 90° 표준갈고리 인장철근의 측면 피복두께는 그림 10-20(b)에 나타난 바와 같이 보 단면에서 67 mm이고 기둥의 폭이 보의 폭보다 양쪽으로 50 mm 크므로, 기둥단면에 대한 측면 피복두께는 다음과 같이 70 mm를 초과한다.

$$c_{cs} = 67+50 = 137\,mm > 70\,mm$$

갈고리를 넘어선 단부 피복두께는 그림 10-20(a)에 나타난 바와 같이 60 mm이므로, 다음과 같이 50 mm를 초과한다.

$$c_{ce} = 60\,mm > 50\,mm$$

따라서 지점부에는 피복두께를 고려한 수정계수 0.7을 적용할 수 있다. 한편 지점부인 기둥의 내부에는 갈고리 인장철근을 감싸는 횡구속 철근이 배치되지 않기 때문에 횡구속 철근을 고려한 수정계수 0.8은 적용할 수 없다. 또한 이 인장철근은 항복할 때까지 정착파괴가 일어나지 않아야 하므로, 초과철근을 고려한 수정계수도 적용하지 않는다. 따라서 다음과 같이 수정계수 ψ_{hb}가 0.7이므로, 지점부 90° 표준갈고리 인장철근의 정착길이를 구하면

$$\psi_{hb} = 0.7$$

$$l_{dh} = \psi_{hb}\,l_{hb} = 0.7\times486 = 340\,mm > l_{dh,\,min}\,(=178\,mm)$$

계산된 정착길이 340mm는 최소 정착길이 178 mm보다 크므로 정착길이 l_{dh}는 340 mm이다. 접합부에서 묻힘길이 l_{emb}는 그림 10-20(a)에 나타낸 바와 같이 440 mm이므로, 다음과 같이 묻힘길이 440 mm가 정착길이 340 mm보다 길다.

$$l_{emb} = 440\,mm > l_{dh}\,(=340\,mm)$$

따라서 정착성능을 발휘할 수 있음이 검증되었다.

(2) 자유단 90° 표준갈고리 인장철근의 정착성능

기본정착길이는 앞의 (1)과 동일하게 다음과 같다.

$$l_{hb} = \frac{0.24\,\beta d_b f_y}{\lambda\sqrt{f_{ck}}} = 486\,mm$$

피복두께에 대한 수정계수 적용 조건으로는 측면 피복두께와 갈고리를 넘어선 단부 피복두께를 검토하여야 한다. 먼저 갈고리를 넘어선 단부 피복두께를 검토하면, 그림 10-20(a)에 나타난 바와 같이 자유단 단부 피복두께가 60 mm이므로, 다음과 같이 50 mm를 초과한다.

$$c_{ce} = 60\ mm > 50\ mm$$

90° 표준갈고리 인장철근의 측면 피복두께 c_{so}는 그림 10-20(b)에 나타난 바와 같이 보 단면에서 67 mm이므로, 다음과 같이 70 mm 미만이다.

$$c_{so} = 67\ mm < 70\ mm$$

따라서 자유단에는 피복두께를 고려한 수정계수 0.7을 적용할 수 없다. 한편 캔틸레버 보에는 200 mm 간격의 D13 U형 수직전단철근이 배치되어 있다. 이 간격을 갈고리 인장철근의 지름의 비율로 나타내면

$$s = 200\ mm = \frac{200}{22.2} d_b = 9\, d_b > 3\, d_b$$

전단철근의 간격 200 mm는 갈고리 철근 지름의 9배로 3배를 초과하므로, 횡구속 철근에 대한 수정계수 0.8은 적용할 수 없다. 또한 이 인장철근은 항복할 때까지 정착파괴가 일어나지 않아야 하므로, 초과철근을 고려한 수정계수도 적용하지 않는다. 따라서 수정계수 ψ_{hb}가 1.0이라는 의미이므로, 자유단 90° 표준갈고리 인장철근의 정착길이를 구하면

$$l_{dh} = l_{hb} = 486\ mm < l_{emb}\ (= 1{,}340\ mm)$$

이 정착길이는 최대 휨모멘트가 작용하는 캔틸레버 지점과 자유단에 배치된 갈고리 인장철근의 단부까지의 묻힘길이 1340 mm보다 짧으므로 정착성능을 발휘할 수 있다. 단, 이 정착성능을 발휘하기 위해서는 추가의 횡구속 철근을 배치하여야 한다. 이것은 다음과 같이 부재의 불연속단에서 갈고리 철근의 측면 피복두께 c_{so}가 70 mm 미만이고, 동시에 갈고리 철근 직선부 상면으로의 피복두께 c_{ct}가 그림 10-20(b)에 나타난 바와 같이 53 mm로서 70 mm 미만이기 때문이다.

$$c_{so} = 67\ mm < 70\ mm$$

$$c_{ct} = 53\ mm < 70\ mm$$

추가의 횡구속 철근을 전단철근과 동일한 형태인 D13 U형 수직전단철근으로 배치한다면, 간격은 다음과 같이 3 d_b 이하 간격이어야 하며 첫 번째 횡구속 철근은 갈고리 구부러진 부분 바깥 면부터 2 d_b 이내에 배치하여야 한다.

$$3\, d_b = 3 \times 22.2 = 66.6\ mm$$

$$2\, d_b = 2 \times 22.2 = 44.4\ mm$$

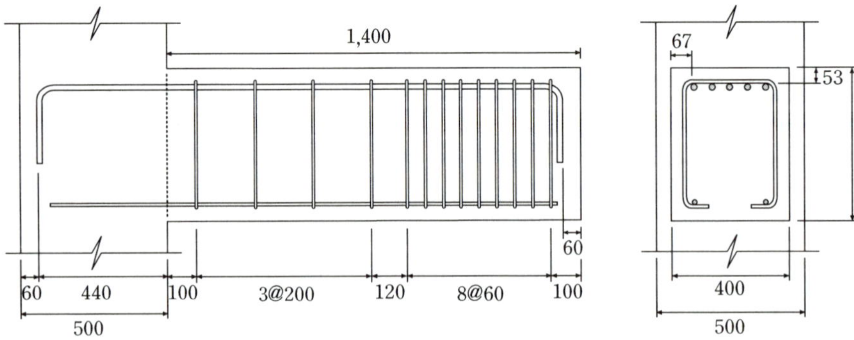

(a) 기둥과 캔틸레버 보 정면도 (b) 단면도

그림 10-21 예제 10-2의 최종 철근 배치도

따라서 캔틸레버 단부의 첫 번째 횡구속 철근은 단부에서 100 mm 떨어진 위치에 배치하여 갈고리 구부러진 부분 바깥 면부터 2 d_b 이내가 되도록 하고, 8개의 횡구속 철근을 60 mm 간격으로 배치하기로 한다. 이때의 추가 횡구속 철근의 배치구간을 갈고리 구부러진 부분 바깥 면부터 마지막 횡구속 철근 위치 사이로 나타내면 다음과 같이 표준갈고리 철근의 정착길이 l_{dh} 구간보다 크다.

$$l_{conf} = 8\times60+80-60 = 500\ mm > l_{dh}\ (= 486\ mm)$$

따라서 이렇게 9개의 횡구속 철근을 배치하면 KDS 14 20 콘크리트구조 설계기준의 요구조건을 만족하게 된다. 이렇게 횡구속 철근을 배치하면 캔틸레버의 길이가 1,400 mm로 486 mm인 정착길이 l_{dh}보다 충분히 길기 때문에 갈고리 인장철근이 정착성능을 발휘할 수 있음이 검증되었다. 그림 10-21은 최종 철근 배치도이다.

10.3.3 콘크리트구조 설계기준에 따른 확대머리 인장 이형철근의 정착길이

2012년 콘크리트구조기준[10.28]은 확대머리 인장 이형철근의 정착에 대한 한국의 첫 번째 설계기준으로, Thompson 등[10.29~10.31]의 연구결과를 바탕으로 제정된 ACI 318 Code와 동일한 내용으로 규정하였다. 이 기준에서는 철근의 설계기준항복강도 400 MPa 이하, 콘크리트의 설계기준압축강도 42 MPa 이하, 철근 지름 35 mm 이하 등의 제한 조건이 규정되어 있었다. 그 후 2017년 콘크리트구조 학회기준[10.32]에서는 확대머리 철근 정착에 대한 천성철 등[10.33]의 연구와 이어진 여러 연구자들의 연구[10.34~10.41]를 반영하여 ACI 318 Code와는 달리 개정되었고, 동일한 내용이 KDS 14 20 콘크리트구조 설계기준[10.6]에 규정되었다.

KDS 14 20 콘크리트구조 설계기준에 규정된 확대머리 인장 이형철근의 설계기준은 경량콘크리트에는 적용할 수 없으며, 확대머리의 순지압면적 A_{brg}가 철근 지름의 4배, 즉 4 A_b 이상인 확대머리 철근을 대상으로 적용한다. 여기서 순지압면적은 확대머리의 단면적에서 철근 단면적을 뺀 면적으로, 그림 10-22(a)에서 짙은 색으로 표시한 부분이 확대머리가 원형인 경우의 순지압면적이다. 그림 10-22(a)에 나타낸 바와 같이 원형 확대머리의 경우 A_{brg}가 4 A_b 이상이기 위해서는 확대머리의 지름이 철근 지름 d_b의 $\sqrt{5}$ 배 이상이어야 한다. 확대머리 철근에 인장력이 작용하면 철근이 연결된 확대머리 안쪽에서 콘크리트가 지압응력으로 저항한다. 따라서 그림 10-22(b)에 나타낸 바와 같이 확대머리 이형철근은 확대머리의 지압력과 철근의 부착력의 조합으로 힘이 전달되어 정착성능이 발휘된다.

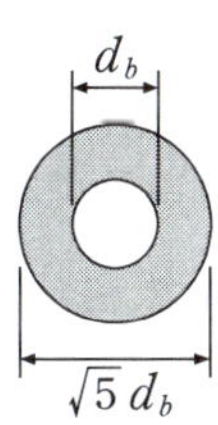

(a) 원형 확대머리의 지름

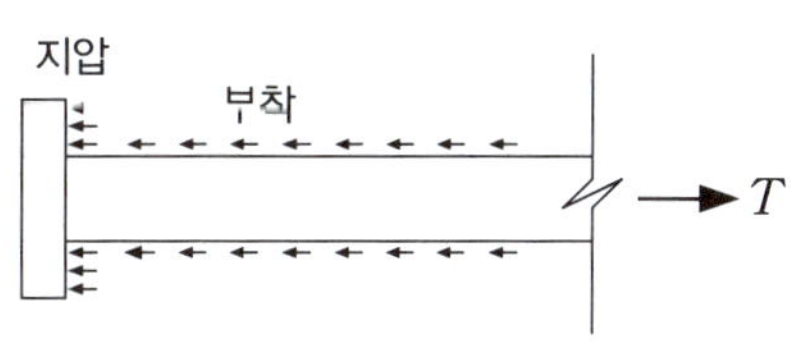

(b) 확대머리 철근의 정착 저항성분

그림 10-22 원형 확대머리의 크기와 확대머리 철근의 정착 저항성분

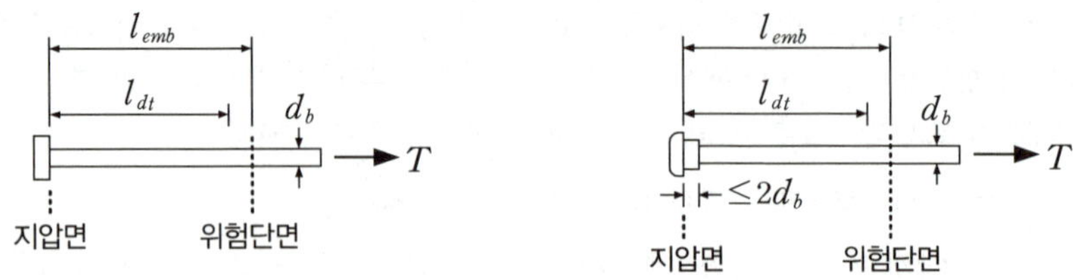

(a) 연결부가 없는 경우　　(b) 연결부가 있는 경우

그림 10-23 확대머리 인장 이형철근의 정착길이와 묻힘길이

확대머리 인장 이형철근의 정착길이 l_{dt}와 묻힘길이 l_{emb}는 그림 10-23(a)와 같이 지압면으로부터 측정한 길이로 정의한다. 정착길이 l_{dt}는 설계기준에서 제시하는 수식으로 결정하며, 묻힘길이 l_{emb}는 지압면에서 위험단면까지의 길이로 결정하고 정착길이 l_{dt} 이상의 값을 갖도록 설계하여야 한다. 여기서 위험단면은 최대 휨모멘트가 작용하는 위치이다. 그림 10-23(b)와 같이 확대머리와 철근을 연결부로 연결한 확대머리 철근에서도 확대머리와 연결부가 접하는 면을 지압면으로 하여 정착길이 l_{dt}와 묻힘길이 l_{emb}를 설정한다. 단, 이 경우 연결부를 설치하기 위하여 허용되는 철근의 종방향 리브와 횡방향 리브의 손상부분은 확대머리의 지압면으로부터 철근지름의 2배를 초과할 수 없게 규정되어 있으므로, 연결부의 길이는 그림 10-23(b)와 같이 $2d_b$ 이하이어야 한다. 한편, 연결부의 단면적이 철근 단면적보다 큰 경우에는 지압면에서 콘크리트와 접하는 확대머리의 면적이 확대머리 전체 단면적에서 철근 단면적을 뺀 순지압면적보다 작게 된다. 따라서 만일 연결부의 단면적이 철근 단면적보다 과도하게 큰 경우라면, 확대머리와 연결부가 접하는 면을 지압면으로 하지 않고 연결부와 철근이 접하는 면을 지압면으로 하여 보수적으로 정착길이 l_{dt}를 설정할 수 있을 것이다.

확대머리 인장 이형철근의 정착에 대한 규정에도 피복두께와 철근 순간격에 대한 조건들이 적용된다. 이때 철근의 순피복두께와 순간격은 확대머리 표면이 아니라 철근 표면에서 산정한다. 그러나 확대머리도 철근의 일부분이므로 최소 피복두께와 굵은골재 최대치수 규정은 확대머리를 기준으로 산정한다.

한편, 확대머리 인장 이형철근의 정착에 대한 규정은 전단 저항을 목적으로 사용되는 확대머리 전단 스터드에는 적용되지 않는다. 또 콘크리트용 앵커에도 적용되지 않는다. 이것은 콘크리트용 앵커의 경우 확대머리에 의한 지압력만으로 힘이 전달되어 정착되지만, 확대머리 이형철근은 확대머리의 지압력과 철근의 부착력의 조합으로 힘이 전달되어 정착되기 때문이다. 콘크리트용 앵커의 설계는 KDS 14 20 54 콘크리트용 앵커 설계기준[10.42]에 따른다.

KDS 14 20 콘크리트구조 설계기준에서는 다음과 같이 두 가지 경우로 구분하여 확대머리 인장 이형철근의 정착에 대하여 규정하고 있다. 단, 다음 두 가지 경우에 대한 규정을 만족하지 못하더라도 요구되는 인장력을 지지할 수 있음이 실험으로 증명된 확대머리 이형철근이나 기계적 정착은 사용할 수 있다.

[1] 부재 접합부의 압축 스트럿에 정착된 확대머리 인장 이형철근

9장 9.4.6절에 소개된 접합부, 즉 수직부재와 수평부재가 연결되는 부분에서 압축 스트럿(compression strut)이 형성된 구간 내에 확대머리가 위치하고 측면피복이 두꺼운 경우나 횡방향 철근이 접합부를 구속하는 경우에는 확대머리 이형철근은 매우 높은 정착강도를 발휘할 수 있다. 여기서, 부재 접합부의 압축 스트럿에 확대머리 인장 이형철근이 정착되는 경우는 골조 구조물의 최상층을 제외한 부재 접합부, 즉 그림 10-24(a)와 같이 수평부재의 위쪽과 아래쪽 모두에 수직부재가 연결된 접합부에서 휨모멘트의 방향에 따라 결정되는 압축 스트럿 구간에 확대머리가 위치하여 정착되는 경우가 대표적이다. 또한 좌우로 연속된 수평부재와 아래쪽으로만 수직부재가 연결된 골조 구조물 최상층의 접합부에서 수직부재의 주철근으로 확대머리 이형철근이 사용된 경우도 이에 해당한다. 이와 같이 확대머리 이형철근을 접합부에 배치할 때에는 그림 10-24(a)와 같이 확대머리가 접합부의 중심을 넘어서 기둥 철근과의 간섭이 없는 바깥 면까지 최대한 연장시켜서 정착길이 l_{dt}보다 긴 묻힘길이를 갖도록 배치하여야 한다. KDS 14 20 콘크리트구조 설계기준은 다음 네 가지 조건을 모두 만족하는 경우에 대하여 접합부의 압축 스트럿에 정착된 확대머리 이형철근에 적용하는 정착길이 수식을 규정하고 있다.

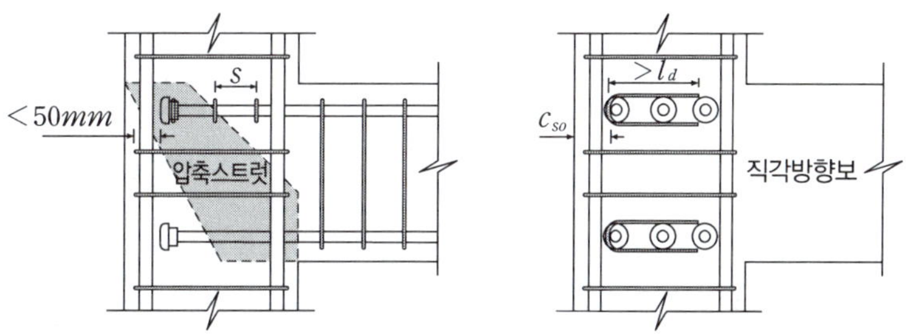

(a) 접합부 측면도　　(b) 접합부 단면도

그림 10-24 접합부 압축 스트럿에 정착된 확대머리 인장 이형철근

(1) 철근 순피복두께가 $1.35\,d_b$ 이상인 경우
(2) 철근 순간격이 $2\,d_b$ 이상인 경우
(3) 확대머리의 뒷면이 횡보강철근 바깥 면부터 50 mm 이내에 위치한 경우(그림 10-24(a) 참조)
(4) 확대머리 이형철근이 정착된 접합부가 지진력저항시스템별로 요구되는 전단강도를 가진 경우

이 네 가지 조건들을 모두 만족하는 경우 확대머리 인장 이형철근의 정착길이 l_{dt}는 $8\,d_b$와 150 mm 이상의 값으로 다음 식에 따라 결정한다.

$$l_{db} = 0.22\frac{\beta f_y d_b}{\psi\sqrt{f_{ck}}} \tag{10·22}$$

여기서, 도막계수 β는 에폭시 도막 혹은 아연-에폭시 이중 도막 확대머리 이형철근의 경우 1.2, 아연도금 또는 도막되지 않은 확대머리 이형철근의 경우 1.0이다. ψ는 측면피복과 횡보강철근에 의한 영향계수로 다음 식으로 결정한다.

$$\psi = 0.6+0.3\frac{c_{so}}{d_b}+0.38\frac{K_{tr}}{d_b} \leq 1.375 \tag{10·23}$$

여기서, c_{so}는 그림 10-24(b)에 나타낸 바와 같이 철근표면에서의 측면피복두께이다. K_{tr}은 10.3.1절에 소개한 횡방향 철근지수로, 그림 10-24(a)와 같이 간격 s로 정착길이 구간 내에서 확대머리 이형철근을 구속하는 횡보강철근을 배치하는 경우에 적용한다. 이때의 횡보강철근은 그림 10-24(b)와 같이 측면파열파괴가 발생되는 면에 직각방향으로 정착되어야 한다. 즉, 그림 10-24(b)에서 접합부 내에 정착되는 확대머리 철근의 측면파열파괴는 c_{so}가 표기된 왼쪽 측면 방향으로 발생하므로 수평방향으로 확대머리 철근을 감싸도록 횡보강철근을 배치한 것이다. 이렇게 배치된 횡보강철근은 머리핀 모양이므로 헤어핀(hairpin)이라고 한다. 확대머리 철근을 감싸는 헤어핀은 확대머리 철근과 접촉하도록 배치하지만, 접촉하지 않고 약간 떨어진 상태로 배치하여도 큰 문제는 없다. K_{tr}은 앞의 식 (10·17)에 따라 결정하는데 K_{tr} 값이 확대머리 이형철근의 지름 d_b보다 큰 경우에는 d_b를 적용한다.

$$K_{tr} = \frac{40A_{tr}}{sn} \tag{10·17}$$

만일 부재의 유효높이 d와 이 방법으로 계산한 확대머리 인장 이형철근의 정착길이 l_{dt}의 비율이 1.5를 초과하는 경우, 즉 $d/l_{dt} > 1.5$인 경우는 콘크리트용 앵커에 대한 설계기준을 적용하여 설계하고 정착성능을 검증하여야 한다.

[2] 부재 접합부 압축 스트럿에 정착된 경우가 아닌 확대머리 인장 이형철근

앞의 [1]에 해당되지 않는 확대머리 인장 이형철근의 정착은 여기에 기술하는 내용을 적용한다. 이에 해당하는 경우는 골조 구조물 최상부 모서리 접합부의 보에 주철근으로 정착되는 확대머리 이형철근, 보나 슬래브의 단부 등 접합부가 아닌 부위에 정착되는 확대머리 이형철근, 이음된 확대머리 이형철근 등이다. 이런 경우에는 확대머리 주변의 피복콘크리트가 쉽게 탈락되어 낮은 정착강도를 나타내는데, KDS 14 20 콘크리트구조 설계기준은 다음 세 가지 조건을 모두 만족하는 경우에 적용하는 정착길이 수식을 규정하고 있다.

(1) 철근 순피복두께가 $2\,d_b$ 이상인 경우

(2) 철근 순간격이 $4\,d_b$ 이상인 경우

(3) 횡방향 철근지수 K_{tr}이 $1.2\,d_b$ 이상이도록 횡방향 철근을 배치한 경우

이 세 가지 조건들을 모두 만족하는 경우, 확대머리 인장 이형철근의 정착길이 l_{dt}는 $8\,d_b$와 150 mm 이상의 값으로 다음 식에 따라 결정한다.

$$l_{dt} = 0.24\frac{\beta f_y d_b}{\sqrt{f_{ck}}} \tag{10·24}$$

여기서, 도막계수 β는 에폭시 도막 혹은 아연-에폭시 이중 도막 확대머리 이형철근의 경우 1.2, 아연도금 또는 도막되지 않은 확대머리 이형철근의 경우 1.0이다. 횡방향 철근지수 K_{tr}은 식 (10·17)에 따라 결정한다. K_{tr}이 $1.2\,d_b$ 이상이도록 횡방향 철근을 배치하도록 한 이유는 횡구속되지 않은 확대머리 이형철근이 매우 취성적인 파괴를 보이기 때문에 반드시 횡보강철근을 배치하도록 한 것이다.

그림 10-25는 이 경우에 적용되는 횡구속 철근 상세로, 파괴 예상면을 가로지르는 철근을 대상으로 K_{tr} 값을 산정한다. 이때의 횡구속 철근은 묻힘길이가 정착길이 이상이 되도록 배치하여야 하는데, 묻힘길이는 그림 10-25에 나타낸 바와 같이 확대머리 철근의 중심에 형성되는 파괴 예상면을 기준으로 측정한다. 확대머리 이형철근의 피복두께가 순간격의 반보다 작은 경우에도 그림 10-25와 같이 파괴 예상면을 설정한다. 이것은 확대머리 이형철근의 쪼갬파괴 영향면적이 일반 철근의 경우보다 넓기 때문에 쪼갬파괴가 인장연단방향으로 발생하지 않고 그림 10-25와 같이 발생하기 때문이다.

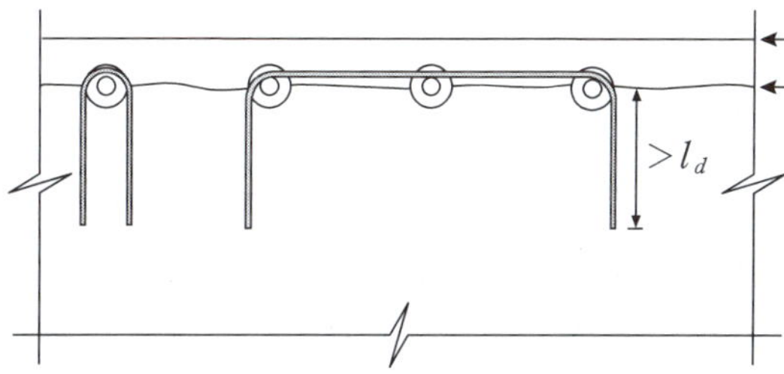

그림 10-25 접합부 압축 스트럿에 정착된 경우가 아닐 때의 횡구속 철근 상세

예제 10-3 그림 10-26과 같이 변의 길이가 500mm인 정사각형 기둥에 길이 1,400mm 폭 400mm 높이 500mm인 직사각형 단면의 캔틸레버 보가 연결되어 있다. 보에는 단면 상부에 3개의 D22 인장철근이 배치되어 있으며, 캔틸레버 지점부의 기둥 내부와 캔틸레버 자유단에 지름이 50mm이고 두께가 8mm인 확대머리가 연결되어 있다. 부재 접합부에 작용하는 휨모멘트를 검토한 결과 접합부에 배치된 확대머리는 압축 스트럿 내부에 위치하고 있으며, 전단강도를 검토한 결과 접합부가 지진력저항시스템에 요구되는 전단강도를 만족한다. 보 단면에서 인장철근은 상면에서 65mm 떨어진 위치에 철근중심이 위치하고 외측 인장철근은 측면에서 80mm 떨어진 위치에 철근중심이 위치한다. 또, 보에는 수직전단철근으로 200mm 간격의 D13 U형 스터럽이 배치되어 있다. 콘크리트 설계기준압축강도 f_{ck}는 30MPa이고 철근의 설계기준항복강도 f_y는 500MPa이다. 이 부재가 옥외의 공기나 흙에 직접 접하지 않는 경우, KDS 14 20 콘크리트구조 설계기준에 따라 이 부재의 지점부와 자유단의 확대머리 인장 이형철근의 정착성능을 검증하시오.

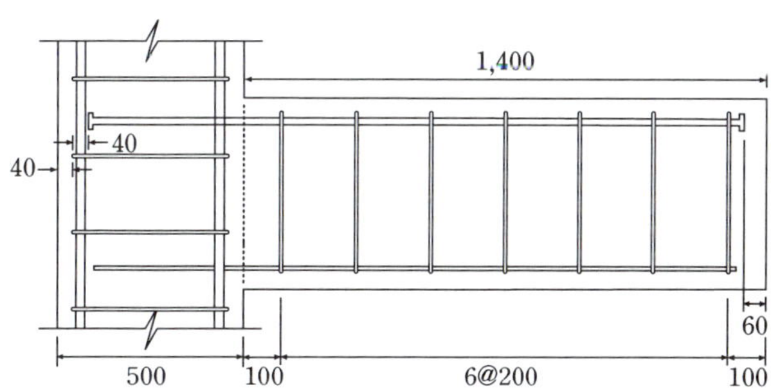

(a) 기둥과 캔틸레버 보 정면도

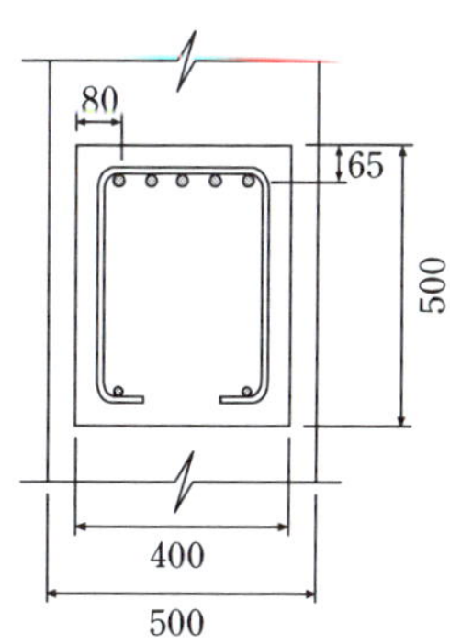

(b) 단면도

그림 10-26 예제 10-3의 단면과 철근 배치도

〈풀이〉

(1) 확대머리의 크기와 피복두께 검증

확대머리 철근의 크기와 피복두께가 KDS 14 20 콘크리트구조 설계기준의 조건을 만족하는지 검증하여야 한다. 먼저 확대머리의 크기를 검증하면, 확대머리가 원형인 경우의 확대머리의 지름은 철근지름의 $\sqrt{5}$ 배 이상이어야 한다. 이를 검증하면 D22 철근의 지름 d_b가 22.2 mm이므로

$$\sqrt{5}\,d_b = \sqrt{5}\times22.2 = 49.6\ mm < 50\ mm$$

확대머리의 지름 50 mm가 철근지름의 $\sqrt{5}$ 배를 초과하므로 조건을 만족한다. 지름으로 검증하는 방법 대신 확대머리의 순지압면적 조건으로 검증하면, D22 철근의 단면적 A_b가 387.1 mm^2이므로 A_b의 4배와 확대머리의 순지압면적 A_{brg}은

$$4\,A_b = 4\times387.1 = 1{,}548\ mm^2$$

$$A_{brg} = \frac{\pi\times50^2}{4} - A_b = 1{,}963.5 - 387.1 = 1{,}576\ mm^2 > 4\,A_b\ (=1{,}548\ mm^2)$$

순지압면적 A_{brg}가 철근 단면적 A_b의 4배보다 크므로 조건을 만족한다.

확대머리 철근에 대한 피복두께는 확대머리를 기준으로 하는데, 이 부재는 옥외의 공기나 흙에 직접 접하지 않는 경우이므로 KDS 14 20에 규정된 최소피복두께 $c_{c,min}$은 다음과 같이 40 mm이다.

$$c_{c,min} = 40\ mm$$

피복두께는 상면 두께가 측면 두께보다 작으므로 상면 피복두께가 설계를 지배한다. 보 단면에서 인장철근은 상면에서 65 mm 떨어진 위치에 철근중심이 위치하고 있으므로, 지름이 50 mm인 확대머리에 대한 상면 피복두께 c_{ch}는 다음과 같다.

$$c_{ch} = 65 - 25 = 40\ mm$$

따라서 최소피복두께 조건을 만족한다.

(2) 확대머리 인장 이형철근의 최소 정착길이

확대머리 인장 이형철근의 최솟값으로 철근지름의 8배와 150 mm를 비교하면

$$8\,d_b = 8\times22.2 = 178\ mm > 150\ mm$$

따라서 D22 확대머리 철근의 최소 정착길이 $l_{dt,min}$은 다음과 같이 178 mm이므로, 정착길이는 178 mm 이상의 값이어야 한다.

$$l_{dt,min} = 178\ mm$$

(3) 부재 접합부 확대머리 인장철근의 정착성능

부재 접합부의 압축 스트럿에 정착된 확대머리 인장 이형철근의 정착길이 수식을 적용하기 위해서는 네 가지 조건을 모두 만족하여야 하므로, 다음과 같이 이를 검토한다.

① 철근의 순피복두께

철근의 순피복두께가 1.35 d_b 이상이어야 하므로, 철근지름의 1.35배를 구하면

$$1.35\,d_b = 1.35\times22.2 = 30.0\ mm$$

정착되는 구간이 접합부이므로 인장철근의 상면으로는 기둥이 연결되어 있어서 피복두께는 측면 피복두께가 설계를 지배한다. 외측 인장철근의 중심이 보의 측면에서 80 mm 떨어진 위치이고 기둥은 보의 양면에서 50 mm가 더 크므로, 접합부에서의 측면피복두께 c_{so}를 구하면

$$c_{so} = 50 + 80 - \frac{d_b}{2} = 130 - \frac{22.2}{2} = 118.9\ mm > 1.35\,d_b\ (=30.0\ mm)$$

따라서 조건을 만족한다.

② 철근의 순간격

철근의 순간격이 $2d_b$ 이상이어야 하므로, 철근지름의 2배를 구하면

$$2d_b = 2\times22.2 = 44.4\ mm$$

철근의 수평 순간격 s_{clh}를 구하면, 외측 인장철근의 중심이 측면에서 80 mm 떨어진 위치이고 보의 폭이 400 mm이며 철근 사이의 간격이 2개이므로

$$s_{clh} = \frac{400-2\times80}{2} - d_b = 120-22.2 = 97.8\ mm > 2\,d_b\ (= 44.4\ mm)$$

따라서 조건을 만족한다.

③ 확대머리의 뒷면의 위치

그림 10-26(a)에 나타낸 바와 같이 기둥 축방향 철근을 감싸는 띠철근에 대한 피복두께가 40 mm이고, 띠철근 바깥 면부터 확대머리 뒷면까지의 거리가 40 mm로 50 mm보다 작다. 따라서 확대머리의 뒷면이 띠철근, 즉 횡보강철근 바깥 면부터 50 mm 이내에 위치한 경우이므로 조건을 만족한다.

④ 접합부의 전단강도

확대머리 이형철근이 정착된 접합부가 지진력저항시스템별로 요구되는 전단강도를 가진 경우이므로 조건을 만족한다.

이와 같이 네 가지 조건을 모두 만족하므로, 접합부의 압축 스트럿에 정착된 확대머리 인장 이형철근의 정착길이 수식을 적용할 수 있다. 먼저 정착길이 수식에 이용되는 측면피복과 횡보강철근에 의한 영향계수 ψ를 구하여야 하는데, ψ는 측면피복두께 c_{so}와 횡방향 철근지수 K_{tr}을 변수로 한다. 접합부의 확대머리 철근을 구속하는 머리핀(헤어핀, hairpin) 형태의 횡보강철근이 배치되지 않았으므로, K_{tr}은 다음과 같이 0이다.

$$K_{tr} = 0$$

접합부에서의 측면피복두께 c_{so}는 앞의 ①에서 구한 바 있으며, 그 값은 다음과 같다.

$$c_{so} = 118.9\ mm$$

영향계수 ψ를 구하면

$$\psi = 0.6+0.3\frac{c_{so}}{d_b}+0.38\frac{K_{tr}}{d_b} = 0.6+0.3\times\frac{118.9}{22.2}+0.38\times\frac{0}{22.2} = 2.21 > 1.375$$

ψ 값은 최대 1.375까지 적용할 수 있으므로

$$\psi = 1.375$$

이제 접합부의 압축 스트럿에 정착된 확대머리 인장 이형철근의 정착길이 l_{dt}를 구하면, 도막되지 않은 철근으로 도막계수 β가 1.0이므로

$$l_{dt} = 0.22\frac{\beta f_y d_b}{\psi\sqrt{f_{ck}}} = 0.22\frac{1.0\times500\times d_b}{1.375\sqrt{30}} = 14.61\,d_b = 14.61\times22.2 = 324\ mm$$

계산된 정착길이 324 mm는 최소 정착길이 178 mm보다 크므로, 정착길이 l_{dt}는 324 mm이다. 그림 10-26(a)에 나타낸 바와 같이 확대머리 뒷면까지의 피복두께가 80 mm이고 확대머리의 두께가 8 mm이므로 접합부에서 묻힌길이 l_{emb}를 구하고 정착길이 l_{dt}와 비교하면, 다음과 같이 묻힌길이 412 mm가 정착길이 324 mm보다 길다.

$$l_{emb} = 500-80-8 = 412\ mm > l_{dt}\ (= 324\ mm)$$

따라서 정착성능을 발휘할 수 있음이 검증되었다.

(4) 자유단 확대머리 인장철근의 정착성능

자유단에 정착된 확대머리 인장 이형철근의 정착길이 수식을 적용하기 위해서는 세 가지 조건을 모두 만족하여야 하므로, 다음과 같이 이를 검토한다.

① 철근의 순피복두께

철근의 순피복두께가 $2d_b$ 이상이어야 하므로, 철근지름의 2배를 구하면

$$2d_b = 2\times22.2 = 44.4\ mm$$

보에서는 피복두께가 얇은 상면이 설계를 지배하므로, 상면에 대한 순피복두께 c_{ct}를 구하면

$$c_{ct} = 65-\frac{d_b}{2} = 65-\frac{22.2}{2} = 53.9\ mm > 2d_b\ (= 44.4\ mm)$$

따라서 조건을 만족한다.

② 철근의 순간격

철근의 순간격이 $4d_b$ 이상이어야 하므로, 철근지름의 4배를 구하면

$$4d_b = 4\times22.2 = 88.8\ mm$$

철근의 수평 순간격 s_{clh}를 구하면, 외측 인장철근의 중심이 보의 측면에서 80 mm 떨어진 위치이고 보의 폭이 400 mm이며 철근 사이의 간격이 2개이므로

$$s_{clh} = \frac{400-2\times80}{2}-d_b = 120-22.2 = 97.8\ mm > 4d_b\ (= 88.8\ mm)$$

따라서 조건을 만족한다.

③ 횡방향 철근지수

횡방향 철근지수 K_{tr}의 값이 정착되는 인장철근지름의 1.2배 이상이도록 횡방향 철근을 배치하여야 하므로 이를 검증한다. D22 철근지름의 1.2배를 계산하면

$$1.2d_b = 1.2\times22.2 = 26.6\ mm$$

그림 10-26(a)에 나타낸 바와 같이 보에는 200 mm 간격의 D13 U형 수직전단철근이 배치되어 있으므로, 한 단면에서 두 개의 D13 철근이 저항하는 횡구속 철근의 단면적은

$$A_{tr} = 253\ mm^2$$

횡구속 철근인 전단철근의 간격이 200 mm이고 정착되는 철근의 수가 3개이므로, 횡방향 철근지수 K_{tr}을 계산하면

$$K_{tr} = \frac{40\ A_{tr}}{sn} = \frac{40\times253}{200\times3} = 16.9\ mm < 1.2d_b\ (= 26.6\ mm)$$

K_{tr}의 값이 $2d_b$보다 작으므로 조건을 만족하지 못한다. 자유단의 정착길이 내에 D13 U형 스터럽을 100 mm 간격으로 배치하는 경우의 K_{tr}을 계산하면

$$K_{tr} = \frac{40\ A_{tr}}{sn} = \frac{40\times253}{100\times3} = 33.7\ mm > 1.2d_b\ (= 26.6\ mm)$$

이 경우, 즉 정착길이 내에 D13 U형 스터럽을 100 mm 간격으로 배치하는 경우는 조건을 만족한다.

이와 같이 세 가지 조건을 모두 만족하므로, 캔틸레버 자유단에 정착된 확대머리 인장 이형철근의 정착길이 l_{dt}를 구하면, 도막되지 않은 철근으로 도막계수 β가 1.0이므로

$$l_{dt} = 0.24\frac{\beta f_y d_b}{\sqrt{f_{ck}}} = 0.24\frac{1.0\times500\times d_b}{\sqrt{30}} = 21.91\ d_b = 21.91\times22.2 = 486\ mm$$

계산된 정착길이 486 mm는 최소 정착길이 178 mm보다 크므로 정착길이 l_{dt}는 486 mm이다. 그림 10-26(a)에 나타낸 바와 같이 자유단에서 확대머리 뒷면까지의 피복두께가 60 mm이고 확대머리의 두께가 8 mm이므로, D13 U형 스터럽을 100 mm 간격으로 배치해야 하는 구간의 길이를 자유단 단부에서 측정하면 다음과 같다.

$$l_{con,e} = 60+8+486 = 554\ mm$$

따라서 자유단에 D13 U형 스터럽이 200 mm 간격으로 배치된 3개 구간에 스터럽을 하나씩 추가하여 스터럽을 100 mm 간격으로 배치하기로 한다. 이렇게 스터럽을 배치하면 캔틸레버의 길이가 1,400 mm로 486 mm인 정착길이 l_{dt}보다 충분히 길기 때문에 확대머리 인장철근이 정착성능을 발휘할 수 있음이 검증되었다. 그림 10-27은 최종 철근 배치도이다.

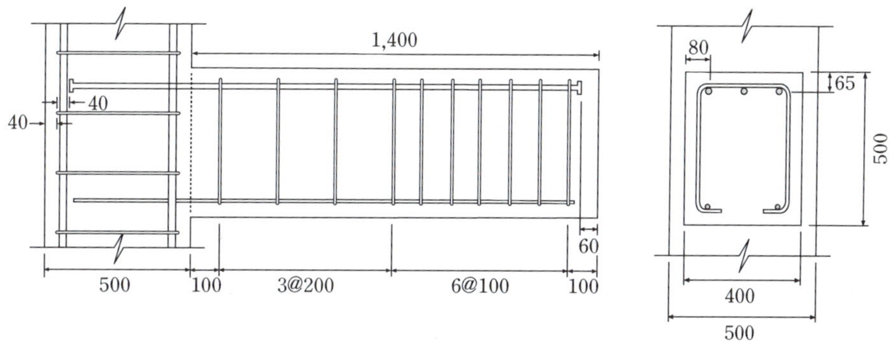

(a) 기둥과 캔틸레버 보 정면도 (b) 단면도

그림 10-27 예제 10-3의 최종 철근 배치도

10.3.4 콘크리트구조 설계기준에 따른 인장 용접철망의 정착길이

용접철망(welded fabric)은 2장 2.2.6절에 소개된 철선(steel wire)을 가로와 세로로 직교하도록 배열하고 교차점을 전기저항 용접하여 격자 모양으로 만든 것이다. 한국의 철선표준 KS D 3552[10.43]는 표면 요철의 유무에 따라 이형철선과 원형철선으로 구분하며, 이형철선으로 제작된 용접철망을 '용접이형철망'이라고 하고 원형철선으로 제작된 용접철망을 '용접원형철망'이라고 한다. 철선 대신 철근을 전기저항 용접하여 격자 모양으로 만든 것은 '철근격자'라고 한다. 용접철망과 철근격자의 표준은 KS D 7017[10.43]에 규정되어 있다. 이 절에서는 용접이형철망과 용접원형철망의 정착길이에 대한 KDS 14 20 콘크리트구조 설계기준의 내용을 소개한다.

[1] 인장 용접이형철망의 정착길이

용접이형철망의 정착길이 l_{ddw}와 묻힘길이 l_{emb}는 그림 10-28(a)와 같이 철선 단부로부터 측정한 길이로 정의한다. 정착길이 l_{ddw}는 설계기준에서 제시하는 방법으로 결정하며, 묻힘길이 l_{emb}는 철선 단부에서 위험단면까지의 길이로 결정하고 정착길이 l_{ddw} 이상의 값을 갖도록 설계하여야 한다. 여기서 위험단면은 최대 휨모멘트가 작용하는 위치이다. 용접이형철망 내에 정착길이 방향으로 원형철선이 배치된 경우에는 용접원형철망의 정착 규정을 적용하여야 한다.

용접이형철망의 정착길이 l_{ddw}는 200 mm 이상의 값으로, 다음과 같이 10.3.1절에서 소개한 직선 인장 이형철근과 이형철선의 정착길이 l_d에 철망계수 ψ_{wd}를 곱하여 구한다.

$$l_{ddw} = \psi_{wd} l_d \tag{10·25}$$

직선 인장 이형철근과 이형철선의 정착길이 l_d는 정밀식인 앞의 식 (10·15)에 따라 결정하거나 간편식인 앞의 식 (10·18)과 식 (10·19)에 따라 결정한다.

$$l_d = \frac{0.90\, d_b f_y}{\lambda\sqrt{f_{ck}}} \frac{\alpha\beta\gamma}{\left(\dfrac{c+K_{tr}}{d_b}\right)} \tag{10·15}$$

$$l_d = \psi_{tb}\, l_{db} \tag{10·18}$$

$$l_{db} = \frac{0.6\, d_b f_y}{\lambda\sqrt{f_{ck}}} \tag{10·19}$$

식 (10·15)에서 에폭시 도막에 따른 계수 β는 1.0을 사용할 수 있다. 용접이형철망의 정착길이 l_{ddw}와 철망계수 ψ_{wd}는 의미를 명확히 표현하기 위한 기호이다. KDS 14 20 콘크리트구조 설계기준은 용접이형철망의 정착길이도 l_d로 표현하고 있으며, 철망계수를 나타내는 기호는 정의하지 않고 문장으로 기술하고 있다.

용접이형철망의 철망계수 ψ_{wd}는 정착길이 내에 1개 이상의 교차철선이 있고 이 교차철선이 위험단면에서 50 mm 이상 떨어져 있는 경우 다음으로 계산한 ψ_{wd1}과 ψ_{wd2} 중에서 큰 값으로 결정한다. 단 철망계수 ψ_{wd}는 1.0 이하이어야 한다.

$$\psi_{wd1} = \frac{f_y - 245}{f_y} \tag{10·26}$$

$$\psi_{wd2} = \frac{5\, d_b}{s_w} \tag{10·27}$$

여기서 f_y는 이형철선의 항복강도로 MPa 단위이며 s_w는 정착되는 이형철선의 간격으로 mm 단위이다. 식 (10·26) 또는 식 (10·27)로 결정되는 철망계수 ψ_{wd}는 1 이하의 값이므로, 용접이형철망의 정착길이는 이형철선의 정착길이보다 크지 않은 값이 된다. 이것은 교차철선의 지압력과 인장력을 받는 이형철선의 부착력의 조합으로 힘이 전달되어 용접이형철망이 정착되기 때문이다.

정착길이 내에 교차철선이 없거나 위험단면에서 50 mm 이내에 1개의 교차철선이 있는 경우에는 철망계수 ψ_{wd}로 1.0을 적용한다. 한편 휨부재에 배치된 철근량이 해석에 의해 요구되는 소요철근량을 초과하는 경우는 '소요 A_s/배근 A_s'의 비율을 곱하여 정착길이를 감소시킬 수 있다.

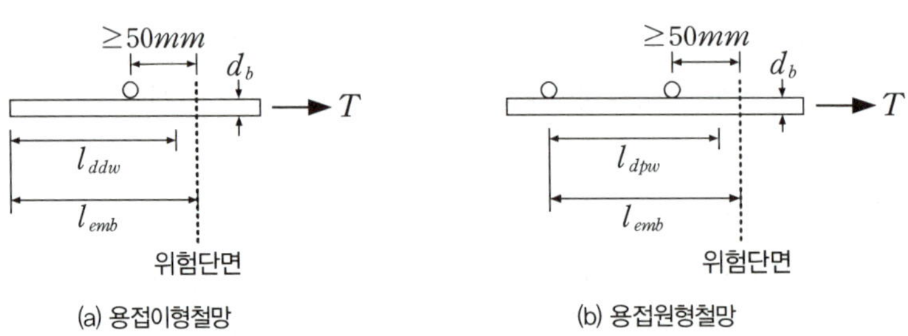

그림 10-28 용접철망의 정착길이와 묻힘길이

[2] 인장 용접원형철망의 정착길이

용접원형철망의 정착길이 l_{dpw}와 묻힘길이 l_{emb}는 그림 10-28(b)와 같이 철선 단부에서 가장 가까이에 위치하는 교차철선의 중심으로부터 측정한 길이로 정의한다. 정착길이 l_{dpw}는 설계기준에서 제시하는 수식으로 결정하며, 묻힘길이 l_{emb}는 위험단면까지의 길이로 결정하고 정착길이 l_{dpw} 이상의 값을 갖도록 설계하여야 한다.

용접원형철망은 교차철선의 지압력에 의해 정착된다. 따라서 작은 원형철선으로 가공된 용접원형철망은 위험단면에서 50 mm 이상 떨어진 곳에 2개 이상의 교차철선이 정착길이 내에 묻혀 있으면 설계기준항복강도가 발휘된다. 그러나 원형철선의 지름이 크고 철선의 간격이 좁게 가공된 용접원형철망은 더 긴 묻힘길이가 필요할 수 있다. 따라서 용접원형철망에 대해서도 정착길이를 구하여 정착성능을 검증하여야 한다. 용접원형철망의 정착길이 l_{dpw}는 150 mm 이상의 값으로 다음 식에 따라 결정한다.

$$l_{dpw} = 3.23\,\frac{A_w}{s_w}\left(\frac{f_y}{\lambda\sqrt{f_{ck}}}\right)\times\left(\frac{\text{소요 } A_s}{\text{배근 } A_s}\right) \tag{10·28}$$

여기서 A_w는 정착되는 철선 1개의 단면적, s_w는 정착되는 원형철선의 간격, λ는 경량콘크리트계수이다.

10.3.5 콘크리트구조 설계기준에 따른 압축 이형철근의 정착길이

압축력을 받는 이형철근은 인장력을 받는 경우와 달리 철근 표면의 부착력과 함께 단부의 지압력이 추가되어 정착성능이 발휘된다. 또 휨인장 균열에 의해 철근 주위의 콘크리트가 약화되는 현상이 압축철근에서는 나타나지 않는다. 따라서 압축 이형철근의 정착길이는 인장 이형철근의 정착길이보다 짧다. 갈고리는 압축력에 대한 정착성능 발휘에 유효하지 않고, 직선 철근으로도 압축 정착길이가 길지 않다. 이러한 배경으로 KDS 14 20 콘크리트구조 설계기준은 압축력을 받는 갈고리 철근이나 확대머리 철근에 대한 정착설계기준은 규정하지 않고, 직선 압축 이형철근에 대해서만 규정하고 있다. 압축 이형철근의 정착길이 l_d는 200 mm 이상의 값으로 다음 식에 따라 기본정착길이 l_{db}에 보정계수 ψ_{cb}를 곱하여 결정한다.

$$l_d = \psi_{cb}\, l_{db} \tag{10·29}$$

여기서 보정계수 ψ_{cb}는 간편식의 의미를 명확히 표현하기 위한 기호이며, KDS 14 20 콘크리트구조 설계기준은 보정계수를 나타내는 기호를 정의하지 않고 문장으로 기술하고 있다. 압축 이형철근의 기본정착길이 l_{db}는 최솟값 $l_{db,\,min}$ 이상의 값으로 다유 식에 따라 계산한다.

$$l_{db} = \frac{0.25\, d_b f_y}{\lambda\sqrt{f_{ck}}} \tag{10·30}$$

$$l_{db,\,min} = 0.043\, d_b f_y \tag{10·31}$$

여기서 λ는 경량콘크리트계수이다. 보정계수 ψ_{cb}는 표 10-4와 같이 두 가지를 적용한다. 초과철근에 대한 보정계수는 계산상 필요한 양 이상으로 압축철근을 배치한 경우에 적용한다. 횡구속 효과에 대한 보정계수는 압축철근이 횡구속 철근으로 둘러싸인 경우에 적용하는데, 이때의 횡구속 철근은 지름이 6 mm 이상이고 중심간격(피치, pitch)이 100 mm 이하인 나선철근이나 중심 간격 100 mm 이하로 설계기준에 따라 배치된 D13 이상의 띠철근이어야 한다.

표 10-4 **압축 이형철근의 보정계수** ψ_{cb}

구분	조건	보정계수
초과철근	계산상 필요한 양 이상으로 철근을 배치한 경우	$\frac{소요\ A_s}{배근\ A_s}$
횡구속 효과	지름이 6mm 이상이고 피치가 100mm 이하인 나선철근, 또는 중심 간격이 100mm 이하이고 설계기준의 띠철근 조건에 맞는D13 이상의 띠철근으로 둘러싼 경우	0.75

10.3.6 콘크리트구조 설계기준에 따른 직선 다발철근의 정착길이

경우에 따라서는 여러 개의 철근을 뭉쳐서 하나의 철근처럼 배치할 때가 있는데, 이런 철근을 다발철근(bundled reinforcement, bundled bars)이라고 한다. 다발철근은 그림 10-29와 같이 2개나 3개 또는 4개까지의 철근으로 구성한다. 다발철근에서 각각의 철근은 그림 10-29와 같이 2개를 평행하게 배치하거나, 삼각형 또는 L형으로 3개를 배치하거나, 사각형으로 4개를 배치한다.

그림 10-29에서 철근 주위에 짙은 색으로 표시한 부분은 콘크리트와 접촉하는 철근의 표면적을 나타낸다. 그림 10-29(a)와 같이 철근 2개로 구성된 다발철근은 콘크리트와 접촉하는 철근의 표면적이 낱개 철근의 경우에 비하여 큰 차이를 보이지 않지만, 그림 10-29(b)의 왼쪽 그림과 같이 철근 3개가 삼각형으로 배치된 다발철근과 그림 10-29(c)와 같이 철근 4개가 사각형으로 배치된 다발철근은 콘크리트와 접촉하는 철근의 표면적이 낱개 철근의 경우에 비하여 감소한다. 따라서 철근 3개와 4개로 구성된 다발철근은 낱개 철근에 비하여 정착성능이 낮다. 따라서 KDS 14 20 콘크리트구조 설계기준은 다음과 같이 인장 또는 압축을 받는 철근 3개와 4개로 구성된 다발철근 내 개개 철근의 정착길이 $l_{d,\,bnd}$로는 단일철근의 정착길이 l_d를 각각 20%와 33% 증가시킨 값을 적용하도록 규정하고 있다.

$$l_{d,\,bnd} = 1.2\, l_d \tag{10·32}$$

$$l_{d,\,bnd} = 1.33\, l_d \tag{10·33}$$

철근의 정착길이를 결정할 때에는 철근의 순간격, 피복두께, 도막계수, 그리고 횡구속 효과와 관련된 항을 검증하여야 한다. 다발철근의 정착길이에 대하여도 같은 변수들을 검증하고 보정계수를 결정하여야 하는데, 이때에는 다발철근 전체단면적과 동일한 단면적과 도심을 갖는 하나의 철근으로 다발철근을 취급하여 등가의 지름 $d_{b,\,eqv}$를 구하고 이 값을 적용하여야 한다.

휨부재의 경간 내에서 다발철근을 절단하고자 할 때에는 다발철근 내 개개 철근을 각각 다른 위치에서 하나씩 절단하여야 하는데, ACI 318 Code[10.7]는 각각의 절단 위치가 철근지름의 40배 이상 떨어지도록 규정하고 있고 D35에 해당하는 #11 철근보다 큰 철근은 보의 다발철근으로 사용하지 못하도록 규정하고 있다.

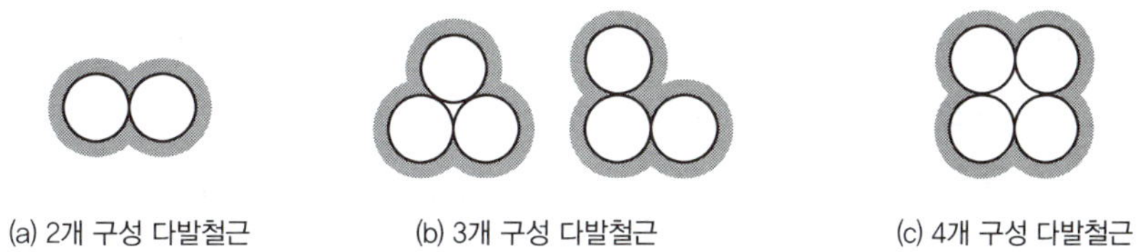

그림 10-29 다발철근의 부착면

예제 10-4 그림 10-30과 같이 40mm의 피복두께로 300mm 간격의 D13 U형 수직전단철근이 배치되어 있는 복부폭 b_w=400mm인 단면에 D16 이형철근 3개로 구성된 3개의 다발철근을 배치할 때, KDS 14 20 콘크리트구조 설계기준에 따라 다발철근의 정착길이를 구하시오. 콘크리트 설계기준압축강도 f_{ck}는 30MPa이며 인장철근의 설계기준항복강도 f_y는 500MPa이다.

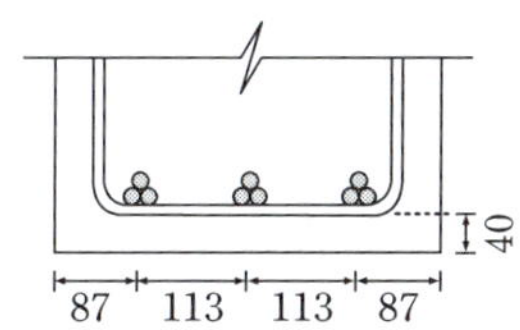

그림 10-30 예제 10-4의 단면

〈풀이〉

(1) 등가지름

D16 철근의 단면적 A_b가 198.6 mm^2이므로 3개의 단면적 A_s를 구하면

$$A_s = 3\,A_b = 3\times198.6 = 596\ mm^2$$

단면적 596 mm^2를 갖는 등가지름 $d_{b,\,eqv}$를 구하면

$$d_{b,\,eqv} = \sqrt{\frac{4\,A_s}{\pi}} = \sqrt{\frac{4\times596}{\pi}} = 27.5\ mm$$

(2) 정착길이

인장철근은 상부철근이 아니고 도막되지 않은 철근이므로, 표 10-1에 따라 철근배치 위치계수 α와 도막계수 β는 모두 다음과 같이 1.0이다.

$$\alpha = 1.0 \qquad \beta = 1.0$$

다발철근의 등가지름이 27.5 mm로 D22 철근보다 굵은 철근에 해당하므로, 표 10-1에 따라 철근의 크기계수 γ는 다음과 같이 1.0이다. 참고로 다발철근이 아닌 D16 철근의 크기계수는 0.8이다.

$$\gamma = 1.0$$

$(c+K_{tr})/d_b$의 값을 결정할 때 적용하는 c는 철근 또는 철선의 중심부터 콘크리트 표면까지 최단거리 또는 정착되는 철근 또는 철선의 중심간 거리의 1/2 중 작은 값이다. 먼저 철근의 중심부터 콘크리트 표면까지

최단거리를 구한다. 그림 10-30에 나타난 바와 같이 가장 바깥쪽에 배치된 다발철근의 중심에서 측면 표면까지의 거리가 87 mm이고, 다발철근의 중심과 등가지름 27.5 mm로 환산한 등가철근의 중심이 같은 위치이므로 철근 중심에서 측면 표면까지의 거리 c_1은 87 mm이다. 지름이 12.7 mm인 D13 전단철근까지의 피복두께가 40 mm이므로 등가지름을 가진 등가철근의 중심에서 하면까지의 거리 c_2를 계산하면

$$c_2 = 40+12.7+\frac{27.5}{2} = 66.5\,mm$$

정착되는 철근 사이의 중심간 거리는 그림 10-30에 나타난 바와 같이 113 mm이다. 따라서 정착되는 철근 중심간 거리의 1/2인 c_3은 56.5 mm이다. 즉, c_1, c_2, c_3는 다음과 같다.

$$c_1 = 78\,mm \qquad c_2 = 66.5\,mm \qquad c_3 = 56.5\,mm$$

따라서 c는 세 값 중 가장 작은 값인 c_3로 다음과 같다.

$$c = 56.5\,mm$$

D13 U형 수직전단철근이므로 한 단면에서 두 개의 D13 철근이 저항하는 횡구속 철근의 단면적은

$$A_{tr} = 253\,mm^2$$

K_{tr}을 계산하면, 횡구속 철근인 전단철근의 간격이 300 mm이고 정착되는 철근의 수가 3개이므로

$$K_{tr} = \frac{40\,A_{tr}}{sn} = \frac{40\times253}{300\times3} = 11.24\,mm$$

$(c+K_{tr})/d_b$의 값을 등가지름 $d_{b,\,eqv}$를 이용하여 계산하면

$$\frac{c+K_{tr}}{d_b} = \frac{c+K_{tr}}{d_{b,\,eqv}} = \frac{56.5+11.24}{27.5} = 2.46 < 2.5$$

이 값 2.46은 최대허용값 2.5를 초과하지 않으므로, $(c+K_{tr})/d_b$로 2.46을 적용한다. 이제 3개로 구성된 다발철근의 정착길이를 구하면, 다발철근을 구성하는 철근이 D16으로 지름 d_b가 15.9 mm이므로

$$l_d = \frac{0.90\,d_b f_y}{\lambda\sqrt{f_{ck}}}\,\frac{\alpha\beta\gamma}{\left(\dfrac{c+K_{tr}}{d_b}\right)} = \frac{0.90\times15.9\times500}{1.0\sqrt{30}}\times\frac{1.0\times1.0\times1.0}{2.46} = 531\,mm$$

$$l_{d,\,bnd} = 1.2\,l_d = 1.2\times531 = 637\,mm$$

이 예제와 같이 배치된 다발철근의 정착길이는 637 mm이다.

10.3.7 콘크리트구조 설계기준에 따른 휨철근의 정착 설계검증

철근콘크리트는 부재 축을 따라 변화하는 휨모멘트의 크기를 고려하여 인장철근의 단면적을 변화시키는 경제적인 설계가 가능하다. 즉, 부재 내에 작용하는 최대 계수휨모멘트를 저항할 수 있는 철근량으로 인장철근의 수를 선정하고 배치한 후, 휨모멘트가 작은 곳에는 인장철근의 수를 줄여서 배치하는 것이다. 예를 들면 최대 계수휨모멘트가 작용하는 위치에는 5개의 인장철근을 배치하고, 3개의 인장철근으로 휨강도 성능이 만족되는 위치에서는 2개의 철근을 절단(cutoff)하여 부재 내에 3개의 긴 철근과 2개의 짧은 철근을 배치하는 것이다. 부재가 매우 긴 경우에는 인장철근의 일부를 한 번 더 절단하여 긴 길이, 중간 길이, 짧은 길이의 세 가지 길이의 철근을 배치할 수 있다. 연속보인 경우에는 철근을

절단하는 대신 구부려 올리거나 구부려 내려서 반대 부호의 휨모멘트에 저항하는 인장철근으로 활용할 수 있다. 이렇게 철근을 구부려 올리거나 구부려 내리는 것을 절곡(bend)이라고 한다.

KDS 14 20 콘크리트구조 설계기준은 한 단면에 배치된 철근량 중 최대 50%까지만 절단하도록 절단하는 철근의 양을 제한하고 있다. 이에 따라 인장철근을 배치하면 부재 내에 배치된 인장철근의 양이 위치별로 다르므로 설계휨강도도 위치별로 다르게 나타난다. 이렇게 위치별로 다르게 나타나는 설계휨강도의 크기를 그림으로 나타낸 것을 휨 성능곡선(moment capacity diagram, 설계휨강도 곡선)이라고 하며, 이를 이용하여 시각적으로 휨강도 성능을 검증한다. 다음은 휨강도 성능검증과 철근정착 설계의 주요 내용이다.

[1] 휨 성능곡선의 구성

그림 10-31은 철근콘크리트 휨부재의 인장철근 배치에 따른 휨 성능곡선(moment capacity diagram, 설계휨강도 곡선)의 예이다. 이 부재는 연속보의 외측경간(exterior span)으로, 내부 지점 부근에 작용하는 계수 부모멘트 $(-)M_u$에 저항하도록 단면의 상단에 인장철근이 배치되었고, 계수 정모멘트 $(+)M_u$에 저항하도록 단면의 하단에 인장철근이 배치되었다. 여기서 계수 휨모멘트 분포는 활하중의 배치 형태에 따라 위치별로 작용하는 최대 계수휨모멘트를 연결한 계수 휨모멘트 포락선(envelop curve)으로, 이에 대하여는 3장 3.6.8절에 설명되어 있다.

그림 10-31에서 부모멘트에 저항하는 상부철근은 긴 부모멘트 철근과 짧은 부모멘트 철근으로 구성되었다. 모든 부모멘트 철근이 배치된 위치에서는 $\phi M_{n,neg}$의 설계휨강도를 가지며, 짧은 부모멘트 철근이 절단되어 긴 부모멘트 철근만 배치된 위치에서는 $\phi M_{n,nlb}$의 설계휨강도를 가진다. 그러나 철근이 배치된 모든 위치에서 설계휨강도를 발휘하는 것은 아니다. 즉, 철근의 단부에서는 철근이 늘어나지 않으므로 휨강도가 0이며 단부에서 정착길이 l_d만큼 떨어진 위치에서 비로소 설계휨강도를 발휘한다. 정착길이 l_d 내에서는 설계휨강도가 선형으로 증가하는 것으로 가정한다. 따라서 긴 부모멘트 철근이 절단된 Ⓐ 위치에서는 설계휨강도가 0이며, 긴 부모멘트 철근의 정착길이 $l_{d,nlb}$만큼 떨어진 위치에서부터 긴 부모멘트 철근에 의한 설계휨강도 $\phi M_{n,nlb}$의 성능을 가진다. 긴 부모멘트 철근이 절단된 Ⓐ 위치는 계수 부모멘트 $(-)M_u$가 0인 위치에서 $l_{e,nzm}$만큼 떨어진 위치이다. 여기서 $l_{e,nzm}$는 휨모멘트의 부호가 바뀌는 부모멘트 변곡점(inflection point)에서의 최소연장길이(minimum extension length for negative zero moment)로 다음 [2]항에서 설명한다. 짧은 부모멘트 철근이 절단된 Ⓑ 위치에서는 짧은 부모멘트 철근에 의한 설계휨강도가 0이며, 짧은 부모멘트 철근의 정착길이 $l_{d,nsb}$만큼 떨어진 위치에서부터 설계휨강도가 발휘되어 비로소 모든 부모멘트 철근에 의한 설계휨강도 $\phi M_{n,neg}$의 성능을 가진다. 짧은 부모멘트 철근이 절단된 Ⓑ 위치는 긴 부모멘트 철근에 의한 설계휨강도 $\phi M_{n,nlb}$과 같은 크기의 계수휨모멘트가 작용하는 위치에서 l_{ext}만큼 떨어진 위치의 바깥쪽이다. 여기서 l_{ext}는 휨모멘트를 저항하는데 더 이상 철근을 요구하지 않는 점에서의 최소연장길이(minimum extension length)로 다음 [2]항에서 설명한다. 그림 10-31의 도면에서 긴 철근과 짧은 철근 사이의 '0' 표시는 두 철근의 수직간격이 0라는 뜻으로, 두 철근이 상하 2열로 배치된 것이 아니라 같은 열에 배치된 것임을 나타낸다.

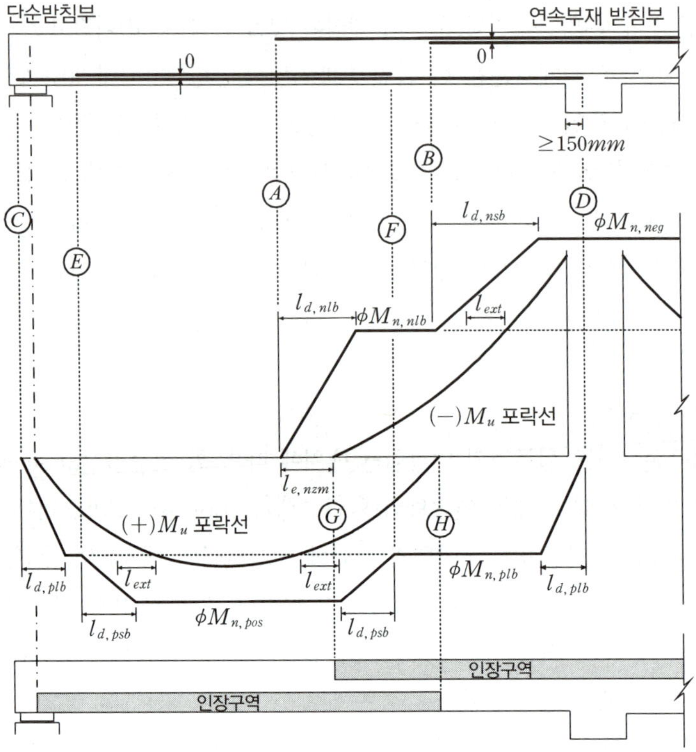

그림 10-31 철근콘크리트 휨부재의 인장철근 배치와 휨 성능곡선 및 인장구역

정모멘트에 저항하도록 배치된 하부철근에 의한 휨 성능곡선도 같은 방법으로 구성한다. 그림 10-31은 긴 정모멘트 철근과 짧은 정모멘트 철근이 하단에 배치된 경우로, 긴 정모멘트 철근은 지점부 내부까지 연장하여 배치되어 있다. 긴 정모멘트 철근이 절단된 Ⓒ와 Ⓓ 위치에서는 설계휨강도가 0이며, 긴 정모멘트 철근의 정착길이 $l_{d,plb}$만큼 떨어진 위치에서부터 긴 정모멘트 철근에 의한 설계휨강도 $\phi M_{n,plb}$의 성능을 가진다. 짧은 정모멘트 철근이 절단된 Ⓔ와 Ⓕ 위치에서는 짧은 정모멘트 철근에 의한 설계휨강도가 0이며, 짧은 정모멘트 철근의 정착길이 $l_{d,psb}$ 만큼 떨어진 위치에서부터 설계휨강도가 발휘되어 비로소 모든 정모멘트 철근에 의한 설계휨강도 $\phi M_{n,pos}$의 성능을 가진다. 짧은 정모멘트 철근이 절단된 Ⓔ와 Ⓕ의 위치는 긴 정모멘트 철근에 의한 설계휨강도 $\phi M_{n,plb}$과 같은 크기의 계수휨모멘트가 작용하는 위치에서 다음 [2]항에서 설명하는 최소연장길이 l_{ext} 만큼 떨어진 위치의 바깥쪽이다.

이와 같이 구성된 휨 성능곡선으로 모든 위치에서 설계휨강도 ϕM_n이 계수휨모멘트 M_u 이상임을 시각적으로 나타내어 휨강도 성능이 만족됨을 검증한다.

[2] 인장철근의 배치와 절단 위치

그림 10-31에서 왼쪽의 단순받침부에는 긴 정모멘트 철근이 받침부 중심을 지나서 절단되어 있고, 오른쪽의 연속부재 받침부에는 받침부 속으로 연장되어 절단되어 있다. KDS 14 20 콘크리트구조 설계

기준은 단순부재에서는 전체 정모멘트 철근의 1/3 이상, 연속부재에서는 전체 정모멘트 철근의 1/4 이상을 받침부까지 연장하고, 보의 경우는 이러한 철근을 받침부 내로 150 mm 이상 연장하도록 규정하고 있다. 그러나 구조 일체성(structural integrity)의 확보를 목적으로 할 때는 받침부 내에 연장된 철근을 절단하지 않고 연속되게 배치하거나, 그림 10-31의 오른쪽의 연속부재 받침부와 같이 겹침이음 등으로 연결하여야 한다. 부모멘트 철근은 전체 철근량의 1/3 이상을 부모멘트 변곡점을 지난 압축구역까지 연장하여야 한다. 연속 깊은보에서는 내부 받침부에서 정모멘트 철근은 연속되거나 인접 경간의 정모멘트 철근과 겹침이음이 되어야 하며 부모멘트 철근은 인접경간의 부모멘트 철근과 연속되어야 한다.

앞의 [1]항에서 부모멘트 철근이 절단된 Ⓐ와 Ⓑ 위치 및 짧은 정모멘트 철근이 절단된 Ⓔ와 Ⓕ 위치에 대한 설명에서 최소연장길이 $l_{e,\,nzm}$과 l_{ext}에 대한 언급이 있었다. l_{ext}는 부모멘트 변곡점 외의 철근 절단부에 적용하는 최소연장길이이며, $l_{e,\,nzm}$은 부모멘트 변곡점의 철근 절단부에 적용하는 최소연장길이이다. KDS 14 20 콘크리트구조 설계기준은 표 10-5와 같이, 단순경간의 받침부와 캔틸레버의 자유단을 제외하고 휨모멘트를 저항하는데 더 이상 철근을 요구하지 않는 점에서 부재의 유효깊이 d 또는 철근지름의 12배 중 큰 값 이상으로 더 연장하도록 l_{ext}를 규정하고 있다. 부모멘트 변곡점에서는 변곡점을 지나 부재의 유효깊이 d, 철근지름의 12배, 순경간 l_n의 1/16 중 가장 큰 값 이상으로 더 연장하도록 $l_{e,\,nzm}$를 규정하고 있다.

표 10-5 **최소연장길이**

구분	적용 위치	최소연장길이
l_{ext}	부모멘트 변곡점 외의 철근 절단부	d와 $12d_b$ 중 큰 값
$l_{e,\,nzm}$	부모멘트 변곡점의 철근 절단부	d, $12d_b$, $l_n/16$ 중 가장 큰 값

이와 같이 최소연장길이를 규정한 이유는 그림 10-32에 나타낸 전단력의 영향 때문이다. 그림 10-32는 7장 7.2.2절에서 전단 이론을 설명할 때 이용하였던 것으로, 그림 10-32(a)는 전단력이 작용하는 단면의 인장철근에 $0.5\,N_v$인 $0.5\,V\cot\theta$의 인장력이 작용함을 나타낸다. 이에 따라 2개의 집중하중이 경간 중앙부에 작용하는 휨부재로 예를 들면, 그림 10-32(b)와 같이 굵은 점선으로 나타낸 휨모멘트에 의한 인장철근의 인장력 M/jd에 전단력에 의한 인장력 $0.5\,V\cot\theta$가 추가된 실선이 실제 인장력분포로

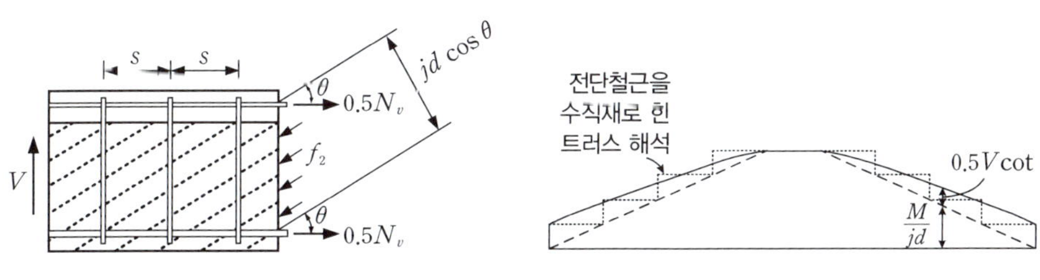

(a) 종방향 힘의 평형 (b) 인장철근에 작용하는 힘의 분포

그림 10-32 **변각트러스의 힘의 평형과 철근콘크리트 휨부재 인장철근의 인장력**

나타나는 것이다. 이것은 휨모멘트가 0인 변곡점의 바깥 부분에도 인장력이 작용한다는 것을 의미한다. 선부재의 전단모델로 45도 트러스 모델을 채택한 KDS 14 20 콘크리트구조 설계기준은 균열의 경사각 θ의 값을 결정하지 않기 때문에 $0.5\,V\cot\theta$의 인장력이 추가되는 길이를 간편한 방법으로 고려하도록 표 10-5의 최소연장길이 l_{ext}와 $l_{e,nzm}$을 규정하고 있다.

[3] 인장구역에서의 인장철근 절단

철근콘크리트는 부재 축을 따라 인장철근의 수를 조절하는 경제적인 설계가 가능하지만, 부적절한 위치에서 철근을 절단하지 않도록 주의하여야 한다. 예를 들면 그림 10-33과 같이 등분포 하중이 작용하는 캔틸레버의 부재 중간에 균열이 발생하는 경우가 있다. 만일 캔틸레버 지점부터 자유단까지 동일한 양의 인장철근을 배치하였다면, 이런 균열이 발생하지 않고 휨모멘트가 가장 큰 지점에서 균열이 발생할 것이다. 그러나 그림 10-33과 같이 최대 휨모멘트가 작용하는 위치가 아닌 곳에 균열이 발생하였다면 인장구역에서의 철근 절단(cutoff in a tension zone)이 적절했는지 검증하여야 하며, 또한 설계에서도 이를 검증하여야 한다. 인장구역(tension zone)은 그림 10-31의 맨 아래에 보이는 부재에서 짙은 색으로 표시한 부분을 말한다. 즉, 그림 10-31의 연속보 외측경간에서 Ⓖ 위치부터 오른쪽 부분은 부모멘트가 작용하여 단면 상부가 인장을 받는 구간이며, 단순받침부 중심에서 Ⓗ 위치까지는 정모멘트가 작용하여 단면 하부가 인장을 받는 구간이다. 이렇게 부재 내에서 인장을 받는 구간을 인장구역이라고 한다.

그림 10-33의 캔틸레버 부재는 등분포 하중이 중력방향으로 작용하여 부재 전체에 부모멘트가

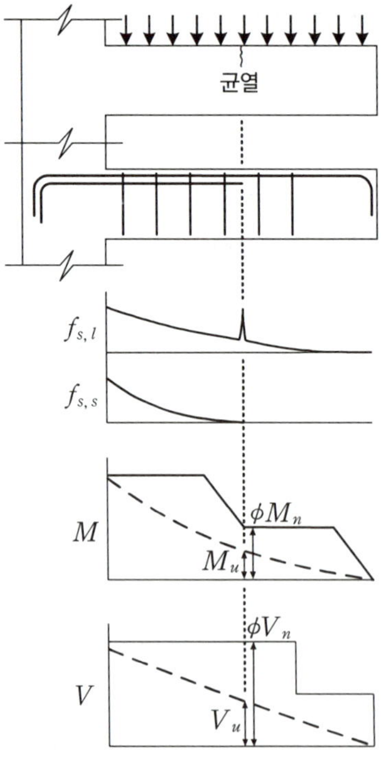

그림 10-33 인장구역 철근 절단의 영향

작용하므로 캔틸레버 전체에서 단면의 상부가 모두 인장구역이 된다. 만일 캔틸레버 지점부터 자유단까지 동일한 양의 인장철근을 배치하였다면 부모멘트 철근의 인장응력 분포는 그림 10-33에 굵은 점선으로 나타낸 포물선 형상의 계수휨모멘트 M_u와 동일한 형상을 갖는다. 그러나 이 부재의 계수휨모멘트 분포를 고려하여 지점에는 많은 양의 철근을 배치하고 자유단 쪽에는 적은 양의 철근을 배치하기 위하여 그림 10-33과 같이 긴 부모멘트 철근과 짧은 부모멘트 철근을 배치한다면, 짧은 부모멘트 철근이 인장구역 내에서 절단된 상황이 된다. 이때 짧은 부모멘트 철근에 작용하는 인장응력 $f_{s,s}$는 그림 10-33과 같이 지점에서 가장 크고 절단점에서 0인 분포를 갖는다. 긴 부모멘트 철근은 전체적으로 휨모멘트 분포와 동일한 형상을 보이지만, 짧은 부모멘트 철근이 절단된 위치에서는 응력집중(stress concentration) 현상이 나타나서 국부적으로 매우 큰 인장응력이 작용하게 된다. 이렇게 주위의 다른 부분보다 큰 인장응력이 작용하는 위치에서는 그림 10-33과 같이 콘크리트에 균열이 발생할 가능성이 높아진다.

이에 대하여 KDS 14 20 콘크리트구조 설계기준은 다음의 세 가지 조건 중 하나라도 만족하는 경우에만 인장구역에서의 철근 절단을 허용한다.

(1) 절단점에서 계수전단력이 설계전단강도의 2/3를 초과하지 않는 경우

(2) D35 이하의 철근으로 절단점에서 연속철근이 휨모멘트에 필요한 철근량의 2배 이상 배치되어 있고 계수전단력이 설계전단강도의 3/4을 초과하지 않는 경우

(3) 절단점에서 $(3/4)d$ 이상의 구간까지 절단된 철근 또는 철선을 따라 전단과 비틀림에 대해 필요한 양을 초과하여 $0.42\,b_w s/f_y$ 이상의 단면적과 $d/(8\beta_b)$ 이내의 간격을 갖는 횡구속 철근이 배치되어 있는 경우로 β_b는 전체 인장 철근량에 대한 절단된 철근량의 비율

표 10-6은 인장구역에서의 철근 절단 조건 세 가지를 요약 정리한 것으로, 실제 설계에서는 그 순서대로 하나씩 검증할 수 있을 것이다. 즉, 철근을 절단하고자 하는 위치가 인장구역이라면 먼저 그림 10-33의 전단력 분포도를 참고하여 계수전단력 V_u와 설계전단강도 ϕV_n의 값을 파악하고 $(2/3)\phi V_n$이 V_u 이상이라면 철근 절단을 확정한다. 만일 (1)의 조건을 만족하지 못하면 (2)의 조건 중 하나인 $(3/4)\phi V_n$이 V_u 이상인지 확인한다. 이때 $(3/4)\phi V_n$이 V_u 이상이면 그림 10-33의 휨모멘트 분포도를 참고하여 절단점에서의 계수휨모멘트 M_u와 설계휨강도 ϕV_n의 값을 파악하고 $(1/2)\phi M_n$이 M_u 이상이라면 철근 절단을 확정한다. 만일 $(3/4)\phi V_n$이 V_u보나 작다면 (3)의 조건에 따라 추가 횡구속 철근을 배치하고 철근 절단을 확정한다. 그러나 선정한 인장구역에서 반드시 절단을 해야하는 상황이 아니라면 (3)의

표 10-6 인장구역에서의 철근 절단 조건

구분	조건-1	조건-2
(1) 전단강도	$\frac{2}{3}(\phi V_n) \geq V_u$	-
(2) 휨강도와 전단강도	$\frac{3}{4}(\phi V_n) \geq V_u$이고 $\frac{1}{2}(\phi M_n) \geq M_u$	D35 이하 철근
(3) 추가 횡구속 철근	$A_v \geq 0.42\frac{b_w s}{f_y}$ 이고 $s \leq \frac{d}{8\beta_b}$ 인 추가 횡구속 철근	절단점에서 $\left(\frac{3}{4}\right)d$ 이상의 구간에 배치

조건을 만족시키면서 철근을 절단하는 대신, 인장구역 내에서 이 조건을 만족하는 위치까지 철근을 연장하거나 아예 압축구역까지 철근을 연장할 수 있다. 이것은 인장철근을 조금 더 연장시키는 것이 (3)의 조건을 만족시키기 위하여 추가 횡구속 철근을 배치하는 것보다 더 경제적인 설계가 될 수 있기 때문이다.

[4] 단순받침부과 정모멘트 변곡점에서의 정착성능 검증

등분포 하중이 작용하는 부재의 정모멘트는 밖으로 불룩한 형태의 분포를 보이므로, 정착길이 구간 내의 휨강도 성능이 선형으로 증가한다고 가정할 때 0 휨모멘트와 최대 휨모멘트 사이의 길이보다 정착길이가 작더라도 그림 10-34(a)의 짙은 색으로 표시한 부분과 같이 휨강도가 부족할 수 있다. 이에 대한 성능검증은 목표로 하는 휨강도에 해당하는 휨모멘트가 작용하는 위치와 0 휨모멘트 사이의 거리 x_0가 정착길이보다 더 길다는 것을 확인하는 것으로 이루어진다. 이에 대한 검증 식은 다음 두 가지 접근법으로 유도될 수 있다.

첫 번째 접근법으로는 0 휨모멘트 위치에서의 접선각을 이용하여 x를 결정하는 방법이다. 즉, 그림 10-34(b)와 같이 0 휨모멘트 위치에서의 접선과 정착되는 철근에 의한 공칭휨강도 M_n에 해당하는 휨모멘트가 작용하는 위치 사이의 거리를 x_0로 설정하는 것이다. 이때 0 휨모멘트 위치에서의 접선각 θ_o는 다음과 같이 계수휨모멘트 M_u 함수를 변수인 길이 x로 미분하고 x에 0를 대입한 값이며, 이 값은 0 휨모멘트 위치의 전단력 V_u와 같다.

$$\theta_o = \left(\frac{dM_u}{dx}\right)_{x=0} = V_u \tag{10·34}$$

공칭휨강도 M_n에 해당하는 휨모멘트가 작용하는 위치까지 이 기울기로 접선을 연장하면 그 사이의 거리 x_o를 다음과 같이 얻을 수 있다.

$$x_o = \frac{M_n}{\tan\theta} = \frac{M_n}{V_u} \tag{10·35}$$

두 번째 접근법으로는 0 휨모멘트 위치에서 설계휨강도 ϕM_n에 해당하는 휨모멘트가 작용하는 위치 사이의 거리를 x_o로 설정하는 방법이다. 이것은 x_o와의 비교 대상인 정착길이 l_d가 설계휨강도 ϕM_n이 휨성능곡선을 구성하는 요소이기 때문이다. 등분포 하중이 작용하는 부재에서 정착되는 철근에 의한 설계휨강도 ϕM_n에 해당하는 휨모멘트가 작용하는 위치와 0 휨모멘트 위치 사이의 거리를 x_o로 한다면,

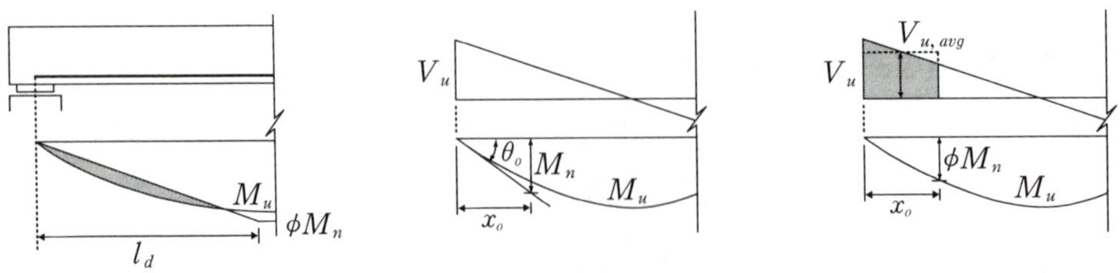

(a) 정착길이 구간의 휨강도 부족 (b) 지점 모멘트기울기로 구한 길이 (c) ϕM_n에 해당하는 길이

그림 10-34 단순받침부에서의 휨강도와 정착성능 검증

ϕM_n은 그림 10-34(c)에서 짙은 색으로 표시한 부분의 면적, 즉 x_o 내의 평균 계수전단력 $V_{u,\,avg}$와 x_o의 곱과 같다. 따라서 x_o는 ϕM_n을 $V_{u,\,avg}$로 나눈 값과 같으며, $V_{u,\,avg}$의 값을 V_u의 0.85배에 해당한다고 가정하면 0.85가 휨에 대한 강도감소계수 ϕ_f와 같으므로 다음과 같이 나타낼 수 있다.

$$x_o = \frac{\phi M_n}{V_{u,\,avg}} = \frac{\phi_f M_n}{\phi_f V_u} = \frac{M_n}{V_u} \tag{10·36}$$

이 결과는 앞의 첫 번째 접근법의 결과와 동일하다.

KDS 14 20 콘크리트구조 설계기준은 그림 10-34(a)와 같은 휨강도 성능 부족 현상이 발생하지 않도록 철근의 크기를 제한하는 규정을 두고 있다. 즉, 단순받침부과 정모멘트 변곡점에서 다음 식을 만족하도록 철근지름을 제한한다.

$$l_d \le \frac{M_n}{V_u} \tag{10·37}$$

압축반력, 즉 지반으로부터 직접 작용하는 반력이 지점부을 구속하는 경우에는 철근의 정착성능을 증가시키는 효과가 있다. 따라서 KDS 14 20 콘크리트구조 설계기준은 철근의 끝부분이 압축반력으로 눌려서 구속을 받는 경우 다음과 같이 M_n/V_u의 값을 30% 증가시킬 수 있도록 규정하고 있다.

$$l_d \le 1.3\frac{M_n}{V_u} \tag{10·38}$$

다만 그림 10-35의 (a)나 (b)와 같이 단순받침부의 중심선을 지나 절단되는 철근에서 표준갈고리 또는 그와 동등한 성능을 갖는 기계적 정착에 의해 정착되는 경우에는 위의 식 (10·37)이나 식 (10·38)을 만족하지 않아도 된다.

한편 [2]항에서 그림 10-32로 설명한 바와 같이 휨부재에서 전단력에 의한 인장철근의 응력 증가 현상이 나타나는데, 전단력이 큰 지점부에서 이 영향이 크게 나타난다. 이에 대한 고려 사항으로 KDS 14 20 콘크리트구조 설계기준은 그림 10-35(c)와 같이 직선철근으로 정착하는 경우 다음 식을 만족하도록 규정하고 있다.

$$\frac{V_u - 0.5(\phi V_s)}{M_n} \le \frac{l_a}{l_d(jd)} \tag{10·39}$$

여기서, l_a는 그림 10-35(c)에 나타낸 바와 같이 받침부 중심선을 지난 묻힘길이 또는 변곡점을 지난 묻힘길이이며, jd는 휨강도를 발휘할 때 단면에 작용하는 압축내력과 인장내력 사이의 팔길이이다. 이 식은 부착강도로 발현된 정착력이 작용 인장력보다 커야 한다는 다음 관계를 이용하여 유도된 것이다.

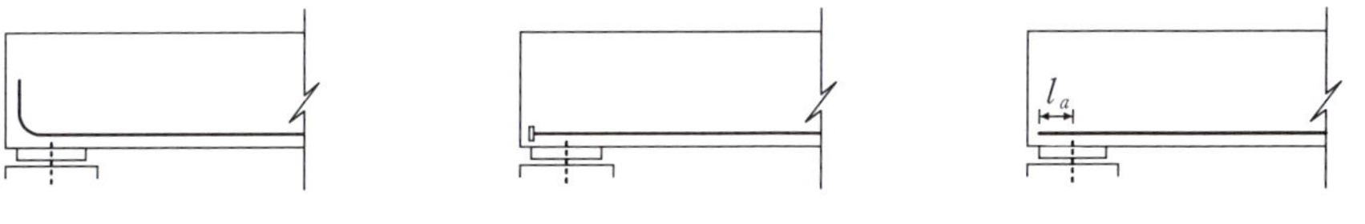

(a) 갈고리 철근의 정착　(b) 확대머리 철근의 정착　(c) 직선 철근의 정착

그림 10-35 단순받침부에서의 정모멘트 철근의 정착

$$V_u - 0.5(\phi V_s) \leq \frac{A_s f_y}{l_d} l_a \qquad (10 \cdot 40)$$

직선철근으로 정착시키는 경우 l_a의 길이가 얼마나 필요한지를 나타내는 소요묻힘길이 $l_{a,\,req}$는 식 (10 · 39)를 변환하여 다음과 같이 구할 수 있다.

$$l_{a,\,req} = l_d(jd)\frac{V_u - 0.5(\phi V_s)}{M_n} \qquad (10 \cdot 41)$$

이렇게 구한 소요길이 $l_{a,\,req}$ 이상의 길이로 그림 10-35(c)와 같이 배치하고자 할 때 단부 피복두께 부족 문제가 있으면, 그림 10-35의 (a)나 (b)와 같이 표준갈고리나 기계적 정착으로 정착시켜야 한다.

KDS 14 20 콘크리트구조 설계기준의 이와 같은 규정들은 홍성걸과 김대진의 제안[10.44]에 따른 것으로 ACI 318 Code의 규정과는 다른 내용이다.

[5] 중복되는 정착길이를 가진 경우의 설계휨강도

철근콘크리트는 부재에 인장철근 단면적을 변화시켜서 배치하기 위해 길이가 다른 철근들을 배치하다 보면 긴 철근과 짧은 철근의 정착길이가 중복되는 경우가 발생할 수 있다. 이런 경우 10.3.7절 [1]항에서 그림 10-31로 설명한 방법에 따라 각 철근의 끝에서 시작하는 휨강도 곡선을 구성하면 그림 10-36(a)와 같이 정착길이가 중복된 구간의 휨강도 곡선이 부적절하게 표현된다. 이 경우에는 그림 10-36(b)와 같이 정착길이가 중복된 구간의 시작과 끝에 수직선을 긋고 만나는 점들을 대각선으로 연결하면, 왼쪽 수직선을 밑면으로 한 두 삼각형은 높이가 같으므로 면적이 같다. 따라서 그림 10-36(b)에 점선으로 나타낸 대각선을 실선으로 표현하면 그림 10-36(c)와 같이 정착길이가 중복된 구간의 설계휨강도를 나타낸다. 이렇게 완성된 휨강도 곡선을 대상으로 최소연장길이 l_{ext}가 휨강도 곡선의 내부에 존재함을 검증한다.

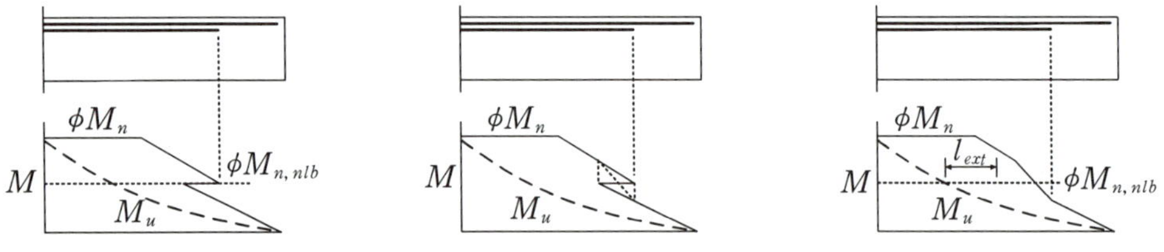

(a) 길이가 다른 철근의 휨성능 곡선 (b) 중복된 정착길이 구간 (c) 최종 휨성능 곡선

그림 10-36 중복되는 정착길이를 가진 경우의 휨성능 곡선

예제 10-5 그림 10-37과 같이 왼쪽 지점은 고정단 힌지로 거동하도록 벽체 위에 올려 있고 오른쪽 지점은 직각방향으로 배치된 거더와 일체로 시공된 단순보에 내민보가 연결된 보가 3.2m 간격으로 배치된 철근콘크리트 구조물의 인장철근 정착설계를 KDS 14 20 콘크리트구조 설계기준에 따라 수행하시오. T형 보 단면의 크기는 복부폭 b_w=400mm, 총 깊이 h=700mm, 유효깊이 d=600mm, 플랜지 두께 t_f=200mm이다. 콘크리트 설계기준압축강도 f_{ck}=30MPa이고 철근의 설계기준항복강도 f_y=400MPa이며, 전단철근으로는 D13 철근을 배치한다. 설계기준에 따른 최소피복두께는 40mm이다. 계수하중조합에 따라 구조해석을 수행한 결과로 얻은 계수휨모멘트 포락선과 계수전단력 포락선은 그림 10-37과 같다.

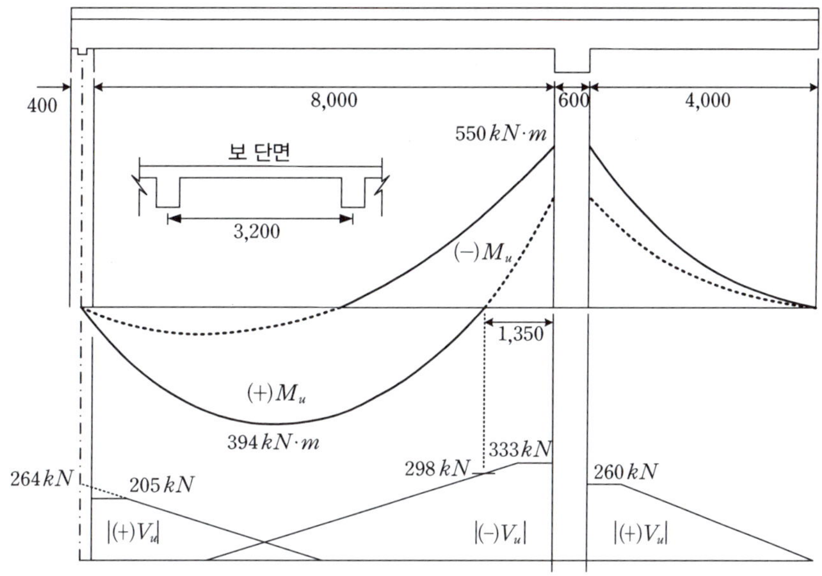

그림 10-37 예제 10-5 보의 계수휨모멘트와 계수전단력 분포

〈풀이〉

(1) 휨설계에 따른 인장철근 배치 단면의 선정

KDS 14 20 콘크리트구조 설계기준에 따라 설정한 T형 보의 유효폭 b_e는 2,000 mm이었고, 최대 계수정모멘트 394 $kN \cdot m$에 대한 휨설계로 인장철근 4-D25를 배치하기로 하였다. D13 전단철근 내에 인장철근 4-D25를 배치할 수 있는 최소 복부폭 $b_{w,\,min}$는 328 mm로 복부폭 400 mm 미만이므로 4-D25 철근 배치가 가능하다. 경제적인 설계를 위하여 인장철근의 일부를 절단한다면, 한 위치에서 50%까지 절단할 수 있으므로 2개를 절단하여 2-D25 철근이 배치된 단면이 가능하다. 복부 하단에 4-D25 인장철근을 배치한 단면과 2-D25 인장철근을 배치한 단면은 그림 10-38의 (a) 및 (b)와 같으며, 해당 단면의 철근단면적 A_s와 설계휨강도 ϕM_n은 표 10-7과 같다.

최대 계수부모멘트 550 $kN \cdot m$에 대한 휨설계로 인장철근 5-D29를 배치하기로 하였다. D13 전단철근 내에

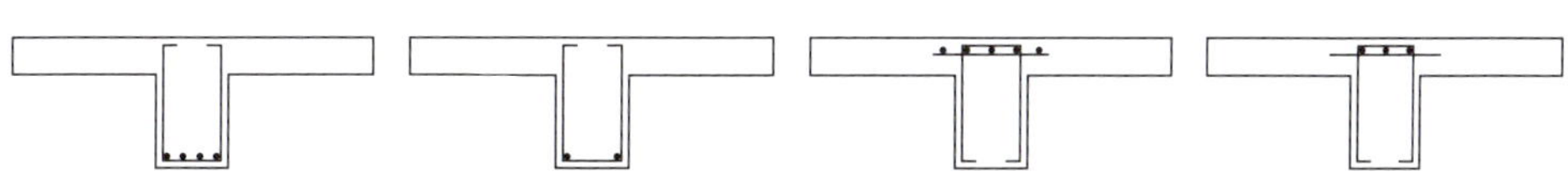

(a) 4-D25 (+)M_u 단면 (b) 2-D25 (+)M_u 단면 (c) 5-D29 (−)M_u 단면 (d) 3-D29 (−)M_u 단면

그림 10-38 인장철근 배치 단면

인장철근 5−D29를 배치할 수 있는 최소 복부폭 $b_{w,min}$는 385 mm로 복부폭 400 mm 미만이므로 전단철근 내부에 5−D29 철근 배치가 가능하다. 그러나 균열제어를 위하여 2−D29 철근은 복부 바깥쪽 플랜지에 배치하고 3−D29 철근은 전단철근 내부에 배치하기로 한다. 경제적인 설계를 위하여 인장철근의 일부를 절단한다면, 한 위치에서 50%까지 절단할 수 있으므로 2개를 절단하여 3−D29 철근이 배치된 단면이 가능하다. 이때 철근이 좌우 대칭이 되도록 플랜지에 배치된 2−D29 철근을 절단하기로 한다. 그렇지 않고 전단철근 내부의 3개 철근 중 2개를 절단하려면 중앙의 철근을 남겨두고 양쪽 2개를 절단하여야 하는데, 그렇게 되면 전단철근을 안정적으로 걸 수 있는 양쪽의 인장철근이 존재하지 않아 철근 조립이 어렵게 되기 때문이다. 단면 상단에 5−D29 인장철근을 배치한 단면과 3−D29 인장철근을 배치한 단면은 그림 10−38의 (c) 및 (d)와 같으며, 해당 단면의 철근단면적 A_s와 설계휨강도 ϕM_n은 표 10−7과 같다.

표 10−7 단면의 인장철근 단면적과 설계휨강도 및 최대 계수휨모멘트

구분	4−D25 (+)M_u 단면	2−D25 (+)M_u 단면	5−D29 (−)M_u 단면	3−D29 (−)M_u 단면
M_u	394kN·m	−	550kN·m	−
A_s	2,027mm^2	1,013mm^2	3,212mm^2	1,927mm^2
ϕM_n	408kN·m	205kN·m	586kN·m	368kN·m

(2) 전단설계에 따른 전단철근 배치와 설계전단강도

전단설계를 수행한 결과 D13 U형 전단철근을 300 mm와 200 mm 간격으로 배치하여 그림 10−39에 나타낸 설계전단강도 분포를 갖도록 한다. 이때 콘크리트에 의한 설계전단강도 ϕV_c, 전단철근 간격이 각각 300 mm와 200 mm일 때 전단철근에 의한 설계전단강도 $\phi V_{s,300}$과 $\phi V_{s,200}$은 다음과 같다.

$$\phi V_c = 164\,kN \qquad \phi V_{s,300} = 152\,kN \qquad \phi V_{s,200} = 228\,kN$$

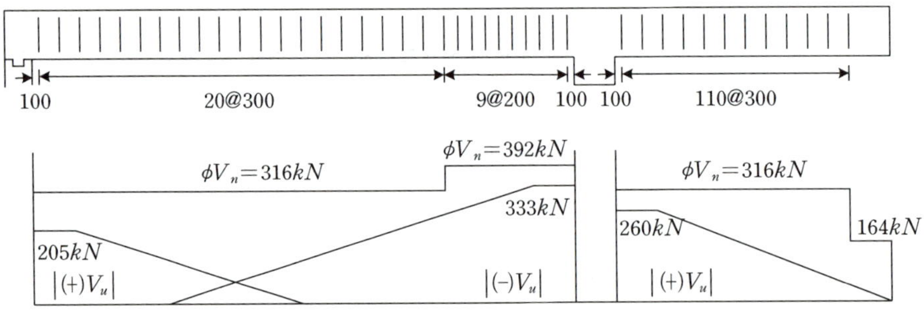

그림 10−39 전단철근 배치도와 설계전단강도 분포도

(3) 인장철근 절단위치 결정을 위한 최소연장길이

부모멘트 변곡점 외의 철근 절단부에 적용하는 최소연장길이 l_{ext}를 결정하기 위하여 D25 철근과 D29 철근 지름의 12배를 구하고 유효깊이 d와 비교하면

$$\text{D25}: 12\,d_b = 12\times25.4 = 305\,mm < d\,(= 600\,mm)$$

$$\text{D29}: 12\,d_b = 12\times28.6 = 343\,mm < d\,(= 600\,mm)$$

유효깊이 d가 더 크므로, D25 철근과 D29 철근에 대한 최소연장길이 l_{ext} 모두 다음과 같다.

$$l_{ext} = 600\,mm$$

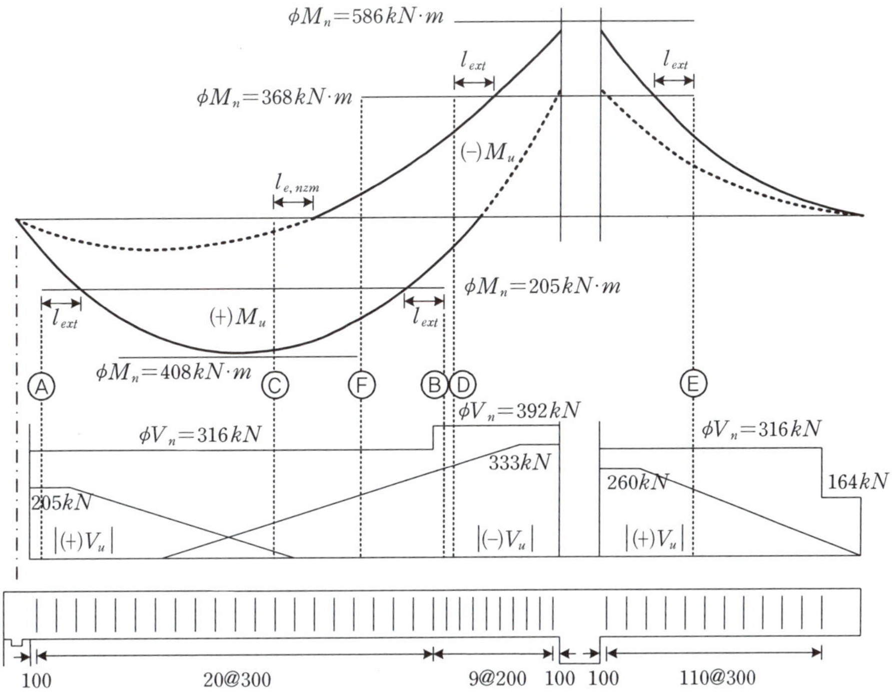

그림 10-40 최소연장길이 위치의 설계전단강도와 계수전단력

부모멘트 변곡점의 철근 절단부에 적용하는 최소연장길이는 철근 지름의 12배, 유효깊이, 순경간의 1/16 중 가장 큰 값이므로 순경간 l_n의 1/16을 구하면, 순경간이 8 m이므로

$$\frac{l_n}{16} = \frac{8{,}000}{16} = 500\ mm < d\ (= 600\ mm)$$

유효깊이 d가 더 크므로, 부모멘트 변곡점의 D29 철근에 대한 최소연장길이 $l_{e,nzm}$은 다음과 같다.

$$l_{e,nzm} = 600\ mm$$

설계휨강도와 최소연장길이는 그림 10-40과 같다.

(4) 정착길이

① 정모멘트 철근의 정착길이

정모멘트 인장철근은 상부철근이 아니고 도막되지 않은 철근이며 D25로 굵은 철근에 해당하므로, 철근배치 위치계수 α, 도막계수 β, 철근 또는 철선의 크기계수 γ는 모두 다음과 같이 1.0이다.

$$\alpha = 1.0 \qquad \beta = 1.0 \qquad \gamma = 1.0$$

정모멘트 철근을 왼쪽 지점 근처에서 2개를 절단하려면 그림 10-40의 Ⓐ 위치에서 절단할 수 있다. 그러나 Ⓐ 위치가 왼쪽 지점에 너무 가깝기 때문에 2개의 철근을 절단하는 것이 그다지 경제적이지 않으며 단순한 설계가 시공의 편의성을 높인다는 판단으로, 철근을 절단하지 않고 그림 10-41 (a)와 같이 철근 4개를 모두 왼쪽 지점까지 연장하기로 하였다. 모든 철근이 왼쪽 지점까지 연장되는 단면에서 철근의 간격과 콘크리트 표면까지의 거리는 그림 10-41 (b)와 같다. 그림 10-41의 단면 A–A에서 철근 중심부터 측면 표면까지의 거리 c_1은 78.5mm, 철근의 중심에서 하면 표면까지의 거리 c_2는 100 mm, 철근 중심간 거리는 81 mm이므로 그의 1/2인 c_3은 40.5 mm로, c_1, c_2, c_3는 다음과 같다.

$c_1 = 78.5\ mm \qquad c_2 = 100\ mm \qquad c_3 = 40.5\ mm$

따라서 c는 세 값 중 가장 작은 값인 c_3로 다음과 같다.

$$c = 40.5\ mm$$

D13 U형 수직전단철근이므로 한 단면에서 두 개의 D13 철근이 저항하는 횡구속 철근의 단면적은

$$A_{tr} = 253\ mm^2$$

그림 10-40의 Ⓐ 위치는 횡구속 철근인 전단철근의 간격이 300 mm인 위치이고 정착되는 철근의 수가 4개이므로, K_{tr}을 계산하면

$$K_{tr} = \frac{40\ A_{tr}}{sn} = \frac{40 \times 253}{300 \times 4} = 8.43\ mm$$

$(c+K_{tr})/d_b$의 값을 계산하면

$$\frac{c+K_{tr}}{d_b} = \frac{40.5+8.43}{25.4} = 1.93 < 2.5$$

이 값 1.93은 최대허용값 2.5 미만이므로, $(c+K_{tr})/d_b$로 1.93을 적용한다. 이제 왼쪽 지점에 정착되는 철근의 정착길이를 구하면

$$l_d = \frac{0.90\ d_b f_y}{\lambda \sqrt{f_{ck}}} \frac{\alpha\beta\gamma}{\left(\dfrac{c+K_{tr}}{d_b}\right)} = \frac{0.90 \times 25.4 \times 400}{1.0\sqrt{30}} = \frac{1.0 \times 1.0 \times 1.0}{1.93} = 865\ mm$$

정모멘트 철근을 오른쪽 지점 근처에서 2개를 절단할 때 인장구역에서의 인장철근 절단 조건을 만족한다면 그림 10-40의 Ⓑ 위치에서 절단할 수 있다. 이때는 그림 10-40(a)의 단면 B-B인 위치에서 내측 철근 2개를 절단하는데, 절단되는 내측 철근의 간격과 콘크리트 표면까지의 거리는 그림 10-41(c)와 같다. 단면 B-B에서 정착되지 않고 지나가는 철근은 그림 10-41(c)에 점선으로 표현되어 있다. 그림 10-40의 Ⓑ 위치는 전단철근의 간격이 200 mm인 위치이지만, 정착길이 구간 내에는 전단철근의 간격이 300 mm인 위치도 포함될 것이므로 300 mm 간격으로 정착길이를 계산한다. 이 계산결과는 표 10-8에 나타나 있다.

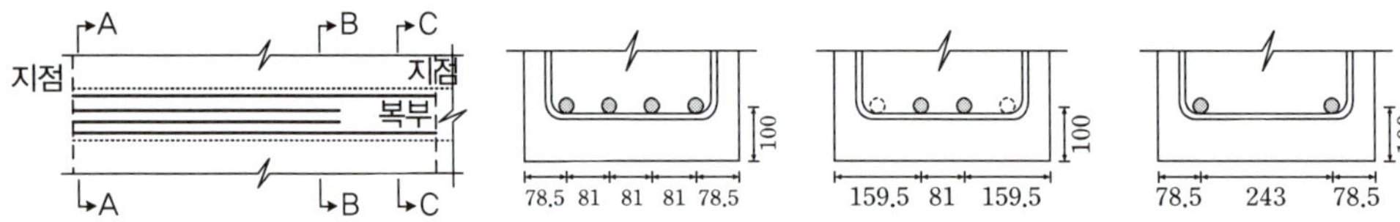

(a) 정모멘트 철근 배치 (b) 단면 A-A (c) 단면 B-B (d) 단면 C-C

그림 10-41 정모멘트 철근 배치와 정착되는 철근의 간격 및 표면까지의 최단거리

표 10-8 정모멘트 철근의 정착길이 계산 과정과 결과

위치	철근	α	c_1 (mm)	c_2 (mm)	c_3 (mm)	c (mm)	s (mm)	n	K_{tr} (mm)	$\frac{c+K_{tr}}{d_b}$ 계산 값	$\frac{c+K_{tr}}{d_b}$ 적용 값	l_d (mm)
왼쪽 지점부	4-D25	1.0	78.5	100	40.5	40.5	300	4	8.43	1.93	1.93	865
Ⓑ 위치	내측 2-D25	1.0	159.5	100	40.5	40.5	300	2	16.87	2.26	2.26	739
오른쪽 지점부	외측 2-D25	1.0	78.5	100	121.5	78.5	200	2	25.3	4.09	2.5	668

오른쪽 지점에는 그림 10-41(a)와 같이 2개의 정모멘트 철근이 연장되어 단면 C-C는 그림 10-41(d)와 같다. 이 철근들은 설계기준에 따라 받침부 내에 150 mm를 연장하기로 한다. 이 철근의 정착길이 구간은 전단철근의 간격이 200 mm인 위치일 것이므로 200 mm 간격으로 정착길이를 계산한 후 전단철근의 간격이 300 mm인 구간도 포함되는지 추후에 확인한다. 이 계산결과는 표 10-8에 나타나 있다.

② 부모멘트 철근의 정착길이

부모멘트 인장철근은 도막되지 않은 철근이며 D29로 굵은 철근에 해당하므로, 도막계수 β와 철근 또는 철선의 크기계수 γ는 모두 다음과 같이 1.0이다.

$$\beta = 1.0 \qquad \gamma = 1.0$$

부모멘트 철근은 단면의 상부에 배치되므로 상부철근으로 볼 수 있지만 플랜지에 배치되는 철근은 상부철근으로의 적용 여부는 단면을 검토하여 결정하기로 한다.

부모멘트 철근 2개를 짧은 철근으로 절단한다면 3개의 긴 철근은 그림 10-40의 Ⓒ 위치에서 절단할 수 있다. 이때는 그림 10-42(a)의 단면 D-D로 복부 내에 배치된 3개의 긴 내측 부모멘트 철근을 전단철근 내부에서 가능한 넓게 분포시키면 철근의 간격과 콘크리트 표면까지의 거리가 그림 10-42(b)와 같다. 이 철근들이 정착될 그림 10-40의 Ⓒ 위치는 간격이 300 mm인 전단철근으로 횡구속되어 있으므로, 그림 10-42(b)의 철근 배치도를 대상으로 횡구속 효과를 고려하여 정착길이를 계산한다. 긴 내측 부모멘트 철근의 정착길이 계산결과는 표 10-9에 나타나 있다.

인장구역에서의 인장철근 절단 조건을 만족한다면 짧은 외측 부모멘트 철근은 그림 10-40의 Ⓓ 위치와 Ⓔ 위치에서 절단할 수 있다. 이때는 그림 10-42(a)의 단면 E-E로, 플랜지에 배치된 짧은 외측 부모멘트 철근의 간격과 콘크리트 표면까지의 거리는 그림 10-42(c)와 같다. 그림 10-42(c)에 나타난 바와 같이 짧은 외측 부모멘트 철근은 플랜지 부분에 배치되어 상부철근으로 볼 수 없고, 전단철근 외부에 배치되어 횡구속 효과도 기대할 수 없다. 짧은 외측 부모멘트 철근의 정착길이 계산결과는 표 10-9에 나타나 있다.

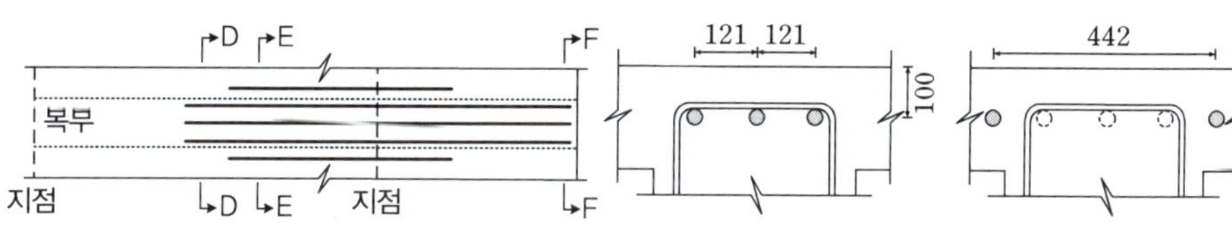

(a) 부모멘트 철근 배치 (b) 단면 D-D (c) 단면 E-E

그림 10-42 부모멘트 철근 배치와 정착되는 철근의 간격 및 표면까지의 최단거리

표 10-9 부모멘트 철근의 정착길이 계산 과정과 결과

위치	철근	α	c_1 (mm)	c_2 (mm)	c_3 (mm)	c (mm)	s (mm)	n	K_{tr} (mm)	$\frac{c+K_{tr}}{d_b}$ 계산 값	$\frac{c+K_{tr}}{d_b}$ 적용 값	l_d (mm)
왼쪽 변곡점	내측 3-D29	1.3	–	100	60.5	60.5	300	3	11.24	2.51	2.5	977
Ⓓ와 Ⓔ 위치	외측 2-D29	1.0	–	100	221	100	–	–	0	3.50	2.5	752

③ 캔틸레버 단부 갈고리 철근의 정착길이

캔틸레버 단부는 그림 10-42(a)의 단면 F-F로, 긴 내측 부모멘트 철근을 캔틸레버 단부에서 90° 표준갈고리로 정착시키기로 하고 부재 두께가 90° 표준갈고리를 사용할 수 있는 정도로 충분한지 검증한다. D29 철근의 구부림 최소 내면 반지름이 철근지름의 4배이므로 철근 중심으로 측정한 최소 구부림 반지름은 철근지름의 4.5배이고, 구부린 후 철근지름의 12배를 연장하여야 한다. 따라서 D29 철근의 중심에서 수직방향으로 내린 최소 소요길이 $req'd\ l_v$를 구하면

$$req'd\ l_v = 4.5\ d_b + 12\ d_b = 16.5\ d_b = 16.5 \times 28.6 = 472\ mm$$

따라서 철근의 중심에서 수직방향으로 내린 길이 l_v를 다음과 같이 480 mm로 하여도, 그림 10-43(a)와 같이 갈고리 철근 끝의 피복두께가 120 mm로 충분히 전단철근 내부에 90° 갈고리가 위치하므로 90° 표준갈고리를 사용할 수 있다. 갈고리 연장길이 부분의 단부 피복두께는 그림 10-43(b)에 나타낸 바와 같이 60 mm로 한다.

이제 90° 표준갈고리의 기본정착길이 l_{hb}를 구하면, 철근이 도막되지 않은 철근이고 콘크리트가 보통중량콘크리트이므로

$$l_{hb} = \frac{0.24\ \beta d_b f_y}{\lambda \sqrt{f_{ck}}} = \frac{0.24 \times 1.0 \times 28.6 \times 400}{1.0 \times \sqrt{30}} = 501\ mm$$

보정계수 0.7의 적용 가능성을 판단하기 위해서 표 10-3에 따라 측면피복두께와 갈고리 연장길이 부분의 단부 피복두께를 검토하면, 이 단면은 단부 피복두께가 60 mm로 50 mm 이상이어야 하는 조건을 만족하지만 측면피복두께가 그림 10-43(a)에 나타난 바와 같이 64.7 mm로 70 mm 이상이어야 하는 조건을 만족하지 못하므로 보정계수 0.7을 적용할 수 없다. 따라서 초과철근에 대한 보정계수를 적용하지 않고 갈고리의 정착길이 l_{dh}를 결정하면

$$l_{dh} = \psi_{hb}\ l_{hb} = 1.0 \times 501 = 501\ mm$$

한편 그림 10-19로 설명한 콘크리트 피복두께에 관한 추가 요구조건은 측면 피복두께가 70 mm 미만이고 동시에 갈고리 철근 직선부의 상부 또는 하부의 피복두께가 70 mm 미만인 표준갈고리 철근에는 정착길이 l_{dh} 구간에 $3d_b$ 이하 간격으로 띠철근이나 스터럽으로 갈고리 철근을 둘러싸야 하며, 이때 첫 번째 횡구속 철근은 갈고리 구부러진 부분 바깥 면부터 $2d_b$ 이내에서 갈고리의 구부러진 부분을 둘러싸야 한다는 것이다. 이 예제 단면의 경우는 그림 10-43(a)에 나타난 바와 같이 상부의 피복두께는 100 mm로 70 mm를 초과하지만 측면 피복두께가 64.7 mm로 70 mm 미만이다. 따라서 횡구속 철근을 정착길이 구간에 배치하여야 하는데, 이때의 최대간격은 다음과 같이 철근지름의 3배이다.

$$3\,d_b = 3 \times 28.6 = 86\ mm$$

캔틸레버 단부에 가장 가까이 배치된 전단철근의 위치를 고려하여 그림 10-43(b)와 같이 70 mm 간격으로 7개의 스터럽을 배치하면, 단부에서 가장 가까이 배치된 스터럽의 중심은 갈고리 구부러진 부분 바깥 면부터 50 mm 떨어진 위치가 되어 다음과 같이 철근지름의 2배, 즉 57 mm 이하이어야 한다는 규정을 만족하게 된다.

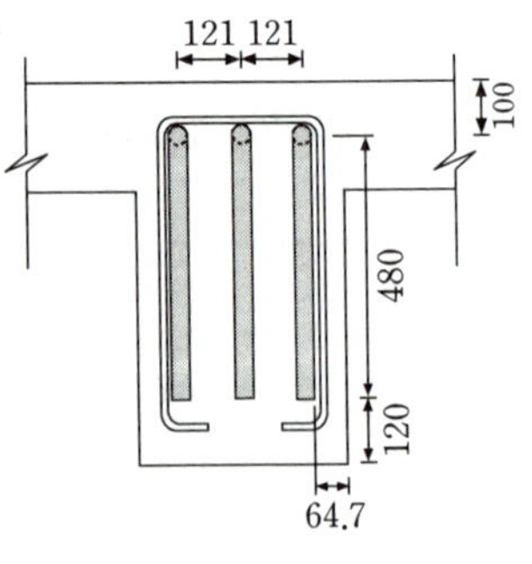

(a) 단면 F-F

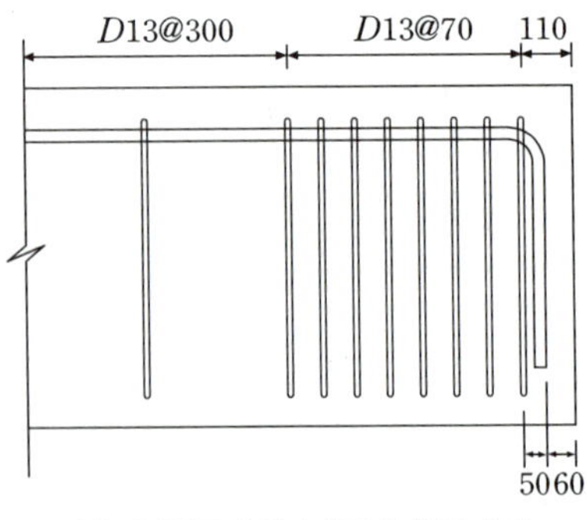

(b) 전단철근과 추가 횡구속 철근 배치

그림 10-43 캔틸레버 단부의 부모멘트 갈고리 철근 배치

(5) 경제적인 설계를 위한 복부내의 부모멘트 철근 재배치와 정착길이 재 산정

90° 표준갈고리의 측면 피복두께 부족으로 그림 10-43(b)와 같이 7개의 횡구속 철근을 추가로 배치하는 것은 경제적인 설계가 될 수 없다는 판단으로, 복부내의 3-D29 부모멘트 철근의 위치를 조정하기로 한다. 즉 복부 내에 배치된 긴 내측 부모멘트 철근을 전단철근 내부에서 가능한 넓게 분포시키지 말고 가운데 철근과 양쪽에 배치되는 철근 사이의 간격을 줄여서 측면 피복두께가 70 mm 이상이 되도록 하는 것이다. 이렇게 하면 갈고리 철근의 정착길이가 감소되고 추가의 횡구속 철근도 배치하지 않아도 된다. 이런 경우는 물론 그림 10-42(a)의 단면 D-D 직선부분의 정착길이가 증가할 수 있지만 철근 절단위치에는 영향을 주지 않을 것이다.

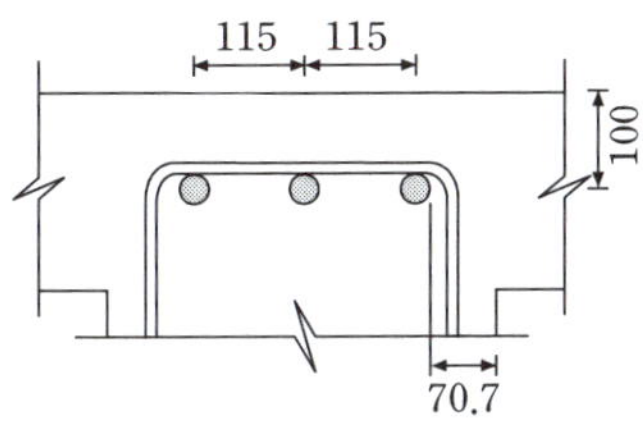

(a) 단면 D-D

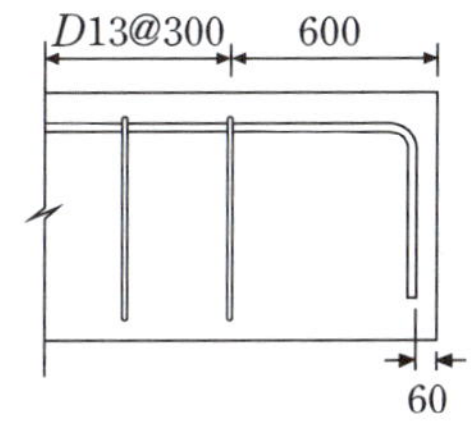

(b) 추가 횡구속 철근이 배치되지 않은 단부

그림 10-44 캔틸레버 단부 부모멘트 갈고리 철근의 수정 배치

따라서 복부 내의 양쪽 부모멘트 철근을 중앙으로 6 mm 이동시켜서, 그림 10-44(a)와 같이 철근 간격 115 mm로 배치함으로써 측면 피복두께를 70.7 mm가 되도록 한다. 이렇게 측면 피복두께가 70 mm 이상이 되도록 배치하면 그림 10-44(b)와 같이 추가 횡구속 철근 7개를 배치하지 않아도 된다. 또한 측면 피복두께가 70 mm 이상이고 단부 피복두께가 50 mm 이상이므로 보정계수 0.7을 적용할 수 있다. 따라서 초과 철근에 대한 보정계수를 적용하지 않고 갈고리의 정착길이 l_{dh}를 결정하면

$$l_{dh} = \psi_{hb}\, l_{hb} = 0.7\times501 = 351\ mm$$

또 복부내의 3-D29 부모멘트 철근의 정착길이도 다시 계산하여야 한다. 철근 중심간 거리가 115 mm이므로 그의 1/2인 c_3은 57.5 mm가 되어, c는 다음과 같이 c_3와 같은 값이 된다.

$$c = 57.5\ mm$$

K_{tr}의 값이 11.24이므로 $(c+K_{tr})/d_b$의 값을 다시 계산하면

$$\frac{c+K_{tr}}{d_b} = \frac{57.5+11.24}{28.6} = 2.40 < 2.5$$

2.40을 적용하여 그림 10-42(a)와 그림 10-44(a)의 단면 D-D에 대한 철근의 정착길이를 구하면

$$l_d = \frac{0.90\, d_b f_y}{\lambda\sqrt{f_{ck}}}\ \frac{\alpha\beta\gamma}{\left(\dfrac{c+K_{tr}}{d_b}\right)} = \frac{0.90\times28.6\times400}{1.0\sqrt{30}}\times\frac{1.3\times1.0\times1.0}{2.40} = 1{,}018\ mm$$

모든 철근의 정착길이를 다시 정리하면 표 10-10과 같다.

표 10-10 인장철근의 최종 정착길이

구분	정모멘트 철근			부모멘트 철근		
위치	왼쪽 지점부	Ⓑ 위치	오른쪽 지점부	왼쪽 변곡점	Ⓓ와 Ⓔ 위치	단부 갈고리
철근	4-D25	내측 2-D25	외측 2-D25	내측 3-D29	외측 2-D29	내측 3-D29
정착길이(정밀식)	865mm	739mm	668mm	1,018mm	752mm	351mm
정착길이(간편식)	1,113mm			1,629mm		

이 예제에서는 정밀식을 적용하여 정착길이를 결정하였고, 간편식을 적용한 정착길이의 계산과정은 수록하지 않았으나 표 10-10의 마지막 행에 간편식에 따른 정착길이 계산결과를 나타내었다. 표에 나타난 바와 같이, 정밀식에 따른 정착길이는 정모멘트 직선철근의 경우 세 위치에, 갈고리 철근을 제외한 부모멘트 직선철근의 경우 두 위치에 각기 다른 정착길이를 갖는 것으로 계산되었다. 그러나 간편식에 따른 정착길이는 정모멘트 철근과 부모멘트 철근에 대하여 각각 하나의 값으로 계산되며, 정밀식에 따른 정착길이에 비하여 매우 긴 길이로 계산된다는 것을 알 수 있다.

(6) 철근 절단 위치의 결정

① 왼쪽 지점부 정모멘트 철근의 절단 위치

(4)의 ①항에서 설명한대로 그림 10-41(a)와 같이 D25 철근 4개를 모두 왼쪽 지점 내부에서 절단한다.

② 오른쪽 지점부 긴 외측 2-D25 정모멘트 철근의 절단 위치

(4)의 ①항에서 설명한대로 그림 10-41(a)와 같이 긴 외측 2-D25 정모멘트 철근을 오른쪽 받침부 내에 150 mm를 연장하고 절단한다.

③ 단순경간 오른쪽 지점부 부근 짧은 내측 2-D25 정모멘트 철근의 절단 위치

(4)의 ①항에서 설명한 바와 같이 짧은 내측 2-D25 정모멘트 철근을 그림 10-40의 Ⓑ 위치에서 절단하기로 했지만, Ⓑ 위치는 정모멘트가 작용하는 구간 내에 있으므로 인장구역에 해당한다. 따라서 인장구역 내의 철근절단 조건을 만족하는지 확인하여야 한다. 그림 10-40의 설계전단강도 분포도에서 Ⓑ 위치의 설계전단강도 ϕV_n은 392 kN, 계수전단력 V_u는 260 kN으로 확인되었다. 이제 표 10-6의 첫 번째 조건의 만족여부를 확인하면

$$\frac{2}{3}(\phi V_n) = \frac{2}{3}\times 392 = 261\,kN > V_u\,(=260\,kN)$$

조건을 만족하여 인장구역 내의 철근절단이 가능하므로, 짧은 내측 2-D25 정모멘트 철근을 그림 10-40의 Ⓑ 위치에서 절단할 것을 확정한다.

④ 단순경간 중앙부 부근 긴 내측 3-D29 부모멘트 철근의 절단 위치

(4)의 ②항에서 설명한 바와 같이 긴 내측 3-D29 부모멘트 철근은 그림 10-40의 Ⓒ 위치에서 절단한다.

⑤ 단순경간 오른쪽 지점부 부근 짧은 외측 2-D29 부모멘트 철근의 절단 위치

(4)의 ②항에서 설명한 바와 같이 단순경간 오른쪽 지점부 부근 짧은 외측 2-D29 부모멘트 철근을 그림 10-40의 Ⓓ 위치에서 절단하기로 했지만, Ⓓ 위치는 부모멘트가 작용하는 구간 내에 있으므로 인장구역에 해당한다. 따라서 인장구역 내의 철근절단 조건을 만족하는지 확인하여야 한다. 그림 10-40의 설계전단강도 분포도에서 Ⓓ 위치의 설계전단강도 ϕV_n은 392 kN, 계수전단력 V_u는 272 kN으로 확인되었다. 이제 표 10-6의 첫 번째 조건의 만족여부를 확인하면

$$\frac{2}{3}(\phi V_n) = \frac{2}{3}\times 392 = 261\,kN < V_u\,(=272\,kN)$$

첫 번째 조건을 만족하지 못하므로 두 번째 조건의 만족여부를 확인한다. 그림 10-40의 설계휨강도 분포도에서 Ⓓ 위치의 설계휨강도 ϕM_n은 368 $kN\cdot m$, 계수휨모멘트 M_u는 262 $kN\cdot m$로 확인되었다. 이제 표 10-6의 두 번째 조건의 만족여부를 확인하면

$$\frac{3}{4}(\phi V_n) = \frac{3}{4}\times 392 = 294\,kN > V_u\,(=272\,kN)$$

$$\frac{1}{2}(\phi M_n) = \frac{1}{2}\times 368 = 184\,kN\cdot m < M_u\,(=262\,kN\cdot m)$$

따라서 두 번째 조건도 만족하지 못한다. 세 번째 조건은 횡구속 철근을 보강하는 방법인데, 이 방법보다는 첫 번째 조건을 만족하는 위치까지 철근을 연장시키는 것이 경제성과 시공성에 더 유리하다고 판단하였다. 그 위치는 위의 ③항에서 검토한 Ⓑ 위치인데, 이 위치에서 부모멘트 철근을 절단한다면 정모멘트 철근과

부모멘트 철근이 동일한 위치에서 절단하게 되므로 구조적으로 바람직하지 않다고 판단하였다. 따라서 좀 더 철근을 연장하여 그림 10-40의 Ⓕ 위치에 대해 검토한다. 그림 10-40의 설계전단강도 분포도에서 Ⓕ 위치의 설계전단강도 ϕV_n은 316 kN, 계수전단력 V_u는 180 kN으로 확인되었다. 이제 표 10-6의 첫 번째 조건의 만족여부를 확인하면

$$\frac{2}{3}(\phi V_n) = \frac{2}{3}\times 316 = 211\,kN > V_u\,(=180\,kN)$$

조건을 만족하여 인장구역 내의 철근절단이 가능하므로 짧은 외측 2-D29 부모멘트 철근을 그림 10-40의 Ⓕ 위치에서 절단한다.

⑥ 캔틸레버 중앙부 부근 짧은 외측 2-D29 부모멘트 철근의 절단 위치

(4)의 ②항에서 설명한 바와 같이 캔틸레버 중앙부 부근 짧은 외측 2-D29 부모멘트 철근을 그림 10-40의 Ⓔ 위치에서 절단하기로 했지만, Ⓔ 위치는 부모멘트가 작용하는 구간 내에 있으므로 인장구역에 해당한다. 따라서 인장구역 내의 철근절단 조건을 만족하는지 확인하여야 한다. 그림 10-40의 설계전단강도 분포도에서 Ⓔ 위치의 설계전단강도 ϕV_n은 316 kN, 계수전단력 V_u는 198 kN으로 확인되었다. 이제 표 10-6의 첫 번째 조건의 만족여부를 확인하면

$$\frac{2}{3}(\phi V_n) = \frac{2}{3}\times 316 = 211\,kN > V_u\,(=198\,kN)$$

조건을 만족하여 인장구역 내의 철근절단이 가능하므로, 짧은 외측 2-D29 부모멘트 철근을 그림 10-40의 Ⓔ 위치에서 절단할 것을 확정한다.

(7) 단순받침부과 정모멘트 변곡점에서의 정착성능 검증

① 왼쪽 받침부의 정착성능

왼쪽 받침부에 정착되는 정모멘트 철근을 갈고리나 기계적 정착장치를 사용하지 않고 직선으로 정착시키는 것이 가장 경제적이므로, 직선철근으로 정착시키기 위한 두 가지 조건을 검증한다.

첫 번째는 철근 크기에 대한 검증으로 식 (10·38)의 만족 여부를 확인하여야 한다. 왼쪽 받침부는 압축반력으로 구속되어 있고 왼쪽 받침부 중심에서의 계수전단력 V_u는 그림 10-37에 나타난 바와 같이 264 kN, 왼쪽 받침부에 정착되는 4-D25 철근에 의한 설계휨강도 ϕM_n는 표 10-7에 나타난 바와 같이 408 $kN\cdot m$, 정착길이 l_d는 표 10-10에 나타난 바와 같이 865 mm이므로

$$1.3\frac{M_n}{V_u} = 1.3\frac{\phi M_n/\phi_f}{V_u} = 1.3\times\frac{408/0.85}{264}\times(10)^3 = 2{,}364\,mm > l_d\,(=865\,mm)$$

조건을 만족하므로, 철근의 크기가 적절히게 선정되었음이 검증되었다.

두 번째는 묻힘길이에 대한 검증으로 식 (10·39)의 만족 여부를 확인하여야 한다. 이때 받침부 중심선을 지난 묻힘길이 l_a의 길이를 아직 선정하지 않았으므로, 식 (10·41)에 따라 소요묻힘길이 $l_{a,\,req}$를 구한다. 왼쪽 받침부의 폭이 400 mm이므로 받침부 중심선에서 부재 단부까지가 200 mm이고, 여기에서 피복두께 60 mm를 제하면 140 mm까지의 묻힘길이를 수용할 수 있다. (2)항의 휨설계에서 4-D25 정모멘트 단면의 휨강도해석 과정 중에서 중립축의 깊이 c가 19.87 mm이었으므로, 압축내력과 인장내력 사이의 팔길이 jd는 $(d-\beta c)$로 계산하여 592 mm이었다. 또 (2)항의 전단설계에서 전단철근 간격이 300 mm일 때 전단철근에 의한 설계전단강도 ϕV_s가 152 kN이었다. 이에 따라 소요묻힘길이 $l_{a,\,req}$를 구하면

$$l_{a,\,req} = l_d(jd)\,\frac{V_u-0.5(\phi V_s)}{M_n} = 865\times592\times\frac{264-0.5\times152}{(408/085)\times10^3} = 201\,mm > 140\,mm$$

수용할 수 있는 묻힘길이보다 소요묻힘길이가 더 길어서 직선철근 정착이 불가능하다. 따라서 받침부의 중심선을 지나서 표준갈고리 또는 기계적 정착장치로 정착시켜야 하는데, 표준갈고리로 가공하는 것이 더 간편하다는 판단으로 표준갈고리로 구부려 정착시키기로 한다.

② 정모멘트 변곡점에서의 정착성능

첫 번째 검증으로 식 (10·37)의 만족 여부를 확인한다. 정모멘트 변곡점에서의 계수전단력 V_u는 그림 10-37에 나타난 바와 같이 298 kN, 오른쪽 받침부에 정착되는 2-D25 철근에 의한 설계휨강도 ϕM_n는 표 10-7에 나타난 바와 같이 205 $kN \cdot m$, 정착길이 l_d는 표 10-10에 나타난 바와 같이 668 mm이므로

$$\frac{M_n}{V_u} = \frac{\phi M_n/\phi_f}{V_u} = \frac{205/0.85}{298} \times (10)^3 = 809\ mm > l_d\ (= 668\ mm)$$

조건을 만족하므로, 철근의 크기가 적절하게 선정되었음이 검증되었다.

두 번째 검증으로 식 (10·39)의 만족 여부를 확인한다. 그림 10-37에 나타난 바와 같이 정모멘트 변곡점에서 오른쪽 받침부 표면까지의 거리가 1,350 mm이고 오른쪽 받침부 내에 150 mm를 연장하기로 했으므로, 정모멘트 변곡점에서의 묻힘길이 l_a를 구하면

$$l_a = 1{,}350 + 150 = 1{,}500\ mm$$

(2)항의 휨설계에서 2-D25 정모멘트 단면의 휨강도해석 과정 중에서 중립축의 깊이 c가 9.93 mm이었으므로, 압축내력과 인장내력 사이의 팔길이 jd는 $(d-\beta c)$로 계산하여 596 mm이었다. 정모멘트 변곡점 위치에서 전단철근 간격은 200 mm이고, (2)항의 전단설계에서 전단철근 간격이 200 mm일 때 전단철근에 의한 설계전단강도 ϕV_s가 228 kN이었다. 이제 식 (10·39)의 양쪽 항을 계산하고 비교하면

$$\frac{V_u - 0.5(\phi V_s)}{M_n} = \frac{298 - 0.5 \times 228}{205/0.85} = 0.763\ [1/m]$$

$$\frac{l_a}{l_d(jd)} = \frac{1{,}500}{668 \times 596} \times 10^3 = 3.768\ [1/m]$$

$$\frac{V_u - 0.5(\phi V_s)}{M_n}\ (= 0.763\ [1/m]) < \frac{l_a}{l_d(jd)}\ (= 3.768\ [1/m])$$

조건을 만족하므로 정모멘트 변곡점에서의 정착성능이 검증되었다.

(8) 휨 성능곡선과 철근 배치도

설계결과에 따른 휨 성능곡선과 철근 배치도는 그림 10-45와 같다.

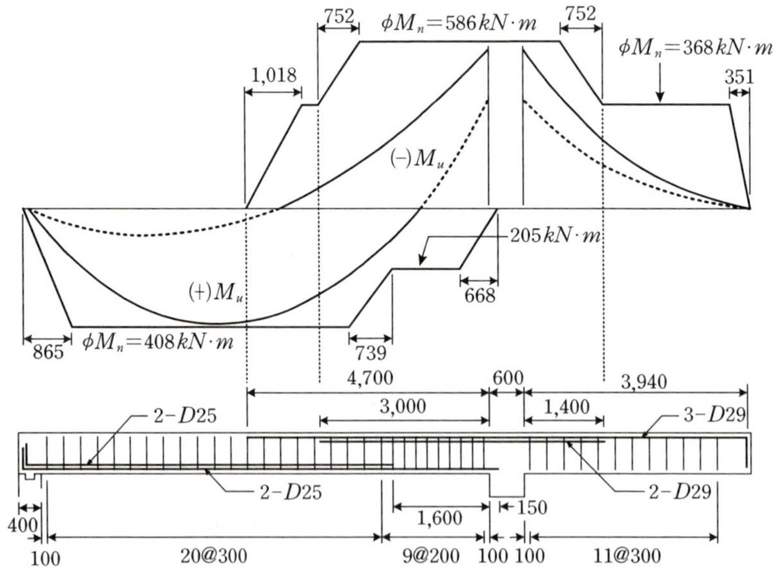

그림 10-45 예제 10-5 보의 휨 성능곡선과 철근 배치도

10.3.8 콘크리트구조 설계기준에 따른 복부철근의 정착 설계검증

복부철근은 부재 축의 직각방향으로 복부에 배치되는 철근으로 전단철근을 말한다. 전단철근, 즉 스터럽(stirrup)은 단면의 복부피복두께 요구조건과 다른 철근과 간격이 허용하는 한 부재의 압축면과 인장면 가까이까지 연장하여야 한다. 이것은 7장 7.2.4절에서 그림 7-25로 설명한 바와 같이 극한하중에 근접하면 사인장 균열이 인장연단에서 압축연단에 가까운 위치까지 광범위하게 진전되기 때문이다. 스터럽의 정착방법으로는 직선철근에 의한 정착을 허용하지 않으므로, 7장 7.2.4절 그림 7-26에 나타낸 폐합(폐쇄) 스터럽이나 표준갈고리를 가진 스터럽 또는 용접철망에 의한 정착을 적용하여야 한다.

갈고리의 형태로는 135° 갈고리가 정착성능에 더 효과적이지만 90° 표준 갈고리를 사용할 수도 있다. 일반적으로 종방향 철근을 둘러싸는 표준갈고리를 가진 D16 이하 철근이나 지름 16 *mm* 이하 철선으로 구성된 스터럽은 정착성능에 문제가 발생하지 않으므로 특별한 검증 없이 사용해도 된다. 그러나 D19 이상의 굵은 철근으로 구성되는 스터럽은 종방향 철근을 둘러싸는 표준갈고리를 갖더라도 정착길이 검증이 필요하다. 즉, 그림 10-4(a)와 같이 부재의 중간 깊이에서 갈고리 단부의 바깥까지의 문힘길이가 다음의 전단철근 정착길이 l_{dstr} 이상이어야 한다.

$$l_{dstr} = \frac{0.17\, d_b f_y}{\sqrt{f_{ck}}} \tag{10 · 42}$$

용접철망으로 구성되는 스터럽은 KDS 14 20 콘크리트구조 설계기준의 규정에 따른 상세를 가져야 한다. 그림 10-46(b)는 그 한 예를 나타낸 것이며, 그 외의 적용 가능한 상세도 규정되어 있다. 연속된 하나의 철근으로 스터럽을 구성하지 않고 두 개의 U형 스터럽으로 폐합(폐쇄) 스터럽을 구성할 때는 그림 10-46(c)와 같이 1.3 l_d 이상의 겹침이음길이를 갖도록 하여야 한다. 이것은 기둥에 배치되는 폐합(폐쇄)형태의 띠철근에도 동일하게 적용된다. 그림 10-46(c)에서 겹침이음 된 두 철근 사이의 '0' 표시는 두 철근의 간격이 0라는 뜻으로, 같은 단면 위치에 배치된 것임을 나타내는 것이다.

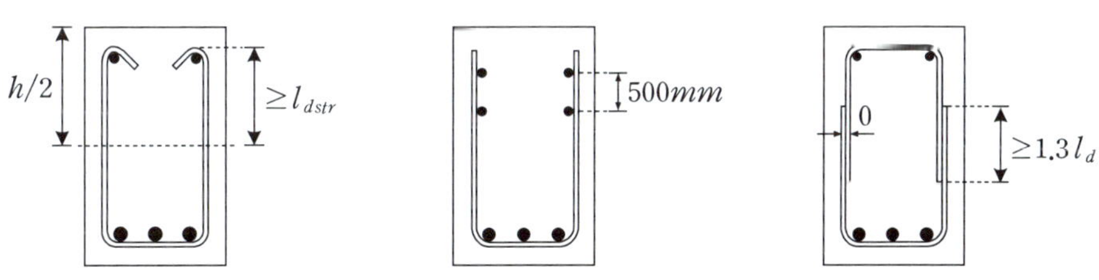

(a) D19 이상 스터럽 (b) 용접원형철망 스터럽 (c) 스터럽의 겹침이음

그림 10-46 스터럽의 정착과 이음

10.4 콘크리트구조 설계기준(강도설계법)에 따른 철근 이음 설계검증

철근을 연결하는 이음방법으로는 10.2절에서 그림 10-12로 소개한 바와 같이 겹침이음(lap splice), 기계적이음(mechanical splice), 용접이음(welded splice)의 세 가지를 적용할 수 있다. 이 절에서는 KDS 14 20 콘크리트구조 설계기준[10.6]의 이형철근 및 이형철선 이음 규정을 소개한다. 용접철망도 이음이 필요한데, 용접철망의 이음은 KDS 14 20의 해당 규정에 따라 시행하여야 한다. 기둥 축방향 철근의 겹침이음에 대해서는 인장 겹침이음과 압축 겹침이음에 대한 규정과 함께 KDS 14 20의 기둥 철근이음에 관한 특별 규정도 적용할 수 있다.

10.4.1 콘크리트구조 설계기준에 따른 인장철근 이음의 기본원칙

KDS 14 20 콘크리트구조 설계기준은 설계도나 시방서에서 요구하거나 허용한 경우 또는 책임구조기술자가 승인하는 경우에만 철근 이음을 할 수 있도록 규정하고 있다. 철근 이음의 기본 원칙은 다음과 같이 크게 세 가지로 정리할 수 있다.

- 철근이 항복할 때까지 이음부가 파괴되지 않는 이음방법으로 철근을 연결한다.
- 최대 인장응력이 작용하는 위치에서는 철근 이음을 피한다.
- 한 곳에서 모든 철근을 이음하지 않고 일부분만 연결하는 엇갈림 이음을 한다.

첫 번째 기본 원칙은 이음부의 강도가 철근의 강도보다 커야 한다는 뜻으로 반드시 적용해야 하는 원칙이다. 두 번째와 세 번째 기본 원칙도 반드시 적용해야 하는 원칙이지만, 이를 따를 수 없는 상황이 발생할 때에는 대안으로 제시된 방법의 이음성능 검증자료를 바탕으로 책임구조기술자가 대안으로 제시된 방법의 이음을 승인할 수 있다.

첫 번째 기본 원칙은 철근이 최대강도에 도달할 때까지 이음부가 파괴되지 않아야 한다는 의미이다. 설계기준에 따라 설계된 겹침이음은 첫 번째 기본 원칙인 강도조건을 만족하므로, 설계자는 그 외의 다른 검증을 수행할 필요가 없다. 기계적이음과 용접이음에 대해서는 강도에 대한 목표성능 조건이 규정되어 있다. 즉, 이음 되는 철근의 설계기준항복강도 f_y의 125% 이상의 강도를 갖는 이음이어야 한다는 것이 기본이다. 다만 철근표준에 따른 강도조건도 반영되어 있다. 이에 대해서는 10.4.3절에 자세히 소개한다. 한편 철근의 이음방법에 따라서는 첫 번째 기본 원칙인 강도조건과 함께 강성조건도 고려해야 할 때가 있다. 겹침이음과 용접이음은 이음부가 파괴될 때까지 변형이 매우 작은 상태로 유지되므로 강도조건만 만족하면 되지만, 기계적이음은 구조물의 특성과 적용 위치에 따라 강도조건뿐만 아니라 강성조건도 고려해야 할 때가 있기 때문이다. 이에 대해서도 10.4.3절에 자세히 소개한다.

두 번째 기본 원칙은 부재가 파괴되더라도 연성으로 파괴되도록 보장하기 위한 것이다. 이것은 이음부의 파괴가 취성파괴 형태를 보이는 것이 일반적이기 때문에 부재가 휨 작용으로 파괴되는 경우 파괴가 발생하는 위치, 즉 최대 휨모멘트와 최대 인장응력이 작용하는 위치에서는 철근 이음을 피하는 것이 바람직하기 때문이다.

세 번째 기본 원칙도 두 번째 기본 원칙과 마찬가지로 연성파괴를 보장하기 위한 것이며, 추가로 사용한계상태에서의 균열거동도 바람직한 형태가 되도록 유도하기 위한 것이다. 즉, 모든 철근이 한 곳에서 겹침이음 되는 경우는 응력집중현상이 과대하게 발생하여 이음부에 균열이 발생하기 쉽다. 이런 형상은 모든 철근을 한 곳에서 커플러로 연결하는 경우에도 나타날 수 있다. 따라서 전체 철근의 1/2 또는 1/3 등 철근의 일부분만 한 곳에서 연결하는 엇갈림 이음을 하여야 하는데, 이것은 취성파괴의 방지와 함께 균열 제어를 위한 것이다. 그림 10-47(a)는 최대 휨모멘트가 작용하는 위치에 모든 인장철근이 겹침이음된 부재의 파괴형태이며, 그림 10-47(b)는 사각형으로 표시된 커플러의 양단에서 균열이 집중되는 현상을 보여준다.

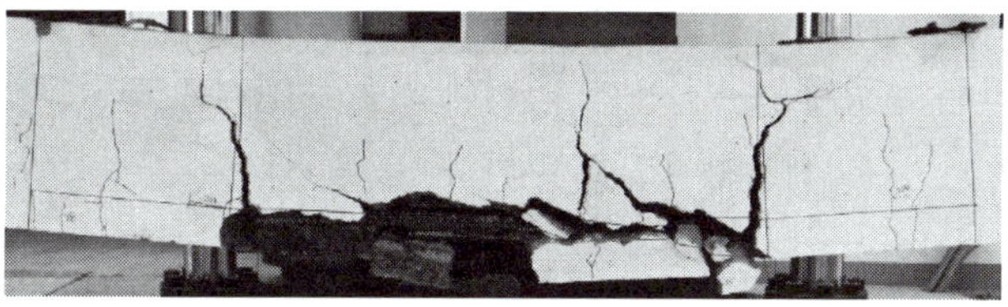

(a) 모든 인장철근이 겹침이음된 부재의 파괴[10.45]

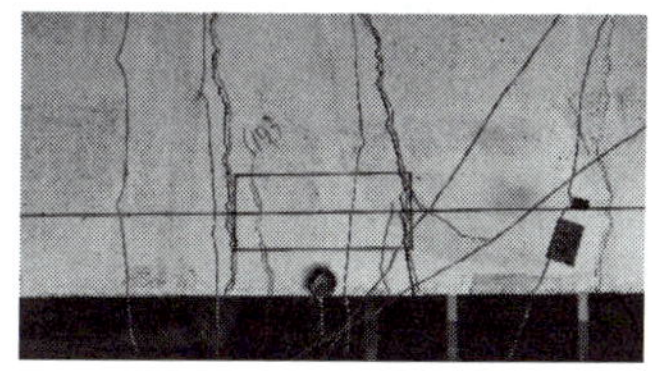

(b) 커플러 연결부 균열[10.46]

그림 10-47 겹침이음부의 파괴와 커플러 연결부의 균열

10.4.2 콘크리트구조 설계기준에 따른 인장 이형철근과 이형철선의 겹침이음

KDS 14 20 콘크리트구조 설계기준은 D35를 초과하는 인장철근의 겹침이음은 허용하지 않는다. D35 이하 철근의 겹침이음은 이음부의 조건에 따라 A급 이음과 B급 이음으로 분류하여 소요 겹침이음 길이를 달리 결정한다. A급 이음은 겹침이음부 구간에 해석결과 요구되는 소요 철근단면적의 2배 이상으로 철근이 배치되고, 겹침이음된 철근단면적 $A_{s,\,lap}$이 전체 철근단면적 $A_{s,\,total}$의 1/2 이하인 경우에 적용한다. B급 이음은 A급 이음에 해당되지 않는 경우에 적용한다. A급 이음과 B급 이음의 구분은 표 10-11에 정리되어 있다. 이러한 등급의 구분은 배치된 철근의 단면적이 요구된 철근 단면적의 2배 이상이 되는 위치에 이음을 두도록 권장하는 의미를 내포한다.

겹침이음길이 l_{lap}은 정착길이 l_d를 기본으로 하여 A급 이음과 B급 이음에 대하여 각각 다음과 같이 소요 겹침이음길이 $l_{lap,\,A}$와 $l_{lap,\,B}$를 결정한다. 즉, 동일 위치에서 철근단면적 50%를 연결하는 '반수이음' 또는 그 이하의 비율로 연결하는 것을 기본으로 하며, 50%를 초과하여 연결하면 겹침이음길이를 1.3배

표 10-11 인장철근 겹침이음 등급의 판정

$\dfrac{\text{배근 } A_s}{\text{소요 } A_s}$ 비율	$A_{s,\,lap}/A_{s,\,total}$ 비율	
	50% 이하	50% 초과
2.0 이상	A급 이음	B급 이음
2.0 미만	B급 이음	B급 이음

증가시킨다. 모든 철근을 연결하는 '전수이음'은 10.4.1절에서 언급한 바와 같이 배제하는 것이 기본원칙이다.

$$l_{lap,\,A} = 1.0\, l_d \tag{10·43}$$

$$l_{lap,\,B} = 1.3\, l_d \tag{10·44}$$

이때 겹침이음길이는 300 mm 이상이어야 하며, 약간의 거리를 갖고 연결되는 경우도 겹침이음으로 취급한다. 여기서 허용되는 간격은 소요 겹침이음길이의 1/5 또는 150 mm 중 작은 값이다. 겹침이음길이를 결정하기 위하여 정착길이 l_d를 구할 때에는 정착길이의 최소값 300 mm는 적용하지 않는다. 또 초과철근비율은 겹침이음 등급을 구분할 때 이미 고려되었으므로 정착길이 l_d를 구할 때에는 초과철근에 대한 보정계수를 적용하지 않으며, 상부 철근, 경량콘크리트, 에폭시 도막철근에 대한 보정계수 및 철근 순간격, 피복두께, 횡구속 효과를 고려하는 보정계수는 적용한다. 이때 철근 순간격은 그림 10-48(a)와 같이 겹침이음 되는 철근 사이의 순간격 $s_{cl,\,lap}$을 적용하여 l_d를 구한다. 물론 철근 순간격의 최소 규정에 대한 검증은 그림 10-48(a)와 같이 철근 사이의 가장 가까운 순간격 s_{clh}을 대상으로 한다. 그림 10-48(b)는 기둥 옵셋굽힘철근의 순간격을 나타낸다. 옵셋굽힘철근은 건축구조물 등에서 아래층과 위층의 기둥 크기가 다른 경우 큰 단면에 배치되는 축방향철근을 구부려서 작은 단면에 배치되는 축방향철근과 겹침이음 하는 철근으로, 그림 10-48(b)에서 단면이 흰 색으로 표시된 철근이다.

서로 다른 크기의 인장철근을 겹침이음하는 경우에는 큰 철근을 기준으로 하여 겹침이음길이를 결정한다. 다발철근은 두 다발철근을 개개 철근처럼 겹침이음 할 수 없다. 인장연결부재의 철근이음은 겹침이음을 허용하지 않으므로, 완전용접이나 기계적이음으로 연결하여야 한다. 인장연결부재는 축인장력을 받는 부재로 아치의 타이, 위에 있는 지지구조물에 하중을 전달하는 행거(hanger), 트러스의 주인장부재 등을 들 수 있다. 부재가 인장연결부재인지를 판단할 때에는 부재의 중요성, 기능, 크기 및 부재 특성과 연관된 응력상태 등을 고려하여야 한다. 예를 들면 철근량이 많고 넓은 간격으로 잘 엇갈려 있는 이음부가 배치된 큰 원형탱크는 인장연결부재로 분류되지 않아서 철근을 겹침이음할 때 B급 이음을 적용할 수 있다.

한편 내진설계를 수행할 때에는 축방향 철근의 겹침이음 위치 선정에 주의하여야 한다. 참고로 KDS 24 17 11 교량 내진설계기준(한계상태설계법)[10.47]에서는 소성힌지구역에서 축방향철근의 겹침이음을 허용하지 않고 완전 기계적 이음만을 허용하며, 소성힌지구역 이외의 구역에서는 전체 축방향철근 중

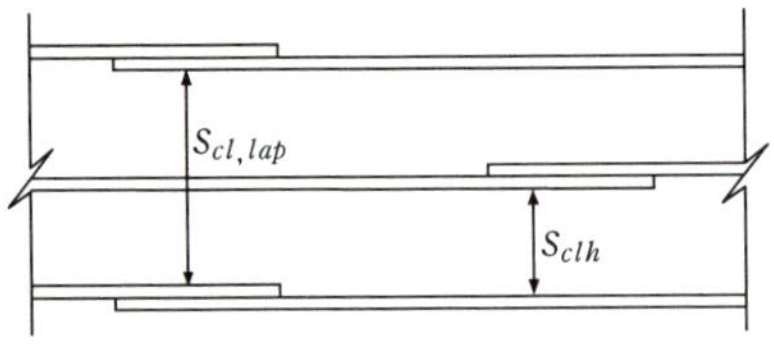

(a) 엇갈림 이음의 철근 순간격

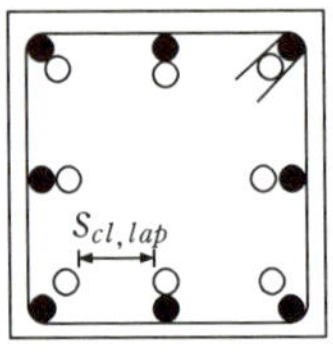

(b) 기둥 옵셋굽힘철근의 순간격

그림 10-48 겹침이음 된 철근의 순간격

1/2 이하의 겹침이음을 허용한다. 이때 겹침이음의 엇갈림 거리는 이음 끝 지점에서부터 종방향으로 600 mm 이상이어야 한다. 이것은 다른 시설물에 비하여 단면이 크고 길이가 매우 긴 교각의 특성을 고려한 것이다. 또 KDS 41 17 00 건축물 내진설계기준[10.48]에서도 소성힌지구간에서의 겹침이음과 용접이음은 허용하지 않는다.

예제 10-6 앞 예제 10-5의 설계결과 D25의 긴 정모멘트 철근 2개는 8m가 넘는 길이로 배치되어야 한다. 철근은 8m로 생산되는 것이 일반적이므로, D25 정모멘트 철근 4개 중 긴 정모멘트 철근 2개를 겹침이음으로 연결하기로 하였다. 이때 겹침이음 위치로는 짧은 정모멘트 철근의 정착길이를 피하고 최대 휨모멘트 작용 위치를 피하기 위하여 그림 10-40의 Ⓕ 위치를 선택하였다. KDS 14 20 콘크리트구조 설계기준에 따라 이 위치에서의 소요 겹침이음길이를 구하고 겹침이음길이를 선택하시오.

〈풀이〉

(1) 겹침이음 위치의 조건

D25 정모멘트 철근 4개 중 2개를 겹침이음으로 연결하기로 했으므로, $A_{s,lap}/A_{s,total}$ 비율은 0.5이다. 한편 그림 10-40의 Ⓕ 위치는 정모멘트 성능곡선에서 알 수 있는 바와 같이 계수휨모멘트 M_u가 설계휨강도 ϕM_n의 1/2보다 큰 위치이다. 이것은 배치된 철근단면적이 소요 철근단면적의 2배가 안 된다는 뜻이다. 즉, 배근 A_s/소요 A_s 비율이 2.0 미만인 위치이다. 따라서 $A_{s,lap}/A_{s,total}$ 비율이 50%이고 배근 A_s/소요 A_s 비율이 2.0 미만인 위치이므로, 표 10-11에 따라 B급 이음에 해당한다.

(2) 인장 겹침이음길이의 선택

앞 예제 10-5 (4) ①항의 표 10-8에 나타난 바와 같이 외측의 긴 D29 철근의 정착길이 l_d가 668 mm이었고, B급 겹침이음길이는 l_d의 1.3배이므로 B급 이음의 소요 겹침이음길이 $req'd\ l_{lap}$을 계산하면

$$req'd\ l_{lap} = 1.3\ l_d = 1.3 \times 668 = 868\ mm$$

따라서 868 mm보다 긴 870 mm의 겹침이음길이로 연결하기로 한다.

10.4.3 콘크리트구조 설계기준에 따른 기계적이음과 용접이음

KDS 14 20 콘크리트구조 설계기준은 기계적이음과 용접이음에 대하여 철근의 설계기준항복강도 f_y의 125%를 기본적인 강도요구성능으로 규정하고 있으며, 이를 요구하지 않는 예외 조건도 규정하고 있다. 여기서 125%는 직선정착 및 겹침이음에서 사용한 안전율 0.8의 역수로 기계적이음과 용접이음이 겹침이음과 동등한 강도 성능을 갖기 위한 값이다.[10.15, 10.16] 한편 철근표준 KS D 3504[10.49]에서 인장강도/항복강도 최소비율을 특수 내진용 철근에 대해서는 1.25배로 규정하고 있으나, 일반용 철근과 용접용 철근에 대해서는 1.15배 또는 1.08배로 규정하고 있다. 이 비율은 실제 항복강도에 대한 비율로 대부분 철근의 실제 인장강도는 f_y의 125%를 넘는 것이 일반적이다. 그러나 만일 실제 인장강도가 f_y의 125% 보다 낮으면 인장실험에서 $1.25 f_y$가 발현되기 전에 철근이 먼저 파단 될 수 있다. 이러한 경우에는 125%

강도요구성능과 무관하게 기계적이음과 용접이음이 적합한 것으로 판단한다.

강도요구성능을 요구하지 않는 예외 조건은 이음부에 배치된 철근량이 해석결과 요구되는 소요철근량의 2배 이상일 때를 대상으로 한다. 즉, 강도가 f_y의 125%를 만족하지 못하는 기계적이음과 용접이음은 이음 중심이 600 mm 이상 엇갈리고 전체 철근이 140 MPa 이상의 응력을 발휘할 수 있으며 소요철근량의 2배 이상 배치된 D16 이하 철근에 한하여만 허용된다.

또한 기계적이음과 용접이음은 강도가 f_y의 125%를 만족하지 못한 경우와 인장연결부재인 경우에 반드시 엇갈림 이음을 해야 한다. 인장연결부재는 전체 단면에 축 인장력이 작용되는 부재로 겹침이음을 사용할 수 없고 반드시 750 mm 엇갈린 기계적이음이나 완전용접이음을 사용해야 한다. 위 두 가지 경우 외에는 한 곳에서 모든 철근을 기계적이음이나 용접이음으로 연결하는 전수이음을 할 수 있다. 그러나 전수이음이 허용된다는 것이 균열 등 사용성과 파괴 안전성의 문제 야기가 용인됨을 의미하지는 않으므로, 품질 불량이나 시공 오류 없는 완벽한 이음이어야 한다. 또한 최대 인장응력점에서는 철근이 연속된 경우와 동등한 성능을 발휘하는 기계적 이음, 즉 강도 유지와 미끄럼(slip) 방지 성능이 완벽한 기계적 이음이라는 것이 입증되지 않는 한 연결을 피해야 한다.

철근의 기계적이음과 용접이음에 대한 더 자세한 내용은 다음과 같다.

[1] 철근의 기계적이음

철근의 기계적이음으로 사용하는 커플러(coupler)는 나사식, 용융금속식, 슬리브 압착식 등 여러 가지 형태가 있으나, 강도 확보와 변형 억제의 두 가지 성능을 고려하여 선택하여야 한다. 설계기준에서 규정하는 강도조건뿐만 아니라 변형억제성능도 고려해야 하는 이유는 커플러의 종류와 특성에 따라 철근과 커플러 사이에 미끄럼(slip)이 발생할 수 있기 때문이다. 이런 미끄럼(slip)이 발생하면 커플러의 양단에서 큰 폭의 균열이 콘크리트에 발생하며 처짐 증가의 한 요인이 되기도 한다. 따라서 인장시험 또는 육안검사에서 철근 항복 이전에 철근보다 큰 변형이 발생하는 커플러, 커플러와 철근 사이에 유격(裕隔, gap)이 있는 커플러, 체결 이후 소정의 인장력이 작용하여 미끄럼(slip)이 발생한 후에 인장력이 전달되는 커플러는 사용하중에서 콘크리트에 과도한 균열을 유발하므로 사용하지 않아야 한다.

커플러의 성능검증 시험에 대해서는 KS D 0249[10.50]에 7가지 가력 시험법과 판정기준이 규정되어 있으므로, 구조물의 용도에 따라 적절한 성능조건을 선별하여 적용하여야 한다.

[2] 신설 구조물 철근의 용접이음

철근의 용접이음은 기본적으로 KS D3504에서 규정하는 용접용 철근을 대상으로 한다. 용접방법으로는 피복아크용접(SMAW)과 플럭스코어드아크용접(FCAW)을 사용할 수 있으며, 그 외 방법은 책임구조기술자의 승인을 받아서 사용할 수 있다. 철근의 용접은 철근을 구부린 부분에서는 할 수 없고 직선부에서만 허용한다. 구부린 부분에 가까운 곳에서 용접을 해야 할 때에는 구부림이 시작되는 부위에서 철근지름의 2배 이상 떨어진 곳에서부터 용접이음을 시작할 수 있다. 철근의 용접방법으로는 철근을 직접 겹쳐서 용접하는 겹침 용접이음만 허용되며, 강판에 철근을 용접하는 간접 겹침이음은 허용되지

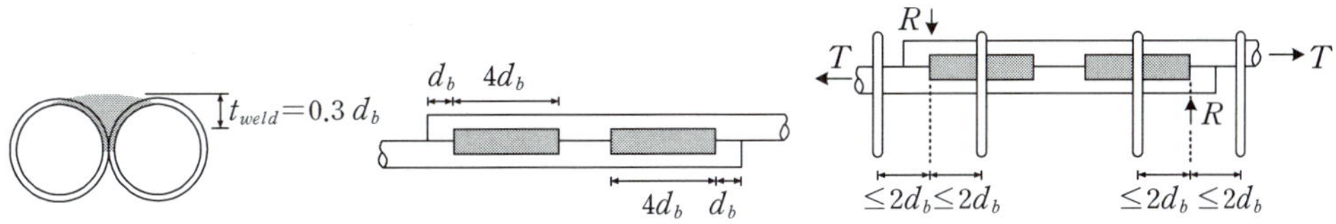

(a) 용접 목두께 (b) 용접길이와 철근 연장 (c) 용접부의 힘과 횡보강 철근

그림 10-49 철근의 용접 겹침이음

않는다. 철근의 겹침 용접이음은 그림 10-49(a)와 같이 한 면에만 철근 바깥까지 용접하여야 하며, 설계 용접목두께 t_{weld}는 철근지름의 3배인 0.3 d_b로 한다.[10.51]

용접길이는 KDS 24 31 25 강구조 연결 설계기준(하중저항계수설계법)[10.52] 또는 시설물별 기준에 따라 산정한다. 단, 용접봉의 강도가 철근의 인장강도에 적합한 경우, 그림 10-49(b)와 같이 4 d_b의 길이로 2회 단속용접한 8 d_b의 용접길이 l_w를 적용할 수 있다. 안정적인 용접길이를 확보하고 용접시작점과 끝점의 불량을 방지하기 위해서는 그림 10-49(b)와 같이 용접부 밖으로 철근지름 정도 연장하는 것이 좋다.

지름이 22 mm 이상인 철근을 겹침 용접이음할 때는 책임구조기술자의 승인을 얻어서 적절성이 입증된 상세로 횡보강 철근을 배치하여야 한다. 이것은 굵은 철근을 겹침 용접이음할 경우 편심에 의해 용접된 철근이 변형될 수 있어서, 이로 인해 이음부 주변 콘크리트에 유해한 균열이 발생할 수 있기 때문이다. 횡보강 철근이 지지해야 하는 힘 R은 해석적 또는 실험적 방법으로 결정하거나, 다음 식으로 산정할 수 있다.

$$R = T\frac{d_b}{l_w} = A_b\frac{2f_y}{3}\frac{d_b}{l_w} \qquad (10\cdot45)$$

여기서, A_b는 이음되는 철근의 단면적이다. 횡보강 철근은 그림 10-49(c)와 같이 이음구간 양쪽 단부에 발생하는 힘 R에 저항할 수 있도록 용접이음 구간 끝에서 2 d_b 거리 이내에 배치하여야 한다.

용접을 할 때에는 아래보기자세, 수평자세, 수직자세로 실시하며 위보기자세로 용접해서는 안 된다. 아래보기자세는 아래 방향을 보는 자세로 용접작업을 하는 것이고, 수평자세는 서있거나 앉아서 수평방향으로 용접하는 것이다. 수직자세는 용접작업을 수직방향으로 하는 것으로, 용접의 품질을 확보하기 위하여 아래쪽에서 위쪽으로 용접을 진행하여야 한다.

[3] 기존 구조물 철근과의 용접이음

건축물을 증축하거나 교량을 확장하는 등 새로운 구조물을 기존 구조물에 연결하려는 경우, 기존 콘크리트에 묻혀 있는 철근에 새로운 철근을 연결할 필요가 있다. 이때에는 용접이음이 가장 간편한 방법이 될 수 있다. 이것은 기존 구조물을 증축, 개축, 리모델링, 확장, 보강을 목적으로 새로운 철근과 겹침이음으로 연결할 경우 겹침이음길이를 확보하기 위해서는 기존 구조물의 콘크리트를 파쇄해야 하는데, 이 과정에서 기존 구조물의 안전성이 저하될 우려가 있기 때문이다. 일반적인 경우 기존 콘크리트에 묻혀 있는 철근은 용접용 철근이 아닌 경우가 대부분이다. KDS 14 20 콘크리트구조 설계기준은 이런 특별한 경우에 한하여 탄소당량에 따른 용접 조건을 만족하는 설계기준항복강도 500 MPa 이하의 일반 구조용 철근을 용접용 철근과 용접이음 하는 것을 허용한다. 단, 피로하중을 받는 교량의 최대 모멘트 위치에는 적용할 수 없다. 이것은 용접된 철근의 피로실험결과 200만회 반복 이전에 모재에서 파괴가 발생하였기 때문이다.[10.51]

용접성에 큰 영향을 미치는 요소 중 하나는 탄소당량으로, KS D 3504[10.50]에서는 용접용 철근의 탄소당량(carbon equivalent) c_{eq}를 0.5% 이하로 제한하고 있다. 탄소당량이 높은 철근을 용접하기 위해서는 예열이 필요하다. 따라서 기존 콘크리트에 묻혀 있는 철근의 일부를 채취한 후 화학성분을 분석하여 얻은 탄소당량에 따라 예열 방법을 적용하여야 한다. 화학성분을 알 수 없을 때는 가장 높은 온도로 예열하여야 한다. 탄소당량에 따른 예열 온도는 표 10-12와 같다.

표 10-12 탄소당량에 따른 철근 예열 온도

탄소당량 c_{eq}		$c_{eq} \le 0.55\%$	$0.55\% < c_{eq} \le 0.65\%$	$0.65\% < c_{eq} \le 0.75\%$	$0.75\% < c_{eq}$
예열 온도	D19 이하 철근	예열 불필요	40℃	150℃	150℃
	D22~D32 철근	10℃	90℃	200℃	260℃

10.4.4 콘크리트구조 설계기준에 따른 압축 이형철근의 이음

압축철근의 부착 및 이음 성능은 횡방향 균열에 의한 복잡한 거동이 나타나지 않고 단부 지압에 크게 영향을 받으므로, 겹침이음길이에 비례하여 이음강도가 증가하지 않는다. 다만, 압축 겹침이음부가 횡구속 철근으로 감싸있거나 높은 강도의 콘크리트를 사용하는 경우에는 압축 겹침이음길이를 줄여도 철근의 설계기준항복강도가 발현되었다.[10.53, 10.54] 이러한 거동을 고려한 제안[10.55]에 따라 KDS 14 20 콘크리트구조 설계기준은 ACI 318 Code[10.7]와는 달리 기본적으로 적용하는 압축 이형철근의 소요 겹침이음길이 l_s를 다음 식으로 계산하고, 철근의 설계기준항복강도 f_y에 따라 달리 적용하는 식과 비교하여 작은 값으로 결정하도록 규정하고 있다.

$$l_s = \left(\frac{1.4 f_y}{\lambda \sqrt{f_{ck}}} - 52\right) d_b \tag{10·46}$$

즉, 설계기준항복강도 f_y가 400 MPa 이하인 경우에는 다음 식으로 계산한 값과 식 (10·46)으로 계산한 값 중 작은 값을 압축 이형철근의 소요 겹침이음길이 l_s로 결정한다.

$$l_s = 0.072 f_y d_b \tag{10·47}$$

설계기준항복강도 f_y가 400 MPa을 초과하는 경우에는 다음 식으로 계산한 값과 식 (10·46)으로 계산한 값 중 작은 값을 압축 이형철근의 소요 겹침이음길이 l_s로 결정한다.

$$l_s = (0.13 f_y - 24) d_b \tag{10·48}$$

이때 압축 겹침이음길이는 300 mm 이상이어야 하며, 콘크리트의 설계기준압축강도가 21 MPa 미만인 경우는 겹침이음길이를 1/3 증가시켜야 한다. 다만 이렇게 구한 압축철근의 소요 겹침이음길이가 인장철근의 소요 겹침이음길이보다 길 필요는 없다.

서로 다른 크기의 철근을 압축 겹침이음으로 연결하는 경우의 이음길이는 크기가 큰 철근의 정착길이와 크기가 작은 철근의 겹침이음길이 중 큰 값 이상이어야 한다. 이때 D41과 D51 철근은 D35 이하 철근과 겹침이음 할 수 있다. 즉, D35보다 큰 철근은 인장 겹침이음을 허용하지 않지만, D35보다 큰 D41과 D51 철근을 D35 이하의 철근과 압축 겹침이음하는 것은 허용한다. 압축철근의 기계적이음과 용접이음은 10.4.3절의 기본 요구조건을 만족하여야 한다.

한편 폐합(폐쇄)띠철근 또는 나선철근을 배치한 압축부재에서 축방향 철근이 압축력만을 받는 경우는 단부 지압이음(end-bearing splice)을 적용할 수 있다. 단부 지압이음은 길이방향의 직각으로 절단된 철근의 양끝을 적절한 장치에 의해 중심이 잘 맞도록 접촉시켜서 압축응력을 지압에 의해 직접 전달하는 이음방식이다. 이때 철근의 양 단부는 철근 축의 직각면에 1.5° 이내의 오차를 갖는 평탄한 면이어야 하고, 철근 조립 후 지압면의 오차는 3° 이내이어야 한다.

예제 10-7 콘크리트 설계기준압축강도 f_{ck}=30 MPa일 때 설계기준항복강도 f_y=500 MPa인 D19 압축철근의 소요 겹침이음길이를 KDS 14 20 콘크리트구조 설계기준에 따라 구하고 겹침이음길이를 선택하시오.

〈풀이〉

(1) 압축 이형철근의 소요 겹침이음길이

기본적으로 적용하는 수식에 따라 D19 압축 이형철근의 소요 겹침이음길이 $req'd\ l_{s1}$을 계산하면

$$req'd\ l_{s1} = \left(\frac{1.4 f_y}{\lambda\sqrt{f_{ck}}} - 52\right) d_b = \left(\frac{1.4 \times 500}{1.0\sqrt{30}} - 52\right) \times 19.1 = 1{,}448\ mm$$

설계기준항복강도 f_y가 500 MPa이므로 400 MPa을 초과하는 경우에 적용하는 수식으로 압축 이형철근의 소요 겹침이음길이 $req'd\ l_{s2}$를 계산하면

$$req'd\ l_{s2} = (0.13 f_y - 24) d_b = (0.13 \times 500 - 24) \times 19.1 = 783\ mm$$

압축 이형철근의 소요 겹침이음길이는 두 식으로 계산한 값 중 작은 값으로 300 mm 이상이어야 하므로, 소요 겹침이음길이 $req'd\ l_s$는 다음과 같이 두 값 중 작은 값인 783 mm이다.

$$req'd\ l_s = req'd\ l_{s2} = 783\ mm$$

(2) 압축 이형철근 겹침이음길이의 선택

콘크리트 설계기준압축강도 $f_{ck} = 30\ MPa$이고 설계기준항복강도 $f_y = 500\ MPa$일 때 D19 압축 이형철근의 소요 겹침이음길이가 783 mm이었으므로, 783 mm보다 긴 790 mm의 겹침이음길이로 연결하기로 한다.

10.5 콘크리트교 설계기준(한계상태설계법)에 따른 철근 정착 및 이음

KDS 24 14 21 콘크리트교 설계기준(한계상태설계법)[10.8]의 철근 정착 설계기준은 기본적으로 Eurocode 2[10.9]를 근간으로 한 것으로, 하나의 수식으로 모든 경우의 설계정착길이를 표현한다. 이 절에서는 KDS 24 14 21 콘크리트교 설계기준(한계상태설계법)에 따른 직선철근과 굽힘철근 및 갈고리 철근의 정착 설계검증 방법을 소개한다. 설계기준에서 확대머리 철근을 이용한 정착도 허용하고 있지만 정착길이 산정식과 철근상세는 규정하지 않고 있어서, 확대머리 철근으로 정착시키기 위해서는 시험을 통해 성능을 검증하여야 한다.

10.5.1 콘크리트교 설계기준에 따른 이형철근의 정착길이

KDS 24 14 21 콘크리트교 설계기준(한계상태설계법)은 설계부착강도 f_{bd}를 기본으로 하여 인장 및 압축의 하중종류나 직선과 굽힘 및 갈고리의 정착방법에 상관없이 하나의 식으로 기본정착길이 l_b를 산정한 후, 인장 및 압축의 하중종류, 정착 방법, 콘크리트 피복두께, 횡방향 철근에 의한 구속, 횡방향 압력에 의한 구속에 따른 보정계수를 적용하여 설계정착길이 l_{bd}를 산정하도록 규정하고 있다.

[1] 설계부착강도

설계정착길이 l_{bd}를 결정하기 위해서는 가장 먼저 철근 위치와 방향 및 철근지름의 영향을 고려하여 다음 식에 따라 이형철근의 설계부착강도 f_{bd}를 구하여야 한다.

$$f_{bd} = \phi_c \, (2.25 \, \eta_1 \eta_2 f_{ctk}) \qquad (10 \cdot 49)$$

여기서, ϕ_c : 콘크리트의 재료계수, 0.65

η_1 : 부착조건에 따른 철근의 위치 계수로, 부착에 유리할 때 1.0이고 불리할 때 0.7

η_2 : 철근 지름 계수로, D32 이하는 1.0이고 D32를 초과 하는 철근은 수식으로 계산

f_{ctk} : 콘크리트의 0.05 분위 기준인장강도(N/mm^2, MPa)

η_1의 값으로는 부착에 양호한 좋은 조건에 철근이 위치하는 경우에 1.0을 적용하고, 부착에 불리한 조건에 철근이 위치하는 경우에 0.7을 적용한다. 콘크리트가 수직방향으로 타설될 때, 부착에 양호한 위치와 불리한 위치는 그림 10-50과 같다. 그림 10-50(a)와 같이 수평면에서 45° 이상으로 구부린 철근과 그림 10-50(b)와 같이 두께 h가 250 mm 이하인 부재 내에 배치된 철근은 부착에 양호한 위치이다. 두께 h가 250 mm를 초과하지만 600 mm 이하인 부재에서는 (c)와 같이 아래 부분 250 mm 구간이 부착에 양호한 위치이고 그 위는 부착에 불리한 위치이다. 두께 h가 600 mm를 초과하는 부재에서는 그림 10-50(d)와 같이 위 부분 300 mm 구간이 부착에 불리한 위치이고 그 아래는 부착에 양호한 위치이다. 또 슬립폼(slip form) 거푸집을 사용하여 시공되는 부재 내에 배치되는 철근도 부착에 불리한

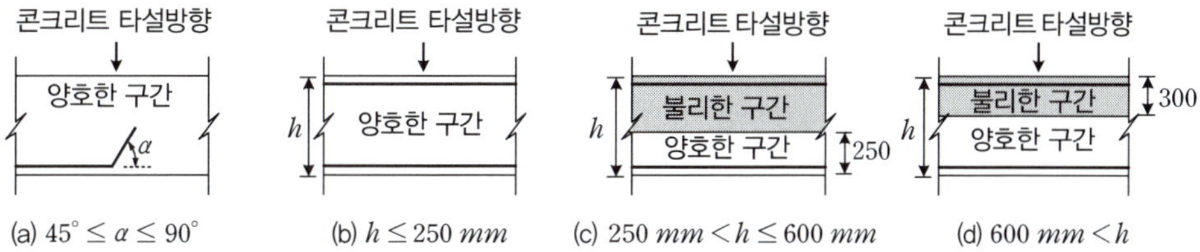

그림 10-50 **철근 부착 조건의 구분**

조건에 해당되므로 η_1의 값으로 0.7을 적용한다.

η_2의 값으로는 D32 이하로 부착에 양호한 철근일 때 1.0을 적용하고, D32를 초과하는 굵은 철근으로 부착에 불리한 철근일 때에는 다음 식으로 계산한다.

$$\eta_2 = \frac{132-d_b}{100} \qquad (10\cdot50)$$

f_{ctk}는 2장 2.1.8절에 소개한 콘크리트 기준인장강도로 다음과 같다.

$$f_{ctk} = 0.7\,f_{ctm} = 0.7\times0.3(f_{cm})^{2/3} = 0.21(f_{cm})^{2/3} \qquad (10\cdot51)$$

단, 콘크리트 기준인장강도 f_{ctk}는 정착길이를 산정할 때에 한하여 콘크리트 설계기준압축강도 f_{ck}가 50 MPa일 때의 값인 3.07 MPa로 제한한다. 즉, f_{ck}가 50 MPa을 초과할 때에도 50 MPa일 때와 동일한 설계부착강도 f_{bd}를 적용한다. 다만, f_{ck}가 50 MPa을 초과할 때에도 50 MPa일 때의 부착강도보다 더 큰 부착강도가 나타난다는 것이 입증되면 더 큰 값의 f_{ctk}를 적용할 수 있다.

[2] 기본정착길이

설계부착강도 f_{bd}가 결정되면 다음 식에 따라 기본정착길이 l_b를 계산한다.

$$l_b = \frac{d_b}{4}\,\frac{f_{sd}}{f_{bd}} \qquad (10\cdot52)$$

이 식은 10.1.5절에서 평균부착강도 $\tau_{avg,\,u}$와 철근의 정착길이 l_d의 관계를 설명하면서 소개한 기본적인 개념에 따른 것으로 앞의 식 (10 ·10)과 같은 의미를 가진 것이다.

$$l_d = \frac{d_b f_y}{4\,\tau_{avg,\,u}} \qquad (10\cdot10)$$

식 (10 ·52)에서 f_{sd}는 철근의 설계응력으로, 다음과 같이 0.9의 철근 재료계수 ϕ_s와 철근의 항복강도 f_y의 곱으로 정의되는 철근의 설계항복강도 f_{yd}를 적용한다.

$$f_{sd} = f_{yd} = \phi_s f_y \qquad (10\cdot53)$$

[3] 설계정착길이

설계정착길이 l_{bd}는 철근과 콘크리트 경계면의 국부적인 요소에만 초점을 맞추어 결정한 기본정착길이 l_b에 표 10-13의 보정계수 α_1에서 α_5까지를 곱하여 다음 식에 따라 최솟값 $l_{b,\,min}$ 이상으로 결정한다.

단, 세 가지 보정계수 α_2, α_3, α_5를 곱한 값이 0.7 미만일 때는 $\alpha_2 \alpha_3 \alpha_5$의 값으로 0.7을 적용하여야 한다.

$$l_{bd} = \alpha_1 \alpha_2 \alpha_3 \alpha_4 \alpha_5 \, l_b \geq l_{b,\,min} \tag{10·54}$$

표 10-13 정착길이 보정계수

영향 인자와 보정계수 및 범위	정착부 형태	철근 구분	
		인장철근	압축철근
철근 형상 α_1	직선철근	$\alpha_1=1.0$	$\alpha_1=1.0$
	그림 10-51의 (a)~(c)를 만족하는 굽힘철근과 갈고리 및 루프철근	$C_d > 3\,d_b$: $\alpha_1=0.7$ $C_d > 3\,d_b$: $\alpha_1=1.0$ [C_d: 그림 10-52(b)와 (c)]	$\alpha_1=1.0$
콘크리트 피복 $0.7 \leq \alpha_2 \leq 1.0$	직선철근	$\alpha_2=1-0.15\dfrac{C_d-d_b}{d_b}$ [C_d: 그림 10-52(a)]	$\alpha_2=1.0$
	그림 10-51의 (a)~(c)를 만족하는 굽힘철근과 갈고리 및 루프철근	$\alpha_2=1-0.15\dfrac{C_d-3\,d_b}{d_b}$ [C_d: 그림 10-52(b)와 (c)]	$\alpha_2=1.0$
용접되지 않은 횡방향 철근의 구속 $0.7 \leq \alpha_3 \leq 1.0$	모든 형태	$\alpha_3=1-K\lambda$	$\alpha_3=1.0$
용접된 횡방향 철근의 구속 α_4	그림 10-51의 (d)를 만족하는 모든 철근	$\alpha_4=0.7$	$\alpha_4=0.7$
연직방향 압력의 구속 $0.7 \leq \alpha_5 \leq 1.0$	모든 형태	$\alpha_5=1-0.04\,p$	-

α_1은 적절한 피복두께를 가진 철근 형상의 효과를 반영하는 계수로, 직선철근은 인장과 압축 모두에 1.0을 적용한다. 직선 외의 형태, 즉 그림 10-51의 (a), (b), (c)를 만족하는 굽힘철근과 갈고리 및 루프철근은 인장일 때 C_d가 $3\,d_b$보다 크면 0.7, C_d가 $3\,d_b$ 이하이면 1.0을 적용하고, 압축일 때는 1.0을 적용한다. 보와 슬래브에서 C_d 값은 그림 10-52와 같이, 직선철근인 경우 철근의 수평 순간격 a의 1/2, 주철근에 대한 측면 피복두께 c_1, 주철근에 대한 연단 피복두께 c 중 가장 작은 값으로 한다. 굽힘철근과 갈고리인 경우에는 a의 1/2과 c_1 중 작은 값을 C_d 값으로 하며, 루프철근인 경우에는 c를 C_d 값으로 한다. 굽힘철근과 갈고리 철근은 3장 3.4.1절 표 3-8의 구부림 최소 내면 반지름으로 구부린 후, 그림 10-51의 (a)와 (b)와 같이 철근지름의 5배 이상으로 연장한 철근이다. 루프철근은 그림 10-51(c)와 같이 구부림

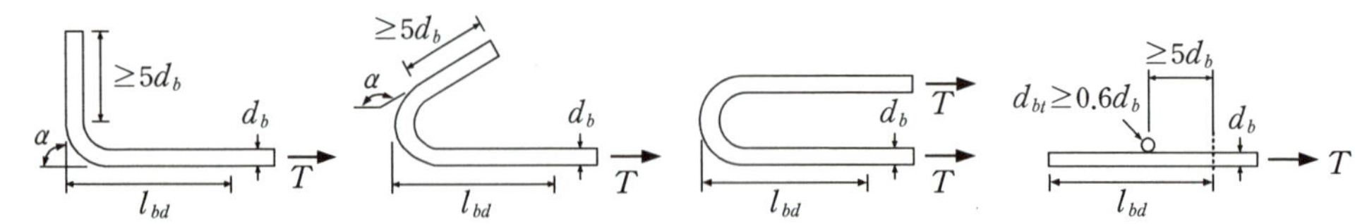

(a) $90^\circ \leq \alpha < 150^\circ$인 갈고리 (b) $150^\circ < \alpha$인 갈고리 (c) 루프철근 (d) 횡철근 용접 철근

그림 10-51 직선 외 철근의 형상과 설계정착길이

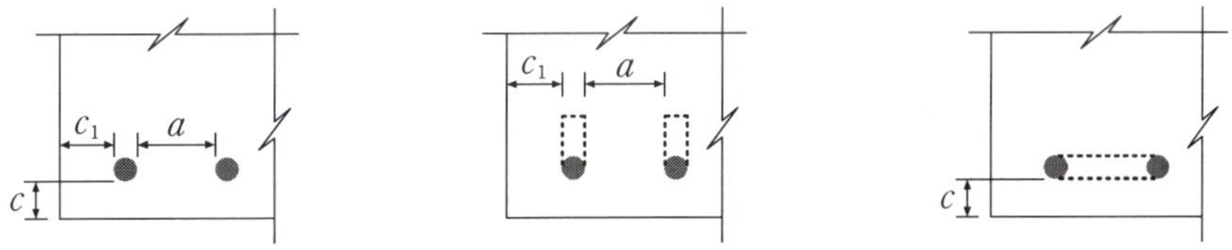

(a) 직선철근
$C_d = \min[a/2,\ c_1,\ c]$

(b) 굽힘철근 또는 갈고리
$C_d = \min[a/2,\ c_1]$

(c) 루프철근
$C_d = c_1$

그림 10-52 보와 슬래브에서의 C_d 값 결정

최소 내면 반지름을 갖고 180°로 구부린 양쪽 직선부분이 동일한 길이를 가진 철근이다.

α_2는 콘크리트 피복두께의 효과를 반영하는 계수로, 인장철근은 수식으로 결정하고 압축철근은 1.0을 적용한다. 인장철근 중 직선철근은 다음 식 (10·55)로, 그림 10-51의 (a), (b), (c)를 만족하는 굽힘철근과 갈고리 및 루프철근은 다음 식 (10·56)으로 계산하여 최소 0.7과 최대 1.0의 값으로 결정한다.

$$\alpha_2 = 1 - 0.15\frac{C_d - d_b}{d_b} \tag{10·55}$$

$$\alpha_2 = 1 - 0.15\frac{C_d - 3\,d_b}{d_b} \tag{10·56}$$

α_3은 용접되지 않은 횡방향 철근의 구속효과를 반영하는 계수로, 인장철근은 수식으로 결정하고 압축철근은 1.0을 적용한다. 인장철근의 α_3은 모든 형태의 인장철근에 대하여 0.7~1.0의 범위로 다음 식에 따라 결정한다.

$$\alpha_3 = 1 - K\lambda \tag{10·57}$$

여기서, K는 인장철근을 구속하는 횡방향 철근의 형상과 위치에 따라 결정되는 계수로 그림 10-53과 같이 0.1, 0.05, 0의 세 가지 값을 적용한다. 즉, 정착되는 인장철근이 그림 10-53(a)와 같이 90°로 구부린 횡방향 철근 모서리로 감싸여 구속되는 경우 K 값은 0.1, 그림 10-53(b)와 같이 직선 횡방향 철근으로 감싸여 구속되는 경우 K 값은 0.05, 그림 10-53(c)와 같이 직선 횡방향 철근의 외부에 위치한 경우 K 값은 0을 적용한다. λ는 다음 식으로 계산하여 적용한다.

$$\lambda = \frac{\Sigma A_{st} - \Sigma A_{st,\,min}}{A_s} \tag{10·58}$$

여기서, ΣA_{st}는 설계정착길이 l_{bd} 내에 배치된 횡방향 철근의 단면적이고, $\Sigma A_{st,\,min}$은 최소 횡방향

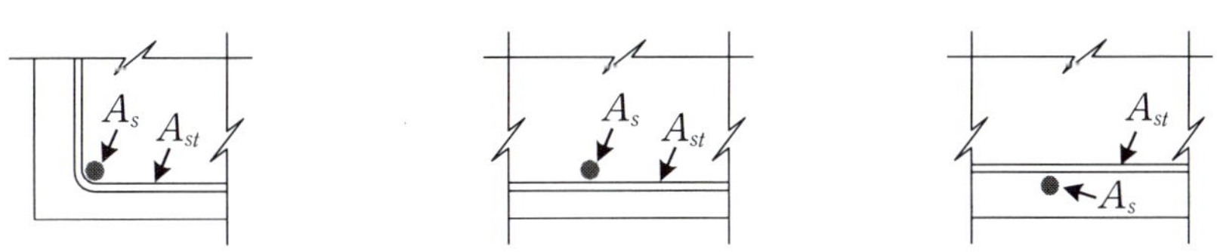

(a) 모서리 구속($K=0.1$)

(b) 직선 구속($K=0.05$)

(c) 비구속($K=0$)

그림 10-53 보와 슬래브에서의 K 값 결정

철근 단면적으로 보에서는 0.25 A_s이고 슬래브에서는 0이며, A_s는 정착되는 철근 중 가장 큰 철근 한 개의 단면적으로 일반적으로 사용하는 기호 A_b와 동일한 의미를 가진다.

α_4는 설계정착길이 l_{bd} 내에서 정착되는 철근과 용접된 횡방향 철근의 구속효과를 반영하는 계수로, 그림 10-51(d)에 나타낸 횡방향 철근의 크기와 위치 조건을 만족하는 경우 인장철근과 압축철근에 모두 0.7을 적용한다. 즉, 횡방향 철근의 지름 d_{bt}가 정착되는 철근의 지름 d_b의 0.6배 이상이고 용접된 횡방향 철근이 설계정착길이의 끝에서 정착되는 철근의 지름 d_b의 5배 이상 떨어진 곳에 위치하면 α_4로 0.7을 적용하지만, 이 조건들을 만족하지 못하면 α_4로 1.0을 적용한다.

α_5는 설계정착길이 l_{bd}를 따라 발생하는 쪼갬 면(plane of splitting)을 가로지르는 압력의 구속효과를 반영하는 계수로, 압축철근에는 적용하지 않고 모든 형태의 인장철근에 대하여 0.7~1.0의 범위로 다음 식에 따라 결정한다. 여기서 p는 극한한계상태에서 설계정착길이 l_{bd} 구간에 작용하는 MPa 단위의 연직방향 압력이다.

$$\alpha_5 = 1 - 0.04\,p \qquad (10 \cdot 59)$$

최소 설계정착길이 $l_{b,\,min}$는 인장철근인 경우 식 (10 · 60), 압축철근인 경우 식 (10 · 61)에 따라 세 값 중 가장 큰 값으로 결정한다.

$$l_{b,\,min} = \max[0.3\,l_b,\ 15\,d_b,\ 100\,mm] \qquad (10 \cdot 60)$$

$$l_{b,\,min} = \max[0.6\,l_b,\ 15\,d_b,\ 100\,mm] \qquad (10 \cdot 61)$$

한편, 직접 받침부인 경우 KDS 24 14 21 콘크리트교 설계기준(한계상태설계법)의 규정에 따른 상세로 받침부 내에 적어도 한가닥의 횡방향 철선이 받침부 면에서 15 mm 이상 떨어진 위치에 주철근과 용접되어 있다면, 주철근의 설계정착길이 l_{bd}를 최소 설계정착길이 $l_{b,\,min}$ 보다 작게 취할 수 있다.

[4] 굽힘철근의 직선철근 설계정착길이 적용

경우에 따라서는 그림 10-54(a)와 같이 철근을 직선으로 배치했을 때 묻힘길이 l_{emb}, 즉 철근에 최대 인장력 또는 압축력이 작용하는 위치와 철근 단부 사이의 거리가 직선철근의 설계정착길이 l_{bd}보다 짧아서 정착성능을 발휘하지 못하는 경우가 있다. 이런 경우에는 설계정착길이를 감소시키기 위하여 표준갈고리를 갖는 철근으로 정착시키거나 확대머리 철근과 같이 기계적 정착장치를 이용하여 정착시키는 방법이 있다. 그 같은 방법 외에 또 다른 간편한 방법으로는 그림 10-54(b)와 같이 철근을 구부

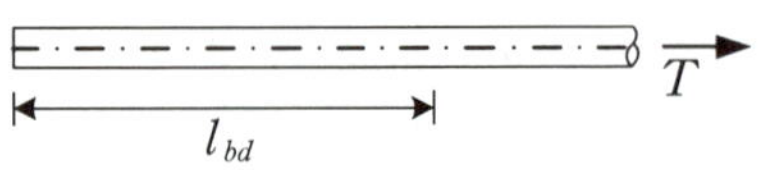

(a) 직선철근의 설계정착길이

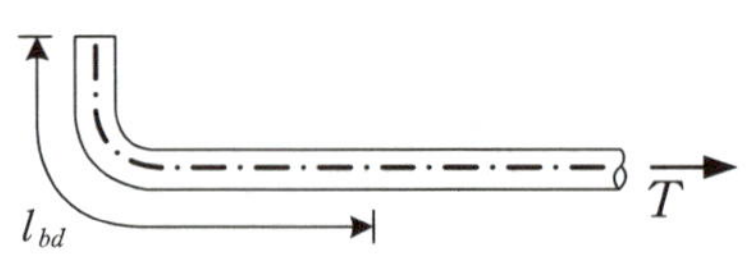

(b) 굽힘철근의 설계정착길이

그림 10-54 직선철근 설계정착길이의 적용

려서 직선철근의 설계정착길이를 적용하는 방법이 있다. 즉, 굽힘철근의 단부부터 측정한 길이에 직선철근의 설계정착길이를 적용하는 것이다. 이렇게 하여 굽힘철근의 직선부 묻힘길이가 직선철근의 설계정착길이 l_{bd}보다 길게 되면 정착성능이 검증된 것으로 판단한다. 이것은 굽힘철근의 정착성능이 직선철근의 정착성능보다 더 좋기 때문이지만, 구부린 부분부터 단부까지의 길이가 너무 길지 않도록 주의할 필요가 있다.

예제 10-8 앞 예제 10-5 그림 10-40의 © 위치에서 절단되는 3-D29 긴 내측 부모멘트 철근, 즉 그림 10-42 단면 D-D의 복부 내 배치된 인장철근에 대하여 기둥에 작용하는 반력의 영향을 무시하고 KDS 24 14 21 콘크리트교 설계기준(한계상태설계법)에 따라 설계정착길이 l_{bd}를 구하시오.

〈풀이〉

(1) 설계부착강도와 기본정착길이

KDS 24 14 21 콘크리트교 설계기준(한계상태설계법)에 따른 콘크리트의 기준인장강도를 구하려면, 콘크리트의 평균압축강도를 먼저 구하여야 한다. 콘크리트의 평균압축강도를 계산하면

$$f_{cm} = f_{ck} + \Delta f = 30+4 = 34\ MPa$$

콘크리트의 기준인장강도는

$$f_{ctk} = 0.21(f_{cm})^{2/3} = 0.21\times(34)^{2/3} = 2.20\ MPa$$

3-D29 긴 내측 부모멘트 철근은 두께가 700 mm인 부재의 상단에서 100 mm 떨어진 곳에 배치된 상부철근이므로 그림 10-50(d)의 불리한 구간에 위치한다. 따라서 부착에 불리한 조건에 해당되므로, 다음과 같이 η_1의 값으로 0.7을 적용한다.

$$\eta_1 = 0.7$$

철근의 크기는 D29로 D32 이하이므로, 다음과 같이 η_2의 값으로는 1.0을 적용한다.

$$\eta_2 = 1.0$$

이제 설계부착강도 f_{bd}를 구하면

$$f_{bd} = \phi_c(2.25\,\eta_1\eta_2 f_{ctk}) = 0.65\times2.25\times0.7\times1.0\times2.20 = 2.25\ MPa$$

기본정착길이를 구하기 위하여 철근의 설계항복강도 f_{yd}를 적용하는 철근의 실제응력 f_{sd}를 구하면,

$$f_{sd} = f_{yd} = \phi_s f_y = 0.9\times400 = 360\ MPa$$

기본정착길이 l_b를 구하면

$$l_b = \frac{d_b}{4}\frac{f_{sd}}{f_{bd}} = \frac{28.6}{4}\times\frac{360}{2.25} = 1{,}144\ mm$$

(2) 설계정착길이

먼저 인장철근의 최소 정착길이를 결정하기 위한 세 가지 조건을 구하면

$$0.3\,l_b = 0.3\times1{,}144 = 343\ mm$$

$$15\,d_b = 15\times28.6 = 429\ mm$$

$$100\ mm$$

인장철근의 최소 정착길이는 이 세 값 중 가장 큰 값이므로, D29 인장철근의 최소 정착길이 $l_{b,\,min}$는 다음과 같다.

$$l_{b,\,min} = 429\,mm$$

보정계수 결정을 위하여 조건을 검증하면, 정착되는 철근이 직선철근이므로 α_1은 1.0이고 용접된 횡방향 철근에 의해 구속되어 있지 않으므로 α_4도 1.0이다. 또 기둥에 작용하는 반력의 영향을 무시하면 횡방향 압력에 의해 구속되어 있지 않는 경우이므로 α_5도 역시 1.0이다.

콘크리트 피복에 대한 직선철근의 보정계수 α_2는 측면 피복두께 c_1 및 주철근에 대한 연단 피복두께 c와 함께 철근의 수평 순간격 a의 1/2 중 가장 작은 값을 C_d로 하여 수식으로 결정한다. 예제 10-5 그림 10-42(b)의 단면 D-D에 나타난 바와 같이 D29 철근 중심간 수평간격이 121 mm이고 인장연단에서 철근 중심까지가 100 mm이고 측면 피복두께는 매우 크다. 이 단면에 대하여 측면 피복두께 c_1 및 주철근에 대한 연단 피복두께 c와 함께 철근의 수평 순간격 a의 1/2을 구하면

$$c_1 = \infty$$

$$c = 100 - \frac{d_b}{2} = 100 - \frac{28.6}{2} = 85.7\,mm$$

$$\frac{a}{2} = \frac{121 - d_b}{2} = \frac{121 - 28.6}{2} = 46.2\,mm$$

따라서 C_d 값은 다음과 같다.

$$C_d = 46.2\,mm$$

이제 C_d 값을 이용하여 직선철근의 보정계수 α_2를 구하면

$$\alpha_2 = 1 - 0.15\frac{C_d - d_b}{d_b} = 1 - 0.15 \times \frac{46.2 - 28.6}{28.6} = 0.908$$

이 값은 0.7과 1.0 사이의 값이므로 α_2는 계산한 값 0.908을 적용한다.

용접되지 않은 횡방향 철근의 구속에 대한 보정계수 α_3은 수식으로 결정한다. 이때 α_3 수식에 적용하는 λ 값을 결정하려면 설계정착길이 l_{bd} 내에 배치된 횡방향 철근의 단면적 ΣA_{st}가 필요하다. 그러나 아직 설계정착길이 l_{bd}가 결정되지 않은 상태로 ΣA_{st}의 값을 정확히 알 수 없으므로, 우선 α_3을 1.0으로 가정한 설계정착길이 l_{bd}를 대상으로 ΣA_{st}를 산정한 후 추후 검증한다. α_3을 1.0으로 가정하여 예비로 산정한 설계정착길이 $l_{bd,\,est}$를 계산하면

$$l_{bd,\,est} = \alpha_1\alpha_2\alpha_3\alpha_4\alpha_5\,l_b = 1.0 \times 0.908 \times 1.0 \times 1.0 \times 1.0 \times 1{,}144 = 1{,}039\,mm$$

예제 10-5에서 그림 10-40의 ⓒ 위치는 D13 U형 전단철근이 300 mm 간격(s)으로 배치된 구간이므로, $l_{bd,\,est}$ 구간에 배치된 전단철근의 수 $n_{str,\,est}$을 구하면

$$n_{str,\,est} = \frac{l_{bd,\,est}}{s} = \frac{1{,}039}{300} = 3.46$$

따라서 설계정착길이 l_{bd} 내에 배치된 전단철근의 수 n_{str}을 3개로 하여 횡방향 철근의 단면적 ΣA_{st}를 구하면, D13 두 개의 단면적 A_{tr}이 253 mm^2이므로

$$\Sigma A_{st} = n_{str}\,A_{tr} = 3 \times 253 = 759\,mm^2$$

α_3의 수식에 사용되는 최소 횡방향 철근 단면적 $\Sigma A_{st,\,min}$은 보에서는 0.25 A_s이고, A_s는 정착되는 철근 중 가장 큰 철근 한 개의 단면적으로 일반적으로 사용하는 기호 A_b와 같다. $\Sigma A_{st,\,min}$을 구하면, D29철근의 단면적이 642.4 mm^2이므로

$$\Sigma A_{st,\,min} = 0.25\,A_s = 0.25\,A_b = 0.25 \times 642.4 = 161\,mm^2$$

따라서 λ를 계산하면

$$\lambda = \frac{\Sigma A_{st} - \Sigma A_{st,\,min}}{A_s} = \frac{759-161}{642.4} = 0.931$$

α_3 수식에 적용하는 K는 그림 10-53의 구속조건에 따라 결정하는데, 정착되는 3개의 D29 철근 중 양쪽 철근 2개는 전단철근의 모서리로 구속되고 가운데 철근 1개는 직선 전단철근으로 구속된다. 이 두 가지 구속효과를 구분하여 양쪽 철근과 가운데 철근의 설계정착길이를 각각 따로 구할 수도 있다. 그러나 그 두 값이 차이가 크지 않고, 또 설계결과에 차이가 나타나지 않을 것이므로 정착에 불리한 직선 구속의 경우를 적용하기로 한다. 직선 구속의 경우 K 값은 0.05이므로, 이제 α_3를 계산하면

$$\alpha_3 = 1-K\lambda = 1-0.05\times0.931 = 0.953$$

따라서 설계정착길이 l_{bd}를 계산하면

$$l_{bd} = \alpha_1\alpha_2\alpha_3\alpha_4\alpha_5\, l_b = 1.0\times0.908\times0.953\times1.0\times1.0\times1{,}144 = 990\ mm$$

설계정착길이 l_{bd}에 대하여 최소 정착길이 $l_{b,\,min}$와 설계정착길이 내에 배치된 전단철근의 수 n_{str}을 검토하면

$$l_{bd} = 990\ mm > l_{b,\,min}\ (= 429\ mm)$$

$$n_{str} = \frac{l_{bd}}{s} = \frac{990}{300} = 3.3$$

설계정착길이 내에 배치된 전단철근의 수 n_{str}은 앞의 계산 과정과 동일하게 3개이므로 모든 계산이 만족된다. 따라서 설계정착길이 l_{bd}는 다음과 같다.

$$l_{bd} = 990\ mm$$

참고로, 이 인장철근에 대하여 KDS 24 14 21 콘크리트교 설계기준(한계상태설계법)에 따라 계산한 설계정착길이 l_{bd} 값 990 mm는 예제 10-5에서 KDS 14 20 콘크리트구조 설계기준에 따라 계산한 정착길이 l_{bd} 값 1,018 mm의 97.2%로, 두 값은 3% 수준의 차이를 보인다.

예제 10-9 다음 그림 10-55와 같이 슬래브에 배치되어 벽체에 정착되는 단면 상부 SD400 D16 인장철근에 대하여 KDS 24 14 21 콘크리트교 설계기준(한계상태설계법)에 따라 구부림 후 철근지름의 5배의 연장길이를 갖고 벽체 내에 정착될 때의 설계정착길이 l_{bd}를 구하고 벽체 내에 정착이 가능한지 검증하시오. 벽체에는 반력의 작용으로 단위면적 당 8MPa의 압축력이 작용하며, 콘크리트의 설계기준압축강도는 40MPa이다.

〈풀이〉

(1) 설계부착강도와 기본정착길이

콘크리트의 평균압축강도와 콘크리트의 하위 0.05 분위 기준인장강도를 계산하면

$$f_{cm} = f_{ck}+\Delta f = 40+4 = 44\ MPa$$

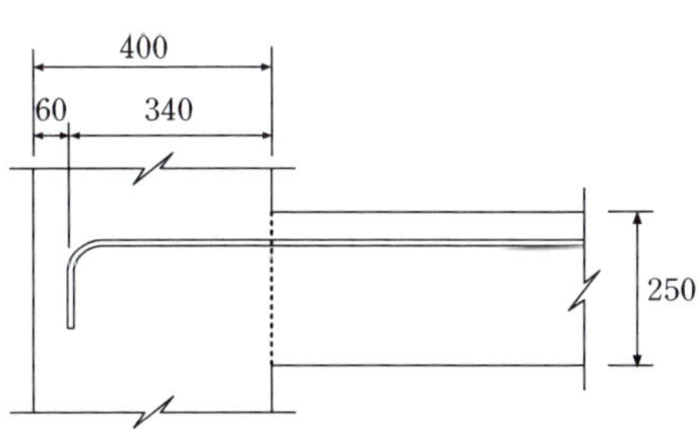

(a) 벽체와 캔틸레버 슬래브 정면도

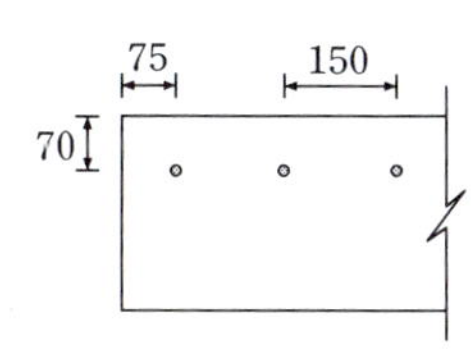

(b) 슬래브 단면도

그림 10-55 예제 10-9의 단면과 철근 배치도

$$f_{ctk} = 0.21(f_{cm})^{2/3} = 0.21\times(44)^{2/3} = 2.62\ MPa$$

벽체의 높이가 600 mm를 넘을 것이므로 벽체 내의 D16 부모멘트 철근은 그림 10-50(d)의 불리한 구간에 위치한다. 따라서 부착에 불리한 조건에 해당되므로, 다음과 같이 η_1의 값으로 0.7을 적용한다.

$$\eta_1 = 0.7$$

철근의 크기는 D16으로 D32 이하이므로, 다음과 같이 η_2의 값으로는 1.0을 적용한다.

$$\eta_2 = 1.0$$

이제 설계부착강도 f_{bd}를 구하면

$$f_{bd} = \phi_c(2.25\,\eta_1\eta_2 f_{ctk}) = 0.65\times2.25\times0.7\times1.0\times2.62 = 2.68\ MPa$$

기본정착길이 l_b를 구하기 위하여 철근의 설계응력 f_{sd}를 구하면,

$$f_{sd} = f_{yd} = \phi_s f_y = 0.9\times400 = 360\ MPa$$

기본정착길이 l_b를 구하면

$$l_b = \frac{d_b}{4}\frac{f_{sd}}{f_{bd}} = \frac{15.9}{4}\times\frac{360}{2.62} = 546\ mm$$

(2) 설계정착길이

먼저 인장철근의 최소 정착길이를 결정하기 위한 세 가지 조건을 구하면

$$0.3\,l_b = 0.3\times546 = 164\ mm$$

$$15\,d_b = 15\times15.9 = 239\ mm$$

$$100\ mm$$

최소 정착길이는 이 세 값 중 가장 큰 값이므로, 최소 정착길이 $l_{b,\,min}$는 다음과 같다.

$$l_{b,\,min} = 239\ mm$$

보정계수 결정을 위하여 조건을 검증하면, 정착되는 철근이 직선철근이고 용접되지 않은 횡방향 철근이나 용접된 횡방향 철근에 의해 구속되어 있지 않으므로, 보정계수 α_1, α_3, α_4는 다음과 같다.

$$\alpha_1 = \alpha_3 = \alpha_4 = 1.0$$

콘크리트 피복에 대한 직선철근의 보정계수 α_2는 측면 피복두께 c_1 및 주철근에 대한 연단 피복두께 c와 함께 철근의 수평 순간격 a의 1/2 중 가장 작은 값을 C_d로 하여 수식으로 결정한다. 그림 10-55(b)의 단면도에 나타난 바와 같이 최 외측 D16 철근의 중심에서 벽체의 측면까지 75 mm이고, D16 철근의 중심에서 인장연단까지 70 mm이며, 철근 중심간격이 150 mm이므로

$$c_1 = 75-\frac{d_b}{2} = 75-\frac{15.9}{2} = 67.1\ mm$$

$$c = 70-\frac{d_b}{2} = 70-\frac{15.9}{2} = 62.1\ mm$$

$$\frac{a}{2} = \frac{150-d_b}{2} = \frac{150-15.9}{2} = 67.1\ mm$$

따라서 C_d 값은 다음과 같다.

$$C_d = 62.1\ mm$$

이제 C_d 값을 이용하여 갈고리 철근의 보정계수 α_2를 구하면

$$\alpha_2 = 1-0.15\frac{C_d-3\,d_b}{d_b} = 1-0.15\times\frac{62.1-3\times15.9}{15.9} = 0.864$$

이 값은 0.7과 1.0 사이의 값이므로 α_2는 계산한 값 0.864를 적용한다.

벽체의 반력에 의한 압축응력 8 MPa이 횡방향 압력 p로 작용하여 철근을 구속하므로, 보정계수 α_5를 계산하면

$$\alpha_5 = 1-0.04\,p = 1-0.04\times 8 = 0.68 < 0.7$$

계산한 값이 0.7 미만이므로 α_5 값은 다음과 같다.

$$\alpha_5 = 0.7$$

이제 설계정착길이 l_{bd}를 계산하고 벽체 내의 묻힘길이 l_{emb}와 비교하면

$$l_{bd} = \alpha_1\alpha_2\alpha_3\alpha_4\alpha_5\, l_b = 1.0\times 0.864\times 1.0\times 1.0\times 0.7\times 546 = 330\ mm > l_{b,\,min}\,(= 239\ mm)$$

$$l_{bd} = 330\ mm < l_{emb}\,(= 340\ mm)$$

벽체 내에 배치가 가능하다.

10.5.2 콘크리트교 설계기준에 따른 휨철근의 정착 설계검증

휨철근의 정착에 대한 설계검증은 KDS 24 14 21 콘크리트교 설계기준(한계상태설계법)과 KDS 14 20 콘크리트구조 설계기준이 동일한 개념에 바탕을 두고 있다. 다만 적용하는 방법에 있어서 약간의 차이가 있을 뿐이다. 다음은 KDS 24 14 21 콘크리트교 설계기준(한계상태설계법)에 따른 휨철근 정착 설계의 주요 내용이다.

[1] 휨부재 인장철근의 인장력 성능곡선

10.3.7절 [1]항에서 설명한 바와 같이 KDS 14 20 콘크리트구조 설계기준에 따른 휨철근 정착 설계검증은 그림 10-31의 휨모멘트 분포도를 대상으로 최소연장길이(minimum extension length) l_{ext}를 고려하여 인장철근의 절단 위치를 결정한다. 최소연장길이는 10.3.7절 [2]항에서 설명한 바와 같이 전단력의 영향으로 철근에 인장력이 추가되는 현상을 반영한 것이다.

KDS 24 14 21 콘크리트교 설계기준(한계상태설계법)은 KDS 14 20 콘크리트구조 설계기준과 달리 그림 10-56과 같은 인장철근의 인장력 분포와 성능곡선을 이용한 휨철근 정착 설계검증을 규정하고 있다. 이때 휨부재 인장철근의 인장력 분포는 휨모멘트에 의한 철근 인장력과 전단력에 의한 철근 인장력을 합한 인장력 분포이다. 인장철근만 배치된 부재에 계수휨모멘트 M_u, 계수축력 N_u, 계수전단력 V_u가 작용하는 일반적인 경우, M_u와 N_u에 의하여 작용하는 인장철근의 인장력 T_{uft}는 다음과 같다.

$$T_{uft} = \frac{M_u}{z} + N_u \qquad (10\cdot 62)$$

여기서, z는 단면 압축부 콘크리트에 작용하는 압축내력과 철근에 작용하는 인장내력 사이의 팔길이이고, 계수축력 N_u는 인장력일 때의 부호가 (+)이다. 인장력이 작용하지 않는 휨부재에서는 계수휨모멘트 M_u에 의하여 작용하는 인장철근의 인장력 T_{uf}는 다음과 같으며, 정모멘트와 부모멘트가 작용하는 부재의 T_{uf} 인장력 분포는 그림 10-56과 같다.

$$T_{uf} = \frac{M_u}{z} \tag{10·63}$$

계수전단력 V_u에 의하여 작용하는 인장철근의 추가 인장력 ΔT는 다음 식으로 계산하며, 그림 10-56에 나타난 바와 같이 계수휨모멘트 M_u에 의한 인장철근의 인장력 T_{uf}에 추가한다.

$$\Delta T = 0.5\, V_u (\cot\theta - \cot\alpha) \tag{10·64}$$

여기서 θ는 콘크리트 압축 스트럿과 주인장 철근 사이의 경사각이고, α는 전단철근과 주인장 철근 사이의 경사각이다. α가 90°인 수직 전단철근을 사용할 때에는 계수전단력 V_u에 의한 인장력 ΔT가 다음과 같이 간단해진다.

$$\Delta T = 0.5\, V_u \cot\theta \tag{10·65}$$

이에 따라 휨부재 인장철근의 최종 계수인장력 T_u는 다음과 같이 나타낼 수 있다.

$$T_u = T_{uf} + \Delta T \tag{10·66}$$

이와 같이 T_{uf} 분포에 ΔT를 추가하여 최종 인장철근의 인장력 T_u 분포를 구하는 방법 대신, T_{uf} 분포를 a_l 만큼 이동시키는 전이법칙(shift rule)을 적용하는 방법을 적용할 수 있다. 이것은 철근의 인장력 분포가 휨모멘트 분포에 거의 비례하기 때문으로, 경사균열에 의해 추가되는 인장력을 직접 계산하지 않더라도 그림 10-56에 나타낸 a_l 만큼 T_{uf} 분포를 이동시켜서 간편하게 T_u 분포를 구할 수 있다. 이때 이동거리 a_l은 전단철근이 배치된 부재에 대하여 식 (10·67)의 일반식이나 수직 전단철근이 배치된

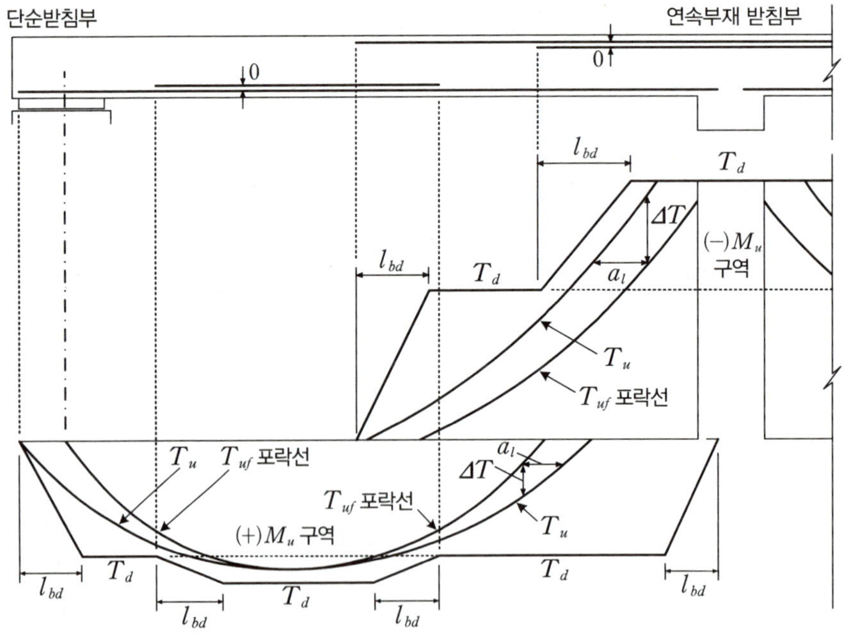

그림 10-56 철근콘크리트 휨부재 인장철근의 인장력 분포와 성능곡선

부재에 대한 간략화 된 식 (10 · 68)로 결정한다.

$$a_l = \frac{z(\cot\theta - \cot\alpha)}{2} \qquad (10 \cdot 67)$$

$$a_l = \frac{z\cot\theta}{2} \qquad (10 \cdot 68)$$

전단철근이 배치되지 않은 부재에 대해서는 a_l을 다음과 같이 부재의 유효깊이 d로 결정한다.

$$a_l = d \qquad (10 \cdot 69)$$

이와 같이 구성한 인장철근의 계수인장력 T_u 분포를 대상으로, 다음 식으로 계산되는 인장철근의 설계항복인장력 T_d와 설계정착길이 l_{bd}로 구성된 성능곡선을 비교하여 모든 구간에서 성능곡선이 철근의 계수인장력 이상임을 확인함으로써 휨철근 정착 설계검증을 수행한다.

$$T_d = f_{yd}\,A_s = \phi_s f_y\,A_s \qquad (10 \cdot 70)$$

[2] 부재 단부 하부철근의 정착

휨부재 단부가 회전구속되지 않은 경우라도 경간 내 하부에 배치된 총 철근단면적의 1/3 이상을 단부 하부철근으로 배치하여야 한다. 이것은 하중작용의 불확실성이나 받침부의 침하 또는 횡방향 하중이나 다른 원인으로 인하여 발생할 수 있는 휨모멘트의 변동을 고려한 것이다. 이때 하부철근은 받침부 내로 연장하여야 하며, 그림 10-57과 같이 설계정착길이 l_{bd} 이상의 묻힘길이를 갖도록 하여야 한다. 여기서 묻힘길이는 그림 10-57과 같이 받침부가 접촉하는 받침부 내면을 기준으로 한다. 설계정착길이 l_{bd}를 결정할 때, 그림 10-57(a)와 같이 기둥이나 벽체를 통하여 직접반력이 작용하는 단부는 반력에 의하여 철근에 작용하는 횡방향 구속압력의 효과를 고려할 수 있다.

정착 영역 철근에 작용하는 힘은 휨모멘트에 의한 인장력 외에 다음 식으로 나타낸 계수전단력과 계수축력의 영향이 포함되어야 하며, 경사균열에 의한 영향을 인장력으로 직접 고려하는 방법이나 인장력 포락곡선을 이동시키는 전이법칙을 적용하여 철근의 절단 위치를 결정하여야 한다.

$$T = \frac{V_u a_l}{z} + N_u \qquad (10 \cdot 71)$$

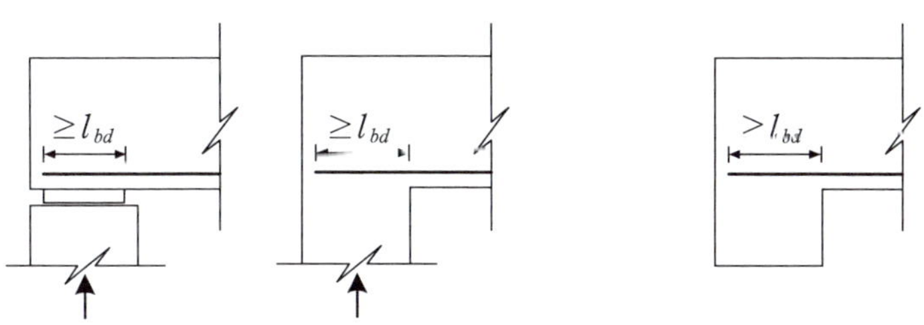

(a) 직접반력이 작용하는 단부　　(b) 간접반력이 작용하는 단부

그림 10-57 부재 단부 하부 철근의 정착

[3] 내측 받침부 하부철근의 정착

중력방향으로 하중이 작용하는 연속부재의 내측 지점은 부모멘트가 작용하는 위치이므로 논리적으로는 정모멘트에 저항하는 하부철근이 필요하지 않다. 그러나 하중의 변화, 받침부의 침하, 횡하중 또는 다른 원인으로 인한 휨모멘트의 변동이 발생하면 연속부재의 내측 지점에도 정모멘트가 작용할 수 있다. 따라서 이와 같은 정모멘트 작용에 대비하여 경간 내에 배치된 하부철근 총 단면적의 1/4 이상을 내측 받침부 내로 연장하여야 한다. 이때 연장되는 하부철근은 그림 10-58(a)와 같이 직선철근의 경우 철근지름의 10배 이상, 지름이 16 mm 이상인 갈고리 철근의 경우 갈고리 구부림 지름 d_m 이상의 묻힘길이를 갖도록 하여야 한다. 지름이 16 mm 미만인 갈고리 철근의 경우에는 묻힘길이가 d_m의 2배 이상이어야 한다. 여기서 d_m은 3장 3.4.1절 그림 3-5로 설명한 철근 구부림 용 굴대의 지름으로, 표 3-8의 구부림 최소 내면 반지름의 2배이다. 따라서 갈고리 철근지름이 16 mm 이상일 때는 구부림 내면 반지름의 2배 이상, 16 mm 미만일 때는 4배 이상이어야 한다. 좀 더 정밀한 해석을 수행하여 이보다 더 작은 정착길이가 가능하다는 것을 입증한다면 이 최솟값보다 작은 묻힘길이로 설계할 수 있다.

또한 내측 받침부 하부철근은 지점 침하 등에 의해 발생할 수 있는 정모멘트에 저항할 수 있어야 하므로 절단하지 않고 연속되게 배치하거나 겹침이음 등으로 연결하여야 한다. 이것은 구조 일체성(structural integrity) 확보를 목적으로 하는 것으로, 받침부 내부에도 겹침이음 구간이 존재하는 경우에는 그림 10-58(b)와 같이 철근지름의 10배를 받침부 내부 연장하고 설계정착길이 l_{bd} 이상의 겹침이음길이를 갖도록 하여야 한다. 받침부의 외부에서 겹침이음 할 때에는 그림 10-58(c)와 같이 설계정착길이 l_{bd} 이상의 겹침이음길이를 갖도록 하면 된다.

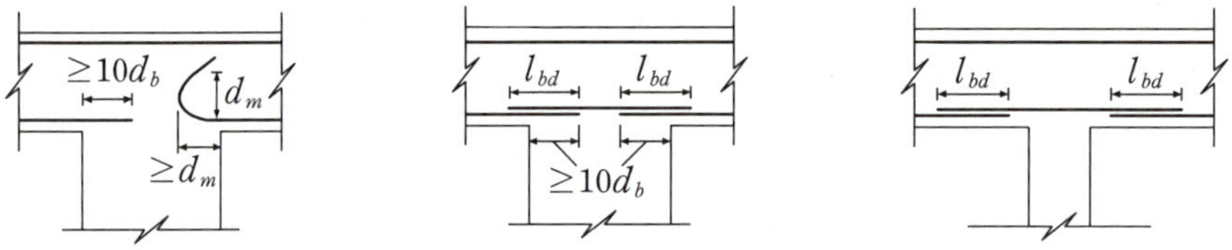

(a) 하부철근의 묻힘길이　(b) 받침부 내부의 겹침이음　(c) 받침부 외부의 겹침이음

그림 10-58 내측 받침부의 하부철근 정착

10.5.3 콘크리트교 설계기준에 따른 전단철근과 띠철근의 정착

전단철근과 띠철근은 단부를 구부린 갈고리로 주철근을 감싸도록 하거나 횡방향 철근을 용접하여 정착시켜야 하며, 그림 10-59와 같은 상세를 갖도록 하여야 한다. 갈고리로 정착시키고자 할 때는 기준에서 정한 최소 내면 반지름 이상으로 구부린 후 구부림 각도에 따라 규정된 길이 이상의 연장길이를 갖도록 하여야 한다. KDS 24 14 21 콘크리트교 설계기준(한계상태설계법)에서는 전단철근과 띠철근의 갈고리 구부림 각도와 상세를 그림으로 나타내고 있는데, 90° 갈고리는 명확하게 나타내고 있으나 그림 10-59(a)와

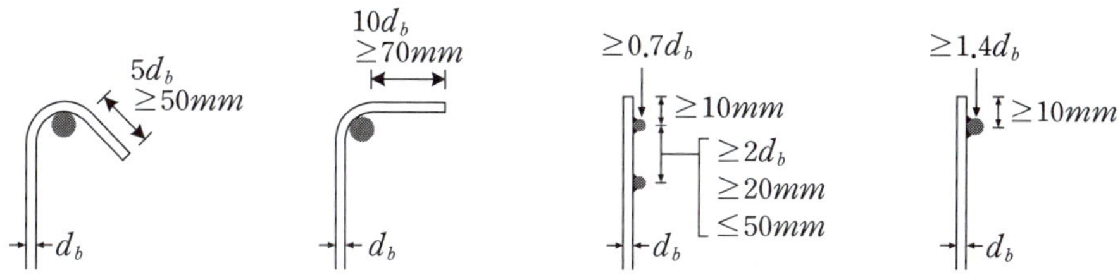

(a) 135° 이상 갈고리 (b) 90° 갈고리 (c) 2개 용접 철근 (c) 1개 용접 철근

그림 10-59 전단철근과 띠철근의 정착

같이 90°보다 더 큰 각도에 대하여는 수치로 기술하고 있지 않지만 135° 이상의 각도를 적용하는 것으로 이해할 수 있다. 따라서 90°보다 더 큰 각도의 갈고리는 그림 10-59(a)와 같이 135° 이상의 각도 구부린 후 철근지름의 5배 이상이며 또한 50 mm 이상인 연장길이를 갖도록 하여야 한다. 90° 갈고리는 그림 10-59(b)와 같이 철근지름의 10배 이상이며 또한 70 mm 이상인 연장길이를 갖도록 하여야 한다.

횡방향 철근을 용접하여 정착성능을 발휘하도록 할 때에는 용접되는 횡방향 철근의 수에 따라 상세가 다르게 규정되어 있다. 즉, 두 개의 횡방향 철근을 용접할 때에는 그림 10-59(c)와 같이 횡방향 철근의 지름이 정착되는 철근지름의 0.7배 이상이어야 하며, 단부에서 10 mm 이상 떨어진 위치에 횡방향 철근 하나를 용접하고, 정착되는 철근지름의 2배 이상이며 또한 20 mm 이상이고 50 mm 이하인 간격으로 또 하나의 횡방향 철근을 용접하여야 한다. 한 개의 횡방향 철근을 용접할 때에는 그림 10-59(d)와 같이 횡방향 철근의 지름이 정착되는 철근지름의 1.4배 이상이어야 하며, 단부에서 10 mm 이상 떨어진 위치에 횡방향 철근을 용접하여야 한다.

10.5.4 콘크리트교 설계기준에 따른 이형철근의 이음 설계검증

철근을 연결하는 이음방법으로는 10.2절에서 그림 10-12로 소개한 바와 같이 겹침이음, 기계적이음, 용접이음의 세 가지를 적용할 수 있다. 이 절에서는 KDS 24 14 21 콘크리트교 설계기준(한계상태설계법)의 이형철근 이음 규정을 소개한다. 기계적이음과 용접이음은 성능이 검증된 방법을 적용하여야 하며, 다발철근의 이음은 해당 규정에 따라야 한다.

[1] 겹침이음 상세

KDS 24 14 21 콘크리트교 설계기준(한계상태설계법)의 이형철근 겹침이음 상세는 하나의 철근에서 다른 철근으로 힘이 확실하게 전달되어야 하고, 이음부 근처에서 콘크리트의 박리가 발생하지 않아야 하며, 구조물의 성능에 영향을 주는 커다란 균열은 발생하지 않아야 한다는 세 가지를 성능목표로 하고 있다. 이를 만족하기 위하여 겹침이음부는 서로 엇갈리게 배치하고 응력이 큰 영역에서는 배치하지 않도록 규정하고 있으며 대칭으로 배치할 것을 추천하고 있다. 다만 설계기준에서 규정하고 있는 겹침이음 상세를 따를 경우, 응력이 크지 않은 영역에서 한 열로 배치되어 있는 인장철근의 겹침이음은 엇갈림

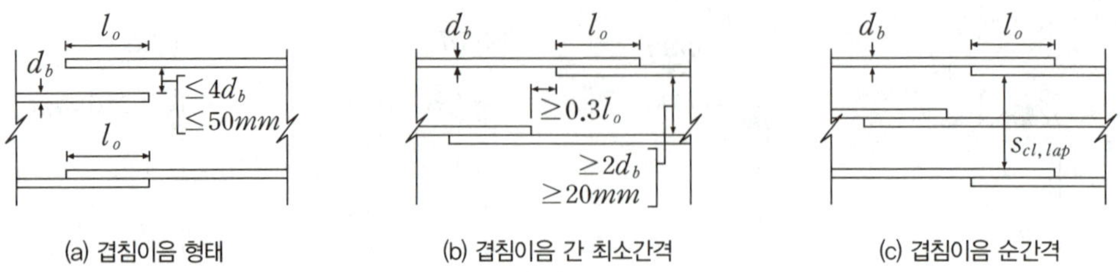

그림 10-60 겹침이음 상세

이음 대신 모든 철근을 한 곳에서 겹침이음하는 것을 허용한다. 이때의 겹침이음길이는 다음 [2]항에서 소개하는 내용과 같이 1.5의 보정계수 α_6 값을 적용하여 증가시켜야 한다. 인장철근이 여러 열로 배치된 경우는 최대 50%까지 한 곳에서 겹침이음할 수 있다. 인장철근과는 다르게 압축철근과 배력철근은 특별한 조건 없이 모든 철근을 한 곳에서 겹침이음할 수 있으나 최대 응력이 작용하는 위치는 피하여야 한다.

겹침이음 상세로 규정된 겹침이음 형태로는 그림 10-60(a)와 같은 두 가지 형태이다. 즉, 그림 10-60(a)의 아래 그림과 같이 두 개의 철근을 접촉시킨 형태이거나, 위 그림과 같이 철근지름의 4배 이하이며 또한 50 mm 이하의 횡방향 순거리로 떨어진 형태이다. 만일 겹침이음되는 철근 간의 횡방향 순거리가 4 d_b 또는 50 mm를 초과할 때에는 4 d_b 또는 50 mm를 넘는 순간격만큼의 길이로 겹침이음길이 l_o를 증가시켜야 한다.

인접한 두 겹침이음 사이의 축방향 거리, 즉 한 철근의 겹침이음 끝과 가장 가까이 인접한 철근의 겹침이음 끝 사이의 축방향 거리는 그림 10-60(b)와 같이 겹침이음길이 l_o의 0.3배 이상이 되어야 한다. 또한 각각 겹침이음된 인접한 철근 사이의 순거리는 그림 10-60(b)와 같이 철근지름의 2배 이상이며 또한 20 mm 이상이어야 한다. 이웃하는 겹침이음 사이의 순간격 $s_{cl,\,lap}$은 그림 10-60(c)에 나타낸 바와 같이 한 단면에서 겹침이음된 철근 사이의 순간격을 의미한다.

[2] 설계 겹침이음길이

설계 겹침이음길이는 다음과 같이 계산한다.

$$l_o = \alpha_1 \alpha_2 \alpha_3 \alpha_4 \alpha_5 \alpha_6 \, l_b \left(\frac{A_{s,\,req}}{A_{s,\,prov}} \right) \geq l_{o,\,min} \qquad (10 \cdot 72)$$

$$l_{o,\,min} = \max[0.3\,\alpha_6 l_b,\ 15\,d_b,\ 200\,mm] \qquad (10 \cdot 73)$$

여기서 보정계수 α_1, α_2, α_5의 값은 표 10-13에 소개한 것과 동일하게 적용하지만, α_3는 설계정착길이를 결정할 때와 달리 $\sum A_{st}$ 값을 적용한다. 즉, α_3와 λ는 앞의 식 (10 ·57)과 식 (10 ·58)로 결정하는데, 설계정착길이를 결정할 때에는 $\sum A_{st}$로 설계정착길이 l_{bd} 내에 배치된 횡방향 철근의 단면적을 적용하지만 설계 겹침이음길이를 결정할 때에는 $\sum A_{st}$로 겹침이음철근 1개의 단면적 A_s를 적용한다.

$$\alpha_3 = 1 - K\lambda \qquad (10 \cdot 57)$$

$$\lambda = \frac{\sum A_{st} - \sum A_{st,\,min}}{A_s} \tag{10 ·58}$$

α_6는 겹침이음 비율을 고려하여 결정되는 보정계수로 다음 식으로 계산하며, 1.0 이상이며 1.5 이하의 값을 적용한다.

$$\alpha_6 = \left(\frac{\rho_1}{25}\right)^{0.5} \tag{10 ·74}$$

$$1.0 \le \alpha_6 \le 1.5 \tag{10 ·75}$$

여기서 ρ_1은 고려하는 겹침길이의 중앙으로부터 0.65 l_o내에 겹침이음된 철근의 비로, 페센트 값으로 적용한다. 겹침이음 비율 ρ_1 값은 그림 10-61과 같이 결정한다. 즉, 겹침이음의 중앙에서 양쪽으로 0.65 l_o 떨어진 위치 사이로 구간을 설정하고, 전체 겹침이음 중에서 중앙이 구간 내에 위치하는 겹침이음의 비율로 ρ_1의 값을 결정한다. 예를 들면 그림 10-61(a)는 가장 위의 첫 번째 겹침이음의 중앙에서 폭이 1.3 l_o인 구간을 설정하였을 때 위에서 네 번째 겹침이음의 일부가 구간 내에 위치하지만 중앙이 구간 외부에 위치하므로, 4개의 겹침이음 중 한 개가 구간 내에 존재한다고 판단하여 ρ_1는 25%가 된다. 마찬가지 방법을 적용하여 그림 10-61(b)의 경우에는 4개중 2개가, 그림 10-61(c)의 경우에는 4개중 3개가 중심이 구간 내에 존재하므로, ρ_1는 각각 50%와 75%가 된다.

이와 같은 방법으로 결정한 ρ_1 값을 식 (10 ·74)에 적용한 α_6의 값은 표 10-14와 같다. 여기서 식 (10 ·74)에 따라 α_6 값이 1.5가 되는 ρ_1 값을 구하면 56%이지만, 56% 겹침이음 비율은 현실적으로 존재하기 어렵고 60%나 75% 또는 80% 겹침이음 비율이 가능하겠지만 모두 56%를 초과하여 α_6 값이 모두 1.5이므로 표 10-14에서 50%를 초과한 경우를 1.5로 표시한 것이다.

식 (10 ·72)에서 $A_{s,\,req}$는 소요 철근단면적이고 $A_{s,\,prov}$는 배치된 철근단면적이므로, $(A_{s,\,req}/A_{s,\,prov})$ 비율은 (배근 A_s/소요 A_s) 비율의 역수이다. 만일 보수적이고 안전측인 설계를 하고자 할 때는 이 보정계수로 1.0을 적용할 수 있을 것이다. 참고로 이 보정계수는 KDS 24 14 21 콘크리트교 설계기준(한계상태설계법)의 설계 겹침이음길이 수식에는 적용되지만, Eurocode 2에서는 적용되지 않는다.

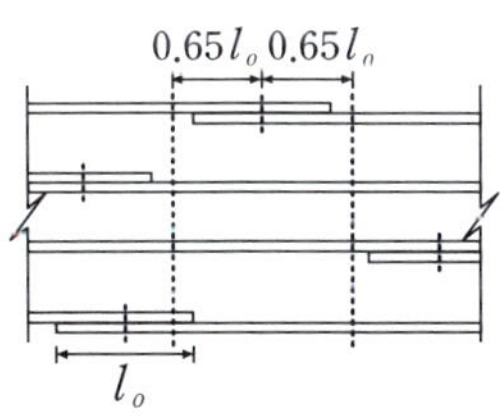

(a) 겹침이음 비율 25%

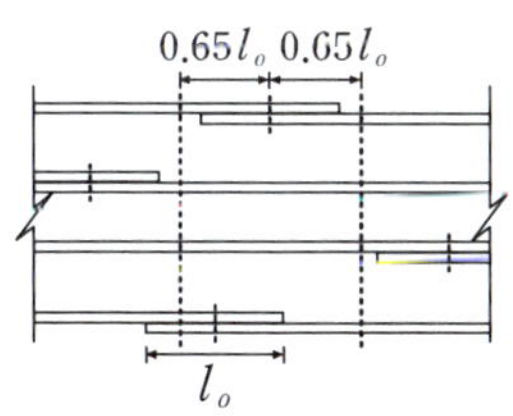

(b) 겹침이음 비율 50%

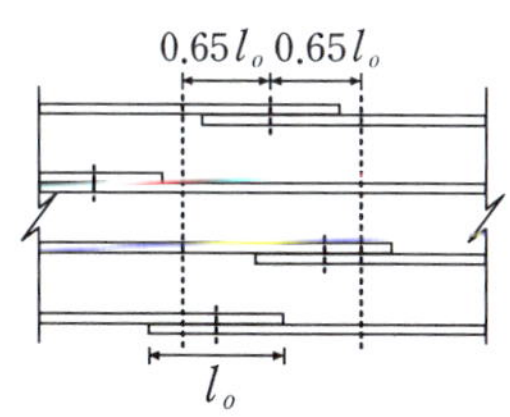

(c) 겹침이음 비율 75%

그림 10-61 겹침이음 비율

표 10-14 **겹침이음 비율 ρ_1에 따른 보정계수 α_6**

겹침이음 비율 ρ_1	25% 이하	33%	50%	50% 초과
보정계수 α_6	1.0	1.15	1.4	1.5

[3] 겹침이음 구간의 횡방향 철근 보강

인장철근이 겹침이음된 경우의 파괴형태는 10.4.1절에서 그림 10-47(a)로 설명한 바와 같이 취성을 나타내므로, 조건에 따라서는 겹침이음 구간을 횡방향 철근으로 보강하여야 한다. 즉, 겹침이음되는 철근의 지름이 20 *mm*보다 작은 경우 또는 겹침이음 비율이 25%보다 작은 경우에는 전단철근이나 띠철근으로 배치된 횡방향 철근이 횡방향 인장력에 대해 충분하다고 가정할 수 있으므로, 추가의 횡방향 철근 보강은 필요하지 않다.

겹침이음 철근의 지름이 20 *mm* 이상인 경우에는 겹침이음부를 횡방향 철근으로 보강하여야 한다. 이때 횡방향 철근 전체 단면적 A_{st}는 겹침이음된 철근으로 형성된 평면과 나란한 모든 횡방향 철근 단면적의 합으로 정의되며, A_{st}는 겹침이음된 철근 하나의 단면적 A_s 이상이어야 한다. 또 횡방향 철근은 겹침이음 철근과 콘크리트 표면 사이에 겹침이음 철근의 직각방향으로 배치하여야 한다. 만약에 50% 이상의 철근이 한 지점에서 겹침이음 되고, 또한 그림 10-60(c)에 나타낸 겹침이음 사이의 순간격 $s_{cl,\,lap}$가 철근지름의 10배인 10 d_b 이하라면 횡방향 철근을 띠철근 형태 또는 단면 내에 정착되는 U형 철근형태로 배치하여야 한다.

인장 겹침이음부를 보강하는 횡방향 철근은 그림 10-62(a)와 같이 겹침이음부의 양 끝에 1/2씩을 $l_o/3$ 구간에 150 *mm* 이하의 간격으로 배치하여야 한다. 지속하중으로 압축력을 받는 압축 겹침이음부를 보강하는 횡방향 철근은 그림 10-62(b)와 같이 겹침이음부의 양 끝의 $l_o/3$ 구간과 함께 추가되는 4 d_b 내에 하나의 횡방향 철근을 배치하여 횡방향 철근 전체 단면적 A_{st}의 1/2을 배치하여야 한다.

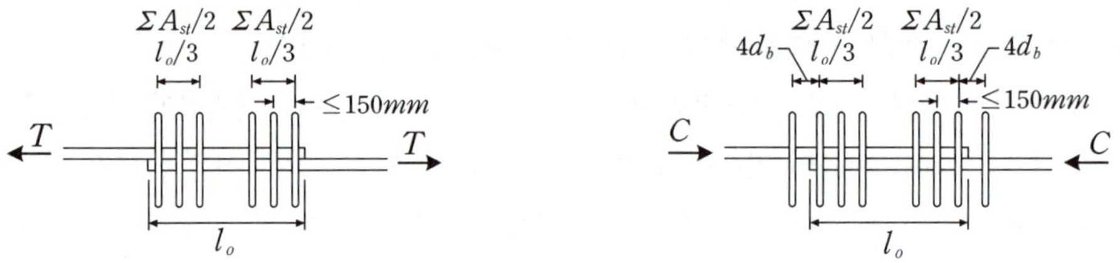

(a) 인장 겹침이음부의 횡방향 철근 보강 (b) 압축 겹침이음부의 횡방향 철근 보강

그림 10-62 겹침이음 철근의 지름이 20 mm 이상인 경우의 횡방향 철근 보강

10.5.5 콘크리트교 설계기준에 따른 굵은 철근에 대한 추가 규정

정착되는 철근이 굵으면 콘크리트로 전달되는 인장력이 커서 콘크리트의 쪼갬파괴가 발생하기 쉽다. 또한 인장철근이 축방향으로만 변형이 발생하는 것이 아니라 휨모멘트에 의한 부재의 처짐으로 인장철근이 콘크리트 연단피복을 밀어내는 다월(dowel) 작용이 커져서, 콘크리트 피복이 쪼개지며 탈락하여 부착파괴가 발생하기 쉽다. 따라서 굵은 철근의 정착방법으로는 기계적 정착이 효과적이다. 굵은 철근을 직선철근으로 정착하는 경우에는 갈고리 또는 구부린 부분을 가진 횡방향 철근으로 구속하여 정착 성능을 확보하여야 한다.

KDS 24 14 21 콘크리트교 설계기준(한계상태설계법)은 정착되는 철근의 지름이 32 mm를 초과하는 경우, 즉 D35 이상의 철근인 경우 인장면에 평행한 방향으로의 횡방향 철근단면적 A_{sh}와 인장면에 수직한 방향으로의 횡방향 철근단면적 A_{sv}가 각각 다음의 최소 횡방향 철근단면적 $A_{sh,\,min}$와 $A_{sv,\,min}$ 이상이도록 규정하고 있다.

$$A_{sh,\,min} = 0.25\,A_b\,n_1 \qquad (10\cdot76)$$

$$A_{sv,\,min} = 0.25\,A_b\,n_2 \qquad (10\cdot77)$$

여기서 A_b는 정착되는 철근의 단면적으로, KDS 24 14 21 콘크리트교 설계기준(한계상태설계법)에서는 기호 A_s로 표현하고 있으나 전체 인장철근 단면적으로 오해할 수 있으므로 여기서는 A_b로 표현하였다. n_1은 단면 내에서 같은 위치에 정착되는 철근 열(층)의 수이며, n_2는 각 열에서 정착되는 철근의 수이다. 정착되는 철근이 짙은 색으로 표현된 그림 10-63은 규정에 따라 적용되는 횡방향 철근단면적의 예를 나타낸다. 그림 10-63의 (a)와 (c)와 같이 인장철근이 1열로 배치되는 경우 n_1으로 1이 적용되어 $A_{sh,\,min}$은 0.25 A_b가 되고, 그림 10-63의 (b)와 (d)와 같이 인장철근이 2열로 배치되는 경우 n_1으로 2가 적용되어 $A_{sh,\,min}$은 0.5 A_b가 된다. 또 그림 10-63의 (a)와 (b)와 같이 인장철근이 1열이든 2열이든 한 열에서 정착되는 철근이 2개인 경우 n_2로 2가 적용되어 $A_{sv,\,min}$은 0.5 A_b가 되고, 그림 10-63의 (c)와 (d)와 같이 한 열에서 정착되는 철근이 3개인 경우에는 n_2로 3이 적용되어 $A_{sv,\,min}$은 0.75 A_b가 된다. 이렇게 횡보강하는 철근은 정착구역에서 균일하게 분포되어야 하며, 간격은 주철근 지름의 5배 이하이어야 한다.

한편, 같은 단면적의 인장철근을 배치할 때 지름이 큰 소수의 인장철근을 배치하면 지름이 작은 다수의 인장철근을 배치할 때보다 균열폭이 커지는 문제가 발생한다. 따라서 이런 경우에는 균열제어용으로 표피철근을 배치하여야 하는데 이때의 표피철근 단면적은 인장철근의 직각 방향으로 0.01 $A_{ct,\,ext}$ 이상, 평행한 방향으로 0.02 $A_{ct,\,ext}$ 이상이어야 한다. 여기서 $A_{ct,\,ext}$는 사용하중 상태의 중립축에서 인장연단까지 횡방향 철근 바깥쪽의 인장콘크리트 면적이다. D35 이상의 굵은 철근의 연결은 기계적이음을 사용하여야 하지만, 단면 치수가 1.0 m 이상이거나 철근응력이 설계강도의 80% 이하인 단면에서는 겹침이음을 할 수 있다.

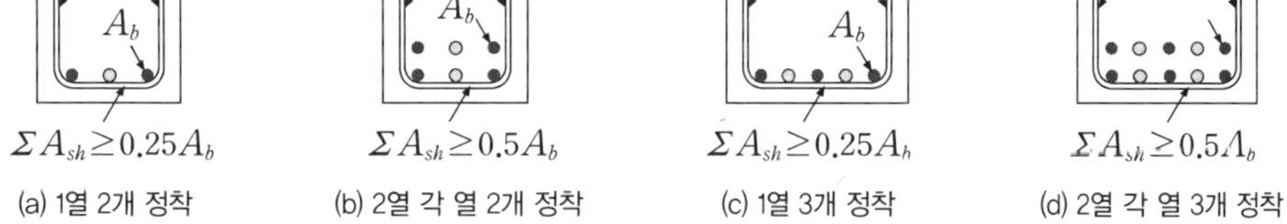

그림 10-63 굵은 철근 정착을 위한 횡방향 철근 보강(짙은 색이 정착철근)

참고문헌

10.1 Nilson, A. H., Darwin, D., Dolan, C. W., Design of Concrete Structures, 14th edition, McGraw-Hill, 2010, 795 pp.

10.2 ACI Committee 408, Bond and Development of Straight Reinforcing Bars in Tension (ACI 408R-03), American Concrete Institute, Farmington Hills, Michigan, 2003, 49 pp.

10.3 Wight, J. K., MacGregor, J. G., Reinforced Concrete Mechanics & Design, 6th edition, Pearson Education, 2012, 1157 pp.

10.4 이재훈, 신현목, 박홍근, 최창식. 이정윤, 이도형, 조재열, 천성철, "원전 구조물의 고강도 철근 적용 기술개발" 연구보고서(연구진 보관용), 한국콘크리트학회, 한국수력원자력 주식회사 중앙연구원, 2016, 427 pp.

10.5 황도규, "대구경 철근 및 고강도 철근의 정착 및 이음", 영남대학교 대학원 건설시스템공학과 박사학위논문, 2016, 348 pp.

10.6 국토교통부, 한국콘크리트학회, KDS 14 20 콘크리트구조 설계기준, 기준 및 해설, 2021.

10.7 ACI Committee 318, *Building Code Requirements for Structural Concrete* (ACI 318-19) *and Commentary* (ACI 318R-19), American Concrete Institute, Farmington Hills, MI, 2019.

10.8 국토교통부, 한국교량및구조공학회, KDS 24 14 21 콘크리트교 설계기준(한계상태설계법), 기준 및 해설, 2023.

10.9 CEN, Eurocode 2: *Design of Concrete Structures*, European Committee for Standardization, 2004.

10.10 Mathey, R. G. and Clifton, J. R., "Bond of Coated Reinforcing Bars in Concrete," *Journal of the Structural Division*, ASCE, Vol. 102, No. ST1, 1976, pp 215-228.

10.11 Ghaffari, H. H., Choi, O. C., Darwin, D., and McCabe, S. L., "Bond of Epoxy-Coated Reinforcement: Cover, Casting Position, Slump, and Consolidation," *ACI Journal Proceedings*, Vol. 91, No. 1, 1994, pp. 59-68

10.12 Zuo, J. and Darwin, D., "Splice Strength of Conventional and High Relative Rib Area Bars in Normal and High Strength Concrete," *ACI Journal Proceedings*, Vol. 97, No. 4, 2000, pp. 630-641.

10.13 Jeanty, P. R., Mitchell, D., and Mirza, M. S., "Investigation of Top Bar Effects in Beams," *ACI Journal, Proceedings*, Vol. 85, No. 3, 1988, pp. 251-257.

10.14 Orangun C. O., Jirsa J. O., and Breen J. E., "The Strength of Anchor Bars: A reevaluation of Test Data on Development Length and Splices," Research No. 154-3F, Center for Highway Research, The University of Texas at Austin, Austin, Texas, 1975, 78 pp.

10.15 Orangun C. O., Jirsa J. O., and Breen J. E., "A Reevaluation of Test Data on Development Length and Splices," *ACI Journal Proceedings*, Vol. 74, No. 3, 1977, pp. 114-122.

10.16 Chinn, J., Ferguson, P. M., and Thompson, J. N., "Lapped Splices in Reinforced Concrete Beams," *ACI Journal, Proceedings*, Vol. 52, No. 2, 1955, pp. 201-213.

10.17 Chamberlin, S. J., "Spacing of Spliced Bars in Beams," *ACI Journal, Proceedings*, Vol. 54, No. 8, 1958, pp. 689-698.

10.18 Mathey, R. G. and Watstein, D., "Investigation of Bond in Beam and Pull-Out Specimens with High-Yield-Strength Deformed Bars," *ACI Journal, Proceedings*, Vol. 57, No. 9, 1961, pp. 1071-1090.

10.19 Amerongen C. V., "An Investigation of the Bond of Deformed Steel Bars with Concrete (Onderzoek naar de Samenwerking van geprofileerd staal met beton)," CUR Report No. 23, Netherlands Committee for Concrete Research, Zoetermeer, 1961. Also, C&CA Library Translation No. Cj112, Cement and Concrete Association, London.

10.20 Ferguson, P. M. and Thompson, J. N., "Development Length of High Strength Reinforcing Bars in Bond," *ACI Journal, Proceedings*, Vol. 59, No. 7, 1962, pp. 887–922.

10.21 Ferguson, P. M. and Breen, J. E., "Lapped Splices for High-Strength Reinforcing Bars," *ACI Journal, Proceedings*, Vol. 62, No. 9, 1965, pp. 1063–1078.

10.22 Ferguson, P. M. and Briceno, A., "Tensile Lap Splices—Part 1: Retaining Wall Type, Varying Moment Zone," Research Report No. 113-2, Center for Highway Research, The University of Texas at Austin, 1969.

10.23 Ferguson, P. M. and Krishnaswamy, C. N., "Tensile Lap Splices—Part 2: Design Recommendation for Retaining Wall Splices and Large Bar Splices," Research Report No. 113-2, Center for Highway Research, The University of Texas at Austin, Tex., 1971, 60 pp.

10.24 Marques, J. L. G. and Jirsa, J. O., "A study of Hooked Bar Anchorages in Beam-Column Joints," ACI Journal, Proceedings, Vol. 72, No. 5, 1975, pp. 198–209.

10.25 권동욱, 이재훈, "항복강도 700 MPa급 인장 이형철근의 정착길이 평가" 한국콘크리트학회 논문집, 제34권 4호, 2022, pp. 365–375.

10.26 권동욱, 이재훈, "항복강도 700 MPa급 인장 이형철근의 정착길이 제안" 한국콘크리트학회 논문집, 제34권 5호, 2022, pp. 465–474.

10.27 국토해양부, 한국콘크리트학회, 콘크리트구조기준, 2012.

10.28 Thompson, M. K., Ziehl, M. J., Jirsa, J. O., and Breen, J. E., "CCT Nodes Anchored by Headed Bars—Part 1: Behavior of Nodes," *ACI Structural Journal*, Vol. 102, No. 6, 2005, pp. 808–815.

10.29 Thompson, M. K., Jirsa, J. O., and Breen, J. E., "CCT Nodes Anchored by Headed Bars—Part 2: Capacity of Nodes," *ACI Structural Journal*, Vol. 103, No. 1, 2006, pp. 65–73.

10.30 Thompson, M. K., Ledesma, A., Jirsa, J. O., and Breen, J. E., "Lap Splices Anchored by Headed Bars," *ACI Structural Journal*, Vol. 103, No. 2, 2006, pp. 271–279.

10.31 한국콘크리트학회, 콘크리트구조 학회기준, 2017.

10.32 Chun, Sung-Chul, Lee, Sung Ho, Kang, Thomas H. -K., Oh, Bohwan, and Wallace, J. W., "Mechanical Anchorage in Exterior Beam-Column Joints Subjected to Cyclic Loading," *ACI Structural Journal*, Vol. 104, No. 1, 2007, pp. 102–112.

10.33 하상수, 최동욱, 이창호, "반복하중을 받는 외부 보-기둥 접합부에서 작은 헤드를 사용한 Headed Bar 적용" 한국콘크리트학회 논문집, 제19권 4호, 2007, pp. 411–420.

10.34 천성철, 이성호, "외부 보-기둥 접합부에 정착된 확대머리철근의 파괴유형과 상도" 대한건축학회논문집, 제25권 5호, 2009, pp. 47–54.

10.35 Kang, Thomas H. -K., Shin, Myoungsu, Mitra, N., and Bonacci, J. F., "Seismic Design of Reinforced Concrete Beam-Column Joints with Headed Bars," *ACI Structural Journal*, Vol. 106, No. 1, 2009, pp 868–877.

10.36 Kang, Thomas H. -K., Ha, Sang-Su, and Choi, Dong-Uk, "Bar Pullout Tests and Seismic Tests of Small-Headed Bars in Beam-Column Joints," *ACI Structural Journal*, Vol. 107, No. 1, 2010, pp. 32–42.

10.37 Chun, Sung-Chul, "Lap Splice Tests Using High-Strength Headed Bars of 550 MPa (80 ksi) Yield Strength", *ACI Structural Journal*, Vol. 112, No. 6, 2015, pp. 679-688.

10.38 정형석, "고강도 대구경 확대머리철근의 정착성능 평가", 한양대학교 대학원 박사학위 논문, 2016, 201 pp.

10.39 Chun, Sung-Chul, Choi, Chang-Sik, and Jung, Hyung-Suk, "Side-Face Blowout Failure of Large-Diameter High-Strength Headed Bars in Beam-Column Joints," *ACI Structural Journal*, Vol. 114, No. 1, 2017, pp. 161-172.

10.40 김정엽, 정형석, 천성철, 김인호, 최창식, "51 mm 대구경 철근을 사용한 외부 보-기둥 접합부의 정착상세별 구조성능 평가", 한국콘크리트학회 논문집, 제29권 2호, 2017, pp. 201-208.

10.41 국토교통부, 한국콘크리트학회, KDS 14 20 54 콘크리트용 앵커 설계기준, 기준 및 해설, 2021.

10.42 한국산업표준, KS D 3552, 철선, 2014.

10.43 한국산업표준, KS D 7017, 용접 철망 및 철근 격자, 2019.

10.44 Hong, Sung-Gul and Kim, Dae-Jin, "Proposal for Development of Positive Moment Reinforcement", SP193, ACI, 2000, pp. 835-846.

10.45 이준호, 이재훈 외 11인, "사회 안전 확보를 위한 700MPa급 철근 활용 내진용 철근콘크리트 개발에 관한 기술개발" 연구보고서, 고려대학교 산학협력단 외 12개 기관, 2021, 169 pp.

10.46 이재훈, 이정윤, 김상우, "고강도 나사형 철근의 성능연구" 연구보고서, 한국콘크리트학회, 현대제철, 2014, 187 pp.

10.47 국토교통부, KDS 24 17 11 교량 내진설계기준(한계상태설계법), 기준 및 해설, 2023.

10.48 국토교통부, KDS 41 17 00 건축물 내진설계기준, 2019.

10.49 한국산업표준, KS D 3504, 철근 콘크리트용 봉강, 2021.

10.50 한국산업표준, KS D 0249, 철근콘크리트용 봉강의 기계식 이음의 검사 방법, 2019.

10.51 이재훈, 유성원, 이도형, 이정윤, 천성철, 홍건호, "일반철근(비용접철근) 용접 겹침이음 설계기준 및 표준시방서 개정 연구", 연구보고서, 한국콘크리트학회, 2017, p.161.

10.52 국토교통부, KDS 24 31 25 강구조 연결 설계기준(하중저항계수설계법), 2017.

10.53 천성철, 이성호, 오보환, "40~70 MPa 콘크리트에서의 철근 압축이음 길이", 한국콘크리트학회 논문집, V. 21, No. 4, 2009, pp. 401-408.

10.54 Chun, Sung-Chul, Lee, Sung Ho, and Oh, Bohwan, "Compression Splices in Confined Concrete of 40 and 60 MPa Compressive Strengths", *ACI Structural Journal*, Vol. 107, No. 4, 2010, pp. 476-485.

10.55 Chun, Sung-Chul, Lee, Sung Ho, and Oh, Bohwan, "Simplified Design Equation of Lap Splice Length in Compression", *KCI International Journal of Concrete Structures and Materials*, Vol. 4, No. 1, 2010, pp. 63-68.

연습문제

10-1 철근과 콘크리트 사이의 부착성능을 발휘할 수 있게 하는 저항 작용을 설명하시오. **[정답: 10.1.4절 참조]**

10-2 철근의 부착강도와 정착길이에 영향을 주는 요소들을 설명하시오. **[정답: 10.1.5절 참조]**

10-3 철근의 단부를 콘크리트에 정착시키기 위한 방법과 그 특징을 설명하시오. **[정답: 10.1.6절 참조]**

10-4 KDS 14 20 콘크리트구조 설계기준에 규정되어 있는 직선 인장 이형철근과 이형철선의 정착길이 수식에 적용되는 보정계수와 변수인 α, β, γ, c, K_{tr}에 대하여 설명하시오. **[정답: 10.3.1절 참조]**

10-5 10.3.1절 예제 10-1의 그림 10-15(a)와 동일한 단면을 가진 부재에서 5개의 모든 인장철근이 보의 단부까지 배치될 때의 정착길이를 KDS 14 20 콘크리트구조 설계기준의 정밀식과 간편식을 이용하여 구하시오. 재료강도와 철근의 크기는 조건 (a)~(f)의 6가지 중 하나를 선택하시오. **[정답: 부록 E, 10.3.1절 예제 10-1 참조]**

[조건] (a) $f_{ck} = 30\ MPa$ $f_y = 400\ MPa$ 인장철근 D19와 전단철근 SD400 D13@400
(b) $f_{ck} = 35\ MPa$ $f_y = 400\ MPa$ 인장철근 D22와 전단철근 SD400 D13@300
(c) $f_{ck} = 40\ MPa$ $f_y = 500\ MPa$ 인장철근 D25와 전단철근 SD500 D16@300
(d) $f_{ck} = 50\ MPa$ $f_y = 500\ MPa$ 인장철근 D25와 전단철근 SD500 D16@400
(e) $f_{ck} = 50\ MPa$ $f_y = 600\ MPa$ 인장철근 D29와 전단철근 SD500 D16@300
(f) $f_{ck} = 60\ MPa$ $f_y = 600MPa$ 인장철근 D32와 전단철근 SD500 D16@250

10-6 180° 표준갈고리를 갖는 인장철근의 저항성분과 파괴형태를 설명하시오. **[정답 : 10.3.2절 참조]**

10-7 10.3.2절 예제 10-2와 모든 조건은 동일하지만 철근의 크기와 재료강도가 다른 부재의 지점부와 자유단에 배치된 90° 표준갈고리 인장철근의 정착성능을 KDS 14 20 콘크리트구조 설계기준에 따라 검증하시오. 재료강도와 철근의 크기는 조건 (a)~(f)의 6가지 중 하나를 선택하시오. **[정답: 10.3.2절 예제 10-2 참조]**

[조건] (a) $f_{ck} = 30\ MPa$ $f_y = 400\ MPa$ 인장철근 D19와 전단철근 SD400 D13@200
(b) $f_{ck} = 35\ MPa$ $f_y = 400\ MPa$ 인장철근 D22와 전단철근 SD400 D13@200
(c) $f_{ck} = 40\ MPa$ $f_y = 500\ MPa$ 인장철근 D25와 전단철근 SD500 D13@150
(d) $f_{ck} = 50\ MPa$ $f_y = 500\ MPa$ 인장철근 D25와 전단철근 SD500 D16@200
(e) $f_{ck} = 50\ MPa$ $f_y = 600\ MPa$ 인장철근 D29와 전단철근 SD500 D16@150
(f) $f_{ck} = 60\ MPa$ $f_y = 600\ MPa$ 인장철근 D32와 전단철근 SD500 D16@150

10-8 10.3.3절 예제 10-3과 모든 조건은 동일하지만 철근의 크기와 재료강도가 다른 부재의 지점부와 자유단에 배치된 확대머리 인장철근의 정착성능을 KDS 14 20 콘크리트구조 설계기준에 따라 검증하시오. 재료강도와 철근의 크기는 연습문제 10-7의 조건 (a)~(f)의 6가지 중 하나를 선택하시오. **[정답: 10.3.3절 예제 10-3 참조]**

10-9 압축철근의 정착길이가 인장철근의 정착길이보다 짧은 이유를 설명하시오. **[정답: 10.3.5절 참조]**

10-10 10.3.6절 예제 10-4와 모든 조건은 동일하지만 철근의 수와 크기 및 재료강도가 다른 부재의 다발 인장철근의 정착길이를 KDS 14 20 콘크리트구조 설계기준에 따라 구하시오. 재료강도와 철근의 크기는 조건 (a)~(f)의 6가지 중 하나를 선택하시오. **[정답: 10.3.6절 예제 10-4 참조]**

[조건] (a) $f_{ck} = 30\ MPa$ $f_y = 400\ MPa$ 다발 인장철근 3-D10과 전단철근 SD400 D13@400

(b) $f_{ck} = 35\ MPa$ $f_y = 400\ MPa$ 다발 인장철근 4-D10과 전단철근 SD400 D13@400

(c) $f_{ck} = 40\ MPa$ $f_y = 500\ MPa$ 다발 인장철근 3-D13과 전단철근 SD500 D13@300

(d) $f_{ck} = 50\ MPa$ $f_y = 500\ MPa$ 다발 인장철근 4-D13과 전단철근 SD500 D13@300

(e) $f_{ck} = 50\ MPa$ $f_y = 600\ MPa$ 다발 인장철근 3-D16과 전단철근 SD500 D13@250

(f) $f_{ck} = 60\ MPa$ $f_y = 600\ MPa$ 다발 인장철근 4-D16과 전단철근 SD500 D13@250

10-11 10.3.7절 예제 10-5와 동일한 구조물에 작용하는 모든 계수단면력이 20% 증가되어, 콘크리트의 설계기준압축강도 f_{ck}를 35 MPa로 증가시키고 모든 철근의 설계기준항복강도 f_y를 500 MPa로 증가시키려고 한다. 이 경우에 대하여 KDS 14 20 콘크리트구조 설계기준에 따라 인장철근의 정착설계를 수행하시오. **[정답: 10.3.7절 예제 10-5 참조]**

10-12 인장철근의 이음 방법과 그 특징 및 KDS 14 20 콘크리트구조 설계기준에 따른 인장철근 이음의 기본원칙을 설명하시오. **[정답: 10.2.1절, 10.4.1절 참조]**

10-13 10.4.2절 예제 10-6과 동일한 경우에 대하여, 연습문제 10-11과 같이 콘크리트의 설계기준압축강도 f_{ck}를 35 MPa로 증가시키고 모든 철근의 설계기준항복강도 f_y를 500 MPa로 증가시켰을 때 KDS 14 20 콘크리트구조 설계기준에 따라 소요 겹침이음길이를 구하고 겹침이음길이를 선택하시오. **[정답: 10.4.2절 예제 10-6 참조]**

10-14 다음 조건 (a)~(f)의 6가지 중 하나를 선택하여 KDS 14 20 콘크리트구조 설계기준에 따라 압축철근의 소요 겹침이음길이를 구하시오. **[정답: 부록 E, 10.4.4절 예제 10-7 참조]**

[조건] (a) $f_{ck} = 30\ MPa$ $f_y = 400\ MPa$ 압축철근 D10

(b) $f_{ck} = 35\ MPa$ $f_y = 400\ MPa$ 압축철근 D13

(c) $f_{ck} = 40\ MPa$ $f_y = 500\ MPa$ 압축철근 D16

(d) $f_{ck} = 50\ MPa$ $f_y = 500\ MPa$ 압축철근 D19

(e) $f_{ck} = 50\ MPa$ $f_y = 600\ MPa$ 압축철근 D22

(f) $f_{ck} = 60\ MPa$ $f_y = 600\ MPa$ 압축철근 D25

10-15 10.3.7절 예제 10-5 및 10.5.1절 예제 10-8과 동일한 구조물에 작용하는 모든 계수단면력이 20% 증가되어, 콘크리트의 설계기준압축강도 f_{ck}를 35 MPa로 증가시키고 모든 철근의 설계기준항복강도 f_y를 500 MPa로 증가시키려고 한다. 이 경우에 대하여 KDS 24 14 21 콘크리트교 설계기준(한계상태설계법)에 따라 설계정착길이 l_{bd}를 구하시오. **[정답: 10.5.1절 예제 10-8 참조]**

10-16 10.5.1절 예제 10-9와 모든 조건은 동일하지만 철근의 크기와 재료강도 및 반력 작용에 의한 단위면적 당 압축력의 크기가 다른 부재의 철근에 대하여 KDS 24 14 21 콘크리트교 설계기준(한계상태설계법)에 따라 설계정착길이 l_{bd}를 구하고 벽체 내에 정착이 가능한지 검증하시오. 재료강도와 철근의 크기는 조건 (a)~(d)의 4가지 중 하나를 선택하시오. **[정답: 10.5.1절 예제 10-9 참조]**

[조건] (a) $f_{ck} = 30\ MPa$ $f_y = 400\ MPa$ 인장철근 D16과 단위면적 당 압축력 $7\ MPa$

(b) $f_{ck} = 35\ MPa$ $f_y = 400\ MPa$ 인장철근 D16과 단위면적 당 압축력 $9\ MPa$

(c) $f_{ck} = 45\ MPa$ $f_y = 500\ MPa$ 인장철근 D19와 단위면적 당 압축력 $10\ MPa$

(d) $f_{ck} = 50\ MPa$ $f_y = 600\ MPa$ 인장철근 D19와 단위면적 당 압축력 $12\ MPa$

제11장 사용한계상태와 피로한계상태의 설계검증

11.1 사용한계상태의 설계검증

구조물의 사용성능(serviceability)은 해당 구조물의 설계수명 동안 그 용도에 따라 사용자가 불편하지 않게 이용할 수 있도록 기능을 유지하는 성능을 말한다. 이 절에서는 사용하중 수준의 하중이 작용할 때 나타나는 철근콘크리트 부재의 구조적 거동과 해석 및 설계검증에 대한 설계기준의 내용을 소개한다.

11.1.1 콘크리트 구조물의 사용성능

철근콘크리트 부재에 대한 사용한계상태의 설계검증 항목은 휨 응력, 균열, 처짐이며, 설계기준에 따라서는 휨 응력이 설계검증 항목에서 제외되기도 한다. 콘크리트 구조물에 허용응력설계법을 적용하던 시절에는 사용하중 상태에서의 응력 검증만으로 설계가 이루어졌다. 이것은 사용하중조합에 의하여 발생하는 응력이 허용응력을 초과하지 않으면 균열이나 처짐이 크게 발생하지 않았기 때문이다. 그 후 강도설계법과 한계상태설계법이 시행된 후 새로운 설계법으로 설계되고 시공된 철근콘크리트 구조물에서 균열과 처짐이 크게 발생하는 현상이 자주 발견되었다. 이것은 계수하중상태에서 부재강도를 만족하도록 설계하면 허용응력설계법으로 설계한 경우보다 콘크리트와 철근의 단면적이 더 작아지는 것이 일반적이어서, 사용하중상태에서 작용하는 응력이 더 커지기 때문이다. 사용하중에 의한 응력이 증가한다고 해서 철근콘크리트 부재가 파괴에 이르지는 않지만, 콘크리트와 철근에 과도한 응력이 작용하면 인장응력을 받는 콘크리트에 폭이 큰 균열이 발생하고 부재의 처짐이 크게 발생하여 구조물의 기능과 외관을 크게 해칠 수 있다. 사용한계상태(serviceability limit state) 설계검증(design verification)은 이러한 부정적인 현상을 제한하기 위한 것으로, 그 필요성과 중요성이 대두되어 설계과정에서 강도한계상태(strength limit state)나 극한한계상태(ultimate limit state) 설계검증과 함께 반드시 수행하여야 하는 설계검증 항목이 되었다. 각 설계법의 기본개념과 특징은 3장 3.2.1~3.2.3절, 사용한계상태 설계검증에 대한 기본적인 내용은 3.3.3절, 사용한계상태 설계검증에 적용하는 사용하중조합은 3.5.3절과 3.5.4절에 간단히 소개되어 있으며, 다음 절에 좀 더 자세히 설명한다.

사용한계상태 설계검증의 세 가지 항목으로 휨 응력 사용한계상태의 설계검증은 11.2절, 균열 사용한계상태의 설계검증은 11.3절, 처짐 사용한계상태의 설계검증은 11.4절에서 철근콘크리트 부재가 보이는 거동과 설계기준의 내용을 소개한다.

11.1.2 사용한계상태 하중조합

사용한계상태 설계검증에 적용하는 하중조합은 고정하중과 활하중의 일부 또는 전부를 더한 하중조합을 대상으로 하며, 구조물의 용도와 특성을 고려하여 해당 구조물의 설계기준에서 규정한다. 즉, 다음과 같이 세 가지 하중 수준 L_{st}, L_{svp}, L_{svf}를 대상으로 하여 설계기준에 따라서 선별적으로 규정하고 있다.

$$L_{st} = D + \alpha_{st} L \tag{11 ·1}$$

$$L_{svp} = D + \alpha_p L \tag{11 ·2}$$

$$L_{svf} = D + L \tag{11 ·3}$$

식 (11 ·1)의 L_{st}는 지속하중(sustained load) 또는 준영구하중(quasi−permanent load)으로, 고정하중 D에 장기적으로 작용하는 활하중 $\alpha_{st} L$을 더한 하중조합이다. 여기서 α_{st}는 지속되는 활하중의 크기를 설계활하중에 대한 비율로 나타낸 상수로 0과 1.0 사이의 값이며, 구조물의 용도와 활하중의 특성에 따라 값을 정할 수 있다.

식 (11 ·2)의 L_{svp}는 부분 사용하중(partial service load)의 의미를 갖는 하중수준으로, 고정하중 D에 활하중의 일부 $\alpha_p L$을 더한 하중조합이다. 여기서 α_p는 구조물의 용도와 특성 및 활하중의 특성에 따라 정하는 상수로, 일반적으로는 1.0 이하의 값을 갖지만 1.0 보다 큰 값으로 규정하기도 한다. 예를 들어 KDS 24 12 11 교량 설계하중조합(한계상태설계법)[11.1]에서는 교량에 작용하는 하중수준의 분포특성을 고려하여 α_p가 0.8인 사용한계상태 하중조합−III을 규정하고, KDS 24 14 21 콘크리트교 설계기준(한계상태설계법)[11.2]에서 이 하중조합에 대한 균열검증을 수행하도록 하고 있다. 다만 이때의 균열검증은 철근콘크리트에는 적용하지 않고 프리스트레스트 콘크리트에 적용한다. 일반적인 콘크리트 구조물에 대한 설계기준인 KDS 14 20 콘크리트구조 설계기준[11.3]에서는 이 L_{svp} 수준의 부분 사용하중에 대해서는 규정하고 있지 않다.

식 (11 ·3)의 L_{svf}는 완전 사용하중(full service load)의 의미를 갖는 하중수준으로, 고정하중 D에 활하중 L을 더한 하중조합이다. KDS 14 20 콘크리트구조 설계기준에서는 사용한계상태의 설계검증에 적용하는 하중조합을 명시적으로 규정하고 있지는 않지만, 완전 사용하중 L_{svf}에 대하여 사용한계상태 설계검증을 수행하도록 하고 있다. KDS 24 14 21 콘크리트교 설계기준(한계상태설계법)에서는 L_{svf}와 같은 의미를 가진 사용한계상태 하중조합-I을 규정하고, 이 하중조합에 대한 사용한계상태 설계검증을 규정하고 있다.

KDS 24 14 21 콘크리트교 설계기준(한계상태설계법)에서는 다음과 같이 다섯 가지의 사용한계상태 하중조합을 규정하고 있다. 이들 중에서 사용한계상태 하중조합-II는 강구조물에 적용하며, 사용한계상태 하중조합-I, III, IV, V의 네 가지는 콘크리트 구조물에 적용한다.

- 사용한계상태 하중조합-I

  이 하중조합은 정상적으로 교량을 사용하는 상태에서 작용할 가능성이 있는 모든 사용하중을 포함하는 하중조합이며, 교량의 설계 수명 동안 발생할 확률이 매우 작은 조합(rare combination)으로 특성하중조합 또는 표준하중조합(characteristic combination)의 의미를 가진다. 콘크리트 구조물의 고정하중 D, 프리스트레싱의 영향 PS, 크리프의 영향 CR, 수축의 영향 SH 등의 영구하중과 활하중 L, 충격하중 I, 풍하중 W 등의 변동하중을 고려한 하중조합은 다음과 같다. 여기서 풍하중에 대하여 하중계수 0.3을 적용한 0.3 W은 25 m/s 풍속의 바람을 나타낸다.

$$L_{sI} = (D+PS+CR+SH)+(L+I)+0.3\,W \tag{11 · 4}$$

- 사용한계상태 하중조합-II

  이 하중조합은 차량하중에 의하여 강구조물에 발생할 수 있는 강재의 항복과 마찰이음부의 미끄러짐을 검증하기 위한 하중조합으로, 강구조물에만 적용한다. 이 하중조합은 강교에 관한 초과하중규정에 해당한다. 강구조물의 고정하중 D, 활하중 L, 충격하중 I를 고려한 하중조합은 다음과 같다.

$$L_{sII} = D+1.3(L+I) \tag{11 · 5}$$

- 사용한계상태 하중조합-III

  이 하중조합은 설계 수명 동안 종종 발생할 수 있는 하중조합으로, 주기하중조합 또는 빈번하중조합(frequent combination)의 의미를 가진다. 이것은 차량하중의 80%를 고려하고, 환경적인 변동하중은 포함하지 않는 조합이다. 활하중에 대한 하중계수 0.8은 통계학적으로 2차로 교량에 대해서는 1년에 한 번, 3차로 이상의 교량에서는 덜 자주, 1차로 교량에서는 하루에 한 번 정도 일어나는 사건을 의미한다. 고정하중, 프리스트레싱의 영향, 크리프, 수축 등의 영구하중과 활하중과 충격하중 등의 변동하중을 고려한 하중조합은 다음과 같다.

$$L_{sIII} = (D+PS+CR+SH)+0.8(L+I) \tag{11 · 6}$$

- 사용한계상태 하중조합-IV

  이 하중조합은 교량의 설계수명 동안 종종 발생 가능한 하중조합으로 교량 특성상 하부구조는 연직하중보다 수평하중에 노출될 때 더 위험하기 때문에 연직 활하중 대신에 수평 풍하중을 고려한 하중조합이다. 또 이 조합은 부착된 프리스트레스 강재가 배치된 하부구조의 사용성 검증에 사용한다. 주요 하중작용을 고려한 하중조합은 다음과 같으며, 풍하중에 대한 하중계수 0.7을 적용한 0.7 W은 135 km/h 풍속의 바람을 나타낸다. 이는 10년 평균 재현주기 풍하중에 대하여 프리스트레스트 콘크리트 기둥의 인장응력이 0이 되는 수준이다.

$$L_{sIV} = (D+PS+CR+SH)+0.7\,W \tag{11·7}$$

- 사용한계상태 하중조합-V

  이 하중조합은 구조물의 설계수명 동안 항상 작용하는 고정하중과 설계수명의 약 50%의 기간 동안 지속해서 작용하는 변동하중들의 조합으로, 준영구하중조합 또는 지속하중조합(quasi-permanent combination)의 의미를 가진다. 그러나 교량에서는 차량이 정체되는 기간이 매우 짧아서 활하중으로 작용하는 설계트럭의 무게가 지속하중으로 작용한다고 볼 수 없으므로, 다음과 같이 영구하중만으로 조합한다.

$$L_{sV} = D+PS+CR+SH \tag{11·8}$$

철근콘크리트 휨부재를 대상으로 사용한계상태 설계검증을 수행할 때에는 이 다섯 가지 사용한계상태 하중조합 중 I과 V의 두 가지 하중조합을 적용한다. 이때 프리스트레싱의 영향 PS와 크리프의 영향 CR는 부정정 프리스트레스트 콘크리트 구조물에서의 부정정력에 따른 단면력으로 작용하는 힘으로서 철근콘크리트에는 작용하지 않는 힘이므로, 철근콘크리트 휨부재에서 콘크리트 수축의 영향 SH와 풍하중 W를 무시한다면 다음과 같이 사용한계상태 하중조합이 간단히 정리되어 설계검증에 적용된다.

$$L_{sI} = D+(L+I) \tag{11·9}$$

$$L_{sV} = D \tag{11·10}$$

휨 응력 사용한계상태 설계검증과 처짐 사용한계상태 설계검증에는 식 (11·9)와 식 (11·10)의 사용한계상태 하중조합 I과 V가 적용되고, 균열 사용한계상태 설계검증에는 식 (11·10)의 사용한계상태 하중조합 V가 적용된다.

11.2 휨 응력 사용한계상태의 설계검증

콘크리트 구조물을 대상으로 하는 설계기준은 모두 휨 응력에 대한 사용한계상태 설계검증 기준을 규정하고 있지만, 프리스트레스트 콘크리트와는 달리 철근콘크리트에 대해서는 휨 응력 사용한계상태의 설계검증을 요구하지 않기도 한다. 예를 들어 KDS 14 20 콘크리트구조 설계기준에서는 사용성의 설계검증 항목으로 휨 응력을 명시하고 있지는 않고, 프리스트레스트 콘크리트 휨부재의 사용성 검증 기준으로 허용응력을 규정하고 있다. 따라서 KDS 14 20 콘크리트구조 설계기준에 따라 설계할 때 사용하중에서의 휨 응력 설계검증은 철근콘크리트 휨부재에 대해서는 수행하지 않고 프리스트레스트 콘크리트 휨부재에 대해서는 수행한다. 반면에 KDS 24 14 21 콘크리트교 설계기준(한계상태설계법)에서는 사용한계상태 설계검증 항목으로 휨 응력을 명시하여, 프리스트레스트 콘크리트 휨부재뿐만 아니라 철근콘크리트 휨부재에 대해서도 사용하중에서의 휨 응력 설계검증을 수행한다.

11.2.1 휨 응력 해석

철근콘크리트 휨부재는 사용하중 수준에서 탄성거동을 보이므로, 사용하중에 의하여 부재 단면에 작용하는 휨 응력의 크기는 탄성응력 해석을 수행하여 구한다. 이때 단조증가하중에 대한 탄성응력 해석과 반복하중에 대한 탄성응력 해석은 4장 4.3절에 소개된 방법을 적용하고, 지속하중 또는 준영구하중에 대한 응력 해석은 4.4절에 소개된 장기응력 해석방법을 적용할 수 있다. 그러나 철근콘크리트 부재의 설계에서 휨 응력 사용한계상태 설계검증을 수행할 때, 지속하중 또는 준영구하중에 대한 응력 해석은 4.4절에 소개된 장기응력 해석방법을 적용하지 않고 4.3절에 소개된 탄성응력 해석을 적용하는 것이 일반적이다.

이것은 4장의 예제 4-4와 예제 4-7의 휨 응력 해석결과의 비교로 알 수 있는 바와 같이, 장기응력 해석으로 구한 콘크리트의 압축응력이 탄성응력 해석으로 구한 콘크리트의 압축응력보다 작아서 설계검증에 탄성응력 해석을 적용하는 것이 보수적이고 안전측이기 때문이다. 즉, 예제 4-4에서 탄성응력 해석으로 구한 압축연단의 콘크리트 압축응력은 10.0 MPa이었는데, 예제 4-7에서 시간이 경과하여 크리프계수가 2.2일 때 장기응력 해석으로 구한 압축연단의 콘크리트 압축응력은 6.3 MPa로 감소되었다. 따라서 구조물이 완공된 시점에 하중이 작용할 때 작용하는 콘크리트 압축응력은 시간이 경과할수록 감소하기 때문에, 철근콘크리트 부재의 설계과정에서 지속하중에 대한 휨 응력 사용한계상태 설계검증에 탄성응력 해석을 적용하여 초기의 응력을 구하고 이 값이 허용응력 이하인을 검증하는 것이 보수적이고 안전측인 방법이다. 그러나 KDS 24 14 21 콘크리트교 설계기준(한계상태설계법)에서는 이와 같은 보수적이고 안전측인 방법 대신, 고정하중과 활하중의 비에 따라 추정한 10에서 15 사이의 탄성계수 비를 사용하여 시간 의존적인 크리프에 의한 장기 영향을 반영할 수 있다고 규정하고 있다. 즉, 준영구하중에 대한 장기응력 해석의 적용을 규정한 것이다.

11.2.2 콘크리트교 설계기준(한계상태설계법)의 휨 응력 설계검증

KDS 24 14 21 콘크리트교 설계기준(한계상태설계법)은 콘크리트 압축응력과 철근의 인장응력을 대상으로 휨 응력 사용한계상태 설계검증을 수행하도록 규정하고 있다. 콘크리트 구조물 설계에서 콘크리트 압축응력을 제한하는 이유는 크게 두 가지로, 첫째는 콘크리트 압축부에 묻혀 있는 압축철근을 따라 발생할 수 있는 미세 균열(micro-cracks)의 발생을 방지하여 내구성을 확보하기 위한 것이며, 둘째는 콘크리트 내의 과도한 크리프 변형을 방지하기 위한 것이다.

2장 2.1.4절에 소개한 바와 같이 콘크리트의 압축응력이 압축강도의 약 40~70% 수준에 도달하면 골재와 시멘트 풀의 부착성능이 저하되어 골재표면에 미세한 균열이 발생하며, 70%를 넘으면 미세 균열이 빠르게 진전되어 압축응력이 작용하는 직각방향으로의 쪼갬균열로 발전한다. 이 쪼갬균열은 콘크리트 피복이 충분하지 않거나 횡방향 철근이 배치되지 않은 경우에 더 쉽게 발생한다. 따라서 휨 부재에서 콘크리트 압축응력이 과도하게 작용하면 압축철근을 따라 쪼갬균열이 발생할 수 있고, 이 균열로 인하여 부재의 내구성이 저하될 가능성이 있다. 이러한 균열 발생을 방지하기 위하여 KDS 24 14 21 콘크리트교 설계기준(한계상태설계법)은 사용한계상태 하중조합-I에서 콘크리트 압축응력이 $0.6f_{ck}$를 초과하지 않도록 규정하고 있다. 또한 부재를 제작하고 운반하는 시공 상황에서도 콘크리트 압축응력은 $0.6f_{ck}$를 초과하지 않아야 한다.

한편 2장 2.1.9절에 소개한 바와 같이 콘크리트에 압축응력이 장기적으로 작용하면 변형률이 증가하는 크리프 현상이 발생한다. 이때 콘크리트의 압축응력이 압축강도의 약 50% 이하의 수준으로 유지될 때는 크리프변형률이 탄성 변형률에 비례하는 선형 크리프(linear creep)가 나타난다. 압축강도의 약 50% 수준을 넘는 압축응력이 장기간 작용할 때는 응력 증가에 따라 크리프변형률이 더 크게 증가하는 비선형 크리프(nonlinear creep)가 나타난다. 따라서 휨 부재에서 콘크리트에 비선형의 크리프 작용이 발생하게 되면 시간에 증가에 따라 변형이 과도하게 발생하게 되므로 구조물의 사용성능이 유지되기 어렵다. 이러한 현상을 방지하기 위하여 KDS 24 14 21 콘크리트교 설계기준(한계상태설계법)은 사용한계상태 하중조합-V에서 콘크리트 압축응력이 $0.45f_{ck}$를 초과하지 않도록 규정하고 있다.

참고로 프리스트레스 콘크리트 휨부재에 대해서만 휨 응력 사용한계상태 설계검증을 수행하도록 규정한 KDS 14 20 콘크리트구조 설계기준에서도 사용하중에서의 콘크리트 허용압축응력을 $0.6f_{ck}$로 규정하고 있고, 지속하중에서의 콘크리트 허용압축응력을 $0.45f_{ck}$로 규정하고 있다.

KDS 24 14 21 콘크리트교 설계기준(한계상태설계법)에서는 휨부재의 인장철근에 대해서도 한계응력을 규정하고 있다. 이것은 구조물의 사용 중에 만약 인장철근이 한번이라도 항복점을 초과하게 되면 하중이 제거되더라도 철근이 늘어난 상태로 유지되는 잔류 변형(residual deformation)이 남게 되어, 휨부재에도 잔류 변형으로 인한 큰 폭의 균열과 잔류 처짐(residual deflection)이 나타나서 사용성능과 내구성이 저하될 수 있기 때문이다. 따라서 KDS 24 14 21 콘크리트교 설계기준(한계상태설계법)은 구조물의 사용 기간 중에 어떠한 하중에서도 철근이 항복하지 않도록 사용한계상태 하중조합-I에서 철근의 인장응력이 $0.8f_y$를 초과하지 않도록 규정하고 있다. 다만, 활하중이 작용하지 않은 상태에서 발생하는 변형, 즉 콘크리트의 크리프와 수축, 온도변화, 지점침하 등에 의하여 부재에 단면력이 작용하는 경우는 철근의 인장응력을 $1.0f_y$까지 허용할 수 있다.

표 11-1은 KDS 24 14 21 콘크리트교 설계기준(한계상태설계법)의 사용한계상태 응력한계, 즉 허용응력을 정리하여 나타낸 것이다.

표 11-1 KDS 24 14 21 콘크리트교 설계기준(한계상태설계법)의 응력한계

사용하중조합	구분	응력한계(허용응력)
사용하중조합-I (표준사용하중조합)	콘크리트 압축응력	$0.6 f_{ck}$
	철근 인장응력	$0.8 f_y$
사용하중조합-V (지속하중조합)	콘크리트 압축응력	$0.45 f_{ck}$

11.3 균열 사용한계상태의 설계검증

철근콘크리트 구조물에 균열이 발생한다고 해도 단기적으로는 구조적으로 크게 문제가 되지는 않지만, 수분이나 유해물질이 단면의 내부로 침투하면 철근이 부식될 수 있고 부식된 철근의 팽창력에 의하여 콘크리트가 파손되어 장기적으로 구조물의 내구성이 저하될 수 있다. 또 구조물에 과도하게 큰 균열이 발생하면 외관이 보기에 좋지 않게 되며, 사용자들이 구조물의 안전에 대하여 심리적으로 불안감을 느낄 수 있다. 따라서 지속하중 또는 사용하중 상태에서 콘크리트에 과도하게 큰 균열이 발생하지 않도록 균열을 제어하고 균열 설계검증을 수행하여야 한다. 이 절에서는 균열의 종류와 균열 사용한계상태의 설계검증 내용을 소개한다.

11.3.1 균열의 종류와 발생원인

콘크리트의 균열은 발생 원인에 따라 구조적 균열과 비구조적 균열로 구분할 수 있다. 구조적 균열은 하중작용에 따라 부재 내에 작용하는 인장응력이 콘크리트의 균열강도를 초과할 때 발생하는 균열로 부재가 파괴될 때까지 진전하고 폭이 증가한다. 따라서 과도한 구조적 균열은 구조물의 안전성을 가름하는 하나의 지표가 된다. 비구조적 균열은 하중작용과 무관하게 발생하는 균열로 콘크리트의 체적 변화에 의한 재료적 균열과 시공방법이나 철근 부식 등 기타 요인에 의한 균열로 구분할 수 있다. 발생 원인에 따른 콘크리트 균열의 종류와 특성은 다음과 같다.

[1] 하중작용에 의한 구조적 균열

철근콘크리트 구조물에 하중이 작용하면 부재에 여러 가지 형태로 단면력이 작용하고, 이에 따른 인장응력이 콘크리트의 균열강도를 초과하는 부분에 균열이 발생한다. 그림 11-1(a)와 같이 축인장력이 작용할 때에는 일정한 간격으로 단면을 관통하는 균열이 발생한다. 이때의 관통균열은 대강 부재 두께의 0.7~2.0배 정도의 간격으로 발생하며, 그림 11-1(a)의 아래 그림과 같이 부재가 두껍고 축방향 철근이 양쪽 표면을 따라 배치된 경우에는 축방향 철근 주변에 짧은 길이의 표면균열이 발생한다.

그림 11-1(b)와 같이 집중하중으로의 축압축력이 작용할 때에는 단면 내에서 집중하중이 등분포 압축응력으로 퍼져나가면서 부재축의 직각방향으로 인장응력이 작용한다. 이 횡방향 인장응력이 콘크리트의

인장강도보다 크게 되면 그림 11-1(b)와 같이 부재축에 평행한 방향으로 균열이 발생하는데, 이 때의 응력을 파열응력(bursting stress)이라고 한다.

그림 11-1(c)는 휨모멘트에 의한 균열을 나타낸다. 휨모멘트로 인하여 콘크리트의 인장강도보다 큰 인장응력이 작용하는 부분에 휨균열이 발생하는데, 축인장력이 작용할 때와 마찬가지로 부재가 매우 두꺼운 경우에는 길이가 긴 균열 사이에 짧은 길이의 균열이 발생하는 형태가 나타난다.

그림 11-2(a)는 전단력에 의한 균열로, 아래 그림과 같이 휨모멘트와 전단력이 합성되어 작용하는 주인장응력에 직각인 방향으로 휨전단 균열(flexure-shear crack)이 발생하며, 위 그림과 같이 상하의 플랜지에 비하여 좁은 복부폭을 가진 단면에서는 복부에만 경사진 방향으로 발생하는 복부전단 균열(web-shear crack)이 나타난다. 그림 11-2(b)는 비틀림모멘트가 작용하는 부재의 비틀림 균열로, 축력이 작용하지 않은 경우에는 순수 전단응력이 작용할 때와 같이 부재축에 45°의 각도를 나타낸다. 그림 11-2(c)는 부착 균열로, 인장력이 작용하는 이형철근의 횡방향 리브를 통하여 철근 주변의 콘크리트에 응력이 작용하여 철근을 따라 나타나는 쪼갬균열(splitting crack)이다.

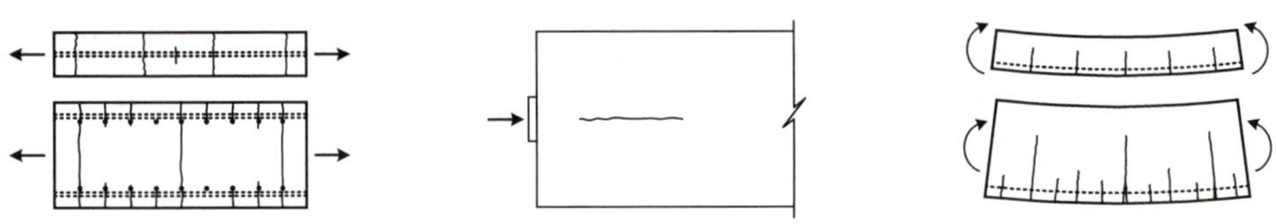

(a) 축인장력에 의한 균열 (b) 집중 축압축력에 의한 균열 (c) 휨모멘트에 의한 균열

그림 11-1 축력과 휨모멘트에 의한 균열

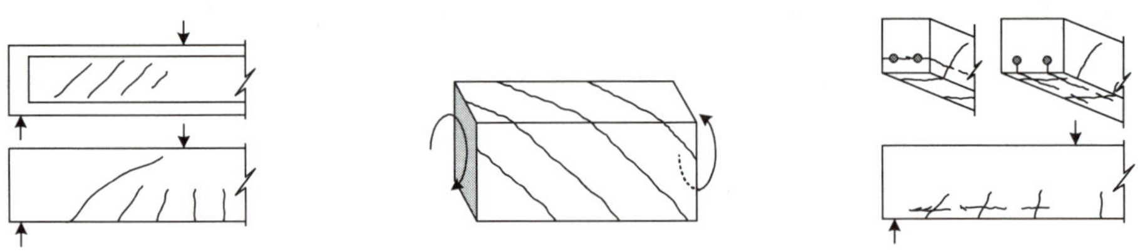

(a) 전단력에 의한 균열 (b) 비틀림모멘트에 의한 균열 (c) 부착 균열

그림 11-2 전단력과 비틀림모멘트에 의한 균열 및 부착 균열

[2] 콘크리트의 체적 변화에 의한 재료적 균열

콘크리트는 타설된 후 굳는 동안이나 굳은 후에 여러 가지 요인에 의하여 체적이 변하는데, 이 체적 변화를 구속하여 콘크리트의 균열강도를 초과하는 인장력이 작용하면 균열이 발생한다. 이와 같이 콘크리트의 재료 특성에 따라 발생하는 균열은 구조물의 안전성에 크게 관련 없는 재료적 균열이다. 그림 11-3은 재료적 균열의 몇 가지 예인데, 그림 11-3(a)는 콘크리트가 타설된 후 양생 초기에 타설 면에 가까이에 배치된 상부철근을 따라 발생하는 균열로 소성수축(plastic shrinkage) 균열 또는 소성침하(plastic settlement, slumping) 균열이라고 한다. 콘크리트의 시공에서 그림 11-3(a)에 점선으로 나타낸 높이

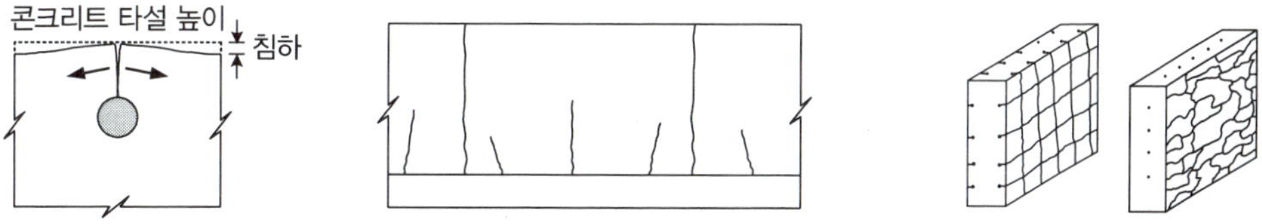

(a) 소성침하 균열　　(b) 수축균열 및 수화열 균열　　(c) 부등건조수축균열

그림 11-3 콘크리트 체적 변화에 의한 균열

까지 타설된 콘크리트는 굳어져 가는 과정에서 브리딩 수가 표면으로 올라오며 물보다 무거운 골재가 아래로 가라앉는 침하 현상을 보인다. 그러나 상부철근 위에 위치한 콘크리트는 상부철근 때문에 침하되지 못하고 서서히 굳으며 강도가 발현되기 시작하는데, 점성으로 결합되면서 침하되는 인근의 콘크리트가 상부철근 위에 위치한 콘크리트를 잡아당기는 역할을 하여 인장력이 작용하면 균열이 발생한다. 이렇게 콘크리트가 완전히 굳지 않은 소성상태에서 침하에 의하여 콘크리트 상면에 상부철근을 따라 발생하는 소성침하 균열은 콘크리트를 타설한 후 수 시간이 경과된 양생 초기에 나타나므로, 콘크리트가 완전히 굳기 전에 적절히 표면을 처리하면 균열을 제거할 수 있다.

그림 11-3(b)는 먼저 타설되어 굳은 인접 콘크리트 부재에 의한 구속으로 발생하는 수축균열과 수화열 균열을 나타낸다. 이러한 균열은 옹벽의 벽체나 박스 단면의 복부에 수직방향으로 발생하는데, 먼저 타설되어 굳은 옹벽의 기초나 박스 단면의 하부플랜지가 나중에 타설된 콘크리트의 수축을 구속하여 인장응력이 작용할 때 발생한다. 또 경우에 따라서는 콘크리트의 수화열에 의한 팽창과 수축작용이 추가되어 그림 11-3(b)와 같이 나중에 타설된 부재의 아래쪽에 길이가 짧은 수직균열이 추가되기도 한다. 콘크리트의 수축과 수화열에 의한 균열 외에도 외부 온도 변화에 따른 수축을 구속하는 경우에도 균열이 발생하는데, 이러한 요인들에 의한 균열들은 일반적으로 부재 단면을 관통한다. 콘크리트의 수축과 수화열에 의한 영향은 2장 2.1.10절과 2.1.14절에 설명되어 있다.

그림 11-3(c)는 부등(不等)건조수축에 의한 균열로, 부재 단면을 관통하지 않고 부재의 넓은 쪽 표면에만 발생하는 균열이다. 이 균열은 부재의 내부와 표면의 콘크리트 수축 차이로 인하여 표면에 작용하는 인장응력에 의하여 발생하는 수축균열의 하나이다. 이때 표면에 가까운 표피에 철근이 배치되어 있으면 그림 11-3(c)의 왼쪽 그림과 같이 철근위치를 따라 등간격의 균열이 표면에 발생하고, 철근이 배치되지 않거나 철근이 배치되더라도 표면에서 멀리 떨어져서 압축을 받는 위치에 배치되어 있으면 그림 11-3(c)의 오른쪽 그림과 같이 방향성 없는 균열이 표면에 발생한다. 부등건조수축에 대해서는 2장 2.1.10절에 좀 더 자세히 설명되어 있다.

[3] 기타 요인에 의한 균열

하중작용에 의한 구조적 균열과 콘크리트의 체적 변화에 의한 재료적 균열 외에 다른 요인에 의해서도 콘크리트에 균열이 발생할 수 있다. 그 대표적인 것으로 시공과정에서 콘크리트를 이어 친 면, 즉 콜드 조인트(cold joint)에 발생하는 균열과 구조물이 완공되어 사용하는 도중에 철근의 부식으로 인하여 발생하는 균열을 들 수 있다.

콜드 조인트의 균열은 의도하지 않았던 시공이음면에 발생하는 균열을 말한다. 규모가 큰 콘크리트 구조물을 시공할 때는 콘크리트를 한 번에 모두 타설할 수 없으므로, 구간을 나누어 차례로 콘크리트를 타설하는 계획을 수립하여 시공한다. 이때 콘크리트를 타설하는 구간과 인접 구간이 만나는 면을 시공이음면(construction joint)이라고 한다. 시공이음면은 콘크리트를 분리 타설하도록 계획된 것으로, 이미 굳은 구간의 시공이음면을 깨끗이 처리하고 옆 구간의 콘크리트를 이어서 타설한다. 그러나 한 번에 콘크리트를 타설하기로 계획된 구간에서도 레미콘 차량의 지연 도착 등 예기치 못한 이유로 이미 타설된 부분의 콘크리트가 굳기 시작한 후 새로운 콘크리트를 이어치는 경우가 발생하기도 한다. 이와 같이 콘크리트 타설 작업이 지연된 상태에서 다시 콘크리트를 이어 친 면을 콜드조인트(cold joint)라고 한다. 콜드 조인트는 나중에 타설된 콘크리트의 수축에 의하여 균열이 발생할 가능성이 매우 높다. 따라서 콜드 조인트의 균열을 방지하기 위해서는 콘크리트 타설의 시공 관리를 철저히 하여야 한다.

철근 부식에 의한 콘크리트의 균열은 장기간에 걸쳐서 발생한다. 2장 2.2.7절에 설명한 바와 같이 콘크리트의 노출환경에 따라 철근 주위의 콘크리트가 중성화 및 탄산화(carbonization)되거나 염분 등 유해성 물질이 철근 위치까지 침투하면 철근이 부식될 수 있다. 철근의 부식이 시작되면 부식된 부분의 철근 체적이 약 2.5배까지 팽창하면서 주변 콘크리트를 밀어내어 철근과 접촉하는 부분의 콘크리트가 쪼개지는 할렬균열(splitting crack)이 발생할 수 있고, 이 균열이 더 진전되면 콘크리트가 탈락하여 구조물의 내구성이 저하될 수 있다.

11.3.2 균열 거동과 균열폭 해석

콘크리트 구조물의 균열은 균열의 길이와 함께 균열이 진행하는 방향의 직각방향으로 벌어진 간격, 즉 균열폭으로 그 크기를 나타낸다. 설계과정에서의 균열폭 예측은 균열폭 해석 모델을 적용하여 계산한다. 완공된 구조물에 발생한 균열은 그림 11-4와 같은 콘크리트 균열 측정자(concrete crack scale/gage)나 확대경 등의 광학기기(crack width microscope)를 이용하여 균열폭을 측정하며, 균열폭 변화를 추적 관찰할 때는 다양한 형태의 균열폭 측정 장치(crack width monitoring system)를 이용한다. 이 절에서는 균열 거동과 균열에 미치는 영향 요소 및 균열폭 해석 개념과 해석 모델을 설명한다.

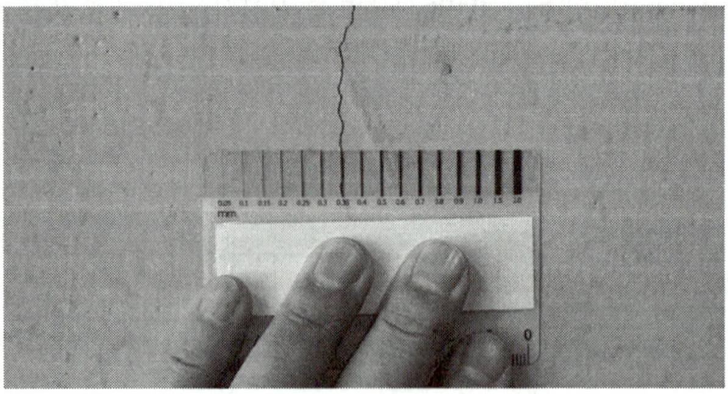

그림 11-4 콘크리트 균열폭 측정

[1] 균열 거동

철근콘크리트 부재의 균열은 진전 정도에 따라 다음과 같이 균열 생성 단계와 균열 안정 단계의 두 가지 단계로 나타난다.

- 균열 생성 단계(crack formation phase, first cracking state)

  인장철근이 배치되어 콘크리트와 일체화 된 철근콘크리트 부재의 인장구역은 하중작용의 초기에 콘크리트와 철근이 동일한 인장변형률로 늘어난다. 하중이 증가하여 인장변형률이 콘크리트의 균열변형률 ε_{cr}에 도달하면 그림 11-5(a)와 같이 콘크리트에 균열이 발생하여 균열폭 구간의 철근과 콘크리트가 분리된다. 따라서 균열폭 구간의 콘크리트 인장변형률 ε_c는 존재하지 않고 철근의 인장변형률 ε_s는 그림 11-5(a)에 나타난 바와 같이 크게 증가한다. 즉, 균열에서 먼 구간은 콘크리트의 변형률 ε_c와 철근의 변형률 ε_s가 같은 값을 가지고 인장력을 분담하며 저항하지만, 균열에 가까운 구간은 ε_c가 감소하고 ε_s가 증가하여 균열폭 구간에는 철근만이 인장력에 저항한다. 이때의 균열은 안정되지 않은 상태로, 첫 균열이 발생한 후 이어서 새로운 균열이 계속 발생하는 단계이다.

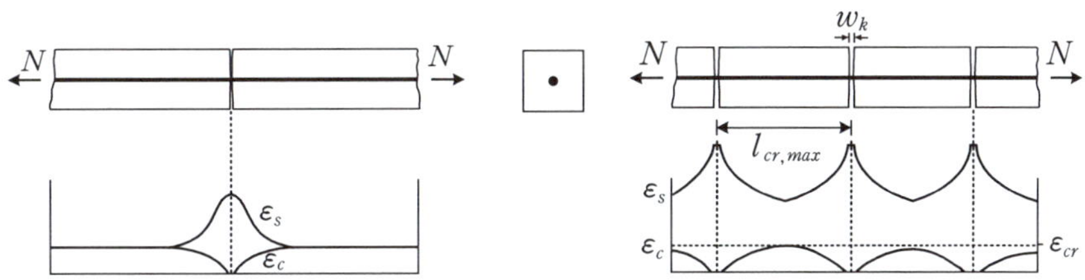

(a) 균열 생성 단계 (b) 균열 안정 단계

그림 11-5 철근과 콘크리트 변형률 분포 및 균열폭과 균열 간격

- 균열 안정 단계(stabilized cracking phase, steady state cracking)

  균열 생성 단계에서 균열들이 발생한 후에는 하중이 더 증가하여도 더 이상 새로운 균열이 발생하지 않는 균열 안정 단계로 진입한다. 이때에는 균열 수가 더 이상 증가하지 않고 하중 증가에 따라 균열폭이 증가한다. 그림 11-5(b)는 균열 안정 단계로 3개의 균열이 발생한 부분의 콘크리트와 철근의 인장변형률 분포를 나타낸다. 균열 안정 단계에서는 하중이 증가하여도 콘크리트의 변형률 ε_c가 균열변형률 ε_{cr}를 초과하지 않는 상태로 유지되어 새로운 균열이 나타나지 않으며, 균열면에서의 철근 변형률 ε_s가 증가하여 균열폭이 증가한다. 이때 균열의 간격은 완벽하게 일정하지는 않아서, $l_{cr,\,max}$로 가장 큰 간격을 나타내는 구간이 존재한다. 부재에 발생하는 균열 중 가장 균열폭이 큰 균열은, 그림 11-5(b)에 나타난 바와 같이 가장 큰 간격 $l_{cr,\,max}$에 인접한 균열로 이 균열폭을 w_k로 나타내었다.

설계기준에 따라서는 균열검증 규정으로 균열 생성 단계와 균열 안정 단계를 구분하여 균열폭을 계산하도록 규정하기도 한다. 그러나 실무설계에서는 이를 구분하는 것이 큰 의미가 없으며 균열 생성 단계에서의 균열폭이 구조성능에 크게 영향을 미치는 것이 아니므로, KDS 24 14 21 콘크리트교 설계기준(한계상태설계법)[11.2]과 KDS 14 20 콘크리트구조 설계기준[11.3]은 균열 안정 단계에서의 균열폭 해석법을 규정하여 균열검증을 수행하도록 규정하고 있다.

그림 11-6은 철근콘크리트 일축인장 부재에서 축인장력 N이 증가함에 따른 평균변형률 ε_{avg}, 즉 부재 전체에 걸쳐서 인장력으로 늘어난 길이를 원래 길이로 나눈 비율의 변화를 나타낸다. 그림에서 점으로 표현된 것들은 실험결과의 예이고, 원점에서 경사진 방향으로 증가하는 가는 점선은 콘크리트에 부착되지 않은 단독 철근(bare bar, naked steel)의 변형률-축인장력 곡선이다. 축인장력 N이 가해지기 시작하면 콘크리트와 철근이 부착된 상태로의 큰 값의 강성을 가지고 저항하여 변형률이 크게 발생하지 않는다. 그러다 변형률이 콘크리트의 균열변형률 ε_{cr}에 도달하는 축인장력 N_{cr}이 작용하면 콘크리트에 균열이 발생하기 시작하고, 균열 생성 단계에서 첫 균열 이후의 추가 균열들이 발생한다. 축인장력이 더 증가하면 부재는 균열 안정 단계에 도달하여 더 이상 새로운 균열은 발생하지 않고 이미 발생한 균열의 폭이 증가한다. 이 단계에서 철근콘크리트 일축인장 부재의 평균변형률은 단독 철근의 변형률보다 작게 나타난다. 이것은 균열과 균열 사이에서 철근과 부착된 콘크리트가 축인장력에 저항하기 때문으로, 이런 현상을 인장강화효과(tension stiffening effect)라고 한다.

그림 11-6에서 평균변형률-축인장력 실험결과를 따라 선으로 나타낸 것은 해석모델의 예이다. 균열이 발생한 후 철근이 항복할 때까지 균열 생성 단계와 균열 안정 단계에서의 평균변형률-축인장력 관계는 굵은 실선과 같이 1차 함수인 직선으로 표현할 수도 있고, 굵은 점선과 같이 2차 함수 등의 곡선으로 나타낼 수도 있다.

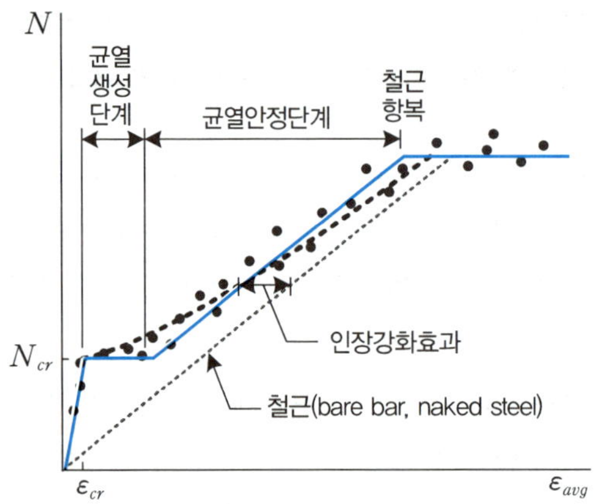

그림 11-6 철근콘크리트 일축인장 부재의 평균변형률-축인장력 곡선

[2] 균열 거동의 영향 요소

균열폭에 영향을 미치는 주요 요인들은 다음과 같이 철근의 응력 수준, 콘크리트 피복두께, 철근의 부착성능의 세 가지를 들 수 있다.

첫째, 철근의 응력이 증가하면 균열폭이 증가한다. 많은 연구의 결과 균열폭은 철근응력의 n제곱, 즉

$(f_s)^n$에 비례한다고 알려졌다. 여기서 n은 1.0~1.4의 범위로 변하는 지수(exponent)이며, 철근 응력이 140 MPa~250 MPa의 범위에서는 n의 값을 1.0이라고 볼 수 있다. 따라서 일반적인 사용한계상태에서는 균열폭이 철근 응력과 정비례한다고 할 수 있다.

둘째, 콘크리트 피복두께가 증가하면 균열폭이 증가한다. 여기서 피복두께는 인장철근으로부터 콘크리트 표면까지의 거리로, 축인장력이 작용할 때에는 철근에서 가장 가까운 콘크리트 표면까지의 거리이며 휨모멘트가 작용할 때에는 콘크리트 인장연단까지의 거리이다.

셋째, 철근의 부착성능이 증가하면 균열폭이 감소한다. 이것은 부착성능이 좋을수록 철근과 콘크리트 경계면에서의 미끄럼(slip)이 덜 발생하여 철근과 콘크리트 사이의 변형률 차이가 작게 나타나기 때문이다. 따라서 동일한 조건인 경우 부착성능이 낮은 원형철근이나 원형강선으로 보강된 부재보다 표면에 요철이 있는 이형철근으로 보강된 부재에서 균열폭이 작게 나타난다. 또 이형철근 중에서도 부착성능에 직접적인 영향을 미치는 횡방향 리브가 높은 이형철근으로 보강된 부재에서 균열폭이 작게 나타난다. 그림 11-7은 철근콘크리트 일축인장 부재의 균열분포로, 철근의 부착성능에 따른 균열의 수와 간격의 차이를 나타낸다. 일반적으로 동일한 하중수준에서 발생한 균열의 수가 더 많으면 균열 간격이 더 좁게 되고 균열폭은 더 작게 나타난다. 즉, 다른 모든 조건이 동일할 때 구간 내에 발생한 균열들의 폭을 모두 합하면 값이 거의 일정하므로, 간격이 넓은 소수의 균열이 발생하면 하나의 균열에서 벌어지는 균열폭이 상대적으로 크다. 반대로 간격이 좁은 다수의 균열이 발생하면 하나의 균열에서 벌어지는 균열폭은 상대적으로 작다. 그림 11-7(a)는 한국의 철근 표준 KS D 3504[11.5]의 횡방향 리브 조건에 부합하는 철근을 사용한 부재의 일축인장 실험체로 3개 또는 4개의 균열이 발생한 모습이다. 그림 11-7(b)는 하나 건너의 횡방향 리브가 KS D 3504의 조건보다 더 높은 형상을 가진 고부착 철근을 사용한 부재의 일축인장 실험체로, 6개 또는 7개의 균열이 발생한 모습인데, 이때의 균열폭은 그림 11-7(a)의 경우보다 더 작게 나타났다.[11.4] 이러한 결과는 철근단면적이 동일하다면 소수의 큰 철근보다 다수의 작은 철근을 사용하는 것이 균열제어에 더 효과적이라는 것을 의미하기도 한다. 이것은 철근 지름이 작을수록 표면적/단면적 비율이 증가하여 부착성능이 더 우수하기 때문이다.

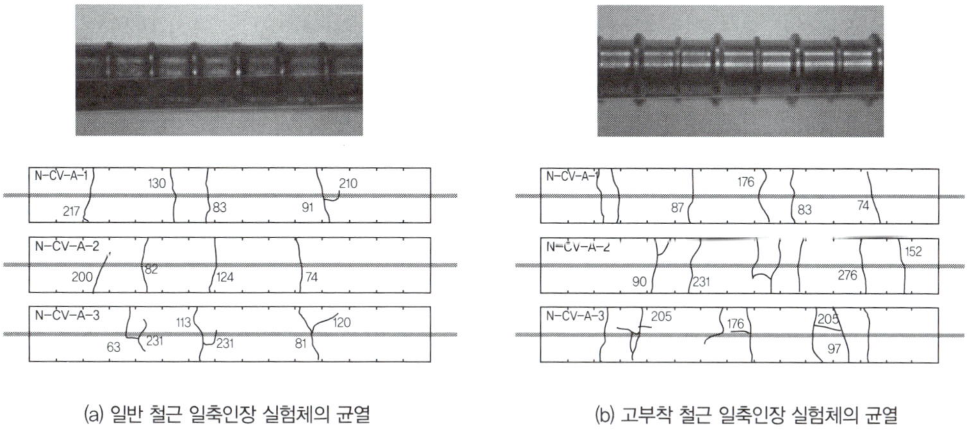

(a) 일반 철근 일축인장 실험체의 균열

(b) 고부착 철근 일축인장 실험체의 균열

그림 11-7 **철근의 부착성능에 따른 일축인장 실험체의 균열**[11.4]

[3] 균열폭 해석 개념과 해석 모델

철근콘크리트 인장부재나 휨부재의 균열은 철근의 인장변형과 콘크리트의 인장변형의 차이로 인하여 발생한다. 즉, 강재가 늘어난 길이와 콘크리트가 늘어난 길이의 차이가 부재 내에 발생하는 균열폭의 합과 같다. 이 개념에 따라 균열 사이의 간격을 l_{cs}라고 하고 철근과 콘크리트의 인장변형률 차이를 $\Delta\varepsilon_{sc}$라고 하면 균열폭 w_{cr}은 다음과 같이 l_{cs}와 $\Delta\varepsilon_{sc}$를 곱한 값과 같다.

$$w_{cr} = l_{cs}\,\Delta\varepsilon_{sc} \tag{11·11}$$

하중작용에 따른 균열폭을 계산하고자 할 때 $\Delta\varepsilon_{sc}$는 다음과 같이 철근의 평균인장변형률 ε_{sm}과 콘크리트의 평균인장변형률 ε_{cm}의 차이로 나타내며, 그림 11-5로 설명한 인장강화효과를 고려한 수식으로 표현한다.

$$\Delta\varepsilon_{sc} = \varepsilon_{sm} - \varepsilon_{cm} \tag{11·12}$$

하중작용과 함께 콘크리트 수축에 대한 구속효과로 발생하는 균열을 고려할 때는 음수(−) 값을 갖는 콘크리트의 수축변형률 ε_{cs}를 고려하여 $\Delta\varepsilon_{sc}$를 다음과 같이 구할 수 있다.

$$\Delta\varepsilon_{sc} = \varepsilon_{sm} - \varepsilon_{cm} - \varepsilon_{cs} \tag{11·13}$$

이러한 균열폭 해석 개념에 따라 FIB Model Code 2010[11.6]에서는 설계균열폭 w_d를 다음과 같이 계산하도록 규정하고 있다.

$$w_d = 2\,l_{s,\,max}(\varepsilon_{sm} - \varepsilon_{cm} - \varepsilon_{cs}) \tag{11·14}$$

여기서 $l_{s,\,max}$은 철근과 콘크리트 사이에 미끄럼(slip)이 발생하는 길이로, 균열 위치에서 한쪽 방향으로 측정한 값이다. 따라서 식 (11·14)의 $2\,l_{s,\,max}$는 균열 안정 단계의 최대균열간격 $l_{cr,\,max}$와 같은 의미를 가진다.

한편 콘크리트 수축에 대한 구속효과는 균열 생성 단계에서 균열의 발생 여부와 균열폭에는 큰 영향을 주지만 이 단계에서의 균열폭은 상대적으로 크지 않고, 하중작용으로 균열이 발생한 후 균열 안정 단계에 도달하면 균열폭 증가에 큰 영향을 주지 않는다.[11.7] 이것은 변형이 구속되어 인장응력이 작용하는 경우, 균열이 발생하면 부재의 강성이 크게 감소하여 균열 발생 전에 작용하였던 인장응력이 대부분 소멸되기 때문이다. 이를 반영하여 Eurocode 2[11.8]에서는 설계과정의 균열검증에 콘크리트 수축에 대한 구속효과를 고려하지 않고, 다음과 같이 하중작용만을 고려하여 최대 균열폭 w_k를 해석하도록 규정하고 있다.

$$w_k = S_{r,\,max}(\varepsilon_{sm} - \varepsilon_{cm}) \tag{11·15}$$

여기서 $S_{r,\,max}$는 인장철근에 대한 피복두께, 철근이나 긴장재의 부착성능, 휨모멘트 및 축인장력의 작용에 따른 변형률 분포, 유효 인장철근비를 고려하여 수식으로 결정하는 최대균열간격이고, 철근과 콘크리트의 평균인장변형률 차이$(\varepsilon_{sm}-\varepsilon_{cm})$는 철근의 응력, 콘크리트의 인장강도, 철근과 콘크리트의 탄성계수비, 단기하중 및 장기하중과 반복하중으로 구분한 하중작용, 철근의 탄성계수를 변수로 하여 수식으로 결정한다.

이와 같이 식 (11·11)에서 철근과 콘크리트의 인장변형률 차이 $\Delta\varepsilon_{sc}$를 인장강화효과를 고려한 수식으로 표현하고 균열 간격 l_{cs}를 여러 변수를 고려한 수식으로 나타내는 것이 기본적인 역학적 관점의 균열폭 해석이다. 그러나 연구자에 따라서는 l_{cs}와 $\Delta\varepsilon_{sc}$를 단순하게 나타낸 모델을 제안하기도 하였다. 그 중 한 예로 Frosch는 다음과 같은 균열폭 해석 모델을 제안하였다.[11.9]

$$w_c = \varepsilon_s S_c \tag{11·16}$$

이 식에서 ε_s는 균열단면에서의 인장철근 변형률로, 콘크리트에 의한 인장강화효과를 무시하여 식 (11·11)의 $\Delta\varepsilon_{sc}$를 단순화한 것이다. S_c는 d^*로 나타낸 최소균열간격에 균열폭과 균열 간격의 변동성을 고려하는 변수 Ψ_s를 적용한 균열 간격이다. 최소균열간격은 그림 11-8에서 d^*로 나타낸 두 길이 중 큰 값으로 단순화 한 것이다. 즉, d^*는 최 외측 철근의 중심에서 측면 피복의 인장연단 위치까지의 대각선 길이나 철근 중심과 철근 간격 1/2 위치의 콘크리트 인장연단 표면까지 대각선 길이 중 큰 값이다. Ψ_s는 균열간격 계수로, 최소간격은 1.0, 평균간격은 1.5, 최대간격은 2.0을 적용한다. 따라서 균열제어를 위하여 인장철근의 간격을 설계변수로 하면 균열 간격 S_c는 다음과 같이 나타낼 수 있다.

$$S_c = \Psi_s d^* = \Psi_s \sqrt{d_c^2 + \left(\frac{s}{2}\right)^2} \tag{11·17}$$

이 식의 균열 간격을 적용하여 식 (11·16)으로 구한 균열폭은 인장철근 위치의 균열폭이므로, 인장연단에서의 균열폭을 구하려면 계수 β를 곱한다. β는 중립축에서 인장연단까지의 길이를 중립축에서 인장철근 중심까지의 길이로 나눈 비율로, 중립축의 위치는 사용하중에 대한 단면해석으로 결정한다. 따라서 인장연단에서의 최대 균열폭 w_c는 2.0의 Ψ_s를 적용하여 다음으로 나타낼 수 있다.

$$w_c = 2\frac{f_s}{E_s}\beta\sqrt{d_c^2 + \left(\frac{s}{2}\right)^2} \tag{11·18}$$

여기서 f_s는 균열단면에서의 인장철근의 응력이며 E_s는 철근의 탄성계수이다. 만일 인장철근의 간격을 설계변수로 채택하여 균열을 제어하고자 한다면, s를 나타내도록 식 (11·18)을 변환하고 s를 s_a로 표현하여 다음과 같이 인장철근의 최대 허용간격 s_a를 구할 수 있다.

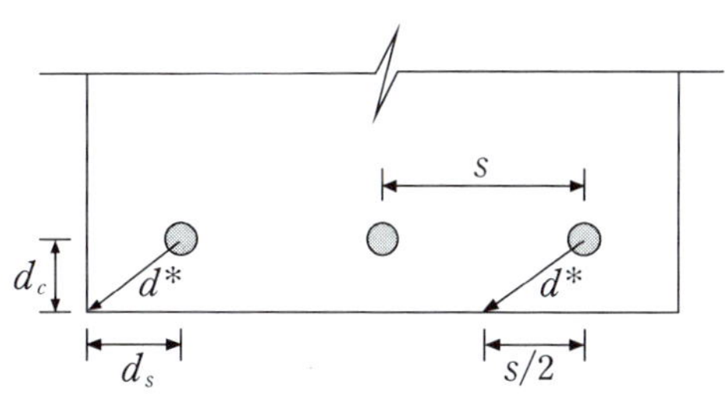

그림 11-8 거리 d^*의 정의[11.9]

$$s_a = 2\sqrt{\left(\frac{w_c E_s}{2 f_s \beta}\right)^2 - d_c^2} \quad (11 \cdot 19)$$

즉, 0.3 mm 또는 0.4 mm 등으로 인장연단의 설계목표 균열폭을 설정하여 w_c에 대입하고 나머지 변수들의 값을 대입하여 s_a를 계산하고, s_a 보다 작은 간격으로 인장철근을 배치하여 균열검증을 대신하는 것이다.

11.3.3 균열의 설계검증 방법

철근콘크리트 부재의 설계에 적용하는 균열검증 방법으로는 다음과 같이 균열폭을 직접 계산하여 검증하는 방법과 인장철근의 허용간격 및 최대지름을 기준으로 간접적으로 검증하는 방법이 있다. KDS 24 14 21 콘크리트교 설계기준(한계상태설계법)[11.2]과 Eurocode 2[11.8]는 설계기준의 본문에서 직접 검증법과 간접 검증법의 두 가지 모두를 규정하고 두 가지 중 하나의 방법을 선택하여 적용하도록 규정하고 있다. KDS 14 20 콘크리트구조 설계기준[11.3]에서는 소분류 설계기준 KDS 14 20 30 콘크리트구조 사용성 설계기준[11.10]의 본문에서 인장철근의 허용간격을 기준으로 하는 간접 검증법을 규정하고, 부록에서 직접 검증법을 규정하여 필요에 따라 적용할 수 있도록 하고 있다. ACI Code[11.11]은 직접 검증법을 규정하지 않고 인장철근의 간격을 기준으로 하는 간접 검증법만을 규정하고 있다.

[1] 균열폭 해석을 적용한 직접적인 균열검증 방법

직접 균열검증 방법은 콘크리트 부재가 노출된 환경조건에 따라 허용균열폭 w_a를 규정하고, 사용하중상태에서 발생할 균열폭 w_k를 앞의 11.3.2절 [3]항에서 식 (11·11)으로 설명한 균열폭 해석 모델 중 하나를 적용하여 계산한 후 다음 조건을 만족함을 검증하는 방법이다.

$$w_k \le w_a \quad (11 \cdot 20)$$

[2] 인장철근의 허용간격 및 최대지름을 적용한 간접적인 균열검증 방법

간접 균열검증 방법은 균열폭 해석 모델의 수식을 변환하거나 분석을 통하여 허용균열폭이 발생할 인장철근의 최대허용간격 s_a를 결정하고, 배치되는 인장철근의 간격 s가 다음 조건을 만족함을 검증하는 방법이다.

$$s \le s_a \quad (11 \cdot 21)$$

앞의 11.3.2절 [3]항에서 Frosch의 균열폭 해석 모델을 인장철근의 간격으로 변환한 식 (11·19)를 소개하였는데, 이 식을 두 개의 수식으로 분리하고 단순화 한 결과가 ACI Code와 KDS 14 20 30 콘크리트구조 사용성 설계기준 본문의 간접 검증법으로 채택되었다. Eurocode 2와 KDS 24 14 21 콘크리트교 설계기준(한계상태설계법)에서는 인장철근의 간격뿐만 아니라 최대지름도 제한하고 있다. 즉, 인장철근의 지름 d_b가 최대허용지름 $d_{b,\, max}$ 이하이도록 다음의 조건도 만족하도록 규정하고 있다. 다만 수식으로 표현하지 않고 최대허용간격과 최대허용지름을 표로 나타내고 있다.

$$d_b \leq d_{b,\, max} \tag{11·22}$$

11.3.4 콘크리트구조 설계기준(강도설계법)의 균열 설계검증

이 절에서는 KDS 14 20 콘크리트구조 설계기준(강도설계법)의 소분류 설계기준 KDS 14 20 30 콘크리트구조 사용성 설계기준에서 규정하고 있는 본문의 간접 검증법, 부록의 직접 검증법, 균열제어를 위한 철근 배치 규정을 소개한다.

[1] 본문의 균열 간접 검증법

KDS 14 20 콘크리트구조 설계기준(강도설계법)은 일반적인 환경조건에 노출되는 철근콘크리트 부재의 균열검증으로 철근의 간격을 기준으로 하는 균열 간접 검증법을 규정하고 있다. 일반적인 환경조건은 습도가 낮은 구조물의 내부로 대표되는 건조 환경이나 빗물이나 지하수에 접하는 구조물의 외부로 대표되는 습윤 환경을 말한다. 따라서 철근의 부식에 영향을 주는 염분이나 화학물질에 접는 부식성 환경에 노출되는 구조물, 누수가 되지 않도록 수밀성이 요구되는 유체 저장 구조물, 미관이 중요하여 균열을 최소화 하여야 하는 구조물 등에는 균열 간접 검증법을 적용할 수 없으며, 허용균열폭을 설정하여 균열폭이 그 이하가 되도록 설계검증을 수행하는 균열 직접 검증법을 적용하여야 한다.

KDS 14 20 콘크리트구조 설계기준(강도설계법)의 균열 간접 검증법은 보 또는 한 방향으로만 휨응력을 저항하도록 철근이 배치된 1방향 슬래브에 적용하는 것으로, 다음 두 식으로 계산한 값 중에서 작은 값을 허용간격 s_a로 결정하여 콘크리트 인장연단에 가장 가까이에 배치되는 철근의 중심 간격 s가 s_a 이하가 되도록 인장철근을 배치하여야 한다. 만일 단면에 인장철근이 하나만 배치된 경우에는 인장연단의 폭을 s의 값으로 한다.

$$s_a = 375\left(\frac{\kappa_{cr}}{f_s}\right) - 2.5\, c_c \tag{11·23}$$

$$s_a = 300\left(\frac{\kappa_{cr}}{f_s}\right) \tag{11·24}$$

여기서, κ_{cr}은 다음 [2] 항에서 설명하는 건조 환경에 노출되는 경우에 280, 그 외의 환경에 노출되는 경우에 210을 적용한다. 여기서 그 외 환경은 다음 [2]항에서 설명하는 습윤 환경으로, 부식성 환경이나 고부식성 환경을 의미하는 것은 아니다. c_c는 인장철근이나 긴장재의 표면과 인장연단 사이의 피복두께이다. f_s는 인장연단에 가장 가까운 인장철근의 응력으로, 사용하중조합에 대하여 4장 4.3절에 소개한 탄성응력 해석으로 구해야 한다. 다만, 간단한 방법으로 균열을 검증하고자 할 때에는 탄성응력 해석을 수행하는 대신 철근의 설계기준항복강도 f_y의 2/3를 근사적으로 적용할 수 있다. 이것은 일반적인 경우 사용하중상태에서의 철근 응력이 f_y의 2/3보다는 작은 경우가 대부분이므로, f_y의 2/3 수준의 응력에서 균열 검증 조건을 만족한다면 실제의 철근 응력 수준에서는 더욱 더 만족할 것이라는 의미이다. 따라서 f_s로 f_y의 2/3를 적용했을 때 균열 검증 조건을 만족하지 못한다면 탄성응력 해석으로 f_s의 값을 정확히 구하여 다시 균열을 검증할 필요가 있다. 설계기준의 식 (11 ·23)과 식 (11 ·24)는 Frosch 모델을 인장철근의 허용간격으로 나타낸 식 (11 ·19)를 두 개의 직선으로 단순화한 것이다.

그림 11-9는 χ_{cr}이 210인 경우 Frosch 모델과 설계기준의 인장철근 허용간격을 피복두께 d_c를 변수로 하여 나타낸 것이다. 점선의 곡선으로 나타낸 Frosch 모델은 인장철근의 허용간격 s_a를 나타내는 식 (11 ·19)에서 β를 1.0으로 하여 철근위치에서의 균열폭을 대상으로 하고, 0.3 mm와 0.4 mm의 설계목표 균열폭 w_c와 267 MPa과 133 MPa의 철근 응력 f_s를 대입한 결과이다. 실선으로 나타낸 두 개의 직선은 식 (11 ·23)과 식 (11 ·24)로, 피복두께 d_c가 상대적으로 작은 경우에는 일정한 값을 제공하는 식 (11 ·24)가 s_a 값이 되며 피복두께가 상대적으로 큰 경우에는 d_c가 증가할수록 감소하는 값을 제공하는 식 (11 ·23)가 s_a 값이 된다. 그림 11-9는 설계기준의 식 (11 ·23)과 식 (11 ·24)가 Frosch 모델에 따라 계산한 0.3 mm와 0.4 mm 사이의 균열폭에 해당하는 철근 간격을 의미하며, 철근 응력 f_s가 작을수록 인장철근의 허용간격 s_a가 증가한다는 것을 나타낸다. 그러나 피복두께가 100 mm를 초과하는 특별한 상황에 대해서는 식 (11 ·23)과 식 (11 ·24)에 따른 균열 검증의 적절성을 검토할 필요가 있을 것이다.

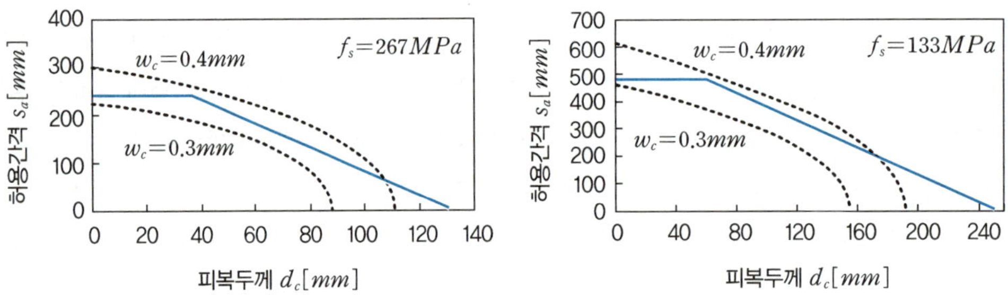

(a) 인장철근 응력이 267MPa인 경우 (a) 인장철근 응력이 133MPa인 경우

그림 11-9 χ_{cr}이 210인 경우 Frosch 모델과 설계기준의 인장철근 허용간격

[2] 부록의 균열 직접 검증법

KDS 14 20 콘크리트구조 설계기준(강도설계법)은 부록에서 직접 균열검증 방법을 규정하고 있다. 균열검증의 하중 수준은 지속하중상태로서, 지속하중은 설계수명 동안 항상 작용하는 고정하중과 설계수명의 절반 이상의 기간 동안 지속해서 작용하는 하중들의 합이며 구조물의 특성을 고려하여 발주자 또는 건축주가 결정할 수 있다. 따라서 지속하중상태에서의 설계 균열폭 w_d를 구하고 다음과 같이 허용균열폭 w_a 이하임을 검증한다.

$$w_d \leq w_a \tag{11 ·25}$$

허용균열폭 w_a는 콘크리트 구조물의 내구성과 누수 관점의 사용성능 및 미관을 고려하여 규정된 것으로, 일반적인 콘크리트 구조물에서의 철근과 긴장재의 강재 부식을 고려한 허용균열폭과 수처리 구조물 등 액체 저장 구조물에 대한 허용균열폭으로 구분한다. 강재 부식을 고려한 허용균열폭은 구조물이 노출되는 환경조건에 따라 달리 규정되는데, 네 가지로 구분된 환경조건은 표 11-2와 같다. 표 11-2에서 건습의 반복작용이 많은 경우가 부식성 환경으로 분류된 것은 건조한 상태와 습기 찬 상태가 반복되는 건습(drying and wetting) 상태에서 강재의 부식이 더 빠르게 진행되기 때문이다. 해양콘크리트 구조물 중 간만조위의 영향을 받거나 비말대에 있는 경우가 고부식성 환경으로 분류된 것은 썰물(간조)과 밀물(만조)의 간만조 수위 차이로 인하여 해수의 반복 건습작용을 받는 부분과 파도에 의하여 해수의 반복 건습작용을 받는 비말대 부분이 해수 중에 잠겨있는 부분보다 강재의 부식이 더 빠르게 진행되기 때문이다.

표 11-2 **강재의 부식에 대한 환경조건의 구분**

건조 환경	일반 옥내 부재, 부식의 우려가 없을 정도로 보호한 경우의 보통 주거 및 사무실 건물 내부
습윤 환경	일반 옥외의 경우, 흙 속의 경우, 옥내의 경우에 있어서 습기가 찬 곳
부식성 환경	1. 습윤환경과 비교하여 건습의 반복작용이 많은 경우, 특히 유해한 물질을 함유한 지하수위 이하의 흙 속에 있어서 강재의 부식에 해로운 영향을 주는 경우, 동결작용이 있는 경우, 동상방지제를 사용하는 경우 2. 해양콘크리트 구조물 중 해수 중에 있거나 극심하지 않은 해양환경에 있는 경우(가스, 액체, 고체)
고부식성 환경	1. 강재의 부식에 현저하게 해로운 영향을 주는 경우 2. 해양콘크리트 구조물 중 간만조위의 영향을 받거나 비말대에 있는 경우, 극심한 해풍의 영향을 받는 경우

표 11-3 **콘크리트 구조물의 허용균열폭** $w_a(mm)$

강재의 종류	강재 부식에 대한 환경 조건			
	건조 환경	습윤 환경	부식성 환경	고부식성 환경
철근	$0.4\,mm$와 $0.006\,c_c$ 중 큰 값	$0.3\,mm$와 $0.005\,c_c$ 중 큰 값	$0.3\,mm$와 $0.004\,c_c$ 중 큰 값	$0.2\,mm$와 $0.0035\,c_c$ 중 큰 값
긴장재	$0.2\,mm$와 $0.005\,c_c$ 중 큰 값	$0.2\,mm$와 $0.004\,c_c$ 중 큰 값	–	–

일반적인 콘크리트 구조물에 대해서는 표 11-2에 따라 환경조건을 구분하고 표 11-3에 따라 허용균열폭 w_a를 설정한다. 표 11-3에서 c_c는 최외단 철근 또는 긴장재(prestressing steel)의 표면과 콘크리트 표면 사이의 최소 피복두께이며, 부식성 환경과 고부식성 환경에 대하여 긴장재의 허용균열폭을 규정하지 않은 것은 지속하중상태에서 프리스트레스트 콘크리트 구조물에 휨균열이 발생하지 않도록 설계하라는 의미이다.

수처리 구조물 등 액체 저장 구조물에 대한 허용균열폭은 콘크리트 구조물의 내구성과 누수방지를 위한 것으로 표 11-4에 따라 설정한다. 여기서 오염되지 않은 물은 사람이 마시는 물(음용수)을 의미하므로 상수도 구조물에 적용하며, 저장물이 오염된 액체인 구조물은 하수도 관련 시설물이 대표적이다.

표 11-4 수처리 콘크리트 구조물의 허용균열폭 w_a

저장물의 종류	균열의 형태	
	휨인장균열	전 단면 인장균열
오염되지 않은 물	0.25 mm	0.20 mm
오염된 액체	0.20 mm	0.15 mm

오염이 매우 심한 액체를 저장해야 하는 경우에는 발주자와 협의하여 표 11-4와 달리 허용균열폭을 설정할 수 있다.

설계 균열폭 w_d는 지속하중이 작용할 때의 균열폭으로, Eurocode 2[11.8]의 균열폭 해석 모델의 개념을 채택한 다음 식에 따라 계산한다.

$$w_d = \kappa_{st} w_m = \kappa_{st} l_s (\varepsilon_{sm} - \varepsilon_{cm}) \tag{11·26}$$

여기서, κ_{st} : 균열폭의 변동성을 고려하는 균열폭 평가계수로 최대 균열폭을 계산할 때는 1.7, 평균 균열폭을 계산할 때는 1.0

l_s : 평균 균열간격(mm)

ε_{sm} : 균열간격 내 강재의 평균 변형률

ε_{cm} : 균열간격 내 콘크리트의 평균 변형률

즉, 설계 균열폭 w_d는 평균 균열폭 w_m을 계산하고 균열폭 평가계수 κ_{st}를 곱하여 결정한다. 평균 균열폭 w_m은 강재와 콘크리트의 평균 변형률 차이 $(\varepsilon_{sm} - \varepsilon_{cm})$에 평균 균열간격 l_s를 곱하여 구한다. 평균 균열간격 l_s는 부착된 강재의 중심간격이 $5(c_c + d_b/2)$ 이하인 경우 식 (11·27)로 구하고, 부착된 강재의 중심간격이 $5(c_c + d_b/2)$ 를 초과하는 경우 식 (11·28)로 구한다.

$$l_s = 2\,c_c + \frac{0.25\,k_1 k_2 d_b}{\rho_e} \tag{11·27}$$

$$l_s = 0.75(h - x) \tag{11·28}$$

여기서, c_c : 최외단 인장철근이나 긴장재의 표면과 콘크리트 표면 사이의 최소 피복두께

k_1 : 부착강도에 따른 계수로, 이형철근은 0.8, 원형철근과 긴장재는 1.6

k_2 : 부재의 하중작용에 따른 계수로 휨모멘트를 받는 부재는 0.5, 직접인장력을 받는 부재는 1.0, 편심을 가진 직접인장력을 받는 부재나 부재의 국부적인 부분의 균열을 검증할 때에는 $(\varepsilon_1 + \varepsilon_2)/(2\,\varepsilon_1)$로 계산(여기서, ε_1과 ε_2는 단면 표면의 인장변형률로 ε_1이 둘 중의 큰 값)

d_b : 철근이나 긴장재의 지름 또는 다발철근의 등가지름으로, 크기가 각기 다른 철근이 조합된 경우에는 평균 철근지름 $d_{beq} = (m_1 d_{b1}^2 + m_2 d_{b2}^2)/(m_1 d_{b1} + m_2 d_{b2})$ 적용(여기서, m_1은 철근의 지름이 d_{b1}인 철근의 개수이고, m_2는 철근의 지름이 d_{b2}인 철근의 개수)

ρ_e : 콘크리트의 유효인장면적을 기준으로 한 강재비

h: 부재의 전체 깊이

x: 중립축의 깊이

강재비 ρ_e와 콘크리트의 유효인장면적 A_{cte}는 다음으로 계산한다.

$$\rho_e = \frac{A_s}{A_{cte}} \tag{11 ·29}$$

$$A_{cte} = b\,d_{cte} \tag{11 ·30}$$

강재 단면적 A_s는 콘크리트 유효인장면적 A_{cte} 내에 배치된 철근의 단면적이다. b는 단면에서 인장철근이 배치된 부분의 폭이고, d_{cte}는 콘크리트 유효인장깊이로 휨모멘트를 받는 부재는 $2.5(h-d)$와 $(h-x)/3$ 중에서 작은 값으로 하고, 직접인장력을 받는 부재는 $2.5(h-d)$와 $h/2$ 중에서 작은 값으로 한다. 여기서, h는 부재의 전체 깊이, d는 인장철근의 유효깊이, x는 중립축의 깊이이다.

철근과 콘크리트의 평균 변형률 차이 $(\varepsilon_{sm}-\varepsilon_{cm})$는 다음으로 구한다.

$$\varepsilon_{sm}-\varepsilon_{cm} = \frac{f_{so}}{E_s} - 0.4\frac{f_{cte}}{E_s\rho_e}(1+n\rho_e) \geq 0.6\frac{f_{so}}{E_s} \tag{11 ·31}$$

여기서, f_{so}: 균열단면의 철근응력

f_{cte}: 콘크리트의 유효인장강도로 일반적인 경우에는 평균인장강도 $f_{ctm}=0.3(f_{cm})^{2/3}$, 재령 28일 이전의 균열을 검토할 때는 그 재령에서의 인장강도

n: 콘크리트의 탄성계수에 대한 철근의 탄성계수비 E_s/E_c

그림 11-10은 균열폭 해석 모델의 하중-변형률 관계로, 식 (11 ·31)에 따라 계산하는 철근과 콘크리트의 평균 변형률 차이 $(\varepsilon_{sm}-\varepsilon_{cm})$이 균열단면의 철근변형률인 f_{so}/E_s에서 인장강화효과를 뺀 값이라는 것을 나타낸다. 참고로 Eurocode 2에서는 인장강화효과를 나타내는 항의 계수 0.4 대신 하중조건에 따른 계수 k_t로 나타내고, 단기하중은 0.6, 장기하중과 반복하중은 0.4를 적용한다. KDS 14 20 콘크리트 구조 설계기준(강도설계법) 부록의 직접 균열검증 방법은 지속하중에 대하여 균열검증을 수행하도록 하고 있으므로 식 (11 ·31)에서 인장강화효과를 나타내는 항의 계수를 0.4로 한 것이다. 만일 이 균열폭

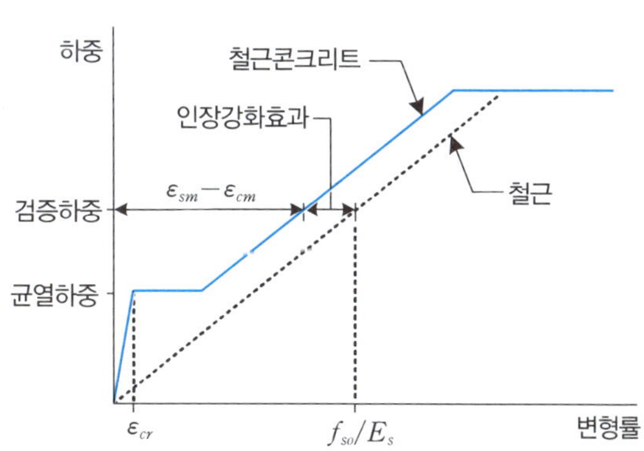

그림 11-10 균열폭 해석 모델의 하중-변형률 관계

해석 모델을 적용하여 활하중 등을 포함한 단기하중이 작용할 때의 균열폭을 해석하려 한다면 인장강화효과 항의 계수 0.4 대신 0.6을 적용하여야 한다.

철근이 직교 2방향으로 보강된 부재에서 주응력 축과 철근방향 사이의 각이 15°보다 클 때는 균열간격 l_s와 주응력 방향으로의 철근비 ρ_e를 다음으로 산정할 수 있다.

$$l_s = \left(\frac{\sin\theta}{l_{sx}} + \frac{\cos\theta}{l_{sy}} \right)^{-1} \tag{11·32}$$

$$\rho_e = \rho_x \sin^4\theta + \rho_y \cos^4\theta \tag{11·33}$$

여기서, θ는 x 방향 철근과 압축 주응력 방향 사이각이며, l_{sx}와 l_{sy}는 x와 y방향으로 각각 계산한 균열 간격이다. ρ_x과 ρ_y는 x 방향과 y 방향에서 콘크리트 유효인장면적을 기준으로 각각 계산한 철근비이다.

[3] 균열제어를 위한 플랜지 인장철근의 배치

4장 4.5.5절에서 설명한 바와 같이, 플랜지가 단면의 상부에 있는 T형보와 하부에 있는 역T형보는 정모멘트 또는 부모멘트의 작용으로 플랜지에 압축응력이 작용하거나 인장응력이 작용할 수 있다. 일반적으로 중력방향 하중을 지지하는 T형 단면의 휨부재에서 부모멘트가 작용하는 부분은 플랜지에 인장응력이 작용하여 균열이 발생할 수 있다. 이 인장응력에 저항하도록 플랜지에 인장철근을 배치할 때 그림 11-11(a)와 같이 복부 위치의 중앙부에만 인장철근을 배치하는 것은 균열제어에 효과적이지 않다. 이것은 균열폭이 균일하지 않고 위치에 따라 편차가 크게 나타나기 때문이다. 즉, 인장철근이 배치된 복부의 상단은 균열폭이 상대적으로 작지만, 인장응력에 저항하는 인장철근이 존재하지 않는 플랜지 부분은 그림 11-11(a)와 같이 큰 폭의 균열이 발생한다는 것이다. 그림 11-11(b)와 같이 인장철근이 플랜지 폭에 넓게 분포된 경우에는 플랜지폭 전체에 폭이 균일한 균열이 발생한다. 이 균일한 크기의 균열폭은 그림 11-11(a)의 플랜지에 발생하는 균열폭보다 작다. 따라서 인장응력이 작용하는 플랜지에는 인장철근을 플랜지폭에 넓게 분포시키는 것이 균열제어에 효과적이다.

따라서 KDS 14 20 콘크리트구조 설계기준은 이러한 형태의 균열을 제어하기 위하여 T형보의 플랜지가 인장을 받는 경우에는 플랜지의 유효폭이나 경간의 1/10과 같은 값인 폭 중에서 작은 폭에 걸쳐서 휨인장철근을 분포시키도록 규정하고 있다. 즉, 그림 11-11(b)와 같이 종방향 철근을 플랜지에 분포시키

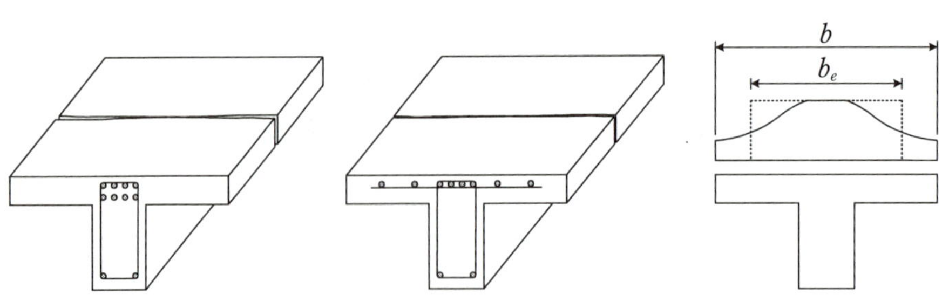

(a) 복부 철근 배치 단면의 균열 (b) 플랜지 철근 배치 단면의 균열 (c) 플랜지폭과 유효폭

그림 11-11 인장을 받는 플랜지의 인장철근 배치와 플랜지폭 및 유효폭

라는 의미이다. 이 규정에 따르면 플랜지의 유효폭이 경간의 1/10보다 작은 경우에는 플랜지의 유효폭에 인장철근을 분포시키는데, 반대로 유효폭이 경간의 1/10보다 큰 경우에는 경간의 1/10과 같은 값인 폭 이내에만 인장철근을 분포시키게 되어 복부에서 먼 부분은 유효폭 이내이더라도 인장철근이 배치되지 않게 된다. 이러한 경우 KDS 14 20 콘크리트구조 설계기준은 경간의 1/10과 같은 값인 폭의 외부로서 플랜지의 유효폭 내부인 부분에는 추가로 종방향 철근을 배치하도록 규정하고 있다. 그림 11-11(c)에 나타낸 T형 단면 플랜지의 유효폭 b_e에 대해서는 3장 3.6.5절에 설명되어 있다.

[4] 균열제어를 위한 복부 표피철근의 배치

11.3.2절에 설명한 바와 같이 철근콘크리트 부재의 균열은 인장응력이 작용하는 부분의 평균변형률과 비례한다. 따라서 휨모멘트가 작용하는 부재에서 중립축과 인장연단 사이의 변형률이 중립축과의 거리에 비례한다면 균열폭도 그에 비례하여 증가할 것이다. 그러나 휨모멘트에 효율적으로 저항하도록 인장철근을 인장연단 가까이에 집중 배치하면 그림 11-12(a)와 같이 중립축과 인장철근 사이에 큰 폭의 균열이 발생할 수 있다. 이것은 중립축과 인장철근 사이의 인장응력을 콘크리트가 모두 부담하여 철근이 배치된 위치보다 인장변형률이 더 크게 발생하기 때문이다. 이와 같은 현상은 부재가 매우 두꺼울 때 자주 발생하며, 인장연단의 균열폭보다 더 큰 균열폭이 발생하기도 한다. 이러한 균열을 제어하기 위해서는 그림 11-12(b)와 같이 중립축과 인장철근 사이에 종방향으로 철근을 배치하는 것이 효과적이다. 이때의 종방향 철근은 복부의 양쪽 표면 가까이에 배치하여야 하는데, 이렇게 배치하는 철근을 표피철근(skin reinforcement)이라고 한다. 표피철근으로는 이형철근이나 이형철선을 사용할 수 있다.

KDS 14 20 콘크리트구조 설계기준은 이러한 형태의 균열을 제어하기 위하여, 깊이 h가 900 mm를 초과하는 보나 장선 부재에는 인장연단에서 $h/2$ 지점까지 부재 양쪽 측면을 따라 종방향 표피철근을 균일하게 배치하도록 규정하고 있다. 이때 표피철근의 수직간격 s는 앞의 [1]항에서 소개한 식 (11·23)과 식 (11·24) 중에서 작은 값으로 결정하며, c_c는 표피철근의 표면에서 부재 측면까지 최단 거리를 적용한다. 설계기준에서는 표피철근의 간격에 대해서만 규정하고 있고 크기에 대해서는 규정하고 있지 않지만, 너무 작은 지름의 철근을 배치하는 것은 바람직하지 않다. 또 큰 지름의 철근을 사용할 필요도 없다. 이렇게 종방향 표피철근을 배치한 경우에는, 5장 예제 5-3의 풀이 (5)와 같이 여러 열의 철근을 배치한 단면을 대상으로 변형률 적합조건에 따라 휨강도해석을 수행하여 종방향 표피철근을 강도계산에 포함시킬 수 있다.

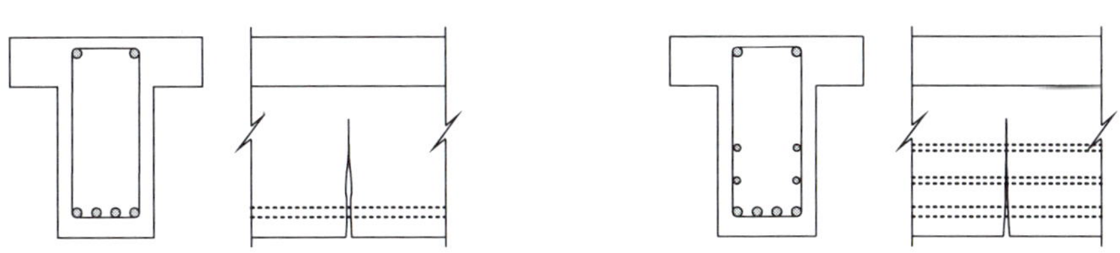

(a) 연단부에만 인장철근이 배치된 부재의 휨균열　　(b) 복부에 표피철근이 추가된 부재의 휨균열

그림 11-12 표피철근 배치 여부에 따른 휨균열

예제 11-1 그림 11-13과 같이 폭 b=400mm인 복부에 SD400 4-D25의 인장철근이 배치된 부재가 습윤 환경에 노출된 경우에 대하여 KDS 14 20 콘크리트구조 설계기준(강도설계법)에 따라 철근의 간격을 기준으로 한 균열 간접 검증법을 적용하여 균열검증을 수행하시오. 단면해석 결과 균열은 사용하중보다 작은 하중에서 발생하고, 탄성응력 해석결과 사용하중 상태에서의 철근 응력은 238MPa이다.

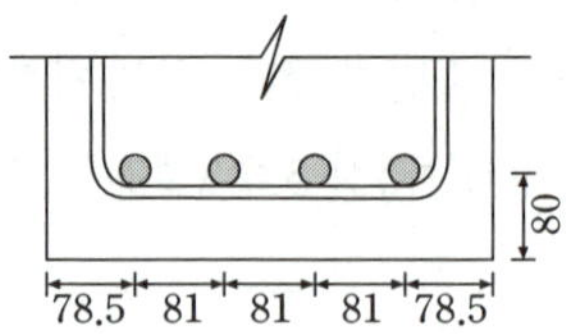

그림 11-13 예제 11-1의 단면

〈풀이〉

(1) 인장철근의 최대 허용 간격

철근의 허용 간격을 결정하기 위하여 인장철근의 표면과 콘크리트 인장연단 사이의 피복두께를 구하면 다음과 같다.

$$c_c = 80 - \frac{d_b}{2} = 80 - \frac{25.4}{2} = 67.3\ mm$$

습윤 환경에 노출된 경우 x_{cr}의 값은 210을 적용해야 하고 철근의 응력 f_s가 238 MPa이므로, 식 (11·23)과 식 (11·24)로 인장철근의 최대 허용 간격을 구하면

$$s_{a1} = 375\left(\frac{x_{cr}}{f_s}\right) - 2.5c_c = 375\left(\frac{210}{238}\right) - 2.5 \times 67.3 = 163\ mm$$

$$s_{a2} = 300\left(\frac{x_{cr}}{f_s}\right) = 300\left(\frac{210}{238}\right) = 265\ mm$$

이 중 작은 값이 최대 허용 간격이므로, 최대 허용 간격 s_a는 다음과 같이 s_{a1}과 같다.

$$s_a = 163\ mm$$

(2) 인장철근의 최대 허용 간격을 기준으로 한 균열 검증

그림 11-13에 나타난 바와 같이 철근의 중심 간격 s가 81 mm이므로

$$s = 81\ mm < s_a\ (= 163\ mm)$$

철근의 중심 간격 s가 최대 허용 간격 미만이므로, 균열 성능을 만족하는 것으로 판단한다.

예제 11-2 그림 11-14와 같이 폭 b=400mm인 복부에 SD400 4-D25의 인장철근이 배치된 부재가 습윤 환경에 노출된 경우에 대하여 KDS 14 20 콘크리트구조 설계기준(강도설계법)에 따라 균열 직접 검증법을 적용하여 균열검증을 수행하시오. 단면의 총 깊이 h=800mm이고 인장철근의 유효깊이 d=720mm인 단면해석 결과 균열은 사용하중보다 작은 하중에서 발생하고, 탄성응력 해석결과 중립축의 깊이 x=220mm이며 지속하중 상태에서의 철근 응력은 188MPa이다. 콘크리트의 설계기준압축강도는 30MPa이다.

〈풀이〉

(1) 허용균열폭

허용균열폭을 결정하기 위하여 철근의 표면과 콘크리트 표면 사이의 최소 피복두께 c_c를 구하면

$$c_c = 80 - \frac{d_b}{2} = 80 - \frac{25.4}{2} = 67.3\ mm$$

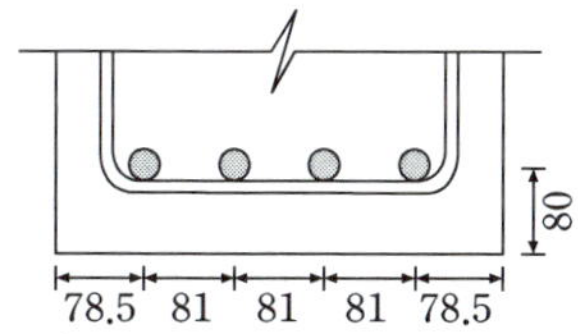

그림 11-14 예제 11-2의 단면

표 11-3의 허용균열폭을 적용하면, 습윤 환경에서 철근에 대한 허용균열폭은 $0.005\,c_c$와 $0.3\,mm$ 중에서 큰 값이므로

$$0.005\,c_c = 0.005\times67.3 = 0.34\,mm > 0.3\,mm$$

따라서 허용균열폭은 다음과 같이 $0.005\,c_c$와 $0.3\,mm$ 중에서 큰 값인 $0.34\,mm$이다.

$$w_a = 0.34\,mm$$

(2) 설계균열폭

휨모멘트가 작용하는 부재의 콘크리트 유효인장깊이 d_{cte}는 $2.5(h-d)$와 $(h-x)/3$ 중에서 작은 값이므로, 이를 구하면

$$2.5(h-d) = 2.5\times(800-720) = 200\,mm$$

$$\frac{h-x}{3} = \frac{800-220}{3} = 193\,mm$$

따라서 d_{cte}는 다음과 같이 작은 값인 $193\,mm$이므로, 콘크리트 유효인장깊이 A_{cte}를 계산하면

$$d_{cte} = 193\,mm$$

$$A_{cte} = bd_{cte} = 400\times193 = 77{,}200\,mm^2$$

4-D25 인장철근의 단면적 A_s는 $2{,}027\,mm^2$이므로, 강재비 ρ_e를 구하면

$$\rho_e = \frac{A_s}{A_{cte}} = \frac{2{,}027}{77{,}200} = 0.0263$$

평균 균열간격 l_s의 수식은 철근 중심간격과 $5(c_c+d_b/2)$의 값을 비교하여 선택하여야 하므로 $5(c_c+d_b/2)$를 계산하면, 철근 중심간격이 $80\,mm$이므로

$$5\left(c_c+\frac{d_b}{2}\right) = 5\times\left(67.3+\frac{25.4}{2}\right) = 400\,mm > 80\,mm$$

철근 중심간격 $80\,mm$가 $5(c_c+d_b/2)$보다 작으므로 식 (11·27)로 평균 균열간격 l_s를 구한다. 여기서, 이형철근이므로 0.8의 k_1과 휨모멘트를 받으므로 0.5의 k_2를 적용하면

$$l_s = 2\,c_c+\frac{0.25\,k_1\,k_2\,d_b}{\rho_e} = 2\times67.3+\frac{0.25\times0.8\times0.5\times25.4}{0.0263} = 231\,mm$$

철근과 콘크리트의 평균 변형률 차이는 식 (11·31)로 구한다. 이를 위하여 콘크리트의 평균 인장강도 f_{ctm}을 구하여 f_{cte}로 적용하고 탄성계수비를 계산한다. 먼저 콘크리트의 평균 압축강도 f_{cm}을 구하면

$$f_{cm} = f_{ck}+\Delta f = 30+4 = 34\,MPa$$

콘크리트의 평균 인장강도 f_{ctm}을 구하여 f_{cte}로 적용하면

$$f_{cte} = f_{ctm} = 0.3(f_{cm})^{2/3} = 0.3\times(34)^{2/3} = 3.15\,MPa$$

콘크리트의 탄성계수와 탄성계수비를 계산하면

$$E_c = 8{,}500\sqrt[3]{f_{cm}} = 8{,}500\sqrt[3]{34} = 27{,}500\,MPa$$

$$n = \frac{E_s}{E_c} = \frac{200,000}{27,500} = 7.3$$

인장철근의 응력 f_{so}의 값은 지속하중상태의 철근 응력인 188 MPa이므로, 이제 철근과 콘크리트의 평균 변형률 차이를 식 (11·31)로 구하면

$$\varepsilon_{sm} - \varepsilon_{cm} = \frac{f_{so}}{E_s} - 0.4\frac{f_{cte}}{E_s \rho_e}(1+n\rho_e) = \frac{1}{200,000}\left[188 - 0.4\times\frac{3.15}{0.0263}\times(1+7.3\times0.0263)\right]$$
$$= 0.654\times10^{-3}$$

평균 변형률 차이의 최솟값은

$$0.6\frac{f_{so}}{E_s} = 0.6\times\frac{188}{200,000} = 0.564\times10^{-3}$$

계산된 평균 변형률 차이 0.654×10^{-3}이 최솟값 0.564×10^{-3} 보다 크므로, 그대로 적용하면

$$\varepsilon_{sm} - \varepsilon_{cm} = 0.654\times10^{-3}$$

이제 1.7의 균열폭 평가계수 κ_{st}를 적용하여 최대값의 설계 균열폭을 계산하고 허용균열폭과 비교하면

$$w_d = \kappa_{st} w_m = \kappa_{st} l_s(\varepsilon_{sm} - \varepsilon_{cm}) = 1.7\times231\times0.654\times10^{-3} = 0.26\ mm < w_a\ (= 0.34\ mm)$$

따라서 균열 성능 조건을 만족한다.

예제 11-3 그림 11-15와 같이 폭 b=400 mm인 복부에 SD400 8-D25의 인장철근이 2열로 배치된 부재에 대하여 KDS 14 20 콘크리트구조 설계기준(강도설계법)에 따라 균열제어를 위한 표피철근을 배치하시오. 복부의 측면 피복두께는 50 mm이고 전단철근으로는 D16 철근이 배치되어 있다. 사용하중에 대한 탄성응력 해석결과 인장철근에 작용하는 응력은 238 MPa이다.

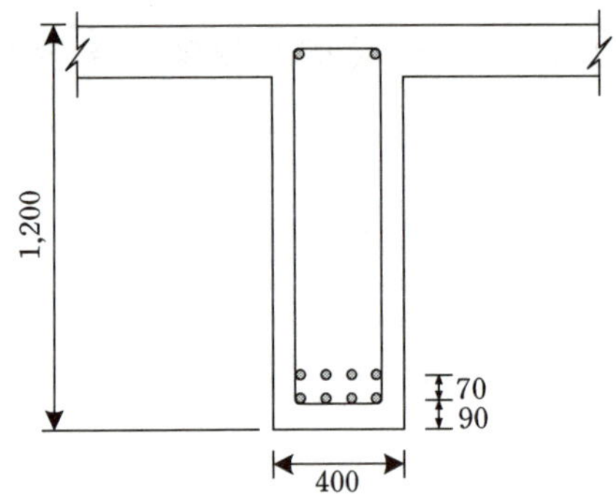

그림 11-15 **예제 11-3의 단면**

〈풀이〉

(1) 표피철근의 최대 허용 간격

그림 11-15에 나타난 바와 같이, 부재의 깊이 h가 900 mm를 초과하므로 인장연단에서 $h/2$ 지점까지 부재 양쪽 측면을 따라 종방향 표피철근을 균일하게 배치하여야 한다. 표피철근의 최대 허용 간격을 결정할 때는 표피철근의 표면에서 부재 측면까지 최단 거리를 c_c의 값으로 적용하여야 한다. 복부의 측면 피복두께는 50 mm이고 전단철근은 지름이 15.9 mm인 D16 철근이므로, c_c의 값을 계산하면

$$c_c = 50 + 15.9 = 65.9\ mm$$

습윤 환경에 노출된 경우 κ_{cr}의 값은 210을 적용해야 하고 인장철근의 응력 f_s가 238 MPa이므로,

식 (11·23)과 식 (11·24)로 표피철근의 최대 허용 간격을 구하면

$$s_{a1} = 375\left(\frac{x_{cr}}{f_s}\right) - 2.5c_c = 375\left(\frac{210}{238}\right) - 2.5 \times 65.9 = 166\ mm$$

$$s_{a2} = 300\left(\frac{x_{cr}}{f_s}\right) = 300\left(\frac{210}{238}\right) = 265\ mm$$

이 중 작은 값이 최대 허용 간격이므로, 표피철근의 최대 허용 간격 s_a는 다음과 같이 s_{a1}과 같다.

$$s_a = 166\ mm$$

(2) 표피철근의 배치

위열 인장철근과 인장연단에서 $h/2$인 지점까지의 거리는 다음과 같다.

$$\frac{h}{2} - 90 - 70 = \frac{1{,}200}{2} - 90 - 70 = 440\ mm$$

표피철근의 간격을 최대 허용 간격 166 mm보다 작은 125 mm를 택하고 수직 방향으로 3개를 배치하면 440 mm 구간을 포함한 $h/2$ 구간에 표피철근을 배치하게 된다. 표피철근의 크기는 설계기준에서 규정된 바 없으므로 작은 지름을 택해도 되지만, 시공의 단순화를 위하여 전단철근과 같은 크기인 D16 철근을 사용하기로 한다. 따라서 표피철근은 그림 11-16과 같이 부재의 양쪽 측면을 따라 상하 125 mm 간격으로 D16 철근을 3개씩 배치한다.

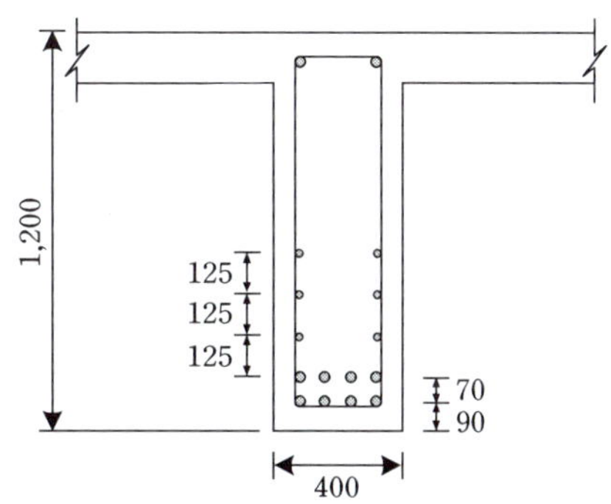

그림 11-16 표피철근이 배치된 단면

11.3.5 콘크리트교 설계기준(한계상태설계법)의 균열 설계검증

이 절에서는 KDS 24 14 21 콘크리트교 설계기준(한계상태설계법)에서 규정하고 있는 균열제어 관련 규정을 소개한다.

[1] 균열제어의 기본 요건

3장 3.3.6절에 소개한 바와 같이, 교량설계기준(한계상태설계법)은 A~E의 다섯 가지 설계등급을 정의하고, 부재의 종류와 노출환경에 따라 3장 3.3.6절 표 3-5와 같이 최소한의 설계등급을 규정하고 있다. 철근콘크리트의 경우에는 노출 환경에 관계없이 항상 최소설계등급이 E이다. 설계등급 E의 요구조건은 11.1.2절에 소개한 사용한계상태 하중조합-V에서 표면 균열폭이 0.3 mm 이하이어야 한다.

철근콘크리트의 경우에 적용되지 않는 하중영향을 정리하면 식 (11 ·8)의 하중조합-V는 앞의 식 (11 ·10)과 같이 단순화되어 고정하중 상태가 균열 사용한계상태 설계검증에 적용된다.

$$L_{sV} = D \tag{11·10}$$

따라서 고정하중 상태에 대하여 다음 [2]항에 소개하는 균열폭 해석모델을 적용하여 설계 균열폭을 구하고 균열폭 한계, 즉 허용균열폭 0.3 mm 이하임을 검증한다. 이와 같이 직접 균열폭을 검증하는 방법을 적용하지 않는 경우에는 다음 [3]항에 소개하는 균열폭 간접 검증법을 적용할 수 있다. 균열폭 간접 검증법은 철근의 간격과 지름이 허용값 이하임을 검증하는 단순한 방법이다.

이와 같이 균열검증은 직접 검증법과 간접 검증법 중에서 한 가지 방법을 택하여 적용할 수 있으나, 어떤 방법을 적용하더라도 부재에 최소철근량 이상의 철근을 배치하여야 한다는 것이 기본 전제이다. 즉, 5장 5.1.4절 [3]항과 5.3.3절에서 소개한 바와 같이 앞의 식 (5 ·39)로 결정하는 최소 인장철근단면적 $A_{s,\,min}$을 배치하여야 한다. 일반적인 휨부재의 경우에는 식 (5 ·39)의 계수 $k_c k$의 값이 0.4가 된다.

$$A_{s,\,min} = k_c k A_{ct} \tag{5·39}$$

이 식은 균열 직전의 콘크리트 인장력과 균열 직후의 철근 인장력이 같다는 평형조건으로 유도한 것으로, 취성파괴를 방지하기 위한 최소 인장철근단면적을 결정할 때는 철근 인장응력 f_s로 항복강도 f_y를 적용하고, 균열제어를 위한 최소 인장철근단면적을 결정할 때는 f_s로 균열제어를 위한 최대 허용 인장응력을 적용한다.

[2] 균열폭 검증

균열폭 w_k는 Eurocode 2[11.8]의 균열폭 해석 모델의 개념을 채택한 다음 식에 따라 계산한다.

$$w_k = l_{r,\,max}\,(\varepsilon_{sm} - \varepsilon_{cm}) \tag{11·34}$$

여기서, $l_{r,\,max}$는 최대 균열간격으로 부착된 강재의 중심간격이 $5(c_c + d_b/2)$ 이하인 경우 식 (11 ·35)로 구하고, 부착된 강재의 중심간격이 $5(c_c + d_b/2)$를 초과하는 경우나 부착된 강재가 배치되지 않은 경우는 식 (11 ·36)으로 구한다. 참고로 이 식들로 계산하는 최대 균열간격 $l_{r,\,max}$는 식 (11 ·27)과 식 (11 ·28)로 구하는 KDS 14 20 콘크리트구조 설계기준(강도설계법)의 평균 균열간격 l_s의 1.7배이다.

$$l_{r,\,max} = 3.4\,c_c + \frac{0.425\,k_1 k_2 d_b}{\rho_e} \tag{11·35}$$

$$l_{r,\,max} = 1.3\,(h - c) \tag{11·36}$$

여기서, c_c : 최외단 인장철근이나 긴장재의 표면과 콘크리트 표면 사이의 최소 피복두께

k_1 : 부착강도에 따른 계수로, 이형철근은 0.8, 원형철근과 긴장재는 1.6

k_2 : 부재의 하중작용에 따른 계수로 휨모멘트를 받는 부재는 0.5, 직접인장력을 받는 부재는 1.0, 국부적인 편심 인장을 받는 부재는 검토 단면에서의 인장 변형률 중 큰 값과 작은

값이 각각 ε_1 및 ε_2일 때 $k_2=(\varepsilon_1+\varepsilon_2)/(2\varepsilon_1)$

d_b: 철근콘크리트나 긴장재와 철근이 같이 사용된 프리스트레스트 콘크리트의 경우에는 가장 큰 인장철근의 지름을, 긴장재만 사용된 프리스트레스트 콘크리트의 경우에는 프리스트레싱 강재의 등가지름 $d_{p,eq}$를 적용

ρ_e: 콘크리트의 유효인장면적을 기준으로 한 강재비

h: 부재의 전체 깊이

c: 중립축의 깊이

유효강재비 ρ_e는 다음과 같이 콘크리트의 유효인장면적 A_{cte}를 적용하여 계산한다.

$$A_{cte} = b\, d_{cte} \tag{11·37}$$

$$\rho_e = \frac{A_s+\xi_1^2 A_p}{A_{cte}} \tag{11·38}$$

$$\xi_1 = \sqrt{\xi \frac{d_b}{d_{p,eq}}} \tag{11·39}$$

여기서, A_{cte}: 유효인장면적으로, 콘크리트 유효인장깊이 d_{cte}와 단면 폭의 곱

d_{cte}: 콘크리트 유효인장깊이로 $2.5(h-d)$, $(h-c)/3$, $h/2$ 중 가장 작은 값

A_s: 콘크리트의 유효인장면적 내에 배치된 인장철근의 단면적

A_p: 콘크리트의 유효인장면적 내에 배치된 긴장재의 단면적

ξ: 긴장재의 부착강도 비

d_b: 콘크리트의 유효인장면적 내에 배치된 인장철근의 지름

$d_{p,eq}$: 콘크리트의 유효인장면적 내에 배치된 긴장재의 등가지름

긴장재가 배치되지 않은 철근콘크리트 부재에서는 유효강재비 ρ_e가 다음과 같이 유효철근비가 된다.

$$\rho_e = \frac{A_s}{A_{cte}} \tag{11·40}$$

콘크리트 유효인장깊이 d_{cte}는 $2.5(h-d)$와 $(h-c)/3$과 $h/2$ 중 가장 작은 값으로 한다. 그림 11-17은 휨부재와 인장부재의 콘크리트 유효인장깊이 d_{cte}를 나타내며, 짙은 색으로 표시한 부분이 유효인장면적

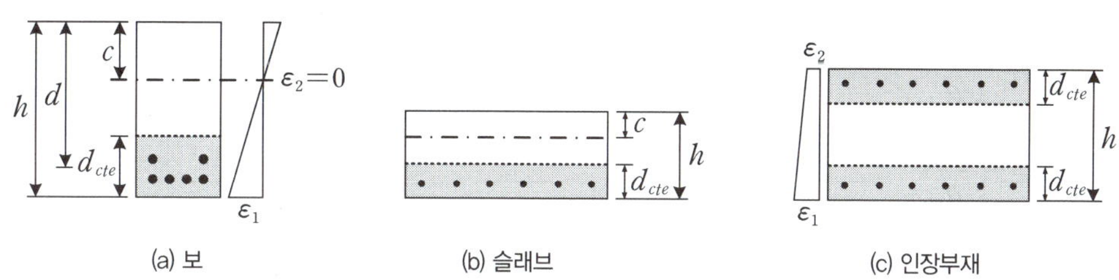

그림 11-17 휨부재와 인장부재 단면의 콘크리트 유효인장면적

A_{cte}이다. 그림 11-17(c)와 같은 인장부재의 콘크리트 유효인장깊이 d_{cte}는 $2.5(h-d)$와 $h/2$ 중에서 작은 값을 적용하는데, 인장철근의 중심에서 콘크리트 표면까지의 거리를 t_c라고 하면 $2.5(h-d)$는 $2.5\,t_c$와 같으므로 d_{cte}는 $2.5\,t_c$와 $h/2$ 중에서 작은 값과 같다.

철근과 콘크리트의 평균 변형률 차이 $(\varepsilon_{sm}-\varepsilon_{cm})$는 다음으로 구한다.

$$\varepsilon_{sm}-\varepsilon_{cm}=\frac{f_{so}}{E_s}-0.4\frac{f_{cte}}{E_s\,\rho_e}(1+n\,\rho_e)\geq 0.6\frac{f_{so}}{E_s} \tag{11 · 41}$$

여기서, f_{so} : 균열면에서 계산한 철근응력

f_{cte} : 첫 균열이 발생할 때 유효한 콘크리트 인장강도, 재령 28일 이상에서 f_{ctm}, $[f_{ctm}=0.3(f_{cm})^{2/3}]$

n : 탄성계수비 E_s/E_c

참고로 식 (11 · 41)에서 인장강화효과를 나타내는 항의 계수 0.4는 지속하중과 반복하중에 대한 값이므로, 만일 이 균열폭 해석 모델을 적용하여 활하중 등을 포함한 단기하중이 작용할 때의 균열폭을 해석하려 한다면 인장강화효과 항의 계수 0.4 대신 0.6을 적용하여야 한다.

직교 2방향으로 철근이 보강된 부재에서 주응력 축과 철근방향 사이의 각이 15°보다 클 때는 최대균열간격 $l_{r,\,max}$와 인장 주응력 방향으로의 유효강재비 ρ_e를 다음으로 산정할 수 있다.

$$l_{r,\,max}=\frac{1}{\left(\dfrac{\sin\theta}{l_{rl,\,max}}\right)+\left(\dfrac{\cos\theta}{l_{rt,\,max}}\right)} \tag{11 · 42}$$

$$\rho_e=\rho_{el}\sin^4\theta+\rho_{et}\cos^4\theta \tag{11 · 43}$$

여기서 θ는 종방향 철근과 압축 주응력 방향 사잇각이고, $l_{rl,\,max}$과 $l_{rt,\,max}$는 종방향과 횡방향에서 각각 계산한 균열 간격이다. ρ_{el}과 ρ_{et}는 종방향과 횡방향에서 콘크리트 유효인장면적을 기준으로 각각 계산한 강재비이다.

그림 11-18은 I형 보에서 그림 11-18(a)와 같이 경사각 θ 방향으로 복부에 발생하는 균열을 대상으로 식 (11 · 42)와 식 (11 · 43)을 적용하여 균열폭을 해석하는 예를 나타낸다. 그림 11-18(b)와 같이 복부에 한 열의 단면적이 A_{vl}이고 간격 s_l인 종방향 철근과 한 열의 단면적이 A_{vt}이고 간격 s_t인 수직방향으로의 횡방향 철근이 배치된 경우, 각 방향으로의 유효철근비를 다음과 같이 결정한다. 아래첨자 l은 종방향, 아래첨자 t은 횡방향을 의미한다.

$$\rho_{el}=\frac{A_{vl}}{s_l\,d_{cte,\,l}} \tag{11 · 44}$$

$$\rho_{et}=\frac{A_{vt}}{s_t\,d_{cte,\,t}} \tag{11 · 45}$$

여기서 $d_{cte,\,l}$과 $d_{cte,\,t}$는 각각 종방향 철근의 유효철근비와 횡방향 철근의 유효철근비이다. 그림 11-18의 (c)와 (d)와 같이 두 방향으로 나누어 계산하는 가상 균열의 종방향 간격과 횡방향 최대 균열간격은

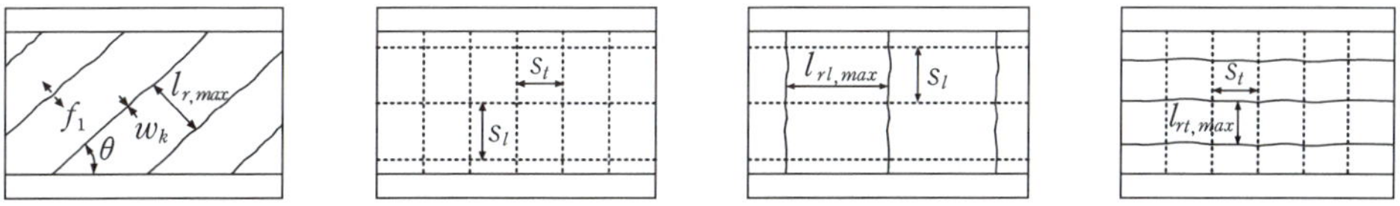

(a) 복부의 균열 (b) 복부 철근 배치 (c) 균열의 종방향 간격 (d) 균열의 횡방향 간격

그림 11-18 I형 보의 복부전단 균열의 균열폭 해석

철근의 중심간격이 $5(c_c+d_b/2)$ 이하인 경우 다음과 같이 결정한다.

$$l_{rl,\,max} = 3.4\,c_{cl} + \frac{0.425\,k_1 k_2\,d_{bl}}{\rho_{el}} \tag{11·46}$$

$$l_{rt,\,max} = 3.4\,c_{ct} + \frac{0.425\,k_1 k_2\,d_{bt}}{\rho_{et}} \tag{11·47}$$

압축응력은 양(+), 인장응력은 음(−)의 값을 가진 면내 법선응력(normal stress) f와 전단응력 v가 작용할 때, 인장 주응력 f_1은 다음과 같이 결정한다.

$$f_1 = \sqrt{\left(\frac{f}{2}\right)^2 + v^2} - \frac{f}{2} \tag{11·48}$$

종방향 철근과 압축 주응력 방향 사잇각 θ는 다음과 같이 결정한다.

$$\theta = \frac{1}{2}\tan^{-1}\left(\frac{2v}{f}\right) \tag{11·49}$$

I형 보에서 f는 휨모멘트와 프리스트레싱이나 축력에 의한 종방향 응력으로, 축력 P, 단면적 A, 휨모멘트 M, 중립축에서의 거리 y, 단면2차모멘트 I를 이용하여 다음과 같이 계산한다.

$$f = \frac{P}{A} \pm \frac{My}{I} \tag{11·50}$$

v는 전단력 V에 의하여 복부에 작용하는 전단응력으로, 다음과 같이 단면 내의 전단응력 분포를 구하거나 복부의 평균전단응력 v_{avg}를 구하여 적용할 수 있다.

$$v = \frac{VQ}{Ib_w} \tag{11·51}$$

$$v_{avg} = \frac{V}{A_w} \approx \frac{V}{b_w z} \tag{11·52}$$

여기서 Q는 단면2차모멘트, b_w는 복부의 폭, A_w는 복부의 단면적, z는 휨강도 해석에서의 압축내력과 인장내력 사이의 팔길이로 전체 단면높이의 0.9배를 적용할 수 있다. 만일 인장 주응력 f_1이 콘크리트의 균열강도를 초과하면 그림 11-18(a)와 같이 경사균열이 발생한다. 균열면에서의 철근응력 f_{so}는 다음으로 계산할 수 있다.

$$f_{so} = \frac{f_1}{\rho_{w\theta}} \tag{11·53}$$

여기서 $\rho_{w\theta}$는 균열방향 θ의 직각방향으로의 복부철근비로, 복부 전체 단면적에 대한 복부의 수평 및 수직의 총 철근단면적의 비이다. $\rho_{w\theta}$의 값은 복부의 종방향 수평철근비 ρ_{wl}과 횡방향 수직철근비 ρ_{wt}를 구한 후 식 (11·43)과 같은 수식으로 구할 수 있다.

I형 보의 복부 외에도 직교 2방향으로 철근이 보강된 부재에 면내력이 작용하여 발생하는 균열에 대해서는 위에 기술한 내용을 적용할 수 있다.

[3] 콘크리트 수축과 온도변화에 의한 균열폭

철근콘크리트 부재가 인접 부재에 구속된 상태에서는 콘크리트 수축과 온도가 낮아질 때 발생하는 구속응력이 콘크리트의 인장강도보다 크게 되면 균열이 발생한다. 이때의 균열폭도 역시 식 (11·34)를 적용하여 계산할 수 있다. 다만 이때의 철근과 콘크리트의 평균 변형률 차이 $(\varepsilon_{sm}-\varepsilon_{cm})$는 식 (11·41) 대신 다음 식을 적용한다.

$$\varepsilon_{sm}-\varepsilon_{cm} = R\varepsilon_{sht} \tag{11·54}$$

이 식에서 R은 구속 정도를 나타내는 계수이고, ε_{sht}는 콘크리트의 수축변형률과 온도변화에 따른 변형률의 합으로 다음과 같이 결정한다.

$$\varepsilon_{sht} = \varepsilon_{sh}+\frac{\Delta T\alpha_{tmp}}{2} \tag{11·55}$$

여기서 ε_{sh}는 콘크리트의 수축변형률, ΔT는 온도가 낮아질 때의 온도변화, α_{tmp}는 콘크리트의 열팽창 계수이다. 온도변화 ΔT는 두 가지 요인에 의한 온도하강으로 구분할 수 있다. 첫 번째 온도하강은 콘크리트의 시공 중인 초기에 재료특성에 의하여 발생하는 콘크리트의 온도하강이다. 즉, 콘크리트를 타설하고 나서 수화열에 의하여 상승한 콘크리트의 온도가 하강하는 상황에서, 콘크리트가 경화된 시점의 온도를 기준으로 하여 그보다 낮아지는 온도이다. 콘크리트가 경화되는 시점은 인장강도를 발휘하기 시작하는 때이므로, 이때 콘크리트의 온도가 낮아져서 발생하는 수축을 인접 부재가 구속하면 인장응력이 발생하고 이 인장응력이 콘크리트의 인장강도에 도달하면 균열이 발생하는 것이다. 두 번째 온도하강은 콘크리트 구조물의 완공 후 사용 중 상태에서 대기의 온도가 낮아져서 발생하는 콘크리트의 온도하강이다.

한편 식 (11·55)의 두 번째 항에서 온도변화에 의한 구속변형률 $\Delta T\alpha_{tmp}$의 1/2을 취하는 이유는 콘크리트의 크리프 효과로 구속효과가 감소하기 때문이다. 구속 정도를 나타내는 계수 R은 인접 부재에 의하여 완전히 구속된 경우에 1.0이며, 구속 정도가 낮아질수록 작은 값을 적용한다. 예를 들어 구조용 강재 위에 합성된 콘크리트 슬래브는 구조용 강재에 의한 구속 정도가 매우 높으므로 0.9~1.0의 R 값을 갖는 것으로 가정할 수 있으며, 두꺼운 기초 콘크리트 위에 분리 타설된 얇은 콘크리트 벽체의 하단은 기초 콘크리트에 의한 구속 정도가 높으므로 0.6~0.8, 상단은 기초 콘크리트에 의한 구속 정도가 낮으므로 0.1~0.2의 R 값을 갖는 것으로 가정할 수 있을 것이다.

[4] 균열폭 간접 검증법

11.3.2절 [2]항에서 그림 11-7로 설명한 바와 같이, 철근의 부착성능이 좋을수록 동일한 응력수준에서의 균열폭이 작게 나타난다. 따라서 동일한 철근 단면적이라면 작은 지름의 철근을 좁은 간격으로 배치하는 경우가 큰 지름의 철근을 넓은 간격으로 배치하는 경우보다 균열폭이 작게 나타난다. 이런 특성을 반영하여 KDS 24 14 21 콘크리트교 설계기준(한계상태설계법)에서는 복잡한 해석 과정이 필요한 균열폭 직접 검증법을 대신하여 철근의 지름과 간격을 대상으로 하는 균열폭 간접 검증법을 허용하고 있다. 즉, 균열이 직접하중에 의해 주로 발생하는 부재가 [1]항에 언급된 최소 철근량 조건을 만족하고, 배치된 철근이 표 11-5의 최대 철근지름과 최대 철근간격 중의 하나를 만족하면 균열폭이 허용 한계값 이내에 있다고 간주할 수 있다는 것이다. 이 표를 적용할 때 철근 응력은 관련된 하중 조합과 균열단면을 기준으로 계산하여야 한다. 표 11-5의 값들은 콘크리트의 인장강도가 2.9 MPa이고, 피복두께가 부재 전체두께의 0.1배인 경우에 대하여 유도한 것이다. 따라서 이 조건과 크게 다른 경우에는 KDS 24 14 21 콘크리트교 설계기준(한계상태설계법)에 제시된 방법에 따라 철근지름을 수정하여 설계에 적용할 수 있다.

콘크리트의 수축이나 온도변화에 의한 변형이 구속되어 균열이 발생하는 경우에 대해서도 표 11-5의 최대 철근지름을 적용할 수 있다. 즉, [1]항에 언급된 최소 철근량 조건을 만족하고, 적합한 하중 조합과 균열단면을 기준으로 계산한 철근 응력에 대하여 표 11-5에 주어진 지름을 초과하지 않는 철근을 배치한다면 균열폭이 허용 한계값 이내에 있다고 간주할 수 있다.

표 11-5 균열 제어를 위한 철근의 최대 지름과 최대 간격

철근 응력 (MPa)	최대 철근지름(mm)		최대 철근간격(mm)		
	균열폭 한계가 0.3mm일 때	균열폭 한계가 0.2mm일 때	철근콘크리트 순수 휨단면	철근콘크리트 순수 인장단면	프리스트레스트 단면
160	32	25	300	200	200
200	25	16	250	150	150
240	16	12	200	125	100
280	12	8	150	75	50
320	10	6	100	–	–
360	8	5	50	–	–

[5] 균열제어와 피복 박리를 방지하기 위한 복부 표피철근의 배치

11.3.4절 [4]항에서 그림 11-12로 설명한 바와 같이, 부재가 매우 두꺼운 경우 인장철근을 인장연단에 가까이에 집중 배치하면 중립축과 인장철근 사이에서 큰 폭의 균열이 발생할 수 있다. 이러한 균열을 제어하기 위해서는 중립축과 인장철근 사이에 표피철근(skin reinforcement)을 종방향으로 배치하는 것이 효과적이다. KDS 24 14 21 콘크리트교 설계기준(한계상태설계법)에서는 깊이가 1,000 mm 이상인 보에 복부 측면의 균열을 제어하기 위한 표피철근을 배치하도록 규정하고 있다. 표피철근은 인장철근 위치에서부터 중립축 위치까지 균등 분포시켜야 하며, 배치 철근량은 앞의 식 (5·39)에서 k_c로 0.5를 취하고

f_s로 f_y를 취하여 계산한 값 이상이어야 한다. 이 식에 대해서는 5장 5.1.4절 [3]항과 5.3.3절에서 소개하였다.

$$A_{s,\,min} = k_c\, k\, A_{ct} \frac{f_{cte}}{f_s} \tag{5 ·39}$$

표피철근의 양을 식 (5 ·39)로 결정하지 않고자 할 때는 부재를 순수 인장 상태로 가정하여 표 11–5로부터 적정한 철근 지름과 간격을 결정할 수 있으며, 이 표피철근량의 절반은 인장철근 역할을 한다고 간주할 수 있다.

한편 표피철근은 균열을 제어하기 위한 용도뿐만 아니라, 인장철근 주위 콘크리트 피복의 박리를 방지하기 위한 용도로도 배치한다. 인장철근 주위 콘크리트 피복의 박리는 매우 큰 지름의 인장철근이 배치된 경우나 피복이 매우 두꺼운 경우에 발생할 수 있다. 따라서 KDS 24 14 21 콘크리트교 설계기준(한계상태설계법)에서는 인장철근 지름이 32 mm보다 큰 경우 또는 등가 지름이 32 mm보다 큰 다발철근이 인장철근으로 사용된 경우에 피복박리에 저항하기 위한 표피철근을 배치하도록 규정하고 있다. 이때의 표피철근은 철망 혹은 작은 지름의 철근망으로 구성하여야 하며, 횡방향 철근의 바깥쪽에 배치하여야 한다. 보에 대해서는 인장철근과 평행한 방향과 수직한 방향의 양방향에 대해서 0.01 $A_{ct,\,ext}$ 이상의 표피철근량 $A_{s,\,surf}$를 배치하여야 한다. 여기서 $A_{ct,\,ext}$는 횡방향철근 외측의 인장콘크리트 면적이다. 또한 피복두께가 70 mm를 초과하는 경우에는 표피철근의 배치로 피복의 박리를 방지하여 내구성을 증진시켜야 한다. 이때의 표피철근량은 각 방향으로 0.005 $A_{ct,\,ext}$ 이상이어야 하며, 표피철근에 대한 피복두께는 설계기준에 규정된 최소피복두께 이상이어야 한다.

예제 11–4 예제 11–2와 동일한 조건에 대하여 KDS 24 14 21 콘크리트교 설계기준(한계상태설계법)에 따라 균열 직접 검증법을 적용하여 균열검증을 수행하시오.

〈풀이〉

(1) 균열폭 한계

철근콘크리트 부재는 KDS 24 14 21 콘크리트교 설계기준(한계상태설계법)에서 노출 환경에 관계없이 항상 최소설계등급이 E이다. 설계등급 E의 균열폭 한계, 즉 허용균열폭은 다음과 같이 0.3 mm이다.

$$w_a = 0.30\ mm$$

(2) 균열폭

균열폭을 계산하기 위한 모든 변수는 균열간격을 제외하고는 모두 다음과 같이 동일하다.

$$d_{cte} = 193\ mm$$

$$A_{cte} = bd_{cte} = 400 \times 193 = 77{,}200\ mm^2$$

$$\rho_e = \frac{A_s}{A_{cte}} = \frac{2{,}027}{77{,}200} = 0.0263$$

$$c_c = 80 - \frac{d_b}{2} = 80 - \frac{25.4}{2} = 67.3\ mm$$

$$f_{cm} = f_{ck} + \Delta f = 30+4 = 34\ MPa$$

$$f_{cte} = f_{ctm} = 0.3(f_{cm})^{2/3} = 0.3)(34)^{2/3} = 3.15\ MPa$$

$$E_c = 8{,}500\ \sqrt[3]{f_{cm}} = 8{,}500\ \sqrt[3]{34} = 27{,}500\ MPa$$

$$n = \frac{E_s}{E_c} = \frac{200{,}000}{27{,}500} = 7.3$$

$$f_{so} = 188\ MPa$$

$$\varepsilon_{sm} - \varepsilon_{cm} = \frac{f_{so}}{E_s} - 0.4\frac{f_{cte}}{E_s \rho_e}(1+n\rho_e) = \frac{1}{200{,}000}\left[188 - 0.4\times\frac{3.15}{0.0263}\times(1+7.3\times0.0263)\right]$$

$$= 0.654\times10^{-3} > 0.6\frac{f_{so}}{E_s}$$

철근 중심간격 80 mm가 $5(c_c+d_b/2)$보다 작으므로 식 (11 ·35)로 최대 균열간격 $l_{r,\,max}$를 구한다. 여기서, 이형철근이므로 0.8의 k_1과 휨모멘트를 받으므로 0.5의 k_2를 적용하면

$$l_{r,\,max} = 3.4\ c_c + \frac{0.425\ k_1\ k_2\ d_b}{\rho_e} = 3.4\times67.3 + \frac{0.425\times0.8\times0.5\times25.4}{0.0263} = 393\ mm$$

이제 균열폭을 계산하고 균열폭 한계와 비교하면

$$w_k = l_{r,\,max}(\varepsilon_{sm} - \varepsilon_{cm}) = 393\times0.654\times10^{-3} = 0.26\ mm < w_a\ (=0.30\ mm)$$

따라서 균열 성능 조건을 만족한다. 참고로 계산된 균열폭은 최대 균열폭으로 예제 11–2의 결과와 동일하다.

예제 11–5 그림 11–19와 같이 2개의 복부와 상하 플랜지로 구성된 박스거더교의 시공 중 시공하중으로 인하여 복부 당 4,960 kN의 전단력이 작용할 것으로 예상된다. 이 시공하중이 작용할 때 박스거더 복부의 전단균열 발생여부를 검토하고, 전단균열이 발생할 것으로 예상된다면 발생할 전단균열의 각도와 균열폭을 계산하시오. 복부의 폭 b_w=440 mm이고 복부의 순 높이 h_w=2,000 mm이며, 복부에 측면 피복두께 50 mm의 D25@100 U형 수직 전단철근과 양 측면에 측면 피복두께 75.4 mm의 D19@150 수평철근이 배치되어 있다. 또 프리스트레싱 강재에 의한 긴장력으로 복부에 평균 4.16 MPa의 종방향 압축응력이 작용하고 있다. 콘크리트의 설계기준 압축강도 f_{ck}=40 MPa이다.

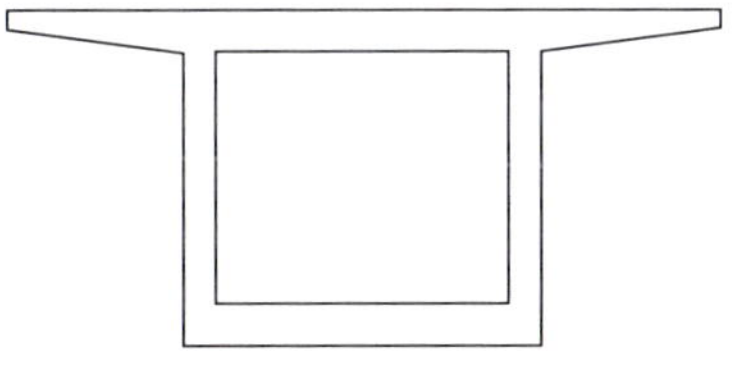

(a) 박스거더 단면

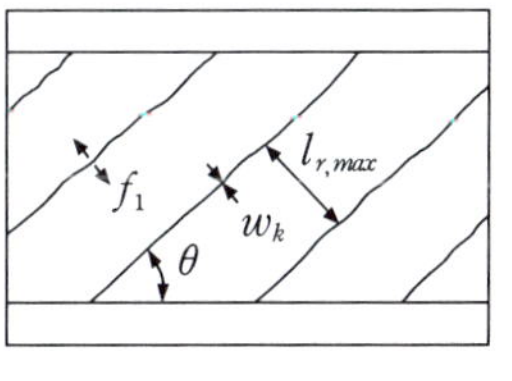

(b) 복부균열

그림 11–19 예제 11–5의 단면과 복부균열 방향

〈풀이〉

(1) 균열발생 여부의 판정

먼저 콘크리트의 평균 압축강도 f_{cm}을 구하면

$$f_{cm} = f_{ck} + \Delta f = 40+4 = 44\ MPa$$

콘크리트의 평균 인장강도 f_{ctm}을 구하면

$$f_{ctm} = 0.3(f_{cm})^{2/3} = 0.3\times(44)^{2/3} = 3.74\ MPa$$

긴장력에 의하여 복부에 평균 4.16MPa의 압축응력이 작용하므로, 법선응력 f로는 다음과 같이 4.16 MPa을 적용한다.

$$f = 4.16\ MPa$$

복부에 4,860kN의 전단력이 작용할 때, 복부에 작용하는 평균 전단응력을 계산하면

$$v = \frac{V}{A_w} = \frac{4{,}960\times10^3}{440\times2{,}000} = 5.64\ MPa$$

자중에 의한 복부의 휨응력은 긴장력에 의한 응력에 비하여 상대적으로 미미할 것으로 예상되므로 자중에 의한 복부의 휨응력을 무시하고 인장 주응력 f_1을 구하면

$$f_1 = \sqrt{\left(\frac{f}{2}\right)^2 + v^2} - \frac{f}{2} = \sqrt{\left(\frac{4.16}{2}\right)^2 + 5.64^2} - \frac{4.16}{2} = 3.93\ MPa > f_{ctm}\ (= 3.74\ MPa)$$

따라서 복부에 균열이 발생한다. 부재의 축과 균열 사이의 각도 θ를 계산하면

$$\theta = \frac{1}{2}\tan^{-1}\left(\frac{2v}{f}\right) = \frac{1}{2}\tan^{-1}\left(\frac{2\times5.64}{4.16}\right) = 34.9^\circ$$

(2) 유효철근비

복부에 발생하는 균열은 관통균열로 인장부재와 같은 거동으로 볼 수 있으므로, 콘크리트 유효인장깊이 d_{cte}는 철근의 중심에서 콘크리트 표면까지의 거리 t_c의 2.5배인 2.5 t_c로 취한다. 복부의 종방향으로는 측면 피복두께 75.4 mm의 D19@150 수평철근이 양 측면에 배치되어 있으므로, 종방향으로의 t_{cl}과 $d_{cte,\,l}$을 구하면

$$t_{cl} = c_{cl} + \frac{d_{bl}}{2} = 75.4 + \frac{19.1}{2} = 84.95\ mm$$

$$d_{cte,\,l} = 2.5\,t_{cl} = 2.5\times84.95 = 212\ mm$$

계산된 $d_{cte,\,l}$의 값은 복부두께의 1/2인 220 mm보다 작으므로 $d_{cte,\,l}$로는 212 mm를 적용한다. 종방향으로 단면적이 286.5 mm^2인 D19 철근 2개가 각각 $d_{cte,\,l}$ 내에 150 mm 간격으로 배치되어 있으므로 종방향 유효철근비 ρ_{el}을 구하면

$$\rho_{el} = \frac{A_{vl}}{s_l\,d_{cte,\,l}} = \frac{286.5}{150\times212} = 0.00901$$

복부의 횡방향으로는 측면 피복두께 50 mm의 D25@100 U형 수직전단철근이 양 측면에 배치되어 있으므로, 횡방향으로의 t_{ct}와 $d_{cte,\,t}$를 구하면

$$t_{ct} = c_{ct} + \frac{d_{bt}}{2} = 50.0 + \frac{25.4}{2} = 62.7\ mm$$

$$d_{cte,\,t} = 2.5\,t_{ct} = 2.5\times62.7 = 157\ mm$$

계산된 $d_{cte,\,t}$의 값은 복부두께의 1/2인 220 mm보다 작으므로 $d_{cte,\,t}$로는 157 mm를 적용한다. 횡방향으로 단면적이 506.7 mm^2인 D25 철근 2개가 각각 $d_{cte,\,t}$ 내에 100 mm 간격으로 배치되어 있으므로 횡방향 유효철근비 ρ_{et}를 구하면

$$\rho_{et} = \frac{A_{vt}}{s_t\,d_{cte,\,t}} = \frac{506.7}{100\times157} = 0.03227$$

이제 인장 주응력 방향, 즉 균열방향 θ의 직각방향으로 유효철근비 ρ_e를 구하면

$$\rho_e = \rho_{el}\sin^4\theta + \rho_{et}\cos^4\theta = 0.00901\times\sin^4(34.9^\circ) + 0.03227\times\cos^4(34.9^\circ) = 0.01557$$

(3) 최대 균열간격

종방향 철근과 횡방향 철근의 중심간격이 각각 $5(c_c+d_b/2)$보다 작으므로 식 (11 · 46)과 식 (11 · 47)로 다음과 같이 종방향과 횡방향 최대 균열간격을 구한다. 여기서, 이형철근이므로 0.8의 k_1과 직접인장을 받는 부재이므로 1.0의 k_2를 적용하여 종방향과 횡방향 최대 균열간격을 구하면

$$l_{rl,\,max} = 3.4\,c_{cl} + \frac{0.425\,k_1\,k_2\,d_{bl}}{\rho_{el}} = 3.4\times75.4 + \frac{0.425\times0.8\times1.0\times19.1}{0.00901} = 977\ mm$$

$$l_{rt,\,max} = 3.4\,c_{ct} + \frac{0.425\,k_1\,k_2\,d_{bt}}{\rho_{et}} = 3.4\times50.0 + \frac{0.425\times0.8\times1.0\times25.4}{0.03227} = 438\ mm$$

균열 각도 θ의 직각방향, 즉 인장 주응력 방향으로의 최대 균열간격을 구하면

$$l_{r,\,max} = \frac{1}{\left(\dfrac{\sin\theta}{l_{rl,max}}\right)+\left(\dfrac{\cos\theta}{l_{rt,max}}\right)} = \frac{1}{\left(\dfrac{\sin 34.9^\circ}{977}\right)+\left(\dfrac{\cos 34.9^\circ}{438}\right)} = 407\ mm$$

(4) 평균 변형률 차이

콘크리트의 탄성계수와 탄성계수비를 계산하면

$$E_c = 8{,}500\sqrt[3]{f_{cm}} = 8{,}500\sqrt[3]{44} = 30{,}000\ MPa$$

$$n = \frac{E_s}{E_c} = \frac{200{,}000}{30{,}000} = 6.7$$

인장철근의 응력 f_{so}를 구하기 위하여 복부 전체 단면적을 기준으로 균열방향 θ의 직각방향으로의 복부철근비 $\rho_{w\theta}$를 구한다. 먼저 종방향 복부철근비 ρ_{wl}을 구하면

$$\rho_{wl} = \frac{2A_{vl}}{s_l\,b_w} = \frac{2\times286.5}{150\times440} = 0.00868$$

횡방향 복부철근비 ρ_{wt}를 구하면

$$\rho_{wt} = \frac{2A_{vt}}{s_t\,b_w} = \frac{2\times506.7}{100\times440} = 0.02303$$

인장 주응력 방향, 즉 균열방향 θ의 직각방향으로 복부철근비 $\rho_{w\theta}$를 구하면

$$\rho_{w\theta} = \rho_{wl}\sin^4\theta + \rho_{wt}\cos^4\theta = 0.00868\times\sin^4(34.9^\circ) + 0.02303\times\cos^4(34.9^\circ) = 0.01135$$

이제 복부철근의 응력 f_{so}를 구하면

$$f_{so} = \frac{f_1}{\rho_{w\theta}} = \frac{3.93}{0.01135} = 346\ MPa$$

이상의 결과로 철근과 콘크리트의 평균 변형률 차이를 구하면

$$\varepsilon_{sm}-\varepsilon_{cm} = \frac{f_{so}}{E_s} - 0.4\frac{f_{cte}}{E_s\rho_e}(1+n\rho_e) = \frac{1}{200{,}000}\left[346 - 0.4\times\frac{3.74}{0.01557}\times(1+6.7\times0.01557)\right]$$

$$= 1.199\times10^{-3}$$

평균 변형률 차이의 최솟값은

$$0.6\frac{f_{so}}{E_s} = 0.6\times\frac{346}{200{,}000} = 1.038\times10^{-3}$$

계산된 평균 변형률 차이 1.199×10^{-3}이 최솟값 1.038×10^{-3}보다 크므로, 계산된 값을 적용하면

$$\varepsilon_{sm}-\varepsilon_{cm} = 1.199\times10^{-3}$$

(5) 균열폭

균열폭을 계산하면

$$w_k = l_{r,\,max}(\varepsilon_{sm}-\varepsilon_{cm}) = 407\times1.199\times10^{-3} = 0.49\ mm$$

따라서 복부에 부재 종방향과 34.9°의 각도로 균열폭 0.49 mm의 균열이 발생할 것으로 예상된다.

예제 11-6 그림 11-20(a)와 같이 두께 h=220 mm인 1방향 슬래브의 철근콘크리트 바닥판과 I형 강재 거더가 전단연결재로 연결되어 합성단면을 구성하고 있다. 1방향 슬래브 바닥판에는 D16 철근이 단면의 상부와 하부에 양방향으로 s=250 mm 간격으로 배치되어 있다. 1방향 슬래브의 긴 변 방향으로 배치된 D16 철근의 중심에서 단면의 연단까지의 거리 t_c는 74 mm이다. 바닥판 콘크리트를 타설한 후 수화열에 의하여 온도가 상승하다가 콘크리트가 경화된 재령 3일에 20°C의 온도가 하강할 것으로 예상되며, 2장 예제 2-2와 같은 방법으로 콘크리트의 수축변형률 ε_{sh3}을 계산한 결과 54×10^{-6}이 발생할 것으로 예상된다. 재령 3일에서의 콘크리트 인장강도 f_{ct3}는 1.4 MPa, 콘크리트 탄성계수 E_{c3}는 16,000 MPa이며, 콘크리트의 열팽창계수 α_{tmp}는 12×10^{-6}이다. 이 바닥판에 그림 11-20(b)와 같이 거더 축의 횡방향으로 균열이 발생할 가능성이 있는지, 균열이 발생한다면 최대 균열폭은 얼마가 될지 예측하시오.

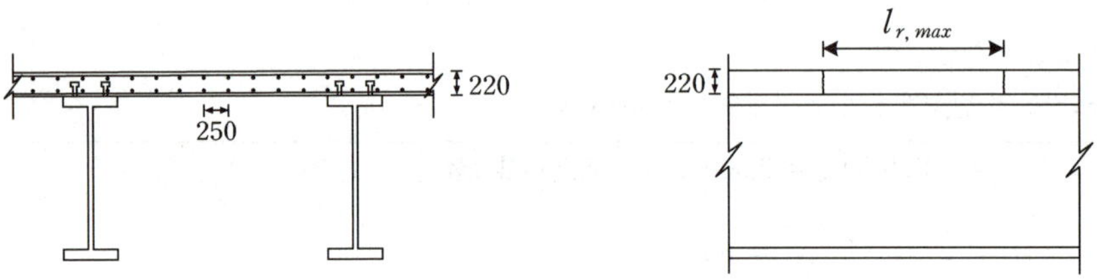

(a) 강-콘크리트 합성 단면 (b) 측면도와 바닥판의 최대 균열간격

그림 11-20 예제 11-6의 단면과 측면도

〈풀이〉

(1) 균열 발생 여부의 검증

재령 3일일 때 콘크리트의 인장강도가 1.4 MPa이고 탄성계수가 16,000 MPa이므로 균열이 발생하는 변형률 ε_{cr}을 구하면

$$\varepsilon_{cr}=\frac{f_{ct}}{E_{c3}}=\frac{1.4}{16,000}=87.5\times10^{-6}$$

재령 3일일 때 콘크리트의 수축과 수화열 하강에 따른 변형률 ε_{sht}을 구하고 균열변형률 ε_{cr}과 비교하면

$$\varepsilon_{sht}=\varepsilon_{sh}+\frac{\Delta T\alpha_{tmp}}{2}=54\times10^{-6}+\frac{20\times(12\times10^{-6})}{2}=174\times10^{-6}>\varepsilon_{cr}\,(=87.5\times10^{-6})$$

따라서 균열이 발생할 것으로 예측된다.

(2) 균열폭 해석

바닥판 슬래브 콘크리트의 수축과 수화열 하강에 따른 균열 거동은 인장부재의 균열 거동과 유사하므로, 인장부재의 콘크리트 유효인장깊이 d_{cte}를 결정하기 위하여 $2.5\,t_c$와 $h/2$를 구하면

$$2.5\,t_c=2.5\times74=185\ mm$$

$$\frac{h}{2}=\frac{220}{2}=110\ mm$$

따라서 d_{cte}는 다음과 같이 작은 값인 110 mm이므로, 바닥판 슬래브의 폭 b를 단위폭 1,000 mm로 하여 유효인장깊이 A_{cte}를 계산하면

$$d_{cte}=110\ mm$$

$$A_{cte}=bd_{cte}=1,000\times110=110,000\ mm^2$$

D16 인장철근의 단면적 A_b는 198.6 mm^2이므로, 간격 s가 250 mm일 때 유효철근비 ρ_e를 구하면

$$\rho_e=\frac{A_s}{A_{cte}}=\frac{b\,A_b}{s\,A_{cte}}=\frac{198.6\times1,000}{250\times110,000}=0.00722$$

최대 균열간격 $l_{r,max}$의 수식은 철근 중심간격과 $5(c_c+d_b/2)$의 값을 비교하여 선택하여야 하므로 c_c를 먼저 구하고 $5(c_c+d_b/2)$를 계산하여 철근 중심간격이 250 mm와 비교하면, D16 철근의 지름이 15.9mm이므로

$$c_c = t_c - \frac{d_b}{2} = 74 - \frac{15.9}{2} = 66\ mm$$

$$5\left(c_c + \frac{d_b}{2}\right) = 5 \times \left(66 + \frac{15.9}{2}\right) = 370\ mm > s\ (= 250\ mm)$$

철근 중심간격이 $5(c_c+d_b/2)$보다 작으므로 식 (11 ·35)로 평균 균열간격 $l_{r,max}$를 구한다. 여기서, 이형철근이므로 0.8의 k_1과 직접인장력를 받으므로 1.0의 k_2를 적용하면

$$l_{r,max} = 3.4\ c_c + \frac{0.425\ k_1\ k_2\ d_b}{\rho_e} = 3.4 \times 66 + \frac{0.425 \times 0.8 \times 1.0 \times 15.9}{0.00722} = 973\ mm$$

이제 구속 계수 R 값으로 0.95를 갖는 정도로 구조용 강재가 바닥판 슬래브를 구속한다고 가정하고 이를 적용하여 최대 균열폭을 구하면,

$$w_k = l_{r,max}(R\ \varepsilon_{sht}) = 973 \times 0.95 \times 174 \times 10^{-6} = 0.16\ mm$$

따라서 최대 균열폭 0.16mm의 균열이 발생할 것으로 예측된다.

11.4 처짐 사용한계상태의 설계검증

구조물에 처짐(deflection)이 발생한다고 해도 사용하는데 크게 불편하지 않다면 구조적으로 크게 문제가 되지는 않는다. 그러나 구조물에 큰 처짐이 발생하면 건물의 경우 바닥의 평탄성이 유지되지 않아서 책상이나 가구 등의 높낮이가 맞지 않게 되어 사용하기 불편하고, 칸막이 용 벽체나 냉난방 설비 등 하중을 직접 받지 않는 비구조 요소(non-structural element)의 손상이 발생할 수 있다. 또 교량과 같이 동적하중이 작용하는 구조물에 큰 처짐이 발생하면 처짐이 진동으로 나타나서 구조 안전성에 확신을 갖지 못하는 사용자들이 심리적으로 불안감을 느낄 수 있다. 따라서 지속하중 또는 사용하중 상태에서 구조물에 과도하게 큰 처짐이 발생하지 않도록 제어하고 처짐 설계검증을 수행하여야 한다. 이 절에서는 처짐 사용한계상태의 설계검증 내용을 소개한다.

11.4.1 휨부재의 탄성처짐

구조 부재의 처짐은 휨 변형과 전단 변형에 의하여 발생할 수 있지만, 전단 변형에 의한 처짐은 크기가 매우 미미하기 때문에 무시해도 큰 영향이 없다. 따라서 처짐은 휨모멘트에 의하여 부재가 휘어서 발생한다고 보고 해석을 수행하여 계산한다. 부재가 휘게 되면 단면에는 곡률(curvature)이 발생하는데, 곡률은 변형 전의 평면과 변형 후의 평면이 이루는 각을 말한다. 휨모멘트와 곡률이 정비례하는 경우를 선형탄성(linear elastic)이라고 하며, 직선으로 나타나는 휨모멘트-곡률 관계에서 직선의 기울기가 강성(剛性, rigidity)을 나타낸다. 단면의 강성은 재료특성으로서의 탄성계수 E와 단면특성으로서의 단면2차모멘트 I의 곱으로 표현된다. 휨모멘트 M과 곡률 ϕ와 단면강성 EI의 관계는 다음과 같다.

$$\phi = \frac{M}{EI} \tag{11·56}$$

부재 길이에 걸쳐 각 위치의 단면에 발생한 곡률을 분포로 나타내고 곡률 분포를 적분하면 처짐각을 구할 수 있으며, 처짐은 곡률 분포의 1차모멘트로 구할 수 있다. 이러한 과정으로 부재 중앙부의 처짐을 구하면, 하중을 변수로 하는 관계식으로 처짐을 나타내거나 대표 단면의 곡률을 변수로 하는 관계식으로 처짐을 나타낼 수 있다. 콘크리트 부재에 균열이 발생하지 않는 경우에는 단면2차모멘트가 일정하므로, 콘크리트 부재의 하중과 처짐이 정비례하는 선형탄성의 관계를 나타낸다. 물론 콘크리트의 탄성계수로는 초기접선 탄성계수가 가장 크고 응력이 증가하면 탄성계수가 감소하지만, 그 변화가 크지 않으므로 할선 탄성계수로 대표되는 콘크리트의 탄성계수를 처짐 해석에 적용한다.

처짐 해석을 통하여 단경간 휨부재 중앙의 처짐 Δ_m을 구하여 수식으로 정리하면, 하중형태에 상관없이 다음과 같은 일반식으로 나타낼 수 있다.

$$\Delta_m = \beta_{bc}\frac{M_{max}\,l^2}{EI} = \beta_{bc}\,\phi_{max}\,l^2 \tag{11·57}$$

여기서 β_{bc}는 지점의 구속조건(boundary condition), 즉 회전에 대한 구속정도(degree of fixity)에 따른 상수이며, M_{max}는 부재 내에 작용하는 최대휨모멘트, l은 경간길이, EI는 단면의 휨 강성, ϕ_{max}는 M_{max}에 의하여 발생하는 곡률이다.

표 11-6은 하중의 종류에 따른 단경간 휨부재 중앙의 처짐 Δ_m을 나타낸다. 표 11-6의 (a)는 등분포하중이 작용하는 경우, (b)는 부재 한쪽 단부에 휨모멘트가 작용하는 경우, (c)는 집중하중이 임의의 위치에 작용하는 경우이다. 여러 개의 집중하중이 서로 다른 위치에 작용하는 경우에는 각 집중하중에 의한 경간 중앙의 처짐 값들을 중첩(superposition)하고, 등분포하중과 집중하중이 같이 작용하는 경우에는 표 11-6의 (a)와 (c)의 처짐 식으로 구한 경간 중앙의 처짐을 중첩한다.

연속보의 처짐은 연속보를 한 경간 단위의 부재로 나눈 후 각 부재 양단의 구속 작용을 고려하여 각 부재 중앙의 처짐을 구할 수 있다. 즉, 그림 11-21과 같이 등분포하중이 작용하는 연속보의 한 경간에서 부재 양단에 음(−)의 값을 갖는 부모멘트 M_1과 M_2가 작용하고 부재 중앙에 양(+)의 값을 갖는 정모멘트 M_m이 작용할 때, M_m을 단부 휨모멘트 M_1과 M_2와 함께 등분포하중이 작용하는 단순보 중앙에

표 11-6 하중 작용에 의한 단경간 휨부재 중앙의 처짐

	(a) 등분포하중	(b) 단부 휨모멘트	(c) 집중하중 ($a \geq b$)
하중 작용	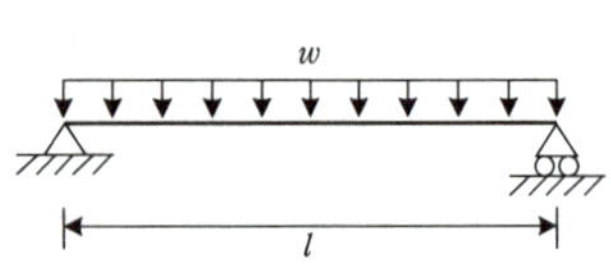	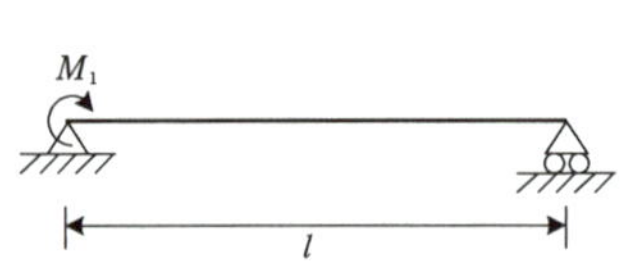	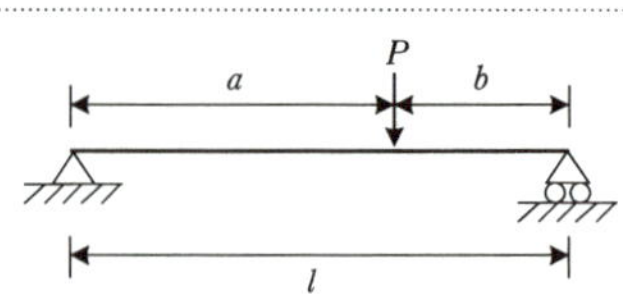
경간 중앙 처짐	$\Delta_m = \frac{5wl^4}{384\,EI} = \frac{5M_o l^2}{48\,EI}$	$\Delta_m = \frac{M_1\,l^2}{16\,EI} = \frac{\phi_1\,l^2}{16}$	$\Delta_m = \frac{Pb(3l^2-4b^2)}{48\,EI}$

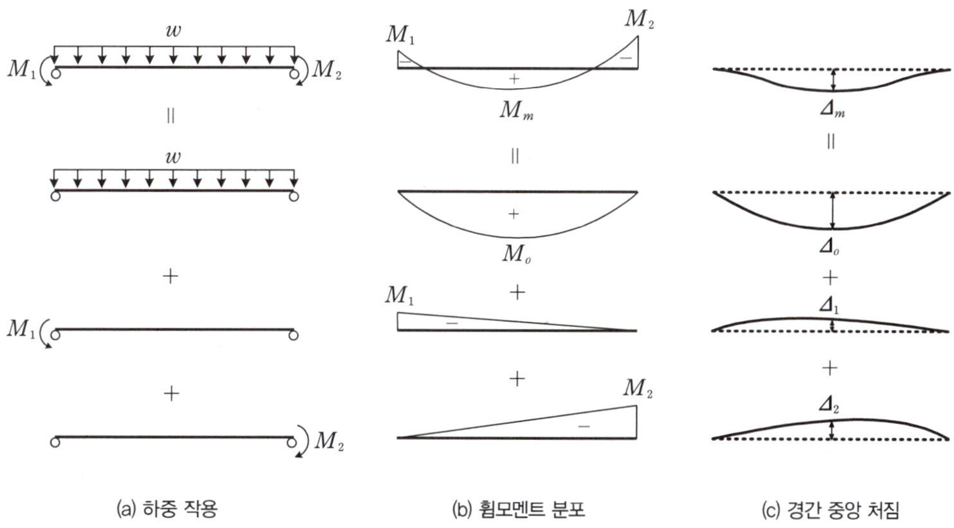

그림 11-21 연속보의 처짐 해석

발생하는 휨모멘트 M_o로 표현하면 다음과 같다.

$$M_m = M_o - \frac{1}{2}(M_1 + M_2) \tag{11·58}$$

이 식을 변환하면 등분포하중이 작용하는 단순보 중앙에 발생하는 휨모멘트 M_o는 다음과 같이 나타낼 수 있다. 휨모멘트 M_o는 $wl^2/8$의 값을 가진다.

$$M_o = M_m + \frac{1}{2}(M_1 + M_2) \tag{11·59}$$

한편 양단에 M_1과 M_2의 휨모멘트와 경간 중앙에 M_m의 휨모멘트가 작용하는 휨모멘트 분포를 그림과 같이 세 가지 분포, 즉 양단이 0이고 경간 중앙에 M_o인 휨모멘트 분포, 왼쪽 단부에 M_1가 작용하는 휨모멘트 분포, 오른쪽 단부에 M_2가 작용하는 휨모멘트 분포로 나누고 각각의 휨모멘트에 의한 처짐을 합하면 다음과 같이 처짐을 구할 수 있다.

$$\Delta_m = \Delta_o + \Delta_1 + \Delta_2 = \frac{5M_o l^2}{48EI} - \frac{M_1 l^2}{16EI} - \frac{M_2 l^2}{16EI} \tag{11·60}$$

이 식의 M_o에 식 (11·59)를 대입하고 정리하면, 구조해석에서 구한 주요 위치의 휨모멘트 M_1, M_2, M_m으로 연속보 경간 중앙의 처짐을 다음과 같이 나타낼 수 있다.

$$\Delta_m = \frac{5l^2}{48EI}\left[M_m - \frac{1}{10}(M_1 + M_2)\right] \tag{11·61}$$

이 일반식은 연속보의 내측 경간뿐만 아니라 외측 경간과 단순보에도 적용할 수 있다. 즉, 연속보의 외측경간은 M_1 또는 M_2에 영(0)을 대입하고, 단순보에는 M_1과 M_2에 모두 영(0)을 대입하면 경간 중앙의 처짐을 구할 수 있다. 다만, 이 식은 연속보에서 하중이 등분포하중일 때에 성립하는 것이므로 등분포하중이 아닌 경우에는 새로이 수식을 유도하여야 한다.

11.4.2 철근콘크리트 휨부재의 강성과 탄성처짐

철근콘크리트 휨부재는 하중이 작용하여 탄성처짐이 발생한 후 하중이 유지되면 시간 경과에 따라 처짐이 증가한다. 이 두 가지 처짐은 시간 경과와의 관계로 구분하여 하중이 작용하여 발생하는 탄성처짐을 단기처짐(short-term deflection)이라고 하며, 콘크리트의 크리프와 수축에 의하여 시간이 경과하면서 발생하는 추가의 처짐을 장기처짐(long-term deflection)이라고 한다. 이 절에서는 철근콘크리트 휨부재의 탄성처짐 특성과 해석방법을 소개한다.

[1] 철근콘크리트 휨부재의 강성 분포

표 11-6의 단경간 휨부재의 처짐 수식과 연속보의 처짐인 식 (11 · 61)은 하중이 작용하여 발생하는 탄성처짐으로, 단면의 휨 강성 EI가 일정하다면 처짐은 하중의 크기와 정비례한다. 그러나 철근콘크리트 휨부재는 균열의 영향으로 그림 11-22와 같이 휨 강성이 변화하는 특성을 보인다.

그림 11-22(a)는 철근콘크리트 휨부재의 휨모멘트-곡률 관계로, 휨모멘트가 균열휨모멘트 M_{cr}에 도달할 때까지는 단면의 강성이 E_cI_g로 일정하므로 곡률과 휨모멘트가 비례하여 증가하지만, 균열이 발생한 이후에는 휨모멘트의 증가보다 곡률의 증가가 더 큰 비선형 거동을 보이며 인장철근이 항복한 후에는 곡률이 급격히 증가하는 거동을 보인다. 그림 11-22(b)는 휨모멘트의 증가에 따른 휨모멘트-곡률 곡선의 기울기, 즉 휨강성의 변화를 나타낸 것으로, 균열휨모멘트 M_{cr}까지는 단면의 강성이 E_cI_g로 일정한 최댓값을 유지하지만 M_{cr}보다 더 큰 휨모멘트가 작용하면 중립축의 위치가 압축연단 쪽으로 이동하면서 균열이 진전되어 단면의 강성이 감소한다는 것을 나타낸다. 인장철근이 항복하는 휨모멘트 M_y가 작용하면 단면2차모멘트가 4장 4.3.1절 [3]항에 소개한 균열단면의 단면2차모멘트 I_{cr}과 유사한 값을 갖게 되어, 단면의 강성이 E_cI_{cr}과 유사한 값을 갖게 된다. 이와 같이 부재 내에서 균열이 발생한 위치에서의 휨강성은 작용하는 휨모멘트의 크기에 따라서 변화하는 특성을 보인다.

한편 부재 내의 휨강성은 균열이 발생한 위치와 그렇지 않은 위치가 큰 차이를 보여서 그림 11-22(c)와 같은 휨강성 분포를 나타낸다. 즉, 그림 11-22(c)는 휨강성 분포를 개념적으로 나타낸 것으로, 균열이 발생한 위치에서는 E_cI_{cr}에 근접한 값을 가지지만 균열과 균열 사이 및 지점과 첫 번째 균열 사이에서는 E_cI_{cr}에서 E_cI_g로 변화하는 강성분포를 나타낸다.

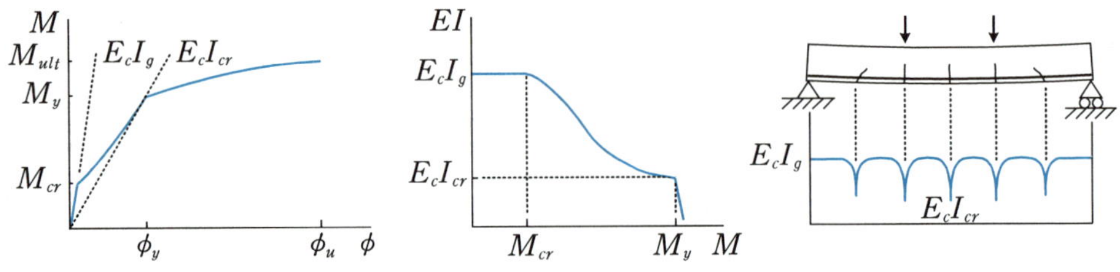

(a) 휨모멘트-곡률 관계 (b) 휨모멘트에 따른 강성 변화 (c) 경간 내의 강성분포

그림 11-22 철근콘크리트 휨부재의 강성분포

[2] 철근콘크리트 휨부재의 처짐 해석과 유효단면2차모멘트

휨부재의 처짐에 대한 역학 이론을 철근콘크리트 부재에 적용하면, 부재 내의 각 위치에 작용하는 휨모멘트를 해당 위치의 강성으로 나누어 곡률을 구한 후 곡률분포에 대한 해석으로 처짐을 구할 수 있을 것이다. 즉, 휨모멘트 분포를 그림 11-22(c)와 같은 강성분포로 나누어 곡률분포를 구하여야 하지만, 실제 강성의 분포를 정확하게 알 수 없고, 또 정확한 강성분포를 안다고 하더라도 매우 불규칙한 형태의 곡률분포를 얻게 되므로 역학 이론을 그대로 적용하여 처짐을 해석하는 것은 매우 비현실적이다.

따라서 철근콘크리트 휨부재의 처짐 해석에는 실제의 강성분포를 적용하지 않고 동일한 결과를 제공하는 유효강성(effective stiffness) E_cI_e를 적용한다. 즉, 유효강성은 E_cI_{cr}과 E_cI_g 사이의 값을 가진 평균값의 개념으로 결정된 하나의 대푯값이라고 할 수 있다. 한편 그림 11-22(b)에 나타난 바와 같이 작용하는 휨모멘트의 크기에 따라 균열 진전에 의한 강성 저하가 나타나므로, 유효강성은 작용하는 휨모멘트의 크기에 영향을 받는다. 유효강성에서 콘크리트의 탄성계수 E_c를 분리시키면 단면2차모멘트 I_e가 남게 되는데, 이것을 유효단면2차모멘트(effective moment of inertia)라고 한다. 설계기준에서는 일반적으로 유효단면2차모멘트 I_e를 다음과 같이 두 가지 형태 중 하나로 표현하고 있다.

$$I_e = \alpha I_g + (1-\alpha) I_{cr} \tag{11 · 62}$$

$$I_e = \frac{I_g I_{cr}}{\zeta I_g + (1-\zeta) I_{cr}} \tag{11 · 63}$$

이 식에서 계수 α와 ζ의 값은 하중의 수준에 따라 결정된다. 작용하는 휨모멘트가 균열휨모멘트 M_{cr}보다 크지만 M_{cr}에 가까운 경우에는 α의 값이 1.0보다 작지만 1.0에 가까운 값을 갖고, ζ의 값은 0보다 크지만 0에 가까운 값을 갖게 되어 I_e의 값이 전체단면의 단면2차모멘트 I_g와 가까운 값을 갖게 된다. 작용하는 휨모멘트가 매우 커서 항복휨모멘트 M_y에 가까운 경우에는 α가 0에 가까운 값을 갖고 ζ는 1.0에 가까운 값을 갖게 되어 I_e의 값이 균열단면2차모멘트 I_{cr}에 가까운 값을 갖게 된다. KDS 14 20 콘크리트 구조 설계기준[11.3]과 ACI 318 Code[11.11]는 식 (11 · 62)의 형태로 유효단면2차모멘트를 나타내고 있으며, KDS 24 14 21 콘크리트교 설계기준(한계상태설계법)[11.2]과 Eurocode 2[11.8]는 식 (11 · 63)의 형태로 유효단면2차모멘트를 나타내고 있다.

[3] 하중작용 형태에 따른 유효단면2차모멘트와 처짐 해석

철근콘크리트 부재의 처짐 거동은 하중이 계속 증가하는 단조증가하중(monotonically increasing load)이 작용할 때와 하중이 가해지고 제거되는 과정이 계속되는 반복하중(cyclic load)이 작용할 때가 다르게 나타난다. 따라서 철근콘크리트 부재의 처짐 해석은 이 두 가지 하중작용에 따라 달리 나타나는 처짐 거동을 고려하여 한다. 처짐 거동을 고려한 처짐 해석방법은 4장 4.3.4절 그림 4-36으로 설명한 탄성응력 해석방법, 즉 균열 발생 여부를 고려하고 단조증가하중이 작용하는 경우와 반복하중이 작용하는 경우를 구분하여 부재강성을 적용하는 해석방법과 개념적으로 동일하다.

그림 11-23(a)와 같이 단조증가하중이 작용할 때, 구조물에 항상 존재하는 고정하중에 의한 처짐 Δ_D는 고정하중에 의한 휨모멘트 M_D가 작용할 때의 유효단면2차모멘트 $I_{e,D}$를 이용하여 계산한다. 단, M_D가

작용할 때 균열이 발생하지 않는 상태라면 $I_{e,D}$를 적용하지 않고 전체단면의 단면2차모멘트 I_g를 적용한다. 고정하중에 활하중이 추가된 사용하중에 의한 처짐 Δ_{D+L}은 휨모멘트 M_{D+L}이 작용할 때의 유효단면2차모멘트 $I_{e,D+L}$을 이용하여 계산한다. 이때에도 물론 균열이 발생하지 않는 상태라면 $I_{e,D+L}$를 적용하지 않고 전체단면의 단면2차모멘트 I_g를 적용한다. 그림 11-23(a)는 균열이 발생하는 경우로 나타낸 것인데, 활하중에 의한 처짐 Δ_L은 고정하중에 의한 처짐 Δ_D에서 사용하중에 의한 처짐 Δ_{D+L}로 증가한 크기와 같으므로 다음과 같이 Δ_{D+L}의 값에서 Δ_D의 값을 빼서 구할 수 있다.

$$\Delta_L = \Delta_{D+L} - \Delta_D \tag{11·64}$$

그림 11-23(b)와 같이 반복하중이 작용하는 경우, 활하중이 작용하지 않고 고정하중만 작용할 때의 처짐은 그림 11-23(a)의 단조증가하중이 작용할 때의 처짐 Δ_D와 동일한 값을 가진다. 또 고정하중에 활하중이 추가된 사용하중에 의한 처짐도 $I_{e,D+L}$을 이용하여 계산하는 단조증가하중이 작용할 때의 처짐 Δ_{D+L}과 동일한 값을 가진다. 그러나 활하중이 제거되어 다시 고정하중 상태가 되면 처짐이 단조증가하중이 작용할 때의 처짐 Δ_D로 복원되는 것이 아니라 $I_{e,D+L}$에 비례하는 기울기로 처짐이 감소한다. 즉, 그림 11-23(b)에 나타낸 바와 같이 Δ_D에 잔류 처짐(residual deflection)이 추가되어 Δ_D보다 더 큰 값을 가진 $\Delta_{D,rsd}$의 처짐 값을 갖게 된다. 이제 다시 활하중이 반복하여 작용하면 그림 11-23(b)에 화살표로 나타낸 직선 내에서 하중과 처짐이 비례하여 나타난다. 따라서 반복하중이 작용하는 경우의 활하중에 의한 처짐 $\Delta_{L,ccl}$은 다음과 같이 Δ_{D+L}의 값에서 $\Delta_{D,rsd}$의 값을 빼서 구할 수도 있고, 활하중에 의한 휨모멘트 M_L을 대상으로 사용하중 상태의 유효단면2차모멘트 $I_{e,D+L}$을 적용하여 간단히 계산할 수도 있다.

$$\Delta_{L,ccl} = \Delta_{D+L} - \Delta_{D,rsd} \tag{11·65}$$

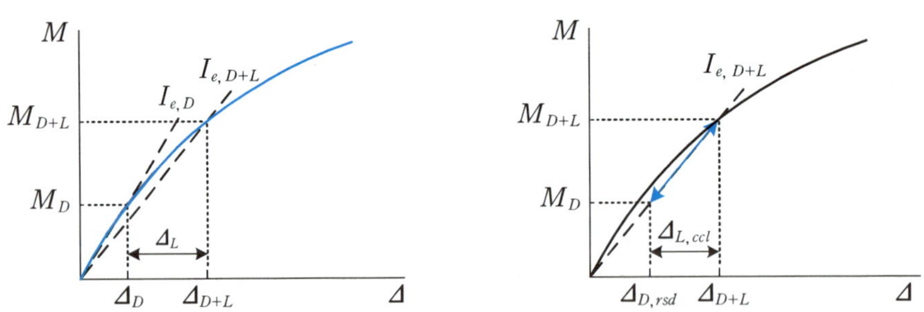

(a) 단조증가하중이 작용할 때의 처짐 해석　　(b) 반복하중이 작용할 때의 처짐 해석

그림 11-23 하중작용에 따른 철근콘크리트 휨부재의 사용하중 처짐과 활하중 처짐

11.4.3 철근콘크리트 휨부재의 장기처짐

철근콘크리트 구조물은 시간이 경과함에 따라 처짐이 증가하는 현상이 나타난다. 시간 경과에 따른 처짐을 장기처짐(long-term deflection)이라고 한다. 철근콘크리트 구조물의 장기처짐은 시간 경과에 따라 나타나는 콘크리트의 재료특성에 의한 것이므로, 콘크리트의 배합과 양생과정에서의 온도, 습도, 양생 방법 등에 따라 큰 차이를 보인다. 또 압축철근의 양, 지속하중의 크기, 재하기간 및 기타 요소에 의하여도 영향을 받는다. 기본적으로 장기처짐이 발생하는 요인이 콘크리트의 크리프와 수축이므로, 장기처짐 $\varDelta_{long}$을 크리프에 의한 처짐 $\varDelta_{cp}$와 수축에 의한 처짐 $\varDelta_{sh}$로 구분하고 다음과 같이 이 두 가지를 합한 $\varDelta_{cp+sh}$로 표현할 수 있다.

$$\varDelta_{long} = \varDelta_{cp+sh} = \varDelta_{cp} + \varDelta_{sh} \tag{11·66}$$

콘크리트의 크리프와 수축에 의한 장기처짐과 압축철근에 영향은 다음과 같이 정리할 수 있다.

[1] 콘크리트의 크리프에 의한 장기처짐

2장 2.1.9절에 소개한 바와 같이, 시멘트 풀이 완전히 굳기 전인 초기 재령에서 콘크리트에 압축응력이 작용하면 변형률이 시간이 경과함에 따라 증가하는 크리프(creep) 현상이 나타난다. 휨부재 단면에서 압축응력을 받는 콘크리트는 크리프로 인하여 변형률이 증가하므로, 4장 4.4.1절의 그림 4-32로 설명한 바와 같이 단면의 곡률이 증가하는 휨모멘트-곡률 관계가 나타난다. 이에 따라 시간이 경과하면 처짐이 증가하게 된다.

크리프에 의한 처짐의 해석은 정밀해석과 단순해석으로 구분할 수 있다. 정밀해석은 재령에 따른 크리프계수를 이용하여 시간 증분에 따른 콘크리트의 압축강도와 탄성계수의 증가, 압축응력의 감소, 콘크리트 변형률의 증가를 정밀하게 계산하고, 이로 인하여 증가하는 처짐을 구하는 방법이다. 콘크리트의 크리프에 따른 부재의 장기거동 해석법은 4장 4.4.2절에 간단히 소개되어 있다. 그러나 이렇게 복잡한 과정을 거쳐서 정밀하게 해석하더라도 변동성이 큰 콘크리트의 재료특성에 따라 실제 발생하는 크리프에 의한 처짐을 정확하게 예측하기 어렵다.

따라서 철근콘크리트 구조물의 크리프에 의한 처짐은 단순해석으로 결정하는 것이 일반적이다. 단순해석법으로는 두 가지 방법을 적용할 수 있다. 첫 번째 방법은 작용하고 있는 하중에 의한 탄성처짐 $\varDelta_e$를 구하고 크리프 효과를 반영한 증가계수 λ_{cp}를 곱하는 방법이다. 일반적으로 장기처짐은 지속하중(sustained load)이 작용할 때를 대상으로 하므로 다음과 같이 나타낼 수 있다.

$$\varDelta_{cp} = \lambda_{cp}\varDelta_e = \lambda_{cp}\varDelta_{st} \tag{11·67}$$

여기서 λ_{cp}는 단철근 단면인 경우에는 크리프계수를 적용할 수 있지만, 복철근 단면인 경우에는 4장 4.2.2절의 그림 4-12로 설명한 압축철근의 영향을 고려하여야 한다. 압축철근의 영향은 여러 연구자들에 의해 연구되었고, ACI Committee 435[11.12]는 Branson[11.13]이 제안한 계수를 추천한 바 있다. 탄성처짐에 크리프 효과를 반영한 증가계수 λ_{cp}를 곱하는 첫 번째 방법은 KDS 14 20 콘크리트구조 설계기준[11.3]과 ACI 318 Code[11.11]에 채택되어 있는데, 이들 설계기준에서는 콘크리트 수축의 영향을 크리프의 영향에 포함한 증가계수 λ_{cp}를 규정하고 있다.

단순해석의 두 번째 방법은 4장 4.4.3절에 소개한 콘크리트의 유효탄성계수를 이용하여 장기 단면2차모멘트를 결정하고, 탄성처짐 해석에 장기 단면2차모멘트를 적용함으로써 크리프에 의한 처짐을 구하는 방법이다. 콘크리트의 유효탄성계수 E_{ce}는 다음과 같다.

$$E_{ce} = \frac{E_c}{1+\phi(t, t_o)} \tag{11 · 68}$$

여기서, $\phi(t, t_o)$는 지속기간에 해당하는 크리프계수로 시간 t_o에 압축응력이 작용할 때 시간 t에서의 크리프계수이다. 일반적인 설계에서는 시간 t를 무한대로 하거나 재령 10,000일 등 크리프계수가 별로 증가하지 않는 기간을 기준으로 하는 경우도 있다. 콘크리트의 유효탄성계수를 이용하는 두 번째 방법은 KDS 24 14 21 콘크리트교 설계기준(한계상태설계법)[11.2]과 Eurocode 2[11.8]에 채택되어 있다.

[2] 콘크리트의 수축에 의한 장기처짐

콘크리트 구조물의 장기처짐은 콘크리트의 수축에 의해서도 발생할 수 있다. 콘크리트 부재에서 단면 전체가 동일한 크기로 수축하면 처짐이 발생하지 않지만, 축방향 철근 배치에 따라 단면의 상단과 하단의 수축변형률이 다르면 부재 단면에 발생하는 곡률에 의하여 처짐이 발생한다. 즉, 그림 11-24(a)와 같이 구속작용이 없는 상태로 단면 전체가 콘크리트의 수축변형률 ε_{sh}로 줄어드는 자유 수축(free shrinkage) 상태에서는 곡률과 처짐이 발생하지 않는다.

그러나 그림 11-24(b)와 같이 단면의 하단에 철근이 배치되면 하단 콘크리트는 변형이 구속되어 ε_{sh}보다 작은 변형률이 발생하고 수축에 의한 곡률 ϕ_{sh}가 발생함에 따라 처짐이 발생한다. 단면의 위와 아래에 대칭으로 같은 양이 철근이 배치된 경우에는 단면의 상단과 하단이 동일한 크기로 수축하여 처짐이 발생하지 않는다. 단면의 상단과 하단의 수축변형률은 단면 상단과 하단 철근의 양에 영향을 받아서, 하단 철근의 양이 동일한 경우 그림 11-24(c)와 같이 상단에도 철근이 배치된 경우가 더 작은 수축곡률이 나타난다. 이와 같이 수축곡률 ϕ_{sh}가 발생하면 부재의 지점조건에 따라 수축에 의한 처짐의 방향이 다르게 나타난다. 즉, 단면 상단의 수축변형률이 단면 하단의 수축변형률보다 큰 경우, 그림 11-24의 부재가 단순보라면 처짐은 하향 처짐(downward deflection)으로 나타나고, 캔틸레버 보라면 처짐이 상향

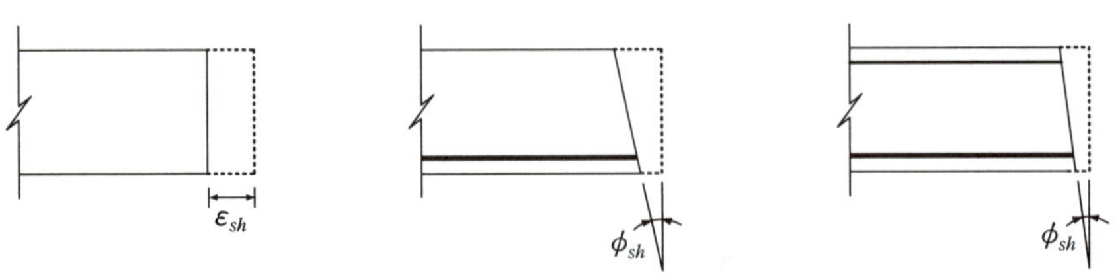

(a) 자유 수축　　(b) 단철근 단면의 수축곡률　　(c) 복철근 단면의 수축곡률

그림 11-24 콘크리트의 수축에 의한 변형과 곡률

처짐(upward deflection)으로 나타난다. 그러나 중력방향의 하중을 받는 캔틸레버 보에는 부모멘트에 저항하도록 철근을 단면의 상단에 배치하므로 캔틸레버 보에서도 수축에 의한 처짐은 하향 처짐으로 나타나는 것이 일반적이다.

식 (11 ·56)과 같이 곡률은 휨모멘트를 단면강성으로 나눈 값이므로, 콘크리트의 수축에 의한 곡률 ϕ_{sh}는 수축에 의한 휨모멘트 M_{sh}를 장기 단면강성 $E_{ce}I_g$로 나눈 값과 같다. 수축에 의한 휨모멘트 M_{sh}는 단면 도심에 대하여 철근에 작용하는 힘이 만드는 모멘트와 같으므로, 철근의 변형률이 콘크리트의 수축변형률 ε_{sh}와 같다고 가정하면 $E_s \varepsilon_{sh} A_s y_s$로 나타낼 수 있다. 여기서 y_s는 단면 도심과 철근 사이의 거리이며, $A_s y_s$는 단면 도심에 대한 철근 단면적의 1차모멘트 S로 표현할 수 있다. 또 철근의 탄성계수 E_s와 콘크리트의 유효탄성계수 E_{ce}의 비를 n_e로 표현하면 콘크리트 수축에 의한 곡률 ϕ_{sh}를 다음과 같이 나타낼 수 있다.

$$\phi_{sh} = \frac{M_{sh}}{E_{ce}I_g} = \frac{E_s \varepsilon_{sh} S}{E_{ce}I_g} = n_e\, \varepsilon_{sh} \frac{S}{I_g} \tag{11 · 69}$$

지속하중이 작용할 때 균열이 발생한 상태일 때는 균열을 반영한 단면상수들을 적용한다. 이와 같이 콘크리트 수축에 의한 곡률을 계산하는 방법은 KDS 24 14 21 콘크리트교 설계기준(한계상태설계법)[11.2]과 Eurocode 2[11.8]에 채택되어 있다. 콘크리트 수축에 의한 곡률 ϕ_{sh}를 구하는 또 다른 방법으로는 ACI Committee 435[11.12]에서 추천하는 다음과 같은 Branson[11.14, 11.15]의 경험식이 있다. 여기서 ρ는 인장철근비이고 ρ'은 압축철근비로 퍼센트 단위의 값을 적용하며, h는 부재두께이다.

$$\rho - \rho' \le 3\%\ \text{일 때},\ \phi_{sh} = 0.7\,\frac{\varepsilon_{sh}}{h}\,(\rho - \rho')^{1/3}\left(\frac{\rho - \rho'}{\rho}\right)^{1/2} \tag{11 ·70}$$

$$\rho - \rho' > 3\%\ \text{일 때},\ \phi_{sh} = \frac{\varepsilon_{sh}}{h} \tag{11 ·71}$$

한편, 앞의 11.4.1절의 식 (11 ·56)과 함께 설명한 바와 같이, 부재 내의 곡률 분포를 적분하면 처짐각을 구할 수 있고 곡률 분포의 1차모멘트를 취하여 처짐을 구할 수 있다. 따라서 콘크리트의 수축에 의한 처짐 Δ_{sh}도 콘크리트의 수축에 의한 곡률 분포의 1차모멘트를 취하여 구할 수 있으므로, 이 과정의 결과로 Δ_{sh}를 다음과 같이 나타낼 수 있다.

$$\Delta_{sh} = \alpha_1\, \phi_{sh}\, l^2 \tag{11 ·72}$$

여기서, α_1은 지점조건에 따라 수축에 의한 곡률 분포를 적분한 결과로 나타나는 계수이다. ACI Committee 209[11.16]는 지점조건을 고려하여 곡률 분포의 1차모멘트를 취한 값으로 다음과 같은 값을 α_1으로 제시하였다.

$\alpha_1 = 0.5$: 캔틸레버 보

$\alpha_1 = 0.125$: 단순보

$\alpha_1 = 0.086$: 1단 연속보

$\alpha_1 = 0.063$: 양단 연속보

다만 이 식은 부재 내의 모든 단면에 동일한 철근이 배치되어 콘크리트의 수축에 의한 곡률이 ϕ_{sh}로 일정하다는 가정에 따른 것이므로, 부재 내의 철근배치가 일정하지 않는 경우에는 실제 수축곡률 분포의 1차모멘트를 취하여 처짐을 구하는 것이 정해이다.

한편 실제 콘크리트 구조물의 장기처짐은 콘크리트의 수축에 의한 처짐과 크리프에 의한 처짐을 구분하기가 어렵다. 따라서 KDS 14 20 콘크리트구조 설계기준[11.3]과 ACI 318 Code[11.11]은 콘크리트의 수축에 의한 처짐을 따로 계산하도록 규정하지 않고 크리프의 영향을 함께 고려하여 장기처짐을 결정하도록 규정하고 있다. 그러나 KDS 24 14 21 콘크리트교 설계기준(한계상태설계법)[11.2]과 Eurocode 2[11.8]는 콘크리트의 수축에 의한 처짐을 크리프에 의한 처짐과 구분하여 따로 계산하도록 규정하고 있다.

11.4.4 콘크리트 휨부재의 처짐 제어와 설계검증

콘크리트 부재는 처짐이 크게 발생하지 않도록 제어하여야 한다. 그 이유는 다음과 같다.

첫째, 구조물을 사용하는 사람들이 처짐으로 인한 불편함을 느끼지 않도록 하여야 한다. 부재의 파괴를 유발하는 극한하중보다 작은 사용하중상태에서 발생하는 처짐은 구조물의 안전에 영향을 주지 않는다. 그러나 육안으로 구분할 수 있는 정도의 처짐이나 사용자가 느낄 수 있는 정도의 처짐이 발생하면 사용자들이 구조 안전성에 확신을 갖지 못하여 심리적으로 불안하게 된다. 또, 동적 하중이 작용하는 구조물의 처짐과 진동에 사용자가 불안하다고 느낄 정도라면, 드문 경우이기는 하지만 차량이나 바람에 의한 동적거동으로 변형이 순간적으로 증가하여 손상이 발생할 수도 있다. 따라서 처짐은 육안으로 쉽게 구분할 수 없는 정도가 되도록 제어하여야 하며, 사용자가 인지하는 진동이나 처짐은 활하중에 의한 것이므로 활하중에 의한 처짐을 제한하여야 한다.

둘째, 장기간 사용하는 콘크리트 구조물에 손상이 발생하지 않도록 하여 기능을 유지하도록 하여야 한다. 콘크리트 구조물은 크리프로 인하여 지속하중에 의한 처짐이 시간에 따라 증가하는데, 과도하게 큰 처짐은 구조물의 국부적인 손상을 발생시킬 수 있다. 또 과도하게 큰 처짐은 구조물의 기능을 저하시키는 요인이 되므로 지속하중에 의한 처짐이 과도하지 않도록 제한하여야 한다.

셋째, 구조물의 용도와 기능을 유지하도록 비구조 요소(non-structural element)의 손상이 발생하지 않도록 하여야 한다. 비구조 요소란 하중을 직접 받지 않는 시설물을 말한다. 예를 들어 건물의 경우에는 구조부재 이외에도 칸막이 용 벽체, 천장 마감재, 전기 및 조명시설, 환기시설, 냉방시설, 난방시설, 상수도 및 하수도용 파이프 등이 설치되며, 교량의 경우에는 가로등, 중앙분리대, 난간 등의 비구조 요소들이 설치된다. 이와 같은 비구조 요소들은 구조물에 과도하게 큰 처짐이 발생하면 손상될 수 있으므로 지속하중에 의한 장기처짐과 활하중에 의한 처짐이 과도하게 발생하지 않도록 제한하여야 한다.

철근콘크리트 구조물의 설계과정에서 처짐을 제어하는 방법은 다음 두 가지가 있다.

- 처짐 해석을 수행하는 방법: 이 방법은 처짐한계, 즉 허용 처짐 값을 설정하고 처짐을 계산하여 발생할 것으로 예측되는 처짐 값이 처짐한계를 넘지 않는지 검증하는 방법이다.
- 부재의 최소 두께 이상으로 두께를 결정하는 방법: 이 방법은 처짐한계를 넘지 않을 정도의 처짐이

발생하는 부재의 최소 두께를 설정하고, 부재가 그 이상의 두께를 가지고 있는지 검증하는 방법이다.

11.4.5 콘크리트구조 설계기준(강도설계법)의 처짐 설계검증

이 절에서는 KDS 14 20 콘크리트구조 설계기준(강도설계법)의 소분류 설계기준 KDS 14 20 30 콘크리트구조 사용성 설계기준에서 규정하고 있는 처짐제어에 대한 규정을 소개한다.

[1] 허용 처짐

KDS 14 20 콘크리트구조 설계기준은 동하중을 주로 받는 구조물을 제외한 일반 구조에 대하여 표 11-7과 같이 경간길이 l의 비율로 허용 처짐을 규정하고 있다. 고려해야 할 처짐은 두 가지로, 첫째는 활하중에 의한 순간처짐(instantaneous deflection), 즉 탄성처짐이며, 둘째는 비구조 요소가 부착된 후에 발생하는 처짐, 즉 모든 지속하중에 의한 장기처짐과 추가적인 활하중에 의한 순간처짐의 합이다. 부재의 형태는 지붕구조, 평지붕구조, 바닥구조로 구분하고, 또 과도하게 처짐이 발생하는 비구조 요소의 존재 여부를 구분한다.

한편, 평지붕구조에 대한 허용 처짐 $l/180$은 물고임에 대한 안전성을 고려하지 않은 값이다. 따라서 고인 물에 대한 추가처짐을 포함한 모든 지속하중의 장기적 영향, 솟음, 시공오차 및 배수설비의 신뢰성을 고려하여 물고임에 대한 적절한 처짐계산을 수행하여야 한다. 또 장기처짐 값을 결정할 때에는 비구조 요소의 부착 전에 생긴 처짐량을 포함시키지 않음으로써 설계에 적용하는 장기처짐 값을 감소시킬 수 있다. 이때의 감소량은 해당 부재와 유사한 부재의 시간에 따른 처짐 특성에 관한 적절한 기술자료를 기초로 결정하여야 한다. 과도한 처짐에 의해 손상되기 쉬운 비구조 요소를 지지 또는 부착한 지붕 또는 바닥구조에서 비구조 요소의 피해를 방지할 수 있는 적절한 조치가 취해지는 경우에는 허용 처짐 $l/480$을 초과할 수 있다. 과도한 처짐에 의해 손상될 염려가 없는 비구조 요소를 지지 또는 부착한 지붕 또는 바닥구조에 대한 허용 처짐 $l/240$은 비구조 요소에 의한 허용오차 이하이어야 한다. 그러나

표 11-7 일반 구조에 대한 KDS 14 20 콘크리트구조 설계기준의 허용 처짐

고려해야 할 처짐	부재의 형태	처짐한계
활하중에 의한 순간처짐	과도한 처짐에 의해 손상되기 쉬운 비구조 요소를 지지 또는 부착하지 않은 평지붕구조	$\frac{l}{180}$
	과도한 처짐에 의해 손상되기 쉬운 비구조 요소를 지지 또는 부착하지 않은 바닥구조	$\frac{l}{360}$
비구조 요소가 부착된 후에 발생하는 처짐 (모든 지속하중에 의한 장기처짐과 추가적인 활하중에 의한 순간처짐의 합)	과도한 처짐에 의해 손상되기 쉬운 비구조 요소를 지지 또는 부착한 지붕 또는 바닥구조	$\frac{l}{480}$
	과도한 처짐에 의해 손상될 염려가 없는 비구조 요소를 지지 또는 부착한 지붕 또는 바닥구조	$\frac{l}{240}$

시공할 때 부재 중앙을 위쪽으로 올린 솟음(camber)을 둔다면 전체 처짐에서 솟음값을 뺀 값이 허용 처짐 $l/240$ 이하가 되도록 하면 된다.

동하중을 주로 받는 구조물에 대하여는 표 11-8과 같이 경간길이 l의 비율로 허용 처짐을 규정하고 있다.

표 11-8 동하중을 주로 받는 구조물에 대한 KDS 14 20의 허용 처짐

고려해야 할 처짐	부재의 형태	보행자 이용 여부	처짐한계
활하중과 충격에 의한 처짐	단경간 또는 연속경간 부재	보행자가 이용하지 않는 구조물	$\frac{l}{800}$
		보행자가 이용하는 구조물	$\frac{l}{1,000}$
	캔틸레버	보행자가 이용하지 않는 구조물	$\frac{l}{300}$
		보행자가 이용하는 구조물	$\frac{l}{370}$

[2] 균열이 발생한 부재의 유효단면2차모멘트

앞의 11.4.2절에서 그림 11-22와 함께 설명한 바와 같이, 처짐을 해석하는 하중에서 부재에 균열이 발생한 경우에는 균열환산단면의 단면2차모멘트 I_{cr}과 균열이 발생하지 않은 전체 단면의 단면2차모멘트 I_g 사이의 값을 갖는 유효단면2차모멘트(effective moment of inertia) I_e를 적용하여 처짐을 해석한다. 이때의 유효단면2차모멘트 I_e는 다음과 같이 계산한다.

$$I_e = \left(\frac{M_{cr}}{M_a}\right)^3 I_g + \left[1 - \left(\frac{M_{cr}}{M_a}\right)^3\right] I_{cr} \tag{11·73}$$

여기서 M_a는 부재에 작용하는 휨모멘트이고, M_{cr}은 균열 휨모멘트로 4장 4.3.2절에 소개한 바와 같이 콘크리트의 파괴계수 f_r과 중립축에서 인장연단까지의 거리 y_t를 적용하여 다음으로 계산한다.

$$M_{cr} = \frac{f_r I_g}{y_t} \tag{11·74}$$

$$f_r = 0.63\,\lambda\sqrt{f_{ck}} \tag{11·75}$$

유효단면2차모멘트 I_e 식은 M_a/M_{cr} 비율이 2.2~4.0이고 I_g/I_{cr} 비율이 1.3~3.5인 54개의 직사각형 및 T형 단면의 단순보와 직사각형 단면의 2경간 연속보 실험결과를 분석한 Branson[11.14]의 제안식을 기본으로 한 것이다. Branson[11.14]은 휨모멘트가 일정한 경우 식 (11·73)의 휨모멘트 비율에 대한 지수로 4제곱을 사용할 것을 제안하였고, 경간중앙에 최대 휨모멘트가 작용하는 단순보에 대해서는 3제곱을 사용할 것을 제안하였다. 따라서 부재를 여러 부분으로 나누어 각 부분에 작용하는 휨모멘트 M_a에 대한 I_e 값을 각각 구함으로써 부재강성을 변화를 고려하여 처짐을 구할 때는 식 (11·73)의 휨모멘트 비율에 대한 지수로 4제곱을 사용하면 더 정확한 결과를 얻을 수 있다. 그러나 실무설계에서의 단순 계산법으로, 휨모멘트 비율에 대한 지수가 3제곱인 식 (11·73)으로 최대 휨모멘트가 작용하는 위치에서 구한 I_e 값을 대푯값으로 하여 처짐을 구해도 좋다.

유효단면2차모멘트 I_e를 계산할 때 논란이 될 수 있는 사항은 전체 단면의 단면2차모멘트 I_g를 계산할 때 철근 영향의 고려해야 하느냐이다. 철근 영향의 고려할 때와 무시할 때의 두 처짐 값은 철근의 양과 고정하중 및 활하중 수준에 따라 큰 변동성을 보인다. 이에 대한 제안으로는 설계과정에서의 처짐검증에는 우선 철근을 무시한 단면2차모멘트를 이용하여 처짐을 해석하여도 좋다는 것이다. 즉, 간단하게 철근을 무시한 단면2차모멘트를 이용하여 처짐검증을 수행하고, 조건을 만족하지 않을 경우에 다시 철근을 고려하여 처짐검증을 수행하는 과정을 적용할 수 있을 것이다. 이것은 철근을 무시한 단면2차모멘트를 이용한 경우가 철근을 고려한 단면2차모멘트를 이용한 경우보다 항상 처짐이 크게 계산되므로, 철근을 무시하고 처짐검증을 수행하여 조건을 만족하였다면 철근을 고려하여 처짐검증을 수행할 때에는 더 큰 비율로 조건을 만족하기 때문이다. 또 엄밀하게 말하면, 경우에 따라서는 철근을 무시하고 계산한 처짐 값이 더 정해에 가까울 수도 있다는 것이다. 이것은 철근콘크리트 부재의 처짐에 변동성이 커서 복잡한 해석과정에 따라 계산하여도 실험결과와 비교하면 비교적 큰 오차 범위를 보이기 때문이다. 즉, ACI Committee 435[11.17]는 품질관리가 용이한 실험실에서 제작된 철근콘크리트 부재일지라도 90%의 실험 결과가 −20%에서 +30% 사이의 계산값/실험값 범위를 보일 정도로 변동성이 크다고 보고하였다.

[3] 단순부재와 연속부재의 유효단면2차모멘트

단순보와 같이 한 경간으로 이루어진 단순부재는 경간 중앙부에 최대 휨모멘트가 작용하는 것이 일반적이다. 그러나 연속부재에서는 한 경간 단위에서도 정모멘트와 부모멘트로 최대 휨모멘트가 작용하는 위치가 2군데 또는 3군데가 존재한다. 이에 대하여 ACI Committee 435[11.18]는 유효단면2차모멘트를 적용하는 방법으로 다음과 같이 세 가지를 제시하고 있다.

(1) 경간 중앙의 유효단면2차모멘트를 적용하는 방법

단순부재와 같이 경간 내에 최대 휨모멘트가 작용하는 위치가 한군데인 경우에는 최대 휨모멘트가 작용하는 위치의 유효단면2차모멘트를 대푯값으로 하여 처짐을 계산할 수 있다. 즉, 중력방향 하중이 작용하는 일반적인 단순부재의 경우, 다음과 같이 최대 정모멘트가 작용하는 경간 중앙에서 구한 유효단면2차모멘트 I_{em}을 부재 전체 길이에 걸친 일정한 값 I_e로 하여 처짐을 구한다.

$$I_e = I_{em} \tag{11·76}$$

캔틸레버는 고정지점 또는 받침부에 최대 휨모멘트가 작용하므로, 고정지점 또는 받침부 단면의 유효단면2차모멘트를 대표값으로 하여 처짐을 계산할 수 있다. 그러나 연속된 부재의 최 외측에 위치한 내민보 형태의 캔틸레버와 같이 받침부에 회전이 발생하는 경우에는 받침점 회전의 영향을 고려하여 처짐을 계산하여야 한다. 즉, 캔틸레버 자유단의 처짐을 계산할 때에는 캔틸레버 부재의 휨에 의한 처짐과 받침점의 회전에 의한 처짐을 합하여야 한다는 뜻이다.

최대 휨모멘트가 작용하는 위치가 2군데 또는 3군데가 존재하는 연속부재에서도 경간 중앙부 단면의 유효단면2차모멘트를 대표값으로 하여 처짐을 계산할 수 있다. 그러나 더 정확한 처짐 값을 구하기 위해서는 다음에 소개하는 두 가지 방법을 적용하는 것이 더 합리적이다. 이 방법들은 부모멘트가 작용하는 단면의 강성을 고려하여 평균값을 구하는 방법이다.

(2) 유효단면2차모멘트의 가중평균값을 적용하는 방법

한 경간 내에 정모멘트와 부모멘트로 최대 휨모멘트가 작용하는 연속부재는 최대 정모멘트가 작용하는 위치와 최대 부모멘트가 작용하는 위치의 유효단면2차모멘트를 평균하여 하나의 대푯값으로 적용한다. 그러나 처짐에 크게 영향을 주는 부분은 정모멘트가 작용하는 구간이고 부모멘트가 작용하는 구간은 상대적으로 작은 영향을 미친다. 따라서 영향이 큰 항에는 큰 비율을 적용하고 영향이 작은 항에는 작은 비율을 적용하는 가중평균(weighted average) 기법을 적용한다.

이에 따라 양단 연속부재에서 정모멘트가 작용하는 부재 중앙부 단면의 유효단면2차모멘트가 I_{em}이고 부모멘트가 작용하는 받침부 단면의 유효단면2차모멘트가 각각 I_{e1}과 I_{e2}일 때, 평균 유효단면2차모멘트 I_e는 다음과 같은 가중평균값을 적용할 수 있다.

$$I_e = 0.7\, I_{em} + 0.15\,(I_{e1} + I_{e2}) \tag{11·77}$$

1단 연속부재에서는 정모멘트가 작용하는 부재 중앙부 단면의 유효단면2차모멘트가 I_{em}이고 부모멘트가 작용하는 받침부 단면의 유효단면2차모멘트가 I_{es}일 때, 평균 유효단면2차모멘트 I_e는 다음과 같은 가중평균값을 적용할 수 있다.

$$I_e = 0.85\, I_{em} + 0.15\, I_{es} \tag{11·78}$$

(3) 유효단면2차모멘트의 단순평균값을 적용하는 방법

연속부재에 대해서는 앞의 (2)항과 같이 가중평균값을 적용하는 방법을 적용할 때 실제의 처짐값과 유사한 값을 구할 수 있으나, 단순한 계산을 위하여 유효단면2차모멘트를 단순평균(simple average) 하여 대푯값을 구할 수도 있다. 단, 연속부재에서 유효단면2차모멘트의 단순평균값을 구할 때에는 정모멘트가 작용하는 부재 중앙부 단면의 I_{em}과 부모멘트가 작용하는 양쪽 받침부 단면의 I_{e1} 및 I_{e2}를 모두 더한 후 3으로 나누는 것이 아니라, 다음과 같이 부모멘트 구간 두 군데의 유효단면2차모멘트 I_{e1}와 I_{e2}의 평균값을 먼저 구하고 다시 정모멘트 구간의 I_{em}과의 평균값을 구한다.

$$I_e = \frac{I_{em} + 0.5(I_{e1} + I_{e2})}{2} \tag{11·79}$$

[4] 장기처짐

철근콘크리트 구조물의 장기처짐은 콘크리트의 크리프와 수축에 의한 것이므로, 콘크리트의 배합과 양생과정에서의 온도, 습도, 양생방법 등에 따라 큰 차이를 보인다. 그러나 설계과정에서는 콘크리트의 배합이나 시공 상황을 정확히 예측하는 것이 매우 어렵다. 따라서 설계기준에서는 설계과정에서 장기

처짐에 대한 엄밀한 해석을 수행하지 않을 때 앞의 11.4.3절에 소개한 간단한 방법을 적용하는 것을 허용한다. 즉, 지속하중에 의해 발생하는 탄성처짐 Δ_{st}를 구하고, 다음과 같이 시간에 따른 효과를 반영한 증가계수 λ_{Δ}를 곱한다.

$$\Delta_{long} = \lambda_{\Delta}\Delta_{st} \tag{11·80}$$

증가계수 λ_{Δ}는 11.4.3절에 소개한 크리프 효과를 반영한 증가계수 λ_{cp}와는 달리 콘크리트의 수축 효과와 크리프 효과를 모두 반영한 장기처짐 계수로 다음과 같이 결정한다.

$$\lambda_{\Delta} = \frac{\xi}{1+50\,\rho'} \tag{11·81}$$

여기서 ξ는 콘크리트의 크리프와 수축의 영향을 반영하는 시간경과계수로 시간 경과에 따라 표 11-9의 값을 적용한다. 일반적인 설계에서는 5년 이상의 시간 경과에서 장기처짐의 변화가 크지 않다고 보고, 2.0의 ξ 값을 적용하여도 큰 무리가 없다는 뜻을 내포하고 있다. ρ'은 압축철근비로, 압축철근에 의하여 크리프가 억제되는 현상을 반영한 것이다.

표 11-9 시간경과계수 ξ

시간	3개월	6개월	12개월	5년 이상
ξ	1.0	1.2	1.4	2.0

[5] 처짐 해석을 수행하지 않아도 되는 부재의 최소 두께

허용 처짐보다 작은 처짐이 발생하도록 충분히 두껍게 설계된 부재라면 복잡한 처짐 해석을 수행하지 않아도 될 것이다. KDS 14 20 콘크리트구조 설계기준은 1방향 구조와 2방향 구조를 구분하여 처짐 해석을 수행하지 않아도 되는 부재의 최소 두께를 규정하고 있다. 여기서 1방향 구조는 장변경간(긴 변 길이)이 단변경간(짧은 변 길이)의 2배를 초과하는 1방향 슬래브와 보를 말하며, 2방향 구조는 장변경간이 단변경간의 2배 미만인 2방향 슬래브를 말한다.

1방향 구조에 대하여 처짐 해석을 수행하지 않아도 되는 최소 두께는 표 11-10과 같다. 다만, 처짐검증을 수행하여 앞의 [1]항 표 11-7의 허용 처짐 조건을 만족하는 경우에는 표 11-10의 최소 두께를 적용할 필요 없이 이보다 더 작은 두께를 사용하여도 좋다. 그러나 유의해야 할 점은 표 11-10의 최소 두께는 큰 처짐에 의하여 손상되기 쉬운 칸막이벽이나 기타 구조물을 지지하지 않는 1방향 구조에 대하여만 적용하여야 한다는 것이다. 즉, 앞의 [1]항 표 11-7로 설명한 '과도한 처짐에 의해 손상되기 쉬운 비구조 요소를 지지 또는 부착한 지붕 또는 바닥구조'에 대해서는 비구조 요소가 부착된 후에 발생하는 장기처짐과 추가적인 활하중에 의한 순간처짐의 합을 구하고 허용 처짐 $l/480$ 이하임을 검증하여야 한다.

한편 표 11-10의 최소 두께는 단위질량 m_c가 2,300 kg/m^3인 보통중량콘크리트와 설계기준항복강도가 400 MPa인 철근을 사용하였을 때의 값이다. 일반적으로 경량콘크리트는 탄성계수가 낮아서 동일 조건에서 보통중량콘크리트 부재보다 처짐이 더 크게 발생한다. 따라서 처짐 해석을 수행하지 않아도 되는 경량콘크리트 부재의 최소 두께는 더 커야 한다. 단위질량 m_c가 1,500~2,300 kg/m^3 범위인 경량콘크리트(lightweight concrete) 구조물에는 표 11-10의 값에 다음으로 계산한 1.09 이상의 보정계수 λ_{lwc}를 곱하여 적용하여야 한다.

$$\lambda_{lwc} = 1.65 - 0.00031\, m_c \geq 1.09 \tag{11 · 82}$$

철근의 설계기준항복강도 f_y가 400 MPa이 아닌 구조물에는 표 11-10의 값에 다음으로 계산한 보정계수 λ_{sts}를 곱하여 적용하여야 한다.

$$\lambda_{sts} = 0.43 + \frac{f_y}{700} \tag{11 · 83}$$

철근의 설계기준항복강도에 대한 보정계수 λ_{sts}를 적용하면 고강도 철근을 사용한 부재의 최소 두께가 증가한다. 이것은 일반강도 철근과 고강도 철근을 사용한 두 부재가 동일한 설계휨강도를 갖는다면, 고강도 철근을 사용한 부재의 철근량이 더 적으므로 사용하중에서의 철근응력이 더 높은 상태가 되어 처짐이 더 크게 나타나기 때문이다. 따라서 처짐 해석을 수행하지 않아도 될 정도의 부재가 되려면 부재의 두께가 증가되어야 한다는 의미이다.

처짐 해석을 수행하지 않아도 되는 최소 두께를 결정할 때 한 가지 유의해야 할 사항은 일반적으로 사용되는 철근비를 갖는 부재에 등분포하중이 작용하는 경우를 대상으로 식을 유도하여 표 11-10의 최소 두께를 결정하였다는 것이다. 따라서 집중하중이 작용하는 경우에는 적용하지 않아야 한다.

2방향 구조에 대해서는 두 가지 범주로 구분하여 최소 두께를 규정하고 있다. 첫 번째 범주는 테두리보를 제외하고 슬래브 주변에 보가 없거나 보의 강성비가 0.2 이하로 보의 영향을 무시할 수 있는 경우이다. 이 범주의 2방향 슬래브에 대해서는 지판(drop panel)이 없는 경우와 있는 경우, 외부 슬래브와 내부 슬래브, 테두리보가 없는 경우와 있는 경우를 구분하여 순경간의 비율로 최소 두께를 규정하고 있으며, 또한 지판이 없는 경우에는 120 mm이고 있는 경우에는 100 mm 이상의 값으로 최소 두께를 결정하도록 규정하고 있다. 두 번째 범주는 강성비가 0.2를 초과하는 보가 슬래브 주변에 있는 경우이다. 이 범주의 2방향 슬래브에 대해서는 보의 강성비 2.0 미만과 2.0 이상을 구분하여 수식과 함께 최솟값으로 최소 두께를 결정하도록 규정하고 있다. 이때의 수식은 보의 강성비 α_m, 2방향 슬래브의 단변 방향에 대한 장변 방향의 순경간비 β, 긴 변의 순경간 l_n, 철근의 설계기준항복강도 f_y를 변수로 한다. 1방향 슬래브와 2방향 슬래브에 대해서는 12장 12.2절에 설명되어 있다.

표 11-10 처짐검증을 수행하지 않아도 되는 1방향 구조의 최소 두께

부재 종류	큰 처짐에 의해 손상되기 쉬운 칸막이벽이나 기타 구조물을 지지 또는 부착하지 않은 부재의 최소 두께, h			
	단순 지지	1단 연속	양단 연속	캔틸레버
1방향 슬래브	$l/20$	$l/24$	$l/28$	$l/10$
보 또는 리브가 있는 1방향 슬래브	$l/16$	$l/18.5$	$l/21$	$l/8$

예제 11-7 그림 11-25(a)와 같이 등분포 하중이 작용하는 경간 l=8 m의 단순보가 그림 11-25(b)와 같은 복철근 단면으로 설계되었다. 이 단면은 4장의 예제 4-1과 동일한 단면으로, 단면의 폭 b=320 mm이고, 깊이 h=600 mm로서, 콘크리트의 설계기준압축강도 f_{ck}=30 MPa이며, 인장철근으로는 SD400 3-D29 (A_s=1,927 mm^2)가 유효깊이 d=530mm인 위치에, 압축철근으로는 SD400 2-D19 (A_s'=573 mm^2)가 d'=70 mm인 위치에 배치되어 있다. 예제 4-1에서 전체 단면의 단면2차모멘트를 계산할 때, 철근의 영향을 무시하고 콘크리트 단면만을 대상으로 한 경우 중립축으로부터 단면 하단까지의 거리는 y_{ten}=300 mm이었으며, 단면2차모멘트는 I_{gc}=5,760×10^6 mm^{4}이었다. 철근을 고려한 환산단면해석 결과로는 중립축으로부터 단면 하단까지의 거리가 y_{gt}=291 mm이었으며, 단면2차모멘트는 I_{gt}=6,575×10^6 mm^{4}이었다. 이 보는 등분포 하중에 의하여 보의 중앙에 고정하중 휨모멘트 M_D=60 kN·m와 활하중 휨모멘트 M_L=90 kN·m가 작용하며, 고정하중만 지속하중으로 작용한다. 이 보가 과도한 처짐에 의해 손상되기 쉬운 비구조 요소를 지지하는 바닥구조인 경우에 대하여 KDS 14 20 콘크리트구조 설계기준에 따라 철근을 무시한 전체 단면의 단면2차모멘트와 철근을 고려한 전체 단면의 단면2차모멘트를 적용하여 처짐검증을 수행하고, 두 방법에 따른 결과를 요약하여 나타내시오. 처짐 해석은 단조증가하중이 작용하는 경우로 수행하시오.

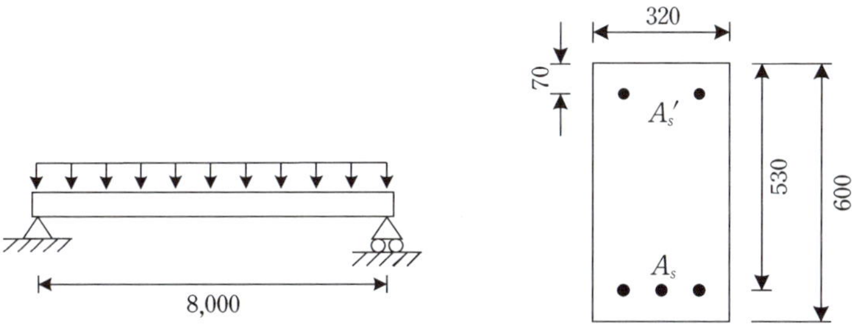

(a) 단순보 (b) 단면

그림 11-25 예제 11-7의 보와 단면

〈풀이〉

(1) 철근을 무시한 전체 단면의 단면2차모멘트 I_{gc}를 이용한 처짐검증

① 콘크리트의 탄성계수와 균열휨모멘트

콘크리트의 평균압축강도와 콘크리트의 탄성계수를 구하면

$$f_{cm} = f_{ck} + \Delta f = 30+4 = 34\ MPa$$

$$E_c = 8{,}500\sqrt[3]{f_{cm}} = 8{,}500\sqrt[3]{34} = 27{,}500\ MPa$$

콘크리트의 파괴계수는

$$f_r = 0.63\,\lambda\sqrt{f_{ck}} = 0.63\times1.0\times\sqrt{30} = 3.45\ MPa$$

예제 4-1의 결과로 전체 단면의 단면2차모멘트를 계산할 때 철근을 무시하면, 중립축으로부터 단면 하단까지의 거리 y_{ten}과 단면2차모멘트 I_{gc}는 다음과 같다.

$$y_{ten} = 300\ mm \qquad I_{gc} = 5{,}760\times10^6\ mm^4$$

균열휨모멘트를 구하면

$$M_{cr} = \frac{f_r I_{gc}}{y_{ten}} = \frac{3.45\times5{,}760\times10^6}{300(10)^6} = 66.2\ kN\cdot m$$

② 고정하중에 의한 경간 중앙의 처짐

고정하중이 작용할 때 균열 여부를 판단하기 위하여 경간 중앙의 휨모멘트와 균열휨모멘트를 비교하면

$$M_D = 60\,kN\cdot m < M_{cr}\ (= 66.2\,kN\cdot m)$$

고정하중이 작용할 때 균열이 발생하지 않는 상태이므로, 전체 단면의 단면2차모멘트를 이용하여 등분포 고정하중이 작용할 때의 경간 중앙의 처짐을 구하면

$$\Delta_D = \frac{5\,M_D\,l^2}{48\,E_c I_{gc}} = \frac{5\times(60\times10^6)\times8{,}000^2}{48\times27{,}500\times(5{,}760\times10^6)} = 2.5\,mm$$

③ 고정하중에 활하중이 추가될 때 경간 중앙의 처짐

고정하중과 활하중이 작용할 때 균열 여부를 판단하기 위하여 경간 중앙의 휨모멘트와 균열휨모멘트를 비교하면

$$M_a = M_D + M_L = 60+90 = 150\,kN\cdot m > M_{cr}\ (= 66.2\,kN\cdot m)$$

균열이 발생하는 상태이므로 유효단면2차모멘트를 구하여야 한다. 이 계산을 위하여 균열휨모멘트 M_{cr}과 작용 휨모멘트 M_a의 비를 먼저 계산하면

$$\frac{M_{cr}}{M_a} = \frac{66.2}{150} = 0.441 \quad \left(\frac{M_{cr}}{M_a}\right)^3 = (0.441)^3 = 0.0858 \quad 1-\left(\frac{M_{cr}}{M_a}\right)^3 = 1-0.0858 = 0.9142$$

유효단면2차모멘트를 구하면

$$I_{e,\,D+L} = \left(\frac{M_{cr}}{M_a}\right)^3 I_{gc} + \left[1-\left(\frac{M_{cr}}{M_a}\right)^3\right] I_{cr} = 0.0858\times(5{,}760\times10^6) + 0.9142\times(2{,}383\times10^6)$$
$$= 2{,}671\times10^6\,mm^4$$

이제 고정하중과 활하중이 작용할 때 경간 중앙의 처짐을 구하면

$$\Delta_{D+L} = \frac{5\,M_a\,l^2}{48\,E_c I_{e,\,D+L}} = \frac{5\times(150\times10^6)\times8{,}000^2}{48\times27{,}500\times(2{,}671\times10^6)} = 13.6\,mm$$

③ 활하중이 단조증가하중으로 작용할 때 활하중에 의한 경간 중앙의 처짐

활하중이 단조증가하중으로 작용할 때의 활하중 처짐은 고정하중과 활하중이 작용할 때의 처짐과 고정하중이 작용할 때의 처짐의 차이이므로, 이를 계산하여 활하중에 의한 경간 중앙의 처짐을 구하면

$$\Delta_L = \Delta_{D+L} - \Delta_D = 13.6-2.5 = 11.1\,mm$$

④ 지속하중에 의한 장기처짐

장기처짐 계수를 결정하기 위하여 압축철근비를 계산하면

$$\rho' = \frac{A_s'}{bd} = \frac{573}{320\times530} = 0.00338$$

5년 이상일 때 시간경과계수 ξ의 값은 2.0이므로, 장기처짐 계수를 계산하면

$$\lambda_\Delta = \frac{\xi}{1+50\,\rho'} = \frac{2.0}{1+50\times0.00338} = 1.71$$

고정하중만 지속하중으로 작용하므로, 고정하중에 의한 처짐에 장기처짐 계수를 곱한 장기처짐은 다음과 같다.

$$\Delta_{long} = \lambda_\Delta \Delta_D = 1.71\times2.5 = 4.3\,mm$$

⑤ 처짐의 검증

과도한 처짐에 의해 손상되기 쉬운 비구조 요소를 지지하는 경우이므로, 표 11-7에 나타난 바와 같이 장기처짐과 활하중에 의한 처짐의 합이 허용 처짐 $l/480$ 이하이어야 한다. 허용 처짐 Δ_{allow}를 구하면

$$\Delta_{allow} = \frac{l}{480} = \frac{8{,}000}{480} = 16.7\,mm$$

장기처짐과 활하중에 의한 처짐의 합을 구하고 허용 처짐과 비교하면

$$\Delta_{total} = \Delta_{long} + \Delta_L = 4.3 + 11.1 = 15.4\ mm < \Delta_{allow}\ (= 16.7\ mm)$$

따라서 처짐 성능 조건을 만족한다.

(2) 철근을 고려한 전체 단면의 단면2차모멘트 I_{gt}를 이용한 처짐검증

앞의 (1)항과 동일한 방법으로 수행한 결과는 다음과 같다.

① 균열휨모멘트

예제 4-1의 결과로 전체 단면의 단면2차모멘트를 계산할 때 철근을 고려하면, 중립축으로부터 단면 하단까지의 거리 y_{gt}와 단면2차모멘트 I_{gt}는 다음과 같다.

$$y_{gt} = 291\ mm \qquad I_{gt} = 6{,}575 \times 10^6\ mm^4$$

균열휨모멘트를 구하면

$$M_{cr} = \frac{f_r I_{gt}}{y_{gt}} = \frac{3.45 \times 6{,}575 \times 10^6}{291\ (10)^6} = 78.0\ kN \cdot m$$

② 고정하중에 의한 경간 중앙의 처짐

$$M_D = 60\ kN \cdot m < M_{cr}\ (= 78.0\ kN \cdot m)$$

$$\Delta_D = \frac{5 M_D l^2}{48 E_c I_{gt}} = \frac{5 \times (60 \times 10^6) \times 8{,}000^2}{48 \times 27{,}500 \times (6{,}575 \times 10^6)} = 2.2\ mm$$

③ 고정하중에 활하중이 추가될 때 경간 중앙의 처짐

$$M_a = M_D + M_L = 60 + 90 = 150\ kN \cdot m > M_{cr}\ (= 78.0\ kN \cdot m)$$

$$\frac{M_{cr}}{M_a} = \frac{78.0}{150} = 0.520 \quad \left(\frac{M_{cr}}{M_a}\right)^3 = (0.520)^3 = 0.141 \quad 1 - \left(\frac{M_{cr}}{M_a}\right)^3 = 1 - 0.141 = 0.859$$

$$I_{e,\,D+L} = \left(\frac{M_{cr}}{M_a}\right)^3 I_{gt} + \left[1 - \left(\frac{M_{cr}}{M_a}\right)^3\right] I_{cr} = 0.141 \times (6{,}575 \times 10^6) + 0.859 \times (2{,}383 \times 10^6)$$

$$= 2{,}974 \times 10^6\ mm^4$$

$$\Delta_{D+L} = \frac{5 M_a l^2}{48 E_c I_{e,\,D+L}} = \frac{5 \times (150 \times 10^6) \times 8{,}000^2}{48 \times 27{,}500 \times (2{,}974 \times 10^6)} = 12.2\ mm$$

③ 활하중이 단조증가하중으로 작용할 때 활하중에 의한 경간 중앙의 처짐

$$\Delta_L = \Delta_{D+L} - \Delta_D = 12.2 - 2.2 = 10.0\ mm$$

④ 지속하중에 의한 장기처짐

$$\rho' = 0.00338 \qquad \lambda_\Delta = 1.71$$

$$\Delta_{long} = \lambda_\Delta \Delta_D = 1.71 \times 2.2 = 3.8\ mm$$

⑤ 처짐의 검증

$$\Delta_{total} = \Delta_{long} + \Delta_L = 3.8 + 10.0 = 13.8\ mm < \Delta_{allow}\ (= 16.7\ mm)$$

따라서 처짐 조건을 만족한다.

(3) 전체 단면의 단면2차모멘트에의 철근 고려 여부에 따른 차이

앞의 (1)항과 (2)항의 처짐 해석 결과를 비교하면 표 11-11과 같다. 이 예제의 경우 철근을 무시한 전체 단면의 단면2차모멘트 I_{gc}를 이용한 경우의 총처짐, 즉 장기처짐과 활하중에 의한 처짐의 합이 15.4 mm로 철근을 고려한 전체 단면의 단면2차모멘트 I_{gt}를 이용한 경우의 총처짐 13.8 mm이 비하여 11.6% 큰 값으로 계산되었다. 11.4.5절 [2]항에 언급한 바와 같이, 만일 철근을 무시한 단면2차모멘트 I_{gc}로 처짐검증을 수행하여 조건을 만족하지 않았다면, 철근을 고려한 단면2차모멘트 I_{gt}로 다시 처짐검증을 수행할 수 있을 것이다.

예를 들어 허용 처짐이 13.8 mm와 15.4 mm 사이의 값을 가질 때가 그런 경우이다.

표 11-11 변수 및 처짐

구분	y_{ten} [mm]	I_g [mm^4]	M_{cr} [$kN \cdot m$]	I_{cr} [mm^4]	Δ_D [mm]	$I_{e,\,D+L}$ [mm^4]	Δ_{D+L} [mm]	Δ_L [mm]	Δ_{long} [mm]	Δ_{total} [mm]
I_{gc} 이용 해석	300	5,760×10⁶	66.2	2,383×10⁶	2.5	2,671×10⁶	13.6	11.1	4.3	15.4
I_{gt} 이용 해석	291	6,575×10⁶	78.0	2,383×10⁶	2.2	2,974×10⁶	12.2	10.0	3.8	13.8

예제 11-8 앞의 예제 11-7과 동일한 부재가 과도한 처짐에 의해 손상되기 쉬운 비구조 요소를 지지 또는 부착하지 않은 바닥구조로 활하중이 반복하중으로 작용할 때, 활하중 처짐과 고정하중 처짐을 구하고 처짐검증을 수행하시오.

〈풀이〉

(1) 기본 변수

예제 11-7으로부터 변수들의 값은 다음과 같다.

$$E_c = 27{,}500\,MPa \qquad I_{gt} = 6{,}575\times10^6\,mm^4 \qquad M_{cr} = 78.0\,kN\cdot m$$

$$M_D = 60\,kN\cdot m \qquad M_L = 90\,kN\cdot m \qquad M_a = M_D + M_L = 150\,kN\cdot m$$

고정하중과 활하중이 작용할 때는 균열이 발생한 상태로, 예제 11-7에서 철근의 영향을 고려한 전체 단면의 단면2차모멘트 I_{gt}를 적용하여 구한 유효단면2차모멘트는 다음과 같았다.

$$I_{e,\,D+L} = 2{,}974\times10^6\ mm^4$$

(2) 반복하중이 작용할 때의 처짐 해석

활하중이 반복하중이 작용할 때에는 고정하중과 활하중이 작용할 때의 유효단면2차모멘트 $I_{e,\,D+L}$의 기울기로 하중과 처짐이 반복하여 증가하고 감소한다. 따라서 고정하중과 활하중에 의한 처짐을 각각 $I_{e,\,D+L}$를 적용하여 계산하면 된다. 이때 고정하중에 의한 처짐은 반복하중 작용에서의 잔류 처짐(residual deflection)이므로 $\Delta_{D,\,rsd}$로 표현한다. 이제 고정하중에 의한 처짐과 활하중에 의한 처짐을 구하면

$$\Delta_{D,\,rsd} = \frac{5\,M_D\,l^2}{48\,E_c I_{e,\,D+L}} = \frac{5\times(60\times10^6)\times8{,}000^2}{48\times27{,}500\times(2{,}974\times10^6)} = 4.9\,mm$$

$$\Delta_L = \frac{5\,M_L\,l^2}{48\,E_c I_{e,\,D+L}} = \frac{5\times(90\times10^6)\times8{,}000^2}{48\times27{,}500\times(2{,}974\times10^6)} = 7.3\,mm$$

고정하중과 활하중이 모두 작용할 때의 처짐을 계산하면

$$\Delta_{D+L} = \Delta_{D,\,rsd} + \Delta_L = 4.9 + 7.3 = 12.2\,mm$$

이 값은 예제 11-7에서 구한 Δ_{D+L}의 값과 같다.

(3) 처짐의 검증

과도한 처짐에 의해 손상되기 쉬운 비구조 요소를 지지 또는 부착하지 않은 바닥구조는 표 11-7에 나타난 바와 같이 활하중에 의한 처짐 한계가 $l/360$이므로, 허용 처짐 Δ_{allow}를 구하면

$$\Delta_{allow} = \frac{l}{360} = \frac{8{,}000}{480} = 22.2\,mm$$

활하중에 의한 처짐을 허용 처짐과 비교하면

$\varDelta_L = 7.3\,mm < \varDelta_{allow} (= 22.2\,mm)$

따라서 처짐 성능 조건을 만족한다.

11.4.6 콘크리트교 설계기준(한계상태설계법)의 처짐 설계검증

이 절에서는 KDS 24 10 11 교량 설계 일반사항(한계상태설계법)[11.19]과 KDS 24 14 21 콘크리트교 설계기준(한계상태설계법)[11.2]에서 규정하고 있는 처짐제어에 대한 규정을 소개한다.

[1] 허용 처짐

교량 구조물의 허용 처짐은 KDS 24 10 11 교량 설계 일반사항(한계상태설계법)[11.19]에서 규정하고 있다. 처짐 해석에 적용하는 하중은 충격의 영향을 포함한 차량 활하중이며, 콘크리트구조물에 대한 허용 처짐은 11.4.5절 [1]항의 표 11-8과 동일하다. 즉, KDS 14 20과 동일하게 동하중을 주로 받는 구조물을 단경간 또는 연속경간 부재와 캔틸레버 부재의 두 가지로 구분하고 보행자의 이용 여부를 고려하여 l/800, l/1,000, l/300, l/370의 네 가지로 허용 처짐을 규정하고 있다. 교량 바닥판의 허용 처짐은 12장 12.2.8절 [1]항에 소개되어 있다.

참고로 일반 구조물과 건물에 적용하는 Eurocode 2 part 1[11.8]은 활하중에 의한 처짐에 대해서는 규정하지 않고, 지속하중과 동일한 의미인 준영구하중(quasi-permanent load)에서의 허용 처짐만 규정하고 있다. 즉, 처짐에 의해 손상될 수 있는 요소가 존재하는 경우에는 l/500을 허용 처짐으로 하고, 그렇지 않은 경우에는 보, 슬래브, 캔틸레버를 구분하지 않고 모두 l/250을 허용 처짐으로 한다. 여기서 허용 처짐 l/250은 시각적으로 별 문제가 없는 수준이며, 또 필요한 경우 보수(repair)하여 구조물의 기능을 회복시킬 수 있는 수준으로 제시된 것이다.

그러나 교량 구조물에 적용하는 Eurocode 2 part 2[11.20]에서 이와 같은 허용 처짐 l/500과 l/250을 교량 구조물에 적용하지 않도록 하고 있으며, 교량 구조물의 기능을 유지할 수 있도록 합리적인 값으로 처짐을 제어하여야 한다는 원칙만 언급하고 있다.

[2] 균열이 발생한 부재의 유효단면2차모멘트

앞의 11.4.2절에서 그림 11-22와 함께 설명한 바와 같이, 부재에 균열이 발생하지 않는 경우에는 전체 단면의 단면2차모멘트 I_g를 적용하여 처짐을 해석하고 균열이 발생하는 경우에는 균열의 영향을 고려하여 처짐을 해석하여야 한다. KDS 24 14 21 콘크리트교 설계기준(한계상태설계법)은 비균열 상태와 균열 상태를 모두 하나의 식에 포함한 다음 식으로 변형량을 산정하도록 규정하고 있는데, 여기서 변형량은 처짐, 곡률, 축변형량 등이다.

$$\varDelta_e = \zeta\,\varDelta_{cr} + (1-\zeta)\,\varDelta_g \qquad (11 \cdot 84)$$

여기서, Δ_e : 처짐, 곡률, 축변형량 등을 포함한 부재 전 경간에 걸친 평균 유효 변형량

Δ_{cr} : 균열 상태일 때의 변형량(처짐, 곡률, 축변형량 등)

Δ_g : 비균열 상태일 때의 변형량(처짐, 곡률, 축변형량 등)

ζ : 분포 계수

만일 변형량을 곡률로 나타낸다면 식 (11 · 84)는 균열 상태일 때의 곡률 ϕ_{cr}과 비균열 상태일 때의 곡률 ϕ_{uc}로 표현하여 다음과 같이 유효곡률 ϕ_e로 나타낼 수 있다.

$$\phi_e = \zeta\phi_{cr} + (1-\zeta)\,\phi_{uc} \tag{11 · 85}$$

균열 상태일 때의 처짐 Δ_{cr}은 완전 균열 상태에 해당하는 균열환산단면의 단면2차모멘트 I_{cr}을 적용하여 구하며, 비균열 상태일 때의 처짐 Δ_g는 전체 단면의 단면2차모멘트 I_g를 적용하여 구한다. 분포계수 ζ는 균열의 진전 정도를 반영한 계수로 0과 1 사이의 값을 가지며, 처짐을 해석하는 하중에서 부재에 균열이 발생하지 않는 경우에는 값이 0이다. 따라서 부재에 작용하는 휨모멘트 M_a가 균열휨모멘트 M_{cr} 이하일 때에는 식 (11 · 84)가 다음과 같이 간단한 형태가 되어 전체 단면의 단면2차모멘트 I_g를 적용하여 구한 처짐 Δ_g와 같게 된다.

$$\Delta_e = \Delta_g \tag{11 · 86}$$

여기서 균열휨모멘트 M_{cr}은 2장 2.1.8절과 4장 4.3.2절에 소개한 바와 같이 콘크리트의 평균인장강도 f_{ctm}과 단면의 중립축에서 인장연단까지의 거리 y_t를 적용하여 다음으로 계산한다.

$$M_{cr} = \frac{f_{ctm}\,I_g}{y_t} \tag{11 · 87}$$

$$f_{ctm} = 0.3(f_{cm})^{2/3} \tag{11 · 88}$$

분포계수 ζ는 다음으로 결정한다.

$$\zeta = 1-\beta\left(\frac{f_{sr}}{f_{so}}\right)^2 \tag{11 · 89}$$

여기서 β는 평균 변형률에 미치는 하중의 반복 지속 기간을 반영하는 계수로, 단기 하중에 대해서는 1.0을 적용하고, 장기하중 또는 반복하중에 대해서는 0.5를 적용한다. f_{so}는 처짐을 구하고자 하는 하중에 의하여 인장철근에 발생하는 응력으로, 균열단면을 기준으로 계산한다. f_{sr}은 단면에 첫 균열이 발생한 직후에 인장철근에 작용하는 응력으로, 균열단면에 균열휨모멘트가 작용하는 상태를 대상으로 계산한다. 따라서 휨부재에서는 f_{so}와 f_{sr}을 다음으로 구한다.

$$f_{so} = \frac{M_a y_t}{I_{cr}} \tag{11 · 90}$$

$$f_{sr} = \frac{M_{cr}\,y_t}{I_{cr}} \tag{11 · 91}$$

한편, 식 (11·90)과 식 (11·91), 그리고 4장 4.3.3절의 그림 4-29(b)로 알 수 있듯이 f_{so}와 f_{sr}은 휨모멘트에 정비례하는 값을 보이므로, 하중 작용에 따라 단면력으로 나타내면 계산이 간편해질 수 있다. 즉, f_{so}와 f_{sr}를 각각 계산하여 식 (11·89)로 분포계수 ζ를 결정하는 대신, 철근의 응력 f_{sr}/f_{so} 비율을 휨부재인 경우에는 휨모멘트 비율 M_{cr}/M_a로 대체하고 직접인장력이 작용하는 부재인 경우에는 인장력의 비율 N_{cr}/N_a로 대체하여 다음과 같이 분포계수 ζ를 구하는 간단한 방법을 적용할 수 있다. 여기서, M_{cr}과 N_{cr}은 각각 균열휨모멘트와 균열인장력이고, M_a와 N_a는 각각 부재에 작용하고 있는 휨모멘트와 인장력이다.

$$\zeta = 1-\beta\left(\frac{M_{cr}}{M_a}\right)^2 \tag{11·92}$$

$$\zeta = 1-\beta\left(\frac{N_{cr}}{N_a}\right)^2 \tag{11·93}$$

한편 M_a가 M_{cr}보다 클 때, 즉 처짐을 해석하는 하중에서 부재에 균열이 발생하는 경우에 식 (11·84)에 따라 처짐을 계산한다면 두 차례의 처짐 계산이 필요하다. 즉, M_a에 대하여 완전균열 상태인 균열단면2차모멘트 I_{cr}을 적용하여 처짐 Δ_{cr}을 구하고, 비균열 상태라고 가정하고 전체단면의 단면2차모멘트 I_g를 적용하여 처짐 Δ_g를 구한 뒤, 분포계수 ζ를 적용하여 처짐을 계산하게 된다. 이와 같은 절차에 따르는 균열단면의 처짐 해석은 유효단면2차모멘트 I_e를 구하고 이를 적용하여 한 차례의 처짐 계산을 수행하는 처짐 해석방법과 외견상 달라 보일 수 있지만, 내용상으로는 동일한 개념이다. 앞의 식 (11·56)과 같이 곡률은 휨모멘트를 단면의 강성 EI로 나눈 것이므로, 식 (11·84)는 다음과 같이 휨모멘트와 단면의 강성으로 표현할 수 있다.

$$\frac{M_a}{E_c I_e} = \zeta\frac{M_a}{E_c I_{cr}} + (1-\zeta)\frac{M_a}{E_c I_g} \tag{11·94}$$

이 식을 정리하면 한 차례의 처짐 계산에 적용하는 유효단면2차모멘트를 다음과 같이 구할 수 있다.

$$I_e = \frac{I_g I_{cr}}{\zeta I_g + (1-\zeta) I_{cr}} \tag{11·95}$$

[3] 콘크리트의 크리프에 의한 장기처짐

KDS 24 14 21 콘크리트교 설계기준(한계상태설계법)에서는 4장 4.4.3절에 소개한 콘크리트의 유효탄성계수를 이용하여 크리프에 의한 처짐을 구하는 방법을 규정하고 있다. 즉, 11.4.3절 [1]항에 소개한 방법에 따라 장기 단면2차모멘트를 결정하고, 탄성처짐 해석에 장기 단면2차모멘트를 적용함으로써 크리프에 의한 처짐을 구하는 방법이다. 이때의 콘크리트 유효탄성계수는 다음 식으로 결정한다.

$$E_{ce} = \frac{E_c}{1+\varphi(\infty, t_o)} \tag{11·96}$$

여기서 $\varphi(\infty, t_o)$는 시간 t_o일 때 지속하중이 작용하여 무한대(∞) 시간까지 발생하는 크리프계수이다. 지속하중에 활하중이 추가될 때의 총 처짐은 콘크리트의 유효탄성계수를 이용한 장기처짐과 활하중에 의한 단기처짐을 각각 구한 후 합한다. 그러나 만일 총 처짐을 한 차례의 처짐 계산으로 구하고자 한다면 다음으로 결정하는 유효탄성계수를 이용할 수 있다.

$$E_{ce,\,D+L} = \frac{(D+L)\,E_c}{[1+\varphi(\infty,\,t_o)]\,D+L} \tag{11·97}$$

이 식은 고정하중 D가 지속하중으로 작용하는 경우를 나타낸 것이며, 고정하중 D와 활하중 L이 모두 등분포하중으로 작용할 때 적용한다. 만일 활하중 L이 집중하중으로 작용하는 등 등분포하중이 아닌 경우에는 다음과 고정하중과 활하중에 의한 휨모멘트를 적용하여 콘크리트의 유효탄성계수를 결정할 수 있다.

$$E_{ce,\,D+L} = \frac{(M_D+M_L)\,E_c}{[1+\varphi(\infty,\,t_o)]\,M_D+M_L} \tag{11·98}$$

[4] 콘크리트의 수축에 의한 장기처짐

KDS 24 14 21 콘크리트교 설계기준(한계상태설계법)에서는 콘크리트의 수축에 의한 장기처짐 해석 방법으로 11.4.3절 [2]항에서 식 (11 · 69)와 함께 소개한 방법을 규정하고 있다. 다만 곡률을 부재의 회전 반지름 r_{sh}의 역수로 표현하여 다음 식으로 표현하고 있다.

$$\frac{1}{r_{sh}} = n\,\varepsilon_{sh}\,\frac{S}{I} \tag{11·99}$$

여기서, $1/r_{sh}$: 콘크리트의 수축에 의한 곡률

n : 콘크리트의 유효탄성계수를 적용한 탄성계수비, E_s/E_{ce}

ε_{sh} : 콘크리트의 수축변형률

S : 단면 도심에 대한 철근 단면적의 1차모멘트

I : 단면2차모멘트

이 식에 따라 부재 내의 곡률 분포를 구한 후, 곡률 분포를 적분하여 처짐각을 구하고 곡률 분포의 1차모멘트를 취하여 처짐을 구한다. 인장철근과 압축철근이 배치된 단면의 도심에 대한 철근 단면적의 1차모멘트 S는 다음으로 구할 수 있다.

$$S = \sum A_{si}\,y_i = A_s\,(d-y_o) - A_s'\,(y_o-d') \tag{11·100}$$

여기서, A_s와 A_s'는 각각 인장철근 단면적과 압축철근 단면적, d와 d'는 각각 인장철근의 유효깊이와 압축철근의 중심에서 압축연단까지의 거리, y_o는 압축연단에서 중립축까지의 거리이다.

[5] 처짐 해석을 생략하는 경우의 부재 최소 유효깊이

부재가 충분히 두껍게 설계된 경우에는 처짐 성능에 문제가 발생하지 않을 것이므로 복잡한 처짐 해석을 수행하지 않아도 될 것이다. KDS 24 14 21 콘크리트교 설계기준(한계상태설계법)은 휨부재에 대하여

처짐 해석을 수행하지 않아도 되는 부재의 최소 두께를 경간(지간)/유효깊이 비 l/d로 규정하고 있다. 즉, 다음으로 결정하는 최대 경간(지간)/유효깊이 비 $(l/d)_{max}$ 이하의 l/d 값을 갖는 부재는 처짐 해석에 의한 처짐 성능 검증을 생략할 수 있다.

$$\rho \le \rho_o \text{인 경우,}\ \left(\frac{l}{d}\right)_{max} = k\left[11+1.5\sqrt{f_{ck}}\,\frac{\rho_o}{\rho}+3.2\sqrt{f_{ck}}\left(\frac{\rho_o}{\rho}-1\right)^{3/2}\right] \qquad (11\cdot101)$$

$$\rho > \rho_o \text{인 경우,}\ \left(\frac{l}{d}\right)_{max} = k\left[11+1.5\sqrt{f_{ck}}\left(\frac{\rho_o}{\rho-\rho'}\right)+\frac{1}{12}\sqrt{f_{ck}}\sqrt{\frac{\rho'}{\rho_o}}\right] \qquad (11\cdot102)$$

여기서, k : 표 11-12로 결정하는 부재의 지지 조건을 반영하는 계수

ρ_o : 기준 철근비(= $\sqrt{f_{ck}}\times10^{-3}$)

ρ : 부재 내 최대휨모멘트가 작용하는 단면의 인장철근비

ρ' : 부재 내 최대휨모멘트가 작용하는 단면의 압축철근비

f_{ck} : 콘크리트 설계기준압축강도(MPa)

표 11-12 **축력이 작용하지 않는 철근콘크리트 부재의 계수 k와 기본 $(l/d)_{max}$ 비**

구조형식(부재 종류)	k	기본 $(l/d)_{max}$ 비	
		높은 콘크리트 응력 ($\rho=1.5\%$)	낮은 콘크리트 응력 ($\rho=0.5\%$)
단순보, 1방향 또는 2방향 단순 지지 슬래브	1.0	14	20
연속보의 외측지간, 1방향 또는 2방향 단순 지지 슬래브의 외측 판	1.3	18	26
보와 슬래브의 내측 지간	1.5	20	30
플랫슬래브(지지보 없이 기둥만으로 지지되는 슬래브)	1.2	17	24
캔틸레버	0.4	6	8

식 (11·101)과 식 (11·102)는 단순 지지된 슬래브를 대상으로 최대휨모멘트가 작용하는 단면의 인장철근 응력이 310 MPa일 때로 가정하여 유도한 식이다. 인장철근 응력 310 MPa을 기준으로 한 것은 인장철근으로 설계기준항복강도가 500 MPa인 철근을 사용하였을 때 처짐을 구하고자 하는 하중에서의 인장철근 응력이 항복강도 약 60% 수준이라고 가정하였기 때문이다. 따라서 처짐을 구하고자 하는 하중에서 인장철근 응력이 310 MPa과 다른 경우에는 처짐을 구하고자 하는 하중에서의 인장철근 응력 f_s를 구하고 이를 변수로 한 다음의 보정계수 λ_{ss}를 $(l/d)_{max}$ 수식에 곱하여 최대 경간(지간)/유효깊이 비를 결정하여야 한다.

$$\lambda_{ss} = \frac{310}{f_s} \qquad (11\cdot103)$$

설계기준항복강도 f_y가 500 MPa이 아닌 경우에는 처짐을 구하고자 하는 하중에서의 인장철근 응력 f_s가 310 MPa과 현저하게 다를 수 있다. 이런 경우 인장철근의 응력 f_s를 구하지 않고 간단하게 보정계수를 결정하고자 한다면 다음의 보정계수 λ_{ss}를 적용할 수 있다.

$$\lambda_{ss} = \frac{500}{f_y(A_{s,\,req}/A_s)} \qquad (11 \cdot 104)$$

여기서, $A_{s,\,req}$: 극한한계상태에서 최대휨모멘트가 작용하는 단면에 필요한 철근량

A_s : 최대휨모멘트가 작용하는 단면에 배치된 철근량

철근의 설계기준항복강도에 대한 보정계수 λ_{ss}를 적용하면 고강도 철근을 사용한 경우에 최대 경간(지간)/유효깊이 비 $(l/d)_{max}$의 값이 감소한다. 즉, 동일한 값의 경간 길이에 대하여 부재의 최소 두께가 증가하는 결과가 된다. 이것은 단면의 크기가 동일할 때 설계기준항복강도가 높은 인장철근을 사용하면 배치되는 철근량이 적어지므로 사용하중에서의 철근응력이 더 높은 상태가 되어 처짐이 더 크게 나타나기 때문이다. 따라서 처짐 해석을 수행하지 않아도 될 정도의 부재가 되려면 부재의 두께가 증가되어야 한다는 의미이다.

한편 식 (11 · 101)과 식 (11 · 102)는 단순 지지된 슬래브를 대상으로 유도한 식이므로, 플랜지를 갖는 단면에서 플랜지 폭이 복부폭의 3배 이상인 경우에는 다음의 보정계수 λ_{fs}를 $(l/d)_{max}$ 수식에 곱하여 최대 경간(지간)/유효깊이 비를 결정하여야 한다.

$$\lambda_{fs} = 0.8 \qquad (11 \cdot 105)$$

또 경간(지간)이 $7\,m$를 초과하며 과도한 처짐에 의한 손상될 가능성이 있는 비구조 요소를 지지 또는 부착한 부재는 m 단위의 유효경간(지간) l_{eff}를 변수로 한 다음의 보정계수 λ_{le}를 $(l/d)_{max}$ 수식에 곱하여 최대 경간(지간)/유효깊이 비를 결정하여야 한다.

$$\lambda_{le} = \frac{7}{l_{eff}} \qquad (11 \cdot 106)$$

유효경간(지간) l_{eff}는 3장 3.6.4절에 소개되어 있다.

예제 11–9 앞의 예제 11–7과 동일한 부재에 대하여 고정하중과 활하중이 모두 작용할 때의 탄성처짐을 KDS 24 14 21 콘크리트교 설계기준(한계상태설계법)에 따라 구하시오.

〈풀이〉

(1) 기본 변수

예제 11–7로부터 변수들의 값은 다음과 같다. 전체 단면의 단면2차모멘트 I_g는 철근을 고려하여 계산한 중립축으로부터 단면 하단까지의 거리 y_{gt}와 단면2차모멘트 I_{gt}를 적용한다.

$$y_{gt} = 291\,mm \qquad I_g = I_{gt} = 6{,}575 \times 10^6\,mm^4 \qquad I_{cr} = 2{,}383 \times 10^6\,mm^4$$

$$M_a = M_D + M_L = 150\,kN \cdot m$$

콘크리트의 평균압축강도, 평균인장강도, 탄성계수를 구하면

$$f_{cm} = f_{ck} + \Delta f = 30 + 4 = 34\,MPa$$

$$f_{ctm} = 0.3(f_{cm})^{2/3} = 0.3\times(34)^{2/3} = 3.15\ MPa$$

$$E_c = 8{,}500\sqrt[3]{f_{cm}} = 8{,}500\sqrt[3]{34} = 27{,}500\ MPa$$

균열휨모멘트를 구하면

$$M_{cr} = \frac{f_{ctm}\,I_{gt}}{y_{gt}} = \frac{3.15\times 6{,}575\times 10^6}{291(10)^6} = 71.2\ kN\cdot m$$

$$M_a = M_D + M_L = 150\ kN\cdot m > M_{cr}\ (= 71.2\ kN\cdot m)$$

따라서 고정하중과 활하중이 작용할 때는 균열이 발생하는 상태이다.

(2) 균열 상태와 비균열 상태의 처짐을 이용한 처짐 해석

KDS 24 14 21 콘크리트교 설계기준(한계상태설계법)에 규정된 식 (11 ·84)를 이용하여 고정하중과 활하중이 작용할 때의 처짐을 구한다. 먼저 균열 상태의 처짐을 구하면

$$\Delta_{cr} = \frac{5M_a\,l^2}{48E_c\,I_{cr}} = \frac{5\times(150\times 10^6)\times 8{,}000^2}{48\times 27{,}500\times(2{,}383\times 10^6)} = 15.26\ mm$$

비균열 상태의 처짐을 구하면

$$\Delta_g = \frac{5M_a\,l^2}{48E_c\,I_{cr}} = \frac{5\times(150\times 10^6)\times 8{,}000^2}{48\times 27{,}500\times(6{,}575\times 10^6)} = 5.53\ mm$$

단기하중에 대한 β 값으로 1.0을 적용하여 분포계수 ζ를 식 (11 ·92)로 구하면

$$\zeta = 1-\beta\left(\frac{M_{cr}}{M_a}\right)^2 = 1-1.0\times\left(\frac{71.2}{150}\right)^2 = 0.775$$

이제 고정하중과 활하중이 작용할 때의 처짐을 구하면 다음과 같다.

$$\Delta_e = \zeta\Delta_{cr} + (1-\zeta)\ \Delta_g = 0.775\times 15.26 + (1-0.775)\times 5.53 = 13.1\ mm$$

참고로 예제 11-7에서 철근을 고려한 전체 단면의 단면2차모멘트 I_{gt}를 이용하여 KDS 14 20 콘크리트구조 설계기준에 따라 구한 처짐은 12.2 mm로, 이 예제에서 KDS 24 14 21 콘크리트교 설계기준(한계상태설계법)에 따라 구한 처짐 13.1 mm와 매우 유사한 값을 보인다.

(3) 유효단면2차모멘트를 이용한 처짐 해석

식 (11 ·95)를 이용하여 유효단면2차모멘트를 구하고 고정하중과 활하중이 작용할 때의 처짐을 구한다. 앞의 (2)항에서 구한 분포계수 ζ가 0.775이므로 유효단면2차모멘트를 구하면

$$I_e = \frac{I_g\,I_{cr}}{\zeta I_g + (1-\zeta)I_{cr}} = \frac{6{,}575\times 2{,}383}{0.775\times 6{,}575 + (1-0.775)\times 2{,}383}\times 10^6 = 2{,}782\times 10^6\ mm^4$$

이제 고정하중과 활하중이 작용할 때의 처짐을 구하면

$$\Delta_e = \frac{5M_a\,l^2}{48E_c\,I_{cr}} = \frac{5\times(150\times 10^6)\times 8{,}000^2}{48\times 27{,}500\times(2{,}782\times 10^6)} = 13.1\ mm$$

이 값은 앞의 (2)항에서 구한 처짐 값과 동일하다.

예제 11-10 앞의 예제 11-7과 동일한 부재에 대하여 고정하중이 지속하중으로 작용할 때의 장기처짐을 KDS 24 14 21 콘크리트교 설계기준(한계상태설계법)에 따라 구하시오. 2장 예제 2-1과 같은 방법으로 계산한 결과 콘크리트의 크리프계수 ϕ_{cp}는 2.20이었고, 2장 예제 2-2와 같은 방법으로 계산한 결과 콘크리트의 수축변형률 ε_{sh}는 560×10^{-6}이었다.

〈풀이〉

(1) 기본 변수 및 고정하중과 콘크리트의 크리프에 의한 처짐

이 예제와 동일한 조건인 4장 예제 4-7의 해석 결과, 콘크리트의 유효탄성계수와 유효탄성계수비는 다음과

같았다.

$$E_{ce} = \frac{E_c}{1+\phi(t, t_o)} = \frac{E_c}{1+\phi_{cp}} = \frac{27{,}500}{1+2.2} = 8{,}590\ MPa$$

$$n_e = \frac{E_s}{E_{ce}} = \frac{200{,}000}{8{,}590} = 23.3$$

고정하중이 작용하는 상태에서는 균열이 발생하지 않는 상태이므로, 비균열단면의 환산단면을 구성한다. 압축철근과 인장철근의 장기거동 환산단면적을 각각 구하면

$$n_e A_s' = 23.3 \times 573 = 13{,}351\ mm^2$$

$$n_e A_s = 23.3 \times 1{,}927 = 44{,}899\ mm^2$$

4장 예제 4-1의 (3)과 같은 방법으로 철근을 고려한 장기거동 환산단면의 중립축과 전체 단면의 단면2차모멘트을 구하면, 단면 상단에서 중립축까지의 거리 y_{gtle}와 단면2차모멘트 I_{gtle}는 다음과 같다.

$$y_{gtle} = 328\ mm \qquad I_{gtle} = 7{,}664 \times 10^6\ mm^4$$

이제 콘크리트의 크리프에 의한 처짐을 구하면

$$\varDelta_{cpg} = \frac{5 M_D\, l^2}{48\, E_{ce}\, I_{gtle}} = \frac{5 \times (60 \times 10^6) \times 8{,}000^2}{48 \times 8{,}590 \times (7{,}664 \times 10^6)} = 6.1\ mm$$

(2) 콘크리트의 수축에 의한 처짐

먼저 비균열 장기거동 환산단면의 도심에 대한 철근 단면적의 1차모멘트 S_{uc}를 구하면

$$S_{uc} = \sum A_{si}\, y_i = A_s(d - y_{gtle}) - A_s'(y_{gtle} - d') = 1{,}927 \times (530-328) - 573 \times (328-70)$$

$$= 241 \times 10^3\ mm^3$$

비균열단면의 콘크리트 수축에 의한 곡률을 구하면

$$\phi_{shuc} = \frac{1}{r_{shuc}} = n_e \varepsilon_{sh} \frac{S_{uc}}{I_{gtle}} = 23.3 \times (560 \times 10^{-6}) \times \frac{241 \times 10^3}{7{,}664 \times 10^6} = 0.409 \times 10^{-6} / mm$$

콘크리트의 수축에 의한 처짐은 표 11-6(b)와 같이 한쪽 단부에 휨모멘트가 작용할 때의 처짐 공식을 이용하여 구할 수 있다. 즉, 콘크리트의 수축에 의한 곡률이 전체 부재에 걸쳐 동일하게 작용하므로 표 11-6(b)와 같은 단부 휨모멘트가 양쪽 단부에 작용하는 것과 동일한 상태이다. 따라서 콘크리트의 수축에 의한 처짐은 표 11-6(b)에서 곡률을 변수로 하여 나타낸 처짐의 2배가 된다. 이제 콘크리트의 수축에 의한 처짐을 구하면,

$$\varDelta_{shg} = 2 \times \frac{\phi_{shuc} l^2}{16} = \frac{\phi_{shuc} l^2}{8} = \frac{(0.409 \times 10^{-6}) \times 8{,}000^2}{8} = 3.3\ mm$$

(3) 고정하중 상태의 장기처짐

고정하중 상태의 장기처짐을 고정하중 및 콘크리트의 크리프에 의한 처짐과 수축에 의한 처짐을 합하여 구하면 다음과 같다.

$$\varDelta_{long,\,D} = \varDelta_{cpg} + \varDelta_{shg} = 6.1 + 3.3 = 9.4\ mm$$

예제 11-11 앞의 예제 11-7 및 예제 11-10과 동일한 부재에 대하여 고정하중과 함께 활하중 전체가 지속하중으로 작용할 때의 장기처짐을 KDS 24 14 21 콘크리트교 설계기준(한계상태설계법)에 따라 구하시오.

〈풀이〉

(1) 기본 변수와 균열 발생 여부의 검증

이 예제와 동일한 조건을 가진 단면에 대하여 4장의 예제 4-7과 예제 11-7, 예제 11-9, 예제 11-10의

해석 결과로 얻은 단면의 기본 변수들은 다음과 같다. 콘크리트의 유효탄성계수 E_{ce}와 균열휨모멘트 M_{cr}은

$$E_{ce} = \frac{E_c}{1+\phi_{cp}} = \frac{27,500}{1+2.2} = 8,590\ MPa$$

$$M_{cr} = \frac{f_{ctm} I_{gt}}{y_{gt}} = \frac{3.15\times6,575\times10^6}{291(10)^6} = 71.2\ kN\cdot m$$

철근을 고려한 장기거동 비균열단면의 단면 상단에서 중립축까지의 거리 y_{gtle}와 장기거동 단면2차모멘트 I_{gtle}는

$$y_{gtle} = 328\ mm \qquad I_{gtle} = 7,664\times10^6\ mm^4$$

장기거동 비균열단면의 도심에 대한 철근 단면적의 1차모멘트 S_{uc}와 장기거동 비균열단면의 콘크리트 수축에 의한 곡률 ϕ_{shg}는

$$S_{uc} = 241\times10^3\ mm^3$$

$$\phi_{shuc} = \frac{1}{r_{shuc}} = 0.409\times10^{-6}\ /\ mm$$

장기거동 균열단면의 단면 상단에서 중립축까지의 거리 y_{crle}와 장기거동 단면2차모멘트 I_{crle}는

$$y_{crle} = x_{le} = 252\ mm \qquad I_{crle} = 5,600\times10^6\ mm^4$$

고정하중과 활하중이 모두 지속하중으로 작용할 때의 휨모멘트는

$$M_s = M_D + M_L = 150\ kN\cdot m > M_{cr}\ (= 71.2\ kN\cdot m)$$

따라서 균열이 발생한 상태이다.

(2) 하중과 크리프에 의한 처짐

균열 상태의 처짐을 구하면

$$\Delta_{crcp} = \frac{5 M_s l^2}{48 E_{ce} I_{crle}} = \frac{5\times(150\times10^6)\times8,000^2}{48\times8,590\times(5,600\times10^6)} = 20.79\ mm$$

비균열 상태의 처짐을 구하면

$$\Delta_{gcp} = \frac{5 M_s l^2}{48 E_{ce} I_{gtle}} = \frac{5\times(150\times10^6)\times8,000^2}{48\times8,590\times(7,664\times10^6)} = 15.19\ mm$$

장기하중에 대한 β 값으로 0.5를 적용하여 분포계수 ζ를 구하면

$$\zeta = 1-\beta\left(\frac{M_{cr}}{M_s}\right)^2 = 1-0.5\times\left(\frac{71.2}{150}\right)^2 = 0.887$$

이제 지속하중이 작용할 때 크리프에 의한 처짐을 구하면 다음과 같다.

$$\Delta_{cp,s} = \zeta\Delta_{crcp} + (1-\zeta)\ \Delta_{gcp} = 0.887\times20.79+(1-0.887)\times15.19 = 20.2\ mm$$

(3) 콘크리트의 수축에 의한 처짐

장기거동 균열단면의 도심에 대한 철근 단면직의 1차모멘트 S_{cr}를 구하면

$$S_{cr} = \sum A_{si} y_i = A_s(d-y_{crle}) - A_s'(y_{crle}-d') = 1,927\times(530-252)-573\times(252-70)$$
$$= 431\times10^3\ mm^3$$

징기거동 균열딘면의 곤크리드 수축에 의한 곡률을 구하면

$$\phi_{shcr} = \frac{1}{r_{shcr}} = n_e \varepsilon_{sh} \frac{S_{cr}}{I_{crle}} = 23.3\times(560\times10^{-6})\times\frac{431\times10^3}{5,600\times10^6} = 1.004\times10^{-6}\ /\ mm$$

0.887인 분포계수 ζ를 적용하여 콘크리트의 수축에 의한 유효곡률을 구하면

$$\phi_{shef} = \zeta\phi_{shcr} + (1-\zeta)\phi_{shuc} = 0.887\times(1.004\times10^{-6})+(1-0.887)\times(0.409\times10^{-6})$$
$$= 0.9387\times10^{-6}/mm$$

이제 콘크리트의 수축에 의한 처짐을 구하면 다음과 같다.

$$\Delta_{sh,s} = \frac{\phi_{shef}\, l^2}{8} = \frac{(0.937\times 10^{-6})\times 8{,}000^2}{8} = 7.5\ mm$$

(4) 지속하중 상태의 장기처짐

고정하중과 활하중이 모두 지속하중으로 작용할 때의 장기처짐은 다음과 같다.

$$\Delta_{long,s} = \Delta_{cp,s} + \Delta_{sh,s} = 20.2 + 7.5 = 27.7\ mm$$

11.5 피로한계상태의 검증

피로파괴에 대한 일반적인 사항으로 2장 2.2.4절 [6]항에서는 철근의 고주파 피로(high-cycle fatigue)와 저주파 피로(low-cycle fatigue)의 두 가지 형태를 설명하였다. 3장 3.3.4절에서는 하중의 반복횟수(cycles to failure, N), 응력범위(stress rage, S), 최소응력의 수준(low stress level), 피로파괴 S-N 곡선 등 피로파괴와 피로한계상태의 설계검증에 대한 일반적인 내용을 소개하였다. 이 절에서는 콘크리트 구조물의 피로파괴 거동을 설명하고 피로한계상태의 설계검증에 대한 설계기준의 내용을 소개한다.

11.5.1 철근콘크리트 부재의 피로파괴 거동

철근콘크리트 부재의 피로파괴에 대한 연구는 1970년대부터 집중적으로 수행된 바 있는데, 철근콘크리트 부재의 피로파괴는 철근의 피로에 의하여 발생하며 콘크리트의 피로는 거의 영향이 없다는 결론을 얻었다. 콘크리트의 피로는 미세균열(micro-crack)의 진전으로 발생하는데, 0.55f_{ck} 이하의 압축응력이나 인장응력을 받는 경우에는 1,000만회까지 피로파괴가 발생하지 않는다. 휨모멘트에 의하여 압축응력을 받는 콘크리트는 변형률경사효과(strain gradient effect)로 피로저항성능이 15~20% 더 증가한다. ACI Committee 215[11.21]는 콘크리트의 피로에 대해서 다음 식의 피로응력범위(fatigue stress rage)를 제안하였다. 여기서 f_{min}은 단면에 작용하는 최소응력이다.

$$f_{c,rg} = 0.4 f_{ck} + 0.47 f_{min} \qquad (11\cdot107)$$

그러나 일반적으로 철근콘크리트 구조물에서는 이 식의 피로응력범위보다 현저하게 낮은 수준의 응력범위를 보이므로 콘크리트에 대하여는 피로성능검증을 수행할 필요가 없다.

철근의 피로에 대해서는 Tilly[11.22]에 의하여 영향이 큰 변수와 영향이 작은 변수가 정리되었다. Tilly는 하중의 반복횟수와 함께 응력범위, 최소응력, 철근의 변형 형상, 구부림 반지름, 용접, 부식을 영향이 큰 변수로 분류하였고, 철근의 크기, 배치 방향, 항복강도, 화학성분을 영향이 작은 변수로 분류하였다. 이 결론은 1970년대 당시에 고강도철근이라고 분류하였던 420 MPa의 설계기준항복강도를 가진 철근과 항복강도가 그 이하인 철근에 대한 실험결과로 도출한 것이었다.

철근의 피로파괴에 대한 S-N 곡선 모델로는 Hanson 등[11.23]이 제안한 다음 식이 대표적이다. 이 식은 북미의 5개 철근 제조사에서 생산된 철근 시험편 353개에 대하여 피로시험을 수행하고, 피로파괴의 평균값을 분석하여 그 결과로 제안한 것이다.

$$\log N = 6.1044 - 0.0059 f_{s,rg} - 0.002 f_{min} + 0.00103 f_u - 8.773 \times 10^{-5} A_b + 0.3233 \left(\frac{r}{h} \right) \quad (11 \cdot 108)$$

여기서, N은 하중의 반복횟수, $f_{s,rg}$은 MPa 단위의 철근 피로응력범위, f_{min}은 MPa 단위의 최소응력으로 인장일 때 양(+)의 값, f_u는 철근의 인장강도, A_b는 mm^2 단위의 철근 단면적, r/h는 이형철근의 횡방향 리브(transverse rib)의 높이 h에 대한 횡방향 리브 하단 곡선부 반지름 r의 비율이다. 그림 11-26은 이형철근의 횡방향 리브 높이 h와 횡방향 리브 하단 곡선부의 반지름 r을 나타낸다.

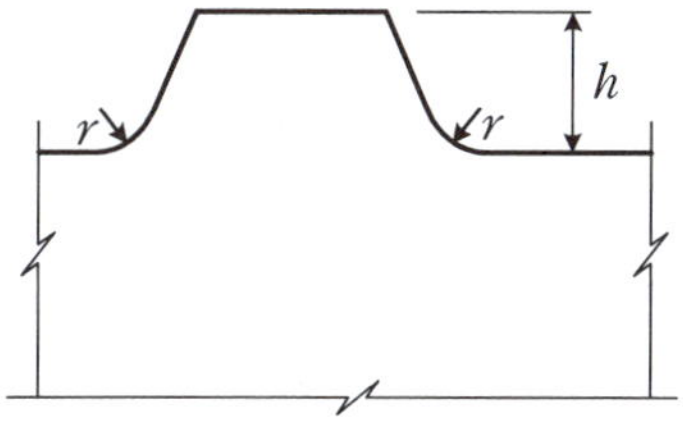

그림 11-26 이형철근 횡방향 리브의 치수 정의

철근의 피로파괴는 응력집중현상(stress concentration)에 의하여 미세한 균열이 시작되고, 균열 끝에서 응력이 더욱 집중되어 균열이 진전하여 파단에 이른다. 따라서 횡방향 리브 하단 곡선부 반지름 r이 작을수록 응력집중현상이 크게 나타나서 피로파괴에 영향을 주는 것이다. Hanson 등[11.23]은 r/h의 값으로 0.17~0.39의 범위를 갖는 철근에 대하여 피로시험을 수행한 결과로 식 (11 ·108)을 제안하였는데, r/h의 실제 값을 알 수 없는 경우에는 0.3의 값을 추천하였다.

철근콘크리트 부재의 구조설계에서는 목표로 하는 반복하중의 횟수 N을 선택하고 이 횟수까지 피로파괴가 발생하지 않을 피로응력범위 $f_{s,rg}$을 결정한 후, 작용할 응력범위가 이보다 작은지 확인하는 방법으로 피로를 검증할 수 있다. 이와 같은 과정으로 수행하는 설계검증을 위하여 Hanson 등[11.23]은 반복하중의 횟수 500만회를 기준으로 식 (11 ·108)을 변환하고 단순화하여 다음 식의 피로응력범위를 제안하였다.

$$f_{s,rg} = 145 - 0.33 f_{min} + 55 \left(\frac{r}{h} \right) \quad (11 \cdot 109)$$

이 식은 Hanson 등[11.23]의 피로시험 중, 설계기준항복강도가 420 MPa이며 구부리지 않은 직선의 D25 이하 철근에 대하여 최소응력이 42 MPa인 상태로 반복하중을 가한 시험 결과를 바탕으로 한 것으로, 분당 250~500회의 반복하중을 가한 보 실험을 통하여 검증한 것이다. 이 식에 나타난 바와 같이 최소응력 f_{min}이 낮을수록 피로저항성능이 높아진다. 또 r/h 비율이 높을수록, 즉 횡방향 리브가 하단에서 넓은 범위의 곡선으로 완만한 형상을 가질 때 피로저항성능이 높아진다. 이 실험결과를 바탕으로 한 철근콘크리트 부재의 피로성능검증 및 피로설계는 Corley 등의 보고서[11.24]에 정리되어 있다.

한국에서 생산된 철근의 피로에 대해서는 변근주 등[11.25]과 유성원 등[11.26]이 보통강도 철근에 대해서, 이재훈 등[11.27, 11.28]이 고강도 철근에 대해서 실험연구를 수행한 바 있다.

철근의 피로파괴는 철근 표면에서 시작된 피로균열이 반복응력을 받으며 진전되어 철근이 파단 되는 형태로 진행된다. 이형철근의 피로균열이 진전되는 과정은 1단계 미소균열의 발생, 2단계 균열의 진전, 3단계 최종 파단으로 구분할 수 있다. 1단계에서는 철근에 반복응력이 작용할 때 그림 11-27(a)와 같이 이형철근의 횡방향 리브 하단 곡선부에 45°의 각도로 미소균열이 발생한다. 2단계에서는 그림 11-27(b)와 같이 철근 축의 직각방향으로 잔물결 모양의 줄무늬 형상으로 피로균열이 진전된다. 피로균열의 진전으로 철근 단면적의 손실이 커지면 더 이상 응력에 저항하지 못하고 파단 되는 3단계에 이르게 된다. 그림 11-27(c)는 이형철근이 피로파괴 된 파단면의 모습으로, 그림 11-27(b)에 보이는 피로균열의 왼쪽 부분을 나타낸다.

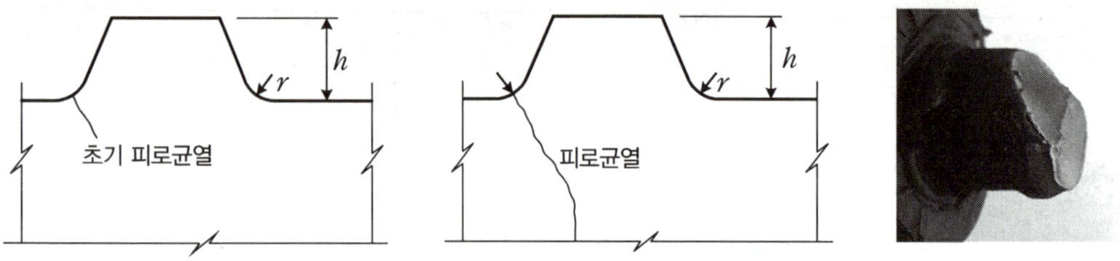

(a) 초기 피로균열의 발생 (b) 피로균열의 진전 (c) 피로 파단면

그림 11-27 이형철근의 피로균열과 피로 파단면[11.27, 11.28]

11.5.2 콘크리트구조 설계기준(강도설계법)의 피로성능 설계검증

KDS 14 20 콘크리트구조 설계기준(강도설계법)[11.3]에서는 소분류 설계기준 KDS 14 20 26 콘크리트구조 피로 설계기준[11.29]에서 SD300 철근과 SD400 철근에 대한 변근주 등[11.25]의 연구를 기본으로 하여 2백만 회의 반복하중에서 피로파괴가 발생하지 않는 한계로 인장철근의 응력범위를 규정하고 있다. 즉, 반복 활하중 등에 의하여 철근에 작용하는 응력이 표 11-13의 응력범위를 초과하지 않으면 피로파괴가 발생하지 않는 것으로 판정한다. 동하중이 작용하는 경우에는 활하중과 함께 충격의 영향도 포함하여 응력범위를 계산하여야 한다. 인장철근의 응력범위가 표 11-13의 응력범위를 초과하는 경우에는 추가로

표 11-13 KDS 14 20 26의 피로를 고려하지 않아도 되는 철근과 긴장재의 응력범위

강재의 종류	설계기준항복강도 혹은 위치	철근 또는 긴장재의 응력범위
이형철근	300MPa 350MPa 400MPa 이상	130MPa 140MPa 150MPa
긴장재	연결부 또는 정착부 기타 부위	140MPa 160MPa

피로파괴에 대하여 검증하여야 하며, 피로의 검토가 필요한 부재는 높은 응력을 받는 부분에서 철근을 구부리지 않도록 하여야 한다. 그러나 일반적으로 KDS 14 20 콘크리트구조 설계기준에 따라 설계된 철근콘크리트 구조물은 표 11-13의 값보다 더 큰 응력범위를 갖는 경우가 거의 없다. 따라서 피로파괴에 대하여 추가로 검증해야 하는 경우는 거의 발생하지 않는다.

예제 11-12 4장의 예제 4-1과 같은 단면에 고정하중 휨모멘트 M_D=60 kN·m가 작용하는 상태에서 활하중 휨모멘트 M_L=70 kN·m가 반복하여 작용할 때, KDS 14 20 콘크리트구조 설계기준에 따라 피로한계상태를 검증하시오. 인장철근으로 SD400의 D29(A_b=642.4mm^2) 철근을 사용하고 유효깊이 d=530 mm인 이 단면에 대한 예제 4-1 풀이 (4)의 균열환산단면 해석결과, 중립축으로부터 단면 상단까지의 거리는 y_{cc}=171 mm이었으며, 균열단면의 단면2차모멘트는 I_{cr}=2,383×10^{6}mm^{4}이었고, 탄성계수비는 n=7.30이었다. 또 예제 4-3의 결과, 철근을 고려한 전체 환산단면의 단면2차모멘트로 계산한 균열휨모멘트는 M_{cr}=71.2 kN·m이었다.

〈풀이〉

(1) $M_D=60\ kN\cdot m$와 $M_L=70\ kN\cdot m$가 작용할 때의 응력범위

고정하중과 활하중의 작용으로 사용하중 휨모멘트를 계산하면

$$M_s = M_D+M_L = 60+70 = 130\ kN\cdot m$$

균열휨모멘트 M_{cr}은 71.2 $kN\cdot m$로 휨모멘트 M_s=130 $kN\cdot m$가 작용할 때 단면은 균열이 발생한 상태이다. 따라서 휨모멘트 M_s=130 $kN\cdot m$가 작용할 때 인장철근의 최대응력 f_{max}은

$$f_{max} = n\frac{M_s(d-y_{cc})}{I_{cr}} = 7.3\times\frac{130\times10^6\times(530-171)}{2,383\times10^6} = 143\ MPa$$

균열휨모멘트 M_{cr}이 71.2 $kN\cdot m$이므로, 최초에 휨모멘트 M_D=60 $kN\cdot m$가 작용할 때 단면에는 균열이 발생하지 않은 상태이다. 그러나 활하중 휨모멘트 M_L=70 $kN\cdot m$가 추가의 반복하중으로 작용한 후 제거되어 휨모멘트가 M_D=60 $kN\cdot m$인 상태는 이미 균열이 발생한 상태이다. 따라서 4장 4.3.4절에 소개한 반복하중에 대한 탄성응력해석 방법을 적용하여, 반복하중 작용 후 휨모멘트 M_D=60 $kN\cdot m$가 작용할 때 인장철근의 최소응력 f_{min}을 I_{cr}을 이용하여 구하면

$$f_{min} = n\frac{M_D(d-y_{cc})}{I_{cr}} = 7.3\times\frac{60\times10^6\times(530-171)}{2,383\times10^6} = 66\ MPa$$

인장철근에 작용하는 최소응력 f_{min}과 최대응력 f_{max}의 차이로 반복하중에 의한 응력범위 $f_{s,\ cl}$을 구하면

$$f_{s,\ cl} = f_{max}-f_{min} = 143-66 = 77\ MPa$$

반복하중에 의한 응력범위 $f_{s,\ cl}$은 변동하중 휨모멘트 M_{rg}로부터 다음과 같이 직접 구할 수도 있다.

$$M_{rg} = M_s-M_D = M_L = 70\ kN\cdot m$$

$$f_{s,\ cl} = n\frac{M_{rg}(d-y_{cc})}{I_{cr}} = 7.3\times\frac{70\times10^6\times(530-171)}{2,383\times10^6} = 77\ MPa$$

(2) KDS 14 20 콘크리트구조 설계기준에 따른 피로한계상태의 검증

표 11-13에 따라 SD400 철근의 피로한계 응력범위 $f_{rg,\ lim}$은 150 MPa이다. 반복하중에 의한 응력범위 $f_{s,\ cl}$과 피로한계 응력범위 $f_{rg,\ lim}$을 비교하면

$$f_{s,\ cl} = 77\ MPa < f_{rg,\ lim}\ (= 150\ MPa)$$

따라서 피로파괴는 발생하지 않는다.

11.5.3 콘크리트교 설계기준(한계상태설계법)의 피로한계상태 설계검증

KDS 24 10 11 교량 설계 일반사항(한계상태설계법)[11.19]에서 피로한계상태를 검증하는데 적용하는 하중은 차량 활하중, 충격, 원심하중의 세 가지이며, 하중계수로는 0.75를 적용하도록 규정하고 있다. KDS 24 14 21 콘크리트교 설계기준(한계상태설계법)[11.2]에서는 규칙적인 교번 하중이 작용하는 구조요소와 부재에 대하여 피로한계상태를 검증하도록 규정하고 있으며, 이때의 피로한계상태 검증은 고응력영역에 배치된 휨철근에 대하여만 수행하면 된다. 휨철근에 대한 고응력영역은 최대모멘트가 작용하는 위치에서 좌우로 경간(지간)의 1/3인 길이 이내로 정의한다. 그러나 다중 거더 구조를 가지는 상부구조의 콘크리트 바닥판에서는 피로를 검증할 필요가 없다. 이것은 최소 두께 이상으로 설계된 바닥판의 경우 사용하중 상태에서 작용하는 응력이 피로를 유발시키는 응력 수준에 비하여 아주 작고, 바닥판이 조밀한 간격으로 배치된 거더에 지지되는 경우에는 대부분의 윤하중이 바닥판 내부 아치 작용으로 지지되기 때문이다.

철근의 피로 검증에서 고응력영역에 있는 직선 철근과 가로방향 용접이 없는 직선 용접 철선의 경우, 피로하중조합에 의해 유발된 응력이 다음 식으로 결정되는 피로파괴의 응력범위를 초과하지 않도록 설계하여야 한다.

$$f_{fat} = 166 - 0.33 f_{min} \tag{11·110}$$

여기서, f_{fat}는 철근의 피로한계 응력범위로 MPa 단위이고, f_{min}은 피로하중조합에 의한 MPa 단위의 최소 활하중 응력으로 인장일 때 양(+)의 값이다. 이식은 기본적으로 Hanson 등[11.23]의 식 (11·109)과 동일한 것으로, 식 (11·109)의 마지막 항인 r/h의 값으로 0.3을 적용하여 단순화한 것이다. 참고로 한국에서 생산된 이형철근에 대하여 리브형상을 계측한 결과, r/h은 대부분 0.3 이상의 값을 나타내었다.[11.27]

가로방향 용접이 있는 직선 용접 철선이 고응력영역에 배치된 경우에는 다음 식으로 결정되는 피로파괴의 응력범위를 초과하지 않도록 설계하여야 한다.

$$f_{fat} = 110 - 0.33 f_{min} \tag{11·111}$$

교번응력이 작용하지 않거나 현저하지 않는 경우에는 피로한계상태에 대한 검증이 필요 없다. 이런 부재 또는 구조요소는 다음과 같다.

(1) 풍하중에 매우 민감한 경우를 제외한 보도교

(2) 교면 아래의 흙 속에 묻힌 아치 또는 골조(라멘) 구조로, 최소 토피 높이가 1.0 m인 도로교이거나 최소 토피 높이가 1.5 m인 철도교

(3) 기초

(4) 상부구조에 강결되지 않은 교각과 기둥

(5) 도로와 철로로 쓰이는 제방의 옹벽

(6) 슬래브와 중공 교대를 제외한, 상부구조에 강결되지 않은 도로교와 철도교의 교대
(7) 주기하중(frequent load) 하에서 콘크리트 연단에 압축응력만 작용하는 영역의 철근과 프리스트레싱 강재 및 연결장치(커플러, coupler)
(8) 설계등급 A 또는 B에 따라 설계된 교량에서 커플러 또는 용접 연결이 없는 프리스트레싱 강재와 종방향 철근

한편 철근을 용접이음이나 기계적이음으로 연결하는 경우에는 이음부위가 피로에 취약할 수가 있다. 이에 대하여 KDS 24 14 21 콘크리트교 설계기준(한계상태설계법)에서는 표 11-14와 같이 100만회의 반복하중 횟수를 기준으로 이음 종류에 따른 응력범위 한계를 규정하고 있다. 반복하중 횟수가 100만회 이하인 경우에는 표 11-14의 응력범위 한계를 $168(6-\log N)\ MPa$ 만큼 증가시킬 수 있다.

표 11-14 KDS 24 14 21 콘크리트교 설계기준(한계상태설계법)의 이음부 공칭피로강도

이음부 종류	100만회를 초과하는 경우의 f_{fat}
에폭시 코팅 처리 되거나 되지 않은 철근의 그라우트 채움 연결부	126MPa
냉간-압연 무나선 연결 슬리브 일체식 단조(鍛造)가공 연결 장치 쐐기식 강재 슬리브 일체식 경사-나선 연결 장치 V홈 직접 용접 이음부	84MPa
그 외 모든 이음부	28MPa

이와 같은 KDS 24 14 21 콘크리트교 설계기준(한계상태설계법)의 피로성능검증 및 피로설계는 미국의 교량설계기준인 AASHTO-LRFD[11.30]와 기본적으로 동일한 것이다.

예제 11-13 앞의 예제 11-13과 동일한 조건에 대하여 KDS 24 14 21 콘크리트교 설계기준(한계상태설계법)에 따라 피로한계상태를 검증하시오. 또, 고정하중 휨모멘트 M_D=80kN·m가 작용하는 상태에서 활하중 휨모멘트 M_L=140kN·m가 반복하중으로 작용한다면, 몇 회의 빈복하중에서 피로파괴가 발생할 가능성이 있을지 판단하시오.

〈풀이〉

(1) $M_D=60\ kN\cdot m$와 $M_L=70\ kN\cdot m$가 작용할 때 피로한계상태의 검증

앞의 예제 11-12에서 $M_D=60\ kN\cdot m$와 $M_l=70\ kN\cdot m$가 작용할 때 인장철근의 최소응력 f_{min}, 최대응력 f_{max}, 응력범위 $f_{s,cl}$은 다음과 같았다.

$$f_{min}=n\frac{M_D(d-y_{cc})}{I_{cr}}=7.3\times\frac{60\times10^6\times(530-171)}{2{,}383\times10^6}=66\ MPa$$

$$f_{max}=n\frac{M_s(d-y_{cc})}{I_{cr}}=7.3\times\frac{130\times10^6\times(530-171)}{2{,}383\times10^6}=143\ MPa$$

$$f_{s,cl}=f_{max}-f_{min}=143-66=77\ MPa$$

피로한계 응력범위 f_{fat}를 식 (11 ·110)에 따라 계산하면

$$f_{fat} = 166-0.33f_{min} = 166-0.66\times 66 = 144\ MPa$$

응력범위 $f_{s,\,cl}$과 피로한계 응력범위 f_{fat}를 비교하면

$$f_{s,\,cl} = 77\ MPa < f_{fat}\ (= 141\ MPa)$$

따라서 피로파괴는 발생하지 않는다.

(2) M_D=80 $kN \cdot m$와 M_L=140 $kN \cdot m$이 작용할 때의 피로파괴

균열단면에 M_D=80 $kN \cdot m$가 작용할 때 인장철근의 최소응력 f_{min}을 I_{cr}을 이용하여 구하면

$$f_{min} = n\frac{M_D(d-y_{cc})}{I_{cr}} = 7.3\times\frac{80\times10^6\times(530-171)}{2{,}383\times10^6} = 88\ MPa$$

변동하중 휨모멘트 M_{rg}로부터 응력범위 $f_{s,\,cl}$을 구하면

$$M_{rg} = M_L = 140\ kN\cdot m$$

$$f_{s,\,cl} = n\frac{M_{rg}(d-y_{cc})}{I_{cr}} = 7.3\times\frac{140\times10^6\times(530-171)}{2{,}383\times10^6} = 154\ MPa$$

피로한계 응력범위 f_{fat}를 식 (11 ·110)에 따라 계산하면

$$f_{fat} = 166-0.33f_{min} = 166-0.33\times 88 = 137\ MPa$$

응력범위 $f_{s,\,cl}$과 피로한계 응력범위 f_{fat}를 비교하면

$$f_{s,\,cl} = 154\ MPa > f_{fat}\ (= 137\ MPa)$$

따라서 피로파괴의 가능성이 있다.

철근의 피로파괴 검증에 적용하는 S–N 곡선모델로는 식 (11 ·108)의 모델을 적용할 수 있다. 이 모델을 적용하려면, 철근의 인장강도 f_u를 알아야 한다. 2장 2.2.5절의 표 2–8에 나타낸 바와 같이 KS D 3504에 따라 생산된 SD400 철근의 항복강도는 400~520 MPa의 범위에 있어야 하며, 인장강도는 항복강도의 1.15배 이상이어야 한다. 따라서 철근에 대한 시험으로 실제 항복강도와 실제 인장강도를 구하지 않는다면, KS D 3504에 따라 SD400 철근의 최소인장강도는 다음 두 값 사이의 범위에 있을 것이다.

$$f_{u,\,min} = 1.15f_{y,\,min} = 1.15\times400 = 460\ MPa$$

$$f_{u,\,max} = 1.15f_{y,\,max} = 1.15\times520 = 598\ MPa$$

식 (11 ·108)에 다음의 값을 적용하고, f_u로는 $f_{u,\,min}$과 $f_{u,\,max}$의 두 가지 값을 적용한다.

$$f_{s,\,rg} = f_{s,\,cl} = 154\ MPa$$

$$f_{min} = 88\ MPa$$

$$A_b = 642.4\ mm^2$$

$$r/h = 0.3$$

① f_u=$f_{u,\,min}$=460 MPa인 경우

$$\begin{aligned}\log N &= 6.1044-0.0059f_{s,\,rg}-0.002f_{min}+0.00103f_u-8.773\times10^{-5}A_b+0.3233\left(\frac{r}{h}\right)\\ &= 6.1044-0.0059\times154-0.002\times88+0.00103\times460-8.773\times10^{-5}\times642.4+0.3233\times0.3\\ &= 6.1044-0.9086-0.1760+0.4738-0.0564+0.0970\\ &= 5.4342\end{aligned}$$

$$N = (10)^{5.4342} = 272{,}000$$

② $f_u = f_{u,\,max} = 598\ MPa$인 경우

$$\log N = 6.1044 - 0.0059 f_{s,\,rg} - 0.002 f_{min} + 0.00103 f_u - 8.773\times10^{-5} A_b + 0.3233\left(\frac{r}{h}\right)$$

$$= 6.1044 - 0.0059\times154 - 0.002\times88 + 0.00103\times598 - 8.773\times10^{-5}\times642.4 + 0.3233\times0.3$$

$$= 6.1044 - 0.9086 - 0.1760 + 0.6159 - 0.0564 + 0.0970$$

$$= 5.6763$$

$$N = (10)^{5.6763} = 475{,}000$$

위의 ①과 ②의 결과로, 철근의 최소인장강도를 기준으로 계산하였을 때 반복하중 횟수 272,000회와 475,000회 사이에서 피로파괴가 발생할 수 있다. 물론 철근의 인장강도가 598 MPa보다 큰 경우에는 475,000회보다 큰 횟수의 반복하중에서 피로파괴가 발생할 것이다.

참고문헌

11.1 국토교통부, 한국교량및구조공학회, KDS 24 12 11 교량 설계하중조합(한계상태설계법), 기준 및 해설, 2023.

11.2 국토교통부, 한국교량및구조공학회, KDS 24 14 21 콘크리트교 설계기준(한계상태설계법), 기준 및 해설, 2023.

11.3 국토교통부, 한국콘크리트학회, KDS 14 20 콘크리트구조 설계기준, 기준 및 해설, 2021.

11.4 최완철, 최정욱, 홍건호, 이재훈, "고강도 고부착 철근개발에 관한 연구", 연구보고서, 숭실대학교, 한국콘크리트학회, 한국건설교통기술평가원, 2013, p.132.

11.5 한국산업표준, KS D 3504, 철근 콘크리트용 봉강, 2021.

11.6 FIB, fib Model Code for Concrete Structures, International Federation for Structural Concrete (fib), 2010, 402 pp.

11.7 Schlicke, D., Dorfmann, E. M., Fehling, E., Tue, N. V., "Calculation of maximum crack width for practical design of reinforced concrete," *Civil Engineering Design*, Vol. 3, 2021, pp 45–61.

11.8 CEN, Eurocode 2: *Design of Concrete Structures*, European Committee for Standardization, 2004.

11.9 Frosch, R. J., "Another Look at Cracking and Crack Control in Reinforced Concrete," ACI Structural Journal, V. 96, No. 3, 1999, pp 437–442.

11.10 국토교통부, 한국콘크리트학회, KDS 14 20 30 콘크리트구조 사용성 설계기준, 기준 및 해설, 2021.

11.11 ACI Committee 318, *Building Code Requirements for Structural Concrete* (ACI 318–19) *and Commentary* (ACI 318R–19), American Concrete Institute, Farmington Hills, MI, 2019.

11.12 ACI Committee 435, "Proposed Revision By Committee 435 to ACI Building Code and Commentary Provisions on Deflections," *ACI Journal, Proceedings*, Vol. 75, 1978, pp. 229–238.

11.13 Branson, D., E., "Compression Steel Effect on Long–Time Deflection," *ACI Journal*, Proceedings, Vol. 68, 1971, pp. 555–559.

11.14 Branson, D., E., "Instantaneous and Time–Dependent Deflections of Simple and Continuous Reinforced Concrete Beams," Part 1, Report No. 7, Alabama Highway Research Report, Bureau of Public Roads, August 1963.

11.15 Branson, D., E., *Deformation of Concrete Structures*, New York, McGraw–Hill, 1977.

11.16 ACI Committee 209, "Prediction of Creep, Shrinkage, and Temperature Effects in Concrete Structures," *Designing for Effects of Creep, Shrinkage, and Temperature in Concrete Structures* (SP–27), Detroit, American Concrete Institute, 1971.

11.17 ACI Committee 435, "Deflections of Reinforced Concrete Flexural Members," *ACI Journal*, Proceedings, Vol. 63, 1966, pp. 637–674.

11.18 ACI Committee 435, Subcommittee 7, "Deflections of Continuous Beams," *ACI Journal*, Proceedings, Vol. 70, 1973, pp. 781–787.

11.19 국토교통부, 한국교량및구조공학회, 교량설계기준(한계상태설계법), KDS 24 10 11 교량 설계 일반사항(한계상태설계법), 기준 및 해설, 2023.

11.20 CEN, Eurocode 2: *Design of Concrete Structures-Part 2: Concrete bridges*, European Committee for Standardization, 2004.

11.21 ACI Committee 215, "Considerations for the Design of Concrete Structures Subjected to Fatigue Loading" (ACI 215R-74, revised 1992), *ACI Manual of Concrete Practice*, American Concrete Institute, Farmington Hills, MI, 1974 and 1992.

11.22 Tilly, G. P., "Fatigue of Reinforced Bars in Concrete: A Review," *Fatigue of Engineering Materials and Structures*, Pergamon Press, Vol. 2, 1979, pp. 251-268.

11.23 Hanson, J. M., Somes, N. F., Helgason, T., Corley, G. and Hognestad, E., *Fatigue Strength of High Yield Reinforcing Bars*. National Cooperative Highway Research Program Report 164. Washington, DC: Transportation Research Board, 1976 (also PCA Bulletin RD045.01D).

11.24 Corley, G., Hanson, J. M. and Helgason, T., *Design of Reinforced Concrete for Fatigue*. Research and Development Bulletin RD059.01D, Portland Cement Association, 1978.

11.25 변근주, 노병철, 송하원, "국산철근의 피로특성에 관한 실험적 연구", 한국콘크리트학회논문집, 제9권 5호, 1997년, pp 177-187.

11.26 유성원, 오병환, 이성로, "국산 철근의 직접 인장피로 및 누적손상 특성", 대한토목학회논문집, 제21권 4-A호, 2001년, pp 515-524.

11.27 이재훈, 김동일, 이선호, 김호영, "고강도철근의 피로저항성능 실험자료", 영남대학교 건설시스템공학과 콘크리트구조연구실 자료.

11.28 이재훈, 이선호, 김호영, "항복강도 700MPa 급 고강도 철근의 피로강도", 한국콘크리트학회논문집, 제30권 3호, 2018년, pp 269-279.

11.29 국토교통부, 한국콘크리트학회, KDS 14 20 26 콘크리트구조 피로 설계기준, 기준 및 해설, 2021.

11.30 AASHTO, LRFD *Bridge Design Specifications*, 9th edition, American Association of State Highway and Transportation Officials, Washington, D.C., USA, 2020.

연습문제

11-1 철근콘크리트 부재에 대한 사용한계상태의 설계검증 항목을 나열하고, 설계과정에서 각 항목을 검증하는 이유를 설명하시오. **[정답: 11.1.1절 참조]**

11-2 KDS 24 14 21 콘크리트교 설계기준(한계상태설계법)에서 11.2.2절의 표 11-1과 같이 응력한계(허용응력)을 규정하여 제한하는 이유를 설명하시오. **[정답: 11.2.2절 참조]**

11-3 철근콘크리트 구조물에 발생할 수 있는 균열의 종류와 그 발생 원인을 설명하시오. **[정답: 11.3.1절 참조]**

11-4 하중 증가에 따라 철근콘크리트 휨부재에 나타나는 균열 거동을 설명하고, 균열 거동에 영향을 주는 요소를 설명하시오. **[정답: 11.3.2절 참조]**

11-5 철근콘크리트 부재의 균열폭 해석 개념과 해석 모델을 설명하시오. **[정답: 11.3.2절 참조]**

11-6 노출환경과 철근 인장응력이 다른 것 외에는 모든 조건이 11.3.4절 예제 11-1과 동일한 경우, KDS 14 20 콘크리트구조 설계기준에 따라 철근의 간격을 기준으로 한 균열 간접 검증법을 적용하여 균열검증을 수행하시오. 노출환경과 철근 인장응력은 조건 (a)~(d)의 4가지 중 하나를 선택하시오. **[정답: 11.3.4절 예제 11-1 참조]**

[조건] (a) 건조 환경, 철근 인장응력 260 MPa (b) 건조 환경, 철근 인장응력 300 MPa
(c) 습윤 환경, 철근 인장응력 250 MPa (d) 습윤 환경, 철근 인장응력 280 MPa

11-7 노출환경과 지속하중에서의 철근 응력 f_{so} 및 콘크리트의 설계기준압축강도 f_{ck}가 다른 것 외에는 모든 조건이 11.3.4절 예제 11-2와 동일한 경우, KDS 14 20 콘크리트구조 설계기준에 따라 균열 직접 검증법을 적용하여 최대 균열폭을 구하고 균열검증을 수행하시오. 노출환경과 f_{so} 및 f_{ck}는 조건 (a)~(d)의 4가지 중 하나를 선택하시오. **[정답: 부록 E, 11.3.4절 예제 11-2 참조]**

[조건] (a) 건조 환경, $f_{so} = 220\ MPa$ $f_{ck} = 35\ MPa$
(b) 건조 환경, $f_{so} = 250\ MPa$ $f_{ck} = 40\ MPa$
(c) 습윤 환경, $f_{so} = 200\ MPa$ $f_{ck} = 35\ MPa$
(d) 습윤 환경, $f_{so} = 230\ MPa$ $f_{ck} = 40\ MPa$

11-8 지속하중에서의 철근 응력 f_{so} 및 콘크리트의 설계기준압축강도 f_{ck}가 다른 것 외에는 모든 조건이 11.3.5절 예제 11-4와 동일한 경우, KDS 24 14 21 콘크리트교 설계기준(한계상태설계법)에 따라 균열 직접 검증법을 적용하여 균열폭을 구하고 균열검증을 수행하시오. f_{so} 및 f_{ck}는 연습문제 11-7의 4가지 조건 (a)~(d) 중 하나를 선택하시오. **[정답: 11.3.5절 예제 11-4 참조]**

11-9 균열이 발생한 철근콘크리트 휨부재의 강성 변화와 부재 내의 강성분포를 설명하시오. **[정답: 11.4.2절 참조]**

11-10 균열이 발생한 철근콘크리트 휨부재에 단조증가하중이 작용할 때의 처짐 해석방법과 반복하중이 작용할 때의 처짐 해석방법을 설명하시오. **[정답: 11.4.2절 참조]**

11-11 철근콘크리트 구조물의 설계과정에서 휨부재의 처짐을 검증하는 이유를 설명하시오. **[정답: 11.4.4절 참조]**

11-12 11.4.5절 예제 11-7과 모든 조건이 동일한 보의 중앙에 고정하중 휨모멘트 $M_D=55\,kN\cdot m$와 활하중 휨모멘트 $M_L=100\,kN\cdot m$가 작용할 때 KDS 14 20 콘크리트구조 설계기준에 따라 단조증가하중이 작용하는 경우의 총처짐을 구하고 처짐검증을 수행하시오. **[정답: 부록 E, 11.4.5절 예제 11-7 참조]**

11-13 11.4.5절 예제 11-7 및 예제 11-8과 모든 조건이 동일한 보의 중앙에 고정하중 휨모멘트 $M_D=55\,kN\cdot m$가 작용하고 반복하중으로 활하중 휨모멘트 $M_L=100\,kN\cdot m$가 작용할 때, KDS 14 20 콘크리트구조 설계기준에 따라 고정하중 상태의 잔류처짐 $\Delta_{D,\,rsd}$와 활하중에 의한 처짐 Δ_L을 구하고 처짐검증을 수행하시오. **[정답: 부록 E, 11.4.5절 예제 11-8 참조]**

11-14 연습문제 11-12와 동일한 경우에 대하여 KDS 24 14 21 콘크리트교 설계기준(한계상태설계법)에 따라 고정하중과 활하중이 모두 작용할 때의 탄성처짐을 구하시오. **[정답: 부록 E, 11.4.6절 예제 11-9 참조]**

11-15 11.4.6절 예제 11-10과 모든 조건은 동일하지만 콘크리트의 수축변형률 ε_{sh}가 620×10^{-6}인 경우, KDS 24 14 21 콘크리트교 설계기준(한계상태설계법)에 따라 장기처짐 $\Delta_{long,\,D}$를 구하시오. **[정답: 부록 E, 11.4.6절 예제 11-10 참조]**

11-16 11.4.6절 예제 11-11과 모든 조건은 동일하지만 콘크리트의 수축변형률 ε_{sh}가 620×10^{-6}이고, 보의 중앙에 고정하중 휨모멘트 $M_D=55\,kN\cdot m$와 활하중 휨모멘트 $M_L=100\,kN\cdot m$가 지속하중으로 작용할 때, KDS 24 14 21 콘크리트교 설계기준(한계상태설계법)에 따라 장기처짐 $\Delta_{long,\,s}$를 구하시오. **[정답: 부록 E, 11.4.6절 예제 11-11 참조]**

11-17 철근의 피로파괴에 영향을 주는 변수들을 설명하시오. **[정답: 11.5.1절 참조]**

11-18 11.5.2절 예제 11-12와 모든 조건은 동일하지만 보의 중앙에 고정하중 휨모멘트 $M_D=55\,kN\cdot m$작용하고 반복하중으로 활하중 휨모멘트 $M_L=100\,kN\cdot m$가 작용할 때 철근의 응력범위 $f_{s,\,cl}$를 구하고, KDS 14 20 콘크리트구조 설계기준에 따라 피로한계상태를 검증하시오. **[정답: 부록 E, 11.5.2절 예제 11-12 참조]**

11-19 연습문제 11-18과 동일한 경우에 대하여 KDS 24 14 21 콘크리트교 설계기준(한계상태설계법)에 따라 피로한계상태를 검증하시오. **[정답: 11.5.3절 예제 11-13 참조]**

제12장 부재형태에 따른 구조설계

철근콘크리트 구조물의 설계는 구조해석을 통하여 하중작용에 따른 부재 단면력 구하고, 이를 저항할 수 있도록 철근을 배치하는 작업이다. 이를 위하여 1장~3장에서 철근콘크리트의 원리, 재료특성, 설계개념, 구조해석, 철근상세 등을 소개하였고, 4장~9장에서 휨모멘트, 축력, 전단력, 비틀림모멘트 작용에 따른 철근콘크리트 부재의 거동과 강도해석 등 극한한계상태 또는 강도한계상태의 설계검증을 소개하였으며, 10장에서 철근의 정착과 이음, 11장에서 휨 응력, 균열, 처짐의 사용한계상태 설계검증과 피로한계상태 설계검증을 소개하였다. 이와 같은 내용은 모두 철근콘크리트 부재의 형태와는 무관하게 구조물의 설계에 공통으로 적용하는 기본적인 항목이다. 이와 별도로 보, 기둥, 벽체, 슬래브, 확대기초, 옹벽, 지중구조물 등은 부재형태에 따른 각각의 고유한 특성을 가지고 있으므로, 그 특성을 고려하여 구조설계를 수행하여야 한다.

이 장에서는 보와 기둥 등의 선부재(linear member)와 슬래브. 확대기초, 옹벽, 지중구조물 등 면부재(plane member)에 대하여 부재형태에 따른 특성과 그에 따른 설계방법 및 설계기준의 내용을 소개한다.

12.1 선부재 설계

선부재(linear member)는 구조해석에서 직선으로 모델링할 수 있는 부재로, 대표적인 선부재로는 보, 기둥, 말뚝 등을 들 수 있다. 철근콘크리트 보와 기둥에 대해서는 앞선 장에서 충분히 소개하였으므로 이절에서는 그 내용을 간략히 정리한다.

12.1.1 보 설계

보(beam)는 축력이 작용하지 않거나 축력이 작용하더라도 그 영향이 매우 미미하여 무시할 수 있는 부재이다. 철근콘크리트 보의 설계는 다음 항을 따른다.

[1] 보의 구조해석

보 설계를 위한 구조해석은 3장에 소개한 여러 가지 항목을 반영하여 수행한다. 즉, 3.6.1절의 내용을 고려하여 적절한 구조해석 방법을 선정하고, 3.6.2절의 구조물의 이상화, 3.6.3절 지점조건의 이상화, 3.6.4절 유효경간, 3.6.5절 플랜지 유효폭, 3.6.6절 단면상수와 재료상수의 이상화, 3.6.7절 지반-구조 상호작용을 고려하여 구조해석 모델을 구성한 후, 3.5.3절 또는 3.5.4절에 소개한 하중계수 및 하중조합과 3.6.8절에 소개한 설계용 하중배치에 대하여 구조해석을 수행한다. 계수하중조합에 따른 다수의 하중배치에 대하여 구조해석을 수행하고, 그 결과로 각 위치의 최대휨모멘트를 나타내는 계수휨모멘트 포락선과 최대전단력을 나타내는 계수전단력 포락선을 구성하고, 이를 설계에 적용한다. 또 사용성능 검증을 위한 단면력을 구하기 위하여 11장 11.1.2절의 사용하중 및 지속하중 조합에 대하여 구조해석을 수행하고 설계에 적용한다.

[2] 보의 철근배치와 설계강도 검증

보에 작용하는 정모멘트와 부모멘트의 최댓값을 소요강도로 하여 5장 5.1.5절에 소개한 방법에 따라 이를 저항할 수 있는 인장철근의 양을 구하고 철근의 크기와 수량을 선택하여 단면에 배치한다. 이때 인장철근의 양은 적용하는 설계기준[12.1, 12.2]에 따라 5.2.2절 또는 5.3.2절의 최대 인장철근단면적 이하이어야 하며, 또한 5.2.3절 또는 5.3.3절의 최소 인장철근단면적 이상이어야 한다. 또한 보의 철근 간격과 피복두께 등이 5.2.4절 또는 5.3.4절의 철근상세와 부재상세 규정에 부합하도록 인장철근을 배치한다. 만일 콘크리트 단면의 크기가 적절하지 않을 때에는 콘크리트 단면의 크기를 변경하거나 압축철근을 추가한 복철근 단면으로 설계한다. 휨강도의 해석은 4장 4.5절에 따라 수행하며, 설계휨강도는 5장 5.1.2절에 따라 결정한다.

보의 전단설계로는 보에 작용하는 최대전단력을 소요강도로 하여, 45도 트러스 모델의 KDS 14 20 콘크리트구조 설계기준(강도설계법)을 적용할 때는 7장 7.3절, 소성 변각트러스 모델의 KDS 24 14 21 콘크리트교 설계기준(한계상태설계법)을 적용할 때는 7.4절, 수정 압축장 모델의 AASHTO-LRFD를 적용할 때는 7.5절에 따라 전단철근을 배치하고 설계전단강도를 검증한다. 보에 교란영역이 존재하면 적용하는 설계기준에 따라 9장 9.3절 또는 9.4절의 스트럿-타이 모델을 적용하거나 합리적인 해석방법을 적용하여 교란영역에 대한 설계를 수행하고, 9.5.1절 또는 9.5.2절에 따라 지압부 설계검증을 수행한다.

[3] 보의 철근 정착 및 이음 설계

보의 전단설계로 전단철근의 배치가 결정되면, 적용하는 설계기준에 따라 10장 10.3절과 10.4절 또는

10.5절에 따라 철근의 절단위치와 이음위치를 선택하고 철근의 정착 설계검증과 철근의 이음 설계검증을 수행한다.

[4] 보의 사용성능 및 피로성능 검증

앞의 [1]항에서 수행한 사용하중 및 지속하중 조합에 대한 구조해석 결과를 이용하여 보의 사용성능을 검증한다. 사용성능 검증은 적용하는 설계기준에 따라 휨 응력, 균열, 처짐을 대상으로 하며, 경우에 따라서는 진동에 대해서도 성능검증을 수행한다. 또 반복 활하중이 작용하는 구조물에 대해서는 피로성능 검증도 수행한다. 보의 사용성능 및 피로성능 검증에서는 4장 4.3.2절에 따라 균열휨모멘트를 구하고 검증 하중에서의 휨균열 발생 여부를 판정한 후 탄성이론을 적용하여 단면해석을 수행한다.

단면해석에서 단조증가하중에 의한 휨 응력을 구할 때에는 휨균열의 발생 여부에 따라 4장 4.3.1절의 방법으로 구한 전체단면의 단면2차모멘트 또는 균열단면의 단면2차모멘트를 적용하여 4.3.3절의 해석방법으로 압축연단의 콘크리트 압축응력과 인장철근 및 압축철근의 응력을 구한다. 반복하중에 의한 휨 응력을 구할 때에는 휨균열의 발생 여부에 따라 4.3.1절의 방법으로 구한 전체단면의 단면2차모멘트 또는 균열단면의 단면2차모멘트를 적용하여 4.3.4절의 해석방법으로 압축연단의 콘크리트 압축응력과 인장철근 및 압축철근의 응력을 구한다. 또 장기적으로 작용하는 지속하중에 의한 휨 응력을 구할 때에는 4.4절에 따라 장기 응력을 구한다. 이렇게 구한 휨 응력은 적용하는 설계기준에 따라 규정된 허용응력 이하임을 검증한다.

보의 균열에 대해서는 검증 하중에서의 균열 발생 여부를 판정한 후 균열이 발생하는 경우에만 검증을 수행한다. 검증 하중에서의 균열폭 해석은 적용하는 설계기준에 따라 11장 11.3.2절과 11.3.4절 또는 11.3.5절에 따라 수행하고, 설계기준에 규정된 허용균열폭 이하임을 검증한다. 경우에 따라서는 11.3.5절 [2]항에 따라 전단작용으로 인한 복부의 균열폭을 구할 수 있으며, 11.3.5절 [3]항에 따라 콘크리트 수축과 온도변화에 의한 균열폭을 계산할 수 있다.

보의 처짐은 휨균열의 발생 여부에 따라 4장 4.3.1절의 방법으로 구한 전체단면의 단면2차모멘트나 적용하는 설계기준에 따라 11장 11.4.2절과 11.4.5절 또는 11.4.6절에 따라 결정된 유효단면2차모멘트를 적용하여 해석을 수행한다. 콘크리트의 크리프와 수축으로 인하여 발생하는 지속하중에서의 장기처짐은 설계기준에 따라 11장 11.4.3절과 11.4.5절 또는 11.4.6절에 따라 해석을 수행하고, 적용하는 설계기준에 따라 규정된 허용처짐 이하임을 검증한다.

보의 피로성능 검증은 반복 활하중이 작용하는 철근콘크리트 구조물의 인장철근을 대상으로 수행한다. 인장철근의 피로성능은 반복하중에 의한 응력의 변동폭, 즉 응력범위를 주요 변수로 하므로 4장 4.3.4절의 해석방법으로 응력해석을 수행한다. 이렇게 구한 응력범위가 적용하는 설계기준에 따라 11장 11.5.2절 또는 11.5.3절에 규정된 피로파괴에 대한 응력범위 이하이면 피로파괴가 발생하지 않는 것으로 판정한다. 만일 피로파괴가 발생할 가능성이 있다고 판정된 경우에는 11.5.3절에 소개된 방법에 따라 피로파괴의 응력범위를 설정하고 피로성능 검증을 수행한다.

[5] 보의 철근상세 검증

이와 같은 과정으로 설계된 보에 대하여 배치된 철근 간의 간섭으로 철근이 도면대로 배치되지 못하는 경우가 발생하지는 않는지 최종 검토하고, 철근 구부림이나 철근 간격 등이 설계기준의 철근상세 규정에 부합됨을 최종 검토한다.

12.1.2 기둥 설계

기둥(column)은 축압축력 또는 축인장력의 축력이 휨모멘트와 전단력과 함께 작용하는 부재이다. 철근콘크리트 기둥의 설계는 다음 항을 따른다.

[1] 기둥의 분류

기둥은 세 가지 관점으로 분류한다. 첫째는 6장 6.2.2절 [2]항에서 설명한 바와 같이 횡방향 철근의 종류에 따른 분류로 띠철근 기둥과 나선철근 기둥으로 나눈다. KDS 14 20 콘크리트구조 설계기준에서는 나선철근에 의한 횡구속 효과를 반영하여 띠철근 기둥의 최대 공칭축압축강도보다 나선철근 기둥의 최대 공칭축압축강도가 크게 계산되도록 규정하고 있으며, 또한 압축지배 단면에 대한 강도감소계수도 띠철근 기둥보다 나선철근 기둥에 더 큰 값을 적용하도록 규정하고 있다. 둘째는 6장 6.5.1절 [2]항에서 설명한 바와 같이 기둥 양단의 횡방향 상대변위를 무시할 수 있는 횡구속 골조 기둥과 무시할 수 없는 비횡구속 골조 기둥으로 나눈다. 셋째는 6장 6.5.1절 [1]항에서 설명한 길이효과를 무시할 수 있는 단주와 무시할 수 없는 장주로 나눈다. 이때 단주와 장주의 구분은 횡구속 골조의 기둥과 비횡구속 골조의 기둥을 구분하여 판정하며, 장주인 경우에는 길이효과를 고려하여 설계한다.

[2] 기둥의 구조해석

기둥 설계를 위한 구조해석은 기둥을 포함한 전체 구조물을 대상으로 3장에 소개한 여러 가지 항목을 반영하여 수행한다. 즉, 3.6.1절의 내용을 고려하여 적절한 구조해석 방법을 선정하고, 3.6.2절의 구조물의 이상화, 3.6.3절 지점조건의 이상화, 3.6.4절 유효경간, 플랜지가 있는 기둥의 경우에는 3.6.5절 플랜지 유효폭, 3.6.6절 단면상수와 재료상수의 이상화, 3.6.7절 지반-구조 상호작용을 고려하여 구조해석 모델을 구성한 후, 3.5.3절 또는 3.5.4절에 소개한 하중계수 및 하중조합과 3.6.8절에 소개한 설계용 하중배치에 대하여 구조해석을 수행한다.

단주의 경우에는 길이효과를 무시할 수 있으므로 일반적으로 선형탄성 구조해석을 수행한다. 장주인 경우에는 횡구속 골조 기둥과 비횡구속 골조 기둥을 구분하여 6장 6.5.2절에 소개한 장주 해석법으로 비선형 2차 해석 또는 탄성 2차 해석을 수행하여 길이효과인 $P\Delta$모멘트를 구한다. 비선형 2차 해석은 재료비선형해석을 포함한 기하비선형해석법이며, 탄성 2차 해석에는 반복 $P-\Delta$ 해석법, 직접 $P-\Delta$ 해석법, 모멘트확대계수법이 있다.

[3] 기둥의 철근배치와 설계강도 검증

앞의 [2]항에 정리한 구조해석을 수행하여 기둥에 작용하는 계수축력과 계수휨모멘트를 구한 후, 소요 축방향 철근의 양을 구하고 축방향 철근의 크기와 수량을 선택하여 단면에 배치한다. 이때 축방향 철근의 양은 적용하는 설계기준에 따라 6장 6.3.2절 또는 6.4.2절의 최대 축방향 철근단면적 이하이어야 하며 최소 축방향 철근단면적 이상이어야 한다. 또한 기둥의 철근 간격과 피복두께 등이 6장 6.3.2절 또는 6.4.2절의 철근상세와 부재상세 규정에 부합하도록 축방향 철근과 횡방향 철근을 배치한다. 축방향 철근이 배치된 단면에 대하여 6.3.1절 또는 6.4.1절에 따라 설계축-휨강도 해석을 수행하고, 설계축-휨강도가 계수축력과 계수휨모멘트 이상임을 검증한다. 만일 콘크리트 단면의 크기가 적절하지 않을 때에는 콘크리트 단면의 크기를 변경한다. 횡방향 철근은 전단철근으로도 작용한다. 따라서 적용하는 설계기준에 따라 7장 7.3.6절 또는 7.4.3절 [1]항에 따라 축력의 영향을 고려하여 횡방향 철근이 배치된 단면의 설계전단강도를 구하고 계수전단력 이상임을 검증한다. 만일 설계전단강도가 부족할 때에는 전단철근을 추가하여 보강한다.

참고로 교량의 설계에서 교각에 대해서는 차량하중에 의한 동적거동을 고려한 충격의 영향, 즉 충격계수는 적용하지 않는다.

[4] 기둥의 철근 정착 및 이음 설계

적용하는 설계기준에 따라 10장 10.3절과 10.4절 또는 10.5절에 따라 축방향 철근의 절단위치와 이음위치를 선택하고 축방향 철근의 정착 설계검증과 이음 설계검증을 수행한다. 이때 지진에 저항하는 부재로 소성거동을 하도록 내진설계 된 부재는 내진설계기준의 규정에 따라 소성힌지구역에서 겹침이음부를 두지 않아야 한다. 또 지진에 의한 반복하중 작용을 고려하여 지진에 저항하는 부재의 축방향 철근은 인장철근으로 정착 설계검증과 이음 설계검증을 수행하여야 하며, 축방향 철근을 감싸는 횡방향 철근은 설계기준에 따라 내진상세를 만족하여야 한다.

[5] 기둥의 사용성능 및 피로성능 검증

기둥은 휨모멘트와 전단력과 함께 축력이 작용하는 부재이므로, 사용성능 검증과 피로성능 검증을 수행하지 않는 것이 일반적이다. 그러나 설계자의 공학적 판단으로 사용성능 검증과 피로성능 검증이 필요하다면 사용성능 검증과 피로성능 검증을 수행할 수 있다.

[6] 기둥의 철근상세 검증

이와 같은 과정으로 설계된 기둥에 대하여 배치된 철근 간의 간섭으로 철근이 도면대로 배치되지 못하는 경우가 발생하는지 최종 검토하고, 철근 구부림이나 철근 간격 등이 설계기준의 철근상세 규정에 부합됨을 최종 검토한다.

12.2 슬래브 설계

슬래브(slab)는 수평으로 놓인 넓은 평판(plate)으로, 변에서 보나 벽체 또는 지반으로 지지되거나 모퉁이에서 기둥으로 지지된 부재를 말한다. 슬래브는 마주보는 두 변에서 지지되거나 네 변 모두에서 지지되는 것이 일반적이지만, 마주보지 않는 두 변 또는 세 변에서 지지되는 경우도 있으며 한 변에서만 지지되어 캔틸레버로 거동하는 경우도 있다. 이절에서는 지지 조건에 따른 슬래브의 거동, 슬래브의 종류와 특성, 슬래브의 설계방법 및 설계기준의 내용을 소개한다.

12.2.1 슬래브의 거동과 슬래브의 종류

슬래브는 변에서의 지지 조건에 따라 다음과 같은 1방향 거동 또는 2방향 거동을 보인다.

[1] 슬래브의 1방향 거동

그림 12-1은 마주보는 두 변이 지지된 슬래브 거동을 나타낸다. 그림 12-1(a)는 슬래브와 분리된 비합성 보(non-composite beam)로 지지된 2변 단순지지 슬래브로, 폭이 매우 넓은 보와 동일한 거동을 보인다. 즉, 가로로 짧은 변과 세로로 긴 변의 길이가 각각 l_s와 l_l인 슬래브가 양쪽 세로 변에서 단순 지지된 경우로, l_s 방향으로의 c-d 띠(strip)와 e-f 띠는 단순보와 동일한 형태의 처짐과 휨모멘트 분포를 나타낸다. l_l 방향으로의 a-b 띠는 지점으로 지지되어 있지 않아서 띠 전체가 동일한 값의 처짐을 가지고 띠 내에서는 변형이 발생하지 않으므로 휨모멘트가 작용하지 않는다.

그림 12-1(b)는 슬래브와 일체로 타설된 콘크리트 보 또는 전단연결재(shear connector)로 연결된 합성보(composite beam)로 지지된 2변 슬래브로, 역시 폭이 매우 넓은 보와 동일한 거동을 보인다. 즉, l_s 방향으로의 c-d 띠와 e-f 띠는 동일한 형태의 처짐과 휨모멘트 분포를 나타내며, l_l 방향으로의 a-b 띠는 띠 내에서 변형이 발생하지 않고 휨모멘트도 작용하지 않는다. 그러나 이 슬래브는 보에 의한 구속효과로 변형 형상과 처짐 형상 및 휨모멘트 분포가 그림 12-1(a)의 슬래브와는 다른 형태를 보인다.

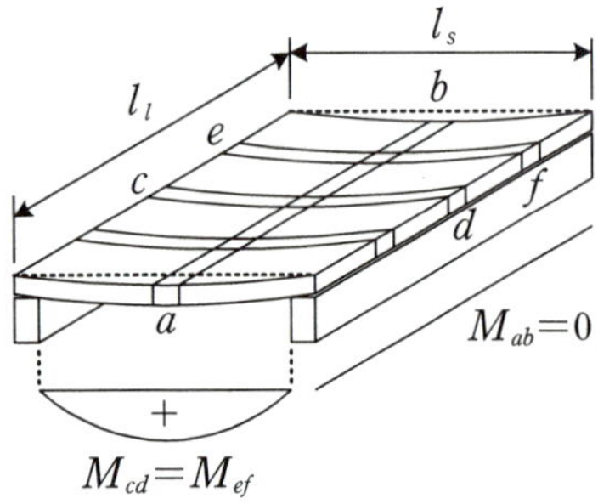

(a) 분리된 지점 위에 2변 지지된 슬래브

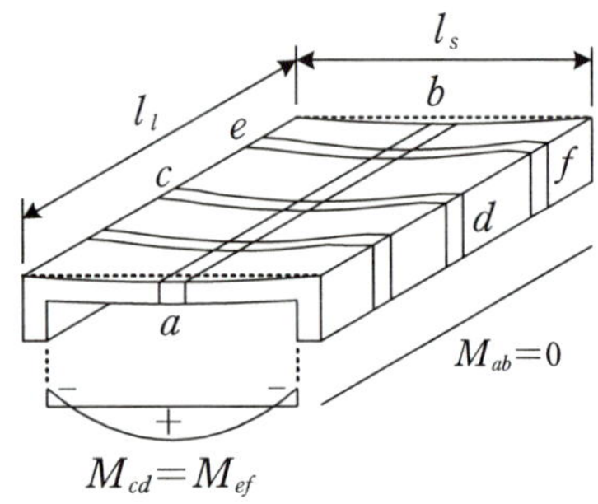

(b) 일체된 지점 위에 2변 지지된 슬래브

그림 12-1 2변 지지된 슬래브의 1방향 거동에 따른 처짐과 휨모멘트 분포

그림 12-1(b)에는 표현되어 있지 않지만 보의 양단이 기둥과 연결되거나 강성이 매우 큰 거더(girder)에 연결된 경우, 보의 중앙부는 슬래브 단부의 회전으로 인한 비틀림 변형이 발생하지만 보의 양단은 기둥이나 거더에 의하여 비틀림 변형이 구속된다. 이에 따라 l_s 방향으로의 c-d 띠와 e-f 띠의 양단, 즉 보와 연결된 부분은 부모멘트가 작용하여 그림 12-1(b)에 나타낸 휨모멘트 분포를 보이게 된다. 이와 같은 변형 형상과 휨모멘트 분포는 양단이 기둥이나 거더에 연결된 보와 동일한 형태라고 할 수 있다. 또한 l_s 방향으로 여러 개의 판이 연속으로 연결된 연속 슬래브도 연속보와 동일한 형태의 변형 형상과 휨모멘트 분포를 보인다.

이와 같이 한쪽 방향으로 하중이 전달되는 힘의 흐름을 1방향 작용(one-way action)이라고 하며, 이와 같은 힘의 흐름을 보이는 슬래브를 1방향 슬래브(one-way slab)라고 한다. 1방향 슬래브는 c-d 띠 및 e-f 띠와 같은 여러 개의 띠가 나란하게 이어진 구조요소로 볼 수 있으므로, 1방향 슬래브는 1m의 단위 폭을 갖는 보와 동일하게 취급하여 보와 동일한 방법으로 구조해석과 구조설계를 수행한다.

[2] 슬래브의 2방향 거동

그림 12-2는 4변이 지지된 슬래브 거동을 나타내는데, 먼저 그림 12-2(a)의 슬래브와 분리된 비합성보로 지지된 4변 단순지지 슬래브의 거동을 통하여 힘의 흐름을 이해해 보기로 한다. 그림 12-2(a)에서 경간이 l_s인 c-d 띠에 등분포하중 w_s가 작용할 때 경간 중앙에 발생하는 처짐 $\varDelta_m$은 다음으로 구할 수 있다.

$$\varDelta_m = \frac{5 w_s l_s^4}{384 EI} \tag{12·1}$$

경간이 l_l인 a-b 띠에 등분포하중 w_l이 작용할 때 경간 중앙에 발생하는 처짐 $\varDelta_m$은 다음으로 구할 수 있다.

$$\varDelta_m = \frac{5 w_l l_l^4}{384 EI} \tag{12·2}$$

a-b 띠의 경간 중앙과 c-d 띠의 경간 중앙이 동일한 위치라면 처짐이 동일한 값을 가지므로, 두 식을 등치시키고 정리하면 다음의 관계를 얻는다.

$$\frac{w_s}{w_l} = \left(\frac{l_l}{l_s}\right)^4 \tag{12·3}$$

c-d 띠에 작용하는 등분포하중 w_s와 a-b 띠에 작용하는 등분포하중 w_l을 합한 총 하중을 w라고 하면 다음과 같이 나타낼 수 있다.

$$w = w_s + w_l \tag{12·4}$$

이제 식 (12·3)과 식 (12·4)의 연립방정식을 해로 w_s와 w_l을 w로 나타내면 다음과 같은 관계를 얻는다.

$$w_s = \frac{l_l^4}{l_s^4 + l_l^4} w \tag{12·5}$$

$$w_l = \frac{l_s^4}{l_s^4 + l_l^4} w \tag{12·6}$$

w_s와 w_l의 값을 변장비 l_s/l_l 및 l_l/l_s 비율에 따라 나타내면 표 12-1과 같다. l_s와 l_l이 같을 때, 즉 슬래브가 정사각형 형상일 때는 w_s와 w_l이 모두 0.5 w로 양쪽 방향으로 하중이 균등하게 전달된다. l_l/l_s 비가 1.5일 때, 즉 장변방향이 단변방향의 1.5배일 때는 w_s가 0.835 w, w_l이 0.165 w로 하중의 83.5%가 단변방향으로 전달되고 장변방향으로는 16.5%가 전달된다. 장변방향이 단변방향의 2배로 l_l/l_s 비가 2.0일 때는 w_s가 0.941 w, w_l이 0.059 w로 하중의 94.1%가 단변방향으로 전달되고 장변방향으로는 5.9%가 전달된다. l_l/l_s 비가 3.0일 때는 w_s가 0.988 w, w_l이 0.012 w로 하중의 98.8%가 단변방향으로 전달되고 장변방향으로는 1.2%가 전달된다. l_l/l_s 비가 4.0일 때는 w_s가 0.996w, w_l이 0.004 w로 하중의 99.6%가 단변방향으로 전달되고 장변방향으로는 0.4%가 전달된다.

표 12-1 슬래브 변장비에 따른 단변방향과 장변방향의 하중 전달 비율

변장비	l_s/l_l	1.0	0.667	0.5	0.333	0.25
	l_l/l_s	1.0	1.5	2.0	3.0	4.0
각 띠의 등분포하중	w_s	0.5 w	0.835 w	0.941 w	0.988 w	0.996 w
	w_l	0.5 w	0.165 w	0.059 w	0.012 w	0.004 w

따라서 l_s와 l_l이 동일하지 않은 4변 지지 직사각형 슬래브인 경우에는 하중이 단변방향으로 더 많이 전달된다는 것을 알 수 있다. 즉, 그림 12-2(a)에 나타낸 바와 같이 슬래브 중앙부에서 단변방향인 c-d 띠의 휨모멘트 M_{cd}가 장변방향인 a-b 띠의 휨모멘트 M_{ab}보다 큰 값을 가진다. 이와 같이 단변방향 휨모멘트가 장변방향 휨모멘트보다 큰 것은, 중앙부에서의 처짐은 양방향이 동일하지만 단변방향은 경간이 짧아서 곡률이 더 크게 나타나기 때문이다.

이와 같이 양쪽 방향으로 하중이 전달되는 힘의 흐름을 2방향 작용(two-way action)이라고 하며, 이와 같은 힘의 흐름을 보이는 슬래브를 2방향 슬래브(two-way slab)라고 한다. 그러나 양방향으로 힘이 전달된다고 해서 모두 2방향 슬래브로 분류하지는 않는다. 즉, 표 12-1에 나타난 바와 같이 변장비가 2.0 이상인 경우에 대부분의 하중이 단변방향으로 전달된다. 따라서 단변과 장변의 비율로 나타낸 변장비 l_s/l_l이 0.5~1.0인 경우, 즉 장변이 단변의 2배 이상인 경우를 2방향 슬래브로 분류하고 2배 미만인 경우에는 1방향 슬래브로 분류한다.

그림 12-2(b)는 슬래브와 일체로 타설된 콘크리트 보 또는 합성 보로 지지된 4변 슬래브로, 역시 변장비 l_s/l_l이 0.5~1.0인 경우 2방향 슬래브로 거동한다. 따라서 l_l 방향으로의 a-b 띠도 변형이 발생하고 휨모멘트도 작용한다. 이 경우에도 역시 보와 연결된 부분에 부모멘트가 작용하여 그림 12-2(b)에 나타낸 휨모멘트 분포를 보이며, 단변방향 휨모멘트 M_{cd}보다 작은 크기로 장변방향 휨모멘트 M_{ab}가 작용한다.

한편 1방향 슬래브는 그림 12-1과 같이 원통 형상으로 변형이 발생하고, 2방향 슬래브는 그림 12-2와

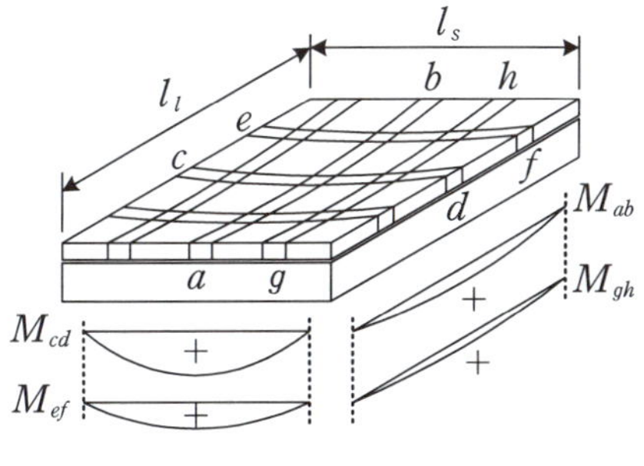

(a) 분리된 지점 위에 4변 지지된 슬래브

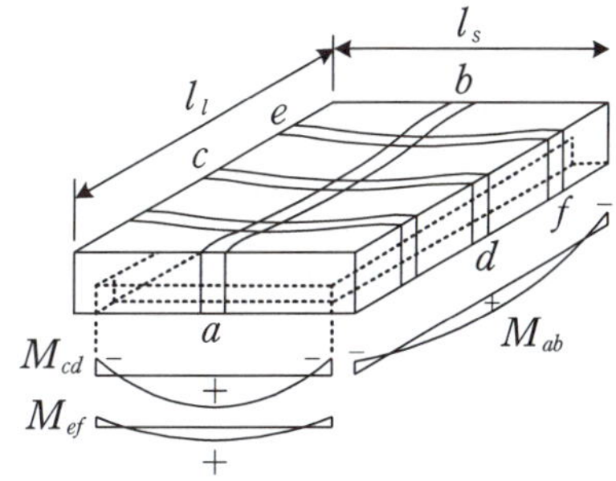

(b) 일체된 지점 위에 4변 지지된 슬래브

그림 12-2 4변 지지된 슬래브의 2방향 거동에 따른 처짐과 휨모멘트 분포

같이 접시 형상으로 변형이 발생한다. 따라서 2방향 슬래브는 그림 12-2의 (a)와 (b)에 공통으로 나타난 바와 같이 슬래브 중앙의 단변방향 c–d 띠에 가장 큰 휨모멘트가 작용한다. 만일 c–d 띠가 독립된 보라면, 인장철근이 항복한 후 소성상태에서 변형이 진행되다가 압축부 콘크리트가 파괴되면 단면이 즉시 파괴될 것이다. 그러나 그 인근 e–f 띠의 휨모멘트 M_{ef}는 중앙부 c–d 띠의 휨모멘트 M_{cd}보다 작아서 추가의 하중을 부담할 수 있으므로 비탄성 재분배 현상이 나타나며, 이러한 현상은 슬래브 중앙부에서 양방향으로 점차 확대되어 전체 슬래브 단면이 소성상태가 된 후 파괴에 도달한다. 따라서 2방향 슬래브는 양방향으로의 절대 최대 휨모멘트에 대하여 설계할 필요는 없으며, 슬래브의 일정 면적에 분포된 휨모멘트의 평균값으로 설계한다.

[3] 슬래브의 종류

그림 12-3은 교량과 건물의 1방향 슬래브의 예를 나타낸다. 교량의 1방향 슬래브 바닥판을 나타내는 그림 12-3의 (a)와 (b)에는 주거더(main girder)를 가로지르는 가로보(cross beam, floor beam) 또는 두 가지 종류의 격벽(diaphragm), 즉 단부격벽(end diaphragm)과 중간격벽(intermediate diaphragm)이 표현되어 있다. 가로보와 격벽은 교대나 교각으로 하중을 선날하는 주거더를 가로지르는 방향으로 배치되어 바닥판에 작용하는 하중을 여러 주거더에 횡분배하는 공통점이 있어서, 가로보와 격벽을 구분하지 않고 혼용하여 사용하는 경우가 있다. 그러나 가로보와 격벽은 기본적으로 용도와 역할이 다른 것이다. 가로보와 격벽의 가장 큰 차이점은 바닥판의 지점으로 역할을 하느냐이다. 즉, 가로보는 주거더와 동일한 재료로 설계되는 것이 일반적이어서, 주거더가 콘크리트인 경우에는 가로보도 콘크리트로 하고 주거더가 강재인 경우에는 가로보도 강재로 하여 바닥판과 접하게 설치함으로써 바닥판에 작용하는 하중을 저항하는 주부재(primary member)의 하나이다. 따라서 가로보는 교량 상부구조 전체의 중력방향으로의 변형에 대한 횡방향 강성을 증대시키는 역할도 한다. 반면에 격벽은 주거더의 재료와 무관하게 콘크리트 또는 강재로 바닥판과 접하지 않게 설치함으로써 바닥판에 작용하는 하중에 저항하지 않는 2차 부재(secondary member)의 하나이다. 즉, 가로보는 주거더와 함께 하중을 받는 주부재(primary member)로 분류하지만 격벽은 직접 하중을 받지는 않는 2차 부재(secondary member)로 분류한다. 격벽은 상부

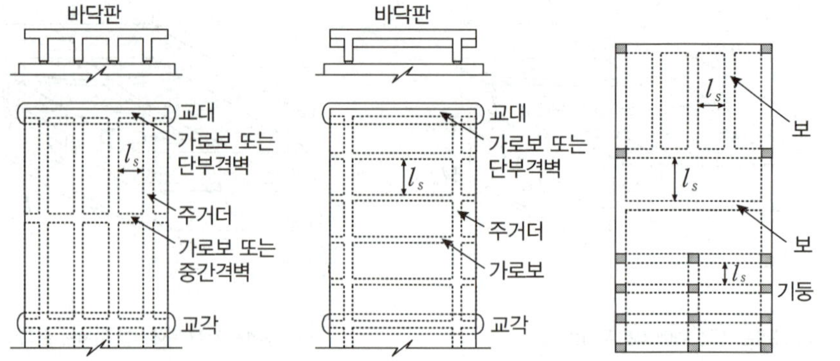

(a) 1방향 슬래브 바닥판-1　(b) 1방향 슬래브 바닥판-2　(c) 기둥-보-1방향 슬래브

그림 12-3 교량 바닥판과 기둥 지지 구조물의 1방향 슬래브 평면도

활하중을 횡분배하는 역할도 하지만, 상부 슬래브 시공단계까지 주거더의 전도 방지, 사용 기간 중 주거더의 횡방향 변형 방지, 횡방향 하중이 작용할 때 주형 간의 일체성 확보 등의 역할을 하는 부재이다. 교량 상부구조에서 주거더의 단부에 배치된 격벽을 단부격벽(end diaphragm)이라고 하며, 단부 외의 내부에 배치된 격벽을 중간격벽(intermediate diaphragm)이라고 한다.

그림 12-3(a)에서 주거더를 가로지르는 방향으로 배치된 부재가 가로보인 경우, 그림에 점선으로 나타낸 사각형 부분은 주거더와 가로보로 4변이 지지된 슬래브가 되며 장변이 단변의 2배 이상이므로 교축 직각방향인 단변의 l_s 방향으로 대부분의 힘이 전달되는 1방향 슬래브로 거동한다. 만일 그림 12-3(a)에서 주거더의 경간 중앙을 가로지르는 방향으로 배치된 부재가 격벽이라면 슬래브의 장변 길이가 더 길게 되어 더욱 더 1방향 슬래브로 거동하게 된다. 그림 12-3(b)는 2개의 주거더를 가로지르는 다수의 가로보를 배치한 4변 지지 슬래브로, 장변이 단변의 2배 이상이므로 교축방향인 단변의 l_s 방향으로 대부분의 힘이 전달되는 1방향 슬래브로 거동한다. KDS 24 14 21 콘크리트교 설계기준(한계상태설계법)[12.2]에서는 바닥판 슬래브의 주철근을 교축방향으로 배치하는 경우를 '주철근이 차량 진행 방향에 평행한 경우'로, 바닥판 슬래브의 주철근을 교축 직각방향으로 배치하는 경우를 '주철근이 차량 진행 방향에 직각인 경우'로 표현하고 있다.

그림 12-3(c)는 슬래브, 보, 기둥으로 구성된 골조형식 구조물의 평면도로 기둥과 기둥을 연결하거나 보와 보를 연결하는 직각방향 보로 4변이 지지된 여러 형태의 슬래브를 나타낸다. 그림에 점선으로 나타낸 직사각형 슬래브의 장변이 단변의 2배 이상이므로, 모든 슬래브는 단변인 l_s 방향으로 대부분의 힘이 전달되는 1방향 슬래브로 거동한다.

그림 12-4는 교량의 2방향 슬래브 바닥판의 예를 나타낸다. 그림에 점선으로 나타낸 사각형 부분은 주거더와 가로보로 4변이 지지된 슬래브가 되며, 장변 l_l이 단변 l_s의 2배 미만이므로 양방향으로 힘이 전달되는 2방향 슬래브로 거동한다.

그림 12-5는 건물의 예로, 기둥으로 지지되는 2방향 슬래브를 나타낸다. 그림 12-5(a)는 단변/장변의 변장비 l_s/l_l이 0.5~1.0인 경우로, 기둥에 연결된 보에 의하여 지지되는 2방향 슬래브이며, 보 대신 벽체로

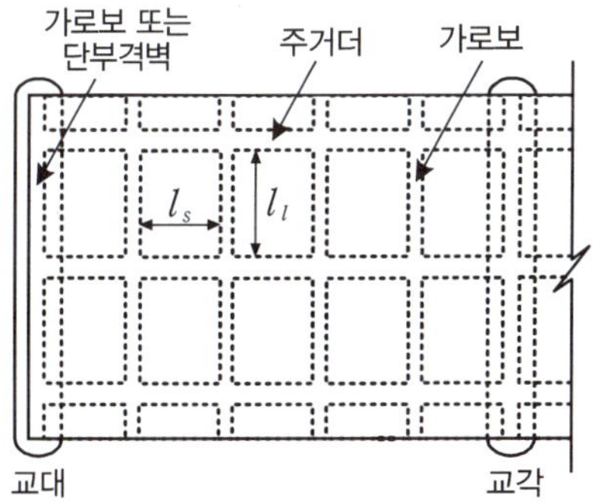

그림 12-4 교량의 2방향 슬래브 바닥판 평면도

지지되는 경우도 거동이 동일하다고 볼 수 있다. 이때 슬래브를 지지하는 보 또는 벽체가 슬래브와 일체로 시공되지 않고 분리된 비합성 단면(non−composite section)일 수도 있다. 그림 12−5(a)와 같이 콘크리트 슬래브가 보와 일체로 시공된 경우는 영문으로 'solid slab'라고 한다.

그림 12−5(b)는 보가 존재하지 않는 플랫 플레이트(flat plate)로, 슬래브가 기둥에 직접 연결되어 하중을 전달하는 2방향 슬래브이다. 플랫 플레이트의 전단 설계에서는 7장 7.6절에 소개한 뚫림전단, 즉 2방향 전단 거동이 설계를 지배할 수 있으므로 뚫림전단강도가 충분하도록 슬래브의 두께를 결정하여야 한다.

그림 12−5(c)는 플랫 슬래브(flat slab)로 슬래브의 자중을 감소시키기 위하여 슬래브의 두께를 얇게 하면서 뚫림전단 강도성능을 만족시키기 위해서 부재 단면의 일부를 증가시킨 형식이다. 즉, 그림 12−5(c)와 같이 기둥 주위의 슬래브 두께를 증가시킨 지판(drop panel)과 기둥의 상단 단면적을 점진적으로 증가시킨 기둥머리(capital)를 두는 2방향 슬래브이다. 기둥 주위에 지판을 두는 이유는 슬래브의 단면두께를 증가시켜서 뚫림전단강도를 증가시키기 위한 것이고, 기둥 상단에 기둥머리를 두는 이유는 기둥 주위의 뚫림전단 위험단면 둘레길이를 증가시켜서 뚫림전단강도를 증가시키기 위한 것이다. 기둥머리를 두어 기둥 상단의 단면적을 점진적으로 증가시킨 기둥은 영문으로 'flared column'이라고 한다. 경우에 따라서는 지판과 기둥머리 중 하나만 설치할 수도 있다.

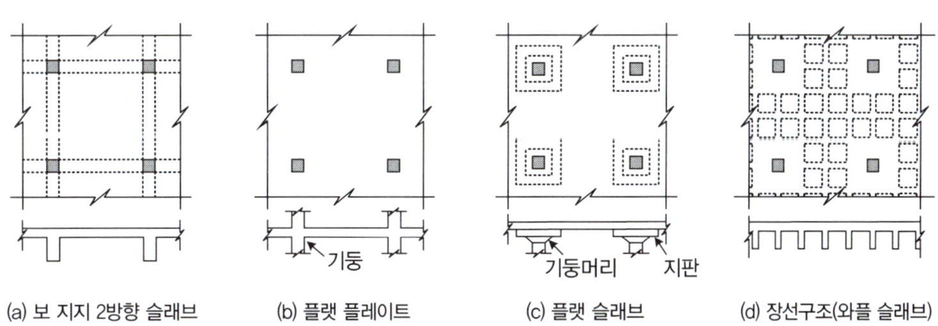

그림 12-5 기둥으로 지지된 2방향 슬래브의 종류

그림 12-5(d)는 양 방향으로 다수의 보를 좁은 간격으로 배치한 장선(joist)과 슬래브를 일체로 시공하며, 기둥 주위에는 뚫림전단 강도성능을 만족시키기 위하여 보와 같은 두께의 슬래브를 두는 2방향 장선구조(two-way joist system)이다. 장선구조는 밀가루를 포함한 여러 재료로 만든 반죽을 바둑판무늬가 있는 틀에 넣어 구운 음식인 와플(waffle)과 유사한 모양이라고 해서 와플 슬래브(waffle slab)라고도 한다. KDS 14 20 콘크리트구조 설계기준[12.1]에서는 폭이 100 mm 이상이고 깊이가 최소 폭의 3.5배 이하인 장선이 순간격 750 mm 이하로 양방향으로 배치된 경우를 2방향 장선구조로 정의한다.

12.2.2 1방향 슬래브의 해석과 설계

1방향 슬래브의 해석과 설계는 다음 항에 따른다.

[1] 1방향 슬래브의 구조해석

1방향 슬래브는 1 m의 단위 폭을 갖는 보와 동일하게 취급하여 보와 동일한 방법으로 구조해석을 수행한다. KDS 14 20 콘크리트구조 설계기준[12.1]은 받침부와 일체로 되어 있지 않은 슬래브의 경우 받침부의 중심간 거리를 초과하지 않는 범위에서 순경간에 슬래브의 두께를 더한 값을 경간으로 하여 단면력을 구하도록 규정하고 있다. 철근콘크리트 보와 일체로 시공되는 연속슬래브는 단순받침부 위에 놓인 연속보로 가정하여 휨모멘트 및 전단력을 구하도록 하고 있으며, 받침부 전면의 단면력으로 설계할 수 있도록 하고 있다. 또 받침부와 일체로 된 3 m 이하의 순경간을 갖는 슬래브는 그 지지보의 폭을 무시하고 순경간을 경간으로 하는 연속보로 해석할 수 있도록 하고 있다. 다만 KDS 14 20 콘크리트구조 설계기준에서는 다음 다섯 가지 조건을 만족하는 철근콘크리트 연속보 또는 1방향 슬래브는 구조해석을 수행하는 대신 표 12-2의 단면력 계수를 적용하여 각 위치의 최대 휨모멘트와 최대 전단력을 구하는 근사해법을 적용할 수 있게 규정하고 있다.

(1) 2경간 이상인 경우

(2) 인접 2경간의 차이가 짧은 경간의 20% 이하인 경우

(3) 등분포 하중이 작용하는 경우

(4) 활하중이 고정하중의 3배 이하인 경우

(5) 부재의 단면크기가 일정한 경우

KDS 14 20 콘크리트구조 설계기준에서는 활하중에 의한 경간 중앙의 부모멘트는 탄성해석 또는 근사해법으로 산정된 값의 1/2만 취할 수 있도록 규정하고 있다. 이것은 슬래브와 일체로 시공된 보가 슬래브 단부의 회전을 구속하는 작용을 하지만, 구조해석에서 단순받침부로 모델링하여 이와 같은 효과가 해석에서 반영되지 않기 때문이다. 즉, 인접 슬래브에 실제로 전달되는 활하중의 영향은 연속슬래브를 단순받침부로 모델링하여 해석하는 경우보다 작다는 것을 반영한 것이다.

한편 슬래브와 보가 일체로 시공된 슬래브를 단순지지된 연속보로 해석하면, 받침점의 부모멘트가

표 12-2 근사해법에 의한 철근콘크리트 연속보 또는 1방향 슬래브의 계수단면력

종류	위치	조건	계수단면력
정모멘트	최외측 경간	불연속 단부가 구속되지 않은 경우	$w_u l_n^2/11$
		불연속 단부가 받침부와 일체로 된 경우	$w_u l_n^2/14$
	내부 경간	모든 조건	$w_u l_n^2/16$
부모멘트	최외단 받침부 내면	받침부가 테두리보인 경우	$-w_u l_n^2/24$
		받침부가 기둥인 경우	$-w_u l_n^2/16$
	첫 번째 내부 받침부 외측면	2개의 경간일 때	$-w_u l_n^2/9$
		3개 이상의 경간일 때	$-w_u l_n^2/10$
	첫 번째가 아닌 내부 받침부	모든 조건	$-w_u l_n^2/11$
	모든 받침부	경간 3m 이하인 슬래브와 경간의 각 단부에서 보 강성에 대한 기둥 강성의 합의 비가 8 이상인 보	$-w_u l_n^2/12$
전단력	첫 번째 내부 받침부 외측면	–	$1.15\, w_u l_n/2$
	그 외의 모든 받침부면	–	$w_u l_n/2$

양단 고정인 부재의 부모멘트보다 커져서 경간 중앙부의 정모멘트가 매우 작아지는 불합리적인 해석결과가 나타나는 경우가 있다. 따라서 슬래브 경간 중앙 정모멘트 값은 슬래브를 양단 고정인 부재로 해석하여 얻은 정모멘트 값 이상이어야 한다.

[2] 1방향 슬래브의 휨 및 전단 설계강도 검증

1방향 슬래브는 $1m$의 단위 폭을 갖는 보와 동일하게 취급하여 보와 동일한 방법으로 휨 및 전단 설계강도 검증을 수행한다. 다만 KDS 14 20 콘크리트구조 설계기준[12.1]을 적용할 때 최소 전단철근의 배치 규정, 즉 계수전단력 V_u가 콘크리트에 의한 설계전단강도 ϕV_c의 1/2을 초과하는 부분에 최소 전단철근을 배치하여야 한다는 규정은 슬래브, 기초판, 일방향 장선구조에는 적용하지 않는다.

한편 선부재인 보와는 달리 슬래브는 면부재이므로 시공성이나 경제성의 관점에서 전단철근을 배치하는 것이 효율적이지 않다. 따라서 일반적인 철근콘크리트 구조물에서 슬래브는 전단철근을 배치하지 않아도 될 정도의 두께로 설계하는 것이 효율적이다. 그러나 지하철 구조물에서 역사를 제외한 열차 통행구간의 구조물과 같이 수직토압이 크게 작용하는 지중구조물 등에서는 전단철근을 배치하지 않아도 될 정도의 두께로 설계하는 것이 오히려 비효율적일 수 있다. 이러한 경우에는 1방향 슬래브라 하더라도 전단철근을 배치하는 설계가 이루어지기도 한다.

철근의 정착과 이음설계는 보와 동일하게 수행한다. 단, 구조해석을 수행하지 않고 표 12-2의 단면력 계수를 적용하는 근사해법으로 계수휨모멘트를 구할 때에는 휨모멘트 분포를 알지 못하므로 휨모멘트가 0이 되는 위치를 알 수 없다. 이런 경우, 등분포하중이 작용하며 경간이 유사한 연속경간의 경우는 그림 12-6과 같이 부모멘트 철근의 절단위치를 결정할 수 있다. 즉, 단부지점의 부모멘트 철근에 대해서는

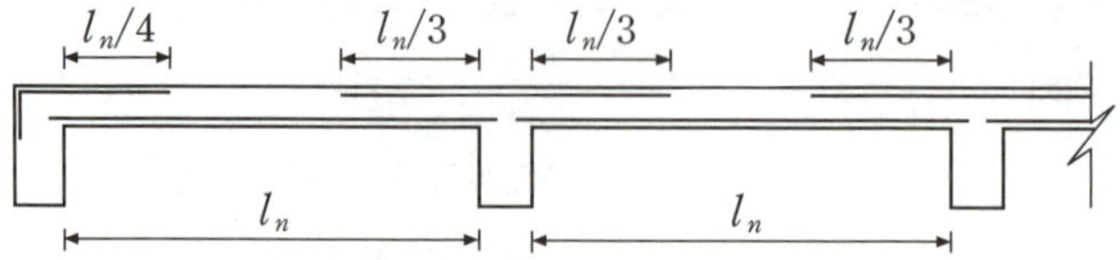

그림 12-6 1방향 연속슬래브의 부모멘트 철근 절단 위치

순경간의 1/4인 위치, 연속지점의 부모멘트 철근에 대해서는 순경간의 1/3인 위치에서 절단하는 것이다.

12.2.3 1방향 슬래브의 철근배치와 철근상세

1방향 슬래브의 정모멘트 철근 및 부모멘트 철근의 중심 간격은 집중하중이 작용하는 단면과 최대휨모멘트가 작용하는 단면, 즉 위험단면과 그 외의 단면을 구분하여 최대 허용간격을 적용한다. KDS 14 20 콘크리트구조 설계기준과 KDS 24 14 21 콘크리트교 설계기준(한계상태설계법)에서 규정하고 있는 1방향 슬래브의 철근 배치 규정은 표 12-3과 같다.

표 12-3과 같이 슬래브의 주철근 간격을 제한하는 것은 힘이 전달되는 방향으로 슬래브가 충분한 강성을 갖기 위한 것이다. 수축·온도철근(shrinkage and temperature reinforcement)은 콘크리트의 건조수축 및 자기수축 등의 수축과 슬래브의 온도변화에 따라 발생할 수 있는 균열을 최소화하기 위하여 주철근의 직각방향으로 배치하는 철근이다.

표 12-3 1방향 슬래브의 철근 배치

<table>
<tr><th colspan="2">구분</th><th>KDS 14 20 콘크리트구조 설계기준</th><th>KDS 24 14 21 콘크리트교 설계기준</th></tr>
<tr><td colspan="2">최대휨모멘트가 작용하는 위험단면의 주철근 간격</td><td>슬래브 두께의 2배 이하 또한 300mm 이하</td><td>슬래브 두께의 2배 이하 또한 250mm 이하
(집중하중 또는 최대휨모멘트가 작용하는 영역에 적용)</td></tr>
<tr><td colspan="2">기타 단면의 주철근 간격</td><td>슬래브 두께의 3배 이하 또한 450mm 이하</td><td>슬래브 두께의 3배 이하 또한 400mm 이하</td></tr>
<tr><td rowspan="2">수축·온도철근</td><td>철근비</td><td>1) $f_y \le 400\ MPa$일 때, 0.002 이상
2) $f_y > 400\ MPa$일 때,
$0.002 \times \frac{400}{f_y}$ 이상 또한 0.0014 이상
다만, 철근 단면적이 단위폭 1m당 1,800 mm^2 보다 클 필요는 없다.</td><td>철근비 $\frac{0.75}{f_y}$ 이상 (두께 1,200 mm 이하일 때 적용)</td></tr>
<tr><td>간격</td><td>슬래브 두께의 5배 이하 또한 450mm 이하</td><td>슬래브 두께의 3배 이하 또한 450mm 이하</td></tr>
<tr><td rowspan="2">배력철근</td><td>양</td><td>–</td><td>주철근 양의 20% 이상</td></tr>
<tr><td>간격</td><td>–</td><td>1) 집중하중 또는 최대휨모멘트가 작용하는 영역은 슬래브 두께의 3배 이하 또한 400mm 이하
2) 기타 영역은 슬래브 두께의 3.5배 이하 또한 450mm 이하</td></tr>
</table>

배력철근(distribution reinforcement)은 1방향 슬래브 주철근의 직각방향으로 슬래브 하면 가까이에 배치하는 철근으로, 슬래브에 작용하는 힘을 분산시키는 역할을 한다. 즉, 4변이 지지된 1방향 슬래브는 장변방향으로도 하중의 일부가 전달되므로, 이 힘에 저항하면서 균열을 제어하도록 배력철근을 배치하는 것이다. KDS 14 20 콘크리트구조 설계기준은 일반구조를 대상으로 한 설계기준이므로 배력철근에 대하여 특별히 규정하고 있지 않지만, 매우 큰 집중하중이 작용하는 교량에서는 배력철근이 중요하다. 따라서 KDS 24 14 21 콘크리트교 설계기준(한계상태설계법)에서는 표 12-3 과 같이 주철근량의 20% 이상의 배력철근을 배치하도록 규정하고 있다. 단, 배력 방향 휨모멘트가 발생하지 않는 영역에서는 받침점 부근의 상부 주철근에 대한 배력철근을 배치할 필요가 없다.

배력철근과 수축·온도철근은 모두 장변방향으로 배치되므로, 이 철근들을 합리적으로 설계하여야 한다. 설계기준에서 규정하는 수축·온도철근을 단면의 상하면 가까이에 2열로 배치하는 경우, 하면 가까이에 배치된 수축·온도철근의 양이 설계기준에서 규정하는 배력철근의 양보다 크다면 추가의 배력철근을 배치할 필요가 없다. 그러나 그렇지 않다면 하면 가까이에 장변방향으로 배치된 철근이 설계기준에서 규정하는 배력철근의 양보다 크게 되도록 철근을 추가하여야 한다.

한편 KDS 24 14 21 콘크리트교 설계기준(한계상태설계법)에서는 1방향 슬래브와 2방향 슬래브에 공통으로 적용하는 슬래브 받침부 철근, 슬래브 모서리 철근, 자유단 모서리 철근에 대한 규정을 두고 있다. 즉, 단순지지된 슬래브의 받침부 철근은 경간 내부에 배치된 철근의 1/2 이상으로 받침부까지 연속시켜서 정착하도록 하여야 한다. 또 테두리보 등에 의하여 슬래브의 단부가 회전에 대하여 구속될 수 있는 경우에는 인접경간 최대모멘트의 최소 25%를 저항할 수 있도록 슬래브에 상부철근을 배치하여야 한다. 이때 받침부 표면에서부터 측정한 철근의 길이는 인접한 경간 길이의 0.2배 이상이어야 하며 내부지점을 가로질러 연속되어야 하고, 단부지점에서 정착되어야 한다. 단부지점에서의 작용 휨모멘트는 인접 경간 최대모멘트의 15% 이상으로 한다. 슬래브 모서리에서 슬래브의 솟음이 구속되어 있는 경우에는 지점부에 적절한 철근을 배치하여야 한다. 지지되지 않은 슬래브 자유단 모서리에는 그림 12-7과 같이 축방향 철근과 횡방향 철근을 배치하여야 한다.

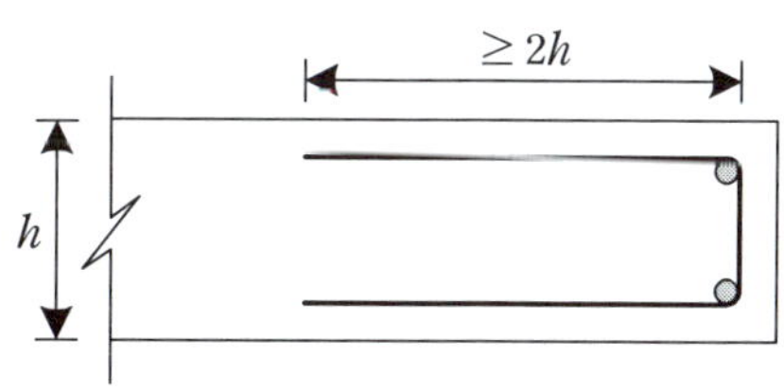

그림 12-7 슬래브의 자유단 모서리 철근 배치

예제 12-1 그림 12-8과 같이 폭이 500 mm인 보와 일체로 시공되며 순경간 l_n이 6 m인 좌우대칭 5경간 연속 1방향 슬래브를 KDS 14 20 콘크리트구조 설계기준(강도설계법)에 따라 설계하시오. 슬래브는 건조 환경에 노출되어 있으며, 슬래브에 단위면적 당 7.5 kN/m^{2}의 추가고정하중과 25 kN/m^{2}의 활하중이 등분포하중으로 작용한다. 콘크리트 설계기준압축강도 f_{ck}는 40 MPa로 일반중량콘크리트이다. 철근은 SD500을 적용하시오.

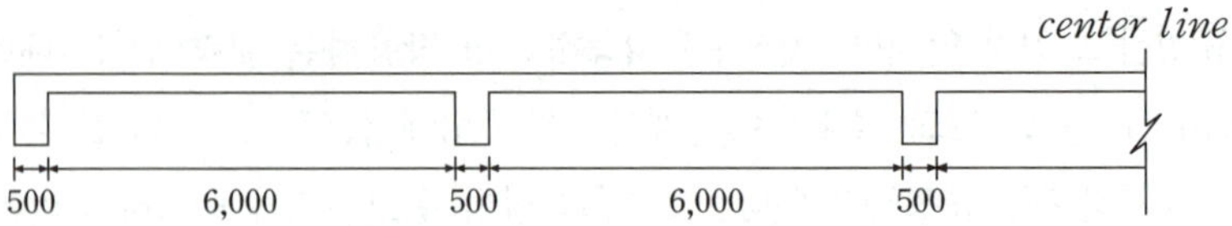

그림 12-8 예제 12-1의 1방향 슬래브

〈풀이〉

(1) 슬래브 두께

1방향 슬래브이므로 단위폭 $1\,m$의 연속보와 같은 방법으로 해석한다. 먼저 슬래브 두께를 정해야 하는데, 처짐검증을 수행하지 않아도 되는 두께로 설계하고자 한다. 처짐검증을 수행하지 않아도 되는 최소 두께는 11장 11.4.4절 [5]항의 표 11-10을 적용한다. 이 슬래브는 5경간 연속 슬래브로 1단 연속경간과 양단 연속경간으로 구성되어 있으므로, 처짐검증을 수행하지 않아도 되는 최소 두께로 더 큰 값인 1단 연속경간의 최소 두께를 적용한다. 처짐검증을 수행하지 않아도 되는 최소 두께를 결정할 때는 경량콘크리트에 대한 보정계수 λ_{lwc}와 철근의 설계기준항복강도에 대한 보정계수 λ_{sts}를 적용하여야 한다. 이 슬래브의 경우 경량콘크리트가 아닌 일반중량콘크리트이므로 보정계수 λ_{lwc}는 적용하지 않는다. 철근의 설계기준항복강도는 400 MPa이 아닌 500 MPa이므로 보정계수 λ_{sts}를 적용하여야 한다. 보정계수 λ_{sts}를 계산하면

$$\lambda_{sts} = 0.43 + \frac{f_y}{700} = 0.43 + \frac{500}{700} = 1.144$$

처짐검증을 수행하지 않아도 되는 1단 연속경간의 최소 두께는 표 11-10에 나타난 바와 같이 $l/24$이므로 보정계수 λ_{sts}를 적용하여 최소 두께를 구하면

$$h_{min} = \lambda_{sts}\frac{l_n}{24} = 1.144 \times \frac{6{,}000}{24} = 286\ mm$$

따라서 슬래브 두께 h는 다음과 같이 최소 두께 h_{min}보다 큰 300 mm로 설계하기로 한다.

$$h = 300\ mm$$

(2) 계수하중

슬래브 두께 h가 300 mm이므로 철근콘크리트의 단위중량 γ_c를 25 kN/m^3으로 하여 단위폭 $1\,m$의 자중을 단위길이 $1\,m$ 당의 등분포하중 w_o로 계산하면

$$w_o = \gamma_c bh = 25 \times 1.0 \times 0.3 = 7.5\ kN/m$$

추가 고정하중 7.5 kN/m^2와 활하중 20.0 kN/m^2가 작용하므로, 단위길이 $1\,m$ 당 추가 고정하중 w_{DA}와 단위길이 $1\,m$ 당 등분포활하중 w_L은 다음과 같다.

$$w_{DA} = 7.5\ kN/m$$

$$w_L = 25.0\ kN/m$$

슬래브의 자중과 추가 고정하중에 의한 총 고정하중 w_D는

$$w_D = w_o + w_{DA} = 7.5 + 7.5 = 15.0\ kN/m$$

이제 KDS 14 20 콘크리트구조 설계기준에 따라 계수등분포하중 w_u를 구하면 다음과 같다.

$$w_u = 1.2\,w_D + 1.6\,w_L = 1.2\times15.0 + 1.6\times25.0 = 58.0\,kN/m$$

(3) 휨설계

1방향 슬래브 각 위치의 계수휨모멘트는 구조해석을 수행하는 대신 근사해법인 표 12-2의 단면력 계수를 적용한다. 단면력 계수를 적용하기 위해서는 다섯 가지 조건을 만족하여야 하는데 이를 확인하면 다음과 같다.

① 2경간 이상인 경우이므로 조건을 만족한다.

② 모든 경간이 동일하여 인접 2경간의 차이가 짧은 경간의 20% 이하인 경우이므로 조건을 만족한다.

③ 등분포 하중이 작용하는 경우이므로 조건을 만족한다.

④ 다음과 같이 활하중이 고정하중의 1.67배로서 3배 이하인 경우이므로 조건을 만족한다.

$$\frac{1.6\,w_L}{1.2\,w_D} = \frac{25.0}{15.0} = 1.67$$

⑤ 부재의 단면크기가 일정한 경우이므로 조건을 만족한다.

표 12-2의 단면력 계수를 적용하여 외측 경간의 단지점, 경간 중앙, 첫 내부지점 외측면과 내측 경간의 경간 중앙, 내부 지점의 최대계수휨모멘트 M_u를 계산하고 휨설계를 수행한 결과는 표 12-4와 같다. 여기서 인장철근으로 D16 철근을 사용하고, 옥외의 공기나 흙에 직접 접하지 않는 콘크리트 슬래브의 최소 피복두께 20 mm를 적용하여 다음과 같은 값의 유효깊이 d와 단면의 폭 b를 적용한다.

$$d = h - c_{cv} - \frac{d_b}{2} = 300 - 20 - \frac{15.9}{2} = 272\,mm$$

$$b = 1{,}000\,mm$$

소요인장철근비 $req'd\ \rho$를 구하기 위한 중간과정으로 0.85의 강도감소계수 ϕ를 적용하여 다음과 같이 $req'd\ R_n$을 구한다.

$$req'd\ R_n = \frac{M_u}{\phi b d^2} = \frac{M_u}{0.85\times1{,}000\times272^2}$$

콘크리트 설계기준압축강도가 30 MPa로 압축응력분포 계수의 비가 $\alpha/2\beta=1$이고 $2\beta/\alpha=1$이므로 소요인장철근비 $req'd\ \rho$는 다음 수식으로 구한다.

$$req'd\ \rho = \frac{\alpha(0.85 f_{ck})}{2\beta f_y}\left[1-\sqrt{1-\frac{4\beta(req'd\ R_n)}{\alpha(0.85 f_{ck})}}\right] = \frac{0.85 f_{ck}}{f_y}\left[1-\sqrt{1-\frac{2(req'd\ R_n)}{0.85 f_{ck}}}\right]$$

소요인장철근단면적 $req'd\ A_s$를 다음 수식으로 구한 후, 단면적 A_b가 198.6 mm^2인 D16 철근의 소요간격 $req'd\ s$를 다음과 같이 구한다.

$$req'd\ A_s = (req'd\ \rho)bd = req'd\ \rho\times1{,}000\times272$$

$$req'd\ s = \frac{b A_b}{req'd\ A_s} = \frac{1{,}000\times198.6}{req'd\ A_s}$$

설계기준에서 허용하는 인장철근의 최대간격은 슬래브 두께의 2배 또는 300 mm이므로, 최대간격 s_{max}는 다음과 같다.

$$2h = 2\times300 = 600\,mm > 300\,mm$$

$$s_{max} = 300\,mm$$

최대간격 300 mm이며 소요간격 $req'd\ s$ 이하인 D16 철근의 간격 s를 선택한다. 간격 s는 시공의 편의를 고려하여 100 mm 또는 200mm를 선택하였다. 경간 중앙 정모멘트에 대한 철근으로는 D16 철근을 100 mm 간격으로 배치하면 비경제적인 설계가 된다고 판단하여, 100 mm 간격으로 배치하되 D16 철근과 D13 철근을 번갈아 배치한다. 즉, D16 철근과 D13 철근을 각각 200 mm 간격으로 배치한다. 단면의 폭 b에 배치된 인장철근단면적은 다음으로 계산한다.

$$A_s = \frac{b A_b}{s}$$

각 단면의 설계휨강도 ϕM_n를 계산하고 계수휨모멘트 M_u와 비교하여 다음과 같이 휨강도성능을 검증한다.

$$\phi M_n \geq M_u$$

최대철근 조건을 검증하기 위하여 인장철근의 순인장변형률 ε_t는 다음과 같이 구하고, 다음과 같이 구한 최소 허용변형률 $\varepsilon_{t,\, min}$ 이상임을 검증한다.

$$\varepsilon_t = \varepsilon_{cu} \frac{d-c}{c}$$

$$\varepsilon_{t,\, min} = 2\,\varepsilon_y = 2\frac{f_y}{E_s} = 2 \times 0.0025 = 0.005$$

최소철근 조건을 검증하기 위하여 균열휨모멘트 M_{cr}을 다음과 같이 구하고, 다음과 같이 각 단면의 설계휨강도 ϕM_n이 $1.2\, M_{cr}$ 이상임을 검증한다. 이를 위하여 콘크리트의 파괴계수 f_r, 철근을 무시한 단면2차모멘트 I_g, 균열휨모멘트 M_{cr}과 $1.2\, M_{cr}$을 구하면

$$f_r = 0.63\,\lambda\sqrt{f_{ck}} = 0.63 \times 1.0 \times \sqrt{40} = 3.98\; MPa$$

$$I_g = \frac{bh^3}{12} = \frac{1{,}000 \times 300^3}{12} = 2{,}250 \times 10^6\; mm^4$$

$$M_{cr} = \frac{f_r I_g}{y_{ten}} = \frac{3.98 \times 2{,}250 \times 10^6}{150} = 59.7 \times 10^6\; N \cdot mm = 59.7\; kN \cdot m$$

$$1.2\, M_{cr} = 1.2 \times 59.7 = 71.6\; kN \cdot m$$

$$\phi M_n \geq 1.2\, M_{cr}$$

(4) 전단강도 검증

표 12-2의 단면력 계수를 적용하여 첫 내부지점 외측면의 최대계수전단력 V_u를 계산하면

$$V_u = 1.15\frac{w_u l_n}{2} = 1.15 \times \frac{58.0 \times 6.0}{2} = 200\; kN$$

콘크리트에 의한 설계전단강도 ϕV_c를 간략식으로 계산하고 최대계수전단력 V_u와 비교하면

$$\phi V_c = \phi\left(\frac{1}{6}\lambda\sqrt{f_{ck}}\right) b_w d = 0.75\left(\frac{1}{6} \times 1.0 \times \sqrt{40}\right) \times 1{,}000 \times 272 \times (10)^{-3}$$

$$= 215\; kN > V_u\; (= 200\; kN)$$

따라서 콘크리트만으로 전단력에 대한 강도성능이 만족되므로 전단철근을 배치할 필요가 없다.

(5) 수축·온도 철근

휨철근의 직각방향으로 수축·온도 철근을 배치하여야 한다. 이때 설계기준에서 수축·온도 철근의 설계기준항복강도 선정에 대하여는 규정하고 있지 않으므로, 반드시 휨철근과 동일한 강종을 선택하여야 하는 것은 아니지만 시공에서의 혼동 등을 피하기 위하여 휨철근과 동일한 설계기준항복강도 500 MPa을 적용하기로 한다. 수축·온도 철근의 설계기준항복강도 f_y로 500 MPa을 선택하였으므로, 수축·온도 철근의 최소 철근비는 표 12-3에 나타낸 바와 같이 0.0014 이상이며 또한 다음 식으로 계산한 값 이상이다.

$$req'd\; \rho_{st} = 0.002 \times \frac{400}{f_y} = 0.002 \times \frac{400}{500} = 0.0016$$

따라서 철근비 0.0016 이상이어야 하지만 철근 단면적이 단위폭 1 m당 1,800 mm^2보다 클 필요는 없으므로, 수축·온도철근으로의 소요 철근단면적를 구하면 다음과 같이 480 mm^2이다.

$$req'd\; A_{s,\, st} = req'd\; \rho_{st}\, bh = 0.0016 \times 1{,}000 \times 300 = 480\; mm^2 < 1{,}800\; mm^2$$

수축·온도 철근의 최대 간격은 슬래브 두께의 5배이므로 다음과 같이 1,500 mm이다.

$$s_{max} = 5h = 5 \times 300 = 1{,}500\; mm$$

표 12-4 예제 12-1의 1방향 슬래브 휨설계

구분	외측 경간			내측 경간	
	단지점	경간 중앙	첫 내부지점 외측면	경간 중앙	내부 지점
단위폭 b=1,000 mm의 계수휨모멘트 M_u $[kN\cdot m]$	$-\frac{w_u l_n^2}{24}$ $=-87.0$	$-\frac{w_u l_n^2}{14}$ $=+149$	$-\frac{w_u l_n^2}{10}$ $=-209$	$+\frac{w_u l_n^2}{16}$ $=+131$	$-\frac{w_u l_n^2}{11}$ $=-190$
$req'd\ R_n=\frac{M_u}{\phi bd^2}$ $[MPa]$	1.38	2.37	3.32	2.08	3.02
소요인장철근비 $req'd\ \rho$	0.00284	0.00498	0.00714	0.00435	0.00645
$req'd\ A_s=(req'd\ \rho)bd$ $[mm^2]$	772	1,355	1,942	1,183	1,754
$req'd\ s=\frac{bA_b}{req'd\ A_s}$ $[mm]$	257	147	102	168	113
D16 철근의 간격 s 선택 s_{max}=300 mm	D16@200	D16@200 D13@200	D16@100	D16@200 D13@200	D16@100
$A_s=\frac{bA_b}{s}$ $[mm^2]$	990	1,630	1,990	1,630	1,990
철근 인장력 $T=A_s f_y$ $[kN]$	495,000	815,000	995,000	815,000	995,000
중립축 c $[mm]$ $[T=C]$ $C=\alpha(0.85 f_{ck})bc=27{,}200c$	18.2	30.0	36.6	30.0	36.6
$\phi M_n=\phi T(d-\beta)$ $[kN\cdot m]$	111	180	218	180	218
최대 철근 검증 ε_t $[\varepsilon_t \geq \varepsilon_{t,\ min}]$	0.0460 만족	0.0266 만족	0.0212 만족	0.0266 만족	0.0212 만족
최소 철근 검증 $[\phi M_n \geq 1.2\ M_{cr}]$	만족	만족	만족	만족	만족
균열 성능검증 $[s \leq s_a\ (=252\ mm)]$	만족	만족	만족	만족	만족

따라서 SD500 D13 철근을 250 mm 간격으로 배치하기로 한다. D13 철근의 단면적이 126.7 mm^2이므로, 이때의 단위폭 당 수축·온도 철근의 단면적은 다음과 같이 480 mm^2을 초과한다.

$$A_{s,\ st}=\frac{b\ A_b}{s_{st}}=\frac{1{,}000(126.7)}{250}=510\ mm^2>req'd\ A_{s,\ st}\ (=480\ mm^2)$$

(6) 사용성능 검증

① 처짐

처짐검증을 수행하지 않아도 되는 최소 두께보다 더 큰 두께로 설계되었으므로, 처짐에 대한 성능검증은 수행할 필요가 없다.

② 균열

11장 11.3.4절 [1]항의 철근간격을 기준으로 하는 간접 검증법으로 균열에 대한 성능검증을 수행한다. 사용하중상태의 인장철근 응력 f_s를 단면해석으로 구하지 않고 철근 설계기준항복강도 f_y의 2/3를 취하는 간편한 방법을 적용한다. 건조 환경에 노출된 경우이므로 설계기준에 따라 κ_{cr}에 280을 적용하여 균열제어 목적의 최대 허용간격을 구하면, c_c가 인장철근의 표면과 인장연단 사이의 피복두께이므로

$$c_c=20\ mm$$

$$f_s=\frac{2}{3}f_y=\frac{2}{3}\times 500=333\ MPa$$

$$s_{a1}=375\left(\frac{\kappa_{cr}}{f_s}\right)-2.5\ c_c=375\times\frac{280}{333}-2.5\times 20=265\ mm$$

$$s_{a2} = 300\left(\frac{x_{cr}}{f_s}\right) = 300\times\frac{280}{333} = 252\ mm$$

두 값, s_{a1} 과 s_{a2} 중 작은 값이 252 mm이므로 균열제어 목적의 최대 허용간격 s_a는 다음과 같다.

$$s_a = 252\ mm$$

배치된 철근의 간격은 외측 경간의 단지점에서 200 mm이고 나머지 단면은 100 mm이므로 모든 단면에서 균열제어 목적의 다음 조건을 만족한다.

$$s \leq s_a = 252\ mm$$

(7) 철근 정착성능 검증 및 도면

철근 정착성능 검증은 이 예제에서 생략한다. 설계결과를 나타내는 도면은 그림 12-9 또는 그림 12-10과 같이 작성할 수 있다. 그림 12-9는 외측 경간 단지점의 부모멘트 철근만 정착을 위하여 절곡시키고 나머지 철근은 절곡하지 않고 직선철근으로 배치하는 경우이다. 그림 12-10은 정모멘트 철근과 부모멘트 철근이 모두 100 mm 간격으로 배치되므로, 200 mm 간격으로 배치되는 D16 정모멘트 철근을 절곡하여 부모멘트 작용 구간에서 100 mm 간격으로 D16을 배치하는 경우이다. 여기서 그림 12-10은 슬래브 철근의 배치형태를 명확히 표현하기 위하여 슬래브 두께의 축적을 2배로 하여 나타낸 것이며, 상부철근과 하부철근 각각 두 철근에 표현된 '0'은 두 철근 사이의 수직거리가 0 mm로 같은 위치라는 것을 의미한다.

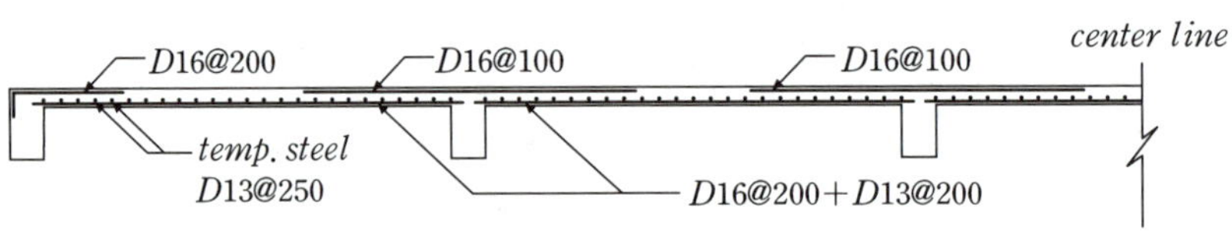

그림 12-9 예제 12-1의 1방향 슬래브 직선철근 배치

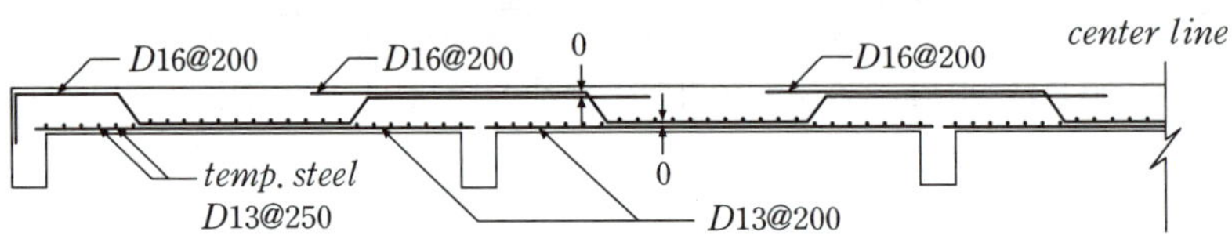

그림 12-10 예제 12-1의 1방향 슬래브 절곡철근 배치

12.2.4 2방향 슬래브 구조물의 거동 및 해석과 철근배치

2방향 슬래브는 12.2.1절 [3]항에서 설명한 바와 같이 보나 벽체로 4변이 지지된 경우와 기둥으로 지지된 경우로 구분할 수 있다. 기둥으로 지지된 경우에는 보가 존재할 수도 있고, 지판, 기둥머리, 장선이 존재할 수도 있다. 2방향 슬래브로 구성된 구조물의 해석은 다음과 같이 정리할 수 있다.

[1] 2방향 슬래브의 구조해석

x축 방향과 y축 방향으로 평면을 이룬 일반적인 두께의 평판(medium-thick plate)에서 양방향 길이가 각각 dx와 dy인 미소요소(small element)의 평형방정식을 탄성 평판이론(elastic plate theory)에 따라

구성하면 다음 식과 같다. 여기서, m_x는 y축을 중심으로 x축 방향으로 회전하는 휨모멘트, m_y는 x축을 중심으로 y축 방향으로 회전하는 휨모멘트, m_{xy}와 m_{yx}는 각각 두 축의 직각방향으로 작용하는 비틀림 모멘트로 같은 값이며, q는 평판에 작용하는 등분포하중이다.

$$\frac{\partial^2 m_x}{\partial x^2}+\frac{2\partial^2 m_{xy}}{\partial x\,\partial y}+\frac{\partial^2 m_y}{\partial y^2}=-q \tag{12·7}$$

탄성거동을 보이는 평판에서 평면의 직각인 수직방향 하향 처짐을 z라고 하면, z는 다음과 같은 관계식으로 나타낼 수 있다.

$$\frac{\partial^4 z}{\partial x^4}+\frac{2\partial^2 z}{\partial x^2\partial y^2}+\frac{\partial^4 z}{\partial y^4}=-\frac{q}{D} \tag{12·8}$$

$$D=\frac{Et^3}{12(1-\nu^2)} \tag{12·9}$$

여기서, E는 탄성계수, t는 평판의 두께, ν는 포아송비(Poisson's ratio)이며, D는 단위폭의 단면강성 EI에 해당한다고 할 수 있다. 식 (12 ·8) 방정식의 해 z를 구하면 다음 식으로 각각의 휨모멘트를 구할 수 있다.

$$m_x=-D\left(\frac{\partial^2 z}{\partial x^2}+\nu\frac{\partial^2 z}{\partial y^2}\right) \tag{12·10}$$

$$m_y=-D\left(\frac{\partial^2 z}{\partial y^2}+\nu\frac{\partial^2 z}{\partial x^2}\right) \tag{12·11}$$

$$m_y=-D(1-\nu)\left(\frac{\partial^2 z}{\partial x\partial y}\right) \tag{12·12}$$

콘크리트 평판에 대하여 포아송비 ν를 0으로 취한다면, 다음 식으로 각각의 휨모멘트를 나타낼 수 있다. 이것은 $t^3/12$이 단위폭의 단면2차모멘트이고 $\partial^2 z/\partial x^2$ 등이 곡률이므로, 휨모멘트가 단면강성과 곡률을 곱한 값과 같다는 것($M=EI\phi$)과 동일한 의미를 나타내는 것이다.

$$m_x=-\frac{Et^3}{12}\left(\frac{\partial^2 z}{\partial x^2}\right) \tag{12·13}$$

$$m_y=-\frac{Et^3}{12}\left(\frac{\partial^2 z}{\partial y^2}\right) \tag{12·14}$$

$$m_{xy}=-\frac{Et^3}{12}\left(\frac{\partial^2 z}{\partial x\partial y}\right) \tag{12·15}$$

그림 12-11(a)는 4변이 보 또는 벽체와 일체로 시공되어 구속된 2방향 슬래브에 대하여 탄성 평판이론에 따라 구한 l_1 방향 휨모멘트 분포이다. 그림 12-11(a)에서 경간 l_1의 양쪽 지점에 굵은 점선으로 표시된 곡선은 지점부의 부모멘트 변화를 나타낸 것으로, 슬래브 중앙을 지나는 휨모멘트 분포가 가장 크고 중앙에서 멀어질수록 휨모멘트 분포의 크기가 감소하여 보 또는 벽체 중심선에서는 휨모멘트가 0이라는 것을 의미한다. 즉, 4변이 구속된 2방향 슬래브는 중앙부의 휨모멘트 분포가 변에 가까운

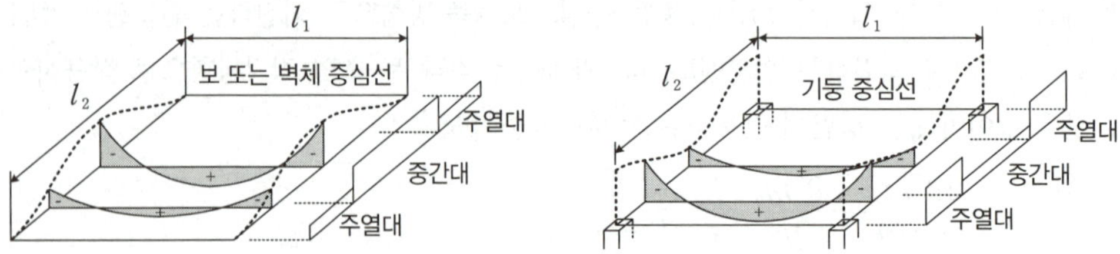

(a) 4변 구속 2방향 슬래브의 휨모멘트 (b) 기둥 지지 2방향 슬래브의 휨모멘트

그림 12-11 2방향 슬래브의 휨모멘트 분포

부분의 휨모멘트 분포보다 크다는 것이다. 만일 그림 12-11(a)에서 l_1 방향으로 직선의 가는 점선으로 구분한 바와 같이 슬래브를 중앙부와 주변부로 나누어 각각 중간대(middle strip)와 주열대(column strip)라고 한다면, 4변이 구속된 2방향 슬래브는 중간대의 휨모멘트가 주열대의 휨모멘트보다 큰 값을 보인다고 할 수 있다.

그림 12-11(b)와 같이 기둥으로만 지지된 2방향 슬래브는 4변이 구속된 2방향 슬래브와는 달리 중간대의 휨모멘트가 주열대의 휨모멘트보다 작은 값을 보인다. 그 이유는 2방향 슬래브의 처짐을 나타내는 그림 12-12로 이해할 수 있다. 그림 12-12(a)는 4변이 구속된 2방향 슬래브의 처짐으로, 보 또는 벽체의 중심선에서 처짐이 발생하지 않아서 중간대 중앙의 처짐 $\varDelta_{mc}$가 주열대 중앙의 처짐 $\varDelta_{cc}$ 보다 크게 나타난다. 휨모멘트의 크기는 곡률과 비례하므로 부재 내에서의 상대 처짐(relative deflection)의 크기가 클수록 휨모멘트가 크게 나타난다. 따라서 4변이 구속된 2방향 슬래브에서는 중앙의 처짐이 상대적으로 더 큰 중간대의 휨모멘트 분포가 더 큰 값을 보인다. 반면에 기둥으로만 지지된 2방향 슬래브는 주열대의 상대 처짐이 크므로 주열대의 휨모멘트 분포가 더 큰 값을 보인다. 즉, 그림 12-12(b)에 나타난 바와 같이 주열대 중앙의 처짐 $\varDelta_{cc}$는 중간대 중앙의 처짐 $\varDelta_{mc}$ 보다 작지만, 주열대 지점인 기둥 중심선에서의 처짐 $\varDelta_{ce}$가 중간대 지점인 기둥 중심선에서의 처짐 $\varDelta_{me}$ 보다 더 많이 작기 때문에 상대 처짐이 크다는 것이다. 결국 주열대의 상대 처짐 $(\varDelta_{cc}-\varDelta_{ce})$가 중간대의 상대 처짐 $(\varDelta_{mc}-\varDelta_{me})$ 보다 커서, 주열대의 휨모멘트 분포가 더 큰 값을 보이는 것이다. 이와 같은 경향은 기둥 중심선을 따라 슬래브와 일체로 시공되는 보가 존재하는 경우에는 다르게 나타난다. 즉, 기둥으로만 지지된 경우가 아니라 기둥 중심선을 따라 슬래브와 일체로 시공되는 보가 존재한다면 보의 단면강성과 슬래브의 단면강성의 비율에 따라 중간대와 주열대의 휨모멘트 크기는 달라진다.

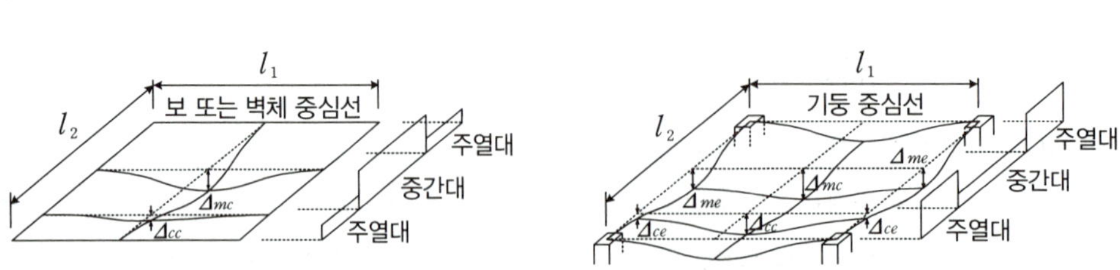

(a) 4변 구속 2방향 슬래브의 처짐 (b) 기둥 지지 2방향 슬래브의 처짐

그림 12-12 2방향 슬래브의 처짐

이와 같이 2방향 슬래브에서는 슬래브의 주변부와 중앙부의 휨모멘트 분포가 다르므로, 2방향 슬래브는 그림 12-13과 같이 슬래브 주변부를 주열대(column strip), 중앙부를 중간대(middle strip)로 구분하여 해석과 설계를 수행한다. 그림 12-13(a)는 l_l 방향과 l_s 방향의 주열대와 중간대를 모두 나타낸 입체도이고, 그림 12-13의 (b)와 (c)는 두 방향의 주열대와 중간대를 각각 나타낸 것이다. 여기서 l_1은 휨모멘트를 산정하는 방향의 경간 길이이고, l_2는 l_1의 직각 방향 경간 길이이다. 따라서 그림 12-13(b)에 나타낸 바와 같이 l_l 방향의 주열대와 중간대는 l_l이 l_1이 되고 l_s가 l_2가 된다. 그 직각 방향인 l_s 방향의 주열대와 중간대는 그림 12-13(c)에 나타낸 바와 같이 l_s가 l_1이 되고 l_l이 l_2가 된다. 각 방향으로의 주열대 폭은 그림 12-13의 (b)와 (c)에 나타낸 바와 같이 기둥 중심선에서 양쪽 방향으로 슬래브 폭의 1/4까지이며, 중간대 폭은 주열대 사이의 나머지 폭과 같다. 따라서 기둥 중심선이 일정한 간격으로 배치된 경우에는 주열대 폭과 중간대 폭이 모두 슬래브 폭의 1/2과 같다. 슬래브의 최 외측 변 가까이에 기둥 중심선이나 보 또는 벽체 중심선이 존재하는 경우에는, 그림 12-13의 (b)와 (c)에 나타낸 바와 같이 슬래브 폭의 1/4에 지지 중심선과 외측 변 사이의 길이를 더한 값을 주열대 폭으로 한다.

2방향 슬래브의 설계에 적용하는 구조해석은 평형조건과 기하학적 적합조건을 만족하는 방법이라면 모두 허용된다. 따라서 선형탄성 연속체 해석(linear elastic continuum analysis), 유한요소해석(finite element analysis), 항복선 해석(yield-line analysis), 스트립 해석법(strip method) 등을 적용할 수 있다. KDS 14 20 콘크리트구조 설계기준에서도 이와 같은 해석법을 허용하고 있으나, 구체적인 규정으로는 4변 지지 2방향 슬래브에 대하여 부록에서 장방형 슬래브 설계용 계수를 적용한 해석법을 규정하고 있으며, 기둥지지 2방향 슬래브에 대하여는 직접설계법(direct design method)이나 등가골조법(equivalent frame method)의 적용을 규정하고 있다. 이에 대해서는 다음 절에 소개한다.

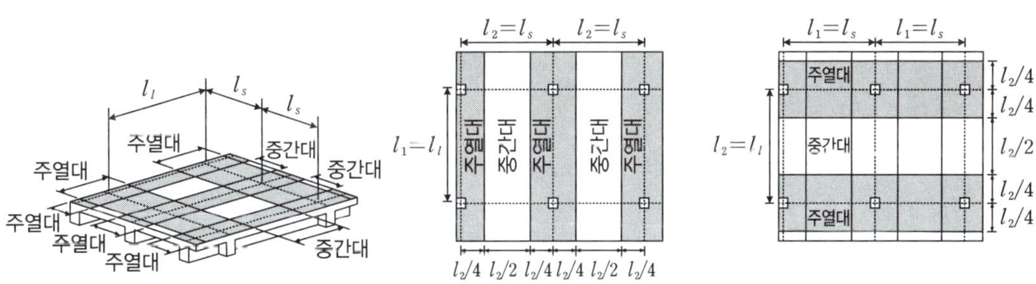

(a) 주열대와 중간대 입체도 (b) l_l 방향 주열대와 중간대 (c) l_s 방향 주열대와 중간대

그림 12-13 2방향 슬래브의 주열대와 중간대

[2] 2방향 슬래브의 철근배치

2방향 슬래브의 휨철근은 양쪽 방향 주열대와 중간대의 위험단면에서 최대 계수정모멘트와 최대 계수부모멘트에 저항할 수 있도록 배치하여야 하며, 12.2.3절에서 표 12-3과 함께 소개한 최소 수축·온도철근 단면적 이상이어야 한다. 위험단면의 철근 간격은 슬래브 두께의 2배 이하로 하여야 하며 또한

300 mm 이하로 하여야 하지만, 장선구조는 예외로 한다.

한편 2방향 슬래브에서는 식 (12 ·15)로 나타낸 바와 같이 두 축의 직각방향으로 작용하는 비틀림모멘트 m_{xy}가 작용한다. 특히 4변이 보 또는 벽체로 구속된 경우나 기둥 중심선을 따라 배치된 보로 구속된 경우에는 무시할 수 없는 크기의 비틀림모멘트가 작용하여 콘크리트 슬래브에 균열이 발생할 수 있다. 이 비틀림모멘트는 슬래브 모퉁이에서 대각선 방향과 대각선의 직각 방향으로 작용하는 휨모멘트와 같은 효과를 나타내어, 그림 12-14(a)의 화살표와 같이 슬래브 상부에서는 모퉁이의 대각선 방향으로 인장응력이 작용하고 슬래브 하부에서는 대각선의 직각 방향으로 인장응력이 작용한다.

이에 대한 규정으로 KDS 14 20 콘크리트구조 설계기준에서는 12.2.6절에서 자세히 소개하는 강성비 α, 즉 슬래브의 휨강성에 대한 보의 휨강성 비 $E_{cb}I_b/E_{cs}I_s$의 값이 1.0보다 큰 경우 모퉁이 부분의 슬래브 상부와 하부에 철근을 배치하도록 규정하고 있다. 모퉁이 보강철근의 배치구간은 그림 12-14의 (b)와 (c)에 나타난 바와 같이 양방향으로 장변길이의 1/5인 구간이며, 모퉁이 보강철근의 배치방법으로는 대각선 방향 배치 또는 모서리 평행 방향 배치를 선택할 수 있다. 대각선 방향 배치는 그림 12-14(b)와 같이 슬래브 상부에는 대각선에 평행한 방향으로 배치하고, 슬래브 하부에는 대각선에 직각방향으로 배치한다. 모서리 평행 방향 배치는 그림 12-14(c)와 같이 슬래브 상부와 하부에 각각 슬래브 각 모서리에 평행하게 두 층으로 배치한다. 이때 보강철근의 양은 슬래브 단위폭당 최대 정모멘트와 같은 크기의 휨모멘트에 견딜 수 있는 양이어야 한다.

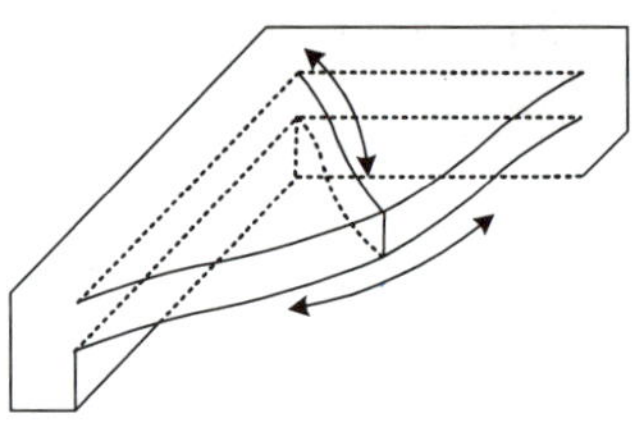

(a) 2방향 슬래브 모서리의 변형

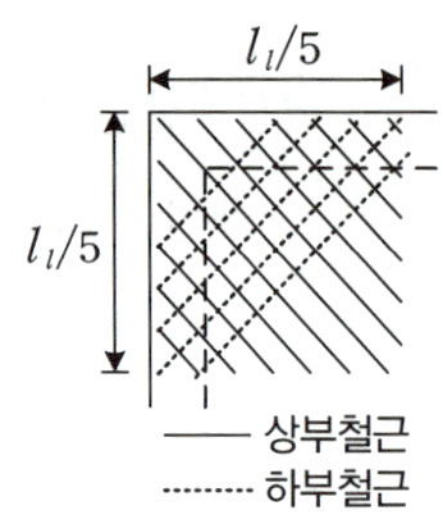

(b) 대각선 방향 배치

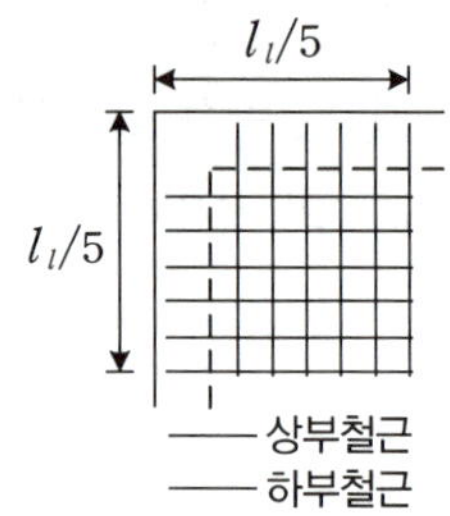

(c) 모서리 평행 방향 배치

그림 12-14 외부 모퉁이 2방향 슬래브 모서리의 철근 보강

[3] 2방향 슬래브의 전단설계검증

2방향 슬래브의 전단설계검증은 1방향 전단 설계강도 검증과 2방향 전단 설계강도 검증을 수행한다. 1방향 전단 설계강도 검증은 12.2.2절 [2]항에서 설명한 바와 같이 슬래브의 양쪽 방향으로 보와 동일한 방법으로 수행한다. 2방향 전단 설계강도 검증은 7장 7.6절에 소개한 뚫림전단강도 설계검증 방법에 따라 수행한다.

12.2.5 4변 지지 장방형 슬래브의 해석

중력방향으로 하중이 작용하는 직사각형 형상의 장방형 슬래브의 4변이 보 또는 벽체로 지지되는 경우, 4변 모두 또는 4변 중 일부에서 슬래브가 보 또는 벽체와 일체로 시공될 수 있다. 이때에는 보 또는 벽체와 일체로 시공된 변에서 슬래브의 단부가 구속되어 부모멘트가 발생한다. 보 또는 벽체와 일체로 시공되지 않더라도 연속 경간의 내부 받침부가 되는 변에서는 슬래브의 단부가 구속되어 부모멘트가 발생한다. 또 네 변 중 세 변이 회전에 구속되고 한 변만 회전에 구속되지 않는 2방향 슬래브에서는 휨모멘트 분포가 위치마다 다르게 나타난다. 이와 같이 다양한 구속 조건을 가진 장방형 슬래브의 설계에서는 복잡한 구조해석 과정이 필요하게 된다.

KDS 14 20 콘크리트구조 설계기준에서는 번거로운 구조해석을 수행하지 않고 간단하게 휨모멘트와 전단력을 구할 수 있도록 장방형 슬래브 설계용 계수와 적용방법을 부록에 수록하고 있다. 이 책의 부록 C에 수록된 장방형 슬래브 설계용 계수는 KDS 14 20 콘크리트구조 설계기준의 계수와 동일한 것으로, 이해를 돕기 위하여 기호를 수정한 것이다.

부록 C의 장방형 슬래브 설계용 계수는 기본적으로 중간대(middle strip)의 설계에 적용할 최대 계수단면력을 구하기 위한 휨모멘트 계수와 전단력 계수이며, 주열대(column strip)의 계수단면력은 중간대의 계수단면력으로부터 구한다. 중간대의 설계용 계수는 단변방향과 장변방향의 두 방향에 대하여 등분포계수하중 w_u에 대한 부모멘트 계수와 전단력 계수, 계수고정하중 1.2 w_D에 대한 정모멘트 계수, 계수활하중 1.6 w_L에 대한 정모멘트 계수로, 이 값들을 이용하여 최대 계수부모멘트, 최대 계수정모멘트, 최대 계수전단력을 계산한다. 이 관계를 단변 l_s 방향과 장변 l_l 방향에 대하여 각각 일반적으로 표현하면 다음과 같다.

$$M_{us} = C_s\, w_u\, l_s^2 \tag{12·16}$$

$$M_{ul} = C_l\, w_u\, l_l^2 \tag{12·17}$$

주열대의 휨모멘트는 중간대와의 경계선에서 M_{us} 및 M_{ul}과 같은 값을 갖고, 반대쪽 측면단부로 가면서 M_{us} 및 M_{ul} 값의 1/3로 직선적으로 감소하는 분포로 결정한다. 불연속단은 정모멘트의 1/3 크기의 부모멘트를 사용하여 설계한다.

식 (12 ·16)과 식 (12 ·17)의 의미를 구체적으로 나타내면, 주열대의 단변 l_s 방향과 장변 l_l 방향의 구속단부 최대 계수부모멘트 M_{usn}과 M_{uln}은 장방형 슬래브의 변장비 $m=l_s/l_l$ 값에 따라 부록 C 표 C-1의 C_{nsU}와 C_{nlU} 값을 적용하여 각각 다음으로 구한다는 것이다. 단, 받침점 한 쪽의 부모멘트가 다른 쪽 값의 80%보다 작을 때는 그 차이를 슬래브의 상대강도에 비례하여 재분배시켜야 한다.

$$M_{usn} = C_{nsU}\, w_u l_s^2 \tag{12·18}$$

$$M_{uln} = C_{nlU}\, w_u l_l^2 \tag{12·19}$$

주열대의 단변 l_l 방향과 장변 l_l 방향의 슬래브 중앙부 최대 계수정모멘트 M_{usp}와 M_{ulp}는 장방형 슬래브의 변장비 $m=l_s/l_l$ 값에 따라 부록 C 표 C-2의 C_{psD}와 C_{plD} 값 및 표 C-3의 C_{psL}와 C_{plL} 값을 적용하여, 각각 다음으로 구한다.

$$M_{usp} = C_{psD}\,(1.2\,w_D)l_s^2 + C_{psL}\,(1.6\,w_L)\,l_s^2 \tag{12·20}$$

$$M_{ulp} = C_{plD}\,(1.2\,w_D)l_l^2 + C_{plL}\,(1.6\,w_L)\,l_l^2 \tag{12·21}$$

주열대의 단변 l_s 방향과 장변 l_l 방향의 슬래브 지점 최대 계수전단력 V_{us}와 V_{ul}은 장방형 슬래브의 변장비 $m=l_s/l_l$ 값에 따라 부록 C 표 C-4의 W_{sU}와 W_{lU} 값을 적용하여, 각각 다음으로 구한다.

$$V_{us} = W_{sU}\,w_u\,l_s \tag{12·22}$$

$$V_{ul} = W_{lU}\,w_u\,l_l \tag{12·23}$$

슬래브의 전단력은 받침점에 등분포 된다고 가정하여 계산할 수 있다. 2방향 슬래브의 지지보에 작용하는 하중은 단변 l_s 방향과 장변 l_l 방향에서 부록 C 표 C-4의 하중 백분율 W_{sU}와 W_{lU}을 사용하여 계산한다. 단, 어떤 경우에도 단면의 단부에 배치된 보에 작용하는 하중이 모서리에서 그은 45° 선의 교차점으로 둘러싸인 면적 내의 하중 이상이어야 한다. 단변 보에 작용하는 단위길이당 등가등분포하중은 $w_u l_s/3$으로 계산하여야 한다.

12.2.6 기둥 지지 2방향 슬래브의 직접설계법

기둥으로 지지된 2방향 슬래브에 적용하는 직접설계법(direct design method)은 적용 조건을 만족하는 경우 경험적 방법에 따라 단면력을 분배하는 방법으로, 1960년대에 미국에서 수행한 실험연구들[12.3~12.8]을 기반으로 정립되었다. 직접설계법에 대한 KDS 14 20 콘크리트구조 설계기준의 내용은 다음과 같다.

[1] 직접설계법의 적용 조건

다음 조건을 만족하는 2방향 슬래브 시스템은 직접설계법을 사용하여 설계할 수 있다.

(1) 각 방향으로 3경간 이상 연속되어야 한다.

(2) 슬래브 판들은 단변 경간에 대한 장변 경간의 비가 2 이하인 직사각형이어야 한다.

(3) 각 방향으로 연속한 받침부 중심간 경간 차이는 긴 경간의 1/3 이하이어야 한다.

(4) 연속한 기둥 중심선을 기준으로 기둥의 어긋남은 그 방향 경간의 10% 이하이어야 한다.

(5) 모든 하중은 슬래브 판 전체에 걸쳐 등분포된 연직하중이어야 하며, 활하중은 고정하중의 2배 이하이어야 한다.

(6) 모든 변에서 보가 슬래브를 지지하는 경우, 직교하는 두 방향에서 보의 상대강성은 다음 범위를 만족하여야 한다.

$$0.2 \le \frac{\alpha_1 l_2^2}{\alpha_2 l_1^2} \le 5.0 \tag{12·24}$$

여기서 l_1은 휨모멘트를 산정하는 방향의 경간 길이이고, l_2는 l_1의 직각 방향 경간 길이이다. α_1과 α_2는 각각 l_1 방향과 l_2 방향에 대한 보의 휨강성과 슬래브의 휨강성 비로 다음으로 계산한다.

$$\alpha = \frac{E_{cb}I_b}{E_{cs}I_s} \tag{12·25}$$

E_{cb}와 E_{cs}는 각각 보와 슬래브의 콘크리트 탄성계수이고, I_b와 I_s는 각각 비틀림 보와 슬래브의 단면2차모멘트이다. 비틀림 보는 슬래브와 일체이거나 완전히 합성된 보로, 슬래브 위 또는 아래로 내민 부분의 깊이 중 큰 깊이만큼을 보의 양측으로 연장한 슬래브 부분을 포함하지만, 보의 한 측으로 연장되는 거리는 슬래브 두께의 4배 이하이어야 한다. 이것을 그림으로 나타내면 그림 12-15와 같다. 그림 12-16에서 짙은 색으로 표시한 부분은 I_b와 I_s를 계산하는 단면을 나타낸다.

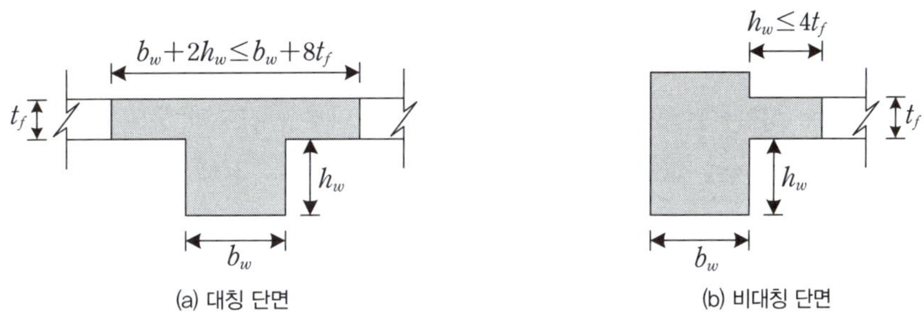

그림 12-15 비틀림 보의 단면 범위

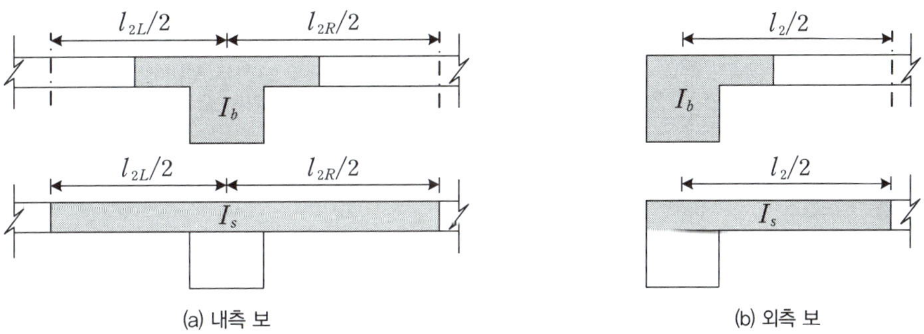

그림 12-16 단면2차모멘트 I_b와 I_s를 계산하는 단면

(7) 직접설계법으로 설계한 슬래브 시스템은 휨모멘트 재분배를 적용할 수 없다.

(8) 적용하는 해석방법이 평형조건과 기하학적 적합조건을 만족한다는 것을 입증한다면, 이 적용 조건을 다소 벗어나더라도 직접설계법을 적용할 수 있다.

[2] 슬래브의 전체 정적 계수휨모멘트

직접설계법을 적용할 때 휨모멘트를 산정하는 l_1방향의 전체 정적 계수휨모멘트 M_o는 그림 12-17에 나타난 바와 같이 계수 정모멘트와 평균 계수 부휨모멘트의 절대값의 합으로, 다음과 같이 계산한다.

$$M_o = \frac{w_u l_2 l_n^2}{8} \tag{12·26}$$

여기서 l_2는 l_1의 직각 방향 경간 길이로, 받침부 중심선의 직각방향으로 양측의 경간 길이가 다른 내측

경간에는 횡방향 두 경간의 평균값을 적용한다. 가장자리에 인접한 외측 경간은 가장자리부터 슬래브 판 중심선까지 거리를 l_2로 한다. l_1 방향의 순경간 l_n은 기둥, 기둥머리, 브래킷과 내민받침 또는 벽체의 내면 사이의 거리로, $0.65\,l_1$ 이상의 값으로 한다. 원형이나 정다각형 받침부는 단면적이 동일한 정사각형 받침부로 환산하여 적용한다.

[3] 슬래브의 계수정모멘트와 계수부모멘트

단부 경간, 즉 외측 경간에 대하여 식 (12·26)으로 계산된 전체 정적 계수휨모멘트 M_o는 표 12-5와 같이 계수부모멘트와 계수정모멘트로 분배한다. 플랫 플레이트나 플랫 슬래브와 같이 내부 받침부 사이에 보가 없는 경우는 표 12-5 (c)열 또는 (d)열의 휨모멘트계수를 적용한다. 내부 경간(내측 경간)의 전체 정적 계수휨모멘트 M_o는 표 12-5 (e)열의 완전 구속된 외부 받침부와 동일하게 0.65배를 계수부모멘트로 분배하고 0.35배를 계수정모멘트로 분배한다. 그림 12-17은 전체 정적 계수휨모멘트의 분배에 따른 휨모멘트 분포의 예를 나타내며, 그림 12-18의 (a)~(e)는 각각 표 12-5 (a)열~(e)열의 받침부 형태를 나타낸다.

표 12-5 2방향 슬래브 단부 경간 계수부모멘트와 계수정모멘트의 분배율

구분	(a)	(b)	(c)	(d)	(e)
	구속되지 않은 외부 받침부	모든 받침부 사이에 보가 있는 슬래브	내부 받침부 사이에 보가 없는 슬래브		완전 구속된 외부 받침부
			테두리보가 없는 경우	테두리보가 있는 경우	
내부 받침부의 계수부모멘트	0.75	0.70	0.70	0.70	0.65
계수정모멘트	0.63	0.57	0.52	0.50	0.35
외부 받침부의 계수부모멘트	0	0.16	0.26	0.30	0.65

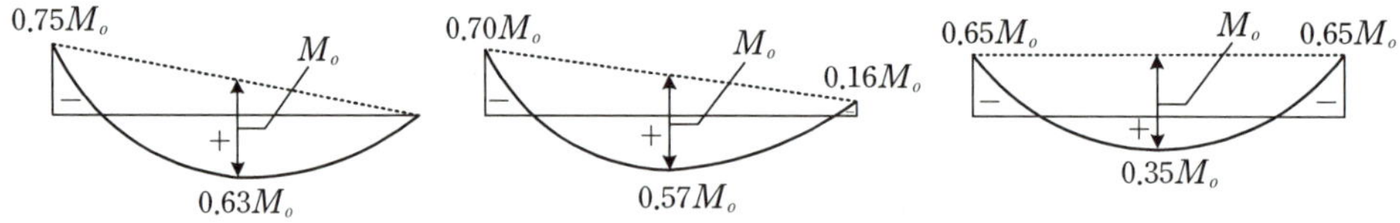

(a) 비구속 외부받침부의 외측 경간 (b) 보가 배치된 외측 경간 (c) 내측 경간과 구속 받침부의 외측 경간

그림 12-17 전체 정적 계수휨모멘트의 분배

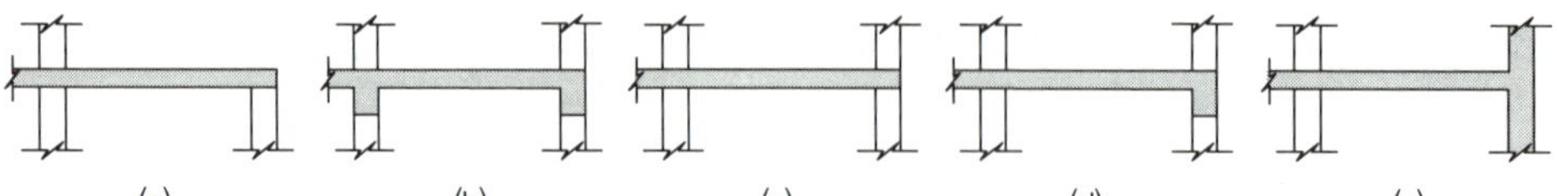

(a) (b) (c) (d) (e)

그림 12-18 받침부 형태

만일 기둥 양쪽에 접한 슬래브의 계수부모멘트 크기가 다르거나 지지형태가 다르다면, 그 차이인 불균형휨모멘트를 인접한 부재의 강성에 따라 분배하거나 두 값 중 큰 값에 저항할 수 있도록 설계하여야 한다. 또 슬래브 단부 또는 테두리보는 외부 받침부의 계수부모멘트가 분배되는 만큼 비틀림에 저항할 수 있도록 설계하여야 한다.

[4] 주열대의 계수정모멘트와 계수부모멘트

앞의 [3]항에서 결정된 계수휨모멘트는 주열대와 중간대로 분배한다. 이때 주열대에 분배되는 계수휨모멘트는 l_2/l_1 비율과 $\alpha_1 l_2/l_1$ 값에 따라 표 12-6의 비율에 따른다. 표들의 값 사이에서는 직선보간법을 적용하여 분배비율을 결정한다. 전체 정적 계수휨모멘트 M_o를 계산할 때 사용한 경간 l_2의 3/4 이상이 기둥이나 벽체로 지지되는 경우에는 부모멘트가 l_2를 따라 균등하게 분포한다고 가정할 수 있다.

표 12-6에서 β_t는 슬래브의 휨강성에 대한 테두리보의 비틀림강성 비로, 다음 식을 이용하여 계산한다. 이때 슬래브의 폭은 테두리보의 받침부 중심간 경간과 동일한 값으로 한다.

$$\beta_t = \frac{E_{cb}C}{2E_{cs}I_s} \qquad (12 \cdot 27)$$

여기서 C는 비틀림 특성을 정의하는 단면상수로, 다음 식을 이용하여 계산한다.

$$C = \Sigma\left(1 - 0.63\frac{x}{y}\right)\frac{x^3 y}{3} \qquad (12 \cdot 28)$$

이 식에서 x는 단면의 직사각형 부분 중 단변의 치수이고, y는 단면의 직사각형 부분 중 장변의 치수이다. T형 또는 L형 단면은 여러 개의 직사각형으로 나누어 각 부분의 C값을 더하여 산정한다. 이때 직사각형으로 나누는 분할 방법에 따라 C가 다른 값으로 계산되는데, 가장 큰 값이 계산되도록 단면을 분할한다.

표 12-6 주열대의 분배백분율

구분			l_2/l_1		
			0.5	1.0	2.0
내부 받침부 부모멘트	$\alpha_1 l_2/l_1 = 0$인 경우		75%	75%	75%
	$\alpha_1 l_2/_1 \geq 1.0$인 경우		90%	75%	45%
중앙부 정모멘트	$\alpha_1 l_2/l_1 = 0$인 경우		60%	60%	60%
	$\alpha_1 l_2/_1 \geq 1.0$인 경우		90%	75%	45%
외부 받침부 부모멘트	$\alpha_1 l_2/l_1 = 0$인 경우	$\beta_t = 0$일 때	100%	100%	100%
		$\beta_t \geq 2.5$일 때	75%	75%	75%
	$\alpha_1 l_2/_1 \geq 1.0$인 경우	$\beta_t = 0$일 때	100%	100%	100%
		$\beta_t \geq 2.5$일 때	90%	75%	45%

[5] 중간대의 계수정모멘트와 계수부모멘트

앞의 [3]항에서 결정된 계수휨모멘트 중 주열대로 분배된 휨모멘트를 제외한 나머지 휨모멘트는 주열대 양쪽 중간대 폭의 1/2을 기준으로 양쪽 중간대에 비례하여 할당한다. 각 중간대는 양쪽 주열대로부터 1/2 중간대에 할당된 2개의 휨모멘트를 합하여, 이를 저항할 수 있도록 설계한다. 벽체가 지지하는 가장자리에 평행한 방향으로 인접한 중간대는 첫 번째 내부 받침부의 1/2 중간대에 할당된 휨모멘트의 2배를 저항할 수 있도록 설계한다.

[6] 2방향 슬래브 지지 보의 계수휨모멘트

2방향 슬래브 지지 보에 작용하는 계수휨모멘트는 $\alpha_1 l_2/l_1$ 값에 따라 결정한다. 즉, $\alpha_1 l_2/l_1$ 값이 1 이상인 경우에는 받침부 사이의 보에 주열대 휨모멘트의 85%에 해당하는 계수휨모멘트가 작용하는 것으로 하여, 이를 저항할 수 있도록 설계한다. $\alpha_1 l_2/l_1$ 값이 1과 0 사이인 경우는 직선보간법을 적용하여 주열대 휨모멘트의 85%와 0% 사이의 값을 갖는 계수휨모멘트가 작용하는 것으로 하여, 이를 저항할 수 있도록 설계한다.

[7] 2방향 슬래브 지지 보의 계수전단력

2방향 슬래브 지지 보에 작용하는 계수전단력은 $\alpha_1 l_2/l_1$ 값에 따라 결정방법을 적용한다. 즉, $\alpha_1 l_2/l_1$ 값이 1 이상인 경우에는 보에 접한 슬래브 판의 네 모퉁이에서 변과 45°의 각을 이루는 선과 장변에 평행한 슬래브 판 중심선이 만드는 재하면적에 작용하는 계수하중으로 하중의 분포와 크기를 결정하여 계수전단력을 구한다. 그림 12-19는 그 예를 나타낸 것으로 그림 12-19(a)에 빗금 친 부분은 보 a−b, 보 c−d, 보 b−f의 하중 재하면적이며, 그림 12-19(b)는 보 a−b, 보 c−d, 보 b−f에 작용하는 하중형상을 나타낸다. 보 b−f에 작용하는 하중분포는 왼쪽 슬래브 판에서 전달되는 사다리꼴의 재하면적과 오른쪽 슬래브 판에서 전달되는 삼각형의 재하면적을 합한 형태이다.

$\alpha_1 l_2/l_1$ 값이 1 미만인 경우에는 α_1이 0일 때 보에 하중이 작용하지 않는다고 가정하여 직선보간법을 적용하여 보가 분담하는 전단력을 구할 수 있다. 이때 보가 분담하는 전단력을 제외한 전단력은 기둥 주위의 슬래브를 통하여 기둥에 전달되므로 플랫 슬래브와 같은 방법으로 전단강도를 검증한다. 한편, 만일 보에 직접 작용하는 하중이 존재한다면 이 하중에 의한 계수전단력도 추가하여 설계한다. 한 가지 유의할 점은 그림 12-19로 예를 보인 하중배치는 보의 비틀림모멘트를 구할 때 적용하는 것이 아니라는 것이다.

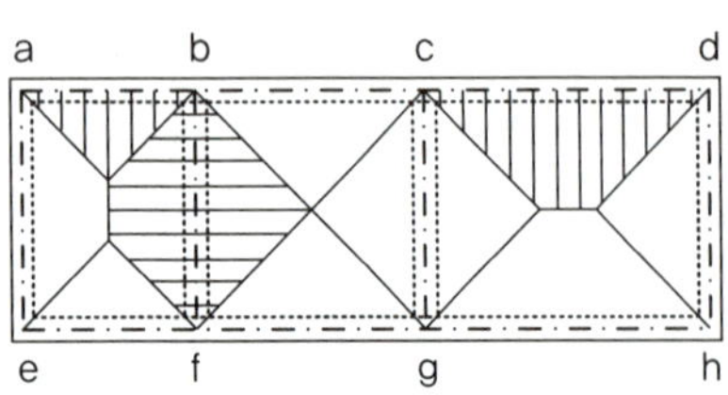

(a) 보의 하중 재하면적

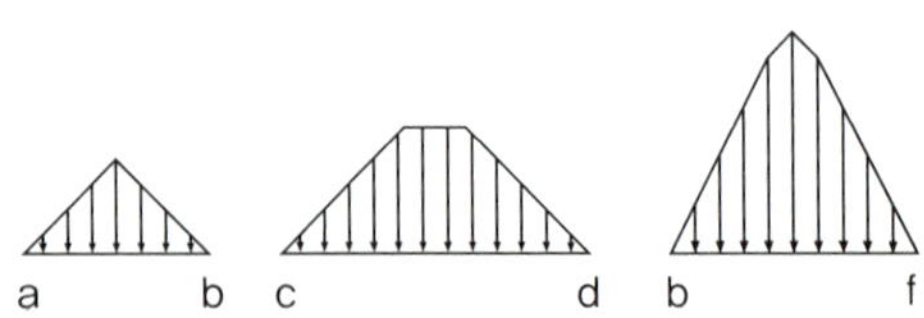

(b) 보에 작용하는 하중형상

그림 12-19 2방향 슬래브 지지 보의 계수전단력을 결정하기 위한 재하면적과 하중배치

[8] 기둥 또는 벽체로의 하중 전달

기둥 또는 벽체가 슬래브와 일체로 시공되는 경우에는 기둥 또는 벽체로 전달되는 휨모멘트를 고려하여야 한다. 이에 대해서는 KDS 14 20 콘크리트구조 설계기준의 해당 규정을 참조할 수 있으며, 또한 7장 7.6.2절 [4]항을 참조하여 불균형휨모멘트의 전달을 고려하여야 한다.

12.2.7 기둥 지지 2방향 슬래브의 등가골조법

등가골조법(equivalent frame method)은 3차원 슬래브 시스템을 여러 개의 2차원 골조로 나누어 나타내고, 이들 골조에 하중을 작용시켜 평면골조로 해석하는 방법이다. 등가골조법은 Peabody[12.9]가 제안하고 Siess와 Newmark[12.10]이 논의한 탄성해석법을 바탕으로 하여, 많은 연구자들의 실험결과[12.3~12.8]를 기반으로 Corley와 Jirsa[12.11]가 발전시킨 것이다. 등가골조법의 설계에 대해서는 KDS 14 20 콘크리트구조 설계기준과 KDS 24 14 21 콘크리트교 설계기준(한계상태설계법)에 모두 규정을 두고 있다. 이 절에서는 KDS 14 20 콘크리트구조 설계기준의 규정 내용을 소개한다.

[1] 등가골조의 구조 모델링

등가골조법은 3차원 슬래브 시스템을 2방향 슬래브의 중심선을 기준으로 설계대(design strip)를 구분하여 2차원 골조로 나누어 해석하고 설계하는 방법이다. 그림 12-20은 한 층이 6개의 2방향 슬래브, 10개의 테두리보, 3개의 내부 보, 기둥머리와 지판이 있는 내부 기둥을 포함한 12개의 기둥으로 구성된 구조물의 설계대를 나타낸다. 그림 12-20(a)에서 짙은 색으로 표시한 부분은 기둥 중심선에서 양쪽 방향으로 슬래브 중심선까지를 폭으로 하는 가로 방향 설계대이며, 그림 12-20(b)는 세로 방향 설계대이다. 단부에 평행한 방향으로 인접한 외부 골조는 그 단부까지를 설계대 폭으로 한다. 그림 12-20의 구조물은 가로 방향으로 4개의 기둥과 세로 방향으로 3개의 기둥이 배치되어 있으므로, 가로 방향으로 3개의 설계대와 세로 방향으로 4개의 설계대로 구분하여 모두 7개의 설계대를 대상으로 해석과 설계를 수행한다.

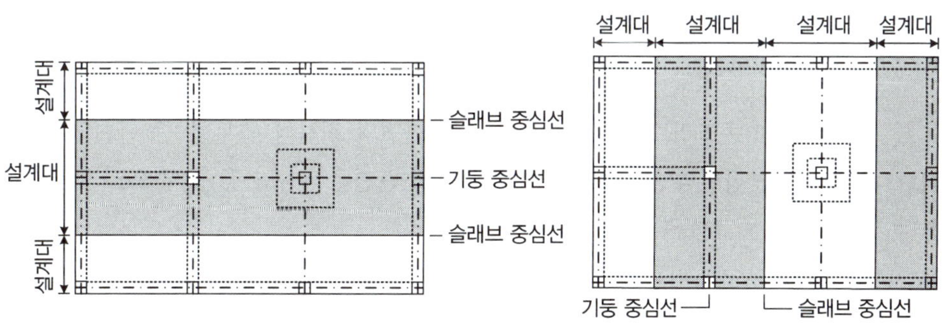

(a) 가로 방향 설계대 (b) 세로 방향 설계대

그림 12-20 등가골조의 설계대

각 설계대가 포함된 등가골조는 다음과 같이 세 부분으로 구성된다.

(1) 골조방향의 보들을 포함한 보-슬래브의 수평 슬래브 대

(2) 슬래브 상하로 연결된 기둥 또는 수직 받침부재

(3) 수평 부재와 수직 부재 사이의 휨모멘트를 전달하는 구조요소인 비틀림 부재

슬래브-보 단면의 단면2차모멘트는 접합부 또는 기둥머리 바깥의 슬래브-보 단면인 경우 콘크리트 단면 전체에 대하여 산정한다. 기둥 중심에서 기둥, 브래킷 및 기둥머리 면까지의 슬래브-보의 단면2차모멘트는 기둥, 브래킷 및 기둥머리 면의 단면2차모멘트를 $(1-c_2/l_2)^2$으로 나눈 값과 같다고 가정한다. 여기서, c_2는 휨모멘트를 산정하는 경간방향과 수직한 방향으로 측정한 직사각형 또는 등가직사각형의 기둥이나 기둥머리 또는 브래킷의 폭이며, l_2는 휨모멘트를 산정하는 경간인 l_1 방향의 직각 방향 경간 길이이다. c_2와 l_2는 휨모멘트를 산정하는 l_1 경간의 직교방향으로 측정한 값들이다. l_1 경간으로 슬래브-보 단면의 크기가 변하는 경우에는 슬래브-보의 축을 따라 변하는 단면2차모멘트 변화를 고려하여야 한다.

기둥의 단면2차모멘트는 접합부 또는 기둥머리 바깥의 기둥인 경우 콘크리트 단면 전체에 대하여 산정한다. 슬래브-보의 윗면과 아랫면 사이 접합부에서 기둥단면의 단면2차모멘트는 무한대로 가정하고, 기둥의 축을 따라서 변하는 단면2차모멘트의 변화를 고려하여야 한다.

설계대 축의 횡방향으로 배치되어 비틀림 부재로 작용하는 보는 부재의 전체 길이에 걸쳐서 일정한 단면을 가지는 것으로 가정하고, 다음 세 가지 중 가장 큰 값의 비틀림 강성 K_t를 제공하는 단면으로 결정한다. 첫째, 12.2.6절 [1]항에서 그림 12-15로 정의한 단면. 둘째, 휨모멘트를 산정하는 경간방향의 기둥, 브래킷 또는 기둥머리의 폭과 같은 폭의 슬래브 부분. 셋째, 일체식이거나 완전합성구조일 경우 앞의 두 번째에서 규정된 슬래브 부분에 슬래브 상하의 횡방향 보를 더한 단면.

비틀림 강성 K_t는 앞의 식 (12·28)의 비틀림 특성을 정의하는 단면상수 C를 이용하여 식 (12·29)로 계산한다.

$$C = \Sigma\left(1-0.63\,\frac{x}{y}\right)\frac{x^3 y}{3} \tag{12·28}$$

$$K_t = \Sigma\,\frac{9\,E_{cs}\,C}{l_2(1-c_2/l_2)^3} \tag{12·29}$$

여기서 E_{cs}는 슬래브의 콘크리트 탄성계수이며, x는 단면의 직사각형 부분 중 단변의 치수이고 y는 단면의 직사각형 부분 중 장변의 치수이다. T형 또는 L형 단면은 C가 가장 큰 값으로 계산되도록 단면을 분할한다.

이와 같이 슬래브-보 부재, 기둥 부재, 비틀림 부재 등 모든 구조요소를 포함하여 등가골조를 모델링할 수 있지만, 기둥 부재와 비틀림 부재를 합한 등가 기둥(equivalent column)으로 모델링할 수도 있다. 이때 등가 기둥의 휨 강성 $(EI/l)_{ec}$를 K_{ec}, 실제 기둥의 휨 강성 $(EI/l)_c$를 K_c라고 한다면, 설계대 축의 횡방향으로 배치되어 비틀림 부재로 작용하는 보의 비틀림 강성 K_t와의 관계는 다음과 같다.

$$\frac{1}{K_{ec}}=\frac{1}{K_c}+\frac{1}{K_t} \tag{12 · 30}$$

또 각 등가골조는 모든 구조요소를 포함하는 골조구조로 해석할 수 있으나, 연직하중에 대해서는 상하 기둥의 먼 단부를 고정으로 간주하여 각 층별로 해석할 수도 있다. 슬래브-보를 각 층별로 분리하여 해석하는 경우에는 슬래브-보가 그 받침부로부터 두 경간 떨어진 받침부가 고정되어 있다고 가정하여 연속 슬래브 한 받침부의 휨모멘트를 구할 수 있다.

[2] 활하중의 배치

3장 3.6.8절에 소개한 바와 같이, 설계과정에서 수행하는 구조해석에서는 가장 불리하게 작용할 하중 배치를 고려하여야 한다. 따라서 등가골조 슬래브-보의 최대 정모멘트를 구하기 위해서는 3장 3.6.8절 그림 3-46(b)와 같이 활하중을 한 경간씩 건너서 배치하여야 한다. 다만 KDS 14 20 콘크리트구조 설계기준에서는 사용하중으로의 활하중이 고정하중의 3/4 이하인 경우와 구조물의 특성 상 활하중이 항상 모든 경간에 동시에 작용하는 경우에는 모든 경간에 전체 계수활하중을 배치한 하중조합으로 최대 계수부모멘트와 최대 계수정모멘트를 구하는 것을 허용한다. 사용하중으로의 활하중이 고정하중의 3/4을 초과하는 경우에는 활하중을 한 경간씩 건너서 배치한 하중조합으로 최대 정모멘트를 구하는데, 이때의 활하중 크기는 전체 계수활하중의 3/4을 적용할 수 있다. 또한, 받침부의 최대 계수부모멘트는 전체 계수활하중의 3/4이 그 받침부에 인접한 두 경간에만 작용하는 하중조합으로 구할 수 있다. 이렇게 전체 계수활하중의 3/4을 적용할 수 있도록 한 것은 활하중으로 인한 최대 부모멘트와 최대 정모멘트가 동시에 발생 수 없고, 또 부재가 파괴되기 전에 정모멘트 및 부모멘트의 재분배가 가능하기 때문이다. 다만 모든 단면의 계수휨모멘트는 전체 계수활하중이 모든 슬래브 판에 동시에 작용할 때 발생하는 값 이상이어야 한다.

[3] 주열대와 중간대의 휨모멘트 분배와 휨철근의 배치

12.2.6절 [1]항에서 소개하는 직접설계법의 (6)번 적용 조건을 만족한다면, 12.2.6절 [4]항에 따라 주열대의 계수정모멘트와 계수부모멘트를 분배하고 12.2.6절 [5]항에 따라 중간대의 계수정모멘트와 계수부모멘트를 분배할 수 있다. 주열대와 중간대의 내부 받침부의 분배된 계수부모멘드에 대해시는 직시각형 받침부 면을 위험단면으로 하여 철근을 배치한다. 단, 이때의 위험단면은 기둥 중심에서 0.175 l_1 이내로 한다. 브래킷이나 기둥머리가 있는 외부 받침부의 가장자리와 직각방향의 계수부모멘트에 대한 위험단면은 받침부 면에서 브래킷이나 기둥머리의 돌출길이의 1/2 이내로 한다.

[4] 슬래브와 지지 보의 설계검증 및 기둥 또는 벽체로의 하중 전달

2방향 슬래브의 전단설계검증은 12.2.4절 [3]항과 같이 수행한다. 2방향 슬래브 지지 보의 휨설계검증은 12.2.6절 [6]항에 따라 결정된 계수휨모멘트로 수행하며, 전단설계검증은 12.2.6절 [7]항에 따라 결정된 계수전단력으로 수행한다. 기둥 또는 벽체로의 하중 전달은 12.2.6절 [8]항에 따른다.

12.2.8 교량 바닥판 설계

교량 바닥판은 교량에 작용하는 활하중이 직접 작용하는 구조요소이므로 활하중의 특성을 고려하여 설계하여야 한다. 예를 들면 도로교는 설계트럭하중이 바닥판의 제한적 면적에 집중하중형태로 작용하는 특성이 있고, 철도교는 주 활하중인 표준열차하중이 레일을 통하여 바닥판에 작용하는 특성이 있다. 따라서 KDS 24 14 21 콘크리트교 설계기준(한계상태설계법)에서는 교량의 바닥판을 도로교 바닥판과 철도교 바닥판을 구분하여 설계기준을 규정하고 있다. 도로교 바닥판에 대한 설계기준은 기본적으로 AASHTO-LRFD[12.12]의 규정을 근간으로 하고 현장에서의 경험을 반영하여 개정해온 것으로, 이절에서는 도로교 바닥판의 설계기준 내용을 소개한다.

[1] 도로교 바닥판의 일반사항

KDS 24 14 21 콘크리트교 설계기준(한계상태설계법)에 따라 바닥판을 설계하는 경우에는 바닥판의 전단강도 설계검증, 피로한계상태 설계검증, 극단상황하중조합에 대한 설계검증은 수행할 필요가 없다. 콘크리트 바닥판은 지지하는 거더 또는 요소 부재 사이에 충분한 전단연결재를 배치하여 완전한 합성거동을 보이도록 하여야 한다. 합성거더교에서 교축직각방향으로 지간 길이가 6 m를 초과하는 장지간 바닥판은 교축직각방향으로 전단면이 압축상태가 되도록 완전 프리스트레스를 도입해야 한다.

바닥판의 최소두께는 홈 또는 마모 방지층의 두께를 뺀 두께로, 철근콘크리트 바닥판의 경우 220 mm이고 프리스트레스트 콘크리트 바닥판의 경우 200 mm이다. 바닥판의 허용 처짐은 활하중과 동적효과에 의해 유발되는 처짐을 대상으로 검증하며, 바닥판 받침부의 중심간 거리 L에 비례하여 사람의 통행이 없는 바닥판은 $L/800$, 제한된 수의 사람이 통행하는 바닥판은 $L/1,000$, 많은 사람이 통행하는 바닥판은 $L/1,200$을 허용 처짐으로 한다.

교량의 진입부 또는 지간 내부에서 연속성이 확보되어 있지 않는 바닥판 모서리 영역에는 윤하중에 의해 유발되는 휨모멘트와 전단력을 저항할 수 있도록 바닥판과 일체로 시공되는 선부재로 보강하여야 한다. 사교(skewed bridge)인 경우에는 바닥판이 평행사변형이므로 바닥판 설계에서 주철근의 배치방향을 결정하여야 한다. 바닥판의 경사각이 25° 이하인 경우에는 주철근을 경사 방향으로 배치할 수 있지만, 경사각이 25°보다 큰 경우에는 교축직각방향으로 주철근을 배치하여야 한다. 바닥판의 철근배치는 다음 [2]항의 경험적 설계법 또는 [3]항의 전통적 설계법에 따른다.

[2] 도로교 바닥판의 경험적 설계법

도로교 바닥판의 경험적 설계법(empirical design)은 캐나다 온타리오주 교량설계기준[12.13]에 처음 채택된 후 AASHTO-LRFD[12.12]와 KDS 24 14 21 콘크리트교 설계기준(한계상태설계법)[12.2]에 규정된 설계법이다. 다만 미국과 한국은 설계트럭하중이 다르기 때문에 KDS 24 14 21 콘크리트교 설계기준(한계상태설계법)의 바닥판 경험적 설계법은 최소 주철근량과 최소 바닥판 두께 등 AASHTO-LRFD와 동일하지 않은 내용으로 규정되어 있다.

경험적 설계법은 휨 작용을 기반으로 하는 전통적 설계법과는 달리 아치 작용을 기반으로 하는 설계법으로, 별도의 구조해석을 수행하지 않고 바닥판 상면과 하면에 교축방향과 교축직각방향으로 4개 층의 철근을 최소 주철근비 이상으로 배치하면 된다. KDS 24 14 21 콘크리트교 설계기준(한계상태설계법)의 최소 주철근비는 4개 층 모두 콘크리트 바닥판 단면의 0.3%이며, AASHTO-LRFD는 하면에 0.3%에 해당하는 단면적과 상면에 0.2%에 해당하는 단면적 이상을 배치하도록 규정하고 있다. 이때 철근은 콘크리트 피복두께 요구 조건에 의해 허용되는 한도에서 바깥 표면에 가까이 배치하며, 교축직각 방향으로 배치되는 철근을 가장 바깥쪽 층에 배치하여야 한다. 또 철근의 중심간격은 100 mm 이상 또한 250 mm 이하이어야 하며, 바닥판 지간방향의 하부 인장 주철근의 중심 간격은 바닥판 두께 이하이어야 한다. 사교의 경사각이 20°를 넘는 경우에는 단부 끝단에서 바닥판의 유효지간에 해당하는 위치까지 최소 주철근비의 2배에 해당하는 철근을 배치하여야 한다.

바닥판의 실험결과는 4개 층 모두 바닥판 유효깊이 기준의 0.2% 철근비로 철근이 배치된 바닥판이 강도성능을 만족하였지만, 설계기준에서는 바닥판 전체단면 기준의 0.3% 철근비로 보수적으로 규정한 것이다. 또 바닥판의 실험결과는 10.0 이상의 안전율을 보인 전통적 설계법보다는 낮은 안전율이지만 약 8.0 내외의 안전율을 보인 경험적 설계법이 충분한 강도 안전율을 가지고 있음이 입증되었다.[12.12]

이와 같은 경험적 설계법은 캔틸레버 바닥판에는 적용할 수 없으며, 다음 조건을 만족하는 경우에만 적용할 수 있다.

(1) 콘크리트 설계기준압축강도가 27 MPa 이상이고 철근의 설계기준항복강도가 400 MPa 이상이며, 모든 철근이 직선으로 배치되어 겹침이음으로 연결된 경우
(2) 3개 이상의 지지 거더와 합성으로 거동하고 바닥판 지간 방향이 차량 진행 방향에 직각인 경우
(3) 가로보 또는 격벽이 교각 선상에 설치된 경우
(4) 거더 플랜지부의 헌치와 같이 국부적으로 두껍게 한 곳을 제외하고 전체적으로 바닥판의 두께가 균일한 경우
(5) 흠집, 마모면, 그리고 보호피복두께층을 제외한 바닥판의 최소두께가 240 mm 이상인 경우 (AASHTO-LRFD는 180 mm 이상)
(6) 바닥판의 상·하부 철근 외측면 사이의 두께가 150 mm 이상인 경우
(7) 유효 지간이 3.6 m 이하인 경우(바닥판이 벽체 또는 보와 일체로 되어 있는 경우의 유효 지간은 받침부 내면 사이의 순거리, 강재 거더 또는 콘크리트 거더로 지지된 바닥판인 경우의 유효 지간은 플랜지 끝까지의 거리에다 복부 내면에서 플랜지 맨 끝단까지 거리를 합한 값)
(8) 바닥판의 두께에 대한 유효시간의 비가 6 이상 15 이하인 경우(AASHTO-LRFD는 18까지 허용)
(9) 캔틸레버부의 길이가 내측 바닥판 두께의 5배 이상이거나 캔틸레버부의 길이가 내측 바닥판 두께에 3배 이상이고 연속인 콘크리트 방호책과 구조적으로 합성된 경우

[3] 도로교 바닥판의 전통적 설계법

도로교 바닥판의 전통적 설계법(traditional design)은 휨 작용을 기반으로 하는 설계법으로, 바닥판

상면과 하면에 교축방향과 교축직각방향으로 4개 층의 철근이 배치되고 [1]항의 일반 사항에 부합된 경우에만 적용할 수 있다. 이 방법에 따른 도로교 바닥판의 설계는 KDS 24 10 11 교량 설계 일반사항(한계상태설계법)[12.14]에 따라야 한다. 단, 전통적 설계법을 적용하여 도로교 바닥판을 설계할 때의 배력철근에 대해서는 KDS 24 14 21 콘크리트교 설계기준(한계상태설계법)[12.2]에 규정되어 있다.

12.3 기초구조물 설계

기초(footing, foundation)는 기둥이나 벽체 등의 수직부재를 통하여 전달되는 하중을 지반으로 전달하는 하부구조(substructure)이다. 일반적으로 지반의 강도는 구조재료의 강도보다 작으므로, 기둥이나 벽체 등 수직부재의 단면적보다 지반에 접하는 기초의 면적이 더 커야 안정적으로 하중을 전달할 수 있다. 이와 같이 지반에 접하는 면적을 크게 한 기초를 확대기초(spread footing)라 한다. 이 절에서는 확대기초의 종류, 확대기초의 거동, 확대기초의 설계검증 및 설계기준의 내용을 소개한다.

12.3.1 확대기초의 종류와 파괴거동

확대기초의 종류와 파괴거동은 다음과 같다.

[1] 확대기초의 종류

확대기초는 그림 12-21과 같이 다양한 형태로 설계되고 시공된다. 그림 12-21의 (a)~(g)는 얕은기초(shallow foundation) 또는 직접기초(direct foundation) 형식으로, 지반에 접하는 면적을 크게 하여 지반으로 직접 하중을 전달하는 확대기초이다. 이중에서 그림 12-21의 (a)~(c)는 단일 기둥에 대한 독립기초이다. 일반적으로 독립확대기초는 (a)와 같이 확대기초판의 두께가 일정한 독립기초를 말한다. 기초판 변의 두께를 감소시켜서 효율적으로 힘을 흐르게 하고자 할 때는 (b)의 경사기초(tapered footing)나 (c)의

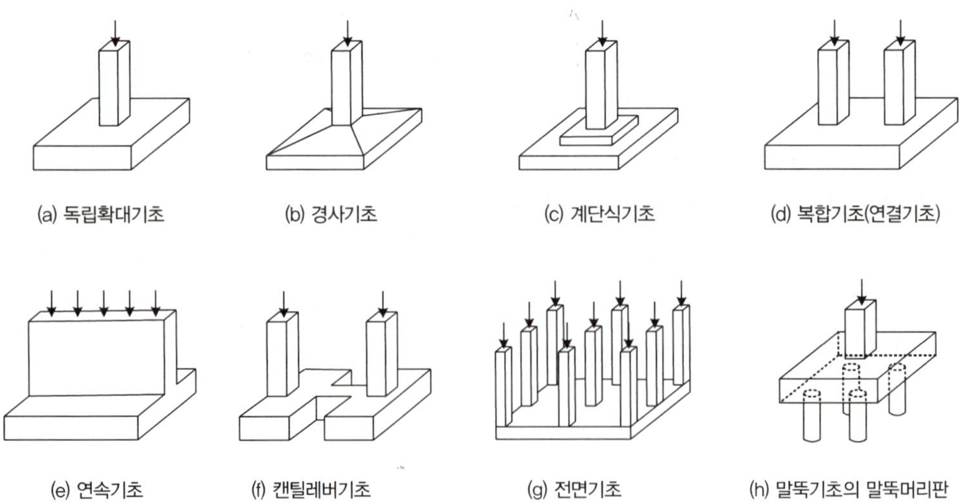

그림 12-21 확대기초의 종류

계단식기초(stepped footing)로 설계할 수 있다. 그러나 경사기초는 경사지게 콘크리트를 시공해야 하고 계단식기초는 거푸집 작업이 추가되어 오히려 경제적이지 않을 수도 있다.

그림 12-21의 (d)~(g)는 2개 이상의 기둥을 하나의 기초판으로 지지하는 복합기초(combined footing)이다. 일반적으로 복합기초(연결기초)는 (d)와 같이 직사각형 또는 사다리꼴의 기초판에 2개 이상의 기둥을 배치한 형태를 말한다. 복합기초는 기둥에 작용하는 축력들의 합력 작용점과 기초판의 도심을 일치시켜서 지반반력을 균등하게 하여야 경제적인 설계가 된다. 따라서 각 기둥에 작용하는 축력의 크기와 기초판 점유면적의 제한을 고려하여 사각형 기초판의 위치를 결정하거나 또는 사다리꼴 형상의 기초판을 선택할 수도 있다. 복합기초(연결기초)를 양쪽방향으로 배치하는 경우에는 격자기초(grid foundation)라고 한다. 그림 12-21의 (e)는 연속기초(strip footing, wall footing)로 벽체를 지지하는 확대기초이며, 폭이 좁은 부재로 연결한 (f)는 캔틸레버기초(cantilever footing, strap footing)이다. (g)는 전면기초(mat foundation)로 하나의 기초판으로 모든 수직부재를 지지하는 형식이다.

그림 12-21(h)의 말뚝기초는 말뚝(pile)을 통하여 하중을 지반으로 전달하는 깊은기초(deep foundation) 형식으로, 확대기초와 동일한 형태로 기둥과 말뚝을 연결하는 부재를 말뚝머리판 또는 말뚝머리(pile cap)라고 한다.

[2] 확대기초의 파괴거동

확대기초의 파괴형태는 7장 7.1.4절에 소개한 전단경간-깊이 비 a/d, 즉 부재의 유효깊이 d에 대한 전단경간 a의 비율에 따라 다음과 같은 네 가지 형태로 구분할 수 있다.[12.15] 참고로 전단경간 a는 계수휨모멘트와 계수전단력의 비 M_u/V_u로 표현할 수 있으므로, 전단경간-깊이 비 a/d는 $M_u/(V_u d)$로도 표현할 수 있다.

(1) 전단압축 파괴(shear compression failure)

전단경간-깊이 비 a/d가 작은 확대기초는 7.1.4절 [2]항에 소개한 전단압축 파괴가 발생할 수 있다. 전단압축 파괴는 인장연단에서부터 경사균열(inclined crack)이 형성된 후 압축부로 발달하여 압축구역을 감소시킴으로써 압축응력과 전단응력의 합성에 의해 파괴된다.

(2) 경사균열 후의 휨파괴(flexural failure after inclined cracks form)

사인장 균열 후의 휨파괴도 역시 전단경간-깊이 비 a/d가 작은 확대기초에서 발생할 수 있다. 이 파괴형태는 인장연단에서부터 경사균열(inclined crack)이 형성된 후 압축부로 발달하기 전에 인장철근이 항복하여 휨파괴에 이르는 형태로 나타난다.

(3) 뚫림전단파괴(punching shear failure, 펀칭전단파괴)

확대기초의 뚫림전단파괴는 사인장파괴(diagonal tension failure)라고도 하는데, a/d가 중간 정도인 보통의 확대기초에서 발생할 수 있다. 뚫림전단파괴는 7.6절에서 그림 7-74와 함께 소개한 파괴형태로 집중하중 주변에서 경사균열이 발생함으로써 뚫리는 형태로 발생한다.

(4) 경사균열 전의 휨파괴(flexural failure before inclined cracks form)

전단경간-깊이 비 a/d가 큰 확대기초에서는 경사균열이 발생하기 전에 인장철근이 항복하여 휨파괴에 이른다. 즉, a/d가 큰 보와 마찬가지로 전단과 관련한 거동을 보이지 않고 휨강도에 도달하는 파괴형태이다.

12.3.2 확대기초의 지반 반력분포와 지지력 및 설계검증

확대기초의 지반 반력과 지지력 및 설계검증의 내용은 다음과 같다.

[1] 확대기초의 지반 반력분포

기둥이나 벽체 등 수직부재를 통하여 하중이 확대기초에 전달되면 확대기초의 밑면으로 하중이 분산되고 지반의 저항으로 반력이 작용하게 된다. 이때의 지반 반력분포는 그림 12-22와 같이 지반의 종류에 따라 다르게 나타난다. 확대기초의 중앙에 축력만 작용하여 좌우 대칭으로 반력이 작용할 때, 지반이 사질토(sand)인 경우는 그림 12-22(a)와 같이 확대기초 중앙부의 반력이 더 크고, 점성토(clay)인 경우는 그림 12-22(b)와 같이 확대기초 외측부의 반력이 더 큰 형태의 비선형 반력분포가 나타난다. 그러나 확대기초의 설계검증에서는 그림 12-22(c)와 같이 등분포 반력, 즉 선형 반력분포로 가정한다. 이것은 지반 종류에 따른 반력분포의 비선형성을 정량적으로 정확히 구하는 것이 쉽지 않고, 또 비선형성의 영향이 설계결과에 큰 영향을 주지 않기 때문이다.

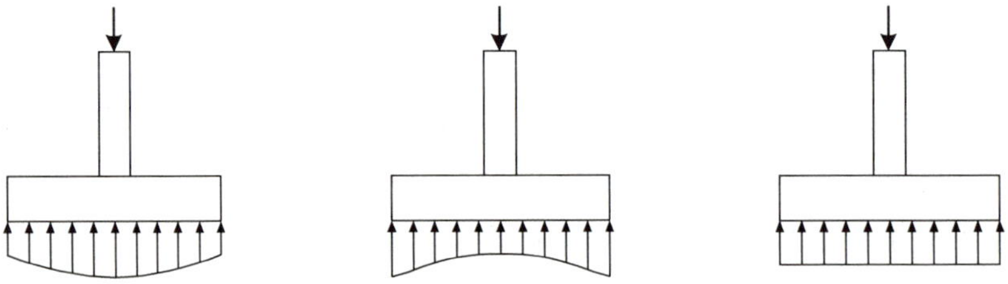

(a) 사질토의 반력분포 (b) 점성토의 반력분포 (c) 설계가정 반력분포

그림 12-22 확대기초의 지반 반력분포

확대기초의 반력은 기초판에 하중으로 작용하는 동시에 지반에도 압력으로 작용하므로, 반력분포의 최댓값은 지반의 안정성을 검증하는데 이용된다. 선형으로 가정한 확대기초의 반력분포는 선형해석을 통하여 구할 수 있으며, 다음과 같이 휨모멘트를 축압축력으로 나눈 편심 e의 크기에 따라 반력분포의 형태가 결정된다.

$$e = \frac{M}{P} \tag{12·31}$$

변의 길이가 l_1과 l_2인 기초판에 휨모멘트가 작용하지 않고 축압축력 P만 작용하는 경우는 편심 e가 0인 상태로, 기초판 밑면의 면적을 A_{ft}라고 할 때 다음과 같이 등분포 반력 q를 구할 수 있다.

$$q = \frac{P}{A_{ft}} = \frac{P}{l_1 l_2} \qquad (12 \cdot 32)$$

축압축력 P와 함께 l_1 방향으로 휨모멘트 M이 작용하면 그림 12-23(a)와 같이 휨모멘트에 의하여 판 중앙에서 멀어질수록 반력이 증가하거나 감소하는 반력분포를 보인다. 만일 이때의 편심 e가 $l_1/6$ 이하인 경우, 즉 $e \le l_1/6$인 경우는 그림 12-23(b)와 같이 기초판 밑면 전체에 압축반력이 작용하여 다음 식을 이용하여 최대반력 q_{max}와 최소반력 q_{min}를 구할 수 있다.

$$q = \frac{P}{A} \pm \frac{My}{I} = \frac{P}{l_1 l_2} \pm \frac{6M}{l_2 l_1^2} \qquad (12 \cdot 33)$$

이와 같이 기초판 밑면 전체에 압축반력이 작용하도록 하려면 연직합력이 단면핵(kern)이라고 부르는 영역 내에 작용하여야 한다. 그러나 휨모멘트의 작용이 커서 연직합력이 단면핵을 벗어나는 경우, 즉 $e > l_1/6$인 경우는 그림 12-23(c)와 같이 x로 나타낸 기초판 밑면의 일부구간에만 압축반력이 작용한다. 이 경우 압축반력의 합이 축압축력 P와 같고 압축반력에 의한 휨모멘트가 M과 같다는 평형조건으로 x를 구할 수 있으며, 이를 이용하여 다음과 같이 최대반력 q_{max}를 구할 수 있다.

$$q_{max} = \frac{2P}{3\,l_2(0.5\,l_1 - e)} \qquad (12 \cdot 34)$$

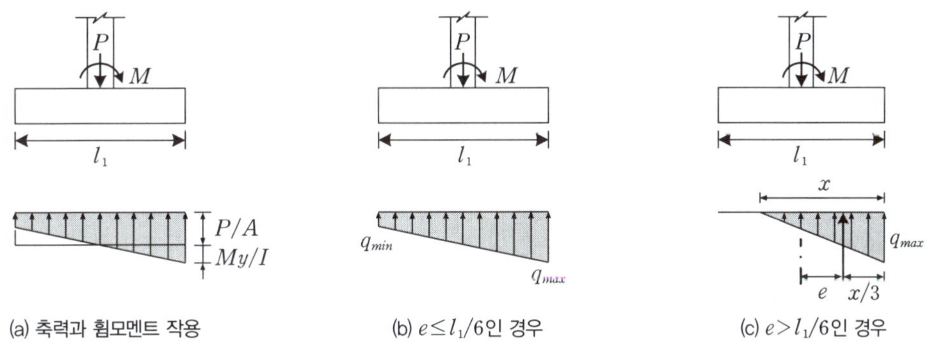

그림 12-23 확대기초의 반력분포 해석

[2] 확대기초의 지반 지지력과 성능검증

확대기초의 지반 반력은 지반의 성능검증, 기초판의 크기 결정, 기초판의 구조설계에 이용된다. 지반의 성능검증에 허용응력설계법 개념을 적용할 때는 사용하중조합으로 기둥이나 벽체에 작용하는 축압축력과 휨모멘트로 지반 반력분포를 구하고, 이때의 지반 반력 q_s가 다음과 같이 지반공학을 기반으로 지반의 파괴(bearing failure)와 침하(settlement)에 대한 안전율을 적용하여 결정된 허용지지력 q_a 이하임을 검증한다.

$$q_s \le q_a \qquad (12 \cdot 35)$$

기둥이나 벽체에 축압축력만 작용할 때, 사용하중상태의 고정하중과 활하중에 의한 축력 P_D와 P_L에 의하여 기초판 밑면의 면적 A_{ft}에 발생하는 지반 반력 q_s는 다음과 같다.

$$q_s = \frac{P_s}{A_{ft}} = \frac{P_D + P_L}{l_1 l_2} \qquad (12 \cdot 36)$$

따라서 식 (12 ·35)를 만족하기 위해서는 기초판의 면적 A_{ft}는 다음을 만족하는 크기이어야 한다.

$$A_{ft} \geq \frac{P_s}{q_a} \left(= \frac{P_D + P_L}{q_a} \right) \qquad (12 \cdot 37)$$

지반의 성능검증에 한계상태설계법(강도설계법, 하중저항계수설계법) 개념을 적용할 때는 계수하중조합으로 기둥이나 벽체에 작용하는 축압축력과 휨모멘트로 지반 반력분포를 구하고, 이때의 지반 반력 q_u가 다음과 같이 설계지지력 q_R 이하임을 검증한다.

$$q_u \leq q_R \qquad (12 \cdot 38)$$

$$q_R = \phi q_n = \phi q_{ult} \qquad (12 \cdot 39)$$

이 식들은 KDS 24 14 51 교량 하부구조 설계기준(한계상태설계법)[12.16]의 표현이며, q_n과 q_{ult}는 각각 공칭지지력과 극한지지력으로 지반공학에 따른 이론적 방법, 반경험적 방법, 재하시험을 통한 방법으로 결정할 수 있다. ϕ는 저항계수로 지지력과 활동(sliding)에 대하여 표 12–7과 같이 규정되어 있다.

표 12–7 KDS 24 14 51의 확대기초 극한한계상태에 대한 저항계수[12.16]

방법/흙/조건			저항계수
지지력	ϕ_b	이론적 방법(Munfakh 등), 점성토	0.50
		이론적 방법(Munfakh 등), 사질토, CPT 사용	0.50
		이론적 방법(Munfakh 등), 사질토, SPT 사용	0.45
		반경험적 방법(Meyerhof), 모든 지반	0.45
		암반 위에 설치된 기초	0.45
		평판재하시험	0.55
활동	ϕ_τ	사질토 위에 설치된 프리캐스트 콘크리트	0.90
		사질토 위에 설치된 현장타설 콘크리트	0.80
		점성토 위에 설치된 프리캐스트 콘크리트 또는 현장타설 콘크리트	0.85
		흙 위에 흙이 존재하는 경우	0.90
	ϕ_{ep}	활동에 저항하는 수동토압	0.50

지반 반력 q_u는 확대기초에 작용하는 계수휨모멘트와 계수전단력을 대상으로 [1]항에서 설명한 방법에 따라 결정한다. 즉, 수직부재에 작용하는 계수하중조합의 계수축압축력 P_u와 계수휨모멘트 M_u에 대하여 해석을 수행하여 반력분포를 구한다. 기둥이나 벽체에 계수축압축력 P_u만 작용할 때의 지반 반력 q_u는 다음과 같다.

$$q_u = \frac{P_u}{A_{ft}} = \frac{\gamma_D P_D + \gamma_L P_L}{l_1 l_2} \tag{12 · 40}$$

여기서 γ_D와 γ_L은 각각 고정하중과 활하중에 대한 하중계수이고, P_D와 P_L은 각각 사용하중상태의 고정하중과 활하중에 의한 축력이다. 따라서 식 (12 · 38)을 만족하기 위해서는 기초판의 면적 A_{ft}는 다음을 만족하는 크기이어야 한다.

$$A_{ft} \geq \frac{P_u}{q_u}\left(= \frac{\gamma_D P_D + \gamma_L P_L}{l_1 l_2}\right) \tag{12 · 41}$$

또한 계수하중조합에 따른 지반 반력 q_u는 기초판의 구조설계에도 적용한다. 즉, 철근콘크리트 구조물의 설계에는 강도설계법 또는 한계상태설계법을 적용하므로, q_u의 반력분포로 인하여 확대기초에 작용하는 계수휨모멘트와 계수전단력을 구하고 이 계수단면력을 대상으로 부재의 강도성능을 검증한다.

12.3.3 확대기초 구조물의 설계검증

확대기초 구조물의 설계검증은 철근콘크리트 구조물에 적용하는 일반적인 성능검증과 동일하게 수행한다. 독립확대기초를 대상으로 구체적으로 설명하면 다음과 같다.

[1] 확대기초의 위험단면

확대기초의 강도검증은 휨과 전단에 대하여 수행한다. 이때 단면력이 가장 커서 확대기초의 설계를 지배하게 되는 위험단면은 휨모멘트, 1방향 전단, 2방향 전단의 세 가지가 설정된다. 확대기초의 설계에서 휨모멘트에 대한 위험단면과 1방향 전단에 대한 위험단면은 KDS 14 20 콘크리트구조 설계기준과 KDS 24 14 21 콘크리트교 설계기준(한계상태설계법)이 동일하지만, 2방향 전단에 대한 위험단면은 두 설계기준이 동일하지 않다.

휨모멘트에 대한 강도성능검증은 확대기초판의 각 변과 직각이며 최대휨모멘트가 작용하는 기둥의 경계, 즉 그림 12-24(a)에 점선으로 표시된 위치를 위험단면으로 하여 두 방향으로 수행한다. 1방향 전단에 대한 강도성능검증은 그림 12-24(b)와 같이 기둥의 경계에서 단면의 유효깊이 d만큼 떨어진 위치를 위험단면으로 하여 두 방향으로 수행한다. 2방향 전단에 대하여는 기본적으로 하나의 위험단면을 설정한다. 2방향 전단(뚫림전단)에 대해서 KDS 14 20 콘크리트구조 설계기준은 그림 12-25(a)의 왼쪽 그림과 같이 기둥의 경계에서 $d/2$만큼 떨어진 위치를 위험단면으로 하여, 기둥이 사각형 형상인 경우

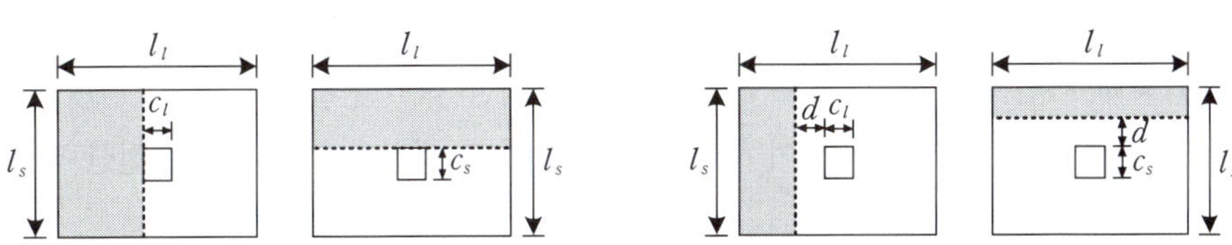

(a) 휨에 대한 위험단면 (b) 1방향 전단에 대한 위험단면

그림 12-24 휨과 1방향 전단에 대한 위험단면과 재하면적

위험단면도 사각형 형상을 가진다. 이와 달리 KDS 24 14 21 콘크리트교 설계기준(한계상태설계법)은 하중 재하면의 경계로부터 $2d$의 거리를 유지하면서 둘레길이가 최소가 되는 단면을 기본 위험단면(basic control section)으로 규정하고 있다. 따라서 기둥이 사각형 형상인 경우에는 그림 12-25(b)와 같이 기둥 경계에 평행한 4개의 직선과 기둥 모서리에서 $2d$ 만큼 떨어진 위치의 1/4 원 4개로 기본 위험단면이 구성된다. 이에 대해서는 7장 7.6.3절 [1]항에 자세히 설명되어 있다.

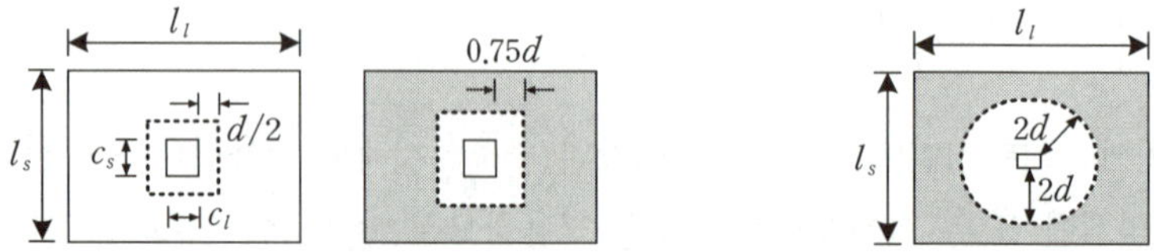

(a) KDS 14 20 (강도설계법) (b) KDS 24 14 21 (한계상태설계법)

그림 12-25 뚫림전단(2방향 전단)에 대한 위험단면과 재하면적

[2] 확대기초의 휨강도 설계검증

그림 12-24(a)로 설명한 바와 같이 두 방향으로 휨강도 설계검증을 수행한다. 이를 위하여 각 방향으로 위험단면에 작용하는 계수휨모멘트는 캔틸레버의 휨모멘트로 계산한다. 기둥에 계수축압축력 P_u만 작용하는 경우 단위면적 당의 지반 반력을 q_u라고 하면, 그림 12-24(a)에서 짙은 색으로 표시한 부분에 q_u가 작용하여 l_l 방향과 l_s 방향의 캔틸레버 최대 계수휨모멘트는 각각 다음과 같다. 여기서, c_l과 c_s는 각각 l_l 방향과 l_s 방향으로의 직사각형 기둥 단면의 크기이며, 원형 기둥인 경우에는 기둥의 지름이다.

$$M_{ul} = \frac{q_u l_s}{2}\left[\frac{1}{2}(l_l - c_l)\right]^2 = \frac{1}{8} q_u l_s (l_l - c_l)^2 \tag{12·42}$$

$$M_{us} = \frac{q_u l_l}{2}\left[\frac{1}{2}(l_s - c_s)\right]^2 = \frac{1}{8} q_u l_l (l_s - c_s)^2 \tag{12·43}$$

설계휨강도는 적용하는 설계기준에 따라 계산하고, 각 방향으로의 설계휨강도가 계수휨모멘트 이상임을 검증한다.

[3] 확대기초의 전단강도 설계검증

1방향 전단에 대해서는 그림 12-24(b)로 설명한 바와 같이 두 방향으로 설계검증을 수행한다. 이때 1방향 설계전단강도는 적용하는 설계기준에 따라 계산하고, 각 방향으로의 설계전단강도가 계수전단력 이상임을 검증한다. 각 방향으로 위험단면에 작용하는 계수전단력은 캔틸레버의 전단력으로 계산한다. 기둥에 계수축압축력 P_u만 작용하는 경우 단위면적 당의 지반 반력을 q_u라고 하면, 그림 12-24(b)에서 짙은 색으로 표시한 부분에 q_u가 작용하여 l_l 방향과 l_s 방향의 캔틸레버 최대 계수전단력은 각각 다음과 같다.

$$V_{ul} = q_u l_s \left(\frac{l_l}{2} - \frac{c_l}{2} - d\right) \tag{12·44}$$

$$V_{us} = q_u\, l_l \left(\frac{l_s}{2} - \frac{c_s}{2} - d \right) \tag{12·45}$$

2방향 뚫림전단에 대해서는 그림 12-25로 설명한 바와 같이 위험단면에 대하여 설계검증을 수행한다. 이때 2방향 설계전단강도는 적용하는 설계기준에 따라 위험단면에서 계산하지만, 계수전단력은 설계기준에 따라 계산하는 방법에 차이가 있다. 7장 7.6.3절 [1]항에 설명한 바와 같이, KDS 14 20 콘크리트구조 설계기준은 그림 12-25(a)의 왼쪽 그림과 같이 기둥의 경계에서 $d/2$만큼 떨어진 위치를 위험단면으로 하고 있지만, 계수전단력은 그림 12-25(a)의 오른쪽 그림과 같이 기둥의 경계로부터 0.75 d 떨어진 위치에서 산정한다. 따라서 KDS 14 20 콘크리트구조 설계기준에서는 기둥에 계수축압축력 P_u만 작용하는 경우 2방향 뚫림전단에 대한 계수전단력을 다음과 같이 계산한다.

$$V_{u,\,pnc} = q_u\,[l_l\, l_s - (c_l + 1.5\,d)(c_s + 1.5\,d)] \tag{12·46}$$

KDS 24 14 21 콘크리트교 설계기준(한계상태설계법)은 7장 7.6.3절 [1]항에 설명한 바와 같이, 그림 12-25(b)의 기본 위험단면에서 설계전단강도와 계수전단력을 산정하며 필요에 따라서는 기본 위험단면 외에도 기둥의 경계면이나 기둥의 경계에서 d 만큼 떨어진 위치를 위험단면으로 설정할 수 있다. 따라서 위험단면의 면적을 A_{crt}이라고 하면, KDS 24 14 21 콘크리트교 설계기준(한계상태설계법)에서는 기둥에 계수축압축력 P_u만 작용하는 경우 2방향 뚫림전단에 대한 계수전단력을 다음과 같이 계산한다.

$$V_{u,\,pnc} = q_u\,(l_l\, l_s - A_{crt}) \tag{12·47}$$

[4] 확대기초의 지압강도 설계검증

확대기초의 지압에 대해서는 기둥 또는 벽체 등 수직부재와 확대기초판으로 나누어 지압강도 설계검증을 수행한다. 설계지압강도는 적용하는 설계기준에 따라 계산하고, 설계지압강도가 계수압축력 이상임을 검증한다. 기둥 또는 벽체 등 수직부재의 설계지압강도는 다음으로 계산한다.

$$B_d = \phi(0.85\, f_{ck,\,c}\, A_{co}) \tag{12·48}$$

여기서 $f_{ck,\,c}$는 기둥 또는 벽체의 콘크리트 설계기준압축강도이고, A_{co}는 재하면적으로 기둥 또는 벽체의 단면적과 같다. KDS 14 20 콘크리트구조 설계기준을 적용할 때 ϕ는 지압에 대한 강도감소계수로 0.65를 적용하고, KDS 24 14 21 콘크리트교 설계기준(한계상태설계법)을 적용할 때 ϕ는 0.65인 콘크리트의 재료계수 ϕ_c를 적용한다. 따라서 두 설계기준에 의한 설계지압강도는 동일한 값으로 계산된다.

확대기초판에 대한 설계지압강도는 설계기준에 따라 계산하는 방법을 달리 적용한다. KDS 14 20 콘크리트구조 설계기준을 적용할 때에는 9장 9.5.1절에 소개한 방법에 따라 앞의 식 (9·105)로 계산한다.

$$\phi B_n = \phi(0.85\, f_{ck}\, A_1)\sqrt{\frac{A_2}{A_1}} \tag{9·105}$$

이때 f_{ck}는 확대기초판의 콘크리트 설계기준압축강도 $f_{ck,\,f}$를 적용한다. 이와 같이 확대기초판과 기둥 또는 벽체의 콘크리트 설계기준압축강도를 구분하는 것은 확대기초판에 상대적으로 낮은 압축강도의 콘크리트로 설계되는 경우가 있기 때문이다. A_1은 하중이 직접 작용하는 재하면적으로 A_{co}와 같으며 A_2는 9장 9.5.1절 그림 9-53에 나타낸 절두체의 면적이고, $\sqrt{A_2/A_1}$의 값은 2.0을 초과하지 못한다.

KDS 24 14 21 콘크리트교 설계기준(한계상태설계법)을 적용할 때에는 9장 9.5.2절에 소개한 방법에 따라 앞의 식 (9·107)로 계산하며 앞의 식 (9·108)의 값을 최댓값으로 한다. 이때에도 역시 f_{ck}는 확대기초판의 콘크리트 설계기준압축강도 $f_{ck,f}$를 적용한다.

$$F_d = \phi_c(0.85 f_{ck})\, A_{co}\sqrt{\frac{A_{c1}}{A_{co}}} \tag{9·107}$$

$$F_{d,\,max} = 3.0\,\phi_c\,(0.85 f_{ck})\, A_{co} \tag{9·108}$$

여기서 A_{c1}은 9장 9.5.2절에서 그림 9-54로 설명한 최대 설계 분포면의 면적이다.

[5] 수직부재와 기초판 사이 힘의 전달을 위한 철근배치와 연결

기둥이나 벽체 등 수직부재의 밑면에는 힘이 기초판으로 전달되도록 철근을 배치하거나 철근을 연결하여야 한다. 따라서 수직부재 밑면에 작용하는 축압축력 또는 축인장력 및 휨모멘트가 적절하게 기초판으로 전달되는지 검증하여야 하며, 또한 수직부재에 횡방향 하중 작용하여 수직부재 밑면에 전단력이 작용하는 경우에는 7장 7.7절에 따라 전단마찰의 성능검증도 수행하여야 한다.

KDS 14 20 콘크리트구조 설계기준에서는 수직부재가 현장타설 콘크리트인 경우 기초판과의 접촉면을 지나는 철근의 단면적이 수직부재 단면적의 0.005배 이상이도록 규정하고 있으며, 콘크리트 지압강도를 초과하는 압축력은 철근으로 전달하도록 규정하고 있다. 따라서 지압강도 성능이 만족되는 경우에는 지압면을 지나는 수직철근 단면적이 수직부재 단면적의 0.005배 이상인지를 검증하면 된다. 일반적인 철근콘크리트 구조로 기둥이나 벽체를 설계하였다면 압축부재의 최소 축방향 철근비가 0.01이므로, 그림 12-26(a)와 같이 수직부재의 축방향 철근을 기초판 하부까지 연장하고 갈고리를 두어 절단하면 기준을 만족한다.

그림 12-26(b)는 다월철근(dowel bar)으로 수직부재의 축방향 철근과 겹침이음으로 연결하여 힘을 전달하는 철근배치이다. 2장 2.1.10절 그림 2-23을 참조하여 설명한 바와 같이, 확대기초의 시공에서도 아랫부분 기초판 콘크리트를 먼저 타설하고 나서 굳으면 윗부분 수직부재 콘크리트를 타설한다. 따라서 그림 12-26(a)와 같이 시공하려면 수직부재 축방향 철근을 배치한 상태에서 아랫부분 기초판 콘크리트를

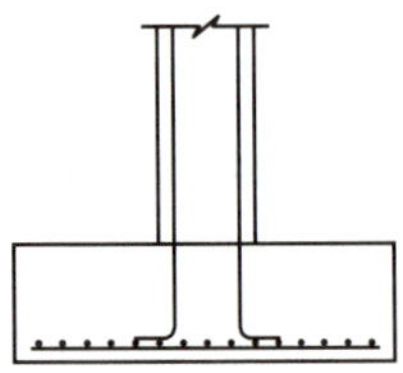

(a) 축방향 철근 연장

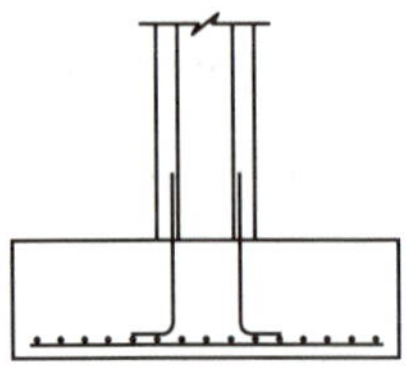

(b) 다월철근 겹침이음

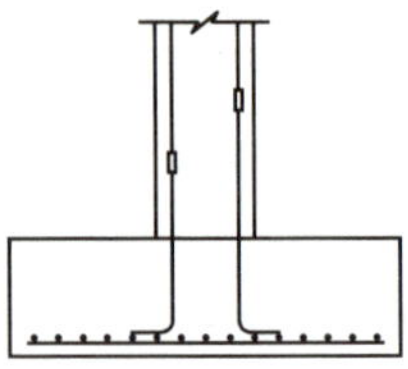

(c) 다월철근 기계적이음

그림 12-26 수직철근의 배치와 연결

타설해야 하는데, 축방향 철근이 긴 경우 수직부재의 거푸집이 설치되기 전까지는 축방향 철근이 노출되어 시공 품질에 좋지 않은 영향을 줄 수 있다. 이와 같은 경우에는 그림 12-26(b)와 같이 기초판 하부에서 기초판 상면을 지나 겹침이음길이만큼 연장한 다월철근을 배치한 상태에서 기초판 콘크리트를 타설하고, 기초판 상면에 노출된 철근에 수직부재 축방향 철근을 겹침이음 한 후 수직부재 콘크리트를 타설한다. 이와 같은 다월철근을 이용한 철근 연결은 수직부재에 축압축력만 작용하는 경우에는 가능하다. 그러나 휨모멘트가 작용하는 경우, 특히 지진에 의하여 반복 횡방향이 작용하는 경우에는 수직부재 단면의 양 단부에 배치된 축방향철근이 반복으로 인장응력을 받고, 또 수직부재 하단부가 최대 휨모멘트가 작용하는 위치이므로 다월철근을 이용한 철근 연결은 허용되지 않는다. 이때에는 다월철근을 길게 배치하여 최대 휨모멘트가 작용하는 위치와 먼 곳에서 수직부재 축방향 철근과 겹침이음을 엇갈린 위치에서 하거나, 그림 12-26(c)와 같이 커플러를 이용한 기계적이음으로 연결할 수 있다. 이때에도 최대 휨모멘트가 작용하는 위치를 피하고 인접한 철근과 같은 위치에서 연결되지 않도록 연결위치를 엇갈리게 하는 것이 바람직하다.

[6] 확대기초의 휨인장철근 배치

1방향으로만 휨모멘트가 작용하는 연속기초와 정사각형 독립확대기초는 그림 12-27(a)와 같이 휨모멘트가 작용하는 방향으로 기초판 전체 폭에 걸쳐 휨인장철근을 균등하게 배치하여야 한다. 직사각형 확대기초의 경우에는 방향에 따라 휨인장철근을 배치하는 방법을 달리 해야 한다. 즉, 장변방향의 철근은 기초판 전체 폭에 걸쳐 균등하게 배치하지만, 단변방향의 철근은 기둥이 위치하는 중앙부에 집중 배치한다. 이것은 단위폭 당 휨모멘트가 기둥 아래에서 가장 크고 기둥에서 멀어질수록 작아지는 현상을 고려하기 위한 것이다. 설계기준에는 집중 배치하여야 하는 구간과 철근의 양을 규정하고 있는데, KDS 14 20 콘크리트구조 설계기준은 그림 12-27(b)와 같이 단변방향 전체 철근량 A_s 중 다음으로 계산하는 γ_s의 비율만큼, 즉 $\gamma_s A_s$를 유효폭 l_s 내에 균등하게 배치한 후 나머지 철근량 $(1-\gamma_s)A_s$를 유효폭 l_s의 외부에 균등하게 배치하도록 규정하고 있다. γ_s의 계산에 이용되는 β는 기초판 짧은 변 길이에 대한 긴 변 길이의 비이다.

$$\gamma_s = \frac{2}{\beta+1} \qquad (12 \cdot 49)$$

$$\beta = \frac{l_l}{l_s} \qquad (12 \cdot 50)$$

KDS 24 14 21 콘크리트교 설계기준(한계상태설계법)은 그림 12-27(c)와 같이 단변방향 전체 철근량의 2/3를 중앙부 $c+3d$의 폭에 집중 배치하도록 권장하고 있다. 여기서 c는 기둥 단면의 폭이고 d는 기초판의 유효깊이이다. 원형 확대기초판에 대해서는 주철근을 직교 방향으로 배치하고 기초판 지름의 50%±10% 폭에 해당하는 기초판 중앙부에 집중 배치하도록 규정하고 있다. 이 경우 철근이 배치되지 않은 부분은 무근콘크리트로 취급하여야 한다.

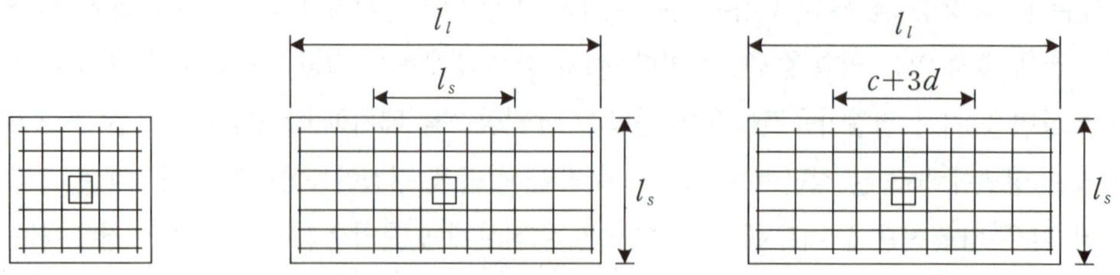

(a) 철근의 균등배치 (b) KDS 14 20의 철근배치 (c) KDS 24 14 21의 철근배치

그림 12-27 기초판 휨인장철근의 배치

한편, 확대기초도 역시 철근콘크리트의 구조성능을 발휘하기 위한 기본조건을 만족하여야 하므로, 확대기초에 배치되는 모든 철근은 정착성능이 충분하도록 배치되어야 한다.

예제 12-2 그림 12-28과 같이 5.0m×2.4m 크기의 직사각형 확대기초가 지지하고 있는 500mm 크기의 정사각형 단면 기둥에 계수 축압축력 P_u=3,000kN이 작용하고 있다. 이 기초판의 장변방향과 단변방향에 작용하는 최대 계수 휨모멘트와 1방향 계수전단력을 구하시오. 기초판 바닥의 피복두께는 75mm이고, SD400 D19 인장철근을 사용한다.

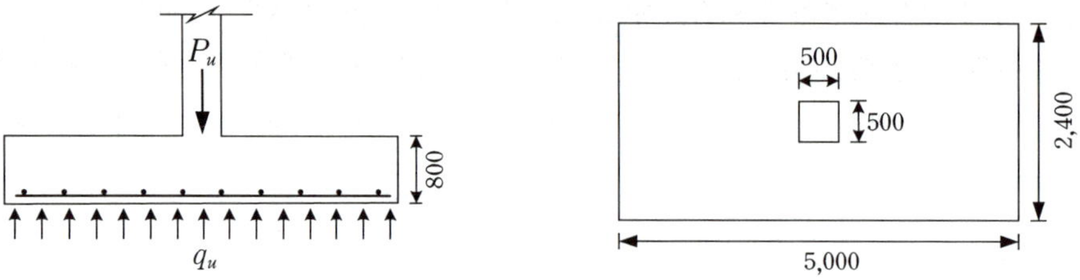

(a) 기초판의 두께와 하중 작용 (b) 기초판의 크기와 기둥 단면의 크기

그림 12-28 예제 12-2의 확대기초

〈풀이〉

(1) 계수하중에 의한 지반반력

기초판의 장변방향 길이 5.0m를 l_l이라고 하고 단변방향 길이 2.4m를 l_s라고 하면, 기둥으로부터 전달되는 계수축압축력 3,000 kN에 의한 지반반력 q_u는

$$q_u = \frac{P_u}{l_l\, l_s} = \frac{3{,}000}{5.0\times 2.4} = 250\ kN/m^2$$

(2) 장변방향과 단변방향의 최대 계수휨모멘트

한 변의 길이가 500 mm인 정사각형 기둥이므로 기초판 장변방향으로의 기둥 단면 크기 c_l을 0.5 m로 하고, 식 (12·42)를 이용하여 기둥 경계인 위험단면에서 장변방향 최대 계수휨모멘트를 구하면

$$M_{ul} = \frac{1}{8}\, q_u\, l_s (l_l - c_l)^2 = \frac{1}{8}\times 250\times 2.4\times(5.0-0.5)^2 = 1{,}520\ kN\cdot m$$

기초판 단변방향으로의 기둥 단면 크기 c_s를 0.5 m로 하고, 식 (12 · 43)을 이용하여 기둥 경계인 위험단면에서 단변방향 최대 계수휨모멘트를 구하면

$$M_{us} = \frac{1}{8} q_u l_l (l_s - c_s)^2 = \frac{1}{8} \times 250 \times 5.0 \times (2.4 - 0.5)^2 = 564 \, kN \cdot m$$

(3) 장변방향과 단변방향의 1방향 계수전단력

기초판 바닥의 피복두께가 75 mm이고 장변방향 인장철근을 바닥에 가까이 배치하고 그 위에 단변방향 인장철근을 배치하면, D19 철근의 지름이 19.1 mm이므로 장변방향 인장철근의 유효깊이 d_l과 단변방향 인장철근의 유효깊이 d_s는

$$d_l = 800 - 75 - 19.1/2 = 715 \, mm$$

$$d_s = 800 - 75 - 19.1 - 19.1/2 = 696 \, mm$$

식 (12 · 44)를 이용하여 기둥 경계에서 장변방향 유효깊이 d_l만큼 떨어진 위치의 위험단면에 작용하는 장변방향 최대 계수전단력 구하면

$$V_{ul} = q_u l_s \left(\frac{l_l}{2} - \frac{c_l}{2} - d_l \right) = 250 \times 2.4 \times \left(\frac{5.0}{2} - \frac{0.5}{2} - 0.715 \right) = 921 \, kN$$

식 (12 · 45)를 이용하여 기둥 경계에서 단변방향 유효깊이 d_s만큼 떨어진 위치의 위험단면에 작용하는 단변방향 최대 계수전단력 구하면

$$V_{us} = q_u l_l \left(\frac{l_s}{2} - \frac{c_s}{2} - d_s \right) = 250 \times 5.0 \times \left(\frac{2.4}{2} - \frac{0.5}{2} - 0.696 \right) = 318 \, kN$$

확대기초판에 전단철근을 보강하지 않은 상태에서 장변방향과 단변방향으로의 설계전단강도가 계수전단력 이상이면 전단철근을 배치하지 않아도 된다. KDS 14 20 콘크리트구조 설계기준을 적용할 때는 식 (7 · 56)의 엄밀식이나 식 (7 · 58)의 간략식으로 콘크리트에 의한 1방향 공칭전단강도 V_c를 구하고 강도감소계수를 적용하여 설계전단강도 ϕV_n을 결정한다. KDS 24 14 21 콘크리트교 설계기준(한계상태설계법)을 적용할 때는 식 (7 · 86)으로 1방향 설계전단강도 V_{cd}를 결정한다.

예제 12-3 앞의 예제 12-2와 동일한 확대기초판에 장변방향으로 SD400 D19 철근 23개와 단변방향으로 SD400 D19 철근 13개를 배치할 예정이다. KDS 14 20 콘크리트구조 설계기준에 따라 장변방향과 단변방향으로 배치할 철근의 중심간격을 결정하시오.

〈풀이〉

(1) 장변방향 철근배치

기초판의 장변방향 길이 5.0 m를 l_l이라고 하고 단변방향 길이 2.4 m를 l_s라고 하면, 장변방향으로 배치하는 철근 23개는 폭 2.4 m 이내에 배치하여야 한다. 23개의 철근을 100 mm의 중심간격으로 배치하면 최 외측에 배치되는 철근의 중심에서 측면 콘크리트 표면까지의 거리가 100 mm가 되어 최소피복두께를 초과하게 된다. 따라서 장변방향의 철근은 중심간격 100 mm로 배치하기로 한다.

(2) 단변방향 철근배치

단변방향으로 배치하는 철근 13개는 폭 5.0 m 이내에 배치하여야 하는데, 기초판이 직사각형이므로 단변방향 철근은 전체 철근량 A_s 중 γ_s의 비율만큼, 즉 $\gamma_s A_s$를 단변방향 길이와 같은 2.4 m의 유효폭 l_s 내에 균등하게 배치한 후 나머지 철근량 $(1-\gamma_s)A_s$를 유효폭 l_s의 외부에 균등하게 배치하여야 한다. 먼저 기초판 짧은 변 길이에 대한 긴 변 길이의 비 β와 집중배치 비율 γ_s를 계산하면

$$\beta = \frac{l_l}{l_s} = \frac{5.0}{2.4} = 2.08$$

$$\gamma_s = \frac{2}{\beta+1} = \frac{2}{2.08+1} = 0.649$$

전체 철근의 수 13개를 n이라고 할 때 유효폭 l_s 내에 균등하게 배치하여야 할 철근의 수를 구하면

$$\gamma_s n = 0.649 \times 13 = 8.4$$

따라서 13개의 철근 중 9개를 400 mm 간격으로 중앙부 유효폭 2,400 mm에 배치하고, 유효폭 외부의 좌우 1,300 mm 폭 600 mm에 간격으로 2개씩 배치하면 최 외측에 배치되는 철근의 중심에서 측면 콘크리트 표면까지의 거리가 100 mm가 되어 최소피복두께를 초과하게 된다.

(3) 철근배치도

철근배치도는 그림 12-29와 같다.

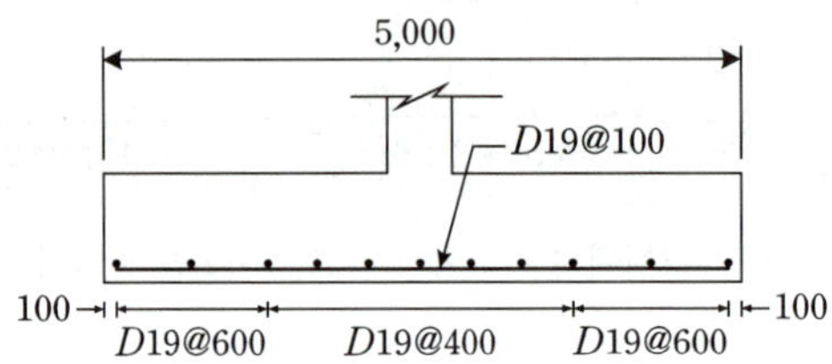

그림 12-29 기초판의 철근배치도

예제 12-4 앞의 예제 12-2와 동일한 확대기초에서 기둥의 콘크리트 설계기준압축강도가 35 MPa이고 기초판의 콘크리트 설계기준압축강도가 30 MPa일 때 KDS 14 20 콘크리트구조 설계기준에 따라 지압강도 설계검증을 수행하시오.

〈풀이〉

이 예제의 풀이는 9장 9.5.1절 예제 9-7과 동일하다.

예제 12-5 4.4 m×3.8 m 크기의 직사각형 확대기초가 0.8×0.6 m 크기의 직사각형 단면 기둥을 지지하고 있다. 콘크리트 설계기준압축강도 f_{ck}가 30 MPa인 확대기초판에는 양쪽 방향으로 SD400 D32(A_b=794.2 mm^2) 인장철근이 250 mm 간격으로 배치되어 있다. 기둥 하단에 계수축압축력 4,000 kN이 작용하는 경우 KDS 14 20 콘크리트구조 설계기준에 따라 기초판의 뚫림전단 강도성능을 검증하시오. 또, 기둥 하단에 계수축압축력 4,000 kN과 함께 장변방향으로 계수휨모멘트 1,000 kN·m가 작용할 때, KDS 24 14 21 콘크리트교 설계기준(한계상태설계법)에 따라 기초판의 뚫림전단 강도성능을 검증하시오.

〈풀이〉

(1) 계수축압축력이 작용하는 기초판의 뚫림전단강도 성능검증

계수축압축력 4,000 kN이 작용할 때 KDS 14 20 콘크리트구조 설계기준에 따라 기초판의 뚫림전단강도 성능을 검증하는 이 예제의 풀이는 7장 7.6.2절의 예제 7-10과 동일하다.

(2) 계수축압축력과 계수휨모멘트가 작용하는 기초판의 뚫림전단강도 성능검증

계수축압축력 4,000 kN과 계수휨모멘트 1,000 $kN \cdot m$가 작용할 때 KDS 24 14 21 콘크리트교 설계기준(한계상태설계법)에 따라 기초판의 뚫림전단강도 성능을 검증하는 이 예제의 풀이는 7장 7.6.3절의 예제 7-11과 동일하다.

12.4 옹벽 설계와 지중 구조물 설계

옹벽(retaining wall)은 지반의 경사면에 변화를 줄 때 발생할 수 있는 흙의 붕괴를 방지하기 위하여 토압을 저항하도록 설치하는 구조물이다. 옹벽에도 기초 구조물과 같이 지반반력의 수직토압이 작용하지만 주로 수평토압이 크게 작용한다. 지중구조물(underground structure)은 지표면 아래 땅 속의 구조물로 중력방향으로의 하향 수직토압 및 지반반력의 상향 수직토압과 함께 수평토압이 작용하는 구조물이다. 이 절에서는 옹벽의 종류, 옹벽의 토압작용, 옹벽과 지중구조물의 설계검증 내용을 소개한다.

12.4.1 옹벽의 종류와 토압저항 구조물

옹벽의 종류와 토압저항 구조물은 다음과 같다

[1] 옹벽의 종류

옹벽은 그림 12-30과 같이 다양한 형태로 설계되고 시공된다. 그림 12-30(a)는 자체 중량으로 수평토압에 저항하는 중력식 옹벽(gravity wall)으로 철근을 배치하지 않는 무근콘크리트(plain concrete)로 하여 높이가 3 m 이하의 낮은 옹벽에 적용하는 것이 일반적이다. 그러나 중력식 옹벽은 체적이 큰 매스콘크리트(mass concrete)인 경우가 많아서 콘크리트의 수화열이나 수축의 영향을 고려하여 낮은 압축강도로 설계하는 것이 일반적이며, 콘크리트의 시공에서 배합과 타설 및 양생의 품질관리가 중요하다.

그림 12-30(b)는 캔틸레버식 옹벽(cantilever wall)으로 수직부재인 벽체(wall)와 수평부재인 저판(base plate)이 연결된 형태이며, 저판은 앞판(toe, 앞굽판)과 뒤판(heel, 뒷굽판)로 구분하여 벽체와 함께 모두 3개의 캔틸레버 판으로 설계한다. 따라서 캔틸레버식 옹벽은 캔틸레버로의 구조 거동에 따라 주철근을 배치하며, 높이가 3.0~7.5 m인 경우에 적용하는 것이 일반적이다. 캔틸레버식 옹벽은 역T형 옹벽이라고도 하는데, 경우에 따라서는 저판의 끝 부분에 벽체를 세워서 2개의 캔틸레버로 구성되는 L형 옹벽으로 설계하기도 한다.

그림 12-30의 (c)와 (d)는 부벽식 옹벽으로 높이가 7.5 m를 초과하여 캔틸레버식 옹벽으로 설계하는 것이 경제적이지 않을 때 적용한다. 부벽은 벽체 판에 직각방향으로 배치되어 벽체를 지지하는 구조요소로, (c)와 같이 부벽이 안쪽에 배치되는 것을 뒷부벽식 옹벽(counterfort wall)이라고 하고 (d)와 같이

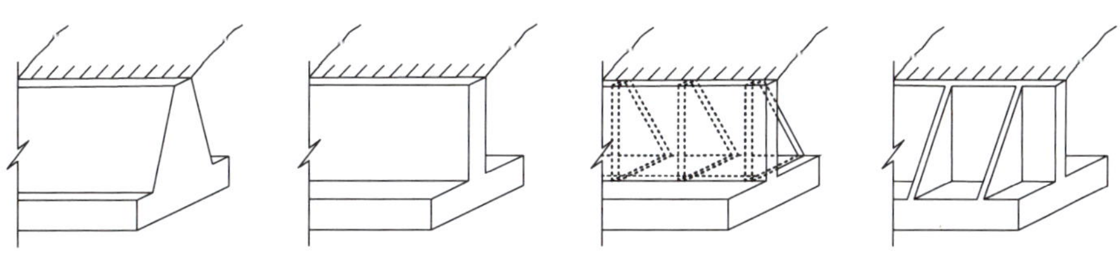

(a) 중력식 옹벽　(b) 캔틸레버식 옹벽　(c) 뒷부벽식 옹벽　(d) 앞부벽식 옹벽

그림 12-30 옹벽의 종류

부벽이 바깥쪽에 배치되는 것을 앞부벽식 옹벽(buttress wall)이라고 한다.

[2] 토압저항 구조물

옹벽과 동일한 형태로 토압에 저항하는 구조물로 그림 12-31(a)와 같은 교대(bridge abutment)가 있다. 교대는 교량의 최 외측 지점에 설치되는 구조물로 사람, 차량, 열차 등이 원활하게 이동할 수 있도록 교량 주변 지반의 변형이 발생하지 않게 수평토압에 저항하는 구조물이며, 그림 12-31(b)와 같이 주 벽체인 흉벽과 흉벽의 양쪽에 직각 또는 비스듬한 각도로 연결되는 날개벽으로 구성된다.

그림 12-31(c)는 지중구조물(underground structure)로 지표면 아래로 도시철도가 통과하는 지하철, 사람이나 차량이 통행하는 통로박스, 물을 흐르게 하는 수로박스, 전기 공급선이나 전화선 등을 설치하기 위한 전력구와 통신구 등이 있으며, 영문으로는 box culvert, 한자어로는 暗渠(암거)라고 부른다.

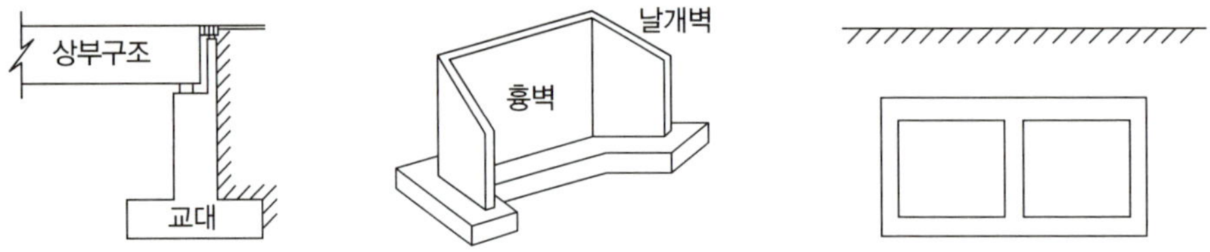

(a) 교대 구조물 (b) 교대의 흉벽과 날개벽 (c) 지중구조물

그림 12-31 토압저항 구조물

12.4.2 옹벽의 토압작용과 안정성 및 안전성

옹벽에서 흙과 접한 벽체의 안쪽을 배면, 옹벽이 막고 있는 흙을 배면토라고 한다. 옹벽에 작용하는 토압의 크기, 분포, 작용방향은 배면토의 종류, 높이, 다짐 상태, 토층의 경사에 따라 다르다. 또한 배면토 지하수위의 영향도 크므로 배수(drainage) 시설의 존재에 따라서도 다르며, 옹벽 구조물에 발생하는 변위에 따라서도 다르다. 토압에 대한 기본적인 내용과 옹벽 설계에 적용하는 토압은 다음과 같다.

[1] 토압

흙을 높은 곳에서 내리면 경사를 이루며 쌓이므로 흐르지 않는 고체와 완전히 흐르는 액체의 중간 상태라고 할 수 있다. 고체는 수평압력을 발생시키지 않고 액체는 단위중량과 깊이를 곱한 값만큼의 정수압(hydrostatic pressure)이 수평압력으로 작용하므로, 고체와 액체의 중간 상태인 흙은 정수압보다는 작은 수평토압이 발생한다. 이때 토압은 흙의 횡방향 변위에 따라 정지토압, 주동토압, 수동토압의 세 가지 형태로 작용한다.

정지토압(earth pressure at rest, hydrostatic earth pressure)은 흙의 체적 변화가 없을 때, 즉 횡방향 변위가 발생하지 않은 상태에서 수평 방향으로 작용하는 토압이다. 주동토압(active earth pressure)은 흙이

팽창하여 발생하는 토압이며, 수동토압(passive earth pressure)은 흙이 압축되어 발생하는 토압이다. 정지토압 p_o, 주동토압 p_a, 수동토압 p_p는 각각 다음과 같이 구할 수 있다.

$$p_o = C_o w_s h \tag{12·51}$$

$$p_a = C_a w_s h \tag{12·52}$$

$$p_p = C_p w_s h \tag{12·53}$$

여기서 w_s는 흙의 단위중량, h는 흙의 높이, C_o와 C_a 및 C_p는 각각 정지토압계수, 주동토압계수, 수동토압계수이다. 이 세 가지 토압계수 값들은 지반공학(geotechnical engineering)을 기반으로 결정하여야 하므로 여기서는 자세히 다루지 않는다. 다만 간단히 언급하면 토압 계산방법은 Coulomb 토압이론이나 Rankine 토압이론을 적용할 수 있는데, 일반적인 경우는 Coulomb 토압이론을 적용하고 캔틸레버 옹벽과 같이 가상배면에 토압을 작용시키는 경우는 Rankine 토압이론을 적용할 수 있다.[12.17]

[2] 옹벽의 토압

옹벽에는 배면토에 의하여 토압이 작용하는데 배면토 지표면이 수평인 경우에는 그림 12-32(a)와 같이 깊이에 비례하는 주동토압이 작용하는 상태를 대상으로 설계검증을 수행한다. 이것은 옹벽의 배면에 작용하는 수평토압에 의하여 벽체가 약간 밀려나오면 배면토가 경사진 활동면(sliding plane)을 따라 미끄러져 내려오면서 수평방향의 주동토압으로 작용하기 때문이다. 단위폭 당 옹벽 배면에 작용하는 배면토 주동토압의 합력 P_a는 다음으로 구할 수 있다.

$$P_a = \frac{1}{2} p_a h = \frac{1}{2} C_a w_s h^2 \tag{12·54}$$

배면토 지표면이 경사진 경우에는 그림 12-32(b)와 같이 배면토 주동토압과 그 합력 P_a가 경사진 방향으로 작용한다. 따라서 합력 P_a는 수평방향 성분과 수직방향 성분으로 나눌 수 있다. 한편 옹벽에 배면토 주동토압의 합력 P_a가 수평방향으로 작용하면서 옹벽이 밀려나오면 반대편 흙이 밀리면서 저항하는 상태가 되어, 그림 12-32의 (a)와 (b)에 나타낸 바와 같이 수동토압과 그 합력 P_p가 작용한다. 그러나 이 수동토압은 옹벽의 설계검증에서 무시하는 것이 일반적이다. 이것은 이 부분의 흙이 옹벽 구조물이 시공된 후 다시 메운(성토, 되 메우기) 흙이므로 다짐 상태의 변동성을 고려할 때 설계검증에서 무시하는

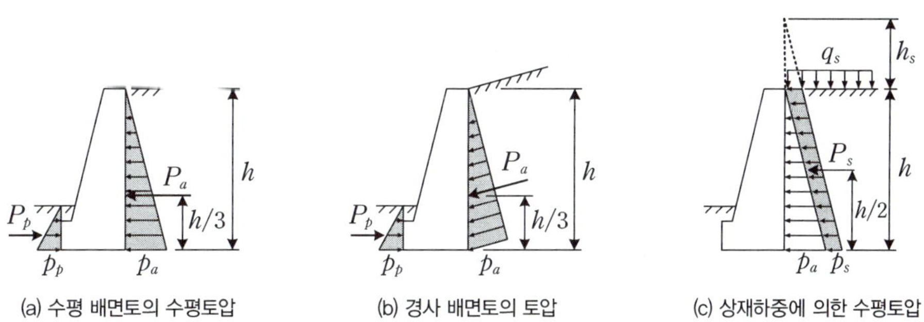

그림 12-32 옹벽의 토압작용

것이 안전측이기 때문이다.

그림 12-32(c)는 상재하중(surcharge) q_s가 작용할 때 추가되는 수평토압 p_s와 그 합력 P_s를 나타낸다. 옹벽 배면토 위에 작용하는 상재하중은 옹벽 시공 중에 사용되는 건설장비의 중량, 야적되는 자재의 중량, 도로와 철도 등에 의한 교통하중, 인접 구조물의 기초로부터 전달되는 하중 등으로 이와 같은 하중이 존재할 때는 설계에 고려하여야 한다. 상재하중 q_s는 추가로 흙이 더 높이 쌓여 있는 것으로 바꾸어 수평토압을 계산하는 것이 간편하다. 즉, 등분포 상재하중 q_s와 같은 중량을 가진 흙의 높이로 환산토층 높이 h_s를 정의하여 다음과 같이 계산하고 $(h+h_2)$의 총 토층높이로 주동토압을 계산하거나, h_s로 환산한 상재하중에 의한 수평토압 p_s와 그 합력 P_s를 다음과 같이 구한 후 배면토 주동토압과 그 합력 P_a에 추가한다.

$$h_s = \frac{q_s}{w_s} \tag{12·55}$$

$$p_s = C_a w_s h_s \tag{12·56}$$

$$P_s = p_s h = C_a q_s h \tag{12·57}$$

[3] 옹벽의 안정성과 안전성

옹벽은 토압작용에 대한 외적 안정성(external stability)과 구조 안전성(structural safety)을 보유하여야 한다. 옹벽의 외적 안정성 검증은 옹벽에 접하고 있는 지반이 파괴되지 않고 저항하도록 설계하고 확인하는 작업이다. 이 과정에서는 옹벽을 강체(rigid body)로 보고 옹벽의 활동, 옹벽의 전도, 지반 지지력의 세 가지 항목을 대상으로 설계검증을 수행하는데, 사용하중 상태에서 안정성을 검증하는 방법과 계수하중 상태에서 안정성을 검증하는 방법을 적용할 수 있다. 옹벽의 외적 안정성이 검증되면 철근콘크리트 구조물로서의 구조 안전성이 확보되도록 옹벽을 설계하고 검증한다. 이때의 옹벽 구조물 설계는 철근콘크리트 구조설계에 적용하는 강도설계법이나 한계상태설계법을 적용한다.

이어지는 절에서 사용하중 상태에서의 안정성 설계검증, 계수하중 상태에서의 안정성 설계검증, 철근콘크리트 옹벽 구조물의 설계검증 내용을 소개한다.

12.4.3 사용한계상태의 옹벽 안정성 설계검증

그림 12-33(a)는 옹벽의 안정성 검증에 적용하는 사용하중 상태의 토압작용을 나타낸 것으로, 이 토압작용을 대상으로 다음과 같이 활동, 전도, 지반 지지력의 외적 안정성 설계검증을 수행한다.

[1] 사용한계상태의 활동 설계검증

수평주동토압에 저항하는 성능이 충분하지 않은 옹벽은 수평방향으로 움직이는 활동(sliding)으로 인하여 안정성이 유지되지 못하고 붕괴까지 발생할 수 있다. 활동에 대한 설계검증은 그림 12-33(a)에 나타낸 수평방향 토압작용과 마찰저항 성능을 대상으로 수행한다. 경사 배면토의 옹벽의 경우에는

그림 12-33(a)와 같이 배면토에 의한 주동토압력 P_a가 작용하고, P_a의 수평성분으로 $P_a \cos\delta$의 값을 가진 P_{ah}가 작용한다. 이 수평주동토압력 P_{ah}에 대한 저항으로 옹벽 노출부 지표면에서 앞판의 밑면까지는 수동토압력 P_p가 작용하므로, P_{ah}에서 P_p를 뺀 값이 활동력(sliding force)으로 작용한다. 그러나 12.4.2절 [2]항에서 언급한 바와 같이, 이 부분의 흙은 옹벽 구조물이 시공된 후 다시 메운(성토, 되메우기) 흙이므로 다짐 상태의 변동성을 고려할 때 이 수동토압은 옹벽의 설계검증에서 무시하는 것이 일반적이다. 따라서 이 수동토압을 무시하면 활동력은 P_{ah}와 같다.

한편, 중력방향으로는 뒤판(heel) 위 배면토의 중량, 앞판(toe) 위 흙의 중량, 벽체와 앞판 및 뒤판으로 구성되는 옹벽 구조물의 중량을 합한 총 중량 W가 작용하며, 경사 배면토인 경우에는 주동토압력 P_a의 수직성분으로 $P_a \sin\delta$의 값을 가진 P_{av}가 작용한다. 이 힘들에 의해서 기초판 밑면에는 지반 반력이 작용하는데, 지반 반력분포는 수평주동토압력 P_a의 영향을 받지만 합력 R의 크기는 변화가 없다. 또 경사 방향으로 P_a가 작용할 때는 지반 반력의 합력 R도 경사방향으로 작용하지만 이를 무시하면 그림 12-33(a)와 같이 앞판 단부 아랫부분의 점 O에서 r만큼 떨어진 위치에 수직방향으로 R이 작용한다. 이때 기초판 밑면 콘크리트와 지반이 접한 경계면에서의 마찰계수를 μ라고 하면 마찰력(friction force) μR이 활동저항력(resisting force to sliding)으로 작용한다.

활동저항력이 활동력보다 작은 경우에는 활동(sliding)이 발생하고, 활동저항력이 활동력보다 큰 경우에는 활동이 발생하지 않는다고 판정하는데, 활동저항력과 활동력의 비율을 다음과 같이 활동 안전율 $(FS)_{sl}$로 나타낼 수 있다. 마찰계수 μ는 표 12-8의 값을 참조하여 결정할 수 있다.

$$(FS)_{sl} = \frac{\mu R}{P_{ah}} = \frac{\mu(W+P_{av})}{P_{ah}} \tag{12 · 58}$$

활동에 대한 최소안전율로 KDS 11 80 05 콘크리트옹벽 설계기준[12.17]은 상시하중이 작용할 때 1.5 또는 2.0, 지진하중이 작용할 때에는 1.2를 확보하도록 규정하고 있다. 상시하중의 활동에 대해서 그림 12-33(b)에 점선으로 나타낸 수동토압력 P_p를 무시하는 경우에는 1.5를 적용하며, 이 수동토압을 고려하는 경우에는 2.0을 적용한다. KDS 14 20 콘크리트구조 설계기준[12.1]은 활동에 대한 최소안전율로 1.5를 확보하도록 규정하고 있다. 활동에 대한 성능검증에서 안전율이 충분하지 않을 때에는 활동방지벽을 설치하거나, 지반과 접하는 기초를 경사지게 하거나, 옹벽 벽체의 위치를 이동시키거나, 기초판을 배면토 방향으로 길게 하여 활동저항력을 증가시킴으로써 안전율을 증가시킬 수 있다.

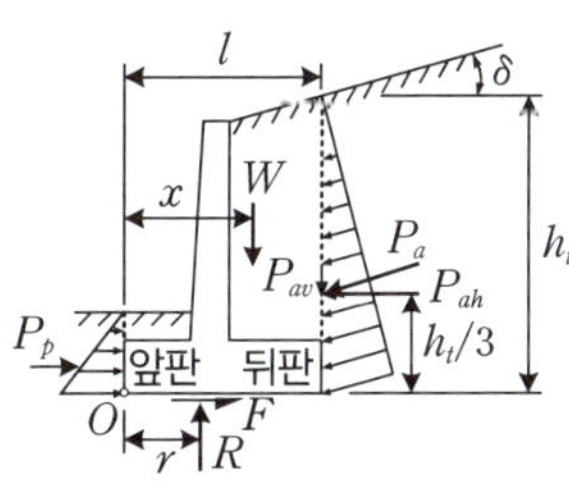

(a) 안정성 검증의 토압작용

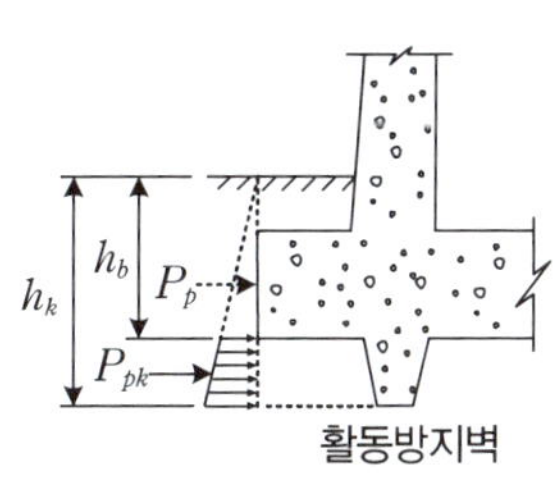

(b) 수동토압

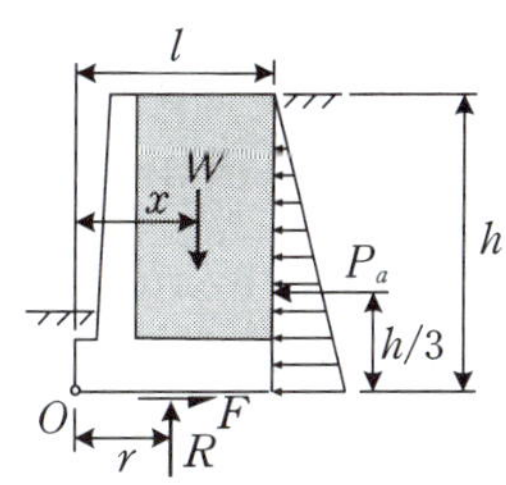

(c) 벽체 위치의 영향

그림 12-33 옹벽 안정성 검증의 토압작용

표 12-8 콘크리트와 지반 사이의 마찰계수[12.18]

토질	마찰계수 μ
1. 미세입자가 없고 투수성이 좋은 모래 또는 자갈	0.5~0.6
2. 실트 혼합물이 포함된 투수성이 좋지 않은 모래 또는 자갈	0.4~0.5
3. 많은 양의 점토가 포함된 실트질 모래, 모래, 자갈	0.3~0.4
4. 단단한 점토 또는 중간 정도로 단단한 점토	0.2~0.4
5. 느슨한 점토와 실트	0.2~0.3

그림 12-33(b)는 활동방지벽(base key, shear key)을 설치하여 활동방지벽 위치의 수동토압으로 활동저항력을 증가시키는 예를 나타낸다. 활동방지벽의 높이와 폭은 각각 기초판 높이의 2/3배 이상, 기초판 폭의 0.1~0.15배로 하는 것이 일반적이다. 활동방지벽의 시공은 다소 번거로운 작업이 필요하기는 하지만, 활동방지벽 주변의 지반을 절토한 후 성토하지 않는다면 그림 12-33(b)에 나타낸 수동토압력 P_{pk}를 설계검증에 반영할 수 있다. 즉, 그림 12-33(b)에 점선으로 나타낸 수동토압력 P_p를 무시하면 활동방지벽에 의한 수동토압력 P_{pk}는 다음과 같이 구할 수 있다. 여기서 C_p는 수동토압계수이고 w_s는 흙의 단위중량이다.

$$P_{pk} = \frac{1}{2} C_p w_s (h_k^2 - h_b^2) \tag{12·59}$$

활동방지벽을 설치하지 않고 활동저항력을 증가시키려면 벽체의 위치를 변경하는 방법을 생각할 수 있다. 즉, 그림 12-33(c)와 같이 L형 옹벽에 가깝도록 벽체를 앞판 단부 쪽으로 이동시키면 배면토의 체적과 중량이 증가하므로, 식 (12·57)의 총 중량 W가 증가하여 활동저항력이 증가된다. 그러나 배면토의 중량이 증가되면 뒤판에 작용하는 휨모멘트가 증가하여 많은 양의 철근을 보강해야 하는 등의 부정적인 영향도 발생할 수 있다. 따라서 활동저항력을 증가시키면서 경제적인 구조설계가 가능하도록 벽체의 위치를 선정하는 것이 중요하다.

[2] 사용한계상태의 전도 설계검증

옹벽의 수평주동토압은 옹벽을 넘어뜨리는 작용도 하는데, 이에 저항하는 성능이 충분하지 않으면 옹벽이 넘어지는 전도(overturning)로 인하여 붕괴될 수 있다. 전도에 대한 설계검증은 그림 12-33의 (a) 또는 (c)에 나타낸 수평방향 토압작용과 수직방향 흙의 중량과 옹벽 구조물의 중량을 합한 총 중량 W로 인한 모멘트로 수행한다. 그림 12-33(c)에서 앞판 단부 아랫부분의 점 O를 중심으로 옹벽을 넘어지게 하는 전도모멘트(overturning moment) M_o는 수평주동토압력 P_a와 팔길이 $h/3$를 곱한 값이고, 넘어지지 않게 하는 저항모멘트(resisting moment to overturning) M_r은 총 중량 W와 팔길이 x를 곱한 값이므로, 저항모멘트와 전도모멘트의 비율을 다음과 같이 전도 안전율 $(FS)_{ot}$로 나타낼 수 있다.

$$(FS)_{ot} = \frac{M_r}{M_o} = \frac{Wx}{P_a(h/3)} \tag{12·60}$$

전도에 대한 최소안전율로 KDS 11 80 05 콘크리트옹벽 설계기준은 상시 하중이 작용할 때 2.0, 지진 하중이 작용할 때에는 1.5를 확보하도록 규정하고 있다. KDS 14 20 콘크리트구조 설계기준은 전도에 대한 최소안전율로 2.0을 확보하도록 규정하고 있다. 전도에 대한 안전율이 충분하지 않을 때에는 앞의 [2]항에서 그림 12-33(c)로 설명한 바와 같이, 옹벽 벽체의 위치를 이동시키거나 기초판을 배면토 방향으로 길게 하여 전도저항력을 증가시킴으로써 안전율을 증가시킬 수 있다.

[3] 사용한계상태의 지반 지지력 설계검증

옹벽 기초판 아래 지반의 지지력 저항성능이 충분하지 않으면 지반이 파괴(bearing failure)되거나 침하(settlement)되어 기능을 상실할 수 있다. 지반 지지력에 대한 설계검증은 지반의 극한지지력 q_{ult}와 사용하중 상태의 최대반력 $q_{s,\,max}$를 이용하여 다음과 같이 지반 지지력 안전율 $(FS)_{bs}$로 나타낼 수 있다.

$$(FS)_{bs} = \frac{q_{ult}}{q_{s,\,max}} \tag{12 · 61}$$

지반의 최대반력 $q_{s,\,max}$의 해석은 12.3.2절에 소개된 것과 동일하며, 지반의 극한지지력 q_{ult}는 지반공학에 따른 이론적 방법, 반경험적 방법, 재하시험을 통한 방법으로 결정할 수 있다. KDS 11 80 05 콘크리트옹벽 설계기준은 지반 지지력에 대한 최소안전율로 3.0을 확보하도록 규정하고 있다. 이것은 12.3.2절에 소개한 식 (12 · 35)에 따라 지반 지지력에 대한 설계검증을 수행할 때, 허용지지력 q_a를 극한지지력의 1/3로 결정하여 적용하는 것과 동일한 것이다.

12.4.4 극한한계상태의 옹벽 안정성 설계검증

옹벽의 안정성은 다음과 같이 계수하중 상태에서 검증하는 방법을 적용할 수도 있다.

[1] 극한한계상태의 활동 설계검증

극한한계상태의 활동 설계검증은 다음과 같이 최소계수하중과 저항계수를 적용한 계수활동저항력(factored resisting force to sliding)이 최대계수하중 상태의 계수활동력(factored sliding force) 이상임을 입증하는 작업이다.

$$\sum \phi_r\, \mu(\gamma_{p,\,min}\, W_i) + \phi_{cp}\, \gamma_{p,\,min}\, P_{pk} \geq \sum (\gamma_{p,\,max}\, P_{ah}) \tag{12 · 62}$$

여기서 $\gamma_{p,\,max}$는 불리한 영향을 고려하는 최댓값의 고정하중계수이고, $\gamma_{p,\,min}$은 유리한 영향을 고려하는 최솟값의 고정하중계수이다. 교량설계기준(한계상태설계법)을 적용할 때 $\gamma_{p,\,max}$와 $\gamma_{p,\,min}$은 3장 3.5.4절 표 3-18의 값을 적용한다. ϕ_r과 ϕ_{cp}는 활동에 대한 저항계수로, 표 12-7에 따라 ϕ_r은 0.8, 0.85 또는 0.9를 적용하고 ϕ_{cp}는 수동토압에 대하여 0.5를 적용한다. μ는 마찰계수, P_{ah}는 수평주동토압력, P_{pk}는 수동토압력, W_i는 수직방향으로 작용하는 중량으로 배면토의 중량 W_s와 콘크리트 옹벽의 중량 W_c로 구분할 수 있다. 예를 들어 사질토 위에 시공되는 현장타설 콘크리트 옹벽의 경우 교량설계기준(한계상태설계법)에 규정된 계수와 0.4의 마찰계수를 적용하여 검증 식을 정리하면 다음과 같다.

$$0.8\times0.4\times(1.0\,W_s+0.9\,W_c)+0.5\times0.9\,P_{pk}\geq 1.5\,P_{ah} \tag{12·63}$$

[2] 극한한계상태의 전도 설계검증

극한한계상태의 전도 설계검증은 다음과 같이 최소계수하중과 저항계수를 적용한 계수저항모멘트(factored resisting moment to overturning)가 계수전도모멘트(factored overturning moment) 이상임을 입증하는 작업이다.

$$\sum(\gamma_{p,\,min}\,W_i\,x_i)\geq\sum(\gamma_{p,\,max}\,P_{ah}\,y_i) \tag{12·64}$$

여기서 x_i는 앞판 단부 아래에서 수직방향 중량 작용점까지의 거리이고, y_i는 기초판 저면에서 수평수동토압력 P_{ah}까지의 거리이다. W_i는 수직방향으로 작용하는 중량으로 배면토의 중량 W_s와 콘크리트 옹벽의 중량 W_c로 구분할 수 있다. 그림 12-33(a)와 같은 옹벽에 대하여 W를 W_s와 W_c로 구분하고 각각의 팔길이를 x_s와 x_c라고 한다면, 교량설계기준(한계상태설계법)에 따라 정리한 검증 식은 다음과 같다.

$$1.0\,W_s\,x_c+0.9\,W_c\,x_c\geq 1.5\,P_{ah}\frac{h}{3} \tag{12·65}$$

[3] 극한한계상태의 지반 지지력 설계검증

극한한계상태의 지반 지지력 설계검증은 다음과 같이 저항계수를 적용한 설계지지력 $\phi_b\,q_{ult}$가 계수하중에 의한 최대반력 $q_{u,\,max}$ 이상임을 입증하는 작업이다.

$$\phi_b\,q_{ult}\geq q_{u,\,max} \tag{12·66}$$

지반의 최대반력 $q_{u,\,max}$는 중력방향 하중과 횡방향 하중에 대하여 규정된 하중계수를 적용한 계수하중에 대하여 12.3.2절에 소개된 방법과 동일하게 해석을 수행하여 구하며, 저항계수 ϕ_b는 12.3.2절의 표 12-7의 값을 적용할 수 있다. 지반의 극한지지력 q_{ult}는 지반공학에 따른 이론적 방법, 반경험적 방법, 재하시험을 통한 방법으로 결정할 수 있다.

12.4.5 옹벽 구조물의 설계검증

철근콘크리트 옹벽 구조물의 설계검증 내용은 다음과 같다.

[1] 옹벽 부재의 설계검증과 주철근 배치

철근콘크리트 옹벽의 구조설계와 설계검증은 철근콘크리트 구조설계에 적용하는 일반적인 설계와 동일하게 수행한다. 캔틸레버식 옹벽의 경우, 벽체, 앞판, 뒤판으로 구분한 세 개의 캔틸레버에는 지점에 최대휨모멘트가 작용하므로, 휨모멘트에 대한 위험단면은 그림 12-34(a)에 나타낸 바와 같이 벽체와 앞판 및 뒤판이 접한 3개의 면이 된다.

전단력에 대한 위험단면은 전단균열의 방향을 고려하여 결정한다. 즉, 하중작용에 따라 그림 12-34(b)의 왼쪽 그림과 같이 캔틸레버식 옹벽에 변형이 발생하면 그림 12-34(a)와 같이 벽체와 뒤판이 만나는 접합부 안쪽으로 전단균열이 발생하므로, 벽체와 뒤판의 1방향 전단위험단면은 각각 벽체와 뒤판이 접한 면이 된다. 앞판에는 그림 12-34(a)와 같이 앞판과 벽체가 만나는 접합부 바깥쪽으로 전단균열이 발생하므로, 앞판의 1방향 전단위험단면은 앞판과 벽체가 만나는 접합부에서 유효깊이 d 만큼 떨어진 위치가 된다.

한편 철근콘크리트 옹벽을 시공할 때는 기초판과 벽체의 콘크리트를 분리하여 타설하는 것이 일반적이다. 즉, 12.3.3절 [5]항에서 설명한 내용과 동일하게 다월철근(dowel bar)이나 벽체의 수직방향 철근을 배치한 상태에서 기초판 콘크리트를 먼저 타설하고 양생이 끝나면 벽체 콘크리트를 타설하므로 시공이음면이 존재하게 된다. 따라서 기초판과 벽체가 만나는 벽체의 위험단면에서 7장 7.7절에 설명한 방법에 따라 시공이음 계면의 전단마찰(shear friction) 설계검증을 수행하여야 한다.

휨설계에서는 최대휨모멘트에 저항할 수 있는 인장철근의 양을 결정한 후 경제성을 고려한 철근량 변화를 반영하여, 캔틸레버식 옹벽의 경우 벽체, 앞판, 뒤판에서 인장응력이 작용하는 위치에 그림 12-34(b)의 오른쪽 그림과 같이 인장철근을 배치한다.

부벽식 옹벽은 벽체에 작용하는 힘의 흐름에 따라 주철근의 배치방향을 결정한다. 즉, 벽체 높이가 부벽 간격의 2배 이상일 때에는 부벽이 지점 역할을 하는 1방향 슬래브와 같은 힘의 흐름을 보이므로, 벽체에 주철근을 수평방향으로 배치한다. 이때 인장철근은 인장응력이 작용하는 위치에 배치해야 하므로, 부벽 위치의 벽체 단면에는 그림 12-34(c)의 왼쪽 그림과 같이 벽체 노출면 부분에 인장철근을 배치하고 부벽과 부벽 사이의 벽체 단면에는 그림 12-34(c)의 오른쪽 그림과 같이 벽체 후면 부분에 인장철근을 배치한다. 벽체 높이가 부벽 간격의 2배 미만일 때에는 벽체를 3변 지지된 2방향 슬래브로 설계할 수 있다. 부벽식 옹벽의 지판은 정밀한 해석이 사용되지 않는 한, 부벽 사이의 거리를 경간으로 가정한 고정보 또는 연속보로 설계할 수 있다. 부벽의 설계는 힘의 작용을 고려하여 단면해석을 수행한다. 즉, 뒷부벽은 경사진 부벽의 연단이 인장응력을 받으므로 T형 단면으로 설계하여, 그림 12-34(c)의 왼쪽 그림과 같이 뒷부벽 연단에 평행한 방향으로 인장철근을 배치한다. 앞부벽은 경사진 부벽의 연단이 압축응력을 받으므로 직사각형 단면으로 설계한다.

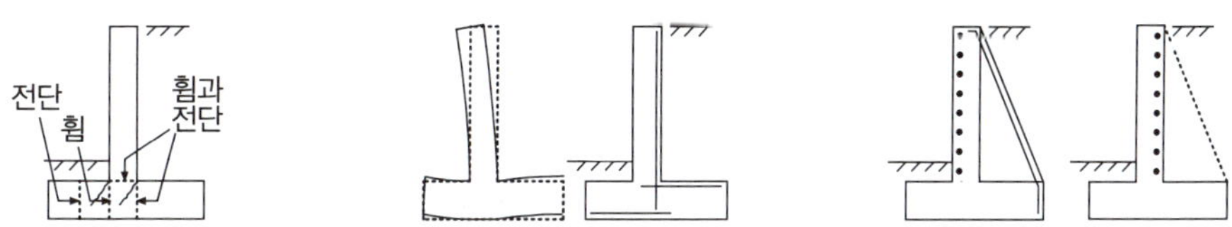

(a) 위험단면과 전단균열 (b) 캔틸레버식 옹벽의 변형과 주철근 (c) 뒷부벽식 옹벽의 벽체 주철근

그림 12-34 옹벽의 위험단면과 주철근 배치

[2] 옹벽 구조설계검증의 하중조합

철근콘크리트 옹벽에 대한 극한한계상태의 외적 안정성(external stability)과 구조 안전성(structural safety)에 대한 설계검증은 가장 불리한 계수하중조합을 대상으로 수행한다. KDS 14 20 콘크리트구조 설계기준을 적용할 때는 3장 3.5.3절에 소개한 계수하중조합 중 식 (3 · 34)과 식 (3 · 39)를 옹벽의 경우에 적합하도록 정리한 다음 계수하중조합을 적용한다. 일반적으로 옹벽의 구조 안전성 설계검증에는 식 (12 · 67)을 벽체, 앞판, 뒤판에 각각 가장 불리한 경우로 적용하며, 극한한계상태의 외적 안정성 설계검증에는 식 (12 · 68)이 적용된다.

$$U = 1.2\,D + 1.6\,(L + \alpha_H\,H_v + H_h) \qquad (12 \cdot 67)$$

$$U = 0.9\,(D + H_v) + 1.6\,H_h \qquad (12 \cdot 68)$$

여기서 U : 소요강도

D : 고정하중(사하중) 또는 이에 의해 발생하는 단면력

L : 활하중 또는 이에 의해 발생하는 단면력

H_v : 흙, 지하수 또는 기타 재료의 자중에 의한 연직방향 하중 또는 이에 의해 발생하는 단면력

H_h : 흙, 지하수 또는 기타 재료의 횡 압력에 의한 수평방향 하중, 또는 이에 의해 발생하는 단면력

α_H : 토피의 두께 h에 따른 연직방향 하중 H_v에 대한 보정계수로, $h \leq 2\,m$인 경우 1.0이며 $h > 2\,m$인 경우 다음 식으로 결정한다.

$$\alpha_H = 1.05 - 0.025\,h > 0.875 \qquad (12 \cdot 69)$$

뒤판은 정확한 방법이 사용되지 않는 한 뒤판 상부에 작용하는 모든 하중을 지지하도록 설계하여야 한다. 앞판은 앞판 위 흙의 중량과 그에 해당하는 지반 반력이 서로 상쇄되므로, 앞판 위 흙의 중량을 무시하고 구한 지반 반력을 하중으로 하여 설계하는 것이 일반적이다. 지진에 대하여 옹벽의 구조안전성 설계검증을 수행할 때에는 지진하중 또는 이에 의해 발생하는 단면력 E를 포함한 식 (3 · 37)과 식 (3 · 40)의 계수하중조합을 적용한다. 철근콘크리트 옹벽의 사용하중상태에 대한 성능검증은 처짐에 대해서는 수행하지 않고 균열에 대해서는 수행하는 것이 일반적이다.

[3] 옹벽의 수축·온도철근 배치와 철근상세 및 구조상세

옹벽은 수평 방향으로 긴 형상을 가지는 것이 일반적이므로, 한쪽 방향으로 긴 콘크리트 부재에 대한 수축·온도철근을 그림 12-35(a)와 같이 배치하여야 한다. KDS 14 20 콘크리트구조 설계기준은 벽체의 수축·온도철근의 양과 배치방법을 표 12-9와 같이 규정하고 있다.

한편 옹벽과 같이 한쪽 방향으로 긴 구조물에 수축·온도철근을 배치하더라도 균열의 발생을 완전히 방지하는 것은 거의 불가능하다. 따라서 미관을 해치지 않고 균열을 관리하기 위하여 설계자가 의도하는 위치에 균열이 발생하도록 하거나 부재를 분리하여 균열발생을 억제하여야 한다. 이를 위하여 옹벽에

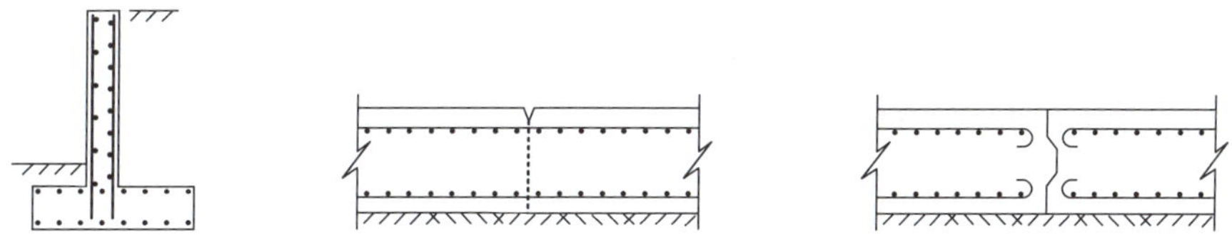

(a) 수축·온도철근　(b) 수축이음　(c) 신축이음

그림 12-35 옹벽의 수축·온도철근 배치와 수축이음 및 신축이음

표 12-9 KDS 14 20 콘크리트구조 설계기준의 벽체 철근 배치

구분	수직철근	수평철근
최소 철근비	1) $f_y \geq 400\ MPa$ D16 이하 철근: 0.0012 2) 기타 이형철근: 0.0015 3) 지름 16mm 이하의 용접철망: 0.0012	1) $f_y \geq 400\ MPa$ D16 이하 철근: $0.002 \times 400/f_y$ (다만 이 철근비 계산에서 f_y는 $500\ MPa$까지 적용) 2) 기타 이형철근: 0.0025 3) 지름 16mm 이하의 용접철망: 0.0020
단면적	다만, 철근 단면적이 단위폭 1m당 1,800mm² 보다 클 필요는 없다.	
배치 방법	두께 250mm 이상의 벽체의 경우, 1) 벽체의 외측면 철근은 각 방향에 대하여 전체 소요철근량의 1/2 이상이며 2/3 이하로 배치하며, 외측면부터 50mm 이상, 벽두께의 1/3 이내에 배치 2) 벽체의 내측면 철근은 각 방향에 대한 소요철근량의 잔여분을 내측면부터 20mm 이상, 벽두께의 1/3 이내에 배치	
간격	벽체 두께의 3배 이하 또한 450mm 이하	

일정한 간격으로 그림 12-35(b)의 수축이음과 그림 12-35(c)의 신축이음을 둔다. 수축이음은 수축줄눈이라고도 하며, 그림 12-35(b)와 같이 V홈을 두거나 표면 일부를 절단(sawed joint)하는 방법으로 단면적을 감소시켜서 점선으로 나타낸 균열이 수축이음에서 발생하도록 유도하는 것이다. 신축이음은 콘크리트와 철근을 모두 분리시키는 것으로, 그림 12-35(c)와 같이 전단력이 전달되도록 전단키(shear key) 형태로 만들 수 있다. 일반적으로 수축이음은 10 m 이하의 간격으로 설치하며 신축이음은 30 m 이하의 간격으로 설치한다.

[4] 옹벽의 배수

옹벽 벽체에 수평으로 작용하는 하중으로 토압과 함께 수압이 크게 영향을 준다. 따라서 옹벽의 안정성과 안전성을 높이기 위해서는 지하수를 배출하여 수압을 감소시키는 것이 중요하다. 지하수를 배출하기 위해서는 그림 12-36과 같은 배수공(배수시설)을 설치하여야 한다. 그림 12-36(a)는 옹벽 배면에 자갈을 채워 넣는 배수층을 두어 물이 잘 흐르도록 하고, 지하수를 배출하도록 옹벽 벽체에 배수구(weep hole)를 설치하는 방법이다. 이때 배수구는 지름 100 mm 이상인 관을 사용하고, 2~3 m 간격으로 설치한다. 그림 12-36(b)는 옹벽 배면 하부에 자갈을 채워 넣는 배수층을 두고, 물이 들어갈 수 있도록 구멍이 뚫려 있는 집수배수관을 설치하여 옹벽의 양 끝이나 중간에서 유출구를 통하여 물을 배출하는 방법이다. 그림 12-36(c)는 배면토 상부에 콘크리트 배수로 시설을 설치하여 배면토 표면으로 흘러내리는 표면수를 모아 옹벽의 끝으로 배출하는 방법이다. 이와 같은 방법 외에도 옹벽의 종류와 주변 여건을 고려하여 배수에 적절한 다른 배수공을 설치할 수 있다.

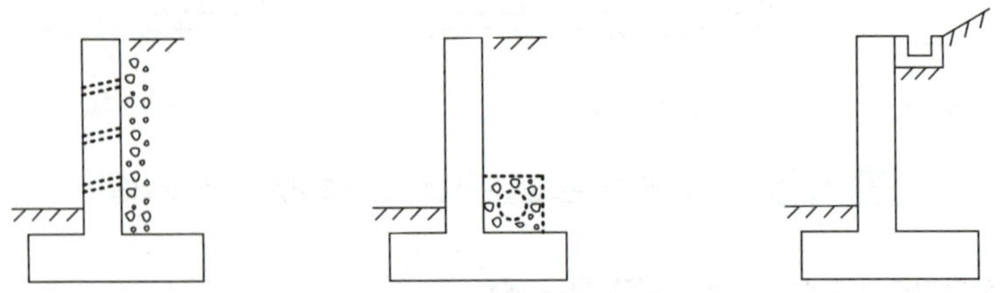

(a) 배수구　(b) 집수배수관　(c) 배면토 상부 배수로

그림 12-36 옹벽의 배수시설

예제 12-6 그림 12-37과 같이 배면토 위에 상재하중 q_s로 $9 kN/m^2$이 작용하는 옹벽을 KDS 14 20 콘크리트구조 설계기준에 따라 설계하시오. 옹벽의 전체높이 h는 6 m, 저판 폭 B_f는 3.6 m, 저판 두께는 600 mm, 벽체의 높이는 5.4 m, 벽체 상단과 하단의 두께는 각각 300 mm와 600 mm이다. 콘크리트의 설계기준압축강도 f_{ck}는 30 MPa, 철근의 설계기준항복강도 f_y는 400 MPa을 적용하시오. 지반공학을 기반으로 검토한 결과, 지반의 허용지지력 q_a는 $200 kN/m^2$, 콘크리트와 지반 사이의 마찰계수 μ는 0.55, 배면토의 단위중량 w_s는 $18 kN/m^3$, 주동토압계수 C_a는 0.29를 적용하기로 하였다.

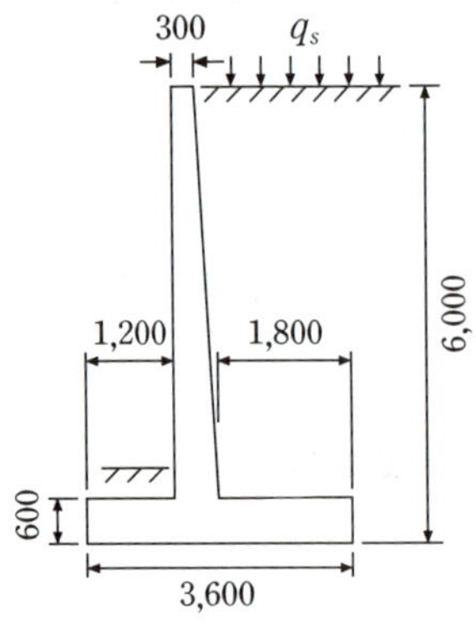

그림 12-37 예제 12-6의 옹벽

〈풀이〉

모든 해석과 설계 및 성능검증은 $1 m$의 단위폭을 대상으로 하며, 이 예제에서 안정성 설계검증은 사용한계상태로 수행한다.

(1) 토압과 중량

배면토 단위중량 w_s가 $18 kN/m^3$이므로, $9 kN/m^2$인 상재하중 q_s의 환산높이를 계산하면 다음과 같다.

$$h_s = \frac{q_s}{w_s} = \frac{9}{18} = 0.5 m$$

상재하중에 의한 수평토압 p_s를 구하면, 주동토압계수 C_a가 0.29이므로

$$p_s = C_a\, w_s\, h_s = 0.29\times18\times0.5 = 2.61\, kN/m^2$$

배면토에 의하여 저판 하면에 작용하는 수평토압 p_b를 구하면

$$p_b = C_a\, w_s\, h = 0.29\times18\times6.0 = 31.3\, kN/m^2$$

그림 12-38(a)에 나타낸 바와 같이 상재하중에 의한 수평토압 p_s에 의하여 옹벽에 작용하는 수평토압하중 H_1과 배면토에 의한 수평토압하중 H_2, 그리고 앞판 단부 아랫부분의 점 O와의 팔길이 y_1과 y_2는 다음과 같다.

$$H_1 = p_s\, h = 2.61\times6.0 = 15.7\, kN \qquad y_1 = \frac{h}{2} = \frac{6.0}{2} = 3.0\, m$$

$$H_2 = \frac{1}{2}\, p_b\, h = \frac{1}{2}\times31.3\times6.0 = 93.9\, kN \qquad y_2 = \frac{h}{3} = \frac{6.0}{3} = 2.0\, m$$

수직방향으로 작용하는 흙의 중량과 옹벽의 중량을 그림 12-38(a)와 같이 W_1~W_4의 네 가지로 구분하여 계산하기로 한다. 여기서 W_1은 상재하중을 포함한 배면토의 중량으로, 옹벽 벽체에 삼각형으로 나타낸 부분까지 포함하여 직사각형으로 계산하고, 옹벽 벽체에 삼각형으로 나타낸 부분의 중량 W_2는 콘크리트의 단위중량에서 배면토의 단위중량을 뺀 값으로 계산한다. 이렇게 하여야 W_1의 작용위치를 간편하게 결정하여 W_1과 W_2에 의한 저항모멘트를 쉽게 구할 수 있기 때문이다. W_3과 W_4는 각각 벽체에 직사각형으로 나타낸 부분의 중량과 저판의 중량이다. 배면토의 단위중량 w_s는 $18\, kN/m^3$이고 철근콘크리트의 단위중량 w_c는 $25\, kN/m^3$이므로, 이제 W_1~W_4의 값과 그림 12-38(a)에서 앞판 단부 아랫부분의 점 O와의 팔길이 x_1~x_4의 값을 구하면 다음과 같다.

$$W_1 = (1.8+0.)\times(5.4+0.5)\times18 = 223.0\, kN \qquad x_1 = 1.2+0.3+\frac{0.3+1.8}{2} = 2.55\, m$$

$$W_2 = \frac{1}{2}\times0.3\times5.4\times(25-18) = 5.7\, kN \qquad x_2 = 1.2+0.3+\frac{0.3}{3} = 1.6\, m$$

$$W_3 = 0.3\times5.4\times25 = 40.5\, kN \qquad x_3 = 1.2+\frac{0.3}{2} = 1.35\, m$$

$$W_4 = 3.6\times0.6\times25 = 54.0\, kN \qquad x_4 = \frac{3.6}{2} = 1.8\, m$$

(2) 사용한계상태의 전도 안정성 설계검증

그림 12-38(a)에서 앞판 단부 아랫부분의 점 O를 중심으로 하는 전도모멘트 M_o를 구하면

$$M_o = \sum H_i\, y_i = H_1\, y_1 + H_2\, y_2 = 15.7\times3.0+93.9\times2.0 = 235\, kN\cdot m$$

점 O를 중심으로 하는 저항모멘트 M_r을 구하면

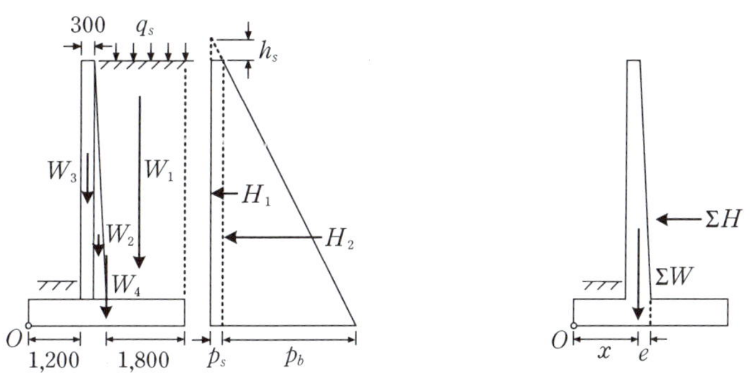

(a) 수직하중과 수평하중 (b) 수직합력의 작용위치

그림 12-38 옹벽의 하중작용

$$M_r = \sum W_i x_i = 223.0\times2.55+5.7\times1.6+40.5\times1.35+54.0\times1.8 = 730\, kN\cdot m$$

전도 안전율 $(FS)_{ot}$을 구하고 전도에 대한 최소안전율 2.0과 비교하면

$$(FS)_{ot} = \frac{M_r}{M_o} = \frac{730}{235} = 3.11 > 2.0$$

따라서 전도에 대한 안정성이 검증되었다.

(3) 사용한계상태의 활동 안정성 설계검증

앞판 선단의 수동토압을 무시하고 활동에 대한 안정성을 검증하기로 한다. 그림 12-38(a)와 같이 옹벽에 작용하는 수평하중의 합과 수직방향 중량의 합을 구하면 다음과 같다.

$$\sum H_i = H_1+H_2 = 15.7+93.9 = 109.6\, kN$$

$$\sum W_i = 223.0+5.7+40.5+54.0 = 323.2\, kN$$

활동 안전율 $(FS)_{sl}$을 구하고 활동에 대한 최소안전율 1.5와 비교하면, 마찰계수 μ가 1.55이므로

$$(FS)_{sl} = \frac{\mu\sum W_i}{\sum W_i} = \frac{0.55\times323.2}{109.6} = 1.62 > 1.5$$

따라서 활동에 대한 안정성이 검증되었다.

(4) 사용한계상태의 지반지지력 설계검증

지반지지력 설계검증을 위하여 먼저 수직하중 합력의 작용위치, 즉 그림 12-38(b)에 x로 나타낸 반력의 작용점 위치를 구하면 다음과 같다.

$$x = \frac{M_r-M_o}{\sum W_i} = \frac{730-235}{323.2} = 1.53\, m$$

그림 12-38(b)에 나타낸 수직하중 합력의 편심 e, 즉 저판의 중심과 수직하중 합력의 위치 사이의 거리를 구하면, 저판의 폭 B_f가 3.6 m이므로

$$e = \frac{B_f}{2}-x = \frac{3.6}{2}-1.53 = 0.27\, m < \frac{B_f}{6}\ (=0.6\, m)$$

따라서 저판 밑면에는 반력이 전체에 걸쳐 압축으로만 작용한다. 이제 단면 면적 당 작용하는 최대반력과 최소반력을 구하고, 200 kN/m^2인 지반의 허용지지력 q_a와 비교하면

$$q = \frac{P}{A}\pm\frac{M}{I}y = \frac{\sum W_i}{B_f}\left(1\pm\frac{6e}{B_f}\right) = \frac{323.2}{3.6}\left(1\pm\frac{6\times0.27}{3.6}\right)$$

$$q_{max} = 130.2\, kN/m^2 < 200\, kN/m^2\ (= q_a)$$

$$q_{min} = 49.4\, kN/m^2$$

따라서 지반지지력에 대한 안정성이 검증되었다.

(5) 옹벽 구조물 설계를 위한 하중조합과 계수단면력

앞판, 뒤판, 벽체의 구조설계를 위한 계수하중 작용은 그림 12-39와 같다. 앞판 캔틸레버에는 앞판 위 흙의 중량을 무시하고, 그림 12-39(a)와 같이 하중계수 1.2를 적용한 하향의 앞판 콘크리트 중량에 의한 고정하중과 하중계수 1.6을 적용한 상향의 지반반력을 계수하중으로 한다. 이 경우 앞판 캔틸레버 단부에 작용하는 계수하중 w_{te}와 앞판 캔틸레버 지점부에 작용하는 계수하중 w_{ts}를 계산한 결과는 다음과 같다.

$$w_{te} = 190\, kN/m^2 \qquad w_{ts} = 148\, kN/m^2$$

뒤판 캔틸레버에는 뒤판 위에 중력방향으로 작용하는 하중을 작용시킨다. 즉, 그림 12-39(b)와 같이 하중계수 1.2를 적용한 뒤판 콘크리트 중량에 의한 고정하중, 하중계수 1.6을 적용한 상재하중, 하중계수 1.6 α_H를 적용한 연직방향 토압을 계수하중으로 한다. 이 경우 하중계수 1.6 α_H와 뒤판 캔틸레버에 작용하는 계수

하중 w_h를 계산한 결과는 다음과 같다.

$$1.6\,\alpha_H = 1.6\times(1.05-0.025\,h_b) = 1.6\times(1.05-0.025\times5.4) = 1.6\times0.915 = 1.464$$

$$w_h = 175\,kN/m^2$$

벽체 캔틸레버는 그림 12-39(c)와 같이 상단 수평토압 p_s와 하단 수평토압 $1.6\,p_{wb}$의 분포에 하중계수 1.6를 적용한 수평토압을 계수하중으로 한다. 이 경우 벽체 캔틸레버 지점부에 작용하는 계수하중 p_{wb} 및 상단과 하단의 계수수평토압을 계산한 결과는 다음과 같다.

$$p_{wb} = C_a\,w_s\,h_b + p_s = 0.29\times18\times5.4+2.61 = 30.8\,kN/m^2$$

$$1.6\,p_s = 4.2\,kN/m^2$$

$$1.6\,p_{wb} = 49.3\,kN/m^2$$

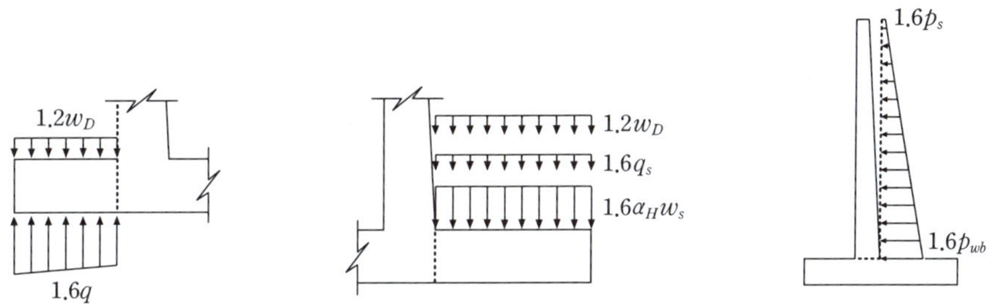

(a) 앞판의 계수하중 (b) 뒤판의 계수하중 (c) 벽체의 계수하중

그림 12-39 옹벽 구조부재의 계수하중 작용

(6) 기초판 설계

앞 (5)항의 계수하중에 대하여 구조해석을 수행한 결과로 앞판과 뒤판 캔틸레버의 최대 계수휨모멘트와 위험단면에서의 계수전단력이 표 12-10과 그림 12-40의 (a)와 (b)에 나타나 있다. KDS 14 20 콘크리트구조

표 12-10 예제 12-6의 옹벽 구조부재 설계검증

구분		앞판	뒤판	벽체
휨모멘트	최대 계수휨모멘트 M_u	127kN·m	−283kN·m	282kN·m
	인장철근 크기와 간격	D19@300	D19@150	D19@150
	인장철근 단면적 A_s	955mm^2/m	1,910mm^2/m	1,910mm^2/m
	설계휨강도 ϕM_n	165kN·m	343kN·m	343kN·m
	휨강도 검증	$\phi M_n > M_u$	$\phi M_n > M_u$	$\phi M_n > M_u$
전단력	위험단면의 계수전단력 V_u	122kN	315kN	145kN
	설계전단강도 $\phi V_n (=\phi V_c)$	353kN	370kN	370kN
	부재 전단강도 검증	$\phi V_n > V_u$	$\phi V_n > V_u$	$\phi V_n > V_u$
	마찰계수(6mm 이상 요철의 쪼아냄) μ	−	−	1.0
	설계전단마찰강도 ϕV_n	−	−	573kN
	전단마찰강도 검증	−	−	$\phi V_n > V_u$
철근정착	직선철근 정착길이 l_d	502mm	653mm	502mm
	최대 휨모멘트 위치의 묻힘길이 l_{emb}	600mm	700mm	90° 갈고리 515mm
	정착성능 검증	$l_{emb} > l_d$	$l_{emb} > l_d$	$l_{emb} > l_d$

설계기준에 따른 설계로, 앞판에는 75 mm의 피복두께를 갖는 DS400 D19 철근을 300 mm 간격으로 배치하기로 하였고, 뒤판에는 50 mm의 피복두께를 갖는 SD400 D19 철근을 150 mm 간격으로 배치하기로 하였다. 앞판과 뒤판의 전단 위험단면에서 전단강도를 검증한 결과 전단철근을 배치하지 않은 상태에서 전단강도 성능이 만족되었다.

앞판과 뒤판의 정착길이를 계산한 결과, 각각 502 mm와 653 mm의 정착길이가 필요하였으므로 앞판 인장철근은 캔틸레버 지점부인 벽체 외측면(노출면)에서 묻힘길이로 600 mm를 연장하고 뒤판 인장철근은 캔틸레버 지점부인 벽체 내측면(후면)에서 묻힘길이로 700 mm를 연장하기로 하였다.

앞판과 뒤판의 휨강도, 전단강도, 정착길이에 대한 설계검증은 표 12-10에 정리되어 있으며, 그림 12-40의 (a)와 (b)에 나타나 있다.

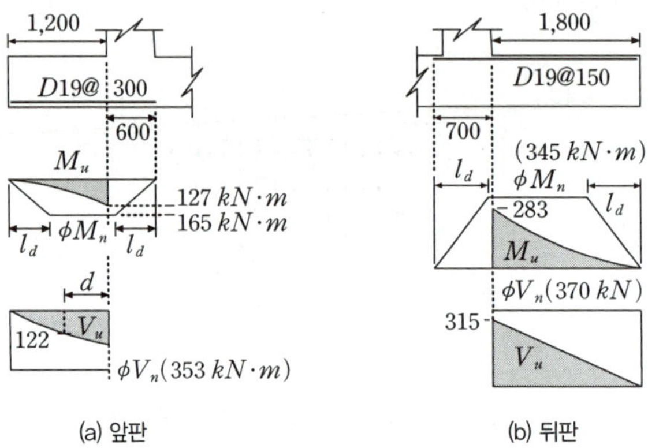

그림 12-40 기초판의 강도검증과 철근 배치

기초판의 수축·온도철근은 12.2.3절의 표 12-3으로 소개한 바에 따라 기초판의 두께 t_f에 대한 철근비 0.002 이상을 배치하기로 하였다. 이때 철근 단면적이 단위폭 1 m당 1,800 mm^2 보다 클 필요는 없으므로, 수축·온도철근으로의 소요 철근단면적를 구하면 다음과 같이 1,200 mm^2이다.

$$req'd\ A_{s,\,st} = req'd\ \rho_{st}\, bt_f = 0.002 \times 1{,}000 \times 600 = 1{,}200\ mm^2 < 1{,}800\ mm^2$$

따라서 그림 12-41(c)와 같이 기초판 상부 표면과 하부 표면 가까이에 각각 SD400 D13 철근을 200 mm 간격으로 배치하기로 한다. D13 철근의 단면적은 126.7 mm^2이므로, 이때의 단위폭 당 수축·온도 철근의 단면적은 다음과 같이 1,200 mm^2을 초과한다.

$$A_{s,\,st} = 2\left(\frac{bA_b}{s_{st}}\right) = 2 \times \frac{1{,}000(126.7)}{200} = 1{,}267\ mm^2 > req'd\ A_{s,\,st}\ (= 1{,}200\ mm^2)$$

(7) 벽체 설계와 주철근 배치

앞 (5)항의 계수하중에 대하여 구조해석을 수행하고 설계한 결과가 표 12-10에 정리되어 있다. 벽체의 전단강도를 검증한 결과 전단철근을 배치하지 않은 상태에서 전단강도 성능이 만족되었다. 벽체 캔틸레버의 계수휨모멘트 M_u의 분포는 그림 12-41(a)와 같으며, 282 $kN \cdot m$의 최대 계수휨모멘트에 저항하기 위하여 50 mm의 피복두께를 갖는 SD400 D19 철근을 150 mm 간격으로 배치하기로 하였다. 그림 12-41(a)에 나타난 바와 같이 벽체의 상단으로 갈수록 계수휨모멘트가 급격히 감소하므로, 인장구역에서의 철근 절단 조건을 만족함을 확인한 후 최소연장길이를 고려하여 벽체 내부 두 위치에서 수직방향의 인장철근을 절단하기로 하였다. 벽체 인장철근의 절단위치는 그림 12-41의 (a)와 (b)에 나타낸 바와 같이 기초판 상면에서 각각 2 m와 3 m인 위치이다. 따라서 기초판 상면에서 2 m인 위치까지는 150 mm 간격, 2 m와 3 m 사이는 300 mm 간격, 3 m에서 벽체 상단까지는 600 mm 간격으로 SD400 D19 철근을 배치한다. 이 인장철근들은

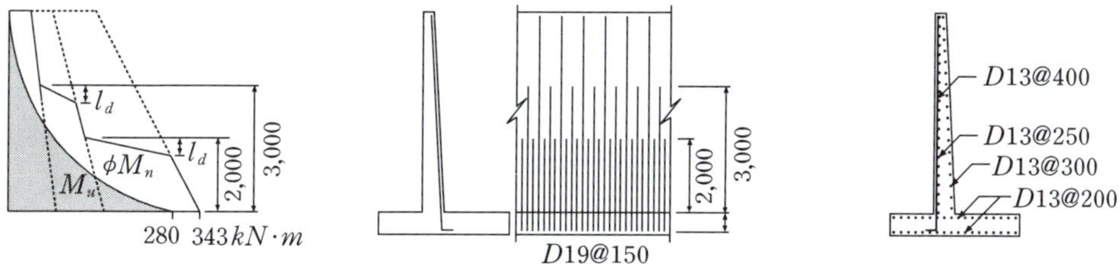

(a) 벽체의 설계휨강도 (b) 벽체의 주철근 배치 (c) 옹벽의 수축·온도철근

그림 12-41 벽체의 강도검증과 주철근 배치 및 옹벽의 수축·온도철근 배치

기초판 하면에 배치되는 수평철근의 위치까지 515 mm가 연장되어 90° 표준갈고리로 정착된다.

(8) 벽체의 수축·온도철근 배치

벽체의 수축·온도철근은 시공의 단순화를 위하여 기초판의 수축·온도철근과 같은 SD400 D13 철근을 사용하여 표 12-9에 따라 수직방향과 수평방향으로는 각각 철근비 0.0012와 0.002 이상을 배치하기로 한다. 이때 벽체의 두께는 다음과 같은 평균 두께 t_{avg}를 적용한다.

$$t_{avg} = \frac{1}{2}(600+300) = 450\ mm$$

먼저 수직방향 수축·온도철근의 소요 철근단면적을 구하면, 철근 단면적이 단위폭 1 m당 1,800 mm^2보다 클 필요는 없으므로 다음과 같이 540 mm^2이다.

$$req'd\ A_{s,\,st,\,v} = req'd\ \rho_{st,\,v}\,bt_{avg} = 0.0012\times1{,}000\times450 = 540\ mm^2 < 1{,}800\ mm^2$$

두께가 250 mm 이상인 벽체는 외측면에 이 소요 단면적 중에서 1/2 이상, 2/3 이하를 외측면으로부터 50 mm 이상, 벽두께의 1/3 이내에 배치하여야 하므로, 이 단면적들을 구하면

$$\frac{1}{2}(req'd\ A_{s,\,st,\,v}) = \frac{1}{2}\times540 = 270\ mm^2$$

$$\frac{2}{3}(req'd\ A_{s,\,st,\,v}) = \frac{2}{3}\times540 = 360\ mm^2$$

따라서 SD400 D13 철근을 벽체의 외측면에 수직방향으로 400 mm 간격으로 배치하기로 한다. D13 철근의 단면적은 126.7 mm^2이므로, 이때의 단위폭 당 수축·온도 철근의 단면적은 다음과 같이 317 mm^2로 소요 단면적의 1/2 이상, 2/3 이하의 범위에 속한다.

$$A_{s,\,st,\,vo} = \frac{bA_b}{s_{st,vo}} = \frac{1{,}000(126.7)}{400} = 317\ mm^2$$

벽체의 내측면에 배치해야 할 철근의 단면적을 구하면

$$req'd\ A_{s,\,st,\,vi} = req'd\ A_{s,\,st,\,v} - A_{s,\,st,\,vo} = 540-317 = 223\ mm^2$$

벽체의 내측면에는 주철근이 배치되어 있는데, 철근이 가장 적게 배치된 벽체 상단에 단면적이 286.5 mm^2인 SD400 D19 철근이 600 mm 간격으로 배치되어 있으므로 단위폭 당 철근의 단면적을 구하면

$$A_{s,\,600} = \frac{bA_b}{s_{600}} = \frac{1{,}000(286.5)}{600} = 478\ mm^2 > req'd\ A_{s,\,st,\,vi}\ (=223\ mm^2)$$

따라서 벽체의 내측면에는 수직방향의 수축·온도 철근을 추가로 배치할 필요가 없다.

수평방향으로는 철근비 0.002 이상을 배치하여야 하므로 수평방향 수축·온도철근의 소요 철근단면적을 구하면, 철근 단면적이 단위폭 1 m당 1,800 mm^2보다 클 필요는 없으므로 다음과 같이 900 mm^2이다.

$$req'd\ A_{s,\ st,\ h} = req'd\ \rho_{st,\ h} bt_{avg} = 0.002 \times 1{,}000 \times 450 = 900\ mm^2 < 1{,}800\ mm^2$$

두께가 250 mm 이상인 벽체는 외측면에 이 소요 단면적 중에서 1/2 이상, 2/3 이하를 외측면으로부터 50 mm 이상, 벽두께의 1/3 이내에 배치하여야 하므로, 이 단면적들을 구하면

$$\frac{1}{2}(req'd\ A_{s,\ st,\ h}) = \frac{1}{2} \times 900 = 450\ mm^2$$

$$\frac{2}{3}(req'd\ A_{s,\ st,\ h}) = \frac{2}{3} \times 900 = 600\ mm^2$$

따라서 SD400 D13 철근을 벽체의 외측면에 수평방향으로 250 mm 간격으로 배치하기로 한다. D13 철근의 단면적은 126.7 mm^2이므로, 이때의 단위폭 당 수축·온도 철근의 단면적은 다음과 같이 317 mm^2로 소요 단면적의 1/2 이상, 2/3 이하의 범위에 속한다.

$$A_{s,\ st,\ ho} = \frac{bA_b}{s_{st,ho}} = \frac{1{,}000(126.7)}{250} = 507\ mm^2$$

벽체의 내측면에 배치해야 할 철근의 단면적을 구하면

$$req'd\ A_{s,\ st,\ hi} = req'd\ A_{s,\ st,\ h} - A_{s,\ st,\ ho} = 900 - 507 = 393\ mm^2$$

따라서 SD400 D13 철근을 벽체의 내측면에 수평방향으로 300 mm 간격으로 배치하기로 한다. 이때의 단위폭 당 수축·온도 철근의 단면적은 다음과 같이 442 mm^2로 소요 단면적 이상이다.

$$A_{s,\ st,\ ho} = \frac{bA_b}{s_{st,ho}} = \frac{1{,}000(126.7)}{300} = 442\ mm^2 > req'd\ A_{s,\ st,\ hi}\ (= 393\ mm^2)$$

벽체의 수축·온도철근 배치는 그림 12-41(c)에 나타나 있다.

12.4.6 지중구조물의 설계검증

지표면 아래 땅 속에 시공되는 철근콘크리트 지중구조물(underground structure)도 일반적인 철근콘크리트 구조물과 동일한 방법으로 구조설계와 설계검증을 수행한다. 따라서 이 절에서는 지중구조물에 대한 토압작용의 특성과 이를 반영한 계수하중조합만 소개한다.

지중구조물은 지중에서 수평으로 굴착하면서 공간을 만들어 가는 터널공법을 적용하는 경우가 아니라면, 지표면부터 땅을 파서 계획된 위치에 구조물을 시공하고 다시 흙을 메우는 개착식 공법(open cut construction)으로 건설되는 것이 일반적이다. 그림 12-42 윗부분의 세 그림은 개착과 되메움의 시공진행 상태를 나타내며, 아랫부분의 세 그림은 그에 따른 토압 작용을 나타낸다. 즉, 그림 12-42(a)와 같이 지표면부터 땅을 굴착하는 절토작업 후 구조물을 시공하고 나서 그림 12-42(b)와 같이 흙을 메우는 되메움 작업으로 시공하는데, 되메움 작업이 완료된 초기에는 흙이 느슨한 상태이므로 그림 12-42(b)와 같이 횡토압이 크지 않은 상태라고 할 수 있다. 그 후 시간이 경과하면서 되메운 흙의 다짐이 충분히 이루어지면 그림 12-42(c)와 같이 횡토압이 크게 작용하는 상태가 된다.

KDS 14 20 콘크리트구조 설계기준에서는 이와 같은 다짐 수준을 고려하여, 느슨한 상태의 수평토압을 충분히 다짐된 상태 수평토압의 1/2로 설정함으로써 두 가지 횡토압이 반영된 계수하중조합들을

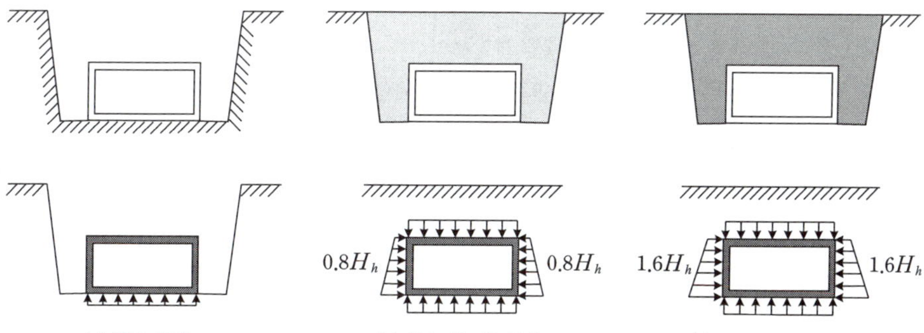

그림 12-42 절토와 되메움에 따른 횡토압 작용

설계검증에 적용하도록 규정하고 있다. 이 계수하중조합들은 3장 3.5.3절에 소개한 식 (3·34)과 식 (3·39)로, 지중구조물에 존재하지 않는 지붕 활하중 L_r을 제외하고 정리하면 다음과 같다.

$$U = 1.2\,(D+F+T)+1.6\,(L+\alpha_H\,H_v+H_h)+0.5\,(S \text{ 또는 } R) \qquad (12\cdot70)$$

$$U = 1.2\,(D+F+T)+1.6\,(L+\alpha_H\,H_v)+0.8\,H_h+0.5\,(S \text{ 또는 } R) \qquad (12\cdot71)$$

횡토압 작용을 설명하기 위하여 지중구조물에 부력으로 작용하는 F, 온도, 크리프, 수축 및 부등침하의 영향인 T, 적설하중 S, 강우하중 R을 나타내지 않고 단순화하면 다음과 같이 나타낼 수 있다.

$$U = 1.2\,D+1.6\,L+1.6\,\alpha_H\,H_v+1.6\,H_h \qquad (12\cdot72)$$

$$U = 1.2\,D+1.6\,L+1.6\,\alpha_H\,H_v+0.8\,H_h \qquad (12\cdot73)$$

즉, 고정하중 D, 활하중 L, 연직방향 토압 $\alpha_H\,H_v$에 대한 하중계수는 두 계수하중조합이 동일하지만, 수평토압 H_h에 대해서는 1.6과 0.8을 적용한다. 이와 같이 하중계수 1.6을 적용한 횡토압을 '전토압', 하중계수 0.8을 적용한 횡토압을 '반토압'이라고 부르기도 한다. 이 두 가지 횡토압은 설계검증에 적용하는 최댓값과 최솟값으로, 이 횡토압의 차이는 지중구조물의 단면력 분포에 영향을 준다. 즉, 이 두 가지 하중조합은 구조물의 각 위치에 가장 불리하게 작용하는 단면력을 구하기 위한 하중조합이다.

한편 지중구조물 위에 존재하는 흙은 하중계수 1.2를 적용하는 고정하중 D로 취급하지 않고, 연직방향 토압 $\alpha_H\,H_v$로 하여 하중계수 1.6을 적용한다. 이것은 콘크리트 구조물과 같이 설계자의 의도에 따라 결정된 크기로 시공된 경우는 중량의 변동성이 크지 않기 때문에 상대적으로 작은 값인 1.2를 적용하지만, 흙의 단위중량과 느슨한 정도 및 설계 때 예측하지 못한 토층 높이의 변화 등으로 상재토의 중량에 변동성이 크기 때문이다. 따라서 상대적으로 큰 값인 1.6의 하중계수를 적용하여야 한다는 의미이다. 또 연직방향 하중 H_v에 토피의 두께 h에 따른 보정계수 α_H를 적용하는 것은 지표에서 깊어질수록 토층 높이 변화의 변동성이 작아지고 아치작용에 따라 연직토압이 감소하는 경향을 반영하기 위한 것이다.

따라서 1.2 D를 제외하고 지중구조물에 적용하는 계수하중들을 나타내면, 그림 12-43과 같이 반토압 상태와 전토압 상태의 계수하중작용으로 나타낼 수 있다.

지진에 대하여 지중구조물의 구조안전성 설계검증을 수행할 때에는 지진하중 또는 이에 의해 발생하는 단면력 E를 포함한 식 (3·37)과 식 (3·40)의 계수하중조합을 적용한다.

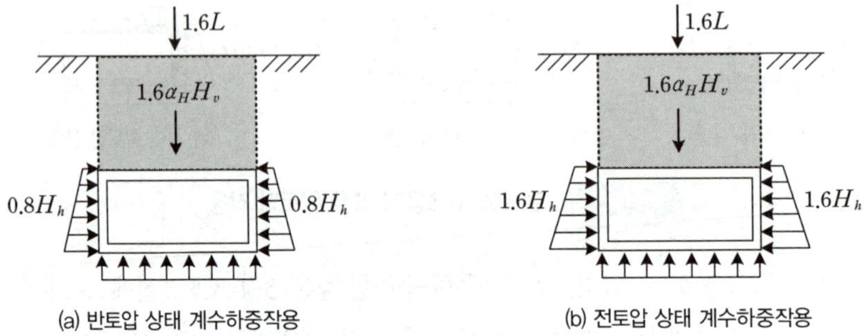

그림 12-43 지중구조물의 계수하중작용

참고문헌

12.1 국토교통부, 한국콘크리트학회, KDS 14 20 콘크리트구조 설계기준, 기준 및 해설, 2021.

12.2 국토교통부, 한국교량및구조공학회, KDS 24 14 21 콘크리트교 설계기준(한계상태설계법), 기준 및 해설, 2023.

12.3 Guralnick, S. A. and LaFraugh, R. W., "Laboratory Study of a Forty-Five-Foot Square Flat Plate Structure," *ACI Journal*, Proceedings, Vol. 60, 1963, pp. 1107–1185.

12.4 Hatcher, D. S., Sozen, M. A. and Siess, C. P., "Test of a Reinforced Concrete Flat Plate," *Journal of the Structural Division*, ASCE, Vol. 91, No. ST5, 1965, pp. 205–231.

12.5 Hatcher, D. S., Sozen, M. A. and Siess, C. P., "Test of a Reinforced Concrete Flat Slab," *Journal of the Structural Division*, ASCE, Vol. 95, No. ST6, 1969, pp. 1051–1072.

12.6 Gamble, W. L., Sozen, M. A. and Siess, C. P., "Test of a Two-way Reinforced Concrete Floor Slab," *Journal of the Structural Division*, ASCE, Vol. 95, No. ST6, 1969, pp. 1073–1096.

12.7 Vanderbilt, M. D., Sozen, M. A. and Siess, C. P., "Test of a Modified Reinforced Concrete Two-way Slab," *Journal of the Structural Division, ASCE*, Vol. 95, No. ST6, 1969, pp. 1097–1116.

12.8 Jirsa J. O., M. D., Sozen, M. A. and Siess, C. P., "Pattern Loadings on Reinforced Concrete Floor Slabs," *Journal of the Structural Division, ASCE*, Vol. 95, No. ST6, 1969, pp. 1117–1137.

12.9 Peabody, D. Jr., "Continuous Frame Analysis of Flat Slabs," Journal, Boston Society of Civil Engineers, January 1948.

12.10 Siess, C. P. and Newmark, N. M., "Rational Analysis and Design of Two-Way Concrete Slabs," *ACI Journal, Proceedings*, Vol. 45, 1949, pp. 273–315.

12.11 Corley, W. G. and Jirsa J. O., "Equivalent Frame Analysis for Slab Design," *ACI Journal, Proceedings*, Vol. 67, 1970, pp. 875–884.

12.12 AASHTO, *LRFD Bridge Design Specifications and Commentary*, 9th edition, American Association of State Highway and Transportation Officials, Washington, D.C., USA, 2020.

12.13 Highway Engineering Division, *Ontario Highway Bridge Design Code*, Highway Engineering Division, Ministry of Transportation and Communications, Toronto, Canada, 1991.

12.14 국토교통부, 한국교량및구조공학회, KDS 24 10 11 교량 설계 일반사항(한계상태설계법), 기준 및 해설, 2023.

12.15 Wang, C. K., Salmon, C. G., and Pincheira, J. A., *Reinforced Concrete Design*, 7th edition, John Wiley & Son, 2007 (p 815).

12.16 국토교통부, 한국교량및구조공학회, KDS 24 14 51 교량 하부구조 설계기준(한계상태설계법), 기준 및 해설, 2023.

12.17 국토교통부, 한국지반공학회, KDS 11 80 05 콘크리트옹벽 설계기준, 2020.

12.18 Nilson, A. H., Darwin, D., Dolan, C. W., Design of Concrete Structures, 14th edition, McGraw-Hill, 2010, 795 pp.

연습문제

12-1 사각형 슬래브의 가로 변과 세로 변의 비율에 따른 슬래브의 구분과 거동 차이를 설명하시오. **[정답: 12.2.1절 참조]**

12-2 사각형 1방향 슬래브에 배치하는 주철근, 수축·온도철근, 배력철근의 역할을 설명하시오. **[정답: 12.2.3절 참조]**

12-3 슬래브의 순경간 l_n과 재료강도가 다른 것 외에는 모든 조건이 12.2.3절 예제 12-1과 동일한 경우, KDS 14 20 콘크리트구조 설계기준에 따라 1방향 슬래브를 설계하시오. 슬래브의 순경간 l_n과 재료강도는 조건 (a)~(d)의 4가지 중 하나를 선택하시오. **[정답: 12.2.3절 예제 12-1 참조]**

[조건] (a) $l_n = 5.6\ m$ $f_{ck} = 30\ MPa$ $f_y = 400\ MPa$ (b) $l_n = 5.8\ m$ $f_{ck} = 35 MPa$ $f_y = 400\ MPa$
(c) $l_n = 6.2\ m$ $f_{ck} = 40\ MPa$ $f_y = 500\ MPa$ (d) $l_n = 6.4\ m$ $f_{ck} = 50\ MPa$ $f_y = 600\ MPa$

12-4 KDS 24 14 21 콘크리트교 설계기준(한계상태설계법)에 따른 도로교 바닥판 슬래브의 경험적 설계법과 전통적 설계법에 대하여 설명하시오. **[정답: 12.2.8절 참조]**

12-5 확대기초의 종류와 특징을 설명하시오. **[정답: 12.3.1절 참조]**

12-6 확대기초의 파괴거동을 설명하시오. **[정답: 12.3.1절 참조]**

12-7 한 변이 600 mm인 정사각형 기둥을 지지하는 직사각형 확대기초의 두께를 선정하고, KDS 14 20 콘크리트구조 설계기준에 따라 철근을 배치한 후 설계검증을 수행하시오. 기초판의 크기와 기둥에 작용하는 계수 축압축력 P_u 및 재료강도는 조건 (a)~(d)의 4가지 중 하나를 선택하시오. **[정답: 12.3.3절 예제 12-2~예제 12-5 참조]**

[조건] (a) $4.0\ m \times 4.0\ m$ $P_u = 3{,}600\ kN$ $f_{ck} = 30\ MPa$ $f_y = 400\ MPa$
(b) $4.0\ m \times 4.0\ m$ $P_u = 4{,}500\ kN$ $f_{ck} = 35\ MPa$ $f_y = 500\ MPa$
(c) $5.0\ m \times 3.0\ m$ $P_u = 3{,}600\ kN$ $f_{ck} = 30\ MPa$ $f_y = 400\ MPa$
(d) $5.0\ m \times 3.0\ m$ $P_u = 4{,}500\ kN$ $f_{ck} = 35\ MPa$ $f_y = 500\ MPa$

12-8 옹벽의 안정성 설계검증 항목과 그 내용을 설명하시오. **[정답: 12.4.3절, 12.4.4절 참조]**

12-9 캔틸레버식 옹벽의 철근배치와 철근상세 및 구조상세를 설명하시오. **[정답: 12.4.5절 참조]**

12-10 상재하중 q_s, 배면토의 단위중량 w_s, 주동토압계수 C_a가 다른 것 외에는 모든 조건이 12.4.5절 예제 12-6과 동일한 경우, KDS 14 20 콘크리트구조 설계기준에 따라 옹벽을 설계하시오. q_s, w_s, C_a의 값은 조건 (a)~(d)의 4가지 중 하나를 선택하시오. **[정답: 12.4.5절 예제 12-6 참조]**

[조건] (a) $q_s = 9\ kN/m^2$ $w_s = 19\ kN/m^3$ $C_a = 0.30$ (b) $q_s = 8\ kN/m^2$ $w_s = 20\ kN/m^3$ $C_a = 0.31$
(c) $q_s = 9\ kN/m^2$ $w_s = 21\ kN/m^3$ $C_a = 0.31$ (d) $q_s = 8\ kN/m^2$ $w_s = 22\ kN/m^3$ $C_a = 0.32$

12-11 지중구조물의 설계에 적용하는 하중작용에 대하여 설명하시오. **[정답: 12.4.6절 참조]**

부록

부록 A 설계 참고 자료

부록 B 단위 환산

부록 C 장방형 슬래브 설계용 계수

부록 D 그리스 문자

부록 E 연습문제(계산문제) 정답

부록 A 설계 참고 자료

부록 표 A-1 이형철근의 공칭제원과 철근 수에 따른 철근단면적

호칭	공칭 지름 (mm)	공칭 둘레 (mm)	공칭 단면적 (mm^2)	철근 수에 따른 철근단면적(mm^2)								
				2개	3개	4개	5개	6개	7개	8개	9개	10개
D10	9.53	30	71.33	143	214	285	357	428	499	571	642	713
D13	12.7	40	126.7	253	380	507	633	760	887	1,014	1,140	1,267
D16	15.9	50	198.6	397	596	794	993	1,192	1,390	1,589	1,787	1,986
D19	19.1	60	286.5	573	860	1,146	1,433	1,719	2,006	2,292	2,579	2,865
D22	22.2	70	387.1	774	1,161	1,548	1,935	2,323	2,710	3,097	3,484	3,871
D25	25.4	80	506.7	1,013	1,520	2,027	2,534	3,040	3,547	4,054	4,560	5,067
D29	28.6	90	642.4	1,285	1,927	2,570	3,212	3,854	4,497	5,139	5,782	6,424
D32	31.8	100	794.2	1,588	2,383	3,177	3,971	4,765	5,559	6,354	7,148	7,942
D35	34.9	110	956.6	1,913	2,870	3,826	4,783	5,740	6,696	7,653	8,609	9,566
D38	38.1	120	1,140	2,280	3,420	4,560	5,700	6,840	7,980	9,120	10,260	11,400
D41	41.3	130	1,340	2,680	4,020	5,360	6,700	8,040	9,380	10,720	12,060	13,400
D43	43.0	135	1,452	2,904	4,356	5,808	7,260	8,712	1,0164	11,616	13,068	14,520
D51	50.8	160	2,027	4,054	6,081	8,108	10,135	12,162	14,189	16,216	18,243	20,270
D57	57.3	180	2,579	5,158	7,737	10,316	12,895	15,474	18,053	20,632	23,211	25,790

부록 표 A-2 f_{ck}가 40 MPa 이하일 때 KDS 14 20의 휨부재 단면구분과 해당 변수 값

철근의 설계기준 항복강도 f_y (MPa)	압축지배 변형률 한계 ε_y	최대철근단면			인장지배단면 한계	
		최소 허용변형률 $\varepsilon_{t,\,min}$	직사각형 단면의 최대 인장철근비 ρ_{max}	강도감소 계수 ϕ_{min}	변형률한계 $\varepsilon_{ttc,\,min}$	직사각형 단면의 해당 인장철근비
300	0.0015	0.004	0.658 ρ_b	0.793	0.005	0.578 ρ_b
400	0.002	0.004	0.726 ρ_b	0.783	0.005	0.639 ρ_b
500	0.0025	0.005 ($2\varepsilon_y$)	0.699 ρ_b	0.783	0.00625 ($2.5\,\varepsilon_y$)	0.607 ρ_b
600	0.003	0.006 ($2\varepsilon_y$)	0.677 ρ_b	0.783	0.0075 ($2.5\,\varepsilon_y$)	0.583 ρ_b

부록 표 A-3 휨부재에 대한 KDS 14 20의 주요 변수 및 한계 값

f_{ck} (MPa)	ε_{cu}	f_y (MPa)	최대철근단면			인장지배단면 한계		균형 철근비 ρ_b
			최소 허용 변형률 $\varepsilon_{t,\ min}$	최대 인장 철근비 ρ_{max}	강도 감소계수 ϕ_{min}	변형률 한계 $\varepsilon_{ttc,\ min}$	한계 인장 철근비 $\rho_{t,\ limit}$	
24	0.0033	300	0.004	0.02461	0.793	0.005	0.02162	0.03740
		400	0.004	0.01844	0.783	0.005	0.01623	0.02540
		500	0.005	0.01298	0.783	0.00625	0.01127	0.01857
		600	0.006	0.00965	0.783	0.0075	0.00831	0.01425
27	0.0033	300	0.004	0.02769	0.793	0.005	0.02432	0.04208
		400	0.004	0.02075	0.783	0.005	0.01826	0.02858
		500	0.005	0.01460	0.783	0.00625	0.01268	0.02089
		600	0.006	0.01085	0.783	0.0075	0.00934	0.01603
30	0.0033	300	0.004	0.03076	0.793	0.005	0.02702	0.04675
		400	0.004	0.02305	0.783	0.005	0.02029	0.03175
		500	0.005	0.01623	0.783	0.00625	0.01409	0.02321
		600	0.006	0.01206	0.783	0.0075	0.01038	0.01781
35	0.0033	300	0.004	0.03589	0.793	0.005	0.03153	0.05454
		400	0.004	0.02690	0.783	0.005	0.02367	0.03705
		500	0.005	0.01893	0.783	0.00625	0.01644	0.02708
		600	0.006	0.01407	0.783	0.0075	0.01211	0.02078
40	0.0033	300	0.004	0.04102	0.793	0.005	0.03603	0.06233
		400	0.004	0.03074	0.783	0.005	0.02706	0.04234
		500	0.005	0.02164	0.783	0.00625	0.01879	0.03095
		600	0.006	0.01608	0.783	0.0075	0.01384	0.02375
45	0.00325	300	0.004	0.04535	0.793	0.005	0.03983	0.06892
		400	0.004	0.03395	0.783	0.005	0.02988	0.04677
		500	0.005	0.02388	0.783	0.00625	0.02073	0.03416
		600	0.006	0.01773	0.783	0.0075	0.01527	0.02619
50	0.0032	300	0.004	0.04950	0.793	0.005	0.04349	0.07523
		400	0.004	0.03703	0.783	0.005	0.03259	0.05100
		500	0.005	0.02602	0.783	0.00625	0.02259	0.03722
		600	0.006	0.01931	0.783	0.0075	0.01662	0.02852
55	0.00315	300	0.004	0.05418	0.793	0.005	0.04759	0.08234
		400	0.004	0.04048	0.783	0.005	0.03563	0.05576
		500	0.005	0.02842	0.783	0.00625	0.02468	0.04066
		600	0.006	0.02107	0.783	0.0075	0.01815	0.03113
60	0.0031	300	0.004	0.05428	0.793	0.005	0.04768	0.08249
		400	0.004	0.04051	0.783	0.005	0.03566	0.05580
		500	0.005	0.02842	0.783	0.00625	0.02468	0.04065
		600	0.006	0.02106	0.783	0.0075	0.01813	0.03110
70	0.0030	300	0.004	0.05829	0.793	0.005	0.05120	0.08859
		400	0.004	0.04341	0.783	0.005	0.03821	0.05980
		500	0.005	0.03040	0.783	0.00625	0.02640	0.04349
		600	0.006	0.02249	0.783	0.0075	0.01937	0.03322
80	0.0029	300	0.004	0.06193	0.793	0.005	0.05440	0.09412
		400	0.004	0.04602	0.783	0.005	0.04050	0.06339
		500	0.005	0.03216	0.783	0.00625	0.02793	0.04601
		600	0.006	0.02376	0.783	0.0075	0.02046	0.03509
90	0.0028	300	0.004	0.06446	0.793	0.005	0.05663	0.09797
		400	0.004	0.04779	0.783	0.005	0.04206	0.06582
		500	0.005	0.03334	0.783	0.00625	0.02895	0.04769
		600	0.006	0.02459	0.783	0.0075	0.02117	0.03632

부록 표 A-4 KDS 14 20에 따라 주철근을 1열로 배치할 수 있는 휨부재 복부의 최소폭

전단 철근	주철근	주철근 수에 따른 휨부재 복부의 최소폭(*mm*)								
		5개	6개	7개	8개	9개	10개	11개	12개	12개
D13 U형	D16	290	330	370	410	450	500	530	580	620
	D19	300	350	390	440	480	530	570	610	650
	D22	320	370	410	460	510	560	600	650	700
	D25	340	390	440	490	540	600	640	690	740
	D29	370	420	480	540	600	650	710	770	820
	D32	400	460	520	580	650	710	780	840	
	D35	420	490	560	630	700	770	870		
	D38	450	520	600	680	760	840			
D16 U형	D16	310	360	400	440	490	530	580	620	660
	D19	330	370	420	470	520	560	610	660	700
	D22	340	400	450	500	550	600	650	700	750
	D25	370	430	490	540	600	660	720	770	830
	D29	400	470	530	590	660	720	780	850	
	D32	430	500	570	640	710	780	850		
	D35	460	530	610	690	760	840			
	D38	490	570	650	740	820				

[주] 철근의 수평간격: 25mm 이상, 굵은 골재 최대치수의 3/4배 이상, 철근지름 이상
철근의 피복두께: 40mm 이상
굵은 골재의 최대치수: 25mm

부록 표 A-5 KDS 14 20의 간편식에 따른 직선 인장 이형철근의 기본정착길이 l_{db} (mm)

$$l_{db} = \frac{0.6\, d_b f_y}{\lambda \sqrt{f_{ck}}}$$ (여기서 $\lambda=1.0$)

철근	f_y (MPa)	$f_{ck}(MPa)$					
		24	27	30	40	50	60
D13	300	467	440	416	361	323	295*
	400	622	586	554	482	431	393
	500	778	733	696	602	539	492
	600	933	880	835	723	647	590
D16	300	584	550	520	453	405	369
	400	779	734	694	603	540	493
	500	974	918	871	754	675	616
	600	1,168	1,102	1,045	905	809	739
D19	300	702	661	625	544	486	444
	400	936	882	833	725	648	592
	500	1,170	1,103	1,046	906	810	740
	600	1,404	1,323	1,255	1,087	972	888
D22	300	816	768	727	632	565	516
	400	1,087	1,025	969	842	753	688
	500	1,359	1,282	1,216	1,053	942	860
	600	1,631	1,538	1,459	1,264	1,130	1,032
D25	300	933	879	831	723	647	590
	400	1,244	1,172	1,108	964	862	787
	500	1,555	1,466	1,391	1,205	1,078	984
	600	1,867	1,760	1,669	1,446	1,293	1,180
D29	300	1,051	990	936	814	723	665
	400	1,401	1,320	1,248	1,085	971	886
	500	1,751	1,651	1,566	1,357	1,213	1,108
	600	2,102	1,981	1,880	1,628	1,456	1,329
D32	300	1,168	1,101	1,040	905	809	739
	400	1,558	1,468	1,388	1,207	1,079	985
	500	1,947	1,836	1,742	1,508	1,349	1,232
	600	2,337	2,203	2,090	1,810	1,619	1,478
D35	300	1,282	1,208	1,142	993	888	811
	400	1,709	1,611	1,523	1,324	1,185	1,081
	500	2,137	2,015	1,912	1,655	1,481	1,352
	600	2,565	2,418	2,294	1,987	1,777	1,622
D38	300	1,400	1,319	1,247	1,084	970	885
	400	1,866	1,758	1,663	1,446	1,293	1,180
	500	2,333	2,200	2,087	1,807	1,616	1,456
	600	2,800	2,640	2,504	2,169	1,940	1,771

[주] *인장철근의 정착길이는 300mm 이상이어야 한다.

부록 표 A-6 KDS 14 20의 표준갈고리 이형철근의 기본정착길이 $l_{hb}(mm)$

$l_{hb} = \frac{0.24\,\beta\, d_b f_y}{\lambda \sqrt{f_{ck}}}$ (여기서 $\lambda=1.0,\ \beta=1.0$)

철근	f_y (MPa)	f_{ck} (MPa)					
		24	27	30	40	50	60
D13	300	187	176	167	145*	129*	118*
	400	249	235	223	193	172	157
	500	311	293	278	241	216	197
	600	373	352	334	289	259	236
D16	300	234	220	209	181	162	148*
	400	312	294	279	241	216	197
	500	389	367	348	302	270	246
	600	467	441	418	362	324	296
D19	300	281	265	251	217	194	178
	400	374	353	335	290	259	237
	500	468	441	418	362	324	296
	600	561	529	502	435	389	355
D22	300	326	308	292	253	226	206
	400	435	410	389	337	301	275
	500	534	513	486	421	377	344
	600	653	615	584	505	452	413
D25	300	373	352	334	289	259	236
	400	498	469	445	386	345	315
	500	622	587	556	482	431	393
	600	747	704	668	578	517	472
D29	300	420	396	376	326	291	266
	400	560	528	501	434	388	354
	500	701	660	627	543	485	443
	600	841	793	752	651	582	532
D32	300	467	441	418	362	324	296
	400	623	588	557	483	432	394
	500	779	734	697	603	540	493
	600	935	884	836	724	648	591
D35	300	513	484	459	397	355	324
	400	684	645	612	530	474	433
	500	855	806	765	662	592	541
	600	1,026	967	918	795	711	649
D38	300	560	528	501	434	388	354
	400	747	704	668	578	517	472
	500	933	880	835	723	647	590
	600	1,120	1,056	1,002	867	776	708

[주] * 표준갈고리 인장철근의 정착길이는 150 mm 이상이어야 한다.

부록 B 단위 환산

부록 표 B-1 각 단위계별 단위 대조표

양 / 단위계	길이	질량	시간	힘	응력
SI계	m	kg	s	N	N/m^2 또는 Pa
CGS계	cm	g	s	dyn	dyn/cm^2
MKS계	m	kg	s	kgf	kgf/m^2
ft-lb계	ft	lb	s	lb	$psi(lb/in^2)$

[주] SI단위계에서 응력의 단위 N/m^2를 Pa(Pascal)로 나타내기도 한다. $1N/m^2=1$ Pa.
일반적으로 MPa(Mega Pascal) 또는 N/mm^2가 사용되고 있다.[부록 표 B-5 참조]

부록 표 B-2 SI 접두어

배수	접두어의 명칭	기호	배수	접두어의 명칭	기호
10^{12}	테라(tera)	T	10^{-1}	데시(deci)	d
10^{9}	기가(giga)	G	10^{-2}	센티(centi)	c
10^{6}	메가(mega)	M	10^{-3}	밀리(mili)	m
10^{3}	킬로(kilo)	k	10^{-6}	마이크로(micro)	μ
10^{2}	헥토(hecto)	h	10^{-9}	나노(nano)	n
10	데카(deca)	da	10^{-12}	피코(pico)	p

부록 표 B-3 힘

N	dyn	kgf	lb
1	1×10^{5}	1.01972×10^{-1}	2.2481×10^{-1}
1×10^{-5}	1	1.01972×10^{-6}	2.2481×10^{-6}
9.80665	9.80665×10^{5}	1	2.20462
4.44822	4.44822×10^{5}	4.5359×10^{-1}	1

부록 표 B-4 모멘트

N·m	kgf·m	ft·lb
1	0.10197	0.73756
9.80665	1	7.23305
1.35581	0.13825	1

부록 표 B-5 응력

kPa	MPa(N/mm^2)	kgf/mm^2	kgf/cm^2	psi(lb/in^2)
1	1×10^{-3}	1.01972×10^{-4}	1.01972×10^{-2}	1.4504×10^{-1}
1×10^{3}	1	1.01972×10^{-1}	1.01972×10	1.4504×10^{2}
9.80665×10^{3}	9.80665	1	1×10^{2}	1.4223×10^{3}
9.80665×10	9.80665×10^{-2}	1×10^{-2}	1	1.4223×10
6.89476	6.89476×10^{-3}	7.031×10^{-4}	7.031×10^{-2}	1

[주] (1) 1kPa(kilo Pascal)=10^3Pa=$10^3N/m^2$, 1MPa(Mega Pascal)=10^6Pa=$10^6N/m^2$=$1N/mm^2$

(2) 설계기준 등에서는 CGS단위로 된 계산식이나 값들을 SI단위로 환산할 때, 1kgf=9.8N[부록 표 B-3 참조]을 1kgf≒10N으로 보고, $1kgf/cm^2$=0.098MPa($0.098N/mm^2$)을 $1kgf/cm^2$≒0.1MPa($0.1N/mm^2$)로 보고 환산한다.

부록 표 B-6 응력 환산-1

kgf/cm^2	psi	MPa	kgf/cm^2	psi	MPa
1	14.2	0.098	210	2,987	20.6
4	56.9	0.39	240	3,414	23.5
12	170.7	1.18	280	3,982	27.5
16	227.6	1.57	350	4,978	34.3
60	853.4	5.88	500	7,112	49.0
70	995.6	6.86	1,400	19,912	137
80	113.8	7.85	3,000	42,600	294
90	1,280	8.83	3,500	49,700	343
180	2,560	17.65	4,000	56,800	392

부록 표 B-7 응력 환산-2

psi	MPa	kgf/cm^2	psi	MPa	kgf/cm^2
1	0.007	0.07	4,000	27.6	281
60	0.41	4.22	5,000	34.5	352
150	1.03	10.5	20,000	137.9	1,406
200	1.38	14.1	30,000	206.8	2,109
500	3.45	35.2	33,000	227.5	2,320
2,500	17.2	176	40,000	275.8	2,812
3,000	20.7	211	60,000	413.7	4,219
3,500	24.1	246			

부록 표 B-8 응력 환산-3

MPa	kgf/cm^2	psi	MPa	kgf/cm^2	psi
1	10.2	145	23	234.5	3,336
3	30.6	435	28	285.5	4,061
7	71.4	1,015	35	357	5,076
9	91.8	1,305	137	1,397	19,870
18	183.5	2,611	235	2,396	34,084
21	214.1	3,046	412	4,201	59,756

부 록 C 장방형 슬래브 설계용 계수

부록 표 C-1 장방형 2방향 슬래브의 부모멘트 계수

w_u는 등분포계수하중 ($w_u = 1.2\,w_D + 1.6\,w_L$)

$m=\dfrac{l_s}{l_l}$		Case1	Case2	Case3	Case4	Case5	Case6	Case7	Case8	Case9
1.00	C_{nsU}		0.045		0.050	0.075	0.071		0.033	0.061
	C_{nlU}		0.045	0.076	0.050			0.071	0.061	0.033
0.95	C_{nsU}		0.050		0.055	0.079	0.075		0.038	0.065
	C_{nlU}		0.041	0.072	0.045			0.067	0.056	0.029
0.90	C_{nsU}		0.055		0.060	0.080	0.079		0.043	0.068
	C_{nlU}		0.037	0.070	0.040			0.062	0.052	0.025
0.85	C_{nsU}		0.060		0066	0.082	0.083		0.049	0.072
	C_{nlU}		0.031	0.065	0.034			0.057	0.046	0.021
0.80	C_{nsU}		0.065		0.071	0.083	0.086		0.055	0.075
	C_{nlU}		0.027	0.061	0.029			0.051	0.041	0.017
0.75	C_{nsU}		0.069		0.076	0.085	0.088		0.061	0.078
	C_{nlU}		0.022	0.056	0.024			0.044	0.036	0.014
0.70	C_{nsU}		0.074		0.081	0.086	0.091		0.068	0.081
	C_{nlU}		0.017	0.050	0.019			0.038	0.029	0.011
0.65	C_{nsU}		0.077		0.085	0.087	0.093		0.074	0.083
	C_{nlU}		0.014	0.043	0.015			0.031	0.024	0.008
0.60	C_{nsU}		0.081		0.089	0.088	0.096		0.080	0.085
	C_{nlU}		0.010	0.035	0.011			0.024	0.018	0.006
0.55	C_{nsU}		0.084		0.092	0.089	0.096		0.085	0.086
	C_{nlU}		0.007	0.028	0.008			0.019	0.014	0.005
0.50	C_{nsU}		0.086		0.094	0.090	0.097		0.089	0.088
	C_{nlU}		0.006	0.022	0.006			0.014	0.010	0.003

[주] (1) 굵은 선으로 된 연단은 그 슬래브가 받침점을 지나서 연속되었거나 받침점에서 고정된 변.

(2) 아무 표시가 없는 연단은 비틀림 저항을 무시할 수 있는 받침점.

(3) C_{nsU}는 짧은 경간 구속단부의 부모멘트계수, C_{nlU}는 긴 경간 구속단부의 부모멘트계수.

(4) 한 변만 구속된 경우는 구속단부의 부모멘트계수.

부록 표 C-2 장방형 2방향 슬래브의 고정하중에 의한 정모멘트 계수
w_{uD}는 등분포 계수고정하중 (w_{uD}=1.2 w_D)

$m=\frac{l_s}{l_l}$		Case1	Case2	Case3	Case4	Case5	Case6	Case7	Case8	Case9
1.00	C_{psD}	0.036	0.018	0.018	0.027	0.027	0.033	0.027	0.020	0.023
	C_{plD}	0.036	0.018	0.027	0.027	0.018	0.027	0.033	0.023	0.020
0.95	C_{psD}	0.040	0.020	0.021	0.030	0.028	0.036	0.031	0.022	0.024
	C_{plD}	0.033	0.016	0.025	0.024	0.015	0.024	0.031	0.021	0.017
0.90	C_{psD}	0.045	0.022	0.025	0.033	0.029	0.039	0.025	0.025	0.026
	C_{plD}	0.029	0.014	0.024	0.022	0.013	0.021	0.028	0.019	0.015
0.85	C_{psD}	0.050	0.024	0.029	0.036	0.031	0.042	0.040	0.029	0.028
	C_{plD}	0.026	0.012	0.022	0.019	0.011	0.017	0.025	0.017	0.013
0.80	C_{psD}	0.056	0.026	0.034	0.039	0.032	0.045	0.045	0.032	0.029
	C_{plD}	0.023	0.011	0.020	0.016	0.009	0.015	0.022	0.015	0.010
0.75	C_{psD}	0.061	0.028	0.040	0.043	0.033	0.048	0.051	0.036	0.031
	C_{plD}	0.019	0.009	0.018	0.013	0.007	0.012	0.020	0.013	0.007
0.70	C_{psD}	0.068	0.030	0.046	0.046	0.035	0.051	0.058	0.040	0.033
	C_{plD}	0.016	0.007	0.016	0.011	0.005	0.009	0.017	0.011	0.006
0.65	C_{psD}	0.074	0.032	0.054	0.050	0.036	0.054	0.065	0.044	0.034
	C_{plD}	0.013	0.006	0.014	0.009	0.004	0.007	0.014	0.009	0.005
0.60	C_{psD}	0.081	0.034	0.062	0.053	0.037	0.056	0.073	0.048	0.036
	C_{plD}	0.010	0.004	0.011	0.007	0.003	0.006	0.012	0.007	0.004
0.55	C_{psD}	0.088	0.035	0.071	0.056	0.038	0.058	0.081	0.052	0.037
	C_{plD}	0.008	0.003	0.009	0.005	0.002	0.004	0.009	0.005	0.003
0.50	C_{psD}	0.095	0.037	0.080	0.059	0.039	0.061	0.089	0.056	0.038
	C_{plD}	0.006	0.002	0.007	0.004	0.001	0.003	0.007	0.004	0.002

[주] (1) 굵은 선으로 된 연단은 그 슬래브가 받침점을 지나서 연속되었거나 받침점에서 고정된 변.
(2) 아무 표시가 없는 연단은 비틀림 저항을 무시할 수 있는 받침점.
(3) C_{isD}는 짧은 경간 중앙부의 정모멘트계수, C_{plD}는 긴 경간 중앙부의 정모멘트계수.

부록 표 C-3　장방형 2방향 슬래브의 활하중에 의한 정모멘트 계수

w_{uL}은 등분포 계수고정하중 ($w_{uL}=1.6\ w_L$)

$m=\frac{l_s}{l_l}$		Case1	Case2	Case3	Case4	Case5	Case6	Case7	Case8	Case9
1.00	C_{psL}	0.036	0.027	0.027	0.032	0.032	0.035	0.032	0.028	0.030
	C_{plL}	0.036	0.027	0.032	0.032	0.027	0.032	0.035	0.030	0.028
0.95	C_{psL}	0.040	0.030	0.031	0.035	0.034	0.038	0.036	0.031	0.032
	C_{plL}	0.033	0.025	0.029	0.029	0.024	0.029	0.032	0.027	0.025
0.90	C_{psL}	0.045	0.034	0.035	0.039	0.037	0.042	0.040	0.035	0.036
	C_{plL}	0.029	0.022	0.027	0.026	0.021	0.025	0.029	0.024	0.022
0.85	C_{psL}	0.050	0.037	0.040	0.043	0.041	0.046	0.045	0.040	0.039
	C_{plL}	0.026	0.019	0.024	0.023	0.019	0.022	0.026	0.022	0.020
0.80	C_{psL}	0.056	0.041	0.045	0.048	0.044	0.051	0.051	0.044	0.042
	C_{plL}	0.023	0.017	0.022	0.020	0.016	0.019	0.023	0.019	0.017
0.75	C_{psL}	0.061	0.045	0.051	0.052	0.047	0.055	0.056	0.049	0.046
	C_{plL}	0.019	0.014	0.019	0.016	0.013	0.016	0.020	0.016	0.013
0.70	C_{psL}	0.068	0.049	0.057	0.057	0.051	0.060	0.063	0.054	0.050
	C_{plL}	0.016	0.012	0.016	0.014	0.011	0.013	0.017	0.014	0.011
0.65	C_{psL}	0.074	0.053	0.064	0.062	0.055	0.064	0.070	0.059	0.054
	C_{plL}	0.013	0.010	0.014	0.011	0.009	0.010	0.014	0.011	0.009
0.60	C_{psL}	0.081	0.058	0.071	0.067	0.059	0.068	0.077	0.065	0.059
	C_{plL}	0.010	0.007	0.011	0.009	0.007	0.008	0.011	0.009	0.007
0.55	C_{psL}	0.088	0.062	0.080	0.072	0.063	0.073	0.085	0.070	0.063
	C_{plL}	0.008	0.006	0.009	0.007	0.005	0.006	0.009	0.007	0.006
0.50	C_{psL}	0.095	0.066	0.088	0.077	0.067	0.078	0.092	0.076	0.067
	C_{plL}	0.005	0.004	0.007	0.005	0.004	0.005	0.007	0.005	0.004

[주] (1) 굵은 선으로 된 연단은 그 슬래브가 받침점을 지나서 연속되었거나 받침점에서 고정된 변.

(2) 아무 표시가 없는 연단은 비틀림 저항을 무시할 수 있는 받침점.

(3) C_{psL}는 짧은 경간 중앙부의 정모멘트계수, C_{plL}는 긴 경간 중앙부의 정모멘트계수.

부록 표 C-4 장방형 2방향 슬래브의 계수전단력 및 받침점 반력 계수

w_u는 등분포계수하중 ($w_u=1.2\,w_D+1.6\,w_L$)

$m=\frac{l_s}{l_l}$		Case1	Case2	Case3	Case4	Case5	Case6	Case7	Case8	Case9
			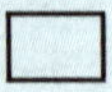	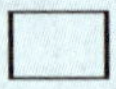	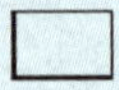		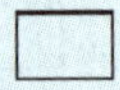		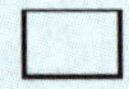	
1.00	W_{sU}	0.50	0.50	0.17	0.50	0.83	0.71	0.29	0.33	0.67
	W_{lU}	0.50	0.50	0.83	0.50	0.17	0.29	0.71	0.67	0.33
0.95	W_{sU}	0.55	0.55	0.20	0.55	0.86	0.75	0.33	0.38	0.71
	W_{lU}	0.45	0.45	0.80	0.45	0.14	0.25	0.67	0.62	0.29
0.90	W_{sU}	0.60	0.60	0.23	0.60	0.88	0.79	0.38	0.43	0.75
	W_{lU}	0.40	0.40	0.77	0.40	0.12	0.21	0.62	0.57	0.25
0.85	W_{sU}	0.66	0.66	0.28	0.66	0.90	0.83	0.43	0.49	0.79
	W_{lU}	0.34	0.34	0.72	0.34	0.10	0.17	0.57	0.51	0.21
0.80	W_{sU}	0.71	0.71	0.33	0.71	0.92	0.86	0.49	0.55	0.83
	W_{lU}	0.29	0.29	0.67	0.29	0.08	0.14	0.51	0.45	0.17
0.75	W_{sU}	0.76	0.76	0.39	0.76	0.94	0.88	0.56	0.61	0.86
	W_{lU}	0.24	0.24	0.61	0.24	0.06	0.12	0.44	0.39	0.14
0.70	W_{sU}	0.81	0.81	0.45	0.81	0.95	0.91	0.62	0.68	0.89
	W_{lU}	0.19	0.19	0.55	0.19	0.05	0.09	0.38	0.32	0.11
0.65	W_{sU}	0.85	0.85	0.53	0.85	0.96	0.93	0.69	0.74	0.92
	W_{lU}	0.15	0.15	0.47	0.15	0.04	0.07	0.31	0.26	0.08
0.60	W_{sU}	0.89	0.89	0.61	0.89	0.97	0.95	0.76	0.80	0.94
	W_{lU}	0.11	0.11	0.39	0.11	0.03	0.05	0.24	0.20	0.06
0.55	W_{sU}	0.92	0.92	0.69	0.92	0.98	0.96	0.81	0.85	0.95
	W_{lU}	0.08	0.08	0.31	0.08	0.02	0.04	0.19	0.15	0.05
0.50	W_{sU}	0.94	0.94	0.76	0.94	0.99	0.97	0.86	0.89	0.97
	W_{lU}	0.06	0.06	0.24	0.06	0.01	0.03	0.14	0.11	0.03

[주] (1) 굵은 선으로 된 연단은 그 슬래브가 받침점을 지나서 연속되었거나 받침점에서 고정된 변.

(2) 아무 표시가 없는 연단은 비틀림 저항을 무시할 수 있는 받침점.

(3) W_{sU}는 짧은 경간 단부의 전단력계수, W_{lU}는 긴 경간 단부의 전단력계수.

부 록 D 그리스 문자

부록 표 D-1 그리스 문자

대문자	소문자	이 름
A	α	alpha
B	β	beta
Γ	γ	gamma
Δ	δ	delta
E	ε	epsilon
Z	ζ	zeta
H	η	eta
Θ	θ	theta
I	ι	iota
K	κ	kappa
Λ	λ	lambda
M	μ	mu
N	ν	nu
Ξ	ξ	xi
O	o	omicron
Π	π	pi
P	ρ	rho
Σ	σ	sigma
T	τ	tau
Y	υ	upsilon
Φ	ϕ	phi
X	χ	chi
Ψ	ψ, φ	psi
Ω	ω	omega

부 록 E 연습문제(계산문제) 정답

2장

2-7

(a) $\eta = 1.00$ $\beta_1 = 0.80$

(b) $\eta = 0.95$ $\beta_1 = 0.76$

(c) $\eta = 0.91$ $\beta_1 = 0.74$

(d) $\eta = 0.87$ $\beta_1 = 0.72$

(e) $\eta = 0.84$ $\beta_1 = 0.70$

2-9

조건	(a)	(b)	(c)	(d)	(e)	(f)
ϕ_{cp}	2.38	2.38	2.58	2.22	2.31	2.11
$\varepsilon_{c\sigma}$	0.000700	0.000293	0.000736	0.000269	0.000659	0.000259
Δl_{el}	1.49	0.65	1.43	0.59	1.46	0.64
Δl_{cp}	4.11	1.68	4.45	1.57	3.81	1.43
Δl_{tot}	5.60	2.33	5.88	2.15	5.27	2.07

2-12

(a) $\varepsilon_{sh} = -0.000466$

(b) $\varepsilon_{sh} = -0.000434$

(c) $\varepsilon_{sh} = -0.000413$

(d) $\varepsilon_{sh} = -0.000376$

(e) $\varepsilon_{sh} = -0.000606$

(f) $\varepsilon_{sh} = -0.000543$

4장

4-7

조건	(a)	(b)	(c)	(d)	(e)	(f)
A_{sb} $[mm^2]$	13,708	11,698	13,369	16,483	12,620	13,462
M_{n2} $[kN \cdot m]$	2,161	2,332	2,656	3,286	3,056	3,277
M_{n3} $[kN \cdot m]$	4,642	5,198	5,940	7,377	7,054	7,744
M_{n4} $[kN \cdot m]$	1,085	2,427	2,730	3,359	2,919	3,335
I_{gt} $[\times 10^6\ mm^4]$	50,226	48,193	48,881	50,149	47,793	47,674
M_{cr} $[kN \cdot m]$	326	276	298	344	344	391
I_{cr} $[\times 10^6\ mm^4]$	23,118	19,535	20,946	23,467	54,702	19,010
f_c $[MPa]$	10	21	22	25	16	23
f_s $[MPa]$	85	185	184	189	68	346
f_s' $[MPa]$	49	93	98	108	79	109
I_{crle} $[\times 10^6\ mm^4]$	53,477	45,798	48,970	41,001	44,543	44,451
f_{cle} $[MPa]$	6	12	13	20	15	17
f_{sle} $[MPa]$	134	297	292	387	333	357
f_{sle}' $[MPa]$	96	191	197	285	210	224

4-8

조건	(a)	(b)	(c)	(d)	(e)	(f)
A_{sb} $[mm^2]$	16,524	14,494	16,581	20,536	15,709	17,678
M_{n2} $[kN \cdot m]$	2,119	2,098	2,398	2,944	2419	1231
M_{n3} $[kN \cdot m]$	5,679	6,514	6,393	13,130	8,831	10,194
I_{gt} $[\times 10^6\ mm^4]$	53,894	52,750	53,425	54,181	52,241	52,708
M_{cr} $[kN \cdot m]$	358	457	499	572	539	598
I_{cr} $[\times 10^6\ mm^4]$	25,312	22,210	23,678	25,957	21,527	22,586
f_c $[MPa]$	15	16	18	21	19	11
f_s $[MPa]$	148	169	171	173	180	100
I_{crle} $[\times 10^6\ mm^4]$	48,536	44,388	46,499	49,920	43,496	44,959
f_{cle} $[MPa]$	11	12	13	16	14	8
f_{sle} $[MPa]$	249	284	286	286	301	168

5장

5-5

조건	(a)	(b)	(c)	(d)	(e)	(f)
(1) $A_{s,\,max,\,s}\,[mm^2]$	9,960	8,175	9,344	11,177	8,301	9,006
(2) $\phi M_{n,\,max}\,[kN \cdot m]$	2,301	2,422	2,770	3,325	3,023	3,317
(3) $req'\,d\ A_{s,\,s}\,[mm^2]$	4,437	3,694	4,234	5,066	3,811	4,155
(4) $A_{s,\,max,\,d}\,[mm^2]$	12,579	9,764	11,213	13,281	9,550	10,277
(5) $\phi M_{n,\,d}\,[kN \cdot m]$	1,564	1,720	1,966	2,364	2,221	2,437
(6) 최소인장철근 단면적 검증	예제 5-4와 예제 5-5 참조					

5-6

조건	(a)	(b)	(c)	(d)	(e)	(f)
(1) $A_{s,\,max,\,s}\,[mm^2]$	13,403	11,557	13,226	16,533	12,905	15,486
(2) $\phi M_{n,\,max}\,[kN \cdot m]$	3,195	3,505	4,011	5,014	4,756	5,707
(3) $req'\,d\ A_{s,\,s}\,[mm^2]$	6,048	53,09	6,068	7,585	5,974	7,169
(4) $A_{s,\,max,\,d}\,[mm^2]$	16,234	13,940	15,906	19,818	14,951	17,890
(5) $\phi M_{n,\,d}\,[kN \cdot m]$	1,732	1,906	2,179	2,723	2,582	3,098
(6) 최소인장철근 단면적 검증	예제 5-4와 예제 5-5 참조					

5-8

조건	(a)	(b)	(c)	(d)	(e)	(f)
(1) $A_{s,\,max,\,s}\,[mm^2]$	10,289	8,829	10,089	12,135	9,346	10,204
(2) $M_{d,\,max}\,[kN \cdot m]$	2,472	2,725	8,114	3,761	3,557	3,898
(3) $req'\,d\ A_{s,\,s}\,[mm^2]$	4,259	3,732	4,268	5,097	3,918	4,160
(4) $A_{s,\,max,\,d}\,[mm^2]$	12,283	10,572	12,078	14,467	11,167	12,108
(5) $M_{d,\,d}\,[kN \cdot m]$	1,252	1,375	1,575	1,880	1,741	1,859
(6) 최소인장철근 단면적 검증	예제 5-8 참조					

5-9

조건	(a)	(b)	(c)	(d)	(e)	(f)
(1) $A_{s,\,max,\,s}\,[mm^2]$	12,258	10,795	12,336	14,825	11,718	13,193
(2) $M_{d,\,max}\,[kN\cdot m]$	3,120	3,508	4,009	4,833	4,664	5,318
(3) $req'd\,A_{s,\,s}\,[mm^2]$	5,205	4,673	5,364	6,394	5,155	5,875
(4) $A_{s,\,max,\,d}\,[mm^2]$	14,694	12,992	14,836	17,750	14,114	15,881
(5) $M_{d,\,d}\,[kN\cdot m]$	1,544	1,745	2,004	2,391	2,325	2,722
(6) 최소인장철근 단면적 검증	예제 5-8 참조					

6장

6-6

문제와 조건		(a)	(b)	(c)	(d)	(e)	(f)
문제 (1) $e=0$	$P_o\,[kN]$	15,214	18,014	20,020	24,033	24,828	28,840
	$P_{n,\,max}\,[kN]$	12,171	14,411	16,016	19,226	19,862	23,072
	$\phi P_{n,\,max}\,[kN]$	7,911	9,367	10,410	12,497	12,910	14,997
문제 (2) $e=e_b$	$e_b\,[mm]$	408	456	429	399	469	460
	$M_b\,[kN\cdot m]$	2,195	2,614	2,806	3,124	3,193	3,426
	$P_b\,[kN]$	5,385	5,731	6,550	7,835	6,800	7,434
	$\phi M_b\,[kN\cdot m]$	1,427	1,699	1,824	2,031	2,075	2,227
	$\phi P_b\,[kN]$	3,500	3,725	4,257	5,093	4,420	4,832
문제 (3) $e=e_b/2$	$M_n\,[kN\cdot m]$	1,804	2,549	2,206	2,624	3,555	3,766
	$P_n\,[kN]$	8,844	11,182	10,307	13,186	15,128	16,594
	$\phi M_n\,[kN\cdot m]$	1,173	1,657	1,434	1,706	2,310	2,448
	$\phi P_n\,[kN]$	5,749	7,268	6,699	8,571	9,833	10,786
문제 (4) $e=2e_b$	$M_n\,[kN\cdot m]$	1,693	1,772	2,045	2,167	2,349	2,431
	$P_n\,[kN]$	2,075	1,943	2,386	2,719	2,505	2,684
	$\phi M_n\,[kN\cdot m]$	1,439	1,506	1,738	1,842	1,997	2,066
	$\phi P_n\,[kN]$	1,764	1,652	2,028	2,311	2,129	2,281
문제 (5) $e=\infty$	$M_n\,[kN\cdot m]$	1,066	1,328	1,336	1,349	1,606	1,618
	$\phi M_n\,[kN\cdot m]$	906	1,129	1,135	1,147	1,365	1,375

6-7

문제와 조건		(a)	(b)	(c)	(d)	(e)	(f)
문제 (1) $e=0$	$P_{do}\ [kN]$	10,683	12,702	14,006	16,614	17,329	19,937
문제 (2) $e=e_{bd}$	$e_{bd}\ [mm]$	463	520	484	439	552	520
	$M_{bd}\ [kN \cdot m]$	1,689	2,031	2,158	1,794	2,400	2,616
	$P_{bd}\ [kN]$	3,648	3,903	4,461	5,344	4,343	5,027
문제 (3) $e=e_{bd}/2$	$M_d\ [kN \cdot m]$	1,578	2,268	2,210	3,107	3,348	3,391
	$P_d\ [kN]$	6,803	8,724	9,136	14,125	12,132	13,044
문제 (4) $e=2e_{bd}$	$M_d\ [kN \cdot m]$	1,596	1,567	1,681	1,794	1,919	1,991
	$P_n\ [kN]$	1,508	1,629	1,746	2,044	1,739	1,915
문제 (5) $e=\infty$	$M_d\ [kN \cdot m]$	905	1,128	1,135	1,146	1,364	1,375

6-11

조건	(a)	(b)	(c)	(d)	(e)	(f)
δ_{ns}	1.15	1.14	1.13	1.12	1.12	1.11
$P_u\ [kN]$	1,892	1,892	1,892	1,892	1,892	1,892
$M_u\ [kN \cdot m]$	435	431	427	423	423	419

7장

7-11

조건	(a)	(b)	(c)	(d)
s_{400}일 때 $\phi V_n\ [kN]$	442	475	551	581
s_{200}일 때 $\phi V_n\ [kN]$	680	713	849	879

8장

8-4

조건	(a)	(b)	(c)	(d)	(e)	(f)
$T_{u,\ max}\ [kN \cdot m]$	83.6	73.6	54.2	48.3	54.9	42.3

10장

10-5

조건	(a)	(b)	(c)	(d)	(e)	(f)
정밀식 이용 l_d [mm]	545	1,017	1,129	1,077	1,456	1,642
간편식 이용 l_d [mm]	668	1,125	1,204	1,077	1,538	2,215

10-14

조건	(a)	(b)	(c)	(d)	(e)	(f)
압축 겹침이음 $req'd\ l_s$ [mm]	478	365	652	783	1,198	1,372

11장

11-7

조건	(a)	(b)	(c)	(d)
허용 균열폭 w_a [mm]	0.4	0.4	0.34	0.34
최대 균열폭 w_d [mm]	0.31	0.36	0.27	0.32

11-12

구분	$\varDelta_D$ [mm]	$I_{e,D+L}$ [mm^4]	I_{D+L} [mm]	$\varDelta_L$ [mm]	$\varDelta_{long}$ [mm]	$\varDelta_{total}$ [mm]
I_{gc} 이용 해석	2.3	$2{,}646\times10^6$	14.2	11.9	3.9	15.8
I_{gt} 이용 해석	2.0	$2{,}915\times10^6$	12.8	10.8	3.4	14.2

11-13

$\varDelta_{D,rsd} = 4.6\ mm$ $\quad \varDelta_L = 8.3\ mm$

11-14

$\varDelta_e = 13.8\ mm$

11-15

$\varDelta_{long,D} = 9.7\ mm$

11-16

$\varDelta_{long,s} = 29.1\ mm$

11-18

$f_{s,cl} = 110\ MPa$

찾아보기

ㅇ

ㅊ

ㅋ

ㅌ

ㅍ

ㅎ

A

B

C

D

E

F

T

U

V

W

Y